THERMAL RADIATION PHENOMENA

Volume 1
Radiative Properties of Air

Edited by

Rolf K. M. Landshoff

Lockheed Palo Alto Research Laboratory
Palo Alto, California

and

John L. Magee

Department of Chemistry
University of Notre Dame
Notre Dame, Indiana

IFI / PLENUM • NEW YORK - WASHINGTON • 1969

Library of Congress Catalog Card Number 69-17515

© 1969 IFI/Plenum Data Corporation
A Subsidiary of Plenum Publishing Corporation
227 West 17th Street, New York, New York 10011

Printed in the United States of America

FOREWORD

This volume is part of a comprehensive review of the thermal radiative properties of air by the Lockheed Palo Alto Research Laboratory for the Defense Atomic Support Agency. The review was published as DASA 1917 (Unclassified) in four parts, April, 1967. Most of this material is now being offered in new editions by Plenum Press. The authors and editors hope that it will be more widely available to scientists and engineers who work in the various fields which require the use of high temperature air properties.

F. R. Gilmore and A. Hochstim have revised and increased the material presented in DASA 1917-1 in "Equilibrium Thermodynamic Properties of Air".

The present editors have prepared an introduction for the tables presented in DASA 1917-3 so that "Tables of Radiative Properties of Air" offered herewith is essentially self-contained. A few more figures have been added and a number of errors have been corrected. We have also prepared a slightly revised edition of DASA 1917-4, "Excitation and Non-Equilibrium Phenomena in Air," offered by Plenum Press at this time as a companion volume.

DASA 1917-2, "The Radiative Properties of Heated Air" by B. H. Armstrong and R. W. Nicholls is not being offered in a new edition at this time.

The Foreword to DASA 1917 explains the background of the report and is reproduced in its entirety here. The editors feel that the role of R. E. Meyerott was perhaps not adequately stated in that foreword. It should be emphasized that Dr. Meyerott initiated much of the work which brought the state of the art to the point that a summary was worth while, he was prime-mover in organization of the Lockheed project which produced DASA 1917, and finally he was largely responsible for the arrangements leading to the present publication. The Editors are indebted in numerous ways for his assistance.

We hope that this volume will be useful. Again we invite criticism and constructive suggestions.

The Editors

R. K. M. Landshoff

J. L. Magee

FOREWORD TO DASA 1917

"Thermal radiation" is electromagnetic radiation emitted by matter in a state of thermal excitation. The energy density of such radiation in an enclosure at constant temperature is given by the well known Planck formula. The importance of thermal radiation in physical problems increases as the temperature is raised; at moderate temperatures (say, thousands of degrees Kelvin) its role is primarily one of transmitting energy, whereas at high temperatures (say, millions of degrees Kelvin) the energy density of the radiation field itself becomes important as well. If thermal radiation must be considered explicitly in a problem, the radiative properties of the matter must be known. In the simplest order of approximation, it can be assumed that the matter is in thermodynamic equilibrium "locally" (a condition called local thermodynamic equilibrium, or LTE), and all of the necessary radiative properties can be defined, at least in principle. Of course whenever thermal radiation must be considered, the medium which contains it inevitably has pressure and density gradients and the treatment requires the use of hydrodynamics. Hydrodynamics with explicit consideration of thermal radiation is called "radiation hydrodynamics".

In the past twenty years or so, many radiation hydrodynamic problems involving air have been studied. In this work a great deal of effort has gone into calculations of the equilibrium properties of air. Both thermodynamic and radiative properties have been calculated. It has been generally believed that the basic theory is well enough understood that such calculations yield valid results, and the limited experimental checks which are possible seem to support this hypothesis. The advantage of having sets of tables which are entirely calculated is evident: the calculated quantities are self-consistent on the basis of some set of assumptions, and they can later be improved if calculational techniques are improved, or if better assumptions can be made.

The origin of this set of books was in the desire of a number of persons interested in the radiation hydrodynamics of air to have a good source of reliable information on basic air properties. A series of books dealing with both theoretical and practical aspects was envisaged. As the series materialized, it was thought appropriate to devote the first three volumes to the equilibrium properties of air. They are:

> The Equilibrium Thermodynamic Properties of Air,
> by F. R. Gilmore
>
> The Radiative Properties of Heated Air,
> by B. H. Armstrong and R. W. Nicholls
>
> Tables of Radiative Properties of Air,
> by Lockheed Staff

The first volume contains a set of tables along with a detailed discussion of the basic models and techniques used for their computation. Because of the size of the related radiative tables and text, two volumes were considered necessary. The first contains the text, and the second the tables. It is hoped that these volumes will be widely useful, but because of the emphasis on very high temperatures it is clear that they will be most attractive to those concerned with nuclear weapons phenomenology, reentry vehicles, etc.

Our understanding of kinetic phenomena, long known to be important and at present in a state of rapid growth, is not as easy to assess as are equilibrium properties. Severe limitations had to be placed on choice of material. One volume is offered at this time:

> Excitation and Non Equilibrium Phenomena,
> by Landshoff, et al.

It provides material on the more important processes involved in the excitation of air, criteria for the validity of LTE and special radiative effects.

A discussion of radiation hydrodynamics was felt to be necessary and another volume was planned to deal with this topic:

> Radiation Hydrodynamics of High Temperature Air,
> by Landshoff, Hillendahl, et al.

It is not ready for publication at this time. It will review the basic theory of radiation hydrodynamics and discuss the application to fireballs in the atmosphere.

The choice of material for these last two volumes was made with an eye to the needs of the principal users of the other three volumes.

Most of the work on which these volumes are based was supported by the United States Government through various agencies of the Defense Department and the Atomic Energy Commission. The actual preparation of the volumes was largely supported by the Defense Atomic Support Agency.

We are indebted to many authors and organizations for assistance and we gratefully acknowledge their cooperation. We are particularly grateful to the RAND Corporation for permission to use works of F. R. Gilmore and H. L. Brode and to the IBM Corporation for permission to use some of the work of B. H. Armstrong. Most of the other authors are employed by the Lockheed Missiles and Space Company, in some cases as consultants.

Finally we would like to acknowledge the key role of Dr. R. E. Meyerott of LMSC in all of this effort, from the initial conception to its realization. We are particularly grateful to him for his constant advice and encouragement.

Criticism and constructive suggestions are invited from all readers of these books. We understand that much remains to be done in this field, and we hope that the efforts represented by this work will be a stimulus to its development.

The Editors

J. L. Magee

H. Aroeste

Contributors

B. H. Armstrong, IBM Systems Research and Development Center, Palo Alto

D. R. Churchill, Lockheed Research Laboratories, Palo Alto

B. E. Freeman, John Jay Hopkins Laboratory for Pure and Applied Science, General Dynamics, San Diego

S. A. Hagstrom, University of Indiana, Bloomington

R. K. M. Landshoff, Lockheed Research Laboratories, Palo Alto

R. W. Nicholls, York University, Toronto

O. R. Platas, Lockheed Research Laboratories, Palo Alto

CONTENTS

CONTENTS OF VOLUME 2

EXCITATION AND NON-EQUILIBRIUM PHENOMENA IN AIR

Chapter 1. RADIATIVE PROPERTIES OF AIR

1.1 Introduction

In this volume we present a compilation of data needed for the quantitative description of thermal radiation phenomena in heated air, over a wide range of temperature and density. Use of a temperature to describe the state of the air implies some type of partial thermal equilibrium. In the case of complete thermal equilibrium, there can be only an uninteresting homogeneous system with no net transport of radiation at all. The results presented in this volume have been obtained with the assumption that the air is in a state of local thermodynamic equilibrium (LTE) which means that the matter is in a Maxwell-Boltzmann distribution that is characterized by a single temperature.[*] The radiation field (on the other hand) is not in a Planck distribution, and to evaluate it at a given point one must solve the radiative transfer equations

$$\frac{dI_\nu}{dS} = \rho \kappa_\nu (B_\nu - I_\nu) \qquad (1.1-1)$$

along the set of rays (straight lines) directed towards this point. Here $B_\nu(T)$ is the blackbody spectral intensity and $\kappa_\nu(\rho, T)$ the spectral absorption coefficient which has the dimension of an area per unit mass, e.g. cm^2/g .

[*] This definition of LTE is more restrictive than the one given by Griem (1964) p. 130, who introduces a "relevant temperature" and leaves the possibility open that some species may have different temperatures.

The density ρ and the temperature T are the local values along the path of integration. In place of κ_ν one also uses the product

$$\mu_\nu = \rho \kappa_\nu \qquad\qquad (1.1\text{-}2)$$

which has the dimension of an inverse length, e.g. cm^{-1} .

At elevated temperatures (thousands of degrees Kelvin) it is very difficult to determine spectral absorption coefficients experimentally and most data are obtained theoretically. For an extensive discussion of the underlying theoretical basis the reader is referred to Griem's "Plasma Spectroscopy" (1964). Here we shall limit ourselves to a short review, stressing some of the points relevant to the data presented in this volume.

The absorption coefficients contain contributions from many types of free-free, bound-free and bound-bound transitions. The dominant processes vary considerably with temperature. Below $T = 10,000^\circ K$ or so, absorption occurs mainly in molecular species such as N_2 , O_2 , NO and some or all of their ions which give rise to band spectra. Gilmore (1965) in a discussion of the known potential energy curves of the electronic states of these molecules has in his Table 1 made a complete list of all known electronic transitions between these states. For a quick orientation we indicate these band systems as transitions in the simplified energy level arrays of Figs. 1 to 6, on which only electronic states are indicated.

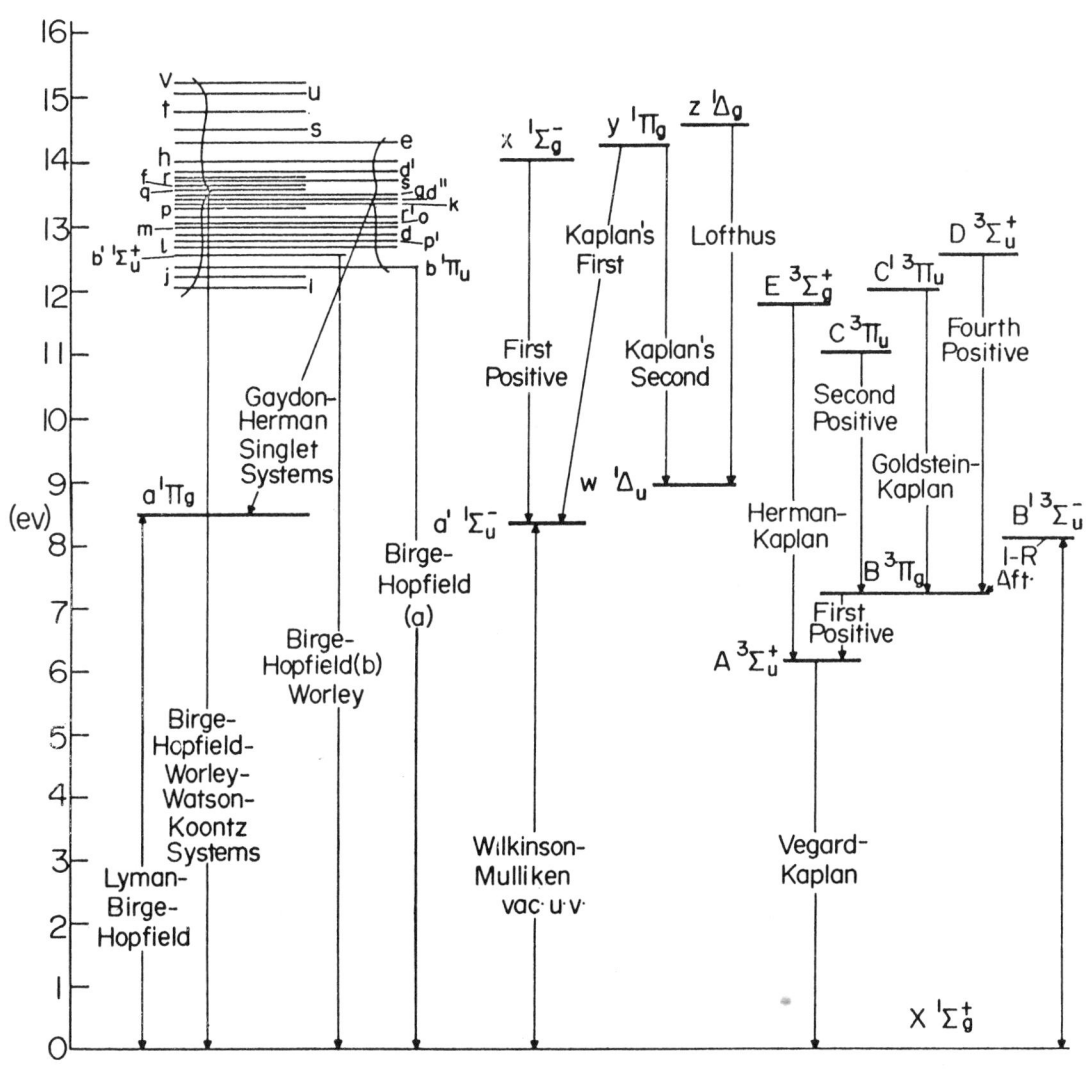

Fig. 1 ENERGY LEVEL DIAGRAM FOR N$_2$

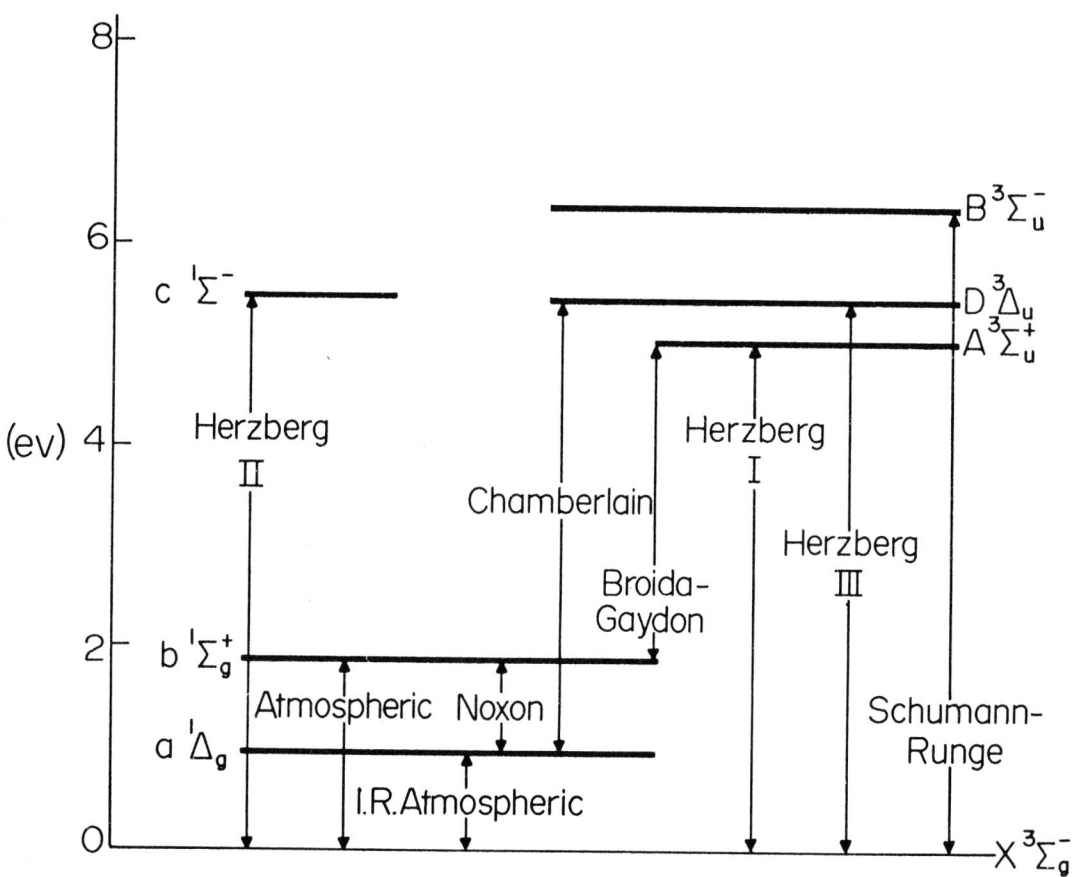

Fig. 2   ENERGY LEVEL DIAGRAM FOR O_2

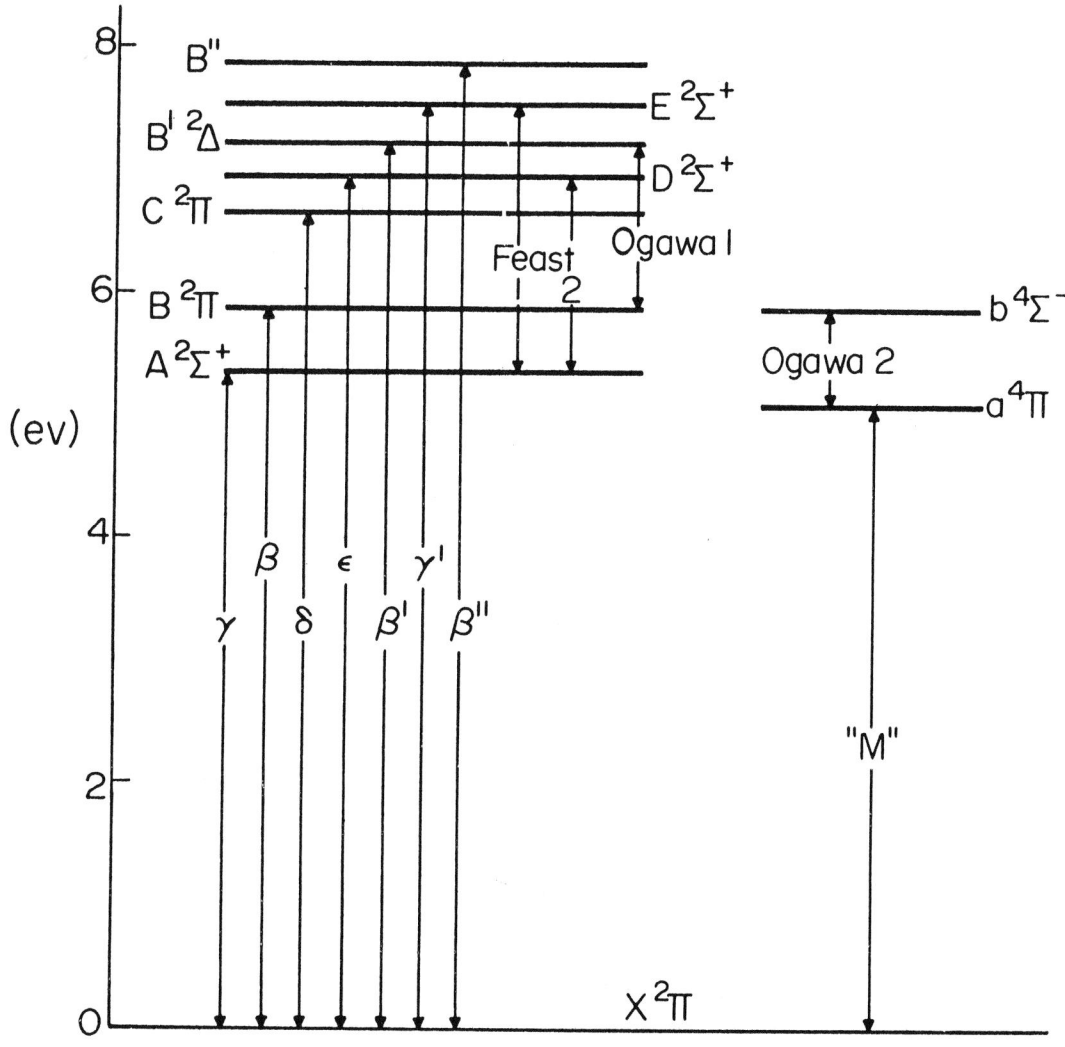

Fig. 3   ENERGY LEVEL DIAGRAM FOR   NO

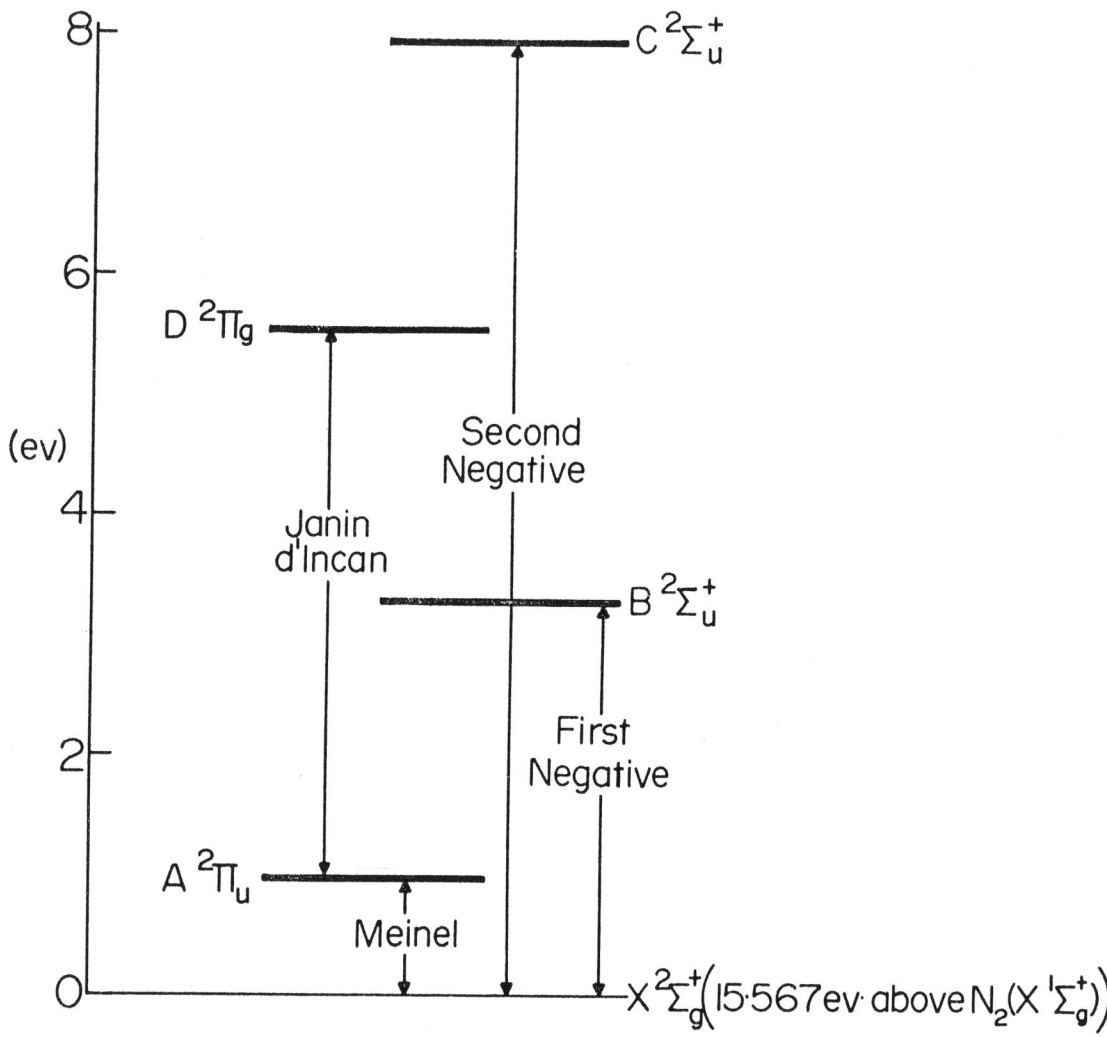

Fig. 4   ENERGY LEVEL DIAGRAM FOR N_2^+

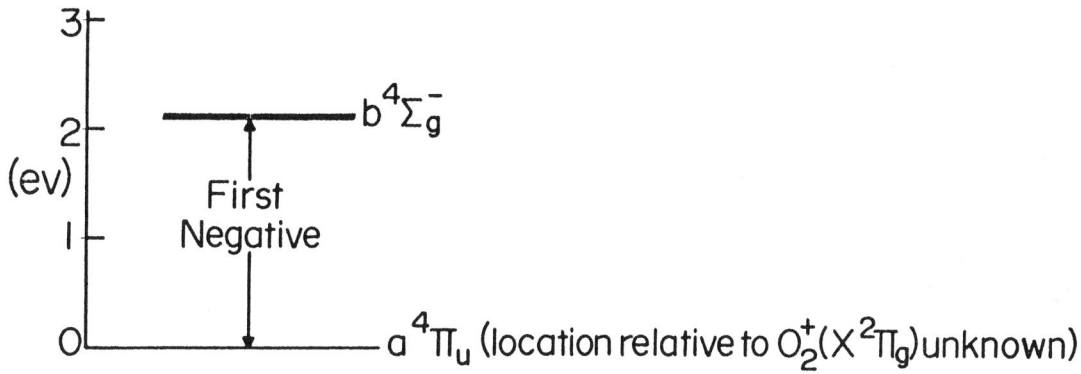

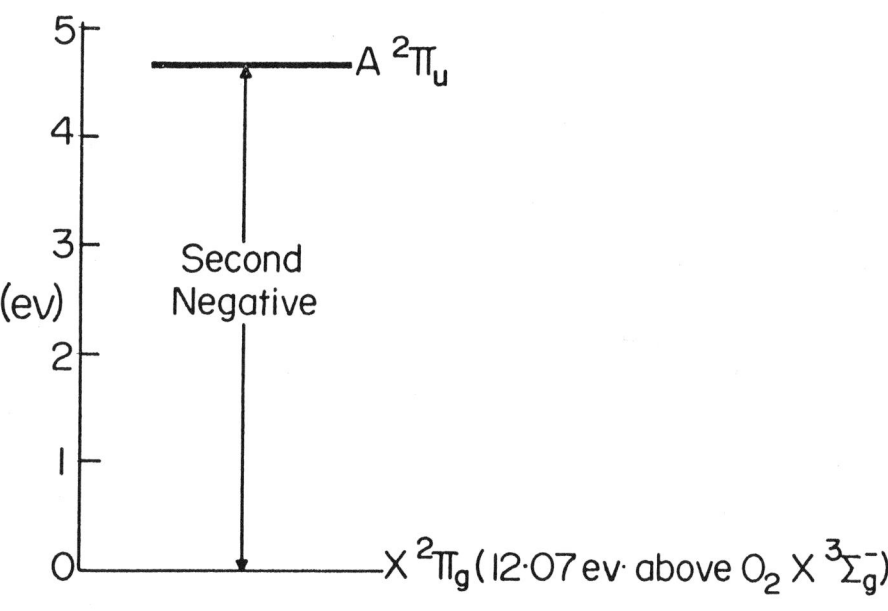

Fig. 5   ENERGY LEVEL DIAGRAM FOR O_2^+

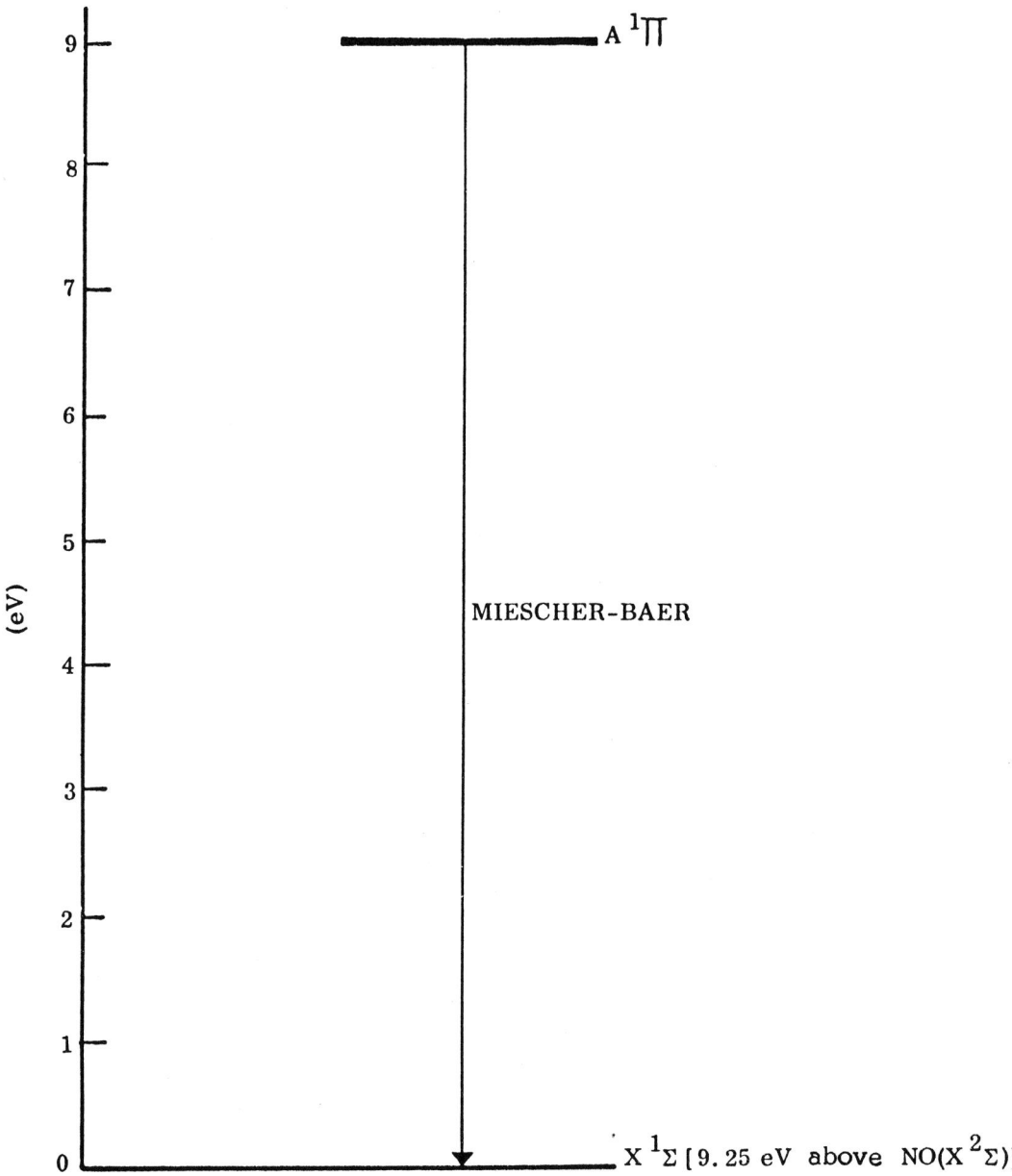

Fig. 6   ENERGY LEVEL DIAGRAM FOR NO^+

In principle band spectra consist of a huge number of lines, but they overlap extensively (Stark, Doppler broadening, etc.) so that the absorption has in most parts of the spectrum almost the appearance of a continuum. There is a true continuum which accompanies the dissociation of O_2 (Schumann-Runge). This continuum occurs roughly in the energy range from $h\nu = 7.1$ eV to 9.5 eV and makes the air almost completely opaque. The Schumann-Runge continuum is very prominent up to about 8000°K. Above this temperature O_2 is completely dissociated. Other continuum processes are the photodetachment of the electron from O^- and the photoionization of NO. Both play important roles from about 5000°K to $10,000^\circ$K and at photon energies from 2 eV to 3 eV where the band contributions are relatively weak. At relatively low temperatures, say below a few thousand degrees, contributions from the triatomic species CO_2, H_2O and NO_2 (formed from chemical reactions) must also be considered.

Above $10,000^\circ$K the concentration of molecules decreases sharply due to dissociation, and the photoionization of atoms and atomic ions becomes an increasingly prominent mechanism for absorption. The growing degree of ionization also leads to free-free processes. Absorption due to free-free transitions varies roughly as ν^{-3}; at the low energy end of the spectrum it is therefore generally larger and at the high energy end smaller than the absorption due to photoionization. The cross-over takes place approximately at a photon energy $h\nu \approx kT$, but it also depends to some extent on the density of the air. The spectral absorption coefficients presented in this volume have been computed by means of the SACHA and the PIC codes which have been applied in the temperature ranges from $T = 1000^\circ K$ to $24,000^\circ K$ and from $kT = 1$ eV to 20 eV respectively.

Also tabulated are certain mean absorption coefficients. These are weighted frequency averages based on data from SACHA and PIC data, PIC data extended by MULTIPLET data and finally DIAPHANOUS data for temperatures ranging up to $kT = 500$ eV. The various codes which have been used are described in this chapter.

1.2   The SACHA and PIC codes

The SACHA (Spectral Absorption Coefficient of Heated Air) code was developed at the Lockheed Palo Alto Research Laboratory. Successive versions of these codes have been described by Churchill, Hagstrom and Landshoff (1964), Churchill and Meyerott (1965) and Churchill, Armstrong, Johnston and Müller (1966), the latter being the one whose results are given in this volume.

The SACHA code takes account of the detailed rotational structure of eight molecular absorption band systems which are listed in Table 1 and of six contributions to the continuous absorption listed in Table 2. The latter group includes NO_2 whose absorption spectrum is a complex combination of band systems and true continua which have been measured at low temperatures and extrapolated to higher temperatures on the basis of theoretical

Table 1. Molecular Band Systems Included in the Calculation of the Absorption Coefficient of Heated Air.

Molecular Species and System Name	Spectroscopic Notation	ΔT (cm^{-1})	Spectral Region Spanned by Systems (cm^{-1})	No. of Lines Included
O_2 Schumann-Runge	$B^3\Sigma_u^- - X^3\Sigma_g^-$	49,357.5	56,851.51 – 20,081.01	4,611
N_2 first positive	$B^3\Pi_g - A^3\Sigma_u^+$	9,557.0	19,471.63 – 2,673.18	48,785
N_2 second positive	$C^3\Pi_u - B^3\Pi_g$	29,670.6	36,365.66 – 20,323.54	20,369
N_2 Birge-Hopfield	$b'^1\Sigma_u^+ - X^1\Sigma_g^+$	103,672.1	107,981.86 – 46,678.12	38,983
N_2^+ first negative	$B^2\Sigma_u^+ - X^2\Sigma_g^+$	25,566.0	31,731.58 – 19,121.38	3,216
NO β	$B^2\Pi - X^2\Pi$	45,868.7	51,410.52 – 19,426.22	18,518
NO γ	$A^2\Sigma - X^2\Pi$	43,905.2	61,615.35 – 31,534.58	31,429
NO vib.-rot.	$X^2\Pi - X^2\Pi$	--	9,131.35 – 1,036.91	25,610

Table 2. Continuous Contributors (in the amount of about 1% or more) to the Absorption Coefficient of Heated Air at Relative Density $\rho/\rho_o = 10^{-3}$

System	Spectral Region of Importance eV (cm^{-1})	Temperature Region of Importance $^\circ$K
O_2 Schumann-Runge Continuum	$\sim 7.1 - 9.5$ eV (57,000 - 77,000 cm^{-1})	1,000 - 10,000
NO_2	$\sim 1.1 - 5.1$ eV (9,000 - 41,000 cm^{-1})	1,000 - 5,000
O^- photodetachment	$\sim 1.5 - 10.7$ eV (12,100 - 86,000 cm^{-1})	3,000 - 15,000
N photoionization	Entire Range of Calculation	$T \geq 7,000$
O photoionization	Entire Range of Calculation	$T \geq 7,000$
Free-free in presence of ions	$< \sim 0.8$ eV (6,450 cm^{-1}) at 6,000°K; Entire Range of Calculation at 18,000°K.	$T \geq 6,000$

arguments. Absorption from NO_2 was not included above $h\nu = 5.1$ eV because the data do not permit any temperature extrapolation and because the large absorption by the O_2 Schumann–Runge system makes the NO_2 contribution in this region of the spectrum unimportant. No contribution of the photoionization of thermally excited NO was included although it was estimated by Raizer (1958) to be important in the temperature range from 6000°K to 9000°K in the red part of the spectrum. There are no experimental data for the absorption due to this process and the theory is based on a very crude model.

The theoretical expressions for evaluation of the SACHA absorption coefficients can be found in the already mentioned publications by Churchill et al. In those contributions (which are calculated level by level) the calculation requires a knowledge of the occupation numbers. This information is generated by an Equilibrium code whose first step is the determination of the equilibrium composition of different species (N_2 , O_2 , NO_2 , NO , N_2^+ , N , N^+ , O^- , O , O^+ , etc.). The composition, which depends on both temperature and density, is then multiplied by the Boltzmann fractions of the excited states, which depend only on the temperature.

In the case of the molecular species (other than NO_2) these occupations numbers are multiplied with appropriate cross sections. The following tables of basic molecular data list spectroscopic constants for those band systems of diatomic molecules which have been included in these calculations.

Table 3. Spectroscopic Constants for the $X^3\Sigma_g^-$ State of O_2

v	$G_o(v)$ (cm^{-1})	B_v (cm^{-1})	D_v (10^{-6}cm^{-1})
0	0.0	1.438	4.913
1	1556.4	1.422	4.825
2	3089.1	1.406	4.737
3	4598.3	1.390	4.649
4	6084.4	1.375	4.561
5	7547.4	1.359	4.473
6	8987.5	1.343	4.385
7	10404.9	1.327	4.297
8	11799.7	1.311	4.209
9	13171.8	1.296	4.121
10	14521.4	1.280	4.033
11	15848.3	1.264	3.945
12	17152.7	1.248	3.857
13	18434.2	1.232	3.769
14	19693.0	1.217	3.681
15	20928.7	1.201	3.593
16	22141.2	1.185	3.505
17	23330.3	1.169	3.417
18	24495.7	1.154	3.329
19	25637.2	1.138	3.241
20	26754.4	1.122	3.153
21	27846.9	1.106	3.065
22	28914.4	1.090	2.977
23	29956.5	1.074	2.889
24	30972.6	1.059	2.801
25	31962.3	1.043	2.713
26	32925.0	1.027	2.625
27	33860.2	1.011	2.537
28	34767.3	0.9956	2.449
29	35645.7	0.9798	2.361

Ref. 1 Babcock, H.D. and L. Herzberg, Astrophys. J. 108, 167 (1948).

Table 4. Spectroscopic Constants for the $B^3\Sigma_u^-$ State of O_2

v	$G_o(v)$ (cm^{-1})	B_v (cm^{-1})	D_v $(10^{-6} cm^{-1})$
0	0.0	0.8130	4.380
1	688.0	0.7980	4.380
2	1353.1	0.7850	4.380
3	1994.6	0.7700	4.380
4	2612.2	0.7540	4.380
5	3204.0	0.7350	4.380
6	3765.2	0.7190	4.380
7	4299.2	0.7020	4.380
8	4799.6	0.6710	4.380
9	5265.0	0.6510	4.380
10	5694.2	0.6330	4.380
11	6082.4	0.5930	4.380
12	6427.0	0.5625	13.000
13	6727.9	0.5247	16.800
14	6982.9	0.4836	21.200
15	7192.9	0.4399	25.700
16	7361.9	0.3953	34.300
17	7494.8	0.3470	45.000
18	7596.9	0.2960	152.000
19	7672.6	0.2580	49.000
20	7725.2	0.2070	76.000

Ref. 1 Curry, J. and G. Herzberg, Ann. Physik 19, 800 (1934)

2 Knauss, H.P. and H.S. Ballard, Phys. Rev. 48, 796 (1935)

3 Babcock, H.D. and L. Herzberg, Astrophys. J., 108, 167 (1948)

4 Brix, P. and G. Herzberg, Can. J. Phys. 32, 110 (1954)

Table 5. Spectroscopic Constants for the $A^3\Sigma_u^+$ State of N_2

v	$G_o(v)$ (cm^{-1})	B_v (cm^{-1})	D_v $(10^{-6}\ cm^{-1})$
0	0.0	1.433	5.5
1	1432.5	1.421	5.5
2	2837.0	1.408	5.5
3	4213.3	1.395	5.5
4	5561.4	1.382	5.5
5	6880.9	1.369	5.5
6	8171.9	1.356	5.5
7	9434.1	1.343	5.5
8	10667.4	1.330	5.5
9	11871.7	1.317	5.5
10	13046.7	1.304	5.5
11	14192.4	1.291	5.5

Ref. 1 Naude, S.M., Proc. Roy. Soc. London, 136, 114 (1932).

Table 6. Spectroscopic Constants for the $B^3\Pi_g$ State of N_2.

v	$G_o(v)$ (cm^{-1})	Y_v	B_v (cm^{-1})	D_v (10^{-6} cm^{-1})
0	0.0	25.9	1.6285	5.8
1	1705.2	26.2	1.6108	6.0
2	3381.4	26.4	1.5925	6.0
3	5028.0	26.8	1.5735	6.0
4	6646.6	27.0	1.5554	6.0
5	8236.0	27.3	1.5364	6.0
6	9796.9	27.6	1.5172	6.0
7	11328.4	27.95	1.4954	6.0
8	12831.0	28.25	1.4765	6.0
9	14304.7	28.5	1.4576	6.0
10	15749.4	28.8	1.4387	6.0

Ref. 1   Budó, A., Z. Physik 96, 219 (1935).

Table 7. Spectroscopic Constants for the $C^3\Pi_u$ State of N_2.

v	$G_o(v)$ (cm^{-1})	Y_v	B_v (cm^{-1})	D_v (10^{-6} cm^{-1})
0	0.0	21.5	1.8154	6.0
1	1994.2	21.5	1.7932	6.0
2	3934.4	21.4	1.7682	6.0
3	5808.1	21.1	1.7407	7.5
4	7589.8	20.3	1.7012	11.0

Ref. 1   Budó, A., Z. Physik 96, 219 (1935).

Table 8. Spectroscopic Constants for the $X^1\Sigma_g^+$ State of N_2

v	$G_0(v)$ (cm^{-1})	B_V (cm^{-1})	D_V (10^{-6} cm^{-1})
0	00.00	1.9898	6.4
1	2329.66	1.9720	5.0
2	4630.83	1.9548	5.0
3	6903.44	1.9364	5.5
4	9147.41	1.9186	5.5
5	11362.67	1.9008	5.5
6	13549.14	1.8829	5.0
7	15706.76	1.8651	5.0
8	17835.44	1.8473	5.0
9	19935.11	1.8295	5.0
10	22005.70	1.8117	5.0
11	24047.13	1.7939	5.3
12	26059.33	1.7761	5.5
13	28042.23	1.7583	5.5
14	29995.74	1.7405	6.0
15	31919.80	1.7227	6.0
16	33814.33	1.7048	6.0
17	35679.26	1.6870	6.0
18	37514.51	1.6692	6.0
19	39320.01	1.6514	6.0
20	41095.68	1.6336	6.0
21	42841.45	1.6158	6.0
22	44557.25	1.5980	6.0
23	46242.99	1.5802	6.0
24	47898.61	1.5624	6.0
25	49524.03	1.5446	6.0
26	51119.17	1.5267	6.0
27	52683.97	1.5089	6.0

Ref. 1 Lofthus, A., The Molecular Spectrum of Nitrogen, Spectroscopic Report Number 2, Dept. of Physics, University of Oslo, Blindern, Norway, Dec., 1960.

Table 9. Spectroscopic Constants for the $b'^1\Sigma_u^+$ State of N_2

v	$G_o(v)$ (cm^{-1})	B_V (cm^{-1})	D_V $(10^{-6}\ cm^{-1})$
0	0.0	1.1515	11.04
1	742.0	1.146	11.37
2	1474.4	1.142	11.69
3	2196.7	1.137	12.02
4	2909.8	1.132	12.34
5	3613.2	1.128	12.67
6	4307.0	1.123	12.99

Ref. 1 Lofthus, A., The Molecular Spectrum of Nitrogen, Spectroscopic Report Number 2, Dept. of Physics, University of Oslo, Blindern, Norway, Dec., 1960.

Table 10. Spectroscopic Constants for the $X^2\Sigma_g^+$ State of N_2^+

v	$G_0(v)$ (cm^{-1})	B_V (cm^{-1})	D_V $(10^{-6}\ cm^{-1})$
0	0.0	1.922	6.0
1	2174.8	1.902	6.0
2	4317.0	1.879	6.0
3	6426.4	1.861	6.0
4	8502.8	1.841	6.0
5	10545.8	1.826	6.0
6	12555.0	1.808	6.0
7	14530.7	1.781	6.0
8	16470.6	1.766	6.0
9	18377.6	1.740	6.0
10	20249.7	1.724	6.0
11	22086.5	1.703	6.0
12	23887.6	1.683	6.0
13	25652.4	1.663	6.0
14	27380.5	1.641	6.0
15	29071.6	1.620	6.0
16	30725.1	1.593	6.0
17	32340.5	1.572	6.0
18	33917.3	1.552	6.0

Ref. 1 Douglas, A.E., Can. J. Phys. 30, 302-13 (1952).

Table 11.   Spectroscopic Constants for the $B^2\Sigma_u^+$ State of N_2^+

v	$G_0(v)$ (cm^{-1})	B_v (cm^{-1})	D_v $(10^{-6}\ cm^{-1})$
0	0.0	2.073	6.0
1	2371.5	2.049	6.0
2	4690.3	2.025	6.0
3	6950.7	2.002	6.0
4	9147.1	1.968	6.0
5	11269.9	1.926	6.0
6	13310.9	1.896	6.0
7	15262.0	1.852	6.0
8	17100.2	1.810	6.0
9	18827.1	1.762	6.0
10	20423.8	1.710	6.0
11	21903.3	1.653	6.0
12	23275.1	1.595	6.0
13	24551.4	1.545	6.0
14	25747.7	1.494	6.0
15	26874.3	1.452	6.0
16	27941.4	1.404	6.0
17	28956.9	1.355	6.0

Ref. 1   Douglas, A.E., Can. J. Phys. 30, 302-13 (1952).

Table 12. Spectroscopic Constants for the $X^2\Pi$ State of NO .

v	$G_1(v)$ (cm^{-1})	$G_2(v)$ (cm^{-1})	Y_v	B_v (cm^{-1})	D_v $(10^{-6} cm^{-1})$
0	948.52	948.34	73.24	1.6957	5.0
1	2824.61	2824.08	74.02	1.6779	5.0
2	4672.74	4671.86	74.81	1.6601	5.0
3	6492.92	6491.70	75.62	1.6423	5.0
4	8285.13	8283.56	76.46	1.6245	5.0
5	10049.37	10047.44	77.30	1.6067	5.0
6	11785.63	11783.35	78.16	1.5889	5.0
7	13493.91	13491.28	79.05	1.5711	5.0
8	15174.18	15171.20	79.95	1.5533	5.0
9	16826.46	16823.13	80.88	1.5355	5.0
10	18450.73	18447.06	81.83	1.5177	5.0
11	20047.00	20042.82	82.80	1.4999	5.0
12	21615.13	21610.53	83.80	1.4821	5.0
13	23154.94	23149.82	84.81	1.4643	5.0
14	24666.29	24660.64	85.86	1.4465	5.0
15	26148.95	26142.79	86.93	1.4287	5.0
16	27602.67	27595.91	88.02	1.4109	5.0

Ref. 1 Gillette, R.H. and E.H. Eyster, Phys. Rev. <u>56</u>, 1113 (1939).

Table 13. Spectroscopic Constants for the $A^2\Sigma^+$ State of NO.

v	$G_o(v)$ (cm^{-1})	B_v (cm^{-1})	D_v $(10^{-6} cm^{-1})$
0	0.0	1.9870	6.0
1	2341.4	1.9688	6.0
2	4651.4	1.9498	6.0
3	6928.2	1.9290	6.0
4	9170.7	1.9108	6.0
5	11380.4	1.8906	6.0
6	13558.8	1.8684	6.0
7	15703.1	1.8486	6.0

Ref. 1 Barrow, R.F. and E. Miescher, Proc. Phys. Soc. (London) A70, 219 (1957).

Ref. 2 Irén Deézsi, Acta Physica Acam. Sci. Hung, 9, 125-150 (1959).

To calculate ΔG for the NO γ system add 1182.0 to the listed values of $G_o(v)$.

Table 14. Spectroscopic Constants for the $B^2\Pi$ State of NO.

v	$G_1(v)$ (cm^{-1})	$G_2(v)$ (cm^{-1})	Y_v	B_v (cm^{-1})	D_v $(10^{-6} cm^{-1})$
0	516.58	517.30	28.6	1.118	6.0
1	1538.66	1540.8	29	1.105	6.0
2	2546.4	2550.0	31	1.093	6.0
3	3540.4	3545.4	32	1.081	6.0
4	4521.2	4527.7	29	1.068	6.0
5	5489.4	5497.3	36	1.056	6.0
6	6445.6	6455.1	38	1.041	6.0

Ref. 1 Barrow, R.F. and E. Miescher, Proc. Phys. Soc. (London) A70, 219 (1957).

Ref. 2 Irén Deézsi, Acta Physica Acam Sci Hung, 9, 125-150 (1959).

The values listed for these constants are those which were used in the theoretical reconstruction of the corresponding band systems. Most of these were taken directly from the literature and, in general, they were obtained experimentally. In those cases where no experimental data were available values were estimated with the aid of the basic equations of spectroscopy. As a single exception to the general procedure, all the constants listed for the $X^3\Sigma$ state of O_2 in Table 3 were calculated with the aid of formulas and constants given in Herzberg (1950). This state is described extremely well by the constants so obtained.

The first fourteen tables contain those constants which are necessary to compute line frequencies for all the band systems. We split these frequencies into electronic, vibrational and rotational parts,

$$\nu = \Delta T + \Delta G + \Delta F$$

Table 1 gives the electronic part ΔT for the band systems under consideration. For band systems in which the upper and lower state are both Σ states this is $\Delta T = \nu_{oo}$. If one or both states are multiplets $\Delta T = \nu_e$ is an appropriately chosen average. Succeeding tables list the vibrational terms $G(v)$ and certain constants which are used to calculate the rotational terms $F(J,v)$ for all relevant electronic states. For the majority of the states we list only a single vibrational term which is designated as $G_o(v)$; however for the two

$^2\Pi$ states of NO we list two terms $G_n(v)$ where the subscript $n = 1$ stands for the $^2\Pi_{1/2}$ and $n = 2$ for the $^2\Pi_{3/2}$ state.

For the rotational terms we use different formulas depending on whether we refer to Σ, $^2\Pi$ or $^3\Pi$ states. These are:

Σ states (for which K is a good quantum number)

$$F = B_v K(K+1) - D_v K^2 (K+1)^2$$

Only one rotational term is used even for doublet and triplet states because the splitting is small.

$^2\Pi$ states (neglecting Λ-type doubling)

$$F_n = B_v \left[(J + \tfrac{1}{2})^2 - 1 + (-1)^n \mu(J) \right] - D_v [J + 1/2((1 + (-1)^n)]^4$$

$$\mu(J) = [(J + 1/2)^2 - Y_v + Y_v^2/4]^{1/2} \quad ; \quad J \geq n - 1/2$$

where $n = 1,2$ is the same subscript as on G_n.

$^3\Pi$ states (neglecting Λ-type doubling)

$$F_1(J) = B_v [J(J + 1) - \sqrt{z_1} - \tfrac{2}{3}\tfrac{z_2}{z_1}] - D_v (J - \tfrac{1}{4})^4 \quad (J \geq 0)$$

$$F_2(J) = B_v [J(J + 1) + \tfrac{4}{3}\tfrac{z_2}{z_1}] - D_v (J + \tfrac{1}{2})^4 \quad (J \geq 1)$$

$$F_3(J) = B_v [J(J + 1) + \sqrt{z_1} - \tfrac{2}{3}\tfrac{z_2}{z_1}] - D_v (J + \tfrac{3}{2})^4 \quad (J \geq 2)$$

where

$$z_1 = Y_v (Y_v - 4) + \frac{4}{3} + 4J(J + 1)$$

$$z_2 = Y_v (Y_v - 1) - \frac{4}{9} - 2J(J + 1)$$

Tables 15 through 20 give those values of the band strength and related quantities which are required to calculate the line contributions to the absorption and emission for six of the band system. Designating the upper and lower level of a given line by the subscripts $\alpha'(= v', J')$ and $\alpha''(= v'', J'')$ and the line itself by the subscript $\alpha(= \alpha'', \alpha')$ the line contribution to the absorption is

$$\int \mu_\alpha \, d_\nu = N_{\alpha''} B_\alpha h_\alpha$$

and

$$B_\alpha = \frac{2\pi}{3\hbar^2 c} \, p_{v'v''} \frac{S_{J'J''}}{2J'' + 1}$$

Here $p_{v'v''}$ (written $S_{v'v''}$ by some authors) is the "band strength" and $S_{J',J''}$ the "Hönl–London factor" for the transition. Our tables list the band strengths in atomic units $e^2 a_o^2$ or, to put it another way, they list the ratio $p_{v'v''}/e^2 a_o^2$. The tables also list corresponding band oscillator strengths

$$f_{v'v''} = \frac{4\pi}{3} \frac{\hbar c}{e^2} \frac{a_o}{\lambda_\alpha} \frac{1}{g_u} \frac{p_{v'v''}}{e^2 a_o^2}$$

and Einstein A coefficients

$$A_{v'v''} = \frac{32\pi^3}{3} \frac{e^2}{\hbar c} \frac{a_o^2 c}{\lambda_\alpha^3} \frac{1}{g_u} \frac{p_{v'v''}}{e^2 a_o^2}$$

where g_u is the statistical weight of the upper electronic level
(e.g. $g_u = 6$ for a $^3\pi$ state). We note that $\frac{4\pi}{3} \frac{\hbar c}{e^2} a_o = 3.04 \times 10^{-6}$ cm
and that $\frac{32\pi^3}{3} \frac{e^2}{\hbar c} a_o^2 c = 2.026 \times 10^{-6}$ cm^3 sec^{-1}.

The Hönl-London factors can be found in the aforementioned papers by

Churchill et al.

Table 21 lists the matrix elements used to compute the intensities

for the one vibration-rotation band system which was included. Since no

direct intensity measurements were available for the N_2 Birge-Hopfield #1

bands, the band strength was obtained from an assumed constant f-number

of 0.1 and calculated Franck-Condon factors which are given in Table 22.

The absorption coefficient of the O_2 Schumann-Runge continuum is

taken to be the product of the O_2 concentration and a semi-empirical reduced

absorption coefficient which is given in tabular form as a function of temper-

ature (1000-10,000°K) and energy (7.1 - 9.5 eV).

The NO_2 spectrum is treated in the same manner and the corresponding

ranges are (1000-8000°K) and 0.9-5.1 eV. As already noted, the true

absorption of NO_2 extends to higher energies, but the 5.1 eV cut-off has no

practical effect on the total absorption coefficient.

TABLE 15

Absolute Transition Probabilities

for Bands of the O_2 Schumann-Runge System

Band	Wavelength (A)	$p_{v'v''}(a_o^2 e^2)$	$f_{v'v''}$	$A_{v'v''}(sec^{-1})$
—	—	—	—	—
0,0	2030	6.66 — 9	3.31 — 10	5.38 — 1
0,7	2567	8.37 — 3	3.29 — 4	3.35 + 5
0,8	2662	2.14 — 2	8.09 — 4	7.64 + 5
0,9	2763	4.59 — 2	1.67 — 3	1.47 + 6
0,10	2871	8.38 — 2	2.94 — 3	2.39 + 6
0,11	2984	1.30 — 1	4.38 — 3	3.30 + 6
0,12	3105	1.72 — 1	5.58 — 3	3.88 + 6
0,13	3234	1.97 — 1	6.13 — 3	3.93 + 6
0,14	3372	1.95 — 1	5.81 — 3	3.42 + 6
0,15	3518	1.67 — 1	4.78 — 3	2.84 + 6
0,16	3674	1.20 — 1	3.29 — 3	1.63 + 6
0,17	3842	7.43 — 2	1.95 — 3	8.84 + 5
0,18	4022	4.0 — 2	1.0 — 3	4.14 + 5
0,19	4216	1.82 — 2	4.33 — 4	1.63 + 5
0,20	4470	7.0 — 3	1.57 — 4	5.27 + 4
1,0	1998	7.59 — 8	3.83 — 9	6.41 + 0
1,7	2522	3.73 — 2	1.49 — 3	1.56 + 6
1,8	2615	7.42 — 2	2.86 — 3	2.80 + 6
1,9	2712	1.19 — 1	4.41 — 3	4.02 + 6
1,10	2815	1.49 — 1	5.33 — 3	4.51 + 6
1,11	2924	1.42 — 1	4.87 — 3	3.82 + 6
1,12	3040	9.21 — 2	3.05 — 3	2.21 + 6
1,13	3163	3.04 — 2	9.66 — 4	6.47 + 5
1,14	3294	1.36 — 4	4.16 — 6	2.56 + 3
1,15	3433	2.28 — 2	6.69 — 4	3.80 + 5
1,16	3584	7.82 — 2	3.18 — 4	1.65 + 5
1,17	3743	1.25 — 1	3.36 — 3	1.60 + 6
1,18	3914	1.31 — 1	3.38 — 3	1.48 + 6
1,19	4096	1.03 — 1	2.54 — 3	1.01 + 6
1,20	4292	6.50 — 2	1.52 — 3	5.53 + 5
1,21	4476	3.21 — 2	7.23 — 4	2.43 + 5
2,0	1971	4.58 — 7	2.34 — 8	4.02 + 1
2,7	2481	8.18 — 2	3.32 — 3	3.61 + 6
2,8	2570	1.22 — 1	4.80 — 3	4.87 + 6
2,9	2664	1.34 — 1	5.06 — 3	4.78 + 6
2,10	2762	9.50 — 2	3.46 — 3	3.04 + 6
2,11	2868	3.14 — 2	1.1 — 3	8.98 + 6
2,12	2979	1.10 — 6	3.73 — 8	2.8 + 1
2,13	3093	3.05 — 2	9.92 — 4	6.97 + 4
2,14	3233	8.20 — 2	2.56 — 3	1.65 + 6
2,15	3358	9.05 — 2	2.71 — 3	1.61 + 6
2,16	3501	4.31 — 2	1.24 — 3	6.77 + 5
2,17	3651	2.18 — 3	6.0 — 5	3.01 + 4
2,18	3837	1.63 — 2	4.29 — 4	1.96 + 5
2,19	3988	6.87 — 2	1.74 — 3	7.3 + 5
2,20	4174	1.07 — 1	2.57 — 3	9.92 + 5
2,21	4374	1.99 — 1	4.57 — 3	1.6 + 6
3,0	1947	1.91 — 6	9.88 — 8	1.75 + 2
4,0	1924	6.18 — 6	3.24 — 7	5.87 + 2
5,0	1902	1.59 — 5	8.4 — 7	1.55 + 3
6,0	1882	3.52 — 5	1.88 — 6	3.56 + 3

TABLE 15(Cont.)

Band	Wavelength (A)	$p_{v'v''}(a_o^2 e^2)$	$f_{v'v''}$	$A_{v'v''}(sec^{-1})$
—	—	—	—	—
7,0	1863	6.77 — 5	3.66 — 6	7.04 + 3
8,0	1846	1.15 — 4	6.25 — 6	1.23 + 4
9,0	1830	1.76 — 4	9.97 — 6	2.00 + 4
10,0	1816	2.58 — 4	1.43 — 5	2.9 + 4
11,0	1803	3.59 — 4	2.0 — 5	4.12 + 4
12,0	1792	4.78 — 4	2.69 — 5	5.61 + 4
13,0	1872	5.59 — 4	3.16 — 5	6.65 + 4
14,0	1774	5.88 — 4	3.33 — 5	7.10 + 4
15,0	1768	5.67 — 4	3.23 — 5	6.90 + 4
16,0	1763	5.05 — 4	2.89 — 5	6.22 + 4
17,0	1759	4.34 — 4	2.48 — 5	5.38 + 4

Ref. 1   Nicholls, R.W., Annales de Geophysique <u>20</u>, 144 (1964).

In the above table entries for $v' \geq 3$ and $v'' \geq 1$ have been omitted. After it was noticed that this left a window in the calculated absorption coefficient in the range extending from 4.9 eV to 6.1 eV some of the missing bands were added. A number of strong bands are, however, still missing and should be added in future calculations. The added bands actually included in the calculations are as follows:

Band	Wavelength	$P_{v'v''}$	Band	Wavelength	$P_{v'v''}$
4.2	2045	1.35-3	6.1	1939	8.71-4
4.5	2250	6.11-2	6.2	1999	6.09-3
4.6	2326	1.04-1	6.3	2060	2.47-2
4.7	2405	1.16-1	6.4	2125	6.30-2
5.1	1961	3.95-4	6.5	2194	1.02-1
5.2	2021	3.08-3	6.6	2265	9.14-2
5.3	2084	1.43-2	7.3	2038	3.78-2
5.5	2221	8.58-2	7.4	2101	8.11-2
5.6	2294	1.12-1	7.5	2168	1.02-1

TABLE 16

Absolute Transition Probabilities

for Bands of the N_2 First Positive System

Band	Wavelength (A)	$p_{v'v''}(a_0^2 e^2)$	$f_{v'v''}$	$A_{v'v''}(\text{sec}^{-1})$
0,0	10 387	2.82 — 1	1.4 — 3	8.65 + 4
0,1	12,211	3.27 — 1	1.38 — 3	6.17 + 4
0,2	14,735	2.29 — 1	8.01 — 4	2.46 + 4
1,0	8851	2.62 — 1	1.521 — 3	1.29 + 5
1,1	10,200	1. 6 — 3	8.08 — 6	5.18 + 2
1,2	11,800	1.00 — 1	4.39 — 4	2.10 + 4
1,3	14,043	1.95 — 1	7.51 — 4	2.54 + 4
1,4	17,192	2.01 — 1	6.03 — 4	1.36 + 4
2,0	7694	9.57 — 2	6.407 — 4	7.21 + 4
2,1	8673	1.31 — 1	7.78 — 4	6.90 + 4
2,2	9850	8.70 — 2	4.55 — 4	3.13 + 4
2,3	11,436	1.87 — 3	8.43 — 6	4.30 + 2
2,4	13,420	8.26 — 2	3.17 — 4	1.17 + 4
2,5	16,163	1.64 — 1	5.24 — 4	1.34 + 4
3,0	6824	1.70 — 1	1.28 — 4	1.83 + 4
3,1	7569	1.38 — 1	9.41 — 4	1.09 + 5
3,2	8504	2.31 — 2	1.4 — 4	1.29 + 4
3,3	9594	1.18 — 1	6.36 — 4	4.61 + 4
3,4	11,116	2.78 — 2	1.29 — 4	6.95 + 3
3,5	12,844	9.65 — 3	3.87 — 5	1.56 + 4
3,9	15,370	8.62 — 2	2.89 — 4	8.16 + 3
4,0	6300	1.37 — 3	1.12 — 5	1.88 + 3
4,1	6741	4.37 — 2	3.34 — 4	4.90 + 4
4,2	7451	1.20 — 1	8.31 — 4	9.98 + 4
4,3	8315	5.68 — 2	3.52 — 6	3.39 + 2
4,4	9368	8.02 — 2	4.41 — 4	3.35 + 4
5,1	6098	5.90 — 3	4.99 — 5	8.95 + 3
5,2	6661	6.54 — 2	5.06 — 4	7.60 + 4
5,3	7338	8.78 — 2	5.45 — 4	6.75 + 4
5,4	8200	2.52 — 2	1.58 — 4	1.57 + 4
5,5	9147	3.01 — 2	1.69 — 4	1.35 + 4
6,1	5571	3.96 — 4	3.66 — 6	7.85 + 2
6,2	6039	1.23 — 2	1.05 — 4	1.91 + 4
6,3	6583	7.73 — 2	6.05 — 4	9.31 + 4
6,4	7229	3.36 — 2	2.39 — 4	3.05 + 4
6,5	7981	5.56 — 2	3.59 — 4	3.76 + 4
7,2	5533	1.00 — 3	9.33 — 6	2.03 + 3
7,3	5985	2.06 — 2	1.77 — 4	3.28 + 4
7,4	6505	7.65 — 2	6.06 — 4	9.54 + 4
7,5	7121	7.69 — 2	5.56 — 5	7.31 + 3
7,6	7831	6.24 — 2	4.10 — 4	4.46 + 4
8,3	5496	2.15 — 3	2.01 — 5	4.44 + 3
8,4	5931	3.06 — 2	2.66 — 4	5.04 + 4
8,5	6432	6.56 — 2	5.25 — 4	8.45 + 4
9,4	5459	3.99 — 3	3.76 — 5	8.41 + 3
9,5	5879	3.64 — 2	3.19 — 4	6.16 + 4
9,6	6360	4.91 — 2	4.00 — 4	6.58 + 4
10,5	5424	5.85 — 3	5.55 — 5	1.26 + 4
10,6	5829	3.95 — 2	3.49 — 4	6.85 + 4
10,7	6291	3.25 — 2	2.66 — 4	4.48 + 4
11,6	5390	8.89 — 3	8.50 — 5	1.95 + 4
11,7	5779	4.40 — 2	3.93 — 4	7.85 + 4
11,8	6221	1.43 — 1	1.18 — 4	1.79 + 4
12,7	5352	4.18 — 2	4.02 — 4	9.63 + 4
12,8	5730	6.81 — 2	6.12 — 5	1.24 + 4

Ref. 1 Nicholls, R.W., Annales de Geophysique 20, 144 (1964).

TABLE 17

Absolute Transition Probabilities

for Bands of the N_2 Second Positive System

Band	Wavelength (A)	$p_{v'v''}(a_0^2 e^2)$	$f_{v'v''}$	$A_{v'v''}(sec^{-1})$
0,0	3371.3	1.24 + 0	1.90 — 2	1.11 + 7
0,1	3576.9	9.65 — 1	1.40 — 2	7.27 + 6
0,2	3804.9	4.52 — 1	6.15 — 3	2.83 + 6
0,3	4059.4	1.82 — 1	2.31 — 3	9.33 + 5
0,4	4343.6	6.03 — 2	7.18 — 4	2.54 + 5
0,5	4667.3	1. 5 — 2	1.67 — 4	5.11 + 4
1,0	3159.3	9.35 — 1	1.53 — 2	1.02 + 7
1,1	3339	6.03 — 2	9.34 — 4	5.59 + 5
1,2	3536.7	6.03 — 1	8.82 — 3	4.70 + 6
1,3	3755.4	6.03 — 1	8.31 — 3	3.93 + 6
1,4	3998.4	3.62 — 1	4.68 — 3	1.95 + 6
1,5	4269.7	1.55 — 1	1.83 — 3	6.68 + 5
1,6	4574.3	6.03 — 2	6.82 — 4	2.17 + 5
1,7	4916.8	3.02 — 2	3.17 — 4	8.75 + 4
2,0	2976.8	2.72 — 1	4.72 — 3	3.55 + 6
2,1	3136.0	7.53 — 1	1.24 — 2	8.43 + 6
2,2	3309	9.05 — 2	1.41 — 3	8.61 + 5
2,3	3500.5	1.82 — 1	2.67 — 3	1.45 + 6
2,4	3710.5	4.82 — 1	6.73 — 3	3.26 + 6
2,5	3943.0	4.52 — 1	5.93 — 3	2.54 + 6
2,6	4200.5	2.72 — 1	3.35 — 3	1.26 + 6
2,7	4490.2	1.21 — 1	1.39 — 3	4.60 + 5
2,8	4814.7	6.03 — 2	6.48 — 4	1.86 + 5
3,0	2819.8	3.02 — 2	5.53 — 4	4.64 + 5
3,1	2962.0	4.82 — 1	8.43 — 3	6.40 + 3
3,2	3116.7	3.92 — 2	6.51 — 3	4.47 + 6
3,3	3285.3	3.02 — 1	4.75 — 3	2.93 + 6
3,5	3671.9	2.72 — 1	3.82 — 3	1.89 + 6
3,6	3894.6	4.52 — 1	6.01 — 3	2.64 + 6
3,7	4141.8	3.32 — 1	4.14 — 3	1.61 + 6
3,8	4416.7	1.82 — 1	2.12 — 3	7.24 + 5
3,9	4723.5	9.05 — 2	9.91 — 4	2.96 + 5
4,1	2814.3	9.03 — 2	1.66 — 3	1.40 + 6
4,2	2953.2	5.43 — 1	9.51 — 3	7.27 + 6
4,3	3104.0	1.21 — 1	2.01 — 3	1.39 + 6
4,4	3268.1	3.92 — 1	6.21 — 3	3.87 + 6
4,5	3446	6.03 — 2	9.05 — 4	5.08 + 5
4,6	3641.7	9.05 — 2	1.29 — 3	6.46 + 5
4,7	3857.9	3.02 — 1	4.04 — 3	1.81 + 6
4,8	4094.8	3.62 — 1	4.57 — 3	1.82 + 6
4,9	4355.0	2.42 — 1	2.87 — 2	1. 0 + 7

Ref. 1 Nicholls, R.W., Annales de Geophysique 20, 144 (1964).

TABLE 18

Absolute Transition Probabilities
for Bands of the N_2^+ First Negative System

Band	Wavelength (A)	$p_{v'v''}(a_0^2 e^2)$	$f_{v'v''}$	$A_{v'v''}(\text{sec}^{-1})$
—	—	—	—	—
0,0	3914.4	3.90 — 1	1.90 — 2	1.24 + 7
0,1	4278.1	1.66 — 1	6.03 — 3	2.20 + 6
0,2	4709.2	5.06 — 2	1.67 — 3	5.01 + 5
0,3	5228.3	1.45 — 2	4.29 — 4	1.05 + 5
1,0	3582.1	1.52 — 1	6.58 — 3	3.42 + 6
1,1	3884.3	1.52 — 1	6.07 — 3	2.68 + 6
1,2	4236.5	1.95 — 1	7.15 — 3	2.66 + 6
1,3	4651.8	1.88 — 1	6.27 — 3	1.93 + 6
1,4	5148.8	3.61 — 2	1.09 — 3	2.74 + 5
2,0	3308.0	2.89 — 2	1.36 — 3	8.26 + 5
2,1	3563.9	2.09 — 1	9.13 — 3	4.79 + 6
2,2	3857.9	4.34 — 2	1.75 — 3	7.82 + 5
2,3	4199.1	1.66 — 1	6.15 — 3	2.32 + 6
2,4	4599.7	1.23 — 1	4.15 — 4	1.31 + 5
3,1	3298.7	6.50 — 2	3.03 — 3	1.88 + 6
3,2	3548.9	2.24 — 1	9.80 — 3	5.19 + 6

Ref. 1 Nicholls, R.W., Annales de Geophysique 20, 144 (1964).

TABLE 19

Absolute Transition Probabilities

for Bands of the NOβ System

Band	Wavelength (A)	$p_{v'v''}(a_0^2 e^2)$	$f_{v'v''}$	$A_{v'v''}(sec^{-1})$
—	—	—	—	—
0,4	2621	1.73 — 3	4.97 — 5	4.84 + 4
0,5	2748	4.13 — 3	1.13 — 4	1.01 + 5
0,6	2885	7.75 — 3	2.02 — 4	1.63 + 5
0,7	3035	1.17 — 2	2.90 — 4	2.11 + 5
0,8	3198	1.44 — 2	3.39 — 4	2.22 + 5
0,9	3376	1.47 — 2	3.28 — 4	1.93 + 5
0,10	3572	1.24 — 2	2.61 — 4	1.37 + 5
0,11	3789	8.82 — 3	1.75 — 4	8.17 + 4
0,12	4028	5.22 — 3	9.75 — 5	4.03 + 4
0,13	4294	2.55 — 3	4.47 — 5	2.77 + 4
1,4	2552	4.89 — 3	1.44 — 4	1.48 + 5
1,5	2672	7.57 — 3	2.13 — 4	2.0 + 5
1,6	2803	7.99 — 3	2.15 — 4	1.84 + 5
1,7	2943	4.94 — 3	1.26 — 4	9.72 + 4
1,10	3446	4.75 — 3	1.04 — 4	5.87 + 5
1,11	3647	1.08 — 2	2.23 — 4	1.13 + 5
1,12	3868	1.42 — 2	2.76 — 4	1.23 + 5
1,13	4114	1.29 — 2	2.35 — 4	9.31 + 4
2,2	2288	1.79 — 3	5.89 — 5	7.5 + 4
2,3	2382	4.28 — 3	1.35 — 4	1.59 + 5
2,4	2488	6.25 — 3	1.89 — 4	2.04 + 5
2,5	2602	5.18 — 3	1.50 — 4	1.49 + 5
2,6	2725	1.58 — 3	4.36 — 5	3.93 + 4
2,8	3003	3.37 — 3	8.44 — 5	6.27 + 4
2,9	3159	6.73 — 3	1.60 — 4	1.07 + 5
2,10	3331	4.92 — 2	1.11 — 4	6.67 + 4
2,11	3518	6.57 — 4	1.41 — 5	7.64 + 3
2,13	3950	7.67 — 3	1.47 — 4	6.31 + 4
3,0	2063	1.40 — 4	5.10 — 6	7.97 + 3
3,1	2144	1.04 — 3	3.66 — 5	5.33 + 4
3,2	2232	3.24 — 3	1.09 — 4	1.47 + 5
3,3	2327	5.34 — 3	1.73 — 4	1.96 + 5
3,4	2428	4.35 — 3	1.35 — 4	1.53 + 5
3,5	2536	9.64 — 4	2.86 — 5	2.98 + 4
3,8	2916	4.60 — 3	1.19 — 4	9.38 + 4
4,0	2021	3.27 — 4	1.22 — 5	2.00 + 4
4,1	2100	1.92 — 3	6.88 — 5	1.07 + 5
4,4	2372	1.35 — 3	4.28 — 5	5.09 + 4
5,0	1982	6.43 — 4	2.45 — 5	4.17 + 4
5,2	2139	4.71 — 3	1.66 — 4	2.43 + 5
5,3	2230	2.49 — 3	8.43 — 5	1.14 + 5
5,4	2319	2.25 — 6	7.30 — 8	9.11 + 1
5,6	2524	3.14 — 3	9.36 — 5	9.85 + 4
6,0	1945	1.09 — 3	4.24 — 5	7.5 + 4
6,1	2018	3.81 — 3	1.42 — 4	2.34 + 5
6,2	2096	3.98 — 3	1.43 — 4	2.18 + 5
6,3	2179	6.38 — 4	2.21 — 5	3.12 + 4

Ref. 1 Nicholls, R.W., Annales de Geophysique 20, 144 (1964).

TABLE 20

Absolute Transition Probabilities
for Bands of the NOγ System

Band	Wavelength (A)	$p_{v'v''}(a_o^2 e^2)$	$f_{v'v''}$	$A_{v'v''}(\text{sec}^{-1})$
—	—	—	—	—
0,0	2262	1.26 — 2	4.14 — 4	5.42 + 5
0,1	2362	2.30 — 2	7.38 — 4	8.86 + 5
0,2	2470	2.46 — 2	7.53 — 4	8.27 + 5
0,3	2586	2.13 — 2	6.20 — 4	6.21 + 5
0,4	2712	1.79 — 2	4.98 — 4	4.54 + 5
0,5	2848	1.40 — 2	3.71 — 4	3.07 + 5
0,6	2998	9.77 — 3	2.46 — 4	1.83 + 5
0,7	3171	6.28 — 3	1.51 — 4	1.01 + 5
1,0	2148	2.26 — 3	7.94 — 4	1.15 + 6
1,1	2238	7.76 — 3	2.62 — 4	3.45 + 5
1,2	2338	6.67 — 5	2.15 — 6	2.63 + 3
1,3	2439	7.12 — 3	2.20 — 4	2.48 + 5
1,4	2550	1.67 — 2	4.95 — 4	5.11 + 5
1,5	2670	2.27 — 2	6.43 — 4	6.04 + 5
1,6	2800	2.58 — 2	6.97 — 4	5.96 + 5
1,7	2941	2.42 — 2	6.23 — 4	4.82 + 5
2,0	2047	1.84 — 2	6.81 — 4	1.09 + 6
2,1	2128	0.90 — 3	3.52 — 5	5.20 + 4
2,2	2215	1.13 — 2	3.84 — 4	5.25 + 5
2,3	2309	6.08 — 3	1.98 — 4	2.49 + 5
2,4	2410	5.20 — 5	1.63 — 6	1.88 + 3
2,5	2516	3.88 — 3	1.16 — 4	1.21 + 5
2,6	2630	1.10 — 2	3.74 — 4	3.66 + 5
2,7	2754	2.37 — 2	6.51 — 4	5.75 + 5
3,0	1956	9.55 — 3	3.54 — 4	6.19 + 5
3,1	2030	1.22 — 2	4.53 — 4	7.37 + 5
3,2	2109	3.25 — 3	1.16 — 4	1.75 + 5
3,3	2193	2.66 — 3	9.14 — 5	1.27 + 5
3,4	2283	8.84 — 3	2.93 — 4	3.76 + 5
3,5	2379	4.62 — 3	1.44 — 4	1.70 + 5
3,6	2481	6.30 — 5	1.92 — 6	2.09 + 5
3,7	2580	3.04 — 3	8:83 — 5	8.91 + 5
4,0	1878	2.98 — 3	1.20 — 4	2.28 + 5
4,1	1740	1.43 — 2	5.59 — 4	9.98 + 5
4,2	2019	2.22 — 3	8.30 — 5	1.37 + 5
4,3	2096	₁8.28 — 3	2.99 — 4	4.56 + 5
5,0	1803	6.76 — 4	2.84 — 5	5.86 + 4
5,1	1866	7.84 — 3	3.18 — 4	6.12 + 5
5,2	1933	1.18 — 2	4.61 — 4	8.24 + 5
5,3	2003	2.27 — 4	8.57 — 6	1.43 + 4
5,4	2078	6.72 — 3	2.45 — 4	3.80 + 5
5,5	2160	3.52 — 3	1.24 — 4	1.78 + 5
6,0	1735	1.10 — 4	4.82 — 6	1.07 + 3
6,1	1795	2.55 — 3	1.08 — 4	2.25 + 5
6,2	1855	1.16 — 2	4.72 — 4	9.19 + 5

Ref. 1 Nicholls, R.W., Annales de Geophysique 20, 144 (1964).

TABLE 21

The Vibrational Matrix Elements ($M^{v''v'} \times 10^{21}$) for V-R Transitions $X^2\Pi - X^2\Pi$ in NO

v'' \ v'	1	2	3	4	5	6	7	8
0	72.619	10.138	-1.671	-0.559	-0.157	0.0	0.0	0.0
1	0.0	104.208	17.624	-3.542	-1.148	-0.360	0.0	0.0
2	0.0	0.0	129.520	24.854	-5.924	-2.057	-0.677	0.0
3	0.0	0.0	0.0	151.888	32.134	-8.848	-3.472	-1.143
4	0.0	0.0	0.0	0.0	172.710	39.550	-12.349	-5.535
5	0.0	0.0	0.0	0.0	0.0	192.602	47.124	-16.422
6	0.0	0.0	0.0	0.0	0.0	0.0	211.870	54.827
7	0.0	0.0	0.0	0.0	0.0	0.0	0.0	230.601

v'' \ v'	9	10	11	12	13	14	15
4	-1.753	0.0	0.0	0.0	0.0	0.0	0.0
5	-8.311	-2.455	0.0	0.0	0.0	0.0	0.0
6	-21.008	-11.762	-3.161	0.0	0.0	0.0	0.0
7	62.595	-26.012	-15.764	-3.755	0.0	0.0	0.0
8	248.760	70.363	-31.321	-20.138	-4.120	0.0	0.0
9	0.0	266.290	78.075	-36.832	-24.684	-4.152	0.0
10	0.0	0.0	283.116	85.702	-42.454	-29.210	-3.759
11	0.0	0.0	0.0	299.180	93.241	-48.115	-22.540
12	0.0	0.0	0.0	0.0	314.480	100.710	-53.753
13	0.0	0.0	0.0	0.0	0.0	329.010	108.160
14	0.0	0.0	0.0	0.0	0.0	0.0	342.781

Ref. 1 Churchill, D.R., B.H. Armstrong and K.G. Mueller, Absorption Coefficients of Heated Air: A Compilation to 24,000°K, LMSC 4-77-65-1, July, 1965.

In calculation of atomic absorption the SACHA code used Lockheed's PIC (Photo Ionization Cross Section) code which was originally designed for calculations in the 2 to 20 eV temperature range. The PIC code, described by Armstrong et al. (1966), does not include line contributions from bound-bound transitions but only absorption due to photoionization processes from excited as well as ground states of atoms and positive ions. Where spectroscopic data were available they were used to assign correct energy values to excited states; in other cases excited state energies were estimated. Certain closely-spaced levels were lumped together and others which lie close to edges were dropped.

Photoionization cross sections for the individual levels were obtained theoretically. At low ejected electron energies the theoretical expressions are due to Burgess and Seaton (1960). At high energies they were calculated using the first Born approximation and the dipole-acceleration form of the matrix elements, which has the correct high-energy limit as was demonstrated by Johnston (1964).

The cross section for O^- photodetachment was taken from measurements by Smith (1960) which were extrapolated to 10.7 eV, the highest photon energy considered in the SACHA code. The O^- density is calculated by the equilibrium code.

Free-free absorption in the field of ions is calculated by the Kramer's formula with a Gaunt factor taken from Karzas and Latter (1961). Free-free absorption in the field of neutral atoms is not included in SACHA calculations.

The statement that the SACHA code accounts for the detailed rotational structure of the various band systems does <u>not</u> mean that the absorption coefficient is presented line by line. Average coefficients

$$\bar{\mu}_\nu = \frac{1}{\Delta\nu} \int_{\nu - \frac{1}{2}\Delta\nu}^{\nu + \frac{1}{2}\Delta\nu} \mu_\nu \, d\nu \qquad (1.2\text{-}1)$$

where $\Delta\nu$ is small compared to ν but large compared to the width of individual lines are given. In evaluation of the integral, the line widths are assumed to be zero, i.e. lines contribute their full strength if the line center lies inside and nothing if it lies outside the interval.

1.3 Mean absorption coefficients

Planck Mean Absorption Coefficient

A truly frequency-dependent solution of the radiative transport problem would require a prohibitive amount of numerical work and this is never attempted. To simplify part of the problem which is caused by the frequency dependence of the absorption coefficient, it is customary to introduce certain kinds of frequency averages. Under conditions where the gas is fairly transparent it is appropriate to use the "emission" or "Planck" mean absorption coefficient, which is defined by

$$\bar{\mu}_p(\rho, T) = \frac{\int_0^\infty \mu'_\nu(\rho T) B_\nu(T) d\nu}{\int_0^\infty B_\nu(T) d\nu} \qquad (1.3-1)$$

where B_ν is the blackbody distribution function, and $\mu'_\nu = \mu_\nu(1 - e^{-h\nu/kT})$ has the factor $(1 - e^{-h\nu/kT})$ to take into account stimulated emission. Upon substitution for $B_\nu(T)$ in the integral and change of variable $x = h\nu/kT$ the above expression becomes

$$\bar{\mu}_p = \frac{15}{\pi^4} \int_0^\infty \mu(x) x^3 e^{-x} dx \qquad (1.3-2)$$

For digital computer use this is approximated:

$$\bar{\mu}_p = \frac{15}{\pi^4} \sum_j \bar{\mu}_j(x_j) x_j^3 e^{-x_j} \Delta x_j \qquad (1.3-3)$$

where j is summed over all spectral intervals to be included.[*]

The alternate name "emission mean" which is often used in place of "Planck mean," indicates the usefulness of $\bar{\mu}_p$ for calculation of the power emitted from a volume V of an optically thin gas (one whose linear extent L satisfies the condition $\bar{\mu}_p L \ll 1$). This power is given by the relation

$$P = 4\sigma T^4 \bar{\mu}_p V \qquad (1.3-4)$$

where $\sigma = 5.67 \times 10^{-5}$ erg cm^{-2} deg^{-4} sec^{-1} is the Stefan-Boltzmann constant.

[*] It is to be understood that μ and μ_j also depend on ρ and T.

"Cut-off" Planck Mean

It is frequently desirable to obtain a rough estimate of the amount of radiative energy flow and deposition in gas samples which are not optically thin at all frequencies. In order to obtain such estimates with a minumum of effort, the spectral detail of the absorption coefficient can be ignored and the total Planck mean absorption coefficient employed in a calculation. A semi-quantitative estimate of the error involved in this procedure may be obtained through use of the "cut-off" Planck mean

$$\bar{\mu}_{pc} = \frac{15}{\pi^4} \sum_j' \mu_j (x_j) x_j^3 e^{-x} \Delta x_j \qquad (1.3-5)$$

where the prime indicates that those terms are to be dropped for which $\mu_j(x_j)$ is larger than certain "cut-off" values μ_c.

If a significant decrease of $\bar{\mu}_{pc}$ is found upon lowering μ_c by one order of magnitude it can be concluded that the spectral absorption coefficient has an effective values between the two "cut-off" values μ_c over an appreciable frequency region in the vicinity of the Planckian maximum. The product of this "effective" absorption coefficient and the path length of the gas then gives an indication of the extent of violation of the applicability of the procedure.

Partial Planck Mean

It is frequently desirable to have a better approximation to the transfer equations than can be achieved by averaging over the entire spectrum. Such a higher degree of approximation may be obtained by a subdivision of the infinite frequency range into a series of intervals. In an interval extending, say, from ν_i to ν_{i+1} one can then solve the transfer equations with the interval mean absorption coefficient

$$\bar{\mu}_{pi} = \frac{\int_{\nu_i}^{\nu_{i+1}} \mu'_\nu B_\nu \, d\nu}{\int_{\nu_i}^{\nu_{i+1}} B_\nu \, d\nu} \tag{1.3-6}$$

This quantity can be conveniently obtained if one defines the partial Planck mean

$$\bar{\mu}_{pp}(x_i) = \frac{15}{\pi^4} \int_{0}^{x_i} \mu(x) \, x^3 \, e^{-x} \, dx \tag{1.3-7}$$

and the energy fraction

$$b(x_i) = \frac{15}{\pi^4} \int_{0}^{x_i} (e^x - 1)^{-1} \, x^3 \, dx \tag{1.3-8}$$

and calculates the ratio

$$\bar{\mu}_{pi} = \frac{\bar{\mu}_{pp}(x_{i+1}) - \bar{\mu}_{pp}(x_i)}{b(x_{i+1}) - b(x_i)} \tag{1.3-9}$$

The partial Planck mean is also useful for calculation of the power emitted in finite intervals of the spectrum where the gas is optically thin (i.e. where $\mu_{pi} L \ll 1$). This power is given by the relation

$$P_{i,i+1} = 4\sigma T^4 \left(\bar{\mu}_{pp}(x_{i+1}) - \mu_{pp}(x_i) \right) V \qquad (1.3\text{-}10)$$

Total and Cut-off Rosseland Mean Free Paths

Under conditions where a gas is fairly opaque the Rosseland mean absorption coefficient or its reciprocal the Rosseland mean free path is frequently used in radiation transport considerations. The Rosseland mean free path is

$$\Lambda_R \equiv \frac{1}{\bar{\mu}_R} \equiv \frac{\displaystyle\int_0^\infty \frac{1}{\mu'(\nu)} \frac{dB_\nu}{dT} \, d\nu}{\displaystyle\int_0^\infty \frac{dB_\nu}{dT} \, d\nu} \qquad (1.3\text{-}11)$$

with the notation and units the same as before. The approximation for digital computer use is:

$$\Lambda_R = \frac{15}{4\pi^4} \sum_j \frac{1}{\bar{\mu}_j(x_j)} x_j^4 e^{-xj} \left(1 - e^{-x_j} \right)^{-3} \qquad (1.3\text{-}12)$$

"Cut-off" Rosseland means λ_{Rc} can be defined in a fashion similar to those for the Planck means as described previously. However, instead of dropping the terms for which $\overline{\mu}_j(x_j) \geq \mu_c$ we now drop those for which $\overline{\mu}_j(x_i) \leq \mu_c$.

Extensions of SACHA and PIC Code

The original SACHA code covers a spectral range from 0.6 eV to 10.7 eV. This interval is not adequate for calculation of Planck means which contain sizable contributions from photons having energies outside this range. For low temperature cases, in which the maximum of the blackbody distribution function lies below 0.6 eV, parts of the vibration-rotation bands of NO are missed. For high temperature cases photoionization processes from the ground states of O and N , which occur above 13.6 eV and 14.5 eV and give rise to absorption coefficients several orders of magnitude larger than that below these edges, are missed.

The Planck and Rosseland means listed in Tables A2 to A5 of Chapter 2 require an extension of the SACHA code described in section 1.2 to include

(1)   values of the absorption coefficient for the vibration-rotation bands of NO for temperatures $1,000^{\circ}K$ – $4,000^{\circ}K$, the same eight densities, and spectral intervals centered on 0.2, 0.3, 0.4, and 0.5 eV. These values were obtained from special runs of one of the Sacha programs.

(2)   values of the absorption coefficients of atomic oxygen and atomic

nitrogen for temperatures $6,000^{\circ}K - 18,000^{\circ}K$, densities to

correspond to the desired ones for the air tables, and spectral

intervals centered at every 0.25 eV from 11.0 eV through

46.5 eV. These absorption coefficients were obtained through

use of the PIC computer programs.

No listings were made for temperatures above $18,000^{\circ}K$.

The tables of absorption coefficients just mentioned do not include

atomic line contributions to the absorption although they are always sizable

when there are atoms or atomic ions with at least one bound electron. To

remedy this defect, Lockheed developed the MULTIPLET code which has

been described by Armstrong et al. (1965). The contribution of a transition

between two states labeled i and k to the absorption coefficient is

$$\mu_{ik} = \frac{\pi e^2}{mc} N_i f_{ik} b_{ik} (\nu) \tag{1.3-13}$$

where N_i is the population of the lower state, f_{ik} the f-number for the

transition, and $b_{ik} (\nu)$ a line shape factor which is normalized so that

$\int b_{ik} (\nu) d\nu = 1$. The levels i and k and the populations N_i are

obtained in the manner already mentioned in section 1.2. The f-numbers were

computed by means of Hartree-Slater-Fock (HSF) type wave functions and

the shape factors are Lorentz profiles whose widths are determined by

collision broadening of the upper levels and which are folded into a Doppler

profile.

In the multiplet code the line absorption coefficient is calculated for a large set (up to 2000) of equally spaced frequencies ν_j by adding all μ_{ik} close enough to ν_j to contribute. By adding also the continuous absorption one then obtains the total absorption $\bar{\mu}_j(x_j)$ for calculating the Planck mean absorption coefficient (Eq. 1.3-3) and the Rosseland mean free path (Eq. 1.3-12). In the case of the Planck mean, where the contributions due to lines and the continuum are additive, the two parts were actually evaluated separately. The line contribution is of general theoretical interest, and its magnitude gives us some idea how to correct for the lack of line contributions in the SACHA results. In the case of the Rosseland mean the contributions are not additive and a separation of line and continuum effects is therefore not possible.

The DIAPHANOUS code of General Atomic described by Stewart and Pyatt (1961) differs from the more recent PIC-MULTIPLET combination mainly in using f-numbers which are based on hydrogenic rather than HSF wave functions. In the very high temperature regime $kT > 20$ eV where PIC-MULTIPLET results are not available we reproduce some DIAPHANOUS listings taken from a report by Freeman (1963).

Asymptotic Expressions for Planck Mean

At very high temperatures, when nearly all electrons are free, the Planck mean can be represented asymptotically by analytic expressions. Dividing the parts for Oxygen and Nitrogen

$$\bar{\mu}_p^* = \bar{\mu}_{pO}^* + \bar{\mu}_{pN}^* \qquad (1.3\text{-}14)$$

both of these can be further divided into free-free, bound-free and bound-bound contributions, i.e.

$$\bar{\mu}_{pO}^* = \bar{\mu}_{O,ff}^* + \bar{\mu}_{O,bf}^* + \bar{\mu}_{O,bb}^* \qquad (1.3\text{-}15)$$

and correspondingly for N.

All these coefficients can be expressed in terms of

$$\bar{\mu}_{ff}^* = 5.7 \times 10^{-3} \left(\frac{\rho}{\rho_O}\right)^2 \left(\frac{100}{kT}\right)^{7/2} \quad cm^{-1} \qquad (1.3\text{-}16)$$

where kT is taken in units of eV, and $\rho_O = 1.293 \text{ g/cm}^3$.

These resulting expressions are

$$\bar{\mu}_{N,ff}^* = 0.73\, \bar{\mu}_{ff}^* \qquad (1.3\text{-}17)$$

$$\bar{\mu}_{O,ff}^* = 0.27\, \bar{\mu}_{ff}^* \qquad (1.3\text{-}18)$$

$$\bar{\mu}_{N,bf}^* = 6.77 \left(\frac{100}{kT}\right) \bar{\mu}_{ff}^* \qquad (1.3\text{-}19)$$

$$\bar{\mu}_{O,bf}^* = 3.23 \left(\frac{100}{kT}\right) \bar{\mu}_{ff}^* \qquad (1.3\text{-}20)$$

$$\bar{\mu}^*_{N,bb} = 8.30 \left(\frac{100}{kT}\right)^2 \left[e^{166.5/kT} + 0.35 \, e^{74/kT} + 0.45\right] \bar{\mu}^*_{ff} \qquad (1.3\text{-}21)$$

$$\bar{\mu}^*_{O,bb} = 5.24 \left(\frac{100}{kT}\right)^2 \left[e^{217.5/kT} + 0.35 \, e^{96.7/kT} + 0.45\right] \bar{\mu}^*_{ff} \qquad (1.3\text{-}22)$$

If the electrons are not all free, approximate values can be obtained by dividing the asymptotic expressions $\bar{\mu}^*_{pO}$ and $\bar{\mu}^*_{pN}$ by

$$\frac{n^*_z \, n^*_e}{n_z \, n_e} \approx 1 + 1.47 \times 10^{-4} \left(\frac{\rho}{\rho_p}\right)\left(\frac{100}{kT}\right)^{3/2} \sigma_z \qquad (1.3\text{-}23)$$

where

$$\sigma_z \approx e^{z^2 I_H/kT} + 1100 \left(\frac{\rho}{\rho_o}\right)^{-1/2} \qquad (1.3\text{-}24)$$

$I_H = 13.6$ eV and $Z = 7,8$ are the charges of the two nuclei.

Contribution Due to Scattering

In addition to the processes mentioned so far, where photons are absorbed or emitted, photons can also undergo scattering, often with a negligible change of their energy. This process does not depend on the presence of ions (or atoms) to balance the momentum, and its cross section does, therefore, not depend on the density of these particles.

In calculation of the contribution of scattering it is generally an adequate approximation to use the Thompson cross section $\sigma_T = 6.65 \times 10^{-23} \, \text{cm}^2$

46

$$\overline{\mu}_p^* = \overline{\mu}_{pO}^* + \overline{\mu}_{pN}^* \qquad (1.3\text{-}14)$$

both of these can be further divided into free-free, bound-free and bound-bound contributions, i.e.

$$\overline{\mu}_{pO}^* = \overline{\mu}_{O,ff}^* + \overline{\mu}_{O,bf}^* + \overline{\mu}_{O,bb}^* \qquad (1.3\text{-}15)$$

and correspondingly for N .

All these coefficients can be expressed in terms of

$$\overline{\mu}_{ff}^* = 5.7 \times 10^{-3} \left(\frac{\rho}{\rho_o}\right)^2 \left(\frac{100}{kT}\right)^{7/2} \quad cm^{-1} \qquad (1.3\text{-}16)$$

where kT is taken in units of eV, and $\rho_o = 1.293 \ g/cm^3$.

These resulting expressions are

$$\overline{\mu}_{N,ff}^* = 0.73 \ \overline{\mu}_{ff}^* \qquad (1.3\text{-}17)$$

$$\overline{\mu}_{O,ff}^* = 0.27 \ \overline{\mu}_{ff}^* \qquad (1.3\text{-}18)$$

$$\overline{\mu}_{N,bf}^* = 6.77 \left(\frac{100}{kT}\right) \overline{\mu}_{ff}^* \qquad (1.3\text{-}19)$$

$$\overline{\mu}_{O,bf}^* = 3.23 \left(\frac{100}{kT}\right) \overline{\mu}_{ff}^* \qquad (1.3\text{-}20)$$

$$\bar{\mu}^*_{N,bb} = 8.30 \left(\frac{100}{kT}\right)^2 \left[e^{166.5/kT} + 0.35\, e^{74/kT} + 0.45\right]\bar{\mu}^*_{ff} \qquad (1.3\text{--}21)$$

$$\bar{\mu}^*_{O,bb} = 5.24 \left(\frac{100}{kT}\right)^2 \left[e^{217.5/kT} + 0.35\, e^{96.7/kT} + 0.45\right]\bar{\mu}^*_{ff} \qquad (1.3\text{--}22)$$

If the electrons are not all free, approximate values can be obtained by dividing the asymptotic expressions $\bar{\mu}^*_{pO}$ and $\bar{\mu}^*_{pN}$ by

$$\frac{n^*_z\, n^*_e}{n_z\, n_e} \approx 1 + 1.47 \times 10^{-4} \left(\frac{\rho}{\rho_p}\right)\left(\frac{100}{kT}\right)^{3/2} \sigma_z \qquad (1.3\text{--}23)$$

where

$$\sigma_z \approx e^{z^2 I_H/kT} + 1100 \left(\frac{\rho}{\rho_o}\right)^{-1/2} \qquad (1.3\text{--}24)$$

$I_H = 13.6$ eV and $Z = 7,8$ are the charges of the two nuclei.

Contribution Due to Scattering

In addition to the processes mentioned so far, where photons are absorbed or emitted, photons can also undergo scattering, often with a negligible change of their energy. This process does not depend on the presence of ions (or atoms) to balance the momentum, and its cross section does, therefore, not depend on the density of these particles.

In calculation of the contribution of scattering it is generally an adequate approximation to use the Thompson cross section $\sigma_T = 6.65 \times 10^{-23}$ cm^2

for each free electron. For temperatures below $kT \approx 20$ eV scattering is completely negligible compared to absorption and whether it should be included or not is a question of no practical significance. At higher temperatures and particularly at low densities, however, scattering may become the dominant process for removing photons from a ray and, if that is what one wants to calculate, it must be included. However, if one wants to calculate true absorption or emission one should leave scattering out, otherwise the results will be much too large.

The product $\mu_c = n_e \sigma_T$ should therefore not really be designated as an absorption coefficient but rather as an attenuation coefficient. Since it is only important at high temperatures and low densities the asymptotic expression

$$\mu_c^* = 2.58 \times 10^{-4} \left(\frac{\rho}{\rho_o} \right) cm^{-1} \qquad (1.3\text{-}25)$$

is adequate.

1.4   The tables and figures of chapter 2

A.   Absorption coefficients for heated air from $1000^{\circ}K$ to $24,000^{\circ}K$

Table A1.   Spectral Absorption Coefficients

The tables of absorption coefficients of heated air were produced with the aid of the SACHA digital computer program, which includes as noted before a modified version of the PIC program.

The absorption coefficients listed have been averaged over energy intervals of 0.1 eV, with these intervals centered at the corresponding listed energy. Tables are grouped according to temperature and these groups are arranged sequentially with increasing temperature. There are 24 such groups, one for each temperature from $1,000^{\circ}$K to $24,000^{\circ}$K at $1,000^{\circ}$K intervals. Within each temperature block are eight tables of two pages each with a table for each density; densities are taken at integral powers of ten from ten times normal atmospheric to 10^{-6} times normal. The photon-energy range covered in each table is 10.7 – 0.6 eV.

The difference in headings on the two pages of each table is a result of the large number of absorbers included in the calculation.

Tables A2. Planck and Rosseland Mean Absorption Coefficients

The four sets of tables A2a to A2d were obtained with the aid of a SACHA program, which was extended to include photon energies from 0.2 eV to 46.5 eV. The densities are taken at the same set of values as for Table A1 but the temperatures are only carried up to $18,000^{\circ}$K. For definitions see Section 1.3. It is important to realize that the tables A2 do <u>not</u> include atomic line contributions. Above $10,000^{\circ}$K this is a serious defect, as one sees by inspecting Table B2-1.

Table A2a. Total, Continuum and Cut-off Planck Mean Absorption Coefficients

"Cut-off" Planck mean absorption coefficients are included in the same table as the total and the continuum values and may be identified by their "key" integer. The cut-off key and the recipe for calculation are summarized below:

Integer Appearing in Tables	Computational Meaning as Applied to Sum in Last Expression:
1	If $\mu_j(x_j) \geq 1 \ \mathrm{cm}^{-1}$ set $\mu_j = 0$ in $\sum_j$
2	If $\mu_j(x_j) \geq 10^{-1} \ \mathrm{cm}^{-1}$ set $\mu_j = 0$ in $\sum_j$
3	If $\mu_j(x_j) \geq 10^{-2} \ \mathrm{cm}^{-1}$ set $\mu_j = 0$ in $\sum_j$
4	If $\mu_j(x_j) \geq 10^{-3} \ \mathrm{cm}^{-1}$ set $\mu_j = 0$ in $\sum_j$
5	If $\mu_j(x_j) \geq 10^{-4} \ \mathrm{cm}^{-1}$ set $\mu_j = 0$ in $\sum_j$
6	If $\mu_j(x_j) \geq 10^{-5} \ \mathrm{cm}^{-1}$ set $\mu_j = 0$ in $\sum_j$

The Tables labeled No. 1, No. 2, etc., list for the cited temperatures and densities the contribution to the total Planck mean absorption coefficient for heated air arising from individual contributors. For example, the first table lists the contribution arising from the O_2 Schumann-Runge continuum. Corresponding identifying numbers and the contributor names for which they stand are given below. We note that this assignment of numbers differs from that in the main SACHA code.

System No.	Contributor
1	O_2 Schumann–Runge Continuum
2	NO_2
3	O^- Photodetachment
4	Free–Free in presence of ions
5	N Photoionization
6	O Photoionization
7	O_2 Schumann–Runge Bands
8	N_2 Birge–Hopfield Bands
9	N_2 First Positive Bands
10	N_2 Second Positive Bands
11	NO Beta Bands
12	NO Gamma Bands
13	NO Vibration–Rotation Bands
14	N_2^+ First Negative Bands

Use of the appropriate individual absorption coefficient Eqs. (1.3–2) or (1.3–3) yields the Planck mean absorption coefficient for the corresponding air constituent. Since the Planck mean is applicable to optically thin gas samples only, the sum of the Planck means for all the listed contributors should be equal to the Planck mean for air.

Table A2c. Total, Continuum and Cut–off Rosseland Mean Free Paths

The arrangement of this Table is the same as that of Table 2a. However, the key integer has a different meaning and the new recipe is given below.

Integer Appearing in Table	Computational Meaning
1	If $1/\mu_{j(x_j)} \geq 10^5$ cm, do not include in sum for Rosseland mean free path
2	If $1/\mu_{j(x_j)} \geq 10^4$ cm, do not include in sum for Rosseland mean free path
3	If $1/\mu_{j(x_j)} \geq 10^3$ cm, do not include in sum for Rosseland mean free path
4	If $1/\mu_{j(x_j)} \geq 10^2$ cm, do not include in sum for Rosseland mean free path
5	If $1/\mu_{j(x_j)} \geq 10^1$ cm, do not include in sum for Rosseland mean free path
6	If $1/\mu_{j(x_j)} \geq 1$ cm, do not include in sum for Rosseland mean free path

Table A2d. Partial Planck Mean Absorption Coefficients for Heated Air

The quantities listed in Table A2d are partial Planck mean absorption coefficients. Two coefficients are given for each photon energy with the first one listed containing contributions from both continuum and molecular band transitions and the second containing only continuum contributions. Atomic photoionization is included in the continuum.

The partial Planck mean absorption coefficient is defined by Eq. (1.3-7). To facilitate its use for the calculation of the interval mean absorption coefficient we add also Table A2e which lists $b(x_i)$ as given by Eq. (1.3-8).

B.   Absorption coefficients of nitrogen, oxygen and air in the temperature

range from 1 eV to 20 eV (1 eV = 11,600^{O}K)

The figures presented in this section are obtained by means of the PIC

program or by a combination of the PIC and MULTIPLET programs. The calcula-

tions are carried out for the temperatures kT = 1 eV, 2 eV, 5 eV, 10 eV and

20 eV, and for six values of the free energy* (indicated by the label J). By

choosing the free energy as the second thermodynamic variable, the densities

turn out to have irregular values. They range from, roughly, 10 normal to

10^{-5} normal.

B1.   Continuum Absorption Coefficients of Oxygen and Nitrogen

The figures in this section are graphs of the photoelectric and free-free

absorption coefficients defined as

$$\mu(\epsilon) \;=\; \sum_i N_i \sigma_i(\epsilon)$$

and expressed in units of cm^{-1}. N_i is the number per unit volume of atoms

or ions in the ith state, and $\sigma_i(\epsilon)$ is the total cross section for photo-

electric or free-free absorption from that state at photon energy ϵ . The

jagged curve in each figure, with its characteristic "edges" is the photo-

ionization absorption coefficient, and the smooth, monotonically decreasing

curve is the free-free coefficient. These absorption coefficients are plotted

vs photon energy. The first 36 graphs are for oxygen, the remaining 36 are

for nitrogen.

*
    More precisely the dimensionless quantity α_b introduced in Eq. (3.5) of
    the article by Armstrong et al. (1966). The   values α_b = 6, 9, 11, 13, 15
    and 17 go with   J = 1, 2, 3, 4, 5 and 6.

The photoelectric absorption coefficients have been obtained from the computer code PIC and do <u>not</u> include line contributions. The free-free absorption coefficients are based upon a hydrogenic approximation and contain a Maxwell-averaged Gaunt factor. At the lowest temperature their contribution is too low to appear on the graphs.

B2.   Planck and Rosseland mean absorption coefficients of nitrogen, oxygen and air

The results in this section are obtained by means of the combined PIC and MULTIPLET programs. The integrations extended over photon energies ranging from zero to 500 eV in steps of 0.25 eV.

Table B2-a lists the Planck mean absorption coefficient of nitrogen and oxygen and shows how much is due to lines and how much due to the continuum. Table B2-b lists the Rosseland mean absorption coefficient for nitrogen, oxygen and air.

C.   Mean mass absorption coefficients and mean free paths of air above kT = 20 eV

The results presented in this table are obtained by means of the DIAPHANOUS code and include, therefore, line contributions. The quantities are tabulated for selected values of the temperature from 22.5 eV to 500 eV and an irregular set of densities ranging from, roughly, 100 normal to 3×10^{-5} normal. In addition to the density ρ the tables also display the natural logarithm of ρ.

The absorption coefficients are listed in units of cm^2/gm, i.e., they are the coefficients $\overline{K}_p = \overline{\mu}_p/\rho$ and $\overline{K}_R = \overline{\mu}_R/\rho$. Also listed are the mean free paths, i.e., the reciprocals of $\overline{\mu}_p$ and $\overline{\mu}_R$.

It should be noted that the Planck means listed in Table C do not include Compton scattering whereas the Rosseland means do. Recalling the remarks at the end of section 1.3 it is therefore appropriate to use the Planck means for calculating absorption or emission of photons and the Rosseland means for calculating their attenuation and diffusion.

1.5 Summary figures

From the large amount of data on absorption coefficients of heated air which are presented in the tables, we have constructed a few representative graphs. These should help the reader to acquire a better understanding of the relative importance of the various parameters on which these results depend.

The first set of curves (Fig. 7, 8, 9, 10) shows the absorption coefficient μ as a function of photon energy for two densities and temperatures. The low temperature curves (Fig. 7, 8) are characterized by a very steep increase of μ with photon energy. Essentially, the air transmits every photon in the low energy part and absorbs every photon in the low energy part and absorbs every photon in the high energy part. At the higher temperatures (Fig. 9, 10) the low energy photons are absorbed along with the high energy photons.

The next two curves (Fig. 11, 12) show the temperature dependence of μ for two densities and various photon energies. The photon energy is given as a parameter (in eV). These graphs show the crossing over of the various curves in the vicinity of kT = 1 eV. The large absorption at a photon energy of 8 eV and at the low temperature end is due to the Schumann-Runge continuum.

The two topographic-type representations of μ in the temperature photon energy plane (Fig. 13, 14) permit the viewer to visualize the overall behavior. Strongly absorbing regions are heavily shaded. The crossing short lines (at kT = 5, hν = 13) represent a saddle point. The parallel lines at 45° show where the energy of the blackbody spectrum lies at a given temperature. Fig. 13 is at normal air density, and Fig. 14 is at 10^{-3} normal.

Figs. 15 and 16 show the temperature dependence of the Planck Mean Opacity and the Rosseland Mean Opacity for a number of densities.

The final set of figures (Fig. 17a, b, c, d) compare the contributions of various species and band systems to the absorption coefficient in normal density air. This comparison is achieved (as in Fig. 13 and 14) by displaying the lines of constant absorption coefficient as contour lines in the temperature vs photon energy plane. From such diagrams one sees at a glance at what temperatures and photon energies the various absorption processes are most effective. One sees for example how strongly the oxygen Schumann-Runge continuum dominates all other absorption processes below $6000^{\circ}K$ and in the vicinity of $h\nu = 8$ eV. One also sees that NO_2 is essentially the only absorber below $5000^{\circ}K$ and for $h\nu < 4$ eV. Many more such examples will undoubtedly present themselves to the reader.

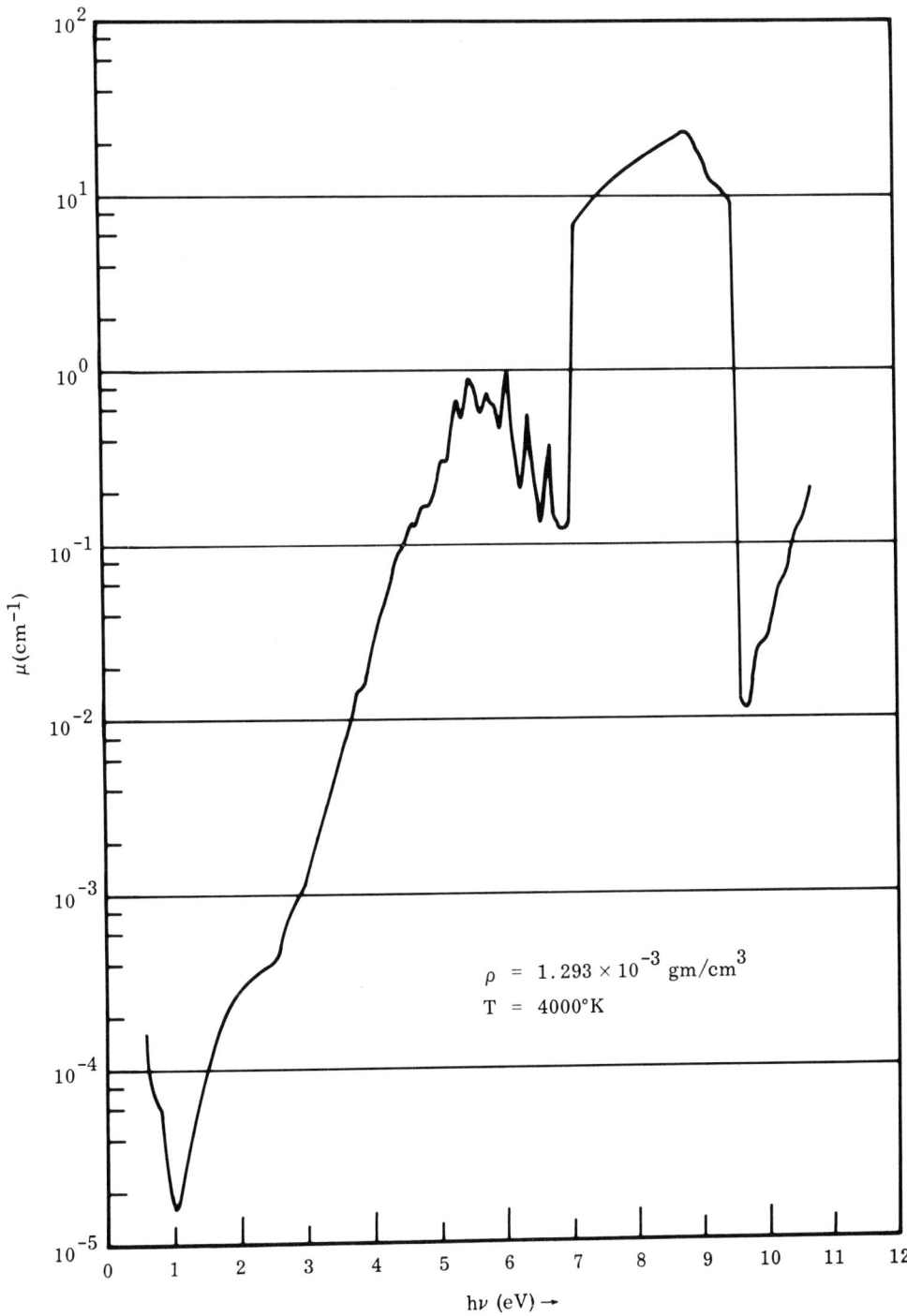

Fig. 7   Absorption Coefficient of Air as a Function of the Photon Energy:
Density, 1.293 x 10^{-3} gm/cm^3; Temperature, 4000°K.

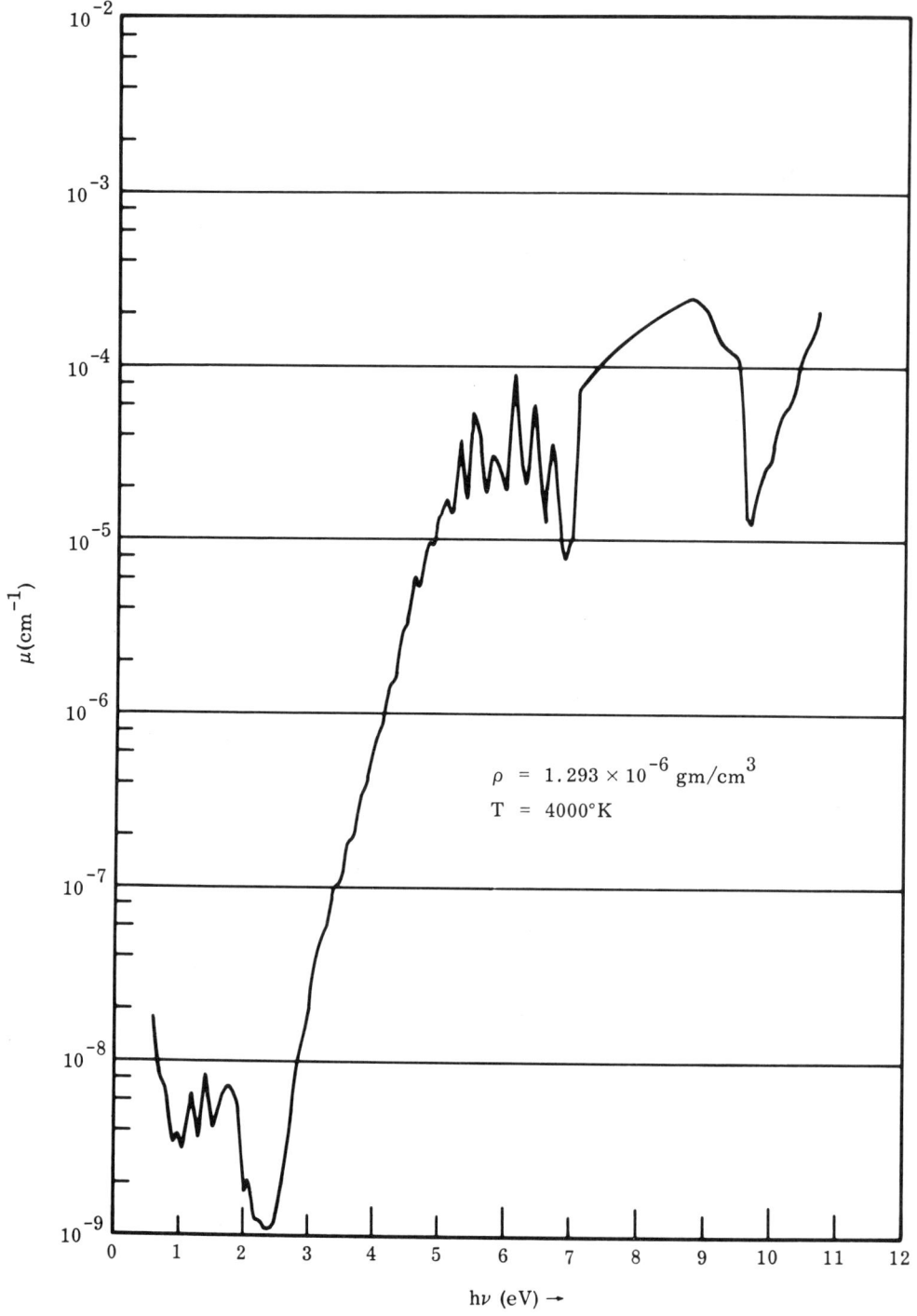

Fig. 8   Absorption Coefficient of Air as a Function of the Photon Energy:
Density, 1.293 x 10^{-6} gm/cm^3; Temperature, 4000°K.

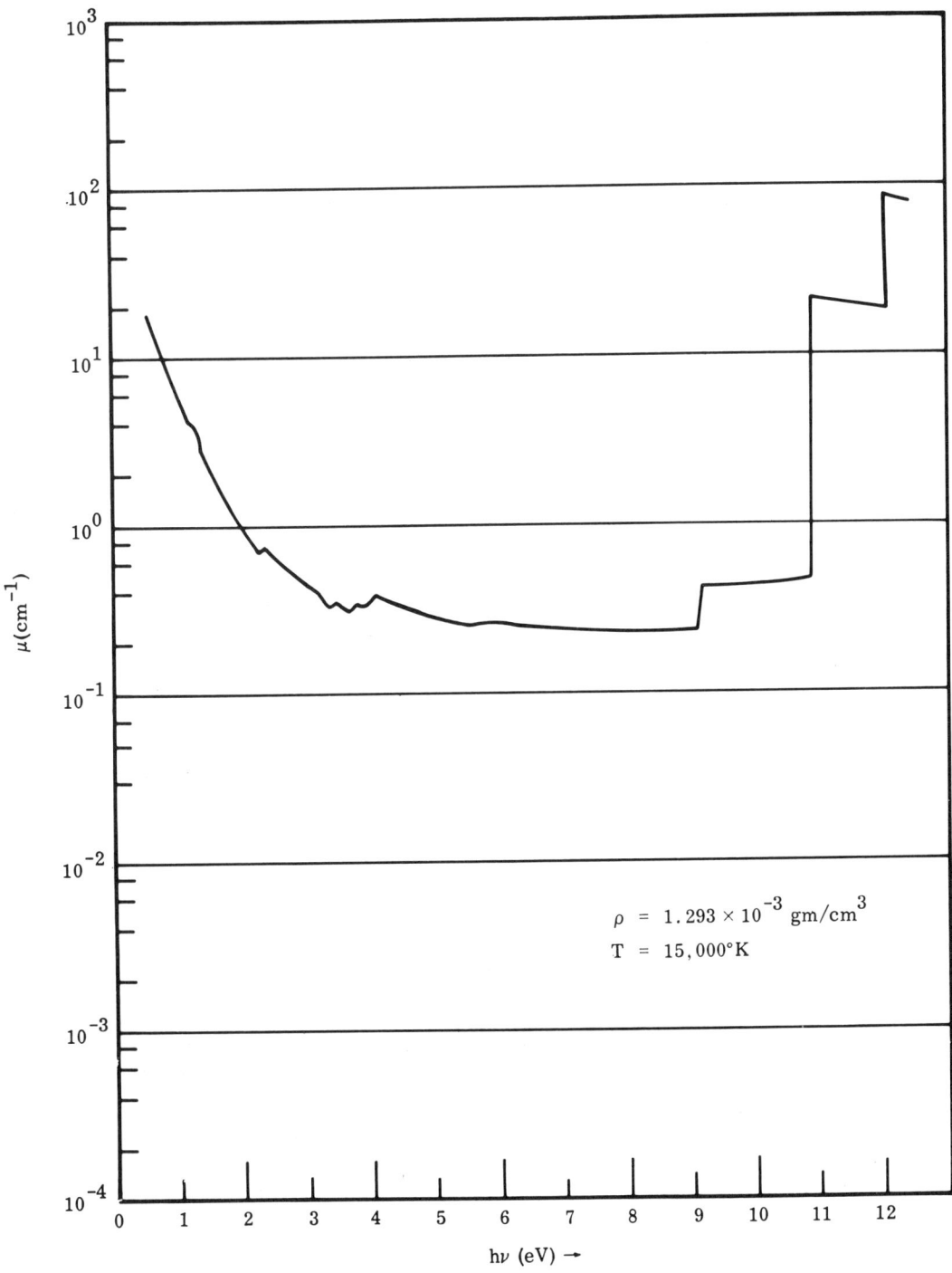

Fig. 9 Absorption Coefficient of Air as a Function of the Photon Energy: Density, 1.293×10^{-3} gm/cm^3; Temperature 15,000°K.

59

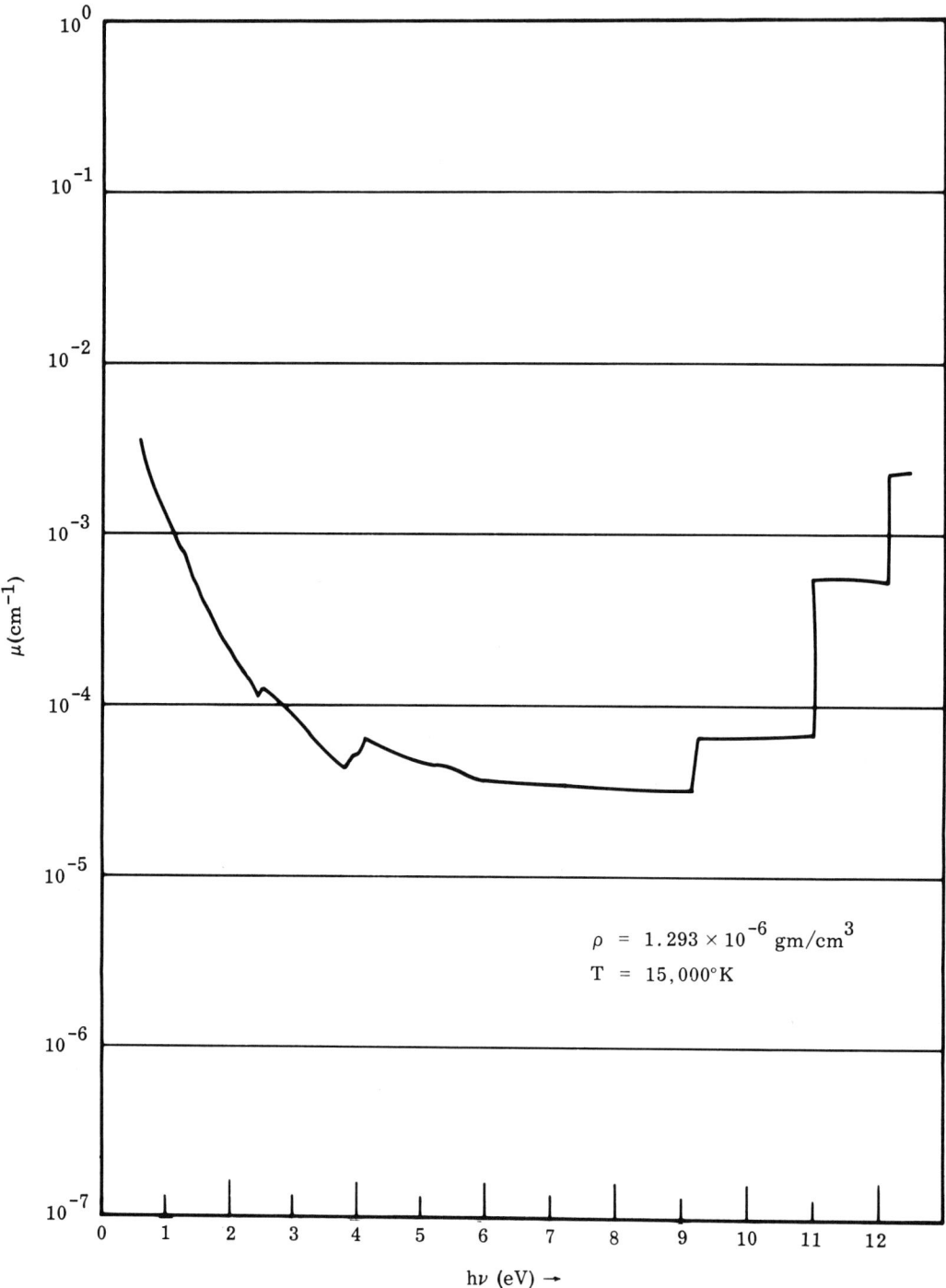

Fig. 10   Absorption Coefficient of Air as a Function of the Photon Energy:
Density, 1.293×10^{-6} gm/cm^3; Temperature $15,000^\circ$K.

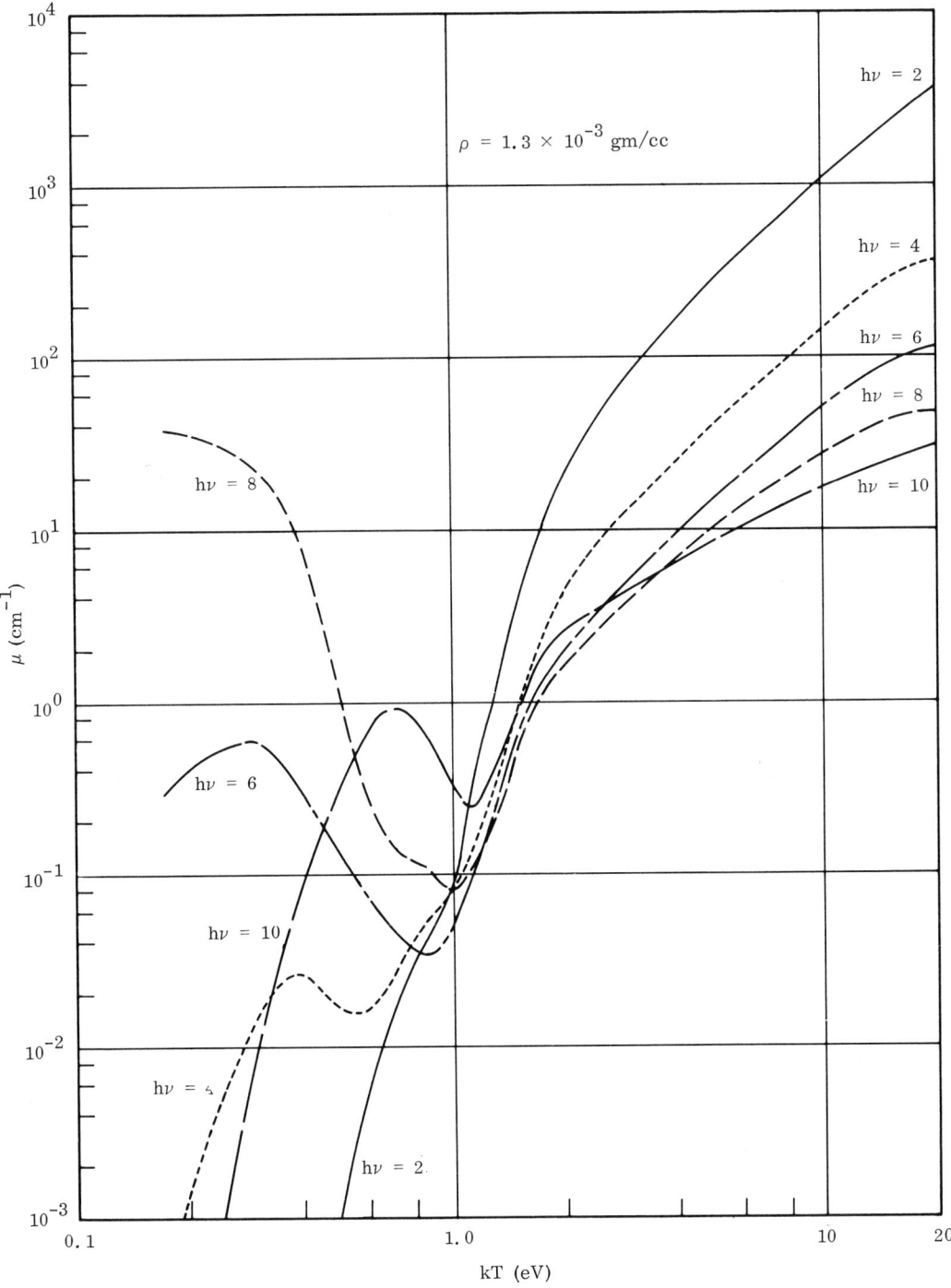

Fig. 11 Absorption Coefficient of Air at Specified Photon Energies as a Function of Temperature: Density, 1.3×10^{-3} gm/cm^3.

61

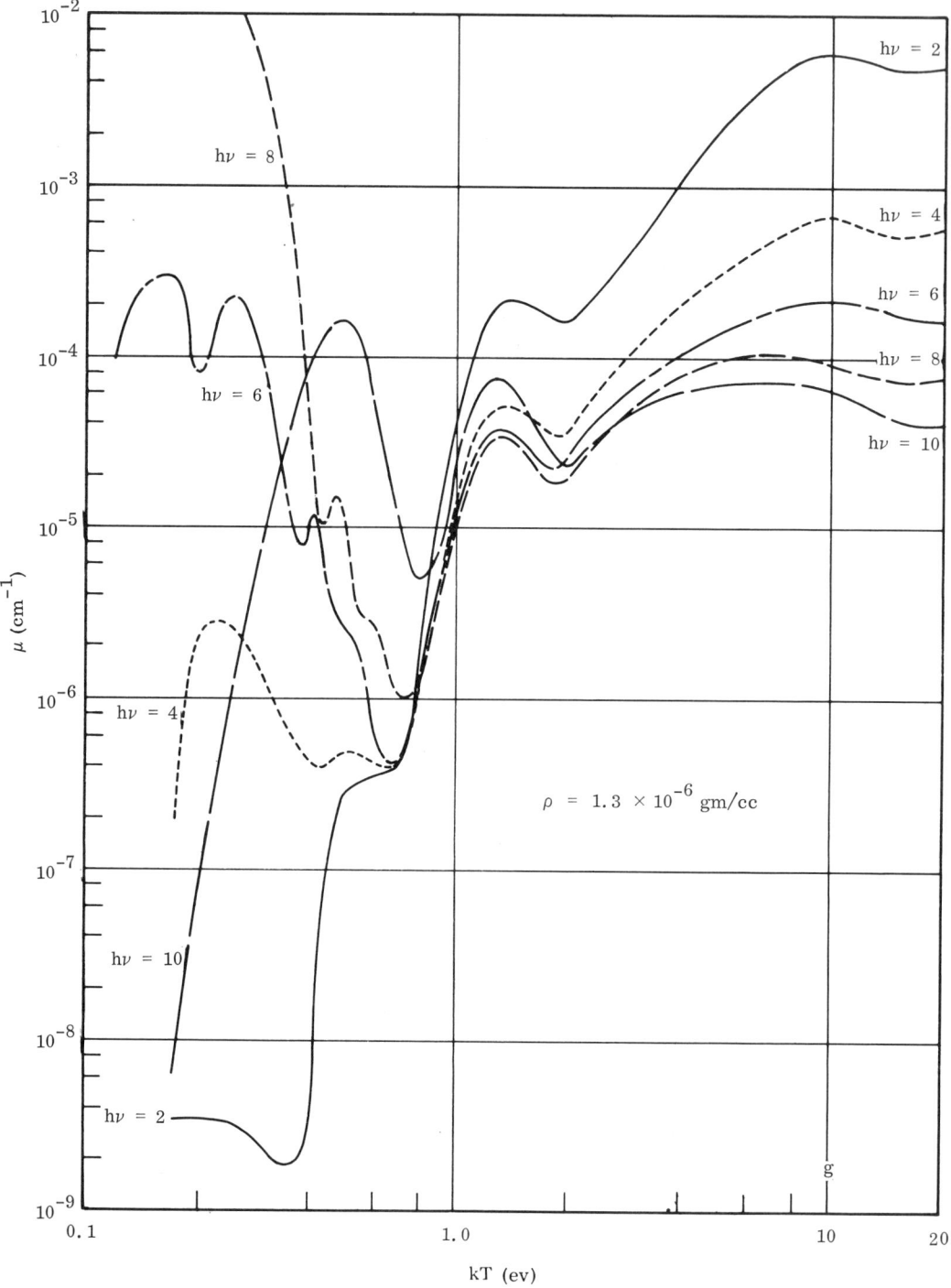

Fig. 12 Absorption Coefficient of Air at Specified Photon Energies as a Function of Temperature: Density, 1.3×10^{-6} gm/cm^3.

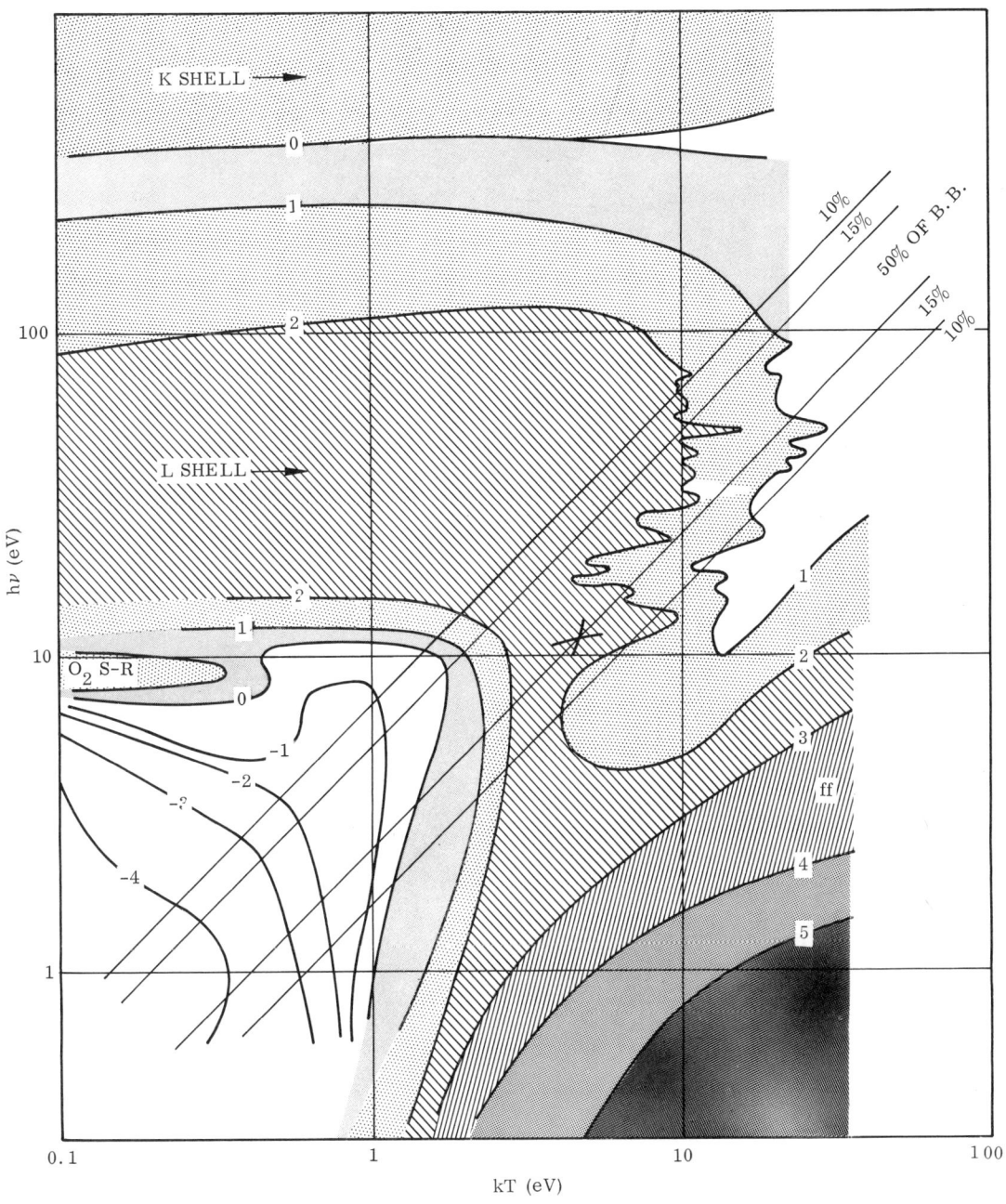

Fig. 13 Topographic Representation of Absorption Coefficient in the
Temperature-Energy Plane for Normal Density Air. A number (n)
on the niveau line indicates that μ is equal to 10^n cm^{-1}.

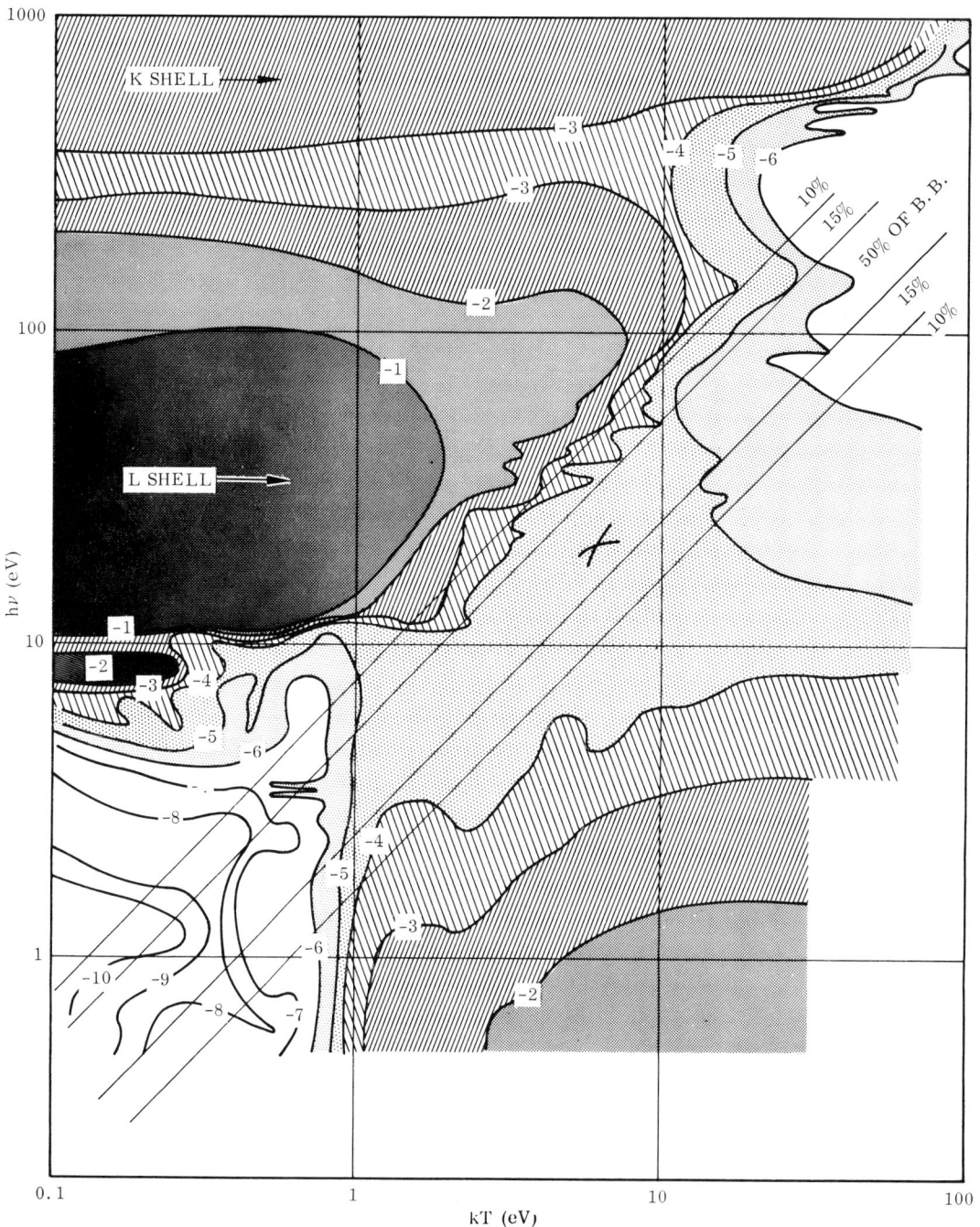

Fig. 14 Topographic Representation of Absorption Coefficient in the Temperature-Energy Plane for 10^{-3} Normal Density Air. A number (n) on the niveau line indicates that μ is equal to 10^n cm^{-1}.

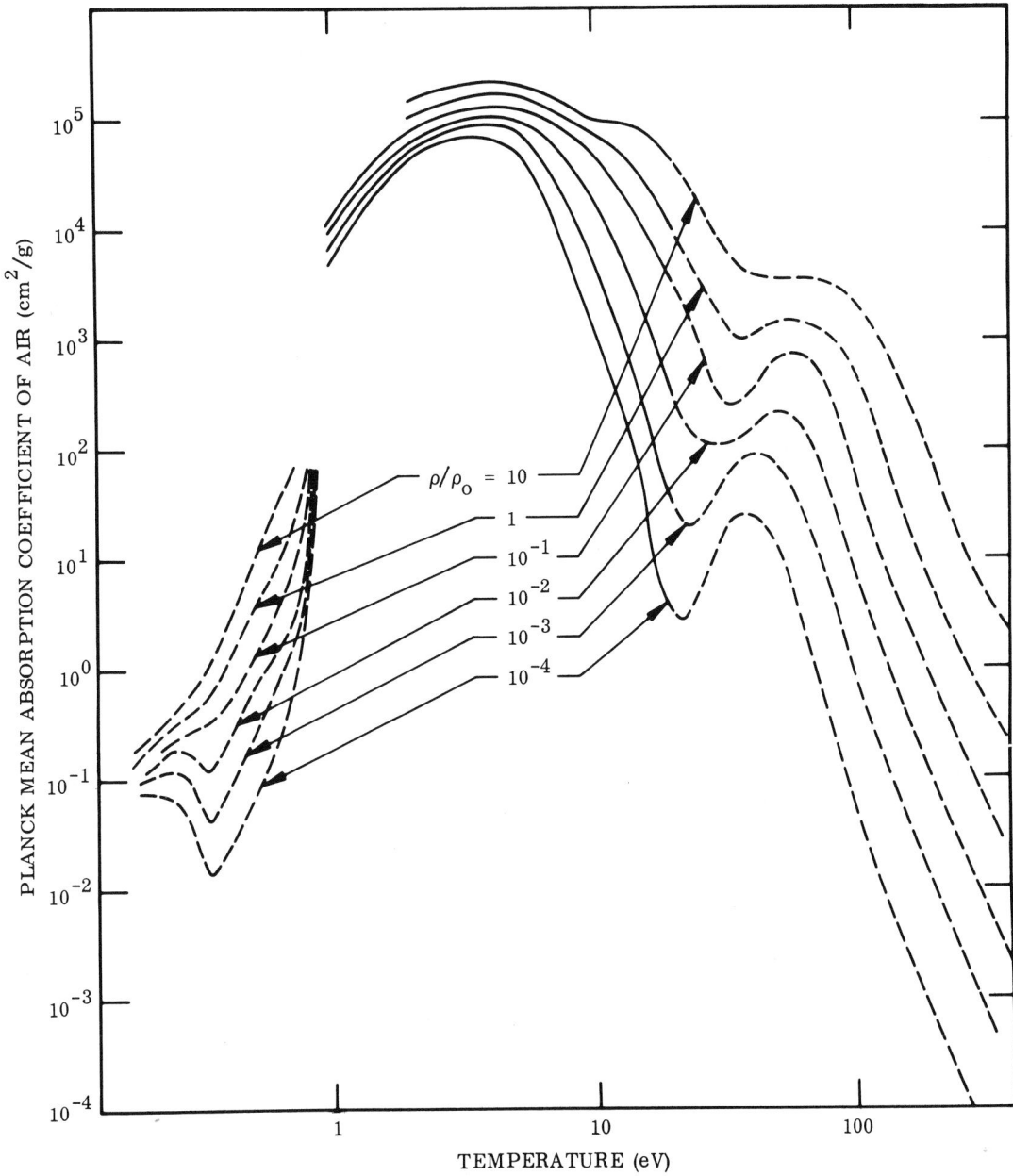

Fig. 15   Planck Mean Absorption Coefficient of Air as a Function of
Temperature for Various Density Ratios. The dashed lines
below 1 eV represent results obtained by Churchill (1966);
the solid lines are from Armstrong, Johnston and Kelly, the
dashed lines above 20 eV are from Freeman (1963). The gap
at 1 eV represents a gap in our knowledge because atomic
line contributions have not been included in the dashed curves.

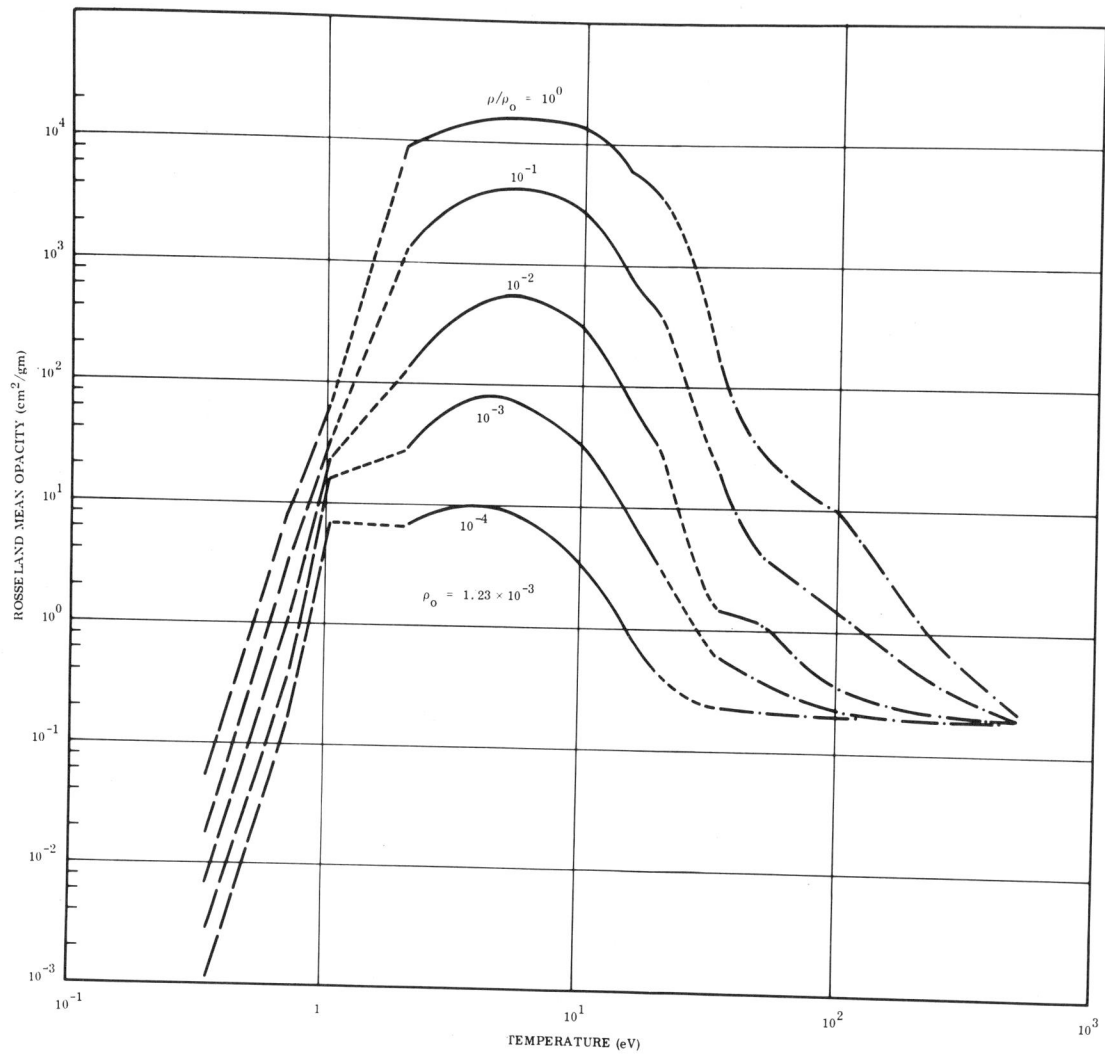

Fig. 16 Rosseland Mean Opacity of Air as a Function of Temperature for
Various Density Ratios. The (——— ———) Lines Represent
Values Calculated by Churchill (1966); the Solid Lines are from
Armstrong, Johnston, and Kelly (1965); the (——— · ———) Lines
are from Freeman (1963); and the (---) Lines are Connecting
Lines Between the Various Calculations.

66

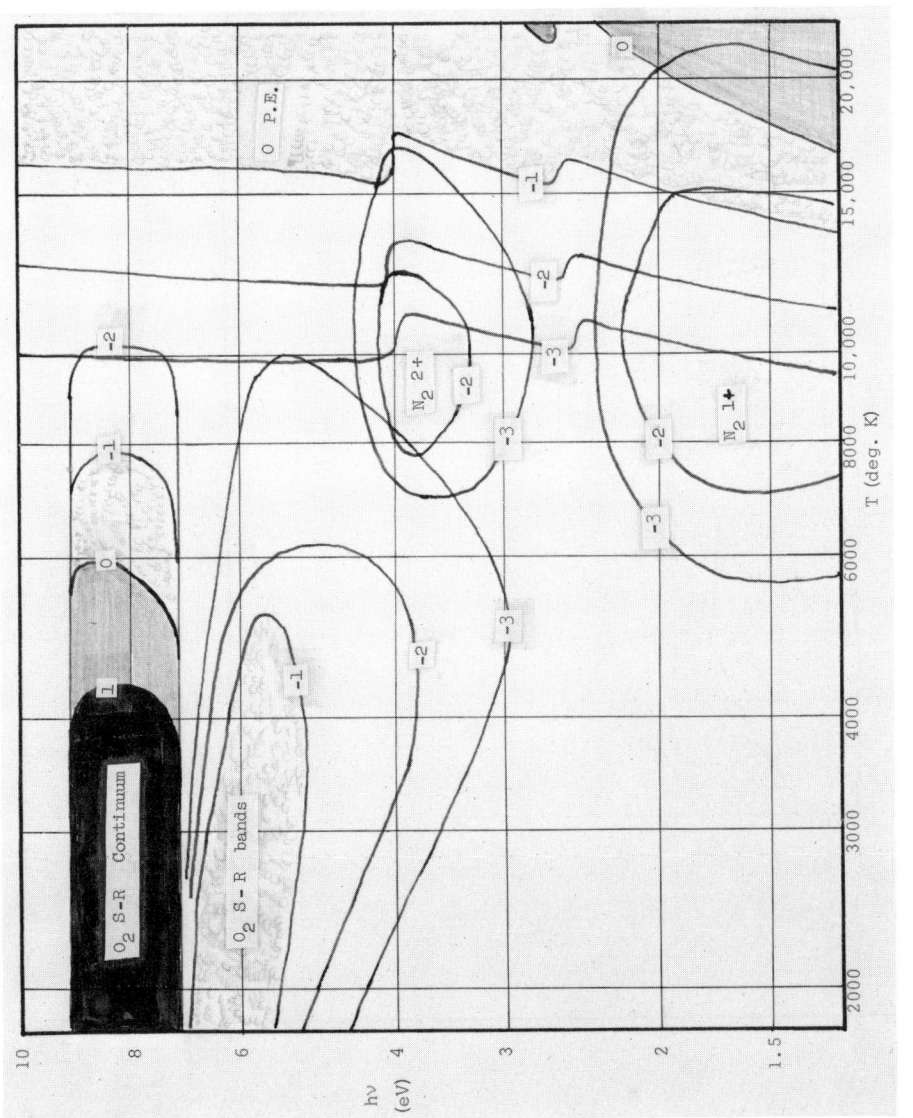

Fig. 17a   Contour map in the temperature energy plane of partial absorption coefficients for normal density air. A number (n) on the contour line indicates that μ is equal to 10^{n} cm^{-1}. Contributors on this figure are: O_2 Schumann–Runge continuum and bands, N_2 first and second positive systems and O photoelectric effect.

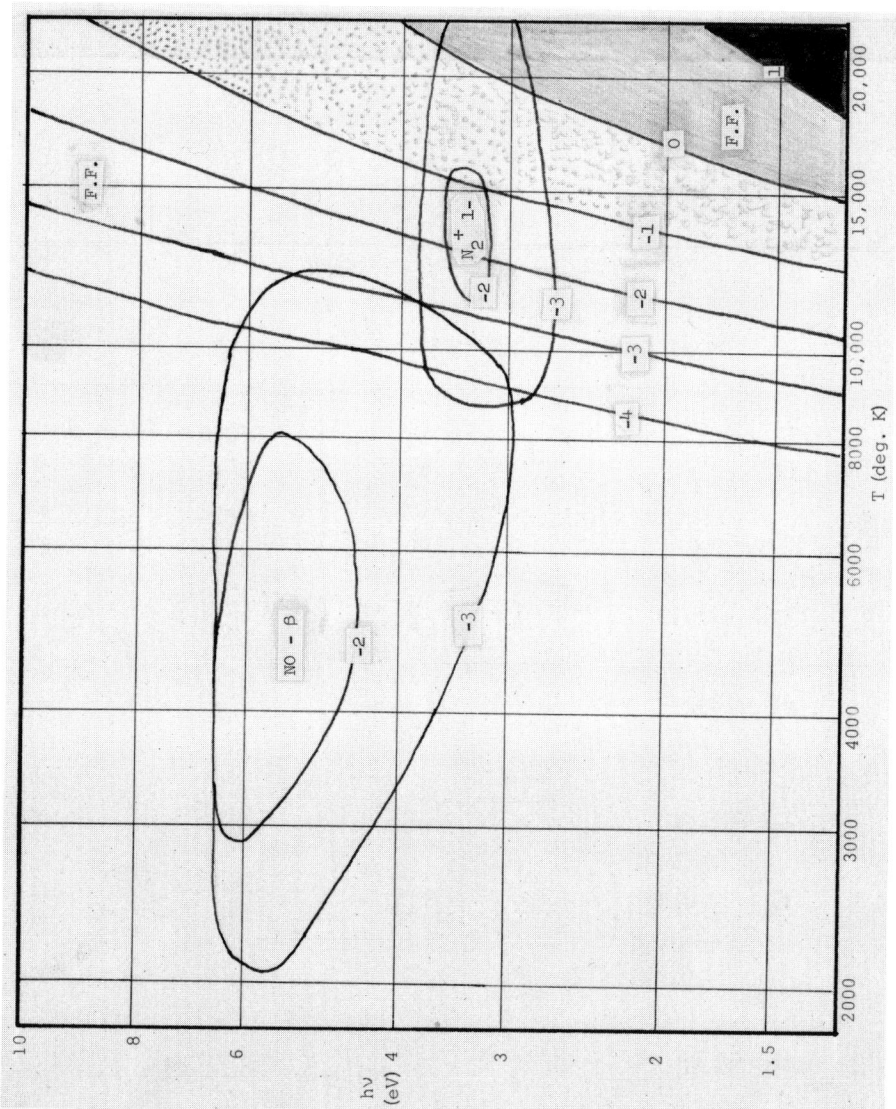

Fig. 17b   Contour map in the temperature energy plane of partial absorption coefficients for normal density air. A number (n) on the contour line indicates that is equal to 10^n cm^{-1}. Contributors on this figure are: NO β system, μ N_2^+ first negative system and free-free.

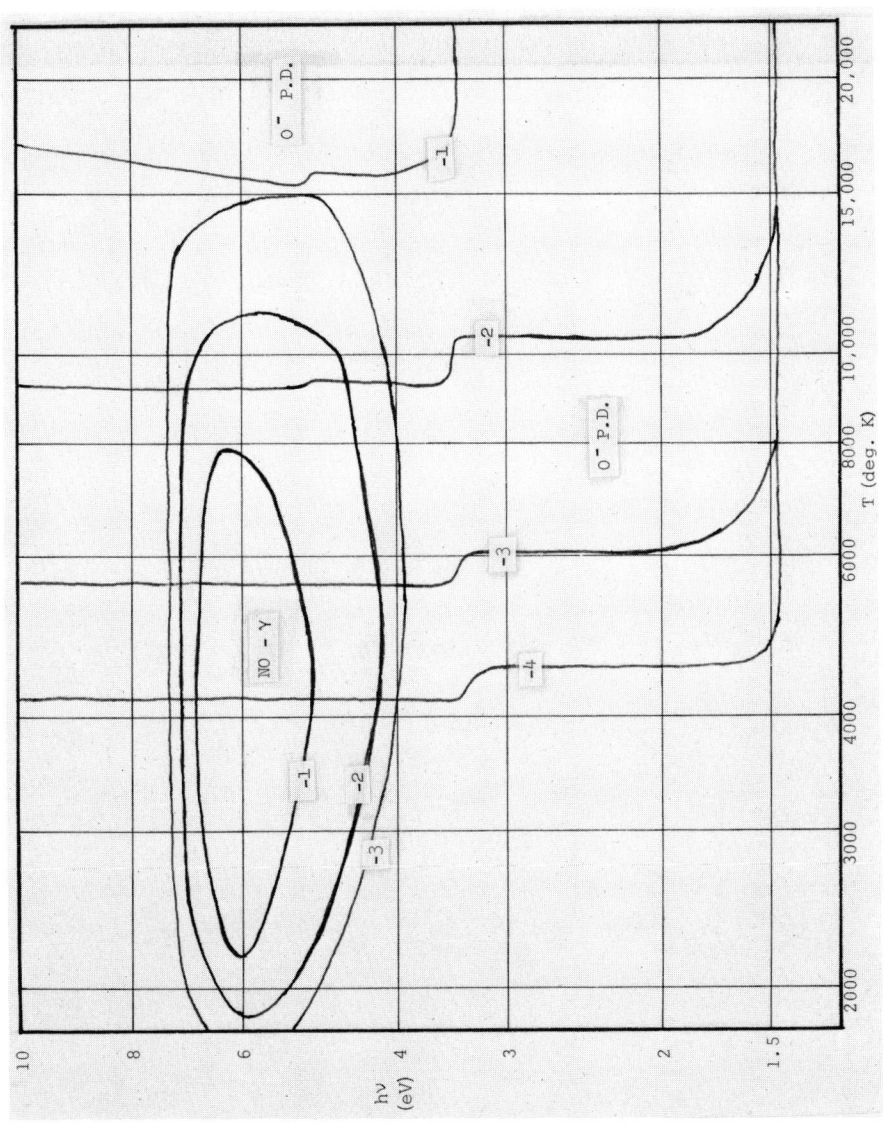

Fig. 17c   Contour map in the temperature energy plane of partial absorption coefficients for normal density air. A number (n) on the contour line indicates that μ is equal to 10^n cm^{-1} .   Contributors on this figure are: NO γ system and O$^-$ photodetachment.

69

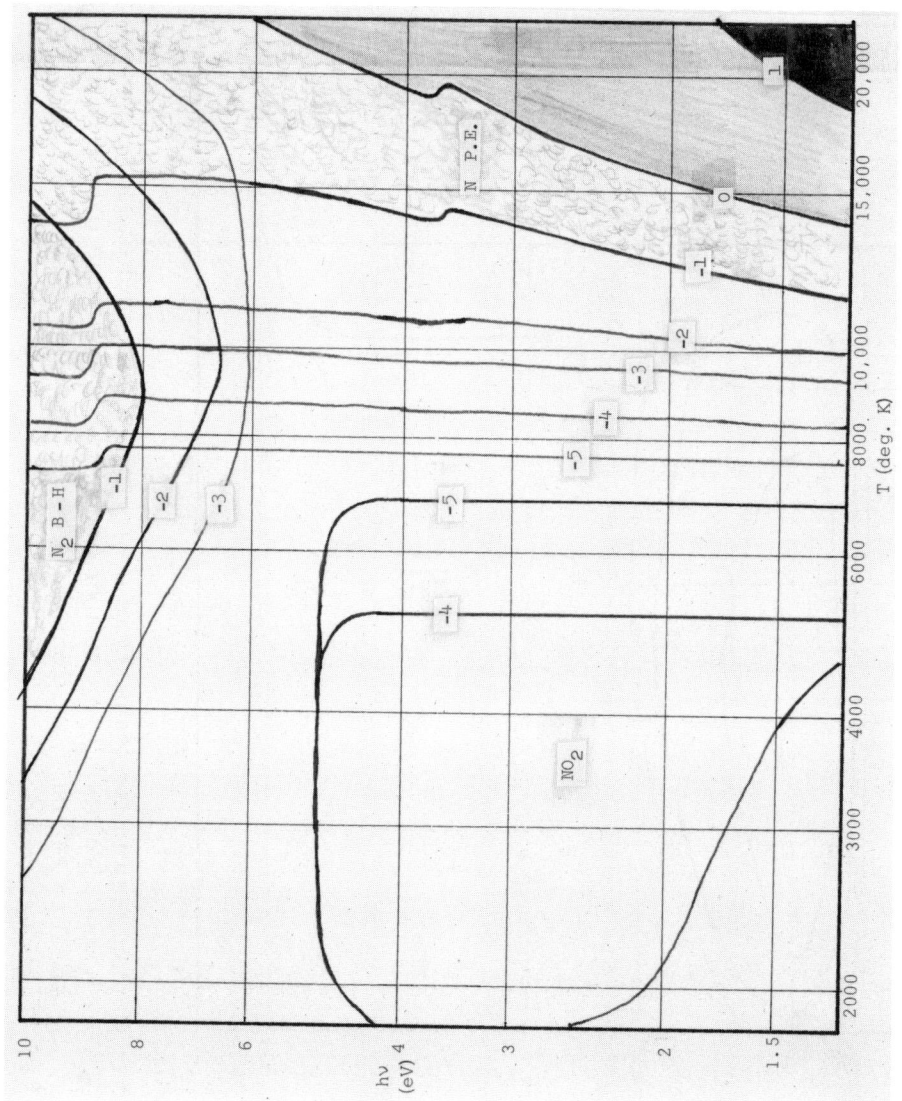

Fig. 17d   Contour map in the temperature energy plane of partial absorption coefficients for normal density air. A number (n) on the contour line indicates that μ is equal to 10^n cm^{-1}. Contributors on this figure are: NO_2, N_2 Birge-Hopfield system and N photoelectric effect.

References

Armstrong, B. H., R. R. Johnston and P. S. Kelly, Lockheed (LMSC) 8-04-64-2, 1964

Armstrong, B. H., R. R. Johnston, P. S. Kelly, H. E. DeWitt and S. G. Brush, Progress in High Temperature Physics and Chemistry Vol. 1, 11. 139-242, Pergamon Press, 1966

Burgess, A. and M. J. Seaton, Roy. Mon. Not. Astr. Soc. 120, 121, 1964

Churchill, D. R., S. A. Hagstrom and R. K. M. Landshoff, J.Q.S.R.T., 4, 291, 1964

Churchill, D. R. and R. E. Meyerott, J.Q.S.R.T., 5, 69, 1965

Churchill, D. R., B. H. Armstrong, R. R. Johnston and K. G. Miller, J.Q.S.R.T., 6, 371, 1966

Freeman, B. E., Internal General Atomic Report, 1963

Gilmore, F. R., J.Q.S.R.T. 5, 369, 1965

Griem, H. R., Plasma Spectroscopy, McGraw-Hill, 1964

Herzberg, G., Spectra of Diatomic Molecules, Van Nostrand, 1950

Johnston, R. R., Phys. Rev. 136, A958, 1964

Karzas, W. J. and R. Latter, Astrophys. J., Suppl. 6, 167, 1961

Raizer, Iu. P., J.E.T.P., 7, 331, 1958

Smith, S. J., Proc. IV, International Conf. Ioniz. Phenom. in Gases, IC, 219, 1960, North Holland Publishing Co., 1960

Stewart, J. C. and K. D. Pyatt, Jr., AFSWC-TR-61-71 and GA-2528, 1961.

Chapter 2. TABLES AND FIGURES OF RADIATIVE PROPERTIES OF AIR

A1   Tables of spectral absorption coefficients for heated air from
       1000°K to 24,000^{O}K and densities from 10 to 10^{-6} times normal.

ABSORPTION COEFFICIENTS OF HEATED AIR (INVERSE CM.)

TEMPERATURE (DEGREES K) 1000.   DENSITY (GM/CC) 1.293E-02 (1.0E 01 NORMAL)

#	PHOTON ENERGY E.V.	O2 S-R BANDS	O2 S-R CONT.	N2 B-H NO. 1	NO BETA	NO GAMMA	NO2	O- PHOTO-DET (IONS)	FREE-FREE (IONS)	N P.E.	O P.E.	TOTAL AIR
1	10.70	0.	0.	1.08E-08	0.	0.	0.	0.	0.	0.	0.	1.08E-08
2	10.60	0.	0.	3.92E-09	0.	0.	0.	0.	0.	0.	0.	3.92E-09
3	10.50	0.	0.	9.09E-10	0.	0.	0.	0.	0.	0.	0.	9.09E-10
4	10.40	0.	0.	4.66E-10	0.	0.	0.	0.	0.	0.	0.	4.66E-10
5	10.30	0.	0.	1.20E-10	0.	0.	0.	0.	0.	0.	0.	1.20E-10
6	10.20	0.	0.	4.03E-11	0.	0.	0.	0.	0.	0.	0.	4.03E-11
7	10.10	0.	0.	2.33E-11	0.	0.	0.	0.	0.	0.	0.	2.33E-11
8	10.00	0.	0.	2.91E-12	0.	0.	0.	0.	0.	0.	0.	2.91E-12
9	9.90	0.	0.	2.04E-12	0.	0.	0.	0.	0.	0.	0.	2.04E-12
10	9.80	0.	0.	7.44E-13	0.	0.	0.	0.	0.	0.	0.	7.44E-13
11	9.70	0.	0.	9.89E-14	0.	0.	0.	0.	0.	0.	0.	9.89E-14
12	9.60	0.	0.	1.13E-13	0.	0.	0.	0.	0.	0.	0.	1.13E-13
13	9.50	0.	3.72E 01	1.21E-14	0.	0.	0.	0.	0.	0.	0.	3.72E 01
14	9.40	0.	1.38E 02	6.32E-15	0.	0.	0.	0.	0.	0.	0.	1.38E 02
15	9.30	0.	2.38E 02	3.07E-15	0.	0.	0.	0.	0.	0.	0.	2.38E 02
16	9.20	0.	3.38E 02	1.67E-16	0.	0.	0.	0.	0.	0.	0.	3.38E 02
17	9.10	0.	4.64E 02	4.77E-16	0.	0.	0.	0.	0.	0.	0.	4.64E 02
18	9.00	0.	5.95E 02	3.43E-17	0.	0.	0.	0.	0.	0.	0.	5.95E 02
19	8.90	0.	7.26E 02	2.57E-17	0.	0.	0.	0.	0.	0.	0.	7.26E 02
20	8.80	0.	7.78E 02	6.95E-18	0.	0.	0.	0.	0.	0.	0.	7.78E 02
21	8.70	0.	7.69E 02	1.05E-18	0.	0.	0.	0.	0.	0.	0.	7.69E 02
22	8.60	0.	7.60E 02	8.34E-20	0.	0.	0.	0.	0.	0.	0.	7.60E 02
23	8.50	0.	7.35E 02	1.06E-19	0.	0.	0.	0.	0.	0.	0.	7.35E 02
24	8.40	0.	6.91E 02	9.85E-21	0.	0.	0.	0.	0.	0.	0.	6.91E 02
25	8.30	0.	6.40E 02	1.16E-21	0.	0.	0.	0.	0.	0.	0.	6.40E 02
26	8.20	0.	5.82E 02	4.83E-22	0.	0.	0.	0.	0.	0.	0.	5.82E 02
27	8.10	0.	5.21E 02	2.20E-22	0.	0.	0.	0.	0.	0.	0.	5.21E 02
28	8.00	0.	4.60E 02	4.74E-23	0.	0.	0.	0.	0.	0.	0.	4.60E 02
29	7.90	0.	3.94E 02	1.39E-23	0.	0.	0.	0.	0.	0.	0.	3.94E 02
30	7.80	0.	3.27E 02	3.41E-24	0.	0.	0.	0.	0.	0.	0.	3.27E 02
31	7.70	0.	2.68E 02	1.11E-24	0.	0.	0.	0.	0.	0.	0.	2.68E 02
32	7.60	0.	2.17E 02	2.47E-25	0.	3.54E-12	0.	0.	0.	0.	0.	2.17E 02
33	7.50	0.	1.66E 02	7.11E-26	0.	2.49E-07	0.	0.	0.	0.	0.	1.66E 02
34	7.40	0.	1.26E 02	1.74E-26	0.	4.83E-06	0.	0.	0.	0.	0.	1.26E 02
35	7.30	0.	8.95E 01	4.85E-27	0.	4.24E-08	0.	0.	0.	0.	0.	8.95E 01
36	7.20	0.	6.79E 01	1.21E-27	0.	4.99E-05	0.	0.	0.	0.	0.	6.79E 01
37	7.10	0.	4.74E 01	3.30E-28	0.	6.42E-06	0.	0.	0.	0.	0.	4.74E 01
38	7.00	4.06E 00	0.	8.40E-29	0.	1.58E-05	0.	0.	0.	0.	0.	4.06E 00
39	6.90	4.40E 00	0.	2.21E-29	0.	3.07E-04	0.	0.	0.	0.	0.	4.40E 00
40	6.80	2.11E 00	0.	5.43E-30	0.	6.84E-07	0.	0.	0.	0.	0.	2.11E 00
41	6.70	8.49E-01	0.	1.21E-30	0.	2.21E-04	0.	0.	0.	0.	0.	8.50E-01
42	6.60	3.68E-01	0.	1.69E-31	0.	1.04E-03	0.	0.	0.	0.	0.	3.69E-01
43	6.50	1.11E-01	0.	1.14E-32	0.	5.39E-06	0.	0.	0.	0.	0.	1.12E-01
44	6.40	1.96E-01	0.	2.46E-34	1.76E-04	1.22E-06	0.	0.	0.	0.	0.	1.97E-01
45	6.30	2.01E-01	0.	3.03E-36	2.32E-04	2.36E-03	0.	0.	0.	0.	0.	2.04E-01
46	6.20	1.74E-01	0.	1.51E-38	2.13E-04	1.71E-05	0.	0.	0.	0.	0.	1.74E-01
47	6.10	2.23E-01	0.	0.	2.02E-04	5.08E-03	0.	0.	0.	0.	0.	2.28E-01
48	6.00	1.80E-01	0.	0.	5.72E-05	1.14E-03	0.	0.	0.	0.	0.	1.81E-01
49	5.90	9.83E-02	0.	0.	4.82E-05	3.35E-05	0.	0.	0.	0.	0.	9.84E-02
50	5.80	4.05E-02	0.	0.	2.94E-05	8.79E-04	0.	0.	0.	0.	0.	4.14E-02
51	5.70	9.56E-03	0.	0.	1.22E-05	7.69E-07	0.	0.	0.	0.	0.	9.57E-03

ABSORPTION COEFFICIENTS OF HEATED AIR (INVERSE CM.)

TEMPERATURE (DEGREES K) 1000. DENSITY (GM/CC) 1.293E-02 (1.0E 01 NORMAL)

#	PHOTON ENERGY	O2 S-R BANDS	N2 1ST POS.	N2 2ND POS.	N2+ 1ST NEG.	NO BETA	NO GAMMA	NO VIB-ROT	NO2	O- PHOTO-DET	FREE-FREE (IONS)	N P.E.	O P.E.	TOTAL AIR
52	5.60	8.15E-03	0.	0.	0.	8.48E-07	9.83E-05	0.	0.	0.	0.	0.	0.	8.25E-03
53	5.50	5.01E-03	0.	0.	0.	4.75E-06	3.76E-03	0.	0.	0.	0.	0.	0.	8.78E-03
54	5.40	1.63E-03	0.	0.	0.	2.69E-06	1.51E-06	0.	0.	0.	0.	0.	0.	1.63E-03
55	5.30	8.17E-04	0.	0.	0.	7.51E-07	2.61E-04	0.	0.	0.	0.	0.	0.	1.08E-03
56	5.20	9.54E-05	0.	0.	0.	4.36E-07	1.77E-04	0.	0.	0.	0.	0.	0.	2.72E-04
57	5.10	8.14E-05	0.	0.	0.	1.16E-07	4.60E-06	0.	4.33E-04	0.	0.	0.	0.	5.19E-04
58	5.00	5.19E-05	0.	0.	0.	3.85E-08	2.78E-05	0.	4.50E-04	0.	0.	0.	0.	5.29E-04
59	4.90	3.92E-05	0.	0.	0.	2.38E-08	1.79E-07	0.	4.67E-04	0.	0.	0.	0.	5.06E-04
60	4.80	2.12E-05	0.	0.	0.	3.37E-08	1.88E-06	0.	4.90E-04	0.	0.	0.	0.	5.13E-04
61	4.70	9.60E-06	0.	0.	0.	1.53E-08	8.38E-09	0.	5.16E-04	0.	0.	0.	0.	5.26E-04
62	4.60	4.33E-06	0.	0.	0.	5.09E-09	1.24E-07	0.	5.42E-04	0.	0.	0.	0.	5.47E-04
63	4.50	1.50E-06	0.	0.	0.	2.35E-09	4.20E-10	0.	5.67E-04	0.	0.	0.	0.	5.69E-04
64	4.40	5.17E-07	0.	0.	0.	5.17E-09	6.40E-09	0.	5.94E-04	0.	0.	0.	0.	5.94E-04
65	4.30	2.04E-07	0.	0.	0.	6.29E-10	1.48E-09	0.	6.31E-04	0.	0.	0.	0.	6.31E-04
66	4.20	6.09E-08	0.	0.	0.	3.13E-10	2.34E-10	0.	6.74E-04	0.	0.	0.	0.	6.74E-04
67	4.10	3.34E-08	0.	0.	0.	8.83E-11	2.27E-10	0.	7.21E-04	0.	0.	0.	0.	7.21E-04
68	4.00	8.11E-09	0.	0.	0.	3.46E-11	5.36E-12	0.	7.79E-04	0.	0.	0.	0.	7.79E-04
69	3.90	1.82E-09	0.	0.	0.	1.33E-11	1.53E-11	0.	8.42E-04	0.	0.	0.	0.	8.42E-04
70	3.80	1.27E-09	0.	0.	0.	3.07E-12	0.	0.	9.18E-04	0.	0.	0.	0.	9.18E-04
71	3.70	2.03E-10	0.	0.	0.	1.91E-12	0.	0.	10.00E-04	0.	0.	0.	0.	10.00E-04
72	3.60	7.18E-11	0.	0.	0.	2.51E-13	0.	0.	1.10E-03	0.	0.	0.	0.	1.10E-03
73	3.50	2.87E-11	0.	0.	0.	2.19E-13	0.	0.	1.21E-03	0.	0.	0.	0.	1.21E-03
74	3.40	5.45E-12	0.	0.	0.	2.06E-14	0.	0.	1.34E-03	0.	0.	0.	0.	1.34E-03
75	3.30	1.93E-12	0.	0.	0.	1.80E-15	0.	0.	1.39E-03	0.	0.	0.	0.	1.39E-03
76	3.20	4.90E-13	0.	0.	0.	1.38E-15	0.	0.	1.42E-03	0.	0.	0.	0.	1.42E-03
77	3.10	1.12E-13	0.	0.	0.	1.60E-16	0.	0.	1.43E-03	0.	0.	0.	0.	1.43E-03
78	3.00	3.06E-14	0.	0.	0.	7.92E-17	0.	0.	1.38E-03	0.	0.	0.	0.	1.38E-03
79	2.90	6.95E-15	0.	0.	0.	8.02E-18	0.	0.	1.34E-03	0.	0.	0.	0.	1.34E-03
80	2.80	2.05E-15	0.	0.	0.	1.51E-18	0.	0.	1.24E-03	0.	0.	0.	0.	1.24E-03
81	2.70	2.50E-16	0.	0.	0.	1.56E-20	0.	0.	1.13E-03	0.	0.	0.	0.	1.13E-03
82	2.60	4.84E-18	0.	0.	0.	1.45E-22	0.	0.	1.01E-03	0.	0.	0.	0.	1.01E-03
83	2.50	4.94E-20	0.	0.	0.	1.72E-24	0.	0.	8.75E-04	0.	0.	0.	0.	8.75E-04
84	2.40	0.	0.	0.	0.	1.64E-26	0.	0.	7.56E-04	0.	0.	0.	0.	7.56E-04
85	2.30	0.	0.	0.	0.	0.	0.	0.	5.92E-04	0.	0.	0.	0.	5.92E-04
86	2.20	0.	0.	0.	0.	0.	0.	0.	4.49E-04	0.	0.	0.	0.	4.49E-04
87	2.10	0.	0.	0.	0.	0.	0.	0.	3.28E-04	0.	0.	0.	0.	3.28E-04
88	2.00	0.	0.	0.	0.	0.	0.	0.	2.17E-04	0.	0.	0.	0.	2.17E-04
89	1.90	0.	0.	0.	0.	0.	0.	0.	1.43E-04	0.	0.	0.	0.	1.43E-04
90	1.80	0.	0.	0.	0.	0.	0.	0.	8.32E-05	0.	0.	0.	0.	8.32E-05
91	1.70	0.	0.	0.	0.	0.	0.	0.	4.65E-05	0.	0.	0.	0.	4.65E-05
92	1.60	0.	0.	0.	0.	0.	0.	0.	2.44E-05	0.	0.	0.	0.	2.44E-05
93	1.50	0.	0.	0.	0.	0.	0.	0.	9.97E-06	0.	0.	0.	0.	9.97E-06
94	1.40	0.	0.	0.	0.	0.	0.	0.	0.	0.	0.	0.	0.	0.
95	1.30	0.	0.	0.	0.	0.	0.	0.	0.	0.	0.	0.	0.	0.
96	1.20	0.	0.	0.	0.	0.	0.	1.46E-09	0.	0.	0.	0.	0.	1.46E-09
97	1.10	0.	0.	0.	0.	0.	0.	2.21E-12	0.	0.	0.	0.	0.	2.21E-12
98	1.00	0.	0.	0.	0.	0.	0.	1.38E-08	0.	0.	0.	0.	0.	1.38E-08
99	0.90	0.	0.	0.	0.	0.	0.	3.24E-11	0.	0.	0.	0.	0.	3.24E-11
100	0.80	0.	0.	0.	0.	0.	0.	9.34E-08	0.	0.	0.	0.	0.	9.34E-08
101	0.70	0.	0.	0.	0.	0.	0.	8.06E-10	0.	0.	0.	0.	0.	8.06E-10
102	0.60	0.	0.	0.	0.	0.	0.	0.	0.	0.	0.	0.	0.	0.

ABSORPTION COEFFICIENTS OF HEATED AIR (INVERSE CM.)

TEMPERATURE (DEGREES K) 1000. DENSITY (GM/CC) 1.293E-03 (10.0E-01 NORMAL)

#	PHOTON ENERGY E.V.	O2 S-R BANDS	O2 S-R CONT.	N2 B-H NO. 1	NO BETA	NO GAMMA	NO2	O- PHOTO-DET (IONS)	FREE-FREE (IONS)	N P.E.	O P.E.	TOTAL AIR
1	10.70	0.	0.	1.08E-09	0.	0.	0.	0.	0.	0.	0.	1.08E-09
2	10.60	0.	0.	3.92E-10	0.	0.	0.	0.	0.	0.	0.	3.92E-10
3	10.50	0.	0.	9.09E-11	0.	0.	0.	0.	0.	0.	0.	9.09E-11
4	10.40	0.	0.	4.66E-11	0.	0.	0.	0.	0.	0.	0.	4.66E-11
5	10.30	0.	0.	1.20E-11	0.	0.	0.	0.	0.	0.	0.	1.20E-11
6	10.20	0.	0.	4.03E-12	0.	0.	0.	0.	0.	0.	0.	4.03E-12
7	10.10	0.	0.	2.33E-12	0.	0.	0.	0.	0.	0.	0.	2.33E-12
8	10.00	0.	0.	2.91E-13	0.	0.	0.	0.	0.	0.	0.	2.91E-13
9	9.90	0.	0.	2.04E-13	0.	0.	0.	0.	0.	0.	0.	2.04E-13
10	9.80	0.	0.	7.44E-14	0.	0.	0.	0.	0.	0.	0.	7.44E-14
11	9.70	0.	0.	9.86E-15	0.	0.	0.	0.	0.	0.	0.	9.89E-15
12	9.60	0.	0.	1.13E-15	0.	0.	0.	0.	0.	0.	0.	1.13E-14
13	9.50	0.	3.72E 00	1.21E-15	0.	0.	0.	0.	0.	0.	0.	3.72E 00
14	9.40	0.	1.38E 01	6.32E-16	0.	0.	0.	0.	0.	0.	0.	1.38E 01
15	9.30	0.	2.38E 01	3.07E-16	0.	0.	0.	0.	0.	0.	0.	2.38E 01
16	9.20	0.	3.38E 01	1.67E-16	0.	0.	0.	0.	0.	0.	0.	3.38E 01
17	9.10	0.	4.64E 01	4.77E-17	0.	0.	0.	0.	0.	0.	0.	4.64E 01
18	9.00	0.	5.95E 01	3.43E-17	0.	0.	0.	0.	0.	0.	0.	5.95E 01
19	8.90	0.	7.26E 01	2.57E-18	0.	0.	0.	0.	0.	0.	0.	7.26E 01
20	8.80	0.	7.78E 01	6.95E-19	0.	0.	0.	0.	0.	0.	0.	7.78E 01
21	8.70	0.	7.69E 01	1.05E-19	0.	0.	0.	0.	0.	0.	0.	7.69E 01
22	8.60	0.	7.60E 01	1.21E-19	0.	0.	0.	0.	0.	0.	0.	7.60E 01
23	8.50	0.	7.35E 01	8.34E-21	0.	0.	0.	0.	0.	0.	0.	7.35E 01
24	8.40	0.	6.91E 01	1.06E-20	0.	0.	0.	0.	0.	0.	0.	6.91E 01
25	8.30	0.	6.40E 01	9.85E-22	0.	0.	0.	0.	0.	0.	0.	6.40E 01
26	8.20	0.	5.82E 01	6.51E-22	0.	0.	0.	0.	0.	0.	0.	5.82E 01
27	8.10	0.	5.21E 01	1.16E-22	0.	0.	0.	0.	0.	0.	0.	5.21E 01
28	8.00	0.	4.60E 01	4.83E-23	0.	0.	0.	0.	0.	0.	0.	4.60E 01
29	7.90	0.	3.94E 01	1.20E-23	0.	0.	0.	0.	0.	0.	0.	3.94E 01
30	7.80	0.	3.27E 01	4.74E-24	0.	0.	0.	0.	0.	0.	0.	3.27E 01
31	7.70	0.	2.68E 01	1.39E-24	0.	0.	0.	0.	0.	0.	0.	2.68E 01
32	7.60	0.	2.17E 01	3.41E-25	0.	3.54E-13	0.	0.	0.	0.	0.	2.17E 01
33	7.50	0.	1.66E 01	1.11E-25	0.	2.49E-08	0.	0.	0.	0.	0.	1.66E 01
34	7.40	0.	1.26E 01	2.47E-26	0.	4.83E-07	0.	0.	0.	0.	0.	1.26E 01
35	7.30	0.	8.95E 00	7.11E-27	0.	4.24E-09	0.	0.	0.	0.	0.	8.95E 00
36	7.20	0.	6.79E 00	1.74E-27	0.	4.99E-06	0.	0.	0.	0.	0.	6.79E 00
37	7.10	0.	4.74E 00	4.85E-28	0.	6.42E-07	0.	0.	0.	0.	0.	4.74E 00
38	7.00	4.06E-01	0.	1.21E-28	0.	1.58E-06	0.	0.	0.	0.	0.	4.06E-01
39	6.90	4.40E-01	0.	3.30E-29	0.	3.07E-05	0.	0.	0.	0.	0.	4.40E-01
40	6.80	2.11E-01	0.	8.40E-30	0.	6.84E-08	0.	0.	0.	0.	0.	2.11E-01
41	6.70	8.49E-02	0.	2.16E-30	0.	2.21E-05	0.	0.	0.	0.	0.	8.50E-02
42	6.60	3.68E-02	0.	5.43E-31	0.	1.04E-04	0.	0.	0.	0.	0.	3.69E-02
43	6.50	1.12E-02	0.	1.21E-31	0.	5.39E-07	0.	0.	0.	0.	0.	1.12E-02
44	6.40	1.96E-02	0.	1.69E-32	1.76E-05	1.22E-04	0.	0.	0.	0.	0.	1.97E-02
45	6.30	2.01E-02	0.	1.14E-33	2.32E-05	2.36E-04	0.	0.	0.	0.	0.	2.04E-02
46	6.20	1.74E-02	0.	2.46E-35	2.13E-05	1.71E-06	0.	0.	0.	0.	0.	1.74E-02
47	6.10	2.23E-02	0.	3.03E-37	2.02E-05	5.08E-04	0.	0.	0.	0.	0.	2.28E-02
48	6.00	1.80E-02	0.	1.51E-39	5.72E-06	1.14E-04	0.	0.	0.	0.	0.	1.81E-02
49	5.90	9.83E-03	0.	0.	4.82E-06	3.35E-06	0.	0.	0.	0.	0.	9.84E-03
50	5.80	4.05E-03	0.	0.	2.94E-06	8.79E-05	0.	0.	0.	0.	0.	4.14E-03
51	5.70	9.56E-04	0.	0.	1.22E-06	7.69E-08	0.	0.	0.	0.	0.	9.57E-04

ABSORPTION COEFFICIENTS OF HEATED AIR (INVERSE CM.)

TEMPERATURE (DEGREES K) 1000.   DENSITY (GM/CC) 1.293E-03   (10.0E-01 NORMAL)

	PHOTON ENERGY	O2 S-R BANDS	N2 1ST POS.	N2 2ND POS.	N2+ 1ST NEG.	NO BETA	NO GAMMA	NO VIB-ROT	O2	O- PHOTO-DET	FREE-FREE (IONS)	N P.E.	O P.E.	TOTAL AIR
52	5.60	8.15E-04	0.	0.	0.	8.48E-08	9.83E-06	0.	0.	0.	0.	0.	0.	8.25E-04
53	5.50	5.01E-04	0.	0.	0.	4.75E-07	3.76E-04	0.	0.	0.	0.	0.	0.	8.78E-04
54	5.40	1.63E-04	0.	0.	0.	2.69E-07	1.51E-07	0.	0.	0.	0.	0.	0.	1.63E-04
55	5.30	8.17E-05	0.	0.	0.	7.51E-08	2.61E-05	0.	0.	0.	0.	0.	0.	1.08E-04
56	5.20	9.54E-06	0.	0.	0.	4.36E-08	1.77E-05	0.	0.	0.	0.	0.	0.	2.72E-05
57	5.10	8.14E-06	0.	0.	0.	1.16E-08	4.60E-07	0.	1.37E-05	0.	0.	0.	0.	2.23E-05
58	5.00	5.19E-06	0.	0.	0.	3.85E-09	2.78E-06	0.	1.42E-05	0.	0.	0.	0.	2.22E-05
59	4.90	3.92E-06	0.	0.	0.	2.38E-09	1.79E-08	0.	1.48E-05	0.	0.	0.	0.	1.87E-05
60	4.80	2.12E-06	0.	0.	0.	3.37E-09	8.38E-10	0.	1.55E-05	0.	0.	0.	0.	1.78E-05
61	4.70	9.60E-07	0.	0.	0.	1.53E-09	1.24E-08	0.	1.63E-05	0.	0.	0.	0.	1.73E-05
62	4.60	4.33E-07	0.	0.	0.	5.09E-10	6.40E-10	0.	1.72E-05	0.	0.	0.	0.	1.76E-05
63	4.50	1.50E-07	0.	0.	0.	2.35E-10	1.48E-10	0.	1.79E-05	0.	0.	0.	0.	1.81E-05
64	4.40	5.17E-08	0.	0.	0.	6.29E-11	2.34E-11	0.	1.88E-05	0.	0.	0.	0.	1.88E-05
65	4.30	2.04E-08	0.	0.	0.	3.46E-11	2.27E-11	0.	2.00E-05	0.	0.	0.	0.	2.00E-05
66	4.20	6.09E-09	0.	0.	0.	8.83E-12	5.36E-13	0.	2.13E-05	0.	0.	0.	0.	2.13E-05
67	4.10	3.34E-09	0.	0.	0.	3.46E-12	1.53E-12	0.	2.28E-05	0.	0.	0.	0.	2.28E-05
68	4.00	8.11E-10	0.	0.	0.	1.33E-12	0.	0.	2.47E-05	0.	0.	0.	0.	2.47E-05
69	3.90	1.82E-10	0.	0.	0.	3.07E-13	0.	0.	2.66E-05	0.	0.	0.	0.	2.66E-05
70	3.80	1.27E-10	0.	0.	0.	1.91E-13	0.	0.	2.90E-05	0.	0.	0.	0.	2.90E-05
71	3.70	2.03E-11	0.	0.	0.	2.51E-14	0.	0.	3.17E-05	0.	0.	0.	0.	3.17E-05
72	3.60	7.18E-12	0.	0.	0.	2.19E-14	0.	0.	3.48E-05	0.	0.	0.	0.	3.48E-05
73	3.50	2.87E-12	0.	0.	0.	2.06E-15	0.	0.	3.84E-05	0.	0.	0.	0.	3.84E-05
74	3.40	5.45E-13	0.	0.	0.	1.96E-16	0.	0.	4.24E-05	0.	0.	0.	0.	4.24E-05
75	3.30	1.93E-13	0.	0.	0.	1.80E-16	0.	0.	4.40E-05	0.	0.	0.	0.	4.40E-05
76	3.20	4.90E-14	0.	0.	0.	1.38E-16	0.	0.	4.48E-05	0.	0.	0.	0.	4.48E-05
77	3.10	1.12E-14	0.	0.	0.	1.60E-17	0.	0.	4.51E-05	0.	0.	0.	0.	4.51E-05
78	3.00	3.06E-15	0.	0.	0.	7.92E-18	0.	0.	4.37E-05	0.	0.	0.	0.	4.37E-05
79	2.90	6.95E-16	0.	0.	0.	8.02E-19	0.	0.	4.24E-05	0.	0.	0.	0.	4.24E-05
80	2.80	2.05E-16	0.	0.	0.	1.51E-19	0.	0.	3.92E-05	0.	0.	0.	0.	3.92E-05
81	2.70	2.50E-17	0.	0.	0.	1.56E-21	0.	0.	3.57E-05	0.	0.	0.	0.	3.57E-05
82	2.60	4.84E-19	0.	0.	0.	1.45E-23	0.	0.	3.21E-05	0.	0.	0.	0.	3.21E-05
83	2.50	4.94E-21	0.	0.	0.	1.72E-25	0.	0.	2.77E-05	0.	0.	0.	0.	2.77E-05
84	2.40	0.	0.	0.	0.	1.64E-27	0.	0.	2.39E-05	0.	0.	0.	0.	2.39E-05
85	2.30	0.	0.	0.	0.	0.	0.	0.	1.87E-05	0.	0.	0.	0.	1.87E-05
86	2.20	0.	0.	0.	0.	0.	0.	0.	1.42E-05	0.	0.	0.	0.	1.42E-05
87	2.10	0.	0.	0.	0.	0.	0.	0.	1.04E-05	0.	0.	0.	0.	1.04E-05
88	2.00	0.	0.	0.	0.	0.	0.	0.	6.85E-06	0.	0.	0.	0.	6.85E-06
89	1.90	0.	0.	0.	0.	0.	0.	0.	4.52E-06	0.	0.	0.	0.	4.52E-06
90	1.80	0.	0.	0.	0.	0.	0.	0.	2.63E-06	0.	0.	0.	0.	2.63E-06
91	1.70	0.	0.	0.	0.	0.	0.	0.	1.47E-06	0.	0.	0.	0.	1.47E-06
92	1.60	0.	0.	0.	0.	0.	0.	0.	7.73E-07	0.	0.	0.	0.	7.73E-07
93	1.50	0.	0.	0.	0.	0.	0.	0.	3.15E-07	0.	0.	0.	0.	3.15E-07
94	1.40	0.	0.	0.	0.	0.	0.	0.	0.	0.	0.	0.	0.	0.
95	1.30	0.	0.	0.	0.	0.	0.	0.	0.	0.	0.	0.	0.	0.
96	1.20	0.	0.	0.	0.	0.	0.	0.	0.	0.	0.	0.	0.	0.
97	1.10	0.	0.	0.	0.	0.	0.	1.46E-10	0.	0.	0.	0.	0.	1.46E-10
98	1.00	0.	0.	0.	0.	0.	0.	2.21E-13	0.	0.	0.	0.	0.	2.21E-13
99	0.90	0.	0.	0.	0.	0.	0.	1.38E-09	0.	0.	0.	0.	0.	1.38E-09
100	0.80	0.	0.	0.	0.	0.	0.	3.24E-12	0.	0.	0.	0.	0.	3.24E-12
101	0.70	0.	0.	0.	0.	0.	0.	9.34E-09	0.	0.	0.	0.	0.	9.34E-09
102	0.60	0.	0.	0.	0.	0.	0.	8.06E-11	0.	0.	0.	0.	0.	8.06E-11

ABSORPTION COEFFICIENTS OF HEATED AIR (INVERSE CM.)

TEMPERATURE (DEGREES K) 1000. DENSITY (GM/CC) 1.293E-04 (10.0E-02 NORMAL)

PHOTON ENERGY E.V.	O2 S-R BANDS	O2 S-R CONT.	N2 B-H NO. 1	NO BETA	NO GAMMA	NO2	O- PHOTO-DET (IONS)	FREE-FREE (IONS)	N P.E.	O P.E.	TOTAL AIR
1 10.70	0.	0.	1.08E-10	0.	0.	0.	0.	0.	0.	0.	1.08E-10
2 10.60	0.	0.	3.92E-11	0.	0.	0.	0.	0.	0.	0.	3.92E-11
3 10.50	0.	0.	9.09E-12	0.	0.	0.	0.	0.	0.	0.	9.09E-12
4 10.40	0.	0.	4.66E-12	0.	0.	0.	0.	0.	0.	0.	4.66E-12
5 10.30	0.	0.	1.20E-12	0.	0.	0.	0.	0.	0.	0.	1.20E-12
6 10.20	0.	0.	4.03E-13	0.	0.	0.	0.	0.	0.	0.	4.03E-13
7 10.10	0.	0.	2.33E-13	0.	0.	0.	0.	0.	0.	0.	2.33E-13
8 10.00	0.	0.	2.91E-14	0.	0.	0.	0.	0.	0.	0.	2.91E-14
9 9.90	0.	0.	2.04E-14	0.	0.	0.	0.	0.	0.	0.	2.04E-14
10 9.80	0.	0.	7.44E-15	0.	0.	0.	0.	0.	0.	0.	7.44E-15
11 9.70	0.	0.	9.89E-16	0.	0.	0.	0.	0.	0.	0.	9.89E-16
12 9.60	0.	0.	1.13E-15	0.	0.	0.	0.	0.	0.	0.	1.13E-15
13 9.50	0.	3.72E-01	1.21E-16	0.	0.	0.	0.	0.	0.	0.	3.72E-01
14 9.40	0.	1.38E 00	6.32E-17	0.	0.	0.	0.	0.	0.	0.	1.38E 00
15 9.30	0.	2.38E 00	3.07E-17	0.	0.	0.	0.	0.	0.	0.	2.38E 00
16 9.20	0.	3.38E 00	1.67E-18	0.	0.	0.	0.	0.	0.	0.	3.38E 00
17 9.10	0.	4.64E 00	4.77E-18	0.	0.	0.	0.	0.	0.	0.	4.64E 00
18 9.00	0.	5.95E 00	3.43E-19	0.	0.	0.	0.	0.	0.	0.	5.95E 00
19 8.90	0.	7.26E 00	2.57E-19	0.	0.	0.	0.	0.	0.	0.	7.26E 00
20 8.80	0.	7.78E 00	6.95E-20	0.	0.	0.	0.	0.	0.	0.	7.78E 00
21 8.70	0.	7.69E 00	1.05E-20	0.	0.	0.	0.	0.	0.	0.	7.69E 00
22 8.60	0.	7.60E 00	1.21E-20	0.	0.	0.	0.	0.	0.	0.	7.60E 00
23 8.50	0.	7.35E 00	8.34E-22	0.	0.	0.	0.	0.	0.	0.	7.35E 00
24 8.40	0.	6.91E 00	1.06E-21	0.	0.	0.	0.	0.	0.	0.	6.91E 00
25 8.30	0.	6.40E 00	9.85E-23	0.	0.	0.	0.	0.	0.	0.	6.40E 00
26 8.20	0.	5.82E 00	6.51E-23	0.	0.	0.	0.	0.	0.	0.	5.82E 00
27 8.10	0.	5.21E 00	1.16E-23	0.	0.	0.	0.	0.	0.	0.	5.21E 00
28 8.00	0.	4.60E 00	4.83E-24	0.	0.	0.	0.	0.	0.	0.	4.60E 00
29 7.90	0.	3.94E 00	1.20E-24	0.	0.	0.	0.	0.	0.	0.	3.94E 00
30 7.80	0.	3.27E 00	4.74E-25	0.	0.	0.	0.	0.	0.	0.	3.27E 00
31 7.70	0.	2.68E 00	1.39E-25	0.	3.54E-14	0.	0.	0.	0.	0.	2.68E 00
32 7.60	0.	2.17E 00	3.41E-26	0.	2.49E-09	0.	0.	0.	0.	0.	2.17E 00
33 7.50	0.	1.66E 00	1.11E-26	0.	4.83E-08	0.	0.	0.	0.	0.	1.66E 00
34 7.40	0.	1.26E 00	2.47E-27	0.	4.24E-10	0.	0.	0.	0.	0.	1.26E 00
35 7.30	0.	8.95E-01	7.11E-28	0.	4.99E-07	0.	0.	0.	0.	0.	8.95E-01
36 7.20	0.	6.79E-01	1.74E-28	0.	6.42E-07	0.	0.	0.	0.	0.	6.79E-01
37 7.10	0.	4.74E-01	4.85E-29	0.	1.58E-07	0.	0.	0.	0.	0.	4.74E-01
38 7.00	4.06E-02	0.	1.21E-29	0.	3.07E-06	0.	0.	0.	0.	0.	4.06E-02
39 6.90	4.40E-02	0.	3.30E-30	0.	6.84E-09	0.	0.	0.	0.	0.	4.40E-02
40 6.80	2.11E-02	0.	2.16E-31	0.	2.21E-06	0.	0.	0.	0.	0.	2.11E-02
41 6.70	8.49E-03	0.	5.43E-32	0.	1.04E-05	0.	0.	0.	0.	0.	8.50E-03
42 6.60	3.68E-03	0.	1.21E-32	0.	5.39E-08	0.	0.	0.	0.	0.	3.69E-03
43 6.50	1.12E-03	0.	1.14E-34	0.	1.22E-05	0.	0.	0.	0.	0.	1.12E-03
44 6.40	1.96E-03	0.	2.46E-36	1.76E-06	2.36E-05	0.	0.	0.	0.	0.	1.97E-03
45 6.30	2.01E-03	0.	3.03E-38	2.32E-06	1.71E-07	0.	0.	0.	0.	0.	2.04E-03
46 6.20	1.74E-03	0.	0.	2.13E-06	5.08E-05	0.	0.	0.	0.	0.	1.74E-03
47 6.10	2.23E-03	0.	0.	2.02E-06	1.14E-05	0.	0.	0.	0.	0.	2.28E-03
48 6.00	1.80E-03	0.	0.	5.72E-07	7.14E-07	0.	0.	0.	0.	0.	1.81E-03
49 5.90	9.83E-04	0.	0.	4.82E-07	3.35E-07	0.	0.	0.	0.	0.	9.84E-04
50 5.80	4.05E-04	0.	0.	2.94E-07	8.79E-06	0.	0.	0.	0.	0.	4.14E-04
51 5.70	9.56E-05	0.	0.	1.22E-07	7.69E-09	0.	0.	0.	0.	0.	9.57E-05

ABSORPTION COEFFICIENTS OF HEATED AIR (INVERSE CM.)

TEMPERATURE (DEGREES K) 1000.   DENSITY (GM/CC) 1.293E-04   (10.0E-02 NORMAL)

#	PHOTON ENRGY	O2 S-R BANDS	N2 1ST POS.	N2 2ND POS.	N2+ 1ST NEG.	NO BETA	NO GAMMA	NO VIB-ROT	NO 2	O- PHOTO-DET (IONS)	FREE-FREE (IONS)	N P.E.	O P.E.	TOTAL AIR
52	5.60	8.15E-05	0.	0.	0.	8.48E-09	9.83E-07	0.	0.	0.	0.	0.	0.	8.25E-05
53	5.50	5.01E-05	0.	0.	0.	4.75E-08	3.76E-05	0.	0.	0.	0.	0.	0.	8.78E-05
54	5.40	1.63E-05	0.	0.	0.	2.69E-08	1.51E-08	0.	0.	0.	0.	0.	0.	1.63E-05
55	5.30	8.17E-06	0.	0.	0.	7.51E-09	2.61E-06	0.	0.	0.	0.	0.	0.	1.08E-05
56	5.20	9.54E-07	0.	0.	0.	4.36E-09	1.77E-06	0.	0.	0.	0.	0.	0.	2.72E-06
57	5.10	8.14E-07	0.	0.	0.	1.16E-09	4.60E-08	0.	4.33E-07	0.	0.	0.	0.	1.29E-06
58	5.00	5.19E-07	0.	0.	0.	3.85E-10	2.78E-07	0.	4.50E-07	0.	0.	0.	0.	1.24E-06
59	4.90	3.92E-07	0.	0.	0.	3.92E-10	1.79E-09	0.	4.67E-07	0.	0.	0.	0.	8.62E-07
60	4.80	2.12E-07	0.	0.	0.	3.37E-10	1.88E-10	0.	4.90E-07	0.	0.	0.	0.	7.22E-07
61	4.70	9.60E-08	0.	0.	0.	1.53E-10	8.38E-11	0.	5.16E-07	0.	0.	0.	0.	6.12E-07
62	4.60	4.33E-08	0.	0.	0.	5.09E-11	1.24E-09	0.	5.42E-07	0.	0.	0.	0.	5.87E-07
63	4.50	1.50E-08	0.	0.	0.	2.35E-11	4.20E-12	0.	5.67E-07	0.	0.	0.	0.	5.83E-07
64	4.40	5.17E-09	0.	0.	0.	6.29E-12	6.40E-11	0.	5.94E-07	0.	0.	0.	0.	5.99E-07
65	4.30	2.04E-09	0.	0.	0.	3.13E-12	1.48E-11	0.	6.31E-07	0.	0.	0.	0.	6.33E-07
66	4.20	3.34E-10	0.	0.	0.	8.83E-13	2.34E-12	0.	6.74E-07	0.	0.	0.	0.	6.74E-07
67	4.10	8.11E-11	0.	0.	0.	3.46E-13	2.27E-12	0.	7.21E-07	0.	0.	0.	0.	7.22E-07
68	4.00	1.82E-11	0.	0.	0.	1.33E-13	5.36E-14	0.	7.79E-07	0.	0.	0.	0.	7.79E-07
69	3.90	1.27E-11	0.	0.	0.	3.07E-14	1.53E-13	0.	8.42E-07	0.	0.	0.	0.	8.42E-07
70	3.80	2.03E-12	0.	0.	0.	1.91E-14	0.	0.	9.18E-07	0.	0.	0.	0.	9.18E-07
71	3.70	7.18E-13	0.	0.	0.	2.51E-15	0.	0.	1.00E-06	0.	0.	0.	0.	10.00E-07
72	3.60	5.45E-14	0.	0.	0.	2.09E-15	0.	0.	1.10E-06	0.	0.	0.	0.	1.10E-06
73	3.50	1.93E-14	0.	0.	0.	1.96E-16	0.	0.	1.21E-06	0.	0.	0.	0.	1.21E-06
74	3.40	4.90E-15	0.	0.	0.	1.80E-17	0.	0.	1.34E-06	0.	0.	0.	0.	1.34E-06
75	3.30	1.12E-15	0.	0.	0.	1.38E-17	0.	0.	1.39E-06	0.	0.	0.	0.	1.39E-06
76	3.20	3.06E-16	0.	0.	0.	1.60E-18	0.	0.	1.42E-06	0.	0.	0.	0.	1.42E-06
77	3.10	6.95E-17	0.	0.	0.	7.92E-19	0.	0.	1.43E-06	0.	0.	0.	0.	1.43E-06
78	3.00	2.05E-17	0.	0.	0.	8.02E-20	0.	0.	1.38E-06	0.	0.	0.	0.	1.38E-06
79	2.90	2.50E-18	0.	0.	0.	1.51E-20	0.	0.	1.34E-06	0.	0.	0.	0.	1.34E-06
80	2.80	4.84E-20	0.	0.	0.	1.56E-22	0.	0.	1.24E-06	0.	0.	0.	0.	1.24E-06
81	2.70	4.94E-22	0.	0.	0.	1.45E-24	0.	0.	1.13E-06	0.	0.	0.	0.	1.13E-06
82	2.60	0.	0.	0.	0.	1.72E-26	0.	0.	1.01E-06	0.	0.	0.	0.	1.01E-06
83	2.50	0.	0.	0.	0.	1.64E-28	0.	0.	8.75E-07	0.	0.	0.	0.	8.75E-07
84	2.40	0.	0.	0.	0.	0.	0.	0.	7.56E-07	0.	0.	0.	0.	7.56E-07
85	2.30	0.	0.	0.	0.	0.	0.	0.	5.92E-07	0.	0.	0.	0.	5.92E-07
86	2.20	0.	0.	0.	0.	0.	0.	0.	4.49E-07	0.	0.	0.	0.	4.49E-07
87	2.10	0.	0.	0.	0.	0.	0.	0.	3.28E-07	0.	0.	0.	0.	3.28E-07
88	2.00	0.	0.	0.	0.	0.	0.	0.	2.17E-07	0.	0.	0.	0.	2.17E-07
89	1.90	0.	0.	0.	0.	0.	0.	0.	1.43E-07	0.	0.	0.	0.	1.43E-07
90	1.80	0.	0.	0.	0.	0.	0.	0.	8.32E-08	0.	0.	0.	0.	8.32E-08
91	1.70	0.	0.	0.	0.	0.	0.	0.	4.65E-08	0.	0.	0.	0.	4.65E-08
92	1.60	0.	0.	0.	0.	0.	0.	0.	2.44E-08	0.	0.	0.	0.	2.44E-08
93	1.50	0.	0.	0.	0.	0.	0.	0.	9.97E-09	0.	0.	0.	0.	9.97E-09
94	1.40	0.	0.	0.	0.	0.	0.	0.	0.	0.	0.	0.	0.	0.
95	1.30	0.	0.	0.	0.	0.	0.	0.	0.	0.	0.	0.	0.	0.
96	1.20	0.	0.	0.	0.	0.	0.	0.	0.	0.	0.	0.	0.	0.
97	1.10	0.	0.	0.	0.	0.	0.	1.46E-11	0.	0.	0.	0.	0.	1.46E-11
98	1.00	0.	0.	0.	0.	0.	0.	2.21E-14	0.	0.	0.	0.	0.	2.21E-14
99	0.90	0.	0.	0.	0.	0.	0.	1.38E-10	0.	0.	0.	0.	0.	1.38E-10
100	0.80	0.	0.	0.	0.	0.	0.	3.24E-13	0.	0.	0.	0.	0.	3.24E-13
101	0.70	0.	0.	0.	0.	0.	0.	9.34E-10	0.	0.	0.	0.	0.	9.34E-10
102	0.60	0.	0.	0.	0.	0.	0.	8.06E-12	0.	0.	0.	0.	0.	8.06E-12

ABSORPTION COEFFICIENTS OF HEATED AIR (INVERSE CM.)

TEMPERATURE (DEGREES K) 1000. DENSITY (GM/CC) 1.293E-05 · (10.0E-03 NORMAL)

PHOTON ENERGY E.V.	O2 S-R BANDS	O2 S-R CONT.	N2 B-H NO. 1	NO BETA	NO GAMMA	NO2	O- PHOTO-DET (IONS)	FREE-FREE (IONS)	N P.E.	O P.E.	TOTAL AIR
1 10.70	0.	0.	1.08E-11	0.	0.	0.	0.	0.	0.	0.	1.08E-11
2 10.60	0.	0.	3.92E-12	0.	0.	0.	0.	0.	0.	0.	3.92E-12
3 10.50	0.	0.	9.09E-13	0.	0.	0.	0.	0.	0.	0.	9.09E-13
4 10.40	0.	0.	4.66E-13	0.	0.	0.	0.	0.	0.	0.	4.66E-13
5 10.30	0.	0.	1.20E-13	0.	0.	0.	0.	0.	0.	0.	1.70E-13
6 10.20	0.	0.	4.03E-14	0.	0.	0.	0.	0.	0.	0.	4.03E-14
7 10.10	0.	0.	2.91E-15	0.	0.	0.	0.	0.	0.	0.	2.33E-14
8 10.00	0.	0.	2.04E-15	0.	0.	0.	0.	0.	0.	0.	2.91E-15
9 9.90	0.	0.	7.44E-16	0.	0.	0.	0.	0.	0.	0.	2.04E-15
10 9.80	0.	0.	9.89E-17	0.	0.	0.	0.	0.	0.	0.	7.44E-16
11 9.70	0.	0.	1.13E-16	0.	0.	0.	0.	0.	0.	0.	9.89E-17
12 9.60	0.	0.	1.21E-17	0.	0.	0.	0.	0.	0.	0.	1.13E-16
13 9.50	0.	3.72E-02	6.32E-18	0.	0.	0.	0.	0.	0.	0.	3.72E-02
14 9.40	0.	1.38E-01	3.07E-18	0.	0.	0.	0.	0.	0.	0.	1.38E-01
15 9.30	0.	2.38E-01	1.67E-19	0.	0.	0.	0.	0.	0.	0.	2.38E-01
16 9.20	0.	3.38E-01	3.43E-20	0.	0.	0.	0.	0.	0.	0.	3.38E-01
17 9.10	0.	4.64E-01	2.57E-20	0.	0.	0.	0.	0.	0.	0.	4.64E-01
18 9.00	0.	5.95E-01	6.95E-21	0.	0.	0.	0.	0.	0.	0.	5.95E-01
19 8.90	0.	7.26E-01	1.05E-21	0.	0.	0.	0.	0.	0.	0.	7.26E-01
20 8.80	0.	7.78E-01	1.21E-21	0.	0.	0.	0.	0.	0.	0.	7.78E-01
21 8.70	0.	7.69E-01	8.34E-23	0.	0.	0.	0.	0.	0.	0.	7.69E-01
22 8.60	0.	7.60E-01	1.06E-22	0.	0.	0.	0.	0.	0.	0.	7.60E-01
23 8.50	0.	7.35E-01	9.85E-24	0.	0.	0.	0.	0.	0.	0.	7.35E-01
24 8.40	0.	6.91E-01	6.51E-24	0.	0.	0.	0.	0.	0.	0.	6.91E-01
25 8.30	0.	6.40E-01	1.16E-24	0.	0.	0.	0.	0.	0.	0.	6.40E-01
26 8.20	0.	5.82E-01	4.83E-25	0.	0.	0.	0.	0.	0.	0.	5.82E-01
27 8.10	0.	5.21E-01	1.20E-25	0.	0.	0.	0.	0.	0.	0.	5.21E-01
28 8.00	0.	4.60E-01	4.74E-26	0.	0.	0.	0.	0.	0.	0.	4.60E-01
29 7.90	0.	3.94E-01	1.39E-26	0.	0.	0.	0.	0.	0.	0.	3.94E-01
30 7.80	0.	3.27E-01	3.41E-27	0.	0.	0.	0.	0.	0.	0.	3.27E-01
31 7.70	0.	2.68E-01	1.11E-27	0.	0.	0.	0.	0.	0.	0.	2.68E-01
32 7.60	0.	2.17E-01	2.47E-28	0.	3.54E-15	0.	0.	0.	0.	0.	2.17E-01
33 7.50	0.	1.66E-01	7.11E-29	0.	2.49E-10	0.	0.	0.	0.	0.	1.66E-01
34 7.40	0.	1.26E-01	1.74E-29	0.	4.83E-09	0.	0.	0.	0.	0.	1.26E-01
35 7.30	0.	8.95E-02	4.85E-30	0.	4.24E-11	0.	0.	0.	0.	0.	8.95E-02
36 7.20	0.	6.79E-02	1.21E-30	0.	4.99E-08	0.	0.	0.	0.	0.	6.79E-02
37 7.10	0.	4.74E-02	3.30E-31	0.	6.42E-09	0.	0.	0.	0.	0.	4.74E-02
38 7.00	4.06E-03	0.	8.40E-32	0.	1.58E-07	0.	0.	0.	0.	0.	4.06E-03
39 6.90	4.40E-03	0.	2.16E-32	0.	3.07E-07	0.	0.	0.	0.	0.	4.40E-03
40 6.80	2.11E-03	0.	5.43E-33	0.	6.84E-10	0.	0.	0.	0.	0.	2.11E-03
41 6.70	8.49E-04	0.	1.43E-33	0.	2.21E-07	0.	0.	0.	0.	0.	8.50E-04
42 6.60	3.68E-04	0.	1.69E-34	0.	5.39E-09	0.	0.	0.	0.	0.	3.69E-04
43 6.50	1.12E-04	0.	1.14E-35	0.	1.22E-06	0.	0.	0.	0.	0.	1.12E-04
44 6.40	1.96E-04	0.	2.46E-37	1.76E-07	1.22E-06	0.	0.	0.	0.	0.	1.97E-04
45 6.30	2.01E-04	0.	3.03E-39	2.32E-07	1.36E-06	0.	0.	0.	0.	0.	2.04E-04
46 6.20	1.74E-04	0.	0.	2.13E-07	1.71E-08	0.	0.	0.	0.	0.	1.74E-04
47 6.10	2.23E-04	0.	0.	2.02E-07	5.08E-06	0.	0.	0.	0.	0.	2.28E-04
48 6.00	1.80E-04	0.	0.	5.72E-08	1.14E-06	0.	0.	0.	0.	0.	1.81E-04
49 5.90	9.83E-05	0.	0.	4.84E-08	3.35E-08	0.	0.	0.	0.	0.	9.84E-05
50 5.80	4.05E-05	0.	0.	2.94E-08	8.79E-07	0.	0.	0.	0.	0.	4.14E-05
51 5.70	9.56E-06	0.	0.	1.22E-08	7.69E-10	0.	0.	0.	0.	0.	9.57E-06

ABSORPTION COEFFICIENTS OF HEATED AIR (INVERSE CM.)

TEMPERATURE (DEGREES K) 1000.   DENSITY (GM/CC) 1.293E-05   (10.0E-03 NORMAL)

	PHOTON ENERGY BANDS	O2 S-R BANDS	N2 1ST POS.	N2 2ND POS.	N2+ 1ST NEG.	NO BETA	NO GAMMA	NO VIB-ROT	NO 2	O- PHOTO-DET	FREE-FREE (IONS)	N P.E.	O P.F.	TOTAL AIR
52	5.60	8.15E-06	0.	0.	0.	8.48E-10	9.83E-08	0.	0.	0.	0.	0.	0.	8.25E-06
53	5.50	5.01E-06	0.	0.	0.	4.75E-09	3.76E-06	0.	0.	0.	0.	0.	0.	8.78E-06
54	5.40	1.63E-06	0.	0.	0.	2.69E-09	1.51E-09	0.	0.	0.	0.	0.	0.	1.63E-06
55	5.30	8.17E-07	0.	0.	0.	7.51E-10	2.61E-07	0.	0.	0.	0.	0.	0.	1.08E-06
56	5.20	9.54E-08	0.	0.	0.	4.36E-10	1.77E-07	0.	0.	0.	0.	0.	0.	2.72E-07
57	5.10	8.14E-08	0.	0.	0.	1.16E-10	4.60E-09	0.	1.37E-08	0.	0.	0.	0.	9.98E-08
58	5.00	5.19E-08	0.	0.	0.	3.85E-11	2.78E-08	0.	1.42E-08	0.	0.	0.	0.	9.41E-08
59	4.90	3.92E-08	0.	0.	0.	2.38E-11	1.79E-10	0.	1.48E-08	0.	0.	0.	0.	5.42E-08
60	4.80	2.12E-08	0.	0.	0.	3.37E-11	1.88E-09	0.	1.55E-08	0.	0.	0.	0.	3.87E-08
61	4.70	9.60E-09	0.	0.	0.	1.53E-11	1.38E-10	0.	1.63E-08	0.	0.	0.	0.	2.60E-08
62	4.60	4.33E-09	0.	0.	0.	5.09E-12	1.24E-10	0.	1.72E-08	0.	0.	0.	0.	2.16E-08
63	4.50	1.50E-09	0.	0.	0.	2.35E-12	6.40E-13	0.	1.79E-08	0.	0.	0.	0.	1.95E-08
64	4.40	5.17E-10	0.	0.	0.	6.29E-13	4.20E-13	0.	1.88E-08	0.	0.	0.	0.	1.93E-08
65	4.30	2.04E-10	0.	0.	0.	3.13E-13	1.48E-12	0.	2.00E-08	0.	0.	0.	0.	2.02E-08
66	4.20	6.09E-11	0.	0.	0.	8.83E-14	2.34E-13	0.	2.13E-08	0.	0.	0.	0.	2.14E-08
67	4.10	3.34E-11	0.	0.	0.	3.46E-14	4.27E-13	0.	2.28E-08	0.	0.	0.	0.	2.29E-08
68	4.00	8.11E-12	0.	0.	0.	1.33E-14	5.36E-15	0.	2.47E-08	0.	0.	0.	0.	2.47E-08
69	3.90	1.82E-12	0.	0.	0.	3.07E-15	1.53E-14	0.	2.66E-08	0.	0.	0.	0.	2.66E-08
70	3.80	1.27E-12	0.	0.	0.	1.91E-15	0.	0.	2.90E-08	0.	0.	0.	0.	2.90E-08
71	3.70	2.03E-13	0.	0.	0.	2.51E-16	0.	0.	3.17E-08	0.	0.	0.	0.	3.17E-08
72	3.60	7.18E-14	0.	0.	0.	2.19E-16	0.	0.	3.48E-08	0.	0.	0.	0.	3.48E-08
73	3.50	2.87E-14	0.	0.	0.	2.06E-17	0.	0.	3.84E-08	0.	0.	0.	0.	3.84E-08
74	3.40	5.45E-15	0.	0.	0.	1.96E-17	0.	0.	4.24E-08	0.	0.	0.	0.	4.24E-08
75	3.30	1.93E-15	0.	0.	0.	1.80E-18	0.	0.	4.40E-08	0.	0.	0.	0.	4.40E-08
76	3.20	4.90E-16	0.	0.	0.	1.38E-18	0.	0.	4.48E-08	0.	0.	0.	0.	4.49E-08
77	3.10	1.12E-16	0.	0.	0.	1.60E-19	0.	0.	4.51E-08	0.	0.	0.	0.	4.51E-08
78	3.00	6.95E-18	0.	0.	0.	7.92E-20	0.	0.	4.37E-08	0.	0.	0.	0.	4.37E-08
79	2.90	2.05E-18	0.	0.	0.	8.02E-21	0.	0.	4.24E-08	0.	0.	0.	0.	4.24E-08
80	2.80	2.50E-19	0.	0.	0.	1.51E-21	0.	0.	3.92E-08	0.	0.	0.	0.	3.92E-08
81	2.70	4.84E-21	0.	0.	0.	1.56E-23	0.	0.	3.57E-08	0.	0.	0.	0.	3.57E-08
82	2.60	4.94E-23	0.	0.	0.	1.45E-25	0.	0.	3.21E-08	0.	0.	0.	0.	3.21E-08
83	2.50	0.	0.	0.	0.	1.72E-27	0.	0.	2.77E-08	0.	0.	0.	0.	2.77E-08
84	2.40	0.	0.	0.	0.	1.64E-29	0.	0.	2.39E-08	0.	0.	0.	0.	2.39E-08
85	2.30	0.	0.	0.	0.	0.	0.	0.	1.87E-08	0.	0.	0.	0.	1.87E-08
86	2.20	0.	0.	0.	0.	0.	0.	0.	1.42E-08	0.	0.	0.	0.	1.42E-08
87	2.10	0.	0.	0.	0.	0.	0.	0.	1.04E-08	0.	0.	0.	0.	1.04E-08
88	2.00	0.	0.	0.	0.	0.	0.	0.	6.85E-09	0.	0.	0.	0.	6.85E-09
89	1.90	0.	0.	0.	0.	0.	0.	0.	4.52E-09	0.	0.	0.	0.	4.52E-09
90	1.80	0.	0.	0.	0.	0.	0.	0.	2.63E-09	0.	0.	0.	0.	2.63E-09
91	1.70	0.	0.	0.	0.	0.	0.	0.	1.47E-09	0.	0.	0.	0.	1.47E-09
92	1.60	0.	0.	0.	0.	0.	0.	0.	7.73E-10	0.	0.	0.	0.	7.73E-10
93	1.50	0.	0.	0.	0.	0.	0.	0.	3.16E-10	0.	0.	0.	0.	3.16E-10
94	1.40	0.	0.	0.	0.	0.	0.	0.	0.	0.	0.	0.	0.	0.
95	1.30	0.	0.	0.	0.	0.	0.	0.	0.	0.	0.	0.	0.	0.
96	1.20	0.	0.	0.	0.	0.	0.	0.	0.	0.	0.	0.	0.	0.
97	1.10	0.	0.	0.	0.	0.	0.	1.46E-12	0.	0.	0.	0.	0.	1.46E-12
98	1.00	0.	0.	0.	0.	0.	0.	2.21E-15	0.	0.	0.	0.	0.	2.21E-15
99	0.90	0.	0.	0.	0.	0.	0.	1.38E-11	0.	0.	0.	0.	0.	1.38E-11
100	0.80	0.	0.	0.	0.	0.	0.	3.24E-14	0.	0.	0.	0.	0.	3.24E-14
101	0.70	0.	0.	0.	0.	0.	0.	9.34E-11	0.	0.	0.	0.	0.	9.34E-11
102	0.60	0.	0.	0.	0.	0.	0.	8.06E-13	0.	0.	0.	0.	0.	8.06E-13

ABSORPTION COEFFICIENTS OF HEATED AIR (INVERSE CM.)

TEMPERATURE (DEGREES K) 1000.   DENSITY (GM/CC) 1.293E-06   (10.0E-04 NORMAL)

#	PHOTON ENERGY E.V.	O2 S-R BANDS	O2 S-R CONT.	N2 B-H NO.1	NO BETA	NO GAMMA	NO2	O- PHOTO-DET (IONS)	FREE-FREE (IONS)	N P.E.	O P.E.	TOTAL AIR
1	10.70	0.	0.	1.08E-12	0.	0.	0.	0.	0.	0.	0.	1.08E-12
2	10.60	0.	0.	3.92E-13	0.	0.	0.	0.	0.	0.	0.	3.92E-13
3	10.50	0.	0.	9.09E-14	0.	0.	0.	0.	0.	0.	0.	9.09E-14
4	10.40	0.	0.	4.66E-14	0.	0.	0.	0.	0.	0.	0.	4.66E-14
5	10.30	0.	0.	1.20E-14	0.	0.	0.	0.	0.	0.	0.	1.20E-14
6	10.20	0.	0.	4.03E-15	0.	0.	0.	0.	0.	0.	0.	4.03E-15
7	10.10	0.	0.	2.33E-15	0.	0.	0.	0.	0.	0.	0.	2.33E-15
8	10.00	0.	0.	2.91E-16	0.	0.	0.	0.	0.	0.	0.	2.91E-16
9	9.90	0.	0.	2.04E-16	0.	0.	0.	0.	0.	0.	0.	2.04E-16
10	9.80	0.	0.	7.44E-17	0.	0.	0.	0.	0.	0.	0.	7.44E-17
11	9.70	0.	0.	9.89E-18	0.	0.	0.	0.	0.	0.	0.	9.89E-18
12	9.60	0.	0.	1.13E-17	0.	0.	0.	0.	0.	0.	0.	1.13E-17
13	9.50	0.	3.72E-03	1.21E-18	0.	0.	0.	0.	0.	0.	0.	3.72E-03
14	9.40	0.	1.38E-02	6.32E-19	0.	0.	0.	0.	0.	0.	0.	1.38E-02
15	9.30	0.	2.38E-02	3.07E-19	0.	0.	0.	0.	0.	0.	0.	2.38E-02
16	9.20	0.	3.38E-02	1.67E-20	0.	0.	0.	0.	0.	0.	0.	3.38E-02
17	9.10	0.	4.64E-02	4.77E-20	0.	0.	0.	0.	0.	0.	0.	4.64E-02
18	9.00	0.	5.95E-02	3.43E-21	0.	0.	0.	0.	0.	0.	0.	5.95E-02
19	8.90	0.	7.26E-02	2.57E-21	0.	0.	0.	0.	0.	0.	0.	7.26E-02
20	8.80	0.	7.78E-02	6.95E-22	0.	0.	0.	0.	0.	0.	0.	7.78E-02
21	8.70	0.	7.69E-02	1.05E-22	0.	0.	0.	0.	0.	0.	0.	7.69E-02
22	8.60	0.	7.60E-02	1.21E-22	0.	0.	0.	0.	0.	0.	0.	7.60E-02
23	8.50	0.	7.35E-02	8.34E-24	0.	0.	0.	0.	0.	0.	0.	7.35E-02
24	8.40	0.	6.91E-02	1.06E-23	0.	0.	0.	0.	0.	0.	0.	6.91E-02
25	8.30	0.	6.40E-02	9.85E-25	0.	0.	0.	0.	0.	0.	0.	6.40E-02
26	8.20	0.	5.82E-02	6.51E-25	0.	0.	0.	0.	0.	0.	0.	5.82E-02
27	8.10	0.	5.21E-02	1.16E-25	0.	0.	0.	0.	0.	0.	0.	5.21E-02
28	8.00	0.	4.60E-02	4.83E-26	0.	0.	0.	0.	0.	0.	0.	4.60E-02
29	7.90	0.	3.94E-02	1.20E-26	0.	0.	0.	0.	0.	0.	0.	3.94E-02
30	7.80	0.	3.27E-02	4.74E-27	0.	0.	0.	0.	0.	0.	0.	3.27E-02
31	7.70	0.	2.68E-02	3.41E-28	0.	0.	0.	0.	0.	0.	0.	2.68E-02
32	7.60	0.	2.17E-02	1.11E-28	0.	0.	0.	0.	0.	0.	0.	2.17E-02
33	7.50	0.	1.66E-02	2.47E-29	0.	3.54E-16	0.	0.	0.	0.	0.	1.66E-02
34	7.40	0.	1.26E-02	7.11E-30	0.	2.49E-11	0.	0.	0.	0.	0.	1.26E-02
35	7.30	0.	8.95E-03	1.74E-30	0.	4.83E-10	0.	0.	0.	0.	0.	8.95E-03
36	7.20	0.	6.79E-03	4.85E-31	0.	4.24E-12	0.	0.	0.	0.	0.	6.79E-03
37	7.10	0.	4.74E-03	1.21E-31	0.	4.99E-09	0.	0.	0.	0.	0.	4.74E-03
38	7.00	4.06E-04	0.	3.30E-32	0.	6.42E-10	0.	0.	0.	0.	0.	4.06E-04
39	6.90	4.40E-04	0.	8.40E-33	0.	1.58E-09	0.	0.	0.	0.	0.	4.40E-04
40	6.80	2.11E-04	0.	2.16E-33	0.	3.07E-08	0.	0.	0.	0.	0.	2.11E-04
41	6.70	8.49E-05	0.	5.43E-34	0.	6.84E-11	0.	0.	0.	0.	0.	8.50E-05
42	6.60	3.68E-05	0.	1.21E-34	0.	2.21E-08	0.	0.	0.	0.	0.	3.69E-05
43	6.50	1.12E-05	0.	1.69E-35	0.	1.04E-07	0.	0.	0.	0.	0.	1.12E-05
44	6.40	1.96E-05	0.	1.14E-36	1.76E-08	5.39E-10	0.	0.	0.	0.	0.	1.97E-05
45	6.30	2.01E-05	0.	2.46E-38	2.32E-08	1.22E-07	0.	0.	0.	0.	0.	2.04E-05
46	6.20	1.74E-05	0.	0.	2.13E-08	1.71E-09	0.	0.	0.	0.	0.	1.74E-05
47	6.10	2.23E-05	0.	0.	2.02E-08	5.08E-07	0.	0.	0.	0.	0.	2.28E-05
48	6.00	1.80E-06	0.	0.	5.72E-09	1.14E-07	0.	0.	0.	0.	0.	1.81E-05
49	5.90	9.83E-06	0.	0.	4.82E-09	3.35E-09	0.	0.	0.	0.	0.	9.84E-06
50	5.80	4.05E-06	0.	0.	2.94E-09	8.79E-08	0.	0.	0.	0.	0.	4.14E-06
51	5.70	9.56E-07	0.	0.	1.22E-09	7.69E-11	0.	0.	0.	0.	0.	9.57E-07

ABSORPTION COEFFICIENTS OF HEATED AIR (INVERSE CM.)

TEMPERATURE (DEGREES K) 1000.   DENSITY (GM/CC) 1.293E-06   (10.0E-04 NORMAL)

#	PHOTON ENERGY	O2 S-R BANDS	N2 1ST POS.	N2 2ND POS.	N2+ 1ST NEG.	NO BETA	NO GAMMA	NO VIB-ROT	NO2	O- PHOTO-DET	FREE-FREE (IONS)	N P.E.	O P.E.	TOTAL AIR
52	5.60	8.15E-07	0.	0.	0.	8.48E-11	9.83E-09	0.	0.	0.	0.	0.	0.	8.25E-07
53	5.50	5.01E-07	0.	0.	0.	4.75E-10	3.76E-07	0.	0.	0.	0.	0.	0.	8.78E-07
54	5.40	1.63E-07	0.	0.	0.	2.69E-10	1.51E-10	0.	0.	0.	0.	0.	0.	1.63E-07
55	5.30	8.17E-08	0.	0.	0.	7.51E-11	2.61E-08	0.	0.	0.	0.	0.	0.	1.08E-07
56	5.20	9.54E-09	0.	0.	0.	4.36E-11	4.60E-10	0.	0.	0.	0.	0.	0.	2.72E-08
57	5.10	8.14E-09	0.	0.	0.	1.16E-11	2.78E-09	0.	4.33E-10	0.	0.	0.	0.	9.05E-09
58	5.00	5.19E-09	0.	0.	0.	3.85E-12	1.79E-10	0.	4.50E-10	0.	0.	0.	0.	8.43E-09
59	4.90	3.92E-09	0.	0.	0.	2.38E-12	1.88E-10	0.	4.67E-10	0.	0.	0.	0.	4.41E-09
60	4.80	2.12E-09	0.	0.	0.	3.37E-12	8.38E-13	0.	4.90E-10	0.	0.	0.	0.	2.80E-09
61	4.70	9.60E-10	0.	0.	0.	1.53E-12	1.24E-11	0.	5.16E-10	0.	0.	0.	0.	1.48E-09
62	4.60	4.33E-10	0.	0.	0.	5.09E-13	4.20E-13	0.	5.42E-10	0.	0.	0.	0.	9.88E-10
63	4.50	1.50E-10	0.	0.	0.	2.35E-13	6.40E-13	0.	5.67E-10	0.	0.	0.	0.	7.18E-10
64	4.40	5.0E-10	0.	0.	0.	6.29E-14	1.48E-13	0.	5.94E-10	0.	0.	0.	0.	6.46E-10
65	4.30	2.04E-10	0.	0.	0.	3.13E-14	2.34E-14	0.	6.31E-10	0.	0.	0.	0.	6.51E-10
66	4.20	2.09E-11	0.	0.	0.	8.83E-15	5.36E-16	0.	6.74E-10	0.	0.	0.	0.	6.80E-10
67	4.10	3.34E-12	0.	0.	0.	3.46E-15	1.53E-15	0.	7.21E-10	0.	0.	0.	0.	7.25E-10
68	4.00	8.11E-13	0.	0.	0.	1.33E-15	0.	0.	7.79E-10	0.	0.	0.	0.	7.80E-10
69	3.90	1.82E-13	0.	0.	0.	3.07E-16	0.	0.	8.42E-10	0.	0.	0.	0.	8.42E-10
70	3.80	1.27E-13	0.	0.	0.	1.91E-16	0.	0.	9.18E-10	0.	0.	0.	0.	9.18E-10
71	3.70	7.18E-15	0.	0.	0.	2.51E-16	0.	0.	1.00E-09	0.	0.	0.	0.	10.00E-10
72	3.60	2.87E-15	0.	0.	0.	2.19E-17	0.	0.	1.10E-09	0.	0.	0.	0.	1.10E-09
73	3.50	5.45E-16	0.	0.	0.	2.06E-18	0.	0.	1.21E-09	0.	0.	0.	0.	1.21E-09
74	3.40	1.93E-16	0.	0.	0.	1.96E-18	0.	0.	1.34E-09	0.	0.	0.	0.	1.34E-09
75	3.30	4.90E-17	0.	0.	0.	1.80E-19	0.	0.	1.39E-09	0.	0.	0.	0.	1.39E-09
76	3.20	3.12E-17	0.	0.	0.	1.38E-19	0.	0.	1.42E-09	0.	0.	0.	0.	1.42E-09
77	3.10	3.06E-18	0.	0.	0.	1.60E-20	0.	0.	1.43E-09	0.	0.	0.	0.	1.43E-09
78	3.00	6.95E-19	0.	0.	0.	7.92E-21	0.	0.	1.38E-09	0.	0.	0.	0.	1.38E-09
79	2.90	2.05E-19	0.	0.	0.	8.02E-22	0.	0.	1.34E-09	0.	0.	0.	0.	1.34E-09
80	2.80	1.56E-20	0.	0.	0.	1.51E-22	0.	0.	1.24E-09	0.	0.	0.	0.	1.24E-09
81	2.70	2.50E-20	0.	0.	0.	1.56E-24	0.	0.	1.13E-09	0.	0.	0.	0.	1.13E-09
82	2.60	4.84E-22	0.	0.	0.	1.45E-26	0.	0.	1.01E-09	0.	0.	0.	0.	1.01E-09
83	2.50	4.94E-24	0.	0.	0.	1.72E-28	0.	0.	8.75E-10	0.	0.	0.	0.	8.75E-10
84	2.40	0.	0.	0.	0.	1.64E-30	0.	0.	5.92E-10	0.	0.	0.	0.	5.92E-10
85	2.30	0.	0.	0.	0.	0.	0.	0.	4.49E-10	0.	0.	0.	0.	4.49E-10
86	2.20	0.	0.	0.	0.	0.	0.	0.	3.28E-10	0.	0.	0.	0.	3.28E-10
87	2.10	0.	0.	0.	0.	0.	0.	0.	2.17E-10	0.	0.	0.	0.	2.17E-10
88	2.00	0.	0.	0.	0.	0.	0.	0.	1.43E-10	0.	0.	0.	0.	1.43E-10
89	1.90	0.	0.	0.	0.	0.	0.	0.	8.32E-11	0.	0.	0.	0.	8.32E-11
90	1.80	0.	0.	0.	0.	0.	0.	0.	4.65E-11	0.	0.	0.	0.	4.65E-11
91	1.70	0.	0.	0.	0.	0.	0.	0.	2.44E-11	0.	0.	0.	0.	2.44E-11
92	1.60	0.	0.	0.	0.	0.	0.	0.	9.97E-12	0.	0.	0.	0.	9.97E-12
93	1.50	0.	0.	0.	0.	0.	0.	0.	0.	0.	0.	0.	0.	0.
94	1.40	0.	0.	0.	0.	0.	0.	0.	0.	0.	0.	0.	0.	0.
95	1.30	0.	0.	0.	0.	0.	0.	0.	0.	0.	0.	0.	0.	0.
96	1.20	0.	0.	0.	0.	0.	0.	1.46E-13	0.	0.	0.	0.	0.	1.46E-13
97	1.10	0.	0.	0.	0.	0.	0.	2.21E-16	0.	0.	0.	0.	0.	2.21E-16
98	1.00	0.	0.	0.	0.	0.	0.	1.38E-12	0.	0.	0.	0.	0.	1.38E-12
99	0.90	0.	0.	0.	0.	0.	0.	3.24E-15	0.	0.	0.	0.	0.	3.24E-15
100	0.80	0.	0.	0.	0.	0.	0.	9.34E-12	0.	0.	0.	0.	0.	9.34E-12
101	0.70	0.	0.	0.	0.	0.	0.	8.06E-14	0.	0.	0.	0.	0.	8.06E-14
102	0.60	0.	0.	0.	0.	0.	0.	0.	0.	0.	0.	0.	0.	0.

ABSORPTION COEFFICIENTS OF HEATED AIR (INVERSE CM.)

TEMPERATURE (DEGREES K) 1000. DENSITY (GM/CC) 1.293E-07 (10.0E-05 NORMAL)

#	PHOTON ENERGY E.V.	O2 S-R BANDS	O2 S-R CONT.	N2 B-H NO. 1	NO BETA	NO GAMMA	NO2	O- PHOTO-DET (IONS)	FREE-FREE (IONS)	N P.E.	O P.E.	TOTAL AIR
1	10.70	0.	0.	1.08E-13	0.	0.	0.	0.	0.	0.	0.	1.08E-13
2	10.60	0.	0.	3.92E-14	0.	0.	0.	0.	0.	0.	0.	3.92E-14
3	10.50	0.	0.	9.09E-15	0.	0.	0.	0.	0.	0.	0.	9.09E-15
4	10.40	0.	0.	4.66E-15	0.	0.	0.	0.	0.	0.	0.	4.66E-15
5	10.30	0.	0.	1.20E-15	0.	0.	0.	0.	0.	0.	0.	1.20E-15
6	10.20	0.	0.	4.03E-16	0.	0.	0.	0.	0.	0.	0.	4.03E-16
7	10.10	0.	0.	2.33E-16	0.	0.	0.	0.	0.	0.	0.	2.33E-16
8	10.00	0.	0.	2.91E-17	0.	0.	0.	0.	0.	0.	0.	2.91E-17
9	9.90	0.	0.	2.04E-17	0.	0.	0.	0.	0.	0.	0.	2.04E-17
10	9.80	0.	0.	7.44E-18	0.	0.	0.	0.	0.	0.	0.	7.44E-18
11	9.70	0.	0.	9.89E-19	0.	0.	0.	0.	0.	0.	0.	9.89E-19
12	9.60	0.	0.	1.13E-18	0.	0.	0.	0.	0.	0.	0.	1.13E-18
13	9.50	0.	3.72E-04	1.21E-19	0.	0.	0.	0.	0.	0.	0.	3.72E-04
14	9.40	0.	1.38E-03	6.32E-20	0.	0.	0.	0.	0.	0.	0.	1.38E-03
15	9.30	0.	2.38E-03	3.07E-20	0.	0.	0.	0.	0.	0.	0.	2.38E-03
16	9.20	0.	3.38E-03	1.67E-21	0.	0.	0.	0.	0.	0.	0.	3.38E-03
17	9.10	0.	4.64E-03	4.77E-21	0.	0.	0.	0.	0.	0.	0.	4.64E-03
18	9.00	0.	5.95E-03	3.43E-22	0.	0.	0.	0.	0.	0.	0.	5.95E-03
19	8.90	0.	7.26E-03	2.57E-22	0.	0.	0.	0.	0.	0.	0.	7.26E-03
20	8.80	0.	7.78E-03	1.05E-23	0.	0.	0.	0.	0.	0.	0.	7.78E-03
21	8.70	0.	7.69E-03	1.21E-23	0.	0.	0.	0.	0.	0.	0.	7.69E-03
22	8.60	0.	7.60E-03	8.34E-25	0.	0.	0.	0.	0.	0.	0.	7.60E-03
23	8.50	0.	7.35E-03	1.06E-24	0.	0.	0.	0.	0.	0.	0.	7.35E-03
24	8.40	0.	6.91E-03	9.85E-26	0.	0.	0.	0.	0.	0.	0.	6.91E-03
25	8.30	0.	6.40E-03	6.51E-26	0.	0.	0.	0.	0.	0.	0.	6.40E-03
26	8.20	0.	5.82E-03	1.16E-26	0.	0.	0.	0.	0.	0.	0.	5.82E-03
27	8.10	0.	5.21E-03	4.83E-27	0.	0.	0.	0.	0.	0.	0.	5.21E-03
28	8.00	0.	4.60E-03	1.20E-27	0.	0.	0.	0.	0.	0.	0.	4.60E-03
29	7.90	0.	3.94E-03	4.74E-28	0.	0.	0.	0.	0.	0.	0.	3.94E-03
30	7.80	0.	3.27E-03	1.39E-28	0.	0.	0.	0.	0.	0.	0.	3.27E-03
31	7.70	0.	2.68E-03	3.41E-29	0.	0.	0.	0.	0.	0.	0.	2.68E-03
32	7.60	0.	2.17E-03	1.11E-29	0.	3.54E-17	0.	0.	0.	0.	0.	2.17E-03
33	7.50	0.	1.66E-03	2.47E-30	0.	2.49E-12	0.	0.	0.	0.	0.	1.66E-03
34	7.40	0.	1.26E-03	7.11E-31	0.	4.83E-11	0.	0.	0.	0.	0.	1.26E-03
35	7.30	0.	8.95E-04	1.74E-31	0.	4.24E-13	0.	0.	0.	0.	0.	8.95E-04
36	7.20	0.	6.79E-04	4.85E-32	0.	4.99E-10	0.	0.	0.	0.	0.	6.79E-04
37	7.10	0.	4.74E-04	1.21E-32	0.	6.42E-11	0.	0.	0.	0.	0.	4.74E-04
38	7.00	4.06E-05	0.	3.30E-33	0.	1.58E-10	0.	0.	0.	0.	0.	4.06E-05
39	6.90	4.40E-05	0.	8.40E-34	0.	3.07E-09	0.	0.	0.	0.	0.	4.40E-05
40	6.80	2.11E-05	0.	2.13E-34	0.	6.84E-12	0.	0.	0.	0.	0.	2.11E-05
41	6.70	8.49E-06	0.	5.43E-35	0.	2.21E-09	0.	0.	0.	0.	0.	8.50E-06
42	6.60	3.68E-06	0.	1.21E-35	0.	1.04E-08	0.	0.	0.	0.	0.	3.69E-06
43	6.50	1.12E-06	0.	1.69E-36	0.	5.39E-11	0.	0.	0.	0.	0.	1.12E-06
44	6.40	1.96E-06	0.	1.14E-37	1.76E-09	1.22E-08	0.	0.	0.	0.	0.	1.97E-06
45	6.30	2.01E-06	0.	2.46E-39	2.32E-09	2.36E-08	0.	0.	0.	0.	0.	2.04E-06
46	6.20	1.74E-06	0.	0.	2.13E-09	1.71E-10	0.	0.	0.	0.	0.	1.74E-06
47	6.10	2.23E-06	0.	0.	2.02E-09	5.08E-08	0.	0.	0.	0.	0.	2.26E-06
48	6.00	1.80E-06	0.	0.	5.72E-10	1.14E-08	0.	0.	0.	0.	0.	1.81E-06
49	5.90	9.83E-07	0.	0.	4.82E-10	3.35E-10	0.	0.	0.	0.	0.	9.84E-07
50	5.80	4.05E-07	0.	0.	2.94E-10	8.79E-09	0.	0.	0.	0.	0.	4.14E-07
51	5.70	9.56E-08	0.	0.	1.22E-10	7.69E-12	0.	0.	0.	0.	0.	9.57E-08

ABSORPTION COEFFICIENTS OF HEATED AIR (INVERSE CM.)

TEMPERATURE (DEGREES K) 1000.   DENSITY (GM/CC) 1.293E-07   (10.0E-05 NORMAL)

	PHOTON ENERGY BANDS	O2 S-R BANDS	N2 1ST POS.	N2 2ND POS.	N2+ 1ST NEG.	NO BETA	NO GAMMA	NO VIB-ROT	NO2	O- PHOTO-DET (IONS)	FREE-FREE (IONS) N P.E.	O P.F.	TOTAL AIR
52	5.60	8.15E-08	0.	0.	0.	8.48E-12	9.83E-10	0.	0.	0.	0.	0.	8.25E-08
53	5.50	5.01E-08	0.	0.	0.	4.75E-11	3.76E-08	0.	0.	0.	0.	0.	8.78E-08
54	5.40	1.63E-08	0.	0.	0.	2.69E-11	1.51E-11	0.	0.	0.	0.	0.	1.63E-08
55	5.30	8.17E-09	0.	0.	0.	7.51E-12	2.61E-09	0.	0.	0.	0.	0.	1.08E-08
56	5.20	9.54E-10	0.	0.	0.	4.36E-12	1.77E-09	0.	0.	0.	0.	0.	2.72E-09
57	5.10	8.14E-10	0.	0.	0.	1.16E-12	4.60E-11	0.	1.37E-11	0.	0.	0.	8.75E-10
58	5.00	5.19E-10	0.	0.	0.	3.85E-13	2.78E-10	0.	1.42E-11	0.	0.	0.	8.13E-10
59	4.90	3.92E-10	0.	0.	0.	2.38E-13	1.79E-12	0.	1.48E-11	0.	0.	0.	4.09E-10
60	4.80	2.12E-10	0.	0.	0.	3.37E-13	1.88E-11	0.	1.55E-11	0.	0.	0.	2.47E-10
61	4.70	9.60E-11	0.	0.	0.	1.53E-13	8.38E-14	0.	1.63E-11	0.	0.	0.	1.13E-10
62	4.60	4.33E-11	0.	0.	0.	5.09E-14	1.24E-12	0.	1.72E-11	0.	0.	0.	6.18E-11
63	4.50	1.50E-11	0.	0.	0.	2.35E-14	4.24E-12	0.	1.79E-11	0.	0.	0.	3.30E-11
64	4.40	5.17E-12	0.	0.	0.	6.29E-15	6.40E-14	0.	1.88E-11	0.	0.	0.	2.40E-11
65	4.30	2.04E-12	0.	0.	0.	3.13E-15	1.48E-14	0.	2.00E-11	0.	0.	0.	2.20E-11
66	4.20	6.09E-13	0.	0.	0.	8.83E-16	2.34E-15	0.	2.13E-11	0.	0.	0.	2.19E-11
67	4.10	3.34E-13	0.	0.	0.	3.46E-16	2.27E-15	0.	2.28E-11	0.	0.	0.	2.32E-11
68	4.00	8.11E-14	0.	0.	0.	1.33E-16	5.36E-17	0.	2.47E-11	0.	0.	0.	2.47E-11
69	3.90	1.82E-14	0.	0.	0.	3.07E-17	1.53E-16	0.	2.66E-11	0.	0.	0.	2.67E-11
70	3.80	0.	0.	0.	0.	1.91E-17	0.	0.	2.90E-11	0.	0.	0.	2.91E-11
71	3.70	0.	0.	0.	0.	1.27E-17	0.	0.	3.17E-11	0.	0.	0.	3.17E-11
72	3.60	0.	0.	0.	0.	2.51E-18	0.	0.	3.48E-11	0.	0.	0.	3.48E-11
73	3.50	0.	0.	0.	0.	2.19E-18	0.	0.	3.84E-11	0.	0.	0.	3.84E-11
74	3.40	0.	0.	0.	0.	2.06E-19	0.	0.	4.24E-11	0.	0.	0.	4.24E-11
75	3.30	0.	0.	0.	0.	1.96E-19	0.	0.	4.40E-11	0.	0.	0.	4.40E-11
76	3.20	0.	0.	0.	0.	1.80E-20	0.	0.	4.48E-11	0.	0.	0.	4.49E-11
77	3.10	0.	0.	0.	0.	1.38E-20	0.	0.	4.51E-11	0.	0.	0.	4.51E-11
78	3.00	0.	0.	0.	0.	1.60E-21	0.	0.	4.37E-11	0.	0.	0.	4.37E-11
79	2.90	0.	0.	0.	0.	7.92E-22	0.	0.	4.24E-11	0.	0.	0.	4.24E-11
80	2.80	0.	0.	0.	0.	8.02E-23	0.	0.	3.92E-11	0.	0.	0.	3.92E-11
81	2.70	0.	0.	0.	0.	1.51E-23	0.	0.	3.57E-11	0.	0.	0.	3.57E-11
82	2.60	0.	0.	0.	0.	1.56E-25	0.	0.	3.21E-11	0.	0.	0.	3.21E-11
83	2.50	0.	0.	0.	0.	1.45E-27	0.	0.	2.77E-11	0.	0.	0.	2.77E-11
84	2.40	0.	0.	0.	0.	1.72E-29	0.	0.	2.39E-11	0.	0.	0.	2.39E-11
85	2.30	0.	0.	0.	0.	1.64E-31	0.	0.	1.87E-11	0.	0.	0.	1.87E-11
86	2.20	0.	0.	0.	0.	0.	0.	0.	1.42E-11	0.	0.	0.	1.42E-11
87	2.10	0.	0.	0.	0.	0.	0.	0.	1.04E-11	0.	0.	0.	1.04E-11
88	2.00	0.	0.	0.	0.	0.	0.	0.	6.85E-12	0.	0.	0.	6.85E-12
89	1.90	0.	0.	0.	0.	0.	0.	0.	4.52E-12	0.	0.	0.	4.52E-12
90	1.80	0.	0.	0.	0.	0.	0.	0.	2.63E-12	0.	0.	0.	2.63E-12
91	1.70	0.	0.	0.	0.	0.	0.	0.	1.47E-12	0.	0.	0.	1.47E-12
92	1.60	0.	0.	0.	0.	0.	0.	0.	7.73E-13	0.	0.	0.	7.73E-13
93	1.50	0.	0.	0.	0.	0.	0.	0.	3.15E-13	0.	0.	0.	3.15E-13
94	1.40	0.	0.	0.	0.	0.	0.	0.	0.	0.	0.	0.	0.
95	1.30	0.	0.	0.	0.	0.	0.	0.	0.	0.	0.	0.	0.
96	1.20	0.	0.	0.	0.	0.	0.	0.	0.	0.	0.	0.	0.
97	1.10	0.	0.	0.	0.	0.	0.	1.46E-14	0.	0.	0.	0.	1.46E-14
98	1.00	0.	0.	0.	0.	0.	0.	2.21E-17	0.	0.	0.	0.	2.21E-17
99	0.90	0.	0.	0.	0.	0.	0.	1.38E-13	0.	0.	0.	0.	1.38E-13
100	0.80	0.	0.	0.	0.	0.	0.	3.24E-16	0.	0.	0.	0.	3.24E-16
101	0.70	0.	0.	0.	0.	0.	0.	9.34E-13	0.	0.	0.	0.	9.34E-13
102	0.60	0.	0.	0.	0.	0.	0.	8.06E-15	0.	0.	0.	0.	8.06E-15

ABSORPTION COEFFICIENTS OF HEATED AIR (INVERSE CM.)

TEMPERATURE (DEGREES K) 1000. DENSITY (GM/CC) 1.293E-08 (10.0E-06 NORMAL)

No.	PHOTON ENERGY E.V.	O2 S-R BANDS	O2 S-R CONT.	N2 B-H NO. 1	NO BETA	NO GAMMA	NO2	O- PHOTO-DET (IONS)	FREE-FREE (IONS)	N P.E.	O P.F.	TOTAL AIR
1	10.70	0.	0.	1.08E-14	0.	0.	0.	0.	0.	0.	0.	1.08E-14
2	10.60	0.	0.	3.92E-15	0.	0.	0.	0.	0.	0.	0.	3.92E-15
3	10.50	0.	0.	9.09E-16	0.	0.	0.	0.	0.	0.	0.	9.09E-16
4	10.40	0.	0.	4.66E-16	0.	0.	0.	0.	0.	0.	0.	4.66E-16
5	10.30	0.	0.	1.20E-16	0.	0.	0.	0.	0.	0.	0.	1.20E-16
6	10.20	0.	0.	4.03E-17	0.	0.	0.	0.	0.	0.	0.	4.03E-17
7	10.10	0.	0.	2.33E-17	0.	0.	0.	0.	0.	0.	0.	2.33E-17
8	10.00	0.	0.	2.91E-18	0.	0.	0.	0.	0.	0.	0.	2.91E-18
9	9.90	0.	0.	2.04E-18	0.	0.	0.	0.	0.	0.	0.	2.04E-18
10	9.80	0.	0.	7.44E-19	0.	0.	0.	0.	0.	0.	0.	7.44E-19
11	9.70	0.	0.	9.89E-20	0.	0.	0.	0.	0.	0.	0.	9.89E-20
12	9.60	0.	0.	1.13E-19	0.	0.	0.	0.	0.	0.	0.	1.13E-19
13	9.50	0.	3.72E-05	1.21E-20	0.	0.	0.	0.	0.	0.	0.	3.72E-05
14	9.40	0.	1.38E-04	6.32E-21	0.	0.	0.	0.	0.	0.	0.	1.38E-04
15	9.30	0.	2.38E-04	3.07E-21	0.	0.	0.	0.	0.	0.	0.	2.38E-04
16	9.20	0.	3.38E-04	1.67E-22	0.	0.	0.	0.	0.	0.	0.	3.38E-04
17	9.10	0.	4.64E-04	4.77E-22	0.	0.	0.	0.	0.	0.	0.	4.64E-04
18	9.00	0.	5.95E-04	3.43E-23	0.	0.	0.	0.	0.	0.	0.	5.95E-04
19	8.90	0.	7.26E-04	2.57E-23	0.	0.	0.	0.	0.	0.	0.	7.26E-04
20	8.80	0.	7.78E-04	6.95E-24	0.	0.	0.	0.	0.	0.	0.	7.78E-04
21	8.70	0.	7.69E-04	1.05E-24	0.	0.	0.	0.	0.	0.	0.	7.69E-04
22	8.60	0.	7.60E-04	1.21E-24	0.	0.	0.	0.	0.	0.	0.	7.60E-04
23	8.50	0.	7.35E-04	8.34E-26	0.	0.	0.	0.	0.	0.	0.	7.35E-04
24	8.40	0.	6.91E-04	1.06E-25	0.	0.	0.	0.	0.	0.	0.	6.91E-04
25	8.30	0.	6.40E-04	9.85E-27	0.	0.	0.	0.	0.	0.	0.	6.40E-04
26	8.20	0.	5.82E-04	6.51E-27	0.	0.	0.	0.	0.	0.	0.	5.82E-04
27	8.10	0.	5.21E-04	1.16E-27	0.	0.	0.	0.	0.	0.	0.	5.21E-04
28	8.00	0.	4.60E-04	4.83E-28	0.	0.	0.	0.	0.	0.	0.	4.60E-04
29	7.90	0.	3.94E-04	1.20E-28	0.	0.	0.	0.	0.	0.	0.	3.94E-04
30	7.80	0.	3.27E-04	4.74E-29	0.	0.	0.	0.	0.	0.	0.	3.27E-04
31	7.70	0.	2.68E-04	1.39E-29	0.	0.	0.	0.	0.	0.	0.	2.68E-04
32	7.60	0.	2.17E-04	3.41E-30	0.	3.54E-18	0.	0.	0.	0.	0.	2.17E-04
33	7.50	0.	1.66E-04	1.11E-30	0.	2.49E-13	0.	0.	0.	0.	0.	1.66E-04
34	7.40	0.	1.26E-04	2.47E-31	0.	4.83E-12	0.	0.	0.	0.	0.	1.26E-04
35	7.30	0.	8.95E-05	7.11E-32	0.	4.24E-14	0.	0.	0.	0.	0.	8.95E-05
36	7.20	0.	6.79E-05	1.74E-32	0.	4.99E-14	0.	0.	0.	0.	0.	6.79E-05
37	7.10	0.	4.74E-05	4.85E-33	0.	6.42E-12	0.	0.	0.	0.	0.	4.74E-05
38	7.00	4.06E-06	0.	1.21E-33	0.	1.58E-11	0.	0.	0.	0.	0.	4.06E-06
39	6.90	4.40E-06	0.	3.30E-34	0.	3.07E-10	0.	0.	0.	0.	0.	4.40E-06
40	6.80	2.11E-06	0.	8.40E-35	0.	6.84E-13	0.	0.	0.	0.	0.	2.11E-06
41	6.70	8.49E-07	0.	2.16E-35	0.	2.21E-10	0.	0.	0.	0.	0.	8.50E-07
42	6.60	3.68E-07	0.	5.43E-36	0.	1.04E-09	0.	0.	0.	0.	0.	3.69E-07
43	6.50	1.12E-07	0.	1.21E-36	0.	5.39E-12	0.	0.	0.	0.	0.	1.12E-07
44	6.40	1.96E-07	0.	1.69E-37	1.76E-10	1.22E-09	0.	0.	0.	0.	0.	1.97E-07
45	6.30	2.01E-07	0.	1.14E-38	2.32E-10	2.36E-09	0.	0.	0.	0.	0.	2.04E-07
46	6.20	1.74E-07	0.	0.	2.13E-10	1.71E-11	0.	0.	0.	0.	0.	1.74E-07
47	6.10	2.23E-07	0.	0.	2.02E-10	5.08E-09	0.	0.	0.	0.	0.	2.28E-07
48	6.00	1.80E-07	0.	0.	5.72E-11	1.14E-09	0.	0.	0.	0.	0.	1.81E-07
49	5.90	9.83E-08	0.	0.	4.82E-11	1.35E-11	0.	0.	0.	0.	0.	9.84E-08
50	5.80	4.05E-08	0.	0.	2.94E-11	8.79E-11	0.	0.	0.	0.	0.	4.14E-08
51	5.70	9.56E-09	0.	0.	1.22E-11	7.69E-13	0.	0.	0.	0.	0.	9.57E-09

ABSORPTION COEFFICIENTS OF HEATED AIR (INVERSE CM.)

TEMPERATURE (DEGREES K) 1000. DENSITY (GM/CC) 1.293E-08 (10.0E-06 NORMAL)

#	PHOTON ENERGY	O2 S-R BANDS	N2 1ST POS.	N2 2ND POS.	N2+ 1ST NEG.	NO BETA	NO GAMMA	NO VIB-ROT	NO 2	O- PHOTO-DET	FREE-FREE (IONS)	N P.E.	O P.F.	TOTAL AIR
52	5.60	8.15E-09	0.	0.	0.	8.48E-13	9.83E-11	0.	0.	0.	0.	0.	0.	8.25E-09
53	5.50	5.01E-09	0.	0.	0.	4.75E-12	3.76E-09	0.	0.	0.	0.	0.	0.	8.78E-09
54	5.40	1.63E-09	0.	0.	0.	2.69E-12	1.51E-12	0.	4.33E-13	0.	0.	0.	0.	1.63E-09
55	5.30	8.17E-10	0.	0.	0.	7.51E-13	2.61E-10	0.	4.50E-13	0.	0.	0.	0.	1.08E-09
56	5.20	9.54E-11	0.	0.	0.	4.36E-13	1.77E-10	0.	4.67E-13	0.	0.	0.	0.	2.72E-10
57	5.10	8.14E-11	0.	0.	0.	1.16E-13	4.60E-12	0.	4.90E-13	0.	0.	0.	0.	8.66E-11
58	5.00	5.19E-11	0.	0.	0.	3.85E-14	2.78E-11	0.	5.16E-13	0.	0.	0.	0.	3.09E-11
59	4.90	3.92E-11	0.	0.	0.	2.38E-14	1.79E-12	0.	5.42E-13	0.	0.	0.	0.	2.36E-11
60	4.80	2.12E-11	0.	0.	0.	3.37E-14	1.88E-12	0.	5.67E-13	0.	0.	0.	0.	1.01E-11
61	4.70	9.60E-12	0.	0.	0.	1.53E-14	8.38E-13	0.	5.94E-13	0.	0.	0.	0.	5.07E-12
62	4.60	4.33E-12	0.	0.	0.	5.09E-15	1.24E-13	0.	6.31E-13	0.	0.	0.	0.	2.07E-12
63	4.50	1.50E-12	0.	0.	0.	2.35E-15	4.20E-13	0.	6.74E-13	0.	0.	0.	0.	1.12E-12
64	4.40	5.17E-13	0.	0.	0.	6.29E-16	6.40E-15	0.	7.21E-13	0.	0.	0.	0.	8.36E-13
65	4.30	2.04E-13	0.	0.	0.	3.13E-16	1.48E-15	0.	7.79E-13	0.	0.	0.	0.	7.55E-13
66	4.20	6.09E-14	0.	0.	0.	8.83E-17	2.34E-16	0.	8.42E-13	0.	0.	0.	0.	7.88E-13
67	4.10	8.11E-15	0.	0.	0.	3.46E-17	2.27E-16	0.	9.16E-13	0.	0.	0.	0.	9.19E-13
68	4.00	1.82E-15	0.	0.	0.	1.33E-17	5.36E-18	0.	1.00E-12	0.	0.	0.	0.	10.00E-13
69	3.90	1.27E-16	0.	0.	0.	3.07E-18	1.53E-17	0.	1.10E-12	0.	0.	0.	0.	1.10E-12
70	3.80	7.18E-17	0.	0.	0.	2.51E-19	0.	0.	1.21E-12	0.	0.	0.	0.	1.21E-12
71	3.70	2.87E-17	0.	0.	0.	2.19E-19	0.	0.	1.34E-12	0.	0.	0.	0.	1.34E-12
72	3.60	5.45E-18	0.	0.	0.	2.06E-20	0.	0.	1.39E-12	0.	0.	0.	0.	1.39E-12
73	3.50	1.93E-18	0.	0.	0.	1.96E-20	0.	0.	1.42E-12	0.	0.	0.	0.	1.42E-12
74	3.40	4.90E-19	0.	0.	0.	1.80E-21	0.	0.	1.43E-12	0.	0.	0.	0.	1.43E-12
75	3.30	1.12E-19	0.	0.	0.	1.38E-21	0.	0.	1.38E-12	0.	0.	0.	0.	1.38E-12
76	3.20	3.06E-20	0.	0.	0.	1.60E-22	0.	0.	1.34E-12	0.	0.	0.	0.	1.34E-12
77	3.10	6.95E-21	0.	0.	0.	7.92E-23	0.	0.	1.24E-12	0.	0.	0.	0.	1.24E-12
78	3.00	2.05E-21	0.	0.	0.	8.02E-24	0.	0.	1.13E-12	0.	0.	0.	0.	1.13E-12
79	2.90	4.50E-22	0.	0.	0.	1.56E-24	0.	0.	1.01E-12	0.	0.	0.	0.	1.01E-12
80	2.80	4.84E-24	0.	0.	0.	1.45E-28	0.	0.	8.75E-13	0.	0.	0.	0.	8.75E-13
81	2.70	4.94E-26	0.	0.	0.	1.72E-30	0.	0.	7.56E-13	0.	0.	0.	0.	7.56E-13
82	2.60	0.	0.	0.	0.	1.64E-32	0.	0.	5.92E-13	0.	0.	0.	0.	5.92E-13
83	2.50	0.	0.	0.	0.	0.	0.	0.	4.49E-13	0.	0.	0.	0.	4.49E-13
84	2.40	0.	0.	0.	0.	0.	0.	0.	3.28E-13	0.	0.	0.	0.	3.28E-13
85	2.30	0.	0.	0.	0.	0.	0.	0.	2.17E-13	0.	0.	0.	0.	2.17E-13
86	2.20	0.	0.	0.	0.	0.	0.	0.	1.43E-13	0.	0.	0.	0.	1.43E-13
87	2.10	0.	0.	0.	0.	0.	0.	0.	8.32E-14	0.	0.	0.	0.	8.32E-14
88	2.00	0.	0.	0.	0.	0.	0.	0.	4.65E-14	0.	0.	0.	0.	4.65E-14
89	1.90	0.	0.	0.	0.	0.	0.	0.	2.44E-14	0.	0.	0.	0.	2.44E-14
90	1.80	0.	0.	0.	0.	0.	0.	0.	9.97E-15	0.	0.	0.	0.	9.97E-15
91	1.70	0.	0.	0.	0.	0.	0.	0.	0.	0.	0.	0.	0.	0.
92	1.60	0.	0.	0.	0.	0.	0.	0.	0.	0.	0.	0.	0.	0.
93	1.50	0.	0.	0.	0.	0.	0.	0.	0.	0.	0.	0.	0.	0.
94	1.40	0.	0.	0.	0.	0.	0.	0.	0.	0.	0.	0.	0.	0.
95	1.30	0.	0.	0.	0.	0.	0.	0.	0.	0.	0.	0.	0.	0.
96	1.20	0.	0.	0.	0.	0.	0.	0.	0.	0.	0.	0.	0.	0.
97	1.10	0.	0.	0.	0.	0.	0.	1.46E-15	0.	0.	0.	0.	0.	1.46E-15
98	1.00	0.	0.	0.	0.	0.	0.	2.21E-18	0.	0.	0.	0.	0.	1.21E-18
99	0.90	0.	0.	0.	0.	0.	0.	1.38E-14	0.	0.	0.	0.	0.	1.38E-14
100	0.80	0.	0.	0.	0.	0.	0.	3.24E-17	0.	0.	0.	0.	0.	3.24E-17
101	0.70	0.	0.	0.	0.	0.	0.	9.34E-14	0.	0.	0.	0.	0.	9.34E-14
102	0.60	0.	0.	0.	0.	0.	0.	8.06E-16	0.	0.	0.	0.	0.	8.06E-16

ABSORPTION COEFFICIENTS OF HEATED AIR (INVERSE CM.)

TEMPERATURE (DEGREES K) 1000.   DENSITY (GM/CC) 1.293E-09   (10.0E-07 NORMAL)

PHOTON	ENERGY E.V.	O2 S-R BANDS	O2 S-R CONT.	N2 B-H NO. 1	NO BETA	NO GAMMA	NO 2	O- PHOTO-DET (IONS)	FREE-FREE P.E.	N P.E.	O P.E.	TOTAL AIR
1	10.70	0.	0.	1.08E-15	0.	0.	0.	0.	0.	0.	0.	1.08E-15
2	10.60	0.	0.	3.92E-16	0.	0.	0.	0.	0.	0.	0.	3.92E-16
3	10.50	0.	0.	9.09E-17	0.	0.	0.	0.	0.	0.	0.	9.09E-17
4	10.40	0.	0.	4.66E-17	0.	0.	0.	0.	0.	0.	0.	4.66E-17
5	10.30	0.	0.	1.20E-17	0.	0.	0.	0.	0.	0.	0.	1.20E-17
6	10.20	0.	0.	4.03E-18	0.	0.	0.	0.	0.	0.	0.	4.03E-18
7	10.10	0.	0.	2.33E-18	0.	0.	0.	0.	0.	0.	0.	2.33E-18
8	10.00	0.	0.	2.91E-19	0.	0.	0.	0.	0.	0.	0.	2.91E-19
9	9.90	0.	0.	2.04E-19	0.	0.	0.	0.	0.	0.	0.	2.04E-19
10	9.80	0.	0.	7.44E-20	0.	0.	0.	0.	0.	0.	0.	7.44E-20
11	9.70	0.	0.	9.89E-21	0.	0.	0.	0.	0.	0.	0.	9.89E-21
12	9.60	0.	0.	1.13E-20	0.	0.	0.	0.	0.	0.	0.	1.13E-20
13	9.50	0.	3.72E-06	1.21E-21	0.	0.	0.	0.	0.	0.	0.	3.72E-06
14	9.40	0.	1.38E-05	6.32E-22	0.	0.	0.	0.	0.	0.	0.	1.38E-05
15	9.30	0.	2.38E-05	3.07E-22	0.	0.	0.	0.	0.	0.	0.	2.38E-05
16	9.20	0.	3.38E-05	1.67E-23	0.	0.	0.	0.	0.	0.	0.	3.38E-05
17	9.10	0.	4.64E-05	4.77E-23	0.	0.	0.	0.	0.	0.	0.	4.64E-05
18	9.00	0.	5.95E-05	3.43E-24	0.	0.	0.	0.	0.	0.	0.	5.05E-05
19	8.90	0.	7.26E-05	2.57E-24	0.	0.	0.	0.	0.	0.	0.	7.26E-05
20	8.80	0.	7.78E-05	6.95E-25	0.	0.	0.	0.	0.	0.	0.	7.78E-05
21	8.70	0.	7.69E-05	1.05E-25	0.	0.	0.	0.	0.	0.	0.	7.60E-05
22	8.60	0.	7.60E-05	1.21E-25	0.	0.	0.	0.	0.	0.	0.	7.35E-05
23	8.50	0.	7.35E-05	8.34E-27	0.	0.	0.	0.	0.	0.	0.	6.91E-05
24	8.40	0.	6.91E-05	1.06E-26	0.	0.	0.	0.	0.	0.	0.	6.40E-05
25	8.30	0.	6.40E-05	9.85E-28	0.	0.	0.	0.	0.	0.	0.	5.82E-05
26	8.20	0.	5.82E-05	6.51E-28	0.	0.	0.	0.	0.	0.	0.	5.21E-05
27	8.10	0.	5.21E-05	1.16E-28	0.	0.	0.	0.	0.	0.	0.	4.60E-05
28	8.00	0.	4.60E-05	4.83E-29	0.	0.	0.	0.	0.	0.	0.	3.94E-05
29	7.90	0.	3.94E-05	1.20E-29	0.	0.	0.	0.	0.	0.	0.	3.27E-05
30	7.80	0.	3.27E-05	4.74E-30	0.	0.	0.	0.	0.	0.	0.	2.68E-05
31	7.70	0.	2.68E-05	1.39E-30	0.	3.54E-19	0.	0.	0.	0.	0.	2.17E-05
32	7.60	0.	2.17E-05	3.41E-31	0.	2.49E-14	0.	0.	0.	0.	0.	1.66E-05
33	7.50	0.	1.66E-05	1.11E-31	0.	4.83E-13	0.	0.	0.	0.	0.	1.26E-05
34	7.40	0.	1.26E-05	2.47E-32	0.	4.24E-15	0.	0.	0.	0.	0.	8.95E-06
35	7.30	0.	8.95E-06	7.11E-33	0.	4.99E-12	0.	0.	0.	0.	0.	6.79E-06
36	7.20	0.	6.79E-06	1.74E-33	0.	6.42E-13	0.	0.	0.	0.	0.	4.74E-06
37	7.10	0.	4.74E-06	1.21E-34	0.	1.58E-12	0.	0.	0.	0.	0.	4.06E-07
38	7.00	4.06E-07	0.	3.30E-35	0.	3.07E-11	0.	0.	0.	0.	0.	4.40E-07
39	6.90	4.40E-07	0.	8.40E-36	0.	6.84E-14	0.	0.	0.	0.	0.	2.11E-07
40	6.80	2.11E-07	0.	5.43E-37	0.	2.21E-11	0.	0.	0.	0.	0.	8.50E-08
41	6.70	8.49E-08	0.	1.21E-37	0.	1.04E-10	0.	0.	0.	0.	0.	3.69E-08
42	6.60	3.68E-08	0.	1.69E-38	0.	5.39E-13	0.	0.	0.	0.	0.	1.12E-08
43	6.50	1.12E-08	0.	0.	0.	1.26E-10	0.	0.	0.	0.	0.	1.97E-08
44	6.40	1.96E-08	0.	0.	1.76E-11	1.36E-10	0.	0.	0.	0.	0.	2.04E-08
45	6.30	2.01E-08	0.	0.	2.32E-11	2.36E-10	0.	0.	0.	0.	0.	1.74E-08
46	6.20	1.74E-08	0.	0.	2.13E-11	1.71E-12	0.	0.	0.	0.	0.	2.28E-08
47	6.10	2.23E-08	0.	0.	2.02E-11	5.04E-10	0.	0.	0.	0.	0.	1.81E-08
48	6.00	1.80E-08	0.	0.	5.72E-12	1.14E-10	0.	0.	0.	0.	0.	9.84E-09
49	5.90	9.83E-09	0.	0.	4.82E-12	3.35E-10	0.	0.	0.	0.	0.	4.74E-06
50	5.80	4.05E-09	0.	0.	2.94E-12	8.79E-11	0.	0.	0.	0.	0.	4.14E-09
51	5.70	9.56E-10	0.	0.	1.22E-12	7.69E-14	0.	0.	0.	0.	0.	9.57E-10

ABSORPTION COEFFICIENTS OF HEATED AIR (INVERSE CM.)

TEMPERATURE (DEGREES K) 1000. DENSITY (GM/CC) 1.293E-09 (10.0E-07 NORMAL)

	PHOTON ENERGY	O2 S-R BANDS	N2 1ST POS.	N2 2ND POS.	N2+ 1ST NEG.	NO BETA	NO GAMMA	NO VIB-ROT	NO2	O- PHOTO-DET	FREE-FREE (IONS)	N P.E.	O P.F.	TOTAL AIR
52	5.60	8.15E-10	0.	0.	0.	8.48E-14	9.83E-12	0.	0.	0.	0.	0.	0.	8.25E-10
53	5.50	5.01E-10	0.	0.	0.	4.75E-13	3.76E-10	0.	0.	0.	0.	0.	0.	8.78E-10
54	5.40	1.63E-10	0.	0.	0.	2.69E-13	1.51E-13	0.	0.	0.	0.	0.	0.	1.63E-10
55	5.30	8.17E-11	0.	0.	0.	7.51E-14	2.61E-11	0.	0.	0.	0.	0.	0.	1.08E-10
56	5.20	9.54E-12	0.	0.	0.	1.16E-14	1.77E-11	0.	0.	0.	0.	0.	0.	2.72E-11
57	5.10	8.14E-12	0.	0.	0.	3.85E-15	4.60E-13	0.	1.37E-14	0.	0.	0.	0.	8.63E-12
58	5.00	5.19E-12	0.	0.	0.	2.38E-15	2.78E-12	0.	1.42E-14	0.	0.	0.	0.	8.00E-12
59	4.90	3.92E-12	0.	0.	0.	3.37E-15	1.79E-14	0.	1.48E-14	0.	0.	0.	0.	3.96E-12
60	4.80	2.14E-12	0.	0.	0.	1.53E-15	1.88E-13	0.	1.55E-14	0.	0.	0.	0.	2.33E-12
61	4.70	9.60E-13	0.	0.	0.	5.09E-16	8.38E-16	0.	1.63E-14	0.	0.	0.	0.	9.79E-13
62	4.60	4.33E-13	0.	0.	0.	2.35E-16	1.24E-14	0.	1.72E-14	0.	0.	0.	0.	4.63E-13
63	4.50	1.50E-13	0.	0.	0.	6.29E-17	4.20E-16	0.	1.79E-14	0.	0.	0.	0.	1.68E-13
64	4.40	5.17E-14	0.	0.	0.	3.13E-17	1.48E-16	0.	1.88E-14	0.	0.	0.	0.	7.12E-14
65	4.30	2.04E-14	0.	0.	0.	8.83E-18	2.34E-17	0.	2.00E-14	0.	0.	0.	0.	4.05E-14
66	4.20	6.09E-15	0.	0.	0.	3.46E-18	5.36E-19	0.	2.13E-14	0.	0.	0.	0.	2.74E-14
67	4.10	3.34E-15	0.	0.	0.	1.33E-18	1.53E-18	0.	2.28E-14	0.	0.	0.	0.	2.62E-14
68	4.00	8.11E-16	0.	0.	0.	3.07E-19	0.	0.	2.47E-14	0.	0.	0.	0.	2.55E-14
69	3.90	1.82E-16	0.	0.	0.	1.91E-19	0.	0.	2.66E-14	0.	0.	0.	0.	2.68E-14
70	3.80	1.27E-16	0.	0.	0.	2.51E-20	0.	0.	2.90E-14	0.	0.	0.	0.	2.92E-14
71	3.70	2.03E-17	0.	0.	0.	2.19E-20	0.	0.	3.17E-14	0.	0.	0.	0.	3.18E-14
72	3.60	7.18E-18	0.	0.	0.	2.06E-21	0.	0.	3.48E-14	0.	0.	0.	0.	3.48E-14
73	3.50	2.87E-18	0.	0.	0.	1.96E-21	0.	0.	3.84E-14	0.	0.	0.	0.	3.84E-14
74	3.40	5.45E-19	0.	0.	0.	1.80E-22	0.	0.	4.24E-14	0.	0.	0.	0.	4.24E-14
75	3.30	1.93E-19	0.	0.	0.	1.38E-22	0.	0.	4.40E-14	0.	0.	0.	0.	4.40E-14
76	3.20	4.90E-20	0.	0.	0.	1.60E-23	0.	0.	4.48E-14	0.	0.	0.	0.	4.49E-14
77	3.10	1.12E-20	0.	0.	0.	7.92E-24	0.	0.	4.51E-14	0.	0.	0.	0.	4.51E-14
78	3.00	3.06E-21	0.	0.	0.	8.02E-25	0.	0.	4.37E-14	0.	0.	0.	0.	4.37E-14
79	2.90	6.95E-22	0.	0.	0.	1.51E-25	0.	0.	4.24E-14	0.	0.	0.	0.	4.24E-14
80	2.80	2.05E-22	0.	0.	0.	1.56E-27	0.	0.	3.92E-14	0.	0.	0.	0.	3.92E-14
81	2.70	2.50E-23	0.	0.	0.	1.45E-29	0.	0.	3.57E-14	0.	0.	0.	0.	3.57E-14
82	2.60	4.84E-25	0.	0.	0.	1.72E-31	0.	0.	3.21E-14	0.	0.	0.	0.	3.21E-14
83	2.50	4.94E-27	0.	0.	0.	1.64E-33	0.	0.	2.77E-14	0.	0.	0.	0.	2.77E-14
84	2.40	0.	0.	0.	0.	0.	0.	0.	2.39E-14	0.	0.	0.	0.	2.39E-14
85	2.30	0.	0.	0.	0.	0.	0.	0.	1.87E-14	0.	0.	0.	0.	1.87E-14
86	2.20	0.	0.	0.	0.	0.	0.	0.	1.42E-14	0.	0.	0.	0.	1.42E-14
87	2.10	0.	0.	0.	0.	0.	0.	0.	1.04E-14	0.	0.	0.	0.	1.04E-14
88	2.00	0.	0.	0.	0.	0.	0.	0.	6.85E-15	0.	0.	0.	0.	6.85E-15
89	1.90	0.	0.	0.	0.	0.	0.	0.	4.52E-15	0.	0.	0.	0.	4.52E-15
90	1.80	0.	0.	0.	0.	0.	0.	0.	2.63E-15	0.	0.	0.	0.	2.63E-15
91	1.70	0.	0.	0.	0.	0.	0.	0.	1.47E-15	0.	0.	0.	0.	1.47E-15
92	1.60	0.	0.	0.	0.	0.	0.	0.	7.73E-16	0.	0.	0.	0.	7.73E-16
93	1.50	0.	0.	0.	0.	0.	0.	0.	3.15E-16	0.	0.	0.	0.	3.15E-16
94	1.40	0.	0.	0.	0.	0.	0.	0.	0.	0.	0.	0.	0.	0.
95	1.30	0.	0.	0.	0.	0.	0.	0.	0.	0.	0.	0.	0.	0.
96	1.20	0.	0.	0.	0.	0.	0.	0.	0.	0.	0.	0.	0.	0.
97	1.10	0.	0.	0.	0.	0.	0.	1.46E-16	0.	0.	0.	0.	0.	1.46E-16
98	1.00	0.	0.	0.	0.	0.	0.	2.21E-19	0.	0.	0.	0.	0.	2.21E-19
99	0.90	0.	0.	0.	0.	0.	0.	1.38E-15	0.	0.	0.	0.	0.	1.38E-15
100	0.80	0.	0.	0.	0.	0.	0.	3.24E-18	0.	0.	0.	0.	0.	3.24E-18
101	0.70	0.	0.	0.	0.	0.	0.	9.34E-15	0.	0.	0.	0.	0.	9.34E-15
102	0.60	0.	0.	0.	0.	0.	0.	8.06E-17	0.	0.	0.	0.	0.	8.06E-17

ABSORPTION COEFFICIENTS OF HEATED AIR   (INVERSE CM.)

TEMPERATURE (DEGREES K) 2000.   DENSITY (GM/CC) 1.293E-02   (1.0E 01 NORMAL)

#	PHOTON ENERGY E.V.	O2 S-R BANDS	O2 S-R CONT.	N2 B-H NO. 1	NO BETA	NO GAMMA	NO 2 PHOTO-DET	O- FREE-FREE (IONS)	N P.E.	O P.E.	TOTAL AIR
1	10.70	0.	0.	4.06E-03	0.	0.	0.	0.	0.	0.	4.06E-03
2	10.60	0.	0.	2.13E-03	0.	0.	0.	0.	0.	0.	2.13E-03
3	10.50	0.	0.	1.33E-03	0.	0.	0.	0.	0.	0.	1.33E-03
4	10.40	0.	0.	8.60E-04	0.	0.	0.	0.	0.	0.	8.60E-04
5	10.30	0.	0.	4.08E-04	0.	0.	0.	0.	0.	0.	4.08E-04
6	10.20	0.	0.	2.78E-04	0.	0.	0.	0.	0.	0.	2.78E-04
7	10.10	0.	0.	1.88E-04	0.	0.	0.	0.	0.	0.	1.88E-04
8	10.00	0.	0.	6.99E-05	0.	0.	0.	0.	0.	0.	6.99E-05
9	9.90	0.	0.	6.20E-05	0.	0.	0.	0.	0.	0.	6.20E-05
10	9.80	0.	0.	3.44E-05	0.	0.	0.	0.	0.	0.	3.44E-05
11	9.70	0.	0.	1.31E-05	0.	0.	0.	0.	0.	0.	1.31E-05
12	9.60	0.	0.	1.44E-05	0.	0.	0.	0.	0.	0.	1.44E-05
13	9.50	0.	3.44E 01	4.84E-06	0.	0.	0.	0.	0.	0.	3.44E 01
14	9.40	0.	1.27E 02	3.14E-06	0.	0.	0.	0.	0.	0.	1.27E 02
15	9.30	0.	2.20E 02	2.49E-06	0.	0.	0.	0.	0.	0.	2.20E 02
16	9.20	0.	3.13E 02	6.08E-07	0.	0.	0.	0.	0.	0.	3.13E 02
17	9.10	0.	4.14E 02	9.14E-07	0.	0.	0.	0.	0.	0.	4.14E 02
18	9.00	0.	5.16E 02	2.89E-07	0.	0.	0.	0.	0.	0.	5.16E 02
19	8.90	0.	6.18E 02	1.92E-07	0.	0.	0.	0.	0.	0.	6.18E 02
20	8.80	0.	6.49E 02	1.25E-07	0.	0.	0.	0.	0.	0.	6.49E 02
21	8.70	0.	6.24E 02	4.15E-08	0.	0.	0.	0.	0.	0.	6.24E 02
22	8.60	0.	5.99E 02	4.70E-08	0.	0.	0.	0.	0.	0.	5.99E 02
23	8.50	0.	5.71E 02	1.37E-08	0.	0.	0.	0.	0.	0.	5.71E 02
24	8.40	0.	5.36E 02	1.34E-08	0.	0.	0.	0.	0.	0.	5.36E 02
25	8.30	0.	4.98E 02	4.43E-09	0.	0.	0.	0.	0.	0.	4.98E 02
26	8.20	0.	4.60E 02	3.48E-09	0.	0.	0.	0.	0.	0.	4.60E 02
27	8.10	0.	4.23E 02	1.42E-09	0.	0.	0.	0.	0.	0.	4.23E 02
28	8.00	0.	3.87E 02	9.81E-10	0.	0.	0.	0.	0.	0.	3.87E 02
29	7.90	0.	3.48E 02	4.26E-10	0.	0.	0.	0.	0.	0.	3.48E 02
30	7.80	0.	3.09E 02	3.03E-10	0.	0.	0.	0.	0.	0.	3.09E 02
31	7.70	0.	2.72E 02	1.42E-10	0.	0.	0.	0.	0.	0.	2.72E 02
32	7.60	0.	2.35E 02	7.94E-11	0.	4.91E-07	0.	0.	0.	0.	2.35E 02
33	7.50	0.	1.99E 02	4.08E-11	0.	1.67E-04	0.	0.	0.	0.	1.99E 02
34	7.40	0.	1.69E 02	2.10E-11	0.	7.66E-04	0.	0.	0.	0.	1.69E 02
35	7.30	0.	1.41E 02	1.10E-11	0.	4.59E-04	0.	0.	0.	0.	1.41E 02
36	7.20	0.	1.18E 02	5.53E-12	0.	1.66E-02	0.	0.	0.	0.	1.18E 02
37	7.10	0.	9.53E 01	2.98E-12	0.	1.29E-03	0.	0.	0.	0.	9.53E 01
38	7.00	1.83E 00	0.	1.49E-12	0.	3.89E-02	0.	0.	0.	0.	1.87E 00
39	6.90	2.61E 00	0.	7.77E-13	0.	7.80E-02	0.	0.	0.	0.	2.69E 00
40	6.80	1.62E 00	0.	3.96E-13	0.	1.42E-02	0.	0.	0.	0.	1.63E 00
41	6.70	8.26E-01	0.	1.96E-13	0.	2.09E-01	0.	0.	0.	0.	1.04E 00
42	6.60	3.84E-01	0.	9.62E-14	0.	1.74E-01	0.	0.	0.	0.	5.58E-01
43	6.50	1.52E-01	0.	3.82E-14	0.	4.38E-02	0.	0.	0.	0.	1.96E-01
44	6.40	2.78E-01	0.	9.52E-15	1.81E-02	5.38E-01	0.	0.	0.	0.	8.34E-01
45	6.30	4.40E-01	0.	1.54E-15	4.33E-02	3.09E-01	0.	0.	0.	0.	7.92E-01
46	6.20	8.03E-01	0.	2.00E-16	4.05E-02	6.65E-02	0.	0.	0.	0.	9.10E-01
47	6.10	1.86E 00	0.	2.65E-17	7.01E-02	1.10E 00	0.	0.	0.	0.	3.03E 00
48	6.00	2.83E 00	0.	2.88E-18	3.37E-02	1.37E-01	0.	0.	0.	0.	2.99E 00
49	5.90	2.72E 00	0.	1.60E-19	3.30E-02	7.13E-02	0.	0.	0.	0.	2.82E 00
50	5.80	2.34E 00	0.	2.98E-21	2.10E-02	2.22E-01	0.	0.	0.	0.	2.59E 00
51	5.70	1.35E 00	0.	0.	0.	1.30E-02	0.	0.	0.	0.	1.39E 00

ABSORPTION COEFFICIENTS OF HEATED AIR (INVERSE CM.)

TEMPERATURE (DEGREES K) 2000. DENSITY (GM/CC) 1.293E-02 (1.0E 01 NORMAL)

	PHOTON ENERGY	O2 S-R BANDS	N2 1ST POS.	N2 2ND POS.	N2+ 1ST NEG.	NO BETA	NO GAMMA	NO VIB-ROT	NO 2	O- PHOTO-DET (IONS)	FREE-FREE (IONS)	N P.E.	O P.E.	TOTAL AIR
52	5.60	1.30E 00	0.	0.	0.	5.38E-03	1.51E-01	0.	0.	0.	0.	0.	0.	1.46E 00
53	5.50	9.98E-01	0.	0.	0.	1.28E-02	6.74E-01	0.	0.	0.	0.	0.	0.	1.68E 00
54	5.40	6.58E-01	0.	0.	0.	7.75E-03	1.88E-02	0.	0.	0.	0.	0.	0.	6.84E-01
55	5.30	4.50E-01	0.	0.	0.	6.08E-03	2.22E-01	0.	0.	0.	0.	0.	0.	6.78E-01
56	5.20	1.45E-01	0.	0.	0.	4.55E-03	7.99E-02	0.	5.79E-03	0.	0.	0.	0.	2.29E-01
57	5.10	1.18E-01	0.	0.	0.	2.70E-03	3.31E-02	0.	5.99E-03	0.	0.	0.	0.	1.59E-01
58	5.00	7.10E-02	0.	0.	0.	1.43E-03	5.70E-02	0.	6.19E-03	0.	0.	0.	0.	1.36E-01
59	4.90	6.00E-02	0.	0.	0.	1.31E-03	7.15E-03	0.	6.35E-03	0.	0.	0.	0.	7.45E-02
60	4.80	5.33E-02	0.	0.	0.	8.36E-04	1.62E-02	0.	6.50E-03	0.	0.	0.	0.	7.72E-02
61	4.70	3.88E-02	0.	0.	0.	6.11E-04	1.62E-03	0.	6.66E-03	0.	0.	0.	0.	4.78E-02
62	4.60	3.01E-02	0.	0.	0.	2.45E-04	4.34E-03	0.	6.84E-03	0.	0.	0.	0.	4.17E-02
63	4.50	1.87E-02	0.	1.17E-17	0.	2.27E-04	3.93E-04	0.	7.01E-03	0.	0.	0.	0.	2.63E-02
64	4.40	1.16E-02	0.	3.13E-16	0.	1.40E-04	9.77E-04	0.	7.19E-03	0.	0.	0.	0.	1.98E-02
65	4.30	6.77E-03	0.	4.43E-17	0.	9.09E-05	1.70E-04	0.	7.37E-03	0.	0.	0.	0.	1.43E-02
66	4.20	4.01E-03	0.	2.47E-15	0.	5.20E-05	1.78E-04	0.	7.56E-03	0.	0.	0.	0.	1.16E-02
67	4.10	2.69E-03	0.	2.34E-17	0.	3.46E-05	6.55E-05	0.	7.83E-03	0.	0.	0.	0.	1.04E-02
68	4.00	1.44E-03	0.	2.52E-15	0.	1.53E-05	1.40E-05	0.	8.10E-03	0.	0.	0.	0.	9.31E-03
69	3.90	6.57E-04	0.	3.41E-15	0.	1.41E-05	1.57E-05	0.	8.42E-03	0.	0.	0.	0.	8.78E-03
70	3.80	5.73E-04	0.	3.57E-16	0.	4.39E-06	0.	0.	8.77E-03	0.	0.	0.	0.	9.01E-03
71	3.70	2.29E-04	0.	5.75E-15	0.	5.00E-06	0.	0.	9.15E-03	0.	0.	0.	0.	9.29E-03
72	3.60	1.34E-04	0.	1.03E-16	0.	1.30E-06	0.	0.	9.58E-03	0.	0.	0.	0.	9.67E-03
73	3.50	8.00E-05	0.	1.46E-15	0.	1.49E-06	0.	0.	1.00E-02	0.	0.	0.	0.	1.01E-02
74	3.40	3.66E-05	0.	3.35E-17	0.	4.09E-07	0.	0.	1.03E-02	0.	0.	0.	0.	1.04E-02
75	3.30	2.03E-05	0.	2.33E-16	0.	3.84E-07	0.	0.	1.06E-02	0.	0.	0.	0.	1.06E-02
76	3.20	9.50E-06	0.	8.93E-18	0.	1.40E-07	0.	0.	1.07E-02	0.	0.	0.	0.	1.07E-02
77	3.10	4.96E-06	0.	3.12E-17	0.	8.86E-08	0.	0.	1.05E-02	0.	0.	0.	0.	1.05E-02
78	3.00	2.45E-06	0.	1.83E-18	0.	2.30E-08	0.	0.	1.02E-02	0.	0.	0.	0.	1.02E-02
79	2.90	1.07E-06	0.	3.22E-18	0.	6.10E-09	0.	0.	9.73E-03	0.	0.	0.	0.	9.73E-03
80	2.80	6.73E-07	0.	2.53E-19	0.	5.65E-11	0.	0.	9.20E-03	0.	0.	0.	0.	9.20E-03
81	2.70	1.68E-07	0.	2.90E-19	0.	4.73E-12	0.	0.	8.63E-03	0.	0.	0.	0.	8.63E-03
82	2.60	2.06E-08	0.	3.83E-20	0.	2.19E-13	0.	0.	7.89E-03	0.	0.	0.	0.	7.89E-03
83	2.50	7.05E-08	2.27E-17	1.74E-20	0.	0.	0.	0.	7.22E-03	0.	0.	0.	0.	7.22E-03
84	2.40	2.05E-10	3.12E-15	0.	0.	0.	0.	0.	6.31E-03	0.	0.	0.	0.	6.31E-03
85	2.30	0.	3.41E-15	0.	0.	0.	0.	0.	5.43E-03	0.	0.	0.	0.	5.43E-03
86	2.20	0.	3.14E-14	0.	0.	0.	0.	0.	4.53E-03	0.	0.	0.	0.	4.53E-03
87	2.10	0.	3.95E-14	0.	0.	0.	0.	0.	3.43E-03	0.	0.	0.	0.	3.43E-03
88	2.00	0.	3.46E-12	0.	0.	0.	0.	0.	2.60E-03	0.	0.	0.	0.	2.60E-03
89	1.90	0.	1.46E-12	0.	0.	0.	0.	0.	1.74E-03	0.	0.	0.	0.	1.74E-03
90	1.80	0.	4.14E-13	0.	0.	0.	0.	0.	1.11E-03	0.	0.	0.	0.	1.11E-03
91	1.70	0.	9.30E-13	0.	0.	0.	0.	0.	6.85E-04	0.	0.	0.	0.	6.85E-04
92	1.60	0.	3.47E-13	0.	0.	0.	0.	0.	2.81E-04	0.	0.	0.	0.	2.81E-04
93	1.50	0.	1.86E-12	0.	0.	0.	0.	0.	0.	0.	0.	0.	0.	1.86E-12
94	1.40	0.	2.43E-13	0.	0.	0.	0.	0.	0.	0.	0.	0.	0.	2.43E-13
95	1.30	0.	1.55E-12	0.	0.	0.	0.	0.	0.	0.	0.	0.	0.	1.55E-12
96	1.20	0.	1.82E-13	0.	0.	0.	0.	8.60E-07	0.	0.	0.	0.	0.	8.60E-07
97	1.10	0.	5.11E-13	0.	0.	0.	0.	1.87E-07	0.	0.	0.	0.	0.	1.87E-07
98	1.00	0.	1.15E-13	0.	0.	0.	0.	8.60E-06	0.	0.	0.	0.	0.	8.60E-06
99	0.90	0.	6.32E-14	0.	0.	0.	0.	6.88E-06	0.	0.	0.	0.	0.	6.88E-06
100	0.80	0.	1.04E-14	0.	0.	0.	0.	1.99E-06	0.	0.	0.	0.	0.	1.99E-06
101	0.70	0.	1.19E-19	0.	0.	0.	0.	1.92E-05	0.	0.	0.	0.	0.	1.92E-05
102	0.60	0.	0.	0.	0.	0.	0.	1.08E-05	0.	0.	0.	0.	0.	1.08E-05

ABSORPTION COEFFICIENTS OF HEATED AIR (INVERSE CM.)

TEMPERATURE (DEGREES K) 2000. DENSITY (GM/CC) 1.293E-03 (10.0E-01 NORMAL)

#	PHOTON ENERGY E.V.	O2 S-R BANDS	O2 S-R CONT.	N2 B-H NO.1	NO BETA	NO GAMMA	NO 2	O- PHOTO-DET (IONS)	FREE-FREE (IONS)	N P.E.	O P.F.	TOTAL AIR
1	10.70	0.	0.	4.06E-04	0.	0.	0.	0.	0.	0.	0.	4.06E-04
2	10.60	0.	0.	2.13E-04	0.	0.	0.	0.	0.	0.	0.	2.13E-04
3	10.50	0.	0.	1.33E-04	0.	0.	0.	0.	0.	0.	0.	1.33E-04
4	10.40	0.	0.	8.60E-05	0.	0.	0.	0.	0.	0.	0.	8.60E-05
5	10.30	0.	0.	4.08E-05	0.	0.	0.	0.	0.	0.	0.	4.08E-05
6	10.20	0.	0.	2.78E-05	0.	0.	0.	0.	0.	0.	0.	2.78E-05
7	10.10	0.	0.	1.88E-05	0.	0.	0.	0.	0.	0.	0.	1.88E-05
8	10.00	0.	0.	6.20E-06	0.	0.	0.	0.	0.	0.	0.	6.99E-06
9	9.90	0.	0.	6.99E-06	0.	0.	0.	0.	0.	0.	0.	6.20E-06
10	9.80	0.	0.	3.44E-06	0.	0.	0.	0.	0.	0.	0.	3.44E-06
11	9.70	0.	0.	1.31E-06	0.	0.	0.	0.	0.	0.	0.	1.31E-06
12	9.60	0.	0.	1.44E-06	0.	0.	0.	0.	0.	0.	0.	1.44E-06
13	9.50	0.	3.44E 00	4.84E-07	0.	0.	0.	0.	0.	0.	0.	3.44E 00
14	9.40	0.	1.27E 01	3.14E-07	0.	0.	0.	0.	0.	0.	0.	1.27E 01
15	9.30	0.	2.20E 01	2.49E-07	0.	0.	0.	0.	0.	0.	0.	2.20E 01
16	9.20	0.	3.13E 01	6.08E-08	0.	0.	0.	0.	0.	0.	0.	3.13E 01
17	9.10	0.	4.14E 01	9.14E-08	0.	0.	0.	0.	0.	0.	0.	4.14E 01
18	9.00	0.	5.16E 01	2.89E-08	0.	0.	0.	0.	0.	0.	0.	5.16E 01
19	8.90	0.	6.18E 01	1.92E-08	0.	0.	0.	0.	0.	0.	0.	6.18E 01
20	8.80	0.	6.49E 01	1.25E-08	0.	0.	0.	0.	0.	0.	0.	6.49E 01
21	8.70	0.	6.24E 01	4.70E-09	0.	0.	0.	0.	0.	0.	0.	6.24E 01
22	8.60	0.	5.99E 01	1.37E-09	0.	0.	0.	0.	0.	0.	0.	5.99E 01
23	8.50	0.	5.71E 01	1.34E-09	0.	0.	0.	0.	0.	0.	0.	5.71E 01
24	8.40	0.	5.36E 01	3.48E-10	0.	0.	0.	0.	0.	0.	0.	5.36E 01
25	8.30	0.	4.98E 01	4.26E-10	0.	0.	0.	0.	0.	0.	0.	4.98E 01
26	8.20	0.	4.60E 01	1.42E-10	0.	0.	0.	0.	0.	0.	0.	4.60E 01
27	8.10	0.	4.23E 01	9.81E-11	0.	0.	0.	0.	0.	0.	0.	4.23E 01
28	8.00	0.	3.87E 01	3.03E-11	0.	0.	0.	0.	0.	0.	0.	3.87E 01
29	7.90	0.	3.48E 01	1.42E-11	0.	0.	0.	0.	0.	0.	0.	3.48E 01
30	7.80	0.	3.09E 01	4.08E-12	0.	4.91E-08	0.	0.	0.	0.	0.	3.09E 01
31	7.70	0.	2.72E 01	2.10E-12	0.	1.67E-05	0.	0.	0.	0.	0.	2.72E 01
32	7.60	0.	2.35E 01	1.10E-12	0.	7.66E-05	0.	0.	0.	0.	0.	2.35E 01
33	7.50	0.	1.99E 01	5.53E-13	0.	4.59E-05	0.	0.	0.	0.	0.	1.99E 01
34	7.40	0.	1.69E 01	2.98E-13	0.	1.66E-04	0.	0.	0.	0.	0.	1.69E 01
35	7.30	0.	1.41E 01	1.49E-13	0.	1.22E-04	0.	0.	0.	0.	0.	1.41E 01
36	7.20	0.	1.18E 01	7.77E-14	0.	3.89E-03	0.	0.	0.	0.	0.	1.18E 01
37	7.10	1.83E-01	9.53E 00	3.99E-14	0.	7.80E-03	0.	0.	0.	0.	0.	9.53E 00
38	7.00	1.61E-01	0.	1.96E-14	0.	1.42E-02	0.	0.	0.	0.	0.	1.87E 00
39	6.90	2.61E-01	0.	9.62E-15	0.	2.09E-02	0.	0.	0.	0.	0.	2.69E-01
40	6.80	1.62E-01	0.	3.82E-15	0.	1.74E-02	0.	0.	0.	0.	0.	1.63E-01
41	6.70	8.26E-02	0.	9.52E-16	0.	4.38E-03	0.	0.	0.	0.	0.	1.04E-01
42	6.60	3.84E-02	0.	1.54E-16	0.	5.38E-02	0.	0.	0.	0.	0.	5.58E-02
43	6.50	1.52E-02	0.	2.00E-17	0.	3.09E-02	0.	0.	0.	0.	0.	1.96E-02
44	6.40	2.78E-02	0.	2.88E-18	1.81E-03	6.65E-03	0.	0.	0.	0.	0.	8.34E-02
45	6.30	4.40E-02	0.	1.60E-20	4.33E-03	1.10E-01	0.	0.	0.	0.	0.	7.92E-02
46	6.20	3.03E-02	0.	2.98E-22	4.05E-03	1.37E-01	0.	0.	0.	0.	0.	9.10E-02
47	6.10	1.06E-01	0.	0.	7.01E-03	1.04E-01	0.	0.	0.	0.	0.	3.03E-01
48	6.00	2.83E-01	0.	0.	2.53E-03	1.13E-03	0.	0.	0.	0.	0.	2.99E-01
49	5.90	2.72E-01	0.	0.	3.37E-03	7.13E-03	0.	0.	0.	0.	0.	2.82E-01
50	5.80	2.34E-01	0.	0.	3.30E-03	2.22E-02	0.	0.	0.	0.	0.	2.59E-01
51	5.70	1.35E-01	0.	0.	2.10E-03	1.30E-03	0.	0.	0.	0.	0.	1.39E-01

ABSORPTION COEFFICIENTS OF HEATED AIR (INVERSE CM.)

TEMPERATURE (DEGREES K) 2000.   DENSITY (GM/CC) 1.293E-03   (10.0E-01 NORMAL)

	PHOTON ENERGY	O2 S-R BANDS	N2 1ST POS.	N2 2ND POS.	N2+ 1ST NEG.	NO BETA	NO GAMMA	NO VIB-ROT	NO2	O- PHOTO-DET	FREE-FREE (IONS)	N P.E.	O P.E.	TOTAL AIR
52	5.60	1.30E-01	0.	0.	0.	5.38E-04	1.51E-02	0.	0.	0.	0.	0.	0.	1.46E-01
53	5.50	9.98E-02	0.	0.	0.	1.28E-03	6.74E-02	0.	0.	0.	0.	0.	0.	1.68E-01
54	5.40	6.58E-02	0.	0.	0.	7.77E-04	1.88E-03	0.	0.	0.	0.	0.	0.	6.84E-02
55	5.30	4.50E-02	0.	0.	0.	6.08E-04	2.22E-02	0.	0.	0.	0.	0.	0.	6.78E-02
56	5.20	1.45E-02	0.	0.	0.	4.53E-04	7.99E-03	0.	0.	0.	0.	0.	0.	2.29E-02
57	5.10	1.18E-02	0.	0.	0.	2.70E-04	3.31E-03	0.	0.	0.	0.	0.	0.	1.55E-02
58	5.00	7.10E-03	0.	0.	0.	1.43E-04	5.76E-03	0.	1.83E-04	0.	0.	0.	0.	1.31E-02
59	4.90	6.00E-03	0.	0.	0.	1.18E-04	7.15E-04	0.	1.89E-04	0.	0.	0.	0.	7.03E-03
60	4.80	5.33E-03	0.	0.	0.	1.31E-04	1.62E-03	0.	1.96E-04	0.	0.	0.	0.	7.28E-03
61	4.70	3.88E-03	0.	0.	0.	8.36E-05	1.62E-04	0.	2.01E-04	0.	0.	0.	0.	4.33E-03
62	4.60	3.01E-03	0.	0.	0.	6.11E-05	4.34E-04	0.	2.06E-04	0.	0.	0.	0.	3.72E-03
63	4.50	1.87E-03	0.	1.17E-18	0.	3.45E-05	3.93E-05	0.	2.11E-04	0.	0.	0.	0.	2.16E-03
64	4.40	1.16E-03	0.	3.13E-17	0.	2.27E-05	9.77E-05	0.	2.16E-04	0.	0.	0.	0.	1.50E-03
65	4.30	6.77E-04	0.	4.43E-18	0.	1.46E-05	1.70E-05	0.	2.22E-04	0.	0.	0.	0.	9.35E-04
66	4.20	4.01E-04	0.	2.47E-16	0.	9.09E-06	1.78E-05	0.	2.27E-04	0.	0.	0.	0.	6.60E-04
67	4.10	2.69E-04	0.	2.34E-18	0.	5.20E-06	6.55E-06	0.	2.33E-04	0.	0.	0.	0.	5.20E-04
68	4.00	1.44E-04	0.	2.52E-16	0.	3.46E-06	1.40E-06	0.	2.39E-04	0.	0.	0.	0.	3.96E-04
69	3.90	6.57E-05	0.	3.41E-16	0.	1.53E-06	1.57E-06	0.	2.47E-04	0.	0.	0.	0.	3.25E-04
70	3.80	5.73E-05	0.	3.57E-17	0.	1.41E-06	0.	0.	2.56E-04	0.	0.	0.	0.	3.01E-04
71	3.70	2.29E-05	0.	5.75E-16	0.	4.39E-07	0.	0.	2.66E-04	0.	0.	0.	0.	3.03E-04
72	3.60	1.34E-05	0.	1.03E-17	0.	5.00E-07	0.	0.	2.77E-04	0.	0.	0.	0.	3.11E-04
73	3.50	8.00E-06	0.	1.46E-16	0.	1.46E-07	0.	0.	2.89E-04	0.	0.	0.	0.	3.21E-04
74	3.40	3.66E-06	0.	3.35E-18	0.	1.49E-07	0.	0.	3.03E-04	0.	0.	0.	0.	3.29E-04
75	3.30	2.03E-06	0.	2.33E-17	0.	4.09E-08	0.	0.	3.17E-04	0.	0.	0.	0.	3.36E-04
76	3.20	9.50E-07	0.	8.93E-19	0.	3.84E-08	0.	0.	3.27E-04	0.	0.	0.	0.	3.40E-04
77	3.10	4.96E-07	0.	3.12E-18	0.	1.96E-08	0.	0.	3.35E-04	0.	0.	0.	0.	3.40E-04
78	3.00	2.45E-07	0.	1.83E-19	0.	8.86E-09	0.	0.	3.40E-04	0.	0.	0.	0.	3.36E-04
79	2.90	1.07E-07	0.	3.22E-19	0.	2.30E-09	0.	0.	3.31E-04	0.	0.	0.	0.	3.32E-04
80	2.80	6.73E-08	0.	2.53E-20	0.	6.10E-10	0.	0.	3.23E-04	0.	0.	0.	0.	3.23E-04
81	2.70	1.68E-08	0.	2.90E-20	0.	6.10E-10	0.	0.	3.08E-04	0.	0.	0.	0.	3.08E-04
82	2.60	2.06E-09	0.	3.83E-21	0.	5.65E-12	0.	0.	2.91E-04	0.	0.	0.	0.	2.91E-04
83	2.50	7.45E-11	0.	1.74E-21	0.	4.73E-13	0.	0.	2.73E-04	0.	0.	0.	0.	2.73E-04
84	2.40	0.	2.27E-18	0.	0.	2.19E-14	0.	0.	2.50E-04	0.	0.	0.	0.	2.50E-04
85	2.30	0.	3.12E-16	0.	0.	0.	0.	0.	2.28E-04	0.	0.	0.	0.	2.28E-04
86	2.20	0.	3.41E-16	0.	0.	0.	0.	0.	1.99E-04	0.	0.	0.	0.	1.99E-04
87	2.10	0.	3.14E-15	0.	0.	0.	0.	0.	1.72E-04	0.	0.	0.	0.	1.72E-04
88	2.00	0.	3.95E-15	0.	0.	0.	0.	0.	1.43E-04	0.	0.	0.	0.	1.43E-04
89	1.90	0.	3.46E-14	0.	0.	0.	0.	0.	1.08E-04	0.	0.	0.	0.	1.08E-04
90	1.80	0.	1.46E-13	0.	0.	0.	0.	0.	8.22E-05	0.	0.	0.	0.	8.22E-05
91	1.70	0.	4.14E-13	0.	0.	0.	0.	0.	5.49E-05	0.	0.	0.	0.	5.49E-05
92	1.60	0.	9.30E-14	0.	0.	0.	0.	0.	3.51E-05	0.	0.	0.	0.	3.51E-05
93	1.50	0.	3.47E-14	0.	0.	0.	0.	0.	2.16E-05	0.	0.	0.	0.	2.16E-05
94	1.40	0.	1.86E-13	0.	0.	0.	0.	0.	8.90E-06	0.	0.	0.	0.	8.90E-06
95	1.30	0.	2.43E-13	0.	0.	0.	0.	0.	0.	0.	0.	0.	0.	2.43E-13
96	1.20	0.	1.55E-13	0.	0.	0.	0.	0.	0.	0.	0.	0.	0.	1.55E-13
97	1.10	0.	1.82E-14	0.	0.	0.	0.	8.60E-08	0.	0.	0.	0.	0.	8.60E-08
98	1.00	0.	5.11E-14	0.	0.	0.	0.	1.87E-08	0.	0.	0.	0.	0.	1.87E-08
99	0.90	0.	1.15E-14	0.	0.	0.	0.	6.88E-07	0.	0.	0.	0.	0.	6.88E-07
100	0.80	0.	6.32E-15	0.	0.	0.	0.	1.99E-07	0.	0.	0.	0.	0.	1.99E-07
101	0.70	0.	1.04E-15	0.	0.	0.	0.	3.92E-06	0.	0.	0.	0.	0.	3.92E-06
102	0.60	0.	1.19E-20	0.	0.	0.	0.	1.08E-06	0.	0.	0.	0.	0.	1.08E-06

ABSORPTION COEFFICIENTS OF HEATED AIR (INVERSE CM.)

TEMPERATURE (DEGREES K) 2000.   DENSITY (GM/CC) 1.293E-04   (10.0E-02 NORMAL)

#	PHOTON ENERGY E.V.	O2 S-R BANDS	O2 S-R CONT.	N2 B-H NO. 1	NO BETA	NO GAMMA	NO 2	O- PHOTO-DET (IONS)	FREE-FREE (IONS)	N P.E.	O P.E.	TOTAL AIR
1	10.70	0.	0.	4.06E-05	0.	0.	0.	0.	0.	0.	0.	4.06E-05
2	10.60	0.	0.	2.13E-05	0.	0.	0.	0.	0.	0.	0.	2.13E-05
3	10.50	0.	0.	1.33E-05	0.	0.	0.	0.	0.	0.	0.	1.33E-05
4	10.40	0.	0.	8.60E-06	0.	0.	0.	0.	0.	0.	0.	8.60E-06
5	10.30	0.	0.	4.08E-06	0.	0.	0.	0.	0.	0.	0.	4.08E-06
6	10.20	0.	0.	2.78E-06	0.	0.	0.	0.	0.	0.	0.	2.78E-06
7	10.10	0.	0.	1.88E-06	0.	0.	0.	0.	0.	0.	0.	1.88E-06
8	10.00	0.	0.	6.99E-07	0.	0.	0.	0.	0.	0.	0.	6.99E-07
9	9.90	0.	0.	6.20E-07	0.	0.	0.	0.	0.	0.	0.	6.20E-07
10	9.80	0.	0.	3.44E-07	0.	0.	0.	0.	0.	0.	0.	3.44E-07
11	9.70	0.	0.	1.31E-07	0.	0.	0.	0.	0.	0.	0.	1.31E-07
12	9.60	0.	0.	1.44E-07	0.	0.	0.	0.	0.	0.	0.	1.44E-07
13	9.50	0.	3.44E-01	4.84E-08	0.	0.	0.	0.	0.	0.	0.	3.44E-01
14	9.40	0.	1.27E 00	3.14E-08	0.	0.	0.	0.	0.	0.	0.	1.27E 00
15	9.30	0.	2.20E 00	2.49E-08	0.	0.	0.	0.	0.	0.	0.	2.20E 00
16	9.20	0.	3.13E 00	6.08E-08	0.	0.	0.	0.	0.	0.	0.	3.13E 00
17	9.10	0.	4.14E 00	9.14E-09	0.	0.	0.	0.	0.	0.	0.	4.14E 00
18	9.00	0.	5.16E 00	2.89E-09	0.	0.	0.	0.	0.	0.	0.	5.16E 00
19	8.90	0.	6.18E 00	1.92E-09	0.	0.	0.	0.	0.	0.	0.	6.18E 00
20	8.80	0.	6.49E 00	1.25E-09	0.	0.	0.	0.	0.	0.	0.	6.49E 00
21	8.70	0.	6.24E 00	4.15E-10	0.	0.	0.	0.	0.	0.	0.	6.24E 00
22	8.60	0.	5.99E 00	4.70E-10	0.	0.	0.	0.	0.	0.	0.	5.99E 00
23	8.50	0.	5.71E 00	1.37E-10	0.	0.	0.	0.	0.	0.	0.	5.71E 00
24	8.40	0.	5.36E 00	1.34E-10	0.	0.	0.	0.	0.	0.	0.	5.36E 00
25	8.30	0.	4.98E 00	4.43E-11	0.	0.	0.	0.	0.	0.	0.	4.98E 00
26	8.20	0.	4.60E 00	3.48E-11	0.	0.	0.	0.	0.	0.	0.	4.60E 00
27	8.10	0.	4.23E 00	1.42E-11	0.	0.	0.	0.	0.	0.	0.	4.23E 00
28	8.00	0.	3.87E 00	9.81E-12	0.	0.	0.	0.	0.	0.	0.	3.87E 00
29	7.90	0.	3.48E 00	4.26E-12	0.	0.	0.	0.	0.	0.	0.	3.48E 00
30	7.80	0.	3.09E 00	3.03E-12	0.	0.	0.	0.	0.	0.	0.	3.09E 00
31	7.70	0.	2.72E 00	1.42E-12	0.	0.	0.	0.	0.	0.	0.	2.72E 00
32	7.60	0.	2.35E 00	7.93E-13	0.	4.91E-09	0.	0.	0.	0.	0.	2.35E 00
33	7.50	0.	1.99E 00	4.08E-13	0.	1.67E-06	0.	0.	0.	0.	0.	1.99E 00
34	7.40	0.	1.69E 00	2.10E-13	0.	7.66E-06	0.	0.	0.	0.	0.	1.69E 00
35	7.30	0.	1.41E 00	1.10E-13	0.	4.59E-06	0.	0.	0.	0.	0.	1.41E 00
36	7.20	0.	1.18E 00	5.52E-14	0.	1.66E-04	0.	0.	0.	0.	0.	1.18E 00
37	7.10	0.	9.53E-01	1.22E-14	0.	1.22E-05	0.	0.	0.	0.	0.	9.53E-01
38	7.00	1.83E-02	0.	2.98E-14	0.	3.89E-04	0.	0.	0.	0.	0.	1.87E-02
39	6.90	2.61E-02	0.	1.49E-14	0.	7.79E-04	0.	0.	0.	0.	0.	2.69E-02
40	6.80	1.62E-03	0.	7.77E-15	0.	1.42E-04	0.	0.	0.	0.	0.	1.63E-02
41	6.70	1.26E-03	0.	3.99E-15	0.	2.09E-03	0.	0.	0.	0.	0.	1.04E-02
42	6.60	3.84E-03	0.	9.62E-16	0.	1.74E-03	0.	0.	0.	0.	0.	5.58E-03
43	6.50	1.52E-03	0.	3.82E-16	0.	4.38E-04	0.	0.	0.	0.	0.	1.96E-03
44	6.40	2.78E-03	0.	9.52E-17	1.81E-04	5.38E-03	0.	0.	0.	0.	0.	8.34E-03
45	6.30	4.40E-03	0.	1.54E-17	4.33E-04	3.09E-03	0.	0.	0.	0.	0.	7.92E-03
46	6.20	8.02E-03	0.	2.00E-18	4.05E-04	6.65E-04	0.	0.	0.	0.	0.	9.10E-03
47	6.10	1.78E-02	0.	2.65E-19	7.00E-04	1.10E-02	0.	0.	0.	0.	0.	3.03E-02
48	6.00	1.86E-02	0.	2.88E-20	2.52E-04	1.37E-03	0.	0.	0.	0.	0.	2.82E-02
49	5.90	2.83E-02	0.	1.60E-21	3.37E-04	7.13E-04	0.	0.	0.	0.	0.	2.99E-02
50	5.80	2.72E-02	0.	2.98E-23	3.30E-04	2.22E-03	0.	0.	0.	0.	0.	2.59E-02
51	5.70	1.35E-02	0.	0.	2.10E-04	1.30E-04	0.	0.	0.	0.	0.	1.39E-02

ABSORPTION COEFFICIENTS OF HEATED AIR (INVERSE CM.)

TEMPERATURE (DEGREES K) 2000. DENSITY (GM/CC) 1.293E-04 (10.0E-02 NORMAL)

#	PHOTON ENERGY	O2 S-R BANDS	N2 1ST POS.	N2 2ND POS.	N2+ 1ST NEG.	NO BETA	NO GAMMA	NO VIB-ROT	NO2	O- PHOTO-DET (IONS)	O FREE-FREE (IONS)	N P.E.	O P.F.	TOTAL AIR
52	5.60	1.30E-02	0.	0.	0.	5.38E-05	1.51E-03	0.	0.	0.	0.	0.	0.	1.46E-02
53	5.50	9.98E-03	0.	0.	0.	1.28E-04	6.73E-03	0.	0.	0.	0.	0.	0.	1.68E-02
54	5.40	6.58E-03	0.	0.	0.	7.75E-05	1.88E-04	0.	0.	0.	0.	0.	0.	6.84E-03
55	5.30	4.50E-03	0.	0.	0.	6.08E-05	2.22E-03	0.	0.	0.	0.	0.	0.	6.78E-03
56	5.20	1.45E-03	0.	0.	0.	4.53E-05	7.99E-04	0.	0.	0.	0.	0.	0.	2.29E-03
57	5.10	1.17E-03	0.	0.	0.	2.70E-05	3.31E-04	0.	5.78E-06	0.	0.	0.	0.	1.54E-03
58	5.00	7.10E-04	0.	0.	0.	1.43E-05	5.70E-04	0.	5.98E-06	0.	0.	0.	0.	1.30E-03
59	4.90	5.99E-04	0.	0.	0.	1.18E-05	7.15E-05	0.	6.19E-06	0.	0.	0.	0.	7.14E-04
60	4.80	5.33E-04	0.	0.	0.	1.31E-05	1.61E-04	0.	6.35E-06	0.	0.	0.	0.	6.89E-04
61	4.70	3.88E-04	0.	0.	0.	8.36E-06	1.62E-05	0.	6.50E-06	0.	0.	0.	0.	4.19E-04
62	4.60	3.01E-04	0.	0.	0.	6.11E-06	4.34E-05	0.	6.66E-06	0.	0.	0.	0.	3.57E-04
63	4.50	1.87E-04	0.	0.	0.	3.45E-06	9.76E-06	0.	6.83E-06	0.	0.	0.	0.	2.01E-04
64	4.40	1.16E-04	0.	0.	0.	2.27E-06	1.70E-06	0.	7.01E-06	0.	0.	0.	0.	1.35E-04
65	4.30	6.76E-05	0.	1.17E-19	0.	1.40E-06	1.78E-06	0.	7.18E-06	0.	0.	0.	0.	7.79E-05
66	4.20	2.69E-05	0.	3.13E-18	0.	9.09E-07	6.55E-07	0.	7.36E-06	0.	0.	0.	0.	5.01E-05
67	4.10	1.44E-05	0.	4.43E-19	0.	5.20E-07	1.40E-07	0.	7.56E-06	0.	0.	0.	0.	3.56E-05
68	4.00	6.57E-06	0.	2.47E-17	0.	3.46E-07	1.57E-07	0.	7.82E-06	0.	0.	0.	0.	2.27E-05
69	3.90	2.29E-06	0.	2.52E-17	0.	1.53E-07	0.	0.	8.09E-06	0.	0.	0.	0.	1.50E-05
70	3.80	1.34E-06	0.	3.41E-17	0.	1.41E-07	0.	0.	8.42E-06	0.	0.	0.	0.	1.43E-05
71	3.70	8.00E-07	0.	3.57E-18	0.	4.39E-08	0.	0.	8.77E-06	0.	0.	0.	0.	1.11E-05
72	3.60	3.65E-07	0.	5.75E-18	0.	4.99E-08	0.	0.	9.15E-06	0.	0.	0.	0.	1.05E-05
73	3.50	3.50E-08	0.	1.03E-18	0.	1.03E-08	0.	0.	9.58E-06	0.	0.	0.	0.	1.04E-05
74	3.40	9.50E-08	0.	1.46E-17	0.	1.49E-08	0.	0.	1.00E-05	0.	0.	0.	0.	1.05E-05
75	3.30	2.45E-08	0.	2.33E-18	0.	4.09E-09	0.	0.	1.03E-05	0.	0.	0.	0.	1.07E-05
76	3.20	1.07E-08	0.	8.93E-20	0.	3.83E-09	0.	0.	1.06E-05	0.	0.	0.	0.	1.08E-05
77	3.10	0.	0.	3.12E-19	0.	1.96E-08	0.	0.	1.07E-05	0.	0.	0.	0.	1.05E-05
78	3.00	0.	0.	1.83E-20	0.	8.85E-10	0.	0.	1.05E-05	0.	0.	0.	0.	1.05E-05
79	2.90	0.	0.	3.22E-20	0.	2.30E-10	0.	0.	1.02E-05	0.	0.	0.	0.	1.02E-05
80	2.80	0.	0.	2.53E-21	0.	6.09E-11	0.	0.	9.73E-06	0.	0.	0.	0.	9.73E-06
81	2.70	0.	0.	2.90E-20	0.	6.09E-10	0.	0.	9.20E-06	0.	0.	0.	0.	9.20E-06
82	2.60	0.	0.	3.83E-22	0.	5.65E-13	0.	0.	8.62E-06	0.	0.	0.	0.	8.63E-06
83	2.50	0.	0.	1.74E-22	0.	4.73E-14	0.	0.	7.89E-06	0.	0.	0.	0.	7.89E-06
84	2.40	0.	2.27E-19	0.	0.	2.19E-15	0.	0.	7.21E-06	0.	0.	0.	0.	7.21E-06
85	2.30	0.	3.12E-17	0.	0.	0.	0.	0.	6.30E-06	0.	0.	0.	0.	6.30E-06
86	2.20	0.	3.41E-17	0.	0.	0.	0.	0.	5.43E-06	0.	0.	0.	0.	5.43E-06
87	2.10	0.	3.14E-16	0.	0.	0.	0.	0.	4.52E-06	0.	0.	0.	0.	4.52E-06
88	2.00	0.	3.95E-15	0.	0.	0.	0.	0.	3.43E-06	0.	0.	0.	0.	3.43E-06
89	1.90	0.	3.46E-15	0.	0.	0.	0.	0.	2.60E-06	0.	0.	0.	0.	2.60E-06
90	1.80	0.	1.46E-14	0.	0.	0.	0.	0.	1.73E-06	0.	0.	0.	0.	1.73E-06
91	1.70	0.	4.13E-15	0.	0.	0.	0.	0.	1.11E-06	0.	0.	0.	0.	1.11E-06
92	1.60	0.	9.30E-15	0.	0.	0.	0.	0.	6.84E-07	0.	0.	0.	0.	6.84E-07
93	1.50	0.	3.47E-15	0.	0.	0.	0.	0.	2.81E-07	0.	0.	0.	0.	2.81E-07
94	1.40	0.	1.86E-14	0.	0.	0.	0.	0.	0.	0.	0.	0.	0.	1.86E-14
95	1.30	0.	2.43E-15	0.	0.	0.	0.	0.	0.	0.	0.	0.	0.	2.43E-15
96	1.20	0.	1.55E-14	0.	0.	0.	0.	0.	0.	0.	0.	0.	0.	1.55E-14
97	1.10	0.	1.82E-15	0.	0.	0.	0.	8.60E-09	0.	0.	0.	0.	0.	8.60E-09
98	1.00	0.	5.10E-15	0.	0.	0.	0.	1.87E-09	0.	0.	0.	0.	0.	1.87E-09
99	0.90	0.	1.15E-15	0.	0.	0.	0.	6.88E-08	0.	0.	0.	0.	0.	6.88E-08
100	0.80	0.	6.32E-16	0.	0.	0.	0.	1.99E-08	0.	0.	0.	0.	0.	1.99E-08
101	0.70	0.	1.04E-16	0.	0.	0.	0.	3.92E-07	0.	0.	0.	0.	0.	3.92E-07
102	0.60	0.	1.18E-21	0.	0.	0.	0.	1.08E-07	0.	0.	0.	0.	0.	1.08E-07

ABSORPTION COEFFICIENTS OF HEATED AIR (INVERSE CM.)

TEMPERATURE (DEGREES K) 2800.   DENSITY (GM/CC) 1.293E-05   (10.0E-03 NORMAL)

	PHOTON ENERGY E.V.	O2 S-R BANDS	O2 S-R CONT.	N2 B-H NO. 1	NO BETA	NO GAMMA	NO 2	O- PHOTO-DET (IONS)	FREE-FREE (IONS)	N P.E.	O P.E.	TOTAL AIR
1	10.70	0.	0.	4.06E-06	0.	0.	0.	0.	0.	0.	0.	4.06E-06
2	10.60	0.	0.	2.13E-06	0.	0.	0.	0.	0.	0.	0.	2.13E-06
3	10.50	0.	0.	1.33E-06	0.	0.	0.	0.	0.	0.	0.	1.33E-06
4	10.40	0.	0.	8.61E-07	0.	0.	0.	0.	0.	0.	0.	8.61E-07
5	10.30	0.	0.	4.08E-07	0.	0.	0.	0.	0.	0.	0.	4.08E-07
6	10.20	0.	0.	2.78E-07	0.	0.	0.	0.	0.	0.	0.	2.78E-07
7	10.10	0.	0.	1.88E-07	0.	0.	0.	0.	0.	0.	0.	1.88E-07
8	10.00	0.	0.	6.99E-08	0.	0.	0.	0.	0.	0.	0.	6.99E-08
9	9.90	0.	0.	6.20E-08	0.	0.	0.	0.	0.	0.	0.	6.20E-08
10	9.80	0.	0.	3.44E-08	0.	0.	0.	0.	0.	0.	0.	3.44E-08
11	9.70	0.	0.	1.31E-08	0.	0.	0.	0.	0.	0.	0.	1.31E-08
12	9.60	0.	0.	1.44E-08	0.	0.	0.	0.	0.	0.	0.	1.44E-08
13	9.50	0.	3.44E-02	4.85E-09	0.	0.	0.	0.	0.	0.	0.	3.44E-02
14	9.40	0.	1.27E-01	3.14E-09	0.	0.	0.	0.	0.	0.	0.	1.27E-01
15	9.30	0.	2.20E-01	2.49E-09	0.	0.	0.	0.	0.	0.	0.	2.20E-01
16	9.20	0.	3.13E-01	6.09E-10	0.	0.	0.	0.	0.	0.	0.	3.13E-01
17	9.10	0.	4.14E-01	9.15E-10	0.	0.	0.	0.	0.	0.	0.	4.14E-01
18	9.00	0.	5.16E-01	2.90E-10	0.	0.	0.	0.	0.	0.	0.	5.16E-01
19	8.90	0.	6.18E-01	1.92E-10	0.	0.	0.	0.	0.	0.	0.	6.18E-01
20	8.80	0.	6.49E-01	1.25E-10	0.	0.	0.	0.	0.	0.	0.	6.49E-01
21	8.70	0.	6.24E-01	4.15E-11	0.	0.	0.	0.	0.	0.	0.	6.24E-01
22	8.60	0.	5.99E-01	4.71E-11	0.	0.	0.	0.	0.	0.	0.	5.99E-01
23	8.50	0.	5.71E-01	1.37E-11	0.	0.	0.	0.	0.	0.	0.	5.71E-01
24	8.40	0.	5.36E-01	1.34E-11	0.	0.	0.	0.	0.	0.	0.	5.36E-01
25	8.30	0.	4.98E-01	4.43E-12	0.	0.	0.	0.	0.	0.	0.	4.98E-01
26	8.20	0.	4.60E-01	3.48E-12	0.	0.	0.	0.	0.	0.	0.	4.60E-01
27	8.10	0.	4.23E-01	1.42E-12	0.	0.	0.	0.	0.	0.	0.	4.23E-01
28	8.00	0.	3.87E-01	9.82E-13	0.	0.	0.	0.	0.	0.	0.	3.87E-01
29	7.90	0.	3.48E-01	4.26E-13	0.	0.	0.	0.	0.	0.	0.	3.48E-01
30	7.80	0.	3.09E-01	3.03E-13	0.	0.	0.	0.	0.	0.	0.	3.09E-01
31	7.70	0.	2.72E-01	1.42E-13	0.	0.	0.	0.	0.	0.	0.	2.72E-01
32	7.60	0.	2.35E-01	7.94E-14	0.	4.91E-10	0.	0.	0.	0.	0.	2.35E-01
33	7.50	0.	1.99E-01	4.09E-14	0.	1.67E-07	0.	0.	0.	0.	0.	1.99E-01
34	7.40	0.	1.69E-01	2.10E-14	0.	7.66E-07	0.	0.	0.	0.	0.	1.69E-01
35	7.30	0.	1.41E-01	1.10E-14	0.	4.59E-07	0.	0.	0.	0.	0.	1.41E-01
36	7.20	0.	1.18E-01	5.53E-15	0.	1.66E-05	0.	0.	0.	0.	0.	1.18E-01
37	7.10	0.	9.53E-02	2.98E-15	0.	1.22E-06	0.	0.	0.	0.	0.	9.53E-02
38	7.00	1.83E-03	0.	1.49E-15	0.	3.89E-05	0.	0.	0.	0.	0.	1.86E-03
39	6.90	2.60E-03	0.	7.77E-16	0.	7.79E-05	0.	0.	0.	0.	0.	2.68E-03
40	6.80	1.62E-03	0.	4.00E-16	0.	1.42E-05	0.	0.	0.	0.	0.	1.63E-03
41	6.70	8.25E-04	0.	1.96E-16	0.	2.09E-04	0.	0.	0.	0.	0.	1.03E-03
42	6.60	3.83E-04	0.	9.62E-17	0.	1.74E-04	0.	0.	0.	0.	0.	5.57E-04
43	6.50	1.51E-04	0.	3.82E-17	0.	4.38E-05	0.	0.	0.	0.	0.	1.95E-04
44	6.40	2.77E-04	0.	9.53E-18	1.81E-05	5.38E-04	0.	0.	0.	0.	0.	8.33E-04
45	6.30	4.40E-04	0.	1.54E-18	4.33E-05	3.09E-04	0.	0.	0.	0.	0.	7.92E-04
46	6.20	8.01E-04	0.	2.00E-19	4.05E-05	6.65E-05	0.	0.	0.	0.	0.	9.08E-04
47	6.10	1.86E-03	0.	2.66E-20	7.00E-05	1.10E-03	0.	0.	0.	0.	0.	3.03E-03
48	6.00	2.82E-03	0.	2.88E-21	2.52E-05	1.37E-04	0.	0.	0.	0.	0.	2.99E-03
49	5.90	2.71E-03	0.	1.61E-22	3.37E-05	7.13E-05	0.	0.	0.	0.	0.	2.82E-03
50	5.80	2.33E-03	0.	2.98E-24	3.30E-05	2.22E-04	0.	0.	0.	0.	0.	2.59E-03
51	5.70	1.35E-03	0.	0.	2.10E-05	1.30E-05	0.	0.	0.	0.	0.	1.38E-03

ABSORPTION COEFFICIENTS OF HEATED AIR (INVERSE CM.)

TEMPERATURE (DEGREES K) 2000.   DENSITY (GM/CC) 1.293E-05   (10.0E-03 NORMAL)

ENERGY	PHOTON ENERGY	O2 S-R BANDS	N2 1ST POS.	N2 2ND POS.	N2+ 1ST NEG.	NO BETA	NO GAMMA	NO VIB-ROT	NO 2	O- PHOTO-DET	FREE-FREE (IONS)	N P.E.	O P.F.	TOTAL AIR
52	5.60	1.30E-03	0.	0.	0.	5.38E-06	1.51E-04	0.	0.	0.	0.	0.	0.	1.46E-03
53	5.50	9.96E-04	0.	0.	0.	1.28E-05	6.73E-04	0.	0.	0.	0.	0.	0.	1.68E-03
54	5.40	6.57E-04	0.	0.	0.	7.74E-06	1.88E-05	0.	0.	0.	0.	0.	0.	6.83E-04
55	5.30	4.49E-04	0.	0.	0.	6.08E-06	2.22E-04	0.	0.	0.	0.	0.	0.	6.77E-04
56	5.20	1.44E-04	0.	0.	0.	4.53E-06	7.99E-05	0.	0.	0.	0.	0.	0.	2.29E-04
57	5.10	1.17E-04	0.	0.	0.	2.70E-06	3.31E-05	0.	1.82E-07	0.	0.	0.	0.	1.53E-04
58	5.00	7.09E-05	0.	0.	0.	1.43E-06	5.70E-05	0.	1.89E-07	0.	0.	0.	0.	1.30E-04
59	4.90	5.98E-05	0.	0.	0.	1.18E-06	7.15E-06	0.	1.95E-07	0.	0.	0.	0.	6.83E-05
60	4.80	5.32E-05	0.	0.	0.	1.31E-06	1.61E-05	0.	2.00E-07	0.	0.	0.	0.	7.09E-05
61	4.70	3.87E-05	0.	0.	0.	8.36E-07	1.62E-06	0.	2.05E-07	0.	0.	0.	0.	4.14E-05
62	4.60	3.01E-05	0.	0.	0.	6.11E-07	4.33E-06	0.	2.10E-07	0.	0.	0.	0.	3.52E-05
63	4.50	1.87E-05	0.	1.17E-20	0.	3.45E-07	3.93E-07	0.	2.16E-07	0.	0.	0.	0.	1.97E-05
64	4.40	1.16E-05	0.	3.13E-19	0.	2.27E-07	9.76E-07	0.	2.21E-07	0.	0.	0.	0.	1.30E-05
65	4.30	6.75E-06	0.	4.43E-20	0.	1.40E-07	1.70E-07	0.	2.27E-07	0.	0.	0.	0.	7.29E-06
66	4.20	4.00E-06	0.	2.47E-18	0.	9.28E-08	1.78E-07	0.	2.32E-07	0.	0.	0.	0.	4.50E-06
67	4.10	2.69E-06	0.	2.34E-20	0.	5.20E-08	6.55E-08	0.	2.39E-07	0.	0.	0.	0.	3.04E-06
68	4.00	1.43E-06	0.	2.53E-18	0.	3.46E-08	1.40E-08	0.	2.47E-07	0.	0.	0.	0.	1.73E-06
69	3.90	6.56E-07	0.	3.41E-18	0.	1.53E-08	1.57E-08	0.	2.55E-07	0.	0.	0.	0.	9.42E-07
70	3.80	5.72E-07	0.	3.58E-18	0.	1.41E-08	0.	0.	2.66E-07	0.	0.	0.	0.	8.52E-07
71	3.70	2.28E-07	0.	5.76E-18	0.	4.38E-09	0.	0.	2.77E-07	0.	0.	0.	0.	5.10E-07
72	3.60	1.34E-07	0.	1.03E-19	0.	4.99E-09	0.	0.	2.89E-07	0.	0.	0.	0.	4.27E-07
73	3.50	7.99E-08	0.	1.46E-18	0.	1.49E-09	0.	0.	3.02E-07	0.	0.	0.	0.	3.83E-07
74	3.40	3.65E-08	0.	3.36E-20	0.	4.09E-10	0.	0.	3.17E-07	0.	0.	0.	0.	3.55E-07
75	3.30	2.02E-08	0.	2.33E-19	0.	3.83E-10	0.	0.	3.26E-07	0.	0.	0.	0.	3.47E-07
76	3.20	2.48E-09	0.	8.93E-21	0.	8.85E-11	0.	0.	3.35E-07	0.	0.	0.	0.	3.45E-07
77	3.10	4.95E-09	0.	3.12E-20	0.	2.30E-11	0.	0.	3.39E-07	0.	0.	0.	0.	3.44E-07
78	3.00	2.45E-09	0.	1.83E-21	0.	6.09E-12	0.	0.	3.30E-07	0.	0.	0.	0.	3.33E-07
79	2.90	1.06E-09	0.	3.22E-21	0.	2.90E-13	0.	0.	3.22E-07	0.	0.	0.	0.	3.23E-07
80	2.80	6.72E-10	0.	2.53E-22	0.	5.65E-14	0.	0.	3.07E-07	0.	0.	0.	0.	3.08E-07
81	2.70	1.68E-10	0.	2.90E-22	0.	4.73E-15	0.	0.	2.90E-07	0.	0.	0.	0.	2.90E-07
82	2.60	2.06E-11	0.	3.83E-23	0.	2.19E-16	0.	0.	2.72E-07	0.	0.	0.	0.	2.72E-07
83	2.50	7.43E-13	0.	1.74E-23	0.	0.	0.	0.	2.49E-07	0.	0.	0.	0.	2.49E-07
84	2.40	0.	2.27E-20	0.	0.	0.	0.	0.	2.28E-07	0.	0.	0.	0.	2.28E-07
85	2.30	0.	3.12E-18	0.	0.	0.	0.	0.	1.99E-07	0.	0.	0.	0.	1.99E-07
86	2.20	0.	3.41E-18	0.	0.	0.	0.	0.	1.71E-07	0.	0.	0.	0.	1.71E-07
87	2.10	0.	3.14E-17	0.	0.	0.	0.	0.	1.43E-07	0.	0.	0.	0.	1.43E-07
88	2.00	0.	3.95E-17	0.	0.	0.	0.	0.	1.08E-07	0.	0.	0.	0.	1.08E-07
89	1.90	0.	3.46E-16	0.	0.	0.	0.	0.	8.20E-08	0.	0.	0.	0.	8.20E-08
90	1.80	0.	1.46E-15	0.	0.	0.	0.	0.	5.48E-08	0.	0.	0.	0.	5.48E-08
91	1.70	0.	4.14E-16	0.	0.	0.	0.	0.	3.50E-08	0.	0.	0.	0.	3.56E-08
92	1.60	0.	9.31E-16	0.	0.	0.	0.	0.	2.16E-08	0.	0.	0.	0.	2.16E-08
93	1.50	0.	3.47E-16	0.	0.	0.	0.	0.	8.87E-09	0.	0.	0.	0.	8.88E-09
94	1.40	0.	1.86E-15	0.	0.	0.	0.	0.	0.	0.	0.	0.	0.	1.86E-15
95	1.30	0.	2.43E-16	0.	0.	0.	0.	0.	0.	0.	0.	0.	0.	2.43E-16
96	1.20	0.	1.55E-15	0.	0.	0.	0.	0.	0.	0.	0.	0.	0.	1.55E-15
97	1.10	0.	1.82E-16	0.	0.	0.	0.	8.60E-10	0.	0.	0.	0.	0.	8.60E-10
98	1.00	0.	5.11E-16	0.	0.	0.	0.	1.87E-10	0.	0.	0.	0.	0.	1.87E-10
99	0.90	0.	1.15E-16	0.	0.	0.	0.	6.88E-09	0.	0.	0.	0.	0.	6.88E-10
100	0.80	0.	6.33E-17	0.	0.	0.	0.	1.99E-09	0.	0.	0.	0.	0.	1.99E-09
101	0.70	0.	1.04E-17	0.	0.	0.	0.	3.91E-08	0.	0.	0.	0.	0.	3.91E-08
102	0.60	0.	1.19E-22	0.	0.	0.	0.	1.08E-08	0.	0.	0.	0.	0.	1.08E-08

ABSORPTION COEFFICIENTS OF HEATED AIR (INVERSE CM.)

TEMPERATURE (DEGREES K) 2000.   DENSITY (GM/CC) 1.293E-06   (10.0E-04 NORMAL)

PHOTON ENERGY E.V.	O2 S-R BANDS	O2 S-R CONT.	N2 B-H NO. 1	NO BETA	NO GAMMA	NO2	O- PHOTO-DET (IONS)	FREE-FREE P.E.	N P.E.	O P.E.	TOTAL AIR
1 10.70	0.	0.	4.06E-07	0.	0.	0.	0.	0.	0.	0.	4.06E-07
2 10.60	0.	0.	2.13E-07	0.	0.	0.	0.	0.	0.	0.	2.13E-07
3 10.50	0.	0.	1.33E-07	0.	0.	0.	0.	0.	0.	0.	1.33E-07
4 10.40	0.	0.	8.60E-08	0.	0.	0.	0.	0.	0.	0.	8.60E-08
5 10.30	0.	0.	4.08E-08	0.	0.	0.	0.	0.	0.	0.	4.08E-08
6 10.20	0.	0.	2.78E-08	0.	0.	0.	0.	0.	0.	0.	2.78E-08
7 10.10	0.	0.	1.88E-08	0.	0.	0.	0.	0.	0.	0.	1.88E-08
8 10.00	0.	0.	6.99E-09	0.	0.	0.	0.	0.	0.	0.	6.99E-09
9 9.90	0.	0.	6.20E-09	0.	0.	0.	0.	0.	0.	0.	6.20E-09
10 9.80	0.	0.	3.44E-09	0.	0.	0.	0.	0.	0.	0.	3.44E-09
11 9.70	0.	0.	1.31E-09	0.	0.	0.	0.	0.	0.	0.	1.31E-09
12 9.60	0.	0.	1.44E-09	0.	0.	0.	0.	0.	0.	0.	1.44E-09
13 9.50	0.	3.41E-03	4.84E-10	0.	0.	0.	0.	0.	0.	0.	3.41E-03
14 9.40	0.	1.26E-02	3.14E-10	0.	0.	0.	0.	0.	0.	0.	1.26E-02
15 9.30	0.	2.18E-02	2.49E-10	0.	0.	0.	0.	0.	0.	0.	2.18E-02
16 9.20	0.	3.10E-02	6.09E-11	0.	0.	0.	0.	0.	0.	0.	3.10E-02
17 9.10	0.	4.10E-02	9.15E-11	0.	0.	0.	0.	0.	0.	0.	4.10E-02
18 9.00	0.	5.11E-02	2.89E-11	0.	0.	0.	0.	0.	0.	0.	5.11E-02
19 8.90	0.	6.12E-02	1.92E-11	0.	0.	0.	0.	0.	0.	0.	6.12E-02
20 8.80	0.	6.43E-02	1.25E-11	0.	0.	0.	0.	0.	0.	0.	6.43E-02
21 8.70	0.	6.18E-02	4.15E-12	0.	0.	0.	0.	0.	0.	0.	6.18E-02
22 8.60	0.	5.93E-02	4.70E-12	0.	0.	0.	0.	0.	0.	0.	5.93E-02
23 8.50	0.	5.65E-02	1.37E-12	0.	0.	0.	0.	0.	0.	0.	5.65E-02
24 8.40	0.	5.31E-02	1.34E-12	0.	0.	0.	0.	0.	0.	0.	5.31E-02
25 8.30	0.	4.93E-02	4.43E-13	0.	0.	0.	0.	0.	0.	0.	4.93E-02
26 8.20	0.	4.56E-02	3.48E-13	0.	0.	0.	0.	0.	0.	0.	4.56E-02
27 8.10	0.	4.19E-02	1.42E-13	0.	0.	0.	0.	0.	0.	0.	4.19E-02
28 8.00	0.	3.83E-02	9.81E-14	0.	0.	0.	0.	0.	0.	0.	3.83E-02
29 7.90	0.	3.45E-02	4.26E-14	0.	0.	0.	0.	0.	0.	0.	3.45E-02
30 7.80	0.	3.06E-02	3.03E-14	0.	0.	0.	0.	0.	0.	0.	3.06E-02
31 7.70	0.	2.69E-02	1.42E-14	0.	0.	0.	0.	0.	0.	0.	2.69E-02
32 7.60	0.	2.33E-02	7.94E-15	0.	4.89E-11	0.	0.	0.	0.	0.	2.33E-02
33 7.50	0.	1.97E-02	4.09E-15	0.	1.67E-08	0.	0.	0.	0.	0.	1.97E-02
34 7.40	0.	1.67E-02	2.10E-15	0.	7.63E-08	0.	0.	0.	0.	0.	1.67E-02
35 7.30	0.	1.40E-02	1.10E-15	0.	4.57E-08	0.	0.	0.	0.	0.	1.40E-02
36 7.20	0.	1.17E-02	5.53E-16	0.	1.66E-06	0.	0.	0.	0.	0.	1.17E-02
37 7.10	0.	9.44E-03	2.98E-16	0.	1.22E-07	0.	0.	0.	0.	0.	9.44E-03
38 7.00	1.82E-04	0.	1.49E-16	0.	3.88E-06	0.	0.	0.	0.	0.	1.85E-04
39 6.90	2.59E-04	0.	7.77E-17	0.	7.77E-06	0.	0.	0.	0.	0.	2.67E-04
40 6.80	1.61E-04	0.	4.06E-17	0.	1.41E-06	0.	0.	0.	0.	0.	1.62E-04
41 6.70	6.20E-05	0.	1.96E-17	0.	2.08E-05	0.	0.	0.	0.	0.	1.03E-04
42 6.60	3.81E-05	0.	9.62E-18	0.	1.74E-06	0.	0.	0.	0.	0.	5.55E-05
43 6.50	1.51E-05	0.	3.82E-18	0.	4.36E-06	0.	0.	0.	0.	0.	1.94E-05
44 6.40	2.76E-05	0.	9.52E-19	1.81E-06	5.36E-05	0.	0.	0.	0.	0.	8.29E-05
45 6.30	4.37E-05	0.	1.54E-19	4.31E-06	3.08E-05	0.	0.	0.	0.	0.	7.88E-05
46 6.20	7.97E-05	0.	2.00E-20	4.04E-06	6.63E-05	0.	0.	0.	0.	0.	9.03E-05
47 6.10	1.85E-04	0.	2.66E-21	6.98E-06	1.10E-04	0.	0.	0.	0.	0.	1.94E-05
48 6.00	2.81E-04	0.	2.88E-22	2.52E-06	1.37E-05	0.	0.	0.	0.	0.	8.29E-05
49 5.90	2.70E-04	0.	1.60E-23	3.36E-06	7.11E-05	0.	0.	0.	0.	0.	7.88E-05
50 5.80	2.32E-04	0.	2.98E-25	3.29E-06	2.21E-05	0.	0.	0.	0.	0.	2.57E-04
51 5.70	1.34E-04	0.	0.	2.09E-06	1.30E-06	0.	0.	0.	0.	0.	1.38E-04

ABSORPTION COEFFICIENTS OF HEATED AIR (INVERSE CM.)

TEMPERATURE (DEGREES K) 2000. DENSITY (GM/CC) 1.293E-06 (10.0E-04 NORMAL)

#	PHOTON ENERGY	O2 S-R BANDS	N2 1ST POS.	N2 2ND POS.	N2+ 1ST NEG.	NO BETA	NO GAMMA	NO VIB-ROT	NO2	O- PHOTO-DET	FREE-FREE (IONS)	N P.E.	O P.E.	TOTAL AIR
52	5.60	1.29E-04	0.	0.	0.	5.36E-07	1.51E-05	0.	0.	0.	0.	0.	0.	1.45E-04
53	5.50	9.91E-05	0.	0.	0.	1.27E-06	6.71E-05	0.	0.	0.	0.	0.	0.	1.67E-04
54	5.40	6.53E-05	0.	0.	0.	7.72E-07	1.88E-06	0.	0.	0.	0.	0.	0.	6.79E-05
55	5.30	4.47E-05	0.	0.	0.	6.06E-07	2.21E-05	0.	0.	0.	0.	0.	0.	6.75E-05
56	5.20	1.43E-05	0.	0.	0.	4.52E-07	7.96E-06	0.	0.	0.	0.	0.	0.	2.28E-05
57	5.10	1.17E-05	0.	0.	0.	2.69E-07	3.30E-06	0.	5.74E-09	0.	0.	0.	0.	1.52E-05
58	5.00	7.05E-06	0.	0.	0.	1.42E-07	5.68E-06	0.	5.94E-09	0.	0.	0.	0.	1.29E-05
59	4.90	5.95E-06	0.	0.	0.	1.18E-07	7.12E-07	0.	6.14E-09	0.	0.	0.	0.	7.78E-06
60	4.80	5.29E-06	0.	0.	0.	1.31E-07	1.61E-07	0.	6.30E-09	0.	0.	0.	0.	7.04E-06
61	4.70	3.85E-06	0.	1.17E-21	0.	8.33E-08	1.62E-07	0.	6.45E-09	0.	0.	0.	0.	4.10E-06
62	4.60	2.99E-06	0.	3.13E-20	0.	6.09E-08	4.32E-07	0.	6.61E-09	0.	0.	0.	0.	3.49E-06
63	4.50	1.86E-06	0.	4.43E-21	0.	3.44E-08	3.92E-08	0.	6.78E-09	0.	0.	0.	0.	1.94E-06
64	4.40	1.15E-06	0.	2.47E-19	0.	2.26E-08	9.73E-08	0.	6.96E-09	0.	0.	0.	0.	1.28E-06
65	4.30	6.71E-07	0.	2.34E-21	0.	1.39E-08	1.70E-08	0.	7.13E-09	0.	0.	0.	0.	7.09E-07
66	4.20	3.98E-07	0.	2.53E-19	0.	9.06E-09	1.78E-08	0.	7.30E-09	0.	0.	0.	0.	4.32E-07
67	4.10	2.67E-07	0.	3.41E-19	0.	5.19E-09	6.53E-09	0.	7.50E-09	0.	0.	0.	0.	2.86E-07
68	4.00	1.42E-07	0.	3.58E-20	0.	3.45E-09	1.40E-09	0.	7.76E-09	0.	0.	0.	0.	1.55E-07
69	3.90	6.52E-08	0.	5.75E-19	0.	1.52E-09	1.57E-09	0.	8.03E-09	0.	0.	0.	0.	7.63E-08
70	3.80	5.69E-08	0.	1.03E-20	0.	1.41E-09	0.	0.	8.35E-09	0.	0.	0.	0.	6.66E-08
71	3.70	2.27E-08	0.	1.46E-19	0.	4.37E-10	0.	0.	8.70E-09	0.	0.	0.	0.	3.18E-08
72	3.60	1.33E-08	0.	3.36E-21	0.	4.98E-10	0.	0.	9.08E-09	0.	0.	0.	0.	2.29E-08
73	3.50	7.94E-09	0.	2.33E-20	0.	1.30E-10	0.	0.	9.50E-09	0.	0.	0.	0.	1.76E-08
74	3.40	3.61E-09	0.	8.93E-22	0.	1.48E-10	0.	0.	9.95E-09	0.	0.	0.	0.	1.37E-08
75	3.30	2.01E-09	0.	3.12E-21	0.	4.08E-11	0.	0.	1.03E-08	0.	0.	0.	0.	1.23E-08
76	3.20	9.43E-10	0.	1.83E-22	0.	3.82E-11	0.	0.	1.05E-08	0.	0.	0.	0.	1.15E-08
77	3.10	4.92E-10	0.	3.22E-22	0.	1.39E-11	0.	0.	1.07E-08	0.	0.	0.	0.	1.12E-08
78	3.00	2.43E-10	0.	2.53E-23	0.	8.82E-12	0.	0.	1.04E-08	0.	0.	0.	0.	1.06E-08
79	2.90	1.06E-10	0.	9.00E-23	0.	2.29E-12	0.	0.	1.01E-08	0.	0.	0.	0.	1.02E-08
80	2.80	6.68E-11	0.	3.83E-24	0.	6.07E-13	0.	0.	9.65E-09	0.	0.	0.	0.	9.72E-09
81	2.70	1.67E-11	0.	1.74E-24	0.	6.07E-14	0.	0.	9.13E-09	0.	0.	0.	0.	9.14E-09
82	2.60	1.67E-11	0.	0.	0.	5.63E-15	0.	0.	8.56E-09	0.	0.	0.	0.	8.56E-09
83	2.50	7.39E-14	0.	0.	0.	4.72E-16	0.	0.	7.83E-09	0.	0.	0.	0.	7.83E-09
84	2.40	0.	2.27E-21	0.	0.	2.19E-17	0.	0.	7.16E-09	0.	0.	0.	0.	7.16E-09
85	2.30	0.	3.12E-19	0.	0.	0.	0.	0.	6.26E-09	0.	0.	0.	0.	6.26E-09
86	2.20	0.	3.41E-19	0.	0.	0.	0.	0.	5.39E-09	0.	0.	0.	0.	5.39E-09
87	2.10	0.	3.14E-18	0.	0.	0.	0.	0.	4.49E-09	0.	0.	0.	0.	4.49E-09
88	2.00	0.	3.95E-18	0.	0.	0.	0.	0.	3.40E-09	0.	0.	0.	0.	3.40E-09
89	1.90	0.	3.46E-17	0.	0.	0.	0.	0.	2.58E-09	0.	0.	0.	0.	2.58E-09
90	1.80	0.	1.46E-16	0.	0.	0.	0.	0.	1.72E-09	0.	0.	0.	0.	1.72E-09
91	1.70	0.	4.14E-17	0.	0.	0.	0.	0.	1.10E-09	0.	0.	0.	0.	1.10E-09
92	1.60	0.	9.31E-17	0.	0.	0.	0.	0.	6.79E-10	0.	0.	0.	0.	6.79E-10
93	1.50	0.	3.47E-17	0.	0.	0.	0.	0.	2.79E-10	0.	0.	0.	0.	2.79E-10
94	1.40	0.	1.86E-16	0.	0.	0.	0.	0.	0.	0.	0.	0.	0.	1.86E-16
95	1.30	0.	2.43E-17	0.	0.	0.	0.	0.	0.	0.	0.	0.	0.	2.43E-17
96	1.20	0.	1.55E-16	0.	0.	0.	0.	0.	0.	0.	0.	0.	0.	1.55E-16
97	1.10	0.	1.82E-17	0.	0.	0.	0.	8.57E-11	0.	0.	0.	0.	0.	8.57E-11
98	1.00	0.	5.11E-17	0.	0.	0.	0.	1.86E-11	0.	0.	0.	0.	0.	1.86E-11
99	0.90	0.	1.15E-18	0.	0.	0.	0.	6.86E-10	0.	0.	0.	0.	0.	6.86E-10
100	0.80	0.	6.32E-18	0.	0.	0.	0.	1.98E-09	0.	0.	0.	0.	0.	1.98E-09
101	0.70	0.	1.04E-18	0.	0.	0.	0.	3.90E-09	0.	0.	0.	0.	0.	3.90E-09
102	0.60	0.	1.19E-23	0.	0.	0.	0.	1.07E-09	0.	0.	0.	0.	0.	1.07E-09

ABSORPTION COEFFICIENTS OF HEATED AIR (INVERSE CM.)

TEMPERATURE (DEGREES K) 2000. DENSITY (GM/CC) 1.293E-07 (10.0E-05 NORMAL)

#	PHOTON ENERGY E.V.	O2 S-R BANDS	O2 S-R CONT.	N2 B-H NO. 1	NO BETA	NO GAMMA	NO 2	O- PHOTO-DET (IONS)	FREE-FREE (IONS)	N P.E.	O P.E.	TOTAL AIR
1	10.70	0.	0.	4.06E-08	0.	0.	0.	0.	0.	0.	0.	4.06E-08
2	10.60	0.	0.	2.13E-08	0.	0.	0.	0.	0.	0.	0.	2.13E-08
3	10.50	0.	0.	1.33E-08	0.	0.	0.	0.	0.	0.	0.	1.33E-08
4	10.40	0.	0.	8.61E-09	0.	0.	0.	0.	0.	0.	0.	8.61E-09
5	10.30	0.	0.	4.08E-09	0.	0.	0.	0.	0.	0.	0.	4.08E-09
6	10.20	0.	0.	2.78E-09	0.	0.	0.	0.	0.	0.	0.	2.78E-09
7	10.10	0.	0.	1.88E-09	0.	0.	0.	0.	0.	0.	0.	1.88E-09
8	10.00	0.	0.	7.00E-10	0.	0.	0.	0.	0.	0.	0.	7.00E-10
9	9.90	0.	0.	6.20E-10	0.	0.	0.	0.	0.	0.	0.	6.20E-10
10	9.80	0.	0.	3.44E-10	0.	0.	0.	0.	0.	0.	0.	3.44E-10
11	9.70	0.	0.	1.31E-10	0.	0.	0.	0.	0.	0.	0.	1.31E-10
12	9.60	0.	0.	1.44E-10	0.	0.	0.	0.	0.	0.	0.	1.44E-10
13	9.50	0.	3.37E-04	4.85E-11	0.	0.	0.	0.	0.	0.	0.	3.37E-04
14	9.40	0.	1.25E-03	3.14E-11	0.	0.	0.	0.	0.	0.	0.	1.25E-03
15	9.30	0.	2.16E-03	2.49E-11	0.	0.	0.	0.	0.	0.	0.	2.16E-03
16	9.20	0.	3.07E-03	6.09E-12	0.	0.	0.	0.	0.	0.	0.	3.07E-03
17	9.10	0.	4.06E-03	9.15E-12	0.	0.	0.	0.	0.	0.	0.	4.06E-03
18	9.00	0.	5.06E-03	2.90E-12	0.	0.	0.	0.	0.	0.	0.	5.06E-03
19	8.90	0.	6.06E-03	1.92E-12	0.	0.	0.	0.	0.	0.	0.	6.06E-03
20	8.80	0.	6.36E-03	1.26E-12	0.	0.	0.	0.	0.	0.	0.	6.36E-03
21	8.70	0.	6.12E-03	4.15E-13	0.	0.	0.	0.	0.	0.	0.	6.12E-03
22	8.60	0.	5.87E-03	4.71E-13	0.	0.	0.	0.	0.	0.	0.	5.87E-03
23	8.50	0.	5.60E-03	1.34E-13	0.	0.	0.	0.	0.	0.	0.	5.60E-03
24	8.40	0.	5.26E-03	1.37E-13	0.	0.	0.	0.	0.	0.	0.	5.26E-03
25	8.30	0.	4.88E-03	3.48E-14	0.	0.	0.	0.	0.	0.	0.	4.88E-03
26	8.20	0.	4.51E-03	4.43E-14	0.	0.	0.	0.	0.	0.	0.	4.51E-03
27	8.10	0.	4.15E-03	1.42E-14	0.	0.	0.	0.	0.	0.	0.	4.15E-03
28	8.00	0.	3.79E-03	9.82E-15	0.	0.	0.	0.	0.	0.	0.	3.79E-03
29	7.90	0.	3.41E-03	4.26E-15	0.	0.	0.	0.	0.	0.	0.	3.41E-03
30	7.80	0.	3.03E-03	3.03E-15	0.	4.85E-12	0.	0.	0.	0.	0.	3.03E-03
31	7.70	0.	2.66E-03	1.42E-15	0.	1.65E-09	0.	0.	0.	0.	0.	2.66E-03
32	7.60	0.	2.31E-03	7.94E-16	0.	7.57E-09	0.	0.	0.	0.	0.	2.31E-03
33	7.50	0.	1.95E-03	4.09E-16	0.	4.53E-09	0.	0.	0.	0.	0.	1.95E-03
34	7.40	0.	1.66E-03	2.10E-16	0.	1.64E-07	0.	0.	0.	0.	0.	1.66E-03
35	7.30	0.	1.39E-03	1.10E-16	0.	1.20E-08	0.	0.	0.	0.	0.	1.39E-03
36	7.20	0.	1.16E-03	5.53E-17	0.	3.85E-07	0.	0.	0.	0.	0.	1.16E-03
37	7.10	0.	9.35E-04	2.99E-17	0.	7.70E-07	0.	0.	0.	0.	0.	9.35E-04
38	7.00	1.78E-05	0.	1.49E-17	0.	1.40E-07	0.	0.	0.	0.	0.	1.82E-04
39	6.90	2.54E-05	0.	7.77E-18	0.	2.06E-06	0.	0.	0.	0.	0.	2.62E-05
40	6.80	1.58E-05	0.	4.06E-18	0.	1.72E-06	0.	0.	0.	0.	0.	1.59E-05
41	6.70	8.06E-06	0.	1.96E-18	0.	4.33E-07	0.	0.	0.	0.	0.	5.46E-06
42	6.60	3.74E-06	0.	9.63E-19	0.	5.31E-06	0.	0.	0.	0.	0.	1.01E-05
43	6.50	1.48E-06	0.	3.82E-19	0.	3.05E-06	0.	0.	0.	0.	0.	1.91E-06
44	6.40	2.71E-06	0.	9.53E-20	1.79E-07	6.57E-07	0.	0.	0.	0.	0.	8.20E-06
45	6.30	4.29E-06	0.	1.54E-20	4.27E-07	1.09E-05	0.	0.	0.	0.	0.	7.77E-06
46	6.20	7.82E-06	0.	2.00E-21	4.00E-07	1.35E-06	0.	0.	0.	0.	0.	8.88E-06
47	6.10	1.81E-05	0.	2.66E-22	6.92E-07	7.04E-07	0.	0.	0.	0.	0.	2.97E-05
48	6.00	2.76E-05	0.	2.88E-23	2.49E-07	2.19E-06	0.	0.	0.	0.	0.	2.92E-05
49	5.90	2.65E-05	0.	1.61E-24	3.33E-07	1.28E-07	0.	0.	0.	0.	0.	2.75E-05
50	5.80	2.28E-05	0.	2.98E-26	3.26E-07	2.19E-06	0.	0.	0.	0.	0.	2.53E-05
51	5.70	1.32E-05	0.	0.	2.08E-07	1.28E-07	0.	0.	0.	0.	0.	1.35E-05

ABSORPTION COEFFICIENTS OF HEATED AIR (INVERSE CM.)

TEMPERATURE (DEGREES K) 2000. DENSITY (GM/CC) 1.293E-07 (10.0E-05 NORMAL)

	PHOTON ENERGY	O2 S-R BANDS	N2 1ST POS.	N2 2ND POS.	N2+ 1ST NEG.	NO BETA	NO GAMMA	NO VIB-ROT	NO2	O- PHOTO-DET	FREE-FREE (IONS)	N P.E.	O P.E.	TOTAL AIR
52	5.60	1.27E-05	0.	0.	0.	5.31E-08	1.49E-06	0.	0.	0.	0.	0.	0.	1.42E-05
53	5.50	9.73E-06	0.	0.	0.	1.26E-07	6.65E-06	0.	0.	0.	0.	0.	0.	1.65E-05
54	5.40	6.41E-06	0.	0.	0.	7.65E-08	1.86E-07	0.	0.	0.	0.	0.	0.	6.67E-06
55	5.30	4.39E-06	0.	0.	0.	6.01E-08	2.20E-06	0.	0.	0.	0.	0.	0.	6.65E-06
56	5.20	1.41E-06	0.	0.	0.	4.48E-08	7.89E-07	0.	0.	0.	0.	0.	0.	2.24E-06
57	5.10	1.15E-06	0.	0.	0.	2.67E-08	3.27E-07	0.	0.	0.	0.	0.	0.	1.50E-06
58	5.00	6.92E-07	0.	0.	0.	1.41E-08	5.63E-07	0.	1.78E-10	0.	0.	0.	0.	1.27E-06
59	4.90	5.84E-07	0.	0.	0.	1.17E-08	7.06E-08	0.	1.84E-10	0.	0.	0.	0.	6.67E-07
60	4.80	5.19E-07	0.	0.	0.	1.29E-08	1.60E-07	0.	1.91E-10	0.	0.	0.	0.	6.92E-07
61	4.70	3.78E-07	0.	0.	0.	8.26E-09	1.60E-08	0.	1.96E-10	0.	0.	0.	0.	4.03E-07
62	4.60	2.94E-07	0.	0.	0.	6.03E-09	4.28E-08	0.	2.00E-10	0.	0.	0.	0.	3.43E-07
63	4.50	1.83E-07	0.	0.	0.	3.41E-09	3.89E-09	0.	2.05E-10	0.	0.	0.	0.	1.90E-07
64	4.40	1.13E-07	0.	1.17E-22	0.	2.24E-09	9.65E-09	0.	2.11E-10	0.	0.	0.	0.	1.25E-07
65	4.30	6.59E-08	0.	3.13E-21	0.	1.38E-09	1.68E-09	0.	2.16E-10	0.	0.	0.	0.	6.92E-08
66	4.20	3.90E-08	0.	4.43E-20	0.	8.98E-10	1.76E-09	0.	2.22E-10	0.	0.	0.	0.	4.19E-08
67	4.10	2.62E-08	0.	2.47E-20	0.	5.14E-10	6.47E-10	0.	2.27E-10	0.	0.	0.	0.	2.76E-08
68	4.00	1.40E-08	0.	2.34E-22	0.	3.41E-10	1.38E-10	0.	2.33E-10	0.	0.	0.	0.	1.47E-08
69	3.90	6.40E-09	0.	2.53E-20	0.	1.51E-10	1.55E-10	0.	2.41E-10	0.	0.	0.	0.	6.96E-09
70	3.80	5.59E-09	0.	3.41E-20	0.	1.39E-10	0.	0.	2.49E-10	0.	0.	0.	0.	5.99E-09
71	3.70	2.23E-09	0.	3.58E-21	0.	4.33E-11	0.	0.	2.59E-10	0.	0.	0.	0.	2.54E-09
72	3.60	1.31E-09	0.	5.76E-20	0.	4.93E-11	0.	0.	2.70E-10	0.	0.	0.	0.	1.64E-09
73	3.50	7.80E-10	0.	1.03E-21	0.	1.28E-11	0.	0.	2.82E-10	0.	0.	0.	0.	1.09E-09
74	3.40	3.56E-10	0.	1.46E-20	0.	1.47E-11	0.	0.	2.95E-10	0.	0.	0.	0.	6.80E-10
75	3.30	1.98E-10	0.	3.36E-22	0.	4.04E-12	0.	0.	3.09E-10	0.	0.	0.	0.	5.20E-10
76	3.20	1.00E-10	0.	2.33E-21	0.	3.79E-12	0.	0.	3.19E-10	0.	0.	0.	0.	4.23E-10
77	3.10	4.83E-11	0.	8.94E-23	0.	1.38E-12	0.	0.	3.31E-10	0.	0.	0.	0.	3.81E-10
78	3.00	2.39E-11	0.	3.12E-22	0.	8.75E-13	0.	0.	3.23E-10	0.	0.	0.	0.	3.47E-10
79	2.90	1.04E-11	0.	1.83E-23	0.	2.27E-13	0.	0.	3.15E-10	0.	0.	0.	0.	3.25E-10
80	2.80	6.56E-12	0.	3.22E-23	0.	6.02E-14	0.	0.	3.00E-10	0.	0.	0.	0.	3.06E-10
81	2.70	1.64E-12	0.	2.53E-24	0.	6.02E-15	0.	0.	2.83E-10	0.	0.	0.	0.	2.85E-10
82	2.60	2.01E-13	0.	2.90E-24	0.	5.58E-16	0.	0.	2.66E-10	0.	0.	0.	0.	2.66E-10
83	2.50	7.26E-15	0.	3.83E-25	0.	4.68E-17	0.	0.	2.43E-10	0.	0.	0.	0.	2.43E-10
84	2.40	0.	2.27E-22	1.74E-25	0.	2.17E-18	0.	0.	2.22E-10	0.	0.	0.	0.	2.22E-10
85	2.30	0.	3.12E-20	0.	0.	0.	0.	0.	1.94E-10	0.	0.	0.	0.	1.94E-10
86	2.20	0.	3.42E-20	0.	0.	0.	0.	0.	1.67E-10	0.	0.	0.	0.	1.67E-10
87	2.10	0.	3.14E-19	0.	0.	0.	0.	0.	1.39E-10	0.	0.	0.	0.	1.39E-10
88	2.00	0.	3.95E-19	0.	0.	0.	0.	0.	1.06E-10	0.	0.	0.	0.	1.06E-10
89	1.90	0.	3.46E-18	0.	0.	0.	0.	0.	8.01E-11	0.	0.	0.	0.	8.01E-11
90	1.80	0.	1.46E-17	0.	0.	0.	0.	0.	5.35E-11	0.	0.	0.	0.	5.35E-11
91	1.70	0.	4.14E-18	0.	0.	0.	0.	0.	3.42E-11	0.	0.	0.	0.	3.42E-11
92	1.60	0.	9.31E-18	0.	0.	0.	0.	0.	2.11E-11	0.	0.	0.	0.	2.11E-11
93	1.50	0.	3.47E-18	0.	0.	0.	0.	0.	8.67E-12	0.	0.	0.	0.	8.67E-12
94	1.40	0.	1.86E-17	0.	0.	0.	0.	0.	0.	0.	0.	0.	0.	1.86E-17
95	1.30	0.	2.43E-18	0.	0.	0.	0.	0.	0.	0.	0.	0.	0.	2.43E-18
96	1.20	0.	1.55E-17	0.	0.	0.	0.	0.	0.	0.	0.	0.	0.	1.55E-17
97	1.10	0.	1.82E-18	0.	0.	0.	0.	8.50E-12	0.	0.	0.	0.	0.	8.50E-12
98	1.00	0.	5.11E-18	0.	0.	0.	0.	1.85E-11	0.	0.	0.	0.	0.	1.85E-12
99	0.90	0.	1.15E-18	0.	0.	0.	0.	6.80E-11	0.	0.	0.	0.	0.	6.80E-11
100	0.80	0.	6.33E-19	0.	0.	0.	0.	1.97E-11	0.	0.	0.	0.	0.	1.97E-11
101	0.70	0.	1.04E-19	0.	0.	0.	0.	1.06E-10	0.	0.	0.	0.	0.	3.87E-10
102	0.60	0.	1.19E-24	0.	0.	0.	0.	0.	0.	0.	0.	0.	0.	1.06E-10

ABSORPTION COEFFICIENTS OF HEATED AIR (INVERSE CM.)

TEMPERATURE (DEGREES K) 2000. DENSITY (GM/CC) 1.293E-08 (10.0E-06 NORMAL)

PHOTON No.	ENERGY E.V.	O2 S-R BANDS	O2 S-R CONT.	N2 B-H NO. 1	NO BETA	NO GAMMA	NO2	O- PHOTO-DET	FREE-FREE (IONS)	N P.E.	O P.E.	TOTAL AIR
1	10.70	0.	0.	4.06E-09	0.	0.	0.	0.	0.	0.	0.	4.06E-09
2	10.60	0.	0.	2.13E-09	0.	0.	0.	0.	0.	0.	0.	2.13E-09
3	10.50	0.	0.	1.33E-09	0.	0.	0.	0.	0.	0.	0.	1.33E-09
4	10.40	0.	0.	8.61E-10	0.	0.	0.	0.	0.	0.	0.	8.61E-10
5	10.30	0.	0.	4.08E-10	0.	0.	0.	0.	0.	0.	0.	4.08E-10
6	10.20	0.	0.	2.78E-10	0.	0.	0.	0.	0.	0.	0.	2.78E-10
7	10.10	0.	0.	1.88E-10	0.	0.	0.	0.	0.	0.	0.	1.88E-10
8	10.00	0.	0.	6.99E-11	0.	0.	0.	0.	0.	0.	0.	6.99E-11
9	9.90	0.	0.	6.20E-11	0.	0.	0.	0.	0.	0.	0.	6.20E-11
10	9.80	0.	0.	3.44E-11	0.	0.	0.	0.	0.	0.	0.	3.44E-11
11	9.70	0.	0.	1.31E-11	0.	0.	0.	0.	0.	0.	0.	1.31E-11
12	9.60	0.	0.	1.44E-11	0.	0.	0.	0.	0.	0.	0.	1.44E-11
13	9.50	0.	3.17E-05	4.85E-12	0.	0.	0.	0.	0.	0.	0.	3.17E-05
14	9.40	0.	1.17E-04	3.14E-12	0.	0.	0.	0.	0.	0.	0.	1.17E-04
15	9.30	0.	2.03E-04	2.49E-12	0.	0.	0.	0.	0.	0.	0.	2.03E-04
16	9.20	0.	2.89E-04	6.09E-13	0.	0.	0.	0.	0.	0.	0.	2.89E-04
17	9.10	0.	3.81E-04	9.15E-13	0.	0.	0.	0.	0.	0.	0.	3.81E-04
18	9.00	0.	4.75E-04	2.90E-13	0.	0.	0.	0.	0.	0.	0.	4.75E-04
19	8.90	0.	5.69E-04	1.92E-13	0.	0.	0.	0.	0.	0.	0.	5.69E-04
20	8.80	0.	5.98E-04	1.25E-13	0.	0.	0.	0.	0.	0.	0.	5.98E-04
21	8.70	0.	5.75E-04	4.15E-13	0.	0.	0.	0.	0.	0.	0.	5.75E-04
22	8.60	0.	5.52E-04	4.70E-14	0.	0.	0.	0.	0.	0.	0.	5.52E-04
23	8.50	0.	5.26E-04	1.37E-14	0.	0.	0.	0.	0.	0.	0.	5.26E-04
24	8.40	0.	4.94E-04	1.34E-14	0.	0.	0.	0.	0.	0.	0.	4.94E-04
25	8.30	0.	4.58E-04	4.43E-14	0.	0.	0.	0.	0.	0.	0.	4.58E-04
26	8.20	0.	4.24E-04	3.48E-15	0.	0.	0.	0.	0.	0.	0.	4.24E-04
27	8.10	0.	3.90E-04	1.42E-15	0.	0.	0.	0.	0.	0.	0.	3.90E-04
28	8.00	0.	3.56E-04	9.82E-16	0.	0.	0.	0.	0.	0.	0.	3.56E-04
29	7.90	0.	3.21E-04	4.26E-16	0.	0.	0.	0.	0.	0.	0.	3.21E-04
30	7.80	0.	2.85E-04	3.03E-16	0.	0.	0.	0.	0.	0.	0.	2.85E-04
31	7.70	0.	2.50E-04	1.42E-16	0.	0.	0.	0.	0.	0.	0.	2.50E-04
32	7.60	0.	2.17E-04	7.94E-17	0.	4.71E-13	0.	0.	0.	0.	0.	2.17E-04
33	7.50	0.	1.83E-04	4.09E-17	0.	1.60E-10	0.	0.	0.	0.	0.	1.83E-04
34	7.40	0.	1.56E-04	2.10E-17	0.	7.35E-10	0.	0.	0.	0.	0.	1.56E-04
35	7.30	0.	1.30E-04	1.10E-17	0.	4.40E-10	0.	0.	0.	0.	0.	1.30E-04
36	7.20	0.	1.09E-04	5.53E-18	0.	1.60E-08	0.	0.	0.	0.	0.	1.09E-04
37	7.10	0.	8.78E-05	2.98E-18	0.	1.17E-09	0.	0.	0.	0.	0.	8.78E-05
38	7.00	1.68E-06	0.	1.49E-18	0.	3.74E-08	0.	0.	0.	0.	0.	1.72E-06
39	6.90	2.40E-06	0.	7.77E-19	0.	7.48E-08	0.	0.	0.	0.	0.	2.47E-06
40	6.80	1.49E-06	0.	4.00E-19	0.	7.44E-08	0.	0.	0.	0.	0.	1.50E-06
41	6.70	7.60E-07	0.	1.96E-19	0.	1.36E-08	0.	0.	0.	0.	0.	9.60E-07
42	6.60	3.53E-07	0.	9.62E-20	0.	2.01E-08	0.	0.	0.	0.	0.	5.20E-07
43	6.50	1.40E-07	0.	3.82E-20	0.	1.67E-08	0.	0.	0.	0.	0.	7.89E-07
44	6.40	2.55E-07	0.	9.53E-21	1.74E-08	4.20E-08	0.	0.	0.	0.	0.	7.42E-07
45	6.30	7.38E-07	0.	1.54E-21	4.15E-08	5.16E-06	0.	0.	0.	0.	0.	8.41E-07
46	6.20	1.71E-06	0.	2.00E-22	3.89E-08	2.96E-08	0.	0.	0.	0.	0.	2.83E-06
47	6.10	2.60E-06	0.	2.66E-23	6.72E-08	1.05E-06	0.	0.	0.	0.	0.	2.76E-06
48	6.00	2.50E-06	0.	2.88E-24	2.42E-08	1.32E-07	0.	0.	0.	0.	0.	2.60E-06
49	5.90	2.15E-06	0.	1.60E-25	3.24E-08	6.84E-08	0.	0.	0.	0.	0.	2.39E-06
50	5.80	1.24E-06	0.	2.98E-27	3.17E-08	2.13E-08	0.	0.	0.	0.	0.	1.28E-06
51	5.70		0.	0.	2.02E-08	1.25E-08	0.	0.	0.	0.	0.	

ABSORPTION COEFFICIENTS OF HEATED AIR (INVERSE CM.)

TEMPERATURE (DEGREES K) 2000. DENSITY (GM/CC) 1.293E-08 (10.0E-06 NORMAL)

#	PHOTON ENERGY	O2 S-R BANDS	N2 1ST POS.	N2 2ND POS.	N2+ 1ST NEG.	NO BETA	NO GAMMA	NO VIB-ROT	NO2	O- PHOTO-DET (IONS)	FREE-FREE (IONS)	N P.E.	O P.E.	TOTAL AIR
52	5.60	1.20E-06	0.	0.	0.	5.16E-09	1.45E-07	0.	0.	0.	0.	0.	0.	1.35E-06
53	5.50	9.18E-07	0.	0.	0.	1.23E-08	6.46E-07	0.	0.	0.	0.	0.	0.	1.58E-06
54	5.40	6.05E-07	0.	0.	0.	7.43E-09	1.81E-08	0.	0.	0.	0.	0.	0.	6.30E-07
55	5.30	4.14E-07	0.	0.	0.	5.83E-09	2.13E-07	0.	0.	0.	0.	0.	0.	6.33E-07
56	5.20	1.33E-07	0.	0.	0.	4.35E-09	7.67E-08	0.	0.	0.	0.	0.	0.	2.14E-07
57	5.10	1.08E-07	0.	0.	0.	2.59E-09	3.18E-08	0.	5.32E-12	0.	0.	0.	0.	1.42E-07
58	5.00	6.53E-08	0.	0.	0.	1.37E-09	5.47E-08	0.	5.50E-12	0.	0.	0.	0.	1.21E-07
59	4.90	5.51E-08	0.	0.	0.	1.13E-09	6.86E-09	0.	5.69E-12	0.	0.	0.	0.	6.31E-08
60	4.80	4.90E-08	0.	0.	0.	1.26E-09	1.55E-08	0.	5.84E-12	0.	0.	0.	0.	6.57E-08
61	4.70	3.56E-08	0.	0.	0.	8.02E-10	1.56E-08	0.	5.98E-12	0.	0.	0.	0.	3.80E-08
62	4.60	2.77E-08	0.	0.	0.	5.86E-10	3.77E-10	0.	6.12E-12	0.	0.	0.	0.	3.24E-08
63	4.50	1.72E-08	0.	1.17E-23	0.	3.31E-10	9.37E-10	0.	6.28E-12	0.	0.	0.	0.	1.79E-08
64	4.40	1.07E-08	0.	3.13E-22	0.	2.17E-10	1.63E-10	0.	6.45E-12	0.	0.	0.	0.	1.18E-08
65	4.30	6.22E-09	0.	4.43E-23	0.	8.72E-11	1.71E-10	0.	6.61E-12	0.	0.	0.	0.	6.53E-09
66	4.20	3.68E-09	0.	2.34E-23	0.	4.99E-11	1.28E-11	0.	6.77E-12	0.	0.	0.	0.	3.95E-09
67	4.10	2.47E-09	0.	2.53E-21	0.	3.32E-11	6.28E-11	0.	6.95E-12	0.	0.	0.	0.	2.59E-09
68	4.00	1.32E-09	0.	1.47E-22	0.	1.47E-11	1.34E-11	0.	7.19E-12	0.	0.	0.	0.	1.37E-09
69	3.90	5.27E-10	0.	3.58E-21	0.	1.35E-11	1.51E-11	0.	7.44E-12	0.	0.	0.	0.	6.41E-10
70	3.80	2.10E-10	0.	5.75E-21	0.	4.21E-12	0.	0.	7.74E-12	0.	0.	0.	0.	5.48E-10
71	3.70	1.23E-10	0.	1.03E-21	0.	4.79E-12	0.	0.	8.06E-12	0.	0.	0.	0.	2.23E-10
72	3.60	7.36E-11	0.	3.36E-21	0.	1.43E-12	0.	0.	8.41E-12	0.	0.	0.	0.	1.36E-10
73	3.50	3.36E-11	0.	2.33E-22	0.	3.92E-13	0.	0.	8.81E-12	0.	0.	0.	0.	8.36E-11
74	3.40	1.86E-11	0.	8.93E-24	0.	1.34E-13	0.	0.	9.23E-12	0.	0.	0.	0.	4.43E-11
75	3.30	8.74E-12	0.	3.12E-23	0.	8.50E-14	0.	0.	9.51E-12	0.	0.	0.	0.	2.85E-11
76	3.20	4.56E-12	0.	1.83E-24	0.	5.85E-15	0.	0.	9.75E-12	0.	0.	0.	0.	1.89E-11
77	3.10	2.26E-12	0.	2.22E-24	0.	5.85E-16	0.	0.	9.88E-12	0.	0.	0.	0.	1.46E-11
78	3.00	9.81E-13	0.	2.53E-25	0.	5.42E-17	0.	0.	9.63E-12	0.	0.	0.	0.	1.20E-11
79	2.90	6.19E-13	0.	2.90E-25	0.	4.54E-18	0.	0.	9.39E-12	0.	0.	0.	0.	1.04E-11
80	2.80	1.55E-13	0.	3.83E-26	0.	2.10E-19	0.	0.	8.95E-12	0.	0.	0.	0.	9.57E-12
81	2.70	1.89E-14	0.	1.74E-26	0.	0.	0.	0.	8.46E-12	0.	0.	0.	0.	8.62E-12
82	2.60	6.85E-16	0.	0.	0.	0.	0.	0.	7.93E-12	0.	0.	0.	0.	7.95E-12
83	2.50	0.	0.	0.	0.	0.	0.	0.	7.26E-12	0.	0.	0.	0.	7.26E-12
84	2.40	0.	0.	0.	0.	0.	0.	0.	6.64E-12	0.	0.	0.	0.	6.64E-12
85	2.30	0.	0.	0.	0.	0.	0.	0.	5.80E-12	0.	0.	0.	0.	5.80E-12
86	2.20	0.	2.27E-23	0.	0.	0.	0.	0.	4.99E-12	0.	0.	0.	0.	4.99E-12
87	2.10	0.	3.12E-21	0.	0.	0.	0.	0.	4.16E-12	0.	0.	0.	0.	4.16E-12
88	2.00	0.	3.41E-21	0.	0.	0.	0.	0.	3.15E-12	0.	0.	0.	0.	3.16E-12
89	1.90	0.	3.14E-20	0.	0.	0.	0.	0.	2.39E-12	0.	0.	0.	0.	2.39E-12
90	1.80	0.	3.95E-20	0.	0.	0.	0.	0.	1.60E-12	0.	0.	0.	0.	1.60E-12
91	1.70	0.	3.46E-19	0.	0.	0.	0.	0.	1.02E-12	0.	0.	0.	0.	1.02E-12
92	1.60	0.	4.14E-19	0.	0.	0.	0.	0.	6.29E-13	0.	0.	0.	0.	6.30E-13
93	1.50	0.	9.31E-19	0.	0.	0.	0.	0.	2.59E-13	0.	0.	0.	0.	2.59E-13
94	1.40	0.	1.86E-18	0.	0.	0.	0.	0.	0.	0.	0.	0.	0.	1.86E-18
95	1.30	0.	2.43E-19	0.	0.	0.	0.	0.	0.	0.	0.	0.	0.	2.43E-19
96	1.20	0.	1.55E-18	0.	0.	0.	0.	0.	0.	0.	0.	0.	0.	1.55E-18
97	1.10	0.	1.82E-19	0.	0.	0.	0.	8.25E-13	0.	0.	0.	0.	0.	8.25E-13
98	1.00	0.	5.11E-19	0.	0.	0.	0.	1.79E-13	0.	0.	0.	0.	0.	1.79E-13
99	0.90	0.	1.15E-19	0.	0.	0.	0.	6.60E-12	0.	0.	0.	0.	0.	6.60E-12
100	0.80	0.	6.32E-20	0.	0.	0.	0.	1.91E-12	0.	0.	0.	0.	0.	1.91E-12
101	0.70	0.	1.04E-20	0.	0.	0.	0.	3.76E-11	0.	0.	0.	0.	0.	3.76E-11
102	0.60	0.	1.19E-25	0.	0.	0.	0.	1.03E-11	0.	0.	0.	0.	0.	1.03E-11

ABSORPTION COEFFICIENTS OF HEATED AIR (INVERSE CM.)

TEMPERATURE (DEGREES K) 2000.   DENSITY (GM/CC) 1.293E-09   (10.0E-07 NORMAL)

#	PHOTON ENERGY E.V.	O2 S-R BANDS	O2 S-R CONT.	N2 B-H NO. 1	NO BETA	NO GAMMA	NO2	O- PHOTO-DET (IONS)	FREE-FREE (IONS)	N P.E.	O P.E.	TOTAL AIR
1	10.70	0.	0.	4.06E-10	0.	0.	0.	0.	0.	0.	0.	4.06E-10
2	10.60	0.	0.	2.13E-10	0.	0.	0.	0.	0.	0.	0.	2.13E-10
3	10.50	0.	0.	1.33E-10	0.	0.	0.	0.	0.	0.	0.	1.33E-10
4	10.40	0.	0.	8.61E-11	0.	0.	0.	0.	0.	0.	0.	8.61E-11
5	10.30	0.	0.	4.08E-11	0.	0.	0.	0.	0.	0.	0.	4.08E-11
6	10.20	0.	0.	2.78E-11	0.	0.	0.	0.	0.	0.	0.	2.78E-11
7	10.10	0.	0.	1.88E-11	0.	0.	0.	0.	0.	0.	0.	1.88E-11
8	10.00	0.	0.	7.00E-12	0.	0.	0.	0.	0.	0.	0.	7.00E-12
9	9.90	0.	0.	6.21E-12	0.	0.	0.	0.	0.	0.	0.	6.21E-12
10	9.80	0.	0.	3.44E-12	0.	0.	0.	0.	0.	0.	0.	3.44E-12
11	9.70	0.	0.	1.31E-12	0.	0.	0.	0.	0.	0.	0.	1.31E-12
12	9.60	0.	0.	1.44E-12	0.	0.	0.	0.	0.	0.	0.	1.44E-12
13	9.50	0.	2.64E-06	4.85E-13	0.	0.	0.	0.	0.	0.	0.	2.64E-06
14	9.40	0.	9.78E-06	3.14E-13	0.	0.	0.	0.	0.	0.	0.	9.78E-06
15	9.30	0.	1.69E-05	2.49E-13	0.	0.	0.	0.	0.	0.	0.	1.69E-05
16	9.20	0.	2.41E-05	6.09E-14	0.	0.	0.	0.	0.	0.	0.	2.41E-05
17	9.10	0.	3.18E-05	9.15E-14	0.	0.	0.	0.	0.	0.	0.	3.18E-05
18	9.00	0.	3.96E-05	2.90E-14	0.	0.	0.	0.	0.	0.	0.	3.96E-05
19	8.90	0.	4.75E-05	1.92E-14	0.	0.	0.	0.	0.	0.	0.	4.75E-05
20	8.80	0.	4.98E-05	1.25E-14	0.	0.	0.	0.	0.	0.	0.	4.98E-05
21	8.70	0.	4.79E-05	4.15E-15	0.	0.	0.	0.	0.	0.	0.	4.79E-05
22	8.60	0.	4.60E-05	4.71E-15	0.	0.	0.	0.	0.	0.	0.	4.60E-05
23	8.50	0.	4.38E-05	1.37E-15	0.	0.	0.	0.	0.	0.	0.	4.38E-05
24	8.40	0.	4.12E-05	1.34E-15	0.	0.	0.	0.	0.	0.	0.	4.12E-05
25	8.30	0.	3.82E-05	4.43E-16	0.	0.	0.	0.	0.	0.	0.	3.82E-05
26	8.20	0.	3.53E-05	3.48E-16	0.	0.	0.	0.	0.	0.	0.	3.53E-05
27	8.10	0.	3.25E-05	3.42E-16	0.	0.	0.	0.	0.	0.	0.	3.25E-05
28	8.00	0.	2.97E-05	9.82E-17	0.	0.	0.	0.	0.	0.	0.	2.97E-05
29	7.90	0.	2.67E-05	4.27E-17	0.	0.	0.	0.	0.	0.	0.	2.67E-05
30	7.80	0.	2.38E-05	3.03E-17	0.	0.	0.	0.	0.	0.	0.	2.38E-05
31	7.70	0.	2.09E-05	1.42E-17	0.	0.	0.	0.	0.	0.	0.	2.09E-05
32	7.60	0.	1.81E-05	7.94E-18	0.	4.30E-14	0.	0.	0.	0.	0.	1.81E-05
33	7.50	0.	1.53E-05	4.09E-18	0.	1.46E-11	0.	0.	0.	0.	0.	1.53E-05
34	7.40	0.	1.30E-05	2.11E-18	0.	6.71E-11	0.	0.	0.	0.	0.	1.30E-05
35	7.30	0.	1.09E-05	1.10E-18	0.	4.02E-11	0.	0.	0.	0.	0.	1.09E-05
36	7.20	0.	9.08E-06	5.53E-19	0.	1.46E-09	0.	0.	0.	0.	0.	9.08E-06
37	7.10	0.	7.32E-06	2.99E-19	0.	1.07E-10	0.	0.	0.	0.	0.	7.32E-06
38	7.00	1.40E-07	0.	1.49E-19	0.	3.41E-09	0.	0.	0.	0.	0.	1.44E-07
39	6.90	2.00E-07	0.	7.78E-20	0.	6.83E-09	0.	0.	0.	0.	0.	2.07E-07
40	6.80	1.24E-07	0.	4.00E-20	0.	1.24E-09	0.	0.	0.	0.	0.	1.25E-07
41	6.70	6.34E-08	0.	1.96E-20	0.	1.83E-08	0.	0.	0.	0.	0.	8.17E-08
42	6.60	2.94E-08	0.	9.63E-21	0.	1.53E-08	0.	0.	0.	0.	0.	4.47E-08
43	6.50	1.16E-08	0.	3.83E-21	0.	3.84E-09	0.	0.	0.	0.	0.	1.55E-08
44	6.40	2.13E-08	0.	9.53E-22	1.59E-09	4.71E-08	0.	0.	0.	0.	0.	7.00E-08
45	6.30	3.38E-08	0.	1.54E-22	3.79E-09	2.70E-08	0.	0.	0.	0.	0.	6.46E-08
46	6.20	6.15E-08	0.	2.00E-23	3.55E-09	5.83E-09	0.	0.	0.	0.	0.	7.09E-08
47	6.10	1.43E-07	0.	2.66E-24	6.14E-09	9.63E-08	0.	0.	0.	0.	0.	2.46E-07
48	6.00	2.17E-07	0.	2.88E-25	2.21E-09	1.20E-08	0.	0.	0.	0.	0.	2.31E-07
49	5.90	2.08E-07	0.	1.61E-26	2.96E-09	6.25E-09	0.	0.	0.	0.	0.	2.17E-07
50	5.80	1.79E-07	0.	2.98E-28	2.89E-09	1.95E-08	0.	0.	0.	0.	0.	2.01E-07
51	5.70	1.04E-07	0.	0.	1.84E-09	1.14E-09	0.	0.	0.	0.	0.	1.07E-07

ABSORPTION COEFFICIENTS OF HEATED AIR   (INVERSE CM.)

TEMPERATURE (DEGREES K) 2000.   DENSITY (GM/CC) 1.293E-09   (10.0E-07 NORMAL)

PHOTON ENERGY	O2 S-R BANDS	N2 1ST POS.	N2 2ND POS.	N2+ 1ST NEG.	NO BETA	NO GAMMA	NO VIB-ROT	NO2	O- PHOTO-DET	FREE-FREE (IONS)	N P.E.	O P.E.	TOTAL AIR
52 5.60	9.98E-08	0.	0.	0.	4.71E-10	1.32E-08	0.	0.	0.	0.	0.	0.	1.14E-07
53 5.50	7.65E-08	0.	0.	0.	1.12E-09	5.90E-08	0.	0.	0.	0.	0.	0.	1.37E-07
54 5.40	5.04E-08	0.	0.	0.	6.79E-10	1.65E-09	0.	0.	0.	0.	0.	0.	5.28E-08
55 5.30	3.45E-08	0.	0.	0.	5.33E-10	1.95E-08	0.	0.	0.	0.	0.	0.	5.45E-08
56 5.20	1.11E-08	0.	0.	0.	3.97E-10	7.00E-09	0.	1.40E-13	0.	0.	0.	0.	1.85E-08
57 5.10	9.01E-09	0.	0.	0.	2.37E-10	2.90E-09	0.	1.45E-13	0.	0.	0.	0.	1.22E-08
58 5.00	5.44E-09	0.	0.	0.	1.25E-10	5.00E-09	0.	1.50E-13	0.	0.	0.	0.	1.06E-08
59 4.90	4.60E-09	0.	0.	0.	1.04E-10	6.26E-09	0.	1.54E-13	0.	0.	0.	0.	5.33E-09
60 4.80	4.08E-09	0.	0.	0.	1.15E-10	1.41E-09	0.	1.58E-13	0.	0.	0.	0.	5.61E-09
61 4.70	2.97E-09	0.	0.	0.	7.33E-11	1.42E-10	0.	1.61E-13	0.	0.	0.	0.	3.19E-09
62 4.60	2.31E-09	0.	0.	0.	5.35E-11	3.80E-10	0.	1.66E-13	0.	0.	0.	0.	2.74E-09
63 4.50	1.44E-09	0.	1.17E-24	0.	3.02E-11	3.45E-11	0.	1.70E-13	0.	0.	0.	0.	1.50E-09
64 4.40	8.91E-10	0.	3.13E-23	0.	1.99E-11	8.56E-11	0.	1.74E-13	0.	0.	0.	0.	9.96E-10
65 4.30	5.19E-10	0.	4.43E-24	0.	1.22E-11	1.49E-11	0.	1.78E-13	0.	0.	0.	0.	5.46E-10
66 4.20	3.07E-10	0.	2.47E-22	0.	7.96E-12	1.56E-11	0.	1.83E-13	0.	0.	0.	0.	3.31E-10
67 4.10	2.06E-10	0.	2.34E-24	0.	4.56E-12	5.74E-12	0.	1.90E-13	0.	0.	0.	0.	2.17E-10
68 4.00	1.10E-10	0.	2.53E-22	0.	3.03E-12	1.23E-12	0.	1.96E-13	0.	0.	0.	0.	1.15E-10
69 3.90	5.04E-11	0.	3.41E-22	0.	1.34E-12	1.38E-12	0.	2.04E-13	0.	0.	0.	0.	5.33E-11
70 3.80	4.39E-11	0.	3.58E-23	0.	1.24E-12	0.	0.	2.13E-13	0.	0.	0.	0.	4.54E-11
71 3.70	1.75E-11	0.	5.76E-22	0.	3.84E-13	0.	0.	2.22E-13	0.	0.	0.	0.	1.81E-11
72 3.60	1.03E-11	0.	1.03E-23	0.	4.38E-13	0.	0.	2.32E-13	0.	0.	0.	0.	1.09E-11
73 3.50	6.13E-12	0.	1.46E-22	0.	1.14E-13	0.	0.	2.51E-13	0.	0.	0.	0.	6.48E-12
74 3.40	2.80E-12	0.	3.36E-24	0.	1.31E-13	0.	0.	2.57E-13	0.	0.	0.	0.	3.18E-12
75 3.30	1.55E-12	0.	2.33E-23	0.	3.58E-14	0.	0.	2.60E-13	0.	0.	0.	0.	1.84E-12
76 3.20	7.28E-13	0.	8.94E-25	0.	3.36E-14	0.	0.	2.54E-13	0.	0.	0.	0.	1.02E-12
77 3.10	3.80E-13	0.	3.12E-24	0.	1.22E-14	0.	0.	2.47E-13	0.	0.	0.	0.	6.53E-13
78 3.00	1.88E-13	0.	1.83E-25	0.	7.76E-15	0.	0.	2.36E-13	0.	0.	0.	0.	4.50E-13
79 2.90	8.18E-14	0.	3.22E-25	0.	2.01E-15	0.	0.	2.23E-13	0.	0.	0.	0.	3.31E-13
80 2.80	5.16E-14	0.	2.53E-25	0.	5.34E-16	0.	0.	2.09E-13	0.	0.	0.	0.	2.88E-13
81 2.70	1.29E-14	0.	2.90E-26	0.	4.95E-18	0.	0.	1.91E-13	0.	0.	0.	0.	2.36E-13
82 2.60	1.58E-15	0.	3.83E-27	0.	4.15E-19	0.	0.	1.75E-13	0.	0.	0.	0.	2.11E-13
83 2.50	5.71E-17	0.	1.74E-27	0.	1.92E-20	0.	0.	1.53E-13	0.	0.	0.	0.	1.91E-13
84 2.40	0.	2.27E-24	0.	0.	0.	0.	0.	1.32E-13	0.	0.	0.	0.	1.75E-13
85 2.30	0.	3.12E-22	0.	0.	0.	0.	0.	1.10E-13	0.	0.	0.	0.	1.53E-13
86 2.20	0.	3.42E-22	0.	0.	0.	0.	0.	8.32E-14	0.	0.	0.	0.	1.32E-13
87 2.10	0.	3.14E-21	0.	0.	0.	0.	0.	6.30E-14	0.	0.	0.	0.	1.10E-13
88 2.00	0.	3.95E-21	0.	0.	0.	0.	0.	4.21E-14	0.	0.	0.	0.	8.30E-14
89 1.90	0.	3.46E-20	0.	0.	0.	0.	0.	2.69E-14	0.	0.	0.	0.	6.30E-14
90 1.80	0.	1.46E-19	0.	0.	0.	0.	0.	1.66E-14	0.	0.	0.	0.	4.21E-14
91 1.70	0.	4.14E-20	0.	0.	0.	0.	0.	6.82E-15	0.	0.	0.	0.	2.69E-14
92 1.60	0.	9.31E-20	0.	0.	0.	0.	0.	0.	0.	0.	0.	0.	1.66E-14
93 1.50	0.	3.47E-20	0.	0.	0.	0.	0.	0.	0.	0.	0.	0.	6.82E-15
94 1.40	0.	1.86E-19	0.	0.	0.	0.	0.	0.	0.	0.	0.	0.	1.86E-19
95 1.30	0.	2.44E-20	0.	0.	0.	0.	0.	0.	0.	0.	0.	0.	2.44E-20
96 1.20	0.	1.55E-19	0.	0.	0.	0.	0.	0.	0.	0.	0.	0.	1.55E-19
97 1.10	0.	1.82E-20	0.	0.	0.	0.	7.54E-14	0.	0.	0.	0.	0.	7.54E-14
98 1.00	0.	5.11E-20	0.	0.	0.	0.	1.64E-14	0.	0.	0.	0.	0.	1.64E-14
99 0.90	0.	1.15E-20	0.	0.	0.	0.	6.03E-13	0.	0.	0.	0.	0.	6.03E-13
100 0.80	0.	6.33E-21	0.	0.	0.	0.	1.74E-12	0.	0.	0.	0.	0.	1.74E-13
101 0.70	0.	1.04E-21	0.	0.	0.	0.	3.43E-13	0.	0.	0.	0.	0.	3.43E-12
102 0.60	0.	1.19E-26	0.	0.	0.	0.	9.44E-13	0.	0.	0.	0.	0.	9.44E-13

ABSORPTION COEFFICIENTS OF HEATED AIR (INVERSE CM.)

TEMPERATURE (DEGREES K) 3000.   DENSITY (GM/CC) 1.293E-02 (1.0E 01 NORMAL)

PHOTON ENERGY E.V.	O2 S-R BANDS	O2 S-R CONT.	N2 B-H NO. 1	NO BETA	NO GAMMA	NO2	O- PHOTO-DET (IONS)	FREE-FREE	N P.E.	O P.E.	TOTAL AIR
10.70	0.	0.	2.67E-01	0.	0.	0.	1.77E-06	0.	0.	0.	2.67E-01
10.60	0.	0.	1.69E-01	0.	0.	0.	1.78E-06	0.	0.	0.	1.69E-01
10.50	0.	0.	1.32E-01	0.	0.	0.	1.78E-06	0.	0.	0.	1.32E-01
10.40	0.	0.	9.57E-02	0.	0.	0.	1.78E-06	0.	0.	0.	9.57E-02
10.30	0.	0.	5.71E-02	0.	0.	0.	1.79E-06	0.	0.	0.	5.71E-02
10.20	0.	0.	4.64E-02	0.	0.	0.	1.79E-06	0.	0.	0.	4.64E-02
10.10	0.	0.	3.48E-02	0.	0.	0.	1.79E-06	0.	0.	0.	3.48E-02
10.00	0.	0.	1.82E-02	0.	0.	0.	1.79E-06	0.	0.	0.	1.82E-02
9.90	0.	0.	1.71E-02	0.	0.	0.	1.79E-06	0.	0.	0.	1.71E-02
9.80	0.	0.	1.13E-02	0.	0.	0.	1.80E-06	0.	0.	0.	1.14E-02
9.70	0.	0.	5.99E-03	0.	0.	0.	1.80E-06	0.	0.	0.	5.99E-03
9.60	0.	0.	6.47E-03	0.	0.	0.	1.80E-06	0.	0.	0.	6.47E-03
9.50	0.	2.77E 01	3.17E-03	0.	0.	0.	1.81E-06	0.	0.	0.	2.77E 01
9.40	0.	1.03E 02	2.27E-03	0.	0.	0.	1.81E-06	0.	0.	0.	1.03E 02
9.30	0.	1.78E 02	2.04E-03	0.	0.	0.	1.82E-06	0.	0.	0.	1.78E 02
9.20	0.	2.52E 02	8.20E-04	0.	0.	0.	1.83E-06	0.	0.	0.	2.52E 02
9.10	0.	3.24E 02	9.94E-04	0.	0.	0.	1.83E-06	0.	0.	0.	3.24E 02
9.00	0.	3.95E 02	5.04E-04	0.	0.	0.	1.84E-06	0.	0.	0.	3.95E 02
8.90	0.	4.65E 02	3.50E-04	0.	0.	0.	1.85E-06	0.	0.	0.	4.65E 02
8.80	0.	4.84E 02	2.84E-04	0.	0.	0.	1.85E-06	0.	0.	0.	4.84E 02
8.70	0.	4.61E 02	1.34E-04	0.	0.	0.	1.86E-06	0.	0.	0.	4.61E 02
8.60	0.	4.39E 02	1.41E-04	0.	0.	0.	1.87E-06	0.	0.	0.	4.39E 02
8.50	0.	4.16E 02	6.54E-05	0.	0.	0.	1.87E-06	0.	0.	0.	4.16E 02
8.40	0.	3.93E 02	6.16E-05	0.	0.	0.	1.88E-06	0.	0.	0.	3.93E 02
8.30	0.	3.72E 02	2.97E-05	0.	0.	0.	1.89E-06	0.	0.	0.	3.72E 02
8.20	0.	3.49E 02	2.56E-05	0.	0.	0.	1.90E-06	0.	0.	0.	3.49E 02
8.10	0.	3.24E 02	1.37E-05	0.	0.	0.	1.91E-06	0.	0.	0.	3.24E 02
8.00	0.	3.00E 02	1.11E-05	0.	0.	0.	1.92E-06	5.37E-16	0.	0.	3.00E 02
7.90	0.	2.77E 02	6.12E-06	0.	0.	0.	1.93E-06	5.57E-16	0.	0.	2.77E 02
7.80	0.	2.55E 02	5.07E-06	0.	0.	0.	1.94E-06	5.78E-16	0.	0.	2.55E 02
7.70	0.	2.32E 02	2.94E-06	0.	0.	0.	1.95E-06	6.01E-16	0.	0.	2.32E 02
7.60	0.	2.09E 02	2.05E-06	0.	2.21E-05	0.	1.96E-06	6.25E-16	0.	0.	2.09E 02
7.50	0.	1.85E 02	1.30E-06	0.	1.26E-03	0.	1.97E-06	6.50E-16	0.	0.	1.85E 02
7.40	0.	1.66E 02	8.37E-07	0.	3.20E-03	0.	1.98E-06	6.76E-16	0.	0.	1.66E 02
7.30	0.	1.47E 02	5.50E-07	0.	8.89E-03	0.	1.99E-06	7.04E-16	0.	0.	1.47E 02
7.20	0.	1.28E 02	3.45E-07	0.	9.75E-02	0.	2.00E-06	7.34E-16	0.	0.	1.28E 02
7.10	0.	1.08E 02	2.34E-07	0.	2.35E-02	0.	2.02E-06	7.65E-16	0.	0.	1.08E 02
7.00	8.96E-01	0.	1.47E-07	0.	4.22E-02	0.	2.04E-06	7.98E-16	0.	0.	1.32E 00
6.90	1.43E 00	0.	9.48E-08	0.	4.05E-01	0.	2.05E-06	8.32E-16	0.	0.	1.83E 00
6.80	6.93E-01	0.	6.19E-08	0.	3.25E-01	0.	2.07E-06	8.69E-16	0.	0.	1.32E 00
6.70	5.70E-01	0.	3.75E-08	0.	3.75E-01	0.	2.09E-06	9.08E-16	0.	0.	1.32E 00
6.60	2.86E-01	0.	2.30E-08	0.	7.49E-01	0.	2.10E-06	9.50E-16	0.	0.	1.04E 00
6.50	1.29E-01	0.	1.16E-08	0.	7.19E-01	0.	2.12E-06	9.93E-16	0.	0.	8.48E-01
6.40	2.12E-01	0.	1.04E-08	5.75E-02	1.17E 00	0.	2.14E-06	1.04E-15	0.	0.	1.73E 00
6.30	3.84E-01	0.	1.09E-09	1.74E-01	3.30E 00	0.	2.15E-06	1.09E-15	0.	0.	3.57E 00
6.20	8.70E-01	0.	2.67E-10	1.79E-01	8.57E-01	0.	2.17E-06	1.14E-15	0.	0.	1.90E 00
6.10	2.52E 00	0.	6.18E-11	3.81E-01	5.21E 00	0.	2.19E-06	1.20E-15	0.	0.	8.11E 00
6.00	4.78E 00	0.	9.87E-12	1.87E-01	7.26E-01	0.	2.20E-06	1.26E-15	0.	0.	
5.90	5.64E 00	0.	6.37E-13	2.48E-01	7.27E-01	0.	2.20E-06	1.39E-15	0.	0.	6.62E 00
5.80	6.12E 00	0.	1.36E-14	2.80E-01	1.12E 00	0.	2.17E-06	1.46E-15	0.	0.	7.52E 00
5.70	4.76E 00	0.	0.	2.18E-01	2.74E-01	0.	2.04E-06	1.54E-15	0.	0.	5.25E 00

ABSORPTION COEFFICIENTS OF HEATED AIR (INVERSE CM.)

TEMPERATURE (DEGREES K) 3000.   DENSITY (GM/CC) 1.293E-02   (1.0E 01 NORMAL)

	PHOTON ENERGY	O2 S-R BANDS	N2 1ST POS.	N2 2ND POS.	N2+ 1ST NEG.	NO BETA	NO GAMMA	NO VIB-ROT	NO2	O- PHOTO-DET (IONS)	FREE-FREE (IONS)	N P.E.	O P.F.	TOTAL AIR
52	5.60	4.98E 00	0.	0.	0.	8.80E-02	1.37E 00	0.	0.	1.89E-06	1.63E-15	0.	0.	6.43E 00
53	5.50	4.24E 00	0.	0.	0.	1.47E-01	2.88E 00	0.	0.	1.90E-06	1.72E-15	0.	0.	7.27E 00
54	5.40	3.43E 00	0.	0.	0.	9.65E-02	3.42E-01	0.	0.	1.91E-06	1.82E-15	0.	0.	3.87E 00
55	5.30	2.68E 00	0.	0.	0.	9.30E-02	1.61E 00	0.	0.	1.93E-06	1.92E-15	0.	0.	4.39E 00
56	5.20	1.21E 00	0.	0.	0.	7.99E-02	4.95E-01	0.	0.	1.94E-06	2.03E-15	0.	0.	1.78E 00
57	5.10	1.00E 00	0.	0.	0.	6.02E-02	4.88E-01	0.	1.47E-02	1.96E-06	2.16E-15	0.	0.	1.56E 00
58	5.00	6.33E-01	0.	0.	0.	3.91E-02	5.35E-01	0.	1.48E-02	1.97E-06	2.29E-15	0.	0.	1.22E 00
59	4.90	5.28E-01	0.	0.	0.	3.57E-02	1.87E-01	0.	1.48E-02	1.96E-06	2.43E-15	0.	0.	7.66E-01
60	4.80	5.21E-01	0.	0.	0.	3.70E-02	2.51E-01	0.	1.49E-02	2.00E-06	2.59E-15	0.	0.	8.23E-01
61	4.70	4.48E-01	0.	0.	0.	2.80E-02	7.20E-02	0.	1.49E-02	2.02E-06	2.76E-15	0.	0.	5.63E-01
62	4.60	4.18E-01	0.	0.	0.	2.39E-02	1.10E-01	0.	1.50E-02	2.04E-06	2.94E-15	0.	0.	5.67E-01
63	4.50	3.16E-01	0.	0.	0.	1.57E-02	3.98E-02	0.	1.52E-02	2.05E-06	3.14E-15	0.	0.	3.76E-01
64	4.40	2.39E-01	0.	0.	0.	1.26E-02	9.86E-03	0.	1.53E-02	2.07E-06	3.36E-15	0.	0.	3.06E-01
65	4.30	1.64E-01	0.	4.30E-11	0.	8.89E-03	3.19E-03	0.	1.54E-02	2.09E-06	3.60E-15	0.	0.	1.98E-01
66	4.20	1.17E-01	0.	4.75E-10	0.	5.01E-03	3.20E-03	0.	1.55E-02	2.10E-06	3.86E-15	0.	0.	1.52E-01
67	4.10	8.72E-02	0.	2.31E-10	0.	3.83E-03	1.41E-03	0.	1.57E-02	2.11E-06	4.15E-15	0.	0.	1.11E-01
68	4.00	5.85E-02	0.	1.76E-09	0.	2.21E-03	1.09E-03	0.	1.58E-02	2.12E-06	4.47E-15	0.	0.	7.93E-02
69	3.90	3.40E-02	0.	4.72E-09	5.14E-17	1.23E-03	0.	0.	1.59E-02	2.11E-06	4.82E-15	0.	0.	5.29E-02
70	3.80	3.21E-02	0.	3.77E-09	5.94E-15	9.81E-04	0.	0.	1.60E-02	2.10E-06	5.21E-15	0.	0.	5.01E-02
71	3.70	1.74E-02	0.	3.21E-09	1.34E-15	1.12E-03	0.	0.	1.61E-02	2.07E-06	5.65E-15	0.	0.	3.42E-02
72	3.60	1.20E-02	0.	7.05E-10	1.13E-15	4.43E-04	0.	0.	1.61E-02	1.94E-06	6.13E-15	0.	0.	2.91E-02
73	3.50	6.35E-03	0.	5.16E-10	3.21E-14	5.01E-04	0.	0.	1.60E-02	1.77E-06	6.67E-15	0.	0.	2.48E-02
74	3.40	5.02E-03	0.	2.85E-09	4.55E-17	2.11E-04	0.	0.	1.59E-02	1.02E-06	7.28E-15	0.	0.	2.16E-02
75	3.30	3.21E-03	0.	2.46E-10	2.69E-15	2.01E-04	0.	0.	1.57E-02	1.03E-06	7.96E-15	0.	0.	1.95E-02
76	3.20	1.89E-03	0.	7.21E-10	5.09E-16	1.11E-04	0.	0.	1.54E-02	1.03E-06	8.73E-15	0.	0.	1.74E-02
77	3.10	1.26E-03	0.	9.44E-11	9.04E-17	7.67E-05	0.	0.	1.50E-02	1.03E-06	9.61E-15	0.	0.	1.67E-02
78	3.00	7.75E-04	0.	2.63E-11	2.94E-15	2.97E-05	0.	0.	1.46E-02	1.03E-06	1.06E-14	0.	0.	1.62E-02
79	2.90	4.30E-04	0.	2.35E-11	7.07E-15	1.00E-05	0.	0.	1.34E-02	1.03E-06	1.17E-14	0.	0.	1.57E-02
80	2.80	3.32E-04	0.	3.16E-11	1.07E-16	2.08E-06	0.	0.	1.25E-02	1.03E-06	1.30E-14	0.	0.	1.51E-02
81	2.70	2.14E-04	0.	9.56E-13	1.35E-15	3.85E-07	0.	0.	1.16E-02	1.03E-06	1.45E-14	0.	0.	1.46E-02
82	2.60	1.17E-04	0.	2.63E-13	3.04E-16	5.23E-08	0.	0.	1.05E-02	1.02E-06	1.63E-14	0.	0.	1.40E-02
83	2.50	1.20E-06	0.	0.	2.12E-17	3.56E-09	0.	0.	8.82E-03	1.02E-06	1.83E-14	0.	0.	1.34E-02
84	2.40	0.	7.78E-11	0.	9.73E-17	0.	0.	0.	7.43E-03	1.02E-06	2.07E-14	0.	0.	1.25E-02
85	2.30	0.	2.43E-09	0.	0.	0.	0.	0.	5.41E-03	9.86E-07	2.35E-14	0.	0.	1.16E-02
86	2.20	0.	2.30E-09	0.	0.	0.	0.	0.	3.75E-03	9.49E-07	2.69E-14	0.	0.	1.05E-02
87	2.10	0.	1.48E-08	0.	0.	0.	0.	0.	2.53E-03	9.07E-07	3.09E-14	0.	0.	8.82E-03
88	2.00	0.	1.01E-07	0.	0.	0.	0.	0.	1.46E-03	8.55E-07	3.58E-14	0.	0.	7.43E-03
89	1.90	0.	1.87E-07	0.	0.	0.	0.	0.	7.77E-04	6.99E-07	4.17E-14	0.	0.	5.41E-03
90	1.80	0.	1.14E-07	0.	0.	0.	0.	0.	3.10E-04	3.29E-07	4.91E-14	0.	0.	3.75E-03
91	1.70	0.	1.28E-07	0.	0.	0.	0.	0.	0.	0.	5.83E-14	0.	0.	2.53E-03
92	1.60	0.	9.68E-08	0.	0.	0.	0.	0.	0.	0.	6.99E-14	0.	0.	1.46E-03
93	1.50	0.	7.33E-08	0.	0.	0.	0.	0.	0.	0.	8.49E-14	0.	0.	7.78E-04
94	1.40	0.	1.96E-07	0.	0.	0.	0.	0.	0.	0.	1.04E-13	0.	0.	3.10E-04
95	1.30	0.	5.50E-08	0.	0.	0.	0.	0.	0.	0.	1.30E-13	0.	0.	3.96E-07
96	1.20	0.	8.79E-08	0.	0.	0.	0.	0.	0.	0.	1.66E-13	0.	0.	8.75E-06
97	1.10	0.	3.81E-08	0.	0.	0.	0.	8.70E-06	0.	0.	2.15E-13	0.	0.	8.55E-06
98	1.00	0.	1.67E-08	0.	0.	0.	0.	8.46E-06	0.	0.	2.87E-13	0.	0.	6.56E-05
99	0.90	0.	4.43E-09	0.	0.	0.	0.	6.56E-05	0.	0.	3.94E-13	0.	0.	1.01E-04
100	0.80	0.	1.84E-12	0.	0.	0.	0.	1.01E-04	0.	0.	5.62E-13	0.	0.	3.24E-04
101	0.70	0.	0.	0.	0.	0.	0.	3.24E-04	0.	0.	8.42E-13	0.	0.	3.42E-04
102	0.60	0.	0.	0.	0.	0.	0.	3.42E-04	0.	0.	1.34E-12	0.	0.	3.42E-04

ABSORPTION COEFFICIENTS OF HEATED AIR   (INVERSE CM.)

TEMPERATURE (DEGREES K) 3000.   DENSITY (GM/CC) 1.293E-03   (10.0E-01 NORMAL)

No.	PHOTON ENERGY E.V.	O2 S-R BANDS	O2 S-R CONT.	N2 B-H NO. 1	NO BETA	NO GAMMA	NO 2	O- PHOTO-DET (IONS)	FREE-FREE (IONS) P.E.	N P.E.	O P.E.	TOTAL AIR
1	10.70	0.	0.	2.67E-02	0.	0.	0.	2.27E-07	0.	0.	0.	2.67E-02
2	10.60	0.	0.	1.70E-02	0.	0.	0.	2.27E-07	0.	0.	0.	1.70E-02
3	10.50	0.	0.	1.32E-02	0.	0.	0.	2.28E-07	0.	0.	0.	1.32E-02
4	10.40	0.	0.	9.57E-03	0.	0.	0.	2.28E-07	0.	0.	0.	9.57E-03
5	10.30	0.	0.	5.71E-03	0.	0.	0.	2.28E-07	0.	0.	0.	5.71E-03
6	10.20	0.	0.	4.64E-03	0.	0.	0.	2.29E-07	0.	0.	0.	4.65E-03
7	10.10	0.	0.	3.48E-03	0.	0.	0.	2.29E-07	0.	0.	0.	3.48E-03
8	10.00	0.	0.	1.82E-03	0.	0.	0.	2.29E-07	0.	0.	0.	1.82E-03
9	9.90	0.	0.	1.71E-03	0.	0.	0.	2.30E-07	0.	0.	0.	1.71E-03
10	9.80	0.	0.	1.14E-03	0.	0.	0.	2.30E-07	0.	0.	0.	1.14E-03
11	9.70	0.	0.	5.99E-04	0.	0.	0.	2.31E-07	0.	0.	0.	6.00E-04
12	9.60	0.	0.	6.47E-04	0.	0.	0.	2.31E-07	0.	0.	0.	6.48E-04
13	9.50	0.	2.71E 00	3.17E-04	0.	0.	0.	2.32E-07	0.	0.	0.	2.71E 00
14	9.40	0.	1.00E 01	2.27E-04	0.	0.	0.	2.33E-07	0.	0.	0.	1.00E 01
15	9.30	0.	1.73E 01	2.04E-04	0.	0.	0.	2.34E-07	0.	0.	0.	1.73E 01
16	9.20	0.	2.46E 01	8.94E-05	0.	0.	0.	2.34E-07	0.	0.	0.	2.46E 01
17	9.10	0.	3.16E 01	9.94E-05	0.	0.	0.	2.35E-07	0.	0.	0.	3.16E 01
18	9.00	0.	3.85E 01	5.04E-05	0.	0.	0.	2.36E-07	0.	0.	0.	3.85E 01
19	8.90	0.	4.54E 01	3.50E-05	0.	0.	0.	2.37E-07	0.	0.	0.	4.54E 01
20	8.80	0.	4.72E 01	2.80E-05	0.	0.	0.	2.38E-07	0.	0.	0.	4.72E 01
21	8.70	0.	4.50E 01	1.34E-05	0.	0.	0.	2.39E-07	0.	0.	0.	4.50E 01
22	8.60	0.	4.28E 01	1.41E-05	0.	0.	0.	2.40E-07	0.	0.	0.	4.28E 01
23	8.50	0.	4.06E 01	6.55E-06	0.	0.	0.	2.41E-07	0.	0.	0.	4.06E 01
24	8.40	0.	3.84E 01	6.11E-06	0.	0.	0.	2.42E-07	0.	0.	0.	3.84E 01
25	8.30	0.	3.63E 01	2.97E-06	0.	0.	0.	2.43E-07	0.	0.	0.	3.63E 01
26	8.20	0.	3.41E 01	2.56E-06	0.	0.	0.	2.45E-07	0.	0.	0.	3.41E 01
27	8.10	0.	3.17E 01	1.37E-06	0.	0.	0.	2.46E-07	5.30E-17	0.	0.	3.17E 01
28	8.00	0.	2.93E 01	1.11E-06	0.	0.	0.	2.48E-07	5.51E-17	0.	0.	2.93E 01
29	7.90	0.	2.71E 01	1.12E-06	0.	0.	0.	2.50E-07	5.72E-17	0.	0.	2.71E 01
30	7.80	0.	2.49E 01	5.07E-07	0.	0.	0.	2.51E-07	5.94E-17	0.	0.	2.49E 01
31	7.70	0.	2.26E 01	2.95E-07	0.	2.19E-06	0.	2.52E-07	6.18E-17	0.	0.	2.26E 01
32	7.60	0.	2.04E 01	2.05E-07	0.	1.25E-04	0.	2.55E-07	6.42E-17	0.	0.	2.04E 01
33	7.50	0.	1.81E 01	1.30E-07	0.	3.17E-04	0.	2.56E-07	6.69E-17	0.	0.	1.81E 01
34	7.40	0.	1.62E 01	8.38E-08	0.	8.79E-04	0.	2.58E-07	6.96E-17	0.	0.	1.62E 01
35	7.30	0.	1.44E 01	5.51E-08	0.	9.63E-03	0.	2.61E-07	7.25E-17	0.	0.	1.44E 01
36	7.20	0.	1.25E 01	3.45E-08	0.	2.32E-03	0.	2.63E-07	7.56E-17	0.	0.	1.25E 01
37	7.10	0.	1.06E 01	2.34E-08	0.	2.34E-03	0.	2.67E-07	7.89E-17	0.	0.	1.06E 01
38	7.00	8.75E-02	0.	1.47E-08	0.	4.17E-02	0.	2.69E-07	8.23E-17	0.	0.	1.29E-01
39	6.90	1.39E-01	0.	9.49E-09	0.	4.00E-02	0.	2.71E-07	8.59E-17	0.	0.	1.79E-01
40	6.80	5.69E-02	0.	6.19E-09	0.	3.21E-02	0.	2.75E-07	8.98E-17	0.	0.	1.29E-01
41	6.70	5.56E-02	0.	3.75E-09	0.	1.68E-01	0.	2.77E-07	9.39E-17	0.	0.	1.23E-01
42	6.60	2.79E-02	0.	2.30E-09	0.	7.40E-02	0.	2.79E-07	9.82E-17	0.	0.	8.36E-02
43	6.50	1.26E-02	0.	1.16E-09	0.	7.10E-02	0.	2.82E-07	1.03E-16	0.	0.	3.53E-01
44	6.40	2.07E-02	0.	4.04E-10	5.68E-03	3.26E-01	0.	2.82E-07	1.08E-16	0.	0.	1.70E-01
45	6.30	3.75E-02	0.	1.09E-10	1.72E-02	1.16E-01	0.	2.82E-07	1.13E-16	0.	0.	1.87E-01
46	6.20	8.49E-02	0.	2.67E-11	1.77E-02	8.46E-02	0.	2.79E-07	1.18E-16	0.	0.	7.98E-01
47	6.10	4.66E-01	0.	6.19E-12	3.76E-02	5.15E-01	0.	2.77E-07	1.24E-16	0.	0.	5.46E-01
48	6.00	5.51E-01	0.	9.87E-13	1.85E-02	6.19E-02	0.	2.82E-07	1.31E-16	0.	0.	6.47E-01
49	5.90	5.97E-01	0.	6.37E-14	2.45E-02	7.18E-02	0.	2.82E-07	1.38E-16	0.	0.	7.35E-01
50	5.80	4.64E-01	0.	1.36E-15	2.77E-02	1.11E-01	0.	2.77E-07	1.45E-16	0.	0.	5.13E-01
51	5.70	0.	0.	0.	2.15E-02	2.71E-02	0.	2.61E-07	1.53E-16	0.	0.	5.13E-01

108

ABSORPTION COEFFICIENTS OF HEATED AIR (INVERSE CM.)

TEMPERATURE (DEGREES K) 3000.   DENSITY (GM/CC) 1.293E-03   (10.0E-01 NORMAL)

#	PHOTON ENERGY	O2 S-R BANDS	N2 1ST POS.	N2 2ND POS.	N2+ 1ST NEG.	NO BETA	NO GAMMA	NO VIB-ROT	NO2	O- PHOTO-DET	FREE-FREE (IONS)	N P.E.	O P.E.	TOTAL AIR
52	5.60	4.86E-01	0.	0.	0.	8.69E-03	1.35E-01	0.	0.	2.42E-07	1.61E-16	0.	0.	6.30E-01
53	5.50	4.14E-01	0.	0.	0.	1.45E-02	2.85E-01	0.	0.	2.44E-07	1.70E-16	0.	0.	7.13E-01
54	5.40	3.35E-01	0.	0.	0.	9.53E-03	3.38E-02	0.	0.	2.45E-07	1.80E-16	0.	0.	3.78E-01
55	5.30	2.61E-01	0.	0.	0.	9.19E-03	1.60E-01	0.	0.	2.46E-07	1.90E-16	0.	0.	4.30E-01
56	5.20	1.18E-01	0.	0.	0.	7.89E-03	4.89E-02	0.	0.	2.48E-07	2.01E-16	0.	0.	1.75E-01
57	5.10	9.76E-02	0.	0.	0.	5.94E-03	5.29E-02	0.	0.	2.50E-07	2.13E-16	0.	0.	1.52E-01
58	5.00	6.18E-02	0.	0.	0.	3.86E-03	1.84E-02	0.	0.	2.52E-07	2.26E-16	0.	0.	1.19E-01
59	4.90	5.15E-02	0.	0.	0.	3.53E-03	2.48E-02	0.	4.54E-04	2.54E-07	2.41E-16	0.	0.	7.98E-02
60	4.80	5.09E-02	0.	0.	0.	2.76E-03	7.11E-03	0.	4.56E-04	2.56E-07	2.56E-16	0.	0.	5.41E-02
61	4.70	4.38E-02	0.	0.	0.	2.36E-03	1.09E-02	0.	4.57E-04	2.58E-07	2.72E-16	0.	0.	5.45E-02
62	4.60	4.08E-02	0.	0.	0.	1.55E-03	3.83E-03	0.	4.59E-04	2.61E-07	2.91E-16	0.	0.	
63	4.50	3.08E-02	0.	0.	0.	1.25E-03	3.93E-03	0.	4.61E-04	2.63E-07	3.10E-16	0.	0.	3.57E-02
64	4.40	2.33E-02	0.	0.	0.	8.79E-04	9.74E-04	0.	4.63E-04	2.65E-07	3.32E-16	0.	0.	2.90E-02
65	4.30	1.60E-02	0.	0.	0.	7.25E-04	1.17E-03	0.	4.66E-04	2.67E-07	3.56E-16	0.	0.	1.83E-02
66	4.20	1.14E-02	0.	0.	0.	4.95E-04	3.17E-04	0.	4.68E-04	2.69E-07	3.82E-16	0.	0.	1.38E-02
67	4.10	8.51E-03	0.	4.30E-12	0.	3.79E-04	1.39E-04	0.	4.71E-04	2.70E-07	4.10E-16	0.	0.	9.80E-03
68	4.00	5.71E-03	0.	4.75E-11	0.	2.19E-04	1.07E-04	0.	4.74E-04	2.71E-07	4.42E-16	0.	0.	6.70E-03
69	3.90	3.32E-03	0.	2.31E-11	1.26E-17	2.16E-04	0.	0.	4.78E-04	2.70E-07	4.77E-16	0.	0.	4.12E-03
70	3.80	3.14E-03	0.	3.96E-10	1.45E-15	9.69E-05	0.	0.	4.80E-04	2.69E-07	5.15E-16	0.	0.	3.84E-03
71	3.70	1.70E-03	0.	1.76E-11	3.28E-16	1.11E-05	0.	0.	4.83E-04	2.65E-07	5.58E-16	0.	0.	2.28E-03
72	3.60	1.17E-03	0.	5.71E-11	2.75E-16	4.38E-05	0.	0.	4.89E-04	2.48E-07	6.06E-16	0.	0.	1.77E-03
73	3.50	8.15E-04	0.	3.32E-10	7.85E-15	2.09E-05	0.	0.	4.91E-04	2.27E-07	6.60E-16	0.	0.	1.35E-03
74	3.40	4.90E-04	0.	3.77E-10	1.11E-17	1.99E-05	0.	0.	4.94E-04	1.31E-07		0.	0.	1.04E-03
75	3.30	3.85E-04	0.	1.23E-10	6.50E-16	1.09E-05	0.	0.	4.97E-04	1.31E-07	7.87E-16	0.	0.	8.32E-04
76	3.20	1.85E-04	0.	7.05E-10	1.24E-14	7.56E-06	0.	0.	4.96E-04	1.31E-07	8.63E-16	0.	0.	7.01E-04
77	3.10	1.23E-04	0.	5.17E-11	1.21E-17	2.94E-06	0.	0.	4.94E-04	1.32E-07	9.49E-16	0.	0.	6.28E-04
78	3.00	7.56E-05	0.	2.85E-10	2.21E-16	9.90E-07	0.	0.	4.89E-04	1.32E-07	1.05E-15	0.	0.	5.73E-04
79	2.90	4.19E-05	0.	2.46E-11	7.19E-16	2.06E-07	0.	0.	4.85E-04	1.32E-07	1.16E-15	0.	0.	5.30E-04
80	2.80	3.24E-05	0.	7.22E-10	1.73E-15	3.80E-08	0.	0.	4.74E-04	1.32E-07	1.29E-15	0.	0.	5.08E-04
81	2.70	1.14E-05	0.	9.44E-12	2.62E-17	5.17E-09	0.	0.	4.63E-04	1.32E-07	1.44E-15	0.	0.	4.75E-04
82	2.60	2.40E-06	0.	1.50E-11	3.30E-16	3.52E-10	0.	0.	4.50E-04	1.32E-07	1.61E-15	0.	0.	4.52E-04
83	2.50	1.17E-07	0.	2.63E-12	3.16E-13	0.	0.	0.	4.32E-04	1.32E-07	1.81E-15	0.	0.	4.32E-04
84	2.40	0.	7.79E-12	2.35E-12	7.44E-15	0.	0.	0.	4.14E-04	1.31E-07	2.05E-15	0.	0.	4.15E-04
85	2.30	0.	2.43E-10	4.94E-13	5.19E-18	0.	0.	0.	3.87E-04	1.31E-07	2.32E-15	0.	0.	3.87E-04
86	2.20	0.	2.30E-10	3.16E-13	2.38E-17	0.	0.	0.	3.57E-04	1.30E-07	2.66E-15	0.	0.	3.58E-04
87	2.10	0.	1.48E-09	9.56E-14	0.	0.	0.	0.	3.23E-04	1.26E-07	3.05E-15	0.	0.	3.23E-04
88	2.00	0.	1.10E-09	2.63E-14	0.	0.	0.	0.	2.72E-04	1.21E-07	3.54E-15	0.	0.	2.72E-04
89	1.90	0.	1.01E-08	0.	0.	0.	0.	0.	2.29E-04	1.16E-07	4.12E-15	0.	0.	2.29E-04
90	1.80	0.	1.87E-08	0.	0.	0.	0.	0.	1.67E-04	1.09E-07	4.85E-15	0.	0.	1.67E-04
91	1.70	0.	1.14E-08	0.	0.	0.	0.	0.	1.16E-04	9.25E-08	5.76E-15	0.	0.	1.16E-04
92	1.60	0.	1.28E-08	0.	0.	0.	0.	0.	7.81E-05	4.20E-08	6.91E-15	0.	0.	7.82E-05
93	1.50	0.	9.68E-09	0.	0.	0.	0.	0.	4.50E-05	0.	8.39E-15	0.	0.	4.51E-05
94	1.40	0.	2.42E-08	0.	0.	0.	0.	0.	2.40E-05	0.	1.03E-14	0.	0.	2.40E-05
95	1.30	0.	7.33E-09	0.	0.	0.	0.	0.	9.55E-06	0.	1.29E-14	0.	0.	9.56E-06
96	1.20	0.	1.97E-08	0.	0.	0.	0.	0.	0.	0.	1.64E-14	0.	0.	1.97E-06
97	1.10	0.	5.50E-09	0.	0.	0.	0.	8.60E-07	0.	0.	2.13E-14	0.	0.	8.65E-07
98	1.00	0.	8.79E-09	0.	0.	0.	0.	8.36E-07	0.	0.	2.84E-14	0.	0.	6.45E-07
99	0.90	0.	3.81E-09	0.	0.	0.	0.	6.48E-06	0.	0.	3.90E-14	0.	0.	6.49E-06
100	0.80	0.	1.67E-09	0.	0.	0.	0.	9.99E-06	0.	0.	5.56E-14	0.	0.	1.00E-05
101	0.70	0.	4.43E-10	0.	0.	0.	0.	3.20E-05	0.	0.	8.32E-14	0.	0.	3.20E-05
102	0.60	0.	1.84E-13	0.	0.	0.	0.	3.38E-05	0.	0.	1.32E-13	0.	0.	3.38E-05

ABSORPTION COEFFICIENTS OF HEATED AIR (INVERSE CM.)

TEMPERATURE (DEGREES K) 3000.   DENSITY (GM/CC) 1.293E-04   (10.0E-02 NORMAL)

#	PHOTON ENERGY E.V.	O2 S-R BANDS	O2 S-R CONT.	N2 B-H NO. 1	NO BETA	NO GAMMA	NO 2	O- PHOTO-DET	O- FREE-FREE (IONS)	N P.E.	O P.E.	TOTAL AIR
1	10.70	0.	0.	2.67E-03	0.	0.	0.	2.26E-08	0.	0.	0.	2.67E-03
2	10.60	0.	0.	1.70E-03	0.	0.	0.	2.27E-08	0.	0.	0.	1.70E-03
3	10.50	0.	0.	1.33E-03	0.	0.	0.	2.27E-08	0.	0.	0.	1.33E-03
4	10.40	0.	0.	9.59E-04	0.	0.	0.	2.27E-08	0.	0.	0.	9.59E-04
5	10.30	0.	0.	5.72E-04	0.	0.	0.	2.28E-08	0.	0.	0.	5.72E-04
6	10.20	0.	0.	4.65E-04	0.	0.	0.	2.28E-08	0.	0.	0.	4.65E-04
7	10.10	0.	0.	3.49E-04	0.	0.	0.	2.28E-08	0.	0.	0.	3.49E-04
8	10.00	0.	0.	1.82E-04	0.	0.	0.	2.29E-08	0.	0.	0.	1.82E-04
9	9.90	0.	0.	1.72E-04	0.	0.	0.	2.29E-08	0.	0.	0.	1.72E-04
10	9.80	0.	0.	1.14E-04	0.	0.	0.	2.30E-08	0.	0.	0.	1.14E-04
11	9.70	0.	0.	6.00E-05	0.	0.	0.	2.30E-08	0.	0.	0.	6.00E-05
12	9.60	0.	0.	6.48E-05	0.	0.	0.	2.31E-08	0.	0.	0.	6.48E-05
13	9.50	0.	2.50E-01	3.17E-05	0.	0.	0.	2.31E-08	0.	0.	0.	2.50E-01
14	9.40	0.	9.25E-01	2.28E-05	0.	0.	0.	2.32E-08	0.	0.	0.	9.25E-01
15	9.30	0.	1.60E 00	2.05E-05	0.	0.	0.	2.32E-08	0.	0.	0.	1.60E 00
16	9.20	0.	2.28E 00	8.22E-06	0.	0.	0.	2.33E-08	0.	0.	0.	2.28E 00
17	9.10	0.	2.92E 00	9.95E-06	0.	0.	0.	2.34E-08	0.	0.	0.	2.92E 00
18	9.00	0.	3.56E 00	5.04E-06	0.	0.	0.	2.35E-08	0.	0.	0.	3.56E 00
19	8.90	0.	4.20E 00	3.51E-06	0.	0.	0.	2.36E-08	0.	0.	0.	4.20E 00
20	8.80	0.	4.36E 00	2.81E-06	0.	0.	0.	2.36E-08	0.	0.	0.	4.36E 00
21	8.70	0.	4.16E 00	1.34E-06	0.	0.	0.	2.37E-08	0.	0.	0.	4.16E 00
22	8.60	0.	3.95E 00	1.41E-06	0.	0.	0.	2.38E-08	0.	0.	0.	3.95E 00
23	8.50	0.	3.75E 00	6.55E-07	0.	0.	0.	2.39E-08	0.	0.	0.	3.75E 00
24	8.40	0.	3.54E 00	6.11E-07	0.	0.	0.	2.40E-08	0.	0.	0.	3.54E 00
25	8.30	0.	3.35E 00	2.98E-07	0.	0.	0.	2.41E-08	0.	0.	0.	3.35E 00
26	8.20	0.	3.14E 00	1.37E-07	0.	0.	0.	2.43E-08	0.	0.	0.	3.14E 00
27	8.10	0.	2.93E 00	1.11E-07	0.	0.	0.	2.44E-08	5.10E-18	0.	0.	2.93E 00
28	8.00	0.	2.71E 00	6.13E-08	0.	0.	0.	2.45E-08	5.29E-18	0.	0.	2.71E 00
29	7.90	0.	2.50E 00	5.08E-08	0.	0.	0.	2.47E-08	5.50E-18	0.	0.	2.50E 00
30	7.80	0.	2.30E 00	2.95E-08	0.	0.	0.	2.48E-08	5.71E-18	0.	0.	2.30E 00
31	7.70	0.	2.09E 00	2.05E-08	0.	2.10E-07	0.	2.49E-08	5.94E-18	0.	0.	2.09E 00
32	7.60	0.	1.88E 00	1.30E-08	0.	1.20E-05	0.	2.50E-08	6.18E-18	0.	0.	1.88E 00
33	7.50	0.	1.67E 00	8.39E-09	0.	3.04E-05	0.	2.52E-08	6.43E-18	0.	0.	1.67E 00
34	7.40	0.	1.49E 00	5.51E-09	0.	8.45E-05	0.	2.53E-08	6.69E-18	0.	0.	1.49E 00
35	7.30	0.	1.33E 00	3.46E-09	0.	9.26E-04	0.	2.54E-08	6.97E-18	0.	0.	1.33E 00
36	7.20	0.	1.15E 00	2.34E-09	0.	2.23E-04	0.	2.56E-08	7.27E-18	0.	0.	1.15E 00
37	7.10	0.	9.76E-01	1.47E-09	0.	4.01E-03	0.	2.58E-08	7.58E-18	0.	0.	9.70E-01
38	7.00	8.08E-03	0.	9.50E-10	0.	3.85E-03	0.	2.60E-08	7.91E-18	0.	0.	1.21E-02
39	6.90	1.29E-02	0.	6.20E-10	0.	3.09E-03	0.	2.62E-08	8.26E-18	0.	0.	1.67E-02
40	6.80	1.95E-03	0.	1.30E-10	0.	3.69E-03	0.	2.66E-08	8.63E-18	0.	0.	1.49E-02
41	6.70	5.14E-03	0.	3.75E-11	0.	1.61E-02	0.	2.66E-08	9.02E-18	0.	0.	2.13E-02
42	6.60	2.58E-03	0.	2.31E-10	0.	7.12E-03	0.	2.68E-08	9.44E-18	0.	0.	9.70E-03
43	6.50	1.16E-03	0.	1.16E-10	0.	6.83E-03	0.	2.70E-08	9.88E-18	0.	0.	7.99E-03
44	6.40	1.91E-03	0.	4.04E-11	5.47E-04	3.14E-02	0.	2.73E-08	1.04E-17	0.	0.	3.38E-02
45	6.30	3.46E-03	0.	1.09E-11	1.65E-03	1.11E-02	0.	2.75E-08	1.09E-17	0.	0.	1.63E-02
46	6.20	7.85E-03	0.	2.67E-12	1.70E-03	8.14E-03	0.	2.77E-08	1.14E-17	0.	0.	1.77E-02
47	6.10	2.27E-02	0.	6.19E-13	3.62E-03	4.95E-02	0.	2.79E-08	1.20E-17	0.	0.	7.58E-02
48	6.00	4.31E-02	0.	9.89E-14	1.78E-03	1.26E-02	0.	2.81E-08	1.26E-17	0.	0.	5.08E-02
49	5.90	5.09E-02	0.	6.38E-15	2.36E-03	6.91E-03	0.	2.81E-08	1.32E-17	0.	0.	6.01E-02
50	5.80	5.52E-02	0.	1.36E-16	2.67E-03	1.07E-02	0.	2.77E-08	1.39E-17	0.	0.	6.85E-02
51	5.70	4.29E-02	0.	0.	2.07E-03	2.61E-03	0.	2.60E-08	1.47E-17	0.	0.	4.76E-02

110

ABSORPTION COEFFICIENTS OF HEATED AIR (INVERSE CM.)

TEMPERATURE (DEGREES K) 3000. DENSITY (GM/CC) 1.293E-04 (10.0E-02 NORMAL)

PHOTON ENERGY	O2 S-R BANDS	N2 1ST POS.	N2 2ND POS.	N2+ 1ST NEG.	NO BETA	NO GAMMA	NO VIB-ROT	NO 2	O- PHOTO-DET	FREE-FREE (IONS)	N P.E.	O P.E.	TOTAL AIR
52	5.60	4.49E-02	0.	0.	0.	8.36E-04	1.30E-02	0.	0.	2.42E-08	1.55E-17	0.	0.	5.87E-02
53	5.50	3.82E-02	0.	0.	0.	1.39E-03	2.74E-02	0.	0.	2.43E-08	1.63E-17	0.	0.	6.70E-02
54	5.40	3.09E-02	0.	0.	0.	9.17E-04	3.25E-03	0.	0.	2.44E-08	1.73E-17	0.	0.	3.51E-02
55	5.30	2.41E-02	0.	0.	0.	8.84E-04	1.53E-02	0.	0.	2.46E-08	1.83E-17	0.	0.	4.03E-02
56	5.20	1.09E-02	0.	0.	0.	7.59E-04	4.70E-03	0.	0.	2.47E-08	1.93E-17	0.	0.	1.63E-02
57	5.10	9.02E-03	0.	0.	0.	5.72E-04	4.64E-03	0.	1.33E-05	2.49E-08	2.05E-17	0.	0.	1.42E-02
58	5.00	5.71E-03	0.	0.	0.	3.72E-04	5.09E-03	0.	1.33E-05	2.52E-08	2.18E-17	0.	0.	1.12E-02
59	4.90	4.76E-03	0.	0.	0.	3.39E-04	1.77E-03	0.	1.34E-05	2.54E-08	2.31E-17	0.	0.	6.89E-03
60	4.80	4.70E-03	0.	0.	0.	3.52E-04	2.56E-03	0.	1.34E-05	2.56E-08	2.46E-17	0.	0.	7.49E-03
61	4.70	4.04E-03	0.	0.	0.	3.52E-04	2.38E-03	0.	1.35E-05	2.58E-08	2.62E-17	0.	0.	5.01E-03
62	4.60	3.77E-03	0.	0.	0.	2.66E-04	1.77E-03	0.	1.35E-05	2.60E-08	2.79E-17	0.	0.	5.06E-03
63	4.50	2.85E-03	0.	0.	0.	2.27E-04	6.84E-04	0.	1.36E-05	2.62E-08	2.98E-17	0.	0.	3.29E-03
64	4.40	2.15E-03	0.	0.	0.	1.49E-04	1.05E-03	0.	1.38E-05	2.64E-08	3.19E-17	0.	0.	2.67E-03
65	4.30	1.48E-03	0.	0.	0.	1.20E-04	2.72E-04	0.	1.38E-05	2.66E-08	3.42E-17	0.	0.	1.67E-03
66	4.20	1.06E-03	0.	0.	0.	8.45E-05	2.78E-04	0.	1.39E-05	2.68E-08	3.67E-17	0.	0.	1.25E-03
67	4.10	5.27E-04	0.	0.	0.	6.97E-05	9.37E-05	0.	1.40E-05	2.68E-08	3.94E-17	0.	0.	1.81E-03
68	4.00	3.06E-04	0.	0.	3.83E-18	4.76E-05	1.13E-04	0.	1.41E-05	2.70E-08	4.25E-17	0.	0.	8.79E-04
69	3.90	2.90E-04	0.	4.30E-13	4.43E-16	3.64E-05	1.34E-05	0.	1.42E-05	2.69E-08	4.58E-17	0.	0.	5.91E-04
70	3.80	1.57E-04	0.	4.76E-13	3.09E-17	2.10E-05	1.03E-05	0.	1.44E-05	2.68E-08	4.95E-17	0.	0.	3.52E-04
71	3.70	1.08E-04	0.	2.32E-12	8.39E-17	2.08E-05	0.	0.	1.44E-05	2.64E-08	5.37E-17	0.	0.	3.25E-04
72	3.60	7.53E-05	0.	3.97E-12	2.40E-15	1.07E-05	0.	0.	1.45E-05	2.47E-08	5.83E-17	0.	0.	1.81E-04
73	3.50	4.53E-05	0.	4.73E-12	3.40E-16	4.21E-06	0.	0.	1.45E-05	2.26E-08	6.34E-17	0.	0.	1.33E-04
74	3.40	2.90E-05	0.	3.77E-11	3.79E-15	4.76E-06	0.	0.	1.44E-05	1.31E-08	6.92E-17	0.	0.	6.46E-05
75	3.30	1.71E-05	0.	1.23E-11	6.75E-16	1.91E-06	0.	0.	1.43E-05	1.31E-08	7.57E-17	0.	0.	6.72E-05
76	3.20	1.14E-05	0.	7.07E-12	1.32E-16	1.05E-06	0.	0.	1.42E-05	1.31E-08	8.30E-17	0.	0.	4.55E-05
77	3.10	3.87E-06	0.	5.17E-12	5.27E-16	1.29E-06	0.	0.	1.39E-05	1.31E-08	9.13E-17	0.	0.	3.35E-05
78	3.00	2.99E-06	0.	2.85E-12	8.00E-18	2.83E-07	0.	0.	1.31E-05	1.32E-08	1.01E-16	0.	0.	2.69E-05
79	2.90	2.22E-06	0.	2.47E-12	1.01E-16	9.52E-08	0.	0.	1.26E-05	1.32E-08	1.11E-16	0.	0.	2.20E-05
80	2.80	1.05E-06	0.	7.23E-12	1.98E-16	1.98E-08	0.	0.	9.43E-06	1.32E-08	1.24E-16	0.	0.	1.83E-05
81	2.70	1.08E-08	0.	9.45E-13	1.58E-16	3.66E-09	0.	0.	7.95E-06	1.32E-08	1.38E-16	0.	0.	1.70E-05
82	2.60	0.	0.	1.50E-12	7.26E-18	4.97E-10	0.	0.	6.70E-06	1.32E-08	1.55E-16	0.	0.	1.46E-05
83	2.50	0.	0.	2.63E-13	0.	3.38E-11	0.	0.	4.88E-06	1.30E-08	1.74E-16	0.	0.	1.34E-05
84	2.40	0.	7.80E-13	2.35E-13	0.	0.	0.	0.	3.38E-06	1.30E-08	1.97E-16	0.	0.	1.26E-05
85	2.30	0.	2.30E-11	4.95E-14	0.	0.	0.	0.	2.28E-06	1.21E-08	2.23E-16	0.	0.	1.21E-05
86	2.20	0.	1.49E-10	3.17E-14	0.	0.	0.	0.	1.31E-06	1.16E-08	2.55E-16	0.	0.	1.13E-05
87	2.10	0.	1.10E-09	9.58E-14	0.	0.	0.	0.	7.01E-07	1.09E-08	2.94E-16	0.	0.	1.05E-05
88	2.00	0.	1.87E-09	2.63E-15	0.	0.	0.	0.	2.79E-07	9.22E-09	3.40E-16	0.	0.	9.45E-06
89	1.90	0.	1.14E-09	0.	0.	0.	0.	0.	0.	4.19E-09	3.97E-16	0.	0.	7.97E-06
90	1.80	0.	9.70E-10	0.	0.	0.	0.	0.	0.	0.	4.66E-16	0.	0.	6.72E-06
91	1.70	0.	2.42E-10	0.	0.	0.	0.	0.	0.	0.	5.54E-16	0.	0.	4.89E-06
92	1.60	0.	7.34E-10	0.	0.	0.	0.	0.	0.	0.	6.64E-16	0.	0.	3.40E-06
93	1.50	0.	5.51E-10	0.	0.	0.	0.	0.	0.	0.	8.06E-16	0.	0.	2.29E-06
94	1.40	0.	8.81E-10	0.	0.	0.	0.	0.	0.	0.	9.92E-16	0.	0.	1.32E-06
95	1.30	0.	1.67E-10	0.	0.	0.	0.	0.	0.	0.	1.58E-15	0.	0.	7.04E-07
96	1.20	0.	4.44E-11	0.	0.	0.	0.	0.	0.	0.	2.05E-15	0.	0.	2.80E-07
97	1.10	0.	1.84E-14	0.	0.	0.	0.	8.27E-08	0.	0.	2.73E-15	0.	0.	1.97E-09
98	1.00	0.	0.	0.	0.	0.	0.	8.04E-08	0.	0.	3.75E-15	0.	0.	8.32E-08
99	0.90	0.	0.	0.	0.	0.	0.	6.23E-07	0.	0.	5.34E-15	0.	0.	8.13E-08
100	0.80	0.	0.	0.	0.	0.	0.	9.61E-06	0.	0.	8.00E-15	0.	0.	9.61E-07
101	0.70	0.	0.	0.	0.	0.	0.	3.08E-06	0.	0.	1.27E-14	0.	0.	3.08E-06
102	0.60	0.	0.	0.	0.	0.	0.	3.25E-06	0.	0.	—	0.	0.	3.25E-06

ABSORPTION COEFFICIENTS OF HEATED AIR (INVERSE CM.)

TEMPERATURE (DEGREES K) 3000.   DENSITY (GM/CC) 1.293E-05   (10.0E-03 NORMAL)

PHOTON ENERGY E.V.	O2 S-R BANDS	O2 S-R CONT.	N2 B-H NO. 1	NO BETA	NO GAMMA	NO 2	O- PHOTO-DET (IONS)	FREE-FREE (IONS)	N P.E.	O P.F.	TOTAL AIR
1 10.70	0.	0.	2.68E-04	0.	0.	0.	1.90E-09	0.	0.	0.	2.68E-04
2 10.60	0.	0.	1.70E-04	0.	0.	0.	1.91E-09	0.	0.	0.	1.70E-04
3 10.50	0.	0.	1.33E-04	0.	0.	0.	1.91E-09	0.	0.	0.	1.33E-04
4 10.40	0.	0.	9.62E-05	0.	0.	0.	1.91E-09	0.	0.	0.	9.62E-05
5 10.30	0.	0.	5.74E-05	0.	0.	0.	1.92E-09	0.	0.	0.	5.74E-05
6 10.20	0.	0.	4.67E-05	0.	0.	0.	1.92E-09	0.	0.	0.	4.67E-05
7 10.10	0.	0.	3.50E-05	0.	0.	0.	1.92E-09	0.	0.	0.	3.50E-05
8 10.00	0.	0.	1.83E-05	0.	0.	0.	1.93E-09	0.	0.	0.	1.83E-05
9 9.90	0.	0.	1.72E-05	0.	0.	0.	1.93E-09	0.	0.	0.	1.72E-05
10 9.80	0.	0.	1.14E-05	0.	0.	0.	1.93E-09	0.	0.	0.	1.14E-05
11 9.70	0.	0.	6.02E-06	0.	0.	0.	1.94E-09	0.	0.	0.	6.02E-06
12 9.60	0.	0.	6.50E-06	0.	0.	0.	1.94E-09	0.	0.	0.	6.50E-06
13 9.50	0.	1.95E-02	3.18E-06	0.	0.	0.	1.95E-09	0.	0.	0.	1.95E-02
14 9.40	0.	7.22E-02	2.28E-06	0.	0.	0.	1.95E-09	0.	0.	0.	7.22E-02
15 9.30	0.	1.25E-01	2.05E-06	0.	0.	0.	1.96E-09	0.	0.	0.	1.25E-01
16 9.20	0.	1.78E-01	8.24E-07	0.	0.	0.	1.96E-09	0.	0.	0.	1.78E-01
17 9.10	0.	2.28E-01	9.99E-07	0.	0.	0.	1.97E-09	0.	0.	0.	2.28E-01
18 9.00	0.	2.78E-01	5.06E-07	0.	0.	0.	1.98E-09	0.	0.	0.	2.78E-01
19 8.90	0.	3.28E-01	3.52E-07	0.	0.	0.	1.98E-09	0.	0.	0.	3.28E-01
20 8.80	0.	3.41E-01	2.82E-07	0.	0.	0.	1.99E-09	0.	0.	0.	3.41E-01
21 8.70	0.	3.25E-01	1.35E-07	0.	0.	0.	2.00E-09	0.	0.	0.	3.25E-01
22 8.60	0.	3.09E-01	1.42E-07	0.	0.	0.	2.00E-09	0.	0.	0.	3.09E-01
23 8.50	0.	2.92E-01	6.58E-08	0.	0.	0.	2.01E-09	0.	0.	0.	2.92E-01
24 8.40	0.	2.77E-01	6.13E-08	0.	0.	0.	2.02E-09	0.	0.	0.	2.77E-01
25 8.30	0.	2.62E-01	2.98E-08	0.	0.	0.	2.02E-09	0.	0.	0.	2.62E-01
26 8.20	0.	2.45E-01	2.57E-08	0.	0.	0.	2.04E-09	0.	0.	0.	2.45E-01
27 8.10	0.	2.28E-01	1.38E-08	0.	0.	0.	2.05E-09	4.51E-19	0.	0.	2.28E-01
28 8.00	0.	2.11E-01	1.11E-08	0.	0.	0.	2.06E-09	4.68E-19	0.	0.	2.11E-01
29 7.90	0.	1.95E-01	6.15E-09	0.	0.	0.	2.07E-09	4.86E-19	0.	0.	1.95E-01
30 7.80	0.	1.79E-01	5.09E-09	0.	0.	0.	2.08E-09	5.05E-19	0.	0.	1.79E-01
31 7.70	0.	1.63E-01	2.96E-09	0.	0.	0.	2.10E-09	5.25E-19	0.	0.	1.63E-01
32 7.60	0.	1.47E-01	2.06E-09	0.	1.86E-08	0.	2.11E-09	5.46E-19	0.	0.	1.47E-01
33 7.50	0.	1.31E-01	1.30E-09	0.	1.06E-06	0.	2.12E-09	5.69E-19	0.	0.	1.31E-01
34 7.40	0.	1.17E-01	8.42E-10	0.	2.69E-06	0.	2.13E-09	5.92E-19	0.	0.	1.17E-01
35 7.30	0.	1.04E-01	5.53E-10	0.	7.47E-06	0.	2.14E-09	6.17E-19	0.	0.	1.04E-01
36 7.20	0.	9.00E-02	3.47E-10	0.	8.19E-05	0.	2.15E-09	6.43E-19	0.	0.	9.00E-02
37 7.10	0.	7.62E-02	2.35E-10	0.	1.97E-05	0.	2.17E-09	6.71E-19	0.	0.	7.62E-02
38 7.00	6.30E-04	0.	1.48E-10	0.	3.55E-04	0.	2.19E-09	7.00E-19	0.	0.	9.85E-04
39 6.90	1.00E-03	0.	9.53E-11	0.	3.40E-04	0.	2.20E-09	7.31E-19	0.	0.	1.34E-03
40 6.80	6.98E-04	0.	6.22E-11	0.	2.73E-04	0.	2.22E-09	7.64E-19	0.	0.	9.71E-04
41 6.70	4.01E-04	0.	3.76E-11	0.	1.43E-03	0.	2.24E-09	7.98E-19	0.	0.	1.83E-03
42 6.60	2.01E-04	0.	2.31E-11	0.	6.29E-04	0.	2.26E-09	8.35E-19	0.	0.	8.31E-04
43 6.50	2.05E-05	0.	1.06E-11	0.	6.04E-04	0.	2.28E-09	8.74E-19	0.	0.	6.95E-04
44 6.40	1.49E-04	0.	4.06E-12	4.83E-05	2.78E-03	0.	2.29E-09	9.16E-19	0.	0.	2.97E-03
45 6.30	2.70E-04	0.	1.09E-12	1.46E-04	9.83E-04	0.	2.31E-09	9.61E-19	0.	0.	1.39E-03
46 6.20	2.12E-04	0.	2.68E-13	1.50E-04	7.20E-04	0.	2.33E-09	1.01E-18	0.	0.	1.48E-03
47 6.10	1.77E-03	0.	6.21E-14	1.57E-04	4.38E-03	0.	2.35E-09	1.06E-18	0.	0.	6.47E-03
48 6.00	3.36E-03	0.	9.92E-15	1.99E-04	4.83E-04	0.	2.36E-09	1.11E-18	0.	0.	4.04E-03
49 5.90	3.97E-03	0.	6.40E-16	2.09E-04	6.11E-04	0.	2.36E-09	1.17E-18	0.	0.	4.79E-03
50 5.80	4.30E-03	0.	1.36E-17	2.36E-04	9.42E-04	0.	2.33E-09	1.23E-18	0.	0.	5.48E-03
51 5.70	3.34E-03	0.	0.	1.83E-04	2.30E-04	0.	2.19E-09	1.30E-18	0.	0.	3.76E-03

ABSORPTION COEFFICIENTS OF HEATED AIR (INVERSE CM.)

TEMPERATURE (DEGREES K) 3000. DENSITY (GM/CC) 1.293E-05 (10.0E-03 NORMAL)

#	PHOTON ENERGY	O2 S-R BANDS	N2 1ST POS.	N2 2ND POS.	N2+ 1ST NEG.	NO BETA	NO GAMMA	NO VIB-ROT	NO2	O- PHOTO-DET	FREE-FREE (IONS)	N P.E.	O P.F.	TOTAL AIR
52	5.60	3.50E-03	0.	0.	0.	7.39E-05	1.15E-03	0.	0.	2.03E-09	1.37E-18	0.	0.	4.72E-03
53	5.50	2.98E-03	0.	0.	0.	1.23E-04	2.42E-03	0.	0.	2.05E-09	1.44E-18	0.	0.	5.52E-03
54	5.40	2.41E-03	0.	0.	0.	8.11E-05	2.88E-04	0.	0.	2.05E-09	1.53E-18	0.	0.	2.78E-03
55	5.30	1.88E-03	0.	0.	0.	7.82E-05	1.36E-03	0.	0.	2.07E-09	1.62E-18	0.	0.	3.31E-03
56	5.20	8.48E-04	0.	0.	0.	6.71E-05	4.16E-04	0.	0.	2.07E-09	1.71E-18	0.	0.	1.33E-03
57	5.10	7.03E-04	0.	0.	0.	5.09E-05	4.11E-04	0.	3.28E-07	2.10E-09	1.81E-18	0.	0.	1.16E-03
58	5.00	4.45E-04	0.	0.	0.	3.29E-05	4.50E-04	0.	3.29E-07	2.12E-09	1.92E-18	0.	0.	9.28E-04
59	4.90	3.71E-04	0.	0.	0.	3.00E-05	1.57E-04	0.	3.30E-07	2.13E-09	2.04E-18	0.	0.	5.58E-04
60	4.80	3.66E-04	0.	0.	0.	3.11E-05	2.11E-04	0.	3.31E-07	2.15E-09	2.17E-18	0.	0.	6.08E-04
61	4.70	3.15E-04	0.	0.	0.	2.35E-05	6.05E-05	0.	3.33E-07	2.17E-09	2.32E-18	0.	0.	3.99E-04
62	4.60	2.94E-04	0.	0.	0.	2.01E-05	9.27E-05	0.	3.34E-07	2.19E-09	2.47E-18	0.	0.	4.07E-04
63	4.50	2.22E-04	0.	4.32E-14	0.	1.32E-05	2.41E-05	0.	3.36E-07	2.20E-09	2.64E-18	0.	0.	2.60E-04
64	4.40	1.68E-04	0.	4.77E-13	0.	1.06E-05	3.34E-05	0.	3.38E-07	2.24E-09	2.82E-18	0.	0.	2.12E-04
65	4.30	1.15E-04	0.	2.32E-13	0.	7.48E-06	8.28E-06	0.	3.40E-07	2.26E-09	3.03E-18	0.	0.	1.31E-04
66	4.20	8.24E-05	0.	3.98E-12	0.	6.17E-06	9.97E-06	0.	3.42E-07	2.28E-09	3.25E-18	0.	0.	9.89E-05
67	4.10	6.13E-05	0.	1.77E-13	0.	4.21E-06	2.69E-06	0.	3.44E-07	2.27E-09	3.49E-18	0.	0.	6.86E-05
68	4.00	4.11E-05	0.	4.74E-12	1.28E-18	1.86E-06	1.18E-06	0.	3.46E-07	2.27E-09	3.76E-18	0.	0.	4.58E-05
69	3.90	2.39E-05	0.	3.79E-12	1.47E-16	1.84E-06	9.12E-07	0.	3.48E-07	2.26E-09	4.05E-18	0.	0.	2.70E-05
70	3.80	1.33E-05	0.	1.23E-12	3.33E-17	8.24E-07	0.	0.	3.50E-07	2.22E-09	4.38E-18	0.	0.	2.48E-05
71	3.70	8.87E-06	0.	7.08E-12	7.79E-16	3.73E-07	0.	0.	3.53E-07	2.08E-09	4.75E-18	0.	0.	1.34E-05
72	3.60	5.45E-06	0.	5.19E-13	1.13E-16	4.21E-07	0.	0.	3.55E-07	1.90E-09	5.16E-18	0.	0.	9.74E-06
73	3.50	3.02E-06	0.	2.86E-12	6.69E-15	1.77E-07	0.	0.	3.57E-07	1.10E-09	5.61E-18	0.	0.	6.60E-06
74	3.40	2.33E-06	0.	2.47E-13	1.24E-15	1.69E-07	0.	0.	3.59E-07	1.10E-09	6.12E-18	0.	0.	4.31E-06
75	3.30	2.26E-06	0.	7.25E-13	1.25E-14	9.31E-08	0.	0.	3.58E-07	1.10E-09	6.70E-18	0.	0.	1.86E-06
76	3.20	1.73E-06	0.	9.44E-14	7.30E-14	6.45E-08	0.	0.	3.56E-07	1.10E-09	7.34E-18	0.	0.	2.79E-06
77	3.10	8.87E-07	0.	1.50E-13	1.75E-16	2.50E-08	0.	0.	3.53E-07	1.11E-09	8.07E-18	0.	0.	1.34E-06
78	3.00	5.45E-07	0.	2.64E-14	6.66E-16	1.75E-08	0.	0.	3.50E-07	1.11E-09	8.91E-18	0.	0.	9.63E-07
79	2.90	3.02E-07	0.	2.36E-14	3.35E-16	4.42E-09	0.	0.	3.42E-07	1.11E-09	9.86E-18	0.	0.	6.78E-07
80	2.80	2.33E-07	0.	4.97E-15	7.55E-18	1.75E-09	0.	0.	3.34E-07	1.11E-09	1.09E-17	0.	0.	5.85E-07
81	2.70	2.20E-07	0.	3.18E-15	5.28E-18	3.23E-10	0.	0.	3.24E-07	1.11E-09	1.22E-17	0.	0.	4.19E-07
82	2.60	1.73E-08	0.	9.60E-16	2.42E-18	2.99E-12	0.	0.	3.11E-07	1.11E-09	1.37E-17	0.	0.	3.43E-07
83	2.50	2.40E-10	0.	2.64E-16	0.	0.	0.	0.	2.99E-07	1.10E-09	1.54E-17	0.	0.	3.13E-07
84	2.40	0.	7.82E-14	0.	0.	0.	0.	0.	2.79E-07	1.10E-09	1.74E-17	0.	0.	3.00E-07
85	2.30	0.	2.44E-12	0.	0.	0.	0.	0.	2.58E-07	1.09E-09	1.98E-17	0.	0.	2.59E-07
86	2.20	0.	2.31E-12	0.	0.	0.	0.	0.	2.33E-07	1.06E-09	2.26E-17	0.	0.	2.34E-07
87	2.10	0.	1.49E-11	0.	0.	0.	0.	0.	1.96E-07	1.02E-09	2.60E-17	0.	0.	1.97E-07
88	2.00	0.	1.11E-11	0.	0.	0.	0.	0.	1.65E-07	9.74E-10	3.01E-17	0.	0.	1.67E-07
89	1.90	0.	1.02E-10	0.	0.	0.	0.	0.	1.20E-07	9.17E-10	3.51E-17	0.	0.	1.22E-07
90	1.80	0.	1.88E-10	0.	0.	0.	0.	0.	8.35E-08	7.76E-10	4.13E-17	0.	0.	8.45E-08
91	1.70	0.	1.14E-10	0.	0.	0.	0.	0.	5.64E-08	3.53E-10	4.90E-17	0.	0.	5.73E-08
92	1.60	0.	1.29E-10	0.	0.	0.	0.	0.	3.25E-08	0.	5.88E-17	0.	0.	3.29E-08
93	1.50	0.	9.73E-11	0.	0.	0.	0.	0.	1.73E-08	0.	7.13E-17	0.	0.	1.76E-08
94	1.40	0.	2.43E-10	0.	0.	0.	0.	0.	6.89E-09	0.	8.78E-17	0.	0.	6.97E-09
95	1.30	0.	7.36E-11	0.	0.	0.	0.	0.	0.	0.	1.10E-16	0.	0.	7.37E-11
96	1.20	0.	1.97E-10	0.	0.	0.	0.	0.	0.	0.	1.39E-16	0.	0.	1.97E-10
97	1.10	0.	5.53E-11	0.	0.	0.	0.	7.31E-09	0.	0.	1.81E-16	0.	0.	7.37E-09
98	1.00	0.	8.83E-11	0.	0.	0.	0.	7.11E-09	0.	0.	2.41E-16	0.	0.	7.20E-09
99	0.90	0.	3.82E-11	0.	0.	0.	0.	5.51E-08	0.	0.	3.31E-16	0.	0.	5.73E-08
100	0.80	0.	1.68E-11	0.	0.	0.	0.	8.50E-08	0.	0.	4.73E-16	0.	0.	8.50E-08
101	0.70	0.	4.45E-12	0.	0.	0.	0.	2.73E-07	0.	0.	7.08E-16	0.	0.	2.73E-07
102	0.60	0.	1.85E-15	0.	0.	0.	0.	2.87E-07	0.	0.	1.13E-15	0.	0.	2.87E-07

113

ABSORPTION COEFFICIENTS OF HEATED AIR (INVERSE CM.)

TEMPERATURE (DEGREES K) 3000. DENSITY (GM/CC) 1.293E-06 (10.0E-04 NORMAL)

#	PHOTON ENERGY E.V.	O2 S-R BANDS	O2 S-R CONT.	N2 B-H NO. 1	NO BETA	NO GAMMA	NO 2	O- PHOTO-DET (IONS)	O- FREE-FREE (IONS)	N P.E.	O P.E.	TOTAL AIR
1	10.70	0.	0.	2.70E-05	0.	0.	0.	1.11E-10	0.	0.	0.	2.70E-05
2	10.60	0.	0.	1.72E-05	0.	0.	0.	1.11E-10	0.	0.	0.	1.72E-05
3	10.50	0.	0.	1.34E-05	0.	0.	0.	1.11E-10	0.	0.	0.	1.34E-05
4	10.40	0.	0.	9.69E-06	0.	0.	0.	1.11E-10	0.	0.	0.	9.69E-06
5	10.30	0.	0.	5.78E-06	0.	0.	0.	1.11E-10	0.	0.	0.	5.78E-06
6	10.20	0.	0.	4.70E-06	0.	0.	0.	1.11E-10	0.	0.	0.	4.70E-06
7	10.10	0.	0.	3.52E-06	0.	0.	0.	1.12E-10	0.	0.	0.	3.52E-06
8	10.00	0.	0.	1.84E-06	0.	0.	0.	1.12E-10	0.	0.	0.	1.84E-06
9	9.90	0.	0.	1.73E-06	0.	0.	0.	1.12E-10	0.	0.	0.	1.73E-06
10	9.80	0.	0.	1.15E-06	0.	0.	0.	1.12E-10	0.	0.	0.	1.15E-06
11	9.70	0.	0.	6.07E-07	0.	0.	0.	1.13E-10	0.	0.	0.	6.07E-07
12	9.60	0.	0.	6.55E-07	0.	0.	0.	1.13E-10	0.	0.	0.	6.55E-07
13	9.50	0.	9.41E-04	3.21E-07	0.	0.	0.	1.13E-10	0.	0.	0.	9.41E-04
14	9.40	0.	3.48E-03	2.30E-07	0.	0.	0.	1.14E-10	0.	0.	0.	3.48E-03
15	9.30	0.	6.03E-03	2.07E-07	0.	0.	0.	1.14E-10	0.	0.	0.	6.03E-03
16	9.20	0.	8.57E-03	8.30E-08	0.	0.	0.	1.14E-10	0.	0.	0.	8.57E-03
17	9.10	0.	1.10E-02	1.01E-07	0.	0.	0.	1.14E-10	0.	0.	0.	1.10E-02
18	9.00	0.	1.34E-02	5.10E-08	0.	0.	0.	1.15E-10	0.	0.	0.	1.34E-02
19	8.90	0.	1.58E-02	3.54E-08	0.	0.	0.	1.15E-10	0.	0.	0.	1.58E-02
20	8.80	0.	1.64E-02	2.84E-08	0.	0.	0.	1.16E-10	0.	0.	0.	1.64E-02
21	8.70	0.	1.57E-02	1.36E-08	0.	0.	0.	1.16E-10	0.	0.	0.	1.57E-02
22	8.60	0.	1.49E-02	1.43E-08	0.	0.	0.	1.16E-10	0.	0.	0.	1.49E-02
23	8.50	0.	1.41E-02	6.63E-09	0.	0.	0.	1.17E-10	0.	0.	0.	1.41E-02
24	8.40	0.	1.33E-02	6.18E-09	0.	0.	0.	1.17E-10	0.	0.	0.	1.33E-02
25	8.30	0.	1.26E-02	3.01E-09	0.	0.	0.	1.18E-10	0.	0.	0.	1.26E-02
26	8.20	0.	1.18E-02	2.59E-09	0.	0.	0.	1.19E-10	0.	0.	0.	1.18E-02
27	8.10	0.	1.10E-02	1.39E-09	0.	0.	0.	1.19E-10	3.14E-20	0.	0.	1.10E-02
28	8.00	0.	1.02E-02	1.12E-09	0.	0.	0.	1.20E-10	3.26E-20	0.	0.	1.02E-02
29	7.90	0.	9.42E-03	6.20E-10	0.	0.	0.	1.21E-10	3.39E-20	0.	0.	9.42E-03
30	7.80	0.	8.65E-03	5.13E-10	0.	0.	0.	1.21E-10	3.52E-20	0.	0.	8.65E-03
31	7.70	0.	7.87E-03	2.98E-10	0.	1.30E-09	0.	1.22E-10	3.66E-20	0.	0.	7.87E-03
32	7.60	0.	7.08E-03	2.07E-10	0.	7.39E-08	0.	1.23E-10	3.80E-20	0.	0.	7.08E-03
33	7.50	0.	6.30E-03	1.31E-10	0.	1.88E-07	0.	1.24E-10	3.96E-20	0.	0.	6.30E-03
34	7.40	0.	5.62E-03	8.48E-11	0.	5.21E-07	0.	1.24E-10	4.12E-20	0.	0.	5.62E-03
35	7.30	0.	5.00E-03	5.57E-11	0.	5.71E-06	0.	1.25E-10	4.29E-20	0.	0.	5.00E-03
36	7.20	0.	4.34E-03	3.49E-11	0.	1.37E-06	0.	1.26E-10	4.48E-20	0.	0.	4.34E-03
37	7.10	0.	3.68E-03	2.37E-11	0.	2.47E-05	0.	1.26E-10	4.67E-20	0.	0.	3.68E-03
38	7.00	3.04E-05	0.	1.46E-11	3.37E-06	2.37E-05	0.	1.27E-10	4.87E-20	0.	0.	5.51E-05
39	6.90	4.84E-05	0.	9.66E-12	0.	1.90E-05	0.	1.28E-10	5.09E-20	0.	0.	7.20E-05
40	6.80	3.36E-05	0.	6.27E-12	0.	9.94E-05	0.	1.29E-10	5.32E-20	0.	0.	5.27E-05
41	6.70	1.93E-05	0.	3.79E-12	0.	4.38E-05	0.	1.30E-10	5.56E-20	0.	0.	1.19E-04
42	6.60	6.70E-06	0.	2.33E-12	0.	4.21E-05	0.	1.31E-10	5.81E-20	0.	0.	5.35E-05
43	6.50	4.36E-06	0.	1.17E-12	0.	1.93E-04	0.	1.32E-10	6.09E-20	0.	0.	4.64E-05
44	6.40	7.19E-06	0.	4.36E-13	3.37E-06	1.93E-04	0.	1.33E-10	6.38E-20	0.	0.	2.04E-04
45	6.30	1.30E-05	0.	1.10E-13	1.02E-05	6.85E-05	0.	1.34E-10	6.69E-20	0.	0.	9.17E-05
46	6.20	2.95E-05	0.	2.70E-14	1.05E-05	5.01E-05	0.	1.35E-10	7.02E-20	0.	0.	9.01E-05
47	6.10	8.53E-05	0.	6.26E-15	2.23E-05	3.05E-05	0.	1.36E-10	7.37E-20	0.	0.	4.12E-04
48	6.00	1.62E-04	0.	9.99E-16	1.10E-05	3.67E-05	0.	1.37E-10	7.74E-20	0.	0.	2.09E-04
49	5.90	1.91E-04	0.	6.45E-17	1.45E-05	4.25E-05	0.	1.37E-10	8.15E-20	0.	0.	2.48E-04
50	5.80	2.07E-04	0.	1.37E-18	1.64E-05	6.56E-05	0.	1.35E-10	8.58E-20	0.	0.	2.89E-04
51	5.70	1.61E-04	0.	0.	1.28E-05	1.61E-05	0.	1.27E-10	9.04E-20	0.	0.	1.90E-04

ABSORPTION COEFFICIENTS OF HEATED AIR (INVERSE CM.)

TEMPERATURE (DEGREES K) 3000.   DENSITY (GM/CC) 1.293E-06   (10.0E-04 NORMAL)

	PHOTON ENERGY	O2 S-R BANDS	N2 1ST POS.	N2 2ND POS.	N2+ 1ST NEG.	NO BETA	NO GAMMA	NO VIB-ROT	NO2	O- PHOTO-DET	FREE-FREE (IONS)	N P.E.	O P.F.	TOTAL AIR
52	5.60	1.69E-04	0.	0.	0.	5.15E-06	8.00E-05	0.	0.	1.18E-10	9.53E-20	0.	0.	2.54E-04
53	5.50	1.44E-04	0.	0.	0.	8.59E-06	1.69E-04	0.	0.	1.19E-10	1.01E-19	0.	0.	3.21E-04
54	5.40	1.16E-04	0.	0.	0.	5.65E-06	2.00E-05	0.	0.	1.19E-10	1.06E-19	0.	0.	1.42E-04
55	5.30	9.06E-05	0.	0.	0.	5.45E-06	9.45E-05	0.	0.	1.20E-10	1.12E-19	0.	0.	1.91E-04
56	5.20	4.09E-05	0.	0.	0.	4.68E-06	2.99E-05	0.	0.	1.21E-10	1.19E-19	0.	0.	7.45E-05
57	5.10	3.33E-05	0.	0.	0.	3.52E-06	2.86E-05	0.	0.	1.22E-10	1.26E-19	0.	0.	6.60E-05
58	5.00	2.14E-05	0.	0.	0.	2.29E-06	3.13E-05	0.	5.02E-09	1.23E-10	1.34E-19	0.	0.	5.50E-05
59	4.90	1.79E-05	0.	0.	0.	2.09E-06	1.09E-05	0.	5.03E-09	1.24E-10	1.42E-19	0.	0.	3.09E-05
60	4.80	1.77E-05	0.	0.	0.	2.17E-06	1.47E-05	0.	5.04E-09	1.25E-10	1.51E-19	0.	0.	3.46E-05
61	4.70	1.52E-05	0.	0.	0.	1.64E-06	4.21E-06	0.	5.07E-09	1.26E-10	1.61E-19	0.	0.	2.11E-05
62	4.60	1.41E-05	0.	0.	0.	1.40E-06	6.46E-06	0.	5.09E-09	1.27E-10	1.72E-19	0.	0.	2.20E-05
63	4.50	1.02E-05	0.	4.35E-15	0.	9.18E-07	1.68E-06	0.	5.12E-09	1.28E-10	1.84E-19	0.	0.	1.33E-05
64	4.40	8.05E-06	0.	4.81E-14	0.	7.39E-07	2.33E-06	0.	5.14E-09	1.29E-10	1.97E-19	0.	0.	1.12E-05
65	4.30	5.55E-06	0.	2.34E-14	0.	5.21E-07	5.77E-07	0.	5.17E-09	1.30E-10	2.11E-19	0.	0.	6.66E-06
66	4.20	3.97E-06	0.	4.01E-13	0.	4.29E-07	6.95E-07	0.	5.20E-09	1.31E-10	2.26E-19	0.	0.	5.10E-06
67	4.10	2.95E-06	0.	1.78E-14	0.	2.93E-07	1.84E-07	0.	5.23E-09	1.32E-10	2.43E-19	0.	0.	3.44E-06
68	4.00	1.98E-06	0.	4.78E-13	4.85E-19	2.24E-07	8.23E-08	0.	5.27E-09	1.32E-10	2.62E-19	0.	0.	2.29E-06
69	3.90	1.15E-06	0.	3.81E-13	5.61E-17	1.30E-07	6.36E-08	0.	5.30E-09	1.32E-10	2.82E-19	0.	0.	1.35E-06
70	3.80	1.09E-06	0.	1.24E-13	1.27E-17	1.28E-07	0.	0.	5.33E-09	1.31E-10	3.05E-19	0.	0.	1.22E-06
71	3.70	5.89E-07	0.	7.13E-13	3.03E-16	5.74E-08	0.	0.	5.36E-09	1.29E-10	3.31E-19	0.	0.	6.52E-07
72	3.60	4.07E-07	0.	5.23E-13	4.30E-17	6.56E-08	0.	0.	5.40E-09	1.21E-10	3.59E-19	0.	0.	4.78E-07
73	3.50	2.83E-07	0.	2.88E-13	2.55E-17	2.60E-08	0.	0.	5.43E-09	1.11E-10	3.91E-19	0.	0.	3.14E-07
74	3.40	1.70E-07	0.	2.49E-14	4.81E-16	2.93E-08	0.	0.	5.46E-09	6.39E-11	4.26E-19	0.	0.	2.05E-07
75	3.30	1.09E-07	0.	7.31E-14	8.54E-18	1.24E-08	0.	0.	5.49E-09	6.41E-11	4.66E-19	0.	0.	1.27E-07
76	3.20	4.41E-08	0.	9.56E-14	2.78E-17	1.18E-08	0.	0.	5.48E-09	6.42E-11	5.11E-19	0.	0.	8.15E-08
77	3.10	4.28E-08	0.	1.51E-14	6.68E-17	6.48E-09	0.	0.	5.45E-09	6.44E-11	5.62E-19	0.	0.	5.48E-08
78	3.00	2.62E-08	0.	2.66E-15	1.01E-18	4.49E-09	0.	0.	5.40E-09	6.45E-11	6.20E-19	0.	0.	3.62E-08
79	2.90	1.45E-08	0.	2.37E-16	1.28E-17	1.74E-09	0.	0.	5.35E-09	6.46E-11	6.86E-19	0.	0.	2.17E-08
80	2.80	1.12E-08	0.	5.00E-16	2.87E-17	1.86E-10	0.	0.	5.24E-09	6.46E-11	7.63E-19	0.	0.	1.71E-08
81	2.70	3.95E-09	0.	3.20E-16	2.01E-17	1.22E-10	0.	0.	5.11E-09	6.46E-11	8.50E-19	0.	0.	9.25E-09
82	2.60	8.33E-10	0.	9.68E-17	9.20E-19	3.06E-12	0.	0.	4.96E-09	6.46E-11	9.52E-19	0.	0.	4.87E-09
83	2.50	4.05E-11	0.	2.66E-17	0.	2.08E-13	0.	0.	4.77E-09	6.41E-11	1.07E-18	0.	0.	4.78E-09
84	2.40	0.	7.88E-15	0.	0.	0.	0.	0.	4.58E-09	6.38E-11	1.21E-18	0.	0.	4.64E-09
85	2.30	0.	2.46E-13	0.	0.	0.	0.	0.	4.27E-09	6.36E-11	1.38E-18	0.	0.	4.33E-09
86	2.20	0.	2.30E-13	0.	0.	0.	0.	0.	3.95E-09	6.15E-11	1.57E-18	0.	0.	4.01E-09
87	2.10	0.	1.50E-12	0.	0.	0.	0.	0.	3.56E-09	5.92E-11	1.81E-18	0.	0.	3.63E-09
88	2.00	0.	1.11E-12	0.	0.	0.	0.	0.	3.00E-09	5.66E-11	2.09E-18	0.	0.	3.07E-09
89	1.90	0.	1.03E-11	0.	0.	0.	0.	0.	2.53E-09	5.33E-11	2.44E-18	0.	0.	2.60E-09
90	1.80	0.	1.89E-11	0.	0.	0.	0.	0.	1.84E-09	4.51E-11	2.87E-18	0.	0.	1.92E-09
91	1.70	0.	1.15E-11	0.	0.	0.	0.	0.	1.28E-09	2.05E-11	3.41E-18	0.	0.	1.34E-09
92	1.60	0.	1.30E-11	0.	0.	0.	0.	0.	8.63E-10	0.	4.09E-18	0.	0.	9.21E-10
93	1.50	0.	9.80E-12	0.	0.	0.	0.	0.	4.97E-10	0.	4.97E-18	0.	0.	5.27E-10
94	1.40	0.	2.45E-11	0.	0.	0.	0.	0.	2.65E-10	0.	6.11E-18	0.	0.	2.89E-10
95	1.30	0.	7.42E-12	0.	0.	0.	0.	0.	1.05E-10	0.	7.63E-18	0.	0.	1.13E-10
96	1.20	0.	1.99E-11	0.	0.	0.	0.	0.	0.	0.	9.71E-18	0.	0.	1.99E-11
97	1.10	0.	5.57E-12	0.	0.	0.	0.	5.09E-10	0.	0.	1.26E-17	0.	0.	5.15E-10
98	1.00	0.	8.90E-12	0.	0.	0.	0.	4.95E-10	0.	0.	1.68E-17	0.	0.	5.04E-10
99	0.90	0.	3.85E-12	0.	0.	0.	0.	3.84E-09	0.	0.	2.31E-17	0.	0.	3.84E-09
100	0.80	0.	1.69E-12	0.	0.	0.	0.	5.92E-09	0.	0.	3.29E-17	0.	0.	5.92E-09
101	0.70	0.	4.48E-13	0.	0.	0.	0.	1.90E-08	0.	0.	4.93E-17	0.	0.	1.90E-08
102	0.60	0.	1.86E-16	0.	0.	0.	0.	2.00E-08	0.	0.	7.84E-17	0.	0.	2.00E-08

ABSORPTION COEFFICIENTS OF HEATED AIR (INVERSE CM.)

TEMPERATURE (DEGREES K) 3000.   DENSITY (GM/CC) 1.293E-07 (10.0E-05 NORMAL)

PHOTON ENERGY E.V.	O_2 S-R BANDS	O_2 S-R CONT.	N_2 B-H NO. 1	NO BETA	NO GAMMA	NO_2	O^- PHOTO-DET	FREE-FREE (IONS)	N P.E.	O P.E.	TOTAL AIR
1 10.70	0.	0.	2.73E-06	0.	0.	0.	3.36E-12	0.	0.	0.	2.73E-06
2 10.60	0.	0.	1.73E-06	0.	0.	0.	3.37E-12	0.	0.	0.	1.73E-06
3 10.50	0.	0.	1.35E-06	0.	0.	0.	3.37E-12	0.	0.	0.	1.35E-06
4 10.40	0.	0.	9.78E-07	0.	0.	0.	3.38E-12	0.	0.	0.	9.78E-07
5 10.30	0.	0.	5.84E-07	0.	0.	0.	3.38E-12	0.	0.	0.	5.84E-07
6 10.20	0.	0.	4.74E-07	0.	0.	0.	3.39E-12	0.	0.	0.	4.74E-07
7 10.10	0.	0.	3.56E-07	0.	0.	0.	3.39E-12	0.	0.	0.	3.56E-07
8 10.00	0.	0.	1.86E-07	0.	0.	0.	3.40E-12	0.	0.	0.	1.86E-07
9 9.90	0.	0.	1.75E-07	0.	0.	0.	3.41E-12	0.	0.	0.	1.75E-07
10 9.80	0.	0.	1.16E-07	0.	0.	0.	3.41E-12	0.	0.	0.	1.16E-07
11 9.70	0.	0.	6.12E-08	0.	0.	0.	3.42E-12	0.	0.	0.	6.12E-08
12 9.60	0.	0.	6.61E-08	0.	0.	0.	3.42E-12	0.	0.	0.	6.61E-08
13 9.50	0.	1.91E-05	3.24E-08	0.	0.	0.	3.44E-12	0.	0.	0.	1.92E-05
14 9.40	0.	7.09E-05	2.32E-08	0.	0.	0.	3.45E-12	0.	0.	0.	7.09E-05
15 9.30	0.	1.23E-04	2.09E-08	0.	0.	0.	3.46E-12	0.	0.	0.	1.23E-04
16 9.20	0.	1.74E-04	8.38E-09	0.	0.	0.	3.47E-12	0.	0.	0.	1.74E-04
17 9.10	0.	2.24E-04	1.02E-08	0.	0.	0.	3.49E-12	0.	0.	0.	2.24E-04
18 9.00	0.	2.73E-04	5.15E-09	0.	0.	0.	3.49E-12	0.	0.	0.	2.73E-04
19 8.90	0.	3.21E-04	3.58E-09	0.	0.	0.	3.50E-12	0.	0.	0.	3.21E-04
20 8.80	0.	3.34E-04	2.86E-09	0.	0.	0.	3.51E-12	0.	0.	0.	3.34E-04
21 8.70	0.	3.19E-04	1.37E-09	0.	0.	0.	3.52E-12	0.	0.	0.	3.19E-04
22 8.60	0.	3.03E-04	1.44E-09	0.	0.	0.	3.54E-12	0.	0.	0.	3.03E-04
23 8.50	0.	2.87E-04	6.69E-10	0.	0.	0.	3.55E-12	0.	0.	0.	2.87E-04
24 8.40	0.	2.71E-04	6.24E-10	0.	0.	0.	3.57E-12	0.	0.	0.	2.71E-04
25 8.30	0.	2.57E-04	3.03E-10	0.	0.	0.	3.59E-12	0.	0.	0.	2.57E-04
26 8.20	0.	2.41E-04	2.61E-10	0.	0.	0.	3.60E-12	0.	0.	0.	2.41E-04
27 8.10	0.	2.24E-04	1.40E-10	0.	0.	0.	3.62E-12	1.42E-21	0.	0.	2.24E-04
28 8.00	0.	2.07E-04	1.13E-10	0.	0.	0.	3.64E-12	1.48E-21	0.	0.	2.07E-04
29 7.90	0.	1.92E-04	6.26E-11	0.	0.	0.	3.66E-12	1.53E-21	0.	0.	1.92E-04
30 7.80	0.	1.76E-04	5.18E-11	0.	0.	0.	3.68E-12	1.59E-21	0.	0.	1.76E-04
31 7.70	0.	1.60E-04	3.01E-11	0.	0.	0.	3.70E-12	1.66E-21	0.	0.	1.60E-04
32 7.60	0.	1.44E-04	2.09E-11	0.	5.87E-11	0.	3.72E-12	1.72E-21	0.	0.	1.44E-04
33 7.50	0.	1.28E-04	1.33E-11	0.	3.35E-09	0.	3.74E-12	1.79E-21	0.	0.	1.28E-04
34 7.40	0.	1.14E-04	8.56E-12	0.	8.49E-09	0.	3.76E-12	1.87E-21	0.	0.	1.14E-04
35 7.30	0.	1.02E-04	5.63E-12	0.	2.36E-08	0.	3.78E-12	1.95E-21	0.	0.	1.02E-04
36 7.20	0.	8.82E-05	3.52E-12	0.	2.58E-08	0.	3.80E-12	2.03E-21	0.	0.	8.85E-05
37 7.10	0.	7.48E-05	2.39E-12	0.	6.22E-08	0.	3.83E-12	2.12E-21	0.	0.	7.49E-05
38 7.00	6.17E-07	0.	1.50E-12	0.	1.12E-06	0.	3.86E-12	2.21E-21	0.	0.	1.74E-06
39 6.90	9.82E-07	0.	9.69E-13	0.	1.07E-06	0.	3.89E-12	2.31E-21	0.	0.	2.06E-06
40 6.80	6.83E-07	0.	6.33E-13	0.	8.62E-07	0.	3.92E-12	2.41E-21	0.	0.	1.55E-06
41 6.70	3.92E-07	0.	3.83E-13	0.	4.50E-06	0.	3.95E-12	2.52E-21	0.	0.	4.90E-06
42 6.60	1.97E-07	0.	2.35E-13	0.	1.99E-06	0.	3.98E-12	2.64E-21	0.	0.	2.18E-06
43 6.50	8.86E-08	0.	1.18E-13	0.	1.91E-06	0.	4.02E-12	2.76E-21	0.	0.	1.99E-06
44 6.40	1.46E-07	0.	4.12E-14	1.52E-07	8.76E-06	0.	4.05E-12	2.89E-21	0.	0.	9.06E-06
45 6.30	2.64E-07	0.	1.11E-14	4.61E-07	3.10E-06	0.	4.08E-12	3.03E-21	0.	0.	3.83E-06
46 6.20	5.99E-07	0.	2.51E-15	4.75E-07	2.27E-06	0.	4.11E-12	3.18E-21	0.	0.	3.34E-06
47 6.10	1.73E-06	0.	6.32E-16	4.99E-07	1.38E-05	0.	4.14E-12	3.34E-21	0.	0.	1.45E-05
48 6.00	3.29E-06	0.	1.01E-16	4.96E-07	1.66E-06	0.	4.17E-12	3.51E-21	0.	0.	5.45E-06
49 5.90	3.88E-06	0.	6.51E-18	6.59E-07	1.93E-06	0.	4.17E-12	3.69E-21	0.	0.	6.47E-06
50 5.80	4.21E-06	0.	1.39E-19	7.43E-07	2.97E-06	0.	4.16E-12	3.89E-21	0.	0.	7.92E-06
51 5.70	3.27E-06	0.	0.	5.77E-07	7.27E-07	0.	3.86E-12	4.10E-21	0.	0.	4.57E-06

ABSORPTION COEFFICIENTS OF HEATED AIR   (INVERSE CM.)

TEMPERATURE (DEGREES K) 3000.   DENSITY (GM/CC) 1.293E-07   (10.0E-05 NORMAL)

#	PHOTON ENERGY	O2 S-R BANDS	N2 1ST POS.	N2 2ND POS.	N2+ 1ST NEG.	NO BETA	NO GAMMA	NO VIB-ROT	NO2	O- PHOTO-DET	FREE-FREE (IONS)	N P.E.	O- P.E.	TOTAL AIR
52	5.60	3.42E-06	0.	0.	0.	2.33E-07	3.62E-06	0.	0.	3.59E-12	4.32E-21	0.	0.	7.28E-06
53	5.50	2.92E-06	0.	0.	0.	3.89E-07	7.64E-06	0.	0.	3.61E-12	4.56E-21	0.	0.	1.09E-05
54	5.40	2.36E-06	0.	0.	0.	2.56E-07	7.08E-07	0.	0.	3.63E-12	4.82E-21	0.	0.	3.52E-06
55	5.30	1.84E-06	0.	0.	0.	2.47E-07	4.28E-06	0.	0.	3.65E-12	5.10E-21	0.	0.	6.37E-06
56	5.20	8.30E-07	0.	0.	0.	2.12E-07	1.31E-06	0.	3.24E-11	3.67E-12	5.40E-21	0.	0.	2.35E-06
57	5.10	6.88E-07	0.	0.	0.	1.60E-07	1.30E-06	0.	3.25E-11	3.70E-12	5.72E-21	0.	0.	2.14E-06
58	5.00	4.36E-07	0.	0.	0.	1.04E-07	4.36E-07	0.	3.25E-11	3.74E-12	6.07E-21	0.	0.	1.96E-06
59	4.90	3.63E-07	0.	0.	0.	9.46E-08	4.95E-07	0.	3.27E-11	3.77E-12	6.45E-21	0.	0.	9.53E-07
60	4.80	3.08E-07	0.	0.	0.	7.42E-08	1.91E-07	0.	3.29E-11	3.80E-12	6.86E-21	0.	0.	7.53E-07
61	4.70	2.87E-07	0.	0.	0.	6.33E-08	2.93E-07	0.	3.30E-11	3.83E-12	7.31E-21	0.	0.	1.13E-06
62	4.60	2.17E-07	0.	0.	0.	4.16E-08	7.60E-08	0.	3.32E-11	3.86E-12	7.80E-21	0.	0.	5.73E-07
63	4.50	1.64E-07	0.	4.39E-16	0.	2.36E-08	1.05E-07	0.	3.34E-11	3.89E-12	8.33E-21	0.	0.	6.43E-07
64	4.40	1.13E-07	0.	4.86E-15	0.	1.95E-08	2.61E-08	0.	3.36E-11	3.92E-12	8.91E-21	0.	0.	3.05E-07
65	4.30	8.07E-08	0.	2.36E-14	0.	1.33E-08	3.15E-08	0.	3.38E-11	3.95E-12	9.55E-21	0.	0.	3.35E-07
66	4.20	6.00E-08	0.	4.05E-14	0.	1.02E-08	3.50E-09	0.	3.40E-11	3.98E-12	1.02E-20	0.	0.	1.63E-07
67	4.10	4.02E-08	0.	1.80E-14	2.30E-19	5.87E-09	3.73E-09	0.	3.42E-11	4.02E-12	1.10E-20	0.	0.	1.32E-07
68	4.00	2.34E-08	0.	4.82E-14	2.66E-17	5.81E-09	2.86E-09	0.	3.44E-11	4.00E-12	1.19E-20	0.	0.	8.18E-08
69	3.90	2.21E-08	0.	3.85E-14	6.04E-18	2.60E-09	0.	0.	3.46E-11	3.98E-12	1.28E-20	0.	0.	5.42E-08
70	3.80	1.26E-08	0.	1.25E-14	5.28E-15	2.97E-09	0.	0.	3.50E-11	3.96E-12	1.38E-20	0.	0.	3.22E-08
71	3.70	8.26E-09	0.	7.20E-14	1.44E-16	1.18E-09	0.	0.	3.52E-11	3.94E-12	1.50E-20	0.	0.	1.46E-08
72	3.60	5.75E-09	0.	2.52E-14	1.21E-17	1.33E-09	0.	0.	3.54E-11	1.94E-12	1.63E-20	0.	0.	1.13E-08
73	3.50	3.45E-09	0.	2.91E-14	2.28E-16	5.34E-10	0.	0.	3.53E-11	1.95E-12	1.77E-20	0.	0.	6.96E-09
74	3.40	2.21E-09	0.	2.52E-15	4.05E-16	2.94E-10	0.	0.	3.52E-11	1.95E-12	1.93E-20	0.	0.	2.81E-09
75	3.30	1.30E-09	0.	7.37E-17	1.32E-16	7.88E-11	0.	0.	3.49E-11	1.96E-12	2.11E-20	0.	0.	1.87E-09
76	3.20	8.69E-10	0.	9.64E-16	4.80E-16	2.66E-11	0.	0.	3.45E-11	1.96E-12	2.32E-20	0.	0.	1.20E-09
77	3.10	5.33E-10	0.	1.53E-15	6.05E-17	5.53E-12	0.	0.	3.38E-11	1.96E-12	2.55E-20	0.	0.	7.73E-10
78	3.00	3.16E-10	0.	2.40E-16	9.51E-18	1.02E-12	0.	0.	3.30E-11	1.96E-12	2.81E-20	0.	0.	4.11E-10
79	2.90	2.29E-10	0.	2.69E-16	4.36E-19	1.39E-13	0.	0.	3.20E-11	1.96E-12	3.11E-20	0.	0.	2.91E-10
80	2.80	8.03E-11	0.	5.05E-17	0.	9.44E-15	0.	0.	3.08E-11	1.96E-12	3.46E-20	0.	0.	2.14E-10
81	2.70	1.69E-11	0.	3.23E-17	0.	0.	0.	0.	2.95E-11	1.96E-12	3.85E-20	0.	0.	1.21E-10
82	2.60	8.22E-13	0.	9.77E-18	0.	0.	0.	0.	2.75E-11	1.96E-12	4.32E-20	0.	0.	5.19E-11
83	2.50	0.	0.	2.69E-18	0.	0.	0.	0.	2.55E-11	1.96E-12	4.86E-20	0.	0.	3.37E-11
84	2.40	0.	7.96E-16	0.	0.	0.	0.	0.	2.30E-11	1.95E-12	5.24E-20	0.	0.	3.15E-11
85	2.30	0.	2.48E-14	0.	0.	0.	0.	0.	1.94E-11	1.94E-12	6.24E-20	0.	0.	2.95E-11
86	2.20	0.	2.35E-14	0.	0.	0.	0.	0.	1.63E-11	1.93E-12	7.13E-20	0.	0.	2.74E-11
87	2.10	0.	1.52E-13	0.	0.	0.	0.	0.	1.19E-11	1.80E-12	8.20E-20	0.	0.	2.74E-11
88	2.00	0.	1.12E-12	0.	0.	0.	0.	0.	8.25E-12	1.87E-12	9.49E-20	0.	0.	2.14E-11
89	1.90	0.	1.91E-12	0.	0.	0.	0.	0.	5.56E-12	1.72E-12	1.11E-19	0.	0.	1.92E-11
90	1.80	0.	1.16E-12	0.	0.	0.	0.	0.	3.21E-12	1.62E-12	1.30E-19	0.	0.	1.55E-11
91	1.70	0.	1.31E-12	0.	0.	0.	0.	0.	1.74E-12	1.37E-12	1.54E-19	0.	0.	1.10E-11
92	1.60	0.	9.89E-13	0.	0.	0.	0.	0.	6.81E-13	6.23E-13	1.85E-19	0.	0.	8.25E-12
93	1.50	0.	2.47E-12	0.	0.	0.	0.	0.	0.	0.	2.25E-19	0.	0.	4.82E-12
94	1.40	0.	7.49E-13	0.	0.	0.	0.	0.	0.	0.	2.77E-19	0.	0.	4.18E-12
95	1.30	0.	2.01E-12	0.	0.	0.	0.	0.	0.	0.	3.46E-19	0.	0.	1.43E-12
96	1.20	0.	5.62E-13	0.	0.	0.	0.	0.	0.	0.	4.40E-19	0.	0.	2.01E-12
97	1.10	0.	8.90E-13	0.	0.	0.	0.	0.	0.	0.	5.72E-19	0.	0.	2.33E-11
98	1.00	0.	3.89E-13	0.	0.	0.	0.	2.31E-11	0.	0.	7.61E-19	0.	0.	2.36E-11
99	0.90	0.	1.71E-13	0.	0.	0.	0.	1.74E-10	0.	0.	1.04E-18	0.	0.	1.74E-10
100	0.80	0.	4.53E-14	0.	0.	0.	0.	2.68E-10	0.	0.	1.49E-18	0.	0.	2.68E-10
101	0.70	0.	1.88E-17	0.	0.	0.	0.	8.60E-10	0.	0.	2.23E-18	0.	0.	8.60E-10
102	0.60	0.	0.	0.	0.	0.	0.	9.06E-10	0.	0.	3.55E-18	0.	0.	9.06E-10

ABSORPTION COEFFICIENTS OF HEATED AIR (INVERSE CM.)

TEMPERATURE (DEGREES K) 3000. DENSITY (GM/CC) 1.293E-08 (10.0E-06 NORMAL)

PHOTON	ENERGY E.V.	O2 S-R BANDS	O2 S-R CONT.	N2 B-H NO. 1	NO BETA	NO GAMMA	NO2 PHOTO-DET (IONS)	O- FREE-FREE (IONS)	N P.E.	O P.E.	TOTAL AIR
1	10.70	0.	0.	2.74E-07	0.	0.	6.71E-14	0.	0.	0.	2.74E-07
2	10.60	0.	0.	1.74E-07	0.	0.	6.72E-14	0.	0.	0.	1.74E-07
3	10.50	0.	0.	1.36E-07	0.	0.	6.73E-14	0.	0.	0.	1.36E-07
4	10.40	0.	0.	9.83E-08	0.	0.	6.74E-14	0.	0.	0.	9.83E-08
5	10.30	0.	0.	5.87E-08	0.	0.	6.75E-14	0.	0.	0.	5.87E-08
6	10.20	0.	0.	4.77E-08	0.	0.	6.76E-14	0.	0.	0.	4.77E-08
7	10.10	0.	0.	3.57E-08	0.	0.	6.77E-14	0.	0.	0.	3.57E-08
8	10.00	0.	0.	1.87E-08	0.	0.	6.78E-14	0.	0.	0.	1.87E-08
9	9.90	0.	0.	1.76E-08	0.	0.	6.80E-14	0.	0.	0.	1.76E-08
10	9.80	0.	0.	1.17E-08	0.	0.	6.81E-14	0.	0.	0.	1.17E-08
11	9.70	0.	0.	6.64E-09	0.	0.	6.82E-14	0.	0.	0.	6.64E-09
12	9.60	0.	0.	6.15E-09	0.	0.	6.83E-14	0.	0.	0.	6.15E-09
13	9.50	0.	2.23E-07	3.25E-09	0.	0.	6.86E-14	0.	0.	0.	2.29E-07
14	9.40	0.	8.27E-07	2.33E-09	0.	0.	6.88E-14	0.	0.	0.	8.29E-07
15	9.30	0.	1.43E-06	2.10E-09	0.	0.	6.91E-14	0.	0.	0.	1.43E-06
16	9.20	0.	2.03E-06	8.42E-10	0.	0.	6.93E-14	0.	0.	0.	2.03E-06
17	9.10	0.	2.61E-06	1.02E-09	0.	0.	6.96E-14	0.	0.	0.	2.61E-06
18	9.00	0.	3.18E-06	5.17E-10	0.	0.	6.98E-14	0.	0.	0.	3.18E-06
19	8.90	0.	3.75E-06	3.59E-10	0.	0.	7.01E-14	0.	0.	0.	3.75E-06
20	8.80	0.	3.90E-06	2.88E-10	0.	0.	7.03E-14	0.	0.	0.	3.90E-06
21	8.70	0.	3.71E-06	1.38E-10	0.	0.	7.06E-14	0.	0.	0.	3.71E-06
22	8.60	0.	3.53E-06	1.45E-10	0.	0.	7.08E-14	0.	0.	0.	3.53E-06
23	8.50	0.	3.35E-06	6.72E-11	0.	0.	7.12E-14	0.	0.	0.	3.35E-06
24	8.40	0.	3.16E-06	6.27E-11	0.	0.	7.16E-14	0.	0.	0.	3.16E-06
25	8.30	0.	3.00E-06	3.05E-11	0.	0.	7.19E-14	0.	0.	0.	3.00E-06
26	8.20	0.	2.81E-06	1.41E-11	0.	0.	7.23E-14	0.	0.	0.	2.81E-06
27	8.10	0.	2.61E-06	1.14E-11	0.	0.	7.27E-14	4.87E-23	0.	0.	2.61E-06
28	8.00	0.	2.42E-06	6.20E-12	0.	0.	7.31E-14	5.05E-23	0.	0.	2.42E-06
29	7.90	0.	2.23E-06	3.02E-12	0.	0.	7.34E-14	5.25E-23	0.	0.	2.23E-06
30	7.80	0.	2.05E-06	2.10E-12	0.	0.	7.38E-14	5.45E-23	0.	0.	2.05E-06
31	7.70	0.	1.87E-06	1.51E-13	0.	0.	7.42E-14	5.67E-23	0.	0.	1.87E-06
32	7.60	0.	1.68E-06	9.74E-14	0.	2.01E-12	7.46E-14	5.89E-23	0.	0.	1.68E-06
33	7.50	0.	1.49E-06	6.36E-14	0.	1.15E-10	7.50E-14	6.13E-23	0.	0.	1.49E-06
34	7.40	0.	1.33E-06	3.85E-14	0.	2.91E-10	7.54E-14	6.39E-23	0.	0.	1.33E-06
35	7.30	0.	1.19E-06	2.36E-14	0.	8.07E-10	7.58E-14	6.65E-23	0.	0.	1.19E-06
36	7.20	0.	1.03E-06	1.19E-14	0.	8.84E-09	7.64E-14	6.94E-23	0.	0.	1.04E-06
37	7.10	0.	8.72E-07	4.14E-15	0.	2.13E-09	7.70E-14	7.24E-23	0.	0.	8.74E-07
38	7.00	7.19E-09	0.	1.12E-15	0.	3.83E-08	7.77E-14	7.55E-23	0.	0.	4.55E-08
39	6.90	1.15E-08	0.	2.74E-16	0.	3.67E-08	7.83E-14	7.89E-23	0.	0.	4.82E-08
40	6.80	7.96E-09	0.	6.35E-17	0.	2.95E-08	7.89E-14	8.24E-23	0.	0.	3.75E-08
41	6.70	4.57E-09	0.	1.01E-17	0.	1.54E-07	7.95E-14	8.61E-23	0.	0.	1.59E-07
42	6.60	2.30E-09	0.	6.54E-19	0.	6.80E-08	8.02E-14	9.01E-23	0.	0.	7.03E-08
43	6.50	1.03E-09	0.	1.39E-20	0.	6.52E-08	8.08E-14	9.43E-23	0.	0.	6.63E-08
44	6.40	1.70E-09	0.	0.	5.22E-09	3.00E-07	8.14E-14	9.88E-23	0.	0.	3.06E-07
45	6.30	3.08E-09	0.	0.	1.58E-08	1.06E-07	8.20E-14	1.04E-22	0.	0.	1.25E-07
46	6.20	6.98E-09	0.	0.	1.62E-08	7.77E-08	8.26E-14	1.09E-22	0.	0.	1.01E-07
47	6.10	2.02E-08	0.	0.	3.46E-08	4.73E-07	8.33E-14	1.14E-22	0.	0.	5.27E-07
48	6.00	3.83E-08	0.	0.	1.70E-08	5.68E-08	8.33E-14	1.20E-22	0.	0.	1.12E-07
49	5.90	4.53E-08	0.	0.	2.25E-08	6.59E-08	8.20E-14	1.26E-22	0.	0.	1.34E-07
50	5.80	4.91E-08	0.	0.	2.54E-08	1.02E-07	7.70E-14	1.33E-22	0.	0.	1.76E-07
51	5.70	3.81E-08	0.	0.	1.98E-08	2.49E-08	7.70E-14	1.40E-22	0.	0.	8.27E-08

ABSORPTION COEFFICIENTS OF HEATED AIR   (INVERSE CM.)

TEMPERATURE (DEGREES K) 3000.   DENSITY (GM/CC) 1.293E-08   (10.0E-06 NORMAL)

#	PHOTON ENERGY	O2 S-R BANDS	N2 1ST POS.	N2 2ND POS.	N2+ 1ST NEG.	NO BETA	NO GAMMA	NO VIB-ROT	NO2	O- PHOTO-DET	FREE-FREE (IONS)	N P.E.	O P.F.	TOTAL AIR
52	5.60	3.99E-08	0.	0.	0.	7.99E-09	1.24E-07	0.	0.	7.16E-14	1.48E-22	0.	0.	1.72E-07
53	5.50	3.40E-08	0.	0.	0.	1.33E-08	2.61E-07	0.	0.	7.20E-14	1.56E-22	0.	0.	3.09E-07
54	5.40	2.75E-08	0.	0.	0.	8.76E-09	3.11E-08	0.	0.	7.24E-14	1.65E-22	0.	0.	6.73E-08
55	5.30	2.15E-08	0.	0.	0.	8.44E-09	1.46E-07	0.	0.	7.28E-14	1.74E-22	0.	0.	1.76E-07
56	5.20	9.68E-09	0.	0.	0.	7.25E-09	4.49E-08	0.	0.	7.33E-14	1.85E-22	0.	0.	6.18E-08
57	5.10	8.02E-09	0.	0.	0.	5.46E-09	4.43E-08	0.	0.	7.39E-14	1.96E-22	0.	0.	5.78E-08
58	5.00	5.08E-09	0.	0.	0.	3.55E-09	4.86E-08	0.	0.	7.46E-14	2.08E-22	0.	0.	5.72E-08
59	4.90	4.23E-09	0.	0.	0.	3.24E-09	1.69E-08	0.	0.	7.52E-14	2.21E-22	0.	0.	2.44E-08
60	4.80	4.18E-09	0.	0.	0.	3.36E-09	2.28E-08	0.	0.	7.58E-14	2.35E-22	0.	0.	3.03E-08
61	4.70	3.60E-09	0.	4.41E-17	0.	2.54E-09	6.53E-09	0.	0.	7.64E-14	2.50E-22	0.	0.	1.27E-08
62	4.60	3.35E-09	0.	4.88E-16	0.	1.42E-09	2.60E-09	0.	0.	7.70E-14	2.67E-22	0.	0.	1.55E-08
63	4.50	2.54E-09	0.	2.37E-16	0.	1.15E-09	3.61E-09	0.	0.	7.77E-14	2.85E-22	0.	0.	6.56E-09
64	4.40	1.92E-09	0.	4.07E-15	0.	8.07E-10	1.08E-09	0.	0.	7.89E-14	3.05E-22	0.	0.	6.67E-09
65	4.30	1.32E-09	0.	2.92E-15	0.	6.66E-10	2.91E-10	0.	0.	7.95E-14	3.26E-22	0.	0.	3.02E-09
66	4.20	9.40E-10	0.	1.81E-16	0.	4.55E-10	1.28E-10	0.	0.	7.98E-14	3.50E-22	0.	0.	2.68E-09
67	4.10	7.00E-10	0.	4.85E-15	0.	3.48E-10	9.85E-11	0.	0.	7.98E-14	3.76E-22	0.	0.	1.45E-09
68	4.00	4.69E-10	0.	3.85E-15	1.25E-19	1.99E-10	0.	0.	1.20E-13	7.95E-14	4.05E-22	0.	0.	9.45E-10
69	3.90	2.72E-10	0.	1.26E-15	1.44E-17	8.90E-11	0.	0.	1.20E-13	7.83E-14	4.38E-22	0.	0.	5.72E-10
70	3.80	2.58E-10	0.	1.24E-15	3.27E-18	4.02E-11	0.	0.	1.20E-13	6.71E-14	4.73E-22	0.	0.	4.57E-10
71	3.70	1.40E-10	0.	7.24E-15	2.74E-18	1.83E-11	0.	0.	1.21E-13	3.87E-14	5.12E-22	0.	0.	2.29E-10
72	3.60	9.63E-11	0.	5.30E-16	7.81E-17	1.01E-11	0.	0.	1.21E-13	3.88E-14	5.56E-22	0.	0.	1.98E-10
73	3.50	6.70E-11	0.	2.92E-16	1.11E-16	6.96E-12	0.	0.	1.22E-13	3.89E-14	6.05E-22	0.	0.	1.07E-10
74	3.40	4.03E-11	0.	2.53E-16	6.55E-16	7.09E-13	0.	0.	1.23E-13	3.90E-14	6.60E-22	0.	0.	8.59E-11
75	3.30	2.58E-11	0.	7.41E-16	2.20E-16	1.89E-13	0.	0.	1.24E-13	3.91E-14	7.22E-22	0.	0.	4.51E-11
76	3.20	1.52E-11	0.	1.54E-16	1.24E-16	3.49E-14	0.	0.	1.25E-13	3.91E-14	7.92E-22	0.	0.	3.36E-11
77	3.10	1.01E-11	0.	2.70E-17	1.54E-16	4.75E-15	0.	0.	1.26E-13	3.91E-14	8.71E-22	0.	0.	2.03E-11
78	3.00	6.22E-12	0.	2.41E-17	2.70E-17	3.23E-16	0.	0.	1.27E-13	3.91E-14	9.61E-22	0.	0.	1.33E-11
79	2.90	3.45E-12	0.	5.25E-17	2.41E-17	0.	0.	0.	1.28E-13	3.91E-14	1.06E-21	0.	0.	6.31E-12
80	2.80	2.66E-12	0.	3.25E-18	2.61E-17	0.	0.	0.	1.29E-13	3.88E-14	1.18E-21	0.	0.	3.74E-12
81	2.70	1.97E-13	0.	9.82E-19	3.29E-18	0.	0.	0.	1.30E-13	3.85E-14	1.32E-21	0.	0.	1.29E-12
82	2.60	9.59E-15	0.	2.70E-19	7.40E-19	0.	0.	0.	1.31E-13	3.73E-14	1.48E-21	0.	0.	3.90E-13
83	2.50	0.	0.	0.	5.17E-20	0.	0.	0.	1.31E-13	3.59E-14	1.66E-21	0.	0.	1.67E-13
84	2.40	0.	0.	0.	2.37E-19	0.	0.	0.	1.30E-13	3.43E-14	1.88E-21	0.	0.	1.49E-13
85	2.30	0.	8.00E-17	0.	0.	0.	0.	0.	1.28E-13	3.23E-14	2.13E-21	0.	0.	1.43E-13
86	2.20	0.	2.49E-15	0.	0.	0.	0.	0.	1.25E-13	2.73E-14	2.44E-21	0.	0.	1.35E-13
87	2.10	0.	2.36E-15	0.	0.	0.	0.	0.	1.22E-13	1.24E-14	2.80E-21	0.	0.	1.39E-13
88	2.00	0.	1.13E-14	0.	0.	0.	0.	0.	1.18E-13	0.	3.25E-21	0.	0.	1.20E-13
89	1.90	0.	1.04E-13	0.	0.	0.	0.	0.	1.09E-13	0.	3.78E-21	0.	0.	2.70E-13
90	1.80	0.	1.17E-13	0.	0.	0.	0.	0.	9.41E-14	0.	4.45E-21	0.	0.	1.80E-13
91	1.70	0.	1.32E-13	0.	0.	0.	0.	0.	8.50E-14	0.	5.28E-21	0.	0.	1.24E-13
92	1.60	0.	9.94E-14	0.	0.	0.	0.	0.	7.16E-14	0.	6.34E-21	0.	0.	1.24E-13
93	1.50	0.	2.48E-13	0.	0.	0.	0.	0.	6.04E-14	0.	7.70E-21	0.	0.	2.55E-13
94	1.40	0.	7.52E-14	0.	0.	0.	0.	0.	4.39E-14	0.	9.47E-21	0.	0.	7.77E-14
95	1.30	0.	5.20E-13	0.	0.	0.	0.	0.	3.05E-14	0.	1.18E-20	0.	0.	2.02E-13
96	1.20	0.	9.03E-14	0.	0.	0.	0.	0.	2.06E-14	0.	1.50E-20	0.	0.	8.46E-13
97	1.10	0.	3.91E-14	0.	0.	0.	0.	7.89E-13	1.18E-14	0.	1.95E-20	0.	0.	8.58E-12
98	1.00	0.	1.72E-14	0.	0.	0.	0.	7.68E-13	6.31E-15	0.	2.60E-20	0.	0.	5.99E-12
99	0.90	0.	4.55E-15	0.	0.	0.	0.	5.95E-12	2.51E-15	0.	3.57E-20	0.	0.	9.20E-12
100	0.80	0.	1.89E-18	0.	0.	0.	0.	9.18E-12	0.	0.	5.10E-20	0.	0.	2.94E-11
101	0.70	0.	0.	0.	0.	0.	0.	2.94E-11	0.	0.	7.63E-20	0.	0.	3.10E-11
102	0.60	0.	0.	0.	0.	0.	0.	3.10E-11	0.	0.	1.21E-19	0.	0.	3.10E-11

ABSORPTION COEFFICIENTS OF HEATED AIR (INVERSE CM.)

TEMPERATURE (DEGREES K) 3000.   DENSITY (GM/CC) 1.293E-09 (10.0E-07 NORMAL)

#	PHOTON ENERGY E.V.	O2 S-R BANDS	O2 S-R CONT.	N2 B-H NO. 1	NO BETA	NO GAMMA	NO2	O- PHOTO-DET (IONS)	O- FREE-FREE (IONS)	N P.E.	O P.E.	TOTAL AIR
1	10.70	0.	0.	2.74E-08	0.	0.	0.	1.22E-15	0.	0.	0.	2.74E-08
2	10.60	0.	0.	1.74E-08	0.	0.	0.	1.22E-15	0.	0.	0.	1.74E-08
3	10.50	0.	0.	1.36E-08	0.	0.	0.	1.22E-15	0.	0.	0.	1.36E-08
4	10.40	0.	0.	9.83E-09	0.	0.	0.	1.22E-15	0.	0.	0.	9.83E-09
5	10.30	0.	0.	5.87E-09	0.	0.	0.	1.22E-15	0.	0.	0.	5.87E-09
6	10.20	0.	0.	4.77E-09	0.	0.	0.	1.23E-15	0.	0.	0.	4.77E-09
7	10.10	0.	0.	3.58E-09	0.	0.	0.	1.23E-15	0.	0.	0.	3.58E-09
8	10.00	0.	0.	1.87E-09	0.	0.	0.	1.23E-15	0.	0.	0.	1.87E-09
9	9.90	0.	0.	1.76E-09	0.	0.	0.	1.23E-15	0.	0.	0.	1.76E-09
10	9.80	0.	0.	1.17E-09	0.	0.	0.	1.23E-15	0.	0.	0.	1.17E-09
11	9.70	0.	0.	6.15E-10	0.	0.	0.	1.24E-15	0.	0.	0.	6.15E-10
12	9.60	0.	0.	6.65E-10	0.	0.	0.	1.24E-15	0.	0.	0.	6.65E-10
13	9.50	0.	2.29E-09	3.25E-10	0.	0.	0.	1.24E-15	0.	0.	0.	2.62E-09
14	9.40	0.	8.49E-09	2.33E-10	0.	0.	0.	1.24E-15	0.	0.	0.	8.72E-09
15	9.30	0.	1.47E-08	2.10E-10	0.	0.	0.	1.25E-15	0.	0.	0.	1.49E-08
16	9.20	0.	2.10E-08	8.42E-11	0.	0.	0.	1.25E-15	0.	0.	0.	2.10E-08
17	9.10	0.	2.68E-08	1.02E-10	0.	0.	0.	1.26E-15	0.	0.	0.	2.69E-08
18	9.00	0.	3.26E-08	5.17E-11	0.	0.	0.	1.26E-15	0.	0.	0.	3.27E-08
19	8.90	0.	3.85E-08	3.59E-11	0.	0.	0.	1.27E-15	0.	0.	0.	3.85E-08
20	8.80	0.	4.00E-08	2.88E-11	0.	0.	0.	1.27E-15	0.	0.	0.	4.00E-08
21	8.70	0.	3.81E-08	1.38E-11	0.	0.	0.	1.28E-15	0.	0.	0.	3.82E-08
22	8.60	0.	3.63E-08	1.45E-11	0.	0.	0.	1.28E-15	0.	0.	0.	3.63E-08
23	8.50	0.	3.44E-08	6.72E-12	0.	0.	0.	1.28E-15	0.	0.	0.	3.44E-08
24	8.40	0.	3.25E-08	6.27E-12	0.	0.	0.	1.29E-15	0.	0.	0.	3.25E-08
25	8.30	0.	3.08E-08	3.05E-12	0.	0.	0.	1.30E-15	0.	0.	0.	3.08E-08
26	8.20	0.	2.89E-08	2.62E-12	0.	0.	0.	1.30E-15	0.	0.	0.	2.89E-08
27	8.10	0.	2.68E-08	1.41E-12	0.	0.	0.	1.31E-15	1.56E-24	0.	0.	2.68E-08
28	8.00	0.	2.48E-08	1.14E-12	0.	0.	0.	1.32E-15	1.62E-24	0.	0.	2.48E-08
29	7.90	0.	2.29E-08	6.29E-13	0.	0.	0.	1.33E-15	1.68E-24	0.	0.	2.29E-08
30	7.80	0.	2.11E-08	5.20E-13	0.	0.	0.	1.33E-15	1.75E-24	0.	0.	2.11E-08
31	7.70	0.	1.92E-08	3.02E-13	0.	0.	0.	1.34E-15	1.82E-24	0.	0.	1.92E-08
32	7.60	0.	1.73E-08	2.10E-13	0.	6.44E-14	0.	1.35E-15	1.89E-24	0.	0.	1.73E-08
33	7.50	0.	1.53E-08	1.33E-13	0.	3.67E-12	0.	1.35E-15	1.97E-24	0.	0.	1.53E-08
34	7.40	0.	1.37E-08	8.60E-14	0.	9.32E-12	0.	1.36E-15	2.05E-24	0.	0.	1.37E-08
35	7.30	0.	1.22E-08	5.65E-14	0.	2.59E-11	0.	1.37E-15	2.13E-24	0.	0.	1.22E-08
36	7.20	0.	1.06E-08	3.54E-14	0.	2.84E-10	0.	1.37E-15	2.22E-24	0.	0.	1.08E-08
37	7.10	0.	8.95E-09	2.40E-14	0.	6.82E-11	0.	1.39E-15	2.32E-24	0.	0.	9.02E-09
38	7.00	7.38E-11	0.	1.51E-14	0.	1.23E-09	0.	1.39E-15	2.42E-24	0.	0.	1.30E-09
39	6.90	1.18E-10	0.	9.74E-15	0.	1.18E-09	0.	1.40E-15	2.53E-24	0.	0.	1.29E-09
40	6.80	8.17E-11	0.	6.36E-15	0.	9.46E-10	0.	1.41E-15	2.64E-24	0.	0.	1.03E-09
41	6.70	4.69E-11	0.	3.85E-15	0.	4.94E-09	0.	1.43E-15	2.76E-24	0.	0.	4.99E-09
42	6.60	2.36E-11	0.	2.36E-15	0.	2.18E-09	0.	1.44E-15	2.89E-24	0.	0.	2.20E-09
43	6.50	1.06E-11	0.	1.19E-15	0.	2.09E-09	0.	1.46E-15	3.02E-24	0.	0.	2.10E-09
44	6.40	1.75E-10	0.	4.15E-16	1.67E-10	9.61E-09	0.	1.46E-15	3.17E-24	0.	0.	9.79E-09
45	6.30	3.16E-11	0.	1.12E-16	5.06E-10	3.40E-09	0.	1.48E-15	3.32E-24	0.	0.	3.94E-09
46	6.20	1.16E-11	0.	2.74E-17	5.21E-10	2.49E-09	0.	1.49E-15	3.49E-24	0.	0.	3.08E-09
47	6.10	2.07E-10	0.	6.35E-18	1.11E-09	1.51E-09	0.	1.50E-15	3.66E-24	0.	0.	1.65E-09
48	6.00	3.93E-10	0.	1.01E-18	5.44E-10	1.82E-09	0.	1.51E-15	3.85E-24	0.	0.	2.76E-09
49	5.90	4.64E-10	0.	6.54E-20	7.23E-10	2.11E-09	0.	1.51E-15	4.05E-24	0.	0.	3.30E-09
50	5.80	5.04E-10	0.	1.39E-21	8.16E-10	3.26E-09	0.	1.49E-15	4.26E-24	0.	0.	4.58E-09
51	5.70	3.92E-10	0.	0.	6.34E-10	7.98E-10	0.	1.40E-15	4.49E-24	0.	0.	1.82E-09

ABSORPTION COEFFICIENTS OF HEATED AIR (INVERSE CM.)

TEMPERATURE (DEGREES K) 3000. DENSITY (GM/CC) 1.293E-09 (10.0E-07 NORMAL)

	PHOTON ENERGY	O2 S-R BANDS	N2 1ST POS.	N2 2ND POS.	N2+ 1ST NEG.	NO BETA	NO GAMMA	NO VIB-ROT	NO 2	O- PHOTO-DET	FREE-FREE (IONS)	N P.E.	O P.E.	TOTAL AIR
52	5.60	4.10E-10	0.	0.	0.	2.56E-10	3.98E-09	0.	0.	1.30E-15	4.74E-24	0.	0.	4.64E-09
53	5.50	3.49E-10	0.	0.	0.	4.27E-10	8.38E-09	0.	0.	1.31E-15	5.00E-24	0.	0.	9.15E-09
54	5.40	2.82E-10	0.	0.	0.	2.81E-10	9.96E-10	0.	0.	1.31E-15	5.28E-24	0.	0.	1.56E-09
55	5.30	2.20E-10	0.	0.	0.	2.71E-10	4.70E-09	0.	0.	1.32E-15	5.59E-24	0.	0.	5.19E-09
56	5.20	9.93E-11	0.	0.	0.	2.32E-10	1.44E-09	0.	0.	1.33E-15	5.92E-24	0.	0.	1.77E-09
57	5.10	8.23E-11	0.	0.	0.	1.75E-10	1.42E-09	0.	3.88E-16	1.34E-15	6.27E-24	0.	0.	1.68E-09
58	5.00	5.21E-11	0.	0.	0.	1.14E-10	1.56E-09	0.	3.89E-16	1.35E-15	6.66E-24	0.	0.	1.72E-09
59	4.90	4.35E-11	0.	0.	0.	1.04E-10	5.43E-10	0.	3.90E-16	1.36E-15	7.07E-24	0.	0.	6.90E-10
60	4.80	4.29E-11	0.	0.	0.	1.08E-10	7.30E-10	0.	3.92E-16	1.37E-15	7.52E-24	0.	0.	8.80E-10
61	4.70	3.69E-11	0.	0.	0.	8.14E-11	2.09E-10	0.	3.94E-16	1.39E-15	8.01E-24	0.	0.	3.28E-10
62	4.60	3.44E-11	0.	0.	0.	6.95E-11	3.21E-10	0.	3.96E-16	1.40E-15	8.55E-24	0.	0.	4.25E-10
63	4.50	2.60E-11	0.	4.41E-18	0.	4.56E-11	8.34E-11	0.	3.98E-16	1.41E-15	9.13E-24	0.	0.	1.55E-10
64	4.40	1.97E-11	0.	4.88E-17	0.	3.67E-11	1.16E-10	0.	4.00E-16	1.42E-15	9.77E-24	0.	0.	1.72E-10
65	4.30	1.35E-11	0.	2.37E-17	0.	2.59E-11	2.87E-11	0.	4.03E-16	1.43E-15	1.05E-23	0.	0.	6.80E-11
66	4.20	9.65E-12	0.	4.07E-16	0.	2.13E-11	3.45E-11	0.	4.05E-16	1.44E-15	1.12E-23	0.	0.	6.55E-11
67	4.10	7.18E-12	0.	1.81E-17	0.	1.46E-11	9.32E-12	0.	4.08E-16	1.45E-15	1.21E-23	0.	0.	3.11E-11
68	4.00	4.81E-12	0.	4.85E-16	0.	1.12E-11	4.09E-12	0.	4.10E-16	1.45E-15	1.30E-23	0.	0.	2.01E-11
69	3.90	2.80E-12	0.	3.87E-16	6.98E-20	6.44E-12	3.16E-12	0.	4.13E-16	1.45E-15	1.40E-23	0.	0.	1.24E-11
70	3.80	2.64E-12	0.	1.26E-16	8.07E-18	6.37E-12	0.	0.	4.15E-16	1.44E-15	1.52E-23	0.	0.	9.02E-12
71	3.70	1.43E-12	0.	7.24E-16	1.82E-18	2.85E-12	0.	0.	4.18E-16	1.42E-15	1.64E-23	0.	0.	4.29E-12
72	3.60	9.89E-13	0.	5.30E-17	1.53E-18	3.26E-12	0.	0.	4.20E-16	1.33E-15	1.78E-23	0.	0.	4.25E-12
73	3.50	6.88E-13	0.	2.92E-16	4.36E-17	1.29E-12	0.	0.	4.23E-16	1.22E-15	1.94E-23	0.	0.	1.98E-12
74	3.40	4.13E-13	0.	2.53E-17	6.18E-20	1.46E-12	0.	0.	4.25E-16	7.02E-16	2.12E-23	0.	0.	1.87E-12
75	3.30	2.64E-13	0.	7.41E-17	3.66E-18	6.14E-13	0.	0.	4.25E-16	7.03E-16	2.32E-23	0.	0.	8.80E-13
76	3.20	1.56E-13	0.	9.69E-18	6.91E-17	5.85E-13	0.	0.	4.24E-16	7.04E-16	2.54E-23	0.	0.	7.42E-13
77	3.10	1.04E-13	0.	1.54E-17	1.23E-19	3.22E-13	0.	0.	4.22E-16	7.06E-16	2.79E-23	0.	0.	4.27E-13
78	3.00	6.38E-14	0.	2.70E-18	4.00E-18	2.23E-13	0.	0.	4.18E-16	7.08E-16	3.08E-23	0.	0.	2.88E-13
79	2.90	3.54E-14	0.	2.41E-18	9.60E-18	8.65E-14	0.	0.	4.14E-16	7.09E-16	3.41E-23	0.	0.	1.23E-13
80	2.80	2.73E-14	0.	5.08E-19	1.46E-19	2.91E-14	0.	0.	4.06E-16	7.10E-16	3.79E-23	0.	0.	5.76E-14
81	2.70	9.61E-15	0.	3.25E-19	1.84E-18	6.06E-15	0.	0.	3.96E-16	7.10E-16	4.22E-23	0.	0.	1.68E-14
82	2.60	2.03E-15	0.	9.82E-20	4.13E-19	1.12E-15	0.	0.	3.84E-16	7.10E-16	4.73E-23	0.	0.	4.24E-15
83	2.50	9.84E-17	0.	2.70E-20	2.89E-20	1.52E-16	0.	0.	3.69E-16	7.10E-16	5.32E-23	0.	0.	1.33E-15
84	2.40	0.	8.00E-18	0.	1.32E-19	1.04E-17	0.	0.	3.54E-16	7.10E-16	6.02E-23	0.	0.	1.08E-15
85	2.30	0.	2.50E-16	0.	0.	0.	0.	0.	3.30E-16	7.04E-16	6.84E-23	0.	0.	1.28E-15
86	2.20	0.	2.36E-16	0.	0.	0.	0.	0.	3.05E-16	7.02E-16	7.81E-23	0.	0.	1.24E-15
87	2.10	0.	1.52E-15	0.	0.	0.	0.	0.	2.76E-16	6.99E-16	8.98E-23	0.	0.	2.50E-15
88	2.00	0.	1.13E-15	0.	0.	0.	0.	0.	2.33E-16	6.76E-16	1.04E-22	0.	0.	2.04E-15
89	1.90	0.	1.04E-14	0.	0.	0.	0.	0.	1.96E-16	6.50E-16	1.21E-22	0.	0.	1.13E-14
90	1.80	0.	1.92E-14	0.	0.	0.	0.	0.	1.43E-16	6.22E-16	1.43E-22	0.	0.	1.99E-14
91	1.70	0.	1.17E-14	0.	0.	0.	0.	0.	9.89E-17	5.86E-16	1.69E-22	0.	0.	1.24E-14
92	1.60	0.	1.32E-14	0.	0.	0.	0.	0.	6.68E-17	4.96E-16	2.03E-22	0.	0.	1.37E-14
93	1.50	0.	9.94E-15	0.	0.	0.	0.	0.	3.85E-17	2.25E-16	2.47E-22	0.	0.	1.02E-14
94	1.40	0.	2.48E-14	0.	0.	0.	0.	0.	2.05E-17	0.	3.04E-22	0.	0.	2.48E-14
95	1.30	0.	7.52E-15	0.	0.	0.	0.	0.	8.17E-18	0.	3.79E-22	0.	0.	7.53E-15
96	1.20	0.	2.02E-14	0.	0.	0.	0.	0.	0.	0.	4.82E-22	0.	0.	2.02E-14
97	1.10	0.	5.65E-15	0.	0.	0.	0.	2.53E-14	0.	0.	6.27E-22	0.	0.	3.10E-14
98	1.00	0.	9.03E-15	0.	0.	0.	0.	2.46E-14	0.	0.	8.35E-22	0.	0.	3.36E-14
99	0.90	0.	3.91E-15	0.	0.	0.	0.	1.91E-13	0.	0.	1.15E-21	0.	0.	1.95E-13
100	0.80	0.	1.72E-15	0.	0.	0.	0.	2.94E-13	0.	0.	1.64E-21	0.	0.	2.96E-13
101	0.70	0.	4.55E-16	0.	0.	0.	0.	9.43E-13	0.	0.	2.45E-21	0.	0.	9.44E-13
102	0.60	0.	1.89E-19	0.	0.	0.	0.	9.94E-13	0.	0.	3.90E-21	0.	0.	9.94E-13

ABSORPTION COEFFICIENTS OF HEATED AIR (INVERSE CM.)

TEMPERATURE (DEGREES K) 4000. DENSITY (GM/CC) 1.293E-02 (1.0E 01 NORMAL)

PHOTON ENERGY E.V.	O2 S-R BANDS	O2 S-R CONT.	N2 B-H NO. 1	NO BETA	NO GAMMA	NO 2	O- PHOTO-DET (IONS)	FREE-FREE (IONS)	N P.E.	O P.E.	TOTAL AIR
10.70	0.	0.	1.98E 00	0.	0.	0.	4.61E-04	4.86E-12	0.	0.	1.98E 00
10.60	0.	0.	1.40E 00	0.	0.	0.	4.62E-04	5.00E-12	0.	0.	1.40E 00
10.50	0.	0.	1.20E 00	0.	0.	0.	4.62E-04	5.14E-12	0.	0.	1.20E 00
10.40	0.	0.	9.26E-01	0.	0.	0.	4.63E-04	5.29E-12	0.	0.	9.26E-01
10.30	0.	0.	6.21E-01	0.	0.	0.	4.64E-04	5.45E-12	0.	0.	6.21E-01
10.20	0.	0.	5.44E-01	0.	0.	0.	4.64E-04	5.61E-12	0.	0.	5.45E-01
10.10	0.	0.	4.35E-01	0.	0.	0.	4.65E-04	5.78E-12	0.	0.	4.35E-01
10.00	0.	0.	2.68E-01	0.	0.	0.	4.65E-04	5.96E-12	0.	0.	2.68E-01
9.90	0.	0.	2.59E-01	0.	0.	0.	4.66E-04	6.14E-12	0.	0.	2.59E-01
9.80	0.	0.	1.90E-01	0.	0.	0.	4.67E-04	6.33E-12	0.	0.	1.90E-01
9.70	0.	0.	1.17E-01	0.	0.	0.	4.68E-04	6.53E-12	0.	0.	1.17E-01
9.60	0.	0.	1.25E-01	0.	0.	0.	4.70E-04	6.74E-12	0.	0.	1.26E-01
9.50	0.	1.21E 02	7.35E-02	0.	0.	0.	4.71E-04	6.96E-12	0.	0.	1.21E 02
9.40	0.	1.36E 02	5.63E-02	0.	0.	0.	4.73E-04	7.18E-12	0.	0.	1.36E 02
9.30	0.	1.51E 02	5.31E-02	0.	0.	0.	4.74E-04	7.42E-12	0.	0.	1.51E 02
9.20	0.	1.66E 02	2.71E-02	0.	0.	0.	4.76E-04	7.66E-12	0.	0.	1.66E 02
9.10	0.	2.05E 02	3.00E-02	0.	0.	0.	4.78E-04	7.92E-12	0.	0.	2.05E 02
9.00	0.	2.48E 02	1.88E-02	0.	0.	0.	4.80E-04	8.19E-12	0.	0.	2.48E 02
8.90	0.	2.91E 02	1.39E-02	0.	0.	0.	4.82E-04	8.47E-12	0.	0.	2.91E 02
8.80	0.	3.03E 02	1.20E-02	0.	0.	0.	4.83E-04	8.76E-12	0.	0.	3.03E 02
8.70	0.	2.89E 02	6.94E-03	0.	0.	0.	4.85E-04	9.07E-12	0.	0.	2.89E 02
8.60	0.	2.75E 02	7.08E-03	0.	0.	0.	4.87E-04	9.39E-12	0.	0.	2.75E 02
8.50	0.	2.62E 02	4.08E-03	0.	0.	0.	4.89E-04	9.73E-12	0.	0.	2.62E 02
8.40	0.	2.50E 02	3.79E-03	0.	0.	0.	4.92E-04	1.01E-11	0.	0.	2.50E 02
8.30	0.	2.38E 02	2.21E-03	0.	0.	0.	4.94E-04	1.04E-11	0.	0.	2.38E 02
8.20	0.	2.26E 02	1.99E-03	0.	0.	0.	4.97E-04	1.08E-11	0.	0.	2.26E 02
8.10	0.	2.13E 02	1.23E-03	0.	0.	0.	4.99E-04	1.12E-11	0.	0.	2.13E 02
8.00	0.	2.00E 02	1.07E-03	0.	0.	0.	5.02E-04	1.17E-11	0.	0.	2.00E 02
7.90	0.	1.87E 02	6.74E-04	0.	0.	0.	5.05E-04	1.21E-11	0.	0.	1.87E 02
7.80	0.	1.75E 02	5.98E-04	0.	0.	0.	5.07E-04	1.26E-11	0.	0.	1.75E 02
7.70	0.	1.62E 02	3.91E-04	0.	0.	0.	5.10E-04	1.31E-11	0.	0.	1.62E 02
7.60	0.	1.49E 02	3.00E-04	0.	0.	0.	5.12E-04	1.36E-11	0.	0.	1.49E 02
7.50	0.	1.36E 02	2.13E-04	0.	0.	0.	5.15E-04	1.42E-11	0.	0.	1.36E 02
7.40	0.	1.23E 02	1.52E-04	0.	1.19E-04	0.	5.18E-04	1.48E-11	0.	0.	1.23E 02
7.30	0.	1.10E 02	1.12E-04	0.	2.79E-03	0.	5.21E-04	1.54E-11	0.	0.	1.10E 02
7.20	0.	9.84E 01	7.85E-05	0.	6.03E-03	0.	5.25E-04	1.60E-11	0.	0.	9.86E 01
7.10	0.	8.67E 01	5.94E-05	0.	3.16E-02	0.	5.29E-04	1.67E-11	0.	0.	8.68E 01
7.00	4.13E-01	0.	4.20E-05	0.	1.88E-01	0.	5.34E-04	1.75E-11	0.	0.	1.49E 00
6.90	6.98E-01	0.	3.01E-05	0.	1.15E-01	0.	5.38E-04	1.82E-11	0.	0.	1.50E 00
6.80	5.16E-01	0.	2.21E-05	0.	1.09E-01	0.	5.42E-04	1.90E-11	0.	0.	1.74E 00
6.70	3.17E-01	0.	1.49E-05	0.	7.89E-01	0.	5.46E-04	1.99E-11	0.	0.	4.10E 00
6.60	1.67E-01	0.	1.02E-05	0.	1.23E 00	0.	5.51E-04	2.08E-11	0.	0.	1.54E 00
6.50	8.07E-02	0.	5.87E-06	0.	3.78E 00	0.	5.55E-04	2.18E-11	0.	0.	2.36E 00
6.40	1.25E-01	0.	2.50E-06	7.56E-02	2.28E 00	0.	5.59E-04	2.29E-11	0.	0.	6.55E 00
6.30	2.39E-01	0.	8.84E-07	2.60E-01	6.34E 00	0.	5.63E-04	2.40E-11	0.	0.	2.46E 00
6.20	5.99E-01	0.	2.88E-07	2.88E-01	2.41E 00	0.	5.68E-04	2.51E-11	0.	0.	3.30E 00
6.10	1.94E 00	0.	8.47E-08	6.73E-01	1.82E 00	0.	5.72E-04	2.64E-11	0.	0.	1.14E-01
6.00	4.12E 00	0.	1.58E-08	3.99E-01	1.35E 00	0.	5.76E-04	2.78E-11	0.	0.	5.87E 00
5.90	5.42E 00	0.	1.80E-09	5.31E-01	1.80E 00	0.	5.72E-04	2.92E-11	0.	0.	7.76E 00
5.80	6.61E 00	0.	2.42E-11	6.39E-01	2.04E 00	0.	5.63E-04	3.07E-11	0.	0.	9.29E 00
5.70	5.95E 00	0.	0.	5.55E-01	9.86E-01	0.	5.29E-04	3.24E-11	0.	0.	7.49E 00

122

ABSORPTION COEFFICIENTS OF HEATED AIR (INVERSE CM.)

TEMPERATURE (DEGREES K) 4000. DENSITY (GM/CC) 1.293E-02 (1.0E 01 NORMAL)

	PHOTON ENERGY	O2 S-R BANDS	N2 1ST POS.	N2 2ND POS.	N2+ 1ST NEG.	NO BETA	NO GAMMA	NO VIB-ROT	NO 2	O- PHOTO-DET	FREE-FREE (IONS)	N P.E.	O P.E.	TOTAL AIR
52	5.60	6.57E 00	0.	0.	0.	2.81E-01	3.19E 00	0.	0.	4.92E-04	3.41E-11	0.	0.	1.00E 01
53	5.50	5.96E 00	0.	0.	0.	4.03E-01	4.71E 00	0.	0.	4.95E-04	3.60E-11	0.	0.	1.11E 01
54	5.40	5.30E 00	0.	0.	0.	2.83E-01	1.13E 00	0.	0.	4.97E-04	3.81E-11	0.	0.	6.72E 00
55	5.30	4.44E 00	0.	0.	0.	2.88E-01	3.39E 00	0.	0.	5.01E-04	4.03E-11	0.	0.	8.11E 00
56	5.20	2.36E 00	0.	0.	0.	2.66E-01	1.11E 00	0.	1.53E-02	5.04E-04	4.27E-11	0.	0.	3.74E 00
57	5.10	2.01E 00	0.	0.	0.	2.21E-01	1.46E 00	0.	1.55E-02	5.08E-04	4.52E-11	0.	0.	3.71E 00
58	5.00	1.33E 00	0.	0.	0.	2.22E-01	1.33E 00	0.	1.56E-02	5.12E-04	4.80E-11	0.	0.	2.84E 00
59	4.90	1.10E 00	0.	0.	0.	1.56E-01	7.44E-01	0.	1.57E-02	5.17E-04	5.10E-11	0.	0.	2.02E 00
60	4.80	1.11E 00	0.	0.	0.	1.60E-01	8.04E-01	0.	1.58E-02	5.21E-04	5.43E-11	0.	0.	2.09E 00
61	4.70	1.04E 00	0.	0.	0.	1.33E-01	3.75E-01	0.	1.59E-02	5.25E-04	5.78E-11	0.	0.	1.56E 00
62	4.60	1.06E 00	0.	0.	0.	1.19E-01	1.87E-01	0.	1.60E-02	5.29E-04	6.17E-11	0.	0.	1.17E 00
63	4.50	8.85E-01	0.	0.	0.	8.57E-02	1.98E-01	0.	1.61E-02	5.34E-04	6.59E-11	0.	0.	1.03E 00
64	4.40	7.40E-01	0.	0.	0.	7.47E-02	6.64E-02	0.	1.63E-02	5.38E-04	7.05E-11	0.	0.	6.97E-01
65	4.30	5.56E-01	0.	0.	0.	5.71E-02	7.30E-02	0.	1.65E-02	5.42E-04	7.55E-11	0.	0.	5.75E-01
66	4.20	3.43E-01	0.	0.	0.	5.21E-02	1.79E-02	0.	1.67E-02	5.46E-04	8.10E-11	0.	0.	4.17E-01
67	4.10	2.55E-01	0.	0.	0.	3.95E-02	1.06E-02	0.	1.68E-02	5.49E-04	8.71E-11	0.	0.	3.15E-01
68	4.00	1.67E-01	0.	0.	0.	3.22E-02	6.68E-03	0.	1.70E-02	5.51E-04	9.38E-11	0.	0.	2.12E-01
69	3.90	1.64E-01	0.	7.16E-08	4.42E-12	2.14E-02	0.	0.	1.72E-02	5.49E-04	1.04E-10	0.	0.	2.04E-01
70	3.80	1.04E-01	0.	5.18E-07	1.80E-11	1.18E-02	0.	0.	1.74E-02	5.46E-04	1.09E-10	0.	0.	1.33E-01
71	3.70	7.76E-02	0.	4.60E-07	3.07E-11	1.33E-02	0.	0.	1.76E-02	5.38E-04	1.18E-10	0.	0.	8.35E-02
72	3.60	5.86E-02	0.	4.53E-06	7.16E-11	6.55E-03	0.	0.	1.79E-02	5.04E-04	1.29E-10	0.	0.	6.58E-02
73	3.50	4.02E-02	0.	4.20E-07	9.26E-11	7.29E-03	0.	0.	1.81E-02	4.61E-04	1.40E-10	0.	0.	4.99E-02
74	3.40	2.76E-02	0.	5.75E-06	5.82E-12	3.81E-03	0.	0.	1.82E-02	2.66E-04	1.53E-10	0.	0.	4.06E-02
75	3.30	1.83E-02	0.	3.47E-06	1.37E-10	3.67E-03	0.	0.	1.84E-02	2.66E-04	1.67E-10	0.	0.	3.48E-02
76	3.20	1.37E-02	0.	2.05E-06	1.01E-10	2.45E-03	0.	0.	1.81E-02	2.67E-04	1.83E-10	0.	0.	2.96E-02
77	3.10	9.39E-03	0.	6.80E-06	1.48E-10	1.81E-03	0.	0.	1.79E-02	2.68E-04	2.02E-10	0.	0.	2.50E-02
78	3.00	5.89E-03	0.	1.03E-06	2.27E-10	8.67E-04	0.	0.	1.76E-02	2.68E-04	2.23E-10	0.	0.	2.32E-02
79	2.90	5.00E-03	0.	3.49E-06	1.07E-11	3.50E-04	0.	0.	1.73E-02	2.69E-04	2.47E-10	0.	0.	1.97E-02
80	2.80	2.11E-03	0.	5.87E-07	1.11E-11	1.02E-04	0.	0.	1.68E-02	2.69E-04	2.74E-10	0.	0.	1.77E-02
81	2.70	2.74E-04	0.	1.13E-06	1.92E-12	2.54E-04	0.	0.	1.61E-02	2.69E-04	3.05E-10	0.	0.	1.65E-02
82	2.60	3.16E-05	0.	2.68E-07	5.47E-12	4.21E-06	0.	0.	1.55E-02	2.67E-04	3.42E-10	0.	0.	1.57E-02
83	2.50	0.	1.32E-07	2.98E-07	0.	3.36E-07	0.	0.	1.45E-02	2.66E-04	3.85E-10	0.	0.	1.48E-02
84	2.40	0.	2.00E-06	8.70E-08	0.	0.	0.	0.	1.35E-02	2.65E-04	4.35E-10	0.	0.	1.37E-02
85	2.30	0.	2.38E-06	5.97E-08	0.	0.	0.	0.	1.24E-02	2.56E-04	4.94E-10	0.	0.	1.27E-02
86	2.20	0.	9.30E-06	1.89E-08	0.	0.	0.	0.	1.11E-02	2.46E-04	5.65E-10	0.	0.	1.14E-02
87	2.10	0.	7.98E-06	9.79E-09	0.	0.	0.	0.	9.92E-03	2.36E-04	6.50E-10	0.	0.	1.02E-02
88	2.00	0.	4.95E-05	4.06E-09	0.	0.	0.	0.	8.23E-03	2.22E-04	7.53E-10	0.	0.	8.52E-03
89	1.90	0.	6.06E-05	8.52E-10	0.	0.	0.	0.	6.65E-03	1.88E-04	8.78E-10	0.	0.	6.93E-03
90	1.80	0.	5.31E-05	0.	0.	0.	0.	0.	5.31E-03	8.54E-05	1.03E-09	0.	0.	5.55E-03
91	1.70	0.	4.44E-05	0.	0.	0.	0.	0.	4.02E-03	0.	1.23E-09	0.	0.	
92	1.60	0.	4.54E-05	0.	0.	0.	0.	0.	2.99E-03	0.	1.47E-09	0.	0.	
93	1.50	0.	7.77E-05	0.	0.	0.	0.	0.	2.99E-03	0.	1.79E-09	0.	0.	
94	1.40	0.	6.19E-05	0.	0.	0.	0.	0.	1.27E-03	0.	2.20E-09	0.	0.	
95	1.30	0.	3.53E-05	0.	0.	0.	0.	0.	7.62E-04	0.	2.75E-09	0.	0.	3.07E-03
96	1.20	0.	2.68E-05	0.	0.	0.	0.	0.	3.80E-04	0.	3.50E-09	0.	0.	2.02E-03
97	1.10	0.	6.19E-05	0.	0.	0.	0.	2.34E-05	1.89E-04	0.	4.55E-09	0.	0.	1.33E-03
98	1.00	0.	3.29E-05	0.	0.	0.	0.	4.88E-05	0.	0.	6.07E-09	0.	0.	8.13E-04
99	0.90	0.	1.92E-05	0.	0.	0.	0.	1.77E-04	0.	0.	8.35E-09	0.	0.	4.61E-04
100	0.80	0.	8.24E-06	0.	0.	0.	0.	6.77E-04	0.	0.	1.19E-08	0.	0.	3.85E-04
101	0.70	0.	2.42E-06	0.	0.	0.	0.	8.62E-04	0.	0.	1.78E-08	0.	0.	8.65E-04
102	0.60	0.	6.20E-09	0.	0.	0.	0.	1.94E-03	0.	0.	2.84E-08	0.	0.	1.94E-03

ABSORPTION COEFFICIENTS OF HEATED AIR (INVERSE CM.)

TEMPERATURE (DEGREES K) 4000.   DENSITY (GM/CC) 1.293E-03   (10.0E-01 NORMAL)

#	PHOTON ENERGY E.V.	O2 S-R BANDS	O2 S-R CONT.	N2 B-H NO.1	NO BETA	NO GAMMA	NO2	O- PHOTO-DET (IONS)	FREE-FREE (IONS)	N P.E.	O P.E.	TOTAL AIR
1	10.70	0.	0.	2.00E-01	0.	0.	0.	4.55E-05	4.24E-13	0.	0.	2.00E-01
2	10.60	0.	0.	1.41E-01	0.	0.	0.	4.55E-05	4.37E-13	0.	0.	1.41E-01
3	10.50	0.	0.	1.21E-01	0.	0.	0.	4.56E-05	4.49E-13	0.	0.	1.21E-01
4	10.40	0.	0.	9.33E-02	0.	0.	0.	4.57E-05	4.62E-13	0.	0.	9.33E-02
5	10.30	0.	0.	6.26E-02	0.	0.	0.	4.57E-05	4.76E-13	0.	0.	6.26E-02
6	10.20	0.	0.	5.49E-02	0.	0.	0.	4.58E-05	4.90E-13	0.	0.	5.49E-02
7	10.10	0.	0.	4.38E-02	0.	0.	0.	4.59E-05	5.05E-13	0.	0.	4.39E-02
8	10.00	0.	0.	2.70E-02	0.	0.	0.	4.59E-05	5.21E-13	0.	0.	2.70E-02
9	9.90	0.	0.	2.61E-02	0.	0.	0.	4.60E-05	5.37E-13	0.	0.	2.61E-02
10	9.80	0.	0.	1.91E-02	0.	0.	0.	4.61E-05	5.53E-13	0.	0.	1.91E-02
11	9.70	0.	0.	1.18E-02	0.	0.	0.	4.61E-05	5.71E-13	0.	0.	1.18E-02
12	9.60	0.	0.	1.26E-02	0.	0.	0.	4.62E-05	5.89E-13	0.	0.	1.27E-02
13	9.50	0.	9.15E 00	7.41E-03	0.	0.	0.	4.63E-05	6.08E-13	0.	0.	9.16E 00
14	9.40	0.	1.03E 01	5.67E-03	0.	0.	0.	4.65E-05	6.28E-13	0.	0.	1.03E 01
15	9.30	0.	1.15E 01	5.36E-03	0.	0.	0.	4.67E-05	6.48E-13	0.	0.	1.15E 01
16	9.20	0.	1.26E 01	2.73E-03	0.	0.	0.	4.68E-05	6.70E-13	0.	0.	1.26E 01
17	9.10	0.	1.56E 01	3.03E-03	0.	0.	0.	4.70E-05	6.92E-13	0.	0.	1.56E 01
18	9.00	0.	1.88E 01	1.88E-03	0.	0.	0.	4.72E-05	7.16E-13	0.	0.	1.88E 01
19	8.90	0.	2.21E 01	1.40E-03	0.	0.	0.	4.73E-05	7.40E-13	0.	0.	2.21E 01
20	8.80	0.	2.30E 01	1.21E-03	0.	0.	0.	4.75E-05	7.66E-13	0.	0.	2.30E 01
21	8.70	0.	2.19E 01	7.14E-04	0.	0.	0.	4.77E-05	7.92E-13	0.	0.	2.19E 01
22	8.60	0.	2.09E 01	7.00E-04	0.	0.	0.	4.78E-05	8.21E-13	0.	0.	2.09E 01
23	8.50	0.	1.99E 01	4.11E-04	0.	0.	0.	4.80E-05	8.50E-13	0.	0.	1.99E 01
24	8.40	0.	1.90E 01	3.82E-04	0.	0.	0.	4.83E-05	8.81E-13	0.	0.	1.90E 01
25	8.30	0.	1.81E 01	2.23E-04	0.	0.	0.	4.85E-05	9.13E-13	0.	0.	1.81E 01
26	8.20	0.	1.71E 01	2.01E-04	0.	0.	0.	4.88E-05	9.47E-13	0.	0.	1.71E 01
27	8.10	0.	1.62E 01	1.24E-04	0.	0.	0.	4.90E-05	9.83E-13	0.	0.	1.62E 01
28	8.00	0.	1.52E 01	1.08E-04	0.	0.	0.	4.93E-05	1.02E-12	0.	0.	1.52E 01
29	7.90	0.	1.42E 01	6.79E-05	0.	0.	0.	4.95E-05	1.06E-12	0.	0.	1.42E 01
30	7.80	0.	1.33E 01	6.03E-05	0.	0.	0.	4.98E-05	1.10E-12	0.	0.	1.33E 01
31	7.70	0.	1.23E 01	3.95E-05	0.	0.	0.	5.00E-05	1.14E-12	0.	0.	1.23E 01
32	7.60	0.	1.13E 01	3.03E-05	0.	0.	0.	5.03E-05	1.19E-12	0.	0.	1.13E 01
33	7.50	0.	1.03E 01	2.14E-05	0.	0.	0.	5.05E-05	1.24E-12	0.	0.	1.03E 01
34	7.40	0.	9.32E 00	1.53E-05	0.	1.04E-05	0.	5.08E-05	1.29E-12	0.	0.	9.32E 00
35	7.30	0.	8.37E 00	1.13E-05	0.	2.44E-04	0.	5.11E-05	1.34E-12	0.	0.	8.37E 00
36	7.20	0.	7.47E 00	7.91E-06	0.	5.27E-04	0.	5.14E-05	1.40E-12	0.	0.	7.49E 00
37	7.10	0.	6.58E 00	5.99E-06	0.	2.76E-03	0.	5.18E-05	1.46E-12	0.	0.	6.59E 00
38	7.00	3.13E-02	0.	4.23E-06	0.	9.52E-02	0.	5.22E-05	1.53E-12	0.	0.	1.27E-01
39	6.90	5.28E-02	0.	3.03E-06	0.	6.90E-02	0.	5.26E-05	1.59E-12	0.	0.	1.22E-01
40	6.80	3.90E-02	0.	2.23E-06	0.	1.07E-01	0.	5.31E-05	1.66E-12	0.	0.	1.46E-01
41	6.70	2.40E-02	0.	1.50E-06	0.	3.31E-01	0.	5.35E-05	1.74E-12	0.	0.	3.55E-01
42	6.60	1.27E-02	0.	1.03E-06	0.	1.20E-01	0.	5.39E-05	1.82E-12	0.	0.	1.33E-01
43	6.50	6.12E-03	0.	5.91E-07	6.61E-03	5.54E-01	0.	5.43E-05	1.91E-12	0.	0.	5.71E-01
44	6.40	9.45E-03	0.	2.52E-07	2.27E-02	1.71E-01	0.	5.47E-05	2.00E-12	0.	0.	2.05E-01
45	6.30	1.81E-02	0.	8.91E-08	2.51E-02	1.71E-01	0.	5.52E-05	2.09E-12	0.	0.	2.12E-01
46	6.20	4.54E-02	0.	2.90E-08	5.88E-02	1.79E-01	0.	5.56E-05	2.20E-12	0.	0.	2.82E-01
47	6.10	1.47E-01	0.	8.54E-09	3.48E-02	7.95E-01	0.	5.60E-05	2.31E-12	0.	0.	9.77E-01
48	6.00	3.12E-01	0.	1.60E-09	4.64E-02	1.07E-01	0.	5.64E-05	2.43E-12	0.	0.	4.65E-01
49	5.90	4.11E-01	0.	1.08E-10	1.58E-02	1.88E-01	0.	5.64E-05	2.55E-12	0.	0.	6.15E-01
50	5.80	5.01E-01	0.	2.44E-12	1.79E-02	2.16E-01	0.	5.56E-05	2.69E-12	0.	0.	7.35E-01
51	5.70	4.51E-01	0.	0.	4.85E-02	8.62E-02	0.	5.56E-05	2.83E-12	0.	0.	5.86E-01

ABSORPTION COEFFICIENTS OF HEATED AIR (INVERSE CM.)

TEMPERATURE (DEGREES K) 4000.   DENSITY (GM/CC) 1.293E-03   (10.0E-01 NORMAL)

	PHOTON ENERGY	O2 S-R BANDS	N2 1ST POS.	N2 2ND POS.	N2+ 1ST NEG.	NO BETA	NO GAMMA	NO VIB-ROT	NO2	O- PHOTO-DET	FREE-FREE (IONS)	N P.E.	O P.F.	TOTAL AIR
52	5.60	4.97E-01	0.	0.	0.	2.46E-02	2.79E-01	0.	0.	4.86E-05	2.98E-12	0.	0.	8.00E-01
53	5.50	4.51E-01	0.	0.	0.	3.52E-02	4.11E-01	0.	0.	4.88E-05	3.15E-12	0.	0.	8.98E-01
54	5.40	4.01E-01	0.	0.	0.	2.48E-02	9.90E-02	0.	0.	4.91E-05	3.33E-12	0.	0.	5.25E-01
55	5.30	3.36E-01	0.	0.	0.	2.52E-02	2.94E-01	0.	0.	4.94E-05	3.52E-12	0.	0.	6.57E-01
56	5.20	1.79E-01	0.	0.	0.	2.32E-02	9.71E-02	0.	0.	4.97E-05	3.73E-12	0.	0.	2.99E-01
57	5.10	1.53E-01	0.	0.	0.	1.95E-02	1.27E-01	0.	3.69E-04	5.01E-05	3.95E-12	0.	0.	3.00E-01
58	5.00	1.01E-01	0.	0.	0.	1.53E-02	1.16E-01	0.	3.72E-04	5.05E-05	4.19E-12	0.	0.	2.31E-01
59	4.90	8.34E-02	0.	0.	0.	1.42E-02	6.50E-02	0.	3.75E-04	5.10E-05	4.46E-12	0.	0.	1.63E-01
60	4.80	8.44E-02	0.	0.	0.	1.37E-02	7.03E-02	0.	3.77E-04	5.14E-05	4.74E-12	0.	0.	1.69E-01
61	4.70	7.89E-02	0.	0.	0.	1.40E-02	3.27E-02	0.	3.80E-04	5.18E-05	5.05E-12	0.	0.	1.23E-01
62	4.60	8.02E-02	0.	0.	0.	1.04E-02	3.95E-02	0.	3.83E-04	5.22E-05	5.39E-12	0.	0.	1.31E-01
63	4.50	6.70E-02	0.	7.22E-09	0.	7.49E-03	1.63E-02	0.	3.86E-04	5.26E-05	5.76E-12	0.	0.	9.13E-02
64	4.40	5.60E-02	0.	5.22E-08	0.	6.53E-03	1.73E-02	0.	3.88E-04	5.31E-05	6.16E-12	0.	0.	8.03E-02
65	4.30	4.21E-02	0.	4.64E-08	0.	4.99E-03	5.81E-03	0.	3.93E-04	5.35E-05	6.60E-12	0.	0.	5.34E-02
66	4.20	3.28E-02	0.	4.57E-07	0.	4.55E-03	6.38E-03	0.	3.98E-04	5.39E-05	7.08E-12	0.	0.	4.42E-02
67	4.10	2.60E-02	0.	4.23E-08	0.	3.45E-03	1.57E-03	0.	4.05E-04	5.41E-05	7.61E-12	0.	0.	3.14E-02
68	4.00	1.93E-02	0.	5.80E-07	0.	2.83E-03	9.24E-04	0.	4.09E-04	5.43E-05	8.20E-12	0.	0.	2.35E-02
69	3.90	1.26E-02	0.	3.50E-07	1.24E-12	2.82E-03	5.84E-04	0.	4.14E-04	5.41E-05	8.85E-12	0.	0.	1.55E-02
70	3.80	1.25E-02	0.	2.07E-07	5.07E-11	1.87E-03	0.	0.	4.25E-04	5.39E-05	9.56E-12	0.	0.	1.48E-02
71	3.70	7.85E-03	0.	6.86E-07	8.65E-12	1.90E-03	0.	0.	4.30E-04	5.31E-05	1.04E-11	0.	0.	9.35E-03
72	3.60	5.88E-03	0.	1.52E-07	2.60E-10	1.16E-03	0.	0.	4.36E-04	4.97E-05	1.12E-11	0.	0.	7.51E-03
73	3.50	4.44E-03	0.	3.52E-07	1.64E-11	5.73E-04	0.	0.	4.42E-04	4.55E-05	1.22E-11	0.	0.	5.49E-03
74	3.40	3.04E-03	0.	5.92E-08	1.86E-10	6.37E-04	0.	0.	4.42E-04	2.62E-05	1.34E-11	0.	0.	4.14E-03
75	3.30	2.09E-03	0.	1.14E-07	3.67E-12	3.33E-04	0.	0.	4.31E-04	2.63E-05	1.46E-11	0.	0.	2.89E-03
76	3.20	1.38E-03	0.	2.71E-08	2.85E-12	3.21E-04	0.	0.	4.24E-04	2.63E-05	1.60E-11	0.	0.	2.17E-03
77	3.10	1.04E-03	0.	3.00E-08	4.17E-11	2.14E-04	0.	0.	4.16E-04	2.64E-05	1.76E-11	0.	0.	1.72E-03
78	3.00	7.11E-04	0.	8.77E-09	6.39E-11	1.59E-04	0.	0.	3.89E-04	2.64E-05	1.95E-11	0.	0.	1.33E-03
79	2.90	4.46E-04	0.	6.02E-09	4.46E-11	1.57E-04	0.	0.	3.73E-04	2.65E-05	2.15E-11	0.	0.	9.80E-04
80	2.80	3.79E-04	0.	1.91E-09	3.00E-12	3.06E-05	0.	0.	3.49E-04	2.65E-05	2.39E-11	0.	0.	8.60E-04
81	2.70	1.60E-04	0.	9.87E-10	2.01E-11	8.88E-06	0.	0.	2.99E-04	2.65E-05	2.67E-11	0.	0.	6.11E-04
82	2.60	1.35E-04	0.	4.79E-10	3.13E-11	2.22E-06	0.	0.	2.67E-04	2.65E-05	2.99E-11	0.	0.	4.78E-04
83	2.50	2.39E-06	0.	8.59E-11	5.40E-13	3.68E-07	0.	0.	2.39E-04	2.62E-05	3.36E-11	0.	0.	4.18E-04
84	2.40	0.	1.33E-08	0.	1.54E-12	2.93E-08	0.	0.	1.98E-04	2.61E-05	3.80E-11	0.	0.	3.99E-04
85	2.30	0.	2.01E-07	0.	0.	0.	0.	0.	1.60E-04	2.43E-05	4.32E-11	0.	0.	3.51E-04
86	2.20	0.	9.37E-07	0.	0.	0.	0.	0.	1.28E-04	2.32E-05	4.94E-11	0.	0.	3.26E-04
87	2.10	0.	8.04E-07	0.	0.	0.	0.	0.	9.67E-05	2.19E-05	5.68E-11	0.	0.	2.68E-04
88	2.00	0.	6.11E-06	0.	0.	0.	0.	0.	7.20E-05	1.85E-05	6.58E-11	0.	0.	2.27E-04
89	1.90	0.	5.36E-06	0.	0.	0.	0.	0.	4.78E-05	8.42E-06	7.67E-11	0.	0.	1.87E-04
90	1.80	0.	4.47E-06	0.	0.	0.	0.	0.	3.06E-05	0.	9.03E-11	0.	0.	1.51E-04
91	1.70	0.	7.83E-06	0.	0.	0.	0.	0.	1.83E-05	0.	1.07E-10	0.	0.	1.40E-04
92	1.60	0.	3.56E-06	0.	0.	0.	0.	0.	9.13E-06	0.	1.29E-10	0.	0.	1.28E-04
93	1.50	0.	2.70E-06	0.	0.	0.	0.	0.	4.55E-06	0.	1.56E-10	0.	0.	1.19E-04
94	1.40	0.	3.32E-06	0.	0.	0.	0.	0.	0.	0.	1.92E-10	0.	0.	1.10E-04
95	1.30	0.	1.94E-06	0.	0.	0.	0.	0.	0.	0.	2.40E-10	0.	0.	7.98E-05
96	1.20	0.	8.30E-07	0.	0.	0.	0.	0.	0.	0.	2.99E-10	0.	0.	5.14E-05
97	1.10	0.	2.44E-07	0.	0.	0.	0.	2.04E-06	0.	0.	3.98E-10	0.	0.	3.68E-05
98	1.00	0.	6.25E-10	0.	0.	0.	0.	4.27E-06	0.	0.	5.30E-10	0.	0.	2.31E-05
99	0.90	0.	0.	0.	0.	0.	0.	1.55E-05	0.	0.	7.29E-10	0.	0.	1.67E-05
100	0.80	0.	0.	0.	0.	0.	0.	5.92E-05	0.	0.	1.04E-09	0.	0.	6.00E-05
101	0.70	0.	0.	0.	0.	0.	0.	7.54E-05	0.	0.	1.56E-09	0.	0.	7.56E-05
102	0.60	0.	0.	0.	0.	0.	0.	1.69E-04	0.	0.	2.49E-09	0.	0.	1.69E-04

ABSORPTION COEFFICIENTS OF HEATED AIR (INVERSE CM.)

TEMPERATURE (DEGREES K) 4000.   DENSITY (GM/CC) 1.293E-04   (10.0E-02 NORMAL)

#	PHOTON ENERGY E.V.	O2 S-R BANDS	O2 S-R CONT.	N2 B-H NO. 1	NO BETA	NO GAMMA	NO 2	O- PHOTO-DET (IONS)	FREE-FREE (IONS)	N P.E.	O P.E.	TOTAL AIR
1	10.70	0.	0.	2.03E-02	0.	0.	0.	2.67E-06	2.88E-14	0.	0.	2.03E-02
2	10.60	0.	0.	1.44E-02	0.	0.	0.	2.67E-06	2.97E-14	0.	0.	1.44E-02
3	10.50	0.	0.	1.23E-02	0.	0.	0.	2.67E-06	3.05E-14	0.	0.	1.23E-02
4	10.40	0.	0.	9.49E-03	0.	0.	0.	2.67E-06	3.14E-14	0.	0.	9.49E-03
5	10.30	0.	0.	6.36E-03	0.	0.	0.	2.68E-06	3.24E-14	0.	0.	6.37E-03
6	10.20	0.	0.	5.58E-03	0.	0.	0.	2.68E-06	3.33E-14	0.	0.	5.58E-03
7	10.10	0.	0.	4.46E-03	0.	0.	0.	2.69E-06	3.43E-14	0.	0.	4.46E-03
8	10.00	0.	0.	2.74E-03	0.	0.	0.	2.69E-06	3.54E-14	0.	0.	2.75E-03
9	9.90	0.	0.	2.65E-03	0.	0.	0.	2.70E-06	3.65E-14	0.	0.	2.65E-03
10	9.80	0.	0.	1.94E-03	0.	0.	0.	2.70E-06	3.76E-14	0.	0.	1.95E-03
11	9.70	0.	0.	1.20E-03	0.	0.	0.	2.71E-06	3.88E-14	0.	0.	1.20E-03
12	9.60	0.	0.	1.28E-03	0.	0.	0.	2.71E-06	4.00E-14	0.	0.	1.29E-03
13	9.50	0.	4.17E-01	7.54E-04	0.	0.	0.	2.71E-06	4.13E-14	0.	0.	4.18E-01
14	9.40	0.	4.70E-01	5.77E-04	0.	0.	0.	2.72E-06	4.26E-14	0.	0.	4.70E-01
15	9.30	0.	5.21E-01	5.45E-04	0.	0.	0.	2.73E-06	4.40E-14	0.	0.	5.23E-01
16	9.20	0.	5.75E-01	2.78E-04	0.	0.	0.	2.74E-06	4.55E-14	0.	0.	5.75E-01
17	9.10	0.	7.09E-01	3.08E-04	0.	0.	0.	2.75E-06	4.70E-14	0.	0.	7.09E-01
18	9.00	0.	8.58E-01	1.93E-04	0.	0.	0.	2.76E-06	4.86E-14	0.	0.	8.58E-01
19	8.90	0.	1.01E 00	1.42E-04	0.	0.	0.	2.77E-06	5.03E-14	0.	0.	1.01E 00
20	8.80	0.	1.05E 00	1.23E-04	0.	0.	0.	2.78E-06	5.20E-14	0.	0.	1.05E 00
21	8.70	0.	9.51E-01	7.11E-05	0.	0.	0.	2.79E-06	5.38E-14	0.	0.	9.51E-01
22	8.60	0.	9.06E-01	7.26E-05	0.	0.	0.	2.80E-06	5.57E-14	0.	0.	9.06E-01
23	8.50	0.	8.64E-01	4.18E-05	0.	0.	0.	2.81E-06	5.77E-14	0.	0.	8.64E-01
24	8.40	0.	8.24E-01	3.88E-05	0.	0.	0.	2.81E-06	5.98E-14	0.	0.	8.24E-01
25	8.30	0.	7.81E-01	2.27E-05	0.	0.	0.	2.83E-06	6.20E-14	0.	0.	7.81E-01
26	8.20	0.	7.36E-01	2.04E-05	0.	0.	0.	2.84E-06	6.44E-14	0.	0.	7.36E-01
27	8.10	0.	6.91E-01	1.26E-05	0.	0.	0.	2.86E-06	6.68E-14	0.	0.	6.91E-01
28	8.00	0.	6.48E-01	1.16E-05	0.	0.	0.	2.87E-06	6.93E-14	0.	0.	6.48E-01
29	7.90	0.	6.04E-01	6.91E-06	0.	0.	0.	2.89E-06	7.20E-14	0.	0.	6.04E-01
30	7.80	0.	5.59E-01	6.13E-06	0.	7.05E-07	0.	2.90E-06	7.48E-14	0.	0.	5.59E-01
31	7.70	0.	5.14E-01	4.01E-06	0.	1.66E-05	0.	2.92E-06	7.78E-14	0.	0.	5.14E-01
32	7.60	0.	4.69E-01	3.08E-06	0.	3.58E-05	0.	2.95E-06	8.09E-14	0.	0.	4.69E-01
33	7.50	0.	4.25E-01	2.18E-06	0.	1.88E-04	0.	2.96E-06	8.42E-14	0.	0.	4.25E-01
34	7.40	0.	3.81E-01	1.56E-06	0.	1.12E-03	0.	2.98E-06	8.77E-14	0.	0.	3.81E-01
35	7.30	0.	3.40E-01	1.15E-06	0.	6.81E-04	0.	3.00E-06	9.14E-14	0.	0.	3.41E-01
36	7.20	0.	3.00E-01	8.05E-07	0.	6.47E-03	0.	3.01E-06	9.52E-14	0.	0.	3.00E-01
37	7.10	0.	0.	6.09E-07	0.	4.69E-03	0.	3.04E-06	9.93E-14	0.	0.	7.89E-03
38	7.00	1.42E-03	0.	4.30E-07	0.	7.30E-03	0.	3.09E-06	1.04E-13	0.	0.	9.07E-03
39	6.90	2.40E-03	0.	3.06E-07	0.	2.25E-02	0.	3.09E-06	1.08E-13	0.	0.	2.36E-02
40	6.80	1.77E-03	0.	2.27E-07	0.	1.35E-02	0.	3.11E-06	1.13E-13	0.	0.	8.73E-02
41	6.70	1.09E-03	0.	1.53E-07	0.	3.77E-02	0.	3.14E-06	1.18E-13	0.	0.	3.38E-02
42	6.60	5.75E-04	0.	1.05E-07	0.	1.17E-02	0.	3.16E-06	1.24E-13	0.	0.	1.41E-02
43	6.50	2.78E-04	0.	6.05E-08	0.	1.43E-02	0.	3.19E-06	1.30E-13	0.	0.	1.81E-02
44	6.40	4.29E-04	0.	2.57E-08	4.49E-04	5.24E-02	0.	3.21E-06	1.36E-13	0.	0.	6.31E-02
45	6.30	8.22E-04	0.	9.06E-09	1.54E-03	7.99E-03	0.	3.23E-06	1.42E-13	0.	0.	2.46E-02
46	6.20	2.06E-03	0.	2.95E-09	1.71E-03	1.07E-02	0.	3.26E-06	1.48E-13	0.	0.	3.25E-02
47	6.10	6.68E-03	0.	8.69E-10	4.00E-03	1.21E-02	0.	3.28E-06	1.57E-13	0.	0.	3.86E-02
48	6.00	1.42E-02	0.	1.62E-10	2.37E-03	5.85E-03	0.	3.31E-06	1.65E-13	0.	0.	2.96E-02
49	5.90	1.87E-02	0.	1.10E-11	3.15E-03	0.	0.	3.31E-06	1.73E-13	0.	0.	
50	5.80	2.27E-02	0.	2.48E-13	3.79E-03	0.	0.	3.26E-06	1.82E-13	0.	0.	
51	5.70	2.05E-02	0.	0.	3.29E-03	0.	0.	3.06E-06	1.92E-13	0.	0.	

126

ABSORPTION COEFFICIENTS OF HEATED AIR (INVERSE CM.)

TEMPERATURE (DEGREES K) 4000.   DENSITY (GM/CC) 1.293E-04   (10.0E-02 NORMAL)

#	PHOTON ENERGY	O2 S-R BANDS	N2 1ST POS.	N2 2ND POS.	N2+ 1ST NEG.	NO BETA	NO GAMMA	NO VIB-ROT	NO 2	O- PHOTO-DET	FREE-FREE (IONS)	N P.E.	O P.F.	TOTAL AIR
52	5.60	2.26E-02	0.	0.	0.	1.67E-03	1.89E-02	0.	0.	2.85E-06	2.03E-13	0.	0.	4.32E-02
53	5.50	2.05E-02	0.	0.	0.	2.39E-03	2.80E-02	0.	0.	2.86E-06	2.14E-13	0.	0.	5.09E-02
54	5.40	1.82E-02	0.	0.	0.	1.68E-03	6.73E-03	0.	0.	2.88E-06	2.26E-13	0.	0.	2.66E-02
55	5.30	1.53E-02	0.	0.	0.	1.71E-03	2.01E-02	0.	0.	2.90E-06	2.39E-13	0.	0.	3.71E-02
56	5.20	8.13E-03	0.	0.	0.	1.58E-03	6.60E-03	0.	5.35E-06	2.91E-06	2.53E-13	0.	0.	1.63E-02
57	5.10	6.93E-03	0.	0.	0.	1.32E-03	6.66E-03	0.	5.39E-06	2.94E-06	2.68E-13	0.	0.	1.69E-02
58	5.00	5.58E-03	0.	0.	0.	9.63E-04	7.90E-03	0.	5.43E-06	2.96E-06	2.85E-13	0.	0.	1.34E-02
59	4.90	4.58E-03	0.	0.	0.	9.28E-04	4.42E-03	0.	5.47E-06	2.99E-06	3.03E-13	0.	0.	9.14E-03
60	4.80	3.79E-03	0.	0.	0.	9.49E-04	4.78E-03	0.	5.51E-06	3.04E-06	3.22E-13	0.	0.	9.56E-03
61	4.70	3.83E-03	0.	0.	0.	7.79E-04	2.22E-03	0.	5.55E-06	3.06E-06	3.43E-13	0.	0.	6.60E-03
62	4.60	3.58E-03	0.	0.	0.	7.07E-04	2.68E-03	0.	5.59E-06	3.09E-06	3.66E-13	0.	0.	7.04E-03
63	4.50	3.64E-03	0.	0.	0.	5.09E-04	1.11E-03	0.	5.62E-06	3.11E-06	3.91E-13	0.	0.	4.67E-03
64	4.40	3.04E-03	0.	0.	0.	4.44E-04	1.18E-03	0.	5.69E-06	3.14E-06	4.18E-13	0.	0.	4.17E-03
65	4.30	2.54E-03	0.	0.	0.	3.39E-04	3.95E-04	0.	5.76E-06	3.16E-06	4.48E-13	0.	0.	2.65E-03
66	4.20	1.91E-03	0.	0.	0.	3.09E-04	4.34E-04	0.	5.82E-06	3.16E-06	4.81E-13	0.	0.	2.24E-03
67	4.10	1.49E-03	0.	0.	0.	2.34E-04	1.06E-04	0.	5.87E-06	3.17E-06	5.17E-13	0.	0.	1.53E-03
68	4.00	1.18E-03	0.	7.34E-10	4.60E-13	1.92E-04	6.28E-05	0.	5.92E-06	3.17E-06	5.57E-13	0.	0.	1.14E-03
69	3.90	5.73E-04	0.	5.31E-09	1.87E-11	1.27E-04	3.97E-05	0.	5.99E-06	3.11E-06	6.01E-13	0.	0.	7.49E-04
70	3.80	5.65E-04	0.	4.64E-08	3.45E-12	1.29E-04	0.	0.	6.07E-06	3.11E-06	6.50E-13	0.	0.	7.30E-04
71	3.70	5.65E-04	0.	4.30E-09	9.63E-11	7.91E-05	0.	0.	6.15E-06	2.91E-06	7.04E-13	0.	0.	4.36E-04
72	3.60	3.56E-04	0.	5.90E-09	6.05E-11	3.89E-05	0.	0.	6.23E-06	2.67E-06	7.64E-13	0.	0.	3.55E-04
73	3.50	2.01E-04	0.	3.56E-08	1.43E-11	4.33E-05	0.	0.	6.31E-06	1.54E-06	8.32E-13	0.	0.	2.49E-04
74	3.40	1.38E-04	0.	2.10E-08	1.35E-12	2.18E-05	0.	0.	6.36E-06	1.54E-06	9.07E-13	0.	0.	1.89E-04
75	3.30	9.48E-05	0.	6.97E-08	1.05E-11	1.46E-05	0.	0.	6.40E-06	1.54E-06	9.93E-13	0.	0.	1.25E-04
76	3.20	6.29E-05	0.	3.58E-08	1.54E-11	1.15E-05	0.	0.	6.41E-06	1.55E-06	1.09E-12	0.	0.	9.26E-05
77	3.10	4.70E-05	0.	1.05E-08	2.36E-11	5.15E-06	0.	0.	6.25E-06	1.55E-06	1.20E-12	0.	0.	6.95E-05
78	3.00	3.23E-05	0.	6.02E-09	1.54E-11	2.08E-06	0.	0.	6.14E-06	1.56E-06	1.32E-12	0.	0.	5.09E-05
79	2.90	3.03E-05	0.	3.05E-09	1.11E-12	6.04E-07	0.	0.	6.02E-06	1.56E-06	1.46E-12	0.	0.	3.32E-05
80	2.80	1.72E-05	0.	8.92E-10	7.44E-12	1.51E-07	0.	0.	5.87E-06	1.56E-06	1.63E-12	0.	0.	2.70E-05
81	2.70	7.25E-06	0.	6.12E-10	1.16E-11	2.50E-08	0.	0.	5.63E-06	1.56E-06	1.81E-12	0.	0.	1.54E-05
82	2.60	1.97E-06	0.	1.94E-10	2.00E-13	1.99E-09	0.	0.	5.39E-06	1.56E-06	2.03E-12	0.	0.	9.55E-06
83	2.50	1.09E-07	0.	1.00E-11	5.69E-13	0.	0.	0.	4.70E-06	1.54E-06	2.28E-12	0.	0.	7.32E-06
84	2.40	0.	1.35E-09	8.74E-12	0.	0.	0.	0.	4.32E-06	1.54E-06	2.58E-12	0.	0.	6.95E-06
85	2.30	0.	2.05E-08	0.	0.	0.	0.	0.	3.87E-06	1.53E-06	2.93E-12	0.	0.	6.26E-06
86	2.20	0.	2.44E-08	0.	0.	0.	0.	0.	3.46E-06	1.48E-06	3.35E-12	0.	0.	5.95E-06
87	2.10	0.	9.53E-08	0.	0.	0.	0.	0.	2.87E-06	1.42E-06	3.86E-12	0.	0.	5.43E-06
88	2.00	0.	8.18E-08	0.	0.	0.	0.	0.	2.32E-06	1.36E-06	4.47E-12	0.	0.	5.39E-06
89	1.90	0.	6.21E-07	0.	0.	0.	0.	0.	1.85E-06	1.28E-06	5.21E-12	0.	0.	4.85E-06
90	1.80	0.	5.45E-07	0.	0.	0.	0.	0.	1.40E-06	1.06E-06	6.13E-12	0.	0.	4.15E-06
91	1.70	0.	4.55E-07	0.	0.	0.	0.	0.	1.04E-06	4.94E-07	7.28E-12	0.	0.	3.39E-06
92	1.60	0.	7.97E-07	0.	0.	0.	0.	0.	4.42E-07	0.	8.74E-12	0.	0.	2.36E-06
93	1.50	0.	3.62E-07	0.	0.	0.	0.	0.	2.66E-07	0.	1.06E-11	0.	0.	1.84E-06
94	1.40	0.	6.35E-07	0.	0.	0.	0.	0.	1.32E-07	0.	1.31E-11	0.	0.	1.05E-06
95	1.30	0.	2.74E-07	0.	0.	0.	0.	0.	6.59E-08	0.	1.63E-11	0.	0.	1.08E-06
96	1.20	0.	3.37E-07	0.	0.	0.	0.	0.	0.	0.	2.08E-11	0.	0.	6.79E-07
97	1.10	0.	1.97E-07	0.	0.	0.	0.	1.39E-07	0.	0.	2.70E-11	0.	0.	7.60E-07
98	1.00	0.	8.44E-08	0.	0.	0.	0.	2.90E-07	0.	0.	3.60E-11	0.	0.	1.31E-06
99	0.90	0.	2.48E-08	0.	0.	0.	0.	1.06E-06	0.	0.	4.96E-11	0.	0.	4.10E-06
100	0.80	0.	6.36E-11	0.	0.	0.	0.	4.02E-06	0.	0.	7.07E-11	0.	0.	5.15E-06
101	0.70	0.	0.	0.	0.	0.	0.	5.12E-06	0.	0.	1.06E-10	0.	0.	1.15E-05
102	0.60	0.	0.	0.	0.	0.	0.	1.15E-05	0.	0.	1.69E-10	0.	0.	1.15E-05

ABSORPTION COEFFICIENTS OF HEATED AIR (INVERSE CM.)

TEMPERATURE (DEGREES K) 4000. DENSITY (GM/CC) 1.293E-05 (10.0E-03 NORMAL)

	PHOTON ENERGY E.V.	O2 S-R BANDS	O2 S-R CONT.	N2 B-H NO. 1	NO BETA	NO GAMMA	NO 2	O- PHOTO-DET (IONS)	FREE-FREE (IONS)	N P.E.	O P.E.	TOTAL AIR
1	10.70	0.	0.	2.07E-03	0.	0.	0.	8.02E-08	1.29E-15	0.	0.	2.07E-03
2	10.60	0.	0.	1.46E-03	0.	0.	0.	8.03E-08	1.33E-15	0.	0.	1.46E-03
3	10.50	0.	0.	1.25E-03	0.	0.	0.	8.04E-08	1.37E-15	0.	0.	1.25E-03
4	10.40	0.	0.	9.67E-04	0.	0.	0.	8.05E-08	1.41E-15	0.	0.	9.67E-04
5	10.30	0.	0.	6.49E-04	0.	0.	0.	8.06E-08	1.45E-15	0.	0.	6.49E-04
6	10.20	0.	0.	5.69E-04	0.	0.	0.	8.07E-08	1.49E-15	0.	0.	5.69E-04
7	10.10	0.	0.	4.55E-04	0.	0.	0.	8.08E-08	1.54E-15	0.	0.	4.55E-04
8	10.00	0.	0.	2.80E-04	0.	0.	0.	8.09E-08	1.58E-15	0.	0.	2.80E-04
9	9.90	0.	0.	2.70E-04	0.	0.	0.	8.11E-08	1.63E-15	0.	0.	2.70E-04
10	9.80	0.	0.	1.98E-04	0.	0.	0.	8.12E-08	1.68E-15	0.	0.	1.98E-04
11	9.70	0.	0.	1.22E-04	0.	0.	0.	8.14E-08	1.74E-15	0.	0.	1.22E-04
12	9.60	0.	0.	1.31E-04	0.	0.	0.	8.15E-08	1.79E-15	0.	0.	1.31E-04
13	9.50	0.	8.22E-03	7.69E-05	0.	0.	0.	8.17E-08	1.85E-15	0.	0.	8.29E-03
14	9.40	0.	9.25E-03	5.88E-05	0.	0.	0.	8.20E-08	1.91E-15	0.	0.	9.31E-03
15	9.30	0.	1.03E-02	5.55E-05	0.	0.	0.	8.23E-08	1.97E-15	0.	0.	1.03E-02
16	9.20	0.	1.13E-02	2.83E-05	0.	0.	0.	8.26E-08	2.04E-15	0.	0.	1.14E-02
17	9.10	0.	1.40E-02	3.14E-05	0.	0.	0.	8.29E-08	2.11E-15	0.	0.	1.40E-02
18	9.00	0.	1.69E-02	1.97E-05	0.	0.	0.	8.32E-08	2.18E-15	0.	0.	1.69E-02
19	8.90	0.	1.99E-02	1.45E-05	0.	0.	0.	8.35E-08	2.25E-15	0.	0.	1.99E-02
20	8.80	0.	2.06E-02	1.25E-05	0.	0.	0.	8.38E-08	2.33E-15	0.	0.	2.06E-02
21	8.70	0.	1.97E-02	7.25E-06	0.	0.	0.	8.41E-08	2.41E-15	0.	0.	1.97E-02
22	8.60	0.	1.87E-02	7.40E-06	0.	0.	0.	8.44E-08	2.50E-15	0.	0.	1.87E-02
23	8.50	0.	1.78E-02	4.26E-06	0.	0.	0.	8.47E-08	2.58E-15	0.	0.	1.79E-02
24	8.40	0.	1.70E-02	3.96E-06	0.	0.	0.	8.51E-08	2.68E-15	0.	0.	1.70E-02
25	8.30	0.	1.62E-02	2.31E-06	0.	0.	0.	8.55E-08	2.78E-15	0.	0.	1.62E-02
26	8.20	0.	1.54E-02	2.08E-06	0.	0.	0.	8.60E-08	2.88E-15	0.	0.	1.54E-02
27	8.10	0.	1.45E-02	1.29E-06	0.	0.	0.	8.64E-08	2.99E-15	0.	0.	1.45E-02
28	8.00	0.	1.36E-02	1.12E-06	0.	0.	0.	8.69E-08	3.10E-15	0.	0.	1.36E-02
29	7.90	0.	1.28E-02	7.04E-07	0.	0.	0.	8.73E-08	3.22E-15	0.	0.	1.28E-02
30	7.80	0.	1.19E-02	6.25E-07	0.	0.	0.	8.78E-08	3.35E-15	0.	0.	1.19E-02
31	7.70	0.	1.10E-02	4.09E-07	0.	0.	0.	8.82E-08	3.48E-15	0.	0.	1.10E-02
32	7.60	0.	1.01E-02	3.14E-07	0.	3.16E-08	0.	8.87E-08	3.62E-15	0.	0.	1.01E-02
33	7.50	0.	9.24E-03	2.22E-07	0.	7.44E-07	0.	8.91E-08	3.77E-15	0.	0.	9.31E-03
34	7.40	0.	8.37E-03	1.59E-07	0.	1.60E-06	0.	8.96E-08	3.93E-15	0.	0.	8.37E-03
35	7.30	0.	7.51E-03	1.17E-07	0.	8.41E-06	0.	9.01E-08	4.09E-15	0.	0.	7.52E-03
36	7.20	0.	6.71E-03	8.21E-08	0.	5.01E-05	0.	9.06E-08	4.26E-15	0.	0.	6.76E-03
37	7.10	0.	5.91E-03	6.21E-08	0.	3.05E-05	0.	9.13E-08	4.45E-15	0.	0.	5.94E-03
38	7.00	2.80E-05	0.	4.39E-08	0.	2.90E-04	0.	9.21E-08	4.64E-15	0.	0.	3.18E-04
39	6.90	4.73E-05	0.	3.15E-08	0.	2.10E-04	0.	9.28E-08	4.85E-15	0.	0.	2.58E-04
40	6.80	3.50E-05	0.	2.31E-08	0.	3.27E-04	0.	9.36E-08	5.06E-15	0.	0.	3.62E-04
41	6.70	2.15E-05	0.	1.56E-08	0.	1.01E-03	0.	9.43E-08	5.30E-15	0.	0.	1.03E-03
42	6.60	1.13E-05	0.	1.07E-08	2.01E-05	3.65E-04	0.	9.51E-08	5.54E-15	0.	0.	3.77E-04
43	6.50	5.48E-06	0.	6.13E-09	6.91E-05	1.69E-03	0.	9.58E-08	5.80E-15	0.	0.	6.12E-04
44	6.40	8.46E-06	0.	2.62E-09	7.66E-05	5.23E-04	0.	9.65E-08	6.08E-15	0.	0.	1.72E-03
45	6.30	1.62E-05	0.	9.24E-10	1.79E-04	6.43E-04	0.	9.73E-08	6.37E-15	0.	0.	6.08E-04
46	6.20	4.06E-06	0.	3.01E-10	1.06E-04	2.35E-03	0.	9.80E-08	6.69E-15	0.	0.	7.60E-04
47	6.10	1.32E-04	0.	8.86E-11	1.41E-04	3.58E-03	0.	9.80E-08	7.02E-15	0.	0.	2.45E-03
48	6.00	2.80E-04	0.	1.66E-11	1.70E-04	4.80E-04	0.	9.85E-08	7.38E-15	0.	0.	7.45E-04
49	5.90	3.68E-04	0.	1.12E-12	1.48E-04	5.44E-04	0.	9.95E-08	7.76E-15	0.	0.	9.90E-04
50	5.80	5.48E-04	0.	2.53E-14		2.63E-04	0.	9.80E-08	8.17E-15	0.	0.	1.16E-03
51	5.70	4.04E-04	0.	0.			0.	9.21E-08	8.61E-15	0.	0.	8.14E-04

128

ABSORPTION COEFFICIENTS OF HEATED AIR (INVERSE CM.)

TEMPERATURE (DEGREES K) 4000.   DENSITY (GM/CC) 1.293E-05 (10.0E-03 NORMAL)

PHOTON ENERGY	O_2 S-R BANDS	N_2 1ST POS.	N_2 2ND POS.	N_2^+ 1ST NEG.	NO BETA	NO GAMMA	NO VIB-ROT	NO_2	O^- PHOTO-DET (IONS)	FREE-FREE (IONS)	N P.E.	O^- P.E.	TOTAL AIR
52 5.60	4.46E-04	0.	0.	0.	7.50E-05	8.49E-04	0.	0.	8.56E-08	9.08E-15	0.	0.	1.37E-03
53 5.50	4.04E-04	0.	0.	0.	1.07E-04	1.25E-03	0.	0.	8.61E-08	9.58E-15	0.	0.	1.76E-03
54 5.40	3.59E-04	0.	0.	0.	7.55E-05	3.02E-04	0.	0.	8.65E-08	1.01E-14	0.	0.	7.36E-04
55 5.30	3.01E-04	0.	0.	0.	7.67E-05	9.02E-04	0.	0.	8.76E-08	1.07E-14	0.	0.	1.28E-03
56 5.20	1.60E-04	0.	0.	0.	7.08E-05	2.96E-04	0.	3.37E-08	8.76E-08	1.13E-14	0.	0.	5.27E-04
57 5.10	1.37E-04	0.	0.	0.	5.93E-05	3.88E-04	0.	3.39E-08	8.84E-08	1.20E-14	0.	0.	5.85E-04
58 5.00	9.03E-05	0.	0.	0.	4.32E-05	3.54E-04	0.	3.42E-08	8.91E-08	1.28E-14	0.	0.	4.88E-04
59 4.90	7.47E-05	0.	0.	0.	4.16E-05	1.98E-04	0.	3.44E-08	8.99E-08	1.36E-14	0.	0.	3.14E-04
60 4.80	7.56E-05	0.	0.	0.	4.25E-05	1.98E-04	0.	3.47E-08	9.06E-08	1.44E-14	0.	0.	3.32E-04
61 4.70	7.56E-05	0.	0.	0.	3.49E-05	9.98E-05	0.	3.49E-08	9.13E-08	1.54E-14	0.	0.	2.06E-04
62 4.60	7.18E-05	0.	0.	0.	3.17E-05	1.20E-04	0.	3.51E-08	9.21E-08	1.64E-14	0.	0.	2.24E-04
63 4.50	6.00E-05	0.	0.	0.	2.99E-05	9.98E-05	0.	3.54E-08	9.28E-08	1.75E-14	0.	0.	1.33E-04
64 4.40	5.02E-05	0.	0.	0.	1.99E-05	5.28E-05	0.	3.58E-08	9.36E-08	1.87E-14	0.	0.	1.23E-04
65 4.30	3.77E-05	0.	0.	0.	1.52E-05	5.77E-05	0.	3.62E-08	9.43E-08	2.01E-14	0.	0.	7.08E-05
66 4.20	2.94E-05	0.	0.	0.	1.39E-05	1.95E-05	0.	3.67E-08	9.51E-08	2.16E-14	0.	0.	6.29E-05
67 4.10	2.33E-05	0.	0.	0.	1.05E-05	4.77E-06	0.	3.70E-08	9.54E-08	2.32E-14	0.	0.	3.87E-05
68 4.00	1.73E-05	0.	0.	0.	8.59E-06	2.82E-06	0.	3.73E-08	9.58E-08	2.49E-14	0.	0.	2.89E-05
69 3.90	1.13E-05	0.	7.48E-11	2.19E-13	5.71E-06	1.78E-06	0.	3.73E-08	9.54E-08	2.69E-14	0.	0.	1.89E-05
70 3.80	1.12E-05	0.	5.41E-11	8.92E-12	5.78E-06	0.	0.	3.77E-08	9.51E-08	2.91E-14	0.	0.	1.71E-05
71 3.70	7.03E-06	0.	4.81E-10	1.92E-12	1.08E-06	0.	0.	3.82E-08	9.36E-08	3.15E-14	0.	0.	1.03E-05
72 3.60	5.26E-06	0.	4.73E-09	3.54E-12	3.65E-06	0.	0.	3.87E-08	8.76E-08	3.42E-14	0.	0.	5.84E-06
73 3.50	3.98E-06	0.	4.39E-10	4.58E-11	1.75E-06	0.	0.	3.92E-08	8.62E-08	3.72E-14	0.	0.	4.75E-06
74 3.40	2.73E-06	0.	6.14E-10	2.88E-12	1.94E-06	0.	0.	3.97E-08	4.63E-08	4.06E-14	0.	0.	2.97E-06
75 3.30	1.87E-06	0.	1.18E-09	6.79E-12	1.01E-06	0.	0.	4.00E-08	4.63E-08	4.44E-14	0.	0.	2.30E-06
76 3.20	1.24E-06	0.	2.80E-10	6.44E-11	9.77E-07	0.	0.	4.03E-08	4.64E-08	4.88E-14	0.	0.	1.67E-06
77 3.10	9.28E-07	0.	3.11E-10	5.01E-13	6.53E-07	0.	0.	3.98E-08	4.66E-08	5.36E-14	0.	0.	1.21E-06
78 3.00	6.37E-07	0.	9.24E-11	7.34E-11	6.83E-07	0.	0.	3.93E-08	4.67E-08	5.92E-14	0.	0.	5.18E-07
79 2.90	4.00E-07	0.	6.24E-11	1.12E-11	2.31E-07	0.	0.	3.86E-08	4.68E-08	6.55E-14	0.	0.	7.17E-07
80 2.80	3.39E-07	0.	1.98E-11	5.27E-13	2.71E-08	0.	0.	3.79E-08	4.68E-08	7.28E-14	0.	0.	2.55E-07
81 2.70	1.43E-07	0.	1.02E-11	3.54E-12	5.51E-09	0.	0.	3.69E-08	4.68E-08	8.12E-14	0.	0.	1.29E-07
82 2.60	3.89E-08	0.	4.24E-12	2.71E-12	1.12E-09	0.	0.	3.54E-08	4.68E-08	9.10E-14	0.	0.	8.55E-08
83 2.50	2.14E-09	0.	8.91E-13	5.51E-13	8.94E-11	0.	0.	3.39E-08	4.64E-08	1.02E-13	0.	0.	8.10E-08
84 2.40	0.	1.38E-10	2.71E-13	9.49E-14	0.	0.	0.	3.18E-08	4.62E-08	1.16E-13	0.	0.	8.03E-08
85 2.30	0.	2.09E-09	0.	0.	0.	0.	0.	2.96E-08	4.60E-08	1.31E-13	0.	0.	7.83E-08
86 2.20	0.	2.49E-09	0.	0.	0.	0.	0.	2.72E-08	4.46E-08	1.50E-13	0.	0.	8.30E-08
87 2.10	0.	9.72E-09	0.	0.	0.	0.	0.	2.43E-08	4.29E-08	1.73E-13	0.	0.	7.72E-08
88 2.00	0.	8.34E-09	0.	0.	0.	0.	0.	2.17E-08	4.10E-08	2.00E-13	0.	0.	1.16E-07
89 1.90	0.	6.33E-08	0.	0.	0.	0.	0.	1.80E-08	3.86E-08	2.33E-13	0.	0.	1.22E-07
90 1.80	0.	0.	0.	0.	0.	0.	0.	1.46E-08	3.27E-08	2.75E-13	0.	0.	1.09E-07
91 1.70	0.	5.55E-08	0.	0.	0.	0.	0.	1.16E-08	1.48E-08	3.26E-13	0.	0.	9.07E-08
92 1.60	0.	4.64E-08	0.	0.	0.	0.	0.	8.81E-09	0.	3.91E-13	0.	0.	7.11E-08
93 1.50	0.	4.74E-08	0.	0.	0.	0.	0.	6.56E-09	0.	4.75E-13	0.	0.	8.78E-08
94 1.40	0.	8.12E-08	0.	0.	0.	0.	0.	4.36E-09	0.	5.85E-13	0.	0.	4.12E-08
95 1.30	0.	3.69E-08	0.	0.	0.	0.	0.	2.78E-09	0.	7.31E-13	0.	0.	6.75E-08
96 1.20	0.	6.47E-08	0.	0.	0.	0.	0.	1.67E-09	0.	9.30E-13	0.	0.	3.59E-08
97 1.10	0.	2.80E-08	0.	0.	0.	0.	6.23E-09	8.33E-10	0.	1.21E-12	0.	0.	4.82E-08
98 1.00	0.	3.44E-08	0.	0.	0.	0.	1.30E-08	4.15E-10	0.	1.61E-12	0.	0.	6.76E-08
99 0.90	0.	2.01E-08	0.	0.	0.	0.	4.71E-08	0.	0.	2.22E-12	0.	0.	4.89E-08
100 0.80	0.	8.61E-09	0.	0.	0.	0.	1.80E-07	0.	0.	3.17E-12	0.	0.	1.89E-07
101 0.70	0.	2.53E-09	0.	0.	0.	0.	2.30E-07	0.	0.	4.74E-12	0.	0.	2.32E-07
102 0.60	0.	6.48E-12	0.	0.	0.	0.	5.16E-07	0.	0.	7.56E-12	0.	0.	5.16E-07

ABSORPTION COEFFICIENTS OF HEATED AIR (INVERSE CM.)

TEMPERATURE (DEGREES K) 4000.   DENSITY (GM/CC) 1.293E-06   (10.0E-04 NORMAL)

PHOTON	ENRGY E.V.	O2 S-R BANDS	O2 S-R CONT.	N2 B-H NO. 1	NO BETA	NO GAMMA	NO2	O- PHOTO-DET (IONS)	FREE-FREE (IONS)	N P.E.	O P.E.	TOTAL AIR
1	10.70	0.	0.	2.08E-04	0.	0.	0.	1.62E-09	4.45E-17	0.	0.	2.08E-04
2	10.60	0.	0.	1.47E-04	0.	0.	0.	1.63E-09	4.58E-17	0.	0.	1.47E-04
3	10.50	0.	0.	1.26E-04	0.	0.	0.	1.63E-09	4.72E-17	0.	0.	1.26E-04
4	10.40	0.	0.	9.72E-05	0.	0.	0.	1.63E-09	4.85E-17	0.	0.	9.72E-05
5	10.30	0.	0.	6.52E-05	0.	0.	0.	1.64E-09	5.00E-17	0.	0.	6.52E-05
6	10.20	0.	0.	5.72E-05	0.	0.	0.	1.64E-09	5.15E-17	0.	0.	5.72E-05
7	10.10	0.	0.	4.57E-05	0.	0.	0.	1.64E-09	5.30E-17	0.	0.	4.57E-05
8	10.00	0.	0.	2.81E-05	0.	0.	0.	1.64E-09	5.46E-17	0.	0.	2.81E-05
9	9.90	0.	0.	2.72E-05	0.	0.	0.	1.65E-09	5.63E-17	0.	0.	2.72E-05
10	9.80	0.	0.	1.99E-05	0.	0.	0.	1.65E-09	5.81E-17	0.	0.	1.99E-05
11	9.70	0.	0.	1.23E-05	0.	0.	0.	1.65E-09	5.99E-17	0.	0.	1.23E-05
12	9.60	0.	0.	1.32E-05	0.	0.	0.	1.65E-09	6.18E-17	0.	0.	1.32E-05
13	9.50	0.	9.75E-05	7.72E-06	0.	0.	0.	1.66E-09	6.38E-17	0.	0.	1.05E-04
14	9.40	0.	1.10E-04	5.91E-06	0.	0.	0.	1.67E-09	6.59E-17	0.	0.	1.16E-04
15	9.30	0.	1.22E-04	5.58E-06	0.	0.	0.	1.67E-09	6.80E-17	0.	0.	1.28E-04
16	9.20	0.	1.35E-04	2.84E-06	0.	0.	0.	1.67E-09	7.03E-17	0.	0.	1.37E-04
17	9.10	0.	1.66E-04	3.15E-06	0.	0.	0.	1.68E-09	7.26E-17	0.	0.	1.69E-04
18	9.00	0.	2.01E-04	1.98E-06	0.	0.	0.	1.69E-09	7.51E-17	0.	0.	2.03E-04
19	8.90	0.	2.36E-04	1.46E-06	0.	0.	0.	1.69E-09	7.77E-17	0.	0.	2.37E-04
20	8.80	0.	2.45E-04	1.26E-06	0.	0.	0.	1.70E-09	8.03E-17	0.	0.	2.46E-04
21	8.70	0.	2.34E-04	7.44E-07	0.	0.	0.	1.70E-09	8.32E-17	0.	0.	2.34E-04
22	8.60	0.	2.23E-04	4.28E-07	0.	0.	0.	1.71E-09	8.61E-17	0.	0.	2.23E-04
23	8.50	0.	2.12E-04	3.98E-07	0.	0.	0.	1.72E-09	8.92E-17	0.	0.	2.12E-04
24	8.40	0.	2.02E-04	2.32E-07	0.	0.	0.	1.72E-09	9.24E-17	0.	0.	2.03E-04
25	8.30	0.	1.93E-04	2.09E-07	0.	0.	0.	1.73E-09	9.58E-17	0.	0.	1.93E-04
26	8.20	0.	1.83E-04	1.30E-07	0.	0.	0.	1.74E-09	9.94E-17	0.	0.	1.83E-04
27	8.10	0.	1.72E-04	1.12E-07	0.	0.	0.	1.75E-09	1.03E-16	0.	0.	1.72E-04
28	8.00	0.	1.62E-04	7.08E-08	0.	0.	0.	1.76E-09	1.07E-16	0.	0.	1.62E-04
29	7.90	0.	1.52E-04	6.28E-08	0.	0.	0.	1.77E-09	1.11E-16	0.	0.	1.52E-04
30	7.80	0.	1.41E-04	4.11E-08	0.	0.	0.	1.78E-09	1.16E-16	0.	0.	1.41E-04
31	7.70	0.	1.31E-04	3.15E-08	0.	0.	0.	1.79E-09	1.20E-16	0.	0.	1.31E-04
32	7.60	0.	1.21E-04	2.23E-08	0.	1.09E-09	0.	1.80E-09	1.25E-16	0.	0.	1.20E-04
33	7.50	0.	1.10E-04	1.60E-08	0.	2.57E-08	0.	1.81E-09	1.30E-16	0.	0.	1.10E-04
34	7.40	0.	9.94E-05	1.18E-08	0.	5.54E-08	0.	1.82E-09	1.35E-16	0.	0.	9.95E-05
35	7.30	0.	8.92E-05	8.25E-09	0.	2.90E-07	0.	1.83E-09	1.41E-16	0.	0.	8.95E-05
36	7.20	0.	7.96E-05	6.24E-09	0.	1.73E-06	0.	1.84E-09	1.47E-16	0.	0.	8.13E-05
37	7.10	0.	7.01E-05	4.41E-09	0.	1.05E-05	0.	1.85E-09	1.53E-16	0.	0.	8.06E-05
38	7.00	3.32E-07	0.	3.16E-09	0.	1.00E-05	0.	1.87E-09	1.60E-16	0.	0.	1.03E-05
39	6.90	5.61E-07	0.	2.32E-09	0.	7.25E-06	0.	1.88E-09	1.67E-16	0.	0.	7.82E-06
40	6.80	4.14E-07	0.	1.57E-09	0.	1.13E-05	0.	1.90E-09	1.75E-16	0.	0.	1.17E-05
41	6.70	2.54E-07	0.	6.16E-10	0.	3.48E-05	0.	1.91E-09	1.83E-16	0.	0.	3.50E-05
42	6.60	1.34E-07	0.	2.63E-10	0.	2.06E-05	0.	1.93E-09	1.91E-16	0.	0.	2.07E-05
43	6.50	6.49E-08	0.	9.28E-11	0.	2.09E-05	0.	1.94E-09	2.00E-16	0.	0.	2.10E-05
44	6.40	1.00E-07	0.	3.03E-11	6.95E-07	5.83E-05	0.	1.96E-09	2.10E-16	0.	0.	5.91E-05
45	6.30	1.92E-07	0.	8.90E-12	2.39E-06	1.80E-05	0.	1.97E-09	2.20E-16	0.	0.	2.06E-05
46	6.20	4.82E-08	0.	1.66E-12	2.64E-06	2.22E-05	0.	1.99E-09	2.31E-16	0.	0.	2.53E-05
47	6.10	1.56E-06	0.	1.13E-13	6.19E-06	8.11E-05	0.	2.00E-09	2.42E-16	0.	0.	8.88E-05
48	6.00	3.31E-06	0.	2.54E-15	3.66E-06	1.24E-05	0.	2.02E-09	2.55E-16	0.	0.	1.93E-05
49	5.90	5.36E-06	0.	0.	4.88E-06	1.66E-05	0.	2.02E-09	2.68E-16	0.	0.	2.59E-05
50	5.80	5.31E-06	0.	0.	5.87E-06	1.88E-05	0.	1.99E-09	2.82E-16	0.	0.	3.00E-05
51	5.70	4.78E-06	0.	0.	5.10E-06	9.06E-06	0.	1.87E-09	2.97E-16	0.	0.	1.90E-05

ABSORPTION COEFFICIENTS OF HEATED AIR (INVERSE CM.)

TEMPERATURE (DEGREES K) 4000.   DENSITY (GM/CC) 1.293E-06   (10.0E-04 NORMAL)

#	PHOTON ENERGY	O2 S-R BANDS	N2 1ST POS.	N2 2ND POS.	N2+ 1ST NEG.	NO BETA	NO GAMMA	NO VIB-ROT	NO2	O- PHOTO-DET	FREE-FREE (IONS)	N P.E.	O P.E.	TOTAL AIR
52	5.60	5.28E-06	0.	0.	0.	2.59E-06	2.93E-05	0.	0.	1.73E-09	3.13E-16	0.	0.	3.72E-05
53	5.50	4.79E-06	0.	0.	0.	3.71E-06	4.33E-05	0.	0.	1.74E-09	3.31E-16	0.	0.	5.18E-05
54	5.40	4.26E-06	0.	0.	0.	2.60E-06	1.04E-05	0.	0.	1.75E-09	3.49E-16	0.	0.	1.73E-05
55	5.30	3.57E-06	0.	0.	0.	2.65E-06	3.11E-05	0.	0.	1.76E-09	3.69E-16	0.	0.	3.74E-05
56	5.20	1.90E-06	0.	0.	0.	2.44E-06	1.02E-05	0.	1.26E-10	1.78E-09	3.91E-16	0.	0.	1.70E-05
57	5.10	1.62E-06	0.	0.	0.	2.05E-06	1.34E-05	0.	1.27E-10	1.79E-09	4.15E-16	0.	0.	1.48E-05
58	5.00	1.07E-06	0.	0.	0.	1.44E-06	1.22E-06	0.	1.28E-10	1.81E-09	4.40E-16	0.	0.	9.16E-06
59	4.90	8.85E-07	0.	0.	0.	1.07E-06	6.84E-06	0.	1.29E-10	1.82E-09	4.68E-16	0.	0.	9.76E-06
60	4.80	8.96E-07	0.	0.	0.	1.21E-06	7.39E-06	0.	1.30E-10	1.84E-09	4.98E-16	0.	0.	5.49E-06
61	4.70	8.37E-07	0.	0.	0.	1.27E-06	4.15E-06	0.	1.31E-10	1.85E-09	5.30E-16	0.	0.	6.10E-06
62	4.60	8.51E-07	0.	0.	0.	1.09E-06	1.72E-06	0.	1.32E-10	1.87E-09	5.66E-16	0.	0.	3.22E-06
63	4.50	7.11E-07	0.	0.	0.	7.87E-07	1.82E-06	0.	1.34E-10	1.88E-09	6.04E-16	0.	0.	3.11E-06
64	4.40	5.95E-07	0.	0.	0.	6.87E-07	6.11E-07	0.	1.36E-10	1.90E-09	6.46E-16	0.	0.	1.58E-06
65	4.30	5.47E-07	0.	0.	0.	5.25E-07	6.71E-07	0.	1.38E-10	1.91E-09	6.93E-16	0.	0.	1.05E-06
66	4.20	3.48E-07	0.	0.	0.	4.79E-07	1.65E-07	0.	1.39E-10	1.93E-09	7.43E-16	0.	0.	8.05E-07
67	4.10	2.76E-07	0.	0.	0.	3.63E-07	6.14E-08	0.	1.40E-10	1.94E-09	7.99E-16	0.	0.	6.01E-07
68	4.00	2.05E-07	0.	7.52E-12	1.18E-13	2.96E-07	0.	0.	1.42E-10	1.96E-09	8.60E-16	0.	0.	3.95E-07
69	3.90	1.34E-07	0.	5.44E-11	4.82E-12	1.97E-07	0.	0.	1.45E-10	1.93E-09	9.28E-16	0.	0.	3.34E-07
70	3.80	1.32E-07	0.	4.83E-11	1.91E-13	1.99E-07	0.	0.	1.47E-10	1.93E-09	1.00E-15	0.	0.	1.95E-07
71	3.70	8.33E-08	0.	4.76E-10	2.47E-11	1.09E-07	0.	0.	1.49E-10	1.93E-09	1.09E-15	0.	0.	1.87E-07
72	3.60	6.24E-08	0.	4.41E-11	1.56E-13	1.02E-07	0.	0.	1.50E-10	1.78E-09	1.18E-15	0.	0.	1.10E-07
73	3.50	4.71E-08	0.	6.05E-10	1.67E-13	6.70E-08	0.	0.	1.51E-10	1.62E-09	1.28E-15	0.	0.	5.84E-08
74	3.40	3.23E-08	0.	3.65E-10	2.71E-13	3.37E-08	0.	0.	1.51E-10	1.28E-09	1.40E-15	0.	0.	4.96E-08
75	3.30	2.22E-08	0.	2.82E-11	3.96E-12	2.25E-08	0.	0.	1.50E-10	9.38E-10	1.53E-15	0.	0.	3.46E-08
76	3.20	1.10E-08	0.	3.13E-11	6.07E-13	1.67E-08	0.	0.	1.48E-10	9.41E-10	1.68E-15	0.	0.	2.53E-08
77	3.10	7.55E-09	0.	9.14E-12	2.85E-13	1.96E-08	0.	0.	1.45E-10	9.43E-10	1.85E-15	0.	0.	1.38E-08
78	3.00	4.74E-09	0.	6.07E-12	1.91E-12	3.22E-09	0.	0.	1.43E-10	9.45E-10	2.04E-15	0.	0.	8.34E-09
79	2.90	4.02E-09	0.	1.99E-12	2.98E-13	0.	0.	0.	1.42E-10	9.47E-10	2.26E-15	0.	0.	3.72E-09
80	2.80	1.69E-09	0.	1.03E-12	3.87E-13	0.	0.	0.	1.33E-10	9.48E-10	2.51E-15	0.	0.	1.78E-09
81	2.70	4.61E-10	0.	4.26E-13	5.13E-14	0.	0.	0.	1.28E-10	9.48E-10	2.80E-15	0.	0.	1.15E-09
82	2.60	2.54E-11	0.	8.95E-14	1.46E-13	0.	0.	0.	1.19E-10	9.48E-10	3.14E-15	0.	0.	1.09E-09
83	2.50	0.	0.	0.	0.	0.	0.	0.	1.11E-10	9.48E-10	3.53E-15	0.	0.	1.27E-09
84	2.40	0.	1.38E-11	0.	0.	0.	0.	0.	1.02E-10	9.41E-10	3.99E-15	0.	0.	1.30E-09
85	2.30	0.	2.10E-10	0.	0.	0.	0.	0.	9.14E-11	9.37E-10	4.53E-15	0.	0.	2.05E-09
86	2.20	0.	9.50E-10	0.	0.	0.	0.	0.	8.17E-11	9.03E-10	5.18E-15	0.	0.	1.83E-09
87	2.10	0.	8.38E-10	0.	0.	0.	0.	0.	6.78E-11	8.69E-10	5.96E-15	0.	0.	6.15E-09
88	2.00	0.	6.36E-09	0.	0.	0.	0.	0.	5.48E-11	8.31E-10	6.90E-15	0.	0.	7.26E-09
89	1.90	0.	5.58E-09	0.	0.	0.	0.	0.	3.31E-11	7.82E-10	8.05E-15	0.	0.	6.42E-09
90	1.80	0.	4.66E-09	0.	0.	0.	0.	0.	2.46E-11	6.62E-10	9.47E-15	0.	0.	5.37E-09
91	1.70	0.	4.77E-09	0.	0.	0.	0.	0.	1.64E-11	3.01E-10	1.11E-14	0.	0.	5.10E-09
92	1.60	0.	8.17E-09	0.	0.	0.	0.	0.	1.05E-11	0.	1.35E-14	0.	0.	8.19E-09
93	1.50	0.	3.71E-09	0.	0.	0.	0.	0.	6.28E-12	0.	1.64E-14	0.	0.	3.72E-09
94	1.40	0.	6.51E-09	0.	0.	0.	0.	0.	3.13E-12	0.	2.02E-14	0.	0.	6.52E-09
95	1.30	0.	2.81E-09	0.	0.	0.	0.	0.	1.56E-12	0.	2.52E-14	0.	0.	3.03E-09
96	1.20	0.	3.46E-09	0.	0.	0.	0.	0.	0.	0.	3.21E-14	0.	0.	3.91E-09
97	1.10	0.	2.02E-09	0.	0.	0.	0.	2.15E-10	0.	0.	4.17E-14	0.	0.	3.65E-09
98	1.00	0.	8.65E-10	0.	0.	0.	0.	4.49E-10	0.	0.	5.57E-14	0.	0.	7.09E-09
99	0.90	0.	2.55E-10	0.	0.	0.	0.	1.63E-09	0.	0.	7.65E-14	0.	0.	8.18E-09
100	0.80	0.	6.52E-13	0.	0.	0.	0.	6.15E-09	0.	0.	1.09E-13	0.	0.	1.78E-08
101	0.70	0.	0.	0.	0.	0.	0.	7.93E-09	0.	0.	1.63E-13	0.	0.	
102	0.60	0.	0.	0.	0.	0.	0.	1.78E-08	0.	0.	2.61E-13	0.	0.	

ABSORPTION COEFFICIENTS OF HEATED AIR (INVERSE CM.)

TEMPERATURE (DEGREES K) 4000.   DENSITY (GM/CC) 1.293E-07   (10.0E-05 NORMAL)

	PHOTON ENERGY BANDS E.V.	O2 S-R BANDS	O2 S-R CONT.	N2 B-H NO. 1	NO BETA	NO GAMMA	NO2	O- PHOTO-DET (IONS)	FREE-FREE (IONS)	N P.E.	O P.E.	TOTAL AIR
1	10.70	0.	0.	2.05E-05	0.	0.	0.	2.97E-11	1.43E-18	0.	0.	2.05E-05
2	10.60	0.	0.	1.45E-05	0.	0.	0.	2.97E-11	1.47E-18	0.	0.	1.45E-05
3	10.50	0.	0.	1.24E-05	0.	0.	0.	2.97E-11	1.51E-18	0.	0.	1.24E-05
4	10.40	0.	0.	9.58E-06	0.	0.	0.	2.98E-11	1.56E-18	0.	0.	9.58E-06
5	10.30	0.	0.	6.43E-06	0.	0.	0.	2.98E-11	1.60E-18	0.	0.	6.43E-06
6	10.20	0.	0.	5.64E-06	0.	0.	0.	2.99E-11	1.65E-18	0.	0.	5.64E-06
7	10.10	0.	0.	4.50E-06	0.	0.	0.	2.99E-11	1.70E-18	0.	0.	4.50E-06
8	10.00	0.	0.	2.77E-06	0.	0.	0.	3.00E-11	1.75E-18	0.	0.	2.77E-06
9	9.90	0.	0.	2.68E-06	0.	0.	0.	3.00E-11	1.80E-18	0.	0.	2.68E-06
10	9.80	0.	0.	1.96E-06	0.	0.	0.	3.01E-11	1.86E-18	0.	0.	1.96E-06
11	9.70	0.	0.	1.21E-06	0.	0.	0.	3.01E-11	1.92E-18	0.	0.	1.21E-06
12	9.60	0.	0.	1.30E-06	0.	0.	0.	3.02E-11	1.98E-18	0.	0.	1.30E-06
13	9.50	0.	1.01E-06	7.61E-07	0.	0.	0.	3.03E-11	2.04E-18	0.	0.	1.77E-06
14	9.40	0.	1.14E-06	5.83E-07	0.	0.	0.	3.04E-11	2.11E-18	0.	0.	1.72E-06
15	9.30	0.	1.27E-06	5.50E-07	0.	0.	0.	3.05E-11	2.18E-18	0.	0.	1.82E-06
16	9.20	0.	1.40E-06	2.80E-07	0.	0.	0.	3.06E-11	2.25E-18	0.	0.	1.68E-06
17	9.10	0.	1.72E-06	3.11E-07	0.	0.	0.	3.08E-11	2.33E-18	0.	0.	2.03E-06
18	9.00	0.	2.09E-06	1.95E-07	0.	0.	0.	3.09E-11	2.41E-18	0.	0.	2.28E-06
19	8.90	0.	2.45E-06	1.44E-07	0.	0.	0.	3.10E-11	2.49E-18	0.	0.	2.59E-06
20	8.80	0.	2.55E-06	1.24E-07	0.	0.	0.	3.12E-11	2.58E-18	0.	0.	2.67E-06
21	8.70	0.	2.43E-06	7.18E-08	0.	0.	0.	3.12E-11	2.67E-18	0.	0.	2.50E-06
22	8.60	0.	2.32E-06	7.33E-08	0.	0.	0.	3.13E-11	2.76E-18	0.	0.	2.39E-06
23	8.50	0.	2.20E-06	4.22E-08	0.	0.	0.	3.16E-11	2.86E-18	0.	0.	2.24E-06
24	8.40	0.	2.11E-06	2.92E-08	0.	0.	0.	3.18E-11	2.96E-18	0.	0.	2.14E-06
25	8.30	0.	2.01E-06	2.06E-08	0.	0.	0.	3.20E-11	3.07E-18	0.	0.	2.03E-06
26	8.20	0.	1.91E-06	1.28E-08	0.	0.	0.	3.21E-11	3.19E-18	0.	0.	1.92E-06
27	8.10	0.	1.79E-06	1.11E-08	0.	0.	0.	3.23E-11	3.31E-18	0.	0.	1.80E-06
28	8.00	0.	1.68E-06	6.98E-09	0.	0.	0.	3.25E-11	3.43E-18	0.	0.	1.69E-06
29	7.90	0.	1.57E-06	6.19E-09	0.	0.	0.	3.26E-11	3.56E-18	0.	0.	1.58E-06
30	7.80	0.	1.47E-06	4.05E-09	0.	0.	0.	3.29E-11	3.70E-18	0.	0.	1.47E-06
31	7.70	0.	1.36E-06	3.11E-09	0.	0.	0.	3.31E-11	3.85E-18	0.	0.	1.36E-06
32	7.60	0.	1.25E-06	2.20E-09	0.	3.49E-11	0.	3.35E-11	4.01E-18	0.	0.	1.25E-06
33	7.50	0.	1.14E-06	1.58E-09	0.	8.22E-10	0.	3.38E-11	4.17E-18	0.	0.	1.14E-06
34	7.40	0.	1.04E-06	1.16E-09	0.	1.77E-09	0.	3.40E-11	4.34E-18	0.	0.	1.04E-06
35	7.30	0.	9.36E-07	8.13E-10	0.	9.22E-09	0.	3.43E-11	4.52E-18	0.	0.	9.37E-07
36	7.20	0.	7.82E-07	6.15E-10	0.	5.53E-08	0.	3.46E-11	4.72E-18	0.	0.	7.83E-07
37	7.10	0.	7.63E-07	4.35E-10	0.	3.37E-08	0.	3.49E-11	4.92E-18	0.	0.	7.63E-07
38	7.00	3.45E-09	0.	3.12E-10	0.	3.20E-07	0.	3.51E-11	5.13E-18	0.	0.	3.24E-07
39	6.90	5.82E-09	0.	2.29E-10	0.	2.32E-07	0.	3.54E-11	5.36E-18	0.	0.	2.38E-07
40	6.80	4.30E-09	0.	1.54E-10	0.	3.61E-07	0.	3.57E-11	5.60E-18	0.	0.	3.66E-07
41	6.70	2.40E-09	0.	1.06E-10	0.	1.11E-06	0.	3.60E-11	5.86E-18	0.	0.	1.12E-06
42	6.60	6.74E-10	0.	6.07E-11	0.	4.04E-07	0.	3.65E-11	6.13E-18	0.	0.	4.05E-07
43	6.50	6.40E-10	0.	2.59E-11	0.	6.70E-07	0.	3.68E-11	6.42E-18	0.	0.	6.70E-07
44	6.40	1.04E-09	0.	9.15E-12	2.22E-08	1.87E-06	0.	3.68E-11	6.72E-18	0.	0.	1.89E-06
45	6.30	2.00E-09	0.	2.98E-12	7.64E-08	5.77E-07	0.	3.62E-11	7.05E-18	0.	0.	6.56E-07
46	6.20	5.00E-09	0.	8.77E-13	8.46E-08	7.10E-07	0.	3.60E-11	7.39E-18	0.	0.	7.99E-07
47	6.10	1.62E-08	0.	1.64E-13	1.98E-07	2.59E-06	0.	3.65E-11	7.76E-18	0.	0.	2.80E-06
48	6.00	3.44E-08	0.	1.11E-14	1.17E-07	3.96E-07	0.	3.68E-11	8.16E-18	0.	0.	5.47E-07
49	5.90	4.53E-08	0.	2.50E-16	1.56E-07	5.30E-07	0.	3.58E-11	8.58E-18	0.	0.	7.32E-07
50	5.80	5.52E-08	0.	0.	1.88E-07	6.01E-07	0.	3.62E-11	9.03E-18	0.	0.	8.44E-07
51	5.70	4.97E-08	0.	0.	1.63E-07	2.90E-07	0.	3.40E-11	9.52E-18	0.	0.	5.03E-07

ABSORPTION COEFFICIENTS OF HEATED AIR (INVERSE CM.)

TEMPERATURE (DEGREES K) 4000.   DENSITY (GM/CC) 1.293E-07   (10.0E-05 NORMAL)

PHOTON ENERGY	O2 S-R BANDS	N2 1ST POS.	N2 2ND POS.	N2+ 1ST NEG.	NO BETA	NO GAMMA	NO VIB-ROT	NO2	O- PHOTO-DET	FREE-FREE (IONS)	N P.E.	O P.E.	TOTAL AIR
52 5.60	5.48E-08	0.	0.	0.	8.28E-08	9.37E-07	0.	0.	3.17E-11	10.00E-18	0.	0.	1.07E-06
53 5.50	4.97E-08	0.	0.	0.	1.19E-07	1.38E-06	0.	0.	3.18E-11	1.06E-17	0.	0.	1.55E-06
54 5.40	4.42E-08	0.	0.	0.	8.33E-08	3.33E-07	0.	0.	3.20E-11	1.12E-17	0.	0.	4.60E-07
55 5.30	3.71E-08	0.	0.	0.	8.47E-08	9.96E-07	0.	0.	3.22E-11	1.18E-17	0.	0.	1.12E-06
56 5.20	1.97E-08	0.	0.	0.	7.82E-08	3.27E-07	0.	0.	3.24E-11	1.35E-17	0.	0.	5.11E-07
57 5.10	1.68E-08	0.	0.	0.	6.55E-08	4.29E-07	0.	4.13E-13	3.27E-11	1.41E-17	0.	0.	4.50E-07
58 5.00	1.11E-08	0.	0.	0.	4.77E-08	3.91E-07	0.	4.16E-13	3.29E-11	1.50E-17	0.	0.	2.74E-07
59 4.90	9.20E-09	0.	0.	0.	4.59E-08	2.19E-07	0.	4.19E-13	3.32E-11	1.59E-17	0.	0.	2.93E-07
60 4.80	9.30E-09	0.	0.	0.	4.70E-08	2.36E-07	0.	4.22E-13	3.35E-11	1.70E-17	0.	0.	1.57E-07
61 4.70	8.69E-09	0.	7.41E-13	0.	3.86E-08	1.10E-07	0.	4.25E-13	3.38E-11	1.81E-17	0.	0.	1.77E-07
62 4.60	8.84E-09	0.	5.36E-12	0.	3.50E-08	1.33E-07	0.	4.28E-13	3.40E-11	1.94E-17	0.	0.	8.76E-08
63 4.50	7.39E-09	0.	4.69E-11	0.	2.52E-08	5.50E-08	0.	4.31E-13	3.43E-11	2.07E-17	0.	0.	8.65E-08
64 4.40	6.18E-09	0.	4.34E-12	0.	2.20E-08	5.83E-08	0.	4.34E-13	3.46E-11	2.22E-17	0.	0.	4.10E-08
65 4.30	4.64E-09	0.	5.96E-11	0.	1.68E-08	1.98E-08	0.	4.39E-13	3.49E-11	2.38E-17	0.	0.	4.05E-08
66 4.20	3.62E-09	0.	3.59E-11	0.	1.53E-08	2.15E-08	0.	4.44E-13	3.51E-11	2.56E-17	0.	0.	1.98E-08
67 4.10	2.86E-09	0.	2.12E-11	0.	1.16E-08	5.27E-09	0.	4.49E-13	3.53E-11	2.76E-17	0.	0.	1.48E-08
68 4.00	2.13E-09	0.	7.04E-11	0.	9.48E-09	3.11E-09	0.	4.53E-13	3.54E-11	2.98E-17	0.	0.	9.73E-09
69 3.90	1.39E-09	0.	1.07E-11	6.50E-14	6.30E-09	1.96E-09	0.	4.54E-13	3.53E-11	3.22E-17	0.	0.	7.81E-09
70 3.80	1.37E-09	0.	3.62E-11	2.65E-12	6.38E-09	0.	0.	4.57E-13	3.53E-11	3.48E-17	0.	0.	4.44E-09
71 3.70	6.65E-10	0.	6.08E-12	4.52E-13	3.47E-09	0.	0.	4.68E-13	3.51E-11	3.78E-17	0.	0.	4.61E-09
72 3.60	4.89E-10	0.	2.78E-12	1.05E-11	1.91E-09	0.	0.	4.75E-13	3.46E-11	4.12E-17	0.	0.	2.50E-09
73 3.50	3.36E-10	0.	3.08E-12	1.36E-11	1.93E-09	0.	0.	4.81E-13	3.24E-11	4.49E-17	0.	0.	2.50E-09
74 3.40	2.30E-10	0.	9.01E-13	8.56E-14	2.14E-09	0.	0.	4.87E-13	2.97E-11	4.91E-17	0.	0.	1.38E-09
75 3.30	1.53E-10	0.	6.18E-13	1.92E-11	1.12E-09	0.	0.	4.91E-13	1.71E-11	5.39E-17	0.	0.	1.27E-09
76 3.20	1.14E-10	0.	1.57E-13	1.49E-13	1.08E-09	0.	0.	4.94E-13	1.71E-11	5.93E-17	0.	0.	8.56E-10
77 3.10	7.84E-11	0.	1.96E-11	5.34E-10	7.21E-10	0.	0.	4.94E-13	1.72E-11	6.54E-17	0.	0.	6.33E-10
78 3.00	4.18E-11	0.	1.01E-13	2.18E-12	5.34E-10	0.	0.	4.88E-13	1.72E-11	7.25E-17	0.	0.	3.26E-10
79 2.90	1.76E-11	0.	4.20E-14	2.55E-10	2.55E-10	0.	0.	4.82E-13	1.72E-11	8.05E-17	0.	0.	1.63E-10
80 2.80	2.64E-13	0.	8.82E-15	1.03E-10	1.03E-10	0.	0.	4.74E-13	1.73E-11	8.98E-17	0.	0.	6.64E-11
81 2.70	0.	0.	8.05E-14	2.99E-11	2.99E-11	0.	0.	4.64E-13	1.73E-11	1.01E-16	0.	0.	3.02E-11
82 2.60	0.	0.	0.	7.46E-12	7.46E-12	0.	0.	4.53E-13	1.73E-11	1.13E-16	0.	0.	1.93E-11
83 2.50	0.	0.	0.	1.24E-12	1.24E-12	0.	0.	4.34E-13	1.73E-11	1.28E-16	0.	0.	3.82E-11
84 2.40	0.	1.36E-12	0.	9.87E-14	9.87E-14	0.	0.	4.16E-13	1.73E-11	1.45E-16	0.	0.	4.21E-11
85 2.30	0.	2.07E-11	0.	0.	0.	0.	0.	3.90E-13	1.72E-11	1.66E-16	0.	0.	1.14E-11
86 2.20	0.	2.47E-11	0.	0.	0.	0.	0.	3.63E-13	1.70E-11	1.91E-16	0.	0.	9.94E-11
87 2.10	0.	9.62E-11	0.	0.	0.	0.	0.	3.34E-13	1.65E-11	2.21E-16	0.	0.	5.29E-10
88 2.00	0.	8.26E-11	0.	0.	0.	0.	0.	2.98E-13	1.58E-11	2.58E-16	0.	0.	6.43E-10
89 1.90	0.	5.12E-10	0.	0.	0.	0.	0.	2.67E-13	1.52E-11	3.04E-16	0.	0.	5.65E-10
90 1.80	0.	6.27E-10	0.	0.	0.	0.	0.	2.21E-13	1.43E-11	3.61E-16	0.	0.	4.75E-10
91 1.70	0.	5.50E-10	0.	0.	0.	0.	0.	1.79E-13	1.21E-11	4.33E-16	0.	0.	8.05E-10
92 1.60	0.	4.59E-10	0.	0.	0.	0.	0.	1.43E-13	5.49E-12	5.26E-16	0.	0.	6.41E-10
93 1.50	0.	4.70E-10	0.	0.	0.	0.	0.	1.08E-13	0.	6.47E-16	0.	0.	2.84E-10
94 1.40	0.	8.05E-10	0.	0.	0.	0.	0.	8.05E-14	0.	8.08E-16	0.	0.	3.55E-10
95 1.30	0.	3.65E-10	0.	0.	0.	0.	0.	5.34E-14	0.	1.03E-15	0.	0.	2.51E-10
96 1.20	0.	6.41E-10	0.	0.	0.	0.	6.88E-12	3.42E-14	0.	1.34E-15	0.	0.	2.84E-10
97 1.10	0.	2.77E-10	0.	0.	0.	0.	1.44E-11	2.05E-14	0.	1.78E-15	0.	0.	2.79E-10
98 1.00	0.	3.41E-10	0.	0.	0.	0.	5.20E-11	1.02E-14	0.	2.45E-15	0.	0.	5.70E-10
99 0.90	0.	1.99E-10	0.	0.	0.	0.	1.99E-10	5.08E-15	0.	3.50E-15	0.	0.	
100 0.80	0.	8.53E-11	0.	0.	0.	0.	2.54E-10	0.	0.	5.24E-15	0.	0.	
101 0.70	0.	2.51E-11	0.	0.	0.	0.	5.70E-10	0.	0.	8.36E-15	0.	0.	
102 0.60	0.	6.42E-14	0.	0.	0.	0.	0.	0.	0.	0.	0.	0.	

ABSORPTION COEFFICIENTS OF HEATED AIR (INVERSE CM.)

TEMPERATURE (DEGREES K) 4000.   DENSITY (GM/CC) 1.293E-08 (10.0E-06 NORMAL)

PHOTON ENERGY E.V.	O2 S-R BANDS	O2 S-R CONT.	N2 B-H NO.1	NO BETA	NO GAMMA	NO2	O- PHOTO-DET (IONS)	FREE-FREE (IONS)	N P.E.	O P.E.	TOTAL AIR
1 10.70	0.	0.	1.94E-06	0.	0.	0.	5.25E-13	4.43E-20	0.	0.	1.94E-06
2 10.60	0.	0.	1.37E-06	0.	0.	0.	5.26E-13	4.55E-20	0.	0.	1.37E-06
3 10.50	0.	0.	1.17E-06	0.	0.	0.	5.26E-13	4.69E-20	0.	0.	1.17E-06
4 10.40	0.	0.	9.07E-07	0.	0.	0.	5.27E-13	4.82E-20	0.	0.	9.07E-07
5 10.30	0.	0.	6.08E-07	0.	0.	0.	5.28E-13	4.97E-20	0.	0.	6.08E-07
6 10.20	0.	0.	5.34E-07	0.	0.	0.	5.29E-13	5.11E-20	0.	0.	5.34E-07
7 10.10	0.	0.	4.26E-07	0.	0.	0.	5.30E-13	5.27E-20	0.	0.	4.26E-07
8 10.00	0.	0.	2.62E-07	0.	0.	0.	5.31E-13	5.43E-20	0.	0.	2.62E-07
9 9.90	0.	0.	2.54E-07	0.	0.	0.	5.32E-13	5.60E-20	0.	0.	2.54E-07
10 9.80	0.	0.	1.86E-07	0.	0.	0.	5.33E-13	5.77E-20	0.	0.	1.86E-07
11 9.70	0.	0.	1.15E-07	0.	0.	0.	5.34E-13	5.95E-20	0.	0.	1.15E-07
12 9.60	0.	0.	1.23E-07	0.	0.	0.	5.35E-13	6.14E-20	0.	0.	1.23E-07
13 9.50	0.	1.02E-08	7.21E-08	0.	0.	0.	5.37E-13	6.34E-20	0.	0.	8.23E-08
14 9.40	0.	1.15E-08	5.52E-08	0.	0.	0.	5.39E-13	6.55E-20	0.	0.	6.67E-08
15 9.30	0.	1.28E-08	5.21E-08	0.	0.	0.	5.40E-13	6.76E-20	0.	0.	6.49E-08
16 9.20	0.	1.41E-08	2.65E-08	0.	0.	0.	5.42E-13	6.98E-20	0.	0.	4.07E-08
17 9.10	0.	1.74E-08	2.94E-08	0.	0.	0.	5.44E-13	7.22E-20	0.	0.	4.68E-08
18 9.00	0.	2.11E-08	1.85E-08	0.	0.	0.	5.46E-13	7.46E-20	0.	0.	3.95E-08
19 8.90	0.	2.47E-08	1.36E-08	0.	0.	0.	5.48E-13	7.72E-20	0.	0.	3.74E-08
20 8.80	0.	2.57E-08	1.17E-08	0.	0.	0.	5.50E-13	7.98E-20	0.	0.	3.13E-08
21 8.70	0.	2.45E-08	6.80E-09	0.	0.	0.	5.52E-13	8.26E-20	0.	0.	3.03E-08
22 8.60	0.	2.34E-08	6.94E-09	0.	0.	0.	5.54E-13	8.56E-20	0.	0.	3.03E-08
23 8.50	0.	2.22E-08	4.00E-09	0.	0.	0.	5.57E-13	8.86E-20	0.	0.	2.49E-08
24 8.40	0.	2.12E-08	3.71E-09	0.	0.	0.	5.60E-13	9.18E-20	0.	0.	2.62E-08
25 8.30	0.	2.02E-08	2.17E-09	0.	0.	0.	5.63E-13	9.52E-20	0.	0.	2.24E-08
26 8.20	0.	1.92E-08	1.95E-09	0.	0.	0.	5.66E-13	9.88E-20	0.	0.	2.11E-08
27 8.10	0.	1.81E-08	1.21E-09	0.	0.	0.	5.69E-13	1.02E-19	0.	0.	1.93E-08
28 8.00	0.	1.70E-08	1.05E-09	0.	0.	0.	5.72E-13	1.06E-19	0.	0.	1.80E-08
29 7.90	0.	1.59E-08	6.61E-10	0.	0.	0.	5.75E-13	1.10E-19	0.	0.	1.66E-08
30 7.80	0.	1.48E-08	5.86E-10	0.	0.	0.	5.77E-13	1.15E-19	0.	0.	1.54E-08
31 7.70	0.	1.37E-08	3.84E-10	0.	0.	0.	5.80E-13	1.19E-19	0.	0.	1.41E-08
32 7.60	0.	1.26E-08	2.94E-10	0.	1.08E-12	0.	5.83E-13	1.24E-19	0.	0.	1.29E-08
33 7.50	0.	1.15E-08	2.08E-10	0.	2.54E-11	0.	5.87E-13	1.29E-19	0.	0.	1.18E-08
34 7.40	0.	1.04E-08	1.49E-10	0.	5.48E-11	0.	5.90E-13	1.35E-19	0.	0.	1.06E-08
35 7.30	0.	9.36E-09	1.10E-10	0.	2.87E-10	0.	5.93E-13	1.40E-19	0.	0.	9.76E-09
36 7.20	0.	8.36E-09	7.70E-11	0.	1.71E-09	0.	5.98E-13	1.46E-19	0.	0.	1.01E-08
37 7.10	0.	7.36E-09	5.82E-11	0.	1.04E-09	0.	6.03E-13	1.52E-19	0.	0.	8.46E-09
38 7.00	3.48E-11	0.	4.11E-11	0.	9.91E-09	0.	6.08E-13	1.59E-19	0.	0.	9.98E-09
39 6.90	5.89E-11	0.	2.95E-11	0.	7.18E-09	0.	6.12E-13	1.66E-19	0.	0.	7.27E-09
40 6.80	4.35E-11	0.	2.17E-11	0.	1.12E-08	0.	6.17E-13	1.74E-19	0.	0.	1.12E-08
41 6.70	2.67E-11	0.	1.46E-11	0.	1.18E-08	0.	6.22E-13	1.82E-19	0.	0.	1.18E-08
42 6.60	1.41E-11	0.	1.00E-11	0.	3.44E-08	0.	6.27E-13	1.90E-19	0.	0.	3.45E-08
43 6.50	6.81E-12	0.	5.75E-12	0.	1.25E-08	0.	6.32E-13	1.99E-19	0.	0.	1.25E-08
44 6.40	1.05E-11	0.	8.66E-13	6.88E-10	2.07E-08	0.	6.37E-13	2.08E-19	0.	0.	2.07E-08
45 6.30	2.02E-11	0.	2.82E-13	2.36E-09	5.77E-08	0.	6.42E-13	2.18E-19	0.	0.	5.84E-08
46 6.20	5.05E-11	0.	8.31E-14	2.62E-09	2.20E-08	0.	6.46E-13	2.29E-19	0.	0.	2.47E-08
47 6.10	1.64E-10	0.	3.63E-14	6.12E-09	8.02E-08	0.	6.51E-13	2.41E-19	0.	0.	8.65E-08
48 6.00	3.48E-10	0.	1.55E-14	3.63E-09	1.22E-08	0.	6.51E-13	2.53E-19	0.	0.	1.62E-08
49 5.90	4.58E-10	0.	1.05E-15	4.83E-09	1.64E-08	0.	6.51E-13	2.66E-19	0.	0.	2.17E-08
50 5.80	5.58E-10	0.	2.37E-17	5.81E-09	1.86E-08	0.	6.42E-13	2.80E-19	0.	0.	2.50E-08
51 5.70	5.02E-10	0.	0.	5.05E-09	8.97E-09	0.	6.03E-13	2.95E-19	0.	0.	1.45E-08

ABSORPTION COEFFICIENTS OF HEATED AIR (INVERSE CM.)

TEMPERATURE (DEGREES K) 4000. DENSITY (GM/CC) 1.293E-08 (10.0E-06 NORMAL)

PHOTON ENERGY	O2 S-R BANDS	N2 1ST POS.	N2 2ND POS.	N2+ 1ST NEG.	NO BETA	NO GAMMA	NO VIB-ROT	NO2	O- PHOTO-DET (IONS)	FREE-FREE (IONS)	N P.E.	O P.E.	TOTAL AIR
52 5.60	5.54E-10	0.	0.	0.	2.56E-09	2.90E-08	0.	0.	5.60E-13	3.11E-19	0.	0.	3.22E-08
53 5.50	5.03E-10	0.	0.	0.	3.67E-09	4.28E-08	0.	0.	5.63E-13	3.28E-19	0.	0.	4.70E-08
54 5.40	4.47E-10	0.	0.	0.	2.58E-09	1.03E-08	0.	0.	5.66E-13	3.47E-19	0.	0.	1.33E-08
55 5.30	3.75E-10	0.	0.	0.	2.62E-09	3.08E-08	0.	0.	5.70E-13	3.67E-19	0.	0.	3.38E-08
56 5.20	1.99E-10	0.	0.	0.	2.42E-09	1.33E-08	0.	1.28E-15	5.74E-13	3.89E-19	0.	0.	1.55E-08
57 5.10	1.70E-10	0.	0.	0.	2.03E-09	1.01E-08	0.	1.29E-15	5.78E-13	4.12E-19	0.	0.	1.37E-08
58 5.00	1.12E-10	0.	0.	0.	1.48E-09	1.21E-08	0.	1.30E-15	5.83E-13	4.37E-19	0.	0.	8.28E-09
59 4.90	9.29E-11	0.	0.	0.	1.45E-09	7.31E-09	0.	1.31E-15	5.88E-13	4.65E-19	0.	0.	8.86E-09
60 4.80	9.40E-11	0.	0.	0.	1.19E-09	3.41E-09	0.	1.32E-15	5.93E-13	4.94E-19	0.	0.	4.69E-09
61 4.70	8.79E-11	0.	0.	0.	1.08E-09	4.11E-09	0.	1.33E-15	5.98E-13	5.27E-19	0.	0.	5.28E-09
62 4.60	8.93E-11	0.	0.	0.	7.79E-10	1.80E-09	0.	1.34E-15	6.03E-13	5.62E-19	0.	0.	2.56E-09
63 4.50	7.47E-11	0.	0.	0.	6.80E-10	6.04E-10	0.	1.35E-15	6.08E-13	6.00E-19	0.	0.	2.55E-09
64 4.40	4.24E-11	0.	0.	0.	5.20E-10	6.64E-10	0.	1.36E-15	6.12E-13	6.42E-19	0.	0.	1.17E-09
65 4.30	4.69E-11	0.	0.	0.	4.74E-10	1.66E-10	0.	1.38E-15	6.17E-13	6.88E-19	0.	0.	1.18E-09
66 4.20	3.66E-11	0.	7.02E-14	0.	3.59E-10	9.62E-11	0.	1.40E-15	6.22E-13	7.39E-19	0.	0.	5.52E-10
67 4.10	2.89E-11	0.	5.07E-13	0.	2.93E-10	6.08E-11	0.	1.41E-15	6.25E-13	7.94E-19	0.	0.	4.17E-10
68 4.00	2.15E-11	0.	4.51E-13	0.	1.95E-10	0.	0.	1.42E-15	6.27E-13	8.55E-19	0.	0.	2.74E-10
69 3.90	1.41E-11	0.	4.44E-12	3.50E-14	1.07E-10	0.	0.	1.46E-15	6.25E-13	9.22E-19	0.	0.	2.15E-10
70 3.80	1.39E-10	0.	4.14E-12	2.43E-13	1.21E-10	0.	0.	1.47E-15	6.12E-13	9.97E-19	0.	0.	1.24E-10
71 3.70	6.74E-11	0.	5.64E-12	5.66E-13	5.96E-11	0.	0.	1.49E-15	5.74E-13	1.08E-18	0.	0.	1.30E-10
72 3.60	4.94E-12	0.	3.40E-12	7.32E-12	6.63E-11	0.	0.	1.51E-15	5.25E-13	1.17E-18	0.	0.	7.58E-11
73 3.50	3.39E-12	0.	2.01E-12	1.09E-12	3.46E-11	0.	0.	1.52E-15	3.03E-13	1.39E-18	0.	0.	3.95E-11
74 3.40	1.54E-12	0.	6.67E-12	1.03E-12	3.34E-11	0.	0.	1.53E-15	3.03E-13	1.52E-18	0.	0.	4.58E-11
75 3.30	1.15E-12	0.	1.01E-12	1.17E-12	1.65E-11	0.	0.	1.54E-15	3.04E-13	1.67E-18	0.	0.	4.41E-11
76 3.20	7.92E-13	0.	3.42E-12	8.02E-14	1.88E-11	0.	0.	1.52E-15	3.05E-13	1.84E-18	0.	0.	1.89E-11
77 3.10	4.97E-13	0.	5.76E-13	1.80E-12	7.88E-12	0.	0.	1.50E-15	3.06E-13	2.03E-18	0.	0.	1.05E-11
78 3.00	4.22E-13	0.	1.54E-13	8.43E-14	3.19E-12	0.	0.	1.47E-15	3.06E-13	2.25E-18	0.	0.	1.02E-12
79 2.90	1.78E-13	0.	1.11E-12	8.60E-15	2.31E-13	0.	0.	1.44E-15	3.06E-13	2.50E-18	0.	0.	1.99E-12
80 2.80	4.84E-14	0.	2.63E-13	1.52E-14	3.83E-14	0.	0.	1.41E-15	3.06E-13	2.78E-18	0.	0.	6.79E-13
81 2.70	2.67E-15	0.	8.53E-14	4.33E-14	3.05E-15	0.	0.	1.35E-15	3.06E-13	3.12E-18	0.	0.	3.64E-13
82 2.60	0.	0.	5.86E-14	0.	0.	0.	0.	1.21E-15	3.04E-13	3.51E-18	0.	0.	2.26E-13
83 2.50	0.	0.	1.86E-14	0.	0.	0.	0.	1.13E-15	3.03E-13	3.96E-18	0.	0.	2.64E-12
84 2.40	0.	1.29E-13	0.	0.	0.	0.	0.	1.04E-15	3.01E-13	4.50E-18	0.	0.	9.42E-12
85 2.30	0.	1.96E-12	0.	0.	0.	0.	0.	9.27E-16	2.92E-13	5.15E-18	0.	0.	8.11E-12
86 2.20	0.	2.33E-12	0.	0.	0.	0.	0.	8.29E-16	2.80E-13	5.92E-18	0.	0.	4.88E-12
87 2.10	0.	9.11E-12	0.	0.	0.	0.	0.	6.88E-16	2.68E-13	6.86E-18	0.	0.	5.97E-11
88 2.00	0.	4.85E-11	0.	0.	0.	0.	0.	5.56E-16	2.53E-13	8.00E-18	0.	0.	5.23E-11
89 1.90	0.	5.94E-11	0.	0.	0.	0.	0.	4.44E-16	2.14E-13	9.41E-18	0.	0.	4.37E-11
90 1.80	0.	5.21E-11	0.	0.	0.	0.	0.	3.36E-16	1.34E-13	1.12E-17	0.	0.	4.46E-11
91 1.70	0.	4.35E-11	0.	0.	0.	0.	0.	2.50E-16	9.72E-14	1.34E-17	0.	0.	3.46E-11
92 1.60	0.	4.45E-11	0.	0.	0.	0.	0.	1.66E-16	0.	1.63E-17	0.	0.	6.07E-11
93 1.50	0.	7.62E-11	0.	0.	0.	0.	0.	1.06E-16	0.	2.00E-17	0.	0.	2.64E-11
94 1.40	0.	3.46E-11	0.	0.	0.	0.	0.	6.37E-17	0.	2.51E-17	0.	0.	3.27E-11
95 1.30	0.	6.62E-11	0.	0.	0.	0.	0.	3.17E-17	0.	3.19E-17	0.	0.	2.04E-11
96 1.20	0.	2.62E-11	0.	0.	0.	0.	0.	1.58E-17	0.	4.15E-17	0.	0.	1.42E-11
97 1.10	0.	3.23E-11	0.	0.	0.	0.	2.13E-13	0.	0.	5.53E-17	0.	0.	1.02E-11
98 1.00	0.	1.88E-11	0.	0.	0.	0.	4.44E-13	0.	0.	7.61E-17	0.	0.	1.76E-11
99 0.90	0.	8.07E-12	0.	0.	0.	0.	1.61E-12	0.	0.	1.08E-16	0.	0.	
100 0.80	0.	2.38E-12	0.	0.	0.	0.	6.16E-12	0.	0.	1.62E-16	0.	0.	
101 0.70	0.	6.08E-15	0.	0.	0.	0.	7.85E-12	0.	0.	2.59E-16	0.	0.	
102 0.60	0.	0.	0.	0.	0.	0.	1.76E-11	0.	0.		0.	0.	

ABSORPTION COEFFICIENTS OF HEATED AIR (INVERSE CM.)

TEMPERATURE (DEGREES K) 4000. DENSITY (GM/CC) 1.293E-09 (10.0E-07 NORMAL)

PHOTON ENERGY E.V.	O2 S-R BANDS	O2 S-R CONT.	N2 B-H NO. 1	NO BETA	NO GAMMA	NO2	O- PHOTO-DET	FREE-FREE (IONS)	N P.E.	O P.E.	TOTAL AIR
1 10.70	0.	0.	1.63E-07	0.	0.	0.	9.01E-15	1.30E-21	0.	0.	1.63E-07
2 10.60	0.	0.	1.15E-07	0.	0.	0.	9.02E-15	1.34E-21	0.	0.	1.15E-07
3 10.50	0.	0.	9.83E-08	0.	0.	0.	9.03E-15	1.37E-21	0.	0.	9.83E-08
4 10.40	0.	0.	7.60E-08	0.	0.	0.	9.04E-15	1.41E-21	0.	0.	7.60E-08
5 10.30	0.	0.	5.10E-08	0.	0.	0.	9.05E-15	1.46E-21	0.	0.	5.10E-08
6 10.20	0.	0.	4.47E-08	0.	0.	0.	9.06E-15	1.50E-21	0.	0.	4.47E-08
7 10.10	0.	0.	3.57E-08	0.	0.	0.	9.08E-15	1.55E-21	0.	0.	3.57E-08
8 10.00	0.	0.	2.20E-08	0.	0.	0.	9.09E-15	1.59E-21	0.	0.	2.20E-08
9 9.90	0.	0.	2.12E-08	0.	0.	0.	9.11E-15	1.64E-21	0.	0.	2.12E-08
10 9.80	0.	0.	1.56E-08	0.	0.	0.	9.12E-15	1.69E-21	0.	0.	1.56E-08
11 9.70	0.	0.	9.60E-09	0.	0.	0.	9.14E-15	1.75E-21	0.	0.	1.03E-08
12 9.60	0.	0.	1.03E-08	0.	0.	0.	9.16E-15	1.80E-21	0.	0.	6.14E-09
13 9.50	0.	1.03E-10	6.04E-09	0.	0.	0.	9.17E-15	1.86E-21	0.	0.	4.74E-09
14 9.40	0.	1.16E-10	4.62E-09	0.	0.	0.	9.21E-15	1.92E-21	0.	0.	4.49E-09
15 9.30	0.	1.29E-10	4.36E-09	0.	0.	0.	9.24E-15	1.98E-21	0.	0.	2.37E-09
16 9.20	0.	1.42E-10	2.26E-09	0.	0.	0.	9.27E-15	2.05E-21	0.	0.	2.64E-09
17 9.10	0.	1.75E-10	2.47E-09	0.	0.	0.	9.31E-15	2.12E-21	0.	0.	1.76E-09
18 9.00	0.	2.11E-10	1.55E-09	0.	0.	0.	9.34E-15	2.19E-21	0.	0.	1.39E-09
19 8.90	0.	2.48E-10	1.14E-09	0.	0.	0.	9.37E-15	2.26E-21	0.	0.	1.24E-09
20 8.80	0.	2.58E-10	9.84E-10	0.	0.	0.	9.41E-15	2.34E-21	0.	0.	8.16E-10
21 8.70	0.	2.46E-10	5.70E-10	0.	0.	0.	9.44E-15	2.42E-21	0.	0.	8.16E-10
22 8.60	0.	2.34E-10	5.81E-10	0.	0.	0.	9.47E-15	2.51E-21	0.	0.	5.58E-10
23 8.50	0.	2.23E-10	3.35E-10	0.	0.	0.	9.51E-15	2.60E-21	0.	0.	5.24E-10
24 8.40	0.	2.13E-10	3.11E-10	0.	0.	0.	9.56E-15	2.69E-21	0.	0.	3.85E-10
25 8.30	0.	2.03E-10	1.81E-10	0.	0.	0.	9.61E-15	2.79E-21	0.	0.	3.56E-10
26 8.20	0.	1.92E-10	1.64E-10	0.	0.	0.	9.66E-15	2.90E-21	0.	0.	2.83E-10
27 8.10	0.	1.81E-10	1.01E-10	0.	0.	0.	9.71E-15	3.01E-21	0.	0.	2.58E-10
28 8.00	0.	1.70E-10	8.79E-11	0.	0.	0.	9.76E-15	3.12E-21	0.	0.	2.15E-10
29 7.90	0.	1.49E-10	5.53E-11	0.	0.	0.	9.81E-15	3.24E-21	0.	0.	1.98E-10
30 7.80	0.	1.38E-10	4.91E-11	0.	0.	0.	9.86E-15	3.37E-21	0.	0.	1.70E-10
31 7.70	0.	1.27E-10	3.21E-11	0.	3.13E-14	0.	9.91E-15	3.50E-21	0.	0.	1.51E-10
32 7.60	0.	1.16E-10	2.47E-11	0.	7.37E-13	0.	9.96E-15	3.64E-21	0.	0.	1.34E-10
33 7.50	0.	1.05E-10	1.75E-11	0.	7.59E-12	0.	10.01E-15	3.79E-21	0.	0.	1.19E-10
34 7.40	0.	9.39E-11	1.25E-11	0.	8.33E-12	0.	1.01E-14	3.95E-21	0.	0.	1.12E-10
35 7.30	0.	8.39E-11	9.22E-12	0.	4.92E-11	0.	1.02E-14	4.11E-21	0.	0.	1.40E-10
36 7.20	0.	7.39E-11	6.45E-12	0.	3.92E-11	0.	1.03E-14	4.29E-21	0.	0.	1.09E-10
37 7.10	0.	0.	4.88E-12	0.	2.87E-10	0.	1.03E-14	4.47E-21	0.	0.	2.91E-10
38 7.00	3.49E-13	0.	3.45E-12	0.	2.08E-10	0.	1.04E-14	4.67E-21	0.	0.	2.11E-10
39 6.90	5.90E-13	0.	2.47E-12	0.	3.24E-10	0.	1.05E-14	4.88E-21	0.	0.	3.26E-10
40 6.80	4.36E-13	0.	1.82E-12	0.	9.98E-10	0.	1.06E-14	5.09E-21	0.	0.	9.99E-10
41 6.70	2.68E-13	0.	1.22E-12	0.	3.62E-10	0.	1.07E-14	5.33E-21	0.	0.	3.63E-10
42 6.60	1.41E-13	0.	8.41E-13	0.	6.00E-10	0.	1.08E-14	5.57E-21	0.	0.	6.01E-10
43 6.50	8.83E-14	0.	4.82E-13	0.	1.67E-09	0.	1.08E-14	5.84E-21	0.	0.	1.69E-09
44 6.40	1.06E-13	0.	2.05E-13	1.99E-11	5.17E-10	0.	1.09E-14	6.11E-21	0.	0.	5.86E-10
45 6.30	2.02E-13	0.	7.26E-14	6.85E-11	6.36E-10	0.	1.09E-14	6.41E-21	0.	0.	7.13E-10
46 6.20	5.07E-13	0.	2.36E-14	7.59E-11	3.55E-09	0.	1.10E-14	6.73E-21	0.	0.	2.50E-09
47 6.10	1.64E-12	0.	1.30E-15	7.78E-10	3.55E-10	0.	1.11E-14	7.06E-21	0.	0.	4.63E-10
48 6.00	3.49E-12	0.	8.80E-17	1.05E-10	4.75E-10	0.	1.12E-14	7.42E-21	0.	0.	6.20E-10
49 5.90	4.59E-12	0.	1.99E-18	1.40E-10	5.39E-10	0.	1.12E-14	7.81E-21	0.	0.	7.13E-10
50 5.80	5.59E-12	0.	0.	1.68E-10	2.60E-10	0.	1.10E-14	8.22E-21	0.	0.	4.11E-10
51 5.70	5.03E-12	0.	0.	1.46E-10	2.60E-10	0.	1.03E-14	8.66E-21	0.	0.	4.11E-10

136

ABSORPTION COEFFICIENTS OF HEATED AIR (INVERSE CM.)

TEMPERATURE (DEGREES K) 4000.   DENSITY (GM/CC) 1.293E-09   (10.0E-07 NORMAL)

#	PHOTON ENERGY	O2 S-R BANDS	N2 1ST POS.	N2 2ND POS.	N2+ 1ST NEG.	NO BETA	NO GAMMA	NO VIB-ROT	NO2	O- PHOTO-DET	FREE-FREE (IONS)	N P.E.	O P.F.	TOTAL AIR
52	5.60	5.56E-12	0.	0.	0.	7.42E-11	8.40E-10	0.	0.	9.61E-15	9.13E-21	0.	0.	9.21E-10
53	5.50	5.04E-12	0.	0.	0.	1.06E-10	1.24E-09	0.	0.	9.66E-15	9.64E-21	0.	0.	1.36E-09
54	5.40	4.48E-12	0.	0.	0.	7.47E-11	2.99E-10	0.	0.	9.71E-15	1.02E-20	0.	0.	3.77E-10
55	5.30	3.76E-12	0.	0.	0.	7.59E-11	8.93E-10	0.	0.	9.78E-15	1.08E-20	0.	0.	9.73E-10
56	5.20	2.00E-12	0.	0.	0.	7.01E-11	2.93E-10	0.	0.	9.84E-15	1.14E-20	0.	0.	3.65E-10
57	5.10	1.70E-12	0.	0.	0.	5.88E-11	3.84E-10	0.	3.72E-18	9.92E-15	1.21E-20	0.	0.	3.95E-10
58	5.00	1.13E-12	0.	0.	0.	4.28E-11	3.51E-10	0.	3.75E-18	1.00E-14	1.28E-20	0.	0.	2.38E-10
59	4.90	9.32E-13	0.	0.	0.	4.12E-11	1.96E-10	0.	3.78E-18	1.01E-14	1.36E-20	0.	0.	2.55E-10
60	4.80	9.43E-13	0.	0.	0.	4.21E-11	2.12E-10	0.	3.81E-18	1.02E-14	1.45E-20	0.	0.	1.34E-10
61	4.70	8.81E-13	0.	0.	0.	3.46E-11	9.88E-11	0.	3.83E-18	1.02E-14	1.55E-20	0.	0.	1.51E-10
62	4.60	8.96E-13	0.	5.88E-15	0.	3.14E-11	1.19E-10	0.	3.86E-18	1.03E-14	1.65E-20	0.	0.	7.27E-11
63	4.50	7.49E-13	0.	4.25E-14	0.	2.26E-11	4.93E-11	0.	3.89E-18	1.03E-14	1.76E-20	0.	0.	7.27E-11
64	4.40	6.26E-13	0.	3.78E-14	0.	1.97E-11	1.23E-11	0.	3.92E-18	1.04E-14	1.88E-20	0.	0.	3.31E-11
65	4.30	3.67E-13	0.	3.72E-13	0.	1.51E-11	1.75E-11	0.	3.96E-18	1.06E-14	2.02E-20	0.	0.	3.37E-11
66	4.20	3.67E-13	0.	3.45E-13	0.	1.37E-11	1.93E-12	0.	4.01E-18	1.07E-14	2.17E-20	0.	0.	1.55E-11
67	4.10	2.90E-13	0.	4.72E-13	0.	1.04E-11	1.73E-12	0.	4.06E-18	1.07E-14	2.33E-20	0.	0.	1.20E-11
68	4.00	2.16E-13	0.	5.65E-13	0.	8.50E-12	1.79E-12	0.	4.12E-18	1.08E-14	2.51E-20	0.	0.	7.86E-12
69	3.90	1.41E-13	0.	1.41E-13	1.71E-14	5.65E-12	1.76E-12	0.	4.12E-18	1.07E-14	2.71E-20	0.	0.	6.74E-12
70	3.80	1.39E-13	0.	1.68E-13	6.98E-13	5.72E-12	0.	0.	4.17E-18	1.07E-14	2.93E-20	0.	0.	3.89E-12
71	3.70	8.77E-14	0.	5.59E-13	1.19E-13	3.11E-12	0.	0.	4.23E-18	1.07E-14	3.17E-20	0.	0.	3.95E-12
72	3.60	6.56E-14	0.	3.11E-13	2.77E-13	3.51E-12	0.	0.	4.28E-18	1.07E-14	3.44E-20	0.	0.	5.65E-12
73	3.50	4.96E-14	0.	3.51E-13	3.58E-13	1.73E-12	0.	0.	4.34E-18	9.84E-15	3.75E-20	0.	0.	2.03E-12
74	3.40	3.40E-14	0.	2.87E-13	2.25E-14	1.92E-12	0.	0.	4.39E-18	9.01E-15	4.09E-20	0.	0.	6.05E-12
75	3.30	2.33E-14	0.	0.	5.31E-14	1.00E-12	0.	0.	4.45E-18	5.19E-15	4.47E-20	0.	0.	7.27E-13
76	3.20	1.55E-14	0.	0.	9.29E-14	6.46E-13	0.	0.	4.46E-18	5.20E-15	4.90E-20	0.	0.	1.07E-12
77	3.10	1.16E-14	0.	0.	2.44E-14	4.78E-13	0.	0.	4.46E-18	5.21E-15	5.39E-20	0.	0.	1.12E-12
78	3.00	7.94E-15	0.	0.	7.14E-13	2.28E-13	0.	0.	4.40E-18	5.22E-15	5.95E-20	0.	0.	1.45E-13
79	2.90	4.98E-15	0.	0.	5.74E-13	9.24E-14	0.	0.	4.27E-18	5.24E-15	6.59E-20	0.	0.	3.11E-13
80	2.80	4.23E-15	0.	0.	8.79E-13	2.68E-14	0.	0.	4.19E-18	5.24E-15	7.32E-20	0.	0.	5.58E-14
81	2.70	1.78E-15	0.	0.	2.77E-13	6.69E-15	0.	0.	4.09E-18	5.25E-15	8.17E-20	0.	0.	3.73E-14
82	2.60	4.86E-16	0.	0.	4.31E-14	1.11E-15	0.	0.	3.92E-18	5.25E-15	9.15E-20	0.	0.	1.69E-13
83	2.50	2.67E-17	0.	0.	2.12E-14	8.85E-17	0.	0.	3.76E-18	5.25E-15	1.03E-19	0.	0.	7.69E-13
84	2.40	0.	1.08E-14	0.	0.	0.	0.	0.	3.52E-18	5.25E-15	1.16E-19	0.	0.	6.60E-13
85	2.30	0.	1.64E-13	0.	0.	0.	0.	0.	3.01E-18	5.21E-15	1.32E-19	0.	0.	4.98E-12
86	2.20	0.	1.96E-13	0.	0.	0.	0.	0.	2.69E-18	5.19E-15	1.51E-19	0.	0.	4.07E-12
87	2.10	0.	7.63E-13	0.	0.	0.	0.	0.	2.41E-18	5.17E-15	1.74E-19	0.	0.	4.98E-12
88	2.00	0.	6.55E-13	0.	0.	0.	0.	0.	2.00E-18	5.00E-15	2.01E-19	0.	0.	4.37E-12
89	1.90	0.	4.06E-12	0.	0.	0.	0.	0.	1.61E-18	4.81E-15	2.35E-19	0.	0.	3.65E-12
90	1.80	0.	4.97E-12	0.	0.	0.	0.	0.	1.29E-18	4.60E-15	2.76E-19	0.	0.	3.73E-12
91	1.70	0.	4.84E-12	0.	0.	0.	0.	0.	9.75E-19	4.34E-15	3.28E-19	0.	0.	6.38E-12
92	1.60	0.	3.64E-12	0.	0.	0.	0.	0.	7.26E-19	3.67E-15	3.94E-19	0.	0.	2.90E-12
93	1.50	0.	3.72E-12	0.	0.	0.	0.	0.	4.82E-19	1.67E-15	4.78E-19	0.	0.	2.20E-12
94	1.40	0.	2.90E-12	0.	0.	0.	0.	0.	3.08E-19	0.	5.88E-19	0.	0.	2.72E-12
95	1.30	0.	5.20E-12	0.	0.	0.	0.	6.17E-15	1.85E-19	0.	7.35E-19	0.	0.	2.09E-12
96	1.20	0.	2.20E-12	0.	0.	0.	0.	1.29E-14	9.21E-20	0.	9.32E-19	0.	0.	5.09E-12
97	1.10	0.	2.70E-12	0.	0.	0.	0.	4.67E-14	4.59E-20	0.	1.22E-18	0.	0.	2.20E-12
98	1.00	0.	1.58E-12	0.	0.	0.	0.	1.78E-13	0.	0.	1.62E-18	0.	0.	2.72E-12
99	0.90	0.	2.70E-12	0.	0.	0.	0.	2.27E-13	0.	0.	2.23E-18	0.	0.	8.55E-13
100	0.80	0.	6.76E-13	0.	0.	0.	0.	5.11E-13	0.	0.	3.18E-18	0.	0.	4.26E-13
101	0.70	0.	1.99E-13	0.	0.	0.	0.	0.	0.	0.	4.77E-18	0.	0.	5.11E-13
102	0.60	0.	5.09E-16	0.	0.	0.	0.	0.	0.	0.	7.61E-18	0.	0.	5.11E-13

ABSORPTION COEFFICIENTS OF HEATED AIR (INVERSE CM.)

TEMPERATURE (DEGREES K) 5000.   DENSITY (GM/CC) 1.293E-02 (1.0E 01 NORMAL)

#	PHOTON ENERGY E.V.	O2 S-R BANDS	O2 S-R CONT.	N2 B-H NO. 1	NO BETA	NO GAMMA	NO2	O- PHOTO-DET (IONS)	FREE-FREE (IONS)	N P.E.	O P.F.	TOTAL AIR
1	10.70	0.	0.	6.25E 00	0.	0.	0.	8.94E-03	1.62E-09	0.	0.	6.26E 00
2	10.60	0.	0.	4.71E 00	0.	0.	0.	8.96E-03	1.66E-09	0.	0.	4.72E 00
3	10.50	0.	0.	4.23E 00	0.	0.	0.	8.97E-03	1.71E-09	0.	0.	4.24E 00
4	10.40	0.	0.	3.42E 00	0.	0.	0.	8.98E-03	1.76E-09	0.	0.	3.43E 00
5	10.30	0.	0.	2.46E 00	0.	0.	0.	8.99E-03	1.81E-09	0.	0.	2.47E 00
6	10.20	0.	0.	2.25E 00	0.	0.	0.	9.00E-03	1.87E-09	0.	0.	2.26E 00
7	10.10	0.	0.	1.87E 00	0.	0.	0.	9.02E-03	1.92E-09	0.	0.	1.88E 00
8	10.00	0.	0.	1.27E 00	0.	0.	0.	9.03E-03	1.98E-09	0.	0.	1.28E 00
9	9.90	0.	0.	1.25E 00	0.	0.	0.	9.04E-03	2.04E-09	0.	0.	1.25E 00
10	9.80	0.	0.	9.72E-01	0.	0.	0.	9.06E-03	2.11E-09	0.	0.	9.81E-01
11	9.70	0.	0.	6.57E-01	0.	0.	0.	9.08E-03	2.17E-09	0.	0.	6.66E-01
12	9.60	0.	0.	7.02E-01	0.	0.	0.	9.09E-03	2.24E-09	0.	0.	7.11E-01
13	9.50	0.	5.98E 01	4.57E-01	0.	0.	0.	9.11E-03	2.32E-09	0.	0.	6.02E 01
14	9.40	0.	6.56E 01	3.55E-01	0.	0.	0.	9.14E-03	2.39E-09	0.	0.	6.60E 01
15	9.30	0.	7.14E 01	2.07E-01	0.	0.	0.	9.18E-03	2.47E-09	0.	0.	7.18E 01
16	9.20	0.	7.72E 01	2.21E-01	0.	0.	0.	9.21E-03	2.55E-09	0.	0.	7.74E 01
17	9.10	0.	9.53E 01	1.55E-01	0.	0.	0.	9.24E-03	2.64E-09	0.	0.	9.55E 01
18	9.00	0.	1.16E 02	1.16E-01	0.	0.	0.	9.28E-03	2.73E-09	0.	0.	1.16E 02
19	8.90	0.	1.36E 02	1.20E-01	0.	0.	0.	9.31E-03	2.82E-09	0.	0.	1.36E 02
20	8.80	0.	1.42E 02	1.08E-01	0.	0.	0.	9.34E-03	2.92E-09	0.	0.	1.42E 02
21	8.70	0.	1.35E 02	1.08E-01	0.	0.	0.	9.38E-03	3.02E-09	0.	0.	1.35E 02
22	8.60	0.	1.29E 02	7.03E-02	0.	0.	0.	9.41E-03	3.13E-09	0.	0.	1.29E 02
23	8.50	0.	1.23E 02	4.58E-02	0.	0.	0.	9.44E-03	3.24E-09	0.	0.	1.23E 02
24	8.40	0.	1.18E 02	4.27E-02	0.	0.	0.	9.49E-03	3.36E-09	0.	0.	1.18E 02
25	8.30	0.	1.13E 02	2.77E-02	0.	0.	0.	9.54E-03	3.48E-09	0.	0.	1.13E 02
26	8.20	0.	1.08E 02	2.57E-02	0.	0.	0.	9.59E-03	3.61E-09	0.	0.	1.08E 02
27	8.10	0.	1.03E 02	1.73E-02	0.	0.	0.	9.64E-03	3.75E-09	0.	0.	1.03E 02
28	8.00	0.	9.84E 01	1.57E-02	0.	0.	0.	9.69E-03	3.89E-09	0.	0.	9.85E 01
29	7.90	0.	9.30E 01	1.07E-02	0.	0.	0.	9.74E-03	4.04E-09	0.	0.	9.30E 01
30	7.80	0.	8.75E 01	9.88E-03	0.	0.	0.	9.79E-03	4.20E-09	0.	0.	8.75E 01
31	7.70	0.	8.20E 01	6.97E-03	0.	0.	0.	9.84E-03	4.36E-09	0.	0.	8.20E 01
32	7.60	0.	7.64E 01	5.66E-03	0.	2.43E-04	0.	9.89E-03	4.54E-09	0.	0.	7.64E 01
33	7.50	0.	7.09E 01	4.29E-03	0.	3.40E-03	0.	9.94E-03	4.72E-09	0.	0.	7.09E 01
34	7.40	0.	6.51E 01	3.26E-03	0.	8.04E-03	0.	9.99E-03	4.92E-09	0.	0.	6.51E 01
35	7.30	0.	5.93E 01	2.57E-03	0.	2.15E-02	0.	1.00E-02	5.12E-09	0.	0.	5.93E 01
36	7.20	0.	5.38E 01	1.92E-03	0.	5.10E-02	0.	1.01E-02	5.34E-09	0.	0.	5.41E 01
37	7.10	0.	4.85E 01	1.55E-03	0.	2.30E-01	0.	1.02E-02	5.57E-09	0.	0.	4.87E 01
38	7.00	1.52E-01	0.	1.17E-03	0.	1.44E 00	0.	1.03E-02	5.81E-09	0.	0.	1.60E 00
39	6.90	2.66E-01	0.	8.97E-04	0.	9.91E-01	0.	1.03E-02	6.07E-09	0.	0.	1.27E 00
40	6.80	2.04E-01	0.	7.08E-04	0.	2.04E 00	0.	1.04E-02	6.34E-09	0.	0.	2.25E 00
41	6.70	1.31E-01	0.	5.09E-04	0.	4.57E 00	0.	1.05E-02	6.63E-09	0.	0.	4.71E 00
42	6.60	7.15E-02	0.	3.75E-04	0.	1.69E 00	0.	1.06E-02	6.93E-09	0.	0.	1.77E 00
43	6.50	3.61E-02	0.	2.33E-04	0.	6.98E 00	0.	1.07E-02	7.26E-09	0.	0.	7.11E 00
44	6.40	5.36E-02	0.	1.13E-04	6.49E-02	2.24E 00	0.	1.08E-02	7.61E-09	0.	0.	2.36E 00
45	6.30	1.06E-01	0.	4.67E-05	2.41E-01	3.36E 00	0.	1.08E-02	7.98E-09	0.	0.	3.71E 00
46	6.20	2.81E-01	0.	2.81E-05	2.82E-01	4.57E 00	0.	1.10E-02	8.37E-09	0.	0.	5.13E 00
47	6.10	9.76E-01	0.	5.96E-06	6.96E-01	1.69E 00	0.	1.11E-02	8.79E-09	0.	0.	3.36E 00
48	6.00	2.22E 00	0.	1.22E-06	4.64E-01	1.79E 00	0.	1.11E-02	9.24E-09	0.	0.	4.48E 00
49	5.90	3.12E 00	0.	8.40E-08	6.25E-01	2.33E 00	0.	1.11E-02	9.72E-09	0.	0.	6.09E 00
50	5.80	4.08E 00	0.	1.96E-09	7.79E-01	2.31E 00	0.	1.09E-02	1.02E-08	0.	0.	7.18E 00
51	5.70	4.01E 00	0.	0.	7.27E-01	1.59E 00	0.	1.093E-02	1.08E-08	0.	0.	6.33E 00

ABSORPTION COEFFICIENTS OF HEATED AIR (INVERSE CM.)

TEMPERATURE (DEGREES K) 5000. DENSITY (GM/CC) 1.293E-02 (1.0E 01 NORMAL)

PHOTON ENERGY	O2 S-R BANDS	N2 1ST POS.	N2 2ND POS.	N2+ 1ST NEG.	NO BETA	NO GAMMA	NO VIB-ROT	NO 2	O- PHOTO-DET (IONS)	FREE-FREE (IONS)	N P.E.	O P.E.	TOTAL AIR
5.60	4.58E 00	0.	0.	0.	4.23E-01	3.97E 00	0.	0.	9.55E-03	1.14E-08	0.	0.	8.98E 00
5.50	4.33E 00	0.	0.	0.	5.63E-01	4.85E 00	0.	0.	9.60E-03	1.20E-08	0.	0.	9.76E 00
5.40	4.07E 00	0.	0.	0.	4.17E-01	1.74E 00	0.	0.	9.65E-03	1.27E-08	0.	0.	6.23E 00
5.30	3.57E 00	0.	0.	0.	4.29E-01	3.98E 00	0.	0.	9.71E-03	1.34E-08	0.	0.	7.99E 00
5.20	2.10E 00	0.	0.	0.	4.13E-01	1.49E 00	0.	0.	9.77E-03	1.42E-08	0.	0.	4.01E 00
5.10	1.83E 00	0.	0.	0.	3.67E-01	2.12E 00	0.	1.02E-02	9.86E-03	1.51E-08	0.	0.	4.33E 00
5.00	1.25E 00	0.	0.	0.	2.85E-01	1.80E 00	0.	1.02E-02	9.94E-03	1.60E-08	0.	0.	3.35E 00
4.90	1.03E 00	0.	0.	0.	2.92E-01	1.29E 00	0.	1.02E-02	1.00E-02	1.70E-08	0.	0.	2.62E 00
4.80	1.05E 00	0.	0.	0.	2.92E-01	1.27E 00	0.	1.02E-02	1.01E-02	1.81E-08	0.	0.	2.63E 00
4.70	1.03E 00	0.	0.	0.	2.52E-01	7.60E-01	0.	1.02E-02	1.01E-02	1.92E-08	0.	0.	2.06E 00
4.60	1.10E 00	0.	5.65E-06	0.	1.80E-01	4.28E-01	0.	1.02E-02	1.03E-02	2.05E-08	0.	0.	2.17E 00
4.50	9.74E-01	0.	3.19E-05	0.	1.64E-01	3.92E-01	0.	1.02E-02	1.03E-02	2.19E-08	0.	0.	1.60E 00
4.40	8.66E-01	0.	4.04E-05	0.	1.32E-01	1.60E-01	0.	1.02E-02	1.03E-02	2.35E-08	0.	0.	1.44E 00
4.30	6.89E-01	0.	2.90E-04	0.	1.27E-01	1.60E-01	0.	1.02E-02	1.04E-02	2.51E-08	0.	0.	1.00E 00
4.20	5.64E-01	0.	5.64E-04	0.	1.03E-01	3.85E-02	0.	1.02E-02	1.05E-02	2.70E-08	0.	0.	8.72E-01
4.10	4.65E-01	0.	4.11E-05	0.	8.74E-02	2.60E-02	0.	1.02E-02	1.06E-02	2.90E-08	0.	0.	6.27E-01
4.00	3.67E-01	0.	3.82E-04	4.29E-09	6.49E-02	1.45E-02	0.	1.02E-02	1.06E-02	3.13E-08	0.	0.	5.01E-01
3.90	2.57E-01	0.	1.97E-04	9.47E-08	3.97E-02	0.	0.	1.02E-02	1.06E-02	3.37E-08	0.	0.	3.56E-01
3.80	2.60E-01	0.	1.64E-04	1.44E-08	4.43E-02	0.	0.	1.02E-02	1.07E-02	3.65E-08	0.	0.	3.46E-01
3.70	1.80E-01	0.	3.91E-04	5.89E-08	2.48E-02	0.	0.	1.02E-02	1.07E-02	3.95E-08	0.	0.	2.40E-01
3.60	1.41E-01	0.	9.15E-05	7.03E-09	2.74E-02	0.	0.	1.02E-02	1.06E-02	4.29E-08	0.	0.	2.05E-01
3.50	1.12E-01	0.	2.93E-05	9.86E-08	1.62E-02	0.	0.	1.02E-02	1.06E-02	4.67E-08	0.	0.	1.56E-01
3.40	8.32E-02	0.	5.79E-05	6.09E-08	1.58E-02	0.	0.	1.02E-02	1.06E-02	5.09E-08	0.	0.	1.26E-01
3.30	5.94E-02	0.	8.85E-05	1.16E-08	1.17E-02	0.	0.	1.02E-02	8.94E-03	5.57E-08	0.	0.	9.11E-02
3.20	4.23E-02	0.	2.93E-05	1.05E-07	4.95E-03	0.	0.	1.02E-02	5.09E-03	6.11E-08	0.	0.	7.35E-02
3.10	3.38E-02	0.	2.72E-05	1.21E-07	2.08E-03	0.	0.	1.02E-02	5.17E-03	6.72E-08	0.	0.	6.10E-02
3.00	2.49E-02	0.	1.04E-05	1.05E-07	7.93E-04	0.	0.	1.02E-02	5.18E-03	7.42E-08	0.	0.	4.94E-02
2.90	1.68E-02	0.	6.45E-06	2.08E-08	2.33E-04	0.	0.	1.02E-02	5.19E-03	8.21E-08	0.	0.	3.72E-02
2.80	1.51E-02	0.	2.47E-06	5.15E-08	4.30E-05	0.	0.	1.02E-02	5.20E-03	9.13E-08	0.	0.	3.28E-02
2.70	7.10E-03	0.	1.18E-06	6.41E-09	3.74E-06	0.	0.	1.02E-02	5.21E-03	1.02E-07	0.	0.	2.33E-02
2.60	2.24E-03	0.	5.55E-07	1.91E-09	0.	0.	0.	1.02E-02	5.22E-03	1.14E-07	0.	0.	1.79E-02
2.50	1.32E-04	0.	9.87E-08	4.04E-09	0.	0.	0.	1.02E-02	5.22E-03	1.28E-07	0.	0.	1.56E-02
2.40	0.	1.07E-05	0.	0.	0.	0.	0.	1.02E-02	5.22E-03	1.45E-07	0.	0.	1.54E-02
2.30	0.	1.06E-04	0.	0.	0.	0.	0.	1.02E-02	5.22E-03	1.65E-07	0.	0.	1.55E-02
2.20	0.	1.52E-04	0.	0.	0.	0.	0.	1.02E-02	5.18E-03	1.89E-07	0.	0.	1.57E-02
2.10	0.	4.39E-04	0.	0.	0.	0.	0.	1.02E-02	4.97E-03	2.17E-07	0.	0.	1.56E-02
2.00	0.	1.90E-03	0.	0.	0.	0.	0.	1.02E-02	4.78E-03	2.51E-07	0.	0.	1.69E-02
1.90	0.	1.89E-03	0.	0.	0.	0.	0.	1.02E-02	4.57E-03	2.93E-07	0.	0.	1.66E-02
1.80	0.	1.98E-03	0.	0.	0.	0.	0.	1.02E-02	4.31E-03	3.45E-07	0.	0.	1.65E-02
1.70	0.	1.46E-03	0.	0.	0.	0.	0.	1.02E-02	3.64E-03	4.10E-07	0.	0.	1.53E-02
1.60	0.	1.69E-03	0.	0.	0.	0.	0.	1.02E-02	1.66E-03	4.92E-07	0.	0.	1.35E-02
1.50	0.	2.37E-03	0.	0.	0.	0.	0.	1.02E-02	0.	5.97E-07	0.	0.	1.25E-02
1.40	0.	1.33E-03	0.	0.	0.	0.	0.	1.02E-02	0.	7.36E-07	0.	0.	1.15E-02
1.30	0.	1.85E-03	0.	0.	0.	0.	0.	1.02E-02	0.	9.21E-07	0.	0.	1.20E-02
1.20	0.	1.03E-03	0.	0.	0.	0.	3.22E-05	1.02E-02	0.	1.17E-06	0.	0.	1.14E-02
1.10	0.	1.11E-03	0.	0.	0.	0.	1.08E-04	1.02E-02	0.	1.53E-06	0.	0.	1.12E-02
1.00	0.	7.49E-04	0.	0.	0.	0.	2.53E-04	1.02E-02	0.	2.03E-06	0.	0.	1.12E-02
0.90	0.	3.27E-04	0.	0.	0.	0.	1.69E-03	1.02E-02	0.	2.80E-06	0.	0.	1.22E-02
0.80	0.	9.67E-05	0.	0.	0.	0.	1.37E-03	1.02E-02	0.	4.00E-06	0.	0.	1.16E-02
0.70	0.	7.43E-07	0.	0.	0.	0.	4.57E-03	1.02E-02	0.	5.99E-06	0.	0.	1.48E-02
0.60	0.	0.	0.	0.	0.	0.	0.	1.02E-02	0.	9.56E-06	0.	0.	1.02E-02

139

ABSORPTION COEFFICIENTS OF HEATED AIR   (INVERSE CM.)

TEMPERATURE (DEGREES K) 5000.   DENSITY (GM/CC) 1.293E-03   (10.0E-01 NORMAL)

PHOTON ENERGY E.V.	O2 S-R BANDS	O2 S-R CONT.	N2 B-H NO. 1	NO BETA	NO GAMMA	NO2	O- PHOTO-DET (IONS)	FREE-FREE (IONS)	N P.E.	O P.F.	TOTAL AIR
1 10.70	0.	0.	6.42E-01	0.	0.	0.	5.23E-04	1.02E-10	0.	0.	6.43E-01
2 10.60	0.	0.	4.84E-01	0.	0.	0.	5.24E-04	1.05E-10	0.	0.	4.85E-01
3 10.50	0.	0.	4.34E-01	0.	0.	0.	5.24E-04	1.08E-10	0.	0.	4.35E-01
4 10.40	0.	0.	3.52E-01	0.	0.	0.	5.25E-04	1.11E-10	0.	0.	3.52E-01
5 10.30	0.	0.	2.53E-01	0.	0.	0.	5.26E-04	1.14E-10	0.	0.	2.53E-01
6 10.20	0.	0.	2.31E-01	0.	0.	0.	5.27E-04	1.18E-10	0.	0.	2.32E-01
7 10.10	0.	0.	1.93E-01	0.	0.	0.	5.28E-04	1.21E-10	0.	0.	1.93E-01
8 10.00	0.	0.	1.30E-01	0.	0.	0.	5.29E-04	1.25E-10	0.	0.	1.31E-01
9 9.90	0.	0.	1.28E-01	0.	0.	0.	5.30E-04	1.29E-10	0.	0.	1.28E-01
10 9.80	0.	0.	9.98E-02	0.	0.	0.	5.31E-04	1.33E-10	0.	0.	1.00E-01
11 9.70	0.	0.	6.75E-02	0.	0.	0.	5.32E-04	1.37E-10	0.	0.	6.80E-02
12 9.60	0.	0.	7.21E-02	0.	0.	0.	5.33E-04	1.42E-10	0.	0.	7.26E-02
13 9.50	0.	2.32E 00	4.76E-02	0.	0.	0.	5.35E-04	1.46E-10	0.	0.	2.37E 00
14 9.40	0.	2.55E 00	3.70E-02	0.	0.	0.	5.37E-04	1.51E-10	0.	0.	2.59E 00
15 9.30	0.	2.78E 00	3.64E-02	0.	0.	0.	5.39E-04	1.56E-10	0.	0.	2.81E 00
16 9.20	0.	3.00E 00	2.13E-02	0.	0.	0.	5.40E-04	1.61E-10	0.	0.	3.02E 00
17 9.10	0.	3.70E 00	2.27E-02	0.	0.	0.	5.42E-04	1.66E-10	0.	0.	3.73E 00
18 9.00	0.	4.50E 00	1.60E-02	0.	0.	0.	5.44E-04	1.72E-10	0.	0.	4.51E 00
19 8.90	0.	5.29E 00	1.23E-02	0.	0.	0.	5.46E-04	1.78E-10	0.	0.	5.30E 00
20 8.80	0.	5.50E 00	7.17E-03	0.	0.	0.	5.48E-04	1.84E-10	0.	0.	5.52E 00
21 8.70	0.	5.01E 00	7.23E-03	0.	0.	0.	5.50E-04	1.91E-10	0.	0.	5.27E 00
22 8.60	0.	5.01E 00	4.70E-03	0.	0.	0.	5.52E-04	1.97E-10	0.	0.	5.02E 00
23 8.50	0.	4.79E 00	4.39E-03	0.	0.	0.	5.55E-04	2.04E-10	0.	0.	4.80E 00
24 8.40	0.	4.59E 00	2.84E-03	0.	0.	0.	5.58E-04	2.12E-10	0.	0.	4.60E 00
25 8.30	0.	4.40E 00	2.64E-03	0.	0.	0.	5.61E-04	2.20E-10	0.	0.	4.40E 00
26 8.20	0.	4.21E 00	1.78E-03	0.	0.	0.	5.64E-04	2.28E-10	0.	0.	4.21E 00
27 8.10	0.	4.02E 00	1.61E-03	0.	0.	0.	5.67E-04	2.36E-10	0.	0.	4.02E 00
28 8.00	0.	3.83E 00	1.10E-03	0.	0.	0.	5.70E-04	2.45E-10	0.	0.	3.83E 00
29 7.90	0.	3.61E 00	1.01E-03	0.	0.	0.	5.72E-04	2.55E-10	0.	0.	3.62E 00
30 7.80	0.	3.40E 00	7.16E-04	0.	0.	0.	5.75E-04	2.65E-10	0.	0.	3.40E 00
31 7.70	0.	3.19E 00	5.81E-04	0.	0.	0.	5.78E-04	2.75E-10	0.	0.	3.19E 00
32 7.60	0.	2.97E 00	4.40E-04	0.	1.54E-05	0.	5.81E-04	2.86E-10	0.	0.	2.97E 00
33 7.50	0.	2.75E 00	3.35E-04	0.	2.15E-04	0.	5.84E-04	2.98E-10	0.	0.	2.76E 00
34 7.40	0.	2.53E 00	2.64E-04	0.	5.08E-04	0.	5.88E-04	3.10E-10	0.	0.	2.53E 00
35 7.30	0.	2.30E 00	1.97E-04	0.	3.22E-03	0.	5.91E-04	3.23E-10	0.	0.	2.31E 00
36 7.20	0.	2.09E 00	1.59E-04	0.	1.36E-02	0.	5.96E-04	3.37E-10	0.	0.	2.11E 00
37 7.10	0.	1.88E 00	1.21E-04	0.	1.46E-02	0.	6.01E-04	3.51E-10	0.	0.	1.90E 00
38 7.00	5.91E-03	0.	9.22E-05	0.	9.11E-02	0.	6.05E-04	3.67E-10	0.	0.	9.77E-02
39 6.90	1.04E-02	0.	7.27E-05	0.	1.26E-01	0.	6.10E-04	3.83E-10	0.	0.	1.37E-01
40 6.80	7.95E-03	0.	5.23E-05	0.	1.29E-01	0.	6.15E-04	4.00E-10	0.	0.	1.37E-01
41 6.70	5.09E-03	0.	3.85E-05	0.	2.89E-01	0.	6.20E-04	4.18E-10	0.	0.	2.95E-01
42 6.60	2.78E-03	0.	2.40E-05	0.	1.07E-01	0.	6.25E-04	4.38E-10	0.	0.	1.10E-01
43 6.50	1.40E-03	0.	1.16E-05	0.	2.14E-01	0.	6.30E-04	4.58E-10	0.	0.	2.48E-01
44 6.40	2.09E-03	0.	4.80E-06	4.10E-03	4.41E-01	0.	6.34E-04	4.80E-10	0.	0.	1.62E-01
45 6.30	1.52E-03	0.	1.83E-06	1.52E-02	1.41E-01	0.	6.39E-04	5.03E-10	0.	0.	2.42E-01
46 6.20	1.09E-02	0.	6.13E-07	1.78E-02	1.73E-01	0.	6.44E-04	5.28E-10	0.	0.	6.56E-01
47 6.10	3.80E-02	0.	1.25E-07	4.40E-02	5.73E-01	0.	6.49E-04	5.55E-10	0.	0.	2.29E-01
48 6.00	8.62E-02	0.	8.63E-09	2.93E-02	1.13E-01	0.	6.49E-04	5.83E-10	0.	0.	3.08E-01
49 5.90	1.21E-01	0.	2.01E-10	3.95E-02	1.47E-01	0.	6.39E-04	6.13E-10	0.	0.	3.55E-01
50 5.80	1.59E-01	0.	0.	4.93E-02	1.46E-01	0.	6.39E-04	6.46E-10	0.	0.	3.03E-01
51 5.70	1.56E-01	0.	0.	4.60E-02	1.00E-01	0.	6.80E-04	6.80E-10	0.	0.	3.03E-01

140

ABSORPTION COEFFICIENTS OF HEATED AIR (INVERSE CM.)

TEMPERATURE (DEGREES K) 5000. DENSITY (GM/CC) 1.293E-03 (10.0E-01 NORMAL)

PHOTON ENERGY	O2 S-R BANDS	N2 1ST POS.	N2 2ND POS.	N2+ 1ST NEG.	NO BETA	NO GAMMA	NO VIB-ROT	NO2	O- PHOTO-DET	FREE-FREE (IONS)	N P.E.	O P.F.	TOTAL AIR
5.60	1.78E-01	0.	0.	0.	2.67E-02	2.51E-01	0.	0.	5.58E-04	7.18E-10	0.	0.	4.56E-01
5.50	1.69E-01	0.	0.	0.	3.56E-02	3.07E-01	0.	0.	5.61E-04	7.58E-10	0.	0.	5.12E-01
5.40	1.58E-01	0.	0.	0.	2.64E-02	1.10E-01	0.	0.	5.64E-04	8.01E-10	0.	0.	2.95E-01
5.30	1.39E-01	0.	0.	0.	2.71E-02	2.52E-01	0.	0.	5.68E-04	8.47E-10	0.	0.	4.18E-01
5.20	8.15E-02	0.	0.	0.	2.61E-02	9.43E-02	0.	0.	5.71E-04	8.97E-10	0.	0.	2.03E-01
5.10	7.11E-02	0.	0.	0.	2.32E-02	1.34E-01	0.	1.27E-04	5.76E-04	9.51E-10	0.	0.	2.29E-01
5.00	4.85E-02	0.	0.	0.	1.80E-02	8.16E-02	0.	1.27E-04	5.81E-04	1.01E-09	0.	0.	1.41E-01
4.90	4.01E-02	0.	0.	0.	1.85E-02	8.00E-02	0.	1.27E-04	5.86E-04	1.07E-09	0.	0.	1.40E-01
4.80	4.07E-02	0.	0.	0.	1.59E-02	4.81E-02	0.	1.27E-04	5.91E-04	1.14E-09	0.	0.	1.05E-01
4.70	3.99E-02	0.	0.	0.	1.49E-02	5.16E-02	0.	1.27E-04	5.96E-04	1.21E-09	0.	0.	1.10E-01
4.60	4.27E-02	0.	0.	0.	1.14E-02	2.71E-02	0.	1.27E-04	6.01E-04	1.30E-09	0.	0.	7.71E-02
4.50	3.79E-02	0.	0.	0.	1.04E-02	2.48E-02	0.	1.27E-04	6.05E-04	1.38E-09	0.	0.	4.66E-02
4.40	3.37E-02	0.	5.80E-07	0.	8.36E-03	1.01E-02	0.	1.27E-04	6.10E-04	1.48E-09	0.	0.	4.08E-02
4.30	2.68E-02	0.	3.28E-06	0.	8.03E-03	2.43E-03	0.	1.27E-04	6.15E-04	1.59E-09	0.	0.	2.77E-02
4.20	2.19E-02	0.	4.15E-06	0.	6.49E-03	1.64E-03	0.	1.27E-04	6.20E-04	1.70E-09	0.	0.	2.22E-02
4.10	1.81E-02	0.	2.98E-06	0.	5.53E-03	9.15E-04	0.	1.27E-04	6.22E-04	1.83E-09	0.	0.	1.57E-02
4.00	1.43E-02	0.	4.22E-06	0.	4.00E-03	0.	0.	1.27E-04	6.25E-04	1.97E-09	0.	0.	1.50E-02
3.90	9.99E-03	0.	3.92E-05	1.49E-09	4.10E-03	0.	0.	1.27E-04	6.20E-04	2.13E-09	0.	0.	8.99E-03
3.80	1.01E-02	0.	2.03E-05	3.28E-08	2.51E-03	0.	0.	1.27E-04	6.20E-04	2.30E-09	0.	0.	6.61E-03
3.70	6.98E-03	0.	1.69E-05	4.98E-08	2.57E-03	0.	0.	1.27E-04	6.10E-04	2.49E-09	0.	0.	5.40E-03
3.60	5.49E-03	0.	4.02E-05	2.04E-08	1.57E-03	0.	0.	1.27E-04	5.71E-04	2.71E-09	0.	0.	3.08E-03
3.50	3.23E-03	0.	9.98E-05	2.44E-09	1.73E-03	0.	0.	1.27E-04	5.23E-04	2.95E-09	0.	0.	3.77E-03
3.40	2.31E-03	0.	2.39E-05	3.42E-08	1.02E-03	0.	0.	1.27E-04	3.02E-04	3.21E-09	0.	0.	2.49E-03
3.30	1.65E-03	0.	5.95E-06	2.11E-07	9.99E-04	0.	0.	1.27E-04	3.03E-04	3.52E-09	0.	0.	1.98E-03
3.20	1.32E-03	0.	9.09E-06	3.64E-08	7.43E-04	0.	0.	1.27E-04	3.03E-04	3.86E-09	0.	0.	1.40E-03
3.10	9.67E-04	0.	2.80E-06	4.19E-08	5.78E-04	0.	0.	1.27E-04	3.03E-04	4.24E-09	0.	0.	1.16E-03
3.00	6.54E-04	0.	2.01E-06	1.79E-08	3.13E-04	0.	0.	1.27E-04	3.04E-04	4.68E-09	0.	0.	7.58E-04
2.90	5.87E-04	0.	1.07E-06	2.22E-09	1.44E-04	0.	0.	1.27E-04	3.05E-04	5.18E-09	0.	0.	5.34E-04
2.80	2.76E-04	0.	6.63E-07	6.63E-08	5.01E-05	0.	0.	1.27E-04	3.05E-04	5.76E-09	0.	0.	4.40E-04
2.70	8.72E-05	0.	5.24E-07	1.40E-09	1.48E-05	0.	0.	1.27E-04	3.05E-04	6.43E-09	0.	0.	4.33E-04
2.60	5.15E-06	0.	1.72E-07	0.	2.72E-06	0.	0.	1.27E-04	3.05E-04	7.20E-09	0.	0.	4.44E-04
2.50	0.	0.	5.71E-08	0.	2.36E-07	0.	0.	1.27E-04	3.05E-04	8.16E-09	0.	0.	4.70E-04
2.40	0.	1.10E-06	1.01E-08	0.	0.	0.	0.	1.27E-04	3.05E-04	9.16E-09	0.	0.	4.62E-04
2.30	0.	1.09E-05	0.	0.	0.	0.	0.	1.27E-04	3.03E-04	1.04E-08	0.	0.	6.02E-04
2.20	0.	1.54E-05	0.	0.	0.	0.	0.	1.27E-04	3.01E-04	1.19E-08	0.	0.	5.88E-04
2.10	0.	4.30E-05	0.	0.	0.	0.	0.	1.27E-04	3.00E-04	1.37E-08	0.	0.	5.82E-04
2.00	0.	4.51E-05	0.	0.	0.	0.	0.	1.27E-04	2.91E-04	1.59E-08	0.	0.	5.69E-04
1.90	0.	1.95E-04	0.	0.	0.	0.	0.	1.27E-04	2.79E-04	1.85E-08	0.	0.	3.98E-04
1.80	0.	1.94E-04	0.	0.	0.	0.	0.	1.27E-04	2.52E-04	2.18E-08	0.	0.	3.70E-04
1.70	0.	1.50E-04	0.	0.	0.	0.	0.	1.27E-04	2.52E-04	2.59E-08	0.	0.	2.63E-04
1.60	0.	1.74E-04	0.	0.	0.	0.	0.	1.27E-04	2.13E-04	3.10E-08	0.	0.	2.63E-04
1.50	0.	1.37E-04	0.	0.	0.	0.	0.	1.27E-04	9.69E-05	3.77E-08	0.	0.	2.34E-04
1.40	0.	1.90E-04	0.	0.	0.	0.	0.	1.27E-04	0.	4.64E-08	0.	0.	3.17E-04
1.30	0.	1.05E-04	0.	0.	0.	0.	0.	1.27E-04	0.	5.81E-08	0.	0.	2.47E-04
1.20	0.	1.14E-04	0.	0.	0.	0.	0.	1.27E-04	0.	7.40E-08	0.	0.	2.20E-04
1.10	0.	7.70E-05	0.	0.	0.	0.	0.	1.27E-04	0.	9.63E-08	0.	0.	2.20E-04
1.00	0.	3.36E-05	0.	0.	0.	0.	2.03E-06	1.27E-04	0.	1.28E-07	0.	0.	2.67E-04
0.90	0.	9.94E-06	0.	0.	0.	0.	6.83E-06	1.27E-04	0.	1.76E-07	0.	0.	2.67E-04
0.80	0.	7.63E-08	0.	0.	0.	0.	1.60E-05	1.27E-04	0.	2.52E-07	0.	0.	2.23E-04
0.70	0.	0.	0.	0.	0.	0.	1.07E-04	1.27E-04	0.	3.78E-07	0.	0.	2.67E-04
0.60	0.	0.	0.	0.	0.	0.	2.89E-04	1.27E-04	0.	6.04E-07	0.	0.	4.16E-04

ABSORPTION COEFFICIENTS OF HEATED AIR   (INVERSE CM.)

TEMPERATURE (DEGREES K) 5000.   DENSITY (GM/CC) 1.293E-04   (10.0E-02 NORMAL)

#	PHOTON ENERGY E.V.	O2 S-R BANDS	O2 S-R CONT.	N2 B-H NO. 1	NO BETA	NO GAMMA	NO2	O- PHOTO-DET (IONS)	FREE-FREE (IONS)	N P.E.	O P.E.	TOTAL AIR
1	10.70	0.	0.	6.55E-02	0.	0.	0.	1.49E-05	4.33E-12	0.	0.	6.55E-02
2	10.60	0.	0.	4.94E-02	0.	0.	0.	1.49E-05	4.45E-12	0.	0.	4.94E-02
3	10.50	0.	0.	4.43E-02	0.	0.	0.	1.49E-05	4.58E-12	0.	0.	4.43E-02
4	10.40	0.	0.	3.59E-02	0.	0.	0.	1.49E-05	4.72E-12	0.	0.	3.59E-02
5	10.30	0.	0.	2.58E-02	0.	0.	0.	1.50E-05	4.86E-12	0.	0.	2.58E-02
6	10.20	0.	0.	2.36E-02	0.	0.	0.	1.50E-05	5.00E-12	0.	0.	2.36E-02
7	10.10	0.	0.	1.96E-02	0.	0.	0.	1.50E-05	5.15E-12	0.	0.	1.97E-02
8	10.00	0.	0.	1.33E-02	0.	0.	0.	1.50E-05	5.31E-12	0.	0.	1.33E-02
9	9.90	0.	0.	1.30E-02	0.	0.	0.	1.50E-05	5.47E-12	0.	0.	1.31E-02
10	9.80	0.	0.	1.02E-02	0.	0.	0.	1.51E-05	5.65E-12	0.	0.	1.02E-02
11	9.70	0.	0.	6.88E-03	0.	0.	0.	1.51E-05	5.82E-12	0.	0.	6.90E-03
12	9.60	0.	0.	7.35E-03	0.	0.	0.	1.51E-05	6.01E-12	0.	0.	7.37E-03
13	9.50	0.	4.13E-02	3.84E-03	0.	0.	0.	1.52E-05	6.20E-12	0.	0.	4.61E-02
14	9.40	0.	4.53E-02	3.72E-03	0.	0.	0.	1.53E-05	6.40E-12	0.	0.	4.91E-02
15	9.30	0.	4.93E-02	2.17E-03	0.	0.	0.	1.53E-05	6.61E-12	0.	0.	5.30E-02
16	9.20	0.	5.33E-02	2.31E-03	0.	0.	0.	1.54E-05	6.83E-12	0.	0.	5.55E-02
17	9.10	0.	5.58E-02	1.63E-03	0.	0.	0.	1.54E-05	7.06E-12	0.	0.	6.81E-02
18	9.00	0.	6.58E-02	1.26E-03	0.	0.	0.	1.55E-05	7.30E-12	0.	0.	8.15E-02
19	8.90	0.	7.99E-02	1.13E-03	0.	0.	0.	1.55E-05	7.55E-12	0.	0.	9.53E-02
20	8.80	0.	9.40E-02	7.31E-04	0.	0.	0.	1.56E-05	7.81E-12	0.	0.	9.89E-02
21	8.70	0.	9.34E-02	7.37E-04	0.	0.	0.	1.56E-05	8.09E-12	0.	0.	9.42E-02
22	8.60	0.	8.90E-02	4.80E-04	0.	0.	0.	1.57E-05	8.37E-12	0.	0.	8.98E-02
23	8.50	0.	8.51E-02	4.48E-04	0.	0.	0.	1.58E-05	8.67E-12	0.	0.	8.56E-02
24	8.40	0.	8.16E-02	2.90E-04	0.	0.	0.	1.59E-05	8.99E-12	0.	0.	8.21E-02
25	8.30	0.	7.82E-02	2.69E-04	0.	0.	0.	1.59E-05	9.32E-12	0.	0.	7.85E-02
26	8.20	0.	7.48E-02	1.82E-04	0.	0.	0.	1.60E-05	9.67E-12	0.	0.	7.51E-02
27	8.10	0.	7.14E-02	1.64E-04	0.	0.	0.	1.60E-05	1.00E-11	0.	0.	7.16E-02
28	8.00	0.	6.80E-02	1.12E-04	0.	0.	0.	1.61E-05	1.04E-11	0.	0.	6.82E-02
29	7.90	0.	6.42E-02	1.04E-04	0.	0.	0.	1.62E-05	1.08E-11	0.	0.	6.43E-02
30	7.80	0.	6.04E-02	7.30E-05	0.	0.	0.	1.63E-05	1.12E-11	0.	0.	6.05E-02
31	7.70	0.	5.66E-02	5.93E-05	0.	0.	0.	1.64E-05	1.17E-11	0.	0.	5.67E-02
32	7.60	0.	5.28E-02	4.49E-05	0.	6.54E-07	0.	1.64E-05	1.21E-11	0.	0.	5.28E-02
33	7.50	0.	4.89E-02	3.42E-05	0.	9.14E-06	0.	1.65E-05	1.26E-11	0.	0.	4.90E-02
34	7.40	0.	4.50E-02	2.69E-05	0.	2.16E-05	0.	1.66E-05	1.32E-11	0.	0.	4.50E-02
35	7.30	0.	4.09E-02	2.01E-05	0.	1.77E-04	0.	1.67E-05	1.37E-11	0.	0.	4.11E-02
36	7.20	0.	3.72E-02	1.62E-05	0.	5.77E-04	0.	1.68E-05	1.43E-11	0.	0.	3.78E-02
37	7.10	0.	3.35E-02	1.23E-05	0.	6.18E-04	0.	1.69E-05	1.49E-11	0.	0.	3.41E-02
38	7.00	1.05E-04	0.	9.40E-06	0.	3.87E-03	0.	1.71E-05	1.56E-11	0.	0.	4.00E-03
39	6.90	1.83E-04	0.	7.41E-06	0.	2.66E-03	0.	1.72E-05	1.62E-11	0.	0.	2.87E-03
40	6.80	1.41E-04	0.	5.34E-06	0.	5.47E-03	0.	1.74E-05	1.70E-11	0.	0.	5.64E-03
41	6.70	7.00E-05	0.	3.93E-06	0.	1.23E-03	0.	1.75E-05	1.77E-11	0.	0.	1.24E-03
42	6.60	4.92E-05	0.	2.44E-06	0.	4.54E-03	0.	1.78E-05	1.86E-11	0.	0.	4.61E-03
43	6.50	2.48E-05	0.	1.86E-06	0.	9.09E-03	0.	1.79E-05	1.94E-11	0.	0.	9.14E-03
44	6.40	3.69E-05	0.	1.18E-06	1.74E-04	1.87E-02	0.	1.80E-05	2.04E-11	0.	0.	1.89E-02
45	6.30	7.28E-05	0.	6.29E-07	6.47E-04	6.00E-03	0.	1.82E-05	2.14E-11	0.	0.	6.75E-03
46	6.20	1.93E-04	0.	1.86E-07	7.56E-03	2.24E-03	0.	1.83E-05	2.24E-11	0.	0.	1.00E-02
47	6.10	6.71E-04	0.	6.25E-08	1.87E-03	2.44E-02	0.	1.85E-05	2.35E-11	0.	0.	2.69E-02
48	6.00	1.52E-03	0.	1.27E-08	1.25E-03	4.80E-03	0.	1.85E-05	2.47E-11	0.	0.	7.58E-03
49	5.90	2.14E-03	0.	8.80E-10	1.68E-03	6.26E-03	0.	1.85E-05	2.60E-11	0.	0.	1.01E-02
50	5.80	2.80E-03	0.	2.05E-11	2.09E-03	6.20E-03	0.	1.82E-05	2.74E-11	0.	0.	1.11E-02
51	5.70	2.76E-03	0.	0.	1.95E-03	4.26E-03	0.	1.71E-05	2.89E-11	0.	0.	8.99E-03

ABSORPTION COEFFICIENTS OF HEATED AIR (INVERSE CM.)

TEMPERATURE (DEGREES K) 5000.   DENSITY (GM/CC) 1.293E-04   (10.0E-02 NORMAL)

BAND	PHOTON ENERGY	O2 S-R BANDS	N2 1ST POS.	N2 2ND POS.	N2+ 1ST NEG.	NO BETA	NO GAMMA	NO VIB-ROT	NO2	O- PHOTO-DET (IONS)	FREE-FREE (IONS)	N P.E.	O P.E.	TOTAL AIR
52	5.60	3.15E-03	0.	0.	0.	1.13E-03	1.07E-02	0.	0.	1.59E-05	3.04E-11	0.	0.	1.50E-02
53	5.50	2.98E-03	0.	0.	0.	1.51E-03	1.30E-02	0.	0.	1.60E-05	3.21E-11	0.	0.	1.76E-02
54	5.40	2.80E-03	0.	0.	0.	1.12E-03	4.66E-03	0.	0.	1.60E-05	3.40E-11	0.	0.	8.60E-03
55	5.30	2.45E-03	0.	0.	0.	1.15E-03	1.07E-02	0.	0.	1.62E-05	3.59E-11	0.	0.	1.44E-02
56	5.20	1.44E-03	0.	0.	0.	1.11E-03	4.00E-03	0.	7.15E-07	1.63E-05	3.80E-11	0.	0.	6.57E-03
57	5.10	1.26E-03	0.	0.	0.	9.86E-04	5.68E-03	0.	7.15E-07	1.64E-05	4.03E-11	0.	0.	7.94E-03
58	5.00	8.58E-04	0.	0.	0.	7.66E-04	3.46E-03	0.	7.15E-07	1.65E-05	4.28E-11	0.	0.	6.48E-03
59	4.90	7.08E-04	0.	0.	0.	7.84E-04	3.40E-03	0.	7.15E-07	1.67E-05	4.55E-11	0.	0.	4.96E-03
60	4.80	7.19E-04	0.	0.	0.	6.76E-04	2.04E-03	0.	7.15E-07	1.68E-05	4.84E-11	0.	0.	4.92E-03
61	4.70	7.06E-04	0.	0.	0.	6.33E-04	2.19E-03	0.	7.15E-07	1.69E-05	5.15E-11	0.	0.	3.44E-03
62	4.60	7.55E-04	0.	0.	0.	4.84E-04	1.15E-03	0.	7.15E-07	1.71E-05	5.50E-11	0.	0.	3.60E-03
63	4.50	6.70E-04	0.	5.92E-08	0.	4.40E-04	1.05E-03	0.	7.15E-07	1.72E-05	5.87E-11	0.	0.	2.32E-03
64	4.40	5.96E-04	0.	3.35E-07	0.	3.55E-04	4.29E-04	0.	7.15E-07	1.74E-05	6.28E-11	0.	0.	2.11E-03
65	4.30	4.74E-04	0.	3.04E-07	0.	3.41E-04	4.29E-04	0.	7.15E-07	1.75E-05	6.73E-11	0.	0.	1.28E-03
66	4.20	3.88E-04	0.	4.31E-07	0.	2.76E-04	1.29E-04	0.	7.15E-07	1.76E-05	7.23E-11	0.	0.	1.18E-03
67	4.10	3.19E-04	0.	4.06E-06	0.	2.35E-04	1.03E-04	0.	7.15E-07	1.77E-05	7.77E-11	0.	0.	7.17E-04
68	4.00	2.52E-04	0.	2.07E-06	0.	1.70E-04	6.97E-05	0.	7.15E-07	1.78E-05	8.37E-11	0.	0.	5.79E-04
69	3.90	1.77E-04	0.	1.72E-06	7.08E-10	1.74E-04	3.89E-05	0.	7.15E-07	1.76E-05	9.03E-11	0.	0.	4.06E-04
70	3.80	1.79E-04	0.	4.10E-06	1.56E-08	1.07E-04	0.	0.	7.15E-07	1.76E-05	9.76E-11	0.	0.	3.73E-04
71	3.70	1.23E-04	0.	9.59E-07	2.37E-09	1.19E-04	0.	0.	7.15E-07	1.74E-05	1.06E-10	0.	0.	2.52E-04
72	3.60	9.70E-05	0.	2.44E-06	9.72E-09	6.67E-05	0.	0.	7.15E-07	1.63E-05	1.15E-10	0.	0.	2.34E-04
73	3.50	7.72E-05	0.	6.07E-07	7.78E-08	7.36E-05	0.	0.	7.15E-07	1.49E-05	1.25E-10	0.	0.	1.62E-04
74	3.40	5.72E-05	0.	9.27E-07	1.16E-09	4.35E-05	0.	0.	7.15E-07	1.25E-05	1.36E-10	0.	0.	1.41E-04
75	3.30	4.09E-05	0.	3.07E-07	1.63E-08	4.24E-05	0.	0.	7.15E-07	8.58E-06	1.49E-10	0.	0.	9.46E-05
76	3.20	2.91E-05	0.	2.85E-07	1.01E-07	3.15E-05	0.	0.	7.15E-07	8.60E-06	1.64E-10	0.	0.	8.13E-05
77	3.10	2.33E-05	0.	1.09E-07	1.91E-09	2.46E-05	0.	0.	7.15E-07	8.61E-06	1.80E-10	0.	0.	6.44E-05
78	3.00	1.71E-05	0.	6.76E-08	1.73E-08	1.33E-05	0.	0.	7.15E-07	8.63E-06	1.99E-10	0.	0.	5.12E-05
79	2.90	1.16E-05	0.	2.59E-08	1.99E-08	6.11E-06	0.	0.	7.15E-07	8.65E-06	2.20E-10	0.	0.	3.43E-05
80	2.80	1.04E-05	0.	1.23E-08	6.76E-08	2.13E-06	0.	0.	7.15E-07	8.67E-06	2.44E-10	0.	0.	2.59E-05
81	2.70	4.88E-06	0.	5.82E-09	1.87E-09	6.26E-07	0.	0.	7.15E-07	8.68E-06	2.73E-10	0.	0.	1.64E-05
82	2.60	1.54E-06	0.	1.03E-09	8.50E-09	1.15E-07	0.	0.	7.15E-07	8.68E-06	3.05E-10	0.	0.	1.16E-05
83	2.50	9.10E-08	0.	0.	1.23E-08	1.00E-08	0.	0.	7.15E-07	8.68E-06	3.44E-10	0.	0.	9.52E-06
84	2.40	0.	0.	0.	3.16E-10	0.	0.	0.	7.15E-07	8.61E-06	3.89E-10	0.	0.	1.04E-05
85	2.30	0.	1.12E-07	0.	6.67E-10	0.	0.	0.	7.15E-07	8.61E-06	4.42E-10	0.	0.	1.09E-05
86	2.20	0.	1.11E-06	0.	1.00E-10	0.	0.	0.	7.15E-07	8.58E-06	5.05E-10	0.	0.	1.36E-05
87	2.10	0.	1.59E-06	0.	0.	0.	0.	0.	7.15E-07	8.54E-06	5.81E-10	0.	0.	1.36E-05
88	2.00	0.	4.39E-06	0.	0.	0.	0.	0.	7.15E-07	8.27E-06	6.73E-10	0.	0.	2.86E-05
89	1.90	0.	4.60E-05	0.	0.	0.	0.	0.	7.15E-07	7.95E-06	7.85E-10	0.	0.	2.81E-05
90	1.80	0.	1.98E-05	0.	0.	0.	0.	0.	7.15E-07	7.61E-06	9.24E-10	0.	0.	2.20E-05
91	1.70	0.	2.07E-05	0.	0.	0.	0.	0.	7.15E-07	7.17E-06	1.10E-09	0.	0.	2.12E-05
92	1.60	0.	1.53E-05	0.	0.	0.	0.	0.	7.15E-07	6.06E-06	1.32E-09	0.	0.	2.55E-05
93	1.50	0.	1.77E-05	0.	0.	0.	0.	0.	7.15E-07	2.76E-06	1.60E-09	0.	0.	1.46E-05
94	1.40	0.	2.48E-05	0.	0.	0.	0.	0.	7.15E-07	0.	1.97E-09	0.	0.	2.01E-05
95	1.30	0.	1.39E-05	0.	0.	0.	0.	0.	7.15E-07	0.	2.46E-09	0.	0.	1.25E-05
96	1.20	0.	1.94E-05	0.	0.	0.	0.	0.	7.15E-07	0.	3.14E-09	0.	0.	1.26E-05
97	1.10	0.	1.07E-05	0.	0.	0.	0.	8.64E-08	7.15E-07	0.	4.08E-09	0.	0.	9.25E-06
98	1.00	0.	1.16E-05	0.	0.	0.	0.	2.90E-07	7.15E-07	0.	5.45E-09	0.	0.	9.61E-06
99	0.90	0.	7.85E-06	0.	0.	0.	0.	6.79E-07	7.15E-07	0.	7.49E-09	0.	0.	1.26E-05
100	0.80	0.	3.43E-06	0.	0.	0.	0.	4.54E-06	7.15E-07	0.	1.07E-08	0.	0.	8.69E-06
101	0.70	0.	1.01E-06	0.	0.	0.	0.	3.67E-06	7.15E-07	0.	1.60E-08	0.	0.	5.41E-06
102	0.60	0.	7.78E-09	0.	0.	0.	0.	1.23E-05	7.15E-07	0.	2.56E-08	0.	0.	1.30E-05

ABSORPTION COEFFICIENTS OF HEATED AIR (INVERSE CM.)

TEMPERATURE (DEGREES K) 5000.   DENSITY (GM/CC) 1.293E-05 (10.0E-03 NORMAL)

#	PHOTON ENERGY BANDS E.V.	O2 S-R BANDS	O2 S-R CONT.	N2 B-H NO. 1	NO BETA	NO GAMMA	NO2	O- PHOTO-DET (IONS)	FREE-FREE	N P.E.	O P.E.	TOTAL AIR
1	10.70	0.	0.	6.45E-03	0.	0.	0.	2.98E-07	1.47E-13	0.	0.	6.45E-03
2	10.60	0.	0.	4.86E-03	0.	0.	0.	2.99E-07	1.51E-13	0.	0.	4.86E-03
3	10.50	0.	0.	4.36E-03	0.	0.	0.	2.99E-07	1.56E-13	0.	0.	4.36E-03
4	10.40	0.	0.	3.53E-03	0.	0.	0.	2.99E-07	1.60E-13	0.	0.	3.53E-03
5	10.30	0.	0.	2.54E-03	0.	0.	0.	3.00E-07	1.65E-13	0.	0.	2.54E-03
6	10.20	0.	0.	2.32E-03	0.	0.	0.	3.00E-07	1.70E-13	0.	0.	2.32E-03
7	10.10	0.	0.	1.93E-03	0.	0.	0.	3.01E-07	1.75E-13	0.	0.	1.93E-03
8	10.00	0.	0.	1.31E-03	0.	0.	0.	3.01E-07	1.81E-13	0.	0.	1.31E-03
9	9.90	0.	0.	1.28E-03	0.	0.	0.	3.02E-07	1.86E-13	0.	0.	1.28E-03
10	9.80	0.	0.	10.00E-04	0.	0.	0.	3.02E-07	1.92E-13	0.	0.	10.00E-04
11	9.70	0.	0.	6.77E-04	0.	0.	0.	3.03E-07	1.98E-13	0.	0.	6.77E-04
12	9.60	0.	0.	7.24E-04	0.	0.	0.	3.03E-07	2.04E-13	0.	0.	7.24E-04
13	9.50	0.	4.83E-04	4.72E-04	0.	0.	0.	3.04E-07	2.11E-13	0.	0.	9.55E-04
14	9.40	0.	5.30E-04	3.78E-04	0.	0.	0.	3.05E-07	2.18E-13	0.	0.	9.08E-04
15	9.30	0.	5.77E-04	3.66E-04	0.	0.	0.	3.06E-07	2.25E-13	0.	0.	9.43E-04
16	9.20	0.	6.24E-04	2.14E-04	0.	0.	0.	3.07E-07	2.32E-13	0.	0.	8.38E-04
17	9.10	0.	7.70E-04	2.27E-04	0.	0.	0.	3.08E-07	2.40E-13	0.	0.	9.98E-04
18	9.00	0.	9.35E-04	1.60E-04	0.	0.	0.	3.09E-07	2.48E-13	0.	0.	1.10E-03
19	8.90	0.	1.10E-03	1.24E-04	0.	0.	0.	3.10E-07	2.57E-13	0.	0.	1.22E-03
20	8.80	0.	1.14E-03	1.11E-04	0.	0.	0.	3.12E-07	2.66E-13	0.	0.	1.26E-03
21	8.70	0.	1.09E-03	7.20E-05	0.	0.	0.	3.13E-07	2.75E-13	0.	0.	1.17E-03
22	8.60	0.	1.04E-03	7.25E-05	0.	0.	0.	3.14E-07	2.85E-13	0.	0.	1.12E-03
23	8.50	0.	9.96E-04	4.72E-05	0.	0.	0.	3.15E-07	2.95E-13	0.	0.	1.04E-03
24	8.40	0.	9.55E-04	4.41E-05	0.	0.	0.	3.17E-07	3.06E-13	0.	0.	10.00E-04
25	8.30	0.	9.15E-04	2.85E-05	0.	0.	0.	3.18E-07	3.17E-13	0.	0.	9.44E-04
26	8.20	0.	8.75E-04	2.65E-05	0.	0.	0.	3.20E-07	3.29E-13	0.	0.	9.02E-04
27	8.10	0.	8.35E-04	1.79E-05	0.	0.	0.	3.23E-07	3.41E-13	0.	0.	8.54E-04
28	8.00	0.	7.96E-04	1.60E-05	0.	0.	0.	3.25E-07	3.54E-13	0.	0.	8.12E-04
29	7.90	0.	7.51E-04	1.02E-05	0.	0.	0.	3.26E-07	3.68E-13	0.	0.	7.63E-04
30	7.80	0.	7.07E-04	7.19E-06	0.	0.	0.	3.26E-07	3.82E-13	0.	0.	7.18E-04
31	7.70	0.	6.63E-04	5.83E-06	0.	0.	0.	3.30E-07	3.97E-13	0.	0.	6.70E-04
32	7.60	0.	6.18E-04	4.42E-06	0.	0.	0.	3.31E-07	4.13E-13	0.	0.	6.24E-04
33	7.50	0.	5.73E-04	3.36E-06	0.	0.	0.	3.35E-07	4.30E-13	0.	0.	5.78E-04
34	7.40	0.	5.26E-04	2.65E-06	0.	2.22E-08	0.	3.37E-07	4.48E-13	0.	0.	5.31E-04
35	7.30	0.	4.79E-04	1.98E-06	0.	3.10E-07	0.	3.40E-07	4.66E-13	0.	0.	4.87E-04
36	7.20	0.	4.35E-04	1.60E-06	0.	7.33E-07	0.	3.43E-07	4.86E-13	0.	0.	4.57E-04
37	7.10	0.	3.92E-04	1.21E-06	0.	4.65E-06	0.	3.45E-07	5.07E-13	0.	0.	4.14E-04
38	7.00	1.22E-06	0.	9.25E-07	0.	1.96E-05	0.	3.48E-07	5.29E-13	0.	0.	1.34E-04
39	6.90	2.14E-06	0.	7.30E-07	0.	2.10E-05	0.	3.51E-07	5.52E-13	0.	0.	9.37E-05
40	6.80	1.64E-06	0.	5.25E-07	0.	9.03E-05	0.	3.54E-07	5.77E-13	0.	0.	1.88E-04
41	6.70	1.05E-06	0.	3.86E-07	0.	1.86E-04	0.	3.56E-07	6.03E-13	0.	0.	4.18E-04
42	6.60	5.75E-07	0.	2.40E-07	0.	4.16E-04	0.	3.59E-07	6.31E-13	0.	0.	1.55E-04
43	6.50	2.90E-07	0.	1.16E-07	5.91E-06	3.08E-04	0.	3.62E-07	6.61E-13	0.	0.	3.09E-04
44	6.40	4.31E-07	0.	8.52E-08	2.19E-05	6.36E-04	0.	3.65E-07	6.93E-13	0.	0.	6.42E-04
45	6.30	8.52E-07	0.	1.83E-08	2.57E-05	2.04E-04	0.	3.67E-07	7.26E-13	0.	0.	2.27E-04
46	6.20	2.26E-06	0.	6.15E-09	6.34E-05	3.07E-04	0.	3.70E-07	7.62E-13	0.	0.	3.35E-04
47	6.10	7.85E-06	0.	1.25E-09	4.23E-05	8.26E-04	0.	3.70E-07	8.00E-13	0.	0.	8.98E-04
48	6.00	1.78E-05	0.	8.66E-11	1.54E-05	1.63E-04	0.	3.65E-07	8.41E-13	0.	0.	2.23E-04
49	5.90	2.51E-05	0.	2.02E-12	5.69E-05	2.10E-04	0.	3.65E-07	8.85E-13	0.	0.	2.95E-04
50	5.80	3.28E-05	0.	0.	7.10E-05	1.45E-04	0.	3.65E-07	9.31E-13	0.	0.	3.15E-04
51	5.70	3.22E-05	0.	0.	6.62E-05	0.	0.	3.43E-07	9.82E-13	0.	0.	2.43E-04

144

ABSORPTION COEFFICIENTS OF HEATED AIR (INVERSE CM.)

TEMPERATURE (DEGREES K) 5000. DENSITY (GM/CC) 1.293E-05 (10.0E-03 NORMAL)

#	PHOTON ENERGY	O2 S-R BANDS	N2 1ST POS.	N2 2ND POS.	N2+ 1ST NEG.	NO BETA	NO GAMMA	NO VIB-ROT	NO2	O- PHOTO-DET	FREE-FREE (IONS)	N P.E.	O P.E.	TOTAL AIR
52	5.60	3.69E-05	0.	0.	0.	3.85E-05	3.61E-04	0.	0.	3.18E-07	1.03E-12	0.	0.	4.37E-04
53	5.50	3.48E-05	0.	0.	0.	5.13E-05	4.42E-04	0.	0.	3.20E-07	1.09E-12	0.	0.	5.29E-04
54	5.40	3.27E-05	0.	0.	0.	3.80E-05	1.58E-04	0.	0.	3.24E-07	1.15E-12	0.	0.	2.29E-04
55	5.30	2.87E-05	0.	0.	0.	3.91E-05	3.63E-04	0.	0.	3.26E-07	1.22E-12	0.	0.	4.31E-04
56	5.20	1.69E-05	0.	0.	0.	3.76E-05	1.36E-04	0.	0.	3.26E-07	1.29E-12	0.	0.	1.91E-04
57	5.10	1.47E-05	0.	0.	0.	3.34E-05	1.93E-04	0.	0.	3.29E-07	1.37E-12	0.	0.	2.41E-04
58	5.00	1.00E-05	0.	0.	0.	2.61E-05	1.64E-04	0.	0.	3.31E-07	1.45E-12	0.	0.	2.01E-04
59	4.90	8.28E-06	0.	0.	0.	2.60E-05	1.18E-04	0.	2.62E-09	3.34E-07	1.55E-12	0.	0.	1.52E-04
60	4.80	8.41E-06	0.	0.	0.	2.66E-05	1.15E-04	0.	2.62E-09	3.37E-07	1.64E-12	0.	0.	1.50E-04
61	4.70	8.26E-06	0.	0.	0.	2.29E-05	6.93E-05	0.	2.62E-09	3.40E-07	1.75E-12	0.	0.	1.05E-04
62	4.60	8.83E-06	0.	0.	0.	2.15E-05	7.44E-05	0.	2.62E-09	3.43E-07	1.87E-12	0.	0.	1.05E-04
63	4.50	7.83E-06	0.	5.82E-09	0.	1.64E-05	3.90E-05	0.	2.62E-09	3.45E-07	2.00E-12	0.	0.	6.36E-05
64	4.40	6.97E-06	0.	3.29E-08	0.	1.49E-05	3.57E-05	0.	2.62E-09	3.48E-07	2.14E-12	0.	0.	5.80E-05
65	4.30	5.54E-06	0.	4.17E-08	0.	1.20E-05	1.45E-05	0.	2.62E-09	3.51E-07	2.29E-12	0.	0.	3.25E-05
66	4.20	4.54E-06	0.	2.99E-08	0.	1.16E-05	1.46E-05	0.	2.62E-09	3.54E-07	2.46E-12	0.	0.	3.13E-05
67	4.10	3.74E-06	0.	4.24E-08	0.	9.36E-06	3.51E-06	0.	2.62E-09	3.55E-07	2.64E-12	0.	0.	1.70E-05
68	4.00	2.95E-06	0.	3.93E-08	3.76E-10	7.96E-06	2.37E-06	0.	2.62E-09	3.56E-07	2.85E-12	0.	0.	1.40E-05
69	3.90	2.07E-06	0.	2.04E-07	8.30E-09	5.76E-06	1.32E-06	0.	2.62E-09	3.55E-07	3.07E-12	0.	0.	9.71E-06
70	3.80	1.44E-06	0.	1.69E-07	1.26E-09	5.91E-06	0.	0.	2.62E-09	3.54E-07	3.32E-12	0.	0.	8.54E-06
71	3.70	1.13E-06	0.	4.04E-07	5.16E-09	3.62E-06	0.	0.	2.62E-09	3.48E-07	3.60E-12	0.	0.	5.82E-06
72	3.60	9.03E-07	0.	9.43E-08	4.13E-08	4.04E-06	0.	0.	2.62E-09	3.26E-07	3.91E-12	0.	0.	5.76E-06
73	3.50	6.69E-07	0.	2.26E-07	6.17E-09	2.26E-06	0.	0.	2.62E-09	2.98E-07	4.25E-12	0.	0.	3.40E-06
74	3.40	4.78E-07	0.	5.97E-08	8.64E-09	2.50E-06	0.	0.	2.62E-09	1.72E-07	4.64E-12	0.	0.	3.40E-06
75	3.30	3.40E-07	0.	9.12E-08	5.34E-08	1.48E-06	0.	0.	2.62E-09	1.72E-07	5.07E-12	0.	0.	2.23E-06
76	3.20	2.72E-07	0.	2.81E-08	1.01E-08	1.07E-06	0.	0.	2.62E-09	1.73E-07	5.56E-12	0.	0.	2.04E-06
77	3.10	2.00E-07	0.	1.07E-08	9.19E-08	1.01E-06	0.	0.	2.62E-09	1.73E-07	6.12E-12	0.	0.	1.55E-06
78	3.00	1.35E-07	0.	6.66E-09	1.06E-08	8.33E-07	0.	0.	2.62E-09	1.74E-07	6.75E-12	0.	0.	1.73E-06
79	2.90	1.21E-07	0.	1.21E-09	9.95E-10	4.51E-07	0.	0.	2.62E-09	1.74E-07	7.48E-12	0.	0.	7.80E-07
80	2.80	0.	0.	5.73E-10	4.51E-09	7.22E-08	0.	0.	2.62E-09	1.74E-07	8.31E-12	0.	0.	5.09E-07
81	2.70	0.	0.	1.02E-10	5.62E-10	2.13E-08	0.	0.	2.62E-09	1.74E-07	9.27E-12	0.	0.	3.12E-07
82	2.60	0.	0.	0.	1.68E-10	3.92E-09	0.	0.	2.62E-09	1.74E-07	1.04E-11	0.	0.	2.17E-07
83	2.50	0.	0.	0.	3.54E-10	3.41E-10	0.	0.	2.62E-09	1.73E-07	1.17E-11	0.	0.	1.88E-07
84	2.40	0.	1.10E-08	0.	0.	0.	0.	0.	2.62E-09	1.72E-07	1.32E-11	0.	0.	2.84E-07
85	2.30	0.	1.09E-07	0.	0.	0.	0.	0.	2.62E-09	1.71E-07	1.50E-11	0.	0.	3.31E-07
86	2.20	0.	1.57E-07	0.	0.	0.	0.	0.	2.62E-09	1.66E-07	1.72E-11	0.	0.	6.06E-07
87	2.10	0.	4.52E-07	0.	0.	0.	0.	0.	2.62E-09	1.59E-07	1.97E-11	0.	0.	6.21E-07
88	2.00	0.	1.96E-06	0.	0.	0.	0.	0.	2.62E-09	1.52E-07	2.29E-11	0.	0.	2.12E-06
89	1.90	0.	1.95E-06	0.	0.	0.	0.	0.	2.62E-09	1.44E-07	2.67E-11	0.	0.	2.19E-06
90	1.80	0.	1.50E-06	0.	0.	0.	0.	0.	2.62E-09	1.22E-07	3.14E-11	0.	0.	1.63E-06
91	1.70	0.	1.75E-06	0.	0.	0.	0.	0.	2.62E-09	5.52E-08	3.73E-11	0.	0.	1.80E-06
92	1.60	0.	1.44E-06	0.	0.	0.	0.	0.	2.62E-09	0.	4.48E-11	0.	0.	1.37E-06
93	1.50	0.	1.91E-06	0.	0.	0.	0.	0.	2.62E-09	0.	5.44E-11	0.	0.	1.91E-06
94	1.40	0.	1.37E-06	0.	0.	0.	0.	0.	2.62E-09	0.	6.70E-11	0.	0.	1.06E-06
95	1.30	0.	1.14E-06	0.	0.	0.	0.	0.	2.62E-09	0.	8.38E-11	0.	0.	1.15E-06
96	1.20	0.	7.73E-07	0.	0.	0.	0.	0.	2.62E-09	0.	1.07E-10	0.	0.	7.98E-07
97	1.10	0.	3.37E-07	0.	0.	0.	0.	0.	2.62E-09	0.	1.39E-10	0.	0.	4.94E-07
98	1.00	0.	9.97E-08	0.	0.	0.	0.	2.93E-09	2.62E-09	0.	1.85E-10	0.	0.	2.27E-07
99	0.90	0.	7.66E-10	0.	0.	0.	0.	9.84E-09	2.62E-09	0.	2.55E-10	0.	0.	4.21E-07
100	0.80	0.	0.	0.	0.	0.	0.	2.30E-08	2.62E-09	0.	3.64E-10	0.	0.	
101	0.70	0.	0.	0.	0.	0.	0.	1.54E-07	2.62E-09	0.	5.46E-10	0.	0.	
102	0.60	0.	0.	0.	0.	0.	0.	4.16E-07	2.62E-09	0.	8.71E-10	0.	0.	

ABSORPTION COEFFICIENTS OF HEATED AIR (INVERSE CM.)

TEMPERATURE (DEGREES K) 5000.   DENSITY (GM/CC) 1.293E-06 (10.0E-04 NORMAL)

#	PHOTON ENERGY E.V.	O2 S-R BANDS	O2 S-R CONT.	N2 B-H NO. 1	NO BETA	NO GAMMA	NO2	O- PHOTO-DET (IONS)	FREE-FREE (IONS)	N P.E.	O P.E.	TOTAL AIR
1	10.70	0.	0.	5.89E-04	0.	0.	0.	5.39E-09	4.60E-15	0.	0.	5.89E-04
2	10.60	0.	0.	4.45E-04	0.	0.	0.	5.39E-09	4.73E-15	0.	0.	4.45E-04
3	10.50	0.	0.	3.99E-04	0.	0.	0.	5.40E-09	4.87E-15	0.	0.	3.99E-04
4	10.40	0.	0.	3.23E-04	0.	0.	0.	5.41E-09	5.01E-15	0.	0.	3.23E-04
5	10.30	0.	0.	2.32E-04	0.	0.	0.	5.42E-09	5.16E-15	0.	0.	2.32E-04
6	10.20	0.	0.	2.12E-04	0.	0.	0.	5.42E-09	5.32E-15	0.	0.	2.12E-04
7	10.10	0.	0.	1.77E-04	0.	0.	0.	5.43E-09	5.48E-15	0.	0.	1.77E-04
8	10.00	0.	0.	1.20E-04	0.	0.	0.	5.44E-09	5.64E-15	0.	0.	1.20E-04
9	9.90	0.	0.	1.17E-04	0.	0.	0.	5.46E-09	5.82E-15	0.	0.	1.17E-04
10	9.80	0.	5.03E-06	9.16E-05	0.	0.	0.	5.47E-09	6.00E-15	0.	0.	9.16E-05
11	9.70	0.	5.52E-06	6.19E-05	0.	0.	0.	5.48E-09	6.19E-15	0.	0.	6.62E-05
12	9.60	0.	6.01E-06	6.62E-05	0.	0.	0.	5.49E-09	6.38E-15	0.	0.	6.19E-05
13	9.50	0.	6.50E-06	4.31E-05	0.	0.	0.	5.51E-09	6.59E-15	0.	0.	4.82E-05
14	9.40	0.	6.50E-06	3.45E-05	0.	0.	0.	5.53E-09	6.80E-15	0.	0.	4.01E-05
15	9.30	0.	8.02E-06	3.34E-05	0.	0.	0.	5.55E-09	7.03E-15	0.	0.	3.94E-05
16	9.20	0.	8.02E-06	1.95E-05	0.	0.	0.	5.57E-09	7.26E-15	0.	0.	2.60E-05
17	9.10	0.	9.74E-06	1.46E-05	0.	0.	0.	5.59E-09	7.50E-15	0.	0.	2.88E-05
18	9.00	0.	1.19E-05	1.01E-05	0.	0.	0.	5.61E-09	7.76E-15	0.	0.	2.44E-05
19	8.90	0.	1.19E-05	1.01E-05	0.	0.	0.	5.63E-09	8.02E-15	0.	0.	2.28E-05
20	8.80	0.	1.14E-05	6.58E-06	0.	0.	0.	5.65E-09	8.30E-15	0.	0.	2.21E-05
21	8.70	0.	1.14E-05	6.63E-06	0.	0.	0.	5.67E-09	8.59E-15	0.	0.	1.80E-05
22	8.60	0.	1.04E-05	4.32E-06	0.	0.	0.	5.69E-09	8.90E-15	0.	0.	1.75E-05
23	8.50	0.	1.04E-05	4.03E-06	0.	0.	0.	5.72E-09	9.22E-15	0.	0.	1.47E-05
24	8.40	0.	9.95E-06	2.61E-06	0.	0.	0.	5.75E-09	9.55E-15	0.	0.	1.40E-05
25	8.30	0.	9.53E-06	2.42E-06	0.	0.	0.	5.78E-09	9.90E-15	0.	0.	1.21E-05
26	8.20	0.	9.11E-06	1.63E-06	0.	0.	0.	5.81E-09	1.03E-14	0.	0.	1.15E-05
27	8.10	0.	8.70E-06	1.48E-06	0.	0.	0.	5.84E-09	1.07E-14	0.	0.	1.03E-05
28	8.00	0.	8.28E-06	1.01E-06	0.	0.	0.	5.87E-09	1.11E-14	0.	0.	9.77E-06
29	7.90	0.	7.82E-06	1.01E-06	0.	0.	0.	5.90E-09	1.15E-14	0.	0.	8.84E-06
30	7.80	0.	7.36E-06	6.57E-07	0.	0.	0.	5.93E-09	1.19E-14	0.	0.	8.30E-06
31	7.70	0.	6.90E-06	5.33E-07	0.	0.	0.	5.96E-09	1.24E-14	0.	0.	7.56E-06
32	7.60	0.	6.43E-06	3.07E-07	0.	6.85E-10	0.	5.99E-09	1.29E-14	0.	0.	6.97E-06
33	7.50	0.	5.96E-06	2.43E-07	0.	9.57E-09	0.	6.02E-09	1.34E-14	0.	0.	6.38E-06
34	7.40	0.	5.48E-06	1.81E-07	0.	2.26E-08	0.	6.05E-09	1.40E-14	0.	0.	5.81E-06
35	7.30	0.	4.99E-06	1.46E-07	0.	1.43E-07	0.	6.09E-09	1.46E-14	0.	0.	5.32E-06
36	7.20	0.	4.53E-06	1.11E-07	0.	6.04E-07	0.	6.14E-09	1.52E-14	0.	0.	4.88E-06
37	7.10	0.	4.08E-06	8.46E-08	0.	6.48E-07	0.	6.19E-09	1.58E-14	0.	0.	4.18E-06
38	7.00	1.27E-08	0.	6.67E-08	0.	2.79E-06	0.	6.24E-09	1.65E-14	0.	0.	5.82E-06
39	6.90	2.23E-08	0.	4.80E-08	0.	4.05E-06	0.	6.29E-09	1.73E-14	0.	0.	1.29E-05
40	6.80	1.71E-08	0.	3.53E-08	0.	2.79E-06	0.	6.34E-09	1.80E-14	0.	0.	9.55E-06
41	6.70	1.10E-08	0.	2.20E-08	0.	5.73E-06	0.	6.39E-09	1.89E-14	0.	0.	4.80E-06
42	6.60	6.00E-09	0.	1.06E-08	0.	1.28E-05	0.	6.44E-09	1.97E-14	0.	0.	9.55E-06
43	6.50	3.03E-09	0.	4.41E-09	0.	9.52E-06	0.	6.49E-09	2.07E-14	0.	0.	1.98E-05
44	6.40	4.49E-09	0.	1.68E-09	1.82E-07	1.96E-05	0.	6.54E-09	2.16E-14	0.	0.	6.99E-06
45	6.30	8.88E-09	0.	5.62E-10	6.77E-07	9.46E-06	0.	6.59E-09	2.16E-14	0.	0.	1.03E-05
46	6.20	2.36E-08	0.	1.15E-10	7.92E-07	2.55E-05	0.	6.64E-09	2.27E-14	0.	0.	2.76E-05
47	6.10	8.18E-08	0.	7.92E-12	1.96E-06	5.03E-06	0.	6.69E-09	2.38E-14	0.	0.	6.53E-06
48	6.00	1.86E-07	0.	1.84E-13	1.76E-06	6.55E-06	0.	6.69E-09	2.50E-14	0.	0.	8.58E-06
49	5.90	2.61E-07	0.	0.	1.69E-06	6.49E-06	0.	6.59E-09	2.63E-14	0.	0.	9.03E-06
50	5.80	3.42E-07	0.	0.	2.19E-06	4.46E-06	0.	6.49E-09	2.91E-14	0.	0.	6.85E-06
51	5.70	3.36E-07	0.	0.	2.04E-06	0.	0.	6.19E-09	3.07E-14	0.	0.	6.85E-06

ABSORPTION COEFFICIENTS OF HEATED AIR (INVERSE CM.)

TEMPERATURE (DEGREES K) 5000.   DENSITY (GM/CC) 1.293E-06 (10.0E-04 NORMAL)

#	PHOTON ENERGY	O2 S-R BANDS	N2 1ST POS.	N2 2ND POS.	N2+ 1ST NEG.	NO BETA	NO GAMMA	NO VIB-ROT	NO2 2	O- PHOTO-DET (IONS)	O- FREE-FREE (IONS) P.E.	N P.E.	O P.F.	TOTAL AIR
52	5.60	3.84E-07	0.	0.	0.	1.19E-06	1.12E-05	0.	0.	5.75E-09	3.24E-14	0.	0.	1.28E-05
53	5.50	3.63E-07	0.	0.	0.	1.58E-06	1.37E-05	0.	0.	5.78E-09	3.42E-14	0.	0.	1.56E-05
54	5.40	3.41E-07	0.	0.	0.	1.17E-06	4.88E-06	0.	0.	5.85E-09	3.61E-14	0.	0.	6.40E-06
55	5.30	2.99E-07	0.	0.	0.	1.21E-06	4.19E-06	0.	0.	5.89E-09	3.82E-14	0.	0.	1.27E-05
56	5.20	1.76E-07	0.	0.	0.	1.16E-06	5.95E-06	0.	0.	5.94E-09	4.04E-14	0.	0.	5.54E-06
57	5.10	1.53E-07	0.	0.	0.	1.03E-06	5.07E-06	0.	0.	5.99E-09	4.28E-14	0.	0.	7.14E-06
58	5.00	1.05E-07	0.	0.	0.	8.04E-07	3.63E-06	0.	8.28E-12	6.04E-09	4.55E-14	0.	0.	5.98E-06
59	4.90	8.64E-08	0.	0.	0.	8.21E-07	3.56E-06	0.	8.28E-12	6.09E-09	4.83E-14	0.	0.	4.53E-06
60	4.80	8.77E-08	0.	0.	0.	7.08E-07	2.14E-06	0.	8.28E-12	6.14E-09	5.14E-14	0.	0.	4.47E-06
61	4.70	8.60E-08	0.	0.	0.	5.07E-07	1.30E-06	0.	8.28E-12	6.19E-09	5.48E-14	0.	0.	2.93E-06
62	4.60	9.20E-08	0.	0.	0.	4.61E-07	1.10E-06	0.	8.28E-12	6.24E-09	5.84E-14	0.	0.	3.06E-06
63	4.50	8.16E-08	0.	5.33E-10	0.	3.72E-07	4.49E-07	0.	8.28E-12	6.29E-09	6.24E-14	0.	0.	1.85E-06
64	4.40	7.26E-08	0.	3.01E-09	0.	3.57E-07	4.50E-07	0.	8.28E-12	6.34E-09	6.68E-14	0.	0.	1.65E-06
65	4.30	5.78E-08	0.	3.81E-09	0.	2.89E-07	1.08E-07	0.	8.28E-12	6.39E-09	7.15E-14	0.	0.	8.89E-07
66	4.20	4.73E-08	0.	3.88E-09	0.	2.46E-07	7.30E-08	0.	8.28E-12	6.41E-09	7.68E-14	0.	0.	8.88E-07
67	4.10	3.89E-08	0.	3.60E-08	0.	1.78E-07	4.07E-08	0.	8.28E-12	6.44E-09	8.26E-14	0.	0.	4.46E-07
68	4.00	3.07E-08	0.	1.55E-08	1.94E-10	1.82E-07	0.	0.	8.28E-12	6.44E-09	8.89E-14	0.	0.	3.92E-07
69	3.90	2.15E-08	0.	2.18E-08	4.29E-09	1.12E-07	0.	0.	8.28E-12	6.41E-09	9.60E-14	0.	0.	2.65E-07
70	3.80	2.18E-08	0.	3.69E-08	6.51E-10	1.25E-07	0.	0.	8.28E-12	6.29E-09	1.04E-13	0.	0.	2.30E-07
71	3.70	1.50E-08	0.	8.63E-08	2.67E-08	6.99E-08	0.	0.	8.28E-12	5.89E-09	1.12E-13	0.	0.	1.71E-07
72	3.60	1.18E-08	0.	2.20E-08	2.14E-08	7.71E-08	0.	0.	8.28E-12	5.39E-09	1.22E-13	0.	0.	1.54E-07
73	3.50	9.41E-09	0.	5.46E-09	3.19E-10	4.56E-08	0.	0.	8.28E-12	3.11E-09	1.33E-13	0.	0.	1.28E-07
74	3.40	6.97E-09	0.	8.34E-09	4.47E-08	4.44E-08	0.	0.	8.28E-12	3.11E-09	1.45E-13	0.	0.	9.30E-08
75	3.30	4.98E-09	0.	2.76E-08	2.76E-08	3.30E-08	0.	0.	8.28E-12	3.13E-09	1.58E-13	0.	0.	6.65E-08
76	3.20	3.55E-09	0.	2.57E-10	5.24E-10	2.57E-08	0.	0.	8.28E-12	3.13E-09	1.74E-13	0.	0.	8.15E-08
77	3.10	2.84E-09	0.	9.83E-10	4.75E-09	1.39E-08	0.	0.	8.28E-12	3.14E-09	1.91E-13	0.	0.	4.21E-08
78	3.00	2.08E-09	0.	6.09E-10	5.47E-08	6.40E-09	0.	0.	8.28E-12	3.14E-09	2.11E-13	0.	0.	3.67E-08
79	2.90	1.41E-09	0.	2.33E-10	5.15E-10	2.23E-09	0.	0.	8.28E-12	3.14E-09	2.34E-13	0.	0.	2.46E-08
80	2.80	1.26E-09	0.	1.11E-10	2.33E-09	6.56E-10	0.	0.	8.28E-12	3.14E-09	2.60E-13	0.	0.	1.16E-08
81	2.70	1.95E-10	0.	5.24E-11	2.91E-10	1.21E-10	0.	0.	8.28E-12	3.14E-09	2.90E-13	0.	0.	8.42E-09
82	2.60	1.88E-10	0.	9.31E-12	8.67E-11	1.05E-11	0.	0.	8.28E-12	3.12E-09	3.25E-13	0.	0.	3.38E-09
83	2.50	1.11E-11	0.	0.	1.83E-10	0.	0.	0.	8.28E-12	3.11E-09	3.65E-13	0.	0.	4.35E-09
84	2.40	0.	1.01E-09	0.	0.	0.	0.	0.	8.28E-12	3.09E-09	4.13E-13	0.	0.	1.31E-08
85	2.30	0.	9.98E-09	0.	0.	0.	0.	0.	8.28E-12	2.99E-09	4.69E-13	0.	0.	1.74E-08
86	2.20	0.	1.43E-08	0.	0.	0.	0.	0.	8.28E-12	2.88E-09	5.36E-13	0.	0.	4.26E-08
87	2.10	0.	3.95E-08	0.	0.	0.	0.	0.	8.28E-12	2.75E-09	6.17E-13	0.	0.	4.44E-08
88	2.00	0.	4.14E-08	0.	0.	0.	0.	0.	8.28E-12	2.59E-09	7.15E-13	0.	0.	1.82E-07
89	1.90	0.	1.79E-07	0.	0.	0.	0.	0.	8.28E-12	2.19E-09	8.34E-13	0.	0.	1.81E-07
90	1.80	0.	1.78E-07	0.	0.	0.	0.	0.	8.28E-12	9.98E-10	9.82E-13	0.	0.	1.89E-07
91	1.70	0.	1.87E-07	0.	0.	0.	0.	0.	8.28E-12	0.	1.17E-12	0.	0.	1.39E-07
92	1.60	0.	1.37E-07	0.	0.	0.	0.	0.	8.28E-12	0.	1.40E-12	0.	0.	1.61E-07
93	1.50	0.	1.60E-07	0.	0.	0.	0.	0.	8.28E-12	0.	1.70E-12	0.	0.	2.23E-07
94	1.40	0.	2.23E-07	0.	0.	0.	0.	0.	8.28E-12	0.	2.09E-12	0.	0.	1.25E-07
95	1.30	0.	1.75E-07	0.	0.	0.	0.	0.	8.28E-12	0.	2.62E-12	0.	0.	1.75E-07
96	1.20	0.	1.66E-08	0.	0.	0.	0.	0.	8.28E-12	0.	3.34E-12	0.	0.	9.67E-08
97	1.10	0.	7.04E-08	0.	0.	0.	0.	9.05E-11	8.28E-12	0.	4.34E-12	0.	0.	1.05E-07
98	1.00	0.	7.06E-08	0.	0.	0.	0.	3.04E-10	8.28E-12	0.	5.79E-12	0.	0.	7.14E-08
99	0.90	0.	3.09E-08	0.	0.	0.	0.	7.11E-10	8.28E-12	0.	7.95E-12	0.	0.	3.56E-08
100	0.80	0.	9.12E-09	0.	0.	0.	0.	4.75E-09	8.28E-12	0.	1.14E-11	0.	0.	1.30E-08
101	0.70	0.	7.01E-11	0.	0.	0.	0.	3.84E-09	8.28E-12	0.	1.70E-11	0.	0.	1.30E-08
102	0.60	0.	0.	0.	0.	0.	0.	1.29E-08	8.28E-12	0.	2.72E-11	0.	0.	1.30E-08

ABSORPTION COEFFICIENTS OF HEATED AIR (INVERSE CM.)

TEMPERATURE (DEGREES K) 5000.   DENSITY (GM/CC) 1.293E-07 (10.0E-05 NORMAL)

#	PHOTON ENERGY E.V.	O2 S-R BANDS	O2 S-R CONT.	N2 B-H NO. 1	NO BETA	NO GAMMA	NO2	O- PHOTO-DET (IONS)	FREE-FREE	N P.E.	O P.E.	TOTAL AIR
1	10.70	0.	0.	4.40E-05	0.	0.	0.	9.25E-11	1.34E-16	0.	0.	4.40E-05
2	10.60	0.	0.	3.32E-05	0.	0.	0.	9.27E-11	1.38E-16	0.	0.	3.32E-05
3	10.50	0.	0.	2.98E-05	0.	0.	0.	9.28E-11	1.42E-16	0.	0.	2.98E-05
4	10.40	0.	0.	2.41E-05	0.	0.	0.	9.29E-11	1.46E-16	0.	0.	2.41E-05
5	10.30	0.	0.	1.73E-05	0.	0.	0.	9.30E-11	1.50E-16	0.	0.	1.73E-05
6	10.20	0.	0.	1.59E-05	0.	0.	0.	9.32E-11	1.55E-16	0.	0.	1.59E-05
7	10.10	0.	0.	1.32E-05	0.	0.	0.	9.33E-11	1.60E-16	0.	0.	1.32E-05
8	10.00	0.	0.	8.93E-06	0.	0.	0.	9.34E-11	1.64E-16	0.	0.	8.93E-06
9	9.90	0.	0.	8.76E-06	0.	0.	0.	9.36E-11	1.70E-16	0.	0.	8.76E-06
10	9.80	0.	0.	6.84E-06	0.	0.	0.	9.37E-11	1.75E-16	0.	0.	6.84E-06
11	9.70	0.	0.	4.62E-06	0.	0.	0.	9.39E-11	1.80E-16	0.	0.	4.62E-06
12	9.60	0.	0.	4.94E-06	0.	0.	0.	9.41E-11	1.86E-16	0.	0.	4.94E-06
13	9.50	0.	0.	3.22E-06	0.	0.	0.	9.43E-11	1.92E-16	0.	0.	3.27E-06
14	9.40	0.	5.09E-08	2.58E-06	0.	0.	0.	9.46E-11	1.98E-16	0.	0.	2.63E-06
15	9.30	0.	5.59E-08	2.50E-06	0.	0.	0.	9.49E-11	2.05E-16	0.	0.	2.56E-06
16	9.20	0.	6.08E-08	1.46E-06	0.	0.	0.	9.53E-11	2.12E-16	0.	0.	1.52E-06
17	9.10	0.	6.58E-08	1.55E-06	0.	0.	0.	9.56E-11	2.19E-16	0.	0.	1.63E-06
18	9.00	0.	8.12E-08	1.09E-06	0.	0.	0.	9.60E-11	2.26E-16	0.	0.	1.19E-06
19	8.90	0.	9.86E-08	8.44E-07	0.	0.	0.	9.63E-11	2.34E-16	0.	0.	9.60E-07
20	8.80	0.	1.16E-07	7.58E-07	0.	0.	0.	9.67E-11	2.42E-16	0.	0.	8.78E-07
21	8.70	0.	1.21E-07	4.91E-07	0.	0.	0.	9.70E-11	2.50E-16	0.	0.	6.06E-07
22	8.60	0.	1.15E-07	4.95E-07	0.	0.	0.	9.73E-11	2.59E-16	0.	0.	6.05E-07
23	8.50	0.	1.10E-07	3.22E-07	0.	0.	0.	9.77E-11	2.69E-16	0.	0.	4.27E-07
24	8.40	0.	1.01E-07	3.01E-07	0.	0.	0.	9.82E-11	2.78E-16	0.	0.	4.02E-07
25	8.30	0.	9.64E-08	1.95E-07	0.	0.	0.	9.87E-11	2.89E-16	0.	0.	2.91E-07
26	8.20	0.	9.22E-08	1.81E-07	0.	0.	0.	9.92E-11	2.99E-16	0.	0.	2.73E-07
27	8.10	0.	8.80E-08	1.22E-07	0.	0.	0.	9.97E-11	3.11E-16	0.	0.	2.10E-07
28	8.00	0.	8.38E-08	1.10E-07	0.	0.	0.	10.00E-11	3.22E-16	0.	0.	1.94E-07
29	7.90	0.	7.92E-08	7.53E-08	0.	0.	0.	1.01E-10	3.35E-16	0.	0.	1.55E-07
30	7.80	0.	7.45E-08	6.95E-08	0.	0.	0.	1.01E-10	3.48E-16	0.	0.	1.44E-07
31	7.70	0.	6.95E-08	4.91E-08	0.	0.	0.	1.02E-10	3.62E-16	0.	0.	1.19E-07
32	7.60	0.	6.51E-08	3.98E-08	0.	0.	0.	1.03E-10	3.76E-16	0.	0.	1.05E-07
33	7.50	0.	6.03E-08	3.02E-08	0.	1.88E-11	0.	1.03E-10	3.92E-16	0.	0.	9.09E-08
34	7.40	0.	5.54E-08	2.30E-08	0.	2.63E-10	0.	1.04E-10	4.08E-16	0.	0.	7.91E-08
35	7.30	0.	5.05E-08	1.81E-08	0.	6.22E-10	0.	1.04E-10	4.25E-16	0.	0.	7.26E-08
36	7.20	0.	4.59E-08	1.35E-08	0.	3.94E-09	0.	1.05E-10	4.43E-16	0.	0.	7.61E-08
37	7.10	0.	4.13E-08	1.09E-08	0.	1.66E-08	0.	1.05E-10	4.62E-16	0.	0.	7.01E-08
38	7.00	0.	0.	8.26E-09	0.	1.78E-08	0.	1.06E-10	4.82E-16	0.	0.	7.01E-08
39	6.90	1.29E-10	0.	6.32E-09	0.	1.11E-07	0.	1.07E-10	5.03E-16	0.	0.	1.20E-07
40	6.80	2.26E-10	0.	4.98E-09	0.	7.66E-08	0.	1.08E-10	5.26E-16	0.	0.	8.32E-08
41	6.70	1.73E-10	0.	3.59E-09	0.	1.58E-07	0.	1.09E-10	5.50E-16	0.	0.	1.63E-07
42	6.60	1.11E-10	0.	2.64E-09	0.	3.53E-07	0.	1.10E-10	5.75E-16	0.	0.	3.57E-07
43	6.50	6.07E-11	0.	1.64E-09	0.	1.31E-07	0.	1.11E-10	6.02E-16	0.	0.	1.33E-07
44	6.40	3.06E-11	0.	7.94E-10	5.02E-09	2.62E-07	0.	1.11E-10	6.31E-16	0.	0.	2.63E-07
45	6.30	4.55E-11	0.	3.29E-10	1.86E-08	5.40E-07	0.	1.12E-10	6.61E-16	0.	0.	5.46E-07
46	6.20	3.99E-10	0.	1.25E-10	2.18E-08	1.73E-07	0.	1.13E-10	6.94E-16	0.	0.	1.92E-07
47	6.10	2.39E-10	0.	4.20E-11	5.38E-08	2.60E-07	0.	1.14E-10	7.29E-16	0.	0.	2.82E-07
48	6.00	8.28E-09	0.	8.56E-12	3.59E-08	7.01E-07	0.	1.15E-10	7.66E-16	0.	0.	7.56E-07
49	5.90	2.65E-09	0.	5.91E-13	4.83E-08	1.38E-07	0.	1.15E-10	8.06E-16	0.	0.	1.76E-07
50	5.80	3.46E-09	0.	1.38E-14	6.03E-08	1.80E-07	0.	1.15E-10	8.48E-16	0.	0.	2.42E-07
51	5.70	3.40E-09	0.	0.	5.62E-08	1.23E-07	0.	1.06E-10	8.94E-16	0.	0.	1.82E-07

148

ABSORPTION COEFFICIENTS OF HEATED AIR (INVERSE CM.)

TEMPERATURE (DEGREES K) 5000. DENSITY (GM/CC) 1.293E-07 (10.0E-05 NORMAL)

#	PHOTON ENERGY BANDS	O$_2$ S-R BANDS	N$_2$ 1ST POS.	N$_2$ 2ND POS.	N$_2^+$ 1ST NEG.	NO BETA	NO GAMMA	NO VIB-ROT	NO$_2$	O- PHOTO-DET (IONS)	FREE-FREE (IONS)	N P.E.	O P.F.	TOTAL AIR
52	5.60	3.89E-09	0.	0.	0.	3.27E-08	3.07E-07	0.	0.	9.88E-11	9.43E-16	0.	0.	3.43E-07
53	5.50	3.68E-09	0.	0.	0.	4.35E-08	3.75E-07	0.	0.	9.93E-11	9.95E-16	0.	0.	4.23E-07
54	5.40	3.46E-09	0.	0.	0.	3.22E-08	1.34E-07	0.	0.	9.98E-11	1.05E-15	0.	0.	1.69E-07
55	5.30	3.03E-09	0.	0.	0.	3.32E-08	3.08E-07	0.	0.	10.00E-11	1.11E-15	0.	0.	3.44E-07
56	5.20	1.78E-09	0.	0.	0.	2.84E-08	1.64E-07	0.	2.29E-14	1.01E-10	1.18E-15	0.	0.	1.49E-07
57	5.10	1.55E-09	0.	0.	0.	2.21E-08	1.39E-07	0.	2.29E-14	1.02E-10	1.25E-15	0.	0.	1.94E-07
58	5.00	1.06E-09	0.	0.	0.	2.26E-08	9.97E-08	0.	2.29E-14	1.03E-10	1.32E-15	0.	0.	1.63E-07
59	4.90	8.74E-10	0.	0.	0.	1.95E-08	9.78E-08	0.	2.29E-14	1.04E-10	1.41E-15	0.	0.	1.22E-07
60	4.80	8.88E-10	0.	0.	0.	1.82E-08	5.88E-08	0.	2.29E-14	1.05E-10	1.50E-15	0.	0.	1.21E-07
61	4.70	9.31E-10	0.	0.	0.	1.39E-08	6.31E-08	0.	2.29E-14	1.06E-10	1.60E-15	0.	0.	7.92E-08
62	4.60	8.71E-10	0.	0.	0.	1.27E-08	3.03E-08	0.	2.29E-14	1.07E-10	1.70E-15	0.	0.	8.24E-08
63	4.50	8.26E-10	0.	3.98E-11	0.	1.02E-08	1.23E-08	0.	2.29E-14	1.08E-10	1.82E-15	0.	0.	4.80E-08
64	4.40	7.35E-10	0.	2.25E-10	0.	9.81E-09	1.24E-08	0.	2.29E-14	1.09E-10	1.95E-15	0.	0.	4.41E-08
65	4.30	5.85E-10	0.	2.84E-10	0.	7.94E-09	2.98E-09	0.	2.29E-14	1.10E-10	2.08E-15	0.	0.	2.35E-08
66	4.20	4.79E-10	0.	2.04E-09	0.	6.76E-09	2.01E-09	0.	2.29E-14	1.10E-10	2.24E-15	0.	0.	2.48E-08
67	4.10	3.94E-10	0.	2.89E-10	0.	4.89E-09	1.12E-09	0.	2.29E-14	1.11E-10	2.41E-15	0.	0.	1.17E-08
68	4.00	3.11E-10	0.	2.69E-09	8.50E-11	5.01E-09	0.	0.	2.29E-14	1.11E-10	2.59E-15	0.	0.	7.81E-09
69	3.90	2.18E-10	0.	1.39E-09	1.88E-09	3.07E-09	0.	0.	2.29E-14	1.10E-10	2.80E-15	0.	0.	8.38E-09
70	3.80	2.21E-10	0.	1.16E-09	2.85E-09	3.42E-09	0.	0.	2.29E-14	1.08E-10	3.02E-15	0.	0.	6.37E-09
71	3.70	1.52E-10	0.	2.75E-09	1.17E-09	1.92E-09	0.	0.	2.29E-14	1.01E-10	3.28E-15	0.	0.	5.46E-09
72	3.60	1.20E-10	0.	6.44E-10	9.34E-09	2.12E-09	0.	0.	2.29E-14	5.34E-11	3.56E-15	0.	0.	
73	3.50	9.53E-11	0.	1.64E-09	1.39E-09	1.25E-09	0.	0.	2.29E-14	5.35E-11	3.87E-15	0.	0.	
74	3.40	7.06E-11	0.	4.08E-10	1.95E-09	1.22E-09	0.	0.	2.29E-14	5.36E-11	4.22E-15	0.	0.	
75	3.30	5.04E-11	0.	6.23E-10	1.21E-08	7.08E-10	0.	0.	2.29E-14	5.37E-11	4.62E-15	0.	0.	1.31E-08
76	3.20	3.59E-11	0.	2.06E-10	2.29E-10	3.83E-10	0.	0.	2.29E-14	5.38E-11	5.07E-15	0.	0.	2.79E-09
77	3.10	2.87E-11	0.	1.92E-10	2.08E-10	1.76E-10	0.	0.	2.29E-14	5.39E-11	5.57E-15	0.	0.	3.93E-09
78	3.00	2.11E-11	0.	7.34E-11	2.39E-10	6.13E-11	0.	0.	2.29E-14	5.40E-11	6.15E-15	0.	0.	1.36E-08
79	2.90	1.43E-11	0.	4.54E-11	2.25E-10	1.80E-11	0.	0.	2.29E-14	5.40E-11	6.81E-15	0.	0.	1.41E-09
80	2.80	1.28E-11	0.	1.74E-11	1.02E-09	3.32E-12	0.	0.	2.29E-14	5.40E-11	7.57E-15	0.	0.	2.93E-09
81	2.70	6.03E-12	0.	8.29E-12	1.27E-09	2.89E-13	0.	0.	2.29E-14	5.40E-11	8.44E-15	0.	0.	4.85E-10
82	2.60	1.90E-12	0.	3.91E-12	1.80E-11	0.	0.	0.	2.29E-14	5.40E-11	9.46E-15	0.	0.	1.15E-09
83	2.50	1.12E-13	0.	6.95E-13	3.32E-12	0.	0.	0.	2.29E-14	5.40E-11	1.06E-14	0.	0.	2.05E-10
84	2.40	0.	7.52E-11	0.	8.01E-11	0.	0.	0.	2.29E-14	5.36E-11	1.20E-14	0.	0.	9.61E-11
85	2.30	0.	7.45E-10	0.	0.	0.	0.	0.	2.29E-14	5.33E-11	1.37E-14	0.	0.	2.10E-10
86	2.20	0.	1.07E-10	0.	0.	0.	0.	0.	2.29E-14	5.31E-11	1.56E-14	0.	0.	7.98E-10
87	2.10	0.	2.95E-09	0.	0.	0.	0.	0.	2.29E-14	5.14E-11	1.80E-14	0.	0.	3.00E-09
88	2.00	0.	3.09E-09	0.	0.	0.	0.	0.	2.29E-14	4.95E-11	2.08E-14	0.	0.	3.14E-09
89	1.90	0.	1.34E-08	0.	0.	0.	0.	0.	2.29E-14	4.73E-11	2.43E-14	0.	0.	1.34E-08
90	1.80	0.	1.33E-08	0.	0.	0.	0.	0.	2.29E-14	4.46E-11	2.86E-14	0.	0.	1.33E-08
91	1.70	0.	1.39E-08	0.	0.	0.	0.	0.	2.29E-14	4.08E-11	3.40E-14	0.	0.	1.40E-08
92	1.60	0.	1.02E-08	0.	0.	0.	0.	0.	2.29E-14	3.77E-11	4.08E-14	0.	0.	1.03E-08
93	1.50	0.	1.67E-08	0.	0.	0.	0.	0.	2.29E-14	1.71E-11	4.95E-14	0.	0.	1.19E-08
94	1.40	0.	1.19E-08	0.	0.	0.	0.	0.	2.29E-14	0.	6.10E-14	0.	0.	1.67E-08
95	1.30	0.	9.36E-09	0.	0.	0.	0.	0.	2.29E-14	0.	7.63E-14	0.	0.	9.36E-09
96	1.20	0.	1.36E-08	0.	0.	0.	0.	0.	2.29E-14	0.	9.73E-14	0.	0.	1.30E-08
97	1.10	0.	7.21E-09	0.	0.	0.	0.	2.49E-12	2.29E-14	0.	1.26E-13	0.	0.	7.22E-09
98	1.00	0.	7.78E-09	0.	0.	0.	0.	8.35E-12	2.29E-14	0.	1.69E-13	0.	0.	7.79E-09
99	0.90	0.	5.27E-09	0.	0.	0.	0.	1.95E-11	2.29E-14	0.	2.32E-13	0.	0.	5.29E-09
100	0.80	0.	2.30E-09	0.	0.	0.	0.	1.31E-10	2.29E-14	0.	3.31E-13	0.	0.	2.45E-09
101	0.70	0.	6.81E-10	0.	0.	0.	0.	1.06E-10	2.29E-14	0.	4.97E-13	0.	0.	7.87E-10
102	0.60	0.	5.23E-12	0.	0.	0.	0.	3.53E-10	2.29E-14	0.	7.93E-13	0.	0.	3.59E-10

ABSORPTION COEFFICIENTS OF HEATED AIR (INVERSE CM.)

TEMPERATURE (DEGREES K) 5000. DENSITY (GM/CC) 1.293E-08 (10.0E-06 NORMAL)

PHOTON ENERGY E.V.	O2 S-R BANDS	O2 S-R CONT.	N2 B-H NO. 1	NO BETA	NO GAMMA	NO 2	O- PHOTO-DET (IONS)	FREE-FREE (IONS)	N P.E.	O P.E.	TOTAL AIR
1 10.70	0.	0.	1.87E-06	0.	0.	0.	1.60E-12	3.99E-18	0.	0.	1.87E-06
2 10.60	0.	0.	1.41E-06	0.	0.	0.	1.60E-12	4.10E-18	0.	0.	1.41E-06
3 10.50	0.	0.	1.27E-06	0.	0.	0.	1.60E-12	4.22E-18	0.	0.	1.27E-06
4 10.40	0.	0.	1.03E-06	0.	0.	0.	1.60E-12	4.34E-18	0.	0.	1.03E-06
5 10.30	0.	0.	7.38E-07	0.	0.	0.	1.61E-12	4.47E-18	0.	0.	7.38E-07
6 10.20	0.	0.	6.75E-07	0.	0.	0.	1.61E-12	4.61E-18	0.	0.	6.75E-07
7 10.10	0.	0.	5.62E-07	0.	0.	0.	1.61E-12	4.74E-18	0.	0.	5.62E-07
8 10.00	0.	0.	3.81E-07	0.	0.	0.	1.61E-12	4.89E-18	0.	0.	3.81E-07
9 9.90	0.	0.	3.73E-07	0.	0.	0.	1.61E-12	5.04E-18	0.	0.	3.73E-07
10 9.80	0.	0.	2.91E-07	0.	0.	0.	1.62E-12	5.20E-18	0.	0.	2.91E-07
11 9.70	0.	0.	1.97E-07	0.	0.	0.	1.62E-12	5.36E-18	0.	0.	1.97E-07
12 9.60	0.	0.	2.10E-07	0.	0.	0.	1.62E-12	5.53E-18	0.	0.	2.10E-07
13 9.50	0.	5.12E-10	1.37E-07	0.	0.	0.	1.63E-12	5.71E-18	0.	0.	1.38E-07
14 9.40	0.	5.62E-10	1.10E-07	0.	0.	0.	1.63E-12	5.89E-18	0.	0.	1.10E-07
15 9.30	0.	6.12E-10	1.06E-07	0.	0.	0.	1.64E-12	6.09E-18	0.	0.	1.07E-07
16 9.20	0.	6.62E-10	6.21E-08	0.	0.	0.	1.65E-12	6.29E-18	0.	0.	6.28E-08
17 9.10	0.	8.17E-10	6.61E-08	0.	0.	0.	1.65E-12	6.50E-18	0.	0.	6.69E-08
18 9.00	0.	9.91E-10	4.65E-08	0.	0.	0.	1.66E-12	6.72E-18	0.	0.	4.75E-08
19 8.90	0.	1.17E-09	3.60E-08	0.	0.	0.	1.66E-12	6.95E-18	0.	0.	3.71E-08
20 8.80	0.	1.21E-09	3.23E-08	0.	0.	0.	1.67E-12	7.19E-18	0.	0.	3.35E-08
21 8.70	0.	1.16E-09	2.09E-08	0.	0.	0.	1.68E-12	7.44E-18	0.	0.	2.21E-08
22 8.60	0.	1.10E-09	2.11E-08	0.	0.	0.	1.68E-12	7.71E-18	0.	0.	2.22E-08
23 8.50	0.	1.06E-09	1.37E-08	0.	0.	0.	1.69E-12	7.99E-18	0.	0.	1.48E-08
24 8.40	0.	1.01E-09	1.28E-08	0.	0.	0.	1.70E-12	8.28E-18	0.	0.	1.38E-08
25 8.30	0.	9.70E-10	8.30E-09	0.	0.	0.	1.71E-12	8.58E-18	0.	0.	9.27E-09
26 8.20	0.	9.28E-10	7.71E-09	0.	0.	0.	1.71E-12	8.90E-18	0.	0.	8.64E-09
27 8.10	0.	8.86E-10	5.20E-09	0.	0.	0.	1.72E-12	9.24E-18	0.	0.	6.08E-09
28 8.00	0.	8.43E-10	4.70E-09	0.	0.	0.	1.73E-12	9.59E-18	0.	0.	5.54E-09
29 7.90	0.	7.97E-10	3.21E-09	0.	0.	0.	1.74E-12	9.96E-18	0.	0.	4.00E-09
30 7.80	0.	7.50E-10	2.96E-09	0.	0.	0.	1.75E-12	1.03E-17	0.	0.	3.71E-09
31 7.70	0.	7.02E-10	2.09E-09	0.	0.	0.	1.76E-12	1.08E-17	0.	0.	2.79E-09
32 7.60	0.	6.55E-10	1.70E-09	0.	3.89E-13	0.	1.77E-12	1.12E-17	0.	0.	2.35E-09
33 7.50	0.	6.07E-10	1.28E-09	0.	5.44E-12	0.	1.78E-12	1.16E-17	0.	0.	1.90E-09
34 7.40	0.	5.58E-10	9.78E-10	0.	1.29E-11	0.	1.79E-12	1.21E-17	0.	0.	1.55E-09
35 7.30	0.	5.08E-10	7.71E-10	0.	8.16E-11	0.	1.80E-12	1.26E-17	0.	0.	1.36E-09
36 7.20	0.	4.61E-10	5.78E-10	0.	3.43E-10	0.	1.81E-12	1.32E-17	0.	0.	1.38E-09
37 7.10	0.	4.15E-10	4.65E-10	0.	3.68E-10	0.	1.82E-12	1.37E-17	0.	0.	1.25E-09
38 7.00	1.29E-12	0.	3.52E-10	0.	2.30E-09	0.	1.84E-12	1.43E-17	0.	0.	2.66E-09
39 6.90	2.27E-12	0.	2.69E-10	0.	1.59E-09	0.	1.85E-12	1.50E-17	0.	0.	1.86E-09
40 6.80	1.74E-12	0.	2.12E-10	0.	3.26E-09	0.	1.87E-12	1.56E-17	0.	0.	3.47E-09
41 6.70	1.12E-12	0.	1.12E-10	0.	7.31E-09	0.	1.88E-12	1.63E-17	0.	0.	7.46E-09
42 6.60	6.09E-13	0.	1.12E-10	0.	2.70E-09	0.	1.89E-12	1.71E-17	0.	0.	2.82E-09
43 6.50	3.08E-13	0.	6.99E-11	0.	5.41E-09	0.	1.91E-12	1.79E-17	0.	0.	5.49E-09
44 6.40	4.57E-13	0.	1.38E-11	1.04E-10	1.12E-08	0.	1.92E-12	1.87E-17	0.	0.	1.13E-08
45 6.30	9.02E-13	0.	1.40E-11	3.85E-11	3.58E-09	0.	1.94E-12	1.97E-17	0.	0.	3.98E-09
46 6.20	2.39E-12	0.	5.33E-12	4.50E-12	5.38E-09	0.	1.95E-12	2.06E-17	0.	0.	5.84E-09
47 6.10	6.32E-12	0.	1.79E-12	7.42E-12	1.45E-08	0.	1.97E-12	2.17E-17	0.	0.	1.56E-08
48 6.00	1.89E-11	0.	3.65E-13	1.11E-09	2.86E-09	0.	1.96E-12	2.28E-17	0.	0.	3.62E-09
49 5.90	2.66E-11	0.	2.52E-14	10.0E-10	3.73E-09	0.	1.98E-12	2.39E-17	0.	0.	4.76E-09
50 5.80	3.47E-11	0.	5.86E-16	1.25E-09	3.69E-09	0.	1.95E-12	2.52E-17	0.	0.	4.97E-09
51 5.70	3.41E-11	0.	0.	1.16E-09	2.94E-09	0.	1.84E-12	2.66E-17	0.	0.	3.73E-09

ABSORPTION COEFFICIENTS OF HEATED AIR (INVERSE CM.)

TEMPERATURE (DEGREES K) 5000.   DENSITY (GM/CC) 1.293E-08   (10.0E-06 NORMAL)

	PHOTON ENERGY	O2 S-R BANDS	N2 1ST POS.	N2 2ND POS.	N2+ 1ST NEG.	NO BETA	NO GAMMA	NO VIB-ROT	NO2	O- PHOTO-DET	FREE-FREE (IONS)	N P.E.	O P.F.	TOTAL AIR
52	5.60	3.91E-11	0.	0.	0.	6.76E-10	6.35E-09	0.	0.	1.71E-12	2.80E-17	0.	0.	7.06E-09
53	5.50	3.69E-11	0.	0.	0.	9.01E-10	7.76E-09	0.	0.	1.72E-12	2.96E-17	0.	0.	8.71E-09
54	5.40	3.47E-11	0.	0.	0.	6.67E-10	2.78E-09	0.	0.	1.72E-12	3.13E-17	0.	0.	3.47E-09
55	5.30	3.04E-11	0.	0.	0.	6.87E-10	6.37E-09	0.	0.	1.74E-12	3.31E-17	0.	0.	7.08E-09
56	5.20	1.79E-11	0.	0.	0.	6.61E-10	2.38E-09	0.	4.74E-17	1.75E-12	3.50E-17	0.	0.	3.07E-09
57	5.10	1.56E-11	0.	0.	0.	5.87E-10	3.38E-09	0.	4.74E-17	1.76E-12	3.71E-17	0.	0.	3.99E-09
58	5.00	1.06E-11	0.	0.	0.	4.57E-10	2.88E-09	0.	4.74E-17	1.78E-12	3.94E-17	0.	0.	3.35E-09
59	4.90	8.78E-12	0.	0.	0.	4.56E-10	2.06E-09	0.	4.74E-17	1.79E-12	4.19E-17	0.	0.	2.50E-09
60	4.80	8.91E-12	0.	0.	0.	4.67E-10	2.02E-09	0.	4.74E-17	1.81E-12	4.45E-17	0.	0.	2.50E-09
61	4.70	8.74E-12	0.	0.	0.	4.03E-10	1.31E-09	0.	4.74E-17	1.84E-12	4.74E-17	0.	0.	1.63E-09
62	4.60	9.35E-12	0.	1.69E-12	0.	3.07E-10	1.22E-09	0.	4.74E-17	1.85E-12	5.06E-17	0.	0.	1.69E-09
63	4.50	8.29E-12	0.	9.57E-12	0.	2.88E-10	6.84E-10	0.	4.74E-17	1.87E-12	5.41E-17	0.	0.	9.85E-10
64	4.40	7.38E-12	0.	1.21E-11	0.	2.62E-10	6.28E-10	0.	4.74E-17	1.88E-12	5.78E-17	0.	0.	9.90E-10
65	4.30	5.87E-12	0.	8.69E-12	0.	2.11E-10	2.55E-10	0.	4.74E-17	1.89E-12	6.20E-17	0.	0.	4.87E-10
66	4.20	4.80E-12	0.	1.23E-11	2.10E-11	2.03E-10	2.56E-10	0.	4.74E-17	1.90E-12	6.65E-17	0.	0.	5.52E-10
67	4.10	3.96E-12	0.	1.14E-11	4.64E-11	1.64E-10	6.15E-11	0.	4.74E-17	1.91E-12	7.15E-17	0.	0.	2.46E-10
68	4.00	3.12E-12	0.	5.92E-11	7.04E-11	1.40E-10	4.15E-11	0.	4.74E-17	1.90E-12	7.70E-17	0.	0.	3.01E-10
69	3.90	2.19E-12	0.	2.19E-11	2.88E-09	1.01E-10	2.31E-11	0.	4.74E-17	1.90E-12	8.31E-17	0.	0.	2.09E-10
70	3.80	2.22E-12	0.	4.93E-11	2.31E-10	1.04E-10	0.	0.	4.74E-17	1.87E-12	8.99E-17	0.	0.	6.21E-10
71	3.70	1.53E-12	0.	1.17E-10	3.44E-11	6.36E-11	0.	0.	4.74E-17	1.75E-12	9.74E-17	0.	0.	2.55E-10
72	3.60	1.20E-12	0.	2.74E-11	4.85E-11	7.08E-11	0.	0.	4.74E-17	1.60E-12	1.06E-16	0.	0.	3.90E-10
73	3.50	9.56E-13	0.	6.98E-11	2.98E-09	3.97E-11	0.	0.	4.74E-17	9.24E-13	1.15E-16	0.	0.	2.42E-09
74	3.40	7.09E-13	0.	1.74E-11	2.53E-10	4.39E-11	0.	0.	4.74E-17	9.24E-13	1.26E-16	0.	0.	9.73E-11
75	3.30	5.06E-13	0.	2.65E-11	5.66E-11	2.59E-11	0.	0.	4.74E-17	9.25E-13	1.37E-16	0.	0.	5.37E-10
76	3.20	2.88E-13	0.	8.79E-12	5.14E-10	2.53E-11	0.	0.	4.74E-17	9.28E-13	1.51E-16	0.	0.	3.02E-09
77	3.10	2.12E-13	0.	8.16E-11	5.91E-12	1.88E-11	0.	0.	4.74E-17	9.30E-13	1.66E-16	0.	0.	8.48E-11
78	3.00	1.43E-13	0.	3.11E-11	5.56E-11	1.46E-11	0.	0.	4.74E-17	9.31E-13	1.83E-16	0.	0.	5.32E-10
79	2.90	1.29E-13	0.	2.12E-11	7.41E-13	7.92E-12	0.	0.	4.74E-17	9.33E-13	2.02E-16	0.	0.	6.02E-10
80	2.80	6.05E-14	0.	1.94E-11	3.64E-11	3.64E-12	0.	0.	4.74E-17	9.33E-13	2.25E-16	0.	0.	6.10E-11
81	2.70	1.91E-14	0.	7.41E-12	2.52E-10	1.27E-12	0.	0.	4.74E-17	9.33E-13	2.51E-16	0.	0.	2.55E-10
82	2.60	1.13E-15	0.	3.55E-11	3.14E-11	3.73E-13	0.	0.	4.74E-17	9.33E-13	2.81E-16	0.	0.	3.29E-11
83	2.50	0.	0.	1.66E-11	9.37E-12	6.88E-14	0.	0.	4.74E-17	9.25E-13	3.16E-16	0.	0.	2.39E-11
84	2.40	0.	3.20E-12	2.96E-11	1.98E-11	5.98E-15	0.	0.	4.74E-17	9.22E-13	3.58E-16	0.	0.	3.26E-11
85	2.30	0.	3.17E-11	0.	0.	0.	0.	0.	4.74E-17	9.18E-13	4.07E-16	0.	0.	4.65E-11
86	2.20	0.	4.55E-11	0.	0.	0.	0.	0.	4.74E-17	8.88E-13	4.65E-16	0.	0.	1.26E-10
87	2.10	0.	1.32E-10	0.	0.	0.	0.	0.	4.74E-17	8.54E-13	5.35E-16	0.	0.	1.32E-10
88	2.00	0.	5.70E-10	0.	0.	0.	0.	0.	4.74E-17	8.17E-13	6.19E-16	0.	0.	5.71E-10
89	1.90	0.	5.66E-10	0.	0.	0.	0.	0.	4.74E-17	7.70E-13	7.23E-16	0.	0.	5.67E-10
90	1.80	0.	5.94E-10	0.	0.	0.	0.	0.	4.74E-17	6.51E-13	8.51E-16	0.	0.	5.94E-10
91	1.70	0.	4.36E-10	0.	0.	0.	0.	0.	4.74E-17	2.96E-13	1.01E-15	0.	0.	4.37E-10
92	1.60	0.	5.08E-10	0.	0.	0.	0.	0.	4.74E-17	0.	1.21E-15	0.	0.	5.08E-10
93	1.50	0.	7.09E-10	0.	0.	0.	0.	0.	4.74E-17	0.	1.47E-15	0.	0.	7.09E-10
94	1.40	0.	3.99E-10	0.	0.	0.	0.	0.	4.74E-17	0.	1.81E-15	0.	0.	3.99E-10
95	1.30	0.	5.55E-10	0.	0.	0.	0.	0.	4.74E-17	0.	2.27E-15	0.	0.	5.55E-10
96	1.20	0.	3.31E-10	0.	0.	0.	0.	0.	4.74E-17	0.	2.89E-15	0.	0.	3.07E-10
97	1.10	0.	2.25E-10	0.	0.	0.	0.	5.14E-14	4.74E-17	0.	3.76E-15	0.	0.	3.32E-10
98	1.00	0.	9.81E-12	0.	0.	0.	0.	1.73E-13	4.74E-17	0.	5.01E-15	0.	0.	2.25E-10
99	0.90	0.	2.90E-11	0.	0.	0.	0.	4.04E-13	4.74E-17	0.	6.89E-15	0.	0.	1.01E-11
100	0.80	0.	2.23E-13	0.	0.	0.	0.	2.70E-12	4.74E-17	0.	9.85E-15	0.	0.	3.12E-11
101	0.70	0.	0.	0.	0.	0.	0.	2.18E-12	4.74E-17	0.	1.48E-14	0.	0.	2.41E-12
102	0.60	0.	0.	0.	0.	0.	0.	7.31E-12	4.74E-17	0.	2.36E-14	0.	0.	7.56E-12

151

ABSORPTION COEFFICIENTS OF HEATED AIR (INVERSE CM.)

TEMPERATURE (DEGREES K) 5000. DENSITY (GM/CC) 1.293E-09 (10.0E-07 NORMAL)

#	PHOTON ENERGY E.V.	O2 S-R BANDS	O2 S-R CONT.	N2 B-H NO. 1	NO BETA	NO GAMMA	NO 2	O- PHOTO-DET (IONS)	FREE-FREE (IONS)	N P.E.	O P.E.	TOTAL AIR
1	10.70	0.	0.	3.25E-08	0.	0.	0.	3.60E-14	2.02E-19	0.	0.	3.25E-08
2	10.60	0.	0.	2.45E-08	0.	0.	0.	3.61E-14	2.08E-19	0.	0.	2.45E-08
3	10.50	0.	0.	2.20E-08	0.	0.	0.	3.61E-14	2.14E-19	0.	0.	2.20E-08
4	10.40	0.	0.	1.78E-08	0.	0.	0.	3.62E-14	2.20E-19	0.	0.	1.78E-08
5	10.30	0.	0.	1.28E-08	0.	0.	0.	3.62E-14	2.27E-19	0.	0.	1.28E-08
6	10.20	0.	0.	1.17E-08	0.	0.	0.	3.63E-14	2.33E-19	0.	0.	1.17E-08
7	10.10	0.	0.	9.73E-09	0.	0.	0.	3.64E-14	2.40E-19	0.	0.	9.73E-09
8	10.00	0.	0.	6.59E-09	0.	0.	0.	3.64E-14	2.48E-19	0.	0.	6.59E-09
9	9.90	0.	0.	6.46E-09	0.	0.	0.	3.65E-14	2.55E-19	0.	0.	6.46E-09
10	9.80	0.	0.	5.05E-09	0.	0.	0.	3.65E-14	2.63E-19	0.	0.	5.05E-09
11	9.70	0.	0.	3.41E-09	0.	0.	0.	3.66E-14	2.72E-19	0.	0.	3.41E-09
12	9.60	0.	0.	3.64E-09	0.	0.	0.	3.67E-14	2.80E-19	0.	0.	3.64E-09
13	9.50	0.	0.	2.38E-09	0.	0.	0.	3.68E-14	2.89E-19	0.	0.	2.38E-09
14	9.40	0.	5.12E-12	1.90E-09	0.	0.	0.	3.70E-14	2.99E-19	0.	0.	1.91E-09
15	9.30	0.	5.62E-12	1.84E-09	0.	0.	0.	3.71E-14	3.09E-19	0.	0.	1.85E-09
16	9.20	0.	6.12E-12	1.08E-09	0.	0.	0.	3.72E-14	3.19E-19	0.	0.	1.08E-09
17	9.10	0.	6.62E-12	1.14E-09	0.	0.	0.	3.73E-14	3.29E-19	0.	0.	1.15E-09
18	9.00	0.	8.17E-12	8.06E-10	0.	0.	0.	3.75E-14	3.41E-19	0.	0.	8.16E-10
19	8.90	0.	9.91E-12	6.23E-10	0.	0.	0.	3.76E-14	3.52E-19	0.	0.	6.35E-10
20	8.80	0.	1.17E-11	5.59E-10	0.	0.	0.	3.77E-14	3.65E-19	0.	0.	5.71E-10
21	8.70	0.	1.21E-11	3.62E-10	0.	0.	0.	3.79E-14	3.77E-19	0.	0.	3.74E-10
22	8.60	0.	1.16E-11	3.65E-10	0.	0.	0.	3.80E-14	3.91E-19	0.	0.	3.76E-10
23	8.50	0.	1.10E-11	2.38E-10	0.	0.	0.	3.82E-14	4.05E-19	0.	0.	2.48E-10
24	8.40	0.	1.06E-11	2.22E-10	0.	0.	0.	3.84E-14	4.19E-19	0.	0.	2.32E-10
25	8.30	0.	1.01E-11	1.44E-10	0.	0.	0.	3.86E-14	4.35E-19	0.	0.	1.53E-10
26	8.20	0.	9.70E-12	1.33E-10	0.	0.	0.	3.88E-14	4.51E-19	0.	0.	1.43E-10
27	8.10	0.	9.28E-12	9.00E-11	0.	0.	0.	3.90E-14	4.68E-19	0.	0.	9.89E-11
28	8.00	0.	8.86E-12	8.14E-11	0.	0.	0.	3.92E-14	4.86E-19	0.	0.	8.98E-11
29	7.90	0.	8.43E-12	5.55E-11	0.	0.	0.	3.94E-14	5.05E-19	0.	0.	6.35E-11
30	7.80	0.	8.14E-12	5.13E-11	0.	0.	0.	3.96E-14	5.24E-19	0.	0.	5.88E-11
31	7.70	0.	7.97E-12	3.62E-11	0.	0.	0.	3.98E-14	5.45E-19	0.	0.	4.32E-11
32	7.60	0.	7.50E-12	2.94E-11	0.	5.13E-15	0.	4.00E-14	5.67E-19	0.	0.	3.60E-11
33	7.50	0.	7.02E-12	2.22E-11	0.	7.17E-14	0.	4.02E-14	5.90E-19	0.	0.	2.84E-11
34	7.40	0.	6.55E-12	1.69E-11	0.	1.69E-13	0.	4.05E-14	6.14E-19	0.	0.	2.27E-11
35	7.30	0.	6.07E-12	1.34E-11	0.	1.07E-12	0.	4.07E-14	6.40E-19	0.	0.	1.95E-11
36	7.20	0.	5.58E-12	9.98E-12	0.	4.52E-12	0.	4.10E-14	6.67E-19	0.	0.	1.92E-11
37	7.10	0.	5.08E-12	8.05E-12	0.	4.85E-12	0.	4.13E-14	6.96E-19	0.	0.	1.71E-11
38	7.00	1.30E-14	4.61E-12	6.10E-12	0.	3.03E-11	0.	4.17E-14	7.26E-19	0.	0.	3.65E-11
39	6.90	2.27E-14	4.15E-12	4.66E-12	0.	2.09E-11	0.	4.20E-14	7.58E-19	0.	0.	2.56E-11
40	6.80	1.74E-14	0.	3.67E-12	0.	9.62E-11	0.	4.23E-14	7.92E-19	0.	0.	4.66E-11
41	6.70	1.12E-14	0.	2.64E-12	0.	3.56E-11	0.	4.27E-14	8.28E-19	0.	0.	3.76E-11
42	6.60	6.10E-15	0.	1.95E-12	0.	7.13E-11	0.	4.30E-14	8.66E-19	0.	0.	7.25E-11
43	6.50	3.08E-15	0.	1.21E-12	0.	1.47E-10	0.	4.33E-14	9.07E-19	0.	0.	1.49E-10
44	6.40	4.57E-15	0.	5.86E-13	1.37E-12	4.71E-11	0.	4.37E-14	9.50E-19	0.	0.	5.24E-11
45	6.30	9.03E-15	0.	2.43E-13	5.07E-12	7.08E-11	0.	4.40E-14	9.97E-19	0.	0.	7.69E-11
46	6.20	8.32E-14	0.	9.23E-14	5.93E-12	1.91E-10	0.	4.44E-14	1.05E-18	0.	0.	2.06E-10
47	6.10	2.40E-14	0.	3.10E-14	1.46E-11	3.76E-11	0.	4.47E-14	1.10E-18	0.	0.	4.77E-11
48	6.00	1.89E-13	0.	6.32E-15	9.77E-12	1.21E-10	0.	4.47E-14	1.15E-18	0.	0.	1.21E-10
49	5.90	2.66E-13	0.	4.36E-16	1.32E-11	4.90E-11	0.	4.40E-14	1.21E-18	0.	0.	6.26E-10
50	5.80	3.48E-13	0.	1.02E-17	1.64E-11	4.86E-11	0.	4.13E-14	1.28E-18	0.	0.	6.53E-11
51	5.70	3.42E-13	0.	0.	1.53E-11	3.34E-11	0.	4.13E-14	1.35E-18	0.	0.	4.91E-11

ABSORPTION COEFFICIENTS OF HEATED AIR (INVERSE CM.)

TEMPERATURE (DEGREES K) 5000.   DENSITY (GM/CC) 1.293E-09   (10.0E-07 NORMAL)

	PHOTON ENERGY	O2 S-R BANDS	N2 1ST POS.	N2 2ND POS.	N2+ 1ST NEG.	NO BETA	NO GAMMA	NO VIB-ROT	NO2	O- PHOTO-DET (IONS)	O- FREE-FREE (IONS)	N P.E.	O P.E.	TOTAL AIR
52	5.60	3.91E-13	0.	0.	0.	8.90E-12	8.35E-11	0.	0.	3.85E-14	1.42E-18	0.	0.	9.29E-11
53	5.50	3.69E-13	0.	0.	0.	1.19E-11	1.02E-10	0.	0.	3.86E-14	1.50E-18	0.	0.	1.14E-10
54	5.40	3.47E-13	0.	0.	0.	8.78E-12	3.65E-11	0.	0.	3.88E-14	1.58E-18	0.	0.	4.57E-11
55	5.30	3.04E-13	0.	0.	0.	9.04E-12	8.38E-11	0.	0.	3.91E-14	1.68E-18	0.	0.	9.32E-11
56	5.20	1.79E-13	0.	0.	0.	8.70E-12	3.14E-11	0.	0.	3.94E-14	1.77E-18	0.	0.	4.03E-11
57	5.10	1.56E-13	0.	0.	0.	7.73E-12	4.45E-11	0.	6.25E-20	3.97E-14	1.88E-18	0.	0.	5.25E-11
58	5.00	1.06E-13	0.	0.	0.	6.02E-12	3.79E-11	0.	6.25E-20	4.00E-14	2.00E-18	0.	0.	4.41E-11
59	4.90	8.78E-14	0.	0.	0.	6.01E-12	2.72E-11	0.	6.25E-20	4.03E-14	2.12E-18	0.	0.	3.33E-11
60	4.80	8.92E-14	0.	0.	0.	6.15E-12	2.66E-11	0.	6.25E-20	4.07E-14	2.26E-18	0.	0.	3.29E-11
61	4.70	9.30E-14	0.	0.	0.	5.92E-12	1.60E-11	0.	6.25E-20	4.10E-14	2.40E-18	0.	0.	2.14E-11
62	4.60	8.75E-14	0.	2.93E-14	0.	4.97E-12	1.72E-11	0.	6.25E-20	4.13E-14	2.56E-18	0.	0.	2.23E-11
63	4.50	9.36E-14	0.	1.66E-13	0.	3.80E-12	9.01E-12	0.	6.25E-20	4.17E-14	2.74E-18	0.	0.	1.30E-11
64	4.40	8.30E-14	0.	2.10E-13	0.	3.45E-12	8.26E-12	0.	6.25E-20	4.20E-14	2.93E-18	0.	0.	1.20E-11
65	4.30	5.88E-14	0.	1.51E-12	0.	2.78E-12	3.36E-12	0.	6.25E-20	4.23E-14	3.14E-18	0.	0.	6.46E-12
66	4.20	4.81E-14	0.	1.98E-12	0.	2.67E-12	3.37E-12	0.	6.25E-20	4.27E-14	3.37E-18	0.	0.	7.64E-12
67	4.10	3.96E-14	0.	1.84E-12	0.	2.16E-12	8.10E-13	0.	6.25E-20	4.30E-14	3.63E-18	0.	0.	3.27E-12
68	4.00	3.13E-14	0.	1.03E-12	0.	1.84E-12	3.05E-13	0.	6.25E-20	4.28E-14	3.90E-18	0.	0.	3.80E-12
69	3.90	2.19E-14	0.	8.53E-13	1.62E-12	1.33E-12	0.	0.	6.25E-20	4.27E-14	4.21E-18	0.	0.	4.34E-12
70	3.80	2.22E-14	0.	2.03E-13	3.57E-11	1.37E-12	0.	0.	6.25E-20	4.20E-14	4.56E-18	0.	0.	3.80E-11
71	3.70	2.03E-14	0.	4.75E-13	5.41E-11	9.33E-13	0.	0.	6.25E-20	3.94E-14	4.94E-18	0.	0.	2.36E-11
72	3.60	1.53E-14	0.	1.21E-12	4.20E-10	5.23E-13	0.	0.	6.25E-20	3.60E-14	5.36E-18	0.	0.	1.79E-10
73	3.50	1.20E-14	0.	3.01E-13	1.78E-10	5.77E-13	0.	0.	6.25E-20	2.08E-14	5.83E-18	0.	0.	3.56E-12
74	3.40	9.57E-15	0.	4.59E-13	2.65E-10	3.41E-13	0.	0.	6.25E-20	2.08E-14	6.36E-18	0.	0.	2.30E-10
75	3.30	7.09E-15	0.	1.52E-13	3.71E-11	3.33E-13	0.	0.	6.25E-20	2.09E-14	6.96E-18	0.	0.	4.77E-12
76	3.20	5.07E-15	0.	1.41E-13	2.29E-10	2.47E-13	0.	0.	6.25E-20	2.09E-14	7.64E-18	0.	0.	3.98E-11
77	3.10	3.61E-15	0.	4.35E-14	4.35E-11	1.04E-13	0.	0.	6.25E-20	2.10E-14	8.40E-18	0.	0.	4.36E-12
78	3.00	2.89E-15	0.	3.35E-14	3.95E-11	4.79E-14	0.	0.	6.25E-20	2.10E-14	9.27E-18	0.	0.	1.94E-11
79	2.90	2.12E-15	0.	1.28E-14	4.55E-11	1.67E-14	0.	0.	6.25E-20	2.10E-14	1.03E-17	0.	0.	2.44E-12
80	2.80	1.43E-15	0.	6.12E-15	4.28E-12	1.91E-15	0.	0.	6.25E-20	2.10E-14	1.14E-17	0.	0.	7.43E-13
81	2.70	1.29E-15	0.	2.88E-15	1.94E-11	9.05E-16	0.	0.	6.25E-20	2.08E-14	1.27E-17	0.	0.	1.60E-12
82	2.60	6.06E-16	0.	5.13E-16	2.41E-12	7.87E-17	0.	0.	6.25E-20	2.07E-14	1.43E-17	0.	0.	5.70E-13
83	2.50	1.91E-16	0.	0.	7.21E-13	0.	0.	0.	6.25E-20	2.00E-14	1.60E-17	0.	0.	8.80E-13
84	2.40	1.13E-17	5.55E-14	0.	1.52E-12	0.	0.	0.	6.25E-20	1.92E-14	1.81E-17	0.	0.	2.19E-12
85	2.30	0.	7.89E-13	0.	0.	0.	0.	0.	6.25E-20	1.84E-14	2.06E-17	0.	0.	2.30E-12
86	2.20	0.	2.17E-12	0.	0.	0.	0.	0.	6.25E-20	1.73E-14	2.36E-17	0.	0.	9.82E-12
87	2.10	0.	9.28E-12	0.	0.	0.	0.	0.	6.25E-20	1.47E-14	2.71E-17	0.	0.	1.03E-11
88	2.00	0.	9.81E-12	0.	0.	0.	0.	0.	6.25E-20	6.67E-15	3.14E-17	0.	0.	8.80E-12
89	1.90	0.	1.03E-11	0.	0.	0.	0.	0.	6.25E-20	0.	3.66E-17	0.	0.	1.23E-11
90	1.80	0.	7.56E-12	0.	0.	0.	0.	0.	6.25E-20	0.	4.31E-17	0.	0.	6.90E-12
91	1.70	0.	8.79E-12	0.	0.	0.	0.	0.	6.25E-20	0.	5.12E-17	0.	0.	9.62E-12
92	1.60	0.	1.23E-11	0.	0.	0.	0.	0.	6.25E-20	0.	6.15E-17	0.	0.	5.32E-12
93	1.50	0.	6.90E-12	0.	0.	0.	0.	0.	6.25E-20	0.	7.47E-17	0.	0.	5.74E-12
94	1.40	0.	5.32E-12	0.	0.	0.	0.	0.	6.25E-20	0.	9.19E-17	0.	0.	3.90E-12
95	1.30	0.	5.74E-12	0.	0.	0.	0.	0.	6.25E-20	0.	1.15E-16	0.	0.	1.74E-12
96	1.20	0.	3.89E-12	0.	0.	0.	0.	0.	6.25E-20	0.	1.46E-16	0.	0.	5.32E-13
97	1.10	0.	1.70E-12	0.	0.	0.	0.	6.77E-16	6.25E-20	0.	1.91E-16	0.	0.	1.01E-13
98	1.00	0.	5.02E-13	0.	0.	0.	0.	2.27E-15	6.25E-20	0.	2.54E-16	0.	0.	
99	0.90	0.	3.86E-15	0.	0.	0.	0.	5.32E-15	6.25E-20	0.	3.49E-16	0.	0.	
100	0.80	0.	0.	0.	0.	0.	0.	3.56E-15	6.25E-20	0.	4.99E-16	0.	0.	
101	0.70	0.	0.	0.	0.	0.	0.	2.88E-14	6.25E-20	0.	7.49E-16	0.	0.	
102	0.60	0.	0.	0.	0.	0.	0.	9.62E-14	6.25E-20	0.	1.19E-15	0.	0.	

153

ABSORPTION COEFFICIENTS OF HEATED AIR (INVERSE CM.)

TEMPERATURE (DEGREES K) 6000. DENSITY (GM/CC) 1.293E-02 (1.0E 01 NORMAL)

#	PHOTON ENRGY E.V.	O2 S-R BANDS	O2 S-R CONT.	N2 B-H NO. 1	NO BETA	NO GAMMA	NO2	O- PHOTO-DET (IONS)	FREE-FREE (IONS)	N P.E.	O P.E.	TOTAL AIR
1	10.70	0.	0.	1.30E 01	0.	0.	0.	4.49E-02	6.38E-08	1.01E-07	2.92E-06	1.30E 01
2	10.60	0.	0.	1.02E 01	0.	0.	0.	4.50E-02	6.57E-08	1.01E-07	2.92E-06	1.03E 01
3	10.50	0.	0.	9.45E 00	0.	0.	0.	4.51E-02	6.76E-08	1.02E-07	2.93E-06	9.50E 00
4	10.40	0.	0.	7.91E 00	0.	0.	0.	4.51E-02	6.95E-08	1.02E-07	2.93E-06	7.96E 00
5	10.30	0.	0.	5.95E 00	0.	0.	0.	4.52E-02	7.16E-08	1.02E-07	2.94E-06	6.00E 00
6	10.20	0.	0.	5.60E 00	0.	0.	0.	4.52E-02	7.38E-08	1.02E-07	2.94E-06	5.65E 00
7	10.10	0.	0.	4.80E 00	0.	0.	0.	4.53E-02	7.60E-08	1.03E-07	2.95E-06	4.84E 00
8	10.00	0.	0.	3.46E 00	0.	0.	0.	4.54E-02	7.83E-08	1.03E-07	2.95E-06	3.50E 00
9	9.90	0.	0.	3.43E 00	0.	0.	0.	4.54E-02	8.07E-08	1.03E-07	2.96E-06	3.47E 00
10	9.80	0.	0.	2.79E 00	0.	0.	0.	4.55E-02	8.32E-08	1.03E-07	2.97E-06	2.84E 00
11	9.70	0.	0.	2.00E 00	0.	0.	0.	4.56E-02	8.58E-08	1.04E-07	2.97E-06	2.05E 00
12	9.60	0.	0.	2.14E 00	0.	0.	0.	4.57E-02	8.86E-08	1.04E-07	2.98E-06	2.18E 00
13	9.50	0.	2.20E 01	1.49E 00	0.	0.	0.	4.58E-02	9.14E-08	1.04E-07	2.98E-06	2.35E 01
14	9.40	0.	2.42E 01	1.24E 00	0.	0.	0.	4.59E-02	9.44E-08	1.04E-07	2.99E-06	2.54E 01
15	9.30	0.	2.63E 01	1.21E 00	0.	0.	0.	4.61E-02	9.74E-08	1.05E-07	2.99E-06	2.76E 01
16	9.20	0.	2.85E 01	8.07E-01	0.	0.	0.	4.63E-02	1.01E-07	1.04E-07	3.00E-06	2.94E 01
17	9.10	0.	3.50E 01	6.10E-01	0.	0.	0.	4.64E-02	1.04E-07	2.72E-08	3.01E-06	3.59E 01
18	9.00	0.	4.23E 01	4.89E-01	0.	0.	0.	4.66E-02	1.08E-07	2.71E-08	3.02E-06	4.29E 01
19	8.90	0.	4.95E 01	4.48E-01	0.	0.	0.	4.68E-02	1.11E-07	2.70E-08	3.03E-06	5.01E 01
20	8.80	0.	5.15E 01	3.13E-01	0.	0.	0.	4.69E-02	1.15E-07	2.69E-08	3.03E-06	5.20E 01
21	8.70	0.	4.92E 01	3.14E-01	0.	0.	0.	4.71E-02	1.19E-07	2.67E-08	3.04E-06	4.96E 01
22	8.60	0.	4.70E 01	2.21E-01	0.	0.	0.	4.73E-02	1.23E-07	2.66E-08	3.04E-06	4.74E 01
23	8.50	0.	4.53E 01	2.08E-01	0.	0.	0.	4.74E-02	1.28E-07	2.65E-08	3.05E-06	4.55E 01
24	8.40	0.	4.37E 01	1.44E-01	0.	0.	0.	4.77E-02	1.32E-07	2.64E-08	3.05E-06	4.40E 01
25	8.30	0.	4.18E 01	1.36E-01	0.	0.	0.	4.79E-02	1.37E-07	2.62E-08	3.07E-06	4.20E 01
26	8.20	0.	4.00E 01	9.74E-02	0.	0.	0.	4.82E-02	1.42E-07	2.61E-08	3.12E-06	4.02E 01
27	8.10	0.	3.84E 01	9.04E-02	0.	0.	0.	4.84E-02	1.48E-07	2.59E-08	3.16E-06	3.86E 01
28	8.00	0.	3.68E 01	6.51E-02	0.	0.	0.	4.87E-02	1.53E-07	2.59E-08	3.20E-06	3.69E 01
29	7.90	0.	3.49E 01	6.18E-02	0.	0.	0.	4.89E-02	1.59E-07	2.57E-08	3.24E-06	3.51E 01
30	7.80	0.	3.31E 01	4.58E-02	0.	0.	0.	4.92E-02	1.65E-07	2.55E-08	3.29E-06	3.32E 01
31	7.70	0.	3.12E 01	3.86E-02	0.	0.	0.	4.94E-02	1.72E-07	2.53E-08	3.33E-06	3.13E 01
32	7.60	0.	2.93E 01	3.06E-02	0.	2.94E-04	0.	4.97E-02	1.79E-07	2.52E-08	3.37E-06	2.94E 01
33	7.50	0.	2.74E 01	2.42E-02	0.	2.93E-03	0.	4.99E-02	1.86E-07	2.50E-08	3.42E-06	2.74E 01
34	7.40	0.	2.54E 01	2.00E-02	0.	8.28E-03	0.	5.02E-02	1.94E-07	2.48E-08	3.46E-06	2.55E 01
35	7.30	0.	2.35E 01	1.56E-02	0.	5.28E-02	0.	5.05E-02	2.02E-07	2.46E-08	3.50E-06	2.37E 01
36	7.20	0.	2.18E 01	1.31E-02	0.	1.82E-01	0.	5.08E-02	2.10E-07	2.45E-08	3.54E-06	2.20E 01
37	7.10	0.	2.01E 01	1.04E-02	0.	2.77E-01	0.	5.12E-02	2.20E-07	2.43E-08	3.59E-06	2.04E 01
38	7.00	4.53E-02	0.	8.30E-03	0.	1.31E 00	0.	5.16E-02	2.29E-07	2.41E-08	3.63E-06	1.41E 00
39	6.90	8.13E-02	0.	6.86E-03	0.	9.44E-01	0.	5.20E-02	2.39E-07	2.39E-08	3.67E-06	1.09E 00
40	6.80	6.41E-02	0.	5.17E-03	0.	2.14E 00	0.	5.24E-02	2.50E-07	2.38E-08	3.72E-06	2.26E 00
41	6.70	4.22E-02	0.	3.98E-03	0.	3.89E 00	0.	5.28E-02	2.61E-07	2.36E-08	3.76E-06	3.99E 00
42	6.60	2.36E-02	0.	2.62E-03	0.	1.58E 00	0.	5.33E-02	2.74E-07	2.34E-08	3.81E-06	1.66E 00
43	6.50	1.23E-02	0.	1.38E-03	0.	3.30E 00	0.	5.37E-02	2.86E-07	2.32E-08	3.85E-06	3.37E 00
44	6.40	1.78E-02	0.	6.33E-04	4.33E-02	5.58E 00	0.	5.41E-02	3.00E-07	2.31E-08	3.89E-06	5.69E 00
45	6.30	1.58E-02	0.	2.65E-04	1.70E-01	1.97E 00	0.	5.45E-02	3.15E-07	2.29E-08	3.95E-06	2.22E 00
46	6.20	9.85E-02	0.	9.67E-05	2.06E-01	3.16E 00	0.	5.49E-02	3.30E-07	2.28E-08	4.04E-06	3.52E 00
47	6.10	3.58E-01	0.	2.08E-05	5.28E-01	6.98E 00	0.	5.53E-02	3.47E-07	2.29E-08	4.12E-06	7.92E 00
48	6.00	8.52E-01	0.	1.46E-06	3.82E-01	1.69E 00	0.	5.58E-02	3.64E-07	2.30E-08	4.21E-06	2.98E 00
49	5.90	1.25E 00	0.	3.46E-08	5.21E-01	1.64E 00	0.	5.58E-02	3.83E-07	2.30E-08	4.30E-06	3.91E 00
50	5.80	1.72E 00	0.	0.	6.66E-01	0.	0.	5.49E-02	4.03E-07	2.31E-08	4.38E-06	3.40E 00
51	5.70	1.79E 00	0.	0.	6.53E-01	0.	0.	5.16E-02	4.25E-07	2.31E-08	4.47E-06	4.13E 00

ABSORPTION COEFFICIENTS OF HEATED AIR (INVERSE CM.)

TEMPERATURE (DEGREES K) 6000. DENSITY (GM/CC) 1.293E-02 (1.0E 01 NORMAL)

#	PHOTON ENERGY	O2 S-R BANDS	N2 1ST POS.	N2 2ND POS.	N2+ 1ST NEG.	NO BETA	NO GAMMA	NO VIB-ROT	NO2	O- PHOTO-DET	FREE-FREE (IONS)	N P.E.	O P.E.	TOTAL AIR
52	5.60	2.10E 00	0.	0.	0.	4.15E-01	3.46E 00	0.	0.	4.80E-02	4.48E-07	2.32E-08	4.55E-06	6.03E 00
53	5.50	2.00E 00	0.	0.	0.	5.33E-01	3.81E 00	0.	0.	4.82E-02	4.73E-07	2.32E-08	4.64E-06	6.43E 00
54	5.40	1.99E 00	0.	0.	0.	4.11E-01	1.74E 00	0.	0.	4.85E-02	5.00E-07	2.33E-08	4.73E-06	4.18E 00
55	5.30	1.80E 00	0.	0.	0.	4.24E-01	3.37E 00	0.	0.	4.88E-02	5.29E-07	2.34E-08	4.83E-06	5.64E 00
56	5.20	1.13E 00	0.	0.	0.	4.19E-01	1.43E 00	0.	4.44E-03	4.91E-02	5.60E-07	2.36E-08	4.95E-06	3.03E 00
57	5.10	1.00E 00	0.	0.	0.	3.85E-01	2.06E 00	0.	4.44E-03	4.95E-02	5.94E-07	2.41E-08	5.08E-06	3.50E 00
58	5.00	7.00E-01	0.	0.	0.	3.14E-01	1.72E 00	0.	4.44E-03	4.99E-02	6.30E-07	2.47E-08	5.21E-06	2.79E 00
59	4.90	5.78E-01	0.	0.	0.	3.21E-01	1.42E 00	0.	4.44E-03	5.03E-02	6.70E-07	2.53E-08	5.33E-06	2.37E 00
60	4.80	5.86E-01	0.	0.	0.	3.30E-01	1.33E 00	0.	4.44E-03	5.08E-02	7.13E-07	2.58E-08	5.46E-06	2.31E 00
61	4.70	5.94E-01	0.	0.	0.	2.94E-01	9.24E-01	0.	4.44E-03	5.12E-02	7.60E-07	2.63E-08	5.60E-06	1.87E 00
62	4.60	6.56E-01	0.	0.	4.46E-07	2.81E-01	9.32E-01	0.	4.44E-03	5.16E-02	8.10E-07	2.69E-08	5.73E-06	1.93E 00
63	4.50	6.05E-01	0.	0.	6.60E-06	2.24E-01	5.57E-01	0.	4.44E-03	5.24E-02	8.66E-07	2.76E-08	5.86E-06	1.44E 00
64	4.40	5.62E-01	0.	0.	1.01E-06	2.09E-01	4.68E-01	0.	4.44E-03	5.28E-02	9.26E-07	2.83E-08	6.00E-06	1.30E 00
65	4.30	4.64E-01	0.	0.	1.54E-06	1.75E-01	2.16E-01	0.	4.44E-03	5.33E-02	9.93E-07	2.89E-08	6.13E-06	9.13E-01
66	4.20	4.92E-01	0.	0.	5.54E-06	1.73E-01	2.01E-01	0.	4.44E-03	5.33E-02	1.06E-06	2.96E-08	6.27E-06	8.28E-01
67	4.10	3.33E-01	0.	0.	3.21E-05	1.46E-01	4.87E-01	0.	4.44E-03	5.35E-02	1.14E-06	3.03E-08	2.53E-07	5.86E-01
68	4.00	2.73E-01	0.	0.	8.46E-06	1.28E-01	3.51E-01	0.	4.44E-03	5.37E-02	1.23E-06	1.63E-08	2.61E-07	3.77E-01
69	3.90	2.06E-01	0.	0.	3.90E-05	9.82E-02	1.79E-01	0.	4.44E-03	5.35E-02	1.33E-06	1.65E-08	2.69E-07	3.68E-01
70	3.80	1.51E-01	0.	0.	1.34E-06	1.01E-01	0.	0.	4.44E-03	5.33E-02	1.44E-06	1.34E-08	3.65E-07	2.52E-01
71	3.70	1.23E-01	0.	0.	8.86E-06	7.44E-02	0.	0.	4.44E-03	4.91E-02	1.56E-06	1.35E-08	4.18E-07	2.00E-01
72	3.60	1.01E-01	0.	0.	8.40E-06	4.54E-02	0.	0.	4.44E-03	4.49E-02	1.69E-06	9.00E-09	4.73E-07	1.60E-01
73	3.50	7.88E-02	0.	0.	1.26E-06	5.00E-02	0.	0.	4.44E-03	2.59E-02	1.84E-06	1.04E-08	5.29E-07	1.06E-01
74	3.40	5.79E-02	0.	0.	4.37E-06	3.15E-02	0.	0.	4.44E-03	2.60E-02	2.01E-06	1.18E-08	5.85E-07	9.22E-02
75	3.30	4.32E-02	0.	0.	4.75E-07	2.50E-02	0.	0.	4.44E-03	2.61E-02	2.20E-06	1.33E-08	6.42E-07	8.88E-02
76	3.20	3.61E-02	0.	0.	2.03E-07	2.03E-02	0.	0.	4.44E-03	2.61E-02	2.41E-06	1.47E-08	6.98E-07	6.25E-02
77	3.10	2.78E-02	0.	0.	3.47E-07	1.19E-02	0.	0.	4.44E-03	2.62E-02	2.65E-06	1.62E-08	7.54E-07	5.51E-02
78	3.00	1.98E-02	0.	0.	0.	6.00E-03	0.	0.	4.44E-03	2.62E-02	2.93E-06	1.77E-08	8.12E-07	4.23E-02
79	2.90	1.84E-02	0.	0.	0.	2.34E-03	0.	0.	4.44E-03	2.62E-02	3.24E-06	1.92E-08	8.72E-07	3.47E-02
80	2.80	3.30E-03	0.	0.	0.	7.65E-04	0.	0.	4.44E-03	2.62E-02	3.61E-06	2.07E-08	9.27E-07	3.10E-02
81	2.70	3.23E-03	0.	0.	0.	1.51E-04	0.	0.	4.44E-03	2.62E-02	4.02E-06	2.23E-08	1.62E-07	3.09E-02
82	2.60	1.99E-04	0.	0.	0.	1.38E-05	0.	0.	4.44E-03	2.62E-02	4.51E-06	2.39E-08	2.00E-07	3.19E-02
83	2.50	0.	0.	0.	0.	0.	0.	0.	4.44E-03	2.59E-02	5.07E-06	2.62E-08	2.38E-07	3.27E-02
84	2.40	0.	1.92E-04	0.	0.	0.	0.	0.	4.44E-03	2.58E-02	5.74E-06	6.95E-09	2.86E-07	3.54E-02
85	2.30	0.	1.44E-03	0.	0.	0.	0.	0.	4.44E-03	2.50E-02	6.52E-06	1.28E-08	3.34E-07	3.57E-02
86	2.20	0.	2.36E-03	0.	0.	0.	0.	0.	4.44E-03	2.40E-02	7.46E-06	1.49E-08	3.82E-07	4.92E-02
87	2.10	0.	5.12E-03	0.	0.	0.	0.	0.	4.44E-03	2.30E-02	8.58E-06	1.70E-08	4.60E-07	4.60E-02
88	2.00	0.	6.28E-03	0.	0.	0.	0.	0.	4.44E-03	2.16E-02	9.93E-06	1.91E-08	4.99E-07	4.73E-02
89	1.90	0.	2.08E-02	0.	0.	0.	0.	0.	4.44E-03	1.83E-02	1.16E-05	2.20E-08	5.83E-07	3.76E-02
90	1.80	0.	1.86E-02	0.	0.	0.	0.	0.	4.44E-03	8.32E-03	1.36E-05	2.55E-08	6.67E-07	3.09E-02
91	1.70	0.	2.12E-02	0.	0.	0.	0.	0.	4.44E-03	0.	1.62E-05	2.95E-08	7.06E-07	2.70E-02
92	1.60	0.	1.48E-02	0.	0.	0.	0.	0.	4.44E-03	0.	1.95E-05	3.43E-08	8.33E-07	2.19E-02
93	1.50	0.	1.82E-02	0.	0.	0.	0.	0.	4.44E-03	0.	1.83E-05	3.56E-08	5.76E-07	1.88E-02
94	1.40	0.	2.25E-02	0.	0.	0.	0.	0.	4.44E-03	0.	2.37E-05	3.35E-08	7.01E-07	1.57E-02
95	1.30	0.	1.43E-02	0.	0.	0.	0.	0.	4.44E-03	0.	2.92E-05	3.04E-08	9.17E-07	1.59E-02
96	1.20	0.	1.74E-02	0.	0.	0.	0.	0.	4.44E-03	0.	3.65E-05	3.76E-08	1.23E-06	1.31E-02
97	1.10	0.	1.13E-02	0.	0.	0.	0.	3.00E-05	4.44E-03	0.	6.04E-05	4.19E-08	1.07E-06	1.07E-02
98	1.00	0.	1.29E-02	0.	0.	0.	0.	1.39E-04	4.44E-03	0.	8.07E-05	4.88E-08	1.38E-06	1.12E-02
99	0.90	0.	8.29E-03	0.	0.	0.	0.	2.50E-04	4.44E-03	0.	1.11E-04	5.58E-08	1.02E-06	1.31E-02
100	0.80	0.	3.70E-03	0.	0.	0.	0.	2.40E-03	4.44E-03	0.	1.59E-04	6.24E-08	1.07E-06	1.07E-02
101	0.70	0.	1.07E-03	0.	0.	0.	0.	1.61E-03	4.44E-03	0.	2.38E-04	4.98E-08	1.23E-06	1.07E-02
102	0.60	0.	1.71E-05	0.	0.	0.	0.	6.38E-03	4.44E-03	0.	3.81E-04	4.98E-08	1.02E-06	1.12E-02

ABSORPTION COEFFICIENTS OF HEATED AIR (INVERSE CM.)

TEMPERATURE (DEGREES K) 6000. DENSITY (GM/CC) 1.293E-03 (10.0E-01 NORMAL)

#	PHOTON ENERGY E.V.	O2 S-R BANDS	O2 S-R CONT.	N2 B-H NO. 1	NO BETA	NO GAMMA	NO 2	O- PHOTO-DET (IONS)	O- FREE-FREE (IONS) P.E.	N P.E.	O P.E.	TOTAL AIR
1	10.70	0.	0.	1.32E 00	0.	0.	0.	1.61E-03	2.98E-09	3.22E-08	4.26E-07	1.33E 00
2	10.60	0.	0.	1.04E 00	0.	0.	0.	1.61E-03	3.07E-09	3.23E-08	4.27E-07	1.05E 00
3	10.50	0.	0.	9.64E-01	0.	0.	0.	1.61E-03	3.15E-09	3.25E-08	4.28E-07	9.66E-01
4	10.40	0.	0.	8.07E-01	0.	0.	0.	1.61E-03	3.25E-09	3.26E-08	4.29E-07	8.09E-01
5	10.30	0.	0.	6.07E-01	0.	0.	0.	1.62E-03	3.34E-09	3.27E-08	4.30E-07	6.09E-01
6	10.20	0.	0.	5.71E-01	0.	0.	0.	1.62E-03	3.44E-09	3.28E-08	4.31E-07	5.73E-01
7	10.10	0.	0.	4.89E-01	0.	0.	0.	1.62E-03	3.55E-09	3.28E-08	4.32E-07	4.91E-01
8	10.00	0.	0.	3.53E-01	0.	0.	0.	1.62E-03	3.66E-09	3.29E-08	4.33E-07	3.54E-01
9	9.90	0.	0.	3.49E-01	0.	0.	0.	1.63E-03	3.77E-09	3.30E-08	4.33E-07	3.51E-01
10	9.80	0.	0.	2.85E-01	0.	0.	0.	1.63E-03	3.89E-09	3.30E-08	4.34E-07	2.86E-01
11	9.70	0.	0.	2.04E-01	0.	0.	0.	1.63E-03	4.01E-09	3.31E-08	4.35E-07	2.06E-01
12	9.60	0.	0.	2.18E-01	0.	0.	0.	1.63E-03	4.13E-09	3.32E-08	4.36E-07	2.20E-01
13	9.50	0.	4.72E-01	1.52E-01	0.	0.	0.	1.64E-03	4.27E-09	3.33E-08	4.37E-07	6.25E-01
14	9.40	0.	5.19E-01	1.26E-01	0.	0.	0.	1.64E-03	4.40E-09	3.33E-08	4.38E-07	6.47E-01
15	9.30	0.	5.66E-01	1.24E-01	0.	0.	0.	1.65E-03	4.55E-09	8.79E-09	4.39E-07	6.92E-01
16	9.20	0.	6.13E-01	7.89E-02	0.	0.	0.	1.66E-03	4.70E-09	8.75E-09	4.40E-07	6.94E-01
17	9.10	0.	7.52E-01	8.23E-02	0.	0.	0.	1.66E-03	4.86E-09	8.71E-09	4.40E-07	8.36E-01
18	9.00	0.	7.08E-01	6.22E-02	0.	0.	0.	1.67E-03	5.02E-09	8.67E-09	4.41E-07	7.72E-01
19	8.90	0.	1.06E 00	4.98E-02	0.	0.	0.	1.67E-03	5.19E-09	8.63E-09	4.42E-07	1.12E 00
20	8.80	0.	1.11E 00	4.57E-02	0.	0.	0.	1.68E-03	5.37E-09	8.59E-09	4.43E-07	1.15E 00
21	8.70	0.	1.01E 00	3.19E-02	0.	0.	0.	1.69E-03	5.56E-09	8.55E-09	4.44E-07	1.09E 00
22	8.60	0.	1.06E 00	3.21E-02	0.	0.	0.	1.69E-03	5.76E-09	8.51E-09	4.45E-07	1.04E 00
23	8.50	0.	9.72E-01	2.25E-02	0.	0.	0.	1.70E-03	5.96E-09	8.47E-09	4.46E-07	9.97E-01
24	8.40	0.	9.40E-01	2.12E-02	0.	0.	0.	1.71E-03	6.18E-09	8.42E-09	4.47E-07	9.63E-01
25	8.30	0.	8.98E-01	1.47E-02	0.	0.	0.	1.71E-03	6.41E-09	8.38E-09	4.49E-07	9.14E-01
26	8.20	0.	8.60E-01	1.39E-02	0.	0.	0.	1.72E-03	6.64E-09	8.34E-09	4.55E-07	8.76E-01
27	8.10	0.	8.26E-01	9.94E-03	0.	0.	0.	1.73E-03	6.89E-09	8.27E-09	4.62E-07	8.37E-01
28	8.00	0.	7.91E-01	9.21E-03	0.	0.	0.	1.74E-03	7.16E-09	8.21E-09	4.68E-07	8.02E-01
29	7.90	0.	7.51E-01	6.64E-03	0.	0.	0.	1.75E-03	7.43E-09	8.15E-09	4.74E-07	7.59E-01
30	7.80	0.	7.11E-01	6.30E-03	0.	0.	0.	1.76E-03	7.72E-09	8.09E-09	4.81E-07	7.19E-01
31	7.70	0.	6.70E-01	4.68E-03	0.	1.37E-05	0.	1.77E-03	8.03E-09	8.04E-09	4.87E-07	6.76E-01
32	7.60	0.	6.29E-01	3.94E-03	0.	1.37E-04	0.	1.78E-03	8.35E-09	7.98E-09	4.93E-07	6.35E-01
33	7.50	0.	5.88E-01	3.12E-03	0.	3.85E-04	0.	1.79E-03	8.69E-09	7.93E-09	4.99E-07	5.93E-01
34	7.40	0.	5.47E-01	2.47E-03	0.	2.46E-03	0.	1.80E-03	9.05E-09	7.87E-09	5.06E-07	5.53E-01
35	7.30	0.	5.06E-01	2.04E-03	0.	8.48E-03	0.	1.81E-03	9.43E-09	7.82E-09	5.12E-07	5.12E-01
36	7.20	0.	4.68E-01	1.59E-03	0.	1.29E-02	0.	1.82E-03	9.83E-09	7.76E-09	5.18E-07	4.80E-01
37	7.10	0.	4.31E-01	1.34E-03	0.	6.10E-02	0.	1.83E-03	1.02E-08	7.71E-09	5.25E-07	4.47E-01
38	7.00	9.67E-04	0.	1.06E-03	0.	4.41E-02	0.	1.85E-03	1.07E-08	7.65E-09	5.31E-07	6.48E-02
39	6.90	1.74E-03	0.	8.47E-04	0.	9.98E-02	0.	1.86E-03	1.12E-08	7.59E-09	5.37E-07	4.85E-02
40	6.80	1.37E-03	0.	7.00E-04	0.	1.81E-01	0.	1.88E-03	1.17E-08	7.54E-09	5.43E-07	1.04E-01
41	6.70	9.02E-04	0.	5.27E-04	0.	7.39E-02	0.	1.89E-03	1.22E-08	7.48E-09	5.50E-07	1.85E-01
42	6.60	5.05E-04	0.	4.05E-04	0.	1.54E-01	0.	1.91E-03	1.28E-08	7.44E-09	5.56E-07	7.67E-02
43	6.50	2.63E-04	0.	2.67E-04	0.	2.60E-01	0.	1.94E-03	1.34E-08	7.40E-09	5.63E-07	1.56E-01
44	6.40	3.80E-04	0.	1.41E-04	2.02E-03	9.18E-02	0.	1.95E-03	1.40E-08	7.37E-09	5.69E-07	2.65E-01
45	6.30	7.64E-04	0.	6.46E-05	7.92E-03	1.47E-01	0.	1.97E-03	1.47E-08	7.33E-09	5.78E-07	1.63E-01
46	6.20	2.10E-03	0.	2.70E-05	9.63E-03	3.26E-01	0.	1.98E-03	1.54E-08	7.30E-09	5.90E-07	1.61E-01
47	6.10	7.65E-03	0.	9.86E-06	2.46E-02	9.72E-02	0.	1.99E-03	1.62E-08	7.31E-09	6.03E-07	3.60E-01
48	6.00	1.82E-02	0.	2.12E-06	1.78E-02	9.14E-02	0.	1.99E-03	1.70E-08	7.34E-09	6.15E-07	1.61E-01
49	5.90	2.67E-02	0.	1.48E-07	2.43E-02	7.64E-02	0.	1.97E-03	1.79E-08	7.36E-09	6.28E-07	1.51E-01
50	5.80	3.67E-02	0.	3.52E-09	3.11E-02		0.	1.99E-03	1.88E-08	7.38E-09	6.40E-07	1.61E-01
51	5.70	3.82E-02	0.	0.	3.04E-02		0.	1.85E-03	1.98E-08	7.39E-09	6.53E-07	1.47E-01

ABSORPTION COEFFICIENTS OF HEATED AIR (INVERSE CM.)

TEMPERATURE (DEGREES K) 6000. DENSITY (GM/CC) 1.293E-03 (10.0E-01 NORMAL)

#	PHOTON ENERGY	O2 S-R BANDS	N2 1ST POS.	N2 2ND POS.	N2+ 1ST NEG.	NO BETA	NO GAMMA	NO VIB-ROT	"O2"	O- PHOTO-DET (IONS)	FREE-FREE (IONS)	N P.E.	O P.E.	TOTAL AIR P.F.
52	5.60	4.49E-02	0.	0.	0.	1.94E-02	1.62E-01	0.	0.	1.72E-03	2.09E-08	7.40E-09	6.66E-07	2.28E-01
53	5.50	4.36E-02	0.	0.	0.	2.49E-02	1.78E-01	0.	0.	1.73E-03	2.21E-08	7.43E-09	6.78E-07	2.49E-01
54	5.40	4.25E-02	0.	0.	0.	1.92E-02	8.10E-02	0.	0.	1.73E-03	2.33E-08	7.45E-09	6.91E-07	1.45E-01
55	5.30	3.84E-02	0.	0.	0.	1.98E-02	1.57E-01	0.	0.	1.75E-03	2.47E-08	7.48E-09	7.05E-07	2.12E-01
56	5.20	2.41E-02	0.	0.	0.	1.96E-02	1.70E-02	0.	3.03E-05	1.76E-03	2.62E-08	7.53E-09	7.24E-07	1.37E-01
57	5.10	2.14E-02	0.	0.	0.	1.80E-02	9.60E-02	0.	3.03E-05	1.77E-03	2.77E-08	7.70E-09	7.43E-07	1.12E-01
58	5.00	1.49E-02	0.	0.	0.	1.46E-02	8.02E-02	0.	3.03E-05	1.79E-03	2.94E-08	7.89E-09	7.61E-07	9.51E-02
59	4.90	1.24E-02	0.	0.	0.	1.49E-02	6.21E-02	0.	3.03E-05	1.80E-03	3.13E-08	8.08E-09	7.80E-07	9.18E-02
60	4.80	1.25E-02	0.	0.	0.	1.54E-02	4.31E-02	0.	3.03E-05	1.82E-03	3.33E-08	8.25E-09	7.99E-07	7.14E-02
61	4.70	1.27E-02	0.	0.	0.	1.37E-02	4.35E-02	0.	3.03E-05	1.83E-03	3.55E-08	8.41E-09	8.18E-07	7.75E-02
62	4.60	1.40E-02	0.	1.01E-05	0.	1.31E-02	2.60E-02	0.	3.03E-05	1.85E-03	3.78E-08	8.61E-09	8.38E-07	5.13E-02
63	4.50	1.40E-02	0.	4.86E-05	0.	1.05E-02	2.19E-02	0.	3.03E-05	1.86E-03	4.04E-08	8.82E-09	8.57E-07	4.55E-02
64	4.40	1.29E-02	0.	7.74E-05	0.	9.75E-03	1.01E-02	0.	3.03E-05	1.88E-03	4.32E-08	9.03E-09	8.77E-07	3.02E-02
65	4.30	1.20E-02	0.	4.54E-05	0.	8.16E-03	1.37E-03	0.	3.03E-05	1.89E-03	4.63E-08	9.25E-09	8.97E-07	1.82E-02
66	4.20	9.92E-03	0.	8.47E-05	0.	6.83E-03	2.27E-03	0.	3.03E-05	1.91E-03	4.97E-08	9.46E-09	9.13E-07	1.60E-02
67	4.10	8.38E-03	0.	6.11E-04	0.	5.98E-03	1.64E-03	0.	3.03E-05	1.91E-03	5.35E-08	9.68E-09	3.59E-08	1.19E-02
68	4.00	7.10E-03	0.	2.91E-04	0.	4.58E-03	8.37E-04	0.	3.03E-05	1.92E-03	5.76E-08	2.27E-08	3.70E-08	1.14E-02
69	3.90	5.82E-03	0.	2.75E-04	1.86E-07	3.14E-03	0.	0.	3.03E-05	1.91E-03	6.21E-08	2.56E-08	3.81E-08	8.84E-03
70	3.80	4.27E-03	0.	4.22E-04	2.75E-07	3.47E-03	0.	0.	3.03E-05	1.91E-03	6.71E-08	2.88E-08	3.93E-08	8.06E-03
71	3.70	4.40E-03	0.	5.72E-04	4.22E-07	2.12E-03	0.	0.	3.03E-05	1.88E-03	7.28E-08	3.31E-08	4.58E-08	5.31E-03
72	3.60	3.23E-03	0.	1.78E-04	2.31E-06	1.49E-03	0.	0.	3.03E-05	1.76E-03	7.90E-08	3.78E-08	5.33E-08	3.85E-03
73	3.50	2.62E-03	0.	3.77E-04	1.34E-05	1.47E-03	0.	0.	3.03E-05	1.61E-03	8.60E-08	4.24E-08	6.11E-08	3.44E-03
74	3.40	2.16E-03	0.	1.21E-04	3.52E-06	1.17E-03	0.	0.	3.03E-05	9.29E-04	9.38E-08	4.71E-08	7.73E-08	2.96E-03
75	3.30	1.68E-03	0.	1.60E-04	1.62E-05	5.56E-04	0.	0.	3.03E-05	9.31E-04	1.03E-07	5.18E-08	8.55E-08	2.53E-03
76	3.20	1.24E-03	0.	6.52E-05	1.59E-06	2.80E-04	0.	0.	3.03E-05	9.35E-04	1.13E-07	5.65E-08	1.02E-07	1.96E-03
77	3.10	9.22E-04	0.	5.52E-05	3.69E-06	1.09E-04	0.	0.	3.03E-05	9.37E-04	1.24E-07	6.13E-08	1.10E-07	1.65E-03
78	3.00	7.71E-04	0.	2.47E-05	3.50E-06	3.57E-05	0.	0.	3.03E-05	9.38E-04	1.37E-07	7.12E-08	1.19E-07	1.28E-03
79	2.90	5.93E-04	0.	1.47E-05	5.26E-07	7.02E-06	0.	0.	3.03E-05	9.38E-04	1.51E-07	7.65E-08	1.28E-07	1.07E-03
80	2.80	4.22E-04	0.	6.19E-06	1.09E-06	6.44E-07	0.	0.	3.03E-05	9.38E-04	1.68E-07	8.55E-08	2.07E-07	9.80E-04
81	2.70	3.92E-04	0.	2.86E-06	1.98E-07	0.	0.	0.	3.03E-05	9.38E-04	1.88E-07	9.38E-08	2.37E-07	8.89E-04
82	2.60	2.99E-04	0.	1.42E-06	8.44E-08	0.	0.	0.	3.03E-05	9.38E-04	2.10E-07	1.03E-07	2.92E-07	1.11E-03
83	2.50	6.91E-05	0.	2.26E-07	1.45E-07	0.	0.	0.	3.03E-05	9.38E-04	2.37E-07	1.13E-07	3.49E-07	1.20E-03
84	2.40	4.26E-06	1.96E-05	0.	0.	0.	0.	0.	3.03E-05	9.31E-04	2.68E-07	1.24E-07	4.18E-07	1.48E-03
85	2.30	0.	1.47E-04	0.	0.	0.	0.	0.	3.03E-05	9.27E-04	3.04E-07	1.37E-07	4.88E-07	1.57E-03
86	2.20	0.	2.41E-04	0.	0.	0.	0.	0.	3.03E-05	9.23E-04	3.48E-07	1.51E-07	5.58E-07	3.01E-03
87	2.10	0.	5.23E-04	0.	0.	0.	0.	0.	3.03E-05	8.59E-04	4.00E-07	1.65E-07	6.28E-07	2.74E-03
88	2.00	0.	6.41E-04	0.	0.	0.	0.	0.	3.03E-05	8.22E-04	4.64E-07	1.88E-07	7.30E-07	2.96E-03
89	1.90	0.	2.12E-03	0.	0.	0.	0.	0.	3.03E-05	8.22E-04	5.41E-07	2.10E-07	8.53E-07	2.20E-03
90	1.80	0.	1.89E-03	0.	0.	0.	0.	0.	3.03E-05	7.74E-04	6.37E-07	2.37E-07	9.80E-07	2.18E-03
91	1.70	0.	2.16E-03	0.	0.	0.	0.	0.	3.03E-05	6.55E-04	7.57E-07	2.68E-07	1.03E-06	2.33E-03
92	1.60	0.	1.85E-03	0.	0.	0.	0.	0.	3.03E-05	2.98E-04	9.09E-07	3.47E-07	1.21E-06	1.49E-03
93	1.50	0.	2.30E-03	0.	0.	0.	0.	0.	3.03E-05	0.	1.11E-06	4.10E-07	1.34E-06	1.81E-03
94	1.40	0.	1.46E-03	0.	0.	0.	0.	0.	3.03E-05	0.	1.36E-06	4.76E-07	1.08E-06	1.18E-03
95	1.30	0.	1.77E-03	0.	0.	0.	0.	0.	3.03E-05	0.	1.70E-06	5.43E-07	1.11E-06	1.19E-03
96	1.20	0.	1.14E-03	0.	0.	0.	0.	0.	3.03E-05	0.	2.17E-06	6.11E-07	1.18E-06	1.18E-03
97	1.10	0.	1.15E-03	0.	0.	0.	0.	0.	3.03E-05	0.	2.82E-06	1.20E-08	1.21E-06	9.27E-04
98	1.00	0.	1.15E-03	0.	0.	0.	0.	1.40E-06	3.03E-05	0.	3.77E-06	1.34E-08	1.18E-07	8.92E-04
99	0.90	0.	8.45E-04	0.	0.	0.	0.	6.51E-06	3.03E-05	0.	5.19E-06	1.56E-08	1.57E-07	5.27E-04
100	0.80	0.	3.77E-04	0.	0.	0.	0.	1.12E-04	3.03E-05	0.	7.42E-06	1.77E-08	1.79E-07	2.25E-04
101	0.70	0.	1.09E-04	0.	0.	0.	0.	7.49E-05	3.03E-05	0.	1.11E-05	1.42E-08	1.32E-07	1.49E-04
102	0.60	0.	1.75E-06	0.	0.	0.	0.	2.98E-04	3.03E-05	0.	1.78E-05	1.59E-08	1.49E-07	3.48E-04

ABSORPTION COEFFICIENTS OF HEATED AIR (INVERSE CM.)

TEMPERATURE (DEGREES K) 6000. DENSITY (GM/CC) 1.293E-04 (10.0E-02 NORMAL)

PHOTON	ENERGY BANDS E.V.	O2 S-R BANDS	O2 S-R CONT.	N2 B-H NO. 1	NO BETA	NO GAMMA	NO 2	O- PHOTO-DET	FREE-FREE (IONS)	N P.E.	O P.E.	TOTAL AIR
1	10.70	0.	0.	1.27E-01	0.	0.	0.	3.49E-05	1.05E-10	9.97E-09	4.82E-08	1.27E-01
2	10.60	0.	0.	1.00E-01	0.	0.	0.	3.49E-05	1.08E-10	1.00E-08	4.83E-08	1.00E-01
3	10.50	0.	0.	9.27E-02	0.	0.	0.	3.50E-05	1.11E-10	1.01E-08	4.84E-08	9.27E-02
4	10.40	0.	0.	7.76E-02	0.	0.	0.	3.50E-05	1.15E-10	1.01E-08	4.85E-08	7.76E-02
5	10.30	0.	0.	5.84E-02	0.	0.	0.	3.51E-05	1.18E-10	1.01E-08	4.86E-08	5.84E-02
6	10.20	0.	0.	5.49E-02	0.	0.	0.	3.51E-05	1.21E-10	1.02E-08	4.87E-08	5.50E-02
7	10.10	0.	0.	4.71E-02	0.	0.	0.	3.52E-05	1.25E-10	1.02E-08	4.88E-08	4.71E-02
8	10.00	0.	0.	3.39E-02	0.	0.	0.	3.53E-05	1.29E-10	1.02E-08	4.89E-08	3.39E-02
9	9.90	0.	0.	3.36E-02	0.	0.	0.	3.54E-05	1.33E-10	1.02E-08	4.90E-08	3.36E-02
10	9.80	0.	0.	2.74E-02	0.	0.	0.	3.54E-05	1.37E-10	1.02E-08	4.91E-08	2.74E-02
11	9.70	0.	0.	1.96E-02	0.	0.	0.	3.55E-05	1.42E-10	1.03E-08	4.92E-08	1.97E-02
12	9.60	0.	0.	2.10E-02	0.	0.	0.	3.55E-05	1.46E-10	1.03E-08	4.93E-08	2.10E-02
13	9.50	0.	6.02E-03	1.46E-02	0.	0.	0.	3.57E-05	1.51E-10	1.03E-08	4.94E-08	2.07E-02
14	9.40	0.	6.63E-03	1.21E-02	0.	0.	0.	3.58E-05	1.56E-10	1.03E-08	4.95E-08	1.88E-02
15	9.30	0.	7.23E-03	1.19E-02	0.	0.	0.	3.59E-05	1.61E-10	1.03E-08	4.96E-08	1.92E-02
16	9.20	0.	7.83E-03	7.59E-03	0.	0.	0.	3.61E-05	1.66E-10	2.72E-09	4.97E-08	1.55E-02
17	9.10	0.	9.60E-03	7.92E-03	0.	0.	0.	3.62E-05	1.72E-10	2.70E-09	4.98E-08	1.76E-02
18	9.00	0.	1.16E-02	5.98E-03	0.	0.	0.	3.63E-05	1.77E-10	2.69E-09	4.99E-08	1.76E-02
19	8.90	0.	1.36E-02	4.78E-03	0.	0.	0.	3.64E-05	1.84E-10	2.67E-09	5.00E-08	1.84E-02
20	8.80	0.	1.41E-02	4.40E-03	0.	0.	0.	3.66E-05	1.90E-10	2.66E-09	5.01E-08	1.86E-02
21	8.70	0.	1.35E-02	3.07E-03	0.	0.	0.	3.67E-05	1.97E-10	2.65E-09	5.02E-08	1.66E-02
22	8.60	0.	1.29E-02	3.08E-03	0.	0.	0.	3.68E-05	2.04E-10	2.64E-09	5.03E-08	1.60E-02
23	8.50	0.	1.24E-02	2.17E-03	0.	0.	0.	3.70E-05	2.11E-10	2.62E-09	5.04E-08	1.46E-02
24	8.40	0.	1.20E-02	2.04E-03	0.	0.	0.	3.72E-05	2.18E-10	2.61E-09	5.05E-08	1.41E-02
25	8.30	0.	1.15E-02	1.41E-03	0.	0.	0.	3.74E-05	2.26E-10	2.60E-09	5.07E-08	1.29E-02
26	8.20	0.	1.10E-02	1.34E-03	0.	0.	0.	3.76E-05	2.35E-10	2.59E-09	5.14E-08	1.24E-02
27	8.10	0.	1.05E-02	9.55E-04	0.	0.	0.	3.76E-05	2.44E-10	2.57E-09	5.22E-08	1.15E-02
28	8.00	0.	1.01E-02	8.86E-04	0.	0.	0.	3.78E-05	2.53E-10	2.55E-09	5.29E-08	1.10E-02
29	7.90	0.	9.59E-03	6.39E-04	0.	0.	0.	3.80E-05	2.63E-10	2.53E-09	5.36E-08	1.03E-02
30	7.80	0.	9.07E-03	6.06E-04	0.	0.	0.	3.82E-05	2.73E-10	2.51E-09	5.43E-08	9.72E-03
31	7.70	0.	8.55E-03	4.50E-04	0.	0.	0.	3.84E-05	2.84E-10	2.49E-09	5.50E-08	9.04E-03
32	7.60	0.	8.03E-03	3.79E-04	0.	4.81E-07	0.	3.86E-05	2.95E-10	2.47E-09	5.57E-08	8.45E-03
33	7.50	0.	7.51E-03	3.00E-04	0.	4.79E-06	0.	3.88E-05	3.07E-10	2.46E-09	5.64E-08	7.85E-03
34	7.40	0.	6.98E-03	2.38E-04	0.	1.35E-05	0.	3.90E-05	3.20E-10	2.44E-09	5.71E-08	7.27E-03
35	7.30	0.	6.46E-03	1.96E-04	0.	8.66E-05	0.	3.92E-05	3.33E-10	2.42E-09	5.78E-08	6.78E-03
36	7.20	0.	5.93E-03	1.53E-04	0.	2.97E-04	0.	3.94E-05	3.47E-10	2.41E-09	5.85E-08	6.47E-03
37	7.10	1.23E-05	5.51E-03	1.29E-04	0.	4.53E-04	0.	3.97E-05	3.62E-10	2.39E-09	5.93E-08	6.13E-03
38	7.00	2.22E-05	0.	1.02E-04	0.	2.14E-03	0.	4.01E-05	3.78E-10	2.37E-09	6.00E-08	2.29E-03
39	6.90	1.75E-05	0.	8.14E-05	0.	1.54E-03	0.	4.04E-05	3.95E-10	2.35E-09	6.07E-08	1.69E-03
40	6.80	1.15E-05	0.	6.75E-05	0.	3.50E-03	0.	4.07E-05	4.13E-10	2.34E-09	6.14E-08	3.62E-03
41	6.70	6.44E-06	0.	5.07E-05	0.	6.36E-03	0.	4.10E-05	4.32E-10	2.32E-09	6.21E-08	6.46E-03
42	6.60	3.85E-06	0.	3.90E-05	0.	2.59E-03	0.	4.14E-05	4.52E-10	2.31E-09	6.29E-08	2.68E-03
43	6.50	4.85E-06	0.	2.57E-05	0.	5.39E-03	0.	4.17E-05	4.73E-10	2.30E-09	6.36E-08	5.46E-03
44	6.40	9.75E-06	0.	1.35E-05	7.08E-05	9.12E-03	0.	4.20E-05	4.95E-10	2.28E-09	6.43E-08	9.25E-03
45	6.30	9.77E-06	0.	6.21E-06	2.77E-04	3.22E-03	0.	4.23E-05	5.19E-10	2.27E-09	6.53E-08	3.55E-03
46	6.20	2.32E-04	0.	2.60E-06	3.38E-04	5.14E-03	0.	4.27E-05	5.45E-10	2.26E-09	6.67E-08	5.58E-03
47	6.10	3.42E-04	0.	9.48E-07	8.63E-04	1.77E-03	0.	4.30E-05	5.72E-10	2.27E-09	6.81E-08	1.24E-03
48	6.00	4.68E-04	0.	2.04E-07	6.25E-04	3.41E-03	0.	4.33E-05	6.01E-10	2.27E-09	6.95E-08	3.66E-03
49	5.90	4.88E-04	0.	1.43E-08	8.52E-04	3.20E-03	0.	4.33E-05	6.33E-10	2.28E-09	7.09E-08	4.64E-03
50	5.80	0.	0.	3.39E-10	1.09E-03	2.68E-03	0.	4.27E-05	6.66E-10	2.29E-09	7.24E-08	4.81E-03
51	5.70	0.	0.	0.	1.07E-03	0.	0.	4.01E-05	7.02E-10	2.29E-09	7.38E-08	4.27E-03

ABSORPTION COEFFICIENTS OF HEATED AIR (INVERSE CM.)

TEMPERATURE (DEGREES K) 6000.   DENSITY (GM/CC) 1.293E-04   (10.0E-02 NORMAL)

PHOTON	ENERGY	O2 S-R BANDS	N2 1ST POS.	N2 2ND POS.	N2+ 1ST NEG.	NO BETA	NO GAMMA	NO VIB-ROT	NO 2	O- PHOTO-DET	FREE-FREE (IONS)	N P.E.	O P.E.	TOTAL AIR
52	5.60	5.73E-04	0.	0.	0.	6.79E-04	5.66E-03	0.	0.	3.73E-05	7.40E-10	2.30E-09	7.52E-08	6.95E-03
53	5.50	5.57E-04	0.	0.	0.	8.71E-04	6.24E-03	0.	0.	3.75E-05	7.81E-10	2.30E-09	7.81E-08	7.70E-03
54	5.40	5.43E-04	0.	0.	0.	6.72E-04	2.84E-03	0.	0.	3.76E-05	8.26E-10	2.31E-09	7.66E-08	4.09E-03
55	5.30	4.90E-04	0.	0.	0.	6.94E-04	5.50E-03	0.	0.	3.79E-05	8.73E-10	2.32E-09	7.97E-08	6.78E-03
56	5.20	3.07E-04	0.	0.	0.	6.86E-04	2.35E-03	0.	0.	3.85E-05	9.25E-10	2.33E-09	8.18E-08	3.38E-03
57	5.10	2.73E-04	0.	0.	0.	6.30E-04	3.36E-03	0.	0.	3.85E-05	9.80E-10	2.39E-09	8.39E-08	4.30E-03
58	5.00	1.91E-04	0.	0.	0.	5.13E-04	2.81E-03	0.	0.	3.88E-05	1.04E-09	2.45E-09	8.60E-08	3.56E-03
59	4.90	1.58E-04	0.	0.	0.	5.25E-04	2.31E-03	0.	0.	3.91E-05	1.11E-09	2.51E-09	8.81E-08	3.92E-03
60	4.80	1.60E-04	0.	0.	0.	5.40E-04	2.18E-03	0.	0.	3.94E-05	1.18E-09	2.56E-09	9.04E-08	2.19E-03
61	4.70	1.62E-04	0.	0.	0.	4.81E-04	1.51E-03	0.	0.	3.97E-05	1.25E-09	2.61E-09	9.24E-08	2.20E-03
62	4.60	1.79E-04	0.	9.68E-07	0.	4.60E-04	1.52E-03	0.	1.20E-07	4.01E-05	1.34E-09	2.67E-09	9.46E-08	1.48E-03
63	4.50	1.65E-04	0.	4.68E-06	0.	3.66E-04	9.10E-04	0.	1.20E-07	4.04E-05	1.43E-09	2.73E-09	9.69E-08	1.31E-03
64	4.40	1.53E-04	0.	7.44E-06	0.	3.42E-04	7.66E-04	0.	1.20E-07	4.07E-05	1.53E-09	2.80E-09	9.91E-08	8.15E-04
65	4.30	1.27E-04	0.	4.37E-06	0.	2.86E-04	3.53E-04	0.	1.20E-07	4.10E-05	1.64E-09	2.87E-09	1.01E-07	8.04E-04
66	4.20	1.07E-04	0.	8.15E-06	0.	2.83E-04	3.28E-04	0.	1.20E-07	4.14E-05	1.76E-09	2.93E-09	3.93E-09	4.59E-04
67	4.10	7.44E-05	0.	5.88E-06	0.	2.39E-04	7.96E-04	0.	1.20E-07	4.15E-05	1.89E-09	1.59E-09	4.06E-09	4.42E-04
68	4.00	7.44E-05	0.	2.80E-05	0.	2.09E-04	5.73E-05	0.	1.20E-07	4.17E-05	2.01E-09	1.61E-09	4.18E-09	3.14E-04
69	3.90	5.46E-05	0.	2.87E-06	9.31E-08	1.61E-04	2.93E-05	0.	1.20E-07	4.15E-05	2.20E-09	1.31E-09	4.31E-09	2.94E-04
70	3.80	5.63E-05	0.	5.50E-05	1.37E-06	1.66E-04	0.	0.	1.20E-07	4.15E-05	2.37E-09	1.32E-09	4.44E-09	2.47E-04
71	3.70	4.12E-05	0.	5.50E-05	2.11E-07	1.10E-04	0.	0.	1.20E-07	4.14E-05	2.57E-09	1.46E-09	5.17E-08	1.80E-04
72	3.60	3.34E-05	0.	1.71E-05	1.15E-06	1.22E-04	0.	0.	1.20E-07	3.81E-05	2.79E-09	1.61E-09	6.02E-08	1.35E-04
73	3.50	2.76E-05	0.	3.62E-05	6.69E-06	7.43E-05	0.	0.	1.20E-07	3.49E-05	3.04E-09	1.75E-09	6.90E-08	1.06E-04
74	3.40	2.15E-05	0.	1.56E-05	1.75E-06	8.18E-05	0.	0.	1.20E-07	2.01E-05	3.32E-09	1.90E-09	7.81E-08	9.81E-05
75	3.30	1.58E-05	0.	6.27E-06	1.76E-06	5.23E-05	0.	0.	1.20E-07	1.32E-05	3.63E-09	2.05E-09	8.73E-08	7.67E-05
76	3.20	1.18E-05	0.	2.38E-06	8.12E-06	5.15E-05	0.	0.	1.20E-07	2.02E-05	3.98E-09	2.21E-09	9.66E-08	6.54E-05
77	3.10	1.84E-06	0.	1.41E-06	2.80E-06	4.09E-05	0.	0.	1.20E-07	2.02E-05	4.38E-09	2.37E-09	1.06E-07	4.85E-05
78	3.00	5.39E-06	0.	5.95E-07	1.85E-06	1.95E-05	0.	0.	1.20E-07	2.03E-05	4.84E-09	7.04E-10	1.15E-08	3.62E-05
79	2.90	5.01E-06	0.	2.75E-07	1.75E-06	9.82E-06	0.	0.	1.20E-07	2.03E-05	5.36E-09	8.87E-10	1.25E-08	2.81E-05
80	2.80	2.54E-06	0.	1.37E-07	2.63E-06	3.83E-06	0.	0.	1.20E-07	2.04E-05	5.95E-09	1.08E-09	1.34E-08	2.09E-05
81	2.70	8.82E-07	0.	2.17E-08	9.12E-07	1.25E-06	0.	0.	1.20E-07	2.04E-05	6.64E-09	1.27E-09	1.43E-08	2.29E-05
82	2.60	5.44E-08	0.	0.	9.91E-08	2.46E-07	0.	0.	1.20E-07	2.04E-05	7.44E-09	1.48E-09	2.34E-08	2.25E-05
83	2.50	0.	0.	0.	4.22E-08	2.26E-08	0.	0.	1.20E-07	2.01E-05	8.37E-09	1.68E-09	2.67E-08	3.44E-05
84	2.40	0.	1.89E-06	0.	7.24E-08	0.	0.	0.	1.20E-07	2.00E-05	9.47E-09	1.89E-09	3.30E-08	4.34E-05
85	2.30	0.	1.41E-05	0.	0.	0.	0.	0.	1.20E-07	1.94E-05	1.08E-08	2.18E-09	3.94E-09	7.04E-05
86	2.20	0.	2.31E-05	0.	0.	0.	0.	0.	1.20E-07	1.91E-05	1.23E-08	2.53E-09	4.73E-09	8.12E-05
87	2.10	0.	5.03E-05	0.	0.	0.	0.	0.	1.20E-07	1.86E-05	1.42E-08	2.87E-09	5.52E-09	2.00E-04
88	2.00	0.	6.16E-05	0.	0.	0.	0.	0.	1.20E-07	1.78E-05	1.64E-08	2.99E-09	6.31E-09	2.25E-04
89	1.90	0.	2.04E-05	0.	0.	0.	0.	0.	1.20E-07	1.68E-05	1.91E-08	1.66E-09	7.10E-09	1.85E-04
90	1.80	0.	1.82E-04	0.	0.	0.	0.	0.	1.20E-07	1.42E-05	2.25E-08	2.31E-09	8.25E-09	2.21E-04
91	1.70	0.	2.08E-04	0.	0.	0.	0.	0.	1.20E-07	6.46E-06	2.68E-08	2.53E-09	9.63E-09	1.40E-04
92	1.60	0.	1.45E-04	0.	0.	0.	0.	0.	1.20E-07	0.	3.22E-08	2.87E-09	9.94E-09	1.71E-04
93	1.50	0.	1.78E-04	0.	0.	0.	0.	0.	1.20E-07	0.	3.91E-08	2.99E-09	1.17E-08	1.10E-04
94	1.40	0.	2.21E-04	0.	0.	0.	0.	0.	1.20E-07	0.	4.82E-08	1.66E-09	6.96E-08	1.11E-04
95	1.30	0.	1.70E-04	0.	0.	0.	0.	0.	1.20E-07	0.	6.03E-08	9.42E-09	9.42E-08	8.20E-05
96	1.20	0.	1.10E-04	0.	0.	0.	0.	0.	1.20E-07	0.	7.67E-08	3.06E-09	1.26E-08	4.06E-05
97	1.10	0.	1.11E-04	0.	0.	0.	0.	4.90E-08	1.20E-07	0.	9.98E-08	3.46E-09	1.51E-08	1.71E-04
98	1.00	0.	8.13E-05	0.	0.	0.	0.	2.28E-07	1.20E-07	0.	1.33E-07	4.15E-09	1.77E-08	1.10E-04
99	0.90	0.	3.63E-05	0.	0.	0.	0.	4.92E-06	1.20E-07	0.	1.83E-07	4.84E-09	2.02E-08	1.11E-04
100	0.80	0.	1.05E-05	0.	0.	0.	0.	3.92E-06	1.20E-07	0.	2.62E-07	5.50E-09	2.02E-08	8.20E-05
101	0.70	0.	1.68E-07	0.	0.	0.	0.	2.62E-06	1.20E-07	0.	3.93E-07	4.40E-09	1.49E-08	1.36E-05
102	0.60	0.	1.68E-07	0.	0.	0.	0.	1.04E-05	1.20E-07	0.	6.28E-07	4.94E-09	1.68E-08	1.14E-05

ABSORPTION COEFFICIENTS OF HEATED AIR (INVERSE CM.)

TEMPERATURE (DEGREES K) 6000. DENSITY (GM/CC) 1.293E-05 (10.0E-03 NORMAL)

PHOTON ENERGY E.V.	O2 S-R BANDS	O2 S-R CONT.	N2 R-H NO. 1	NO BETA	NO GAMMA	NO 2	O- PHOTO-DET	FREE-FREE (IONS)	N P.E.	O P.E.	TOTAL AIR
1	10.70	0.	0.	1.06E-02	0.	0.	0.	6.44E-07	3.33E-12	2.87E-09	4.99E-09	1.06E-02
2	10.60	0.	0.	8.34E-03	0.	0.	0.	6.44E-07	3.42E-12	2.89E-09	5.00E-09	8.34E-03
3	10.50	0.	0.	7.70E-03	0.	0.	0.	6.45E-07	3.52E-12	2.90E-09	5.01E-09	7.70E-03
4	10.40	0.	0.	6.45E-03	0.	0.	0.	6.46E-07	3.63E-12	2.91E-09	5.02E-09	6.45E-03
5	10.30	0.	0.	4.85E-03	0.	0.	0.	6.47E-07	3.73E-12	2.92E-09	5.03E-09	4.85E-03
6	10.20	0.	0.	4.56E-03	0.	0.	0.	6.48E-07	3.85E-12	2.93E-09	5.04E-09	4.56E-03
7	10.10	0.	0.	3.91E-03	0.	0.	0.	6.49E-07	3.96E-12	2.93E-09	5.05E-09	3.91E-03
8	10.00	0.	0.	2.82E-03	0.	0.	0.	6.49E-07	4.08E-12	2.94E-09	5.06E-09	2.82E-03
9	9.90	0.	0.	2.79E-03	0.	0.	0.	6.51E-07	4.21E-12	2.95E-09	5.07E-09	2.79E-03
10	9.80	0.	0.	2.27E-03	0.	0.	0.	6.52E-07	4.34E-12	2.95E-09	5.08E-09	2.27E-03
11	9.70	0.	0.	1.63E-03	0.	0.	0.	6.53E-07	4.48E-12	2.96E-09	5.09E-09	1.63E-03
12	9.60	0.	0.	1.74E-03	0.	0.	0.	6.54E-07	4.62E-12	2.97E-09	5.10E-09	1.74E-03
13	9.50	0.	6.47E-05	1.21E-03	0.	0.	0.	6.55E-07	4.77E-12	2.97E-09	5.11E-09	1.28E-03
14	9.40	0.	7.12E-05	1.01E-03	0.	0.	0.	6.58E-07	4.92E-12	7.89E-10	5.12E-09	1.08E-03
15	9.30	0.	7.76E-05	9.88E-04	0.	0.	0.	6.60E-07	5.08E-12	7.85E-10	5.13E-09	1.07E-03
16	9.20	0.	8.41E-05	6.31E-04	0.	0.	0.	6.63E-07	5.25E-12	7.82E-10	5.14E-09	7.61E-04
17	9.10	0.	1.03E-04	6.58E-04	0.	0.	0.	6.65E-07	5.42E-12	7.78E-10	5.15E-09	6.22E-04
18	9.00	0.	1.25E-04	4.97E-04	0.	0.	0.	6.67E-07	5.61E-12	7.74E-10	5.16E-09	5.45E-04
19	8.90	0.	1.46E-04	3.98E-04	0.	0.	0.	6.72E-07	5.80E-12	7.71E-10	5.17E-09	5.18E-04
20	8.80	0.	1.52E-04	3.65E-04	0.	0.	0.	6.72E-07	6.00E-12	7.67E-10	5.18E-09	4.01E-04
21	8.70	0.	1.45E-04	2.55E-04	0.	0.	0.	6.75E-07	6.21E-12	7.64E-10	5.19E-09	3.95E-04
22	8.60	0.	1.39E-04	2.56E-04	0.	0.	0.	6.77E-07	6.43E-12	7.60E-10	5.20E-09	2.99E-04
23	8.50	0.	1.29E-04	1.80E-04	0.	0.	0.	6.79E-07	6.66E-12	7.56E-10	5.21E-09	2.41E-04
24	8.40	0.	1.23E-04	1.69E-04	0.	0.	0.	6.83E-07	6.90E-12	7.53E-10	5.25E-09	2.30E-04
25	8.30	0.	1.18E-04	1.17E-04	0.	0.	0.	6.86E-07	7.15E-12	7.49E-10	5.33E-09	2.14E-04
26	8.20	0.	1.13E-04	1.11E-04	0.	0.	0.	6.90E-07	7.42E-12	7.45E-10	5.40E-09	1.93E-04
27	8.10	0.	1.08E-04	7.94E-05	0.	0.	0.	6.94E-07	7.70E-12	7.39E-10	5.47E-09	1.83E-04
28	8.00	0.	1.03E-04	7.36E-05	0.	0.	0.	6.97E-07	7.99E-12	7.34E-10	5.55E-09	1.57E-04
29	7.90	0.	9.74E-05	5.31E-05	0.	0.	0.	7.01E-07	8.30E-12	7.28E-10	5.62E-09	1.48E-04
30	7.80	0.	9.19E-05	5.03E-05	0.	1.44E-08	0.	7.04E-07	8.62E-12	7.23E-10	5.70E-09	1.30E-04
31	7.70	0.	8.62E-05	3.74E-05	0.	1.43E-07	0.	7.08E-07	8.97E-12	7.18E-10	5.77E-09	1.18E-04
32	7.60	0.	8.06E-05	3.15E-05	0.	4.03E-07	0.	7.11E-07	9.33E-12	7.13E-10	5.84E-09	1.06E-04
33	7.50	0.	7.50E-05	2.50E-05	0.	2.58E-06	0.	7.15E-07	9.71E-12	7.08E-10	5.92E-09	9.59E-05
34	7.40	0.	6.94E-05	1.97E-05	0.	8.87E-06	0.	7.19E-07	1.01E-11	7.03E-10	5.99E-09	8.90E-05
35	7.30	0.	6.42E-05	1.63E-05	0.	1.35E-05	0.	7.23E-07	1.05E-11	6.98E-10	6.06E-09	8.65E-05
36	7.20	0.	5.91E-05	1.27E-05	0.	6.38E-05	0.	7.27E-07	1.10E-11	6.93E-10	6.14E-09	8.41E-05
37	7.10	1.32E-07	0.	1.07E-05	0.	4.61E-05	0.	7.39E-07	1.19E-11	6.88E-10	6.21E-09	7.31E-05
38	7.00	2.39E-07	0.	8.48E-06	0.	1.04E-04	0.	7.39E-07	1.19E-11	6.84E-10	6.28E-09	5.38E-05
39	6.90	1.87E-07	0.	6.77E-06	0.	1.90E-04	0.	7.45E-07	1.25E-11	6.79E-10	6.36E-09	1.11E-04
40	6.80	6.91E-08	0.	5.59E-06	0.	7.73E-05	0.	7.51E-07	1.30E-11	6.74E-10	6.51E-09	1.95E-04
41	6.70	3.60E-08	0.	4.21E-06	0.	1.61E-04	0.	7.57E-07	1.36E-11	6.69E-10	6.58E-09	8.14E-05
42	6.60	5.20E-08	0.	3.24E-06	0.	2.72E-04	0.	7.63E-07	1.43E-11	6.65E-10	6.66E-09	2.76E-04
43	6.50	1.05E-07	0.	2.13E-06	2.11E-06	1.54E-04	0.	7.69E-07	1.49E-11	6.61E-10	6.76E-09	1.65E-04
44	6.40	2.88E-07	0.	1.12E-06	8.28E-06	3.41E-04	0.	7.75E-07	1.56E-11	6.58E-10	6.91E-09	3.68E-04
45	6.30	1.05E-06	0.	5.16E-07	1.01E-05	8.26E-05	0.	7.81E-07	1.64E-11	6.54E-10	7.05E-09	1.95E-04
46	6.20	2.49E-06	0.	2.16E-07	2.58E-05	1.02E-04	0.	7.87E-07	1.72E-11	6.52E-10	7.20E-09	1.64E-04
47	6.10	3.66E-06	0.	7.88E-08	1.70E-05	4.61E-05	0.	7.92E-07	1.81E-11	6.55E-10	7.35E-09	2.76E-04
48	6.00	5.02E-06	0.	1.70E-09	2.54E-05	9.56E-05	0.	7.98E-07	1.90E-11	6.58E-10	7.49E-09	1.65E-04
49	5.90	5.23E-06	0.	1.19E-09	2.00E-05	7.99E-05	0.	7.87E-07	2.00E-11	6.59E-10	7.64E-09	1.32E-04
50	5.80	5.02E-06	0.	2.82E-11	3.25E-05	9.56E-05	0.	7.87E-07	2.10E-11	6.60E-10		1.34E-04
51	5.70	5.23E-06	0.	0.	3.18E-05	7.99E-05	0.	7.39E-07	2.22E-11			1.17E-04

ABSORPTION COEFFICIENTS OF HEATED AIR (INVERSE CM.)

TEMPERATURE (DEGREES K) 6000.　DENSITY (GM/CC) 1.293E-05　(10.0E-03 NORMAL)

#	PHOTON ENERGY	O2 S-R BANDS	N2 1ST POS.	N2 2ND POS.	N2+ 1ST NEG.	NO BETA	NO GAMMA	NO VIB-ROT	NO2	O- PHOTO-DET	FREE-FREE (IONS)	N P.E.	O P.E.	TOTAL AIR P.F.
52	5.60	6.14E-06	0.	0.	0.	2.03E-05	1.69E-04	0.	0.	6.87E-07	2.34E-11	6.62E-10	7.79E-09	1.96E-04
53	5.50	5.98E-06	0.	0.	0.	2.60E-05	1.86E-04	0.	0.	6.91E-07	2.47E-11	6.63E-10	7.93E-09	2.19E-04
54	5.40	5.82E-06	0.	0.	0.	2.01E-05	8.47E-05	0.	0.	6.94E-07	2.61E-11	6.66E-10	8.08E-09	1.11E-04
55	5.30	5.26E-06	0.	0.	0.	2.07E-05	1.64E-04	0.	0.	6.99E-07	2.77E-11	6.68E-10	8.25E-09	1.91E-04
56	5.20	3.30E-06	0.	0.	0.	2.05E-05	7.00E-05	0.	0.	7.03E-07	2.92E-11	6.73E-10	8.47E-09	9.45E-05
57	5.10	2.93E-06	0.	0.	0.	1.88E-05	8.00E-05	0.	3.70E-10	7.09E-07	3.10E-11	6.88E-10	8.69E-09	1.23E-04
58	5.00	2.05E-06	0.	0.	0.	1.53E-05	8.39E-05	0.	3.70E-10	7.15E-07	3.29E-11	7.05E-10	8.91E-09	1.02E-04
59	4.90	1.69E-06	0.	0.	0.	1.57E-05	8.91E-05	0.	3.70E-10	7.21E-07	3.49E-11	7.22E-10	9.12E-09	8.72E-05
60	4.80	1.71E-06	0.	0.	0.	1.61E-05	6.49E-05	0.	3.70E-10	7.27E-07	3.72E-11	7.37E-10	9.34E-09	8.35E-05
61	4.70	1.74E-06	0.	0.	0.	1.44E-05	4.51E-05	0.	3.70E-10	7.35E-07	3.96E-11	7.52E-10	9.57E-09	6.19E-05
62	4.60	1.92E-06	0.	0.	0.	1.37E-05	4.55E-05	0.	3.70E-10	7.39E-07	4.22E-11	7.69E-10	9.80E-09	6.07E-05
63	4.50	1.79E-06	0.	0.	0.	1.09E-05	2.72E-05	0.	3.70E-10	7.45E-07	4.51E-11	7.88E-10	1.00E-08	4.07E-05
64	4.40	1.64E-06	0.	0.	0.	1.02E-05	2.29E-05	0.	3.70E-10	7.51E-07	4.83E-11	8.07E-10	1.03E-08	3.58E-05
65	4.30	1.36E-06	0.	0.	0.	8.54E-06	1.05E-05	0.	3.70E-10	7.57E-07	5.17E-11	8.26E-10	1.04E-08	2.18E-05
66	4.20	1.15E-06	0.	0.	0.	8.44E-06	9.80E-06	0.	3.70E-10	7.63E-07	5.55E-11	8.45E-10	1.07E-08	2.38E-05
67	4.10	9.72E-07	0.	0.	0.	7.14E-06	2.38E-06	0.	3.70E-10	7.66E-07	5.97E-11	4.57E-10	4.20E-10	1.19E-05
68	4.00	7.97E-07	0.	8.04E-08	0.	6.25E-06	1.71E-06	0.	3.70E-10	7.69E-07	6.43E-11	3.73E-10	4.33E-10	1.44E-05
69	3.90	5.85E-07	0.	3.88E-07	4.34E-08	4.79E-06	8.77E-07	0.	3.70E-10	7.66E-07	6.94E-11	3.77E-10	4.46E-10	9.35E-06
70	3.80	6.03E-07	0.	6.18E-07	6.41E-08	4.95E-06	0.	0.	3.70E-10	7.63E-07	7.50E-11	2.21E-10	4.59E-10	9.15E-06
71	3.70	4.42E-07	0.	6.77E-06	9.86E-08	3.28E-06	0.	0.	3.70E-10	7.51E-07	8.13E-11	2.29E-10	5.35E-10	6.65E-06
72	3.60	3.59E-07	0.	4.88E-06	5.39E-07	3.63E-06	0.	0.	3.70E-10	7.03E-07	8.83E-11	2.57E-10	6.24E-10	6.65E-06
73	3.50	2.96E-07	0.	2.39E-06	8.17E-08	2.44E-06	0.	0.	3.70E-10	6.44E-07	9.60E-11	2.96E-10	7.19E-10	4.09E-06
74	3.40	2.31E-07	0.	4.57E-06	8.23E-07	1.56E-06	0.	0.	3.70E-10	3.71E-07	1.05E-10	3.38E-10	8.09E-10	4.21E-06
75	3.30	1.69E-07	0.	1.42E-06	3.79E-07	1.54E-06	0.	0.	3.70E-10	3.72E-07	1.15E-10	3.79E-10	9.04E-10	6.35E-06
76	3.20	1.26E-07	0.	9.63E-07	1.31E-07	1.22E-06	0.	0.	3.70E-10	3.72E-07	1.26E-10	4.21E-10	1.00E-09	2.27E-06
77	3.10	1.06E-07	0.	2.96E-07	8.62E-07	9.89E-07	0.	0.	3.70E-10	3.73E-07	1.38E-10	4.63E-10	1.10E-09	2.51E-06
78	3.00	8.12E-08	0.	1.28E-06	8.16E-07	8.82E-07	0.	0.	3.70E-10	3.74E-07	1.53E-10	5.05E-10	1.19E-09	1.95E-06
79	2.90	5.78E-08	0.	4.41E-07	1.23E-07	5.82E-07	0.	0.	3.70E-10	3.75E-07	1.69E-10	5.48E-10	1.29E-09	1.97E-06
80	2.80	5.37E-08	0.	1.97E-07	4.25E-07	2.82E-07	0.	0.	3.70E-10	3.75E-07	1.88E-10	5.91E-10	1.38E-09	9.67E-07
81	2.70	2.76E-08	0.	1.18E-07	1.14E-07	1.14E-07	0.	0.	3.70E-10	3.75E-07	2.10E-10	6.36E-10	2.25E-10	9.67E-07
82	2.60	9.46E-09	0.	4.78E-08	4.62E-08	3.73E-08	0.	0.	3.70E-10	3.75E-07	2.35E-10	6.91E-10	2.42E-10	4.81E-07
83	2.50	5.83E-10	0.	2.95E-08	1.97E-08	7.35E-09	0.	0.	3.70E-10	3.75E-07	2.64E-10	2.03E-10	2.77E-10	4.06E-07
84	2.40	0.	1.57E-07	1.14E-08	3.38E-08	6.73E-10	0.	0.	3.70E-10	3.72E-07	2.99E-10	2.56E-10	3.41E-10	5.68E-07
85	2.30	0.	1.17E-06	1.81E-09	0.	0.	0.	0.	3.70E-10	3.71E-07	3.40E-10	3.10E-10	4.08E-10	1.55E-06
86	2.20	0.	1.92E-06	0.	0.	0.	0.	0.	3.70E-10	3.57E-07	3.86E-10	3.66E-10	4.90E-10	2.30E-06
87	2.10	0.	4.17E-06	0.	0.	0.	0.	0.	3.70E-10	3.57E-07	4.47E-10	4.26E-10	5.71E-10	4.55E-06
88	2.00	0.	5.12E-06	0.	0.	0.	0.	0.	3.70E-10	3.44E-07	5.18E-10	4.86E-10	6.53E-10	5.48E-06
89	1.90	0.	1.69E-05	0.	0.	0.	0.	0.	3.70E-10	3.44E-07	6.05E-10	5.46E-10	7.35E-10	1.73E-05
90	1.80	0.	1.51E-05	0.	0.	0.	0.	0.	3.70E-10	3.29E-07	7.12E-10	6.30E-10	8.54E-10	1.54E-05
91	1.70	0.	1.73E-05	0.	0.	0.	0.	0.	3.70E-10	3.10E-07	8.46E-10	7.17E-10	9.98E-10	1.76E-05
92	1.60	0.	1.21E-05	0.	0.	0.	0.	0.	3.70E-10	2.62E-07	1.02E-09	7.63E-10	1.03E-09	1.23E-05
93	1.50	0.	1.46E-05	0.	0.	0.	0.	0.	3.70E-10	1.19E-07	1.23E-09	8.63E-10	1.20E-09	1.49E-05
94	1.40	0.	1.81E-05	0.	0.	0.	0.	0.	3.70E-10	0.	1.52E-09	4.79E-10	7.21E-10	1.84E-05
95	1.30	0.	1.14E-05	0.	0.	0.	0.	0.	3.70E-10	0.	1.90E-09	6.64E-10	9.76E-10	1.16E-05
96	1.20	0.	1.39E-05	0.	0.	0.	0.	0.	3.70E-10	0.	2.42E-09	8.69E-10	1.04E-09	1.42E-05
97	1.10	0.	9.14E-06	0.	0.	0.	0.	1.46E-09	3.70E-10	0.	3.15E-09	9.97E-10	1.30E-09	9.14E-06
98	1.00	0.	9.19E-06	0.	0.	0.	0.	6.80E-09	3.70E-10	0.	4.21E-09	1.20E-09	1.57E-09	9.21E-06
99	0.90	0.	6.75E-06	0.	0.	0.	0.	1.22E-08	3.70E-10	0.	5.79E-09	1.39E-09	1.83E-09	6.77E-06
100	0.80	0.	3.01E-06	0.	0.	0.	0.	1.17E-07	3.70E-10	0.	8.28E-09	1.31E-09	1.34E-09	3.14E-06
101	0.70	0.	8.70E-07	0.	0.	0.	0.	7.83E-08	3.70E-10	0.	1.24E-08	1.27E-09	1.54E-09	3.64E-07
102	0.60	0.	1.39E-08	0.	0.	0.	0.	3.11E-07	3.70E-10	0.	1.98E-08	1.42E-09	1.74E-09	3.49E-07

ABSORPTION COEFFICIENTS OF HEATED AIR (INVERSE CM.)

TEMPERATURE (DEGREES K) 6000.   DENSITY (GM/CC) 1.293E-06 (10.0E-04 NORMAL)

No.	PHOTON ENERGY E.V.	O2 S-R BANDS	O2 S-R CONT.	N2 B-H NO.1	NO BETA	NO GAMMA	NO2	O- PHOTO-DET (IONS)	FREE-FREE	N P.E.	O P.E.	TOTAL AIR
1	10.70	0.	0.	5.89E-04	0.	0.	0.	1.18E-08	1.09E-13	6.78E-10	5.04E-10	5.89E-04
2	10.60	0.	0.	4.64E-04	0.	0.	0.	1.18E-08	1.12E-13	6.82E-10	5.05E-10	4.64E-04
3	10.50	0.	0.	4.29E-04	0.	0.	0.	1.18E-08	1.15E-13	6.85E-10	5.06E-10	4.29E-04
4	10.40	0.	0.	3.59E-04	0.	0.	0.	1.18E-08	1.19E-13	6.87E-10	5.07E-10	3.59E-04
5	10.30	0.	0.	2.70E-04	0.	0.	0.	1.18E-08	1.22E-13	6.89E-10	5.08E-10	2.70E-04
6	10.20	0.	0.	2.54E-04	0.	0.	0.	1.19E-08	1.26E-13	6.90E-10	5.09E-10	2.54E-04
7	10.10	0.	0.	2.18E-04	0.	0.	0.	1.19E-08	1.30E-13	6.92E-10	5.10E-10	2.18E-04
8	10.00	0.	0.	1.57E-04	0.	0.	0.	1.19E-08	1.34E-13	6.94E-10	5.11E-10	1.57E-04
9	9.90	0.	0.	1.55E-04	0.	0.	0.	1.19E-08	1.38E-13	6.95E-10	5.12E-10	1.55E-04
10	9.80	0.	0.	1.27E-04	0.	0.	0.	1.19E-08	1.42E-13	6.97E-10	5.13E-10	1.27E-04
11	9.70	0.	0.	9.08E-05	0.	0.	0.	1.19E-08	1.47E-13	6.98E-10	5.14E-10	1.08E-04
12	9.60	0.	0.	9.69E-05	0.	0.	0.	1.20E-08	1.51E-13	7.00E-10	5.16E-10	9.69E-05
13	9.50	0.	6.60E-07	6.76E-05	0.	0.	0.	1.20E-08	1.56E-13	7.01E-10	5.17E-10	6.83E-05
14	9.40	0.	7.26E-07	5.60E-05	0.	0.	0.	1.20E-08	1.61E-13	1.86E-10	5.18E-10	6.68E-05
15	9.30	0.	7.92E-07	5.50E-05	0.	0.	0.	1.21E-08	1.66E-13	1.85E-10	5.19E-10	5.58E-05
16	9.20	0.	8.58E-07	3.51E-05	0.	0.	0.	1.21E-08	1.72E-13	1.84E-10	5.20E-10	5.68E-05
17	9.10	0.	1.27E-06	3.66E-05	0.	0.	0.	1.22E-08	1.78E-13	1.84E-10	5.21E-10	3.60E-05
18	9.00	0.	1.49E-06	2.76E-05	0.	0.	0.	1.22E-08	1.84E-13	1.83E-10	5.22E-10	3.77E-05
19	8.90	0.	1.55E-06	2.03E-05	0.	0.	0.	1.23E-08	1.90E-13	1.82E-10	5.23E-10	2.89E-05
20	8.80	0.	1.48E-06	2.02E-05	0.	0.	0.	1.23E-08	1.97E-13	1.81E-10	5.24E-10	2.37E-05
21	8.70	0.	1.41E-06	1.42E-05	0.	0.	0.	1.24E-08	2.03E-13	1.80E-10	5.25E-10	2.19E-05
22	8.60	0.	1.32E-06	1.43E-05	0.	0.	0.	1.24E-08	2.11E-13	1.79E-10	5.26E-10	1.57E-05
23	8.50	0.	1.26E-06	1.00E-05	0.	0.	0.	1.25E-08	2.18E-13	1.78E-10	5.27E-10	1.57E-05
24	8.40	0.	1.15E-06	9.43E-06	0.	0.	0.	1.26E-08	2.26E-13	1.78E-10	5.28E-10	1.14E-05
25	8.30	0.	1.11E-06	6.53E-06	0.	0.	0.	1.26E-08	2.34E-13	1.77E-10	5.31E-10	1.08E-05
26	8.20	0.	1.05E-06	6.18E-06	0.	0.	0.	1.26E-08	2.43E-13	1.76E-10	5.38E-10	7.80E-06
27	8.10	0.	9.94E-07	4.10E-06	0.	0.	0.	1.27E-08	2.52E-13	1.73E-10	5.46E-10	7.39E-06
28	8.00	0.	9.37E-07	2.95E-06	0.	0.	0.	1.28E-08	2.62E-13	1.72E-10	5.53E-10	5.59E-06
29	7.90	0.	8.80E-07	2.80E-06	0.	0.	0.	1.28E-08	2.72E-13	1.71E-10	5.61E-10	5.22E-06
30	7.80	0.	8.22E-07	2.08E-06	0.	3.42E-10	0.	1.29E-08	2.83E-13	1.69E-10	5.68E-10	4.02E-06
31	7.70	0.	7.68E-07	1.75E-06	0.	3.40E-09	0.	1.30E-08	2.94E-13	1.68E-10	5.75E-10	3.81E-06
32	7.60	0.	7.08E-07	1.39E-06	0.	9.61E-09	0.	1.31E-08	3.06E-13	1.67E-10	5.83E-10	2.64E-06
33	7.50	0.	6.55E-07	1.06E-06	0.	6.14E-08	0.	1.32E-08	3.18E-13	1.66E-10	5.90E-10	2.23E-06
34	7.40	0.	6.03E-07	9.06E-07	0.	2.11E-07	0.	1.33E-08	3.31E-13	1.65E-10	5.98E-10	1.89E-06
35	7.30	0.	0.	7.08E-07	0.	3.22E-07	0.	1.34E-08	3.45E-13	1.62E-10	6.05E-10	1.99E-06
36	7.20	0.	0.	5.96E-07	0.	1.52E-06	0.	1.35E-08	3.60E-13	1.61E-10	6.13E-10	1.59E-06
37	7.10	0.	0.	3.76E-07	0.	1.10E-06	0.	1.36E-08	3.75E-13	1.60E-10	6.20E-10	1.53E-06
38	7.00	0.	0.	3.11E-07	0.	2.49E-06	0.	1.37E-08	3.92E-13	1.59E-10	6.27E-10	1.49E-06
39	6.90	1.35E-09	0.	2.34E-07	0.	4.52E-06	0.	1.38E-08	4.09E-13	1.58E-10	6.35E-10	2.82E-06
40	6.80	2.43E-09	0.	1.80E-07	0.	3.84E-06	0.	1.41E-08	4.27E-13	1.57E-10	6.42E-10	2.04E-06
41	6.70	1.91E-09	0.	1.19E-07	0.	6.49E-06	0.	1.42E-08	4.47E-13	1.58E-10	6.50E-10	3.97E-06
42	6.60	1.26E-09	0.	6.25E-08	0.	3.69E-06	0.	1.43E-08	4.68E-13	1.57E-10	6.58E-10	6.62E-06
43	6.50	7.05E-10	0.	2.87E-08	0.	8.12E-06	0.	1.43E-08	4.90E-13	1.55E-10	6.65E-10	2.53E-06
44	6.40	3.67E-10	0.	1.20E-08	0.	1.97E-06	0.	1.44E-08	5.13E-13	1.54E-10	6.73E-10	3.94E-06
45	6.30	5.31E-10	0.	4.39E-09	5.04E-08	2.28E-06	0.	1.45E-08	5.38E-13	1.54E-10	6.83E-10	8.76E-06
46	6.20	2.94E-09	0.	9.44E-10	1.97E-07	1.90E-06	0.	1.46E-08	5.64E-13	1.55E-10	7.13E-10	2.46E-06
47	6.10	1.07E-09	0.	6.60E-11	2.40E-07	0.	0.	1.46E-08	5.92E-13	1.54E-10	7.27E-10	3.09E-06
48	6.00	2.54E-08	0.	1.57E-12	6.14E-07	0.	0.	1.46E-08	6.23E-13	1.55E-10	7.42E-10	4.77E-06
49	5.90	3.74E-08	0.	0.	4.44E-07	0.	0.	1.46E-08	6.55E-13	1.55E-10	7.57E-10	3.97E-06
50	5.80	5.12E-08	0.	0.	7.75E-07	0.	0.	1.46E-08	6.89E-13	1.56E-10	7.72E-10	6.62E-06
51	5.70	5.34E-08	0.	0.	7.59E-07	0.	0.	1.35E-08	7.26E-13	1.56E-10	7.72E-10	2.73E-06

ABSORPTION COEFFICIENTS OF HEATED AIR (INVERSE CM.)

TEMPERATURE (DEGREES K) 6000. DENSITY (GM/CC) 1.293E-06 (10.0E-04 NORMAL)

PHOTON ENERGY BANDS	O2 S-R BANDS	N2 1ST POS.	N2 2ND POS.	N2+ 1ST NEG.	NO BETA	NO GAMMA	NO VIB-ROT	NO2	O- PHOTO-DET	FREE-FREE (IONS)	N P.E.	O P.E.	TOTAL AIR
52 5.60	6.27E-08	0.	0.	0.	4.83E-07	4.03E-06	0.	0.	1.26E-08	7.66E-13	1.56E-10	7.87E-10	4.58E-06
53 5.50	6.10E-08	0.	0.	0.	6.20E-07	4.44E-06	0.	0.	1.26E-08	8.09E-13	1.57E-10	8.02E-10	5.13E-06
54 5.40	5.94E-08	0.	0.	0.	4.78E-07	4.02E-06	0.	0.	1.27E-08	8.55E-13	1.57E-10	8.17E-10	4.57E-06
55 5.30	5.36E-08	0.	0.	0.	4.94E-07	3.92E-06	0.	0.	1.28E-08	9.04E-13	1.58E-10	8.34E-10	4.47E-06
56 5.20	3.36E-08	0.	0.	0.	4.88E-07	1.67E-06	0.	0.	1.29E-08	9.57E-13	1.59E-10	8.56E-10	2.20E-06
57 5.10	2.99E-08	0.	0.	0.	4.48E-07	2.39E-06	0.	0.	1.30E-08	1.01E-12	1.62E-10	8.78E-10	2.89E-06
58 5.00	2.09E-08	0.	0.	0.	3.65E-07	2.00E-06	0.	0.	1.31E-08	1.08E-12	1.66E-10	9.00E-10	2.40E-06
59 4.90	1.73E-08	0.	0.	0.	3.73E-07	1.65E-06	0.	8.92E-13	1.32E-08	1.14E-12	1.70E-10	9.22E-10	2.05E-06
60 4.80	1.75E-08	0.	0.	0.	3.84E-07	1.55E-06	0.	8.92E-13	1.33E-08	1.22E-12	1.74E-10	9.44E-10	1.96E-06
61 4.70	1.77E-08	0.	0.	0.	3.27E-07	1.07E-06	0.	8.92E-13	1.34E-08	1.30E-12	1.77E-10	9.67E-10	1.45E-06
62 4.60	1.96E-08	0.	0.	0.	2.61E-07	1.08E-06	0.	8.92E-13	1.35E-08	1.38E-12	1.81E-10	9.90E-10	9.45E-07
63 4.50	1.81E-08	0.	0.	0.	2.43E-07	6.47E-07	0.	8.92E-13	1.36E-08	1.48E-12	1.86E-10	1.01E-09	8.41E-07
64 4.40	1.68E-08	0.	0.	0.	2.01E-07	5.45E-07	0.	8.92E-13	1.37E-08	1.58E-12	1.90E-10	1.06E-09	5.18E-07
65 4.30	1.39E-08	0.	4.48E-09	0.	1.70E-07	2.51E-07	0.	8.92E-13	1.38E-08	1.70E-12	1.95E-10	1.04E-09	6.63E-07
66 4.20	1.17E-08	0.	2.16E-08	0.	1.49E-07	2.34E-07	0.	8.92E-13	1.40E-08	1.82E-12	1.99E-10	4.12E-11	2.89E-07
67 4.10	9.92E-09	0.	3.44E-08	0.	1.18E-07	5.66E-08	0.	8.92E-13	1.40E-08	1.96E-12	1.08E-10	4.25E-11	2.98E-07
68 4.00	8.14E-09	0.	2.02E-07	1.33E-08	7.83E-08	4.08E-08	0.	8.92E-13	1.41E-08	2.11E-12	8.79E-11	4.38E-11	4.68E-07
69 3.90	5.97E-09	0.	3.77E-08	1.97E-07	5.26E-08	2.09E-08	0.	8.92E-13	1.41E-08	2.27E-12	8.90E-11	4.51E-11	3.81E-07
70 3.80	6.16E-09	0.	2.72E-07	3.03E-07	5.82E-08	0.	0.	8.92E-13	1.40E-08	2.46E-12	5.22E-11	4.64E-11	3.48E-07
71 3.70	4.51E-09	0.	2.90E-08	9.66E-07	3.72E-08	0.	0.	8.92E-13	1.37E-08	2.66E-12	5.41E-11	5.41E-11	1.19E-06
72 3.60	3.66E-09	0.	1.33E-07	2.51E-08	2.91E-08	0.	0.	8.92E-13	1.18E-08	2.89E-12	6.07E-11	6.07E-11	1.46E-07
73 3.50	3.03E-09	0.	2.54E-07	2.53E-08	2.36E-08	0.	0.	8.92E-13	6.79E-09	3.15E-12	6.98E-11	7.22E-11	3.70E-07
74 3.40	2.35E-09	0.	7.91E-08	3.67E-08	1.39E-08	0.	0.	8.92E-13	6.80E-09	3.43E-12	7.96E-11	8.17E-11	1.24E-07
75 3.30	1.73E-09	0.	5.36E-08	2.91E-08	6.98E-09	0.	0.	8.92E-13	6.83E-09	3.76E-12	9.13E-11	9.13E-11	1.02E-07
76 3.20	1.29E-09	0.	7.13E-08	4.01E-08	2.73E-09	0.	0.	8.92E-13	6.85E-09	4.12E-12	7.32E-11	1.01E-10	3.07E-07
77 3.10	1.08E-09	0.	1.29E-08	2.65E-07	1.61E-11	0.	0.	8.92E-13	6.86E-09	4.54E-12	9.93E-11	1.11E-10	2.79E-07
78 3.00	8.28E-10	0.	1.10E-08	2.51E-07	0.	0.	0.	8.92E-13	6.86E-09	5.01E-12	1.09E-10	1.21E-10	5.52E-08
79 2.90	9.90E-10	0.	6.54E-08	3.77E-08	0.	0.	0.	8.92E-13	6.87E-09	5.54E-12	1.19E-10	2.79E-10	1.42E-07
80 2.80	5.48E-10	0.	2.75E-08	1.31E-07	0.	0.	0.	8.92E-13	6.98E-09	6.07E-12	1.39E-10	1.40E-10	1.28E-07
81 2.70	2.78E-10	0.	1.27E-07	1.42E-08	0.	0.	0.	8.92E-13	6.87E-09	6.88E-12	1.50E-10	2.27E-10	1.33E-08
82 2.60	9.65E-11	0.	6.33E-10	1.05E-08	0.	0.	0.	8.92E-13	6.87E-09	7.70E-12	4.01E-11	2.45E-10	2.61E-08
83 2.50	5.95E-12	0.	10.00E-11	0.	0.	0.	0.	8.92E-13	6.87E-09	8.67E-12	4.79E-11	2.80E-10	7.22E-08
84 2.40	0.	0.	0.	0.	0.	0.	0.	8.92E-13	6.81E-09	9.80E-12	6.03E-11	3.45E-10	2.92E-07
85 2.30	0.	0.	0.	0.	0.	0.	0.	8.92E-13	6.76E-09	1.11E-11	1.00E-11	4.12E-10	2.39E-07
86 2.20	0.	0.	0.	0.	0.	0.	0.	8.92E-13	6.54E-09	1.27E-11	1.15E-10	5.77E-10	2.92E-07
87 2.10	0.	8.72E-09	0.	0.	0.	0.	0.	8.92E-13	6.29E-09	1.47E-11	1.29E-10	6.60E-10	9.48E-07
88 2.00	0.	6.52E-08	0.	0.	0.	0.	0.	8.92E-13	5.67E-09	1.70E-11	1.49E-10	7.43E-10	8.63E-07
89 1.90	0.	2.32E-07	0.	0.	0.	0.	0.	8.92E-13	4.80E-09	1.98E-11	1.69E-10	8.63E-10	9.67E-07
90 1.80	0.	2.85E-07	0.	0.	0.	0.	0.	8.92E-13	2.18E-09	2.33E-11	8.59E-11	8.98E-10	6.77E-07
91 1.70	0.	9.42E-07	0.	0.	0.	0.	0.	8.92E-13	0.	2.77E-11	1.57E-10	1.04E-10	5.63E-07
92 1.60	0.	9.61E-07	0.	0.	0.	0.	0.	8.92E-13	0.	3.33E-11	2.05E-10	5.63E-11	7.29E-07
93 1.50	0.	6.72E-07	0.	0.	0.	0.	0.	8.92E-13	0.	4.05E-11	2.82E-10	7.29E-10	1.02E-06
94 1.40	0.	8.23E-07	0.	0.	0.	0.	0.	8.92E-13	0.	4.99E-11	3.27E-10	9.86E-10	6.48E-07
95 1.30	0.	1.02E-06	0.	0.	0.	0.	0.	8.92E-13	0.	6.24E-11	2.62E-10	1.05E-10	5.09E-07
96 1.20	0.	6.48E-07	0.	0.	0.	0.	0.	8.92E-13	0.	7.94E-11	2.99E-10	1.32E-10	5.12E-07
97 1.10	0.	7.88E-07	0.	0.	0.	0.	3.48E-11	8.92E-13	0.	1.03E-10	3.36E-10	1.58E-10	3.77E-07
98 1.00	0.	5.09E-07	0.	0.	0.	0.	1.62E-10	8.92E-13	0.	1.38E-10	2.82E-10	1.85E-10	1.71E-07
99 0.90	0.	5.11E-07	0.	0.	0.	0.	2.91E-10	8.92E-13	0.	1.90E-10	3.27E-10	1.56E-10	5.12E-08
100 0.80	0.	3.76E-07	0.	0.	0.	0.	2.79E-09	8.92E-13	0.	2.71E-10	2.62E-10	1.76E-10	9.36E-09
101 0.70	0.	1.68E-08	0.	0.	0.	0.	1.87E-09	8.92E-13	0.	4.07E-10	2.99E-10	1.56E-10	5.12E-08
102 0.60	0.	7.76E-10	0.	0.	0.	0.	7.42E-09	8.92E-13	0.	6.50E-10	3.36E-10	1.76E-10	9.36E-09

163

ABSORPTION COEFFICIENTS OF HEATED AIR (INVERSE CM.)

TEMPERATURE (DEGREES K) 6000.   DENSITY (GM/CC) 1.293E-07 (10.0E-05 NORMAL)

#	PHOTON ENERGY E.V.	O2 S-R BANDS	O2 S-R CONT.	N2 B-H NO.1	NO BETA	NO GAMMA	NO2	O- PHOTO-DET (IONS)	FREE-FREE (IONS)	N P.E.	O P.F.	TOTAL AIR
1	10.70	0.	0.	1.41E-05	0.	0.	0.	2.72E-10	5.79E-15	1.05E-10	5.05E-11	1.41E-05
2	10.60	0.	0.	1.11E-05	0.	0.	0.	2.72E-10	5.96E-15	1.05E-10	5.06E-11	1.11E-05
3	10.50	0.	0.	1.03E-05	0.	0.	0.	2.73E-10	6.13E-15	1.06E-10	5.07E-11	1.03E-05
4	10.40	0.	0.	8.58E-06	0.	0.	0.	2.73E-10	6.31E-15	1.06E-10	5.08E-11	8.58E-06
5	10.30	0.	0.	6.46E-06	0.	0.	0.	2.73E-10	6.50E-15	1.06E-10	5.10E-11	6.46E-06
6	10.20	0.	0.	6.08E-06	0.	0.	0.	2.74E-10	6.69E-15	1.07E-10	5.11E-11	6.08E-06
7	10.10	0.	0.	5.20E-06	0.	0.	0.	2.74E-10	6.90E-15	1.07E-10	5.12E-11	5.20E-06
8	10.00	0.	0.	3.75E-06	0.	0.	0.	2.75E-10	7.11E-15	1.07E-10	5.13E-11	3.75E-06
9	9.90	0.	0.	3.72E-06	0.	0.	0.	2.75E-10	7.32E-15	1.07E-10	5.14E-11	3.72E-06
10	9.80	0.	6.64E-09	3.03E-06	0.	0.	0.	2.76E-10	7.55E-15	1.08E-10	5.16E-11	3.03E-06
11	9.70	0.	7.30E-09	2.17E-06	0.	0.	0.	2.76E-10	7.79E-15	1.08E-10	5.17E-11	2.17E-06
12	9.60	0.	7.97E-09	2.32E-06	0.	0.	0.	2.77E-10	8.04E-15	1.08E-10	5.18E-11	2.32E-06
13	9.50	0.	8.63E-09	1.62E-06	0.	0.	0.	2.77E-10	8.29E-15	2.88E-11	5.19E-11	1.35E-06
14	9.40	0.	1.06E-08	1.34E-06	0.	0.	0.	2.78E-10	8.56E-15	2.87E-11	5.20E-11	1.32E-06
15	9.30	0.	1.28E-08	1.32E-06	0.	0.	0.	2.79E-10	8.84E-15	2.85E-11	5.21E-11	8.48E-07
16	9.20	0.	1.50E-08	8.39E-07	0.	0.	0.	2.80E-10	9.14E-15	2.84E-11	5.22E-11	6.74E-07
17	9.10	0.	1.56E-08	6.61E-07	0.	0.	0.	2.81E-10	9.44E-15	2.83E-11	5.23E-11	5.45E-07
18	9.00	0.	1.49E-08	5.30E-07	0.	0.	0.	2.82E-10	9.76E-15	2.81E-11	5.24E-11	5.02E-07
19	8.90	0.	1.42E-08	4.86E-07	0.	0.	0.	2.83E-10	1.01E-14	2.80E-11	5.25E-11	3.55E-07
20	8.80	0.	1.37E-08	3.39E-07	0.	0.	0.	2.84E-10	1.04E-14	2.79E-11	5.26E-11	3.56E-07
21	8.70	0.	1.32E-08	3.41E-07	0.	0.	0.	2.85E-10	1.08E-14	2.77E-11	5.27E-11	2.54E-07
22	8.60	0.	1.26E-08	2.40E-07	0.	0.	0.	2.86E-10	1.12E-14	2.76E-11	5.28E-11	2.39E-07
23	8.50	0.	1.21E-08	2.25E-07	0.	0.	0.	2.87E-10	1.16E-14	2.75E-11	5.29E-11	1.69E-07
24	8.40	0.	1.16E-08	1.56E-07	0.	0.	0.	2.89E-10	1.20E-14	2.73E-11	5.32E-11	1.60E-07
25	8.30	0.	1.11E-08	1.48E-07	0.	0.	0.	2.90E-10	1.25E-14	2.72E-11	5.40E-11	1.18E-07
26	8.20	0.	1.06E-08	1.06E-07	0.	0.	0.	2.92E-10	1.29E-14	2.70E-11	5.47E-11	8.16E-08
27	8.10	0.	1.00E-08	9.80E-08	0.	0.	0.	2.93E-10	1.34E-14	2.68E-11	5.55E-11	7.74E-08
28	8.00	0.	9.43E-09	7.06E-08	0.	0.	0.	2.96E-10	1.39E-14	2.66E-11	5.62E-11	5.95E-08
29	7.90	0.	8.85E-09	7.06E-08	0.	0.	0.	2.96E-10	1.45E-14	2.64E-11	5.69E-11	5.11E-08
30	7.80	0.	8.27E-09	6.70E-08	0.	5.30E-12	0.	2.98E-10	1.50E-14	2.62E-11	5.77E-11	4.19E-08
31	7.70	0.	7.69E-09	4.97E-08	0.	5.28E-11	0.	2.99E-10	1.56E-14	2.60E-11	5.84E-11	3.45E-08
32	7.60	0.	7.12E-09	4.19E-08	0.	1.49E-10	0.	3.01E-10	1.62E-14	2.59E-11	5.92E-11	3.01E-08
33	7.50	0.	6.59E-09	3.32E-08	0.	9.52E-10	0.	3.02E-10	1.69E-14	2.57E-11	5.99E-11	2.72E-08
34	7.40	0.	6.07E-09	2.17E-08	0.	3.27E-09	0.	3.04E-10	1.76E-14	2.55E-11	6.07E-11	2.57E-08
35	7.30	0.	0.	2.17E-08	0.	4.99E-09	0.	3.06E-10	1.83E-14	2.53E-11	6.14E-11	3.53E-08
36	7.20	0.	0.	1.69E-08	0.	2.76E-08	0.	3.07E-10	1.91E-14	2.51E-11	6.22E-11	2.65E-08
37	7.10	0.	0.	1.42E-08	0.	1.70E-08	0.	3.10E-10	1.99E-14	2.49E-11	6.29E-11	4.64E-08
38	7.00	1.36E-11	0.	1.13E-08	0.	3.86E-08	0.	3.12E-10	2.08E-14	2.48E-11	6.36E-11	7.61E-08
39	6.90	2.44E-11	0.	9.01E-09	0.	7.01E-08	0.	3.15E-10	2.17E-14	2.46E-11	6.44E-11	3.33E-08
40	6.80	1.92E-11	0.	7.44E-09	0.	5.95E-08	0.	3.17E-10	2.27E-14	2.44E-11	6.52E-11	1.03E-07
41	6.70	1.27E-11	0.	5.60E-09	0.	1.01E-07	0.	3.20E-10	2.37E-14	2.43E-11	6.59E-11	3.96E-08
42	6.60	7.09E-12	0.	4.31E-09	0.	3.55E-08	0.	3.25E-10	2.48E-14	2.41E-11	6.67E-11	6.27E-08
43	6.50	3.69E-12	0.	2.84E-09	0.	5.69E-08	0.	3.27E-10	2.60E-14	2.40E-11	6.75E-11	1.36E-07
44	6.40	5.33E-12	0.	1.50E-09	7.81E-10	1.26E-07	0.	3.30E-10	2.72E-14	2.39E-11	6.85E-11	3.81E-08
45	6.30	0.	0.	6.87E-10	3.06E-09	3.05E-08	0.	3.33E-10	2.86E-14	2.39E-11	6.90E-11	4.78E-08
46	6.20	0.	0.	2.88E-10	3.72E-09	3.76E-08	0.	3.35E-10	3.00E-14	2.39E-11	6.99E-11	4.83E-08
47	6.10	0.	0.	1.05E-10	9.52E-09	1.26E-07	0.	3.38E-10	3.15E-14	2.39E-11	7.14E-11	4.22E-08
48	6.00	0.	0.	2.26E-11	6.89E-09	3.05E-08	0.	3.38E-10	3.31E-14	2.40E-11	7.29E-11	
49	5.90	0.	0.	1.58E-12	9.39E-09	3.76E-08	0.		3.48E-14	2.40E-11	7.44E-11	
50	5.80	0.	0.	3.75E-14	1.20E-08	3.53E-08	0.		3.66E-14	2.41E-11	7.59E-11	
51	5.70	0.	0.	0.	1.18E-08	2.95E-08	0.	3.12E-10	3.86E-14	2.41E-11	7.74E-11	

ABSORPTION COEFFICIENTS OF HEATED AIR (INVERSE CM.)

TEMPERATURE (DEGREES K) 6000. DENSITY (GM/CC) 1.293E-07 (10.0E-05 NORMAL)

	PHOTON ENRGY	O2 S-R BANDS	N2 1ST POS.	N2 2ND POS.	N2+ 1ST NEG.	NO BETA	NO GAMMA	NO VIB-ROT	NO2	O PHOTO-DET	O- FREE-FREE (IONS)	N P.E.	O P.E.	TOTAL AIR
52	5.60	6.30E-10	0.	0.	0.	7.48E-09	6.24E-08	0.	0.	2.90E-10	4.07E-14	2.41E-11	7.89E-11	7.09E-08
53	5.50	6.13E-10	0.	0.	0.	9.60E-09	6.87E-08	0.	0.	2.92E-10	4.29E-14	2.42E-11	8.04E-11	7.94E-08
54	5.40	5.97E-10	0.	0.	0.	7.41E-09	3.13E-08	0.	0.	2.93E-10	4.54E-14	2.43E-11	8.19E-11	3.97E-08
55	5.30	5.39E-10	0.	0.	0.	7.65E-09	6.07E-08	0.	0.	2.95E-10	4.80E-14	2.44E-11	8.36E-11	6.92E-08
56	5.20	3.38E-10	0.	0.	0.	7.56E-09	2.59E-08	0.	0.	2.97E-10	5.08E-14	2.45E-11	8.55E-11	3.41E-08
57	5.10	3.00E-10	0.	0.	0.	6.95E-09	3.71E-08	0.	1.39E-15	3.00E-10	5.39E-14	2.51E-11	8.80E-11	3.48E-08
58	5.00	2.10E-10	0.	0.	0.	5.66E-09	3.10E-08	0.	1.39E-15	3.02E-10	5.72E-14	2.57E-11	9.02E-11	3.73E-08
59	4.90	1.74E-10	0.	0.	0.	5.78E-09	2.55E-08	0.	1.39E-15	3.05E-10	6.08E-14	2.64E-11	9.26E-11	3.19E-08
60	4.80	1.76E-10	0.	0.	0.	5.95E-09	2.40E-08	0.	1.39E-15	3.07E-10	6.47E-14	2.69E-11	9.46E-11	3.05E-08
61	4.70	1.78E-10	0.	0.	0.	5.30E-09	1.67E-08	0.	1.39E-15	3.10E-10	6.89E-14	2.74E-11	9.69E-11	2.26E-08
62	4.60	1.97E-10	0.	0.	0.	5.07E-09	1.68E-08	0.	1.39E-15	3.12E-10	7.35E-14	2.81E-11	9.93E-11	2.25E-08
63	4.50	1.82E-10	0.	1.07E-10	0.	4.04E-09	1.00E-09	0.	1.39E-15	3.15E-10	7.86E-14	2.88E-11	1.02E-10	1.48E-08
64	4.40	1.68E-10	0.	5.17E-10	0.	3.77E-09	8.44E-09	0.	1.39E-15	3.17E-10	8.44E-14	2.95E-11	1.04E-10	1.33E-08
65	4.30	1.39E-10	0.	8.23E-10	0.	3.15E-09	3.89E-09	0.	1.39E-15	3.20E-10	9.01E-14	3.02E-11	4.00E-12	8.36E-09
66	4.20	1.18E-10	0.	4.83E-10	0.	3.12E-09	3.62E-09	0.	1.39E-15	3.22E-10	9.67E-14	3.09E-11	4.13E-12	4.86E-09
67	4.10	9.98E-11	0.	6.50E-10	0.	2.64E-09	8.77E-10	0.	1.39E-15	3.24E-10	1.04E-13	1.67E-11	4.39E-12	9.86E-09
68	4.00	8.18E-11	0.	6.50E-10	0.	2.31E-09	6.32E-10	0.	1.39E-15	3.25E-10	1.12E-13	1.36E-11	4.52E-12	6.90E-09
69	3.90	6.00E-11	0.	3.10E-09	1.38E-09	1.77E-09	3.23E-10	0.	1.39E-15	3.24E-10	1.21E-13	1.38E-11	4.65E-12	2.59E-08
70	3.80	6.19E-11	0.	3.18E-09	2.05E-08	1.83E-09	0.	0.	1.39E-15	3.24E-10	1.31E-13	8.07E-12	5.42E-12	5.42E-08
71	3.70	4.53E-11	0.	8.69E-09	1.72E-08	1.21E-09	0.	0.	1.39E-15	3.22E-10	1.41E-13	8.36E-12	6.32E-12	2.08E-08
72	3.60	3.68E-11	0.	1.89E-09	9.95E-08	1.34E-09	0.	0.	1.39E-15	3.17E-10	1.54E-13	9.38E-12	7.26E-12	1.05E-07
73	3.50	3.03E-11	0.	4.01E-09	2.63E-09	8.19E-10	0.	0.	1.39E-15	2.97E-10	1.67E-13	1.08E-11	8.19E-12	2.87E-08
74	3.40	2.36E-11	0.	1.28E-09	1.21E-07	9.02E-10	0.	0.	1.39E-15	2.72E-10	1.82E-13	1.23E-11	9.16E-12	1.22E-08
75	3.30	1.74E-11	0.	1.71E-09	4.16E-09	5.77E-10	0.	0.	1.39E-15	1.57E-10	1.99E-13	1.38E-11	1.01E-11	5.40E-09
76	3.20	1.30E-11	0.	6.94E-10	2.75E-08	5.68E-10	0.	0.	1.39E-15	1.57E-10	2.19E-13	1.54E-11	1.11E-11	2.83E-08
77	3.10	1.08E-11	0.	5.87E-10	2.60E-08	3.65E-10	0.	0.	1.39E-15	1.58E-10	2.41E-13	1.69E-11	1.21E-11	2.66E-08
78	3.00	8.33E-12	0.	2.75E-10	3.92E-09	3.65E-10	0.	0.	1.39E-15	1.58E-10	2.66E-13	1.84E-11	1.31E-11	4.29E-08
79	2.90	5.93E-12	0.	1.56E-10	1.47E-08	2.15E-10	0.	0.	1.39E-15	1.58E-10	2.94E-13	2.00E-11	1.40E-11	1.67E-08
80	2.80	5.51E-12	0.	6.58E-11	1.39E-11	1.08E-10	0.	0.	1.39E-15	1.59E-10	3.27E-13	2.16E-11	2.28E-12	2.03E-08
81	2.70	2.79E-12	0.	1.54E-11	6.28E-10	4.23E-11	0.	0.	1.39E-15	1.59E-10	3.65E-13	2.32E-11	2.45E-12	1.46E-10
82	2.60	9.70E-13	0.	1.52E-11	1.08E-09	1.39E-11	0.	0.	1.39E-15	1.59E-10	4.09E-13	2.47E-11	2.81E-12	1.73E-09
83	2.50	5.98E-14	0.	2.40E-12	0.	2.71E-12	0.	0.	1.39E-15	1.59E-10	4.60E-13	2.16E-11	3.46E-12	2.74E-09
84	2.40	0.	2.09E-10	0.	0.	2.49E-13	0.	0.	1.39E-15	1.57E-10	5.21E-13	2.16E-11	4.13E-12	5.74E-09
85	2.30	0.	1.56E-09	0.	0.	0.	0.	0.	1.39E-15	1.57E-10	5.92E-13	1.15E-11	4.96E-12	6.99E-09
86	2.20	0.	2.56E-09	0.	0.	0.	0.	0.	1.39E-15	1.57E-10	6.77E-13	1.34E-11	5.79E-12	2.27E-09
87	2.10	0.	5.56E-09	0.	0.	0.	0.	0.	1.39E-15	1.56E-10	7.78E-13	1.55E-11	6.61E-12	2.03E-08
88	2.00	0.	6.02E-09	0.	0.	0.	0.	0.	1.39E-15	1.45E-10	9.02E-13	1.77E-11	7.45E-12	2.32E-08
89	1.90	0.	2.01E-08	0.	0.	0.	0.	0.	1.39E-15	1.39E-10	1.05E-12	1.99E-11	8.65E-12	1.62E-08
90	1.80	0.	2.30E-08	0.	0.	0.	0.	0.	1.39E-15	1.39E-10	1.24E-12	2.30E-11	9.00E-12	1.98E-08
91	1.70	0.	1.97E-08	0.	0.	0.	0.	0.	1.39E-15	1.31E-10	1.47E-12	2.66E-11	1.04E-11	2.45E-08
92	1.60	0.	2.45E-08	0.	0.	0.	0.	0.	1.39E-15	1.11E-10	1.77E-12	2.62E-11	1.64E-11	1.55E-08
93	1.50	0.	1.89E-08	0.	0.	0.	0.	0.	1.39E-15	5.04E-11	2.15E-12	1.33E-11	7.30E-12	1.89E-08
94	1.40	0.	1.22E-08	0.	0.	0.	0.	0.	1.39E-15	0.	2.65E-12	1.72E-11	9.88E-12	1.22E-08
95	1.30	0.	1.22E-08	0.	0.	0.	0.	0.	1.39E-15	0.	3.31E-12	2.42E-11	1.05E-11	2.45E-08
96	1.20	0.	8.99E-09	0.	0.	0.	0.	0.	1.39E-15	0.	4.22E-12	2.91E-11	1.32E-11	1.89E-08
97	1.10	0.	4.01E-09	0.	0.	0.	0.	5.40E-13	1.39E-15	0.	5.49E-12	3.64E-11	1.59E-11	1.22E-08
98	1.00	0.	1.16E-09	0.	0.	0.	0.	2.51E-12	1.39E-15	0.	7.33E-12	4.37E-11	1.85E-11	1.07E-08
99	0.90	0.	1.86E-11	0.	0.	0.	0.	4.51E-12	1.39E-15	0.	1.01E-11	5.06E-11	1.36E-11	9.07E-09
100	0.80	0.	0.	0.	0.	0.	0.	4.32E-11	1.39E-15	0.	1.44E-11	4.05E-11	1.56E-11	4.12E-09
101	0.70	0.	0.	0.	0.	0.	0.	2.89E-11	1.39E-15	0.	2.16E-11	4.62E-11	1.76E-11	1.27E-09
102	0.60	0.	0.	0.	0.	0.	0.	1.15E-10	1.39E-15	0.	3.45E-11	5.20E-11	1.76E-11	2.38E-10

ABSORPTION COEFFICIENTS OF HEATED AIR (INVERSE CM.)

TEMPERATURE (DEGREES K) 6000.   DENSITY (GM/CC) 1.293E-08   (10.0E-06 NORMAL)

PHOTON ENERGY BANDS E.V.	O2 S-R BANDS	O2 S-R CONT.	N2 B-H NO. 1	NO BETA	NO GAMMA	NO2	O- PHOTO-DET (IONS)	FREE-FREE (IONS)	N P.E.	O P.E.	TOTAL AIR
1 10.70	0.	0.	1.69E-07	0.	0.	0.	8.02E-12	5.05E-16	1.15E-11	5.05E-12	1.69E-07
2 10.60	0.	0.	1.33E-07	0.	0.	0.	8.04E-12	5.20E-16	1.16E-11	5.06E-12	1.33E-07
3 10.50	0.	0.	1.23E-07	0.	0.	0.	8.05E-12	5.35E-16	1.16E-11	5.07E-12	1.23E-07
4 10.40	0.	0.	1.03E-07	0.	0.	0.	8.06E-12	5.50E-16	1.16E-11	5.08E-12	1.03E-07
5 10.30	0.	0.	7.76E-08	0.	0.	0.	8.07E-12	5.67E-16	1.17E-11	5.09E-12	7.76E-08
6 10.20	0.	0.	7.30E-08	0.	0.	0.	8.08E-12	5.84E-16	1.17E-11	5.10E-12	7.30E-08
7 10.10	0.	0.	6.25E-08	0.	0.	0.	8.09E-12	6.01E-16	1.17E-11	5.11E-12	6.26E-08
8 10.00	0.	0.	4.51E-08	0.	0.	0.	8.10E-12	6.20E-16	1.18E-11	5.12E-12	4.51E-08
9 9.90	0.	0.	4.46E-08	0.	0.	0.	8.11E-12	6.39E-16	1.18E-11	5.13E-12	4.47E-08
10 9.80	0.	0.	3.64E-08	0.	0.	0.	8.13E-12	6.59E-16	1.18E-11	5.14E-12	3.64E-08
11 9.70	0.	0.	2.61E-08	0.	0.	0.	8.14E-12	6.79E-16	1.18E-11	5.15E-12	2.61E-08
12 9.60	0.	0.	2.79E-08	0.	0.	0.	8.16E-12	7.01E-16	1.19E-11	5.16E-12	2.79E-08
13 9.50	0.	6.63E-11	1.94E-08	0.	0.	0.	8.17E-12	7.23E-16	1.19E-11	5.17E-12	1.95E-08
14 9.40	0.	7.29E-11	1.61E-08	0.	0.	0.	8.20E-12	7.47E-16	3.16E-12	5.18E-12	1.62E-08
15 9.30	0.	7.95E-11	1.58E-08	0.	0.	0.	8.23E-12	7.71E-16	3.14E-12	5.19E-12	1.59E-08
16 9.20	0.	8.62E-11	1.01E-08	0.	0.	0.	8.26E-12	7.97E-16	3.13E-12	5.20E-12	1.02E-08
17 9.10	0.	1.06E-10	1.05E-08	0.	0.	0.	8.29E-12	8.23E-16	3.11E-12	5.21E-12	1.06E-08
18 9.00	0.	1.28E-10	7.95E-09	0.	0.	0.	8.32E-12	8.51E-16	3.10E-12	5.22E-12	8.09E-09
19 8.90	0.	1.49E-10	6.37E-09	0.	0.	0.	8.35E-12	8.80E-16	3.08E-12	5.23E-12	6.54E-09
20 8.80	0.	1.55E-10	5.84E-09	0.	0.	0.	8.38E-12	9.11E-16	3.07E-12	5.24E-12	6.02E-09
21 8.70	0.	1.49E-10	4.08E-09	0.	0.	0.	8.41E-12	9.42E-16	3.05E-12	5.26E-12	4.24E-09
22 8.60	0.	1.42E-10	4.10E-09	0.	0.	0.	8.44E-12	9.76E-16	3.04E-12	5.27E-12	4.26E-09
23 8.50	0.	1.37E-10	2.88E-09	0.	0.	0.	8.47E-12	1.01E-15	3.03E-12	5.28E-12	3.03E-09
24 8.40	0.	1.32E-10	2.71E-09	0.	0.	0.	8.51E-12	1.05E-15	3.01E-12	5.29E-12	2.86E-09
25 8.30	0.	1.26E-10	1.88E-09	0.	0.	0.	8.56E-12	1.09E-15	3.00E-12	5.32E-12	2.02E-09
26 8.20	0.	1.21E-10	1.78E-09	0.	0.	0.	8.60E-12	1.13E-15	2.98E-12	5.39E-12	1.91E-09
27 8.10	0.	1.16E-10	1.27E-09	0.	0.	0.	8.65E-12	1.17E-15	2.96E-12	5.47E-12	1.40E-09
28 8.00	0.	1.11E-10	1.18E-09	0.	0.	0.	8.69E-12	1.21E-15	2.94E-12	5.54E-12	1.31E-09
29 7.90	0.	1.05E-10	8.49E-10	0.	0.	0.	8.74E-12	1.26E-15	2.91E-12	5.61E-12	9.71E-10
30 7.80	0.	9.98E-11	8.05E-10	0.	5.81E-14	0.	8.78E-12	1.31E-15	2.89E-12	5.69E-12	9.22E-10
31 7.70	0.	9.41E-11	5.97E-10	0.	5.78E-13	0.	8.83E-12	1.36E-15	2.87E-12	5.76E-12	6.09E-10
32 7.60	0.	8.83E-11	5.03E-10	0.	1.63E-12	0.	8.87E-12	1.42E-15	2.85E-12	5.84E-12	5.00E-10
33 7.50	0.	8.25E-11	3.99E-10	0.	1.04E-11	0.	8.92E-12	1.47E-15	2.83E-12	5.91E-12	4.12E-10
34 7.40	0.	7.68E-11	3.16E-10	0.	3.59E-11	0.	8.97E-12	1.53E-15	2.81E-12	5.99E-12	3.60E-10
35 7.30	0.	7.11E-11	2.60E-10	0.	5.47E-11	0.	9.02E-12	1.60E-15	2.79E-12	6.06E-12	3.23E-10
36 7.20	0.	6.58E-11	2.03E-10	0.	2.58E-10	0.	9.06E-12	1.67E-15	2.77E-12	6.13E-12	3.05E-10
37 7.10	0.	6.05E-11	1.71E-10	0.	1.87E-10	0.	9.14E-12	1.74E-15	2.75E-12	6.21E-12	4.12E-10
38 7.00	1.36E-13	0.	1.36E-10	0.	4.22E-10	0.	9.21E-12	1.81E-15	2.73E-12	6.28E-12	3.13E-10
39 6.90	2.43E-13	0.	1.08E-10	0.	7.68E-10	0.	9.29E-12	1.89E-15	2.71E-12	6.36E-12	3.13E-10
40 6.80	1.92E-13	0.	8.94E-11	0.	3.13E-10	0.	9.36E-12	1.98E-15	2.69E-12	6.43E-12	5.30E-10
41 6.70	1.26E-13	0.	6.73E-11	0.	6.51E-10	0.	9.44E-12	2.07E-15	2.67E-12	6.51E-12	8.54E-10
42 6.60	7.07E-14	0.	5.18E-11	0.	1.10E-09	0.	9.51E-12	2.16E-15	2.65E-12	6.59E-12	5.04E-10
43 6.50	3.68E-14	0.	3.41E-11	0.	3.88E-10	0.	9.58E-12	2.27E-15	2.63E-12	6.66E-12	3.84E-10
44 6.40	5.32E-14	0.	1.80E-11	8.55E-12	3.24E-10	0.	9.66E-12	2.38E-15	2.62E-12	6.74E-12	1.15E-09
45 6.30	1.07E-13	0.	8.25E-12	3.35E-11	1.38E-09	0.	9.73E-12	2.49E-15	2.62E-12	6.84E-12	4.49E-10
46 6.20	2.95E-13	0.	3.46E-12	4.08E-11	3.34E-10	0.	9.81E-12	2.61E-15	2.61E-12	6.99E-12	6.87E-10
47 6.10	1.07E-12	0.	1.26E-12	1.04E-10	3.12E-10	0.	9.88E-12	2.74E-15	2.61E-12	7.14E-12	1.50E-09
48 6.00	2.55E-12	0.	2.71E-13	7.54E-11	4.12E-10	0.	9.96E-12	2.88E-15	2.62E-12	7.28E-12	4.33E-10
49 5.90	3.75E-12	0.	1.90E-14	1.03E-10	3.87E-10	0.	9.96E-12	3.03E-15	2.63E-12	7.43E-12	5.39E-10
50 5.80	5.14E-12	0.	4.50E-16	1.32E-10	3.23E-10	0.	9.81E-12	3.19E-15	2.64E-12	7.58E-12	5.44E-10
51 5.70	5.36E-12	0.	0.	1.29E-10	0.	0.	9.21E-12	3.36E-15	2.64E-12	7.73E-12	4.77E-10

ABSORPTION COEFFICIENTS OF HEATED AIR (INVERSE CM.)

TEMPERATURE (DEGREES K) 6000.   DENSITY (GM/CC) 1.293E-08   (10.0E-06 NORMAL)

PHOTON ENERGY	O2 S-R BANDS	N2 1ST POS.	N2 2ND POS.	N2+ 1ST NEG.	NO BETA	NO GAMMA	NO VIB-ROT	NO2	O- PHOTO-DET (IONS)	N P.E.	FREE-FREE (IONS)	N2 P.E.	O P.F.	TOTAL AIR
52 5.60	6.29E-12	0.	0.	0.	8.20E-11	6.84E-10	0.	0.	8.57E-12	2.65E-12	3.55E-15	7.88E-12		7.91E-10
53 5.50	6.12E-12	0.	0.	0.	1.05E-10	7.53E-10	0.	0.	8.61E-12	2.66E-12	3.74E-15	8.05E-12		8.84E-10
54 5.40	5.96E-12	0.	0.	0.	8.12E-11	3.43E-10	0.	0.	8.66E-12	2.66E-12	3.96E-15	8.18E-12		8.49E-10
55 5.30	5.38E-12	0.	0.	0.	8.38E-11	6.65E-10	0.	0.	8.71E-12	2.67E-12	4.19E-15	8.35E-12		7.73E-10
56 5.20	3.37E-12	0.	0.	0.	8.28E-11	2.83E-10	0.	1.52E-18	8.77E-12	2.69E-12	4.43E-15	8.57E-12		3.89E-10
57 5.10	3.00E-12	0.	0.	0.	7.61E-11	4.40E-10	0.	1.52E-18	8.84E-12	2.77E-12	4.70E-15	8.79E-12		5.06E-10
58 5.00	2.09E-12	0.	0.	0.	6.20E-11	3.40E-10	0.	1.52E-18	8.92E-12	2.82E-12	4.99E-15	9.01E-12		5.25E-10
59 4.90	1.73E-12	0.	0.	0.	6.33E-11	2.79E-10	0.	1.52E-18	8.99E-12	2.89E-12	5.30E-15	9.23E-12		3.66E-10
60 4.80	1.76E-12	0.	0.	0.	6.52E-11	2.63E-10	0.	1.52E-18	9.06E-12	2.95E-12	5.64E-15	9.45E-12		3.51E-10
61 4.70	1.78E-12	0.	0.	0.	5.81E-11	1.82E-10	0.	1.52E-18	9.14E-12	2.99E-12	6.01E-15	9.68E-12		2.64E-10
62 4.60	1.96E-12	0.	0.	0.	5.56E-11	1.82E-10	0.	1.52E-18	9.21E-12	3.01E-12	6.41E-15	9.92E-12		1.80E-10
63 4.50	1.81E-12	0.	1.29E-12	0.	4.42E-11	1.10E-10	0.	1.52E-18	9.29E-12	3.15E-12	6.85E-15	1.01E-11		1.65E-10
64 4.40	1.68E-12	0.	6.21E-12	0.	4.13E-11	9.25E-11	0.	1.52E-18	9.36E-12	3.23E-12	7.33E-15	1.04E-11		1.46E-10
65 4.30	1.39E-12	0.	9.89E-12	0.	3.46E-11	4.27E-11	0.	1.52E-18	9.44E-12	3.38E-12	7.85E-15	3.99E-12		6.22E-11
66 4.20	1.17E-12	0.	5.80E-11	0.	3.42E-11	3.97E-11	0.	1.52E-18	9.51E-12	3.38E-12	8.43E-15	4.12E-12		1.46E-10
67 4.10	9.96E-13	0.	1.08E-11	0.	2.89E-11	9.61E-12	0.	1.52E-18	9.55E-12	1.85E-12	9.06E-15	4.25E-12		1.22E-10
68 4.00	8.16E-13	0.	3.72E-11	0.	2.53E-11	6.92E-12	0.	1.52E-18	9.58E-12	1.49E-12	9.76E-15	4.38E-12		1.23E-10
69 3.90	5.99E-13	0.	5.99E-11	5.64E-11	2.94E-11	3.54E-12	0.	1.52E-18	9.55E-12	1.51E-12	1.05E-14	4.65E-12		9.02E-11
70 3.80	6.18E-13	0.	6.18E-11	8.33E-11	2.00E-11	0.	0.	1.52E-18	9.51E-12	8.85E-13	1.14E-14	5.42E-12		3.02E-10
71 3.70	4.52E-13	0.	4.52E-11	1.28E-10	1.33E-11	0.	0.	1.52E-18	9.36E-12	9.76E-13	1.23E-14	6.31E-12		2.26E-10
72 3.60	3.67E-13	0.	2.27E-11	1.33E-10	9.88E-12	0.	0.	1.52E-18	8.72E-12	1.14E-13	1.34E-14	7.23E-12		2.48E-10
73 3.50	3.03E-13	0.	4.82E-11	4.05E-09	6.53E-12	0.	0.	1.52E-18	8.64E-12	1.46E-12	1.46E-14	8.19E-12		4.12E-09
74 3.40	2.36E-13	0.	1.54E-11	1.06E-09	4.94E-12	0.	0.	1.52E-18	4.64E-12	1.54E-12	1.59E-14	9.15E-12		1.38E-10
75 3.30	1.73E-13	0.	2.05E-11	1.07E-09	4.00E-12	0.	0.	1.52E-18	4.65E-12	1.74E-12	1.74E-14	1.11E-11		1.10E-09
76 3.20	1.08E-13	0.	8.34E-12	1.69E-09	2.35E-12	0.	0.	1.52E-18	4.64E-12	1.68E-12	1.91E-14	1.21E-11		4.94E-09
77 3.10	8.31E-14	0.	7.05E-12	1.12E-09	1.63E-12	0.	0.	1.52E-18	4.65E-12	1.85E-12	2.10E-14	1.31E-11		1.13E-09
78 3.00	5.50E-14	0.	3.16E-12	1.12E-09	1.51E-12	0.	0.	1.52E-18	4.67E-12	2.02E-12	2.32E-14	1.40E-11		1.07E-09
79 2.90	2.79E-14	0.	1.88E-12	2.35E-10	2.73E-15	0.	0.	1.52E-18	4.67E-12	2.37E-12	2.57E-14	2.85E-12		1.70E-10
80 2.80	9.68E-15	0.	7.91E-13	1.59E-10	0.	0.	0.	1.52E-18	4.68E-12	2.37E-12	2.85E-14	1.40E-12		5.61E-10
81 2.70	5.97E-16	0.	3.66E-13	5.52E-10	0.	0.	0.	1.52E-18	4.68E-12	2.54E-12	3.19E-14	2.28E-12		6.60E-11
82 2.60	0.	0.	1.02E-13	6.00E-11	0.	0.	0.	1.52E-18	4.68E-12	2.80E-12	3.57E-14	2.45E-12		5.24E-11
83 2.50	0.	0.	2.89E-13	2.56E-11	0.	0.	0.	1.52E-18	4.68E-12	1.49E-12	4.02E-14	3.15E-13		2.51E-11
84 2.40	0.	4.38E-11	0.	0.	0.	0.	0.	1.52E-18	4.64E-12	1.02E-12	4.54E-14	3.24E-13		3.37E-11
85 2.30	0.	2.51E-12	0.	0.	0.	0.	0.	1.52E-18	4.61E-12	1.26E-12	5.16E-14	2.51E-12		8.90E-11
86 2.20	0.	1.87E-11	0.	0.	0.	0.	0.	1.52E-18	4.61E-12	1.46E-12	5.90E-14	3.74E-11		2.78E-11
87 2.10	0.	3.68E-11	0.	0.	0.	0.	0.	1.52E-18	4.46E-12	1.70E-12	6.79E-14	3.37E-11		2.84E-10
88 2.00	0.	6.68E-11	0.	0.	0.	0.	0.	1.52E-18	4.10E-12	1.94E-12	7.86E-14	8.90E-11		2.01E-10
89 1.90	0.	8.19E-11	0.	0.	0.	0.	0.	1.52E-18	2.44E-12	2.18E-12	9.17E-14	6.61E-11		2.40E-10
90 1.80	0.	2.71E-10	0.	0.	0.	0.	0.	1.52E-18	1.08E-12	2.42E-12	1.08E-13	7.44E-11		2.97E-10
91 1.70	0.	2.42E-10	0.	0.	0.	0.	0.	1.52E-18	3.86E-13	2.52E-12	1.28E-13	8.99E-13		1.90E-10
92 1.60	0.	2.76E-10	0.	0.	0.	0.	0.	1.52E-18	3.27E-13	2.92E-12	1.54E-13	1.04E-12		2.33E-10
93 1.50	0.	1.93E-10	0.	0.	0.	0.	0.	1.52E-18	1.49E-12	2.87E-12	1.87E-13	1.04E-12		1.54E-10
94 1.40	0.	2.37E-10	0.	0.	0.	0.	0.	1.52E-18	0.	2.31E-12	2.31E-13	7.30E-13		1.16E-10
95 1.30	0.	2.94E-10	0.	0.	0.	0.	0.	1.52E-18	0.	2.89E-12	2.89E-13	9.87E-13		1.90E-10
96 1.20	0.	1.86E-10	0.	0.	0.	0.	5.92E-15	1.52E-18	0.	3.19E-12	3.66E-13	1.05E-12		2.33E-10
97 1.10	0.	2.27E-10	0.	0.	0.	0.	2.75E-14	1.52E-18	0.	4.78E-13	4.78E-13	1.46E-12		1.54E-10
98 1.00	0.	1.46E-10	0.	0.	0.	0.	2.94E-14	1.52E-18	0.	6.39E-13	6.39E-13	1.59E-12		1.54E-10
99 0.90	0.	1.47E-10	0.	0.	0.	0.	4.94E-14	1.52E-18	0.	8.76E-13	8.76E-13	1.85E-12		1.16E-10
100 0.80	0.	1.08E-10	0.	0.	0.	0.	4.73E-14	1.52E-18	0.	1.26E-12	1.26E-12	1.36E-12		1.57E-11
101 0.70	0.	4.82E-10	0.	0.	0.	0.	3.17E-13	1.52E-18	0.	1.89E-12	1.89E-12	2.28E-12		2.28E-11
102 0.60	0.	1.39E-11	0.	0.	0.	0.	1.26E-12	1.52E-18	0.	3.01E-12	3.01E-12	1.76E-12		1.20E-11

ABSORPTION COEFFICIENTS OF HEATED AIR (INVERSE CM.)

TEMPERATURE (DEGREES K) 6000. DENSITY (GM/CC) 1.293E-09 (10.0E-07 NORMAL)

No.	PHOTON ENERGY E.V.	O2 S-R BANDS	O2 S-R CONT.	N2 B-H NO. 1	NO BETA	NO GAMMA	NO2	O- PHOTO-DET	FREE-FREE (IONS)	N P.E.	O P.E.	TOTAL AIR
1	10.70	0.	0.	1.71E-09	0.	0.	0.	2.49E-13	4.91E-17	1.16E-12	5.02E-13	1.71E-09
2	10.60	0.	0.	1.35E-09	0.	0.	0.	2.49E-13	5.05E-17	1.16E-12	5.03E-13	1.35E-09
3	10.50	0.	0.	1.25E-09	0.	0.	0.	2.50E-13	5.20E-17	1.17E-12	5.04E-13	1.25E-09
4	10.40	0.	0.	1.04E-09	0.	0.	0.	2.50E-13	5.35E-17	1.17E-12	5.05E-13	1.05E-09
5	10.30	0.	0.	7.85E-10	0.	0.	0.	2.51E-13	5.51E-17	1.18E-12	5.06E-13	7.87E-10
6	10.20	0.	0.	7.39E-10	0.	0.	0.	2.51E-13	5.68E-17	1.18E-12	5.07E-13	7.41E-10
7	10.10	0.	0.	6.33E-10	0.	0.	0.	2.51E-13	5.85E-17	1.18E-12	5.08E-13	6.35E-10
8	10.00	0.	0.	4.56E-10	0.	0.	0.	2.52E-13	6.03E-17	1.19E-12	5.09E-13	4.58E-10
9	9.90	0.	0.	4.52E-10	0.	0.	0.	2.52E-13	6.21E-17	1.19E-12	5.10E-13	4.54E-10
10	9.80	0.	0.	3.68E-10	0.	0.	0.	2.52E-13	6.41E-17	1.19E-12	5.11E-13	3.70E-10
11	9.70	0.	0.	2.64E-10	0.	0.	0.	2.53E-13	6.61E-17	1.20E-12	5.12E-13	2.66E-10
12	9.60	0.	0.	2.82E-10	0.	0.	0.	2.53E-13	6.82E-17	3.18E-13	5.13E-13	2.84E-10
13	9.50	0.	6.55E-13	1.97E-10	0.	0.	0.	2.54E-13	7.04E-17	3.16E-13	5.14E-13	1.99E-10
14	9.40	0.	7.20E-13	1.63E-10	0.	0.	0.	2.55E-13	7.26E-17	3.16E-13	5.15E-13	1.65E-10
15	9.30	0.	7.86E-13	1.60E-10	0.	0.	0.	2.56E-13	7.50E-17	3.13E-13	5.16E-13	1.62E-10
16	9.20	0.	8.51E-13	1.02E-10	0.	0.	0.	2.57E-13	7.75E-17	3.12E-13	5.17E-13	1.04E-10
17	9.10	0.	1.04E-12	1.06E-10	0.	0.	0.	2.58E-13	8.01E-17	3.10E-13	5.18E-13	1.09E-10
18	9.00	0.	1.26E-12	8.04E-11	0.	0.	0.	2.59E-13	8.28E-17	3.09E-13	5.19E-13	8.28E-11
19	8.90	0.	1.48E-12	6.45E-11	0.	0.	0.	2.60E-13	8.56E-17	3.07E-13	5.20E-13	6.70E-11
20	8.80	0.	1.53E-12	5.91E-11	0.	0.	0.	2.61E-13	8.86E-17	3.06E-13	5.22E-13	6.18E-11
21	8.70	0.	1.47E-12	4.13E-11	0.	0.	0.	2.62E-13	9.17E-17	3.04E-13	5.23E-13	4.38E-11
22	8.60	0.	1.40E-12	4.15E-11	0.	0.	0.	2.63E-13	9.49E-17	3.03E-13	5.24E-13	4.40E-11
23	8.50	0.	1.35E-12	2.91E-11	0.	0.	0.	2.64E-13	9.83E-17	3.02E-13	5.26E-13	3.16E-11
24	8.40	0.	1.25E-12	2.74E-11	0.	0.	0.	2.65E-13	1.02E-16	3.00E-13	5.29E-13	2.98E-11
25	8.30	0.	1.25E-12	1.90E-11	0.	0.	0.	2.67E-13	1.06E-16	2.98E-13	5.36E-13	2.13E-11
26	8.20	0.	1.19E-12	1.80E-11	0.	0.	0.	2.68E-13	1.10E-16	2.95E-13	5.43E-13	2.03E-11
27	8.10	0.	1.10E-12	1.29E-11	0.	0.	0.	2.70E-13	1.14E-16	2.93E-13	5.51E-13	1.51E-11
28	8.00	0.	1.04E-12	1.19E-11	0.	0.	0.	2.71E-13	1.18E-16	2.91E-13	5.58E-13	1.41E-11
29	7.90	0.	9.86E-13	8.59E-12	0.	0.	0.	2.72E-13	1.23E-16	2.89E-13	5.66E-13	1.08E-11
30	7.80	0.	8.73E-13	8.15E-12	0.	0.	0.	2.74E-13	1.27E-16	2.87E-13	5.73E-13	1.11E-11
31	7.70	0.	8.16E-13	6.05E-12	0.	0.	0.	2.75E-13	1.32E-16	2.85E-13	5.80E-13	8.11E-12
32	7.60	0.	7.59E-13	5.09E-12	0.	0.	0.	2.77E-13	1.38E-16	2.83E-13	5.88E-13	7.11E-12
33	7.50	0.	7.02E-13	4.04E-12	0.	5.81E-16	0.	2.78E-13	1.43E-16	2.81E-13	5.95E-13	6.01E-12
34	7.40	0.	6.50E-13	3.20E-12	0.	5.78E-15	0.	2.80E-13	1.49E-16	2.79E-13	6.03E-13	5.10E-12
35	7.30	0.	5.98E-13	2.64E-12	0.	1.63E-14	0.	2.81E-13	1.55E-16	2.77E-13	6.10E-13	4.61E-12
36	7.20	0.	0.	2.06E-12	0.	1.04E-14	0.	2.83E-13	1.62E-16	2.75E-13	6.17E-13	4.24E-12
37	7.10	0.	0.	1.73E-12	0.	3.59E-13	0.	2.86E-13	1.69E-16	2.73E-13	6.25E-13	4.06E-12
38	7.00	1.34E-15	0.	1.37E-12	0.	5.47E-13	0.	2.88E-13	1.76E-16	2.71E-13	6.32E-13	4.16E-12
39	6.90	2.41E-15	0.	1.10E-12	0.	2.58E-12	0.	2.90E-13	1.84E-16	2.69E-13	6.40E-13	4.33E-12
40	6.80	1.90E-15	0.	9.05E-13	0.	1.87E-12	0.	2.93E-13	1.92E-16	2.68E-13	6.47E-13	9.58E-12
41	6.70	1.25E-15	0.	6.81E-13	0.	4.23E-12	0.	2.95E-13	2.01E-16	2.66E-13	6.55E-13	4.87E-12
42	6.60	6.99E-16	0.	5.24E-13	0.	3.13E-12	0.	2.97E-13	2.11E-16	2.64E-13	6.62E-13	8.09E-12
43	6.50	3.64E-16	0.	3.45E-13	0.	6.52E-12	0.	3.00E-13	2.21E-16	2.63E-13	6.80E-13	1.25E-11
44	6.40	5.26E-16	0.	1.82E-13	8.56E-14	1.10E-11	0.	3.02E-13	2.31E-16	2.62E-13	6.95E-13	5.55E-12
45	6.30	1.06E-15	0.	8.35E-14	3.35E-13	3.89E-12	0.	3.04E-13	2.41E-16	2.63E-13	7.10E-13	7.94E-12
46	6.20	6.02E-16	0.	3.50E-14	4.08E-12	6.24E-12	0.	3.06E-13	2.54E-16	2.64E-13	7.24E-13	1.61E-11
47	6.10	1.06E-14	0.	1.28E-14	1.04E-12	1.38E-11	0.	3.09E-13	2.67E-16	2.65E-13	7.39E-13	5.43E-12
48	6.00	2.52E-14	0.	2.75E-15	7.55E-13	3.34E-12	0.	3.04E-13	2.80E-16	2.65E-13	7.54E-13	6.50E-12
49	5.90	3.71E-14	0.	1.92E-16	1.03E-12	4.12E-12	0.	3.04E-13	2.95E-16	2.66E-13	7.69E-13	6.56E-12
50	5.80	5.08E-14	0.	4.56E-18	1.32E-12	3.87E-12	0.	3.04E-13	3.11E-16			5.89E-12
51	5.70	5.30E-14	0.	0.	1.29E-12	3.23E-12	0.	2.86E-13	3.27E-16			

ABSORPTION COEFFICIENTS OF HEATED AIR (INVERSE CM.)

TEMPERATURE (DEGREES K) 6000.   DENSITY (GM/CC) 1.293E-09   (10.0E-07 NORMAL)

#	PHOTON ENERGY	O2 S-R BANDS	N2 1ST POS.	N2 2ND POS.	N2+ 1ST NEG.	NO BETA	NO GAMMA	NO VIB-ROT	NO2	O- PHOTO-DET (IONS)	FREE-FREE (IONS)	N P.E.	O P.F.	TOTAL AIR
52	5.60	6.22E-14	0.	0.	0.	8.20E-13	6.84E-12	0.	0.	2.66E-13	3.45E-16	2.66E-13	7.83E-13	9.04E-12
53	5.50	6.05E-14	0.	0.	0.	1.05E-12	7.53E-12	0.	0.	2.67E-13	3.64E-16	2.67E-13	7.98E-13	9.98E-12
54	5.40	5.89E-14	0.	0.	0.	8.12E-13	3.43E-12	0.	0.	2.68E-13	3.85E-16	2.68E-13	8.13E-13	5.65E-12
55	5.30	5.32E-14	0.	0.	0.	8.38E-13	3.65E-12	0.	0.	2.70E-13	4.07E-16	2.69E-13	8.30E-13	5.91E-12
56	5.20	3.33E-14	0.	0.	0.	8.28E-13	2.84E-12	0.	0.	2.72E-13	4.31E-16	2.71E-13	8.52E-13	5.09E-12
57	5.10	2.96E-14	0.	0.	0.	7.62E-13	4.07E-12	0.	1.51E-21	2.74E-13	4.57E-16	2.74E-13	8.74E-13	6.28E-12
58	5.00	2.07E-14	0.	0.	0.	6.20E-13	3.40E-12	0.	1.51E-21	2.77E-13	4.85E-16	2.77E-13	8.96E-13	5.50E-12
59	4.90	1.71E-14	0.	0.	0.	6.34E-13	2.80E-12	0.	1.51E-21	2.79E-13	5.16E-16	2.84E-13	9.18E-13	4.94E-12
60	4.80	1.73E-14	0.	0.	0.	6.52E-13	2.63E-12	0.	1.51E-21	2.81E-13	5.49E-16	2.91E-13	9.40E-13	4.81E-12
61	4.70	1.76E-14	0.	0.	0.	5.81E-13	1.82E-12	0.	1.51E-21	2.83E-13	5.85E-16	2.97E-13	9.63E-13	3.97E-12
62	4.60	1.94E-14	0.	1.30E-14	0.	5.56E-13	1.84E-12	0.	1.51E-21	2.86E-13	6.24E-16	3.02E-13	9.86E-13	4.00E-12
63	4.50	1.79E-14	0.	6.29E-14	0.	4.43E-13	1.10E-12	0.	1.51E-21	2.88E-13	6.66E-16	3.09E-13	1.01E-12	3.19E-12
64	4.40	1.66E-14	0.	1.00E-13	0.	4.13E-13	9.25E-13	0.	1.51E-21	2.90E-13	7.13E-16	3.17E-13	1.03E-12	3.07E-12
65	4.30	1.37E-14	0.	5.84E-14	0.	3.46E-13	4.27E-13	0.	1.51E-21	2.93E-13	7.64E-16	3.25E-13		1.86E-12
66	4.20	1.16E-14	0.	1.10E-13	0.	3.42E-13	3.97E-13	0.	1.51E-21	2.95E-13	8.20E-16	3.32E-13		1.55E-12
67	4.10	9.48E-15	0.	7.90E-13	0.	2.89E-13	9.61E-14	0.	1.51E-21	2.96E-13	8.82E-16	1.84E-13		1.03E-12
68	4.00	8.07E-15	0.	3.77E-13	1.83E-12	2.53E-13	6.93E-14	0.	1.51E-21	2.97E-13	9.50E-16	1.50E-13		1.61E-12
69	3.90	5.92E-15	0.	3.84E-13	2.70E-11	1.94E-13	3.54E-14	0.	1.51E-21	2.96E-13	1.02E-15	1.52E-13		2.93E-12
70	3.80	5.10E-15	0.	7.40E-13	4.15E-11	1.33E-13	0.	0.	1.51E-21	2.90E-13	1.11E-15	8.90E-14		2.80E-11
71	3.70	4.47E-15	0.	2.30E-13	2.27E-11	1.47E-13	0.	0.	1.51E-21	2.72E-13	1.20E-15	9.22E-14		5.47E-12
72	3.60	3.63E-15	0.	4.87E-13	1.31E-10	9.89E-14	0.	0.	1.51E-21	1.44E-13	1.30E-15	1.03E-13		2.35E-10
73	3.50	2.99E-15	0.	1.56E-13	3.47E-11	9.89E-14	0.	0.	1.51E-21	1.44E-13	1.42E-15	1.19E-13		1.32E-10
74	3.40	2.33E-15	0.	2.07E-13	1.60E-10	6.32E-14	0.	0.	1.51E-21	1.44E-13	1.55E-15	1.36E-13		4.06E-12
75	3.30	1.71E-15	0.	8.44E-14	5.50E-11	6.23E-14	0.	0.	1.51E-21	1.45E-13	1.69E-15	1.53E-13		3.53E-11
76	3.20	1.28E-15	0.	7.14E-14	3.63E-11	4.94E-14	0.	0.	1.51E-21	1.45E-13	1.86E-15	1.69E-13		1.06E-10
77	3.10	1.07E-15	0.	3.19E-14	3.44E-11	4.00E-14	0.	0.	1.51E-21	1.45E-13	2.04E-15	1.86E-13		3.68E-11
78	3.00	8.21E-16	0.	1.90E-14	1.90E-11	2.35E-14	0.	0.	1.51E-21	1.45E-13	2.26E-15	2.03E-13		3.49E-11
79	2.90	5.85E-16	0.	8.70E-15	5.17E-12	1.98E-14	0.	0.	1.51E-21	1.45E-13	2.50E-15	2.20E-13		1.72E-11
80	2.80	5.43E-16	0.	3.70E-15	1.79E-12	1.19E-14	0.	0.	1.51E-21	1.45E-13	2.78E-15	2.38E-13		5.72E-12
81	2.70	2.75E-16	0.	1.84E-15	1.95E-12	1.51E-15	0.	0.	1.51E-21	1.45E-13	3.10E-15	2.56E-13		1.83E-11
82	2.60	9.57E-17	0.	2.92E-16	8.30E-13	2.97E-16	0.	0.	1.51E-21	1.45E-13	3.47E-15	2.78E-13		2.19E-12
83	2.50	5.90E-18	0.	0.	1.42E-12	2.73E-17	0.	0.	1.51E-21	1.44E-13	3.91E-15			1.09E-12
84	2.40	0.	2.54E-14	0.	0.	0.	0.	0.	1.51E-21	1.44E-13	4.42E-15			1.73E-12
85	2.30	0.	1.90E-13	0.	0.	0.	0.	0.	1.51E-21	1.43E-13	5.02E-15			5.05E-13
86	2.20	0.	3.11E-13	0.	0.	0.	0.	0.	1.51E-21	1.38E-13	5.74E-15			6.57E-13
87	2.10	0.	6.76E-13	0.	0.	0.	0.	0.	1.51E-21	1.33E-13	6.60E-15			1.24E-12
88	2.00	0.	2.74E-12	0.	0.	0.	0.	0.	1.51E-21	1.27E-13	7.65E-15			3.18E-12
89	1.90	0.	2.45E-12	0.	0.	0.	0.	0.	1.51E-21	1.20E-13	8.93E-15			2.92E-12
90	1.80	0.	2.80E-12	0.	0.	0.	0.	0.	1.51E-21	1.01E-13	1.05E-14			3.31E-12
91	1.70	0.	1.88E-12	0.	0.	0.	0.	0.	1.51E-21	4.61E-14	1.25E-14			2.46E-12
92	1.60	0.	2.39E-12	0.	0.	0.	0.	0.	1.51E-21	0.	1.50E-14			2.66E-12
93	1.50	0.	2.97E-12	0.	0.	0.	0.	0.	1.51E-21	0.	1.82E-14			2.28E-12
94	1.40	0.	1.88E-12	0.	0.	0.	0.	0.	1.51E-21	0.	2.25E-14			2.75E-12
95	1.30	0.	2.29E-12	0.	0.	0.	0.	0.	1.51E-21	0.	2.81E-14			2.06E-12
96	1.20	0.	1.48E-12	0.	0.	0.	0.	0.	1.51E-21	0.	3.58E-14			2.19E-12
97	1.10	0.	1.49E-12	0.	0.	0.	0.	5.92E-17	1.51E-21	0.	4.65E-14			1.58E-12
98	1.00	0.	1.09E-12	0.	0.	0.	0.	2.75E-16	1.51E-21	0.	6.21E-14			1.92E-12
99	0.90	0.	4.88E-13	0.	0.	0.	0.	4.94E-15	1.51E-21	0.	8.56E-14			1.20E-12
100	0.80	0.	1.41E-13	0.	0.	0.	0.	4.74E-15	1.51E-21	0.	1.22E-13			1.93E-12
101	0.70	0.	2.26E-15	0.	0.	0.	0.	3.17E-15	1.51E-21	0.	1.83E-13			1.05E-12
102	0.60	0.	0.	0.	0.	0.	0.	1.26E-14	1.51E-21	0.	2.93E-13			1.06E-12

ABSORPTION COEFFICIENTS OF HEATED AIR (INVERSE CM.)

TEMPERATURE (DEGREES K) 7000.   DENSITY (GM/CC) 1.293E-02   (1.0E 01 NORMAL)

#	PHOTON ENERGY E.V.	O2 S-R BANDS	O2 S-R CONT.	N2 B-H NO. 1	NO BETA	NO GAMMA	NO 2	O- PHOTO-DET	FREE-FREE (IONS)	N P.E.	O P.E.	TOTAL AIR
1	10.70	0.	0.	2.09E 01	0.	0.	0.	1.16E-01	8.24E-07	4.60E-01	5.08E-05	2.14E 01
2	10.60	0.	0.	1.70E 01	0.	0.	0.	1.16E-01	8.48E-07	7.71E-06	5.09E-05	1.71E 01
3	10.50	0.	0.	1.60E 01	0.	0.	0.	1.16E-01	8.72E-07	7.75E-06	5.09E-05	1.61E 01
4	10.40	0.	0.	1.37E 01	0.	0.	0.	1.16E-01	8.98E-07	7.80E-06	5.10E-05	1.38E 01
5	10.30	0.	0.	1.07E 01	0.	0.	0.	1.16E-01	9.24E-07	7.82E-06	5.11E-05	1.08E 01
6	10.20	0.	0.	1.02E 01	0.	0.	0.	1.16E-01	9.52E-07	7.84E-06	5.11E-05	1.04E 01
7	10.10	0.	0.	8.95E 00	0.	0.	0.	1.16E-01	9.81E-07	7.85E-06	5.12E-05	9.07E 00
8	10.00	0.	0.	6.74E 00	0.	0.	0.	1.17E-01	1.01E-06	7.87E-06	5.13E-05	6.86E 00
9	9.90	0.	0.	6.72E 00	0.	0.	0.	1.17E-01	1.04E-06	7.89E-06	5.14E-05	6.84E 00
10	9.80	0.	0.	5.65E 00	0.	0.	0.	1.17E-01	1.07E-06	7.91E-06	5.14E-05	5.77E 00
11	9.70	0.	0.	4.23E 00	0.	0.	0.	1.17E-01	1.11E-06	7.93E-06	5.15E-05	4.34E 00
12	9.60	0.	0.	4.52E 00	0.	0.	0.	1.18E-01	1.14E-06	7.95E-06	5.16E-05	4.63E 00
13	9.50	0.	7.32E 00	3.30E 00	0.	0.	0.	1.18E-01	1.18E-06	7.97E-06	5.16E-05	1.07E 01
14	9.40	0.	8.22E 00	2.81E 00	0.	0.	0.	1.18E-01	1.22E-06	7.99E-06	5.17E-05	1.11E 01
15	9.30	0.	9.12E 00	2.78E 00	0.	0.	0.	1.19E-01	1.26E-06	8.01E-06	5.17E-05	1.20E 01
16	9.20	0.	1.00E 01	1.89E 00	0.	0.	0.	1.19E-01	1.30E-06	8.05E-06	5.18E-05	1.20E 01
17	9.10	0.	1.22E 01	1.95E 00	0.	0.	0.	1.19E-01	1.34E-06	2.04E-06	5.18E-05	1.42E 01
18	9.00	0.	1.46E 01	1.54E 00	0.	0.	0.	1.20E-01	1.39E-06	2.03E-06	5.19E-05	1.62E 01
19	8.90	0.	1.70E 01	1.27E 00	0.	0.	0.	1.20E-01	1.43E-06	2.02E-06	5.20E-05	1.83E 01
20	8.80	0.	1.76E 01	1.18E 00	0.	0.	0.	1.21E-01	1.48E-06	2.02E-06	5.21E-05	1.89E 01
21	8.70	0.	1.69E 01	8.69E-01	0.	0.	0.	1.21E-01	1.54E-06	2.01E-06	5.22E-05	1.79E 01
22	8.60	0.	1.63E 01	8.74E-01	0.	0.	0.	1.22E-01	1.59E-06	2.00E-06	5.22E-05	1.72E 01
23	8.50	0.	1.57E 01	6.47E-01	0.	0.	0.	1.22E-01	1.65E-06	1.99E-06	5.23E-05	1.65E 01
24	8.40	0.	1.53E 01	6.14E-01	0.	0.	0.	1.23E-01	1.71E-06	1.98E-06	5.24E-05	1.60E 01
25	8.30	0.	1.47E 01	4.45E-01	0.	0.	0.	1.23E-01	1.77E-06	1.96E-06	5.26E-05	1.53E 01
26	8.20	0.	1.42E 01	4.27E-01	0.	0.	0.	1.24E-01	1.84E-06	1.95E-06	5.33E-05	1.47E 01
27	8.10	0.	1.37E 01	3.18E-01	0.	0.	0.	1.25E-01	1.91E-06	1.94E-06	5.40E-05	1.41E 01
28	8.00	0.	1.32E 01	3.01E-01	0.	0.	0.	1.25E-01	1.98E-06	1.93E-06	5.46E-05	1.36E 01
29	7.90	0.	1.26E 01	2.25E-01	0.	0.	0.	1.26E-01	2.06E-06	1.92E-06	5.53E-05	1.29E 01
30	7.80	0.	1.20E 01	2.18E-01	0.	0.	0.	1.26E-01	2.14E-06	1.91E-06	5.60E-05	1.23E 01
31	7.70	0.	1.13E 01	1.68E-01	0.	0.	0.	1.26E-01	2.22E-06	1.90E-06	5.66E-05	1.16E 01
32	7.60	0.	1.06E 01	1.45E-01	0.	2.72E-04	0.	1.28E-01	2.31E-06	1.89E-06	5.73E-05	1.09E 01
33	7.50	0.	9.90E 00	1.19E-01	0.	2.14E-03	0.	1.28E-01	2.40E-06	1.88E-06	5.80E-05	1.01E 01
34	7.40	0.	9.32E 00	9.67E-02	0.	7.22E-03	0.	1.29E-01	2.50E-06	1.87E-06	5.86E-05	9.55E 00
35	7.30	0.	8.80E 00	8.22E-02	0.	4.46E-02	0.	1.30E-01	2.61E-06	1.86E-06	5.93E-05	9.05E 00
36	7.20	0.	8.16E 00	6.63E-02	0.	1.33E-01	0.	1.31E-01	2.72E-06	1.85E-06	6.00E-05	8.49E 00
37	7.10	0.	7.52E 00	5.75E-02	0.	2.56E-01	0.	1.33E-01	2.83E-06	1.84E-06	6.06E-05	7.96E 00
38	7.00	1.34E-02	0.	4.70E-02	0.	9.91E-01	0.	1.33E-01	2.96E-06	1.83E-06	6.13E-05	1.18E 00
39	6.90	2.44E-02	0.	3.87E-02	0.	7.79E-01	0.	1.34E-01	3.09E-06	1.82E-06	6.20E-05	9.76E-01
40	6.80	1.96E-02	0.	3.31E-02	0.	1.79E 00	0.	1.35E-01	3.23E-06	1.81E-06	6.26E-05	1.98E 00
41	6.70	1.32E-02	0.	2.57E-02	0.	2.82E 00	0.	1.37E-01	3.37E-06	1.81E-06	6.33E-05	2.99E 00
42	6.60	1.52E-03	0.	2.04E-02	0.	2.04E 00	0.	1.37E-01	3.53E-06	1.80E-06	6.41E-05	2.20E 00
43	6.50	4.00E-03	0.	1.40E-02	0.	2.62E 00	0.	1.38E-01	3.70E-06	1.80E-06	6.48E-05	2.78E 00
44	6.40	5.68E-03	0.	7.85E-03	2.61E-02	3.86E 00	0.	1.39E-01	3.87E-06	1.81E-06	6.55E-05	4.03E 00
45	6.30	1.16E-02	0.	3.73E-03	1.06E-01	1.51E 00	0.	1.40E-01	4.06E-06	1.81E-06	6.64E-05	1.78E 00
46	6.20	3.27E-02	0.	1.73E-03	1.33E-01	2.45E 00	0.	1.41E-01	4.26E-06	1.82E-06	6.78E-05	2.76E 00
47	6.10	1.23E-01	0.	6.68E-04	3.49E-01	4.72E 00	0.	1.42E-01	4.47E-06	1.82E-06	6.91E-05	5.34E 00
48	6.00	3.02E-01	0.	1.49E-04	2.68E-01	1.34E 00	0.	1.43E-01	4.70E-06	1.83E-06	7.05E-05	2.05E 00
49	5.90	4.58E-01	0.	1.05E-05	3.70E-01	1.57E 00	0.	1.43E-01	4.95E-06	1.83E-06	7.19E-05	2.54E 00
50	5.80	6.50E-01	0.	2.53E-07	4.81E-01	1.45E 00	0.	1.41E-01	5.21E-06	1.83E-06	7.33E-05	2.73E 00
51	5.70	7.06E-01	0.	0.	4.89E-01	1.36E 00	0.	1.33E-01	5.49E-06	1.84E-06	7.46E-05	2.69E 00

ABSORPTION COEFFICIENTS OF HEATED AIR (INVERSE CM.)

TEMPERATURE (DEGREES K) 7000. DENSITY (GM/CC) 1.293E-02 (1.0E 01 NORMAL)

PHOTON ENERGY	O2 S-R BANDS	N2 1ST POS.	N2 2ND POS.	N2+ 1ST NEG.	NO BETA	NO GAMMA	NO VIB-ROT	NO 2	O- PHOTO-DET	FREE-FREE (IONS)	N P.E.	O P.F.	TOTAL AIR
5.60	8.45E-01	0.	0.	0.	3.32E-01	2.56E 00	0.	0.	1.23E-01	5.79E-06	1.85E-06	7.60E-05	3.86E 00
5.50	8.40E-01	0.	0.	0.	4.17E-01	2.65E 00	0.	0.	1.24E-01	6.11E-06	1.86E-06	7.74E-05	4.03E 00
5.40	8.39E-01	0.	0.	0.	3.32E-01	1.41E 00	0.	0.	1.25E-01	6.46E-06	1.88E-06	7.88E-05	2.71E 00
5.30	7.74E-01	0.	0.	0.	3.45E-01	1.45E 00	0.	0.	1.25E-01	6.83E-06	1.89E-06	8.04E-05	2.69E 00
5.20	5.08E-01	0.	0.	0.	3.25E-01	1.16E 00	0.	0.	1.26E-01	7.24E-06	1.91E-06	8.25E-05	2.15E 00
5.10	4.58E-01	0.	0.	0.	2.72E-01	1.65E 00	0.	0.	1.27E-01	7.67E-06	1.95E-06	8.45E-05	2.57E 00
5.00	3.26E-01	0.	0.	0.	2.93E-01	1.38E 00	0.	0.	1.28E-01	8.14E-06	2.00E-06	8.66E-05	2.11E 00
4.90	2.70E-01	0.	0.	0.	2.68E-01	1.24E 00	0.	0.	1.29E-01	8.65E-06	2.05E-06	8.87E-05	1.92E 00
4.80	2.73E-01	0.	0.	0.	2.13E-01	1.14E 00	0.	1.81E-03	1.31E-01	9.20E-06	2.10E-06	9.08E-05	1.84E 00
4.70	2.83E-01	0.	0.	0.	2.02E-01	8.67E-01	0.	1.81E-03	1.32E-01	9.81E-06	2.14E-06	9.30E-05	1.55E 00
4.60	3.09E-01	0.	7.20E-04	0.	1.74E-01	5.45E-01	0.	1.81E-03	1.33E-01	1.05E-05	2.19E-06	9.52E-05	1.56E 00
4.50	3.03E-01	0.	3.12E-03	0.	1.53E-01	4.34E-01	0.	1.81E-03	1.34E-01	1.12E-05	2.26E-06	9.75E-05	1.20E 00
4.40	2.90E-01	0.	5.83E-03	0.	1.37E-01	2.17E-01	0.	1.81E-03	1.35E-01	1.20E-05	2.32E-06	9.97E-05	1.07E 00
4.30	2.47E-01	0.	2.98E-03	0.	1.09E-01	1.91E-01	0.	1.81E-03	1.36E-01	1.28E-05	2.38E-06	1.02E-04	7.82E-01
4.20	2.13E-01	0.	6.73E-03	0.	8.76E-02	4.70E-02	0.	1.81E-03	1.37E-01	1.37E-05	2.44E-06	1.04E-04	7.48E-01
4.10	1.84E-01	0.	4.07E-02	0.	7.97E-02	3.50E-02	0.	1.81E-03	1.37E-01	1.48E-05	2.51E-06	1.06E-04	6.31E-01
4.00	1.55E-01	0.	2.18E-02	0.	6.25E-02	1.68E-02	0.	1.81E-03	1.38E-01	1.59E-05	2.57E-06	7.05E-06	5.07E-01
3.90	1.18E-01	0.	3.59E-02	1.35E-05	4.22E-02	0.	0.	1.81E-03	1.37E-01	1.72E-05	2.64E-06	7.25E-06	4.02E-01
3.80	9.39E-02	0.	1.36E-02	1.50E-05	3.48E-02	0.	0.	1.81E-03	1.37E-01	1.86E-05	1.67E-06	7.47E-06	3.97E-01
3.70	7.80E-02	0.	2.54E-02	2.52E-05	2.90E-02	0.	0.	1.81E-03	1.35E-01	2.01E-05	1.31E-06	8.59E-06	3.46E-01
3.60	7.80E-02	0.	9.66E-03	1.56E-04	1.81E-02	0.	0.	1.81E-03	1.26E-01	2.18E-05	1.41E-06	9.90E-06	3.07E-01
3.50	5.34E-02	0.	1.18E-02	7.17E-05	9.76E-03	0.	0.	1.81E-03	1.16E-01	2.38E-05	1.17E-06	1.13E-05	2.66E-01
3.40	3.99E-02	0.	5.48E-03	2.78E-04	4.12E-03	0.	0.	1.81E-03	6.67E-02	2.60E-05	1.33E-06	1.27E-05	1.94E-01
3.30	3.08E-02	0.	4.41E-03	2.24E-04	1.44E-03	0.	0.	1.81E-03	6.68E-02	2.84E-05	1.49E-06	1.41E-05	1.63E-01
3.20	2.66E-02	0.	2.17E-03	4.38E-05	2.97E-04	0.	0.	1.81E-03	6.70E-02	3.12E-05	1.65E-06	1.56E-05	1.48E-01
3.10	2.11E-02	0.	1.28E-03	2.31E-04	2.82E-05	0.	0.	1.81E-03	6.70E-02	3.43E-05	1.81E-06	1.71E-05	1.35E-01
3.00	1.56E-02	0.	5.67E-04	1.90E-04	0.	0.	0.	1.81E-03	6.72E-02	3.79E-05	1.97E-06	1.86E-05	1.22E-01
2.90	1.48E-02	0.	2.59E-04	4.00E-05	0.	0.	0.	1.81E-03	6.74E-02	4.19E-05	2.14E-06	2.01E-05	1.04E-01
2.80	7.93E-03	0.	1.32E-04	4.00E-05	0.	0.	0.	1.81E-03	6.74E-02	4.66E-05	2.31E-06	2.16E-05	9.45E-02
2.70	2.95E-03	0.	1.93E-05	1.14E-04	0.	0.	0.	1.81E-03	6.74E-02	5.20E-05	2.16E-06	2.31E-05	8.17E-02
2.60	1.87E-04	0.	0.	1.14E-05	0.	0.	0.	1.81E-03	6.74E-02	5.83E-05	2.49E-06	2.48E-05	7.39E-02
2.50	0.	0.	0.	6.18E-06	0.	0.	0.	1.81E-03	6.74E-02	6.56E-05	2.68E-06	5.84E-06	6.98E-02
2.40	0.	1.44E-03	0.	9.08E-06	0.	0.	0.	1.81E-03	6.74E-02	7.42E-05	2.96E-06	7.19E-06	7.76E-02
2.30	0.	8.83E-03	0.	0.	0.	0.	0.	1.81E-03	6.69E-02	8.43E-05	3.33E-06	8.60E-06	7.45E-02
2.20	0.	1.60E-02	0.	0.	0.	0.	0.	1.81E-03	6.66E-02	9.64E-05	1.55E-06	1.03E-05	8.45E-02
2.10	0.	2.14E-02	0.	0.	0.	0.	0.	1.81E-03	6.63E-02	1.11E-04	1.83E-06	1.21E-05	1.06E-01
2.00	0.	4.03E-02	0.	0.	0.	0.	0.	1.81E-03	6.42E-02	1.29E-04	2.13E-06	1.38E-05	1.73E-01
1.90	0.	1.09E-01	0.	0.	0.	0.	0.	1.81E-03	6.18E-02	1.50E-04	2.43E-06	1.56E-05	1.53E-01
1.80	0.	9.22E-02	0.	0.	0.	0.	0.	1.81E-03	5.91E-02	1.77E-04	2.73E-06	1.83E-05	1.67E-01
1.70	0.	1.10E-01	0.	0.	0.	0.	0.	1.81E-03	5.56E-02	2.10E-04	3.18E-06	2.16E-05	1.25E-01
1.60	0.	7.55E-02	0.	0.	0.	0.	0.	1.81E-03	4.71E-02	2.52E-04	3.71E-06	2.48E-05	1.17E-01
1.50	0.	9.39E-02	0.	0.	0.	0.	0.	1.81E-03	2.14E-02	3.07E-04	4.24E-06	2.91E-05	1.11E-01
1.40	0.	7.38E-02	0.	0.	0.	0.	0.	1.81E-03	0.	3.78E-04	5.10E-06	3.20E-05	8.52E-02
1.30	0.	8.27E-02	0.	0.	0.	0.	0.	1.81E-03	0.	4.73E-04	6.02E-06	3.95E-05	6.17E-02
1.20	0.	5.91E-02	0.	0.	0.	0.	0.	1.81E-03	0.	6.03E-04	6.85E-06	4.15E-05	6.02E-02
1.10	0.	5.72E-02	0.	0.	0.	0.	2.31E-05	1.81E-03	0.	7.85E-04	5.38E-06	4.86E-05	4.74E-02
1.00	0.	4.39E-02	0.	0.	0.	0.	1.37E-04	1.81E-03	0.	1.05E-03	6.62E-06	5.57E-05	2.64E-02
0.90	0.	1.99E-02	0.	0.	0.	0.	2.07E-04	1.81E-03	0.	1.44E-03	7.92E-06	6.26E-05	9.05E-03
0.80	0.	5.60E-03	0.	0.	0.	0.	2.53E-03	1.81E-03	0.	2.06E-03	8.75E-06	6.97E-05	6.50E-03
0.70	0.	1.52E-04	0.	0.	0.	0.	1.60E-03	1.81E-03	0.	3.10E-03	1.00E-05	1.22E-05	1.22E-02
0.60	0.	0.	0.	0.	0.	0.	6.73E-03	1.81E-03	0.	4.96E-03	1.12E-05	1.37E-05	1.37E-02

171

ABSORPTION COEFFICIENTS OF HEATED AIR (INVERSE CM.)

TEMPERATURE (DEGREES K) 7000.   DENSITY (GM/CC) 1.293E-03   (10.0E-01 NORMAL)

#	PHOTON ENERGY E.V.	02 S-R BANDS	02 S-R CONT.	N2 B-H NO. 1	NO BETA	NO GAMMA	NO 2	O- PHOTO-DET	FREE-FREE (IONS)	N P.E.	O P.E.	TOTAL AIR
1	10.70	0.	0.	2.00E 00	0.	0.	0.	3.14E-03	3.26E-08	2.38E-06	6.37E-06	2.01E 00
2	10.60	0.	0.	1.63E 00	0.	0.	0.	3.15E-03	3.36E-08	2.39E-06	6.38E-06	1.63E 00
3	10.50	0.	0.	1.54E 00	0.	0.	0.	3.15E-03	3.46E-08	2.40E-06	6.38E-06	1.54E 00
4	10.40	0.	0.	1.32E 00	0.	0.	0.	3.16E-03	3.56E-08	2.41E-06	6.39E-06	1.32E 00
5	10.30	0.	0.	1.03E 00	0.	0.	0.	3.16E-03	3.66E-08	2.42E-06	6.40E-06	1.03E 00
6	10.20	0.	0.	9.84E-01	0.	0.	0.	3.17E-03	3.77E-08	2.42E-06	6.41E-06	9.87E-01
7	10.10	0.	0.	8.60E-01	0.	0.	0.	3.17E-03	3.88E-08	2.43E-06	6.42E-06	8.63E-01
8	10.00	0.	0.	6.48E-01	0.	0.	0.	3.18E-03	4.00E-08	2.44E-06	6.43E-06	6.51E-01
9	9.90	0.	0.	6.46E-01	0.	0.	0.	3.19E-03	4.13E-08	2.44E-06	6.44E-06	6.49E-01
10	9.80	0.	1.17E-01	5.43E-01	0.	0.	0.	3.20E-03	4.25E-08	2.45E-06	6.44E-06	5.46E-01
11	9.70	0.	1.32E-01	4.06E-01	0.	0.	0.	3.20E-03	4.39E-08	2.45E-06	6.45E-06	4.09E-01
12	9.60	0.	1.46E-01	4.34E-01	0.	0.	0.	3.21E-03	4.53E-08	2.46E-06	6.46E-06	4.37E-01
13	9.50	0.	1.60E-01	3.17E-01	0.	0.	0.	3.23E-03	4.67E-08	2.47E-06	6.47E-06	4.38E-01
14	9.40	0.	1.95E-01	2.70E-01	0.	0.	0.	3.24E-03	4.82E-08	2.47E-06	6.48E-06	4.04E-01
15	9.30	0.	2.33E-01	2.67E-01	0.	0.	0.	3.25E-03	4.98E-08	2.48E-06	6.49E-06	4.17E-01
16	9.20	0.	2.71E-01	1.81E-01	0.	0.	0.	3.26E-03	5.14E-08	6.38E-07	6.49E-06	3.45E-01
17	9.10	0.	2.82E-01	1.87E-01	0.	0.	0.	3.27E-03	5.32E-08	6.35E-07	6.50E-06	3.85E-01
18	9.00	0.	2.71E-01	1.48E-01	0.	0.	0.	3.28E-03	5.50E-08	6.33E-07	6.51E-06	3.84E-01
19	8.90	0.	2.60E-01	1.22E-01	0.	0.	0.	3.30E-03	5.68E-08	6.30E-07	6.52E-06	3.97E-01
20	8.80	0.	2.52E-01	1.14E-01	0.	0.	0.	3.31E-03	5.89E-08	6.28E-07	6.53E-06	3.99E-01
21	8.70	0.	2.45E-01	8.35E-02	0.	0.	0.	3.32E-03	6.18E-08	6.25E-07	6.54E-06	3.58E-01
22	8.60	0.	2.35E-01	8.39E-02	0.	0.	0.	3.34E-03	6.25E-08	6.23E-07	6.55E-06	3.47E-01
23	8.50	0.	2.27E-01	6.22E-02	0.	0.	0.	3.35E-03	6.30E-08	6.20E-07	6.56E-06	3.17E-01
24	8.40	0.	2.19E-01	5.90E-02	0.	0.	0.	3.37E-03	6.53E-08	6.18E-07	6.58E-06	3.07E-01
25	8.30	0.	2.11E-01	4.28E-02	0.	0.	0.	3.39E-03	6.77E-08	6.15E-07	6.60E-06	2.82E-01
26	8.20	0.	2.01E-01	4.11E-02	0.	0.	0.	3.41E-03	7.02E-08	6.13E-07	6.68E-06	2.71E-01
27	8.10	0.	1.92E-01	3.06E-02	0.	0.	0.	3.42E-03	7.28E-08	6.05E-07	6.76E-06	2.53E-01
28	8.00	0.	1.81E-01	2.89E-02	0.	0.	0.	3.44E-03	7.55E-08	6.02E-07	6.85E-06	2.43E-01
29	7.90	0.	1.70E-01	2.17E-02	0.	0.	0.	3.46E-03	7.84E-08	5.98E-07	6.93E-06	2.26E-01
30	7.80	0.	1.58E-01	2.09E-02	0.	0.	0.	3.48E-03	8.14E-08	5.95E-07	7.01E-06	2.16E-01
31	7.70	0.	1.49E-01	1.69E-02	0.	0.	0.	3.49E-03	8.46E-08	5.92E-07	7.10E-06	2.01E-01
32	7.60	0.	1.41E-01	1.39E-02	0.	1.06E-05	0.	3.51E-03	8.80E-08	5.89E-07	7.18E-06	1.87E-01
33	7.50	0.	1.31E-01	1.14E-02	0.	8.30E-05	0.	3.53E-03	9.15E-08	5.86E-07	7.27E-06	1.73E-01
34	7.40	0.	1.20E-01	7.90E-03	0.	2.81E-04	0.	3.55E-03	9.52E-08	5.83E-07	7.35E-06	1.62E-01
35	7.30	0.	0.	6.37E-03	0.	1.71E-03	0.	3.58E-03	9.92E-08	5.80E-07	7.43E-06	1.54E-01
36	7.20	0.	0.	5.52E-03	0.	5.22E-03	0.	3.61E-03	1.03E-07	5.77E-07	7.52E-06	1.46E-01
37	7.10	0.	0.	4.52E-03	0.	9.96E-03	0.	3.64E-03	1.08E-07	5.74E-07	7.60E-06	1.39E-01
38	7.00	0.	0.	3.72E-03	0.	3.85E-02	0.	3.67E-03	1.12E-07	5.71E-07	7.68E-06	4.69E-02
39	6.90	2.10E-04	0.	3.18E-03	0.	3.03E-02	0.	3.70E-03	1.22E-07	5.68E-07	7.77E-06	3.80E-02
40	6.80	3.84E-04	0.	2.47E-03	0.	6.94E-02	0.	3.73E-03	1.28E-07	5.65E-07	7.85E-06	7.68E-02
41	6.70	3.08E-04	0.	1.96E-03	0.	1.09E-01	0.	3.76E-03	1.34E-07	5.62E-07	7.94E-06	1.16E-01
42	6.60	2.08E-04	0.	1.35E-03	0.	4.98E-02	0.	3.79E-03	1.40E-07	5.60E-07	8.03E-06	1.07E-01
43	6.50	1.18E-04	0.	7.54E-04	1.01E-03	1.02E-01	0.	3.81E-03	1.46E-07	5.60E-07	8.12E-06	1.56E-01
44	6.40	6.29E-05	0.	3.72E-04	4.13E-03	1.50E-01	0.	3.84E-03	1.53E-07	5.63E-07	8.20E-06	1.84E-01
45	6.30	8.93E-05	0.	1.66E-04	5.18E-03	5.88E-02	0.	3.87E-03	1.61E-07	5.61E-07	8.32E-06	7.41E-02
46	6.20	5.14E-04	0.	6.42E-05	1.36E-02	9.53E-02	0.	3.90E-03	1.69E-07	5.58E-07	8.49E-06	1.06E-01
47	6.10	1.93E-03	0.	1.44E-05	1.04E-02	1.84E-01	0.	3.90E-03	1.77E-07	5.60E-07	8.66E-06	2.03E-01
48	6.00	4.74E-03	0.	1.01E-06	1.44E-02	5.21E-02	0.	3.84E-03	1.86E-07	5.63E-07	8.84E-06	7.12E-02
49	5.90	7.20E-03	0.	2.43E-08	1.01E-02	6.10E-02	0.	3.90E-03	1.96E-07	5.66E-07	9.01E-06	6.65E-02
50	5.80	1.02E-02	0.	0.	1.87E-02	5.65E-02	0.	3.84E-03	2.06E-07	5.69E-07	9.18E-06	8.93E-02
51	5.70	1.11E-02	0.	0.	1.90E-02	5.27E-02	0.	3.61E-03	2.17E-07	5.71E-07	9.35E-06	8.65E-02

ABSORPTION COEFFICIENTS OF HEATED AIR (INVERSE CM.)

TEMPERATURE (DEGREES K) 7000. DENSITY (GM/CC) 1.293E-03 (10.0E-01 NORMAL)

#	PHOTON ENERGY	O2 S-R BANDS	N2 1ST POS.	N2 2ND POS.	N2+ 1ST NEG.	NO BETA	NO GAMMA	NO VIB-ROT	NO2	O- PHOTO-DET	FREE-FREE (IONS)	N P.E.	O P.E.	TOTAL AIR P.F.
52	5.60	1.33E-02	0.	0.	0.	1.29E-02	9.95E-02	0.	0.	3.36E-03	2.29E-07	5.74E-07	9.53E-06	1.29E-01
53	5.50	1.32E-02	0.	0.	0.	1.62E-02	1.03E-01	0.	0.	3.37E-03	2.42E-07	5.77E-07	9.70E-06	1.36E-01
54	5.40	1.32E-02	0.	0.	0.	1.29E-02	5.48E-02	0.	0.	3.39E-03	2.56E-07	5.82E-07	9.88E-06	8.44E-02
55	5.30	1.22E-02	0.	0.	0.	1.33E-02	9.51E-02	0.	0.	3.41E-03	2.71E-07	5.86E-07	1.01E-05	1.24E-01
56	5.20	7.99E-03	0.	0.	0.	1.34E-02	4.52E-02	0.	0.	3.44E-03	2.87E-07	5.92E-07	1.03E-05	7.01E-02
57	5.10	7.52E-03	0.	0.	0.	1.26E-02	6.42E-02	0.	0.	3.46E-03	3.04E-07	6.06E-07	1.06E-05	8.75E-02
58	5.00	5.13E-03	0.	0.	0.	1.06E-02	5.38E-02	0.	0.	3.49E-03	3.23E-07	6.21E-07	1.09E-05	7.30E-02
59	4.90	4.25E-03	0.	0.	0.	1.10E-02	4.81E-02	0.	0.	3.55E-03	3.43E-07	6.36E-07	1.11E-05	6.69E-02
60	4.80	4.29E-03	0.	0.	0.	1.14E-02	4.45E-02	0.	8.82E-06	3.58E-03	3.65E-07	6.50E-07	1.14E-05	6.37E-02
61	4.70	4.44E-03	0.	0.	0.	1.04E-02	4.37E-02	0.	8.82E-06	3.61E-03	3.88E-07	6.64E-07	1.17E-05	5.21E-02
62	4.60	5.02E-03	0.	6.92E-05	0.	1.01E-02	3.28E-02	0.	8.82E-06	3.64E-03	4.14E-07	6.80E-07	1.19E-05	5.15E-02
63	4.50	4.76E-03	0.	3.00E-04	0.	8.28E-03	1.69E-02	0.	8.82E-06	3.67E-03	4.43E-07	6.99E-07	1.22E-05	3.79E-02
64	4.40	4.55E-03	0.	5.60E-04	0.	7.85E-03	1.45E-02	0.	8.82E-06	3.70E-03	4.74E-07	7.19E-07	1.25E-05	3.33E-02
65	4.30	3.88E-03	0.	2.46E-03	0.	6.76E-03	8.45E-03	0.	8.82E-06	3.73E-03	5.07E-07	7.38E-07	1.28E-05	2.34E-02
66	4.20	3.35E-03	0.	3.91E-03	0.	6.81E-03	7.42E-03	0.	8.82E-06	3.74E-03	5.45E-07	7.57E-07	1.31E-05	2.42E-02
67	4.10	2.90E-03	0.	1.78E-03	0.	5.95E-03	1.83E-03	0.	8.82E-06	3.76E-03	5.86E-07	7.77E-07	8.58E-07	1.51E-02
68	4.00	2.44E-03	0.	2.09E-03	5.96E-06	5.31E-03	1.36E-03	0.	8.82E-06	3.74E-03	6.31E-07	4.98E-07	8.84E-07	1.68E-02
69	3.90	1.85E-03	0.	3.45E-03	6.64E-05	4.24E-03	6.53E-04	0.	8.82E-06	3.73E-03	6.81E-07	5.08E-07	9.36E-07	1.23E-02
70	3.80	1.93E-03	0.	1.31E-03	6.92E-05	3.10E-03	0.	0.	8.82E-06	3.67E-03	7.36E-07	3.99E-07	1.08E-06	1.17E-02
71	3.70	1.23E-03	0.	2.44E-03	3.17E-04	3.40E-03	0.	0.	8.82E-06	3.44E-03	7.98E-07	4.06E-07	1.24E-06	9.46E-03
72	3.60	1.04E-03	0.	9.28E-04	6.92E-05	2.21E-03	0.	0.	8.82E-06	1.81E-03	8.66E-07	3.16E-07	1.41E-06	6.03E-03
73	3.50	6.29E-04	0.	1.13E-03	9.90E-05	1.64E-03	0.	0.	8.82E-06	1.82E-03	9.43E-07	4.11E-07	1.59E-06	5.33E-03
74	3.40	6.85E-04	0.	5.27E-04	3.67E-04	1.63E-03	0.	0.	8.82E-06	1.82E-03	1.03E-06	4.61E-07	1.77E-06	4.05E-03
75	3.30	4.17E-04	0.	4.24E-04	1.94E-04	1.35E-03	0.	0.	8.82E-06	1.83E-03	1.13E-06	5.10E-07	1.96E-06	3.61E-03
76	3.20	3.32E-04	0.	2.09E-04	1.02E-04	7.03E-04	0.	0.	8.82E-06	1.83E-03	1.23E-06	6.12E-07	2.14E-06	3.00E-03
77	3.10	2.45E-04	0.	1.23E-04	8.42E-05	3.79E-04	0.	0.	8.82E-06	1.83E-03	1.36E-06	6.62E-07	2.33E-06	2.53E-03
78	3.00	2.33E-04	0.	5.45E-05	1.77E-05	1.60E-04	0.	0.	8.82E-06	1.83E-03	1.50E-06	7.16E-07	2.51E-06	2.21E-03
79	2.90	1.25E-04	0.	2.49E-05	5.05E-06	5.60E-05	0.	0.	8.82E-06	1.88E-03	1.66E-06	7.71E-07	2.71E-06	1.97E-03
80	2.80	4.64E-05	0.	1.27E-05	2.74E-06	1.15E-05	0.	0.	8.82E-06	1.83E-03	1.85E-06	8.30E-07	2.91E-06	1.87E-03
81	2.70	2.95E-06	0.	1.85E-06	4.02E-06	1.10E-06	0.	0.	8.82E-06	1.82E-03	2.06E-06	9.17E-07	3.07E-06	1.99E-03
82	2.60	0.	0.	0.	0.	0.	0.	0.	8.82E-06	1.81E-03	2.31E-06	3.95E-07	7.31E-07	2.68E-03
83	2.50	0.	0.	0.	0.	0.	0.	0.	8.82E-06	1.81E-03	2.60E-06	4.80E-07	9.01E-07	3.64E-03
84	2.40	0.	1.38E-04	0.	0.	0.	0.	0.	8.82E-06	1.75E-03	2.94E-06	5.67E-07	1.08E-06	5.64E-03
85	2.30	0.	8.49E-04	0.	0.	0.	0.	0.	8.82E-06	1.68E-03	3.34E-06	7.53E-07	1.52E-06	2.55E-03
86	2.20	0.	1.54E-03	0.	0.	0.	0.	0.	8.82E-06	1.51E-03	3.82E-06	9.48E-07	1.74E-06	3.10E-03
87	2.10	0.	2.82E-03	0.	0.	0.	0.	0.	8.82E-06	1.28E-03	4.40E-06	9.85E-07	1.96E-06	4.25E-03
88	2.00	0.	3.88E-03	0.	0.	0.	0.	0.	8.82E-06	5.82E-04	5.09E-06	1.15E-06	2.70E-06	4.55E-03
89	1.90	0.	1.05E-02	0.	0.	0.	0.	0.	8.82E-06	0.	5.95E-06	1.31E-06	3.11E-06	1.18E-02
90	1.80	0.	8.86E-03	0.	0.	0.	0.	0.	8.82E-06	0.	7.01E-06	1.58E-06	3.37E-06	1.01E-02
91	1.70	0.	1.05E-02	0.	0.	0.	0.	0.	8.82E-06	0.	8.36E-06	1.69E-06	4.05E-07	1.25E-02
92	1.60	0.	7.26E-03	0.	0.	0.	0.	0.	8.82E-06	0.	1.00E-05	1.27E-06	3.07E-07	1.05E-02
93	1.50	0.	9.03E-03	0.	0.	0.	0.	0.	8.82E-06	0.	1.22E-05	1.65E-06	4.01E-07	8.56E-03
94	1.40	0.	1.04E-02	0.	0.	0.	0.	0.	8.82E-06	0.	1.50E-05	2.05E-06	4.30E-06	9.63E-03
95	1.30	0.	7.10E-03	0.	0.	0.	0.	0.	8.82E-06	0.	1.87E-05	2.32E-06	5.20E-06	1.05E-02
96	1.20	0.	7.95E-03	0.	0.	0.	0.	0.	8.82E-06	0.	2.39E-05	2.71E-06	6.09E-06	7.13E-03
97	1.10	0.	5.68E-03	0.	0.	0.	0.	8.97E-07	8.82E-06	0.	3.11E-05	3.11E-06	6.98E-06	5.72E-03
98	1.00	0.	5.49E-03	0.	0.	0.	0.	5.31E-06	8.82E-06	0.	4.15E-05	3.37E-06	7.85E-06	5.56E-03
99	0.90	0.	4.22E-03	0.	0.	0.	0.	8.05E-06	8.82E-06	0.	5.72E-05	3.11E-06	6.09E-06	4.30E-03
100	0.80	0.	1.92E-03	0.	0.	0.	0.	9.81E-06	8.82E-06	0.	8.18E-05	3.47E-06	6.98E-06	2.12E-03
101	0.70	0.	5.38E-04	0.	0.	0.	0.	6.23E-05	8.82E-06	0.	1.23E-04	3.47E-06	7.43E-06	7.43E-04
102	0.60	0.	1.46E-05	0.	0.	0.	0.	2.61E-04	8.82E-06	0.	1.96E-04	2.86E-06	6.01E-06	4.90E-04

ABSORPTION COEFFICIENTS OF HEATED AIR (INVERSE CM.)

TEMPERATURE (DEGREES K) 7000.   DENSITY (GM/CC) 1.293E-04   (10.0E-02 NORMAL)

PHOTON ENERGY E.V.	O2 S-R BANDS	O2 S-R CONT.	N2 B-H NO. 1	NO BETA	NO GAMMA	NO 2	O- PHOTO-DET	FREE-FREE (IONS)	N P.E.	O P.E.	TOTAL AIR
1 10.70	0.	0.	1.61E-01	0.	0.	0.	6.29E-05	1.11E-09	6.73E-07	6.83E-07	1.61E-01
2 10.60	0.	0.	1.31E-01	0.	0.	0.	6.30E-05	1.14E-09	6.77E-07	6.84E-07	1.31E-01
3 10.50	0.	0.	1.23E-01	0.	0.	0.	6.30E-05	1.17E-09	6.80E-07	6.85E-07	1.23E-01
4 10.40	0.	0.	1.06E-01	0.	0.	0.	6.31E-05	1.21E-09	6.83E-07	6.86E-07	1.06E-01
5 10.30	0.	0.	8.22E-02	0.	0.	0.	6.32E-05	1.24E-09	6.84E-07	6.87E-07	8.23E-02
6 10.20	0.	0.	7.89E-02	0.	0.	0.	6.33E-05	1.28E-09	6.86E-07	6.88E-07	7.89E-02
7 10.10	0.	0.	6.90E-02	0.	0.	0.	6.34E-05	1.32E-09	6.88E-07	6.89E-07	6.90E-02
8 10.00	0.	0.	6.19E-02	0.	0.	0.	6.35E-05	1.36E-09	6.89E-07	6.90E-07	6.20E-02
9 9.90	0.	0.	5.18E-02	0.	0.	0.	6.36E-05	1.40E-09	6.91E-07	6.90E-07	5.19E-02
10 9.80	0.	0.	4.35E-02	0.	0.	0.	6.37E-05	1.46E-09	6.93E-07	6.91E-07	4.36E-02
11 9.70	0.	0.	3.48E-02	0.	0.	0.	6.38E-05	1.49E-09	6.94E-07	6.92E-07	3.26E-02
12 9.60	0.	0.	3.46E-02	0.	0.	0.	6.38E-05	1.54E-09	6.96E-07	6.92E-07	3.49E-02
13 9.50	0.	1.34E-03	2.54E-02	0.	0.	0.	6.39E-05	1.59E-09	6.98E-07	6.94E-07	2.68E-02
14 9.40	0.	1.51E-03	2.16E-02	0.	0.	0.	6.43E-05	1.64E-09	7.00E-07	6.95E-07	2.32E-02
15 9.30	0.	1.67E-03	2.14E-02	0.	0.	0.	6.45E-05	1.69E-09	1.81E-07	6.96E-07	2.32E-02
16 9.20	0.	1.84E-03	1.45E-02	0.	0.	0.	6.47E-05	1.75E-09	1.80E-07	6.96E-07	1.64E-02
17 9.10	0.	2.24E-03	1.50E-02	0.	0.	0.	6.50E-05	1.81E-09	1.80E-07	6.98E-07	1.73E-02
18 9.00	0.	2.68E-03	1.19E-02	0.	0.	0.	6.52E-05	1.87E-09	1.79E-07	6.99E-07	1.46E-02
19 8.90	0.	3.11E-03	9.72E-03	0.	0.	0.	6.54E-05	1.93E-09	1.78E-07	6.99E-07	1.30E-02
20 8.80	0.	3.24E-03	9.79E-03	0.	0.	0.	6.57E-05	2.00E-09	1.78E-07	7.00E-07	1.24E-02
21 8.70	0.	3.11E-03	6.69E-03	0.	0.	0.	6.59E-05	2.07E-09	1.77E-07	7.01E-07	9.87E-03
22 8.60	0.	2.99E-03	6.73E-03	0.	0.	0.	6.61E-05	2.14E-09	1.76E-07	7.02E-07	9.78E-03
23 8.50	0.	2.81E-03	4.98E-03	0.	0.	0.	6.64E-05	2.22E-09	1.76E-07	7.03E-07	7.94E-03
24 8.40	0.	2.70E-03	4.73E-03	0.	0.	0.	6.67E-05	2.30E-09	1.75E-07	7.04E-07	7.60E-03
25 8.30	0.	2.51E-03	3.43E-03	0.	0.	0.	6.71E-05	2.38E-09	1.74E-07	7.07E-07	6.20E-03
26 8.20	0.	2.42E-03	3.29E-03	0.	0.	0.	6.74E-05	2.47E-09	1.73E-07	7.16E-07	5.97E-03
27 8.10	0.	2.31E-03	2.45E-03	0.	0.	0.	6.78E-05	2.56E-09	1.72E-07	7.25E-07	5.73E-03
28 8.00	0.	2.20E-03	2.32E-03	0.	0.	0.	6.81E-05	2.66E-09	1.71E-07	7.34E-07	5.53E-03
29 7.90	0.	2.08E-03	1.74E-03	0.	0.	0.	6.85E-05	2.77E-09	1.70E-07	7.43E-07	4.41E-03
30 7.80	0.	1.95E-03	1.68E-03	0.	0.	0.	6.88E-05	2.87E-09	1.69E-07	7.52E-07	4.12E-03
31 7.70	0.	1.82E-03	1.29E-03	0.	3.21E-07	0.	6.92E-05	2.99E-09	1.69E-07	7.61E-07	3.95E-03
32 7.60	0.	1.71E-03	1.12E-03	0.	2.52E-06	0.	6.95E-05	3.11E-09	1.68E-07	7.70E-07	3.44E-03
33 7.50	0.	1.62E-03	9.16E-04	0.	8.52E-06	0.	6.99E-05	3.23E-09	1.67E-07	7.79E-07	3.14E-03
34 7.40	0.	1.50E-03	6.34E-04	0.	5.19E-05	0.	7.03E-05	3.37E-09	1.66E-07	7.88E-07	2.81E-03
35 7.30	0.	1.38E-03	5.11E-04	0.	1.59E-04	0.	7.06E-05	3.51E-09	1.65E-07	7.97E-07	2.54E-03
36 7.20	0.	0.	4.43E-04	0.	3.03E-04	0.	7.10E-05	3.66E-09	1.64E-07	8.06E-07	2.37E-03
37 7.10	0.	0.	3.62E-04	0.	1.13E-03	0.	7.16E-05	3.81E-09	1.63E-07	8.15E-07	2.24E-03
38 7.00	2.42E-06	0.	2.98E-04	0.	1.19E-04	0.	7.28E-05	3.98E-09	1.62E-07	8.24E-07	2.20E-03
39 6.90	4.42E-06	0.	2.55E-04	0.	9.19E-04	0.	7.34E-05	4.16E-09	1.62E-07	8.33E-07	1.61E-03
40 6.80	3.55E-06	0.	1.98E-04	0.	2.11E-03	0.	7.39E-05	4.34E-09	1.61E-07	8.42E-07	1.30E-03
41 6.70	3.36E-06	0.	1.57E-04	0.	3.32E-03	0.	7.45E-05	4.54E-09	1.60E-07	8.52E-07	2.45E-03
42 6.60	1.23E-07	0.	1.08E-04	0.	3.09E-03	0.	7.51E-05	4.75E-09	1.59E-07	8.61E-07	3.60E-03
43 6.50	2.09E-06	0.	6.05E-05	0.	4.55E-03	0.	7.57E-05	4.97E-09	1.59E-07	8.71E-07	1.75E-03
44 6.40	5.91E-06	0.	2.98E-05	3.08E-05	2.89E-03	0.	7.69E-05	5.21E-09	1.58E-07	8.80E-07	3.28E-03
45 6.30	2.22E-05	0.	1.33E-05	1.25E-04	5.57E-03	0.	7.69E-05	5.46E-09	1.58E-07	8.92E-07	4.72E-03
46 6.20	5.45E-05	0.	5.15E-06	1.57E-04	1.58E-04	0.	7.74E-05	5.73E-09	1.59E-07	9.11E-07	2.02E-03
47 6.10	8.28E-05	0.	1.15E-06	4.12E-04	1.85E-03	0.	7.80E-05	6.02E-09	1.59E-07	9.29E-07	3.15E-03
48 6.00	1.17E-04	0.	8.10E-08	3.17E-04	4.37E-04	0.	7.80E-05	6.33E-09	1.59E-07	9.48E-07	6.09E-03
49 5.90	1.28E-04	0.	1.95E-09	4.37E-04	1.85E-03	0.	7.69E-05	6.66E-09	1.60E-07	9.65E-07	2.03E-03
50 5.80		0.	0.	5.68E-04	1.72E-03	0.	7.69E-05	7.01E-09	1.61E-07	9.85E-07	2.48E-03
51 5.70		0.		5.77E-04	1.60E-03	0.	7.22E-05	7.39E-09	1.62E-07	1.00E-06	2.38E-03

174

ABSORPTION COEFFICIENTS OF HEATED AIR (INVERSE CM.)

TEMPERATURE (DEGREES K) 7000.   DENSITY (GM/CC) 1.293E-04   (10.0E-02 NORMAL)

	PHOTON ENERGY	O2 S-R BANDS	N2 1ST POS.	N2 2ND POS.	N2+ 1ST NEG.	NO BETA	NO GAMMA	NO VIB-ROT	NO 2	O- PHOTO-DET	FREE-FREE (IONS)	N P.E.	O P.E.	TOTAL AIR
52	5.60	1.53E-04	0.	0.	0.	3.92E-04	3.02E-03	0.	0.	6.71E-05	7.79E-09	1.62E-07	1.02E-06	3.63E-03
53	5.50	1.52E-04	0.	0.	0.	4.92E-04	3.73E-03	0.	0.	6.75E-05	8.22E-09	1.63E-07	1.04E-06	3.84E-03
54	5.40	1.52E-04	0.	0.	0.	3.92E-04	1.67E-03	0.	0.	6.78E-05	8.69E-09	1.65E-07	1.06E-06	2.28E-03
55	5.30	1.40E-04	0.	0.	0.	4.05E-04	2.89E-03	0.	0.	6.83E-05	9.19E-09	1.67E-07	1.08E-06	3.50E-03
56	5.20	9.19E-05	0.	0.	0.	4.07E-04	1.37E-03	0.	2.87E-08	6.87E-05	9.74E-09	1.71E-07	1.11E-06	1.94E-03
57	5.10	8.28E-05	0.	0.	0.	3.83E-04	1.95E-03	0.	2.87E-08	6.93E-05	1.03E-08	1.76E-07	1.14E-06	2.48E-03
58	5.00	5.90E-05	0.	0.	0.	3.21E-04	1.63E-03	0.	2.87E-08	6.99E-05	1.10E-08	1.80E-07	1.16E-06	2.09E-03
59	4.90	4.88E-05	0.	0.	0.	3.34E-04	1.46E-03	0.	2.87E-08	7.04E-05	1.16E-08	1.84E-07	1.19E-06	1.91E-03
60	4.80	4.93E-05	0.	0.	0.	3.16E-04	1.35E-03	0.	2.87E-08	7.10E-05	1.24E-08	1.88E-07	1.22E-06	1.82E-03
61	4.70	5.11E-05	0.	0.	0.	3.07E-04	1.02E-03	0.	2.87E-08	7.16E-05	1.32E-08	1.93E-07	1.25E-06	1.46E-03
62	4.60	5.77E-05	0.	0.	0.	2.52E-04	9.96E-04	0.	2.87E-08	7.22E-05	1.41E-08	1.98E-07	1.28E-06	1.43E-03
63	4.50	5.48E-05	0.	5.55E-06	0.	2.39E-04	5.43E-04	0.	2.87E-08	7.28E-05	1.50E-08	2.03E-07	1.31E-06	1.03E-03
64	4.40	5.24E-05	0.	2.85E-05	0.	2.05E-04	5.12E-04	0.	2.87E-08	7.34E-05	1.61E-08	2.09E-07	1.34E-06	9.02E-04
65	4.30	4.46E-05	0.	4.49E-05	0.	1.81E-04	2.56E-04	0.	2.87E-08	7.39E-05	1.72E-08	2.14E-07	1.37E-06	6.27E-04
66	4.20	3.85E-05	0.	2.29E-04	0.	1.61E-04	2.25E-04	0.	2.87E-08	7.45E-05	1.85E-08	2.20E-07	8.93E-07	3.97E-04
67	4.10	3.33E-05	0.	5.18E-05	0.	1.29E-04	5.54E-05	0.	2.87E-08	7.48E-05	1.99E-08	8.02E-08	9.21E-07	6.19E-04
68	4.00	2.81E-05	0.	3.13E-04	2.56E-06	1.34E-04	1.13E-05	0.	2.87E-08	7.51E-05	2.14E-08	8.94E-08	9.48E-07	3.91E-04
69	3.90	2.13E-05	0.	1.43E-04	2.85E-06	1.03E-04	1.98E-05	0.	2.87E-08	7.48E-05	2.31E-08	1.16E-07	9.75E-07	4.28E-04
70	3.80	2.22E-05	0.	2.77E-04	2.97E-06	6.70E-05	0.	0.	2.87E-08	7.45E-05	2.50E-08	1.30E-07	9.75E-08	3.21E-04
71	3.70	1.70E-05	0.	1.05E-04	1.36E-06	4.97E-05	0.	0.	2.87E-08	7.34E-05	2.71E-08	1.45E-07	1.15E-07	4.74E-04
72	3.60	1.41E-05	0.	1.96E-05	1.58E-04	4.95E-05	0.	0.	2.87E-08	6.87E-05	2.94E-08	1.59E-07	1.33E-07	2.00E-04
73	3.50	1.19E-05	0.	7.44E-05	4.25E-05	4.13E-05	0.	0.	2.87E-08	6.29E-05	3.20E-08	1.73E-07	1.51E-07	2.27E-04
74	3.40	7.22E-06	0.	9.09E-05	1.58E-04	2.14E-05	0.	0.	2.87E-08	3.50E-05	3.50E-08	1.88E-07	1.71E-07	2.92E-04
75	3.30	5.57E-06	0.	4.22E-05	4.39E-05	1.15E-05	0.	0.	2.87E-08	3.63E-05	3.82E-08	2.03E-07	1.90E-07	1.36E-04
76	3.20	5.82E-06	0.	1.67E-05	3.62E-05	4.86E-06	0.	0.	2.87E-08	3.64E-05	4.19E-08	2.18E-07	2.10E-07	1.07E-04
77	3.10	3.80E-06	0.	9.86E-06	3.43E-05	1.70E-06	0.	0.	2.87E-08	3.65E-05	4.62E-08	2.35E-07	2.50E-07	6.34E-05
78	3.00	3.82E-06	0.	4.37E-06	2.14E-05	3.50E-07	0.	0.	2.87E-08	3.66E-05	5.10E-08	2.50E-07	2.70E-07	6.72E-05
79	2.90	2.82E-06	0.	2.02E-06	1.15E-06	3.33E-08	0.	0.	2.87E-08	3.66E-05	5.64E-08	2.70E-07	2.90E-07	4.25E-05
80	2.80	2.68E-06	0.	1.48E-06	0.	0.	0.	0.	2.87E-08	3.67E-05	6.27E-08	2.90E-07	3.08E-07	3.87E-05
81	2.70	2.43E-06	0.	0.	0.	0.	0.	0.	2.87E-08	3.67E-05	7.00E-08	3.03E-07	3.34E-07	4.99E-05
82	2.60	5.33E-07	0.	0.	0.	0.	0.	0.	2.87E-08	3.67E-05	7.85E-08	2.18E-07	6.84E-08	1.05E-04
83	2.50	3.39E-08	0.	0.	0.	0.	0.	0.	2.87E-08	3.67E-05	8.83E-08	2.35E-07	7.84E-08	1.60E-04
84	2.40	0.	1.11E-05	0.	0.	0.	0.	0.	2.87E-08	3.64E-05	9.98E-08	1.12E-07	9.66E-08	1.05E-04
85	2.30	0.	6.80E-04	0.	0.	0.	0.	0.	2.87E-08	3.61E-05	1.13E-07	1.36E-07	1.16E-07	1.60E-04
86	2.20	0.	1.23E-04	0.	0.	0.	0.	0.	2.87E-08	3.62E-05	1.30E-07	1.61E-07	1.39E-07	4.99E-05
87	2.10	0.	2.26E-04	0.	0.	0.	0.	0.	2.87E-08	3.49E-05	1.49E-07	1.87E-07	1.63E-07	1.05E-04
88	2.00	0.	8.39E-04	0.	0.	0.	0.	0.	2.87E-08	3.36E-05	1.73E-07	2.13E-07	1.86E-07	1.60E-04
89	1.90	0.	7.10E-04	0.	0.	0.	0.	0.	2.87E-08	3.21E-05	2.02E-07	2.40E-07	2.10E-07	3.46E-04
90	1.80	0.	8.44E-04	0.	0.	0.	0.	0.	2.87E-08	3.06E-05	2.38E-07	2.79E-07	2.46E-07	3.46E-04
91	1.70	0.	7.24E-04	0.	0.	0.	0.	0.	2.87E-08	2.56E-05	2.83E-07	2.90E-07	2.90E-07	8.73E-04
92	1.60	0.	8.37E-04	0.	0.	0.	0.	0.	2.87E-08	1.16E-05	3.40E-07	3.05E-07	3.05E-07	7.43E-04
93	1.50	0.	6.37E-04	0.	0.	0.	0.	0.	2.87E-08	0.	4.13E-07	3.72E-07	3.62E-07	6.08E-04
94	1.40	0.	4.55E-04	0.	0.	0.	0.	0.	2.87E-08	0.	5.09E-07	4.00E-07	2.38E-07	7.36E-04
95	1.30	0.	4.40E-04	0.	0.	0.	0.	0.	2.87E-08	0.	6.36E-07	2.52E-07	3.29E-07	8.38E-04
96	1.20	0.	3.38E-04	0.	0.	0.	0.	2.72E-08	2.87E-08	0.	8.11E-07	3.54E-07	4.30E-07	5.70E-04
97	1.10	0.	1.54E-04	0.	0.	0.	0.	1.61E-07	2.87E-08	0.	1.06E-06	4.67E-07	4.61E-07	5.70E-04
98	1.00	0.	4.31E-05	0.	0.	0.	0.	2.44E-07	2.87E-08	0.	1.41E-06	5.46E-07	5.57E-07	4.57E-04
99	0.90	0.	1.17E-06	0.	0.	0.	0.	2.98E-06	2.87E-08	0.	1.94E-06	6.57E-07	6.53E-07	4.57E-04
100	0.80	0.	0.	0.	0.	0.	0.	1.89E-06	2.87E-08	0.	2.78E-06	7.68E-07	7.46E-07	3.43E-04
101	0.70	0.	0.	0.	0.	0.	0.	7.94E-06	2.87E-08	0.	4.17E-06	7.20E-07	5.71E-07	1.61E-04
102	0.60	0.	0.	0.	0.	0.	0.	0.	2.87E-08	0.	6.67E-06	8.09E-07	6.45E-07	1.73E-05

ABSORPTION COEFFICIENTS OF HEATED AIR (INVERSE CM.)

TEMPERATURE (DEGREES K) 7000.   DENSITY (GM/CC) 1.293E-05   (10.0E-03 NORMAL)

#	PHOTON ENERGY E.V.	O2 S-R BANDS	O2 S-R CONT.	N2 B-H NO. 1	NO BETA	NO GAMMA	NO 2	O- PHOTO-DET (IONS)	FREE-FREE (IONS)	N P.E.	O P.E.	TOTAL AIR
1	10.70	0.	0.	7.97E-03	0.	0.	0.	1.29E-06	4.45E-11	1.50E-07	6.97E-08	7.97E-03
2	10.60	0.	0.	6.48E-03	0.	0.	0.	1.29E-06	4.58E-11	1.51E-07	6.98E-08	6.48E-03
3	10.50	0.	0.	6.11E-03	0.	0.	0.	1.29E-06	4.71E-11	1.51E-07	6.99E-08	6.11E-03
4	10.40	0.	0.	5.24E-03	0.	0.	0.	1.29E-06	4.85E-11	1.52E-07	7.00E-08	5.25E-03
5	10.30	0.	0.	4.08E-03	0.	0.	0.	1.29E-06	4.99E-11	1.52E-07	7.01E-08	4.08E-03
6	10.20	0.	0.	3.91E-03	0.	0.	0.	1.30E-06	5.14E-11	1.53E-07	7.01E-08	3.91E-03
7	10.10	0.	0.	3.42E-03	0.	0.	0.	1.30E-06	5.29E-11	1.53E-07	7.02E-08	3.42E-03
8	10.00	0.	0.	2.57E-03	0.	0.	0.	1.30E-06	5.45E-11	1.54E-07	7.03E-08	2.57E-03
9	9.90	0.	0.	2.57E-03	0.	0.	0.	1.30E-06	5.62E-11	1.54E-07	7.04E-08	2.58E-03
10	9.80	0.	0.	2.16E-03	0.	0.	0.	1.30E-06	5.80E-11	1.54E-07	7.05E-08	2.16E-03
11	9.70	0.	0.	1.61E-03	0.	0.	0.	1.31E-06	5.98E-11	1.55E-07	7.06E-08	1.61E-03
12	9.60	0.	0.	1.72E-03	0.	0.	0.	1.31E-06	6.17E-11	1.55E-07	7.07E-08	1.73E-03
13	9.50	0.	1.41E-05	1.26E-03	0.	0.	0.	1.31E-06	6.37E-11	1.55E-07	7.08E-08	1.28E-03
14	9.40	0.	1.58E-05	1.07E-03	0.	0.	0.	1.32E-06	6.57E-11	1.55E-07	7.09E-08	1.09E-03
15	9.30	0.	1.76E-05	1.06E-03	0.	0.	0.	1.32E-06	6.79E-11	1.04E-07	7.10E-08	1.08E-03
16	9.20	0.	1.93E-05	7.21E-04	0.	0.	0.	1.33E-06	7.01E-11	4.02E-08	7.11E-08	7.41E-04
17	9.10	0.	2.34E-05	7.44E-04	0.	0.	0.	1.33E-06	7.25E-11	4.00E-08	7.12E-08	7.69E-04
18	9.00	0.	2.80E-05	5.89E-04	0.	0.	0.	1.34E-06	7.49E-11	3.99E-08	7.13E-08	6.18E-04
19	8.90	0.	3.27E-05	4.85E-04	0.	0.	0.	1.34E-06	7.75E-11	3.97E-08	7.14E-08	5.20E-04
20	8.80	0.	3.39E-05	4.52E-04	0.	0.	0.	1.34E-06	8.02E-11	3.96E-08	7.14E-08	4.88E-04
21	8.70	0.	3.26E-05	3.34E-04	0.	0.	0.	1.35E-06	8.30E-11	3.94E-08	7.15E-08	3.66E-04
22	8.60	0.	3.13E-05	3.34E-04	0.	0.	0.	1.35E-06	8.59E-11	3.92E-08	7.16E-08	3.66E-04
23	8.50	0.	3.03E-05	2.47E-04	0.	0.	0.	1.36E-06	8.90E-11	3.91E-08	7.17E-08	2.79E-04
24	8.40	0.	2.94E-05	2.34E-04	0.	0.	0.	1.37E-06	9.22E-11	3.89E-08	7.18E-08	2.65E-04
25	8.30	0.	2.83E-05	1.70E-04	0.	0.	0.	1.37E-06	9.56E-11	3.88E-08	7.18E-08	2.00E-04
26	8.20	0.	2.73E-05	1.63E-04	0.	0.	0.	1.38E-06	9.92E-11	3.86E-08	7.31E-08	1.92E-04
27	8.10	0.	2.63E-05	1.22E-04	0.	0.	0.	1.38E-06	1.03E-10	3.84E-08	7.40E-08	1.49E-04
28	8.00	0.	2.54E-05	1.15E-04	0.	0.	0.	1.39E-06	1.07E-10	3.81E-08	7.49E-08	1.42E-04
29	7.90	0.	2.42E-05	8.61E-05	0.	0.	0.	1.39E-06	1.11E-10	3.79E-08	7.58E-08	1.12E-04
30	7.80	0.	2.31E-05	8.32E-05	0.	0.	0.	1.40E-06	1.15E-10	3.77E-08	7.68E-08	1.08E-04
31	7.70	0.	2.18E-05	6.41E-05	0.	0.	0.	1.41E-06	1.20E-10	3.75E-08	7.77E-08	8.74E-05
32	7.60	0.	2.04E-05	5.54E-05	0.	0.	0.	1.42E-06	1.25E-10	3.73E-08	7.86E-08	7.74E-05
33	7.50	0.	1.91E-05	4.54E-05	0.	7.31E-09	0.	1.43E-06	1.30E-10	3.71E-08	7.95E-08	6.61E-05
34	7.40	0.	1.79E-05	3.70E-05	0.	5.73E-08	0.	1.44E-06	1.35E-10	3.69E-08	8.04E-08	5.66E-05
35	7.30	0.	1.69E-05	3.14E-05	0.	1.94E-07	0.	1.45E-06	1.41E-10	3.67E-08	8.13E-08	5.11E-05
36	7.20	0.	1.57E-05	2.53E-05	0.	1.18E-06	0.	1.45E-06	1.47E-10	3.64E-08	8.23E-08	4.62E-05
37	7.10	0.	1.45E-05	2.20E-05	0.	6.88E-06	0.	1.47E-06	1.53E-10	3.62E-08	8.32E-08	4.49E-05
38	7.00	2.52E-08	0.	1.80E-05	0.	2.66E-05	0.	1.48E-06	1.60E-10	3.60E-08	8.41E-08	4.62E-05
39	6.90	4.60E-08	0.	1.48E-05	0.	2.09E-05	0.	1.49E-06	1.67E-10	3.58E-08	8.50E-08	3.73E-05
40	6.80	3.69E-08	0.	1.26E-05	0.	4.81E-05	0.	1.50E-06	1.74E-10	3.56E-08	8.59E-08	6.24E-05
41	6.70	2.49E-08	0.	9.82E-06	0.	7.56E-05	0.	1.51E-06	1.82E-10	3.55E-08	8.69E-08	8.71E-05
42	6.60	1.42E-08	0.	7.86E-06	0.	3.44E-05	0.	1.53E-06	1.91E-10	3.54E-08	8.78E-08	4.39E-05
43	6.50	1.07E-08	0.	5.36E-06	0.	7.03E-05	0.	1.54E-06	2.00E-10	3.53E-08	8.88E-08	7.73E-05
44	6.40	1.07E-08	0.	3.00E-06	7.00E-07	1.04E-04	0.	1.56E-06	2.09E-10	3.52E-08	8.98E-08	1.09E-04
45	6.30	2.18E-08	0.	1.48E-06	2.85E-06	4.06E-05	0.	1.57E-06	2.19E-10	3.52E-08	9.10E-08	4.66E-05
46	6.20	2.15E-08	0.	6.61E-07	3.58E-06	6.58E-05	0.	1.57E-06	2.30E-10	3.53E-08	9.29E-08	7.19E-05
47	6.10	2.31E-07	0.	2.55E-07	9.37E-06	1.27E-04	0.	1.59E-06	2.42E-10	3.55E-08	9.48E-08	1.38E-04
48	6.00	5.68E-07	0.	5.71E-08	7.20E-06	3.60E-05	0.	1.60E-06	2.54E-10	3.57E-08	9.67E-08	4.56E-05
49	5.90	8.63E-07	0.	4.02E-09	9.29E-06	4.21E-05	0.	1.60E-06	2.67E-10	3.59E-08	9.86E-08	5.47E-05
50	5.80	1.22E-06	0.	9.67E-11	1.29E-05	3.90E-05	0.	1.57E-06	2.81E-10	3.60E-08	1.00E-07	5.49E-05
51	5.70	1.33E-06	0.	0.	1.31E-05	3.64E-05	0.	1.48E-06	2.96E-10	3.60E-08	1.02E-07	5.25E-05

176

ABSORPTION COEFFICIENTS OF HEATED AIR (INVERSE CM.)

TEMPERATURE (DEGREES K) 7000. DENSITY (GM/CC) 1.293E-05 (10.0E-03 NORMAL)

PHOTON ENERGY BANDS		O2 S-R BANDS	N2 1ST POS.	N2 2ND POS.	N2+ 1ST NEG.	NO BETA	NO GAMMA	NO VIB-ROT	NO2	O- PHOTO-DE-	FREE-FREE (IONS)	N P.E.	O P.E.	TOTAL AIR
52	5.60	1.59E-06	0.	0.	0.	8.90E-06	6.87E-05	0.	0.	1.37E-06	3.13E-10	3.62E-08	1.04E-07	8.07E-05
53	5.50	1.58E-06	0.	0.	0.	1.12E-05	7.12E-05	0.	0.	1.38E-06	3.30E-10	3.64E-08	1.06E-07	8.55E-05
54	5.40	1.58E-06	0.	0.	0.	8.92E-06	3.79E-05	0.	0.	1.39E-06	3.49E-10	3.67E-08	1.08E-07	4.99E-05
55	5.30	1.46E-06	0.	0.	0.	9.20E-06	6.57E-05	0.	0.	1.40E-06	3.69E-10	3.69E-08	1.13E-07	7.79E-05
56	5.20	9.57E-07	0.	0.	0.	9.26E-06	3.12E-05	0.	0.	1.41E-06	3.91E-10	3.73E-08	1.16E-07	7.31E-05
57	5.10	8.63E-07	0.	0.	0.	8.71E-06	4.43E-05	0.	6.66E-11	1.42E-06	4.14E-10	3.82E-08	1.19E-07	5.55E-05
58	5.00	6.14E-07	0.	0.	0.	7.30E-06	3.71E-05	0.	6.66E-11	1.43E-06	4.40E-10	3.91E-08	1.22E-07	4.66E-05
59	4.90	5.09E-07	0.	0.	0.	7.60E-06	3.32E-05	0.	6.66E-11	1.44E-06	4.67E-10	4.01E-08	1.26E-07	4.30E-05
60	4.80	5.14E-07	0.	0.	0.	7.87E-06	3.07E-05	0.	6.66E-11	1.45E-06	4.97E-10	4.10E-08	1.28E-07	4.07E-05
61	4.70	5.32E-07	0.	0.	0.	7.18E-06	2.32E-05	0.	6.66E-11	1.47E-06	5.29E-10	4.18E-08	1.31E-07	3.26E-05
62	4.60	6.01E-07	0.	2.75E-07	0.	6.99E-06	2.46E-05	0.	6.66E-11	1.48E-06	5.65E-10	4.29E-08	1.34E-07	3.19E-05
63	4.50	5.71E-07	0.	1.19E-06	0.	5.72E-06	1.16E-05	0.	6.66E-11	1.49E-06	6.03E-10	4.41E-08	1.37E-07	2.28E-05
64	4.40	5.46E-07	0.	2.23E-06	0.	5.42E-06	5.83E-06	0.	6.66E-11	1.50E-06	6.45E-10	4.53E-08	1.40E-07	2.05E-05
65	4.30	5.64E-07	0.	1.14E-06	0.	4.67E-06	1.26E-06	0.	6.66E-11	1.51E-06	6.92E-10	4.65E-08	9.11E-08	1.49E-05
66	4.20	4.01E-07	0.	2.57E-06	0.	4.70E-06	9.38E-07	0.	6.66E-11	1.53E-06	7.42E-10	4.77E-08	9.39E-08	2.32E-05
67	4.10	3.47E-07	0.	1.55E-05	0.	4.11E-06	4.51E-07	0.	6.66E-11	1.53E-06	7.98E-10	4.98E-08	9.67E-08	9.86E-06
68	4.00	2.92E-07	0.	7.09E-06	6.33E-07	3.67E-06	0.	0.	6.66E-11	1.54E-06	8.55E-10	5.13E-08	9.95E-08	2.20E-05
69	3.90	2.21E-07	0.	8.32E-06	7.06E-06	2.93E-06	0.	0.	6.66E-11	1.53E-06	9.27E-10	5.29E-08	1.02E-07	1.29E-05
70	3.80	2.31E-07	0.	1.37E-05	7.26E-06	2.31E-06	0.	0.	6.66E-11	1.53E-06	1.00E-09	5.54E-08	1.02E-07	2.02E-05
71	3.70	1.77E-07	0.	5.19E-06	1.19E-06	2.14E-06	0.	0.	6.66E-11	1.50E-06	1.09E-09	5.85E-08	1.18E-07	1.87E-05
72	3.60	1.47E-07	0.	9.72E-06	7.35E-06	2.35E-06	0.	0.	6.66E-11	1.41E-06	1.18E-09	6.17E-08	1.36E-07	1.65E-05
73	3.50	1.24E-07	0.	3.68E-06	3.37E-06	1.68E-06	0.	0.	6.66E-11	1.29E-06	1.28E-09	6.52E-08	1.54E-07	4.64E-05
74	3.40	1.00E-07	0.	4.51E-06	1.31E-06	1.13E-06	0.	0.	6.66E-11	1.43E-06	1.40E-09	6.88E-08	1.74E-07	7.56E-06
75	3.30	7.51E-08	0.	2.09E-06	1.05E-05	1.05E-06	0.	0.	6.66E-11	7.44E-07	1.53E-09	7.24E-08	1.94E-07	1.70E-05
76	3.20	5.80E-08	0.	1.69E-06	3.90E-06	1.13E-06	0.	0.	6.66E-11	7.45E-07	1.68E-09	7.75E-08	2.14E-07	4.31E-06
77	3.10	3.97E-08	0.	8.30E-07	2.06E-06	9.34E-07	0.	0.	6.66E-11	7.45E-07	1.85E-09	8.11E-08	2.35E-07	5.54E-06
78	3.00	0.	0.	4.89E-07	1.08E-06	7.79E-07	0.	0.	6.66E-11	7.49E-07	2.04E-09	8.55E-08	2.55E-07	1.33E-05
79	2.90	0.	0.	2.17E-07	8.95E-06	4.66E-07	0.	0.	6.66E-11	7.50E-07	2.26E-09	9.11E-08	2.75E-07	1.08E-05
80	2.80	0.	0.	9.90E-08	1.88E-06	2.62E-07	0.	0.	6.66E-11	7.51E-07	2.52E-09	9.67E-08	2.96E-07	3.22E-06
81	2.70	0.	0.	5.04E-08	5.37E-06	1.11E-07	0.	0.	6.66E-11	7.51E-07	2.81E-09	1.03E-07	3.18E-07	6.39E-06
82	2.60	0.	0.	7.35E-09	2.91E-07	3.87E-08	0.	0.	6.66E-11	7.51E-07	3.15E-09	1.13E-07	3.58E-07	1.45E-06
83	2.50	0.	0.	0.	4.27E-07	7.96E-09	0.	0.	6.66E-11	7.51E-07	3.54E-09	1.24E-07	3.99E-07	1.09E-06
84	2.40	0.	0.	0.	0.	7.57E-10	0.	0.	6.66E-11	7.45E-07	4.01E-09	1.36E-07	4.55E-07	1.77E-06
85	2.30	0.	5.49E-07	0.	0.	0.	0.	0.	6.66E-11	7.42E-07	4.55E-09	1.46E-07	5.21E-07	4.17E-06
86	2.20	0.	3.37E-06	0.	0.	0.	0.	0.	6.66E-11	7.39E-07	5.21E-09	1.55E-07	5.99E-07	6.91E-06
87	2.10	0.	6.11E-06	0.	0.	0.	0.	0.	6.66E-11	7.15E-07	5.99E-09	1.66E-07	6.94E-07	1.20E-05
88	2.00	0.	1.12E-05	0.	0.	0.	0.	0.	6.66E-11	6.88E-07	6.94E-09	1.79E-07	4.75E-07	1.62E-05
89	1.90	0.	1.54E-05	0.	0.	0.	0.	0.	6.66E-11	6.58E-07	8.11E-09	1.94E-07	5.34E-07	2.51E-05
90	1.80	0.	4.16E-05	0.	0.	0.	0.	0.	6.66E-11	6.20E-07	9.55E-09	2.14E-07	6.21E-07	3.26E-05
91	1.70	0.	3.55E-05	0.	0.	0.	0.	0.	6.66E-11	6.13E-07	1.13E-08	2.35E-07	7.24E-07	2.96E-05
92	1.60	0.	2.88E-05	0.	0.	0.	0.	0.	6.66E-11	5.25E-07	1.36E-08	2.55E-07	8.28E-07	2.95E-05
93	1.50	0.	3.59E-05	0.	0.	0.	0.	0.	6.66E-11	2.38E-07	1.63E-08	2.75E-07	8.91E-07	3.16E-05
94	1.40	0.	4.15E-05	0.	0.	0.	0.	0.	6.66E-11	0.	1.94E-08	2.96E-07	1.04E-06	3.16E-05
95	1.30	0.	2.82E-05	0.	0.	0.	0.	0.	6.66E-11	0.	2.30E-08	3.18E-07	1.26E-06	2.83E-05
96	1.20	0.	3.16E-05	0.	0.	0.	0.	0.	6.66E-11	0.	2.75E-08	3.35E-07	1.46E-06	3.18E-05
97	1.10	0.	2.26E-05	0.	0.	0.	0.	6.19E-10	6.66E-11	0.	3.30E-08	3.73E-07	1.71E-06	2.83E-05
98	1.00	0.	2.18E-05	0.	0.	0.	0.	3.66E-09	6.66E-11	0.	5.66E-08	4.71E-07	1.94E-06	2.21E-05
99	0.90	0.	1.68E-05	0.	0.	0.	0.	5.56E-09	6.66E-11	0.	7.79E-08	5.68E-07	2.21E-06	2.21E-05
100	0.80	0.	7.62E-06	0.	0.	0.	0.	6.77E-08	6.66E-11	0.	1.11E-07	6.63E-07	2.57E-06	1.71E-05
101	0.70	0.	2.14E-06	0.	0.	0.	0.	4.30E-08	6.66E-11	0.	1.67E-07	7.61E-07	2.57E-06	2.57E-06
102	0.60	0.	5.80E-08	0.	0.	0.	0.	1.80E-07	6.66E-11	0.	2.68E-07	8.58E-07	6.58E-07	7.52E-07

ABSORPTION COEFFICIENTS OF HEATED AIR (INVERSE CM.)

TEMPERATURE (DEGREES K) 7000.   DENSITY (GM/CC) 1.293E-06   (10.0E-04 NORMAL)

PHOTON ENERGY BANDS E.V.	O2 S-R BANDS	O2 S-R CONT.	N2 B-H NO. 1	NO BETA	NO GAMMA	NO2	O- PHOTO-DET	O- FREE-FREE (IONS)	N P.E.	O P.E.	TOTAL AIR
1 10.70	0.	0.	1.62E-04	0.	0.	0.	3.45E-08	3.16E-12	2.14E-08	7.00E-09	1.62E-04
2 10.60	0.	0.	1.32E-04	0.	0.	0.	3.45E-08	3.25E-12	2.15E-08	7.01E-09	1.32E-04
3 10.50	0.	0.	1.24E-04	0.	0.	0.	3.46E-08	3.35E-12	2.16E-08	7.02E-09	1.24E-04
4 10.40	0.	0.	1.07E-04	0.	0.	0.	3.47E-08	3.44E-12	2.17E-08	7.03E-09	1.07E-04
5 10.30	0.	0.	8.29E-05	0.	0.	0.	3.47E-08	3.55E-12	2.18E-08	7.04E-09	8.30E-05
6 10.20	0.	0.	7.95E-05	0.	0.	0.	3.48E-08	3.65E-12	2.18E-08	7.05E-09	7.96E-05
7 10.10	0.	0.	6.95E-05	0.	0.	0.	3.48E-08	3.76E-12	2.19E-08	7.06E-09	6.96E-05
8 10.00	0.	0.	5.24E-05	0.	0.	0.	3.49E-08	3.88E-12	2.19E-08	7.07E-09	5.24E-05
9 9.90	0.	0.	5.22E-05	0.	0.	0.	3.49E-08	3.99E-12	2.20E-08	7.08E-09	5.23E-05
10 9.80	0.	1.42E-07	4.39E-05	0.	0.	0.	3.50E-08	4.12E-12	2.20E-08	7.09E-09	4.40E-05
11 9.70	0.	1.60E-07	3.28E-05	0.	0.	0.	3.50E-08	4.25E-12	2.21E-08	7.09E-09	3.29E-05
12 9.60	0.	1.77E-07	3.51E-05	0.	0.	0.	3.51E-08	4.38E-12	5.78E-09	7.10E-09	3.51E-05
13 9.50	0.	1.94E-07	2.56E-05	0.	0.	0.	3.51E-08	4.52E-12	5.76E-09	7.11E-09	2.58E-05
14 9.40	0.	2.16E-07	2.18E-05	0.	0.	0.	3.52E-08	4.67E-12	5.74E-09	7.12E-09	2.20E-05
15 9.30	0.	2.36E-07	2.16E-05	0.	0.	0.	3.54E-08	4.82E-12	5.71E-09	7.13E-09	2.18E-05
16 9.20	0.	2.83E-07	1.47E-05	0.	0.	0.	3.55E-08	4.98E-12	5.69E-09	7.14E-09	1.49E-05
17 9.10	0.	3.29E-07	1.51E-05	0.	0.	0.	3.56E-08	5.15E-12	5.67E-09	7.15E-09	1.54E-05
18 9.00	0.	3.42E-07	1.51E-05	0.	0.	0.	3.58E-08	5.32E-12	5.64E-09	7.16E-09	1.53E-05
19 8.90	0.	3.29E-07	9.87E-06	0.	0.	0.	3.59E-08	5.50E-12	5.62E-09	7.17E-09	1.03E-05
20 8.80	0.	3.05E-07	9.20E-06	0.	0.	0.	3.60E-08	5.70E-12	5.60E-09	7.18E-09	9.59E-06
21 8.70	0.	2.97E-07	6.75E-06	0.	0.	0.	3.61E-08	5.90E-12	5.58E-09	7.19E-09	7.13E-06
22 8.60	0.	2.86E-07	5.03E-06	0.	0.	0.	3.64E-08	6.10E-12	5.55E-09	7.21E-09	7.15E-06
23 8.50	0.	2.75E-07	4.77E-06	0.	0.	0.	3.66E-08	6.32E-12	5.53E-09	7.22E-09	5.38E-06
24 8.40	0.	2.66E-07	3.32E-06	0.	0.	0.	3.68E-08	6.55E-12	5.51E-09	7.25E-09	5.11E-06
25 8.30	0.	2.56E-07	2.47E-06	0.	0.	0.	3.70E-08	6.79E-12	5.47E-09	7.31E-09	3.79E-06
26 8.20	0.	2.44E-07	2.34E-06	0.	0.	0.	3.72E-08	7.05E-12	5.44E-09	7.44E-09	3.64E-06
27 8.10	0.	2.32E-07	1.75E-06	0.	0.	0.	3.74E-08	7.31E-12	5.41E-09	7.53E-09	2.79E-06
28 8.00	0.	2.20E-07	1.69E-06	0.	0.	0.	3.75E-08	7.59E-12	5.38E-09	7.64E-09	2.64E-06
29 7.90	0.	1.92E-07	1.30E-06	0.	0.	0.	3.77E-08	7.89E-12	5.35E-09	7.71E-09	2.05E-06
30 7.80	0.	1.81E-07	1.13E-06	0.	0.	0.	3.79E-08	8.19E-12	5.32E-09	7.80E-09	1.98E-06
31 7.70	0.	1.71E-07	9.24E-07	0.	1.05E-10	0.	3.81E-08	8.52E-12	5.30E-09	7.90E-09	1.57E-06
32 7.60	0.	1.58E-07	7.51E-07	0.	8.20E-10	0.	3.83E-08	8.86E-12	5.27E-09	7.99E-09	1.38E-06
33 7.50	0.	1.46E-07	6.39E-07	0.	2.78E-09	0.	3.85E-08	9.22E-12	5.24E-09	8.08E-09	1.17E-06
34 7.40	0.	0.	5.15E-07	0.	1.69E-08	0.	3.87E-08	9.60E-12	5.21E-09	8.17E-09	9.87E-07
35 7.30	0.	0.	4.47E-07	0.	5.16E-08	0.	3.89E-08	1.00E-11	5.19E-09	8.26E-09	8.79E-07
36 7.20	0.	0.	3.65E-07	0.	9.85E-08	0.	3.85E-08	1.04E-11	5.16E-09	8.36E-09	7.78E-07
37 7.10	0.	0.	3.01E-07	0.	3.81E-07	0.	3.96E-08	1.09E-11	5.13E-09	8.45E-09	7.44E-07
38 7.00	2.54E-10	0.	2.57E-07	0.	2.99E-07	0.	3.99E-08	1.13E-11	5.10E-09	8.54E-09	8.00E-07
39 6.90	4.64E-10	0.	2.00E-07	0.	1.08E-06	0.	4.02E-08	1.18E-11	5.08E-09	8.63E-09	6.54E-07
40 6.80	3.73E-10	0.	1.59E-07	10.00E-09	6.89E-07	0.	4.05E-08	1.24E-11	5.06E-09	8.73E-09	10.00E-07
41 6.70	2.51E-10	0.	6.10E-08	4.08E-08	4.93E-07	0.	4.09E-08	1.29E-11	5.05E-09	8.83E-09	1.34E-06
42 6.60	1.43E-10	0.	3.01E-08	5.12E-08	1.01E-06	0.	4.12E-08	1.35E-11	5.04E-09	8.92E-09	7.06E-07
43 6.50	7.60E-11	0.	1.34E-08	1.34E-07	1.48E-06	0.	4.18E-08	1.42E-11	5.03E-09	9.02E-09	1.17E-06
44 6.40	1.08E-10	0.	5.19E-09	1.03E-07	5.82E-07	0.	4.21E-08	1.49E-11	5.02E-09	9.15E-09	1.61E-06
45 6.30	2.20E-10	0.	1.16E-09	1.49E-07	9.43E-07	0.	4.25E-08	1.56E-11	5.06E-09	9.34E-09	1.09E-06
46 6.20	1.43E-09	0.	8.17E-11	1.82E-07	1.82E-06	0.	4.28E-08	1.63E-11	5.09E-09	9.53E-09	1.06E-06
47 6.10	2.33E-09	0.	1.97E-12	6.03E-07	6.03E-07	0.	4.21E-08	1.72E-11	5.11E-09	9.71E-09	2.01E-06
48 6.00	5.73E-09	0.	0.	1.80E-07	5.59E-07	0.	3.96E-08	1.80E-11	5.13E-09	9.90E-09	6.83E-07
49 5.90	8.71E-09	0.		1.42E-07	5.22E-07	0.		1.90E-11		1.01E-08	8.12E-07
50 5.80	1.23E-08	0.		1.85E-07		0.		2.00E-11		1.03E-08	8.13E-07
51 5.70	1.34E-08	0.		1.88E-07		0.		2.11E-11			7.78E-07

178

ABSORPTION COEFFICIENTS OF HEATED AIR (INVERSE CM.)

TEMPERATURE (DEGREES K) 7000. DENSITY (GM/CC) 1.293E-06 (10.0E-04 NORMAL)

#	PHOTON ENERGY	O2 S-R BANDS	N2 1ST POS.	N2 2ND POS.	N2+ 1ST NEG.	NO BETA	NO GAMMA	NO VIB-ROT	NO 2	O- PHOTO-DET	FREE-FREE (IONS)	N P.E.	O P.E.	TOTAL AIR
52	5.60	1.61E-08	0.	0.	0.	1.27E-07	9.84E-07	0.	0.	3.68E-08	2.22E-11	5.16E-09	1.05E-08	1.18E-06
53	5.50	1.60E-08	0.	0.	0.	1.60E-07	1.02E-06	0.	0.	3.70E-08	2.34E-11	5.19E-09	1.07E-08	1.25E-06
54	5.40	1.59E-08	0.	0.	0.	1.28E-07	5.42E-07	0.	0.	3.72E-08	2.48E-11	5.23E-09	1.09E-08	7.39E-07
55	5.30	1.47E-08	0.	0.	0.	1.32E-07	5.40E-07	0.	0.	3.74E-08	2.62E-11	5.27E-09	1.11E-08	1.14E-06
56	5.20	9.66E-09	0.	0.	0.	1.33E-07	4.47E-07	0.	0.	3.77E-08	2.78E-11	5.32E-09	1.14E-08	6.44E-07
57	5.10	8.71E-09	0.	0.	0.	1.25E-07	6.35E-07	0.	0.	3.80E-08	2.94E-11	5.44E-09	1.16E-08	8.24E-07
58	5.00	6.20E-09	0.	0.	0.	1.09E-07	5.32E-07	0.	0.	3.83E-08	3.12E-11	5.58E-09	1.19E-08	6.99E-07
59	4.90	5.13E-09	0.	0.	0.	1.13E-07	4.76E-07	0.	0.	3.86E-08	3.32E-11	5.72E-09	1.22E-08	6.47E-07
60	4.80	5.19E-09	0.	0.	0.	1.03E-07	4.40E-07	0.	9.58E-14	3.89E-08	3.53E-11	5.84E-09	1.25E-08	6.15E-07
61	4.70	5.37E-09	0.	5.59E-09	0.	9.98E-08	3.24E-07	0.	9.58E-14	3.93E-08	3.76E-11	5.97E-09	1.28E-08	4.99E-07
62	4.60	6.07E-09	0.	2.42E-08	0.	8.19E-08	3.33E-07	0.	9.58E-14	3.96E-08	4.01E-11	6.12E-09	1.31E-08	4.99E-07
63	4.50	5.76E-09	0.	4.53E-08	0.	7.77E-08	2.09E-07	0.	9.58E-14	3.99E-08	4.29E-11	6.29E-09	1.34E-08	3.62E-07
64	4.40	5.51E-09	0.	2.31E-08	0.	6.73E-08	1.67E-07	0.	9.58E-14	4.02E-08	4.59E-11	6.46E-09	1.37E-08	3.35E-07
65	4.30	4.69E-09	0.	5.23E-08	0.	5.89E-08	8.35E-08	0.	9.58E-14	4.05E-08	4.91E-11	6.63E-09	1.39E-08	2.62E-07
66	4.20	4.05E-09	0.	3.16E-08	0.	5.26E-08	7.34E-08	0.	9.58E-14	4.09E-08	5.27E-11	6.81E-09	9.16E-10	4.25E-07
67	4.10	3.50E-09	0.	1.44E-07	0.	5.20E-08	1.81E-08	0.	9.58E-14	4.10E-08	5.67E-11	4.37E-09	9.44E-10	1.79E-07
68	4.00	2.95E-09	0.	2.79E-08	4.83E-08	4.37E-08	1.34E-08	0.	9.58E-14	4.12E-08	6.11E-11	3.45E-09	9.72E-10	4.30E-07
69	3.90	2.44E-09	0.	1.06E-07	5.38E-08	3.06E-08	6.46E-09	0.	9.58E-14	4.09E-08	6.59E-11	3.52E-09	2.89E-10	2.89E-07
70	3.80	2.34E-09	0.	1.98E-07	9.05E-08	3.37E-08	0.	0.	9.58E-14	4.02E-08	7.13E-11	3.52E-09	1.03E-09	7.98E-07
71	3.70	1.78E-09	0.	7.50E-08	5.61E-08	2.18E-08	0.	0.	9.58E-14	3.77E-08	7.73E-11	2.46E-09	1.18E-09	4.46E-07
72	3.60	1.48E-09	0.	9.16E-08	2.57E-08	2.40E-08	0.	0.	9.58E-14	3.45E-08	8.39E-11	2.55E-09	1.36E-09	7.43E-07
73	3.50	1.01E-09	0.	4.26E-08	2.18E-08	1.62E-08	0.	0.	9.58E-14	1.99E-08	9.13E-11	2.84E-09	1.55E-09	2.43E-06
74	3.40	7.86E-10	0.	3.43E-08	2.96E-08	1.61E-08	0.	0.	9.58E-14	1.99E-08	9.97E-11	3.25E-09	1.75E-09	2.25E-07
75	3.30	5.86E-10	0.	1.69E-08	8.02E-08	1.34E-08	0.	0.	9.58E-14	1.99E-08	1.09E-10	3.69E-09	1.95E-09	9.37E-07
76	3.20	5.05E-10	0.	9.44E-09	2.98E-08	1.12E-08	0.	0.	9.58E-14	2.00E-08	1.20E-10	4.14E-09	2.15E-09	3.06E-07
77	3.10	4.01E-10	0.	4.40E-09	1.57E-08	6.96E-09	0.	0.	9.58E-14	2.00E-08	1.32E-10	4.54E-09	2.36E-09	2.33E-07
78	3.00	2.96E-10	0.	2.01E-09	8.27E-08	1.12E-09	0.	0.	9.58E-14	2.00E-08	1.45E-10	5.04E-09	2.56E-09	8.84E-07
79	2.90	2.82E-10	0.	1.02E-09	6.83E-08	7.96E-09	0.	0.	9.58E-14	2.01E-08	1.61E-10	5.50E-09	2.76E-09	7.29E-07
80	2.80	1.51E-10	0.	1.50E-10	1.44E-07	3.75E-09	0.	0.	9.58E-14	2.01E-08	1.79E-10	5.96E-09	2.94E-09	4.40E-07
81	2.70	5.61E-11	0.	0.	4.08E-07	1.58E-09	0.	0.	9.58E-14	2.01E-08	2.00E-10	6.44E-09	6.50E-10	6.60E-08
82	2.60	3.56E-12	0.	0.	4.10E-08	1.14E-10	0.	0.	9.58E-14	2.01E-08	2.24E-10	6.93E-09	7.01E-10	6.84E-08
83	2.50	0.	0.	0.	2.26E-08	1.08E-11	0.	0.	9.58E-14	2.01E-08	2.52E-10	7.01E-10	8.04E-10	6.47E-08
84	2.40	0.	1.12E-08	0.	3.26E-08	0.	0.	0.	9.58E-14	1.99E-08	2.85E-10	8.00E-10	9.91E-10	6.44E-08
85	2.30	0.	6.86E-08	0.	0.	0.	0.	0.	9.58E-14	1.98E-08	3.24E-10	9.91E-10	1.19E-09	1.51E-07
86	2.20	0.	1.24E-07	0.	0.	0.	0.	0.	9.58E-14	1.98E-08	3.70E-10	1.19E-09	1.43E-09	2.56E-07
87	2.10	0.	2.28E-07	0.	0.	0.	0.	0.	9.58E-14	1.92E-08	4.26E-10	1.43E-09	1.67E-09	3.42E-07
88	2.00	0.	3.13E-07	0.	0.	0.	0.	0.	9.58E-14	1.84E-08	4.93E-10	1.67E-09	1.91E-09	8.75E-07
89	1.90	0.	8.46E-07	0.	0.	0.	0.	0.	9.58E-14	1.76E-08	5.76E-10	1.91E-09	2.15E-09	7.46E-07
90	1.80	0.	7.16E-07	0.	0.	0.	0.	0.	9.58E-14	1.66E-08	6.78E-10	2.15E-09	2.52E-09	8.82E-07
91	1.70	0.	5.87E-07	0.	0.	0.	0.	0.	9.58E-14	1.40E-08	8.06E-10	2.52E-09	2.97E-09	6.15E-07
92	1.60	0.	7.30E-07	0.	0.	0.	0.	0.	9.58E-14	1.04E-08	9.69E-10	2.97E-09	3.13E-09	7.54E-07
93	1.50	0.	8.44E-07	0.	0.	0.	0.	0.	9.58E-14	6.38E-09	1.18E-09	3.13E-09	2.44E-09	8.56E-07
94	1.40	0.	5.74E-07	0.	0.	0.	0.	0.	9.58E-14	0.	1.45E-09	2.44E-09	3.37E-09	5.90E-07
95	1.30	0.	6.43E-07	0.	0.	0.	0.	8.87E-12	9.58E-14	0.	1.81E-09	3.37E-09	3.74E-09	6.64E-07
96	1.20	0.	4.59E-07	0.	0.	0.	0.	5.25E-11	9.58E-14	0.	2.31E-09	3.74E-09	5.71E-09	4.84E-07
97	1.10	0.	4.44E-07	0.	0.	0.	0.	7.96E-11	9.58E-14	0.	3.01E-09	5.71E-09	6.67E-09	4.75E-07
98	1.00	0.	3.41E-07	0.	0.	0.	0.	9.70E-10	9.58E-14	0.	4.02E-09	6.67E-09	5.10E-09	3.78E-07
99	0.90	0.	1.55E-07	0.	0.	0.	0.	6.16E-10	9.58E-14	0.	5.54E-09	5.10E-09	5.85E-09	1.89E-07
100	0.80	0.	4.35E-08	0.	0.	0.	0.	2.59E-09	9.58E-14	0.	7.92E-09	5.85E-09	6.61E-09	8.47E-08
101	0.70	0.	1.18E-09	0.	0.	0.	0.		9.58E-14	0.	1.19E-08			4.75E-08
102	0.60	0.	0.	0.	0.	0.	0.		9.58E-14	0.	1.90E-08			5.51E-08

ABSORPTION COEFFICIENTS OF HEATED AIR (INVERSE CM.)

TEMPERATURE (DEGREES K) 7000.   DENSITY (GM/CC) 1.293E-07   (10.0E-05 NORMAL)

#	PHOTON ENERGY E.V.	O2 S-R BANDS	O2 S-R CONT.	N2 B-H NO. 1	NO BETA	NO GAMMA	NO 2	O- PHOTO-DET (IONS)	FREE-FREE P.E. (IONS)	N P.E.	O P.E.	TOTAL AIR
1	10.70	0.	0.	1.83E-06	0.	0.	0.	1.06E-09	2.99E-13	2.27E-09	6.98E-10	1.84E-06
2	10.60	0.	0.	1.49E-06	0.	0.	0.	1.06E-09	3.08E-13	2.29E-09	6.99E-10	1.49E-06
3	10.50	0.	0.	1.40E-06	0.	0.	0.	1.06E-09	3.17E-13	2.30E-09	7.00E-10	1.41E-06
4	10.40	0.	0.	1.21E-06	0.	0.	0.	1.06E-09	3.26E-13	2.31E-09	7.01E-10	1.21E-06
5	10.30	0.	0.	9.37E-07	0.	0.	0.	1.06E-09	3.36E-13	2.31E-09	7.02E-10	9.41E-07
6	10.20	0.	0.	8.99E-07	0.	0.	0.	1.06E-09	3.46E-13	2.32E-09	7.03E-10	9.03E-07
7	10.10	0.	0.	7.86E-07	0.	0.	0.	1.07E-09	3.56E-13	2.32E-09	7.04E-10	7.90E-07
8	10.00	0.	0.	5.92E-07	0.	0.	0.	1.07E-09	3.67E-13	2.33E-09	7.05E-10	5.96E-07
9	9.90	0.	0.	5.91E-07	0.	0.	0.	1.07E-09	3.78E-13	2.33E-09	7.06E-10	5.95E-07
10	9.80	0.	1.42E-09	4.97E-07	0.	0.	0.	1.07E-09	3.90E-13	2.34E-09	7.07E-10	5.01E-07
11	9.70	0.	1.60E-09	3.71E-07	0.	0.	0.	1.07E-09	4.02E-13	2.35E-09	7.08E-10	3.75E-07
12	9.60	0.	1.77E-09	3.97E-07	0.	0.	0.	1.08E-09	4.15E-13	2.35E-09	7.09E-10	4.01E-07
13	9.50	0.	1.94E-09	2.90E-07	0.	0.	0.	1.08E-09	4.28E-13	2.36E-09	7.09E-10	2.96E-07
14	9.40	0.	2.36E-09	2.47E-07	0.	0.	0.	1.08E-09	4.42E-13	2.36E-09	7.10E-10	2.51E-07
15	9.30	0.	2.83E-09	2.45E-07	0.	0.	0.	1.09E-09	4.57E-13	6.15E-10	7.11E-10	2.49E-07
16	9.20	0.	3.29E-09	1.71E-07	0.	0.	0.	1.09E-09	4.72E-13	6.12E-10	7.12E-10	1.76E-07
17	9.10	0.	3.42E-09	1.35E-07	0.	0.	0.	1.09E-09	4.88E-13	6.10E-10	7.13E-10	1.41E-07
18	9.00	0.	3.29E-09	1.12E-07	0.	0.	0.	1.10E-09	5.04E-13	6.05E-10	7.14E-10	1.17E-07
19	8.90	0.	3.15E-09	1.04E-07	0.	0.	0.	1.10E-09	5.21E-13	6.02E-10	7.15E-10	1.10E-07
20	8.80	0.	3.05E-09	7.63E-08	0.	0.	0.	1.10E-09	5.39E-13	6.00E-10	7.16E-10	8.21E-08
21	8.70	0.	2.97E-09	7.67E-08	0.	0.	0.	1.11E-09	5.58E-13	5.98E-10	7.17E-10	8.23E-08
22	8.60	0.	2.86E-09	5.68E-08	0.	0.	0.	1.11E-09	5.78E-13	5.95E-10	7.18E-10	6.23E-08
23	8.50	0.	2.75E-09	5.39E-08	0.	0.	0.	1.12E-09	5.99E-13	5.93E-10	7.19E-10	5.93E-08
24	8.40	0.	2.66E-09	3.91E-08	0.	0.	0.	1.12E-09	6.21E-13	5.90E-10	7.20E-10	4.44E-08
25	8.30	0.	2.56E-09	3.75E-08	0.	0.	0.	1.13E-09	6.44E-13	5.88E-10	7.23E-10	4.27E-08
26	8.20	0.	2.44E-09	2.80E-08	0.	0.	0.	1.13E-09	6.67E-13	5.86E-10	7.33E-10	3.31E-08
27	8.10	0.	2.32E-09	2.64E-08	0.	0.	0.	1.14E-09	6.93E-13	5.82E-10	7.42E-10	3.15E-08
28	8.00	0.	2.20E-09	1.98E-08	0.	0.	0.	1.15E-09	7.19E-13	5.78E-10	7.51E-10	2.47E-08
29	7.90	0.	2.06E-09	1.91E-08	0.	0.	0.	1.15E-09	7.47E-13	5.75E-10	7.60E-10	2.40E-08
30	7.80	0.	1.92E-09	1.47E-08	0.	0.	0.	1.16E-09	7.76E-13	5.72E-10	7.69E-10	1.94E-08
31	7.70	0.	1.81E-09	1.27E-08	0.	0.	0.	1.16E-09	8.07E-13	5.69E-10	7.78E-10	1.73E-08
32	7.60	0.	1.71E-09	1.04E-08	0.	1.11E-12	0.	1.17E-09	8.39E-13	5.66E-10	7.88E-10	1.49E-08
33	7.50	0.	1.58E-09	8.50E-09	0.	8.70E-12	0.	1.18E-09	8.73E-13	5.63E-10	7.97E-10	1.29E-08
34	7.40	0.	1.46E-09	7.23E-09	0.	2.94E-11	0.	1.18E-09	9.09E-13	5.60E-10	8.06E-10	1.17E-08
35	7.30	0.	0.	5.83E-09	0.	1.79E-10	0.	1.19E-09	9.47E-13	5.57E-10	8.15E-10	1.05E-08
36	7.20	0.	0.	5.05E-09	0.	5.47E-10	0.	1.19E-09	9.88E-13	5.54E-10	8.24E-10	1.01E-08
37	7.10	0.	0.	4.13E-09	0.	4.04E-09	0.	1.20E-09	1.03E-12	5.51E-10	8.34E-10	1.08E-08
38	7.00	2.53E-12	0.	3.40E-09	0.	3.18E-09	0.	1.21E-09	1.07E-12	5.48E-10	8.43E-10	9.20E-09
39	6.90	4.62E-12	0.	2.90E-09	0.	7.30E-09	0.	1.22E-09	1.12E-12	5.46E-10	8.52E-10	1.29E-08
40	6.80	3.71E-12	0.	2.26E-09	0.	1.15E-08	0.	1.23E-09	1.15E-12	5.43E-10	8.61E-10	1.64E-08
41	6.70	2.50E-12	0.	1.86E-09	0.	5.22E-09	0.	1.24E-09	1.19E-12	5.40E-10	8.71E-10	9.70E-09
42	6.60	1.42E-12	0.	1.23E-09	0.	1.07E-08	0.	1.25E-09	1.23E-12	5.38E-10	8.80E-10	1.46E-08
43	6.50	7.56E-13	0.	6.90E-10	0.	1.57E-08	0.	1.26E-09	1.28E-12	5.37E-10	8.90E-10	1.92E-08
44	6.40	1.07E-12	0.	3.40E-10	0.	6.17E-09	0.	1.27E-09	1.34E-12	5.36E-10	9.00E-10	1.68E-08
45	6.30	2.18E-12	0.	1.52E-10	1.06E-10	1.00E-08	0.	1.28E-09	1.48E-12	5.34E-10	9.12E-10	1.35E-08
46	6.20	6.18E-12	0.	5.87E-11	4.33E-10	1.93E-08	0.	1.29E-09	1.55E-12	5.34E-10	9.31E-10	2.35E-08
47	6.10	2.32E-11	0.	1.31E-11	5.43E-10	1.93E-09	0.	1.30E-09	1.63E-12	5.36E-10	9.50E-10	9.45E-09
48	6.00	5.70E-11	0.	9.24E-13	1.42E-09	5.47E-09	0.	1.31E-09	1.71E-12	5.38E-10	9.69E-10	1.08E-08
49	5.90	8.66E-11	0.	2.22E-14	1.09E-09	6.39E-09	0.	1.31E-09	1.80E-12	5.41E-10	9.88E-10	1.08E-08
50	5.80	1.23E-10	0.	0.	1.96E-09	5.93E-09	0.	1.29E-09	1.89E-12	5.44E-10	1.01E-09	1.08E-08
51	5.70	1.33E-10	0.	0.	1.99E-09	5.53E-09	0.	1.21E-09	1.99E-12	5.46E-10	1.03E-09	1.04E-08

ABSORPTION COEFFICIENTS OF HEATED AIR (INVERSE CM.)

TEMPERATURE (DEGREES K) 7000.   DENSITY (GM/CC) 1.293E-07 (10.0E-05 NORMAL)

	PHOTON ENRGY	O2 S-R BANDS	N2 1ST POS.	N2 2ND POS.	N2+ 1ST NEG.	NO BETA	NO GAMMA	NO VIB-ROT	NO 2	O- PHOTO-DET (IONS)	FREE-FREE (IONS)	N P.E.	O P.E.	TOTAL AIR
52	5.60	1.60E-10	0.	0.	0.	1.35E-09	1.04E-08	0.	0.	1.13E-09	2.10E-12	5.48E-10	1.04E-09	1.47E-08
53	5.50	1.59E-10	0.	0.	0.	1.70E-09	1.08E-08	0.	0.	1.14E-09	2.22E-12	5.52E-10	1.06E-09	1.55E-08
54	5.40	1.59E-10	0.	0.	0.	1.35E-09	5.75E-09	0.	0.	1.14E-09	2.35E-12	5.56E-10	1.08E-09	1.00E-08
55	5.30	1.46E-10	0.	0.	0.	1.40E-09	4.97E-09	0.	0.	1.15E-09	2.48E-12	5.60E-10	1.11E-09	1.43E-08
56	5.20	9.60E-11	0.	0.	0.	1.41E-09	4.75E-09	0.	0.	1.16E-09	2.63E-12	5.65E-10	1.13E-09	9.11E-09
57	5.10	8.66E-11	0.	0.	0.	1.32E-09	6.73E-09	0.	1.01E-16	1.17E-09	2.79E-12	5.79E-10	1.16E-09	1.11E-08
58	5.00	6.16E-11	0.	0.	0.	1.11E-09	5.64E-09	0.	1.01E-16	1.18E-09	2.96E-12	5.93E-10	1.19E-09	9.77E-09
59	4.90	5.11E-11	0.	0.	0.	1.15E-09	5.05E-09	0.	1.01E-16	1.19E-09	3.14E-12	6.08E-10	1.22E-09	9.27E-09
60	4.80	5.16E-11	0.	0.	0.	1.20E-09	4.05E-09	0.	1.01E-16	1.19E-09	3.34E-12	6.21E-10	1.25E-09	8.98E-09
61	4.70	5.34E-11	0.	0.	0.	1.09E-09	3.53E-09	0.	1.01E-16	1.20E-09	3.56E-12	6.34E-10	1.28E-09	7.79E-09
62	4.60	6.03E-11	0.	6.32E-11	0.	1.06E-09	3.44E-09	0.	1.01E-16	1.21E-09	3.80E-12	6.50E-10	1.31E-09	7.74E-09
63	4.50	5.73E-11	0.	2.74E-11	0.	8.69E-10	1.77E-09	0.	1.01E-16	1.22E-09	4.06E-12	6.69E-10	1.34E-09	6.45E-09
64	4.40	5.48E-11	0.	5.12E-10	0.	8.24E-10	1.78E-09	0.	1.01E-16	1.23E-09	4.34E-12	6.87E-10	1.37E-09	6.22E-09
65	4.30	4.66E-11	0.	2.61E-10	0.	7.09E-10	8.86E-10	0.	1.01E-16	1.24E-09	4.65E-12	7.05E-10	1.39E-09	5.50E-09
66	4.20	4.03E-11	0.	5.91E-10	0.	7.14E-10	1.91E-10	0.	1.01E-16	1.25E-09	5.00E-12	7.24E-10	9.13E-11	6.22E-09
67	4.10	3.48E-11	0.	3.57E-09	0.	6.24E-10	1.91E-10	0.	1.01E-16	1.26E-09	5.37E-12	4.65E-10	9.41E-11	3.26E-09
68	4.00	2.93E-11	0.	1.63E-09	1.77E-09	5.57E-10	1.43E-10	0.	1.01E-16	1.26E-09	5.78E-12	3.67E-10	9.69E-11	6.03E-09
69	3.90	2.22E-11	0.	1.91E-09	1.98E-08	4.45E-10	6.85E-11	0.	1.01E-16	1.26E-09	6.24E-12	3.74E-10	9.97E-11	5.68E-09
70	3.80	2.32E-11	0.	3.15E-09	3.32E-08	4.63E-10	0.	0.	1.01E-16	1.25E-09	6.75E-12	2.61E-10	1.03E-10	2.38E-09
71	3.70	1.77E-11	0.	1.19E-09	2.06E-08	3.25E-10	0.	0.	1.01E-16	1.23E-09	7.32E-12	2.71E-10	1.06E-10	8.45E-09
72	3.60	1.47E-11	0.	2.23E-09	2.45E-08	3.57E-10	0.	0.	1.01E-16	1.16E-09	7.95E-12	3.02E-10	1.18E-10	2.38E-09
73	3.50	1.01E-11	0.	8.48E-09	9.66E-08	2.31E-10	0.	0.	1.01E-16	1.16E-09	8.65E-12	3.45E-10	1.55E-10	9.86E-09
74	3.40	7.54E-12	0.	1.04E-09	2.95E-08	2.95E-10	0.	0.	1.01E-16	6.10E-10	9.44E-12	3.93E-10	1.75E-10	5.96E-09
75	3.30	5.83E-12	0.	4.81E-10	1.09E-07	1.72E-10	0.	0.	1.01E-16	6.11E-10	1.03E-11	4.40E-10	1.94E-10	3.19E-08
76	3.20	5.02E-12	0.	1.91E-10	1.78E-08	1.71E-10	0.	0.	1.01E-16	6.12E-10	1.13E-11	4.88E-10	2.14E-10	7.71E-09
77	3.10	3.99E-12	0.	1.12E-10	7.04E-08	1.48E-10	0.	0.	1.01E-16	6.14E-10	1.25E-11	5.36E-10	2.35E-10	3.22E-08
78	3.00	2.94E-12	0.	4.98E-10	3.04E-08	1.38E-10	0.	0.	1.01E-16	6.15E-10	1.38E-11	5.85E-10	2.55E-10	2.68E-08
79	2.90	2.81E-12	0.	2.28E-10	2.51E-08	7.38E-11	0.	0.	1.01E-16	6.15E-10	1.52E-11	6.33E-10	2.76E-10	1.65E-08
80	2.80	1.50E-12	0.	1.16E-10	5.27E-09	3.98E-11	0.	0.	1.01E-16	6.16E-10	1.69E-11	6.84E-10	2.93E-10	2.48E-08
81	2.70	5.58E-13	0.	1.69E-10	1.50E-08	1.68E-11	0.	0.	1.01E-16	6.17E-10	1.89E-11	7.37E-10	6.48E-11	1.84E-09
82	2.60	3.54E-14	0.	0.	1.51E-09	5.88E-12	0.	0.	1.01E-16	6.17E-10	2.12E-11	7.84E-10	6.99E-11	2.44E-09
83	2.50	0.	0.	0.	8.15E-10	1.21E-12	0.	0.	1.01E-16	6.17E-10	2.38E-11	2.53E-10	8.01E-11	2.00E-09
84	2.40	0.	1.26E-10	0.	1.20E-09	1.15E-13	0.	0.	1.01E-16	6.17E-10	2.70E-11	3.79E-10	9.88E-11	2.73E-09
85	2.30	0.	7.76E-10	0.	0.	0.	0.	0.	1.01E-16	6.12E-10	3.06E-11	4.59E-10	1.18E-10	1.09E-09
86	2.20	0.	1.40E-09	0.	0.	0.	0.	0.	1.01E-16	6.10E-10	3.50E-11	5.42E-10	1.42E-10	4.09E-09
87	2.10	0.	2.58E-09	0.	0.	0.	0.	0.	1.01E-16	6.07E-10	4.03E-11	6.31E-10	1.66E-10	5.09E-09
88	2.00	0.	3.54E-09	0.	0.	0.	0.	0.	1.01E-16	5.88E-10	4.67E-11	7.20E-10	1.90E-10	1.12E-08
89	1.90	0.	9.57E-09	0.	0.	0.	0.	0.	1.01E-16	5.65E-10	5.46E-10	8.10E-10	2.15E-10	1.90E-08
90	1.80	0.	8.10E-09	0.	0.	0.	0.	0.	1.01E-16	5.41E-10	6.43E-11	9.41E-10	2.51E-10	1.16E-08
91	1.70	0.	6.63E-09	0.	0.	0.	0.	0.	1.01E-16	5.09E-10	7.64E-11	1.10E-09	2.68E-10	8.57E-09
92	1.60	0.	8.25E-09	0.	0.	0.	0.	0.	1.01E-16	5.09E-10	9.18E-11	1.10E-09	3.12E-10	9.57E-09
93	1.50	0.	9.54E-09	0.	0.	0.	0.	0.	1.01E-16	4.31E-10	1.11E-10	1.44E-10	3.68E-10	1.08E-08
94	1.40	0.	6.49E-09	0.	0.	0.	0.	0.	1.01E-16	1.96E-10	1.37E-10	8.50E-10	2.44E-10	8.19E-08
95	1.30	0.	7.27E-09	0.	0.	0.	0.	9.41E-14	1.01E-16	0.	1.72E-10	1.19E-09	3.36E-10	8.19E-08
96	1.20	0.	5.19E-09	0.	0.	0.	0.	5.56E-13	1.01E-16	0.	2.19E-10	1.58E-09	3.73E-10	7.79E-09
97	1.10	0.	5.02E-09	0.	0.	0.	0.	8.44E-13	1.01E-16	0.	2.85E-10	1.84E-09	4.72E-10	8.19E-09
98	1.00	0.	3.86E-09	0.	0.	0.	0.	1.03E-11	1.01E-16	0.	3.81E-10	2.22E-09	5.70E-10	7.62E-09
99	0.90	0.	1.75E-09	0.	0.	0.	0.	6.54E-12	1.01E-16	0.	5.24E-10	2.57E-09	6.65E-10	5.15E-09
100	0.80	0.	4.92E-10	0.	0.	0.	0.	0.	1.01E-16	0.	7.50E-10	2.13E-09	5.08E-10	4.64E-09
101	0.70	0.	1.33E-11	0.	0.	0.	0.	0.	1.01E-16	0.	1.13E-09	2.43E-09	5.84E-10	5.23E-09
102	0.60	0.	0.	0.	0.	0.	0.	2.74E-11	1.01E-16	0.	1.80E-09	2.73E-09	6.59E-10	

ABSORPTION COEFFICIENTS OF HEATED AIR (INVERSE CM.)

TEMPERATURE (DEGREES K) 7000.   DENSITY (GM/CC) 1.293E-08   (10.0E-06 NORMAL)

PHOTON ENERGY E.V.	O2 S-R BANDS	O2 S-R CONT.	N2 B-H NO. 1	NO BETA	NO GAMMA	NO 2	O- PHOTO-DET	FREE-FREE (IONS)	N P.E.	O P.E.	TOTAL AIR
1 10.70	0.	0.	1.81E-08	0.	0.	0.	3.27E-11	2.93E-14	2.26E-10	6.90E-11	1.84E-08
2 10.60	0.	0.	1.47E-08	0.	0.	0.	3.27E-11	3.02E-14	2.27E-10	6.90E-11	1.51E-08
3 10.50	0.	0.	1.39E-08	0.	0.	0.	3.28E-11	3.10E-14	2.28E-10	6.91E-11	1.42E-08
4 10.40	0.	0.	1.19E-08	0.	0.	0.	3.28E-11	3.19E-14	2.29E-10	6.92E-11	1.22E-08
5 10.30	0.	0.	9.26E-09	0.	0.	0.	3.29E-11	3.29E-14	2.30E-10	6.93E-11	9.59E-09
6 10.20	0.	0.	8.89E-09	0.	0.	0.	3.29E-11	3.39E-14	2.30E-10	6.94E-11	9.22E-09
7 10.10	0.	0.	7.77E-09	0.	0.	0.	3.30E-11	3.49E-14	2.31E-10	6.95E-11	8.10E-09
8 10.00	0.	0.	5.85E-09	0.	0.	0.	3.30E-11	3.59E-14	2.31E-10	6.96E-11	6.18E-09
9 9.90	0.	0.	5.84E-09	0.	0.	0.	3.31E-11	3.71E-14	2.32E-10	6.97E-11	6.17E-09
10 9.80	0.	0.	4.91E-09	0.	0.	0.	3.31E-11	3.82E-14	2.33E-10	6.98E-11	5.24E-09
11 9.70	0.	0.	3.67E-09	0.	0.	0.	3.32E-11	3.94E-14	2.33E-10	6.99E-11	4.01E-09
12 9.60	0.	1.38E-11	3.92E-09	0.	0.	0.	3.32E-11	4.06E-14	2.34E-10	7.00E-11	4.26E-09
13 9.50	0.	1.55E-11	2.86E-09	0.	0.	0.	3.33E-11	4.20E-14	2.34E-10	7.01E-11	3.22E-09
14 9.40	0.	1.72E-11	2.44E-09	0.	0.	0.	3.34E-11	4.33E-14	6.11E-11	7.02E-11	2.62E-09
15 9.30	0.	1.88E-11	2.42E-09	0.	0.	0.	3.35E-11	4.47E-14	6.06E-11	7.03E-11	2.60E-09
16 9.20	0.	2.29E-11	1.64E-09	0.	0.	0.	3.37E-11	4.62E-14	6.04E-11	7.04E-11	1.82E-09
17 9.10	0.	2.74E-11	1.69E-09	0.	0.	0.	3.38E-11	4.78E-14	6.01E-11	7.05E-11	1.88E-09
18 9.00	0.	3.19E-11	1.34E-09	0.	0.	0.	3.39E-11	4.94E-14	5.99E-11	7.06E-11	1.53E-09
19 8.90	0.	3.32E-11	1.10E-09	0.	0.	0.	3.40E-11	5.11E-14	5.96E-11	7.07E-11	1.30E-09
20 8.80	0.	3.06E-11	1.03E-09	0.	0.	0.	3.41E-11	5.28E-14	5.94E-11	7.08E-11	1.23E-09
21 8.70	0.	2.96E-11	7.58E-10	0.	0.	0.	3.43E-11	5.47E-14	5.92E-11	7.09E-11	9.51E-10
22 8.60	0.	2.88E-11	7.54E-10	0.	0.	0.	3.45E-11	5.66E-14	5.89E-11	7.10E-11	9.53E-10
23 8.50	0.	2.77E-11	5.62E-10	0.	0.	0.	3.45E-11	5.87E-14	5.87E-11	7.11E-11	7.56E-10
24 8.40	0.	2.67E-11	5.33E-10	0.	0.	0.	3.47E-11	6.08E-14	5.85E-11	7.14E-11	7.26E-10
25 8.30	0.	2.57E-11	3.86E-10	0.	0.	0.	3.49E-11	6.30E-14	5.82E-11	7.23E-11	5.79E-10
26 8.20	0.	2.48E-11	3.71E-10	0.	0.	0.	3.51E-11	6.54E-14	5.78E-11	7.32E-11	5.63E-10
27 8.10	0.	2.37E-11	2.76E-10	0.	0.	0.	3.52E-11	6.78E-14	5.75E-11	7.41E-11	4.69E-10
28 8.00	0.	2.25E-11	2.61E-10	0.	0.	0.	3.54E-11	7.04E-14	5.72E-11	7.50E-11	4.53E-10
29 7.90	0.	2.13E-11	1.96E-10	0.	0.	0.	3.56E-11	7.31E-14	5.66E-11	7.60E-11	3.87E-10
30 7.80	0.	2.00E-11	1.89E-10	0.	0.	0.	3.58E-11	7.60E-14	5.63E-11	7.69E-11	3.80E-10
31 7.70	0.	1.86E-11	1.46E-10	0.	1.09E-14	0.	3.60E-11	7.90E-14	5.60E-11	7.78E-11	3.36E-10
32 7.60	0.	1.75E-11	1.26E-10	0.	8.54E-14	0.	3.61E-11	8.22E-14	5.57E-11	7.87E-11	3.16E-10
33 7.50	0.	1.66E-11	1.03E-10	0.	2.89E-13	0.	3.65E-11	8.55E-14	5.54E-11	7.96E-11	2.93E-10
34 7.40	0.	1.54E-11	8.40E-11	0.	1.76E-12	0.	3.67E-11	8.91E-14	5.51E-11	8.05E-11	2.74E-10
35 7.30	0.	1.41E-11	7.14E-11	0.	5.37E-12	0.	3.69E-11	9.28E-14	5.48E-11	8.14E-11	2.62E-10
36 7.20	0.	0.	5.76E-11	0.	1.03E-11	0.	3.72E-11	9.67E-14	5.45E-11	8.23E-11	2.52E-10
37 7.10	2.46E-14	0.	4.99E-11	0.	3.96E-11	0.	3.75E-11	1.01E-13	5.42E-11	8.32E-11	2.49E-10
38 7.00	4.50E-14	0.	4.08E-11	0.	3.12E-11	0.	3.78E-11	1.05E-13	5.39E-11	8.41E-11	2.56E-10
39 6.90	3.60E-14	0.	3.36E-11	0.	7.17E-11	0.	3.84E-11	1.10E-13	5.36E-11	8.50E-11	2.41E-10
40 6.80	2.43E-14	0.	2.87E-11	0.	1.13E-10	0.	3.87E-11	1.15E-13	5.35E-11	8.60E-11	2.78E-10
41 6.70	1.39E-14	0.	2.23E-11	0.	5.11E-11	0.	3.90E-11	1.20E-13	5.34E-11	8.69E-11	2.48E-10
42 6.60	7.37E-15	0.	1.77E-11	1.04E-12	1.54E-10	0.	3.94E-11	1.26E-13	5.32E-11	8.79E-11	2.97E-10
43 6.50	1.05E-14	0.	1.54E-11	4.25E-12	6.05E-11	0.	3.97E-11	1.31E-13	5.31E-11	8.88E-11	2.71E-10
44 6.40	2.13E-14	0.	6.81E-12	5.33E-12	9.81E-11	0.	4.03E-11	1.38E-13	5.31E-11	9.01E-11	3.13E-10
45 6.30	6.02E-14	0.	3.36E-12	1.40E-11	1.89E-10	0.	4.06E-11	1.44E-13	5.30E-11	9.19E-11	3.44E-10
46 6.20	2.26E-13	0.	1.50E-12	1.07E-11	5.36E-11	0.	4.06E-11	1.52E-13	5.32E-11	9.38E-11	2.51E-10
47 6.10	1.40E-12	0.	5.80E-13	1.48E-11	6.27E-11	0.	4.06E-11	1.59E-13	5.35E-11	9.57E-11	2.90E-10
48 6.00	5.56E-13	0.	1.30E-13	6.27E-11	5.82E-11	0.	4.00E-11	1.67E-13	5.36E-11	9.75E-11	3.91E-10
49 5.90	8.44E-13	0.	9.13E-15	1.92E-11	5.43E-11	0.	4.06E-11	1.76E-13	5.38E-11	9.94E-11	3.55E-10
50 5.80	1.20E-12	0.	2.20E-16	5.87E-11	5.82E-11	0.	4.00E-11	1.85E-13	5.40E-11	9.94E-11	2.71E-10
51 5.70	1.30E-12	0.	0.	1.96E-11	5.43E-11	0.	3.75E-11	1.95E-13	5.43E-11	1.01E-10	2.68E-10

ABSORPTION COEFFICIENTS OF HEATED AIR (INVERSE CM.)

TEMPERATURE (DEGREES K) 7000.   DENSITY (GM/CC) 1.293E-08   (10.0E-06 NORMAL)

No.	PHOTON ENERGY	O2 S-R BANDS	N2 1ST POS.	N2 2ND POS.	N2+ 1ST NEG.	NO BETA	NO GAMMA	NO VIB-ROT	NO2	O- PHOTO-DET (IONS)	FREE-FREE (IONS)	N P.E.	O P.E.	TOTAL AIR
52	5.60	1.56E-12	0.	0.	0.	1.33E-11	1.02E-10	0.	0.	3.49E-11	2.06E-13	5.45E-11	1.03E-10	3.10E-10
53	5.50	1.55E-12	0.	0.	0.	1.67E-11	1.06E-10	0.	0.	3.51E-11	2.17E-13	5.48E-11	1.05E-10	3.20E-10
54	5.40	1.55E-12	0.	0.	0.	1.33E-11	5.64E-11	0.	0.	3.53E-11	2.30E-13	5.53E-11	1.07E-10	2.69E-10
55	5.30	1.43E-12	0.	0.	0.	1.37E-11	9.78E-11	0.	0.	3.55E-11	2.43E-13	5.57E-11	1.09E-10	3.13E-10
56	5.20	1.37E-13	0.	0.	0.	1.38E-11	4.66E-11	0.	0.	3.57E-11	2.57E-13	5.62E-11	1.12E-10	2.65E-10
57	5.10	8.44E-13	0.	0.	0.	1.30E-11	6.61E-11	0.	9.82E-20	3.60E-11	2.73E-13	5.75E-11	1.15E-10	2.89E-10
58	5.00	6.01E-13	0.	0.	0.	1.09E-11	5.53E-11	0.	9.82E-20	3.63E-11	2.90E-13	5.90E-11	1.18E-10	2.79E-10
59	4.90	4.98E-13	0.	0.	0.	1.17E-11	4.95E-11	0.	9.82E-20	3.66E-11	3.08E-13	6.04E-11	1.18E-10	2.79E-10
60	4.80	5.03E-13	0.	0.	0.	1.03E-11	4.57E-11	0.	9.82E-20	3.69E-11	3.28E-13	6.18E-11	1.23E-10	2.80E-10
61	4.70	5.21E-13	0.	0.	0.	1.07E-11	3.47E-11	0.	9.82E-20	3.72E-11	3.49E-13	6.30E-11	1.26E-10	2.73E-10
62	4.60	5.88E-13	0.	0.	0.	1.04E-11	3.38E-11	0.	9.82E-20	3.75E-11	3.72E-13	6.46E-11	1.29E-10	2.77E-10
63	4.50	5.59E-13	0.	6.25E-13	0.	8.52E-12	2.18E-11	0.	9.82E-20	3.78E-11	3.98E-13	6.65E-11	1.32E-10	2.68E-10
64	4.40	5.34E-13	0.	2.71E-12	0.	8.08E-12	1.73E-11	0.	9.82E-20	3.81E-11	4.25E-13	6.83E-11	1.35E-10	2.71E-10
65	4.30	4.54E-13	0.	5.06E-12	0.	6.96E-12	8.69E-12	0.	9.82E-20	3.84E-11	4.56E-13	7.01E-11	8.74E-12	1.39E-10
66	4.20	3.93E-13	0.	2.58E-12	0.	7.01E-12	7.63E-12	0.	9.82E-20	3.87E-11	4.89E-13	7.20E-11	9.29E-12	1.61E-10
67	4.10	3.40E-13	0.	5.84E-11	0.	6.12E-12	1.88E-12	0.	9.82E-20	3.89E-11	5.26E-13	4.62E-11	9.57E-12	1.09E-10
68	4.00	2.86E-13	0.	3.53E-11	0.	5.47E-12	1.40E-12	0.	9.82E-20	3.90E-11	5.66E-13	3.64E-11	9.84E-12	1.28E-10
69	3.90	2.17E-13	0.	1.61E-11	1.60E-11	4.37E-12	6.72E-13	0.	9.82E-20	3.89E-11	6.11E-13	3.72E-11	1.92E-11	1.64E-10
70	3.80	2.26E-13	0.	1.89E-11	6.25E-10	4.54E-12	0.	0.	9.82E-20	3.81E-11	6.61E-13	2.59E-11	2.12E-11	7.24E-11
71	3.70	2.01E-13	0.	3.21E-11	6.50E-10	3.19E-12	0.	0.	9.82E-20	3.57E-11	7.17E-13	2.69E-11	2.52E-11	2.17E-10
72	3.60	1.44E-13	0.	1.18E-11	2.99E-09	3.50E-12	0.	0.	9.82E-20	3.27E-11	7.78E-13	3.00E-11	2.72E-11	7.46E-10
73	3.50	1.22E-13	0.	2.21E-11	1.16E-10	2.27E-12	0.	0.	9.82E-20	1.89E-11	8.47E-13	3.43E-11	2.90E-11	
74	3.40	7.36E-14	0.	8.38E-12	9.31E-10	1.69E-12	0.	0.	9.82E-20	1.89E-11	9.24E-13	3.90E-11	6.40E-12	3.09E-10
75	3.30	5.68E-14	0.	1.02E-11	3.46E-10	1.68E-12	0.	0.	9.82E-20	1.90E-11	1.01E-12	4.38E-11	6.90E-12	1.03E-09
76	3.20	3.89E-14	0.	4.76E-12	1.82E-10	1.39E-12	0.	0.	9.82E-20	1.90E-11	1.11E-12	4.85E-11	7.91E-12	
77	3.10	2.87E-14	0.	3.89E-12	9.60E-10	1.16E-12	0.	0.	9.82E-20	1.90E-11	1.22E-12	5.33E-11	9.75E-12	3.55E-10
78	3.00	2.74E-14	0.	1.16E-12	7.92E-10	7.24E-13	0.	0.	9.82E-20	1.91E-11	1.35E-12	5.81E-11	1.17E-11	2.84E-10
79	2.90	1.46E-14	0.	1.11E-11	1.66E-10	3.90E-13	0.	0.	9.82E-20	1.91E-11	1.49E-12	6.29E-11	1.40E-11	9.05E-10
80	2.80	5.44E-15	0.	4.92E-13	4.75E-11	1.66E-13	0.	0.	9.82E-20	1.91E-11	1.65E-12	6.80E-11	1.64E-11	
81	2.70	3.45E-16	0.	2.25E-11	2.57E-11	5.77E-14	0.	0.	9.82E-20	1.91E-11	1.85E-12	7.32E-11	1.88E-11	2.85E-10
82	2.60	0.	0.	1.14E-13	3.78E-11	1.19E-14	0.	0.	9.82E-20	1.89E-11	2.07E-12	2.51E-11	2.12E-11	5.75E-11
83	2.50	0.	0.	1.67E-12	0.	1.13E-15	0.	0.	9.82E-20	1.88E-11	2.33E-12	3.00E-11	2.48E-11	1.01E-10
84	2.30	0.	1.25E-12	0.	0.	0.	0.	0.	9.82E-20	1.88E-11	2.64E-12	3.77E-11	2.64E-11	8.50E-11
85	2.20	0.	7.67E-11	0.	0.	0.	0.	0.	9.82E-20	1.82E-11	3.00E-12	4.57E-11	3.08E-11	1.08E-10
86	2.10	0.	1.39E-11	0.	0.	0.	0.	0.	9.82E-20	1.75E-11	3.43E-12	5.39E-11	1.84E-11	8.69E-11
87	2.00	0.	2.54E-11	0.	0.	0.	0.	0.	9.82E-20	1.67E-11	3.95E-12	6.27E-11	3.32E-11	1.04E-10
88	1.90	0.	3.50E-11	0.	0.	0.	0.	0.	9.82E-20	1.57E-11	4.57E-12	7.16E-11	3.69E-11	1.27E-10
89	1.80	0.	9.46E-11	0.	0.	0.	0.	0.	9.82E-20	6.05E-12	5.34E-12	8.06E-11	4.66E-11	1.48E-10
90	1.70	0.	8.00E-11	0.	0.	0.	0.	0.	9.82E-20	0.	6.29E-12	9.36E-11	6.56E-11	2.19E-10
91	1.60	0.	9.51E-11	0.	0.	0.	0.	0.	9.82E-20	0.	7.48E-12	1.09E-10		2.21E-10
92	1.50	0.	6.59E-11	0.	0.	0.	0.	0.	9.82E-20	0.	8.99E-12	1.10E-10		2.28E-10
93	1.40	0.	8.15E-11	0.	0.	0.	0.	0.	9.82E-20	0.	1.09E-11	1.40E-10		2.58E-10
94	1.30	0.	9.43E-11	0.	0.	0.	0.	0.	9.82E-20	0.	1.34E-11	8.30E-11		1.81E-10
95	1.20	0.	6.41E-11	0.	0.	0.	0.	0.	9.82E-20	0.	1.68E-11	1.19E-10		2.33E-10
96	1.10	0.	7.18E-11	0.	0.	0.	0.	0.	9.82E-20	0.	2.14E-11	1.57E-10		2.87E-10
97	1.00	0.	5.13E-11	0.	0.	0.	0.	9.23E-16	9.82E-20	0.	2.79E-11	1.83E-10		3.09E-10
98	0.90	0.	4.96E-11	0.	0.	0.	0.	5.46E-15	9.82E-20	0.	3.73E-11	2.21E-10		3.64E-10
99	0.90	0.	3.81E-11	0.	0.	0.	0.	8.28E-15	9.82E-20	0.	5.13E-11	2.55E-10		4.10E-10
100	0.80	0.	1.73E-11	0.	0.	0.	0.	1.01E-13	9.82E-20	0.	7.35E-11	2.12E-10	5.02E-11	3.53E-10
101	0.70	0.	4.86E-12	0.	0.	0.	0.	6.41E-14	9.82E-20	0.	1.10E-10	2.42E-10	5.76E-11	4.14E-10
102	0.60	0.	1.32E-13	0.	0.	0.	0.	2.69E-13	9.82E-20	0.	1.76E-10	2.72E-10	6.51E-11	5.14E-10

ABSORPTION COEFFICIENTS OF HEATED AIR (INVERSE CM.)

TEMPERATURE (DEGREES K) 7000.   DENSITY (GM/CC) 1.293E-09   (10.0E-07 NORMAL)

PHOTON ENERGY E.V.	O2 S-R BANDS	O2 S-R CONT.	N2 B-H NO. 1	NO BETA	NO GAMMA	NO2	O- PHOTO-DET (IONS)	FREE-FREE (IONS)	N P.E.	O P.E.	TOTAL AIR
1 10.70	0.	0.	1.67E-10	0.	0.	0.	9.70E-13	2.80E-15	2.17E-11	6.62E-12	1.96E-10
2 10.60	0.	0.	1.35E-10	0.	0.	0.	9.71E-13	2.88E-15	2.18E-11	6.62E-12	1.65E-10
3 10.50	0.	0.	1.28E-10	0.	0.	0.	9.72E-13	2.97E-15	2.19E-11	6.63E-12	1.57E-10
4 10.40	0.	0.	1.10E-10	0.	0.	0.	9.74E-13	3.05E-15	2.20E-11	6.64E-12	1.39E-10
5 10.30	0.	0.	8.52E-11	0.	0.	0.	9.75E-13	3.14E-15	2.20E-11	6.65E-12	1.15E-10
6 10.20	0.	0.	8.18E-11	0.	0.	0.	9.76E-13	3.24E-15	2.21E-11	6.66E-12	1.12E-10
7 10.10	0.	0.	5.38E-11	0.	0.	0.	9.78E-13	3.34E-15	2.21E-11	6.67E-12	1.01E-10
8 10.00	0.	0.	5.37E-11	0.	0.	0.	9.79E-13	3.44E-15	2.22E-11	6.68E-12	8.37E-11
9 9.90	0.	0.	4.51E-11	0.	0.	0.	9.81E-13	3.54E-15	2.23E-11	6.69E-12	8.36E-11
10 9.80	0.	0.	3.38E-11	0.	0.	0.	9.83E-13	3.65E-15	2.23E-11	6.70E-12	7.51E-11
11 9.70	0.	0.	3.61E-11	0.	0.	0.	9.84E-13	3.77E-15	2.23E-11	6.70E-12	6.38E-11
12 9.60	0.	0.	2.64E-11	0.	0.	0.	9.86E-13	3.89E-15	2.24E-11	6.71E-12	6.62E-11
13 9.50	0.	1.27E-13	2.24E-11	0.	0.	0.	9.88E-13	4.01E-15	2.25E-11	6.72E-12	5.67E-11
14 9.40	0.	1.42E-13	1.51E-11	0.	0.	0.	9.91E-13	4.14E-15	5.86E-12	6.73E-12	3.62E-11
15 9.30	0.	1.58E-13	1.56E-11	0.	0.	0.	9.95E-13	4.28E-15	5.84E-12	6.74E-12	3.60E-11
16 9.20	0.	1.74E-13	1.23E-11	0.	0.	0.	9.99E-13	4.42E-15	5.81E-12	6.75E-12	2.88E-11
17 9.10	0.	2.11E-13	1.02E-11	0.	0.	0.	1.00E-12	4.57E-15	5.79E-12	6.76E-12	2.93E-11
18 9.00	0.	2.52E-13	9.46E-12	0.	0.	0.	1.01E-12	4.72E-15	5.77E-12	6.77E-12	2.61E-11
19 8.90	0.	2.94E-13	6.94E-12	0.	0.	0.	1.01E-12	4.88E-15	5.74E-12	6.77E-12	2.40E-11
20 8.80	0.	3.05E-13	6.98E-12	0.	0.	0.	1.01E-12	5.05E-15	5.72E-12	6.78E-12	2.33E-11
21 8.70	0.	2.94E-13	5.17E-12	0.	0.	0.	1.02E-12	5.23E-15	5.70E-12	6.79E-12	2.07E-11
22 8.60	0.	2.82E-13	4.90E-12	0.	0.	0.	1.02E-12	5.41E-15	5.68E-12	6.80E-12	2.08E-11
23 8.50	0.	2.73E-13	3.56E-12	0.	0.	0.	1.02E-12	5.61E-15	5.65E-12	6.81E-12	1.89E-11
24 8.40	0.	2.65E-13	3.41E-12	0.	0.	0.	1.03E-12	5.81E-15	5.63E-12	6.82E-12	1.87E-11
25 8.30	0.	2.55E-13	2.54E-12	0.	0.	0.	1.03E-12	6.03E-15	5.61E-12	6.85E-12	1.73E-11
26 8.20	0.	2.46E-13	2.40E-12	0.	0.	0.	1.04E-12	6.25E-15	5.58E-12	6.94E-12	1.72E-11
27 8.10	0.	2.37E-13	1.80E-12	0.	0.	0.	1.04E-12	6.48E-15	5.55E-12	7.03E-12	1.64E-11
28 8.00	0.	2.18E-13	1.74E-12	0.	0.	0.	1.05E-12	6.73E-15	5.51E-12	7.11E-12	1.63E-11
29 7.90	0.	2.08E-13	1.34E-12	0.	0.	0.	1.06E-12	6.99E-15	5.48E-12	7.20E-12	1.58E-11
30 7.80	0.	2.08E-13	1.16E-12	0.	0.	0.	1.06E-12	7.27E-15	5.45E-12	7.29E-12	1.58E-11
31 7.70	0.	1.96E-13	9.50E-13	0.	10.00E-17	0.	1.07E-12	7.55E-15	5.43E-12	7.37E-12	1.54E-11
32 7.60	0.	1.84E-13	7.73E-13	0.	7.86E-16	0.	1.07E-12	7.86E-15	5.40E-12	7.46E-12	1.53E-11
33 7.50	0.	1.72E-13	6.57E-13	0.	2.66E-15	0.	1.08E-12	8.18E-15	5.37E-12	7.55E-12	1.51E-11
34 7.40	0.	1.62E-13	5.30E-13	0.	1.62E-14	0.	1.08E-12	8.51E-15	5.34E-12	7.64E-12	1.50E-11
35 7.30	0.	1.53E-13	4.59E-13	0.	4.95E-14	0.	1.09E-12	8.87E-15	5.31E-12	7.72E-12	1.50E-11
36 7.20	0.	1.41E-13	3.76E-13	0.	9.44E-14	0.	1.10E-12	9.25E-15	5.29E-12	7.81E-12	1.49E-11
37 7.10	0.	1.30E-13	3.09E-13	0.	3.65E-13	0.	1.10E-12	9.64E-15	5.26E-12	7.90E-12	1.50E-11
38 7.00	2.27E-16	0.	2.40E-13	0.	2.87E-13	0.	1.11E-12	1.01E-14	5.23E-12	7.98E-12	1.51E-11
39 6.90	4.14E-16	0.	2.05E-13	0.	6.60E-13	0.	1.12E-12	1.05E-14	5.20E-12	8.07E-12	1.50E-11
40 6.80	3.33E-16	0.	1.63E-13	0.	6.00E-13	0.	1.13E-12	1.10E-14	5.17E-12	8.16E-12	1.54E-11
41 6.70	2.24E-16	0.	1.12E-13	0.	1.04E-12	0.	1.14E-12	1.15E-14	5.15E-12	8.25E-12	1.54E-11
42 6.60	1.28E-16	0.	6.22E-14	0.	4.72E-13	0.	1.15E-12	1.20E-14	5.13E-12	8.34E-12	1.58E-11
43 6.50	6.79E-17	0.	3.09E-14	0.	9.65E-13	0.	1.17E-12	1.26E-14	5.12E-12	8.43E-12	1.53E-11
44 6.40	9.64E-17	0.	1.38E-14	9.61E-15	1.42E-12	0.	1.17E-12	1.32E-14	5.11E-12	8.52E-12	1.58E-11
45 6.30	1.96E-16	0.	1.19E-15	3.91E-14	5.57E-13	0.	1.18E-12	1.38E-14	5.10E-12	8.64E-12	1.56E-11
46 6.20	5.55E-16	0.	8.40E-17	4.91E-14	1.74E-12	0.	1.19E-12	1.45E-14	5.09E-12	8.82E-12	1.61E-11
47 6.10	2.08E-15	0.	2.02E-18	1.29E-14	1.94E-13	0.	1.19E-12	1.52E-14	5.11E-12	9.00E-12	1.72E-11
48 6.00	5.12E-15	0.	0.	9.88E-14	4.94E-13	0.	1.20E-12	1.60E-14	5.13E-12	9.18E-12	1.61E-11
49 5.90	7.77E-15	0.	0.	1.36E-13	5.78E-13	0.	1.20E-12	1.68E-14	5.16E-12	9.36E-12	1.61E-11
50 5.80	1.10E-14	0.	0.	1.77E-13	5.36E-13	0.	1.19E-12	1.77E-14	5.18E-12	9.54E-12	1.65E-11
51 5.70	1.20E-14	0.	0.	1.80E-13	5.00E-13	0.	1.11E-12	1.87E-14	5.20E-12	9.72E-12	1.67E-11

ABSORPTION COEFFICIENTS OF HEATED AIR (INVERSE CM.)

TEMPERATURE (DEGREES K) 7000.   DENSITY (GM/CC) 1.293E-09 (10.0E-07 NORMAL)

	PHOTON ENERGY	O2 S-R BANDS	N2 1ST POS.	N2 2ND POS.	N2+ 1ST NEG.	NO BETA	NO GAMMA	NO VIB-ROT	NO2	O- PHOTO-DET	FREE-FREE (IONS)	N P.E.	O P.E.	TOTAL AIR
52	5.60	1.43E-14	0.	0.	0.	1.22E-13	9.43E-13	0.	0.	1.04E-12	1.97E-14	5.23E-12	9.90E-12	1.72E-11
53	5.50	1.43E-14	0.	0.	0.	1.54E-13	9.77E-13	0.	0.	1.04E-12	2.08E-14	5.26E-12	1.01E-11	1.75E-11
54	5.40	1.42E-14	0.	0.	0.	1.22E-13	9.20E-13	0.	0.	1.05E-12	2.20E-14	5.30E-12	1.03E-11	1.73E-11
55	5.30	1.31E-14	0.	0.	0.	1.26E-13	9.01E-13	0.	0.	1.05E-12	2.32E-14	5.34E-12	1.05E-11	1.79E-11
56	5.20	8.62E-15	0.	0.	0.	1.27E-13	4.29E-13	0.	8.67E-23	1.06E-12	2.46E-14	5.39E-12	1.07E-11	1.78E-11
57	5.10	7.77E-15	0.	0.	0.	1.19E-13	6.08E-13	0.	8.67E-23	1.07E-12	2.61E-14	5.52E-12	1.10E-11	1.84E-11
58	5.00	5.53E-15	0.	0.	0.	10.00E-14	5.10E-13	0.	8.67E-23	1.08E-12	2.77E-14	5.66E-12	1.13E-11	1.87E-11
59	4.90	4.58E-15	0.	0.	0.	1.04E-13	4.56E-13	0.	8.67E-23	1.09E-12	2.94E-14	5.79E-12	1.15E-11	1.90E-11
60	4.80	4.63E-15	0.	0.	0.	1.08E-13	4.21E-13	0.	8.67E-23	1.10E-12	3.13E-14	5.92E-12	1.18E-11	1.94E-11
61	4.70	4.79E-15	0.	0.	0.	9.85E-14	3.19E-13	0.	8.67E-23	1.10E-12	3.34E-14	6.05E-12	1.21E-11	1.97E-11
62	4.60	5.14E-15	0.	0.	0.	9.57E-14	3.11E-13	0.	8.67E-23	1.11E-12	3.56E-14	6.20E-12	1.24E-11	2.02E-11
63	4.50	5.42E-15	0.	5.75E-15	0.	7.85E-14	2.01E-13	0.	8.67E-23	1.12E-12	3.80E-14	6.38E-12	1.27E-11	2.05E-11
64	4.40	4.92E-15	0.	2.49E-14	0.	7.44E-14	1.60E-13	0.	8.67E-23	1.13E-12	4.07E-14	6.55E-12	1.30E-11	2.10E-11
65	4.30	4.18E-15	0.	4.66E-14	0.	6.41E-14	1.00E-13	0.	8.67E-23	1.14E-12	4.36E-14	6.73E-12	8.38E-13	8.94E-12
66	4.20	3.61E-15	0.	2.38E-14	0.	6.45E-14	7.03E-14	0.	8.67E-23	1.15E-12	4.68E-14	6.90E-12	8.65E-13	9.34E-12
67	4.10	3.13E-15	0.	5.37E-14	0.	5.64E-14	1.73E-14	0.	8.67E-23	1.15E-12	5.03E-14	4.43E-12	8.91E-13	6.66E-12
68	4.00	2.63E-15	0.	3.25E-13	0.	5.04E-14	1.29E-14	0.	8.67E-23	1.16E-12	5.42E-14	3.50E-12	9.18E-13	6.02E-12
69	3.90	2.00E-15	0.	1.48E-13	1.67E-12	4.02E-14	6.19E-15	0.	8.67E-23	1.15E-12	5.84E-14	3.57E-12	9.44E-13	7.59E-12
70	3.80	2.09E-15	0.	1.74E-13	1.86E-12	4.18E-14	0.	0.	8.67E-23	1.15E-12	6.32E-14	2.49E-12	9.72E-13	2.35E-11
71	3.70	1.59E-15	0.	2.87E-13	3.12E-12	2.93E-14	0.	0.	8.67E-23	1.13E-12	6.85E-14	2.58E-12	1.12E-12	8.34E-12
72	3.60	1.32E-15	0.	1.09E-13	1.94E-11	3.23E-14	0.	0.	8.67E-23	1.06E-12	7.44E-14	2.88E-12	1.29E-12	2.48E-12
73	3.50	1.12E-15	0.	2.03E-13	8.89E-11	2.09E-14	0.	0.	8.67E-23	9.70E-13	8.10E-14	3.29E-12	1.47E-12	2.49E-12
74	3.40	9.05E-16	0.	7.71E-14	3.44E-12	2.30E-14	0.	0.	8.67E-23	5.59E-13	8.84E-14	3.75E-12	1.65E-12	9.59E-12
75	3.30	6.77E-16	0.	9.42E-14	2.77E-11	1.55E-14	0.	0.	8.67E-23	5.60E-13	9.67E-14	4.20E-12	1.84E-12	3.45E-12
76	3.20	5.23E-16	0.	4.38E-14	1.03E-12	1.28E-14	0.	0.	8.67E-23	5.63E-13	1.06E-13	4.65E-12	2.03E-12	1.10E-10
77	3.10	4.51E-16	0.	3.53E-14	5.43E-12	1.07E-14	0.	0.	8.67E-23	5.64E-13	1.17E-13	5.11E-12	2.23E-12	1.35E-12
78	3.00	3.58E-16	0.	1.74E-14	2.86E-12	6.67E-15	0.	0.	8.67E-23	5.65E-13	1.29E-13	5.58E-12	2.42E-12	3.73E-12
79	2.90	2.64E-16	0.	1.02E-14	1.41E-11	3.59E-15	0.	0.	8.67E-23	5.65E-13	1.43E-13	6.04E-12	2.61E-12	3.30E-11
80	2.80	2.52E-16	0.	4.53E-14	4.96E-12	1.52E-15	0.	0.	8.67E-23	5.66E-13	1.59E-13	6.52E-12	2.78E-12	1.50E-12
81	2.70	1.35E-16	0.	2.07E-14	1.41E-11	5.31E-16	0.	0.	8.67E-23	5.66E-13	1.77E-13	7.03E-12	6.14E-12	2.25E-11
82	2.60	5.01E-17	0.	1.05E-14	1.41E-12	1.04E-17	0.	0.	8.67E-23	5.66E-13	1.98E-13	2.41E-12	6.62E-13	5.25E-12
83	2.50	3.18E-18	0.	1.54E-16	7.66E-13	0.	0.	0.	8.67E-23	5.66E-13	2.23E-13	2.88E-12	7.59E-13	5.19E-12
84	2.40	0.	1.15E-14	0.	1.12E-12	0.	0.	0.	8.67E-23	5.66E-13	2.52E-13	3.61E-12	9.36E-13	6.50E-12
85	2.30	0.	7.06E-14	0.	0.	0.	0.	0.	8.67E-23	5.61E-13	2.87E-13	4.38E-12	1.12E-12	6.42E-12
86	2.20	0.	1.28E-13	0.	0.	0.	0.	0.	8.67E-23	5.59E-13	3.28E-13	5.17E-12	1.35E-12	7.53E-12
87	2.10	0.	2.34E-13	0.	0.	0.	0.	0.	8.67E-23	5.57E-13	3.77E-13	6.02E-12	1.58E-12	8.76E-12
88	2.00	0.	3.22E-13	0.	0.	0.	0.	0.	8.67E-23	5.39E-13	4.37E-13	6.87E-12	1.80E-12	9.97E-12
89	1.90	0.	8.70E-13	0.	0.	0.	0.	0.	8.67E-23	5.18E-13	5.11E-13	7.73E-12	2.03E-12	1.17E-11
90	1.80	0.	8.75E-13	0.	0.	0.	0.	0.	8.67E-23	4.96E-13	6.02E-13	8.98E-12	2.38E-12	1.32E-11
91	1.70	0.	6.03E-13	0.	0.	0.	0.	0.	8.67E-23	4.67E-13	7.15E-13	1.05E-11	2.53E-12	1.51E-11
92	1.60	0.	7.50E-13	0.	0.	0.	0.	0.	8.67E-23	3.95E-13	8.59E-13	1.05E-11	2.95E-12	1.58E-11
93	1.50	0.	8.68E-13	0.	0.	0.	0.	0.	8.67E-23	1.80E-13	1.04E-12	6.02E-12	1.76E-12	9.87E-12
94	1.40	0.	5.90E-13	0.	0.	0.	0.	0.	8.67E-23	0.	1.29E-12	7.97E-12	2.31E-12	1.24E-11
95	1.30	0.	6.61E-13	0.	0.	0.	0.	0.	8.67E-23	0.	1.61E-12	1.14E-11	3.18E-12	1.68E-11
96	1.20	0.	4.72E-13	0.	0.	0.	0.	0.	8.67E-23	0.	2.05E-12	1.46E-11	3.54E-12	2.52E-11
97	1.10	0.	4.57E-13	0.	0.	0.	0.	8.50E-18	8.67E-23	0.	2.67E-12	1.76E-11	4.47E-12	2.52E-11
98	1.00	0.	3.51E-13	0.	0.	0.	0.	5.03E-17	8.67E-23	0.	3.57E-12	2.12E-11	5.40E-12	3.06E-11
99	0.90	0.	1.59E-13	0.	0.	0.	0.	7.63E-17	8.67E-23	0.	4.91E-12	2.45E-11	6.30E-12	3.60E-11
100	0.80	0.	4.47E-14	0.	0.	0.	0.	9.30E-16	8.67E-23	0.	7.03E-12	2.87E-11	4.81E-12	3.23E-11
101	0.70	0.	1.21E-15	0.	0.	0.	0.	5.91E-16	8.67E-23	0.	1.05E-11	1.32E-11	5.53E-12	3.93E-11
102	0.60	0.	0.	0.	0.	0.	0.	2.48E-15	8.67E-23	0.	1.69E-11	2.61E-11	6.25E-12	4.92E-11

ABSORPTION COEFFICIENTS OF HEATED AIR (INVERSE CM.)

TEMPERATURE (DEGREES K) 8000.   DENSITY (GM/CC) 1.293E-02   (1.0E 01 NORMAL)

PHOTON ENERGY E.V.	O2 S-R BANDS	O2 S-R CONT.	N2 B-H NO. 1	NO BETA	NO GAMMA	NO 2	O- PHOTO-DET (IONS)	FREE-FREE (IONS)	N P.E.	O P.E.	TOTAL AIR
1 10.70	0.	0.	2.77E 01	0.	0.	0.	2.06E-01	5.23E-06	2.52E 00	4.19E-04	3.04E 01
2 10.60	0.	0.	2.30E 01	0.	0.	0.	2.06E-01	5.38E-06	1.95E-04	4.19E-04	2.32E 01
3 10.50	0.	0.	2.21E 01	0.	0.	0.	2.06E-01	5.53E-06	1.96E-04	4.20E-04	2.23E 01
4 10.40	0.	0.	1.93E 01	0.	0.	0.	2.06E-01	5.70E-06	1.97E-04	4.20E-04	1.95E 01
5 10.30	0.	0.	1.54E 01	0.	0.	0.	2.07E-01	5.86E-06	1.97E-04	4.20E-04	1.66E 01
6 10.20	0.	0.	1.50E 01	0.	0.	0.	2.07E-01	6.04E-06	1.98E-04	4.20E-04	1.52E 01
7 10.10	0.	0.	1.33E 01	0.	0.	0.	2.07E-01	6.22E-06	1.98E-04	4.21E-04	1.35E 01
8 10.00	0.	0.	1.03E 01	0.	0.	0.	2.08E-01	6.41E-06	1.99E-04	4.21E-04	1.05E 01
9 9.90	0.	0.	1.04E 01	0.	0.	0.	2.08E-01	6.61E-06	1.99E-04	4.21E-04	1.06E 01
10 9.80	0.	0.	8.92E 00	0.	0.	0.	2.09E-01	6.82E-06	2.00E-04	4.21E-04	9.13E 00
11 9.70	0.	0.	8.88E 00	0.	0.	0.	2.09E-01	7.03E-06	2.00E-04	4.22E-04	7.09E 00
12 9.60	0.	0.	6.88E 00	0.	0.	0.	2.09E-01	7.25E-06	2.01E-04	4.22E-04	7.57E 00
13 9.50	0.	2.83E 00	7.36E 00	0.	0.	0.	2.10E-01	7.49E-06	2.02E-04	4.22E-04	8.60E 00
14 9.40	0.	3.28E 00	5.57E 00	0.	0.	0.	2.11E-01	7.73E-06	2.02E-04	4.23E-04	8.32E 00
15 9.30	0.	3.73E 00	4.83E 00	0.	0.	0.	2.11E-01	7.98E-06	2.03E-04	4.23E-04	8.77E 00
16 9.20	0.	4.18E 00	4.83E 00	0.	0.	0.	2.12E-01	8.25E-06	2.03E-04	4.23E-04	7.81E 00
17 9.10	0.	5.05E 00	3.42E 00	0.	0.	0.	2.12E-01	8.52E-06	5.22E-05	4.24E-04	8.77E 00
18 9.00	0.	6.00E 00	3.51E 00	0.	0.	0.	2.13E-01	8.81E-06	5.20E-05	4.24E-04	9.08E 00
19 8.90	0.	6.95E 00	2.87E 00	0.	0.	0.	2.14E-01	9.11E-06	5.18E-05	4.24E-04	9.59E 00
20 8.80	0.	6.51E 00	2.42E 00	0.	0.	0.	2.15E-01	9.43E-06	5.16E-05	4.26E-04	9.72E 00
21 8.70	0.	7.23E 00	2.28E 00	0.	0.	0.	2.15E-01	9.76E-06	5.15E-05	4.31E-04	8.68E 00
22 8.60	0.	6.71E 00	1.74E 00	0.	0.	0.	2.16E-01	1.01E-05	5.13E-05	4.36E-04	8.07E 00
23 8.50	0.	6.36E 00	1.75E 00	0.	0.	0.	2.17E-01	1.05E-05	5.12E-05	4.41E-04	7.86E 00
24 8.40	0.	6.21E 00	1.35E 00	0.	0.	0.	2.18E-01	1.08E-05	5.10E-05	4.46E-04	7.39E 00
25 8.30	0.	5.81E 00	1.29E 00	0.	0.	0.	2.19E-01	1.12E-05	5.08E-05	4.50E-04	7.17E 00
26 8.20	0.	5.60E 00	9.65E-01	0.	0.	0.	2.20E-01	1.17E-05	5.03E-05	4.55E-04	6.75E 00
27 8.10	0.	5.36E 00	9.36E-01	0.	0.	0.	2.23E-01	1.21E-05	5.01E-05	4.65E-04	6.51E 00
28 8.00	0.	5.11E 00	7.19E-01	0.	0.	0.	2.24E-01	1.26E-05	4.99E-05	4.70E-04	6.11E 00
29 7.90	0.	4.87E 00	6.89E-01	0.	0.	0.	2.25E-01	1.30E-05	4.98E-05	4.74E-04	5.86E 00
30 7.80	0.	4.63E 00	5.31E-01	0.	0.	0.	2.26E-01	1.36E-05	4.96E-05	4.79E-04	5.51E 00
31 7.70	0.	4.38E 00	5.21E-01	0.	0.	0.	2.27E-01	1.41E-05	4.94E-05	4.84E-04	5.22E 00
32 7.60	0.	4.14E 00	4.21E-01	0.	2.31E-04	0.	2.28E-01	1.47E-05	4.93E-05	4.89E-04	4.92E 00
33 7.50	0.	3.89E 00	3.63E-01	0.	1.52E-03	0.	2.31E-01	1.53E-05	4.91E-05	4.94E-04	4.63E 00
34 7.40	0.	3.64E 00	3.06E-01	0.	6.04E-03	0.	2.32E-01	1.59E-05	4.89E-05	4.98E-04	4.38E 00
35 7.30	0.	3.38E 00	2.54E-01	0.	3.46E-02	0.	2.34E-01	1.65E-05	4.87E-05	5.03E-04	4.15E 00
36 7.20	0.	0.	2.21E-01	0.	9.86E-02	0.	2.36E-01	1.72E-05	4.84E-05	5.09E-04	4.00E 00
37 7.10	0.	0.	1.82E-01	0.	2.18E-01	0.	2.38E-01	1.80E-05	4.84E-05	5.14E-04	1.11E 00
38 7.00	4.59E-03	0.	1.62E-01	0.	7.28E-01	0.	2.40E-01	1.88E-05	4.82E-05	5.19E-04	9.87E-01
39 6.90	8.50E-03	0.	1.35E-01	0.	6.26E-01	0.	2.42E-01	1.96E-05	4.81E-05	5.26E-04	1.76E 00
40 6.80	6.93E-03	0.	1.14E-01	0.	1.41E 00	0.	2.44E-01	2.05E-05	4.81E-05	5.36E-04	2.33E 00
41 6.70	7.74E-03	0.	9.98E-02	0.	1.00E 00	0.	2.46E-01	2.14E-05	4.80E-05	5.46E-04	1.32E 00
42 6.60	2.74E-03	0.	7.95E-02	0.	1.01E 00	0.	2.47E-01	2.24E-05	4.80E-05	5.57E-04	2.28E 00
43 6.50	1.48E-03	0.	6.48E-02	0.	1.98E 00	0.	2.49E-01	2.35E-05	4.81E-05	5.67E-04	2.94E 00
44 6.40	2.07E-03	0.	4.59E-02	1.60E-02	2.64E 00	0.	2.51E-01	2.46E-05	4.83E-05	5.77E-04	1.48E 00
45 6.30	4.25E-03	0.	2.69E-02	6.72E-02	1.15E 00	0.	2.53E-01	2.58E-05	4.87E-05	5.87E-04	2.19E 00
46 6.20	1.23E-02	0.	1.39E-02	8.63E-02	1.83E 00	0.	2.55E-01	2.71E-05	4.90E-05	5.36E-04	3.74E 00
47 6.10	4.72E-02	0.	6.54E-03	2.30E-01	3.20E 00	0.	2.51E-01	2.84E-05	4.94E-05	5.46E-04	1.58E 00
48 6.00	1.19E-01	0.	2.63E-03	1.85E-01	1.02E 00	0.	2.53E-01	2.99E-05	4.96E-05	5.57E-04	1.84E 00
49 5.90	1.85E-01	0.	6.05E-04	2.58E-01	1.15E 00	0.	2.55E-01	3.14E-05	4.90E-05	5.67E-04	1.93E 00
50 5.80	2.69E-01	0.	4.28E-05	3.40E-01	1.07E 00	0.	2.51E-01	3.31E-05	4.94E-05	5.77E-04	1.96E 00
51 5.70	3.02E-01	0.	1.04E-06	3.55E-01	1.06E 00	0.	2.36E-01	3.49E-05	4.96E-05	5.87E-04	1.96E 00

ABSORPTION COEFFICIENTS OF HEATED AIR (INVERSE CM.)

TEMPERATURE (DEGREES K) 8000. DENSITY (GM/CC) 1.293E-02 (1.0E 01 NORMAL)

#	PHOTON ENRGY	O2 S-R BANDS	N2 1ST POS.	N2 2ND POS.	N2+ 1ST NEG.	NO BETA	NO GAMMA	NO VIB-ROT	NO2	O- PHOTO-DET	FREE-FREE (IONS)	N P.E.	O P.E.	TOTAL AIR
52	5.60	3.66E-01	0.	0.	0.	2.53E-01	1.85E 00	0.	0.	2.19E-01	3.68E-05	5.00E-05	5.98E-04	2.69E 00
53	5.50	3.70E-01	0.	0.	0.	3.14E-01	1.85E 00	0.	0.	2.21E-01	3.88E-05	5.05E-05	6.08E-04	2.75E 00
54	5.40	3.77E-01	0.	0.	0.	2.57E-01	1.09E 00	0.	0.	2.22E-01	4.10E-05	5.10E-05	6.19E-04	1.95E 00
55	5.30	3.54E-01	0.	0.	0.	2.65E-01	1.75E 00	0.	0.	2.23E-01	4.34E-05	5.16E-05	6.31E-04	2.59E 00
56	5.20	2.40E-01	0.	0.	0.	2.70E-01	9.12E-01	0.	7.45E-04	2.25E-01	4.59E-05	5.22E-05	6.47E-04	1.65E 00
57	5.10	2.19E-01	0.	0.	0.	2.58E-01	1.27E 00	0.	7.45E-04	2.26E-01	4.87E-05	5.35E-05	6.63E-04	1.98E 00
58	5.00	1.58E-01	0.	0.	0.	2.21E-01	1.08E 00	0.	7.45E-04	2.28E-01	5.17E-05	5.49E-05	6.78E-04	1.69E 00
59	4.90	1.31E-01	0.	0.	0.	2.33E-01	1.02E 00	0.	7.45E-04	2.30E-01	5.49E-05	5.63E-05	6.94E-04	1.62E 00
60	4.80	1.32E-01	0.	0.	0.	2.43E-01	9.36E-01	0.	7.45E-04	2.32E-01	5.84E-05	5.76E-05	7.10E-04	1.55E 00
61	4.70	1.39E-01	0.	0.	0.	2.21E-01	7.14E-01	0.	7.45E-04	2.34E-01	6.22E-05	5.89E-05	7.27E-04	1.35E 00
62	4.60	1.60E-01	0.	0.	0.	1.86E-01	4.84E-01	0.	7.45E-04	2.36E-01	6.64E-05	6.06E-05	7.45E-04	1.33E 00
63	4.50	1.55E-01	0.	0.	0.	1.78E-01	3.71E-01	0.	7.45E-04	2.38E-01	7.09E-05	6.25E-05	7.63E-04	1.07E 00
64	4.40	1.52E-01	0.	0.	0.	1.57E-01	1.97E-01	0.	7.45E-04	2.42E-01	7.59E-05	6.44E-05	7.80E-04	9.54E-01
65	4.30	1.32E-01	0.	2.95E-03	0.	1.60E-01	1.65E-01	0.	7.45E-04	2.42E-01	8.14E-05	6.63E-05	7.98E-04	7.54E-01
66	4.20	1.16E-01	0.	1.18E-02	0.	1.43E-01	4.14E-02	0.	7.45E-04	2.44E-01	8.74E-05	6.83E-05	8.16E-04	8.01E-01
67	4.10	1.02E-01	0.	2.49E-02	0.	1.07E-01	3.13E-02	0.	7.45E-04	2.45E-01	9.39E-05	7.02E-05	8.33E-04	5.62E-01
68	4.00	8.74E-02	0.	1.15E-01	1.64E-04	1.12E-01	1.44E-02	0.	7.45E-04	2.46E-01	1.01E-04	7.22E-05	8.17E-04	6.64E-01
69	3.90	6.79E-02	0.	2.99E-02	1.48E-03	8.17E-02	0.	0.	7.45E-04	2.45E-01	1.09E-04	5.21E-05	8.40E-05	5.06E-01
70	3.80	7.16E-02	0.	1.59E-01	2.80E-03	6.94E-02	0.	0.	7.45E-04	2.45E-01	1.18E-04	5.33E-05	8.65E-05	5.20E-01
71	3.70	5.65E-02	0.	7.09E-02	6.97E-03	6.67E-02	0.	0.	7.45E-04	2.40E-01	1.28E-04	4.12E-05	9.14E-05	5.14E-01
72	3.60	4.77E-02	0.	9.10E-02	3.61E-04	4.68E-02	0.	0.	7.45E-04	2.25E-01	1.39E-04	4.44E-05	1.13E-04	4.23E-01
73	3.50	3.42E-02	0.	1.35E-01	2.47E-03	4.02E-02	0.	0.	7.45E-04	2.06E-01	1.51E-04	3.99E-05	1.27E-04	4.16E-01
74	3.40	2.60E-02	0.	1.01E-01	7.78E-03	3.43E-02	0.	0.	7.45E-04	1.19E-01	1.65E-04	4.53E-05	1.43E-04	2.64E-01
75	3.30	2.06E-02	0.	4.32E-02	5.65E-04	2.23E-02	0.	0.	7.45E-04	1.19E-01	1.81E-04	5.06E-05	1.59E-04	2.45E-01
76	3.20	1.81E-02	0.	5.00E-02	2.51E-03	1.27E-02	0.	0.	7.45E-04	1.19E-01	1.98E-04	5.60E-05	1.75E-04	2.21E-01
77	3.10	1.48E-02	0.	1.99E-02	1.87E-03	5.67E-03	0.	0.	7.45E-04	1.20E-01	2.18E-04	6.15E-05	1.99E-04	1.99E-01
78	3.00	1.12E-02	0.	1.04E-02	5.05E-03	4.44E-04	0.	0.	7.45E-04	1.20E-01	2.41E-04	6.70E-05	2.08E-04	1.83E-01
79	2.90	1.09E-02	0.	6.15E-02	1.24E-03	4.33E-05	0.	0.	7.45E-04	1.20E-01	2.67E-04	7.25E-05	2.24E-04	1.63E-01
80	2.80	6.04E-03	0.	2.81E-02	5.67E-04	0.	0.	0.	7.45E-04	1.20E-01	2.96E-04	7.84E-05	2.41E-04	1.48E-01
81	2.70	2.36E-03	0.	1.28E-03	7.59E-05	0.	0.	0.	7.45E-04	1.20E-01	3.31E-04	8.46E-05	2.59E-04	1.36E-01
82	2.60	1.53E-04	0.	6.56E-04	9.87E-05	0.	0.	0.	7.45E-04	1.20E-01	3.71E-04	9.12E-05	2.78E-04	1.27E-01
83	2.50	0.	0.	9.00E-05	0.	0.	0.	0.	7.45E-04	1.20E-01	4.17E-04	1.01E-04	8.11E-05	1.22E-01
84	2.40	0.	6.03E-03	0.	0.	0.	0.	0.	7.45E-04	1.20E-01	4.72E-04	1.15E-04	9.97E-05	1.28E-01
85	2.30	0.	3.20E-02	0.	0.	0.	0.	0.	7.45E-04	1.19E-01	5.36E-04	1.26E-04	1.19E-04	1.52E-01
86	2.20	0.	6.24E-02	0.	0.	0.	0.	0.	7.45E-04	1.18E-01	6.14E-04	7.39E-05	1.44E-04	1.83E-01
87	2.10	0.	1.01E-01	0.	0.	0.	0.	0.	7.45E-04	1.18E-01	7.07E-04	8.60E-05	1.68E-04	2.21E-01
88	2.00	0.	1.51E-01	0.	0.	0.	0.	0.	7.45E-04	1.14E-01	8.19E-04	9.81E-05	1.93E-04	2.67E-01
89	1.90	0.	3.50E-01	0.	0.	0.	0.	0.	7.45E-04	1.10E-01	9.57E-04	1.11E-04	2.18E-04	3.96E-01
90	1.80	0.	2.89E-01	0.	0.	0.	0.	0.	7.45E-04	1.05E-01	1.13E-03	1.29E-04	2.57E-04	4.50E-01
91	1.70	0.	3.49E-01	0.	0.	0.	0.	0.	7.45E-04	9.90E-02	1.34E-03	1.52E-04	3.05E-04	3.41E-01
92	1.60	0.	2.46E-01	0.	0.	0.	0.	0.	7.45E-04	8.38E-02	1.61E-03	1.74E-04	3.53E-04	3.27E-01
93	1.50	0.	2.99E-01	0.	0.	0.	0.	0.	7.45E-04	3.81E-02	1.95E-03	2.13E-04	4.18E-04	3.34E-01
94	1.40	0.	3.31E-01	0.	0.	0.	0.	0.	7.45E-04	0.	2.41E-03	2.54E-04	4.71E-04	3.41E-01
95	1.30	0.	2.35E-01	0.	0.	0.	0.	0.	7.45E-04	0.	3.02E-03	2.98E-04	5.08E-04	2.39E-01
96	1.20	0.	2.50E-01	0.	0.	0.	0.	0.	7.45E-04	0.	3.85E-03	3.13E-04	5.95E-04	2.55E-01
97	1.10	0.	1.91E-01	0.	0.	0.	0.	1.71E-05	7.45E-04	0.	5.01E-03	3.75E-04	6.31E-04	1.98E-01
98	1.00	0.	1.81E-01	0.	0.	0.	0.	1.22E-04	7.45E-04	0.	6.69E-03	4.18E-04	6.76E-04	1.89E-01
99	0.90	0.	1.43E-01	0.	0.	0.	0.	1.66E-04	7.45E-04	0.	9.32E-03	4.79E-04	7.94E-04	1.54E-01
100	0.80	0.	6.56E-02	0.	0.	0.	0.	2.38E-04	7.45E-04	0.	1.32E-02	5.34E-04	9.12E-04	8.33E-02
101	0.70	0.	1.79E-02	0.	0.	0.	0.	1.53E-03	7.45E-04	0.	1.98E-02	5.94E-04	1.02E-03	4.15E-02
102	0.60	0.	7.21E-04	0.	0.	0.	0.	6.40E-03	7.45E-04	0.	3.19E-02	5.94E-04	1.14E-03	4.15E-02

ABSORPTION COEFFICIENTS OF HEATED AIR (INVERSE CM.)

TEMPERATURE (DEGREES K) 8000. DENSITY (GM/CC) 1.293E-03 (10.0E-01 NORMAL)

PHOTON	ENFRGY E.V.	02 S-R BANDS	02 S-R CONT.	N2 B-H NO. 1	NO BETA	NO GAMMA	NO 2	O- PHOTO-DET (IONS)	FREE-FREE (IONS)	N P.E.	O P.E.	TOTAL AIR
1	10.70	0.	0.	2.32E 00	0.	0.	0.	5.00E-03	2.01E-07	5.61E-05	4.90E-05	2.32E 00
2	10.60	0.	0.	1.93E 00	0.	0.	0.	5.00E-03	2.07E-07	5.64E-05	4.90E-05	1.93E 00
3	10.50	0.	0.	1.85E 00	0.	0.	0.	5.00E-03	2.13E-07	5.67E-05	4.90E-05	1.85E 00
4	10.40	0.	0.	1.62E 00	0.	0.	0.	5.00E-03	2.19E-07	5.69E-05	4.91E-05	1.62E 00
5	10.30	0.	0.	1.29E 00	0.	0.	0.	5.00E-03	2.25E-07	5.70E-05	4.91E-05	1.29E 00
6	10.20	0.	0.	1.25E 00	0.	0.	0.	5.01E-03	2.32E-07	5.72E-05	4.91E-05	1.26E 00
7	10.10	0.	0.	1.11E 00	0.	0.	0.	5.02E-03	2.39E-07	5.73E-05	4.92E-05	1.12E 00
8	10.00	0.	0.	8.65E-01	0.	0.	0.	5.02E-03	2.46E-07	5.74E-05	4.92E-05	8.70E-01
9	9.90	0.	0.	7.68E-01	0.	0.	0.	5.03E-03	2.54E-07	5.76E-05	4.92E-05	8.73E-01
10	9.80	0.	0.	7.47E-01	0.	0.	0.	5.03E-03	2.62E-07	5.77E-05	4.92E-05	7.52E-01
11	9.70	0.	0.	5.76E-01	0.	0.	0.	5.04E-03	2.70E-07	5.79E-05	4.92E-05	5.81E-01
12	9.60	0.	0.	6.16E-01	0.	0.	0.	5.04E-03	2.79E-07	5.80E-05	4.93E-05	6.21E-01
13	9.50	0.	3.85E-02	4.66E-01	0.	0.	0.	5.05E-03	2.88E-07	5.83E-05	4.93E-05	5.10E-01
14	9.40	0.	4.46E-02	4.04E-01	0.	0.	0.	5.06E-03	2.97E-07	5.85E-05	4.93E-05	4.54E-01
15	9.30	0.	5.08E-02	4.04E-01	0.	0.	0.	5.07E-03	3.07E-07	1.52E-05	4.94E-05	4.60E-01
16	9.20	0.	5.69E-02	2.86E-01	0.	0.	0.	5.08E-03	3.17E-07	1.51E-05	4.94E-05	3.48E-01
17	9.10	0.	6.88E-02	2.94E-01	0.	0.	0.	5.09E-03	3.27E-07	1.51E-05	4.94E-05	3.68E-01
18	9.00	0.	8.17E-02	2.40E-01	0.	0.	0.	5.11E-03	3.38E-07	1.50E-05	4.94E-05	3.27E-01
19	8.90	0.	9.47E-02	2.03E-01	0.	0.	0.	5.13E-03	3.50E-07	1.50E-05	4.95E-05	3.02E-01
20	8.80	0.	9.84E-02	1.91E-01	0.	0.	0.	5.14E-03	3.62E-07	1.50E-05	4.95E-05	2.95E-01
21	8.70	0.	9.14E-02	1.45E-01	0.	0.	0.	5.16E-03	3.75E-07	1.49E-05	4.95E-05	2.46E-01
22	8.60	0.	8.86E-02	1.46E-01	0.	0.	0.	5.18E-03	3.88E-07	1.49E-05	4.96E-05	2.43E-01
23	8.50	0.	8.66E-02	1.13E-01	0.	0.	0.	5.20E-03	4.02E-07	1.48E-05	4.96E-05	2.07E-01
24	8.40	0.	8.45E-02	1.08E-01	0.	0.	0.	5.22E-03	4.17E-07	1.48E-05	4.96E-05	2.00E-01
25	8.30	0.	8.19E-02	8.08E-02	0.	0.	0.	5.24E-03	4.32E-07	1.47E-05	4.98E-05	1.71E-01
26	8.20	0.	7.91E-02	7.83E-02	0.	0.	0.	5.26E-03	4.48E-07	1.47E-05	5.04E-05	1.66E-01
27	8.10	0.	7.62E-02	6.02E-02	0.	0.	0.	5.27E-03	4.65E-07	1.46E-05	5.09E-05	1.45E-01
28	8.00	0.	7.29E-02	5.76E-02	0.	0.	0.	5.30E-03	4.83E-07	1.46E-05	5.15E-05	1.39E-01
29	7.90	0.	6.96E-02	4.45E-02	0.	0.	0.	5.33E-03	5.01E-07	1.45E-05	5.21E-05	1.23E-01
30	7.80	0.	6.63E-02	4.36E-02	0.	0.	0.	5.36E-03	5.21E-07	1.44E-05	5.26E-05	1.19E-01
31	7.70	0.	6.30E-02	3.04E-02	0.	0.	0.	5.39E-03	5.41E-07	1.44E-05	5.32E-05	1.06E-01
32	7.60	0.	5.97E-02	2.56E-02	0.	7.82E-06	0.	5.41E-03	5.63E-07	1.43E-05	5.37E-05	9.90E-02
33	7.50	0.	5.63E-02	2.12E-02	0.	5.14E-05	0.	5.44E-03	5.86E-07	1.43E-05	5.43E-05	9.09E-02
34	7.40	0.	5.30E-02	1.85E-02	0.	2.04E-04	0.	5.47E-03	6.10E-07	1.42E-05	5.49E-05	8.34E-02
35	7.30	0.	4.95E-02	1.53E-02	0.	1.17E-03	0.	5.50E-03	6.36E-07	1.42E-05	5.54E-05	7.38E-02
36	7.20	6.27E-05	4.60E-02	1.35E-02	0.	3.33E-03	0.	5.52E-03	6.63E-07	1.41E-05	5.60E-05	7.27E-02
37	7.10	1.16E-04	0.	1.13E-02	0.	7.38E-03	0.	5.55E-03	6.91E-07	1.41E-05	5.66E-05	4.18E-02
38	7.00	9.46E-05	0.	9.54E-03	0.	2.11E-02	0.	5.58E-03	7.21E-07	1.40E-05	5.71E-05	6.22E-02
39	6.90	6.47E-05	0.	8.35E-03	0.	4.78E-02	0.	5.61E-03	7.53E-07	1.40E-05	5.78E-05	6.03E-02
40	6.80	3.74E-05	0.	6.66E-03	0.	6.76E-02	0.	5.64E-03	7.87E-07	1.39E-05	5.82E-05	8.03E-02
41	6.70	2.02E-05	0.	5.43E-03	0.	3.41E-02	0.	5.69E-03	8.23E-07	1.39E-05	5.88E-05	6.70E-02
42	6.60	2.83E-05	0.	3.84E-03	0.	6.71E-02	0.	5.78E-03	8.61E-07	1.39E-05	5.94E-05	5.70E-02
43	6.50	5.81E-05	0.	2.25E-03	0.	8.94E-02	0.	5.83E-03	9.02E-07	1.39E-05	6.00E-05	9.83E-02
44	6.40	1.67E-04	0.	1.17E-03	5.42E-04	3.87E-02	0.	5.88E-03	9.45E-07	1.39E-05	6.07E-05	4.84E-02
45	6.30	1.67E-04	0.	5.47E-04	2.92E-03	6.20E-02	0.	5.97E-03	9.91E-07	1.40E-06	6.14E-05	1.23E-01
46	6.20	6.44E-05	0.	2.20E-04	2.78E-03	1.08E-01	0.	6.01E-03	1.04E-06	1.41E-06	6.26E-05	4.88E-02
47	6.10	2.20E-04	0.	5.07E-05	7.78E-03	3.46E-02	0.	6.11E-03	1.09E-06	1.39E-06	6.38E-05	5.63E-02
48	6.00	1.62E-03	0.	3.58E-06	6.25E-03	3.88E-02	0.	6.15E-03	1.15E-06	1.40E-06	6.50E-05	3.67E-02
49	5.90	2.52E-03	0.	8.71E-08	8.71E-03	3.61E-02	0.	6.20E-03	1.21E-06	1.41E-06	6.62E-05	5.75E-02
50	5.80	3.67E-03	0.	0.	1.15E-02	1.15E-02	0.	6.11E-03	1.27E-06	1.42E-06	6.74E-05	5.79E-02
51	5.70	4.12E-03	0.	0.	1.20E-02	3.60E-02	0.	5.74E-03	1.34E-06	1.44E-06	6.86E-05	5.79E-02

188

ABSORPTION COEFFICIENTS OF HEATED AIR (INVERSE CM.)

TEMPERATURE (DEGREES K) 8000. DENSITY (GM/CC) 1.293E-03 (10.0E-01 NORMAL)

#	PHOTON ENERGY	O2 S-R BANDS	N2 1ST POS.	N2 2ND POS.	N2+ 1ST NEG.	NO BETA	NO GAMMA	NO VIB-ROT	NO2	O- PHOTO-DET	FREE-FREE (IONS)	N P.E.	O P.F.	TOTAL AIR
52	5.60	5.00E-03	0.	0.	0.	8.54E-03	6.26E-02	0.	0.	5.33E-03	1.41E-06	1.45E-05	6.99E-05	8.15E-02
53	5.50	5.06E-03	0.	0.	0.	1.06E-02	6.24E-02	0.	0.	5.36E-03	1.49E-06	1.46E-05	7.11E-05	8.36E-02
54	5.40	5.15E-03	0.	0.	0.	8.68E-03	3.70E-02	0.	0.	5.39E-03	1.58E-06	1.48E-05	7.23E-05	5.62E-02
55	5.30	4.83E-03	0.	0.	0.	8.95E-03	5.92E-02	0.	0.	5.42E-03	1.67E-06	1.49E-05	7.38E-05	7.88E-02
56	5.20	3.28E-03	0.	0.	0.	9.13E-03	3.08E-02	0.	2.94E-06	5.46E-03	1.76E-06	1.51E-05	7.56E-05	4.88E-02
57	5.10	2.99E-03	0.	0.	0.	8.71E-03	4.31E-02	0.	2.94E-06	5.51E-03	1.87E-06	1.55E-05	7.74E-05	6.04E-02
58	5.00	2.16E-03	0.	0.	0.	7.46E-03	3.65E-02	0.	2.94E-06	5.55E-03	1.98E-06	1.59E-05	7.92E-05	5.18E-02
59	4.90	1.79E-03	0.	0.	0.	7.87E-03	3.45E-02	0.	2.94E-06	5.60E-03	2.11E-06	1.63E-05	8.11E-05	4.98E-02
60	4.80	1.81E-03	0.	0.	0.	8.20E-03	3.53E-02	0.	2.94E-06	5.64E-03	2.24E-06	1.67E-05	8.29E-05	4.74E-02
61	4.70	1.90E-03	0.	0.	0.	7.62E-03	2.53E-02	0.	2.94E-06	5.69E-03	2.39E-06	1.70E-05	8.50E-05	4.07E-02
62	4.60	2.18E-03	0.	2.47E-04	0.	7.48E-03	2.41E-02	0.	2.94E-06	5.74E-03	2.55E-06	1.75E-05	8.70E-05	3.96E-02
63	4.50	2.12E-03	0.	2.88E-03	0.	6.28E-03	1.25E-02	0.	2.94E-06	5.78E-03	2.72E-06	1.81E-05	8.91E-05	3.09E-02
64	4.40	2.07E-03	0.	2.08E-03	0.	6.03E-03	6.66E-03	0.	2.94E-06	5.83E-03	2.92E-06	1.86E-05	9.12E-05	2.76E-02
65	4.30	1.80E-03	0.	9.60E-03	0.	5.30E-03	5.59E-03	0.	2.94E-06	5.88E-03	3.13E-06	1.92E-05	9.33E-05	2.18E-02
66	4.20	1.58E-03	0.	2.50E-03	0.	5.40E-03	1.40E-03	0.	2.94E-06	5.92E-03	3.36E-06	1.97E-05	9.53E-05	2.82E-02
67	4.10	1.39E-03	0.	1.33E-03	0.	4.84E-03	1.06E-03	0.	2.94E-06	5.95E-03	3.61E-06	2.03E-05	9.57E-05	1.62E-02
68	4.00	1.19E-03	0.	5.94E-03	6.58E-05	4.39E-03	4.86E-04	0.	2.94E-06	5.97E-03	3.89E-06	2.09E-05	9.55E-05	2.59E-02
69	3.90	9.26E-04	0.	7.61E-03	5.96E-04	5.94E-03	0.	0.	2.94E-06	5.95E-03	4.19E-06	1.50E-05	9.82E-05	1.70E-02
70	3.80	9.78E-04	0.	1.13E-03	1.13E-04	3.78E-03	0.	0.	2.94E-06	5.92E-03	4.54E-06	1.16E-05	1.01E-04	2.08E-02
71	3.70	7.71E-04	0.	4.92E-03	7.30E-04	2.76E-03	0.	0.	2.94E-06	5.83E-03	4.92E-06	1.19E-05	1.15E-04	1.48E-02
72	3.60	6.51E-04	0.	8.44E-03	2.81E-03	3.02E-03	0.	0.	2.94E-06	5.46E-03	5.34E-06	1.02E-05	1.32E-04	1.89E-02
73	3.50	5.63E-04	0.	3.62E-03	1.45E-04	2.05E-03	0.	0.	2.94E-06	5.00E-03	5.81E-06	1.15E-05	1.49E-04	9.41E-03
74	3.40	4.67E-04	0.	2.18E-03	1.93E-04	2.26E-03	0.	0.	2.94E-06	2.88E-03	6.34E-06	1.31E-05	1.67E-04	1.00E-02
75	3.30	3.54E-04	0.	1.67E-03	2.27E-04	1.59E-03	0.	0.	2.94E-06	2.89E-03	6.94E-06	1.46E-05	1.85E-04	1.01E-02
76	3.20	2.81E-04	0.	8.75E-04	1.01E-03	1.36E-03	0.	0.	2.94E-06	2.90E-03	7.62E-06	1.62E-05	2.05E-04	6.45E-03
77	3.10	2.47E-04	0.	5.15E-04	7.54E-04	1.16E-03	0.	0.	2.94E-06	2.91E-03	8.38E-06	1.78E-05	2.24E-04	6.21E-03
78	3.00	2.02E-04	0.	2.35E-04	2.03E-04	7.55E-04	0.	0.	2.94E-06	2.91E-03	9.25E-06	1.94E-05	2.43E-04	4.00E-03
79	2.90	1.53E-04	0.	1.07E-04	4.97E-04	4.29E-04	0.	0.	2.94E-06	2.91E-03	1.02E-05	2.10E-05	2.62E-04	3.86E-03
80	2.80	1.48E-04	0.	5.49E-05	4.77E-05	1.92E-04	0.	0.	2.94E-06	2.91E-03	1.14E-05	2.27E-05	2.82E-04	3.20E-03
81	2.70	8.25E-05	0.	7.53E-06	3.04E-05	7.06E-05	0.	0.	2.94E-06	2.91E-03	1.27E-05	2.45E-05	3.03E-04	3.03E-03
82	2.60	3.23E-05	0.	0.	3.97E-05	1.50E-05	0.	0.	2.94E-06	2.91E-03	1.42E-05	2.64E-05	3.18E-04	3.51E-03
83	2.50	2.09E-06	0.	0.	0.	1.46E-06	0.	0.	2.94E-06	2.91E-03	1.60E-05	2.93E-05	3.45E-04	5.63E-03
84	2.40	0.	5.05E-04	0.	0.	0.	0.	0.	2.94E-06	2.89E-03	1.81E-05	2.14E-05	1.16E-05	5.63E-03
85	2.30	0.	2.68E-03	0.	0.	0.	0.	0.	2.94E-06	2.88E-03	2.06E-05	1.81E-05	1.40E-05	6.90E-03
86	2.20	0.	5.23E-03	0.	0.	0.	0.	0.	2.94E-06	2.87E-03	2.36E-05	2.06E-05	1.68E-05	8.17E-03
87	2.10	0.	8.46E-03	0.	0.	0.	0.	0.	2.94E-06	2.78E-03	2.71E-05	2.14E-05	1.97E-05	1.14E-02
88	2.00	0.	1.27E-02	0.	0.	0.	0.	0.	2.94E-06	2.67E-03	3.15E-05	2.44E-05	2.25E-05	1.55E-02
89	1.90	0.	2.93E-02	0.	0.	0.	0.	0.	2.94E-06	2.55E-03	3.67E-05	2.84E-05	2.54E-05	3.21E-02
90	1.80	0.	2.42E-02	0.	0.	0.	0.	0.	2.94E-06	2.41E-03	4.33E-05	3.20E-05	3.00E-05	2.68E-02
91	1.70	0.	2.92E-02	0.	0.	0.	0.	0.	2.94E-06	2.04E-03	5.14E-05	3.74E-05	3.56E-05	3.17E-02
92	1.60	0.	2.01E-02	0.	0.	0.	0.	0.	2.94E-06	9.25E-04	6.18E-05	4.39E-05	4.13E-05	3.23E-02
93	1.50	0.	2.51E-02	0.	0.	0.	0.	0.	2.94E-06	0.	7.51E-05	5.04E-05	4.89E-05	2.62E-02
94	1.40	0.	2.77E-02	0.	0.	0.	0.	0.	2.94E-06	0.	9.25E-05	5.16E-05	5.50E-05	2.79E-02
95	1.30	0.	1.96E-02	0.	0.	0.	0.	0.	2.94E-06	0.	1.16E-04	6.72E-05	5.94E-05	1.99E-02
96	1.20	0.	2.09E-02	0.	0.	0.	0.	0.	2.94E-06	0.	1.48E-04	7.34E-05	6.90E-05	2.12E-02
97	1.10	0.	1.60E-02	0.	0.	0.	0.	0.	2.94E-06	0.	1.92E-04	9.04E-05	7.38E-05	1.64E-02
98	1.00	0.	1.51E-02	0.	0.	0.	0.	5.79E-07	2.94E-06	0.	2.57E-04	1.08E-04	7.91E-05	1.56E-02
99	0.90	0.	1.19E-02	0.	0.	0.	0.	4.11E-06	2.94E-06	0.	3.54E-04	1.21E-04	9.28E-05	1.25E-02
100	0.80	0.	5.49E-03	0.	0.	0.	0.	5.61E-05	2.94E-06	0.	5.07E-04	1.39E-04	1.07E-04	6.33E-03
101	0.70	0.	1.50E-03	0.	0.	0.	0.	8.06E-05	2.94E-06	0.	7.61E-04	1.54E-04	1.20E-04	2.59E-03
102	0.60	0.	6.04E-05	0.	0.	0.	0.	2.16E-04	2.94E-06	0.	1.22E-03	1.30E-04	9.41E-05	1.73E-03

ABSORPTION COEFFICIENTS OF HEATED AIR (INVERSE CM.)

TEMPERATURE (DEGREES K) 8000. DENSITY (GM/CC) 1.293E-04 (10.0E-02 NORMAL)

#	PHOTON ENERGY E.V.	O_2 S-R BANDS	O_2 S-R CONT.	N_2 B-H NO. 1	NO BETA	NO GAMMA	NO_2	O- PHOTO-DET	FREE-FREE (IONS)	N P.E.	O P.E.	TOTAL AIR P.F.
1	10.70	0.	0.	1.25E-01	0.	0.	0.	1.11E-04	8.95E-09	1.30E-05	5.13E-06	1.25E-01
2	10.60	0.	0.	1.04E-01	0.	0.	0.	1.12E-04	9.21E-09	1.31E-05	5.14E-06	1.04E-01
3	10.50	0.	0.	9.96E-02	0.	0.	0.	1.12E-04	9.48E-09	1.32E-05	5.14E-06	9.97E-02
4	10.40	0.	0.	8.71E-02	0.	0.	0.	1.12E-04	9.75E-09	1.32E-05	5.14E-06	8.73E-02
5	10.30	0.	0.	6.94E-02	0.	0.	0.	1.12E-04	1.00E-08	1.32E-05	5.15E-06	6.95E-02
6	10.20	0.	0.	6.76E-02	0.	0.	0.	1.12E-04	1.03E-08	1.33E-05	5.15E-06	6.77E-02
7	10.10	0.	0.	6.00E-02	0.	0.	0.	1.12E-04	1.06E-08	1.33E-05	5.16E-06	6.01E-02
8	10.00	0.	0.	4.68E-02	0.	0.	0.	1.12E-04	1.10E-08	1.33E-05	5.16E-06	4.68E-02
9	9.90	0.	0.	4.66E-02	0.	0.	0.	1.13E-04	1.13E-08	1.33E-05	5.16E-06	4.70E-02
10	9.80	0.	0.	4.03E-02	0.	0.	0.	1.13E-04	1.17E-08	1.34E-05	5.16E-06	4.04E-02
11	9.70	0.	0.	3.11E-02	0.	0.	0.	1.13E-04	1.20E-08	1.34E-05	5.17E-06	3.12E-02
12	9.60	0.	0.	3.32E-02	0.	0.	0.	1.13E-04	1.24E-08	1.34E-05	5.17E-06	3.34E-02
13	9.50	0.	4.23E-04	2.51E-02	0.	0.	0.	1.13E-04	1.28E-08	1.35E-05	5.18E-06	2.57E-02
14	9.40	0.	4.91E-04	2.18E-02	0.	0.	0.	1.14E-04	1.32E-08	1.35E-05	5.18E-06	2.24E-02
15	9.30	0.	5.58E-04	2.18E-02	0.	0.	0.	1.14E-04	1.37E-08	1.36E-05	5.18E-06	2.25E-02
16	9.20	0.	6.26E-04	1.54E-02	0.	0.	0.	1.15E-04	1.41E-08	1.36E-05	5.18E-06	1.62E-02
17	9.10	0.	7.56E-04	1.58E-02	0.	0.	0.	1.15E-04	1.46E-08	3.53E-06	5.19E-06	1.67E-02
18	9.00	0.	8.99E-04	1.30E-02	0.	0.	0.	1.16E-04	1.51E-08	3.52E-06	5.19E-06	1.40E-02
19	8.90	0.	1.04E-03	1.09E-02	0.	0.	0.	1.16E-04	1.56E-08	3.50E-06	5.19E-06	1.21E-02
20	8.80	0.	1.09E-03	1.03E-02	0.	0.	0.	1.16E-04	1.61E-08	3.49E-06	5.20E-06	1.15E-02
21	8.70	0.	1.04E-03	7.84E-03	0.	0.	0.	1.17E-04	1.67E-08	3.48E-06	5.20E-06	1.01E-02
22	8.60	0.	7.84E-04	7.09E-03	0.	0.	0.	1.17E-04	1.73E-08	3.47E-06	5.20E-06	9.03E-03
23	8.50	0.	10.00E-04	6.90E-03	0.	0.	0.	1.18E-04	1.79E-08	3.46E-06	5.22E-06	7.17E-03
24	8.40	0.	9.74E-04	5.80E-03	0.	0.	0.	1.18E-04	1.86E-08	3.45E-06	5.25E-06	6.88E-03
25	8.30	0.	9.51E-04	4.36E-03	0.	0.	0.	1.19E-04	1.92E-08	3.44E-06	5.28E-06	5.41E-03
26	8.20	0.	9.29E-04	3.25E-03	0.	0.	0.	1.19E-04	2.00E-08	3.43E-06	5.34E-06	5.25E-03
27	8.10	0.	9.01E-04	3.11E-03	0.	0.	0.	1.20E-04	2.07E-08	3.41E-06	5.40E-06	4.25E-03
28	8.00	0.	8.69E-04	2.35E-03	0.	0.	0.	1.20E-04	2.15E-08	3.40E-06	5.46E-06	4.08E-03
29	7.90	0.	8.38E-04	1.86E-03	0.	0.	0.	1.21E-04	2.23E-08	3.38E-06	5.52E-06	3.33E-03
30	7.80	0.	8.02E-04	1.64E-03	0.	0.	0.	1.21E-04	2.32E-08	3.37E-06	5.58E-06	3.25E-03
31	7.70	0.	7.65E-04	1.38E-03	0.	0.	0.	1.22E-04	2.41E-08	3.36E-06	5.64E-06	2.72E-03
32	7.60	0.	7.29E-04	1.15E-03	0.	0.	0.	1.23E-04	2.51E-08	3.34E-06	5.70E-06	2.47E-03
33	7.50	0.	6.92E-04	9.97E-04	0.	1.91E-07	0.	1.23E-04	2.61E-08	3.33E-06	5.75E-06	2.17E-03
34	7.40	0.	6.56E-04	8.23E-04	0.	1.25E-06	0.	1.24E-04	2.72E-08	3.32E-06	5.81E-06	1.90E-03
35	7.30	0.	6.19E-04	7.29E-04	0.	4.98E-06	0.	1.24E-04	2.83E-08	3.31E-06	5.87E-06	1.74E-03
36	7.20	0.	5.83E-04	6.11E-04	0.	2.85E-05	0.	1.25E-04	2.95E-08	3.30E-06	5.93E-06	1.58E-03
37	7.10	6.89E-07	5.44E-04	5.15E-04	0.	8.12E-05	0.	1.26E-04	3.08E-08	3.29E-06	5.99E-06	1.55E-03
38	7.00	1.28E-06	5.06E-04	4.51E-04	0.	1.80E-04	0.	1.27E-04	3.21E-08	3.29E-06	6.05E-06	1.35E-03
39	6.90	1.04E-06	0.	3.59E-04	0.	6.00E-04	0.	1.28E-04	3.36E-08	3.28E-06	6.11E-06	1.17E-03
40	6.80	7.12E-07	0.	2.93E-04	0.	1.16E-03	0.	1.29E-04	3.51E-08	3.26E-06	6.17E-06	1.76E-03
41	6.70	4.11E-07	0.	2.07E-04	0.	1.65E-04	0.	1.30E-04	3.67E-08	3.25E-06	6.23E-06	2.15E-03
42	6.60	2.22E-07	0.	1.21E-04	0.	8.31E-04	0.	1.31E-04	3.84E-08	3.24E-06	6.29E-06	1.27E-03
43	6.50	3.11E-07	0.	6.29E-05	0.	1.63E-03	0.	1.32E-04	4.02E-08	3.23E-06	6.36E-06	2.46E-03
44	6.40	6.39E-07	0.	2.95E-05	1.32E-05	2.18E-03	0.	1.34E-04	4.21E-08	3.23E-06	6.44E-06	1.21E-03
45	6.30	1.84E-06	0.	1.19E-05	5.53E-05	9.44E-04	0.	1.35E-04	4.41E-08	3.23E-06	6.57E-06	1.76E-03
46	6.20	7.08E-07	0.	2.73E-06	7.11E-05	1.51E-03	0.	1.36E-04	4.63E-08	3.23E-06	6.70E-06	2.99E-03
47	6.10	1.78E-06	0.	1.93E-07	1.90E-04	1.63E-03	0.	1.37E-04	4.87E-08	3.25E-06	6.82E-06	2.17E-03
48	6.00	2.78E-05	0.	4.70E-09	1.52E-04	8.43E-04	0.	1.38E-04	5.11E-08	3.27E-06	6.95E-06	1.34E-03
49	5.90	1.93E-07	0.	0.	2.12E-04	9.46E-04	0.	1.38E-04	5.38E-08	3.29E-06	7.07E-06	1.35E-03
50	5.80	4.04E-05	0.	0.	2.80E-04	8.80E-04	0.	1.36E-04	5.66E-08	3.32E-06	7.07E-06	1.35E-03
51	5.70	4.53E-05	0.	0.	2.93E-04	8.77E-04	0.	1.28E-04	5.97E-08	3.33E-06	7.20E-06	1.36E-03

ABSORPTION COEFFICIENTS OF HEATED AIR (INVERSE CM.)

TEMPERATURE (DEGREES K) 8000. DENSITY (GM/CC) 1.293E-04 (10.0E-02 NORMAL)

	PHOTON ENRGY	O2 S-R BANDS	N2 1ST POS.	N2 2ND POS.	N2+ 1ST NEG.	NO BETA	NO GAMMA	NO VIB-ROT	NO2	O- PHOTO-DET	FREE-FREE (IONS)	N P.E.	O P.F.	TOTAL AIR
52	5.60	5.50E-05	0.	0.	0.	2.08E-04	1.52E-03	0.	0.	1.19E-04	6.29E-08	3.36E-06	7.33E-06	1.92E-03
53	5.50	5.56E-05	0.	0.	0.	2.58E-04	1.52E-03	0.	0.	1.20E-04	6.64E-08	3.39E-06	7.45E-06	1.97E-03
54	5.40	5.66E-05	0.	0.	0.	2.11E-04	1.00E-03	0.	0.	1.20E-04	7.02E-08	3.43E-06	7.58E-06	1.30E-03
55	5.30	5.31E-05	0.	0.	0.	2.18E-04	1.44E-03	0.	0.	1.21E-04	7.43E-08	3.47E-06	7.73E-06	1.84E-03
56	5.20	3.61E-05	0.	0.	0.	2.22E-04	7.51E-04	0.	0.	1.22E-04	7.86E-08	3.51E-06	7.93E-06	1.15E-03
57	5.10	3.29E-05	0.	0.	0.	2.12E-04	1.05E-03	0.	0.	1.23E-04	8.34E-08	3.59E-06	8.12E-06	1.43E-03
58	5.00	2.38E-05	0.	0.	0.	1.82E-04	8.89E-04	0.	0.	1.24E-04	8.85E-08	3.68E-06	8.31E-06	1.23E-03
59	4.90	1.97E-05	0.	0.	0.	1.92E-04	8.40E-04	0.	7.52E-09	1.25E-04	9.40E-08	3.78E-06	8.50E-06	1.19E-03
60	4.80	1.99E-05	0.	0.	0.	2.00E-04	7.71E-04	0.	7.52E-09	1.26E-04	1.00E-07	3.87E-06	8.70E-06	1.12E-03
61	4.70	2.04E-05	0.	0.	0.	1.86E-04	6.17E-04	0.	7.52E-09	1.27E-04	1.07E-07	3.96E-06	8.91E-06	9.64E-04
62	4.60	2.40E-05	0.	0.	0.	1.82E-04	5.88E-04	0.	7.52E-09	1.28E-04	1.14E-07	4.07E-06	9.13E-06	9.36E-04
63	4.50	2.33E-05	0.	1.33E-05	0.	1.53E-04	3.98E-04	0.	7.52E-09	1.29E-04	1.21E-07	4.20E-06	9.35E-06	7.30E-04
64	4.40	2.28E-05	0.	5.33E-05	0.	1.29E-04	3.06E-04	0.	7.52E-09	1.30E-04	1.30E-07	4.32E-06	9.56E-06	5.69E-04
65	4.30	1.98E-05	0.	1.18E-04	0.	1.49E-04	1.62E-04	0.	7.52E-09	1.31E-04	1.39E-07	4.45E-06	9.78E-06	5.50E-04
66	4.20	1.74E-05	0.	7.16E-04	0.	1.32E-04	1.36E-04	0.	7.52E-09	1.32E-04	1.50E-07	4.59E-06	9.99E-06	9.50E-04
67	4.10	1.53E-05	0.	3.20E-04	0.	1.18E-04	3.41E-05	0.	7.52E-09	1.33E-04	1.61E-07	4.72E-06	9.73E-07	9.99E-04
68	4.00	1.31E-05	0.	6.07E-04	0.	7.79E-05	2.58E-05	0.	7.52E-09	1.33E-04	1.73E-07	2.64E-06	1.00E-06	5.83E-04
69	3.90	1.02E-05	0.	2.65E-04	1.67E-05	9.20E-05	1.18E-05	0.	7.52E-09	1.33E-04	1.87E-07	2.70E-06	1.03E-06	8.01E-04
70	3.80	1.08E-05	0.	4.55E-04	1.51E-04	6.73E-05	0.	0.	7.52E-09	1.32E-04	2.02E-07	2.76E-06	1.06E-06	8.46E-04
71	3.70	8.48E-06	0.	1.95E-04	2.85E-04	7.37E-05	0.	0.	7.52E-09	1.30E-04	2.18E-07	2.77E-06	1.21E-06	6.57E-04
72	3.60	7.16E-06	0.	2.26E-04	7.12E-04	4.98E-05	0.	0.	7.52E-09	1.28E-04	2.38E-07	2.68E-06	1.38E-06	1.34E-03
73	3.50	6.19E-06	0.	9.00E-05	3.68E-04	5.50E-05	0.	0.	7.52E-09	1.11E-04	2.59E-07	3.04E-06	1.56E-06	3.90E-04
74	3.40	5.14E-06	0.	4.72E-05	2.52E-04	3.87E-05	0.	0.	7.52E-09	6.43E-05	2.83E-07	3.39E-06	1.75E-06	4.40E-04
75	3.30	3.90E-06	0.	1.27E-05	7.94E-04	3.31E-05	0.	0.	7.52E-09	6.44E-05	3.09E-07	3.74E-06	1.94E-06	1.02E-03
76	3.20	3.72E-06	0.	5.78E-05	5.77E-05	2.83E-05	0.	0.	7.52E-09	6.45E-05	3.39E-07	4.13E-06	2.14E-06	2.55E-04
77	3.10	3.22E-06	0.	2.96E-06	2.56E-04	1.84E-05	0.	0.	7.52E-09	6.46E-05	3.74E-07	4.57E-06	2.34E-06	3.12E-04
78	3.00	2.72E-06	0.	4.06E-07	1.91E-04	1.04E-05	0.	0.	7.52E-09	6.48E-05	4.13E-07	4.87E-06	2.55E-06	1.50E-04
79	2.90	1.63E-06	0.	0.	5.16E-04	1.72E-06	0.	0.	7.52E-09	6.49E-05	4.57E-07	5.27E-06	2.74E-06	2.12E-04
80	2.80	1.68E-06	0.	0.	1.26E-04	3.56E-08	0.	0.	7.52E-09	6.50E-05	5.08E-07	5.68E-06	2.95E-06	2.98E-05
81	2.70	9.07E-07	0.	0.	1.21E-04	0.	0.	0.	7.52E-09	6.50E-05	5.66E-07	6.12E-06	3.17E-06	7.80E-05
82	2.60	3.55E-07	0.	0.	1.72E-06	0.	0.	0.	7.52E-09	6.50E-05	6.34E-07	6.77E-06	8.63E-07	1.08E-04
83	2.50	2.30E-08	0.	0.	3.73E-06	0.	0.	0.	7.52E-09	6.50E-05	7.14E-07	7.43E-06	9.91E-07	2.16E-04
84	2.40	0.	2.72E-05	0.	1.01E-05	0.	0.	0.	7.52E-09	6.50E-05	8.08E-07	3.14E-06	1.22E-06	3.54E-04
85	2.30	0.	1.45E-04	0.	0.	0.	0.	0.	7.52E-09	6.42E-05	9.18E-07	3.54E-06	1.46E-06	5.29E-04
86	2.20	0.	2.82E-04	0.	0.	0.	0.	0.	7.52E-09	6.40E-05	1.05E-06	4.20E-06	1.76E-06	7.56E-04
87	2.10	0.	4.56E-04	0.	0.	0.	0.	0.	7.52E-09	6.19E-05	1.21E-06	4.96E-06	2.06E-06	1.15E-03
88	2.00	0.	6.83E-04	0.	0.	0.	0.	0.	7.52E-09	5.96E-05	1.40E-06	5.78E-06	2.36E-06	1.65E-03
89	1.90	0.	1.58E-03	0.	0.	0.	0.	0.	7.52E-09	5.70E-05	1.64E-06	6.59E-06	2.67E-06	1.37E-03
90	1.80	0.	1.58E-03	0.	0.	0.	0.	0.	7.52E-09	5.37E-05	1.93E-06	7.43E-06	3.14E-06	1.65E-03
91	1.70	0.	1.09E-03	0.	0.	0.	0.	0.	7.52E-09	4.54E-05	2.29E-06	8.68E-06	3.74E-06	1.39E-03
92	1.60	0.	1.35E-03	0.	0.	0.	0.	0.	7.52E-09	2.06E-05	2.75E-06	1.02E-05	4.33E-06	1.52E-03
93	1.50	0.	1.49E-03	0.	0.	0.	0.	0.	7.52E-09	0.	3.35E-06	1.17E-05	4.78E-06	1.08E-03
94	1.40	0.	1.06E-03	0.	0.	0.	0.	0.	7.52E-09	0.	4.12E-06	1.29E-05	5.72E-06	1.16E-03
95	1.30	0.	1.13E-03	0.	0.	0.	0.	0.	7.52E-09	0.	5.16E-06	1.56E-05	4.71E-06	1.08E-03
96	1.20	0.	8.63E-04	0.	0.	0.	0.	0.	7.52E-09	0.	6.59E-06	1.68E-05	6.22E-06	1.16E-03
97	1.10	0.	8.16E-04	0.	0.	0.	0.	1.41E-08	7.52E-09	0.	8.58E-06	2.10E-05	6.84E-06	8.99E-04
98	1.00	0.	6.44E-04	0.	0.	0.	0.	1.00E-07	7.52E-09	0.	1.14E-05	2.40E-05	8.29E-06	8.60E-04
99	0.90	0.	2.09E-04	0.	0.	0.	0.	1.37E-07	7.52E-09	0.	1.58E-05	2.81E-05	9.73E-06	6.98E-04
100	0.80	0.	8.09E-05	0.	0.	0.	0.	1.96E-06	7.52E-09	0.	2.56E-05	3.18E-05	1.11E-05	3.64E-04
101	0.70	0.	3.26E-06	0.	0.	0.	0.	1.26E-06	7.52E-09	0.	3.39E-05	3.07E-05	8.74E-06	1.55E-04
102	0.60	0.	0.	0.	0.	0.	0.	5.27E-06	7.52E-09	0.	5.46E-05	3.03E-05	9.87E-06	1.03E-04

ABSORPTION COEFFICIENTS OF HEATED AIR (INVERSE CM.)

TEMPERATURE (DEGREES K) 8000. DENSITY (GM/CC) 1.293E-05 (10.0E-03 NORMAL)

PHOTON ENERGY E.V.	O2 S-R BANDS	O2 S-R CONT.	N2 B-H NO. 1	NO BETA	NO GAMMA	NO 2	O- PHOTO-DET (IONS)	FREE-FREE (IONS)	N P.E.	O P.E.	TOTAL AIR
1 10.70	0.	0.	2.82E-03	0.	0.	0.	3.12E-06	6.84E-10	1.96E-06	5.20E-07	2.83E-03
2 10.60	0.	0.	2.35E-03	0.	0.	0.	3.12E-06	7.03E-10	1.97E-06	5.20E-07	2.35E-03
3 10.50	0.	0.	2.25E-03	0.	0.	0.	3.13E-06	7.24E-10	1.98E-06	5.20E-07	2.25E-03
4 10.40	0.	0.	1.97E-03	0.	0.	0.	3.13E-06	7.45E-10	1.98E-06	5.20E-07	1.97E-03
5 10.30	0.	0.	1.57E-03	0.	0.	0.	3.13E-06	7.67E-10	1.99E-06	5.20E-07	1.57E-03
6 10.20	0.	0.	1.53E-03	0.	0.	0.	3.14E-06	7.90E-10	1.99E-06	5.21E-07	1.53E-03
7 10.10	0.	0.	1.35E-03	0.	0.	0.	3.14E-06	8.14E-10	2.00E-06	5.21E-07	1.36E-03
8 10.00	0.	0.	1.05E-03	0.	0.	0.	3.15E-06	8.38E-10	2.01E-06	5.22E-07	1.06E-03
9 9.90	0.	0.	1.06E-03	0.	0.	0.	3.15E-06	8.64E-10	2.01E-06	5.22E-07	1.06E-03
10 9.80	0.	0.	9.10E-04	0.	0.	0.	3.16E-06	8.91E-10	2.02E-06	5.23E-07	9.15E-04
11 9.70	0.	0.	7.02E-04	0.	0.	0.	3.16E-06	9.19E-10	2.02E-06	5.23E-07	7.56E-04
12 9.60	0.	0.	7.50E-04	0.	0.	0.	3.17E-06	9.48E-10	2.03E-06	5.23E-07	5.78E-04
13 9.50	0.	4.34E-06	5.67E-04	0.	0.	0.	3.18E-06	9.79E-10	2.04E-06	5.24E-07	5.03E-04
14 9.40	0.	5.03E-06	4.93E-04	0.	0.	0.	3.19E-06	1.01E-09	2.04E-06	5.24E-07	5.02E-04
15 9.30	0.	5.72E-06	4.92E-04	0.	0.	0.	3.20E-06	1.04E-09	5.32E-07	5.24E-07	3.59E-04
16 9.20	0.	6.42E-06	3.48E-04	0.	0.	0.	3.21E-06	1.08E-09	5.30E-07	5.25E-07	3.06E-04
17 9.10	0.	7.75E-06	3.58E-04	0.	0.	0.	3.23E-06	1.11E-09	5.28E-07	5.25E-07	2.62E-04
18 9.00	0.	9.21E-06	2.92E-04	0.	0.	0.	3.24E-06	1.15E-09	5.26E-07	5.26E-07	2.48E-04
19 8.90	0.	1.07E-05	2.47E-04	0.	0.	0.	3.26E-06	1.19E-09	5.25E-07	5.26E-07	1.92E-04
20 8.80	0.	1.11E-05	2.32E-04	0.	0.	0.	3.27E-06	1.23E-09	5.23E-07	5.27E-07	1.93E-04
21 8.70	0.	1.03E-05	1.78E-04	0.	0.	0.	3.28E-06	1.28E-09	5.21E-07	5.29E-07	1.51E-04
22 8.60	0.	9.99E-06	1.37E-04	0.	0.	0.	3.29E-06	1.32E-09	5.21E-07	5.35E-07	1.45E-04
23 8.50	0.	9.52E-06	9.84E-05	0.	0.	0.	3.31E-06	1.37E-09	5.19E-07	5.41E-07	1.09E-04
24 8.40	0.	9.24E-06	9.54E-05	0.	0.	0.	3.33E-06	1.42E-09	5.18E-07	5.46E-07	8.67E-05
25 8.30	0.	8.91E-06	7.33E-05	0.	0.	0.	3.34E-06	1.47E-09	5.16E-07	5.52E-07	6.32E-05
26 8.20	0.	8.59E-06	7.02E-05	0.	0.	0.	3.36E-06	1.52E-09	5.15E-07	5.58E-07	6.68E-05
27 8.10	0.	8.22E-06	5.42E-05	0.	0.	0.	3.38E-06	1.58E-09	5.13E-07	5.64E-07	6.55E-05
28 8.00	0.	7.85E-06	5.31E-05	0.	0.	0.	3.39E-06	1.64E-09	5.10E-07	5.70E-07	5.40E-05
29 7.90	0.	7.47E-06	4.70E-05	0.	0.	0.	3.41E-06	1.71E-09	5.08E-07	5.76E-07	4.87E-05
30 7.80	0.	7.10E-06	3.70E-05	0.	0.	0.	3.43E-06	1.77E-09	5.06E-07	5.82E-07	4.24E-05
31 7.70	0.	6.72E-06	3.11E-05	0.	0.	0.	3.45E-06	1.84E-09	5.04E-07	5.88E-07	3.69E-05
32 7.60	0.	6.35E-06	2.59E-05	0.	0.	0.	3.46E-06	1.92E-09	5.01E-07	5.94E-07	3.35E-05
33 7.50	0.	5.97E-06	2.25E-05	0.	2.90E-09	0.	3.48E-06	1.99E-09	4.99E-07	6.00E-07	3.00E-05
34 7.40	0.	5.58E-06	1.86E-05	0.	1.91E-08	0.	3.50E-06	2.08E-09	4.97E-07	6.06E-07	2.90E-05
35 7.30	0.	5.19E-06	1.65E-05	0.	7.57E-08	0.	3.52E-06	2.16E-09	4.94E-07	6.12E-07	2.76E-05
36 7.20	0.	0.	1.38E-05	0.	4.33E-07	0.	3.55E-06	2.25E-09	4.92E-07	6.18E-07	3.26E-05
37 7.10	0.	0.	1.16E-05	0.	1.23E-06	0.	3.58E-06	2.35E-09	4.90E-07	6.24E-07	3.79E-05
38 7.00	7.05E-09	0.	1.02E-05	0.	2.73E-06	0.	3.61E-06	2.45E-09	4.90E-07	6.31E-07	
39 6.90	1.31E-08	0.	8.11E-06	0.	9.12E-06	0.	3.64E-06	2.56E-09	4.88E-07	6.37E-07	
40 6.80	1.07E-08	0.	6.66E-06	0.	7.83E-06	0.	3.67E-06	2.68E-09	4.87E-07	6.44E-07	
41 6.70	7.29E-09	0.	4.61E-06	0.	1.77E-05	0.	3.70E-06	2.80E-09	4.85E-07	6.52E-07	
42 6.60	4.21E-09	0.	2.74E-06	0.	2.50E-05	0.	3.75E-06	2.93E-09	4.85E-07	6.65E-07	3.44E-05
43 6.50	2.27E-09	0.	1.42E-06	0.	1.26E-05	0.	3.78E-06	3.07E-09	4.85E-07	6.77E-07	4.83E-05
44 6.40	3.19E-09	0.	6.17E-08	2.01E-07	2.49E-05	0.	3.81E-06	3.22E-09	4.85E-07	6.90E-07	4.09E-05
45 6.30	3.54E-08	0.	4.36E-09	8.41E-07	3.31E-05	0.	3.84E-06	3.37E-09	4.85E-07	7.03E-07	2.15E-05
46 6.20	1.88E-08	0.	1.06E-10	1.08E-06	1.44E-05	0.	3.87E-06	3.54E-09	4.85E-07	7.16E-07	2.07E-05
47 6.10	7.25E-08	0.	0.	2.88E-06	4.00E-05	0.	3.87E-06	3.72E-09	4.85E-07	7.28E-07	2.41E-05
48 6.00	1.83E-07	0.	0.	2.32E-06	1.28E-05	0.	3.91E-06	3.91E-09	4.91E-07		4.83E-05
49 5.90	2.84E-07	0.	0.	3.23E-06	1.44E-05	0.	3.87E-06	4.11E-09	4.95E-07		2.04E-05
50 5.80	4.13E-07	0.	0.	4.26E-06	1.34E-05	0.	3.81E-06	4.33E-09	4.98E-07		2.30E-05
51 5.70	4.64E-07	0.	0.	4.45E-06	1.33E-05	0.	3.58E-06	4.56E-09	5.01E-07		2.31E-05

192

ABSORPTION COEFFICIENTS OF HEATED AIR (INVERSE CM.)

TEMPERATURE (DEGREES K) 8000. DENSITY (GM/CC) 1.293E-05 (10.0E-03 NORMAL)

PHOTON ENERGY BANDS		O2 S-R	N2 1ST POS.	N2 2ND POS.	N2+ 1ST NEG.	NO BETA	NO GAMMA	NO VIB-ROT	NO2	O- PHOTO-DET	FREE-FREE (IONS)	N P.E.	O P.F.	TOTAL AIR
52	5.60	5.63E-07	0.	0.	0.	3.16E-06	2.32E-05	0.	0.	3.33E-06	4.81E-09	5.05E-07	7.41E-07	3.15E-05
53	5.50	5.69E-07	0.	0.	0.	3.93E-06	2.31E-05	0.	0.	3.35E-06	5.07E-09	5.09E-07	7.54E-07	3.23E-05
54	5.40	5.80E-07	0.	0.	0.	3.21E-06	1.37E-05	0.	0.	3.36E-06	5.36E-09	5.15E-07	7.67E-07	2.22E-05
55	5.30	5.44E-07	0.	0.	0.	3.38E-06	2.19E-05	0.	0.	3.38E-06	5.67E-09	5.21E-07	7.83E-07	3.04E-05
56	5.20	3.69E-07	0.	0.	0.	3.23E-06	1.14E-05	0.	1.16E-11	3.41E-06	6.01E-09	5.27E-07	8.02E-07	1.99E-05
57	5.10	3.37E-07	0.	0.	0.	2.76E-06	1.60E-05	0.	1.16E-11	3.44E-06	6.37E-09	5.40E-07	8.22E-07	2.43E-05
58	5.00	2.43E-07	0.	0.	0.	2.92E-06	1.35E-05	0.	1.16E-11	3.46E-06	6.76E-09	5.54E-07	8.41E-07	2.14E-05
59	4.90	2.02E-07	0.	0.	0.	3.04E-06	1.28E-05	0.	1.16E-11	3.49E-06	7.18E-09	5.68E-07	8.60E-07	2.08E-05
60	4.80	2.03E-07	0.	0.	0.	2.77E-06	1.17E-05	0.	1.16E-11	3.52E-06	7.64E-09	5.81E-07	8.80E-07	1.75E-05
61	4.70	2.14E-07	0.	0.	0.	2.32E-06	8.94E-06	0.	1.16E-11	3.55E-06	8.14E-09	5.95E-07	9.02E-07	1.71E-05
62	4.60	2.46E-07	0.	0.	0.	2.23E-06	6.05E-06	0.	1.16E-11	3.58E-06	8.68E-09	6.11E-07	9.24E-07	1.41E-05
63	4.50	2.38E-07	0.	3.01E-07	0.	2.00E-06	4.65E-06	0.	1.16E-11	3.61E-06	9.27E-09	6.30E-07	9.46E-07	1.36E-05
64	4.40	2.33E-07	0.	1.20E-06	0.	1.79E-06	2.47E-06	0.	1.16E-11	3.64E-06	9.92E-09	6.49E-07	9.68E-07	1.35E-05
65	4.30	1.78E-07	0.	2.54E-06	0.	1.62E-06	2.07E-06	0.	1.16E-11	3.67E-06	1.05E-08	6.69E-07	9.89E-07	2.04E-05
66	4.20	1.56E-07	0.	1.17E-05	0.	1.34E-06	5.19E-07	0.	1.16E-11	3.70E-06	1.14E-08	6.89E-07	9.55E-08	9.83E-06
67	4.10	1.34E-07	0.	3.04E-06	0.	1.40E-06	3.92E-07	0.	1.16E-11	3.71E-06	1.23E-08	4.99E-07	9.84E-08	1.46E-05
68	4.00	1.10E-07	0.	1.62E-06	1.36E-06	1.02E-06	1.80E-07	0.	1.16E-11	3.71E-06	1.33E-08	5.11E-07	1.04E-07	2.74E-05
69	3.90	8.68E-08	0.	7.23E-06	1.23E-05	7.58E-07	0.	0.	1.16E-11	3.72E-06	1.43E-08	3.96E-07	1.04E-07	2.13E-05
70	3.80	6.34E-08	0.	9.27E-06	2.34E-05	8.35E-07	0.	0.	1.16E-11	3.70E-06	1.54E-08	4.06E-07	1.07E-07	2.62E-05
71	3.70	5.26E-08	0.	1.37E-05	1.51E-05	5.88E-07	0.	0.	1.16E-11	3.64E-06	1.67E-08	3.20E-07	1.22E-07	7.29E-05
72	3.60	3.99E-08	0.	5.99E-05	5.81E-05	5.03E-07	0.	0.	1.16E-11	3.54E-06	1.82E-08	3.54E-07	1.40E-07	1.08E-05
73	3.50	2.78E-08	0.	1.03E-05	3.00E-06	4.30E-07	0.	0.	1.16E-11	3.12E-06	1.98E-08	4.03E-07	1.54E-07	2.88E-05
74	3.40	2.27E-08	0.	4.41E-06	2.06E-05	1.59E-07	0.	0.	1.16E-11	1.80E-06	2.16E-08	4.57E-07	1.58E-07	7.07E-05
75	3.30	1.72E-08	0.	5.10E-06	6.48E-05	7.10E-08	0.	0.	1.16E-11	1.80E-06	2.36E-08	5.11E-07	1.77E-07	9.97E-06
76	3.20	1.67E-08	0.	2.59E-06	4.71E-05	2.61E-08	0.	0.	1.16E-11	1.80E-06	2.59E-08	5.65E-07	1.97E-07	2.52E-05
77	3.10	9.28E-09	0.	2.03E-06	2.09E-05	5.55E-09	0.	0.	1.16E-11	1.81E-06	2.85E-08	6.21E-07	2.17E-07	1.94E-05
78	3.00	3.63E-09	0.	1.07E-06	1.56E-05	5.42E-10	0.	0.	1.16E-11	1.81E-06	3.15E-08	6.76E-07	2.37E-07	7.62E-06
79	2.90	2.36E-10	0.	6.27E-07	4.21E-06	0.	0.	0.	1.16E-11	1.82E-06	3.49E-08	7.32E-07	2.57E-07	1.35E-05
80	2.80	0.	0.	2.86E-07	1.03E-05	0.	0.	0.	1.16E-11	1.82E-06	3.88E-08	7.92E-07	2.78E-07	3.96E-06
81	2.70	0.	0.	1.31E-07	9.80E-07	0.	0.	0.	1.16E-11	1.82E-06	4.33E-08	8.53E-07	2.99E-07	5.92E-06
82	2.60	0.	0.	6.69E-08	6.31E-07	0.	0.	0.	1.16E-11	1.82E-06	4.85E-08	9.20E-07	3.15E-07	1.17E-06
83	2.50	0.	0.	9.17E-09	8.23E-07	0.	0.	0.	1.16E-11	1.82E-06	5.45E-08	1.00E-06	3.73E-07	1.33E-05
84	2.40	0.	6.15E-07	0.	0.	0.	0.	0.	1.16E-11	1.80E-06	6.17E-08	1.24E-07	8.73E-08	1.85E-05
85	2.30	0.	3.26E-06	0.	0.	0.	0.	0.	1.16E-11	1.79E-06	7.01E-08	1.48E-07	1.00E-08	3.89E-05
86	2.20	0.	6.36E-06	0.	0.	0.	0.	0.	1.16E-11	1.79E-06	8.02E-08	1.78E-07	1.24E-07	3.28E-05
87	2.10	0.	1.03E-05	0.	0.	0.	0.	0.	1.16E-11	1.73E-06	9.24E-08	2.09E-07	1.48E-07	3.92E-05
88	2.00	0.	1.54E-05	0.	0.	0.	0.	0.	1.16E-11	1.67E-06	1.07E-07	2.39E-07	1.78E-07	2.82E-05
89	1.90	0.	3.57E-05	0.	0.	0.	0.	0.	1.16E-11	1.59E-06	1.25E-07	2.70E-07	2.09E-07	3.38E-05
90	1.80	0.	2.94E-05	0.	0.	0.	0.	0.	1.16E-10	1.50E-06	1.47E-07	1.12E-06	2.39E-07	3.57E-05
91	1.70	0.	3.56E-05	0.	0.	0.	0.	0.	1.16E-10	1.27E-06	1.75E-07	1.30E-06	2.70E-07	2.67E-05
92	1.60	0.	2.45E-05	0.	0.	0.	0.	0.	1.16E-10	5.77E-07	2.10E-07	1.53E-06	3.41E-07	2.91E-05
93	1.50	0.	3.37E-05	0.	0.	0.	0.	0.	1.16E-10	0.	2.56E-07	1.76E-06	3.78E-07	2.38E-05
94	1.40	0.	2.39E-05	0.	0.	0.	0.	0.	1.16E-10	0.	3.15E-07	1.94E-06	4.04E-07	2.10E-05
95	1.30	0.	2.54E-05	0.	0.	0.	0.	0.	1.16E-10	0.	3.94E-07	1.34E-06	4.83E-07	1.43E-05
96	1.20	0.	1.95E-05	0.	0.	0.	0.	0.	1.16E-10	0.	5.03E-07	1.90E-06	4.77E-07	9.36E-06
97	1.10	0.	1.84E-05	0.	0.	0.	0.	2.14E-10	1.16E-10	0.	6.55E-07	2.53E-06	6.30E-07	9.87E-06
98	1.00	0.	1.45E-05	0.	0.	0.	0.	1.52E-09	1.16E-10	0.	8.75E-07	2.99E-06	6.92E-07	2.38E-05
99	0.90	0.	6.69E-06	0.	0.	0.	0.	2.08E-09	1.16E-10	0.	1.21E-06	3.60E-06	8.39E-07	2.10E-05
100	0.80	0.	1.83E-06	0.	0.	0.	0.	2.98E-08	1.16E-10	0.	1.72E-06	4.22E-06	9.85E-07	1.43E-05
101	0.70	0.	7.35E-08	0.	0.	0.	0.	1.91E-08	1.16E-10	0.	2.59E-06	4.05E-06	1.12E-06	9.36E-06
102	0.60	0.	0.	0.	0.	0.	0.	8.01E-08	1.16E-11	0.	4.17E-06	4.55E-06	9.99E-07	9.87E-06

ABSORPTION COEFFICIENTS OF HEATED AIR (INVERSE CM.)

TEMPERATURE (DEGREES K) 8000. DENSITY (GM/CC) 1.293E-06 (10.0E-04 NORMAL)

#	PHOTON ENERGY E.V.	O2 S-R BANDS	O2 S-R CONT.	N2 B-H NO. 1	NO BETA	NO GAMMA	NO 2	O- PHOTO-DET (IONS)	FREE-FREE (IONS)	N P.E.	O P.E.	TOTAL AIR
1	10.70	0.	0.	3.29E-05	0.	0.	0.	9.65E-08	6.58E-11	2.11E-07	5.18E-08	3.32E-05
2	10.60	0.	0.	2.73E-05	0.	0.	0.	9.66E-08	6.77E-11	2.12E-07	5.18E-08	2.77E-05
3	10.50	0.	0.	2.62E-05	0.	0.	0.	9.67E-08	6.97E-11	2.13E-07	5.19E-08	2.65E-05
4	10.40	0.	0.	2.29E-05	0.	0.	0.	9.69E-08	7.17E-11	2.14E-07	5.19E-08	2.33E-05
5	10.30	0.	0.	1.82E-05	0.	0.	0.	9.70E-08	7.38E-11	2.15E-07	5.19E-08	1.86E-05
6	10.20	0.	0.	1.78E-05	0.	0.	0.	9.71E-08	7.60E-11	2.15E-07	5.20E-08	1.81E-05
7	10.10	0.	0.	1.58E-05	0.	0.	0.	9.73E-08	7.83E-11	2.16E-07	5.20E-08	1.61E-05
8	10.00	0.	0.	1.23E-05	0.	0.	0.	9.74E-08	8.07E-11	2.16E-07	5.20E-08	1.26E-05
9	9.90	0.	0.	1.23E-05	0.	0.	0.	9.76E-08	8.32E-11	2.17E-07	5.21E-08	1.27E-05
10	9.80	0.	0.	1.06E-05	0.	0.	0.	9.77E-08	8.58E-11	2.17E-07	5.21E-08	1.10E-05
11	9.70	0.	0.	8.17E-06	0.	0.	0.	9.79E-08	8.85E-11	2.18E-07	5.21E-08	8.54E-06
12	9.60	0.	0.	8.73E-06	0.	0.	0.	9.81E-08	9.13E-11	2.18E-07	5.21E-08	9.10E-06
13	9.50	0.	4.31E-08	6.61E-06	0.	0.	0.	9.83E-08	9.42E-11	2.19E-07	5.22E-08	7.02E-06
14	9.40	0.	5.00E-08	5.74E-06	0.	0.	0.	9.86E-08	9.73E-11	2.19E-07	5.22E-08	6.16E-06
15	9.30	0.	5.69E-08	5.73E-06	0.	0.	0.	9.90E-08	1.00E-10	2.20E-07	5.22E-08	5.99E-06
16	9.20	0.	6.38E-08	4.06E-06	0.	0.	0.	9.93E-08	1.04E-10	5.74E-08	5.22E-08	4.33E-06
17	9.10	0.	7.71E-08	4.16E-06	0.	0.	0.	9.97E-08	1.07E-10	5.72E-08	5.23E-08	4.45E-06
18	9.00	0.	9.15E-08	3.41E-06	0.	0.	0.	10.00E-08	1.11E-10	5.70E-08	5.23E-08	3.71E-06
19	8.90	0.	1.06E-07	2.87E-06	0.	0.	0.	10.00E-08	1.15E-10	5.68E-08	5.23E-08	3.19E-06
20	8.80	0.	1.10E-07	2.71E-06	0.	0.	0.	1.01E-07	1.19E-10	5.66E-08	5.24E-08	3.03E-06
21	8.70	0.	1.02E-07	2.08E-06	0.	0.	0.	1.01E-07	1.23E-10	5.64E-08	5.24E-08	2.38E-06
22	8.60	0.	9.93E-08	1.60E-06	0.	0.	0.	1.02E-07	1.27E-10	5.63E-08	5.25E-08	2.39E-06
23	8.50	0.	9.69E-08	1.53E-06	0.	0.	0.	1.02E-07	1.32E-10	5.61E-08	5.27E-08	1.91E-06
24	8.40	0.	9.18E-08	1.11E-06	0.	0.	0.	1.03E-07	1.37E-10	5.59E-08	5.33E-08	1.83E-06
25	8.30	0.	8.86E-08	8.54E-07	0.	0.	0.	1.03E-07	1.42E-10	5.57E-08	5.39E-08	1.45E-06
26	8.20	0.	8.54E-08	8.17E-07	0.	0.	0.	1.04E-07	1.47E-10	5.54E-08	5.45E-08	1.41E-06
27	8.10	0.	8.17E-08	6.31E-07	0.	0.	0.	1.04E-07	1.52E-10	5.50E-08	5.51E-08	1.16E-06
28	8.00	0.	7.80E-08	6.19E-07	0.	0.	0.	1.05E-07	1.58E-10	5.48E-08	5.57E-08	1.12E-06
29	7.90	0.	7.43E-08	4.89E-07	0.	0.	0.	1.05E-07	1.64E-10	5.46E-08	5.63E-08	9.27E-07
30	7.80	0.	7.06E-08	4.31E-07	0.	0.	0.	1.06E-07	1.71E-10	5.44E-08	5.69E-08	9.12E-07
31	7.70	0.	6.68E-08	3.63E-07	0.	0.	0.	1.06E-07	1.77E-10	5.42E-08	5.75E-08	7.80E-07
32	7.60	0.	6.31E-08	3.01E-07	0.	3.12E-11	0.	1.07E-07	1.85E-10	5.40E-08	5.80E-08	7.20E-07
33	7.50	0.	5.94E-08	2.62E-07	0.	2.05E-10	0.	1.07E-07	1.92E-10	5.38E-08	5.86E-08	6.48E-07
34	7.40	0.	5.55E-08	2.16E-07	0.	8.14E-10	0.	1.08E-07	2.00E-10	5.37E-08	5.92E-08	5.85E-07
35	7.30	0.	5.16E-08	1.92E-07	0.	4.66E-09	0.	1.08E-07	2.08E-10	5.35E-08	5.98E-08	5.47E-07
36	7.20	0.	0.	1.61E-07	0.	1.33E-08	0.	1.09E-07	2.17E-10	5.33E-08	6.04E-08	5.07E-07
37	7.10	7.01E-11	0.	1.35E-07	0.	2.94E-08	0.	1.10E-07	2.26E-10	5.31E-08	6.10E-08	5.07E-07
38	7.00	1.30E-10	0.	1.18E-07	0.	9.81E-08	0.	1.11E-07	2.36E-10	5.29E-08	6.16E-08	4.96E-07
39	6.90	1.06E-10	0.	9.44E-08	0.	8.42E-08	0.	1.12E-07	2.47E-10	5.27E-08	6.22E-08	4.83E-07
40	6.80	7.24E-11	0.	7.70E-08	0.	1.90E-07	0.	1.12E-07	2.58E-10	5.25E-08	6.29E-08	4.45E-07
41	6.70	4.18E-11	0.	5.45E-08	0.	2.69E-07	0.	1.13E-07	2.70E-10	5.23E-08	6.35E-08	4.36E-07
42	6.60	2.26E-11	0.	3.19E-08	0.	1.36E-07	0.	1.13E-07	2.82E-10	5.23E-08	6.42E-08	5.92E-07
43	6.50	3.17E-11	0.	1.65E-08	0.	2.67E-07	0.	1.14E-07	2.95E-10	5.24E-08	6.50E-08	4.43E-07
44	6.40	5.50E-11	0.	7.76E-09	2.16E-09	3.56E-07	0.	1.16E-07	3.10E-10	5.27E-08	6.63E-08	5.53E-07
45	6.30	1.87E-10	0.	3.13E-09	9.05E-09	1.54E-07	0.	1.16E-07	3.25E-10	5.30E-08	6.75E-08	5.53E-07
46	6.20	1.16E-10	0.	7.19E-10	3.10E-08	2.47E-07	0.	1.17E-07	3.41E-10	5.34E-08	6.88E-08	4.15E-07
47	6.10	7.21E-10	0.	5.08E-11	3.16E-08	4.31E-07	0.	1.18E-07	3.58E-10	5.38E-08	7.01E-08	5.03E-07
48	6.00	1.82E-09	0.	1.23E-12	2.49E-08	1.38E-07	0.	1.20E-07	3.76E-10	5.30E-08	7.14E-08	4.07E-07
49	5.90	2.83E-09	0.	0.	3.47E-08	1.55E-07	0.	1.20E-07	3.96E-10	5.34E-08	7.26E-08	4.36E-07
50	5.80	4.11E-09	0.	0.	4.58E-08	1.44E-07	0.	1.18E-07	4.16E-10	5.38E-08	7.14E-08	4.37E-07
51	5.70	4.61E-09	0.	0.	4.79E-08	1.43E-07	0.	1.11E-07	4.39E-10	5.41E-08	7.26E-08	4.34E-07

194

ABSORPTION COEFFICIENTS OF HEATED AIR (INVERSE CM.)

TEMPERATURE (DEGREES K) 8000. DENSITY (GM/CC) 1.293E-06 (10.0E-04 NORMAL)

	PHOTON ENERGY	O2 S-R BANDS	N2 1ST POS.	N2 2ND POS.	N2+ 1ST NEG.	NO BETA	NO GAMMA	NO VIB-ROT	NO 2	O- PHOTO-DET	FREE-FREE (IONS)	N P.E.	O P.E.	TOTAL AIR
52	5.60	5.60E-09	0.	0.	0.	3.40E-08	2.49E-07	0.	0.	1.03E-07	4.63E-10	5.45E-08	7.39E-08	5.21E-07
53	5.50	5.66E-09	0.	0.	0.	4.23E-08	2.49E-07	0.	0.	1.04E-07	4.89E-10	5.50E-08	7.52E-08	5.31E-07
54	5.40	5.76E-09	0.	0.	0.	3.46E-08	1.47E-07	0.	0.	1.04E-07	5.16E-10	5.56E-08	7.65E-08	4.24E-07
55	5.30	5.40E-09	0.	0.	0.	3.56E-08	2.36E-07	0.	0.	1.05E-07	5.46E-10	5.62E-08	7.80E-08	5.16E-07
56	5.20	3.67E-09	0.	0.	0.	3.64E-08	1.23E-07	0.	0.	1.05E-07	5.78E-10	5.69E-08	8.00E-08	4.06E-07
57	5.10	3.35E-09	0.	0.	0.	3.47E-08	1.72E-07	0.	1.24E-14	1.06E-07	6.13E-10	5.83E-08	8.19E-08	4.56E-07
58	5.00	2.42E-09	0.	0.	0.	2.97E-08	1.45E-07	0.	1.24E-14	1.07E-07	6.51E-10	5.97E-08	8.39E-08	4.29E-07
59	4.90	2.01E-09	0.	0.	0.	3.14E-08	1.37E-07	0.	1.24E-14	1.08E-07	6.91E-10	6.13E-08	8.58E-08	4.26E-07
60	4.80	2.02E-09	0.	0.	0.	3.27E-08	1.26E-07	0.	1.24E-14	1.09E-07	7.36E-10	6.27E-08	8.78E-08	4.21E-07
61	4.70	2.13E-09	0.	0.	0.	3.04E-08	1.01E-07	0.	1.24E-14	1.10E-07	7.84E-10	6.42E-08	8.99E-08	3.98E-07
62	4.60	2.44E-09	0.	0.	0.	2.98E-08	9.61E-08	0.	1.24E-14	1.11E-07	8.36E-10	6.60E-08	9.21E-08	3.98E-07
63	4.50	2.37E-09	0.	3.51E-09	0.	2.50E-08	6.51E-08	0.	1.24E-14	1.12E-07	8.93E-10	6.80E-08	9.43E-08	3.71E-07
64	4.40	2.32E-09	0.	1.40E-08	0.	2.40E-08	5.00E-08	0.	1.24E-14	1.13E-07	9.56E-10	7.01E-08	9.65E-08	3.70E-07
65	4.30	2.01E-09	0.	2.95E-08	0.	2.11E-08	2.65E-08	0.	1.24E-14	1.13E-07	1.02E-09	7.22E-08	9.86E-08	3.65E-07
66	4.20	1.77E-09	0.	1.36E-07	0.	2.15E-08	2.23E-08	0.	1.24E-14	1.14E-07	1.10E-09	7.43E-08	9.53E-09	3.81E-07
67	4.10	1.56E-09	0.	3.54E-08	0.	1.93E-08	5.58E-09	0.	1.24E-14	1.15E-07	1.18E-09	5.38E-08	9.81E-09	2.41E-07
68	4.00	1.34E-09	0.	1.88E-07	0.	1.75E-08	4.22E-09	0.	1.24E-14	1.15E-07	1.27E-09	5.51E-08	1.01E-08	3.93E-07
69	3.90	1.04E-09	0.	8.42E-08	5.11E-08	1.44E-08	1.93E-09	0.	1.24E-14	1.15E-07	1.37E-09	4.27E-08	1.04E-08	3.22E-07
70	3.80	1.09E-09	0.	1.08E-07	4.63E-07	1.50E-08	0.	0.	1.24E-14	1.14E-07	1.49E-09	4.38E-08	1.07E-08	7.57E-07
71	3.70	8.63E-10	0.	1.60E-07	8.76E-08	1.10E-08	0.	0.	1.24E-14	1.13E-07	1.61E-09	3.45E-08	1.22E-08	4.20E-07
72	3.60	7.29E-10	0.	6.98E-08	5.67E-07	1.20E-08	0.	0.	1.24E-14	1.05E-07	1.75E-09	3.82E-08	1.39E-08	8.08E-07
73	3.50	6.30E-10	0.	1.20E-07	2.18E-06	8.15E-09	0.	0.	1.24E-14	9.65E-08	1.90E-09	4.35E-08	1.57E-08	2.47E-06
74	3.40	5.23E-10	0.	5.13E-08	1.13E-07	8.99E-09	0.	0.	1.24E-14	5.57E-08	2.08E-09	4.93E-08	1.77E-08	2.98E-07
75	3.30	3.97E-10	0.	5.93E-08	7.71E-07	6.30E-09	0.	0.	1.24E-14	5.57E-08	2.27E-09	5.51E-08	1.96E-08	9.70E-07
76	3.20	3.14E-10	0.	3.02E-08	2.43E-06	6.32E-09	0.	0.	1.24E-14	5.58E-08	2.50E-09	6.10E-08	2.16E-08	2.61E-06
77	3.10	2.77E-10	0.	2.37E-08	1.77E-07	5.41E-09	0.	0.	1.24E-14	5.60E-08	2.75E-09	6.70E-08	2.36E-08	3.55E-07
78	3.00	2.26E-10	0.	1.24E-08	7.85E-07	4.62E-09	0.	0.	1.24E-14	5.61E-08	3.03E-09	7.30E-08	2.57E-08	9.60E-07
79	2.90	1.71E-10	0.	7.30E-09	5.86E-07	3.01E-09	0.	0.	1.24E-14	5.62E-08	3.36E-09	7.90E-08	2.77E-08	7.62E-07
80	2.80	1.66E-10	0.	3.33E-09	1.58E-07	1.71E-09	0.	0.	1.24E-14	5.63E-08	3.73E-09	8.54E-08	2.98E-08	3.38E-07
81	2.70	9.23E-11	0.	1.52E-09	3.86E-07	7.64E-10	0.	0.	1.24E-14	5.63E-08	4.16E-09	9.21E-08	8.07E-09	5.49E-07
82	2.60	3.61E-11	0.	7.79E-10	3.71E-08	2.81E-10	0.	0.	1.24E-14	5.63E-08	4.67E-09	9.93E-08	8.71E-09	2.07E-07
83	2.50	2.34E-12	0.	1.07E-10	2.36E-08	5.97E-11	0.	0.	1.24E-14	5.63E-08	5.25E-09	4.49E-08	10.00E-09	1.40E-07
84	2.40	0.	7.16E-09	0.	3.08E-08	5.83E-12	0.	0.	1.24E-14	5.63E-08	5.94E-09	5.62E-08	1.23E-08	1.69E-07
85	2.30	0.	3.80E-08	0.	0.	0.	0.	0.	1.24E-14	5.58E-08	6.75E-09	6.82E-08	1.48E-08	1.84E-07
86	2.20	0.	7.41E-08	0.	0.	0.	0.	0.	1.24E-14	5.56E-08	7.73E-09	8.05E-08	1.78E-08	2.36E-07
87	2.10	0.	1.20E-07	0.	0.	0.	0.	0.	1.24E-14	5.54E-08	8.90E-09	9.37E-08	2.08E-08	2.99E-07
88	2.00	0.	1.80E-07	0.	0.	0.	0.	0.	1.24E-14	5.36E-08	1.03E-08	1.07E-07	2.38E-08	3.74E-07
89	1.90	0.	4.16E-07	0.	0.	0.	0.	0.	1.24E-14	5.16E-08	1.20E-08	1.21E-07	2.69E-08	6.27E-07
90	1.80	0.	3.43E-07	0.	0.	0.	0.	0.	1.24E-14	4.93E-08	1.42E-08	1.41E-07	3.17E-08	5.79E-07
91	1.70	0.	4.14E-07	0.	0.	0.	0.	0.	1.24E-14	4.65E-08	1.69E-08	1.65E-07	3.77E-08	6.80E-07
92	1.60	0.	2.85E-07	0.	0.	0.	0.	0.	1.24E-14	3.93E-08	2.02E-08	1.90E-07	4.03E-08	5.75E-07
93	1.50	0.	3.55E-07	0.	0.	0.	0.	0.	1.24E-14	1.79E-08	2.46E-08	2.10E-07	4.82E-08	6.55E-07
94	1.40	0.	3.92E-07	0.	0.	0.	0.	0.	1.24E-14	0.	3.03E-08	1.45E-07	3.40E-08	6.01E-07
95	1.30	0.	2.78E-07	0.	0.	0.	0.	0.	1.24E-14	0.	3.80E-08	2.05E-07	4.76E-08	5.69E-07
96	1.20	0.	2.96E-07	0.	0.	0.	0.	0.	1.24E-14	0.	4.84E-08	2.73E-07	5.45E-08	6.72E-07
97	1.10	0.	2.27E-07	0.	0.	0.	0.	2.31E-12	1.24E-14	0.	6.31E-08	3.22E-07	6.90E-08	6.81E-07
98	1.00	0.	2.15E-07	0.	0.	0.	0.	1.64E-11	1.24E-14	0.	8.42E-08	3.89E-07	8.36E-08	7.72E-07
99	0.90	0.	1.69E-07	0.	0.	0.	0.	2.24E-11	1.24E-14	0.	1.16E-07	4.49E-07	9.74E-08	8.32E-07
100	0.80	0.	7.79E-08	0.	0.	0.	0.	3.21E-10	1.24E-14	0.	1.66E-07	5.15E-07	1.12E-07	8.71E-07
101	0.70	0.	2.13E-08	0.	0.	0.	0.	2.06E-10	1.24E-14	0.	2.49E-07	4.37E-07	8.81E-08	7.96E-07
102	0.60	0.	8.56E-10	0.	0.	0.	0.	8.62E-10	1.24E-14	0.	4.01E-07	4.91E-07	9.96E-08	9.94E-07

ABSORPTION COEFFICIENTS OF HEATED AIR (INVERSE CM.)

TEMPERATURE (DEGREES K) 8000.   DENSITY (GM/CC) 1.293E-07 (10.0E-05 NORMAL)

PHOTON ENERGY E.V.	O2 S-R BANDS	O2 S-R CONT.	N2 B-H NO.1	NO BETA	NO GAMMA	NO2	O- PHOTO-DET (IONS)	FREE-FREE (IONS)	N P.E.	O P.E.	TOTAL AIR
1	10.70	0.	0.	3.21E-07	0.	0.	0.	2.96E-09	6.42E-12	2.09E-08	5.09E-09	3.50E-07
2	10.60	0.	0.	2.67E-07	0.	0.	0.	2.97E-09	6.61E-12	2.10E-08	5.10E-09	2.96E-07
3	10.50	0.	0.	2.56E-07	0.	0.	0.	2.97E-09	6.80E-12	2.11E-08	5.10E-09	2.85E-07
4	10.40	0.	0.	2.24E-07	0.	0.	0.	2.97E-09	7.00E-12	2.12E-08	5.10E-09	2.53E-07
5	10.30	0.	0.	1.78E-07	0.	0.	0.	2.98E-09	7.20E-12	2.12E-08	5.11E-09	2.08E-07
6	10.20	0.	0.	1.74E-07	0.	0.	0.	2.98E-09	7.42E-12	2.13E-08	5.11E-09	2.03E-07
7	10.10	0.	0.	1.54E-07	0.	0.	0.	2.99E-09	7.64E-12	2.14E-08	5.11E-09	1.84E-07
8	10.00	0.	0.	1.20E-07	0.	0.	0.	2.99E-09	7.87E-12	2.14E-08	5.11E-09	1.49E-07
9	9.90	0.	0.	1.20E-07	0.	0.	0.	2.99E-09	8.12E-12	2.14E-08	5.12E-09	1.50E-07
10	9.80	0.	0.	1.03E-07	0.	0.	0.	3.00E-09	8.37E-12	2.15E-08	5.12E-09	1.33E-07
11	9.70	0.	0.	7.98E-08	0.	0.	0.	3.01E-09	8.63E-12	2.15E-08	5.12E-09	1.09E-07
12	9.60	0.	0.	8.53E-08	0.	0.	0.	3.01E-09	8.91E-12	2.16E-08	5.13E-09	1.15E-07
13	9.50	0.	0.	6.45E-08	0.	0.	0.	3.02E-09	9.19E-12	2.17E-08	5.13E-09	9.48E-08
14	9.40	0.	4.18E-10	5.60E-08	0.	0.	0.	3.03E-09	9.49E-12	2.17E-08	5.13E-09	8.64E-08
15	9.30	0.	4.85E-10	5.59E-08	0.	0.	0.	3.04E-09	9.80E-12	5.67E-09	5.13E-09	7.04E-08
16	9.20	0.	5.51E-10	3.96E-08	0.	0.	0.	3.05E-09	1.01E-11	5.65E-09	5.14E-09	5.41E-08
17	9.10	0.	5.59E-10	4.07E-08	0.	0.	0.	3.06E-09	1.05E-11	5.63E-09	5.14E-09	5.53E-08
18	9.00	0.	6.18E-10	3.33E-08	0.	0.	0.	3.07E-09	1.08E-11	5.61E-09	5.14E-09	4.80E-08
19	8.90	0.	7.47E-10	2.81E-08	0.	0.	0.	3.08E-09	1.12E-11	5.60E-09	5.15E-09	4.29E-08
20	8.80	0.	8.87E-10	2.64E-08	0.	0.	0.	3.09E-09	1.16E-11	5.58E-09	5.15E-09	4.13E-08
21	8.70	0.	1.03E-09	2.01E-08	0.	0.	0.	3.11E-09	1.20E-11	5.56E-09	5.15E-09	3.50E-08
22	8.60	0.	1.03E-09	2.03E-08	0.	0.	0.	3.12E-09	1.24E-11	5.54E-09	5.16E-09	3.51E-08
23	8.50	0.	9.92E-10	1.56E-08	0.	0.	0.	3.13E-09	1.29E-11	5.52E-09	5.16E-09	3.04E-08
24	8.40	0.	9.62E-10	1.49E-08	0.	0.	0.	3.14E-09	1.33E-11	5.51E-09	5.16E-09	2.97E-08
25	8.30	0.	9.39E-10	1.12E-08	0.	0.	0.	3.16E-09	1.38E-11	5.49E-09	5.18E-09	2.60E-08
26	8.20	0.	9.17E-10	1.09E-08	0.	0.	0.	3.18E-09	1.43E-11	5.47E-09	5.24E-09	2.56E-08
27	8.10	0.	8.89E-10	8.34E-09	0.	0.	0.	3.19E-09	1.49E-11	5.44E-09	5.30E-09	2.36E-08
28	8.00	0.	8.58E-10	7.98E-09	0.	0.	0.	3.21E-09	1.54E-11	5.42E-09	5.36E-09	2.28E-08
29	7.90	0.	8.28E-10	6.16E-09	0.	0.	0.	3.23E-09	1.60E-11	5.39E-09	5.42E-09	2.10E-08
30	7.80	0.	7.92E-10	6.04E-09	0.	0.	0.	3.24E-09	1.66E-11	5.38E-09	5.47E-09	2.09E-08
31	7.70	0.	7.56E-10	4.78E-09	0.	0.	0.	3.26E-09	1.73E-11	5.36E-09	5.53E-09	1.97E-08
32	7.60	0.	7.20E-10	4.21E-09	0.	0.	0.	3.28E-09	1.80E-11	5.34E-09	5.59E-09	1.91E-08
33	7.50	0.	6.84E-10	3.54E-09	0.	3.03E-13	0.	3.29E-09	1.87E-11	5.32E-09	5.65E-09	1.85E-08
34	7.40	0.	6.48E-10	2.94E-09	0.	1.99E-12	0.	3.31E-09	1.95E-11	5.30E-09	5.71E-09	1.79E-08
35	7.30	0.	6.11E-10	2.56E-09	0.	7.91E-12	0.	3.33E-09	2.03E-11	5.28E-09	5.77E-09	1.76E-08
36	7.20	0.	5.75E-10	2.11E-09	0.	4.53E-12	0.	3.35E-09	2.12E-11	5.26E-09	5.82E-09	1.72E-08
37	7.10	0.	5.38E-10	1.87E-09	0.	1.29E-10	0.	3.37E-09	2.21E-11	5.25E-09	5.88E-09	1.72E-08
38	7.00	6.78E-13	5.00E-10	1.57E-09	0.	2.86E-10	0.	3.40E-09	2.31E-11	5.23E-09	5.94E-09	1.71E-08
39	6.90	1.26E-12	0.	1.32E-09	0.	9.54E-10	0.	3.43E-09	2.41E-11	5.21E-09	6.00E-09	1.68E-08
40	6.80	1.02E-12	0.	1.16E-09	0.	8.19E-10	0.	3.46E-09	2.52E-11	5.19E-09	6.06E-09	1.77E-08
41	6.70	1.01E-13	0.	9.22E-10	0.	1.85E-09	0.	3.48E-09	2.63E-11	5.17E-09	6.06E-09	1.83E-08
42	6.60	4.04E-13	0.	7.52E-10	0.	2.62E-09	0.	3.51E-09	2.75E-11	5.17E-09	6.12E-09	1.70E-08
43	6.50	2.19E-13	0.	5.32E-10	0.	2.60E-09	0.	3.54E-09	2.88E-11	5.17E-09	6.18E-09	1.81E-08
44	6.40	3.06E-13	0.	3.11E-10	2.10E-11	3.46E-09	0.	3.57E-09	3.02E-11	5.17E-09	6.25E-09	1.89E-08
45	6.30	6.29E-13	0.	1.62E-10	8.79E-11	1.50E-09	0.	3.59E-09	3.17E-11	5.18E-09	6.31E-09	1.79E-08
46	6.20	1.81E-12	0.	7.58E-11	1.13E-10	2.40E-09	0.	3.62E-09	3.32E-11	5.20E-09	6.39E-09	1.79E-08
47	6.10	6.97E-12	0.	3.05E-11	3.01E-10	4.19E-09	0.	3.65E-09	3.49E-11	5.24E-09	6.52E-09	2.00E-08
48	6.00	1.76E-11	0.	7.02E-12	2.42E-10	1.34E-09	0.	3.68E-09	3.67E-11	5.28E-09	6.64E-09	1.73E-08
49	5.90	2.73E-11	0.	4.96E-13	3.37E-10	1.50E-09	0.	3.68E-09	3.86E-11	5.31E-09	6.77E-09	1.78E-08
50	5.80	3.97E-11	0.	1.21E-14	4.45E-10	1.40E-09	0.	3.62E-09	4.06E-11	5.34E-09	7.02E-09	1.78E-08
51	5.70	4.46E-11	0.	0.	4.65E-10	1.39E-09	0.	3.40E-09	4.28E-11	5.34E-09	7.14E-09	1.78E-08

TEMPERATURE (DEGREES K) 8000. DENSITY (GM/CC) 1.293E-07 (10.0E-05 NORMAL)

#	PHOTON ENERGY	O2 S-R BANDS	N2 1ST POS.	N2 2ND POS.	N2+ 1ST NEG.	NO BETA	NO GAMMA	NO VIB-ROT	NO2	O- PHOTO-DET	FREE-FREE (IONS)	N P.E.	O P.E.	TOTAL AIR
52	5.60	5.42E-11	0.	0.	0.	3.31E-10	2.42E-09	0.	0.	3.16E-09	4.51E-11	5.38E-09	7.27E-09	1.87E-08
53	5.50	5.47E-11	0.	0.	0.	4.11E-10	2.42E-09	0.	0.	3.18E-09	4.77E-11	5.43E-09	7.39E-09	1.90E-08
54	5.40	5.57E-11	0.	0.	0.	3.36E-10	1.43E-09	0.	0.	3.20E-09	5.04E-11	5.49E-09	7.52E-09	1.81E-08
55	5.30	5.23E-11	0.	0.	0.	3.47E-10	2.29E-09	0.	0.	3.22E-09	5.33E-11	5.55E-09	7.67E-09	1.92E-08
56	5.20	3.55E-11	0.	0.	0.	3.53E-10	1.67E-09	0.	1.19E-17	3.24E-09	5.64E-11	5.62E-09	7.86E-09	1.83E-08
57	5.10	3.24E-11	0.	0.	0.	3.33E-10	1.41E-09	0.	1.19E-17	3.27E-09	5.98E-11	5.76E-09	8.05E-09	1.91E-08
58	5.00	2.34E-11	0.	0.	0.	2.89E-10	1.23E-09	0.	1.19E-17	3.29E-09	6.35E-11	5.90E-09	8.24E-09	1.92E-08
59	4.90	1.94E-11	0.	0.	0.	3.18E-10	9.81E-10	0.	1.19E-17	3.32E-09	6.74E-11	6.06E-09	8.44E-09	1.95E-08
60	4.80	1.95E-11	0.	0.	0.	2.95E-10	9.35E-10	0.	1.19E-17	3.35E-09	7.17E-11	6.20E-09	8.63E-09	1.98E-08
61	4.70	2.06E-11	0.	0.	0.	2.90E-10	6.36E-10	0.	1.19E-17	3.37E-09	7.64E-11	6.34E-09	8.84E-09	1.99E-08
62	4.60	2.36E-11	0.	0.	0.	2.35E-10	4.86E-10	0.	1.19E-17	3.40E-09	8.15E-11	6.52E-09	9.06E-09	2.03E-08
63	4.50	2.24E-11	0.	3.43E-11	0.	2.05E-10	2.58E-10	0.	1.19E-17	3.43E-09	8.71E-11	6.72E-09	9.27E-09	2.04E-08
64	4.40	1.95E-11	0.	1.37E-10	0.	2.09E-10	2.17E-10	0.	1.19E-17	3.46E-09	9.32E-11	6.93E-09	9.49E-09	2.08E-08
65	4.30	1.71E-11	0.	2.88E-10	0.	1.87E-10	5.42E-11	0.	1.19E-17	3.48E-09	9.99E-11	7.14E-09	9.70E-09	2.12E-08
66	4.20	1.50E-11	0.	1.33E-09	0.	1.70E-10	4.10E-11	0.	1.19E-17	3.51E-09	1.07E-10	7.35E-09	9.37E-09	1.37E-08
67	4.10	1.29E-11	0.	3.46E-10	0.	1.40E-10	1.88E-11	0.	1.19E-17	3.53E-09	1.15E-10	4.12E-09	9.65E-10	1.05E-08
68	4.00	1.00E-11	0.	1.84E-09	0.	1.07E-10	0.	0.	1.19E-17	3.54E-09	1.24E-10	4.22E-09	9.93E-10	1.08E-08
69	3.90	8.35E-12	0.	8.22E-10	1.60E-09	1.17E-10	0.	0.	1.19E-17	3.53E-09	1.34E-10	3.28E-09	1.02E-09	1.15E-08
70	3.80	7.05E-12	0.	1.05E-09	1.45E-08	7.92E-11	0.	0.	1.19E-17	3.51E-09	1.45E-10	3.41E-09	1.05E-09	2.37E-08
71	3.70	6.09E-12	0.	1.56E-09	2.74E-08	8.74E-11	0.	0.	1.19E-17	3.46E-09	1.57E-10	3.78E-09	1.20E-09	1.26E-08
72	3.60	6.06E-12	0.	6.82E-10	1.77E-08	6.15E-11	0.	0.	1.19E-17	3.24E-09	1.71E-10	4.30E-09	1.37E-09	2.71E-08
73	3.50	3.84E-12	0.	1.17E-09	6.82E-08	5.26E-11	0.	0.	1.19E-17	2.96E-09	1.86E-10	4.87E-09	1.55E-09	7.85E-08
74	3.40	3.04E-12	0.	5.01E-10	8.74E-08	4.49E-11	0.	0.	1.19E-17	1.71E-09	2.03E-10	5.45E-09	1.74E-09	1.76E-08
75	3.30	2.68E-12	0.	5.80E-10	2.41E-08	2.93E-11	0.	0.	1.19E-17	1.71E-09	2.22E-10	6.03E-09	1.93E-09	3.41E-08
76	3.20	2.18E-12	0.	2.95E-10	7.61E-08	1.66E-11	0.	0.	1.19E-17	1.72E-09	2.43E-10	6.62E-09	2.13E-09	6.66E-08
77	3.10	1.65E-12	0.	2.31E-10	5.53E-09	7.42E-12	0.	0.	1.19E-17	1.72E-09	2.68E-10	7.21E-09	2.33E-09	3.65E-08
78	3.00	1.61E-12	0.	1.21E-10	2.46E-08	2.73E-12	0.	0.	1.19E-17	1.73E-09	2.96E-10	7.80E-09	2.52E-09	3.10E-08
79	2.90	8.93E-13	0.	7.13E-11	1.83E-08	5.81E-13	0.	0.	1.19E-17	1.73E-09	3.28E-10	8.44E-09	2.72E-09	1.84E-08
80	2.80	3.49E-13	0.	3.26E-11	4.94E-09	5.66E-14	0.	0.	1.19E-17	1.73E-09	3.64E-10	4.06E-09	2.87E-09	7.93E-09
81	2.70	2.27E-13	0.	1.49E-11	1.21E-08	0.	0.	0.	1.19E-17	1.73E-09	4.06E-10	4.44E-09	2.91E-09	2.41E-08
82	2.60	0.	0.	7.61E-12	1.16E-09	0.	0.	0.	1.19E-17	1.73E-09	4.55E-10	5.55E-09	8.56E-10	1.01E-08
83	2.50	0.	0.	1.04E-12	7.40E-10	0.	0.	0.	1.19E-17	1.73E-09	5.12E-10	5.59E-09	9.83E-10	1.09E-08
84	2.40	0.	0.	0.	9.65E-10	0.	0.	0.	1.19E-17	1.71E-09	5.79E-10	6.73E-09	1.21E-09	1.29E-08
85	2.30	0.	6.99E-11	0.	0.	0.	0.	0.	1.19E-17	1.70E-09	6.59E-10	6.59E-09	1.45E-09	1.50E-08
86	2.20	0.	3.71E-10	0.	0.	0.	0.	0.	1.19E-17	1.65E-09	7.54E-10	7.54E-09	1.75E-09	1.73E-08
87	2.10	0.	1.17E-09	0.	0.	0.	0.	0.	1.19E-17	1.58E-09	8.68E-10	8.68E-09	2.05E-09	2.14E-08
88	2.00	0.	1.74E-09	0.	0.	0.	0.	0.	1.19E-17	1.51E-09	1.01E-09	1.06E-08	2.34E-09	2.33E-08
89	1.90	0.	4.06E-09	0.	0.	0.	0.	0.	1.19E-17	1.43E-09	1.17E-09	1.19E-08	2.65E-09	2.72E-08
90	1.80	0.	3.35E-09	0.	0.	0.	0.	0.	1.19E-17	1.21E-09	1.38E-09	1.39E-08	3.12E-09	2.66E-08
91	1.70	0.	4.05E-09	0.	0.	0.	0.	0.	1.19E-17	5.49E-10	1.64E-09	1.63E-08	3.71E-09	2.66E-08
92	1.60	0.	2.72E-09	0.	0.	0.	0.	0.	1.19E-17	0.	1.97E-09	1.67E-08	3.96E-09	2.54E-08
93	1.50	0.	3.47E-09	0.	0.	0.	0.	0.	1.19E-17	0.	2.40E-09	1.97E-08	4.69E-09	3.18E-08
94	1.40	0.	3.83E-09	0.	0.	0.	0.	0.	1.19E-17	0.	2.96E-09	2.07E-08	3.34E-09	2.44E-08
95	1.30	0.	2.72E-09	0.	0.	0.	0.	0.	1.19E-17	0.	3.72E-09	2.40E-08	4.68E-09	3.13E-08
96	1.20	0.	2.89E-09	0.	0.	0.	0.	0.	1.19E-17	0.	4.72E-09	2.69E-08	5.36E-09	3.99E-08
97	1.10	0.	2.22E-09	0.	0.	0.	0.	2.24E-14	1.19E-17	0.	6.15E-09	3.19E-08	6.79E-09	4.70E-08
98	1.00	0.	2.10E-09	0.	0.	0.	0.	1.59E-13	1.19E-17	0.	8.22E-09	3.84E-08	8.22E-09	5.70E-08
99	0.90	0.	1.65E-09	0.	0.	0.	0.	3.12E-13	1.19E-17	0.	1.13E-08	4.44E-08	9.58E-09	6.69E-08
100	0.80	0.	7.61E-10	0.	0.	0.	0.	3.12E-12	1.19E-17	0.	1.62E-08	4.33E-08	7.54E-09	6.78E-08
101	0.70	0.	2.08E-10	0.	0.	0.	0.	2.00E-12	1.19E-17	0.	2.43E-08	4.31E-08	8.67E-09	7.63E-08
102	0.60	0.	8.36E-12	0.	0.	0.	0.	8.38E-12	1.19E-17	0.	3.92E-08	4.85E-08	9.79E-09	9.75E-08

ABSORPTION COEFFICIENTS OF HEATED AIR (INVERSE CM.)

TEMPERATURE (DEGREES K) 8000. DENSITY (GM/CC) 1.293E-08 (10.0E-06 NORMAL)

#	PHOTON ENERGY BANDS E.V.	O2 S-R BANDS	O2 S-R CONT.	N2 B-H NO. 1	NO BETA	NO GAMMA	NO 2	O- PHOTO-DET (IONS)	FREE-FREE (IONS)	N P.E.	O P.E.	TOTAL AIR
1	10.70	0.	0.	2.81E-09	0.	0.	0.	8.57E-11	6.01E-13	1.95E-09	4.82E-10	5.33E-09
2	10.60	0.	0.	2.34E-09	0.	0.	0.	8.58E-11	6.18E-13	1.96E-09	4.82E-10	4.87E-09
3	10.50	0.	0.	2.24E-09	0.	0.	0.	8.60E-11	6.36E-13	1.97E-09	4.83E-10	4.78E-09
4	10.40	0.	0.	1.96E-09	0.	0.	0.	8.61E-11	6.54E-13	1.98E-09	4.83E-10	4.51E-09
5	10.30	0.	0.	1.56E-09	0.	0.	0.	8.62E-11	6.74E-13	1.99E-09	4.83E-10	4.12E-09
6	10.20	0.	0.	1.52E-09	0.	0.	0.	8.63E-11	6.94E-13	1.99E-09	4.84E-10	4.08E-09
7	10.10	0.	0.	1.35E-09	0.	0.	0.	8.64E-11	7.15E-13	2.00E-09	4.84E-10	3.92E-09
8	10.00	0.	0.	1.05E-09	0.	0.	0.	8.65E-11	7.37E-13	2.00E-09	4.84E-10	3.62E-09
9	9.90	0.	0.	1.05E-09	0.	0.	0.	8.67E-11	7.59E-13	2.01E-09	4.84E-10	3.63E-09
10	9.80	0.	0.	9.06E-10	0.	0.	0.	8.68E-11	7.83E-13	2.01E-09	4.85E-10	3.49E-09
11	9.70	0.	0.	6.99E-10	0.	0.	0.	8.70E-11	8.08E-13	2.02E-09	4.85E-10	3.29E-09
12	9.60	0.	0.	7.47E-10	0.	0.	0.	8.72E-11	8.33E-13	2.02E-09	4.85E-10	3.34E-09
13	9.50	0.	3.75E-12	5.65E-10	0.	0.	0.	8.73E-11	8.60E-13	2.03E-09	4.85E-10	3.17E-09
14	9.40	0.	4.35E-12	4.91E-10	0.	0.	0.	8.76E-11	8.88E-13	5.33E-10	4.86E-10	1.60E-09
15	9.30	0.	4.95E-12	4.90E-10	0.	0.	0.	8.80E-11	9.17E-13	5.31E-10	4.86E-10	1.60E-09
16	9.20	0.	5.55E-12	3.47E-10	0.	0.	0.	8.83E-11	9.47E-13	5.29E-10	4.86E-10	1.46E-09
17	9.10	0.	6.70E-12	3.56E-10	0.	0.	0.	8.86E-11	9.79E-13	5.27E-10	4.87E-10	1.47E-09
18	9.00	0.	7.97E-12	2.91E-10	0.	0.	0.	8.89E-11	1.01E-12	5.26E-10	4.87E-10	1.40E-09
19	8.90	0.	9.23E-12	2.46E-10	0.	0.	0.	8.92E-11	1.05E-12	5.24E-10	4.87E-10	1.36E-09
20	8.80	0.	9.59E-12	2.31E-10	0.	0.	0.	8.95E-11	1.08E-12	5.22E-10	4.87E-10	1.34E-09
21	8.70	0.	9.91E-12	1.76E-10	0.	0.	0.	8.99E-11	1.12E-12	5.20E-10	4.88E-10	1.28E-09
22	8.60	0.	8.91E-12	1.78E-10	0.	0.	0.	9.02E-11	1.16E-12	5.19E-10	4.88E-10	1.24E-09
23	8.50	0.	8.64E-12	1.37E-10	0.	0.	0.	9.05E-11	1.20E-12	5.17E-10	4.88E-10	1.24E-09
24	8.40	0.	8.24E-12	1.31E-10	0.	0.	0.	9.10E-11	1.25E-12	5.15E-10	4.89E-10	1.20E-09
25	8.30	0.	7.99E-12	9.50E-11	0.	0.	0.	9.14E-11	1.29E-12	5.14E-10	4.91E-10	1.20E-09
26	8.20	0.	7.71E-12	9.80E-11	0.	0.	0.	9.19E-11	1.34E-12	5.12E-10	4.96E-10	1.19E-09
27	8.10	0.	7.43E-12	6.99E-11	0.	0.	0.	9.24E-11	1.39E-12	5.09E-10	5.02E-10	1.17E-09
28	8.00	0.	7.11E-12	5.39E-11	0.	0.	0.	9.29E-11	1.44E-12	5.07E-10	5.07E-10	1.18E-09
29	7.90	0.	6.79E-12	5.29E-11	0.	0.	0.	9.34E-11	1.50E-12	5.05E-10	5.13E-10	1.17E-09
30	7.80	0.	6.14E-12	4.18E-11	0.	0.	0.	9.38E-11	1.56E-12	5.03E-10	5.18E-10	1.17E-09
31	7.70	0.	6.14E-12	3.10E-11	0.	0.	0.	9.43E-11	1.62E-12	5.01E-10	5.24E-10	1.17E-09
32	7.60	0.	5.81E-12	2.58E-11	0.	0.	0.	9.48E-11	1.68E-12	5.00E-10	5.29E-10	1.17E-09
33	7.50	0.	5.49E-12	2.24E-11	0.	0.	0.	9.53E-11	1.75E-12	4.98E-10	5.35E-10	1.18E-09
34	7.40	0.	5.16E-12	1.85E-11	0.	2.68E-15	0.	9.58E-11	1.82E-12	4.96E-10	5.40E-10	1.19E-09
35	7.30	0.	4.83E-12	1.64E-11	0.	1.76E-14	0.	9.68E-11	1.90E-12	4.95E-10	5.46E-10	1.20E-09
36	7.20	0.	4.49E-12	1.37E-11	0.	7.00E-14	0.	9.76E-11	1.98E-12	4.93E-10	5.51E-10	1.21E-09
37	7.10	0.	0.	1.16E-11	0.	4.01E-13	0.	9.84E-11	2.07E-12	4.91E-10	5.57E-10	1.22E-09
38	7.00	6.07E-15	0.	1.01E-11	0.	1.14E-12	0.	9.92E-11	2.16E-12	4.89E-10	5.62E-10	1.21E-09
39	6.90	1.12E-14	0.	8.07E-12	0.	2.53E-12	0.	1.00E-10	2.25E-12	4.86E-10	5.68E-10	1.26E-09
40	6.80	9.17E-15	0.	6.58E-12	0.	8.44E-12	0.	1.01E-10	2.35E-12	4.84E-10	5.73E-10	1.26E-09
41	6.70	6.27E-15	0.	4.66E-12	0.	7.25E-12	0.	1.02E-10	2.46E-12	4.84E-10	5.79E-10	1.25E-09
42	6.60	3.62E-15	0.	2.73E-12	0.	2.32E-11	0.	1.02E-10	2.57E-12	4.84E-10	5.85E-10	1.27E-09
43	6.50	1.96E-15	0.	1.42E-12	0.	1.17E-11	0.	1.03E-10	2.70E-12	4.84E-10	5.91E-10	1.30E-09
44	6.40	2.74E-15	0.	2.67E-13	1.86E-13	2.30E-11	0.	1.04E-10	2.82E-12	4.85E-10	5.97E-10	
45	6.30	5.63E-15	0.	6.15E-14	7.78E-13	3.06E-11	0.	1.05E-10	2.96E-12	4.87E-10	6.05E-10	
46	6.20	1.62E-14	0.	4.35E-15	1.00E-12	1.33E-11	0.	1.06E-10	3.11E-12	4.90E-10	6.17E-10	
47	6.10	6.24E-14	0.	1.06E-16	2.67E-12	1.13E-11	0.	1.06E-10	3.26E-12	4.94E-10	6.29E-10	
48	6.00	1.57E-13	0.	0.	2.14E-12	3.71E-11	0.	1.06E-10	3.43E-12	4.94E-10	6.40E-10	
49	5.90	2.45E-13	0.	0.	2.99E-12	1.19E-11	0.	1.05E-10	3.61E-12	4.97E-10	6.52E-10	
50	5.80	3.56E-13	0.	0.	3.94E-12	1.33E-11	0.	1.05E-10	3.80E-12	5.00E-10	6.64E-10	
51	5.70	3.99E-13	0.	0.	4.12E-12	1.23E-11	0.	9.84E-11	4.00E-12	5.00E-10	6.76E-10	

ABSORPTION COEFFICIENTS OF HEATED AIR (INVERSE CM.)

TEMPERATURE (DEGREES K) 8000.   DENSITY (GM/CC) 1.293E-08   (10.0E-06 NORMAL)

	PHOTON ENERGY	O2 S-R BANDS	N2 1ST POS.	N2 2ND POS.	N2+ 1ST NEG.	NO BETA	NO GAMMA	NO VIB-ROT	NO 2	O- PHOTO-DET (IONS)	FREE-FREE (IONS)	N P.E.	O P.E.	TOTAL AIR
52	5.60	4.85E-13	0.	0.	0.	2.93E-12	2.15E-11	0.	0.	9.15E-11	4.22E-12	5.04E-10	6.88E-10	1.31E-09
53	5.50	4.90E-13	0.	0.	0.	3.64E-12	2.14E-11	0.	0.	9.20E-11	4.46E-12	5.08E-10	7.00E-10	1.33E-09
54	5.40	4.99E-13	0.	0.	0.	2.98E-12	1.27E-11	0.	0.	9.25E-11	4.71E-12	5.14E-10	7.12E-10	1.34E-09
55	5.30	4.68E-13	0.	0.	0.	3.07E-12	1.03E-11	0.	0.	9.31E-11	4.98E-12	5.26E-10	7.26E-10	1.37E-09
56	5.20	3.18E-13	0.	0.	0.	3.13E-12	1.06E-11	0.	9.94E-21	9.37E-11	5.28E-12	5.26E-10	7.44E-10	1.38E-09
57	5.10	2.90E-13	0.	0.	0.	2.99E-12	1.48E-11	0.	9.94E-21	9.45E-11	5.59E-12	5.39E-10	7.62E-10	1.42E-09
58	5.00	2.09E-13	0.	0.	0.	2.56E-12	1.25E-11	0.	9.94E-21	9.53E-11	5.94E-12	5.53E-10	7.80E-10	1.45E-09
59	4.90	1.74E-13	0.	0.	0.	2.70E-12	1.08E-11	0.	9.94E-21	9.61E-11	6.31E-12	5.67E-10	7.98E-10	1.48E-09
60	4.80	1.75E-13	0.	0.	0.	2.81E-12	1.08E-11	0.	9.94E-21	9.68E-11	6.71E-12	5.80E-10	8.17E-10	1.51E-09
61	4.70	1.84E-13	0.	0.	0.	2.61E-12	8.68E-12	0.	9.94E-21	9.76E-11	7.15E-12	5.94E-10	8.37E-10	1.55E-09
62	4.60	2.11E-13	0.	0.	0.	2.56E-12	8.27E-12	0.	9.94E-21	9.84E-11	7.63E-12	6.10E-10	8.57E-10	1.58E-09
63	4.50	2.05E-13	0.	3.00E-13	0.	2.05E-12	5.60E-12	0.	9.94E-21	9.92E-11	8.15E-12	6.29E-10	8.78E-10	1.66E-09
64	4.40	2.00E-13	0.	1.20E-12	0.	2.07E-12	4.30E-12	0.	9.94E-21	9.92E-11	8.72E-12	6.48E-10	8.97E-10	1.69E-09
65	4.30	1.74E-13	0.	2.53E-12	0.	1.82E-12	2.28E-12	0.	9.94E-21	1.00E-10	9.35E-12	6.68E-10	8.86E-10	7.06E-10
66	4.20	1.53E-13	0.	1.16E-12	0.	1.85E-12	1.92E-12	0.	9.94E-21	1.01E-10	1.00E-11	6.88E-10	9.13E-10	6.12E-10
67	4.10	1.35E-13	0.	3.03E-12	0.	1.66E-12	4.80E-13	0.	9.94E-21	1.02E-10	1.08E-11	4.97E-10	9.40E-10	6.61E-10
68	4.00	1.16E-13	0.	1.61E-12	4.58E-11	1.50E-12	3.63E-13	0.	9.94E-21	1.02E-10	1.16E-11	3.86E-10	9.67E-10	6.40E-10
69	3.90	8.98E-14	0.	7.20E-12	4.15E-10	1.24E-12	1.66E-13	0.	9.94E-21	1.02E-10	1.25E-11	3.95E-10	9.95E-10	6.11E-10
70	3.80	7.47E-14	0.	9.24E-12	7.85E-11	0.	0.	0.	9.94E-21	1.02E-10	1.36E-11	3.07E-10	1.13E-10	6.47E-10
71	3.70	6.31E-14	0.	1.37E-11	5.08E-10	0.	0.	0.	9.94E-21	1.00E-10	1.47E-11	3.19E-10	1.29E-10	6.40E-10
72	3.60	5.45E-14	0.	5.97E-12	1.95E-09	0.	0.	0.	9.94E-21	9.37E-11	1.60E-11	3.54E-10	1.64E-10	1.11E-09
73	3.50	4.52E-14	0.	1.01E-11	1.01E-10	0.	0.	0.	9.94E-21	8.57E-11	1.74E-11	4.56E-10	1.83E-10	1.08E-09
74	3.40	3.43E-14	0.	4.39E-12	1.58E-09	0.	0.	0.	9.94E-21	4.95E-11	1.90E-11	5.10E-10	2.01E-10	1.70E-09
75	3.30	2.72E-14	0.	5.07E-12	6.91E-10	0.	0.	0.	9.94E-21	4.96E-11	2.08E-11	5.64E-10	2.39E-10	1.59E-09
76	3.20	1.95E-14	0.	2.58E-12	2.18E-09	0.	0.	0.	9.94E-21	4.97E-11	2.28E-11	6.20E-10	2.58E-10	1.29E-09
77	3.10	1.48E-14	0.	2.02E-12	7.03E-10	0.	0.	0.	9.94E-21	4.99E-11	2.51E-11	6.75E-10	2.71E-10	1.56E-09
78	3.00	1.44E-14	0.	1.06E-12	5.25E-10	0.	0.	0.	9.94E-21	4.99E-11	2.77E-11	7.31E-10	2.49E-10	1.28E-09
79	2.90	0.	0.	6.25E-13	1.41E-10	0.	0.	0.	9.94E-21	4.99E-11	3.06E-11	7.90E-10	3.10E-10	1.67E-09
80	2.80	0.	0.	2.85E-13	3.32E-11	0.	0.	0.	9.94E-21	5.00E-11	3.41E-11	8.52E-10	3.30E-10	1.82E-09
81	2.70	0.	0.	1.46E-13	2.12E-11	0.	0.	0.	9.94E-21	5.00E-11	3.80E-11	9.20E-10	3.49E-10	1.04E-09
82	2.60	0.	0.	6.66E-14	2.76E-11	0.	0.	0.	9.94E-21	5.00E-11	4.26E-11	4.16E-10	4.16E-10	1.37E-09
83	2.50	0.	0.	9.13E-15	0.	0.	0.	0.	9.94E-21	5.00E-11	4.79E-11	4.79E-10	4.79E-10	1.56E-09
84	2.40	0.	6.12E-13	0.	0.	0.	0.	0.	9.94E-21	4.96E-11	5.42E-11	5.20E-10	5.20E-10	1.80E-09
85	2.30	0.	3.25E-12	0.	0.	0.	0.	0.	9.94E-21	4.94E-11	6.16E-11	6.30E-10	6.30E-10	1.82E-09
86	2.20	0.	6.34E-12	0.	0.	0.	0.	0.	9.94E-21	4.76E-11	7.05E-11	7.44E-10	7.44E-10	1.04E-09
87	2.10	0.	1.03E-11	0.	0.	0.	0.	0.	9.94E-21	4.58E-11	8.12E-11	8.67E-10	8.67E-10	1.37E-09
88	2.00	0.	1.54E-11	0.	0.	0.	0.	0.	9.94E-21	4.38E-11	9.41E-11	1.11E-09	1.22E-09	1.56E-09
89	1.90	0.	3.54E-11	0.	0.	0.	0.	0.	9.94E-21	4.13E-11	1.10E-10	1.30E-09	1.30E-09	1.80E-09
90	1.80	0.	2.93E-11	0.	0.	0.	0.	0.	9.94E-21	1.59E-11	1.29E-10	1.56E-09	1.37E-10	1.96E-09
91	1.70	0.	3.54E-11	0.	0.	0.	0.	0.	9.94E-21	0.	1.54E-10	1.54E-10	1.65E-10	2.18E-09
92	1.60	0.	2.44E-11	0.	0.	0.	0.	0.	9.94E-20	0.	1.85E-10	1.85E-10	1.94E-10	1.72E-09
93	1.50	0.	3.04E-11	0.	0.	0.	0.	0.	9.94E-20	0.	2.25E-10	1.56E-10	2.50E-10	1.96E-09
94	1.40	0.	3.36E-11	0.	0.	0.	0.	0.	9.94E-20	0.	2.77E-10	1.34E-10	2.95E-10	1.72E-09
95	1.30	0.	2.38E-11	0.	0.	0.	0.	0.	9.94E-20	0.	3.46E-10	1.89E-10	3.16E-10	3.50E-09
96	1.20	0.	2.53E-11	0.	0.	0.	0.	1.98E-16	9.94E-20	0.	4.42E-10	2.52E-10	5.07E-10	4.22E-09
97	1.10	0.	1.94E-11	0.	0.	0.	0.	1.41E-15	9.94E-20	0.	5.76E-10	2.98E-10	6.42E-10	5.16E-09
98	1.00	0.	1.84E-11	0.	0.	0.	0.	1.92E-15	9.94E-20	0.	1.06E-09	3.60E-10	7.78E-10	6.13E-09
99	0.90	0.	1.45E-11	0.	0.	0.	0.	2.76E-14	9.94E-20	0.	1.51E-09	4.15E-09	9.06E-10	5.77E-09
100	0.80	0.	6.66E-12	0.	0.	0.	0.	1.77E-14	9.94E-20	0.	2.28E-09	3.53E-09	7.14E-10	7.14E-09
101	0.70	0.	1.82E-12	0.	0.	0.	0.	7.41E-14	9.94E-20	0.	3.66E-09	4.04E-09	8.20E-10	9.13E-09
102	0.60	0.	7.32E-14	0.	0.	0.	0.	7.41E-14	9.94E-21	0.	3.66E-09	4.54E-09	9.26E-10	9.13E-09

ABSORPTION COEFFICIENTS OF HEATED AIR (INVERSE CM.)

TEMPERATURE (DEGREES K) 8000. DENSITY (GM/CC) 1.293E-09 (10.0E-07 NORMAL)

	PHOTON ENERGY E.V.	O2 S-R BANDS	O2 S-R CONT.	N2 B-H NO. 1	NO BETA	NO GAMMA	NO 2	O- PHOTO-DET (IONS)	FREE-FREE (IONS)	N P.E.	O P.F.	TOTAL AIR
1	10.70	0.	0.	1.85E-11	0.	0.	0.	2.05E-12	4.89E-14	1.58E-10	4.03E-11	2.19E-10
2	10.60	0.	0.	1.54E-11	0.	0.	0.	2.05E-12	5.03E-14	1.59E-10	4.04E-11	2.17E-10
3	10.50	0.	0.	1.47E-11	0.	0.	0.	2.05E-12	5.18E-14	1.60E-10	4.04E-11	2.17E-10
4	10.40	0.	0.	1.29E-11	0.	0.	0.	2.06E-12	5.33E-14	1.60E-10	4.04E-11	2.16E-10
5	10.30	0.	0.	1.02E-11	0.	0.	0.	2.06E-12	5.49E-14	1.61E-10	4.05E-11	2.16E-10
6	10.20	0.	0.	9.98E-12	0.	0.	0.	2.06E-12	5.65E-14	1.61E-10	4.05E-11	2.14E-10
7	10.10	0.	0.	8.86E-12	0.	0.	0.	2.06E-12	5.82E-14	1.62E-10	4.05E-11	2.14E-10
8	10.00	0.	0.	6.89E-12	0.	0.	0.	2.07E-12	6.00E-14	1.62E-10	4.05E-11	2.13E-10
9	9.90	0.	0.	6.91E-12	0.	0.	0.	2.07E-12	6.18E-14	1.63E-10	4.06E-11	2.12E-10
10	9.80	0.	0.	5.95E-12	0.	0.	0.	2.07E-12	6.38E-14	1.63E-10	4.06E-11	2.12E-10
11	9.70	0.	0.	5.59E-12	0.	0.	0.	2.08E-12	6.58E-14	1.63E-10	4.06E-11	2.11E-10
12	9.60	0.	0.	4.91E-12	0.	0.	0.	2.08E-12	6.78E-14	1.64E-10	4.06E-11	2.11E-10
13	9.50	0.	2.66E-14	3.71E-12	0.	0.	0.	2.08E-12	7.00E-14	1.64E-10	4.06E-11	2.11E-10
14	9.40	0.	3.08E-14	3.22E-12	0.	0.	0.	2.09E-12	7.23E-14	4.32E-11	4.06E-11	8.92E-11
15	9.30	0.	3.51E-14	3.22E-12	0.	0.	0.	2.09E-12	7.47E-14	4.30E-11	4.07E-11	8.91E-11
16	9.20	0.	3.93E-14	2.38E-12	0.	0.	0.	2.10E-12	7.71E-14	4.29E-11	4.07E-11	8.81E-11
17	9.10	0.	4.75E-14	2.34E-12	0.	0.	0.	2.11E-12	7.97E-14	4.26E-11	4.07E-11	8.80E-11
18	9.00	0.	5.64E-14	1.91E-12	0.	0.	0.	2.11E-12	8.24E-14	4.24E-11	4.07E-11	8.75E-11
19	8.90	0.	6.54E-14	1.61E-12	0.	0.	0.	2.13E-12	8.53E-14	4.23E-11	4.08E-11	8.71E-11
20	8.80	0.	6.79E-14	1.52E-12	0.	0.	0.	2.13E-12	8.82E-14	4.22E-11	4.08E-11	8.69E-11
21	8.70	0.	6.55E-14	1.16E-12	0.	0.	0.	2.14E-12	9.13E-14	4.20E-11	4.08E-11	8.64E-11
22	8.60	0.	6.31E-14	1.17E-12	0.	0.	0.	2.15E-12	9.46E-14	4.19E-11	4.08E-11	8.63E-11
23	8.50	0.	6.12E-14	8.97E-13	0.	0.	0.	2.15E-12	9.79E-14	4.16E-11	4.09E-11	8.60E-11
24	8.40	0.	5.84E-14	8.57E-13	0.	0.	0.	2.16E-12	1.01E-13	4.15E-11	4.11E-11	8.58E-11
25	8.30	0.	5.66E-14	6.43E-13	0.	0.	0.	2.16E-12	1.05E-13	4.13E-11	4.15E-11	8.57E-11
26	8.20	0.	6.24E-14	6.24E-13	0.	0.	0.	2.18E-12	1.09E-13	4.11E-11	4.20E-11	8.60E-11
27	8.10	0.	5.98E-14	4.80E-13	0.	0.	0.	2.20E-12	1.13E-13	4.09E-11	4.29E-11	8.61E-11
28	8.00	0.	5.46E-14	4.59E-13	0.	0.	0.	2.21E-12	1.17E-13	4.08E-11	4.34E-11	8.64E-11
29	7.90	0.	5.26E-14	3.54E-13	0.	0.	0.	2.22E-12	1.22E-13	4.05E-11	4.38E-11	8.66E-11
30	7.80	0.	5.04E-14	3.47E-13	0.	0.	0.	2.23E-12	1.27E-13	4.05E-11	4.43E-11	8.69E-11
31	7.70	0.	4.81E-14	2.75E-13	0.	1.82E-17	0.	2.24E-12	1.32E-13	4.03E-11	4.48E-11	8.72E-11
32	7.60	0.	4.58E-14	2.42E-13	0.	1.20E-16	0.	2.26E-12	1.37E-13	4.02E-11	4.52E-11	8.75E-11
33	7.50	0.	4.35E-14	2.04E-13	0.	1.75E-16	0.	2.26E-12	1.43E-13	4.01E-11	4.57E-11	8.78E-11
34	7.40	0.	4.12E-14	1.69E-13	0.	4.75E-15	0.	2.28E-12	1.49E-13	3.99E-11	4.61E-11	8.81E-11
35	7.30	0.	3.89E-14	1.47E-13	0.	7.75E-15	0.	2.29E-12	1.55E-13	3.98E-11	4.66E-11	8.84E-11
36	7.20	0.	3.66E-14	1.22E-13	0.	7.75E-15	0.	2.30E-12	1.61E-13	3.96E-11	4.71E-11	8.87E-11
37	7.10	0.	3.42E-14	1.08E-13	0.	1.72E-14	0.	2.31E-12	1.68E-13	3.95E-11	4.75E-11	8.90E-11
38	7.00	4.25E-17	3.18E-14	9.03E-14	0.	5.73E-14	0.	2.33E-12	1.76E-13	3.94E-11	4.80E-11	8.94E-11
39	6.90	7.88E-17	0.	7.60E-14	0.	4.92E-14	0.	2.35E-12	1.83E-13	3.92E-11	4.85E-11	8.97E-11
40	6.80	6.42E-17	0.	6.65E-14	0.	1.11E-13	0.	2.37E-12	1.92E-13	3.92E-11	4.90E-11	9.01E-11
41	6.70	6.39E-17	0.	5.30E-14	0.	1.57E-13	0.	2.39E-12	2.00E-13	3.92E-11	4.95E-11	9.05E-11
42	6.60	2.54E-17	0.	4.32E-14	1.26E-15	7.93E-14	0.	2.41E-12	2.10E-13	3.92E-11	5.00E-11	9.15E-11
43	6.50	1.37E-17	0.	3.06E-14	5.78E-15	1.56E-13	0.	2.45E-12	2.20E-13	3.95E-11	5.06E-11	9.21E-11
44	6.40	1.92E-17	0.	1.79E-14	6.78E-15	2.08E-13	0.	2.47E-12	2.30E-13	3.97E-11	5.16E-11	9.27E-11
45	6.30	1.94E-16	0.	9.29E-15	1.44E-14	9.01E-14	0.	2.48E-12	2.41E-13	4.00E-11	5.26E-11	9.38E-11
46	6.20	1.14E-16	0.	4.38E-15	1.81E-14	1.44E-13	0.	2.50E-12	2.53E-13	4.03E-11	5.36E-11	9.51E-11
47	6.10	4.37E-16	0.	1.76E-15	2.52E-14	2.52E-13	0.	2.52E-12	2.66E-13	4.05E-11	5.46E-11	9.62E-11
48	6.00	1.10E-15	0.	4.04E-16	1.45E-14	2.08E-13	0.	2.54E-12	2.79E-13	4.05E-11	5.56E-11	9.76E-11
49	5.90	1.71E-15	0.	2.85E-17	2.03E-14	8.05E-14	0.	2.54E-12	2.94E-13	4.03E-11	5.46E-11	9.88E-11
50	5.80	2.49E-15	0.	6.94E-19	2.67E-14	8.40E-14	0.	2.50E-12	3.09E-13	4.03E-11	5.56E-11	9.88E-11
51	5.70	2.80E-15	0.	0.	2.79E-14	8.37E-14	0.	2.35E-12	3.26E-13	4.05E-11	5.66E-11	9.99E-11

200

TEMPERATURE (DEGREES K) 8000.   DENSITY (GM/CC) 1.293E-09   (10.0E-07 NORMAL)

PHOTON ENERGY BANDS	O2 S-R BANDS	N2 1ST POS.	N2 2ND POS.	N2+ 1ST NEG.	NO BETA	NO GAMMA	NO VIB-ROT	NO2	O- PHOTO-DET	FREE-FREE (IONS)	N P.E.	O P.E.	TOTAL AIR
52 5.60	3.40E-15	0.	0.	0.	1.99E-14	1.46E-13	0.	0.	2.19E-12	3.44E-13	4.08E-11	5.76E-11	1.01E-10
53 5.50	3.43E-15	0.	0.	0.	2.47E-14	1.45E-13	0.	0.	2.20E-12	3.63E-13	4.12E-11	5.86E-11	1.02E-10
54 5.40	3.49E-15	0.	0.	0.	2.02E-14	8.60E-14	0.	0.	2.21E-12	3.84E-13	4.16E-11	5.96E-11	1.04E-10
55 5.30	3.28E-15	0.	0.	0.	2.08E-14	1.38E-13	0.	0.	2.22E-12	4.06E-13	4.21E-11	6.08E-11	1.06E-10
56 5.20	2.23E-15	0.	0.	0.	2.12E-14	7.17E-14	0.	5.64E-24	2.24E-12	4.30E-13	4.26E-11	6.23E-11	1.08E-10
57 5.10	2.03E-15	0.	0.	0.	2.03E-14	1.00E-13	0.	5.64E-24	2.26E-12	4.56E-13	4.37E-11	6.38E-11	1.10E-10
58 5.00	1.47E-15	0.	0.	0.	1.74E-14	4.49E-14	0.	5.64E-24	2.28E-12	4.83E-13	4.48E-11	6.53E-11	1.13E-10
59 4.90	1.23E-15	0.	0.	0.	1.83E-14	8.02E-14	0.	5.64E-24	2.29E-12	5.14E-13	4.59E-11	6.68E-11	1.16E-10
60 4.80	1.29E-15	0.	0.	0.	1.91E-14	7.36E-14	0.	5.64E-24	2.31E-12	5.47E-13	4.70E-11	6.84E-11	1.18E-10
61 4.70	1.48E-15	0.	0.	0.	1.77E-14	5.89E-14	0.	5.64E-24	2.33E-12	5.82E-13	4.81E-11	7.00E-11	1.21E-10
62 4.60	1.44E-15	0.	0.	1.97E-15	1.74E-14	3.80E-14	0.	5.64E-24	2.35E-12	6.21E-13	4.94E-11	7.17E-11	1.24E-10
63 4.50	1.40E-15	0.	0.	7.87E-15	1.46E-14	2.92E-14	0.	5.64E-24	2.37E-12	6.63E-13	5.10E-11	7.34E-11	1.28E-10
64 4.40	1.22E-15	0.	0.	1.66E-14	1.40E-14	1.55E-14	0.	5.64E-24	2.39E-12	7.10E-13	5.25E-11	7.51E-11	1.31E-10
65 4.30	1.07E-15	0.	0.	7.65E-14	1.23E-14	1.30E-14	0.	5.64E-24	2.41E-12	7.61E-13	5.41E-11	7.19E-11	1.45E-10
66 4.20	9.44E-16	0.	0.	1.99E-14	1.26E-14	3.26E-15	0.	5.64E-24	2.43E-12	8.17E-13	5.57E-11	7.42E-11	1.26E-10
67 4.10	8.10E-16	0.	0.	1.06E-13	1.12E-14	2.46E-15	0.	5.64E-24	2.44E-12	8.79E-13	5.57E-11	7.64E-11	1.47E-10
68 4.00	6.29E-16	0.	0.	4.73E-14	1.02E-14	1.13E-15	0.	5.64E-24	2.44E-12	9.47E-13	5.02E-11	7.87E-11	1.58E-10
69 3.90	6.64E-16	0.	1.05E-12	6.07E-14	8.39E-15	0.	0.	5.64E-24	2.43E-12	1.02E-12	5.47E-11	8.09E-11	1.16E-10
70 3.80	5.23E-16	0.	9.54E-13	8.97E-14	6.79E-15	0.	0.	5.64E-24	2.43E-12	1.10E-12	5.92E-11	8.33E-11	7.55E-11
71 3.70	4.42E-16	0.	1.81E-12	3.92E-14	6.42E-15	0.	0.	5.64E-24	2.39E-12	1.20E-12	6.40E-11	9.49E-11	9.43E-11
72 3.60	3.82E-16	0.	1.17E-11	5.72E-14	7.03E-15	0.	0.	5.64E-24	2.24E-12	1.30E-12	6.90E-11	1.08E-10	9.65E-11
73 3.50	3.17E-16	0.	4.49E-11	2.88E-14	4.76E-15	0.	0.	5.64E-24	2.05E-12	1.41E-12	6.27E-11	1.22E-10	9.39E-11
74 3.40	2.41E-16	0.	2.32E-12	3.33E-14	5.25E-15	0.	0.	5.64E-24	1.18E-12	1.54E-12	6.78E-11	1.38E-10	7.54E-11
75 3.30	1.91E-16	0.	1.59E-11	1.69E-14	3.68E-15	0.	0.	5.64E-24	1.18E-12	1.69E-12	7.79E-11	1.53E-10	1.16E-10
76 3.20	1.68E-16	0.	5.01E-12	1.33E-14	3.69E-15	0.	0.	5.64E-24	1.19E-12	1.85E-12	9.60E-11	1.68E-10	1.84E-10
77 3.10	1.37E-16	0.	3.64E-12	6.97E-15	3.16E-15	0.	0.	5.64E-24	1.19E-12	2.04E-12	1.15E-10	1.84E-10	7.55E-11
78 3.00	1.04E-16	0.	1.62E-11	4.10E-15	2.70E-15	0.	0.	5.64E-24	1.19E-12	2.25E-12	1.39E-10	2.00E-10	9.43E-11
79 2.90	1.01E-16	0.	1.21E-11	1.87E-15	1.76E-15	0.	0.	5.64E-24	1.19E-12	2.50E-12	1.62E-10	2.16E-10	9.65E-11
80 2.80	5.60E-17	0.	1.76E-11	8.54E-16	9.98E-16	0.	0.	5.64E-24	1.19E-12	2.77E-12	1.86E-10	2.27E-10	8.75E-11
81 2.70	2.19E-17	0.	3.25E-12	4.37E-16	1.64E-16	0.	0.	5.64E-24	1.19E-12	3.09E-12	2.10E-10	2.82E-10	8.05E-11
82 2.60	1.42E-18	0.	7.96E-12	6.00E-16	1.64E-16	0.	0.	5.64E-24	1.19E-12	3.47E-12	2.47E-10	3.37E-10	8.11E-11
83 2.50	0.	0.	7.64E-13	0.	3.49E-16	0.	0.	5.64E-24	1.19E-12	3.90E-12	2.68E-10	3.90E-10	1.08E-10
84 2.40	0.	4.02E-14	4.87E-13	0.	0.	0.	0.	5.64E-24	1.19E-12	4.41E-12	3.13E-10	4.41E-10	1.22E-10
85 2.30	0.	2.13E-14	6.36E-13	0.	0.	0.	0.	5.64E-24	1.19E-12	5.02E-12	3.70E-10	5.02E-10	1.43E-10
86 2.20	0.	4.16E-14	0.	0.	0.	0.	0.	5.64E-24	1.18E-12	5.74E-12	4.24E-10	5.74E-10	1.62E-10
87 2.10	0.	6.74E-14	0.	0.	0.	0.	0.	5.64E-24	1.18E-12	6.61E-12	5.38E-10	6.61E-10	1.64E-10
88 2.00	0.	1.01E-13	0.	0.	0.	0.	0.	5.64E-24	1.14E-12	7.66E-12	6.51E-10	7.66E-10	1.74E-10
89 1.90	0.	2.34E-13	0.	0.	0.	0.	0.	5.64E-24	1.09E-12	8.95E-12	5.97E-10	8.95E-10	1.21E-10
90 1.80	0.	1.93E-13	0.	0.	0.	0.	0.	5.64E-24	1.05E-12	1.05E-11	6.86E-10	1.05E-09	1.55E-10
91 1.70	0.	2.33E-13	0.	0.	0.	0.	0.	5.64E-24	1.05E-11	1.25E-11	1.25E-11	1.24E-10	1.64E-10
92 1.60	0.	1.60E-13	0.	0.	0.	0.	0.	5.64E-24	9.86E-13	1.50E-11	1.50E-11	1.74E-10	1.74E-10
93 1.50	0.	2.00E-13	0.	0.	0.	0.	0.	5.64E-24	8.35E-13	1.83E-11	1.83E-11	2.01E-10	1.21E-10
94 1.40	0.	1.56E-13	0.	0.	0.	0.	0.	5.64E-24	3.79E-13	2.25E-11	2.25E-11	2.04E-10	1.55E-10
95 1.30	0.	1.66E-13	0.	0.	0.	0.	0.	5.64E-24	0.	2.82E-11	2.82E-11	2.42E-10	2.19E-10
96 1.20	0.	1.27E-13	0.	0.	0.	0.	0.	5.64E-24	0.	3.60E-11	3.60E-11	2.92E-10	2.83E-10
97 1.10	0.	1.21E-13	0.	0.	0.	0.	1.35E-18	5.64E-24	0.	4.26E-11	4.26E-11	3.37E-10	3.42E-10
98 1.00	0.	9.52E-14	0.	0.	0.	0.	9.56E-18	5.64E-24	0.	6.26E-11	2.92E-10	2.86E-10	4.19E-10
99 0.90	0.	4.37E-14	0.	0.	0.	0.	1.31E-17	5.64E-24	0.	8.63E-11	3.37E-10	4.99E-10	4.99E-10
100 0.80	0.	1.19E-14	0.	0.	0.	0.	1.87E-16	5.64E-24	0.	1.23E-10	2.86E-10	4.70E-10	4.70E-10
101 0.70	0.	4.81E-16	0.	0.	0.	0.	1.20E-16	5.64E-24	0.	1.85E-10	3.27E-10	5.81E-10	5.81E-10
102 0.60	0.	0.	0.	0.	0.	0.	5.03E-16	5.64E-24	0.	2.98E-10	3.68E-10	7.44E-10	7.44E-10

ABSORPTION COEFFICIENTS OF HEATED AIR (INVERSE CM.)

TEMPERATURE (DEGREES K) 9000. DENSITY (GM/CC) 1.293E-02 (1.0E 01 NORMAL)

PHOTON ENERGY BANDS E.V.	O2 S-R BANDS	O2 S-R CONT.	N2 B-H NO. 1	NO BETA	NO GAMMA	NO 2	O- PHOTO-DET	FREE-FREE (IONS)	N P.E.	O P.F.	TOTAL AIR
1 10.70	0.	0.	3.13E 01	0.	0.	0.	3.14E-01	2.31E-05	9.12E 00	2.18E-03	4.07E 01
2 10.60	0.	0.	2.65E 01	0.	0.	0.	3.15E-01	2.38E-05	2.32E-03	2.18E-03	2.69E 01
3 10.50	0.	0.	2.57E 01	0.	0.	0.	3.15E-01	2.45E-05	2.33E-03	2.18E-03	2.60E 01
4 10.40	0.	0.	2.28E 01	0.	0.	0.	3.16E-01	2.52E-05	2.34E-03	2.18E-03	2.32E 01
5 10.30	0.	0.	1.85E 01	0.	0.	0.	3.16E-01	2.60E-05	2.35E-03	2.18E-03	1.88E 01
6 10.20	0.	0.	1.83E 01	0.	0.	0.	3.17E-01	2.67E-05	2.36E-03	2.18E-03	1.86E 01
7 10.10	0.	0.	1.64E 01	0.	0.	0.	3.17E-01	2.75E-05	2.36E-03	2.18E-03	1.67E 01
8 10.00	0.	0.	1.31E 01	0.	0.	0.	3.18E-01	2.84E-05	2.37E-03	2.18E-03	1.34E 01
9 9.90	0.	0.	1.32E 01	0.	0.	0.	3.18E-01	2.93E-05	2.38E-03	2.18E-03	1.35E 01
10 9.80	0.	1.18E 00	1.15E 01	0.	0.	0.	3.19E-01	3.02E-05	2.38E-03	2.18E-03	1.19E 01
11 9.70	0.	1.45E 00	9.12E 00	0.	0.	0.	3.20E-01	3.11E-05	2.39E-03	2.18E-03	1.01E 01
12 9.60	0.	1.72E 00	9.76E 00	0.	0.	0.	3.21E-01	3.21E-05	2.40E-03	2.18E-03	1.08E 01
13 9.50	0.	1.99E 00	7.58E 00	0.	0.	0.	3.22E-01	3.31E-05	2.41E-03	2.18E-03	8.47E 00
14 9.40	0.	2.38E 00	6.69E 00	0.	0.	0.	3.24E-01	3.42E-05	2.42E-03	2.17E-03	8.76E 00
15 9.30	0.	2.80E 00	6.72E 00	0.	0.	0.	3.25E-01	3.53E-05	2.42E-03	2.17E-03	7.24E 00
16 9.20	0.	3.21E 00	4.94E 00	0.	0.	0.	3.26E-01	3.65E-05	2.41E-03	2.17E-03	7.75E 00
17 9.10	0.	3.33E 00	5.04E 00	0.	0.	0.	3.27E-01	3.77E-05	2.41E-03	2.17E-03	7.34E 00
18 9.00	0.	3.21E 00	4.22E 00	0.	0.	0.	3.28E-01	3.90E-05	6.41E-04	2.17E-03	7.16E 00
19 8.90	0.	3.09E 00	3.62E 00	0.	0.	0.	3.29E-01	4.03E-05	6.40E-04	2.17E-03	7.10E 00
20 8.80	0.	2.96E 00	3.44E 00	0.	0.	0.	3.31E-01	4.17E-05	6.39E-04	2.17E-03	6.24E 00
21 8.70	0.	2.92E 00	2.70E 00	0.	0.	0.	3.32E-01	4.32E-05	6.37E-04	2.17E-03	6.15E 00
22 8.60	0.	2.84E 00	2.72E 00	0.	0.	0.	3.33E-01	4.47E-05	6.35E-04	2.18E-03	5.50E 00
23 8.50	0.	2.75E 00	2.16E 00	0.	0.	0.	3.35E-01	4.63E-05	6.34E-04	2.20E-03	5.37E 00
24 8.40	0.	2.66E 00	2.07E 00	0.	0.	0.	3.37E-01	4.80E-05	6.32E-04	2.22E-03	4.85E 00
25 8.30	0.	2.57E 00	1.60E 00	0.	0.	0.	3.39E-01	4.97E-05	6.29E-04	2.24E-03	4.74E 00
26 8.20	0.	2.47E 00	1.56E 00	0.	0.	0.	3.40E-01	5.16E-05	6.28E-04	2.27E-03	4.32E 00
27 8.10	0.	2.36E 00	1.23E 00	0.	0.	0.	3.42E-01	5.35E-05	6.26E-04	2.29E-03	4.19E 00
28 8.00	0.	2.25E 00	1.19E 00	0.	0.	0.	3.44E-01	5.56E-05	6.23E-04	2.31E-03	3.85E 00
29 7.90	0.	2.14E 00	9.39E-01	0.	0.	0.	3.46E-01	5.77E-05	6.22E-04	2.33E-03	3.47E 00
30 7.80	0.	2.03E 00	9.31E-01	0.	0.	0.	3.47E-01	6.00E-05	6.20E-04	2.35E-03	3.27E 00
31 7.70	0.	1.92E 00	7.52E-01	0.	0.	0.	3.49E-01	6.24E-05	6.19E-04	2.37E-03	3.07E 00
32 7.60	0.	1.80E 00	6.74E-01	0.	1.87E-04	0.	3.51E-01	6.49E-05	6.18E-04	2.39E-03	2.88E 00
33 7.50	0.	1.68E 00	5.78E-01	0.	1.08E-03	0.	3.53E-01	6.75E-05	6.17E-04	2.42E-03	2.74E 00
34 7.40	0.		4.88E-01	0.	4.90E-03	0.	3.55E-01	7.03E-05	6.15E-04	2.44E-03	2.60E 00
35 7.30	0.		4.32E-01	0.	2.64E-02	0.	3.58E-01	7.32E-05	6.14E-04	2.46E-03	2.55E 00
36 7.20	0.		3.63E-01	0.	7.24E-02	0.	3.61E-01	7.63E-05	6.13E-04	2.48E-03	1.17E 00
37 7.10	0.		3.27E-01	0.	1.77E-01	0.	3.64E-01	7.96E-05	6.11E-04	2.50E-03	1.10E 00
38 7.00	1.86E-03		2.79E-01	0.	5.29E-01	0.	3.67E-01	8.31E-05	6.10E-04	2.52E-03	1.96E 00
39 6.90	3.49E-03		2.39E-01	0.	4.93E-01	0.	3.70E-01	8.68E-05	6.08E-04	2.55E-03	1.67E 00
40 6.80	2.87E-03		2.14E-01	0.	1.08E 00	0.	3.72E-01	9.07E-05	6.07E-04	2.57E-03	1.30E 00
41 6.70	1.99E-03		1.74E-01	0.	1.41E 00	0.	3.75E-01	9.48E-05	6.06E-04	2.60E-03	1.95E 00
42 6.60	1.16E-03		1.44E-01	0.	7.79E-01	0.	3.78E-01	9.92E-05	6.07E-04	2.63E-03	1.27E 00
43 6.50	6.37E-04		1.05E-01	0.	1.47E 00	0.	3.81E-01	1.04E-04	6.08E-04	2.68E-03	1.32E 00
44 6.40	8.83E-04		6.34E-02	0.	1.82E 00	0.	3.84E-01	1.09E-04	6.09E-04	2.72E-03	1.82E 00
45 6.30	1.82E-03		3.42E-02	10.00E-03	8.59E-01	0.	3.87E-01	1.14E-04	6.11E-04	2.77E-03	2.75E 00
46 6.20	5.33E-03		1.66E-02	4.31E-02	1.35E 00	0.	3.90E-01	1.20E-04	6.12E-04	2.82E-03	1.34E 00
47 6.10	2.09E-02		6.92E-03	5.65E-02	2.18E 00	0.	3.90E-01	1.26E-04	6.16E-04	2.87E-03	1.50E 00
48 6.00	5.37E-02		1.62E-03	1.53E-01	7.64E-01	0.	3.84E-01	1.32E-04	6.20E-04	2.91E-03	1.54E 00
49 5.90	8.51E-02		1.15E-04	1.79E-01	8.33E-01	0.	3.90E-01	1.39E-04	6.27E-04	2.91E-03	1.50E 00
50 5.80	1.26E-01		2.82E-06	2.38E-01	7.82E-01	0.	3.84E-01	1.46E-04	6.32E-04	2.91E-03	1.54E 00
51 5.70	1.45E-01		0.	2.55E-01	8.12E-01	0.	3.61E-01	1.54E-04	6.37E-04	2.91E-03	1.58E 00

ABSORPTION COEFFICIENTS OF HEATED AIR (INVERSE CM.)

TEMPERATURE (DEGREES K) 9000. DENSITY (GM/CC) 1.293E-02 (1.0E 01 NORMAL)

	PHOTON ENERGY	O2 S-R BANDS	N2 1ST POS.	N2 2ND POS.	N2+ 1ST NEG.	NO BETA	NO GAMMA	NO VIB-ROT	NO2	O- PHOTO-DET	FREE-FREE (IONS)	N P.E.	O P.E.	TOTAL AIR P.F.
52	5.60	1.78E-01	0.	0.	0.	1.88E-01	1.33E 00	0.	0.	3.36E-01	1.63E-04	6.43E-04	2.96E-03	2.03E 00
53	5.50	1.83E-01	0.	0.	0.	2.32E-01	1.29E 00	0.	0.	3.37E-01	1.72E-04	6.51E-04	3.01E-03	2.05E 00
54	5.40	1.89E-01	0.	0.	0.	1.94E-01	8.26E-01	0.	0.	3.39E-01	1.81E-04	6.60E-04	3.06E-03	1.55E 00
55	5.30	1.79E-01	0.	0.	0.	1.99E-01	1.25E 00	0.	0.	3.41E-01	1.92E-04	6.69E-04	3.12E-03	1.98E 00
56	5.20	1.25E-01	0.	0.	0.	2.06E-01	9.64E-01	0.	0.	3.43E-01	2.03E-04	6.79E-04	3.20E-03	1.38E 00
57	5.10	1.15E-01	0.	0.	0.	1.73E-01	8.27E-01	0.	0.	3.46E-01	2.15E-04	6.96E-04	3.27E-03	1.63E 00
58	5.00	8.41E-02	0.	0.	0.	1.84E-01	8.11E-01	0.	0.	3.49E-01	2.29E-04	7.15E-04	3.35E-03	1.44E 00
59	4.90	7.00E-02	0.	0.	0.	1.93E-01	7.44E-01	0.	0.	3.52E-01	2.43E-04	7.34E-04	3.43E-03	1.42E 00
60	4.80	7.48E-02	0.	0.	0.	1.82E-01	6.18E-01	0.	0.	3.55E-01	2.59E-04	7.53E-04	3.50E-03	1.36E 00
61	4.70	7.48E-02	0.	0.	0.	1.80E-01	5.80E-01	0.	0.	3.58E-01	2.76E-04	7.71E-04	3.58E-03	1.24E 00
62	4.60	8.70E-02	0.	0.	0.	1.54E-01	4.06E-01	0.	0.	3.61E-01	2.94E-04	7.94E-04	3.67E-03	1.21E 00
63	4.50	8.58E-02	0.	8.01E-03	0.	1.49E-01	3.03E-01	0.	0.	3.64E-01	3.14E-04	8.22E-04	3.76E-03	1.02E 00
64	4.40	8.54E-02	0.	3.01E-02	0.	1.33E-01	1.68E-01	0.	0.	3.67E-01	3.36E-04	8.49E-04	3.85E-03	9.40E-01
65	4.30	7.55E-02	0.	6.95E-02	0.	1.37E-01	1.36E-01	0.	0.	3.70E-01	3.60E-04	8.77E-04	3.94E-03	8.21E-01
66	4.20	6.72E-02	0.	2.97E-01	0.	1.25E-01	2.64E-02	0.	0.	3.72E-01	3.87E-04	9.06E-04	4.03E-03	1.01E 00
67	4.10	5.99E-02	0.	8.61E-01	0.	1.15E-01	1.17E-02	0.	0.	3.74E-01	4.16E-04	9.34E-04	4.11E-03	6.85E-01
68	4.00	5.22E-02	0.	4.61E-01	1.03E-03	9.66E-02	0.	0.	0.	3.75E-01	4.48E-04	9.63E-04	5.47E-04	9.85E-01
69	3.90	4.13E-02	0.	1.84E-01	7.99E-03	1.02E-01	0.	0.	0.	3.74E-01	4.84E-04	7.56E-04	5.63E-04	7.10E-01
70	3.80	4.39E-02	0.	2.51E-01	1.71E-02	7.66E-02	0.	0.	0.	3.72E-01	5.23E-04	5.96E-04	5.80E-04	7.78E-01
71	3.70	3.55E-02	0.	3.70E-01	1.11E-02	8.37E-02	0.	0.	0.	3.43E-01	5.67E-04	5.67E-04	6.55E-04	8.24E-01
72	3.60	3.04E-02	0.	1.66E-01	3.71E-02	5.85E-02	0.	0.	0.	3.14E-01	6.16E-04	6.16E-04	7.42E-04	6.37E-01
73	3.50	2.67E-02	0.	2.68E-01	2.39E-02	4.66E-02	0.	0.	0.	1.81E-01	6.70E-04	6.70E-04	8.35E-04	3.99E-01
74	3.40	1.73E-02	0.	1.40E-01	4.45E-02	4.66E-02	0.	0.	0.	1.82E-01	7.32E-04	7.32E-04	1.04E-03	4.03E-01
75	3.30	1.40E-02	0.	7.59E-02	4.02E-02	4.72E-02	0.	0.	0.	1.82E-01	8.01E-04	8.01E-04	1.14E-03	3.62E-01
76	3.20	1.26E-02	0.	5.87E-02	3.74E-02	4.13E-02	0.	0.	0.	1.83E-01	8.78E-04	8.78E-04	1.35E-03	3.37E-01
77	3.10	1.24E-02	0.	3.21E-02	1.46E-02	3.60E-02	0.	0.	0.	1.83E-01	9.62E-04	9.62E-04	1.45E-03	2.79E-01
78	3.00	8.08E-03	0.	1.90E-02	1.01E-02	2.42E-02	0.	0.	0.	1.83E-01	1.07E-03	1.07E-03	1.68E-03	2.48E-01
79	2.90	7.96E-03	0.	8.83E-03	3.29E-03	1.43E-02	0.	0.	0.	1.83E-01	1.18E-03	1.18E-03	1.81E-03	2.22E-01
80	2.80	4.56E-03	0.	4.04E-03	7.15E-03	6.68E-03	0.	0.	0.	1.83E-01	1.34E-03	1.34E-03	1.95E-03	2.10E-01
81	2.70	1.22E-04	0.	2.06E-03	6.72E-03	0.	0.	0.	0.	1.83E-01	1.47E-03	1.47E-03	1.89E-03	1.95E-01
82	2.60	0.	0.	2.70E-04	4.81E-04	0.	0.	0.	0.	1.83E-01	1.64E-03	1.55E-03	2.05E-03	1.89E-01
83	2.50	0.	0.	0.	5.71E-04	0.	0.	0.	0.	1.82E-01	1.85E-03	1.77E-03	2.65E-03	2.05E-01
84	2.40	0.	0.	0.	0.	0.	0.	0.	0.	1.82E-01	2.09E-03	2.09E-03	3.50E-03	2.65E-01
85	2.30	0.	1.67E-02	0.	0.	0.	0.	0.	0.	1.81E-01	2.38E-03	2.38E-03	4.27E-03	3.50E-01
86	2.20	0.	7.90E-02	0.	0.	0.	0.	0.	0.	1.75E-01	2.72E-03	2.72E-03	5.43E-03	4.27E-01
87	2.10	0.	1.63E-01	0.	0.	0.	0.	0.	0.	1.68E-01	3.14E-03	3.04E-03	6.04E-03	5.64E-01
88	2.00	0.	2.41E-01	0.	0.	0.	0.	0.	0.	1.61E-01	3.63E-03	3.76E-03	7.26E-03	8.13E-01
89	1.90	0.	3.84E-01	0.	0.	0.	0.	0.	0.	1.51E-01	4.24E-03	4.52E-03	8.16E-03	9.42E-01
90	1.80	0.	7.88E-01	0.	0.	0.	0.	0.	0.	1.28E-01	5.00E-03	4.79E-03	9.36E-03	6.82E-01
91	1.70	0.	6.43E-01	0.	0.	0.	0.	0.	0.	5.82E-02	5.94E-03	4.90E-03	1.04E-02	7.43E-01
92	1.60	0.	7.79E-01	0.	0.	0.	0.	0.	0.	0.	7.14E-03	6.04E-03	1.16E-02	5.46E-01
93	1.50	0.	5.41E-01	0.	0.	0.	0.	0.	0.	0.	8.68E-03	3.27E-03	3.76E-03	5.63E-01
94	1.40	0.	6.69E-01	0.	0.	0.	0.	0.	0.	0.	1.07E-02	4.28E-03	4.79E-03	4.66E-01
95	1.30	0.	7.17E-01	0.	0.	0.	0.	0.	0.	0.	1.34E-02	5.34E-03	5.81E-03	4.47E-01
96	1.20	0.	5.37E-01	0.	0.	0.	0.	0.	0.	0.	2.23E-02	6.04E-03	6.83E-03	3.80E-01
97	1.10	0.	4.33E-01	0.	0.	0.	0.	0.	0.	0.	2.98E-02	7.26E-03	8.16E-03	3.80E-01
98	1.00	0.	4.04E-01	0.	0.	0.	0.	1.25E-05	0.	0.	4.10E-02	9.36E-03	9.36E-02	2.28E-01
99	0.90	0.	3.04E-01	0.	0.	0.	0.	1.31E-04	0.	0.	5.87E-02	1.04E-02	1.04E-02	1.49E-01
100	0.80	0.	1.50E-01	0.	0.	0.	0.	2.10E-03	0.	0.	8.87E-02	8.77E-03	8.77E-03	1.71E-01
101	0.70	0.	4.00E-02	0.	0.	0.	0.	1.39E-03	0.	0.	1.42E-01	1.16E-02	1.16E-02	
102	0.60	0.	2.19E-03	0.	0.	0.	0.	5.70E-03	0.	0.				

ABSORPTION COEFFICIENTS OF HEATED AIR (INVERSE CM.)

TEMPERATURE (DEGREES K) 9000.   DENSITY (GM/CC) 1.293E-03 (10.0E-01 NORMAL)

#	PHOTON ENERGY E.V.	O2 S-R BANDS	O2 S-R CONT.	N2 B-H NO. 1	NO BETA	NO GAMMA	NO 2	O- PHOTO-DET	FREE-FREE (IONS)	N P.E.	O P.E.	TOTAL AIR
1	10.70	0.	0.	2.04E 00	0.	0.	0.	7.89E-03	1.06E-06	2.33E 00	2.45E-04	4.37E 00
2	10.60	0.	0.	1.73E 00	0.	0.	0.	7.90E-03	1.09E-06	5.92E-04	2.45E-04	1.74E 00
3	10.50	0.	0.	1.67E 00	0.	0.	0.	7.91E-03	1.12E-06	5.95E-04	2.45E-04	1.68E 00
4	10.40	0.	0.	1.49E 00	0.	0.	0.	7.92E-03	1.15E-06	5.97E-04	2.45E-04	1.50E 00
5	10.30	0.	0.	1.21E 00	0.	0.	0.	7.93E-03	1.19E-06	5.99E-04	2.45E-04	1.22E 00
6	10.20	0.	0.	1.19E 00	0.	0.	0.	7.94E-03	1.22E-06	6.00E-04	2.45E-04	1.20E 00
7	10.10	0.	0.	1.07E 00	0.	0.	0.	7.95E-03	1.26E-06	6.02E-04	2.45E-04	1.08E 00
8	10.00	0.	0.	8.52E-01	0.	0.	0.	7.96E-03	1.30E-06	6.03E-04	2.45E-04	8.61E-01
9	9.90	0.	0.	8.58E-01	0.	0.	0.	7.98E-03	1.34E-06	6.05E-04	2.45E-04	8.67E-01
10	9.80	0.	0.	7.52E-01	0.	0.	0.	7.99E-03	1.38E-06	6.06E-04	2.45E-04	7.61E-01
11	9.70	0.	0.	5.94E-01	0.	0.	0.	8.01E-03	1.42E-06	6.08E-04	2.45E-04	6.03E-01
12	9.60	0.	0.	6.36E-01	0.	0.	0.	8.04E-03	1.47E-06	6.09E-04	2.45E-04	6.45E-01
13	9.50	0.	0.	4.94E-01	0.	0.	0.	8.07E-03	1.52E-06	6.11E-04	2.45E-04	5.18E-01
14	9.40	0.	1.49E-02	4.36E-01	0.	0.	0.	8.10E-03	1.57E-06	6.13E-04	2.45E-04	4.63E-01
15	9.30	0.	1.83E-02	3.20E-01	0.	0.	0.	8.13E-03	1.62E-06	6.14E-04	2.45E-04	3.55E-01
16	9.20	0.	2.17E-02	3.28E-01	0.	0.	0.	8.15E-03	1.67E-06	6.16E-04	2.45E-04	3.67E-01
17	9.10	0.	2.52E-02	2.75E-01	0.	0.	0.	8.18E-03	1.73E-06	1.63E-04	2.45E-04	3.19E-01
18	9.00	0.	3.01E-02	2.36E-01	0.	0.	0.	8.21E-03	1.78E-06	1.63E-04	2.45E-04	2.85E-01
19	8.90	0.	3.53E-02	2.24E-01	0.	0.	0.	8.24E-03	1.85E-06	1.63E-04	2.45E-04	2.75E-01
20	8.80	0.	4.06E-02	1.77E-01	0.	0.	0.	8.30E-03	1.91E-06	1.62E-04	2.45E-04	2.25E-01
21	8.70	0.	4.20E-02	1.76E-01	0.	0.	0.	8.33E-03	1.98E-06	1.62E-04	2.45E-04	2.25E-01
22	8.60	0.	4.05E-02	1.40E-01	0.	0.	0.	8.37E-03	2.05E-06	1.61E-04	2.45E-04	1.87E-01
23	8.50	0.	3.91E-02	1.35E-01	0.	0.	0.	8.46E-03	2.12E-06	1.61E-04	2.44E-04	1.81E-01
24	8.40	0.	3.80E-02	1.04E-01	0.	0.	0.	8.51E-03	2.20E-06	1.60E-04	2.44E-04	1.50E-01
25	8.30	0.	3.74E-02	1.02E-01	0.	0.	0.	8.55E-03	2.28E-06	1.60E-04	2.45E-04	1.47E-01
26	8.20	0.	3.68E-02	8.01E-02	0.	0.	0.	8.59E-03	2.36E-06	1.59E-04	2.46E-04	1.24E-01
27	8.10	0.	3.59E-02	7.75E-02	0.	0.	0.	8.64E-03	2.45E-06	1.59E-04	2.48E-04	1.20E-01
28	8.00	0.	3.48E-02	6.12E-02	0.	0.	0.	8.68E-03	2.54E-06	1.58E-04	2.50E-04	1.03E-01
29	7.90	0.	3.36E-02	6.07E-02	0.	0.	0.	8.72E-03	2.64E-06	1.58E-04	2.52E-04	1.01E-01
30	7.80	0.	3.24E-02	4.90E-02	0.	0.	0.	8.77E-03	2.75E-06	1.58E-04	2.55E-04	8.80E-02
31	7.70	0.	3.12E-02	4.39E-02	0.	0.	0.	8.87E-03	2.85E-06	1.57E-04	2.57E-04	8.06E-02
32	7.60	0.	2.99E-02	3.76E-02	0.	0.	0.	8.91E-03	2.97E-06	1.57E-04	2.60E-04	7.38E-02
33	7.50	0.	2.84E-02	3.18E-02	0.	5.38E-06	0.	8.99E-03	3.09E-06	1.56E-04	2.62E-04	6.68E-02
34	7.40	0.	2.70E-02	2.81E-02	0.	3.09E-05	0.	9.06E-03	3.22E-06	1.56E-04	2.65E-04	6.25E-02
35	7.30	0.	2.56E-02	2.36E-02	0.	1.41E-04	0.	9.13E-03	3.35E-06	1.56E-04	2.67E-04	5.78E-02
36	7.20	0.	2.43E-02	2.13E-02	0.	7.57E-04	0.	9.28E-03	3.49E-06	1.56E-04	2.69E-04	5.70E-02
37	7.10	0.	2.28E-02	1.82E-02	0.	2.08E-03	0.	9.35E-03	3.64E-06	1.56E-04	2.72E-04	4.29E-02
38	7.00	2.36E-05	2.12E-02	1.56E-02	0.	5.08E-03	0.	9.43E-03	3.80E-06	1.55E-04	2.74E-04	3.94E-02
39	6.90	4.41E-05	0.	1.39E-02	0.	1.52E-02	0.	9.50E-03	3.97E-06	1.55E-04	2.77E-04	5.46E-02
40	6.80	3.64E-04	0.	1.13E-02	0.	1.41E-02	0.	9.57E-03	4.15E-06	1.55E-04	2.79E-04	4.16E-02
41	6.70	2.52E-05	0.	9.40E-03	0.	3.10E-02	0.	9.65E-03	4.34E-06	1.55E-04	2.81E-04	5.89E-02
42	6.60	1.47E-05	0.	6.81E-03	2.89E-04	4.05E-02	0.	9.72E-03	4.54E-06	1.55E-04	2.84E-04	3.65E-02
43	6.50	6.06E-05	0.	4.13E-03	1.24E-03	2.24E-02	0.	9.79E-03	4.76E-06	1.55E-04	2.87E-04	3.82E-02
44	6.40	1.12E-05	0.	2.23E-03	1.62E-03	2.21E-02	0.	9.65E-03	4.98E-06	1.56E-04	2.89E-04	5.17E-02
45	6.30	2.31E-05	0.	1.08E-03	4.39E-03	2.47E-02	0.	9.06E-03	5.22E-06	1.56E-04	2.92E-04	7.80E-02
46	6.20	6.74E-05	0.	5.51E-04	3.65E-03	3.87E-02	0.		5.48E-06	1.56E-04	2.96E-04	3.67E-02
47	6.10	2.64E-04	0.	1.06E-04	5.13E-03	6.27E-02	0.		5.76E-06	1.57E-04	3.01E-04	4.04E-02
48	6.00	6.79E-04	0.	7.51E-06	6.84E-03	2.20E-02	0.		6.05E-06	1.59E-04	3.06E-04	4.10E-02
49	5.90	1.08E-03	0.	1.84E-07	7.31E-03	2.39E-02	0.		6.36E-06	1.60E-04	3.06E-04	4.20E-02
50	5.80	1.60E-03	0.	0.		2.25E-02	0.		6.70E-06	1.61E-04	3.17E-04	
51	5.70	1.84E-03	0.	0.		2.33E-02	0.	9.06E-03	7.06E-06	1.63E-04	3.28E-04	

204

ABSORPTION COEFFICIENTS OF HEATED AIR (INVERSE CM.)

TEMPERATURE (DEGREES K) 9000.   DENSITY (GM/CC) 1.293E-03   (10.0E-01 NORMAL)

#	PHOTON ENERGY	O2 S-R BANDS	N2 1ST POS.	N2 2ND POS.	N2+ 1ST NEG.	NO BETA	NO GAMMA	NO VIB-ROT	NO 2	O- PHOTO-DET	FREE-FREE (IONS)	N P.E.	O P.F.	TOTAL AIR
52	5.60	2.26E-03	0.	0.	0.	5.40E-03	3.81E-02	0.	0.	8.43E-03	7.44E-06	1.64E-06	3.33E-04	5.47E-02
53	5.50	2.31E-03	0.	0.	0.	6.65E-03	3.71E-02	0.	0.	8.47E-03	7.86E-06	1.66E-06	3.39E-04	5.51E-02
54	5.40	2.39E-03	0.	0.	0.	5.56E-03	2.37E-02	0.	0.	8.51E-03	8.30E-06	1.68E-06	3.45E-04	4.07E-02
55	5.30	2.27E-03	0.	0.	0.	5.73E-03	3.59E-02	0.	0.	8.57E-03	8.78E-06	1.71E-06	3.51E-04	5.30E-02
56	5.20	1.58E-03	0.	0.	0.	5.90E-03	2.01E-02	0.	0.	8.62E-03	9.30E-06	1.73E-06	3.60E-04	3.68E-02
57	5.10	1.46E-03	0.	0.	0.	5.70E-03	2.77E-02	0.	0.	8.70E-03	9.86E-06	1.78E-06	3.68E-04	4.41E-02
58	5.00	1.06E-03	0.	0.	0.	4.96E-03	2.38E-02	0.	0.	8.77E-03	1.05E-05	1.82E-06	3.76E-04	3.91E-02
59	4.90	8.89E-04	0.	0.	0.	5.29E-03	2.14E-02	0.	0.	8.84E-03	1.11E-05	1.87E-06	3.85E-04	3.89E-02
60	4.80	9.47E-04	0.	0.	0.	5.53E-03	1.77E-02	0.	0.	8.91E-03	1.18E-05	1.92E-06	3.94E-04	3.73E-02
61	4.70	1.10E-03	0.	0.	0.	5.22E-03	1.17E-02	0.	0.	8.99E-03	1.26E-05	1.97E-06	4.03E-04	3.35E-02
62	4.60	1.08E-03	0.	5.22E-04	0.	5.17E-03	8.71E-03	0.	0.	9.06E-03	1.35E-05	2.03E-06	4.13E-04	3.26E-02
63	4.50	8.56E-04	0.	1.96E-03	0.	4.41E-03	4.82E-03	0.	0.	9.13E-03	1.44E-05	2.10E-06	4.23E-04	2.75E-02
64	4.40	8.50E-04	0.	4.53E-03	0.	4.28E-03	3.91E-03	0.	0.	9.21E-03	1.54E-05	2.17E-06	4.33E-04	2.59E-02
65	4.30	7.57E-04	0.	1.93E-02	0.	3.82E-03	9.94E-03	0.	0.	9.28E-03	1.65E-05	2.24E-06	4.43E-04	2.41E-02
66	4.20	6.60E-04	0.	5.61E-03	0.	3.93E-03	7.58E-04	0.	0.	9.35E-03	1.77E-05	2.31E-06	4.53E-04	3.81E-02
67	4.10	6.60E-04	0.	2.70E-02	0.	3.58E-03	3.35E-04	0.	0.	9.39E-03	1.90E-05	2.38E-06	4.62E-04	2.11E-02
68	4.00	5.22E-04	0.	1.20E-02	0.	3.29E-03	0.	0.	0.	9.43E-03	2.05E-05	2.46E-06	6.15E-05	4.14E-02
69	3.90	5.55E-04	0.	1.63E-02	3.01E-04	2.77E-03	0.	0.	0.	9.39E-03	2.21E-05	1.93E-05	6.33E-05	2.56E-02
70	3.80	4.49E-04	0.	2.23E-02	2.33E-03	2.92E-03	0.	0.	0.	9.35E-03	2.39E-05	1.98E-05	6.52E-05	3.18E-02
71	3.70	3.84E-04	0.	1.08E-02	2.98E-04	2.20E-03	0.	0.	0.	9.21E-03	2.59E-05	1.52E-05	7.37E-05	3.49E-02
72	3.60	3.37E-04	0.	1.74E-02	3.23E-02	2.40E-03	0.	0.	0.	8.62E-03	2.82E-05	1.64E-05	8.35E-05	2.57E-02
73	3.50	2.86E-04	0.	8.19E-03	1.08E-02	1.68E-03	0.	0.	0.	7.89E-03	3.07E-05	1.56E-05	9.39E-05	3.85E-02
74	3.40	2.19E-04	0.	9.12E-03	6.98E-03	1.86E-03	0.	0.	0.	4.55E-03	3.35E-05	1.76E-05	1.05E-04	1.59E-02
75	3.30	1.77E-04	0.	4.95E-03	4.23E-03	1.34E-03	0.	0.	0.	4.56E-03	3.66E-05	1.96E-05	1.16E-04	1.98E-02
76	3.20	1.59E-04	0.	3.83E-03	1.17E-02	1.35E-03	0.	0.	0.	4.57E-03	4.02E-05	2.17E-05	1.28E-04	2.32E-02
77	3.10	1.32E-04	0.	2.09E-03	1.09E-03	1.19E-03	0.	0.	0.	4.58E-03	4.42E-05	2.38E-05	1.40E-04	1.13E-02
78	3.00	1.02E-04	0.	1.24E-03	4.26E-03	1.03E-03	0.	0.	0.	4.59E-03	4.88E-05	2.59E-05	1.52E-04	1.26E-02
79	2.90	1.01E-04	0.	5.75E-04	2.95E-03	6.95E-04	0.	0.	0.	4.60E-03	5.41E-05	2.80E-05	1.63E-04	1.01E-02
80	2.80	5.77E-05	0.	2.63E-04	9.60E-04	4.11E-04	0.	0.	0.	4.60E-03	6.01E-05	3.03E-05	1.76E-04	7.19E-03
81	2.70	2.35E-05	0.	1.35E-04	2.08E-03	1.92E-04	0.	0.	0.	4.60E-03	6.71E-05	3.27E-05	1.89E-04	7.78E-03
82	2.60	1.55E-06	0.	1.76E-05	1.96E-04	7.34E-05	0.	0.	0.	4.60E-03	7.52E-05	3.53E-05	2.03E-04	5.66E-03
83	2.50	0.	0.	0.	1.40E-04	1.60E-05	0.	0.	0.	4.60E-03	8.47E-05	3.95E-05	2.54E-04	5.33E-03
84	2.40	0.	1.09E-03	0.	1.67E-04	1.59E-06	0.	0.	0.	4.60E-03	9.58E-05	4.53E-05		6.49E-03
85	2.30	0.	5.15E-03	0.	0.	0.	0.	0.	0.	4.57E-03	1.09E-04		8.54E-05	1.02E-02
86	2.20	0.	1.06E-02	0.	0.	0.	0.	0.	0.	4.55E-03	1.25E-04	2.74E-04	1.02E-04	1.58E-02
87	2.10	0.	1.57E-02	0.	0.	0.	0.	0.	0.	4.38E-03	1.44E-04	3.24E-04	1.23E-04	3.02E-02
88	2.00	0.	2.50E-02	0.	0.	0.	0.	0.	0.	4.22E-03	1.66E-04	3.77E-04	1.44E-04	5.64E-02
89	1.90	0.	5.13E-02	0.	0.	0.	0.	0.	0.	4.03E-03	1.94E-04	4.31E-04	1.66E-04	4.69E-02
90	1.80	0.	4.19E-02	0.	0.	0.	0.	0.	0.	3.80E-03	2.29E-04	4.66E-04	1.87E-04	5.58E-02
91	1.70	0.	5.08E-02	0.	0.	0.	0.	0.	0.	3.21E-03	2.72E-04	5.70E-04	2.22E-04	3.98E-02
92	1.60	0.	3.52E-02	0.	0.	0.	0.	0.	0.	3.21E-03	3.27E-04	6.73E-04	2.65E-04	4.68E-02
93	1.50	0.	4.36E-02	0.	0.	0.	0.	0.	0.	1.46E-03	3.97E-04	7.76E-04	3.08E-04	4.87E-02
94	1.40	0.	4.67E-02	0.	0.	0.	0.	0.	0.	0.	4.90E-04	9.58E-04	3.68E-04	3.66E-02
95	1.30	0.	3.40E-02	0.	0.	0.	0.	3.58E-07	0.	0.	6.14E-04	1.15E-03	4.20E-04	3.75E-02
96	1.20	0.	3.50E-02	0.	0.	0.	0.	2.94E-06	0.	0.	7.83E-04	1.39E-03	5.38E-04	3.13E-02
97	1.10	0.	2.83E-02	0.	0.	0.	0.	3.75E-05	0.	0.	1.02E-03	1.54E-03	6.01E-04	3.02E-02
98	1.00	0.	2.63E-02	0.	0.	0.	0.	6.04E-05	0.	0.	1.36E-03	1.85E-03	6.53E-04	2.58E-02
99	0.90	0.	2.11E-02	0.	0.	0.	0.	4.00E-05	0.	0.	1.88E-03	2.08E-03	7.68E-04	1.58E-02
100	0.80	0.	9.79E-03	0.	0.	0.	0.	1.64E-04	0.	0.	2.69E-03	2.39E-03	8.83E-04	1.03E-02
101	0.70	0.	2.61E-03	0.	0.	0.	0.	0.	0.	0.	4.06E-03	2.65E-03	9.86E-04	1.58E-02
102	0.60	0.	1.43E-04	0.	0.	0.	0.	0.	0.	0.	6.51E-03	2.95E-03	1.10E-03	1.09E-02

205

ABSORPTION COEFFICIENTS OF HEATED AIR (INVERSE CM.)

TEMPERATURE (DEGREES K) 9000. DENSITY (GM/CC) 1.293E-04 (10.0E-02 NORMAL)

#	PHOTON ENERGY E.V.	O2 S-R BANDS	O2 S-R CONT.	N2 B-H NO. 1	NO BETA	NO GAMMA	NO2	O- PHOTO-DET	FREE-FREE (IONS)	N P.E.	O P.F.	TOTAL AIR
1	10.70	0.	0.	6.17E-02	0.	0.	0.	2.21E-04	7.70E-08	1.02E-04	2.54E-05	6.20E-02
2	10.60	0.	0.	5.23E-02	0.	0.	0.	2.21E-04	7.92E-08	1.03E-04	2.54E-05	5.26E-02
3	10.50	0.	0.	5.06E-02	0.	0.	0.	2.22E-04	8.15E-08	1.03E-04	2.54E-05	5.09E-02
4	10.40	0.	0.	4.50E-02	0.	0.	0.	2.22E-04	8.39E-08	1.04E-04	2.53E-05	4.53E-02
5	10.30	0.	0.	3.65E-02	0.	0.	0.	2.22E-04	8.64E-08	1.04E-04	2.53E-05	3.68E-02
6	10.20	0.	0.	3.59E-02	0.	0.	0.	2.23E-04	8.89E-08	1.04E-04	2.53E-05	3.63E-02
7	10.10	0.	0.	3.23E-02	0.	0.	0.	2.23E-04	9.16E-08	1.05E-04	2.53E-05	3.27E-02
8	10.00	0.	0.	2.58E-02	0.	0.	0.	2.23E-04	9.44E-08	1.05E-04	2.53E-05	2.61E-02
9	9.90	0.	0.	2.60E-02	0.	0.	0.	2.24E-04	9.73E-08	1.05E-04	2.53E-05	2.63E-02
10	9.80	0.	0.	2.27E-02	0.	0.	0.	2.24E-04	1.00E-07	1.06E-04	2.53E-05	2.31E-02
11	9.70	0.	0.	1.80E-02	0.	0.	0.	2.25E-04	1.03E-07	1.06E-04	2.53E-05	1.83E-02
12	9.60	0.	0.	1.92E-02	0.	0.	0.	2.25E-04	1.07E-07	1.06E-04	2.53E-05	1.96E-02
13	9.50	0.	1.59E-04	1.49E-02	0.	0.	0.	2.26E-04	1.10E-07	1.07E-04	2.53E-05	1.54E-02
14	9.40	0.	1.96E-04	1.32E-02	0.	0.	0.	2.27E-04	1.14E-07	1.07E-04	2.53E-05	1.38E-02
15	9.30	0.	2.38E-04	1.32E-02	0.	0.	0.	2.28E-04	1.17E-07	2.85E-05	2.53E-05	1.37E-02
16	9.20	0.	2.70E-04	9.69E-03	0.	0.	0.	2.29E-04	1.21E-07	2.83E-05	2.53E-05	1.02E-02
17	9.10	0.	3.22E-04	9.92E-03	0.	0.	0.	2.30E-04	1.25E-07	2.83E-05	2.53E-05	1.05E-02
18	9.00	0.	3.78E-04	8.31E-03	0.	0.	0.	2.31E-04	1.30E-07	2.82E-05	2.53E-05	8.97E-03
19	8.90	0.	4.50E-04	7.14E-03	0.	0.	0.	2.32E-04	1.34E-07	2.81E-05	2.53E-05	7.86E-03
20	8.80	0.	4.34E-04	6.78E-03	0.	0.	0.	2.32E-04	1.39E-07	2.80E-05	2.53E-05	7.52E-03
21	8.70	0.	4.18E-04	5.31E-03	0.	0.	0.	2.33E-04	1.44E-07	2.80E-05	2.53E-05	6.07E-03
22	8.60	0.	4.07E-04	5.37E-03	0.	0.	0.	2.34E-04	1.49E-07	2.79E-05	2.53E-05	4.94E-03
23	8.50	0.	4.01E-04	4.25E-03	0.	0.	0.	2.36E-04	1.54E-07	2.79E-05	2.53E-05	4.77E-03
24	8.40	0.	3.95E-04	4.08E-03	0.	0.	0.	2.37E-04	1.60E-07	2.78E-05	2.53E-05	3.83E-03
25	8.30	0.	3.84E-04	3.15E-03	0.	0.	0.	2.38E-04	1.65E-07	2.77E-05	2.56E-05	3.75E-03
26	8.20	0.	3.72E-04	3.08E-03	0.	0.	0.	2.39E-04	1.72E-07	2.76E-05	2.58E-05	3.09E-03
27	8.10	0.	3.60E-04	2.42E-03	0.	0.	0.	2.41E-04	1.78E-07	2.76E-05	2.61E-05	3.00E-03
28	8.00	0.	3.47E-04	2.34E-03	0.	0.	0.	2.42E-04	1.85E-07	2.75E-05	2.63E-05	2.49E-03
29	7.90	0.	3.34E-04	1.85E-03	0.	0.	0.	2.43E-04	1.92E-07	2.74E-05	2.66E-05	2.46E-03
30	7.80	0.	3.26E-04	1.83E-03	0.	0.	0.	2.44E-04	2.00E-07	2.73E-05	2.68E-05	2.10E-03
31	7.70	0.	3.05E-04	1.48E-03	0.	0.	0.	2.46E-04	2.07E-07	2.72E-05	2.71E-05	1.93E-03
32	7.60	0.	2.89E-04	1.33E-03	0.	0.	0.	2.47E-04	2.16E-07	2.72E-05	2.73E-05	1.73E-03
33	7.50	0.	2.74E-04	1.14E-03	0.	0.	0.	2.48E-04	2.25E-07	2.71E-05	2.76E-05	1.54E-03
34	7.40	0.	2.60E-04	9.60E-04	0.	9.66E-08	0.	2.50E-04	2.34E-07	2.71E-05	2.78E-05	1.43E-03
35	7.30	0.	2.44E-04	8.50E-04	0.	5.55E-07	0.	2.52E-04	2.44E-07	2.70E-05	2.81E-05	1.30E-03
36	7.20	0.	2.27E-04	7.15E-04	0.	2.53E-06	0.	2.54E-04	2.54E-07	2.70E-05	2.83E-05	1.27E-03
37	7.10	2.52E-07	0.	6.44E-04	0.	1.36E-05	0.	2.56E-04	2.65E-07	2.70E-05	2.86E-05	1.13E-03
38	7.00	4.71E-07	0.	4.71E-04	5.18E-06	3.73E-05	0.	2.58E-04	2.76E-07	2.70E-05	2.88E-05	1.04E-03
39	6.90	3.88E-07	0.	4.21E-04	2.22E-05	9.13E-05	0.	2.60E-04	2.89E-07	2.69E-05	2.91E-05	1.29E-03
40	6.80	7.20E-07	0.	3.42E-04	2.91E-05	2.54E-04	0.	2.64E-04	3.02E-07	2.69E-05	2.94E-05	1.39E-03
41	6.70	1.57E-07	0.	2.84E-04	7.88E-05	5.58E-04	0.	2.66E-04	3.15E-07	2.70E-05	2.96E-05	1.00E-04
42	6.60	8.60E-08	0.	2.06E-04	6.56E-05	7.29E-04	0.	2.68E-04	3.30E-07	2.70E-05	2.99E-05	1.29E-03
43	6.50	1.19E-07	0.	1.25E-04	9.21E-05	4.02E-04	0.	2.70E-04	3.46E-07	2.71E-05	3.02E-05	1.39E-03
44	6.40	2.46E-07	0.	6.74E-05	1.23E-04	7.58E-04	0.	2.72E-04	3.62E-07	2.74E-05	3.06E-05	8.59E-04
45	6.30	7.20E-07	0.	3.28E-05	1.31E-04	9.37E-04	0.	2.74E-04	3.80E-07	2.76E-05	3.11E-05	1.09E-04
46	6.20	2.82E-06	0.	1.36E-05		6.96E-04	0.	2.74E-04	3.98E-07	2.78E-05	3.17E-05	1.55E-03
47	6.10	1.57E-06	0.	3.20E-06		1.13E-03	0.	2.70E-04	4.18E-07	2.81E-05	3.22E-05	8.05E-04
48	6.00	1.25E-05	0.	2.27E-07		3.95E-04	0.	2.54E-04	4.40E-07	2.83E-05	3.28E-05	8.68E-04
49	5.90	1.71E-05	0.	5.56E-09		3.90E-04	0.	2.58E-04	4.62E-07	2.86E-05	3.33E-05	8.75E-04
50	5.80	1.71E-05	0.	0.		4.03E-04	0.	2.70E-04	4.87E-07	2.81E-05	3.35E-05	8.75E-04
51	5.70	1.96E-05	0.	0.		4.19E-04	0.	2.54E-04	5.13E-07	2.83E-05	3.39E-05	8.87E-04

TEMPERATURE (DEGREES K) 9000.   DENSITY (GM/CC) 1.293E-04   (10.0E-02 NORMAL)

PHOTON	ENERGY	O2 S-R BANDS	N2 1ST POS.	N2 2ND POS.	N2+ 1ST NEG.	NO BETA	NO GAMMA	NO VIB-ROT	NO 2	O- PHOTO-DET	FREE-FREE (IONS)	N P.E.	O P.E.	TOTAL AIR
52	5.60	2.41E-05	0.	0.	0.	9.70E-05	6.85E-04	0.	0.	2.36E-04	5.41E-07	2.85E-05	3.45E-05	1.10E-03
53	5.50	2.47E-05	0.	0.	0.	1.20E-04	6.67E-04	0.	0.	2.37E-04	5.71E-07	2.89E-05	3.50E-05	1.11E-03
54	5.40	2.55E-05	0.	0.	0.	9.99E-05	4.26E-04	0.	0.	2.38E-04	6.03E-07	2.93E-05	3.56E-05	8.56E-04
55	5.30	2.42E-05	0.	0.	0.	1.03E-04	6.45E-04	0.	0.	2.40E-04	6.38E-07	2.97E-05	3.63E-05	1.07E-03
56	5.20	1.69E-05	0.	0.	0.	1.02E-04	3.61E-04	0.	0.	2.41E-04	6.76E-07	3.01E-05	3.72E-05	7.94E-04
57	5.10	1.56E-05	0.	0.	0.	1.56E-04	4.97E-04	0.	0.	2.43E-04	7.16E-07	3.09E-05	3.80E-05	9.29E-04
58	5.00	1.14E-05	0.	0.	0.	8.90E-05	4.27E-04	0.	0.	2.46E-04	7.61E-07	3.17E-05	3.89E-05	8.44E-04
59	4.90	9.46E-06	0.	0.	0.	9.50E-05	4.18E-04	0.	0.	2.48E-04	8.08E-07	3.26E-05	3.98E-05	8.43E-04
60	4.80	9.49E-06	0.	0.	0.	9.94E-05	3.84E-04	0.	0.	2.50E-04	8.61E-07	3.34E-05	4.07E-05	8.17E-04
61	4.70	1.01E-05	0.	0.	0.	9.37E-05	3.19E-04	0.	0.	2.52E-04	9.17E-07	3.42E-05	4.17E-05	7.51E-04
62	4.60	1.18E-05	0.	0.	0.	9.28E-05	2.99E-04	0.	0.	2.54E-04	9.78E-07	3.53E-05	4.27E-05	7.37E-04
63	4.50	1.16E-05	0.	0.	0.	7.93E-05	2.09E-04	0.	0.	2.56E-04	1.04E-06	3.65E-05	4.37E-05	6.53E-04
64	4.40	1.05E-05	0.	0.	0.	6.86E-05	1.56E-04	0.	0.	2.58E-04	1.12E-06	3.77E-05	4.48E-05	6.46E-04
65	4.30	1.02E-06	0.	0.	0.	6.44E-05	8.65E-05	0.	0.	2.60E-04	1.20E-06	3.89E-05	4.58E-05	6.48E-04
66	4.20	1.08E-06	0.	0.	0.	5.91E-05	7.02E-05	0.	0.	2.63E-04	1.29E-06	4.02E-05	4.67E-05	1.08E-03
67	4.10	8.09E-06	0.	0.	0.	4.98E-05	1.79E-05	0.	0.	2.64E-04	1.38E-06	4.15E-05	6.18E-06	5.72E-04
68	4.00	7.05E-06	0.	0.	0.	5.24E-05	1.36E-05	0.	0.	2.63E-04	1.49E-06	4.27E-05	6.36E-06	1.21E-03
69	3.90	5.58E-06	0.	1.58E-05	3.37E-05	4.32E-05	6.02E-06	0.	0.	2.58E-04	1.61E-06	3.34E-05	6.54E-06	1.62E-03
70	3.80	5.93E-06	0.	5.94E-04	2.60E-04	3.02E-05	0.	0.	0.	2.41E-04	1.74E-06	2.65E-05	6.74E-06	1.11E-03
71	3.70	4.79E-06	0.	1.37E-04	3.61E-04	3.33E-05	0.	0.	0.	2.21E-04	1.89E-06	2.39E-05	7.62E-06	1.07E-03
72	3.60	4.10E-06	0.	5.85E-04	1.21E-03	2.43E-05	0.	0.	0.	1.28E-04	2.05E-06	2.57E-05	8.63E-06	1.01E-03
73	3.50	3.60E-06	0.	8.16E-04	7.80E-04	2.13E-05	0.	0.	0.	1.28E-04	2.23E-06	2.71E-05	9.70E-06	5.33E-04
74	3.40	3.34E-06	0.	3.62E-04	1.31E-04	1.25E-05	0.	0.	0.	1.28E-04	2.43E-06	3.06E-05	1.09E-05	1.67E-03
75	3.30	1.89E-06	0.	4.93E-04	1.22E-04	7.39E-06	0.	0.	0.	1.28E-04	2.66E-06	3.41E-05	1.20E-05	4.48E-04
76	3.20	1.70E-06	0.	6.24E-04	4.29E-04	3.45E-06	0.	0.	0.	1.29E-04	2.92E-06	3.77E-05	1.33E-05	7.51E-04
77	3.10	1.41E-06	0.	5.27E-04	3.29E-04	1.32E-06	0.	0.	0.	1.29E-04	3.22E-06	4.14E-05	1.45E-05	5.78E-04
78	3.00	1.08E-06	0.	2.48E-04	1.07E-04	2.87E-07	0.	0.	0.	1.29E-04	3.55E-06	4.50E-05	1.57E-05	3.37E-04
79	2.90	6.16E-07	0.	1.50E-04	7.95E-06	2.85E-08	0.	0.	0.	1.29E-04	3.93E-06	4.87E-05	1.69E-05	4.55E-04
80	2.80	2.51E-07	0.	1.16E-04	2.33E-06	0.	0.	0.	0.	1.29E-04	4.37E-06	5.27E-05	1.96E-05	2.44E-04
81	2.70	1.55E-08	0.	1.32E-04	2.19E-05	0.	0.	0.	0.	1.28E-04	4.88E-06	5.69E-05	2.03E-05	2.27E-04
82	2.60	0.	0.	3.74E-04	1.57E-05	0.	0.	0.	0.	1.27E-04	5.46E-06	6.14E-05	2.17E-05	2.35E-04
83	2.50	0.	0.	1.74E-04	1.86E-05	0.	0.	0.	0.	1.23E-04	6.15E-06	6.56E-05	2.35E-05	3.50E-04
84	2.40	0.	3.28E-05	7.95E-04	0.	0.	0.	0.	0.	1.18E-04	6.96E-06	7.49E-05	2.74E-05	5.28E-04
85	2.30	0.	3.56E-04	4.07E-04	0.	0.	0.	0.	0.	1.13E-04	7.92E-06	8.45E-05	3.19E-05	6.92E-04
86	2.20	0.	4.75E-04	5.31E-04	0.	0.	0.	0.	0.	1.06E-04	9.06E-06	9.92E-05	3.57E-05	9.84E-04
87	2.10	0.	7.57E-04	0.	0.	0.	0.	0.	0.	9.00E-05	1.04E-05	1.17E-04	3.74E-05	1.79E-03
88	2.00	0.	1.55E-03	0.	0.	0.	0.	0.	0.	4.09E-05	1.21E-05	1.35E-04	4.34E-05	1.52E-03
89	1.90	0.	1.27E-03	0.	0.	0.	0.	0.	0.	0.	1.41E-05	1.63E-04	4.98E-05	1.81E-03
90	1.80	0.	1.53E-03	0.	0.	0.	0.	0.	0.	0.	1.66E-05	1.85E-04	5.69E-05	1.35E-03
91	1.70	0.	1.07E-03	0.	0.	0.	0.	0.	0.	0.	1.98E-05	2.14E-04	6.21E-05	1.59E-03
92	1.60	0.	1.32E-03	0.	0.	0.	0.	0.	0.	0.	2.37E-05	2.68E-04	6.76E-05	1.68E-03
93	1.50	0.	1.41E-03	0.	0.	0.	0.	0.	0.	0.	2.89E-05	3.09E-04	7.94E-05	1.38E-03
94	1.40	0.	1.03E-03	0.	0.	0.	0.	0.	0.	0.	3.56E-05	3.56E-04	9.12E-05	1.26E-03
95	1.30	0.	1.04E-03	0.	0.	0.	0.	0.	0.	0.	4.46E-05	3.74E-04	1.06E-04	1.27E-03
96	1.20	0.	8.52E-04	0.	0.	0.	0.	0.	0.	0.	5.69E-05	4.34E-04	1.22E-04	1.22E-03
97	1.10	0.	7.96E-04	0.	0.	0.	0.	6.44E-09	0.	0.	7.41E-05	4.98E-04	1.26E-04	9.99E-04
98	1.00	0.	6.38E-04	0.	0.	0.	0.	5.28E-08	0.	0.	9.91E-05	5.69E-04	1.27E-04	9.37E-04
99	0.90	0.	2.96E-04	0.	0.	0.	0.	6.74E-08	0.	0.	1.36E-04	6.21E-04	1.38E-04	9.59E-04
100	0.80	0.	7.88E-05	0.	0.	0.	0.	1.08E-06	0.	0.	1.95E-04	6.76E-04	9.12E-05	1.26E-03
101	0.70	0.	4.32E-06	0.	0.	0.	0.	7.18E-07	0.	0.	2.95E-04	4.61E-04	1.02E-04	9.37E-04
102	0.60	0.	0.	0.	0.	0.	0.	2.94E-06	0.	0.	4.73E-04	3.97E-04	8.18E-05	9.59E-04

ABSORPTION COEFFICIENTS OF HEATED AIR (INVERSE CM.)

TEMPERATURE (DEGREES K) 9000.   DENSITY (GM/CC) 1.293E-05   (10.0E-03 NORMAL)

#	PHOTON ENERGY E.V.	O2 S-R BANDS	O2 S-R CONT.	N2 B-H NO. 1	NO BETA	NO GAMMA	NO 2	O- PHOTO-DET (IONS)	FREE-FREE (IONS)	N P.E.	O P.E.	TOTAL AIR
1	10.70	0.	0.	8.16E-04	0.	0.	0.	6.86E-06	7.39E-09	1.18E-05	2.54E-06	8.37E-04
2	10.60	0.	0.	6.92E-04	0.	0.	0.	6.87E-06	7.60E-09	1.18E-05	2.54E-06	7.13E-04
3	10.50	0.	0.	6.70E-04	0.	0.	0.	6.88E-06	7.82E-09	1.19E-05	2.54E-06	6.91E-04
4	10.40	0.	0.	5.95E-04	0.	0.	0.	6.89E-06	8.05E-09	1.20E-05	2.54E-06	6.17E-04
5	10.30	0.	0.	4.83E-04	0.	0.	0.	6.90E-06	8.29E-09	1.20E-05	2.54E-06	5.04E-04
6	10.20	0.	0.	4.76E-04	0.	0.	0.	6.91E-06	8.54E-09	1.20E-05	2.54E-06	4.97E-04
7	10.10	0.	0.	4.28E-04	0.	0.	0.	6.91E-06	8.80E-09	1.21E-05	2.54E-06	4.49E-04
8	10.00	0.	0.	3.41E-04	0.	0.	0.	6.92E-06	9.07E-09	1.21E-05	2.54E-06	3.63E-04
9	9.90	0.	0.	3.44E-04	0.	0.	0.	6.94E-06	9.34E-09	1.21E-05	2.54E-06	3.65E-04
10	9.80	0.	1.60E-06	3.01E-04	0.	0.	0.	6.95E-06	9.64E-09	1.21E-05	2.54E-06	3.23E-04
11	9.70	0.	1.97E-06	2.38E-04	0.	0.	0.	6.97E-06	9.94E-09	1.22E-05	2.54E-06	2.59E-04
12	9.60	0.	2.34E-06	2.55E-04	0.	0.	0.	6.99E-06	1.02E-08	1.22E-05	2.54E-06	2.76E-04
13	9.50	0.	2.71E-06	1.98E-04	0.	0.	0.	7.01E-06	1.06E-08	1.23E-05	2.53E-06	2.21E-04
14	9.40	0.	3.24E-06	1.74E-04	0.	0.	0.	7.04E-06	1.09E-08	1.23E-05	2.53E-06	1.98E-04
15	9.30	0.	3.80E-06	1.75E-04	0.	0.	0.	7.06E-06	1.13E-08	1.24E-05	2.53E-06	1.99E-04
16	9.20	0.	4.36E-06	1.28E-04	0.	0.	0.	7.09E-06	1.16E-08	1.25E-05	2.53E-06	1.44E-04
17	9.10	0.	4.52E-06	1.31E-04	0.	0.	0.	7.11E-06	1.20E-08	3.27E-06	2.53E-06	1.48E-04
18	9.00	0.	4.36E-06	1.10E-04	0.	0.	0.	7.14E-06	1.24E-08	3.26E-06	2.53E-06	1.27E-04
19	8.90	0.	4.09E-06	9.45E-05	0.	0.	0.	7.17E-06	1.29E-08	3.29E-06	2.53E-06	1.12E-04
20	8.80	0.	4.03E-06	8.98E-05	0.	0.	0.	7.19E-06	1.33E-08	3.25E-06	2.53E-06	1.07E-04
21	8.70	0.	3.96E-06	7.03E-05	0.	0.	0.	7.24E-06	1.38E-08	3.24E-06	2.53E-06	8.77E-05
22	8.60	0.	3.74E-06	7.10E-05	0.	0.	0.	7.28E-06	1.43E-08	3.23E-06	2.53E-06	8.82E-05
23	8.50	0.	3.49E-06	5.62E-05	0.	0.	0.	7.32E-06	1.48E-08	3.22E-06	2.53E-06	7.33E-05
24	8.40	0.	3.36E-06	5.41E-05	0.	0.	0.	7.36E-06	1.53E-08	3.21E-06	2.54E-06	7.11E-05
25	8.30	0.	3.21E-06	4.17E-05	0.	0.	0.	7.39E-06	1.59E-08	3.20E-06	2.56E-06	5.87E-05
26	8.20	0.	3.06E-06	4.07E-05	0.	0.	0.	7.43E-06	1.65E-08	3.18E-06	2.59E-06	5.77E-05
27	8.10	0.	2.90E-06	3.21E-05	0.	0.	0.	7.47E-06	1.71E-08	3.17E-06	2.59E-06	4.90E-05
28	8.00	0.	2.76E-06	3.10E-05	0.	0.	0.	7.51E-06	1.77E-08	3.16E-06	2.61E-06	4.79E-05
29	7.90	0.	2.61E-06	2.43E-05	0.	0.	0.	7.55E-06	1.84E-08	3.15E-06	2.64E-06	4.13E-05
30	7.80	0.	2.48E-06	2.45E-05	0.	0.	0.	7.58E-06	1.92E-08	3.15E-06	2.66E-06	4.10E-05
31	7.70	0.	0.	1.96E-05	0.	0.	0.	7.62E-06	1.99E-08	3.14E-06	2.69E-06	3.62E-05
32	7.60	0.	0.	1.76E-05	0.	0.	0.	7.67E-06	2.07E-08	3.13E-06	2.71E-06	3.41E-05
33	7.50	0.	0.	1.51E-05	0.	1.11E-09	0.	7.71E-06	2.16E-08	3.12E-06	2.74E-06	3.15E-05
34	7.40	0.	0.	1.27E-05	0.	6.40E-09	0.	7.75E-06	2.24E-08	3.12E-06	2.76E-06	2.91E-05
35	7.30	0.	0.	1.13E-05	0.	2.91E-08	0.	7.81E-06	2.34E-08	3.11E-06	2.79E-06	2.77E-05
36	7.20	0.	0.	9.47E-06	0.	1.57E-07	0.	7.88E-06	2.44E-08	3.11E-06	2.81E-06	2.61E-05
37	7.10	0.	0.	8.53E-06	0.	4.31E-07	0.	7.94E-06	2.54E-08	3.10E-06	2.84E-06	2.57E-05
38	7.00	2.53E-09	0.	7.29E-06	0.	1.05E-06	0.	8.00E-06	2.65E-08	3.10E-06	2.86E-06	2.43E-05
39	6.90	4.74E-09	0.	6.24E-06	0.	3.15E-06	0.	8.07E-06	2.77E-08	3.10E-06	2.89E-06	2.31E-05
40	6.80	3.90E-09	0.	5.57E-06	0.	2.93E-06	0.	8.13E-06	2.90E-08	3.11E-06	2.91E-06	2.61E-05
41	6.70	2.70E-09	0.	4.53E-06	0.	6.40E-06	0.	8.19E-06	3.03E-08	3.11E-06	2.94E-06	2.71E-05
42	6.60	1.58E-09	0.	3.76E-06	0.	8.40E-06	0.	8.26E-06	3.17E-08	3.12E-06	2.97E-06	2.26E-05
43	6.50	8.64E-10	0.	2.73E-06	0.	4.63E-06	0.	8.32E-06	3.32E-08	3.12E-06	3.00E-06	2.58E-05
44	6.40	1.09E-09	0.	1.80E-06	5.98E-08	8.75E-06	0.	8.39E-06	3.48E-08	3.13E-06	3.06E-06	2.69E-05
45	6.30	2.47E-09	0.	8.92E-07	2.57E-07	5.11E-06	0.	8.45E-06	3.64E-08	3.13E-06	3.06E-06	2.08E-05
46	6.20	7.23E-09	0.	4.34E-07	3.36E-07	8.03E-06	0.	8.51E-06	3.82E-08	3.15E-06	3.12E-06	2.89E-05
47	6.10	2.84E-08	0.	4.24E-08	7.09E-07	1.30E-05	0.	8.45E-06	4.02E-08	3.17E-06	3.17E-06	2.35E-05
48	6.00	7.29E-08	0.	3.00E-09	7.57E-07	4.56E-06	0.	8.51E-06	4.22E-08	3.20E-06	3.28E-06	2.89E-05
49	5.90	1.16E-07	0.	7.36E-11	1.06E-06	4.96E-06	0.	8.51E-06	4.44E-08	3.23E-06	3.28E-06	2.12E-05
50	5.80	1.71E-07	0.	0.	1.42E-06	4.65E-06	0.	8.39E-06	4.67E-08	3.23E-06	3.34E-06	2.13E-05
51	5.70	1.97E-07	0.		1.52E-06	4.83E-06	0.	7.88E-06	4.92E-08	3.25E-06	3.40E-06	2.11E-05

ABSORPTION COEFFICIENTS OF HEATED AIR (INVERSE CM.)

TEMPERATURE (DEGREES K) 9000.   DENSITY (GM/CC) 1.293E-05   (10.0E-03 NORMAL)

PHOTON ENERGY	O2 S-R BANDS	N2 1ST POS.	N2 2ND POS.	N2+ 1ST NEG.	NO BETA	NO GAMMA	NO VIB-ROT	NO2	O- PHOTO-DET	FREE-FREE (IONS)	N P.E.	O P.F.	TOTAL AIR
52 5.60	2.42E-07	0.	0.	0.	1.12E-06	7.90E-06	0.	0.	7.32E-06	5.19E-08	3.28E-06	3.45E-06	2.33E-05
53 5.50	2.48E-07	0.	0.	0.	1.38E-06	7.69E-06	0.	0.	7.36E-06	5.48E-08	3.32E-06	3.51E-06	2.35E-05
54 5.40	2.56E-07	0.	0.	0.	1.15E-06	4.92E-06	0.	0.	7.40E-06	5.79E-08	3.37E-06	3.57E-06	2.08E-05
55 5.30	2.43E-07	0.	0.	0.	1.19E-06	4.17E-06	0.	0.	7.45E-06	6.13E-08	3.42E-06	3.72E-06	2.34E-05
56 5.20	1.70E-07	0.	0.	0.	1.22E-06	5.74E-06	0.	0.	7.50E-06	6.49E-08	3.47E-06	3.81E-06	2.03E-05
57 5.10	1.56E-07	0.	0.	0.	1.18E-06	4.92E-06	0.	0.	7.56E-06	6.88E-08	3.55E-06	3.90E-06	2.21E-05
58 5.00	1.14E-07	0.	0.	0.	1.03E-06	4.43E-06	0.	0.	7.69E-06	7.30E-08	3.65E-06	3.99E-06	2.13E-05
59 4.90	9.50E-08	0.	0.	0.	1.10E-06	3.68E-06	0.	0.	7.76E-06	7.76E-08	3.75E-06	4.07E-06	2.16E-05
60 4.80	9.53E-08	0.	0.	0.	1.15E-06	3.45E-06	0.	0.	7.75E-06	8.26E-08	3.84E-06	4.17E-06	2.14E-05
61 4.70	1.02E-07	0.	0.	0.	1.08E-06	1.81E-06	0.	0.	7.81E-06	8.80E-08	3.94E-06	4.28E-06	2.09E-05
62 4.60	1.18E-07	0.	2.09E-07	0.	9.15E-07	9.98E-07	0.	0.	7.88E-06	9.39E-08	4.06E-06	4.38E-06	2.09E-05
63 4.50	1.16E-07	0.	7.86E-07	0.	8.86E-07	8.10E-07	0.	0.	7.94E-06	1.00E-07	4.19E-06	4.48E-06	2.03E-05
64 4.40	1.16E-07	0.	1.81E-06	0.	8.14E-07	2.06E-07	0.	0.	8.00E-06	1.07E-07	4.33E-06	4.59E-06	2.05E-05
65 4.30	1.03E-07	0.	7.74E-06	0.	7.43E-07	1.57E-07	0.	0.	8.07E-06	1.15E-07	4.48E-06	4.55E-06	2.10E-05
66 4.20	1.12E-07	0.	2.24E-06	0.	6.82E-07	6.94E-08	0.	0.	8.13E-06	1.23E-07	4.63E-06	4.69E-06	2.69E-05
67 4.10	8.13E-08	0.	1.08E-05	0.	5.75E-07	0.	0.	0.	8.16E-06	1.33E-07	4.77E-06	6.19E-07	1.70E-05
68 4.00	7.08E-08	0.	4.79E-06	1.44E-06	5.96E-07	0.	0.	0.	8.19E-06	1.43E-07	3.73E-06	6.37E-07	2.44E-05
69 3.90	5.96E-08	0.	6.53E-06	1.11E-05	4.81E-07	0.	0.	0.	8.13E-06	1.54E-07	2.88E-06	6.55E-07	1.88E-05
70 3.80	5.60E-08	0.	5.96E-06	2.38E-05	4.98E-07	0.	0.	0.	8.00E-06	1.67E-07	2.96E-06	6.63E-07	3.02E-05
71 3.70	4.81E-08	0.	8.92E-06	1.54E-05	3.85E-07	0.	0.	0.	7.50E-06	1.81E-07	2.49E-06	8.65E-07	2.32E-05
72 3.60	4.12E-08	0.	4.34E-06	5.16E-05	2.77E-07	0.	0.	0.	6.86E-06	1.97E-07	2.75E-06	1.09E-06	3.16E-05
73 3.50	3.07E-08	0.	3.28E-06	3.33E-06	2.81E-07	0.	0.	0.	3.96E-06	2.14E-07	3.52E-06	1.21E-06	1.58E-05
74 3.40	2.35E-08	0.	3.65E-06	2.02E-05	2.46E-07	0.	0.	0.	3.96E-06	2.34E-07	3.93E-06	1.33E-06	1.75E-05
75 3.30	1.90E-08	0.	1.98E-06	5.60E-06	2.14E-07	0.	0.	0.	3.97E-06	2.56E-07	4.34E-06	1.45E-06	1.82E-05
76 3.20	1.70E-08	0.	1.53E-06	5.21E-06	1.44E-07	0.	0.	0.	3.98E-06	2.81E-07	4.76E-06	1.57E-06	3.24E-05
77 3.10	1.42E-08	0.	8.37E-07	2.03E-05	8.52E-08	0.	0.	0.	3.99E-06	3.09E-07	5.18E-06	1.69E-06	2.64E-05
78 3.00	1.10E-08	0.	4.95E-07	1.41E-05	3.98E-08	0.	0.	0.	4.00E-06	3.41E-07	5.60E-06	1.80E-06	1.72E-05
79 2.90	6.19E-09	0.	2.30E-07	4.58E-06	1.52E-08	0.	0.	0.	4.00E-06	3.77E-07	6.07E-06	1.90E-06	2.30E-05
80 2.80	2.52E-09	0.	1.30E-06	9.94E-06	3.31E-09	0.	0.	0.	4.00E-06	4.19E-07	6.55E-06	2.30E-06	1.32E-05
81 2.70	1.66E-10	0.	5.38E-08	9.35E-06	3.29E-10	0.	0.	0.	4.00E-06	4.68E-07	7.07E-06	1.32E-06	9.62E-06
82 2.60	0.	0.	7.03E-08	6.69E-07	0.	0.	0.	0.	4.00E-06	5.25E-07	7.63E-06	9.62E-07	1.13E-05
83 2.50	0.	0.	0.	7.94E-07	0.	0.	0.	0.	3.97E-06	5.91E-07	8.84E-06	1.13E-06	1.33E-05
84 2.40	0.	4.34E-07	0.	0.	0.	0.	0.	0.	3.95E-06	6.69E-07	5.49E-06	1.33E-06	1.68E-05
85 2.30	0.	2.06E-06	0.	0.	0.	0.	0.	0.	3.94E-06	7.60E-07	6.48E-06	1.68E-06	1.28E-05
86 2.20	0.	4.26E-06	0.	0.	0.	0.	0.	0.	3.81E-06	8.70E-07	7.55E-06	1.28E-06	2.03E-05
87 2.10	0.	6.28E-06	0.	0.	0.	0.	0.	0.	3.67E-06	1.00E-06	8.62E-06	1.71E-06	2.53E-05
88 2.00	0.	1.00E-05	0.	0.	0.	0.	0.	0.	3.51E-06	1.16E-06	9.73E-06	1.94E-06	3.72E-05
89 1.90	0.	2.05E-05	0.	0.	0.	0.	0.	0.	2.79E-06	1.36E-06	1.14E-05	2.30E-06	3.56E-05
90 1.80	0.	1.68E-05	0.	0.	0.	0.	0.	0.	1.27E-06	1.60E-06	1.87E-05	2.75E-06	4.17E-05
91 1.70	0.	2.03E-05	0.	0.	0.	0.	0.	0.	0.	1.90E-06	2.13E-05	3.19E-06	3.79E-05
92 1.60	0.	1.41E-05	0.	0.	0.	0.	0.	0.	0.	2.28E-06	1.55E-05	3.19E-06	4.77E-05
93 1.50	0.	1.74E-05	0.	0.	0.	0.	0.	0.	0.	2.77E-06	1.75E-05	3.57E-06	4.04E-05
94 1.40	0.	1.87E-05	0.	0.	0.	0.	0.	0.	0.	3.42E-06	1.87E-05	3.75E-06	4.91E-05
95 1.30	0.	1.36E-05	0.	0.	0.	0.	0.	0.	0.	4.28E-06	2.46E-05	4.29E-06	4.04E-05
96 1.20	0.	1.40E-05	0.	0.	0.	0.	0.	0.	0.	5.46E-06	3.08E-05	4.99E-06	4.91E-05
97 1.10	0.	1.13E-05	0.	0.	0.	0.	7.43E-11	0.	0.	7.11E-06	3.55E-05	5.58E-06	5.48E-05
98 1.00	0.	1.05E-05	0.	0.	0.	0.	6.10E-10	0.	0.	9.51E-06	4.16E-05	6.77E-06	6.23E-05
99 0.90	0.	8.45E-06	0.	0.	0.	0.	7.78E-10	0.	0.	1.31E-05	4.70E-05	7.96E-06	7.11E-05
100 0.80	0.	3.92E-06	0.	0.	0.	0.	1.25E-08	0.	0.	1.87E-05	4.99E-05	9.03E-06	7.87E-05
101 0.70	0.	1.04E-06	0.	0.	0.	0.	8.28E-09	0.	0.	2.83E-05	4.56E-05	7.25E-06	8.25E-05
102 0.60	0.	5.71E-08	0.	0.	0.	0.	3.39E-08	0.	0.	4.54E-05	4.56E-05	8.20E-06	9.93E-05

ABSORPTION COEFFICIENTS OF HEATED AIR (INVERSE CM.)

TEMPERATURE (DEGREES K) 9000. DENSITY (GM/CC) 1.293E-06 (10.0E-04 NORMAL)

PHOTON ENERGY BANDS E.V.	02 S-R BANDS	02 S-R CONT.	N2 B-H NO. 1	NO BETA	NO GAMMA	NO 2	O- PHOTO-DET	FREE-FREE (IONS)	N P.E.	O P.F.	TOTAL AIR
1 10.70	0.	0.	8.08E-06	0.	0.	0.	2.11E-07	7.20E-10	1.17E-06	2.50E-07	9.72E-06
2 10.60	0.	0.	6.85E-06	0.	0.	0.	2.11E-07	7.41E-10	1.18E-06	2.50E-07	8.49E-06
3 10.50	0.	0.	6.63E-06	0.	0.	0.	2.11E-07	7.62E-10	1.18E-06	2.50E-07	8.28E-06
4 10.40	0.	0.	5.89E-06	0.	0.	0.	2.12E-07	7.85E-10	1.19E-06	2.50E-07	7.55E-06
5 10.30	0.	0.	4.78E-06	0.	0.	0.	2.12E-07	8.08E-10	1.19E-06	2.50E-07	6.44E-06
6 10.20	0.	0.	4.71E-06	0.	0.	0.	2.12E-07	8.32E-10	1.20E-06	2.50E-07	6.37E-06
7 10.10	0.	0.	4.23E-06	0.	0.	0.	2.13E-07	8.57E-10	1.20E-06	2.50E-07	5.90E-06
8 10.00	0.	0.	3.38E-06	0.	0.	0.	2.13E-07	8.83E-10	1.20E-06	2.50E-07	5.04E-06
9 9.90	0.	0.	3.40E-06	0.	0.	0.	2.13E-07	9.11E-10	1.20E-06	2.50E-07	5.07E-06
10 9.80	0.	0.	2.98E-06	0.	0.	0.	2.14E-07	9.39E-10	1.21E-06	2.50E-07	4.65E-06
11 9.70	0.	0.	2.35E-06	0.	0.	0.	2.14E-07	9.68E-10	1.21E-06	2.50E-07	4.03E-06
12 9.60	0.	0.	2.52E-06	0.	0.	0.	2.14E-07	9.99E-10	1.21E-06	2.50E-07	4.20E-06
13 9.50	0.	1.55E-08	1.96E-06	0.	0.	0.	2.15E-07	1.03E-09	1.22E-06	2.49E-07	3.66E-06
14 9.40	0.	1.91E-08	1.73E-06	0.	0.	0.	2.16E-07	1.06E-09	1.22E-06	2.49E-07	3.43E-06
15 9.30	0.	2.27E-08	1.73E-06	0.	0.	0.	2.16E-07	1.10E-09	3.27E-07	2.49E-07	2.55E-06
16 9.20	0.	2.62E-08	1.27E-06	0.	0.	0.	2.17E-07	1.14E-09	3.26E-07	2.49E-07	2.09E-06
17 9.10	0.	3.14E-08	1.30E-06	0.	0.	0.	2.18E-07	1.17E-09	3.25E-07	2.49E-07	2.13E-06
18 9.00	0.	3.68E-08	1.09E-06	0.	0.	0.	2.19E-07	1.21E-09	3.25E-07	2.49E-07	1.92E-06
19 8.90	0.	4.23E-08	9.36E-07	0.	0.	0.	2.19E-07	1.25E-09	3.24E-07	2.49E-07	1.77E-06
20 8.80	0.	4.38E-08	8.89E-07	0.	0.	0.	2.20E-07	1.30E-09	3.23E-07	2.49E-07	1.73E-06
21 8.70	0.	4.07E-08	6.97E-07	0.	0.	0.	2.21E-07	1.34E-09	3.23E-07	2.49E-07	1.53E-06
22 8.60	0.	4.07E-08	7.04E-07	0.	0.	0.	2.22E-07	1.39E-09	3.22E-07	2.49E-07	1.54E-06
23 8.50	0.	3.96E-08	5.57E-07	0.	0.	0.	2.23E-07	1.44E-09	3.21E-07	2.49E-07	1.39E-06
24 8.40	0.	3.84E-08	4.12E-07	0.	0.	0.	2.24E-07	1.49E-09	3.20E-07	2.50E-07	1.37E-06
25 8.30	0.	3.74E-08	4.03E-07	0.	0.	0.	2.25E-07	1.55E-09	3.19E-07	2.50E-07	1.25E-06
26 8.20	0.	3.62E-08	3.18E-07	0.	0.	0.	2.26E-07	1.61E-09	3.19E-07	2.52E-07	1.24E-06
27 8.10	0.	3.51E-08	3.07E-07	0.	0.	0.	2.27E-07	1.67E-09	3.18E-07	2.55E-07	1.15E-06
28 8.00	0.	3.38E-08	2.42E-07	0.	0.	0.	2.28E-07	1.73E-09	3.17E-07	2.57E-07	1.15E-06
29 7.90	0.	3.25E-08	2.41E-07	0.	0.	0.	2.30E-07	1.80E-09	3.16E-07	2.60E-07	1.08E-06
30 7.80	0.	2.97E-08	1.94E-07	0.	0.	0.	2.31E-07	1.87E-09	3.15E-07	2.62E-07	1.08E-06
31 7.70	0.	2.81E-08	1.49E-07	0.	0.	0.	2.32E-07	1.94E-09	3.14E-07	2.65E-07	1.04E-06
32 7.60	0.	2.67E-08	1.26E-07	0.	0.	0.	2.34E-07	2.02E-09	3.14E-07	2.67E-07	1.02E-06
33 7.50	0.	2.53E-08	1.11E-07	0.	1.09E-11	0.	2.36E-07	2.10E-09	3.13E-07	2.70E-07	9.66E-07
34 7.40	0.	2.37E-08	9.37E-08	0.	6.27E-11	0.	2.38E-07	2.19E-09	3.12E-07	2.72E-07	9.75E-07
35 7.30	0.	2.21E-08	8.45E-08	0.	2.85E-10	0.	2.40E-07	2.28E-09	3.11E-07	2.74E-07	9.63E-07
36 7.20	0.	0.	7.22E-08	0.	1.54E-09	0.	2.42E-07	2.38E-09	3.11E-07	2.77E-07	9.53E-07
37 7.10	0.	0.	6.18E-08	0.	4.22E-09	0.	2.44E-07	2.48E-09	3.10E-07	2.79E-07	9.49E-07
38 7.00	2.45E-11	0.	5.52E-08	0.	1.03E-08	0.	2.46E-07	2.59E-09	3.10E-07	2.82E-07	9.39E-07
39 6.90	4.59E-11	0.	4.48E-08	0.	3.08E-08	0.	2.48E-07	2.70E-09	3.10E-07	2.84E-07	9.31E-07
40 6.80	3.78E-11	0.	2.70E-08	0.	2.87E-08	0.	2.50E-07	2.82E-09	3.09E-07	2.87E-07	9.31E-07
41 6.70	2.62E-11	0.	1.64E-08	0.	6.30E-08	0.	2.52E-07	2.95E-09	3.08E-07	2.89E-07	9.75E-07
42 6.60	1.53E-11	0.	8.84E-09	0.	8.23E-08	0.	2.54E-07	3.09E-09	3.09E-07	2.92E-07	9.36E-07
43 6.50	8.37E-12	0.	4.29E-09	5.86E-10	8.54E-08	0.	2.56E-07	3.23E-09	3.10E-07	2.95E-07	9.72E-07
44 6.40	1.16E-11	0.	1.79E-09	2.51E-09	1.06E-07	0.	2.58E-07	3.39E-09	3.10E-07	2.98E-07	9.32E-07
45 6.30	2.40E-11	0.	4.19E-10	3.90E-09	5.01E-08	0.	2.60E-07	3.55E-09	3.11E-07	3.01E-07	9.66E-07
46 6.20	7.06E-10	0.	7.98E-11	8.90E-09	1.01E-08	0.	2.62E-07	3.73E-09	3.13E-07	3.07E-07	1.03E-06
47 6.10	1.16E-09	0.	7.29E-13	7.41E-09	1.27E-07	0.	2.62E-07	3.91E-09	3.12E-07	3.12E-07	9.53E-07
48 6.00	2.75E-10	0.	0.	1.04E-08	4.46E-08	0.	2.60E-07	4.11E-09	3.16E-07	3.18E-07	9.68E-07
49 5.90	7.06E-10	0.	0.	1.39E-08	4.85E-08	0.	2.62E-07	4.33E-09	3.19E-07	3.23E-07	9.74E-07
50 5.80	1.66E-09	0.	0.	1.48E-08	4.56E-08	0.	2.58E-07	4.55E-09	3.21E-07	3.28E-07	9.74E-07
51 5.70	1.91E-09	0.	0.	1.48E-08	4.73E-08	0.	2.42E-07	4.80E-09	3.24E-07	3.34E-07	9.69E-07

ABSORPTION COEFFICIENTS OF HEATED AIR (INVERSE CM.)

TEMPERATURE (DEGREES K) 9000. DENSITY (GM/CC) 1.293E-06 (10.0E-04 NORMAL)

	PHOTON ENERGY BANDS	O2 S-R BANDS	N2 1ST POS.	N2 2ND POS.	N2+ 1ST NEG.	NO BETA	NO GAMMA	NO VIB-ROT	NO2	O- PHOTO-DET	FREE-FREE (IONS)	N P.E.	O P.E.	TOTAL AIR
52	5.60	2.35E-09	0.	0.	0.	1.10E-08	7.74E-08	0.	0.	2.25E-07	5.06E-09	3.27E-07	3.40E-07	9.87E-07
53	5.50	2.40E-09	0.	0.	0.	1.35E-08	7.54E-08	0.	0.	2.26E-07	5.34E-09	3.31E-07	3.45E-07	9.98E-07
54	5.40	2.48E-09	0.	0.	0.	1.13E-08	7.81E-08	0.	0.	2.27E-07	5.64E-09	3.35E-07	3.51E-07	9.81E-07
55	5.30	2.36E-09	0.	0.	0.	1.16E-08	7.29E-08	0.	0.	2.29E-07	5.97E-09	3.40E-07	3.58E-07	1.00E-06
56	5.20	1.64E-09	0.	0.	0.	1.20E-08	4.04E-08	0.	0.	2.30E-07	6.32E-09	3.45E-07	3.67E-07	1.00E-06
57	5.10	1.51E-09	0.	0.	0.	1.16E-08	5.62E-08	0.	0.	2.32E-07	6.70E-09	3.54E-07	3.75E-07	1.04E-06
58	5.00	1.11E-09	0.	0.	0.	1.01E-08	4.82E-08	0.	0.	2.34E-07	7.11E-09	3.63E-07	3.84E-07	1.05E-06
59	4.90	9.20E-10	0.	0.	0.	1.07E-08	4.73E-08	0.	0.	2.36E-07	7.56E-09	3.73E-07	3.92E-07	1.07E-06
60	4.80	9.24E-10	0.	0.	0.	1.12E-08	4.33E-08	0.	0.	2.38E-07	8.05E-09	3.82E-07	4.01E-07	1.08E-06
61	4.70	9.84E-10	0.	0.	0.	1.06E-08	3.60E-08	0.	0.	2.40E-07	8.58E-09	3.92E-07	4.11E-07	1.10E-06
62	4.60	1.14E-09	0.	0.	0.	1.05E-08	3.38E-08	0.	0.	2.42E-07	9.15E-09	4.04E-07	4.21E-07	1.12E-06
63	4.50	1.13E-09	0.	0.	0.	8.96E-09	2.36E-08	0.	0.	2.44E-07	9.78E-09	4.17E-07	4.31E-07	1.14E-06
64	4.40	1.12E-09	0.	0.	0.	8.68E-09	1.77E-08	0.	0.	2.46E-07	1.05E-08	4.31E-07	4.41E-07	1.16E-06
65	4.30	9.93E-10	0.	0.	0.	7.76E-09	9.77E-09	0.	0.	2.48E-07	1.12E-08	4.46E-07	4.51E-07	1.19E-06
66	4.20	8.83E-10	0.	0.	0.	7.97E-09	7.93E-09	0.	0.	2.50E-07	1.20E-08	4.60E-07	5.91E-08	8.75E-07
67	4.10	7.87E-10	0.	0.	0.	7.27E-09	2.02E-09	0.	0.	2.51E-07	1.29E-08	4.77E-07	6.09E-08	7.19E-07
68	4.00	6.86E-10	0.	2.07E-09	0.	6.68E-09	1.54E-09	0.	0.	2.52E-07	1.39E-08	3.71E-07	6.27E-08	8.15E-07
69	3.90	5.43E-10	0.	7.78E-09	4.56E-08	5.63E-09	1.80E-10	0.	0.	2.51E-07	1.50E-08	2.86E-07	6.45E-08	7.17E-07
70	3.80	5.77E-10	0.	1.80E-08	3.52E-08	5.92E-09	0.	0.	0.	2.50E-07	1.63E-08	2.95E-07	6.65E-08	1.05E-06
71	3.70	4.66E-10	0.	7.67E-08	7.54E-08	5.47E-09	0.	0.	0.	2.46E-07	1.76E-08	2.48E-07	7.51E-08	7.55E-07
72	3.60	3.99E-10	0.	2.22E-08	4.89E-07	4.47E-09	0.	0.	0.	2.30E-07	1.92E-08	2.74E-07	7.51E-08	1.15E-06
73	3.50	3.51E-10	0.	1.07E-07	1.64E-06	3.41E-09	0.	0.	0.	2.11E-07	2.09E-08	3.10E-07	9.57E-08	2.35E-06
74	3.40	2.28E-10	0.	4.75E-08	1.06E-07	3.77E-09	0.	0.	0.	2.09E-07	2.28E-08	3.50E-07	1.07E-07	1.44E-06
75	3.30	1.84E-10	0.	6.47E-08	1.77E-06	2.75E-09	0.	0.	0.	2.28E-07	2.49E-08	3.91E-07	1.19E-07	2.51E-06
76	3.20	1.37E-10	0.	8.83E-08	1.65E-07	2.41E-09	0.	0.	0.	1.22E-07	2.73E-08	4.32E-07	1.31E-07	1.48E-06
77	3.10	1.06E-10	0.	4.29E-08	2.41E-07	2.10E-09	0.	0.	0.	1.22E-07	3.01E-08	4.74E-07	1.43E-07	1.34E-06
78	3.00	1.05E-10	0.	6.91E-08	6.44E-07	1.41E-09	0.	0.	0.	1.22E-07	3.32E-08	5.15E-07	1.55E-07	1.10E-06
79	2.90	9.99E-11	0.	3.25E-08	4.46E-07	8.34E-10	0.	0.	0.	1.23E-07	3.68E-08	5.58E-07	1.67E-07	1.32E-06
80	2.80	2.44E-11	0.	3.62E-08	1.45E-07	3.89E-10	0.	0.	0.	1.23E-07	4.09E-08	6.04E-07	1.79E-07	1.69E-06
81	2.70	1.61E-12	0.	1.96E-08	3.15E-07	1.49E-10	0.	0.	0.	1.23E-07	4.56E-08	6.52E-07	1.87E-07	6.34E-07
82	2.60	0.	0.	1.52E-08	2.96E-08	3.24E-11	0.	0.	0.	1.23E-07	5.11E-08	7.03E-07	6.14E-08	7.55E-07
83	2.50	0.	0.	8.29E-09	2.12E-08	3.23E-12	0.	0.	0.	1.23E-07	5.76E-08	7.61E-07	7.07E-08	8.67E-07
84	2.40	0.	0.	4.91E-09	2.52E-08	0.	0.	0.	0.	1.22E-07	6.51E-08	6.51E-07	8.70E-08	1.02E-06
85	2.30	0.	4.30E-09	2.28E-09	0.	0.	0.	0.	0.	1.21E-07	7.41E-08	5.46E-07	1.04E-07	1.18E-06
86	2.20	0.	2.04E-08	1.04E-09	0.	0.	0.	0.	0.	1.21E-07	8.48E-08	6.45E-07	1.26E-07	1.36E-06
87	2.10	0.	6.22E-08	5.33E-10	0.	0.	0.	0.	0.	1.17E-07	9.76E-08	7.51E-07	1.47E-07	1.61E-06
88	2.00	0.	9.92E-08	6.96E-11	0.	0.	0.	0.	0.	1.13E-07	1.13E-07	8.57E-07	1.69E-07	1.79E-06
89	1.90	0.	2.03E-07	0.	0.	0.	0.	0.	0.	1.01E-07	1.32E-07	9.68E-07	1.91E-07	2.10E-06
90	1.80	0.	1.66E-07	0.	0.	0.	0.	0.	0.	8.59E-08	1.56E-07	1.34E-06	2.70E-07	2.28E-06
91	1.70	0.	2.01E-07	0.	0.	0.	0.	0.	0.	3.90E-08	1.85E-07	1.54E-06	2.92E-07	2.57E-06
92	1.60	0.	1.40E-07	0.	0.	0.	0.	0.	0.	0.	2.22E-07	1.74E-06	2.61E-07	2.06E-06
93	1.50	0.	1.73E-07	0.	0.	0.	0.	0.	0.	0.	2.70E-07	1.83E-06	3.69E-07	2.75E-06
94	1.40	0.	1.85E-07	0.	0.	0.	0.	0.	0.	0.	3.33E-07	2.45E-06	4.91E-07	3.61E-06
95	1.30	0.	1.35E-07	0.	0.	0.	0.	0.	0.	0.	4.17E-07	2.92E-06	5.49E-07	4.28E-06
96	1.20	0.	1.39E-07	0.	0.	0.	0.	0.	0.	0.	5.32E-07	3.53E-06	6.66E-07	5.23E-06
97	1.10	0.	1.12E-07	0.	0.	0.	0.	7.27E-13	0.	0.	6.93E-07	4.14E-06	7.82E-07	6.29E-06
98	1.00	0.	1.04E-07	0.	0.	0.	0.	5.97E-12	0.	0.	9.27E-07	4.67E-06	8.89E-07	7.43E-06
99	0.90	0.	8.37E-08	0.	0.	0.	0.	7.61E-12	0.	0.	1.28E-06	4.54E-06	8.07E-07	7.52E-06
100	0.80	0.	3.88E-08	0.	0.	0.	0.	1.23E-10	0.	0.	1.83E-06	—	—	—
101	0.70	0.	1.03E-08	0.	0.	0.	0.	8.11E-11	0.	0.	2.76E-06	—	—	—
102	0.60	0.	5.66E-10	0.	0.	0.	0.	3.32E-10	0.	0.	4.42E-06	4.54E-06	8.07E-07	9.77E-06

211

ABSORPTION COEFFICIENTS OF HEATED AIR (INVERSE CM.)

TEMPERATURE (DEGREES K) 9000.   DENSITY (GM/CC) 1.293E-07   (10.0E-05 NORMAL)

PHOTON	ENERGY E.V.	O2 S-R BANDS	O2 S-R CONT.	N2 B-H NO. 1	NO BETA	NO GAMMA	NO 2	O- PHOTO-DET	FREE-FREE (IONS)	N P.E.	O P.E.	TOTAL AIR
1	10.70	0.	0.	6.99E-08	0.	0.	0.	6.09E-09	6.70E-11	1.09E-07	2.37E-08	2.09E-07
2	10.60	0.	0.	5.92E-08	0.	0.	0.	6.10E-09	6.89E-11	1.10E-07	2.37E-08	1.99E-07
3	10.50	0.	0.	5.73E-08	0.	0.	0.	6.11E-09	7.09E-11	1.10E-07	2.37E-08	1.97E-07
4	10.40	0.	0.	5.10E-08	0.	0.	0.	6.11E-09	7.30E-11	1.11E-07	2.37E-08	1.91E-07
5	10.30	0.	0.	4.14E-08	0.	0.	0.	6.12E-09	7.51E-11	1.11E-07	2.37E-08	1.82E-07
6	10.20	0.	0.	4.07E-08	0.	0.	0.	6.13E-09	7.74E-11	1.11E-07	2.37E-08	1.82E-07
7	10.10	0.	0.	3.66E-08	0.	0.	0.	6.14E-09	7.97E-11	1.12E-07	2.37E-08	1.78E-07
8	10.00	0.	0.	2.92E-08	0.	0.	0.	6.15E-09	8.22E-11	1.12E-07	2.37E-08	1.71E-07
9	9.90	0.	0.	2.94E-08	0.	0.	0.	6.16E-09	8.47E-11	1.12E-07	2.36E-08	1.71E-07
10	9.80	0.	0.	2.58E-08	0.	0.	0.	6.18E-09	8.73E-11	1.13E-07	2.36E-08	1.68E-07
11	9.70	0.	0.	2.04E-08	0.	0.	0.	6.18E-09	9.01E-11	1.13E-07	2.36E-08	1.63E-07
12	9.60	0.	0.	2.18E-08	0.	0.	0.	6.19E-09	9.29E-11	1.13E-07	2.36E-08	1.65E-07
13	9.50	0.	1.39E-10	1.69E-08	0.	0.	0.	6.20E-09	9.59E-11	1.13E-07	2.36E-08	1.60E-07
14	9.40	0.	1.71E-10	1.49E-08	0.	0.	0.	6.25E-09	9.90E-11	3.04E-08	2.36E-08	1.59E-07
15	9.30	0.	1.49E-10	1.50E-08	0.	0.	0.	6.27E-09	1.02E-10	3.03E-08	2.36E-08	7.56E-08
16	9.20	0.	2.35E-10	1.10E-08	0.	0.	0.	6.29E-09	1.06E-10	3.03E-08	2.36E-08	7.16E-08
17	9.10	0.	2.81E-10	1.12E-08	0.	0.	0.	6.32E-09	1.09E-10	3.02E-08	2.36E-08	7.18E-08
18	9.00	0.	3.30E-10	1.42E-08	0.	0.	0.	6.34E-09	1.13E-10	3.01E-08	2.36E-08	7.00E-08
19	8.90	0.	3.79E-10	9.09E-09	0.	0.	0.	6.36E-09	1.17E-10	3.00E-08	2.36E-08	6.86E-08
20	8.80	0.	3.92E-10	7.69E-09	0.	0.	0.	6.38E-09	1.21E-10	2.99E-08	2.36E-08	6.82E-08
21	8.70	0.	3.78E-10	6.02E-09	0.	0.	0.	6.41E-09	1.25E-10	2.99E-08	2.36E-08	6.64E-08
22	8.60	0.	3.65E-10	6.08E-09	0.	0.	0.	6.43E-09	1.29E-10	2.98E-08	2.36E-08	6.64E-08
23	8.50	0.	3.55E-10	4.81E-09	0.	0.	0.	6.46E-09	1.34E-10	2.97E-08	2.36E-08	6.51E-08
24	8.40	0.	3.50E-10	4.63E-09	0.	0.	0.	6.50E-09	1.39E-10	2.96E-08	2.36E-08	6.49E-08
25	8.30	0.	3.44E-10	3.57E-09	0.	0.	0.	6.53E-09	1.44E-10	2.96E-08	2.37E-08	6.39E-08
26	8.20	0.	3.35E-10	3.49E-09	0.	0.	0.	6.56E-09	1.49E-10	2.94E-08	2.37E-08	6.40E-08
27	8.10	0.	3.25E-10	2.75E-09	0.	0.	0.	6.60E-09	1.55E-10	2.94E-08	2.39E-08	6.34E-08
28	8.00	0.	3.14E-10	2.66E-09	0.	0.	0.	6.63E-09	1.61E-10	2.93E-08	2.41E-08	6.35E-08
29	7.90	0.	3.03E-10	2.10E-09	0.	0.	0.	6.66E-09	1.67E-10	2.92E-08	2.44E-08	6.31E-08
30	7.80	0.	2.91E-10	2.08E-09	0.	0.	0.	6.70E-09	1.74E-10	2.92E-08	2.46E-08	6.33E-08
31	7.70	0.	2.79E-10	1.68E-09	0.	0.	0.	6.73E-09	1.80E-10	2.91E-08	2.48E-08	6.31E-08
32	7.60	0.	2.66E-10	1.50E-09	0.	9.61E-14	0.	6.77E-09	1.88E-10	2.91E-08	2.51E-08	6.31E-08
33	7.50	0.	2.52E-10	1.29E-09	0.	5.52E-13	0.	6.80E-09	1.95E-10	2.90E-08	2.53E-08	6.31E-08
34	7.40	0.	2.39E-10	1.09E-09	0.	2.51E-12	0.	6.84E-09	2.03E-10	2.90E-08	2.55E-08	6.31E-08
35	7.30	0.	2.27E-10	9.64E-10	0.	1.35E-11	0.	6.88E-09	2.12E-10	2.89E-08	2.58E-08	6.32E-08
36	7.20	0.	2.13E-10	8.11E-10	0.	3.71E-11	0.	6.94E-09	2.21E-10	2.89E-08	2.60E-08	6.35E-08
37	7.10	0.	1.98E-10	7.30E-10	0.	9.08E-11	0.	6.99E-09	2.30E-10	2.88E-08	2.65E-08	6.36E-08
38	7.00	2.20E-13	0.	6.24E-10	0.	2.71E-10	0.	7.05E-09	2.41E-10	2.88E-08	2.67E-08	6.38E-08
39	6.90	4.11E-13	0.	5.34E-10	0.	2.53E-10	0.	7.10E-09	2.51E-10	2.87E-08	2.69E-08	6.42E-08
40	6.80	3.39E-13	0.	4.77E-10	0.	5.35E-10	0.	7.16E-09	2.63E-10	2.87E-08	2.72E-08	6.46E-08
41	6.70	2.35E-13	0.	3.88E-10	0.	7.25E-10	0.	7.22E-09	2.74E-10	2.87E-08	2.74E-08	6.46E-08
42	6.60	1.37E-13	0.	3.22E-10	0.	9.99E-10	0.	7.27E-09	2.87E-10	2.87E-08	2.77E-08	6.52E-08
43	6.50	7.51E-14	0.	2.34E-10	0.	7.54E-10	0.	7.33E-09	3.01E-10	2.86E-08	2.79E-08	6.56E-08
44	6.40	1.04E-13	0.	1.42E-10	5.16E-12	9.31E-10	0.	7.39E-09	3.15E-10	2.87E-08	2.82E-08	6.57E-08
45	6.30	2.15E-13	0.	7.64E-11	2.21E-11	4.41E-10	0.	7.44E-09	3.30E-10	2.87E-08	2.85E-08	6.56E-08
46	6.20	6.28E-13	0.	3.71E-11	2.90E-11	6.92E-10	0.	7.50E-09	3.47E-10	2.88E-08	2.90E-08	6.65E-08
47	6.10	2.46E-12	0.	1.55E-11	7.84E-11	1.12E-09	0.	7.56E-09	3.64E-10	2.89E-08	2.96E-08	6.78E-08
48	6.00	6.33E-12	0.	3.63E-12	6.52E-11	3.93E-10	0.	7.56E-09	3.83E-10	2.91E-08	3.01E-08	6.79E-08
49	5.90	1.00E-11	0.	2.57E-13	9.16E-11	4.27E-10	0.	7.56E-09	4.02E-10	2.94E-08	3.06E-08	6.87E-08
50	5.80	1.49E-11	0.	6.30E-15	1.22E-10	4.01E-10	0.	7.44E-09	4.24E-10	2.96E-08	3.11E-08	6.94E-08
51	5.70	1.71E-11	0.	0.	1.31E-10	4.16E-10	0.	6.99E-09	4.46E-10	3.01E-08	3.16E-08	6.97E-08

ABSORPTION COEFFICIENTS OF HEATED AIR (INVERSE CM.)

TEMPERATURE (DEGREES K) 9000.   DENSITY (GM/CC) 1.293E-07   (10.0E-05 NORMAL)

	PHOTON ENERGY	O2 S-R BANDS	N2 1ST POS.	N2 2ND POS.	N2+ 1ST NEG.	NO BETA	NO GAMMA	NO VIB-ROT	NO2	O- PHOTO-DET	FREE-FREE (IONS)	N P.E.	O P.F.	TOTAL AIR
52	5.60	2.10E-11	0.	0.	0.	9.64E-11	6.81E-10	0.	0.	6.50E-09	4.71E-10	3.04E-08	3.22E-08	7.03E-08
53	5.50	2.15E-11	0.	0.	0.	1.19E-10	6.63E-10	0.	0.	6.54E-09	4.97E-10	3.07E-08	3.27E-08	7.13E-08
54	5.40	2.23E-11	0.	0.	0.	9.94E-11	6.24E-10	0.	0.	6.57E-09	5.25E-10	3.12E-08	3.33E-08	7.20E-08
55	5.30	2.11E-11	0.	0.	0.	1.02E-10	6.42E-10	0.	0.	6.61E-09	5.55E-10	3.16E-08	3.39E-08	7.34E-08
56	5.20	1.47E-11	0.	0.	0.	1.05E-10	3.59E-10	0.	0.	6.65E-09	5.88E-10	3.21E-08	3.47E-08	7.45E-08
57	5.10	1.36E-11	0.	0.	0.	1.02E-10	3.94E-10	0.	0.	6.71E-09	6.23E-10	3.29E-08	3.55E-08	7.63E-08
58	5.00	9.92E-12	0.	0.	0.	8.86E-11	4.24E-10	0.	0.	6.77E-09	6.62E-10	3.38E-08	3.63E-08	7.80E-08
59	4.90	8.28E-12	0.	0.	0.	9.44E-11	4.16E-10	0.	0.	6.82E-09	7.03E-10	3.47E-08	3.72E-08	7.99E-08
60	4.80	8.28E-12	0.	0.	0.	8.28E-11	3.82E-10	0.	0.	6.88E-09	7.49E-10	3.56E-08	3.80E-08	8.16E-08
61	4.70	8.83E-12	0.	0.	0.	9.89E-11	3.17E-10	0.	0.	6.94E-09	7.98E-10	3.64E-08	3.89E-08	8.35E-08
62	4.60	1.03E-11	0.	1.79E-11	0.	9.32E-11	2.08E-10	0.	0.	6.99E-09	8.51E-10	3.75E-08	3.99E-08	8.56E-08
63	4.50	1.01E-11	0.	6.73E-11	0.	9.23E-11	1.56E-10	0.	0.	7.05E-09	9.10E-10	3.88E-08	4.08E-08	8.79E-08
64	4.40	1.01E-11	0.	1.55E-10	0.	7.88E-11	8.60E-11	0.	0.	7.10E-09	9.73E-10	4.01E-08	4.18E-08	9.03E-08
65	4.30	8.91E-12	0.	6.63E-10	0.	7.64E-11	6.98E-11	0.	0.	7.16E-09	1.04E-09	4.14E-08	4.27E-08	9.26E-08
66	4.20	7.92E-12	0.	1.92E-10	0.	7.83E-11	1.78E-11	0.	0.	7.22E-09	1.12E-09	4.28E-08	5.60E-09	5.75E-08
67	4.10	7.06E-12	0.	9.25E-10	0.	7.02E-11	1.35E-11	0.	0.	7.25E-09	1.20E-09	3.36E-08	5.77E-09	4.81E-08
68	4.00	6.15E-12	0.	4.10E-10	0.	6.40E-11	5.98E-12	0.	0.	7.27E-09	1.30E-09	3.45E-08	5.94E-09	4.31E-08
69	3.90	4.87E-12	0.	5.59E-10	1.29E-09	5.88E-11	0.	0.	0.	7.25E-09	1.40E-09	2.66E-08	6.11E-09	5.30E-08
70	3.80	5.17E-12	0.	7.64E-10	9.99E-10	4.95E-11	0.	0.	0.	7.22E-09	1.51E-09	2.74E-08	6.30E-09	4.19E-08
71	3.70	4.18E-12	0.	3.71E-10	2.14E-09	5.21E-11	0.	0.	0.	7.10E-09	1.64E-09	2.31E-08	7.11E-09	5.62E-08
72	3.60	3.58E-12	0.	5.98E-10	1.39E-08	3.93E-11	0.	0.	0.	6.65E-09	1.78E-09	2.54E-08	8.06E-09	9.30E-08
73	3.50	3.14E-12	0.	2.81E-10	4.64E-08	4.29E-11	0.	0.	0.	6.09E-09	1.94E-09	2.88E-08	9.06E-09	5.17E-08
74	3.40	2.66E-12	0.	3.13E-10	2.99E-09	3.00E-11	0.	0.	0.	3.51E-09	2.12E-09	3.26E-08	1.01E-08	1.09E-07
75	3.30	2.04E-12	0.	1.70E-10	1.81E-08	3.32E-11	0.	0.	0.	3.52E-09	2.32E-09	3.64E-08	1.24E-08	6.87E-08
76	3.20	1.65E-12	0.	1.31E-10	5.03E-08	2.39E-11	0.	0.	0.	3.52E-09	2.54E-09	4.02E-08	1.35E-08	8.75E-08
77	3.10	1.48E-12	0.	7.17E-11	4.68E-09	2.42E-11	0.	0.	0.	3.53E-09	2.80E-09	4.40E-08	1.46E-08	6.87E-08
78	3.00	1.23E-12	0.	4.24E-11	1.83E-08	2.12E-11	0.	0.	0.	3.54E-09	3.09E-09	4.79E-08	1.58E-08	8.75E-08
79	2.90	9.52E-13	0.	1.97E-11	1.26E-08	1.85E-11	0.	0.	0.	3.55E-09	3.42E-09	5.19E-08	1.70E-08	8.73E-08
80	2.80	5.38E-13	0.	9.01E-12	4.12E-09	1.24E-11	0.	0.	0.	3.55E-09	3.80E-09	5.61E-08	1.84E-08	8.46E-08
81	2.70	2.19E-13	0.	4.61E-12	8.94E-09	7.35E-12	0.	0.	0.	3.55E-09	4.24E-09	6.06E-08	2.04E-08	8.27E-08
82	2.60	1.44E-14	0.	6.02E-13	8.40E-10	3.43E-12	0.	0.	0.	3.55E-09	4.75E-09	6.54E-08	2.23E-08	8.04E-08
83	2.50	0.	0.	0.	6.02E-10	1.31E-12	0.	0.	0.	3.55E-09	5.35E-09	6.69E-08	2.45E-08	4.98E-08
84	2.40	0.	3.72E-11	0.	7.14E-10	2.86E-13	0.	0.	0.	3.52E-09	6.06E-09	4.19E-08	8.24E-09	8.37E-08
85	2.30	0.	1.76E-10	0.	0.	2.84E-14	0.	0.	0.	3.51E-09	6.89E-09	5.08E-08	9.88E-09	9.69E-08
86	2.20	0.	3.65E-10	0.	0.	0.	0.	0.	0.	3.50E-09	7.88E-09	6.99E-08	1.19E-08	1.10E-07
87	2.10	0.	5.38E-10	0.	0.	0.	0.	0.	0.	3.38E-09	9.08E-09	7.97E-08	1.39E-08	1.25E-07
88	2.00	0.	8.58E-10	0.	0.	0.	0.	0.	0.	3.25E-09	1.05E-08	8.00E-08	1.60E-08	1.46E-07
89	1.90	0.	1.76E-09	0.	0.	0.	0.	0.	0.	3.11E-09	1.23E-08	1.06E-07	1.81E-08	1.72E-07
90	1.80	0.	1.43E-09	0.	0.	0.	0.	0.	0.	2.93E-09	1.45E-08	1.25E-07	2.14E-08	1.96E-07
91	1.70	0.	1.21E-09	0.	0.	0.	0.	0.	0.	2.48E-09	1.72E-08	1.44E-07	2.56E-08	2.45E-07
92	1.60	0.	1.49E-09	0.	0.	0.	0.	0.	0.	1.13E-09	2.07E-08	1.62E-07	2.76E-08	2.45E-07
93	1.50	0.	1.60E-09	0.	0.	0.	0.	0.	0.	0.	2.51E-08	2.47E-07	3.33E-08	3.19E-07
94	1.40	0.	1.20E-09	0.	0.	0.	0.	0.	0.	0.	3.10E-08	2.72E-07	3.50E-08	3.50E-07
95	1.30	0.	1.17E-09	0.	0.	0.	0.	0.	0.	0.	3.88E-08	3.29E-07	4.26E-08	3.19E-07
96	1.20	0.	9.66E-10	0.	0.	0.	0.	0.	0.	0.	4.95E-08	3.78E-07	4.72E-08	5.20E-07
97	1.10	0.	9.02E-10	0.	0.	0.	0.	6.40E-15	0.	0.	6.45E-08	4.35E-07	6.31E-08	5.71E-07
98	1.00	0.	7.24E-10	0.	0.	0.	0.	5.25E-14	0.	0.	8.62E-08	3.75E-07	7.32E-08	6.31E-07
99	0.90	0.	3.36E-10	0.	0.	0.	0.	6.70E-14	0.	0.	1.19E-07	4.22E-07	8.42E-08	7.00E-07
100	0.80	0.	8.93E-11	0.	0.	0.	0.	1.08E-12	0.	0.	1.70E-07	2.45E-07	3.50E-08	2.45E-07
101	0.70	0.	4.89E-12	0.	0.	0.	0.	7.14E-13	0.	0.	2.57E-07	2.76E-07	3.75E-08	7.00E-07
102	0.60	0.	0.	0.	0.	0.	0.	2.93E-12	0.	0.	4.11E-07	4.22E-07	7.64E-08	9.10E-07

ABSORPTION COEFFICIENTS OF HEATED AIR (INVERSE CM.)

TEMPERATURE (DEGREES K) 9000.   DENSITY (GM/CC) 1.293E-08 (10.0E-06 NORMAL)

PHOTON ENERGY E.V.	O2 S-R BANDS	O2 S-R CONT.	N2 B-H NO. 1	NO BETA	NO GAMMA	NO2	O- PHOTO-DET	FREE-FREE (IONS)	N P.E.	O P.E.	TOTAL AIR
1 10.70	0.	0.	4.38E-10	0.	0.	0.	1.44E-10	5.35E-12	8.64E-09	1.98E-09	1.12E-08
2 10.60	0.	0.	3.72E-10	0.	0.	0.	1.44E-10	5.51E-12	8.68E-09	1.98E-09	1.12E-08
3 10.50	0.	0.	3.60E-10	0.	0.	0.	1.44E-10	5.67E-12	8.73E-09	1.98E-09	1.12E-08
4 10.40	0.	0.	3.20E-10	0.	0.	0.	1.45E-10	5.83E-12	8.76E-09	1.98E-09	1.12E-08
5 10.30	0.	0.	2.59E-10	0.	0.	0.	1.45E-10	6.01E-12	8.78E-09	1.98E-09	1.12E-08
6 10.20	0.	0.	2.56E-10	0.	0.	0.	1.45E-10	6.19E-12	8.80E-09	1.98E-09	1.12E-08
7 10.10	0.	0.	2.30E-10	0.	0.	0.	1.45E-10	6.37E-12	8.83E-09	1.98E-09	1.12E-08
8 10.00	0.	0.	1.83E-10	0.	0.	0.	1.46E-10	6.57E-12	8.85E-09	1.98E-09	1.12E-08
9 9.90	0.	0.	1.85E-10	0.	0.	0.	1.46E-10	6.77E-12	8.87E-09	1.98E-09	1.12E-08
10 9.80	0.	0.	1.62E-10	0.	0.	0.	1.46E-10	6.98E-12	8.89E-09	1.98E-09	1.12E-08
11 9.70	0.	0.	1.28E-10	0.	0.	0.	1.46E-10	7.20E-12	8.92E-09	1.98E-09	1.12E-08
12 9.60	0.	0.	1.37E-10	0.	0.	0.	1.46E-10	7.43E-12	8.94E-09	1.98E-09	1.12E-08
13 9.50	0.	9.73E-13	1.06E-10	0.	0.	0.	1.47E-10	7.67E-12	8.96E-09	1.98E-09	1.12E-08
14 9.40	0.	1.20E-12	9.41E-11	0.	0.	0.	1.47E-10	7.91E-12	8.99E-09	1.98E-09	1.12E-08
15 9.30	0.	1.42E-12	6.89E-11	0.	0.	0.	1.48E-10	8.17E-12	2.41E-09	1.98E-09	4.64E-09
16 9.20	0.	1.65E-12	7.06E-11	0.	0.	0.	1.48E-10	8.44E-12	2.40E-09	1.98E-09	4.61E-09
17 9.10	0.	1.97E-12	5.91E-11	0.	0.	0.	1.49E-10	8.73E-12	2.40E-09	1.98E-09	4.61E-09
18 9.00	0.	2.31E-12	5.08E-11	0.	0.	0.	1.49E-10	9.02E-12	2.38E-09	1.98E-09	4.60E-09
19 8.90	0.	2.65E-12	4.82E-11	0.	0.	0.	1.50E-10	9.33E-12	2.38E-09	1.97E-09	4.59E-09
20 8.80	0.	2.75E-12	3.78E-11	0.	0.	0.	1.50E-10	9.65E-12	2.38E-09	1.97E-09	4.57E-09
21 8.70	0.	2.65E-12	3.82E-11	0.	0.	0.	1.51E-10	9.99E-12	2.37E-09	1.97E-09	4.56E-09
22 8.60	0.	2.55E-12	3.02E-11	0.	0.	0.	1.51E-10	1.03E-11	2.37E-09	1.97E-09	4.55E-09
23 8.50	0.	2.49E-12	2.90E-11	0.	0.	0.	1.52E-10	1.07E-11	2.36E-09	1.98E-09	4.54E-09
24 8.40	0.	2.45E-12	2.24E-11	0.	0.	0.	1.53E-10	1.11E-11	2.36E-09	2.00E-09	4.53E-09
25 8.30	0.	2.41E-12	2.19E-11	0.	0.	0.	1.54E-10	1.15E-11	2.35E-09	2.02E-09	4.53E-09
26 8.20	0.	2.35E-12	1.72E-11	0.	0.	0.	1.54E-10	1.19E-11	2.35E-09	2.04E-09	4.52E-09
27 8.10	0.	2.27E-12	1.67E-11	0.	0.	0.	1.55E-10	1.24E-11	2.34E-09	2.05E-09	4.53E-09
28 8.00	0.	2.20E-12	1.31E-11	0.	0.	0.	1.56E-10	1.29E-11	2.33E-09	2.06E-09	4.54E-09
29 7.90	0.	2.12E-12	1.30E-11	0.	0.	0.	1.57E-10	1.34E-11	2.33E-09	2.08E-09	4.55E-09
30 7.80	0.	2.04E-12	1.05E-11	0.	0.	0.	1.58E-10	1.39E-11	2.32E-09	2.10E-09	4.56E-09
31 7.70	0.	1.95E-12	9.43E-12	0.	0.	0.	1.58E-10	1.44E-11	2.32E-09	2.12E-09	4.58E-09
32 7.60	0.	1.86E-12	8.09E-12	0.	6.37E-16	0.	1.59E-10	1.50E-11	2.31E-09	2.14E-09	4.59E-09
33 7.50	0.	1.77E-12	6.83E-12	0.	3.66E-15	0.	1.60E-10	1.56E-11	2.31E-09	2.16E-09	4.61E-09
34 7.40	0.	1.68E-12	6.05E-12	0.	1.67E-14	0.	1.61E-10	1.63E-11	2.30E-09	2.17E-09	4.64E-09
35 7.30	0.	1.59E-12	5.09E-12	0.	8.97E-14	0.	1.62E-10	1.69E-11	2.30E-09	2.19E-09	4.66E-09
36 7.20	0.	1.49E-12	4.58E-12	0.	2.46E-13	0.	1.63E-10	1.77E-11	2.29E-09	2.21E-09	4.67E-09
37 7.10	0.	1.39E-12	3.91E-12	0.	6.02E-13	0.	1.64E-10	1.84E-11	2.29E-09	2.23E-09	4.69E-09
38 7.00	0.	0.	3.35E-12	0.	1.80E-12	0.	1.64E-10	1.92E-11	2.29E-09	2.25E-09	4.70E-09
39 6.90	1.54E-15	0.	2.99E-12	0.	1.68E-12	0.	1.65E-10	2.01E-11	2.28E-09	2.27E-09	4.72E-09
40 6.80	2.88E-15	0.	2.43E-12	0.	3.68E-12	0.	1.67E-10	2.10E-11	2.28E-09	2.29E-09	4.74E-09
41 6.70	2.37E-15	0.	2.02E-12	0.	4.80E-12	0.	1.68E-10	2.19E-11	2.28E-09	2.32E-09	4.76E-09
42 6.60	1.64E-15	0.	1.46E-12	0.	2.65E-12	0.	1.69E-10	2.30E-11	2.27E-09	2.34E-09	4.78E-09
43 6.50	5.25E-16	0.	8.88E-13	0.	5.00E-12	0.	1.71E-10	2.40E-11	2.27E-09	2.36E-09	4.81E-09
44 6.40	7.28E-16	0.	4.79E-13	3.42E-14	6.17E-13	0.	1.73E-10	2.52E-11	2.28E-09	2.39E-09	4.84E-09
45 6.30	1.50E-15	0.	2.33E-13	1.47E-13	2.92E-12	0.	1.75E-10	2.64E-11	2.29E-09	2.41E-09	4.88E-09
46 6.20	4.39E-15	0.	9.69E-14	2.92E-13	4.59E-12	0.	1.76E-10	2.77E-11	2.29E-09	2.43E-09	4.93E-09
47 6.10	1.72E-14	0.	2.28E-14	5.20E-13	7.42E-12	0.	1.77E-10	2.91E-11	2.31E-09	2.47E-09	5.00E-09
48 6.00	4.43E-14	0.	1.61E-15	4.32E-13	2.61E-12	0.	1.79E-10	3.06E-11	2.33E-09	2.52E-09	5.06E-09
49 5.90	7.04E-14	0.	3.95E-17	6.07E-13	2.83E-12	0.	1.79E-10	3.22E-11	2.35E-09	2.56E-09	5.12E-09
50 5.80	1.04E-13	0.	0.	8.10E-13	2.66E-12	0.	1.76E-10	3.39E-11	2.37E-09	2.60E-09	5.18E-09
51 5.70	1.20E-13	0.	0.	8.66E-13	2.76E-12	0.	1.65E-10	3.57E-11	2.38E-09	2.65E-09	5.24E-09

ABSORPTION COEFFICIENTS OF HEATED AIR (INVERSE CM.)

TEMPERATURE (DEGREES K) 9000. DENSITY (GM/CC) 1.293E-08 (10.0E-06 NORMAL)

PHOTON ENERGY	O2 S-R BANDS	N2 1ST POS.	N2 2ND POS.	N2+ 1ST NEG.	NO BETA	NO GAMMA	NO VIB-ROT	NO 2	O- PHOTO-DET (IONS)	FREE-FREE (IONS)	N P.E.	O P.E.	TOTAL AIR
52 5.60	1.47E-13	0.	0.	0.	6.39E-13	4.51E-12	0.	0.	1.54E-10	3.76E-11	2.41E-09	2.69E-09	5.29E-09
53 5.50	1.51E-13	0.	0.	0.	7.88E-13	4.40E-12	0.	0.	1.55E-10	3.97E-11	2.43E-09	2.74E-09	5.37E-09
54 5.40	1.56E-13	0.	0.	0.	6.59E-13	2.81E-12	0.	0.	1.55E-10	4.20E-11	2.47E-09	2.78E-09	5.45E-09
55 5.30	1.48E-13	0.	0.	0.	6.78E-13	4.25E-12	0.	0.	1.56E-10	4.44E-11	2.50E-09	2.84E-09	5.55E-09
56 5.20	1.03E-13	0.	0.	0.	6.99E-13	2.38E-12	0.	0.	1.57E-10	4.70E-11	2.54E-09	2.90E-09	5.65E-09
57 5.10	9.50E-14	0.	0.	0.	6.75E-13	3.28E-12	0.	0.	1.59E-10	4.98E-11	2.60E-09	2.97E-09	5.79E-09
58 5.00	6.94E-14	0.	0.	0.	5.87E-13	2.81E-12	0.	0.	1.60E-10	5.29E-11	2.67E-09	3.04E-09	5.93E-09
59 4.90	5.78E-14	0.	0.	0.	6.26E-13	2.76E-12	0.	0.	1.61E-10	5.62E-11	2.75E-09	3.11E-09	6.07E-09
60 4.80	5.80E-14	0.	0.	0.	6.55E-13	2.53E-12	0.	0.	1.63E-10	5.99E-11	2.82E-09	3.18E-09	6.22E-09
61 4.70	6.18E-14	0.	0.	0.	6.18E-13	2.10E-12	0.	0.	1.64E-10	6.38E-11	2.89E-09	3.26E-09	6.37E-09
62 4.60	7.18E-14	0.	0.	0.	6.12E-13	1.97E-12	0.	0.	1.65E-10	6.81E-11	2.97E-09	3.34E-09	6.54E-09
63 4.50	7.05E-14	0.	0.	0.	5.23E-13	1.38E-12	0.	0.	1.67E-10	7.27E-11	3.07E-09	3.42E-09	6.73E-09
64 4.40	7.05E-14	0.	0.	0.	5.06E-13	1.03E-12	0.	0.	1.68E-10	7.78E-11	3.18E-09	3.50E-09	6.92E-09
65 4.30	6.23E-14	0.	0.	0.	4.53E-13	1.70E-13	0.	0.	1.69E-10	8.34E-11	3.28E-09	3.47E-09	7.01E-09
66 4.20	5.54E-14	0.	0.	0.	4.65E-13	1.63E-13	0.	0.	1.71E-10	8.95E-11	2.66E-09	4.83E-10	3.41E-09
67 4.10	4.94E-14	0.	0.	0.	4.24E-13	1.18E-13	0.	0.	1.71E-10	9.62E-11	2.05E-09	4.97E-10	2.83E-09
68 4.00	4.30E-14	0.	0.	0.	3.90E-13	8.98E-14	0.	0.	1.72E-10	1.04E-10	2.14E-09	5.11E-10	2.93E-09
69 3.90	3.40E-14	0.	1.12E-13	2.87E-11	3.28E-13	3.97E-14	0.	0.	1.71E-10	1.12E-10	1.96E-09	5.27E-10	2.80E-09
70 3.80	3.62E-14	0.	4.22E-13	3.51E-10	3.45E-13	0.	0.	0.	1.68E-10	1.21E-10	1.54E-09	5.95E-10	2.77E-09
71 3.70	2.93E-14	0.	9.74E-13	4.74E-11	2.61E-13	0.	0.	0.	1.57E-10	1.31E-10	2.29E-09	6.74E-10	3.30E-09
72 3.60	2.51E-14	0.	1.26E-12	3.08E-10	2.85E-13	0.	0.	0.	1.44E-10	1.42E-10	2.02E-09	7.58E-10	3.37E-09
73 3.50	1.86E-14	0.	5.80E-12	1.03E-09	1.99E-13	0.	0.	0.	8.31E-11	1.55E-10	2.37E-09	8.49E-10	4.49E-09
74 3.40	1.43E-14	0.	3.51E-12	6.64E-11	1.59E-13	0.	0.	0.	8.32E-11	1.69E-10	4.36E-09	9.40E-10	5.62E-09
75 3.30	1.15E-14	0.	4.79E-12	4.02E-10	1.60E-13	0.	0.	0.	8.34E-11	1.85E-10	4.06E-09	1.03E-09	5.76E-09
76 3.20	1.04E-14	0.	2.33E-12	1.04E-09	1.40E-13	0.	0.	0.	8.36E-11	2.03E-10	3.61E-09	1.13E-09	6.07E-09
77 3.10	8.60E-15	0.	3.75E-12	1.04E-10	1.22E-13	0.	0.	0.	8.38E-11	2.24E-10	4.67E-09	1.22E-09	6.30E-09
78 3.00	6.66E-15	0.	1.76E-12	4.05E-10	8.23E-14	0.	0.	0.	8.39E-11	2.47E-10	3.81E-09	1.32E-09	5.87E-09
79 2.90	6.57E-15	0.	1.96E-12	2.80E-10	4.87E-14	0.	0.	0.	8.40E-11	2.73E-10	3.50E-09	1.37E-09	5.51E-09
80 2.80	3.76E-15	0.	1.06E-12	9.14E-11	2.27E-14	0.	0.	0.	8.40E-11	3.04E-10	3.20E-09	1.49E-09	5.52E-09
81 2.70	1.53E-15	0.	8.23E-13	1.98E-10	1.69E-14	0.	0.	0.	8.40E-11	3.39E-10	2.90E-09	1.70E-09	5.72E-09
82 2.60	1.01E-16	0.	4.50E-13	1.86E-10	1.89E-15	0.	0.	0.	8.40E-11	3.80E-10	2.25E-09	4.87E-10	3.20E-09
83 2.50	0.	0.	2.66E-13	1.34E-11	1.88E-16	0.	0.	0.	8.40E-11	4.28E-10	2.67E-09	5.60E-10	3.75E-09
84 2.40	0.	2.33E-13	1.24E-13	1.59E-11	0.	0.	0.	0.	8.34E-11	4.84E-10	3.32E-09	6.90E-10	4.59E-09
85 2.30	0.	1.11E-12	5.65E-14	0.	0.	0.	0.	0.	8.30E-11	5.55E-10	4.05E-09	7.96E-10	5.48E-09
86 2.20	0.	2.29E-12	2.89E-14	0.	0.	0.	0.	0.	8.27E-11	6.30E-10	4.83E-09	9.17E-10	6.46E-09
87 2.10	0.	3.37E-12	3.78E-15	0.	0.	0.	0.	0.	8.00E-11	7.26E-10	5.19E-09	1.51E-09	7.51E-09
88 2.00	0.	5.34E-12	0.	0.	0.	0.	0.	0.	7.70E-11	8.41E-10	5.87E-09	1.79E-09	8.58E-09
89 1.90	0.	1.10E-11	0.	0.	0.	0.	0.	0.	7.36E-11	9.82E-10	6.49E-09	2.16E-09	9.71E-09
90 1.80	0.	9.00E-12	0.	0.	0.	0.	0.	0.	6.94E-11	1.16E-09	7.86E-09	2.31E-09	1.14E-08
91 1.70	0.	7.57E-12	0.	0.	0.	0.	0.	0.	5.87E-11	1.37E-09	9.33E-09	2.74E-09	1.35E-08
92 1.60	0.	9.37E-12	0.	0.	0.	0.	0.	0.	2.67E-11	1.65E-09	1.05E-08	2.07E-09	1.42E-08
93 1.50	0.	1.00E-11	0.	0.	0.	0.	0.	0.	0.	2.01E-09	1.27E-08	2.93E-09	1.76E-08
94 1.40	0.	7.32E-12	0.	0.	0.	0.	0.	0.	0.	2.48E-09	9.45E-09	2.07E-09	1.40E-08
95 1.30	0.	7.52E-12	0.	0.	0.	0.	0.	0.	0.	3.10E-09	1.35E-08	2.93E-09	1.95E-08
96 1.20	0.	6.06E-12	0.	0.	0.	0.	0.	0.	0.	3.96E-09	1.80E-08	3.42E-09	2.54E-08
97 1.10	0.	4.54E-12	0.	0.	0.	0.	4.24E-17	0.	0.	5.15E-09	2.15E-08	4.35E-09	3.10E-08
98 1.00	0.	2.10E-12	0.	0.	0.	0.	3.48E-16	0.	0.	6.89E-09	2.62E-08	5.26E-09	3.83E-08
99 0.90	0.	5.60E-13	0.	0.	0.	0.	4.44E-16	0.	0.	9.49E-09	3.00E-08	6.12E-09	4.56E-08
100 0.80	0.	3.07E-14	0.	0.	0.	0.	7.15E-15	0.	0.	1.36E-08	2.96E-08	4.92E-09	4.81E-08
101 0.70	0.	0.	0.	0.	0.	0.	4.73E-15	0.	0.	2.05E-08	2.97E-08	5.66E-09	5.59E-08
102 0.60	0.	0.	0.	0.	0.	0.	1.94E-14	0.	0.	3.29E-08	3.34E-08	6.39E-09	7.27E-08

215

ABSORPTION COEFFICIENTS OF HEATED AIR (INVERSE CM.)

TEMPERATURE (DEGREES K) 9000. DENSITY (GM/CC) 1.293E-09 (10.0E-07 NORMAL)

#	PHOTON ENRGY E.V.	O2 S-R BANDS	O2 S-R CONT.	N2 B-H NO. 1	NO BETA	NO GAMMA	NO2	O- PHOTO-DET (IONS)	FREE-FREE (IONS)	N P.E.	O P.E.	TOTAL AIR
1	10.70	0.	0.	1.11E-12	0.	0.	0.	1.83E-12	2.74E-13	4.34E-10	1.11E-10	5.48E-10
2	10.60	0.	0.	9.37E-13	0.	0.	0.	1.84E-12	2.82E-13	4.36E-10	1.11E-10	5.51E-10
3	10.50	0.	0.	9.07E-13	0.	0.	0.	1.84E-12	2.91E-13	4.38E-10	1.11E-10	5.53E-10
4	10.40	0.	0.	8.07E-13	0.	0.	0.	1.84E-12	2.99E-13	4.40E-10	1.11E-10	5.54E-10
5	10.30	0.	0.	6.54E-13	0.	0.	0.	1.84E-12	3.08E-13	4.41E-10	1.11E-10	5.55E-10
6	10.20	0.	0.	6.45E-13	0.	0.	0.	1.85E-12	3.17E-13	4.42E-10	1.11E-10	5.56E-10
7	10.10	0.	0.	5.79E-13	0.	0.	0.	1.85E-12	3.27E-13	4.43E-10	1.11E-10	5.57E-10
8	10.00	0.	0.	4.62E-13	0.	0.	0.	1.85E-12	3.37E-13	4.44E-10	1.11E-10	5.58E-10
9	9.90	0.	0.	4.66E-13	0.	0.	0.	1.86E-12	3.47E-13	4.46E-10	1.11E-10	5.60E-10
10	9.80	0.	0.	4.08E-13	0.	0.	0.	1.86E-12	3.58E-13	4.47E-10	1.11E-10	5.61E-10
11	9.70	0.	0.	3.22E-13	0.	0.	0.	1.86E-12	3.69E-13	4.48E-10	1.11E-10	5.62E-10
12	9.60	0.	0.	3.45E-13	0.	0.	0.	1.87E-12	3.81E-13	4.49E-10	1.11E-10	5.63E-10
13	9.50	0.	3.07E-15	2.68E-13	0.	0.	0.	1.87E-12	3.93E-13	4.50E-10	1.11E-10	5.64E-10
14	9.40	0.	3.78E-15	2.36E-13	0.	0.	0.	1.88E-12	4.06E-13	1.21E-10	1.11E-10	2.35E-10
15	9.30	0.	4.49E-15	2.37E-13	0.	0.	0.	1.88E-12	4.19E-13	1.21E-10	1.11E-10	2.35E-10
16	9.20	0.	5.20E-15	1.74E-13	0.	0.	0.	1.89E-12	4.33E-13	1.21E-10	1.11E-10	2.34E-10
17	9.10	0.	6.22E-15	1.78E-13	0.	0.	0.	1.90E-12	4.47E-13	1.20E-10	1.11E-10	2.34E-10
18	9.00	0.	7.30E-15	1.49E-13	0.	0.	0.	1.90E-12	4.62E-13	1.20E-10	1.11E-10	2.34E-10
19	8.90	0.	8.38E-15	1.28E-13	0.	0.	0.	1.91E-12	4.78E-13	1.20E-10	1.11E-10	2.34E-10
20	8.80	0.	8.68E-15	1.22E-13	0.	0.	0.	1.91E-12	4.95E-13	1.19E-10	1.11E-10	2.33E-10
21	8.70	0.	8.38E-15	9.63E-14	0.	0.	0.	1.92E-12	5.12E-13	1.19E-10	1.11E-10	2.33E-10
22	8.60	0.	7.86E-15	7.62E-14	0.	0.	0.	1.92E-12	5.30E-13	1.19E-10	1.11E-10	2.33E-10
23	8.50	0.	7.74E-15	7.33E-14	0.	0.	0.	1.93E-12	5.49E-13	1.19E-10	1.11E-10	2.32E-10
24	8.40	0.	7.61E-15	7.64E-14	0.	0.	0.	1.94E-12	5.69E-13	1.19E-10	1.11E-10	2.32E-10
25	8.30	0.	7.42E-15	5.52E-14	0.	0.	0.	1.95E-12	5.90E-13	1.18E-10	1.11E-10	2.32E-10
26	8.20	0.	7.18E-15	4.35E-14	0.	0.	0.	1.96E-12	6.12E-13	1.18E-10	1.11E-10	2.32E-10
27	8.10	0.	6.95E-15	4.20E-14	0.	0.	0.	1.97E-12	6.35E-13	1.17E-10	1.13E-10	2.33E-10
28	8.00	0.	6.70E-15	3.32E-14	0.	0.	0.	1.98E-12	6.59E-13	1.17E-10	1.14E-10	2.33E-10
29	7.90	0.	6.45E-15	3.29E-14	0.	0.	0.	1.99E-12	6.85E-13	1.17E-10	1.15E-10	2.34E-10
30	7.80	0.	6.17E-15	2.66E-14	0.	0.	0.	2.00E-12	7.11E-13	1.16E-10	1.16E-10	2.35E-10
31	7.70	0.	5.88E-15	2.38E-14	0.	0.	0.	2.01E-12	7.40E-13	1.16E-10	1.17E-10	2.36E-10
32	7.60	0.	5.58E-15	2.04E-14	0.	1.80E-18	0.	2.02E-12	7.69E-13	1.16E-10	1.18E-10	2.37E-10
33	7.50	0.	5.30E-15	1.72E-14	0.	1.03E-17	0.	2.03E-12	8.01E-13	1.16E-10	1.19E-10	2.38E-10
34	7.40	0.	5.02E-15	1.53E-14	0.	4.70E-17	0.	2.04E-12	8.34E-13	1.15E-10	1.20E-10	2.39E-10
35	7.30	0.	4.71E-15	1.28E-14	0.	2.53E-16	0.	2.05E-12	8.69E-13	1.15E-10	1.22E-10	2.40E-10
36	7.20	0.	4.39E-15	1.16E-14	0.	6.95E-16	0.	2.06E-12	9.05E-13	1.15E-10	1.23E-10	2.41E-10
37	7.10	0.	0.	9.87E-15	0.	1.70E-15	0.	2.07E-12	9.44E-13	1.15E-10	1.25E-10	2.41E-10
38	7.00	4.87E-18	0.	8.46E-15	0.	5.08E-15	0.	2.09E-12	9.86E-13	1.15E-10	1.26E-10	2.42E-10
39	6.90	9.11E-18	0.	7.55E-15	0.	4.73E-15	0.	2.11E-12	1.03E-12	1.15E-10	1.27E-10	2.43E-10
40	6.80	7.51E-18	0.	6.13E-15	0.	1.04E-14	0.	2.12E-12	1.08E-12	1.14E-10	1.28E-10	2.44E-10
41	6.70	5.20E-18	0.	5.10E-15	0.	1.36E-14	0.	2.14E-12	1.13E-12	1.14E-10	1.29E-10	2.45E-10
42	6.60	3.04E-18	0.	3.70E-15	0.	7.48E-15	0.	2.16E-12	1.18E-12	1.14E-10	1.30E-10	2.46E-10
43	6.50	1.66E-18	0.	2.24E-15	0.	1.41E-14	0.	2.17E-12	1.23E-12	1.14E-10	1.31E-10	2.48E-10
44	6.40	2.31E-18	0.	1.21E-15	0.	1.74E-15	0.	2.19E-12	1.29E-12	1.15E-10	1.33E-10	2.49E-10
45	6.30	4.76E-18	0.	5.88E-16	9.65E-17	8.25E-15	0.	2.21E-12	1.35E-12	1.15E-10	1.34E-10	2.51E-10
46	6.20	1.39E-17	0.	2.45E-16	4.14E-16	1.30E-14	0.	2.23E-12	1.42E-12	1.15E-10	1.37E-10	2.53E-10
47	6.10	5.46E-17	0.	5.74E-17	5.42E-16	2.10E-14	0.	2.24E-12	1.49E-12	1.16E-10	1.39E-10	2.56E-10
48	6.00	1.40E-16	0.	4.07E-18	1.47E-15	7.36E-15	0.	2.26E-12	1.57E-12	1.17E-10	1.42E-10	2.59E-10
49	5.90	5.22E-16	0.	9.97E-20	1.72E-15	8.00E-15	0.	2.28E-12	1.65E-12	1.18E-10	1.44E-10	2.62E-10
50	5.80	3.30E-16	0.	0.	2.29E-15	7.51E-15	0.	2.24E-12	1.74E-12	1.19E-10	1.47E-10	2.66E-10
51	5.70	3.79E-16	0.	0.	2.45E-15	7.80E-15	0.	2.11E-12	1.83E-12	1.20E-10	1.49E-10	2.73E-10

ABSORPTION COEFFICIENTS OF HEATED AIR (INVERSE CM.)

TEMPERATURE (DEGREES K) 9000. DENSITY (GM/CC) 1.293E-09 (10.0E-07 NORMAL)

PHOTON ENERGY	O2 S-R BANDS	N2 1ST POS.	N2 2ND POS.	N2+ 1ST NEG.	NO BETA	NO GAMMA	NO VIB-ROT	NO2	O- PHOTO-DET (IONS)	FREE-FREE (IONS)	N P.E.	O P.E.	TOTAL AIR
52 5.60	4.66E-16	0.	0.	0.	1.81E-15	1.28E-14	0.	0.	1.96E-12	1.93E-12	1.21E-10	1.51E-10	2.76E-10
53 5.50	4.77E-16	0.	0.	0.	2.23E-15	1.24E-14	0.	0.	1.97E-12	2.04E-12	1.22E-10	1.54E-10	2.80E-10
54 5.40	4.93E-16	0.	0.	0.	1.86E-15	1.94E-14	0.	0.	1.98E-12	2.15E-12	1.24E-10	1.57E-10	2.85E-10
55 5.30	4.68E-16	0.	0.	0.	1.92E-15	1.20E-14	0.	0.	1.99E-12	2.28E-12	1.26E-10	1.60E-10	2.90E-10
56 5.20	3.27E-16	0.	0.	0.	1.98E-15	6.73E-15	0.	0.	2.00E-12	2.41E-12	1.28E-10	1.63E-10	2.96E-10
57 5.10	3.01E-16	0.	0.	0.	1.91E-15	9.26E-15	0.	0.	2.02E-12	2.55E-12	1.31E-10	1.67E-10	3.03E-10
58 5.00	2.20E-16	0.	0.	0.	1.66E-15	7.95E-15	0.	0.	2.04E-12	2.71E-12	1.34E-10	1.71E-10	3.10E-10
59 4.90	1.83E-16	0.	0.	0.	1.77E-15	7.79E-15	0.	0.	2.06E-12	2.88E-12	1.38E-10	1.75E-10	3.18E-10
60 4.80	1.83E-16	0.	0.	0.	1.85E-15	7.14E-15	0.	0.	2.07E-12	3.07E-12	1.41E-10	1.79E-10	3.25E-10
61 4.70	1.96E-16	0.	0.	0.	1.96E-15	5.93E-15	0.	0.	2.09E-12	3.27E-12	1.45E-10	1.83E-10	3.34E-10
62 4.60	2.27E-16	0.	0.	0.	1.73E-15	5.57E-15	0.	0.	2.11E-12	3.49E-12	1.49E-10	1.88E-10	3.43E-10
63 4.50	2.24E-16	0.	2.83E-16	0.	1.48E-15	3.90E-15	0.	0.	2.12E-12	3.73E-12	1.54E-10	1.92E-10	3.52E-10
64 4.40	2.23E-16	0.	1.06E-15	0.	1.43E-15	2.91E-15	0.	0.	2.14E-12	3.99E-12	1.60E-10	1.96E-10	3.62E-10
65 4.30	2.46E-16	0.	2.46E-15	0.	1.28E-15	1.61E-15	0.	0.	2.16E-12	4.27E-12	1.65E-10	2.56E-11	1.97E-10
66 4.20	1.76E-16	0.	1.05E-15	0.	1.31E-15	1.31E-15	0.	0.	2.17E-12	4.59E-12	1.30E-10	2.64E-11	1.63E-10
67 4.10	1.56E-16	0.	3.04E-15	0.	1.10E-15	3.33E-16	0.	0.	2.18E-12	4.93E-12	1.33E-10	2.72E-11	1.67E-10
68 4.00	1.36E-16	0.	1.46E-15	0.	1.20E-15	2.54E-16	0.	0.	2.18E-12	5.31E-12	1.06E-10	2.80E-11	1.38E-10
69 3.90	1.08E-16	0.	6.49E-15	3.20E-13	9.28E-16	1.12E-16	0.	0.	2.18E-12	5.74E-12	8.82E-11	2.88E-11	1.43E-10
70 3.80	1.15E-16	0.	8.85E-15	2.47E-12	9.75E-16	0.	0.	0.	2.17E-12	6.20E-12	9.17E-11	2.96E-11	1.29E-10
71 3.70	9.27E-17	0.	1.21E-14	5.28E-13	7.36E-16	0.	0.	0.	2.14E-12	6.72E-12	1.01E-10	3.35E-11	1.35E-10
72 3.60	7.94E-17	0.	5.88E-15	8.43E-12	6.43E-16	0.	0.	0.	2.00E-12	7.30E-12	1.15E-10	3.79E-11	1.52E-10
73 3.50	6.97E-17	0.	9.46E-15	1.15E-11	5.62E-16	0.	0.	0.	1.83E-12	7.95E-12	1.30E-10	4.26E-11	1.79E-10
74 3.40	5.90E-17	0.	4.44E-15	7.40E-13	6.21E-16	0.	0.	0.	1.06E-12	8.68E-12	1.45E-10	4.78E-11	1.88E-10
75 3.30	4.53E-17	0.	4.95E-15	4.48E-12	4.48E-16	0.	0.	0.	1.06E-12	9.50E-12	1.60E-10	5.29E-11	2.13E-10
76 3.20	3.28E-17	0.	2.68E-15	1.24E-11	4.53E-16	0.	0.	0.	1.06E-12	1.15E-11	1.75E-10	6.36E-11	2.42E-10
77 3.10	2.72E-17	0.	2.08E-15	1.16E-12	3.97E-16	0.	0.	0.	1.06E-12	1.40E-11	1.91E-10	6.89E-11	2.53E-10
78 3.00	2.11E-17	0.	1.13E-15	4.51E-12	3.45E-16	0.	0.	0.	1.07E-12	1.56E-11	2.04E-10	7.43E-11	2.78E-10
79 2.90	2.08E-17	0.	6.71E-16	3.12E-12	3.12E-16	0.	0.	0.	1.07E-12	1.74E-11	2.23E-10	7.73E-11	2.99E-10
80 2.80	2.08E-17	0.	3.12E-16	1.02E-12	1.38E-16	0.	0.	0.	1.07E-12	1.95E-11	2.41E-10	2.53E-11	3.18E-10
81 2.70	1.19E-17	0.	1.43E-16	2.21E-12	6.42E-17	0.	0.	0.	1.07E-12	2.19E-11	2.19E-10	2.74E-11	2.87E-10
82 2.60	4.85E-18	0.	7.30E-17	2.08E-13	2.45E-17	0.	0.	0.	1.07E-12	2.48E-11	1.34E-10	3.15E-11	1.60E-10
83 2.50	3.20E-19	0.	9.52E-18	1.49E-13	5.35E-18	0.	0.	0.	1.07E-12	2.82E-11	1.12E-10	3.88E-11	1.88E-10
84 2.40	0.	5.89E-16	0.	1.77E-13	5.32E-19	0.	0.	0.	1.06E-12	3.23E-11	1.67E-10	4.65E-11	2.32E-10
85 2.30	0.	2.79E-15	0.	0.	0.	0.	0.	0.	1.06E-12	3.72E-11	2.02E-10	6.56E-11	2.78E-10
86 2.20	0.	5.78E-15	0.	0.	0.	0.	0.	0.	1.05E-12	4.31E-11	2.39E-10	6.56E-11	3.28E-10
87 2.10	0.	8.51E-15	0.	0.	0.	0.	0.	0.	9.81E-13	5.03E-11	2.78E-10	7.52E-11	3.82E-10
88 2.00	0.	1.36E-14	0.	0.	0.	0.	0.	0.	9.38E-13	5.93E-11	3.17E-10	8.50E-11	4.37E-10
89 1.90	0.	2.78E-14	0.	0.	0.	0.	0.	0.	8.84E-13	7.05E-11	3.58E-10	1.01E-10	4.95E-10
90 1.80	0.	2.27E-14	0.	0.	0.	0.	0.	0.	7.48E-13	8.47E-11	4.20E-10	1.11E-10	5.81E-10
91 1.70	0.	2.75E-14	0.	0.	0.	0.	0.	0.	3.40E-13	1.03E-10	4.96E-10	1.30E-10	6.78E-10
92 1.60	0.	1.91E-14	0.	0.	0.	0.	0.	0.	0.	1.27E-10	5.13E-10	1.08E-10	7.28E-10
93 1.50	0.	2.36E-14	0.	0.	0.	0.	0.	0.	0.	1.59E-10	3.58E-10	7.78E-11	5.49E-10
94 1.40	0.	2.53E-14	0.	0.	0.	0.	0.	0.	0.	2.03E-10	4.62E-10	1.40E-10	7.06E-10
95 1.30	0.	1.85E-14	0.	0.	0.	0.	0.	0.	0.	2.64E-10	6.76E-10	6.75E-11	9.75E-10
96 1.20	0.	1.90E-14	0.	0.	0.	0.	1.20E-19	0.	0.	3.53E-10	8.56E-10	1.93E-10	1.25E-09
97 1.10	0.	1.53E-14	0.	0.	0.	0.	9.84E-19	0.	0.	4.86E-10	1.08E-09	2.45E-10	1.59E-09
98 1.00	0.	1.43E-14	0.	0.	0.	0.	1.26E-18	0.	0.	6.96E-10	1.31E-09	2.97E-10	1.96E-09
99 0.90	0.	1.15E-14	0.	0.	0.	0.	2.02E-18	0.	0.	1.05E-09	1.51E-09	3.44E-10	2.34E-09
100 0.80	0.	5.31E-15	0.	0.	0.	0.	2.26E-17	0.	0.	1.49E-09	1.49E-09	2.77E-10	2.86E-09
101 0.70	0.	1.41E-15	0.	0.	0.	0.	1.34E-17	0.	0.	1.05E-09	1.49E-09	3.48E-10	2.86E-09
102 0.60	0.	7.74E-17	0.	0.	0.	0.	5.48E-17	0.	0.	1.69E-09	1.68E-09	3.60E-10	3.73E-09

ABSORPTION COEFFICIENTS OF HEATED AIR (INVERSE CM.)

TEMPERATURE (DEGREES K) 10000. DENSITY (GM/CC) 1.293E-02 (1.0E 01 NORMAL)

#	PHOTON ENERGY E.V.	O2 S-R BANDS	O2 S-R CONT.	N2 B-H NO. 1	NO BETA	NO GAMMA	NO 2	O- PHOTO-DET	FREE-FREE (IONS)	N P.E.	O P.E.	TOTAL AIR
1	10.70	0.	0.	3.05E 01	0.	0.	0.	4.59E-01	8.68E-05	2.41E-01	8.27E-03	5.51E 01
2	10.60	0.	0.	2.62E 01	0.	0.	0.	4.60E-01	8.93E-05	1.60E-02	8.27E-03	2.67E 01
3	10.50	0.	0.	2.56E 01	0.	0.	0.	4.60E-01	9.19E-05	1.61E-02	8.26E-03	2.61E 01
4	10.40	0.	0.	2.31E 01	0.	0.	0.	4.61E-01	9.46E-05	1.62E-02	8.25E-03	2.35E 01
5	10.30	0.	0.	1.90E 01	0.	0.	0.	4.61E-01	9.74E-05	1.62E-02	8.25E-03	1.95E 01
6	10.20	0.	0.	1.89E 01	0.	0.	0.	4.62E-01	1.00E-04	1.63E-02	8.24E-03	1.94E 01
7	10.10	0.	0.	1.71E 01	0.	0.	0.	4.63E-01	1.03E-04	1.63E-02	8.23E-03	1.76E 01
8	10.00	0.	0.	1.39E 01	0.	0.	0.	4.63E-01	1.06E-04	1.64E-02	8.22E-03	1.44E 01
9	9.90	0.	0.	1.41E 01	0.	0.	0.	4.64E-01	1.10E-04	1.64E-02	8.22E-03	1.46E 01
10	9.80	0.	0.	1.25E 01	0.	0.	0.	4.65E-01	1.13E-04	1.64E-02	8.21E-03	1.30E 01
11	9.70	0.	0.	1.01E 01	0.	0.	0.	4.66E-01	1.17E-04	1.65E-02	8.21E-03	1.06E 01
12	9.60	0.	0.	1.08E 01	0.	0.	0.	4.67E-01	1.20E-04	1.66E-02	8.20E-03	1.13E 01
13	9.50	0.	5.36E-01	8.56E 00	0.	0.	0.	4.68E-01	1.24E-04	1.66E-02	8.19E-03	9.59E 00
14	9.40	0.	7.23E-01	7.56E 00	0.	0.	0.	4.69E-01	1.28E-04	1.67E-02	8.18E-03	8.88E 00
15	9.30	0.	9.09E-01	7.73E 00	0.	0.	0.	4.71E-01	1.32E-04	1.67E-02	8.17E-03	9.13E 00
16	9.20	0.	1.10E 00	5.81E 00	0.	0.	0.	4.73E-01	1.37E-04	1.67E-02	8.17E-03	7.40E 00
17	9.10	0.	1.31E 00	5.94E 00	0.	0.	0.	4.74E-01	1.41E-04	4.59E-03	8.16E-03	7.73E 00
18	9.00	0.	1.52E 00	5.07E 00	0.	0.	0.	4.76E-01	1.46E-04	4.58E-03	8.16E-03	7.08E 00
19	8.90	0.	1.73E 00	4.42E 00	0.	0.	0.	4.78E-01	1.51E-04	4.57E-03	8.15E-03	6.64E 00
20	8.80	0.	1.79E 00	4.23E 00	0.	0.	0.	4.79E-01	1.56E-04	4.56E-03	8.14E-03	6.51E 00
21	8.70	0.	1.72E 00	3.39E 00	0.	0.	0.	4.81E-01	1.62E-04	4.56E-03	8.13E-03	5.60E 00
22	8.60	0.	1.66E 00	3.43E 00	0.	0.	0.	4.83E-01	1.68E-04	4.55E-03	8.13E-03	5.58E 00
23	8.50	0.	1.62E 00	2.77E 00	0.	0.	0.	4.85E-01	1.74E-04	4.54E-03	8.12E-03	4.89E 00
24	8.40	0.	1.60E 00	2.68E 00	0.	0.	0.	4.87E-01	1.80E-04	4.53E-03	8.12E-03	4.79E 00
25	8.30	0.	1.59E 00	2.11E 00	0.	0.	0.	4.90E-01	1.87E-04	4.53E-03	8.14E-03	4.20E 00
26	8.20	0.	1.56E 00	2.08E 00	0.	0.	0.	4.92E-01	1.94E-04	4.52E-03	8.20E-03	4.14E 00
27	8.10	0.	1.51E 00	1.67E 00	0.	0.	0.	4.95E-01	2.01E-04	4.50E-03	8.27E-03	3.69E 00
28	8.00	0.	1.46E 00	1.53E 00	0.	0.	0.	4.97E-01	2.08E-04	4.50E-03	8.34E-03	3.60E 00
29	7.90	0.	1.42E 00	1.36E 00	0.	0.	0.	5.00E-01	2.17E-04	4.49E-03	8.41E-03	3.24E 00
30	7.80	0.	1.38E 00	1.31E 00	0.	0.	0.	5.02E-01	2.25E-04	4.49E-03	8.48E-03	3.20E 00
31	7.70	0.	1.33E 00	1.07E 00	0.	0.	0.	5.05E-01	2.34E-04	4.49E-03	8.55E-03	2.92E 00
32	7.60	0.	1.20E 00	9.74E-01	0.	1.44E-04	0.	5.07E-01	2.43E-04	4.48E-03	8.62E-03	2.76E 00
33	7.50	0.	1.14E 00	8.48E-01	0.	7.46E-04	0.	5.10E-01	2.53E-04	4.48E-03	8.69E-03	2.57E 00
34	7.40	0.	1.09E 00	7.25E-01	0.	3.81E-03	0.	5.13E-01	2.64E-04	4.48E-03	8.76E-03	2.40E 00
35	7.30	0.	1.03E 00	6.51E-01	0.	1.94E-02	0.	5.16E-01	2.75E-04	4.47E-03	8.83E-03	2.29E 00
36	7.20	0.	9.66E-01	5.56E-01	0.	5.22E-02	0.	5.19E-01	2.86E-04	4.47E-03	8.89E-03	2.15E 00
37	7.10	0.	0.	5.08E-01	0.	1.33E-01	0.	5.23E-01	2.99E-04	4.47E-03	8.96E-03	2.15E 00
38	7.00	8.41E-04	0.	4.40E-01	0.	3.75E-01	0.	5.27E-01	3.12E-04	4.46E-03	9.03E-03	1.36E 00
39	6.90	1.59E-03	0.	3.47E-01	0.	7.96E-01	0.	5.31E-01	3.26E-04	4.47E-03	9.10E-03	1.30E 00
40	6.80	1.32E-03	0.	3.42E-01	0.	9.79E-01	0.	5.36E-01	3.40E-04	4.47E-03	9.17E-03	1.69E 00
41	6.70	9.24E-04	0.	2.86E-01	0.	9.82E-01	0.	5.40E-01	3.56E-04	4.46E-03	9.25E-03	1.82E 00
42	6.60	6.44E-04	0.	2.41E-01	0.	1.06E 00	0.	5.44E-01	3.72E-04	4.48E-03	9.33E-03	1.38E 00
43	6.50	3.01E-04	0.	1.78E-01	0.	1.23E 00	0.	5.48E-01	3.90E-04	4.49E-03	9.41E-03	1.80E 00
44	6.40	4.14E-04	0.	1.11E-01	6.31E-03	6.28E-01	0.	5.53E-01	4.08E-04	4.51E-03	9.48E-03	1.91E 00
45	6.30	8.59E-04	0.	6.19E-02	2.76E-02	6.66E-01	0.	5.57E-01	4.28E-04	4.55E-03	9.59E-03	1.29E 00
46	6.20	2.54E-03	0.	3.09E-02	3.67E-02	9.66E-01	0.	5.61E-01	4.49E-04	4.58E-03	9.75E-03	1.61E 00
47	6.10	1.01E-02	0.	1.32E-02	1.00E-01	1.48E 00	0.	5.65E-01	4.71E-04	4.63E-03	9.91E-03	2.18E 00
48	6.00	2.64E-02	0.	3.15E-03	8.59E-02	5.57E-01	0.	5.70E-01	4.95E-04	4.67E-03	1.01E-02	1.26E 00
49	5.90	4.25E-02	0.	2.24E-04	1.22E-01	5.90E-01	0.	5.70E-01	5.21E-04	4.72E-03	1.02E-02	1.34E 00
50	5.80	6.41E-02	0.	5.52E-06	1.64E-01	5.61E-01	0.	5.61E-01	5.49E-04	4.76E-03	1.04E-02	1.36E 00
51	5.70	7.51E-02	0.	0.	1.78E-01	5.97E-01	0.	5.27E-01	5.78E-04	4.76E-03	1.06E-02	1.40E 00

ABSORPTION COEFFICIENTS OF HEATED AIR (INVERSE CM.)

TEMPERATURE (DEGREES K) 10000. DENSITY (GM/CC) 1.293E-02 (1.0E 01 NORMAL)

#	PHOTON ENERGY	O2 S-R BANDS	N2 1ST POS.	N2 2ND POS.	N2+ 1ST NEG.	NO BETA	NO GAMMA	NO VIB-ROT	NO2	O- PHOTO-DET	FREE-FREE (IONS)	N P.E.	O P.E.	TOTAL AIR
52	5.60	9.32E-02	0.	0.	0.	1.35E-01	9.33E-01	0.	0.	4.90E-01	6.10E-04	4.81E-03	1.07E-02	1.66E 00
53	5.50	9.65E-02	0.	0.	0.	1.66E-01	8.94E-01	0.	0.	4.93E-01	6.44E-04	4.88E-03	1.09E-02	1.67E 00
54	5.40	1.01E-01	0.	0.	0.	1.42E-01	6.05E-01	0.	0.	4.95E-01	6.81E-04	4.96E-03	1.11E-02	1.36E 00
55	5.30	9.68E-02	0.	0.	0.	1.46E-01	8.77E-01	0.	0.	4.98E-01	7.20E-04	5.04E-03	1.11E-02	1.64E 00
56	5.20	6.89E-02	0.	0.	0.	1.51E-01	5.21E-01	0.	0.	5.02E-01	7.63E-04	5.15E-03	1.18E-02	1.26E 00
57	5.10	6.40E-02	0.	0.	0.	1.47E-01	7.08E-01	0.	0.	5.06E-01	8.09E-04	5.26E-03	1.21E-02	1.44E 00
58	5.00	4.72E-02	0.	0.	0.	1.30E-01	6.16E-01	0.	0.	5.10E-01	8.59E-04	5.41E-03	1.21E-02	1.32E 00
59	4.90	3.93E-02	0.	0.	0.	1.39E-01	6.20E-01	0.	0.	5.14E-01	9.12E-04	5.56E-03	1.26E-02	1.33E 00
60	4.80	3.93E-02	0.	0.	0.	1.47E-01	5.71E-01	0.	0.	5.19E-01	9.71E-04	5.71E-03	1.26E-02	1.29E 00
61	4.70	4.23E-02	0.	0.	0.	1.40E-01	4.85E-01	0.	0.	5.23E-01	1.03E-03	5.86E-03	1.29E-02	1.21E 00
62	4.60	4.97E-02	0.	1.57E-02	0.	1.40E-01	4.51E-01	0.	0.	5.27E-01	1.10E-03	6.05E-03	1.35E-02	1.19E 00
63	4.50	4.97E-02	0.	5.62E-02	0.	1.21E-01	3.26E-01	0.	0.	5.31E-01	1.18E-03	6.50E-03	1.39E-02	1.06E 00
64	4.40	5.02E-02	0.	1.39E-01	0.	1.18E-01	2.36E-01	0.	0.	5.36E-01	1.26E-03	6.74E-03	1.42E-02	1.02E 00
65	4.30	4.50E-02	0.	5.60E-01	0.	1.07E-01	1.35E-01	0.	0.	5.40E-01	1.35E-03	6.74E-03	1.45E-02	9.86E-01
66	4.20	4.04E-02	0.	1.77E-01	0.	1.11E-01	1.06E-01	0.	0.	5.44E-01	1.45E-03	6.98E-03	2.51E-03	1.38E 00
67	4.10	4.10E-02	0.	1.02E-01	0.	1.02E-01	2.74E-02	0.	0.	5.46E-01	1.56E-03	7.21E-03	2.59E-03	9.13E-01
68	4.00	3.21E-02	0.	7.87E-01	3.78E-03	1.02E-01	2.10E-02	0.	0.	5.48E-01	1.68E-03	7.45E-03	2.67E-03	1.49E 00
69	3.90	2.58E-02	0.	3.49E-01	2.58E-02	9.49E-02	9.00E-03	0.	0.	5.46E-01	1.82E-03	6.19E-03	3.05E-03	1.03E 00
70	3.80	2.76E-02	0.	4.97E-01	6.19E-02	8.15E-02	0.	0.	0.	5.44E-01	1.96E-03	6.35E-03	3.37E-03	1.19E 00
71	3.70	2.76E-02	0.	6.38E-01	3.95E-02	8.60E-02	0.	0.	0.	5.36E-01	2.13E-03	4.90E-03	3.78E-03	1.28E 00
72	3.60	1.97E-02	0.	3.37E-01	1.18E-01	7.26E-02	0.	0.	0.	5.02E-01	2.31E-03	5.19E-03	4.66E-03	9.81E-01
73	3.50	1.75E-02	0.	5.17E-01	9.09E-03	5.21E-02	0.	0.	0.	2.59E-01	2.52E-03	5.19E-03	5.12E-03	1.18E 00
74	3.40	1.50E-02	0.	5.76E-01	5.01E-01	5.76E-02	0.	0.	0.	2.65E-01	2.75E-03	5.86E-03	5.59E-03	6.20E-01
75	3.30	1.50E-02	0.	2.83E-01	1.25E-01	5.21E-02	0.	0.	0.	2.65E-01	3.01E-03	6.53E-03	6.05E-03	6.66E-01
76	3.20	9.56E-03	0.	1.61E-01	1.42E-01	4.33E-02	0.	0.	0.	2.66E-01	3.30E-03	7.20E-03	6.52E-03	6.20E-01
77	3.10	3.69E-03	0.	1.23E-01	4.99E-02	3.86E-02	0.	0.	0.	2.66E-01	3.63E-03	7.89E-03	7.00E-03	4.46E-01
78	3.00	8.78E-03	0.	6.95E-02	3.41E-03	3.41E-02	0.	0.	0.	2.67E-01	4.01E-03	8.58E-03	7.56E-03	4.46E-01
79	2.90	5.78E-03	0.	4.14E-02	3.26E-02	2.36E-02	0.	0.	0.	2.67E-01	4.44E-03	9.28E-03	8.12E-03	3.91E-01
80	2.80	5.76E-03	0.	1.95E-02	1.23E-02	1.44E-02	0.	0.	0.	2.68E-01	4.94E-03	1.00E-02	8.56E-03	3.42E-01
81	2.70	3.38E-02	0.	8.93E-03	1.44E-02	1.95E-02	0.	0.	0.	2.68E-01	5.51E-03	1.09E-02	9.25E-03	3.35E-01
82	2.60	1.42E-03	0.	4.55E-03	2.43E-03	6.95E-03	0.	0.	0.	2.68E-01	6.18E-03	1.17E-02	3.30E-03	3.05E-01
83	2.50	9.48E-05	0.	5.71E-04	1.77E-03	2.74E-03	0.	0.	0.	2.68E-01	6.96E-03	1.32E-02	3.15E-03	2.94E-01
84	2.40	0.	3.31E-02	0.	1.94E-03	6.09E-04	0.	0.	0.	2.66E-01	7.87E-03	1.52E-02	3.15E-03	3.30E-01
85	2.30	0.	1.44E-01	0.	0.	6.15E-05	0.	0.	0.	2.65E-01	8.95E-03	1.78E-02	3.86E-03	4.35E-01
86	2.20	0.	3.11E-01	0.	0.	0.	0.	0.	0.	2.63E-01	1.02E-02	2.09E-02	4.61E-03	3.04E-01
87	2.10	0.	4.27E-01	0.	0.	0.	0.	0.	0.	2.55E-01	1.18E-02	2.48E-02	5.56E-03	7.22E-01
88	2.00	0.	7.14E-01	0.	0.	0.	0.	0.	0.	2.45E-01	1.37E-02	2.86E-02	6.51E-03	1.01E 00
89	1.90	0.	1.33E 00	0.	0.	0.	0.	0.	0.	2.35E-01	1.60E-02	3.27E-02	7.47E-03	1.62E 00
90	1.80	0.	1.08E 00	0.	0.	0.	0.	0.	0.	2.21E-01	1.88E-02	3.85E-02	8.46E-03	1.37E 00
91	1.70	0.	1.31E 00	0.	0.	0.	0.	0.	0.	1.87E-01	2.23E-02	4.48E-02	1.01E-02	1.59E 00
92	1.60	0.	1.12E 00	0.	0.	0.	0.	0.	0.	8.50E-02	2.69E-02	5.20E-02	1.21E-02	1.17E 00
93	1.50	0.	1.18E 00	0.	0.	0.	0.	0.	0.	0.	3.27E-02	6.15E-02	1.41E-02	1.29E 00
94	1.40	0.	8.74E-01	0.	0.	0.	0.	0.	0.	0.	4.03E-02	7.00E-02	1.69E-02	1.28E 00
95	1.30	0.	8.78E-01	0.	0.	0.	0.	0.	0.	0.	5.04E-02	7.41E-02	1.96E-02	1.00E 00
96	1.20	0.	7.35E-01	0.	0.	0.	0.	0.	0.	0.	6.44E-02	8.17E-02	2.34E-02	1.02E 00
97	1.10	0.	6.81E-01	0.	0.	0.	0.	8.85E-06	0.	0.	8.40E-02	8.40E-02	2.93E-02	9.09E-01
98	1.00	0.	5.51E-01	0.	0.	0.	0.	8.17E-05	0.	0.	1.12E-01	8.98E-02	3.22E-02	8.99E-01
99	0.90	0.	2.57E-01	0.	0.	0.	0.	9.98E-05	0.	0.	1.54E-01	9.20E-02	3.79E-02	8.27E-01
100	0.80	0.	4.70E-02	0.	0.	0.	0.	1.74E-03	0.	0.	2.22E-01	9.59E-02	4.36E-02	6.21E-01
101	0.70	0.	4.69E-03	0.	0.	0.	0.	1.20E-03	0.	0.	3.36E-01	1.06E-01	4.84E-02	5.58E-01
102	0.60	0.	0.	0.	0.	0.	0.	4.78E-03	0.	0.	5.36E-01	1.18E-01	5.40E-02	7.18E-01

ABSORPTION COEFFICIENTS OF HEATED AIR (INVERSE CM.)

TEMPERATURE (DEGREES K) 10000.   DENSITY (GM/CC) 1.293E-03   (10.0E-01 NORMAL)

No.	PHOTON ENERGY E.V.	O2 S-R BANDS	O2 S-R CONT.	N2 B-H NO. 1	NO BETA	NO GAMMA	NO2	O- PHOTO-DET	O- FREE-FREE (IONS)	N P.E.	O P.E.	TOTAL AIR
1	10.70	0.	0.	1.37E 00	0.	0.	0.	1.31E-02	5.56E-06	5.11E 00	9.07E-04	6.50E 00
2	10.60	0.	0.	1.18E 00	0.	0.	0.	1.31E-02	5.72E-06	3.40E-03	9.06E-04	1.20E 00
3	10.50	0.	0.	1.15E 00	0.	0.	0.	1.32E-02	5.89E-06	3.42E-03	9.05E-04	1.17E 00
4	10.40	0.	0.	1.04E 00	0.	0.	0.	1.32E-02	6.06E-06	3.43E-03	9.04E-04	1.06E 00
5	10.30	0.	0.	8.55E-01	0.	0.	0.	1.32E-02	6.24E-06	3.44E-03	9.03E-04	8.72E-01
6	10.20	0.	0.	8.50E-01	0.	0.	0.	1.32E-02	6.42E-06	3.45E-03	9.02E-04	8.67E-01
7	10.10	0.	0.	7.71E-01	0.	0.	0.	1.32E-02	6.62E-06	3.46E-03	9.01E-04	7.89E-01
8	10.00	0.	0.	6.27E-01	0.	0.	0.	1.33E-02	6.82E-06	3.47E-03	9.01E-04	6.45E-01
9	9.90	0.	0.	6.34E-01	0.	0.	0.	1.33E-02	7.03E-06	3.48E-03	9.00E-04	6.52E-01
10	9.80	0.	0.	5.64E-01	0.	0.	0.	1.33E-02	7.25E-06	3.49E-03	8.99E-04	5.82E-01
11	9.70	0.	0.	4.54E-01	0.	0.	0.	1.33E-02	7.47E-06	3.49E-03	8.98E-04	4.71E-01
12	9.60	0.	0.	4.87E-01	0.	0.	0.	1.34E-02	7.71E-06	3.50E-03	8.98E-04	5.04E-01
13	9.50	0.	6.58E-03	3.86E-01	0.	0.	0.	1.34E-02	7.96E-06	3.51E-03	8.97E-04	4.10E-01
14	9.40	0.	8.87E-03	3.45E-01	0.	0.	0.	1.34E-02	8.22E-06	3.52E-03	8.96E-04	3.77E-01
15	9.30	0.	1.12E-02	3.48E-01	0.	0.	0.	1.35E-02	8.48E-06	3.52E-03	8.96E-04	3.77E-01
16	9.20	0.	1.35E-02	2.62E-01	0.	0.	0.	1.35E-02	8.77E-06	3.54E-03	8.95E-04	2.93E-01
17	9.10	0.	1.60E-02	2.67E-01	0.	0.	0.	1.36E-02	9.06E-06	3.54E-03	8.94E-04	2.99E-01
18	9.00	0.	1.86E-02	2.28E-01	0.	0.	0.	1.36E-02	9.37E-06	9.75E-04	8.94E-04	2.66E-01
19	8.90	0.	2.13E-02	1.99E-01	0.	0.	0.	1.37E-02	9.69E-06	9.70E-04	8.93E-04	2.36E-01
20	8.80	0.	2.20E-02	1.90E-01	0.	0.	0.	1.37E-02	1.00E-05	9.69E-04	8.92E-04	2.28E-01
21	8.70	0.	2.12E-02	1.52E-01	0.	0.	0.	1.37E-02	1.04E-05	9.68E-04	8.91E-04	1.89E-01
22	8.60	0.	2.04E-02	1.54E-01	0.	0.	0.	1.38E-02	1.07E-05	9.66E-04	8.90E-04	1.90E-01
23	8.50	0.	1.99E-02	1.25E-01	0.	0.	0.	1.38E-02	1.11E-05	9.64E-04	8.90E-04	1.60E-01
24	8.40	0.	1.95E-02	1.21E-01	0.	0.	0.	1.39E-02	1.15E-05	9.63E-04	8.90E-04	1.56E-01
25	8.30	0.	1.91E-02	9.50E-02	0.	0.	0.	1.39E-02	1.19E-05	9.61E-04	8.90E-04	1.30E-01
26	8.20	0.	1.85E-02	9.35E-02	0.	0.	0.	1.40E-02	1.24E-05	9.60E-04	8.95E-04	1.29E-01
27	8.10	0.	1.80E-02	7.51E-02	0.	0.	0.	1.40E-02	1.29E-05	9.58E-04	9.07E-04	1.10E-01
28	8.00	0.	1.75E-02	7.32E-02	0.	0.	0.	1.41E-02	1.34E-05	9.55E-04	9.14E-04	1.07E-01
29	7.90	0.	1.70E-02	5.88E-02	0.	0.	0.	1.42E-02	1.39E-05	9.54E-04	9.22E-04	9.25E-02
30	7.80	0.	1.63E-02	5.89E-02	0.	0.	0.	1.42E-02	1.44E-05	9.53E-04	9.25E-04	9.21E-02
31	7.70	0.	1.55E-02	4.84E-02	0.	0.	0.	1.43E-02	1.50E-05	9.53E-04	9.29E-04	8.10E-02
32	7.60	0.	1.48E-02	4.38E-02	0.	0.	0.	1.44E-02	1.56E-05	9.52E-04	9.37E-04	7.58E-02
33	7.50	0.	1.34E-02	3.82E-02	0.	0.	0.	1.44E-02	1.63E-05	9.51E-04	9.44E-04	6.95E-02
34	7.40	0.	1.26E-02	3.26E-02	0.	3.36E-06	0.	1.45E-02	1.69E-05	9.51E-04	9.52E-04	6.34E-02
35	7.30	0.	1.19E-02	2.93E-02	0.	1.73E-05	0.	1.45E-02	1.76E-05	9.50E-04	9.60E-04	5.98E-02
36	7.20	0.	0.	2.50E-02	0.	8.85E-05	0.	1.47E-02	1.85E-05	9.50E-04	9.67E-04	5.56E-02
37	7.10	0.	0.	2.98E-02	0.	4.51E-04	0.	1.48E-02	1.92E-05	9.49E-04	9.75E-04	5.48E-02
38	7.00	0.	0.	2.98E-02	0.	1.21E-03	0.	1.50E-02	2.00E-05	9.49E-04	9.80E-04	4.56E-02
39	6.90	1.01E-05	0.	1.72E-02	0.	3.18E-03	0.	1.51E-02	2.09E-05	9.48E-04	9.90E-04	4.31E-02
40	6.80	1.91E-05	0.	1.56E-02	0.	8.72E-03	0.	1.52E-02	2.18E-05	9.48E-04	9.97E-04	5.31E-02
41	6.70	1.59E-05	0.	1.09E-02	0.	1.85E-02	0.	1.54E-02	2.28E-05	9.47E-04	1.00E-03	4.20E-02
42	6.60	1.11E-05	0.	8.03E-03	0.	2.28E-02	0.	1.56E-02	2.38E-05	9.47E-04	1.01E-03	5.03E-02
43	6.50	6.53E-06	0.	5.00E-03	0.	1.35E-02	0.	1.57E-02	2.50E-05	9.49E-04	1.02E-03	5.16E-02
44	6.40	3.62E-06	0.	2.79E-03	1.47E-04	2.46E-02	0.	1.58E-02	2.61E-05	9.53E-04	1.04E-03	3.60E-02
45	6.30	1.08E-06	0.	1.39E-03	6.41E-04	1.46E-02	0.	1.59E-02	2.74E-05	9.57E-04	1.05E-03	4.28E-02
46	6.20	3.05E-05	0.	5.94E-04	8.53E-04	2.25E-02	0.	1.60E-02	2.88E-05	9.61E-04	1.07E-03	5.56E-02
47	6.10	1.53E-06	0.	1.42E-04	2.33E-03	3.43E-02	0.	1.62E-02	3.02E-05	9.65E-04	1.09E-03	3.38E-02
48	6.00	1.22E-04	0.	1.01E-05	2.00E-03	2.50E-02	0.	1.63E-02	3.17E-05	9.81E-04	1.09E-03	3.55E-02
49	5.90	5.10E-04	0.	2.48E-07	2.83E-03	2.98E-02	0.	1.63E-02	3.34E-05	9.91E-04	1.12E-03	3.59E-02
50	5.80	7.70E-04	0.	0.	3.81E-03	2.79E-02	0.	1.60E-02	3.51E-05	1.00E-03	1.14E-03	3.62E-02
51	5.70	9.03E-04	0.	0.	4.14E-03	1.39E-02	0.	1.51E-02	3.70E-05	1.01E-03	1.16E-03	3.62E-02

220

ABSORPTION COEFFICIENTS OF HEATED AIR (INVERSE CM.)

TEMPERATURE (DEGREES K) 10000. DENSITY (GM/CC) 1.293E-03 (10.0E-01 NORMAL)

	PHOTON ENERGY	O2 S-R BANDS	N2 1ST POS.	N2 2ND POS.	N2+ 1ST NEG.	NO BETA	NO GAMMA	NO VIB-ROT	NO2	O- PHOTO-DET	O- FREE-FREE (IONS)	N P.E.	O P.E.	TOTAL AIR
52	5.60	1.12E-03	0.	0.	0.	3.15E-03	2.17E-02	0.	0.	1.40E-02	3.91E-05	1.02E-03	1.18E-03	4.22E-02
53	5.50	1.18E-03	0.	0.	0.	3.87E-03	2.08E-02	0.	0.	1.41E-02	4.12E-05	1.03E-03	1.19E-03	4.22E-02
54	5.40	1.21E-03	0.	0.	0.	3.29E-03	1.41E-02	0.	0.	1.42E-02	4.36E-05	1.05E-03	1.21E-03	3.50E-02
55	5.30	1.16E-03	0.	0.	0.	3.39E-03	2.04E-02	0.	0.	1.43E-02	4.61E-05	1.07E-03	1.24E-03	4.16E-02
56	5.20	8.29E-04	0.	0.	0.	3.52E-03	1.21E-02	0.	0.	1.45E-02	4.89E-05	1.09E-03	1.26E-03	3.32E-02
57	5.10	7.69E-04	0.	0.	0.	3.42E-03	1.65E-02	0.	0.	1.45E-02	5.18E-05	1.12E-03	1.29E-03	3.76E-02
58	5.00	5.67E-04	0.	0.	0.	3.01E-03	1.43E-02	0.	0.	1.46E-02	5.50E-05	1.15E-03	1.32E-03	3.50E-02
59	4.90	4.73E-04	0.	0.	0.	3.24E-03	1.44E-02	0.	0.	1.47E-02	5.84E-05	1.18E-03	1.35E-03	3.55E-02
60	4.80	4.73E-04	0.	0.	0.	3.41E-03	1.32E-02	0.	0.	1.50E-02	6.22E-05	1.21E-03	1.38E-03	3.46E-02
61	4.70	5.09E-04	0.	0.	0.	3.25E-03	1.17E-02	0.	0.	1.51E-02	6.63E-05	1.24E-03	1.41E-03	3.27E-02
62	4.60	5.98E-04	0.	0.	0.	3.24E-03	1.05E-02	0.	0.	1.52E-02	7.07E-05	1.28E-03	1.45E-03	3.22E-02
63	4.50	5.97E-04	0.	7.05E-04	0.	2.81E-03	7.50E-03	0.	0.	1.53E-02	7.55E-05	1.33E-03	1.48E-03	2.97E-02
64	4.40	6.03E-04	0.	2.53E-03	0.	2.74E-03	5.50E-03	0.	0.	1.54E-02	8.08E-05	1.38E-03	1.52E-03	3.09E-02
65	4.30	6.40E-04	0.	6.28E-03	0.	2.48E-03	3.13E-03	0.	0.	1.56E-02	8.67E-05	1.43E-03	1.56E-03	3.09E-02
66	4.20	4.85E-04	0.	2.52E-02	0.	2.57E-03	2.47E-03	0.	0.	1.56E-02	9.30E-05	1.48E-03	1.59E-03	4.95E-02
67	4.10	4.37E-04	0.	7.96E-03	0.	2.38E-03	6.38E-04	0.	0.	1.56E-02	1.00E-04	1.53E-03	1.62E-03	5.62E-02
68	4.00	3.85E-04	0.	3.54E-02	0.	2.21E-03	2.09E-04	0.	0.	1.56E-02	1.08E-04	1.58E-03	1.62E-03	3.03E-02
69	3.90	3.09E-04	0.	1.57E-02	6.51E-04	1.89E-03	0.	0.	0.	1.56E-02	1.16E-04	1.31E-03	2.83E-04	3.61E-02
70	3.80	3.31E-04	0.	2.24E-02	4.44E-03	2.00E-03	0.	0.	0.	1.56E-02	1.26E-04	1.35E-03	2.92E-04	4.65E-02
71	3.70	2.73E-04	0.	2.82E-02	1.07E-02	1.55E-03	0.	0.	0.	1.53E-02	1.35E-04	1.26E-03	3.70E-04	4.84E-02
72	3.60	2.36E-04	0.	1.52E-02	1.80E-02	1.69E-03	0.	0.	0.	1.43E-02	1.48E-04	1.13E-03	4.14E-04	3.99E-02
73	3.50	2.10E-04	0.	2.33E-02	2.04E-02	1.21E-03	0.	0.	0.	1.31E-02	1.61E-04	1.10E-03	4.62E-04	5.99E-02
74	3.40	1.81E-04	0.	1.17E-02	1.57E-02	1.34E-03	0.	0.	0.	7.58E-03	1.76E-04	1.24E-03	5.62E-04	2.43E-02
75	3.30	1.40E-04	0.	1.27E-02	8.63E-03	1.01E-03	0.	0.	0.	7.59E-03	1.92E-04	1.38E-03	6.12E-04	3.22E-02
76	3.20	1.15E-04	0.	7.23E-03	2.45E-03	8.97E-04	0.	0.	0.	7.60E-03	2.11E-04	1.53E-03	6.63E-04	3.99E-02
77	3.10	1.04E-04	0.	5.56E-03	8.60E-03	7.93E-04	0.	0.	0.	7.62E-03	2.32E-04	1.67E-03	7.14E-04	1.91E-02
78	3.00	8.81E-05	0.	3.13E-03	5.63E-03	5.48E-04	0.	0.	0.	7.65E-03	2.57E-04	1.82E-03	7.69E-04	2.30E-02
79	2.90	6.94E-05	0.	1.87E-03	1.48E-03	3.35E-04	0.	0.	0.	7.66E-03	2.84E-04	1.97E-03	8.29E-04	1.87E-02
80	2.80	6.92E-05	0.	8.77E-04	2.13E-03	1.62E-04	0.	0.	0.	7.66E-03	3.16E-04	2.13E-03	8.90E-04	1.43E-02
81	2.70	4.06E-05	0.	4.02E-04	4.19E-04	6.38E-05	0.	0.	0.	7.66E-03	3.53E-04	2.30E-03	9.00E-04	1.59E-02
82	2.60	1.70E-05	0.	2.05E-04	3.91E-04	1.43E-06	0.	0.	0.	7.66E-03	3.96E-04	2.50E-03	4.22E-04	1.16E-02
83	2.50	1.14E-06	0.	2.57E-05	1.42E-04	0.	0.	0.	0.	7.57E-03	4.46E-04	2.92E-03	5.06E-04	1.36E-02
84	2.40	0.	1.49E-03	0.	6.38E-05	0.	0.	0.	0.	7.54E-03	5.04E-04	3.22E-03	6.06E-04	1.73E-02
85	2.30	0.	6.47E-03	0.	1.43E-04	0.	0.	0.	0.	7.30E-03	5.74E-04	3.33E-03	7.14E-04	2.54E-02
86	2.20	0.	1.40E-02	0.	0.	0.	0.	0.	0.	6.71E-03	6.56E-04	3.77E-03	8.18E-04	3.11E-02
87	2.10	0.	1.92E-02	0.	0.	0.	0.	0.	0.	6.32E-03	7.55E-04	4.43E-03	9.27E-04	4.45E-02
88	2.00	0.	3.22E-02	0.	0.	0.	0.	0.	0.	5.35E-03	8.75E-04	5.25E-03	1.10E-03	7.21E-02
89	1.90	0.	5.98E-02	0.	0.	0.	0.	0.	0.	2.43E-03	1.02E-03	6.07E-03	1.33E-03	6.21E-02
90	1.80	0.	4.89E-02	0.	0.	0.	0.	0.	0.	0.	1.20E-03	7.57E-03	1.56E-03	7.32E-02
91	1.70	0.	5.89E-02	0.	0.	0.	0.	0.	0.	0.	1.43E-03	9.17E-03	1.86E-03	5.59E-02
92	1.60	0.	4.12E-02	0.	0.	0.	0.	0.	0.	0.	1.72E-03	1.06E-02	2.14E-03	6.69E-02
93	1.50	0.	5.06E-02	0.	0.	0.	0.	0.	0.	0.	2.09E-03	1.30E-02	2.58E-03	5.66E-02
94	1.40	0.	5.30E-02	0.	0.	0.	0.	0.	0.	0.	2.58E-03	1.57E-02	2.77E-03	5.68E-02
95	1.30	0.	3.93E-02	0.	0.	0.	0.	2.06E-07	0.	0.	3.23E-03	1.77E-02	3.21E-03	5.47E-02
96	1.20	0.	3.95E-02	0.	0.	0.	0.	1.90E-06	0.	0.	5.38E-03	2.03E-02	3.53E-03	5.71E-02
97	1.10	0.	3.31E-02	0.	0.	0.	0.	2.32E-06	0.	0.	7.19E-03	2.09E-02	4.15E-03	5.66E-02
98	1.00	0.	3.06E-02	0.	0.	0.	0.	4.05E-06	0.	0.	9.90E-03	2.03E-02	4.45E-03	5.10E-02
99	0.90	0.	2.48E-02	0.	0.	0.	0.	2.79E-05	0.	0.	1.42E-02	2.25E-02	4.78E-03	6.45E-02
100	0.80	0.	1.16E-02	0.	0.	0.	0.	1.11E-04	0.	0.	2.15E-02	2.25E-02	5.31E-03	5.24E-02
101	0.70	0.	3.01E-03	0.	0.	0.	0.	0.	0.	0.	2.15E-02	2.25E-02	5.66E-03	5.24E-02
102	0.60	0.	2.11E-04	0.	0.	0.	0.	0.	0.	0.	3.43E-02	2.51E-02	5.92E-03	6.57E-02

ABSORPTION COEFFICIENTS OF HEATED AIR   (INVERSE CM.)

TEMPERATURE (DEGREES K) 10000.   DENSITY (GM/CC) 1.293E-04   (10.0E-02 NORMAL)

PHOTON ENERGY E.V.	O2 S-R BANDS	O2 S-R CONT.	N2 B-H NO. 1	NO BETA	NO GAMMA	NO 2	O- PHOTO-DET	FREE-FREE (IONS)	N P.E.	O P.E.	TOTAL AIR
1 10.70	0.	0.	2.45E-02	0.	0.	0.	4.09E-04	5.16E-07	6.83E-01	9.24E-05	7.08E-01
2 10.60	0.	0.	2.11E-02	0.	0.	0.	4.10E-04	5.31E-07	4.55E-04	9.24E-05	2.20E-02
3 10.50	0.	0.	2.06E-02	0.	0.	0.	4.10E-04	5.46E-07	4.57E-04	9.23E-05	2.15E-02
4 10.40	0.	0.	1.85E-02	0.	0.	0.	4.11E-04	5.62E-07	4.59E-04	9.22E-05	1.95E-02
5 10.30	0.	0.	1.52E-02	0.	0.	0.	4.11E-04	5.79E-07	4.60E-04	9.21E-05	1.62E-02
6 10.20	0.	0.	1.52E-02	0.	0.	0.	4.12E-04	5.96E-07	4.61E-04	9.20E-05	1.61E-02
7 10.10	0.	0.	1.38E-02	0.	0.	0.	4.12E-04	6.14E-07	4.62E-04	9.19E-05	1.47E-02
8 10.00	0.	0.	1.12E-02	0.	0.	0.	4.13E-04	6.33E-07	4.63E-04	9.18E-05	1.22E-02
9 9.90	0.	0.	1.13E-02	0.	0.	0.	4.14E-04	6.52E-07	4.64E-04	9.18E-05	1.23E-02
10 9.80	0.	0.	1.01E-02	0.	0.	0.	4.15E-04	6.72E-07	4.66E-04	9.17E-05	1.10E-02
11 9.70	0.	0.	8.10E-03	0.	0.	0.	4.15E-04	6.93E-07	4.67E-04	9.16E-05	1.10E-02
12 9.60	0.	6.79E-05	8.68E-03	0.	0.	0.	4.16E-04	7.15E-07	4.68E-04	9.16E-05	9.66E-03
13 9.50	0.	9.16E-05	6.88E-03	0.	0.	0.	4.17E-04	7.38E-07	4.69E-04	9.15E-05	7.92E-03
14 9.40	0.	1.15E-04	6.15E-03	0.	0.	0.	4.18E-04	7.62E-07	4.71E-04	9.14E-05	7.23E-03
15 9.30	0.	1.39E-04	6.20E-03	0.	0.	0.	4.20E-04	7.87E-07	4.72E-04	9.13E-05	7.30E-03
16 9.20	0.	1.65E-04	4.67E-03	0.	0.	0.	4.21E-04	8.13E-07	4.73E-04	9.12E-05	5.79E-03
17 9.10	0.	1.92E-04	4.77E-03	0.	0.	0.	4.23E-04	8.41E-07	1.30E-01	9.11E-05	5.58E-03
18 9.00	0.	2.20E-04	4.07E-03	0.	0.	0.	4.24E-04	8.69E-07	1.30E-01	9.11E-05	4.91E-03
19 8.90	0.	2.27E-04	3.55E-03	0.	0.	0.	4.26E-04	8.99E-07	1.30E-01	9.10E-05	4.42E-03
20 8.80	0.	2.18E-04	3.40E-03	0.	0.	0.	4.27E-04	9.30E-07	1.29E-01	9.10E-05	4.27E-03
21 8.70	0.	2.10E-04	2.72E-03	0.	0.	0.	4.29E-04	9.62E-07	1.29E-01	9.09E-05	3.62E-03
22 8.60	0.	2.05E-04	2.75E-03	0.	0.	0.	4.30E-04	9.97E-07	1.29E-01	9.08E-05	3.09E-03
23 8.50	0.	2.03E-04	2.23E-03	0.	0.	0.	4.32E-04	1.03E-06	1.29E-01	9.07E-05	3.01E-03
24 8.40	0.	2.01E-04	2.16E-03	0.	0.	0.	4.34E-04	1.07E-06	1.28E-01	9.07E-05	2.55E-03
25 8.30	0.	1.97E-04	1.69E-03	0.	0.	0.	4.37E-04	1.11E-06	1.28E-01	9.17E-05	2.53E-03
26 8.20	0.	1.91E-04	1.67E-03	0.	0.	0.	4.39E-04	1.15E-06	1.28E-01	9.24E-05	2.19E-03
27 8.10	0.	1.86E-04	1.34E-03	0.	0.	0.	4.41E-04	1.19E-06	1.28E-01	9.32E-05	2.16E-03
28 8.00	0.	1.80E-04	1.31E-03	0.	0.	0.	4.43E-04	1.24E-06	1.27E-01	9.40E-05	1.90E-03
29 7.90	0.	1.75E-04	1.05E-03	0.	0.	0.	4.46E-04	1.29E-06	1.27E-01	9.47E-05	1.90E-03
30 7.80	0.	1.68E-04	1.05E-03	0.	0.	0.	4.48E-04	1.34E-06	1.27E-01	9.55E-05	1.71E-03
31 7.70	0.	1.60E-04	8.63E-04	0.	0.	0.	4.50E-04	1.39E-06	1.27E-01	9.63E-05	1.62E-03
32 7.60	0.	1.52E-04	7.82E-04	0.	0.	0.	4.52E-04	1.45E-06	1.27E-01	9.71E-05	1.51E-03
33 7.50	0.	1.45E-04	6.81E-04	0.	4.57E-08	0.	4.55E-04	1.51E-06	1.27E-01	9.78E-05	1.41E-03
34 7.40	0.	1.38E-04	5.83E-04	0.	2.36E-07	0.	4.57E-04	1.57E-06	1.27E-01	9.86E-05	1.35E-03
35 7.30	0.	1.30E-04	5.23E-04	0.	1.20E-06	0.	4.60E-04	1.63E-06	1.27E-01	9.94E-05	1.28E-03
36 7.20	0.	1.22E-04	4.46E-04	0.	6.15E-06	0.	4.62E-04	1.70E-06	1.27E-01	1.00E-04	1.27E-03
37 7.10	0.	0.	4.08E-04	0.	4.33E-05	0.	4.66E-04	1.78E-06	1.27E-01	1.01E-04	1.17E-03
38 7.00	1.05E-07	0.	3.53E-04	0.	1.19E-04	0.	4.70E-04	1.85E-06	1.27E-01	1.01E-04	1.13E-03
39 6.90	1.98E-07	0.	3.07E-04	0.	1.19E-04	0.	4.74E-04	1.93E-06	1.27E-01	1.02E-04	1.24E-03
40 6.80	1.65E-07	0.	2.78E-04	0.	2.52E-04	0.	4.77E-04	2.02E-06	1.27E-01	1.02E-04	1.25E-03
41 6.70	1.15E-07	0.	2.30E-04	0.	3.10E-04	0.	4.81E-04	2.11E-06	1.26E-01	1.03E-04	1.10E-03
42 6.60	6.79E-08	0.	1.94E-04	0.	1.84E-04	0.	4.85E-04	2.21E-06	1.27E-01	1.05E-04	1.20E-03
43 6.50	3.76E-08	0.	1.43E-04	0.	3.89E-04	0.	4.89E-04	2.32E-06	1.27E-01	1.06E-04	1.21E-03
44 6.40	5.17E-08	0.	8.93E-05	2.00E-06	1.99E-04	0.	4.93E-04	2.43E-06	1.28E-01	1.07E-04	9.92E-04
45 6.30	1.07E-07	0.	4.97E-05	8.73E-06	3.06E-04	0.	4.96E-04	2.54E-06	1.28E-01	1.09E-04	1.06E-03
46 6.20	3.17E-07	0.	1.65E-05	1.16E-05	3.34E-04	0.	5.00E-04	2.67E-06	1.30E-01	1.11E-04	1.06E-03
47 6.10	1.26E-06	0.	1.06E-05	3.18E-05	3.67E-04	0.	5.04E-04	2.80E-06	1.30E-01	1.13E-04	9.63E-04
48 6.00	3.29E-06	0.	2.53E-06	2.72E-05	1.76E-04	0.	5.08E-04	2.94E-06	1.31E-01	1.14E-04	9.88E-04
49 5.90	5.30E-06	0.	1.80E-07	3.85E-05	1.87E-04	0.	5.08E-04	3.10E-06	1.32E-01	1.16E-04	9.91E-04
50 5.80	7.99E-06	0.	4.43E-09	5.19E-05	1.78E-04	0.	5.00E-04	3.26E-06	1.34E-01	1.16E-04	9.81E-04
51 5.70	9.38E-06	0.	0.	5.64E-05	1.89E-04	0.	4.70E-04	3.44E-06	1.35E-01	1.18E-04	9.81E-04

222

ABSORPTION COEFFICIENTS OF HEATED AIR (INVERSE CM.)

TEMPERATURE (DEGREES K) 10000. DENSITY (GM/CC) 1.293E-04 (10.0E-02 NORMAL)

	PHOTON ENERGY	O2 S-R BANDS	N2 1ST POS.	N2 2ND POS.	N2+ 1ST NEG.	NO BETA	NO GAMMA	NO VIB-ROT	NO2	O- PHOTO-DET	FREE-FREE (IONS)	N P.E.	O P.E.	TOTAL AIR
52	5.60	1.16E-05	0.	0.	0.	4.29E-05	2.95E-04	0.	0.	4.37E-04	3.62E-06	1.36E-04	1.20E-04	1.04E-03
53	5.50	1.20E-05	0.	0.	0.	5.26E-05	2.83E-04	0.	0.	4.39E-04	3.83E-06	1.38E-04	1.22E-04	1.05E-03
54	5.40	1.26E-05	0.	0.	0.	4.48E-05	1.91E-04	0.	0.	4.41E-04	4.05E-06	1.41E-04	1.24E-04	9.59E-04
55	5.30	1.21E-05	0.	0.	0.	4.61E-05	1.78E-04	0.	0.	4.44E-04	4.28E-06	1.43E-04	1.26E-04	1.05E-03
56	5.20	8.60E-06	0.	0.	0.	4.79E-05	1.65E-04	0.	0.	4.47E-04	4.53E-06	1.45E-04	1.29E-04	9.48E-04
57	5.10	7.99E-06	0.	0.	0.	4.66E-05	2.24E-04	0.	0.	4.51E-04	4.81E-06	1.49E-04	1.32E-04	1.02E-03
58	5.00	5.89E-06	0.	0.	0.	4.10E-05	1.95E-04	0.	0.	4.55E-04	5.10E-06	1.53E-04	1.35E-04	9.90E-04
59	4.90	5.89E-06	0.	0.	0.	4.41E-05	1.96E-04	0.	0.	4.59E-04	5.42E-06	1.57E-04	1.38E-04	1.00E-03
60	4.80	4.91E-06	0.	0.	0.	4.64E-05	1.80E-04	0.	0.	4.62E-04	5.77E-06	1.62E-04	1.41E-04	1.00E-03
61	4.70	5.29E-06	0.	0.	0.	4.43E-05	1.54E-04	0.	0.	4.66E-04	6.15E-06	1.66E-04	1.44E-04	9.89E-04
62	4.60	6.21E-06	0.	0.	0.	4.42E-05	1.02E-04	0.	0.	4.70E-04	6.56E-06	1.71E-04	1.48E-04	9.85E-04
63	4.50	6.20E-06	0.	1.26E-05	0.	3.83E-05	7.49E-05	0.	0.	4.74E-04	7.01E-06	1.78E-04	1.51E-04	9.69E-04
64	4.40	6.26E-06	0.	4.52E-05	0.	3.73E-05	4.27E-05	0.	0.	4.77E-04	7.50E-06	1.84E-04	1.55E-04	9.88E-04
65	4.30	5.61E-06	0.	1.12E-04	0.	3.38E-05	3.36E-05	0.	0.	4.85E-04	8.04E-06	1.91E-04	1.59E-04	9.89E-04
66	4.20	5.04E-06	0.	4.50E-04	0.	3.50E-05	8.69E-06	0.	0.	4.87E-04	8.63E-06	1.98E-04	1.62E-04	1.03E-03
67	4.10	4.54E-06	0.	1.42E-04	0.	3.24E-05	6.65E-06	0.	0.	4.89E-04	9.28E-06	2.04E-04	1.65E-04	1.38E-03
68	4.00	4.00E-06	0.	6.32E-04	3.80E-05	3.00E-05	2.85E-06	0.	0.	4.85E-04	1.00E-05	2.11E-04	2.81E-05	1.05E-03
69	3.90	3.21E-06	0.	2.80E-04	2.59E-05	2.58E-05	0.	0.	0.	4.77E-04	1.08E-05	1.76E-04	2.89E-05	1.41E-03
70	3.80	3.44E-06	0.	3.99E-04	6.23E-05	2.72E-05	0.	0.	0.	4.09E-04	1.17E-05	1.80E-04	2.98E-05	1.40E-03
71	3.70	3.83E-06	0.	5.12E-04	3.97E-04	2.11E-05	0.	0.	0.	2.36E-04	1.27E-05	1.39E-04	3.35E-05	1.26E-03
72	3.60	2.45E-06	0.	2.71E-04	9.14E-05	2.30E-05	0.	0.	0.	2.36E-04	1.37E-05	1.50E-04	3.77E-05	1.34E-03
73	3.50	2.18E-06	0.	2.09E-04	5.04E-04	1.65E-05	0.	0.	0.	2.37E-04	1.50E-05	1.50E-04	4.22E-05	1.24E-03
74	3.40	1.88E-06	0.	2.27E-04	1.26E-04	1.82E-05	0.	0.	0.	2.38E-04	1.63E-05	1.66E-04	4.71E-05	7.86E-04
75	3.30	1.45E-06	0.	1.29E-04	1.43E-04	1.35E-05	0.	0.	0.	2.38E-04	1.79E-05	1.85E-04	5.21E-05	1.24E-03
76	3.20	1.19E-06	0.	9.91E-05	1.22E-04	1.37E-05	0.	0.	0.	2.39E-04	1.96E-05	1.72E-04	5.72E-05	1.92E-03
77	3.10	1.08E-06	0.	5.59E-05	5.02E-04	1.08E-05	0.	0.	0.	2.393E-04	2.16E-05	2.04E-04	6.24E-05	8.00E-04
78	3.00	9.15E-07	0.	3.33E-05	3.28E-04	7.47E-06	0.	0.	0.	2.39E-04	2.38E-05	2.23E-04	6.76E-05	1.14E-03
79	2.90	7.21E-07	0.	1.56E-05	1.24E-04	4.56E-06	0.	0.	0.	2.39E-04	2.64E-05	2.43E-04	7.28E-05	9.70E-04
80	2.80	7.19E-07	0.	7.17E-06	2.28E-05	2.20E-06	0.	0.	0.	2.37E-04	2.93E-05	2.63E-04	7.84E-05	7.76E-04
81	2.70	4.22E-07	0.	3.65E-06	1.78E-05	8.68E-07	0.	0.	0.	2.36E-04	3.27E-05	2.85E-04	8.45E-05	9.18E-04
82	2.60	1.77E-07	0.	4.58E-07	1.95E-05	1.93E-07	0.	0.	0.	2.27E-04	3.67E-05	3.08E-04	9.07E-05	7.26E-04
83	2.50	1.18E-08	0.	0.	0.	1.95E-08	0.	0.	0.	2.19E-04	4.13E-05	3.32E-04	3.52E-05	8.05E-04
84	2.40	0.	2.66E-05	0.	0.	0.	0.	0.	0.	2.09E-04	4.68E-05	3.74E-04	4.30E-05	8.05E-04
85	2.30	0.	1.15E-04	0.	0.	0.	0.	0.	0.	1.97E-04	5.32E-05	3.74E-04	5.15E-05	7.40E-04
86	2.20	0.	2.50E-04	0.	0.	0.	0.	0.	0.	1.67E-04	6.09E-05	3.35E-04	6.22E-05	9.44E-04
87	2.10	0.	3.43E-04	0.	0.	0.	0.	0.	0.	7.58E-05	7.01E-05	3.90E-04	7.28E-05	1.11E-03
88	2.00	0.	5.74E-04	0.	0.	0.	0.	0.	0.	0.	8.12E-05	4.45E-04	8.34E-05	1.41E-03
89	1.90	0.	1.07E-03	0.	0.	0.	0.	0.	0.	0.	9.49E-05	5.03E-04	9.46E-05	1.98E-03
90	1.80	0.	8.68E-04	0.	0.	0.	0.	0.	0.	0.	1.12E-04	5.92E-04	1.13E-04	1.89E-03
91	1.70	0.	1.05E-04	0.	0.	0.	0.	0.	0.	0.	1.33E-04	7.02E-04	1.22E-04	1.89E-03
92	1.60	0.	7.36E-04	0.	0.	0.	0.	0.	0.	0.	1.60E-04	8.12E-04	1.58E-04	2.22E-03
93	1.50	0.	9.02E-04	0.	0.	0.	0.	0.	0.	0.	1.94E-04	1.01E-03	1.89E-04	2.03E-03
94	1.40	0.	9.46E-04	0.	0.	0.	0.	0.	0.	0.	2.40E-04	1.23E-03	2.19E-04	2.37E-03
95	1.30	0.	7.05E-04	0.	0.	0.	0.	0.	0.	0.	3.00E-04	1.50E-03	2.83E-04	2.79E-03
96	1.20	0.	7.02E-04	0.	0.	0.	0.	2.80E-09	0.	0.	3.83E-04	1.41E-03	2.62E-04	2.76E-03
97	1.10	0.	5.90E-04	0.	0.	0.	0.	2.59E-08	0.	0.	4.99E-04	1.74E-03	3.27E-04	2.63E-03
98	1.00	0.	5.47E-04	0.	0.	0.	0.	3.16E-08	0.	0.	6.67E-04	2.10E-03	3.60E-04	3.16E-03
99	0.90	0.	4.43E-04	0.	0.	0.	0.	5.52E-07	0.	0.	9.18E-04	2.72E-03	4.23E-04	3.67E-03
100	0.80	0.	2.07E-04	0.	0.	0.	0.	3.80E-07	0.	0.	1.32E-03	3.01E-03	4.87E-04	4.15E-03
101	0.70	0.	5.38E-05	0.	0.	0.	0.	1.51E-06	0.	0.	1.99E-03	3.35E-03	5.41E-04	5.60E-03
102	0.60	0.	3.77E-06	0.	0.	0.	0.	0.	0.	0.	3.18E-03	3.35E-03	6.04E-04	7.15E-03

ABSORPTION COEFFICIENTS OF HEATED AIR (INVERSE CM.)

TEMPERATURE (DEGREES K) 10000. DENSITY (GM/CC) 1.293E-05 (10.0E-03 NORMAL)

#	PHOTON ENERGY E.V.	O2 S-R BANDS	O2 S-R CONT.	N2 B-H NO. 1	NO BETA	NO GAMMA	NO 2	O- PHOTO-DET	FREE-FREE (IONS)	N P.E.	O P.E.	TOTAL AIR
1	10.70	0.	0.	2.59E-04	0.	0.	0.	1.27E-05	5.05E-08	4.65E-05	9.15E-06	3.27E-04
2	10.60	0.	0.	2.23E-04	0.	0.	0.	1.27E-05	5.19E-08	4.67E-05	9.14E-06	2.91E-04
3	10.50	0.	0.	2.17E-04	0.	0.	0.	1.27E-05	5.34E-08	4.70E-05	9.13E-06	2.86E-04
4	10.40	0.	0.	1.96E-04	0.	0.	0.	1.27E-05	5.50E-08	4.72E-05	9.13E-06	2.65E-04
5	10.30	0.	0.	1.61E-04	0.	0.	0.	1.27E-05	5.66E-08	4.73E-05	9.12E-06	2.30E-04
6	10.20	0.	0.	1.60E-04	0.	0.	0.	1.28E-05	5.83E-08	4.74E-05	9.11E-06	2.30E-04
7	10.10	0.	0.	1.45E-04	0.	0.	0.	1.28E-05	6.00E-08	4.75E-05	9.10E-06	2.15E-04
8	10.00	0.	0.	1.18E-04	0.	0.	0.	1.28E-05	6.19E-08	4.76E-05	9.10E-06	1.88E-04
9	9.90	0.	0.	1.20E-04	0.	0.	0.	1.28E-05	6.38E-08	4.78E-05	9.09E-06	1.89E-04
10	9.80	0.	0.	1.06E-04	0.	0.	0.	1.28E-05	6.58E-08	4.79E-05	9.08E-06	1.76E-04
11	9.70	0.	0.	8.56E-05	0.	0.	0.	1.29E-05	6.78E-08	4.80E-05	9.07E-06	1.56E-04
12	9.60	0.	6.68E-07	9.18E-05	0.	0.	0.	1.29E-05	7.00E-08	4.81E-05	9.06E-06	1.62E-04
13	9.50	0.	9.01E-07	7.27E-05	0.	0.	0.	1.29E-05	7.22E-08	4.83E-05	9.05E-06	1.44E-04
14	9.40	0.	1.13E-06	6.51E-05	0.	0.	0.	1.30E-05	7.45E-08	4.84E-05	9.05E-06	1.36E-04
15	9.30	0.	1.37E-06	6.56E-05	0.	0.	0.	1.30E-05	7.70E-08	4.85E-05	9.04E-06	1.37E-04
16	9.20	0.	1.63E-06	4.93E-05	0.	0.	0.	1.30E-05	7.95E-08	1.34E-05	9.03E-06	8.63E-05
17	9.10	0.	1.89E-06	5.05E-05	0.	0.	0.	1.31E-05	8.22E-08	1.34E-05	9.02E-06	8.77E-05
18	9.00	0.	2.16E-06	4.31E-05	0.	0.	0.	1.31E-05	8.50E-08	1.34E-05	9.02E-06	8.06E-05
19	8.90	0.	2.23E-06	3.75E-05	0.	0.	0.	1.32E-05	8.79E-08	1.33E-05	9.01E-06	7.53E-05
20	8.80	0.	2.15E-06	3.59E-05	0.	0.	0.	1.32E-05	9.09E-08	1.33E-05	9.00E-06	7.38E-05
21	8.70	0.	2.07E-06	2.88E-05	0.	0.	0.	1.33E-05	9.41E-08	1.33E-05	9.00E-06	6.66E-05
22	8.60	0.	2.02E-06	2.91E-05	0.	0.	0.	1.33E-05	9.75E-08	1.32E-05	8.99E-06	6.69E-05
23	8.50	0.	2.00E-06	2.36E-05	0.	0.	0.	1.34E-05	1.01E-07	1.32E-05	8.98E-06	6.13E-05
24	8.40	0.	1.98E-06	2.28E-05	0.	0.	0.	1.34E-05	1.08E-07	1.32E-05	8.98E-06	6.05E-05
25	8.30	0.	1.94E-06	1.79E-05	0.	0.	0.	1.35E-05	1.12E-07	1.32E-05	9.00E-06	5.57E-05
26	8.20	0.	1.88E-06	1.76E-05	0.	0.	0.	1.36E-05	1.17E-07	1.32E-05	9.07E-06	5.55E-05
27	8.10	0.	1.83E-06	1.42E-05	0.	0.	0.	1.37E-05	1.21E-07	1.31E-05	9.15E-06	5.21E-05
28	8.00	0.	1.77E-06	1.38E-05	0.	0.	0.	1.37E-05	1.26E-07	1.31E-05	9.23E-06	5.18E-05
29	7.90	0.	1.72E-06	1.11E-05	0.	0.	0.	1.38E-05	1.31E-07	1.31E-05	9.30E-06	4.92E-05
30	7.80	0.	1.68E-06	1.11E-05	0.	0.	0.	1.39E-05	1.36E-07	1.31E-05	9.38E-06	4.93E-05
31	7.70	0.	1.58E-06	9.13E-06	0.	4.66E-10	0.	1.39E-05	1.41E-07	1.31E-05	9.45E-06	4.74E-05
32	7.60	0.	1.50E-06	8.27E-06	0.	2.41E-09	0.	1.40E-05	1.47E-07	1.31E-05	9.53E-06	4.66E-05
33	7.50	0.	1.43E-06	7.20E-06	0.	1.23E-08	0.	1.41E-05	1.53E-07	1.31E-05	9.61E-06	4.56E-05
34	7.40	0.	1.36E-06	6.16E-06	0.	6.26E-08	0.	1.42E-05	1.60E-07	1.30E-05	9.68E-06	4.47E-05
35	7.30	0.	1.28E-06	5.53E-06	0.	1.66E-06	0.	1.43E-05	1.66E-07	1.30E-05	9.76E-06	4.42E-05
36	7.20	0.	1.21E-06	4.72E-06	0.	4.41E-07	0.	1.44E-05	1.74E-07	1.30E-05	9.84E-06	4.35E-05
37	7.10	0.	0.	4.31E-06	0.	1.21E-06	0.	1.45E-05	1.81E-07	1.30E-05	9.91E-06	4.35E-05
38	7.00	1.03E-09	0.	3.74E-06	0.	1.21E-06	0.	1.47E-05	1.89E-07	1.30E-05	9.99E-06	4.27E-05
39	6.90	1.94E-09	0.	3.25E-06	0.	2.57E-06	0.	1.48E-05	1.98E-07	1.30E-05	1.01E-05	4.24E-05
40	6.80	1.62E-09	0.	2.94E-06	0.	3.16E-06	0.	1.49E-05	2.07E-07	1.30E-05	1.01E-05	4.37E-05
41	6.70	1.13E-09	0.	2.43E-06	0.	1.88E-06	0.	1.50E-05	2.16E-07	1.30E-05	1.02E-05	4.39E-05
42	6.60	6.66E-10	0.	2.05E-06	0.	3.41E-06	0.	1.51E-05	2.26E-07	1.31E-05	1.03E-05	4.38E-05
43	6.50	3.69E-10	0.	1.52E-06	0.	3.97E-06	0.	1.53E-05	2.37E-07	1.31E-05	1.04E-05	4.75E-05
44	6.40	5.07E-10	0.	9.44E-07	2.03E-08	2.02E-06	0.	1.54E-05	2.49E-07	1.31E-05	1.05E-05	4.41E-05
45	6.30	1.05E-09	0.	5.26E-07	8.89E-08	3.11E-06	0.	1.55E-05	2.61E-07	1.32E-05	1.08E-05	4.21E-05
46	6.20	3.11E-09	0.	2.63E-07	1.18E-07	4.76E-06	0.	1.56E-05	2.74E-07	1.32E-05	1.08E-05	4.33E-05
47	6.10	1.24E-08	0.	1.12E-07	3.24E-07	1.79E-06	0.	1.57E-05	2.88E-07	1.33E-05	1.10E-05	4.54E-05
48	6.00	3.23E-08	0.	2.68E-08	2.77E-07	1.90E-06	0.	1.57E-05	3.03E-07	1.35E-05	1.11E-05	4.27E-05
49	5.90	5.20E-08	0.	1.90E-09	3.92E-07	1.81E-06	0.	1.57E-05	3.19E-07	1.36E-05	1.13E-05	4.34E-05
50	5.80	7.84E-08	0.	4.69E-11	5.28E-07	1.93E-06	0.	1.55E-05	3.36E-07	1.37E-05	1.15E-05	4.35E-05
51	5.70	9.20E-08	0.	0.	5.75E-07	0.	0.	1.45E-05	3.36E-07	1.39E-05	1.17E-05	4.30E-05

ABSORPTION COEFFICIENTS OF HEATED AIR (INVERSE CM.)

TEMPERATURE (DEGREES K) 10000. DENSITY (GM/CC) 1.293E-05 (10.0E-03 NORMAL)

#	PHOTON ENERGY	O2 S-R BANDS	N2 1ST POS.	N2 2ND POS.	N2+ 1ST NEG.	NO BETA	NO GAMMA	NO VIB-ROT	NO2	O- PHOTO-DET (IONS)	FREE-FREE (IONS)	N P.E.	O P.E.	TOTAL AIR P.F.
52	5.60	1.14E-07	0.	0.	0.	4.37E-07	3.01E-06	0.	0.	1.35E-05	3.54E-07	1.40E-05	1.19E-05	4.33E-05
53	5.50	1.18E-07	0.	0.	0.	5.36E-07	2.88E-06	0.	0.	1.36E-05	3.74E-07	1.42E-05	1.21E-05	4.38E-05
54	5.40	1.23E-07	0.	0.	0.	4.57E-07	2.95E-06	0.	0.	1.37E-05	3.96E-07	1.45E-05	1.22E-05	4.33E-05
55	5.30	1.18E-07	0.	0.	0.	4.70E-07	2.68E-06	0.	0.	1.38E-05	4.19E-07	1.47E-05	1.25E-05	4.47E-05
56	5.20	8.43E-08	0.	0.	0.	4.88E-07	1.68E-06	0.	0.	1.38E-05	4.43E-07	1.49E-05	1.28E-05	4.43E-05
57	5.10	7.83E-08	0.	0.	0.	4.75E-07	2.28E-06	0.	0.	1.40E-05	4.70E-07	1.53E-05	1.31E-05	4.57E-05
58	5.00	5.77E-08	0.	0.	0.	5.77E-07	2.00E-06	0.	0.	1.41E-05	4.99E-07	1.58E-05	1.33E-05	4.61E-05
59	4.90	4.82E-08	0.	0.	0.	4.50E-07	2.00E-06	0.	0.	1.42E-05	5.30E-07	1.62E-05	1.36E-05	4.70E-05
60	4.80	4.82E-08	0.	0.	0.	4.73E-07	1.84E-06	0.	0.	1.43E-05	5.64E-07	1.66E-05	1.39E-05	4.78E-05
61	4.70	5.19E-08	0.	0.	0.	4.50E-07	1.56E-06	0.	0.	1.44E-05	6.01E-07	1.71E-05	1.43E-05	4.85E-05
62	4.60	6.09E-08	0.	1.33E-07	0.	4.50E-07	1.46E-06	0.	0.	1.45E-05	6.41E-07	1.76E-05	1.46E-05	4.94E-05
63	4.50	6.08E-08	0.	4.77E-07	0.	3.90E-07	1.04E-06	0.	0.	1.47E-05	6.85E-07	1.83E-05	1.50E-05	5.02E-05
64	4.40	6.14E-08	0.	1.18E-06	0.	3.80E-07	7.62E-07	0.	0.	1.48E-05	7.34E-07	1.89E-05	1.53E-05	5.15E-05
65	4.30	5.51E-08	0.	1.76E-06	0.	3.45E-07	4.35E-07	0.	0.	1.49E-05	7.86E-07	1.96E-05	1.57E-05	5.30E-05
66	4.20	4.95E-08	0.	1.50E-06	0.	3.56E-07	3.43E-07	0.	0.	1.50E-05	8.44E-07	2.03E-05	1.60E-05	5.77E-05
67	4.10	4.45E-08	0.	6.68E-06	0.	3.30E-07	8.85E-08	0.	0.	1.51E-05	9.08E-07	2.10E-05	2.70E-06	4.17E-05
68	4.00	3.93E-08	0.	2.97E-06	0.	3.06E-07	6.77E-08	0.	0.	1.51E-05	9.78E-07	1.75E-05	2.78E-06	4.35E-05
69	3.90	3.15E-08	0.	4.22E-06	1.29E-06	2.77E-07	2.90E-08	0.	0.	1.51E-05	1.06E-06	1.79E-05	2.86E-06	4.15E-05
70	3.80	3.37E-08	0.	5.42E-06	8.77E-07	2.15E-07	0.	0.	0.	1.50E-05	1.14E-06	1.38E-05	2.95E-06	4.63E-05
71	3.70	2.78E-08	0.	2.86E-06	2.11E-06	2.34E-07	0.	0.	0.	1.48E-05	1.24E-06	1.43E-05	3.31E-06	4.14E-05
72	3.60	2.14E-08	0.	4.06E-06	1.34E-06	1.68E-07	0.	0.	0.	1.38E-05	1.34E-06	1.34E-05	3.73E-06	4.89E-05
73	3.50	2.14E-08	0.	2.21E-06	4.03E-06	1.86E-07	0.	0.	0.	1.27E-05	1.46E-06	1.51E-05	4.18E-06	7.83E-05
74	3.40	1.84E-08	0.	2.40E-06	3.09E-06	1.37E-07	0.	0.	0.	7.31E-06	1.60E-06	1.71E-05	4.66E-06	3.61E-05
75	3.30	1.43E-08	0.	1.05E-06	1.70E-06	1.26E-07	0.	0.	0.	7.32E-06	1.75E-06	1.90E-05	5.16E-06	6.28E-05
76	3.20	1.17E-08	0.	5.91E-07	1.26E-05	1.10E-07	0.	0.	0.	7.35E-06	1.92E-06	2.10E-05	5.67E-06	8.01E-05
77	3.10	1.06E-08	0.	3.52E-07	4.83E-06	6.05E-08	0.	0.	0.	7.37E-06	2.11E-06	2.30E-05	6.18E-06	4.46E-05
78	3.00	8.98E-09	0.	1.65E-07	1.70E-05	4.65E-08	0.	0.	0.	7.38E-06	2.33E-06	2.50E-05	6.69E-06	5.91E-05
79	2.90	7.05E-09	0.	7.58E-08	1.11E-06	2.24E-08	0.	0.	0.	7.39E-06	2.58E-06	2.70E-05	7.21E-06	5.57E-05
80	2.80	7.05E-09	0.	3.86E-08	4.26E-06	8.84E-09	0.	0.	0.	7.39E-06	2.87E-06	2.93E-05	7.76E-06	5.17E-05
81	2.70	4.14E-09	0.	4.85E-09	8.28E-06	1.98E-10	0.	0.	0.	7.39E-06	3.20E-06	3.16E-05	8.36E-06	5.90E-05
82	2.60	1.74E-09	0.	0.	7.73E-07	0.	0.	0.	0.	7.39E-06	3.59E-06	3.42E-05	8.57E-06	5.46E-05
83	2.50	1.16E-10	0.	0.	6.01E-07	0.	0.	0.	0.	7.31E-06	4.04E-06	3.84E-05	4.26E-06	5.39E-05
84	2.40	0.	2.81E-07	0.	6.61E-07	0.	0.	0.	0.	7.28E-06	4.58E-06	2.40E-05	5.10E-06	4.12E-05
85	2.30	0.	1.22E-06	0.	0.	0.	0.	0.	0.	7.04E-06	5.20E-06	2.91E-05	6.15E-06	4.80E-05
86	2.20	0.	2.64E-06	0.	0.	0.	0.	0.	0.	6.77E-06	5.95E-06	3.44E-05	7.21E-06	6.65E-05
87	2.10	0.	3.07E-06	0.	0.	0.	0.	0.	0.	6.48E-06	6.85E-06	4.01E-05	8.26E-06	6.50E-05
88	2.00	0.	6.07E-06	0.	0.	0.	0.	0.	0.	6.10E-06	7.94E-06	4.58E-05	9.36E-06	7.51E-05
89	1.90	0.	1.13E-05	0.	0.	0.	0.	0.	0.	5.16E-06	9.28E-06	5.17E-05	1.11E-05	8.84E-05
90	1.80	0.	9.18E-06	0.	0.	0.	0.	0.	0.	2.35E-06	1.09E-05	6.09E-05	1.34E-05	9.86E-05
91	1.70	0.	1.11E-05	0.	0.	0.	0.	0.	0.	0.	1.30E-05	7.22E-05	1.56E-05	1.16E-04
92	1.60	0.	7.78E-06	0.	0.	0.	0.	0.	0.	0.	1.56E-05	8.35E-05	1.77E-05	1.28E-04
93	1.50	0.	9.54E-06	0.	0.	0.	0.	0.	0.	0.	1.90E-05	1.17E-04	1.94E-05	1.53E-04
94	1.40	0.	1.00E-05	0.	0.	0.	0.	0.	0.	0.	2.34E-05	1.08E-04	2.59E-05	1.65E-04
95	1.30	0.	7.42E-06	0.	0.	0.	0.	2.85E-11	0.	0.	2.93E-05	1.43E-04	2.93E-05	2.13E-04
96	1.20	0.	7.46E-06	0.	0.	0.	0.	2.63E-10	0.	0.	3.74E-05	1.79E-04	3.56E-05	2.64E-04
97	1.10	0.	6.24E-06	0.	0.	0.	0.	3.22E-10	0.	0.	6.52E-05	2.07E-04	4.19E-05	3.14E-04
98	1.00	0.	5.78E-06	0.	0.	0.	0.	5.62E-09	0.	0.	8.98E-05	2.43E-04	4.81E-05	3.80E-04
99	0.90	0.	4.68E-06	0.	0.	0.	0.	3.88E-09	0.	0.	1.29E-04	2.79E-04	5.35E-05	4.59E-04
100	0.80	0.	2.18E-06	0.	0.	0.	0.	0.	0.	0.	1.95E-04	3.09E-04	5.59E-05	5.30E-04
101	0.70	0.	5.69E-07	0.	0.	0.	0.	0.	0.	0.	3.11E-04	2.70E-04	4.36E-05	5.71E-04
102	0.60	0.	3.98E-08	0.	0.	0.	0.	1.54E-08	0.	0.	3.11E-04	2.70E-04	4.36E-05	6.25E-04

ABSORPTION COEFFICIENTS OF HEATED AIR (INVERSE CM.)

TEMPERATURE (DEGREES K) 10000. DENSITY (GM/CC) 1.293E-06 (10.0E-04 NORMAL)

#	PHOTON ENERGY E.V.	O2 S-R BANDS	O2 S-R CONT.	N2 B-H NO. 1	NO BETA	NO GAMMA	NO 2	O- PHOTO-DET	FREE-FREE (IONS)	N P.E.	O P.E.	TOTAL AIR
1	10.70	0.	0.	2.30E-06	0.	0.	0.	3.72E-07	4.74E-09	4.38E-06	8.77E-07	7.93E-06
2	10.60	0.	0.	1.98E-06	0.	0.	0.	3.73E-07	4.88E-09	4.41E-06	8.76E-07	7.64E-06
3	10.50	0.	0.	1.93E-06	0.	0.	0.	3.73E-07	5.02E-09	4.43E-06	8.76E-07	7.61E-06
4	10.40	0.	0.	1.74E-06	0.	0.	0.	3.74E-07	5.17E-09	4.44E-06	8.75E-07	7.44E-06
5	10.30	0.	0.	1.43E-06	0.	0.	0.	3.74E-07	5.32E-09	4.46E-06	8.74E-07	7.14E-06
6	10.20	0.	0.	1.42E-06	0.	0.	0.	3.75E-07	5.48E-09	4.47E-06	8.73E-07	7.14E-06
7	10.10	0.	0.	1.29E-06	0.	0.	0.	3.76E-07	5.64E-09	4.48E-06	8.73E-07	7.02E-06
8	10.00	0.	0.	1.05E-06	0.	0.	0.	3.76E-07	5.81E-09	4.49E-06	8.72E-07	6.79E-06
9	9.90	0.	0.	1.06E-06	0.	0.	0.	3.76E-07	5.99E-09	4.50E-06	8.71E-07	6.82E-06
10	9.80	0.	0.	9.44E-07	0.	0.	0.	3.77E-07	6.18E-09	4.51E-06	8.70E-07	6.71E-06
11	9.70	0.	0.	7.60E-07	0.	0.	0.	3.78E-07	6.37E-09	4.52E-06	8.70E-07	6.54E-06
12	9.60	0.	0.	8.15E-07	0.	0.	0.	3.78E-07	6.57E-09	4.54E-06	8.69E-07	6.60E-06
13	9.50	0.	6.10E-09	6.46E-07	0.	0.	0.	3.79E-07	6.78E-09	4.55E-06	8.68E-07	6.45E-06
14	9.40	0.	8.23E-09	5.78E-07	0.	0.	0.	3.80E-07	7.00E-09	4.56E-06	8.67E-07	6.40E-06
15	9.30	0.	1.04E-08	5.82E-07	0.	0.	0.	3.82E-07	7.23E-09	1.27E-06	8.66E-07	3.12E-06
16	9.20	0.	1.25E-08	4.38E-07	0.	0.	0.	3.83E-07	7.47E-09	1.27E-06	8.66E-07	2.97E-06
17	9.10	0.	1.49E-08	4.48E-07	0.	0.	0.	3.85E-07	7.72E-09	1.26E-06	8.65E-07	2.98E-06
18	9.00	0.	1.73E-08	3.82E-07	0.	0.	0.	3.86E-07	7.98E-09	1.26E-06	8.64E-07	2.92E-06
19	8.90	0.	1.97E-08	3.33E-07	0.	0.	0.	3.87E-07	8.26E-09	1.26E-06	8.64E-07	2.87E-06
20	8.80	0.	2.04E-08	3.19E-07	0.	0.	0.	3.89E-07	8.54E-09	1.25E-06	8.63E-07	2.85E-06
21	8.70	0.	1.96E-08	2.55E-07	0.	0.	0.	3.90E-07	8.84E-09	1.25E-06	8.62E-07	2.79E-06
22	8.60	0.	1.89E-08	2.59E-07	0.	0.	0.	3.92E-07	9.16E-09	1.25E-06	8.62E-07	2.79E-06
23	8.50	0.	1.84E-08	2.09E-07	0.	0.	0.	3.93E-07	9.48E-09	1.25E-06	8.61E-07	2.74E-06
24	8.40	0.	1.83E-08	2.02E-07	0.	0.	0.	3.95E-07	9.82E-09	1.24E-06	8.60E-07	2.73E-06
25	8.30	0.	1.81E-08	1.59E-07	0.	0.	0.	3.97E-07	1.02E-08	1.24E-06	8.62E-07	2.69E-06
26	8.20	0.	1.77E-08	1.57E-07	0.	0.	0.	3.99E-07	1.06E-08	1.24E-06	8.66E-07	2.69E-06
27	8.10	0.	1.72E-08	1.26E-07	0.	0.	0.	4.01E-07	1.10E-08	1.24E-06	8.70E-07	2.67E-06
28	8.00	0.	1.62E-08	1.23E-07	0.	0.	0.	4.05E-07	1.14E-08	1.23E-06	8.77E-07	2.67E-06
29	7.90	0.	1.62E-08	9.85E-08	0.	0.	0.	4.07E-07	1.18E-08	1.23E-06	8.84E-07	2.66E-06
30	7.80	0.	1.57E-08	9.86E-08	0.	0.	0.	4.10E-07	1.23E-08	1.23E-06	8.92E-07	2.67E-06
31	7.70	0.	1.51E-08	8.10E-08	0.	4.20E-12	0.	4.12E-07	1.28E-08	1.23E-06	8.99E-07	2.67E-06
32	7.70	0.	1.37E-08	7.34E-08	0.	2.17E-11	0.	4.14E-07	1.33E-08	1.23E-06	9.06E-07	2.66E-06
33	7.60	0.	1.30E-08	6.40E-08	0.	1.11E-10	0.	4.16E-07	1.38E-08	1.23E-06	9.14E-07	2.66E-06
34	7.50	0.	1.24E-08	5.47E-08	0.	5.65E-10	0.	4.18E-07	1.44E-08	1.23E-06	9.21E-07	2.66E-06
35	7.40	0.	1.17E-08	4.91E-08	0.	1.52E-09	0.	4.21E-07	1.50E-08	1.23E-06	9.28E-07	2.66E-06
36	7.30	0.	1.10E-08	4.19E-08	0.	3.98E-09	0.	4.24E-07	1.56E-08	1.23E-06	9.35E-07	2.66E-06
37	7.20	4.44E-12	0.	3.83E-08	0.	1.09E-08	0.	4.27E-07	1.63E-08	1.23E-06	9.43E-07	2.67E-06
38	7.10	1.48E-11	0.	3.32E-08	0.	1.39E-08	0.	4.31E-07	1.70E-08	1.23E-06	9.50E-07	2.67E-06
39	7.00	1.04E-11	0.	2.88E-08	0.	2.32E-08	0.	4.34E-07	1.78E-08	1.23E-06	9.57E-07	2.68E-06
40	6.90	0.	0.	2.61E-08	0.	2.85E-08	0.	4.38E-07	1.86E-08	1.23E-06	9.65E-07	2.70E-06
41	6.80	0.	0.	2.16E-08	0.	1.69E-08	0.	4.41E-07	1.94E-08	1.23E-06	9.72E-07	2.70E-06
42	6.70	6.11E-12	0.	1.82E-08	0.	3.07E-08	0.	4.45E-07	2.03E-08	1.23E-06	9.80E-07	2.71E-06
43	6.60	3.38E-12	0.	1.34E-08	0.	3.58E-08	0.	4.48E-07	2.13E-08	1.24E-06	9.89E-07	2.71E-06
44	6.50	4.65E-12	0.	8.38E-09	1.84E-10	1.83E-08	0.	4.52E-07	2.23E-08	1.24E-06	9.97E-07	2.74E-06
45	6.40	9.64E-12	0.	4.67E-09	8.03E-10	2.81E-08	0.	4.55E-07	2.34E-08	1.25E-06	1.01E-06	2.76E-06
46	6.30	2.85E-11	0.	2.33E-09	1.07E-09	4.29E-08	0.	4.58E-07	2.45E-08	1.26E-06	1.02E-06	2.79E-06
47	6.20	1.14E-10	0.	9.95E-10	2.92E-09	1.62E-08	0.	4.62E-07	2.58E-08	1.26E-06	1.05E-06	2.84E-06
48	6.10	2.96E-10	0.	2.38E-10	2.50E-09	1.72E-08	0.	4.62E-07	2.71E-08	1.27E-06	1.07E-06	2.85E-06
49	6.00	4.77E-10	0.	1.69E-10	3.54E-09	1.63E-08	0.	4.55E-07	2.85E-08	1.28E-06	1.09E-06	2.86E-06
50	5.90	7.20E-10	0.	4.16E-11	4.77E-09	1.74E-08	0.	4.27E-07	3.00E-08	1.30E-06	1.10E-06	2.90E-06
51	5.70	8.44E-10	0.	0.	5.19E-09		0.	4.27E-07	3.16E-08	1.31E-06	1.12E-06	2.91E-06

ABSORPTION COEFFICIENTS OF HEATED AIR (INVERSE CM.)

TEMPERATURE (DEGREES K) 10000.   DENSITY (GM/CC) 1.293E-06   (10.0E-04 NORMAL)

#	PHOTON ENERGY BANDS	O2 S-R BANDS	N2 1ST POS.	N2 2ND POS.	N2+ 1ST NEG.	NO BETA	NO GAMMA	NO VIB-ROT	NO2	O- PHOTO-DET (IONS)	FREE-FREE (IONS)	N P.E.	O P.E.	TOTAL AIR
52	5.60	1.05E-09	0.	0.	0.	3.94E-09	2.71E-08	0.	0.	3.97E-07	3.33E-08	1.32E-06	1.14E-06	2.92E-06
53	5.50	1.08E-09	0.	0.	0.	4.84E-09	2.60E-08	0.	0.	4.00E-07	3.52E-08	1.34E-06	1.16E-06	2.96E-06
54	5.40	1.13E-09	0.	0.	0.	4.12E-09	1.76E-08	0.	0.	4.02E-07	3.72E-08	1.36E-06	1.17E-06	3.00E-06
55	5.30	1.09E-09	0.	0.	0.	4.24E-09	2.55E-08	0.	0.	4.04E-07	3.93E-08	1.38E-06	1.20E-06	3.05E-06
56	5.20	7.74E-10	0.	0.	0.	4.40E-09	1.55E-08	0.	0.	4.07E-07	4.17E-08	1.41E-06	1.22E-06	3.10E-06
57	5.10	7.19E-10	0.	0.	0.	4.28E-09	2.06E-08	0.	0.	4.10E-07	4.42E-08	1.44E-06	1.25E-06	3.18E-06
58	5.00	5.30E-10	0.	0.	0.	3.77E-09	1.79E-08	0.	0.	4.14E-07	4.69E-08	1.48E-06	1.28E-06	3.25E-06
59	4.90	4.42E-10	0.	0.	0.	4.06E-09	1.80E-08	0.	0.	4.17E-07	4.98E-08	1.53E-06	1.31E-06	3.32E-06
60	4.80	4.42E-10	0.	0.	0.	4.07E-09	1.66E-08	0.	0.	4.21E-07	5.30E-08	1.57E-06	1.33E-06	3.40E-06
61	4.70	4.76E-10	0.	0.	0.	4.06E-09	1.41E-08	0.	0.	4.24E-07	5.65E-08	1.61E-06	1.37E-06	3.48E-06
62	4.60	5.59E-10	0.	0.	0.	3.52E-09	1.31E-08	0.	0.	4.27E-07	6.03E-08	1.66E-06	1.40E-06	3.57E-06
63	4.50	5.58E-10	0.	1.18E-09	0.	3.45E-09	9.88E-09	0.	0.	4.31E-07	6.44E-08	1.72E-06	1.44E-06	3.67E-06
64	4.40	5.63E-10	0.	4.24E-09	0.	3.11E-09	9.86E-09	0.	0.	4.34E-07	6.89E-08	1.79E-06	1.47E-06	3.77E-06
65	4.30	5.05E-10	0.	1.05E-08	0.	3.22E-09	3.92E-09	0.	0.	4.38E-07	7.39E-08	1.85E-06	1.50E-06	3.88E-06
66	4.20	4.54E-10	0.	4.22E-08	0.	2.76E-09	3.09E-09	0.	0.	4.41E-07	7.93E-08	1.92E-06	1.47E-06	3.96E-06
67	4.10	4.09E-10	0.	1.33E-08	0.	2.37E-09	7.99E-10	0.	0.	4.43E-07	8.53E-08	1.98E-06	1.59E-06	2.79E-06
68	4.00	3.60E-10	0.	5.93E-08	0.	2.50E-09	6.11E-10	0.	0.	4.45E-07	9.19E-08	1.64E-06	2.66E-07	2.51E-06
69	3.90	2.89E-10	0.	2.63E-08	3.72E-08	2.11E-09	2.62E-10	0.	0.	4.43E-07	9.92E-08	1.26E-06	2.51E-07	2.15E-06
70	3.80	3.09E-10	0.	3.74E-08	2.54E-07	1.94E-09	0.	0.	0.	4.41E-07	1.07E-07	1.30E-07	2.74E-07	2.43E-06
71	3.70	2.55E-10	0.	4.81E-08	2.61E-07	1.51E-09	0.	0.	0.	4.34E-07	1.16E-07	1.15E-07	2.83E-07	2.13E-06
72	3.60	2.21E-10	0.	2.54E-08	3.89E-07	1.26E-09	0.	0.	0.	4.07E-07	1.26E-07	1.26E-07	3.18E-07	2.57E-06
73	3.50	1.96E-10	0.	3.90E-08	1.17E-06	1.16E-09	0.	0.	0.	3.72E-07	1.37E-07	1.43E-07	3.58E-07	3.54E-06
74	3.40	1.31E-10	0.	1.96E-08	8.95E-07	9.93E-10	0.	0.	0.	2.15E-07	1.50E-07	1.61E-07	4.00E-07	2.53E-06
75	3.30	1.31E-10	0.	2.13E-08	4.93E-07	9.35E-10	0.	0.	0.	2.15E-07	1.64E-07	1.79E-07	4.47E-07	2.53E-06
76	3.20	1.07E-10	0.	1.21E-08	1.23E-06	6.86E-10	0.	0.	0.	2.15E-07	1.80E-07	1.98E-07	4.94E-07	4.16E-06
77	3.10	9.76E-11	0.	9.31E-09	1.40E-07	4.19E-10	0.	0.	0.	2.16E-07	1.98E-07	2.17E-07	5.43E-07	3.32E-06
78	3.00	8.24E-11	0.	5.24E-09	4.91E-07	2.02E-10	0.	0.	0.	2.16E-07	2.19E-07	2.35E-07	5.92E-07	3.93E-06
79	2.90	6.49E-11	0.	3.12E-09	3.21E-07	9.86E-11	0.	0.	0.	2.17E-07	2.42E-07	2.55E-07	6.41E-07	4.02E-06
80	2.80	6.47E-11	0.	1.47E-09	1.22E-07	6.86E-11	0.	0.	0.	2.17E-07	2.69E-07	2.76E-07	6.91E-07	4.11E-06
81	2.70	0.	0.	6.75E-10	2.46E-07	4.19E-11	0.	0.	0.	2.17E-07	3.01E-07	2.98E-07	7.44E-07	4.50E-06
82	2.60	0.	0.	3.45E-10	2.24E-08	7.98E-11	0.	0.	0.	2.17E-07	3.37E-07	3.22E-07	7.65E-07	4.09E-06
83	2.50	0.	0.	1.74E-10	1.74E-08	1.77E-11	0.	0.	0.	2.17E-07	3.80E-07	3.80E-07	2.88E-07	2.77E-06
84	2.40	0.	2.50E-09	4.30E-11	1.91E-08	1.79E-12	0.	0.	0.	2.17E-07	4.30E-07	4.31E-07	3.31E-07	3.34E-06
85	2.30	0.	1.0E-08	0.	0.	0.	0.	0.	0.	2.15E-07	4.89E-07	4.87E-07	4.08E-07	3.95E-06
86	2.20	0.	2.35E-08	0.	0.	0.	0.	0.	0.	2.15E-07	5.59E-07	5.74E-07	4.89E-07	4.63E-06
87	2.10	0.	3.22E-08	0.	0.	0.	0.	0.	0.	2.14E-07	6.44E-07	6.80E-07	5.90E-07	5.36E-06
88	2.00	0.	10.0E-08	0.	0.	0.	0.	0.	0.	2.07E-07	7.46E-07	7.86E-07	6.91E-07	6.11E-06
89	1.90	0.	8.15E-08	0.	0.	0.	0.	0.	0.	1.99E-07	8.71E-07	7.01E-07	7.91E-07	6.94E-06
90	1.80	0.	9.86E-08	0.	0.	0.	0.	0.	0.	1.90E-07	1.03E-06	1.02E-06	8.97E-07	8.11E-06
91	1.70	0.	6.90E-08	0.	0.	0.	0.	0.	0.	1.79E-07	1.22E-06	1.34E-06	1.07E-06	9.58E-06
92	1.60	0.	8.47E-08	0.	0.	0.	0.	0.	0.	1.52E-07	1.47E-06	1.69E-06	1.28E-06	1.09E-05
93	1.50	0.	8.88E-08	0.	0.	0.	0.	0.	0.	6.89E-08	1.79E-06	1.95E-06	1.40E-06	1.26E-05
94	1.40	0.	6.59E-08	0.	0.	0.	0.	0.	0.	0.	2.20E-06	2.29E-06	1.69E-06	1.13E-05
95	1.30	0.	6.62E-08	0.	0.	0.	0.	0.	0.	0.	2.76E-06	2.58E-06	2.03E-06	1.49E-05
96	1.20	0.	5.54E-08	0.	0.	0.	0.	0.	0.	0.	3.52E-06	2.26E-06	1.86E-06	1.95E-05
97	1.10	0.	5.13E-08	0.	0.	0.	0.	2.58E-13	0.	0.	4.59E-06	2.74E-06	2.48E-06	2.43E-05
98	1.00	0.	4.16E-08	0.	0.	0.	0.	2.38E-12	0.	0.	6.13E-06	3.24E-06	2.81E-06	2.91E-05
99	0.90	0.	1.94E-08	0.	0.	0.	0.	2.90E-12	0.	0.	8.44E-06	3.78E-06	3.41E-06	3.54E-05
100	0.80	0.	5.05E-09	0.	0.	0.	0.	5.07E-11	0.	0.	1.21E-05	4.31E-06	4.02E-06	4.25E-05
101	0.70	0.	3.54E-10	0.	0.	0.	0.	3.50E-11	0.	0.	1.83E-05	4.53E-06	4.53E-06	4.46E-05
102	0.60	0.	0.	0.	0.	0.	0.	1.39E-10	0.	0.	2.93E-05	3.70E-06	4.18E-06	5.89E-05

ABSORPTION COEFFICIENTS OF HEATED AIR (INVERSE CM.)

TEMPERATURE (DEGREES K) 10000.   DENSITY (GM/CC) 1.293E-07   (10.0E-05 NORMAL)

#	PHOTON ENERGY E.V.	O2 S-R BANDS	O2 S-R CONT.	N2 B-H NO. 1	NO BETA	NO GAMMA	NO2	O- PHOTO-DET	FREE-FREE (IONS)	N P.E.	O P.E.	TOTAL AIR
1	10.70	0.	0.	1.53E-08	0.	0.	0.	9.27E-09	3.91E-10	3.58E-07	7.60E-08	4.59E-07
2	10.60	0.	0.	1.32E-08	0.	0.	0.	9.28E-09	4.02E-10	3.60E-07	7.59E-08	4.59E-07
3	10.50	0.	0.	1.29E-08	0.	0.	0.	9.29E-09	4.13E-10	3.62E-07	7.59E-08	4.60E-07
4	10.40	0.	0.	1.16E-08	0.	0.	0.	9.30E-09	4.26E-10	3.63E-07	7.58E-08	4.60E-07
5	10.30	0.	0.	9.56E-09	0.	0.	0.	9.31E-09	4.38E-10	3.64E-07	7.58E-08	4.59E-07
6	10.20	0.	0.	9.50E-09	0.	0.	0.	9.33E-09	4.51E-10	3.65E-07	7.57E-08	4.60E-07
7	10.10	0.	0.	8.62E-09	0.	0.	0.	9.34E-09	4.65E-10	3.66E-07	7.56E-08	4.60E-07
8	10.00	0.	0.	7.02E-09	0.	0.	0.	9.35E-09	4.79E-10	3.67E-07	7.56E-08	4.59E-07
9	9.90	0.	0.	7.09E-09	0.	0.	0.	9.37E-09	4.94E-10	3.68E-07	7.55E-08	4.60E-07
10	9.80	0.	0.	6.31E-09	0.	0.	0.	9.39E-09	5.09E-10	3.69E-07	7.55E-08	4.60E-07
11	9.70	0.	0.	5.07E-09	0.	0.	0.	9.40E-09	5.25E-10	3.69E-07	7.54E-08	4.60E-07
12	9.60	0.	0.	5.44E-09	0.	0.	0.	9.42E-09	5.42E-10	3.70E-07	7.54E-08	4.61E-07
13	9.50	0.	4.61E-11	4.31E-09	0.	0.	0.	9.44E-09	5.59E-10	3.71E-07	7.52E-08	4.62E-07
14	9.40	0.	6.22E-11	3.86E-09	0.	0.	0.	9.47E-09	5.77E-10	3.72E-07	7.52E-08	4.61E-07
15	9.30	0.	7.83E-11	3.89E-09	0.	0.	0.	9.51E-09	5.96E-10	1.04E-07	7.51E-08	1.93E-07
16	9.20	0.	9.44E-11	2.92E-09	0.	0.	0.	9.54E-09	6.16E-10	1.03E-07	7.51E-08	1.91E-07
17	9.10	0.	1.12E-10	2.99E-09	0.	0.	0.	9.57E-09	6.36E-10	1.03E-07	7.50E-08	1.91E-07
18	9.00	0.	1.31E-10	2.55E-09	0.	0.	0.	9.61E-09	6.58E-10	1.03E-07	7.49E-08	1.91E-07
19	8.90	0.	1.49E-10	2.22E-09	0.	0.	0.	9.64E-09	6.80E-10	1.02E-07	7.49E-08	1.90E-07
20	8.80	0.	1.54E-10	2.13E-09	0.	0.	0.	9.68E-09	7.04E-10	1.02E-07	7.48E-08	1.90E-07
21	8.70	0.	1.48E-10	1.70E-09	0.	0.	0.	9.71E-09	7.29E-10	1.02E-07	7.47E-08	1.89E-07
22	8.60	0.	1.43E-10	1.73E-09	0.	0.	0.	9.75E-09	7.54E-10	1.02E-07	7.46E-08	1.89E-07
23	8.50	0.	1.39E-10	1.35E-09	0.	0.	0.	9.78E-09	7.81E-10	1.02E-07	7.46E-08	1.89E-07
24	8.40	0.	1.38E-10	1.06E-09	0.	0.	0.	9.83E-09	8.10E-10	1.02E-07	7.47E-08	1.88E-07
25	8.30	0.	1.37E-10	1.05E-09	0.	0.	0.	9.88E-09	8.40E-10	1.01E-07	7.47E-08	1.88E-07
26	8.20	0.	1.34E-10	8.40E-10	0.	0.	0.	9.94E-09	8.71E-10	1.01E-07	7.54E-08	1.89E-07
27	8.10	0.	1.30E-10	8.19E-10	0.	0.	0.	9.99E-09	9.04E-10	1.01E-07	7.60E-08	1.89E-07
28	8.00	0.	1.26E-10	8.19E-10	0.	0.	0.	10.00E-09	9.38E-10	1.01E-07	7.66E-08	1.89E-07
29	7.90	0.	1.23E-10	6.58E-10	0.	0.	0.	1.01E-08	9.74E-10	1.01E-07	7.73E-08	1.90E-07
30	7.80	0.	1.19E-10	6.58E-10	0.	0.	0.	1.01E-08	1.01E-09	1.01E-07	7.79E-08	1.90E-07
31	7.70	0.	1.14E-10	5.41E-10	0.	0.	0.	1.02E-08	1.05E-09	1.01E-07	7.85E-08	1.91E-07
32	7.60	0.	1.09E-10	4.90E-10	0.	2.98E-14	0.	1.02E-08	1.09E-09	1.01E-07	7.92E-08	1.92E-07
33	7.50	0.	9.86E-11	4.27E-10	0.	1.54E-13	0.	1.03E-08	1.14E-09	1.01E-07	7.98E-08	1.92E-07
34	7.40	0.	9.39E-11	3.65E-10	0.	7.84E-13	0.	1.03E-08	1.19E-09	1.00E-07	8.04E-08	1.93E-07
35	7.30	0.	8.86E-11	3.28E-10	0.	4.00E-12	0.	1.04E-08	1.24E-09	1.00E-07	8.11E-08	1.94E-07
36	7.20	0.	8.33E-11	2.80E-10	0.	1.08E-11	0.	1.05E-08	1.29E-09	1.00E-07	8.17E-08	1.94E-07
37	7.10	0.	0.	2.56E-10	0.	2.82E-11	0.	1.05E-08	1.34E-09	1.00E-07	8.23E-08	1.95E-07
38	7.00	7.11E-14	0.	2.22E-10	0.	7.72E-11	0.	1.06E-08	1.40E-09	1.00E-07	8.30E-08	1.96E-07
39	6.90	1.34E-13	0.	1.92E-10	0.	7.74E-11	0.	1.07E-08	1.46E-09	1.00E-07	8.36E-08	1.96E-07
40	6.80	1.12E-13	0.	1.75E-10	0.	1.64E-10	0.	1.08E-08	1.53E-09	1.00E-07	8.43E-08	1.97E-07
41	6.70	4.60E-14	0.	1.44E-10	0.	2.02E-10	0.	1.09E-08	1.60E-09	1.00E-07	8.50E-08	1.98E-07
42	6.60	2.54E-14	0.	1.21E-10	0.	1.20E-10	0.	1.10E-08	1.67E-09	1.00E-07	8.57E-08	1.99E-07
43	6.50	3.50E-14	0.	8.98E-11	0.	2.18E-10	0.	1.11E-08	1.75E-09	1.01E-07	8.64E-08	2.00E-07
44	6.40	7.26E-14	0.	5.59E-11	1.30E-12	2.54E-10	0.	1.12E-08	1.84E-09	1.01E-07	8.71E-08	2.02E-07
45	6.30	2.15E-13	0.	3.12E-11	5.69E-12	1.29E-10	0.	1.13E-08	1.93E-09	1.02E-07	8.81E-08	2.03E-07
46	6.20	6.55E-13	0.	1.56E-11	7.57E-12	1.99E-10	0.	1.14E-08	2.02E-09	1.02E-07	8.96E-08	2.05E-07
47	6.10	2.23E-12	0.	6.65E-12	2.07E-11	3.04E-10	0.	1.15E-08	2.12E-09	1.02E-07	9.11E-08	2.08E-07
48	6.00	3.59E-12	0.	1.59E-12	1.77E-11	1.15E-10	0.	1.15E-08	2.23E-09	1.04E-07	9.26E-08	2.10E-07
49	5.90	5.41E-12	0.	1.13E-13	2.51E-11	1.22E-10	0.	1.15E-08	2.34E-09	1.05E-07	9.41E-08	2.13E-07
50	5.80	6.35E-12	0.	2.78E-15	3.38E-11	1.16E-10	0.	1.13E-08	2.47E-09	1.06E-07	9.56E-08	2.15E-07
51	5.70	0.	0.	0.	3.68E-11	1.23E-10	0.	1.06E-08	2.60E-09	1.07E-07	9.71E-08	2.17E-07

ABSORPTION COEFFICIENTS OF HEATED AIR (INVERSE CM.)

TEMPERATURE (DEGREES K) 10000.   DENSITY (GM/CC) 1.293E-07   (10.0E-05 NORMAL)

	PHOTON ENERGY	O2 S-R BANDS	N2 1ST POS.	N2 2ND POS.	N2+ 1ST NEG.	NO BETA	NO GAMMA	NO VIB-ROT	NO_2	O- PHOTO-DET	FREE-FREE (IONS)	N P.E.	O P.E.	TOTAL AIR
52	5.60	7.87E-12	0.	0.	0.	2.79E-11	1.92E-10	0.	0.	9.89E-09	2.74E-09	1.08E-07	9.86E-08	2.19E-07
53	5.50	8.15E-12	0.	0.	0.	3.43E-11	1.84E-10	0.	0.	9.94E-09	2.90E-09	1.09E-07	1.00E-07	2.23E-07
54	5.40	8.52E-12	0.	0.	0.	2.92E-11	1.25E-10	0.	0.	10.06E-09	3.08E-09	1.11E-07	1.02E-07	2.26E-07
55	5.30	8.18E-12	0.	0.	0.	3.00E-11	1.81E-10	0.	0.	1.01E-08	3.24E-09	1.13E-07	1.04E-07	2.30E-07
56	5.20	5.82E-12	0.	0.	0.	3.12E-11	1.07E-10	0.	0.	1.01E-08	3.43E-09	1.15E-07	1.06E-07	2.35E-07
57	5.10	5.41E-12	0.	0.	0.	3.04E-11	1.46E-10	0.	0.	1.03E-08	3.64E-09	1.18E-07	1.08E-07	2.40E-07
58	5.00	3.99E-12	0.	0.	0.	2.67E-11	1.27E-10	0.	0.	1.03E-08	3.86E-09	1.21E-07	1.11E-07	2.46E-07
59	4.90	3.32E-12	0.	0.	0.	2.87E-11	1.28E-10	0.	0.	1.04E-08	4.10E-09	1.25E-07	1.13E-07	2.53E-07
60	4.80	3.33E-12	0.	0.	0.	3.02E-11	1.17E-10	0.	0.	1.05E-08	4.37E-09	1.28E-07	1.16E-07	2.59E-07
61	4.70	3.58E-12	0.	0.	0.	7.88E-11	1.00E-10	0.	0.	1.05E-08	4.65E-09	1.31E-07	1.19E-07	2.65E-07
62	4.60	4.20E-12	0.	0.	0.	2.88E-11	9.31E-11	0.	0.	1.06E-08	4.97E-09	1.36E-07	1.21E-07	2.73E-07
63	4.50	4.20E-12	0.	7.89E-12	0.	2.49E-11	6.65E-11	0.	0.	1.07E-08	5.31E-09	1.41E-07	1.24E-07	2.81E-07
64	4.40	4.24E-12	0.	2.83E-11	0.	2.43E-11	4.87E-11	0.	0.	1.08E-08	5.68E-09	1.46E-07	1.27E-07	2.90E-07
65	4.30	3.80E-12	0.	7.02E-12	0.	2.20E-11	2.78E-11	0.	0.	1.09E-08	6.09E-09	1.51E-07	1.30E-07	2.98E-07
66	4.20	3.41E-12	0.	2.82E-10	0.	2.28E-11	2.19E-11	0.	0.	1.10E-08	6.53E-09	1.56E-07	2.18E-08	1.96E-07
67	4.10	3.07E-12	0.	8.91E-11	0.	2.11E-11	1.66E-11	0.	0.	1.11E-08	7.03E-09	1.30E-07	2.24E-08	1.71E-07
68	4.00	2.71E-12	0.	3.96E-11	0.	1.96E-11	4.37E-12	0.	0.	1.11E-08	7.57E-09	1.34E-07	2.31E-08	1.76E-07
69	3.90	2.18E-12	0.	1.76E-10	8.65E-10	1.68E-11	1.86E-12	0.	0.	1.10E-08	8.17E-09	1.04E-07	2.38E-08	1.47E-07
70	3.80	2.33E-12	0.	2.50E-10	5.90E-10	1.77E-11	0.	0.	0.	1.10E-08	8.84E-09	1.13E-07	2.45E-08	1.57E-07
71	3.70	1.92E-12	0.	3.21E-10	9.04E-10	1.50E-11	0.	0.	0.	1.08E-08	9.58E-09	9.60E-08	2.76E-08	1.44E-07
72	3.60	1.66E-12	0.	1.70E-10	2.71E-08	1.07E-11	0.	0.	0.	1.01E-08	1.04E-08	1.47E-07	3.10E-08	1.99E-07
73	3.50	1.48E-12	0.	2.61E-10	2.08E-09	1.19E-11	0.	0.	0.	9.27E-09	1.13E-08	1.35E-07	3.47E-08	1.90E-07
74	3.40	1.27E-12	0.	1.31E-10	1.15E-08	8.93E-12	0.	0.	0.	5.35E-09	1.24E-08	1.08E-07	3.86E-08	1.64E-07
75	3.30	1.09E-12	0.	1.42E-10	2.87E-08	7.95E-12	0.	0.	0.	5.36E-09	1.35E-08	1.58E-07	4.28E-08	2.20E-07
76	3.20	8.08E-13	0.	8.09E-11	3.25E-09	7.04E-12	0.	0.	0.	5.37E-09	1.48E-08	1.91E-07	4.71E-08	2.58E-07
77	3.10	7.35E-13	0.	6.21E-11	7.14E-08	2.97E-12	0.	0.	0.	5.40E-09	1.63E-08	1.80E-07	5.13E-08	2.53E-07
78	3.00	6.20E-13	0.	2.09E-11	2.83E-09	1.43E-12	0.	0.	0.	5.40E-09	1.80E-08	2.06E-07	5.56E-08	2.85E-07
79	2.90	4.88E-13	0.	9.81E-12	5.57E-09	5.57E-13	0.	0.	0.	5.40E-09	2.00E-08	2.16E-07	5.99E-08	3.01E-07
80	2.80	4.87E-13	0.	4.49E-12	5.20E-09	5.20E-13	0.	0.	0.	5.40E-09	2.22E-08	2.28E-07	6.45E-08	3.20E-07
81	2.70	2.86E-13	0.	2.29E-12	4.04E-09	1.26E-13	0.	0.	0.	5.40E-09	2.48E-08	2.49E-07	6.63E-08	3.46E-07
82	2.60	1.20E-13	0.	2.87E-12	4.45E-09	1.27E-14	0.	0.	0.	5.40E-09	2.78E-08	1.56E-07	2.49E-08	2.14E-07
83	2.50	8.02E-15	0.	0.	0.	0.	0.	0.	0.	5.40E-09	3.13E-08	1.97E-07	2.87E-08	2.62E-07
84	2.40	0.	1.67E-11	0.	0.	0.	0.	0.	0.	5.34E-09	3.54E-08	2.36E-07	3.54E-08	3.12E-07
85	2.30	0.	7.23E-11	0.	0.	0.	0.	0.	0.	5.34E-09	4.03E-08	2.80E-07	4.24E-08	3.68E-07
86	2.20	0.	1.57E-10	0.	0.	0.	0.	0.	0.	5.32E-09	4.61E-08	3.24E-07	5.11E-08	4.27E-07
87	2.10	0.	2.15E-10	0.	0.	0.	0.	0.	0.	5.15E-09	5.30E-08	3.70E-07	5.99E-08	4.88E-07
88	2.00	0.	3.60E-10	0.	0.	0.	0.	0.	0.	4.95E-09	6.15E-08	4.18E-07	6.86E-08	5.53E-07
89	1.90	0.	6.69E-10	0.	0.	0.	0.	0.	0.	4.74E-09	7.18E-08	4.97E-07	7.77E-08	6.51E-07
90	1.80	0.	5.44E-10	0.	0.	0.	0.	0.	0.	4.46E-09	8.46E-08	5.90E-07	9.25E-08	7.72E-07
91	1.70	0.	6.58E-10	0.	0.	0.	0.	0.	0.	3.77E-09	1.01E-07	6.73E-07	1.11E-07	8.89E-07
92	1.60	0.	5.65E-10	0.	0.	0.	0.	0.	0.	1.72E-09	1.21E-07	7.86E-07	1.21E-07	1.03E-06
93	1.50	0.	5.93E-10	0.	0.	0.	0.	0.	0.	0.	1.47E-07	7.36E-07	1.17E-07	1.00E-06
94	1.40	0.	4.40E-10	0.	0.	0.	0.	0.	0.	0.	1.81E-07	5.71E-07	1.13E-07	8.66E-07
95	1.30	0.	3.70E-10	0.	0.	0.	0.	0.	0.	0.	2.27E-07	8.15E-07	1.61E-07	1.20E-06
96	1.20	0.	3.43E-10	0.	0.	0.	0.	0.	0.	0.	2.90E-07	1.10E-06	1.91E-07	1.58E-06
97	1.10	0.	2.78E-10	0.	0.	0.	0.	1.83E-15	0.	0.	3.78E-07	1.32E-06	2.44E-07	1.94E-06
98	1.00	0.	1.29E-10	0.	0.	0.	0.	1.68E-14	0.	0.	5.05E-07	1.60E-06	2.96E-07	2.40E-06
99	0.90	0.	3.37E-11	0.	0.	0.	0.	2.06E-14	0.	0.	6.95E-07	1.87E-06	3.48E-07	2.93E-06
100	0.80	0.	2.36E-12	0.	0.	0.	0.	3.59E-13	0.	0.	1.00E-06	2.11E-06	3.93E-07	3.50E-06
101	0.70	0.	0.	0.	0.	0.	0.	2.48E-13	0.	0.	1.51E-06	1.85E-06	3.21E-07	3.68E-06
102	0.60	0.	0.	0.	0.	0.	0.	9.85E-13	0.	0.	2.41E-06	2.08E-06	3.62E-07	4.85E-06

ABSORPTION COEFFICIENTS OF HEATED AIR (INVERSE CM.)

TEMPERATURE (DEGREES K) 10000. DENSITY (GM/CC) 1.293E-08 (10.0E-06 NORMAL)

#	PHOTON ENERGY E.V.	O2 S-R BANDS	O2 S-R CONT.	N2 B-H NO. 1	NO BETA	NO GAMMA	NO2	O- PHOTO-DET	FREE-FREE (IONS)	N P.E.	O P.E.	TOTAL AIR
1	10.70	0.	0.	4.57E-11	0.	0.	0.	1.37E-10	2.18E-11	1.95E-08	4.75E-09	2.45E-08
2	10.60	0.	0.	3.93E-11	0.	0.	0.	1.37E-10	2.25E-11	1.97E-08	4.74E-09	2.46E-08
3	10.50	0.	0.	3.84E-11	0.	0.	0.	1.37E-10	2.31E-11	1.98E-08	4.74E-09	2.47E-08
4	10.40	0.	0.	3.46E-11	0.	0.	0.	1.37E-10	2.38E-11	1.98E-08	4.74E-09	2.48E-08
5	10.30	0.	0.	2.85E-11	0.	0.	0.	1.37E-10	2.45E-11	1.99E-08	4.73E-09	2.48E-08
6	10.20	0.	0.	2.83E-11	0.	0.	0.	1.38E-10	2.52E-11	1.99E-08	4.73E-09	2.48E-08
7	10.10	0.	0.	2.57E-11	0.	0.	0.	1.38E-10	2.60E-11	2.00E-08	4.72E-09	2.49E-08
8	10.00	0.	0.	2.09E-11	0.	0.	0.	1.38E-10	2.68E-11	2.00E-08	4.71E-09	2.49E-08
9	9.90	0.	0.	2.12E-11	0.	0.	0.	1.38E-10	2.76E-11	2.01E-08	4.71E-09	2.50E-08
10	9.80	0.	0.	1.88E-11	0.	0.	0.	1.38E-10	2.84E-11	2.01E-08	4.71E-09	2.50E-08
11	9.70	0.	0.	1.51E-11	0.	0.	0.	1.39E-10	2.93E-11	2.02E-08	4.71E-09	2.51E-08
12	9.60	0.	0.	1.62E-11	0.	0.	0.	1.39E-10	3.03E-11	2.02E-08	4.70E-09	2.51E-08
13	9.50	0.	1.79E-13	1.29E-11	0.	0.	0.	1.39E-10	3.12E-11	2.03E-08	4.70E-09	2.52E-08
14	9.40	0.	2.41E-13	1.15E-11	0.	0.	0.	1.40E-10	3.22E-11	2.03E-08	4.69E-09	2.52E-08
15	9.30	0.	3.03E-13	1.16E-11	0.	0.	0.	1.40E-10	3.33E-11	5.65E-09	4.69E-09	1.05E-08
16	9.20	0.	3.66E-13	8.72E-12	0.	0.	0.	1.41E-10	3.44E-11	5.64E-09	4.69E-09	1.05E-08
17	9.10	0.	4.36E-13	8.92E-12	0.	0.	0.	1.41E-10	3.56E-11	5.63E-09	4.68E-09	1.05E-08
18	9.00	0.	5.07E-13	7.61E-12	0.	0.	0.	1.42E-10	3.68E-11	5.62E-09	4.68E-09	1.05E-08
19	8.90	0.	5.78E-13	6.63E-12	0.	0.	0.	1.42E-10	3.80E-11	5.60E-09	4.67E-09	1.05E-08
20	8.80	0.	5.97E-13	6.34E-12	0.	0.	0.	1.43E-10	3.93E-11	5.59E-09	4.67E-09	1.05E-08
21	8.70	0.	5.75E-13	5.08E-12	0.	0.	0.	1.43E-10	4.07E-11	5.58E-09	4.67E-09	1.04E-08
22	8.60	0.	5.53E-13	5.15E-12	0.	0.	0.	1.44E-10	4.22E-11	5.57E-09	4.66E-09	1.04E-08
23	8.50	0.	5.40E-13	5.40E-12	0.	0.	0.	1.44E-10	4.37E-11	5.56E-09	4.66E-09	1.04E-08
24	8.40	0.	5.35E-13	4.16E-12	0.	0.	0.	1.45E-10	4.53E-11	5.55E-09	4.66E-09	1.04E-08
25	8.30	0.	5.30E-13	4.03E-12	0.	0.	0.	1.46E-10	4.69E-11	5.54E-09	4.67E-09	1.04E-08
26	8.20	0.	5.19E-13	3.17E-12	0.	0.	0.	1.47E-10	4.87E-11	5.53E-09	4.71E-09	1.04E-08
27	8.10	0.	5.04E-13	3.12E-12	0.	0.	0.	1.47E-10	5.05E-11	5.52E-09	4.75E-09	1.05E-08
28	8.00	0.	4.89E-13	2.50E-12	0.	0.	0.	1.48E-10	5.24E-11	5.51E-09	4.79E-09	1.05E-08
29	7.90	0.	4.75E-13	2.44E-12	0.	0.	0.	1.49E-10	5.45E-11	5.50E-09	4.83E-09	1.05E-08
30	7.80	0.	4.61E-13	1.96E-12	0.	0.	0.	1.50E-10	5.66E-11	5.50E-09	4.87E-09	1.05E-08
31	7.70	0.	4.43E-13	1.96E-12	0.	0.	0.	1.50E-10	5.88E-11	5.49E-09	4.91E-09	1.06E-08
32	7.60	0.	4.22E-13	1.61E-12	0.	0.	0.	1.51E-10	6.12E-11	5.49E-09	4.94E-09	1.06E-08
33	7.50	0.	4.01E-13	1.46E-12	0.	1.01E-16	0.	1.52E-10	6.37E-11	5.49E-09	4.98E-09	1.07E-08
34	7.40	0.	3.82E-13	1.27E-12	0.	5.24E-16	0.	1.53E-10	6.63E-11	5.49E-09	5.02E-09	1.07E-08
35	7.30	0.	3.64E-13	1.09E-12	0.	2.67E-15	0.	1.54E-10	6.91E-11	5.48E-09	5.06E-09	1.08E-08
36	7.20	0.	3.43E-13	9.78E-13	0.	1.36E-14	0.	1.54E-10	7.20E-11	5.48E-09	5.10E-09	1.08E-08
37	7.10	0.	3.22E-13	8.34E-13	0.	3.67E-14	0.	1.56E-10	7.51E-11	5.48E-09	5.14E-09	1.09E-08
38	7.00	2.77E-16	0.	7.62E-13	0.	9.62E-14	0.	1.57E-10	7.84E-11	5.47E-09	5.18E-09	1.09E-08
39	6.90	5.23E-16	0.	6.60E-13	0.	2.66E-13	0.	1.58E-10	8.19E-11	5.47E-09	5.22E-09	1.09E-08
40	6.80	4.35E-16	0.	5.74E-13	0.	5.60E-13	0.	1.60E-10	8.55E-11	5.47E-09	5.26E-09	1.10E-08
41	6.70	3.04E-16	0.	5.20E-13	0.	6.88E-13	0.	1.60E-10	8.94E-11	5.48E-09	5.31E-09	1.10E-08
42	6.60	1.79E-16	0.	4.29E-13	0.	7.09E-13	0.	1.61E-10	9.36E-11	5.53E-09	5.35E-09	1.10E-08
43	6.50	9.92E-17	0.	3.62E-13	0.	8.65E-13	0.	1.62E-10	9.80E-11	5.55E-09	5.40E-09	1.11E-08
44	6.40	1.36E-16	0.	2.68E-13	4.44E-15	4.41E-13	0.	1.65E-10	1.03E-10	5.57E-09	5.44E-09	1.11E-08
45	6.30	2.83E-16	0.	1.67E-13	1.94E-14	6.79E-13	0.	1.66E-10	1.08E-10	5.61E-09	5.50E-09	1.12E-08
46	6.20	2.36E-15	0.	9.29E-14	2.58E-14	1.04E-12	0.	1.67E-10	1.13E-10	5.67E-09	5.60E-09	1.13E-08
47	6.10	3.33E-15	0.	4.64E-14	7.06E-14	3.91E-13	0.	1.68E-10	1.19E-10	5.72E-09	5.69E-09	1.14E-08
48	6.00	8.69E-15	0.	1.98E-14	6.04E-14	4.15E-13	0.	1.70E-10	1.25E-10	5.78E-09	5.78E-09	1.16E-08
49	5.90	1.40E-14	0.	4.73E-15	8.55E-14	4.55E-13	0.	1.70E-10	1.31E-10	5.83E-09	5.87E-09	1.17E-08
50	5.80	2.11E-14	0.	3.36E-16	1.15E-13	3.94E-13	0.	1.67E-10	1.38E-10	5.87E-09	5.97E-09	1.19E-08
51	5.70	2.47E-14	0.	8.28E-18	1.25E-13	4.20E-13	0.	1.57E-10	1.45E-10	5.83E-09	6.06E-09	1.21E-08

230

ABSORPTION COEFFICIENTS OF HEATED AIR (INVERSE CM.)

TEMPERATURE (DEGREES K) 10000.   DENSITY (GM/CC) 1.293E-08   (10.0E-06 NORMAL)

	PHOTON ENERGY	O2 S-R BANDS	N2 1ST POS.	N2 2ND POS.	N2+ 1ST NEG.	NO BETA	NO GAMMA	NO VIB-ROT	NO 2	O- PHOTO-DET	FREE-FREE (IONS)	N P.E.	O P.E.	TOTAL AIR
52	5.60	3.07E-14	0.	0.	0.	9.52E-14	6.55E-13	0.	0.	1.46E-10	1.53E-10	5.89E-09	6.16E-09	1.24E-08
53	5.50	3.18E-14	0.	0.	0.	1.17E-13	6.29E-13	0.	0.	1.47E-10	1.62E-10	5.98E-09	6.25E-09	1.25E-08
54	5.40	3.32E-14	0.	0.	0.	9.95E-14	4.25E-13	0.	0.	1.47E-10	1.71E-10	6.08E-09	6.36E-09	1.28E-08
55	5.30	3.19E-14	0.	0.	0.	1.02E-13	6.17E-13	0.	0.	1.49E-10	1.81E-10	6.18E-09	6.47E-09	1.30E-08
56	5.20	2.27E-14	0.	0.	0.	1.06E-13	3.66E-13	0.	0.	1.49E-10	1.92E-10	6.28E-09	6.62E-09	1.32E-08
57	5.10	2.11E-14	0.	0.	0.	1.03E-13	4.97E-13	0.	0.	1.51E-10	2.03E-10	6.45E-09	6.77E-09	1.36E-08
58	5.00	1.55E-14	0.	0.	0.	9.11E-14	4.33E-13	0.	0.	1.53E-10	2.16E-10	6.62E-09	6.92E-09	1.39E-08
59	4.90	1.30E-14	0.	0.	0.	9.80E-14	4.36E-13	0.	0.	1.53E-10	2.29E-10	6.81E-09	7.07E-09	1.43E-08
60	4.80	1.30E-14	0.	0.	0.	1.03E-13	4.30E-13	0.	0.	1.54E-10	2.44E-10	7.00E-09	7.23E-09	1.46E-08
61	4.70	1.39E-14	0.	0.	0.	9.83E-14	3.41E-13	0.	0.	1.56E-10	2.60E-10	7.18E-09	7.40E-09	1.50E-08
62	4.60	1.64E-14	0.	0.	0.	9.81E-14	3.17E-13	0.	0.	1.57E-10	2.77E-10	7.41E-09	7.59E-09	1.54E-08
63	4.50	1.64E-14	0.	0.	0.	8.50E-14	2.27E-13	0.	0.	1.58E-10	2.96E-10	7.69E-09	7.77E-09	1.59E-08
64	4.40	1.65E-14	0.	0.	0.	8.29E-14	1.66E-13	0.	0.	1.60E-10	3.17E-10	7.96E-09	7.96E-09	1.64E-08
65	4.30	1.48E-14	0.	2.35E-14	0.	7.51E-14	9.47E-14	0.	0.	1.61E-10	3.40E-10	8.25E-09	8.12E-09	1.69E-08
66	4.20	1.33E-14	0.	8.44E-14	0.	7.77E-14	7.47E-14	0.	0.	1.62E-10	3.65E-10	8.55E-09	1.36E-09	1.04E-08
67	4.10	1.20E-14	0.	2.09E-13	0.	7.19E-14	1.93E-14	0.	0.	1.63E-10	3.93E-10	8.82E-09	1.40E-09	1.08E-08
68	4.00	1.06E-14	0.	8.41E-14	0.	6.67E-14	1.48E-14	0.	0.	1.63E-10	4.23E-10	9.13E-09	1.44E-09	1.16E-08
69	3.90	8.48E-15	0.	2.65E-13	1.09E-11	5.73E-14	6.33E-15	0.	0.	1.62E-10	4.57E-10	9.66E-09	1.48E-09	1.30E-08
70	3.80	9.07E-15	0.	1.18E-13	7.45E-11	4.68E-14	0.	0.	0.	1.60E-10	4.94E-10	1.01E-08	1.53E-09	1.39E-08
71	3.70	7.48E-15	0.	5.24E-13	1.79E-10	4.68E-14	0.	0.	0.	1.60E-10	5.35E-10	1.05E-08	1.72E-09	1.52E-08
72	3.60	6.48E-15	0.	9.57E-13	1.14E-10	5.10E-14	0.	0.	0.	1.49E-10	5.81E-10	1.12E-08	1.94E-09	1.64E-08
73	3.50	5.76E-15	0.	5.06E-13	3.42E-10	3.66E-14	0.	0.	0.	7.37E-11	6.33E-10	1.24E-08	2.17E-09	1.77E-08
74	3.40	4.96E-15	0.	3.91E-13	2.63E-10	3.96E-14	0.	0.	0.	7.89E-11	6.91E-10	1.23E-08	2.67E-09	1.63E-08
75	3.30	3.84E-15	0.	4.24E-13	1.45E-10	2.99E-14	0.	0.	0.	7.90E-11	7.56E-10	1.30E-08	2.94E-09	1.52E-08
76	3.20	3.15E-15	0.	2.41E-13	3.62E-10	3.04E-14	0.	0.	0.	7.91E-11	8.29E-10	1.39E-08	3.21E-09	1.44E-08
77	3.10	2.86E-15	0.	1.85E-13	4.10E-10	2.71E-14	0.	0.	0.	7.93E-11	9.13E-10	1.52E-08	3.47E-09	1.72E-08
78	3.00	2.42E-15	0.	1.04E-13	1.44E-10	2.40E-14	0.	0.	0.	7.95E-11	1.01E-09	1.64E-08	3.74E-09	2.03E-08
79	2.90	1.90E-15	0.	6.22E-14	9.43E-11	1.66E-14	0.	0.	0.	7.96E-11	1.12E-09	1.77E-08	4.03E-09	2.36E-08
80	2.80	1.90E-15	0.	2.13E-14	3.56E-11	1.01E-14	0.	0.	0.	7.98E-11	1.24E-09	1.63E-08	4.44E-09	2.70E-08
81	2.70	1.11E-15	0.	6.83E-15	7.03E-11	4.89E-15	0.	0.	0.	7.98E-11	1.39E-09	1.44E-08	4.86E-09	3.07E-08
82	2.60	4.67E-16	0.	8.57E-16	6.56E-12	1.93E-15	0.	0.	0.	7.98E-11	1.55E-09	1.17E-08	5.78E-09	3.62E-08
83	2.50	3.12E-17	0.	0.	5.10E-12	4.28E-16	0.	0.	0.	7.98E-11	1.75E-09	1.63E-08	6.94E-09	4.30E-08
84	2.40	0.	4.97E-14	0.	5.61E-12	4.32E-17	0.	0.	0.	7.91E-11	1.98E-09	1.72E-08	7.56E-09	4.61E-08
85	2.30	0.	2.16E-13	0.	0.	0.	0.	0.	0.	7.85E-11	2.25E-09	2.03E-08	8.96E-09	5.74E-08
86	2.20	0.	4.67E-13	0.	0.	0.	0.	0.	0.	7.60E-11	2.58E-09	2.36E-08	1.06E-08	4.84E-08
87	2.10	0.	6.41E-13	0.	0.	0.	0.	0.	0.	7.31E-11	2.96E-09	2.70E-08	1.20E-08	6.73E-08
88	2.00	0.	1.07E-12	0.	0.	0.	0.	0.	0.	6.99E-11	3.44E-09	3.07E-08	1.34E-08	8.18E-08
89	1.90	0.	1.99E-12	0.	0.	0.	0.	0.	0.	6.58E-11	4.01E-09	3.62E-08	1.45E-08	1.08E-07
90	1.80	0.	1.62E-12	0.	0.	0.	0.	0.	0.	5.57E-11	4.73E-09	4.30E-08	1.56E-08	1.34E-07
91	1.70	0.	1.96E-12	0.	0.	0.	0.	0.	0.	2.53E-11	5.62E-09	4.61E-08	1.72E-08	1.60E-07
92	1.60	0.	1.37E-12	0.	0.	0.	0.	0.	0.	0.	6.76E-09	5.74E-08	1.76E-08	1.80E-07
93	1.50	0.	1.69E-12	0.	0.	0.	0.	0.	0.	0.	8.22E-09	4.84E-08	2.13E-08	2.05E-07
94	1.40	0.	1.77E-12	0.	0.	0.	0.	0.	0.	0.	1.01E-08	6.73E-08	2.45E-08	2.71E-07
95	1.30	0.	1.32E-12	0.	0.	0.	0.	0.	0.	0.	1.27E-08	8.18E-08	2.00E-08	
96	1.20	0.	1.10E-12	0.	0.	0.	0.	0.	0.	0.	1.62E-08	9.99E-08	2.11E-08	
97	1.10	0.	1.02E-12	0.	0.	0.	0.	6.22E-18	0.	0.	2.11E-08	1.20E-07	1.85E-08	
98	1.00	0.	8.27E-13	0.	0.	0.	0.	5.74E-17	0.	0.	2.82E-08	1.08E-07	2.13E-08	
99	0.90	0.	3.86E-13	0.	0.	0.	0.	7.02E-17	0.	0.	3.88E-08	1.00E-07	2.45E-08	
100	0.80	0.	1.01E-13	0.	0.	0.	0.	1.22E-15	0.	0.	5.59E-08	9.96E-08	2.00E-08	
101	0.70	0.	7.04E-15	0.	0.	0.	0.	8.45E-16	0.	0.	8.44E-08	1.01E-07	2.05E-08	
102	0.60	0.	0.	0.	0.	0.	0.	3.36E-15	0.	0.	1.35E-07	1.13E-07	2.26E-08	2.71E-07

ABSORPTION COEFFICIENTS OF HEATED AIR (INVERSE CM.)

TEMPERATURE (DEGREES K) 10000. DENSITY (GM/CC) 1.293E-09 (10.0E-07 NORMAL)

PHOTON	ENERGY E.V.	O2 S-R BANDS	O2 S-R CONT.	N2 B-H NO.1	NO BETA	NO GAMMA	NO2	O- PHOTO-DET (IONS)	FREE-FREE (IONS) P.E.	N P.E.	O P.E.	TOTAL AIR
1	10.70	0.	0.	2.58E-14	0.	0.	0.	5.85E-13	5.33E-13	4.64E-10	1.30E-10	5.95E-10
2	10.60	0.	0.	2.22E-14	0.	0.	0.	5.85E-13	5.49E-13	4.67E-10	1.30E-10	5.98E-10
3	10.50	0.	0.	2.17E-14	0.	0.	0.	5.86E-13	5.65E-13	4.69E-10	1.30E-10	6.00E-10
4	10.40	0.	0.	1.95E-14	0.	0.	0.	5.87E-13	5.81E-13	4.71E-10	1.29E-10	6.02E-10
5	10.30	0.	0.	1.61E-14	0.	0.	0.	5.88E-13	5.98E-13	4.72E-10	1.29E-10	6.03E-10
6	10.20	0.	0.	1.60E-14	0.	0.	0.	5.89E-13	6.16E-13	4.73E-10	1.29E-10	6.04E-10
7	10.10	0.	0.	1.45E-14	0.	0.	0.	5.90E-13	6.35E-13	4.75E-10	1.29E-10	6.05E-10
8	10.00	0.	0.	1.18E-14	0.	0.	0.	5.91E-13	6.54E-13	4.76E-10	1.29E-10	6.06E-10
9	9.90	0.	0.	1.19E-14	0.	0.	0.	5.92E-13	6.74E-13	4.77E-10	1.29E-10	6.07E-10
10	9.80	0.	0.	1.06E-14	0.	0.	0.	5.93E-13	6.95E-13	4.78E-10	1.29E-10	6.08E-10
11	9.70	0.	1.33E-16	8.53E-15	0.	0.	0.	5.94E-13	7.17E-13	4.79E-10	1.29E-10	6.09E-10
12	9.60	0.	1.80E-16	9.15E-15	0.	0.	0.	5.95E-13	7.39E-13	4.81E-10	1.28E-10	6.11E-10
13	9.50	0.	2.26E-16	7.25E-15	0.	0.	0.	5.98E-13	7.63E-13	4.82E-10	1.28E-10	6.12E-10
14	9.40	0.	2.72E-16	6.48E-15	0.	0.	0.	6.00E-13	7.88E-13	1.35E-10	1.28E-10	2.64E-10
15	9.30	0.	3.24E-16	6.54E-15	0.	0.	0.	6.02E-13	8.14E-13	1.34E-10	1.28E-10	2.64E-10
16	9.20	0.	3.77E-16	4.92E-15	0.	0.	0.	6.04E-13	8.41E-13	1.34E-10	1.28E-10	2.63E-10
17	9.10	0.	4.30E-16	5.03E-15	0.	0.	0.	6.06E-13	8.69E-13	1.34E-10	1.28E-10	2.63E-10
18	9.00	0.	4.45E-16	4.29E-15	0.	0.	0.	6.08E-13	8.98E-13	1.33E-10	1.28E-10	2.63E-10
19	8.90	0.	4.12E-16	3.74E-15	0.	0.	0.	6.11E-13	9.29E-13	1.33E-10	1.28E-10	2.62E-10
20	8.80	0.	4.02E-16	3.58E-15	0.	0.	0.	6.13E-13	9.61E-13	1.33E-10	1.28E-10	2.62E-10
21	8.70	0.	3.99E-16	2.87E-15	0.	0.	0.	6.15E-13	9.95E-13	1.33E-10	1.28E-10	2.62E-10
22	8.60	0.	3.95E-16	2.90E-15	0.	0.	0.	6.17E-13	1.03E-12	1.32E-10	1.28E-10	2.61E-10
23	8.50	0.	3.86E-16	2.35E-15	0.	0.	0.	6.20E-13	1.07E-12	1.32E-10	1.27E-10	2.61E-10
24	8.40	0.	3.75E-16	2.27E-15	0.	0.	0.	6.23E-13	1.11E-12	1.32E-10	1.28E-10	2.61E-10
25	8.30	0.	3.64E-16	1.79E-15	0.	0.	0.	6.27E-13	1.15E-12	1.32E-10	1.28E-10	2.61E-10
26	8.20	0.	3.54E-16	1.76E-15	0.	0.	0.	6.30E-13	1.19E-12	1.31E-10	1.29E-10	2.62E-10
27	8.10	0.	3.43E-16	1.41E-15	0.	0.	0.	6.33E-13	1.24E-12	1.31E-10	1.30E-10	2.63E-10
28	8.00	0.	3.30E-16	1.38E-15	0.	0.	0.	6.36E-13	1.28E-12	1.31E-10	1.31E-10	2.64E-10
29	7.90	0.	3.14E-16	1.11E-15	0.	0.	0.	6.40E-13	1.33E-12	1.31E-10	1.32E-10	2.65E-10
30	7.80	0.	2.99E-16	1.11E-15	0.	0.	0.	6.43E-13	1.38E-12	1.31E-10	1.33E-10	2.66E-10
31	7.70	0.	2.84E-16	9.10E-16	0.	0.	0.	6.46E-13	1.44E-12	1.31E-10	1.34E-10	2.67E-10
32	7.60	0.	2.71E-16	8.24E-16	0.	0.	0.	6.49E-13	1.49E-12	1.30E-10	1.35E-10	2.68E-10
33	7.50	0.	2.56E-16	7.18E-16	0.	6.59E-20	0.	6.53E-13	1.56E-12	1.30E-10	1.36E-10	2.69E-10
34	7.40	0.	2.40E-16	6.14E-16	0.	3.40E-19	0.	6.57E-13	1.62E-12	1.30E-10	1.37E-10	2.70E-10
35	7.30	0.	0.	5.51E-16	0.	1.74E-18	0.	6.60E-13	1.69E-12	1.30E-10	1.38E-10	2.71E-10
36	7.20	0.	0.	4.70E-16	0.	8.86E-18	0.	6.66E-13	1.76E-12	1.30E-10	1.40E-10	2.72E-10
37	7.10	0.	0.	4.30E-16	0.	2.38E-17	0.	6.70E-13	1.83E-12	1.30E-10	1.41E-10	2.73E-10
38	7.00	0.	0.	3.72E-16	0.	6.24E-17	0.	6.77E-13	1.91E-12	1.30E-10	1.42E-10	2.74E-10
39	6.90	2.07E-19	0.	3.24E-16	0.	1.71E-16	0.	6.82E-13	2.00E-12	1.30E-10	1.43E-10	2.75E-10
40	6.80	3.91E-19	0.	2.93E-16	0.	1.71E-16	0.	6.87E-13	2.09E-12	1.30E-10	1.44E-10	2.77E-10
41	6.70	3.25E-19	0.	2.42E-16	0.	3.64E-16	0.	6.93E-13	2.18E-12	1.30E-10	1.45E-10	2.78E-10
42	6.60	2.28E-19	0.	2.04E-16	0.	4.47E-16	0.	6.98E-13	2.29E-12	1.31E-10	1.46E-10	2.80E-10
43	6.50	1.34E-19	0.	1.51E-16	0.	4.82E-16	0.	7.04E-13	2.39E-12	1.31E-10	1.48E-10	2.81E-10
44	6.40	1.02E-19	0.	9.40E-17	2.88E-18	5.62E-16	0.	7.09E-13	2.51E-12	1.31E-10	1.49E-10	2.83E-10
45	6.30	2.11E-19	0.	5.24E-17	1.26E-17	2.87E-16	0.	7.14E-13	2.63E-12	1.32E-10	1.50E-10	2.86E-10
46	6.20	6.25E-19	0.	2.22E-17	1.67E-17	4.41E-16	0.	7.20E-13	2.76E-12	1.32E-10	1.53E-10	2.89E-10
47	6.10	2.49E-18	0.	1.12E-17	4.58E-17	6.73E-16	0.	7.25E-13	2.90E-12	1.33E-10	1.56E-10	2.92E-10
48	6.00	6.50E-18	0.	2.67E-18	3.92E-17	2.54E-16	0.	7.25E-13	3.04E-12	1.35E-10	1.58E-10	2.96E-10
49	5.90	1.05E-17	0.	1.90E-19	5.55E-17	2.69E-16	0.	7.14E-13	3.20E-12	1.36E-10	1.61E-10	3.01E-10
50	5.80	1.58E-17	0.	4.67E-21	7.46E-17	2.56E-16	0.	7.14E-13	3.37E-12	1.37E-10	1.63E-10	3.05E-10
51	5.70	1.85E-17	0.	0.	8.14E-17	2.73E-16	0.	6.71E-13	3.55E-12	1.38E-10	1.66E-10	3.08E-10

ABSORPTION COEFFICIENTS OF HEATED AIR (INVERSE CM.)

TEMPERATURE (DEGREES K) 10000. DENSITY (GM/CC) 1.293E-09 (10.0E-07 NORMAL)

PHOTON ENERGY BANDS		O2 S-R BANDS	N2 1ST POS.	N2 2ND POS.	N2+ 1ST NEG.	NO BETA	NO GAMMA	NO VIB-ROT	NO2	O- PHOTO-DET (IONS)	FREE-FREE (IONS)	N P.E.	O P.E.	TOTAL AIR
52	5.60	2.30E-17	0.	0.	0.	6.18E-17	4.26E-16	0.	0.	6.24E-13	3.75E-12	1.40E-10	1.68E-10	3.13E-10
53	5.50	2.38E-17	0.	0.	0.	7.59E-17	4.08E-16	0.	0.	6.27E-13	3.95E-12	1.42E-10	1.71E-10	3.18E-10
54	5.40	2.48E-17	0.	0.	0.	6.46E-17	2.76E-16	0.	0.	6.31E-13	4.18E-12	1.44E-10	1.74E-10	3.23E-10
55	5.30	2.38E-17	0.	0.	0.	6.65E-17	4.00E-16	0.	0.	6.35E-13	4.42E-12	1.47E-10	1.77E-10	3.29E-10
56	5.20	1.70E-17	0.	0.	0.	6.91E-17	2.38E-16	0.	0.	6.39E-13	4.69E-12	1.49E-10	1.81E-10	3.36E-10
57	5.10	1.58E-17	0.	0.	0.	6.72E-17	3.28E-16	0.	0.	6.44E-13	4.97E-12	1.53E-10	1.85E-10	3.44E-10
58	5.00	1.16E-17	0.	0.	0.	5.92E-17	2.81E-16	0.	0.	6.49E-13	5.28E-12	1.57E-10	1.89E-10	3.52E-10
59	4.90	9.69E-18	0.	0.	0.	6.36E-17	2.83E-16	0.	0.	6.55E-13	5.60E-12	1.62E-10	1.93E-10	3.61E-10
60	4.80	9.69E-18	0.	0.	0.	6.69E-17	2.60E-16	0.	0.	6.60E-13	5.96E-12	1.66E-10	1.98E-10	3.70E-10
61	4.70	1.04E-17	0.	0.	0.	6.38E-17	2.21E-16	0.	0.	6.66E-13	6.35E-12	1.71E-10	2.02E-10	3.80E-10
62	4.60	1.23E-17	0.	0.	0.	6.37E-17	2.06E-16	0.	0.	6.71E-13	6.78E-12	1.76E-10	2.07E-10	3.91E-10
63	4.50	1.22E-17	0.	1.33E-17	0.	5.52E-17	1.47E-16	0.	0.	6.77E-13	7.24E-12	1.83E-10	2.12E-10	4.03E-10
64	4.40	1.24E-17	0.	4.76E-17	0.	5.39E-17	1.08E-16	0.	0.	6.82E-13	7.75E-12	1.89E-10	2.17E-10	4.14E-10
65	4.30	1.11E-17	0.	1.18E-16	0.	4.88E-17	4.15E-17	0.	0.	6.87E-13	8.31E-12	1.96E-10	2.13E-10	4.18E-10
66	4.20	9.95E-18	0.	4.44E-16	0.	5.04E-17	1.25E-17	0.	0.	6.93E-13	8.92E-12	2.03E-10	3.72E-11	2.50E-10
67	4.10	8.96E-18	0.	1.50E-16	0.	4.67E-17	4.11E-18	0.	0.	6.95E-13	9.60E-12	2.09E-10	3.85E-11	2.17E-10
68	4.00	7.90E-18	0.	6.66E-16	3.94E-14	4.33E-17	0.	0.	0.	6.98E-13	1.03E-11	2.09E-10	3.94E-11	1.80E-10
69	3.90	6.34E-18	0.	2.95E-16	2.69E-13	3.72E-17	0.	0.	0.	6.95E-13	1.12E-11	2.29E-10	4.06E-11	1.86E-10
70	3.80	6.79E-18	0.	4.20E-16	6.46E-13	3.93E-17	0.	0.	0.	6.93E-13	1.21E-11	2.49E-10	4.19E-11	1.72E-10
71	3.70	5.59E-18	0.	5.40E-16	1.23E-12	3.04E-17	0.	0.	0.	6.39E-13	1.31E-11	2.70E-10	4.70E-11	1.83E-10
72	3.60	5.84E-18	0.	2.85E-16	9.48E-13	3.36E-17	0.	0.	0.	5.85E-13	1.41E-11	2.92E-10	5.29E-11	2.02E-10
73	3.50	4.31E-18	0.	4.38E-16	5.22E-13	2.38E-17	0.	0.	0.	3.37E-13	1.55E-11	3.16E-10	5.93E-11	2.28E-10
74	3.40	3.71E-18	0.	2.20E-16	2.63E-13	2.63E-17	0.	0.	0.	3.38E-13	1.66E-11	3.44E-10	6.62E-11	2.54E-10
75	3.30	2.87E-18	0.	2.39E-16	1.31E-12	1.94E-17	0.	0.	0.	3.38E-13	1.85E-11	4.00E-10	7.32E-11	2.82E-10
76	3.20	2.35E-18	0.	1.36E-16	1.98E-12	1.76E-17	0.	0.	0.	3.39E-13	2.03E-11	4.57E-10	8.04E-11	3.12E-10
77	3.10	2.14E-18	0.	1.04E-16	1.48E-13	1.56E-17	0.	0.	0.	3.40E-13	2.09E-11	5.16E-10	8.77E-11	3.40E-10
78	3.00	1.81E-18	0.	5.88E-17	5.20E-13	1.08E-17	0.	0.	0.	3.40E-13	2.23E-11	6.08E-10	9.49E-11	3.70E-10
79	2.90	1.42E-18	0.	5.51E-17	1.29E-13	6.58E-18	0.	0.	0.	3.41E-13	2.46E-11	7.21E-10	1.05E-10	4.00E-10
80	2.80	1.42E-18	0.	1.65E-17	2.54E-13	3.17E-18	0.	0.	0.	3.41E-13	2.73E-11	7.53E-10	3.93E-11	4.28E-10
81	2.70	8.33E-19	0.	7.55E-18	2.37E-14	1.25E-18	0.	0.	0.	3.41E-13	2.92E-11	5.58E-10	4.26E-11	3.89E-10
82	2.60	3.49E-19	0.	3.85E-18	1.84E-14	2.78E-19	0.	0.	0.	3.41E-13	3.03E-11	7.41E-10	4.91E-11	2.43E-10
83	2.50	2.34E-20	0.	4.83E-19	2.03E-14	2.81E-20	0.	0.	0.	3.38E-13	3.38E-11	1.06E-09	6.04E-11	2.85E-10
84	2.40	0.	2.80E-17	0.	0.	0.	0.	4.04E-21	0.	3.37E-13	3.79E-11	1.42E-09	7.24E-11	3.49E-10
85	2.30	0.	1.22E-16	0.	0.	0.	0.	3.73E-20	0.	3.36E-13	4.27E-11	1.71E-09	8.73E-11	4.19E-10
86	2.20	0.	3.61E-16	0.	0.	0.	0.	4.56E-19	0.	3.25E-13	4.84E-11	2.07E-09	1.02E-10	5.75E-10
87	2.10	0.	6.05E-16	0.	0.	0.	0.	7.95E-19	0.	3.12E-13	5.50E-11	2.38E-09	1.17E-10	6.58E-10
88	2.00	0.	1.12E-15	0.	0.	0.	0.	5.49E-19	0.	2.99E-13	6.29E-11	2.45E-09	1.33E-10	7.48E-10
89	1.90	0.	9.15E-16	0.	0.	0.	0.	2.18E-18	0.	2.81E-13	7.24E-11	2.75E-09	1.58E-10	8.82E-10
90	1.80	0.	1.11E-15	0.	0.	0.	0.	0.	0.	2.38E-13	8.40E-11	3.27E-09	1.76E-10	1.03E-09
91	1.70	0.	7.75E-16	0.	0.	0.	0.	0.	0.	1.08E-13	9.80E-11	4.16E-09	2.07E-10	1.13E-09
92	1.60	0.	9.51E-16	0.	0.	0.	0.	0.	0.	0.	1.16E-10	5.05E-09	2.45E-10	1.18E-09
93	1.50	0.	9.97E-16	0.	0.	0.	0.	0.	0.	0.	1.37E-10	5.83E-09	2.75E-10	1.64E-09
94	1.40	0.	7.40E-16	0.	0.	0.	0.	0.	0.	0.	1.65E-10	4.76E-09	3.27E-10	2.15E-09
95	1.30	0.	7.43E-16	0.	0.	0.	0.	0.	0.	0.	2.01E-10	5.48E-09	4.16E-10	2.64E-09
96	1.20	0.	6.22E-16	0.	0.	0.	0.	0.	0.	0.	2.48E-10	6.19E-09	5.05E-10	3.27E-09
97	1.10	0.	5.76E-16	0.	0.	0.	0.	0.	0.	0.	3.10E-10	7.41E-09	5.83E-10	3.91E-09
98	1.00	0.	4.67E-16	0.	0.	0.	0.	0.	0.	0.	3.96E-10	2.38E-09	4.76E-10	3.94E-09
99	0.90	0.	2.18E-16	0.	0.	0.	0.	0.	0.	0.	5.16E-10	2.40E-09	5.48E-10	5.01E-09
100	0.80	0.	5.67E-17	0.	0.	0.	0.	0.	0.	0.	6.89E-10	1.37E-09	6.19E-10	5.01E-09
101	0.70	0.	5.67E-17	0.	0.	0.	0.	0.	0.	0.	2.06E-09	2.06E-09	5.01E-10	5.01E-09
102	0.60	0.	3.97E-18	0.	0.	0.	0.	2.18E-18	0.	0.	3.29E-09	2.69E-09	6.19E-10	6.61E-09

233

ABSORPTION COEFFICIENTS OF HEATED AIR (INVERSE CM.)

TEMPERATURE (DEGREES K) 11000.   DENSITY (GM/CC) 1.293E-02 (1.0E 01 NORMAL)

#	PHOTON ENERGY E.V.	O2 S-R BANDS	O2 S-R CONT.	N2 B-H NO. 1	NO BETA	NO GAMMA	NO 2	O- PHOTO-DET (IONS)	FREE-FREE (IONS)	N P.E.	O P.E.	TOTAL AIR
1	10.70	0.	0.	2.58E 01	0.	0.	0.	6.74E-01	3.10E-04	5.00E 01	2.50E-02	7.65E 01
2	10.60	0.	0.	2.24E 01	0.	0.	0.	6.74E-01	3.18E-04	7.32E-02	2.50E-02	2.32E 01
3	10.50	0.	0.	2.21E 01	0.	0.	0.	6.75E-01	3.28E-04	7.36E-02	2.50E-02	2.28E 01
4	10.40	0.	0.	2.01E 01	0.	0.	0.	6.76E-01	3.37E-04	7.39E-02	2.49E-02	2.09E 01
5	10.30	0.	0.	1.67E 01	0.	0.	0.	6.77E-01	3.47E-04	7.41E-02	2.49E-02	1.75E 01
6	10.20	0.	0.	1.68E 01	0.	0.	0.	6.78E-01	3.58E-04	7.43E-02	2.49E-02	1.76E 01
7	10.10	0.	0.	1.53E 01	0.	0.	0.	6.79E-01	3.68E-04	7.44E-02	2.48E-02	1.61E 01
8	10.00	0.	0.	1.27E 01	0.	0.	0.	6.80E-01	3.80E-04	7.46E-02	2.48E-02	1.35E 01
9	9.90	0.	0.	1.29E 01	0.	0.	0.	6.81E-01	3.91E-04	7.48E-02	2.47E-02	1.36E 01
10	9.80	0.	0.	1.16E 01	0.	0.	0.	6.82E-01	4.03E-04	7.50E-02	2.47E-02	1.24E 01
11	9.70	0.	0.	9.46E 00	0.	0.	0.	6.84E-01	4.16E-04	7.52E-02	2.47E-02	1.02E 01
12	9.60	0.	0.	1.02E 01	0.	0.	0.	6.85E-01	4.29E-04	7.54E-02	2.46E-02	1.09E 01
13	9.50	0.	0.	8.18E 00	0.	0.	0.	6.86E-01	4.43E-04	7.56E-02	2.46E-02	8.96E 00
14	9.40	0.	0.	7.40E 00	0.	0.	0.	6.89E-01	4.57E-04	7.58E-02	2.46E-02	8.19E 00
15	9.30	0.	0.	7.49E 00	0.	0.	0.	6.91E-01	4.71E-04	7.60E-02	2.45E-02	8.28E 00
16	9.20	0.	0.	5.75E 00	0.	0.	0.	6.94E-01	4.86E-04	7.62E-02	2.45E-02	6.55E 00
17	9.10	0.	0.	5.88E 00	0.	0.	0.	6.96E-01	5.03E-04	2.18E-02	2.45E-02	6.62E 00
18	9.00	0.	0.	5.09E 00	0.	0.	0.	6.99E-01	5.21E-04	2.18E-02	2.44E-02	5.84E 00
19	8.90	0.	0.	4.49E 00	0.	0.	0.	7.01E-01	5.39E-04	2.17E-02	2.44E-02	5.24E 00
20	8.80	0.	0.	4.32E 00	0.	0.	0.	7.04E-01	5.58E-04	2.17E-02	2.44E-02	5.07E 00
21	8.70	0.	0.	3.52E 00	0.	0.	0.	7.06E-01	5.78E-04	2.17E-02	2.43E-02	4.27E 00
22	8.60	0.	0.	3.58E 00	0.	0.	0.	7.09E-01	5.98E-04	2.16E-02	2.43E-02	4.33E 00
23	8.50	0.	0.	2.95E 00	0.	0.	0.	7.15E-01	6.20E-04	2.16E-02	2.42E-02	3.70E 00
24	8.40	0.	0.	2.86E 00	0.	0.	0.	7.19E-01	6.42E-04	2.16E-02	2.43E-02	3.63E 00
25	8.30	0.	0.	2.29E 00	0.	0.	0.	7.22E-01	6.66E-04	2.16E-02	2.44E-02	3.05E 00
26	8.20	0.	0.	2.27E 00	0.	0.	0.	7.26E-01	6.91E-04	2.15E-02	2.45E-02	3.04E 00
27	8.10	0.	0.	1.85E 00	0.	0.	0.	7.30E-01	7.17E-04	2.15E-02	2.46E-02	2.62E 00
28	8.00	0.	0.	1.81E 00	0.	0.	0.	7.33E-01	7.44E-04	2.15E-02	2.48E-02	2.59E 00
29	7.90	0.	0.	1.48E 00	0.	0.	0.	7.37E-01	7.73E-04	2.15E-02	2.50E-02	2.26E 00
30	7.80	0.	0.	1.49E 00	0.	0.	0.	7.41E-01	8.03E-04	2.15E-02	2.51E-02	2.28E 00
31	7.70	0.	0.	1.24E 00	0.	0.	0.	7.45E-01	8.34E-04	2.15E-02	2.52E-02	2.03E 00
32	7.60	0.	0.	1.14E 00	0.	0.	0.	7.48E-01	8.68E-04	2.16E-02	2.55E-02	1.93E 00
33	7.50	0.	0.	1.00E 00	0.	0.	0.	7.53E-01	9.03E-04	2.16E-02	2.57E-02	1.80E 00
34	7.40	0.	0.	8.67E-01	0.	1.08E-04	0.	7.57E-01	9.40E-04	2.16E-02	2.58E-02	1.67E 00
35	7.30	0.	0.	7.88E-01	0.	5.11E-04	0.	7.61E-01	9.80E-04	2.16E-02	2.60E-02	1.61E 00
36	7.20	0.	0.	6.81E-01	0.	2.87E-03	0.	7.67E-01	1.02E-03	2.16E-02	2.62E-02	1.53E 00
37	7.10	0.	0.	6.28E-01	0.	1.40E-02	0.	7.67E-01	1.06E-03	2.16E-02	2.64E-02	1.55E 00
38	7.00	4.41E-04	0.	5.51E-01	0.	3.72E-02	0.	7.80E-01	1.11E-03	2.17E-02	2.66E-02	1.64E 00
39	6.90	8.38E-04	0.	4.85E-01	0.	1.02E-01	0.	7.86E-01	1.16E-03	2.17E-02	2.67E-02	1.59E 00
40	6.80	7.02E-04	0.	4.45E-01	0.	2.79E-01	0.	7.86E-01	1.21E-03	2.17E-02	2.69E-02	1.85E 00
41	6.70	4.95E-04	0.	3.72E-01	0.	5.74E-01	0.	7.92E-01	1.27E-03	2.18E-02	2.71E-02	1.89E 00
42	6.60	2.94E-04	0.	3.18E-01	0.	6.72E-01	0.	7.98E-01	1.33E-03	2.19E-02	2.73E-02	1.59E 00
43	6.50	1.64E-04	0.	2.39E-01	0.	7.45E-01	0.	8.05E-01	1.39E-03	2.20E-02	2.75E-02	1.84E 00
44	6.40	2.24E-04	0.	1.52E-01	3.98E-03	8.29E-01	0.	8.11E-01	1.45E-03	2.21E-02	2.77E-02	1.85E 00
45	6.30	4.66E-04	0.	6.68E-02	1.77E-02	4.51E-01	0.	8.23E-01	1.53E-03	2.23E-02	2.80E-02	1.89E 00
46	6.20	1.39E-03	0.	4.43E-02	2.38E-02	6.80E-01	0.	8.30E-01	1.60E-03	2.25E-02	2.85E-02	1.42E 00
47	6.10	5.61E-03	0.	1.93E-02	6.58E-02	9.93E-01	0.	8.36E-01	1.68E-03	2.27E-02	2.89E-02	1.97E 00
48	6.00	1.48E-02	0.	3.67E-03	5.76E-02	3.97E-01	0.	8.22E-01	1.77E-03	2.30E-02	2.93E-02	1.36E 00
49	5.90	2.42E-02	0.	3.33E-04	8.22E-02	2.12E-01	0.	8.23E-01	1.86E-03	2.32E-02	2.98E-02	1.41E 00
50	5.80	3.69E-02	0.	8.24E-06	1.11E-01	3.97E-01	0.	8.23E-01	1.96E-03	2.32E-02	3.02E-02	1.43E 00
51	5.70	4.40E-02	0.	0.	1.23E-01	4.30E-01	0.	7.73E-01	2.06E-03	2.34E-02	3.07E-02	1.42E 00

ABSORPTION COEFFICIENTS OF HEATED AIR (INVERSE CM.)

TEMPERATURE (DEGREES K) 11000.   DENSITY (GM/CC) 1.293E-02 (1.0E 01 NORMAL)

#	PHOTON ENERGY	O2 S-R BANDS	N2 1ST POS.	N2 2ND POS.	N2+ 1ST NEG.	NO BETA	NO GAMMA	NO VIB-ROT	NO2	O- PHOTO-DET (IONS)	FREE-FREE (IONS)	N P.E.	O P.E.	TOTAL AIR
52	5.60	5.50E-02	0.	0.	0.	9.58E-02	6.47E-01	0.	0.	7.19E-01	2.18E-03	2.37E-02	3.11E-02	1.58E 00
53	5.50	5.75E-02	0.	0.	0.	1.17E-01	6.15E-01	0.	0.	7.23E-01	2.30E-03	2.41E-02	3.16E-02	1.57E 00
54	5.40	6.06E-02	0.	0.	0.	1.04E-01	6.34E-01	0.	0.	7.27E-01	2.43E-03	2.45E-02	3.21E-02	1.38E 00
55	5.30	5.87E-02	0.	0.	0.	1.09E-01	6.08E-01	0.	0.	7.31E-01	2.57E-03	2.50E-02	3.26E-02	1.56E 00
56	5.20	5.25E-02	0.	0.	0.	1.09E-01	3.80E-01	0.	0.	7.36E-01	2.72E-03	2.55E-02	3.34E-02	1.33E 00
57	5.10	3.98E-02	0.	0.	0.	1.07E-01	5.10E-01	0.	0.	7.42E-01	2.89E-03	2.62E-02	3.41E-02	1.46E 00
58	5.00	2.95E-02	0.	0.	0.	1.48E-01	4.50E-01	0.	0.	7.48E-01	3.06E-03	2.69E-02	3.48E-02	1.38E 00
59	4.90	2.47E-02	0.	0.	0.	1.03E-01	4.62E-01	0.	0.	7.55E-01	3.26E-03	2.77E-02	3.56E-02	1.41E 00
60	4.80	2.46E-02	0.	0.	0.	1.09E-01	4.25E-01	0.	0.	7.61E-01	3.46E-03	2.85E-02	3.63E-02	1.39E 00
61	4.70	3.16E-02	0.	0.	0.	1.05E-01	3.69E-01	0.	0.	7.67E-01	3.69E-03	2.93E-02	3.72E-02	1.34E 00
62	4.60	2.67E-02	0.	0.	0.	1.05E-01	3.41E-01	0.	0.	7.73E-01	3.94E-03	3.03E-02	3.81E-02	1.32E 00
63	4.50	3.19E-02	0.	2.34E-02	0.	9.19E-02	2.47E-01	0.	0.	7.80E-01	4.21E-03	3.15E-02	3.91E-02	1.25E 00
64	4.40	3.26E-02	0.	8.09E-02	0.	9.03E-02	1.79E-01	0.	0.	7.86E-01	4.51E-03	3.27E-02	4.00E-02	1.25E 00
65	4.30	2.96E-02	0.	8.14E-02	0.	8.26E-02	1.04E-01	0.	0.	7.92E-01	4.83E-03	3.40E-02	4.10E-02	1.30E 00
66	4.20	2.68E-02	0.	2.13E-01	0.	8.59E-02	8.02E-02	0.	0.	7.98E-01	5.19E-03	3.52E-02	4.19E-02	1.89E 00
67	4.10	2.43E-02	0.	2.75E-01	0.	8.04E-02	2.10E-02	0.	0.	8.01E-01	5.58E-03	3.65E-02	4.27E-02	1.29E 00
68	4.00	2.17E-02	0.	1.15E 00	8.72E-03	7.52E-02	1.61E-02	0.	0.	8.05E-01	6.01E-03	3.78E-02	8.81E-03	2.12E 00
69	3.90	1.89E-02	0.	5.12E-01	5.38E-02	6.56E-02	6.73E-03	0.	0.	7.98E-01	6.48E-03	3.28E-02	9.06E-03	1.46E 00
70	3.80	1.59E-02	0.	7.51E-01	6.95E-02	6.95E-02	0.	0.	0.	7.66E-01	7.01E-03	3.36E-02	9.37E-03	1.74E 00
71	3.70	1.38E-02	0.	9.20E-01	1.43E-02	5.49E-02	0.	0.	0.	7.36E-01	7.60E-03	2.61E-02	1.05E-02	1.84E 00
72	3.60	1.24E-02	0.	5.18E-01	1.94E-01	5.97E-02	0.	0.	0.	6.74E-01	8.26E-03	2.82E-02	1.17E-02	1.47E 00
73	3.50	1.09E-02	0.	7.68E-01	2.45E-01	4.38E-02	0.	0.	0.	3.89E-01	8.99E-03	2.83E-02	1.31E-02	1.79E 00
74	3.40	9.46E-03	0.	4.08E-01	2.16E-01	4.86E-02	0.	0.	0.	3.90E-01	9.81E-03	3.18E-02	1.46E-02	9.33E-01
75	3.30	3.46E-03	0.	4.35E-01	1.10E-01	3.65E-02	0.	0.	0.	3.91E-01	1.07E-02	3.54E-02	1.61E-02	1.04E 00
76	3.20	3.03E-03	0.	2.56E-01	1.54E-01	3.37E-02	0.	0.	0.	3.92E-01	1.18E-02	3.90E-02	1.76E-02	1.01E 00
77	3.10	6.47E-03	0.	1.96E-01	3.38E-02	3.37E-02	0.	0.	0.	3.90E-01	1.30E-02	4.27E-02	1.92E-02	7.36E-01
78	3.00	5.53E-03	0.	1.13E-01	1.09E-01	3.02E-02	0.	0.	0.	3.92E-01	1.44E-02	4.64E-02	2.08E-02	7.31E-01
79	2.90	4.44E-03	0.	6.79E-02	2.14E-02	2.14E-02	0.	0.	0.	3.93E-01	1.59E-02	5.02E-02	2.24E-02	6.43E-01
80	2.80	2.66E-03	0.	3.22E-02	2.91E-02	1.34E-02	0.	0.	0.	3.93E-01	1.76E-02	5.44E-02	2.41E-02	5.68E-01
81	2.70	1.14E-03	0.	1.48E-02	5.30E-03	6.65E-03	0.	0.	0.	3.88E-01	1.97E-02	5.88E-02	2.60E-02	5.75E-01
82	2.60	7.74E-05	0.	7.49E-03	2.68E-03	0.	0.	0.	0.	3.87E-01	2.19E-02	6.36E-02	2.79E-02	5.07E-01
83	2.50	0.	0.	9.10E-04	6.05E-04	0.	0.	0.	0.	3.74E-01	2.49E-02	7.17E-02	1.20E-02	5.73E-01
84	2.40	0.	5.01E-02	0.	6.19E-05	0.	0.	0.	0.	3.60E-01	2.81E-02	8.29E-02	1.45E-02	7.00E-01
85	2.30	0.	2.03E-01	0.	0.	0.	0.	0.	0.	3.44E-01	3.20E-02	5.81E-02	1.74E-02	9.71E-01
86	2.20	0.	4.56E-01	0.	0.	0.	0.	0.	0.	3.24E-01	3.66E-02	6.86E-02	2.10E-02	1.12E 00
87	2.10	0.	5.90E-01	0.	0.	0.	0.	0.	0.	2.74E-01	4.21E-02	7.99E-02	2.46E-02	1.57E 00
88	2.00	0.	1.03E 00	0.	0.	0.	0.	0.	0.	1.25E-01	4.88E-02	9.12E-02	2.82E-02	2.31E 00
89	1.90	0.	1.76E 00	0.	0.	0.	0.	0.	0.	0.	5.71E-02	1.03E-01	3.20E-02	2.01E 00
90	1.80	0.	1.73E 00	0.	0.	0.	0.	0.	0.	0.	6.72E-02	1.22E-01	3.83E-02	2.32E 00
91	1.70	0.	1.44E 00	0.	0.	0.	0.	0.	0.	0.	8.00E-02	1.45E-01	4.61E-02	1.81E 00
92	1.60	0.	1.22E 00	0.	0.	0.	0.	0.	0.	0.	9.62E-02	1.68E-01	5.39E-02	2.00E 00
93	1.50	0.	1.48E 00	0.	0.	0.	0.	0.	0.	0.	1.17E-01	2.11E-01	6.50E-02	2.01E 00
94	1.40	0.	1.53E 00	0.	0.	0.	0.	0.	0.	0.	1.44E-01	2.57E-01	7.57E-02	1.75E 00
95	1.30	0.	1.15E 00	0.	0.	0.	0.	0.	0.	0.	1.81E-01	3.21E-01	9.88E-02	1.77E 00
96	1.20	0.	1.14E 00	0.	0.	0.	0.	0.	0.	0.	2.31E-01	3.12E-01	9.37E-02	1.78E 00
97	1.10	0.	9.80E-01	0.	0.	0.	0.	6.18E-06	0.	0.	3.01E-01	3.85E-01	1.18E-01	1.90E 00
98	1.00	0.	9.04E-01	0.	0.	0.	0.	6.28E-05	0.	0.	4.02E-01	4.64E-01	1.30E-01	1.97E 00
99	0.90	0.	7.37E-01	0.	0.	0.	0.	7.47E-05	0.	0.	5.56E-01	5.26E-01	1.53E-01	1.93E 00
100	0.80	0.	3.45E-01	0.	0.	0.	0.	1.38E-03	0.	0.	8.02E-01	6.04E-01	1.76E-01	1.93E 00
101	0.70	0.	8.81E-02	0.	0.	0.	0.	9.96E-04	0.	0.	1.20E 00	6.67E-01	1.95E-01	2.15E 00
102	0.60	0.	7.55E-03	0.	0.	0.	0.	3.84E-03	0.	0.	1.92E 00	7.44E-01	2.18E-01	2.89E 00

ABSORPTION COEFFICIENTS OF HEATED AIR (INVERSE CM.)

TEMPERATURE (DEGREES K) 11000.   DENSITY (GM/CC) 1.293E-03   (10.0E-01 NORMAL)

PHOTON ENERGY E.V.	O2 S-R BANDS	O2 S-R CONT.	N2 B-H NO. 1	NO BETA	NO GAMMA	NO 2	O- PHOTO-DET	FREE-FREE (IONS)	N P.E.	O P.E.	TOTAL AIR
1 10.70	0.	0.	7.61E-01	0.	0.	0.	2.13E-02	2.56E-05	8.60E 00	2.69E-03	9.38E 00
2 10.60	0.	0.	6.63E-01	0.	0.	0.	2.13E-02	2.64E-05	1.26E-02	2.68E-03	6.99E-01
3 10.50	0.	0.	6.52E-01	0.	0.	0.	2.14E-02	2.71E-05	1.26E-02	2.68E-03	6.88E-01
4 10.40	0.	0.	5.93E-01	0.	0.	0.	2.14E-02	2.79E-05	1.27E-02	2.68E-03	6.30E-01
5 10.30	0.	0.	4.94E-01	0.	0.	0.	2.14E-02	2.88E-05	1.27E-02	2.67E-03	5.31E-01
6 10.20	0.	0.	4.96E-01	0.	0.	0.	2.15E-02	2.96E-05	1.28E-02	2.67E-03	5.32E-01
7 10.10	0.	0.	4.53E-01	0.	0.	0.	2.15E-02	3.05E-05	1.28E-02	2.67E-03	4.90E-01
8 10.00	0.	0.	3.75E-01	0.	0.	0.	2.15E-02	3.14E-05	1.28E-02	2.66E-03	4.12E-01
9 9.90	0.	0.	3.80E-01	0.	0.	0.	2.16E-02	3.24E-05	1.29E-02	2.66E-03	4.17E-01
10 9.80	0.	0.	3.42E-01	0.	0.	0.	2.16E-02	3.34E-05	1.29E-02	2.65E-03	3.79E-01
11 9.70	0.	0.	3.09E-01	0.	0.	0.	2.16E-02	3.45E-05	1.29E-02	2.65E-03	3.16E-01
12 9.60	0.	0.	3.00E-01	0.	0.	0.	2.17E-02	3.56E-05	1.30E-02	2.65E-03	3.37E-01
13 9.50	0.	0.	2.41E-01	0.	0.	0.	2.17E-02	3.67E-05	1.30E-02	2.64E-03	2.79E-01
14 9.40	0.	0.	2.19E-01	0.	0.	0.	2.18E-02	3.79E-05	1.31E-02	2.64E-03	2.56E-01
15 9.30	0.	0.	2.21E-01	0.	0.	0.	2.19E-02	3.91E-05	1.31E-02	2.63E-03	2.59E-01
16 9.20	0.	0.	1.70E-01	0.	0.	0.	2.20E-02	4.04E-05	3.75E-03	2.63E-03	2.08E-01
17 9.10	0.	0.	1.74E-01	0.	0.	0.	2.20E-02	4.18E-05	3.74E-03	2.63E-03	2.02E-01
18 9.00	0.	0.	1.50E-01	0.	0.	0.	2.21E-02	4.32E-05	3.73E-03	2.62E-03	1.79E-01
19 8.90	0.	0.	1.33E-01	0.	0.	0.	2.22E-02	4.47E-05	3.73E-03	2.62E-03	1.61E-01
20 8.80	0.	0.	1.28E-01	0.	0.	0.	2.23E-02	4.62E-05	3.72E-03	2.62E-03	1.56E-01
21 8.70	0.	0.	1.04E-01	0.	0.	0.	2.23E-02	4.78E-05	3.72E-03	2.61E-03	1.33E-01
22 8.60	0.	0.	1.06E-01	0.	0.	0.	2.24E-02	4.95E-05	3.72E-03	2.61E-03	1.34E-01
23 8.50	0.	0.	8.70E-02	0.	0.	0.	2.25E-02	5.13E-05	3.71E-03	2.61E-03	1.16E-01
24 8.40	0.	0.	8.46E-02	0.	0.	0.	2.26E-02	5.32E-05	3.71E-03	2.60E-03	1.14E-01
25 8.30	0.	0.	6.76E-02	0.	0.	0.	2.27E-02	5.51E-05	3.71E-03	2.61E-03	9.67E-02
26 8.20	0.	0.	6.69E-02	0.	0.	0.	2.29E-02	5.72E-05	3.71E-03	2.62E-03	9.62E-02
27 8.10	0.	0.	5.46E-02	0.	0.	0.	2.30E-02	5.94E-05	3.70E-03	2.64E-03	8.40E-02
28 8.00	0.	0.	5.36E-02	0.	0.	0.	2.31E-02	6.16E-05	3.70E-03	2.66E-03	8.31E-02
29 7.90	0.	0.	4.37E-02	0.	0.	0.	2.32E-02	6.40E-05	3.70E-03	2.68E-03	7.33E-02
30 7.80	0.	0.	4.41E-02	0.	0.	0.	2.33E-02	6.65E-05	3.70E-03	2.70E-03	7.39E-02
31 7.70	0.	0.	3.67E-02	0.	1.99E-06	0.	2.35E-02	6.91E-05	3.70E-03	2.72E-03	6.67E-02
32 7.60	0.	0.	3.36E-02	0.	9.43E-06	0.	2.36E-02	7.19E-05	3.71E-03	2.74E-03	6.37E-02
33 7.50	0.	0.	2.96E-02	0.	5.30E-05	0.	2.37E-02	7.48E-05	3.71E-03	2.76E-03	5.99E-02
34 7.40	0.	0.	2.56E-02	0.	2.58E-04	0.	2.38E-02	7.79E-05	3.71E-03	2.78E-03	5.61E-02
35 7.30	0.	0.	2.33E-02	0.	6.87E-04	0.	2.40E-02	8.12E-05	3.72E-03	2.80E-03	5.41E-02
36 7.20	5.08E-06	0.	2.01E-02	0.	1.89E-03	0.	2.41E-02	8.46E-05	3.72E-03	2.81E-03	5.15E-02
37 7.10	9.66E-06	0.	1.86E-02	0.	4.83E-03	0.	2.43E-02	8.82E-05	3.72E-03	2.83E-03	5.14E-02
38 7.00	8.10E-06	0.	1.63E-02	0.	5.15E-03	0.	2.45E-02	9.21E-05	3.72E-03	2.85E-03	5.23E-02
39 6.90	5.71E-06	0.	1.43E-02	0.	1.06E-02	0.	2.47E-02	9.61E-05	3.72E-03	2.87E-03	5.08E-02
40 6.80	6.39E-06	0.	1.31E-02	0.	1.24E-02	0.	2.49E-02	1.00E-04	3.73E-03	2.89E-03	5.53E-02
41 6.70	9.06E-06	0.	1.10E-02	0.	7.66E-03	0.	2.51E-02	1.05E-04	3.73E-03	2.91E-03	5.52E-02
42 6.60	1.89E-06	0.	9.38E-03	0.	1.38E-02	0.	2.53E-02	1.10E-04	3.74E-03	2.93E-03	4.93E-02
43 6.50	2.58E-06	0.	7.05E-03	7.35E-05	1.53E-02	0.	2.55E-02	1.15E-04	3.76E-03	2.96E-03	5.31E-02
44 6.40	5.38E-06	0.	4.49E-03	3.26E-04	8.32E-02	0.	2.57E-02	1.20E-04	3.78E-03	2.98E-03	4.74E-02
45 6.30	1.61E-05	0.	2.56E-03	3.40E-04	1.26E-02	0.	2.59E-02	1.26E-04	3.80E-03	3.01E-03	4.40E-02
46 6.20	6.47E-05	0.	1.31E-03	1.21E-03	1.83E-02	0.	2.61E-02	1.33E-04	3.83E-03	3.06E-03	5.36E-02
47 6.10	1.71E-04	0.	5.71E-04	1.06E-03	7.32E-03	0.	2.63E-02	1.39E-04	3.86E-03	3.10E-03	4.24E-02
48 6.00	1.38E-04	0.	1.38E-04	1.52E-03	7.32E-03	0.	2.65E-02	1.46E-04	3.90E-03	3.15E-03	4.32E-02
49 5.90	2.79E-04	0.	9.83E-06	2.06E-03	7.33E-03	0.	2.65E-02	1.54E-04	3.94E-03	3.20E-03	4.32E-02
50 5.80	4.26E-04	0.	2.43E-07	2.06E-03	7.33E-03	0.	2.61E-02	1.62E-04	3.99E-03	3.25E-03	4.26E-02
51 5.70	5.08E-04	0.	0.	2.27E-03	7.94E-03	0.	2.45E-02	1.71E-04	4.03E-03	3.29E-03	4.27E-02

236

ABSORPTION COEFFICIENTS OF HEATED AIR (INVERSE CM.)

TEMPERATURE (DEGREES K) 11000.   DENSITY (GM/CC) 1.293E-03   (10.0E-01 NORMAL)

	PHOTON ENERGY	O2 S-R BANDS	N2 1ST POS.	N2 2ND POS.	N2+ 1ST NEG.	NO BETA	NO GAMMA	NO VIB-ROT	NO2	O- PHOTO-DET	FREE-FREE (IONS)	N P.E.	O P.F.	TOTAL AIR
52	5.60	6.35E-04	0.	0.	0.	1.77E-03	1.19E-02	0.	0.	2.28E-02	1.80E-04	4.07E-03	3.34E-03	4.47E-02
53	5.50	6.63E-04	0.	0.	0.	2.16E-03	1.13E-02	0.	0.	2.29E-02	1.90E-04	4.14E-03	3.39E-03	4.48E-02
54	5.40	6.99E-04	0.	0.	0.	1.87E-03	8.00E-03	0.	0.	2.30E-02	2.01E-04	4.22E-03	3.44E-03	4.14E-02
55	5.30	6.77E-04	0.	0.	0.	1.92E-03	1.12E-02	0.	0.	2.31E-02	2.13E-04	4.30E-03	3.51E-03	4.50E-02
56	5.20	4.90E-04	0.	0.	0.	2.01E-03	7.01E-03	0.	0.	2.33E-02	2.25E-04	4.38E-03	3.58E-03	4.10E-02
57	5.10	4.59E-04	0.	0.	0.	1.97E-03	9.41E-03	0.	0.	2.35E-02	2.39E-04	4.49E-03	3.66E-03	4.38E-02
58	5.00	3.41E-04	0.	0.	0.	1.75E-03	8.30E-03	0.	0.	2.37E-02	2.54E-04	4.62E-03	3.74E-03	4.27E-02
59	4.90	2.85E-04	0.	0.	0.	1.90E-03	8.52E-03	0.	0.	2.39E-02	2.70E-04	4.76E-03	3.82E-03	4.35E-02
60	4.80	2.84E-04	0.	6.91E-04	0.	2.00E-03	7.85E-03	0.	0.	2.41E-02	2.87E-04	4.89E-03	3.90E-03	4.33E-02
61	4.70	3.08E-04	0.	2.39E-03	0.	1.93E-03	6.81E-03	0.	0.	2.43E-02	3.06E-04	5.03E-03	4.10E-03	4.26E-02
62	4.60	3.65E-04	0.	6.28E-03	0.	1.94E-03	6.29E-03	0.	0.	2.45E-02	3.26E-04	5.20E-03	4.20E-03	4.27E-02
63	4.50	3.68E-04	0.	2.40E-02	0.	1.70E-03	4.56E-03	0.	0.	2.47E-02	3.49E-04	5.41E-03	4.30E-03	4.20E-02
64	4.40	3.76E-04	0.	8.13E-03	0.	1.67E-03	3.30E-03	0.	0.	2.49E-02	3.73E-04	5.62E-03	4.50E-03	4.29E-02
65	4.30	3.41E-04	0.	3.39E-02	0.	1.58E-03	1.42E-03	0.	0.	2.53E-02	4.06E-04	5.83E-03	4.58E-03	4.58E-02
66	4.20	3.09E-04	0.	1.51E-02	0.	1.48E-03	1.88E-03	0.	0.	2.53E-02	4.30E-04	6.06E-03	4.70E-03	6.37E-02
67	4.10	2.81E-04	0.	1.21E-02	0.	1.39E-03	2.97E-04	0.	0.	2.54E-02	4.62E-04	6.28E-03	4.93E-03	4.70E-02
68	4.00	2.50E-04	0.	2.22E-02	8.74E-04	1.21E-03	1.24E-04	0.	0.	2.55E-02	4.98E-04	6.50E-03	5.00E-03	6.93E-02
69	3.90	2.03E-04	0.	2.72E-02	5.39E-03	1.28E-03	0.	0.	0.	2.54E-02	5.37E-04	5.64E-03	5.17E-03	6.17E-02
70	3.80	2.18E-04	0.	1.53E-02	1.44E-03	1.01E-03	0.	0.	0.	2.53E-02	5.64E-04	5.77E-03	9.74E-03	6.09E-02
71	3.70	1.83E-04	0.	2.27E-02	8.96E-03	1.07E-03	0.	0.	0.	2.49E-02	5.77E-04	4.49E-03	1.12E-02	5.56E-02
72	3.60	1.43E-04	0.	1.20E-02	2.17E-03	8.96E-04	0.	0.	0.	2.13E-02	6.29E-04	4.85E-03	1.26E-02	3.54E-02
73	3.50	1.25E-04	0.	1.28E-02	1.11E-02	6.73E-04	0.	0.	0.	1.23E-02	6.84E-04	4.86E-03	1.46E-02	4.57E-02
74	3.40	9.76E-05	0.	7.57E-03	2.55E-03	6.89E-04	0.	0.	0.	1.23E-02	7.44E-04	5.47E-03	1.56E-02	3.27E-02
75	3.30	8.11E-05	0.	5.80E-03	3.39E-03	6.22E-04	0.	0.	0.	1.23E-02	8.12E-04	6.08E-03	1.73E-02	3.87E-02
76	3.20	7.46E-05	0.	3.34E-03	1.09E-02	5.58E-04	0.	0.	0.	1.24E-02	8.89E-04	6.70E-03	1.89E-02	3.41E-02
77	3.10	6.38E-05	0.	9.00E-03	6.85E-03	3.94E-04	0.	0.	0.	1.24E-02	9.75E-04	7.34E-03	2.06E-02	3.00E-02
78	3.00	6.09E-05	0.	9.50E-03	3.94E-03	1.23E-04	0.	0.	0.	1.24E-02	1.07E-03	7.97E-03	2.23E-02	2.90E-02
79	2.90	5.12E-05	0.	2.92E-03	6.29E-03	4.95E-05	0.	0.	0.	1.24E-02	1.19E-03	8.62E-03	2.40E-02	2.86E-02
80	2.80	3.07E-05	0.	4.37E-03	5.31E-04	1.14E-06	0.	0.	0.	1.24E-02	1.31E-03	9.34E-03	2.59E-02	3.25E-02
81	2.70	1.32E-05	0.	2.21E-03	4.97E-04	0.	0.	0.	0.	1.24E-02	1.46E-03	1.01E-02	2.79E-02	3.28E-02
82	2.60	8.92E-07	0.	2.69E-03	4.10E-04	0.	0.	0.	0.	1.24E-02	1.63E-03	1.09E-02	3.00E-02	2.86E-02
83	2.50	0.	0.	0.	4.23E-04	0.	0.	0.	0.	1.24E-02	1.83E-03	1.23E-02	2.86E-02	3.25E-02
84	2.40	0.	1.48E-03	0.	0.	0.	0.	0.	0.	1.23E-02	2.06E-03	1.43E-02	1.56E-02	4.28E-02
85	2.30	0.	5.98E-03	0.	0.	0.	0.	0.	0.	1.22E-02	2.33E-03	1.98E-02	1.87E-02	4.95E-02
86	2.20	0.	1.35E-02	0.	0.	0.	0.	0.	0.	1.18E-02	2.65E-03	1.18E-02	2.64E-02	6.93E-02
87	2.10	0.	1.74E-02	0.	0.	0.	0.	0.	0.	1.14E-02	3.03E-03	1.37E-02	3.03E-02	8.93E-02
88	2.00	0.	3.03E-02	0.	0.	0.	0.	0.	0.	1.03E-02	3.49E-03	1.57E-02	3.44E-02	9.78E-02
89	1.90	0.	5.24E-02	0.	0.	0.	0.	0.	0.	8.69E-03	4.05E-03	1.78E-02	4.95E-02	8.74E-02
90	1.80	0.	5.10E-02	0.	0.	0.	0.	0.	0.	3.95E-03	4.73E-03	2.10E-02	5.79E-02	1.10E-01
91	1.70	0.	3.61E-02	0.	0.	0.	0.	0.	0.	0.	5.57E-03	2.49E-02	6.98E-02	1.15E-01
92	1.60	0.	4.52E-02	0.	0.	0.	0.	0.	0.	0.	6.63E-03	2.89E-02	8.14E-02	1.16E-01
93	1.50	0.	5.10E-02	0.	0.	0.	0.	0.	0.	0.	7.97E-03	3.63E-02	1.06E-02	1.33E-01
94	1.40	0.	3.61E-02	0.	0.	0.	0.	0.	0.	0.	9.70E-03	4.42E-02	1.01E-02	1.54E-01
95	1.30	0.	4.52E-02	0.	0.	0.	0.	0.	0.	0.	1.19E-02	5.51E-02	1.06E-02	1.75E-01
96	1.20	0.	3.40E-02	0.	0.	0.	0.	0.	0.	0.	1.50E-02	5.36E-02	1.01E-02	1.99E-01
97	1.10	0.	3.36E-02	0.	0.	0.	0.	1.14E-07	0.	0.	1.91E-02	6.61E-02	1.40E-02	3.10E-01
98	1.00	0.	2.89E-02	0.	0.	0.	0.	1.16E-06	0.	0.	2.49E-02	7.98E-02	1.65E-02	1.54E-01
99	0.90	0.	2.67E-02	0.	0.	0.	0.	1.38E-06	0.	0.	3.33E-02	9.03E-02	1.90E-02	1.75E-01
100	0.80	0.	2.18E-02	0.	0.	0.	0.	2.55E-05	0.	0.	4.61E-02	1.04E-01	1.15E-01	1.99E-01
101	0.70	0.	2.60E-03	0.	0.	0.	0.	1.84E-05	0.	0.	6.64E-02	1.15E-01	1.99E-02	1.99E-01
102	0.60	0.	2.23E-04	0.	0.	0.	0.	7.08E-05	0.	0.	1.59E-01	1.28E-01	2.34E-02	3.10E-01

237

ABSORPTION COEFFICIENTS OF HEATED AIR (INVERSE CM.)

TEMPERATURE (DEGREES K) 11000.   DENSITY (GM/CC) 1.293E-04   (10.0E-02 NORMAL)

PHOTON ENERGY E.V.	O2 S-R BANDS	O2 S-R CONT.	N2 B-H NO.1	NO BETA	NO GAMMA	NO2	O- PHOTO-DET	FREE-FREE (IONS)	N P.E.	O P.E.	TOTAL AIR
1 10.70	0.	0.	9.80E-03	0.	0.	0.	6.72E-04	2.50E-06	9.75E-06	2.70E-04	9.86E-01
2 10.60	0.	0.	8.53E-03	0.	0.	0.	6.73E-04	2.57E-06	1.43E-03	2.70E-04	1.09E-02
3 10.50	0.	0.	8.39E-03	0.	0.	0.	6.74E-04	2.65E-06	1.43E-03	2.70E-04	1.08E-02
4 10.40	0.	0.	7.63E-03	0.	0.	0.	6.74E-04	2.73E-06	1.44E-03	2.69E-04	1.00E-02
5 10.30	0.	0.	6.36E-03	0.	0.	0.	6.75E-04	2.81E-06	1.44E-03	2.69E-04	8.75E-03
6 10.20	0.	0.	6.38E-03	0.	0.	0.	6.76E-04	2.89E-06	1.45E-03	2.69E-04	8.77E-03
7 10.10	0.	0.	5.83E-03	0.	0.	0.	6.77E-04	2.98E-06	1.45E-03	2.68E-04	8.23E-03
8 10.00	0.	0.	4.82E-03	0.	0.	0.	6.78E-04	3.07E-06	1.45E-03	2.68E-04	7.22E-03
9 9.90	0.	0.	4.89E-03	0.	0.	0.	6.79E-04	3.16E-06	1.46E-03	2.67E-04	7.30E-03
10 9.80	0.	0.	4.40E-03	0.	0.	0.	6.80E-04	3.26E-06	1.46E-03	2.67E-04	6.81E-03
11 9.70	0.	0.	3.59E-03	0.	0.	0.	6.82E-04	3.36E-06	1.46E-03	2.67E-04	6.01E-03
12 9.60	0.	0.	3.86E-03	0.	0.	0.	6.83E-04	3.47E-06	1.47E-03	2.66E-04	6.28E-03
13 9.50	0.	0.	3.11E-03	0.	0.	0.	6.84E-04	3.58E-06	1.47E-03	2.66E-04	5.54E-03
14 9.40	0.	0.	2.81E-03	0.	0.	0.	6.87E-04	3.70E-06	1.47E-03	2.65E-04	5.25E-03
15 9.30	0.	0.	2.85E-03	0.	0.	0.	6.89E-04	3.82E-06	1.48E-03	2.65E-04	5.29E-03
16 9.20	0.	0.	2.19E-03	0.	0.	0.	6.92E-04	3.94E-06	1.48E-03	2.65E-04	4.63E-03
17 9.10	0.	0.	2.23E-03	0.	0.	0.	6.94E-04	4.08E-06	1.49E-03	2.64E-04	3.62E-03
18 9.00	0.	0.	1.93E-03	0.	0.	0.	6.97E-04	4.21E-06	4.25E-04	2.64E-04	3.10E-03
19 8.90	0.	0.	1.71E-03	0.	0.	0.	6.99E-04	4.36E-06	4.24E-04	2.64E-04	3.03E-03
20 8.80	0.	0.	1.64E-03	0.	0.	0.	7.02E-04	4.51E-06	4.23E-04	2.63E-04	2.73E-03
21 8.70	0.	0.	1.34E-03	0.	0.	0.	7.07E-04	4.67E-06	4.23E-04	2.63E-04	2.76E-03
22 8.60	0.	0.	1.36E-03	0.	0.	0.	7.09E-04	4.83E-06	4.22E-04	2.62E-04	2.52E-03
23 8.50	0.	0.	1.12E-03	0.	0.	0.	7.13E-04	5.01E-06	4.21E-04	2.62E-04	2.49E-03
24 8.40	0.	0.	1.09E-03	0.	0.	0.	7.17E-04	5.19E-06	4.21E-04	2.62E-04	2.28E-03
25 8.30	0.	0.	8.70E-04	0.	0.	0.	7.20E-04	5.38E-06	4.20E-04	2.64E-04	2.27E-03
26 8.20	0.	0.	8.61E-04	0.	0.	0.	7.24E-04	5.58E-06	4.20E-04	2.64E-04	2.12E-03
27 8.10	0.	0.	7.02E-04	0.	0.	0.	7.28E-04	5.79E-06	4.19E-04	2.66E-04	2.11E-03
28 8.00	0.	0.	6.90E-04	0.	0.	0.	7.32E-04	6.01E-06	4.19E-04	2.68E-04	1.99E-03
29 7.90	0.	0.	5.67E-04	0.	0.	0.	7.35E-04	6.24E-06	4.19E-04	2.70E-04	2.00E-03
30 7.80	0.	0.	5.67E-04	0.	0.	0.	7.39E-04	6.49E-06	4.20E-04	2.72E-04	1.91E-03
31 7.70	0.	0.	4.72E-04	0.	0.	0.	7.46E-04	6.74E-06	4.20E-04	2.74E-04	1.88E-03
32 7.60	0.	0.	4.32E-04	0.	0.	0.	7.46E-04	7.01E-06	4.21E-04	2.76E-04	1.83E-03
33 7.50	0.	0.	3.82E-04	0.	2.27E-08	0.	7.51E-04	7.30E-06	4.21E-04	2.79E-04	1.79E-03
34 7.40	0.	0.	3.30E-04	0.	1.08E-07	0.	7.55E-04	7.60E-06	4.21E-04	2.81E-04	1.77E-03
35 7.30	0.	0.	2.99E-04	0.	6.05E-07	0.	7.59E-04	7.92E-06	4.22E-04	2.85E-04	1.74E-03
36 7.20	5.14E-08	0.	2.59E-04	0.	2.94E-06	0.	7.65E-04	8.25E-06	4.22E-04	2.87E-04	1.75E-03
37 7.10	2.62E-08	0.	2.39E-04	0.	7.86E-06	0.	7.71E-04	8.61E-06	4.22E-04	2.91E-04	1.74E-03
38 7.00	9.78E-08	0.	2.09E-04	0.	2.16E-05	0.	7.78E-04	8.98E-06	4.23E-04	2.93E-04	1.80E-03
39 6.90	8.20E-08	0.	1.84E-04	0.	5.51E-05	0.	7.84E-04	9.38E-06	4.23E-04	2.95E-04	1.80E-03
40 6.80	5.78E-08	0.	1.69E-04	0.	5.88E-05	0.	7.90E-04	9.80E-06	4.23E-04	2.97E-04	1.74E-03
41 6.70	5.43E-08	0.	1.41E-04	0.	1.21E-04	0.	7.96E-04	1.02E-05	4.25E-04	3.00E-04	1.78E-03
42 6.60	3.43E-08	0.	1.21E-04	0.	8.98E-05	0.	8.02E-04	1.07E-05	4.27E-04	3.03E-04	1.69E-03
43 6.50	1.91E-08	0.	9.07E-05	0.	1.57E-04	0.	8.09E-04	1.12E-05	4.29E-04	3.08E-04	1.74E-03
44 6.40	2.62E-08	0.	5.78E-05	0.	1.75E-04	0.	8.15E-04	1.18E-05	4.32E-04	3.12E-04	1.82E-03
45 6.30	5.44E-08	0.	3.30E-05	8.39E-07	9.50E-05	0.	8.21E-04	1.23E-05	4.34E-04	3.17E-04	1.70E-03
46 6.20	1.62E-07	0.	1.68E-05	3.72E-06	1.43E-04	0.	8.27E-04	1.29E-05	4.38E-04	3.22E-04	1.72E-03
47 6.10	6.55E-07	0.	7.34E-06	5.02E-06	2.09E-04	0.	8.34E-04	1.36E-05	4.43E-04	3.27E-04	1.72E-03
48 6.00	1.73E-06	0.	1.78E-06	1.39E-05	8.36E-05	0.	8.34E-04	1.43E-05	4.47E-04	3.31E-04	1.70E-03
49 5.90	2.82E-06	0.	1.27E-07	1.73E-05	8.68E-05	0.	8.21E-04	1.50E-05	4.50E-04	3.17E-04	1.70E-03
50 5.80	4.31E-06	0.	3.13E-09	2.35E-05	8.37E-05	0.	8.21E-04	1.58E-05	4.52E-04	3.22E-04	1.70E-03
51 5.70	5.14E-06	0.	0.	2.59E-05	9.06E-05	0.	7.71E-04	1.67E-05	4.57E-04	3.31E-04	1.70E-03

238

ABSORPTION COEFFICIENTS OF HEATED AIR (INVERSE CM.)

TEMPERATURE (DEGREES K) 11000. DENSITY (GM/CC) 1.293E-04 (10.0E-02 NORMAL)

PHOTON ENERGY		O2 S-R BANDS	N2 1ST POS.	N2 2ND POS.	N2+ 1ST NEG.	NO GAMMA	NO BETA	NO VIB-ROT	NO 2	O- PHOTO-DET	FREE-FREE (IONS)	N P.E.	O P.E.	TOTAL AIR
52	5.60	6.42E-06	0.	0.	0.	1.36E-04	2.02E-05	0.	0.	7.17E-04	1.76E-05	4.62E-04	3.36E-04	1.70E-03
53	5.50	6.71E-06	0.	0.	0.	1.29E-04	2.47E-05	0.	0.	7.21E-04	1.86E-05	4.69E-04	3.41E-04	1.71E-03
54	5.40	7.08E-06	0.	0.	0.	9.13E-05	2.14E-05	0.	0.	7.25E-04	1.96E-05	4.78E-04	3.47E-04	1.69E-03
55	5.30	6.85E-06	0.	0.	0.	1.28E-04	2.19E-05	0.	0.	7.29E-04	2.08E-05	4.87E-04	3.53E-04	1.75E-03
56	5.20	4.96E-06	0.	0.	0.	1.00E-04	2.30E-05	0.	0.	7.34E-04	2.20E-05	4.97E-04	3.61E-04	1.72E-03
57	5.10	4.64E-06	0.	0.	0.	1.07E-04	2.25E-05	0.	0.	7.40E-04	2.33E-05	5.10E-04	3.68E-04	1.77E-03
58	5.00	3.45E-06	0.	0.	0.	9.48E-05	2.00E-05	0.	0.	7.46E-04	2.48E-05	5.24E-04	3.76E-04	1.79E-03
59	4.90	2.87E-06	0.	0.	0.	9.73E-05	2.16E-05	0.	0.	7.53E-04	2.63E-05	5.39E-04	3.84E-04	1.82E-03
60	4.80	2.88E-06	0.	0.	0.	8.96E-05	2.29E-05	0.	0.	7.59E-04	2.80E-05	5.55E-04	3.92E-04	1.85E-03
61	4.70	3.12E-06	0.	0.	0.	7.77E-05	2.20E-05	0.	0.	7.65E-04	2.98E-05	5.71E-04	4.02E-04	1.87E-03
62	4.60	3.69E-06	0.	0.	0.	7.18E-05	2.21E-05	0.	0.	7.71E-04	3.18E-05	5.90E-04	4.12E-04	1.90E-03
63	4.50	3.73E-06	0.	8.90E-06	0.	5.21E-05	1.94E-05	0.	0.	7.78E-04	3.40E-05	6.13E-04	4.22E-04	1.93E-03
64	4.40	3.81E-06	0.	3.07E-05	0.	1.76E-05	1.90E-05	0.	0.	7.84E-04	3.64E-05	6.37E-04	4.32E-04	1.98E-03
65	4.30	3.45E-06	0.	8.08E-05	0.	2.19E-05	1.74E-05	0.	0.	7.90E-04	3.90E-05	6.62E-04	4.43E-04	2.06E-03
66	4.20	3.13E-06	0.	3.09E-04	0.	1.69E-05	1.81E-05	0.	0.	7.96E-04	4.19E-05	6.87E-04	4.53E-04	2.33E-03
67	4.10	2.84E-06	0.	1.05E-04	0.	1.69E-05	1.99E-05	0.	0.	7.99E-04	4.51E-05	7.12E-04	4.61E-04	2.15E-03
68	4.00	2.53E-06	0.	4.37E-04	0.	3.39E-06	1.58E-05	0.	0.	8.02E-04	4.86E-05	7.37E-04	9.52E-05	2.14E-03
69	3.90	2.05E-06	0.	1.94E-04	3.59E-05	1.42E-06	1.38E-05	0.	0.	7.99E-04	5.24E-05	6.39E-04	9.80E-05	1.84E-03
70	3.80	1.85E-06	0.	2.22E-04	2.22E-04	0.	1.16E-05	0.	0.	7.96E-04	5.67E-05	6.55E-04	1.01E-04	2.13E-03
71	3.70	1.62E-06	0.	3.50E-04	3.68E-04	0.	1.26E-05	0.	0.	7.84E-04	6.14E-05	5.09E-04	1.13E-04	1.89E-03
72	3.60	1.27E-06	0.	1.97E-04	1.01E-03	0.	9.02E-06	0.	0.	7.34E-04	6.67E-05	5.51E-04	1.27E-04	2.06E-03
73	3.50	9.88E-07	0.	2.92E-04	4.55E-04	0.	7.68E-06	0.	0.	6.72E-04	7.26E-05	5.21E-04	1.41E-04	2.75E-03
74	3.40	8.21E-07	0.	1.55E-04	1.05E-03	0.	7.86E-06	0.	0.	3.87E-04	7.93E-05	5.43E-04	1.57E-04	1.97E-03
75	3.30	7.55E-07	0.	1.65E-04	1.39E-04	0.	7.10E-06	0.	0.	3.88E-04	8.67E-05	5.67E-04	1.74E-04	2.59E-03
76	3.20	6.45E-07	0.	9.74E-05	1.50E-04	0.	6.37E-06	0.	0.	3.89E-04	9.52E-05	5.93E-04	1.91E-04	2.14E-03
77	3.10	5.16E-07	0.	4.30E-05	2.82E-04	0.	4.50E-06	0.	0.	3.90E-04	1.05E-04	6.22E-04	2.08E-04	2.08E-03
78	3.00	5.19E-07	0.	2.58E-05	1.20E-04	0.	2.82E-06	0.	0.	3.91E-04	1.16E-04	6.55E-04	2.25E-04	1.76E-03
79	2.90	3.11E-07	0.	1.22E-05	2.18E-04	0.	1.40E-06	0.	0.	3.91E-04	1.28E-04	6.92E-04	2.42E-04	2.59E-03
80	2.80	1.34E-07	0.	5.62E-06	2.04E-05	0.	1.65E-06	0.	0.	3.92E-04	1.43E-04	7.34E-04	2.61E-04	2.14E-03
81	2.70	9.03E-09	0.	2.85E-06	1.68E-05	0.	1.27E-07	0.	0.	3.92E-04	1.59E-04	7.81E-04	2.81E-04	2.14E-03
82	2.60	0.	0.	3.46E-07	1.74E-05	0.	1.30E-08	0.	0.	3.92E-04	1.78E-04	8.35E-04	3.02E-04	2.05E-03
83	2.50	0.	0.	0.	0.	0.	0.	0.	0.	3.92E-04	2.01E-04	8.97E-04	1.29E-04	1.99E-03
84	2.40	0.	1.90E-05	0.	0.	0.	0.	0.	0.	3.92E-04	2.27E-04	9.68E-04	1.57E-04	2.20E-03
85	2.30	0.	7.70E-04	0.	0.	0.	0.	0.	0.	3.89E-04	2.59E-04	1.05E-03	1.88E-04	2.14E-03
86	2.20	0.	1.73E-04	0.	0.	0.	0.	0.	0.	3.87E-04	2.96E-04	1.08E-03	2.27E-04	2.43E-03
87	2.10	0.	2.24E-04	0.	0.	0.	0.	0.	0.	3.86E-04	3.41E-04	1.13E-03	2.66E-04	2.04E-03
88	2.00	0.	3.60E-04	0.	0.	0.	0.	0.	0.	3.59E-04	3.95E-04	1.34E-03	3.05E-04	2.42E-03
89	1.90	0.	6.69E-04	0.	0.	0.	0.	0.	0.	3.43E-04	4.61E-04	1.78E-03	3.46E-04	2.77E-03
90	1.80	0.	5.45E-04	0.	0.	0.	0.	0.	0.	3.23E-04	5.43E-04	1.95E-03	4.14E-04	3.85E-03
91	1.70	0.	6.56E-04	0.	0.	0.	0.	0.	0.	2.74E-04	6.47E-04	2.01E-03	4.98E-04	4.23E-03
92	1.60	0.	4.64E-04	0.	0.	0.	0.	0.	0.	1.24E-04	7.78E-04	2.38E-03	5.83E-04	4.95E-03
93	1.50	0.	5.64E-04	0.	0.	0.	0.	0.	0.	0.	9.46E-04	2.83E-03	7.02E-04	5.38E-03
94	1.40	0.	5.82E-04	0.	0.	0.	0.	0.	0.	0.	1.17E-03	3.28E-03	8.18E-04	6.45E-03
95	1.30	0.	4.37E-04	0.	0.	0.	0.	0.	0.	0.	1.46E-03	4.12E-03	1.01E-03	7.58E-03
96	1.20	0.	4.32E-04	0.	0.	0.	0.	0.	0.	0.	1.87E-03	5.25E-03	1.14E-03	9.39E-03
97	1.10	0.	3.72E-04	0.	0.	0.	0.	0.	1.30E-09	0.	2.43E-03	6.08E-03	1.27E-03	1.16E-02
98	1.00	0.	3.44E-04	0.	0.	0.	0.	0.	1.32E-08	0.	3.24E-03	7.50E-03	1.41E-03	1.40E-02
99	0.90	0.	2.80E-04	0.	0.	0.	0.	0.	1.57E-08	0.	4.50E-03	1.02E-02	1.66E-03	1.67E-02
100	0.80	0.	1.31E-05	0.	0.	0.	0.	0.	2.91E-07	0.	6.48E-03	1.18E-02	1.91E-03	2.03E-02
101	0.70	0.	3.35E-05	0.	0.	0.	0.	0.	2.10E-07	0.	9.72E-03	1.30E-02	2.10E-03	2.48E-02
102	0.60	0.	2.87E-06	0.	0.	0.	0.	0.	8.08E-07	0.	1.55E-02	1.45E-02	2.35E-03	3.24E-02

ABSORPTION COEFFICIENTS OF HEATED AIR (INVERSE CM.)

TEMPERATURE (DEGREES K) 11000.   DENSITY (GM/CC) 1.293E-05   (10.0E-03 NORMAL)

#	PHOTON ENERGY E.V.	O2 S-R BANDS	O2 S-R CONT.	N2 B-H NO. 1	NO BETA	NO GAMMA	NO 2	O- PHOTO-DET	FREE-FREE (IONS)	N P.E.	O P.E.	TOTAL AIR
1	10.70	0.	0.	9.24E-05	0.	0.	0.	2.02E-05	2.39E-07	1.38E-04	2.63E-05	2.77E-04
2	10.60	0.	0.	8.04E-05	0.	0.	0.	2.02E-05	2.46E-07	1.39E-04	2.63E-05	2.66E-04
3	10.50	0.	0.	7.91E-05	0.	0.	0.	2.03E-05	2.53E-07	1.39E-04	2.62E-05	2.55E-04
4	10.40	0.	0.	7.20E-05	0.	0.	0.	2.03E-05	2.61E-07	1.40E-04	2.62E-05	2.59E-04
5	10.30	0.	0.	6.00E-05	0.	0.	0.	2.03E-05	2.68E-07	1.40E-04	2.62E-05	2.47E-04
6	10.20	0.	0.	6.01E-05	0.	0.	0.	2.03E-05	2.76E-07	1.41E-04	2.61E-05	2.47E-04
7	10.10	0.	0.	5.50E-05	0.	0.	0.	2.04E-05	2.85E-07	1.41E-04	2.61E-05	2.43E-04
8	10.00	0.	0.	4.55E-05	0.	0.	0.	2.04E-05	2.93E-07	1.41E-04	2.61E-05	2.33E-04
9	9.90	0.	0.	4.61E-05	0.	0.	0.	2.04E-05	3.02E-07	1.42E-04	2.60E-05	2.34E-04
10	9.80	0.	0.	4.15E-05	0.	0.	0.	2.05E-05	3.12E-07	1.42E-04	2.60E-05	2.30E-04
11	9.70	0.	0.	3.39E-05	0.	0.	0.	2.05E-05	3.22E-07	1.43E-04	2.59E-05	2.26E-04
12	9.60	0.	0.	3.64E-05	0.	0.	0.	2.05E-05	3.33E-07	1.43E-04	2.59E-05	2.26E-04
13	9.50	0.	0.	2.93E-05	0.	0.	0.	2.06E-05	3.42E-07	1.43E-04	2.59E-05	2.19E-04
14	9.40	0.	0.	2.65E-05	0.	0.	0.	2.07E-05	3.53E-07	1.44E-04	2.58E-05	2.17E-04
15	9.30	0.	0.	2.68E-05	0.	0.	0.	2.07E-05	3.65E-07	1.44E-04	2.58E-05	2.18E-04
16	9.20	0.	0.	2.08E-05	0.	0.	0.	2.08E-05	3.77E-07	4.13E-05	2.57E-05	1.09E-04
17	9.10	0.	0.	2.11E-05	0.	0.	0.	2.09E-05	3.90E-07	4.13E-05	2.57E-05	1.09E-04
18	9.00	0.	0.	1.82E-05	0.	0.	0.	2.10E-05	4.05E-07	4.12E-05	2.57E-05	1.06E-04
19	8.90	0.	0.	1.61E-05	0.	0.	0.	2.10E-05	4.17E-07	4.11E-05	2.56E-05	1.04E-04
20	8.80	0.	0.	1.55E-05	0.	0.	0.	2.11E-05	4.31E-07	4.11E-05	2.56E-05	1.04E-04
21	8.70	0.	0.	1.26E-05	0.	0.	0.	2.12E-05	4.46E-07	4.10E-05	2.56E-05	1.01E-04
22	8.60	0.	0.	1.28E-05	0.	0.	0.	2.13E-05	4.62E-07	4.10E-05	2.55E-05	1.01E-04
23	8.50	0.	0.	1.06E-05	0.	0.	0.	2.13E-05	4.79E-07	4.09E-05	2.55E-05	9.88E-05
24	8.40	0.	0.	1.03E-05	0.	0.	0.	2.14E-05	4.96E-07	4.09E-05	2.55E-05	9.86E-05
25	8.30	0.	0.	8.20E-06	0.	0.	0.	2.16E-05	5.14E-07	4.08E-05	2.57E-05	9.66E-05
26	8.20	0.	0.	8.12E-06	0.	0.	0.	2.17E-05	5.34E-07	4.08E-05	2.57E-05	9.69E-05
27	8.10	0.	0.	6.62E-06	0.	0.	0.	2.18E-05	5.54E-07	4.08E-05	2.59E-05	9.56E-05
28	8.00	0.	0.	6.50E-06	0.	0.	0.	2.19E-05	5.75E-07	4.07E-05	2.59E-05	9.58E-05
29	7.90	0.	0.	5.35E-06	0.	0.	0.	2.20E-05	5.97E-07	4.07E-05	2.61E-05	9.49E-05
30	7.80	0.	0.	4.45E-06	0.	0.	0.	2.22E-05	6.20E-07	4.07E-05	2.64E-05	9.53E-05
31	7.70	0.	0.	4.08E-06	0.	0.	0.	2.23E-05	6.45E-07	4.08E-05	2.66E-05	9.47E-05
32	7.60	0.	0.	3.60E-06	0.	0.	0.	2.25E-05	6.71E-07	4.08E-05	2.66E-05	9.47E-05
33	7.50	0.	0.	3.11E-06	0.	0.	0.	2.26E-05	6.98E-07	4.08E-05	2.70E-05	9.46E-05
34	7.40	0.	0.	2.82E-06	0.	0.	0.	2.27E-05	7.22E-07	4.08E-05	2.72E-05	9.45E-05
35	7.30	0.	0.	2.44E-06	0.	2.15E-10	0.	2.28E-05	7.57E-07	4.09E-05	2.74E-05	9.46E-05
36	7.20	0.	0.	2.25E-06	0.	1.02E-09	0.	2.30E-05	7.89E-07	4.09E-05	2.76E-05	9.50E-05
37	7.10	0.	0.	2.04E-06	0.	5.71E-09	0.	2.32E-05	8.23E-07	4.10E-05	2.77E-05	9.50E-05
38	7.00	4.87E-10	0.	1.98E-06	0.	2.78E-08	0.	2.34E-05	8.59E-07	4.10E-05	2.79E-05	9.55E-05
39	6.90	9.26E-10	0.	1.74E-06	0.	7.41E-08	0.	2.36E-05	8.97E-07	4.10E-05	2.81E-05	9.57E-05
40	6.80	7.75E-10	0.	1.59E-06	0.	5.21E-07	0.	2.38E-05	9.37E-07	4.11E-05	2.83E-05	9.66E-05
41	6.70	5.47E-10	0.	1.33E-06	0.	5.56E-07	0.	2.40E-05	9.80E-07	4.12E-05	2.85E-05	9.70E-05
42	6.60	3.24E-10	0.	1.14E-06	0.	1.14E-06	0.	2.41E-05	1.02E-06	4.15E-05	2.87E-05	9.69E-05
43	6.50	1.81E-10	0.	8.55E-07	0.	8.48E-07	0.	2.43E-05	1.07E-06	4.17E-05	2.92E-05	9.85E-05
44	6.40	2.47E-10	0.	5.45E-07	0.	1.48E-06	0.	2.45E-05	1.12E-06	4.19E-05	2.92E-05	9.85E-05
45	6.30	5.15E-10	0.	3.11E-07	7.92E-09	8.98E-07	0.	2.47E-05	1.18E-06	4.21E-05	2.95E-05	9.83E-05
46	6.20	1.54E-09	0.	1.59E-07	3.52E-08	1.35E-06	0.	2.49E-05	1.24E-06	4.25E-05	2.99E-05	9.96E-05
47	6.10	6.20E-09	0.	1.92E-08	4.74E-08	1.98E-06	0.	2.51E-05	1.30E-06	4.30E-05	3.04E-05	1.01E-04
48	6.00	1.64E-08	0.	1.67E-08	1.31E-07	7.89E-07	0.	2.51E-05	1.37E-06	4.34E-05	3.08E-05	1.01E-04
49	5.90	2.67E-08	0.	1.19E-09	1.63E-07	8.20E-07	0.	2.51E-05	1.44E-06	4.39E-05	3.13E-05	1.02E-04
50	5.80	4.08E-08	0.	2.95E-11	2.22E-07	7.91E-07	0.	2.47E-05	1.51E-06	4.43E-05	3.18E-05	1.03E-04
51	5.70	4.86E-08	0.	0.	2.45E-07	8.56E-07	0.	2.32E-05	1.59E-06	4.43E-05	3.22E-05	1.02E-04

240

ABSORPTION COEFFICIENTS OF HEATED AIR (INVERSE CM.)

TEMPERATURE (DEGREES K) 11000. DENSITY (GM/CC) 1.293E-05 (10.0E-03 NORMAL)

PHOTON ENERGY	O2 S-R BANDS	N2 1ST POS.	N2 2ND POS.	N2+ 1ST NEG.	NO BETA	NO GAMMA	NO VIB-ROT	NO 2	O- PHOTO-DET	FREE-FREE (IONS)	N P.E.	O P.F.	TOTAL AIR
52 5.60	6.08E-08	0.	0.	0.	1.91E-07	1.29E-06	0.	0.	2.16E-05	1.68E-06	4.49E-05	3.27E-05	1.02E-04
53 5.50	6.35E-08	0.	0.	0.	2.33E-07	1.22E-06	0.	0.	2.18E-05	1.78E-06	4.56E-05	3.32E-05	1.04E-04
54 5.40	6.70E-08	0.	0.	0.	2.02E-07	8.63E-07	0.	0.	2.18E-05	1.88E-06	4.64E-05	3.37E-05	1.05E-04
55 5.30	6.48E-08	0.	0.	0.	2.07E-07	1.21E-06	0.	0.	2.19E-05	1.99E-06	4.73E-05	3.43E-05	1.07E-04
56 5.20	4.70E-08	0.	0.	0.	2.12E-07	1.56E-06	0.	0.	2.23E-05	2.10E-06	4.82E-05	3.51E-05	1.08E-04
57 5.10	4.39E-08	0.	0.	0.	2.17E-07	1.02E-06	0.	0.	2.23E-05	2.23E-06	4.95E-05	3.58E-05	1.11E-04
58 5.00	3.26E-08	0.	0.	0.	1.89E-07	8.95E-07	0.	0.	2.25E-05	2.37E-06	5.09E-05	3.66E-05	1.13E-04
59 4.90	2.73E-08	0.	0.	0.	2.04E-07	9.19E-07	0.	0.	2.28E-05	2.52E-06	5.24E-05	3.74E-05	1.16E-04
60 4.80	2.72E-08	0.	0.	0.	2.16E-07	8.46E-07	0.	0.	2.28E-05	2.68E-06	5.39E-05	3.82E-05	1.19E-04
61 4.70	2.95E-08	0.	0.	0.	2.08E-07	7.34E-07	0.	0.	2.30E-05	2.85E-06	5.54E-05	3.91E-05	1.21E-04
62 4.60	3.49E-08	0.	0.	0.	2.09E-07	6.78E-07	0.	0.	2.32E-05	3.04E-06	5.73E-05	4.01E-05	1.25E-04
63 4.50	3.53E-08	0.	8.39E-08	0.	1.83E-07	4.92E-07	0.	0.	2.34E-05	3.25E-06	5.96E-05	4.21E-05	1.28E-04
64 4.40	3.60E-08	0.	2.90E-07	0.	1.80E-07	3.55E-07	0.	0.	2.36E-05	3.48E-06	6.19E-05	4.31E-05	1.32E-04
65 4.30	3.27E-08	0.	7.62E-07	0.	1.64E-07	2.07E-07	0.	0.	2.38E-05	3.73E-06	6.43E-05	4.39E-05	1.36E-04
66 4.20	2.96E-08	0.	2.92E-06	0.	1.71E-07	1.60E-07	0.	0.	2.40E-05	4.01E-06	6.67E-05	4.24E-05	1.42E-04
67 4.10	2.69E-08	0.	9.86E-06	0.	1.50E-07	1.80E-08	0.	0.	2.40E-05	4.31E-06	6.91E-05	4.24E-05	1.41E-04
68 4.00	2.39E-08	0.	4.12E-06	0.	1.30E-07	3.20E-08	0.	0.	2.41E-05	4.64E-06	7.16E-05	9.26E-06	1.14E-04
69 3.90	1.94E-08	0.	1.83E-06	1.09E-06	1.38E-07	1.34E-08	0.	0.	2.40E-05	5.01E-06	6.18E-05	9.53E-06	1.03E-04
70 3.80	2.09E-08	0.	2.69E-06	6.75E-06	1.19E-07	0.	0.	0.	2.40E-05	5.42E-06	4.94E-05	9.66E-06	9.51E-05
71 3.70	1.53E-08	0.	3.30E-06	1.80E-05	8.71E-08	0.	0.	0.	2.36E-05	5.87E-06	4.77E-05	9.51E-06	9.66E-05
72 3.60	1.37E-08	0.	1.86E-06	1.12E-05	9.66E-08	0.	0.	0.	2.21E-05	6.38E-06	5.36E-05	1.10E-05	1.02E-04
73 3.50	1.20E-08	0.	2.75E-06	3.07E-05	7.43E-08	0.	0.	0.	2.02E-05	6.94E-06	6.03E-05	1.23E-05	1.28E-04
74 3.40	3.34E-08	0.	1.46E-06	2.71E-05	6.71E-08	0.	0.	0.	1.17E-05	7.58E-06	6.70E-05	1.37E-05	9.91E-05
75 3.30	7.77E-09	0.	1.56E-06	1.39E-05	4.25E-08	0.	0.	0.	1.17E-05	8.29E-06	7.39E-05	1.53E-05	1.19E-04
76 3.20	7.14E-09	0.	9.18E-07	3.19E-05	2.67E-08	0.	0.	0.	1.17E-05	9.10E-06	8.08E-05	1.69E-05	1.46E-04
77 3.10	6.11E-09	0.	7.03E-07	4.24E-06	1.32E-08	0.	0.	0.	1.18E-05	1.00E-05	8.78E-05	1.85E-05	1.28E-04
78 3.00	4.88E-09	0.	6.58E-07	1.57E-06	1.20E-08	0.	0.	0.	1.18E-05	1.11E-05	9.50E-05	2.02E-05	1.47E-04
79 2.90	4.91E-09	0.	2.43E-07	8.58E-06	1.23E-10	0.	0.	0.	1.18E-05	1.23E-05	1.03E-04	2.18E-05	1.51E-04
80 2.80	2.94E-09	0.	1.15E-07	3.65E-06	0.	0.	0.	0.	1.18E-05	1.36E-05	1.11E-04	2.35E-05	1.57E-04
81 2.70	2.68E-09	0.	5.30E-08	6.65E-06	0.	0.	0.	0.	1.16E-05	1.52E-05	1.20E-04	2.54E-05	1.72E-04
82 2.60	8.54E-11	0.	2.68E-08	6.22E-07	0.	0.	0.	0.	1.12E-05	1.71E-05	1.36E-04	2.76E-05	1.78E-04
83 2.50	0.	0.	3.26E-09	5.13E-07	0.	0.	0.	0.	1.08E-05	1.92E-05	1.07E-04	1.83E-05	1.80E-04
84 2.40	0.	0.	0.	5.30E-07	0.	0.	0.	0.	1.03E-05	2.17E-05	1.10E-04	2.21E-05	1.40E-04
85 2.30	0.	1.80E-07	0.	0.	0.	0.	0.	0.	9.73E-06	2.47E-05	1.30E-04	2.59E-05	1.65E-04
86 2.20	0.	7.26E-07	0.	0.	0.	0.	0.	0.	8.24E-06	2.83E-05	1.51E-04	2.96E-05	1.94E-04
87 2.10	0.	1.63E-06	0.	0.	0.	0.	0.	0.	3.74E-06	3.26E-05	1.73E-04	3.37E-05	2.23E-04
88 2.00	0.	2.11E-06	0.	0.	0.	0.	0.	0.	0.	3.77E-05	1.96E-04	4.02E-05	2.55E-04
89 1.90	0.	3.67E-06	0.	0.	0.	0.	0.	0.	0.	4.41E-05	2.31E-04	4.85E-05	2.90E-04
90 1.80	0.	6.31E-06	0.	0.	0.	0.	0.	0.	0.	5.20E-05	2.75E-04	5.67E-05	3.39E-04
91 1.70	0.	5.14E-06	0.	0.	0.	0.	0.	0.	0.	6.18E-05	3.18E-04	6.83E-05	4.01E-04
92 1.60	0.	6.19E-06	0.	0.	0.	0.	0.	0.	0.	7.44E-05	3.77E-04	7.96E-05	4.62E-04
93 1.50	0.	3.88E-06	0.	0.	0.	0.	0.	0.	0.	9.05E-05	4.55E-04	1.02E-04	5.68E-04
94 1.40	0.	5.32E-06	0.	0.	0.	0.	0.	0.	0.	1.11E-04	5.90E-04	9.85E-05	6.52E-04
95 1.30	0.	5.49E-06	0.	0.	0.	0.	0.	0.	0.	1.40E-04	7.28E-04	1.37E-04	8.52E-04
96 1.20	0.	4.12E-06	0.	0.	0.	0.	0.	0.	0.	1.78E-04	8.79E-04	1.61E-04	8.71E-04
97 1.10	0.	4.07E-06	0.	0.	0.	0.	1.23E-11	0.	0.	2.32E-04	9.95E-04	1.85E-04	1.09E-03
98 1.00	0.	3.51E-06	0.	0.	0.	0.	1.25E-10	0.	0.	3.10E-04	1.14E-03	2.05E-04	1.33E-03
99 0.90	0.	3.24E-06	0.	0.	0.	0.	1.49E-10	0.	0.	4.30E-04	1.26E-03	1.69E-04	1.59E-03
100 0.80	0.	1.24E-06	0.	0.	0.	0.	2.75E-09	0.	0.	6.19E-04	1.11E-03	1.37E-04	1.95E-03
101 0.70	0.	3.16E-07	0.	0.	0.	0.	1.98E-09	0.	0.	9.29E-04	1.26E-03	1.61E-04	2.40E-03
102 0.60	0.	2.70E-08	0.	0.	0.	0.	7.63E-09	0.	0.	1.48E-03	1.11E-03	1.85E-04	2.77E-03

ABSORPTION COEFFICIENTS OF HEATED AIR (INVERSE CM.)

TEMPERATURE (DEGREES K) 11000. DENSITY (GM/CC) 1.293E-06 (10.0E-04 NORMAL)

PHOTON ENERGY E.V.	O2 S-R BANDS	O2 S-R CONT.	N2 B-H NO. 1	NO BETA	NO GAMMA	NO2	O- PHOTO-DET	FREE-FREE (IONS)	N P.E.	O P.E.	TOTAL AIR
10.70	0.	0.	6.91E-07	0.	0.	0.	5.41E-07	2.08E-08	1.19E-05	2.39E-06	1.56E-05
10.60	0.	0.	6.01E-07	0.	0.	0.	5.42E-07	2.14E-08	1.20E-05	2.39E-06	1.55E-05
10.50	0.	0.	5.91E-07	0.	0.	0.	5.43E-07	2.20E-08	1.20E-05	2.38E-06	1.56E-05
10.40	0.	0.	5.38E-07	0.	0.	0.	5.44E-07	2.27E-08	1.21E-05	2.38E-06	1.56E-05
10.30	0.	0.	4.49E-07	0.	0.	0.	5.44E-07	2.33E-08	1.21E-05	2.37E-06	1.55E-05
10.20	0.	0.	4.50E-07	0.	0.	0.	5.45E-07	2.40E-08	1.22E-05	2.37E-06	1.55E-05
10.10	0.	0.	4.11E-07	0.	0.	0.	5.46E-07	2.48E-08	1.22E-05	2.36E-06	1.55E-05
10.00	0.	0.	3.45E-07	0.	0.	0.	5.47E-07	2.55E-08	1.22E-05	2.36E-06	1.55E-05
9.90	0.	0.	3.10E-07	0.	0.	0.	5.48E-07	2.63E-08	1.22E-05	2.36E-06	1.55E-05
9.80	0.	0.	2.53E-07	0.	0.	0.	5.49E-07	2.71E-08	1.23E-05	2.35E-06	1.55E-05
9.70	0.	0.	2.72E-07	0.	0.	0.	5.50E-07	2.80E-08	1.23E-05	2.35E-06	1.55E-05
9.60	0.	0.	2.19E-07	0.	0.	0.	5.51E-07	2.88E-08	1.23E-05	2.35E-06	1.55E-05
9.50	0.	0.	1.98E-07	0.	0.	0.	5.53E-07	2.98E-08	1.24E-05	2.34E-06	1.55E-05
9.40	0.	0.	2.01E-07	0.	0.	0.	5.55E-07	3.07E-08	1.24E-05	2.34E-06	1.55E-05
9.30	0.	0.	1.54E-07	0.	0.	0.	5.57E-07	3.17E-08	1.24E-05	2.34E-06	1.56E-05
9.20	0.	0.	1.58E-07	0.	0.	0.	5.61E-07	3.28E-08	3.57E-06	2.34E-06	6.66E-06
9.10	0.	0.	1.36E-07	0.	0.	0.	5.63E-07	3.39E-08	3.56E-06	2.33E-06	6.63E-06
9.00	0.	0.	1.20E-07	0.	0.	0.	5.65E-07	3.50E-08	3.56E-06	2.33E-06	6.60E-06
8.90	0.	0.	1.16E-07	0.	0.	0.	5.67E-07	3.62E-08	3.55E-06	2.32E-06	6.59E-06
8.80	0.	0.	9.44E-08	0.	0.	0.	5.69E-07	3.75E-08	3.55E-06	2.32E-06	6.57E-06
8.70	0.	0.	9.59E-08	0.	0.	0.	5.71E-07	3.88E-08	3.54E-06	2.32E-06	6.56E-06
8.60	0.	0.	7.89E-08	0.	0.	0.	5.74E-07	4.02E-08	3.54E-06	2.31E-06	6.55E-06
8.50	0.	0.	7.67E-08	0.	0.	0.	5.77E-07	4.16E-08	3.54E-06	2.31E-06	6.54E-06
8.40	0.	0.	6.14E-08	0.	0.	0.	5.80E-07	4.32E-08	3.53E-06	2.32E-06	6.53E-06
8.30	0.	0.	6.07E-08	0.	0.	0.	5.83E-07	4.47E-08	3.53E-06	2.33E-06	6.55E-06
8.20	0.	0.	4.95E-08	0.	0.	0.	5.86E-07	4.64E-08	3.53E-06	2.36E-06	6.57E-06
8.10	0.	0.	4.86E-08	0.	0.	0.	5.89E-07	4.86E-08	3.52E-06	2.37E-06	6.59E-06
8.00	0.	0.	3.96E-08	0.	0.	0.	5.93E-07	5.05E-08	3.52E-06	2.38E-06	6.61E-06
7.90	0.	0.	4.00E-08	0.	0.	0.	5.96E-07	5.19E-08	3.52E-06	2.40E-06	6.63E-06
7.80	0.	0.	3.33E-08	0.	0.	0.	5.99E-07	5.39E-08	3.53E-06	2.41E-06	6.65E-06
7.70	0.	0.	3.05E-08	0.	0.	0.	6.02E-07	5.61E-08	3.53E-06	2.43E-06	6.65E-06
7.60	0.	0.	2.69E-08	0.	0.	0.	6.05E-07	5.83E-08	3.53E-06	2.45E-06	6.67E-06
7.50	0.	0.	2.32E-08	0.	0.	0.	6.08E-07	6.07E-08	3.53E-06	2.47E-06	6.69E-06
7.40	0.	0.	2.11E-08	0.	1.69E-12	0.	6.12E-07	6.33E-08	3.54E-06	2.48E-06	6.72E-06
7.30	0.	0.	1.82E-08	0.	7.99E-11	0.	6.17E-07	6.58E-08	3.54E-06	2.50E-06	6.74E-06
7.20	4.02E-12	0.	1.68E-08	0.	4.49E-11	0.	6.22E-07	6.86E-08	3.54E-06	2.52E-06	6.77E-06
7.10	7.64E-12	0.	1.48E-08	0.	2.18E-10	0.	6.27E-07	7.16E-08	3.55E-06	2.53E-06	6.79E-06
7.00	6.40E-12	0.	1.30E-08	0.	5.82E-10	0.	6.32E-07	7.47E-08	3.55E-06	2.55E-06	6.82E-06
6.90	4.52E-12	0.	1.19E-08	0.	1.60E-09	0.	6.37E-07	7.80E-08	3.56E-06	2.57E-06	6.85E-06
6.80	2.68E-12	0.	9.96E-09	0.	4.09E-09	0.	6.47E-07	8.15E-08	3.57E-06	2.59E-06	6.88E-06
6.70	1.49E-12	0.	8.51E-09	0.	4.36E-09	0.	6.52E-07	8.51E-08	3.59E-06	2.61E-06	6.90E-06
6.60	2.04E-12	0.	6.39E-09	0.	8.96E-09	0.	6.57E-07	8.91E-08	3.61E-06	2.63E-06	6.92E-06
6.50	4.25E-12	0.	4.07E-09	6.22E-11	1.05E-08	0.	6.62E-07	9.33E-08	3.63E-06	2.65E-06	6.97E-06
6.40	1.27E-11	0.	2.32E-09	2.76E-10	1.16E-08	0.	6.67E-07	9.78E-08	3.65E-06	2.67E-06	7.02E-06
6.30	5.12E-11	0.	1.19E-09	3.72E-09	1.29E-08	0.	6.72E-07	1.03E-07	3.68E-06	2.69E-06	7.07E-06
6.20	1.35E-10	0.	5.18E-10	1.03E-09	7.05E-09	0.	6.67E-07	1.08E-07	3.71E-06	2.72E-06	7.14E-06
6.10	2.20E-10	0.	1.25E-10	9.00E-10	1.06E-08	0.	6.72E-07	1.13E-07	3.74E-06	2.76E-06	7.23E-06
6.00	3.37E-10	0.	8.92E-12	1.28E-09	1.55E-08	0.	6.62E-07	1.19E-07	3.76E-06	2.80E-06	7.31E-06
5.90	4.01E-10	0.	2.21E-13	1.74E-09	6.20E-09	0.	6.62E-07	1.25E-07	3.80E-06	2.84E-06	7.40E-06
5.80	0.	0.	0.	2.21E-09	6.44E-09	0.	6.62E-07	1.32E-07	3.84E-06	2.88E-06	7.48E-06
5.70	0.	0.	0.	1.92E-09	6.72E-09	0.	6.22E-07	1.39E-07	3.84E-06	2.93E-06	7.53E-06

ABSORPTION COEFFICIENTS OF HEATED AIR   (INVERSE CM.)

TEMPERATURE (DEGREES K) 11000.   DENSITY (GM/CC) 1.293E-06   (10.0E-04 NORMAL)

PHOTON ENERGY	O2 S-R BANDS	N2 1ST POS.	N2 2ND POS.	N2+ 1ST NEG.	NO BETA	NO GAMMA	NO VIB-ROT	NO 2	O- PHOTO-DET	FREE-FREE (IONS)	N P.E.	O P.E.	TOTAL AIR
52 5.60	5.02E-10	0.	0.	0.	1.50E-09	1.01E-08	0.	0.	5.78E-07	1.46E-07	3.88E-06	2.97E-06	7.59E-06
53 5.50	5.24E-10	0.	0.	0.	1.83E-09	9.60E-09	0.	0.	5.81E-07	1.54E-07	3.94E-06	3.01E-06	7.70E-06
54 5.40	5.53E-10	0.	0.	0.	1.58E-09	6.78E-09	0.	0.	5.84E-07	1.63E-07	4.02E-06	3.06E-06	7.83E-06
55 5.30	5.35E-10	0.	0.	0.	1.63E-09	9.51E-09	0.	0.	5.88E-07	1.73E-07	4.09E-06	3.11E-06	7.98E-06
56 5.20	3.87E-10	0.	0.	0.	1.67E-09	5.94E-09	0.	0.	5.92E-07	1.83E-07	4.17E-06	3.18E-06	8.14E-06
57 5.10	3.62E-10	0.	0.	0.	1.67E-09	7.97E-09	0.	0.	5.97E-07	1.94E-07	4.28E-06	3.25E-06	8.34E-06
58 5.00	2.69E-10	0.	0.	0.	1.48E-09	7.03E-09	0.	0.	6.02E-07	2.06E-07	4.40E-06	3.32E-06	8.54E-06
59 4.90	2.25E-10	0.	0.	0.	1.61E-09	7.22E-09	0.	0.	6.07E-07	2.19E-07	4.53E-06	3.47E-06	8.76E-06
60 4.80	2.24E-10	0.	0.	0.	1.70E-09	6.65E-09	0.	0.	6.12E-07	2.33E-07	4.66E-06	3.47E-06	8.98E-06
61 4.70	2.43E-10	0.	0.	0.	1.63E-09	5.76E-09	0.	0.	6.17E-07	2.48E-07	4.79E-06	3.55E-06	9.22E-06
62 4.60	2.88E-10	0.	6.27E-10	0.	1.64E-09	5.33E-09	0.	0.	6.22E-07	2.65E-07	4.96E-06	3.64E-06	9.49E-06
63 4.50	2.91E-10	0.	2.17E-09	0.	1.44E-09	3.86E-09	0.	0.	6.32E-07	2.83E-07	5.15E-06	3.73E-06	9.80E-06
64 4.40	2.97E-10	0.	5.69E-09	0.	1.41E-09	2.97E-09	0.	0.	6.32E-07	3.03E-07	5.35E-06	3.82E-06	1.01E-05
65 4.30	2.69E-10	0.	2.18E-08	0.	1.29E-09	1.63E-09	0.	0.	6.37E-07	3.25E-07	5.56E-06	3.91E-06	1.04E-05
66 4.20	2.44E-10	0.	7.37E-09	0.	1.34E-09	1.25E-09	0.	0.	6.42E-07	3.49E-07	5.77E-06	3.98E-06	1.08E-05
67 4.10	1.92E-10	0.	3.08E-08	2.78E-08	1.26E-09	2.51E-10	0.	0.	6.47E-07	3.75E-07	5.98E-06	8.16E-07	7.82E-06
68 4.00	1.97E-10	0.	1.37E-08	1.71E-08	1.17E-09	1.05E-10	0.	0.	6.44E-07	4.04E-07	5.19E-06	8.41E-07	7.11E-06
69 3.90	1.60E-10	0.	2.01E-08	4.57E-08	1.02E-09	0.	0.	0.	6.44E-07	4.36E-07	5.32E-06	8.65E-07	7.31E-06
70 3.80	1.73E-10	0.	2.46E-08	2.84E-08	1.09E-09	0.	0.	0.	6.32E-07	4.71E-07	4.13E-06	8.94E-07	6.33E-06
71 3.70	1.26E-10	0.	1.39E-08	7.79E-08	9.33E-10	0.	0.	0.	5.92E-07	5.11E-07	4.27E-06	9.99E-07	6.49E-06
72 3.60	1.13E-10	0.	2.06E-08	6.89E-08	6.84E-10	0.	0.	0.	5.41E-07	5.55E-07	4.12E-06	1.12E-06	6.69E-06
73 3.50	3.89E-11	0.	1.09E-08	3.52E-08	7.58E-10	0.	0.	0.	3.13E-07	6.04E-07	4.63E-06	1.25E-06	7.82E-06
74 3.40	3.71E-11	0.	1.17E-08	8.09E-08	5.83E-10	0.	0.	0.	3.13E-07	6.59E-07	6.59E-06	1.53E-06	7.65E-06
75 3.30	3.41E-11	0.	6.86E-09	1.08E-07	5.27E-10	0.	0.	0.	3.14E-07	7.21E-07	5.80E-06	1.68E-06	8.73E-06
76 3.20	6.90E-11	0.	5.26E-09	2.18E-07	3.34E-10	0.	0.	0.	3.15E-07	7.91E-07	6.39E-06	1.83E-06	9.99E-06
77 3.10	5.90E-11	0.	1.82E-08	9.26E-08	2.09E-10	0.	0.	0.	3.16E-07	8.71E-07	7.60E-06	1.98E-06	1.01E-05
78 3.00	4.02E-11	0.	8.62E-10	1.08E-07	1.04E-10	0.	0.	0.	3.16E-07	9.62E-07	8.71E-06	2.14E-06	1.12E-05
79 2.90	4.05E-11	0.	9.26E-10	1.98E-06	4.19E-10	0.	0.	0.	3.16E-07	1.07E-06	8.21E-06	2.30E-06	1.19E-05
80 2.80	4.05E-11	0.	2.01E-10	1.69E-06	1.58E-10	0.	0.	0.	3.16E-07	1.19E-06	8.90E-06	2.48E-06	1.28E-05
81 2.70	2.43E-11	0.	2.44E-11	1.58E-06	1.04E-10	0.	0.	0.	3.13E-07	1.28E-06	9.63E-06	9.78E-07	1.39E-05
82 2.60	1.04E-11	0.	0.	1.30E-08	9.45E-12	0.	0.	0.	3.12E-07	1.39E-06	1.04E-05	1.13E-06	1.32E-05
83 2.50	7.05E-13	0.	0.	1.34E-08	9.66E-13	0.	0.	0.	3.11E-07	1.49E-06	1.17E-05	1.39E-06	1.49E-05
84 2.40	0.	1.34E-09	0.	0.	0.	0.	0.	0.	2.89E-07	1.14E-06	7.84E-06	1.66E-06	1.14E-05
85 2.30	0.	5.43E-09	0.	0.	0.	0.	0.	0.	2.77E-07	1.39E-06	1.12E-06	2.12E-06	1.66E-05
86 2.20	0.	1.22E-08	0.	0.	0.	0.	0.	0.	2.21E-07	1.60E-06	1.31E-06	2.41E-06	1.66E-05
87 2.10	0.	1.58E-08	0.	0.	0.	0.	0.	0.	10.00E-08	2.01E-06	1.49E-06	2.85E-06	1.60E-05
88 2.00	0.	2.75E-08	0.	0.	0.	0.	0.	0.	0.	2.35E-06	1.69E-06	3.38E-06	2.12E-05
89 1.90	0.	4.72E-08	0.	0.	0.	0.	0.	0.	0.	2.69E-06	2.00E-06	3.94E-06	2.41E-05
90 1.80	0.	3.85E-08	0.	0.	0.	0.	0.	0.	0.	3.65E-06	2.37E-06	4.84E-06	2.85E-05
91 1.70	0.	4.63E-08	0.	0.	0.	0.	0.	0.	0.	4.52E-06	2.75E-06	5.15E-06	3.38E-05
92 1.60	0.	3.27E-08	0.	0.	0.	0.	0.	0.	0.	6.47E-06	3.46E-06	5.88E-06	3.94E-05
93 1.50	0.	3.98E-08	0.	0.	0.	0.	0.	0.	0.	7.87E-06	3.94E-06	4.84E-06	4.84E-05
94 1.40	0.	4.10E-08	0.	0.	0.	0.	0.	0.	0.	9.70E-06	3.80E-06	6.67E-06	5.61E-05
95 1.30	0.	3.08E-08	0.	0.	0.	0.	0.	0.	0.	1.55E-05	5.80E-06	7.45E-06	7.45E-05
96 1.20	0.	3.05E-08	0.	0.	0.	0.	0.	0.	0.	2.02E-05	6.30E-06	8.94E-06	1.02E-04
97 1.10	0.	2.63E-08	0.	0.	0.	0.	9.66E-14	0.	0.	2.70E-05	6.30E-06	1.02E-05	1.34E-04
98 1.00	0.	2.42E-08	0.	0.	0.	0.	9.81E-13	0.	0.	3.74E-05	8.60E-06	1.24E-05	1.38E-04
99 0.90	0.	1.97E-08	0.	0.	0.	0.	1.17E-12	0.	0.	5.39E-05	9.65E-06	1.46E-05	1.67E-04
100 0.80	0.	9.24E-09	0.	0.	0.	0.	2.16E-11	0.	0.	8.08E-05	1.09E-04	1.64E-05	1.67E-04
101 0.70	0.	2.36E-09	0.	0.	0.	0.	1.56E-11	0.	0.	1.29E-04	1.86E-05	2.08E-04	2.08E-04
102 0.60	0.	2.02E-10	0.	0.	0.	0.	5.99E-11	0.	0.	1.29E-04	9.64E-05	1.53E-05	2.41E-04

ABSORPTION COEFFICIENTS OF HEATED AIR (INVERSE CM.)

TEMPERATURE (DEGREES K) 11000.   DENSITY (GM/CC) 1.293E-07 (10.0E-05 NORMAL)

#	PHOTON ENERGY E.V.	O2 S-R BANDS	O2 S-R CONT.	N2 B-H NO. 1	NO BETA	NO GAMMA	NO 2	O- PHOTO-DET	FREE-FREE (IONS)	N P.E.	O P.E.	TOTAL AIR
1	10.70	0.	0.	2.82E-09	0.	0.	0.	10.00E-09	1.35E-09	7.61E-07	1.73E-07	9.49E-07
2	10.60	0.	0.	2.45E-09	0.	0.	0.	10.00E-09	1.39E-09	7.65E-07	1.73E-07	9.52E-07
3	10.50	0.	0.	2.41E-09	0.	0.	0.	10.00E-09	1.43E-09	7.69E-07	1.73E-07	9.56E-07
4	10.40	0.	0.	2.19E-09	0.	0.	0.	1.01E-08	1.48E-09	7.72E-07	1.72E-07	9.58E-07
5	10.30	0.	0.	1.83E-09	0.	0.	0.	1.01E-08	1.52E-09	7.74E-07	1.72E-07	9.59E-07
6	10.20	0.	0.	1.83E-09	0.	0.	0.	1.01E-08	1.56E-09	7.76E-07	1.72E-07	9.61E-07
7	10.10	0.	0.	1.68E-09	0.	0.	0.	1.01E-08	1.61E-09	7.78E-07	1.71E-07	9.63E-07
8	10.00	0.	0.	1.39E-09	0.	0.	0.	1.01E-08	1.66E-09	7.80E-07	1.71E-07	9.64E-07
9	9.90	0.	0.	1.41E-09	0.	0.	0.	1.01E-08	1.71E-09	7.82E-07	1.71E-07	9.66E-07
10	9.80	0.	0.	1.26E-09	0.	0.	0.	1.01E-08	1.77E-09	7.84E-07	1.71E-07	9.68E-07
11	9.70	0.	0.	1.03E-09	0.	0.	0.	1.02E-08	1.82E-09	7.86E-07	1.71E-07	9.69E-07
12	9.60	0.	0.	1.11E-09	0.	0.	0.	1.02E-08	1.88E-09	7.88E-07	1.70E-07	9.71E-07
13	9.50	0.	0.	8.93E-10	0.	0.	0.	1.02E-08	1.94E-09	7.90E-07	1.70E-07	9.73E-07
14	9.40	0.	0.	8.08E-10	0.	0.	0.	1.03E-08	2.00E-09	7.92E-07	1.70E-07	9.75E-07
15	9.30	0.	0.	8.18E-10	0.	0.	0.	1.03E-08	2.07E-09	2.29E-07	1.69E-07	4.11E-07
16	9.20	0.	0.	6.28E-10	0.	0.	0.	1.03E-08	2.14E-09	2.28E-07	1.69E-07	4.11E-07
17	9.10	0.	0.	6.42E-10	0.	0.	0.	1.03E-08	2.21E-09	2.28E-07	1.69E-07	4.10E-07
18	9.00	0.	0.	5.56E-10	0.	0.	0.	1.04E-08	2.28E-09	2.27E-07	1.69E-07	4.09E-07
19	8.90	0.	0.	4.90E-10	0.	0.	0.	1.04E-08	2.36E-09	2.27E-07	1.69E-07	4.09E-07
20	8.80	0.	0.	4.72E-10	0.	0.	0.	1.04E-08	2.44E-09	2.27E-07	1.68E-07	4.08E-07
21	8.70	0.	0.	3.85E-10	0.	0.	0.	1.05E-08	2.53E-09	2.26E-07	1.68E-07	4.08E-07
22	8.60	0.	0.	3.91E-10	0.	0.	0.	1.06E-08	2.62E-09	2.26E-07	1.68E-07	4.07E-07
23	8.50	0.	0.	3.22E-10	0.	0.	0.	1.06E-08	2.71E-09	2.26E-07	1.68E-07	4.07E-07
24	8.40	0.	0.	3.13E-10	0.	0.	0.	1.07E-08	2.81E-09	2.26E-07	1.67E-07	4.07E-07
25	8.30	0.	0.	2.50E-10	0.	0.	0.	1.07E-08	2.91E-09	2.26E-07	1.68E-07	4.07E-07
26	8.20	0.	0.	2.48E-10	0.	0.	0.	1.08E-08	3.02E-09	2.25E-07	1.69E-07	4.08E-07
27	8.10	0.	0.	2.02E-10	0.	0.	0.	1.08E-08	3.14E-09	2.25E-07	1.70E-07	4.09E-07
28	8.00	0.	0.	1.98E-10	0.	0.	0.	1.09E-08	3.26E-09	2.25E-07	1.71E-07	4.09E-07
29	7.90	0.	0.	1.62E-10	0.	0.	0.	1.09E-08	3.38E-09	2.25E-07	1.73E-07	4.12E-07
30	7.80	0.	0.	1.63E-10	0.	0.	0.	1.09E-08	3.51E-09	2.25E-07	1.74E-07	4.13E-07
31	7.70	0.	0.	1.36E-10	0.	0.	0.	1.10E-08	3.65E-09	2.25E-07	1.75E-07	4.15E-07
32	7.60	0.	0.	1.24E-10	0.	0.	0.	1.11E-08	3.80E-09	2.26E-07	1.76E-07	4.15E-07
33	7.50	0.	0.	1.10E-10	0.	7.79E-15	0.	1.11E-08	3.95E-09	2.26E-07	1.76E-07	4.18E-07
34	7.40	0.	0.	9.47E-11	0.	3.69E-14	0.	1.12E-08	4.12E-09	2.26E-07	1.79E-07	4.20E-07
35	7.30	0.	0.	8.60E-11	0.	2.07E-13	0.	1.12E-08	4.29E-09	2.26E-07	1.80E-07	4.21E-07
36	7.20	0.	0.	7.43E-11	0.	1.01E-12	0.	1.13E-08	4.47E-09	2.26E-07	1.81E-07	4.23E-07
37	7.10	0.	0.	6.86E-11	0.	2.69E-12	0.	1.14E-08	4.66E-09	2.26E-07	1.82E-07	4.25E-07
38	7.00	2.10E-14	0.	6.02E-11	0.	7.39E-12	0.	1.15E-08	4.87E-09	2.26E-07	1.84E-07	4.26E-07
39	6.90	4.00E-14	0.	5.29E-11	0.	1.89E-11	0.	1.16E-08	5.08E-09	2.27E-07	1.85E-07	4.28E-07
40	6.80	3.35E-14	0.	4.86E-11	0.	2.02E-11	0.	1.17E-08	5.31E-09	2.27E-07	1.86E-07	4.30E-07
41	6.70	2.37E-14	0.	4.06E-11	0.	4.14E-11	0.	1.18E-08	5.55E-09	2.27E-07	1.86E-07	4.32E-07
42	6.60	1.40E-14	0.	3.47E-11	0.	4.85E-11	0.	1.19E-08	5.81E-09	2.28E-07	1.87E-07	4.34E-07
43	6.50	7.83E-15	0.	2.61E-11	0.	3.08E-11	0.	1.20E-08	6.08E-09	2.30E-07	1.89E-07	4.37E-07
44	6.40	1.07E-14	0.	1.66E-11	2.88E-13	5.38E-11	0.	1.21E-08	6.37E-09	2.31E-07	1.90E-07	4.39E-07
45	6.30	2.23E-14	0.	9.47E-12	1.28E-12	5.98E-11	0.	1.23E-08	6.68E-09	2.33E-07	1.92E-07	4.44E-07
46	6.20	2.64E-14	0.	4.84E-12	1.72E-12	3.26E-11	0.	1.24E-08	7.01E-09	2.35E-07	1.94E-07	4.49E-07
47	6.10	6.68E-13	0.	2.11E-12	4.16E-12	4.91E-11	0.	1.24E-08	7.36E-09	2.37E-07	1.97E-07	4.54E-07
48	6.00	7.08E-13	0.	5.10E-13	4.16E-12	2.86E-11	0.	1.24E-08	7.74E-09	2.37E-07	2.00E-07	4.60E-07
49	5.90	1.15E-12	0.	3.64E-14	5.93E-12	2.98E-11	0.	1.24E-08	8.14E-09	2.40E-07	2.03E-07	4.66E-07
50	5.80	1.76E-12	0.	9.00E-16	8.05E-12	2.87E-11	0.	1.22E-08	8.57E-09	2.42E-07	2.06E-07	4.72E-07
51	5.70	2.10E-12	0.	0.	8.89E-12	3.11E-11	0.	1.15E-08	9.04E-09	2.45E-07	2.09E-07	4.77E-07

244

ABSORPTION COEFFICIENTS OF HEATED AIR (INVERSE CM.)

TEMPERATURE (DEGREES K) 11000. DENSITY (GM/CC) 1.293E-07 (10.0E-05 NORMAL)

PHOTON	ENERGY	O2 S-R BANDS	N2 1ST POS.	N2 2ND POS.	N2+ 1ST NEG.	NO BETA	NO GAMMA	NO VIB-ROT	NO2	O- PHOTO-DET	FREE-FREE (IONS)	N P.E.	O P.F.	TOTAL AIR
52	5.60	2.63E-12	0.	0.	0.	6.92E-12	4.67E-11	0.	0.	1.07E-08	9.53E-09	2.48E-07	2.15E-07	4.83E-07
53	5.50	2.74E-12	0.	0.	0.	8.47E-12	4.44E-11	0.	0.	1.07E-08	1.01E-08	2.52E-07	2.18E-07	4.91E-07
54	5.40	2.89E-12	0.	0.	0.	7.32E-12	3.13E-11	0.	0.	1.08E-08	1.06E-08	2.56E-07	2.22E-07	5.00E-07
55	5.30	2.80E-12	0.	0.	0.	7.52E-12	4.40E-11	0.	0.	1.09E-08	1.12E-08	2.61E-07	2.26E-07	5.09E-07
56	5.20	2.03E-12	0.	0.	0.	7.87E-12	2.74E-11	0.	0.	1.09E-08	1.19E-08	2.66E-07	2.31E-07	5.20E-07
57	5.10	1.90E-12	0.	0.	0.	7.71E-12	3.68E-11	0.	0.	1.10E-08	1.26E-08	2.73E-07	2.36E-07	5.33E-07
58	5.00	1.41E-12	0.	0.	0.	6.85E-12	3.25E-11	0.	0.	1.11E-08	1.34E-08	2.81E-07	2.41E-07	5.46E-07
59	4.90	1.18E-12	0.	0.	0.	7.42E-12	3.33E-11	0.	0.	1.11E-08	1.42E-08	2.89E-07	2.46E-07	5.61E-07
60	4.80	1.18E-12	0.	0.	0.	7.83E-12	3.07E-11	0.	0.	1.13E-08	1.52E-08	2.98E-07	2.51E-07	5.75E-07
61	4.70	1.28E-12	0.	0.	0.	7.54E-12	2.66E-11	0.	0.	1.14E-08	1.62E-08	3.06E-07	2.57E-07	5.91E-07
62	4.60	1.51E-12	0.	2.56E-12	0.	7.57E-12	2.46E-11	0.	0.	1.15E-08	1.72E-08	3.16E-07	2.64E-07	6.09E-07
63	4.50	1.52E-12	0.	8.83E-12	0.	6.51E-12	1.79E-11	0.	0.	1.16E-08	1.84E-08	3.29E-07	2.70E-07	6.29E-07
64	4.40	1.56E-12	0.	2.32E-11	0.	6.51E-12	1.29E-11	0.	0.	1.17E-08	1.97E-08	3.42E-07	2.77E-07	6.50E-07
65	4.30	1.56E-12	0.	8.89E-11	0.	5.96E-12	7.52E-12	0.	0.	1.17E-08	2.11E-08	3.55E-07	2.82E-07	6.70E-07
66	4.20	1.41E-12	0.	3.01E-11	0.	6.20E-12	5.79E-12	0.	0.	1.18E-08	2.27E-08	3.68E-07	5.73E-08	4.67E-07
67	4.10	1.28E-12	0.	1.26E-10	0.	5.81E-12	1.52E-12	0.	0.	1.18E-08	2.44E-08	3.82E-07	5.91E-08	4.76E-07
68	4.00	1.16E-12	0.	5.59E-11	4.43E-10	5.43E-12	1.16E-12	0.	0.	1.19E-08	2.63E-08	3.28E-07	6.09E-08	4.27E-07
69	3.90	1.03E-12	0.	8.20E-11	2.73E-09	4.73E-12	4.86E-13	0.	0.	1.19E-08	2.84E-08	2.55E-07	6.27E-08	3.58E-07
70	3.80	8.40E-13	0.	1.000E-10	7.29E-09	5.02E-12	0.	0.	0.	1.19E-08	3.07E-08	2.64E-07	6.48E-08	3.74E-07
71	3.70	9.04E-13	0.	5.66E-11	4.54E-09	3.96E-12	0.	0.	0.	1.19E-08	3.33E-08	2.40E-07	7.23E-08	3.58E-07
72	3.60	7.57E-13	0.	8.39E-11	1.24E-08	4.31E-12	0.	0.	0.	1.17E-08	3.61E-08	2.63E-07	8.10E-08	3.96E-07
73	3.50	6.61E-13	0.	4.45E-11	1.10E-09	3.16E-12	0.	0.	0.	1.09E-08	3.93E-08	2.96E-07	9.03E-08	4.48E-07
74	3.40	5.94E-13	0.	4.75E-11	5.61E-09	3.50E-12	0.	0.	0.	10.00E-09	4.29E-08	3.33E-07	1.01E-07	4.83E-07
75	3.30	5.18E-13	0.	2.80E-11	1.29E-08	2.70E-12	0.	0.	0.	5.77E-09	4.70E-08	3.70E-07	1.11E-07	5.40E-07
76	3.20	4.04E-13	0.	2.14E-11	1.72E-09	2.80E-12	0.	0.	0.	5.78E-09	5.15E-08	4.08E-07	1.22E-07	6.00E-07
77	3.10	3.36E-13	0.	7.41E-12	5.55E-09	2.44E-12	0.	0.	0.	5.79E-09	5.67E-08	4.46E-07	1.33E-07	6.45E-07
78	3.00	3.09E-13	0.	3.51E-11	1.48E-09	2.18E-12	0.	0.	0.	5.80E-09	6.27E-08	4.85E-07	1.44E-07	7.05E-07
79	2.90	2.64E-13	0.	1.61E-11	3.47E-09	1.54E-12	0.	0.	0.	5.83E-09	6.95E-08	5.24E-07	1.55E-07	7.58E-07
80	2.80	2.11E-13	0.	8.18E-13	1.69E-09	9.67E-13	0.	0.	0.	5.84E-09	7.72E-08	5.68E-07	1.67E-07	8.19E-07
81	2.70	2.12E-13	0.	2.52E-13	2.52E-08	4.80E-13	0.	0.	0.	5.84E-09	8.62E-08	6.15E-07	1.79E-07	8.78E-07
82	2.60	2.05E-13	0.	9.93E-14	1.94E-08	1.94E-13	0.	0.	0.	5.84E-09	9.67E-08	6.64E-07	1.91E-07	8.38E-07
83	2.50	2.47E-13	0.	0.	2.08E-10	4.37E-14	0.	0.	0.	5.84E-09	1.09E-07	7.09E-07	2.04E-07	8.00E-07
84	2.40	3.69E-15	5.47E-12	0.	0.	4.46E-15	0.	0.	0.	5.84E-09	1.23E-07	4.03E-07	1.01E-07	6.00E-07
85	2.30	0.	2.21E-11	0.	0.	0.	0.	0.	0.	5.79E-09	1.40E-07	5.01E-07	1.21E-07	7.30E-07
86	2.20	0.	4.99E-11	0.	0.	0.	0.	0.	0.	5.77E-09	1.60E-07	6.17E-07	1.45E-07	8.73E-07
87	2.10	0.	6.44E-11	0.	0.	0.	0.	0.	0.	5.74E-09	1.84E-07	7.17E-07	1.70E-07	1.03E-06
88	2.00	0.	1.12E-10	0.	0.	0.	0.	0.	0.	5.56E-09	2.14E-07	8.35E-07	1.95E-07	1.20E-06
89	1.90	0.	1.92E-10	0.	0.	0.	0.	0.	0.	5.35E-09	2.50E-07	9.54E-07	2.21E-07	1.37E-06
90	1.80	0.	1.57E-10	0.	0.	0.	0.	0.	0.	5.11E-09	2.94E-07	1.08E-06	2.65E-07	1.56E-06
91	1.70	0.	1.89E-10	0.	0.	0.	0.	0.	0.	4.82E-09	3.50E-07	1.28E-06	3.19E-07	1.84E-06
92	1.60	0.	1.33E-10	0.	0.	0.	0.	0.	0.	4.08E-09	4.21E-07	1.52E-06	3.50E-07	2.19E-06
93	1.50	0.	1.62E-10	0.	0.	0.	0.	0.	0.	1.85E-09	5.12E-07	1.76E-06	4.26E-07	2.62E-06
94	1.40	0.	1.67E-10	0.	0.	0.	0.	0.	0.	0.	6.32E-07	2.04E-06	3.37E-07	2.98E-06
95	1.30	0.	1.24E-10	0.	0.	0.	0.	0.	0.	0.	7.92E-07	1.65E-06	4.83E-07	3.64E-06
96	1.20	0.	1.07E-10	0.	0.	0.	0.	4.46E-16	0.	0.	1.01E-06	2.36E-06	6.48E-07	4.85E-06
97	1.10	0.	9.87E-11	0.	0.	0.	0.	4.54E-15	0.	0.	1.32E-06	3.19E-06	7.41E-07	5.92E-06
98	1.00	0.	8.04E-11	0.	0.	0.	0.	5.39E-15	0.	0.	1.76E-06	3.86E-06	9.01E-07	7.33E-06
99	0.90	0.	3.77E-11	0.	0.	0.	0.	9.39E-15	0.	0.	2.44E-06	4.68E-06	1.06E-06	8.99E-06
100	0.80	0.	2.64E-11	0.	0.	0.	0.	9.99E-14	0.	0.	3.51E-06	5.49E-06	1.19E-06	1.09E-05
101	0.70	0.	9.62E-12	0.	0.	0.	0.	7.19E-14	0.	0.	5.26E-06	6.16E-06	9.83E-07	1.17E-05
102	0.60	0.	8.24E-13	0.	0.	0.	0.	2.77E-13	0.	0.	8.40E-06	6.15E-06	1.11E-06	1.57E-05

ABSORPTION COEFFICIENTS OF HEATED AIR (INVERSE CM.)

TEMPERATURE (DEGREES K) 11000.   DENSITY (GM/CC) 1.293E-08   (10.0E-06 NORMAL)

PHOTON ENERGY E.V.	O2 S-R BANDS	O2 S-R CONT.	N2 B-H NO. 1	NO BETA	NO GAMMA	NO 2	O- PHOTO-DET	FREE-FREE (IONS)	N P.E.	O P.E.	TOTAL AIR
1 10.70	0.	0.	2.70E-12	0.	0.	0.	6.62E-11	4.33E-11	2.36E-08	6.40E-09	3.01E-08
2 10.60	0.	0.	2.35E-12	0.	0.	0.	6.63E-11	4.46E-11	2.37E-08	6.39E-09	3.02E-08
3 10.50	0.	0.	2.31E-12	0.	0.	0.	6.64E-11	4.59E-11	2.38E-08	6.38E-09	3.03E-08
4 10.40	0.	0.	2.10E-12	0.	0.	0.	6.65E-11	4.72E-11	2.39E-08	6.38E-09	3.04E-08
5 10.30	0.	0.	1.75E-12	0.	0.	0.	6.66E-11	4.86E-11	2.40E-08	6.37E-09	3.04E-08
6 10.20	0.	0.	1.76E-12	0.	0.	0.	6.67E-11	5.01E-11	2.40E-08	6.36E-09	3.05E-08
7 10.10	0.	0.	1.61E-12	0.	0.	0.	6.67E-11	5.16E-11	2.41E-08	6.35E-09	3.06E-08
8 10.00	0.	0.	1.35E-12	0.	0.	0.	6.68E-11	5.31E-11	2.41E-08	6.34E-09	3.06E-08
9 9.90	0.	0.	1.21E-12	0.	0.	0.	6.70E-11	5.48E-11	2.42E-08	6.33E-09	3.07E-08
10 9.80	0.	0.	9.90E-13	0.	0.	0.	6.71E-11	5.65E-11	2.43E-08	6.32E-09	3.07E-08
11 9.70	0.	0.	1.06E-12	0.	0.	0.	6.72E-11	5.83E-11	2.43E-08	6.31E-09	3.08E-08
12 9.60	0.	0.	8.56E-13	0.	0.	0.	6.73E-11	6.01E-11	2.44E-08	6.30E-09	3.08E-08
13 9.50	0.	0.	7.75E-13	0.	0.	0.	6.74E-11	6.20E-11	2.45E-08	6.29E-09	3.09E-08
14 9.40	0.	0.	7.84E-13	0.	0.	0.	6.77E-11	6.40E-11	2.45E-08	6.28E-09	3.09E-08
15 9.30	0.	0.	6.02E-13	0.	0.	0.	6.79E-11	6.61E-11	7.08E-09	6.27E-09	1.35E-08
16 9.20	0.	0.	6.16E-13	0.	0.	0.	6.82E-11	6.83E-11	7.07E-09	6.26E-09	1.35E-08
17 9.10	0.	0.	5.33E-13	0.	0.	0.	6.84E-11	7.06E-11	7.05E-09	6.25E-09	1.34E-08
18 9.00	0.	0.	4.70E-13	0.	0.	0.	6.87E-11	7.30E-11	7.04E-09	6.25E-09	1.34E-08
19 8.90	0.	0.	4.52E-13	0.	0.	0.	6.89E-11	7.55E-11	7.03E-09	6.24E-09	1.34E-08
20 8.80	0.	0.	3.69E-13	0.	0.	0.	6.92E-11	7.81E-11	7.01E-09	6.23E-09	1.34E-08
21 8.70	0.	0.	3.75E-13	0.	0.	0.	6.94E-11	8.09E-11	7.00E-09	6.21E-09	1.34E-08
22 8.60	0.	0.	3.08E-13	0.	0.	0.	6.96E-11	8.38E-11	6.99E-09	6.20E-09	1.34E-08
23 8.50	0.	0.	3.00E-13	0.	0.	0.	6.99E-11	8.68E-11	6.99E-09	6.20E-09	1.35E-08
24 8.40	0.	0.	2.40E-13	0.	0.	0.	7.03E-11	8.99E-11	6.98E-09	6.25E-09	1.35E-08
25 8.30	0.	0.	2.37E-13	0.	0.	0.	7.06E-11	9.32E-11	6.98E-09	6.25E-09	1.34E-08
26 8.20	0.	0.	1.94E-13	0.	0.	0.	7.10E-11	9.67E-11	6.98E-09	6.25E-09	1.34E-08
27 8.10	0.	0.	1.90E-13	0.	0.	0.	7.14E-11	1.00E-10	6.96E-09	6.30E-09	1.34E-08
28 8.00	0.	0.	1.55E-13	0.	0.	0.	7.17E-11	1.04E-10	6.96E-09	6.34E-09	1.34E-08
29 7.90	0.	0.	1.56E-13	0.	0.	0.	7.21E-11	1.08E-10	6.97E-09	6.39E-09	1.35E-08
30 7.80	0.	0.	1.30E-13	0.	0.	0.	7.28E-11	1.12E-10	6.97E-09	6.43E-09	1.36E-08
31 7.70	0.	0.	1.19E-13	0.	8.93E-18	0.	7.28E-11	1.17E-10	6.97E-09	6.48E-09	1.36E-08
32 7.60	0.	0.	1.05E-13	0.	4.23E-17	0.	7.32E-11	1.21E-10	6.98E-09	6.52E-09	1.37E-08
33 7.50	0.	0.	9.08E-14	0.	2.38E-16	0.	7.36E-11	1.26E-10	6.98E-09	6.57E-09	1.37E-08
34 7.40	0.	0.	8.25E-14	0.	1.16E-15	0.	7.40E-11	1.32E-10	6.99E-09	6.61E-09	1.38E-08
35 7.30	0.	0.	7.12E-14	0.	3.08E-15	0.	7.44E-11	1.37E-10	6.99E-09	6.66E-09	1.39E-08
36 7.20	2.88E-17	0.	6.58E-14	0.	8.48E-15	0.	7.48E-11	1.43E-10	7.00E-09	6.70E-09	1.39E-08
37 7.10	5.48E-17	0.	5.77E-14	0.	2.17E-14	0.	7.54E-11	1.49E-10	7.00E-09	6.75E-09	1.40E-08
38 7.00	4.59E-17	0.	5.07E-14	0.	2.31E-14	0.	7.60E-11	1.56E-10	7.01E-09	6.79E-09	1.40E-08
39 6.90	3.24E-17	0.	4.66E-14	0.	4.75E-14	0.	7.66E-11	1.62E-10	7.01E-09	6.84E-09	1.41E-08
40 6.80	1.92E-17	0.	3.89E-14	0.	5.56E-14	0.	7.73E-11	1.70E-10	7.02E-09	6.88E-09	1.41E-08
41 6.70	1.07E-17	0.	3.33E-14	0.	3.53E-14	0.	7.79E-11	1.77E-10	7.02E-09	6.93E-09	1.42E-08
42 6.60	1.47E-17	0.	2.50E-14	0.	6.17E-14	0.	7.85E-11	1.86E-10	7.05E-09	6.99E-09	1.43E-08
43 6.50	3.05E-17	0.	1.59E-14	0.	6.86E-14	0.	7.91E-11	1.94E-10	7.09E-09	7.04E-09	1.43E-08
44 6.40	9.10E-17	0.	9.08E-15	3.30E-16	3.73E-14	0.	7.97E-11	2.04E-10	7.13E-09	7.09E-09	1.45E-08
45 6.30	3.67E-16	0.	4.64E-15	1.46E-15	5.63E-14	0.	8.03E-11	2.14E-10	7.16E-09	7.17E-09	1.46E-08
46 6.20	1.58E-15	0.	3.24E-15	1.97E-15	8.22E-14	0.	8.09E-11	2.24E-10	7.21E-09	7.28E-09	1.48E-08
47 6.10	4.70E-16	0.	4.02E-16	5.44E-15	3.41E-14	0.	8.15E-11	2.34E-10	7.27E-09	7.39E-09	1.50E-08
48 6.00	1.58E-15	0.	4.89E-16	4.77E-15	3.29E-14	0.	8.22E-11	2.47E-10	7.34E-09	7.50E-09	1.52E-08
49 5.90	2.42E-15	0.	3.49E-17	6.80E-15	3.56E-14	0.	8.09E-11	2.60E-10	7.43E-09	7.62E-09	1.54E-08
50 5.80	2.88E-15	0.	8.63E-19	9.22E-15	0.	0.	7.60E-11	2.74E-10	7.50E-09	7.73E-09	1.56E-08
51 5.70	0.	0.	0.	1.02E-14	0.	0.	7.60E-11	2.89E-10	7.58E-09	7.84E-09	1.58E-08

ABSORPTION COEFFICIENTS OF HEATED AIR (INVERSE CM.)

TEMPERATURE (DEGREES K) 11000.   DENSITY (GM/CC) 1.293E-08   (10.0E-06 NORMAL)

#	PHOTON ENERGY	O2 S-R BANDS	N2 1ST POS.	N2 2ND POS.	N2+ 1ST NEG.	NO BETA	NO GAMMA	NO VIB-ROT	NO2	O- PHOTO-DET	FREE-FREE (IONS)	N P.E.	O P.F.	TOTAL AIR
52	5.60	3.60E-15	0.	0.	0.	7.93E-15	5.36E-14	0.	0.	7.07E-11	3.05E-10	7.67E-09	7.96E-09	1.60E-08
53	5.50	3.76E-15	0.	0.	0.	9.71E-15	5.09E-14	0.	0.	7.11E-11	3.22E-10	7.79E-09	8.08E-09	1.63E-08
54	5.40	3.97E-15	0.	0.	0.	8.39E-15	3.59E-14	0.	0.	7.14E-11	3.40E-10	7.94E-09	8.20E-09	1.66E-08
55	5.30	3.84E-15	0.	0.	0.	8.62E-15	5.04E-14	0.	0.	7.19E-11	3.60E-10	8.09E-09	8.35E-09	1.69E-08
56	5.20	2.78E-15	0.	0.	0.	9.03E-15	3.15E-14	0.	0.	7.23E-11	3.81E-10	8.25E-09	8.54E-09	1.72E-08
57	5.10	2.60E-15	0.	0.	0.	8.85E-15	3.22E-14	0.	0.	7.30E-11	4.04E-10	8.46E-09	8.72E-09	1.77E-08
58	5.00	1.93E-15	0.	0.	0.	7.85E-15	3.72E-14	0.	0.	7.36E-11	4.29E-10	8.70E-09	8.91E-09	1.81E-08
59	4.90	1.61E-15	0.	0.	0.	8.50E-15	3.82E-14	0.	0.	7.42E-11	4.56E-10	8.96E-09	9.10E-09	1.86E-08
60	4.80	1.61E-15	0.	0.	0.	8.65E-15	3.52E-14	0.	0.	7.48E-11	4.85E-10	9.21E-09	9.29E-09	1.91E-08
61	4.70	1.75E-15	0.	0.	0.	8.68E-15	2.82E-14	0.	0.	7.54E-11	5.17E-10	9.48E-09	9.52E-09	1.96E-08
62	4.60	2.07E-15	0.	0.	0.	7.61E-15	2.05E-14	0.	0.	7.60E-11	5.52E-10	9.80E-09	9.76E-09	2.02E-08
63	4.50	2.09E-15	0.	2.45E-15	0.	7.47E-15	1.48E-14	0.	0.	7.66E-11	5.90E-10	1.02E-08	9.99E-09	2.08E-08
64	4.40	2.13E-15	0.	8.46E-15	0.	6.84E-15	8.62E-15	0.	0.	7.73E-11	6.31E-10	1.06E-08	1.02E-08	2.15E-08
65	4.30	1.93E-15	0.	2.23E-14	0.	7.10E-15	6.64E-15	0.	0.	7.79E-11	6.76E-10	1.10E-08	1.04E-08	2.22E-08
66	4.20	1.75E-15	0.	8.52E-14	0.	6.66E-15	1.74E-15	0.	0.	7.85E-11	7.26E-10	1.14E-08	2.19E-09	1.43E-08
67	4.10	1.59E-15	0.	2.28E-14	0.	6.22E-15	1.57E-16	0.	0.	7.91E-11	7.81E-10	7.61E-09	2.25E-09	1.29E-08
68	4.00	1.15E-15	0.	1.20E-13	0.	5.43E-15	0.	0.	0.	7.88E-11	8.41E-10	7.89E-09	2.32E-09	1.08E-08
69	3.90	1.24E-15	0.	1.15E-13	2.38E-12	5.75E-15	0.	0.	0.	7.85E-11	9.08E-10	8.17E-09	2.40E-09	1.12E-08
70	3.80	1.04E-15	0.	7.86E-14	1.47E-11	4.54E-15	0.	0.	0.	7.73E-11	9.82E-10	8.43E-09	2.68E-09	1.16E-08
71	3.70	9.16E-16	0.	9.63E-14	3.91E-11	4.94E-15	0.	0.	0.	7.23E-11	1.06E-09	7.15E-09	3.00E-09	1.24E-08
72	3.60	8.14E-16	0.	9.14E-16	2.43E-11	3.62E-15	0.	0.	0.	6.62E-11	1.16E-09	9.16E-09	3.34E-09	1.39E-08
73	3.50	7.10E-16	0.	8.04E-14	6.67E-11	4.02E-15	0.	0.	0.	3.82E-11	1.26E-09	1.03E-08	3.73E-09	1.54E-08
74	3.40	5.54E-16	0.	4.27E-14	5.89E-11	3.09E-15	0.	0.	0.	3.83E-11	1.37E-09	1.15E-08	4.15E-09	1.74E-08
75	3.30	4.23E-16	0.	4.55E-14	3.01E-11	2.79E-15	0.	0.	0.	3.84E-11	1.50E-09	1.26E-08	4.51E-09	1.89E-08
76	3.20	3.62E-16	0.	2.68E-14	6.92E-11	2.50E-15	0.	0.	0.	3.85E-11	1.65E-09	1.38E-08	4.91E-09	2.04E-08
77	3.10	2.89E-16	0.	2.05E-14	9.22E-11	1.86E-15	0.	0.	0.	3.86E-11	1.81E-09	1.50E-08	5.32E-09	2.24E-08
78	3.00	2.91E-16	0.	1.18E-14	2.97E-11	1.11E-15	0.	0.	0.	3.86E-11	2.00E-09	1.62E-08	5.72E-09	2.42E-08
79	2.90	1.74E-16	0.	1.11E-14	1.86E-11	1.50E-15	0.	0.	0.	3.86E-11	2.22E-09	1.76E-08	6.17E-09	2.63E-08
80	2.80	7.49E-17	0.	3.37E-15	7.93E-12	5.50E-16	0.	0.	0.	3.86E-11	2.47E-09	1.70E-08	2.41E-09	1.90E-08
81	2.70	5.06E-18	0.	1.55E-15	1.44E-11	2.22E-16	0.	0.	0.	3.86E-11	2.76E-09	2.06E-08	2.62E-09	2.32E-08
82	2.60	0.	0.	7.84E-16	1.35E-11	5.01E-17	0.	0.	0.	3.86E-11	3.09E-09	2.25E-08	3.02E-09	2.76E-08
83	2.50	0.	0.	9.52E-17	1.15E-12	5.12E-18	0.	0.	0.	3.86E-11	3.48E-09	1.55E-08	3.72E-09	3.27E-08
84	2.40	0.	0.	0.	0.	0.	0.	0.	0.	3.86E-11	3.94E-09	1.88E-08	5.38E-09	3.81E-08
85	2.30	0.	5.25E-15	0.	0.	0.	0.	0.	0.	3.83E-11	4.48E-09	2.22E-08	6.29E-09	4.36E-08
86	2.20	0.	2.12E-14	0.	0.	0.	0.	0.	0.	3.82E-11	5.13E-09	2.59E-08	8.19E-09	4.96E-08
87	2.10	0.	6.18E-14	0.	0.	0.	0.	0.	0.	3.80E-11	5.90E-09	2.59E-08	9.79E-09	5.87E-08
88	2.00	0.	1.07E-13	0.	0.	0.	0.	0.	0.	3.68E-11	6.84E-09	3.34E-08	1.18E-08	7.00E-08
89	1.90	0.	1.84E-13	0.	0.	0.	0.	0.	0.	3.54E-11	7.94E-09	3.95E-08	1.30E-08	8.09E-08
90	1.80	0.	1.50E-13	0.	0.	0.	0.	0.	0.	3.38E-11	9.41E-09	4.69E-08	1.53E-08	8.48E-08
91	1.70	0.	1.81E-13	0.	0.	0.	0.	0.	0.	3.19E-11	1.12E-08	5.44E-08	1.79E-08	8.38E-08
92	1.60	0.	1.28E-13	0.	0.	0.	0.	0.	0.	2.70E-11	1.35E-08	6.31E-08	2.15E-08	1.16E-07
93	1.50	0.	1.60E-13	0.	0.	0.	0.	0.	0.	1.23E-11	1.64E-08	5.11E-08	2.74E-08	1.53E-07
94	1.40	0.	1.20E-13	0.	0.	0.	0.	0.	0.	0.	2.02E-08	7.31E-08	3.33E-08	1.89E-07
95	1.30	0.	1.03E-13	0.	0.	0.	0.	0.	0.	0.	2.53E-08	9.48E-08	3.82E-08	2.34E-07
96	1.20	0.	1.13E-13	0.	0.	0.	0.	0.	0.	0.	3.23E-08	1.19E-07	4.40E-08	2.82E-07
97	1.10	0.	9.46E-14	0.	0.	0.	0.	5.12E-19	0.	0.	4.21E-08	1.45E-07	3.64E-08	3.47E-07
98	1.00	0.	3.61E-14	0.	0.	0.	0.	5.20E-18	0.	0.	5.62E-08	1.66E-07	4.11E-08	3.74E-07
99	0.90	0.	9.23E-15	0.	0.	0.	0.	6.18E-18	0.	0.	7.79E-08	1.91E-07	—	—
100	0.80	0.	7.90E-16	0.	0.	0.	0.	1.14E-16	0.	0.	1.12E-07	1.69E-07	—	—
101	0.70	0.	0.	0.	0.	0.	0.	8.24E-17	0.	0.	1.68E-07	1.91E-07	—	—
102	0.60	0.	0.	0.	0.	0.	0.	3.18E-16	0.	0.	2.69E-07	—	—	5.00E-07

ABSORPTION COEFFICIENTS OF HEATED AIR (INVERSE CM.)

TEMPERATURE (DEGREES K) 11000.   DENSITY (GM/CC) 1.293E-09   (10.0E-07 NORMAL)

#	PHOTON ENERGY BANDS E.V.	O2 S-R BANDS	O2 S-R CONT.	N2 B-H NO. 1	NO BETA	NO GAMMA	NO 2	O- PHOTO-DET	FREE-FREE (IONS)	N P.E.	O P.F.	TOTAL AIR
1	10.70	0.	0.	5.10E-16	0.	0.	0.	1.16E-13	6.06E-13	3.24E-10	9.53E-11	4.20E-10
2	10.60	0.	0.	4.44E-16	0.	0.	0.	1.17E-13	6.23E-13	3.26E-10	9.51E-11	4.22E-10
3	10.50	0.	0.	4.37E-16	0.	0.	0.	1.17E-13	6.41E-13	3.28E-10	9.50E-11	4.23E-10
4	10.40	0.	0.	3.98E-16	0.	0.	0.	1.17E-13	6.60E-13	3.29E-10	9.49E-11	4.24E-10
5	10.30	0.	0.	3.35E-16	0.	0.	0.	1.17E-13	6.80E-13	3.30E-10	9.47E-11	4.25E-10
6	10.20	0.	0.	3.32E-16	0.	0.	0.	1.17E-13	7.00E-13	3.30E-10	9.46E-11	4.26E-10
7	10.10	0.	0.	3.04E-16	0.	0.	0.	1.17E-13	7.21E-13	3.31E-10	9.44E-11	4.27E-10
8	10.00	0.	0.	2.51E-16	0.	0.	0.	1.17E-13	7.43E-13	3.32E-10	9.43E-11	4.27E-10
9	9.90	0.	0.	2.55E-16	0.	0.	0.	1.18E-13	7.66E-13	3.33E-10	9.42E-11	4.28E-10
10	9.80	0.	0.	2.29E-16	0.	0.	0.	1.18E-13	7.90E-13	3.34E-10	9.40E-11	4.29E-10
11	9.70	0.	0.	2.07E-16	0.	0.	0.	1.18E-13	8.14E-13	3.35E-10	9.39E-11	4.29E-10
12	9.60	0.	0.	2.01E-16	0.	0.	0.	1.18E-13	8.40E-13	3.36E-10	9.37E-11	4.30E-10
13	9.50	0.	0.	1.62E-16	0.	0.	0.	1.19E-13	8.67E-13	3.36E-10	9.36E-11	4.31E-10
14	9.40	0.	0.	1.47E-16	0.	0.	0.	1.19E-13	8.95E-13	9.76E-11	9.35E-11	1.92E-10
15	9.30	0.	0.	1.48E-16	0.	0.	0.	1.19E-13	9.25E-13	9.74E-11	9.33E-11	1.92E-10
16	9.20	0.	0.	1.16E-16	0.	0.	0.	1.20E-13	9.55E-13	9.72E-11	9.32E-11	1.91E-10
17	9.10	0.	0.	1.16E-16	0.	0.	0.	1.20E-13	9.87E-13	9.71E-11	9.31E-11	1.91E-10
18	9.00	0.	0.	1.01E-16	0.	0.	0.	1.21E-13	1.02E-12	9.69E-11	9.29E-11	1.91E-10
19	8.90	0.	0.	8.89E-17	0.	0.	0.	1.21E-13	1.06E-12	9.67E-11	9.28E-11	1.90E-10
20	8.80	0.	0.	8.56E-17	0.	0.	0.	1.22E-13	1.09E-12	9.65E-11	9.27E-11	1.90E-10
21	8.70	0.	0.	6.97E-17	0.	0.	0.	1.22E-13	1.13E-12	9.63E-11	9.25E-11	1.90E-10
22	8.60	0.	0.	7.08E-17	0.	0.	0.	1.23E-13	1.17E-12	9.62E-11	9.24E-11	1.90E-10
23	8.50	0.	0.	5.83E-17	0.	0.	0.	1.24E-13	1.21E-12	9.61E-11	9.23E-11	1.90E-10
24	8.40	0.	0.	5.67E-17	0.	0.	0.	1.24E-13	1.26E-12	9.61E-11	9.22E-11	1.91E-10
25	8.30	0.	0.	4.53E-17	0.	0.	0.	1.25E-13	1.30E-12	9.60E-11	9.23E-11	1.91E-10
26	8.20	0.	0.	4.49E-17	0.	0.	0.	1.26E-13	1.35E-12	9.58E-11	9.30E-11	1.92E-10
27	8.10	0.	0.	3.66E-17	0.	0.	0.	1.27E-13	1.40E-12	9.57E-11	9.37E-11	1.92E-10
28	8.00	0.	0.	3.59E-17	0.	0.	0.	1.27E-13	1.46E-12	9.58E-11	9.43E-11	1.93E-10
29	7.90	0.	0.	2.93E-17	0.	0.	0.	1.28E-13	1.51E-12	9.59E-11	9.50E-11	1.94E-10
30	7.80	0.	0.	2.95E-17	0.	0.	0.	1.29E-13	1.57E-12	9.60E-11	9.57E-11	1.95E-10
31	7.70	0.	0.	2.46E-17	0.	0.	0.	1.29E-13	1.63E-12	9.60E-11	9.63E-11	1.96E-10
32	7.60	0.	0.	2.25E-17	0.	1.83E-21	0.	1.30E-13	1.70E-12	9.61E-11	9.70E-11	1.96E-10
33	7.50	0.	0.	1.99E-17	0.	8.66E-21	0.	1.31E-13	1.77E-12	9.61E-11	9.77E-11	1.97E-10
34	7.40	0.	0.	1.72E-17	0.	4.86E-20	0.	1.31E-13	1.84E-12	9.62E-11	9.84E-11	1.98E-10
35	7.30	0.	0.	1.56E-17	0.	2.37E-19	0.	1.33E-13	1.92E-12	9.63E-11	9.90E-11	1.99E-10
36	7.20	0.	0.	1.35E-17	0.	6.30E-19	0.	1.34E-13	2.00E-12	9.63E-11	9.97E-11	2.00E-10
37	7.10	0.	0.	1.24E-17	0.	1.73E-18	0.	1.34E-13	2.08E-12	9.64E-11	1.00E-10	2.01E-10
38	7.00	6.38E-21	0.	1.09E-17	0.	4.43E-18	0.	1.35E-13	2.18E-12	9.65E-11	1.01E-10	2.01E-10
39	6.90	1.21E-20	0.	9.59E-18	0.	9.71E-18	0.	1.36E-13	2.27E-12	9.65E-11	1.02E-10	2.01E-10
40	6.80	1.02E-20	0.	8.81E-18	0.	1.14E-17	0.	1.37E-13	2.37E-12	9.66E-11	1.02E-10	2.02E-10
41	6.70	7.17E-20	0.	7.36E-18	0.	7.22E-18	0.	1.38E-13	2.48E-12	9.66E-11	1.03E-10	2.04E-10
42	6.60	4.25E-21	0.	6.29E-18	0.	1.26E-17	0.	1.39E-13	2.60E-12	9.70E-11	1.04E-10	2.05E-10
43	6.50	2.37E-21	0.	4.72E-18	0.	1.40E-17	0.	1.40E-13	2.72E-12	9.75E-11	1.05E-10	2.06E-10
44	6.40	1.40E-20	0.	3.01E-18	6.74E-20	7.64E-18	0.	1.41E-13	2.85E-12	9.80E-11	1.06E-10	2.07E-10
45	6.30	6.75E-21	0.	1.72E-18	2.99E-19	1.15E-17	0.	1.42E-13	2.99E-12	9.86E-11	1.07E-10	2.08E-10
46	6.20	2.01E-20	0.	8.78E-19	4.03E-19	1.68E-17	0.	1.43E-13	3.13E-12	9.91E-11	1.08E-10	2.11E-10
47	6.10	2.13E-20	0.	3.83E-19	1.11E-18	6.72E-18	0.	1.43E-13	3.29E-12	9.99E-11	1.10E-10	2.13E-10
48	6.00	2.15E-19	0.	9.25E-20	9.76E-19	6.98E-18	0.	1.44E-13	3.46E-12	1.01E-10	1.12E-10	2.16E-10
49	5.90	3.50E-19	0.	6.59E-21	1.39E-18	6.73E-18	0.	1.44E-13	3.64E-12	1.02E-10	1.13E-10	2.19E-10
50	5.80	5.35E-19	0.	1.63E-22	1.89E-18	7.29E-18	0.	1.42E-13	3.83E-12	1.03E-10	1.15E-10	2.22E-10
51	5.70	6.37E-19	0.	0.	2.08E-18		0.	1.34E-13	4.04E-12	1.04E-10	1.17E-10	2.25E-10

ABSORPTION COEFFICIENTS OF HEATED AIR (INVERSE CM.)

TEMPERATURE (DEGREES K) 11000.   DENSITY (GM/CC) 1.293E-09   (10.0E-07 NORMAL)

	PHOTON ENERGY	O2 S-R BANDS	N2 1ST POS.	N2 2ND POS.	N2+ 1ST NEG.	NO BETA	NO GAMMA	NO VIB-ROT	NO 2	O- PHOTO-DET	FREE-FREE (IONS)	N P.E.	O P.F.	TOTAL AIR
52	5.60	7.97E-19	0.	0.	0.	0.	0.	0.	0.	1.24E-13	4.26E-12	1.06E-10	1.18E-10	2.28E-10
53	5.50	8.32E-19	0.	0.	0.	0.	0.	0.	0.	1.25E-13	4.50E-12	1.07E-10	1.20E-10	2.32E-10
54	5.40	8.78E-19	0.	0.	0.	0.	0.	0.	0.	1.26E-13	4.75E-12	1.09E-10	1.22E-10	2.36E-10
55	5.30	8.50E-19	0.	0.	0.	0.	0.	0.	0.	1.26E-13	5.03E-12	1.11E-10	1.24E-10	2.41E-10
56	5.20	6.16E-19	0.	0.	0.	0.	0.	0.	0.	1.27E-13	5.33E-12	1.13E-10	1.27E-10	2.46E-10
57	5.10	5.76E-19	0.	0.	0.	0.	0.	0.	0.	1.28E-13	5.65E-12	1.16E-10	1.30E-10	2.52E-10
58	5.00	4.28E-19	0.	0.	0.	0.	0.	0.	0.	1.29E-13	6.00E-12	1.20E-10	1.33E-10	2.58E-10
59	4.90	3.57E-19	0.	0.	0.	0.	0.	0.	0.	1.30E-13	6.37E-12	1.23E-10	1.35E-10	2.65E-10
60	4.80	3.57E-19	0.	0.	0.	0.	0.	0.	0.	1.31E-13	6.78E-12	1.27E-10	1.38E-10	2.72E-10
61	4.70	3.87E-19	0.	4.64E-19	0.	1.62E-18	1.10E-17	0.	0.	1.33E-13	7.23E-12	1.30E-10	1.42E-10	2.79E-10
62	4.60	4.58E-19	0.	1.60E-18	0.	1.99E-18	1.04E-17	0.	0.	1.34E-13	7.71E-12	1.35E-10	1.45E-10	2.88E-10
63	4.50	4.62E-19	0.	4.21E-18	0.	1.72E-18	7.34E-18	0.	0.	1.35E-13	8.24E-12	1.40E-10	1.49E-10	2.97E-10
64	4.40	4.72E-19	0.	1.61E-17	0.	1.76E-18	1.03E-17	0.	0.	1.36E-13	8.82E-12	1.45E-10	1.51E-10	3.06E-10
65	4.30	4.58E-19	0.	5.45E-18	0.	1.85E-18	6.44E-18	0.	0.	1.37E-13	9.46E-12	1.51E-10	1.47E-10	3.07E-10
66	4.20	3.88E-19	0.	2.28E-17	0.	1.81E-18	8.64E-18	0.	0.	1.38E-13	1.01E-11	1.57E-10	3.16E-11	1.99E-10
67	4.10	3.52E-19	0.	1.01E-17	0.	1.61E-18	7.62E-18	0.	0.	1.39E-13	1.09E-11	1.35E-10	3.25E-11	1.79E-10
68	4.00	3.14E-19	0.	1.49E-17	3.80E-15	1.74E-18	7.82E-18	0.	0.	1.38E-13	1.18E-11	1.05E-10	3.35E-11	1.50E-10
69	3.90	2.55E-19	0.	1.82E-17	2.35E-14	1.84E-18	7.20E-18	0.	0.	1.38E-13	1.27E-11	1.08E-10	3.45E-11	1.56E-10
70	3.80	2.74E-19	0.	1.03E-17	6.25E-15	1.77E-18	6.25E-18	0.	0.	1.38E-13	1.37E-11	9.80E-11	3.57E-11	1.48E-10
71	3.70	2.30E-19	0.	1.52E-17	3.90E-14	1.56E-18	5.77E-18	0.	0.	1.36E-13	1.49E-11	1.02E-10	3.98E-11	1.57E-10
72	3.60	2.00E-19	0.	8.07E-18	1.07E-13	1.53E-18	4.19E-18	0.	0.	1.27E-13	1.62E-11	1.12E-10	4.46E-11	1.73E-10
73	3.50	1.80E-19	0.	8.61E-18	9.43E-15	1.40E-18	3.02E-18	0.	0.	1.16E-13	1.76E-11	1.26E-10	4.97E-11	1.93E-10
74	3.40	1.57E-19	0.	5.07E-18	4.81E-14	1.45E-18	1.76E-18	0.	0.	6.72E-14	1.92E-11	1.42E-10	5.54E-11	2.16E-10
75	3.30	1.22E-19	0.	3.89E-18	1.11E-13	1.36E-18	1.36E-18	0.	0.	6.73E-14	2.10E-11	1.58E-10	6.11E-11	2.40E-10
76	3.20	1.02E-19	0.	2.24E-18	6.32E-13	1.27E-18	3.56E-19	0.	0.	6.74E-14	2.30E-11	1.74E-10	6.71E-11	2.64E-10
77	3.10	9.37E-20	0.	1.34E-18	1.47E-14	1.11E-18	2.72E-19	0.	0.	6.75E-14	2.54E-11	1.90E-10	7.31E-11	2.89E-10
78	3.00	8.00E-20	0.	6.37E-19	4.76E-14	1.18E-18	1.14E-19	0.	0.	6.77E-14	2.80E-11	2.06E-10	7.91E-11	3.14E-10
79	2.90	8.39E-20	0.	2.93E-19	2.98E-14	9.30E-19	0.	0.	0.	6.78E-14	3.11E-11	2.23E-10	8.52E-11	3.40E-10
80	2.80	6.43E-20	0.	1.48E-19	1.27E-14	1.01E-18	0.	0.	0.	6.79E-14	3.45E-11	2.42E-10	8.63E-11	3.63E-10
81	2.70	3.85E-20	0.	1.80E-20	2.31E-14	7.41E-19	0.	0.	0.	6.79E-14	3.86E-11	2.61E-10	3.59E-11	3.36E-10
82	2.60	1.66E-20	0.	0.	2.16E-14	8.22E-19	0.	0.	0.	6.79E-14	4.32E-11	2.77E-10	3.90E-11	3.59E-10
83	2.50	1.12E-21	0.	0.	1.78E-14	6.17E-19	0.	0.	0.	6.79E-14	4.87E-11	1.72E-10	4.50E-11	2.66E-10
84	2.40	0.	9.93E-19	0.	1.84E-14	6.32E-19	0.	0.	0.	6.74E-14	5.51E-11	2.13E-10	5.53E-11	3.24E-10
85	2.30	0.	4.01E-18	0.	0.	5.71E-19	0.	0.	0.	6.71E-14	6.26E-11	2.58E-10	6.64E-11	3.88E-10
86	2.20	0.	1.03E-17	0.	0.	5.12E-19	0.	0.	0.	6.68E-14	7.17E-11	3.05E-10	8.00E-11	4.57E-10
87	2.10	0.	1.17E-17	0.	0.	3.61E-19	0.	0.	0.	6.47E-14	8.25E-11	3.56E-10	9.37E-11	5.32E-10
88	2.00	0.	2.03E-17	0.	0.	2.27E-19	0.	0.	0.	6.22E-14	9.56E-11	4.06E-10	1.07E-10	6.09E-10
89	1.90	0.	3.49E-17	0.	0.	1.12E-19	0.	0.	0.	5.95E-14	1.12E-10	4.60E-10	1.46E-10	6.94E-10
90	1.80	0.	3.84E-17	0.	0.	4.54E-20	0.	0.	0.	5.61E-14	1.32E-10	5.43E-10	1.63E-10	8.21E-10
91	1.70	0.	3.42E-17	0.	0.	1.02E-20	0.	0.	0.	4.74E-14	1.57E-10	6.46E-10	1.93E-10	9.66E-10
92	1.60	0.	2.42E-17	0.	0.	1.05E-21	0.	0.	0.	2.16E-14	1.88E-10	8.16E-10	1.06E-10	1.06E-09
93	1.50	0.	3.03E-17	0.	0.	0.	0.	0.	0.	0.	2.29E-10	7.03E-10	1.86E-10	1.17E-09
94	1.40	0.	2.28E-17	0.	0.	0.	0.	0.	0.	0.	2.82E-10	1.01E-09	2.66E-10	1.63E-09
95	1.30	0.	2.25E-17	0.	0.	0.	0.	0.	0.	0.	3.54E-10	1.36E-09	3.20E-10	2.13E-09
96	1.20	0.	1.94E-17	0.	0.	0.	0.	0.	0.	0.	4.52E-10	1.64E-09	4.08E-10	2.64E-09
97	1.10	0.	1.79E-17	0.	0.	0.	0.	1.05E-22	0.	0.	5.89E-10	1.99E-09	4.96E-10	3.27E-09
98	1.00	0.	1.46E-17	0.	0.	0.	0.	1.06E-21	0.	0.	7.86E-10	2.04E-09	5.68E-10	3.94E-09
99	0.90	0.	6.83E-18	0.	0.	0.	0.	1.27E-21	0.	0.	1.09E-09	2.28E-09	6.12E-10	4.71E-09
100	0.80	0.	1.74E-18	0.	0.	0.	0.	2.34E-20	0.	0.	1.57E-09	2.33E-09	7.86E-10	5.22E-09
101	0.70	0.	1.49E-19	0.	0.	0.	0.	1.69E-20	0.	0.	2.35E-09	2.62E-09	9.86E-10	5.41E-09
102	0.60	0.	0.	0.	0.	0.	0.	6.50E-20	0.	0.	3.75E-09	2.62E-09	6.12E-10	6.99E-09

ABSORPTION COEFFICIENTS OF HEATED AIR (INVERSE CM.)

TEMPERATURE (DEGREES K) 12000. DENSITY (GM/CC) 1.293E-02 (1.0E 01 NORMAL)

	PHOTON ENERGY E.V.	O2 S-R BANDS	O2 S-R CONT.	N2 R-H NO. 1	NO BETA	NO GAMMA	NO 2	O- PHOTO-DET	FREE-FREE (IONS)	N P.E.	O P.E.	TOTAL AIR
1	10.70	0.	0.	1.92E 01	0.	0.	0.	9.81E-01	1.03E-03	8.55E-01	6.38E-02	1.06E 02
2	10.60	0.	0.	1.69E 01	0.	0.	0.	9.82E-01	1.06E-03	2.42E-01	6.37E-02	1.82E 01
3	10.50	0.	0.	1.67E 01	0.	0.	0.	9.84E-01	1.09E-03	2.44E-01	6.36E-02	1.80E 01
4	10.40	0.	0.	1.54E 01	0.	0.	0.	9.85E-01	1.12E-03	2.44E-01	6.35E-02	1.67E 01
5	10.30	0.	0.	1.29E 01	0.	0.	0.	9.86E-01	1.15E-03	2.45E-01	6.33E-02	1.42E 01
6	10.20	0.	0.	1.30E 01	0.	0.	0.	9.87E-01	1.19E-03	2.46E-01	6.32E-02	1.43E 01
7	10.10	0.	0.	1.20E 01	0.	0.	0.	9.89E-01	1.22E-03	2.46E-01	6.31E-02	1.33E 01
8	10.00	0.	0.	1.01E 01	0.	0.	0.	9.90E-01	1.26E-03	2.47E-01	6.30E-02	1.14E 01
9	9.90	0.	0.	1.02E 01	0.	0.	0.	9.92E-01	1.30E-03	2.47E-01	6.29E-02	1.15E 01
10	9.80	0.	0.	9.29E 00	0.	0.	0.	9.94E-01	1.34E-03	2.48E-01	6.28E-02	1.06E 01
11	9.70	0.	0.	7.69E 00	0.	0.	0.	9.95E-01	1.38E-03	2.49E-01	6.27E-02	1.00E 01
12	9.60	0.	0.	8.27E 00	0.	0.	0.	9.97E-01	1.43E-03	2.49E-01	6.26E-02	9.58E 00
13	9.50	0.	0.	6.75E 00	0.	0.	0.	9.99E-01	1.47E-03	2.50E-01	6.24E-02	9.22E 00
14	9.40	0.	0.	6.17E 00	0.	0.	0.	1.00E 00	1.52E-03	2.51E-01	6.23E-02	8.06E 00
15	9.30	0.	0.	6.26E 00	0.	0.	0.	1.01E 00	1.57E-03	2.51E-01	6.22E-02	7.49E 00
16	9.20	0.	0.	4.89E 00	0.	0.	0.	1.01E 00	1.62E-03	2.52E-01	6.21E-02	7.58E 00
17	9.10	0.	0.	5.06E 00	0.	0.	0.	1.01E 00	1.68E-03	7.51E-02	6.19E-02	6.22E 00
18	9.00	0.	0.	4.38E 00	0.	0.	0.	1.02E 00	1.73E-03	7.50E-02	6.18E-02	6.16E 00
19	8.90	0.	0.	3.91E 00	0.	0.	0.	1.02E 00	1.79E-03	7.49E-02	6.17E-02	5.54E 00
20	8.80	0.	0.	3.78E 00	0.	0.	0.	1.02E 00	1.86E-03	7.48E-02	6.16E-02	5.07E 00
21	8.70	0.	0.	3.12E 00	0.	0.	0.	1.03E 00	1.92E-03	7.47E-02	6.15E-02	4.94E 00
22	8.60	0.	0.	3.18E 00	0.	0.	0.	1.03E 00	1.99E-03	7.47E-02	6.14E-02	4.29E 00
23	8.50	0.	0.	2.66E 00	0.	0.	0.	1.03E 00	2.06E-03	7.47E-02	6.12E-02	4.35E 00
24	8.40	0.	0.	2.59E 00	0.	0.	0.	1.04E 00	2.13E-03	7.47E-02	6.11E-02	3.83E 00
25	8.30	0.	0.	2.10E 00	0.	0.	0.	1.05E 00	2.21E-03	7.46E-02	6.15E-02	3.77E 00
26	8.20	0.	0.	2.09E 00	0.	0.	0.	1.05E 00	2.29E-03	7.46E-02	6.18E-02	3.29E 00
27	8.10	0.	0.	1.73E 00	0.	0.	0.	1.06E 00	2.38E-03	7.46E-02	6.22E-02	3.28E 00
28	8.00	0.	0.	1.41E 00	0.	0.	0.	1.06E 00	2.47E-03	7.48E-02	6.26E-02	2.92E 00
29	7.90	0.	0.	1.41E 00	0.	0.	0.	1.07E 00	2.57E-03	7.49E-02	6.30E-02	2.91E 00
30	7.80	0.	0.	1.43E 00	0.	0.	0.	1.07E 00	2.67E-03	7.50E-02	6.33E-02	2.62E 00
31	7.70	0.	0.	1.20E 00	0.	0.	0.	1.08E 00	2.78E-03	7.51E-02	6.37E-02	2.64E 00
32	7.60	0.	0.	9.91E-01	0.	0.	0.	1.08E 00	2.88E-03	7.53E-02	6.41E-02	2.42E 00
33	7.50	0.	0.	8.64E-01	0.	0.	0.	1.09E 00	3.00E-03	7.54E-02	6.45E-02	2.34E 00
34	7.40	0.	0.	7.92E-01	0.	0.	0.	1.10E 00	3.13E-03	7.56E-02	6.49E-02	2.22E 00
35	7.30	0.	0.	6.91E-01	0.	7.76E-05	0.	1.10E 00	3.26E-03	7.57E-02	6.53E-02	2.10E 00
36	7.20	0.	0.	6.44E-01	0.	3.43E-04	0.	1.11E 00	3.39E-03	7.58E-02	6.56E-02	2.05E 00
37	7.10	0.	0.	5.71E-01	0.	2.09E-03	0.	1.12E 00	3.54E-03	7.59E-02	6.60E-02	1.97E 00
38	7.00	0.	0.	5.06E-01	0.	9.75E-03	0.	1.13E 00	3.69E-03	7.61E-02	6.67E-02	1.98E 00
39	6.90	0.	0.	4.70E-01	0.	7.38E-02	0.	1.13E 00	3.86E-03	7.62E-02	6.72E-02	2.02E 00
40	6.80	2.52E-04	0.	3.97E-01	0.	1.78E-01	0.	1.14E 00	4.03E-03	7.63E-02	6.77E-02	1.99E 00
41	6.70	4.83E-04	0.	3.43E-01	0.	2.01E-01	0.	1.15E 00	4.21E-03	7.67E-02	6.81E-02	2.16E 00
42	6.60	4.07E-04	0.	1.69E-01	0.	4.51E-01	0.	1.16E 00	4.41E-03	7.72E-02	6.86E-02	2.15E 00
43	6.50	2.89E-04	0.	9.86E-02	0.	3.02E-01	0.	1.17E 00	4.62E-03	7.77E-02	6.92E-02	1.96E 00
44	6.40	1.72E-04	0.	2.27E-02	2.49E-03	5.11E-01	0.	1.18E 00	4.84E-03	7.82E-02	7.02E-02	2.09E 00
45	6.30	1.70E-05	0.	2.61E-02	1.12E-02	3.15E-01	0.	1.19E 00	5.08E-03	7.87E-02	7.12E-02	2.05E 00
46	6.20	1.32E-04	0.	5.56E-03	1.52E-02	4.66E-01	0.	1.20E 00	5.33E-03	7.95E-02	7.22E-02	1.77E 00
47	6.10	2.75E-04	0.	3.97E-04	4.24E-02	6.57E-01	0.	1.21E 00	5.60E-03	8.04E-02	7.32E-02	1.89E 00
48	6.00	3.37E-03	0.	9.86E-06	3.79E-02	2.75E-01	0.	1.22E 00	5.88E-03	8.13E-02	7.43E-02	2.09E 00
49	5.90	9.01E-03	0.	0.	5.43E-02	2.81E-01	0.	1.22E 00	6.19E-03	8.23E-02	7.53E-02	1.70E 00
50	5.80	1.48E-02	0.	0.	7.42E-02	2.74E-01	0.	1.20E 00	6.51E-03	8.23E-02	7.53E-02	1.72E 00
51	5.70	2.77E-02	0.	0.	8.30E-02	3.00E-01	0.	1.13E 00	6.86E-03	8.32E-02	7.53E-02	1.70E 00

ABSORPTION COEFFICIENTS OF HEATED AIR (INVERSE CM.)

TEMPERATURE (DEGREES K) 12000. DENSITY (GM/CC) 1.293E-02 (1.0E 01 NORMAL)

	PHOTON ENERGY	O2 S-R BANDS	N2 1ST POS.	N2 2ND POS.	N2+ 1ST NEG.	NO BETA	NO GAMMA	NO VIB-ROT	NO2	O- PHOTO-DET	O- FREE-FREE (IONS)	N P.E.	O P.E.	TOTAL AIR
52	5.60	3.48E-02	0.	0.	0.	6.59E-02	4.39E-01	0.	0.	1.05E 00	7.24E-03	8.43E-02	7.63E-02	1.75E 00
53	5.50	3.67E-02	0.	0.	0.	8.05E-02	4.14E-01	0.	0.	1.05E 00	7.64E-03	8.57E-02	7.74E-02	1.76E 00
54	5.40	3.90E-02	0.	0.	0.	7.05E-02	3.02E-01	0.	0.	1.06E 00	8.08E-03	8.75E-02	7.86E-02	1.64E 00
55	5.30	3.80E-02	0.	0.	0.	7.24E-02	4.13E-01	0.	0.	1.06E 00	8.55E-03	8.93E-02	7.99E-02	1.77E 00
56	5.20	2.79E-02	0.	0.	0.	7.62E-02	2.59E-01	0.	0.	1.07E 00	9.11E-03	9.11E-02	8.16E-02	1.63E 00
57	5.10	2.63E-02	0.	0.	0.	7.50E-02	3.57E-01	0.	0.	1.08E 00	9.60E-03	9.36E-02	8.33E-02	1.73E 00
58	5.00	1.96E-02	0.	0.	0.	6.71E-02	3.19E-01	0.	0.	1.09E 00	1.02E-02	9.63E-02	8.51E-02	1.69E 00
59	4.90	1.64E-02	0.	0.	0.	7.31E-02	3.32E-01	0.	0.	1.10E 00	1.08E-02	9.92E-02	8.68E-02	1.72E 00
60	4.80	1.64E-02	0.	0.	0.	7.52E-02	3.07E-01	0.	0.	1.11E 00	1.15E-02	1.02E-01	8.86E-02	1.71E 00
61	4.70	1.79E-02	0.	0.	0.	7.75E-02	2.70E-01	0.	0.	1.12E 00	1.23E-02	1.05E-01	9.08E-02	1.69E 00
62	4.60	2.13E-02	0.	2.80E-02	0.	7.59E-02	2.78E-01	0.	0.	1.13E 00	1.31E-02	1.09E-01	9.31E-02	1.66E 00
63	4.50	2.17E-02	0.	2.38E-02	0.	6.72E-02	2.48E-01	0.	0.	1.14E 00	1.40E-02	1.14E-01	9.54E-02	1.69E 00
64	4.40	2.24E-02	0.	2.59E-01	0.	6.63E-02	1.87E-01	0.	0.	1.14E 00	1.50E-02	1.18E-01	9.77E-02	1.69E 00
65	4.30	2.15E-02	0.	9.52E-01	0.	6.12E-02	1.30E-01	0.	0.	1.15E 00	1.61E-02	1.23E-01	1.00E-01	1.81E 00
66	4.20	1.87E-02	0.	1.35E 00	0.	6.38E-02	7.72E-02	0.	0.	1.16E 00	1.73E-02	1.28E-01	1.03E-01	1.86E 00
67	4.10	1.71E-02	0.	6.05E-01	0.	6.04E-02	5.84E-02	0.	0.	1.17E 00	1.86E-02	1.33E-01	1.04E-01	2.50E 00
68	4.00	1.53E-02	0.	9.09E-01	0.	5.69E-02	1.54E-02	0.	0.	1.17E 00	2.00E-02	1.38E-01	1.04E-01	2.79E 00
69	3.90	1.25E-02	0.	1.07E-01	1.42E-02	5.02E-02	1.18E-02	0.	0.	1.16E 00	2.16E-02	1.23E-01	2.53E-02	2.02E 00
70	3.80	1.36E-02	0.	6.37E-01	8.04E-02	5.34E-02	4.84E-03	0.	0.	1.14E 00	2.33E-02	1.26E-01	2.60E-02	2.40E 00
71	3.70	1.19E-02	0.	9.17E-01	2.35E-01	4.29E-02	0.	0.	0.	1.07E 00	2.53E-02	1.09E-01	2.99E-02	2.45E 00
72	3.60	1.01E-02	0.	5.08E-01	1.43E-01	4.66E-02	0.	0.	0.	9.81E-01	2.75E-02	1.22E-01	3.34E-02	2.08E 00
73	3.50	9.20E-03	0.	5.35E-01	3.62E-01	3.47E-02	0.	0.	0.	5.67E-01	2.99E-02	1.36E-01	3.71E-02	2.48E 00
74	3.40	8.12E-03	0.	3.24E-01	3.60E-02	3.86E-02	0.	0.	0.	5.68E-01	3.26E-02	1.49E-01	4.13E-02	1.35E 00
75	3.30	6.36E-03	0.	2.48E-01	1.73E-01	2.94E-02	0.	0.	0.	5.69E-01	3.57E-02	1.63E-01	4.55E-02	1.53E 00
76	3.20	5.35E-03	0.	1.45E-01	3.70E-01	3.03E-02	0.	0.	0.	5.70E-01	3.92E-02	1.77E-01	4.99E-02	1.54E 00
77	3.10	4.96E-03	0.	8.79E-01	5.63E-01	2.77E-02	0.	0.	0.	5.71E-01	4.32E-02	1.91E-01	5.43E-02	1.17E 00
78	3.00	4.29E-03	0.	4.19E-02	1.69E-01	2.51E-02	0.	0.	0.	5.72E-01	4.77E-02	2.08E-01	5.86E-02	1.20E 00
79	2.90	3.46E-03	0.	1.93E-02	1.03E-01	1.80E-02	0.	0.	0.	5.72E-01	5.29E-02	2.25E-01	6.31E-02	1.09E 00
80	2.80	3.51E-03	0.	9.73E-03	4.81E-02	1.16E-02	0.	0.	0.	5.72E-01	5.88E-02	2.44E-01	6.81E-02	1.01E 00
81	2.70	2.14E-03	0.	1.15E-03	8.19E-02	1.93E-02	0.	0.	0.	5.72E-01	6.56E-02	2.76E-01	7.35E-02	1.05E 00
82	2.60	9.40E-04	0.	0.	7.71E-03	2.42E-03	0.	0.	0.	5.65E-01	7.36E-02	3.20E-01	7.90E-02	9.89E-01
83	2.50	6.41E-05	0.	0.	6.65E-03	5.42E-04	0.	0.	0.	5.63E-01	8.28E-02	3.69E-01	8.57E-02	9.76E-01
84	2.40	0.	6.08E-02	0.	6.51E-03	5.70E-05	0.	0.	0.	5.45E-01	9.37E-02	4.19E-01	9.76E-02	1.10E 00
85	2.30	0.	2.31E-01	0.	0.	0.	0.	0.	0.	5.24E-01	1.07E-01	4.96E-01	1.19E-01	1.19E 00
86	2.20	0.	5.38E-01	0.	0.	0.	0.	0.	0.	5.01E-01	1.22E-01	5.91E-01	1.57E-01	1.57E 00
87	2.10	0.	6.64E-01	0.	0.	0.	0.	0.	0.	4.72E-01	1.40E-01	6.86E-01	1.77E-01	1.77E 00
88	2.00	0.	1.19E 00	0.	0.	0.	0.	0.	0.	4.00E-01	1.63E-01	8.67E-01	2.35E-01	2.35E 00
89	1.90	0.	1.91E 00	0.	0.	0.	0.	0.	0.	1.82E-01	1.90E-01	1.06E 00	3.14E-01	3.14E 00
90	1.80	0.	1.56E 00	0.	0.	0.	0.	0.	0.	0.	2.24E-01	1.34E 00	2.90E-01	2.90E 00
91	1.70	0.	1.87E 00	0.	0.	0.	0.	0.	0.	0.	2.67E-01	1.65E 00	3.34E-01	3.34E 00
92	1.60	0.	1.33E 00	0.	0.	0.	0.	0.	0.	0.	3.21E-01	2.00E 00	3.25E-01	3.25E 00
93	1.50	0.	1.61E 00	0.	0.	0.	0.	0.	0.	0.	3.90E-01	2.27E 00	3.49E-01	3.49E 00
94	1.40	0.	1.64E 00	0.	0.	0.	0.	0.	0.	0.	4.82E-01	2.61E 00	3.62E-01	3.62E 00
95	1.30	0.	1.24E 00	0.	0.	0.	0.	0.	0.	0.	6.04E-01	2.87E 00	4.10E-01	4.10E 00
96	1.20	0.	1.21E 00	0.	0.	0.	0.	0.	0.	0.	7.70E-01	3.21E 00	4.74E-01	4.74E 00
97	1.10	0.	1.07E 00	0.	0.	0.	0.	4.20E-06	0.	0.	1.00E 00	3.49E 00	5.43E-01	5.43E 00
98	1.00	0.	9.84E-01	0.	0.	0.	0.	4.63E-05	0.	0.	1.35E 00	4.16E 00	6.23E-01	6.23E 00
99	0.90	0.	8.05E-01	0.	0.	0.	0.	5.42E-05	0.	0.	1.87E 00	4.90E-01	7.60E-01	7.60E 00
100	0.80	0.	3.78E-01	0.	0.	0.	0.	1.05E-03	0.	0.	2.68E 00	5.64E-01	1.03E 01	1.03E 01
101	0.70	0.	9.50E-02	0.	0.	0.	0.	7.86E-04	0.	0.	4.01E 00	6.18E-01		
102	0.60	0.	9.61E-03	0.	0.	0.	0.	2.94E-03	0.	0.	6.43E 00	6.90E-01		

ABSORPTION COEFFICIENTS OF HEATED AIR (INVERSE CM.)

TEMPERATURE (DEGREES K) 12000.   DENSITY (GM/CC) 1.293E-03   (10.0E-01 NORMAL)

#	PHOTON ENERGY E.V.	O2 S-R BANDS	O2 S-R CONT.	N2 B-H NO. 1	NO BETA	NO GAMMA	NO 2	O- PHOTO-DET (IONS)	FREE-FREE	N P.E.	O P.E.	TOTAL AIR
1	10.70	0.	0.	3.89E-01	0.	0.	0.	3.21E-02	9.56E-05	1.22E-01	6.73E-03	1.26E 01
2	10.60	0.	0.	3.42E-01	0.	0.	0.	3.21E-02	9.83E-05	3.45E-02	6.71E-03	4.16E-01
3	10.50	0.	0.	3.39E-01	0.	0.	0.	3.22E-02	1.01E-04	3.47E-02	6.70E-03	4.12E-01
4	10.40	0.	0.	3.11E-01	0.	0.	0.	3.23E-02	1.04E-04	3.48E-02	6.69E-03	3.85E-01
5	10.30	0.	0.	2.62E-01	0.	0.	0.	3.23E-02	1.07E-04	3.49E-02	6.67E-03	3.36E-01
6	10.20	0.	0.	2.64E-01	0.	0.	0.	3.23E-02	1.10E-04	3.50E-02	6.66E-03	3.38E-01
7	10.10	0.	0.	2.43E-01	0.	0.	0.	3.24E-02	1.14E-04	3.51E-02	6.65E-03	3.17E-01
8	10.00	0.	0.	2.04E-01	0.	0.	0.	3.24E-02	1.17E-04	3.52E-02	6.64E-03	2.78E-01
9	9.90	0.	0.	2.07E-01	0.	0.	0.	3.25E-02	1.21E-04	3.53E-02	6.62E-03	2.82E-01
10	9.80	0.	0.	1.88E-01	0.	0.	0.	3.26E-02	1.25E-04	3.54E-02	6.61E-03	2.63E-01
11	9.70	0.	0.	1.56E-01	0.	0.	0.	3.26E-02	1.28E-04	3.55E-02	6.59E-03	2.30E-01
12	9.60	0.	0.	1.67E-01	0.	0.	0.	3.27E-02	1.33E-04	3.56E-02	6.58E-03	2.42E-01
13	9.50	0.	0.	1.37E-01	0.	0.	0.	3.28E-02	1.37E-04	3.57E-02	6.57E-03	2.12E-01
14	9.40	0.	0.	1.27E-01	0.	0.	0.	3.29E-02	1.41E-04	3.58E-02	6.55E-03	2.00E-01
15	9.30	0.	0.	1.29E-01	0.	0.	0.	3.30E-02	1.46E-04	3.59E-02	6.54E-03	1.75E-01
16	9.20	0.	0.	9.90E-02	0.	0.	0.	3.32E-02	1.51E-04	1.07E-02	6.53E-03	1.52E-01
17	9.10	0.	0.	1.01E-01	0.	0.	0.	3.33E-02	1.56E-04	1.07E-02	6.52E-03	1.39E-01
18	9.00	0.	0.	8.87E-02	0.	0.	0.	3.35E-02	1.61E-04	1.06E-02	6.50E-03	1.30E-01
19	8.90	0.	0.	7.91E-02	0.	0.	0.	3.36E-02	1.67E-04	1.06E-02	6.49E-03	1.27E-01
20	8.80	0.	0.	7.64E-02	0.	0.	0.	3.38E-02	1.72E-04	1.06E-02	6.48E-03	1.14E-01
21	8.70	0.	0.	6.44E-02	0.	0.	0.	3.39E-02	1.78E-04	1.06E-02	6.47E-03	1.15E-01
22	8.60	0.	0.	6.32E-02	0.	0.	0.	3.40E-02	1.85E-04	1.06E-02	6.45E-03	1.04E-01
23	8.50	0.	0.	5.38E-02	0.	0.	0.	3.44E-02	1.91E-04	1.06E-02	6.44E-03	9.41E-02
24	8.40	0.	0.	5.25E-02	0.	0.	0.	3.46E-02	1.98E-04	1.06E-02	6.43E-03	9.41E-02
25	8.30	0.	0.	4.26E-02	0.	0.	0.	3.46E-02	2.06E-04	1.06E-02	6.44E-03	8.69E-02
26	8.20	0.	0.	4.23E-02	0.	0.	0.	3.48E-02	2.13E-04	1.06E-02	6.48E-03	8.67E-02
27	8.10	0.	0.	3.50E-02	0.	0.	0.	3.49E-02	2.21E-04	1.06E-02	6.52E-03	8.09E-02
28	8.00	0.	0.	3.45E-02	0.	0.	0.	3.51E-02	2.30E-04	1.07E-02	6.56E-03	8.16E-02
29	7.90	0.	0.	2.89E-02	0.	0.	0.	3.53E-02	2.38E-04	1.07E-02	6.60E-03	7.73E-02
30	7.80	0.	0.	2.85E-02	0.	0.	0.	3.55E-02	2.48E-04	1.07E-02	6.64E-03	7.56E-02
31	7.70	0.	0.	2.25E-02	0.	0.	0.	3.57E-02	2.58E-04	1.07E-02	6.68E-03	7.35E-02
32	7.60	0.	0.	2.44E-02	0.	0.	0.	3.59E-02	2.68E-04	1.07E-02	6.72E-03	7.12E-02
33	7.50	0.	0.	2.01E-02	0.	0.	0.	3.60E-02	2.79E-04	1.08E-02	6.76E-03	7.01E-02
34	7.40	0.	0.	1.75E-02	0.	1.16E-06	0.	3.65E-02	2.90E-04	1.08E-02	6.80E-03	6.86E-02
35	7.30	0.	0.	1.40E-02	0.	5.13E-05	0.	3.68E-02	3.02E-04	1.08E-02	6.83E-03	6.87E-02
36	7.20	0.	0.	1.30E-02	0.	3.13E-05	0.	3.71E-02	3.15E-04	1.08E-02	6.87E-03	6.92E-02
37	7.10	0.	0.	1.15E-02	0.	1.46E-04	0.	3.74E-02	3.29E-04	1.09E-02	6.91E-03	6.86E-02
38	7.00	0.	0.	1.02E-02	0.	3.88E-04	0.	3.77E-02	3.43E-04	1.09E-02	6.95E-03	7.09E-02
39	6.90	2.80E-06	0.	9.51E-03	0.	1.11E-03	0.	3.80E-02	3.58E-04	1.10E-02	6.99E-03	7.12E-02
40	6.80	5.36E-06	0.	8.03E-03	0.	2.68E-03	0.	3.83E-02	3.74E-04	1.11E-02	7.03E-03	6.80E-02
41	6.70	4.52E-06	0.	6.93E-03	0.	3.01E-03	0.	3.86E-02	3.91E-04	1.11E-02	7.08E-03	6.99E-02
42	6.60	3.21E-06	0.	5.28E-03	0.	6.77E-03	0.	3.89E-02	4.10E-04	1.12E-02	7.13E-03	6.90E-02
43	6.50	1.08E-06	0.	3.42E-03	0.	4.53E-03	0.	3.92E-02	4.29E-04	1.13E-02	7.18E-03	6.47E-02
44	6.40	1.91E-06	0.	1.99E-03	3.73E-05	8.21E-03	0.	3.95E-02	4.50E-04	1.14E-02	7.23E-03	6.66E-02
45	6.30	1.46E-06	0.	1.04E-03	1.68E-04	4.73E-03	0.	3.98E-02	4.72E-04	1.16E-02	7.30E-03	6.98E-02
46	6.20	9.19E-06	0.	4.60E-04	2.29E-04	6.99E-03	0.	3.92E-02	4.95E-04	1.17E-02	7.40E-03	6.43E-02
47	6.10	3.74E-05	0.	1.13E-04	6.36E-04	9.84E-03	0.	3.68E-02	5.20E-04	1.18E-02	7.51E-03	6.49E-02
48	6.00	1.00E-05	0.	8.03E-06	5.68E-04	4.12E-03	0.		5.46E-04		7.61E-03	6.49E-02
49	5.90	1.65E-04	0.	2.00E-07	8.14E-04	4.22E-03	0.		5.75E-04		7.72E-03	6.33E-02
50	5.80	2.54E-04	0.	0.	1.11E-03	4.11E-03	0.		6.05E-04		7.83E-03	
51	5.70	3.07E-04	0.	0.	1.24E-03	4.50E-03	0.		6.38E-04		7.93E-03	

ABSORPTION COEFFICIENTS OF HEATED AIR (INVERSE CM.)

TEMPERATURE (DEGREES K) 12000.   DENSITY (GM/CC) 1.293E-03   (10.0E-01 NORMAL)

	PHOTON ENERGY	O2 S-R BANDS	N2 1ST POS.	N2 2ND POS.	N2+ 1ST NEG.	NO BETA	NO GAMMA	NO VIB-Rot	NO2	O- PHOTO-DET	FREE-FRFE (IONS)	N P.E.	O P.F.	TOTAL AIR
52	5.60	3.87E-04	0.	0.	0.	9.88E-04	6.58E-03	0.	0.	3.43E-02	6.73E-04	1.20E-02	8.04E-03	6.29E-02
53	5.50	4.07E-04	0.	0.	0.	1.21E-03	6.20E-03	0.	0.	3.44E-02	7.10E-04	1.22E-02	8.16E-03	6.33E-02
54	5.40	4.33E-04	0.	0.	0.	1.06E-03	4.53E-03	0.	0.	3.46E-02	7.50E-04	1.24E-02	8.28E-03	6.21E-02
55	5.30	4.22E-04	0.	0.	0.	1.09E-03	6.20E-03	0.	0.	3.48E-02	7.94E-04	1.27E-02	8.42E-03	6.44E-02
56	5.20	3.10E-04	0.	0.	0.	1.30E-03	6.36E-03	0.	0.	3.51E-02	8.41E-04	1.30E-02	8.60E-03	6.29E-02
57	5.10	2.91E-04	0.	0.	0.	1.12E-03	5.36E-03	0.	0.	3.54E-02	8.92E-04	1.33E-02	8.78E-03	6.51E-02
58	5.00	2.18E-04	0.	0.	0.	1.01E-03	4.78E-03	0.	0.	3.57E-02	9.47E-04	1.37E-02	8.96E-03	6.53E-02
59	4.90	1.82E-04	0.	0.	0.	1.10E-03	4.98E-03	0.	0.	3.59E-02	1.01E-03	1.41E-02	9.15E-03	6.65E-02
60	4.80	1.82E-04	0.	0.	0.	1.13E-03	4.60E-03	0.	0.	3.62E-02	1.07E-03	1.45E-02	9.34E-03	6.71E-02
61	4.70	1.98E-04	0.	0.	0.	1.13E-03	4.05E-03	0.	0.	3.65E-02	1.14E-03	1.50E-02	9.57E-03	6.76E-02
62	4.60	2.36E-04	0.	0.	0.	1.14E-03	3.72E-03	0.	0.	3.68E-02	1.22E-03	1.55E-02	9.81E-03	6.85E-02
63	4.50	2.41E-04	0.	5.67E-04	0.	1.01E-03	2.73E-03	0.	0.	3.71E-02	1.30E-03	1.62E-02	1.01E-02	7.10E-02
64	4.40	2.48E-04	0.	1.90E-03	0.	9.18E-04	1.16E-03	0.	0.	3.74E-02	1.39E-03	1.68E-02	1.03E-02	7.10E-02
65	4.30	2.27E-04	0.	5.24E-03	0.	9.57E-04	8.73E-04	0.	0.	3.77E-02	1.49E-03	1.75E-02	1.06E-02	7.48E-02
66	4.20	2.07E-04	0.	1.93E-02	2.74E-04	9.05E-04	2.31E-04	0.	0.	3.80E-02	1.60E-03	1.82E-02	1.08E-02	7.00E-02
67	4.10	1.90E-04	0.	6.90E-03	9.22E-04	8.53E-04	1.77E-04	0.	0.	3.82E-02	1.72E-03	1.89E-02	1.10E-02	7.80E-02
68	4.00	1.70E-04	0.	1.22E-02	5.24E-03	7.53E-04	7.25E-05	0.	0.	3.83E-02	1.86E-03	1.96E-02	2.66E-03	9.10E-02
69	3.90	1.40E-04	0.	1.84E-02	1.53E-03	6.43E-04	0.	0.	0.	3.82E-02	2.00E-03	1.79E-02	2.74E-03	7.46E-02
70	3.80	1.51E-04	0.	2.17E-02	9.30E-03	6.00E-04	0.	0.	0.	3.80E-02	2.17E-03	1.75E-02	2.84E-03	8.56E-02
71	3.70	1.38E-04	0.	1.29E-02	2.36E-02	6.99E-04	0.	0.	0.	3.51E-02	2.35E-03	1.41E-02	3.16E-03	8.10E-02
72	3.60	1.23E-04	0.	1.86E-02	2.34E-02	5.21E-04	0.	0.	0.	3.21E-02	2.55E-03	1.52E-02	3.52E-03	7.94E-02
73	3.50	1.02E-04	0.	1.03E-02	1.13E-02	5.79E-04	0.	0.	0.	1.85E-02	2.78E-03	1.55E-02	3.91E-03	3.71E-02
74	3.40	7.01E-05	0.	1.08E-02	2.41E-02	4.41E-04	0.	0.	0.	1.86E-02	3.03E-03	1.74E-02	4.35E-03	5.66E-02
75	3.30	5.93E-05	0.	6.56E-03	3.67E-03	4.54E-04	0.	0.	0.	1.86E-02	3.32E-03	1.93E-02	4.79E-03	6.86E-02
76	3.20	5.51E-05	0.	5.02E-03	1.10E-02	4.15E-04	0.	0.	0.	1.87E-02	3.64E-03	2.13E-02	5.26E-03	7.99E-02
77	3.10	5.76E-05	0.	2.94E-02	6.69E-03	3.76E-04	0.	0.	0.	1.87E-02	4.01E-03	2.33E-02	5.72E-03	6.89E-02
78	3.00	3.85E-05	0.	1.78E-03	1.13E-03	2.70E-04	0.	0.	0.	1.87E-02	4.43E-03	2.52E-02	6.18E-03	6.89E-02
79	2.90	3.90E-05	0.	8.47E-04	3.13E-03	1.73E-04	0.	0.	0.	1.87E-02	4.91E-03	2.73E-02	6.66E-03	6.63E-02
80	2.80	2.38E-05	0.	3.91E-04	5.34E-03	3.80E-05	0.	0.	0.	1.87E-02	5.46E-03	2.96E-02	7.18E-03	7.51E-02
81	2.70	3.90E-05	0.	2.33E-04	3.62E-03	3.62E-05	0.	0.	0.	1.87E-02	6.10E-03	3.20E-02	7.74E-03	7.10E-02
82	2.60	7.11E-07	0.	0.	4.34E-04	8.28E-06	0.	0.	0.	1.87E-02	6.83E-03	3.47E-02	8.33E-03	6.93E-02
83	2.50	0.	0.	0.	4.24E-04	8.54E-07	0.	0.	0.	1.86E-02	7.69E-03	3.92E-02	9.16E-03	6.99E-02
84	2.40	0.	0.	0.	0.	0.	0.	0.	0.	1.85E-02	8.71E-03	4.55E-02	1.03E-02	7.92E-02
85	2.30	0.	0.	0.	0.	0.	0.	0.	0.	1.84E-02	9.90E-03	5.34E-02	1.19E-02	8.70E-02
86	2.20	0.	1.23E-03	0.	0.	0.	0.	0.	0.	1.78E-02	1.13E-02	5.96E-02	1.43E-02	8.88E-02
87	2.10	0.	4.68E-03	0.	0.	0.	0.	0.	0.	1.71E-02	1.30E-02	7.06E-02	1.52E-02	9.88E-02
88	2.00	0.	1.34E-02	0.	0.	0.	0.	0.	0.	1.64E-02	1.51E-02	8.41E-02	1.77E-02	1.43E-01
89	1.90	0.	2.41E-02	0.	0.	0.	0.	0.	0.	1.54E-02	1.77E-02	9.76E-02	2.11E-02	1.52E-01
90	1.80	0.	3.87E-02	0.	0.	0.	0.	0.	0.	1.33E-02	2.08E-02	1.23E-01	2.48E-02	1.77E-01
91	1.70	0.	3.16E-02	0.	0.	0.	0.	0.	0.	5.94E-03	2.48E-02	1.51E-01	2.54E-02	1.85E-01
92	1.60	0.	3.78E-02	0.	0.	0.	0.	0.	0.	0.	2.96E-02	1.91E-01	3.05E-02	2.19E-01
93	1.50	0.	2.70E-02	0.	0.	0.	0.	0.	0.	0.	3.63E-02	1.91E-01	3.18E-02	2.54E-01
94	1.40	0.	3.25E-02	0.	0.	0.	0.	0.	0.	0.	4.48E-02	2.35E-01	3.90E-02	3.05E-01
95	1.30	0.	3.32E-02	0.	0.	0.	0.	0.	0.	0.	5.61E-02	2.84E-01	4.39E-02	3.18E-01
96	1.20	0.	2.51E-02	0.	0.	0.	0.	0.	0.	0.	7.16E-02	3.18E-01	5.17E-02	3.90E-01
97	1.10	0.	2.17E-02	0.	0.	0.	0.	6.30E-08	0.	0.	9.32E-02	3.71E-01	5.94E-02	4.73E-01
98	1.00	0.	1.99E-02	0.	0.	0.	0.	6.95E-07	0.	0.	1.25E-01	3.93E-01	6.51E-02	5.64E-01
99	0.90	0.	1.63E-02	0.	0.	0.	0.	8.13E-07	0.	0.	1.73E-01	4.09E-01	6.90E-02	6.87E-01
100	0.80	0.	7.65E-03	0.	0.	0.	0.	1.57E-05	0.	0.	2.49E-01	4.39E-01	5.94E-02	8.48E-01
101	0.70	0.	1.92E-03	0.	0.	0.	0.	1.18E-05	0.	0.	3.73E-01	4.56E-01	6.51E-02	8.48E-01
102	0.60	0.	1.95E-04	0.	0.	0.	0.	4.40E-05	0.	0.	5.97E-01	4.56E-01	7.28E-02	1.13E+00

ABSORPTION COEFFICIENTS OF HEATED AIR (INVERSE CM.)

TEMPERATURE (DEGREES K) 12000.   DENSITY (GM/CC) 1.293E-04   (10.0E-02 NORMAL)

PHOTON	ENERGY E.V.	O2 S-R BANDS	O2 S-R CONT.	N2 B-H NO. 1	NO BETA	NO GAMMA	NO2	O- PHOTO-DET (IONS)	FREE-FREE (IONS)	N P.E.	O P.E.	TOTAL AIR
1	10.70	0.	0.	4.19E-03	0.	0.	0.	9.93E-04	9.28E-06	1.26E 00	6.67E-04	1.27E 00
2	10.60	0.	0.	3.68E-03	0.	0.	0.	9.95E-04	9.55E-06	3.58E-03	6.66E-04	8.93E-03
3	10.50	0.	0.	3.64E-03	0.	0.	0.	9.96E-04	9.82E-06	3.60E-03	6.65E-04	8.91E-03
4	10.40	0.	0.	3.35E-03	0.	0.	0.	9.97E-04	1.01E-05	3.61E-03	6.63E-04	8.63E-03
5	10.30	0.	0.	2.82E-03	0.	0.	0.	9.99E-04	1.04E-05	3.62E-03	6.62E-04	8.11E-03
6	10.20	0.	0.	2.84E-03	0.	0.	0.	10.00E-04	1.07E-05	3.63E-03	6.61E-04	8.14E-03
7	10.10	0.	0.	2.62E-03	0.	0.	0.	10.00E-04	1.10E-05	3.63E-03	6.59E-04	7.92E-03
8	10.00	0.	0.	2.19E-03	0.	0.	0.	10.00E-04	1.14E-05	3.64E-03	6.58E-04	7.51E-03
9	9.90	0.	0.	2.23E-03	0.	0.	0.	10.00E-04	1.17E-05	3.65E-03	6.57E-04	7.56E-03
10	9.80	0.	0.	2.02E-03	0.	0.	0.	1.01E-03	1.21E-05	3.66E-03	6.55E-04	7.36E-03
11	9.70	0.	0.	1.68E-03	0.	0.	0.	1.01E-03	1.25E-05	3.67E-03	6.54E-04	7.02E-03
12	9.60	0.	0.	1.80E-03	0.	0.	0.	1.01E-03	1.29E-05	3.68E-03	6.53E-04	7.16E-03
13	9.50	0.	0.	1.47E-03	0.	0.	0.	1.01E-03	1.33E-05	3.69E-03	6.51E-04	6.84E-03
14	9.40	0.	0.	1.34E-03	0.	0.	0.	1.02E-03	1.37E-05	3.70E-03	6.50E-04	6.72E-03
15	9.30	0.	0.	1.36E-03	0.	0.	0.	1.02E-03	1.42E-05	3.71E-03	6.49E-04	6.76E-03
16	9.20	0.	0.	1.07E-03	0.	0.	0.	1.02E-03	1.46E-05	3.72E-03	6.48E-04	6.47E-03
17	9.10	0.	0.	1.09E-03	0.	0.	0.	1.03E-03	1.51E-05	1.11E-03	6.46E-04	3.89E-03
18	9.00	0.	0.	9.54E-04	0.	0.	0.	1.03E-03	1.56E-05	1.11E-03	6.45E-04	3.75E-03
19	8.90	0.	0.	8.51E-04	0.	0.	0.	1.03E-03	1.62E-05	1.11E-03	6.44E-04	3.65E-03
20	8.80	0.	0.	8.23E-04	0.	0.	0.	1.04E-03	1.67E-05	1.10E-03	6.43E-04	3.62E-03
21	8.70	0.	0.	6.80E-04	0.	0.	0.	1.04E-03	1.73E-05	1.10E-03	6.41E-04	3.48E-03
22	8.60	0.	0.	6.93E-04	0.	0.	0.	1.04E-03	1.79E-05	1.10E-03	6.40E-04	3.50E-03
23	8.50	0.	0.	5.79E-04	0.	0.	0.	1.05E-03	1.86E-05	1.10E-03	6.39E-04	3.39E-03
24	8.40	0.	0.	5.65E-04	0.	0.	0.	1.05E-03	1.92E-05	1.10E-03	6.39E-04	3.38E-03
25	8.30	0.	0.	4.58E-04	0.	0.	0.	1.06E-03	1.99E-05	1.10E-03	6.42E-04	3.29E-03
26	8.20	0.	0.	4.56E-04	0.	0.	0.	1.06E-03	2.07E-05	1.10E-03	6.46E-04	3.29E-03
27	8.10	0.	0.	3.76E-04	0.	0.	0.	1.07E-03	2.15E-05	1.10E-03	6.50E-04	3.22E-03
28	8.00	0.	0.	3.72E-04	0.	0.	0.	1.08E-03	2.23E-05	1.10E-03	6.54E-04	3.22E-03
29	7.90	0.	0.	3.11E-04	0.	0.	0.	1.08E-03	2.31E-05	1.10E-03	6.58E-04	3.19E-03
30	7.80	0.	0.	2.62E-04	0.	0.	0.	1.09E-03	2.40E-05	1.10E-03	6.62E-04	3.17E-03
31	7.70	0.	0.	2.42E-04	0.	0.	0.	1.09E-03	2.50E-05	1.11E-03	6.66E-04	3.15E-03
32	7.60	0.	0.	2.16E-04	0.	0.	0.	1.10E-03	2.60E-05	1.11E-03	6.70E-04	3.15E-03
33	7.50	0.	0.	1.88E-04	0.	0.	0.	1.10E-03	2.71E-05	1.11E-03	6.74E-04	3.13E-03
34	7.40	0.	0.	1.73E-04	0.	1.20E-08	0.	1.11E-03	2.82E-05	1.11E-03	6.78E-04	3.11E-03
35	7.30	0.	0.	1.51E-04	0.	5.28E-08	0.	1.12E-03	2.93E-05	1.12E-03	6.82E-04	3.11E-03
36	7.20	0.	0.	1.40E-04	0.	3.22E-07	0.	1.13E-03	3.06E-05	1.12E-03	6.86E-04	3.11E-03
37	7.10	0.	0.	1.24E-04	0.	1.50E-06	0.	1.14E-03	3.19E-05	1.12E-03	6.90E-04	3.12E-03
38	7.00	0.	0.	1.10E-04	0.	1.14E-05	0.	1.14E-03	3.33E-05	1.12E-03	6.94E-04	3.14E-03
39	6.90	2.76E-08	0.	1.02E-04	0.	2.75E-05	0.	1.15E-03	3.48E-05	1.13E-03	6.98E-04	3.18E-03
40	6.80	2.76E-08	0.	8.64E-05	0.	3.10E-05	0.	1.16E-03	3.63E-05	1.13E-03	7.02E-04	3.19E-03
41	6.70	5.27E-08	0.	7.46E-05	0.	6.96E-05	0.	1.17E-03	3.80E-05	1.13E-03	7.07E-04	3.19E-03
42	6.60	4.45E-08	0.	5.68E-05	0.	6.66E-05	0.	1.18E-03	3.98E-05	1.14E-03	7.12E-04	3.20E-03
43	6.50	3.16E-08	0.	3.69E-05	0.	7.89E-05	0.	1.20E-03	4.16E-05	1.15E-03	7.17E-04	3.23E-03
44	6.40	1.06E-08	0.	2.15E-05	3.84E-07	8.45E-05	0.	1.20E-03	4.36E-05	1.15E-03	7.24E-04	3.24E-03
45	6.30	1.44E-08	0.	1.12E-05	1.73E-06	4.86E-05	0.	1.21E-03	4.58E-05	1.16E-03	7.34E-04	3.30E-03
46	6.20	3.01E-08	0.	4.96E-06	2.35E-06	7.20E-05	0.	1.21E-03	4.80E-05	1.17E-03	7.45E-04	3.28E-03
47	6.10	3.68E-07	0.	1.21E-06	6.54E-06	1.01E-04	0.	1.23E-03	5.04E-05	1.19E-03	7.55E-04	3.31E-03
48	6.00	9.84E-07	0.	8.65E-08	5.85E-06	4.24E-05	0.	1.23E-03	5.30E-05	1.20E-03	7.66E-04	3.32E-03
49	5.90	1.62E-06	0.	2.15E-09	8.38E-06	4.34E-05	0.	1.21E-03	5.58E-05	1.20E-03	7.76E-04	3.31E-03
50	5.80	2.50E-06	0.	0.	1.14E-05	4.23E-05	0.	1.21E-03	5.87E-05	1.21E-03	7.76E-04	3.32E-03
51	5.70	3.02E-06	0.	0.	1.28E-05	4.64E-05	0.	1.14E-03	6.19E-05	1.23E-03	7.87E-04	3.28E-03

ABSORPTION COEFFICIENTS OF HEATED AIR   (INVERSE CM.)

TEMPERATURE (DEGREES K) 12000.   DENSITY (GM/CC) 1.293E-04   (10.0E-02 NORMAL)

PHOTON BAND	ENERGY	O2 S-R	N2 1ST POS.	N2 2ND POS.	N2+ 1ST NEG.	NO BETA	NO GAMMA	NO VIB-ROT	NO2	O- PHOTO-DET	FREE-FREE (IONS)	N P.E.	O P.E.	TOTAL AIR
52	5.60	3.81E-06	0.	0.	0.	1.02E-05	6.77E-05	0.	0.	1.06E-03	6.53E-05	1.24E-03	7.98E-04	3.25E-03
53	5.50	4.01E-06	0.	0.	0.	1.24E-05	6.38E-05	0.	0.	1.07E-03	6.89E-05	1.27E-03	8.09E-04	3.29E-03
54	5.40	4.26E-06	0.	0.	0.	1.09E-05	4.66E-05	0.	0.	1.07E-03	7.28E-05	1.29E-03	8.21E-04	3.31E-03
55	5.30	4.15E-06	0.	0.	0.	1.12E-05	6.38E-05	0.	0.	1.08E-03	7.71E-05	1.32E-03	8.35E-04	3.38E-03
56	5.20	3.05E-06	0.	0.	0.	1.18E-05	4.15E-05	0.	0.	1.08E-03	8.16E-05	1.35E-03	8.53E-04	3.42E-03
57	5.10	2.87E-06	0.	0.	0.	1.16E-05	5.51E-05	0.	0.	1.09E-03	8.66E-05	1.38E-03	8.71E-04	3.50E-03
58	5.00	2.14E-06	0.	0.	0.	1.03E-05	4.92E-05	0.	0.	1.10E-03	9.19E-05	1.42E-03	8.89E-04	3.57E-03
59	4.90	1.80E-06	0.	0.	0.	1.13E-05	5.13E-05	0.	0.	1.11E-03	9.77E-05	1.46E-03	9.26E-04	3.65E-03
60	4.80	1.79E-06	0.	0.	0.	1.13E-05	4.74E-05	0.	0.	1.12E-03	1.04E-04	1.51E-03	9.50E-04	3.72E-03
61	4.70	1.95E-06	0.	0.	0.	1.16E-05	4.16E-05	0.	0.	1.13E-03	1.11E-04	1.55E-03	9.73E-04	3.80E-03
62	4.60	2.33E-06	0.	0.	0.	1.17E-05	3.83E-05	0.	0.	1.14E-03	1.18E-04	1.61E-03	9.97E-04	3.89E-03
63	4.50	2.37E-06	0.	0.	0.	1.02E-05	2.81E-05	0.	0.	1.15E-03	1.26E-04	1.68E-03	1.02E-03	4.00E-03
64	4.40	2.44E-06	0.	0.	0.	1.04E-05	2.00E-05	0.	0.	1.16E-03	1.35E-04	1.74E-03	1.05E-03	4.11E-03
65	4.30	2.24E-06	0.	6.11E-06	0.	9.45E-06	1.19E-05	0.	0.	1.17E-03	1.45E-04	1.82E-03	1.07E-03	4.25E-03
66	4.20	2.04E-06	0.	2.04E-05	0.	9.85E-06	8.99E-06	0.	0.	1.18E-03	1.56E-04	1.89E-03	1.09E-03	4.52E-03
67	4.10	1.87E-06	0.	5.64E-05	0.	9.32E-06	1.82E-06	0.	0.	1.18E-03	1.67E-04	1.96E-03		4.49E-03
68	4.00	1.67E-06	0.	2.08E-04	3.18E-05	8.77E-06	7.46E-07	0.	0.	1.19E-03	1.80E-04	2.03E-03	2.64E-04	3.97E-03
69	3.90	1.37E-06	0.	7.43E-04	1.81E-04	7.75E-06	0.	0.	0.	1.18E-03	1.94E-04	1.82E-03	2.72E-04	3.64E-03
70	3.80	1.26E-06	0.	2.94E-04	5.29E-04	8.24E-06	0.	0.	0.	1.18E-03	2.10E-04	1.86E-03	2.82E-04	3.92E-03
71	3.70	1.11E-06	0.	1.32E-04	3.21E-04	7.19E-06	0.	0.	0.	1.16E-03	2.28E-04		3.13E-04	3.45E-03
72	3.60	1.00E-06	0.	1.98E-04	8.14E-04	5.36E-06	0.	0.	0.	1.08E-03	2.48E-04		3.49E-04	3.73E-03
73	3.50	8.86E-07	0.	2.34E-04	8.08E-04	4.94E-06	0.	0.	0.	9.93E-04	2.70E-04		3.88E-04	4.28E-03
74	3.40	6.95E-07	0.	1.39E-04	6.32E-04	4.67E-06	0.	0.	0.	5.73E-04	2.94E-04		4.75E-04	3.30E-03
75	3.30	5.84E-07	0.	2.00E-04	1.27E-04	4.27E-06	0.	0.	0.	5.74E-04	3.22E-04	2.00E-03	5.21E-04	3.89E-03
76	3.20	5.42E-07	0.	1.17E-04	8.31E-04	3.87E-06	0.	0.	0.	5.75E-04	3.54E-04	2.21E-03	5.67E-04	4.56E-03
77	3.10	4.68E-07	0.	7.06E-05	2.31E-04	2.78E-06	0.	0.	0.	5.78E-04	3.89E-04	2.41E-03	6.13E-04	4.13E-03
78	3.00	3.78E-07	0.	5.41E-05	1.08E-04	1.79E-06	0.	0.	0.	5.79E-04	4.30E-04	2.62E-03	6.60E-04	4.66E-03
79	2.90	3.84E-07	0.	3.17E-05	1.84E-04	3.05E-07	0.	0.	0.	5.79E-04	4.77E-04	2.83E-03	7.12E-04	4.80E-03
80	2.80	3.04E-07	0.	1.92E-05	9.12E-05	8.52E-08	0.	0.	0.	5.79E-04	5.30E-04	3.07E-03	7.71E-04	5.01E-03
81	2.70	2.03E-07	0.	9.12E-06	2.12E-06	8.79E-09	0.	0.	0.	5.79E-04	5.92E-04	3.32E-03	8.26E-04	5.45E-03
82	2.60	1.00E-07	0.	2.12E-06	1.73E-05	0.	0.	0.	0.	5.79E-04	6.63E-04	3.60E-03	3.82E-04	5.69E-03
83	2.50	7.00E-09	0.	2.50E-07	1.50E-05	0.	0.	0.	0.	5.79E-04	7.47E-04	4.07E-03	4.63E-04	5.79E-03
84	2.40	0.	1.32E-05	0.	1.46E-05	0.	0.	0.	0.	5.75E-04	8.45E-04	4.72E-03	5.55E-04	6.63E-03
85	2.30	0.	5.11E-05	0.	0.	0.	0.	0.	0.	5.73E-04	9.61E-04	3.47E-03	6.68E-04	5.61E-03
86	2.20	0.	1.17E-04	0.	0.	0.	0.	0.	0.	5.70E-04	1.10E-03	4.10E-03	7.82E-04	6.56E-03
87	2.10	0.	1.45E-04	0.	0.	0.	0.	0.	0.	5.52E-04	1.27E-03	4.77E-03	8.95E-04	7.53E-03
88	2.00	0.	2.59E-04	0.	0.	0.	0.	0.	0.	5.31E-04	1.47E-03	5.45E-03	1.02E-03	8.62E-03
89	1.90	0.	4.11E-04	0.	0.	0.	0.	0.	0.	5.08E-04	1.72E-03	6.18E-03	1.22E-03	9.86E-03
90	1.80	0.	3.41E-04	0.	0.	0.	0.	0.	0.	4.78E-04	2.02E-03	7.32E-03	1.48E-03	1.14E-02
91	1.70	0.	4.07E-04	0.	0.	0.	0.	0.	0.	4.05E-04	2.41E-03	8.72E-03	1.73E-03	1.35E-02
92	1.60	0.	5.01E-04	0.	0.	0.	0.	0.	0.	1.84E-04	2.89E-03	1.01E-02	2.09E-03	1.54E-02
93	1.50	0.	3.50E-04	0.	0.	0.	0.	0.	0.	0.	3.52E-03	1.17E-02	2.46E-03	1.89E-02
94	1.40	0.	3.57E-04	0.	0.	0.	0.	0.	0.	0.	4.34E-03	1.28E-02	2.87E-03	2.28E-02
95	1.30	0.	2.70E-04	0.	0.	0.	0.	0.	0.	0.	5.45E-03	1.57E-02	3.22E-03	2.87E-02
96	1.20	0.	2.64E-04	0.	0.	0.	0.	0.	0.	0.	6.94E-03	1.98E-02	3.11E-03	3.01E-02
97	1.10	0.	2.33E-04	0.	0.	0.	0.	6.48E-10	0.	0.	9.04E-03	2.44E-02	3.90E-03	3.76E-02
98	1.00	0.	2.14E-04	0.	0.	0.	0.	7.15E-09	0.	0.	1.21E-02	2.89E-02	4.35E-03	4.62E-02
99	0.90	0.	1.75E-04	0.	0.	0.	0.	8.36E-09	0.	0.	1.68E-02	3.35E-02	5.13E-03	5.56E-02
100	0.80	0.	8.23E-05	0.	0.	0.	0.	1.62E-07	0.	0.	2.41E-02	3.85E-02	5.90E-03	6.86E-02
101	0.70	0.	2.07E-05	0.	0.	0.	0.	1.21E-07	0.	0.	3.62E-02	4.24E-02	6.46E-03	8.50E-02
102	0.60	0.	2.09E-06	0.	0.	0.	0.	4.53E-07	0.	0.	5.79E-02	4.73E-02	7.22E-03	1.12E-01

ABSORPTION COEFFICIENTS OF HEATED AIR (INVERSE CM.)

TEMPERATURE (DEGREES K) 12000. DENSITY (GM/CC) 1.293E-05 (10.0E-03 NORMAL)

PHOTON ENERGY E.V.	O2 S-R BANDS	O2 S-R CONT.	N2 B-H NO.1	NO BETA	NO GAMMA	NO 2	O- PHOTO-DET	FREE-FREE (IONS)	N P.E.	O P.E.	TOTAL AIR P.F.
1 10.70	0.	0.	3.53E-05	0.	0.	0.	2.84E-05	8.50E-07	1.16E-01	6.30E-05	1.16E-01
2 10.60	0.	0.	3.31E-05	0.	0.	0.	2.84E-05	8.74E-07	3.28E-04	6.29E-05	4.52E-04
3 10.50	0.	0.	3.07E-05	0.	0.	0.	2.85E-05	9.00E-07	3.30E-04	6.28E-05	4.53E-04
4 10.40	0.	0.	2.82E-05	0.	0.	0.	2.86E-05	9.26E-07	3.31E-04	6.27E-05	4.52E-04
5 10.30	0.	0.	2.37E-05	0.	0.	0.	2.86E-05	9.53E-07	3.32E-04	6.25E-05	4.48E-04
6 10.20	0.	0.	2.39E-05	0.	0.	0.	2.86E-05	9.82E-07	3.33E-04	6.24E-05	4.49E-04
7 10.10	0.	0.	2.26E-05	0.	0.	0.	2.87E-05	1.01E-06	3.34E-04	6.23E-05	4.48E-04
8 10.00	0.	0.	1.85E-05	0.	0.	0.	2.87E-05	1.04E-06	3.34E-04	6.22E-05	4.45E-04
9 9.90	0.	0.	1.88E-05	0.	0.	0.	2.88E-05	1.07E-06	3.35E-04	6.21E-05	4.46E-04
10 9.80	0.	0.	1.70E-05	0.	0.	0.	2.88E-05	1.11E-06	3.36E-04	6.19E-05	4.45E-04
11 9.70	0.	0.	1.41E-05	0.	0.	0.	2.89E-05	1.14E-06	3.37E-04	6.18E-05	4.43E-04
12 9.60	0.	0.	1.52E-05	0.	0.	0.	2.90E-05	1.18E-06	3.38E-04	6.17E-05	4.45E-04
13 9.50	0.	0.	1.24E-05	0.	0.	0.	2.90E-05	1.22E-06	3.39E-04	6.15E-05	4.43E-04
14 9.40	0.	0.	1.13E-05	0.	0.	0.	2.91E-05	1.26E-06	3.40E-04	6.14E-05	4.43E-04
15 9.30	0.	0.	1.15E-05	0.	0.	0.	2.93E-05	1.30E-06	3.41E-04	6.13E-05	4.44E-04
16 9.20	0.	0.	8.97E-06	0.	0.	0.	2.94E-05	1.34E-06	3.42E-04	6.12E-05	4.43E-04
17 9.10	0.	0.	9.18E-06	0.	0.	0.	2.95E-05	1.38E-06	1.02E-04	6.11E-05	2.03E-04
18 9.00	0.	0.	8.03E-06	0.	0.	0.	2.96E-05	1.43E-06	1.02E-04	6.09E-05	2.03E-04
19 8.90	0.	0.	7.16E-06	0.	0.	0.	2.97E-05	1.48E-06	1.01E-04	6.08E-05	2.01E-04
20 8.80	0.	0.	6.93E-06	0.	0.	0.	2.98E-05	1.53E-06	1.01E-04	6.07E-05	2.00E-04
21 8.70	0.	0.	5.73E-06	0.	0.	0.	2.99E-05	1.59E-06	1.01E-04	6.06E-05	2.00E-04
22 8.60	0.	0.	5.83E-06	0.	0.	0.	3.00E-05	1.64E-06	1.01E-04	6.05E-05	1.99E-04
23 8.50	0.	0.	4.87E-06	0.	0.	0.	3.01E-05	1.70E-06	1.01E-04	6.04E-05	1.98E-04
24 8.40	0.	0.	4.76E-06	0.	0.	0.	3.03E-05	1.76E-06	1.01E-04	6.03E-05	1.98E-04
25 8.30	0.	0.	3.86E-06	0.	0.	0.	3.05E-05	1.83E-06	1.01E-04	6.04E-05	1.97E-04
26 8.20	0.	0.	3.84E-06	0.	0.	0.	3.06E-05	1.89E-06	1.01E-04	6.07E-05	1.98E-04
27 8.10	0.	0.	3.17E-06	0.	0.	0.	3.08E-05	1.97E-06	1.01E-04	6.11E-05	1.98E-04
28 8.00	0.	0.	3.13E-06	0.	0.	0.	3.09E-05	2.04E-06	1.01E-04	6.14E-05	1.99E-04
29 7.90	0.	0.	2.58E-06	0.	0.	0.	3.11E-05	2.12E-06	1.01E-04	6.18E-05	1.99E-04
30 7.80	0.	0.	2.62E-06	0.	0.	0.	3.13E-05	2.20E-06	1.01E-04	6.22E-05	2.00E-04
31 7.70	0.	0.	2.21E-06	0.	0.	0.	3.14E-05	2.29E-06	1.02E-04	6.26E-05	2.00E-04
32 7.60	0.	0.	2.04E-06	0.	0.	0.	3.16E-05	2.38E-06	1.02E-04	6.29E-05	2.01E-04
33 7.50	0.	0.	1.82E-06	0.	1.04E-10	0.	3.17E-05	2.48E-06	1.02E-04	6.33E-05	2.02E-04
34 7.40	0.	0.	1.58E-06	0.	4.58E-10	0.	3.19E-05	2.58E-06	1.02E-04	6.37E-05	2.02E-04
35 7.30	0.	0.	1.45E-06	0.	2.79E-09	0.	3.21E-05	2.69E-06	1.03E-04	6.40E-05	2.03E-04
36 7.20	0.	0.	1.27E-06	0.	1.30E-08	0.	3.24E-05	2.80E-06	1.03E-04	6.44E-05	2.04E-04
37 7.10	0.	0.	1.18E-06	0.	3.47E-08	0.	3.26E-05	2.92E-06	1.03E-04	6.48E-05	2.05E-04
38 7.00	2.46E-10	0.	1.05E-06	0.	9.88E-08	0.	3.29E-05	3.05E-06	1.03E-04	6.52E-05	2.06E-04
39 6.90	4.71E-10	0.	9.29E-07	0.	2.39E-07	0.	3.31E-05	3.18E-06	1.03E-04	6.55E-05	2.07E-04
40 6.80	3.97E-10	0.	8.62E-07	0.	2.69E-07	0.	3.34E-05	3.33E-06	1.03E-04	6.59E-05	2.08E-04
41 6.70	2.82E-10	0.	7.27E-07	0.	5.35E-07	0.	3.37E-05	3.48E-06	1.03E-04	6.64E-05	2.09E-04
42 6.60	1.68E-10	0.	6.28E-07	0.	6.04E-07	0.	3.39E-05	3.64E-06	1.04E-04	6.68E-05	2.11E-04
43 6.50	1.66E-10	0.	4.78E-07	0.	6.04E-07	0.	3.42E-05	3.81E-06	1.05E-04	6.73E-05	2.12E-04
44 6.40	1.29E-10	0.	3.10E-07	3.33E-09	6.84E-07	0.	3.45E-05	4.00E-06	1.06E-04	6.77E-05	2.14E-04
45 6.30	2.68E-10	0.	1.81E-07	1.50E-08	7.33E-07	0.	3.47E-05	4.19E-06	1.07E-04	6.84E-05	2.14E-04
46 6.20	8.07E-10	0.	9.41E-08	2.04E-08	4.22E-07	0.	3.50E-05	4.40E-06	1.08E-04	6.94E-05	2.16E-04
47 6.10	3.29E-09	0.	4.17E-08	5.67E-08	6.78E-07	0.	3.53E-05	4.62E-06	1.09E-04	7.04E-05	2.19E-04
48 6.00	8.78E-09	0.	1.02E-08	5.07E-08	3.68E-07	0.	3.53E-05	4.86E-06	1.09E-04	7.13E-05	2.21E-04
49 5.90	1.45E-08	0.	7.28E-10	7.27E-08	3.76E-07	0.	3.50E-05	5.11E-06	1.10E-04	7.23E-05	2.23E-04
50 5.80	2.23E-08	0.	1.81E-11	9.92E-08	3.67E-07	0.	3.47E-05	5.38E-06	1.11E-04	7.33E-05	2.25E-04
51 5.70	2.70E-08	0.	0.	1.11E-07	4.02E-07	0.	3.26E-05	5.67E-06	1.13E-04	7.43E-05	2.26E-04

ABSORPTION COEFFICIENTS OF HEATED AIR (INVERSE CM.)

TEMPERATURE (DEGREES K) 12000.   DENSITY (GM/CC) 1.293E-05   (10.0E-03 NORMAL)

No.	PHOTON ENRGY	O2 S-R BANDS	N2 1ST POS.	N2 2ND POS.	N2+ 1ST NEG.	NO BETA	NO GAMMA	NO VIB-ROT	NO 2	O- PHOTO-DET	FREE-FREE (IONS)	N P.E.	O P.E.	TOTAL AIR
52	5.60	3.40E-08	0.	0.	0.	8.81E-08	5.87E-07	0.	0.	3.03E-05	5.98E-06	1.14E-04	7.53E-05	2.27E-04
53	5.50	3.58E-08	0.	0.	0.	1.03E-07	5.54E-07	0.	0.	3.05E-05	6.31E-06	1.16E-04	7.64E-05	2.30E-04
54	5.40	3.80E-08	0.	0.	0.	9.43E-08	4.04E-07	0.	0.	3.06E-05	6.67E-06	1.18E-04	7.76E-05	2.34E-04
55	5.30	3.71E-08	0.	0.	0.	9.69E-08	5.53E-07	0.	0.	3.08E-05	7.06E-06	1.21E-04	7.89E-05	2.38E-04
56	5.20	2.72E-08	0.	0.	0.	1.02E-07	3.60E-07	0.	0.	3.10E-05	7.48E-06	1.23E-04	8.06E-05	2.43E-04
57	5.10	2.56E-08	0.	0.	0.	10.00E-08	3.78E-07	0.	0.	3.13E-05	7.93E-06	1.27E-04	8.23E-05	2.49E-04
58	5.00	1.91E-08	0.	0.	0.	8.97E-08	4.27E-07	0.	0.	3.16E-05	8.42E-06	1.30E-04	8.40E-05	2.55E-04
59	4.90	1.60E-08	0.	0.	0.	9.78E-08	4.45E-07	0.	0.	3.18E-05	8.95E-06	1.34E-04	8.57E-05	2.61E-04
60	4.80	1.74E-08	0.	0.	0.	1.01E-07	4.11E-07	0.	0.	3.21E-05	9.52E-06	1.38E-04	8.75E-05	2.68E-04
61	4.70	2.08E-08	0.	0.	0.	1.02E-07	3.32E-07	0.	0.	3.24E-05	1.01E-05	1.43E-04	8.97E-05	2.75E-04
62	4.60	2.11E-08	0.	0.	0.	8.99E-08	2.44E-07	0.	0.	3.26E-05	1.08E-05	1.48E-04	9.19E-05	2.84E-04
63	4.50	2.18E-08	0.	5.14E-08	0.	8.87E-08	1.74E-07	0.	0.	3.31E-05	1.16E-05	1.54E-04	9.42E-05	2.93E-04
64	4.40	2.02E-08	0.	1.72E-07	0.	8.19E-08	1.03E-07	0.	0.	3.34E-05	1.24E-05	1.60E-04	9.65E-05	3.03E-04
65	4.30	1.82E-08	0.	4.75E-07	0.	8.54E-08	7.79E-08	0.	0.	3.38E-05	1.33E-05	1.67E-04	9.89E-05	3.11E-04
66	4.20	1.67E-08	0.	1.75E-06	0.	8.08E-08	2.07E-08	0.	0.	3.39E-05	1.42E-05	1.75E-04	1.01E-04	3.24E-04
67	4.10	1.49E-08	0.	6.25E-07	0.	7.61E-08	1.58E-08	0.	0.	3.37E-05	1.53E-05	1.80E-04	1.03E-04	3.33E-04
68	4.00	1.23E-08	0.	2.48E-06	8.85E-07	6.72E-08	6.47E-09	0.	0.	3.31E-05	1.65E-05	1.87E-04	2.49E-05	2.65E-04
69	3.90	1.33E-08	0.	1.11E-06	5.03E-06	7.14E-08	0.	0.	0.	3.10E-05	1.78E-05	1.71E-04	2.57E-05	2.46E-04
70	3.80	1.12E-08	0.	1.67E-06	1.47E-06	5.17E-08	0.	0.	0.	2.84E-05	1.93E-05	1.34E-04	2.66E-05	2.57E-04
71	3.70	9.90E-09	0.	1.97E-06	8.93E-06	3.94E-08	0.	0.	0.	1.64E-05	2.09E-05	1.45E-04	2.96E-05	2.21E-04
72	3.60	8.97E-09	0.	1.17E-06	2.26E-05	4.05E-08	0.	0.	0.	1.64E-05	2.27E-05	1.47E-04	3.30E-05	2.42E-04
73	3.50	7.91E-09	0.	1.68E-06	1.08E-05	3.70E-08	0.	0.	0.	1.65E-05	2.47E-05	1.66E-04	3.67E-05	2.53E-04
74	3.40	6.21E-09	0.	9.32E-07	2.32E-05	3.36E-08	0.	0.	0.	1.65E-05	2.70E-05	1.84E-04	4.08E-05	2.62E-04
75	3.30	5.42E-09	0.	9.82E-07	3.52E-05	2.41E-08	0.	0.	0.	1.65E-05	2.95E-05	2.02E-04	4.49E-05	2.87E-04
76	3.20	4.84E-09	0.	5.94E-07	1.06E-05	1.55E-08	0.	0.	0.	1.66E-05	3.24E-05	2.21E-04	4.92E-05	3.24E-04
77	3.10	4.38E-09	0.	4.55E-07	6.42E-06	7.85E-09	0.	0.	0.	1.66E-05	3.57E-05	2.40E-04	5.36E-05	3.31E-04
78	3.00	3.43E-09	0.	2.67E-07	3.00E-06	7.39E-10	0.	0.	0.	1.66E-05	3.94E-05	2.60E-04	5.79E-05	3.65E-04
79	2.90	2.99E-09	0.	1.61E-07	5.12E-06	7.62E-11	0.	0.	0.	1.66E-05	4.36E-05	2.82E-04	6.24E-05	3.89E-04
80	2.80	2.09E-09	0.	7.68E-08	1.55E-06	0.	0.	0.	0.	1.66E-05	4.85E-05	3.05E-04	6.73E-05	4.17E-04
81	2.70	9.17E-10	0.	3.54E-08	4.16E-07	0.	0.	0.	0.	1.64E-05	5.42E-05	3.30E-04	7.26E-05	4.54E-04
82	2.60	6.25E-11	0.	1.78E-08	4.07E-07	0.	0.	0.	0.	1.63E-05	6.07E-05	3.73E-04	7.80E-05	4.86E-04
83	2.50	0.	0.	2.11E-08	0.	0.	0.	0.	0.	1.58E-05	6.84E-05	4.33E-04	7.26E-05	4.95E-04
84	2.40	0.	0.	0.	0.	0.	0.	0.	0.	1.52E-05	7.74E-05	3.18E-04	4.37E-05	5.71E-04
85	2.30	0.	0.	0.	0.	0.	0.	0.	0.	1.45E-05	8.80E-05	3.76E-04	5.24E-05	4.75E-04
86	2.20	0.	1.11E-07	0.	0.	0.	0.	0.	0.	1.37E-05	1.01E-04	4.38E-04	6.31E-05	5.57E-04
87	2.10	0.	4.24E-07	0.	0.	0.	0.	0.	0.	1.16E-05	1.16E-04	5.00E-04	7.38E-05	6.45E-04
88	2.00	0.	9.48E-07	0.	0.	0.	0.	0.	0.	5.26E-06	1.34E-04	5.67E-04	8.46E-05	7.37E-04
89	1.90	0.	1.22E-06	0.	0.	0.	0.	0.	0.	0.	1.57E-04	6.72E-04	9.64E-05	8.39E-04
90	1.80	0.	2.18E-06	0.	0.	0.	0.	0.	0.	0.	1.85E-04	8.01E-04	1.15E-04	9.90E-04
91	1.70	0.	2.87E-06	0.	0.	0.	0.	0.	0.	0.	2.20E-04	9.29E-04	1.40E-04	1.18E-03
92	1.60	0.	3.43E-06	0.	0.	0.	0.	0.	0.	0.	2.65E-04	1.01E-03	1.64E-04	1.37E-03
93	1.50	0.	2.45E-06	0.	0.	0.	0.	0.	0.	0.	3.22E-04	1.18E-03	1.98E-04	1.70E-03
94	1.40	0.	3.01E-06	0.	0.	0.	0.	0.	0.	0.	3.98E-04	1.44E-03	2.32E-04	2.07E-03
95	1.30	0.	2.27E-06	0.	0.	0.	0.	0.	0.	0.	4.99E-04	1.82E-03	2.62E-04	2.62E-03
96	1.20	0.	2.22E-06	0.	0.	0.	0.	0.	0.	0.	6.36E-04	2.24E-03	2.94E-04	2.75E-03
97	1.10	0.	1.96E-06	0.	0.	0.	0.	5.62E-12	0.	0.	8.28E-04	2.71E-03	3.69E-04	3.44E-03
98	1.00	0.	1.81E-06	0.	0.	0.	0.	6.20E-11	0.	0.	1.11E-03	3.07E-03	4.11E-04	4.23E-03
99	0.90	0.	1.48E-06	0.	0.	0.	0.	7.25E-11	0.	0.	1.54E-03	3.53E-03	4.84E-04	5.10E-03
100	0.80	0.	6.93E-07	0.	0.	0.	0.	1.40E-09	0.	0.	2.21E-03	3.89E-03	5.57E-04	6.30E-03
101	0.70	0.	1.74E-07	0.	0.	0.	0.	1.05E-09	0.	0.	3.31E-03	4.11E-03	6.10E-04	7.81E-03
102	0.60	0.	1.76E-08	0.	0.	0.	0.	3.93E-09	0.	0.	5.31E-03	4.34E-03	6.82E-04	1.03E-02

ABSORPTION COEFFICIENTS OF HEATED AIR (INVERSE CM.)

TEMPERATURE (DEGREES K) 12000. DENSITY (GM/CC) 1.293E-06 (10.0E-04 NORMAL)

#	PHOTON ENERGY E.V.	O2 S-R BANDS	O2 S-R CONT.	N2 B-H NO. 1	NO BETA	NO GAMMA	NO 2	O- PHOTO-DET	FREE-FREE (IONS)	N P.E.	O P.E.	TOTAL AIR
1	10.70	0.	0.	1.98E-07	0.	0.	0.	6.46E-07	6.45E-08	2.45E-05	5.20E-06	3.06E-05
2	10.60	0.	0.	1.74E-07	0.	0.	0.	6.47E-07	6.64E-08	2.46E-05	5.19E-06	3.07E-05
3	10.50	0.	0.	1.72E-07	0.	0.	0.	6.47E-07	6.83E-08	2.47E-05	5.18E-06	3.08E-05
4	10.40	0.	0.	1.58E-07	0.	0.	0.	6.48E-07	7.03E-08	2.48E-05	5.17E-06	3.09E-05
5	10.30	0.	0.	1.33E-07	0.	0.	0.	6.49E-07	7.24E-08	2.49E-05	5.16E-06	3.09E-05
6	10.20	0.	0.	1.34E-07	0.	0.	0.	6.50E-07	7.45E-08	2.49E-05	5.15E-06	3.09E-05
7	10.10	0.	0.	1.24E-07	0.	0.	0.	6.51E-07	7.68E-08	2.50E-05	5.14E-06	3.10E-05
8	10.00	0.	0.	1.04E-07	0.	0.	0.	6.52E-07	7.91E-08	2.51E-05	5.13E-06	3.10E-05
9	9.90	0.	0.	1.05E-07	0.	0.	0.	6.53E-07	8.16E-08	2.51E-05	5.12E-06	3.11E-05
10	9.80	0.	0.	9.57E-08	0.	0.	0.	6.54E-07	8.41E-08	2.52E-05	5.11E-06	3.11E-05
11	9.70	0.	0.	7.92E-08	0.	0.	0.	6.55E-07	8.68E-08	2.52E-05	5.10E-06	3.12E-05
12	9.60	0.	0.	8.51E-08	0.	0.	0.	6.57E-07	8.95E-08	2.53E-05	5.09E-06	3.12E-05
13	9.50	0.	0.	6.95E-08	0.	0.	0.	6.58E-07	9.24E-08	2.54E-05	5.07E-06	3.13E-05
14	9.40	0.	0.	6.35E-08	0.	0.	0.	6.60E-07	9.54E-08	2.55E-05	5.06E-06	3.13E-05
15	9.30	0.	0.	6.44E-08	0.	0.	0.	6.62E-07	9.85E-08	2.55E-05	5.05E-06	3.14E-05
16	9.20	0.	0.	5.03E-08	0.	0.	0.	6.65E-07	1.02E-07	2.63E-05	5.05E-06	3.14E-05
17	9.10	0.	0.	5.15E-08	0.	0.	0.	6.67E-07	1.05E-07	7.62E-06	5.04E-06	1.35E-05
18	9.00	0.	0.	5.51E-08	0.	0.	0.	6.70E-07	1.09E-07	7.61E-06	5.03E-06	1.35E-05
19	8.90	0.	0.	4.02E-08	0.	0.	0.	6.72E-07	1.12E-07	7.60E-06	5.02E-06	1.34E-05
20	8.80	0.	0.	3.89E-08	0.	0.	0.	6.74E-07	1.16E-07	7.59E-06	5.01E-06	1.34E-05
21	8.70	0.	0.	3.27E-08	0.	0.	0.	6.77E-07	1.20E-07	7.58E-06	5.00E-06	1.34E-05
22	8.60	0.	0.	3.21E-08	0.	0.	0.	6.79E-07	1.25E-07	7.58E-06	4.99E-06	1.34E-05
23	8.50	0.	0.	2.73E-08	0.	0.	0.	6.82E-07	1.29E-07	7.58E-06	4.98E-06	1.34E-05
24	8.40	0.	0.	2.73E-08	0.	0.	0.	6.85E-07	1.34E-07	7.58E-06	4.97E-06	1.34E-05
25	8.30	0.	0.	2.67E-08	0.	0.	0.	6.89E-07	1.39E-07	7.58E-06	4.97E-06	1.34E-05
26	8.20	0.	0.	2.16E-08	0.	0.	0.	6.92E-07	1.44E-07	7.58E-06	5.01E-06	1.34E-05
27	8.10	0.	0.	2.15E-08	0.	0.	0.	6.96E-07	1.49E-07	7.57E-06	5.04E-06	1.35E-05
28	8.00	0.	0.	1.78E-08	0.	0.	0.	7.00E-07	1.55E-07	7.58E-06	5.07E-06	1.35E-05
29	7.90	0.	0.	1.76E-08	0.	0.	0.	7.03E-07	1.61E-07	7.59E-06	5.10E-06	1.36E-05
30	7.80	0.	0.	1.45E-08	0.	0.	0.	7.07E-07	1.67E-07	7.60E-06	5.13E-06	1.36E-05
31	7.70	0.	0.	1.47E-08	0.	0.	0.	7.10E-07	1.74E-07	7.61E-06	5.16E-06	1.37E-05
32	7.60	0.	0.	1.24E-08	0.	0.	0.	7.14E-07	1.81E-07	7.63E-06	5.19E-06	1.37E-05
33	7.50	0.	0.	1.14E-08	0.	6.41E-13	0.	7.17E-07	1.88E-07	7.64E-06	5.22E-06	1.38E-05
34	7.40	0.	0.	1.02E-08	0.	2.83E-12	0.	7.21E-07	1.96E-07	7.65E-06	5.25E-06	1.38E-05
35	7.30	0.	0.	8.89E-09	0.	1.73E-11	0.	7.25E-07	2.04E-07	7.67E-06	5.28E-06	1.39E-05
36	7.20	1.67E-12	0.	8.15E-09	0.	8.06E-11	0.	7.29E-07	2.13E-07	7.68E-06	5.31E-06	1.39E-05
37	7.10	3.20E-12	0.	7.11E-09	0.	6.10E-10	0.	7.35E-07	2.22E-07	7.69E-06	5.34E-06	1.40E-05
38	7.00	2.70E-12	0.	6.63E-09	0.	1.48E-09	0.	7.41E-07	2.32E-07	7.71E-06	5.37E-06	1.41E-05
39	6.90	1.92E-12	0.	5.87E-09	0.	1.66E-09	0.	7.53E-07	2.42E-07	7.72E-06	5.40E-06	1.41E-05
40	6.80	1.14E-12	0.	5.21E-09	0.	3.31E-09	0.	7.59E-07	2.53E-07	7.74E-06	5.42E-06	1.42E-05
41	6.70	4.53E-13	0.	4.84E-09	0.	3.73E-09	0.	7.65E-07	2.64E-07	7.75E-06	5.44E-06	1.43E-05
42	6.60	8.75E-13	0.	4.08E-09	0.	3.73E-09	0.	7.71E-07	2.76E-07	7.79E-06	5.47E-06	1.43E-05
43	6.50	1.83E-12	0.	3.53E-09	0.	2.50E-09	0.	7.77E-07	2.90E-07	7.84E-06	5.51E-06	1.46E-05
44	6.40	1.49E-12	0.	2.68E-09	2.06E-11	4.53E-09	0.	7.83E-07	3.03E-07	7.94E-06	5.59E-06	1.47E-05
45	6.30	6.44E-12	0.	1.74E-09	9.24E-12	2.61E-09	0.	7.89E-07	3.18E-07	7.99E-06	5.64E-06	1.48E-05
46	6.20	1.02E-12	0.	1.01E-09	1.26E-10	3.86E-09	0.	7.95E-07	3.34E-07	8.06E-06	5.72E-06	1.50E-05
47	6.10	2.24E-11	0.	2.34E-10	3.50E-10	5.43E-09	0.	8.01E-07	3.51E-07	8.16E-06	5.80E-06	1.50E-05
48	6.00	5.97E-11	0.	5.73E-11	3.13E-10	2.27E-09	0.	8.01E-07	3.69E-07	8.16E-06	5.88E-06	1.52E-05
49	5.90	9.84E-11	0.	4.08E-12	4.49E-10	2.32E-09	0.	7.89E-07	3.88E-07	8.26E-06	5.96E-06	1.54E-05
50	5.80	1.52E-10	0.	1.02E-13	6.13E-10	2.27E-09	0.	7.89E-07	4.08E-07	8.35E-06	6.05E-06	1.56E-05
51	5.70	1.84E-10	0.	0.	6.86E-10	2.48E-09	0.	7.41E-07	4.30E-07	8.44E-06	6.13E-06	1.57E-05

ABSORPTION COEFFICIENTS OF HEATED AIR (INVERSE CM.)

TEMPERATURE (DEGREES K) 12000. DENSITY (GM/CC) 1.293E-06 (10.0E-04 NORMAL)

No.	PHOTON ENERGY	O2 S-R BANDS	N2 1ST POS.	N2 2ND POS.	N2+ 1ST NEG.	NO BETA	NO GAMMA	NO VIB-ROT	NO2	O- PHOTO-DET	FREE-FREE (IONS)	N P.E.	O P.E.	TOTAL AIR
52	5.60	2.31E-10	0.	0.	0.	5.44E-10	3.63E-09	0.	0.	6.89E-07	4.54E-07	8.55E-06	6.21E-06	1.59E-05
53	5.50	2.43E-10	0.	0.	0.	6.65E-10	3.42E-09	0.	0.	6.93E-07	4.79E-07	8.70E-06	6.30E-06	1.62E-05
54	5.40	2.58E-10	0.	0.	0.	5.83E-10	2.50E-09	0.	0.	6.97E-07	5.07E-07	8.88E-06	6.40E-06	1.65E-05
55	5.30	2.52E-10	0.	0.	0.	5.98E-10	3.42E-09	0.	0.	7.01E-07	5.36E-07	9.06E-06	6.51E-06	1.68E-05
56	5.20	1.85E-10	0.	0.	0.	6.30E-10	2.22E-09	0.	0.	7.06E-07	5.68E-07	9.25E-06	6.65E-06	1.72E-05
57	5.10	1.74E-10	0.	0.	0.	6.20E-10	2.95E-09	0.	0.	7.12E-07	6.02E-07	9.50E-06	6.79E-06	1.76E-05
58	5.00	1.30E-10	0.	0.	0.	5.54E-10	2.64E-09	0.	0.	7.17E-07	6.39E-07	9.78E-06	6.93E-06	1.81E-05
59	4.90	1.09E-10	0.	0.	0.	6.04E-10	2.75E-09	0.	0.	7.25E-07	6.79E-07	1.01E-05	7.07E-06	1.85E-05
60	4.80	1.09E-10	0.	0.	0.	6.41E-10	2.56E-09	0.	0.	7.29E-07	7.23E-07	1.04E-05	7.22E-06	1.90E-05
61	4.70	1.19E-10	0.	0.	0.	6.22E-10	2.23E-09	0.	0.	7.35E-07	7.71E-07	1.07E-05	7.40E-06	1.96E-05
62	4.60	1.41E-10	0.	0.	0.	6.27E-10	2.05E-09	0.	0.	7.41E-07	8.22E-07	1.11E-05	7.58E-06	2.02E-05
63	4.50	1.44E-10	0.	0.	0.	5.55E-10	1.50E-09	0.	0.	7.47E-07	8.79E-07	1.15E-05	7.77E-06	2.09E-05
64	4.40	1.48E-10	0.	0.	0.	5.48E-10	1.07E-09	0.	0.	7.53E-07	9.40E-07	1.20E-05	7.96E-06	2.16E-05
65	4.30	1.36E-10	0.	0.	0.	5.06E-10	6.38E-10	0.	0.	7.59E-07	1.01E-06	1.25E-05	8.15E-06	2.24E-05
66	4.20	1.24E-10	0.	0.	0.	5.28E-10	4.81E-10	0.	0.	7.65E-07	1.08E-06	1.30E-05	8.29E-06	2.31E-05
67	4.10	1.13E-10	0.	0.	0.	4.99E-10	1.28E-10	0.	0.	7.68E-07	1.16E-06	1.35E-05	2.00E-06	1.74E-05
68	4.00	1.00E-10	0.	0.	1.80E-08	4.70E-10	9.76E-11	0.	0.	7.71E-07	1.25E-06	1.21E-05	2.06E-06	1.62E-05
69	3.90	8.35E-11	0.	2.89E-10	1.02E-07	4.15E-10	4.00E-11	0.	0.	7.68E-07	1.35E-06	1.23E-05	2.12E-06	1.66E-05
70	3.80	7.01E-11	0.	9.66E-10	3.00E-08	4.41E-10	0.	0.	0.	7.65E-07	1.46E-06	9.76E-06	2.19E-06	1.42E-05
71	3.70	7.45E-11	0.	2.66E-09	1.82E-07	3.55E-10	0.	0.	0.	7.53E-07	1.59E-06	9.93E-06	2.44E-06	1.49E-05
72	3.60	6.73E-11	0.	9.80E-09	4.61E-07	2.87E-10	0.	0.	0.	7.06E-07	1.72E-06	9.58E-06	2.72E-06	1.52E-05
73	3.50	6.10E-11	0.	3.51E-09	4.58E-09	3.19E-10	0.	0.	0.	6.46E-07	1.87E-06	1.16E-05	3.02E-06	1.71E-05
74	3.40	5.38E-11	0.	1.39E-08	4.72E-07	2.43E-10	0.	0.	0.	3.72E-07	2.05E-06	1.19E-05	3.36E-06	1.82E-05
75	3.30	4.22E-11	0.	6.23E-09	2.43E-07	2.50E-10	0.	0.	0.	3.73E-07	2.24E-06	1.37E-05	3.70E-06	2.03E-05
76	3.20	3.55E-11	0.	9.36E-09	4.72E-07	2.29E-10	0.	0.	0.	3.74E-07	2.46E-06	1.51E-05	4.06E-06	2.25E-05
77	3.10	3.29E-11	0.	1.10E-08	7.17E-08	2.07E-10	0.	0.	0.	3.75E-07	2.71E-06	1.66E-05	4.42E-06	2.42E-05
78	3.00	2.84E-11	0.	6.55E-09	2.16E-07	1.49E-10	0.	0.	0.	3.76E-07	2.99E-06	1.80E-05	4.78E-06	2.64E-05
79	2.90	2.30E-11	0.	9.44E-09	1.31E-07	9.56E-11	0.	0.	0.	3.77E-07	3.31E-06	1.94E-05	5.14E-06	2.84E-05
80	2.80	2.33E-11	0.	5.23E-09	6.12E-08	4.85E-11	0.	0.	0.	3.77E-07	3.69E-06	2.11E-05	5.55E-06	3.08E-05
81	2.70	1.42E-11	0.	5.51E-09	1.04E-07	2.00E-11	0.	0.	0.	3.77E-07	4.11E-06	2.28E-05	5.98E-06	3.34E-05
82	2.60	6.23E-12	0.	3.34E-09	9.83E-09	4.56E-12	0.	0.	0.	3.77E-07	4.61E-06	2.42E-05	6.47E-06	3.57E-05
83	2.50	4.25E-13	0.	2.56E-09	8.48E-09	4.71E-13	0.	0.	0.	3.74E-07	5.19E-06	2.39E-05	6.93E-06	3.64E-05
84	2.40	0.	0.	1.50E-09	8.29E-09	0.	0.	0.	0.	3.72E-07	5.88E-06	1.89E-05	4.32E-06	2.95E-05
85	2.30	0.	6.25E-10	9.05E-10	0.	0.	0.	0.	0.	3.71E-07	6.68E-06	2.29E-05	5.21E-06	3.52E-05
86	2.20	0.	2.54E-09	4.31E-10	0.	0.	0.	0.	0.	3.59E-07	7.65E-06	2.73E-05	6.09E-06	4.14E-05
87	2.10	0.	6.83E-09	1.99E-10	0.	0.	0.	0.	0.	3.45E-07	8.80E-06	3.20E-05	6.98E-06	4.81E-05
88	2.00	0.	1.22E-08	1.00E-10	0.	0.	0.	0.	0.	3.30E-07	1.02E-05	3.65E-05	7.95E-06	5.50E-05
89	1.90	0.	1.97E-08	1.18E-11	0.	0.	0.	0.	0.	3.11E-07	1.19E-05	4.10E-05	9.53E-06	6.27E-05
90	1.80	0.	1.61E-08	0.	0.	0.	0.	0.	0.	2.63E-07	1.41E-05	4.76E-05	1.15E-05	7.43E-05
91	1.70	0.	1.92E-08	0.	0.	0.	0.	0.	0.	1.20E-07	1.67E-05	5.52E-05	1.35E-05	8.55E-05
92	1.60	0.	1.37E-08	0.	0.	0.	0.	0.	0.	0.	2.01E-05	6.74E-05	1.55E-05	1.03E-04
93	1.50	0.	1.69E-08	0.	0.	0.	0.	0.	0.	0.	2.45E-05	8.44E-05	1.91E-05	1.28E-04
94	1.40	0.	1.28E-08	0.	0.	0.	0.	0.	0.	0.	3.02E-05	1.00E-04	2.04E-05	1.51E-04
95	1.30	0.	1.25E-08	0.	0.	0.	0.	0.	0.	0.	3.79E-05	9.49E-05	2.42E-05	1.57E-04
96	1.20	0.	1.10E-08	0.	0.	0.	0.	0.	0.	0.	4.83E-05	1.26E-04	3.04E-05	2.05E-04
97	1.10	0.	1.01E-08	0.	0.	0.	0.	3.47E-14	0.	0.	6.29E-05	1.64E-04	3.39E-05	2.61E-04
98	1.00	0.	8.29E-09	0.	0.	0.	0.	3.83E-13	0.	0.	8.44E-05	1.90E-04	3.99E-05	3.14E-04
99	0.90	0.	3.89E-09	0.	0.	0.	0.	4.48E-13	0.	0.	1.17E-04	2.24E-04	4.58E-05	3.87E-04
100	0.80	0.	9.78E-10	0.	0.	0.	0.	8.67E-12	0.	0.	1.68E-04	2.60E-04	5.03E-05	4.78E-04
101	0.70	0.	9.90E-11	0.	0.	0.	0.	6.50E-12	0.	0.	2.51E-04	2.94E-04	4.78E-05	5.93E-04
102	0.60	0.	0.	0.	0.	0.	0.	2.43E-11	0.	0.	4.03E-04	2.60E-04	4.19E-05	7.05E-04

ABSORPTION COEFFICIENTS OF HEATED AIR (INVERSE CM.)

TEMPERATURE (DEGREES K) 12000.   DENSITY (GM/CC) 1.293E-07 (10.0E-05 NORMAL)

	PHOTON ENERGY E.V.	O2 S-R BANDS	O2 S-R CONT.	N2 B-H NO. 1	NO BETA	NO GAMMA	NO2	O- PHOTO-DET	FREE-FREE (IONS)	N P.E.	O P.E.	TOTAL AIR
1	10.70	0.	0.	3.79E-10	0.	0.	0.	7.23E-09	2.91E-09	1.07E-06	2.74E-07	1.36E-06
2	10.60	0.	0.	3.33E-10	0.	0.	0.	7.24E-09	3.00E-09	1.08E-06	2.73E-07	1.36E-06
3	10.50	0.	0.	3.30E-10	0.	0.	0.	7.25E-09	3.08E-09	1.08E-06	2.73E-07	1.37E-06
4	10.40	0.	0.	3.03E-10	0.	0.	0.	7.26E-09	3.17E-09	1.09E-06	2.72E-07	1.37E-06
5	10.30	0.	0.	2.55E-10	0.	0.	0.	7.27E-09	3.27E-09	1.09E-06	2.72E-07	1.37E-06
6	10.20	0.	0.	2.57E-10	0.	0.	0.	7.28E-09	3.37E-09	1.09E-06	2.71E-07	1.37E-06
7	10.10	0.	0.	2.37E-10	0.	0.	0.	7.29E-09	3.47E-09	1.09E-06	2.71E-07	1.38E-06
8	10.00	0.	0.	1.98E-10	0.	0.	0.	7.30E-09	3.57E-09	1.10E-06	2.71E-07	1.38E-06
9	9.90	0.	0.	2.02E-10	0.	0.	0.	7.31E-09	3.68E-09	1.10E-06	2.70E-07	1.38E-06
10	9.80	0.	0.	1.83E-10	0.	0.	0.	7.32E-09	3.80E-09	1.10E-06	2.70E-07	1.38E-06
11	9.70	0.	0.	1.52E-10	0.	0.	0.	7.34E-09	3.92E-09	1.10E-06	2.69E-07	1.38E-06
12	9.60	0.	0.	1.63E-10	0.	0.	0.	7.35E-09	4.04E-09	1.11E-06	2.69E-07	1.39E-06
13	9.50	0.	0.	1.33E-10	0.	0.	0.	7.36E-09	4.17E-09	1.11E-06	2.68E-07	1.39E-06
14	9.40	0.	0.	1.22E-10	0.	0.	0.	7.39E-09	4.31E-09	1.11E-06	2.67E-07	1.39E-06
15	9.30	0.	0.	1.23E-10	0.	0.	0.	7.42E-09	4.45E-09	3.34E-07	2.67E-07	1.39E-06
16	9.20	0.	0.	9.64E-11	0.	0.	0.	7.44E-09	4.59E-09	3.34E-07	2.66E-07	6.13E-07
17	9.10	0.	0.	9.86E-11	0.	0.	0.	7.47E-09	4.75E-09	3.33E-07	2.66E-07	6.12E-07
18	9.00	0.	0.	8.64E-11	0.	0.	0.	7.50E-09	4.91E-09	3.34E-07	2.65E-07	6.11E-07
19	8.90	0.	0.	7.70E-11	0.	0.	0.	7.52E-09	5.08E-09	3.33E-07	2.65E-07	6.10E-07
20	8.80	0.	0.	7.44E-11	0.	0.	0.	7.55E-09	5.25E-09	3.33E-07	2.64E-07	6.09E-07
21	8.70	0.	0.	6.16E-11	0.	0.	0.	7.58E-09	5.44E-09	3.32E-07	2.64E-07	6.08E-07
22	8.60	0.	0.	6.27E-11	0.	0.	0.	7.60E-09	5.63E-09	3.32E-07	2.63E-07	6.08E-07
23	8.50	0.	0.	5.24E-11	0.	0.	0.	7.63E-09	5.83E-09	3.32E-07	2.63E-07	6.08E-07
24	8.40	0.	0.	5.12E-11	0.	0.	0.	7.67E-09	6.04E-09	3.32E-07	2.62E-07	6.07E-07
25	8.30	0.	0.	4.15E-11	0.	0.	0.	7.71E-09	6.27E-09	3.32E-07	2.62E-07	6.08E-07
26	8.20	0.	0.	4.12E-11	0.	0.	0.	7.75E-09	6.50E-09	3.32E-07	2.62E-07	6.10E-07
27	8.10	0.	0.	3.41E-11	0.	0.	0.	7.79E-09	6.74E-09	3.31E-07	2.64E-07	6.11E-07
28	8.00	0.	0.	3.36E-11	0.	0.	0.	7.83E-09	7.00E-09	3.32E-07	2.65E-07	6.13E-07
29	7.90	0.	0.	2.82E-11	0.	0.	0.	7.87E-09	7.27E-09	3.32E-07	2.67E-07	6.16E-07
30	7.80	0.	0.	2.82E-11	0.	0.	0.	7.91E-09	7.55E-09	3.33E-07	2.69E-07	6.18E-07
31	7.70	0.	0.	2.37E-11	0.	0.	0.	7.95E-09	7.85E-09	3.33E-07	2.70E-07	6.21E-07
32	7.60	0.	0.	2.19E-11	0.	0.	0.	7.99E-09	8.17E-09	3.33E-07	2.72E-07	6.23E-07
33	7.50	0.	0.	1.95E-11	0.	1.48E-15	0.	8.03E-09	8.50E-09	3.34E-07	2.73E-07	6.26E-07
34	7.40	0.	0.	1.70E-11	0.	6.52E-15	0.	8.08E-09	8.85E-09	3.34E-07	2.75E-07	6.29E-07
35	7.30	0.	0.	1.56E-11	0.	3.98E-14	0.	8.12E-09	9.22E-09	3.35E-07	2.77E-07	6.31E-07
36	7.20	0.	0.	1.36E-11	0.	1.86E-13	0.	8.17E-09	9.61E-09	3.36E-07	2.78E-07	6.34E-07
37	7.10	0.	0.	1.27E-11	0.	4.93E-13	0.	8.22E-09	1.00E-08	3.36E-07	2.80E-07	6.37E-07
38	7.00	4.65E-15	0.	1.12E-11	4.74E-14	1.41E-12	0.	8.26E-09	1.05E-08	3.37E-07	2.82E-07	6.39E-07
39	6.90	8.89E-15	0.	9.98E-12	2.13E-13	3.40E-12	0.	8.30E-09	1.09E-08	3.37E-07	2.83E-07	6.42E-07
40	6.80	7.49E-15	0.	9.26E-12	2.90E-13	3.83E-12	0.	8.37E-09	1.14E-08	3.38E-07	2.85E-07	6.45E-07
41	6.70	5.32E-15	0.	7.82E-12	8.08E-13	7.62E-12	0.	8.43E-09	1.19E-08	3.38E-07	2.86E-07	6.48E-07
42	6.60	1.79E-15	0.	6.76E-12	7.22E-13	8.60E-12	0.	8.50E-09	1.25E-08	3.41E-07	2.88E-07	6.52E-07
43	6.50	3.18E-15	0.	5.14E-12	1.03E-12	5.76E-12	0.	8.57E-09	1.31E-08	3.45E-07	2.90E-07	6.57E-07
44	6.40	2.43E-15	0.	3.34E-12	1.41E-12	5.74E-12	0.	8.70E-09	1.37E-08	3.47E-07	2.94E-07	6.62E-07
45	6.30	5.07E-15	0.	1.94E-12	1.58E-12	1.04E-11	0.	8.77E-09	1.44E-08	3.50E-07	2.97E-07	6.68E-07
46	6.20	1.52E-14	0.	1.01E-12	2.13E-13	6.00E-12	0.	8.83E-09	1.51E-08	3.53E-07	3.01E-07	6.75E-07
47	6.10	6.21E-14	0.	4.48E-13	2.90E-13	8.89E-12	0.	8.90E-09	1.58E-08	3.57E-07	3.06E-07	6.83E-07
48	6.00	1.66E-13	0.	1.10E-13	8.08E-13	5.24E-12	0.	8.97E-09	1.66E-08	3.61E-07	3.10E-07	6.93E-07
49	5.90	2.73E-13	0.	7.82E-15	1.03E-12	5.36E-12	0.	8.97E-09	1.75E-08	3.65E-07	3.14E-07	7.02E-07
50	5.80	4.22E-13	0.	1.94E-16	1.41E-12	5.23E-12	0.	8.83E-09	1.84E-08	3.69E-07	3.19E-07	7.11E-07
51	5.70	5.10E-13	0.	0.	1.58E-12	5.72E-12	0.	8.29E-09	1.94E-08	3.69E-07	3.23E-07	7.20E-07

ABSORPTION COEFFICIENTS OF HEATED AIR (INVERSE CM.)

TEMPERATURE (DEGREES K) 12000. DENSITY (GM/CC) 1.293E-07 (10.0E-05 NORMAL)

#	PHOTON ENERGY	O2 S-R BANDS	N2 1ST POS.	N2 2ND POS.	N2+ 1ST NEG.	NO BETA	NO GAMMA	NO VIB-ROT	NO2	O- PHOTO-DET	FREE-FREE (IONS)	N P.E.	O P.E.	TOTAL AIR
52	5.60	6.41E-13	0.	0.	0.	0.	0.	0.	0.	7.72E-09	2.05E-08	3.74E-07	3.27E-07	7.30E-07
53	5.50	6.75E-13	0.	0.	0.	0.	0.	0.	0.	7.76E-09	2.16E-08	3.81E-07	3.32E-07	7.42E-07
54	5.40	7.17E-13	0.	0.	0.	0.	0.	0.	0.	7.80E-09	2.29E-08	3.88E-07	3.37E-07	7.56E-07
55	5.30	7.00E-13	0.	0.	0.	0.	0.	0.	0.	7.85E-09	2.42E-08	3.96E-07	3.43E-07	7.71E-07
56	5.20	5.14E-13	0.	0.	0.	0.	0.	0.	0.	7.90E-09	2.56E-08	4.05E-07	3.50E-07	7.88E-07
57	5.10	4.83E-13	0.	0.	0.	0.	0.	0.	0.	7.96E-09	2.72E-08	4.16E-07	3.58E-07	8.08E-07
58	5.00	3.61E-13	0.	0.	0.	0.	0.	0.	0.	8.03E-09	2.88E-08	4.28E-07	3.65E-07	8.30E-07
59	4.90	3.03E-13	0.	0.	0.	0.	0.	0.	0.	8.10E-09	3.07E-08	4.41E-07	3.72E-07	8.52E-07
60	4.80	3.01E-13	0.	0.	0.	0.	0.	0.	0.	8.17E-09	3.26E-08	4.54E-07	3.80E-07	8.75E-07
61	4.70	3.29E-13	0.	0.	0.	1.25E-12	8.36E-12	0.	0.	8.23E-09	3.48E-08	4.67E-07	3.90E-07	9.00E-07
62	4.60	3.92E-13	0.	5.53E-13	0.	1.53E-12	7.88E-12	0.	0.	8.30E-09	3.71E-08	4.84E-07	4.00E-07	9.29E-07
63	4.50	3.99E-13	0.	1.85E-12	0.	1.34E-12	5.75E-12	0.	0.	8.37E-09	3.97E-08	5.04E-07	4.09E-07	9.62E-07
64	4.40	4.12E-13	0.	5.10E-12	0.	1.38E-12	7.87E-12	0.	0.	8.43E-09	4.25E-08	5.24E-07	4.19E-07	9.95E-07
65	4.30	3.77E-13	0.	1.88E-11	0.	1.45E-12	6.81E-12	0.	0.	8.50E-09	4.55E-08	5.46E-07	4.26E-07	1.03E-06
66	4.20	3.44E-13	0.	6.72E-12	0.	1.43E-12	6.08E-12	0.	0.	8.57E-09	4.88E-08	5.68E-07	4.07E-07	1.03E-06
67	4.10	3.14E-13	0.	2.66E-12	0.	1.28E-12	6.33E-12	0.	0.	8.60E-09	5.25E-08	5.90E-07	1.05E-07	7.56E-07
68	4.00	2.82E-13	0.	1.19E-11	0.	1.39E-12	5.85E-12	0.	0.	8.63E-09	5.66E-08	5.22E-07	1.08E-07	6.95E-07
69	3.90	2.32E-13	0.	1.79E-11	1.62E-10	1.48E-12	5.14E-12	0.	0.	8.60E-09	6.11E-08	4.07E-07	1.12E-07	5.89E-07
70	3.80	2.50E-13	0.	2.11E-11	2.70E-10	1.43E-12	4.73E-12	0.	0.	8.57E-09	6.60E-08	4.24E-07	1.16E-07	6.15E-07
71	3.70	2.12E-13	0.	1.26E-11	9.23E-10	1.45E-12	3.47E-12	0.	0.	8.43E-09	7.16E-08	3.95E-07	1.28E-07	6.03E-07
72	3.60	1.87E-13	0.	1.81E-11	1.64E-09	1.28E-12	2.47E-12	0.	0.	7.90E-09	7.78E-08	4.33E-07	1.43E-07	6.62E-07
73	3.50	1.69E-13	0.	1.06E-11	4.16E-09	1.17E-12	1.47E-12	0.	0.	7.23E-09	8.47E-08	4.88E-07	1.59E-07	7.39E-07
74	3.40	1.49E-13	0.	6.39E-12	1.98E-09	1.22E-12	1.11E-12	0.	0.	4.17E-09	9.24E-08	5.44E-07	1.77E-07	8.17E-07
75	3.30	9.84E-14	0.	4.89E-12	4.25E-09	1.15E-12	2.94E-13	0.	0.	4.18E-09	1.01E-07	6.05E-07	1.95E-07	9.05E-07
76	3.20	7.89E-14	0.	2.87E-12	6.46E-09	1.08E-12	2.25E-13	0.	0.	4.18E-09	1.11E-07	6.68E-07	2.14E-07	9.97E-07
77	3.10	6.38E-14	0.	1.73E-12	6.94E-09	9.57E-13	9.21E-14	0.	0.	4.19E-09	1.22E-07	7.31E-07	2.33E-07	1.09E-06
78	3.00	6.47E-14	0.	8.26E-13	1.18E-09	8.17E-13	0.	0.	0.	4.20E-09	1.35E-07	7.88E-07	2.52E-07	1.18E-06
79	2.90	3.94E-14	0.	3.81E-13	5.51E-10	8.88E-13	0.	0.	0.	4.20E-09	1.50E-07	8.59E-07	2.71E-07	1.28E-06
80	2.80	1.73E-14	0.	1.92E-13	9.46E-10	7.36E-13	0.	0.	0.	4.21E-09	1.66E-07	9.28E-07	2.92E-07	1.39E-06
81	2.70	1.18E-15	0.	2.27E-14	8.85E-11	5.60E-13	0.	0.	0.	4.22E-09	1.86E-07	1.00E-06	2.92E-07	1.48E-06
82	2.60	0.	0.	0.	7.64E-11	5.77E-13	0.	0.	0.	4.22E-09	2.08E-07	9.15E-07	3.05E-07	1.43E-06
83	2.50	0.	1.20E-12	0.	7.47E-11	5.28E-13	0.	0.	0.	4.22E-09	2.34E-07	5.40E-07	3.12E-07	1.09E-06
84	2.40	0.	4.54E-12	0.	0.	3.43E-13	0.	0.	0.	4.22E-09	2.65E-07	6.92E-07	3.58E-07	1.32E-06
85	2.30	0.	1.06E-11	0.	0.	2.20E-13	0.	0.	0.	4.22E-09	3.02E-07	8.51E-07	4.19E-07	1.58E-06
86	2.20	0.	1.31E-11	0.	0.	1.12E-13	0.	0.	0.	4.18E-09	3.45E-07	1.02E-06	4.92E-07	1.86E-06
87	2.10	0.	2.34E-11	0.	0.	4.61E-14	0.	0.	0.	4.17E-09	3.98E-07	1.18E-06	5.76E-07	2.16E-06
88	2.00	0.	3.77E-11	0.	0.	1.05E-14	0.	0.	0.	4.15E-09	4.61E-07	1.35E-06	6.52E-07	2.47E-06
89	1.90	0.	3.08E-11	0.	0.	1.09E-15	0.	0.	0.	3.86E-09	5.39E-07	1.53E-06	7.52E-07	2.82E-06
90	1.80	0.	3.68E-11	0.	0.	0.	0.	0.	0.	3.69E-09	6.35E-07	1.81E-06	8.88E-07	3.34E-06
91	1.70	0.	2.63E-11	0.	0.	0.	0.	0.	0.	2.94E-09	7.56E-07	2.19E-06	1.04E-06	3.99E-06
92	1.60	0.	3.17E-11	0.	0.	0.	0.	0.	0.	1.34E-09	9.09E-07	2.54E-06	1.18E-06	4.63E-06
93	1.50	0.	3.23E-11	0.	0.	0.	0.	0.	0.	0.	1.10E-06	3.12E-06	1.28E-06	5.50E-06
94	1.40	0.	2.45E-11	0.	0.	0.	0.	0.	0.	0.	1.36E-06	2.30E-06	1.36E-06	5.02E-06
95	1.30	0.	2.39E-11	0.	0.	0.	0.	0.	0.	0.	1.71E-06	3.90E-06	1.47E-06	7.08E-06
96	1.20	0.	2.11E-11	0.	0.	0.	0.	0.	0.	0.	2.18E-06	3.52E-06	1.58E-06	7.28E-06
97	1.10	0.	1.94E-11	0.	0.	0.	0.	8.01E-17	0.	0.	2.84E-06	7.39E-06	1.47E-06	1.17E-05
98	1.00	0.	1.59E-11	0.	0.	0.	0.	8.83E-16	0.	0.	3.81E-06	8.61E-06	1.79E-06	1.42E-05
99	0.90	0.	1.00E-11	0.	0.	0.	0.	1.03E-15	0.	0.	5.29E-06	1.03E-05	1.90E-06	1.75E-05
100	0.80	0.	7.45E-12	0.	0.	0.	0.	2.00E-14	0.	0.	7.57E-06	1.15E-05	2.10E-06	2.12E-05
101	0.70	0.	1.87E-12	0.	0.	0.	0.	1.50E-14	0.	0.	1.14E-05	9.86E-06	2.14E-06	2.34E-05
102	0.60	0.	1.90E-13	0.	0.	0.	0.	5.60E-14	0.	0.	1.82E-05	1.14E-05	2.21E-06	3.18E-05

ABSORPTION COEFFICIENTS OF HEATED AIR (INVERSE CM.)

TEMPERATURE (DEGREES K) 12000. DENSITY (GM/CC) 1.293E-08 (10.0E-06 NORMAL)

#	PHOTON ENERGY E.V.	O2 S-R BANDS	O2 S-R CONT.	N2 B-H NO. 1	NO BETA	NO GAMMA	NO2	O- PHOTO-DET (IONS)	FREE-FREE (IONS)	N P.E.	O P.E.	TOTAL AIR
1	10.70	0.	0.	1.24E-13	0.	0.	0.	2.05E-11	5.42E-11	1.94E-08	5.70E-09	2.52E-08
2	10.60	0.	0.	1.09E-13	0.	0.	0.	2.05E-11	5.58E-11	1.95E-08	5.69E-09	2.53E-08
3	10.50	0.	0.	1.08E-13	0.	0.	0.	2.06E-11	5.74E-11	1.96E-08	5.68E-09	2.53E-08
4	10.40	0.	0.	9.93E-14	0.	0.	0.	2.06E-11	5.91E-11	1.97E-08	5.67E-09	2.54E-08
5	10.30	0.	0.	8.36E-14	0.	0.	0.	2.06E-11	6.08E-11	1.97E-08	5.66E-09	2.54E-08
6	10.20	0.	0.	8.44E-14	0.	0.	0.	2.07E-11	6.26E-11	1.98E-08	5.65E-09	2.55E-08
7	10.10	0.	0.	7.76E-14	0.	0.	0.	2.07E-11	6.45E-11	1.98E-08	5.64E-09	2.55E-08
8	10.00	0.	0.	6.51E-14	0.	0.	0.	2.07E-11	6.65E-11	1.99E-08	5.62E-09	2.56E-08
9	9.90	0.	0.	6.62E-14	0.	0.	0.	2.07E-11	6.85E-11	1.99E-08	5.61E-09	2.56E-08
10	9.80	0.	0.	6.01E-14	0.	0.	0.	2.08E-11	7.07E-11	2.00E-08	5.60E-09	2.56E-08
11	9.70	0.	0.	4.97E-14	0.	0.	0.	2.08E-11	7.29E-11	2.00E-08	5.59E-09	2.57E-08
12	9.60	0.	0.	5.34E-14	0.	0.	0.	2.09E-11	7.52E-11	2.01E-08	5.58E-09	2.57E-08
13	9.50	0.	0.	4.36E-14	0.	0.	0.	2.09E-11	7.76E-11	2.01E-08	5.57E-09	2.58E-08
14	9.40	0.	0.	3.99E-14	0.	0.	0.	2.10E-11	8.01E-11	2.02E-08	5.56E-09	2.58E-08
15	9.30	0.	0.	4.05E-14	0.	0.	0.	2.10E-11	8.28E-11	6.06E-09	5.54E-09	1.17E-08
16	9.20	0.	0.	3.16E-14	0.	0.	0.	2.11E-11	8.55E-11	6.06E-09	5.53E-09	1.17E-08
17	9.10	0.	0.	3.23E-14	0.	0.	0.	2.11E-11	8.84E-11	6.05E-09	5.52E-09	1.17E-08
18	9.00	0.	0.	2.83E-14	0.	0.	0.	2.12E-11	9.14E-11	6.05E-09	5.51E-09	1.17E-08
19	8.90	0.	0.	2.53E-14	0.	0.	0.	2.13E-11	9.45E-11	6.03E-09	5.50E-09	1.16E-08
20	8.80	0.	0.	2.44E-14	0.	0.	0.	2.14E-11	9.78E-11	6.02E-09	5.48E-09	1.16E-08
21	8.70	0.	0.	2.02E-14	0.	0.	0.	2.14E-11	1.01E-10	6.02E-09	5.47E-09	1.16E-08
22	8.60	0.	0.	2.06E-14	0.	0.	0.	2.15E-11	1.05E-10	6.01E-09	5.46E-09	1.16E-08
23	8.50	0.	0.	1.72E-14	0.	0.	0.	2.16E-11	1.08E-10	6.01E-09	5.45E-09	1.16E-08
24	8.40	0.	0.	1.68E-14	0.	0.	0.	2.17E-11	1.11E-10	6.01E-09	5.46E-09	1.16E-08
25	8.30	0.	0.	1.36E-14	0.	0.	0.	2.18E-11	1.17E-10	6.01E-09	5.49E-09	1.16E-08
26	8.20	0.	0.	1.35E-14	0.	0.	0.	2.18E-11	1.21E-10	6.01E-09	5.52E-09	1.16E-08
27	8.10	0.	0.	1.12E-14	0.	0.	0.	2.20E-11	1.25E-10	6.01E-09	5.56E-09	1.16E-08
28	8.00	0.	0.	1.10E-14	0.	0.	0.	2.21E-11	1.30E-10	6.00E-09	5.59E-09	1.16E-08
29	7.90	0.	0.	9.10E-15	0.	0.	0.	2.22E-11	1.35E-10	6.01E-09	5.62E-09	1.17E-08
30	7.80	0.	0.	9.23E-15	0.	0.	0.	2.23E-11	1.41E-10	6.01E-09	5.66E-09	1.17E-08
31	7.70	0.	0.	7.78E-15	0.	0.	0.	2.25E-11	1.46E-10	6.02E-09	5.69E-09	1.18E-08
32	7.60	0.	0.	7.18E-15	0.	5.57E-19	0.	2.26E-11	1.52E-10	6.03E-09	5.73E-09	1.19E-08
33	7.50	0.	0.	6.41E-15	0.	2.46E-18	0.	2.27E-11	1.58E-10	6.04E-09	5.76E-09	1.19E-08
34	7.40	0.	0.	5.58E-15	0.	1.50E-17	0.	2.28E-11	1.65E-10	6.05E-09	5.79E-09	1.20E-08
35	7.30	0.	0.	5.12E-15	0.	7.00E-17	0.	2.29E-11	1.71E-10	6.07E-09	5.82E-09	1.20E-08
36	7.20	0.	0.	4.47E-15	0.	1.86E-16	0.	2.31E-11	1.79E-10	6.08E-09	5.86E-09	1.21E-08
37	7.10	0.	0.	4.16E-15	0.	5.30E-16	0.	2.32E-11	1.86E-10	6.09E-09	5.89E-09	1.21E-08
38	7.00	2.01E-18	0.	3.69E-15	0.	1.28E-15	0.	2.34E-11	1.95E-10	6.10E-09	5.93E-09	1.22E-08
39	6.90	3.85E-18	0.	3.27E-15	0.	1.44E-15	0.	2.36E-11	2.03E-10	6.11E-09	5.96E-09	1.22E-08
40	6.80	3.25E-18	0.	2.56E-15	0.	2.87E-15	0.	2.37E-11	2.12E-10	6.12E-09	6.00E-09	1.23E-08
41	6.70	2.31E-18	0.	2.22E-15	0.	3.24E-15	0.	2.39E-11	2.22E-10	6.13E-09	6.04E-09	1.23E-08
42	6.60	1.38E-18	0.	2.09E-15	0.	3.17E-15	0.	2.41E-11	2.32E-10	6.14E-09	6.09E-09	1.24E-08
43	6.50	1.74E-18	0.	1.09E-15	0.	3.67E-15	0.	2.43E-11	2.43E-10	6.17E-09	6.13E-09	1.25E-08
44	6.40	1.05E-18	0.	6.37E-16	1.79E-17	3.93E-15	0.	2.45E-11	2.55E-10	6.21E-09	6.18E-09	1.26E-08
45	6.30	2.20E-18	0.	3.32E-16	8.03E-17	2.26E-15	0.	2.47E-11	2.67E-10	6.25E-09	6.27E-09	1.27E-08
46	6.20	2.60E-18	0.	1.47E-16	3.04E-16	3.35E-15	0.	2.49E-11	2.81E-10	6.29E-09	6.33E-09	1.28E-08
47	6.10	2.69E-17	0.	3.60E-17	1.47E-16	4.71E-15	0.	2.51E-11	2.95E-10	6.33E-09	6.36E-09	1.31E-08
48	6.00	7.19E-17	0.	2.57E-18	2.72E-16	1.97E-15	0.	2.53E-11	3.10E-10	6.39E-09	6.45E-09	1.33E-08
49	5.90	1.18E-16	0.	6.38E-20	3.90E-16	2.02E-15	0.	2.55E-11	3.26E-10	6.46E-09	6.54E-09	1.34E-08
50	5.80	1.83E-16	0.	0.	5.33E-16	1.97E-15	0.	2.51E-11	3.43E-10	6.54E-09	6.63E-09	1.36E-08
51	5.70	2.21E-16	0.	0.	5.96E-16	2.16E-15	0.	2.36E-11	3.62E-10	6.69E-09	6.72E-09	1.38E-08

TEMPERATURE (DEGREES K) 12000. DENSITY (GM/CC) 1.293E-08 (10.0E-06 NORMAL)

#	PHOTON ENERGY	O2 S-R BANDS	N2 1ST POS.	N2 2ND POS.	N2+ 1ST NEG.	NO BETA	NO GAMMA	NO VIB-ROT	NO2	O- PHOTO-DET (IONS)	FREE-FREE (IONS)	N P.E.	O P.E.	TOTAL AIR
52	5.60	2.78E-16	0.	0.	0.	4.73E-16	3.15E-15	0.	0.	2.19E-11	3.81E-10	6.78E-09	6.82E-09	1.40E-08
53	5.50	2.93E-16	0.	0.	0.	5.78E-16	2.97E-15	0.	0.	2.20E-11	4.03E-10	6.89E-09	6.91E-09	1.42E-08
54	5.40	3.11E-16	0.	0.	0.	5.06E-16	2.17E-15	0.	0.	2.21E-11	4.26E-10	7.03E-09	7.02E-09	1.45E-08
55	5.30	3.05E-16	0.	0.	0.	5.20E-16	2.97E-15	0.	0.	2.23E-11	4.50E-10	7.18E-09	7.14E-09	1.48E-08
56	5.20	2.23E-16	0.	0.	0.	5.48E-16	1.93E-15	0.	0.	2.24E-11	4.77E-10	7.33E-09	7.29E-09	1.51E-08
57	5.10	2.10E-16	0.	0.	0.	5.38E-16	2.57E-15	0.	0.	2.26E-11	5.06E-10	7.53E-09	7.44E-09	1.55E-08
58	5.00	1.57E-16	0.	0.	0.	4.82E-16	2.29E-15	0.	0.	2.28E-11	5.37E-10	7.75E-09	7.60E-09	1.59E-08
59	4.90	1.31E-16	0.	0.	0.	5.25E-16	2.39E-15	0.	0.	2.30E-11	5.71E-10	7.98E-09	7.75E-09	1.63E-08
60	4.80	1.31E-16	0.	0.	0.	5.57E-16	2.21E-15	0.	0.	2.32E-11	6.08E-10	8.22E-09	7.92E-09	1.68E-08
61	4.70	1.43E-16	0.	0.	0.	5.40E-16	1.94E-15	0.	0.	2.34E-11	6.48E-10	8.46E-09	8.11E-09	1.72E-08
62	4.60	1.70E-16	0.	1.81E-16	0.	5.45E-16	1.78E-15	0.	0.	2.36E-11	6.91E-10	8.76E-09	8.32E-09	1.78E-08
63	4.50	1.73E-16	0.	6.07E-16	0.	4.82E-16	1.31E-15	0.	0.	2.37E-11	7.38E-10	9.13E-09	8.52E-09	1.84E-08
64	4.40	1.79E-16	0.	1.67E-15	0.	4.76E-16	9.33E-16	0.	0.	2.39E-11	7.90E-10	9.50E-09	8.73E-09	1.90E-08
65	4.30	1.63E-16	0.	6.16E-15	0.	4.40E-16	5.54E-16	0.	0.	2.41E-11	8.47E-10	9.89E-09	8.88E-09	1.96E-08
66	4.20	1.49E-16	0.	2.20E-15	0.	4.58E-16	4.18E-16	0.	0.	2.43E-11	9.09E-10	1.03E-08	2.12E-09	1.33E-08
67	4.10	1.36E-16	0.	8.74E-15	0.	4.34E-16	1.11E-16	0.	0.	2.44E-11	9.78E-10	1.20E-08	2.19E-09	1.24E-08
68	4.00	1.22E-16	0.	3.91E-15	0.	4.08E-16	8.48E-17	0.	0.	2.45E-11	1.05E-09	1.20E-09	2.26E-09	1.28E-08
69	3.90	1.00E-16	0.	5.88E-15	3.90E-13	3.61E-16	3.47E-17	0.	0.	2.44E-11	1.14E-09	1.31E-09	2.32E-09	1.09E-08
70	3.80	1.08E-16	0.	6.93E-15	2.22E-12	3.83E-16	0.	0.	0.	2.43E-11	1.23E-09	1.43E-09	2.41E-09	1.13E-08
71	3.70	9.21E-17	0.	4.12E-15	6.49E-13	3.08E-16	0.	0.	0.	2.39E-11	1.33E-09	1.54E-09	2.67E-09	1.12E-08
72	3.60	8.10E-17	0.	5.93E-15	3.94E-12	3.35E-16	0.	0.	0.	2.24E-11	1.45E-09	1.67E-09	2.98E-09	1.23E-08
73	3.50	7.34E-17	0.	3.28E-15	9.99E-13	2.49E-16	0.	0.	0.	2.05E-11	1.58E-09	1.81E-09	3.32E-09	1.37E-08
74	3.40	6.48E-17	0.	3.46E-15	9.93E-13	2.77E-16	0.	0.	0.	1.18E-11	1.72E-09	1.96E-09	3.69E-09	1.53E-08
75	3.30	5.08E-17	0.	2.10E-15	4.76E-12	2.11E-16	0.	0.	0.	1.19E-11	1.88E-09	1.56E-09	4.06E-09	1.69E-08
76	3.20	4.27E-17	0.	1.60E-15	1.02E-12	2.18E-16	0.	0.	0.	1.19E-11	2.07E-09	1.89E-09	4.45E-09	1.86E-08
77	3.10	3.96E-17	0.	9.40E-16	1.55E-12	1.99E-16	0.	0.	0.	1.19E-11	2.28E-09	2.23E-09	4.85E-09	2.03E-08
78	3.00	3.42E-17	0.	5.68E-16	4.67E-12	1.80E-16	0.	0.	0.	1.19E-11	2.51E-09	2.60E-09	5.24E-09	2.20E-08
79	2.90	2.76E-17	0.	2.71E-16	2.83E-12	1.29E-16	0.	0.	0.	1.19E-11	2.78E-09	2.97E-09	5.64E-09	2.39E-08
80	2.80	2.80E-17	0.	1.25E-16	1.33E-12	8.31E-17	0.	0.	0.	1.20E-11	3.10E-09	3.37E-09	6.08E-09	2.59E-08
81	2.70	1.71E-17	0.	6.29E-17	2.26E-12	4.21E-17	0.	0.	0.	1.20E-11	3.46E-09	3.99E-09	2.56E-09	2.41E-08
82	2.60	7.50E-18	0.	7.43E-18	2.13E-13	1.74E-17	0.	0.	0.	1.20E-11	3.88E-09	4.75E-09	2.79E-09	2.62E-08
83	2.50	5.11E-19	0.	0.	1.84E-13	3.96E-18	0.	0.	0.	1.20E-11	4.36E-09	5.52E-09	3.25E-09	2.45E-08
84	2.40	0.	3.93E-16	0.	1.80E-13	4.09E-19	0.	0.	0.	1.19E-11	4.94E-09	6.48E-09	3.95E-09	2.93E-08
85	2.30	0.	1.50E-15	0.	0.	0.	0.	0.	0.	1.18E-11	5.62E-09	7.77E-09	4.74E-09	3.45E-08
86	2.20	0.	3.48E-15	0.	0.	0.	0.	0.	0.	1.14E-11	6.43E-09	1.05E-08	5.71E-09	4.01E-08
87	2.10	0.	4.29E-15	0.	0.	0.	0.	0.	0.	1.10E-11	7.40E-09	1.26E-08	6.68E-09	4.59E-08
88	2.00	0.	7.68E-15	0.	0.	0.	0.	0.	0.	1.05E-11	8.58E-09	1.41E-08	8.72E-09	5.24E-08
89	1.90	0.	1.24E-14	0.	0.	0.	0.	0.	0.	9.88E-12	1.00E-08	1.75E-08	1.04E-08	6.22E-08
90	1.80	0.	1.01E-14	0.	0.	0.	0.	0.	0.	8.36E-12	1.18E-08	1.26E-08	1.26E-08	7.42E-08
91	1.70	0.	1.21E-14	0.	0.	0.	0.	0.	0.	3.80E-12	1.41E-08	1.40E-08	1.40E-08	8.60E-08
92	1.60	0.	8.63E-15	0.	0.	0.	0.	0.	0.	0.	1.69E-08	1.69E-08	1.64E-08	1.02E-07
93	1.50	0.	1.04E-14	0.	0.	0.	0.	0.	0.	0.	2.06E-08	2.06E-08	1.98E-08	1.29E-07
94	1.40	0.	1.06E-14	0.	0.	0.	0.	0.	0.	0.	2.54E-08	2.54E-08	2.40E-08	1.70E-07
95	1.30	0.	8.02E-15	0.	0.	0.	0.	0.	0.	0.	3.18E-08	3.18E-08	3.06E-08	2.40E-07
96	1.20	0.	7.84E-15	0.	0.	0.	0.	0.	0.	0.	4.06E-08	4.06E-08	3.72E-08	3.06E-07
97	1.10	0.	6.92E-15	0.	0.	0.	0.	3.02E-20	0.	0.	5.28E-08	5.28E-08	4.23E-08	2.63E-07
98	1.00	0.	6.36E-15	0.	0.	0.	0.	3.33E-19	0.	0.	7.10E-08	7.10E-08	4.87E-08	3.18E-07
99	0.90	0.	5.20E-15	0.	0.	0.	0.	3.89E-19	0.	0.	9.84E-08	9.84E-08	9.84E-08	3.94E-07
100	0.80	0.	2.44E-15	0.	0.	0.	0.	7.53E-18	0.	0.	1.41E-07	1.41E-07	4.07E-08	4.35E-07
101	0.70	0.	6.14E-16	0.	0.	0.	0.	5.64E-18	0.	0.	2.11E-07	1.83E-07	4.35E-08	5.91E-07
102	0.60	0.	6.21E-17	0.	0.	0.	0.	2.11E-17	0.	0.	3.39E-07	2.06E-07	4.60E-08	5.91E-07

ABSORPTION COEFFICIENTS OF HEATED AIR (INVERSE CM.)

TEMPERATURE (DEGREES K) 12000. DENSITY (GM/CC) 1.293E-09 (10.0E-07 NORMAL)

	PHOTON ENERGY E.V.	O2 S-R BANDS	O2 S-R CONT.	N2 B-H NO. 1	NO BETA	NO GAMMA	NO2	O- PHOTO-DET (IONS)	FREE-FREE (IONS)	N P.E.	O P.E.	TOTAL AIR
1	10.70	0.	0.	1.52E-17	0.	0.	0.	2.47E-14	6.04E-13	2.15E-10	6.50E-11	2.81E-10
2	10.60	0.	0.	1.34E-17	0.	0.	0.	2.47E-14	6.21E-13	2.16E-10	6.49E-11	2.82E-10
3	10.50	0.	0.	1.32E-17	0.	0.	0.	2.48E-14	6.39E-13	2.17E-10	6.48E-11	2.82E-10
4	10.40	0.	0.	1.22E-17	0.	0.	0.	2.48E-14	6.58E-13	2.18E-10	6.46E-11	2.83E-10
5	10.30	0.	0.	1.03E-17	0.	0.	0.	2.49E-14	6.77E-13	2.18E-10	6.45E-11	2.84E-10
6	10.20	0.	0.	1.03E-17	0.	0.	0.	2.49E-14	6.98E-13	2.19E-10	6.44E-11	2.84E-10
7	10.10	0.	0.	9.50E-18	0.	0.	0.	2.49E-14	7.19E-13	2.19E-10	6.42E-11	2.84E-10
8	10.00	0.	0.	8.09E-18	0.	0.	0.	2.50E-14	7.41E-13	2.20E-10	6.41E-11	2.85E-10
9	9.90	0.	0.	7.35E-18	0.	0.	0.	2.50E-14	7.63E-13	2.21E-10	6.40E-11	2.85E-10
10	9.80	0.	0.	6.08E-18	0.	0.	0.	2.51E-14	7.87E-13	2.21E-10	6.39E-11	2.86E-10
11	9.70	0.	0.	6.54E-18	0.	0.	0.	2.51E-14	8.12E-13	2.22E-10	6.37E-11	2.86E-10
12	9.60	0.	0.	5.34E-18	0.	0.	0.	2.52E-14	8.38E-13	2.22E-10	6.36E-11	2.87E-10
13	9.50	0.	0.	4.88E-18	0.	0.	0.	2.53E-14	8.64E-13	2.23E-10	6.35E-11	2.87E-10
14	9.40	0.	0.	4.95E-18	0.	0.	0.	2.54E-14	8.93E-13	6.74E-11	6.33E-11	1.32E-10
15	9.30	0.	0.	3.87E-18	0.	0.	0.	2.55E-14	9.22E-13	6.73E-11	6.32E-11	1.31E-10
16	9.20	0.	0.	3.96E-18	0.	0.	0.	2.56E-14	9.52E-13	6.72E-11	6.31E-11	1.31E-10
17	9.10	0.	0.	3.47E-18	0.	0.	0.	2.57E-14	9.84E-13	6.71E-11	6.30E-11	1.31E-10
18	9.00	0.	0.	3.09E-18	0.	0.	0.	2.58E-14	1.02E-12	6.70E-11	6.28E-11	1.31E-10
19	8.90	0.	0.	2.99E-18	0.	0.	0.	2.59E-14	1.05E-12	6.69E-11	6.27E-11	1.31E-10
20	8.80	0.	0.	2.47E-18	0.	0.	0.	2.60E-14	1.09E-12	6.69E-11	6.26E-11	1.31E-10
21	8.70	0.	0.	2.52E-18	0.	0.	0.	2.61E-14	1.13E-12	6.68E-11	6.25E-11	1.31E-10
22	8.60	0.	0.	2.10E-18	0.	0.	0.	2.62E-14	1.17E-12	6.65E-11	6.24E-11	1.30E-10
23	8.50	0.	0.	2.05E-18	0.	0.	0.	2.63E-14	1.21E-12	6.65E-11	6.23E-11	1.30E-10
24	8.40	0.	0.	1.66E-18	0.	0.	0.	2.65E-14	1.25E-12	6.65E-11	6.21E-11	1.30E-10
25	8.30	0.	0.	1.65E-18	0.	0.	0.	2.66E-14	1.30E-12	6.65E-11	6.22E-11	1.30E-10
26	8.20	0.	0.	1.37E-18	0.	0.	0.	2.68E-14	1.35E-12	6.66E-11	6.26E-11	1.31E-10
27	8.10	0.	0.	1.35E-18	0.	0.	0.	2.69E-14	1.40E-12	6.67E-11	6.30E-11	1.31E-10
28	8.00	0.	0.	1.11E-18	0.	0.	0.	2.70E-14	1.45E-12	6.69E-11	6.34E-11	1.32E-10
29	7.90	0.	0.	1.13E-18	0.	0.	0.	2.72E-14	1.51E-12	6.69E-11	6.37E-11	1.32E-10
30	7.80	0.	0.	9.52E-19	0.	0.	0.	2.73E-14	1.57E-12	6.70E-11	6.41E-11	1.33E-10
31	7.70	0.	0.	8.79E-19	0.	0.	0.	2.74E-14	1.63E-12	6.71E-11	6.45E-11	1.34E-10
32	7.60	0.	0.	7.84E-19	0.	0.	0.	2.76E-14	1.69E-12	6.72E-11	6.49E-11	1.34E-10
33	7.50	0.	0.	6.83E-19	0.	0.	0.	2.77E-14	1.76E-12	6.73E-11	6.53E-11	1.35E-10
34	7.40	0.	0.	6.27E-19	0.	7.02E-23	0.	2.79E-14	1.83E-12	6.75E-11	6.57E-11	1.35E-10
35	7.30	0.	0.	5.47E-19	0.	3.10E-22	0.	2.81E-14	1.91E-12	6.76E-11	6.60E-11	1.36E-10
36	7.20	0.	0.	5.09E-19	0.	1.89E-21	0.	2.84E-14	1.99E-12	6.77E-11	6.64E-11	1.37E-10
37	7.10	2.62E-22	0.	4.51E-19	0.	8.83E-21	0.	2.86E-14	2.08E-12	6.79E-11	6.68E-11	1.37E-10
38	7.00	5.00E-22	0.	4.00E-19	0.	2.35E-20	0.	2.88E-14	2.17E-12	6.80E-11	6.72E-11	1.38E-10
39	6.90	4.22E-22	0.	3.72E-19	0.	1.62E-20	0.	2.90E-14	2.26E-12	6.81E-11	6.76E-11	1.38E-10
40	6.80	1.79E-22	0.	3.11E-19	0.	1.82E-19	0.	2.93E-14	2.36E-12	6.85E-11	6.80E-11	1.39E-10
41	6.70	1.01E-22	0.	2.71E-19	0.	3.62E-19	0.	2.95E-14	2.47E-12	6.89E-11	6.84E-11	1.40E-10
42	6.60	1.37E-22	0.	2.06E-19	0.	4.09E-19	0.	2.97E-14	2.59E-12	6.94E-11	6.89E-11	1.41E-10
43	6.50	2.85E-22	0.	1.34E-19	0.	2.74E-19	0.	3.00E-14	2.71E-12	6.98E-11	6.94E-11	1.42E-10
44	6.40	8.58E-22	0.	7.80E-20	2.25E-21	4.63E-19	0.	3.02E-14	2.84E-12	7.03E-11	6.98E-11	1.43E-10
45	6.30	9.33E-21	0.	4.06E-20	1.01E-20	2.86E-19	0.	3.04E-14	2.98E-12	7.07E-11	7.05E-11	1.45E-10
46	6.20	1.54E-20	0.	4.40E-20	1.38E-20	4.22E-19	0.	3.06E-14	3.13E-12	7.15E-11	7.15E-11	1.47E-10
47	6.10	2.38E-20	0.	3.14E-22	3.84E-20	5.94E-19	0.	3.06E-14	3.28E-12	7.24E-11	7.25E-11	1.49E-10
48	6.00	2.87E-20	0.	7.80E-24	3.43E-20	2.49E-19	0.	3.02E-14	3.45E-12	7.32E-11	7.36E-11	1.51E-10
49	5.90		0.	0.	4.92E-20	2.55E-19	0.	2.84E-14	3.63E-12	7.40E-11	7.46E-11	1.53E-10
50	5.80		0.		6.71E-20	2.48E-19	0.		3.82E-12		7.56E-11	1.55E-10
51	5.70		0.	0.	7.51E-20	2.72E-19	0.		4.03E-12		7.66E-11	

ABSORPTION COEFFICIENTS OF HEATED AIR (INVERSE CM.)

TEMPERATURE (DEGREES K) 12000. DENSITY (GM/CC) 1.293E-09 (10.0E-07 NORMAL)

	PHOTON ENERGY	O2 S-R BANDS	N2 1ST POS.	N2 2ND POS.	N2+ 1ST NEG.	NO BETA	NO GAMMA	NO VIB-ROT	NO2	O- PHOTO-DET	FREE-FREE (IONS)	N P.E.	O P.E.	TOTAL AIR
52	5.60	3.61E-20	0.	0.	0.	5.96E-20	3.97E-19	0.	0.	2.64E-14	4.25E-12	7.50E-11	7.77E-11	1.57E-10
53	5.50	3.80E-20	0.	0.	0.	7.29E-20	3.75E-19	0.	0.	2.65E-14	4.48E-12	7.63E-11	7.88E-11	1.60E-10
54	5.40	4.04E-20	0.	0.	0.	6.38E-20	2.73E-19	0.	0.	2.66E-14	4.74E-12	7.79E-11	8.00E-11	1.63E-10
55	5.30	3.94E-20	0.	0.	0.	6.55E-20	3.74E-19	0.	0.	2.68E-14	5.02E-12	7.94E-11	8.14E-11	1.66E-10
56	5.20	2.89E-20	0.	0.	0.	6.90E-20	3.24E-19	0.	0.	2.70E-14	5.31E-12	8.11E-11	8.31E-11	1.70E-10
57	5.10	2.72E-20	0.	0.	0.	6.79E-20	2.89E-19	0.	0.	2.72E-14	5.63E-12	8.33E-11	8.49E-11	1.74E-10
58	5.00	2.04E-20	0.	0.	0.	6.07E-20	3.01E-19	0.	0.	2.74E-14	5.98E-12	8.57E-11	8.66E-11	1.78E-10
59	4.90	1.70E-20	0.	0.	0.	6.62E-20	2.78E-19	0.	0.	2.77E-14	6.36E-12	8.83E-11	8.84E-11	1.83E-10
60	4.80	1.70E-20	0.	0.	0.	7.02E-20	2.44E-19	0.	0.	2.79E-14	6.77E-12	9.10E-11	9.02E-11	1.88E-10
61	4.70	1.85E-20	0.	0.	0.	6.81E-20	2.25E-19	0.	0.	2.81E-14	7.21E-12	9.37E-11	9.25E-11	1.93E-10
62	4.60	2.16E-20	0.	0.	0.	6.87E-20	1.18E-19	0.	0.	2.84E-14	7.70E-12	9.70E-11	9.48E-11	2.00E-10
63	4.50	2.25E-20	0.	2.22E-20	0.	6.08E-20	6.99E-20	0.	0.	2.86E-14	8.22E-12	1.01E-10	9.71E-11	2.06E-10
64	4.40	2.32E-20	0.	7.42E-20	0.	6.00E-20	5.27E-20	0.	0.	2.88E-14	8.80E-12	1.05E-10	9.88E-11	2.13E-10
65	4.30	2.12E-20	0.	2.05E-19	0.	5.54E-20	5.48E-20	0.	0.	2.90E-14	9.43E-12	1.09E-10	9.42E-11	2.13E-10
66	4.20	1.94E-20	0.	7.53E-19	0.	5.78E-20	1.07E-20	0.	0.	2.93E-14	1.01E-11	1.14E-10	2.42E-11	1.48E-10
67	4.10	1.77E-20	0.	2.94E-19	0.	5.15E-20	1.38E-21	0.	0.	2.94E-14	1.09E-11	1.21E-10	2.50E-11	1.37E-10
68	4.00	1.59E-20	0.	1.07E-18	0.	4.55E-20	0.	0.	0.	2.95E-14	1.17E-11	1.33E-10	2.57E-11	1.16E-10
69	3.90	1.30E-20	0.	4.79E-19	4.53E-16	4.83E-20	0.	0.	0.	2.94E-14	1.27E-11	1.45E-10	2.65E-11	1.21E-10
70	3.80	1.41E-20	0.	7.19E-19	4.53E-16	3.89E-20	0.	0.	0.	2.93E-14	1.37E-11	1.58E-10	2.74E-11	1.17E-10
71	3.70	1.20E-20	0.	8.48E-19	7.53E-16	4.22E-20	0.	0.	0.	2.88E-14	1.48E-11	1.71E-10	3.05E-11	1.25E-10
72	3.60	1.06E-20	0.	5.04E-19	4.57E-15	3.15E-20	0.	0.	0.	2.70E-14	1.61E-11	1.85E-10	3.40E-11	1.37E-10
73	3.50	9.58E-21	0.	7.26E-19	1.16E-14	2.66E-20	0.	0.	0.	2.47E-14	1.75E-11	2.00E-10	3.78E-11	1.52E-10
74	3.40	8.44E-21	0.	4.02E-19	1.15E-14	2.74E-20	0.	0.	0.	1.92E-14	1.92E-11	2.17E-10	4.63E-11	1.70E-10
75	3.30	8.60E-21	0.	4.24E-19	1.52E-14	2.27E-20	0.	0.	0.	1.43E-14	2.10E-11	2.46E-10	5.08E-11	1.88E-10
76	3.20	5.54E-21	0.	2.56E-19	1.19E-14	1.63E-20	0.	0.	0.	1.43E-14	2.30E-11	2.66E-10	5.53E-11	2.07E-10
77	3.10	5.15E-21	0.	1.96E-19	1.80E-14	1.05E-20	0.	0.	0.	1.44E-14	2.53E-11	2.84E-10	6.43E-11	2.26E-10
78	3.00	4.44E-21	0.	1.15E-19	5.42E-15	5.31E-21	0.	0.	0.	1.44E-14	2.80E-11	2.92E-10	6.42E-11	2.46E-10
79	2.90	3.59E-21	0.	6.96E-20	3.28E-15	2.19E-21	0.	0.	0.	1.44E-14	3.10E-11	3.18E-10	6.92E-11	2.66E-10
80	2.80	3.64E-21	0.	3.31E-20	1.54E-15	5.00E-22	0.	0.	0.	1.44E-14	3.45E-11	3.67E-10	7.61E-11	2.84E-10
81	2.70	2.22E-21	0.	1.53E-20	2.62E-16	5.16E-23	0.	0.	0.	1.44E-14	3.85E-11	1.72E-10	3.18E-11	2.68E-10
82	2.60	9.74E-22	0.	7.69E-21	2.47E-16	0.	0.	0.	0.	1.44E-14	4.32E-11	2.09E-10	3.67E-11	1.92E-10
83	2.50	6.64E-23	0.	9.09E-22	2.13E-16	0.	0.	0.	0.	1.44E-14	4.86E-11	2.47E-10	4.51E-11	2.25E-10
84	2.40	0.	4.81E-20	0.	2.08E-16	0.	0.	0.	0.	1.43E-14	5.50E-11	2.88E-10	5.51E-11	2.72E-10
85	2.30	0.	1.83E-19	0.	0.	0.	0.	0.	0.	1.42E-14	6.26E-11	3.73E-10	6.51E-11	2.72E-10
86	2.20	0.	4.26E-19	0.	0.	0.	0.	0.	0.	1.42E-14	7.16E-11	3.41E-10	7.61E-11	3.26E-10
87	2.10	0.	5.25E-19	0.	0.	0.	0.	0.	0.	1.37E-14	8.24E-11	3.26E-10	8.17E-11	3.84E-10
88	2.00	0.	9.40E-19	0.	0.	0.	0.	0.	0.	1.32E-14	9.55E-11	3.26E-10	9.06E-11	4.46E-10
89	1.90	0.	1.51E-18	0.	0.	0.	0.	0.	0.	1.26E-14	1.12E-10	3.41E-10	9.94E-11	5.11E-10
90	1.80	0.	1.24E-18	0.	0.	0.	0.	0.	0.	1.19E-14	1.32E-10	3.73E-10	1.09E-10	5.84E-10
91	1.70	0.	1.48E-18	0.	0.	0.	0.	0.	0.	1.01E-14	1.57E-10	4.41E-10	1.19E-10	6.92E-10
92	1.60	0.	1.06E-18	0.	0.	0.	0.	0.	0.	1.01E-14	1.88E-10	5.26E-10	1.35E-10	8.17E-10
93	1.50	0.	1.27E-18	0.	0.	0.	0.	0.	0.	4.57E-15	2.29E-10	5.58E-10	1.77E-10	9.06E-10
94	1.40	0.	1.30E-18	0.	0.	0.	0.	0.	0.	0.	2.83E-10	6.00E-10	1.87E-10	1.04E-09
95	1.30	0.	9.81E-19	0.	0.	0.	0.	0.	0.	0.	3.55E-10	8.60E-10	1.57E-10	1.37E-09
96	1.20	0.	9.60E-19	0.	0.	0.	0.	0.	0.	0.	4.52E-10	1.17E-09	2.25E-10	1.89E-09
97	1.10	0.	8.47E-19	0.	0.	0.	0.	3.81E-24	0.	0.	5.88E-10	1.42E-09	2.74E-10	2.35E-09
98	1.00	0.	7.79E-19	0.	0.	0.	0.	4.20E-23	0.	0.	7.90E-10	1.72E-09	3.49E-10	2.93E-09
99	0.90	0.	6.37E-19	0.	0.	0.	0.	4.91E-23	0.	0.	1.10E-09	1.96E-09	4.24E-10	3.54E-09
100	0.80	0.	2.99E-19	0.	0.	0.	0.	9.49E-22	0.	0.	1.57E-09	1.77E-09	4.03E-10	3.75E-09
101	0.70	0.	7.51E-20	0.	0.	0.	0.	7.12E-22	0.	0.	2.35E-09	2.03E-09	4.64E-10	4.84E-09
102	0.60	0.	7.60E-21	0.	0.	0.	0.	2.66E-21	0.	0.	3.77E-09	2.28E-09	5.24E-10	6.57E-09

ABSORPTION COEFFICIENTS OF HEATED AIR (INVERSE CM.)

TEMPERATURE (DEGREES K) 13000.   DENSITY (GM/CC) 1.293E-02   (1.0E 01 NORMAL)

PHOTON ENERGY BANDS E.V.		O2 S-R BANDS	O2 S-R CONT.	N2 B-H NO. 1	NO BETA	NO GAMMA	NO 2	O- PHOTO-DET	FREE-FREE (IONS)	N P.E.	O P.E.	TOTAL AIR
1	10.70	0.	0.	1.30E 01	0.	0.	0.	1.38E 00	3.05E-03	1.26E 02	1.42E-01	1.40E 02
2	10.60	0.	0.	1.16E 01	0.	0.	0.	1.38E 00	3.13E-03	6.27E-01	1.42E-01	1.37E 01
3	10.50	0.	0.	1.15E 01	0.	0.	0.	1.38E 00	3.22E-03	6.31E-01	1.41E-01	1.37E 01
4	10.40	0.	0.	1.06E 01	0.	0.	0.	1.38E 00	3.32E-03	6.33E-01	1.41E-01	1.28E 01
5	10.30	0.	0.	9.04E 00	0.	0.	0.	1.38E 00	3.42E-03	6.34E-01	1.41E-01	1.12E 01
6	10.20	0.	0.	9.17E 00	0.	0.	0.	1.38E 00	3.52E-03	6.36E-01	1.40E-01	1.13E 01
7	10.10	0.	0.	8.48E 00	0.	0.	0.	1.39E 00	3.63E-03	6.37E-01	1.40E-01	1.06E 01
8	10.00	0.	0.	7.19E 00	0.	0.	0.	1.39E 00	3.74E-03	6.39E-01	1.40E-01	9.36E 00
9	9.90	0.	0.	7.33E 00	0.	0.	0.	1.39E 00	3.85E-03	6.40E-01	1.39E-01	9.50E 00
10	9.80	0.	0.	6.71E 00	0.	0.	0.	1.39E 00	3.97E-03	6.42E-01	1.39E-01	8.89E 00
11	9.70	0.	0.	5.61E 00	0.	0.	0.	1.40E 00	4.10E-03	6.44E-01	1.39E-01	7.79E 00
12	9.60	0.	0.	6.04E 00	0.	0.	0.	1.40E 00	4.23E-03	6.45E-01	1.38E-01	8.22E 00
13	9.50	0.	0.	4.99E 00	0.	0.	0.	1.40E 00	4.36E-03	6.47E-01	1.38E-01	7.18E 00
14	9.40	0.	0.	4.59E 00	0.	0.	0.	1.41E 00	4.50E-03	6.49E-01	1.37E-01	6.79E 00
15	9.30	0.	0.	4.67E 00	0.	0.	0.	1.41E 00	4.65E-03	6.51E-01	1.37E-01	6.88E 00
16	9.20	0.	0.	3.71E 00	0.	0.	0.	1.42E 00	4.80E-03	6.53E-01	1.37E-01	5.92E 00
17	9.10	0.	0.	3.79E 00	0.	0.	0.	1.42E 00	4.96E-03	2.02E-01	1.36E-01	5.56E 00
18	9.00	0.	0.	3.35E 00	0.	0.	0.	1.43E 00	5.13E-03	2.02E-01	1.36E-01	5.12E 00
19	8.90	0.	0.	3.02E 00	0.	0.	0.	1.43E 00	5.31E-03	2.02E-01	1.36E-01	4.79E 00
20	8.80	0.	0.	2.93E 00	0.	0.	0.	1.44E 00	5.49E-03	2.01E-01	1.35E-01	4.71E 00
21	8.70	0.	0.	2.45E 00	0.	0.	0.	1.44E 00	5.68E-03	2.01E-01	1.35E-01	4.23E 00
22	8.60	0.	0.	2.50E 00	0.	0.	0.	1.45E 00	5.86E-03	2.01E-01	1.35E-01	4.29E 00
23	8.50	0.	0.	2.11E 00	0.	0.	0.	1.46E 00	6.09E-03	2.01E-01	1.35E-01	3.91E 00
24	8.40	0.	0.	2.07E 00	0.	0.	0.	1.46E 00	6.32E-03	2.01E-01	1.34E-01	3.87E 00
25	8.30	0.	0.	1.70E 00	0.	0.	0.	1.47E 00	6.55E-03	2.02E-01	1.34E-01	3.51E 00
26	8.20	0.	0.	1.70E 00	0.	0.	0.	1.47E 00	6.76E-03	2.02E-01	1.35E-01	3.52E 00
27	8.10	0.	0.	1.42E 00	0.	0.	0.	1.48E 00	7.04E-03	2.02E-01	1.36E-01	3.24E 00
28	8.00	0.	0.	1.41E 00	0.	0.	0.	1.49E 00	7.31E-03	2.02E-01	1.36E-01	3.24E 00
29	7.90	0.	0.	1.17E 00	0.	0.	0.	1.50E 00	7.58E-03	2.03E-01	1.37E-01	3.02E 00
30	7.80	0.	0.	1.20E 00	0.	0.	0.	1.50E 00	7.89E-03	2.03E-01	1.38E-01	3.05E 00
31	7.70	0.	0.	1.02E 00	0.	0.	0.	1.51E 00	8.20E-03	2.04E-01	1.39E-01	2.88E 00
32	7.60	0.	0.	9.46E-01	0.	5.42E-05	0.	1.52E 00	8.53E-03	2.04E-01	1.39E-01	2.82E 00
33	7.50	0.	0.	8.52E-01	0.	2.26E-04	0.	1.53E 00	8.86E-03	2.05E-01	1.40E-01	2.73E 00
34	7.40	0.	0.	7.48E-01	0.	1.47E-03	0.	1.54E 00	9.24E-03	2.05E-01	1.41E-01	2.64E 00
35	7.30	0.	0.	6.91E-01	0.	6.64E-03	0.	1.54E 00	9.63E-03	2.06E-01	1.41E-01	2.60E 00
36	7.20	0.	0.	6.08E-01	0.	1.77E-02	0.	1.55E 00	1.00E-02	2.07E-01	1.42E-01	2.54E 00
37	7.10	0.	0.	5.71E-01	0.	5.17E-02	0.	1.57E 00	1.05E-02	2.07E-01	1.43E-01	2.55E 00
38	7.00	1.55E-04	0.	5.10E-01	0.	1.19E-01	0.	1.58E 00	1.09E-02	2.08E-01	1.43E-01	2.55E 00
39	6.90	2.98E-04	0.	4.56E-01	0.	1.41E-01	0.	1.59E 00	1.14E-02	2.08E-01	1.44E-01	2.55E 00
40	6.80	2.52E-04	0.	4.27E-01	0.	2.73E-01	0.	1.60E 00	1.19E-02	2.09E-01	1.45E-01	2.67E 00
41	6.70	1.80E-04	0.	3.64E-01	0.	2.98E-01	0.	1.60E 00	1.25E-02	2.09E-01	1.46E-01	2.53E 00
42	6.60	1.08E-04	0.	3.17E-01	0.	2.09E-01	0.	1.63E 00	1.31E-02	2.11E-01	1.47E-01	2.53E 00
43	6.50	6.12E-05	0.	2.44E-01	0.	3.43E-01	0.	1.64E 00	1.37E-02	2.12E-01	1.47E-01	2.60E 00
44	6.40	3.41E-05	0.	1.61E-01	1.54E-03	3.57E-01	0.	1.66E 00	1.43E-02	2.14E-01	1.48E-01	2.55E 00
45	6.30	1.93E-05	0.	9.54E-02	7.01E-03	2.15E-01	0.	1.67E 00	1.50E-02	2.15E-01	1.50E-01	2.37E 00
46	6.20	8.51E-06	0.	5.04E-02	9.65E-03	3.14E-01	0.	1.68E 00	1.58E-02	2.17E-01	1.52E-01	2.44E 00
47	6.10	3.80E-06	0.	2.27E-02	2.70E-02	4.28E-01	0.	1.69E 00	1.66E-02	2.19E-01	1.54E-01	2.56E 00
48	6.00	1.55E-06	0.	5.60E-03	2.45E-02	1.86E-01	0.	1.71E 00	1.74E-02	2.22E-01	1.56E-01	2.32E 00
49	5.90	3.75E-07	0.	4.00E-04	3.53E-02	1.88E-01	0.	1.71E 00	1.83E-02	2.24E-01	1.58E-01	2.33E 00
50	5.80	4.76E-08	0.	9.97E-06	4.85E-02	1.86E-01	0.	1.68E 00	1.93E-02	2.27E-01	1.60E-01	2.32E 00
51	5.70	3.50E-09	0.	0.	5.49E-02	2.05E-01	0.	1.58E 00	2.03E-02	2.30E-01	1.62E-01	2.25E 00

ABSORPTION COEFFICIENTS OF HEATED AIR (INVERSE CM.)

TEMPERATURE (DEGREES K) 13000.   DENSITY (GM/CC) 1.293E-02   (1.0E 01 NORMAL)

PHOTON ENERGY	O2 S-R BANDS	N2 1ST POS.	N2 2ND POS.	N2+ 1ST NEG.	NO BETA	NO GAMMA	NO VIB-ROT	NO2	O- PHOTO-DET (TCNS)	FREE-FREE (TCNS)	N P.E.	O P.E.	TOTAL AIR
5.60	1.56E-10	0.	0.	0.	4.43E-02	2.92E-01	0.	0.	1.47E 00	2.14E-02	2.33E-01	1.64E-01	2.22E 00
5.50	0.	0.	0.	0.	5.41E-02	2.74E-01	0.	0.	1.48E 00	2.26E-02	2.37E-01	1.66E-01	2.23E 00
5.40	0.	0.	0.	0.	4.79E-02	2.06E-01	0.	0.	1.48E 00	2.39E-02	2.43E-01	1.68E-01	2.17E 00
5.30	0.	0.	0.	0.	4.92E-02	2.76E-01	0.	0.	1.49E 00	2.53E-02	2.48E-01	1.71E-01	2.26E 00
5.20	0.	0.	0.	0.	5.21E-02	1.86E-01	0.	0.	1.50E 00	2.68E-02	2.53E-01	1.75E-01	2.20E 00
5.10	0.	0.	0.	0.	5.14E-02	2.45E-01	0.	0.	1.52E 00	2.84E-02	2.60E-01	1.78E-01	2.28E 00
5.00	2.01E-03	0.	0.	0.	4.62E-02	2.21E-01	0.	0.	1.53E 00	3.02E-02	2.68E-01	1.85E-01	2.28E 00
4.90	4.73E-03	0.	0.	0.	5.07E-02	2.33E-01	0.	0.	1.54E 00	3.21E-02	2.76E-01	1.85E-01	2.32E 00
4.80	8.58E-03	0.	0.	0.	5.39E-02	2.16E-01	0.	0.	1.55E 00	3.42E-02	2.85E-01	1.89E-01	2.34E 00
4.70	1.12E-02	0.	0.	0.	4.72E-02	1.92E-01	0.	0.	1.57E 00	3.64E-02	2.94E-01	1.94E-01	2.35E 00
4.60	1.50E-02	0.	0.	0.	5.34E-02	1.76E-01	0.	0.	1.58E 00	3.88E-02	3.05E-01	1.99E-01	2.37E 00
4.50	1.94E-02	0.	2.84E-02	0.	4.76E-02	1.30E-01	0.	0.	1.59E 00	4.15E-02	3.18E-01	2.04E-01	2.38E 00
4.40	1.60E-02	0.	9.25E-02	0.	4.72E-02	9.16E-02	0.	0.	1.60E 00	4.44E-02	3.31E-01	2.09E-01	2.44E 00
4.30	1.47E-02	0.	2.66E-01	0.	4.39E-02	5.53E-02	0.	0.	1.62E 00	4.76E-02	3.46E-01	2.14E-01	2.60E 00
4.20	1.35E-02	0.	9.45E-01	0.	4.59E-02	4.10E-02	0.	0.	1.63E 00	5.11E-02	3.60E-01	2.19E-01	3.31E 00
4.10	1.24E-02	0.	3.55E-01	0.	4.38E-02	1.10E-02	0.	0.	1.64E 00	5.49E-02	3.75E-01	2.23E-01	2.71E 00
4.00	1.12E-02	0.	1.35E 00	0.	4.15E-02	8.39E-03	0.	0.	1.64E 00	5.92E-02	3.89E-01	6.19E-02	3.56E 00
3.90	9.31E-03	0.	6.07E-01	1.80E-02	3.70E-02	3.38E-03	0.	0.	1.63E 00	6.39E-02	3.65E-01	6.61E-02	3.20E 00
3.80	1.01E-02	0.	9.28E-01	9.57E-02	3.95E-02	0.	0.	0.	1.60E 00	6.91E-02	2.88E-01	7.32E-02	3.17E 00
3.70	8.66E-03	0.	1.06E 00	3.04E-02	3.22E-02	0.	0.	0.	1.58E 00	7.49E-02	3.12E-01	8.14E-02	3.26E 00
3.60	7.67E-03	0.	6.58E-01	1.28E-01	3.49E-02	0.	0.	0.	1.50E 00	8.14E-02	3.12E-01	9.02E-02	1.96E 00
3.50	6.66E-03	0.	9.27E-01	4.68E-02	2.66E-02	0.	0.	0.	1.38E 00	8.87E-02	3.21E-01	1.00E-01	2.21E 00
3.40	6.24E-03	0.	5.32E-01	2.13E-01	2.94E-02	0.	0.	0.	7.95E-01	9.68E-02	3.60E-01	1.10E-01	2.27E 00
3.30	4.91E-03	0.	5.55E-01	4.32E-01	2.35E-02	0.	0.	0.	7.95E-01	1.06E-01	3.99E-01	1.21E-01	1.90E 00
3.20	4.17E-03	0.	3.43E-01	7.34E-02	2.35E-02	0.	0.	0.	7.96E-01	1.16E-01	4.38E-01	1.31E-01	1.99E 00
3.10	3.90E-03	0.	2.63E-01	2.08E-01	2.16E-02	0.	0.	0.	7.98E-01	1.28E-01	4.79E-01	1.42E-01	1.91E 00
3.00	3.40E-03	0.	1.56E-01	1.44E-02	1.98E-02	0.	0.	0.	8.00E-01	1.41E-01	5.20E-01	1.53E-01	1.87E 00
2.90	2.77E-03	0.	9.52E-02	1.23E-02	1.44E-02	0.	0.	0.	8.01E-01	1.57E-01	5.62E-01	1.65E-01	1.99E 00
2.80	2.63E-03	0.	4.55E-02	6.23E-02	9.44E-03	0.	0.	0.	8.02E-01	1.74E-01	6.10E-01	1.78E-01	1.91E 00
2.70	1.75E-03	0.	2.10E-02	2.22E-02	4.88E-03	0.	0.	0.	8.02E-01	1.95E-01	6.60E-01	1.91E-01	1.96E 00
2.60	7.82E-04	0.	1.05E-02	1.00E-01	2.04E-03	0.	0.	0.	8.02E-01	2.18E-01	7.15E-01	1.76E-01	1.95E 00
2.50	5.37E-05	0.	1.22E-03	2.54E-03	8.51E-04	0.	0.	0.	8.02E-01	2.45E-01	8.10E-01	1.95E-01	1.96E 00
2.40	0.	6.21E-02	0.	8.51E-03	4.91E-05	0.	0.	0.	8.02E-01	2.78E-01	8.10E-01	1.43E-01	2.21E 00
2.30	0.	2.25E-01	0.	7.95E-03	0.	0.	0.	0.	7.96E-01	3.16E-01	8.50E-01	1.14E-01	2.19E 00
2.20	0.	5.37E-01	0.	0.	0.	0.	0.	0.	7.95E-01	3.62E-01	8.89E-01	1.36E-01	2.71E 00
2.10	0.	6.38E-01	0.	0.	0.	0.	0.	0.	7.90E-01	4.17E-01	9.89E-01	1.64E-01	3.03E 00
2.00	0.	1.17E 00	0.	0.	0.	0.	0.	0.	7.64E-01	4.83E-01	1.13E 00	2.20E-01	3.77E 00
1.90	0.	1.78E 00	0.	0.	0.	0.	0.	0.	7.35E-01	5.65E-01	1.28E 00	2.51E-01	4.61E 00
1.80	0.	1.46E 00	0.	0.	0.	0.	0.	0.	7.05E-01	6.66E-01	1.52E 00	3.02E-01	4.66E 00
1.70	0.	1.74E 00	0.	0.	0.	0.	0.	0.	6.62E-01	7.92E-01	1.82E 00	3.65E-01	5.37E 00
1.60	0.	1.25E 00	0.	0.	0.	0.	0.	0.	5.60E-01	9.53E-01	2.12E 00	4.29E-01	5.31E 00
1.50	0.	1.49E 00	0.	0.	0.	0.	0.	0.	2.55E-01	1.16E 00	2.69E 00	5.12E-01	6.12E 00
1.40	0.	1.51E 00	0.	0.	0.	0.	0.	0.	0.	1.43E 00	3.31E 00	6.12E-01	6.86E 00
1.30	0.	1.15E 00	0.	0.	0.	0.	0.	0.	0.	1.79E 00	4.22E 00	8.06E-01	7.97E 00
1.20	0.	1.11E 00	0.	0.	0.	0.	0.	0.	0.	2.29E 00	4.32E 00	7.89E-01	8.51E 00
1.10	0.	1.00E 00	0.	0.	0.	0.	0.	0.	0.	2.99E 00	5.33E 00	9.91E-01	1.03E 01
1.00	0.	9.20E-01	0.	0.	0.	0.	2.80E-05	0.	0.	4.02E 00	6.44E 00	1.11E 00	1.25E 01
0.90	0.	7.54E-01	0.	0.	0.	0.	3.31E-05	0.	0.	5.56E 00	7.34E 00	1.31E 00	1.50E 01
0.80	0.	3.55E-01	0.	0.	0.	0.	3.84E-05	0.	0.	7.94E 00	8.44E 00	1.50E 00	1.82E 01
0.70	0.	8.78E-02	0.	0.	0.	0.	7.67E-04	0.	0.	1.19E 01	9.27E 00	1.63E 00	2.29E 01
0.60	0.	1.02E-02	0.	0.	0.	0.	2.17E-03	0.	0.	1.92E 01	1.03E 01	1.83E 00	3.13E 01

ABSORPTION COEFFICIENTS OF HEATED AIR (INVERSE CM.)

TEMPERATURE (DEGREES K) 13000.   DENSITY (GM/CC) 1.293E-03   (1.0E 00 NORMAL)

No.	PHOTON ENERGY E.V.	O2 S-R BANDS	O2 S-R CONT.	N2 B-H NO. 1	NO BETA	NO GAMMA	NO 2	O- PHOTO-DET (IONS)	FREE-FREE (IONS)	N P.E.	O P.E.	TOTAL AIR
1	10.70	0.	0.	1.99E-01	0.	0.	0.	4.48E-02	2.93E-04	1.55E 01	1.47E-02	1.58E 01
2	10.60	0.	0.	1.76E-01	0.	0.	0.	4.48E-02	3.01E-04	7.75E-02	1.47E-02	3.14E-01
3	10.50	0.	0.	1.75E-01	0.	0.	0.	4.49E-02	3.10E-04	7.79E-02	1.46E-02	3.13E-01
4	10.40	0.	0.	1.62E-01	0.	0.	0.	4.50E-02	3.19E-04	7.82E-02	1.46E-02	3.00E-01
5	10.30	0.	0.	1.38E-01	0.	0.	0.	4.50E-02	3.28E-04	7.84E-02	1.45E-02	2.76E-01
6	10.20	0.	0.	1.40E-01	0.	0.	0.	4.51E-02	3.38E-04	7.86E-02	1.45E-02	2.78E-01
7	10.10	0.	0.	1.29E-01	0.	0.	0.	4.51E-02	3.48E-04	7.87E-02	1.45E-02	2.68E-01
8	10.00	0.	0.	1.10E-01	0.	0.	0.	4.52E-02	3.59E-04	7.89E-02	1.44E-02	2.49E-01
9	9.90	0.	0.	1.12E-01	0.	0.	0.	4.53E-02	3.70E-04	7.91E-02	1.44E-02	2.51E-01
10	9.80	0.	0.	1.02E-01	0.	0.	0.	4.54E-02	3.82E-04	7.93E-02	1.44E-02	2.42E-01
11	9.70	0.	0.	8.56E-02	0.	0.	0.	4.55E-02	3.94E-04	7.95E-02	1.43E-02	2.25E-01
12	9.60	0.	0.	9.21E-02	0.	0.	0.	4.55E-02	4.06E-04	7.97E-02	1.43E-02	2.32E-01
13	9.50	0.	0.	7.61E-02	0.	0.	0.	4.56E-02	4.19E-04	7.99E-02	1.43E-02	2.16E-01
14	9.40	0.	0.	7.01E-02	0.	0.	0.	4.58E-02	4.33E-04	8.02E-02	1.42E-02	2.12E-01
15	9.30	0.	0.	7.13E-02	0.	0.	0.	4.60E-02	4.47E-04	8.04E-02	1.42E-02	2.12E-01
16	9.20	0.	0.	5.65E-02	0.	0.	0.	4.61E-02	4.61E-04	8.06E-02	1.42E-02	1.98E-01
17	9.10	0.	0.	5.78E-02	0.	0.	0.	4.63E-02	4.77E-04	2.49E-02	1.41E-02	1.44E-01
18	9.00	0.	0.	5.11E-02	0.	0.	0.	4.64E-02	4.93E-04	2.49E-02	1.41E-02	1.37E-01
19	8.90	0.	0.	4.60E-02	0.	0.	0.	4.66E-02	5.10E-04	2.49E-02	1.40E-02	1.32E-01
20	8.80	0.	0.	4.46E-02	0.	0.	0.	4.68E-02	5.28E-04	2.49E-02	1.40E-02	1.31E-01
21	8.70	0.	0.	3.74E-02	0.	0.	0.	4.69E-02	5.46E-04	2.49E-02	1.40E-02	1.27E-01
22	8.60	0.	0.	3.82E-02	0.	0.	0.	4.71E-02	5.65E-04	2.49E-02	1.39E-02	1.25E-01
23	8.50	0.	0.	3.23E-02	0.	0.	0.	4.73E-02	5.86E-04	2.49E-02	1.39E-02	1.19E-01
24	8.40	0.	0.	3.16E-02	0.	0.	0.	4.75E-02	6.07E-04	2.49E-02	1.39E-02	1.19E-01
25	8.30	0.	0.	2.59E-02	0.	0.	0.	4.76E-02	6.29E-04	2.49E-02	1.40E-02	1.19E-01
26	8.20	0.	0.	2.99E-02	0.	0.	0.	4.80E-02	6.52E-04	2.49E-02	1.40E-02	1.13E-01
27	8.10	0.	0.	2.16E-02	0.	0.	0.	4.83E-02	6.77E-04	2.49E-02	1.41E-02	1.10E-01
28	8.00	0.	0.	2.14E-02	0.	0.	0.	4.85E-02	7.03E-04	2.50E-02	1.42E-02	1.10E-01
29	7.90	0.	0.	1.79E-02	0.	0.	0.	4.88E-02	7.30E-04	2.50E-02	1.43E-02	1.07E-01
30	7.80	0.	0.	1.82E-02	0.	0.	0.	4.90E-02	7.58E-04	2.51E-02	1.43E-02	1.05E-01
31	7.70	0.	0.	1.55E-02	0.	0.	0.	4.93E-02	7.88E-04	2.52E-02	1.45E-02	1.04E-01
32	7.60	0.	0.	1.44E-02	0.	6.93E-07	0.	4.95E-02	8.20E-04	2.52E-02	1.45E-02	1.03E-01
33	7.50	0.	0.	1.30E-02	0.	2.88E-06	0.	4.98E-02	8.53E-04	2.53E-02	1.46E-02	1.02E-01
34	7.40	0.	0.	1.14E-02	0.	1.88E-05	0.	5.00E-02	8.88E-04	2.54E-02	1.46E-02	1.02E-01
35	7.30	0.	0.	1.05E-02	0.	8.49E-05	0.	5.03E-02	9.25E-04	2.54E-02	1.47E-02	1.01E-01
36	7.20	0.	0.	9.28E-03	0.	2.26E-04	0.	5.06E-02	9.65E-04	2.55E-02	1.48E-02	1.02E-01
37	7.10	0.	0.	8.71E-03	0.	6.61E-04	0.	5.10E-02	1.01E-03	2.56E-02	1.48E-02	1.02E-01
38	7.00	1.66E-06	0.	7.78E-03	0.	1.53E-03	0.	5.14E-02	1.05E-03	2.56E-02	1.49E-02	1.02E-01
39	6.90	3.19E-06	0.	6.96E-03	0.	1.80E-03	0.	5.18E-02	1.10E-03	2.57E-02	1.51E-02	1.04E-01
40	6.80	2.70E-06	0.	6.52E-03	0.	3.48E-03	0.	5.27E-02	1.15E-03	2.58E-02	1.51E-02	1.04E-01
41	6.70	1.93E-06	0.	5.55E-03	0.	3.81E-03	0.	5.31E-02	1.20E-03	2.58E-02	1.52E-02	1.03E-01
42	6.60	1.16E-06	0.	4.84E-03	0.	2.67E-03	0.	5.35E-02	1.25E-03	2.60E-02	1.53E-02	1.04E-01
43	6.50	6.55E-07	0.	3.72E-03	0.	4.39E-03	0.	5.39E-02	1.31E-03	2.62E-02	1.54E-02	1.04E-01
44	6.40	3.66E-07	0.	2.45E-03	1.97E-05	4.56E-03	0.	5.43E-02	1.38E-03	2.64E-02	1.55E-02	1.04E-01
45	6.30	2.07E-07	0.	1.45E-03	8.96E-05	2.75E-03	0.	5.47E-02	1.44E-03	2.66E-02	1.57E-02	1.02E-01
46	6.20	9.12E-08	0.	7.69E-04	1.23E-04	4.01E-03	0.	5.52E-02	1.51E-03	2.68E-02	1.59E-02	1.04E-01
47	6.10	4.07E-08	0.	3.46E-04	3.45E-04	5.47E-03	0.	5.56E-02	1.59E-03	2.70E-02	1.61E-02	1.06E-01
48	6.00	1.66E-08	0.	8.54E-05	3.13E-04	2.38E-03	0.	5.56E-02	1.67E-03	2.74E-02	1.63E-02	1.04E-01
49	5.90	4.02E-09	0.	6.16E-06	4.52E-04	2.41E-03	0.	5.47E-02	1.76E-03	2.77E-02	1.65E-02	1.04E-01
50	5.80	5.10E-10	0.	1.52E-07	6.20E-04	2.37E-03	0.	5.14E-02	1.85E-03	2.81E-02	1.67E-02	1.04E-01
51	5.70	3.75E-11	0.	0.	7.01E-04	2.62E-03	0.	5.14E-02	1.95E-03	2.84E-02	1.67E-02	1.02E-01

ABSORPTION COEFFICIENTS OF HEATED AIR (INVERSE CM.)

TEMPERATURE (DEGREES K) 13000.   DENSITY (GM/CC) 1.293E-03   (1.0E 00 NORMAL)

PHOTON ENERGY	O2 S-R BANDS	N2 1ST POS.	N2 2ND POS.	N2+ 1ST NEG.	NO BETA	NO GAMMA	NO VIB-ROT	NO2	O- PHOTO-DET (IONS)	FREE-FREE (IONS)	N P.E.	O P.E.	TOTAL AIR
5.60	1.68E-12	0.	0.	0.	5.66E-04	3.74E-03	0.	0.	4.78E-02	2.06E-03	2.88E-02	1.69E-02	9.99E-02
5.50	0.	0.	0.	0.	6.91E-04	3.50E-03	0.	0.	4.81E-02	2.18E-03	2.93E-02	1.72E-02	1.01E-01
5.40	0.	0.	0.	0.	6.12E-04	2.63E-03	0.	0.	4.83E-02	2.30E-03	3.00E-02	1.74E-02	1.01E-01
5.30	0.	0.	0.	0.	6.28E-04	3.52E-03	0.	0.	4.86E-02	2.43E-03	3.06E-02	1.77E-02	1.04E-01
5.20	0.	0.	0.	0.	6.65E-04	2.37E-03	0.	0.	4.89E-02	2.58E-03	3.13E-02	1.81E-02	1.04E-01
5.10	0.	0.	0.	0.	6.57E-04	3.13E-03	0.	0.	4.94E-02	2.73E-03	3.22E-02	1.85E-02	1.06E-01
5.00	2.15E-05	0.	0.	0.	5.91E-04	2.82E-03	0.	0.	4.98E-02	2.90E-03	3.31E-02	1.88E-02	1.08E-01
4.90	5.07E-05	0.	0.	0.	6.47E-04	2.98E-03	0.	0.	5.02E-02	3.08E-03	3.41E-02	1.92E-02	1.08E-01
4.80	9.19E-05	0.	0.	0.	6.88E-04	2.76E-03	0.	0.	5.06E-02	3.28E-03	3.52E-02	1.96E-02	1.12E-01
4.70	1.20E-04	0.	0.	0.	6.73E-04	2.45E-03	0.	0.	5.10E-02	3.50E-03	3.63E-02	2.01E-02	1.14E-01
4.60	1.60E-04	0.	0.	0.	6.60E-04	2.24E-03	0.	0.	5.18E-02	3.73E-03	3.76E-02	2.06E-02	1.16E-01
4.50	1.65E-04	0.	4.33E-04	0.	6.08E-04	1.66E-03	0.	0.	5.23E-02	3.99E-03	3.93E-02	2.11E-02	1.19E-01
4.40	1.71E-04	0.	1.41E-03	0.	6.03E-04	1.17E-03	0.	0.	5.27E-02	4.27E-03	4.09E-02	2.16E-02	1.22E-01
4.30	1.58E-04	0.	4.05E-03	0.	5.61E-04	7.07E-04	0.	0.	5.31E-02	4.57E-03	4.27E-02	2.22E-02	1.28E-01
4.20	1.45E-04	0.	1.44E-02	0.	5.87E-04	5.24E-04	0.	0.	5.33E-02	4.91E-03	4.45E-02	2.27E-02	1.41E-01
4.10	1.33E-04	0.	5.41E-03	0.	5.60E-04	1.40E-04	0.	0.	5.35E-02	5.28E-03	4.63E-02	2.30E-02	1.34E-01
4.00	1.20E-04	0.	2.05E-02	0.	5.30E-04	1.07E-04	0.	0.	5.31E-02	5.69E-03	4.81E-02	2.40E-02	1.35E-01
3.90	9.97E-05	0.	9.26E-03	8.75E-04	4.73E-04	4.32E-05	0.	0.	5.23E-02	6.14E-03	4.40E-02	6.60E-03	1.21E-01
3.80	1.08E-04	0.	1.42E-02	0.	5.04E-04	0.	0.	0.	4.89E-02	6.64E-03	4.50E-02	6.58E-03	1.21E-01
3.70	9.28E-05	0.	1.62E-02	1.47E-03	4.11E-04	0.	0.	0.	4.48E-02	7.20E-03	3.56E-02	7.58E-03	1.23E-01
3.60	8.21E-05	0.	1.00E-02	8.72E-03	4.46E-04	0.	0.	0.	2.58E-02	7.82E-03	3.85E-02	8.42E-03	1.38E-01
3.50	7.50E-05	0.	8.11E-02	2.27E-02	3.76E-04	0.	0.	0.	2.59E-02	8.52E-03	3.96E-02	9.34E-03	1.16E-01
3.40	6.68E-05	0.	8.47E-02	1.04E-02	2.90E-04	0.	0.	0.	2.59E-02	9.30E-03	4.44E-02	1.04E-02	1.30E-01
3.30	5.26E-05	0.	5.24E-02	2.09E-02	3.00E-04	0.	0.	0.	2.60E-02	1.02E-02	4.93E-02	1.14E-02	1.19E-01
3.20	4.46E-05	0.	4.02E-02	3.56E-02	2.76E-04	0.	0.	0.	2.61E-02	1.12E-02	5.42E-02	1.25E-02	1.31E-01
3.10	4.18E-05	0.	0.	0.	2.53E-04	0.	0.	0.	2.61E-02	1.23E-02	5.92E-02	1.36E-02	1.34E-01
3.00	3.64E-05	0.	2.38E-03	1.01E-02	1.84E-04	0.	0.	0.	2.61E-02	1.36E-02	6.42E-02	1.47E-02	1.39E-01
2.90	2.97E-05	0.	1.45E-03	5.95E-03	1.21E-04	0.	0.	0.	2.61E-02	1.51E-02	6.94E-02	1.58E-02	1.50E-01
2.80	3.03E-05	0.	6.94E-03	3.02E-03	6.23E-05	0.	0.	0.	2.61E-02	1.67E-02	7.53E-02	1.70E-02	1.56E-01
2.70	1.87E-05	0.	3.21E-04	4.86E-03	2.61E-05	0.	0.	0.	2.61E-02	1.87E-02	8.16E-02	1.84E-02	1.60E-01
2.60	8.37E-06	0.	1.61E-04	4.63E-04	6.03E-06	0.	0.	0.	2.59E-02	2.10E-02	8.84E-02	1.98E-02	1.82E-01
2.50	5.75E-07	0.	1.85E-04	4.12E-04	6.27E-07	0.	0.	0.	2.58E-02	2.36E-02	1.00E-01	9.76E-03	1.63E-01
2.40	0.	9.47E-04	0.	3.86E-04	0.	0.	0.	0.	2.57E-02	2.67E-02	1.16E-01	1.18E-02	1.91E-01
2.30	0.	3.43E-03	0.	0.	0.	0.	0.	0.	2.49E-02	3.04E-02	1.41E-01	1.41E-02	2.18E-01
2.20	0.	8.19E-03	0.	0.	0.	0.	0.	0.	2.39E-02	3.48E-02	1.05E-01	1.70E-02	2.51E-01
2.10	0.	9.78E-03	0.	0.	0.	0.	0.	0.	2.29E-02	4.00E-02	1.22E-01	1.98E-02	2.90E-01
2.00	0.	1.78E-02	0.	0.	0.	0.	0.	0.	2.16E-02	4.64E-02	1.40E-01	2.27E-02	3.29E-01
1.90	0.	2.71E-02	0.	0.	0.	0.	0.	0.	8.29E-03	5.43E-02	1.58E-01	2.60E-02	3.87E-01
1.80	0.	2.23E-02	0.	0.	0.	0.	0.	0.	0.	6.40E-02	1.88E-01	3.12E-02	4.44E-01
1.70	0.	2.65E-02	0.	0.	0.	0.	0.	0.	0.	7.61E-02	2.25E-01	3.78E-02	5.29E-01
1.60	0.	1.91E-02	0.	0.	0.	0.	0.	0.	0.	9.15E-02	2.61E-01	4.44E-02	6.33E-01
1.50	0.	2.28E-02	0.	0.	0.	0.	0.	0.	0.	1.11E-01	3.32E-01	5.37E-02	8.52E-01
1.40	0.	2.30E-02	0.	0.	0.	0.	0.	0.	0.	1.34E-01	4.09E-01	6.34E-02	1.06E 00
1.30	0.	1.70E-02	0.	0.	0.	0.	0.	0.	0.	1.72E-01	5.22E-01	8.16E-02	1.31E 00
1.20	0.	1.75E-02	0.	0.	0.	0.	0.	0.	0.	2.20E-01	6.58E-01	1.03E-01	1.59E 00
1.10	0.	1.53E-02	0.	0.	0.	0.	3.58E-08	0.	0.	2.87E-01	7.96E-01	1.35E-01	1.97E 00
1.00	0.	1.40E-02	0.	0.	0.	0.	4.23E-07	0.	0.	3.86E-01	9.07E-01	1.56E-01	2.46E 00
0.90	0.	1.15E-02	0.	0.	0.	0.	4.90E-07	0.	0.	5.34E-01	1.04E 00	1.69E-01	3.31E 00
0.80	0.	5.41E-03	0.	0.	0.	0.	9.80E-06	0.	0.	7.63E-01	1.04E 00	1.89E-01	
0.70	0.	1.34E-03	0.	0.	0.	0.	7.62E-06	0.	0.	1.14E 00	1.14E 00		
0.60	0.	1.56E-04	0.	0.	0.	0.	2.77E-05	0.	0.	1.84E 00	1.28E 00		

ABSORPTION COEFFICIENTS oF HEATED AIR (INVERSE CM.)

TEMPERATURE (DEGREES K) 13000.   DENSITY (GM/CC) 1.293E-04   (1.0E-01 NORMAL)

PHOTON ENERGY E.V.	O2 S-R BANDS	O2 S-R CONT.	N2 B-H NO. 1	NO BETA	NO GAMMA	NO2	O- PHOTO-DET (TNS)	FREE-FREE (TNS)	N P.E.	O P.E.	TOTAL AIR
1 10.70	0.	0.	1.91E-03	0.	0.	0.	1.35E-03	2.78E-05	1.52E 00	1.43E-03	1.53E 00
2 10.60	0.	0.	1.69E-03	0.	0.	0.	1.35E-03	2.86E-05	7.60E-05	1.43E-03	1.21E-02
3 10.50	0.	0.	1.69E-03	0.	0.	0.	1.35E-03	2.94E-05	7.63E-05	1.43E-03	1.21E-02
4 10.40	0.	0.	1.36E-03	0.	0.	0.	1.35E-03	3.03E-05	7.66E-05	1.42E-03	1.20E-02
5 10.30	0.	0.	1.32E-03	0.	0.	0.	1.36E-03	3.12E-05	7.68E-05	1.42E-03	1.18E-02
6 10.20	0.	0.	1.34E-03	0.	0.	0.	1.36E-03	3.21E-05	7.70E-05	1.41E-03	1.18E-02
7 10.10	0.	0.	1.24E-03	0.	0.	0.	1.36E-03	3.31E-05	7.71E-05	1.41E-03	1.18E-02
8 10.00	0.	0.	1.05E-03	0.	0.	0.	1.36E-03	3.41E-05	7.73E-05	1.41E-03	1.16E-02
9 9.90	0.	0.	1.07E-03	0.	0.	0.	1.36E-03	3.52E-05	7.75E-05	1.41E-03	1.16E-02
10 9.80	0.	0.	9.83E-04	0.	0.	0.	1.37E-03	3.62E-05	7.77E-05	1.40E-03	1.16E-02
11 9.70	0.	0.	8.22E-04	0.	0.	0.	1.37E-03	3.74E-05	7.79E-05	1.40E-03	1.14E-02
12 9.60	0.	0.	8.85E-04	0.	0.	0.	1.37E-03	3.86E-05	7.81E-05	1.39E-03	1.15E-02
13 9.50	0.	0.	7.31E-04	0.	0.	0.	1.37E-03	3.98E-05	7.83E-05	1.39E-03	1.14E-02
14 9.40	0.	0.	6.73E-04	0.	0.	0.	1.38E-03	4.11E-05	7.86E-05	1.39E-03	1.13E-02
15 9.30	0.	0.	6.85E-04	0.	0.	0.	1.38E-03	4.24E-05	7.88E-05	1.38E-03	1.14E-02
16 9.20	0.	0.	5.43E-04	0.	0.	0.	1.39E-03	4.38E-05	7.90E-05	1.38E-03	1.13E-02
17 9.10	0.	0.	5.56E-04	0.	0.	0.	1.39E-03	4.53E-05	2.44E-03	1.37E-03	5.82E-03
18 9.00	0.	0.	4.91E-04	0.	0.	0.	1.40E-03	4.68E-05	2.44E-03	1.37E-03	5.75E-03
19 8.90	0.	0.	4.42E-04	0.	0.	0.	1.40E-03	4.84E-05	2.44E-03	1.37E-03	5.71E-03
20 8.80	0.	0.	4.29E-04	0.	0.	0.	1.41E-03	5.01E-05	2.44E-03	1.36E-03	5.63E-03
21 8.70	0.	0.	3.59E-04	0.	0.	0.	1.41E-03	5.19E-05	2.44E-03	1.36E-03	5.64E-03
22 8.60	0.	0.	3.67E-04	0.	0.	0.	1.42E-03	5.37E-05	2.44E-03	1.36E-03	5.59E-03
23 8.50	0.	0.	3.10E-04	0.	0.	0.	1.43E-03	5.56E-05	2.44E-03	1.36E-03	5.59E-03
24 8.40	0.	0.	3.04E-04	0.	0.	0.	1.44E-03	5.77E-05	2.44E-03	1.36E-03	5.54E-03
25 8.30	0.	0.	2.49E-04	0.	0.	0.	1.44E-03	5.98E-05	2.44E-03	1.36E-03	5.56E-03
26 8.20	0.	0.	2.49E-04	0.	0.	0.	1.45E-03	6.20E-05	2.44E-03	1.37E-03	5.56E-03
27 8.10	0.	0.	2.06E-04	0.	0.	0.	1.45E-03	6.43E-05	2.44E-03	1.37E-03	5.54E-03
28 8.00	0.	0.	2.06E-04	0.	0.	0.	1.46E-03	6.68E-05	2.45E-03	1.38E-03	5.56E-03
29 7.90	0.	0.	1.72E-04	0.	6.63E-09	0.	1.47E-03	6.93E-05	2.45E-03	1.38E-03	5.55E-03
30 7.80	0.	0.	1.75E-04	0.	2.76E-08	0.	1.48E-03	7.20E-05	2.46E-03	1.39E-03	5.57E-03
31 7.70	0.	0.	1.39E-04	0.	1.80E-07	0.	1.48E-03	7.49E-05	2.46E-03	1.40E-03	5.57E-03
32 7.60	0.	0.	1.25E-04	0.	8.12E-07	0.	1.49E-03	7.79E-05	2.47E-03	1.41E-03	5.58E-03
33 7.50	0.	0.	1.10E-04	0.	2.16E-06	0.	1.50E-03	8.11E-05	2.47E-03	1.41E-03	5.60E-03
34 7.40	0.	0.	1.01E-04	0.	6.32E-06	0.	1.51E-03	8.44E-05	2.48E-03	1.42E-03	5.62E-03
35 7.30	0.	0.	8.91E-05	0.	1.46E-05	0.	1.51E-03	8.79E-05	2.49E-03	1.43E-03	5.64E-03
36 7.20	0.	0.	8.37E-05	0.	1.72E-05	0.	1.52E-03	9.17E-05	2.49E-03	1.43E-03	5.67E-03
37 7.10	1.58E-08	0.	7.48E-05	0.	3.33E-05	0.	1.54E-03	9.56E-05	2.50E-03	1.44E-03	5.67E-03
38 7.00	3.05E-08	0.	6.69E-05	0.	3.64E-05	0.	1.55E-03	9.98E-05	2.51E-03	1.45E-03	5.70E-03
39 6.90	2.57E-08	0.	6.27E-05	0.	2.55E-05	0.	1.56E-03	1.04E-04	2.51E-03	1.45E-03	5.72E-03
40 6.80	1.84E-08	0.	5.34E-05	0.	4.20E-05	0.	1.57E-03	1.09E-04	2.52E-03	1.46E-03	5.77E-03
41 6.70	1.10E-08	0.	4.65E-05	0.	4.36E-05	0.	1.59E-03	1.14E-04	2.53E-03	1.47E-03	5.79E-03
42 6.60	6.23E-09	0.	3.58E-05	0.	2.63E-05	0.	1.61E-03	1.19E-04	2.53E-03	1.48E-03	5.82E-03
43 6.50	3.48E-09	0.	2.36E-05	0.	3.83E-05	0.	1.62E-03	1.25E-04	2.55E-03	1.49E-03	5.87E-03
44 6.40	1.97E-09	0.	1.40E-05	1.89E-07	5.23E-05	0.	1.65E-03	1.31E-04	2.57E-03	1.50E-03	5.91E-03
45 6.30	6.68E-10	0.	7.39E-06	8.57E-07	2.28E-05	0.	1.65E-03	1.37E-04	2.59E-03	1.51E-03	5.93E-03
46 6.20	3.88E-10	0.	3.32E-06	1.18E-06	2.30E-05	0.	1.66E-03	1.44E-04	2.61E-03	1.53E-03	6.00E-03
47 6.10	1.58E-10	0.	8.20E-07	3.30E-06	2.27E-05	0.	1.67E-03	1.51E-04	2.63E-03	1.55E-03	6.07E-03
48 6.00	3.82E-11	0.	5.86E-08	3.00E-06	2.51E-05	0.	1.67E-03	1.59E-04	2.65E-03	1.57E-03	6.11E-03
49 5.90	4.85E-12	0.	1.46E-09	4.32E-06	0.	0.	1.65E-03	1.67E-04	2.68E-03	1.59E-03	6.18E-03
50 5.80	3.56E-13	0.	0.	5.93E-06	0.	0.	1.65E-03	1.76E-04	2.72E-03	1.61E-03	6.21E-03
51 5.70	3.56E-13	0.	0.	6.71E-06	0.	0.	1.55E-03	1.86E-04	2.78E-03	1.63E-03	6.18E-03

ABSORPTION COEFFICIENTS OF HEATED AIR (INVERSE CM.)

TEMPERATURE (DEGREES K) 13000.   DENSITY (GM/CC) 1.293E-04   (1.0E-01 NORMAL)

	PHOTON ENERGY	O2 S-R BANDS	N2 1ST POS.	N2 2ND POS.	N2+ 1ST NEG.	NO BETA	NO GAMMA	NO VIB-ROT	NO2	O- PHOTO-DET	FREE-FREE (IONS)	N P.E.	O P.E.	TOTAL AIR
52	5.60	1.89E-14	0.	0.	0.	5.42E-06	3.57E-05	0.	0.	1.44E-03	1.96E-04	2.82E-03	1.65E-03	6.15E-03
53	5.50	0.	0.	0.	0.	6.61E-06	3.35E-05	0.	0.	1.45E-03	2.07E-04	2.87E-03	1.68E-03	6.24E-03
54	5.40	0.	0.	0.	0.	5.86E-06	2.51E-05	0.	0.	1.45E-03	2.18E-04	2.94E-03	1.70E-03	6.34E-03
55	5.30	0.	0.	0.	0.	6.01E-06	3.37E-05	0.	0.	1.46E-03	2.31E-04	3.00E-03	1.73E-03	6.46E-03
56	5.20	0.	0.	0.	0.	6.36E-06	2.27E-05	0.	0.	1.47E-03	2.45E-04	3.07E-03	1.76E-03	6.58E-03
57	5.10	0.	0.	0.	0.	6.2E-06	2.99E-05	0.	0.	1.49E-03	2.60E-04	3.15E-03	1.80E-03	6.73E-03
58	5.00	2.05E-07	0.	0.	0.	5.65E-06	2.70E-05	0.	0.	1.50E-03	2.76E-04	2.76E-03	1.84E-03	6.89E-03
59	4.90	4.82E-07	0.	0.	0.	6.19E-06	2.85E-05	0.	0.	1.51E-03	2.93E-04	3.34E-03	1.87E-03	7.06E-03
60	4.80	8.74E-07	0.	0.	0.	6.58E-06	2.64E-05	0.	0.	1.52E-03	3.12E-04	3.45E-03	1.91E-03	7.23E-03
61	4.70	1.14E-06	0.	0.	0.	6.44E-06	2.34E-05	0.	0.	1.54E-03	3.32E-04	3.56E-03	1.96E-03	7.42E-03
62	4.60	1.52E-06	0.	0.	0.	6.52E-06	2.15E-05	0.	0.	1.55E-03	3.55E-04	3.69E-03	2.01E-03	7.63E-03
63	4.50	1.57E-06	0.	4.16E-06	0.	5.82E-06	1.59E-05	0.	0.	1.56E-03	3.79E-04	3.85E-03	2.06E-03	7.87E-03
64	4.40	1.63E-06	0.	1.36E-05	0.	5.76E-06	1.12E-05	0.	0.	1.57E-03	4.05E-04	4.01E-03	2.11E-03	8.13E-03
65	4.30	1.50E-06	0.	3.89E-05	0.	5.37E-06	6.76E-06	0.	0.	1.59E-03	4.34E-04	4.18E-03	2.16E-03	8.42E-03
66	4.20	1.38E-06	0.	1.39E-04	0.	5.61E-06	5.02E-06	0.	0.	1.60E-03	4.66E-04	4.36E-03	2.22E-03	8.79E-03
67	4.10	1.27E-06	0.	5.20E-05	0.	5.35E-06	1.34E-06	0.	0.	1.60E-03	5.02E-04	4.54E-03	2.25E-03	8.95E-03
68	4.00	1.15E-06	0.	1.97E-04	2.72E-04	5.07E-06	1.03E-06	0.	0.	1.61E-03	5.40E-04	4.71E-03	6.25E-04	7.69E-03
69	3.90	9.48E-07	0.	8.90E-05	1.45E-04	4.53E-06	4.13E-07	0.	0.	1.60E-03	5.83E-04	4.31E-03	6.44E-04	7.27E-03
70	3.80	1.03E-06	0.	1.36E-04	4.59E-05	4.82E-06	0.	0.	0.	1.60E-03	6.31E-04	4.41E-03	6.67E-04	7.60E-03
71	3.70	8.83E-07	0.	1.56E-04	2.71E-04	3.93E-06	0.	0.	0.	1.57E-03	6.84E-04	3.49E-03	7.39E-04	6.69E-03
72	3.60	7.81E-07	0.	9.64E-05	6.45E-04	4.27E-06	0.	0.	0.	1.47E-03	7.43E-04	3.77E-03	8.21E-04	7.18E-03
73	3.50	7.13E-07	0.	1.36E-04	7.07E-05	3.23E-06	0.	0.	0.	1.35E-03	8.09E-04	3.88E-03	9.11E-04	7.74E-03
74	3.40	6.35E-07	0.	7.79E-05	3.22E-04	3.59E-06	0.	0.	0.	7.78E-04	8.84E-04	4.35E-04	1.01E-03	7.18E-03
75	3.30	5.01E-07	0.	8.14E-05	6.52E-04	2.77E-06	0.	0.	0.	7.79E-04	9.67E-04	4.83E-03	1.11E-03	8.09E-03
76	3.20	4.25E-07	0.	5.03E-05	1.11E-04	2.87E-06	0.	0.	0.	7.80E-04	1.06E-03	5.31E-03	1.22E-03	9.03E-03
77	3.10	3.97E-07	0.	3.86E-05	3.14E-04	2.64E-06	0.	0.	0.	7.82E-04	1.17E-03	5.80E-03	1.32E-03	9.23E-03
78	3.00	3.46E-07	0.	2.29E-05	1.85E-04	2.42E-06	0.	0.	0.	7.84E-04	1.29E-03	6.29E-03	1.43E-03	1.01E-02
79	2.90	2.83E-07	0.	1.39E-05	9.39E-04	1.76E-06	0.	0.	0.	7.85E-04	1.43E-03	6.80E-03	1.54E-03	1.08E-02
80	2.80	2.88E-07	0.	6.67E-06	1.51E-04	1.15E-06	0.	0.	0.	7.87E-04	1.59E-03	7.38E-03	1.66E-03	1.15E-02
81	2.70	1.78E-07	0.	3.09E-06	1.44E-04	5.96E-07	0.	0.	0.	7.87E-04	1.78E-03	7.99E-03	1.79E-03	1.25E-02
82	2.60	7.97E-08	0.	1.54E-06	1.28E-05	2.50E-07	0.	0.	0.	7.87E-04	1.99E-03	8.66E-03	1.93E-03	1.34E-02
83	2.50	5.47E-09	0.	1.78E-07	1.20E-05	5.76E-08	0.	0.	0.	7.87E-04	2.24E-03	9.81E-03	9.52E-04	1.38E-02
84	2.40	0.	9.10E-06	0.	0.	6.00E-09	0.	0.	0.	7.87E-04	2.54E-03	1.14E-02	1.15E-03	1.59E-02
85	2.30	0.	3.30E-05	0.	0.	0.	0.	0.	0.	7.80E-04	2.89E-03	8.70E-03	1.38E-03	1.59E-02
86	2.20	0.	7.87E-05	0.	0.	0.	0.	0.	0.	7.77E-04	3.30E-03	1.03E-02	1.66E-03	1.61E-02
87	2.10	0.	9.35E-05	0.	0.	0.	0.	0.	0.	7.74E-04	3.80E-03	1.20E-02	1.94E-03	1.86E-02
88	2.00	0.	1.71E-04	0.	0.	0.	0.	0.	0.	7.49E-04	4.41E-03	1.37E-02	2.22E-03	2.12E-02
89	1.90	0.	2.61E-04	0.	0.	0.	0.	0.	0.	7.21E-04	5.16E-03	1.55E-02	2.53E-03	2.42E-02
90	1.80	0.	2.14E-04	0.	0.	0.	0.	0.	0.	6.89E-04	6.08E-03	1.84E-02	3.04E-03	2.85E-02
91	1.70	0.	2.54E-04	0.	0.	0.	0.	0.	0.	6.49E-04	7.23E-03	2.20E-02	3.69E-03	3.38E-02
92	1.60	0.	1.83E-04	0.	0.	0.	0.	0.	0.	6.49E-04	8.70E-03	2.56E-02	4.33E-03	3.94E-02
93	1.50	0.	2.19E-04	0.	0.	0.	0.	0.	0.	5.49E-04	1.06E-02	3.26E-02	5.24E-03	4.89E-02
94	1.40	0.	2.21E-04	0.	0.	0.	0.	0.	0.	2.50E-04	1.31E-02	4.00E-02	6.18E-03	5.95E-02
95	1.30	0.	1.68E-04	0.	0.	0.	0.	0.	0.	0.	1.64E-02	5.11E-02	8.13E-03	7.58E-02
96	1.20	0.	1.63E-04	0.	0.	0.	0.	0.	0.	0.	2.09E-02	5.23E-02	7.96E-03	8.13E-02
97	1.10	0.	1.47E-04	0.	0.	0.	0.	3.42E-10	0.	0.	2.73E-02	6.45E-02	1.00E-02	1.02E-01
98	1.00	0.	1.35E-04	0.	0.	0.	0.	4.05E-09	0.	0.	3.67E-02	7.80E-02	1.12E-02	1.26E-01
99	0.90	0.	1.11E-04	0.	0.	0.	0.	4.69E-09	0.	0.	5.07E-02	8.89E-02	1.32E-02	1.53E-01
100	0.80	0.	5.20E-05	0.	0.	0.	0.	9.37E-08	0.	0.	7.25E-02	1.02E-01	1.52E-02	1.90E-01
101	0.70	0.	1.29E-05	0.	0.	0.	0.	7.29E-08	0.	0.	1.09E-01	1.12E-01	1.65E-02	2.37E-01
102	0.60	0.	1.50E-06	0.	0.	0.	0.	2.65E-07	0.	0.	1.75E-01	1.25E-01	1.84E-02	3.19E-01

271

ABSORPTION COEFFICIENTS OF HEATED AIR (INVERSE CM.)

TEMPERATURE (DEGREES K) 13000.   DENSITY. (GM/CC) 1.293E-05 (10.0E-03 NORMAL)

PHOTON ENERGY BANDS E.V.	O2 S-R BANDS	O2 S-R CONT.	N2 B-H NO. 1	NO BETA	NO GAMMA	NO 2	O- PHOTO-DET	FREE-FREE (IONS)	N P.E.	O P.E.	TOTAL AIR
1 10.70	0.	0.	1.38E-05	0.	0.	0.	3.55E-05	2.37E-06	1.29E-01	1.29E-04	1.30E-01
2 10.60	0.	0.	1.22E-05	0.	0.	0.	3.56E-05	2.44E-06	6.45E-04	1.29E-04	8.24E-04
3 10.50	0.	0.	1.22E-05	0.	0.	0.	3.56E-05	2.51E-06	6.48E-04	1.29E-04	8.27E-04
4 10.40	0.	0.	1.12E-05	0.	0.	0.	3.57E-05	2.59E-06	6.51E-04	1.28E-04	8.28E-04
5 10.30	0.	0.	9.55E-06	0.	0.	0.	3.57E-05	2.66E-06	6.52E-04	1.28E-04	8.28E-04
6 10.20	0.	0.	9.69E-06	0.	0.	0.	3.58E-05	2.74E-06	6.54E-04	1.28E-04	8.30E-04
7 10.10	0.	0.	8.97E-06	0.	0.	0.	3.58E-05	2.83E-06	6.55E-04	1.27E-04	8.30E-04
8 10.00	0.	0.	7.60E-06	0.	0.	0.	3.59E-05	2.91E-06	6.57E-04	1.27E-04	8.30E-04
9 9.90	0.	0.	7.75E-06	0.	0.	0.	3.59E-05	3.00E-06	6.58E-04	1.27E-04	8.32E-04
10 9.80	0.	0.	7.09E-06	0.	0.	0.	3.60E-05	3.09E-06	6.60E-04	1.26E-04	8.33E-04
11 9.70	0.	0.	5.93E-06	0.	0.	0.	3.61E-05	3.19E-06	6.62E-04	1.26E-04	8.33E-04
12 9.60	0.	0.	6.38E-06	0.	0.	0.	3.61E-05	3.29E-06	6.63E-04	1.26E-04	8.35E-04
13 9.50	0.	0.	5.27E-06	0.	0.	0.	3.62E-05	3.40E-06	6.65E-04	1.25E-04	8.36E-04
14 9.40	0.	0.	4.86E-06	0.	0.	0.	3.63E-05	3.51E-06	6.67E-04	1.25E-04	8.37E-04
15 9.30	0.	0.	4.94E-06	0.	0.	0.	3.64E-05	3.62E-06	6.69E-04	1.25E-04	8.39E-04
16 9.20	0.	0.	3.92E-06	0.	0.	0.	3.66E-05	3.74E-06	6.71E-04	1.24E-04	8.40E-04
17 9.10	0.	0.	4.01E-06	0.	0.	0.	3.67E-05	3.87E-06	2.08E-04	1.24E-04	3.76E-04
18 9.00	0.	0.	3.54E-06	0.	0.	0.	3.68E-05	4.00E-06	2.07E-04	1.24E-04	3.76E-04
19 8.90	0.	0.	3.19E-06	0.	0.	0.	3.70E-05	4.14E-06	2.07E-04	1.24E-04	3.75E-04
20 8.80	0.	0.	3.09E-06	0.	0.	0.	3.71E-05	4.28E-06	2.07E-04	1.23E-04	3.75E-04
21 8.70	0.	0.	2.59E-06	0.	0.	0.	3.72E-05	4.43E-06	2.07E-04	1.23E-04	3.74E-04
22 8.60	0.	0.	2.64E-06	0.	0.	0.	3.74E-05	4.59E-06	2.07E-04	1.23E-04	3.74E-04
23 8.50	0.	0.	2.24E-06	0.	0.	0.	3.75E-05	4.75E-06	2.07E-04	1.22E-04	3.74E-04
24 8.40	0.	0.	2.19E-06	0.	0.	0.	3.77E-05	4.92E-06	2.07E-04	1.22E-04	3.74E-04
25 8.30	0.	0.	1.80E-06	0.	0.	0.	3.79E-05	5.10E-06	2.07E-04	1.22E-04	3.74E-04
26 8.20	0.	0.	1.79E-06	0.	0.	0.	3.81E-05	5.29E-06	2.07E-04	1.23E-04	3.75E-04
27 8.10	0.	0.	1.50E-06	0.	0.	0.	3.83E-05	5.49E-06	2.07E-04	1.23E-04	3.76E-04
28 8.00	0.	0.	1.49E-06	0.	0.	0.	3.85E-05	5.70E-06	2.08E-04	1.24E-04	3.78E-04
29 7.90	0.	0.	1.24E-06	0.	5.07E-11	0.	3.87E-05	5.92E-06	2.08E-04	1.25E-04	3.79E-04
30 7.80	0.	0.	1.26E-06	0.	2.11E-10	0.	3.89E-05	6.15E-06	2.09E-04	1.26E-04	3.80E-04
31 7.70	0.	0.	1.08E-06	0.	1.38E-09	0.	3.91E-05	6.39E-06	2.09E-04	1.27E-04	3.82E-04
32 7.60	0.	0.	1.00E-06	0.	6.22E-09	0.	3.93E-05	6.65E-06	2.10E-04	1.28E-04	3.85E-04
33 7.50	0.	0.	9.01E-07	0.	1.65E-08	0.	3.95E-05	6.92E-06	2.11E-04	1.29E-04	3.87E-04
34 7.40	0.	0.	7.91E-07	0.	4.84E-08	0.	3.97E-05	7.21E-06	2.11E-04	1.30E-04	3.88E-04
35 7.30	0.	0.	7.31E-07	0.	1.12E-07	0.	3.99E-05	7.51E-06	2.12E-04	1.30E-04	3.90E-04
36 7.20	0.	0.	6.43E-07	0.	1.32E-07	0.	4.01E-05	7.83E-06	2.12E-04	1.30E-04	3.92E-04
37 7.10	1.28E-10	0.	6.03E-07	0.	2.55E-07	0.	4.05E-05	8.17E-06	2.13E-04	1.31E-04	3.94E-04
38 7.00	2.46E-10	0.	5.39E-07	0.	2.79E-07	0.	4.08E-05	8.52E-06	2.13E-04	1.32E-04	3.96E-04
39 6.90	2.09E-10	0.	4.83E-07	0.	1.96E-07	0.	4.11E-05	8.90E-06	2.14E-04	1.33E-04	3.98E-04
40 6.80	1.49E-10	0.	4.52E-07	0.	3.21E-07	0.	4.14E-05	9.31E-06	2.15E-04	1.33E-04	4.00E-04
41 6.70	8.95E-11	0.	3.85E-07	0.	3.34E-07	0.	4.18E-05	9.73E-06	2.15E-04	1.35E-04	4.03E-04
42 6.60	5.06E-11	0.	3.36E-07	0.	2.01E-07	0.	4.21E-05	1.02E-05	2.16E-04	1.36E-04	4.06E-04
43 6.50	2.83E-11	0.	2.58E-07	0.	2.93E-07	0.	4.24E-05	1.07E-05	2.18E-04	1.36E-04	4.09E-04
44 6.40	1.60E-11	0.	1.70E-07	1.44E-09	4.01E-07	0.	4.28E-05	1.12E-05	2.20E-04	1.38E-04	4.13E-04
45 6.30	7.05E-12	0.	1.01E-07	6.56E-09	1.74E-07	0.	4.31E-05	1.17E-05	2.21E-04	1.40E-04	4.17E-04
46 6.20	3.15E-12	0.	5.33E-08	9.03E-09	1.76E-07	0.	4.34E-05	1.23E-05	2.23E-04	1.42E-04	4.22E-04
47 6.10	1.28E-12	0.	2.40E-08	2.53E-08	1.74E-07	0.	4.37E-05	1.29E-05	2.25E-04	1.43E-04	4.27E-04
48 6.00	3.11E-13	0.	5.29E-08	2.29E-08	1.92E-07	0.	4.41E-05	1.36E-05	2.28E-04	1.43E-04	4.33E-04
49 5.90	3.94E-14	0.	4.23E-10	3.31E-08	0.	0.	4.41E-05	1.43E-05	2.31E-04	1.45E-04	4.38E-04
50 5.80	2.89E-15	0.	1.05E-11	4.54E-08	0.	0.	4.34E-05	1.50E-05	2.34E-04	1.47E-04	4.40E-04
51 5.70	0.	0.	0.	5.13E-08	0.	0.	4.08E-05	1.58E-05	2.36E-04	1.47E-04	4.40E-04

ABSORPTION COEFFICIENTS OF HEATED AIR (INVERSE CM.)

TEMPERATURE (DEGREES K) 13000. DENSITY (GM/CC) 1.293E-05 (10.0E-03 NORMAL)

	PHOTON ENERGY	O2 S-R BANDS	N2 1ST POS.	N2 2ND POS.	N2+ 1ST NEG.	NO BETA	NO GAMMA	NO VIB-ROT	NO 2	O- PHOTO-DET	FREE-FREE (IONS)	N P.E.	O P.E.	TOTAL AIR
52	5.60	1.29E-16	0.	0.	0.	4.15E-08	2.74E-07	0.	0.	3.79E-05	1.67E-05	2.40E-04	1.49E-04	4.44E-04
53	5.50	0.	0.	0.	0.	5.06E-08	2.56E-07	0.	0.	3.81E-05	1.76E-05	2.44E-04	1.51E-04	4.51E-04
54	5.40	0.	0.	0.	0.	4.48E-08	1.92E-07	0.	0.	3.83E-05	1.87E-05	2.49E-04	1.53E-04	4.60E-04
55	5.30	0.	0.	0.	0.	4.60E-08	2.58E-07	0.	0.	3.86E-05	1.97E-05	2.55E-04	1.56E-04	4.69E-04
56	5.20	0.	0.	0.	0.	4.87E-08	1.74E-07	0.	0.	3.88E-05	2.09E-05	2.60E-04	1.59E-04	4.79E-04
57	5.10	0.	0.	0.	0.	4.81E-08	2.29E-07	0.	0.	3.91E-05	2.22E-05	2.68E-04	1.62E-04	4.91E-04
58	5.00	1.66E-09	0.	0.	0.	4.33E-08	2.07E-07	0.	0.	3.95E-05	2.35E-05	2.76E-04	1.65E-04	5.04E-04
59	4.90	3.92E-09	0.	0.	0.	4.74E-08	2.18E-07	0.	0.	3.98E-05	2.50E-05	2.84E-04	1.69E-04	5.18E-04
60	4.80	7.10E-09	0.	0.	0.	5.04E-08	2.02E-07	0.	0.	4.01E-05	2.66E-05	2.93E-04	1.72E-04	5.32E-04
61	4.70	9.27E-09	0.	0.	0.	4.93E-08	1.79E-07	0.	0.	4.05E-05	2.84E-05	3.02E-04	1.77E-04	5.48E-04
62	4.60	1.24E-08	0.	0.	0.	4.99E-08	1.64E-07	0.	0.	4.08E-05	3.03E-05	3.13E-04	1.81E-04	5.66E-04
63	4.50	1.27E-08	0.	3.00E-08	0.	4.45E-08	1.21E-07	0.	0.	4.11E-05	3.23E-05	3.27E-04	1.86E-04	5.86E-04
64	4.40	1.32E-08	0.	9.77E-08	0.	4.41E-08	8.59E-08	0.	0.	4.14E-05	3.46E-05	3.41E-04	1.90E-04	6.07E-04
65	4.30	1.22E-08	0.	2.81E-07	0.	4.11E-08	5.17E-08	0.	0.	4.18E-05	3.71E-05	3.55E-04	1.95E-04	6.30E-04
66	4.20	1.12E-08	0.	9.99E-07	0.	4.29E-08	3.84E-08	0.	0.	4.21E-05	3.98E-05	3.70E-04	2.00E-04	6.53E-04
67	4.10	1.03E-08	0.	3.75E-07	0.	4.10E-08	1.03E-08	0.	0.	4.23E-05	4.28E-05	3.85E-04	2.02E-04	6.73E-04
68	4.00	9.31E-09	0.	1.42E-06	0.	3.88E-08	7.85E-09	0.	0.	4.24E-05	4.61E-05	4.00E-04	5.63E-05	5.47E-04
69	3.90	7.71E-09	0.	6.42E-07	6.72E-07	3.46E-08	3.16E-09	0.	0.	4.23E-05	4.98E-05	3.66E-04	5.80E-05	5.18E-04
70	3.80	8.35E-09	0.	9.81E-07	3.57E-06	3.69E-08	0.	0.	0.	4.21E-05	5.39E-05	3.75E-04	6.01E-05	5.36E-04
71	3.70	7.17E-09	0.	1.12E-06	1.13E-06	3.01E-08	0.	0.	0.	4.14E-05	5.84E-05	2.96E-04	6.66E-05	4.65E-04
72	3.60	6.35E-09	0.	6.96E-07	6.70E-06	3.27E-08	0.	0.	0.	3.88E-05	6.35E-05	3.20E-04	7.40E-05	5.04E-04
73	3.50	5.80E-09	0.	9.80E-07	1.59E-05	2.47E-08	0.	0.	0.	3.55E-05	6.91E-05	3.30E-04	8.21E-05	5.34E-04
74	3.40	5.16E-09	0.	5.62E-07	1.74E-06	2.75E-08	0.	0.	0.	2.05E-05	7.55E-05	3.70E-04	9.11E-05	5.59E-04
75	3.30	4.07E-09	0.	5.87E-07	7.95E-06	2.12E-08	0.	0.	0.	2.05E-05	8.26E-05	4.10E-04	1.00E-04	6.22E-04
76	3.20	3.45E-09	0.	3.63E-07	1.61E-05	2.19E-08	0.	0.	0.	2.06E-05	9.07E-05	4.51E-04	1.10E-04	6.88E-04
77	3.10	3.23E-09	0.	2.78E-07	2.74E-06	2.02E-08	0.	0.	0.	2.06E-05	9.98E-05	4.93E-04	1.19E-04	7.35E-04
78	3.00	2.81E-09	0.	1.65E-07	7.75E-06	1.85E-08	0.	0.	0.	2.07E-05	1.10E-04	5.34E-04	1.29E-04	8.02E-04
79	2.90	2.30E-09	0.	1.01E-07	4.57E-06	1.35E-08	0.	0.	0.	2.07E-05	1.22E-04	5.78E-04	1.39E-04	8.64E-04
80	2.80	2.34E-09	0.	4.81E-08	2.32E-06	8.83E-09	0.	0.	0.	2.07E-05	1.36E-04	6.27E-04	1.50E-04	9.35E-04
81	2.70	1.45E-09	0.	2.23E-08	3.73E-06	4.56E-09	0.	0.	0.	2.07E-05	1.52E-04	6.79E-04	1.62E-04	1.02E-03
82	2.60	6.47E-10	0.	1.11E-08	3.55E-07	1.91E-09	0.	0.	0.	2.07E-05	1.70E-04	7.36E-04	1.74E-04	1.10E-03
83	2.50	4.44E-11	0.	1.29E-09	3.17E-07	4.41E-10	0.	0.	0.	2.07E-05	1.91E-04	8.33E-04	8.58E-05	1.13E-03
84	2.40	0.	6.56E-08	0.	2.96E-07	4.59E-11	0.	0.	0.	2.07E-05	2.17E-04	9.68E-04	1.03E-04	1.31E-03
85	2.30	0.	2.38E-07	0.	0.	0.	0.	0.	0.	2.06E-05	2.46E-04	7.39E-04	1.24E-04	1.13E-03
86	2.20	0.	5.68E-07	0.	0.	0.	0.	0.	0.	2.05E-05	2.82E-04	8.74E-04	1.49E-04	1.33E-03
87	2.10	0.	6.74E-07	0.	0.	0.	0.	0.	0.	2.04E-05	3.25E-04	1.02E-03	1.74E-04	1.54E-03
88	2.00	0.	1.24E-06	0.	0.	0.	0.	0.	0.	1.97E-05	3.77E-04	1.16E-03	2.00E-04	1.76E-03
89	1.90	0.	1.88E-06	0.	0.	0.	0.	0.	0.	1.90E-05	4.41E-04	1.32E-03	2.28E-04	2.01E-03
90	1.80	0.	1.55E-06	0.	0.	0.	0.	0.	0.	1.82E-05	5.19E-04	1.57E-03	2.74E-04	2.38E-03
91	1.70	0.	1.83E-06	0.	0.	0.	0.	0.	0.	1.71E-05	6.18E-04	1.87E-03	3.32E-04	2.84E-03
92	1.60	0.	1.32E-06	0.	0.	0.	0.	0.	0.	1.45E-05	7.43E-04	2.18E-03	3.90E-04	3.32E-03
93	1.50	0.	1.58E-06	0.	0.	0.	0.	0.	0.	6.58E-06	9.04E-04	2.77E-03	4.72E-04	4.15E-03
94	1.40	0.	1.60E-06	0.	0.	0.	0.	0.	0.	0.	1.12E-03	3.40E-03	5.57E-04	5.08E-03
95	1.30	0.	1.21E-06	0.	0.	0.	0.	0.	0.	0.	1.40E-03	4.34E-03	7.33E-04	6.48E-03
96	1.20	0.	1.18E-06	0.	0.	0.	0.	0.	0.	0.	1.78E-03	4.44E-03	7.17E-04	6.94E-03
97	1.10	0.	1.06E-06	0.	0.	0.	0.	2.62E-12	0.	0.	2.33E-03	5.48E-03	9.01E-04	8.71E-03
98	1.00	0.	9.72E-07	0.	0.	0.	0.	3.10E-11	0.	0.	3.13E-03	6.63E-03	1.01E-03	1.08E-02
99	0.90	0.	7.97E-07	0.	0.	0.	0.	3.59E-11	0.	0.	4.33E-03	7.55E-03	1.19E-03	1.31E-02
100	0.80	0.	3.75E-07	0.	0.	0.	0.	7.17E-10	0.	0.	6.19E-03	8.68E-03	1.37E-03	1.62E-02
101	0.70	0.	9.28E-08	0.	0.	0.	0.	5.58E-10	0.	0.	9.28E-03	9.53E-03	1.49E-03	2.03E-02
102	0.60	0.	1.08E-08	0.	0.	0.	0.	2.03E-09	0.	0.	1.49E-02	1.06E-02	1.66E-03	2.72E-02

TEMPERATURE (DEGREES K) 13000.   DENSITY (GM/CC) 1.293E-06   (10.0E-04 NORMAL)

#	PHOTON ENERGY E.V.	O2 S-R BANDS	O2 S-R CONT.	N2 R-H NO. 1	NO BETA	NO GAMMA	NO 2	O- PHOTO-DET (TONS)	FREE-FREE (TONS)	N P.E.	O P.E.	TOTAL AIR
1	10.70	0.	0.	5.04E-08	0.	0.	0.	6.21E-07	1.47E-07	3.88E-05	9.07E-06	4.87E-05
2	10.60	0.	0.	4.47E-08	0.	0.	0.	6.21E-07	1.51E-07	3.90E-05	9.05E-06	4.89E-05
3	10.50	0.	0.	4.44E-08	0.	0.	0.	6.22E-07	1.55E-07	3.92E-05	9.03E-06	4.91E-05
4	10.40	0.	0.	4.11E-08	0.	0.	0.	6.23E-07	1.60E-07	3.94E-05	9.01E-06	4.92E-05
5	10.30	0.	0.	3.49E-08	0.	0.	0.	6.24E-07	1.65E-07	3.94E-05	8.99E-06	4.93E-05
6	10.20	0.	0.	3.54E-08	0.	0.	0.	6.25E-07	1.70E-07	3.95E-05	8.96E-06	4.93E-05
7	10.10	0.	0.	3.28E-08	0.	0.	0.	6.26E-07	1.75E-07	3.96E-05	8.94E-06	4.94E-05
8	10.00	0.	0.	2.78E-08	0.	0.	0.	6.26E-07	1.80E-07	3.97E-05	8.92E-06	4.95E-05
9	9.90	0.	0.	2.83E-08	0.	0.	0.	6.28E-07	1.86E-07	3.98E-05	8.90E-06	4.95E-05
10	9.80	0.	0.	2.59E-08	0.	0.	0.	6.29E-07	1.91E-07	3.99E-05	8.88E-06	4.96E-05
11	9.70	0.	0.	2.17E-08	0.	0.	0.	6.30E-07	1.97E-07	4.00E-05	8.85E-06	4.97E-05
12	9.60	0.	0.	2.33E-08	0.	0.	0.	6.31E-07	2.04E-07	4.01E-05	8.83E-06	4.98E-05
13	9.50	0.	0.	1.93E-08	0.	0.	0.	6.32E-07	2.10E-07	4.02E-05	8.81E-06	4.99E-05
14	9.40	0.	0.	1.78E-08	0.	0.	0.	6.34E-07	2.17E-07	4.03E-05	8.79E-06	5.00E-05
15	9.30	0.	0.	1.81E-08	0.	0.	0.	6.37E-07	2.24E-07	4.05E-05	8.76E-06	5.01E-05
16	9.20	0.	0.	1.43E-08	0.	0.	0.	6.39E-07	2.32E-07	1.26E-05	8.74E-06	2.22E-05
17	9.10	0.	0.	1.47E-08	0.	0.	0.	6.41E-07	2.39E-07	1.26E-05	8.72E-06	2.21E-05
18	9.00	0.	0.	1.30E-08	0.	0.	0.	6.44E-07	2.47E-07	1.25E-05	8.70E-06	2.21E-05
19	8.90	0.	0.	1.17E-08	0.	0.	0.	6.46E-07	2.56E-07	1.25E-05	8.68E-06	2.21E-05
20	8.80	0.	0.	1.13E-08	0.	0.	0.	6.48E-07	2.65E-07	1.25E-05	8.66E-06	2.21E-05
21	8.70	0.	0.	9.47E-09	0.	0.	0.	6.50E-07	2.74E-07	1.25E-05	8.64E-06	2.21E-05
22	8.60	0.	0.	9.67E-09	0.	0.	0.	6.53E-07	2.84E-07	1.25E-05	8.62E-06	2.21E-05
23	8.50	0.	0.	8.17E-09	0.	0.	0.	6.55E-07	2.94E-07	1.25E-05	8.60E-06	2.21E-05
24	8.40	0.	0.	8.01E-09	0.	0.	0.	6.59E-07	3.05E-07	1.25E-05	8.58E-06	2.21E-05
25	8.30	0.	0.	6.57E-09	0.	0.	0.	6.62E-07	3.16E-07	1.25E-05	8.59E-06	2.21E-05
26	8.20	0.	0.	6.56E-09	0.	0.	0.	6.65E-07	3.27E-07	1.25E-05	8.63E-06	2.22E-05
27	8.10	0.	0.	5.48E-09	0.	0.	0.	6.69E-07	3.40E-07	1.26E-05	8.67E-06	2.22E-05
28	8.00	0.	0.	5.43E-09	0.	0.	0.	6.72E-07	3.53E-07	1.26E-05	8.72E-06	2.22E-05
29	7.90	0.	0.	4.53E-09	0.	0.	0.	6.76E-07	3.66E-07	1.26E-05	8.76E-06	2.24E-05
30	7.80	0.	0.	4.62E-09	0.	0.	0.	6.79E-07	3.81E-07	1.26E-05	8.81E-06	2.25E-05
31	7.70	0.	0.	3.93E-09	0.	2.15E-13	0.	6.83E-07	3.96E-07	1.27E-05	8.85E-06	2.26E-05
32	7.60	0.	0.	3.66E-09	0.	8.96E-13	0.	6.86E-07	4.11E-07	1.27E-05	8.90E-06	2.27E-05
33	7.50	0.	0.	3.29E-09	0.	5.86E-12	0.	6.90E-07	4.28E-07	1.28E-05	8.94E-06	2.28E-05
34	7.40	0.	0.	2.89E-09	0.	2.64E-11	0.	6.93E-07	4.46E-07	1.28E-05	8.99E-06	2.29E-05
35	7.30	0.	0.	2.67E-09	0.	7.02E-11	0.	6.97E-07	4.64E-07	1.28E-05	9.03E-06	2.30E-05
36	7.20	0.	0.	2.35E-09	0.	2.05E-10	0.	7.01E-07	4.84E-07	1.29E-05	9.08E-06	2.31E-05
37	7.10	0.	0.	2.21E-09	0.	4.74E-10	0.	7.07E-07	5.05E-07	1.29E-05	9.12E-06	2.32E-05
38	7.00	6.32E-13	0.	1.97E-09	0.	5.59E-10	0.	7.13E-07	5.27E-07	1.30E-05	9.17E-06	2.33E-05
39	6.90	1.22E-12	0.	1.76E-09	0.	1.08E-09	0.	7.18E-07	5.51E-07	1.30E-05	9.21E-06	2.34E-05
40	6.80	1.03E-12	0.	1.65E-09	0.	1.18E-09	0.	7.23E-07	5.76E-07	1.31E-05	9.26E-06	2.35E-05
41	6.70	7.36E-13	0.	1.41E-09	0.	8.30E-10	0.	7.30E-07	6.02E-07	1.31E-05	9.31E-06	2.36E-05
42	6.60	4.41E-13	0.	1.23E-09	0.	1.36E-09	0.	7.36E-07	6.30E-07	1.32E-05	9.37E-06	2.37E-05
43	6.50	2.50E-13	0.	9.44E-10	0.	1.42E-09	0.	7.41E-07	6.60E-07	1.33E-05	9.43E-06	2.38E-05
44	6.40	1.39E-13	0.	6.22E-10	6.13E-12	8.55E-10	0.	7.47E-07	6.91E-07	1.34E-05	9.49E-06	2.40E-05
45	6.30	7.89E-14	0.	3.69E-10	2.78E-11	1.25E-09	0.	7.53E-07	7.25E-07	1.35E-05	9.57E-06	2.42E-05
46	6.20	3.48E-14	0.	1.95E-10	3.83E-11	1.70E-09	0.	7.59E-07	7.61E-07	1.36E-05	9.69E-06	2.44E-05
47	6.10	1.55E-14	0.	8.76E-11	1.07E-10	7.40E-10	0.	7.64E-07	7.99E-07	1.36E-05	9.82E-06	2.47E-05
48	6.00	6.34E-15	0.	2.16E-11	9.74E-11	7.48E-10	0.	7.70E-07	8.40E-07	1.38E-05	9.95E-06	2.50E-05
49	5.90	1.53E-15	0.	1.54E-12	1.40E-10	7.38E-10	0.	7.70E-07	8.83E-07	1.40E-05	1.01E-05	2.53E-05
50	5.80	1.94E-16	0.	3.85E-14	1.93E-10	8.14E-10	0.	7.59E-07	9.30E-07	1.41E-05	1.02E-05	2.57E-05
51	5.70	1.43E-17	0.	0.	2.18E-10		0.	7.13E-07	9.80E-07	1.43E-05	1.03E-05	2.63E-05

ABSORPTION COEFFICIENTS OF HEATED AIR (INVERSE CM.)

TEMPERATURE (DEGREES K) 13000.   DENSITY (GM/CC) 1.293E-06   (10.0E-04 NORMAL)

#	PHOTON ENERGY BANDS	O2 S-R	N2 1ST POS.	N2 2ND POS.	N2+ 1ST NEG.	NO BETA	NO GAMMA	NO VIB-ROT	NO2	O- PHOTO-DET	FREE-FREE (TNS)	N P.E.	O P.E.	TOTAL AIR
52	5.60	6.39E-19	0.	0.	0.	1.76E-10	1.16E-09	0.	0.	6.63E-07	1.03E-06	1.45E-05	1.05E-05	2.67E-05
53	5.50	0.	0.	0.	0.	2.15E-10	1.09E-09	0.	0.	6.66E-07	1.09E-06	1.48E-05	1.06E-05	2.71E-05
54	5.40	0.	0.	0.	0.	1.90E-10	8.17E-10	0.	0.	6.69E-07	1.15E-06	1.51E-05	1.08E-05	2.77E-05
55	5.30	0.	0.	0.	0.	1.95E-10	8.10E-10	0.	0.	6.74E-07	1.22E-06	1.54E-05	1.09E-05	2.82E-05
56	5.20	0.	0.	0.	0.	2.07E-10	7.37E-10	0.	0.	6.78E-07	1.29E-06	1.57E-05	1.12E-05	2.89E-05
57	5.10	0.	0.	0.	0.	2.04E-10	9.72E-10	0.	0.	6.84E-07	1.37E-06	1.62E-05	1.14E-05	2.96E-05
58	5.00	8.20E-12	0.	0.	0.	1.84E-10	8.76E-10	0.	0.	6.90E-07	1.46E-06	1.67E-05	1.16E-05	3.04E-05
59	4.90	1.93E-11	0.	0.	0.	2.01E-10	9.25E-10	0.	0.	6.95E-07	1.55E-06	1.72E-05	1.19E-05	3.13E-05
60	4.80	3.50E-11	0.	0.	0.	2.14E-10	8.58E-10	0.	0.	7.01E-07	1.65E-06	1.77E-05	1.21E-05	3.22E-05
61	4.70	4.57E-11	0.	0.	0.	2.09E-10	7.61E-10	0.	0.	7.07E-07	1.76E-06	1.83E-05	1.24E-05	3.31E-05
62	4.60	6.11E-11	0.	1.10E-10	0.	2.12E-10	6.97E-10	0.	0.	7.13E-07	1.87E-06	1.89E-05	1.27E-05	3.42E-05
63	4.50	6.27E-11	0.	3.57E-10	0.	1.89E-10	5.15E-10	0.	0.	7.18E-07	2.00E-06	1.98E-05	1.30E-05	3.55E-05
64	4.40	6.53E-11	0.	1.03E-09	0.	1.87E-10	3.65E-10	0.	0.	7.24E-07	2.14E-06	2.06E-05	1.34E-05	3.68E-05
65	4.30	6.02E-11	0.	3.67E-09	0.	1.74E-10	2.20E-10	0.	0.	7.30E-07	2.29E-06	2.15E-05	1.37E-05	3.82E-05
66	4.20	5.52E-11	0.	1.37E-09	0.	1.82E-10	1.63E-10	0.	0.	7.36E-07	2.46E-06	2.24E-05	1.39E-05	3.95E-05
67	4.10	5.08E-11	0.	5.20E-09	0.	1.74E-10	4.37E-11	0.	0.	7.38E-07	2.65E-06	2.33E-05	3.84E-06	3.05E-05
68	4.00	4.59E-11	0.	2.35E-09	0.	1.65E-10	3.33E-11	0.	0.	7.41E-07	2.85E-06	2.42E-05	3.96E-06	3.17E-05
69	3.90	3.80E-11	0.	3.59E-09	9.88E-09	1.47E-10	1.34E-11	0.	0.	7.38E-07	3.08E-06	2.18E-05	4.07E-06	2.98E-05
70	3.80	3.54E-11	0.	4.10E-09	5.24E-08	1.57E-10	0.	0.	0.	7.36E-07	3.33E-06	1.73E-05	4.22E-06	2.56E-05
71	3.70	3.13E-11	0.	2.54E-09	1.66E-08	1.28E-10	0.	0.	0.	7.24E-07	3.61E-06	1.79E-05	4.68E-06	2.69E-05
72	3.60	2.86E-11	0.	3.58E-09	9.84E-08	1.39E-10	0.	0.	0.	6.78E-07	3.93E-06	1.80E-05	5.20E-06	2.78E-05
73	3.50	2.55E-11	0.	2.05E-09	2.34E-07	1.05E-10	0.	0.	0.	6.21E-07	4.28E-06	2.01E-05	5.77E-06	3.08E-05
74	3.40	2.01E-11	0.	2.15E-09	2.56E-08	1.17E-10	0.	0.	0.	3.58E-07	4.67E-06	2.24E-05	6.40E-06	3.38E-05
75	3.30	1.70E-11	0.	1.35E-09	1.17E-07	9.01E-11	0.	0.	0.	3.59E-07	5.11E-06	2.49E-05	7.04E-06	3.74E-05
76	3.20	1.59E-11	0.	1.02E-09	2.36E-07	9.31E-11	0.	0.	0.	3.59E-07	5.61E-06	2.75E-05	7.71E-06	4.12E-05
77	3.10	1.39E-11	0.	6.04E-10	4.02E-08	8.59E-11	0.	0.	0.	3.60E-07	6.18E-06	2.98E-05	8.39E-06	4.47E-05
78	3.00	1.13E-11	0.	3.68E-10	1.14E-07	7.86E-11	0.	0.	0.	3.61E-07	6.82E-06	3.25E-05	9.06E-06	4.87E-05
79	2.90	1.16E-11	0.	1.76E-10	7.86E-08	5.73E-11	0.	0.	0.	3.61E-07	7.56E-06	3.50E-05	9.75E-06	5.27E-05
80	2.80	7.14E-12	0.	8.13E-11	6.72E-08	3.75E-11	0.	0.	0.	3.62E-07	8.40E-06	3.79E-05	1.05E-05	5.72E-05
81	2.70	3.19E-12	0.	4.07E-11	3.41E-08	1.94E-11	0.	0.	0.	3.62E-07	9.38E-06	4.11E-05	1.14E-05	6.22E-05
82	2.60	2.19E-13	0.	2.19E-11	5.49E-08	8.12E-12	0.	0.	0.	3.62E-07	1.05E-05	4.45E-05	1.12E-05	6.65E-05
83	2.50	0.	0.	0.	5.73E-08	1.87E-12	0.	0.	0.	3.62E-07	1.18E-05	5.03E-05	5.92E-06	6.84E-05
84	2.40	0.	2.40E-10	0.	0.	1.95E-13	0.	0.	0.	3.59E-07	1.34E-05	3.69E-05	7.27E-06	5.79E-05
85	2.30	0.	8.69E-10	0.	0.	0.	0.	0.	0.	3.58E-07	1.52E-05	4.47E-05	8.71E-06	6.90E-05
86	2.20	0.	2.08E-09	0.	0.	0.	0.	0.	0.	3.56E-07	1.74E-05	5.28E-05	1.05E-05	8.11E-05
87	2.10	0.	2.46E-09	0.	0.	0.	0.	0.	0.	3.45E-07	2.01E-05	6.15E-05	1.23E-05	9.42E-05
88	2.00	0.	4.52E-09	0.	0.	0.	0.	0.	0.	3.32E-07	2.33E-05	7.02E-05	1.40E-05	1.08E-04
89	1.90	0.	6.87E-09	0.	0.	0.	0.	0.	0.	3.17E-07	2.73E-05	7.98E-05	1.60E-05	1.23E-04
90	1.80	0.	5.65E-09	0.	0.	0.	0.	0.	0.	2.99E-07	3.21E-05	9.47E-05	1.93E-05	1.46E-04
91	1.70	0.	6.71E-09	0.	0.	0.	0.	0.	0.	2.53E-07	3.82E-05	1.13E-04	2.33E-05	1.75E-04
92	1.60	0.	4.83E-09	0.	0.	0.	0.	0.	0.	1.15E-07	4.59E-05	1.32E-04	2.74E-05	2.05E-04
93	1.50	0.	5.76E-09	0.	0.	0.	0.	0.	0.	0.	5.60E-05	1.67E-04	3.17E-05	2.55E-04
94	1.40	0.	6.04E-09	0.	0.	0.	0.	0.	0.	0.	6.91E-05	1.94E-04	3.77E-05	3.02E-04
95	1.30	0.	4.30E-09	0.	0.	0.	0.	0.	0.	0.	8.65E-05	2.26E-04	5.04E-05	3.63E-04
96	1.20	0.	4.44E-09	0.	0.	0.	0.	0.	0.	0.	1.10E-04	2.62E-04	6.33E-05	4.23E-04
97	1.10	0.	3.87E-09	0.	0.	0.	0.	1.11E-14	0.	0.	1.44E-04	3.31E-04	7.10E-05	5.39E-04
98	1.00	0.	3.55E-09	0.	0.	0.	0.	1.32E-13	0.	0.	1.94E-04	4.01E-04	8.36E-05	6.65E-04
99	0.90	0.	2.91E-09	0.	0.	0.	0.	1.52E-13	0.	0.	2.68E-04	4.56E-04	9.61E-05	8.08E-04
100	0.80	0.	1.37E-09	0.	0.	0.	0.	3.04E-12	0.	0.	3.83E-04	5.24E-04	1.04E-04	1.00E-03
101	0.70	0.	3.39E-10	0.	0.	0.	0.	2.37E-12	0.	0.	5.74E-04	5.76E-04	1.04E-04	1.25E-03
102	0.60	0.	3.96E-11	0.	0.	0.	0.	8.62E-12	0.	0.	9.24E-04	5.19E-04	8.76E-05	1.53E-03

ABSORPTION COEFFICIENTS OF HEATED AIR (INVERSE CM.)

TEMPERATURE (DEGREES K) 13000.   DENSITY (GM/CC) 1.293E-07 (10.0E-05 NORMAL)

#	PHOTON ENERGY E.V.	O2 S-R BANDS	O2 S-R CONT.	N2 B-H NO. 1	NO BETA	NO GAMMA	NO 2	O- PHOTO-DET (IONS)	FREE-FREE (IONS)	N P.E.	O P.E.	TOTAL AIR
1	10.70	0.	0.	3.98E-11	0.		0.	3.62E-09	4.27E-09	1.09E-06	3.10E-07	1.41E-06
2	10.60	0.	0.	3.52E-11	0.		0.	3.62E-09	4.40E-09	1.10E-06	3.09E-07	1.41E-06
3	10.50	0.	0.	3.50E-11	0.		0.	3.62E-09	4.52E-09	1.10E-06	3.08E-07	1.42E-06
4	10.40	0.	0.	3.24E-11	0.		0.	3.63E-09	4.66E-09	1.10E-06	3.08E-07	1.42E-06
5	10.30	0.	0.	2.75E-11	0.		0.	3.63E-09	4.79E-09	1.11E-06	3.07E-07	1.42E-06
6	10.20	0.	0.	2.79E-11	0.		0.	3.64E-09	4.94E-09	1.11E-06	3.06E-07	1.42E-06
7	10.10	0.	0.	2.58E-11	0.		0.	3.64E-09	5.09E-09	1.11E-06	3.05E-07	1.43E-06
8	10.00	0.	0.	2.19E-11	0.		0.	3.65E-09	5.24E-09	1.11E-06	3.05E-07	1.43E-06
9	9.90	0.	0.	2.23E-11	0.		0.	3.66E-09	5.40E-09	1.12E-06	3.04E-07	1.43E-06
10	9.80	0.	0.	2.04E-11	0.		0.	3.66E-09	5.57E-09	1.12E-06	3.04E-07	1.43E-06
11	9.70	0.	0.	1.71E-11	0.		0.	3.67E-09	5.75E-09	1.12E-06	3.03E-07	1.44E-06
12	9.60	0.	0.	1.84E-11	0.		0.	3.68E-09	5.93E-09	1.13E-06	3.02E-07	1.44E-06
13	9.50	0.	0.	1.52E-11	0.		0.	3.68E-09	6.12E-09	1.13E-06	3.02E-07	1.44E-06
14	9.40	0.	0.	1.40E-11	0.		0.	3.70E-09	6.32E-09	1.13E-06	3.00E-07	1.44E-06
15	9.30	0.	0.	1.42E-11	0.		0.	3.71E-09	6.52E-09	3.53E-07	2.99E-07	6.63E-07
16	9.20	0.	0.	1.13E-11	0.		0.	3.72E-09	6.74E-09	3.53E-07	2.99E-07	6.62E-07
17	9.10	0.	0.	1.16E-11	0.		0.	3.74E-09	6.96E-09	3.52E-07	2.98E-07	6.61E-07
18	9.00	0.	0.	1.02E-11	0.		0.	3.75E-09	7.20E-09	3.52E-07	2.97E-07	6.60E-07
19	8.90	0.	0.	9.19E-12	0.		0.	3.76E-09	7.44E-09	3.52E-07	2.96E-07	6.60E-07
20	8.80	0.	0.	8.92E-12	0.		0.	3.78E-09	7.70E-09	3.52E-07	2.96E-07	6.59E-07
21	8.70	0.	0.	7.46E-12	0.		0.	3.79E-09	7.97E-09	3.52E-07	2.95E-07	6.58E-07
22	8.60	0.	0.	7.62E-12	0.		0.	3.80E-09	8.25E-09	3.51E-07	2.94E-07	6.58E-07
23	8.50	0.	0.	6.44E-12	0.		0.	3.84E-09	8.55E-09	3.52E-07	2.94E-07	6.58E-07
24	8.40	0.	0.	6.32E-12	0.		0.	3.86E-09	8.86E-09	3.52E-07	2.93E-07	6.58E-07
25	8.30	0.	0.	5.18E-12	0.		0.	3.88E-09	9.18E-09	3.52E-07	2.93E-07	6.58E-07
26	8.20	0.	0.	5.17E-12	0.		0.	3.90E-09	9.53E-09	3.52E-07	2.95E-07	6.60E-07
27	8.10	0.	0.	4.32E-12	0.		0.	3.92E-09	9.88E-09	3.53E-07	2.96E-07	6.62E-07
28	8.00	0.	0.	4.28E-12	0.		0.	3.94E-09	1.03E-08	3.54E-07	2.98E-07	6.65E-07
29	7.90	0.	0.	3.57E-12	0.		0.	3.96E-09	1.06E-08	3.54E-07	2.99E-07	6.67E-07
30	7.80	0.	0.	3.10E-12	0.		0.	3.98E-09	1.11E-08	3.55E-07	3.01E-07	6.70E-07
31	7.70	0.	0.	2.88E-12	0.		0.	4.00E-09	1.15E-08	3.56E-07	3.02E-07	6.73E-07
32	7.60	0.	0.	2.60E-12	0.	2.07E-16	0.	4.02E-09	1.20E-08	3.57E-07	3.04E-07	6.76E-07
33	7.50	0.	0.	2.28E-12	0.	8.59E-16	0.	4.04E-09	1.25E-08	3.58E-07	3.05E-07	6.79E-07
34	7.40	0.	0.	2.11E-12	0.	5.62E-15	0.	4.04E-09	1.30E-08	3.58E-07	3.07E-07	6.82E-07
35	7.30	0.	0.	1.85E-12	0.	2.53E-14	0.	4.06E-09	1.35E-08	3.59E-07	3.08E-07	6.85E-07
36	7.20	0.	0.	1.74E-12	0.	6.73E-14	0.	4.08E-09	1.41E-08	3.60E-07	3.10E-07	6.88E-07
37	7.10	7.37E-16	0.	1.55E-12	0.	1.97E-13	0.	4.12E-09	1.47E-08	3.61E-07	3.11E-07	6.92E-07
38	7.00	1.42E-15	0.	1.39E-12	0.	4.55E-13	0.	4.15E-09	1.53E-08	3.62E-07	3.13E-07	6.95E-07
39	6.90	1.20E-15	0.	1.30E-12	0.	5.36E-13	0.	4.18E-09	1.60E-08	3.63E-07	3.15E-07	6.98E-07
40	6.80	8.59E-16	0.	1.11E-12	0.	1.04E-12	0.	4.22E-09	1.67E-08	3.64E-07	3.16E-07	7.01E-07
41	6.70	5.15E-16	0.	9.67E-13	0.	1.19E-12	0.	4.25E-09	1.75E-08	3.67E-07	3.18E-07	7.05E-07
42	6.60	2.91E-16	0.	7.44E-13	0.	7.96E-13	0.	4.28E-09	1.83E-08	3.70E-07	3.20E-07	7.10E-07
43	6.50	1.63E-16	0.	4.90E-13	0.	1.31E-12	0.	4.32E-09	1.92E-08	3.73E-07	3.22E-07	7.16E-07
44	6.40	9.21E-17	0.	2.91E-13	5.88E-15	1.36E-12	0.	4.35E-09	2.01E-08	3.76E-07	3.24E-07	7.21E-07
45	6.30	4.06E-17	0.	1.54E-13	2.67E-14	8.20E-13	0.	4.39E-09	2.11E-08	3.78E-07	3.27E-07	7.28E-07
46	6.20	1.81E-17	0.	6.91E-14	3.68E-14	1.19E-12	0.	4.42E-09	2.21E-08	3.82E-07	3.31E-07	7.36E-07
47	6.10	7.39E-18	0.	1.71E-14	1.03E-13	1.63E-12	0.	4.45E-09	2.32E-08	3.87E-07	3.35E-07	7.45E-07
48	6.00	1.79E-18	0.	1.22E-15	9.34E-14	1.09E-13	0.	4.49E-09	2.44E-08	3.92E-07	3.40E-07	7.56E-07
49	5.90	2.27E-19	0.	3.04E-17	1.35E-13	7.17E-13	0.	4.49E-09	2.57E-08	3.97E-07	3.44E-07	7.66E-07
50	5.80	1.67E-20	0.	0.	1.85E-13	7.08E-13	0.	4.42E-09	2.70E-08	3.97E-07	3.49E-07	7.77E-07
51	5.70		0.		2.09E-13	7.81E-13	0.	4.15E-09	2.85E-08	4.01E-07	3.53E-07	7.87E-07

ABSORPTION COEFFICIENTS OF HEATED AIR (INVERSE CM.)

TEMPERATURE (DEGREES K) 13000.   DENSITY (GM/CC) 1.293E-07   (10.0E-05 NORMAL)

	PHOTON ENERGY	O2 S-R BANDS	N2 1ST POS.	N2 2ND POS.	N2+ 1ST NEG.	NO BETA	NO GAMMA	NO VIB-ROT	NO2	O- PHOTO-DET	FREE-FREE (IONS)	N P.E.	O P.E.	TOTAL AIR P.E.
52	5.60	7.45E-22	0.	0.	0.	1.69E-13	1.11E-12	0.	0.	3.86E-08	3.01E-08	4.07E-07	3.57E-07	7.98E-07
53	5.50	0.	0.	0.	0.	2.06E-13	1.04E-12	0.	0.	3.88E-08	3.18E-08	4.14E-07	3.62E-07	8.12E-07
54	5.40	0.	0.	0.	0.	1.83E-13	7.83E-13	0.	0.	3.90E-08	3.36E-08	4.23E-07	3.68E-07	8.28E-07
55	5.30	0.	0.	0.	0.	1.87E-13	1.05E-12	0.	0.	3.92E-08	3.55E-08	4.33E-07	3.74E-07	8.46E-07
56	5.20	0.	0.	0.	0.	1.98E-13	7.07E-13	0.	0.	3.95E-08	3.76E-08	4.42E-07	3.81E-07	8.65E-07
57	5.10	0.	0.	0.	0.	1.96E-13	9.32E-13	0.	0.	3.98E-08	3.99E-08	4.54E-07	3.89E-07	8.87E-07
58	5.00	9.57E-15	0.	0.	0.	1.76E-13	8.42E-13	0.	0.	4.02E-08	4.24E-08	4.68E-07	3.97E-07	9.11E-07
59	4.90	2.25E-14	0.	0.	0.	1.93E-13	8.87E-13	0.	0.	4.05E-08	4.50E-08	4.82E-07	4.05E-07	9.36E-07
60	4.80	4.09E-14	0.	0.	0.	2.05E-13	8.23E-13	0.	0.	4.08E-08	4.79E-08	4.97E-07	4.13E-07	9.63E-07
61	4.70	5.33E-14	0.	0.	0.	2.03E-13	7.30E-13	0.	0.	4.12E-08	5.11E-08	5.13E-07	4.24E-07	9.92E-07
62	4.60	7.13E-14	0.	0.	0.	2.03E-13	6.69E-13	0.	0.	4.15E-08	5.45E-08	5.32E-07	4.34E-07	1.02E-06
63	4.50	7.32E-14	0.	8.64E-14	0.	1.81E-13	3.94E-13	0.	0.	4.18E-08	5.82E-08	5.55E-07	4.45E-07	1.06E-06
64	4.40	7.62E-14	0.	2.82E-13	0.	1.80E-13	3.50E-13	0.	0.	4.22E-08	6.23E-08	5.78E-07	4.56E-07	1.10E-06
65	4.30	6.44E-14	0.	8.09E-13	0.	1.67E-13	1.56E-13	0.	0.	4.25E-08	6.68E-08	6.03E-07	4.63E-07	1.14E-06
66	4.20	5.93E-14	0.	2.88E-12	0.	1.75E-13	4.19E-14	0.	0.	4.28E-08	7.17E-08	6.29E-07	4.36E-07	1.14E-06
67	4.10	5.36E-14	0.	1.08E-12	0.	1.67E-13	3.20E-14	0.	0.	4.30E-08	7.71E-08	6.54E-07	1.31E-07	8.66E-07
68	4.00	4.41E-14	0.	1.85E-12	4.57E-11	1.58E-13	1.29E-14	0.	0.	4.30E-08	8.30E-08	5.91E-07	1.35E-07	8.13E-07
69	3.90	4.81E-14	0.	4.10E-12	2.42E-10	1.41E-13	0.	0.	0.	4.32E-08	8.96E-08	4.66E-07	1.39E-07	6.99E-07
70	3.80	4.13E-14	0.	2.83E-12	7.69E-11	1.50E-13	0.	0.	0.	4.28E-08	9.69E-08	4.84E-07	1.44E-07	7.30E-07
71	3.70	3.65E-14	0.	3.23E-12	4.55E-10	1.23E-13	0.	0.	0.	4.22E-08	1.05E-07	4.59E-07	1.54E-07	7.28E-07
72	3.60	3.34E-14	0.	2.00E-12	1.08E-09	1.33E-13	0.	0.	0.	3.95E-08	1.14E-07	5.01E-07	1.67E-07	7.98E-07
73	3.50	2.97E-14	0.	1.62E-12	1.18E-10	1.01E-13	0.	0.	0.	3.62E-09	1.24E-07	5.60E-07	1.78E-07	8.86E-07
74	3.40	2.34E-14	0.	1.69E-12	5.40E-10	1.12E-13	0.	0.	0.	2.09E-09	1.36E-07	6.28E-07	1.86E-07	9.84E-07
75	3.30	1.99E-14	0.	1.05E-12	1.09E-09	8.64E-14	0.	0.	0.	2.09E-09	1.49E-07	6.96E-07	1.97E-07	1.09E-06
76	3.20	1.86E-14	0.	8.03E-13	1.86E-10	8.93E-14	0.	0.	0.	2.10E-09	1.63E-07	7.65E-07	2.02E-07	1.20E-06
77	3.10	1.62E-14	0.	4.76E-13	5.27E-10	8.24E-14	0.	0.	0.	2.10E-09	1.80E-07	8.36E-07	2.35E-07	1.30E-06
78	3.00	1.32E-14	0.	2.90E-13	3.11E-10	7.54E-14	0.	0.	0.	2.10E-09	1.99E-07	9.07E-07	2.48E-07	1.42E-06
79	2.90	1.35E-14	0.	1.39E-13	1.57E-10	5.50E-14	0.	0.	0.	2.11E-09	2.20E-07	9.81E-07	2.66E-07	1.54E-06
80	2.80	8.33E-15	0.	6.41E-14	2.54E-10	5.60E-14	0.	0.	0.	2.11E-09	2.44E-07	1.06E-06	2.97E-07	1.67E-06
81	2.70	3.72E-15	0.	3.21E-14	2.41E-11	1.86E-14	0.	0.	0.	2.11E-09	2.73E-07	1.15E-06	3.18E-07	1.78E-06
82	2.60	2.56E-15	0.	3.71E-15	2.15E-11	7.79E-15	0.	0.	0.	2.11E-09	3.06E-07	1.25E-06	3.54E-07	1.73E-06
83	2.50	0.	0.	0.	2.01E-11	1.80E-15	0.	0.	0.	2.11E-09	3.44E-07	1.35E-06	3.58E-07	1.39E-06
84	2.40	0.	1.89E-13	0.	0.	1.87E-16	0.	0.	0.	2.11E-09	3.90E-07	1.44E-06	4.18E-07	1.67E-06
85	2.30	0.	6.85E-13	0.	0.	0.	0.	0.	0.	2.09E-09	4.43E-07	1.25E-06	4.79E-07	2.00E-06
86	2.20	0.	1.64E-12	0.	0.	0.	0.	0.	0.	2.08E-09	5.07E-07	1.48E-06	5.47E-07	2.35E-06
87	2.10	0.	1.94E-12	0.	0.	0.	0.	0.	0.	2.08E-09	5.84E-07	1.73E-06	6.58E-07	2.73E-06
88	2.00	0.	3.56E-12	0.	0.	0.	0.	0.	0.	1.93E-09	6.77E-07	1.97E-06	7.97E-07	3.13E-06
89	1.90	0.	5.42E-12	0.	0.	0.	0.	0.	0.	1.85E-09	7.93E-07	2.24E-06	8.86E-07	3.58E-06
90	1.80	0.	4.46E-12	0.	0.	0.	0.	0.	0.	1.74E-09	9.34E-07	2.66E-06	1.08E-06	4.25E-06
91	1.70	0.	5.29E-12	0.	0.	0.	0.	0.	0.	1.47E-09	1.11E-06	3.18E-06	1.28E-06	5.09E-06
92	1.60	0.	3.81E-12	0.	0.	0.	0.	0.	0.	6.70E-10	1.34E-06	3.69E-06	1.28E-06	5.92E-06
93	1.50	0.	4.55E-12	0.	0.	0.	0.	0.	0.	0.	1.63E-06	4.38E-06	1.72E-06	7.09E-06
94	1.40	0.	4.60E-12	0.	0.	0.	0.	0.	0.	0.	2.01E-06	5.58E-06	1.99E-06	7.08E-06
95	1.30	0.	3.50E-12	0.	0.	0.	0.	0.	0.	0.	2.52E-06	7.36E-06	2.42E-06	9.38E-06
96	1.20	0.	3.39E-12	0.	1.07E-17	0.	0.	0.	0.	0.	3.21E-06	9.30E-06	2.85E-06	1.55E-05
97	1.10	0.	3.05E-12	0.	1.26E-16	0.	0.	0.	0.	0.	4.20E-06	1.09E-05	3.15E-06	1.90E-05
98	1.00	0.	2.80E-12	0.	1.46E-16	0.	0.	0.	0.	0.	5.64E-06	1.28E-05	2.65E-06	2.35E-05
99	0.90	0.	2.30E-12	0.	1.46E-15	0.	0.	0.	0.	0.	7.80E-06	1.43E-05	2.99E-06	2.86E-05
100	0.80	0.	1.08E-12	0.	2.92E-15	0.	0.	0.	0.	0.	1.11E-05	1.29E-05	3.58E-06	3.23E-05
101	0.70	0.	2.68E-13	0.	2.27E-15	0.	0.	0.	0.	0.	1.67E-05	1.46E-05	2.65E-06	2.86E-05
102	0.60	0.	3.12E-14	0.	8.26E-15	0.	0.	0.	0.	0.	2.69E-05	1.45E-05	2.99E-06	4.44E-05

ABSORPTION COEFFICIENTS OF HEATED AIR (INVERSE CM.)

TEMPERATURE (DEGREES K) 13000.   DENSITY (GM/CC) 1.293E-08   (1.0E-05 NORMAL)

#	PHOTON ENERGY E.V.	O2 S-R BANDS	O2 S-R CONT.	N2 B-H NO. 1	NO BETA	NO GAMMA	NO 2	O- PHOTO-DET (IONS)	FREE-FREE (IONS)	N P.E.	O P.E.	TOTAL AIR P.E.
1	10.70	0.	0.	6.76E-15	0.	0.	0.	5.86E-12	5.66E-11	1.42E-08	4.36E-09	1.87E-08
2	10.60	0.	0.	5.99E-15	0.	0.	0.	5.87E-12	5.83E-11	1.43E-08	4.35E-09	1.87E-08
3	10.50	0.	0.	5.96E-15	0.	0.	0.	5.88E-12	6.00E-11	1.44E-08	4.34E-09	1.88E-08
4	10.40	0.	0.	5.51E-15	0.	0.	0.	5.88E-12	6.17E-11	1.44E-08	4.33E-09	1.88E-08
5	10.30	0.	0.	4.68E-15	0.	0.	0.	5.89E-12	6.35E-11	1.45E-08	4.32E-09	1.88E-08
6	10.20	0.	0.	4.75E-15	0.	0.	0.	5.90E-12	6.54E-11	1.45E-08	4.31E-09	1.89E-08
7	10.10	0.	0.	4.40E-15	0.	0.	0.	5.91E-12	6.74E-11	1.45E-08	4.30E-09	1.89E-08
8	10.00	0.	0.	3.73E-15	0.	0.	0.	5.91E-12	6.95E-11	1.46E-08	4.29E-09	1.89E-08
9	9.90	0.	0.	3.80E-15	0.	0.	0.	5.92E-12	7.16E-11	1.46E-08	4.28E-09	1.90E-08
10	9.80	0.	0.	3.48E-15	0.	0.	0.	5.94E-12	7.38E-11	1.46E-08	4.27E-09	1.90E-08
11	9.70	0.	0.	2.91E-15	0.	0.	0.	5.95E-12	7.62E-11	1.47E-08	4.26E-09	1.90E-08
12	9.60	0.	0.	3.13E-15	0.	0.	0.	5.96E-12	7.86E-11	1.47E-08	4.25E-09	1.90E-08
13	9.50	0.	0.	2.58E-15	0.	0.	0.	5.97E-12	8.11E-11	1.48E-08	4.24E-09	1.91E-08
14	9.40	0.	0.	2.38E-15	0.	0.	0.	5.99E-12	8.37E-11	1.48E-08	4.23E-09	1.91E-08
15	9.30	0.	0.	2.42E-15	0.	0.	0.	6.01E-12	8.64E-11	4.62E-09	4.22E-09	8.93E-09
16	9.20	0.	0.	1.92E-15	0.	0.	0.	6.03E-12	8.93E-11	4.61E-09	4.21E-09	8.92E-09
17	9.10	0.	0.	1.97E-15	0.	0.	0.	6.06E-12	9.23E-11	4.61E-09	4.20E-09	8.91E-09
18	9.00	0.	0.	1.74E-15	0.	0.	0.	6.08E-12	9.54E-11	4.61E-09	4.19E-09	8.90E-09
19	8.90	0.	0.	1.56E-15	0.	0.	0.	6.10E-12	9.87E-11	4.62E-09	4.18E-09	8.89E-09
20	8.80	0.	0.	1.52E-15	0.	0.	0.	6.12E-12	1.02E-10	4.61E-09	4.17E-09	8.88E-09
21	8.70	0.	0.	1.27E-15	0.	0.	0.	6.14E-12	1.06E-10	4.60E-09	4.16E-09	8.87E-09
22	8.60	0.	0.	1.30E-15	0.	0.	0.	6.16E-12	1.09E-10	4.60E-09	4.15E-09	8.86E-09
23	8.50	0.	0.	1.10E-15	0.	0.	0.	6.19E-12	1.13E-10	4.60E-09	4.14E-09	8.86E-09
24	8.40	0.	0.	1.07E-15	0.	0.	0.	6.22E-12	1.17E-10	4.60E-09	4.13E-09	8.85E-09
25	8.30	0.	0.	8.81E-16	0.	0.	0.	6.25E-12	1.22E-10	4.60E-09	4.13E-09	8.86E-09
26	8.20	0.	0.	8.80E-16	0.	0.	0.	6.28E-12	1.26E-10	4.60E-09	4.15E-09	8.88E-09
27	8.10	0.	0.	7.35E-16	0.	0.	0.	6.32E-12	1.31E-10	4.60E-09	4.17E-09	8.91E-09
28	8.00	0.	0.	7.29E-16	0.	0.	0.	6.35E-12	1.36E-10	4.61E-09	4.19E-09	8.94E-09
29	7.90	0.	0.	6.08E-16	0.	0.	0.	6.38E-12	1.41E-10	4.61E-09	4.22E-09	8.98E-09
30	7.80	0.	0.	6.20E-16	0.	0.	0.	6.41E-12	1.47E-10	4.63E-09	4.24E-09	9.02E-09
31	7.70	0.	0.	5.28E-16	0.	0.	0.	6.45E-12	1.52E-10	4.64E-09	4.26E-09	9.06E-09
32	7.60	0.	0.	4.90E-16	0.	3.79E-20	0.	6.48E-12	1.59E-10	4.66E-09	4.28E-09	9.10E-09
33	7.50	0.	0.	4.41E-16	0.	1.58E-19	0.	6.51E-12	1.65E-10	4.67E-09	4.30E-09	9.14E-09
34	7.40	0.	0.	3.88E-16	0.	1.03E-18	0.	6.55E-12	1.72E-10	4.68E-09	4.32E-09	9.18E-09
35	7.30	0.	0.	3.58E-16	0.	4.65E-18	0.	6.58E-12	1.79E-10	4.70E-09	4.34E-09	9.23E-09
36	7.20	0.	0.	3.15E-16	0.	1.24E-17	0.	6.62E-12	1.87E-10	4.71E-09	4.37E-09	9.27E-09
37	7.10	1.46E-19	0.	2.96E-16	0.	3.62E-17	0.	6.67E-12	1.95E-10	4.72E-09	4.39E-09	9.31E-09
38	7.00	2.81E-19	0.	2.64E-16	0.	8.35E-17	0.	6.73E-12	2.03E-10	4.74E-09	4.41E-09	9.35E-09
39	6.90	2.38E-19	0.	2.37E-16	0.	1.91E-16	0.	6.78E-12	2.12E-10	4.75E-09	4.43E-09	9.40E-09
40	6.80	1.70E-19	0.	2.22E-16	0.	2.08E-16	0.	6.84E-12	2.22E-10	4.76E-09	4.45E-09	9.44E-09
41	6.70	1.02E-19	0.	1.89E-16	0.	2.40E-16	0.	6.89E-12	2.32E-10	4.77E-09	4.48E-09	9.49E-09
42	6.60	5.78E-20	0.	1.64E-16	0.	2.46E-16	0.	6.94E-12	2.43E-10	4.80E-09	4.51E-09	9.56E-09
43	6.50	3.22E-20	0.	1.27E-16	1.08E-18	2.50E-16	0.	7.00E-12	2.54E-10	4.84E-09	4.53E-09	9.64E-09
44	6.40	1.83E-20	0.	8.34E-17	4.90E-18	1.51E-16	0.	7.05E-12	2.66E-10	4.88E-09	4.56E-09	9.71E-09
45	6.30	8.04E-21	0.	4.94E-17	6.75E-18	2.19E-16	0.	7.11E-12	2.79E-10	4.91E-09	4.60E-09	9.80E-09
46	6.20	3.59E-21	0.	2.61E-17	1.89E-17	3.00E-16	0.	7.16E-12	2.93E-10	4.95E-09	4.66E-09	9.91E-09
47	6.10	1.47E-21	0.	1.18E-17	1.72E-17	1.30E-16	0.	7.22E-12	3.08E-10	5.00E-09	4.72E-09	1.00E-08
48	6.00	5.54E-22	0.	2.90E-18	2.47E-17	1.32E-16	0.	7.27E-12	3.24E-10	5.05E-09	4.79E-09	1.02E-08
49	5.90	4.49E-23	0.	2.07E-19	3.39E-17	1.30E-16	0.	7.27E-12	3.40E-10	5.11E-09	4.85E-09	1.03E-08
50	5.80	3.30E-24	0.	5.17E-21	3.34E-17	1.43E-16	0.	7.16E-12	3.59E-10	5.17E-09	4.91E-09	1.04E-08
51	5.70	0.	0.	0.			0.	6.73E-12	3.78E-10	5.24E-09	4.97E-09	1.06E-08

ABSORPTION COEFFICIENTS OF HEATED AIR (INVERSE CM.)

TEMPERATURE (DEGREES K) 13000. DENSITY (GM/CC) 1.293E-08 (1.0E-05 NORMAL)

	PHOTON ENERGY BANDS	O2 S-R BANDS	N2 1ST POS.	N2 2ND POS.	N2+ 1ST NEG.	NO BETA	NO GAMMA	NO VIB-ROT	NO2	O- PHOTO-DET (IONS)	FREE-FREE (IONS)	N P.E.	O P.E.	TOTAL AIR
52	5.60	1.48E-25	0.	0.	0.	3.10E-17	2.05E-16	0.	0.	6.26E-12	3.99E-10	5.31E-09	5.04E-09	1.07E-08
53	5.50	0.	0.	0.	0.	3.79E-17	1.92E-16	0.	0.	6.29E-12	4.21E-10	5.41E-09	5.10E-09	1.09E-08
54	5.40	0.	0.	0.	0.	3.35E-17	1.44E-16	0.	0.	6.32E-12	4.45E-10	5.52E-09	5.18E-09	1.12E-08
55	5.30	0.	0.	0.	0.	3.44E-17	1.93E-16	0.	0.	6.36E-12	4.71E-10	5.65E-09	5.26E-09	1.14E-08
56	5.20	0.	0.	0.	0.	3.64E-17	1.30E-16	0.	0.	6.40E-12	4.99E-10	5.77E-09	5.37E-09	1.16E-08
57	5.10	0.	0.	0.	0.	3.59E-17	1.71E-16	0.	0.	6.46E-12	5.29E-10	5.93E-09	5.48E-09	1.19E-08
58	5.00	1.90E-18	0.	0.	0.	3.23E-17	1.55E-16	0.	0.	6.51E-12	5.62E-10	6.11E-09	5.59E-09	1.23E-08
59	4.90	4.47E-18	0.	0.	0.	3.54E-17	1.63E-16	0.	0.	6.57E-12	5.97E-10	6.29E-09	5.70E-09	1.26E-08
60	4.80	8.10E-18	0.	0.	0.	3.77E-17	1.51E-16	0.	0.	6.62E-12	6.35E-10	6.49E-09	5.82E-09	1.30E-08
61	4.70	1.06E-17	0.	0.	0.	3.68E-17	1.34E-16	0.	0.	6.67E-12	6.75E-10	6.69E-09	5.97E-09	1.33E-08
62	4.60	1.41E-17	0.	1.47E-17	0.	3.73E-17	1.23E-16	0.	0.	6.73E-12	7.22E-10	6.94E-09	6.12E-09	1.38E-08
63	4.50	1.45E-17	0.	4.79E-17	0.	3.35E-17	9.08E-17	0.	0.	6.78E-12	7.72E-10	7.24E-09	6.27E-09	1.43E-08
64	4.40	1.51E-17	0.	1.38E-16	0.	3.07E-17	3.87E-17	0.	0.	6.84E-12	8.26E-10	7.55E-09	6.43E-09	1.48E-08
65	4.30	1.39E-17	0.	4.90E-16	0.	3.21E-17	2.87E-17	0.	0.	6.89E-12	8.85E-10	7.87E-09	6.52E-09	1.53E-08
66	4.20	1.28E-17	0.	1.84E-16	0.	3.06E-17	7.69E-18	0.	0.	6.94E-12	9.50E-10	8.21E-09	1.79E-09	1.09E-08
67	4.10	1.18E-17	0.	6.98E-16	0.	2.90E-17	5.87E-18	0.	0.	6.97E-12	1.02E-09	8.19E-09	1.85E-09	1.04E-08
68	4.00	1.06E-17	0.	3.15E-16	0.	2.59E-17	2.36E-18	0.	0.	7.00E-12	1.10E-09	7.71E-09	1.90E-09	1.07E-08
69	3.90	8.79E-18	0.	4.81E-16	6.75E-14	2.76E-17	0.	0.	0.	6.97E-12	1.19E-09	6.08E-09	1.96E-09	9.23E-09
70	3.80	9.53E-18	0.	5.50E-16	3.58E-13	2.25E-17	0.	0.	0.	6.94E-12	1.29E-09	6.32E-09	2.03E-09	9.65E-09
71	3.70	8.18E-18	0.	3.41E-16	6.72E-13	2.44E-17	0.	0.	0.	6.84E-12	1.39E-09	6.55E-09	2.25E-09	1.06E-08
72	3.60	7.24E-18	0.	4.80E-16	1.60E-12	1.85E-17	0.	0.	0.	6.40E-12	1.51E-09	7.31E-09	2.50E-09	1.17E-08
73	3.50	6.61E-18	0.	2.75E-16	1.75E-13	2.06E-17	0.	0.	0.	5.86E-12	1.65E-09	8.19E-09	2.77E-09	1.31E-08
74	3.40	5.89E-18	0.	2.88E-16	7.98E-13	1.59E-17	0.	0.	0.	3.38E-12	1.80E-09	9.08E-09	3.08E-09	1.44E-08
75	3.30	4.64E-18	0.	1.78E-16	1.61E-12	1.64E-17	0.	0.	0.	3.39E-12	1.97E-09	9.99E-09	3.39E-09	1.59E-08
76	3.20	3.94E-18	0.	1.37E-16	2.75E-13	1.51E-17	0.	0.	0.	3.39E-12	2.16E-09	1.18E-08	3.71E-09	1.73E-08
77	3.10	3.68E-18	0.	8.10E-17	7.79E-13	1.01E-17	0.	0.	0.	3.40E-12	2.38E-09	1.28E-08	4.36E-09	1.88E-08
78	3.00	3.21E-18	0.	4.93E-17	4.59E-13	6.61E-18	0.	0.	0.	3.41E-12	2.63E-09	1.39E-08	4.69E-09	2.04E-08
79	2.90	2.62E-18	0.	2.36E-17	2.33E-13	3.41E-18	0.	0.	0.	3.42E-12	2.91E-09	1.50E-08	5.06E-09	2.22E-08
80	2.80	2.67E-18	0.	1.09E-17	3.75E-13	3.30E-19	0.	0.	0.	3.42E-12	3.24E-09	1.64E-08	2.06E-09	2.09E-08
81	2.70	1.65E-18	0.	5.46E-18	1.43E-13	3.43E-20	0.	0.	0.	3.42E-12	3.62E-09	1.50E-08	2.46E-09	2.28E-08
82	2.60	7.38E-19	0.	6.30E-19	3.57E-14	0.	0.	0.	0.	3.42E-12	4.05E-09	1.09E-08	2.85E-09	1.83E-08
83	2.50	5.07E-20	0.	0.	3.18E-14	0.	0.	0.	0.	3.42E-12	4.57E-09	1.35E-08	3.50E-09	2.24E-08
84	2.40	0.	3.22E-17	0.	2.97E-14	0.	0.	0.	0.	3.43E-12	5.17E-09	1.64E-08	4.19E-09	2.64E-08
85	2.30	0.	1.17E-16	0.	0.	0.	0.	0.	0.	3.39E-12	5.88E-09	1.93E-08	5.04E-09	3.11E-08
86	2.20	0.	2.78E-16	0.	0.	0.	0.	0.	0.	3.38E-12	6.73E-09	2.25E-08	5.89E-09	3.62E-08
87	2.10	0.	3.31E-16	0.	0.	0.	0.	0.	0.	3.36E-12	7.75E-09	2.92E-08	6.75E-09	4.15E-08
88	2.00	0.	6.06E-16	0.	0.	0.	0.	0.	0.	3.26E-12	8.99E-09	2.92E-08	7.71E-09	4.74E-08
89	1.90	0.	9.21E-16	0.	0.	0.	0.	0.	0.	3.13E-12	1.05E-08	3.47E-08	9.27E-09	5.64E-08
90	1.80	0.	7.58E-16	0.	0.	0.	0.	0.	0.	2.99E-12	1.24E-08	4.14E-08	1.12E-08	6.74E-08
91	1.70	0.	8.99E-16	0.	0.	0.	0.	0.	0.	2.82E-12	1.47E-08	4.24E-08	1.25E-08	7.84E-08
92	1.60	0.	6.48E-16	0.	0.	0.	0.	0.	0.	2.39E-12	1.77E-08	5.71E-08	1.46E-08	9.32E-08
93	1.50	0.	7.73E-16	0.	0.	0.	0.	0.	0.	1.08E-12	2.16E-08	4.92E-08	1.25E-08	8.84E-08
94	1.40	0.	7.83E-16	0.	0.	0.	0.	0.	0.	0.	2.66E-08	8.44E-08	1.80E-08	1.22E-07
95	1.30	0.	5.95E-16	0.	0.	0.	0.	0.	0.	0.	3.33E-08	9.60E-08	2.21E-08	1.61E-07
96	1.20	0.	5.77E-16	0.	0.	0.	0.	0.	0.	0.	4.25E-08	1.17E-07	2.81E-08	2.01E-07
97	1.10	0.	5.19E-16	0.	0.	0.	0.	1.96E-21	0.	0.	5.56E-08	1.42E-07	3.41E-08	2.51E-07
98	1.00	0.	4.77E-16	0.	0.	0.	0.	2.32E-20	0.	0.	7.48E-08	1.62E-07	3.84E-08	3.04E-07
99	0.90	0.	3.91E-16	0.	0.	0.	0.	2.68E-20	0.	0.	1.03E-07	1.86E-07	4.44E-08	3.78E-07
100	0.80	0.	1.84E-16	0.	0.	0.	0.	5.36E-19	0.	0.	1.48E-07	1.69E-07	3.73E-08	4.28E-07
101	0.70	0.	4.55E-17	0.	0.	0.	0.	4.17E-19	0.	0.	2.21E-07	1.90E-07	4.22E-08	5.88E-07
102	0.60	0.	5.31E-18	0.	0.	0.	0.	1.52E-18	0.	0.	3.56E-07	1.90E-07	4.22E-08	5.88E-07

ABSORPTION COEFFICIENTS OF HEATED AIR (INVERSE CM.)

TEMPERATURE (DEGREES K) 13000.   DENSITY (GM/CC) 1.293E-09 (1.0E-06 NORMAL)

	PHOTON ENERGY E.V.	O2 S-R BANDS	O2 S-R CONT.	N2 B-H NO. 1	NO BETA	NO GAMMA	NO2	O- PHOTO-DET (TONS)	FREE-FREE	N P.E.	O P.E.	TOTAL AIR
1	10.70	0.	0.	7.23E-19	0.	0.	0.	6.24E-15	5.87E-13	1.48E-10	4.56E-11	1.95E-10
2	10.60	0.	0.	6.41E-19	0.	0.	0.	6.24E-15	6.04E-13	1.49E-10	4.55E-11	1.95E-10
3	10.50	0.	0.	6.37E-19	0.	0.	0.	6.25E-15	6.21E-13	1.50E-10	4.54E-11	1.96E-10
4	10.40	0.	0.	5.90E-19	0.	0.	0.	6.26E-15	6.39E-13	1.50E-10	4.53E-11	1.96E-10
5	10.30	0.	0.	5.01E-19	0.	0.	0.	6.27E-15	6.58E-13	1.51E-10	4.52E-11	1.97E-10
6	10.20	0.	0.	5.08E-19	0.	0.	0.	6.28E-15	6.78E-13	1.51E-10	4.51E-11	1.97E-10
7	10.10	0.	0.	4.70E-19	0.	0.	0.	6.28E-15	6.98E-13	1.52E-10	4.49E-11	1.97E-10
8	10.00	0.	0.	3.98E-19	0.	0.	0.	6.29E-15	7.20E-13	1.52E-10	4.48E-11	1.98E-10
9	9.90	0.	0.	4.06E-19	0.	0.	0.	6.30E-15	7.42E-13	1.52E-10	4.47E-11	1.98E-10
10	9.80	0.	0.	3.72E-19	0.	0.	0.	6.32E-15	7.65E-13	1.53E-10	4.46E-11	1.98E-10
11	9.70	0.	0.	3.11E-19	0.	0.	0.	6.33E-15	7.89E-13	1.53E-10	4.45E-11	1.98E-10
12	9.60	0.	0.	3.35E-19	0.	0.	0.	6.34E-15	8.14E-13	1.54E-10	4.44E-11	1.99E-10
13	9.50	0.	0.	2.76E-19	0.	0.	0.	6.35E-15	8.40E-13	1.54E-10	4.43E-11	1.99E-10
14	9.40	0.	0.	2.55E-19	0.	0.	0.	6.37E-15	8.67E-13	4.93E-11	4.42E-11	9.44E-11
15	9.30	0.	0.	2.59E-19	0.	0.	0.	6.40E-15	8.96E-13	4.93E-11	4.41E-11	9.42E-11
16	9.20	0.	0.	2.05E-19	0.	0.	0.	6.42E-15	9.25E-13	4.92E-11	4.39E-11	9.41E-11
17	9.10	0.	0.	2.10E-19	0.	0.	0.	6.44E-15	9.56E-13	4.92E-11	4.38E-11	9.40E-11
18	9.00	0.	0.	1.86E-19	0.	0.	0.	6.47E-15	9.89E-13	4.91E-11	4.37E-11	9.39E-11
19	8.90	0.	0.	1.67E-19	0.	0.	0.	6.49E-15	1.02E-12	4.91E-11	4.36E-11	9.38E-11
20	8.80	0.	0.	1.62E-19	0.	0.	0.	6.51E-15	1.06E-12	4.91E-11	4.35E-11	9.37E-11
21	8.70	0.	0.	1.36E-19	0.	0.	0.	6.54E-15	1.09E-12	4.91E-11	4.34E-11	9.36E-11
22	8.60	0.	0.	1.39E-19	0.	0.	0.	6.56E-15	1.13E-12	4.91E-11	4.33E-11	9.36E-11
23	8.50	0.	0.	1.17E-19	0.	0.	0.	6.58E-15	1.17E-12	4.79E-11	4.32E-11	9.23E-11
24	8.40	0.	0.	1.15E-19	0.	0.	0.	6.62E-15	1.22E-12	4.79E-11	4.31E-11	9.23E-11
25	8.30	0.	0.	9.42E-20	0.	0.	0.	6.65E-15	1.26E-12	4.80E-11	4.31E-11	9.24E-11
26	8.20	0.	0.	9.41E-20	0.	0.	0.	6.69E-15	1.31E-12	4.80E-11	4.34E-11	9.27E-11
27	8.10	0.	0.	7.86E-20	0.	0.	0.	6.72E-15	1.36E-12	4.80E-11	4.36E-11	9.30E-11
28	8.00	0.	0.	7.79E-20	0.	0.	0.	6.75E-15	1.41E-12	4.81E-11	4.38E-11	9.34E-11
29	7.90	0.	0.	6.50E-20	0.	0.	0.	6.79E-15	1.46E-12	4.83E-11	4.40E-11	9.38E-11
30	7.80	0.	0.	6.63E-20	0.	0.	0.	6.82E-15	1.52E-12	4.84E-11	4.43E-11	9.42E-11
31	7.70	0.	0.	5.64E-20	0.	0.	0.	6.86E-15	1.58E-12	4.86E-11	4.45E-11	9.47E-11
32	7.60	0.	0.	5.24E-20	0.	4.10E-24	0.	6.89E-15	1.64E-12	4.87E-11	4.47E-11	9.51E-11
33	7.50	0.	0.	4.72E-20	0.	1.71E-23	0.	6.93E-15	1.71E-12	4.89E-11	4.49E-11	9.56E-11
34	7.40	0.	0.	4.14E-20	0.	1.12E-22	0.	6.97E-15	1.78E-12	4.90E-11	4.52E-11	9.60E-11
35	7.30	0.	0.	3.83E-20	0.	5.02E-22	0.	7.00E-15	1.85E-12	4.92E-11	4.54E-11	9.65E-11
36	7.20	0.	0.	3.37E-20	0.	1.34E-21	0.	7.04E-15	1.93E-12	4.94E-11	4.56E-11	9.69E-11
37	7.10	0.	0.	3.16E-20	0.	3.91E-21	0.	7.10E-15	2.02E-12	4.96E-11	4.58E-11	9.74E-11
38	7.00	1.60E-23	0.	2.83E-20	0.	9.03E-21	0.	7.16E-15	2.11E-12	4.97E-11	4.61E-11	9.79E-11
39	6.90	3.07E-23	0.	2.53E-20	0.	1.07E-20	0.	7.22E-15	2.20E-12	4.99E-11	4.63E-11	9.84E-11
40	6.80	2.60E-23	0.	2.37E-20	0.	2.06E-20	0.	7.27E-15	2.30E-12	5.01E-11	4.65E-11	9.89E-11
41	6.70	1.86E-23	0.	2.02E-20	0.	2.25E-20	0.	7.35E-15	2.40E-12	5.03E-11	4.68E-11	9.95E-11
42	6.60	1.12E-23	0.	1.76E-20	0.	1.58E-20	0.	7.39E-15	2.52E-12	5.06E-11	4.71E-11	1.00E-10
43	6.50	6.31E-24	0.	1.35E-20	0.	2.60E-20	0.	7.45E-15	2.63E-12	5.10E-11	4.74E-11	1.01E-10
44	6.40	4.52E-24	0.	8.92E-21	1.17E-22	2.70E-20	0.	7.51E-15	2.76E-12	5.14E-11	4.77E-11	1.02E-10
45	6.30	1.99E-24	0.	5.29E-21	5.30E-22	1.63E-20	0.	7.56E-15	2.89E-12	5.19E-11	4.81E-11	1.03E-10
46	6.20	8.79E-25	0.	2.79E-21	7.30E-22	2.37E-20	0.	7.62E-15	3.04E-12	5.23E-11	4.87E-11	1.04E-10
47	6.10	3.93E-25	0.	1.26E-21	2.04E-21	3.24E-20	0.	7.68E-15	3.19E-12	5.17E-11	4.94E-11	1.04E-10
48	6.00	1.60E-25	0.	3.10E-22	1.86E-21	1.41E-20	0.	7.74E-15	3.35E-12	5.23E-11	5.00E-11	1.06E-10
49	5.90	3.87E-26	0.	2.21E-23	2.67E-21	1.42E-20	0.	7.74E-15	3.53E-12	5.30E-11	5.06E-11	1.07E-10
50	5.80	4.91E-27	0.	5.52E-25	3.67E-21	1.41E-20	0.	7.62E-15	3.71E-12	5.36E-11	5.13E-11	1.09E-10
51	5.70	3.61E-28	0.	0.	4.15E-21	1.55E-20	0.	7.16E-15	3.92E-12	5.43E-11	5.19E-11	1.10E-10

ABSORPTION COEFFICIENTS OF HEATED AIR (INVERSE CM.)

TEMPERATURE (DEGREES K) 13000. DENSITY (GM/CC) 1.293E-09 (1.0E-06 NORMAL)

#	PHOTON ENERGY	O2 S-R BANDS	N2 1ST POS.	N2 2ND POS.	N2+ 1ST NEG.	NO BETA	NO GAMMA	NO VIB-ROT	NO2	O- PHOTO-DET	FREE-FREE (IONS)	N P.E.	O P.E.	TOTAL AIR
52	5.60	1.61E-29	0.	0.	0.	3.35E-21	2.21E-20	0.	0.	6.66E-15	4.13E-12	5.51E-11	5.26E-11	1.12E-10
53	5.50	0.	0.	0.	0.	4.09E-21	2.07E-20	0.	0.	6.69E-15	4.36E-12	5.61E-11	5.33E-11	1.14E-10
54	5.40	0.	0.	0.	0.	3.62E-21	1.56E-20	0.	0.	6.73E-15	4.61E-12	5.73E-11	5.41E-11	1.16E-10
55	5.30	0.	0.	0.	0.	3.72E-21	2.09E-20	0.	0.	6.77E-15	4.84E-12	5.86E-11	5.50E-11	1.18E-10
56	5.20	0.	0.	0.	0.	3.94E-21	1.40E-20	0.	0.	6.81E-15	5.17E-12	5.99E-11	5.61E-11	1.21E-10
57	5.10	0.	0.	0.	0.	3.89E-21	1.85E-20	0.	0.	6.87E-15	5.48E-12	6.15E-11	5.73E-11	1.24E-10
58	5.00	2.07E-22	0.	0.	0.	3.50E-21	1.67E-20	0.	0.	6.93E-15	5.82E-12	6.34E-11	5.84E-11	1.28E-10
59	4.90	4.88E-22	0.	0.	0.	3.83E-21	1.76E-20	0.	0.	6.99E-15	6.18E-12	6.53E-11	5.96E-11	1.31E-10
60	4.80	8.85E-22	0.	0.	0.	4.07E-21	1.63E-20	0.	0.	7.04E-15	6.58E-12	6.74E-11	6.08E-11	1.35E-10
61	4.70	1.16E-21	0.	0.	0.	3.98E-21	1.45E-20	0.	0.	7.10E-15	7.01E-12	6.95E-11	6.24E-11	1.39E-10
62	4.60	1.54E-21	0.	0.	0.	4.04E-21	1.33E-20	0.	0.	7.16E-15	7.48E-12	7.20E-11	6.39E-11	1.43E-10
63	4.50	1.59E-21	0.	1.57E-21	0.	3.60E-21	9.81E-21	0.	0.	7.22E-15	7.99E-12	7.52E-11	6.55E-11	1.49E-10
64	4.40	1.65E-21	0.	5.12E-21	0.	3.57E-21	6.94E-21	0.	0.	7.27E-15	8.55E-12	7.84E-11	6.65E-11	1.53E-10
65	4.30	1.52E-21	0.	1.47E-20	0.	3.32E-21	4.18E-21	0.	0.	7.33E-15	9.17E-12	8.18E-11	6.26E-11	1.54E-10
66	4.20	1.40E-21	0.	5.24E-20	0.	3.47E-21	3.10E-21	0.	0.	7.39E-15	9.84E-12	8.52E-11	1.87E-11	1.14E-10
67	4.10	1.28E-21	0.	1.97E-20	0.	3.31E-21	8.31E-22	0.	0.	7.42E-15	1.06E-11	1.76E-11	1.93E-11	1.07E-10
68	4.00	1.16E-21	0.	7.46E-20	0.	3.14E-21	6.35E-22	0.	0.	7.45E-15	1.14E-11	1.99E-11	1.99E-11	9.21E-11
69	3.90	9.61E-22	0.	3.36E-20	7.09E-17	2.80E-21	2.55E-22	0.	0.	7.42E-15	1.23E-11	2.05E-11	2.05E-11	9.44E-11
70	3.80	1.04E-21	0.	5.14E-20	3.76E-16	2.98E-21	0.	0.	0.	7.39E-15	1.33E-11	2.12E-11	2.12E-11	1.00E-10
71	3.70	8.94E-22	0.	5.88E-20	1.19E-16	2.43E-21	0.	0.	0.	7.27E-15	1.44E-11	2.35E-11	2.35E-11	1.10E-10
72	3.60	7.91E-22	0.	3.65E-20	7.06E-16	2.00E-21	0.	0.	0.	6.81E-15	1.57E-11	2.61E-11	2.61E-11	1.22E-10
73	3.50	7.23E-22	0.	5.14E-20	1.68E-15	2.22E-21	0.	0.	0.	6.24E-15	1.71E-11	2.90E-11	2.90E-11	1.36E-10
74	3.40	6.44E-22	0.	2.95E-20	1.84E-16	1.72E-21	0.	0.	0.	3.60E-15	1.86E-11	3.22E-11	3.22E-11	1.50E-10
75	3.30	5.07E-22	0.	3.08E-20	8.39E-16	1.77E-21	0.	0.	0.	3.61E-15	2.04E-11	3.54E-11	3.54E-11	1.65E-10
76	3.20	4.30E-22	0.	1.90E-20	1.70E-16	1.64E-21	0.	0.	0.	3.62E-15	2.24E-11	3.88E-11	3.88E-11	1.80E-10
77	3.10	4.02E-22	0.	1.46E-20	2.88E-16	1.50E-21	0.	0.	0.	3.63E-15	2.47E-11	4.21E-11	4.21E-11	1.95E-10
78	3.00	3.51E-22	0.	8.66E-21	8.18E-16	1.09E-21	0.	0.	0.	3.63E-15	2.72E-11	4.55E-11	4.55E-11	2.12E-10
79	2.90	2.92E-22	0.	5.27E-21	4.82E-16	7.14E-22	0.	0.	0.	3.63E-15	3.02E-11	4.90E-11	4.90E-11	2.26E-10
80	2.80	2.86E-22	0.	2.52E-21	2.44E-16	3.69E-22	0.	0.	0.	3.64E-15	3.36E-11	4.82E-11	4.82E-11	2.17E-10
81	2.70	1.80E-22	0.	1.17E-21	3.94E-16	1.55E-22	0.	0.	0.	3.64E-15	3.75E-11	2.37E-10	2.37E-10	2.17E-10
82	2.60	8.07E-23	0.	5.84E-22	3.75E-17	3.57E-23	0.	0.	0.	3.64E-15	4.20E-11	2.57E-10	2.57E-10	1.63E-10
83	2.50	5.54E-24	0.	6.74E-23	3.34E-17	3.71E-24	0.	0.	0.	3.64E-15	4.73E-11	2.97E-10	2.97E-10	1.90E-10
84	2.40	0.	3.44E-21	0.	3.12E-17	0.	0.	0.	0.	3.61E-15	5.35E-11	4.73E-10	3.65E-10	2.30E-10
85	2.30	0.	1.25E-20	0.	0.	0.	0.	0.	0.	3.59E-15	6.09E-11	1.70E-10	4.38E-10	2.74E-10
86	2.20	0.	2.98E-20	0.	0.	0.	0.	0.	0.	3.58E-15	6.97E-11	2.00E-10	5.27E-10	3.23E-10
87	2.10	0.	3.53E-20	0.	0.	0.	0.	0.	0.	3.46E-15	8.03E-11	2.33E-10	6.16E-10	3.75E-10
88	2.00	0.	6.48E-20	0.	0.	0.	0.	0.	0.	3.33E-15	9.31E-11	2.66E-10	7.05E-10	4.30E-10
89	1.90	0.	9.85E-20	0.	0.	0.	0.	0.	0.	3.19E-15	1.09E-10	3.02E-10	8.06E-10	4.92E-10
90	1.80	0.	8.10E-20	0.	0.	0.	0.	0.	0.	3.00E-15	1.28E-10	3.59E-10	9.69E-10	6.91E-10
91	1.70	0.	9.62E-20	0.	0.	0.	0.	0.	0.	2.54E-15	1.53E-10	4.28E-10	1.10E-10	7.72E-10
92	1.60	0.	6.93E-20	0.	0.	0.	0.	0.	0.	1.15E-15	1.83E-10	4.84E-10	1.30E-10	7.59E-10
93	1.50	0.	8.27E-20	0.	0.	0.	0.	0.	0.	0.	2.23E-10	5.84E-10	1.52E-10	9.16E-10
94	1.40	0.	8.37E-20	0.	0.	0.	0.	0.	0.	0.	2.76E-10	5.09E-10	1.31E-10	1.26E-09
95	1.30	0.	6.36E-20	0.	0.	0.	0.	0.	0.	0.	3.45E-10	7.30E-10	1.84E-10	1.66E-09
96	1.20	0.	6.17E-20	0.	0.	0.	0.	2.12E-25	0.	0.	4.40E-10	9.93E-10	2.30E-10	1.66E-09
97	1.10	0.	5.55E-20	0.	0.	0.	0.	2.50E-24	0.	0.	5.76E-10	1.21E-09	2.94E-10	2.08E-09
98	1.00	0.	5.10E-20	0.	0.	0.	0.	2.90E-24	0.	0.	7.75E-10	1.47E-09	3.57E-10	2.60E-09
99	0.90	0.	4.18E-20	0.	0.	0.	0.	5.80E-23	0.	0.	1.07E-09	1.67E-09	4.02E-10	3.15E-09
100	0.80	0.	1.96E-20	0.	0.	0.	0.	4.51E-23	0.	0.	1.53E-09	1.53E-09	3.39E-10	3.43E-09
101	0.70	0.	4.86E-21	0.	0.	0.	0.	1.64E-22	0.	0.	2.29E-09	1.74E-09	3.90E-10	4.43E-09
102	0.60	0.	5.67E-22	0.	0.	0.	0.	0.	0.	0.	3.69E-09	1.96E-09	4.40E-10	6.09E-09

TEMPERATURE (DEGREES K) 14000.   DENSITY (GM/CC) 1.293E-02   (1.0E 01 NORMAL)

#	PHOTON ENERGY E.V.	O2 S-R BANDS	O2 S-R CONT.	N2 B-H NO. 1	NO BETA	NO GAMMA	NO 2	O- PHOTO-DET (IONS)	FREE-FREE (IONS)	N P.E.	O P.E.	TOTAL AIR
1	10.70	0.	0.	8.36E 00	0.	0.	0.	1.84E 00	7.91E-03	1.66E 02	2.84E-01	1.77E 02
2	10.60	0.	0.	7.46E 00	0.	0.	0.	1.84E 00	8.14E-03	1.34E 00	2.83E-01	1.09E 01
3	10.50	0.	0.	7.45E 00	0.	0.	0.	1.84E 00	8.37E-03	1.34E 00	2.83E-01	1.09E 01
4	10.40	0.	0.	6.94E 00	0.	0.	0.	1.84E 00	8.62E-03	1.35E 00	2.82E-01	1.04E 01
5	10.30	0.	0.	5.94E 00	0.	0.	0.	1.85E 00	8.87E-03	1.35E 00	2.81E-01	9.43E 00
6	10.20	0.	0.	6.05E 00	0.	0.	0.	1.85E 00	9.14E-03	1.36E 00	2.80E-01	9.55E 00
7	10.10	0.	0.	5.63E 00	0.	0.	0.	1.85E 00	9.41E-03	1.36E 00	2.79E-01	9.13E 00
8	10.00	0.	0.	4.82E 00	0.	0.	0.	1.85E 00	9.70E-03	1.36E 00	2.79E-01	8.33E 00
9	9.90	0.	0.	4.92E 00	0.	0.	0.	1.86E 00	1.00E-02	1.37E 00	2.78E-01	8.43E 00
10	9.80	0.	0.	4.54E 00	0.	0.	0.	1.86E 00	1.03E-02	1.37E 00	2.77E-01	8.06E 00
11	9.70	0.	0.	3.83E 00	0.	0.	0.	1.86E 00	1.06E-02	1.37E 00	2.76E-01	7.35E 00
12	9.60	0.	0.	4.12E 00	0.	0.	0.	1.87E 00	1.10E-02	1.38E 00	2.75E-01	7.66E 00
13	9.50	0.	0.	3.44E 00	0.	0.	0.	1.87E 00	1.13E-02	1.38E 00	2.75E-01	6.98E 00
14	9.40	0.	0.	3.19E 00	0.	0.	0.	1.88E 00	1.17E-02	1.38E 00	2.74E-01	6.74E 00
15	9.30	0.	0.	3.25E 00	0.	0.	0.	1.88E 00	1.21E-02	1.39E 00	2.73E-01	6.81E 00
16	9.20	0.	0.	2.61E 00	0.	0.	0.	1.89E 00	1.25E-02	1.39E 00	2.72E-01	6.18E 00
17	9.10	0.	0.	2.67E 00	0.	0.	0.	1.90E 00	1.29E-02	1.40E 00	2.71E-01	5.31E 00
18	9.00	0.	0.	2.38E 00	0.	0.	0.	—	1.33E-02	4.49E-01	—	—
19	8.90	0.	0.	2.16E 00	0.	0.	0.	1.91E 00	1.38E-02	4.49E-01	2.71E-01	5.02E 00
20	8.80	0.	0.	2.10E 00	0.	0.	0.	1.92E 00	1.42E-02	4.49E-01	2.70E-01	4.80E 00
21	8.70	0.	0.	1.82E 00	0.	0.	0.	1.92E 00	1.47E-02	4.49E-01	2.69E-01	4.75E 00
22	8.60	0.	0.	1.78E 00	0.	0.	0.	1.93E 00	1.53E-02	4.50E-01	2.68E-01	4.44E 00
23	8.50	0.	0.	1.55E 00	0.	0.	0.	1.94E 00	1.58E-02	4.50E-01	2.68E-01	4.48E 00
24	8.40	0.	0.	1.53E 00	0.	0.	0.	1.95E 00	1.64E-02	4.51E-01	2.67E-01	4.23E 00
25	8.30	0.	0.	1.27E 00	0.	0.	0.	1.96E 00	1.70E-02	4.51E-01	2.66E-01	4.21E 00
26	8.20	0.	0.	1.07E 00	0.	0.	0.	1.97E 00	1.76E-02	4.52E-01	2.67E-01	3.96E 00
27	8.10	0.	0.	1.07E 00	0.	0.	0.	1.98E 00	1.83E-02	4.54E-01	2.69E-01	3.98E 00
28	8.00	0.	0.	8.96E-01	0.	0.	0.	1.99E 00	1.90E-02	4.55E-01	2.70E-01	3.79E 00
29	7.90	0.	0.	9.18E-01	0.	0.	0.	2.00E 00	1.97E-02	4.57E-01	2.71E-01	3.80E 00
30	7.80	0.	0.	7.88E-01	0.	0.	0.	2.01E 00	2.05E-02	4.59E-01	2.72E-01	3.64E 00
31	7.70	0.	0.	7.37E-01	0.	3.74E-05	0.	2.02E 00	2.13E-02	4.60E-01	2.73E-01	3.68E 00
32	7.60	0.	0.	6.69E-01	0.	1.48E-04	0.	2.03E 00	2.21E-02	4.62E-01	2.74E-01	3.56E 00
33	7.50	0.	0.	5.91E-01	0.	1.03E-03	0.	2.04E 00	2.31E-02	4.64E-01	2.76E-01	3.52E 00
34	7.40	0.	0.	5.50E-01	0.	4.48E-03	0.	2.05E 00	2.40E-02	4.65E-01	2.77E-01	3.47E 00
35	7.30	0.	0.	4.87E-01	0.	1.20E-02	0.	2.06E 00	2.50E-02	4.67E-01	2.78E-01	3.41E 00
36	7.20	0.	0.	4.60E-01	0.	3.57E-02	0.	2.07E 00	2.61E-02	4.68E-01	2.79E-01	3.38E 00
37	7.10	1.00E-04	0.	4.14E-01	0.	7.93E-02	0.	2.09E 00	2.72E-02	4.70E-01	2.80E-01	3.34E 00
38	7.00	1.93E-05	0.	3.73E-01	0.	9.75E-02	0.	2.11E 00	2.84E-02	4.72E-01	2.81E-01	3.36E 00
39	6.90	1.65E-04	0.	3.52E-01	0.	1.84E-01	0.	2.13E 00	2.97E-02	4.73E-01	2.83E-01	3.38E 00
40	6.80	5.18E-04	0.	3.02E-01	0.	1.96E-01	0.	2.14E 00	3.10E-02	4.77E-01	2.84E-01	3.47E 00
41	6.70	7.12E-05	0.	2.66E-01	0.	1.43E-01	0.	2.16E 00	3.24E-02	4.81E-01	2.85E-01	3.45E 00
42	6.60	0.	0.	2.06E-01	0.	0.	0.	2.18E 00	3.39E-02	4.85E-01	2.87E-01	3.38E 00
43	6.50	4.05E-05	0.	1.38E-01	9.60E-04	2.29E-01	0.	2.19E 00	3.55E-02	4.88E-01	2.88E-01	3.43E 00
44	6.40	2.28E-05	0.	8.29E-02	4.40E-03	2.32E-01	0.	2.21E 00	3.72E-02	4.93E-01	2.90E-01	3.39E 00
45	6.30	1.30E-05	0.	4.44E-02	6.11E-03	1.46E-01	0.	2.23E 00	3.90E-02	4.98E-01	2.92E-01	3.28E 00
46	6.20	5.75E-06	0.	2.66E-02	1.72E-02	2.09E-01	0.	2.24E 00	4.10E-02	5.00E-01	2.96E-01	3.33E 00
47	6.10	2.59E-06	0.	5.03E-03	2.59E-02	2.79E-01	0.	2.26E 00	4.30E-02	5.04E-01	3.00E-01	3.42E 00
48	6.00	1.06E-06	0.	3.59E-04	1.58E-02	1.25E-01	0.	2.28E 00	4.52E-02	5.11E-01	3.03E-01	3.28E 00
49	5.90	2.58E-07	0.	8.99E-06	2.29E-02	1.25E-01	0.	2.28E 00	4.76E-02	5.17E-01	3.07E-01	3.29E 00
50	5.80	3.28E-08	0.	0.	3.16E-02	1.25E-01	0.	2.24E 00	5.01E-02	5.23E-01	3.10E-01	3.28E 00
51	5.70	2.41E-09	0.	0.	3.61E-02	1.39E-01	0.	2.11E 00	5.28E-02	5.23E-01	3.14E-01	3.17E 00

282

ABSORPTION COEFFICIENTS OF HEATED AIR (INVERSE CM.)

TEMPERATURE (DEGREES K) 14000.   DENSITY (GM/CC) 1.293E-02   (1.0E 01 NORMAL)

No.	PHOTON ENERGY	O2 S-R BANDS	N2 1ST POS.	N2 2ND POS.	N2+ 1ST NEG.	NO BETA	NO GAMMA	NO VIB-ROT	NO 2	O- PHOTO-DET (IONS)	FREE-FREE (IONS)	N P.E.	O P.E.	TOTAL AIR
52	5.60	1.08E-10	0.	0.	0.	2.96E-02	1.94E-01	0.	0.	1.96E 00	5.57E-02	5.31E-01	3.18E-01	3.09E 00
53	5.50	0.	0.	0.	0.	3.61E-02	1.81E-01	0.	0.	1.97E 00	5.88E-02	5.41E-01	3.22E-01	3.11E 00
54	5.40	0.	0.	0.	0.	3.23E-02	1.39E-01	0.	0.	1.98E 00	6.22E-02	5.54E-01	3.27E-01	3.10E 00
55	5.30	0.	0.	0.	0.	3.31E-02	1.83E-01	0.	0.	1.99E 00	6.58E-02	5.67E-01	3.32E-01	3.17E 00
56	5.20	0.	0.	0.	0.	3.52E-02	1.27E-01	0.	0.	2.01E 00	6.97E-02	5.80E-01	3.38E-01	3.16E 00
57	5.10	0.	0.	0.	0.	3.49E-02	1.66E-01	0.	0.	2.02E 00	7.39E-02	5.96E-01	3.45E-01	3.24E 00
58	5.00	1.41E-03	0.	0.	0.	3.15E-02	1.52E-01	0.	0.	2.04E 00	7.84E-02	6.14E-01	3.52E-01	3.27E 00
59	4.90	3.35E-03	0.	0.	0.	3.47E-02	1.61E-01	0.	0.	2.06E 00	8.34E-02	6.33E-01	3.59E-01	3.33E 00
60	4.80	6.13E-03	0.	0.	0.	3.70E-02	1.50E-01	0.	0.	2.07E 00	8.87E-02	6.54E-01	3.66E-01	3.38E 00
61	4.70	8.08E-03	0.	0.	0.	3.64E-02	1.34E-01	0.	0.	2.09E 00	9.45E-02	6.75E-01	3.75E-01	3.42E 00
62	4.60	1.09E-02	0.	0.	0.	3.70E-02	1.22E-01	0.	0.	2.11E 00	1.01E-01	7.01E-01	3.85E-01	3.47E 00
63	4.50	1.12E-02	0.	2.56E-02	0.	3.32E-02	9.11E-02	0.	0.	2.13E 00	1.08E-01	7.32E-01	3.95E-01	3.52E 00
64	4.40	1.18E-02	0.	8.16E-02	0.	3.30E-02	6.39E-02	0.	0.	2.14E 00	1.15E-01	7.64E-01	4.04E-01	3.62E 00
65	4.30	1.09E-02	0.	2.43E-01	0.	3.10E-02	3.90E-02	0.	0.	2.16E 00	1.24E-01	7.99E-01	4.15E-01	3.82E 00
66	4.20	1.11E-02	0.	8.39E-01	0.	3.25E-02	2.85E-02	0.	0.	2.18E 00	1.33E-01	8.34E-01	4.25E-01	4.48E 00
67	4.10	9.33E-03	0.	3.28E-01	0.	3.12E-02	7.71E-03	0.	0.	2.19E 00	1.43E-01	8.69E-01	4.30E-01	4.00E 00
68	4.00	8.48E-03	0.	1.20E 00	1.98E-02	2.97E-02	5.87E-03	0.	0.	2.19E 00	1.54E-01	9.04E-01	1.34E-01	4.63E 00
69	3.90	7.07E-03	0.	5.45E-01	9.90E-02	2.67E-02	2.33E-03	0.	0.	2.19E 00	1.66E-01	8.43E-01	1.38E-01	3.93E 00
70	3.80	7.69E-03	0.	8.44E-01	3.38E-02	2.86E-02	0.	0.	0.	2.18E 00	1.80E-01	8.61E-01	1.43E-01	4.34E 00
71	3.70	6.67E-03	0.	9.42E-01	1.95E-01	2.36E-02	0.	0.	0.	2.14E 00	1.95E-01	8.86E-01	1.58E-01	4.19E 00
72	3.60	5.93E-03	0.	6.05E-01	1.39E-01	2.56E-02	0.	0.	0.	2.01E 00	2.12E-01	7.42E-01	1.75E-01	3.97E 00
73	3.50	5.45E-03	0.	5.45E-01	5.22E-02	2.18E-02	0.	0.	0.	1.84E 00	2.31E-01	7.71E-01	1.94E-01	4.33E 00
74	3.40	4.90E-03	0.	4.94E-01	2.28E-01	1.70E-02	0.	0.	0.	1.06E 00	2.52E-01	8.62E-01	2.15E-01	2.96E 00
75	3.30	3.87E-03	0.	5.13E-01	4.38E-01	1.77E-02	0.	0.	0.	1.06E 00	2.75E-01	9.55E-01	2.36E-01	3.50E 00
76	3.20	3.31E-03	0.	3.23E-01	8.20E-02	1.51E-02	0.	0.	0.	1.06E 00	3.02E-01	1.05E 00	2.58E-01	3.29E 00
77	3.10	3.12E-03	0.	2.48E-01	2.21E-01	1.44E-02	0.	0.	0.	1.07E 00	3.33E-01	1.15E 00	2.80E-01	3.45E 00
78	3.00	2.74E-03	0.	1.49E-01	1.28E-01	7.44E-03	0.	0.	0.	1.07E 00	3.68E-01	1.24E 00	3.03E-01	3.37E 00
79	2.90	2.25E-03	0.	9.11E-02	6.91E-02	3.90E-03	0.	0.	0.	1.07E 00	4.07E-01	1.34E 00	3.26E-01	3.38E 00
80	2.80	1.45E-03	0.	4.36E-02	1.06E-01	1.66E-03	0.	0.	0.	1.07E 00	4.53E-01	1.46E 00	3.52E-01	3.67E 00
81	2.70	6.57E-04	0.	2.03E-02	1.02E-02	3.36E-04	0.	0.	0.	1.07E 00	5.06E-01	1.58E 00	3.80E-01	3.78E 00
82	2.60	4.54E-05	0.	1.01E-02	9.34E-03	4.05E-05	0.	0.	0.	1.07E 00	5.67E-01	1.71E 00	4.09E-01	3.88E 00
83	2.50	0.	0.	1.14E-02	8.40E-03	0.	0.	0.	0.	1.07E 00	6.39E-01	1.94E 00	2.56E-01	4.17E 00
84	2.40	0.	5.65E-02	0.	0.	0.	0.	0.	0.	1.06E 00	7.23E-01	2.26E 00	3.05E-01	4.38E 00
85	2.30	0.	1.96E-01	0.	0.	0.	0.	0.	0.	1.05E 00	8.22E-01	1.78E 00	3.67E-01	4.22E 00
86	2.20	0.	4.80E-01	0.	0.	0.	0.	0.	0.	1.05E 00	9.42E-01	2.11E 00	4.29E-01	4.96E 00
87	2.10	0.	5.52E-01	0.	0.	0.	0.	0.	0.	1.02E 00	1.08E 00	2.46E 00	4.91E-01	5.58E 00
88	2.00	0.	1.03E 00	0.	0.	0.	0.	0.	0.	9.82E-01	1.26E 00	2.80E 00	5.63E-01	6.61E 00
89	1.90	0.	1.49E 00	0.	0.	0.	0.	0.	0.	9.39E-01	1.47E 00	3.19E 00	6.78E-01	7.70E 00
90	1.80	0.	1.24E 00	0.	0.	0.	0.	0.	0.	8.84E-01	1.73E 00	3.60E 00	8.22E-01	8.38E 00
91	1.70	0.	1.46E 00	0.	0.	0.	0.	0.	0.	7.48E-01	2.06E 00	4.54E 00	9.66E-01	9.77E 00
92	1.60	0.	1.06E 00	0.	0.	0.	0.	0.	0.	3.40E-01	2.48E 00	5.28E 00	1.17E 00	1.05E 01
93	1.50	0.	1.25E 00	0.	0.	0.	0.	0.	0.	0.	3.02E 00	6.75E 00	1.39E 00	1.25E 01
94	1.40	0.	9.60E-01	0.	0.	0.	0.	0.	0.	0.	3.73E 00	8.33E 00	1.83E 00	1.47E 01
95	1.30	0.	9.27E-01	0.	0.	0.	0.	0.	0.	0.	4.67E 00	1.07E 01	1.81E 00	1.82E 01
96	1.20	0.	8.47E-01	0.	0.	0.	0.	1.85E-06	0.	0.	5.97E 00	1.12E 01	2.28E 00	1.99E 01
97	1.10	0.	7.77E-01	0.	0.	0.	0.	2.33E-05	0.	0.	7.83E 00	1.38E 01	2.56E 00	2.47E 01
98	1.00	0.	6.38E-01	0.	0.	0.	0.	2.68E-05	0.	0.	1.05E 01	1.67E 01	3.02E 00	3.05E 01
99	0.90	0.	3.00E-01	0.	0.	0.	0.	0.	0.	0.	1.45E 01	1.90E 01	3.47E 00	3.72E 01
100	0.80	0.	7.34E-02	0.	0.	0.	0.	5.50E-04	0.	0.	2.07E 01	2.19E 01	3.74E 00	4.63E 01
101	0.70	0.	9.65E-03	0.	0.	0.	0.	4.43E-04	0.	0.	3.11E 01	2.40E 01	4.18E 00	5.89E 01
102	0.60	0.	0.	0.	0.	0.	0.	1.57E-03	0.	0.	5.01E 01	2.68E 01		8.11E 01

ABSORPTION COEFFICIENTS OF HEATED AIR (INVERSE CM.)

TEMPERATURE (DEGREES K) 14000.　DENSITY (GM/CC) 1.293E-03　(1.0E 00 NORMAL)

#	PHOTON ENERGY E.V.	O2 S-R BANDS	O2 S-R CONT.	N2 B-H NO.1	NO BETA	NO GAMMA	NO 2	O- PHOTO-DET	O- FREE-FREE (IONS)	N P.E.	O P.E.	TOTAL AIR
1	10.70	0.	0.	1.05E-01	0.	0.	0.	5.87E-02	7.61E-04	1.86E 01	2.89E-02	1.88E 01
2	10.60	0.	0.	9.37E-02	0.	0.	0.	5.88E-02	7.83E-04	1.51E-01	2.88E-02	3.33E-01
3	10.50	0.	0.	9.36E-02	0.	0.	0.	5.89E-02	8.06E-04	1.51E-01	2.88E-02	3.33E-01
4	10.40	0.	0.	8.72E-02	0.	0.	0.	5.89E-02	8.30E-04	1.52E-01	2.86E-02	3.27E-01
5	10.30	0.	0.	7.46E-02	0.	0.	0.	5.90E-02	8.54E-04	1.53E-01	2.85E-02	3.15E-01
6	10.20	0.	0.	7.60E-02	0.	0.	0.	5.91E-02	8.80E-04	1.53E-01	2.84E-02	3.17E-01
7	10.10	0.	0.	7.07E-02	0.	0.	0.	5.92E-02	9.06E-04	1.53E-01	2.84E-02	3.12E-01
8	10.00	0.	0.	6.05E-02	0.	0.	0.	5.92E-02	9.34E-04	1.53E-01	2.84E-02	3.02E-01
9	9.90	0.	0.	6.18E-02	0.	0.	0.	5.94E-02	9.62E-04	1.54E-01	2.83E-02	3.04E-01
10	9.80	0.	0.	5.70E-02	0.	0.	0.	5.95E-02	9.92E-04	1.54E-01	2.82E-02	3.00E-01
11	9.70	0.	0.	5.81E-02	0.	0.	0.	5.96E-02	1.02E-03	1.55E-01	2.81E-02	2.95E-01
12	9.60	0.	0.	5.18E-02	0.	0.	0.	5.97E-02	1.06E-03	1.55E-01	2.80E-02	2.87E-01
13	9.50	0.	0.	4.37E-02	0.	0.	0.	5.98E-02	1.09E-03	1.55E-01	2.79E-02	2.86E-01
14	9.40	0.	0.	4.01E-02	0.	0.	0.	6.00E-02	1.12E-03	1.56E-01	2.79E-02	2.85E-01
15	9.30	0.	0.	4.08E-02	0.	0.	0.	6.02E-02	1.16E-03	1.56E-01	2.78E-02	2.79E-01
16	9.20	0.	0.	3.28E-02	0.	0.	0.	6.04E-02	1.20E-03	1.57E-01	2.78E-02	2.73E-01
17	9.10	0.	0.	3.36E-02	0.	0.	0.	6.07E-02	1.24E-03	5.03E-02	2.77E-02	1.70E-01
18	9.00	0.	0.	2.99E-02	0.	0.	0.	6.09E-02	1.28E-03	5.03E-02	2.76E-02	1.67E-01
19	8.90	0.	0.	2.71E-02	0.	0.	0.	6.11E-02	1.33E-03	5.03E-02	2.75E-02	1.67E-01
20	8.80	0.	0.	2.66E-02	0.	0.	0.	6.13E-02	1.37E-03	5.03E-02	2.74E-02	1.63E-01
21	8.70	0.	0.	2.23E-02	0.	0.	0.	6.15E-02	1.42E-03	5.03E-02	2.73E-02	1.64E-01
22	8.60	0.	0.	2.29E-02	0.	0.	0.	6.17E-02	1.47E-03	5.03E-02	2.72E-02	1.61E-01
23	8.50	0.	0.	1.95E-02	0.	0.	0.	6.20E-02	1.52E-03	5.03E-02	2.72E-02	1.61E-01
24	8.40	0.	0.	1.92E-02	0.	0.	0.	6.23E-02	1.58E-03	5.04E-02	2.71E-02	1.58E-01
25	8.30	0.	0.	1.59E-02	0.	0.	0.	6.26E-02	1.63E-03	5.05E-02	2.71E-02	1.58E-01
26	8.20	0.	0.	1.59E-02	0.	0.	0.	6.29E-02	1.70E-03	5.05E-02	2.72E-02	1.56E-01
27	8.10	0.	0.	1.34E-02	0.	0.	0.	6.33E-02	1.76E-03	5.05E-02	2.73E-02	1.57E-01
28	8.00	0.	0.	1.34E-02	0.	0.	0.	6.36E-02	1.83E-03	5.07E-02	2.75E-02	1.56E-01
29	7.90	0.	0.	1.15E-02	0.	0.	0.	6.39E-02	1.90E-03	5.09E-02	2.76E-02	1.56E-01
30	7.80	0.	0.	1.15E-02	0.	0.	0.	6.42E-02	1.97E-03	5.10E-02	2.77E-02	1.56E-01
31	7.70	0.	0.	9.90E-03	0.	4.26E-07	0.	6.46E-02	2.05E-03	5.12E-02	2.78E-02	1.56E-01
32	7.60	0.	0.	9.29E-03	0.	1.69E-06	0.	6.49E-02	2.13E-03	5.14E-02	2.79E-02	1.56E-01
33	7.50	0.	0.	8.40E-03	0.	1.17E-05	0.	6.52E-02	2.22E-03	5.16E-02	2.81E-02	1.55E-01
34	7.40	0.	0.	7.42E-03	0.	5.11E-05	0.	6.56E-02	2.31E-03	5.18E-02	2.82E-02	1.56E-01
35	7.30	0.	0.	6.91E-03	0.	1.37E-04	0.	6.60E-02	2.41E-03	5.20E-02	2.83E-02	1.56E-01
36	7.20	0.	0.	6.12E-03	0.	4.07E-04	0.	6.63E-02	2.51E-03	5.21E-02	2.84E-02	1.57E-01
37	7.10	1.04E-06	0.	5.78E-03	0.	9.05E-04	0.	6.69E-02	2.62E-03	5.23E-02	2.85E-02	1.58E-01
38	7.00	2.00E-06	0.	5.21E-03	0.	1.11E-03	0.	6.74E-02	2.73E-03	5.25E-02	2.86E-02	1.60E-01
39	6.90	1.70E-06	0.	4.69E-03	0.	2.10E-03	0.	6.79E-02	2.85E-03	5.27E-02	2.88E-02	1.60E-01
40	6.80	1.22E-06	0.	4.42E-03	0.	2.24E-03	0.	6.85E-02	2.98E-03	5.29E-02	2.89E-02	1.62E-01
41	6.70	7.37E-07	0.	3.80E-03	0.	1.63E-03	0.	6.90E-02	3.12E-03	5.31E-02	2.90E-02	1.62E-01
42	6.60	4.19E-07	0.	3.34E-03	0.	2.61E-03	0.	6.96E-02	3.26E-03	5.34E-02	2.92E-02	1.64E-01
43	6.50	2.36E-07	0.	2.59E-03	0.	2.64E-03	0.	7.01E-02	3.42E-03	5.39E-02	2.94E-02	1.66E-01
44	6.40	1.34E-07	0.	1.73E-03	1.09E-05	1.66E-03	0.	7.07E-02	3.58E-03	5.43E-02	2.95E-02	1.66E-01
45	6.30	9.96E-08	0.	1.04E-03	5.02E-05	2.39E-03	0.	7.12E-02	3.76E-03	5.47E-02	2.98E-02	1.68E-01
46	6.20	2.68E-08	0.	5.57E-04	6.97E-05	3.18E-03	0.	7.17E-02	3.94E-03	5.52E-02	3.01E-02	1.68E-01
47	6.10	1.10E-08	0.	2.54E-04	1.96E-04	1.43E-03	0.	7.23E-02	4.14E-03	5.58E-02	3.05E-02	1.65E-01
48	6.00	2.67E-09	0.	6.31E-05	1.81E-04	1.43E-03	0.	7.28E-02	4.35E-03	5.65E-02	3.09E-02	1.66E-01
49	5.90	3.40E-10	0.	4.51E-06	2.61E-04	1.42E-03	0.	7.28E-02	4.58E-03	5.72E-02	3.12E-02	1.68E-01
50	5.80	2.50E-11	0.	1.13E-07	3.61E-04	1.58E-03	0.	7.17E-02	4.82E-03	5.79E-02	3.16E-02	1.68E-01
51	5.70	0.	0.	0.	4.12E-04		0.	6.74E-02	5.08E-03	5.87E-02	3.20E-02	1.65E-01

284

ABSORPTION COEFFICIENTS OF HEATED AIR (INVERSE CM.)

TEMPERATURE (DEGREES K) 14000. DENSITY (GM/CC) 1.293E-03 (1.0E 00 NORMAL)

#	PHOTON ENERGY	O2 S-R BANDS	N2 1ST POS.	N2 2ND POS.	N2+ 1ST NEG.	NO BETA	NO GAMMA	NO VIB-ROT	NO 2	O- PHOTO-DET	FREE-FREE (IONS)	N P.E.	O P.E.	TOTAL AIR
52	5.60	1.12E-12	0.	0.	0.	3.37E-04	2.21E-03	0.	0.	6.27E-02	5.36E-03	5.95E-02	3.24E-02	1.62E-01
53	5.50	0.	0.	0.	0.	4.12E-04	2.06E-03	0.	0.	6.30E-02	5.66E-03	6.07E-02	3.28E-02	1.65E-01
54	5.40	0.	0.	0.	0.	3.68E-04	1.58E-03	0.	0.	6.33E-02	5.99E-03	6.21E-02	3.32E-02	1.67E-01
55	5.30	0.	0.	0.	0.	3.78E-04	2.09E-03	0.	0.	6.37E-02	6.34E-03	6.35E-02	3.38E-02	1.70E-01
56	5.20	0.	0.	0.	0.	4.02E-04	1.45E-03	0.	0.	6.41E-02	6.71E-03	6.50E-02	3.44E-02	1.72E-01
57	5.10	0.	0.	0.	0.	3.98E-04	1.89E-03	0.	0.	6.47E-02	7.11E-03	6.68E-02	3.51E-02	1.76E-01
58	5.00	1.46E-05	0.	0.	0.	3.59E-04	1.73E-03	0.	0.	6.52E-02	7.55E-03	6.88E-02	3.58E-02	1.80E-01
59	4.90	3.47E-05	0.	0.	0.	3.96E-04	1.84E-03	0.	0.	6.58E-02	8.03E-03	7.10E-02	3.65E-02	1.84E-01
60	4.80	6.35E-05	0.	0.	0.	4.22E-04	1.71E-03	0.	0.	6.63E-02	8.54E-03	7.33E-02	3.73E-02	1.88E-01
61	4.70	8.36E-05	0.	0.	0.	4.15E-04	1.53E-03	0.	0.	6.69E-02	9.10E-03	7.57E-02	3.82E-02	1.92E-01
62	4.60	1.13E-04	0.	0.	0.	4.22E-04	1.40E-03	0.	0.	6.74E-02	9.71E-03	7.85E-02	3.92E-02	1.97E-01
63	4.50	1.16E-04	0.	3.21E-04	0.	3.79E-04	1.04E-03	0.	0.	6.79E-02	1.04E-02	8.21E-02	4.02E-02	2.02E-01
64	4.40	1.22E-04	0.	1.02E-03	0.	3.77E-04	7.29E-04	0.	0.	6.85E-02	1.11E-02	8.57E-02	4.12E-02	2.09E-01
65	4.30	1.04E-04	0.	3.05E-03	0.	3.53E-04	4.44E-04	0.	0.	6.90E-02	1.19E-02	8.95E-02	4.22E-02	2.17E-01
66	4.20	1.04E-04	0.	1.05E-02	0.	3.70E-04	3.25E-04	0.	0.	6.96E-02	1.28E-02	9.35E-02	4.33E-02	2.30E-01
67	4.10	9.67E-05	0.	4.12E-03	0.	3.56E-04	8.79E-05	0.	0.	6.98E-02	1.37E-02	9.74E-02	4.38E-02	2.29E-01
68	4.00	7.78E-05	0.	1.51E-02	6.84E-03	3.39E-04	6.69E-05	0.	0.	7.01E-02	1.48E-02	1.01E-01	1.36E-02	2.15E-01
69	3.90	7.33E-05	0.	4.84E-03	7.92E-04	3.05E-04	2.65E-05	0.	0.	6.98E-02	1.60E-02	1.07E-01	1.40E-02	2.02E-01
70	3.80	7.96E-05	0.	1.06E-02	3.96E-03	3.26E-04	0.	0.	0.	6.96E-02	1.73E-02	1.18E-01	1.46E-02	2.13E-01
71	3.70	6.91E-05	0.	1.18E-02	1.35E-03	2.69E-04	0.	0.	0.	6.85E-02	1.87E-02	1.28E-01	1.61E-02	1.94E-01
72	3.60	6.14E-05	0.	7.60E-03	7.80E-03	2.92E-04	0.	0.	0.	6.41E-02	2.04E-02	1.39E-01	1.78E-02	2.01E-01
73	3.50	5.65E-05	0.	1.05E-02	2.92E-03	2.23E-04	0.	0.	0.	5.87E-02	2.22E-02	1.50E-01	1.97E-02	2.15E-01
74	3.40	5.07E-05	0.	6.20E-03	1.76E-03	2.49E-04	0.	0.	0.	3.39E-02	2.42E-02	1.63E-01	2.19E-02	1.85E-01
75	3.30	4.01E-05	0.	4.44E-03	2.09E-03	1.94E-04	0.	0.	0.	3.39E-02	2.65E-02	1.77E-01	2.43E-02	2.29E-01
76	3.20	3.43E-05	0.	4.05E-03	9.12E-03	2.01E-04	0.	0.	0.	3.40E-02	2.91E-02	1.92E-01	2.63E-02	2.30E-01
77	3.10	3.23E-05	0.	3.11E-03	3.28E-03	1.87E-04	0.	0.	0.	3.41E-02	3.20E-02	1.52E-01	2.85E-02	2.50E-01
78	3.00	2.44E-05	0.	1.87E-03	8.85E-03	1.73E-04	0.	0.	0.	3.41E-02	3.54E-02	1.61E-01	3.08E-02	2.63E-01
79	2.90	2.33E-05	0.	1.14E-03	5.11E-03	1.28E-04	0.	0.	0.	3.42E-02	3.92E-02	1.72E-01	3.32E-02	2.80E-01
80	2.80	2.40E-05	0.	5.48E-04	2.77E-03	8.48E-05	0.	0.	0.	3.42E-02	4.36E-02	1.89E-01	3.58E-02	3.03E-01
81	2.70	1.50E-05	0.	2.54E-04	4.24E-03	4.45E-05	0.	0.	0.	3.42E-02	4.87E-02	2.01E-01	3.87E-02	3.23E-01
82	2.60	6.80E-06	0.	1.26E-04	4.09E-03	1.89E-05	0.	0.	0.	3.42E-02	5.46E-02	2.05E-01	4.16E-02	3.35E-01
83	2.50	4.70E-07	0.	1.43E-05	3.74E-03	4.40E-06	0.	0.	0.	3.42E-02	6.15E-02	2.30E-01	2.16E-02	3.84E-01
84	2.40	0.	0.	0.	3.36E-03	4.62E-07	0.	0.	0.	3.40E-02	6.96E-02	2.17E-01	2.60E-02	3.47E-01
85	2.30	0.	7.10E-04	0.	0.	0.	0.	0.	0.	3.38E-02	7.92E-02	2.02E-01	3.11E-02	3.47E-01
86	2.20	0.	2.47E-03	0.	0.	0.	0.	0.	0.	3.37E-02	9.06E-02	3.00E-01	3.74E-02	4.64E-01
87	2.10	0.	6.02E-03	0.	0.	0.	0.	0.	0.	3.26E-02	1.04E-01	3.45E-01	4.37E-02	5.31E-01
88	2.00	0.	6.93E-03	0.	0.	0.	0.	0.	0.	3.14E-02	1.21E-01	3.98E-01	5.00E-02	6.07E-01
89	1.90	0.	1.30E-02	0.	0.	0.	0.	0.	0.	3.00E-02	1.42E-01	4.65E-01	5.73E-02	7.07E-01
90	1.80	0.	1.88E-02	0.	0.	0.	0.	0.	0.	2.83E-02	1.67E-01	5.54E-01	6.90E-02	8.37E-01
91	1.70	0.	1.55E-02	0.	0.	0.	0.	0.	0.	2.39E-02	1.99E-01	6.45E-01	8.37E-02	9.67E-01
92	1.60	0.	1.83E-02	0.	0.	0.	0.	0.	0.	1.09E-02	2.39E-01	8.23E-01	9.84E-02	1.19E 00
93	1.50	0.	1.33E-02	0.	0.	0.	0.	0.	0.	0.	2.91E-01	1.00E 00	1.41E-01	1.45E 00
94	1.40	0.	1.57E-02	0.	0.	0.	0.	0.	0.	0.	3.59E-01	1.29E 00	1.86E-01	1.85E 00
95	1.30	0.	1.58E-02	0.	0.	0.	0.	0.	0.	0.	4.49E-01	1.37E 00	1.84E-01	2.02E 00
96	1.20	0.	1.21E-02	0.	0.	0.	0.	0.	0.	0.	5.75E-01	1.77E 00	1.84E-01	2.54E 00
97	1.10	0.	1.16E-02	0.	0.	0.	0.	2.12E-08	0.	0.	7.53E-01	2.15E 00	2.32E-01	3.15E 00
98	1.00	0.	9.75E-03	0.	0.	0.	0.	2.65E-07	0.	0.	1.01E 00	2.57E 00	2.54E-01	3.84E 00
99	0.90	0.	8.01E-03	0.	0.	0.	0.	3.06E-07	0.	0.	1.39E 00	3.10E 00	3.07E-01	4.80E 00
100	0.80	0.	3.77E-03	0.	0.	0.	0.	6.27E-06	0.	0.	1.99E 00	3.72E 00	3.53E-01	6.07E 00
101	0.70	0.	9.21E-04	0.	0.	0.	0.	5.05E-06	0.	0.	3.00E 00	4.87E 00	3.81E-01	8.25E 00
102	0.60	0.	1.21E-04	0.	0.	0.	0.	1.79E-05	0.	0.	4.82E 00		4.26E-01	

TEMPERATURE (DEGREES K) 14000.   DENSITY (GM/CC) 1.293E-04   (1.0E-01 NORMAL)

#	PHOTON ENERGY E.V.	O2 S-R BANDS	O2 S-R CONT.	N2 B-H NO. 1	NO BETA	NO GAMMA	NO 2	O- PHOTO-DET (IONS)	FREE-FREE (IONS)	N P.E.	O P.E.	TOTAL AIR
1	10.70	0.	0.	9.13E-04	0.	0.	0.	1.70E-03	7.00E-05	1.74E 00	2.76E-03	1.74E 00
2	10.60	0.	0.	8.15E-04	0.	0.	0.	1.70E-03	7.20E-05	1.40E-02	2.75E-03	1.94E-02
3	10.50	0.	0.	8.14E-04	0.	0.	0.	1.70E-03	7.41E-05	1.41E-02	2.74E-03	1.94E-02
4	10.40	0.	0.	7.58E-04	0.	0.	0.	1.70E-03	7.63E-05	1.42E-02	2.73E-03	1.94E-02
5	10.30	0.	0.	6.49E-04	0.	0.	0.	1.71E-03	7.85E-05	1.42E-02	2.72E-03	1.94E-02
6	10.20	0.	0.	6.61E-04	0.	0.	0.	1.71E-03	8.09E-05	1.43E-02	2.71E-03	1.94E-02
7	10.10	0.	0.	6.15E-04	0.	0.	0.	1.71E-03	8.33E-05	1.43E-02	2.70E-03	1.94E-02
8	10.00	0.	0.	5.26E-04	0.	0.	0.	1.72E-03	8.59E-05	1.43E-02	2.70E-03	1.93E-02
9	9.90	0.	0.	5.37E-04	0.	0.	0.	1.72E-03	8.85E-05	1.44E-02	2.69E-03	1.94E-02
10	9.80	0.	0.	4.95E-04	0.	0.	0.	1.72E-03	9.12E-05	1.44E-02	2.69E-03	1.94E-02
11	9.70	0.	0.	4.18E-04	0.	0.	0.	1.73E-03	9.41E-05	1.44E-02	2.68E-03	1.93E-02
12	9.60	0.	0.	4.50E-04	0.	0.	0.	1.73E-03	9.71E-05	1.45E-02	2.67E-03	1.94E-02
13	9.50	0.	0.	3.75E-04	0.	0.	0.	1.74E-03	1.00E-04	1.45E-02	2.66E-03	1.93E-02
14	9.40	0.	0.	3.48E-04	0.	0.	0.	1.74E-03	1.03E-04	1.45E-02	2.66E-03	1.94E-02
15	9.30	0.	0.	3.55E-04	0.	0.	0.	1.75E-03	1.07E-04	1.46E-02	2.65E-03	1.94E-02
16	9.20	0.	0.	2.85E-04	0.	0.	0.	1.75E-03	1.10E-04	1.46E-02	2.64E-03	1.94E-02
17	9.10	0.	0.	2.92E-04	0.	0.	0.	1.76E-03	1.14E-04	4.69E-03	2.63E-03	9.49E-03
18	9.00	0.	0.	2.60E-04	0.	0.	0.	1.77E-03	1.18E-04	4.69E-03	2.63E-03	9.46E-03
19	8.90	0.	0.	2.36E-04	0.	0.	0.	1.77E-03	1.22E-04	4.69E-03	2.62E-03	9.43E-03
20	8.80	0.	0.	2.30E-04	0.	0.	0.	1.78E-03	1.26E-04	4.69E-03	2.61E-03	9.43E-03
21	8.70	0.	0.	1.94E-04	0.	0.	0.	1.79E-03	1.30E-04	4.69E-03	2.60E-03	9.41E-03
22	8.60	0.	0.	1.70E-04	0.	0.	0.	1.80E-03	1.35E-04	4.70E-03	2.59E-03	9.39E-03
23	8.50	0.	0.	1.70E-04	0.	0.	0.	1.81E-03	1.40E-04	4.71E-03	2.58E-03	9.40E-03
24	8.40	0.	0.	1.67E-04	0.	0.	0.	1.82E-03	1.45E-04	4.71E-03	2.58E-03	9.39E-03
25	8.30	0.	0.	1.38E-04	0.	0.	0.	1.83E-03	1.50E-04	4.71E-03	2.58E-03	9.39E-03
26	8.20	0.	0.	1.39E-04	0.	0.	0.	1.84E-03	1.56E-04	4.73E-03	2.59E-03	9.42E-03
27	8.10	0.	0.	1.17E-04	0.	0.	0.	1.86E-03	1.62E-04	4.74E-03	2.61E-03	9.43E-03
28	8.00	0.	0.	1.16E-04	0.	0.	0.	1.87E-03	1.68E-04	4.76E-03	2.62E-03	9.49E-03
29	7.90	0.	0.	9.78E-05	0.	0.	0.	1.88E-03	1.74E-04	4.78E-03	2.63E-03	9.49E-03
30	7.80	0.	0.	1.00E-04	0.	0.	0.	1.89E-03	1.81E-04	4.79E-03	2.64E-03	9.54E-03
31	7.70	0.	0.	8.61E-05	0.	3.79E-09	0.	1.90E-03	1.88E-04	4.81E-03	2.65E-03	9.57E-03
32	7.60	0.	0.	8.05E-05	0.	1.50E-08	0.	1.91E-03	1.96E-04	4.83E-03	2.66E-03	9.61E-03
33	7.50	0.	0.	7.30E-05	0.	1.04E-07	0.	1.92E-03	2.04E-04	4.84E-03	2.67E-03	9.65E-03
34	7.40	0.	0.	6.45E-05	0.	4.54E-07	0.	1.93E-03	2.13E-04	4.86E-03	2.69E-03	9.69E-03
35	7.30	0.	0.	6.01E-05	0.	1.21E-06	0.	1.95E-03	2.22E-04	4.88E-03	2.70E-03	9.73E-03
36	7.20	0.	0.	5.32E-05	0.	3.62E-06	0.	1.97E-03	2.31E-04	4.90E-03	2.71E-03	9.77E-03
37	7.10	0.	0.	5.03E-05	0.	8.04E-06	0.	1.98E-03	2.41E-04	4.91E-03	2.72E-03	9.83E-03
38	7.00	3.42E-09	0.	4.53E-05	0.	9.88E-06	0.	2.00E-03	2.51E-04	4.93E-03	2.73E-03	9.88E-03
39	6.90	1.82E-08	0.	4.08E-05	0.	1.86E-05	0.	2.01E-03	2.63E-04	4.95E-03	2.74E-03	9.93E-03
40	6.80	1.55E-08	0.	3.85E-05	0.	1.99E-05	0.	2.03E-03	2.74E-04	4.98E-03	2.75E-03	9.95E-03
41	6.70	1.11E-08	0.	3.30E-05	0.	1.45E-05	0.	2.04E-03	2.87E-04	5.02E-03	2.77E-03	1.00E-02
42	6.60	6.70E-09	0.	2.90E-05	0.	2.32E-05	0.	2.06E-03	3.00E-04	5.06E-03	2.78E-03	1.01E-02
43	6.50	3.81E-09	0.	2.25E-05	0.	2.35E-05	0.	2.08E-03	3.14E-04	5.11E-03	2.80E-03	1.01E-02
44	6.40	2.14E-09	0.	1.51E-05	9.72E-08	1.48E-05	0.	2.09E-03	3.29E-04	5.15E-03	2.81E-03	1.03E-02
45	6.30	1.22E-09	0.	9.05E-06	4.46E-07	2.12E-05	0.	2.11E-03	3.45E-04	5.20E-03	2.84E-03	1.04E-02
46	6.20	5.41E-10	0.	4.85E-06	6.19E-07	2.82E-05	0.	2.11E-03	3.63E-04	5.27E-03	2.87E-03	1.05E-02
47	6.10	2.44E-10	0.	2.21E-06	1.74E-06	1.27E-05	0.	2.09E-03	3.81E-04	5.34E-03	2.91E-03	1.05E-02
48	6.00	1.00E-11	0.	5.49E-07	1.60E-06	1.27E-05	0.	2.08E-03	4.00E-04	5.40E-03	2.94E-03	1.06E-02
49	5.90	2.43E-11	0.	3.92E-08	2.32E-06	1.27E-05	0.	1.97E-03	4.21E-04	5.47E-03	2.98E-03	1.07E-02
50	5.80	3.09E-12	0.	9.81E-10	3.20E-06	1.27E-05	0.	1.95E-03	4.44E-04	5.40E-03	3.01E-03	1.09E-02
51	5.70	2.27E-13	0.	0.	3.66E-06	1.40E-05	0.	1.95E-03	4.68E-04	5.47E-03	3.05E-03	1.10E-02

ABSORPTION COEFFICIENTS OF HEATED AIR (INVERSE CM.)

TEMPERATURE (DEGREES K) 14000.   DENSITY (GM/CC) 1.293E-04   (1.0E-01 NORMAL)

	PHOTON ENERGY	O2 S-R BANDS	N2 1ST POS.	N2 2ND POS.	N2+ 1ST NEG.	NO BETA	NO GAMMA	NO VIB-ROT	NO2	O- PHOTO-DET	FREE-FREE (IONS)	N P.E.	O P.E.	TOTAL AIR
52	5.60	1.02E-14	0.	0.	0.	3.00E-06	1.96E-05	0.	0.	1.81E-03	4.93E-04	5.55E-03	3.08E-03	1.10E-02
53	5.50	0.	0.	0.	0.	3.66E-06	1.83E-05	0.	0.	1.82E-03	5.21E-04	5.66E-03	3.12E-03	1.11E-02
54	5.40	0.	0.	0.	0.	3.27E-06	1.41E-05	0.	0.	1.83E-03	5.51E-04	5.79E-03	3.17E-03	1.14E-02
55	5.30	0.	0.	0.	0.	3.36E-06	1.85E-05	0.	0.	1.84E-03	5.83E-04	5.92E-03	3.22E-03	1.16E-02
56	5.20	0.	0.	0.	0.	3.57E-06	1.29E-05	0.	0.	1.86E-03	6.17E-04	6.06E-03	3.28E-03	1.18E-02
57	5.10	0.	0.	0.	0.	3.53E-06	1.68E-05	0.	0.	1.87E-03	6.54E-04	6.23E-03	3.35E-03	1.21E-02
58	5.00	1.33E-07	0.	0.	0.	3.19E-06	1.54E-05	0.	0.	1.89E-03	6.95E-04	6.42E-03	3.41E-03	1.24E-02
59	4.90	3.15E-07	0.	0.	0.	3.52E-06	1.63E-05	0.	0.	1.90E-03	7.38E-04	6.62E-03	3.48E-03	1.28E-02
60	4.80	5.77E-07	0.	0.	0.	3.75E-06	1.52E-05	0.	0.	1.92E-03	7.85E-04	6.84E-03	3.55E-03	1.31E-02
61	4.70	7.60E-07	0.	0.	0.	3.69E-06	1.26E-05	0.	0.	1.93E-03	8.37E-04	7.06E-03	3.64E-03	1.35E-02
62	4.60	1.02E-06	0.	2.79E-06	0.	3.75E-06	1.24E-05	0.	0.	1.95E-03	8.93E-04	7.32E-03	3.73E-03	1.39E-02
63	4.50	1.06E-06	0.	8.91E-06	0.	3.37E-06	9.23E-06	0.	0.	1.97E-03	9.54E-04	7.65E-03	3.83E-03	1.44E-02
64	4.40	1.11E-06	0.	2.65E-05	0.	3.35E-06	6.48E-06	0.	0.	1.98E-03	1.02E-03	7.99E-03	3.92E-03	1.49E-02
65	4.30	1.03E-06	0.	9.16E-05	0.	3.14E-06	3.95E-06	0.	0.	2.00E-03	1.09E-03	8.35E-03	4.02E-03	1.55E-02
66	4.20	2.49E-06	0.	3.58E-05	0.	3.29E-06	2.89E-06	0.	0.	2.01E-03	1.17E-03	8.71E-03	4.12E-03	1.61E-02
67	4.10	8.78E-07	0.	1.31E-04	0.	3.16E-06	7.81E-07	0.	0.	2.02E-03	1.26E-03	9.08E-03	4.17E-03	1.66E-02
68	4.00	7.98E-07	0.	5.95E-05	2.27E-05	3.01E-06	5.95E-07	0.	0.	2.03E-03	1.36E-03	9.44E-03	1.30E-03	1.43E-02
69	3.90	7.65E-07	0.	9.22E-05	1.13E-04	2.71E-06	2.36E-07	0.	0.	2.01E-03	1.47E-03	9.81E-03	1.34E-03	1.37E-02
70	3.80	7.24E-07	0.	1.03E-04	3.87E-05	2.90E-06	0.	0.	0.	2.01E-03	1.59E-03	9.00E-03	1.39E-03	1.42E-02
71	3.70	6.27E-07	0.	4.61E-05	2.23E-04	2.39E-06	0.	0.	0.	1.98E-03	1.72E-03	9.17E-03	1.53E-03	1.26E-02
72	3.60	5.58E-07	0.	5.58E-05	5.03E-04	2.59E-06	0.	0.	0.	1.76E-03	1.87E-03	8.76E-03	1.70E-03	1.35E-02
73	3.50	5.13E-07	0.	5.13E-05	5.98E-04	1.98E-06	0.	0.	0.	1.70E-03	2.04E-03	8.05E-03	1.88E-03	1.43E-02
74	3.40	4.61E-07	0.	4.61E-05	2.61E-04	2.21E-06	0.	0.	0.	9.80E-04	2.23E-03	9.01E-03	2.08E-03	1.44E-02
75	3.30	3.65E-07	0.	5.60E-05	5.40E-04	1.72E-06	0.	0.	0.	9.81E-04	2.44E-03	9.98E-03	2.29E-03	1.60E-02
76	3.20	3.11E-07	0.	3.52E-05	2.53E-04	1.79E-06	0.	0.	0.	9.85E-04	2.68E-03	1.06E-02	2.50E-03	1.77E-02
77	3.10	2.93E-07	0.	2.71E-05	1.46E-04	1.66E-06	0.	0.	0.	9.88E-04	2.95E-03	1.20E-02	2.72E-03	1.87E-02
78	3.00	2.58E-07	0.	1.62E-05	7.92E-04	1.53E-06	0.	0.	0.	9.86E-04	3.25E-03	1.30E-02	2.94E-03	2.04E-02
79	2.90	2.12E-07	0.	9.95E-06	2.22E-04	1.13E-06	0.	0.	0.	9.89E-04	3.61E-03	1.40E-02	3.16E-03	2.19E-02
80	2.80	2.18E-07	0.	4.77E-06	1.17E-05	7.54E-07	0.	0.	0.	9.91E-04	4.01E-03	1.52E-02	3.41E-03	2.37E-02
81	2.70	2.36E-07	0.	2.21E-06	1.07E-05	1.68E-07	0.	0.	0.	9.91E-04	4.48E-03	1.65E-02	3.69E-03	2.58E-02
82	2.60	6.18E-08	0.	1.10E-06	9.62E-06	3.91E-08	0.	0.	0.	9.91E-04	5.02E-03	1.79E-02	3.97E-03	2.79E-02
83	2.50	4.27E-09	0.	1.24E-07	0.	4.10E-09	0.	0.	0.	9.91E-04	5.65E-03	2.03E-02	2.47E-03	2.90E-02
84	2.40	0.	6.17E-06	0.	0.	0.	0.	0.	0.	9.83E-04	6.40E-03	2.36E-02	2.96E-03	3.35E-02
85	2.30	0.	2.14E-05	0.	0.	0.	0.	0.	0.	9.79E-04	7.28E-03	1.86E-02	3.56E-03	2.99E-02
86	2.20	0.	5.24E-05	0.	0.	0.	0.	0.	0.	9.75E-04	8.34E-03	2.20E-02	4.16E-03	3.50E-02
87	2.10	0.	6.02E-05	0.	0.	0.	0.	0.	0.	9.44E-04	9.61E-03	2.57E-02	4.76E-03	3.63E-02
88	2.00	0.	1.13E-04	0.	0.	0.	0.	0.	0.	9.08E-04	1.11E-02	2.93E-02	5.46E-03	4.63E-02
89	1.90	0.	1.63E-04	0.	0.	0.	0.	0.	0.	8.68E-04	1.30E-02	3.33E-02	6.58E-03	5.29E-02
90	1.80	0.	1.35E-04	0.	0.	0.	0.	0.	0.	8.18E-04	1.53E-02	3.97E-02	7.98E-03	6.26E-02
91	1.70	0.	1.59E-04	0.	0.	0.	0.	0.	0.	6.92E-04	1.83E-02	4.74E-02	9.38E-03	7.47E-02
92	1.60	0.	1.16E-04	0.	0.	0.	0.	0.	0.	3.15E-04	2.20E-02	5.52E-02	1.14E-02	8.74E-02
93	1.50	0.	1.37E-04	0.	0.	0.	0.	0.	0.	0.	2.68E-02	7.05E-02	1.35E-02	1.09E-01
94	1.40	0.	1.37E-04	0.	0.	0.	0.	0.	0.	0.	3.30E-02	8.70E-02	1.78E-02	1.34E-01
95	1.30	0.	1.01E-04	0.	0.	0.	0.	0.	0.	0.	4.13E-02	1.12E-01	1.76E-02	1.71E-01
96	1.20	0.	9.25E-05	0.	0.	0.	0.	0.	0.	0.	5.29E-02	1.17E-01	2.21E-02	1.87E-01
97	1.10	0.	8.48E-05	0.	0.	0.	0.	1.88E-10	0.	0.	6.93E-02	1.44E-01	2.49E-02	2.35E-01
98	1.00	0.	6.96E-05	0.	0.	0.	0.	2.36E-09	0.	0.	9.31E-02	1.74E-01	2.93E-02	2.92E-01
99	0.90	0.	0.	0.	0.	0.	0.	2.72E-09	0.	0.	1.28E-01	1.99E-01	3.37E-02	3.56E-01
100	0.80	0.	3.28E-05	0.	0.	0.	0.	5.57E-08	0.	0.	1.83E-01	1.29E-01	3.63E-02	4.45E-01
101	0.70	0.	8.01E-06	0.	0.	0.	0.	4.49E-08	0.	0.	2.74E-01	2.51E-01	4.06E-02	5.63E-01
102	0.60	0.	1.05E-06	0.	0.	0.	0.	1.59E-07	0.	0.	4.43E-01	2.80E-01		7.64E-01

ABSORPTION COEFFICIENTS OF HEATED AIR (INVERSE CM.)

TEMPERATURE (DEGREES K) 14000. DENSITY (GM/CC) 1.293E-05 (10.0E-03 NORMAL)

#	PHOTON ENERGY E.V.	O2 S-R BANDS	O2 S-R CONT.	N2 B-H NO. 1	NO BETA	NO GAMMA	NO2	O- PHOTO-DET (IONS)	FREE-FREE (IONS)	N P.E.	O P.E.	TOTAL AIR
1	10.70	0.	0.	5.31E-06	0.	0.	0.	3.96E-05	5.41E-06	1.33E-01	2.31E-04	1.33E-01
2	10.60	0.	0.	4.74E-06	0.	0.	0.	3.96E-05	5.56E-06	1.07E-03	2.31E-04	1.35E-03
3	10.50	0.	0.	4.74E-06	0.	0.	0.	3.97E-05	5.72E-06	1.08E-03	2.30E-04	1.36E-03
4	10.40	0.	0.	4.41E-06	0.	0.	0.	3.98E-05	5.89E-06	1.08E-03	2.29E-04	1.36E-03
5	10.30	0.	0.	3.77E-06	0.	0.	0.	3.98E-05	6.06E-06	1.08E-03	2.29E-04	1.36E-03
6	10.20	0.	0.	3.85E-06	0.	0.	0.	3.99E-05	6.25E-06	1.09E-03	2.28E-04	1.36E-03
7	10.10	0.	0.	3.58E-06	0.	0.	0.	4.00E-05	6.43E-06	1.09E-03	2.27E-04	1.36E-03
8	10.00	0.	0.	3.06E-06	0.	0.	0.	4.00E-05	6.63E-06	1.09E-03	2.27E-04	1.37E-03
9	9.90	0.	0.	3.12E-06	0.	0.	0.	4.00E-05	6.83E-06	1.09E-03	2.26E-04	1.37E-03
10	9.80	0.	0.	2.88E-06	0.	0.	0.	4.01E-05	7.04E-06	1.10E-03	2.25E-04	1.37E-03
11	9.70	0.	0.	2.43E-06	0.	0.	0.	4.02E-05	7.27E-06	1.10E-03	2.25E-04	1.37E-03
12	9.60	0.	0.	2.62E-06	0.	0.	0.	4.03E-05	7.50E-06	1.10E-03	2.24E-04	1.38E-03
13	9.50	0.	0.	2.18E-06	0.	0.	0.	4.03E-05	7.74E-06	1.10E-03	2.23E-04	1.38E-03
14	9.40	0.	0.	2.03E-06	0.	0.	0.	4.05E-05	7.99E-06	1.11E-03	2.23E-04	1.38E-03
15	9.30	0.	0.	2.07E-06	0.	0.	0.	4.06E-05	8.25E-06	1.11E-03	2.22E-04	1.38E-03
16	9.20	0.	0.	1.66E-06	0.	0.	0.	4.08E-05	8.52E-06	1.11E-03	2.21E-04	1.39E-03
17	9.10	0.	0.	1.70E-06	0.	0.	0.	4.09E-05	8.80E-06	3.58E-04	2.21E-04	6.30E-04
18	9.00	0.	0.	1.51E-06	0.	0.	0.	4.11E-05	9.10E-06	3.58E-04	2.20E-04	6.30E-04
19	8.90	0.	0.	1.37E-06	0.	0.	0.	4.12E-05	9.41E-06	3.58E-04	2.20E-04	6.29E-04
20	8.80	0.	0.	1.34E-06	0.	0.	0.	4.14E-05	9.74E-06	3.58E-04	2.19E-04	6.29E-04
21	8.70	0.	0.	1.13E-06	0.	0.	0.	4.15E-05	1.01E-05	3.58E-04	2.18E-04	6.29E-04
22	8.60	0.	0.	1.16E-06	0.	0.	0.	4.16E-05	1.04E-05	3.58E-04	2.18E-04	6.29E-04
23	8.50	0.	0.	9.88E-07	0.	0.	0.	4.18E-05	1.08E-05	3.58E-04	2.17E-04	6.29E-04
24	8.40	0.	0.	9.72E-07	0.	0.	0.	4.20E-05	1.12E-05	3.59E-04	2.17E-04	6.30E-04
25	8.30	0.	0.	8.05E-07	0.	0.	0.	4.22E-05	1.16E-05	3.59E-04	2.17E-04	6.32E-04
26	8.20	0.	0.	8.06E-07	0.	0.	0.	4.25E-05	1.20E-05	3.59E-04	2.18E-04	6.32E-04
27	8.10	0.	0.	6.80E-07	0.	0.	0.	4.27E-05	1.25E-05	3.60E-04	2.19E-04	6.34E-04
28	8.00	0.	0.	6.77E-07	0.	0.	0.	4.29E-05	1.30E-05	3.60E-04	2.20E-04	6.37E-04
29	7.90	0.	0.	5.69E-07	0.	0.	0.	4.31E-05	1.35E-05	3.62E-04	2.20E-04	6.39E-04
30	7.80	0.	0.	5.83E-07	0.	0.	0.	4.33E-05	1.40E-05	3.65E-04	2.21E-04	6.42E-04
31	7.70	0.	0.	5.01E-07	0.	2.42E-11	0.	4.36E-05	1.46E-05	3.64E-04	2.22E-04	6.45E-04
32	7.60	0.	0.	4.68E-07	0.	9.58E-11	0.	4.38E-05	1.51E-05	3.66E-04	2.23E-04	6.48E-04
33	7.50	0.	0.	4.25E-07	0.	6.66E-10	0.	4.40E-05	1.58E-05	3.67E-04	2.24E-04	6.51E-04
34	7.40	0.	0.	3.75E-07	0.	2.91E-09	0.	4.42E-05	1.64E-05	3.68E-04	2.25E-04	6.54E-04
35	7.30	0.	0.	3.49E-07	0.	7.77E-09	0.	4.45E-05	1.71E-05	3.70E-04	2.26E-04	6.58E-04
36	7.20	0.	0.	3.10E-07	0.	2.32E-08	0.	4.47E-05	1.78E-05	3.71E-04	2.27E-04	6.61E-04
37	7.10	0.	0.	2.92E-07	0.	5.15E-08	0.	4.51E-05	1.86E-05	3.72E-04	2.28E-04	6.64E-04
38	7.00	6.63E-11	0.	2.63E-07	0.	6.32E-08	0.	4.55E-05	1.94E-05	3.73E-04	2.29E-04	6.66E-04
39	6.90	1.28E-10	0.	2.37E-07	0.	1.19E-07	0.	4.56E-05	2.03E-05	3.75E-04	2.30E-04	6.71E-04
40	6.80	1.09E-10	0.	2.24E-07	0.	1.27E-07	0.	4.62E-05	2.12E-05	3.76E-04	2.31E-04	6.75E-04
41	6.70	7.02E-11	0.	1.92E-07	0.	9.28E-08	0.	4.66E-05	2.22E-05	3.77E-04	2.32E-04	6.79E-04
42	6.60	4.71E-11	0.	1.69E-07	0.	1.48E-07	0.	4.69E-05	2.32E-05	3.80E-04	2.33E-04	6.84E-04
43	6.50	2.68E-11	0.	1.31E-07	0.	1.50E-07	0.	4.73E-05	2.43E-05	3.83E-04	2.35E-04	6.90E-04
44	6.40	1.51E-11	0.	8.76E-08	6.22E-10	9.46E-08	0.	4.77E-05	2.54E-05	3.86E-04	2.36E-04	6.96E-04
45	6.30	8.59E-12	0.	5.27E-08	2.85E-09	1.36E-07	0.	4.80E-05	2.67E-05	3.89E-04	2.38E-04	7.02E-04
46	6.20	3.81E-12	0.	2.82E-08	3.96E-09	1.81E-07	0.	4.84E-05	2.80E-05	3.93E-04	2.41E-04	7.10E-04
47	6.10	1.71E-12	0.	1.28E-08	1.11E-08	8.12E-08	0.	4.86E-05	2.94E-05	3.97E-04	2.44E-04	7.19E-04
48	6.00	7.03E-13	0.	3.19E-09	1.03E-08	8.12E-08	0.	4.91E-05	3.09E-05	4.02E-04	2.47E-04	7.28E-04
49	5.90	1.71E-13	0.	2.28E-10	1.49E-08	8.10E-08	0.	4.91E-05	3.25E-05	4.07E-04	2.50E-04	7.38E-04
50	5.80	2.17E-14	0.	5.71E-12	2.05E-08	8.98E-08	0.	4.84E-05	3.42E-05	4.12E-04	2.53E-04	7.48E-04
51	5.70	1.60E-15	0.	0.	2.34E-08	0.	0.	4.55E-05	3.61E-05	4.17E-04	2.56E-04	7.55E-04

ABSORPTION COEFFICIENTS OF HEATED AIR (INVERSE CM.)

TEMPERATURE (DEGREES K) 14000. DENSITY (GM/CC) 1.293E-05 (10.0E-03 NORMAL)

	PHOTON ENERGY	O2 S-R BANDS	N2 1ST POS.	N2 2ND POS.	N2+ 1ST NEG.	NO BETA	NO GAMMA	NO VIB-ROT	NO2	O- PHOTO-DET	FREE-FREE (IONS)	N P.E.	O P.E.	TOTAL AIR
52	5.60	7.16E-17	0.	0.	0.	1.92E-08	1.26E-07	0.	0.	4.23E-05	3.81E-05	4.23E-04	2.59E-04	7.63E-04
53	5.50	0.	0.	0.	0.	2.34E-08	1.17E-07	0.	0.	4.25E-05	4.02E-05	4.32E-04	2.62E-04	7.76E-04
54	5.40	0.	0.	0.	0.	2.09E-08	9.00E-08	0.	0.	4.27E-05	4.25E-05	4.42E-04	2.66E-04	7.93E-04
55	5.30	0.	0.	0.	0.	2.15E-08	1.19E-07	0.	0.	4.30E-05	4.50E-05	4.52E-04	2.70E-04	8.10E-04
56	5.20	0.	0.	0.	0.	2.28E-08	8.23E-08	0.	0.	4.33E-05	4.76E-05	4.62E-04	2.75E-04	8.29E-04
57	5.10	0.	0.	0.	0.	2.26E-08	1.08E-07	0.	0.	4.36E-05	5.05E-05	4.75E-04	2.81E-04	8.50E-04
58	5.00	9.35E-10	0.	0.	0.	2.04E-08	9.83E-08	0.	0.	4.40E-05	5.36E-05	4.90E-04	2.86E-04	8.73E-04
59	4.90	2.22E-09	0.	0.	0.	2.25E-08	1.05E-07	0.	0.	4.43E-05	5.70E-05	5.05E-04	2.92E-04	8.98E-04
60	4.80	4.06E-09	0.	0.	0.	2.40E-08	9.72E-08	0.	0.	4.47E-05	6.06E-05	5.21E-04	2.98E-04	9.25E-04
61	4.70	5.35E-09	0.	0.	0.	2.36E-08	8.69E-08	0.	0.	4.51E-05	6.46E-05	5.38E-04	3.05E-04	9.54E-04
62	4.60	7.21E-09	0.	1.63E-08	0.	2.40E-08	7.94E-08	0.	0.	4.58E-05	6.89E-05	5.59E-04	3.13E-04	9.86E-04
63	4.50	7.44E-09	0.	5.18E-08	0.	2.16E-08	5.91E-08	0.	0.	4.62E-05	7.37E-05	5.84E-04	3.21E-04	1.02E-03
64	4.40	7.80E-09	0.	1.54E-07	0.	2.14E-08	4.14E-08	0.	0.	4.66E-05	7.88E-05	6.09E-04	3.29E-04	1.06E-03
65	4.30	7.24E-09	0.	5.33E-07	0.	2.01E-08	2.53E-08	0.	0.	4.69E-05	8.45E-05	6.37E-04	3.37E-04	1.11E-03
66	4.20	6.68E-09	0.	2.08E-07	0.	2.10E-08	1.85E-08	0.	0.	4.71E-05	9.07E-05	6.65E-04	3.46E-04	1.15E-03
67	4.10	6.18E-09	0.	7.62E-07	0.	2.08E-08	5.00E-09	0.	0.	4.73E-05	9.76E-05	6.93E-04	3.50E-04	1.19E-03
68	4.00	5.61E-09	0.	3.46E-07	4.75E-07	1.92E-08	3.81E-09	0.	0.	4.71E-05	1.05E-04	7.20E-04	1.09E-04	9.82E-04
69	3.90	4.68E-09	0.	5.36E-07	2.38E-07	1.73E-08	1.51E-09	0.	0.	4.69E-05	1.13E-04	6.72E-04	1.12E-04	9.45E-04
70	3.80	4.41E-09	0.	5.98E-07	8.11E-07	1.85E-08	0.	0.	0.	4.62E-05	1.23E-04	6.86E-04	1.16E-04	9.75E-04
71	3.70	3.93E-09	0.	3.84E-07	4.68E-06	1.53E-08	0.	0.	0.	4.33E-05	1.33E-04	5.47E-04	1.29E-04	8.56E-04
72	3.60	3.61E-09	0.	5.32E-07	1.05E-05	1.66E-08	0.	0.	0.	3.96E-05	1.45E-04	5.92E-04	1.42E-04	9.27E-04
73	3.50	3.24E-09	0.	3.14E-07	1.42E-06	1.27E-08	0.	0.	0.	2.29E-05	1.58E-04	6.14E-04	1.58E-04	1.06E-03
74	3.40	2.56E-09	0.	3.26E-07	5.47E-06	1.10E-08	0.	0.	0.	2.29E-05	1.72E-04	6.87E-04	1.75E-04	1.17E-03
75	3.30	2.19E-09	0.	2.05E-07	1.05E-05	1.15E-08	0.	0.	0.	2.30E-05	1.88E-04	7.61E-04	1.92E-04	1.39E-03
76	3.20	2.06E-09	0.	1.58E-07	1.97E-06	9.82E-09	0.	0.	0.	2.31E-05	2.07E-04	8.36E-04	2.10E-04	1.52E-03
77	3.10	1.81E-09	0.	9.44E-08	5.30E-06	7.25E-09	0.	0.	0.	2.31E-05	2.28E-04	9.13E-04	2.28E-04	1.64E-03
78	3.00	1.49E-09	0.	5.79E-08	3.07E-06	4.82E-09	0.	0.	0.	2.31E-05	2.51E-04	9.90E-04	2.46E-04	1.78E-03
79	2.90	1.53E-09	0.	2.77E-08	1.66E-06	1.08E-09	0.	0.	0.	2.31E-05	2.78E-04	1.07E-03	2.65E-04	1.94E-03
80	2.80	9.57E-10	0.	1.94E-08	2.54E-06	2.50E-10	0.	0.	0.	2.29E-05	3.10E-04	1.16E-03	2.86E-04	2.11E-03
81	2.70	4.35E-10	0.	6.40E-09	2.45E-07	2.63E-11	0.	0.	0.	2.28E-05	3.46E-04	1.26E-03	3.09E-04	2.18E-03
82	2.60	3.00E-11	0.	7.24E-10	2.24E-07	0.	0.	0.	0.	2.20E-05	3.88E-04	1.36E-03	3.33E-04	2.53E-03
83	2.50	0.	0.	0.	2.01E-07	0.	0.	0.	0.	2.12E-05	4.36E-04	1.55E-03	1.73E-04	2.65E-03
84	2.40	0.	3.59E-08	0.	0.	0.	0.	0.	0.	2.02E-05	4.94E-04	1.80E-03	2.08E-04	3.52E-03
85	2.30	0.	1.25E-07	0.	0.	0.	0.	0.	0.	1.91E-05	5.62E-04	1.42E-03	2.48E-04	4.03E-03
86	2.20	0.	3.05E-07	0.	0.	0.	0.	0.	0.	1.61E-05	6.44E-04	1.68E-03	2.99E-04	4.78E-03
87	2.10	0.	3.50E-07	0.	0.	0.	0.	0.	0.	7.33E-06	7.42E-04	1.96E-03	3.49E-04	5.72E-03
88	2.00	0.	6.55E-07	0.	0.	0.	0.	0.	0.	0.	8.61E-04	2.24E-03	4.00E-04	6.71E-03
89	1.90	0.	9.50E-07	0.	0.	0.	0.	0.	0.	0.	1.01E-03	2.54E-03	4.58E-04	8.41E-03
90	1.80	0.	7.86E-07	0.	0.	0.	0.	0.	0.	0.	1.18E-03	3.03E-03	5.22E-04	1.32E-02
91	1.70	0.	9.25E-07	0.	0.	0.	0.	0.	0.	0.	1.41E-03	4.21E-03	6.69E-04	1.45E-02
92	1.60	0.	6.73E-07	0.	0.	0.	0.	0.	0.	0.	1.70E-03	5.38E-03	7.86E-04	1.82E-02
93	1.50	0.	7.96E-07	0.	0.	0.	0.	0.	0.	0.	2.07E-03	5.38E-03	9.53E-04	1.32E-02
94	1.40	0.	8.00E-07	0.	0.	0.	0.	0.	0.	0.	2.55E-03	4.08E-03	1.13E-03	1.45E-02
95	1.30	0.	6.10E-07	0.	0.	0.	0.	0.	0.	0.	3.19E-03	5.35E-03	1.49E-03	1.82E-02
96	1.20	0.	5.89E-07	0.	0.	0.	0.	1.20E-12	0.	0.	4.08E-03	8.56E-03	1.47E-03	2.26E-02
97	1.10	0.	5.38E-07	0.	0.	0.	0.	1.51E-11	0.	0.	5.35E-03	1.10E-02	1.85E-03	2.26E-02
98	1.00	0.	4.93E-07	0.	0.	0.	0.	1.74E-11	0.	0.	7.19E-03	1.35E-02	2.09E-03	2.26E-02
99	0.90	0.	1.91E-07	0.	0.	0.	0.	3.56E-10	0.	0.	9.89E-03	1.52E-02	2.45E-03	2.75E-02
100	0.80	0.	4.66E-08	0.	0.	0.	0.	2.87E-10	0.	0.	1.41E-02	1.75E-02	2.82E-03	3.44E-02
101	0.70	0.	6.13E-09	0.	0.	0.	0.	1.02E-09	0.	0.	2.13E-02	1.91E-02	3.04E-03	4.34E-02
102	0.60	0.	0.	0.	0.	0.	0.	0.	0.	0.	3.42E-02	2.14E-02	3.40E-03	5.90E-02

289

ABSORPTION COEFFICIENTS OF HEATED AIR (INVERSE CM.)

TEMPERATURE (DEGREES K) 14000.   DENSITY (GM/CC) 1.293E-06 (10.0E-04 NORMAL)

	PHOTON ENERGY E.V.	O2 S-R BANDS	O2 S-R CONT.	N2 B-H NO. 1	NO BETA	NO GAMMA	NO 2	O- PHOTO-DET.(IONS)	FREF-FREE (IONS)	N P.E.	O P.E.	TOTAL AIR
1	10.70	0.	0.	1.11E-08	0.	0.	0.	4.75E-07	2.54E-07	4.87E-05	1.28E-05	6.22E-05
2	10.60	0.	0.	9.87E-09	0.	0.	0.	4.76E-07	2.62E-07	4.89E-05	1.28E-05	6.24E-05
3	10.50	0.	0.	9.86E-09	0.	0.	0.	4.76E-07	2.69E-07	4.91E-05	1.27E-05	6.26E-05
4	10.40	0.	0.	9.18E-09	0.	0.	0.	4.77E-07	2.77E-07	4.93E-05	1.27E-05	6.28E-05
5	10.30	0.	0.	7.86E-09	0.	0.	0.	4.78E-07	2.85E-07	4.94E-05	1.26E-05	6.29E-05
6	10.20	0.	0.	8.01E-09	0.	0.	0.	4.78E-07	2.94E-07	4.95E-05	1.26E-05	6.29E-05
7	10.10	0.	0.	7.45E-09	0.	0.	0.	4.79E-07	3.03E-07	4.96E-05	1.26E-05	6.30E-05
8	10.00	0.	0.	6.37E-09	0.	0.	0.	4.80E-07	3.12E-07	4.97E-05	1.25E-05	6.31E-05
9	9.90	0.	0.	6.50E-09	0.	0.	0.	4.80E-07	3.22E-07	4.99E-05	1.25E-05	6.32E-05
10	9.80	0.	0.	6.00E-09	0.	0.	0.	4.81E-07	3.32E-07	5.00E-05	1.25E-05	6.33E-05
11	9.70	0.	0.	5.06E-09	0.	0.	0.	4.82E-07	3.42E-07	5.01E-05	1.24E-05	6.34E-05
12	9.60	0.	0.	5.45E-09	0.	0.	0.	4.83E-07	3.53E-07	5.02E-05	1.24E-05	6.35E-05
13	9.50	0.	0.	5.55E-09	0.	0.	0.	4.84E-07	3.64E-07	5.04E-05	1.24E-05	6.36E-05
14	9.40	0.	0.	4.22E-09	0.	0.	0.	4.86E-07	3.76E-07	5.05E-05	1.23E-05	6.37E-05
15	9.30	0.	0.	4.30E-09	0.	0.	0.	4.86E-07	3.88E-07	5.07E-05	1.23E-05	6.38E-05
16	9.20	0.	0.	3.45E-09	0.	0.	0.	4.89E-07	4.01E-07	1.63E-05	1.22E-05	2.95E-05
17	9.10	0.	0.	3.54E-09	0.	0.	0.	4.91E-07	4.14E-07	1.63E-05	1.22E-05	2.95E-05
18	9.00	0.	0.	3.15E-09	0.	0.	0.	4.93E-07	4.28E-07	1.63E-05	1.22E-05	2.94E-05
19	8.90	0.	0.	2.86E-09	0.	0.	0.	4.95E-07	4.43E-07	1.63E-05	1.21E-05	2.94E-05
20	8.80	0.	0.	2.78E-09	0.	0.	0.	4.96E-07	4.58E-07	1.63E-05	1.21E-05	2.94E-05
21	8.70	0.	0.	2.35E-09	0.	0.	0.	4.98E-07	4.74E-07	1.63E-05	1.21E-05	2.94E-05
22	8.60	0.	0.	2.41E-09	0.	0.	0.	5.00E-07	4.91E-07	1.63E-05	1.20E-05	2.94E-05
23	8.50	0.	0.	2.06E-09	0.	0.	0.	5.02E-07	5.09E-07	1.63E-05	1.20E-05	2.94E-05
24	8.40	0.	0.	2.02E-09	0.	0.	0.	5.04E-07	5.27E-07	1.64E-05	1.20E-05	2.94E-05
25	8.30	0.	0.	1.68E-09	0.	0.	0.	5.07E-07	5.46E-07	1.64E-05	1.20E-05	2.95E-05
26	8.20	0.	0.	1.68E-09	0.	0.	0.	5.10E-07	5.67E-07	1.64E-05	1.20E-05	2.95E-05
27	8.10	0.	0.	1.41E-09	0.	0.	0.	5.12E-07	5.88E-07	1.64E-05	1.21E-05	2.96E-05
28	8.00	0.	0.	1.41E-09	0.	0.	0.	5.15E-07	6.10E-07	1.65E-05	1.21E-05	2.97E-05
29	7.90	0.	0.	1.19E-09	0.	0.	0.	5.17E-07	6.34E-07	1.65E-05	1.22E-05	2.99E-05
30	7.80	0.	0.	1.21E-09	0.	0.	0.	5.20E-07	6.59E-07	1.66E-05	1.22E-05	3.00E-05
31	7.70	0.	0.	1.04E-09	0.	0.	0.	5.23E-07	6.85E-07	1.66E-05	1.23E-05	3.01E-05
32	7.60	0.	0.	9.75E-10	0.	6.12E-14	0.	5.25E-07	7.13E-07	1.67E-05	1.24E-05	3.03E-05
33	7.50	0.	0.	8.84E-10	0.	2.42E-13	0.	5.28E-07	7.43E-07	1.67E-05	1.24E-05	3.04E-05
34	7.40	0.	0.	7.81E-10	0.	1.68E-12	0.	5.31E-07	7.73E-07	1.68E-05	1.25E-05	3.06E-05
35	7.30	0.	0.	7.27E-10	0.	7.34E-12	0.	5.34E-07	8.05E-07	1.69E-05	1.25E-05	3.07E-05
36	7.20	0.	0.	6.44E-10	0.	1.96E-11	0.	5.37E-07	8.39E-07	1.69E-05	1.26E-05	3.09E-05
37	7.10	0.	0.	6.09E-10	0.	5.85E-11	0.	5.41E-07	8.76E-07	1.70E-05	1.26E-05	3.10E-05
38	7.00	2.03E-13	0.	5.48E-10	0.	1.30E-10	0.	5.46E-07	9.14E-07	1.70E-05	1.27E-05	3.12E-05
39	6.90	3.91E-13	0.	4.94E-10	0.	1.60E-10	0.	5.50E-07	9.54E-07	1.71E-05	1.27E-05	3.13E-05
40	6.80	3.33E-13	0.	4.66E-10	0.	3.01E-10	0.	5.54E-07	9.97E-07	1.72E-05	1.28E-05	3.15E-05
41	6.70	2.39E-13	0.	4.00E-10	0.	3.21E-10	0.	5.59E-07	1.04E-06	1.72E-05	1.28E-05	3.17E-05
42	6.60	1.44E-13	0.	3.51E-10	0.	2.34E-10	0.	5.63E-07	1.09E-06	1.73E-05	1.29E-05	3.19E-05
43	6.50	6.20E-14	0.	2.73E-10	0.	3.74E-10	0.	5.68E-07	1.14E-06	1.75E-05	1.30E-05	3.22E-05
44	6.40	4.61E-14	0.	1.82E-10	1.57E-12	3.79E-10	0.	5.72E-07	1.20E-06	1.76E-05	1.31E-05	3.25E-05
45	6.30	2.63E-14	0.	1.10E-10	7.20E-12	2.39E-10	0.	5.76E-07	1.26E-06	1.78E-05	1.32E-05	3.28E-05
46	6.20	1.16E-14	0.	5.87E-11	10.00E-12	3.42E-10	0.	5.81E-07	1.32E-06	1.79E-05	1.33E-05	3.31E-05
47	6.10	5.24E-15	0.	2.67E-11	2.81E-11	4.56E-10	0.	5.85E-07	1.38E-06	1.81E-05	1.35E-05	3.36E-05
48	6.00	2.15E-15	0.	6.65E-12	2.59E-11	2.05E-10	0.	5.90E-07	1.45E-06	1.83E-05	1.36E-05	3.40E-05
49	5.90	5.23E-16	0.	4.75E-13	3.75E-11	2.05E-10	0.	5.90E-07	1.53E-06	1.86E-05	1.38E-05	3.45E-05
50	5.80	6.44E-17	0.	1.19E-14	5.18E-11	2.04E-10	0.	5.81E-07	1.61E-06	1.88E-05	1.40E-05	3.50E-05
51	5.70	4.80E-18	0.	0.	5.91E-11	2.27E-10	0.	5.46E-07	1.70E-06	1.90E-05	1.41E-05	3.54E-05

ABSORPTION COEFFICIENTS OF HEATED AIR (INVERSE CM.)

TEMPERATURE (DEGREES K) 14000.   DENSITY (GM/CC) 1.293E-06   (10.0E-04 NORMAL)

PHOTON ENERGY	O2 S-R BANDS	N2 1ST POS.	N2 2ND POS.	N2+ 1ST NEG.	NO BETA	NO GAMMA	NO VIB-ROT	NO 2	O- PHOTO-DET (TNS)	FREE-FREE (TNS) P.E.	N P.E.	O P.E.	TOTAL AIR
52 5.60	2.19E-19	0.	0.	0.	4.84E-11	3.17E-10	0.	0.	5.07E-07	1.79E-06	1.93E-05	1.43E-05	3.59E-05
53 5.50	0.	0.	0.	0.	5.91E-11	2.96E-10	0.	0.	5.10E-07	1.89E-06	1.97E-05	1.45E-05	3.66E-05
54 5.40	0.	0.	0.	0.	5.28E-11	2.27E-10	0.	0.	5.13E-07	2.00E-06	2.02E-05	1.47E-05	3.74E-05
55 5.30	0.	0.	0.	0.	5.42E-11	2.99E-10	0.	0.	5.16E-07	2.12E-06	2.06E-05	1.49E-05	3.82E-05
56 5.20	0.	0.	0.	0.	5.76E-11	2.08E-10	0.	0.	5.19E-07	2.24E-06	2.11E-05	1.52E-05	3.91E-05
57 5.10	0.	0.	0.	0.	5.71E-11	2.72E-10	0.	0.	5.24E-07	2.38E-06	2.17E-05	1.55E-05	4.01E-05
58 5.00	2.86E-12	0.	0.	0.	5.16E-11	2.48E-10	0.	0.	5.28E-07	2.52E-06	2.23E-05	1.58E-05	4.12E-05
59 4.90	6.79E-12	0.	0.	0.	5.68E-11	2.64E-10	0.	0.	5.32E-07	2.68E-06	2.30E-05	1.61E-05	4.24E-05
60 4.80	1.24E-11	0.	0.	0.	6.05E-11	2.45E-10	0.	0.	5.37E-07	2.85E-06	2.38E-05	1.65E-05	4.37E-05
61 4.70	1.64E-11	0.	0.	0.	5.95E-11	2.19E-10	0.	0.	5.41E-07	3.04E-06	2.46E-05	1.69E-05	4.50E-05
62 4.60	2.20E-11	0.	0.	0.	6.05E-11	2.00E-10	0.	0.	5.46E-07	3.24E-06	2.55E-05	1.73E-05	4.66E-05
63 4.50	2.28E-11	0.	3.38E-11	0.	5.41E-11	1.11E-10	0.	0.	5.50E-07	3.47E-06	2.66E-05	1.78E-05	4.84E-05
64 4.40	2.39E-11	0.	1.08E-11	0.	5.41E-11	1.05E-10	0.	0.	5.54E-07	3.71E-06	2.78E-05	1.82E-05	5.03E-05
65 4.30	2.22E-11	0.	3.21E-10	0.	5.07E-11	6.37E-11	0.	0.	5.59E-07	3.98E-06	2.91E-05	1.87E-05	5.23E-05
66 4.20	2.04E-11	0.	1.11E-11	0.	5.31E-11	1.66E-11	0.	0.	5.65E-07	4.27E-06	3.03E-05	1.89E-05	5.41E-05
67 4.10	1.89E-11	0.	4.34E-10	0.	5.31E-11	1.26E-11	0.	0.	5.68E-07	4.59E-06	3.16E-05	1.75E-05	5.43E-05
68 4.00	1.72E-11	0.	1.59E-09	0.	4.86E-11	9.61E-12	0.	0.	5.63E-07	4.95E-06	3.29E-05	6.02E-06	4.25E-05
69 3.90	1.43E-11	0.	7.21E-10	4.55E-09	4.38E-11	3.81E-12	0.	0.	5.54E-07	5.34E-06	3.04E-05	6.44E-06	3.68E-05
70 3.80	1.56E-11	0.	1.12E-09	2.28E-08	3.86E-11	0.	0.	0.	5.19E-07	5.78E-06	2.40E-05	7.11E-06	3.89E-05
71 3.70	1.20E-11	0.	1.25E-09	7.78E-09	4.19E-11	0.	0.	0.	4.75E-07	6.27E-06	2.50E-05	7.88E-06	4.04E-05
72 3.60	1.10E-11	0.	8.00E-10	4.49E-08	3.57E-11	0.	0.	0.	2.74E-07	6.81E-06	2.80E-05	8.72E-06	4.47E-05
73 3.50	1.10E-11	0.	6.53E-10	1.01E-07	2.78E-11	0.	0.	0.	2.75E-07	7.42E-06	3.14E-05	9.66E-06	4.94E-05
74 3.40	9.58E-12	0.	6.78E-10	1.20E-07	2.89E-11	0.	0.	0.	2.75E-07	8.10E-06	3.47E-05	1.06E-05	5.45E-05
75 3.30	7.84E-12	0.	4.27E-10	1.01E-07	2.68E-11	0.	0.	0.	2.76E-07	8.84E-06	3.82E-05	1.16E-05	5.99E-05
76 3.20	6.70E-12	0.	3.28E-10	5.25E-08	2.48E-11	0.	0.	0.	2.76E-07	9.73E-06	4.17E-05	1.26E-05	6.53E-05
77 3.10	6.32E-12	0.	1.96E-10	1.89E-07	1.83E-11	0.	0.	0.	2.76E-07	1.07E-05	4.52E-05	1.36E-05	7.09E-05
78 3.00	5.55E-12	0.	1.20E-10	5.09E-08	1.22E-11	0.	0.	0.	2.77E-07	1.18E-05	4.88E-05	1.47E-05	7.69E-05
79 2.90	4.56E-12	0.	5.77E-11	2.94E-08	6.39E-12	0.	0.	0.	2.77E-07	1.31E-05	5.30E-05	1.58E-05	8.37E-05
80 2.80	4.69E-12	0.	2.68E-11	1.59E-08	2.71E-12	0.	0.	0.	2.77E-07	1.46E-05	5.74E-05	1.71E-05	9.11E-05
81 2.70	2.93E-12	0.	1.33E-11	2.44E-08	6.32E-13	0.	0.	0.	2.77E-07	1.63E-05	6.23E-05	1.86E-05	9.74E-05
82 2.60	1.33E-12	0.	1.51E-11	2.35E-09	6.63E-14	0.	0.	0.	2.77E-07	1.82E-05	7.05E-05	2.05E-05	1.01E-04
83 2.50	9.18E-14	0.	0.	2.15E-09	0.	0.	0.	0.	2.77E-07	2.05E-05	5.35E-05	1.37E-05	8.85E-05
84 2.40	0.	7.47E-11	0.	1.93E-09	0.	0.	0.	0.	2.75E-07	2.32E-05	6.49E-05	1.65E-05	1.05E-04
85 2.30	0.	2.60E-10	0.	0.	0.	0.	0.	0.	2.73E-07	2.65E-05	7.67E-05	1.93E-05	1.24E-04
86 2.20	0.	6.34E-10	0.	0.	0.	0.	0.	0.	2.64E-07	3.03E-05	8.93E-05	2.21E-05	1.44E-04
87 2.10	0.	7.29E-10	0.	0.	0.	0.	0.	0.	2.54E-07	3.49E-05	1.02E-04	2.53E-05	1.65E-04
88 2.00	0.	1.36E-09	0.	0.	0.	0.	0.	0.	2.43E-07	4.05E-05	1.16E-04	3.05E-05	1.89E-04
89 1.90	0.	1.98E-09	0.	0.	0.	0.	0.	0.	2.29E-07	4.73E-05	1.38E-04	3.70E-05	2.25E-04
90 1.80	0.	1.64E-09	0.	0.	0.	0.	0.	0.	1.94E-07	5.58E-05	1.65E-04	4.35E-05	2.69E-04
91 1.70	0.	1.93E-09	0.	0.	0.	0.	0.	0.	8.80E-08	6.64E-05	1.92E-04	5.27E-05	3.16E-04
92 1.60	0.	1.40E-09	0.	0.	0.	0.	0.	0.	0.	7.99E-05	2.45E-04	6.25E-05	3.95E-04
93 1.50	0.	1.66E-09	0.	0.	0.	0.	0.	0.	0.	9.73E-05	2.86E-04	7.94E-05	4.69E-04
94 1.40	0.	1.67E-09	0.	0.	0.	0.	0.	0.	0.	1.20E-04	3.90E-04	8.15E-05	6.20E-04
95 1.30	0.	1.23E-09	0.	0.	0.	0.	0.	0.	0.	1.50E-04	4.06E-04	1.02E-04	6.80E-04
96 1.20	0.	1.12E-09	0.	0.	0.	0.	0.	0.	0.	1.92E-04	5.06E-04	1.15E-04	8.56E-04
97 1.10	0.	1.03E-09	0.	0.	0.	0.	3.04E-15	0.	0.	2.52E-04	6.92E-04	1.36E-04	1.06E-03
98 1.00	0.	8.43E-10	0.	0.	0.	0.	3.81E-14	0.	0.	3.33E-04	7.96E-04	1.68E-04	1.29E-03
99 0.90	0.	3.97E-10	0.	0.	0.	0.	4.39E-14	0.	0.	4.64E-04	9.73E-04	1.92E-04	1.62E-03
100 0.80	0.	9.70E-11	0.	0.	0.	0.	9.00E-13	0.	0.	6.65E-04	1.20E-03	2.52E-04	2.04E-03
101 0.70	0.	1.28E-11	0.	0.	0.	0.	7.25E-13	0.	0.	1.00E-03	1.50E-03	2.86E-04	2.55E-03
102 0.60	0.	0.	0.	0.	0.	0.	2.57E-12	0.	0.	1.61E-03	1.92E-03	4.06E-04	3.16E-03

ABSORPTION COEFFICIENTS OF HEATED AIR (INVERSE CM.)

TEMPERATURE (DEGREES K) 14000.   DENSITY (GM/CC) 1.293E-07 (10.0E-05 NORMAL)

#	PHOTON ENERGY E.V.	O2 S-R BANDS	O2 S-R CONT.	N2 B-H NO. 1	NO BETA	NO GAMMA	NO2	O- PHOTO-DET (IONS)	FREE-FREE (IONS)	N P.E.	O P.E.	TOTAL AIR
1	10.70	0.	0.	3.97E-12	0.	0.	0.	1.47E-09	4.97E-09	9.26E-07	2.83E-07	1.22E-06
2	10.60	0.	0.	3.54E-12	0.	0.	0.	1.47E-09	5.11E-09	9.31E-07	2.83E-07	1.22E-06
3	10.50	0.	0.	3.54E-12	0.	0.	0.	1.47E-09	5.26E-09	9.31E-07	2.82E-07	1.22E-06
4	10.40	0.	0.	3.30E-12	0.	0.	0.	1.48E-09	5.41E-09	9.35E-07	2.81E-07	1.22E-06
5	10.30	0.	0.	2.82E-12	0.	0.	0.	1.48E-09	5.57E-09	9.36E-07	2.80E-07	1.22E-06
6	10.20	0.	0.	2.80E-12	0.	0.	0.	1.48E-09	5.74E-09	9.38E-07	2.80E-07	1.23E-06
7	10.10	0.	0.	2.67E-12	0.	0.	0.	1.48E-09	5.91E-09	9.41E-07	2.79E-07	1.23E-06
8	10.00	0.	0.	2.29E-12	0.	0.	0.	1.48E-09	6.09E-09	9.43E-07	2.79E-07	1.23E-06
9	9.90	0.	0.	2.34E-12	0.	0.	0.	1.49E-09	6.28E-09	9.45E-07	2.78E-07	1.23E-06
10	9.80	0.	0.	2.15E-12	0.	0.	0.	1.49E-09	6.47E-09	9.48E-07	2.77E-07	1.23E-06
11	9.70	0.	0.	1.82E-12	0.	0.	0.	1.49E-09	6.68E-09	9.50E-07	2.76E-07	1.23E-06
12	9.60	0.	0.	1.96E-12	0.	0.	0.	1.50E-09	6.89E-09	9.53E-07	2.75E-07	1.24E-06
13	9.50	0.	0.	1.63E-12	0.	0.	0.	1.50E-09	7.11E-09	9.55E-07	2.75E-07	1.24E-06
14	9.40	0.	0.	1.52E-12	0.	0.	0.	1.50E-09	7.34E-09	9.58E-07	2.74E-07	1.24E-06
15	9.30	0.	0.	1.54E-12	0.	0.	0.	1.50E-09	7.58E-09	3.11E-07	2.73E-07	5.92E-07
16	9.20	0.	0.	1.24E-12	0.	0.	0.	1.51E-09	7.83E-09	3.10E-07	2.72E-07	5.91E-07
17	9.10	0.	0.	1.27E-12	0.	0.	0.	1.51E-09	8.09E-09	3.10E-07	2.71E-07	5.91E-07
18	9.00	0.	0.	1.13E-12	0.	0.	0.	1.52E-09	8.36E-09	3.10E-07	2.70E-07	5.90E-07
19	8.90	0.	0.	1.03E-12	0.	0.	0.	1.53E-09	8.65E-09	3.10E-07	2.69E-07	5.89E-07
20	8.80	0.	0.	9.99E-13	0.	0.	0.	1.53E-09	8.95E-09	3.10E-07	2.68E-07	5.89E-07
21	8.70	0.	0.	8.45E-13	0.	0.	0.	1.54E-09	9.26E-09	3.10E-07	2.68E-07	5.89E-07
22	8.60	0.	0.	8.45E-13	0.	0.	0.	1.54E-09	9.59E-09	3.10E-07	2.67E-07	5.88E-07
23	8.50	0.	0.	7.30E-13	0.	0.	0.	1.55E-09	9.93E-09	3.10E-07	2.66E-07	5.88E-07
24	8.40	0.	0.	7.27E-13	0.	0.	0.	1.56E-09	1.03E-08	3.11E-07	2.66E-07	5.88E-07
25	8.30	0.	0.	6.02E-13	0.	0.	0.	1.57E-09	1.07E-08	3.10E-07	2.67E-07	5.89E-07
26	8.20	0.	0.	6.03E-13	0.	0.	0.	1.57E-09	1.11E-08	3.11E-07	2.68E-07	5.91E-07
27	8.10	0.	0.	5.08E-13	0.	0.	0.	1.58E-09	1.15E-08	3.11E-07	2.69E-07	5.93E-07
28	8.00	0.	0.	5.06E-13	0.	0.	0.	1.58E-09	1.19E-08	3.12E-07	2.70E-07	5.95E-07
29	7.90	0.	0.	4.26E-13	0.	0.	0.	1.59E-09	1.24E-08	3.12E-07	2.71E-07	5.97E-07
30	7.80	0.	0.	4.36E-13	0.	0.	0.	1.60E-09	1.29E-08	3.13E-07	2.72E-07	6.00E-07
31	7.70	0.	0.	3.75E-13	0.	0.	0.	1.61E-09	1.34E-08	3.14E-07	2.73E-07	6.03E-07
32	7.60	0.	0.	3.30E-13	0.	0.	0.	1.62E-09	1.39E-08	3.15E-07	2.74E-07	6.06E-07
33	7.50	0.	0.	3.18E-13	0.	2.57E-17	0.	1.63E-09	1.45E-08	3.16E-07	2.75E-07	6.09E-07
34	7.40	0.	0.	2.81E-13	0.	1.02E-16	0.	1.64E-09	1.51E-08	3.18E-07	2.76E-07	6.12E-07
35	7.30	0.	0.	2.61E-13	0.	7.06E-16	0.	1.65E-09	1.57E-08	3.19E-07	2.77E-07	6.14E-07
36	7.20	0.	0.	2.31E-13	0.	3.08E-15	0.	1.66E-09	1.64E-08	3.20E-07	2.78E-07	6.17E-07
37	7.10	0.	0.	2.19E-13	0.	8.23E-15	0.	1.67E-09	1.71E-08	3.21E-07	2.80E-07	6.21E-07
38	7.00	0.	0.	1.97E-13	0.	2.45E-14	0.	1.69E-09	1.78E-08	3.22E-07	2.81E-07	6.24E-07
39	6.90	9.95E-17	0.	1.77E-13	0.	5.45E-14	0.	1.70E-09	1.85E-08	3.23E-07	2.82E-07	6.27E-07
40	6.80	1.92E-16	0.	1.67E-13	0.	6.70E-14	0.	1.72E-09	1.95E-08	3.25E-07	2.84E-07	6.30E-07
41	6.70	1.64E-16	0.	1.44E-13	0.	1.35E-13	0.	1.73E-09	2.04E-08	3.26E-07	2.85E-07	6.33E-07
42	6.60	1.17E-16	0.	1.26E-13	0.	9.83E-14	0.	1.74E-09	2.13E-08	3.27E-07	2.86E-07	6.38E-07
43	6.50	7.07E-17	0.	9.80E-14	0.	1.57E-13	0.	1.76E-09	2.23E-08	3.29E-07	2.88E-07	6.44E-07
44	6.40	4.03E-17	0.	6.55E-14	6.59E-16	1.59E-13	0.	1.77E-09	2.34E-08	3.32E-07	2.89E-07	6.49E-07
45	6.30	2.26E-17	0.	3.94E-14	3.02E-15	1.00E-13	0.	1.78E-09	2.45E-08	3.35E-07	2.92E-07	6.55E-07
46	6.20	5.72E-18	0.	2.11E-14	4.20E-15	1.44E-13	0.	1.80E-09	2.57E-08	3.37E-07	2.95E-07	6.63E-07
47	6.10	2.57E-18	0.	9.60E-15	1.18E-14	1.91E-13	0.	1.81E-09	2.70E-08	3.40E-07	2.99E-07	6.71E-07
48	6.00	1.66E-18	0.	2.39E-15	1.09E-14	8.60E-14	0.	1.82E-09	2.84E-08	3.43E-07	3.02E-07	6.81E-07
49	5.90	2.57E-19	0.	1.71E-16	1.58E-14	8.60E-14	0.	1.82E-09	2.99E-08	3.48E-07	3.06E-07	6.90E-07
50	5.80	3.26E-20	0.	4.27E-18	2.17E-14	8.58E-14	0.	1.80E-09	3.15E-08	3.53E-07	3.10E-07	7.00E-07
51	5.70	2.40E-21	0.	0.	2.48E-14	9.52E-14	0.	1.69E-09	3.32E-08	3.61E-07	3.13E-07	7.09E-07

ABSORPTION COEFFICIENTS OF HEATED AIR   (INVERSE CM.)

TEMPERATURE (DEGREES K) 14000.   DENSITY (GM/CC) 1.293E-07   (10.0E-05 NORMAL)

	PHOTON ENERGY	O2 S-R BANDS	N2 1ST POS.	N2 2ND POS.	N2+ 1ST NEG.	NO BETA	NO GAMMA	NO VIB-ROT	NO2	O- PHOTO-DET	FREE-FREE (IONS)	N P.E.	O P.E.	TOTAL AIR
52	5.60	1.07E-22	0.	0.	0.	2.03E-14	1.33E-13	0.	0.	1.57E-09	3.50E-08	3.66E-07	3.17E-07	7.20E-07
53	5.50	0.	0.	0.	0.	2.48E-14	1.24E-13	0.	0.	1.58E-09	3.70E-08	3.73E-07	3.21E-07	7.33E-07
54	5.40	0.	0.	0.	0.	2.22E-14	9.53E-14	0.	0.	1.59E-09	3.91E-08	3.82E-07	3.26E-07	7.48E-07
55	5.30	0.	0.	0.	0.	2.27E-14	1.26E-13	0.	0.	1.60E-09	4.13E-08	3.91E-07	3.31E-07	7.65E-07
56	5.20	0.	0.	0.	0.	2.42E-14	8.72E-14	0.	0.	1.61E-09	4.38E-08	4.00E-07	3.37E-07	7.83E-07
57	5.10	0.	0.	0.	0.	2.40E-14	1.04E-13	0.	0.	1.62E-09	4.64E-08	4.11E-07	3.44E-07	8.03E-07
58	5.00	1.40E-15	0.	0.	0.	2.17E-14	1.11E-13	0.	0.	1.63E-09	4.93E-08	4.24E-07	3.51E-07	8.25E-07
59	4.90	3.33E-15	0.	0.	0.	2.38E-14	1.03E-13	0.	0.	1.65E-09	5.24E-08	4.37E-07	3.58E-07	8.48E-07
60	4.80	6.10E-15	0.	0.	0.	2.54E-14	9.21E-14	0.	0.	1.66E-09	5.57E-08	4.51E-07	3.65E-07	8.74E-07
61	4.70	8.03E-15	0.	0.	0.	2.50E-14	8.41E-14	0.	0.	1.67E-09	5.94E-08	4.66E-07	3.74E-07	9.01E-07
62	4.60	1.08E-14	0.	1.22E-14	0.	2.54E-14	6.26E-14	0.	0.	1.69E-09	6.34E-08	4.83E-07	3.84E-07	9.32E-07
63	4.50	1.12E-14	0.	3.88E-14	0.	2.28E-14	4.39E-14	0.	0.	1.70E-09	6.77E-08	5.05E-07	4.03E-07	9.68E-07
64	4.40	1.17E-14	0.	1.15E-13	0.	2.13E-14	2.68E-14	0.	0.	1.72E-09	7.25E-08	5.27E-07	4.08E-07	1.00E-06
65	4.30	1.09E-14	0.	3.99E-13	0.	2.23E-14	1.96E-14	0.	0.	1.73E-09	7.77E-08	5.51E-07	3.79E-07	1.04E-06
66	4.20	1.00E-14	0.	1.56E-13	0.	2.14E-14	5.29E-15	0.	0.	1.74E-09	8.34E-08	5.75E-07	1.29E-07	1.04E-06
67	4.10	9.28E-15	0.	5.70E-13	0.	2.04E-14	1.60E-15	0.	0.	1.76E-09	8.97E-08	5.99E-07	1.33E-07	8.20E-07
68	4.00	8.43E-15	0.	2.59E-13	1.17E-11	1.84E-14	0.	0.	0.	1.75E-09	9.66E-08	5.55E-07	1.37E-07	7.86E-07
69	3.90	7.03E-15	0.	4.01E-13	5.86E-11	1.96E-14	0.	0.	0.	1.74E-09	1.04E-07	4.37E-07	1.58E-07	6.81E-07
70	3.80	7.64E-15	0.	4.47E-13	2.00E-11	1.62E-14	0.	0.	0.	1.72E-09	1.13E-07	4.55E-07	1.75E-07	7.19E-07
71	3.70	6.63E-15	0.	2.87E-13	1.15E-10	1.76E-14	0.	0.	0.	1.61E-09	1.22E-07	4.77E-07	1.93E-07	7.86E-07
72	3.60	5.90E-15	0.	2.35E-13	2.60E-10	1.50E-14	0.	0.	0.	1.47E-09	1.33E-07	5.32E-07	2.14E-07	8.71E-07
73	3.50	5.42E-15	0.	2.43E-13	3.09E-10	1.17E-14	0.	0.	0.	8.49E-10	1.45E-07	5.95E-07	2.35E-07	1.07E-06
74	3.40	4.47E-15	0.	1.53E-13	1.35E-10	1.21E-14	0.	0.	0.	8.50E-10	1.58E-07	7.24E-07	2.57E-07	1.17E-06
75	3.30	3.85E-15	0.	1.18E-13	2.59E-10	1.13E-14	0.	0.	0.	8.51E-10	1.73E-07	7.90E-07	2.80E-07	1.28E-06
76	3.20	3.29E-15	0.	7.06E-14	1.21E-10	1.04E-14	0.	0.	0.	8.53E-10	1.90E-07	8.56E-07	3.02E-07	1.39E-06
77	3.10	3.10E-15	0.	3.73E-14	4.85E-11	9.62E-15	0.	0.	0.	8.55E-10	2.09E-07	9.25E-07	3.25E-07	1.51E-06
78	3.00	2.72E-15	0.	2.07E-14	1.31E-10	7.06E-15	0.	0.	0.	8.57E-10	2.31E-07	1.00E-06	3.51E-07	1.64E-06
79	2.90	2.24E-15	0.	9.62E-15	7.56E-11	5.11E-15	0.	0.	0.	8.58E-10	2.56E-07	1.09E-06	3.41E-07	1.75E-06
80	2.80	2.30E-15	0.	4.78E-15	7.68E-11	2.68E-15	0.	0.	0.	8.58E-10	2.85E-07	1.18E-06	1.79E-07	1.71E-06
81	2.70	1.44E-15	0.	5.42E-16	4.09E-11	1.14E-15	0.	0.	0.	8.58E-10	3.18E-07	8.23E-07	2.07E-07	1.43E-06
82	2.60	6.52E-16	0.	0.	6.28E-11	2.78E-17	0.	0.	0.	8.58E-10	3.56E-07	1.01E-06	2.54E-07	1.72E-06
83	2.50	4.51E-17	0.	0.	6.05E-12	0.	0.	0.	0.	8.51E-10	4.01E-07	1.23E-06	3.05E-07	2.05E-06
84	2.40	0.	2.68E-14	0.	1.14E-11	0.	0.	0.	0.	8.48E-10	4.54E-07	1.45E-06	3.66E-07	2.41E-06
85	2.30	0.	9.32E-14	0.	2.65E-12	0.	0.	0.	0.	8.44E-10	5.17E-07	1.69E-06	4.28E-07	2.80E-06
86	2.20	0.	2.28E-13	0.	4.97E-12	0.	0.	0.	0.	8.17E-10	5.91E-07	1.93E-06	4.90E-07	3.22E-06
87	2.10	0.	2.62E-13	0.	0.	0.	0.	0.	0.	7.52E-10	6.82E-07	2.20E-06	6.76E-07	3.69E-06
88	2.00	0.	4.90E-13	0.	0.	0.	0.	0.	0.	7.08E-10	7.91E-07	2.62E-06	8.20E-07	4.38E-06
89	1.90	0.	7.10E-13	0.	0.	0.	0.	0.	0.	5.99E-10	9.24E-07	3.13E-06	9.15E-07	5.25E-06
90	1.80	0.	6.92E-13	0.	0.	0.	0.	0.	0.	2.72E-10	1.09E-06	3.64E-06	1.12E-06	6.12E-06
91	1.70	0.	5.87E-13	0.	0.	0.	0.	0.	0.	0.	1.30E-06	4.35E-06	1.32E-06	7.37E-06
92	1.60	0.	5.03E-13	0.	0.	0.	0.	0.	0.	0.	1.56E-06	5.69E-06	1.34E-06	7.51E-06
93	1.50	0.	5.95E-13	0.	0.	0.	0.	0.	0.	0.	1.90E-06	7.51E-06	1.81E-06	9.96E-06
94	1.40	0.	5.98E-13	0.	0.	0.	0.	0.	0.	0.	2.34E-06	9.50E-06	2.10E-06	1.31E-05
95	1.30	0.	4.56E-13	0.	0.	0.	0.	0.	0.	0.	2.93E-06	1.12E-05	2.56E-06	1.65E-05
96	1.20	0.	4.40E-13	0.	0.	0.	0.	0.	0.	0.	3.75E-06	1.31E-05	3.01E-06	2.03E-05
97	1.10	0.	4.02E-13	0.	0.	0.	0.	1.27E-18	0.	0.	4.92E-06	1.46E-05	3.29E-06	2.52E-05
98	1.00	0.	3.69E-13	0.	0.	0.	0.	1.60E-17	0.	0.	6.61E-06	1.33E-05	2.79E-06	3.09E-05
99	0.90	0.	3.03E-13	0.	0.	0.	0.	1.84E-17	0.	0.	9.09E-06	1.50E-05	3.15E-06	3.57E-05
100	0.80	0.	1.43E-13	0.	0.	0.	0.	3.78E-16	0.	0.	1.30E-05	1.46E-05	3.29E-06	3.09E-05
101	0.70	0.	3.48E-14	0.	0.	0.	0.	3.04E-16	0.	0.	1.95E-05	1.33E-05	2.79E-06	3.57E-05
102	0.60	0.	4.59E-15	0.	0.	0.	0.	1.08E-15	0.	0.	3.15E-05	1.50E-05	3.15E-06	4.96E-05

293

ABSORPTION COEFFICIENTS OF HEATED AIR (INVERSE CM.)

TEMPERATURE (DEGREES K) 14000. DENSITY (GM/CC) 1.293E-08 (1.0E-05 NORMAL)

	PHOTON ENERGY E.V.	O2 S-R BANDS	O2 S-R CONT.	N2 B-H NO. 1	NO BETA	NO GAMMA	NO 2	O- PHOTO-DET (IONS)	FREE-FREE (IONS)	N P.E.	O P.E.	TOTAL AIR
1	10.70	0.	0.	4.99E-16	0.	0.	0.	1.81E-12	5.61E-11	1.04E-08	3.29E-09	1.37E-08
2	10.60	0.	0.	4.45E-16	0.	0.	0.	1.82E-12	5.77E-11	1.04E-08	3.28E-09	1.38E-08
3	10.50	0.	0.	4.44E-16	0.	0.	0.	1.82E-12	5.94E-11	1.05E-08	3.27E-09	1.38E-08
4	10.40	0.	0.	4.14E-16	0.	0.	0.	1.82E-12	6.11E-11	1.05E-08	3.26E-09	1.38E-08
5	10.30	0.	0.	3.54E-16	0.	0.	0.	1.82E-12	6.29E-11	1.05E-08	3.25E-09	1.39E-08
6	10.20	0.	0.	3.61E-16	0.	0.	0.	1.83E-12	6.48E-11	1.06E-08	3.24E-09	1.39E-08
7	10.10	0.	0.	3.36E-16	0.	0.	0.	1.83E-12	6.67E-11	1.06E-08	3.23E-09	1.39E-08
8	10.00	0.	0.	2.87E-16	0.	0.	0.	1.83E-12	6.88E-11	1.06E-08	3.22E-09	1.39E-08
9	9.90	0.	0.	2.93E-16	0.	0.	0.	1.83E-12	7.09E-11	1.06E-08	3.21E-09	1.39E-08
10	9.80	0.	0.	2.70E-16	0.	0.	0.	1.84E-12	7.31E-11	1.07E-08	3.21E-09	1.40E-08
11	9.70	0.	0.	2.28E-16	0.	0.	0.	1.84E-12	7.54E-11	1.07E-08	3.20E-09	1.40E-08
12	9.60	0.	0.	2.46E-16	0.	0.	0.	1.84E-12	7.78E-11	1.07E-08	3.19E-09	1.40E-08
13	9.50	0.	0.	2.05E-16	0.	0.	0.	1.85E-12	8.03E-11	1.08E-08	3.18E-09	1.40E-08
14	9.40	0.	0.	1.90E-16	0.	0.	0.	1.85E-12	8.29E-11	1.08E-08	3.17E-09	1.40E-08
15	9.30	0.	0.	1.94E-16	0.	0.	0.	1.86E-12	8.56E-11	3.54E-09	3.16E-09	6.78E-09
16	9.20	0.	0.	1.56E-16	0.	0.	0.	1.87E-12	8.84E-11	3.54E-09	3.15E-09	6.77E-09
17	9.10	0.	0.	1.59E-16	0.	0.	0.	1.88E-12	9.13E-11	3.53E-09	3.14E-09	6.77E-09
18	9.00	0.	0.	1.42E-16	0.	0.	0.	1.88E-12	9.44E-11	3.53E-09	3.13E-09	6.76E-09
19	8.90	0.	0.	1.29E-16	0.	0.	0.	1.89E-12	9.77E-11	3.53E-09	3.12E-09	6.75E-09
20	8.80	0.	0.	1.25E-16	0.	0.	0.	1.89E-12	1.01E-10	3.53E-09	3.11E-09	6.74E-09
21	8.70	0.	0.	1.06E-16	0.	0.	0.	1.90E-12	1.05E-10	3.54E-09	3.11E-09	6.74E-09
22	8.60	0.	0.	1.09E-16	0.	0.	0.	1.91E-12	1.08E-10	3.50E-09	3.10E-09	6.74E-09
23	8.50	0.	0.	9.27E-17	0.	0.	0.	1.91E-12	1.12E-10	3.50E-09	3.09E-09	6.70E-09
24	8.40	0.	0.	9.12E-17	0.	0.	0.	1.92E-12	1.16E-10	3.51E-09	3.08E-09	6.73E-09
25	8.30	0.	0.	7.55E-17	0.	0.	0.	1.93E-12	1.20E-10	3.52E-09	3.09E-09	6.75E-09
26	8.20	0.	0.	7.57E-17	0.	0.	0.	1.94E-12	1.25E-10	3.53E-09	3.11E-09	6.78E-09
27	8.10	0.	0.	6.38E-17	0.	0.	0.	1.96E-12	1.30E-10	3.54E-09	3.12E-09	6.81E-09
28	8.00	0.	0.	6.35E-17	0.	0.	0.	1.97E-12	1.35E-10	3.56E-09	3.14E-09	6.84E-09
29	7.90	0.	0.	5.34E-17	0.	0.	0.	1.98E-12	1.40E-10	3.57E-09	3.15E-09	6.87E-09
30	7.80	0.	0.	5.48E-17	0.	0.	0.	1.99E-12	1.45E-10	3.58E-09	3.16E-09	6.91E-09
31	7.70	0.	0.	4.70E-17	0.	3.34E-21	0.	2.00E-12	1.51E-10	3.60E-09	3.18E-09	6.94E-09
32	7.60	0.	0.	4.39E-17	0.	1.32E-20	0.	2.01E-12	1.57E-10	3.61E-09	3.19E-09	6.97E-09
33	7.50	0.	0.	3.99E-17	0.	9.18E-20	0.	2.02E-12	1.64E-10	3.63E-09	3.20E-09	7.01E-09
34	7.40	0.	0.	3.52E-17	0.	4.01E-19	0.	2.03E-12	1.70E-10	3.64E-09	3.22E-09	7.04E-09
35	7.30	0.	0.	3.28E-17	0.	1.07E-18	0.	2.04E-12	1.77E-10	3.66E-09	3.23E-09	7.08E-09
36	7.20	0.	0.	2.91E-17	0.	3.19E-18	0.	2.05E-12	1.85E-10	3.67E-09	3.24E-09	7.12E-09
37	7.10	0.	0.	2.74E-17	0.	7.09E-18	0.	2.07E-12	1.93E-10	3.69E-09	3.26E-09	7.15E-09
38	7.00	1.34E-20	0.	2.47E-17	0.	8.71E-18	0.	2.08E-12	2.01E-10	3.70E-09	3.27E-09	7.19E-09
39	6.90	2.59E-20	0.	2.23E-17	0.	1.64E-17	0.	2.10E-12	2.10E-10	3.72E-09	3.28E-09	7.29E-09
40	6.80	2.20E-20	0.	2.10E-17	0.	1.75E-17	0.	2.12E-12	2.20E-10	3.73E-09	3.30E-09	7.35E-09
41	6.70	1.58E-20	0.	1.80E-17	0.	1.87E-17	0.	2.13E-12	2.30E-10	3.76E-09	3.32E-09	7.42E-09
42	6.60	9.54E-21	0.	1.58E-17	0.	1.28E-17	0.	2.15E-12	2.40E-10	3.79E-09	3.34E-09	7.49E-09
43	6.50	5.43E-21	0.	1.23E-17	0.	2.04E-17	0.	2.17E-12	2.52E-10	3.82E-09	3.36E-09	7.57E-09
44	6.40	3.05E-21	0.	8.23E-18	8.57E-20	2.07E-17	0.	2.18E-12	2.64E-10	3.86E-09	3.38E-09	7.67E-09
45	6.30	1.74E-21	0.	4.94E-18	3.93E-19	1.30E-17	0.	2.20E-12	2.77E-10	3.90E-09	3.40E-09	7.73E-09
46	6.20	7.71E-22	0.	2.65E-18	5.46E-19	1.87E-17	0.	2.22E-12	2.90E-10	3.92E-09	3.43E-09	7.79E-09
47	6.10	3.47E-22	0.	1.20E-18	1.54E-18	2.49E-17	0.	2.23E-12	3.05E-10	3.95E-09	3.47E-09	7.84E-09
48	6.00	1.42E-22	0.	3.00E-19	1.42E-18	1.12E-17	0.	2.25E-12	3.21E-10	4.00E-09	3.51E-09	7.95E-09
49	5.90	3.46E-23	0.	2.14E-20	2.05E-18	1.12E-17	0.	2.25E-12	3.38E-10	4.00E-09	3.55E-09	7.95E-09
50	5.80	4.39E-24	0.	5.36E-22	2.80E-18	1.24E-17	0.	2.22E-12	3.55E-10	4.05E-09	3.59E-09	8.06E-09
51	5.70	3.25E-25	0.	0.	3.23E-18	0.	0.	2.08E-12	3.75E-10	4.05E-09	3.63E-09	8.06E-09

ABSORPTION COEFFICIENTS OF HEATED AIR (INVERSE CM.)

TEMPERATURE (DEGREES K) 14000.   DENSITY (GM/CC) 1.293E-08   (1.0E-05 NORMAL)

	PHOTON ENERGY	O2 S-R BANDS	N2 1ST POS.	N2 2ND POS.	N2+ 1ST NEG.	NO BETA	NO GAMMA	NO VIB-ROT	NO2	O- PHOTO-DET (IONS)	FREE-FREE (IONS)	N P.E.	O P.E.	TOTAL AIR
52	5.60	1.45E-26	0.	0.	0.	2.64E-18	1.73E-17	0.	0.	1.94E-12	3.95E-10	4.11E-09	3.68E-09	8.19E-09
53	5.50	0.	0.	0.	0.	3.23E-18	1.62E-17	0.	0.	1.95E-12	4.11E-10	4.19E-09	3.73E-09	8.34E-09
54	5.40	0.	0.	0.	0.	2.88E-18	1.24E-17	0.	0.	1.96E-12	4.41E-10	4.29E-09	3.78E-09	8.51E-09
55	5.30	0.	0.	0.	0.	2.96E-18	1.64E-17	0.	0.	1.97E-12	4.67E-10	4.39E-09	3.84E-09	8.69E-09
56	5.20	0.	0.	0.	0.	3.15E-18	1.13E-17	0.	0.	1.98E-12	4.94E-10	4.49E-09	3.92E-09	8.90E-09
57	5.10	0.	0.	0.	0.	3.12E-18	1.48E-17	0.	0.	2.00E-12	5.24E-10	4.62E-09	3.99E-09	9.13E-09
58	5.00	1.89E-19	0.	0.	0.	2.82E-18	1.35E-17	0.	0.	2.02E-12	5.56E-10	4.75E-09	4.07E-09	9.38E-09
59	4.90	4.49E-19	0.	0.	0.	3.10E-18	1.44E-17	0.	0.	2.03E-12	5.91E-10	4.90E-09	4.15E-09	9.65E-09
60	4.80	8.22E-19	0.	0.	0.	3.30E-18	1.34E-17	0.	0.	2.05E-12	6.29E-10	5.06E-09	4.24E-09	9.93E-09
61	4.70	1.08E-18	0.	0.	0.	3.25E-18	1.20E-17	0.	0.	2.07E-12	6.70E-10	5.23E-09	4.34E-09	1.02E-08
62	4.60	1.46E-18	0.	0.	0.	3.31E-18	1.09E-17	0.	0.	2.08E-12	7.15E-10	5.43E-09	4.45E-09	1.06E-08
63	4.50	1.51E-18	0.	0.	0.	2.97E-18	8.14E-18	0.	0.	2.10E-12	7.64E-10	5.67E-09	4.57E-09	1.10E-08
64	4.40	1.58E-18	0.	0.	0.	2.95E-18	5.71E-18	0.	0.	2.12E-12	8.18E-10	5.92E-09	4.68E-09	1.14E-08
65	4.30	1.47E-18	0.	0.	0.	2.77E-18	3.48E-18	0.	0.	2.13E-12	8.77E-10	6.19E-09	4.74E-09	1.18E-08
66	4.20	1.35E-18	0.	0.	0.	2.90E-18	2.55E-18	0.	0.	2.15E-12	9.41E-10	6.46E-09	1.45E-09	8.86E-09
67	4.10	1.25E-18	0.	0.	0.	2.79E-18	6.89E-19	0.	0.	2.16E-12	1.01E-09	6.04E-09	1.50E-09	8.55E-09
68	4.00	1.14E-18	0.	0.	0.	2.65E-18	5.25E-19	0.	0.	2.17E-12	1.09E-09	4.71E-09	1.55E-09	7.36E-09
69	3.90	9.48E-19	0.	1.53E-18	1.38E-14	2.39E-18	2.08E-19	0.	0.	2.16E-12	1.18E-09	4.92E-09	1.60E-09	7.69E-09
70	3.80	1.03E-18	0.	4.86E-18	6.92E-14	2.55E-18	0.	0.	0.	2.15E-12	1.27E-09	5.12E-09	1.66E-09	8.05E-09
71	3.70	8.93E-19	0.	1.45E-17	2.36E-14	2.11E-18	0.	0.	0.	2.12E-12	1.38E-09	4.93E-09	1.83E-09	8.14E-09
72	3.60	7.95E-19	0.	5.00E-18	1.36E-13	2.29E-18	0.	0.	0.	1.98E-12	1.50E-09	5.37E-09	2.03E-09	8.90E-09
73	3.50	7.30E-19	0.	1.96E-18	3.07E-13	1.75E-18	0.	0.	0.	1.81E-12	1.63E-09	5.99E-09	2.24E-09	9.86E-09
74	3.40	6.56E-19	0.	7.15E-17	3.65E-13	1.95E-18	0.	0.	0.	1.63E-12	1.78E-09	6.63E-09	2.49E-09	1.09E-08
75	3.30	5.19E-19	0.	3.25E-17	1.59E-13	1.52E-18	0.	0.	0.	1.05E-12	1.95E-09	7.42E-09	2.73E-09	1.21E-08
76	3.20	4.43E-19	0.	5.03E-17	3.06E-13	1.58E-18	0.	0.	0.	1.05E-12	2.14E-09	8.07E-09	2.99E-09	1.32E-08
77	3.10	4.18E-19	0.	5.62E-17	5.73E-14	1.47E-18	0.	0.	0.	1.05E-12	2.36E-09	8.90E-09	3.24E-09	1.45E-08
78	3.00	3.67E-19	0.	3.61E-17	1.55E-13	1.35E-18	0.	0.	0.	1.05E-12	2.61E-09	9.59E-09	3.50E-09	1.57E-08
79	2.90	3.02E-19	0.	4.99E-17	8.93E-14	9.99E-19	0.	0.	0.	1.06E-12	2.89E-09	1.03E-08	3.77E-09	1.70E-08
80	2.80	3.10E-19	0.	2.95E-17	4.83E-14	6.65E-19	0.	0.	0.	1.06E-12	3.21E-09	1.12E-08	4.07E-09	1.85E-08
81	2.70	1.94E-19	0.	3.06E-17	7.41E-14	3.49E-19	0.	0.	0.	1.06E-12	3.59E-09	1.22E-08	1.91E-09	1.77E-08
82	2.60	8.80E-20	0.	1.92E-17	3.49E-14	1.48E-19	0.	0.	0.	1.06E-12	4.02E-09	1.32E-08	2.08E-09	1.93E-08
83	2.50	6.08E-21	0.	1.48E-17	7.14E-15	3.45E-20	0.	0.	0.	1.06E-12	4.53E-09	1.26E-08	2.41E-09	1.95E-08
84	2.40	0.	3.37E-18	8.86E-18	6.53E-15	3.62E-21	0.	0.	0.	1.05E-12	5.13E-09	1.51E-08	2.95E-09	2.32E-08
85	2.30	0.	1.17E-17	5.43E-18	5.87E-15	0.	0.	0.	0.	1.05E-12	5.83E-09	1.78E-08	3.53E-09	2.72E-08
86	2.20	0.	2.86E-17	2.60E-18	0.	0.	0.	0.	0.	1.01E-12	6.68E-09	2.08E-08	4.25E-09	3.17E-08
87	2.10	0.	3.29E-17	1.21E-18	0.	0.	0.	0.	0.	9.70E-13	7.69E-09	2.36E-08	4.96E-09	3.63E-08
88	2.00	0.	6.91E-17	6.01E-19	0.	0.	0.	0.	0.	9.27E-13	8.93E-09	2.70E-08	5.68E-09	4.16E-08
89	1.90	0.	8.91E-17	6.80E-20	0.	0.	0.	0.	0.	8.74E-13	1.04E-08	3.25E-08	6.51E-09	4.94E-08
90	1.80	0.	7.37E-17	0.	0.	0.	0.	0.	0.	7.39E-13	1.23E-08	3.90E-08	7.85E-09	5.92E-08
91	1.70	0.	8.69E-17	0.	0.	0.	0.	0.	0.	3.36E-13	1.44E-08	4.51E-08	9.51E-09	6.90E-08
92	1.60	0.	6.31E-17	0.	0.	0.	0.	0.	0.	0.	1.76E-08	5.40E-08	1.06E-08	8.25E-08
93	1.50	0.	7.47E-17	0.	0.	0.	0.	0.	0.	0.	2.14E-08	4.88E-08	1.08E-08	8.02E-08
94	1.40	0.	7.51E-17	0.	0.	0.	0.	0.	0.	0.	2.64E-08	6.17E-08	1.56E-08	1.10E-07
95	1.30	0.	5.73E-17	0.	0.	0.	0.	0.	0.	0.	3.31E-08	8.41E-08	1.92E-08	1.46E-07
96	1.20	0.	5.53E-17	0.	0.	0.	0.	0.	0.	0.	4.24E-08	1.03E-07	2.44E-08	1.83E-07
97	1.10	0.	5.05E-17	0.	0.	0.	0.	1.66E-22	0.	0.	5.55E-08	1.25E-07	2.97E-08	2.29E-07
98	1.00	0.	4.63E-17	0.	0.	0.	0.	2.08E-21	0.	0.	7.46E-08	1.42E-07	3.31E-08	2.77E-07
99	0.90	0.	3.80E-17	0.	0.	0.	0.	2.40E-21	0.	0.	1.03E-07	1.63E-07	3.48E-08	3.48E-07
100	0.80	0.	1.79E-17	0.	0.	0.	0.	4.91E-20	0.	0.	1.42E-07	1.83E-07	4.02E-08	4.02E-07
101	0.70	0.	4.37E-18	0.	0.	0.	0.	3.96E-20	0.	0.	2.21E-07	2.49E-07	4.02E-08	5.60E-07
102	0.60	0.	5.76E-19	0.	0.	0.	0.	1.40E-19	0.	0.	3.55E-07	1.68E-07	5.60E-08	5.60E-07

295

TEMPERATURE (DEGREES K) 14000. DENSITY (GM/CC) 1.293E-09 (1.0E-06 NORMAL)

#	PHOTON ENERGY BANDS E.V.	O2 S-R BANDS	O2 S-R CONT.	N2 B-H NO. 1	NO BETA	NO GAMMA	NO 2	O- PHOTO-DET (IONS)	FREE-FREE (IONS)	N P.E.	O P.E.	TOTAL AIR
1	10.70	0.	0.	5.11E-20	0.	0.	0.	1.86E-15	5.72E-13	1.10E-10	3.36E-11	1.45E-10
2	10.60	0.	0.	4.56E-20	0.	0.	0.	1.87E-15	5.89E-13	1.11E-10	3.35E-11	1.45E-10
3	10.50	0.	0.	4.56E-20	0.	0.	0.	1.87E-15	6.06E-13	1.12E-10	3.34E-11	1.46E-10
4	10.40	0.	0.	4.25E-20	0.	0.	0.	1.87E-15	6.24E-13	1.12E-10	3.33E-11	1.46E-10
5	10.30	0.	0.	3.63E-20	0.	0.	0.	1.87E-15	6.42E-13	1.12E-10	3.32E-11	1.46E-10
6	10.20	0.	0.	3.70E-20	0.	0.	0.	1.88E-15	6.61E-13	1.12E-10	3.31E-11	1.46E-10
7	10.10	0.	0.	3.44E-20	0.	0.	0.	1.88E-15	6.81E-13	1.13E-10	3.30E-11	1.46E-10
8	10.00	0.	0.	2.95E-20	0.	0.	0.	1.88E-15	7.02E-13	1.13E-10	3.29E-11	1.47E-10
9	9.90	0.	0.	3.01E-20	0.	0.	0.	1.88E-15	7.23E-13	1.13E-10	3.28E-11	1.47E-10
10	9.80	0.	0.	2.77E-20	0.	0.	0.	1.89E-15	7.46E-13	1.14E-10	3.27E-11	1.47E-10
11	9.70	0.	0.	2.34E-20	0.	0.	0.	1.89E-15	7.69E-13	1.14E-10	3.26E-11	1.47E-10
12	9.60	0.	0.	2.52E-20	0.	0.	0.	1.89E-15	7.94E-13	1.14E-10	3.25E-11	1.48E-10
13	9.50	0.	0.	2.10E-20	0.	0.	0.	1.90E-15	8.19E-13	1.15E-10	3.24E-11	1.48E-10
14	9.40	0.	0.	1.99E-20	0.	0.	0.	1.91E-15	8.45E-13	4.17E-11	3.23E-11	7.49E-11
15	9.30	0.	0.	1.60E-20	0.	0.	0.	1.91E-15	8.73E-13	4.17E-11	3.22E-11	7.48E-11
16	9.20	0.	0.	1.63E-20	0.	0.	0.	1.92E-15	9.02E-13	4.17E-11	3.22E-11	7.48E-11
17	9.10	0.	0.	1.46E-20	0.	0.	0.	1.93E-15	9.32E-13	4.17E-11	3.21E-11	7.47E-11
18	9.00	0.	0.	1.32E-20	0.	0.	0.	1.94E-15	9.64E-13	4.18E-11	3.19E-11	7.47E-11
19	8.90	0.	0.	1.29E-20	0.	0.	0.	1.95E-15	9.97E-13	4.18E-11	3.18E-11	7.46E-11
20	8.80	0.	0.	1.11E-20	0.	0.	0.	2.00E-15	1.03E-12	4.18E-11	3.23E-11	7.46E-11
21	8.70	0.	0.	1.09E-20	0.	0.	0.	2.01E-15	1.07E-12	4.19E-11	3.17E-11	7.46E-11
22	8.60	0.	0.	9.51E-21	0.	0.	0.	2.02E-15	1.10E-12	4.16E-11	3.16E-11	7.48E-11
23	8.50	0.	0.	9.36E-21	0.	0.	0.	2.03E-15	1.14E-12	3.72E-11	3.15E-11	6.99E-11
24	8.40	0.	0.	7.74E-21	0.	0.	0.	2.04E-15	1.19E-12	3.73E-11	3.14E-11	7.00E-11
25	8.30	0.	0.	7.76E-21	0.	0.	0.	2.05E-15	1.23E-12	3.75E-11	3.14E-11	7.01E-11
26	8.20	0.	0.	6.54E-21	0.	0.	0.	2.06E-15	1.27E-12	3.76E-11	3.16E-11	7.05E-11
27	8.10	0.	0.	6.51E-21	0.	0.	0.	2.01E-15	1.32E-12	3.77E-11	3.17E-11	7.08E-11
28	8.00	0.	0.	5.48E-21	0.	0.	0.	2.02E-15	1.37E-12	3.80E-11	3.18E-11	7.12E-11
29	7.90	0.	0.	5.62E-21	0.	0.	0.	2.03E-15	1.43E-12	3.84E-11	3.20E-11	7.16E-11
30	7.80	0.	0.	4.82E-21	0.	0.	0.	2.04E-15	1.48E-12	3.84E-11	3.21E-11	7.20E-11
31	7.70	0.	0.	4.51E-21	0.	3.44E-25	0.	2.05E-15	1.54E-12	3.87E-11	3.23E-11	7.25E-11
32	7.60	0.	0.	4.09E-21	0.	1.36E-24	0.	2.06E-15	1.60E-12	3.89E-11	3.24E-11	7.29E-11
33	7.50	0.	0.	3.61E-21	0.	9.46E-24	0.	2.07E-15	1.67E-12	3.92E-11	3.25E-11	7.34E-11
34	7.40	0.	0.	3.36E-21	0.	4.15E-23	0.	2.08E-15	1.74E-12	3.93E-11	3.27E-11	7.37E-11
35	7.30	0.	0.	2.98E-21	0.	1.10E-22	0.	2.09E-15	1.81E-12	3.96E-11	3.28E-11	7.42E-11
36	7.20	0.	0.	2.81E-21	0.	3.29E-22	0.	2.10E-15	1.89E-12	3.99E-11	3.30E-11	7.48E-11
37	7.10	0.	0.	2.53E-21	0.	7.31E-22	0.	2.12E-15	1.97E-12	4.03E-11	3.31E-11	7.53E-11
38	7.00	1.39E-24	0.	2.28E-21	0.	8.98E-22	0.	2.14E-15	2.06E-12	4.06E-11	3.32E-11	7.59E-11
39	6.90	2.66E-24	0.	2.15E-21	0.	1.69E-21	0.	2.16E-15	2.15E-12	4.09E-11	3.34E-11	7.64E-11
40	6.80	2.29E-24	0.	1.85E-21	0.	1.81E-21	0.	2.17E-15	2.24E-12	4.12E-11	3.35E-11	7.70E-11
41	6.70	1.64E-24	0.	1.62E-21	0.	1.32E-21	0.	2.19E-15	2.35E-12	4.16E-11	3.37E-11	7.76E-11
42	6.60	9.85E-25	0.	1.43E-21	0.	2.11E-21	0.	2.21E-15	2.45E-12	4.20E-11	3.39E-11	7.84E-11
43	6.50	5.63E-25	0.	8.43E-22	0.	2.14E-21	0.	2.23E-15	2.57E-12	4.25E-11	3.41E-11	7.92E-11
44	6.40	3.16E-25	0.	5.07E-22	8.84E-24	1.34E-21	0.	2.24E-15	2.69E-12	4.31E-11	3.43E-11	8.00E-11
45	6.30	1.80E-25	0.	2.74E-22	4.06E-23	1.93E-21	0.	2.26E-15	2.82E-12	4.36E-11	3.45E-11	8.09E-11
46	6.20	7.99E-26	0.	1.46E-22	5.63E-23	2.57E-21	0.	2.28E-15	2.96E-12	4.41E-11	3.50E-11	8.20E-11
47	6.10	3.40E-26	0.	3.07E-23	1.58E-22	3.11E-21	0.	2.29E-15	3.11E-12	3.97E-11	3.53E-11	7.82E-11
48	6.00	1.48E-26	0.	2.20E-24	1.46E-22	1.15E-21	0.	2.31E-15	3.27E-12	4.02E-11	3.58E-11	7.93E-11
49	5.90	3.59E-27	0.	5.50E-26	2.11E-22	1.15E-21	0.	2.31E-15	3.44E-12	4.08E-11	3.62E-11	8.04E-11
50	5.80	4.55E-28	0.	0.	2.91E-22	1.15E-21	0.	2.28E-15	3.63E-12	4.13E-11	3.66E-11	8.16E-11
51	5.70	3.35E-29	0.	0.	3.35E-22	1.28E-21	0.	2.14E-15	3.82E-12	4.19E-11	3.71E-11	8.28E-11

ABSORPTION COEFFICIENTS OF HEATED AIR (INVERSE CM.)

TEMPERATURE (DEGREES K) 14000.   DENSITY (GM/CC) 1.293E-09 (1.0E-06 NORMAL)

#	PHOTON ENERGY	O2 S-R BANDS	N2 1ST POS.	N2 2ND POS.	N2+ 1ST NEG.	NO BETA	NO GAMMA	NO VIB-ROT	NO2	O- PHOTO-DET (INS)	FREE-FREE (INS)	N P.E.	O P.E.	TOTAL AIR
52	5.60	1.50E-30	0.	0.	0.	2.73E-22	1.78E-21	0.	0.	1.99E-15	4.03E-12	4.25E-11	3.75E-11	8.41E-11
53	5.50	0.	0.	0.	0.	3.33E-22	1.67E-21	0.	0.	2.00E-15	4.26E-12	4.34E-11	3.80E-11	8.57E-11
54	5.40	0.	0.	0.	0.	2.97E-22	1.26E-21	0.	0.	2.01E-15	4.50E-12	4.44E-11	3.85E-11	8.75E-11
55	5.30	0.	0.	0.	0.	3.05E-22	1.69E-21	0.	0.	2.02E-15	4.76E-12	4.55E-11	3.91E-11	8.94E-11
56	5.20	0.	0.	0.	0.	3.24E-22	1.17E-21	0.	0.	2.04E-15	5.04E-12	4.66E-11	3.99E-11	9.16E-11
57	5.10	0.	0.	0.	0.	3.21E-22	1.55E-21	0.	0.	2.05E-15	5.35E-12	4.79E-11	4.07E-11	9.40E-11
58	5.00	1.96E-23	0.	0.	0.	2.90E-22	1.40E-21	0.	0.	2.07E-15	5.68E-12	4.94E-11	4.15E-11	9.66E-11
59	4.90	4.66E-23	0.	0.	0.	3.10E-22	1.49E-21	0.	0.	2.09E-15	6.03E-12	5.10E-11	4.23E-11	9.93E-11
60	4.80	8.52E-23	0.	0.	0.	3.41E-22	1.38E-21	0.	0.	2.10E-15	6.42E-12	5.27E-11	4.32E-11	1.02E-10
61	4.70	1.12E-22	0.	0.	0.	3.35E-22	1.24E-21	0.	0.	2.12E-15	6.84E-12	5.44E-11	4.43E-11	1.06E-10
62	4.60	1.51E-22	0.	0.	0.	3.41E-22	1.13E-21	0.	0.	2.14E-15	7.30E-12	5.65E-11	4.54E-11	1.09E-10
63	4.50	1.56E-22	0.	1.56E-22	0.	3.06E-22	8.39E-22	0.	0.	2.16E-15	7.80E-12	5.91E-11	4.65E-11	1.13E-10
64	4.40	1.64E-22	0.	4.99E-22	0.	3.05E-22	5.89E-22	0.	0.	2.17E-15	8.35E-12	6.18E-11	4.71E-11	1.17E-10
65	4.30	1.52E-22	0.	1.48E-21	0.	2.85E-22	3.59E-22	0.	0.	2.19E-15	8.95E-12	6.46E-11	4.38E-11	1.17E-10
66	4.20	1.40E-22	0.	5.13E-21	0.	2.99E-22	2.63E-22	0.	0.	2.21E-15	9.60E-12	6.75E-11	1.48E-11	9.19E-11
67	4.10	1.30E-22	0.	2.01E-21	0.	2.87E-22	7.10E-23	0.	0.	2.22E-15	1.03E-11	6.28E-11	1.53E-11	8.84E-11
68	4.00	1.18E-22	0.	7.34E-21	0.	2.74E-22	5.41E-23	0.	0.	2.23E-15	1.11E-11	5.01E-11	1.58E-11	7.70E-11
69	3.90	9.82E-23	0.	3.35E-21	1.41E-17	2.46E-22	2.14E-23	0.	0.	2.22E-15	1.20E-11	5.23E-11	1.69E-11	8.06E-11
70	3.80	1.07E-22	0.	5.16E-21	7.03E-17	2.63E-22	0.	0.	0.	2.21E-15	1.30E-11	5.03E-11	1.87E-11	8.06E-11
71	3.70	9.26E-23	0.	5.76E-21	2.40E-16	2.17E-22	0.	0.	0.	2.17E-15	1.41E-11	5.26E-11	2.07E-11	8.54E-11
72	3.60	8.24E-23	0.	3.70E-21	1.39E-16	2.36E-22	0.	0.	0.	2.04E-15	1.53E-11	5.73E-11	2.29E-11	9.32E-11
73	3.50	7.57E-23	0.	5.12E-21	3.12E-16	1.80E-22	0.	0.	0.	1.86E-15	1.67E-11	6.09E-11	2.53E-11	1.00E-10
74	3.40	6.80E-23	0.	3.02E-21	3.71E-17	2.01E-22	0.	0.	0.	1.07E-15	1.82E-11	6.81E-11	2.77E-11	1.12E-10
75	3.30	5.38E-23	0.	3.13E-21	1.62E-16	1.57E-22	0.	0.	0.	1.08E-15	1.99E-11	7.54E-11	3.04E-11	1.23E-10
76	3.20	4.65E-23	0.	1.97E-21	3.11E-16	1.63E-22	0.	0.	0.	1.08E-15	2.19E-11	8.29E-11	3.31E-11	1.35E-10
77	3.10	4.33E-23	0.	1.52E-21	5.83E-17	1.51E-22	0.	0.	0.	1.08E-15	2.41E-11	9.06E-11	3.57E-11	1.48E-10
78	3.00	3.81E-23	0.	9.08E-22	1.57E-16	1.40E-22	0.	0.	0.	1.08E-15	2.66E-11	9.82E-11	3.84E-11	1.61E-10
79	2.90	3.13E-23	0.	5.57E-22	9.08E-17	1.03E-22	0.	0.	0.	1.08E-15	2.95E-11	1.06E-10	3.73E-11	1.74E-10
80	2.80	3.22E-23	0.	2.67E-22	4.91E-17	6.85E-23	0.	0.	0.	1.09E-15	3.28E-11	1.15E-10	1.95E-11	1.85E-10
81	2.70	2.01E-23	0.	1.24E-22	7.54E-17	7.54E-23	0.	0.	0.	1.09E-15	3.66E-11	1.25E-10	1.81E-11	1.81E-10
82	2.60	9.12E-24	0.	6.16E-23	7.26E-18	1.53E-23	0.	0.	0.	1.09E-15	4.10E-11	1.20E-10	1.43E-11	1.43E-10
83	2.50	6.30E-25	0.	6.97E-24	6.64E-18	3.56E-24	0.	0.	0.	1.09E-15	4.62E-11	1.17E-10	1.66E-11	1.66E-10
84	2.40	0.	3.46E-22	0.	5.97E-18	3.73E-25	0.	0.	0.	1.08E-15	5.23E-11	1.42E-10	1.99E-11	1.99E-10
85	2.30	0.	1.20E-21	0.	0.	0.	0.	0.	0.	1.07E-15	5.95E-11	1.67E-10	2.37E-11	2.37E-10
86	2.20	0.	2.93E-21	0.	0.	0.	0.	0.	0.	1.03E-15	6.81E-11	1.93E-10	2.79E-11	2.79E-10
87	2.10	0.	3.37E-21	0.	0.	0.	0.	0.	0.	9.96E-16	7.85E-11	2.20E-10	3.22E-11	3.22E-10
88	2.00	0.	6.31E-21	0.	0.	0.	0.	0.	0.	9.52E-16	9.11E-11	2.51E-10	3.69E-11	3.69E-10
89	1.90	0.	9.14E-21	0.	0.	0.	0.	0.	0.	8.97E-16	1.06E-10	2.98E-10	4.23E-11	4.23E-10
90	1.80	0.	7.56E-21	0.	0.	0.	0.	0.	0.	7.59E-16	1.25E-10	3.56E-10	5.03E-11	5.03E-10
91	1.70	0.	8.91E-21	0.	0.	0.	0.	0.	0.	3.45E-16	1.49E-10	3.83E-10	5.97E-11	5.97E-10
92	1.60	0.	8.47E-21	0.	0.	0.	0.	0.	0.	0.	1.80E-10	3.29E-10	7.14E-11	7.14E-10
93	1.50	0.	7.66E-21	0.	0.	0.	0.	0.	0.	0.	2.19E-10	4.36E-10	6.71E-11	6.71E-10
94	1.40	0.	7.70E-21	0.	0.	0.	0.	0.	0.	0.	2.70E-10	4.51E-10	6.74E-11	6.74E-10
95	1.30	0.	5.87E-21	0.	0.	0.	0.	0.	0.	0.	3.38E-10	6.25E-10	8.12E-11	8.12E-10
96	1.20	0.	5.67E-21	0.	0.	0.	0.	1.71E-26	0.	0.	4.32E-10	1.04E-09	1.12E-10	1.12E-09
97	1.10	0.	5.18E-21	0.	0.	0.	0.	2.14E-25	0.	0.	5.66E-10	1.26E-09	1.59E-10	1.48E-09
98	1.00	0.	4.75E-21	0.	0.	0.	0.	2.47E-25	0.	0.	7.61E-10	1.44E-09	1.95E-10	1.86E-09
99	0.90	0.	3.90E-21	0.	0.	0.	0.	5.07E-24	0.	0.	1.05E-09	1.71E-09	2.49E-10	2.33E-09
100	0.80	0.	1.83E-21	0.	0.	0.	0.	4.08E-24	0.	0.	1.50E-09	2.02E-09	2.87E-10	2.82E-09
101	0.70	0.	4.49E-22	0.	0.	0.	0.	1.45E-23	0.	0.	2.25E-09	2.33E-09	3.30E-10	4.09E-09
102	0.60	0.	5.90E-23	0.	0.	0.	0.	0.	0.	0.	3.62E-09	2.82E-09	3.73E-10	5.70E-09

ABSORPTION COEFFICIENTS OF HEATED AIR (INVERSE CM.)

TEMPERATURE (DEGREES K) 15000.   DENSITY (GM/CC) 1.293E-02 (1.0E 01 NORMAL)

	PHOTON ENERGY E.V.	O2 S-R BANDS	O2 S-R CONT.	N2 B-H NO. 1	NO BETA	NO GAMMA	NO2	O- PHOTO-DET (IONS)	FREE-FREE (IONS)	N P.E.	O P.E.	TOTAL AIR
1	10.70	0.	0.	5.25E 00	0.	0.	0.	2.34E 00	1.82E-02	2.04E 02	5.19E-01	2.12E 02
2	10.60	0.	0.	4.71E 00	0.	0.	0.	2.34E 00	1.87E-02	2.50E 00	5.17E-01	1.01E 01
3	10.50	0.	0.	4.72E 00	0.	0.	0.	2.35E 00	1.93E-02	2.51E 00	5.16E-01	1.01E 01
4	10.40	0.	0.	4.42E 00	0.	0.	0.	2.35E 00	1.98E-02	2.52E 00	5.14E-01	9.83E 00
5	10.30	0.	0.	3.81E 00	0.	0.	0.	2.35E 00	2.04E-02	2.53E 00	5.12E-01	9.22E 00
6	10.20	0.	0.	3.90E 00	0.	0.	0.	2.36E 00	2.10E-02	2.53E 00	5.11E-01	9.32E 00
7	10.10	0.	0.	3.64E 00	0.	0.	0.	2.36E 00	2.16E-02	2.54E 00	5.09E-01	9.07E 00
8	10.00	0.	0.	3.14E 00	0.	0.	0.	2.36E 00	2.23E-02	2.54E 00	5.07E-01	8.58E 00
9	9.90	0.	0.	3.21E 00	0.	0.	0.	2.37E 00	2.30E-02	2.55E 00	5.06E-01	8.66E 00
10	9.80	0.	0.	2.98E 00	0.	0.	0.	2.37E 00	2.37E-02	2.56E 00	5.04E-01	8.44E 00
11	9.70	0.	0.	2.53E 00	0.	0.	0.	2.38E 00	2.44E-02	2.56E 00	5.03E-01	8.00E 00
12	9.60	0.	0.	2.73E 00	0.	0.	0.	2.38E 00	2.52E-02	2.57E 00	5.01E-01	8.21E 00
13	9.50	0.	0.	2.30E 00	0.	0.	0.	2.38E 00	2.60E-02	2.58E 00	4.99E-01	7.78E 00
14	9.40	0.	0.	2.19E 00	0.	0.	0.	2.39E 00	2.69E-02	2.58E 00	4.98E-01	7.65E 00
15	9.30	0.	0.	2.19E 00	0.	0.	0.	2.40E 00	2.77E-02	2.59E 00	4.96E-01	7.71E 00
16	9.20	0.	0.	1.78E 00	0.	0.	0.	2.41E 00	2.87E-02	2.60E 00	4.94E-01	7.31E 00
17	9.10	0.	0.	1.82E 00	0.	0.	0.	2.42E 00	2.96E-02	8.67E-01	4.93E-01	5.63E 00
18	9.00	0.	0.	1.63E 00	0.	0.	0.	2.43E 00	3.06E-02	8.67E-01	4.91E-01	5.45E 00
19	8.90	0.	0.	1.49E 00	0.	0.	0.	2.44E 00	3.17E-02	8.67E-01	4.90E-01	5.32E 00
20	8.80	0.	0.	1.46E 00	0.	0.	0.	2.44E 00	3.29E-02	8.67E-01	4.88E-01	5.29E 00
21	8.70	0.	0.	1.24E 00	0.	0.	0.	2.45E 00	3.39E-02	8.67E-01	4.87E-01	5.08E 00
22	8.60	0.	0.	1.27E 00	0.	0.	0.	2.46E 00	3.51E-02	8.68E-01	4.85E-01	5.13E 00
23	8.50	0.	0.	1.10E 00	0.	0.	0.	2.47E 00	3.64E-02	8.69E-01	4.84E-01	4.96E 00
24	8.40	0.	0.	1.08E 00	0.	0.	0.	2.48E 00	3.77E-02	8.70E-01	4.83E-01	4.96E 00
25	8.30	0.	0.	9.05E-01	0.	0.	0.	2.50E 00	3.91E-02	8.72E-01	4.82E-01	4.80E 00
26	8.20	0.	0.	9.10E-01	0.	0.	0.	2.51E 00	4.05E-02	8.74E-01	4.81E-01	4.82E 00
27	8.10	0.	0.	7.73E-01	0.	0.	0.	2.52E 00	4.21E-02	8.75E-01	4.86E-01	4.70E 00
28	8.00	0.	0.	7.72E-01	0.	0.	0.	2.54E 00	4.37E-02	8.78E-01	4.88E-01	4.72E 00
29	7.90	0.	0.	6.55E-01	0.	0.	0.	2.55E 00	4.54E-02	8.81E-01	4.89E-01	4.66E 00
30	7.80	0.	0.	6.74E-01	0.	0.	0.	2.56E 00	4.72E-02	8.85E-01	4.91E-01	4.66E 00
31	7.70	0.	0.	5.82E-01	0.	0.	0.	2.57E 00	4.90E-02	8.89E-01	4.93E-01	4.59E 00
32	7.60	0.	0.	5.47E-01	0.	2.58E-05	0.	2.59E 00	5.10E-02	8.93E-01	4.95E-01	4.57E 00
33	7.50	0.	0.	5.00E-01	0.	9.76E-05	0.	2.60E 00	5.31E-02	8.97E-01	4.96E-01	4.55E 00
34	7.40	0.	0.	4.46E-01	0.	7.15E-04	0.	2.61E 00	5.53E-02	9.01E-01	4.98E-01	4.51E 00
35	7.30	0.	0.	4.16E-01	0.	3.04E-03	0.	2.63E 00	5.76E-02	9.05E-01	5.00E-01	4.51E 00
36	7.20	0.	0.	3.71E-01	0.	8.16E-03	0.	2.64E 00	6.00E-02	9.08E-01	5.02E-01	4.49E 00
37	7.10	0.	0.	3.52E-01	0.	2.47E-02	0.	2.67E 00	6.26E-02	9.12E-01	5.03E-01	4.52E 00
38	7.00	6.76E-05	0.	3.19E-01	0.	5.31E-02	0.	2.69E 00	6.54E-02	9.16E-01	5.05E-01	4.55E 00
39	6.90	1.31E-04	0.	2.89E-01	0.	6.76E-02	0.	2.71E 00	6.83E-02	9.20E-01	5.07E-01	4.56E 00
40	6.80	1.12E-04	0.	2.75E-01	0.	1.25E-01	0.	2.73E 00	7.13E-02	9.24E-01	5.09E-01	4.63E 00
41	6.70	8.08E-05	0.	2.37E-01	0.	1.30E-01	0.	2.75E 00	7.46E-02	9.28E-01	5.11E-01	4.61E 00
42	6.60	4.88E-05	0.	2.10E-01	0.	9.81E-02	0.	2.77E 00	7.81E-02	9.35E-01	5.14E-01	4.61E 00
43	6.50	2.79E-05	0.	1.64E-01	6.06E-04	1.53E-01	0.	2.80E 00	8.18E-02	9.43E-01	5.16E-01	4.66E 00
44	6.40	1.56E-05	0.	1.11E-01	2.80E-03	1.52E-01	0.	2.82E 00	8.57E-02	9.52E-01	5.19E-01	4.64E 00
45	6.30	9.05E-06	0.	6.76E-02	3.91E-03	1.40E-01	0.	2.84E 00	8.99E-02	9.60E-01	5.23E-01	4.58E 00
46	6.20	4.04E-06	0.	3.66E-02	1.11E-02	1.40E-01	0.	2.86E 00	9.43E-02	9.69E-01	5.29E-01	4.63E 00
47	6.10	1.85E-06	0.	1.69E-02	1.03E-02	1.83E-01	0.	2.88E 00	9.91E-02	9.79E-01	5.35E-01	4.71E 00
48	6.00	7.54E-07	0.	4.22E-03	1.50E-02	8.45E-02	0.	2.90E 00	1.04E-01	9.91E-01	5.41E-01	4.63E 00
49	5.90	1.84E-07	0.	3.02E-04	2.08E-02	8.39E-02	0.	2.90E 00	1.10E-01	1.01E 00	5.47E-01	4.64E 00
50	5.80	2.34E-08	0.	7.57E-06	2.39E-02	8.45E-02	0.	2.86E 00	1.15E-01	1.02E 00	5.53E-01	4.65E 00
51	5.70	1.72E-09	0.	0.		9.40E-02	0.	2.69E 00	1.22E-01	1.03E 00	5.59E-01	4.52E 00

ABSORPTION COEFFICIENTS OF HEATED AIR (INVERSE CM.)

TEMPERATURE (DEGREES K) 15000.   DENSITY (GM/CC) 1.293E-02 (1.0E 01 NORMAL)

PHOTON ENERGY	O2 S-R BANDS	N2 1ST POS.	N2 2ND POS.	N2+ 1ST NEG.	NO BETA	NO GAMMA	NO VIB-ROT	NO2	O- PHOTO-DET (TNS)	FREE-FREE (TNS)	N P.E.	O P.E.	TOTAL AIR
5.60	7.73E-11	0.	0.	0.	1.98E-02	1.29E-01	0.	0.	2.50E 00	1.28E-01	1.05E 00	5.65E-01	4.39E 00
5.50	0.	0.	0.	0.	2.42E-02	1.20E-01	0.	0.	2.51E 00	1.35E-01	1.07E 00	5.72E-01	4.43E 00
5.40	0.	0.	0.	0.	2.18E-02	9.40E-02	0.	0.	2.52E 00	1.43E-01	1.09E 00	5.80E-01	4.46E 00
5.30	0.	0.	0.	0.	2.24E-02	1.22E-01	0.	0.	2.54E 00	1.51E-01	1.12E 00	5.89E-01	4.55E 00
5.20	0.	0.	0.	0.	2.39E-02	8.71E-02	0.	0.	2.56E 00	1.60E-01	1.15E 00	6.00E-01	4.58E 00
5.10	0.	0.	0.	0.	2.37E-02	1.13E-01	0.	0.	2.58E 00	1.70E-01	1.18E 00	6.12E-01	4.68E 00
5.00	1.03E-03	0.	0.	0.	2.15E-02	1.04E-01	0.	0.	2.60E 00	1.81E-01	1.22E 00	6.23E-01	4.75E 00
4.90	2.45E-03	0.	0.	0.	2.38E-02	1.12E-01	0.	0.	2.62E 00	1.92E-01	1.26E 00	6.35E-01	4.84E 00
4.80	4.52E-03	0.	0.	0.	2.54E-02	1.04E-01	0.	0.	2.64E 00	2.04E-01	1.30E 00	6.48E-01	4.93E 00
4.70	6.00E-03	0.	0.	0.	2.51E-02	9.37E-02	0.	0.	2.67E 00	2.18E-01	1.34E 00	6.65E-01	5.01E 00
4.60	8.14E-03	0.	0.	0.	2.57E-02	8.55E-02	0.	0.	2.69E 00	2.32E-01	1.39E 00	6.82E-01	5.11E 00
4.50	8.45E-03	0.	0.	0.	2.32E-02	6.38E-02	0.	0.	2.71E 00	2.48E-01	1.46E 00	6.99E-01	5.23E 00
4.40	8.92E-03	0.	0.	0.	2.31E-02	4.45E-02	0.	0.	2.73E 00	2.66E-01	1.52E 00	7.17E-01	5.38E 00
4.30	8.33E-03	0.	0.	0.	2.18E-02	2.74E-02	0.	0.	2.75E 00	2.85E-01	1.59E 00	7.36E-01	5.63E 00
4.20	7.71E-03	0.	0.	0.	2.29E-02	1.98E-02	0.	0.	2.77E 00	3.06E-01	1.67E 00	7.54E-01	5.93E 00
4.10	7.17E-03	0.	0.	0.	2.21E-02	5.40E-03	0.	0.	2.78E 00	3.29E-01	1.74E 00	7.61E-01	6.25E 00
4.00	6.54E-03	0.	0.	0.	2.12E-02	1.60E-03	0.	0.	2.80E 00	3.54E-01	1.81E 00	2.61E-01	6.25E 00
3.90	5.49E-03	0.	2.16E-02	1.98E-01	1.92E-02	0.	0.	0.	2.78E 00	3.83E-01	1.71E 00	2.69E-01	5.65E 00
3.80	5.99E-03	0.	6.75E-02	7.83E-01	1.72E-02	0.	0.	0.	2.77E 00	4.14E-01	1.75E 00	2.79E-01	5.73E 00
3.70	5.23E-03	0.	2.07E-01	3.23E-01	1.86E-02	0.	0.	0.	2.73E 00	4.49E-01	1.40E 00	3.08E-01	5.64E 00
3.60	4.68E-03	0.	6.98E-01	1.94E-01	1.44E-02	0.	0.	0.	2.56E 00	4.88E-01	1.52E 00	3.40E-01	5.98E 00
3.50	4.32E-03	0.	1.00E 00	4.16E-01	1.61E-02	0.	0.	0.	2.34E 00	5.31E-01	1.59E 00	3.59E-01	4.62E 00
3.40	3.91E-03	0.	4.58E-01	2.23E-01	1.26E-02	0.	0.	0.	1.35E 00	5.80E-01	1.77E 00	4.16E-01	5.08E 00
3.30	3.11E-03	0.	7.17E-01	4.11E-01	1.32E-02	0.	0.	0.	1.35E 00	6.35E-01	1.96E 00	4.56E-01	5.41E 00
3.20	2.67E-03	0.	5.18E-01	8.36E-02	1.16E-02	0.	0.	0.	1.36E 00	6.97E-01	2.15E 00	4.99E-01	5.33E 00
3.10	2.53E-03	0.	7.27E-01	2.16E-01	1.14E-02	0.	0.	0.	1.36E 00	7.67E-01	2.35E 00	5.41E-01	5.70E 00
3.00	2.24E-03	0.	4.27E-01	1.23E-01	8.54E-03	0.	0.	0.	1.36E 00	8.47E-01	2.54E 00	5.84E-01	5.89E 00
2.90	1.86E-03	0.	4.41E-01	1.86E-01	5.76E-03	0.	0.	0.	1.36E 00	9.39E-01	2.75E 00	6.29E-01	6.19E 00
2.80	1.91E-03	0.	2.82E-01	1.81E-01	0.	0.	0.	0.	1.36E 00	1.04E 00	2.99E 00	6.79E-01	6.63E 00
2.70	1.21E-03	0.	1.31E-01	8.93E-03	0.	0.	0.	0.	1.36E 00	1.16E 00	3.24E 00	7.34E-01	7.00E 00
2.60	1.56E-04	0.	8.09E-02	9.94E-04	0.	0.	0.	0.	1.36E 00	1.31E 00	3.51E 00	7.91E-01	7.27E 00
2.50	3.86E-05	0.	3.88E-02	0.	0.	0.	0.	0.	1.36E 00	1.47E 00	3.99E 00	7.00E-01	8.25E 00
2.40	0.	4.80E-02	0.	0.	0.	0.	0.	0.	1.35E 00	1.67E 00	4.65E 00	7.27E-01	7.80E 00
2.30	0.	1.61E-01	0.	0.	0.	0.	0.	0.	1.34E 00	1.90E 00	5.19E 00	8.25E-01	9.12E 00
2.20	0.	4.01E-01	0.	0.	0.	0.	0.	0.	1.30E 00	2.17E 00	5.92E 00	7.80E-01	1.03E 01
2.10	0.	4.49E-01	0.	0.	0.	0.	0.	0.	1.25E 00	2.50E 00	6.75E 00	9.12E-01	1.20E 01
2.00	0.	8.53E-01	0.	0.	0.	0.	0.	0.	1.20E 00	2.90E 00	8.04E 00	1.03E 00	1.37E 01
1.90	0.	1.19E 00	0.	0.	0.	0.	0.	0.	1.13E 00	3.39E 00	9.63E 00	1.20E 00	1.56E 01
1.80	0.	9.87E-01	0.	0.	0.	0.	0.	0.	9.54E-01	4.00E 00	1.17E 01	1.37E 00	1.83E 01
1.70	0.	1.15E 00	0.	0.	0.	0.	0.	0.	4.33E-01	4.76E 00	1.66E 01	1.56E 00	2.07E 01
1.60	0.	8.11E-01	0.	0.	0.	0.	0.	0.	0.	5.73E 00	1.95E 01	1.83E 00	2.52E 01
1.50	0.	9.93E-01	0.	0.	0.	0.	0.	0.	0.	6.97E 00	2.37E 01	2.07E 00	3.02E 01
1.40	0.	9.93E-01	0.	0.	0.	0.	0.	0.	0.	8.60E 00	2.82E 01	2.52E 00	3.84E 01
1.30	0.	7.59E-01	0.	0.	0.	0.	0.	0.	0.	1.08E 01	3.02E 01	3.02E 00	4.28E 01
1.20	0.	7.30E-01	0.	0.	0.	0.	1.24E-06	0.	0.	1.38E 01	4.18E 01	3.84E 00	5.37E 01
1.10	0.	6.75E-01	0.	0.	0.	0.	1.63E-05	0.	0.	1.82E 01	4.41E 01	4.28E 00	6.47E 01
1.00	0.	6.19E-01	0.	0.	0.	0.	1.88E-05	0.	0.	2.43E 01	5.26E 01	5.37E 00	8.19E 01
0.90	0.	5.09E-01	0.	0.	0.	0.	5.93E-04	0.	0.	3.34E 01	5.87E 01	6.47E 00	1.03E 02
0.80	0.	2.39E-01	0.	0.	0.	0.	3.27E-04	0.	0.	4.77E 01	7.12E 01	8.19E 00	1.32E 02
0.70	0.	5.79E-02	0.	0.	0.	0.	2.13E-03	0.	0.	7.21E 01	5.26E 01	7.12E 00	1.35E 02
0.60	0.	8.46E-03	0.	0.	0.	0.	0.	0.	0.	1.16E 02	5.87E 01	8.51E 00	1.83E 02

ABSORPTION COEFFICIENTS OF HEATED AIR (INVERSE CM.)

TEMPERATURE (DEGREES K) 15000. DENSITY (GM/CC) 1.293E-03 (1.0E 00 NORMAL)

#	PHOTON ENERGY BANDS E.V.	O2 S-R BANDS	O2 S-R CONT.	N2 B-H NO. 1	NO BETA	NO GAMMA	NO 2	O- PHOTO-DET (IONS)	FREE-FREE (IONS)	N P.E.	O P.E.	TOTAL AIR
1	10.70	0.	0.	5.76E-02	0.	0.	0.	7.31E-02	1.73E-03	2.13E 01	5.19E-02	2.15E 01
2	10.60	0.	0.	5.17E-02	0.	0.	0.	7.32E-02	1.78E-03	2.62E-01	5.18E-02	4.41E-01
3	10.50	0.	0.	5.18E-02	0.	0.	0.	7.33E-02	1.83E-03	2.63E-01	5.16E-02	4.42E-01
4	10.40	0.	0.	4.86E-02	0.	0.	0.	7.34E-02	1.89E-03	2.64E-01	5.15E-02	4.42E-01
5	10.30	0.	0.	4.18E-02	0.	0.	0.	7.35E-02	1.94E-03	2.65E-01	5.13E-02	4.33E-01
6	10.20	0.	0.	4.28E-02	0.	0.	0.	7.36E-02	2.00E-03	2.66E-01	5.11E-02	4.35E-01
7	10.10	0.	0.	3.99E-02	0.	0.	0.	7.36E-02	2.06E-03	2.66E-01	5.10E-02	4.33E-01
8	10.00	0.	0.	3.45E-02	0.	0.	0.	7.37E-02	2.12E-03	2.67E-01	5.08E-02	4.28E-01
9	9.90	0.	0.	3.52E-02	0.	0.	0.	7.39E-02	2.19E-03	2.67E-01	5.06E-02	4.29E-01
10	9.80	0.	0.	3.27E-02	0.	0.	0.	7.40E-02	2.26E-03	2.68E-01	5.05E-02	4.27E-01
11	9.70	0.	0.	2.78E-02	0.	0.	0.	7.41E-02	2.33E-03	2.68E-01	5.03E-02	4.27E-01
12	9.60	0.	0.	3.00E-02	0.	0.	0.	7.43E-02	2.40E-03	2.69E-01	5.01E-02	4.26E-01
13	9.50	0.	0.	2.52E-02	0.	0.	0.	7.44E-02	2.48E-03	2.70E-01	5.00E-02	4.22E-01
14	9.40	0.	0.	2.36E-02	0.	0.	0.	7.47E-02	2.56E-03	2.71E-01	4.98E-02	4.21E-01
15	9.30	0.	0.	2.40E-02	0.	0.	0.	7.50E-02	2.64E-03	2.71E-01	4.97E-02	4.23E-01
16	9.20	0.	0.	1.95E-02	0.	0.	0.	7.52E-02	2.73E-03	2.72E-01	4.95E-02	4.19E-01
17	9.10	0.	0.	2.00E-02	0.	0.	0.	7.55E-02	2.82E-03	2.72E-01	4.93E-02	4.38E-01
18	9.00	0.	0.	1.79E-02	0.	0.	0.	7.58E-02	2.92E-03	2.72E-01	4.92E-02	4.37E-01
19	8.90	0.	0.	1.64E-02	0.	0.	0.	7.60E-02	3.02E-03	9.08E-02	4.90E-02	2.35E-01
20	8.80	0.	0.	1.60E-02	0.	0.	0.	7.66E-02	3.12E-03	9.08E-02	4.87E-02	2.35E-01
21	8.70	0.	0.	1.36E-02	0.	0.	0.	7.69E-02	3.23E-03	9.09E-02	4.87E-02	2.34E-01
22	8.60	0.	0.	1.40E-02	0.	0.	0.	7.71E-02	3.34E-03	9.09E-02	4.86E-02	2.34E-01
23	8.50	0.	0.	1.21E-02	0.	0.	0.	7.74E-02	3.46E-03	9.10E-02	4.85E-02	2.32E-01
24	8.40	0.	0.	1.19E-02	0.	0.	0.	7.79E-02	3.59E-03	9.12E-02	4.83E-02	2.35E-01
25	8.30	0.	0.	9.93E-03	0.	0.	0.	7.83E-02	3.72E-03	9.14E-02	4.83E-02	2.31E-01
26	8.20	0.	0.	9.99E-03	0.	0.	0.	7.87E-02	3.86E-03	9.16E-02	4.85E-02	2.32E-01
27	8.10	0.	0.	8.49E-03	0.	0.	0.	7.92E-02	4.01E-03	9.16E-02	4.86E-02	2.32E-01
28	8.00	0.	0.	8.48E-03	0.	0.	0.	7.96E-02	4.16E-03	9.20E-02	4.86E-02	2.35E-01
29	7.90	0.	0.	7.19E-03	0.	0.	0.	8.00E-02	4.32E-03	9.23E-02	4.90E-02	2.32E-01
30	7.80	0.	0.	7.39E-03	0.	0.	0.	8.04E-02	4.49E-03	9.27E-02	4.92E-02	2.34E-01
31	7.70	0.	0.	6.39E-03	0.	0.	0.	8.08E-02	4.67E-03	9.31E-02	4.93E-02	2.34E-01
32	7.60	0.	0.	6.01E-03	0.	2.71E-07	0.	8.12E-02	4.85E-03	9.36E-02	4.95E-02	2.35E-01
33	7.50	0.	0.	5.49E-03	0.	1.02E-06	0.	8.16E-02	5.06E-03	9.40E-02	4.97E-02	2.35E-01
34	7.40	0.	0.	4.86E-03	0.	7.50E-06	0.	8.21E-02	5.27E-03	9.44E-02	4.99E-02	2.36E-01
35	7.30	0.	0.	4.37E-03	0.	3.18E-05	0.	8.25E-02	5.49E-03	9.46E-02	5.01E-02	2.37E-01
36	7.20	0.	0.	4.07E-03	0.	8.56E-05	0.	8.32E-02	5.72E-03	9.52E-02	5.02E-02	2.38E-01
37	7.10	0.	0.	3.87E-03	0.	2.59E-04	0.	8.39E-02	5.96E-03	9.56E-02	5.04E-02	2.39E-01
38	7.00	6.77E-07	0.	3.50E-03	0.	5.57E-04	0.	8.46E-02	6.23E-03	9.60E-02	5.06E-02	2.41E-01
39	6.90	1.31E-06	0.	3.18E-03	0.	7.09E-04	0.	8.52E-02	6.50E-03	9.64E-02	5.08E-02	2.44E-01
40	6.80	1.12E-06	0.	3.02E-03	0.	1.31E-03	0.	8.59E-02	6.79E-03	9.68E-02	5.09E-02	2.44E-01
41	6.70	8.09E-07	0.	2.61E-03	0.	1.36E-03	0.	8.66E-02	7.11E-03	9.72E-02	5.12E-02	2.45E-01
42	6.60	6.89E-07	0.	2.30E-03	0.	1.03E-03	0.	8.73E-02	7.44E-03	9.80E-02	5.14E-02	2.47E-01
43	6.50	2.80E-07	0.	1.81E-03	0.	1.61E-03	0.	8.79E-02	7.79E-03	9.86E-02	5.17E-02	2.49E-01
44	6.40	1.58E-07	0.	1.22E-03	6.35E-06	1.59E-03	0.	8.86E-02	8.16E-03	9.97E-02	5.19E-02	2.51E-01
45	6.30	9.06E-08	0.	7.43E-04	2.94E-05	1.04E-03	0.	8.93E-02	8.56E-03	1.01E-01	5.23E-02	2.52E-01
46	6.20	4.06E-08	0.	4.02E-04	4.10E-05	1.47E-03	0.	9.00E-02	8.98E-03	1.03E-01	5.29E-02	2.55E-01
47	6.10	1.83E-08	0.	1.85E-04	1.16E-04	1.92E-03	0.	9.07E-02	9.44E-03	1.04E-01	5.35E-02	2.58E-01
48	6.00	7.56E-09	0.	4.63E-05	1.08E-04	8.86E-04	0.	9.07E-02	9.92E-03	1.04E-01	5.41E-02	2.60E-01
49	5.90	1.84E-09	0.	3.32E-06	1.57E-04	8.79E-04	0.	8.93E-02	1.04E-02	1.05E-01	5.47E-02	2.62E-01
50	5.80	2.34E-10	0.	8.31E-08	2.18E-04	8.86E-04	0.	8.39E-02	1.10E-02	1.07E-01	5.53E-02	2.63E-01
51	5.70	1.72E-11	0.	0.	2.51E-04	9.85E-04	0.	8.39E-02	1.16E-02	1.08E-01	5.59E-02	2.61E-01

ABSORPTION COEFFICIENTS OF HEATED AIR (INVERSE CM.)

TEMPERATURE (DEGREES K) 15000.   DENSITY (GM/CC) 1.293E-03   (1.0E 00 NORMAL)

PHOTON ENERGY	O2 S-R BANDS	N2 1ST POS.	N2 2ND POS.	N2+ 1ST NEG.	NO BETA	NO GAMMA	NO VIB-ROT	NO2	O- PHOTO-DET (TNS)	FREE-FREE (TNS)	N P.E.	O P.E.	TOTAL AIR
52 5.60	7.75E-13	0.	0.	0.	2.08E-04	1.36E-03	0.	0.	7.80E-02	1.22E-02	1.10E-02	5.66E-02	2.58E-01
53 5.50	0.	0.	0.	0.	2.54E-04	1.26E-03	0.	0.	7.84E-02	1.29E-02	1.12E-02	5.73E-02	2.62E-01
54 5.40	0.	0.	0.	0.	2.29E-04	9.86E-04	0.	0.	7.88E-02	1.36E-02	1.15E-02	5.80E-02	2.66E-01
55 5.30	0.	0.	0.	0.	2.35E-04	1.28E-03	0.	0.	7.93E-02	1.44E-02	1.17E-02	5.89E-02	2.72E-01
56 5.20	0.	0.	0.	0.	2.51E-04	9.13E-04	0.	0.	7.98E-02	1.53E-02	1.20E-02	6.01E-02	2.77E-01
57 5.10	0.	0.	0.	0.	2.49E-04	1.19E-03	0.	0.	8.05E-02	1.62E-02	1.24E-02	6.12E-02	2.83E-01
58 5.00	1.03E-05	0.	0.	0.	2.26E-04	1.09E-03	0.	0.	8.12E-02	1.72E-02	1.27E-02	6.24E-02	2.90E-01
59 4.90	2.46E-05	0.	0.	0.	2.50E-04	1.17E-03	0.	0.	8.19E-02	1.83E-02	1.32E-02	6.36E-02	2.97E-01
60 4.80	4.53E-05	0.	0.	0.	2.67E-04	1.09E-03	0.	0.	8.25E-02	1.94E-02	1.36E-02	6.49E-02	3.04E-01
61 4.70	6.01E-05	0.	0.	0.	2.64E-04	9.83E-04	0.	0.	8.32E-02	2.07E-02	1.40E-02	6.66E-02	3.12E-01
62 4.60	8.15E-05	0.	0.	0.	2.69E-04	8.96E-04	0.	0.	8.39E-02	2.21E-02	1.46E-02	6.83E-02	3.21E-01
63 4.50	8.47E-05	0.	0.	0.	2.43E-04	6.70E-04	0.	0.	8.46E-02	2.36E-02	1.53E-02	7.00E-02	3.31E-01
64 4.40	8.93E-05	0.	2.37E-04	0.	2.43E-04	4.67E-04	0.	0.	8.52E-02	2.53E-02	1.60E-02	7.18E-02	3.43E-01
65 4.30	8.34E-05	0.	7.41E-04	0.	2.29E-04	2.87E-04	0.	0.	8.59E-02	2.71E-02	1.67E-02	7.36E-02	3.57E-01
66 4.20	7.72E-05	0.	2.27E-03	0.	2.40E-04	2.08E-04	0.	0.	8.66E-02	2.91E-02	1.75E-02	7.55E-02	3.74E-01
67 4.10	7.18E-05	0.	7.66E-03	0.	2.32E-04	5.66E-05	0.	0.	8.69E-02	3.13E-02	1.82E-02	7.62E-02	3.80E-01
68 4.00	6.55E-05	0.	3.10E-03	0.	2.22E-04	4.30E-05	0.	0.	8.73E-02	3.38E-02	1.90E-02	2.61E-02	3.48E-01
69 3.90	5.50E-05	0.	1.10E-02	6.99E-04	2.01E-04	1.68E-05	0.	0.	8.69E-02	3.65E-02	1.80E-01	2.69E-02	3.36E-01
70 3.80	6.00E-05	0.	5.03E-03	1.21E-03	2.16E-04	0.	0.	0.	8.66E-02	3.94E-02	1.83E-01	2.80E-02	3.49E-01
71 3.70	5.24E-05	0.	6.00E-03	6.83E-03	1.80E-04	0.	0.	0.	8.52E-02	4.28E-02	1.47E-01	3.08E-02	3.16E-01
72 3.60	4.69E-05	0.	7.87E-03	1.46E-02	1.95E-04	0.	0.	0.	7.98E-02	4.65E-02	1.59E-01	3.40E-02	3.32E-01
73 3.50	4.33E-05	0.	8.60E-03	7.87E-03	1.51E-04	0.	0.	0.	7.31E-02	5.06E-02	1.86E-01	3.76E-02	3.50E-01
74 3.40	3.92E-05	0.	5.69E-03	1.45E-02	1.92E-04	0.	0.	0.	4.21E-02	5.52E-02	2.05E-01	4.16E-02	3.31E-01
75 3.30	3.11E-05	0.	7.76E-03	2.94E-03	1.32E-04	0.	0.	0.	4.22E-02	6.05E-02	2.25E-01	4.56E-02	3.67E-01
76 3.20	2.68E-05	0.	4.84E-03	7.60E-03	1.38E-04	0.	0.	0.	4.23E-02	6.64E-02	2.46E-01	4.99E-02	4.02E-01
77 3.10	2.54E-05	0.	3.09E-03	4.32E-03	1.29E-04	0.	0.	0.	4.24E-02	7.31E-02	2.67E-01	5.42E-02	4.21E-01
78 3.00	2.24E-05	0.	2.38E-03	2.47E-03	1.20E-04	0.	0.	0.	4.25E-02	8.07E-02	2.88E-01	5.84E-02	4.57E-01
79 2.90	1.86E-05	0.	1.44E-03	3.63E-03	8.96E-05	0.	0.	0.	4.26E-02	8.94E-02	3.13E-01	6.29E-02	4.88E-01
80 2.80	1.92E-05	0.	8.88E-04	3.55E-03	6.04E-05	0.	0.	0.	4.26E-02	9.94E-02	3.39E-01	6.80E-02	5.26E-01
81 2.70	1.21E-05	0.	4.26E-04	3.30E-04	3.21E-05	0.	0.	0.	4.26E-02	1.11E-01	3.68E-01	7.36E-02	5.70E-01
82 2.60	5.57E-06	0.	1.98E-04	2.87E-04	1.38E-05	0.	0.	0.	4.26E-02	1.24E-01	4.18E-01	7.92E-02	6.15E-01
83 2.50	3.87E-07	0.	9.80E-05	0.	3.24E-06	0.	0.	0.	4.26E-02	1.40E-01	4.87E-01	4.31E-02	6.44E-01
84 2.40	0.	5.27E-04	0.	0.	3.42E-07	0.	0.	0.	4.23E-02	1.59E-01	3.95E-01	5.14E-02	7.41E-01
85 2.30	0.	1.77E-03	0.	0.	0.	0.	0.	0.	4.21E-02	1.81E-01	4.67E-01	6.15E-02	7.94E-01
86 2.20	0.	4.40E-03	0.	0.	0.	0.	0.	0.	4.19E-02	2.07E-01	5.43E-01	7.39E-02	9.15E-01
87 2.10	0.	4.93E-03	0.	0.	0.	0.	0.	0.	4.06E-02	2.38E-01	6.20E-01	8.63E-02	1.05E 00
88 2.00	0.	9.36E-03	0.	0.	0.	0.	0.	0.	3.90E-02	2.76E-01	7.07E-01	1.13E-01	1.20E 00
89 1.90	0.	1.30E-02	0.	0.	0.	0.	0.	0.	3.73E-02	3.23E-01	8.42E-01	1.37E-01	1.41E 00
90 1.80	0.	1.08E-02	0.	0.	0.	0.	0.	0.	3.52E-02	3.81E-01	1.01E 00	1.66E-01	1.68E 00
91 1.70	0.	1.27E-02	0.	0.	0.	0.	0.	0.	2.98E-02	4.54E-01	1.18E 00	1.96E-01	1.96E 00
92 1.60	0.	1.09E-02	0.	0.	0.	0.	0.	0.	1.95E-02	5.46E-01	1.51E 00	2.37E-01	2.43E 00
93 1.50	0.	1.09E-02	0.	0.	0.	0.	0.	0.	0.	6.64E-01	1.87E 00	2.82E-01	2.98E 00
94 1.40	0.	8.33E-03	0.	0.	0.	0.	0.	0.	0.	8.19E-01	2.43E 00	3.73E-01	3.84E 00
95 1.30	0.	8.01E-03	0.	0.	0.	0.	0.	0.	0.	1.03E 00	2.56E 00	3.71E-01	4.26E 00
96 1.20	0.	7.41E-03	0.	0.	0.	0.	0.	0.	0.	1.32E 00	3.16E 00	4.66E-01	5.37E 00
97 1.10	0.	6.80E-03	0.	0.	0.	0.	1.30E-08	0.	0.	1.73E 00	3.83E 00	5.27E-01	6.67E 00
98 1.00	0.	5.58E-03	0.	0.	0.	0.	1.71E-07	0.	0.	2.31E 00	4.54E 00	6.15E-01	8.18E 00
99 0.90	0.	2.63E-03	0.	0.	0.	0.	1.97E-07	0.	0.	3.19E 00	5.04E 00	7.13E-01	1.03E 01
100 0.80	0.	6.35E-04	0.	0.	0.	0.	4.12E-06	0.	0.	4.54E 00	5.51E 00	7.13E-01	1.31E 01
101 0.70	0.	9.29E-05	0.	0.	0.	0.	3.42E-06	0.	0.	6.87E 00	6.15E 00	7.61E-01	1.81E 01
102 0.60	0.	0.	0.	0.	0.	0.	1.19E-05	0.	0.	1.10E 01	6.15E 00	8.52E-01	1.81E 01

ABSORPTION COEFFICIENTS OF HEATED AIR (INVERSE CM.)

TEMPERATURE (DEGREES K) 15000. DENSITY (GM/CC) 1.293E-04 (1.0E-01 NORMAL)

	PHOTON ENERGY E.V.	O2 S-R BANDS	O2 S-R CONT.	N2 B-H NO. 1	NO BETA	NO GAMMA	NO 2	O- PHOTO-DET (IONS)	FREE-FREE (IONS)	N P.E.	O P.E.	TOTAL AIR
1	10.70	0.	0.	4.48E-04	0.	0.	0.	2.00E-03	1.52E-04	1.88E 00	4.80E-03	1.89E 00
2	10.60	0.	0.	4.03E-04	0.	0.	0.	2.00E-03	1.57E-04	2.31E-02	4.78E-03	3.05E-02
3	10.50	0.	0.	4.04E-04	0.	0.	0.	2.01E-03	1.61E-04	2.32E-02	4.77E-03	3.06E-02
4	10.40	0.	0.	3.70E-04	0.	0.	0.	2.01E-03	1.66E-04	2.33E-02	4.75E-03	3.06E-02
5	10.30	0.	0.	3.25E-04	0.	0.	0.	2.01E-03	1.71E-04	2.34E-02	4.74E-03	3.06E-02
6	10.20	0.	0.	3.33E-04	0.	0.	0.	2.01E-03	1.76E-04	2.34E-02	4.72E-03	3.07E-02
7	10.10	0.	0.	3.11E-04	0.	0.	0.	2.02E-03	1.81E-04	2.35E-02	4.71E-03	3.07E-02
8	10.00	0.	0.	2.66E-04	0.	0.	0.	2.02E-03	1.87E-04	2.35E-02	4.69E-03	3.07E-02
9	9.90	0.	0.	2.74E-04	0.	0.	0.	2.02E-03	1.93E-04	2.36E-02	4.68E-03	3.08E-02
10	9.80	0.	0.	2.55E-04	0.	0.	0.	2.03E-03	1.99E-04	2.36E-02	4.66E-03	3.08E-02
11	9.70	0.	0.	2.17E-04	0.	0.	0.	2.03E-03	2.05E-04	2.37E-02	4.65E-03	3.08E-02
12	9.60	0.	0.	2.34E-04	0.	0.	0.	2.04E-03	2.11E-04	2.38E-02	4.63E-03	3.09E-02
13	9.50	0.	0.	1.96E-04	0.	0.	0.	2.04E-03	2.18E-04	2.38E-02	4.62E-03	3.09E-02
14	9.40	0.	0.	1.83E-04	0.	0.	0.	2.05E-03	2.25E-04	2.39E-02	4.60E-03	3.10E-02
15	9.30	0.	0.	1.87E-04	0.	0.	0.	2.05E-03	2.32E-04	2.39E-02	4.59E-03	3.10E-02
16	9.20	0.	0.	1.52E-04	0.	0.	0.	2.06E-03	2.40E-04	2.40E-02	4.57E-03	3.11E-02
17	9.10	0.	0.	1.56E-04	0.	0.	0.	2.07E-03	2.48E-04	2.40E-02	4.56E-03	3.11E-02
18	9.00	0.	0.	1.40E-04	0.	0.	0.	2.08E-03	2.56E-04	8.01E-03	4.54E-03	1.50E-02
19	8.90	0.	0.	1.28E-04	0.	0.	0.	2.08E-03	2.65E-04	8.01E-03	4.53E-03	1.50E-02
20	8.80	0.	0.	1.25E-04	0.	0.	0.	2.09E-03	2.74E-04	8.02E-03	4.51E-03	1.50E-02
21	8.70	0.	0.	1.06E-04	0.	0.	0.	2.10E-03	2.84E-04	8.02E-03	4.50E-03	1.50E-02
22	8.60	0.	0.	1.09E-04	0.	0.	0.	2.11E-03	2.94E-04	8.04E-03	4.49E-03	1.50E-02
23	8.50	0.	0.	9.39E-05	0.	0.	0.	2.11E-03	3.05E-04	8.04E-03	4.47E-03	1.50E-02
24	8.40	0.	0.	9.27E-05	0.	0.	0.	2.12E-03	3.16E-04	8.05E-03	4.46E-03	1.50E-02
25	8.30	0.	0.	7.73E-05	0.	0.	0.	2.14E-03	3.27E-04	8.06E-03	4.46E-03	1.51E-02
26	8.20	0.	0.	7.78E-05	0.	0.	0.	2.15E-03	3.39E-04	8.08E-03	4.48E-03	1.51E-02
27	8.10	0.	0.	6.61E-05	0.	0.	0.	2.16E-03	3.52E-04	8.09E-03	4.49E-03	1.52E-02
28	8.00	0.	0.	6.60E-05	0.	0.	0.	2.17E-03	3.66E-04	8.12E-03	4.51E-03	1.52E-02
29	7.90	0.	0.	5.59E-05	0.	0.	0.	2.18E-03	3.80E-04	8.15E-03	4.52E-03	1.53E-02
30	7.80	0.	0.	5.76E-05	0.	0.	0.	2.19E-03	3.95E-04	8.19E-03	4.54E-03	1.54E-02
31	7.70	0.	0.	4.98E-05	0.	2.20E-09	0.	2.20E-03	4.11E-04	8.22E-03	4.56E-03	1.54E-02
32	7.60	0.	0.	4.66E-05	0.	8.34E-09	0.	2.21E-03	4.27E-04	8.26E-03	4.57E-03	1.54E-02
33	7.50	0.	0.	4.27E-05	0.	6.11E-08	0.	2.22E-03	4.45E-04	8.29E-03	4.59E-03	1.55E-02
34	7.40	0.	0.	3.80E-05	0.	2.59E-07	0.	2.24E-03	4.63E-04	8.33E-03	4.61E-03	1.56E-02
35	7.30	0.	0.	3.55E-05	0.	6.97E-07	0.	2.25E-03	4.82E-04	8.36E-03	4.62E-03	1.57E-02
36	7.20	0.	0.	3.17E-05	0.	2.11E-06	0.	2.26E-03	5.03E-04	8.40E-03	4.64E-03	1.58E-02
37	7.10	0.	0.	3.01E-05	0.	4.54E-06	0.	2.28E-03	5.24E-04	8.44E-03	4.66E-03	1.58E-02
38	7.00	5.77E-09	0.	2.73E-05	0.	5.77E-06	0.	2.30E-03	5.47E-04	8.47E-03	4.67E-03	1.59E-02
39	6.90	1.12E-08	0.	2.47E-05	0.	1.06E-05	0.	2.32E-03	5.72E-04	8.51E-03	4.69E-03	1.60E-02
40	6.80	9.56E-09	0.	2.35E-05	0.	1.11E-05	0.	2.34E-03	5.97E-04	8.54E-03	4.70E-03	1.61E-02
41	6.70	6.90E-09	0.	2.03E-05	0.	8.39E-06	0.	2.35E-03	6.25E-04	8.58E-03	4.73E-03	1.61E-02
42	6.60	4.17E-09	0.	1.79E-05	0.	1.31E-05	0.	2.37E-03	6.54E-04	8.65E-03	4.75E-03	1.63E-02
43	6.50	2.38E-09	0.	1.41E-05	0.	1.30E-05	0.	2.39E-03	6.85E-04	8.72E-03	4.77E-03	1.64E-02
44	6.40	1.35E-09	0.	9.50E-06	5.17E-08	8.48E-06	0.	2.41E-03	7.18E-04	8.80E-03	4.80E-03	1.66E-02
45	6.30	7.73E-10	0.	5.78E-06	2.39E-07	1.20E-05	0.	2.43E-03	7.53E-04	8.88E-03	4.83E-03	1.67E-02
46	6.20	3.45E-10	0.	3.13E-06	3.34E-07	1.57E-05	0.	2.45E-03	7.90E-04	8.96E-03	4.89E-03	1.69E-02
47	6.10	1.56E-10	0.	1.44E-06	9.45E-07	7.22E-06	0.	2.45E-03	8.30E-04	9.05E-03	4.94E-03	1.71E-02
48	6.00	6.44E-11	0.	3.61E-07	8.82E-07	7.17E-06	0.	2.48E-03	8.72E-04	9.17E-03	5.00E-03	1.73E-02
49	5.90	1.57E-11	0.	2.58E-08	1.28E-06	7.22E-06	0.	2.48E-03	9.18E-04	9.29E-03	5.05E-03	1.75E-02
50	5.80	2.00E-12	0.	6.47E-10	1.78E-06	8.03E-06	0.	2.45E-03	9.67E-04	9.42E-03	5.11E-03	1.78E-02
51	5.70	1.47E-13	0.	0.	2.04E-06		0.	2.30E-03	1.02E-03	9.54E-03	5.17E-03	1.80E-02

ABSORPTION COEFFICIENTS OF HEATED AIR (INVERSE CM.)

TEMPERATURE (DEGREES K) 15000.   DENSITY (GM/CC) 1.293E-04   (1.0E-01 NORMAL)

BAND	PHOTON ENERGY	O2 S-R BANDS	N2 1ST POS	N2 2ND POS	N2+ 1ST NEG	NO BETA	NO GAMMA	NO VIB-ROT	NO2	O- PHOTO-DET	FREE-FREE (IONS)	N P.E.	O P.E.	TOTAL AIR
52	5.60	6.61E-15	0.	0.	0.	1.70E-06	1.10E-05	0.	0.	2.14E-03	1.07E-03	9.69E-03	5.22E-03	1.81E-02
53	5.50	0.	0.	0.	0.	2.07E-06	1.03E-05	0.	0.	2.15E-03	1.13E-03	9.88E-03	5.29E-03	1.85E-02
54	5.40	0.	0.	0.	0.	1.87E-06	8.04E-06	0.	0.	2.16E-03	1.20E-03	1.01E-02	5.36E-03	1.88E-02
55	5.30	0.	0.	0.	0.	1.91E-06	1.05E-05	0.	0.	2.17E-03	1.27E-03	1.04E-02	5.44E-03	1.93E-02
56	5.20	0.	0.	0.	0.	2.04E-06	7.44E-06	0.	0.	2.19E-03	1.34E-03	1.06E-02	5.55E-03	1.97E-02
57	5.10	0.	0.	0.	0.	2.03E-06	9.68E-06	0.	0.	2.21E-03	1.42E-03	1.09E-02	5.66E-03	2.02E-02
58	5.00	8.75E-08	0.	0.	0.	1.84E-06	8.91E-06	0.	0.	2.22E-03	1.51E-03	1.12E-02	5.76E-03	2.08E-02
59	4.90	2.09E-07	0.	0.	0.	2.03E-06	9.56E-06	0.	0.	2.24E-03	1.61E-03	1.16E-02	5.87E-03	2.13E-02
60	4.80	3.86E-07	0.	0.	0.	2.17E-06	8.91E-06	0.	0.	2.26E-03	1.71E-03	1.20E-02	5.99E-03	2.20E-02
61	4.70	5.12E-07	0.	0.	0.	2.15E-06	8.01E-06	0.	0.	2.28E-03	1.82E-03	1.24E-02	6.15E-03	2.27E-02
62	4.60	6.95E-07	0.	1.84E-06	0.	2.19E-06	7.30E-06	0.	0.	2.30E-03	1.94E-03	1.29E-02	6.30E-03	2.34E-02
63	4.50	7.62E-07	0.	5.77E-06	0.	1.98E-06	5.45E-06	0.	0.	2.32E-03	2.08E-03	1.35E-02	6.47E-03	2.43E-02
64	4.40	7.22E-07	0.	1.77E-05	0.	1.86E-06	3.80E-06	0.	0.	2.34E-03	2.22E-03	1.41E-02	6.63E-03	2.53E-02
65	4.30	7.11E-07	0.	5.97E-05	0.	1.96E-06	2.34E-06	0.	0.	2.35E-03	2.38E-03	1.47E-02	6.80E-03	2.63E-02
66	4.20	6.58E-07	0.	2.41E-05	0.	1.89E-06	4.61E-07	0.	0.	2.37E-03	2.56E-03	1.54E-02	6.97E-03	2.74E-02
67	4.10	6.12E-07	0.	8.55E-05	0.	1.81E-06	3.50E-07	0.	0.	2.38E-03	2.75E-03	1.61E-02	7.04E-03	2.83E-02
68	4.00	5.59E-07	0.	3.92E-05	0.	1.64E-06	1.37E-07	0.	0.	2.39E-03	2.97E-03	1.67E-02	2.41E-03	2.46E-02
69	3.90	4.69E-07	0.	6.13E-05	1.83E-05	1.76E-06	0.	0.	0.	2.38E-03	3.21E-03	1.58E-02	2.48E-03	2.40E-02
70	3.80	5.11E-07	0.	5.11E-05	8.72E-05	1.47E-06	0.	0.	0.	2.37E-03	3.47E-03	1.62E-02	2.58E-03	2.47E-02
71	3.70	4.47E-07	0.	6.70E-05	3.18E-05	1.59E-06	0.	0.	0.	2.34E-03	3.76E-03	1.30E-02	2.84E-03	2.20E-02
72	3.60	4.00E-07	0.	4.43E-05	1.79E-04	1.23E-06	0.	0.	0.	2.19E-03	4.09E-03	1.40E-02	3.14E-03	2.37E-02
73	3.50	3.69E-07	0.	4.04E-05	3.84E-04	1.37E-06	0.	0.	0.	2.00E-03	4.45E-03	1.47E-02	3.84E-03	2.50E-02
74	3.40	3.34E-07	0.	3.65E-05	4.91E-04	1.08E-06	0.	0.	0.	1.15E-03	4.86E-03	1.64E-02	4.22E-03	2.63E-02
75	3.30	2.65E-07	0.	3.77E-05	2.06E-04	1.12E-06	0.	0.	0.	1.16E-03	5.32E-03	1.81E-02	4.61E-03	2.91E-02
76	3.20	2.28E-07	0.	2.41E-05	3.80E-04	1.05E-06	0.	0.	0.	1.16E-03	5.84E-03	1.99E-02	5.00E-03	3.19E-02
77	3.10	2.16E-07	0.	1.86E-05	7.72E-05	9.77E-07	0.	0.	0.	1.16E-03	6.43E-03	2.17E-02	5.40E-03	3.44E-02
78	3.00	1.91E-07	0.	1.12E-05	1.99E-04	7.30E-07	0.	0.	0.	1.16E-03	7.10E-03	2.35E-02	5.81E-03	3.74E-02
79	2.90	1.59E-07	0.	6.91E-06	1.13E-04	4.92E-07	0.	0.	0.	1.17E-03	7.86E-03	2.54E-02	6.28E-03	4.04E-02
80	2.80	1.64E-07	0.	3.32E-06	6.48E-05	0.	0.	0.	0.	1.17E-03	8.74E-03	2.76E-02	6.79E-03	4.39E-02
81	2.70	1.03E-07	0.	1.55E-06	9.53E-05	0.	0.	0.	0.	1.17E-03	9.76E-03	2.99E-02	7.31E-03	4.78E-02
82	2.60	4.75E-08	0.	7.63E-07	9.30E-05	0.	0.	0.	0.	1.17E-03	1.09E-02	3.25E-02	7.31E-03	5.19E-02
83	2.50	3.30E-09	0.	8.49E-08	8.67E-06	0.	0.	0.	0.	1.17E-03	1.23E-02	3.69E-02	3.98E-03	5.44E-02
84	2.40	0.	4.10E-06	0.	7.52E-06	0.	0.	0.	0.	1.16E-03	1.40E-02	4.30E-02	4.75E-03	6.29E-02
85	2.30	0.	1.37E-05	0.	0.	0.	0.	0.	0.	1.16E-03	1.59E-02	3.39E-02	5.68E-03	5.76E-02
86	2.20	0.	3.43E-05	0.	0.	0.	0.	0.	0.	1.15E-03	1.82E-02	4.12E-02	6.83E-03	6.74E-02
87	2.10	0.	3.84E-05	0.	0.	0.	0.	0.	0.	1.15E-03	2.10E-02	4.80E-02	7.97E-03	7.81E-02
88	2.00	0.	7.29E-05	0.	0.	0.	0.	0.	0.	1.11E-03	2.43E-02	5.47E-02	9.11E-03	8.94E-02
89	1.90	0.	1.01E-04	0.	0.	0.	0.	0.	0.	1.07E-03	2.84E-02	6.24E-02	1.05E-02	1.02E-01
90	1.80	0.	8.44E-05	0.	0.	0.	0.	0.	0.	1.02E-03	3.35E-02	7.43E-02	1.27E-02	1.22E-01
91	1.70	0.	9.87E-05	0.	0.	0.	0.	0.	0.	9.64E-04	3.99E-02	8.90E-02	1.54E-02	1.45E-01
92	1.60	0.	7.22E-05	0.	0.	0.	0.	0.	0.	8.16E-04	4.80E-02	1.05E-01	1.81E-02	1.71E-01
93	1.50	0.	8.48E-05	0.	0.	0.	0.	0.	0.	3.71E-04	5.84E-02	1.33E-01	2.19E-02	2.14E-01
94	1.40	0.	8.48E-05	0.	0.	0.	0.	0.	0.	0.	7.20E-02	1.65E-01	2.63E-02	2.63E-01
95	1.30	0.	6.24E-05	0.	0.	0.	0.	0.	0.	0.	9.04E-02	2.14E-01	3.44E-02	3.39E-01
96	1.20	0.	6.24E-05	0.	0.	0.	0.	0.	0.	0.	1.16E-01	2.26E-01	3.43E-02	3.77E-01
97	1.10	0.	5.77E-05	0.	0.	0.	0.	1.06E-10	0.	0.	1.52E-01	2.79E-01	4.31E-02	4.74E-01
98	1.00	0.	5.29E-05	0.	0.	0.	0.	1.40E-09	0.	0.	2.03E-01	3.39E-01	4.86E-02	5.90E-01
99	0.90	0.	4.35E-05	0.	0.	0.	0.	1.61E-09	0.	0.	2.79E-01	3.87E-01	5.72E-02	7.23E-01
100	0.80	0.	2.05E-05	0.	0.	0.	0.	3.36E-08	0.	0.	4.00E-01	4.45E-01	6.58E-02	9.10E-01
101	0.70	0.	4.95E-06	0.	0.	0.	0.	2.79E-08	0.	0.	6.04E-01	4.85E-01	7.03E-02	1.16E+00
102	0.60	0.	7.23E-07	0.	0.	0.	0.	9.66E-08	0.	0.	9.72E-01	5.43E-01	7.86E-02	1.59E+00

ABSORPTION COEFFICIENTS OF HEATED AIR (INVERSE CM.)

TEMPERATURE (DEGREES K) 15000.   DENSITY (GM/CC) 1.293E-05 (10.0E-03 NORMAL)

	PHOTON ENERGY E.V.	O2 S-R BANDS	O2 S-R CONT.	N2 B-W NO. 1	NO BETA	NO GAMMA	NO2	O- PHOTO-DET (IONS)	FREE-FREE (IONS)	N P.E.	O P.E.	TOTAL AIR
1	10.70	0.	0.	1.96E-06	0.	0.	0.	3.93E-05	1.03E-05	1.25E-01	3.62E-04	1.25E-01
2	10.60	0.	0.	1.76E-06	0.	0.	0.	3.93E-05	1.06E-05	1.53E-03	3.61E-04	1.94E-03
3	10.50	0.	0.	1.77E-06	0.	0.	0.	3.94E-05	1.09E-05	1.54E-03	3.60E-04	1.95E-03
4	10.40	0.	0.	1.65E-06	0.	0.	0.	3.94E-05	1.12E-05	1.54E-03	3.59E-04	1.96E-03
5	10.30	0.	0.	1.42E-06	0.	0.	0.	3.95E-05	1.15E-05	1.55E-03	3.58E-04	1.96E-03
6	10.20	0.	0.	1.46E-06	0.	0.	0.	3.95E-05	1.19E-05	1.55E-03	3.57E-04	1.96E-03
7	10.10	0.	0.	1.36E-06	0.	0.	0.	3.96E-05	1.22E-05	1.55E-03	3.55E-04	1.96E-03
8	10.00	0.	0.	1.17E-06	0.	0.	0.	3.96E-05	1.26E-05	1.56E-03	3.54E-04	1.96E-03
9	9.90	0.	0.	1.20E-06	0.	0.	0.	3.96E-05	1.30E-05	1.56E-03	3.53E-04	1.97E-03
10	9.80	0.	0.	1.11E-06	0.	0.	0.	3.98E-05	1.34E-05	1.56E-03	3.52E-04	1.97E-03
11	9.70	0.	0.	1.08E-06	0.	0.	0.	3.98E-05	1.38E-05	1.57E-03	3.51E-04	1.97E-03
12	9.60	0.	0.	1.02E-06	0.	0.	0.	3.99E-05	1.42E-05	1.57E-03	3.51E-04	1.98E-03
13	9.50	0.	0.	8.59E-07	0.	0.	0.	4.00E-05	1.47E-05	1.58E-03	3.49E-04	1.98E-03
14	9.40	0.	0.	8.02E-07	0.	0.	0.	4.01E-05	1.52E-05	1.58E-03	3.47E-04	1.98E-03
15	9.30	0.	0.	8.19E-07	0.	0.	0.	4.03E-05	1.57E-05	1.59E-03	3.46E-04	1.99E-03
16	9.20	0.	0.	6.65E-07	0.	0.	0.	4.04E-05	1.62E-05	1.59E-03	3.45E-04	1.99E-03
17	9.10	0.	0.	6.81E-07	0.	0.	0.	4.06E-05	1.67E-05	5.30E-04	3.44E-04	9.33E-04
18	9.00	0.	0.	6.11E-07	0.	0.	0.	4.07E-05	1.73E-05	5.30E-04	3.43E-04	9.32E-04
19	8.90	0.	0.	5.58E-07	0.	0.	0.	4.09E-05	1.79E-05	5.30E-04	3.42E-04	9.32E-04
20	8.80	0.	0.	5.45E-07	0.	0.	0.	4.10E-05	1.85E-05	5.30E-04	3.41E-04	9.31E-04
21	8.70	0.	0.	4.77E-07	0.	0.	0.	4.12E-05	1.91E-05	5.31E-04	3.40E-04	9.31E-04
22	8.60	0.	0.	4.11E-07	0.	0.	0.	4.13E-05	1.98E-05	5.31E-04	3.39E-04	9.31E-04
23	8.50	0.	0.	4.11E-07	0.	0.	0.	4.14E-05	2.05E-05	5.32E-04	3.38E-04	9.32E-04
24	8.40	0.	0.	4.06E-07	0.	0.	0.	4.17E-05	2.13E-05	5.33E-04	3.37E-04	9.35E-04
25	8.30	0.	0.	3.38E-07	0.	0.	0.	4.19E-05	2.20E-05	5.34E-04	3.37E-04	9.35E-04
26	8.20	0.	0.	3.40E-07	0.	0.	0.	4.21E-05	2.29E-05	5.35E-04	3.38E-04	9.38E-04
27	8.10	0.	0.	2.89E-07	0.	0.	0.	4.23E-05	2.37E-05	5.35E-04	3.39E-04	9.41E-04
28	8.00	0.	0.	2.89E-07	0.	0.	0.	4.25E-05	2.47E-05	5.37E-04	3.40E-04	9.45E-04
29	7.90	0.	0.	2.45E-07	0.	0.	0.	4.28E-05	2.56E-05	5.39E-04	3.42E-04	9.50E-04
30	7.80	0.	0.	2.52E-07	0.	0.	0.	4.30E-05	2.66E-05	5.39E-04	3.43E-04	9.54E-04
31	7.70	0.	0.	2.18E-07	0.	1.10E-11	0.	4.32E-05	2.77E-05	5.42E-04	3.44E-04	9.59E-04
32	7.60	0.	0.	2.05E-07	0.	4.17E-11	0.	4.34E-05	2.88E-05	5.44E-04	3.45E-04	9.64E-04
33	7.50	0.	0.	1.87E-07	0.	3.06E-10	0.	4.36E-05	3.00E-05	5.49E-04	3.47E-04	9.69E-04
34	7.40	0.	0.	1.66E-07	0.	1.30E-09	0.	4.39E-05	3.12E-05	5.51E-04	3.48E-04	9.74E-04
35	7.30	0.	0.	1.56E-07	0.	1.48E-09	0.	4.41E-05	3.25E-05	5.53E-04	3.49E-04	9.79E-04
36	7.20	0.	0.	1.39E-07	0.	1.05E-08	0.	4.44E-05	3.39E-05	5.56E-04	3.50E-04	9.85E-04
37	7.10	0.	0.	1.32E-07	0.	2.27E-08	0.	4.47E-05	3.53E-05	5.58E-04	3.52E-04	9.90E-04
38	7.00	3.29E-11	0.	1.19E-07	0.	2.89E-08	0.	4.51E-05	3.69E-05	5.61E-04	3.53E-04	9.95E-04
39	6.90	6.38E-11	0.	1.08E-07	0.	5.32E-08	0.	4.54E-05	3.85E-05	5.63E-04	3.54E-04	1.00E-03
40	6.80	5.46E-11	0.	1.03E-07	0.	5.55E-08	0.	4.58E-05	4.03E-05	5.65E-04	3.55E-04	1.01E-03
41	6.70	3.94E-11	0.	8.88E-08	0.	4.19E-08	0.	4.62E-05	4.21E-05	5.68E-04	3.57E-04	1.01E-03
42	6.60	2.38E-11	0.	7.85E-08	0.	6.55E-08	0.	4.65E-05	4.41E-05	5.72E-04	3.59E-04	1.02E-03
43	6.50	1.36E-11	0.	6.15E-08	0.	4.24E-08	0.	4.69E-05	4.61E-05	5.77E-04	3.60E-04	1.03E-03
44	6.40	6.91E-12	0.	4.16E-08	2.59E-10	6.00E-08	0.	4.73E-05	4.84E-05	5.82E-04	3.62E-04	1.04E-03
45	6.30	4.41E-12	0.	2.53E-08	1.20E-09	7.82E-08	0.	4.76E-05	5.07E-05	5.87E-04	3.65E-04	1.05E-03
46	6.20	1.97E-12	0.	1.37E-08	1.67E-09	3.61E-08	0.	4.80E-05	5.32E-05	5.93E-04	3.69E-04	1.06E-03
47	6.10	8.91E-13	0.	6.30E-09	4.73E-09	3.58E-08	0.	4.84E-05	5.59E-05	5.99E-04	3.73E-04	1.06E-03
48	6.00	3.68E-13	0.	1.58E-09	4.41E-09	3.61E-08	0.	4.87E-05	5.88E-05	6.07E-04	3.77E-04	1.09E-03
49	5.90	8.97E-14	0.	1.13E-10	6.41E-09	4.01E-08	0.	4.80E-05	6.19E-05	6.15E-04	3.82E-04	1.11E-03
50	5.80	1.14E-14	0.	2.83E-12	8.88E-09	0.	0.	4.80E-05	6.51E-05	6.23E-04	3.86E-04	1.12E-03
51	5.70	8.39E-16	0.	0.	1.02E-08	0.	0.	4.51E-05	6.87E-05	6.31E-04	3.90E-04	1.14E-03

ABSORPTION COEFFICIENTS OF HEATED AIR (INVERSE CM.)

TEMPERATURE (DEGREES K) 15000. DENSITY (GM/CC) 1.293E-05 (10.0E-03 NORMAL)

#	PHOTON ENERGY	O2 S-R BANDS	N2 1ST POS	N2 2ND POS	N2+ 1ST NEG	NO BETA	NO GAMMA	NO VIR-ROT	NO2	O- PHOTO-DET	FREE-FREE (IONS)	N P.E.	O P.E.	TOTAL AIR
52	5.60	3.77E-17	0.	0.	0.	8.47E-09	5.52E-08	0.	0.	4.19E-05	7.24E-05	6.41E-04	3.95E-04	1.15E-03
53	5.50	0.	0.	0.	0.	1.03E-08	5.14E-08	0.	0.	4.21E-05	7.65E-05	6.54E-04	3.99E-04	1.17E-03
54	5.40	0.	0.	0.	0.	9.33E-09	4.02E-08	0.	0.	4.24E-05	8.00E-05	6.69E-04	4.05E-04	1.20E-03
55	5.30	0.	0.	0.	0.	9.56E-09	5.23E-08	0.	0.	4.26E-05	8.55E-05	6.85E-04	4.11E-04	1.22E-03
56	5.20	0.	0.	0.	0.	1.02E-08	3.72E-08	0.	0.	4.29E-05	9.05E-05	7.02E-04	4.19E-04	1.25E-03
57	5.10	0.	0.	0.	0.	1.01E-08	4.84E-08	0.	0.	4.33E-05	9.60E-05	7.22E-04	4.27E-04	1.29E-03
58	5.00	5.00E-10	0.	0.	0.	9.20E-09	4.45E-08	0.	0.	4.36E-05	1.02E-04	7.44E-04	4.35E-04	1.32E-03
59	4.90	1.19E-09	0.	0.	0.	1.02E-08	4.78E-08	0.	0.	4.40E-05	1.08E-04	7.68E-04	4.43E-04	1.36E-03
60	4.80	2.20E-09	0.	0.	0.	1.09E-08	4.45E-08	0.	0.	4.44E-05	1.15E-04	7.94E-04	4.53E-04	1.41E-03
61	4.70	2.92E-09	0.	0.	0.	1.07E-08	4.00E-08	0.	0.	4.47E-05	1.23E-04	8.20E-04	4.64E-04	1.45E-03
62	4.60	3.97E-09	0.	8.07E-09	0.	1.10E-08	3.65E-08	0.	0.	4.51E-05	1.31E-04	8.52E-04	4.76E-04	1.50E-03
63	4.50	4.12E-09	0.	2.52E-08	0.	9.91E-09	2.73E-08	0.	0.	4.54E-05	1.40E-04	8.92E-04	4.88E-04	1.57E-03
64	4.40	4.35E-09	0.	7.73E-08	0.	9.88E-09	1.90E-08	0.	0.	4.58E-05	1.50E-04	9.32E-04	5.01E-04	1.63E-03
65	4.30	4.06E-09	0.	2.61E-07	0.	9.32E-09	1.17E-08	0.	0.	4.62E-05	1.61E-04	9.75E-04	5.14E-04	1.70E-03
66	4.20	3.76E-09	0.	1.06E-07	0.	9.78E-09	8.45E-09	0.	0.	4.65E-05	1.73E-04	1.02E-03	5.27E-04	1.77E-03
67	4.10	3.49E-09	0.	3.74E-07	0.	9.45E-09	2.31E-09	0.	0.	4.67E-05	1.86E-04	1.06E-03	5.31E-04	1.85E-03
68	4.00	3.19E-09	0.	1.71E-07	0.	9.04E-09	1.75E-09	0.	0.	4.69E-05	2.00E-04	1.11E-03	1.82E-04	1.54E-03
69	3.90	2.68E-09	0.	2.68E-07	3.09E-07	8.21E-09	6.85E-10	0.	0.	4.67E-05	2.16E-04	1.05E-03	1.88E-04	1.50E-03
70	3.80	2.92E-09	0.	2.93E-07	1.47E-06	8.79E-09	0.	0.	0.	4.65E-05	2.34E-04	1.07E-03	1.95E-04	1.55E-03
71	3.70	2.55E-09	0.	1.94E-07	5.35E-07	7.36E-09	0.	0.	0.	4.58E-05	2.53E-04	8.59E-04	2.15E-04	1.37E-03
72	3.60	2.28E-09	0.	2.64E-07	3.02E-06	7.94E-09	0.	0.	0.	4.29E-05	2.75E-04	9.28E-04	2.37E-04	1.49E-03
73	3.50	2.11E-09	0.	1.60E-07	6.47E-06	6.14E-09	0.	0.	0.	3.93E-05	3.00E-04	9.70E-04	2.62E-04	1.58E-03
74	3.40	1.91E-09	0.	1.65E-07	8.28E-07	0.	0.	0.	0.	2.27E-05	3.27E-04	1.08E-03	2.90E-04	1.73E-03
75	3.30	1.51E-09	0.	1.05E-07	3.48E-06	0.	0.	0.	0.	2.27E-05	3.58E-04	1.20E-03	3.18E-04	1.90E-03
76	3.20	1.30E-09	0.	8.12E-08	6.41E-06	0.	0.	0.	0.	2.27E-05	3.93E-04	1.32E-03	3.48E-04	2.09E-03
77	3.10	1.23E-09	0.	4.90E-08	1.30E-06	0.	0.	0.	0.	2.28E-05	4.33E-04	1.44E-03	3.78E-04	2.27E-03
78	3.00	1.09E-09	0.	3.02E-08	3.36E-06	0.	0.	0.	0.	2.28E-05	4.78E-04	1.56E-03	4.08E-04	2.47E-03
79	2.90	9.05E-10	0.	1.45E-08	1.91E-06	0.	0.	0.	0.	2.29E-05	5.30E-04	1.68E-03	4.39E-04	2.68E-03
80	2.80	9.33E-10	0.	6.76E-09	1.09E-06	0.	0.	0.	0.	2.29E-05	5.89E-04	1.83E-03	4.74E-04	2.91E-03
81	2.70	7.49E-10	0.	3.34E-09	1.61E-06	0.	0.	0.	0.	2.29E-05	6.58E-04	1.98E-03	5.13E-04	3.18E-03
82	2.60	2.71E-10	0.	3.72E-10	1.57E-07	0.	0.	0.	0.	2.29E-05	7.38E-04	2.15E-03	5.52E-04	3.46E-03
83	2.50	1.88E-11	0.	0.	1.46E-07	0.	0.	0.	0.	2.29E-05	8.31E-04	2.44E-03	3.00E-04	3.60E-03
84	2.40	0.	1.80E-08	0.	1.27E-07	0.	0.	0.	0.	2.27E-05	9.41E-04	2.84E-03	3.59E-04	4.17E-03
85	2.30	0.	6.02E-08	0.	0.	0.	0.	0.	0.	2.26E-05	1.07E-03	2.31E-03	4.29E-04	3.83E-03
86	2.20	0.	1.50E-07	0.	0.	0.	0.	0.	0.	2.25E-05	1.23E-03	2.72E-03	5.15E-04	4.49E-03
87	2.10	0.	1.68E-07	0.	0.	0.	0.	0.	0.	2.18E-05	1.41E-03	3.17E-03	6.02E-04	5.21E-03
88	2.00	0.	3.19E-07	0.	0.	0.	0.	0.	0.	2.10E-05	1.64E-03	3.62E-03	6.88E-04	5.97E-03
89	1.90	0.	4.43E-07	0.	0.	0.	0.	0.	0.	2.01E-05	1.91E-03	4.13E-03	7.91E-04	6.85E-03
90	1.80	0.	3.69E-07	0.	0.	0.	0.	0.	0.	1.89E-05	2.26E-03	4.92E-03	9.55E-04	8.15E-03
91	1.70	0.	4.32E-07	0.	0.	0.	0.	0.	0.	1.60E-05	2.69E-03	5.89E-03	1.16E-03	9.76E-03
92	1.60	0.	3.16E-07	0.	0.	0.	0.	0.	0.	7.67E-06	3.23E-03	6.87E-03	1.36E-03	1.15E-02
93	1.50	0.	3.71E-07	0.	0.	0.	0.	0.	0.	0.	3.93E-03	8.81E-03	1.66E-03	1.44E-02
94	1.40	0.	3.71E-07	0.	0.	0.	0.	5.28E-13	0.	0.	4.85E-03	1.09E-02	1.97E-03	1.77E-02
95	1.30	0.	2.73E-07	0.	0.	0.	0.	6.98E-12	0.	0.	6.09E-03	1.42E-02	2.60E-03	2.29E-02
96	1.20	0.	2.84E-07	0.	0.	0.	0.	8.03E-12	0.	0.	7.82E-03	1.85E-02	3.25E-03	2.96E-02
97	1.10	0.	2.52E-07	0.	0.	0.	0.	1.68E-10	0.	0.	1.02E-02	2.24E-02	3.67E-03	3.63E-02
98	1.00	0.	1.90E-07	0.	0.	0.	0.	1.39E-10	0.	0.	1.37E-02	2.56E-02	4.32E-03	4.36E-02
99	0.90	0.	8.95E-08	0.	0.	0.	0.	4.83E-10	0.	0.	1.88E-02	2.94E-02	4.97E-03	5.32E-02
100	0.80	0.	2.16E-08	0.	0.	0.	0.	0.	0.	0.	2.69E-02	3.22E-02	5.31E-03	6.44E-02
101	0.70	0.	3.16E-09	0.	0.	0.	0.	0.	0.	0.	4.07E-02	3.59E-02	5.94E-03	8.25E-02
102	0.60	0.	0.	0.	0.	0.	0.	0.	0.	0.	6.55E-02			1.07E-01

ABSORPTION COEFFICIENTS OF HEATED AIR (INVERSE CM.)

TEMPERATURE (DEGREES K) 15000. DENSITY (GM/CC) 1.293E-06 (10.0E-04 NORMAL)

#	PHOTON ENERGY E.V.	O2 S-R BANDS	O2 S-R CONT.	N2 B-H NO. 1	NO BETA	NO GAMMA	NO 2	O- PHOTO-DET (IONS)	FREE-FREE	N P.E.	O P.E.	TOTAL AIR
1	10.70	0.	0.	2.16E-09	0.	0.	0.	2.97E-07	3.53E-07	5.07E-05	1.48E-05	6.61E-05
2	10.60	0.	0.	1.94E-09	0.	0.	0.	2.97E-07	3.63E-07	5.09E-05	1.47E-05	6.63E-05
3	10.50	0.	0.	1.95E-09	0.	0.	0.	2.98E-07	3.74E-07	5.12E-05	1.47E-05	6.65E-05
4	10.40	0.	0.	1.82E-09	0.	0.	0.	2.98E-07	3.85E-07	5.14E-05	1.46E-05	6.67E-05
5	10.30	0.	0.	1.57E-09	0.	0.	0.	2.99E-07	3.96E-07	5.15E-05	1.46E-05	6.68E-05
6	10.20	0.	0.	1.61E-09	0.	0.	0.	2.99E-07	4.08E-07	5.16E-05	1.45E-05	6.69E-05
7	10.10	0.	0.	1.50E-09	0.	0.	0.	2.99E-07	4.20E-07	5.16E-05	1.45E-05	6.68E-05
8	10.00	0.	0.	1.30E-09	0.	0.	0.	3.00E-07	4.33E-07	5.17E-05	1.44E-05	6.69E-05
9	9.90	0.	0.	1.32E-09	0.	0.	0.	3.00E-07	4.46E-07	5.18E-05	1.44E-05	6.70E-05
10	9.80	0.	0.	1.23E-09	0.	0.	0.	3.01E-07	4.60E-07	5.19E-05	1.43E-05	6.71E-05
11	9.70	0.	0.	1.04E-09	0.	0.	0.	3.01E-07	4.75E-07	5.21E-05	1.43E-05	6.72E-05
12	9.60	0.	0.	1.13E-09	0.	0.	0.	3.02E-07	4.90E-07	5.22E-05	1.43E-05	6.73E-05
13	9.50	0.	0.	9.48E-10	0.	0.	0.	3.02E-07	5.05E-07	5.24E-05	1.42E-05	6.74E-05
14	9.40	0.	0.	8.85E-10	0.	0.	0.	3.04E-07	5.22E-07	5.25E-05	1.42E-05	6.75E-05
15	9.30	0.	0.	9.03E-10	0.	0.	0.	3.05E-07	5.39E-07	5.27E-05	1.41E-05	6.76E-05
16	9.20	0.	0.	7.33E-10	0.	0.	0.	3.06E-07	5.57E-07	5.28E-05	1.41E-05	6.78E-05
17	9.10	0.	0.	7.51E-10	0.	0.	0.	3.08E-07	5.75E-07	1.76E-05	1.40E-05	3.25E-05
18	9.00	0.	0.	6.74E-10	0.	0.	0.	3.08E-07	5.95E-07	1.76E-05	1.40E-05	3.25E-05
19	8.90	0.	0.	6.15E-10	0.	0.	0.	3.09E-07	6.15E-07	1.76E-05	1.39E-05	3.25E-05
20	8.80	0.	0.	6.01E-10	0.	0.	0.	3.10E-07	6.36E-07	1.76E-05	1.39E-05	3.25E-05
21	8.70	0.	0.	5.13E-10	0.	0.	0.	3.11E-07	6.58E-07	1.76E-05	1.38E-05	3.25E-05
22	8.60	0.	0.	5.26E-10	0.	0.	0.	3.12E-07	6.82E-07	1.76E-05	1.38E-05	3.25E-05
23	8.50	0.	0.	4.53E-10	0.	0.	0.	3.13E-07	7.06E-07	1.77E-05	1.38E-05	3.25E-05
24	8.40	0.	0.	4.47E-10	0.	0.	0.	3.15E-07	7.32E-07	1.77E-05	1.37E-05	3.25E-05
25	8.30	0.	0.	3.73E-10	0.	0.	0.	3.17E-07	7.59E-07	1.77E-05	1.37E-05	3.25E-05
26	8.20	0.	0.	3.75E-10	0.	0.	0.	3.18E-07	7.87E-07	1.78E-05	1.38E-05	3.27E-05
27	8.10	0.	0.	3.19E-10	0.	0.	0.	3.20E-07	8.17E-07	1.78E-05	1.38E-05	3.28E-05
28	8.00	0.	0.	3.19E-10	0.	0.	0.	3.22E-07	8.48E-07	1.78E-05	1.38E-05	3.29E-05
29	7.90	0.	0.	2.70E-10	0.	0.	0.	3.23E-07	8.81E-07	1.79E-05	1.39E-05	3.31E-05
30	7.80	0.	0.	2.78E-10	0.	0.	0.	3.25E-07	9.16E-07	1.80E-05	1.40E-05	3.32E-05
31	7.70	0.	0.	2.40E-10	0.	1.49E-14	0.	3.27E-07	9.52E-07	1.81E-05	1.40E-05	3.34E-05
32	7.60	0.	0.	2.26E-10	0.	5.64E-14	0.	3.28E-07	9.91E-07	1.81E-05	1.41E-05	3.35E-05
33	7.50	0.	0.	2.06E-10	0.	4.13E-13	0.	3.30E-07	1.03E-06	1.82E-05	1.41E-05	3.37E-05
34	7.40	0.	0.	1.83E-10	0.	1.76E-12	0.	3.32E-07	1.07E-06	1.83E-05	1.42E-05	3.39E-05
35	7.30	0.	0.	1.72E-10	0.	4.72E-12	0.	3.34E-07	1.12E-06	1.84E-05	1.42E-05	3.41E-05
36	7.20	0.	0.	1.53E-10	0.	1.43E-11	0.	3.35E-07	1.17E-06	1.85E-05	1.43E-05	3.42E-05
37	7.10	0.	0.	1.45E-10	0.	3.07E-11	0.	3.38E-07	1.22E-06	1.85E-05	1.43E-05	3.44E-05
38	7.00	5.48E-14	0.	1.32E-10	0.	3.91E-11	0.	3.41E-07	1.27E-06	1.86E-05	1.44E-05	3.46E-05
39	6.90	1.06E-13	0.	1.19E-10	0.	7.20E-11	0.	3.44E-07	1.33E-06	1.87E-05	1.45E-05	3.48E-05
40	6.80	9.07E-14	0.	1.13E-10	0.	7.51E-11	0.	3.46E-07	1.38E-06	1.88E-05	1.45E-05	3.50E-05
41	6.70	6.54E-14	0.	9.79E-11	0.	5.67E-11	0.	3.49E-07	1.45E-06	1.89E-05	1.46E-05	3.52E-05
42	6.60	3.96E-14	0.	8.66E-11	0.	8.86E-11	0.	3.52E-07	1.52E-06	1.90E-05	1.46E-05	3.55E-05
43	6.50	2.26E-14	0.	6.78E-11	0.	5.74E-11	0.	3.55E-07	1.59E-06	1.92E-05	1.48E-05	3.58E-05
44	6.40	1.28E-14	0.	4.58E-11	3.50E-13	8.12E-11	0.	3.57E-07	1.66E-06	1.93E-05	1.48E-05	3.58E-05
45	6.30	7.33E-15	0.	2.79E-11	1.62E-12	1.06E-10	0.	3.60E-07	1.74E-06	1.95E-05	1.49E-05	3.61E-05
46	6.20	3.27E-15	0.	1.51E-11	2.26E-12	4.88E-11	0.	3.63E-07	1.83E-06	1.97E-05	1.50E-05	3.65E-05
47	6.10	1.48E-15	0.	6.95E-12	6.40E-12	4.85E-11	0.	3.66E-07	1.92E-06	1.99E-05	1.52E-05	3.69E-05
48	6.00	6.11E-16	0.	1.74E-12	5.97E-12	4.88E-11	0.	3.68E-07	2.02E-06	2.02E-05	1.54E-05	3.74E-05
49	5.90	1.49E-16	0.	1.25E-13	8.67E-12	5.43E-11	0.	3.68E-07	2.13E-06	2.04E-05	1.56E-05	3.79E-05
50	5.80	1.89E-17	0.	3.12E-15	1.20E-11		0.	3.63E-07	2.24E-06	2.07E-05	1.57E-05	3.85E-05
51	5.70	1.39E-18	0.	0.	1.38E-11		0.	3.41E-07	2.36E-06	2.10E-05	1.59E-05	3.96E-05

ABSORPTION COEFFICIENTS OF HEATED AIR (INVERSE CM.)

TEMPERATURE (DEGREES K) 15000.   DENSITY (GM/CC) 1.293E-06   (10.0E-04 NORMAL)

PHOTON ENERGY	O2 S-R BANDS	N2 1ST POS.	N2 2ND POS.	N2+ 1ST NEG.	NO BETA	NO GAMMA	NO VIB-ROT	NO2	O- PHOTO-DET	FREE-FREE (IONS)	N P.E.	O P.E.	TOTAL AIR
5.60	6.26E-20	0.	0.	0.	1.15E-11	7.47E-11	0.	0.	3.17E-07	2.49E-06	2.13E-05	1.61E-05	4.02E-05
5.50	0.	0.	0.	0.	1.40E-11	6.96E-11	0.	0.	3.19E-07	2.63E-06	2.17E-05	1.65E-05	4.10E-05
5.40	0.	0.	0.	0.	1.26E-11	5.44E-11	0.	0.	3.20E-07	2.78E-06	2.22E-05	1.65E-05	4.19E-05
5.30	0.	0.	0.	0.	1.29E-11	7.07E-11	0.	0.	3.22E-07	2.94E-06	2.28E-05	1.68E-05	4.28E-05
5.20	0.	0.	0.	0.	1.38E-11	5.03E-11	0.	0.	3.24E-07	3.12E-06	2.33E-05	1.71E-05	4.38E-05
5.10	0.	0.	0.	0.	1.37E-11	6.55E-11	0.	0.	3.27E-07	3.30E-06	2.40E-05	1.74E-05	4.50E-05
5.00	8.30E-13	0.	0.	0.	1.25E-11	6.03E-11	0.	0.	3.30E-07	3.51E-06	2.47E-05	1.77E-05	4.63E-05
4.90	1.99E-12	0.	0.	0.	1.38E-11	6.46E-11	0.	0.	3.33E-07	3.73E-06	2.55E-05	1.81E-05	4.76E-05
4.80	3.66E-12	0.	0.	0.	1.47E-11	6.03E-11	0.	0.	3.35E-07	3.97E-06	2.64E-05	1.85E-05	4.91E-05
4.70	4.86E-12	0.	0.	0.	1.45E-11	5.42E-11	0.	0.	3.38E-07	4.23E-06	2.72E-05	1.89E-05	5.07E-05
4.60	6.59E-12	0.	0.	0.	1.48E-11	4.94E-11	0.	0.	3.41E-07	4.51E-06	2.83E-05	1.94E-05	5.26E-05
4.50	6.85E-12	0.	8.90E-12	0.	1.34E-11	3.69E-11	0.	0.	3.44E-07	4.82E-06	2.96E-05	1.99E-05	5.47E-05
4.40	7.22E-12	0.	2.78E-11	0.	1.34E-11	2.57E-11	0.	0.	3.46E-07	5.16E-06	3.09E-05	2.04E-05	5.69E-05
4.30	6.75E-12	0.	8.52E-11	0.	1.26E-11	1.58E-11	0.	0.	3.49E-07	5.53E-06	3.24E-05	2.09E-05	5.92E-05
4.20	6.24E-12	0.	2.88E-11	0.	1.32E-11	1.14E-11	0.	0.	3.52E-07	5.94E-06	3.39E-05	2.15E-05	6.16E-05
4.10	5.81E-12	0.	1.17E-10	0.	1.28E-11	3.12E-12	0.	0.	3.53E-07	6.39E-06	3.53E-05	2.17E-05	6.37E-05
4.00	5.30E-12	0.	4.13E-10	0.	1.22E-11	2.37E-12	0.	0.	3.55E-07	6.88E-06	3.68E-05	1.42E-05	5.00E-05
3.90	4.45E-12	0.	1.89E-10	1.84E-09	1.11E-11	9.27E-13	0.	0.	3.55E-07	7.43E-06	3.45E-05	7.65E-06	4.37E-05
3.80	4.45E-12	0.	2.96E-10	8.74E-09	1.19E-11	0.	0.	0.	3.52E-07	8.04E-06	2.74E-05	7.95E-06	4.64E-05
3.70	4.24E-12	0.	3.23E-10	3.18E-09	9.92E-12	0.	0.	0.	3.46E-07	8.72E-06	2.85E-05	8.67E-06	4.64E-05
3.60	3.79E-12	0.	2.14E-10	3.85E-09	9.29E-12	0.	0.	0.	3.24E-07	9.47E-06	2.90E-05	9.67E-06	5.36E-05
3.50	3.50E-12	0.	2.92E-10	4.92E-09	8.31E-12	0.	0.	0.	2.97E-07	1.03E-05	3.22E-05	1.07E-05	5.93E-05
3.40	3.17E-12	0.	1.76E-10	2.07E-08	9.29E-12	0.	0.	0.	1.71E-07	1.13E-05	3.60E-05	1.18E-05	6.53E-05
3.30	2.52E-12	0.	1.82E-10	3.81E-08	7.30E-12	0.	0.	0.	1.72E-07	1.23E-05	3.98E-05	1.42E-05	7.16E-05
3.20	2.16E-12	0.	1.16E-10	7.60E-09	7.60E-12	0.	0.	0.	1.72E-07	1.35E-05	4.37E-05	1.54E-05	7.82E-05
3.10	1.81E-12	0.	8.95E-11	2.00E-08	7.11E-12	0.	0.	0.	1.72E-07	1.49E-05	4.77E-05	1.66E-05	8.50E-05
3.00	1.50E-12	0.	5.41E-11	1.13E-08	6.61E-12	0.	0.	0.	1.73E-07	1.65E-05	5.17E-05	1.79E-05	9.22E-05
2.90	1.50E-12	0.	3.34E-11	1.49E-08	4.94E-12	0.	0.	0.	1.73E-07	1.79E-05	5.59E-05	1.93E-05	1.00E-04
2.80	1.55E-12	0.	1.55E-11	9.54E-09	4.94E-12	0.	0.	0.	1.73E-07	2.03E-05	6.07E-05	2.09E-05	1.10E-04
2.70	9.79E-13	0.	7.46E-12	9.32E-10	1.77E-12	0.	0.	0.	1.73E-07	2.26E-05	6.58E-05	2.01E-05	1.22E-04
2.60	4.50E-13	0.	3.68E-12	8.68E-10	7.62E-13	0.	0.	0.	1.73E-07	2.54E-05	7.13E-05	1.19E-05	1.31E-04
2.50	3.13E-14	0.	4.10E-13	7.54E-10	1.89E-14	0.	0.	0.	1.73E-07	2.84E-05	7.65E-05	1.46E-05	1.54E-04
2.40	0.	1.98E-11	0.	0.	0.	0.	0.	0.	1.73E-07	3.24E-05	8.08E-05	1.75E-05	1.79E-04
2.30	0.	6.64E-11	0.	0.	0.	0.	0.	0.	1.72E-07	3.69E-05	6.31E-05	2.10E-05	2.05E-04
2.20	0.	1.65E-10	0.	0.	0.	0.	0.	0.	1.70E-07	4.22E-05	7.65E-05	2.45E-05	2.35E-04
2.10	0.	3.52E-10	0.	0.	0.	0.	0.	0.	1.65E-07	4.86E-05	1.05E-04	2.81E-05	2.80E-04
2.00	0.	4.89E-10	0.	0.	0.	0.	0.	0.	1.59E-07	5.64E-05	1.20E-04	3.22E-05	3.36E-04
1.90	0.	4.07E-10	0.	0.	0.	0.	0.	0.	1.52E-07	6.59E-05	1.37E-04	3.89E-05	3.95E-04
1.80	0.	4.76E-10	0.	0.	0.	0.	0.	0.	1.43E-07	7.77E-05	1.63E-04	4.73E-05	5.90E-04
1.70	0.	3.49E-10	0.	0.	0.	0.	0.	0.	1.21E-07	9.25E-05	1.96E-04	5.56E-05	7.82E-04
1.60	0.	4.09E-10	0.	0.	0.	0.	0.	0.	6.50E-08	1.11E-04	2.28E-04	6.75E-05	8.72E-04
1.50	0.	3.13E-10	0.	0.	0.	0.	0.	0.	0.	1.35E-04	3.43E-04	8.02E-05	1.10E-03
1.40	0.	3.01E-10	0.	0.	0.	0.	0.	0.	0.	1.67E-04	4.71E-04	1.02E-04	1.36E-03
1.30	0.	2.78E-10	0.	0.	0.	0.	0.	0.	0.	2.10E-04	4.97E-04	1.33E-04	1.67E-03
1.20	0.	2.55E-10	0.	0.	0.	0.	7.14E-16	0.	0.	2.69E-04	6.13E-04	1.50E-04	2.11E-03
1.10	0.	2.10E-10	0.	0.	0.	0.	9.45E-15	0.	0.	3.53E-04	7.43E-04	1.76E-04	2.68E-03
1.00	0.	9.87E-11	0.	0.	0.	0.	1.09E-14	0.	0.	4.71E-04	4.49E-04	2.03E-04	3.51E-03
0.90	0.	2.39E-11	0.	0.	0.	0.	1.27E-13	0.	0.	6.46E-04	9.27E-04	2.16E-04	
0.80	0.	3.49E-12	0.	0.	0.	0.	2.27E-13	0.	0.	9.27E-04	1.40E-03	1.84E-04	
0.70	0.	0.	0.	0.	0.	0.	1.89E-13	0.	0.	1.40E-03	1.07E-03		
0.60	0.	0.	0.	0.	0.	0.	6.54E-13	0.	0.	2.25E-03	1.07E-03		

ABSORPTION COEFFICIENTS OF HEATED AIR (INVERSE CM.)

TEMPERATURE (DEGREES K) 15000. DENSITY (GM/CC) 1.293E-07 (10.0E-05 NORMAL)

	PHOTON ENERGY E.V.	O2 S-R BANDS	O2 S-R CONT.	N2 B-H NO. 1	NO BETA	NO GAMMA	NO 2	O- PHOTO-DET (TONS)	FREE-FREE (TONS)	N P.E.	O P.E.	TOTAL AIR
1	10.70	0.	0.	4.48E-13	0.	0.	0.	5.73E-10	5.19E-09	7.41E-07	2.35E-07	9.82E-07
2	10.60	0.	0.	4.03E-13	0.	0.	0.	5.74E-10	5.34E-09	7.45E-07	2.35E-07	9.85E-07
3	10.50	0.	0.	4.04E-13	0.	0.	0.	5.75E-10	5.49E-09	7.37E-07	2.34E-07	9.77E-07
4	10.40	0.	0.	3.78E-13	0.	0.	0.	5.76E-10	5.65E-09	7.39E-07	2.33E-07	9.79E-07
5	10.30	0.	0.	3.26E-13	0.	0.	0.	5.76E-10	5.82E-09	7.40E-07	2.32E-07	9.79E-07
6	10.20	0.	0.	3.33E-13	0.	0.	0.	5.77E-10	5.99E-09	7.42E-07	2.32E-07	9.80E-07
7	10.10	0.	0.	3.11E-13	0.	0.	0.	5.78E-10	6.17E-09	7.44E-07	2.31E-07	9.82E-07
8	10.00	0.	0.	2.68E-13	0.	0.	0.	5.79E-10	6.36E-09	7.46E-07	2.30E-07	9.83E-07
9	9.90	0.	0.	2.74E-13	0.	0.	0.	5.80E-10	6.56E-09	7.47E-07	2.29E-07	9.84E-07
10	9.80	0.	0.	2.55E-13	0.	0.	0.	5.81E-10	6.76E-09	7.49E-07	2.29E-07	9.85E-07
11	9.70	0.	0.	2.17E-13	0.	0.	0.	5.82E-10	6.97E-09	7.51E-07	2.28E-07	9.87E-07
12	9.60	0.	0.	2.34E-13	0.	0.	0.	5.83E-10	7.19E-09	7.53E-07	2.27E-07	9.88E-07
13	9.50	0.	0.	1.96E-13	0.	0.	0.	5.84E-10	7.42E-09	7.55E-07	2.26E-07	9.90E-07
14	9.40	0.	0.	1.83E-13	0.	0.	0.	5.86E-10	7.66E-09	7.58E-07	2.26E-07	9.92E-07
15	9.30	0.	0.	1.87E-13	0.	0.	0.	5.88E-10	7.91E-09	2.56E-07	2.25E-07	4.89E-07
16	9.20	0.	0.	1.52E-13	0.	0.	0.	5.90E-10	8.17E-09	2.56E-07	2.24E-07	4.89E-07
17	9.10	0.	0.	1.56E-13	0.	0.	0.	5.93E-10	8.45E-09	2.56E-07	2.24E-07	4.88E-07
18	9.00	0.	0.	1.40E-13	0.	0.	0.	5.95E-10	8.73E-09	2.55E-07	2.23E-07	4.88E-07
19	8.90	0.	0.	1.28E-13	0.	0.	0.	5.97E-10	9.03E-09	2.55E-07	2.22E-07	4.87E-07
20	8.80	0.	0.	1.25E-13	0.	0.	0.	5.99E-10	9.34E-09	2.56E-07	2.22E-07	4.87E-07
21	8.70	0.	0.	1.06E-13	0.	0.	0.	6.01E-10	9.67E-09	2.56E-07	2.21E-07	4.87E-07
22	8.60	0.	0.	1.09E-13	0.	0.	0.	6.05E-10	1.00E-08	2.56E-07	2.20E-07	4.87E-07
23	8.50	0.	0.	9.39E-14	0.	0.	0.	6.08E-10	1.04E-08	2.57E-07	2.20E-07	4.87E-07
24	8.40	0.	0.	9.27E-14	0.	0.	0.	6.12E-10	1.07E-08	2.57E-07	2.19E-07	4.88E-07
25	8.30	0.	0.	7.74E-14	0.	0.	0.	6.15E-10	1.11E-08	2.58E-07	2.19E-07	4.88E-07
26	8.20	0.	0.	7.78E-14	0.	0.	0.	6.18E-10	1.16E-08	2.58E-07	2.20E-07	4.90E-07
27	8.10	0.	0.	6.61E-14	0.	0.	0.	6.21E-10	1.20E-08	2.58E-07	2.20E-07	4.91E-07
28	8.00	0.	0.	6.60E-14	0.	0.	0.	6.24E-10	1.25E-08	2.59E-07	2.21E-07	4.92E-07
29	7.90	0.	0.	5.60E-14	0.	0.	0.	6.26E-10	1.29E-08	2.59E-07	2.22E-07	4.94E-07
30	7.80	0.	0.	5.76E-14	0.	0.	0.	6.28E-10	1.34E-08	2.60E-07	2.23E-07	4.97E-07
31	7.70	0.	0.	4.98E-14	0.	3.42E-18	0.	6.31E-10	1.40E-08	2.61E-07	2.24E-07	4.99E-07
32	7.60	0.	0.	4.68E-14	0.	1.29E-17	0.	6.34E-10	1.45E-08	2.62E-07	2.24E-07	5.02E-07
33	7.50	0.	0.	4.27E-14	0.	9.49E-17	0.	6.37E-10	1.51E-08	2.63E-07	2.25E-07	5.04E-07
34	7.40	0.	0.	3.80E-14	0.	4.03E-16	0.	6.41E-10	1.58E-08	2.64E-07	2.26E-07	5.07E-07
35	7.30	0.	0.	3.56E-14	0.	1.08E-15	0.	6.44E-10	1.64E-08	2.66E-07	2.27E-07	5.10E-07
36	7.20	0.	0.	3.17E-14	0.	3.28E-15	0.	6.48E-10	1.71E-08	2.67E-07	2.28E-07	5.12E-07
37	7.10	0.	0.	3.01E-14	0.	7.04E-15	0.	6.53E-10	1.79E-08	2.68E-07	2.28E-07	5.15E-07
38	7.00	1.39E-17	0.	2.73E-14	0.	8.97E-15	0.	6.58E-10	1.86E-08	2.69E-07	2.29E-07	5.18E-07
39	6.90	2.70E-17	0.	2.47E-14	0.	1.65E-14	0.	6.64E-10	1.95E-08	2.70E-07	2.30E-07	5.21E-07
40	6.80	2.30E-17	0.	2.35E-14	0.	2.03E-14	0.	6.69E-10	2.03E-08	2.72E-07	2.31E-07	5.23E-07
41	6.70	1.66E-17	0.	2.03E-14	0.	1.72E-14	0.	6.74E-10	2.13E-08	2.73E-07	2.32E-07	5.27E-07
42	6.60	1.01E-17	0.	1.79E-14	0.	1.30E-14	0.	6.80E-10	2.23E-08	2.75E-07	2.33E-07	5.31E-07
43	6.50	5.75E-18	0.	1.41E-14	0.	2.02E-14	0.	6.90E-10	2.33E-08	2.77E-07	2.34E-07	5.36E-07
44	6.40	3.25E-18	0.	9.50E-15	8.03E-17	1.32E-14	0.	6.96E-10	2.44E-08	2.80E-07	2.35E-07	5.41E-07
45	6.30	1.86E-18	0.	5.78E-15	3.71E-16	1.86E-14	0.	6.96E-10	2.56E-08	2.82E-07	2.37E-07	5.46E-07
46	6.20	8.31E-19	0.	3.13E-15	5.19E-16	1.32E-14	0.	7.01E-10	2.69E-08	2.85E-07	2.40E-07	5.52E-07
47	6.10	1.76E-19	0.	1.44E-15	1.47E-15	1.12E-14	0.	7.01E-10	2.82E-08	2.88E-07	2.43E-07	5.60E-07
48	6.00	1.55E-19	0.	3.61E-16	1.37E-15	1.43E-14	0.	7.16E-10	2.97E-08	2.92E-07	2.45E-07	5.68E-07
49	5.90	3.79E-20	0.	2.58E-17	1.99E-15	1.11E-14	0.	7.11E-10	3.12E-08	2.96E-07	2.48E-07	5.76E-07
50	5.80	4.82E-21	0.	6.47E-19	2.76E-15	1.12E-14	0.	7.01E-10	3.29E-08	3.00E-07	2.51E-07	5.84E-07
51	5.70	3.54E-22	0.	0.	3.17E-15	1.25E-14	0.	6.58E-10	3.47E-08	3.02E-07	2.54E-07	5.91E-07

ABSORPTION COEFFICIENTS OF HEATED AIR (INVERSE CM.)

TEMPERATURE (DEGREES K) 15000. DENSITY (GM/CC) 1.293E-07 (10.0E-05 NORMAL)

	PHOTON ENERGY BANDS	O2 S-R BANDS	N2 1ST POS.	N2 2ND POS.	N2+ 1ST NEG.	NO BETA	NO GAMMA	NO VIB-ROT	NO2	O- PHOTO-DET	FREE-FREE (IONS)	N P.E.	O P.E.	TOTAL AIR
52	5.60	1.59E-23	0.	0.	0.	2.63E-15	1.71E-14	0.	0.	6.12E-10	3.66E-08	3.07E-07	2.56E-07	6.00E-07
53	5.50	0.	0.	0.	0.	3.21E-15	1.60E-14	0.	0.	6.15E-10	3.86E-08	3.13E-07	2.59E-07	6.11E-07
54	5.40	0.	0.	0.	0.	2.90E-15	1.25E-14	0.	0.	6.19E-10	4.04E-08	3.20E-07	2.63E-07	6.25E-07
55	5.30	0.	0.	0.	0.	2.97E-15	1.62E-14	0.	0.	6.23E-10	4.32E-08	3.28E-07	2.67E-07	6.39E-07
56	5.20	0.	0.	0.	0.	3.17E-15	1.15E-14	0.	0.	6.27E-10	4.57E-08	3.36E-07	2.72E-07	6.55E-07
57	5.10	0.	0.	0.	0.	3.15E-15	1.50E-14	0.	0.	6.32E-10	4.85E-08	3.45E-07	2.78E-07	6.72E-07
58	5.00	2.11E-16	0.	0.	0.	2.86E-15	1.38E-14	0.	0.	6.37E-10	5.15E-08	3.56E-07	2.83E-07	6.91E-07
59	4.90	5.05E-16	0.	0.	0.	3.16E-15	1.48E-14	0.	0.	6.42E-10	5.47E-08	3.67E-07	2.88E-07	7.11E-07
60	4.80	9.30E-16	0.	0.	0.	3.37E-15	1.38E-14	0.	0.	6.48E-10	5.82E-08	3.80E-07	2.94E-07	7.33E-07
61	4.70	1.23E-15	0.	0.	0.	3.34E-15	1.24E-14	0.	0.	6.53E-10	6.20E-08	3.93E-07	3.02E-07	7.57E-07
62	4.60	1.68E-15	0.	0.	0.	3.40E-15	1.13E-14	0.	0.	6.58E-10	6.62E-08	4.08E-07	3.09E-07	7.84E-07
63	4.50	1.74E-15	0.	1.84E-15	0.	3.08E-15	8.47E-15	0.	0.	6.64E-10	7.04E-08	4.27E-07	3.17E-07	8.15E-07
64	4.40	1.44E-15	0.	5.77E-15	0.	3.07E-15	5.91E-15	0.	0.	6.69E-10	7.57E-08	4.46E-07	3.25E-07	8.48E-07
65	4.30	1.71E-15	0.	1.77E-14	0.	2.89E-15	3.63E-15	0.	0.	6.74E-10	8.12E-08	4.67E-07	3.29E-07	8.77E-07
66	4.20	1.59E-15	0.	5.97E-14	0.	3.04E-15	2.63E-15	0.	0.	6.80E-10	8.72E-08	4.88E-07	3.02E-07	8.78E-07
67	4.10	1.48E-15	0.	2.42E-14	0.	2.93E-15	7.16E-16	0.	0.	6.82E-10	9.38E-08	5.09E-07	1.15E-07	7.18E-07
68	4.00	1.35E-15	0.	8.56E-14	0.	2.81E-15	5.44E-16	0.	0.	6.85E-10	1.01E-07	4.78E-07	1.18E-07	6.98E-07
69	3.90	1.13E-15	0.	3.92E-14	3.14E-12	2.55E-15	2.13E-16	0.	0.	6.82E-10	1.09E-07	3.79E-07	1.22E-07	6.11E-07
70	3.80	1.23E-15	0.	6.13E-14	1.49E-11	2.73E-15	0.	0.	0.	6.80E-10	1.18E-07	3.95E-07	1.26E-07	6.41E-07
71	3.70	1.08E-15	0.	6.70E-14	5.44E-11	2.28E-15	0.	0.	0.	6.69E-10	1.28E-07	3.84E-07	1.40E-07	6.53E-07
72	3.60	9.63E-16	0.	4.43E-14	3.07E-11	2.47E-15	0.	0.	0.	6.27E-10	1.39E-07	4.18E-07	1.54E-07	7.12E-07
73	3.50	8.90E-16	0.	4.04E-14	6.58E-11	1.91E-15	0.	0.	0.	5.73E-10	1.51E-07	4.65E-07	1.70E-07	7.87E-07
74	3.40	8.39E-16	0.	3.65E-14	2.13E-11	2.13E-15	0.	0.	0.	5.31E-10	1.65E-07	5.19E-07	1.89E-07	8.74E-07
75	3.30	6.39E-16	0.	3.77E-14	3.54E-11	1.68E-15	0.	0.	0.	3.31E-10	1.81E-07	5.75E-07	2.07E-07	9.63E-07
76	3.20	5.50E-16	0.	2.41E-14	6.51E-11	1.75E-15	0.	0.	0.	3.32E-10	1.99E-07	6.30E-07	2.26E-07	1.06E-06
77	3.10	5.21E-16	0.	1.86E-14	1.32E-11	1.63E-15	0.	0.	0.	3.33E-10	2.19E-07	6.44E-07	2.45E-07	1.25E-06
78	3.00	4.61E-16	0.	1.12E-14	3.41E-11	1.52E-15	0.	0.	0.	3.33E-10	2.42E-07	7.44E-07	2.65E-07	1.25E-06
79	2.90	3.82E-16	0.	6.91E-15	1.94E-11	1.13E-15	0.	0.	0.	3.34E-10	2.68E-07	8.04E-07	2.85E-07	1.36E-06
80	2.80	3.94E-16	0.	3.32E-15	1.11E-11	7.64E-16	0.	0.	0.	3.34E-10	2.96E-07	8.73E-07	3.08E-07	1.48E-06
81	2.70	2.49E-16	0.	1.55E-15	1.63E-11	0.	0.	0.	0.	3.34E-10	3.32E-07	9.47E-07	2.96E-07	1.58E-06
82	2.60	2.14E-16	0.	7.63E-16	1.59E-12	0.	0.	0.	0.	3.34E-10	3.73E-07	1.02E-06	1.64E-07	1.56E-06
83	2.50	7.95E-18	0.	8.49E-17	1.48E-12	0.	0.	0.	0.	3.34E-10	4.20E-07	7.39E-07	1.90E-07	1.35E-06
84	2.40	0.	0.	0.	4.10E-12	0.	0.	0.	0.	3.32E-10	4.75E-07	9.09E-07	2.33E-07	1.62E-06
85	2.30	0.	4.11E-15	0.	4.33E-12	0.	0.	0.	0.	3.31E-10	5.41E-07	1.10E-06	2.79E-07	1.92E-06
86	2.20	0.	1.38E-14	0.	1.29E-12	0.	0.	0.	0.	3.29E-10	6.20E-07	1.30E-06	3.35E-07	2.26E-06
87	2.10	0.	3.43E-14	0.	0.	0.	0.	0.	0.	3.19E-10	7.14E-07	1.52E-06	3.91E-07	2.62E-06
88	2.00	0.	3.84E-14	0.	0.	0.	0.	0.	0.	3.06E-10	8.28E-07	1.73E-06	4.47E-07	3.01E-06
89	1.90	0.	7.29E-14	0.	0.	0.	0.	0.	0.	2.93E-10	9.67E-07	1.97E-06	5.14E-07	3.45E-06
90	1.80	0.	1.01E-13	0.	0.	0.	0.	0.	0.	2.76E-10	1.14E-06	2.35E-06	6.21E-07	4.11E-06
91	1.70	0.	8.44E-14	0.	0.	0.	0.	0.	0.	2.34E-10	1.36E-06	2.82E-06	7.54E-07	4.93E-06
92	1.60	0.	9.87E-14	0.	0.	0.	0.	0.	0.	1.06E-10	1.63E-06	3.28E-06	8.44E-07	5.76E-06
93	1.50	0.	7.23E-14	0.	0.	0.	0.	0.	0.	0.	1.99E-06	3.95E-06	1.03E-06	6.97E-06
94	1.40	0.	8.49E-14	0.	0.	0.	0.	0.	0.	0.	2.45E-06	3.56E-06	1.21E-06	7.23E-06
95	1.30	0.	8.49E-14	0.	0.	0.	0.	0.	0.	0.	3.04E-06	5.28E-06	1.25E-06	9.61E-06
96	1.20	0.	6.24E-14	0.	0.	0.	0.	0.	0.	0.	3.95E-06	6.97E-06	1.68E-06	1.26E-05
97	1.10	0.	5.77E-14	0.	0.	0.	0.	1.64E-19	0.	0.	5.18E-06	8.83E-06	1.97E-06	1.60E-05
98	1.00	0.	5.29E-14	0.	0.	0.	0.	2.17E-18	0.	0.	6.92E-06	1.04E-05	2.39E-06	1.97E-05
99	0.90	0.	4.35E-14	0.	0.	0.	0.	2.49E-18	0.	0.	9.52E-06	1.22E-05	2.81E-06	2.45E-05
100	0.80	0.	2.05E-14	0.	0.	0.	0.	5.21E-17	0.	0.	1.36E-05	1.36E-05	3.04E-06	3.02E-05
101	0.70	0.	4.95E-15	0.	0.	0.	0.	4.33E-17	0.	0.	2.05E-05	1.25E-05	2.59E-06	3.56E-05
102	0.60	0.	7.23E-16	0.	0.	0.	0.	1.50E-16	0.	0.	3.31E-05	1.40E-05	2.93E-06	5.00E-05

ABSORPTION COEFFICIENTS OF HEATED AIR (INVERSE CM.)

TEMPERATURE (DEGREES K) 15000.   DENSITY (GM/CC) 1.293E-08 (1.0E-05 NORMAL)

#	PHOTON ENERGY E.V.	O2 S-R BANDS	O2 S-R CONT.	N2 B-H NO. 1	NO BETA	NO GAMMA	NO 2	O- PHOTO-DET (INS)	FREE-FREE (INS)	N P.E.	O P.E.	TOTAL AIR
1	10.70	0.	0.	4.96E-17	0.	0.	0.	6.31E-13	5.50E-11	7.84E-09	2.52E-09	1.04E-08
2	10.60	0.	0.	4.45E-17	0.	0.	0.	6.32E-13	5.66E-11	7.88E-09	2.51E-09	1.05E-08
3	10.50	0.	0.	4.46E-17	0.	0.	0.	6.33E-13	5.82E-11	7.92E-09	2.51E-09	1.05E-08
4	10.40	0.	0.	4.18E-17	0.	0.	0.	6.34E-13	5.99E-11	7.95E-09	2.50E-09	1.05E-08
5	10.30	0.	0.	3.60E-17	0.	0.	0.	6.34E-13	6.17E-11	7.96E-09	2.49E-09	1.05E-08
6	10.20	0.	0.	3.69E-17	0.	0.	0.	6.35E-13	6.35E-11	7.98E-09	2.48E-09	1.05E-08
7	10.10	0.	0.	3.44E-17	0.	0.	0.	6.36E-13	6.54E-11	8.00E-09	2.47E-09	1.05E-08
8	10.00	0.	0.	2.97E-17	0.	0.	0.	6.37E-13	6.74E-11	8.02E-09	2.47E-09	1.06E-08
9	9.90	0.	0.	3.04E-17	0.	0.	0.	6.36E-13	6.95E-11	8.04E-09	2.46E-09	1.06E-08
10	9.80	0.	0.	2.82E-17	0.	0.	0.	6.38E-13	7.16E-11	8.06E-09	2.45E-09	1.06E-08
11	9.70	0.	0.	2.40E-17	0.	0.	0.	6.40E-13	7.39E-11	8.08E-09	2.45E-09	1.06E-08
12	9.60	0.	0.	2.58E-17	0.	0.	0.	6.42E-13	7.62E-11	8.11E-09	2.43E-09	1.06E-08
13	9.50	0.	0.	2.17E-17	0.	0.	0.	6.43E-13	7.86E-11	8.13E-09	2.43E-09	1.06E-08
14	9.40	0.	0.	2.03E-17	0.	0.	0.	6.45E-13	8.12E-11	8.16E-09	2.42E-09	1.07E-08
15	9.30	0.	0.	2.07E-17	0.	0.	0.	6.47E-13	8.38E-11	2.88E-09	2.41E-09	5.38E-09
16	9.20	0.	0.	1.68E-17	0.	0.	0.	6.50E-13	8.66E-11	2.88E-09	2.40E-09	5.37E-09
17	9.10	0.	0.	1.72E-17	0.	0.	0.	6.52E-13	8.95E-11	2.89E-09	2.40E-09	5.37E-09
18	9.00	0.	0.	1.55E-17	0.	0.	0.	6.54E-13	9.25E-11	2.88E-09	2.39E-09	5.36E-09
19	8.90	0.	0.	1.41E-17	0.	0.	0.	6.57E-13	9.57E-11	2.88E-09	2.38E-09	5.36E-09
20	8.80	0.	0.	1.38E-17	0.	0.	0.	6.59E-13	9.90E-11	2.89E-09	2.37E-09	5.36E-09
21	8.70	0.	0.	1.18E-17	0.	0.	0.	6.61E-13	1.02E-10	2.89E-09	2.36E-09	5.36E-09
22	8.60	0.	0.	1.21E-17	0.	0.	0.	6.64E-13	1.06E-10	2.89E-09	2.36E-09	5.36E-09
23	8.50	0.	0.	1.04E-17	0.	0.	0.	6.66E-13	1.10E-10	2.90E-09	2.35E-09	5.36E-09
24	8.40	0.	0.	1.03E-17	0.	0.	0.	6.70E-13	1.14E-10	2.91E-09	2.34E-09	5.37E-09
25	8.30	0.	0.	8.56E-18	0.	0.	0.	6.73E-13	1.18E-10	2.76E-09	2.35E-09	5.23E-09
26	8.20	0.	0.	8.60E-18	0.	0.	0.	6.77E-13	1.22E-10	2.77E-09	2.35E-09	5.25E-09
27	8.10	0.	0.	7.31E-18	0.	0.	0.	6.80E-13	1.27E-10	2.78E-09	2.36E-09	5.27E-09
28	8.00	0.	0.	7.30E-18	0.	0.	0.	6.84E-13	1.32E-10	2.79E-09	2.37E-09	5.30E-09
29	7.90	0.	0.	6.19E-18	0.	0.	0.	6.87E-13	1.37E-10	2.81E-09	2.38E-09	5.32E-09
30	7.80	0.	0.	6.37E-18	0.	0.	0.	6.91E-13	1.42E-10	2.82E-09	2.39E-09	5.35E-09
31	7.70	0.	0.	5.51E-18	0.	0.	0.	6.94E-13	1.48E-10	2.84E-09	2.39E-09	5.38E-09
32	7.60	0.	0.	5.18E-18	0.	3.85E-22	0.	6.98E-13	1.54E-10	2.86E-09	2.40E-09	5.42E-09
33	7.50	0.	0.	4.73E-18	0.	1.46E-21	0.	7.01E-13	1.60E-10	2.87E-09	2.41E-09	5.45E-09
34	7.40	0.	0.	4.20E-18	0.	1.07E-20	0.	7.05E-13	1.67E-10	2.89E-09	2.42E-09	5.48E-09
35	7.30	0.	0.	3.93E-18	0.	4.53E-20	0.	7.09E-13	1.74E-10	2.90E-09	2.43E-09	5.51E-09
36	7.20	0.	0.	3.51E-18	0.	1.22E-19	0.	7.13E-13	1.81E-10	2.92E-09	2.44E-09	5.54E-09
37	7.10	0.	0.	3.33E-18	0.	3.69E-19	0.	7.19E-13	1.89E-10	2.94E-09	2.45E-09	5.58E-09
38	7.00	1.59E-21	0.	3.02E-18	0.	7.92E-19	0.	7.25E-13	1.97E-10	2.96E-09	2.45E-09	5.61E-09
39	6.90	3.09E-21	0.	2.74E-18	0.	1.01E-18	0.	7.30E-13	2.06E-10	2.98E-09	2.46E-09	5.65E-09
40	6.80	2.64E-21	0.	2.60E-18	0.	1.86E-18	0.	7.36E-13	2.15E-10	3.00E-09	2.47E-09	5.69E-09
41	6.70	1.90E-21	0.	2.24E-18	0.	1.94E-18	0.	7.42E-13	2.25E-10	3.02E-09	2.48E-09	5.73E-09
42	6.60	1.15E-21	0.	1.99E-18	0.	1.46E-18	0.	7.48E-13	2.36E-10	3.05E-09	2.50E-09	5.78E-09
43	6.50	6.58E-22	0.	1.56E-18	0.	2.29E-18	0.	7.54E-13	2.47E-10	3.08E-09	2.51E-09	5.84E-09
44	6.40	3.72E-22	0.	1.05E-18	9.04E-21	2.27E-18	0.	7.60E-13	2.59E-10	3.11E-09	2.52E-09	5.89E-09
45	6.30	2.13E-22	0.	6.40E-19	4.18E-20	1.48E-18	0.	7.65E-13	2.71E-10	3.15E-09	2.54E-09	5.96E-09
46	6.20	9.51E-23	0.	3.46E-19	5.84E-20	2.10E-18	0.	7.71E-13	2.85E-10	3.18E-09	2.57E-09	6.03E-09
47	6.10	4.31E-23	0.	1.59E-19	1.65E-19	2.73E-18	0.	7.77E-13	2.99E-10	3.22E-09	2.60E-09	6.12E-09
48	6.00	1.78E-23	0.	3.92E-20	1.54E-19	1.26E-18	0.	7.83E-13	3.15E-10	3.08E-09	2.63E-09	6.02E-09
49	5.90	4.34E-24	0.	2.86E-21	2.24E-19	1.25E-18	0.	7.83E-13	3.31E-10	3.13E-09	2.65E-09	6.11E-09
50	5.80	5.51E-25	0.	7.16E-23	3.10E-19	1.26E-18	0.	7.71E-13	3.49E-10	3.17E-09	2.68E-09	6.11E-09
51	5.70	4.05E-26	0.	0.	3.57E-19	1.40E-18	0.	7.24E-13	3.67E-10	3.21E-09	2.71E-09	6.29E-09

ABSORPTION COEFFICIENTS OF HEATED AIR (INVERSE CM.)

TEMPERATURE (DEGREES K) 15000. DENSITY (GM/CC) 1.293E-08 (1.0E-05 NORMAL)

	PHOTON ENERGY	O2 S-R BANDS	N2 1ST POS.	N2 2ND POS.	N2+ 1ST NEG.	NO BETA	NO GAMMA	NO VIB-ROT	NO2	O- PHOTO-DET	FREE-FREE (IONS)	N P.E.	O P.E.	TOTAL AIR
52	5.60	1.82E-27	0.	0.	0.	2.96E-19	1.93E-18	0.	0.	6.74E-13	3.88E-10	3.26E-09	2.74E-09	6.39E-09
53	5.50	0.	0.	0.	0.	3.61E-19	1.80E-18	0.	0.	6.77E-13	4.09E-10	3.33E-09	2.78E-09	6.52E-09
54	5.40	0.	0.	0.	0.	3.26E-19	1.40E-18	0.	0.	6.81E-13	4.33E-10	3.41E-09	2.82E-09	6.66E-09
55	5.30	0.	0.	0.	0.	3.34E-19	1.83E-18	0.	0.	6.85E-13	4.58E-10	3.49E-09	2.86E-09	6.81E-09
56	5.20	0.	0.	0.	0.	3.57E-19	1.69E-18	0.	0.	6.89E-13	4.85E-10	3.58E-09	2.92E-09	6.98E-09
57	5.10	0.	0.	0.	0.	3.54E-19	1.56E-18	0.	0.	6.95E-13	5.14E-10	3.68E-09	2.97E-09	7.17E-09
58	5.00	2.42E-20	0.	0.	0.	3.22E-19	1.56E-18	0.	0.	7.01E-13	5.46E-10	3.80E-09	3.03E-09	7.37E-09
59	4.90	5.78E-20	0.	0.	0.	3.55E-19	1.67E-18	0.	0.	7.07E-13	5.80E-10	3.92E-09	3.08E-09	7.58E-09
60	4.80	1.07E-19	0.	0.	0.	3.80E-19	1.56E-18	0.	0.	7.13E-13	6.17E-10	4.05E-09	3.15E-09	7.82E-09
61	4.70	1.41E-19	0.	0.	0.	3.75E-19	1.40E-18	0.	0.	7.19E-13	6.57E-10	4.19E-09	3.23E-09	8.08E-09
62	4.60	1.92E-19	0.	0.	0.	3.83E-19	1.28E-18	0.	0.	7.25E-13	7.02E-10	4.35E-09	3.31E-09	8.37E-09
63	4.50	1.99E-19	0.	2.04E-19	0.	3.46E-19	9.53E-19	0.	0.	7.30E-13	7.50E-10	4.56E-09	3.40E-09	8.70E-09
64	4.40	2.10E-19	0.	6.38E-19	0.	3.45E-19	6.64E-19	0.	0.	7.36E-13	8.02E-10	4.77E-09	3.48E-09	9.05E-09
65	4.30	1.96E-19	0.	1.95E-18	0.	3.26E-19	4.09E-19	0.	0.	7.42E-13	8.60E-10	4.99E-09	3.52E-09	9.37E-09
66	4.20	1.82E-19	0.	6.60E-18	0.	3.42E-19	2.95E-19	0.	0.	7.48E-13	9.24E-10	5.22E-09	1.19E-09	7.33E-09
67	4.10	1.69E-19	0.	9.46E-18	0.	3.30E-19	8.06E-20	0.	0.	7.51E-13	9.94E-10	4.95E-09	1.23E-09	7.17E-09
68	4.00	1.54E-19	0.	4.33E-18	0.	3.16E-19	6.12E-20	0.	0.	7.54E-13	1.07E-09	3.91E-09	1.27E-09	6.25E-09
69	3.90	1.29E-19	0.	6.78E-18	3.38E-15	2.87E-19	2.39E-20	0.	0.	7.51E-13	1.16E-09	4.09E-09	1.31E-09	6.55E-09
70	3.80	1.41E-19	0.	7.41E-18	1.61E-14	3.07E-19	0.	0.	0.	7.48E-13	1.25E-09	4.26E-09	1.36E-09	6.87E-09
71	3.70	1.23E-19	0.	4.90E-18	5.85E-15	2.56E-19	0.	0.	0.	7.36E-13	1.36E-09	4.16E-09	1.49E-09	7.01E-09
72	3.60	1.10E-19	0.	6.69E-18	3.30E-14	2.78E-19	0.	0.	0.	6.89E-13	1.47E-09	4.52E-09	1.65E-09	7.64E-09
73	3.50	1.02E-19	0.	4.04E-18	7.07E-14	2.15E-19	0.	0.	0.	6.31E-13	1.60E-09	5.02E-09	1.82E-09	8.44E-09
74	3.40	7.32E-20	0.	4.17E-18	9.04E-15	2.40E-19	0.	0.	0.	3.65E-13	1.75E-09	5.48E-09	2.02E-09	9.25E-09
75	3.30	5.40E-20	0.	2.66E-18	8.00E-14	1.96E-19	0.	0.	0.	3.65E-13	1.92E-09	6.06E-09	2.21E-09	1.02E-08
76	3.20	5.97E-20	0.	2.05E-18	1.42E-14	1.84E-19	0.	0.	0.	3.66E-13	2.10E-09	6.65E-09	2.42E-09	1.12E-08
77	3.10	4.37E-20	0.	1.24E-18	1.71E-14	1.71E-19	0.	0.	0.	3.67E-13	2.32E-09	7.25E-09	2.63E-09	1.22E-08
78	3.00	4.51E-20	0.	7.65E-19	2.09E-14	1.27E-19	0.	0.	0.	3.67E-13	2.56E-09	7.87E-09	2.83E-09	1.33E-08
79	2.90	2.85E-20	0.	3.67E-19	1.19E-14	8.60E-20	0.	0.	0.	3.68E-13	2.84E-09	8.51E-09	3.05E-09	1.44E-08
80	2.80	1.31E-20	0.	1.71E-19	1.76E-14	4.57E-20	0.	0.	0.	3.68E-13	3.15E-09	9.24E-09	3.30E-09	1.57E-08
81	2.70	1.10E-22	0.	8.44E-20	1.71E-15	1.97E-20	0.	0.	0.	3.68E-13	3.52E-09	9.99E-09	1.61E-09	1.51E-08
82	2.60	0.	0.	9.39E-21	1.60E-15	4.62E-21	0.	0.	0.	3.68E-13	3.95E-09	1.08E-08	1.76E-09	1.65E-08
83	2.50	0.	0.	0.	1.39E-15	4.87E-22	0.	0.	0.	3.68E-13	4.45E-09	7.84E-09	2.04E-09	1.43E-08
84	2.40	0.	0.	0.	0.	0.	0.	0.	0.	3.65E-13	5.04E-09	9.64E-09	2.49E-09	1.72E-08
85	2.30	0.	4.54E-19	0.	0.	0.	0.	0.	0.	3.62E-13	5.73E-09	1.17E-08	2.99E-09	2.04E-08
86	2.20	0.	1.52E-18	0.	0.	0.	0.	0.	0.	3.51E-13	6.57E-09	1.38E-08	3.59E-09	2.40E-08
87	2.10	0.	3.79E-18	0.	0.	0.	0.	0.	0.	3.37E-13	7.56E-09	1.61E-08	4.19E-09	2.78E-08
88	2.00	0.	4.24E-18	0.	0.	0.	0.	0.	0.	3.22E-13	8.77E-09	1.83E-08	4.79E-09	3.19E-08
89	1.90	0.	8.06E-18	0.	0.	0.	0.	0.	0.	3.04E-13	1.02E-08	2.08E-08	5.50E-09	3.65E-08
90	1.80	0.	1.12E-17	0.	0.	0.	0.	0.	0.	2.57E-13	1.21E-08	2.48E-08	6.64E-09	4.35E-08
91	1.70	0.	9.33E-18	0.	0.	0.	0.	0.	0.	1.17E-13	1.44E-08	2.96E-08	8.07E-09	5.21E-08
92	1.60	0.	1.09E-17	0.	0.	0.	0.	0.	0.	0.	1.73E-08	4.54E-08	1.04E-08	7.31E-08
93	1.50	0.	7.99E-18	0.	0.	0.	0.	0.	0.	0.	2.11E-08	4.23E-08	9.29E-09	7.27E-08
94	1.40	0.	9.39E-18	0.	0.	0.	0.	0.	0.	0.	2.60E-08	6.02E-08	1.34E-08	9.96E-08
95	1.30	0.	7.17E-18	0.	0.	0.	0.	0.	0.	0.	3.26E-08	8.29E-08	1.65E-08	1.32E-07
96	1.20	0.	6.90E-18	0.	0.	0.	0.	0.	0.	0.	4.18E-08	1.03E-07	2.10E-08	1.66E-07
97	1.10	0.	6.38E-18	0.	0.	0.	0.	0.	0.	0.	5.48E-08	1.28E-07	2.55E-08	2.08E-07
98	1.00	0.	5.85E-18	0.	0.	0.	0.	1.84E-23	0.	0.	7.33E-08	1.52E-07	2.82E-08	2.53E-07
99	0.90	0.	4.81E-18	0.	0.	0.	0.	2.44E-22	0.	0.	1.01E-07	1.85E-07	3.26E-08	3.19E-07
100	0.80	0.	2.26E-18	0.	0.	0.	0.	5.86E-22	0.	0.	1.44E-07	1.43E-07	3.19E-08	3.19E-07
101	0.70	0.	5.47E-19	0.	0.	0.	0.	4.87E-21	0.	0.	2.18E-07	1.31E-07	2.78E-08	3.77E-07
102	0.60	0.	8.00E-20	0.	0.	0.	0.	1.69E-20	0.	0.	3.50E-07	1.48E-07	3.14E-08	5.29E-07

311

ABSORPTION COEFFICIENTS OF HEATED AIR (INVERSE CM.)

TEMPERATURE (DEGREES K) 15000.   DENSITY (GM/CC) 1.293E-09 (1.0E-06 NORMAL)

#	PHOTON ENERGY E.V.	O2 S-R BANDS	O2 S-R CONT.	N2 B-H NO. 1	NO BETA	NO GAMMA	NO2	O- PHOTO-DET (IONS)	FREE-FREE (IONS)	N P.E.	O P.E.	TOTAL AIR
1	10.70	0.	0.	5.00E-21	0.	0.	0.	6.47E-16	5.71E-13	9.59E-11	2.58E-11	1.22E-10
2	10.60	0.	0.	4.49E-21	0.	0.	0.	6.48E-16	5.87E-13	9.64E-11	2.57E-11	1.23E-10
3	10.50	0.	0.	4.50E-21	0.	0.	0.	6.49E-16	6.04E-13	9.68E-11	2.56E-11	1.23E-10
4	10.40	0.	0.	4.21E-21	0.	0.	0.	6.50E-16	6.22E-13	9.71E-11	2.55E-11	1.23E-10
5	10.30	0.	0.	3.63E-21	0.	0.	0.	6.51E-16	6.40E-13	9.74E-11	2.55E-11	1.23E-10
6	10.20	0.	0.	3.71E-21	0.	0.	0.	6.52E-16	6.59E-13	9.78E-11	2.54E-11	1.24E-10
7	10.10	0.	0.	3.47E-21	0.	0.	0.	6.53E-16	6.79E-13	9.81E-11	2.53E-11	1.24E-10
8	10.00	0.	0.	2.99E-21	0.	0.	0.	6.55E-16	7.00E-13	9.85E-11	2.52E-11	1.24E-10
9	9.90	0.	0.	3.06E-21	0.	0.	0.	6.56E-16	7.21E-13	9.89E-11	2.51E-11	1.25E-10
10	9.80	0.	0.	2.84E-21	0.	0.	0.	6.57E-16	7.43E-13	9.93E-11	2.51E-11	1.25E-10
11	9.70	0.	0.	2.41E-21	0.	0.	0.	6.58E-16	7.67E-13	9.97E-11	2.50E-11	1.25E-10
12	9.60	0.	0.	2.60E-21	0.	0.	0.	6.59E-16	7.91E-13	1.00E-10	2.49E-11	1.26E-10
13	9.50	0.	0.	2.19E-21	0.	0.	0.	6.62E-16	8.16E-13	1.00E-10	2.49E-11	1.26E-10
14	9.40	0.	0.	2.04E-21	0.	0.	0.	6.64E-16	8.43E-13	4.79E-11	2.48E-11	7.35E-11
15	9.30	0.	0.	2.09E-21	0.	0.	0.	6.67E-16	8.70E-13	4.80E-11	2.47E-11	7.36E-11
16	9.20	0.	0.	1.49E-21	0.	0.	0.	6.69E-16	8.99E-13	4.82E-11	2.46E-11	7.37E-11
17	9.10	0.	0.	1.74E-21	0.	0.	0.	6.71E-16	9.29E-13	4.84E-11	2.45E-11	7.38E-11
18	9.00	0.	0.	1.56E-21	0.	0.	0.	6.74E-16	9.60E-13	4.85E-11	2.43E-11	7.38E-11
19	8.90	0.	0.	1.42E-21	0.	0.	0.	6.76E-16	9.93E-13	4.87E-11	2.42E-11	7.39E-11
20	8.80	0.	0.	1.39E-21	0.	0.	0.	6.79E-16	1.03E-12	4.89E-11	2.41E-11	7.41E-11
21	8.70	0.	0.	1.18E-21	0.	0.	0.	6.81E-16	1.06E-12	4.91E-11	2.41E-11	7.42E-11
22	8.60	0.	0.	1.21E-21	0.	0.	0.	6.83E-16	1.10E-12	4.92E-11	2.40E-11	7.44E-11
23	8.50	0.	0.	1.05E-21	0.	0.	0.	6.87E-16	1.14E-12	3.49E-11	2.39E-11	5.98E-11
24	8.40	0.	0.	1.03E-21	0.	0.	0.	6.91E-16	1.18E-12	3.53E-11	2.39E-11	6.00E-11
25	8.30	0.	0.	8.62E-22	0.	0.	0.	6.94E-16	1.22E-12	3.57E-11	2.40E-11	6.04E-11
26	8.20	0.	0.	8.66E-22	0.	0.	0.	6.98E-16	1.27E-12	3.62E-11	2.40E-11	6.10E-11
27	8.10	0.	0.	7.36E-22	0.	0.	0.	7.01E-16	1.32E-12	3.66E-11	2.41E-11	6.15E-11
28	8.00	0.	0.	7.26E-22	0.	0.	0.	7.05E-16	1.37E-12	3.71E-11	2.42E-11	6.21E-11
29	7.90	0.	0.	6.42E-22	0.	0.	0.	7.09E-16	1.42E-12	3.77E-11	2.43E-11	6.28E-11
30	7.80	0.	0.	6.42E-22	0.	0.	0.	7.12E-16	1.48E-12	3.82E-11	2.44E-11	6.35E-11
31	7.70	0.	0.	5.55E-22	0.	3.92E-26	0.	7.16E-16	1.54E-12	3.88E-11	2.44E-11	6.42E-11
32	7.60	0.	0.	5.21E-22	0.	1.48E-25	0.	7.19E-16	1.60E-12	3.93E-11	2.45E-11	6.49E-11
33	7.50	0.	0.	4.76E-22	0.	1.09E-24	0.	7.23E-16	1.66E-12	3.94E-11	2.46E-11	6.56E-11
34	7.40	0.	0.	4.23E-22	0.	4.63E-24	0.	7.27E-16	1.73E-12	4.01E-11	2.47E-11	6.58E-11
35	7.30	0.	0.	3.96E-22	0.	1.24E-23	0.	7.31E-16	1.81E-12	4.09E-11	2.48E-11	6.67E-11
36	7.20	0.	0.	3.53E-22	0.	3.75E-23	0.	7.37E-16	1.88E-12	4.18E-11	2.49E-11	6.77E-11
37	7.10	1.64E-25	0.	3.04E-22	0.	8.07E-23	0.	7.43E-16	1.94E-12	4.26E-11	2.50E-11	6.87E-11
38	7.00	3.18E-25	0.	2.76E-22	0.	1.03E-22	0.	7.49E-16	2.05E-12	4.35E-11	2.51E-11	6.97E-11
39	6.90	2.72E-25	0.	2.62E-22	0.	1.89E-22	0.	7.55E-16	2.14E-12	4.43E-11	2.52E-11	7.08E-11
40	6.80	1.96E-25	0.	2.26E-22	0.	1.97E-22	0.	7.61E-16	2.24E-12	4.52E-11	2.53E-11	7.18E-11
41	6.70	1.19E-25	0.	2.00E-22	0.	1.49E-22	0.	7.67E-16	2.34E-12	4.61E-11	2.54E-11	7.29E-11
42	6.60	6.77E-26	0.	1.57E-22	0.	2.33E-22	0.	7.73E-16	2.45E-12	4.71E-11	2.55E-11	7.41E-11
43	6.50	3.83E-26	0.	1.06E-22	0.	1.51E-22	0.	7.79E-16	2.56E-12	4.81E-11	2.57E-11	7.53E-11
44	6.40	2.20E-26	0.	6.44E-23	9.21E-25	2.13E-22	0.	7.85E-16	2.69E-12	4.91E-11	2.58E-11	7.66E-11
45	6.30	9.79E-27	0.	3.49E-23	4.26E-24	2.76E-22	0.	7.91E-16	2.82E-12	5.01E-11	2.60E-11	7.79E-11
46	6.20	4.44E-27	0.	1.60E-23	5.95E-24	1.28E-22	0.	7.97E-16	2.94E-12	5.11E-11	2.63E-11	7.93E-11
47	6.10	1.83E-27	0.	4.02E-24	1.60E-23	1.27E-22	0.	8.03E-16	3.11E-12	3.36E-11	2.64E-11	6.31E-11
48	6.00	4.46E-28	0.	1.83E-24	1.57E-23	1.28E-22	0.	8.03E-16	3.27E-12	3.41E-11	2.67E-11	6.41E-11
49	5.90	5.68E-29	0.	2.88E-25	2.28E-23	1.43E-22	0.	7.91E-16	3.44E-12	3.47E-11	2.70E-11	6.51E-11
50	5.80	4.17E-30	0.	7.21E-27	3.16E-23		0.	7.91E-16	3.62E-12	3.52E-11	2.73E-11	6.61E-11
51	5.70	0.	0.	0.	3.64E-23		0.	7.43E-16	3.81E-12	3.58E-11	2.76E-11	6.72E-11

ABSORPTION COEFFICIENTS OF HEATED AIR (INVERSE CM.)

TEMPERATURE (DEGREES K) 15000.   DENSITY (GM/CC) 1.293E-09   (1.0E-06 NORMAL)

PHOTON ENERGY	O2 S-R BANDS	N2 1ST POS	N2 2ND POS	N2+ 1ST NEG	NO BETA	NO GAMMA	NO VIB-ROT	NO2	O- PHOTO-DET (TONS)	FREE-FREE (TONS)	N P.E.	O P.E.	TOTAL AIR
52 5.60	1.88E-31	0.	0.	0.	3.02E-23	1.96E-22	0.	0.	6.91E-16	4.02E-12	3.65E-11	2.79E-11	6.84E-11
53 5.50	0.	0.	0.	0.	3.68E-23	1.83E-22	0.	0.	6.95E-16	4.25E-12	3.74E-11	2.82E-11	6.99E-11
54 5.40	0.	0.	0.	0.	3.32E-23	1.43E-22	0.	0.	6.98E-16	4.49E-12	3.85E-11	2.86E-11	7.16E-11
55 5.30	0.	0.	0.	0.	3.40E-23	1.86E-22	0.	0.	7.03E-16	4.75E-12	3.96E-11	2.90E-11	7.34E-11
56 5.20	0.	0.	0.	0.	3.63E-23	1.32E-22	0.	0.	7.07E-16	5.03E-12	4.07E-11	2.96E-11	7.53E-11
57 5.10	0.	0.	0.	0.	3.61E-23	1.72E-22	0.	0.	7.13E-16	5.33E-12	4.19E-11	3.02E-11	7.75E-11
58 5.00	2.49E-24	0.	0.	0.	3.27E-23	1.58E-22	0.	0.	7.19E-16	5.66E-12	4.33E-11	3.07E-11	7.97E-11
59 4.90	5.95E-24	0.	0.	0.	3.62E-23	1.70E-22	0.	0.	7.25E-16	6.02E-12	4.48E-11	3.13E-11	8.22E-11
60 4.80	1.10E-23	0.	0.	0.	3.87E-23	1.59E-22	0.	0.	7.31E-16	6.40E-12	4.64E-11	3.20E-11	8.48E-11
61 4.70	1.46E-23	0.	0.	0.	3.82E-23	1.43E-22	0.	0.	7.37E-16	6.82E-12	4.81E-11	3.28E-11	8.78E-11
62 4.60	1.98E-23	0.	2.05E-23	0.	3.90E-23	1.30E-22	0.	0.	7.43E-16	7.2E-12	5.03E-11	3.37E-11	9.12E-11
63 4.50	2.05E-23	0.	6.43E-23	0.	3.53E-23	9.70E-23	0.	0.	7.49E-16	7.78E-12	5.28E-11	3.45E-11	9.51E-11
64 4.40	2.16E-23	0.	1.97E-22	0.	3.52E-23	6.77E-23	0.	0.	7.55E-16	8.33E-12	5.54E-11	3.48E-11	9.85E-11
65 4.30	2.02E-23	0.	6.65E-22	0.	3.32E-23	4.16E-23	0.	0.	7.61E-16	8.93E-12	5.81E-11	3.20E-11	9.90E-11
66 4.20	1.87E-23	0.	2.69E-22	0.	3.48E-23	3.01E-23	0.	0.	7.67E-16	9.59E-12	6.09E-11	1.21E-11	8.26E-11
67 4.10	1.74E-23	0.	9.53E-22	0.	3.36E-23	6.23E-24	0.	0.	7.70E-16	1.03E-11	5.84E-11	1.25E-11	8.12E-11
68 4.00	1.59E-23	0.	4.36E-22	0.	3.22E-23	2.44E-24	0.	0.	7.73E-16	1.11E-11	5.13E-11	1.29E-11	7.66E-11
69 3.90	1.33E-23	0.	6.85E-22	3.37E-18	2.92E-23	0.	0.	0.	7.70E-16	1.20E-11	4.89E-11	1.33E-11	7.30E-11
70 3.80	1.45E-23	0.	7.46E-22	1.60E-17	3.13E-23	0.	0.	0.	7.67E-16	1.30E-11	5.13E-11	1.39E-11	7.75E-11
71 3.70	1.14E-23	0.	4.94E-22	5.83E-18	2.83E-23	0.	0.	0.	7.55E-16	1.41E-11	5.06E-11	1.53E-11	7.90E-11
72 3.60	1.05E-23	0.	6.74E-22	3.29E-17	2.19E-23	0.	0.	0.	7.07E-16	1.53E-11	5.31E-11	1.68E-11	8.24E-11
73 3.50	1.05E-23	0.	4.07E-22	7.05E-17	2.44E-23	0.	0.	0.	6.47E-16	1.67E-11	4.68E-11	1.86E-11	8.71E-11
74 3.40	7.54E-24	0.	4.20E-22	9.01E-17	1.92E-23	0.	0.	0.	3.74E-16	1.82E-11	5.19E-11	2.06E-11	9.66E-11
75 3.30	6.48E-24	0.	2.68E-22	3.79E-17	2.00E-23	0.	0.	0.	3.75E-16	1.99E-11	5.78E-11	2.25E-11	1.06E-10
76 3.20	6.14E-24	0.	2.07E-22	6.98E-17	1.87E-23	0.	0.	0.	3.75E-16	2.19E-11	6.39E-11	2.46E-11	1.17E-10
77 3.10	5.43E-24	0.	1.25E-22	1.42E-17	1.74E-23	0.	0.	0.	3.76E-16	2.40E-11	7.03E-11	2.67E-11	1.28E-10
78 3.00	4.50E-24	0.	7.70E-23	1.74E-17	1.30E-23	0.	0.	0.	3.76E-16	2.66E-11	7.69E-11	2.88E-11	1.39E-10
79 2.90	4.65E-24	0.	3.70E-23	3.66E-17	8.76E-24	0.	0.	0.	3.77E-16	2.94E-11	8.35E-11	3.10E-11	1.51E-10
80 2.80	2.93E-24	0.	1.72E-23	2.08E-17	2.00E-24	0.	0.	0.	3.77E-16	3.27E-11	9.04E-11	2.98E-11	1.53E-10
81 2.70	2.37E-26	0.	8.51E-24	1.19E-17	4.70E-25	0.	0.	0.	3.78E-16	3.65E-11	9.83E-11	1.79E-11	1.59E-10
82 2.60	0.	0.	9.46E-25	1.75E-17	4.96E-26	0.	0.	0.	3.78E-16	4.10E-11	1.06E-10	1.31E-11	1.61E-10
83 2.50	0.	0.	0.	1.71E-17	0.	0.	0.	0.	3.78E-16	4.61E-11	1.31E-10	2.08E-11	1.85E-10
84 2.40	0.	4.57E-23	0.	1.59E-18	0.	0.	0.	0.	3.78E-16	5.22E-11	1.05E-10	2.54E-11	2.16E-10
85 2.30	0.	1.53E-22	0.	1.38E-18	0.	0.	0.	0.	3.75E-16	5.95E-11	1.26E-10	3.04E-11	1.98E-10
86 2.20	0.	3.82E-22	0.	0.	0.	0.	0.	0.	3.73E-16	6.81E-11	1.48E-10	3.65E-11	1.85E-10
87 2.10	0.	4.27E-22	0.	0.	0.	0.	0.	0.	3.72E-16	7.85E-11	1.64E-10	4.25E-11	2.16E-10
88 2.00	0.	8.12E-22	0.	0.	0.	0.	0.	0.	3.60E-16	9.10E-11	1.88E-10	4.86E-11	2.85E-10
89 1.90	0.	1.13E-21	0.	0.	0.	0.	0.	0.	3.46E-16	1.04E-10	2.14E-10	5.59E-11	3.27E-10
90 1.80	0.	9.40E-22	0.	0.	0.	0.	0.	0.	3.31E-16	1.25E-10	2.54E-10	6.75E-11	3.76E-10
91 1.70	0.	1.10E-21	0.	0.	0.	0.	0.	0.	3.12E-16	1.49E-10	3.04E-10	7.75E-11	4.47E-10
92 1.60	0.	8.05E-22	0.	0.	0.	0.	0.	0.	2.64E-16	1.80E-10	3.28E-10	9.18E-11	5.31E-10
93 1.50	0.	9.45E-22	0.	0.	0.	0.	0.	0.	1.20E-16	2.16E-10	3.83E-10	1.06E-10	5.99E-10
94 1.40	0.	9.45E-22	0.	0.	0.	0.	0.	0.	0.	2.69E-10	5.40E-10	1.36E-10	7.47E-10
95 1.30	0.	7.23E-22	0.	0.	0.	0.	0.	0.	0.	3.38E-10	7.36E-10	1.68E-10	1.01E-09
96 1.20	0.	6.95E-22	0.	0.	0.	0.	0.	0.	0.	4.34E-10	9.03E-10	2.13E-10	1.34E-09
97 1.10	0.	6.43E-22	0.	0.	0.	0.	1.88E-27	0.	0.	5.69E-10	1.10E-09	2.59E-10	1.68E-09
98 1.00	0.	5.90E-22	0.	0.	0.	0.	2.48E-26	0.	0.	7.60E-10	1.24E-09	2.86E-10	2.11E-09
99 0.90	0.	2.28E-22	0.	0.	0.	0.	2.86E-26	0.	0.	1.05E-09	1.49E-09	2.45E-10	2.57E-09
100 0.80	0.	2.84E-22	0.	0.	0.	0.	5.97E-25	0.	0.	1.49E-09	1.15E-09	2.82E-10	2.89E-09
101 0.70	0.	5.51E-23	0.	0.	0.	0.	4.96E-25	0.	0.	2.26E-09	1.32E-09	2.82E-10	3.46E-09
102 0.60	0.	8.06E-24	0.	0.	0.	0.	1.72E-24	0.	0.	3.65E-09	1.48E-09	3.19E-10	5.43E-09

ABSORPTION COEFFICIENTS OF HEATED AIR (INVERSE CM.)

TEMPERATURE (DEGREES K) 16000. DENSITY (GM/CC) 1.293E-02 (1.0E 01 NORMAL)

	PHOTON ENERGY E.V.	O2 S-R BANDS	O2 S-R CONT.	N2 B-H NO. 1	NO BETA	NO GAMMA	NO 2	O- PHOTO-DET (IONS)	FREE-FREE	N P.E.	O P.E.	TOTAL AIR
1	10.70	0.	0.	3.29E 00	0.	0.	0.	2.86E 00	3.76E-02	2.36E 02	8.80E-01	2.43E 02
2	10.60	0.	0.	2.97E 00	0.	0.	0.	2.87E 00	3.87E-02	4.19E 00	8.77E-01	1.09E 01
3	10.50	0.	0.	2.99E 00	0.	0.	0.	2.87E 00	3.99E-02	4.21E 00	8.74E-01	1.10E 01
4	10.40	0.	0.	2.82E 00	0.	0.	0.	2.88E 00	4.10E-02	4.22E 00	8.71E-01	1.08E 01
5	10.30	0.	0.	2.44E 00	0.	0.	0.	2.88E 00	4.22E-02	4.23E 00	8.68E-01	1.08E 01
6	10.20	0.	0.	2.50E 00	0.	0.	0.	2.88E 00	4.35E-02	4.24E 00	8.65E-01	1.05E 01
7	10.10	0.	0.	2.35E 00	0.	0.	0.	2.89E 00	4.48E-02	4.25E 00	8.62E-01	1.05E 01
8	10.00	0.	0.	2.04E 00	0.	0.	0.	2.89E 00	4.62E-02	4.26E 00	8.59E-01	1.04E 01
9	9.90	0.	0.	2.09E 00	0.	0.	0.	2.90E 00	4.76E-02	4.27E 00	8.56E-01	1.02E 01
10	9.80	0.	0.	1.95E 00	0.	0.	0.	2.90E 00	4.90E-02	4.28E 00	8.53E-01	1.00E 01
11	9.70	0.	0.	1.67E 00	0.	0.	0.	2.91E 00	5.06E-02	4.29E 00	8.50E-01	9.76E 00
12	9.60	0.	0.	1.80E 00	0.	0.	0.	2.91E 00	5.22E-02	4.30E 00	8.47E-01	9.91E 00
13	9.50	0.	0.	1.52E 00	0.	0.	0.	2.92E 00	5.39E-02	4.31E 00	8.44E-01	9.65E 00
14	9.40	0.	0.	1.43E 00	0.	0.	0.	2.93E 00	5.56E-02	4.32E 00	8.41E-01	9.58E 00
15	9.30	0.	0.	1.46E 00	0.	0.	0.	2.94E 00	5.74E-02	4.34E 00	8.38E-01	9.63E 00
16	9.20	0.	0.	1.20E 00	0.	0.	0.	2.95E 00	5.93E-02	4.35E 00	8.35E-01	9.39E 00
17	9.10	0.	0.	1.23E 00	0.	0.	0.	2.96E 00	6.13E-02	1.50E 00	8.32E-01	6.58E 00
18	9.00	0.	0.	1.11E 00	0.	0.	0.	2.97E 00	6.34E-02	1.50E 00	8.29E-01	6.47E 00
19	8.90	0.	0.	1.02E 00	0.	0.	0.	2.98E 00	6.55E-02	1.50E 00	8.26E-01	6.39E 00
20	8.80	0.	0.	9.98E-01	0.	0.	0.	2.99E 00	6.78E-02	1.50E 00	8.24E-01	6.38E 00
21	8.70	0.	0.	8.58E-01	0.	0.	0.	3.00E 00	7.02E-02	1.50E 00	8.21E-01	6.25E 00
22	8.60	0.	0.	8.82E-01	0.	0.	0.	3.01E 00	7.27E-02	1.51E 00	8.18E-01	6.29E 00
23	8.50	0.	0.	7.65E-01	0.	0.	0.	3.02E 00	7.54E-02	1.51E 00	8.16E-01	6.18E 00
24	8.40	0.	0.	7.58E-01	0.	0.	0.	3.04E 00	7.81E-02	1.51E 00	8.13E-01	6.20E 00
25	8.30	0.	0.	6.37E-01	0.	0.	0.	3.05E 00	8.10E-02	1.51E 00	8.12E-01	6.10E 00
26	8.20	0.	0.	6.42E-01	0.	0.	0.	3.07E 00	8.40E-02	1.51E 00	8.15E-01	6.13E 00
27	8.10	0.	0.	5.49E-01	0.	0.	0.	3.09E 00	8.72E-02	1.52E 00	8.17E-01	6.06E 00
28	8.00	0.	0.	5.51E-01	0.	0.	0.	3.10E 00	9.05E-02	1.52E 00	8.20E-01	6.09E 00
29	7.90	0.	0.	4.70E-01	0.	0.	0.	3.12E 00	9.40E-02	1.53E 00	8.22E-01	6.04E 00
30	7.80	0.	0.	4.85E-01	0.	0.	0.	3.13E 00	9.77E-02	1.54E 00	8.25E-01	6.08E 00
31	7.70	0.	0.	4.22E-01	0.	0.	0.	3.15E 00	1.02E-01	1.54E 00	8.27E-01	6.05E 00
32	7.60	0.	0.	3.99E-01	0.	1.80E-05	0.	3.17E 00	1.06E-01	1.56E 00	8.30E-01	6.06E 00
33	7.50	0.	0.	3.66E-01	0.	6.55E-05	0.	3.18E 00	1.10E-01	1.56E 00	8.32E-01	6.05E 00
34	7.40	0.	0.	3.27E-01	0.	5.03E-04	0.	3.20E 00	1.14E-01	1.57E 00	8.34E-01	6.05E 00
35	7.30	0.	0.	3.08E-01	0.	2.08E-03	0.	3.22E 00	1.19E-01	1.58E 00	8.37E-01	6.06E 00
36	7.20	0.	0.	2.76E-01	0.	5.63E-03	0.	3.23E 00	1.24E-01	1.59E 00	8.39E-01	6.07E 00
37	7.10	0.	0.	2.63E-01	0.	1.72E-02	0.	3.26E 00	1.30E-01	1.59E 00	8.42E-01	6.11E 00
38	7.00	4.73E-05	0.	2.40E-01	0.	3.60E-02	0.	3.29E 00	1.35E-01	1.60E 00	8.44E-01	6.15E 00
39	6.90	9.19E-05	0.	2.19E-01	0.	4.73E-02	0.	3.31E 00	1.41E-01	1.61E 00	8.47E-01	6.18E 00
40	6.80	7.88E-05	0.	2.09E-01	0.	8.54E-02	0.	3.34E 00	1.48E-01	1.62E 00	8.49E-01	6.25E 00
41	6.70	5.71E-05	0.	1.81E-01	0.	6.81E-02	0.	3.37E 00	1.55E-01	1.63E 00	8.53E-01	6.27E 00
42	6.60	3.46E-05	0.	1.61E-01	0.	1.04E-01	0.	3.39E 00	1.62E-01	1.64E 00	8.57E-01	6.28E 00
43	6.50	1.99E-05	0.	1.27E-01	0.	1.01E-01	0.	3.42E 00	1.69E-01	1.65E 00	8.60E-01	6.34E 00
44	6.40	1.13E-05	0.	8.69E-02	3.90E-04	1.01E-01	0.	3.45E 00	1.76E-01	1.67E 00	8.64E-01	6.35E 00
45	6.30	6.51E-06	0.	5.35E-02	1.82E-03	6.84E-02	0.	3.47E 00	1.86E-01	1.69E 00	8.70E-01	6.34E 00
46	6.20	2.92E-06	0.	2.93E-02	2.56E-03	9.56E-02	0.	3.50E 00	1.96E-01	1.70E 00	8.79E-01	6.40E 00
47	6.10	1.33E-06	0.	1.36E-02	7.22E-03	1.22E-01	0.	3.53E 00	2.16E-01	1.74E 00	8.88E-01	6.49E 00
48	6.00	5.51E-07	0.	3.42E-03	6.85E-03	5.78E-02	0.	3.55E 00	2.16E-01	1.74E 00	8.98E-01	6.48E 00
49	5.90	1.35E-07	0.	2.45E-04	9.98E-03	5.70E-02	0.	3.55E 00	2.27E-01	1.77E 00	9.07E-01	6.52E 00
50	5.80	1.72E-08	0.	6.15E-06	1.39E-02	5.79E-02	0.	3.50E 00	2.35E-01	1.79E 00	9.16E-01	6.52E 00
51	5.70	1.26E-09	0.	0.	1.61E-02	6.46E-02	0.	3.29E 00	2.52E-01	1.82E 00	9.26E-01	6.36E 00

314

ABSORPTION COEFFICIENTS OF HEATED AIR (INVERSE CM.)

TEMPERATURE (DEGREES K) 16000.   DENSITY (GM/CC) 1.293E-02   (1.0E 01 NORMAL.)

	PHOTON ENERGY	O2 S-R BANDS	N2 1ST POS.	N2 2ND POS.	N2+ 1ST NEG.	NO BETA	NO GAMMA	NO VIB-ROT	NO2	O- PHOTO-DET	FREE-FREE (IONS)	N P.E.	O P.F.	TOTAL AIR
52	5.60	5.69E-11	0.	0.	0.	1.35E-02	8.75E-02	0.	0.	3.06E 00	2.66E-01	1.85E 00	9.35E-01	6.20E 00
53	5.50	0.	0.	0.	0.	1.65E-02	8.14E-02	0.	0.	3.07E 00	2.81E-01	1.88E 00	9.46E-01	6.28E 00
54	5.40	0.	0.	0.	0.	1.50E-02	6.46E-02	0.	0.	3.09E 00	2.97E-01	1.93E 00	9.59E-01	6.35E 00
55	5.30	0.	0.	0.	0.	1.53E-02	8.30E-02	0.	0.	3.11E 00	3.14E-01	1.98E 00	9.73E-01	6.47E 00
56	5.20	0.	0.	0.	0.	1.64E-02	6.04E-02	0.	0.	3.13E 00	3.32E-01	2.03E 00	9.92E-01	6.56E 00
57	5.10	0.	0.	0.	0.	1.64E-02	7.82E-02	0.	0.	3.15E 00	3.53E-01	2.09E 00	1.01E 00	6.70E 00
58	5.00	7.63E-04	0.	0.	0.	1.49E-02	7.26E-02	0.	0.	3.18E 00	3.74E-01	2.15E 00	1.03E 00	6.82E 00
59	4.90	1.84E-03	0.	0.	0.	1.65E-02	7.84E-02	0.	0.	3.21E 00	3.98E-01	2.22E 00	1.05E 00	6.97E 00
60	4.80	3.41E-03	0.	0.	0.	1.77E-02	7.33E-02	0.	0.	3.23E 00	4.23E-01	2.30E 00	1.07E 00	7.12E 00
61	4.70	4.56E-03	0.	0.	0.	1.76E-02	6.62E-02	0.	0.	3.26E 00	4.51E-01	2.38E 00	1.10E 00	7.27E 00
62	4.60	6.22E-03	0.	0.	0.	1.80E-02	6.02E-02	0.	0.	3.29E 00	4.82E-01	2.47E 00	1.13E 00	7.45E 00
63	4.50	6.49E-03	0.	0.	0.	1.63E-02	4.51E-02	0.	0.	3.31E 00	5.15E-01	2.59E 00	1.15E 00	7.66E 00
64	4.40	6.49E-03	0.	0.	0.	1.63E-02	3.13E-02	0.	0.	3.34E 00	5.51E-01	2.71E 00	1.18E 00	7.89E 00
65	4.30	6.47E-03	0.	0.	0.	1.55E-02	1.94E-02	0.	0.	3.37E 00	5.91E-01	2.84E 00	1.22E 00	8.22E 00
66	4.20	6.01E-03	0.	0.	0.	1.63E-02	1.39E-02	0.	0.	3.39E 00	6.35E-01	2.97E 00	1.25E 00	8.44E 00
67	4.10	5.61E-03	0.	0.	0.	1.58E-02	5.81E-03	0.	0.	3.41E 00	6.83E-01	3.10E 00	1.26E 00	8.71E 00
68	4.00	5.14E-03	0.	0.	0.	1.52E-02	2.89E-03	0.	0.	3.42E 00	7.36E-01	3.24E 00	1.26E 00	8.69E 00
69	3.90	4.34E-03	0.	1.75E-02	1.89E-02	1.39E-02	1.12E-03	0.	0.	3.41E 00	7.94E-01	3.10E 00	4.67E-01	8.19E 00
70	3.80	4.74E-03	0.	5.40E-02	8.60E-02	1.49E-02	0.	0.	0.	3.39E 00	8.60E-01	3.15E 00	4.82E-01	8.60E 00
71	3.70	4.18E-03	0.	1.70E-01	3.32E-02	1.25E-02	0.	0.	0.	3.34E 00	9.32E-01	2.56E 00	5.01E-01	8.06E 00
72	3.60	3.75E-03	0.	5.61E-01	1.83E-01	1.36E-02	0.	0.	0.	3.13E 00	1.01E 00	2.76E 00	5.51E-01	8.14E 00
73	3.50	3.17E-03	0.	2.34E-01	5.12E-02	1.06E-02	0.	0.	0.	2.86E 00	1.10E 00	2.90E 00	6.07E-01	8.51E 00
74	3.40	2.52E-03	0.	8.07E-01	2.09E-01	1.19E-02	0.	0.	0.	1.65E 00	1.20E 00	3.24E 00	6.69E-01	7.26E 00
75	3.30	2.18E-03	0.	3.72E-01	3.70E-01	9.38E-03	0.	0.	0.	1.65E 00	1.32E 00	3.58E 00	7.40E-01	7.95E 00
76	3.20	2.08E-03	0.	5.87E-01	8.07E-02	9.81E-03	0.	0.	0.	1.66E 00	1.45E 00	3.92E 00	8.11E-01	8.53E 00
77	3.10	1.85E-03	0.	4.74E-01	2.00E-01	9.22E-03	0.	0.	0.	1.66E 00	1.59E 00	4.28E 00	8.46E-01	8.77E 00
78	3.00	1.54E-03	0.	6.30E-01	1.12E-01	8.63E-03	0.	0.	0.	1.66E 00	1.76E 00	4.64E 00	9.61E-01	9.42E 00
79	2.90	1.60E-03	0.	4.28E-01	4.44E-02	6.51E-03	0.	0.	0.	1.67E 00	1.95E 00	5.01E 00	1.04E 00	9.93E 00
80	2.80	1.02E-03	0.	3.76E-01	6.74E-02	4.44E-03	0.	0.	0.	1.67E 00	2.17E 00	5.44E 00	1.12E 00	1.06E 01
81	2.70	4.74E-04	0.	3.56E-01	2.39E-02	2.39E-03	0.	0.	0.	1.67E 00	2.42E 00	5.91E 00	1.06E 00	1.14E 01
82	2.60	3.31E-05	0.	3.66E-01	9.46E-03	1.04E-03	0.	0.	0.	1.67E 00	2.71E 00	6.41E 00	1.14E 00	1.28E 01
83	2.50	0.	0.	2.36E-01	8.94E-03	2.46E-04	0.	0.	0.	1.67E 00	3.47E 00	7.29E 00	1.28E 00	1.46E 01
84	2.40	0.	3.93E-02	1.83E-01	7.53E-03	2.60E-05	0.	0.	0.	1.66E 00	3.95E 00	8.50E 00	1.46E 00	1.39E 01
85	2.30	0.	1.28E-01	1.11E-01	0.	0.	0.	0.	0.	1.66E 00	4.52E 00	7.05E 00	1.39E 00	1.62E 01
86	2.20	0.	3.24E-01	6.89E-02	0.	0.	0.	0.	0.	1.64E 00	6.03E 00	8.33E 00	1.58E 00	1.85E 01
87	2.10	0.	3.54E-01	3.31E-02	0.	0.	0.	0.	0.	1.59E 00	7.04E 00	9.71E 00	1.81E 00	2.12E 01
88	2.00	0.	6.82E-01	1.55E-02	0.	0.	0.	0.	0.	1.53E 00	8.33E 00	1.11E 01	2.08E 00	2.42E 01
89	1.90	0.	9.14E-01	7.59E-03	0.	0.	0.	0.	0.	1.46E 00	9.91E 00	1.26E 01	2.52E 00	2.82E 01
90	1.80	0.	7.66E-01	8.32E-04	0.	0.	0.	0.	0.	1.38E 00	1.19E 01	1.51E 01	3.06E 00	3.33E 01
91	1.70	0.	8.90E-01	0.	0.	0.	0.	0.	0.	1.17E 00	1.45E 01	1.81E 01	3.60E 00	3.84E 01
92	1.60	0.	6.56E-01	0.	0.	0.	0.	0.	0.	5.30E-01	1.79E 01	2.11E 01	4.37E 00	4.73E 01
93	1.50	0.	7.65E-01	0.	0.	0.	0.	0.	0.	0.	2.25E 01	2.37E 01	5.21E 00	7.41E 01
94	1.40	0.	7.62E-01	0.	0.	0.	0.	0.	0.	0.	2.89E 01	2.72E 01	6.89E 00	8.36E 01
95	1.30	0.	5.83E-01	0.	0.	0.	0.	0.	0.	0.	3.78E 01	4.41E 01	6.89E 00	1.05E 02
96	1.20	0.	5.59E-01	0.	0.	0.	0.	0.	0.	0.	5.04E 01	4.72E 01	8.66E 00	1.31E 02
97	1.10	0.	5.23E-01	0.	0.	0.	0.	8.36E-07	0.	0.	5.94E 01	5.83E 01	9.81E 00	1.62E 02
98	1.00	0.	4.80E-01	0.	0.	0.	0.	1.16E-05	0.	0.	9.94E 01	7.06E 01	1.15E 01	2.06E 02
99	0.90	0.	3.94E-01	0.	0.	0.	0.	1.33E-05	0.	0.	1.50E 02	8.09E 01	1.33E 01	2.66E 02
100	0.80	0.	1.86E-01	0.	0.	0.	0.	2.82E-04	0.	0.	2.42E 02	9.31E 01	1.40E 01	3.71E 02
101	0.70	0.	7.12E-03	0.	0.	0.	0.	2.42E-04	0.	0.		1.01E 02	1.57E 01	
102	0.60	0.	0.	0.	0.	0.	0.	8.19E-04	0.	0.		1.13E 02		

ABSORPTION COEFFICIENTS OF HEATED AIR (INVERSE CM.)

TEMPERATURE (DEGREES K) 16000. DENSITY (GM/CC) 1.293E-03 (1.0E 00 NORMAL)

	PHOTON ENERGY E.V.	O2 S-R BANDS	O2 S-R CONT.	N2 B-H NO. 1	NO BETA	NO GAMMA	NO 2	O- PHOTO-DET	FREE-FREE (IONS)	N P.E.	O P.E.	TOTAL AIR
1	10.70	0.	0.	3.27E-02	0.	0.	0.	8.69E-02	3.53E-03	2.35E 01	8.65E-02	2.37E 01
2	10.60	0.	0.	2.95E-02	0.	0.	0.	8.70E-02	3.63E-03	4.17E-01	8.62E-02	6.23E-01
3	10.50	0.	0.	2.97E-02	0.	0.	0.	8.71E-02	3.73E-03	4.19E-01	8.60E-02	6.25E-01
4	10.40	0.	0.	2.79E-02	0.	0.	0.	8.73E-02	3.84E-03	4.20E-01	8.57E-02	6.25E-01
5	10.30	0.	0.	2.42E-02	0.	0.	0.	8.74E-02	3.96E-03	4.21E-01	8.54E-02	6.22E-01
6	10.20	0.	0.	2.48E-02	0.	0.	0.	8.75E-02	4.07E-03	4.22E-01	8.51E-02	6.24E-01
7	10.10	0.	0.	2.33E-02	0.	0.	0.	8.76E-02	4.20E-03	4.23E-01	8.48E-02	6.24E-01
8	10.00	0.	0.	2.02E-02	0.	0.	0.	8.77E-02	4.32E-03	4.24E-01	8.45E-02	6.21E-01
9	9.90	0.	0.	2.07E-02	0.	0.	0.	8.79E-02	4.46E-03	4.25E-01	8.42E-02	6.22E-01
10	9.80	0.	0.	1.93E-02	0.	0.	0.	8.80E-02	4.60E-03	4.26E-01	8.39E-02	6.20E-01
11	9.70	0.	0.	1.65E-02	0.	0.	0.	8.82E-02	4.74E-03	4.27E-01	8.36E-02	6.22E-01
12	9.60	0.	0.	1.79E-02	0.	0.	0.	8.84E-02	4.89E-03	4.28E-01	8.33E-02	6.26E-01
13	9.50	0.	0.	1.51E-02	0.	0.	0.	8.85E-02	5.05E-03	4.29E-01	8.30E-02	6.21E-01
14	9.40	0.	0.	1.42E-02	0.	0.	0.	8.88E-02	5.21E-03	4.30E-01	8.27E-02	6.21E-01
15	9.30	0.	0.	1.45E-02	0.	0.	0.	8.92E-02	5.38E-03	4.32E-01	8.24E-02	6.23E-01
16	9.20	0.	0.	1.19E-02	0.	0.	0.	8.95E-02	5.56E-03	4.33E-01	8.21E-02	6.26E-01
17	9.10	0.	0.	1.22E-02	0.	0.	0.	8.98E-02	5.74E-03	1.49E-01	8.18E-02	3.39E-01
18	9.00	0.	0.	1.10E-02	0.	0.	0.	9.01E-02	5.94E-03	1.49E-01	8.15E-02	3.38E-01
19	8.90	0.	0.	1.01E-02	0.	0.	0.	9.05E-02	6.14E-03	1.49E-01	8.13E-02	3.37E-01
20	8.80	0.	0.	9.90E-03	0.	0.	0.	9.08E-02	6.36E-03	1.49E-01	8.10E-02	3.37E-01
21	8.70	0.	0.	8.51E-03	0.	0.	0.	9.11E-02	6.58E-03	1.49E-01	8.07E-02	3.36E-01
22	8.60	0.	0.	8.74E-03	0.	0.	0.	9.14E-02	6.81E-03	1.50E-01	8.05E-02	3.37E-01
23	8.50	0.	0.	7.59E-03	0.	0.	0.	9.17E-02	7.06E-03	1.50E-01	8.02E-02	3.36E-01
24	8.40	0.	0.	7.51E-03	0.	0.	0.	9.22E-02	7.32E-03	1.50E-01	8.00E-02	3.37E-01
25	8.30	0.	0.	6.32E-03	0.	0.	0.	9.27E-02	7.59E-03	1.51E-01	7.99E-02	3.37E-01
26	8.20	0.	0.	6.37E-03	0.	0.	0.	9.32E-02	7.87E-03	1.51E-01	8.01E-02	3.39E-01
27	8.10	0.	0.	5.45E-03	0.	0.	0.	9.37E-02	8.17E-03	1.51E-01	8.04E-02	3.39E-01
28	8.00	0.	0.	5.46E-03	0.	0.	0.	9.42E-02	8.48E-03	1.52E-01	8.06E-02	3.41E-01
29	7.90	0.	0.	4.66E-03	0.	0.	0.	9.46E-02	8.81E-03	1.53E-01	8.08E-02	3.42E-01
30	7.80	0.	0.	4.81E-03	0.	0.	0.	9.51E-02	9.15E-03	1.53E-01	8.11E-02	3.44E-01
31	7.70	0.	0.	4.19E-03	0.	0.	0.	9.56E-02	9.52E-03	1.54E-01	8.13E-02	3.45E-01
32	7.60	0.	0.	3.95E-03	0.	1.76E-07	0.	9.61E-02	9.90E-03	1.55E-01	8.16E-02	3.46E-01
33	7.50	0.	0.	3.63E-03	0.	6.42E-07	0.	9.66E-02	1.03E-02	1.56E-01	8.18E-02	3.48E-01
34	7.40	0.	0.	3.24E-03	0.	4.93E-06	0.	9.76E-02	1.07E-02	1.56E-01	8.20E-02	3.50E-01
35	7.30	0.	0.	3.05E-03	0.	2.04E-05	0.	9.82E-02	1.12E-02	1.57E-01	8.23E-02	3.51E-01
36	7.20	0.	0.	2.74E-03	0.	5.52E-05	0.	9.90E-02	1.16E-02	1.57E-01	8.25E-02	3.53E-01
37	7.10	0.	0.	2.61E-03	0.	1.69E-04	0.	9.98E-02	1.22E-02	1.58E-01	8.28E-02	3.55E-01
38	7.00	4.57E-07	0.	2.38E-03	0.	3.53E-04	0.	1.01E-01	1.27E-02	1.59E-01	8.30E-02	3.58E-01
39	6.90	8.49E-07	0.	2.17E-03	0.	4.64E-04	0.	1.01E-01	1.33E-02	1.60E-01	8.32E-02	3.60E-01
40	6.80	7.62E-07	0.	2.07E-03	0.	8.36E-04	0.	1.03E-01	1.39E-02	1.60E-01	8.35E-02	3.63E-01
41	6.70	5.52E-07	0.	1.80E-03	0.	8.57E-04	0.	1.03E-01	1.45E-02	1.61E-01	8.38E-02	3.65E-01
42	6.60	2.82E-08	0.	1.60E-03	0.	6.40E-04	0.	1.04E-01	1.52E-02	1.63E-01	8.42E-02	3.68E-01
43	6.50	1.92E-07	0.	1.26E-03	0.	1.02E-03	0.	1.05E-01	1.59E-02	1.65E-01	8.46E-02	3.71E-01
44	6.40	1.09E-07	0.	4.62E-04	3.82E-06	9.94E-04	0.	1.05E-01	1.66E-02	1.66E-01	8.50E-02	3.74E-01
45	6.30	6.30E-08	0.	5.30E-04	1.78E-05	6.69E-04	0.	1.06E-01	1.75E-02	1.68E-01	8.55E-02	3.77E-01
46	6.20	5.52E-08	0.	2.90E-04	2.50E-05	9.36E-04	0.	1.06E-01	1.83E-02	1.69E-01	8.64E-02	3.82E-01
47	6.10	1.29E-08	0.	1.35E-04	7.11E-05	1.20E-03	0.	1.07E-01	1.92E-02	1.71E-01	8.74E-02	3.86E-01
48	6.00	5.33E-09	0.	3.39E-05	6.70E-05	5.66E-04	0.	1.08E-01	2.02E-02	1.74E-01	8.83E-02	3.91E-01
49	5.90	1.30E-09	0.	2.43E-06	9.78E-05	5.58E-04	0.	1.08E-01	2.13E-02	1.76E-01	8.92E-02	3.95E-01
50	5.80	1.66E-10	0.	6.10E-08	1.36E-04	5.67E-04	0.	1.06E-01	2.24E-02	1.78E-01	9.01E-02	3.98E-01
51	5.70	1.22E-11	0.	0.	1.58E-04	6.32E-04	0.	9.98E-02	2.36E-02	1.81E-01	9.10E-02	3.96E-01

ABSORPTION COEFFICIENTS OF HEATED AIR (INVERSE CM.)

TEMPERATURE (DEGREES K) 16000.   DENSITY (GM/CC) 1.293E-03 (1.0E 00 NORMAL)

PHOTON ENERGY	O2 S-R BANDS	N2 1ST POS.	N2 2ND POS.	N2+ 1ST NEG.	NO BETA	NO GAMMA	NO VIB-ROT	NO2	O- PHOTO-DET	FREE-FREE (IONS)	N P.E.	O P.E.	TOTAL AIR
52 5.61	5.50E-13	0.	0.	0.	1.32E-04	8.57E-04	0.	0.	9.28E-02	2.49E-02	1.84E-01	9.20E-02	3.94E-01
53 5.50	0.	0.	0.	0.	1.61E-04	7.97E-04	0.	0.	9.33E-02	2.63E-02	1.87E-01	9.30E-02	4.01E-01
54 5.40	0.	0.	0.	0.	1.47E-04	6.32E-04	0.	0.	9.38E-02	2.78E-02	1.92E-01	9.43E-02	4.09E-01
55 5.30	0.	0.	0.	0.	1.50E-04	8.13E-04	0.	0.	9.44E-02	2.94E-02	1.97E-01	9.57E-02	4.17E-01
56 5.20	0.	0.	0.	0.	1.61E-04	5.92E-04	0.	0.	9.50E-02	3.12E-02	2.02E-01	9.75E-02	4.26E-01
57 5.10	0.	0.	0.	0.	1.60E-04	7.66E-04	0.	0.	9.58E-02	3.30E-02	2.08E-01	9.93E-02	4.37E-01
58 5.00	7.38E-06	0.	0.	0.	1.46E-04	7.11E-04	0.	0.	9.66E-02	3.51E-02	2.14E-01	1.01E-01	4.48E-01
59 4.90	1.78E-05	0.	0.	0.	1.62E-04	7.68E-04	0.	0.	9.74E-02	3.73E-02	2.21E-01	1.03E-01	4.60E-01
60 4.80	3.30E-05	0.	0.	0.	1.73E-04	7.18E-04	0.	0.	9.82E-02	3.97E-02	2.29E-01	1.05E-01	4.73E-01
61 4.70	4.41E-05	0.	0.	0.	1.72E-04	6.48E-04	0.	0.	9.90E-02	4.23E-02	2.37E-01	1.08E-01	4.87E-01
62 4.60	6.02E-05	0.	0.	0.	1.76E-04	6.90E-04	0.	0.	9.98E-02	4.51E-02	2.46E-01	1.11E-01	5.02E-01
63 4.50	6.28E-05	0.	0.	0.	1.60E-04	4.42E-04	0.	0.	1.01E-01	4.82E-02	2.58E-01	1.14E-01	5.21E-01
64 4.40	6.66E-05	0.	0.	0.	1.60E-04	3.07E-04	0.	0.	1.01E-01	5.16E-02	2.70E-01	1.16E-01	5.40E-01
65 4.30	6.25E-05	0.	0.	0.	1.52E-04	1.90E-04	0.	0.	1.02E-01	5.54E-02	2.83E-01	1.19E-01	5.62E-01
66 4.20	5.81E-05	0.	0.	0.	1.59E-04	1.36E-04	0.	0.	1.03E-01	5.95E-02	2.96E-01	1.23E-01	5.87E-01
67 4.10	5.42E-05	0.	0.	0.	1.55E-04	3.73E-05	0.	0.	1.03E-01	6.40E-02	3.09E-01	1.23E-01	6.02E-01
68 4.00	4.97E-05	0.	0.	6.07E-04	1.49E-04	2.83E-05	0.	0.	1.04E-01	6.89E-02	3.24E-01	4.59E-02	5.38E-01
69 3.90	4.59E-05	0.	1.74E-04	2.76E-03	1.36E-04	1.09E-05	0.	0.	1.03E-01	7.44E-02	3.14E-01	4.74E-02	5.56E-01
70 3.80	4.20E-05	0.	5.35E-04	1.07E-03	1.46E-04	0.	0.	0.	1.03E-01	8.05E-02	2.55E-01	4.93E-02	5.05E-01
71 3.70	4.04E-05	0.	1.68E-03	5.88E-03	1.23E-04	0.	0.	0.	1.01E-01	8.73E-02	2.75E-01	5.42E-02	5.35E-01
72 3.60	3.63E-05	0.	5.56E-03	1.21E-02	1.33E-04	0.	0.	0.	9.50E-02	9.49E-02	2.89E-01	5.97E-02	5.63E-01
73 3.50	3.37E-05	0.	2.32E-03	1.65E-03	1.04E-04	0.	0.	0.	8.69E-02	1.03E-01	3.22E-01	6.58E-02	5.63E-01
74 3.40	3.06E-05	0.	3.00E-03	6.70E-03	1.16E-04	0.	0.	0.	5.01E-02	1.13E-01	3.56E-01	7.28E-02	6.20E-01
75 3.30	2.44E-05	0.	3.63E-03	1.19E-02	9.19E-05	0.	0.	0.	5.02E-02	1.23E-01	3.91E-01	7.97E-02	6.78E-01
76 3.20	2.11E-05	0.	5.82E-03	2.59E-03	9.61E-05	0.	0.	0.	5.03E-02	1.35E-01	4.26E-01	8.71E-02	7.25E-01
77 3.10	2.01E-05	0.	4.25E-03	9.03E-03	9.03E-05	0.	0.	0.	5.04E-02	1.49E-01	4.62E-01	9.45E-02	7.86E-01
78 3.00	1.79E-05	0.	5.72E-03	6.44E-03	8.45E-05	0.	0.	0.	5.05E-02	1.65E-01	4.99E-01	1.02E-01	8.46E-01
79 2.90	1.49E-05	0.	3.53E-03	3.61E-03	6.37E-05	0.	0.	0.	5.06E-02	1.83E-01	4.99E-01	1.10E-01	9.17E-01
80 2.80	1.55E-05	0.	3.63E-03	2.17E-03	4.35E-05	0.	0.	0.	5.07E-02	2.03E-01	5.42E-01	1.19E-01	9.97E-01
81 2.70	7.45E-06	0.	2.34E-03	3.07E-03	1.55E-06	0.	0.	0.	5.07E-02	2.27E-01	5.88E-01	1.28E-01	1.08E 00
82 2.60	4.58E-06	0.	1.81E-03	3.04E-03	1.02E-05	0.	0.	0.	5.07E-02	2.54E-01	6.38E-01	1.38E-01	1.14E 00
83 2.50	3.20E-07	0.	1.10E-03	2.87E-03	2.41E-06	0.	0.	0.	5.07E-02	2.87E-01	7.26E-01	1.38E-01	1.31E 00
84 2.40	0.	3.90E-04	6.83E-04	2.42E-04	2.55E-06	0.	0.	0.	5.03E-02	3.25E-01	8.46E-01	1.46E-01	1.23E 00
85 2.30	0.	1.27E-03	0.	0.	0.	0.	0.	0.	5.01E-02	3.70E-01	7.02E-01	1.55E-01	1.44E 00
86 2.20	0.	3.21E-03	0.	0.	0.	0.	0.	0.	4.99E-02	4.23E-01	8.30E-01	1.66E-01	1.66E 00
87 2.10	0.	3.51E-03	0.	0.	0.	0.	0.	0.	4.83E-02	4.87E-01	9.66E-01	1.90E-01	1.90E 00
88 2.00	0.	6.76E-03	0.	0.	0.	0.	0.	0.	4.64E-02	5.65E-01	1.10E 00	2.18E-01	2.18E 00
89 1.90	0.	6.07E-03	0.	0.	0.	0.	0.	0.	4.44E-02	6.61E-01	1.26E 00	2.58E-01	2.58E 00
90 1.80	0.	7.60E-03	0.	0.	0.	0.	0.	0.	4.18E-02	7.80E-01	1.50E 00	3.08E-01	3.08E 00
91 1.70	0.	8.82E-03	0.	0.	0.	0.	0.	0.	3.54E-02	9.29E-01	1.80E 00	3.61E-01	3.61E 00
92 1.60	0.	6.51E-03	0.	0.	0.	0.	0.	0.	1.61E-02	1.12E 00	2.10E 00	4.52E-01	4.52E 00
93 1.50	0.	7.59E-03	0.	0.	0.	0.	0.	0.	0.	1.36E 00	2.70E 00	5.12E-01	4.52E 00
94 1.40	0.	7.56E-03	0.	0.	0.	0.	0.	0.	0.	2.11E 00	3.39E 00	6.20E-01	5.55E 00
95 1.30	0.	5.78E-03	0.	0.	0.	0.	0.	0.	0.	2.71E 00	4.70E 00	6.77E-01	7.19E 00
96 1.20	0.	5.55E-03	0.	0.	0.	0.	0.	0.	0.	3.54E 00	5.80E 00	7.19E-01	8.10E 00
97 1.10	0.	5.19E-03	0.	0.	0.	0.	8.18E-09	0.	0.	4.72E 00	7.03E 00	9.64E-01	1.02E 01
98 1.00	0.	4.76E-03	0.	0.	0.	0.	1.13E-07	0.	0.	6.50E 00	8.05E 00	1.13E 00	1.27E 01
99 0.90	0.	3.91E-03	0.	0.	0.	0.	1.30E-07	0.	0.	9.33E 00	9.27E 00	1.30E 00	1.57E 01
100 0.80	0.	1.84E-03	0.	0.	0.	0.	2.76E-06	0.	0.	1.41E 01	1.01E 01	1.38E 00	1.99E 01
101 0.70	0.	4.41E-04	0.	0.	0.	0.	2.37E-06	0.	0.	1.01E 01	1.01E 01	1.38E 00	2.56E 01
102 0.60	0.	7.06E-05	0.	0.	0.	0.	8.02E-06	0.	0.	2.27E 01	1.13E 01	1.54E 00	3.55E 01

ABSORPTION COEFFICIENTS OF HEATED AIR (INVERSE CM.)

TEMPERATURE (DEGREES K) 16000.   DENSITY (GM/CC) 1.293E-04   (1.0E-01 NORMAL)

PHOTON ENERGY E.V.		O2 S-R BANDS	O2 S-R CONT.	N2 B-H NO. 1	NO BETA	NO GAMMA	NO 2	O- PHOTO-DET	FREE-FREE (IONS)	N P.E.	O P.E.	TOTAL AIR
1	10.70	0.	0.	2.23E-04	0.	0.	0.	2.22E-03	2.92E-04	1.94E 00	7.66E-03	1.95E 00
2	10.60	0.	0.	2.01E-04	0.	0.	0.	2.22E-03	3.01E-04	3.44E-02	7.63E-03	4.48E-02
3	10.50	0.	0.	2.02E-04	0.	0.	0.	2.22E-03	3.09E-04	3.46E-02	7.61E-03	4.50E-02
4	10.40	0.	0.	1.90E-04	0.	0.	0.	2.22E-03	3.18E-04	3.47E-02	7.58E-03	4.50E-02
5	10.30	0.	0.	1.65E-04	0.	0.	0.	2.23E-03	3.28E-04	3.48E-02	7.58E-03	4.51E-02
6	10.20	0.	0.	1.69E-04	0.	0.	0.	2.23E-03	3.38E-04	3.49E-02	7.53E-03	4.52E-02
7	10.10	0.	0.	1.59E-04	0.	0.	0.	2.23E-03	3.48E-04	3.50E-02	7.50E-03	4.52E-02
8	10.00	0.	0.	1.38E-04	0.	0.	0.	2.24E-03	3.58E-04	3.50E-02	7.48E-03	4.52E-02
9	9.90	0.	0.	1.41E-04	0.	0.	0.	2.24E-03	3.69E-04	3.51E-02	7.45E-03	4.53E-02
10	9.80	0.	0.	1.32E-04	0.	0.	0.	2.24E-03	3.81E-04	3.52E-02	7.42E-03	4.54E-02
11	9.70	0.	0.	1.13E-04	0.	0.	0.	2.25E-03	3.93E-04	3.53E-02	7.40E-03	4.54E-02
12	9.60	0.	0.	1.22E-04	0.	0.	0.	2.25E-03	4.05E-04	3.53E-02	7.37E-03	4.55E-02
13	9.50	0.	0.	1.03E-04	0.	0.	0.	2.26E-03	4.18E-04	3.54E-02	7.34E-03	4.56E-02
14	9.40	0.	0.	9.69E-05	0.	0.	0.	2.26E-03	4.32E-04	3.56E-02	7.32E-03	4.57E-02
15	9.30	0.	0.	9.90E-05	0.	0.	0.	2.27E-03	4.46E-04	3.57E-02	7.29E-03	4.58E-02
16	9.20	0.	0.	8.11E-05	0.	0.	0.	2.28E-03	4.60E-04	3.58E-02	7.27E-03	4.59E-02
17	9.10	0.	0.	8.32E-05	0.	0.	0.	2.29E-03	4.76E-04	1.23E-02	7.24E-03	2.24E-02
18	9.00	0.	0.	7.51E-05	0.	0.	0.	2.30E-03	4.92E-04	1.23E-02	7.22E-03	2.24E-02
19	8.90	0.	0.	6.89E-05	0.	0.	0.	2.31E-03	5.09E-04	1.23E-02	7.19E-03	2.24E-02
20	8.80	0.	0.	6.75E-05	0.	0.	0.	2.31E-03	5.27E-04	1.23E-02	7.17E-03	2.26E-02
21	8.70	0.	0.	5.80E-05	0.	0.	0.	2.32E-03	5.45E-04	1.25E-02	7.15E-03	2.27E-02
22	8.60	0.	0.	5.96E-05	0.	0.	0.	2.33E-03	5.65E-04	1.25E-02	7.12E-03	2.24E-02
23	8.50	0.	0.	5.17E-05	0.	0.	0.	2.34E-03	5.85E-04	1.24E-02	7.10E-03	2.25E-02
24	8.40	0.	0.	5.12E-05	0.	0.	0.	2.35E-03	6.07E-04	1.24E-02	7.08E-03	2.25E-02
25	8.30	0.	0.	4.31E-05	0.	0.	0.	2.36E-03	6.29E-04	1.24E-02	7.07E-03	2.26E-02
26	8.20	0.	0.	4.34E-05	0.	0.	0.	2.38E-03	6.52E-04	1.25E-02	7.09E-03	2.26E-02
27	8.10	0.	0.	3.72E-05	0.	0.	0.	2.39E-03	6.77E-04	1.25E-02	7.11E-03	2.27E-02
28	8.00	0.	0.	3.72E-05	0.	0.	0.	2.40E-03	7.03E-04	1.25E-02	7.13E-03	2.28E-02
29	7.90	0.	0.	3.18E-05	0.	0.	0.	2.41E-03	7.30E-04	1.26E-02	7.16E-03	2.29E-02
30	7.80	0.	0.	3.28E-05	0.	0.	0.	2.42E-03	7.59E-04	1.27E-02	7.18E-03	2.31E-02
31	7.70	0.	0.	2.86E-05	0.	1.29E-09	0.	2.44E-03	7.89E-04	1.27E-02	7.20E-03	2.32E-02
32	7.60	0.	0.	2.70E-05	0.	4.69E-09	0.	2.45E-03	8.20E-04	1.28E-02	7.22E-03	2.33E-02
33	7.50	0.	0.	2.48E-05	0.	3.60E-08	0.	2.46E-03	8.54E-04	1.29E-02	7.24E-03	2.34E-02
34	7.40	0.	0.	2.21E-05	0.	1.49E-07	0.	2.48E-03	8.89E-04	1.29E-02	7.26E-03	2.36E-02
35	7.30	0.	0.	2.08E-05	0.	4.03E-07	0.	2.49E-03	9.24E-04	1.30E-02	7.28E-03	2.37E-02
36	7.20	0.	0.	1.87E-05	0.	1.23E-06	0.	2.50E-03	9.66E-04	1.31E-02	7.30E-03	2.38E-02
37	7.10	3.58E-09	0.	1.78E-05	0.	2.58E-06	0.	2.52E-03	1.01E-03	1.31E-02	7.33E-03	2.40E-02
38	7.00	6.95E-09	0.	1.62E-05	0.	3.39E-06	0.	2.54E-03	1.05E-03	1.32E-02	7.35E-03	2.41E-02
39	6.90	6.96E-09	0.	1.48E-05	0.	6.11E-06	0.	2.56E-03	1.10E-03	1.32E-02	7.37E-03	2.43E-02
40	6.80	4.32E-09	0.	1.41E-05	0.	6.26E-06	0.	2.58E-03	1.15E-03	1.33E-02	7.39E-03	2.45E-02
41	6.70	2.62E-09	0.	1.23E-05	0.	4.87E-06	0.	2.61E-03	1.20E-03	1.34E-02	7.42E-03	2.46E-02
42	6.60	1.50E-09	0.	1.09E-05	0.	7.45E-06	0.	2.63E-03	1.26E-03	1.35E-02	7.45E-03	2.48E-02
43	6.50	8.61E-10	0.	8.61E-06	2.79E-08	7.26E-06	0.	2.65E-03	1.32E-03	1.36E-02	7.49E-03	2.51E-02
44	6.40	4.55E-10	0.	5.88E-06	1.30E-07	7.26E-06	0.	2.67E-03	1.38E-03	1.37E-02	7.52E-03	2.53E-02
45	6.30	4.93E-10	0.	3.62E-06	1.83E-07	4.89E-06	0.	2.69E-03	1.45E-03	1.39E-02	7.57E-03	2.56E-02
46	6.20	2.21E-10	0.	1.98E-06	5.19E-07	6.84E-06	0.	2.71E-03	1.52E-03	1.40E-02	7.65E-03	2.59E-02
47	6.10	1.01E-10	0.	9.18E-07	4.90E-07	8.76E-06	0.	2.73E-03	1.59E-03	1.42E-02	7.73E-03	2.62E-02
48	6.00	4.17E-11	0.	2.36E-07	7.14E-07	4.14E-06	0.	2.75E-03	1.68E-03	1.43E-02	7.81E-03	2.66E-02
49	5.90	1.02E-11	0.	1.66E-08	9.93E-07	4.08E-06	0.	2.75E-03	1.76E-03	1.45E-02	7.89E-03	2.70E-02
50	5.80	1.30E-12	0.	4.16E-10	1.15E-06	4.14E-06	0.	2.71E-03	1.86E-03	1.47E-02	7.97E-03	2.73E-02
51	5.70	9.56E-14	0.	0.		4.62E-06	0.	2.54E-03	1.96E-03	1.49E-02	8.06E-03	2.75E-02

318

ABSORPTION COEFFICIENTS OF HEATED AIR (INVERSE CM.)

TEMPERATURE (DEGREES K) 16000.   DENSITY (GM/CC) 1.293E-04 (1.0E-01 NORMAL)

	PHOTON ENERGY	O2 S-R BANDS	N2 1ST POS.	N2 2ND POS.	N2+ 1ST NEG.	NO BETA	NO GAMMA	NO VIB-ROT	NO2	O- PHOTO-DET (IONS)	FREE-FREE (IONS)	N P.E.	O P.E.	TOTAL AIR
52	5.60	4.30E-15	0.	0.	0.	9.66E-07	6.26E-06	0.	0.	2.36E-03	2.06E-03	1.52E-02	8.14E-03	2.78E-02
53	5.50	0.	0.	0.	0.	1.18E-06	5.82E-06	0.	0.	2.38E-03	2.18E-03	1.55E-02	8.24E-03	2.83E-02
54	5.40	0.	0.	0.	0.	1.07E-06	4.62E-06	0.	0.	2.39E-03	2.30E-03	1.59E-02	8.35E-03	2.89E-02
55	5.30	0.	0.	0.	0.	1.10E-06	5.94E-06	0.	0.	2.40E-03	2.44E-03	1.63E-02	8.47E-03	2.96E-02
56	5.20	0.	0.	0.	0.	1.18E-06	4.32E-06	0.	0.	2.42E-03	2.58E-03	1.67E-02	8.63E-03	3.03E-02
57	5.10	5.78E-08	0.	0.	0.	1.17E-06	5.60E-06	0.	0.	2.44E-03	2.74E-03	1.72E-02	8.79E-03	3.11E-02
58	5.00	1.39E-07	0.	0.	0.	1.07E-06	5.19E-06	0.	0.	2.46E-03	2.91E-03	1.77E-02	8.95E-03	3.20E-02
59	4.90	2.58E-07	0.	0.	0.	1.18E-06	5.61E-06	0.	0.	2.48E-03	3.09E-03	1.83E-02	9.12E-03	3.30E-02
60	4.80	3.45E-07	0.	0.	0.	1.27E-06	5.24E-06	0.	0.	2.50E-03	3.29E-03	1.89E-02	9.31E-03	3.40E-02
61	4.70	4.71E-07	0.	1.19E-06	0.	1.26E-06	4.73E-06	0.	0.	2.52E-03	3.50E-03	1.95E-02	9.55E-03	3.51E-02
62	4.60	4.92E-07	0.	3.65E-06	0.	1.29E-06	3.23E-06	0.	0.	2.54E-03	3.74E-03	2.03E-02	9.80E-03	3.64E-02
63	4.50	5.21E-07	0.	1.15E-05	0.	1.17E-06	2.24E-06	0.	0.	2.56E-03	4.00E-03	2.13E-02	1.00E-02	3.79E-02
64	4.40	4.99E-07	0.	3.79E-05	0.	1.17E-06	1.39E-06	0.	0.	2.58E-03	4.28E-03	2.23E-02	1.03E-02	3.94E-02
65	4.30	4.56E-07	0.	1.58E-05	0.	1.16E-06	2.73E-07	0.	0.	2.61E-03	4.59E-03	2.33E-02	1.06E-02	4.11E-02
66	4.20	4.24E-07	0.	5.46E-05	0.	1.13E-06	2.07E-07	0.	0.	2.63E-03	4.93E-03	2.44E-02	1.09E-02	4.29E-02
67	4.10	3.49E-07	0.	2.52E-05	0.	1.09E-06	7.99E-08	0.	0.	2.64E-03	5.30E-03	2.55E-02	1.09E-02	4.44E-02
68	4.00	3.28E-07	0.	3.97E-05	1.44E-05	9.93E-07	0.	0.	0.	2.65E-03	5.71E-03	2.66E-02	4.06E-03	3.91E-02
69	3.90	3.59E-07	0.	4.26E-05	6.55E-05	9.71E-07	0.	0.	0.	2.64E-03	6.17E-03	2.55E-02	4.36E-03	3.85E-02
70	3.80	3.16E-07	0.	2.89E-05	2.52E-05	8.97E-07	0.	0.	0.	2.58E-03	6.67E-03	2.59E-02	4.79E-03	3.97E-02
71	3.70	2.84E-07	0.	3.90E-05	1.39E-04	9.71E-07	0.	0.	0.	2.58E-03	7.23E-03	2.10E-02	5.28E-03	3.57E-02
72	3.60	2.63E-07	0.	2.40E-05	2.86E-05	7.02E-07	0.	0.	0.	2.42E-03	7.86E-03	2.27E-02	5.82E-03	3.85E-02
73	3.50	2.40E-07	0.	2.48E-05	3.90E-05	6.71E-07	0.	0.	0.	2.22E-03	8.56E-03	2.39E-02	6.44E-03	4.08E-02
74	3.40	1.91E-07	0.	1.24E-05	1.59E-04	6.60E-07	0.	0.	0.	1.28E-03	9.35E-03	2.66E-02	7.06E-03	4.38E-02
75	3.30	1.65E-07	0.	7.51E-06	2.81E-04	6.17E-07	0.	0.	0.	1.28E-03	1.02E-02	2.94E-02	7.76E-03	4.82E-02
76	3.20	1.57E-07	0.	4.66E-06	6.14E-05	4.65E-07	0.	0.	0.	1.28E-03	1.12E-02	3.23E-02	8.36E-03	5.28E-02
77	3.10	1.40E-07	0.	2.24E-06	1.52E-04	3.18E-07	0.	0.	0.	1.29E-03	1.24E-02	3.52E-02	9.01E-03	5.73E-02
78	3.00	1.17E-07	0.	1.05E-06	8.55E-05	1.71E-07	0.	0.	0.	1.29E-03	1.36E-02	3.81E-02	1.01E-02	6.22E-02
79	2.90	1.21E-07	0.	5.13E-07	7.27E-05	7.44E-08	0.	0.	0.	1.29E-03	1.51E-02	4.12E-02	9.71E-03	6.74E-02
80	2.80	7.71E-08	0.	5.63E-08	7.20E-06	1.76E-08	0.	0.	0.	1.29E-03	1.68E-02	4.48E-02	1.05E-02	7.34E-02
81	2.70	3.59E-08	0.	0.	6.80E-06	1.86E-09	0.	0.	0.	1.29E-03	1.88E-02	4.86E-02	1.14E-02	8.01E-02
82	2.60	2.50E-09	0.	0.	5.73E-06	0.	0.	0.	0.	1.29E-03	2.11E-02	5.27E-02	1.22E-02	8.73E-02
83	2.50	0.	0.	0.	0.	0.	0.	0.	0.	1.28E-03	2.38E-02	6.00E-02	9.26E-03	9.20E-02
84	2.40	0.	2.66E-06	0.	0.	0.	0.	0.	0.	1.29E-03	2.69E-02	6.92E-02	1.06E-02	1.06E-01
85	2.30	0.	8.63E-06	0.	0.	0.	0.	0.	0.	1.29E-03	3.06E-02	5.80E-02	9.83E-03	9.98E-02
86	2.20	0.	2.19E-05	0.	0.	0.	0.	0.	0.	1.29E-03	3.51E-02	6.86E-02	1.18E-02	1.17E-01
87	2.10	0.	2.39E-05	0.	0.	0.	0.	0.	0.	1.23E-03	4.04E-02	7.98E-02	1.38E-02	1.35E-01
88	2.00	0.	4.61E-05	0.	0.	0.	0.	0.	0.	1.18E-03	4.68E-02	9.25E-02	1.57E-02	1.55E-01
89	1.90	0.	6.18E-05	0.	0.	0.	0.	0.	0.	1.18E-03	5.44E-02	1.06E-01	1.81E-02	1.78E-01
90	1.80	0.	5.18E-05	0.	0.	0.	0.	0.	0.	1.07E-03	6.46E-02	1.26E-01	2.19E-02	2.12E-01
91	1.70	0.	6.02E-05	0.	0.	0.	0.	0.	0.	9.03E-04	7.69E-02	1.51E-01	2.66E-02	2.54E-01
92	1.60	0.	4.44E-05	0.	0.	0.	0.	0.	0.	4.10E-04	9.25E-02	1.74E-01	3.14E-02	2.98E-01
93	1.50	0.	5.17E-05	0.	0.	0.	0.	0.	0.	0.	1.12E-01	2.23E-01	3.81E-02	3.74E-01
94	1.40	0.	5.15E-05	0.	0.	0.	0.	0.	0.	0.	1.39E-01	2.77E-01	4.53E-02	4.62E-01
95	1.30	0.	3.94E-05	0.	0.	0.	0.	0.	0.	0.	1.75E-01	3.63E-01	5.99E-02	5.98E-01
96	1.20	0.	3.78E-05	0.	0.	0.	0.	0.	0.	0.	2.24E-01	3.89E-01	6.00E-02	6.73E-01
97	1.10	0.	3.54E-05	0.	0.	0.	0.	5.98E-11	0.	0.	2.93E-01	4.79E-01	7.54E-02	8.48E-01
98	1.00	0.	3.26E-05	0.	0.	0.	0.	8.28E-10	0.	0.	3.91E-01	5.84E-01	8.53E-02	1.06E+00
99	0.90	0.	2.67E-05	0.	0.	0.	0.	9.53E-08	0.	0.	5.39E-01	6.61E-01	1.00E-01	1.30E+00
100	0.80	0.	1.26E-05	0.	0.	0.	0.	2.02E-08	0.	0.	7.73E-01	7.62E-01	1.15E-01	1.65E+00
101	0.70	0.	3.00E-06	0.	0.	0.	0.	1.73E-08	0.	0.	1.17E+00	8.28E-01	1.22E-01	2.12E+00
102	0.60	0.	4.81E-07	0.	0.	0.	0.	5.86E-08	0.	0.	1.88E+00	9.33E-01	1.37E-01	2.95E+00

ABSORPTION COEFFICIENTS .. HEATED AIR (INVERSE CM.)

TEMPERATURE (DEGREES K) 16000.   DENSITY (GM/CC) 1.293E-05   (10.0E-03 NORMAL)

#	PHOTON ENERGY E.V.	O2 S-R BANDS	O2 S-R CONT.	N2 R-H NO. 1	NO BETA	NO GAMMA	NO 2	O- PHOTO-DET (TNS)	FREE-FREE (TNS)	N P.E.	O P.E.	TOTAL AIR
1	10.70	0.	0.	6.85E-07	0.	0.	0.	3.46E-05	1.66E-05	1.08E-01	5.01E-04	1.08E-01
2	10.60	0.	0.	6.19E-07	0.	0.	0.	3.46E-05	1.71E-05	1.91E-03	5.00E-04	2.47E-03
3	10.50	0.	0.	6.22E-07	0.	0.	0.	3.47E-05	1.76E-05	1.92E-03	4.98E-04	2.47E-03
4	10.40	0.	0.	5.86E-07	0.	0.	0.	3.47E-05	1.81E-05	1.93E-03	4.96E-04	2.48E-03
5	10.30	0.	0.	5.07E-07	0.	0.	0.	3.48E-05	1.86E-05	1.93E-03	4.95E-04	2.48E-03
6	10.20	0.	0.	5.21E-07	0.	0.	0.	3.48E-05	1.92E-05	1.94E-03	4.93E-04	2.48E-03
7	10.10	0.	0.	4.88E-07	0.	0.	0.	3.49E-05	1.98E-05	1.94E-03	4.91E-04	2.49E-03
8	10.00	0.	0.	4.24E-07	0.	0.	0.	3.49E-05	2.04E-05	1.94E-03	4.89E-04	2.49E-03
9	9.90	0.	0.	4.35E-07	0.	0.	0.	3.49E-05	2.10E-05	1.95E-03	4.88E-04	2.49E-03
10	9.80	0.	0.	4.05E-07	0.	0.	0.	3.50E-05	2.17E-05	1.95E-03	4.86E-04	2.49E-03
11	9.70	0.	0.	3.47E-07	0.	0.	0.	3.51E-05	2.23E-05	1.96E-03	4.84E-04	2.50E-03
12	9.60	0.	0.	3.75E-07	0.	0.	0.	3.52E-05	2.30E-05	1.96E-03	4.82E-04	2.50E-03
13	9.50	0.	0.	3.17E-07	0.	0.	0.	3.52E-05	2.38E-05	1.97E-03	4.81E-04	2.51E-03
14	9.40	0.	0.	2.98E-07	0.	0.	0.	3.54E-05	2.46E-05	1.97E-03	4.79E-04	2.51E-03
15	9.30	0.	0.	3.05E-07	0.	0.	0.	3.55E-05	2.54E-05	1.98E-03	4.77E-04	2.52E-03
16	9.20	0.	0.	2.50E-07	0.	0.	0.	3.56E-05	2.62E-05	1.99E-03	4.76E-04	2.52E-03
17	9.10	0.	0.	2.56E-07	0.	0.	0.	3.58E-05	2.71E-05	6.84E-04	4.74E-04	1.22E-03
18	9.00	0.	0.	2.31E-07	0.	0.	0.	3.59E-05	2.80E-05	6.84E-04	4.72E-04	1.22E-03
19	8.90	0.	0.	2.12E-07	0.	0.	0.	3.60E-05	2.89E-05	6.84E-04	4.71E-04	1.22E-03
20	8.80	0.	0.	2.08E-07	0.	0.	0.	3.61E-05	3.00E-05	6.85E-04	4.69E-04	1.22E-03
21	8.70	0.	0.	1.78E-07	0.	0.	0.	3.63E-05	3.10E-05	6.85E-04	4.68E-04	1.22E-03
22	8.60	0.	0.	1.83E-07	0.	0.	0.	3.64E-05	3.21E-05	6.87E-04	4.66E-04	1.22E-03
23	8.50	0.	0.	1.59E-07	0.	0.	0.	3.65E-05	3.33E-05	6.87E-04	4.65E-04	1.22E-03
24	8.40	0.	0.	1.58E-07	0.	0.	0.	3.67E-05	3.45E-05	6.89E-04	4.63E-04	1.23E-03
25	8.30	0.	0.	1.33E-07	0.	0.	0.	3.69E-05	3.58E-05	6.90E-04	4.63E-04	1.23E-03
26	8.20	0.	0.	1.34E-07	0.	0.	0.	3.71E-05	3.71E-05	6.92E-04	4.64E-04	1.23E-03
27	8.10	0.	0.	1.14E-07	0.	0.	0.	3.73E-05	3.85E-05	6.93E-04	4.66E-04	1.24E-03
28	8.00	0.	0.	1.15E-07	0.	0.	0.	3.75E-05	4.00E-05	6.96E-04	4.67E-04	1.25E-03
29	7.90	0.	0.	9.77E-08	0.	0.	0.	3.77E-05	4.15E-05	7.00E-04	4.68E-04	1.25E-03
30	7.80	0.	0.	1.01E-07	0.	0.	0.	3.79E-05	4.31E-05	7.03E-04	4.70E-04	1.26E-03
31	7.70	0.	0.	8.78E-08	0.	0.	0.	3.81E-05	4.49E-05	7.07E-04	4.71E-04	1.26E-03
32	7.60	0.	0.	8.29E-08	0.	4.67E-12	0.	3.82E-05	4.67E-05	7.10E-04	4.72E-04	1.27E-03
33	7.50	0.	0.	7.62E-08	0.	1.70E-11	0.	3.84E-05	4.86E-05	7.14E-04	4.74E-04	1.27E-03
34	7.40	0.	0.	6.80E-08	0.	1.31E-10	0.	3.87E-05	5.06E-05	7.17E-04	4.75E-04	1.28E-03
35	7.30	0.	0.	6.40E-08	0.	5.41E-10	0.	3.89E-05	5.27E-05	7.21E-04	4.77E-04	1.28E-03
36	7.20	0.	0.	5.74E-08	0.	1.46E-09	0.	3.91E-05	5.49E-05	7.24E-04	4.78E-04	1.29E-03
37	7.10	1.53E-11	0.	5.48E-08	0.	1.48E-09	0.	3.94E-05	5.73E-05	7.28E-04	4.79E-04	1.30E-03
38	7.00	2.98E-11	0.	4.99E-08	0.	9.37E-09	0.	3.97E-05	5.98E-05	7.31E-04	4.81E-04	1.30E-03
39	6.90	2.56E-11	0.	4.55E-08	0.	1.23E-08	0.	4.00E-05	6.25E-05	7.35E-04	4.82E-04	1.32E-03
40	6.80	1.85E-11	0.	4.34E-08	0.	2.22E-08	0.	4.04E-05	6.53E-05	7.39E-04	4.84E-04	1.33E-03
41	6.70	1.12E-11	0.	3.78E-08	0.	2.27E-08	0.	4.07E-05	6.83E-05	7.42E-04	4.86E-04	1.34E-03
42	6.60	6.45E-12	0.	3.36E-08	0.	1.77E-08	0.	4.10E-05	7.15E-05	7.48E-04	4.88E-04	1.35E-03
43	6.50	3.67E-12	0.	2.65E-08	0.	2.71E-08	0.	4.13E-05	7.49E-05	7.55E-04	4.90E-04	1.36E-03
44	6.40	2.11E-12	0.	1.81E-08	1.01E-10	2.64E-08	0.	4.16E-05	7.85E-05	7.62E-04	4.92E-04	1.37E-03
45	6.30	2.46E-13	0.	1.11E-08	4.72E-10	1.78E-08	0.	4.20E-05	8.23E-05	7.70E-04	4.95E-04	1.39E-03
46	6.20	4.31E-13	0.	6.09E-09	6.64E-10	2.48E-08	0.	4.23E-05	8.64E-05	7.77E-04	5.01E-04	1.41E-03
47	6.10	1.79E-13	0.	2.82E-09	1.89E-09	3.18E-08	0.	4.26E-05	9.07E-05	7.85E-04	5.06E-04	1.42E-03
48	6.00	4.38E-14	0.	7.12E-10	1.78E-09	1.50E-08	0.	4.29E-05	9.54E-05	7.96E-04	5.11E-04	1.45E-03
49	5.90	5.57E-15	0.	5.10E-11	2.59E-09	1.48E-08	0.	4.29E-05	1.00E-04	8.07E-04	5.17E-04	1.47E-03
50	5.80	4.10E-16	0.	1.28E-12	3.61E-09	1.50E-08	0.	4.23E-05	1.06E-04	8.18E-04	5.22E-04	1.49E-03
51	5.70	0.	0.	0.	4.18E-09	1.68E-08	0.	3.97E-05	1.11E-04	8.29E-04	5.27E-04	1.51E-03

ABSORPTION COEFFICIENTS OF HEATED AIR (INVERSE CM.)

TEMPERATURE (DEGREES K) 16000.   DENSITY (GM/CC) 1.293E-05   (10.0E-03 NORMAL)

PHOTON ENERGY	O2 S-R BANDS	N2 1ST POS.	N2 2ND POS.	N2+ 1ST NEG.	NO BETA	NO GAMMA	NO VIB-ROT	NO2	O- PHOTO-DET	FREE-FREE (IONS)	N P.E.	O P.E.	TOTAL AIR
5.60	1.85E-17	0.	0.	0.	3.51E-09	2.27E-08	0.	0.	3.69E-05	1.17E-04	8.42E-04	5.33E-04	1.53E-03
5.50	0.	0.	0.	0.	4.28E-09	2.11E-08	0.	0.	3.71E-05	1.24E-04	8.60E-04	5.39E-04	1.56E-03
5.40	0.	0.	0.	0.	3.89E-09	1.68E-08	0.	0.	3.73E-05	1.31E-04	8.81E-04	5.46E-04	1.60E-03
5.30	0.	0.	0.	0.	3.99E-09	2.16E-08	0.	0.	3.76E-05	1.39E-04	9.03E-04	5.54E-04	1.63E-03
5.20	0.	0.	0.	0.	4.27E-09	1.57E-08	0.	0.	3.78E-05	1.47E-04	9.25E-04	5.65E-04	1.67E-03
5.10	0.	0.	0.	0.	4.25E-09	2.03E-08	0.	0.	3.81E-05	1.56E-04	9.52E-04	5.75E-04	1.72E-03
5.00	2.48E-10	0.	0.	0.	3.87E-09	2.03E-08	0.	0.	3.84E-05	1.65E-04	9.81E-04	5.86E-04	1.77E-03
4.90	5.96E-10	0.	0.	0.	4.29E-09	2.04E-08	0.	0.	3.88E-05	1.76E-04	1.01E-03	5.97E-04	1.82E-03
4.80	1.11E-09	0.	0.	0.	4.59E-09	1.90E-08	0.	0.	3.91E-05	1.87E-04	1.05E-03	6.09E-04	1.88E-03
4.70	1.48E-09	0.	0.	0.	4.56E-09	1.72E-08	0.	0.	3.94E-05	1.99E-04	1.08E-03	6.25E-04	1.95E-03
4.60	2.02E-09	0.	0.	0.	4.67E-09	1.56E-08	0.	0.	3.97E-05	2.13E-04	1.13E-03	6.41E-04	2.02E-03
4.50	2.11E-09	0.	3.65E-09	0.	4.24E-09	1.17E-08	0.	0.	4.00E-05	2.27E-04	1.18E-03	6.58E-04	2.11E-03
4.40	2.23E-09	0.	1.12E-08	0.	4.24E-09	8.13E-09	0.	0.	4.04E-05	2.43E-04	1.24E-03	6.75E-04	2.19E-03
4.30	2.10E-09	0.	3.53E-08	0.	4.02E-09	5.04E-09	0.	0.	4.07E-05	2.61E-04	1.30E-03	6.92E-04	2.29E-03
4.20	1.95E-09	0.	1.17E-07	0.	4.23E-09	3.61E-09	0.	0.	4.10E-05	2.80E-04	1.36E-03	7.10E-04	2.39E-03
4.10	1.82E-09	0.	4.87E-08	0.	4.11E-09	9.90E-10	0.	0.	4.12E-05	3.02E-04	1.42E-03	7.15E-04	2.47E-03
4.00	1.67E-09	0.	1.68E-07	0.	3.94E-09	7.51E-10	0.	0.	4.13E-05	3.25E-04	1.48E-03	2.66E-04	2.11E-03
3.90	1.41E-09	0.	7.74E-07	1.85E-07	3.60E-09	2.90E-10	0.	0.	4.12E-05	3.51E-04	1.51E-03	2.74E-04	2.08E-03
3.80	1.54E-09	0.	1.22E-07	8.44E-07	3.87E-09	0.	0.	0.	4.10E-05	3.80E-04	1.44E-03	2.85E-04	2.15E-03
3.70	1.36E-09	0.	1.31E-07	3.25E-07	3.26E-09	0.	0.	0.	4.04E-05	4.12E-04	1.17E-03	3.14E-04	1.93E-03
3.60	1.22E-09	0.	8.90E-08	1.80E-06	3.53E-09	0.	0.	0.	3.78E-05	4.47E-04	1.26E-03	3.46E-04	2.09E-03
3.50	1.13E-09	0.	1.20E-07	3.69E-06	2.75E-09	0.	0.	0.	3.46E-05	4.87E-04	1.32E-03	3.81E-04	2.23E-03
3.40	1.03E-09	0.	7.40E-08	5.03E-07	3.08E-09	0.	0.	0.	2.00E-05	5.32E-04	1.48E-03	4.21E-04	2.45E-03
3.30	8.19E-10	0.	7.61E-08	2.05E-06	2.44E-09	0.	0.	0.	2.00E-05	5.82E-04	1.63E-03	4.62E-04	2.70E-03
3.20	7.09E-10	0.	4.92E-08	3.63E-07	2.55E-09	0.	0.	0.	2.00E-05	6.39E-04	1.79E-03	5.05E-04	2.96E-03
3.10	6.75E-10	0.	3.80E-08	7.92E-07	2.40E-09	0.	0.	0.	2.01E-05	7.03E-04	1.95E-03	5.47E-04	3.22E-03
3.00	6.00E-10	0.	2.31E-08	1.97E-06	2.24E-09	0.	0.	0.	2.01E-05	7.77E-04	2.12E-03	5.90E-04	3.50E-03
2.90	5.01E-10	0.	1.43E-08	1.10E-06	1.69E-09	0.	0.	0.	2.01E-05	8.61E-04	2.29E-03	6.36E-04	3.80E-03
2.80	5.19E-10	0.	6.89E-09	6.62E-07	1.15E-09	0.	0.	0.	2.02E-05	9.57E-04	2.48E-03	6.87E-04	4.15E-03
2.70	3.31E-10	0.	3.22E-09	9.37E-07	6.21E-10	0.	0.	0.	2.02E-05	1.07E-03	2.70E-03	7.43E-04	4.53E-03
2.60	1.54E-10	0.	1.58E-09	9.28E-07	2.70E-10	0.	0.	0.	2.02E-05	1.20E-03	2.92E-03	8.00E-04	4.94E-03
2.50	1.07E-11	0.	1.73E-10	8.77E-08	6.38E-11	0.	0.	0.	2.02E-05	1.35E-03	3.33E-03	4.53E-04	5.15E-03
2.40	0.	8.19E-09	0.	7.39E-08	6.77E-12	0.	0.	0.	2.00E-05	1.53E-03	3.22E-03	5.38E-04	5.62E-03
2.30	0.	2.66E-08	0.	0.	0.	0.	0.	0.	1.99E-05	1.74E-03	3.80E-03	6.43E-04	5.97E-03
2.20	0.	6.74E-08	0.	0.	0.	0.	0.	0.	1.99E-05	1.99E-03	4.35E-03	7.72E-04	6.59E-03
2.10	0.	7.37E-08	0.	0.	0.	0.	0.	0.	1.92E-05	2.30E-03	5.06E-03	9.00E-04	7.65E-03
2.00	0.	1.42E-07	0.	0.	0.	0.	0.	0.	1.85E-05	2.66E-03	5.77E-03	1.03E-03	1.01E-02
1.90	0.	1.90E-07	0.	0.	0.	0.	0.	0.	1.77E-05	3.12E-03	6.89E-03	1.19E-03	1.19E-02
1.80	0.	1.59E-07	0.	0.	0.	0.	0.	0.	1.67E-05	3.68E-03	8.25E-03	1.44E-03	1.44E-02
1.70	0.	1.85E-07	0.	0.	0.	0.	0.	0.	1.41E-05	4.38E-03	9.63E-03	1.74E-03	1.70E-02
1.60	0.	1.37E-07	0.	0.	0.	0.	0.	0.	6.41E-06	5.24E-03	1.54E-02	2.05E-03	2.13E-02
1.50	0.	1.59E-07	0.	0.	0.	0.	0.	0.	0.	6.40E-03	2.01E-02	2.49E-03	2.63E-02
1.40	0.	1.37E-07	0.	0.	0.	0.	0.	0.	0.	7.91E-03	2.16E-02	2.63E-03	3.40E-02
1.30	0.	1.16E-07	0.	0.	0.	0.	0.	0.	0.	9.96E-03	2.66E-02	3.92E-03	3.83E-02
1.20	0.	1.09E-07	0.	0.	0.	0.	0.	0.	0.	1.28E-02	3.22E-02	3.92E-03	4.82E-02
1.10	0.	9.98E-08	0.	0.	0.	0.	2.17E-13	0.	0.	1.67E-02	3.69E-02	4.93E-03	5.01E-02
1.00	0.	8.20E-08	0.	0.	0.	0.	3.01E-12	0.	0.	2.23E-02	4.25E-02	5.59E-03	6.01E-02
0.90	0.	8.20E-08	0.	0.	0.	0.	3.46E-12	0.	0.	3.06E-02	4.63E-02	6.57E-03	7.41E-02
0.80	0.	3.86E-08	0.	0.	0.	0.	7.34E-11	0.	0.	4.40E-02	5.17E-02	7.55E-03	9.40E-02
0.70	0.	9.24E-09	0.	0.	0.	0.	6.28E-11	0.	0.	6.65E-02		8.00E-03	1.21E-01
0.60	0.	1.48E-09	0.	0.	0.	0.	2.13E-10	0.	0.	1.07E-01		8.94E-03	1.68E-01

ABSORPTION COEFFICIENTS OF HEATED AIR (INVERSE CM.)

TEMPERATURE (DEGREES K) 16000. DENSITY (GM/CC) 1.293E-06 (10.0E-04 NORMAL)

PHOTON ENERGY E.V.	O2 S-R BANDS	O2 S-R CONT.	N2 R-H NO. 1	NO BETA	NO GAMMA	NO 2	O- PHOTO-DET (TNS)	FREE-FREE (TNS) P.E.	N P.E.	O P.E.	TOTAL AIR
1 10.70	0.	0.	4.08E-10	0.	0.	0.	1.61E-07	4.19E-07	4.67E-05	1.47E-05	6.20E-05
2 10.60	0.	0.	3.68E-10	0.	0.	0.	1.62E-07	4.31E-07	4.69E-05	1.47E-05	6.22E-05
3 10.50	0.	0.	3.70E-10	0.	0.	0.	1.62E-07	4.44E-07	4.71E-05	1.46E-05	6.23E-05
4 10.40	0.	0.	3.49E-10	0.	0.	0.	1.62E-07	4.57E-07	4.73E-05	1.46E-05	6.25E-05
5 10.30	0.	0.	3.02E-10	0.	0.	0.	1.62E-07	4.70E-07	4.74E-05	1.45E-05	6.26E-05
6 10.20	0.	0.	3.10E-10	0.	0.	0.	1.63E-07	4.84E-07	4.75E-05	1.45E-05	6.26E-05
7 10.10	0.	0.	2.91E-10	0.	0.	0.	1.63E-07	4.99E-07	4.76E-05	1.44E-05	6.26E-05
8 10.00	0.	0.	2.53E-10	0.	0.	0.	1.63E-07	5.14E-07	4.74E-05	1.44E-05	6.24E-05
9 9.90	0.	0.	2.59E-10	0.	0.	0.	1.63E-07	5.30E-07	4.75E-05	1.43E-05	6.25E-05
10 9.80	0.	0.	2.41E-10	0.	0.	0.	1.63E-07	5.46E-07	4.76E-05	1.43E-05	6.26E-05
11 9.70	0.	0.	2.07E-10	0.	0.	0.	1.64E-07	5.63E-07	4.78E-05	1.42E-05	6.27E-05
12 9.60	0.	0.	2.23E-10	0.	0.	0.	1.64E-07	5.81E-07	4.79E-05	1.42E-05	6.28E-05
13 9.50	0.	0.	1.89E-10	0.	0.	0.	1.64E-07	6.00E-07	4.80E-05	1.41E-05	6.29E-05
14 9.40	0.	0.	1.77E-10	0.	0.	0.	1.65E-07	6.19E-07	4.81E-05	1.41E-05	6.30E-05
15 9.30	0.	0.	1.81E-10	0.	0.	0.	1.66E-07	6.39E-07	4.83E-05	1.40E-05	6.31E-05
16 9.20	0.	0.	1.49E-10	0.	0.	0.	1.66E-07	6.60E-07	4.84E-05	1.40E-05	6.32E-05
17 9.10	0.	0.	1.52E-10	0.	0.	0.	1.67E-07	6.82E-07	1.67E-05	1.39E-05	3.15E-05
18 9.00	0.	0.	1.38E-10	0.	0.	0.	1.67E-07	7.06E-07	1.67E-05	1.39E-05	3.15E-05
19 8.90	0.	0.	1.24E-10	0.	0.	0.	1.68E-07	7.30E-07	1.67E-05	1.38E-05	3.15E-05
20 8.80	0.	0.	1.06E-10	0.	0.	0.	1.69E-07	7.55E-07	1.67E-05	1.38E-05	3.14E-05
21 8.70	0.	0.	1.09E-10	0.	0.	0.	1.69E-07	7.82E-07	1.68E-05	1.37E-05	3.15E-05
22 8.60	0.	0.	9.38E-11	0.	0.	0.	1.70E-07	8.10E-07	1.68E-05	1.37E-05	3.15E-05
23 8.50	0.	0.	9.49E-11	0.	0.	0.	1.71E-07	8.39E-07	1.69E-05	1.36E-05	3.16E-05
24 8.40	0.	0.	7.95E-11	0.	0.	0.	1.71E-07	8.70E-07	1.69E-05	1.36E-05	3.16E-05
25 8.30	0.	0.	6.80E-11	0.	0.	0.	1.72E-07	9.02E-07	1.69E-05	1.36E-05	3.17E-05
26 8.20	0.	0.	6.82E-11	0.	0.	0.	1.73E-07	9.35E-07	1.70E-05	1.37E-05	3.18E-05
27 8.10	0.	0.	5.82E-11	0.	0.	0.	1.74E-07	9.71E-07	1.70E-05	1.37E-05	3.19E-05
28 8.00	0.	0.	6.01E-11	0.	0.	0.	1.75E-07	1.01E-06	1.71E-05	1.38E-05	3.21E-05
29 7.90	0.	0.	5.23E-11	0.	0.	0.	1.76E-07	1.05E-06	1.72E-05	1.38E-05	3.23E-05
30 7.80	0.	0.	4.94E-11	0.	0.	0.	1.76E-07	1.09E-06	1.73E-05	1.39E-05	3.25E-05
31 7.70	0.	0.	4.54E-11	0.	0.	0.	1.77E-07	1.13E-06	1.73E-05	1.39E-05	3.24E-05
32 7.60	0.	0.	4.05E-11	0.	0.	0.	1.78E-07	1.18E-06	1.74E-05	1.39E-05	3.26E-05
33 7.50	0.	0.	3.81E-11	0.	3.35E-15	0.	1.79E-07	1.22E-06	1.75E-05	1.40E-05	3.27E-05
34 7.40	0.	0.	3.42E-11	0.	1.22E-14	0.	1.80E-07	1.27E-06	1.76E-05	1.40E-05	3.29E-05
35 7.30	0.	0.	3.26E-11	0.	9.37E-14	0.	1.81E-07	1.33E-06	1.77E-05	1.41E-05	3.31E-05
36 7.20	0.	0.	2.97E-11	0.	3.88E-13	0.	1.82E-07	1.38E-06	1.78E-05	1.42E-05	3.33E-05
37 7.10	0.	0.	2.71E-11	0.	1.05E-12	0.	1.84E-07	1.44E-06	1.79E-05	1.43E-05	3.35E-05
38 7.00	1.32E-14	0.	2.59E-11	0.	3.21E-12	0.	1.85E-07	1.51E-06	1.80E-05	1.44E-05	3.37E-05
39 6.90	2.57E-14	0.	2.25E-11	0.	6.71E-12	0.	1.87E-07	1.57E-06	1.80E-05	1.45E-05	3.39E-05
40 6.80	2.21E-14	0.	2.00E-11	0.	8.82E-12	0.	1.88E-07	1.65E-06	1.81E-05	1.46E-05	3.41E-05
41 6.70	1.60E-14	0.	1.58E-11	0.	1.59E-11	0.	1.90E-07	1.72E-06	1.83E-05	1.47E-05	3.43E-05
42 6.60	9.70E-15	0.	1.08E-11	0.	1.63E-11	0.	1.91E-07	1.80E-06	1.85E-05	1.48E-05	3.46E-05
43 6.50	5.57E-15	0.	6.62E-12	7.27E-14	1.27E-11	0.	1.93E-07	1.89E-06	1.86E-05	1.49E-05	3.49E-05
44 6.40	3.16E-15	0.	3.62E-12	3.38E-13	1.94E-11	0.	1.94E-07	1.99E-06	1.88E-05	1.50E-05	3.53E-05
45 6.30	1.82E-15	0.	1.68E-12	4.76E-13	1.89E-11	0.	1.96E-07	2.07E-06	1.90E-05	1.52E-05	3.56E-05
46 6.20	9.17E-16	0.	4.24E-13	1.35E-12	1.78E-11	0.	1.97E-07	2.18E-06	1.92E-05	1.53E-05	3.61E-05
47 6.10	3.72E-16	0.	3.03E-14	1.27E-12	2.28E-11	0.	1.99E-07	2.29E-06	1.94E-05	1.55E-05	3.65E-05
48 6.00	1.54E-16	0.	7.62E-16	1.86E-12	1.08E-11	0.	2.00E-07	2.40E-06	1.96E-05	1.56E-05	3.71E-05
49 5.90	5.78E-17	0.	0.	1.06E-12	1.06E-11	0.	2.00E-07	2.53E-06	1.97E-05	1.58E-05	3.76E-05
50 5.80	4.81E-18	0.		2.59E-12	1.08E-11	0.	1.97E-07	2.66E-06	2.00E-05	1.59E-05	3.82E-05
51 5.70	3.54E-19	0.	0.	3.00E-12	1.20E-11	0.	1.85E-07	2.81E-06	2.03E-05	1.55E-05	3.87E-05

ABSORPTION COEFFICIENTS OF HEATED AIR (INVERSE CM.)

TEMPERATURE (DEGREES K) 16000. DENSITY (GM/CC) 1.293E-06 (10.0E-04 NORMAL)

	PHOTON ENERGY	O2 S-R BANDS	N2 1ST POS.	N2 2ND POS.	N2+ 1ST NEG.	NO BETA	NO GAMMA	NO VIB-ROT	NO2	O- PHOTO-DET (IONS)	FREE-FREE (IONS)	N P.E.	O P.E.	TOTAL AIR
52	5.60	1.59E-20	0.	0.	0.	2.51E-12	1.63E-11	0.	0.	1.72E-07	2.96E-06	2.06E-05	1.56E-05	3.94E-05
53	5.50	0.	0.	0.	0.	3.07E-12	1.52E-11	0.	0.	1.73E-07	3.13E-06	2.10E-05	1.58E-05	4.01E-05
54	5.40	0.	0.	0.	0.	2.79E-12	1.20E-11	0.	0.	1.74E-07	3.30E-06	2.15E-05	1.60E-05	4.11E-05
55	5.30	0.	0.	0.	0.	2.86E-12	1.55E-11	0.	0.	1.75E-07	3.50E-06	2.21E-05	1.63E-05	4.20E-05
56	5.20	0.	0.	0.	0.	3.06E-12	1.13E-11	0.	0.	1.76E-07	3.70E-06	2.26E-05	1.66E-05	4.30E-05
57	5.10	0.	0.	0.	0.	3.05E-12	1.46E-11	0.	0.	1.78E-07	3.93E-06	2.32E-05	1.69E-05	4.42E-05
58	5.00	2.14E-13	0.	0.	0.	2.77E-12	1.35E-11	0.	0.	1.79E-07	4.17E-06	2.39E-05	1.72E-05	4.55E-05
59	4.90	5.15E-13	0.	0.	0.	3.08E-12	1.46E-11	0.	0.	1.81E-07	4.43E-06	2.47E-05	1.75E-05	4.69E-05
60	4.80	9.56E-13	0.	0.	0.	3.29E-12	1.36E-11	0.	0.	1.82E-07	4.71E-06	2.56E-05	1.79E-05	4.84E-05
61	4.70	1.28E-12	0.	0.	0.	3.27E-12	1.23E-11	0.	0.	1.85E-07	5.02E-06	2.64E-05	1.84E-05	5.00E-05
62	4.60	1.74E-12	0.	0.	0.	3.35E-12	1.12E-11	0.	0.	1.85E-07	5.36E-06	2.75E-05	1.88E-05	5.19E-05
63	4.50	1.82E-12	0.	0.	0.	3.04E-12	8.41E-12	0.	0.	1.87E-07	5.73E-06	2.88E-05	1.93E-05	5.40E-05
64	4.40	1.93E-12	0.	0.	0.	3.04E-12	5.83E-12	0.	0.	1.88E-07	6.14E-06	3.01E-05	1.98E-05	5.63E-05
65	4.30	1.81E-12	0.	0.	0.	2.88E-12	6.58E-12	0.	0.	1.90E-07	6.58E-06	3.16E-05	2.03E-05	5.87E-05
66	4.20	1.68E-12	0.	0.	0.	3.03E-12	2.58E-12	0.	0.	1.91E-07	7.07E-06	3.31E-05	2.09E-05	6.12E-05
67	4.10	1.57E-12	0.	0.	0.	2.94E-12	7.10E-13	0.	0.	1.92E-07	7.60E-06	3.45E-05	2.10E-05	6.33E-05
68	4.00	1.44E-12	0.	0.	6.94E-10	2.83E-12	5.38E-13	0.	0.	1.93E-07	8.19E-06	3.60E-05	7.81E-06	5.22E-05
69	3.90	1.22E-12	0.	0.	3.16E-09	2.58E-12	2.08E-13	0.	0.	1.91E-07	8.85E-06	3.42E-05	8.06E-06	5.13E-05
70	3.80	1.33E-12	0.	2.17E-12	1.22E-09	2.77E-12	0.	0.	0.	1.88E-07	9.57E-06	2.73E-05	8.38E-06	4.55E-05
71	3.70	1.17E-12	0.	6.69E-12	6.73E-09	2.34E-12	0.	0.	0.	1.76E-07	1.04E-05	2.85E-05	9.02E-06	4.83E-05
72	3.60	1.05E-12	0.	6.95E-11	1.38E-08	2.53E-12	0.	0.	0.	1.61E-07	1.13E-05	3.08E-05	9.22E-06	5.24E-05
73	3.50	9.75E-13	0.	2.90E-11	1.88E-09	1.97E-12	0.	0.	0.	9.31E-08	1.23E-05	3.23E-05	1.02E-05	5.60E-05
74	3.40	8.87E-13	0.	9.99E-11	7.67E-09	2.21E-12	0.	0.	0.	9.32E-08	1.34E-05	3.61E-05	1.12E-05	6.19E-05
75	3.30	7.07E-13	0.	4.61E-11	1.36E-08	1.75E-12	0.	0.	0.	9.34E-08	1.47E-05	3.99E-05	1.24E-05	6.82E-05
76	3.20	6.12E-13	0.	7.27E-11	2.97E-09	1.83E-12	0.	0.	0.	9.36E-08	1.61E-05	4.37E-05	1.36E-05	7.47E-05
77	3.10	5.83E-13	0.	7.81E-11	7.37E-09	1.72E-12	0.	0.	0.	9.38E-08	1.77E-05	4.77E-05	1.48E-05	8.16E-05
78	3.00	5.18E-13	0.	5.30E-11	4.13E-09	1.61E-12	0.	0.	0.	9.40E-08	1.96E-05	5.16E-05	1.61E-05	8.86E-05
79	2.90	4.32E-13	0.	7.14E-11	2.48E-09	1.21E-12	0.	0.	0.	9.41E-08	2.17E-05	5.58E-05	1.73E-05	9.63E-05
80	2.80	4.48E-13	0.	4.40E-11	3.51E-09	8.27E-13	0.	0.	0.	9.41E-08	2.41E-05	6.06E-05	1.87E-05	1.05E-04
81	2.70	2.86E-13	0.	4.53E-11	3.48E-09	4.45E-13	0.	0.	0.	9.41E-08	2.70E-05	6.57E-05	2.02E-05	1.15E-04
82	2.60	1.33E-13	0.	2.93E-11	3.29E-09	1.94E-13	0.	0.	0.	9.41E-08	3.02E-05	7.13E-05	2.18E-05	1.25E-04
83	2.50	9.26E-15	0.	2.26E-11	2.77E-10	4.57E-14	0.	0.	0.	9.34E-08	3.41E-05	7.85E-05	2.35E-05	1.28E-04
84	2.40	0.	0.	1.38E-11	0.	4.85E-15	0.	0.	0.	9.26E-08	3.86E-05	9.28E-05	1.29E-05	1.19E-04
85	2.30	0.	4.87E-12	0.	0.	0.	0.	0.	0.	8.97E-08	4.39E-05	8.12E-05	1.58E-05	1.41E-04
86	2.20	0.	1.58E-11	0.	0.	0.	0.	0.	0.	8.62E-08	5.03E-05	9.67E-05	1.89E-05	1.66E-04
87	2.10	0.	4.01E-11	0.	0.	0.	0.	0.	0.	8.25E-08	5.79E-05	1.11E-04	2.27E-05	1.92E-04
88	2.00	0.	4.39E-11	0.	0.	0.	0.	0.	0.	7.77E-08	6.72E-05	1.27E-04	2.64E-05	2.21E-04
89	1.90	0.	8.45E-11	0.	0.	0.	0.	0.	0.	6.57E-08	7.86E-05	1.45E-04	3.02E-05	2.54E-04
90	1.80	0.	1.13E-10	0.	0.	0.	0.	0.	0.	2.99E-08	9.27E-05	1.75E-04	3.49E-05	3.03E-04
91	1.70	0.	9.49E-11	0.	0.	0.	0.	0.	0.	0.	1.10E-04	2.11E-04	4.22E-05	3.63E-04
92	1.60	0.	8.13E-11	0.	0.	0.	0.	0.	0.	0.	1.33E-04	2.44E-04	5.12E-05	4.28E-04
93	1.50	0.	9.48E-11	0.	0.	0.	0.	0.	0.	0.	1.61E-04	3.16E-04	6.03E-05	5.37E-04
94	1.40	0.	9.44E-11	0.	0.	0.	0.	0.	0.	0.	1.99E-04	3.71E-04	7.32E-05	6.43E-04
95	1.30	0.	7.22E-11	0.	0.	0.	0.	0.	0.	0.	2.51E-04	5.14E-04	8.71E-05	8.52E-04
96	1.20	0.	6.93E-11	0.	0.	0.	0.	1.56E-16	0.	0.	3.22E-04	5.31E-04	1.10E-04	9.63E-04
97	1.10	0.	6.48E-11	0.	0.	0.	0.	2.15E-15	0.	0.	4.20E-04	6.75E-04	1.15E-04	1.21E-03
98	1.00	0.	5.94E-11	0.	0.	0.	0.	2.48E-15	0.	0.	5.61E-04	8.04E-04	1.45E-04	1.51E-03
99	0.90	0.	4.88E-11	0.	0.	0.	0.	5.26E-14	0.	0.	7.00E-04	1.01E-03	1.64E-04	1.87E-03
100	0.80	0.	2.30E-11	0.	0.	0.	0.	4.50E-14	0.	0.	1.11E-03	1.07E-03	1.93E-04	2.37E-03
101	0.70	0.	5.50E-12	0.	0.	0.	0.	1.53E-13	0.	0.	1.68E-03	1.14E-03	2.22E-04	3.04E-03
102	0.60	0.	8.81E-13	0.	0.	0.	0.	0.	0.	0.	2.70E-03	1.13E-03	2.63E-04	4.09E-03

ABSORPTION COEFFICIENTS OF HEATED AIR (INVERSE CM.)

TEMPERATURE (DEGREES K) 16000. DENSITY (GM/CC) 1.293E-07 (10.0E-05 NORMAL)

PHOTON ENERGY E.V.	O2 S-R BANDS	O2 S-R CONT.	N2 R-H NO. 1	NO BETA	NO GAMMA	NO2	O- PHOTO-DET (ICNS)	FREE-FREE (ICNS)	N P.E.	O P.E.	TOTAL AIR
1	10.70	0.	0.	6.09E-14	0.	0.	0.	2.33E-10	5.20E-09	6.00E-07	1.91E-07	7.96E-07
2	10.60	0.	0.	5.50E-14	0.	0.	0.	2.33E-10	5.35E-09	6.03E-07	1.91E-07	7.99E-07
3	10.50	0.	0.	5.53E-14	0.	0.	0.	2.34E-10	5.50E-09	5.77E-07	1.90E-07	7.73E-07
4	10.40	0.	0.	5.21E-14	0.	0.	0.	2.34E-10	5.66E-09	5.79E-07	1.89E-07	7.75E-07
5	10.30	0.	0.	4.51E-14	0.	0.	0.	2.34E-10	5.83E-09	5.80E-07	1.89E-07	7.75E-07
6	10.20	0.	0.	4.63E-14	0.	0.	0.	2.35E-10	6.00E-09	5.81E-07	1.87E-07	7.76E-07
7	10.10	0.	0.	4.34E-14	0.	0.	0.	2.35E-10	6.19E-09	5.84E-07	1.87E-07	7.76E-07
8	10.00	0.	0.	3.77E-14	0.	0.	0.	2.35E-10	6.37E-09	5.86E-07	1.87E-07	7.78E-07
9	9.90	0.	0.	3.86E-14	0.	0.	0.	2.36E-10	6.57E-09	5.87E-07	1.86E-07	7.78E-07
10	9.80	0.	0.	3.60E-14	0.	0.	0.	2.36E-10	6.77E-09	5.89E-07	1.85E-07	7.79E-07
11	9.70	0.	0.	3.09E-14	0.	0.	0.	2.37E-10	6.99E-09	5.90E-07	1.85E-07	7.80E-07
12	9.60	0.	0.	3.33E-14	0.	0.	0.	2.37E-10	7.21E-09	5.92E-07	1.84E-07	7.81E-07
13	9.50	0.	0.	2.82E-14	0.	0.	0.	2.37E-10	7.44E-09	5.94E-07	1.83E-07	7.82E-07
14	9.40	0.	0.	2.65E-14	0.	0.	0.	2.38E-10	7.68E-09	5.96E-07	1.83E-07	7.83E-07
15	9.30	0.	0.	2.71E-14	0.	0.	0.	2.38E-10	7.93E-09	5.99E-07	1.82E-07	7.84E-07
16	9.20	0.	0.	2.22E-14	0.	0.	0.	2.39E-10	8.19E-09	2.10E-07	1.81E-07	4.00E-07
17	9.10	0.	0.	2.28E-14	0.	0.	0.	2.40E-10	8.46E-09	2.10E-07	1.81E-07	4.00E-07
18	9.00	0.	0.	2.05E-14	0.	0.	0.	2.41E-10	8.75E-09	2.10E-07	1.80E-07	3.99E-07
19	8.90	0.	0.	1.89E-14	0.	0.	0.	2.42E-10	9.05E-09	2.10E-07	1.80E-07	3.99E-07
20	8.80	0.	0.	1.85E-14	0.	0.	0.	2.43E-10	9.37E-09	2.10E-07	1.79E-07	3.99E-07
21	8.70	0.	0.	1.59E-14	0.	0.	0.	2.43E-10	9.70E-09	2.11E-07	1.79E-07	3.99E-07
22	8.60	0.	0.	1.63E-14	0.	0.	0.	2.44E-10	1.00E-08	2.11E-07	1.78E-07	3.99E-07
23	8.50	0.	0.	1.42E-14	0.	0.	0.	2.45E-10	1.04E-08	2.11E-07	1.78E-07	3.99E-07
24	8.40	0.	0.	1.40E-14	0.	0.	0.	2.46E-10	1.08E-08	2.12E-07	1.77E-07	4.00E-07
25	8.30	0.	0.	1.18E-14	0.	0.	0.	2.47E-10	1.12E-08	2.12E-07	1.77E-07	4.02E-07
26	8.20	0.	0.	1.19E-14	0.	0.	0.	2.49E-10	1.16E-08	2.13E-07	1.78E-07	4.02E-07
27	8.10	0.	0.	1.02E-14	0.	0.	0.	2.50E-10	1.20E-08	2.09E-07	1.78E-07	3.99E-07
28	8.00	0.	0.	1.02E-14	0.	0.	0.	2.51E-10	1.25E-08	2.10E-07	1.79E-07	4.01E-07
29	7.90	0.	0.	8.69E-15	0.	0.	0.	2.53E-10	1.30E-08	2.12E-07	1.79E-07	4.03E-07
30	7.80	0.	0.	8.97E-15	0.	0.	0.	2.54E-10	1.35E-08	2.13E-07	1.80E-07	4.06E-07
31	7.70	0.	0.	7.81E-15	0.	5.31E-19	0.	2.55E-10	1.40E-08	2.14E-07	1.80E-07	4.06E-07
32	7.60	0.	0.	7.37E-15	0.	1.93E-18	0.	2.58E-10	1.46E-08	2.15E-07	1.81E-07	4.08E-07
33	7.50	0.	0.	6.77E-15	0.	1.48E-17	0.	2.58E-10	1.52E-08	2.16E-07	1.81E-07	4.10E-07
34	7.40	0.	0.	6.05E-15	0.	6.15E-17	0.	2.59E-10	1.58E-08	2.18E-07	1.82E-07	4.12E-07
35	7.30	0.	0.	5.69E-15	0.	1.66E-16	0.	2.60E-10	1.65E-08	2.19E-07	1.83E-07	4.15E-07
36	7.20	0.	0.	5.10E-15	0.	5.09E-16	0.	2.62E-10	1.72E-08	2.20E-07	1.83E-07	4.17E-07
37	7.10	0.	0.	4.87E-15	0.	1.06E-15	0.	2.63E-10	1.79E-08	2.21E-07	1.84E-07	4.20E-07
38	7.00	2.23E-18	0.	4.44E-15	0.	1.40E-15	0.	2.66E-10	1.87E-08	2.24E-07	1.85E-07	4.22E-07
39	6.90	4.53E-18	0.	4.04E-15	0.	1.95E-15	0.	2.68E-10	1.95E-08	2.24E-07	1.86E-07	4.25E-07
40	6.80	3.72E-18	0.	3.86E-15	0.	2.52E-15	0.	2.70E-10	2.04E-08	2.25E-07	1.87E-07	4.27E-07
41	6.70	2.59E-18	0.	3.36E-15	0.	2.01E-15	0.	2.72E-10	2.14E-08	2.26E-07	1.88E-07	4.30E-07
42	6.60	1.63E-18	0.	2.99E-15	0.	2.52E-15	0.	2.74E-10	2.23E-08	2.31E-07	1.89E-07	4.33E-07
43	6.50	9.37E-19	0.	2.36E-15	0.	3.08E-15	0.	2.76E-10	2.34E-08	2.34E-07	1.90E-07	4.37E-07
44	6.40	5.33E-19	0.	1.61E-15	1.15E-17	3.00E-15	0.	2.78E-10	2.45E-08	2.35E-07	1.91E-07	4.41E-07
45	6.30	3.07E-19	0.	9.89E-16	5.37E-17	2.92E-15	0.	2.81E-10	2.57E-08	2.40E-07	1.92E-07	4.46E-07
46	6.20	1.38E-19	0.	5.41E-16	7.55E-17	2.82E-15	0.	2.83E-10	2.70E-08	2.44E-07	1.93E-07	4.50E-07
47	6.10	6.27E-20	0.	2.51E-16	2.14E-16	3.62E-15	0.	2.85E-10	2.84E-08	2.47E-07	1.95E-07	4.56E-07
48	6.00	2.60E-20	0.	6.33E-17	2.02E-16	1.71E-15	0.	2.87E-10	2.99E-08	2.40E-07	1.95E-07	4.62E-07
49	5.90	6.36E-21	0.	4.53E-18	2.95E-16	1.68E-15	0.	2.89E-10	3.14E-08	2.44E-07	1.97E-07	4.69E-07
50	5.80	8.10E-22	0.	1.14E-19	4.10E-16	1.71E-15	0.	2.85E-10	3.30E-08	2.49E-07	1.99E-07	4.83E-07
51	5.70	5.96E-23	0.	0.	4.75E-16	1.91E-15	0.	2.68E-10	3.48E-08	2.48E-07	2.01E-07	4.84E-07

ABSORPTION COEFFICIENTS OF HEATED AIR (INVERSE CM.)

TEMPERATURE (DEGREES K) 16000.   DENSITY (GM/CC) 1.293E-07   (10.0E-05 NORMAL)

#	PHOTON ENERGY	O2 S-R BANDS	N2 1ST POS.	N2 2ND POS.	N2+ 1ST NEG.	NO BETA	NO GAMMA	NO VIB-ROT	NO 2	O- PHOTO-DET	FREE-FREE (IONS)	N P.E.	O P.E.	TOTAL AIR
52	5.60	2.68E-24	0.	0.	0.	3.98E-16	2.58E-15	0.	0.	2.49E-10	3.67E-08	2.52E-07	2.03E-07	4.93E-07
53	5.50	0.	0.	0.	0.	4.86E-16	2.40E-15	0.	0.	2.50E-10	3.88E-08	2.58E-07	2.06E-07	5.02E-07
54	5.40	0.	0.	0.	0.	4.42E-16	1.91E-15	0.	0.	2.51E-10	4.10E-08	2.64E-07	2.08E-07	5.14E-07
55	5.30	0.	0.	0.	0.	4.53E-16	2.45E-15	0.	0.	2.53E-10	4.34E-08	2.71E-07	2.11E-07	5.26E-07
56	5.20	0.	0.	0.	0.	4.85E-16	1.78E-15	0.	0.	2.55E-10	4.59E-08	2.77E-07	2.15E-07	5.39E-07
57	5.10	0.	0.	0.	0.	4.83E-16	2.31E-15	0.	0.	2.57E-10	4.87E-08	2.86E-07	2.19E-07	5.54E-07
58	5.00	3.60E-17	0.	0.	0.	4.40E-16	2.14E-15	0.	0.	2.59E-10	5.17E-08	2.94E-07	2.23E-07	5.70E-07
59	4.90	8.67E-17	0.	0.	0.	4.88E-16	2.31E-15	0.	0.	2.61E-10	5.49E-08	3.04E-07	2.28E-07	5.87E-07
60	4.80	1.61E-16	0.	3.25E-16	0.	5.22E-16	2.16E-15	0.	0.	2.63E-10	5.85E-08	3.15E-07	2.32E-07	6.06E-07
61	4.70	2.15E-16	0.	0.	0.	5.19E-16	1.95E-15	0.	0.	2.66E-10	6.23E-08	3.25E-07	2.38E-07	6.26E-07
62	4.60	2.94E-16	0.	9.99E-16	0.	5.31E-16	1.78E-15	0.	0.	2.68E-10	6.65E-08	3.38E-07	2.44E-07	6.50E-07
63	4.50	3.06E-16	0.	3.14E-15	0.	4.82E-16	1.33E-15	0.	0.	2.70E-10	7.11E-08	3.55E-07	2.51E-07	6.77E-07
64	4.40	3.25E-16	0.	0.	0.	4.57E-16	9.24E-16	0.	0.	2.72E-10	7.61E-08	3.71E-07	2.59E-07	7.05E-07
65	4.30	3.05E-16	0.	0.	0.	4.80E-16	5.73E-16	0.	0.	2.74E-10	8.16E-08	3.89E-07	2.35E-07	7.30E-07
66	4.20	2.83E-16	0.	1.04E-14	0.	4.67E-16	4.10E-16	0.	0.	2.76E-10	8.76E-08	4.07E-07	1.01E-07	7.31E-07
67	4.10	2.65E-16	0.	4.33E-15	0.	4.48E-16	1.13E-16	0.	0.	2.78E-10	9.43E-08	4.26E-07	1.05E-07	6.18E-07
68	4.00	2.43E-16	0.	1.49E-15	0.	4.10E-16	8.53E-17	0.	0.	2.77E-10	1.02E-07	4.04E-07	1.09E-07	6.08E-07
69	3.90	2.05E-16	0.	6.88E-15	9.31E-13	4.40E-16	3.30E-17	0.	0.	2.76E-10	1.10E-07	3.24E-07	1.20E-07	5.38E-07
70	3.80	2.24E-16	0.	1.09E-14	4.25E-12	3.70E-16	0.	0.	0.	2.72E-10	1.19E-07	3.38E-07	1.32E-07	5.66E-07
71	3.70	1.97E-16	0.	1.17E-14	1.64E-12	4.01E-16	0.	0.	0.	2.55E-10	1.29E-07	3.32E-07	1.45E-07	5.80E-07
72	3.60	1.77E-16	0.	7.92E-15	9.03E-12	3.13E-16	0.	0.	0.	2.33E-10	1.40E-07	3.60E-07	1.61E-07	6.32E-07
73	3.50	1.64E-16	0.	1.07E-14	1.86E-11	3.50E-16	0.	0.	0.	1.34E-10	1.52E-07	4.00E-07	1.76E-07	6.98E-07
74	3.40	1.49E-16	0.	6.58E-15	2.53E-11	2.77E-16	0.	0.	0.	1.35E-10	1.66E-07	4.45E-07	1.92E-07	8.50E-07
75	3.30	1.19E-16	0.	6.77E-15	1.03E-11	2.90E-16	0.	0.	0.	1.35E-10	1.82E-07	4.92E-07	2.09E-07	9.32E-07
76	3.20	1.03E-16	0.	4.37E-15	1.82E-11	2.72E-16	0.	0.	0.	1.36E-10	2.00E-07	5.39E-07	2.25E-07	1.01E-06
77	3.10	9.81E-17	0.	3.38E-15	3.98E-11	2.55E-16	0.	0.	0.	1.36E-10	2.20E-07	5.84E-07	2.42E-07	1.20E-06
78	3.00	8.73E-17	0.	2.05E-15	9.89E-12	1.92E-16	0.	0.	0.	1.36E-10	2.43E-07	6.32E-07	2.62E-07	1.20E-06
79	2.90	7.28E-17	0.	1.27E-15	5.55E-12	1.31E-16	0.	0.	0.	1.36E-10	2.69E-07	6.83E-07	2.49E-07	1.30E-06
80	2.80	7.54E-17	0.	6.13E-16	1.92E-12	7.06E-17	0.	0.	0.	1.36E-10	2.99E-07	7.42E-07	1.45E-07	1.39E-06
81	2.70	4.81E-17	0.	2.86E-16	1.33E-12	3.07E-17	0.	0.	0.	1.36E-10	3.34E-07	8.06E-07	1.68E-07	1.39E-06
82	2.60	2.24E-17	0.	1.40E-16	4.71E-13	7.25E-18	0.	0.	0.	1.36E-10	3.75E-07	8.70E-07	2.05E-07	1.24E-06
83	2.50	1.56E-18	0.	1.54E-17	4.41E-13	7.69E-19	0.	0.	0.	1.36E-10	4.23E-07	6.47E-07	2.45E-07	1.48E-06
84	2.40	0.	7.28E-16	0.	3.72E-13	0.	0.	0.	0.	1.35E-10	4.79E-07	7.94E-07	2.94E-07	1.75E-06
85	2.30	0.	2.36E-15	0.	0.	0.	0.	0.	0.	1.34E-10	5.45E-07	9.63E-07	3.43E-07	2.02E-06
86	2.20	0.	5.99E-15	0.	0.	0.	0.	0.	0.	1.34E-10	6.24E-07	1.14E-06	3.92E-07	2.39E-06
87	2.10	0.	6.55E-14	0.	0.	0.	0.	0.	0.	1.29E-10	7.18E-07	1.32E-06	4.53E-07	2.74E-06
88	2.00	0.	1.26E-14	0.	0.	0.	0.	0.	0.	1.25E-10	8.33E-07	1.51E-06	5.47E-07	3.15E-06
89	1.90	0.	1.69E-14	0.	0.	0.	0.	0.	0.	1.19E-10	9.75E-07	1.72E-06	6.65E-07	3.76E-06
90	1.80	0.	1.42E-14	0.	0.	0.	0.	0.	0.	1.12E-10	1.15E-06	2.06E-06	7.47E-07	4.50E-06
91	1.70	0.	1.65E-14	0.	0.	0.	0.	0.	0.	9.50E-11	1.37E-06	2.46E-06	6.39E-07	5.27E-06
92	1.60	0.	1.21E-14	0.	0.	0.	0.	0.	0.	4.32E-11	1.64E-06	2.87E-06	6.73E-07	6.39E-06
93	1.50	0.	1.42E-14	0.	0.	0.	0.	0.	0.	0.	2.00E-06	3.48E-06	1.07E-06	6.73E-06
94	1.40	0.	1.41E-14	0.	0.	0.	0.	0.	0.	0.	2.47E-06	3.19E-06	1.11E-06	8.97E-06
95	1.30	0.	1.08E-14	0.	0.	0.	0.	0.	0.	0.	3.11E-06	4.74E-06	1.50E-06	1.17E-05
96	1.20	0.	1.03E-14	0.	0.	0.	0.	0.	0.	0.	3.99E-06	6.25E-06	1.75E-06	1.49E-05
97	1.10	0.	9.68E-15	0.	0.	0.	0.	2.47E-20	0.	0.	5.21E-06	7.93E-06	2.13E-06	1.84E-05
98	1.00	0.	8.88E-15	0.	0.	0.	0.	3.42E-19	0.	0.	6.96E-06	9.34E-06	2.50E-06	2.31E-05
99	0.90	0.	7.29E-15	0.	0.	0.	0.	3.93E-19	0.	0.	9.58E-06	1.10E-05	2.69E-06	2.86E-05
100	0.80	0.	3.43E-15	0.	0.	0.	0.	8.34E-18	0.	0.	1.38E-05	1.22E-05	2.31E-06	2.86E-05
101	0.70	0.	8.22E-16	0.	0.	0.	0.	7.13E-18	0.	0.	2.08E-05	1.13E-05	3.44E-06	3.44E-05
102	0.60	0.	1.32E-16	0.	0.	0.	0.	2.42E-17	0.	0.	3.34E-05	1.27E-05	2.61E-06	4.87E-05

ABSORPTION COEFFICIE... OF HEATED AIR (INVERSE CM.)

TEMPERATURE (DEGREES K) 16000. DENSITY (GM/CC) 1.293E-08 (1.0E-05 NORMAL)

	PHOTON ENERGY E.V.	O2 S-R BANDS	O2 S-R CONT.	N2 B-H NO. 1	NO BETA	NO GAMMA	NO2	O- PHOTO-DET (IONS)	FREE-FREE (IONS)	N P.E.	O P.E.	TOTAL AIR P.E.
1	10.70	0.	0.	6.38E-18	0.	0.	0.	2.46E-13	5.41E-11	6.34E-09	1.99E-09	8.38E-09
2	10.60	0.	0.	5.76E-18	0.	0.	0.	2.46E-13	5.57E-11	6.37E-09	1.98E-09	8.41E-09
3	10.50	0.	0.	5.79E-18	0.	0.	0.	2.46E-13	5.73E-11	6.40E-09	1.98E-09	8.43E-09
4	10.40	0.	0.	5.45E-18	0.	0.	0.	2.46E-13	5.90E-11	6.42E-09	1.97E-09	8.45E-09
5	10.30	0.	0.	4.72E-18	0.	0.	0.	2.47E-13	6.07E-11	6.43E-09	1.96E-09	8.45E-09
6	10.20	0.	0.	4.85E-18	0.	0.	0.	2.47E-13	6.25E-11	6.45E-09	1.96E-09	8.47E-09
7	10.10	0.	0.	4.54E-18	0.	0.	0.	2.47E-13	6.44E-11	6.47E-09	1.95E-09	8.49E-09
8	10.00	0.	0.	4.05E-18	0.	0.	0.	2.48E-13	6.64E-11	6.49E-09	1.94E-09	8.50E-09
9	9.90	0.	0.	3.95E-18	0.	0.	0.	2.48E-13	6.84E-11	6.51E-09	1.93E-09	8.52E-09
10	9.80	0.	0.	3.77E-18	0.	0.	0.	2.49E-13	7.05E-11	6.53E-09	1.93E-09	8.53E-09
11	9.70	0.	0.	3.23E-18	0.	0.	0.	2.49E-13	7.27E-11	6.54E-09	1.92E-09	8.55E-09
12	9.60	0.	0.	3.49E-18	0.	0.	0.	2.50E-13	7.50E-11	6.58E-09	1.91E-09	8.56E-09
13	9.50	0.	0.	2.95E-18	0.	0.	0.	2.50E-13	7.75E-11	6.60E-09	1.91E-09	8.58E-09
14	9.40	0.	0.	2.77E-18	0.	0.	0.	2.51E-13	8.00E-11	6.62E-09	1.90E-09	8.60E-09
15	9.30	0.	0.	2.84E-18	0.	0.	0.	2.52E-13	8.26E-11	2.70E-09	1.89E-09	4.67E-09
16	9.20	0.	0.	2.32E-18	0.	0.	0.	2.53E-13	8.53E-11	2.70E-09	1.89E-09	4.67E-09
17	9.10	0.	0.	2.38E-18	0.	0.	0.	2.54E-13	8.82E-11	2.71E-09	1.88E-09	4.68E-09
18	9.00	0.	0.	2.15E-18	0.	0.	0.	2.55E-13	9.11E-11	2.71E-09	1.88E-09	4.68E-09
19	8.90	0.	0.	1.97E-18	0.	0.	0.	2.56E-13	9.43E-11	2.72E-09	1.86E-09	4.68E-09
20	8.80	0.	0.	1.93E-18	0.	0.	0.	2.56E-13	9.76E-11	2.73E-09	1.86E-09	4.69E-09
21	8.70	0.	0.	1.66E-18	0.	0.	0.	2.57E-13	1.01E-10	2.73E-09	1.85E-09	4.69E-09
22	8.60	0.	0.	1.71E-18	0.	0.	0.	2.58E-13	1.05E-10	2.74E-09	1.85E-09	4.69E-09
23	8.50	0.	0.	1.48E-18	0.	0.	0.	2.59E-13	1.08E-10	2.75E-09	1.84E-09	4.70E-09
24	8.40	0.	0.	1.47E-18	0.	0.	0.	2.61E-13	1.12E-10	2.76E-09	1.83E-09	4.71E-09
25	8.30	0.	0.	1.23E-18	0.	0.	0.	2.62E-13	1.16E-10	2.37E-09	1.83E-09	4.32E-09
26	8.20	0.	0.	1.24E-18	0.	0.	0.	2.63E-13	1.21E-10	2.39E-09	1.84E-09	4.35E-09
27	8.10	0.	0.	1.06E-18	0.	0.	0.	2.65E-13	1.25E-10	2.41E-09	1.84E-09	4.38E-09
28	8.00	0.	0.	1.07E-18	0.	0.	0.	2.66E-13	1.30E-10	2.43E-09	1.85E-09	4.41E-09
29	7.90	0.	0.	9.10E-19	0.	0.	0.	2.67E-13	1.35E-10	2.45E-09	1.86E-09	4.44E-09
30	7.80	0.	0.	9.39E-19	0.	0.	0.	2.69E-13	1.41E-10	2.47E-09	1.86E-09	4.47E-09
31	7.70	0.	0.	8.18E-19	0.	0.	0.	2.70E-13	1.44E-10	2.50E-09	1.87E-09	4.51E-09
32	7.60	0.	0.	7.72E-19	0.	5.63E-23	0.	2.71E-13	1.52E-10	2.52E-09	1.87E-09	4.55E-09
33	7.50	0.	0.	7.09E-19	0.	2.05E-22	0.	2.73E-13	1.58E-10	2.55E-09	1.88E-09	4.58E-09
34	7.40	0.	0.	6.33E-19	0.	1.57E-21	0.	2.76E-13	1.65E-10	2.57E-09	1.88E-09	4.62E-09
35	7.30	0.	0.	5.96E-19	0.	6.52E-21	0.	2.76E-13	1.72E-10	2.58E-09	1.89E-09	4.64E-09
36	7.20	0.	0.	5.34E-19	0.	1.76E-20	0.	2.77E-13	1.75E-10	2.61E-09	1.90E-09	4.69E-09
37	7.10	0.	2.39E-22	5.10E-19	0.	5.40E-20	0.	2.80E-13	1.87E-10	2.65E-09	1.90E-09	4.73E-09
38	7.00	0.	4.05E-22	4.65E-19	0.	1.13E-19	0.	2.82E-13	1.95E-10	2.68E-09	1.91E-09	4.78E-09
39	6.90	0.	3.99E-22	4.23E-19	0.	1.48E-19	0.	2.84E-13	2.03E-10	2.71E-09	1.91E-09	4.83E-09
40	6.80	0.	2.49E-22	4.04E-19	0.	2.67E-19	0.	2.86E-13	2.13E-10	2.75E-09	1.92E-09	4.88E-09
41	6.70	0.	1.75E-22	3.51E-19	0.	2.74E-19	0.	2.89E-13	2.22E-10	2.78E-09	1.93E-09	4.93E-09
42	6.60	0.	1.01E-22	3.13E-19	0.	2.13E-19	0.	2.91E-13	2.33E-10	2.82E-09	1.94E-09	4.99E-09
43	6.50	0.		2.47E-19	0.	3.26E-19	0.	2.93E-13	2.44E-10	2.87E-09	1.95E-09	5.06E-09
44	6.40	0.	5.72E-23	1.68E-19	1.22E-21	3.18E-19	0.	2.96E-13	2.55E-10	2.91E-09	1.95E-09	5.12E-09
45	6.30	0.	5.39E-23	1.04E-19	5.62E-21	2.14E-19	0.	2.98E-13	2.66E-10	2.96E-09	1.97E-09	5.19E-09
46	6.20	0.	1.48E-23	5.47E-20	8.03E-21	2.99E-19	0.	3.00E-13	2.81E-10	3.00E-09	1.99E-09	5.27E-09
47	6.10	0.	4.72E-24	2.63E-20	2.27E-20	3.83E-19	0.	3.02E-13	2.95E-10	3.05E-09	2.01E-09	5.36E-09
48	6.00	0.	2.79E-24	6.63E-21	2.14E-20	1.81E-19	0.	3.05E-13	3.10E-10	2.55E-09	2.02E-09	4.88E-09
49	5.90	0.	6.82E-25	4.74E-22	3.15E-20	1.78E-19	0.	3.05E-13	3.27E-10	2.59E-09	2.04E-09	4.96E-09
50	5.80	0.	8.68E-26	1.19E-23	4.35E-20	1.81E-19	0.	3.00E-13	3.44E-10	2.63E-09	2.06E-09	5.04E-09
51	5.70	0.	6.39E-27	0.	5.04E-20	2.02E-19	0.	2.82E-13	3.62E-10	2.67E-09	2.09E-09	5.12E-09

ABSORPTION COEFFICIENTS OF HEATED AIR (INVERSE CM.)

TEMPERATURE (DEGREES K) 16000. DENSITY (GM/CC) 1.293E-08 (1.0E-05 NORMAL)

	PHOTON ENERGY	O2 S-R BANDS	N2 1ST POS.	N2 2ND POS.	N2+ 1ST NEG.	NO BETA	NO GAMMA	NO VIB-ROT	NO2	O- PHOTO-DET (IONS)	FREE-FREE (IONS)	N P.E.	O P.E.	TOTAL AIR
52	5.60	2.88E-28	0.	0.	0.	4.22E-20	2.74E-19	0.	0.	2.62E-13	3.82E-10	2.72E-09	2.11E-09	5.21E-09
53	5.50	0.	0.	0.	0.	5.16E-20	2.55E-19	0.	0.	2.63E-13	4.04E-10	2.78E-09	2.13E-09	5.31E-09
54	5.40	0.	0.	0.	0.	4.68E-20	2.02E-19	0.	0.	2.65E-13	4.27E-10	2.85E-09	2.16E-09	5.44E-09
55	5.30	0.	0.	0.	0.	4.80E-20	2.60E-19	0.	0.	2.67E-13	4.51E-10	2.93E-09	2.19E-09	5.57E-09
56	5.20	0.	0.	0.	0.	5.15E-20	1.89E-19	0.	0.	2.68E-13	4.78E-10	3.01E-09	2.24E-09	5.72E-09
57	5.10	0.	0.	0.	0.	5.12E-20	2.45E-19	0.	0.	2.71E-13	5.07E-10	3.10E-09	2.28E-09	5.88E-09
58	5.00	3.86E-21	0.	0.	0.	4.66E-20	2.27E-19	0.	0.	2.73E-13	5.38E-10	3.20E-09	2.32E-09	6.05E-09
59	4.90	9.30E-21	0.	0.	0.	5.17E-20	2.45E-19	0.	0.	2.75E-13	5.72E-10	3.30E-09	2.36E-09	6.24E-09
60	4.80	1.73E-20	0.	0.	0.	5.53E-20	2.29E-19	0.	0.	2.77E-13	6.09E-10	3.42E-09	2.41E-09	6.44E-09
61	4.70	2.31E-20	0.	0.	0.	5.50E-20	2.07E-19	0.	0.	2.80E-13	6.49E-10	3.54E-09	2.47E-09	6.67E-09
62	4.60	3.15E-20	0.	0.	0.	5.63E-20	1.89E-19	0.	0.	2.82E-13	6.93E-10	3.69E-09	2.54E-09	6.92E-09
63	4.50	3.29E-20	0.	0.	0.	5.11E-20	1.41E-19	0.	0.	2.84E-13	7.40E-10	3.88E-09	2.60E-09	7.22E-09
64	4.40	3.48E-20	0.	0.	0.	5.11E-20	9.80E-20	0.	0.	2.86E-13	7.92E-10	4.06E-09	2.67E-09	7.52E-09
65	4.30	3.27E-20	0.	0.	0.	4.85E-20	6.08E-20	0.	0.	2.89E-13	8.50E-10	4.26E-09	2.69E-09	7.80E-09
66	4.20	3.04E-20	0.	0.	0.	5.09E-20	4.34E-20	0.	0.	2.91E-13	9.12E-10	4.47E-09	9.88E-10	6.37E-09
67	4.10	2.84E-20	0.	0.	0.	4.95E-20	1.19E-20	0.	0.	2.92E-13	9.82E-10	4.32E-09	1.02E-09	6.32E-09
68	4.00	2.60E-20	0.	0.	0.	4.75E-20	9.04E-21	0.	0.	2.93E-13	1.06E-09	3.51E-09	1.05E-09	5.62E-09
69	3.90	2.20E-20	0.	3.40E-20	0.	4.34E-20	3.50E-21	0.	0.	2.92E-13	1.14E-09	3.67E-09	1.09E-09	5.90E-09
70	3.80	2.40E-20	0.	1.05E-19	9.60E-16	4.66E-20	0.	0.	0.	2.86E-13	1.24E-09	3.84E-09	1.13E-09	6.21E-09
71	3.70	2.11E-20	0.	3.27E-19	4.37E-15	3.92E-20	0.	0.	0.	2.68E-13	1.34E-09	3.79E-09	1.24E-09	6.38E-09
72	3.60	1.90E-20	0.	1.09E-18	1.69E-15	4.25E-20	0.	0.	0.	2.46E-13	1.46E-09	4.11E-09	1.37E-09	6.93E-09
73	3.50	1.76E-20	0.	4.54E-19	1.91E-14	3.32E-20	0.	0.	0.	1.42E-13	1.59E-09	4.53E-09	1.51E-09	7.63E-09
74	3.40	1.60E-20	0.	1.56E-18	2.60E-15	3.71E-20	0.	0.	0.	1.89E-13	1.73E-09	4.62E-09	1.67E-09	8.03E-09
75	3.30	1.28E-20	0.	7.21E-19	1.06E-14	2.94E-20	0.	0.	0.	1.42E-13	1.89E-09	5.11E-09	1.83E-09	8.83E-09
76	3.20	1.10E-20	0.	1.14E-18	1.88E-14	3.07E-20	0.	0.	0.	1.45E-13	2.08E-09	5.61E-09	2.00E-09	9.69E-09
77	3.10	1.05E-20	0.	1.22E-18	4.10E-15	2.89E-20	0.	0.	0.	1.43E-13	2.29E-09	6.12E-09	2.16E-09	1.06E-08
78	3.00	9.36E-21	0.	8.29E-19	1.72E-15	2.70E-20	0.	0.	0.	1.43E-13	2.53E-09	6.64E-09	2.33E-09	1.15E-08
79	2.90	7.81E-21	0.	9.31E-19	5.72E-15	2.04E-20	0.	0.	0.	1.43E-13	2.80E-09	7.18E-09	2.51E-09	1.25E-08
80	2.80	8.09E-21	0.	1.12E-18	3.43E-15	1.39E-20	0.	0.	0.	1.43E-13	3.12E-09	7.80E-09	2.72E-09	1.36E-08
81	2.70	5.16E-21	0.	6.89E-19	4.86E-15	7.49E-21	0.	0.	0.	1.43E-13	3.48E-09	8.44E-09	1.38E-09	1.33E-08
82	2.60	2.40E-21	0.	7.09E-19	4.81E-16	3.25E-21	0.	0.	0.	1.42E-13	3.90E-09	9.15E-09	1.50E-09	1.46E-08
83	2.50	1.67E-22	0.	4.58E-19	4.55E-16	7.69E-22	0.	0.	0.	1.41E-13	4.40E-09	6.88E-09	1.74E-09	1.30E-08
84	2.40	0.	7.62E-20	3.54E-19	3.83E-16	8.15E-23	0.	0.	0.	1.36E-13	4.99E-09	8.43E-09	2.13E-09	1.55E-08
85	2.30	0.	2.47E-19	1.33E-19	0.	0.	0.	0.	0.	1.31E-13	5.67E-09	1.02E-08	2.55E-09	1.84E-08
86	2.20	0.	6.27E-19	1.72E-19	0.	0.	0.	0.	0.	1.25E-13	6.49E-09	1.20E-08	3.06E-09	2.16E-08
87	2.10	0.	6.86E-19	6.42E-20	0.	0.	0.	0.	0.	1.18E-13	7.44E-09	1.40E-08	3.56E-09	2.50E-08
88	2.00	0.	1.32E-18	2.99E-20	0.	0.	0.	0.	0.	1.00E-13	8.66E-09	1.59E-08	4.07E-09	2.87E-08
89	1.90	0.	1.77E-18	1.47E-20	0.	0.	0.	0.	0.	4.55E-14	1.01E-08	1.78E-08	4.69E-09	3.26E-08
90	1.80	0.	1.48E-18	1.67E-20	0.	0.	0.	0.	0.	0.	1.20E-08	2.12E-08	5.68E-09	3.89E-08
91	1.70	0.	1.72E-18	0.	0.	0.	0.	0.	0.	0.	1.42E-08	2.54E-08	6.89E-09	4.66E-08
92	1.60	0.	1.27E-18	0.	0.	0.	0.	0.	0.	0.	1.71E-08	2.97E-08	7.75E-09	5.45E-08
93	1.50	0.	1.48E-18	0.	0.	0.	0.	0.	0.	0.	2.08E-08	3.59E-08	8.85E-09	6.56E-08
94	1.40	0.	1.13E-18	0.	0.	0.	0.	0.	0.	0.	2.57E-08	3.28E-08	8.02E-09	6.66E-08
95	1.30	0.	1.08E-18	0.	0.	0.	0.	0.	0.	0.	3.24E-08	4.72E-08	1.15E-08	9.11E-08
96	1.20	0.	1.01E-18	0.	0.	0.	0.	0.	0.	0.	4.16E-08	6.40E-08	1.43E-08	1.20E-07
97	1.10	0.	9.29E-19	0.	0.	0.	0.	2.62E-24	0.	0.	5.43E-08	7.87E-08	1.82E-08	1.51E-07
98	1.00	0.	7.64E-19	0.	0.	0.	0.	3.62E-23	0.	0.	7.25E-08	9.56E-08	2.21E-08	1.90E-07
99	0.90	0.	3.59E-19	0.	0.	0.	0.	4.17E-23	0.	0.	9.97E-08	1.08E-07	2.41E-08	2.32E-07
100	0.80	0.	8.60E-20	0.	0.	0.	0.	8.84E-22	0.	0.	1.43E-07	1.25E-07	2.78E-08	2.96E-07
101	0.70	0.	1.38E-20	0.	0.	0.	0.	7.56E-22	0.	0.	2.16E-07	1.15E-07	2.39E-08	3.56E-07
102	0.60	0.	0.	0.	0.	0.	0.	2.56E-21	0.	0.	3.48E-07	1.30E-07	2.70E-08	5.05E-07

ABSORPTION COEFFICIE OF HEATED AIR (INVERSE CM.)

TEMPERATURE (DEGREES K) 16000.   DENSITY (GM/CC) 1.293E-09   (1.0E-06 NORMAL)

#	PHOTON ENERGY E.V.	O2 S-R BANDS	O2 S-R CONT.	N2 B-H NO. 1	NO BETA	NO GAMMA	NO 2	O- PHOTO-DET (TNS)	FREE-FREE (TNS)	N P.E.	O P.E.	TOTAL AIR
1	10.70	0.	0.	6.30E-22	0.	0.	0.	2.63E-16	6.16E-13	1.09E-10	2.13E-11	1.31E-10
2	10.60	0.	0.	5.69E-22	0.	0.	0.	2.63E-16	6.34E-13	1.10E-10	2.12E-11	1.32E-10
3	10.50	0.	0.	5.72E-22	0.	0.	0.	2.64E-16	6.52E-13	1.10E-10	2.12E-11	1.32E-10
4	10.40	0.	0.	5.39E-22	0.	0.	0.	2.64E-16	6.71E-13	1.11E-10	2.11E-11	1.32E-10
5	10.30	0.	0.	4.67E-22	0.	0.	0.	2.64E-16	6.91E-13	1.11E-10	2.10E-11	1.33E-10
6	10.20	0.	0.	4.79E-22	0.	0.	0.	2.65E-16	7.12E-13	1.12E-10	2.10E-11	1.34E-10
7	10.10	0.	0.	4.49E-22	0.	0.	0.	2.65E-16	7.33E-13	1.13E-10	2.09E-11	1.34E-10
8	10.00	0.	0.	3.90E-22	0.	0.	0.	2.65E-16	7.55E-13	1.13E-10	2.08E-11	1.35E-10
9	9.90	0.	0.	4.00E-22	0.	0.	0.	2.66E-16	7.79E-13	1.14E-10	2.08E-11	1.35E-10
10	9.80	0.	0.	3.73E-22	0.	0.	0.	2.66E-16	8.03E-13	1.15E-10	2.07E-11	1.36E-10
11	9.70	0.	0.	3.19E-22	0.	0.	0.	2.67E-16	8.28E-13	1.16E-10	2.06E-11	1.36E-10
12	9.60	0.	0.	3.45E-22	0.	0.	0.	2.67E-16	8.54E-13	1.16E-10	2.06E-11	1.37E-10
13	9.50	0.	0.	2.92E-22	0.	0.	0.	2.68E-16	8.81E-13	1.17E-10	2.05E-11	1.38E-10
14	9.40	0.	0.	2.74E-22	0.	0.	0.	2.69E-16	9.10E-13	7.87E-11	2.04E-11	1.00E-10
15	9.30	0.	0.	2.80E-22	0.	0.	0.	2.70E-16	9.40E-13	7.92E-11	2.04E-11	1.01E-10
16	9.20	0.	0.	2.35E-22	0.	0.	0.	2.71E-16	9.71E-13	7.98E-11	2.03E-11	1.01E-10
17	9.10	0.	0.	2.35E-22	0.	0.	0.	2.72E-16	1.00E-12	8.03E-11	2.02E-11	1.02E-10
18	9.00	0.	0.	2.13E-22	0.	0.	0.	2.73E-16	1.04E-12	8.08E-11	1.97E-11	1.02E-10
19	8.90	0.	0.	1.95E-22	0.	0.	0.	2.74E-16	1.07E-12	8.14E-11	1.96E-11	1.02E-10
20	8.80	0.	0.	1.91E-22	0.	0.	0.	2.75E-16	1.11E-12	8.19E-11	1.95E-11	1.03E-10
21	8.70	0.	0.	1.64E-22	0.	0.	0.	2.76E-16	1.15E-12	8.25E-11	1.95E-11	1.03E-10
22	8.60	0.	0.	1.69E-22	0.	0.	0.	2.77E-16	1.19E-12	8.30E-11	1.94E-11	1.04E-10
23	8.50	0.	0.	1.46E-22	0.	0.	0.	2.79E-16	1.23E-12	4.50E-11	1.94E-11	6.56E-11
24	8.40	0.	0.	1.45E-22	0.	0.	0.	2.79E-16	1.28E-12	4.56E-11	1.93E-11	6.63E-11
25	8.30	0.	0.	1.22E-22	0.	0.	0.	2.81E-16	1.32E-12	4.66E-11	1.93E-11	6.72E-11
26	8.20	0.	0.	1.23E-22	0.	0.	0.	2.82E-16	1.38E-12	4.78E-11	1.94E-11	6.86E-11
27	8.10	0.	0.	1.05E-22	0.	0.	0.	2.84E-16	1.43E-12	4.90E-11	1.95E-11	6.99E-11
28	8.00	0.	0.	1.05E-22	0.	0.	0.	2.85E-16	1.48E-12	5.03E-11	1.95E-11	7.13E-11
29	7.90	0.	0.	8.99E-23	0.	0.	0.	2.86E-16	1.54E-12	5.16E-11	1.96E-11	7.27E-11
30	7.80	0.	0.	9.28E-23	0.	0.	0.	2.89E-16	1.60E-12	5.29E-11	1.96E-11	7.42E-11
31	7.70	0.	0.	8.08E-23	0.	0.	0.	2.89E-16	1.66E-12	5.42E-11	1.97E-11	7.57E-11
32	7.60	0.	0.	7.63E-23	0.	0.	0.	2.91E-16	1.73E-12	5.57E-11	1.98E-11	7.73E-11
33	7.50	0.	0.	7.01E-23	0.	0.	0.	2.92E-16	1.80E-12	5.72E-11	1.99E-11	7.89E-11
34	7.40	0.	0.	6.26E-23	0.	5.79E-27	0.	2.94E-16	1.87E-12	5.66E-11	2.00E-11	7.85E-11
35	7.30	0.	0.	5.89E-23	0.	2.11E-26	0.	2.96E-16	1.95E-12	5.84E-11	2.01E-11	8.05E-11
36	7.20	0.	0.	5.28E-23	0.	1.82E-25	0.	2.97E-16	2.03E-12	6.07E-11	2.02E-11	8.30E-11
37	7.10	0.	0.	5.04E-23	0.	6.71E-25	0.	3.00E-16	2.12E-12	6.30E-11	2.03E-11	8.54E-11
38	7.00	2.56E-26	0.	4.59E-23	0.	1.41E-24	0.	3.02E-16	2.21E-12	6.53E-11	2.04E-11	8.79E-11
39	6.90	4.98E-26	0.	4.18E-23	0.	5.55E-24	0.	3.04E-16	2.31E-12	6.76E-11	2.05E-11	9.04E-11
40	6.80	4.27E-26	0.	4.00E-23	0.	1.52E-23	0.	3.07E-16	2.42E-12	6.99E-11	2.06E-11	9.29E-11
41	6.70	3.09E-26	0.	3.47E-23	0.	2.75E-23	0.	3.09E-16	2.53E-12	7.22E-11	2.07E-11	9.54E-11
42	6.60	1.48E-26	0.	3.08E-23	0.	2.82E-23	0.	3.12E-16	2.65E-12	7.45E-11	2.08E-11	9.80E-11
43	6.50	1.08E-27	0.	2.44E-23	0.	2.19E-23	0.	3.14E-16	2.77E-12	7.69E-11	2.10E-11	1.01E-10
44	6.40	6.12E-27	0.	1.66E-23	1.26E-25	3.35E-23	0.	3.17E-16	2.90E-12	7.93E-11	2.11E-11	1.03E-10
45	6.30	3.53E-27	0.	5.60E-24	5.85E-25	3.27E-23	0.	3.19E-16	3.05E-12	8.17E-11	2.13E-11	1.06E-10
46	6.20	1.58E-27	0.	2.60E-24	8.23E-25	2.20E-23	0.	3.20E-16	3.20E-12	8.42E-11	2.15E-11	1.09E-10
47	6.10	7.20E-28	0.	2.60E-24	2.34E-24	3.94E-23	0.	3.22E-16	3.36E-12	3.52E-11	2.09E-11	5.95E-11
48	6.00	2.98E-28	0.	6.55E-25	2.20E-24	1.86E-23	0.	3.24E-16	3.53E-12	3.59E-11	2.11E-11	6.08E-11
49	5.90	7.31E-29	0.	4.69E-26	3.21E-24	1.83E-23	0.	3.26E-16	3.71E-12	3.67E-11	2.14E-11	6.18E-11
50	5.80	9.50E-30	0.	1.18E-27	4.47E-24	1.86E-23	0.	3.22E-16	3.91E-12	3.75E-11	2.16E-11	6.30E-11
51	5.70	6.84E-31	0.	0.	5.13E-24	2.08E-23	0.	3.02E-16	4.12E-12	3.84E-11	2.18E-11	6.44E-11

ABSORPTION COEFFICIENTS OF HEATED AIR (INVERSE CM.)

TEMPERATURE (DEGREES K) 16000.   DENSITY (GM/CC) 1.293E-09   (1.0E-06 NORMAL)

	PHOTON ENERGY	O2 S-R BANDS	N2 1ST POS.	N2 2ND POS.	N2+ 1ST NEG.	NO BETA	NO GAMMA	NO VIB-ROT	NO2	O- PHOTO-DET	FREE-FREE (IONS)	N P.E.	O P.E.	TOTAL AIR
52	5.60	3.08E-32	0.	0.	0.	4.34E-24	2.82E-23	0.	0.	2.81E-16	4.35E-12	3.97E-11	2.21E-11	6.61E-11
53	5.50	0.	0.	0.	0.	5.30E-24	2.62E-23	0.	0.	2.82E-16	4.59E-12	4.11E-11	2.23E-11	6.80E-11
54	5.40	0.	0.	0.	0.	4.82E-24	2.08E-23	0.	0.	2.84E-16	4.85E-12	4.26E-11	2.26E-11	7.01E-11
55	5.30	0.	0.	0.	0.	4.94E-24	2.67E-23	0.	0.	2.86E-16	5.13E-12	4.42E-11	2.29E-11	7.22E-11
56	5.20	0.	0.	0.	0.	5.29E-24	1.95E-23	0.	0.	2.87E-16	5.44E-12	4.58E-11	2.33E-11	7.45E-11
57	5.10	0.	0.	0.	0.	5.27E-24	2.52E-23	0.	0.	2.90E-16	5.76E-12	4.75E-11	2.37E-11	7.70E-11
58	5.00	4.14E-25	0.	0.	0.	4.79E-24	2.34E-23	0.	0.	2.92E-16	6.12E-12	4.93E-11	2.42E-11	7.96E-11
59	4.90	9.96E-25	0.	0.	0.	5.32E-24	2.50E-23	0.	0.	2.95E-16	6.50E-12	5.12E-11	2.46E-11	8.23E-11
60	4.80	1.85E-24	0.	0.	0.	5.69E-24	2.36E-23	0.	0.	2.97E-16	6.92E-12	5.32E-11	2.52E-11	8.52E-11
61	4.70	2.47E-24	0.	0.	0.	5.65E-24	2.13E-23	0.	0.	3.00E-16	7.38E-12	5.56E-11	2.58E-11	8.88E-11
62	4.60	3.37E-24	0.	0.	0.	5.79E-24	1.94E-23	0.	0.	3.02E-16	7.87E-12	5.87E-11	2.65E-11	9.31E-11
63	4.50	3.52E-24	0.	0.	0.	5.26E-24	1.45E-23	0.	0.	3.04E-16	8.41E-12	6.22E-11	2.72E-11	9.78E-11
64	4.40	3.73E-24	0.	3.36E-24	0.	4.98E-24	1.01E-23	0.	0.	3.07E-16	9.01E-12	6.56E-11	2.74E-11	1.02E-10
65	4.30	3.50E-24	0.	1.03E-23	0.	5.24E-24	6.25E-24	0.	0.	3.09E-16	9.66E-12	6.92E-11	2.49E-11	1.04E-10
66	4.20	3.25E-24	0.	3.25E-23	0.	5.09E-24	4.47E-24	0.	0.	3.12E-16	1.04E-11	7.31E-11	1.05E-11	9.40E-11
67	4.10	3.04E-24	0.	4.48E-23	0.	4.89E-24	1.23E-24	0.	0.	3.13E-16	1.12E-11	7.27E-11	1.09E-11	9.47E-11
68	4.00	2.79E-24	0.	1.54E-22	0.	4.47E-24	9.30E-25	0.	0.	3.14E-16	1.20E-11	7.07E-11	1.13E-11	9.07E-11
69	3.90	2.35E-24	0.	7.12E-23	9.16E-19	4.79E-24	3.60E-25	0.	0.	3.13E-16	1.30E-11	7.09E-11	1.16E-11	9.56E-11
70	3.80	2.57E-24	0.	1.12E-22	9.16E-18	4.04E-24	0.	0.	0.	3.12E-16	1.40E-11	7.23E-11	1.21E-11	9.85E-11
71	3.70	2.26E-24	0.	1.21E-22	1.61E-18	4.37E-24	0.	0.	0.	3.07E-16	1.52E-11	7.60E-11	1.33E-11	1.05E-10
72	3.60	2.03E-24	0.	8.19E-22	8.88E-18	3.42E-24	0.	0.	0.	2.63E-16	1.65E-11	4.63E-11	1.46E-11	7.74E-11
73	3.50	1.89E-24	0.	6.80E-22	1.83E-17	3.41E-24	0.	0.	0.	1.52E-16	1.80E-11	5.05E-11	1.61E-11	8.46E-11
74	3.40	1.37E-24	0.	7.00E-23	2.48E-18	3.02E-24	0.	0.	0.	1.52E-16	1.97E-11	5.60E-11	1.78E-11	9.34E-11
75	3.30	1.18E-24	0.	4.52E-23	1.01E-17	3.16E-24	0.	0.	0.	1.52E-16	2.15E-11	6.16E-11	1.92E-11	1.02E-10
76	3.20	1.13E-24	0.	3.49E-23	1.79E-17	2.78E-24	0.	0.	0.	1.53E-16	2.36E-11	6.81E-11	2.09E-11	1.13E-10
77	3.10	1.00E-24	0.	2.12E-23	3.92E-18	2.09E-24	0.	0.	0.	1.53E-16	2.60E-11	7.50E-11	2.26E-11	1.24E-10
78	3.00	8.36E-25	0.	1.32E-23	9.72E-18	1.43E-24	0.	0.	0.	1.53E-16	2.87E-11	8.20E-11	2.44E-11	1.35E-10
79	2.90	8.67E-25	0.	6.34E-24	5.45E-18	7.70E-25	0.	0.	0.	1.53E-16	3.18E-11	8.92E-11	2.63E-11	1.47E-10
80	2.80	5.52E-25	0.	2.96E-24	3.27E-18	3.35E-25	0.	0.	0.	1.53E-16	3.54E-11	9.72E-11	2.50E-11	1.58E-10
81	2.70	2.57E-25	0.	1.45E-24	1.43E-18	7.91E-26	0.	0.	0.	1.53E-16	3.95E-11	1.05E-10	1.46E-11	1.59E-10
82	2.60	1.79E-26	0.	1.59E-24	7.70E-18	8.38E-27	0.	0.	0.	1.53E-16	4.43E-11	8.18E-11	1.59E-11	1.42E-10
83	2.50	0.	0.	0.	3.35E-19	0.	0.	0.	0.	1.53E-16	5.00E-11	9.35E-11	1.85E-11	1.62E-10
84	2.40	0.	0.	0.	4.59E-18	0.	0.	0.	0.	1.52E-16	5.66E-11	1.13E-10	2.25E-11	1.92E-10
85	2.30	0.	7.53E-24	0.	4.34E-19	0.	0.	0.	0.	1.52E-16	6.44E-11	1.33E-10	2.69E-11	2.25E-10
86	2.20	0.	2.44E-23	0.	3.65E-19	0.	0.	0.	0.	1.51E-16	7.37E-11	1.55E-10	3.22E-11	2.61E-10
87	2.10	0.	6.19E-23	0.	0.	0.	0.	0.	0.	1.46E-16	8.49E-11	1.49E-10	3.71E-11	2.71E-10
88	2.00	0.	6.78E-23	0.	0.	0.	0.	0.	0.	1.41E-16	9.85E-11	1.71E-10	4.24E-11	3.11E-10
89	1.90	0.	1.30E-22	0.	0.	0.	0.	0.	0.	1.34E-16	1.15E-10	1.94E-10	4.89E-11	3.58E-10
90	1.80	0.	1.75E-22	0.	0.	0.	0.	0.	0.	1.27E-16	1.36E-10	2.30E-10	5.91E-11	4.25E-10
91	1.70	0.	1.47E-22	0.	0.	0.	0.	0.	0.	1.07E-16	1.62E-10	2.74E-10	6.80E-11	5.04E-10
92	1.60	0.	1.70E-22	0.	0.	0.	0.	0.	0.	4.87E-17	1.94E-10	2.97E-10	8.06E-11	5.72E-10
93	1.50	0.	1.46E-22	0.	0.	0.	0.	0.	0.	0.	2.36E-10	2.72E-10	9.20E-11	6.00E-10
94	1.40	0.	1.46E-22	0.	0.	0.	0.	0.	0.	0.	2.92E-10	3.53E-10	8.35E-11	7.28E-10
95	1.30	0.	1.12E-22	0.	0.	0.	0.	0.	0.	0.	3.68E-10	4.66E-10	1.19E-10	9.53E-10
96	1.20	0.	1.07E-22	0.	0.	0.	0.	0.	0.	0.	4.71E-10	6.36E-10	1.48E-10	1.26E-09
97	1.10	0.	1.00E-22	0.	0.	0.	0.	2.69E-28	0.	0.	6.15E-10	7.82E-10	1.88E-10	1.59E-09
98	1.00	0.	9.18E-23	0.	0.	0.	0.	3.72E-27	0.	0.	8.22E-10	9.49E-10	2.28E-10	2.00E-09
99	0.90	0.	7.55E-23	0.	0.	0.	0.	4.29E-27	0.	0.	1.13E-09	1.07E-09	2.49E-10	2.45E-09
100	0.80	0.	3.55E-23	0.	0.	0.	0.	9.09E-26	0.	0.	1.62E-09	1.00E-09	2.15E-10	2.84E-09
101	0.70	0.	8.50E-24	0.	0.	0.	0.	7.78E-26	0.	0.	2.45E-09	1.15E-09	2.47E-10	3.84E-09
102	0.60	0.	1.36E-24	0.	0.	0.	0.	2.64E-25	0.	0.	3.94E-09	1.29E-09	2.80E-10	5.51E-09

ABSORPTION COEFFICIENTS OF HEATED AIR (INVERSE CM.)

TEMPERATURE (DEGREES K) 17000.   DENSITY (GM/CC) 1.293E-02   (1.0E 01 NORMAL)

	PHOTON ENERGY E.V.	O2 S-R BANDS	O2 S-R CONT.	N2 R-H NO. 1	NO BETA	NO GAMMA	NO 2	O- PHOTO-DET	FREE-FREE (IONS)	N P.E.	O P.E.	TOTAL AIR
1	10.70	0.	0.	2.10E 00	0.	0.	0.	3.38E 00	7.14E-02	2.63E 02	1.40E 00	2.70E 02
2	10.60	0.	0.	1.90E 00	0.	0.	0.	3.39E 00	7.35E-02	6.47E 00	1.39E 00	1.32E 01
3	10.50	0.	0.	1.92E 00	0.	0.	0.	3.39E 00	7.56E-02	6.50E 00	1.39E 00	1.33E 01
4	10.40	0.	0.	1.81E 00	0.	0.	0.	3.40E 00	7.78E-02	6.52E 00	1.38E 00	1.30E 01
5	10.30	0.	0.	1.58E 00	0.	0.	0.	3.40E 00	8.01E-02	6.54E 00	1.38E 00	1.30E 01
6	10.20	0.	0.	1.63E 00	0.	0.	0.	3.41E 00	8.25E-02	6.55E 00	1.37E 00	1.30E 01
7	10.10	0.	0.	1.53E 00	0.	0.	0.	3.41E 00	8.50E-02	6.56E 00	1.37E 00	1.29E 01
8	10.00	0.	0.	1.34E 00	0.	0.	0.	3.42E 00	8.76E-02	6.57E 00	1.36E 00	1.28E 01
9	9.90	0.	0.	1.37E 00	0.	0.	0.	3.42E 00	9.03E-02	6.59E 00	1.36E 00	1.28E 01
10	9.80	0.	0.	1.29E 00	0.	0.	0.	3.43E 00	9.31E-02	6.60E 00	1.35E 00	1.28E 01
11	9.70	0.	0.	1.11E 00	0.	0.	0.	3.44E 00	9.60E-02	6.62E 00	1.34E 00	1.26E 01
12	9.60	0.	0.	1.20E 00	0.	0.	0.	3.44E 00	9.91E-02	6.64E 00	1.34E 00	1.27E 01
13	9.50	0.	0.	1.02E 00	0.	0.	0.	3.45E 00	1.02E-01	6.65E 00	1.33E 00	1.26E 01
14	9.40	0.	0.	9.62E-01	0.	0.	0.	3.46E 00	1.06E-01	6.67E 00	1.33E 00	1.25E 01
15	9.30	0.	0.	9.85E-01	0.	0.	0.	3.47E 00	1.09E-01	6.70E 00	1.32E 00	1.26E 01
16	9.20	0.	0.	8.14E-01	0.	0.	0.	3.49E 00	1.13E-01	6.72E 00	1.32E 00	1.24E 01
17	9.10	0.	0.	8.35E-01	0.	0.	0.	3.50E 00	1.16E-01	2.39E 00	1.31E 00	8.15E 00
18	9.00	0.	0.	7.58E-01	0.	0.	0.	3.51E 00	1.20E-01	2.39E 00	1.31E 00	8.09E 00
19	8.90	0.	0.	6.99E-01	0.	0.	0.	3.52E 00	1.25E-01	2.39E 00	1.30E 00	8.08E 00
20	8.80	0.	0.	6.86E-01	0.	0.	0.	3.54E 00	1.29E-01	2.39E 00	1.30E 00	8.04E 00
21	8.70	0.	0.	5.94E-01	0.	0.	0.	3.55E 00	1.33E-01	2.39E 00	1.30E 00	7.97E 00
22	8.60	0.	0.	6.11E-01	0.	0.	0.	3.56E 00	1.38E-01	2.39E 00	1.30E 00	7.95E 00
23	8.50	0.	0.	5.34E-01	0.	0.	0.	3.57E 00	1.43E-01	2.40E 00	1.29E 00	7.94E 00
24	8.40	0.	0.	4.49E-01	0.	0.	0.	3.59E 00	1.48E-01	2.40E 00	1.28E 00	7.96E 00
25	8.30	0.	0.	4.53E-01	0.	0.	0.	3.61E 00	1.54E-01	2.41E 00	1.28E 00	7.91E 00
26	8.20	0.	0.	3.90E-01	0.	0.	0.	3.63E 00	1.60E-01	2.42E 00	1.28E 00	7.95E 00
27	8.10	0.	0.	3.90E-01	0.	0.	0.	3.65E 00	1.66E-01	2.43E 00	1.29E 00	7.92E 00
28	8.00	0.	0.	3.92E-01	0.	0.	0.	3.67E 00	1.72E-01	2.44E 00	1.29E 00	7.96E 00
29	7.90	0.	0.	3.37E-01	0.	0.	0.	3.69E 00	1.79E-01	2.45E 00	1.29E 00	7.95E 00
30	7.80	0.	0.	3.49E-01	0.	0.	0.	3.70E 00	1.86E-01	2.47E 00	1.30E 00	8.00E 00
31	7.70	0.	0.	3.05E-01	0.	1.27E-05	0.	3.72E 00	1.93E-01	2.48E 00	1.30E 00	8.00E 00
32	7.60	0.	0.	2.89E-01	0.	4.48E-05	0.	3.74E 00	2.01E-01	2.50E 00	1.30E 00	8.03E 00
33	7.50	0.	0.	2.67E-01	0.	3.58E-04	0.	3.76E 00	2.09E-01	2.51E 00	1.31E 00	8.07E 00
34	7.40	0.	0.	2.39E-01	0.	1.45E-03	0.	3.78E 00	2.18E-01	2.52E 00	1.31E 00	8.07E 00
35	7.30	0.	0.	2.26E-01	0.	3.95E-03	0.	3.80E 00	2.27E-01	2.54E 00	1.31E 00	8.11E 00
36	7.20	0.	0.	2.04E-01	0.	1.22E-02	0.	3.82E 00	2.36E-01	2.55E 00	1.32E 00	8.13E 00
37	7.10	0.	0.	1.95E-01	0.	2.49E-02	0.	3.86E 00	2.47E-01	2.56E 00	1.32E 00	8.19E 00
38	7.00	4.40E-05	0.	1.79E-01	0.	3.36E-02	0.	3.89E 00	2.56E-01	2.58E 00	1.32E 00	8.25E 00
39	6.90	6.64E-05	0.	1.64E-01	0.	5.95E-02	0.	3.92E 00	2.69E-01	2.59E 00	1.32E 00	8.30E 00
40	6.80	5.71E-05	0.	1.57E-01	0.	6.00E-02	0.	3.95E 00	2.81E-01	2.61E 00	1.33E 00	8.34E 00
41	6.70	4.15E-05	0.	1.37E-01	0.	4.80E-02	0.	3.98E 00	2.94E-01	2.62E 00	1.33E 00	8.43E 00
42	6.60	2.52E-05	0.	1.23E-01	0.	7.20E-02	0.	4.01E 00	3.08E-01	2.64E 00	1.34E 00	8.47E 00
43	6.50	1.45E-05	0.	9.76E-02	2.57E-04	6.91E-02	0.	4.04E 00	3.22E-01	2.67E 00	1.34E 00	8.55E 00
44	6.40	8.30E-06	0.	6.72E-02	1.21E-03	4.79E-02	0.	4.07E 00	3.38E-01	2.70E 00	1.36E 00	8.59E 00
45	6.30	4.91E-06	0.	4.17E-02	1.71E-03	6.62E-02	0.	4.11E 00	3.54E-01	2.72E 00	1.36E 00	8.63E 00
46	6.20	2.16E-06	0.	2.30E-02	4.86E-03	8.36E-02	0.	4.14E 00	3.72E-01	2.75E 00	1.37E 00	8.72E 00
47	6.10	9.90E-07	0.	1.08E-02	6.78E-03	4.02E-02	0.	4.17E 00	3.90E-01	2.78E 00	1.38E 00	8.42E 00
48	6.00	4.12E-07	0.	2.73E-03	9.45E-03	3.94E-02	0.	4.20E 00	4.10E-01	2.82E 00	1.40E 00	8.87E 00
49	5.90	1.01E-07	0.	1.95E-04	1.10E-02	4.04E-02	0.	4.20E 00	4.32E-01	2.86E 00	1.41E 00	8.95E 00
50	5.80	1.29E-08	0.	4.92E-06		4.51E-02	0.	4.14E 00	4.55E-01	2.90E 00	1.42E 00	8.97E 00
51	5.70	9.49E-10	0.	0.			0.	3.89E 00	4.79E-01	2.94E 00	1.44E 00	8.80E 00

330

ABSORPTION COEFFICIENTS OF HEATED AIR (INVERSE CM.)

TEMPERATURE (DEGREES K) 17000.   DENSITY (GM/CC) 1.293E-02   (1.0E 01 NORMAL)

	PHOTON ENERGY	O2 S-R BANDS	N2 1ST POS.	N2 2ND POS.	N2+ 1ST NEG.	NO BETA	NO GAMMA	NO VIB-ROT	NO2	O- PHOTO-DET (IONS)	FREE-FREE (IONS) P.E.	N P.E.	O P.E.	TOTAL AIR
52	5.60	4.28E-11	0.	0.	0.	9.34E-03	6.04E-02	0.	0.	3.61E 00	5.05E-01	2.99E 00	1.45E 00	8.63E 00
53	5.50	0.	0.	0.	0.	1.14E-02	5.61E-02	0.	0.	3.63E 00	5.34E-01	3.05E 00	1.47E 00	8.75E 00
54	5.40	0.	0.	0.	0.	1.04E-02	4.51E-02	0.	0.	3.65E 00	5.64E-01	3.13E 00	1.49E 00	8.89E 00
55	5.30	0.	0.	0.	0.	1.07E-02	5.74E-02	0.	0.	3.67E 00	5.97E-01	3.21E 00	1.51E 00	9.06E 00
56	5.20	0.	0.	0.	0.	1.15E-02	4.26E-02	0.	0.	3.70E 00	6.32E-01	3.29E 00	1.54E 00	9.21E 00
57	5.10	0.	0.	0.	0.	1.15E-02	5.49E-02	0.	0.	3.73E 00	6.70E-01	3.38E 00	1.56E 00	9.42E 00
58	5.00	5.81E-04	0.	0.	0.	1.05E-02	5.13E-02	0.	0.	3.76E 00	7.12E-01	3.49E 00	1.59E 00	9.62E 00
59	4.90	1.41E-03	0.	0.	0.	1.16E-02	5.57E-02	0.	0.	3.79E 00	7.57E-01	3.61E 00	1.62E 00	9.85E 00
60	4.80	2.63E-03	0.	0.	0.	1.25E-02	5.22E-02	0.	0.	3.82E 00	8.05E-01	3.73E 00	1.66E 00	1.01E 01
61	4.70	3.53E-03	0.	0.	0.	1.24E-02	4.73E-02	0.	0.	3.86E 00	8.59E-01	3.86E 00	1.70E 00	1.03E 01
62	4.60	4.85E-03	0.	0.	0.	1.28E-02	4.30E-02	0.	0.	3.89E 00	9.17E-01	4.02E 00	1.74E 00	1.06E 01
63	4.50	5.08E-03	0.	0.	0.	1.17E-02	3.23E-02	0.	0.	3.92E 00	9.80E-01	4.22E 00	1.79E 00	1.10E 01
64	4.40	5.41E-03	0.	1.40E-02	0.	1.17E-02	2.23E-02	0.	0.	3.95E 00	1.05E 00	4.42E 00	1.84E 00	1.13E 01
65	4.30	5.11E-03	0.	4.26E-02	0.	1.11E-02	1.39E-02	0.	0.	3.98E 00	1.13E 00	4.64E 00	1.88E 00	1.18E 01
66	4.20	4.76E-03	0.	1.37E-01	0.	1.11E-02	9.86E-03	0.	0.	4.01E 00	1.21E 00	4.86E 00	1.93E 00	1.25E 01
67	4.10	4.46E-03	0.	1.44E-01	0.	1.14E-02	2.73E-03	0.	0.	4.03E 00	1.30E 00	5.08E 00	1.94E 00	1.26E 01
68	4.00	4.10E-03	0.	1.90E-01	0.	1.10E-02	2.06E-03	0.	0.	4.04E 00	1.40E 00	5.30E 00	7.77E-01	1.22E 01
69	3.90	3.48E-03	0.	6.40E-01	1.74E-02	1.01E-02	7.89E-04	0.	0.	4.03E 00	1.51E 00	5.12E 00	8.01E-01	1.18E 01
70	3.80	3.81E-03	0.	2.97E-01	7.66E-02	1.09E-02	0.	0.	0.	4.01E 00	1.64E 00	5.21E 00	8.34E-01	1.23E 01
71	3.70	3.38E-03	0.	5.00E-01	3.10E-02	9.24E-03	0.	0.	0.	3.95E 00	1.77E 00	4.26E 00	9.15E-01	1.14E 01
72	3.60	3.04E-03	0.	3.47E-01	1.68E-01	1.00E-02	0.	0.	0.	3.70E 00	1.93E 00	4.60E 00	1.01E 00	1.18E 01
73	3.50	2.84E-03	0.	4.62E-01	3.33E-01	7.86E-03	0.	0.	0.	3.38E 00	2.10E 00	4.85E 00	1.11E 00	1.22E 01
74	3.40	2.07E-03	0.	2.90E-01	4.79E-01	8.82E-03	0.	0.	0.	1.95E 00	2.29E 00	5.40E 00	1.22E 00	1.12E 01
75	3.30	1.80E-03	0.	2.98E-01	1.90E-01	7.02E-03	0.	0.	0.	1.96E 00	2.51E 00	5.97E 00	1.34E 00	1.23E 01
76	3.20	1.73E-03	0.	1.94E-01	3.25E-01	7.36E-03	0.	0.	0.	1.96E 00	2.75E 00	6.54E 00	1.46E 00	1.32E 01
77	3.10	1.54E-03	0.	1.51E-01	7.56E-01	6.96E-03	0.	0.	0.	1.96E 00	3.03E 00	7.13E 00	1.59E 00	1.39E 01
78	3.00	1.30E-03	0.	9.20E-02	1.81E-01	6.54E-03	0.	0.	0.	1.97E 00	3.35E 00	7.71E 00	1.71E 00	1.50E 01
79	2.90	1.35E-03	0.	5.74E-02	1.01E-01	4.97E-03	0.	0.	0.	1.97E 00	3.71E 00	8.34E 00	1.84E 00	1.60E 01
80	2.80	8.65E-04	0.	2.76E-02	6.29E-02	3.43E-03	0.	0.	0.	1.97E 00	4.13E 00	9.06E 00	1.99E 00	1.73E 01
81	2.70	4.06E-04	0.	1.29E-02	1.87E-02	1.87E-03	0.	0.	0.	1.97E 00	4.61E 00	9.84E 00	2.15E 00	1.87E 01
82	2.60	2.85E-05	0.	6.31E-03	8.65E-03	8.20E-04	0.	0.	0.	1.97E 00	5.18E 00	1.07E 01	2.32E 00	2.02E 01
83	2.50	0.	0.	6.82E-03	8.27E-03	1.95E-04	0.	0.	0.	1.97E 00	5.83E 00	1.22E 01	1.36E 00	2.13E 01
84	2.40	0.	3.17E-02	0.	6.78E-03	2.07E-05	0.	0.	0.	1.96E 00	6.61E 00	1.42E 01	1.61E 00	2.35E 01
85	2.30	0.	9.99E-01	0.	0.	0.	0.	0.	0.	1.95E 00	7.52E 00	1.20E 01	1.92E 00	2.44E 01
86	2.20	0.	2.57E-01	0.	0.	0.	0.	0.	0.	1.94E 00	8.61E 00	1.42E 01	2.30E 00	2.73E 01
87	2.10	0.	2.76E-01	0.	0.	0.	0.	0.	0.	1.88E 00	9.92E 00	1.65E 01	2.68E 00	3.13E 01
88	2.00	0.	5.37E-01	0.	0.	0.	0.	0.	0.	1.81E 00	1.15E 01	1.88E 01	3.06E 00	3.58E 01
89	1.90	0.	6.98E-01	0.	0.	0.	0.	0.	0.	1.73E 00	1.35E 01	2.15E 01	3.54E 00	4.10E 01
90	1.80	0.	5.88E-01	0.	0.	0.	0.	0.	0.	1.63E 00	1.59E 01	2.57E 01	4.30E 00	4.82E 01
91	1.70	0.	6.79E-01	0.	0.	0.	0.	0.	0.	1.38E 00	1.89E 01	3.08E 01	5.22E 00	5.73E 01
92	1.60	0.	5.04E-01	0.	0.	0.	0.	0.	0.	6.27E-01	2.27E 01	3.60E 01	6.15E 00	6.68E 01
93	1.50	0.	5.84E-01	0.	0.	0.	0.	0.	0.	0.	2.77E 01	4.65E 01	7.47E 00	8.28E 01
94	1.40	0.	5.79E-01	0.	0.	0.	0.	0.	0.	0.	3.43E 01	5.78E 01	8.91E 00	1.02E 02
95	1.30	0.	4.44E-01	0.	0.	0.	0.	0.	0.	0.	4.32E 01	7.62E 01	1.18E 01	1.32E 02
96	1.20	0.	4.25E-01	0.	0.	0.	0.	0.	0.	0.	5.52E 01	8.25E 01	1.18E 01	1.50E 02
97	1.10	0.	4.01E-01	0.	0.	0.	0.	5.75E-07	0.	0.	7.19E 01	1.02E 02	1.49E 01	1.89E 02
98	1.00	0.	3.68E-01	0.	0.	0.	0.	8.29E-06	0.	0.	9.61E 01	1.23E 02	1.69E 01	2.37E 02
99	0.90	0.	3.02E-01	0.	0.	0.	0.	9.56E-06	0.	0.	1.32E 02	1.42E 02	1.98E 01	2.94E 02
100	0.80	0.	1.42E-01	0.	0.	0.	0.	2.05E-04	0.	0.	1.91E 02	1.63E 02	2.28E 01	3.77E 02
101	0.70	0.	3.38E-02	0.	0.	0.	0.	1.80E-04	0.	0.	2.88E 02	1.77E 02	2.39E 01	4.89E 02
102	0.60	0.	5.86E-03	0.	0.	0.	0.	6.00E-04	0.	0.	4.64E 02	1.98E 02	2.67E 01	6.89E 02

ABSORPTION COEFFICIENT (INVERSE CM.) OF HEATED AIR

TEMPERATURE (DEGREES K) 17000.   DENSITY (GM/CC) 1.293E-03   (1.0E 00 NORMAL)

	PHOTON ENERGY E.V.	O2 S-R BANDS	O2 S-R CONT.	N2 B-H NO. 1	NO BETA	NO GAMMA	NO 2	O- PHOTO-DET (IONS)	FREE-FREE (IONS)	N P.E.	O P.E.	TOTAL AIR
1	10.70	0.	0.	1.90E-02	0.	0.	0.	9.94E-02	6.54E-03	2.51E 01	1.35E-01	2.54E 01
2	10.60	0.	0.	1.73E-02	0.	0.	0.	9.96E-02	6.73E-03	6.17E-01	1.34E-01	8.74E-01
3	10.50	0.	0.	1.74E-02	0.	0.	0.	9.97E-02	6.92E-03	6.19E-01	1.34E-01	8.77E-01
4	10.40	0.	0.	1.65E-02	0.	0.	0.	9.98E-02	7.12E-03	6.22E-01	1.33E-01	8.78E-01
5	10.30	0.	0.	1.43E-02	0.	0.	0.	10.00E-02	7.33E-03	6.23E-01	1.33E-01	8.78E-01
6	10.20	0.	0.	1.48E-02	0.	0.	0.	1.00E-01	7.55E-03	6.25E-01	1.32E-01	8.79E-01
7	10.10	0.	0.	1.39E-02	0.	0.	0.	1.00E-01	7.78E-03	6.25E-01	1.32E-01	8.78E-01
8	10.00	0.	0.	1.21E-02	0.	0.	0.	1.00E-01	8.02E-03	6.26E-01	1.31E-01	8.79E-01
9	9.90	0.	0.	1.25E-02	0.	0.	0.	1.00E-01	8.26E-03	6.26E-01	1.31E-01	8.79E-01
10	9.80	0.	0.	1.17E-02	0.	0.	0.	1.01E-01	8.52E-03	6.29E-01	1.30E-01	8.80E-01
11	9.70	0.	0.	1.01E-02	0.	0.	0.	1.01E-01	8.79E-03	6.31E-01	1.30E-01	8.82E-01
12	9.60	0.	0.	1.09E-02	0.	0.	0.	1.01E-01	9.06E-03	6.32E-01	1.29E-01	8.82E-01
13	9.50	0.	0.	9.26E-03	0.	0.	0.	1.01E-01	9.36E-03	6.34E-01	1.29E-01	8.83E-01
14	9.40	0.	0.	8.74E-03	0.	0.	0.	1.02E-01	9.66E-03	6.36E-01	1.28E-01	8.84E-01
15	9.30	0.	0.	8.94E-03	0.	0.	0.	1.02E-01	9.98E-03	6.38E-01	1.28E-01	8.86E-01
16	9.20	0.	0.	7.38E-03	0.	0.	0.	1.02E-01	1.03E-02	6.40E-01	1.27E-01	8.87E-01
17	9.10	0.	0.	7.58E-03	0.	0.	0.	1.03E-01	1.07E-02	2.27E-01	1.27E-01	4.75E-01
18	9.00	0.	0.	6.88E-03	0.	0.	0.	1.03E-01	1.10E-02	2.28E-01	1.26E-01	4.75E-01
19	8.90	0.	0.	6.35E-03	0.	0.	0.	1.03E-01	1.14E-02	2.28E-01	1.26E-01	4.75E-01
20	8.80	0.	0.	6.23E-03	0.	0.	0.	1.04E-01	1.18E-02	2.28E-01	1.25E-01	4.75E-01
21	8.70	0.	0.	5.39E-03	0.	0.	0.	1.04E-01	1.22E-02	2.28E-01	1.25E-01	4.75E-01
22	8.60	0.	0.	5.55E-03	0.	0.	0.	1.05E-01	1.26E-02	2.28E-01	1.24E-01	4.76E-01
23	8.50	0.	0.	4.85E-03	0.	0.	0.	1.05E-01	1.31E-02	2.29E-01	1.24E-01	4.76E-01
24	8.40	0.	0.	4.81E-03	0.	0.	0.	1.05E-01	1.36E-02	2.30E-01	1.24E-01	4.77E-01
25	8.30	0.	0.	4.07E-03	0.	0.	0.	1.06E-01	1.41E-02	2.30E-01	1.23E-01	4.78E-01
26	8.20	0.	0.	4.11E-03	0.	0.	0.	1.06E-01	1.46E-02	2.31E-01	1.24E-01	4.80E-01
27	8.10	0.	0.	3.54E-03	0.	0.	0.	1.07E-01	1.52E-02	2.31E-01	1.24E-01	4.81E-01
28	8.00	0.	0.	3.56E-03	0.	0.	0.	1.08E-01	1.57E-02	2.32E-01	1.24E-01	4.84E-01
29	7.90	0.	0.	3.05E-03	0.	0.	0.	1.08E-01	1.63E-02	2.34E-01	1.25E-01	4.86E-01
30	7.80	0.	0.	3.16E-03	0.	0.	0.	1.09E-01	1.70E-02	2.35E-01	1.25E-01	4.89E-01
31	7.70	0.	0.	2.77E-03	0.	1.17E-07	0.	1.09E-01	1.77E-02	2.36E-01	1.25E-01	4.91E-01
32	7.60	0.	0.	2.62E-03	0.	4.11E-07	0.	1.10E-01	1.84E-02	2.38E-01	1.26E-01	4.94E-01
33	7.50	0.	0.	2.42E-03	0.	3.29E-06	0.	1.11E-01	1.91E-02	2.39E-01	1.26E-01	4.97E-01
34	7.40	0.	0.	2.17E-03	0.	1.33E-05	0.	1.11E-01	1.99E-02	2.40E-01	1.26E-01	5.00E-01
35	7.30	0.	0.	2.05E-03	0.	3.63E-05	0.	1.12E-01	2.08E-02	2.42E-01	1.26E-01	5.03E-01
36	7.20	0.	0.	1.85E-03	0.	1.12E-04	0.	1.12E-01	2.16E-02	2.43E-01	1.27E-01	5.06E-01
37	7.10	0.	0.	1.77E-03	0.	2.29E-04	0.	1.13E-01	2.26E-02	2.44E-01	1.27E-01	5.09E-01
38	7.00	3.16E-07	0.	1.62E-03	0.	3.09E-04	0.	1.14E-01	2.36E-02	2.46E-01	1.27E-01	5.13E-01
39	6.90	6.16E-07	0.	1.49E-03	0.	5.46E-04	0.	1.15E-01	2.46E-02	2.47E-01	1.28E-01	5.16E-01
40	6.80	5.30E-07	0.	1.43E-03	0.	5.51E-04	0.	1.16E-01	2.57E-02	2.48E-01	1.28E-01	5.20E-01
41	6.70	3.85E-07	0.	1.25E-03	0.	4.41E-04	0.	1.16E-01	2.69E-02	2.50E-01	1.28E-01	5.24E-01
42	6.60	2.34E-07	0.	1.12E-03	0.	6.61E-04	0.	1.18E-01	2.82E-02	2.52E-01	1.29E-01	5.28E-01
43	6.50	1.35E-07	0.	8.86E-04	0.	6.34E-04	0.	1.19E-01	2.95E-02	2.54E-01	1.29E-01	5.34E-01
44	6.40	7.71E-08	0.	6.10E-04	2.36E-06	4.39E-04	0.	1.20E-01	3.09E-02	2.57E-01	1.30E-01	5.39E-01
45	6.30	4.46E-08	0.	3.79E-04	1.11E-05	6.08E-04	0.	1.20E-01	3.24E-02	2.59E-01	1.31E-01	5.44E-01
46	6.20	2.01E-08	0.	2.09E-04	1.57E-05	7.67E-04	0.	1.21E-01	3.40E-02	2.62E-01	1.32E-01	5.50E-01
47	6.10	9.20E-09	0.	9.77E-05	4.47E-05	3.69E-04	0.	1.22E-01	3.57E-02	2.65E-01	1.33E-01	5.57E-01
48	6.00	3.83E-09	0.	2.48E-05	4.25E-05		0.	1.23E-01	3.76E-02	2.68E-01	1.35E-01	5.64E-01
49	5.90	9.40E-10	0.	1.77E-06	6.22E-05		0.	1.23E-01	3.95E-02	2.72E-01	1.36E-01	5.72E-01
50	5.80	1.20E-10	0.	4.46E-08	8.68E-05		0.	1.21E-01	4.16E-02	2.76E-01	1.37E-01	5.77E-01
51	5.70	8.81E-12	0.	0.	1.01E-04		0.	1.14E-01	4.38E-02	2.80E-01	1.39E-01	5.77E-01

ABSORPTION COEFFICIENTS OF HEATED AIR (INVERSE CM.)

TEMPERATURE (DEGREES K) 17000. DENSITY (GM/CC) 1.293E-03 (1.0E 00 NORMAL)

	PHOTON ENERGY	O2 S-R BANDS	N2 1ST POS.	N2 2ND POS.	N2+ 1ST NEG.	NO BETA	NO GAMMA	NO VIB-ROT	NO2	O- PHOTO-DET	FREE-FREE (IONS)	N P.E.	O P.E.	TOTAL AIR
52	5.60	3.97E-13	0.	0.	0.	8.57E-05	5.54E-04	0.	0.	1.06E-01	4.63E-02	2.85E-01	1.40E-01	5.78E-01
53	5.50	0.	0.	0.	0.	1.05E-04	5.15E-04	0.	0.	1.07E-01	4.84E-02	2.90E-01	1.42E-01	5.88E-01
54	5.40	0.	0.	0.	0.	9.57E-05	4.14E-04	0.	0.	1.07E-01	5.16E-02	2.98E-01	1.43E-01	6.01E-01
55	5.30	0.	0.	0.	0.	9.81E-05	5.27E-04	0.	0.	1.08E-01	5.46E-02	3.05E-01	1.45E-01	6.14E-01
56	5.20	0.	0.	0.	0.	1.05E-04	3.91E-04	0.	0.	1.09E-01	5.79E-02	3.13E-01	1.48E-01	6.28E-01
57	5.10	0.	0.	0.	0.	1.05E-04	5.04E-04	0.	0.	1.10E-01	6.14E-02	3.22E-01	1.51E-01	6.45E-01
58	5.00	5.40E-06	0.	0.	0.	9.60E-05	4.71E-04	0.	0.	1.10E-01	6.51E-02	3.32E-01	1.53E-01	6.62E-01
59	4.90	1.31E-05	0.	0.	0.	1.07E-04	5.12E-04	0.	0.	1.11E-01	6.92E-02	3.43E-01	1.56E-01	6.81E-01
60	4.80	2.44E-05	0.	0.	0.	1.15E-04	4.79E-04	0.	0.	1.12E-01	7.37E-02	3.56E-01	1.60E-01	7.04E-01
61	4.70	3.28E-05	0.	0.	0.	1.14E-04	4.34E-04	0.	0.	1.13E-01	7.86E-02	3.68E-01	1.64E-01	7.24E-01
62	4.60	4.50E-05	0.	0.	0.	1.17E-04	3.95E-04	0.	0.	1.14E-01	8.39E-02	3.83E-01	1.68E-01	7.50E-01
63	4.50	4.72E-05	0.	1.27E-04	0.	1.07E-04	2.97E-04	0.	0.	1.15E-01	8.97E-02	4.02E-01	1.72E-01	7.79E-01
64	4.40	5.03E-05	0.	3.86E-04	0.	1.07E-04	2.05E-04	0.	0.	1.16E-01	9.60E-02	4.21E-01	1.77E-01	8.10E-01
65	4.30	4.74E-05	0.	1.24E-03	0.	1.02E-04	1.28E-04	0.	0.	1.17E-01	1.03E-01	4.42E-01	1.82E-01	8.44E-01
66	4.20	4.42E-05	0.	4.03E-03	0.	1.07E-04	9.05E-05	0.	0.	1.18E-01	1.10E-01	4.63E-01	1.86E-01	8.77E-01
67	4.10	4.14E-05	0.	1.73E-03	0.	1.05E-04	2.50E-05	0.	0.	1.18E-01	1.19E-01	4.84E-01	1.87E-01	9.10E-01
68	4.00	3.81E-05	0.	5.81E-03	0.	1.01E-04	1.89E-05	0.	0.	1.19E-01	1.28E-01	5.05E-01	7.48E-02	8.33E-01
69	3.90	3.23E-05	0.	2.70E-03	5.20E-04	9.29E-05	7.24E-06	0.	0.	1.18E-01	1.38E-01	4.88E-01	7.72E-02	8.25E-01
70	3.80	3.54E-05	0.	4.29E-03	2.28E-03	9.99E-05	0.	0.	0.	1.18E-01	1.50E-01	4.96E-01	8.04E-02	8.51E-01
71	3.70	3.14E-05	0.	4.54E-03	9.25E-04	8.48E-05	0.	0.	0.	1.16E-01	1.62E-01	4.06E-01	8.82E-02	7.78E-01
72	3.60	2.83E-05	0.	3.15E-03	5.01E-03	9.18E-05	0.	0.	0.	1.09E-01	1.76E-01	4.38E-01	9.70E-02	8.28E-01
73	3.50	2.64E-05	0.	4.20E-03	9.92E-04	7.22E-05	0.	0.	0.	9.94E-02	1.92E-01	4.62E-01	1.07E-01	8.75E-01
74	3.40	2.41E-05	0.	2.63E-03	1.43E-03	8.10E-05	0.	0.	0.	5.74E-02	2.10E-01	5.15E-01	1.18E-01	9.04E-01
75	3.30	1.93E-05	0.	2.70E-03	5.65E-03	6.45E-05	0.	0.	0.	5.74E-02	2.29E-01	5.69E-01	1.29E-01	9.93E-01
76	3.20	1.68E-05	0.	1.76E-03	9.68E-03	6.76E-05	0.	0.	0.	5.77E-02	2.52E-01	6.23E-01	1.41E-01	1.08E 00
77	3.10	1.60E-05	0.	1.37E-03	2.25E-03	6.39E-05	0.	0.	0.	5.78E-02	2.77E-01	6.79E-01	1.53E-01	1.17E 00
78	3.00	1.43E-05	0.	8.36E-04	5.41E-03	6.01E-05	0.	0.	0.	5.79E-02	3.06E-01	7.35E-01	1.65E-01	1.27E 00
79	2.90	1.20E-05	0.	5.21E-04	3.00E-03	4.57E-05	0.	0.	0.	5.80E-02	3.40E-01	7.94E-01	1.77E-01	1.37E 00
80	2.80	1.25E-05	0.	2.51E-04	1.87E-03	3.15E-05	0.	0.	0.	5.80E-02	3.78E-01	8.63E-01	1.92E-01	1.49E 00
81	2.70	8.63E-06	0.	1.17E-04	2.57E-03	1.72E-05	0.	0.	0.	5.80E-02	4.22E-01	9.37E-01	2.08E-01	1.63E 00
82	2.60	3.77E-06	0.	5.73E-05	2.58E-04	7.53E-06	0.	0.	0.	5.80E-02	4.74E-01	1.02E 00	2.24E-01	1.77E 00
83	2.50	2.64E-07	0.	6.20E-06	2.46E-04	1.79E-06	0.	0.	0.	5.75E-02	5.34E-01	1.05E 00	2.40E-01	1.88E 00
84	2.40	0.	2.87E-04	0.	2.02E-04	1.90E-07	0.	0.	0.	5.71E-02	6.05E-01	1.22E 00	1.85E-01	2.07E 00
85	2.30	0.	9.07E-04	0.	0.	0.	0.	0.	0.	5.52E-02	6.88E-01	1.20E 00	2.22E-01	2.17E 00
86	2.20	0.	2.34E-03	0.	0.	0.	0.	0.	0.	5.31E-02	7.88E-01	1.32E 00	2.58E-01	2.42E 00
87	2.10	0.	2.50E-03	0.	0.	0.	0.	0.	0.	5.08E-02	9.08E-01	1.54E 00	2.95E-01	2.80E 00
88	2.00	0.	4.88E-03	0.	0.	0.	0.	0.	0.	4.79E-02	1.05E 00	1.76E 00	3.41E-01	3.20E 00
89	1.90	0.	6.34E-03	0.	0.	0.	0.	0.	0.	4.05E-02	1.23E 00	1.99E 00	4.16E-01	3.68E 00
90	1.80	0.	5.34E-03	0.	0.	0.	0.	0.	0.	1.84E-02	1.45E 00	2.37E 00	5.22E-01	4.37E 00
91	1.70	0.	6.16E-03	0.	0.	0.	0.	0.	0.	0.	1.73E 00	2.89E 00	5.93E-01	5.22E 00
92	1.60	0.	4.57E-03	0.	0.	0.	0.	0.	0.	0.	2.08E 00	3.35E 00	7.20E-01	6.15E 00
93	1.50	0.	5.30E-03	0.	0.	0.	0.	0.	0.	0.	2.53E 00	4.21E 00	9.51E-01	7.70E 00
94	1.40	0.	5.26E-03	0.	0.	0.	0.	0.	0.	0.	3.14E 00	5.33E 00	1.04E 00	9.51E 00
95	1.30	0.	4.03E-03	0.	0.	0.	0.	0.	0.	0.	3.95E 00	7.26E 00	1.13E 00	1.23E 01
96	1.20	0.	3.86E-03	0.	0.	0.	0.	0.	0.	0.	5.05E 00	7.86E 00	1.14E 00	1.41E 01
97	1.10	0.	3.64E-03	0.	0.	0.	0.	5.28E-09	0.	0.	6.58E 00	9.70E 00	1.43E 00	1.77E 01
98	1.00	0.	3.34E-03	0.	0.	0.	0.	7.61E-08	0.	0.	8.79E 00	1.18E 01	1.62E 00	2.22E 01
99	0.90	0.	2.74E-03	0.	0.	0.	0.	8.78E-08	0.	0.	1.21E 01	1.35E 01	1.91E 00	2.75E 01
100	0.80	0.	1.29E-03	0.	0.	0.	0.	1.88E-06	0.	0.	1.74E 01	1.55E 01	2.20E 00	3.52E 01
101	0.70	0.	3.06E-04	0.	0.	0.	0.	1.65E-06	0.	0.	2.64E 01	1.69E 01	2.30E 00	4.55E 01
102	0.60	0.	5.32E-05	0.	0.	0.	0.	5.51E-06	0.	0.	4.24E 01	1.89E 01	2.57E 00	6.39E 01

ABSORPTION COEFFICIE OF HEATED AIR (INVERSE CM.)

TEMPERATURE (DEGREES K) 17000.   DENSITY (GM/CC) 1.293E-04 (1.0E-01 NORMAL)

#	PHOTON ENERGY E.V.	O2 S-R BANDS	O2 S-R CONT.	N2 B-H NO. 1	NO BETA	NO GAMMA	NO2	O- PHOTO-DET (IONS)	FREE-FREE (IONS)	N P.E.	O P.E.	TOTAL AIR
1	10.70	0.	0.	1.11E-04	0.	0.	0.	2.31E-03	5.03E-04	1.91E 00	1.13E-02	1.93E 00
2	10.60	0.	0.	1.00E-04	0.	0.	0.	2.31E-03	5.18E-04	4.70E-02	1.12E-02	6.12E-02
3	10.50	0.	0.	1.01E-04	0.	0.	0.	2.31E-03	5.33E-04	4.73E-02	1.12E-02	6.14E-02
4	10.40	0.	0.	9.58E-05	0.	0.	0.	2.32E-03	5.48E-04	4.74E-02	1.11E-02	6.15E-02
5	10.30	0.	0.	8.34E-05	0.	0.	0.	2.32E-03	5.64E-04	4.75E-02	1.11E-02	6.16E-02
6	10.20	0.	0.	8.59E-05	0.	0.	0.	2.32E-03	5.81E-04	4.76E-02	1.11E-02	6.17E-02
7	10.10	0.	0.	8.08E-05	0.	0.	0.	2.33E-03	5.99E-04	4.77E-02	1.10E-02	6.17E-02
8	10.00	0.	0.	7.06E-05	0.	0.	0.	2.33E-03	6.17E-04	4.78E-02	1.10E-02	6.18E-02
9	9.90	0.	0.	7.24E-05	0.	0.	0.	2.33E-03	6.36E-04	4.79E-02	1.09E-02	6.18E-02
10	9.80	0.	0.	6.79E-05	0.	0.	0.	2.34E-03	6.56E-04	4.80E-02	1.09E-02	6.19E-02
11	9.70	0.	0.	6.85E-05	0.	0.	0.	2.34E-03	6.76E-04	4.81E-02	1.08E-02	6.20E-02
12	9.60	0.	0.	6.32E-05	0.	0.	0.	2.35E-03	6.98E-04	4.82E-02	1.08E-02	6.21E-02
13	9.50	0.	0.	5.38E-05	0.	0.	0.	2.35E-03	7.20E-04	4.84E-02	1.08E-02	6.22E-02
14	9.40	0.	0.	5.08E-05	0.	0.	0.	2.36E-03	7.44E-04	4.85E-02	1.07E-02	6.24E-02
15	9.30	0.	0.	5.20E-05	0.	0.	0.	2.36E-03	7.68E-04	4.87E-02	1.07E-02	6.25E-02
16	9.20	0.	0.	4.30E-05	0.	0.	0.	2.38E-03	7.94E-04	4.88E-02	1.06E-02	6.27E-02
17	9.10	0.	0.	4.41E-05	0.	0.	0.	2.38E-03	8.21E-04	1.74E-02	1.06E-02	3.12E-02
18	9.00	0.	0.	4.00E-05	0.	0.	0.	2.39E-03	8.49E-04	1.74E-02	1.06E-02	3.12E-02
19	8.90	0.	0.	3.69E-05	0.	0.	0.	2.40E-03	8.78E-04	1.74E-02	1.05E-02	3.12E-02
20	8.80	0.	0.	3.62E-05	0.	0.	0.	2.41E-03	9.08E-04	1.74E-02	1.05E-02	3.12E-02
21	8.70	0.	0.	3.13E-05	0.	0.	0.	2.42E-03	9.40E-04	1.74E-02	1.04E-02	3.12E-02
22	8.60	0.	0.	3.23E-05	0.	0.	0.	2.43E-03	9.74E-04	1.74E-02	1.04E-02	3.13E-02
23	8.50	0.	0.	2.82E-05	0.	0.	0.	2.44E-03	1.01E-03	1.75E-02	1.04E-02	3.13E-02
24	8.40	0.	0.	2.80E-05	0.	0.	0.	2.45E-03	1.04E-03	1.76E-02	1.04E-02	3.14E-02
25	8.30	0.	0.	2.37E-05	0.	0.	0.	2.46E-03	1.08E-03	1.76E-02	1.03E-02	3.15E-02
26	8.20	0.	0.	2.39E-05	0.	0.	0.	2.47E-03	1.12E-03	1.76E-02	1.03E-02	3.16E-02
27	8.10	0.	0.	2.06E-05	0.	0.	0.	2.49E-03	1.17E-03	1.77E-02	1.04E-02	3.17E-02
28	8.00	0.	0.	2.07E-05	0.	0.	0.	2.50E-03	1.21E-03	1.77E-02	1.04E-02	3.19E-02
29	7.90	0.	0.	1.78E-05	0.	0.	0.	2.51E-03	1.26E-03	1.78E-02	1.04E-02	3.21E-02
30	7.80	0.	0.	1.84E-05	0.	0.	0.	2.53E-03	1.31E-03	1.79E-02	1.04E-02	3.21E-02
31	7.70	0.	0.	1.61E-05	0.	0.	0.	2.54E-03	1.36E-03	1.80E-02	1.05E-02	3.24E-02
32	7.60	0.	0.	1.53E-05	0.	7.45E-10	0.	2.55E-03	1.41E-03	1.80E-02	1.05E-02	3.26E-02
33	7.50	0.	0.	1.41E-05	0.	2.62E-09	0.	2.56E-03	1.47E-03	1.81E-02	1.05E-02	3.28E-02
34	7.40	0.	0.	1.26E-05	0.	2.10E-08	0.	2.58E-03	1.53E-03	1.82E-02	1.06E-02	3.30E-02
35	7.30	0.	0.	1.20E-05	0.	8.51E-08	0.	2.59E-03	1.60E-03	1.83E-02	1.06E-02	3.32E-02
36	7.20	0.	0.	1.08E-05	0.	2.32E-07	0.	2.61E-03	1.67E-03	1.84E-02	1.06E-02	3.34E-02
37	7.10	0.	0.	1.03E-05	0.	7.15E-07	0.	2.63E-03	1.74E-03	1.85E-02	1.06E-02	3.36E-02
38	7.00	2.21E-09	0.	9.45E-06	0.	1.46E-06	0.	2.65E-03	1.81E-03	1.86E-02	1.07E-02	3.39E-02
39	6.90	4.31E-09	0.	4.65E-06	0.	1.97E-06	0.	2.67E-03	1.89E-03	1.87E-02	1.07E-02	3.41E-02
40	6.80	3.71E-09	0.	8.31E-06	0.	3.49E-06	0.	2.69E-03	1.98E-03	1.88E-02	1.07E-02	3.43E-02
41	6.70	2.70E-09	0.	7.25E-06	0.	3.52E-06	0.	2.71E-03	2.07E-03	1.90E-02	1.07E-02	3.46E-02
42	6.60	1.64E-09	0.	6.49E-06	0.	2.81E-06	0.	2.74E-03	2.17E-03	1.92E-02	1.08E-02	3.49E-02
43	6.50	9.45E-10	0.	5.15E-06	0.	4.22E-06	0.	2.76E-03	2.27E-03	1.94E-02	1.08E-02	3.53E-02
44	6.40	5.40E-10	0.	3.55E-06	1.51E-08	4.05E-06	0.	2.78E-03	2.38E-03	1.96E-02	1.08E-02	3.56E-02
45	6.30	3.12E-10	0.	2.20E-06	7.07E-08	2.80E-06	0.	2.80E-03	2.49E-03	1.98E-02	1.09E-02	3.60E-02
46	6.20	1.41E-10	0.	1.22E-06	1.00E-07	3.88E-06	0.	2.82E-03	2.62E-03	2.00E-02	1.09E-02	3.65E-02
47	6.10	6.44E-11	0.	5.68E-07	2.85E-07	4.90E-06	0.	2.84E-03	2.75E-03	2.02E-02	1.11E-02	3.70E-02
48	6.00	2.68E-11	0.	1.44E-07	2.71E-07	2.36E-06	0.	2.86E-03	2.89E-03	2.05E-02	1.12E-02	3.75E-02
49	5.90	6.58E-12	0.	1.03E-08	3.97E-08	2.31E-06	0.	2.86E-03	3.04E-03	2.08E-02	1.13E-02	3.81E-02
50	5.80	8.38E-13	0.	2.60E-10	5.54E-07	2.36E-06	0.	2.82E-03	3.20E-03	2.11E-02	1.15E-02	3.86E-02
51	5.70	6.17E-14	0.	0.	6.40E-07	2.64E-06	0.	2.65E-03	3.37E-03	2.14E-02	1.16E-02	3.90E-02

334

ABSORPTION COEFFICIENTS OF HEATED AIR (INVERSE CM.)

TEMPERATURE (DEGREES K) 17000.   DENSITY (GM/CC) 1.293E-04   (1.0E-01 NORMAL)

#	PHOTON ENERGY	O2 S-R BANDS	N2 1ST POS.	N2 2ND POS.	N2+ 1ST NEG.	NO BETA	NO GAMMA	NO VIB-ROT	NO 2	O- PHOTO-DET (IONS)	FREE-FREE (IONS)	N P.E.	O P.E.	TOTAL AIR
52	5.60	2.78E-15	0.	0.	0.	5.47E-07	3.54E-06	0.	0.	2.46E-03	3.56E-03	2.17E-02	1.17E-02	3.94E-02
53	5.50	0.	0.	0.	0.	6.68E-07	3.28E-06	0.	0.	2.48E-03	3.76E-03	2.22E-02	1.18E-02	4.02E-02
54	5.40	0.	0.	0.	0.	6.11E-07	2.64E-06	0.	0.	2.49E-03	3.97E-03	2.27E-02	1.20E-02	4.12E-02
55	5.30	0.	0.	0.	0.	6.26E-07	3.36E-06	0.	0.	2.51E-03	4.20E-03	2.33E-02	1.22E-02	4.22E-02
56	5.20	0.	0.	0.	0.	6.73E-07	2.50E-06	0.	0.	2.52E-03	4.45E-03	2.39E-02	1.24E-02	4.33E-02
57	5.10	0.	0.	0.	0.	6.71E-07	3.22E-06	0.	0.	2.54E-03	4.72E-03	2.46E-02	1.26E-02	4.45E-02
58	5.00	3.78E-08	0.	0.	0.	6.13E-07	3.01E-06	0.	0.	2.56E-03	5.01E-03	2.54E-02	1.28E-02	4.58E-02
59	4.90	9.15E-08	0.	0.	0.	6.81E-07	3.27E-06	0.	0.	2.59E-03	5.33E-03	2.62E-02	1.31E-02	4.72E-02
60	4.80	1.71E-07	0.	0.	0.	7.31E-07	3.06E-06	0.	0.	2.61E-03	5.67E-03	2.71E-02	1.34E-02	4.88E-02
61	4.70	2.29E-07	0.	0.	0.	7.29E-07	2.77E-06	0.	0.	2.63E-03	6.05E-03	2.81E-02	1.37E-02	5.05E-02
62	4.60	3.15E-07	0.	7.41E-07	0.	7.48E-07	2.52E-06	0.	0.	2.65E-03	6.46E-03	2.92E-02	1.41E-02	5.24E-02
63	4.50	3.30E-07	0.	2.25E-06	0.	6.83E-07	1.89E-06	0.	0.	2.67E-03	6.90E-03	3.06E-02	1.44E-02	5.46E-02
64	4.40	3.52E-07	0.	7.22E-06	0.	6.85E-07	1.31E-06	0.	0.	2.69E-03	7.39E-03	3.21E-02	1.48E-02	5.70E-02
65	4.30	3.32E-07	0.	2.35E-05	0.	6.52E-07	8.16E-07	0.	0.	2.71E-03	7.92E-03	3.37E-02	1.52E-02	5.95E-02
66	4.20	3.09E-07	0.	1.01E-05	0.	6.86E-07	5.78E-07	0.	0.	2.74E-03	8.51E-03	3.53E-02	1.56E-02	6.22E-02
67	4.10	2.90E-07	0.	3.38E-05	0.	6.69E-07	1.60E-07	0.	0.	2.75E-03	9.15E-03	3.69E-02	1.57E-02	6.45E-02
68	4.00	2.67E-07	0.	1.57E-05	0.	6.45E-07	1.21E-07	0.	0.	2.76E-03	9.86E-03	3.85E-02	1.57E-02	6.66E-02
69	3.90	2.26E-07	0.	2.49E-05	1.09E-05	5.93E-07	4.62E-08	0.	0.	2.75E-03	1.06E-02	3.72E-02	6.46E-03	5.71E-02
70	3.80	2.48E-07	0.	1.83E-05	4.78E-05	6.38E-07	0.	0.	0.	2.74E-03	1.15E-02	3.78E-02	6.73E-03	5.89E-02
71	3.70	2.20E-07	0.	1.05E-04	1.94E-05	5.41E-07	0.	0.	0.	2.69E-03	1.25E-02	3.09E-02	7.38E-03	5.35E-02
72	3.60	1.98E-07	0.	2.44E-05	2.08E-04	5.86E-07	0.	0.	0.	2.52E-03	1.36E-02	3.34E-02	8.12E-03	5.77E-02
73	3.50	1.84E-07	0.	1.53E-05	2.99E-05	4.61E-07	0.	0.	0.	2.31E-03	1.48E-02	3.52E-02	8.94E-03	6.15E-02
74	3.40	1.69E-07	0.	1.57E-05	1.18E-04	5.17E-07	0.	0.	0.	1.33E-03	1.61E-02	3.93E-02	9.87E-03	6.66E-02
75	3.30	1.35E-07	0.	1.03E-05	2.03E-04	4.11E-07	0.	0.	0.	1.33E-03	1.77E-02	4.34E-02	1.08E-02	7.33E-02
76	3.20	1.17E-07	0.	7.95E-06	1.13E-04	4.31E-07	0.	0.	0.	1.34E-03	1.94E-02	4.75E-02	1.18E-02	8.03E-02
77	3.10	1.12E-07	0.	4.86E-06	4.72E-05	4.08E-07	0.	0.	0.	1.34E-03	2.13E-02	5.18E-02	1.28E-02	8.73E-02
78	3.00	1.00E-07	0.	3.03E-06	6.29E-05	3.83E-07	0.	0.	0.	1.34E-03	2.36E-02	5.61E-02	1.38E-02	9.49E-02
79	2.90	8.42E-08	0.	1.46E-06	3.93E-05	2.91E-07	0.	0.	0.	1.34E-03	2.61E-02	6.06E-02	1.48E-02	1.03E-01
80	2.80	8.76E-08	1.67E-06	6.82E-07	5.38E-05	2.01E-07	0.	0.	0.	1.35E-03	2.91E-02	6.58E-02	1.61E-02	1.12E-01
81	2.70	5.62E-08	5.28E-06	3.33E-07	5.40E-06	1.09E-07	0.	0.	0.	1.35E-03	3.25E-02	7.15E-02	1.74E-02	1.23E-01
82	2.60	2.64E-08	1.36E-05	3.60E-08	5.16E-06	4.80E-08	0.	0.	0.	1.35E-03	3.65E-02	7.76E-02	1.87E-02	1.34E-01
83	2.50	1.85E-09	2.84E-05	0.	4.23E-06	1.14E-08	0.	0.	0.	1.35E-03	4.11E-02	8.44E-02	2.16E-02	1.42E-01
84	2.40	0.	3.69E-05	0.	0.	1.22E-09	0.	0.	0.	1.34E-03	4.65E-02	9.15E-02	2.47E-02	1.64E-01
85	2.30	0.	3.58E-05	0.	0.	0.	0.	0.	0.	1.33E-03	5.30E-02	7.41E-02	2.86E-02	1.57E-01
86	2.20	0.	2.66E-05	0.	0.	0.	0.	0.	0.	1.32E-03	6.06E-02	8.65E-02	3.46E-02	1.83E-01
87	2.10	0.	3.08E-05	0.	0.	0.	0.	0.	0.	1.28E-03	6.99E-02	1.01E-01	4.21E-02	2.13E-01
88	2.00	0.	3.06E-05	0.	0.	0.	0.	0.	0.	1.23E-03	8.11E-02	1.12E-01	4.96E-02	2.44E-01
89	1.90	0.	2.34E-05	0.	0.	0.	0.	0.	0.	1.18E-03	9.49E-02	1.25E-01	6.02E-02	2.81E-01
90	1.80	0.	2.24E-05	0.	0.	0.	0.	0.	0.	1.11E-03	1.12E-01	1.49E-01	7.18E-02	3.34E-01
91	1.70	0.	2.12E-05	0.	0.	0.	0.	0.	0.	9.40E-04	1.33E-01	1.81E-01	8.54E-02	4.00E-01
92	1.60	0.	1.94E-05	0.	0.	0.	0.	0.	0.	4.27E-04	1.60E-01	2.10E-01	1.02E-01	4.72E-01
93	1.50	0.	1.60E-05	0.	0.	0.	0.	0.	0.	0.	1.95E-01	2.73E-01	1.25E-01	5.93E-01
94	1.40	0.	7.51E-06	0.	0.	0.	0.	0.	0.	0.	2.41E-01	3.38E-01	1.54E-01	7.33E-01
95	1.30	0.	1.78E-06	0.	0.	0.	0.	0.	0.	0.	3.04E-01	4.20E-01	2.29E-01	9.53E-01
96	1.20	0.	3.09E-07	0.	0.	0.	0.	0.	0.	0.	3.89E-01	5.99E-01	9.20E-02	1.08E 00
97	1.10	0.	0.	0.	0.	0.	0.	3.37E-11	0.	0.	5.07E-01	7.40E-01	1.30E-01	1.37E 00
98	1.00	0.	0.	0.	0.	0.	0.	4.86E-10	0.	0.	6.77E-01	8.96E-01	1.36E-01	1.71E 00
99	0.90	0.	0.	0.	0.	0.	0.	5.60E-10	0.	0.	9.33E-01	1.03E 00	1.60E-01	2.12E 00
100	0.80	0.	0.	0.	0.	0.	0.	1.20E-08	0.	0.	1.34E 00	1.18E 00	1.84E-01	2.71E 00
101	0.70	0.	0.	0.	0.	0.	0.	1.06E-08	0.	0.	2.03E 00	1.29E 00	1.93E-01	3.51E 00
102	0.60	0.	0.	0.	0.	0.	0.	3.51E-08	0.	0.	3.27E 00	1.44E 00	2.15E-01	4.92E 00

335

TEMPERATURE (DEGREES K) 17000.   DENSITY (GM/CC) 1.293E-05   (10.0E-03 NORMAL)

#	PHOTON ENERGY E.V.	O2 S-R BANDS	O2 S-R CONT.	N2 B-H NO. 1	NO BETA	NO GAMMA	NO 2	O- PHOTO-DET (IONS)	FREE-FREE	N P.E.	O P.E.	TOTAL AIR
1	10.70	0.	0.	2.27E-07	0.	0.	0.	2.72E-05	2.35E-05	8.67E-02	6.15E-04	8.73E-02
2	10.60	0.	0.	2.06E-07	0.	0.	0.	2.73E-05	2.42E-05	2.13E-03	6.12E-04	2.80E-03
3	10.50	0.	0.	2.08E-07	0.	0.	0.	2.73E-05	2.49E-05	2.14E-03	6.10E-04	2.81E-03
4	10.40	0.	0.	1.97E-07	0.	0.	0.	2.73E-05	2.56E-05	2.15E-03	6.08E-04	2.81E-03
5	10.30	0.	0.	1.71E-07	0.	0.	0.	2.74E-05	2.63E-05	2.16E-03	6.06E-04	2.82E-03
6	10.20	0.	0.	1.76E-07	0.	0.	0.	2.74E-05	2.71E-05	2.16E-03	6.03E-04	2.82E-03
7	10.10	0.	0.	1.66E-07	0.	0.	0.	2.75E-05	2.80E-05	2.16E-03	6.01E-04	2.82E-03
8	10.00	0.	0.	1.45E-07	0.	0.	0.	2.75E-05	2.88E-05	2.16E-03	5.99E-04	2.82E-03
9	9.90	0.	0.	1.49E-07	0.	0.	0.	2.75E-05	2.97E-05	2.17E-03	5.97E-04	2.82E-03
10	9.80	0.	0.	1.39E-07	0.	0.	0.	2.76E-05	3.06E-05	2.17E-03	5.94E-04	2.85E-03
11	9.70	0.	0.	1.30E-07	0.	0.	0.	2.76E-05	3.16E-05	2.18E-03	5.92E-04	2.83E-03
12	9.60	0.	0.	1.30E-07	0.	0.	0.	2.77E-05	3.26E-05	2.18E-03	5.90E-04	2.83E-03
13	9.50	0.	0.	1.10E-07	0.	0.	0.	2.77E-05	3.36E-05	2.19E-03	5.87E-04	2.84E-03
14	9.40	0.	0.	1.04E-07	0.	0.	0.	2.78E-05	3.47E-05	2.19E-03	5.85E-04	2.84E-03
15	9.30	0.	0.	1.07E-07	0.	0.	0.	2.79E-05	3.59E-05	2.20E-03	5.83E-04	2.85E-03
16	9.20	0.	0.	8.81E-08	0.	0.	0.	2.80E-05	3.71E-05	2.20E-03	5.81E-04	2.86E-03
17	9.10	0.	0.	9.05E-08	0.	0.	0.	2.81E-05	3.83E-05	7.87E-04	5.79E-04	1.45E-03
18	9.00	0.	0.	8.21E-08	0.	0.	0.	2.82E-05	3.96E-05	7.87E-04	5.77E-04	1.43E-03
19	8.90	0.	0.	7.58E-08	0.	0.	0.	2.83E-05	4.10E-05	7.87E-04	5.75E-04	1.43E-03
20	8.80	0.	0.	7.44E-08	0.	0.	0.	2.84E-05	4.24E-05	7.88E-04	5.72E-04	1.45E-03
21	8.70	0.	0.	6.43E-08	0.	0.	0.	2.85E-05	4.39E-05	7.89E-04	5.70E-04	1.43E-03
22	8.60	0.	0.	6.62E-08	0.	0.	0.	2.86E-05	4.54E-05	7.90E-04	5.68E-04	1.43E-03
23	8.50	0.	0.	5.79E-08	0.	0.	0.	2.87E-05	4.71E-05	7.92E-04	5.67E-04	1.43E-03
24	8.40	0.	0.	5.74E-08	0.	0.	0.	2.89E-05	4.88E-05	7.94E-04	5.65E-04	1.44E-03
25	8.30	0.	0.	4.86E-08	0.	0.	0.	2.91E-05	5.06E-05	7.96E-04	5.64E-04	1.44E-03
26	8.20	0.	0.	4.91E-08	0.	0.	0.	2.92E-05	5.25E-05	7.99E-04	5.65E-04	1.45E-03
27	8.10	0.	0.	4.23E-08	0.	0.	0.	2.94E-05	5.45E-05	8.00E-04	5.67E-04	1.45E-03
28	8.00	0.	0.	4.25E-08	0.	0.	0.	2.95E-05	5.65E-05	8.09E-04	5.68E-04	1.45E-03
29	7.90	0.	0.	3.65E-08	0.	0.	0.	2.97E-05	5.87E-05	8.09E-04	5.69E-04	1.46E-03
30	7.80	0.	0.	3.78E-08	0.	0.	0.	2.98E-05	6.10E-05	8.13E-04	5.70E-04	1.47E-03
31	7.70	0.	0.	3.31E-08	0.	0.	0.	3.00E-05	6.35E-05	8.18E-04	5.71E-04	1.47E-03
32	7.60	0.	0.	3.13E-08	0.	0.	0.	3.01E-05	6.87E-05	8.22E-04	5.74E-04	1.48E-03
33	7.50	0.	0.	2.89E-08	0.	0.	0.	3.04E-05	7.16E-05	8.26E-04	5.75E-04	1.49E-03
34	7.40	0.	0.	2.59E-08	0.	1.84E-12	0.	3.04E-05	7.44E-05	8.31E-04	5.76E-04	1.50E-03
35	7.30	0.	0.	2.45E-08	0.	6.49E-12	0.	3.06E-05	7.77E-05	8.35E-04	5.78E-04	1.51E-03
36	7.20	0.	0.	2.21E-08	0.	5.19E-11	0.	3.08E-05	8.11E-05	8.40E-04	5.78E-04	1.52E-03
37	7.10	0.	0.	2.12E-08	0.	2.10E-10	0.	3.10E-05	8.47E-05	8.45E-04	5.81E-04	1.53E-03
38	7.00	6.60E-12	0.	1.94E-08	0.	5.73E-10	0.	3.13E-05	8.85E-05	8.49E-04	5.82E-04	1.54E-03
39	6.90	1.29E-11	0.	1.77E-08	0.	3.61E-09	0.	3.15E-05	9.25E-05	8.54E-04	5.83E-04	1.55E-03
40	6.80	1.11E-11	0.	1.70E-08	0.	4.87E-09	0.	3.18E-05	9.67E-05	8.59E-04	5.85E-04	1.56E-03
41	6.70	6.04E-12	0.	1.49E-08	0.	8.62E-09	0.	3.20E-05	1.01E-04	8.63E-04	5.87E-04	1.57E-03
42	6.60	4.89E-12	0.	1.33E-08	0.	6.95E-09	0.	3.23E-05	1.06E-04	8.71E-04	5.89E-04	1.58E-03
43	6.50	2.82E-12	0.	1.06E-08	0.	1.04E-08	0.	3.25E-05	1.11E-04	8.79E-04	5.92E-04	1.59E-03
44	6.40	1.61E-12	0.	7.28E-09	0.	1.00E-08	0.	3.28E-05	1.16E-04	8.88E-04	5.94E-04	1.61E-03
45	6.30	9.31E-13	0.	4.52E-09	3.73E-11	6.94E-09	0.	3.30E-05	1.22E-04	8.97E-04	5.98E-04	1.63E-03
46	6.20	4.19E-13	0.	2.49E-09	1.75E-10	9.60E-09	0.	3.33E-05	1.28E-04	9.06E-04	6.03E-04	1.64E-03
47	6.10	1.92E-13	0.	1.17E-09	2.47E-10	1.21E-08	0.	3.35E-05	1.35E-04	9.16E-04	6.09E-04	1.66E-03
48	6.00	7.99E-14	0.	2.95E-10	7.05E-10	5.83E-09	0.	3.38E-05	1.42E-04	9.28E-04	6.15E-04	1.69E-03
49	5.90	1.96E-14	0.	2.12E-11	9.82E-10	5.71E-09	0.	3.38E-05	1.49E-04	9.42E-04	6.21E-04	1.71E-03
50	5.80	2.50E-15	0.	5.33E-13	1.37E-09	5.85E-09	0.	3.33E-05	1.52E-04	9.55E-04	6.27E-04	1.74E-03
51	5.70	1.84E-16	0.	0.	1.60E-09	6.53E-09	0.	3.13E-05	1.58E-04	9.68E-04	6.33E-04	1.79E-03

ABSORPTION COEFFICIENTS OF HEATED AIR (INVERSE CM.)

TEMPERATURE (DEGREES K) 17000. DENSITY (GM/CC) 1.293E-05 (10.0E-03 NORMAL)

PHOTON ENERGY	O2 S-R BANDS	N2 1ST POS.	N2 2ND POS.	N2+ 1ST NEG.	NO BETA	NO GAMMA	NO VIB-ROT	NO2	O- PHOTO-DET	FREE-FREE (IONS)	N P.E.	O P.E.	TOTAL AIR
5.60	8.30E-18	0.	0.	0.	1.35E-09	8.75E-09	0.	0.	2.91E-05	1.66E-04	9.84E-04	6.39E-04	1.82E-03
5.50	0.	0.	0.	0.	1.65E-09	8.12E-09	0.	0.	2.92E-05	1.75E-04	1.00E-03	6.47E-04	1.86E-03
5.40	0.	0.	0.	0.	1.51E-09	6.53E-09	0.	0.	2.94E-05	1.85E-04	1.03E-03	6.55E-04	1.90E-03
5.30	0.	0.	0.	0.	1.55E-09	8.32E-09	0.	0.	2.96E-05	1.96E-04	1.06E-03	6.65E-04	1.95E-03
5.20	0.	0.	0.	0.	1.66E-09	6.17E-09	0.	0.	2.98E-05	2.08E-04	1.08E-03	6.77E-04	2.00E-03
5.10	0.	0.	0.	0.	1.66E-09	7.96E-09	0.	0.	3.00E-05	2.20E-04	1.11E-03	6.89E-04	2.05E-03
5.00	1.13E-10	0.	0.	0.	1.52E-09	7.43E-09	0.	0.	3.03E-05	2.34E-04	1.15E-03	7.01E-04	2.11E-03
4.90	2.73E-10	0.	0.	0.	1.68E-09	8.08E-09	0.	0.	3.05E-05	2.49E-04	1.19E-03	7.14E-04	2.18E-03
4.80	5.09E-10	0.	0.	0.	1.81E-09	7.57E-09	0.	0.	3.08E-05	2.65E-04	1.23E-03	7.29E-04	2.25E-03
4.70	6.84E-10	0.	0.	0.	1.80E-09	6.86E-09	0.	0.	3.10E-05	2.82E-04	1.27E-03	7.48E-04	2.33E-03
4.60	9.39E-10	0.	0.	0.	1.85E-09	6.23E-09	0.	0.	3.13E-05	3.01E-04	1.32E-03	7.68E-04	2.42E-03
4.50	9.85E-10	0.	1.52E-09	0.	1.69E-09	4.68E-09	0.	0.	3.13E-05	3.22E-04	1.39E-03	7.88E-04	2.53E-03
4.40	1.05E-09	0.	4.61E-08	0.	1.69E-09	3.23E-09	0.	0.	3.18E-05	3.45E-04	1.45E-03	8.08E-04	2.64E-03
4.30	9.90E-10	0.	1.48E-08	0.	1.61E-09	2.02E-09	0.	0.	3.20E-05	3.70E-04	1.53E-03	8.30E-04	2.76E-03
4.20	9.23E-10	0.	4.81E-08	0.	1.70E-09	1.43E-09	0.	0.	3.23E-05	3.97E-04	1.60E-03	8.52E-04	2.88E-03
4.10	8.64E-10	0.	2.06E-08	0.	1.66E-09	3.95E-10	0.	0.	3.24E-05	4.27E-04	1.67E-03	8.56E-04	2.99E-03
4.00	7.95E-10	0.	6.93E-08	0.	1.59E-09	2.99E-10	0.	0.	3.25E-05	4.60E-04	1.74E-03	3.42E-04	2.58E-03
3.90	6.75E-10	0.	3.22E-08	1.03E-07	1.47E-09	1.14E-10	0.	0.	3.24E-05	4.97E-04	1.69E-03	3.53E-04	2.57E-03
3.80	7.39E-10	0.	5.12E-08	4.54E-07	1.58E-09	0.	0.	0.	3.23E-05	5.38E-04	1.71E-03	3.67E-04	2.65E-03
3.70	6.55E-10	0.	5.41E-08	1.84E-07	1.34E-09	0.	0.	0.	3.18E-05	5.83E-04	1.40E-03	4.03E-04	2.42E-03
3.60	5.90E-10	0.	3.76E-08	9.97E-07	1.45E-09	0.	0.	0.	2.98E-05	6.34E-04	1.51E-03	4.43E-04	2.62E-03
3.50	5.50E-10	0.	5.01E-08	1.97E-06	1.14E-09	0.	0.	0.	2.72E-05	6.90E-04	1.60E-03	4.88E-04	2.80E-03
3.40	5.02E-10	0.	3.14E-08	1.28E-06	1.28E-09	0.	0.	0.	1.57E-05	7.53E-04	1.78E-03	5.39E-04	3.09E-03
3.30	3.50E-10	0.	3.23E-08	1.12E-06	1.02E-09	0.	0.	0.	1.57E-05	8.25E-04	1.96E-03	5.90E-04	3.40E-03
3.20	3.35E-10	0.	2.10E-08	1.93E-06	1.07E-09	0.	0.	0.	1.58E-05	9.05E-04	2.15E-03	6.44E-04	3.72E-03
3.10	2.99E-10	0.	1.63E-08	1.01E-06	1.01E-09	0.	0.	0.	1.58E-05	9.97E-04	2.35E-03	6.98E-04	4.06E-03
3.00	2.51E-10	0.	9.97E-09	4.48E-07	9.48E-10	0.	0.	0.	1.58E-05	1.10E-03	2.54E-03	7.52E-04	4.41E-03
2.90	2.61E-10	0.	6.22E-09	1.08E-06	7.21E-10	0.	0.	0.	1.59E-05	1.22E-03	2.74E-03	8.11E-04	4.79E-03
2.80	1.68E-10	0.	2.99E-09	5.97E-07	4.98E-10	0.	0.	0.	1.59E-05	1.36E-03	2.98E-03	8.77E-04	5.23E-03
2.70	7.88E-11	0.	1.40E-08	3.73E-07	2.71E-10	0.	0.	0.	1.59E-05	1.52E-03	3.24E-03	9.49E-04	5.72E-03
2.60	5.52E-12	0.	6.84E-10	5.11E-08	1.19E-10	0.	0.	0.	1.59E-05	1.70E-03	3.51E-03	1.02E-03	6.25E-03
2.50	0.	0.	7.39E-11	4.91E-08	2.82E-11	0.	0.	0.	1.59E-05	1.92E-03	4.00E-03	5.98E-04	6.53E-03
2.40	0.	3.43E-09	0.	4.02E-08	3.01E-12	0.	0.	0.	1.58E-05	2.17E-03	4.39E-03	7.08E-04	7.27E-03
2.30	0.	1.08E-08	0.	0.	0.	0.	0.	0.	1.57E-05	2.47E-03	4.23E-03	8.46E-04	7.56E-03
2.20	0.	2.79E-08	0.	0.	0.	0.	0.	0.	1.56E-05	2.83E-03	4.66E-03	1.01E-03	8.52E-03
2.10	0.	2.99E-08	0.	0.	0.	0.	0.	0.	1.51E-05	3.26E-03	5.43E-03	1.18E-03	9.88E-03
2.00	0.	5.82E-08	0.	0.	0.	0.	0.	0.	1.46E-05	3.79E-03	6.15E-03	1.35E-03	1.13E-02
1.90	0.	7.56E-08	0.	0.	0.	0.	0.	0.	1.39E-05	4.43E-03	7.10E-03	1.56E-03	1.31E-02
1.80	0.	6.37E-08	0.	0.	0.	0.	0.	0.	1.31E-05	5.22E-03	8.48E-03	1.89E-03	1.56E-02
1.70	0.	7.35E-08	0.	0.	0.	0.	0.	0.	1.11E-05	6.21E-03	1.02E-02	2.30E-03	1.87E-02
1.60	0.	5.46E-08	0.	0.	0.	0.	0.	0.	5.04E-06	7.47E-03	1.18E-02	2.71E-03	2.20E-02
1.50	0.	6.33E-08	0.	0.	0.	0.	0.	0.	0.	9.10E-03	1.53E-02	3.29E-03	2.77E-02
1.40	0.	6.28E-08	0.	0.	0.	0.	0.	0.	0.	1.13E-02	1.90E-02	3.92E-03	3.42E-02
1.30	0.	4.60E-08	0.	0.	0.	0.	0.	0.	0.	1.42E-02	2.51E-02	5.19E-03	4.44E-02
1.20	0.	4.35E-08	0.	0.	0.	0.	8.33E-14	0.	0.	1.82E-02	2.72E-02	5.21E-03	5.05E-02
1.10	0.	3.99E-08	0.	0.	0.	0.	1.20E-12	0.	0.	2.37E-02	3.35E-02	6.54E-03	6.37E-02
1.00	0.	3.28E-08	0.	0.	0.	0.	1.39E-12	0.	0.	3.16E-02	4.06E-02	7.42E-03	7.96E-02
0.90	0.	1.54E-08	0.	0.	0.	0.	2.97E-11	0.	0.	4.36E-02	4.66E-02	8.72E-03	9.89E-02
0.80	0.	3.66E-09	0.	0.	0.	0.	2.61E-11	0.	0.	6.27E-02	5.36E-02	1.00E-02	1.26E-01
0.70	0.	6.35E-10	0.	0.	0.	0.	8.69E-11	0.	0.	9.47E-02	5.83E-02	1.05E-02	1.64E-01
0.60	0.	0.	0.	0.	0.	0.	0.	0.	0.	1.52E-01	6.52E-02	1.18E-02	2.29E-01

ABSORPTION COEFFICIEN., OF HEATED AIR (INVERSE CM.)

TEMPERATURE (DEGREES K) 17000.   DENSITY (GM/CC) 1.293E-06   (10.0E-04 NORMAL)

#	PHOTON ENERGY E.V.	O2 S-R BANDS	O2 S-R CONT.	N2 R-H NO. 1	NO BETA	NO GAMMA	NO2	O- PHOTO-DET (TNS)	FREE-FREE (TNS)	N P.E.	O P.E.	TOTAL AIR
1	10.70	0.	0.	8.02E-11	0.	0.	0.	8.25E-08	4.54E-07	4.05E-05	1.34E-05	5.45E-05
2	10.60	0.	0.	7.27E-11	0.	0.	0.	8.26E-08	4.67E-07	4.07E-05	1.33E-05	5.46E-05
3	10.50	0.	0.	7.33E-11	0.	0.	0.	8.27E-08	4.81E-07	4.09E-05	1.33E-05	5.48E-05
4	10.40	0.	0.	6.94E-11	0.	0.	0.	8.29E-08	4.95E-07	4.11E-05	1.33E-05	5.49E-05
5	10.30	0.	0.	6.03E-11	0.	0.	0.	8.30E-08	5.09E-07	4.12E-05	1.32E-05	5.50E-05
6	10.20	0.	0.	6.22E-11	0.	0.	0.	8.31E-08	5.25E-07	4.13E-05	1.32E-05	5.50E-05
7	10.10	0.	0.	5.85E-11	0.	0.	0.	8.32E-08	5.40E-07	4.13E-05	1.31E-05	5.50E-05
8	10.00	0.	0.	5.11E-11	0.	0.	0.	8.33E-08	5.57E-07	4.08E-05	1.31E-05	5.45E-05
9	9.90	0.	0.	5.24E-11	0.	0.	0.	8.34E-08	5.74E-07	4.09E-05	1.30E-05	5.45E-05
10	9.80	0.	0.	4.91E-11	0.	0.	0.	8.36E-08	5.92E-07	4.10E-05	1.30E-05	5.46E-05
11	9.70	0.	0.	4.23E-11	0.	0.	0.	8.37E-08	6.10E-07	4.11E-05	1.29E-05	5.47E-05
12	9.60	0.	0.	4.57E-11	0.	0.	0.	8.39E-08	6.30E-07	4.12E-05	1.28E-05	5.48E-05
13	9.50	0.	0.	3.90E-11	0.	0.	0.	8.41E-08	6.50E-07	4.13E-05	1.28E-05	5.49E-05
14	9.40	0.	0.	3.68E-11	0.	0.	0.	8.44E-08	6.71E-07	4.14E-05	1.27E-05	5.50E-05
15	9.30	0.	0.	3.77E-11	0.	0.	0.	8.47E-08	6.93E-07	4.15E-05	1.27E-05	5.50E-05
16	9.20	0.	0.	3.11E-11	0.	0.	0.	8.50E-08	7.16E-07	4.17E-05	1.27E-05	5.51E-05
17	9.10	0.	0.	3.19E-11	0.	0.	0.	8.53E-08	7.41E-07	1.49E-05	1.26E-05	2.84E-05
18	9.00	0.	0.	2.90E-11	0.	0.	0.	8.56E-08	7.66E-07	1.49E-05	1.26E-05	2.85E-05
19	8.90	0.	0.	2.67E-11	0.	0.	0.	8.59E-08	7.92E-07	1.49E-05	1.25E-05	2.83E-05
20	8.80	0.	0.	2.62E-11	0.	0.	0.	8.62E-08	8.20E-07	1.49E-05	1.25E-05	2.83E-05
21	8.70	0.	0.	2.34E-11	0.	0.	0.	8.65E-08	8.48E-07	1.50E-05	1.24E-05	2.83E-05
22	8.60	0.	0.	2.04E-11	0.	0.	0.	8.71E-08	8.79E-07	1.50E-05	1.23E-05	2.84E-05
23	8.50	0.	0.	2.03E-11	0.	0.	0.	8.76E-08	9.10E-07	1.51E-05	1.23E-05	2.84E-05
24	8.40	0.	0.	1.71E-11	0.	0.	0.	8.80E-08	9.43E-07	1.51E-05	1.23E-05	2.85E-05
25	8.30	0.	0.	1.73E-11	0.	0.	0.	8.85E-08	9.78E-07	1.52E-05	1.23E-05	2.86E-05
26	8.20	0.	0.	1.49E-11	0.	0.	0.	8.89E-08	1.01E-06	1.52E-05	1.24E-05	2.87E-05
27	8.10	0.	0.	1.50E-11	0.	0.	0.	8.94E-08	1.05E-06	1.53E-05	1.24E-05	2.88E-05
28	8.00	0.	0.	1.29E-11	0.	0.	0.	8.99E-08	1.09E-06	1.53E-05	1.24E-05	2.90E-05
29	7.90	0.	0.	1.33E-11	0.	0.	0.	9.03E-08	1.13E-06	1.54E-05	1.24E-05	2.91E-05
30	7.80	0.	0.	1.17E-11	0.	0.	0.	9.08E-08	1.18E-06	1.55E-05	1.25E-05	2.93E-05
31	7.70	0.	0.	1.10E-11	0.	7.54E-16	0.	9.12E-08	1.23E-06	1.55E-05	1.25E-05	2.94E-05
32	7.60	0.	0.	1.02E-11	0.	2.66E-15	0.	9.17E-08	1.28E-06	1.56E-05	1.25E-05	2.96E-05
33	7.50	0.	0.	9.15E-12	0.	2.13E-14	0.	9.22E-08	1.33E-06	1.57E-05	1.26E-05	2.97E-05
34	7.40	0.	0.	8.65E-12	0.	8.61E-14	0.	9.27E-08	1.38E-06	1.58E-05	1.26E-05	2.99E-05
35	7.30	0.	0.	7.79E-12	0.	2.35E-13	0.	9.32E-08	1.44E-06	1.59E-05	1.26E-05	3.01E-05
36	7.20	0.	0.	7.47E-12	0.	7.24E-13	0.	9.40E-08	1.50E-06	1.60E-05	1.27E-05	3.03E-05
37	7.10	3.13E-15	0.	6.84E-12	0.	1.48E-12	0.	9.48E-08	1.57E-06	1.61E-05	1.27E-05	3.05E-05
38	7.00	6.11E-15	0.	6.26E-12	0.	2.00E-12	0.	9.55E-08	1.64E-06	1.62E-05	1.27E-05	3.07E-05
39	6.90	5.26E-15	0.	6.01E-12	0.	3.53E-12	0.	9.63E-08	1.71E-06	1.63E-05	1.28E-05	3.09E-05
40	6.80	3.42E-15	0.	5.25E-12	0.	3.56E-12	0.	9.70E-08	1.79E-06	1.63E-05	1.28E-05	3.11E-05
41	6.70	2.34E-15	0.	4.70E-12	0.	2.85E-12	0.	9.78E-08	1.87E-06	1.64E-05	1.29E-05	3.14E-05
42	6.60	7.64E-16	0.	3.73E-12	0.	4.27E-12	0.	9.93E-08	1.96E-06	1.65E-05	1.30E-05	3.17E-05
43	6.50	4.42E-16	0.	2.57E-12	0.	4.10E-12	0.	1.00E-07	2.05E-06	1.67E-05	1.30E-05	3.20E-05
44	6.40	9.12E-16	0.	1.59E-12	1.53E-14	2.84E-12	0.	1.01E-07	2.15E-06	1.68E-05	1.31E-05	3.24E-05
45	6.30	2.36E-17	0.	8.40E-13	7.16E-14	3.93E-12	0.	1.01E-07	2.25E-06	1.70E-05	1.31E-05	3.28E-05
46	6.20	3.79E-17	0.	4.11E-13	1.01E-13	4.96E-12	0.	1.02E-07	2.36E-06	1.72E-05	1.32E-05	3.32E-05
47	6.10	9.32E-18	0.	1.04E-13	2.88E-13	2.39E-12	0.	1.02E-07	2.48E-06	1.74E-05	1.33E-05	3.37E-05
48	6.00	1.19E-18	0.	7.47E-15	2.75E-13	2.39E-12	0.	1.02E-07	2.61E-06	1.76E-05	1.34E-05	3.42E-05
49	5.90	8.74E-20	0.	1.88E-16	4.02E-13	2.34E-12	0.	1.02E-07	2.74E-06	1.79E-05	1.35E-05	3.48E-05
50	5.80	0.	0.	0.	5.61E-13	2.39E-12	0.	1.01E-07	2.89E-06	1.81E-05	1.37E-05	3.53E-05
51	5.70	0.	0.	0.	6.54E-13	2.67E-12	0.	9.47E-08	3.05E-06	1.84E-05	1.38E-05	3.53E-05

ABSORPTION COEFFICIENTS OF HEATED AIR (INVERSE CM.)

TEMPERATURE (DEGREES K) 17000.   DENSITY (GM/CC) 1.293E-06   (10.0E-04 NORMAL)

	PHOTON ENERGY	O2 S-R BANDS	N2 1ST POS.	N2 2ND POS.	N2+ 1ST NEG.	NO BETA	NO GAMMA	NO VIB-ROT	NO2	O- PHOTO-DET	FREE-FREE (IONS)	N P.E.	O P.E.	TOTAL AIR
52	5.60	3.94E-21	0.	0.	0.	5.54E-13	3.58E-12	0.	0.	8.81E-08	3.21E-06	1.87E-05	1.39E-05	3.59E-05
53	5.50	0.	0.	0.	0.	6.76E-13	3.33E-12	0.	0.	8.86E-08	3.39E-06	1.91E-05	1.41E-05	3.66E-05
54	5.40	0.	0.	0.	0.	6.19E-13	2.67E-12	0.	0.	8.90E-08	3.59E-06	1.95E-05	1.43E-05	3.75E-05
55	5.30	0.	0.	0.	0.	6.34E-13	3.41E-12	0.	0.	8.96E-08	3.79E-06	2.00E-05	1.45E-05	3.84E-05
56	5.20	0.	0.	0.	0.	6.81E-13	2.53E-12	0.	0.	9.02E-08	4.02E-06	2.04E-05	1.47E-05	3.92E-05
57	5.10	0.	0.	0.	0.	6.79E-13	3.26E-12	0.	0.	9.09E-08	4.26E-06	2.16E-05	1.50E-05	4.03E-05
58	5.00	5.35E-14	0.	0.	0.	6.20E-13	3.04E-12	0.	0.	9.17E-08	4.52E-06	2.16E-05	1.53E-05	4.15E-05
59	4.90	1.30E-13	0.	0.	0.	6.90E-13	3.31E-12	0.	0.	9.25E-08	4.81E-06	2.24E-05	1.56E-05	4.28E-05
60	4.80	2.42E-13	0.	0.	0.	7.40E-13	3.10E-12	0.	0.	9.32E-08	5.12E-06	2.31E-05	1.59E-05	4.42E-05
61	4.70	3.25E-13	0.	0.	0.	7.38E-13	2.81E-12	0.	0.	9.40E-08	5.46E-06	2.40E-05	1.63E-05	4.58E-05
62	4.60	4.46E-13	0.	0.	0.	7.57E-13	2.55E-12	0.	0.	9.48E-08	5.83E-06	2.49E-05	1.67E-05	4.76E-05
63	4.50	4.68E-13	0.	5.36E-13	0.	6.92E-13	1.92E-12	0.	0.	9.55E-08	6.23E-06	2.61E-05	1.72E-05	4.96E-05
64	4.40	4.98E-13	0.	1.63E-12	0.	6.93E-13	1.32E-12	0.	0.	9.63E-08	6.67E-06	2.74E-05	1.76E-05	5.18E-05
65	4.30	4.70E-13	0.	5.23E-12	0.	6.60E-13	8.26E-13	0.	0.	9.70E-08	7.15E-06	2.87E-05	1.81E-05	5.41E-05
66	4.20	4.38E-13	0.	1.70E-12	0.	6.85E-13	5.85E-13	0.	0.	9.78E-08	7.68E-06	3.01E-05	1.86E-05	5.65E-05
67	4.10	4.11E-13	0.	7.27E-12	0.	6.78E-13	1.62E-13	0.	0.	9.82E-08	8.26E-06	3.15E-05	1.86E-05	5.85E-05
68	4.00	3.78E-13	0.	2.45E-11	0.	6.53E-13	1.22E-13	0.	0.	9.86E-08	8.90E-06	3.29E-05	7.45E-06	4.93E-05
69	3.90	3.20E-13	0.	1.14E-11	2.62E-10	6.00E-13	4.68E-14	0.	0.	9.82E-08	9.61E-06	3.15E-05	7.69E-06	4.89E-05
70	3.80	3.51E-13	0.	1.80E-11	1.15E-09	6.45E-13	0.	0.	0.	9.78E-08	1.04E-05	2.53E-05	8.01E-06	4.38E-05
71	3.70	3.11E-13	0.	1.91E-11	4.67E-10	5.48E-13	0.	0.	0.	9.63E-08	1.13E-05	2.64E-05	8.79E-06	4.66E-05
72	3.60	2.80E-13	0.	1.37E-11	2.53E-09	5.93E-13	0.	0.	0.	9.02E-08	1.22E-05	2.86E-05	9.66E-06	5.06E-05
73	3.50	2.61E-13	0.	1.77E-11	5.01E-09	5.01E-13	0.	0.	0.	8.25E-08	1.33E-05	3.01E-05	1.06E-05	5.42E-05
74	3.40	2.39E-13	0.	1.11E-11	7.20E-10	5.23E-13	0.	0.	0.	4.76E-08	1.46E-05	3.35E-05	1.17E-05	5.99E-05
75	3.30	1.91E-13	0.	1.14E-11	2.85E-09	4.17E-13	0.	0.	0.	4.77E-08	1.59E-05	3.71E-05	1.29E-05	6.59E-05
76	3.20	1.66E-13	0.	7.42E-12	4.89E-09	4.37E-13	0.	0.	0.	4.79E-08	1.75E-05	4.06E-05	1.40E-05	7.22E-05
77	3.10	1.42E-13	0.	5.75E-12	1.14E-09	4.13E-13	0.	0.	0.	4.79E-08	1.93E-05	4.42E-05	1.52E-05	7.88E-05
78	3.00	1.19E-13	0.	3.52E-12	2.73E-09	3.88E-13	0.	0.	0.	4.80E-08	2.13E-05	4.79E-05	1.64E-05	8.56E-05
79	2.90	1.24E-13	0.	2.19E-12	1.51E-09	2.95E-13	0.	0.	0.	4.81E-08	2.36E-05	5.18E-05	1.77E-05	9.31E-05
80	2.80	7.97E-14	0.	1.06E-12	9.46E-10	2.04E-13	0.	0.	0.	4.81E-08	2.62E-05	5.62E-05	1.91E-05	1.02E-04
81	2.70	5.74E-14	0.	4.94E-13	1.30E-09	1.11E-13	0.	0.	0.	4.81E-08	2.93E-05	6.09E-05	2.07E-05	1.11E-04
82	2.60	2.62E-15	0.	2.41E-13	1.30E-10	4.86E-14	0.	0.	0.	4.81E-08	3.29E-05	6.61E-05	2.23E-05	1.21E-04
83	2.50	0.	0.	2.61E-14	1.24E-10	1.16E-14	0.	0.	0.	4.81E-08	3.71E-05	7.49E-05	1.26E-05	1.26E-04
84	2.40	0.	1.21E-12	0.	1.02E-10	1.23E-15	0.	0.	0.	4.81E-08	4.20E-05	7.78E-05	1.54E-05	1.19E-04
85	2.30	0.	3.82E-12	0.	0.	0.	0.	0.	0.	4.78E-08	4.78E-05	7.41E-05	1.84E-05	1.40E-04
86	2.20	0.	9.83E-11	0.	0.	0.	0.	0.	0.	4.76E-08	5.47E-05	8.76E-05	2.21E-05	1.64E-04
87	2.10	0.	2.05E-11	0.	0.	0.	0.	0.	0.	4.74E-08	6.30E-05	1.02E-04	2.57E-05	1.91E-04
88	2.00	0.	2.67E-11	0.	0.	0.	0.	0.	0.	4.58E-08	7.32E-05	1.16E-04	2.94E-05	2.19E-04
89	1.90	0.	2.25E-11	0.	0.	0.	0.	0.	0.	4.41E-08	8.56E-05	1.33E-04	3.40E-05	2.53E-04
90	1.80	0.	2.59E-11	0.	0.	0.	0.	0.	0.	3.97E-08	1.01E-04	1.59E-04	5.01E-05	3.01E-04
91	1.70	0.	1.93E-11	0.	0.	0.	0.	0.	0.	3.36E-08	1.20E-04	1.91E-04	5.90E-05	3.61E-04
92	1.60	0.	2.23E-11	0.	0.	0.	0.	0.	0.	1.53E-08	1.44E-04	2.23E-04	5.90E-05	4.26E-04
93	1.50	0.	2.21E-11	0.	0.	0.	0.	0.	0.	0.	1.76E-04	2.88E-04	7.17E-05	5.35E-04
94	1.40	0.	1.70E-11	0.	0.	0.	0.	0.	0.	0.	2.18E-04	3.40E-04	8.55E-05	6.44E-04
95	1.30	0.	1.62E-11	0.	0.	0.	0.	0.	0.	0.	2.74E-04	4.71E-04	1.07E-04	8.53E-04
96	1.20	0.	1.55E-11	0.	0.	0.	0.	0.	0.	0.	3.51E-04	5.10E-04	1.13E-04	9.75E-04
97	1.10	0.	1.41E-11	0.	0.	0.	0.	3.41E-17	0.	0.	4.57E-04	6.29E-04	1.43E-04	1.23E-03
98	1.00	0.	1.16E-11	0.	0.	0.	0.	4.92E-16	0.	0.	6.11E-04	7.63E-04	1.62E-04	1.54E-03
99	0.90	0.	0.	0.	0.	0.	0.	5.67E-16	0.	0.	8.42E-04	8.75E-04	1.90E-04	1.91E-03
100	0.80	0.	5.44E-12	0.	0.	0.	0.	1.22E-14	0.	0.	1.21E-03	1.01E-03	2.19E-04	2.44E-03
101	0.70	0.	1.29E-13	0.	0.	0.	0.	1.07E-14	0.	0.	1.83E-03	1.07E-03	2.29E-04	3.16E-03
102	0.60	0.	2.24E-13	0.	0.	0.	0.	3.56E-14	0.	0.	2.95E-03	1.10E-03	2.56E-04	4.31E-03

339

ABSORPTION COEFFICIENTS OF HEATED AIR (INVERSE CM.)

TEMPERATURE (DEGREES K) 17000.   DENSITY (GM/CC) 1.293E-07   (10.0E-05 NORMAL)

#	PHOTON ENERGY E.V.	O2 S-R BANDS	O2 S-R CONT.	N2 B-H NO. 1	NO BETA	NO GAMMA	NO2	O- PHOTO-DET (TNS)	FREE-FREE (TNS)	N P.E.	O P.E.	TOTAL AIR
1	10.70	0.	0.	1.00E-14	0.	0.	0.	1.01E-10	5.14E-09	5.18E-07	1.55E-07	6.79E-07
2	10.60	0.	0.	9.07E-15	0.	0.	0.	1.02E-10	5.28E-09	5.22E-07	1.55E-07	6.82E-07
3	10.50	0.	0.	9.15E-15	0.	0.	0.	1.02E-10	5.44E-09	4.62E-07	1.54E-07	6.22E-07
4	10.40	0.	0.	8.66E-15	0.	0.	0.	1.02E-10	5.60E-09	4.64E-07	1.54E-07	6.23E-07
5	10.30	0.	0.	7.53E-15	0.	0.	0.	1.02E-10	5.76E-09	4.65E-07	1.53E-07	6.23E-07
6	10.20	0.	0.	7.76E-15	0.	0.	0.	1.02E-10	5.93E-09	4.67E-07	1.52E-07	6.25E-07
7	10.10	0.	0.	7.29E-15	0.	0.	0.	1.02E-10	6.11E-09	4.68E-07	1.52E-07	6.26E-07
8	10.00	0.	0.	6.38E-15	0.	0.	0.	1.02E-10	6.30E-09	4.69E-07	1.51E-07	6.26E-07
9	9.90	0.	0.	6.54E-15	0.	0.	0.	1.02E-10	6.49E-09	4.70E-07	1.51E-07	6.27E-07
10	9.80	0.	0.	6.13E-15	0.	0.	0.	1.03E-10	6.69E-09	4.70E-07	1.50E-07	6.28E-07
11	9.70	0.	0.	5.28E-15	0.	0.	0.	1.03E-10	6.90E-09	4.73E-07	1.50E-07	6.29E-07
12	9.60	0.	0.	5.71E-15	0.	0.	0.	1.03E-10	7.12E-09	4.74E-07	1.49E-07	6.30E-07
13	9.50	0.	0.	4.86E-15	0.	0.	0.	1.03E-10	7.35E-09	4.76E-07	1.48E-07	6.32E-07
14	9.40	0.	0.	4.59E-15	0.	0.	0.	1.04E-10	7.59E-09	1.80E-07	1.48E-07	3.35E-07
15	9.30	0.	0.	4.70E-15	0.	0.	0.	1.04E-10	7.84E-09	1.80E-07	1.47E-07	3.35E-07
16	9.20	0.	0.	3.88E-15	0.	0.	0.	1.04E-10	8.10E-09	1.81E-07	1.47E-07	3.35E-07
17	9.10	0.	0.	3.98E-15	0.	0.	0.	1.05E-10	8.37E-09	1.81E-07	1.46E-07	3.35E-07
18	9.00	0.	0.	3.61E-15	0.	0.	0.	1.05E-10	8.66E-09	1.82E-07	1.45E-07	3.35E-07
19	8.90	0.	0.	3.33E-15	0.	0.	0.	1.06E-10	8.96E-09	1.82E-07	1.45E-07	3.36E-07
20	8.80	0.	0.	3.27E-15	0.	0.	0.	1.06E-10	9.27E-09	1.83E-07	1.44E-07	3.36E-07
21	8.70	0.	0.	2.83E-15	0.	0.	0.	1.07E-10	9.60E-09	1.83E-07	1.43E-07	3.36E-07
22	8.60	0.	0.	2.92E-15	0.	0.	0.	1.07E-10	9.94E-09	1.84E-07	1.43E-07	3.36E-07
23	8.50	0.	0.	2.55E-15	0.	0.	0.	1.08E-10	1.03E-08	1.84E-07	1.42E-07	3.36E-07
24	8.40	0.	0.	2.53E-15	0.	0.	0.	1.09E-10	1.07E-08	1.84E-07	1.43E-07	3.37E-07
25	8.30	0.	0.	2.14E-15	0.	0.	0.	1.10E-10	1.11E-08	1.85E-07	1.43E-07	3.39E-07
26	8.20	0.	0.	2.16E-15	0.	0.	0.	1.10E-10	1.15E-08	1.85E-07	1.44E-07	3.39E-07
27	8.10	0.	0.	1.86E-15	0.	0.	0.	1.11E-10	1.19E-08	1.77E-07	1.44E-07	3.31E-07
28	8.00	0.	0.	1.87E-15	0.	0.	0.	1.11E-10	1.24E-08	1.78E-07	1.45E-07	3.33E-07
29	7.90	0.	0.	1.60E-15	0.	0.	0.	1.12E-10	1.28E-08	1.79E-07	1.45E-07	3.35E-07
30	7.80	0.	0.	1.66E-15	0.	0.	0.	1.13E-10	1.33E-08	1.81E-07	1.46E-07	3.37E-07
31	7.70	0.	0.	1.45E-15	0.	0.	0.	1.13E-10	1.39E-08	1.82E-07	1.46E-07	3.39E-07
32	7.60	0.	0.	1.38E-15	0.	0.	0.	1.14E-10	1.44E-08	1.83E-07	1.46E-07	3.41E-07
33	7.50	0.	0.	1.27E-15	0.	9.75E-20	0.	1.16E-10	1.50E-08	1.85E-07	1.47E-07	3.44E-07
34	7.40	0.	0.	1.14E-15	0.	5.43E-19	0.	1.16E-10	1.56E-08	1.86E-07	1.47E-07	3.46E-07
35	7.30	0.	0.	1.08E-15	0.	2.75E-18	0.	1.17E-10	1.63E-08	1.88E-07	1.47E-07	3.49E-07
36	7.20	0.	0.	9.73E-16	0.	1.11E-17	0.	1.18E-10	1.70E-08	1.89E-07	1.48E-07	3.51E-07
37	7.10	0.	0.	9.32E-16	0.	3.03E-17	0.	1.19E-10	1.77E-08	1.90E-07	1.48E-07	3.54E-07
38	7.00	0.	0.	8.54E-16	0.	1.91E-16	0.	1.21E-10	1.85E-08	1.92E-07	1.49E-07	3.56E-07
39	6.90	0.	0.	7.81E-16	0.	2.58E-16	0.	1.22E-10	1.93E-08	1.93E-07	1.49E-07	3.59E-07
40	6.80	4.19E-19	0.	7.50E-16	0.	4.56E-16	0.	1.23E-10	2.02E-08	1.95E-07	1.50E-07	3.61E-07
41	6.70	8.18E-19	0.	6.55E-16	0.	4.60E-16	0.	1.24E-10	2.11E-08	1.97E-07	1.51E-07	3.65E-07
42	6.60	7.05E-19	0.	5.86E-16	0.	3.68E-16	0.	1.25E-10	2.21E-08	2.00E-07	1.53E-07	3.68E-07
43	6.50	3.11E-19	0.	4.65E-16	0.	5.52E-16	0.	1.26E-10	2.32E-08	2.02E-07	1.54E-07	3.72E-07
44	6.40	3.79E-19	0.	4.45E-16	1.97E-18	5.30E-16	0.	1.26E-10	2.43E-08	2.04E-07	1.56E-07	3.77E-07
45	6.30	1.02E-19	0.	3.20E-16	2.25E-18	3.47E-16	0.	1.17E-10	2.55E-08	2.07E-07	1.57E-07	3.86E-07
46	6.20	2.46E-20	0.	1.99E-16	1.31E-17	5.04E-16	0.	1.18E-10	2.67E-08	2.10E-07	1.58E-07	3.86E-07
47	6.10	1.22E-20	0.	1.10E-16	3.73E-17	6.41E-16	0.	1.19E-10	2.81E-08	2.13E-07	1.59E-07	3.92E-07
48	6.00	5.08E-21	0.	5.14E-17	3.55E-17	3.08E-16	0.	1.21E-10	2.95E-08	2.16E-07	1.59E-07	3.98E-07
49	5.90	5.25E-21	0.	1.30E-17	5.20E-17	3.02E-16	0.	1.26E-10	3.10E-08	2.20E-07	1.60E-07	4.05E-07
50	5.80	1.59E-22	0.	2.35E-20	7.25E-17	3.09E-16	0.	1.24E-10	3.27E-08	2.20E-07	1.60E-07	4.01E-07
51	5.70	1.17E-23	0.	0.	8.46E-17	3.46E-16	0.	1.16E-10	3.44E-08	2.07E-07	1.60E-07	4.01E-07

ABSORPTION COEFFICIENTS OF HEATED AIR (INVERSE CM.)

TEMPERATURE (DEGREES K) 17000.   DENSITY (GM/CC) 1.293E-07   (10.0E-05 NORMAL)

	PHOTON ENERGY	O2 S-R BANDS	N2 1ST POS.	N2 2ND POS.	N2+ 1ST NEG.	NO BETA	NO GAMMA	NO VIB-ROT	NO2	O- PHOTO-DET	FREE-FREE (IONS)	N P.E.	O P.E.	TOTAL AIR
52	5.60	5.27E-25	0.	0.	0.	7.16E-17	4.63E-16	0.	0.	1.08E-10	3.63E-08	2.11E-07	1.61E-07	4.08E-07
53	5.50	0.	0.	0.	0.	8.74E-17	4.30E-16	0.	0.	1.09E-10	3.84E-08	2.15E-07	1.63E-07	4.17E-07
54	5.40	0.	0.	0.	0.	8.00E-17	3.46E-16	0.	0.	1.09E-10	4.05E-08	2.21E-07	1.65E-07	4.27E-07
55	5.30	0.	0.	0.	0.	8.20E-17	4.40E-16	0.	0.	1.10E-10	4.29E-08	2.27E-07	1.68E-07	4.37E-07
56	5.20	0.	0.	0.	0.	8.81E-17	3.27E-16	0.	0.	1.11E-10	4.54E-08	2.32E-07	1.71E-07	4.49E-07
57	5.10	0.	0.	0.	0.	8.78E-17	4.21E-16	0.	0.	1.12E-10	4.82E-08	2.39E-07	1.74E-07	4.62E-07
58	5.00	7.16E-18	0.	0.	0.	8.02E-17	3.93E-16	0.	0.	1.13E-10	5.12E-08	2.47E-07	1.77E-07	4.75E-07
59	4.90	1.73E-17	0.	0.	0.	8.91E-17	4.27E-16	0.	0.	1.14E-10	5.44E-08	2.55E-07	1.80E-07	4.90E-07
60	4.80	3.24E-17	0.	0.	0.	9.57E-17	4.00E-16	0.	0.	1.14E-10	5.79E-08	2.64E-07	1.84E-07	5.06E-07
61	4.70	4.35E-17	0.	0.	0.	9.54E-17	3.63E-16	0.	0.	1.16E-10	6.17E-08	2.74E-07	1.89E-07	5.24E-07
62	4.60	5.27E-17	0.	0.	0.	9.79E-17	3.30E-16	0.	0.	1.16E-10	6.59E-08	2.85E-07	1.94E-07	5.45E-07
63	4.50	6.26E-17	0.	6.69E-17	0.	8.94E-17	2.48E-16	0.	0.	1.17E-10	7.04E-08	2.99E-07	1.99E-07	5.69E-07
64	4.40	4.47E-17	0.	2.03E-16	0.	8.96E-17	1.71E-16	0.	0.	1.18E-10	7.54E-08	3.14E-07	2.04E-07	5.93E-07
65	4.30	4.29E-17	0.	6.52E-16	0.	8.53E-17	1.07E-16	0.	0.	1.19E-10	8.08E-08	3.29E-07	2.05E-07	6.15E-07
66	4.20	5.47E-17	0.	2.12E-15	0.	8.97E-17	7.56E-17	0.	0.	1.20E-10	8.68E-08	3.45E-07	1.84E-07	6.17E-07
67	4.10	5.70E-17	0.	9.08E-16	0.	8.76E-17	2.09E-17	0.	0.	1.21E-10	9.34E-08	3.61E-07	8.36E-08	5.38E-07
68	4.00	5.06E-17	0.	3.05E-15	0.	8.44E-17	1.58E-17	0.	0.	1.21E-10	1.01E-07	3.47E-07	8.64E-08	5.34E-07
69	3.90	4.29E-17	0.	1.42E-15	3.08E-13	7.76E-17	6.05E-18	0.	0.	1.21E-10	1.09E-07	2.81E-07	8.91E-08	4.79E-07
70	3.80	4.70E-17	0.	2.25E-15	1.35E-12	8.34E-17	0.	0.	0.	1.20E-10	1.18E-07	2.94E-07	9.28E-08	5.05E-07
71	3.70	4.16E-17	0.	2.38E-15	5.49E-13	7.09E-17	0.	0.	0.	1.18E-10	1.27E-07	2.92E-07	1.02E-07	5.21E-07
72	3.60	3.75E-17	0.	1.65E-15	2.97E-12	7.67E-17	0.	0.	0.	1.11E-10	1.38E-07	3.16E-07	1.12E-07	5.67E-07
73	3.50	3.50E-17	0.	2.21E-15	5.89E-12	6.03E-17	0.	0.	0.	1.01E-10	1.51E-07	3.50E-07	1.23E-07	6.24E-07
74	3.40	3.20E-17	0.	1.38E-15	8.46E-13	6.76E-17	0.	0.	0.	5.85E-11	1.65E-07	3.88E-07	1.36E-07	6.89E-07
75	3.30	2.56E-17	0.	1.42E-15	3.35E-12	5.38E-17	0.	0.	0.	5.86E-11	1.80E-07	4.28E-07	1.49E-07	7.58E-07
76	3.20	2.22E-17	0.	9.26E-16	5.74E-12	5.64E-17	0.	0.	0.	5.88E-11	1.98E-07	4.69E-07	1.63E-07	8.29E-07
77	3.10	2.13E-17	0.	7.18E-16	1.34E-12	5.33E-17	0.	0.	0.	5.88E-11	2.18E-07	4.97E-07	1.76E-07	8.91E-07
78	3.00	1.90E-17	0.	4.39E-16	3.21E-12	5.02E-17	0.	0.	0.	5.90E-11	2.41E-07	5.38E-07	1.90E-07	9.69E-07
79	2.90	1.60E-17	0.	2.74E-16	1.78E-12	3.81E-17	0.	0.	0.	5.90E-11	2.67E-07	5.82E-07	2.05E-07	1.05E-06
80	2.80	1.66E-17	0.	1.32E-16	1.11E-12	2.63E-17	0.	0.	0.	5.91E-11	2.97E-07	6.33E-07	2.21E-07	1.15E-06
81	2.70	1.07E-17	0.	6.16E-17	1.43E-12	1.43E-17	0.	0.	0.	5.91E-11	3.32E-07	6.87E-07	2.08E-07	1.23E-06
82	2.60	5.01E-18	0.	3.01E-17	1.53E-13	6.28E-18	0.	0.	0.	5.91E-11	3.72E-07	7.42E-07	1.26E-07	1.24E-06
83	2.50	3.51E-19	0.	3.25E-18	1.46E-13	1.49E-18	0.	0.	0.	5.91E-11	4.19E-07	8.05E-07	1.46E-07	1.35E-06
84	2.40	0.	1.51E-16	0.	1.20E-13	0.	0.	0.	0.	5.87E-11	4.75E-07	8.38E-07	1.79E-07	1.59E-06
85	2.30	0.	4.77E-16	0.	0.	0.	0.	0.	0.	5.84E-11	5.40E-07	9.90E-07	2.14E-07	1.86E-06
86	2.20	0.	1.23E-15	0.	0.	0.	0.	0.	0.	5.82E-11	6.19E-07	1.15E-06	2.56E-07	2.16E-06
87	2.10	0.	1.32E-15	0.	0.	0.	0.	0.	0.	5.63E-11	7.15E-07	1.31E-06	2.98E-07	2.48E-06
88	2.00	0.	2.56E-15	0.	0.	0.	0.	0.	0.	5.42E-11	8.28E-07	1.50E-06	3.40E-07	2.86E-06
89	1.90	0.	3.33E-15	0.	0.	0.	0.	0.	0.	5.18E-11	9.66E-07	1.79E-06	3.94E-07	3.41E-06
90	1.80	0.	2.80E-15	0.	0.	0.	0.	0.	0.	4.88E-11	1.14E-06	2.14E-06	4.77E-07	4.07E-06
91	1.70	0.	3.24E-15	0.	0.	0.	0.	0.	0.	4.13E-11	1.36E-06	2.49E-06	5.80E-07	4.78E-06
92	1.60	0.	2.40E-15	0.	0.	0.	0.	0.	0.	1.88E-11	1.63E-06	2.83E-06	6.54E-07	5.82E-06
93	1.50	0.	2.78E-15	0.	0.	0.	0.	0.	0.	0.	1.99E-06	3.10E-06	8.00E-07	6.23E-06
94	1.40	0.	2.76E-15	0.	0.	0.	0.	0.	0.	0.	2.46E-06	3.97E-06	9.27E-07	7.36E-06
95	1.30	0.	2.03E-15	0.	0.	0.	0.	0.	0.	0.	3.10E-06	4.20E-06	9.77E-07	8.28E-06
96	1.20	0.	1.91E-15	0.	0.	0.	0.	0.	0.	0.	3.97E-06	5.55E-06	1.31E-06	1.08E-05
97	1.10	0.	1.76E-15	0.	0.	0.	0.	4.41E-21	0.	0.	5.17E-06	7.04E-06	1.54E-06	1.38E-05
98	1.00	0.	1.44E-15	0.	0.	0.	0.	6.36E-20	0.	0.	6.91E-06	8.31E-06	1.87E-06	1.71E-05
99	0.90	0.	6.79E-16	0.	0.	0.	0.	7.33E-20	0.	0.	9.52E-06	9.77E-06	2.20E-06	2.15E-05
100	0.80	0.	1.61E-16	0.	0.	0.	0.	1.57E-18	0.	0.	1.37E-05	1.08E-05	2.34E-06	2.68E-05
101	0.70	0.	2.80E-17	0.	0.	0.	0.	1.38E-18	0.	0.	2.07E-05	1.00E-05	2.01E-06	3.27E-05
102	0.60	0.	0.	0.	0.	0.	0.	4.60E-18	0.	0.	3.33E-05	1.13E-05	2.28E-06	4.69E-05

ABSORPTION COEFFICIENTS OF HEATED AIR (INVERSE CM.)

TEMPERATURE (DEGREES K) 17000.   DENSITY (GM/CC) 1.293E-08 (1.0E-05 NORMAL)

PHOTON ENERGY BANDS E.V.	O2 S-R BANDS	O2 S-R CONT.	N2 R-H NO. 1	NO BETA	NO GAMMA	NO2	O- PHOTO-DET (IONS)	FREE-FREE (IONS) P.E.	N P.E.	O P.E.	TOTAL AIR
1 10.73	0.	0.	1.02E-18	0.	0.	0.	1.06E-13	5.49E-11	5.82E-09	1.62E-09	7.49E-09
2 10.60	0.	0.	9.24E-19	0.	0.	0.	1.07E-13	5.65E-11	5.85E-09	1.61E-09	7.52E-09
3 10.50	0.	0.	9.32E-19	0.	0.	0.	1.07E-13	5.81E-11	5.87E-09	1.61E-09	7.54E-09
4 10.47	0.	0.	8.82E-19	0.	0.	0.	1.07E-13	5.98E-11	5.90E-09	1.60E-09	7.56E-09
5 10.30	0.	0.	7.67E-19	0.	0.	0.	1.07E-13	6.16E-11	5.91E-09	1.60E-09	7.57E-09
6 10.20	0.	0.	7.91E-19	0.	0.	0.	1.07E-13	6.34E-11	5.94E-09	1.59E-09	7.59E-09
7 10.10	0.	0.	7.43E-19	0.	0.	0.	1.07E-13	6.53E-11	5.96E-09	1.59E-09	7.62E-09
8 10.10	0.	0.	6.50E-19	0.	0.	0.	1.07E-13	6.73E-11	5.99E-09	1.58E-09	7.64E-09
9 9.90	0.	0.	6.67E-19	0.	0.	0.	1.08E-13	6.94E-11	6.02E-09	1.57E-09	7.66E-09
10 9.80	0.	0.	6.25E-19	0.	0.	0.	1.08E-13	7.15E-11	6.05E-09	1.57E-09	7.69E-09
11 9.70	0.	0.	5.38E-19	0.	0.	0.	1.08E-13	7.38E-11	6.07E-09	1.56E-09	7.71E-09
12 9.60	0.	0.	5.81E-19	0.	0.	0.	1.08E-13	7.61E-11	6.10E-09	1.56E-09	7.74E-09
13 9.40	0.	0.	4.95E-19	0.	0.	0.	1.08E-13	7.84E-11	6.13E-09	1.55E-09	7.76E-09
14 9.40	0.	0.	4.68E-19	0.	0.	0.	1.09E-13	8.11E-11	6.16E-09	1.55E-09	7.79E-09
15 9.30	0.	0.	4.79E-19	0.	0.	0.	1.09E-13	8.38E-11	3.19E-09	1.54E-09	4.81E-09
16 9.20	0.	0.	3.95E-19	0.	0.	0.	1.10E-13	8.66E-11	3.20E-09	1.53E-09	4.83E-09
17 9.10	0.	0.	4.06E-19	0.	0.	0.	1.10E-13	8.95E-11	3.22E-09	1.53E-09	4.84E-09
18 9.00	0.	0.	3.68E-19	0.	0.	0.	1.10E-13	9.26E-11	3.24E-09	1.52E-09	4.85E-09
19 8.90	0.	0.	3.40E-19	0.	0.	0.	1.11E-13	9.58E-11	3.25E-09	1.50E-09	4.87E-09
20 8.80	0.	0.	3.33E-19	0.	0.	0.	1.11E-13	9.91E-11	3.27E-09	1.50E-09	4.88E-09
21 8.70	0.	0.	2.88E-19	0.	0.	0.	1.12E-13	1.03E-10	3.29E-09	1.49E-09	4.90E-09
22 8.60	0.	0.	2.59E-19	0.	0.	0.	1.12E-13	1.06E-10	3.30E-09	1.49E-09	4.92E-09
23 8.50	0.	0.	2.58E-19	0.	0.	0.	1.13E-13	1.10E-10	3.33E-09	1.48E-09	4.94E-09
24 8.40	0.	0.	2.18E-19	0.	0.	0.	1.14E-13	1.14E-10	3.35E-09	1.48E-09	4.96E-09
25 8.30	0.	0.	2.20E-19	0.	0.	0.	1.14E-13	1.19E-10	2.42E-09	1.48E-09	4.01E-09
26 8.20	0.	0.	1.90E-19	0.	0.	0.	1.15E-13	1.23E-10	2.46E-09	1.49E-09	4.04E-09
27 8.10	0.	0.	1.91E-19	0.	0.	0.	1.15E-13	1.27E-10	2.49E-09	1.49E-09	4.06E-09
28 8.00	0.	0.	1.64E-19	0.	0.	0.	1.16E-13	1.32E-10	2.53E-09	1.49E-09	4.11E-09
29 7.90	0.	0.	1.69E-19	0.	0.	0.	1.16E-13	1.37E-10	2.58E-09	1.49E-09	4.16E-09
30 7.80	0.	0.	1.48E-19	0.	0.	0.	1.17E-13	1.43E-10	2.62E-09	1.50E-09	4.21E-09
31 7.70	0.	0.	1.40E-19	0.	1.01E-23	0.	1.17E-13	1.48E-10	2.66E-09	1.50E-09	4.26E-09
32 7.60	0.	0.	1.30E-19	0.	3.57E-23	0.	1.18E-13	1.54E-10	2.71E-09	1.51E-09	4.32E-09
33 7.50	0.	0.	1.16E-19	0.	2.85E-22	0.	1.18E-13	1.61E-10	2.76E-09	1.51E-09	4.38E-09
34 7.40	0.	0.	1.10E-19	0.	1.16E-21	0.	1.19E-13	1.67E-10	2.81E-09	1.52E-09	4.44E-09
35 7.30	0.	0.	9.91E-20	0.	3.15E-21	0.	1.20E-13	1.74E-10	2.87E-09	1.52E-09	4.50E-09
36 7.20	0.	0.	9.50E-20	0.	9.72E-21	0.	1.21E-13	1.82E-10	2.87E-09	1.53E-09	4.49E-09
37 7.10	0.	0.	8.70E-20	0.	1.98E-20	0.	1.21E-13	1.89E-10	2.94E-09	1.53E-09	4.57E-09
38 7.00	4.44E-23	0.	7.96E-20	0.	2.68E-20	0.	1.22E-13	1.98E-10	3.01E-09	1.54E-09	4.66E-09
39 6.90	4.66E-23	0.	7.64E-20	0.	4.74E-20	0.	1.22E-13	2.07E-10	3.01E-09	1.54E-09	4.74E-09
40 6.80	7.45E-23	0.	6.68E-20	0.	4.78E-20	0.	1.24E-13	2.16E-10	3.08E-09	1.54E-09	4.82E-09
41 6.70	7.41E-23	0.	5.97E-20	0.	3.82E-20	0.	1.25E-13	2.26E-10	3.15E-09	1.55E-09	4.91E-09
42 6.60	3.29E-23	0.	4.76E-20	0.	5.73E-20	0.	1.26E-13	2.36E-10	3.22E-09	1.56E-09	5.00E-09
43 6.50	1.90E-23	0.	3.26E-20	0.	5.50E-20	0.	1.27E-13	2.48E-10	3.29E-09	1.56E-09	5.09E-09
44 6.30	1.88E-23	0.	2.03E-20	0.	3.81E-20	0.	1.28E-13	2.59E-10	3.37E-09	1.57E-09	5.19E-09
45 6.20	6.27E-24	0.	1.12E-20	2.05E-22	5.27E-20	0.	1.29E-13	2.72E-10	3.45E-09	1.57E-09	5.29E-09
46 6.10	2.42E-24	0.	5.23E-21	9.61E-22	6.65E-20	0.	1.30E-13	2.86E-10	3.53E-09	1.58E-09	5.39E-09
47 6.00	1.29E-24	0.	3.49E-21	1.36E-21	3.20E-20	0.	1.31E-13	3.00E-10	3.61E-09	1.60E-09	5.50E-09
48 6.00	2.38E-25	0.	1.33E-21	3.47E-21	3.14E-20	0.	1.31E-13	3.15E-10	3.70E-09	1.61E-09	5.62E-09
49 5.90	1.32E-25	0.	9.49E-23	5.40E-21	3.21E-20	0.	1.32E-13	3.33E-10	2.33E-09	1.61E-09	4.25E-09
50 5.80	1.68E-26	0.	2.39E-24	7.53E-21	3.59E-20	0.	1.30E-13	3.49E-10	2.37E-09	1.64E-09	4.40E-09
51 5.70	1.24E-27	0.	-	8.78E-20		0.	1.22E-13	3.6E-10	2.46E-09	1.65E-09	4.48E-09

ABSORPTION COEFFICIENTS OF HEATED AIR (INVERSE CM.)

TEMPERATURE (DEGREES K) 17000. DENSITY (GM/CC) 1.293E-08 (1.0E-05 NORMAL)

PHOTON ENERGY	O2 S-R BANDS	N2 1ST POS	N2 2ND POS	N2+ 1ST NEG	NO BETA	NO GAMMA	NO VIB-ROT	NO2	O- PHOTO-DET (IONS)	FREE-FREE (IONS)	N P.E.	O P.E.	TOTAL AIR
5.60	5.59E-29	0.	0.	0.	7.44E-21	4.81E-20	0.	0.	1.14E-13	3.88E-10	2.52E-09	1.67E-09	4.58E-09
5.50	0.	0.	0.	0.	9.08E-21	4.46E-20	0.	0.	1.14E-13	4.10E-10	2.59E-09	1.69E-09	4.69E-09
5.40	0.	0.	0.	0.	8.30E-21	3.59E-20	0.	0.	1.15E-13	4.33E-10	2.67E-09	1.71E-09	4.82E-09
5.30	0.	0.	0.	0.	8.51E-21	3.57E-20	0.	0.	1.16E-13	4.58E-10	2.76E-09	1.74E-09	4.95E-09
5.20	0.	0.	0.	0.	9.15E-21	3.39E-20	0.	0.	1.16E-13	4.86E-10	2.84E-09	1.77E-09	5.10E-09
5.10	0.	0.	0.	0.	9.12E-21	4.37E-20	0.	0.	1.17E-13	5.15E-10	2.94E-09	1.80E-09	5.25E-09
5.00	7.58E-22	0.	0.	0.	8.33E-21	4.09E-20	0.	0.	1.18E-13	5.47E-10	3.04E-09	1.83E-09	5.42E-09
4.90	1.84E-21	0.	0.	0.	9.26E-21	4.44E-20	0.	0.	1.19E-13	5.81E-10	3.15E-09	1.86E-09	5.59E-09
4.80	3.43E-21	0.	0.	0.	9.93E-21	4.16E-20	0.	0.	1.20E-13	6.19E-10	3.27E-09	1.90E-09	5.79E-09
4.70	4.61E-21	0.	0.	0.	9.91E-21	3.77E-20	0.	0.	1.21E-13	6.59E-10	3.40E-09	1.95E-09	6.01E-09
4.60	4.32E-21	0.	0.	0.	1.02E-20	3.43E-20	0.	0.	1.22E-13	7.04E-10	3.56E-09	2.00E-09	6.27E-09
4.50	6.43E-21	0.	6.82E-21	0.	9.28E-21	2.57E-20	0.	0.	1.23E-13	7.52E-10	3.76E-09	2.06E-09	6.56E-09
4.40	7.06E-21	0.	2.07E-20	0.	9.31E-21	1.78E-20	0.	0.	1.24E-13	8.04E-10	3.95E-09	2.11E-09	6.87E-09
4.30	6.46E-21	0.	6.65E-20	0.	8.42E-21	1.11E-20	0.	0.	1.26E-13	8.64E-10	4.16E-09	2.12E-09	7.15E-09
4.20	6.21E-21	0.	2.16E-19	0.	7.85E-21	0.	0.	0.	1.26E-13	9.28E-10	4.38E-09	8.44E-10	6.15E-09
4.10	5.82E-21	0.	9.25E-20	0.	9.10E-21	2.17E-21	0.	0.	1.27E-13	9.98E-10	4.48E-09	8.74E-10	6.35E-09
4.00	5.36E-21	0.	3.11E-19	0.	8.76E-21	1.64E-21	0.	0.	1.27E-13	1.07E-09	3.72E-09	9.03E-10	5.70E-09
3.90	4.54E-21	0.	1.44E-19	3.08E-16	8.06E-21	6.28E-22	0.	0.	1.26E-13	1.16E-09	3.91E-09	9.32E-10	6.01E-09
3.80	3.97E-21	0.	2.43E-19	1.35E-15	8.66E-21	0.	0.	0.	1.24E-13	1.26E-09	4.10E-09	9.71E-10	6.33E-09
3.70	4.41E-21	0.	1.68E-19	5.48E-16	7.36E-21	0.	0.	0.	1.06E-13	1.36E-09	4.13E-09	1.07E-09	6.56E-09
3.60	3.97E-21	0.	1.41E-19	2.97E-15	7.96E-21	0.	0.	0.	6.14E-14	1.48E-09	4.44E-09	1.29E-09	7.09E-09
3.50	3.70E-21	0.	1.45E-19	5.88E-15	7.06E-21	0.	0.	0.	6.15E-14	1.61E-09	4.84E-09	1.42E-09	7.74E-09
3.40	3.71E-21	0.	9.44E-20	8.44E-16	7.02E-21	0.	0.	0.	6.16E-14	1.74E-09	4.13E-09	1.55E-09	7.31E-09
3.30	2.71E-21	0.	7.31E-20	3.34E-15	5.59E-21	0.	0.	0.	6.18E-14	1.93E-09	4.55E-09	1.69E-09	8.03E-09
3.20	2.35E-21	0.	4.47E-20	5.73E-15	5.84E-21	0.	0.	0.	6.19E-14	2.11E-09	5.01E-09	1.82E-09	8.81E-09
3.10	2.25E-21	0.	2.79E-20	5.84E-15	5.86E-21	0.	0.	0.	6.20E-14	2.33E-09	5.48E-09	1.96E-09	9.63E-09
3.00	2.01E-21	0.	1.34E-20	3.20E-15	5.21E-21	0.	0.	0.	6.21E-14	2.57E-09	5.96E-09	2.12E-09	1.05E-08
2.90	1.69E-21	0.	6.28E-21	1.78E-15	3.96E-21	0.	0.	0.	6.21E-14	2.85E-09	6.46E-09	2.29E-09	1.14E-08
2.80	1.76E-21	0.	3.07E-21	1.11E-15	2.73E-21	0.	0.	0.	6.21E-14	3.17E-09	7.03E-09	2.46E-09	1.25E-08
2.70	1.13E-21	0.	3.32E-22	1.52E-15	1.49E-21	0.	0.	0.	6.21E-14	3.54E-09	7.60E-09	2.66E-09	1.23E-08
2.60	5.30E-22	0.	0.	1.53E-16	6.53E-22	0.	0.	0.	6.21E-14	3.97E-09	8.25E-09	2.85E-09	1.35E-08
2.50	3.71E-23	0.	0.	1.46E-16	1.55E-22	0.	0.	0.	6.16E-14	4.48E-09	7.93E-09	3.09E-09	1.25E-08
2.40	0.	1.54E-20	0.	1.20E-16	1.65E-23	0.	0.	0.	6.14E-14	5.07E-09	9.52E-09	3.51E-09	1.49E-08
2.30	0.	4.86E-19	0.	0.	0.	0.	0.	0.	6.11E-14	5.77E-09	1.12E-08	4.06E-09	1.75E-08
2.20	0.	1.25E-19	0.	0.	0.	0.	0.	0.	5.92E-14	6.61E-09	1.29E-08	4.92E-09	2.04E-08
2.10	0.	1.34E-19	0.	0.	0.	0.	0.	0.	5.69E-14	7.61E-09	1.47E-08	5.98E-09	2.36E-08
2.00	0.	2.61E-19	0.	0.	0.	0.	0.	0.	5.44E-14	8.84E-09	1.56E-08	6.75E-09	2.70E-08
1.90	0.	3.39E-19	0.	0.	0.	0.	0.	0.	5.13E-14	1.03E-08	1.86E-08	7.65E-09	3.00E-08
1.80	0.	2.86E-19	0.	0.	0.	0.	0.	0.	4.34E-14	1.22E-08	2.23E-08	1.01E-08	3.57E-08
1.70	0.	3.30E-19	0.	0.	0.	0.	0.	0.	1.97E-14	1.45E-08	2.59E-08	1.25E-08	4.28E-08
1.60	0.	2.45E-19	0.	0.	0.	0.	0.	0.	0.	1.74E-08	3.15E-08	1.59E-08	5.01E-08
1.50	0.	2.84E-19	0.	0.	0.	0.	0.	0.	0.	2.12E-08	2.93E-08	1.93E-08	6.04E-08
1.40	0.	2.16E-19	0.	0.	0.	0.	0.	0.	0.	2.63E-08	3.19E-08	2.08E-08	6.27E-08
1.30	0.	2.06E-19	0.	0.	0.	0.	0.	0.	0.	3.31E-08	5.59E-08	2.41E-08	8.51E-08
1.20	0.	1.95E-19	0.	0.	0.	0.	0.	0.	0.	4.24E-08	6.98E-08	2.66E-08	1.11E-07
1.10	0.	1.79E-19	0.	0.	0.	0.	4.58E-25	0.	0.	5.52E-08	8.37E-08	2.93E-08	1.40E-07
1.00	0.	1.47E-19	0.	0.	0.	0.	6.60E-24	0.	0.	7.37E-08	9.44E-08	3.57E-08	1.77E-07
0.90	0.	6.91E-20	0.	0.	0.	0.	7.61E-24	0.	0.	1.02E-07	1.09E-07	4.06E-08	2.17E-07
0.80	0.	1.64E-20	0.	0.	0.	0.	1.63E-22	0.	0.	1.46E-07	1.01E-07	4.92E-08	2.79E-07
0.70	0.	2.85E-21	0.	0.	0.	0.	1.43E-22	0.	0.	2.21E-07	1.14E-07	2.07E-08	3.43E-07
0.60	0.	0.	0.	0.	0.	0.	4.77E-22	0.	0.	3.56E-07	1.14E-07	2.34E-08	4.93E-07

ABSORPTION COEFFICIENT OF HEATED AIR (INVERSE CM.)

TEMPERATURE (DEGREES K) 17000.   DENSITY (GM/CC) 1.293E-09 (1.0E-06 NORMAL)

PHOTON ENERGY BANDS E.V.	O2 S-R	O2 S-R CONT.	N2 B-H NO. 1	NO BETA	NO GAMMA	NO 2	O- PHOTO-DET (ICNS)	FREE-FREE (ICNS)	N P.E.	O P.E.	TOTAL AIR
1 10.70	0.	0.	9.41E-23	0.	0.	0.	1.29E-16	7.84E-13	1.59E-10	1.99E-11	1.80E-10
2 10.60	0.	0.	8.54E-23	0.	0.	0.	1.29E-16	8.06E-13	1.60E-10	1.98E-11	1.80E-10
3 10.50	0.	0.	8.61E-23	0.	0.	0.	1.29E-16	8.29E-13	1.61E-10	1.98E-11	1.81E-10
4 10.40	0.	0.	8.14E-23	0.	0.	0.	1.29E-16	8.54E-13	1.61E-10	1.97E-11	1.82E-10
5 10.30	0.	0.	7.09E-23	0.	0.	0.	1.29E-16	8.79E-13	1.62E-10	1.96E-11	1.83E-10
6 10.20	0.	0.	7.30E-23	0.	0.	0.	1.29E-16	9.05E-13	1.64E-10	1.96E-11	1.84E-10
7 10.10	0.	0.	6.86E-23	0.	0.	0.	1.30E-16	9.32E-13	1.65E-10	1.95E-11	1.86E-10
8 10.00	0.	0.	6.00E-23	0.	0.	0.	1.30E-16	9.60E-13	1.67E-10	1.95E-11	1.88E-10
9 9.90	0.	0.	6.16E-23	0.	0.	0.	1.30E-16	9.90E-13	1.69E-10	1.94E-11	1.89E-10
10 9.80	0.	0.	5.77E-23	0.	0.	0.	1.30E-16	1.02E-12	1.70E-10	1.94E-11	1.91E-10
11 9.70	0.	0.	4.97E-23	0.	0.	0.	1.30E-16	1.05E-12	1.72E-10	1.94E-11	1.92E-10
12 9.60	0.	0.	5.37E-23	0.	0.	0.	1.31E-16	1.09E-12	1.73E-10	1.93E-11	1.94E-10
13 9.50	0.	0.	4.57E-23	0.	0.	0.	1.31E-16	1.12E-12	1.75E-10	1.93E-11	1.95E-10
14 9.40	0.	0.	4.32E-23	0.	0.	0.	1.31E-16	1.16E-12	1.47E-10	1.92E-11	1.68E-10
15 9.30	0.	0.	4.42E-23	0.	0.	0.	1.32E-16	1.19E-12	1.49E-10	1.92E-11	1.69E-10
16 9.20	0.	0.	3.65E-23	0.	0.	0.	1.32E-16	1.23E-12	1.50E-10	1.91E-11	1.71E-10
17 9.10	0.	0.	3.75E-23	0.	0.	0.	1.33E-16	1.28E-12	1.52E-10	1.91E-11	1.72E-10
18 9.00	0.	0.	3.40E-23	0.	0.	0.	1.33E-16	1.32E-12	1.53E-10	1.91E-11	1.72E-10
19 8.90	0.	0.	3.14E-23	0.	0.	0.	1.34E-16	1.37E-12	1.54E-10	1.75E-11	1.73E-10
20 8.80	0.	0.	3.08E-23	0.	0.	0.	1.34E-16	1.41E-12	1.56E-10	1.75E-11	1.75E-10
21 8.70	0.	0.	2.66E-23	0.	0.	0.	1.35E-16	1.46E-12	1.57E-10	1.75E-11	1.76E-10
22 8.60	0.	0.	2.74E-23	0.	0.	0.	1.35E-16	1.51E-12	1.58E-10	1.74E-11	1.77E-10
23 8.50	0.	0.	2.40E-23	0.	0.	0.	1.36E-16	1.57E-12	7.63E-11	1.74E-11	9.53E-11
24 8.40	0.	0.	2.38E-23	0.	0.	0.	1.36E-16	1.63E-12	7.79E-11	1.74E-11	9.69E-11
25 8.30	0.	0.	2.01E-23	0.	0.	0.	1.37E-16	1.68E-12	8.01E-11	1.74E-11	9.92E-11
26 8.20	0.	0.	2.03E-23	0.	0.	0.	1.38E-16	1.75E-12	8.30E-11	1.75E-11	1.02E-10
27 8.10	0.	0.	1.75E-23	0.	0.	0.	1.39E-16	1.81E-12	8.60E-11	1.76E-11	1.05E-10
28 8.00	0.	0.	1.76E-23	0.	0.	0.	1.39E-16	1.88E-12	8.89E-11	1.77E-11	1.09E-10
29 7.90	0.	0.	1.51E-23	0.	0.	0.	1.40E-16	1.96E-12	9.19E-11	1.78E-11	1.12E-10
30 7.80	0.	0.	1.56E-23	0.	0.	0.	1.41E-16	2.03E-12	9.49E-11	1.79E-11	1.15E-10
31 7.70	0.	0.	1.37E-23	0.	0.	0.	1.41E-16	2.11E-12	9.81E-11	1.80E-11	1.18E-10
32 7.60	0.	0.	1.30E-23	0.	0.	0.	1.42E-16	2.20E-12	1.02E-10	1.81E-11	1.22E-10
33 7.50	0.	0.	1.20E-23	0.	1.06E-27	0.	1.43E-16	2.29E-12	1.05E-10	1.83E-11	1.26E-10
34 7.40	0.	0.	1.07E-23	0.	3.75E-27	0.	1.44E-16	2.39E-12	1.02E-10	1.84E-11	1.23E-10
35 7.30	0.	0.	1.02E-23	0.	3.00E-26	0.	1.44E-16	2.49E-12	1.07E-10	1.85E-11	1.27E-10
36 7.20	0.	0.	9.15E-24	0.	1.21E-25	0.	1.45E-16	2.59E-12	1.12E-10	1.87E-11	1.33E-10
37 7.10	5.50E-27	0.	8.77E-24	0.	3.31E-25	0.	1.46E-16	2.70E-12	1.17E-10	1.88E-11	1.39E-10
38 7.00	1.03E-26	0.	7.85E-24	0.	1.02E-24	0.	1.48E-16	2.82E-12	1.23E-10	1.90E-11	1.44E-10
39 6.90	4.49E-27	0.	7.35E-24	0.	2.08E-24	0.	1.49E-16	2.94E-12	1.28E-10	1.91E-11	1.50E-10
40 6.80	4.47E-27	0.	7.06E-24	0.	2.81E-24	0.	1.50E-16	3.08E-12	1.33E-10	1.93E-11	1.56E-10
41 6.70	3.53E-27	0.	6.17E-24	0.	4.98E-24	0.	1.51E-16	3.22E-12	1.39E-10	1.95E-11	1.61E-10
42 6.60	2.37E-27	0.	5.51E-24	2.15E-26	4.01E-24	0.	1.52E-16	3.37E-12	1.44E-10	1.99E-11	1.67E-10
43 6.50	1.29E-27	0.	4.38E-24	1.01E-25	6.02E-24	0.	1.54E-16	3.53E-12	1.50E-10	1.99E-11	1.73E-10
44 6.40	7.49E-28	0.	3.01E-24	1.43E-25	5.78E-24	0.	1.55E-16	3.69E-12	1.55E-10	2.01E-11	1.79E-10
45 6.30	3.37E-28	0.	1.87E-24	4.07E-25	4.00E-24	0.	1.56E-16	3.87E-12	1.60E-10	2.03E-11	1.85E-10
46 6.20	1.54E-28	0.	1.03E-24	3.87E-25	5.54E-24	0.	1.57E-16	4.07E-12	1.66E-10	2.06E-11	1.91E-10
47 6.10	1.44E-28	0.	4.83E-25	4.83E-25	6.99E-24	0.	1.58E-16	4.27E-12	4.95E-11	1.81E-11	7.18E-11
48 6.00	6.42E-29	0.	4.42E-25	5.67E-25	3.36E-24	0.	1.59E-16	4.49E-12	5.09E-11	1.83E-11	7.37E-11
49 5.90	1.58E-29	0.	8.77E-27	5.23E-25	3.30E-24	0.	1.57E-16	4.75E-12	5.23E-11	1.85E-11	7.55E-11
50 5.80	2.01E-30	0.	2.21E-28	7.01E-25	3.38E-24	0.	1.57E-16	4.97E-12	5.37E-11	1.87E-11	7.74E-11
51 5.70	1.48E-31	0.	0.	9.22E-25	5.77E-24	0.	1.48E-16	5.24E-12	5.57E-11	1.89E-11	7.99E-11

ABSORPTION COEFFICIENTS OF HEATED AIR (INVERSE CM.)

TEMPERATURE (DEGREES K) 17000.   DENSITY (GM/CC) 1.293E-09   (1.0E-06 NORMAL)

#	PHOTON ENERGY	O2 S-R BANDS	N2 1ST POS.	N2 2ND POS.	N2+ 1ST NEG.	NO BETA	NO GAMMA	NO VIB-ROT	NO2	O- PHOTO-DET	FREE-FREE (IONS)	N P.E.	O P.E.	TOTAL AIR
52	5.60	6.67E-33	0.	0.	0.	7.81E-25	5.05E-24	0.	0.	1.37E-16	5.53E-12	5.83E-11	1.91E-11	8.29E-11
53	5.50	0.	0.	0.	0.	9.53E-25	4.69E-24	0.	0.	1.38E-16	5.83E-12	6.10E-11	1.94E-11	8.63E-11
54	5.40	0.	0.	0.	0.	8.72E-25	3.77E-24	0.	0.	1.39E-16	6.17E-12	6.40E-11	1.97E-11	8.99E-11
55	5.30	0.	0.	0.	0.	8.94E-25	4.80E-24	0.	0.	1.40E-16	6.52E-12	6.70E-11	1.96E-11	9.31E-11
56	5.20	0.	0.	0.	0.	9.61E-25	3.56E-24	0.	0.	1.40E-16	6.91E-12	7.01E-11	2.00E-11	9.69E-11
57	5.10	0.	0.	0.	0.	9.58E-25	4.59E-24	0.	0.	1.42E-16	7.33E-12	7.32E-11	2.04E-11	1.01E-10
58	5.00	9.06E-26	0.	0.	0.	8.74E-25	4.29E-24	0.	0.	1.43E-16	7.78E-12	7.64E-11	2.08E-11	1.05E-10
59	4.90	2.19E-25	0.	0.	0.	9.72E-25	4.66E-24	0.	0.	1.44E-16	8.27E-12	7.96E-11	2.12E-11	1.09E-10
60	4.80	4.09E-25	0.	0.	0.	1.04E-24	4.37E-24	0.	0.	1.45E-16	8.80E-12	8.29E-11	2.16E-11	1.13E-10
61	4.70	5.50E-25	0.	0.	0.	1.07E-24	3.96E-24	0.	0.	1.46E-16	9.38E-12	8.75E-11	2.22E-11	1.19E-10
62	4.60	7.55E-25	0.	0.	0.	9.75E-25	3.60E-24	0.	0.	1.48E-16	1.00E-11	9.34E-11	2.28E-11	1.26E-10
63	4.50	7.92E-25	0.	6.30E-25	0.	9.77E-25	2.70E-24	0.	0.	1.49E-16	1.07E-11	9.96E-11	2.35E-11	1.34E-10
64	4.40	8.40E-25	0.	1.91E-24	0.	9.30E-25	1.87E-24	0.	0.	1.50E-16	1.15E-11	1.06E-10	2.36E-11	1.41E-10
65	4.30	7.96E-25	0.	6.14E-24	0.	9.79E-25	1.17E-24	0.	0.	1.51E-16	1.23E-11	1.12E-10	2.14E-11	1.46E-10
66	4.20	7.42E-25	0.	1.99E-23	0.	9.55E-25	8.25E-25	0.	0.	1.52E-16	1.32E-11	1.19E-10	1.04E-11	1.43E-10
67	4.10	6.95E-25	0.	8.54E-24	0.	9.20E-25	2.28E-25	0.	0.	1.53E-16	1.42E-11	1.24E-10	1.08E-11	1.49E-10
68	4.00	6.40E-25	0.	2.87E-23	0.	8.47E-25	1.72E-25	0.	0.	1.53E-16	1.53E-11	1.30E-10	1.12E-11	1.58E-10
69	3.90	5.42E-25	0.	1.33E-23	2.57E-19	9.10E-25	6.60E-26	0.	0.	1.53E-16	1.65E-11	1.36E-10	1.17E-11	1.58E-10
70	3.80	5.94E-25	0.	2.12E-23	1.13E-18	7.73E-25	0.	0.	0.	1.52E-16	1.79E-11	1.43E-10	1.23E-11	1.66E-10
71	3.70	5.70E-25	0.	4.58E-23	4.58E-19	8.36E-25	0.	0.	0.	1.50E-16	1.94E-11	1.51E-10	1.35E-11	1.75E-10
72	3.60	4.74E-25	0.	1.56E-23	2.48E-18	6.58E-25	0.	0.	0.	1.40E-16	2.10E-11	1.60E-10	1.43E-11	1.86E-10
73	3.50	4.42E-25	0.	2.07E-23	4.91E-18	7.37E-25	0.	0.	0.	1.29E-16	2.29E-11	6.20E-11	1.57E-11	1.01E-10
74	3.40	4.05E-25	0.	1.30E-23	7.06E-19	7.06E-25	0.	0.	0.	7.42E-17	2.50E-11	6.87E-11	1.73E-11	1.11E-10
75	3.30	3.23E-25	0.	1.34E-23	2.80E-18	6.16E-25	0.	0.	0.	7.43E-17	2.74E-11	7.55E-11	1.81E-11	1.21E-10
76	3.20	2.81E-25	0.	8.72E-24	4.79E-18	5.82E-25	0.	0.	0.	7.44E-17	3.00E-11	8.28E-11	1.92E-11	1.32E-10
77	3.10	2.69E-25	0.	6.75E-24	1.11E-18	5.47E-25	0.	0.	0.	7.46E-17	3.31E-11	9.30E-11	2.09E-11	1.47E-10
78	3.00	2.41E-25	0.	4.13E-24	2.68E-18	4.16E-25	0.	0.	0.	7.48E-17	3.65E-11	1.03E-10	2.26E-11	1.62E-10
79	2.90	2.02E-25	0.	2.57E-24	5.47E-18	2.87E-25	0.	0.	0.	7.49E-17	4.05E-11	1.12E-10	2.44E-11	1.77E-10
80	2.80	2.10E-25	0.	1.24E-24	1.49E-18	1.56E-25	0.	0.	0.	7.50E-17	4.50E-11	1.23E-10	2.31E-11	1.91E-10
81	2.70	1.35E-25	0.	5.80E-25	9.28E-19	1.86E-26	0.	0.	0.	7.50E-17	5.03E-11	1.34E-10	1.46E-11	1.99E-10
82	2.60	6.53E-26	0.	2.83E-25	1.27E-18	1.63E-26	0.	0.	0.	7.50E-17	5.64E-11	1.19E-10	1.59E-11	1.92E-10
83	2.50	4.44E-27	0.	3.06E-26	1.28E-19	1.74E-27	0.	0.	0.	7.50E-17	6.36E-11	1.31E-10	2.23E-11	2.17E-10
84	2.40	0.	1.42E-24	0.	1.22E-18	0.	0.	0.	0.	7.50E-17	7.20E-11	1.55E-10	2.52E-11	2.52E-10
85	2.30	0.	4.48E-24	0.	1.00E-19	0.	0.	0.	0.	7.44E-17	8.18E-11	1.83E-10	2.64E-11	2.91E-10
86	2.20	0.	1.15E-23	0.	0.	0.	0.	0.	0.	7.41E-17	9.37E-11	2.08E-10	3.14E-11	3.35E-10
87	2.10	0.	1.24E-23	0.	0.	0.	0.	0.	0.	7.38E-17	1.08E-10	1.55E-10	3.45E-11	2.97E-10
88	2.00	0.	2.41E-23	0.	0.	0.	0.	0.	0.	7.14E-17	1.25E-10	1.76E-10	3.95E-11	3.41E-10
89	1.90	0.	3.13E-23	0.	0.	0.	0.	0.	0.	6.87E-17	1.47E-10	2.00E-10	4.56E-11	3.92E-10
90	1.80	0.	2.64E-23	0.	0.	0.	0.	0.	0.	6.57E-17	1.73E-10	2.34E-10	5.51E-11	4.62E-10
91	1.70	0.	3.05E-23	0.	0.	0.	0.	0.	0.	6.19E-17	2.05E-10	2.75E-10	6.37E-11	5.44E-10
92	1.60	0.	2.26E-23	0.	0.	0.	0.	0.	0.	5.24E-17	2.47E-10	2.99E-10	7.53E-11	6.21E-10
93	1.50	0.	2.62E-23	0.	0.	0.	0.	0.	0.	2.38E-17	3.01E-10	3.59E-10	8.53E-11	7.53E-10
94	1.40	0.	2.60E-23	0.	0.	0.	0.	0.	0.	0.	3.72E-10	3.59E-10	7.86E-11	8.10E-10
95	1.30	0.	1.99E-23	0.	0.	0.	0.	0.	0.	0.	4.68E-10	3.93E-10	1.11E-10	9.71E-10
96	1.20	0.	1.91E-23	0.	0.	0.	0.	0.	0.	0.	5.99E-10	5.37E-10	1.37E-10	1.27E-09
97	1.10	0.	1.80E-23	0.	0.	0.	0.	4.41E-29	0.	0.	7.80E-10	6.62E-10	1.73E-10	1.62E-09
98	1.00	0.	1.65E-23	0.	0.	0.	0.	6.93E-28	0.	0.	1.04E-09	8.03E-10	2.10E-10	2.06E-09
99	0.90	0.	1.36E-23	0.	0.	0.	0.	8.00E-28	0.	0.	1.44E-09	9.08E-10	2.27E-10	2.57E-09
100	0.80	0.	6.38E-24	0.	0.	0.	0.	1.72E-26	0.	0.	2.07E-09	8.52E-10	1.97E-10	3.11E-09
101	0.70	0.	1.51E-24	0.	0.	0.	0.	1.51E-26	0.	0.	3.11E-09	9.74E-10	2.26E-10	4.32E-09
102	0.60	0.	2.63E-25	0.	0.	0.	0.	5.02E-26	0.	0.	5.01E-09	1.09E-09	2.56E-10	6.36E-09

ABSORPTION COEFFICIENT OF HEATED AIR (INVERSE CM.)

TEMPERATURE (DEGREES K) 18000. DENSITY (GM/CC) 1.293E-02 (1.0E 01 NORMAL)

PHOTON ENERGY E.V.	O2 S-R BANDS	O2 S-R CONT.	N2 R-H NO. 1	NO BETA	NO GAMMA	NO 2	O- PHOTO-DET (TONS)	FREE-FREE	N P.E.	O P.E.	TOTAL AIR
1	10.70	0.	0.	1.36E 00	0.	0.	0.	3.89E 00	1.24E-01	2.84E 02	2.10E 00	2.91E 02
2	10.60	0.	0.	1.24E 00	0.	0.	0.	3.89E 00	1.30E-01	9.29E 00	2.09E 00	1.66E 01
3	10.50	0.	0.	1.25E 00	0.	0.	0.	3.90E 00	1.33E-01	9.33E 00	2.08E 00	1.67E 01
4	10.40	0.	0.	1.19E 00	0.	0.	0.	3.90E 00	1.37E-01	9.36E 00	2.07E 00	1.67E 01
5	10.30	0.	0.	1.04E 00	0.	0.	0.	3.91E 00	1.41E-01	9.38E 00	2.06E 00	1.65E 01
6	10.20	0.	0.	1.08E 00	0.	0.	0.	3.91E 00	1.46E-01	9.40E 00	2.06E 00	1.66E 01
7	10.10	0.	0.	1.01E 00	0.	0.	0.	3.92E 00	1.50E-01	9.40E 00	2.05E 00	1.64E 01
8	10.00	0.	0.	8.91E-01	0.	0.	0.	3.92E 00	1.55E-01	9.42E 00	2.04E 00	1.64E 01
9	9.90	0.	0.	9.15E-01	0.	0.	0.	3.93E 00	1.59E-01	9.44E 00	2.03E 00	1.65E 01
10	9.80	0.	0.	8.61E-01	0.	0.	0.	3.94E 00	1.64E-01	9.47E 00	2.02E 00	1.65E 01
11	9.70	0.	0.	7.46E-01	0.	0.	0.	3.94E 00	1.69E-01	9.49E 00	2.02E 00	1.64E 01
12	9.60	0.	0.	8.06E-01	0.	0.	0.	3.95E 00	1.75E-01	9.51E 00	2.01E 00	1.65E 01
13	9.50	0.	0.	6.91E-01	0.	0.	0.	3.96E 00	1.81E-01	9.54E 00	2.00E 00	1.64E 01
14	9.40	0.	0.	6.55E-01	0.	0.	0.	3.97E 00	1.86E-01	9.57E 00	1.99E 00	1.64E 01
15	9.30	0.	0.	6.72E-01	0.	0.	0.	3.99E 00	1.93E-01	9.60E 00	1.98E 00	1.64E 01
16	9.20	0.	0.	5.58E-01	0.	0.	0.	4.00E 00	1.99E-01	9.63E 00	1.98E 00	1.64E 01
17	9.10	0.	0.	5.74E-01	0.	0.	0.	4.02E 00	2.04E-01	3.53E 00	1.97E 00	1.03E 01
18	9.00	0.	0.	5.23E-01	0.	0.	0.	4.03E 00	2.13E-01	3.53E 00	1.96E 00	1.03E 01
19	8.90	0.	0.	4.85E-01	0.	0.	0.	4.04E 00	2.20E-01	3.53E 00	1.96E 00	1.03E 01
20	8.80	0.	0.	4.77E-01	0.	0.	0.	4.06E 00	2.28E-01	3.54E 00	1.94E 00	1.02E 01
21	8.70	0.	0.	4.15E-01	0.	0.	0.	4.07E 00	2.36E-01	3.54E 00	1.94E 00	1.02E 01
22	8.60	0.	0.	4.28E-01	0.	0.	0.	4.09E 00	2.44E-01	3.54E 00	1.93E 00	1.02E 01
23	8.50	0.	0.	3.76E-01	0.	0.	0.	4.10E 00	2.53E-01	3.56E 00	1.92E 00	1.02E 01
24	8.40	0.	0.	3.74E-01	0.	0.	0.	4.13E 00	2.62E-01	3.57E 00	1.92E 00	1.02E 01
25	8.30	0.	0.	3.18E-01	0.	0.	0.	4.15E 00	2.72E-01	3.58E 00	1.91E 00	1.02E 01
26	8.20	0.	0.	3.22E-01	0.	0.	0.	4.17E 00	2.82E-01	3.59E 00	1.92E 00	1.03E 01
27	8.10	0.	0.	2.79E-01	0.	0.	0.	4.19E 00	2.92E-01	3.60E 00	1.92E 00	1.03E 01
28	8.00	0.	0.	2.81E-01	0.	0.	0.	4.21E 00	3.04E-01	3.62E 00	1.93E 00	1.03E 01
29	7.90	0.	0.	2.42E-01	0.	0.	0.	4.23E 00	3.15E-01	3.64E 00	1.93E 00	1.04E 01
30	7.80	0.	0.	2.52E-01	0.	0.	0.	4.25E 00	3.28E-01	3.66E 00	1.93E 00	1.04E 01
31	7.70	0.	0.	2.21E-01	0.	9.13E-06	0.	4.28E 00	3.41E-01	3.69E 00	1.94E 00	1.05E 01
32	7.60	0.	0.	2.11E-01	0.	3.12E-05	0.	4.30E 00	3.55E-01	3.71E 00	1.94E 00	1.06E 01
33	7.50	0.	0.	1.96E-01	0.	2.59E-04	0.	4.32E 00	3.69E-01	3.73E 00	1.94E 00	1.06E 01
34	7.40	0.	0.	1.76E-01	0.	1.03E-03	0.	4.34E 00	3.84E-01	3.76E 00	1.95E 00	1.06E 01
35	7.30	0.	0.	1.67E-01	0.	2.82E-03	0.	4.37E 00	4.01E-01	3.78E 00	1.95E 00	1.07E 01
36	7.20	0.	0.	1.51E-01	0.	8.78E-03	0.	4.39E 00	4.18E-01	3.80E 00	1.96E 00	1.07E 01
37	7.10	0.	0.	1.45E-01	0.	1.75E-02	0.	4.43E 00	4.36E-01	3.82E 00	1.96E 00	1.08E 01
38	7.00	2.51E-05	0.	1.34E-01	0.	2.43E-02	0.	4.46E 00	4.55E-01	3.85E 00	1.96E 00	1.09E 01
39	6.90	4.90E-05	0.	1.23E-01	0.	4.20E-02	0.	4.50E 00	4.75E-01	3.87E 00	1.97E 00	1.09E 01
40	6.80	4.23E-05	0.	1.19E-01	0.	4.20E-02	0.	4.53E 00	4.97E-01	3.91E 00	1.97E 00	1.10E 01
41	6.70	3.09E-05	0.	1.04E-01	0.	3.44E-02	0.	4.57E 00	5.19E-01	3.94E 00	1.97E 00	1.11E 01
42	6.60	1.88E-05	0.	9.34E-02	0.	5.07E-02	0.	4.61E 00	5.44E-01	3.95E 00	1.98E 00	1.11E 01
43	6.50	1.09E-05	0.	7.46E-02	0.	4.80E-02	0.	4.64E 00	5.69E-01	3.99E 00	1.99E 00	1.12E 01
44	6.40	6.23E-06	0.	5.17E-02	1.74E-04	3.41E-02	0.	4.68E 00	5.96E-01	4.03E 00	2.00E 00	1.14E 01
45	6.30	3.62E-06	0.	3.24E-02	8.19E-04	4.67E-02	0.	4.71E 00	6.26E-01	4.07E 00	2.01E 00	1.15E 01
46	6.20	1.64E-06	0.	1.80E-02	1.16E-03	5.81E-02	0.	4.75E 00	6.57E-01	4.12E 00	2.03E 00	1.16E 01
47	6.10	7.53E-07	0.	8.49E-03	3.33E-03	2.85E-02	0.	4.79E 00	6.90E-01	4.16E 00	2.05E 00	1.18E 01
48	6.00	3.14E-07	0.	2.16E-03	4.69E-03	2.78E-02	0.	4.82E 00	7.25E-01	4.22E 00	2.06E 00	1.19E 01
49	5.90	7.74E-08	0.	1.55E-04	6.56E-03	2.86E-02	0.	4.82E 00	7.63E-01	4.28E 00	2.08E 00	1.19E 01
50	5.80	9.87E-09	0.	3.90E-06	7.70E-03	3.20E-02	0.	4.75E 00	8.03E-01	4.34E 00	2.10E 00	1.20E 01
51	5.70	7.27E-10	0.	0.	0.	0.	0.	4.46E 00	8.46E-01	4.40E 00	2.12E 00	1.19E 01

ABSORPTION COEFFICIENTS OF HEATED AIR (INVERSE CM.)

TEMPERATURE (DEGREES K) 18000.   DENSITY (GM/CC) 1.293E-02   (1.0E 01 NORMAL)

#	PHOTON ENERGY	O2 S-R BANDS	N2 1ST POS.	N2 2ND POS.	N2+ 1ST NEG.	NO BETA	NO GAMMA	NO VIB-ROT	NO2	O- PHOTO-DET	FREE-FREE (IONS)	N P.F.	O P.F.	TOTAL AIR
52	5.60	3.28E-11	0.	0.	0.	4.58E-03	4.24E-02	0.	0.	4.15E 00	8.93E-01	4.48E 00	2.14E 00	1.17E 01
53	5.50	0.	0.	0.	0.	8.03E-03	3.93E-02	0.	0.	4.17E 00	9.43E-01	4.57E 00	2.16E 00	1.19E 01
54	5.40	0.	0.	0.	0.	7.39E-03	3.20E-02	0.	0.	4.19E 00	9.97E-01	4.69E 00	2.19E 00	1.21E 01
55	5.30	0.	0.	0.	0.	7.57E-03	4.04E-02	0.	0.	4.22E 00	1.05E 00	4.81E 00	2.22E 00	1.24E 01
56	5.20	0.	0.	0.	0.	8.16E-03	3.05E-02	0.	0.	4.25E 00	1.12E 00	4.94E 00	2.26E 00	1.26E 01
57	5.10	0.	0.	0.	0.	8.15E-03	3.92E-02	0.	0.	4.28E 00	1.18E 00	5.08E 00	2.30E 00	1.29E 01
58	5.00	4.50E-04	0.	0.	0.	7.46E-03	3.69E-02	0.	0.	4.32E 00	1.26E 00	5.24E 00	2.34E 00	1.32E 01
59	4.90	1.10E-03	0.	0.	0.	8.32E-03	4.02E-02	0.	0.	4.35E 00	1.34E 00	5.42E 00	2.38E 00	1.35E 01
60	4.80	2.06E-03	0.	0.	0.	8.94E-03	3.78E-02	0.	0.	4.39E 00	1.42E 00	5.62E 00	2.43E 00	1.39E 01
61	4.70	2.78E-03	0.	0.	0.	8.95E-03	3.43E-02	0.	0.	4.43E 00	1.52E 00	5.82E 00	2.50E 00	1.43E 01
62	4.60	3.65E-03	0.	1.11E-02	0.	9.20E-03	3.12E-02	0.	0.	4.46E 00	1.62E 00	6.06E 00	2.56E 00	1.47E 01
63	4.50	4.02E-03	0.	3.34E-02	0.	8.44E-03	2.35E-02	0.	0.	4.50E 00	1.73E 00	6.36E 00	2.63E 00	1.53E 01
64	4.40	4.04E-03	0.	1.09E-01	0.	8.48E-03	1.61E-02	0.	0.	4.53E 00	1.85E 00	6.67E 00	2.70E 00	1.58E 01
65	4.30	4.19E-03	0.	1.53E-01	0.	8.10E-03	1.01E-02	0.	0.	4.57E 00	1.99E 00	7.01E 00	2.77E 00	1.65E 01
66	4.20	1.69E-03	0.	1.53E-01	0.	7.53E-03	1.11E-02	0.	0.	4.61E 00	2.14E 00	7.35E 00	2.85E 00	1.73E 01
67	4.10	7.69E-03	0.	5.05E-01	0.	8.36E-03	1.98E-03	0.	0.	4.63E 00	2.30E 00	7.69E 00	2.85E 00	1.76E 01
68	4.00	3.32E-03	0.	2.36E-01	0.	8.08E-03	1.49E-03	0.	0.	4.64E 00	2.48E 00	8.04E 00	1.21E 00	1.69E 01
69	3.90	3.45E-03	0.	3.77E-01	1.59E-02	7.47E-03	5.66E-04	0.	0.	4.63E 00	2.67E 00	7.83E 00	1.25E 00	1.66E 01
70	3.80	3.10E-03	0.	3.94E-01	6.73E-02	8.65E-03	0.	0.	0.	4.61E 00	2.89E 00	7.94E 00	1.30E 00	1.72E 01
71	3.70	2.76E-03	0.	2.79E-01	3.94E-01	6.88E-03	0.	0.	0.	4.53E 00	3.14E 00	6.54E 00	1.43E 00	1.61E 01
72	3.60	2.50E-03	0.	3.68E-01	1.52E-01	7.45E-03	0.	0.	0.	4.25E 00	3.41E 00	7.06E 00	1.57E 00	1.67E 01
73	3.50	2.44E-03	0.	2.35E-01	2.91E-01	5.89E-03	0.	0.	0.	3.89E 00	3.71E 00	7.48E 00	1.72E 00	1.75E 01
74	3.40	1.72E-03	0.	2.40E-01	4.39E-02	5.62E-03	0.	0.	0.	3.24E 00	4.05E 00	8.32E 00	1.90E 00	1.85E 01
75	3.30	1.50E-03	0.	1.58E-01	1.70E-01	5.30E-03	0.	0.	0.	2.25E 00	4.43E 00	9.18E 00	2.08E 00	1.84E 01
76	3.20	1.44E-03	0.	1.23E-01	2.82E-01	5.57E-03	0.	0.	0.	2.25E 00	4.87E 00	1.01E 01	2.27E 00	1.99E 01
77	3.10	1.30E-03	0.	7.55E-01	6.94E-02	5.29E-03	0.	0.	0.	2.25E 00	5.36E 00	1.09E 01	2.46E 00	2.12E 01
78	3.00	1.09E-03	0.	4.73E-02	1.62E-01	5.00E-03	0.	0.	0.	2.26E 00	5.93E 00	1.18E 01	2.65E 00	2.29E 01
79	2.90	1.14E-03	0.	2.28E-02	8.91E-02	3.83E-03	0.	0.	0.	2.26E 00	6.57E 00	1.28E 01	2.86E 00	2.46E 01
80	2.80	3.50E-04	0.	1.07E-02	5.76E-02	2.67E-03	0.	0.	0.	2.27E 00	7.31E 00	1.39E 01	3.09E 00	2.67E 01
81	2.70	2.46E-05	0.	5.19E-03	7.67E-02	1.47E-03	0.	0.	0.	2.27E 00	8.17E 00	1.51E 01	3.35E 00	2.90E 01
82	2.60	0.	0.	5.54E-04	7.80E-02	6.48E-04	0.	0.	0.	2.27E 00	9.17E 00	1.64E 01	3.61E 00	3.15E 01
83	2.50	0.	0.	0.	7.53E-03	1.55E-04	0.	0.	0.	2.27E 00	1.03E 01	1.87E 01	3.35E 00	3.35E 01
84	2.40	0.	2.53E-02	0.	6.02E-03	1.66E-05	0.	0.	0.	2.25E 00	1.17E 01	2.22E 01	2.17E 00	3.84E 01
85	2.30	0.	7.79E-02	0.	0.	0.	0.	0.	0.	2.24E 00	1.33E 01	2.58E 01	2.56E 00	4.35E 01
86	2.20	0.	2.03E-01	0.	0.	0.	0.	0.	0.	2.23E 00	1.52E 01	2.94E 01	3.65E 00	5.01E 01
87	2.10	0.	2.14E-01	0.	0.	0.	0.	0.	0.	2.16E 00	1.76E 01	3.37E 01	4.25E 00	5.73E 01
88	2.00	0.	4.21E-01	0.	0.	0.	0.	0.	0.	2.08E 00	2.04E 01	4.03E 01	4.86E 00	6.58E 01
89	1.90	0.	5.32E-01	0.	0.	0.	0.	0.	0.	1.99E 00	2.39E 01	4.84E 01	5.63E 00	7.77E 01
90	1.80	0.	4.51E-01	0.	0.	0.	0.	0.	0.	1.87E 00	2.81E 01	5.66E 01	6.58E 00	9.26E 01
91	1.70	0.	5.17E-01	0.	0.	0.	0.	0.	0.	1.58E 00	3.35E 01	7.32E 01	7.77E 00	1.35E 02
92	1.60	0.	3.86E-01	0.	0.	0.	0.	0.	0.	7.26E-01	4.03E 01	9.12E 01	8.32E 00	1.67E 02
93	1.50	0.	4.45E-01	0.	0.	0.	0.	0.	0.	0.	4.92E 01	1.21E 02	9.80E 00	1.67E 02
94	1.40	0.	4.40E-01	0.	0.	0.	0.	4.03E-07	0.	0.	6.09E 01	1.32E 02	1.19E 01	2.17E 02
95	1.30	0.	3.37E-01	0.	0.	0.	0.	0.	0.	0.	7.67E 01	1.63E 02	1.42E 01	2.49E 02
96	1.20	0.	3.22E-01	0.	0.	0.	0.	0.	0.	0.	9.78E 01	1.98E 02	1.88E 01	3.15E 02
97	1.10	0.	3.07E-01	0.	0.	0.	0.	4.03E-07	0.	0.	1.27E 02	2.27E 02	1.89E 01	3.95E 02
98	1.00	0.	2.82E-01	0.	0.	0.	0.	6.03E-06	0.	0.	1.70E 02	2.61E 02	2.37E 01	4.95E 02
99	0.90	0.	2.32E-01	0.	0.	0.	0.	6.97E-06	0.	0.	2.35E 02	2.84E 02	2.70E 01	6.37E 02
100	0.80	0.	1.09E-01	0.	0.	0.	0.	1.51E-04	0.	0.	3.39E 02	3.17E 02	3.64E 01	6.37E 02
101	0.70	0.	2.56E-02	0.	0.	0.	0.	1.36E-04	0.	0.	5.12E 02	3.17E 02	3.78E 01	8.34E 02
102	0.60	0.	4.78E-03	0.	0.	0.	0.	4.44E-04	0.	0.	8.26E 02	3.17E 02	4.23E 01	1.19E 03

ABSORPTION COEFFICIEN OF HEATED AIR (INVERSE CM.)

TEMPERATURE (DEGREES K) 18000.   DENSITY (GM/CC) 1.293E-03   (1.0E 00 NORMAL)

PHOTON ENERGY E.V.	O2 S-R BANDS	O2 S-R CONT.	N2 R-H NO. 1	NO BETA	NO GAMMA	O- PHOTO-DET	FREE-FREE (IONS)	N P.t.	O P.F.	TOTAL AIR
10.70	0.	0.	1.13E-02	0.	0.	1.10E-01	1.12E-02	2.59E 01	1.97E-01	2.62E 01
10.60	0.	0.	1.03E-02	0.	0.	1.10E-01	1.15E-02	8.48E-01	1.97E-01	1.18E 00
10.50	0.	0.	1.05E-02	0.	0.	1.10E-01	1.19E-02	8.52E-01	1.96E-01	1.18E 00
10.40	0.	0.	9.93E-03	0.	0.	1.10E-01	1.22E-02	8.55E-01	1.95E-01	1.18E 00
10.30	0.	0.	8.67E-03	0.	0.	1.10E-01	1.26E-02	8.57E-01	1.94E-01	1.18E 00
10.20	0.	0.	8.97E-03	0.	0.	1.11E-01	1.29E-02	8.59E-01	1.94E-01	1.18E 00
10.10	0.	0.	8.45E-03	0.	0.	1.11E-01	1.33E-02	8.58E-01	1.93E-01	1.18E 00
10.00	0.	0.	7.43E-03	0.	0.	1.11E-01	1.37E-02	8.60E-01	1.92E-01	1.18E 00
9.90	0.	0.	7.63E-03	0.	0.	1.11E-01	1.42E-02	8.62E-01	1.91E-01	1.19E 00
9.80	0.	0.	7.18E-03	0.	0.	1.11E-01	1.46E-02	8.64E-01	1.91E-01	1.19E 00
9.70	0.	0.	6.22E-03	0.	0.	1.11E-01	1.51E-02	8.66E-01	1.90E-01	1.19E 00
9.60	0.	0.	6.72E-03	0.	0.	1.12E-01	1.56E-02	8.68E-01	1.89E-01	1.19E 00
9.50	0.	0.	5.76E-03	0.	0.	1.12E-01	1.61E-02	8.71E-01	1.88E-01	1.19E 00
9.40	0.	0.	5.46E-03	0.	0.	1.12E-01	1.66E-02	8.74E-01	1.87E-01	1.19E 00
9.30	0.	0.	5.60E-03	0.	0.	1.13E-01	1.71E-02	8.76E-01	1.86E-01	1.20E 00
9.20	0.	0.	4.66E-03	0.	0.	1.13E-01	1.77E-02	8.79E-01	1.86E-01	1.20E 00
9.10	0.	0.	4.78E-03	0.	0.	1.13E-01	1.83E-02	3.22E-01	1.85E-01	6.44E-01
9.00	0.	0.	4.36E-03	0.	0.	1.14E-01	1.89E-02	3.22E-01	1.85E-01	6.44E-01
8.90	0.	0.	4.04E-03	0.	0.	1.14E-01	1.96E-02	3.22E-01	1.84E-01	6.44E-01
8.80	0.	0.	3.97E-03	0.	0.	1.15E-01	2.02E-02	3.23E-01	1.83E-01	6.45E-01
8.70	0.	0.	3.57E-03	0.	0.	1.15E-01	2.10E-02	3.24E-01	1.82E-01	6.46E-01
8.60	0.	0.	3.13E-03	0.	0.	1.16E-01	2.25E-02	3.25E-01	1.81E-01	6.47E-01
8.50	0.	0.	3.13E-03	0.	0.	1.16E-01	2.33E-02	3.26E-01	1.80E-01	6.49E-01
8.40	0.	0.	3.12E-03	0.	0.	1.17E-01	2.42E-02	3.27E-01	1.80E-01	6.51E-01
8.30	0.	0.	2.65E-03	0.	0.	1.17E-01	2.51E-02	3.28E-01	1.81E-01	6.54E-01
8.20	0.	0.	2.69E-03	0.	0.	1.18E-01	2.60E-02	3.29E-01	1.81E-01	6.56E-01
8.10	0.	0.	2.33E-03	0.	0.	1.18E-01	2.70E-02	3.31E-01	1.81E-01	6.60E-01
8.00	0.	0.	2.34E-03	0.	0.	1.19E-01	2.81E-02	3.33E-01	1.82E-01	6.64E-01
7.90	0.	0.	2.02E-03	0.	0.	1.20E-01	2.81E-02	3.33E-01	1.82E-01	6.64E-01
7.80	0.	0.	2.10E-03	0.	0.	1.20E-01	2.92E-02	3.35E-01	1.82E-01	6.68E-01
7.70	0.	0.	1.85E-03	0.	7.85E-08	1.21E-01	3.03E-02	3.37E-01	1.82E-01	6.72E-01
7.60	0.	0.	1.76E-03	0.	2.68E-07	1.21E-01	3.15E-02	3.39E-01	1.83E-01	6.76E-01
7.50	0.	0.	1.63E-03	0.	2.23E-06	1.22E-01	3.28E-02	3.41E-01	1.83E-01	6.80E-01
7.40	0.	0.	1.47E-03	0.	8.85E-06	1.23E-01	3.42E-02	3.43E-01	1.83E-01	6.85E-01
7.30	0.	0.	1.39E-03	0.	2.43E-05	1.23E-01	3.56E-02	3.45E-01	1.84E-01	6.91E-01
7.20	0.	0.	1.26E-03	0.	7.55E-05	1.24E-01	3.72E-02	3.47E-01	1.84E-01	6.94E-01
7.10	0.	0.	1.21E-03	0.	1.51E-04	1.25E-01	3.88E-02	3.49E-01	1.84E-01	6.99E-01
7.00	2.22E-07	0.	1.11E-03	0.	2.09E-04	1.26E-01	4.05E-02	3.51E-01	1.85E-01	7.04E-01
6.90	4.35E-07	0.	1.02E-03	0.	3.63E-04	1.27E-01	4.23E-02	3.53E-01	1.85E-01	7.15E-01
6.80	3.75E-07	0.	9.88E-04	0.	3.61E-04	1.28E-01	4.42E-02	3.55E-01	1.86E-01	7.15E-01
6.70	2.73E-07	0.	8.67E-04	0.	2.95E-04	1.29E-01	4.62E-02	3.57E-01	1.86E-01	7.20E-01
6.60	1.67E-07	0.	7.73E-04	0.	4.36E-04	1.30E-01	4.84E-02	3.61E-01	1.87E-01	7.27E-01
6.50	9.64E-08	0.	6.22E-04	0.	4.12E-04	1.31E-01	5.06E-02	3.64E-01	1.87E-01	7.35E-01
6.40	5.53E-08	0.	4.31E-04	1.49E-06	2.93E-04	1.32E-01	5.31E-02	3.68E-01	1.88E-01	7.42E-01
6.30	3.21E-08	0.	2.70E-04	7.04E-06	4.02E-04	1.33E-01	5.56E-02	3.72E-01	1.89E-01	7.51E-01
6.20	1.45E-08	0.	1.50E-04	1.00E-05	5.00E-04	1.34E-01	5.84E-02	3.76E-01	1.91E-01	7.60E-01
6.10	6.67E-09	0.	7.08E-05	2.86E-05	3.80E-04	1.35E-01	6.13E-02	3.81E-01	1.93E-01	7.70E-01
6.00	2.79E-09	0.	1.80E-05	2.75E-05	2.45E-04	1.36E-01	6.45E-02	3.85E-01	1.94E-01	7.81E-01
5.90	6.86E-10	0.	1.29E-06	4.03E-05	2.39E-04	1.36E-01	6.78E-02	3.91E-01	1.96E-01	7.92E-01
5.80	8.75E-11	0.	3.26E-08	5.64E-05	2.46E-04	1.34E-01	7.14E-02	3.97E-01	1.98E-01	8.00E-01
5.70	6.44E-12	0.	0.	6.62E-05	2.75E-04	1.26E-01	7.53E-02	4.02E-01	2.00E-01	8.04E-01

ABSORPTION COEFFICIENTS OF HEATED AIR   (INVERSE CM.)

TEMPERATURE (DEGREES K) 18000.   DENSITY (GM/CC) 1.293E-03   (1.0E 00 NORMAL)

	PHOTON ENERGY	O2 S-R BANDS	N2 1ST POS.	N2 2ND POS.	N2+ 1ST NEG.	NO BETA	NO GAMMA	NO VIB-ROT	NO 2	O- PHOTO-DET	FREE-FREE (ICNS)	N P.E.	O P.E.	TOTAL AIR P.F.
52	5.60	2.91E-13	0.	0.	0.	5.65E-05	3.65E-04	0.	0.	1.17E-01	7.94E-02	4.09E-01	2.02E-01	8.08E-01
53	5.50	0.	0.	0.	0.	6.90E-05	3.38E-04	0.	0.	1.18E-01	8.39E-02	4.18E-01	2.04E-01	8.24E-01
54	5.40	0.	0.	0.	0.	6.35E-05	2.75E-04	0.	0.	1.18E-01	8.87E-02	4.28E-01	2.06E-01	8.42E-01
55	5.30	0.	0.	0.	0.	6.51E-05	3.48E-04	0.	0.	1.19E-01	9.36E-02	4.40E-01	2.09E-01	8.62E-01
56	5.20	0.	0.	0.	0.	7.02E-05	3.37E-04	0.	0.	1.20E-01	9.94E-02	4.51E-01	2.13E-01	8.84E-01
57	5.10	0.	0.	0.	0.	7.01E-05	3.37E-04	0.	0.	1.21E-01	1.05E-01	4.64E-01	2.17E-01	9.08E-01
58	5.00	3.99E-06	0.	0.	0.	6.41E-05	3.17E-04	0.	0.	1.22E-01	1.11E-01	4.79E-01	2.20E-01	9.34E-01
59	4.90	9.71E-06	0.	0.	0.	7.15E-05	3.46E-04	0.	0.	1.23E-01	1.19E-01	4.95E-01	2.24E-01	9.62E-01
60	4.80	1.82E-05	0.	0.	0.	7.69E-05	3.25E-04	0.	0.	1.24E-01	1.27E-01	5.13E-01	2.29E-01	9.93E-01
61	4.70	2.46E-05	0.	0.	0.	7.69E-05	2.95E-04	0.	0.	1.25E-01	1.35E-01	5.31E-01	2.35E-01	1.03E 00
62	4.60	3.40E-05	0.	0.	0.	7.91E-05	2.68E-04	0.	0.	1.26E-01	1.44E-01	5.53E-01	2.41E-01	1.07E 00
63	4.50	3.58E-05	0.	9.29E-04	0.	7.76E-05	2.02E-04	0.	0.	1.27E-01	1.54E-01	5.81E-01	2.48E-01	1.11E 00
64	4.40	3.43E-05	0.	2.78E-04	0.	7.29E-05	1.39E-04	0.	0.	1.28E-01	1.65E-01	6.09E-01	2.54E-01	1.16E 00
65	4.30	3.62E-05	0.	9.13E-04	0.	6.97E-05	8.71E-05	0.	0.	1.29E-01	1.77E-01	6.40E-01	2.61E-01	1.21E 00
66	4.20	3.39E-05	0.	2.92E-03	0.	7.34E-05	6.11E-05	0.	0.	1.30E-01	1.90E-01	6.71E-01	2.68E-01	1.26E 00
67	4.10	3.18E-05	0.	1.28E-03	0.	7.19E-05	5.11E-05	0.	0.	1.31E-01	2.04E-01	7.02E-01	2.69E-01	1.31E 00
68	4.00	2.94E-05	0.	4.21E-03	0.	6.95E-05	1.28E-05	0.	0.	1.31E-01	2.20E-01	7.34E-01	1.14E-01	1.20E 00
69	3.90	2.50E-05	0.	1.97E-03	4.41E-04	6.43E-05	4.87E-06	0.	0.	1.31E-01	2.38E-01	7.15E-01	1.18E-01	1.20E 00
70	3.80	2.75E-05	0.	3.15E-03	1.87E-03	5.92E-05	0.	0.	0.	1.30E-01	2.57E-01	7.25E-01	1.24E-01	1.24E 00
71	3.70	2.45E-05	0.	3.20E-03	7.94E-04	5.26E-05	0.	0.	0.	1.28E-01	2.79E-01	5.97E-01	1.35E-01	1.14E 00
72	3.60	2.21E-05	0.	2.32E-03	4.22E-03	6.40E-05	0.	0.	0.	1.20E-01	3.03E-01	6.45E-01	1.48E-01	1.22E 00
73	3.50	2.07E-05	0.	3.07E-03	8.09E-03	5.07E-05	0.	0.	0.	6.34E-02	3.30E-01	6.83E-01	1.62E-01	1.30E 00
74	3.40	1.90E-05	0.	1.96E-03	4.71E-03	5.69E-05	0.	0.	0.	6.34E-02	3.60E-01	7.59E-01	1.79E-01	1.37E 00
75	3.30	1.53E-05	0.	2.01E-03	7.85E-03	4.56E-05	0.	0.	0.	6.35E-02	3.94E-01	8.38E-01	1.96E-01	1.50E 00
76	3.20	1.33E-05	0.	1.32E-03	1.93E-03	4.79E-05	0.	0.	0.	6.36E-02	4.33E-01	9.18E-01	2.14E-01	1.64E 00
77	3.10	1.28E-05	0.	1.02E-03	4.50E-03	4.55E-05	0.	0.	0.	6.37E-02	4.77E-01	1.00E 00	2.32E-01	1.78E 00
78	3.00	1.15E-05	0.	6.30E-04	2.47E-03	3.29E-05	0.	0.	0.	6.39E-02	5.27E-01	1.08E 00	2.49E-01	1.93E 00
79	2.90	9.70E-06	0.	3.94E-04	1.60E-03	2.29E-05	0.	0.	0.	6.40E-02	5.84E-01	1.17E 00	2.69E-01	2.09E 00
80	2.80	1.01E-05	0.	1.90E-04	2.13E-03	1.26E-05	0.	0.	0.	6.41E-02	6.51E-01	1.27E 00	2.91E-01	2.28E 00
81	2.70	6.55E-06	0.	8.90E-05	2.17E-03	5.57E-06	0.	0.	0.	6.41E-02	7.27E-01	1.38E 00	3.15E-01	2.49E 00
82	2.60	3.10E-06	0.	4.33E-06	2.09E-04	1.33E-06	0.	0.	0.	6.41E-02	8.16E-01	1.50E 00	3.40E-01	2.72E 00
83	2.50	2.18E-06	0.	4.62E-06	1.67E-04	1.42E-07	0.	0.	0.	6.41E-02	9.19E-01	1.71E 00	2.05E-01	2.90E 00
84	2.40	0.	2.11E-04	0.	0.	0.	0.	0.	0.	6.41E-02	1.04E 00	1.99E 00	2.41E-01	3.34E 00
85	2.30	0.	6.50E-04	0.	0.	0.	0.	0.	0.	6.36E-02	1.18E 00	1.71E 00	2.88E-01	3.25E 00
86	2.20	0.	1.70E-03	0.	0.	0.	0.	0.	0.	6.33E-02	1.36E 00	2.02E 00	3.44E-01	3.79E 00
87	2.10	0.	1.79E-03	0.	0.	0.	0.	0.	0.	6.30E-02	1.56E 00	2.36E 00	4.01E-01	4.38E 00
88	2.00	0.	3.51E-03	0.	0.	0.	0.	0.	0.	6.10E-02	1.81E 00	2.69E 00	4.57E-01	5.03E 00
89	1.90	0.	4.44E-03	0.	0.	0.	0.	0.	0.	5.87E-02	2.12E 00	3.08E 00	5.31E-01	5.79E 00
90	1.80	0.	5.76E-03	0.	0.	0.	0.	0.	0.	5.61E-02	2.50E 00	3.68E 00	6.44E-01	6.89E 00
91	1.70	0.	4.31E-03	0.	0.	0.	0.	0.	0.	5.29E-02	2.98E 00	4.42E 00	7.83E-01	8.24E 00
92	1.60	0.	3.22E-03	0.	0.	0.	0.	0.	0.	4.47E-02	3.58E 00	5.17E 00	9.23E-01	9.72E 00
93	1.50	0.	3.71E-03	0.	0.	0.	0.	0.	0.	2.03E-02	4.38E 00	6.68E 00	1.12E 00	1.22E 01
94	1.40	0.	3.67E-03	0.	0.	0.	0.	0.	0.	0.	5.42E 00	8.33E 00	1.34E 00	1.51E 01
95	1.30	0.	2.81E-03	0.	0.	0.	0.	0.	0.	0.	6.82E 00	1.10E 01	1.77E 00	1.96E 01
96	1.20	0.	2.69E-03	0.	0.	0.	0.	0.	0.	0.	8.70E 00	1.21E 01	1.78E 00	2.26E 01
97	1.10	0.	2.56E-03	0.	0.	0.	0.	3.47E-09	0.	0.	1.13E 01	1.49E 01	2.23E 00	2.85E 01
98	1.00	0.	2.35E-03	0.	0.	0.	0.	5.18E-08	0.	0.	1.51E 01	1.81E 01	2.54E 00	3.57E 01
99	0.90	0.	1.93E-03	0.	0.	0.	0.	5.99E-08	0.	0.	2.07E 01	2.07E 01	2.98E 00	4.47E 01
100	0.80	0.	9.08E-04	0.	0.	0.	0.	1.30E-06	0.	0.	3.01E 01	2.39E 01	3.43E 00	5.74E 01
101	0.70	0.	2.14E-04	0.	0.	0.	0.	1.17E-06	0.	0.	4.55E 01	2.59E 01	3.56E 00	7.50E 01
102	0.60	0.	3.99E-05	0.	0.	0.	0.	3.42E-06	0.	0.	7.34E 01	2.90E 01	3.98E 00	1.06E 02

ABSORPTION COEFFICIENTS OF HEATED AIR (INVERSE CM.)

TEMPERATURE (DEGREES K) 18000.   DENSITY (GM/CC) 1.293E-04   (1.0E-01 NORMAL)

PHOTON ENERGY E.V.	O2 S-R BANDS	O2 S-R CONT.	N2 B-H NO. 1	NO BETA	NO GAMMA	NO 2	O- PHOTO-DET (IONS)	FREE-FREE (IONS)	N P.E.	O P.E.	TOTAL AIR
1 10.70	0.	0.	5.47E-05	0.	0.	0.	2.27E-03	7.89E-04	1.80E 00	1.54E-02	1.82E 00
2 10.60	0.	0.	4.98E-05	0.	0.	0.	2.27E-03	8.11E-04	5.89E-02	1.53E-02	7.73E-02
3 10.50	0.	0.	5.03E-05	0.	0.	0.	2.27E-03	8.35E-04	5.91E-02	1.52E-02	7.76E-02
4 10.40	0.	0.	4.78E-05	0.	0.	0.	2.28E-03	8.59E-04	5.93E-02	1.51E-02	7.77E-02
5 10.30	0.	0.	4.18E-05	0.	0.	0.	2.28E-03	8.85E-04	5.95E-02	1.51E-02	7.78E-02
6 10.20	0.	0.	4.32E-05	0.	0.	0.	2.29E-03	9.11E-04	5.96E-02	1.50E-02	7.79E-02
7 10.10	0.	0.	4.07E-05	0.	0.	0.	2.29E-03	9.38E-04	5.97E-02	1.49E-02	7.79E-02
8 10.00	0.	0.	3.58E-05	0.	0.	0.	2.29E-03	9.67E-04	5.97E-02	1.49E-02	7.79E-02
9 9.90	0.	0.	3.67E-05	0.	0.	0.	2.30E-03	9.97E-04	5.98E-02	1.48E-02	7.80E-02
10 9.80	0.	0.	3.46E-05	0.	0.	0.	2.30E-03	1.03E-03	6.00E-02	1.48E-02	7.82E-02
11 9.70	0.	0.	2.99E-05	0.	0.	0.	2.30E-03	1.06E-03	6.01E-02	1.47E-02	7.83E-02
12 9.60	0.	0.	3.24E-05	0.	0.	0.	2.31E-03	1.09E-03	6.03E-02	1.46E-02	7.84E-02
13 9.50	0.	0.	2.77E-05	0.	0.	0.	2.31E-03	1.13E-03	6.04E-02	1.46E-02	7.85E-02
14 9.40	0.	0.	2.63E-05	0.	0.	0.	2.32E-03	1.17E-03	6.06E-02	1.45E-02	7.87E-02
15 9.30	0.	0.	2.70E-05	0.	0.	0.	2.33E-03	1.21E-03	6.08E-02	1.45E-02	7.89E-02
16 9.20	0.	0.	2.24E-05	0.	0.	0.	2.34E-03	1.25E-03	6.10E-02	1.44E-02	7.91E-02
17 9.10	0.	0.	2.10E-05	0.	0.	0.	2.34E-03	1.29E-03	2.24E-02	1.44E-02	4.04E-02
18 9.00	0.	0.	1.95E-05	0.	0.	0.	2.35E-03	1.33E-03	2.24E-02	1.43E-02	4.04E-02
19 8.90	0.	0.	1.91E-05	0.	0.	0.	2.36E-03	1.38E-03	2.24E-02	1.42E-02	4.04E-02
20 8.80	0.	0.	1.67E-05	0.	0.	0.	2.37E-03	1.42E-03	2.24E-02	1.42E-02	4.05E-02
21 8.70	0.	0.	1.72E-05	0.	0.	0.	2.38E-03	1.47E-03	2.24E-02	1.41E-02	4.06E-02
22 8.60	0.	0.	1.51E-05	0.	0.	0.	2.39E-03	1.53E-03	2.25E-02	1.41E-02	4.06E-02
23 8.50	0.	0.	1.50E-05	0.	0.	0.	2.39E-03	1.58E-03	2.26E-02	1.41E-02	4.06E-02
24 8.40	0.	0.	1.28E-05	0.	0.	0.	2.41E-03	1.64E-03	2.26E-02	1.40E-02	4.07E-02
25 8.30	0.	0.	1.29E-05	0.	0.	0.	2.42E-03	1.70E-03	2.27E-02	1.40E-02	4.08E-02
26 8.20	0.	0.	1.12E-05	0.	0.	0.	2.43E-03	1.76E-03	2.28E-02	1.41E-02	4.10E-02
27 8.10	0.	0.	1.13E-05	0.	0.	0.	2.44E-03	1.83E-03	2.29E-02	1.41E-02	4.12E-02
28 8.00	0.	0.	9.73E-06	0.	0.	0.	2.46E-03	1.90E-03	2.29E-02	1.41E-02	4.14E-02
29 7.90	0.	0.	1.01E-05	0.	0.	0.	2.47E-03	1.97E-03	2.31E-02	1.41E-02	4.17E-02
30 7.80	0.	0.	8.89E-06	0.	0.	0.	2.48E-03	2.05E-03	2.32E-02	1.42E-02	4.19E-02
31 7.70	0.	0.	8.46E-06	0.	0.	0.	2.49E-03	2.13E-03	2.34E-02	1.42E-02	4.22E-02
32 7.60	0.	0.	7.85E-06	0.	4.24E-10	0.	2.51E-03	2.22E-03	2.35E-02	1.42E-02	4.25E-02
33 7.50	0.	0.	7.06E-06	0.	1.45E-09	0.	2.52E-03	2.31E-03	2.37E-02	1.42E-02	4.27E-02
34 7.40	0.	0.	6.71E-06	0.	1.20E-08	0.	2.53E-03	2.41E-03	2.38E-02	1.43E-02	4.30E-02
35 7.30	0.	0.	6.07E-06	0.	4.78E-08	0.	2.56E-03	2.51E-03	2.39E-02	1.43E-02	4.36E-02
36 7.20	0.	0.	5.84E-06	0.	1.31E-07	0.	2.56E-03	2.61E-03	2.41E-02	1.43E-02	4.36E-02
37 7.10	0.	0.	5.37E-06	0.	4.08E-07	0.	2.58E-03	2.73E-03	2.42E-02	1.43E-02	4.39E-02
38 7.00	1.35E-09	0.	4.93E-06	0.	8.15E-07	0.	2.60E-03	2.85E-03	2.44E-02	1.44E-02	4.42E-02
39 6.90	2.63E-09	0.	4.76E-06	0.	1.13E-06	0.	2.63E-03	2.97E-03	2.45E-02	1.44E-02	4.45E-02
40 6.80	2.27E-09	0.	4.18E-06	0.	1.96E-06	0.	2.65E-03	3.11E-03	2.47E-02	1.44E-02	4.49E-02
41 6.70	1.66E-09	0.	3.75E-06	0.	1.95E-06	0.	2.67E-03	3.25E-03	2.48E-02	1.45E-02	4.49E-02
42 6.60	1.01E-09	0.	3.00E-06	0.	1.60E-06	0.	2.69E-03	3.40E-03	2.50E-02	1.45E-02	4.52E-02
43 6.50	5.84E-09	0.	2.08E-06	0.	2.35E-06	0.	2.71E-03	3.56E-03	2.53E-02	1.46E-02	4.57E-02
44 6.40	3.35E-10	0.	1.30E-06	8.07E-09	2.23E-06	0.	2.73E-03	3.73E-03	2.56E-02	1.46E-02	4.62E-02
45 6.30	1.95E-10	0.	7.24E-07	3.80E-08	1.58E-06	0.	2.75E-03	3.91E-03	2.58E-02	1.47E-02	4.67E-02
46 6.20	4.79E-11	0.	3.41E-07	5.41E-08	2.17E-06	0.	2.77E-03	4.11E-03	2.61E-02	1.48E-02	4.72E-02
47 6.10	4.69E-11	0.	8.67E-08	1.55E-07	2.70E-06	0.	2.79E-03	4.32E-03	2.64E-02	1.50E-02	4.78E-02
48 6.00	1.69E-11	0.	6.22E-09	1.48E-07	1.32E-06	0.	2.81E-03	4.54E-03	2.67E-02	1.51E-02	4.85E-02
49 5.90	4.16E-12	0.	1.57E-10	2.18E-07	1.29E-06	0.	2.81E-03	4.77E-03	2.71E-02	1.54E-02	4.92E-02
50 5.80	5.30E-13	0.	0.	3.05E-07	1.33E-06	0.	2.77E-03	5.03E-03	2.75E-02	1.54E-02	5.07E-02
51 5.70	3.90E-14	0.	0.	3.58E-07	1.49E-06	0.	2.60E-03	5.30E-03	2.79E-02	1.55E-02	5.14E-02

ABSORPTION COEFFICIENTS OF HEATED AIR (INVERSE CM.)

TEMPERATURE (DEGREES K) 18000.   DENSITY (GM/CC) 1.293E-04   (1.0E-01 NORMAL)

	PHOTON ENERGY	O2 S-R BANDS	N2 1ST POS.	N2 2ND POS.	N2+ 1ST NEG.	NO BETA	NO GAMMA	NO VIB-ROT	NO 2	O- PHOTO-DET (IONS)	FREE-FREE (IONS)	N P.E.	O P.E.	TOTAL AIR
52	5.60	1.76E-15	0.	0.	0.	3.05E-07	1.97E-06	0.	0.	2.42E-03	5.59E-03	2.84E-02	1.57E-02	5.21E-02
53	5.53	0.	0.	0.	0.	3.73E-07	1.83E-06	0.	0.	2.43E-03	5.90E-03	2.90E-02	1.58E-02	5.32E-02
54	5.43	0.	0.	0.	0.	3.43E-07	1.49E-06	0.	0.	2.45E-03	6.24E-03	2.97E-02	1.60E-02	5.45E-02
55	5.53	0.	0.	0.	0.	3.52E-07	1.88E-06	0.	0.	2.46E-03	6.60E-03	3.05E-02	1.63E-02	5.59E-02
56	5.20	0.	0.	0.	0.	3.79E-07	1.42E-06	0.	0.	2.48E-03	6.99E-03	3.13E-02	1.66E-02	5.73E-02
57	5.11	0.	0.	0.	0.	3.78E-07	1.82E-06	0.	0.	2.50E-03	7.42E-03	3.22E-02	1.69E-02	5.90E-02
58	5.01	2.42E-08	0.	0.	0.	3.46E-07	1.71E-06	0.	0.	2.52E-03	7.88E-03	3.32E-02	1.71E-02	6.08E-02
59	4.91	5.59E-08	0.	0.	0.	3.86E-07	1.87E-06	0.	0.	2.54E-03	8.37E-03	3.44E-02	1.75E-02	6.27E-02
60	4.80	1.10E-07	0.	0.	0.	4.15E-07	1.75E-06	0.	0.	2.56E-03	8.91E-03	3.56E-02	1.78E-02	6.49E-02
61	4.71	1.49E-07	0.	0.	0.	4.16E-07	1.59E-06	0.	0.	2.58E-03	9.50E-03	3.69E-02	1.83E-02	6.73E-02
62	4.61	2.96E-07	0.	0.	0.	4.27E-07	1.45E-06	0.	0.	2.60E-03	1.01E-02	3.84E-02	1.88E-02	6.99E-02
63	4.51	2.77E-07	0.	0.	4.48E-07	3.92E-07	1.09E-06	0.	0.	2.63E-03	1.08E-02	4.03E-02	1.93E-02	7.30E-02
64	4.41	2.20E-07	0.	0.	1.34E-06	3.94E-07	7.50E-07	0.	0.	2.65E-03	1.16E-02	4.22E-02	1.98E-02	7.63E-02
65	4.31	2.20E-07	0.	0.	4.40E-06	3.75E-07	4.71E-07	0.	0.	2.67E-03	1.24E-02	4.44E-02	2.03E-02	7.98E-02
66	4.21	2.65E-07	0.	0.	1.40E-05	3.96E-07	3.30E-07	0.	0.	2.69E-03	1.34E-02	4.66E-02	2.09E-02	8.35E-02
67	4.11	1.73E-07	0.	0.	6.16E-06	3.48E-07	1.19E-07	0.	0.	2.70E-03	1.44E-02	4.87E-02	2.09E-02	8.67E-02
68	4.01	1.78E-07	0.	0.	2.03E-05	3.75E-07	6.93E-08	0.	0.	2.71E-03	1.55E-02	5.09E-02	8.89E-03	7.80E-02
69	3.91	1.72E-07	0.	9.49E-06	7.99E-06	3.47E-07	2.63E-08	0.	0.	2.70E-03	1.67E-02	4.96E-02	9.17E-03	7.82E-02
70	3.81	1.47E-07	0.	1.51E-05	3.39E-05	3.74E-07	0.	0.	0.	2.69E-03	1.81E-02	5.03E-02	9.56E-03	8.07E-02
71	3.70	1.48E-07	0.	1.58E-05	1.44E-05	3.20E-07	0.	0.	0.	2.65E-03	1.96E-02	4.15E-02	1.03E-02	7.42E-02
72	3.61	1.34E-07	0.	1.12E-05	7.66E-05	3.46E-07	0.	0.	0.	2.48E-03	2.13E-02	4.48E-02	1.15E-02	8.01E-02
73	3.50	1.26E-07	0.	1.48E-05	1.47E-04	2.74E-07	0.	0.	0.	2.27E-03	2.32E-02	4.74E-02	1.26E-02	8.57E-02
74	3.40	1.15E-07	0.	9.42E-06	2.21E-05	3.07E-07	0.	0.	0.	1.31E-03	2.77E-02	5.82E-02	1.53E-02	9.33E-02
75	3.30	9.25E-08	0.	9.66E-06	8.55E-05	2.46E-07	0.	0.	0.	1.31E-03	3.05E-02	6.37E-02	1.66E-02	1.03E-01
76	3.20	8.08E-08	0.	6.35E-06	1.42E-04	2.59E-07	0.	0.	0.	1.31E-03	3.36E-02	6.94E-02	1.80E-02	1.12E-01
77	3.10	7.76E-08	0.	4.94E-06	3.50E-05	2.46E-07	0.	0.	0.	1.32E-03	3.71E-02	7.51E-02	1.94E-02	1.33E-01
78	3.00	5.97E-08	0.	3.03E-06	8.16E-05	2.32E-07	0.	0.	0.	1.32E-03	4.11E-02	8.12E-02	2.09E-02	1.45E-01
79	2.90	5.88E-08	0.	1.90E-06	4.49E-05	1.78E-07	0.	0.	0.	1.32E-03	4.58E-02	8.82E-02	2.26E-02	1.58E-01
80	2.80	6.13E-08	0.	9.15E-07	2.90E-05	1.24E-07	0.	0.	0.	1.32E-03	5.11E-02	9.58E-02	2.45E-02	1.73E-01
81	2.70	3.97E-08	0.	4.29E-07	3.87E-05	6.80E-08	0.	0.	0.	1.32E-03	5.74E-02	1.04E-01	2.64E-02	1.89E-01
82	2.60	1.88E-08	0.	2.08E-07	7.93E-06	3.01E-08	0.	0.	0.	1.32E-03	6.46E-02	1.19E-01	2.89E-02	2.00E-01
83	2.50	1.32E-09	0.	2.23E-08	3.79E-06	7.19E-09	0.	0.	0.	1.32E-03	7.32E-02	1.38E-01	1.87E-02	2.31E-01
84	2.40	0.	1.02E-06	0.	3.04E-06	7.69E-10	0.	0.	0.	1.31E-03	9.54E-02	1.19E-01	2.68E-02	2.26E-01
85	2.30	0.	3.17E-06	0.	0.	0.	0.	0.	0.	1.30E-03	1.10E-01	1.40E-01	3.12E-02	2.64E-01
86	2.20	0.	8.60E-06	0.	0.	0.	0.	0.	0.	1.26E-03	1.28E-01	1.63E-01	3.56E-02	3.06E-01
87	2.10	0.	8.60E-05	0.	0.	0.	0.	0.	0.	1.16E-03	1.49E-01	1.87E-01	4.13E-01	3.51E-01
88	2.00	0.	1.69E-05	0.	0.	0.	0.	0.	0.	1.16E-03	1.76E-01	2.55E-01	5.01E-02	4.05E-01
89	1.80	0.	2.14E-05	0.	0.	0.	0.	0.	0.	1.09E-03	2.09E-01	3.07E-01	6.10E-02	4.83E-01
90	1.70	0.	1.81E-05	0.	0.	0.	0.	0.	0.	9.24E-04	2.52E-01	3.58E-01	7.18E-02	5.78E-01
91	1.70	0.	2.08E-05	0.	0.	0.	0.	0.	0.	4.20E-04	3.08E-01	4.64E-01	8.72E-02	6.83E-01
92	1.50	0.	1.55E-05	0.	0.	0.	0.	0.	0.	0.	3.81E-01	5.78E-01	1.04E-01	8.59E-01
93	1.40	0.	1.79E-05	0.	0.	0.	0.	0.	0.	0.	4.80E-01	7.66E-01	1.38E-01	1.06E 00
94	1.30	0.	1.77E-05	0.	0.	0.	0.	0.	0.	0.	6.12E-01	8.38E-01	1.59E-01	1.38E 00
95	1.20	0.	1.35E-05	0.	0.	0.	0.	0.	0.	0.	7.97E-01	1.03E 00	1.74E-01	1.59E 00
96	1.10	0.	1.29E-05	0.	0.	0.	0.	0.	0.	0.	1.04E 00	1.25E 00	1.99E-01	2.00E 00
97	1.00	0.	1.23E-05	0.	0.	0.	0.	1.92E-11	0.	0.	1.47E 00	1.44E 00	2.32E-01	2.52E 00
98	0.90	0.	1.13E-05	0.	0.	0.	0.	2.80E-10	0.	0.	2.12E 00	1.66E 00	2.64E-01	3.14E 00
99	0.80	0.	9.37E-06	0.	0.	0.	0.	3.24E-10	0.	0.	3.29E 00	1.80E 00	2.67E-01	4.04E 00
100	0.70	0.	4.37E-06	0.	0.	0.	0.	7.01E-09	0.	0.	5.17E 00	2.01E 00	2.77E-01	5.28E 00
101	0.70	0.	1.03E-06	0.	0.	0.	0.	6.30E-09	0.	0.				
102	0.60	0.	1.92E-07	0.	0.	0.	0.	2.06E-08	0.	0.		3.10E-01		7.49E 00

ABSORPTION COEFFICIENT OF HEATED AIR (INVERSE CM.)

TEMPERATURE (DEGREES K) 18000. DENSITY (GM/CC) 1.293E-05 (10.0E-03 NORMAL)

#	PHOTON ENERGY E.V.	O2 S-R BANDS	O2 S-R CONT.	N2 B-H NO. 1	NO BETA	NO GAMMA	NO 2	O- PHOTO-DET (FNS)	FREE-FREE (IONS)	N P.E.	O P.E.	TOTAL AIR
1	10.70	0.	0.	7.28E-08	0.	0.	0.	1.95E-05	2.97E-05	6.56E-02	6.80E-04	6.63E-02
2	10.60	0.	0.	6.63E-08	0.	0.	0.	1.95E-05	3.06E-05	2.16E-03	6.77E-04	2.89E-03
3	10.50	0.	0.	6.70E-08	0.	0.	0.	1.95E-05	3.15E-05	2.17E-03	6.75E-04	2.89E-03
4	10.40	0.	0.	6.37E-08	0.	0.	0.	1.96E-05	3.24E-05	2.18E-03	6.72E-04	2.90E-03
5	10.30	0.	0.	5.56E-08	0.	0.	0.	1.96E-05	3.34E-05	2.18E-03	6.69E-04	2.90E-03
6	10.20	0.	0.	5.75E-08	0.	0.	0.	1.96E-05	3.44E-05	2.19E-03	6.67E-04	2.91E-03
7	10.10	0.	0.	5.42E-08	0.	0.	0.	1.96E-05	3.54E-05	2.19E-03	6.64E-04	2.91E-03
8	10.00	0.	0.	4.77E-08	0.	0.	0.	1.97E-05	3.65E-05	2.18E-03	6.61E-04	2.90E-03
9	9.90	0.	0.	4.49E-08	0.	0.	0.	1.97E-05	3.76E-05	2.19E-03	6.59E-04	2.90E-03
10	9.80	0.	0.	4.61E-08	0.	0.	0.	1.97E-05	3.88E-05	2.19E-03	6.56E-04	2.91E-03
11	9.70	0.	0.	3.99E-08	0.	0.	0.	1.98E-05	4.00E-05	2.20E-03	6.53E-04	2.91E-03
12	9.60	0.	0.	4.51E-08	0.	0.	0.	1.98E-05	4.13E-05	2.20E-03	6.51E-04	2.91E-03
13	9.50	0.	0.	3.50E-08	0.	0.	0.	1.98E-05	4.24E-05	2.21E-03	6.48E-04	2.92E-03
14	9.40	0.	0.	3.59E-08	0.	0.	0.	1.99E-05	4.40E-05	2.22E-03	6.45E-04	2.92E-03
15	9.30	0.	0.	2.99E-08	0.	0.	0.	1.99E-05	4.55E-05	2.23E-03	6.43E-04	2.93E-03
16	9.20	0.	0.	3.07E-08	0.	0.	0.	2.00E-05	4.70E-05	2.23E-03	6.40E-04	2.94E-03
17	9.10	0.	0.	2.80E-08	0.	0.	0.	2.01E-05	4.85E-05	2.24E-03	6.38E-04	2.92E-03
18	9.00	0.	0.	2.59E-08	0.	0.	0.	2.02E-05	5.19E-05	8.19E-04	6.35E-04	1.52E-03
19	8.90	0.	0.	2.55E-08	0.	0.	0.	2.03E-05	5.37E-05	8.21E-04	6.33E-04	1.52E-03
20	8.80	0.	0.	2.22E-08	0.	0.	0.	2.03E-05	5.56E-05	8.22E-04	6.30E-04	1.53E-03
21	8.70	0.	0.	2.29E-08	0.	0.	0.	2.04E-05	5.76E-05	8.23E-04	6.28E-04	1.53E-03
22	8.60	0.	0.	2.01E-08	0.	0.	0.	2.05E-05	5.97E-05	8.25E-04	6.26E-04	1.53E-03
23	8.50	0.	0.	2.00E-08	0.	0.	0.	2.06E-05	6.10E-05	8.28E-04	6.23E-04	1.53E-03
24	8.40	0.	0.	1.70E-08	0.	0.	0.	2.07E-05	6.21E-05	8.28E-04	6.21E-04	1.53E-03
25	8.30	0.	0.	1.70E-08	0.	0.	0.	2.08E-05	6.41E-05	8.31E-04	6.20E-04	1.54E-03
26	8.20	0.	0.	1.72E-08	0.	0.	0.	2.09E-05	6.65E-05	8.34E-04	6.22E-04	1.54E-03
27	8.10	0.	0.	1.49E-08	0.	0.	0.	2.10E-05	6.90E-05	8.36E-04	6.23E-04	1.55E-03
28	8.00	0.	0.	1.56E-08	0.	0.	0.	2.11E-05	7.17E-05	8.40E-04	6.24E-04	1.56E-03
29	7.90	0.	0.	1.30E-08	0.	0.	0.	2.12E-05	7.44E-05	8.45E-04	6.25E-04	1.57E-03
30	7.80	0.	0.	1.35E-08	0.	0.	0.	2.13E-05	7.74E-05	8.51E-04	6.26E-04	1.58E-03
31	7.70	0.	0.	1.18E-08	0.	0.	0.	2.14E-05	8.05E-05	8.56E-04	6.28E-04	1.59E-03
32	7.60	0.	0.	1.05E-08	0.	6.84E-13	0.	2.15E-05	8.37E-05	8.61E-04	6.29E-04	1.60E-03
33	7.50	0.	0.	9.41E-09	0.	2.34E-12	0.	2.16E-05	8.71E-05	8.65E-04	6.30E-04	1.60E-03
34	7.40	0.	0.	8.93E-09	0.	1.94E-11	0.	2.18E-05	9.06E-05	8.71E-04	6.31E-04	1.61E-03
35	7.30	0.	0.	8.08E-09	0.	7.72E-11	0.	2.19E-05	9.46E-05	8.76E-04	6.32E-04	1.62E-03
36	7.20	0.	0.	7.78E-09	0.	2.12E-10	0.	2.20E-05	9.86E-05	8.81E-04	6.34E-04	1.64E-03
37	7.10	0.	0.	7.15E-09	0.	6.58E-10	0.	2.22E-05	1.03E-04	8.86E-04	6.35E-04	1.65E-03
38	7.00	2.54E-12	0.	6.90E-09	0.	1.31E-09	0.	2.24E-05	1.07E-04	8.92E-04	6.36E-04	1.66E-03
39	6.90	7.15E-12	0.	6.57E-09	0.	1.82E-09	0.	2.25E-05	1.12E-04	8.97E-04	6.37E-04	1.67E-03
40	6.80	4.45E-12	0.	6.34E-09	0.	3.16E-09	0.	2.27E-05	1.17E-04	9.03E-04	6.39E-04	1.68E-03
41	6.70	3.24E-12	0.	5.56E-09	0.	3.15E-09	0.	2.29E-05	1.23E-04	9.08E-04	6.41E-04	1.69E-03
42	6.60	1.91E-12	0.	5.00E-09	0.	2.57E-09	0.	2.31E-05	1.28E-04	9.16E-04	6.43E-04	1.71E-03
43	6.50	1.14E-12	0.	3.80E-09	0.	3.80E-09	0.	2.33E-05	1.34E-04	9.26E-04	6.45E-04	1.73E-03
44	6.40	4.75E-13	0.	2.77E-09	1.30E-11	3.59E-09	0.	2.34E-05	1.41E-04	9.35E-04	6.48E-04	1.75E-03
45	6.30	3.81E-13	0.	1.73E-09	6.14E-11	2.55E-09	0.	2.36E-05	1.48E-04	9.45E-04	6.51E-04	1.77E-03
46	6.20	1.72E-13	0.	9.64E-10	8.75E-11	3.50E-09	0.	2.38E-05	1.55E-04	9.54E-04	6.57E-04	1.79E-03
47	6.10	7.91E-14	0.	4.54E-10	2.49E-10	4.36E-09	0.	2.40E-05	1.63E-04	9.66E-04	6.63E-04	1.82E-03
48	6.00	5.30E-14	0.	1.16E-10	2.40E-10	2.13E-09	0.	2.42E-05	1.71E-04	9.79E-04	6.69E-04	1.84E-03
49	5.90	9.13E-15	0.	8.28E-12	3.52E-10	2.08E-09	0.	2.42E-05	1.80E-04	9.94E-04	6.75E-04	1.87E-03
50	5.80	1.04E-15	0.	2.09E-13	4.92E-10	2.15E-09	0.	2.38E-05	1.90E-04	1.01E-03	6.81E-04	1.87E-03
51	5.70	7.64E-17	0.	0.	5.77E-10	2.40E-09	0.	2.24E-05	2.00E-04	1.02E-03	6.87E-04	1.93E-03

ABSORPTION COEFFICIENTS OF HEATED AIR (INVERSE CM.)

TEMPERATURE (DEGREES K) 18000. DENSITY (GM/CC) 1.293E-05 (10.0E-03 NORMAL)

BAND	PHOTON ENERGY BANDS	O2 S-R BANDS	N2 1ST POS.	N2 2ND POS.	N2+ 1ST NEG.	NO BETA	NO GAMMA	NO VIB-ROT	NO2	O- PHOTO-DET	FREE-FREE (IONS)	N P.E.	O P.E.	TOTAL AIR
52	5.60	3.45E-18	0.	0.	0.	4.93E-10	3.18E-09	0.	0.	2.08E-05	2.11E-04	1.04E-03	6.94E-04	1.96E-03
53	5.50	0.	0.	0.	0.	6.02E-10	2.95E-09	0.	0.	2.09E-05	2.23E-04	1.06E-03	7.01E-04	2.01E-03
54	5.40	0.	0.	0.	0.	5.54E-10	2.40E-09	0.	0.	2.10E-05	2.35E-04	1.09E-03	7.10E-04	2.06E-03
55	5.30	0.	0.	0.	0.	5.68E-10	3.03E-09	0.	0.	2.11E-05	2.49E-04	1.12E-03	7.20E-04	2.11E-03
56	5.20	0.	0.	0.	0.	6.12E-10	2.29E-09	0.	0.	2.13E-05	2.64E-04	1.14E-03	7.33E-04	2.16E-03
57	5.10	0.	0.	0.	0.	6.11E-10	2.94E-09	0.	0.	2.15E-05	2.80E-04	1.18E-03	7.46E-04	2.22E-03
58	5.00	4.73E-11	0.	0.	0.	5.59E-10	2.76E-09	0.	0.	2.16E-05	2.97E-04	1.21E-03	7.59E-04	2.29E-03
59	4.90	1.15E-10	0.	0.	0.	6.23E-10	3.02E-09	0.	0.	2.18E-05	3.16E-04	1.25E-03	7.73E-04	2.37E-03
60	4.80	2.16E-10	0.	0.	0.	6.70E-10	2.83E-09	0.	0.	2.20E-05	3.36E-04	1.30E-03	7.89E-04	2.45E-03
61	4.70	2.02E-10	0.	0.	0.	6.71E-10	2.57E-09	0.	0.	2.22E-05	3.58E-04	1.35E-03	8.10E-04	2.54E-03
62	4.60	4.04E-10	0.	0.	0.	6.90E-10	2.34E-09	0.	0.	2.24E-05	3.83E-04	1.40E-03	8.31E-04	2.64E-03
63	4.50	4.54E-10	0.	5.96E-10	0.	6.33E-10	1.76E-09	0.	0.	2.25E-05	4.09E-04	1.47E-03	8.53E-04	2.76E-03
64	4.40	4.30E-10	0.	1.79E-09	0.	6.07E-10	1.21E-09	0.	0.	2.27E-05	4.38E-04	1.54E-03	8.75E-04	2.88E-03
65	4.30	4.02E-10	0.	5.85E-09	0.	5.85E-10	7.60E-10	0.	0.	2.29E-05	4.69E-04	1.62E-03	8.99E-04	3.01E-03
66	4.20	3.77E-10	0.	1.87E-08	0.	6.40E-10	5.33E-10	0.	0.	2.31E-05	5.04E-04	1.70E-03	9.23E-04	3.15E-03
67	4.10	3.49E-10	0.	8.21E-09	0.	6.27E-10	1.48E-10	0.	0.	2.32E-05	5.42E-04	1.78E-03	9.25E-04	3.27E-03
68	4.00	2.97E-10	0.	2.70E-08	5.48E-08	6.06E-10	1.12E-10	0.	0.	2.33E-05	5.84E-04	1.86E-03	3.93E-04	2.86E-03
69	3.90	3.26E-10	0.	1.26E-08	2.33E-07	5.60E-10	4.24E-11	0.	0.	2.31E-05	6.31E-04	1.81E-03	4.06E-04	2.87E-03
70	3.80	2.90E-10	0.	2.02E-08	9.87E-08	6.03E-10	0.	0.	0.	2.27E-05	6.83E-04	1.84E-03	4.23E-04	2.97E-03
71	3.70	2.42E-10	0.	2.11E-08	5.25E-07	5.16E-10	0.	0.	0.	2.13E-05	7.40E-04	1.52E-03	4.63E-04	2.74E-03
72	3.60	2.46E-10	0.	1.49E-08	1.01E-06	5.58E-10	0.	0.	0.	1.95E-05	8.04E-04	1.64E-03	5.08E-04	2.97E-03
73	3.50	1.81E-10	0.	1.97E-08	1.52E-07	4.42E-10	0.	0.	0.	1.12E-05	8.74E-04	1.73E-03	5.59E-04	3.17E-03
74	3.40	1.58E-10	0.	1.26E-08	5.87E-07	4.96E-10	0.	0.	0.	1.12E-05	9.56E-04	1.93E-03	6.17E-04	3.51E-03
75	3.30	1.52E-10	0.	1.29E-08	9.76E-07	3.97E-10	0.	0.	0.	1.13E-05	1.05E-03	2.13E-03	6.75E-04	3.87E-03
76	3.20	1.36E-10	0.	8.46E-09	2.40E-07	4.18E-10	0.	0.	0.	1.13E-05	1.15E-03	2.33E-03	7.36E-04	4.23E-03
77	3.10	1.15E-10	0.	6.57E-09	5.60E-07	3.96E-10	0.	0.	0.	1.13E-05	1.27E-03	2.54E-03	7.97E-04	4.62E-03
78	3.00	1.20E-10	0.	4.04E-09	3.08E-07	3.75E-10	0.	0.	0.	1.13E-05	1.40E-03	2.74E-03	8.59E-04	5.01E-03
79	2.90	7.76E-11	0.	2.53E-09	1.99E-07	2.87E-10	0.	0.	0.	1.13E-05	1.55E-03	2.97E-03	9.26E-04	5.46E-03
80	2.80	3.68E-11	0.	1.22E-09	2.65E-07	2.00E-10	0.	0.	0.	1.14E-05	1.73E-03	3.22E-03	1.00E-03	5.96E-03
81	2.70	2.59E-12	0.	5.71E-10	1.10E-07	1.10E-10	0.	0.	0.	1.14E-05	1.93E-03	3.50E-03	1.08E-03	6.52E-03
82	2.60	0.	0.	2.78E-10	2.70E-08	4.86E-11	0.	0.	0.	1.14E-05	2.16E-03	3.80E-03	1.17E-03	7.14E-03
83	2.50	0.	0.	2.97E-11	2.60E-08	1.16E-11	0.	0.	0.	1.14E-05	2.44E-03	4.33E-03	7.04E-04	7.49E-03
84	2.40	0.	1.35E-09	0.	2.08E-08	1.24E-11	0.	0.	0.	1.14E-05	2.74E-03	4.57E-03	7.48E-04	8.07E-03
85	2.30	0.	4.17E-08	0.	0.	0.	0.	0.	0.	1.13E-05	3.14E-03	5.04E-03	9.06E-04	9.10E-03
86	2.20	0.	1.09E-08	0.	0.	0.	0.	0.	0.	1.12E-05	3.60E-03	5.13E-03	1.18E-03	9.92E-03
87	2.10	0.	1.15E-08	0.	0.	0.	0.	0.	0.	1.12E-05	4.15E-03	5.97E-03	1.38E-03	1.15E-02
88	2.00	0.	2.25E-08	0.	0.	0.	0.	0.	0.	1.08E-05	4.82E-03	6.81E-03	1.57E-03	1.32E-02
89	1.90	0.	2.85E-08	0.	0.	0.	0.	0.	0.	1.04E-05	5.63E-03	7.79E-03	1.83E-03	1.53E-02
90	1.80	0.	2.41E-08	0.	0.	0.	0.	0.	0.	9.95E-06	6.64E-03	9.32E-03	2.22E-03	1.82E-02
91	1.70	0.	2.77E-08	0.	0.	0.	0.	0.	0.	9.38E-06	7.90E-03	1.12E-02	2.58E-03	2.17E-02
92	1.60	0.	2.07E-08	0.	0.	0.	0.	0.	0.	7.93E-06	9.50E-03	1.31E-02	3.18E-03	2.58E-02
93	1.50	0.	2.34E-08	0.	0.	0.	0.	0.	0.	3.61E-06	1.16E-02	1.69E-02	3.86E-03	3.24E-02
94	1.40	0.	2.35E-08	0.	0.	0.	0.	0.	0.	0.	1.44E-02	2.11E-02	4.61E-03	4.01E-02
95	1.30	0.	1.80E-08	0.	0.	0.	0.	0.	0.	0.	1.81E-02	2.80E-02	6.09E-03	5.22E-02
96	1.20	0.	1.72E-08	0.	0.	0.	0.	0.	0.	0.	2.31E-02	3.06E-02	6.13E-03	5.98E-02
97	1.10	0.	1.64E-08	0.	0.	0.	0.	3.02E-14	0.	0.	3.01E-02	3.77E-02	7.69E-03	7.55E-02
98	1.00	0.	1.51E-08	0.	0.	0.	0.	4.52E-13	0.	0.	4.02E-02	4.57E-02	9.74E-03	9.56E-02
99	0.90	0.	1.24E-08	0.	0.	0.	0.	5.22E-13	0.	0.	5.56E-02	5.25E-02	1.03E-02	1.18E-01
100	0.80	0.	5.82E-09	0.	0.	0.	0.	1.13E-11	0.	0.	8.00E-02	6.05E-02	1.18E-02	1.52E-01
101	0.70	0.	1.37E-09	0.	0.	0.	0.	1.02E-11	0.	0.	1.21E-01	6.56E-02	1.23E-02	1.99E-01
102	0.60	0.	2.56E-10	0.	0.	0.	0.	3.35E-11	0.	0.	1.95E-01	7.34E-02	1.37E-02	2.82E-01

ABSORPTION COEFFICIENTS OF HEATED AIR (INVERSE CM.)

TEMPERATURE (DEGREES K) 18000. DENSITY (GM/CC) 1.293E-06 (10.0E-04 NORMAL)

	PHOTON ENERGY BANDS E.V.	O2 S-R BANDS	O2 S-R CONT.	N2 B-H NO. 1	NO BETA	NO GAMMA	NO2	O- PHOTO-DET	FREE-FREE (IONS)	N P.F.	O P.F.	TOTAL AIR
1	10.70	0.	0.	1.72E-11	0.	0.	0.	4.19E-08	4.69E-07	3.44E-05	1.17E-05	4.65E-05
2	10.60	0.	0.	1.57E-11	0.	0.	0.	4.20E-08	4.82E-07	3.45E-05	1.16E-05	4.67E-05
3	10.50	0.	0.	1.59E-11	0.	0.	0.	4.20E-08	4.94E-07	3.47E-05	1.16E-05	4.68E-05
4	10.40	0.	0.	1.51E-11	0.	0.	0.	4.21E-08	5.10E-07	3.48E-05	1.15E-05	4.69E-05
5	10.30	0.	0.	1.33E-11	0.	0.	0.	4.22E-08	5.24E-07	3.49E-05	1.15E-05	4.70E-05
6	10.20	0.	0.	1.36E-11	0.	0.	0.	4.22E-08	5.41E-07	3.51E-05	1.14E-05	4.71E-05
7	10.10	0.	0.	1.28E-11	0.	0.	0.	4.23E-08	5.58E-07	3.51E-05	1.14E-05	4.71E-05
8	10.00	0.	0.	1.13E-11	0.	0.	0.	4.23E-08	5.75E-07	3.38E-05	1.14E-05	4.58E-05
9	9.90	0.	0.	1.16E-11	0.	0.	0.	4.24E-08	5.92E-07	3.39E-05	1.13E-05	4.59E-05
10	9.80	0.	0.	1.09E-11	0.	0.	0.	4.25E-08	6.11E-07	3.40E-05	1.13E-05	4.59E-05
11	9.70	0.	0.	9.44E-12	0.	0.	0.	4.26E-08	6.30E-07	3.41E-05	1.12E-05	4.60E-05
12	9.60	0.	0.	1.02E-11	0.	0.	0.	4.26E-08	6.51E-07	3.42E-05	1.12E-05	4.61E-05
13	9.50	0.	0.	8.75E-12	0.	0.	0.	4.27E-08	6.72E-07	3.43E-05	1.11E-05	4.61E-05
14	9.40	0.	0.	8.29E-12	0.	0.	0.	4.29E-08	6.93E-07	3.44E-05	1.11E-05	4.62E-05
15	9.30	0.	0.	8.50E-12	0.	0.	0.	4.30E-08	7.16E-07	3.45E-05	1.10E-05	4.63E-05
16	9.20	0.	0.	7.07E-12	0.	0.	0.	4.32E-08	7.40E-07	3.46E-05	1.10E-05	4.64E-05
17	9.10	0.	0.	7.26E-12	0.	0.	0.	4.33E-08	7.65E-07	1.29E-05	1.10E-05	2.47E-05
18	9.00	0.	0.	6.62E-12	0.	0.	0.	4.35E-08	7.91E-07	1.29E-05	1.09E-05	2.47E-05
19	8.90	0.	0.	6.14E-12	0.	0.	0.	4.36E-08	8.18E-07	1.29E-05	1.09E-05	2.47E-05
20	8.80	0.	0.	6.04E-12	0.	0.	0.	4.38E-08	8.46E-07	1.29E-05	1.08E-05	2.47E-05
21	8.70	0.	0.	5.25E-12	0.	0.	0.	4.40E-08	8.76E-07	1.30E-05	1.08E-05	2.47E-05
22	8.60	0.	0.	5.42E-12	0.	0.	0.	4.41E-08	9.07E-07	1.30E-05	1.07E-05	2.47E-05
23	8.50	0.	0.	4.76E-12	0.	0.	0.	4.43E-08	9.40E-07	1.30E-05	1.07E-05	2.48E-05
24	8.40	0.	0.	4.74E-12	0.	0.	0.	4.45E-08	9.74E-07	1.31E-05	1.07E-05	2.48E-05
25	8.30	0.	0.	4.03E-12	0.	0.	0.	4.47E-08	1.01E-06	1.31E-05	1.07E-05	2.49E-05
26	8.20	0.	0.	4.08E-12	0.	0.	0.	4.50E-08	1.05E-06	1.32E-05	1.07E-05	2.50E-05
27	8.10	0.	0.	3.53E-12	0.	0.	0.	4.52E-08	1.09E-06	1.32E-05	1.07E-05	2.50E-05
28	8.00	0.	0.	3.56E-12	0.	0.	0.	4.54E-08	1.13E-06	1.33E-05	1.07E-05	2.52E-05
29	7.90	0.	0.	3.07E-12	0.	0.	0.	4.57E-08	1.17E-06	1.34E-05	1.07E-05	2.53E-05
30	7.80	0.	0.	3.19E-12	0.	0.	0.	4.59E-08	1.22E-06	1.35E-05	1.08E-05	2.55E-05
31	7.70	0.	0.	2.80E-12	0.	1.81E-16	0.	4.61E-08	1.27E-06	1.36E-05	1.08E-05	2.56E-05
32	7.60	0.	0.	2.47E-12	0.	6.18E-16	0.	4.64E-08	1.32E-06	1.34E-05	1.08E-05	2.56E-05
33	7.50	0.	0.	2.48E-12	0.	5.13E-15	0.	4.66E-08	1.37E-06	1.35E-05	1.08E-05	2.58E-05
34	7.40	0.	0.	2.23E-12	0.	2.04E-14	0.	4.69E-08	1.43E-06	1.36E-05	1.08E-05	2.59E-05
35	7.30	0.	0.	2.11E-12	0.	5.59E-14	0.	4.71E-08	1.49E-06	1.37E-05	1.09E-05	2.61E-05
36	7.20	0.	0.	1.91E-12	0.	1.74E-13	0.	4.74E-08	1.55E-06	1.38E-05	1.09E-05	2.63E-05
37	7.10	0.	0.	1.84E-12	0.	3.47E-13	0.	4.78E-08	1.62E-06	1.39E-05	1.09E-05	2.65E-05
38	7.00	7.76E-16	0.	1.69E-12	0.	3.47E-13	0.	4.81E-08	1.69E-06	1.40E-05	1.09E-05	2.67E-05
39	6.90	1.52E-15	0.	1.56E-12	0.	4.80E-13	0.	4.85E-08	1.77E-06	1.41E-05	1.09E-05	2.69E-05
40	6.80	1.31E-15	0.	1.50E-12	0.	8.35E-13	0.	4.89E-08	1.85E-06	1.42E-05	1.10E-05	2.71E-05
41	6.70	9.55E-16	0.	1.32E-12	0.	8.31E-13	0.	4.93E-08	1.93E-06	1.43E-05	1.10E-05	2.73E-05
42	6.60	5.82E-16	0.	1.11E-12	0.	6.80E-13	0.	4.97E-08	2.02E-06	1.44E-05	1.10E-05	2.75E-05
43	6.50	3.36E-16	0.	9.45E-13	1.00E-12	1.00E-12	0.	5.01E-08	2.12E-06	1.46E-05	1.11E-05	2.78E-05
44	6.40	1.93E-16	0.	6.55E-13	3.44E-15	9.49E-13	0.	5.05E-08	2.21E-06	1.47E-05	1.11E-05	2.81E-05
45	6.30	1.12E-16	0.	4.11E-13	1.62E-14	6.75E-13	0.	5.09E-08	2.33E-06	1.49E-05	1.12E-05	2.85E-05
46	6.20	5.07E-17	0.	2.28E-13	2.31E-14	2.25E-13	0.	5.13E-08	2.44E-06	1.51E-05	1.13E-05	2.88E-05
47	6.10	2.33E-17	0.	1.07E-13	6.59E-14	1.15E-13	0.	5.16E-08	2.56E-06	1.52E-05	1.14E-05	2.92E-05
48	6.00	9.73E-18	0.	2.78E-14	6.35E-14	5.63E-13	0.	5.20E-08	2.70E-06	1.55E-05	1.15E-05	2.97E-05
49	5.90	2.40E-18	0.	1.96E-15	9.22E-14	5.50E-13	0.	5.20E-08	2.84E-06	1.57E-05	1.16E-05	3.02E-05
50	5.80	3.05E-19	0.	4.94E-17	1.30E-13	5.67E-13	0.	5.13E-08	2.99E-06	1.59E-05	1.17E-05	3.07E-05
51	5.70	2.25E-20	0.	0.	1.52E-13	6.34E-13	0.	4.81E-08	3.15E-06	1.62E-05	1.18E-05	3.12E-05

354

ABSORPTION COEFFICIENTS OF HEATED AIR (INVERSE CM.)

TEMPERATURE (DEGREES K) 18000. DENSITY (GM/CC) 1.293E-06 (10.0E-04 NORMAL)

	PHOTON ENERGY	O2 S-R BANDS	N2 1ST POS.	N2 2ND POS.	N2+ 1ST NEG.	NO BETA	NO GAMMA	NO VIB-ROT	NO2	O- PHOTO-DET	FREE-FREE (IONS)	N P.E.	O P.E.	TOTAL AIR
52	5.60	1.02E-21	0.	0.	0.	1.30E-13	8.40E-13	0.	0.	4.48E-08	3.32E-06	1.64E-05	1.19E-05	3.17E-05
53	5.50	0.	0.	0.	0.	1.59E-13	7.79E-13	0.	0.	4.50E-08	3.51E-06	1.68E-05	1.20E-05	3.24E-05
54	5.40	0.	0.	0.	0.	1.46E-13	6.33E-13	0.	0.	4.52E-08	3.71E-06	1.72E-05	1.22E-05	3.32E-05
55	5.30	0.	0.	0.	0.	1.50E-13	8.00E-13	0.	0.	4.55E-08	3.92E-06	1.77E-05	1.24E-05	3.40E-05
56	5.20	0.	0.	0.	0.	1.62E-13	6.04E-13	0.	0.	4.58E-08	4.15E-06	1.77E-05	1.26E-05	3.45E-05
57	5.10	0.	0.	0.	0.	1.61E-13	7.76E-13	0.	0.	4.62E-08	4.41E-06	1.82E-05	1.28E-05	3.55E-05
58	5.00	1.39E-14	0.	0.	0.	1.48E-13	7.29E-13	0.	0.	4.66E-08	4.68E-06	1.88E-05	1.30E-05	3.66E-05
59	4.90	3.39E-14	0.	0.	0.	1.65E-13	7.96E-13	0.	0.	4.70E-08	4.97E-06	1.95E-05	1.33E-05	3.77E-05
60	4.80	6.36E-14	0.	0.	0.	1.77E-13	7.48E-13	0.	0.	4.74E-08	5.30E-06	2.02E-05	1.35E-05	3.91E-05
61	4.70	8.60E-14	0.	1.41E-13	0.	1.77E-13	6.80E-13	0.	0.	4.78E-08	5.65E-06	2.09E-05	1.39E-05	4.05E-05
62	4.60	1.19E-13	0.	4.23E-13	0.	1.82E-13	6.17E-13	0.	0.	4.81E-08	6.03E-06	2.18E-05	1.43E-05	4.21E-05
63	4.50	1.25E-13	0.	1.39E-12	0.	1.67E-13	4.65E-13	0.	0.	4.85E-08	6.44E-06	2.28E-05	1.46E-05	4.40E-05
64	4.40	1.34E-13	0.	4.35E-12	0.	1.68E-13	3.20E-13	0.	0.	4.89E-08	6.90E-06	2.40E-05	1.50E-05	4.59E-05
65	4.30	1.27E-13	0.	1.18E-12	0.	1.69E-13	2.01E-13	0.	0.	4.93E-08	7.39E-06	2.52E-05	1.54E-05	4.81E-05
66	4.20	1.18E-13	0.	1.94E-12	0.	1.69E-13	1.41E-13	0.	0.	4.97E-08	7.94E-06	2.64E-05	1.58E-05	5.03E-05
67	4.10	1.11E-13	0.	6.39E-12	0.	1.66E-13	3.92E-14	0.	0.	4.99E-08	8.54E-06	2.77E-05	1.59E-05	5.21E-05
68	4.00	1.03E-13	0.	2.99E-12	1.03E-10	1.60E-13	2.95E-14	0.	0.	5.01E-08	9.21E-06	2.89E-05	6.76E-06	4.49E-05
69	3.90	8.74E-14	0.	4.78E-12	1.39E-10	1.48E-13	1.12E-14	0.	0.	4.99E-08	9.94E-06	2.79E-05	6.97E-06	4.49E-05
70	3.80	9.59E-14	0.	4.99E-12	1.86E-10	1.59E-13	0.	0.	0.	4.97E-08	1.08E-05	2.26E-05	7.26E-06	4.07E-05
71	3.70	8.55E-14	0.	3.53E-12	9.92E-10	1.36E-13	0.	0.	0.	4.89E-08	1.17E-05	2.36E-05	7.96E-06	4.33E-05
72	3.60	7.73E-14	0.	4.67E-12	1.90E-09	1.47E-13	0.	0.	0.	4.58E-08	1.27E-05	2.55E-05	8.73E-06	4.70E-05
73	3.50	7.23E-14	0.	2.97E-12	2.87E-10	1.17E-13	0.	0.	0.	4.19E-08	1.38E-05	2.70E-05	9.60E-06	5.04E-05
74	3.40	6.65E-14	0.	3.05E-12	1.11E-09	1.31E-13	0.	0.	0.	2.42E-08	1.51E-05	3.00E-05	1.06E-05	5.57E-05
75	3.30	5.33E-14	0.	2.05E-12	1.84E-09	1.05E-13	0.	0.	0.	2.42E-08	1.65E-05	3.31E-05	1.16E-05	6.12E-05
76	3.20	4.65E-14	0.	1.56E-12	4.53E-10	1.10E-13	0.	0.	0.	2.43E-08	1.81E-05	3.62E-05	1.26E-05	6.70E-05
77	3.10	4.47E-14	0.	9.56E-13	1.06E-09	1.05E-13	0.	0.	0.	2.43E-08	1.99E-05	3.94E-05	1.37E-05	7.31E-05
78	3.00	4.02E-14	0.	5.99E-13	5.81E-10	9.90E-14	0.	0.	0.	2.44E-08	2.20E-05	4.27E-05	1.47E-05	7.95E-05
79	2.90	3.39E-14	0.	2.88E-13	5.01E-10	7.58E-14	0.	0.	0.	2.44E-08	2.44E-05	4.61E-05	1.59E-05	8.65E-05
80	2.80	3.53E-14	0.	3.76E-13	3.76E-10	0.	0.	0.	0.	2.45E-08	2.72E-05	5.01E-05	1.72E-05	9.45E-05
81	2.70	2.29E-14	0.	1.35E-13	5.09E-11	0.	0.	0.	0.	2.45E-08	3.04E-05	5.44E-05	1.86E-05	1.03E-04
82	2.60	1.08E-14	0.	6.57E-14	4.91E-11	0.	0.	0.	0.	2.45E-08	3.41E-05	5.86E-05	2.01E-05	1.13E-04
83	2.50	7.62E-16	0.	7.02E-15	3.93E-11	0.	0.	0.	0.	2.43E-08	3.84E-05	6.65E-05	2.27E-05	1.13E-04
84	2.40	0.	3.20E-13	0.	0.	0.	0.	0.	0.	2.42E-08	4.35E-05	6.70E-05	2.03E-05	1.34E-04
85	2.30	0.	9.87E-13	0.	0.	0.	0.	0.	0.	2.41E-08	4.95E-05	7.92E-05	2.37E-05	1.56E-04
86	2.20	0.	2.59E-12	0.	0.	0.	0.	0.	0.	2.33E-08	5.67E-05	8.54E-05	2.70E-05	1.81E-04
87	2.10	0.	2.71E-12	0.	0.	0.	0.	0.	0.	2.24E-08	6.54E-05	9.22E-05	3.14E-05	2.08E-04
88	2.00	0.	5.34E-12	0.	0.	0.	0.	0.	0.	2.14E-08	7.59E-05	1.05E-04	3.81E-05	2.40E-04
89	1.90	0.	6.74E-12	0.	0.	0.	0.	0.	0.	2.02E-08	8.87E-05	1.20E-04	4.63E-05	2.87E-04
90	1.80	0.	5.71E-12	0.	0.	0.	0.	0.	0.	1.71E-08	1.05E-04	1.44E-04	5.45E-05	3.44E-04
91	1.70	0.	4.55E-12	0.	0.	0.	0.	0.	0.	7.77E-09	1.24E-04	1.73E-04	6.62E-05	4.06E-04
92	1.60	0.	4.89E-12	0.	0.	0.	0.	0.	0.	0.	1.50E-04	2.02E-04	7.91E-05	5.10E-04
93	1.50	0.	5.63E-12	0.	0.	0.	0.	0.	0.	0.	1.83E-04	2.61E-04	9.87E-05	6.16E-04
94	1.40	0.	5.57E-12	0.	0.	0.	0.	0.	0.	0.	2.27E-04	3.10E-04	1.05E-04	7.04E-04
95	1.30	0.	4.27E-12	0.	0.	0.	0.	0.	0.	0.	2.85E-04	4.31E-04	1.24E-04	8.15E-04
96	1.20	0.	4.08E-12	0.	0.	0.	0.	0.	0.	0.	3.64E-04	4.71E-04	1.50E-04	9.40E-04
97	1.10	0.	3.89E-12	0.	0.	0.	0.	7.98E-18	0.	0.	4.74E-04	7.04E-04	1.76E-04	1.19E-03
98	1.00	0.	3.57E-12	0.	0.	0.	0.	1.19E-16	0.	0.	6.33E-04	8.09E-04	2.03E-04	1.49E-03
99	0.90	0.	2.93E-12	0.	0.	0.	0.	1.38E-16	0.	0.	8.76E-04	9.31E-04	2.10E-04	1.86E-03
100	0.80	0.	1.38E-12	0.	0.	0.	0.	2.99E-15	0.	0.	1.26E-03	1.01E-03	2.10E-04	2.39E-03
101	0.70	0.	1.35E-13	0.	0.	0.	0.	2.69E-15	0.	0.	1.90E-03	1.01E-03	2.35E-04	3.12E-03
102	0.60	0.	6.05E-14	0.	0.	0.	0.	8.79E-15	0.	0.	3.07E-03	1.02E-03	2.35E-04	4.33E-03

ABSORPTION COEFFICIEN. , OF HEATED AIR (INVERSE (M.)

TEMPERATURE (DEGREES K) 18000.   DENSITY (GM/CC) 1.293E-07 (10.0E-05 NORMAL)

PHOTON ENERGY BANDS E.V.	O2 S-R CONT.	O2 S-R	N2 R-H NO. 1	NO BETA	NO GAMMA	NO2	O- PHOTO-DET	FREE-FREE (IONS)	N P.F.	O P.F.	TOTAL AIR
1 10.70	0.		1.95E-15	0.	0.	0.	4.75E-11	5.10E-09	5.00E-07	1.28E-07	6.33E-07
2 10.60	0.		1.78E-15	0.	0.	0.	4.76E-11	5.25E-09	5.04E-07	1.27E-07	6.37E-07
3 10.50	0.		1.80E-15	0.	0.	0.	4.76E-11	5.40E-09	3.84E-07	1.27E-07	5.16E-07
4 10.40	0.		1.71E-15	0.	0.	0.	4.77E-11	5.56E-09	3.85E-07	1.26E-07	5.17E-07
5 10.30	0.		1.49E-15	0.	0.	0.	4.78E-11	5.72E-09	3.87E-07	1.25E-07	5.18E-07
6 10.20	0.		1.54E-15	0.	0.	0.	4.78E-11	5.90E-09	3.88E-07	1.25E-07	5.19E-07
7 10.10	0.		1.45E-15	0.	0.	0.	4.79E-11	6.07E-09	3.89E-07	1.24E-07	5.20E-07
8 10.00	0.		1.31E-15	0.	0.	0.	4.79E-11	6.24E-09	3.89E-07	1.24E-07	5.21E-07
9 9.90	0.		1.28E-15	0.	0.	0.	4.80E-11	6.45E-09	3.90E-07	1.23E-07	5.22E-07
10 9.80	0.		1.24E-15	0.	0.	0.	4.81E-11	6.64E-09	3.92E-07	1.23E-07	5.23E-07
11 9.70	0.		1.07E-15	0.	0.	0.	4.83E-11	6.87E-09	3.93E-07	1.22E-07	5.24E-07
12 9.60	0.		1.16E-15	0.	0.	0.	4.83E-11	7.06E-09	3.94E-07	1.22E-07	5.25E-07
13 9.50	0.		9.91E-16	0.	0.	0.	4.84E-11	7.31E-09	3.96E-07	1.21E-07	5.26E-07
14 9.40	0.		9.39E-16	0.	0.	0.	4.86E-11	7.55E-09	3.97E-07	1.21E-07	2.98E-07
15 9.30	0.		9.63E-16	0.	0.	0.	4.87E-11	7.80E-09	1.69E-07	1.21E-07	2.98E-07
16 9.20	0.		8.01E-16	0.	0.	0.	4.89E-11	8.06E-09	1.69E-07	1.20E-07	2.98E-07
17 9.10	0.		8.25E-16	0.	0.	0.	4.91E-11	8.33E-09	1.70E-07	1.20E-07	2.98E-07
18 9.00	0.		7.50E-16	0.	0.	0.	4.93E-11	8.61E-09	1.70E-07	1.19E-07	2.98E-07
19 8.90	0.		6.95E-16	0.	0.	0.	4.94E-11	8.91E-09	1.71E-07	1.19E-07	2.99E-07
20 8.80	0.		6.84E-16	0.	0.	0.	4.96E-11	9.22E-09	1.71E-07	1.19E-07	2.99E-07
21 8.70	0.		5.95E-16	0.	0.	0.	4.98E-11	9.54E-09	1.72E-07	1.18E-07	3.00E-07
22 8.60	0.		6.14E-16	0.	0.	0.	5.00E-11	9.88E-09	1.72E-07	1.17E-07	3.00E-07
23 8.50	0.		5.39E-16	0.	0.	0.	5.01E-11	1.02E-08	1.73E-07	1.17E-07	3.01E-07
24 8.40	0.		5.36E-16	0.	0.	0.	5.04E-11	1.06E-08	1.74E-07	1.17E-07	3.02E-07
25 8.30	0.		4.56E-16	0.	0.	0.	5.07E-11	1.10E-08	1.75E-07	1.16E-07	3.04E-07
26 8.20	0.		4.62E-16	0.	0.	0.	5.09E-11	1.14E-08	1.76E-07	1.17E-07	2.85E-07
27 8.10	0.		4.00E-16	0.	0.	0.	5.12E-11	1.18E-08	1.56E-07	1.17E-07	2.88E-07
28 8.00	0.		4.03E-16	0.	0.	0.	5.15E-11	1.23E-08	1.58E-07	1.17E-07	2.88E-07
29 7.90	0.		3.48E-16	0.	0.	0.	5.17E-11	1.28E-08	1.60E-07	1.17E-07	2.90E-07
30 7.80	0.		3.61E-16	0.	0.	0.	5.20E-11	1.33E-08	1.61E-07	1.18E-07	2.92E-07
31 7.70	0.		3.18E-16	0.	0.	0.	5.23E-11	1.38E-08	1.63E-07	1.18E-07	2.95E-07
32 7.60	0.		3.02E-16	0.	2.10E-20	0.	5.25E-11	1.44E-08	1.65E-07	1.18E-07	2.97E-07
33 7.50	0.		2.80E-16	0.	7.17E-20	0.	5.28E-11	1.49E-08	1.67E-07	1.18E-07	3.00E-07
34 7.40	0.		2.52E-16	0.	5.95E-19	0.	5.31E-11	1.56E-08	1.69E-07	1.19E-07	3.03E-07
35 7.30	0.		2.40E-16	0.	2.36E-18	0.	5.34E-11	1.62E-08	1.71E-07	1.19E-07	3.06E-07
36 7.20	0.		2.17E-16	0.	6.48E-18	0.	5.37E-11	1.69E-08	1.73E-07	1.19E-07	3.09E-07
37 7.10	0.		2.09E-16	0.	2.02E-17	0.	5.41E-11	1.76E-08	1.75E-07	1.19E-07	3.13E-07
38 7.00	0.	7.22E-20	1.92E-16	0.	4.03E-17	0.	5.45E-11	1.84E-08	1.75E-07	1.20E-07	3.14E-07
39 6.90	0.	1.80E-19	1.76E-16	0.	5.57E-17	0.	5.50E-11	1.92E-08	1.78E-07	1.20E-07	3.17E-07
40 6.80	0.	1.56E-19	1.70E-16	0.	9.69E-17	0.	5.54E-11	2.01E-08	1.81E-07	1.20E-07	3.21E-07
41 6.70	0.	1.13E-19	1.49E-16	0.	9.64E-17	0.	5.59E-11	2.10E-08	1.82E-07	1.21E-07	3.24E-07
42 6.60	0.	4.92E-20	1.34E-16	0.	7.89E-17	0.	5.63E-11	2.20E-08	1.85E-07	1.21E-07	3.29E-07
43 6.50	0.	4.00E-20	1.07E-16	0.	1.16E-16	0.	5.67E-11	2.30E-08	1.84E-07	1.22E-07	3.33E-07
44 6.40	0.	2.29E-20	7.48E-17	3.99E-19	1.10E-16	0.	5.72E-11	2.42E-08	1.91E-07	1.22E-07	3.38E-07
45 6.30	0.	1.33E-20	4.65E-17	1.88E-18	7.83E-17	0.	5.76E-11	2.53E-08	1.94E-07	1.23E-07	3.43E-07
46 6.20	0.	5.02E-21	2.58E-17	2.67E-18	1.07E-16	0.	5.81E-11	2.64E-08	1.97E-07	1.24E-07	3.48E-07
47 6.10	0.	2.77E-21	1.22E-17	7.64E-18	1.34E-16	0.	5.85E-11	2.79E-08	2.01E-07	1.25E-07	3.54E-07
48 6.00	0.	1.16E-21	3.10E-18	7.34E-18	6.54E-17	0.	5.89E-11	2.94E-08	2.05E-07	1.26E-07	3.60E-07
49 5.90	0.	2.85E-22	2.22E-19	1.08E-17	6.38E-17	0.	5.89E-11	3.09E-08	2.09E-07	1.27E-07	3.67E-07
50 5.80	0.	3.63E-23	5.60E-21	1.51E-17	6.57E-17	0.	5.81E-11	3.25E-08	2.13E-07	1.29E-07	3.74E-07
51 5.70	0.	2.67E-24	0.	1.77E-17	7.55E-17	0.	5.45E-11	3.43E-08	1.78E-07	1.29E-07	3.41E-07

ABSORPTION COEFFICIENTS OF HEATED AIR (INVERSE CM.)

TEMPERATURE (DEGREES K) 18000.   DENSITY (GM/CC) 1.293E-07   (10.0E-05 NORMAL)

	PHOTON ENERGY	O2 S-R BANDS	N2 1ST POS.	N2 2ND POS.	N2+ 1ST NEG.	NO BETA	NO GAMMA	NO VIB-ROT	NO2	O- PHOTO-DET	FREE-FREE (IONS)	N P.E.	O P.E.	TOTAL AIR
52	5.60	1.21E-25	0.	0.	0.	0.	9.74E-17	0.	0.	5.07E-11	3.62E-08	1.81E-07	1.30E-07	3.48E-07
53	5.50	0.	0.	0.	0.	0.	9.03E-17	0.	0.	5.10E-11	3.82E-08	1.86E-07	1.32E-07	3.55E-07
54	5.40	0.	0.	0.	0.	0.	7.35E-17	0.	0.	5.12E-11	4.04E-08	1.91E-07	1.33E-07	3.65E-07
55	5.30	0.	0.	0.	0.	0.	9.28E-17	0.	0.	5.16E-11	4.27E-08	1.96E-07	1.35E-07	3.74E-07
56	5.20	0.	0.	0.	0.	0.	7.01E-17	0.	0.	5.19E-11	4.52E-08	2.02E-07	1.38E-07	3.85E-07
57	5.10	0.	0.	0.	0.	1.51E-17	8.46E-17	0.	0.	5.23E-11	4.80E-08	2.08E-07	1.40E-07	3.96E-07
58	5.00	1.66E-18	0.	0.	0.	1.84E-17	9.24E-17	0.	0.	5.28E-11	5.10E-08	2.15E-07	1.42E-07	4.08E-07
59	4.90	4.03E-18	0.	0.	0.	1.70E-17	8.68E-17	0.	0.	5.32E-11	5.42E-08	2.22E-07	1.45E-07	4.22E-07
60	4.80	7.56E-18	0.	0.	0.	1.74E-17	7.88E-17	0.	0.	5.37E-11	5.77E-08	2.31E-07	1.48E-07	4.36E-07
61	4.70	1.02E-17	0.	0.	0.	1.87E-17	7.16E-17	0.	0.	5.41E-11	6.15E-08	2.39E-07	1.52E-07	4.54E-07
62	4.60	1.41E-17	0.	0.	0.	1.87E-17	7.88E-17	0.	0.	5.45E-11	6.56E-08	2.50E-07	1.56E-07	4.71E-07
63	4.50	1.48E-17	0.	1.60E-17	0.	1.71E-17	5.39E-17	0.	0.	5.50E-11	7.02E-08	2.63E-07	1.60E-07	4.93E-07
64	4.40	1.59E-17	0.	4.79E-17	0.	1.91E-17	3.71E-17	0.	0.	5.54E-11	7.51E-08	2.76E-07	1.65E-07	5.15E-07
65	4.30	1.70E-17	0.	5.01E-16	0.	2.05E-17	2.33E-17	0.	0.	5.59E-11	8.05E-08	2.90E-07	1.47E-07	5.39E-07
66	4.20	1.40E-17	0.	2.20E-16	0.	2.11E-17	1.63E-17	0.	0.	5.63E-11	8.65E-08	3.05E-07	1.41E-07	5.33E-07
67	4.10	1.32E-17	0.	7.24E-16	0.	1.94E-17	4.54E-18	0.	0.	5.65E-11	9.30E-08	3.20E-07	7.17E-08	4.85E-07
68	4.00	1.22E-17	0.	3.39E-16	0.	1.95E-17	3.43E-18	0.	0.	5.65E-11	1.00E-07	3.07E-07	7.41E-08	4.81E-07
69	3.90	1.04E-17	0.	5.41E-16	1.13E-13	1.86E-17	1.30E-18	0.	0.	5.63E-11	1.08E-07	2.59E-07	7.65E-08	4.44E-07
70	3.80	1.14E-17	0.	5.65E-16	4.79E-13	1.96E-17	0.	0.	0.	5.54E-11	1.17E-07	2.71E-07	7.97E-08	4.68E-07
71	3.70	1.02E-17	0.	4.00E-16	2.03E-13	1.92E-17	0.	0.	0.	5.19E-11	1.27E-07	2.72E-07	8.73E-08	4.86E-07
72	3.60	9.18E-18	0.	5.28E-16	1.08E-12	1.86E-17	0.	0.	0.	4.75E-11	1.38E-07	2.93E-07	9.58E-08	5.27E-07
73	3.50	8.59E-18	0.	3.37E-16	2.07E-12	1.72E-17	0.	0.	0.	2.74E-11	1.50E-07	3.23E-07	1.05E-07	5.78E-07
74	3.40	7.90E-18	0.	3.45E-16	3.12E-13	1.85E-17	0.	0.	0.	2.75E-11	1.64E-07	3.57E-07	1.16E-07	6.37E-07
75	3.30	6.33E-18	0.	2.27E-16	1.01E-12	1.58E-17	0.	0.	0.	2.76E-11	1.79E-07	3.91E-07	1.27E-07	6.97E-07
76	3.20	5.53E-18	0.	1.76E-16	2.01E-12	1.71E-17	0.	0.	0.	2.76E-11	1.94E-07	3.94E-07	1.38E-07	7.26E-07
77	3.10	5.31E-18	0.	1.08E-16	4.94E-13	1.35E-17	0.	0.	0.	2.76E-11	2.17E-07	4.29E-07	1.50E-07	7.96E-07
78	3.00	4.77E-18	0.	6.78E-17	1.15E-12	1.52E-17	0.	0.	0.	2.77E-11	2.40E-07	4.65E-07	1.62E-07	8.67E-07
79	2.90	4.02E-18	0.	3.27E-17	6.34E-13	1.28E-17	0.	0.	0.	2.77E-11	2.66E-07	5.03E-07	1.74E-07	9.43E-07
80	2.80	4.20E-18	0.	1.53E-17	4.10E-13	1.21E-17	0.	0.	0.	2.77E-11	2.96E-07	5.47E-07	1.88E-07	1.03E-06
81	2.70	2.72E-18	0.	7.44E-18	5.46E-13	1.08E-17	0.	0.	0.	2.77E-11	3.31E-07	5.94E-07	1.76E-07	1.10E-06
82	2.60	1.29E-18	0.	7.95E-19	5.55E-14	1.15E-17	0.	0.	0.	2.77E-11	3.71E-07	6.41E-07	1.10E-07	1.12E-06
83	2.50	4.05E-20	0.	0.	5.35E-14	6.13E-18	0.	0.	0.	2.75E-11	4.17E-07	7.04E-07	1.28E-07	1.25E-06
84	2.40	0.	3.63E-17	0.	4.28E-14	3.36E-18	0.	0.	0.	2.73E-11	4.73E-07	7.43E-07	1.56E-07	1.37E-06
85	2.30	0.	1.12E-16	0.	0.	1.49E-18	0.	0.	0.	2.64E-11	5.39E-07	7.75E-07	1.86E-07	1.50E-06
86	2.20	0.	2.92E-16	0.	0.	3.56E-19	0.	0.	0.	2.54E-11	6.15E-07	1.02E-06	2.26E-07	1.86E-06
87	2.10	0.	3.07E-16	0.	0.	3.80E-20	0.	0.	0.	2.43E-11	7.12E-07	1.16E-06	2.59E-07	2.13E-06
88	2.00	0.	6.04E-16	0.	0.	0.	0.	0.	0.	2.29E-11	8.26E-07	1.32E-06	2.96E-07	2.44E-06
89	1.90	0.	7.63E-16	0.	0.	0.	0.	0.	0.	1.93E-11	9.66E-07	1.58E-06	3.43E-07	2.89E-06
90	1.80	0.	7.42E-16	0.	0.	0.	0.	0.	0.	8.80E-12	1.14E-06	1.85E-06	4.16E-07	3.41E-06
91	1.70	0.	5.54E-16	0.	0.	0.	0.	0.	0.	0.	1.35E-06	2.17E-06	5.05E-07	4.03E-06
92	1.60	0.	6.38E-16	0.	0.	0.	0.	0.	0.	0.	1.63E-06	2.51E-06	5.71E-07	4.71E-06
93	1.50	0.	6.31E-16	0.	0.	0.	0.	0.	0.	0.	1.99E-06	2.65E-06	6.98E-07	5.34E-06
94	1.40	0.	4.84E-16	0.	0.	0.	0.	0.	0.	0.	2.47E-06	3.10E-06	8.54E-07	6.42E-06
95	1.30	0.	4.62E-16	0.	0.	0.	0.	0.	0.	0.	3.10E-06	3.71E-06	6.06E-07	7.42E-06
96	1.20	0.	4.40E-16	0.	0.	0.	0.	9.26E-22	0.	0.	3.94E-06	4.89E-06	1.15E-06	9.98E-06
97	1.10	0.	4.04E-16	0.	0.	0.	0.	1.38E-20	0.	0.	5.16E-06	6.21E-06	1.35E-06	1.27E-05
98	1.00	0.	3.32E-16	0.	0.	0.	0.	1.40E-20	0.	0.	6.89E-06	7.35E-06	1.64E-06	1.59E-05
99	0.90	0.	1.56E-16	0.	0.	0.	0.	3.47E-19	0.	0.	9.53E-06	8.57E-06	1.92E-06	2.05E-05
100	0.80	0.	3.68E-17	0.	0.	0.	0.	3.12E-19	0.	0.	1.37E-05	9.31E-06	2.02E-06	2.52E-05
101	0.70	0.	6.86E-18	0.	0.	0.	0.	1.56E-19	0.	0.	2.07E-05	8.86E-06	1.75E-06	3.13E-05
102	0.60	0.	0.	0.	0.	0.	0.	1.02E-18	0.	0.	3.34E-05	9.98E-06	1.98E-06	4.54E-05

ABSORPTION COEFFICIE. OF HEATED AIR (INVERSE CM.)

TEMPERATURE (DEGREES K) 18000.   DENSITY (GM/CC) 1.293E-08 (1.0E-05 NORMAL)

#	PHOTON ENERGY E.V.	O2 S-R BANDS	O2 S-R CONT.	N2 R-H NO. 1	NO BETA	NO GAMMA	NO 2	O- PHOTO-DET (IONS)	FREE-FREE (IONS)	N P.E.	O P.E.	TOTAL AIR
1	10.70	0.	0.	1.94E-19	0.	0.	0.	5.20E-14	6.01E-11	6.38E-09	1.40E-09	7.84E-09
2	10.60	0.	0.	1.76E-19	0.	0.	0.	5.21E-14	6.19E-11	6.42E-09	1.39E-09	7.87E-09
3	10.50	0.	0.	1.78E-19	0.	0.	0.	5.21E-14	6.37E-11	6.45E-09	1.39E-09	7.90E-09
4	10.40	0.	0.	1.69E-19	0.	0.	0.	5.22E-14	6.55E-11	6.48E-09	1.38E-09	7.93E-09
5	10.30	0.	0.	1.48E-19	0.	0.	0.	5.23E-14	6.75E-11	6.51E-09	1.38E-09	7.95E-09
6	10.20	0.	0.	1.53E-19	0.	0.	0.	5.24E-14	6.95E-11	6.55E-09	1.37E-09	8.00E-09
7	10.10	0.	0.	1.44E-19	0.	0.	0.	5.24E-14	7.16E-11	6.60E-09	1.37E-09	8.04E-09
8	10.00	0.	0.	1.27E-19	0.	0.	0.	5.25E-14	7.37E-11	6.65E-09	1.36E-09	8.09E-09
9	9.90	0.	0.	1.30E-19	0.	0.	0.	5.26E-14	7.60E-11	6.70E-09	1.36E-09	8.13E-09
10	9.80	0.	0.	1.22E-19	0.	0.	0.	5.27E-14	7.84E-11	6.75E-09	1.36E-09	8.18E-09
11	9.70	0.	0.	1.06E-19	0.	0.	0.	5.28E-14	8.09E-11	6.79E-09	1.35E-09	8.22E-09
12	9.60	0.	0.	1.15E-19	0.	0.	0.	5.29E-14	8.35E-11	6.84E-09	1.35E-09	8.27E-09
13	9.50	0.	0.	9.82E-20	0.	0.	0.	5.30E-14	8.62E-11	6.89E-09	1.34E-09	8.31E-09
14	9.40	0.	0.	9.31E-20	0.	0.	0.	5.32E-14	8.90E-11	6.94E-09	1.34E-09	8.36E-09
15	9.30	0.	0.	9.55E-20	0.	0.	0.	5.34E-14	9.19E-11	4.70E-09	1.33E-09	6.12E-09
16	9.20	0.	0.	7.94E-20	0.	0.	0.	5.36E-14	9.49E-11	4.73E-09	1.33E-09	6.16E-09
17	9.10	0.	0.	8.16E-20	0.	0.	0.	5.37E-14	9.81E-11	4.77E-09	1.32E-09	6.19E-09
18	9.00	0.	0.	7.43E-20	0.	0.	0.	5.39E-14	1.02E-10	4.81E-09	1.32E-09	6.23E-09
19	8.90	0.	0.	6.89E-20	0.	0.	0.	5.41E-14	1.05E-10	4.85E-09	1.28E-09	6.23E-09
20	8.80	0.	0.	6.78E-20	0.	0.	0.	5.43E-14	1.09E-10	4.89E-09	1.27E-09	6.27E-09
21	8.70	0.	0.	5.90E-20	0.	0.	0.	5.45E-14	1.12E-10	4.93E-09	1.27E-09	6.31E-09
22	8.60	0.	0.	6.08E-20	0.	0.	0.	5.47E-14	1.16E-10	4.97E-09	1.26E-09	6.35E-09
23	8.50	0.	0.	5.34E-20	0.	0.	0.	5.49E-14	1.21E-10	5.01E-09	1.26E-09	6.39E-09
24	8.40	0.	0.	5.32E-20	0.	0.	0.	5.52E-14	1.25E-10	5.05E-09	1.26E-09	6.44E-09
25	8.30	0.	0.	4.52E-20	0.	0.	0.	5.55E-14	1.29E-10	3.11E-09	1.26E-09	4.50E-09
26	8.20	0.	0.	4.58E-20	0.	0.	0.	5.58E-14	1.34E-10	3.19E-09	1.26E-09	4.59E-09
27	8.10	0.	0.	3.97E-20	0.	0.	0.	5.61E-14	1.39E-10	3.28E-09	1.27E-09	4.68E-09
28	8.00	0.	0.	4.00E-20	0.	0.	0.	5.63E-14	1.45E-10	3.36E-09	1.27E-09	4.78E-09
29	7.90	0.	0.	3.45E-20	0.	0.	0.	5.66E-14	1.50E-10	3.45E-09	1.27E-09	4.87E-09
30	7.80	0.	0.	3.58E-20	0.	0.	0.	5.69E-14	1.56E-10	3.53E-09	1.28E-09	4.97E-09
31	7.70	0.	0.	3.15E-20	0.	2.18E-24	0.	5.72E-14	1.62E-10	3.63E-09	1.28E-09	5.07E-09
32	7.60	0.	0.	2.99E-20	0.	7.47E-24	0.	5.75E-14	1.69E-10	3.73E-09	1.29E-09	5.19E-09
33	7.50	0.	0.	2.78E-20	0.	6.20E-23	0.	5.78E-14	1.76E-10	3.83E-09	1.30E-09	5.30E-09
34	7.40	0.	0.	2.50E-20	0.	2.46E-22	0.	5.81E-14	1.83E-10	3.93E-09	1.30E-09	5.41E-09
35	7.30	0.	0.	2.37E-20	0.	6.75E-22	0.	5.84E-14	1.91E-10	3.84E-09	1.30E-09	5.34E-09
36	7.20	0.	0.	2.15E-20	0.	2.10E-21	0.	5.88E-14	1.99E-10	3.99E-09	1.31E-09	5.50E-09
37	7.10	0.	0.	2.07E-20	0.	4.20E-21	0.	5.92E-14	2.08E-10	4.14E-09	1.31E-09	5.66E-09
38	7.00	1.01E-23	0.	1.90E-20	0.	5.80E-21	0.	5.97E-14	2.17E-10	4.29E-09	1.32E-09	5.83E-09
39	6.90	1.97E-23	0.	1.75E-20	0.	1.01E-20	0.	6.02E-14	2.26E-10	4.44E-09	1.33E-09	6.00E-09
40	6.80	1.70E-23	0.	1.68E-20	0.	1.01E-20	0.	6.07E-14	2.37E-10	4.59E-09	1.33E-09	6.16E-09
41	6.70	1.24E-23	0.	1.48E-20	0.	1.00E-20	0.	6.12E-14	2.48E-10	4.74E-09	1.34E-09	6.33E-09
42	6.60	7.58E-24	0.	1.33E-20	0.	8.22E-21	0.	6.16E-14	2.59E-10	4.90E-09	1.35E-09	6.50E-09
43	6.50	4.38E-24	0.	1.06E-20	4.16E-23	1.21E-20	0.	6.21E-14	2.71E-10	5.05E-09	1.36E-09	6.68E-09
44	6.40	2.51E-24	0.	7.36E-21	1.96E-22	1.15E-20	0.	6.26E-14	2.84E-10	5.21E-09	1.37E-09	6.86E-09
45	6.30	1.46E-24	0.	4.61E-21	2.79E-22	8.15E-21	0.	6.31E-14	2.99E-10	5.37E-09	1.38E-09	7.04E-09
46	6.20	5.59E-25	0.	2.56E-21	7.65E-22	1.12E-20	0.	6.36E-14	3.13E-10	5.53E-09	1.39E-09	7.23E-09
47	6.10	3.03E-25	0.	1.21E-21	7.96E-22	1.39E-20	0.	6.40E-14	3.29E-10	5.70E-09	1.41E-09	7.44E-09
48	6.00	1.27E-25	0.	3.07E-22	1.12E-21	6.81E-21	0.	6.45E-14	3.45E-10	2.54E-09	1.34E-09	4.22E-09
49	5.90	3.12E-26	0.	2.20E-22	1.57E-21	6.64E-21	0.	6.45E-14	3.63E-10	2.60E-09	1.35E-09	4.31E-09
50	5.80	3.98E-27	0.	2.20E-23	1.84E-21	6.85E-21	0.	6.36E-14	3.83E-10	2.65E-09	1.36E-09	4.40E-09
51	5.70	2.93E-28	0.	0.	1.84E-21	7.66E-21	0.	5.97E-14	4.03E-10	2.73E-09	1.38E-09	4.51E-09

358

ABSORPTION COEFFICIENTS OF HEATED AIR (INVERSE CM.)

TEMPERATURE (DEGREES K) 18000. DENSITY (GM/CC) 1.293E-08 (1.0E-05 NORMAL)

	PHOTON ENERGY	O2 S-R BANDS	N2 1ST POS.	N2 2ND POS.	N2+ 1ST NEG.	NO BETA	NO GAMMA	NO VIB-ROT	NO2	O- PHOTO-DET (IONS)	FREE-FREE (IONS)	N P.E.	O P.E.	TOTAL AIR
52	5.60	1.32E-29	0.	0.	0.	1.57E-21	1.01E-20	0.	0.	5.55E-14	4.25E-10	2.82E-09	1.39E-09	4.64E-09
53	5.50	0.	0.	0.	0.	1.92E-21	9.41E-21	0.	0.	5.58E-14	4.49E-10	2.93E-09	1.41E-09	4.78E-09
54	5.40	0.	0.	0.	0.	1.77E-21	7.65E-21	0.	0.	5.61E-14	4.75E-10	3.04E-09	1.43E-09	4.94E-09
55	5.30	0.	0.	0.	0.	1.81E-21	9.67E-21	0.	0.	5.65E-14	5.02E-10	3.16E-09	1.45E-09	5.11E-09
56	5.20	0.	0.	0.	0.	1.95E-21	7.30E-21	0.	0.	5.68E-14	5.32E-10	3.28E-09	1.47E-09	5.29E-09
57	5.10	0.	0.	0.	0.	1.95E-21	9.38E-21	0.	0.	5.73E-14	5.64E-10	3.41E-09	1.49E-09	5.47E-09
58	5.00	1.81E-22	0.	0.	0.	1.78E-21	8.82E-21	0.	0.	5.78E-14	5.99E-10	3.55E-09	1.51E-09	5.66E-09
59	4.90	4.41E-22	0.	0.	0.	1.99E-21	9.62E-21	0.	0.	5.83E-14	6.37E-10	3.69E-09	1.54E-09	5.87E-09
60	4.80	8.28E-22	0.	0.	0.	2.14E-21	9.04E-21	0.	0.	5.88E-14	6.78E-10	3.83E-09	1.58E-09	6.09E-09
61	4.70	1.12E-21	0.	0.	0.	2.14E-21	8.21E-21	0.	0.	5.92E-14	7.23E-10	4.02E-09	1.62E-09	6.36E-09
62	4.60	1.54E-21	0.	0.	0.	2.20E-21	7.46E-21	0.	0.	5.97E-14	7.72E-10	4.25E-09	1.66E-09	6.69E-09
63	4.50	1.62E-21	0.	1.58E-21	0.	2.02E-21	5.61E-21	0.	0.	6.02E-14	8.25E-10	4.51E-09	1.71E-09	7.04E-09
64	4.40	1.74E-21	0.	4.74E-21	0.	1.94E-21	3.86E-21	0.	0.	6.07E-14	8.83E-10	4.77E-09	1.75E-09	7.41E-09
65	4.30	1.65E-21	0.	1.56E-20	0.	1.94E-21	2.42E-21	0.	0.	6.12E-14	9.47E-10	5.04E-09	1.76E-09	7.75E-09
66	4.20	1.65E-21	0.	4.97E-20	0.	2.04E-21	1.70E-21	0.	0.	6.16E-14	1.02E-09	5.33E-09	7.65E-10	7.11E-09
67	4.10	1.45E-21	0.	2.18E-20	0.	2.00E-21	4.73E-22	0.	0.	6.19E-14	1.09E-09	5.44E-09	7.93E-10	7.32E-09
68	4.00	1.34E-21	0.	7.18E-20	0.	1.93E-21	3.57E-22	0.	0.	6.21E-14	1.18E-09	5.06E-09	8.22E-10	7.06E-09
69	3.90	1.14E-21	0.	3.36E-20	1.07E-16	1.79E-21	1.35E-22	0.	0.	6.19E-14	1.27E-09	5.34E-09	8.50E-10	7.46E-09
70	3.80	1.25E-21	0.	5.36E-20	4.54E-16	1.92E-21	0.	0.	0.	6.16E-14	1.38E-09	5.61E-09	8.87E-10	7.88E-09
71	3.70	1.11E-21	0.	5.60E-20	1.93E-16	1.65E-21	0.	0.	0.	6.07E-14	1.49E-09	5.77E-09	9.70E-10	8.23E-09
72	3.60	1.01E-21	0.	3.96E-20	1.02E-15	1.78E-21	0.	0.	0.	5.68E-14	1.62E-09	6.14E-09	1.06E-09	8.82E-09
73	3.50	9.41E-22	0.	5.24E-20	1.96E-15	1.41E-21	0.	0.	0.	5.20E-14	1.77E-09	6.59E-09	1.16E-09	9.52E-09
74	3.40	4.65E-22	0.	3.34E-20	2.96E-16	1.58E-21	0.	0.	0.	3.00E-14	1.93E-09	4.13E-09	1.27E-09	7.33E-09
75	3.30	6.93E-22	0.	3.42E-20	1.14E-15	1.27E-21	0.	0.	0.	3.01E-14	2.11E-09	4.53E-09	1.39E-09	8.03E-09
76	3.20	6.06E-22	0.	2.25E-20	1.90E-15	1.33E-21	0.	0.	0.	3.01E-14	2.32E-09	5.01E-09	1.49E-09	8.82E-09
77	3.10	5.82E-22	0.	1.75E-20	4.68E-16	1.26E-21	0.	0.	0.	3.02E-14	2.55E-09	5.53E-09	1.60E-09	9.68E-09
78	3.00	5.23E-22	0.	1.07E-20	1.09E-15	1.20E-21	0.	0.	0.	3.02E-14	2.82E-09	6.04E-09	1.72E-09	1.06E-08
79	2.90	4.41E-22	0.	6.72E-21	6.00E-16	9.16E-22	0.	0.	0.	3.03E-14	3.13E-09	6.58E-09	1.86E-09	1.16E-08
80	2.80	4.30E-22	0.	3.24E-21	3.88E-16	6.33E-22	0.	0.	0.	3.03E-14	3.48E-09	7.18E-09	2.01E-09	1.27E-08
81	2.70	2.97E-22	0.	1.52E-21	5.17E-16	3.50E-22	0.	0.	0.	3.03E-14	3.89E-09	7.77E-09	1.11E-09	1.28E-08
82	2.60	1.45E-22	0.	7.38E-22	5.26E-17	1.55E-22	0.	0.	0.	3.03E-14	4.36E-09	8.43E-09	1.21E-09	1.40E-08
83	2.50	9.91E-24	0.	7.88E-23	5.07E-17	3.70E-23	0.	0.	0.	3.03E-14	4.91E-09	8.91E-09	1.31E-09	1.36E-08
84	2.40	0.	3.60E-21	0.	4.06E-17	3.95E-24	0.	0.	0.	3.03E-14	5.56E-09	8.67E-09	1.40E-09	1.59E-08
85	2.30	0.	1.11E-20	0.	0.	0.	0.	0.	0.	3.01E-14	6.33E-09	1.02E-08	1.59E-09	1.86E-08
86	2.20	0.	2.89E-20	0.	0.	0.	0.	0.	0.	3.00E-14	7.25E-09	1.19E-08	1.70E-09	2.15E-08
87	2.10	0.	3.05E-20	0.	0.	0.	0.	0.	0.	2.99E-14	8.36E-09	1.36E-08	2.02E-09	2.47E-08
88	2.00	0.	5.99E-20	0.	0.	0.	0.	0.	0.	2.89E-14	9.70E-09	1.53E-08	2.41E-09	2.81E-08
89	1.90	0.	7.57E-20	0.	0.	0.	0.	0.	0.	2.78E-14	1.13E-08	1.45E-08	2.80E-09	2.94E-08
90	1.80	0.	6.41E-20	0.	0.	0.	0.	0.	0.	2.50E-14	1.34E-08	1.72E-08	3.13E-09	3.49E-08
91	1.70	0.	7.35E-20	0.	0.	0.	0.	0.	0.	2.12E-14	1.59E-08	2.04E-08	3.62E-09	4.17E-08
92	1.60	0.	5.49E-20	0.	0.	0.	0.	0.	0.	9.63E-15	1.91E-08	2.37E-08	4.39E-09	4.89E-08
93	1.50	0.	6.33E-20	0.	0.	0.	0.	0.	0.	0.	2.34E-08	2.86E-08	6.03E-09	5.88E-08
94	1.40	0.	6.26E-20	0.	0.	0.	0.	0.	0.	0.	2.89E-08	2.72E-08	4.89E-09	6.25E-08
95	1.30	0.	4.80E-20	0.	0.	0.	0.	0.	0.	0.	3.64E-08	3.83E-08	6.79E-09	8.37E-08
96	1.20	0.	4.58E-20	0.	0.	0.	0.	9.64E-26	0.	0.	4.64E-08	4.84E-08	6.31E-09	1.06E-07
97	1.10	0.	4.37E-20	0.	0.	0.	0.	1.44E-24	0.	0.	6.05E-08	5.98E-08	9.01E-09	1.34E-07
98	1.00	0.	4.01E-20	0.	0.	0.	0.	1.67E-24	0.	0.	8.08E-08	7.27E-08	1.11E-08	1.71E-07
99	0.90	0.	3.29E-20	0.	0.	0.	0.	3.61E-23	0.	0.	1.12E-07	8.18E-08	1.41E-08	2.12E-07
100	0.80	0.	1.55E-20	0.	0.	0.	0.	3.25E-23	0.	0.	1.61E-07	9.44E-08	1.34E-08	2.76E-07
101	0.70	0.	3.64E-21	0.	0.	0.	0.	1.66E-22	0.	0.	2.43E-07	8.83E-08	1.71E-08	3.49E-07
102	0.60	0.	6.80E-22	0.	0.	0.	0.	1.66E-22	0.	0.	3.91E-07	9.94E-08	2.07E-08	5.11E-07

ABSORPTION COEFFICI[ENT] OF HEATED AIR (INVERSE CM.)

TEMPERATURE (DEGREES K) 18000.   DENSITY (GM/CC) 1.293E-09 (1.0E-06 NORMAL)

#	PHOTON ENERGY E.V.	O2 S-R BANDS	O2 S-R CONT.	N2 R-H NO. 1	NO BETA	NO GAMMA	NO 2	O- PHOTO-DET (IONS)	FREE-FREE	N P.E.	O P.E.	TOTAL AIR
1	10.70	0.	0.	1.43E-23	0.	0.	0.	7.41E-17	1.15E-12	2.35E-10	2.21E-11	2.58E-10
2	10.60	0.	0.	1.31E-23	0.	0.	0.	7.42E-17	1.19E-12	2.36E-10	2.20E-11	2.60E-10
3	10.50	0.	0.	1.32E-23	0.	0.	0.	7.43E-17	1.22E-12	2.38E-10	2.20E-11	2.61E-10
4	10.40	0.	0.	1.25E-23	0.	0.	0.	7.44E-17	1.26E-12	2.39E-10	2.19E-11	2.62E-10
5	10.30	0.	0.	1.10E-23	0.	0.	0.	7.45E-17	1.29E-12	2.41E-10	2.18E-11	2.64E-10
6	10.20	0.	0.	1.13E-23	0.	0.	0.	7.46E-17	1.33E-12	2.44E-10	2.18E-11	2.67E-10
7	10.10	0.	0.	1.07E-23	0.	0.	0.	7.47E-17	1.37E-12	2.47E-10	2.18E-11	2.70E-10
8	10.00	0.	0.	9.39E-24	0.	0.	0.	7.48E-17	1.41E-12	2.50E-10	2.18E-11	2.73E-10
9	9.90	0.	0.	9.64E-24	0.	0.	0.	7.49E-17	1.46E-12	2.52E-10	2.18E-11	2.76E-10
10	9.80	0.	0.	9.07E-24	0.	0.	0.	7.50E-17	1.50E-12	2.55E-10	2.18E-11	2.79E-10
11	9.70	0.	0.	7.85E-24	0.	0.	0.	7.52E-17	1.55E-12	2.58E-10	2.18E-11	2.82E-10
12	9.60	0.	0.	7.49E-24	0.	0.	0.	7.53E-17	1.60E-12	2.61E-10	2.18E-11	2.84E-10
13	9.50	0.	0.	7.28E-24	0.	0.	0.	7.55E-17	1.65E-12	2.64E-10	2.18E-11	2.87E-10
14	9.40	0.	0.	6.90E-24	0.	0.	0.	7.57E-17	1.70E-12	2.47E-10	2.18E-11	2.70E-10
15	9.30	0.	0.	7.07E-24	0.	0.	0.	7.60E-17	1.76E-12	2.50E-10	2.19E-11	2.73E-10
16	9.20	0.	0.	6.88E-24	0.	0.	0.	7.63E-17	1.82E-12	2.52E-10	2.19E-11	2.76E-10
17	9.10	0.	0.	6.04E-24	0.	0.	0.	7.66E-17	1.88E-12	2.55E-10	2.19E-11	2.79E-10
18	9.00	0.	0.	5.51E-24	0.	0.	0.	7.68E-17	1.94E-12	2.58E-10	1.84E-11	2.78E-10
19	8.90	0.	0.	5.10E-24	0.	0.	0.	7.71E-17	2.01E-12	2.60E-10	1.80E-11	2.80E-10
20	8.80	0.	0.	5.02E-24	0.	0.	0.	7.74E-17	2.08E-12	2.63E-10	1.81E-11	2.83E-10
21	8.70	0.	0.	4.37E-24	0.	0.	0.	7.77E-17	2.15E-12	2.66E-10	1.81E-11	2.86E-10
22	8.60	0.	0.	4.51E-24	0.	0.	0.	7.79E-17	2.23E-12	2.68E-10	1.82E-11	2.89E-10
23	8.50	0.	0.	3.96E-24	0.	0.	0.	7.82E-17	2.31E-12	1.29E-10	1.82E-11	1.49E-10
24	8.40	0.	0.	3.94E-24	0.	0.	0.	7.86E-17	2.39E-12	1.32E-10	1.83E-11	1.53E-10
25	8.30	0.	0.	3.35E-24	0.	0.	0.	7.90E-17	2.48E-12	1.36E-10	1.83E-11	1.57E-10
26	8.20	0.	0.	3.39E-24	0.	0.	0.	7.94E-17	2.57E-12	1.42E-10	1.86E-11	1.63E-10
27	8.10	0.	0.	2.94E-24	0.	0.	0.	7.98E-17	2.67E-12	1.47E-10	1.88E-11	1.69E-10
28	8.00	0.	0.	2.96E-24	0.	0.	0.	8.03E-17	2.77E-12	1.53E-10	1.90E-11	1.75E-10
29	7.90	0.	0.	2.55E-24	0.	0.	0.	8.07E-17	2.88E-12	1.58E-10	1.92E-11	1.80E-10
30	7.80	0.	0.	2.65E-24	0.	0.	0.	8.11E-17	2.99E-12	1.64E-10	1.94E-11	1.86E-10
31	7.70	0.	0.	2.33E-24	0.	2.20E-28	0.	8.15E-17	3.11E-12	1.70E-10	1.96E-11	1.95E-10
32	7.60	0.	0.	2.22E-24	0.	7.53E-28	0.	8.19E-17	3.23E-12	1.77E-10	1.99E-11	2.00E-10
33	7.50	0.	0.	2.06E-24	0.	6.25E-27	0.	8.23E-17	3.37E-12	1.83E-10	2.01E-11	2.07E-10
34	7.40	0.	0.	1.85E-24	0.	2.48E-26	0.	8.28E-17	3.50E-12	1.75E-10	1.99E-11	1.99E-10
35	7.30	0.	0.	1.76E-24	0.	6.81E-26	0.	8.32E-17	3.65E-12	1.83E-10	2.04E-11	2.08E-10
36	7.20	0.	0.	1.59E-24	0.	2.12E-25	0.	8.37E-17	3.81E-12	1.93E-10	2.10E-11	2.18E-10
37	7.10	1.39E-27	0.	1.53E-24	0.	4.23E-25	0.	8.44E-17	3.97E-12	2.03E-10	2.14E-11	2.29E-10
38	7.00	2.71E-27	0.	1.41E-24	0.	5.85E-25	0.	8.51E-17	4.14E-12	2.13E-10	2.18E-11	2.39E-10
39	6.90	2.34E-27	0.	1.29E-24	0.	1.02E-24	0.	8.57E-17	4.33E-12	2.24E-10	2.21E-11	2.50E-10
40	6.80	1.70E-27	0.	1.25E-24	0.	1.01E-24	0.	8.64E-17	4.52E-12	2.34E-10	2.25E-11	2.61E-10
41	6.70	1.04E-27	0.	1.10E-24	0.	8.28E-25	0.	8.71E-17	4.73E-12	2.44E-10	2.29E-11	2.71E-10
42	6.60	6.01E-28	0.	9.84E-25	0.	1.22E-24	0.	8.78E-17	4.95E-12	2.54E-10	2.34E-11	2.82E-10
43	6.50	3.44E-28	0.	7.86E-25	0.	1.16E-24	0.	8.85E-17	5.18E-12	2.64E-10	2.38E-11	2.93E-10
44	6.40	2.00E-28	0.	5.45E-25	4.19E-27	8.22E-25	0.	8.92E-17	5.43E-12	2.74E-10	2.42E-11	3.04E-10
45	6.30	9.04E-29	0.	3.42E-25	1.97E-26	1.13E-24	0.	8.99E-17	5.69E-12	2.84E-10	2.47E-11	3.14E-10
46	6.20	4.16E-29	0.	1.90E-25	2.81E-26	1.40E-24	0.	9.06E-17	5.98E-12	2.95E-10	2.52E-11	3.26E-10
47	6.10	1.74E-29	0.	8.94E-26	8.03E-26	6.86E-25	0.	9.12E-17	6.28E-12	7.80E-11	1.78E-11	1.02E-10
48	6.00	4.28E-30	0.	2.27E-26	7.71E-26	6.70E-25	0.	9.19E-17	6.60E-12	8.06E-11	1.80E-11	1.05E-10
49	5.90	5.45E-31	0.	1.63E-27	1.13E-25	6.90E-25	0.	9.19E-17	6.94E-12	8.32E-11	1.82E-11	1.08E-10
50	5.80	4.01E-32	0.	4.11E-29	1.58E-25	7.72E-25	0.	9.05E-17	7.31E-12	8.58E-11	1.85E-11	1.12E-10
51	5.70		0.	0.	1.86E-25		0.	8.51E-17	7.70E-12	8.97E-12	1.87E-11	1.16E-10

ABSORPTION COEFFICIENTS OF HEATED AIR (INVERSE CM.)

TEMPERATURE (DEGREES K) 18000. DENSITY (GM/CC) 1.293E-09 (1.0E-06 NORMAL)

#	PHOTON ENERGY	O2 S-R BANDS	N2 1ST POS.	N2 2ND POS.	N2+ 1ST NEG.	NO BETA	NO GAMMA	NO VIB-ROT	NO2	O- PHOTO-DET	FREE-FREE (IONS)	N P.E.	O P.E.	TOTAL AIR
52	5.60	1.81E-33	0.	0.	0.	1.59E-25	1.02E-24	0.	0.	7.91E-17	8.12E-12	9.46E-11	1.90E-11	1.22E-10
53	5.50	0.	0.	0.	0.	1.94E-25	9.49E-25	0.	0.	7.95E-17	8.58E-12	9.98E-11	1.93E-11	1.28E-10
54	5.40	0.	0.	0.	0.	1.78E-25	7.72E-25	0.	0.	7.99E-17	9.06E-12	1.05E-10	1.97E-11	1.34E-10
55	5.30	0.	0.	0.	0.	1.83E-25	9.75E-25	0.	0.	8.04E-17	9.59E-12	1.11E-10	1.88E-11	1.39E-10
56	5.20	0.	0.	0.	0.	1.97E-25	7.36E-25	0.	0.	8.09E-17	1.02E-11	1.17E-10	1.93E-11	1.46E-10
57	5.10	0.	0.	0.	0.	1.97E-25	9.45E-25	0.	0.	8.16E-17	1.08E-11	1.22E-10	1.97E-11	1.53E-10
58	5.00	2.49E-26	0.	0.	0.	1.80E-25	8.89E-25	0.	0.	8.23E-17	1.14E-11	1.28E-10	2.02E-11	1.60E-10
59	4.90	6.05E-26	0.	0.	0.	2.01E-25	9.70E-25	0.	0.	8.30E-17	1.22E-11	1.34E-10	2.07E-11	1.67E-10
60	4.80	1.14E-25	0.	0.	0.	2.16E-25	9.11E-25	0.	0.	8.37E-17	1.29E-11	1.40E-10	2.12E-11	1.74E-10
61	4.70	1.53E-25	0.	0.	0.	2.16E-25	8.28E-25	0.	0.	8.44E-17	1.38E-11	1.48E-10	2.18E-11	1.84E-10
62	4.60	2.12E-25	0.	0.	0.	2.22E-25	7.52E-25	0.	0.	8.51E-17	1.47E-11	1.59E-10	2.25E-11	1.96E-10
63	4.50	2.23E-25	0.	1.17E-25	0.	2.04E-25	5.66E-25	0.	0.	8.57E-17	1.57E-11	1.70E-10	2.32E-11	2.09E-10
64	4.40	2.38E-25	0.	3.52E-25	0.	2.04E-25	3.89E-25	0.	0.	8.64E-17	1.68E-11	1.81E-10	2.35E-11	2.21E-10
65	4.30	2.26E-25	0.	1.15E-24	0.	1.95E-25	2.44E-25	0.	0.	8.71E-17	1.81E-11	1.92E-10	2.13E-11	2.32E-10
66	4.20	2.11E-25	0.	3.68E-24	0.	2.06E-25	1.72E-25	0.	0.	8.78E-17	1.94E-11	2.05E-10	1.27E-11	2.37E-10
67	4.10	1.98E-25	0.	1.62E-24	0.	2.02E-25	4.77E-26	0.	0.	8.81E-17	2.09E-11	2.16E-10	1.33E-11	2.50E-10
68	4.00	1.83E-25	0.	5.32E-24	0.	1.95E-25	3.60E-26	0.	0.	8.85E-17	2.25E-11	2.24E-10	1.40E-11	2.60E-10
69	3.90	1.56E-25	0.	2.40E-24	6.51E-20	1.80E-25	1.36E-26	0.	0.	8.81E-17	2.43E-11	2.37E-10	1.46E-11	2.76E-10
70	3.80	1.71E-25	0.	3.97E-24	2.76E-19	1.94E-25	0.	0.	0.	8.78E-17	2.62E-11	2.49E-10	1.54E-11	2.91E-10
71	3.70	1.53E-25	0.	4.15E-24	1.17E-19	1.66E-25	0.	0.	0.	8.64E-17	2.84E-11	2.62E-10	1.67E-11	3.07E-10
72	3.60	1.38E-25	0.	2.03E-24	6.24E-19	1.80E-25	0.	0.	0.	9.09E-17	3.09E-11	2.76E-10	1.73E-11	3.24E-10
73	3.50	1.29E-25	0.	3.88E-24	1.19E-18	1.42E-25	0.	0.	0.	7.41E-17	3.36E-11	2.86E-10	1.89E-11	3.41E-10
74	3.40	1.19E-25	0.	2.47E-24	1.80E-19	1.60E-25	0.	0.	0.	4.27E-17	3.67E-11	9.70E-11	2.06E-11	1.54E-10
75	3.30	8.31E-26	0.	2.53E-24	6.96E-19	1.28E-25	0.	0.	0.	4.28E-17	4.02E-11	1.05E-10	1.99E-11	1.65E-10
76	3.20	7.98E-26	0.	1.29E-24	1.16E-18	1.34E-25	0.	0.	0.	4.29E-17	4.41E-11	1.19E-10	2.01E-11	1.83E-10
77	3.10	7.17E-26	0.	7.95E-25	2.85E-19	1.28E-25	0.	0.	0.	4.30E-17	4.86E-11	1.34E-10	2.19E-11	2.05E-10
78	3.00	7.04E-26	0.	4.98E-25	6.64E-19	1.21E-25	0.	0.	0.	4.31E-17	5.37E-11	1.50E-10	2.38E-11	2.27E-10
79	2.90	6.31E-26	0.	2.40E-25	3.65E-19	9.23E-26	0.	0.	0.	4.31E-17	5.95E-11	1.65E-10	2.57E-11	2.51E-10
80	2.80	4.08E-26	0.	1.12E-25	2.36E-19	6.44E-26	0.	0.	0.	4.32E-17	6.62E-11	1.81E-10	2.47E-11	2.72E-10
81	2.70	1.93E-26	0.	5.47E-26	3.15E-19	3.53E-26	0.	0.	0.	4.32E-17	7.40E-11	1.98E-10	2.72E-11	2.89E-10
82	2.60	1.36E-27	0.	5.84E-27	3.20E-20	1.56E-26	0.	0.	0.	4.32E-17	8.30E-11	1.96E-10	2.89E-11	2.98E-10
83	2.50	0.	0.	0.	3.09E-20	3.73E-27	0.	0.	0.	4.32E-17	9.34E-11	2.18E-10	2.98E-11	3.34E-10
84	2.40	0.	2.66E-25	0.	2.47E-20	3.99E-28	0.	0.	0.	4.29E-17	1.06E-10	2.51E-10	2.63E-11	3.83E-10
85	2.30	0.	8.21E-25	0.	0.	0.	0.	0.	0.	4.27E-17	1.20E-10	2.85E-10	3.08E-11	4.36E-10
86	2.20	0.	2.14E-24	0.	0.	0.	0.	0.	0.	4.25E-17	1.38E-10	3.20E-10	3.61E-11	4.94E-10
87	2.10	0.	2.26E-24	0.	0.	0.	0.	0.	0.	4.12E-17	1.59E-10	1.82E-10	3.52E-11	3.76E-10
88	2.00	0.	4.44E-24	0.	0.	0.	0.	0.	0.	3.96E-17	1.84E-10	2.08E-10	4.02E-11	4.32E-10
89	1.90	0.	5.61E-24	0.	0.	0.	0.	0.	0.	3.79E-17	2.15E-10	2.35E-10	4.64E-11	4.97E-10
90	1.80	0.	4.75E-24	0.	0.	0.	0.	0.	0.	3.57E-17	2.54E-10	2.70E-10	5.59E-11	5.79E-10
91	1.70	0.	5.45E-24	0.	0.	0.	0.	0.	0.	3.02E-17	3.02E-10	3.10E-10	6.45E-11	6.76E-10
92	1.60	0.	4.07E-24	0.	0.	0.	0.	0.	0.	1.37E-17	3.63E-10	3.37E-10	6.76E-11	7.76E-10
93	1.50	0.	4.64E-24	0.	0.	0.	0.	0.	0.	0.	4.43E-10	3.39E-10	7.59E-11	8.67E-10
94	1.40	0.	3.55E-24	0.	0.	0.	0.	0.	0.	0.	5.47E-10	4.04E-10	8.52E-11	1.03E-09
95	1.30	0.	3.40E-24	0.	0.	0.	0.	0.	0.	0.	6.88E-10	3.04E-10	8.00E-11	1.10E-09
96	1.20	0.	3.23E-24	0.	0.	0.	0.	0.	0.	0.	8.78E-10	4.17E-10	1.05E-10	1.42E-09
97	1.10	0.	2.97E-24	0.	0.	0.	0.	9.72E-30	0.	0.	1.14E-09	5.14E-10	1.30E-10	1.82E-09
98	1.00	0.	2.44E-24	0.	0.	0.	0.	1.45E-28	0.	0.	1.53E-09	6.25E-10	1.65E-10	2.35E-09
99	0.90	0.	1.15E-24	0.	0.	0.	0.	1.68E-28	0.	0.	2.11E-09	7.03E-10	2.00E-10	3.03E-09
100	0.80	0.	2.70E-25	0.	0.	0.	0.	3.64E-27	0.	0.	3.03E-09	6.64E-10	2.14E-10	3.88E-09
101	0.70	0.	5.04E-26	0.	0.	0.	0.	3.27E-27	0.	0.	4.56E-09	7.60E-10	2.14E-10	5.54E-09
102	0.60	0.	0.	0.	0.	0.	0.	1.07E-26	0.	0.	7.34E-09	8.52E-10	2.42E-10	8.44E-09

ABSORPTION COEFFICIENTS OF HEATED AIR (INVERSE CM.)

TEMPERATURE (DEGREES K) 19000. DENSITY (GM/CC) 1.293E-02 (1.0E 01 NORMAL)

#	PHOTON ENERGY E.V.	O2 S-R BANDS	O2 S-R CONT.	N2 B-H NO. 1	NO BETA	NO GAMMA	NO2 ?	0- PHOTO-DET (IONS)	FREE-FREE (IONS)	N P.E.	O P.E.	TOTAL AIR
1	10.70	0.	0.	9.00E-01	0.	0.	0.	4.35E 00	2.09E-01	2.97E 02	2.99E 00	3.05E 02
2	10.60	0.	0.	8.23E-01	0.	0.	0.	4.35E 00	2.15E-01	1.26E 01	2.98E 00	2.09E 01
3	10.50	0.	0.	8.34E-01	0.	0.	0.	4.36E 00	2.21E-01	1.26E 01	2.96E 00	2.10E 01
4	10.40	0.	0.	7.95E-01	0.	0.	0.	4.37E 00	2.27E-01	1.26E 01	2.95E 00	2.09E 01
5	10.30	0.	0.	6.97E-01	0.	0.	0.	4.37E 00	2.34E-01	1.27E 01	2.94E 00	2.09E 01
6	10.20	0.	0.	7.23E-01	0.	0.	0.	4.38E 00	2.41E-01	1.27E 01	2.93E 00	2.10E 01
7	10.10	0.	0.	6.83E-01	0.	0.	0.	4.38E 00	2.49E-01	1.27E 01	2.91E 00	2.09E 01
8	10.00	0.	0.	6.04E-01	0.	0.	0.	4.39E 00	2.56E-01	1.28E 01	2.90E 00	2.09E 01
9	9.90	0.	0.	6.20E-01	0.	0.	0.	4.40E 00	2.64E-01	1.28E 01	2.89E 00	2.09E 01
10	9.80	0.	0.	5.86E-01	0.	0.	0.	4.40E 00	2.72E-01	1.28E 01	2.88E 00	2.09E 01
11	9.70	0.	0.	5.10E-01	0.	0.	0.	4.41E 00	2.81E-01	1.28E 01	2.87E 00	2.09E 01
12	9.60	0.	0.	5.52E-01	0.	0.	0.	4.42E 00	2.90E-01	1.28E 01	2.85E 00	2.10E 01
13	9.50	0.	0.	4.75E-01	0.	0.	0.	4.43E 00	2.99E-01	1.29E 01	2.84E 00	2.09E 01
14	9.40	0.	0.	4.52E-01	0.	0.	0.	4.44E 00	3.09E-01	1.29E 01	2.83E 00	2.10E 01
15	9.30	0.	0.	4.64E-01	0.	0.	0.	4.46E 00	3.19E-01	1.30E 01	2.82E 00	2.10E 01
16	9.20	0.	0.	3.88E-01	0.	0.	0.	4.48E 00	3.30E-01	1.30E 01	2.81E 00	2.10E 01
17	9.10	0.	0.	3.99E-01	0.	0.	0.	4.49E 00	3.41E-01	4.90E 00	2.79E 00	1.29E 01
18	9.00	0.	0.	3.65E-01	0.	0.	0.	4.51E 00	3.52E-01	4.91E 00	2.78E 00	1.29E 01
19	8.90	0.	0.	3.40E-01	0.	0.	0.	4.53E 00	3.64E-01	4.91E 00	2.76E 00	1.29E 01
20	8.80	0.	0.	3.35E-01	0.	0.	0.	4.54E 00	3.77E-01	4.92E 00	2.76E 00	1.30E 01
21	8.70	0.	0.	2.93E-01	0.	0.	0.	4.56E 00	3.90E-01	4.93E 00	2.75E 00	1.29E 01
22	8.60	0.	0.	3.03E-01	0.	0.	0.	4.57E 00	4.04E-01	4.94E 00	2.74E 00	1.30E 01
23	8.50	0.	0.	2.67E-01	0.	0.	0.	4.59E 00	4.19E-01	4.95E 00	2.73E 00	1.30E 01
24	8.40	0.	0.	2.67E-01	0.	0.	0.	4.61E 00	4.34E-01	4.97E 00	2.72E 00	1.30E 01
25	8.30	0.	0.	2.28E-01	0.	0.	0.	4.64E 00	4.50E-01	4.99E 00	2.71E 00	1.30E 01
26	8.20	0.	0.	2.31E-01	0.	0.	0.	4.66E 00	4.67E-01	5.01E 00	2.72E 00	1.31E 01
27	8.10	0.	0.	2.01E-01	0.	0.	0.	4.69E 00	4.85E-01	5.02E 00	2.72E 00	1.31E 01
28	8.00	0.	0.	2.03E-01	0.	0.	0.	4.71E 00	5.03E-01	5.05E 00	2.73E 00	1.31E 01
29	7.90	0.	0.	1.76E-01	0.	0.	0.	4.73E 00	5.23E-01	5.08E 00	2.73E 00	1.32E 01
30	7.80	0.	0.	1.83E-01	0.	0.	0.	4.76E 00	5.43E-01	5.12E 00	2.73E 00	1.32E 01
31	7.70	0.	0.	1.62E-01	0.	0.	0.	4.78E 00	5.65E-01	5.15E 00	2.74E 00	1.33E 01
32	7.60	0.	0.	1.55E-01	0.	0.	0.	4.81E 00	5.88E-01	5.19E 00	2.74E 00	1.34E 01
33	7.50	0.	0.	1.44E-01	0.	0.	0.	4.83E 00	6.12E-01	5.22E 00	2.75E 00	1.35E 01
34	7.40	0.	0.	1.30E-01	0.	6.65E-06	0.	4.86E 00	6.37E-01	5.25E 00	2.75E 00	1.36E 01
35	7.30	0.	0.	1.24E-01	0.	2.21E-05	0.	4.89E 00	6.64E-01	5.29E 00	2.75E 00	1.36E 01
36	7.20	0.	0.	1.13E-01	0.	1.90E-04	0.	4.91E 00	6.92E-01	5.32E 00	2.76E 00	1.37E 01
37	7.10	1.89E-05	0.	1.09E-01	0.	7.42E-04	0.	4.95E 00	7.22E-01	5.36E 00	2.76E 00	1.38E 01
38	7.00	3.70E-05	0.	1.00E-01	0.	2.05E-03	0.	4.99E 00	7.54E-01	5.39E 00	2.77E 00	1.39E 01
39	6.90	3.70E-05	0.	9.25E-02	0.	6.40E-03	0.	5.03E 00	7.87E-01	5.43E 00	2.77E 00	1.40E 01
40	6.80	3.20E-05	0.	8.96E-02	0.	1.26E-02	0.	5.07E 00	8.23E-01	5.46E 00	2.78E 00	1.41E 01
41	6.70	2.34E-05	0.	7.89E-02	0.	1.78E-02	0.	5.11E 00	8.61E-01	5.50E 00	2.78E 00	1.43E 01
42	6.60	1.43E-05	0.	7.12E-02	0.	3.04E-02	0.	5.15E 00	9.01E-01	5.55E 00	2.79E 00	1.44E 01
43	6.50	8.29E-06	0.	5.72E-02	1.20E-04	2.99E-02	0.	5.19E 00	9.43E-01	5.61E 00	2.80E 00	1.45E 01
44	6.40	4.77E-06	0.	3.99E-02	5.67E-04	2.50E-02	0.	5.23E 00	9.89E-01	5.67E 00	2.81E 00	1.46E 01
45	6.30	2.78E-06	0.	2.52E-02	8.10E-04	3.63E-02	0.	5.27E 00	1.04E 00	5.73E 00	2.83E 00	1.48E 01
46	6.20	1.26E-06	0.	1.41E-02	2.32E-03	3.39E-02	0.	5.31E 00	1.09E 00	5.79E 00	2.85E 00	1.49E 01
47	6.10	5.82E-07	0.	6.68E-03	2.25E-03	3.46E-02	0.	5.36E 00	1.14E 00	5.86E 00	2.87E 00	1.51E 01
48	6.00	2.44E-07	0.	1.71E-03	3.31E-03	4.12E-02	0.	5.40E 00	1.20E 00	5.94E 00	2.90E 00	1.53E 01
49	5.90	6.02E-08	0.	1.22E-04	4.64E-03	2.05E-02	0.	5.40E 00	1.26E 00	6.03E 00	2.92E 00	1.55E 01
50	5.80	7.69E-09	0.	3.09E-06	5.47E-03	1.99E-02	0.	5.31E 00	1.33E 00	6.11E 00	2.95E 00	1.56E 01
51	5.70	5.66E-10	0.	0.	0.	2.31E-02	0.	4.99E 00	1.40E 00	6.20E 00	2.97E 00	1.56E 01

ABSORPTION COEFFICIENTS OF HEATED AIR   (INVERSE CM.)

TEMPERATURE (DEGREES K) 19000.   DENSITY (GM/CC) 1.293E-02   (1.0E 01 NORMAL)

#	PHOTON ENERGY	O2 S-R BANDS	N2 1ST POS.	N2 2ND POS.	N2+ 1ST NEG.	NO BETA	AO GAMMA	NO VIB-ROT	NO2	O- PHOTO-DET (IONS)	FREE-FREE (IONS)	N P.E.	O p.e.	TOTAL AIR
52	5.60	2.56E-11	0.	0.	0.	4.71E-03	3.03E-02	0.	0.	4.64E 00	1.48E 00	6.31E 00	3.00E 00	1.55E 01
53	5.50	0.	0.	0.	0.	5.75E-03	2.81E-02	0.	0.	4.67E 00	1.56E 00	6.44E 00	3.03E 00	1.57E 01
54	5.40	0.	0.	0.	0.	5.32E-03	2.31E-02	0.	0.	4.69E 00	1.65E 00	6.61E 00	3.07E 00	1.61E 01
55	5.30	0.	0.	0.	0.	5.45E-03	2.90E-02	0.	0.	4.72E 00	1.75E 00	6.79E 00	3.11E 00	1.64E 01
56	5.20	0.	0.	0.	0.	5.89E-03	2.22E-02	0.	0.	4.75E 00	1.85E 00	6.97E 00	3.16E 00	1.68E 01
57	5.10	0.	0.	0.	0.	5.89E-03	2.84E-02	0.	0.	4.79E 00	1.97E 00	7.17E 00	3.22E 00	1.72E 01
58	5.00	3.54E-04	0.	0.	0.	5.40E-03	2.69E-02	0.	0.	4.83E 00	2.09E 00	7.40E 00	3.27E 00	1.76E 01
59	4.90	8.66E-04	0.	0.	0.	6.04E-03	2.95E-02	0.	0.	4.87E 00	2.22E 00	7.65E 00	3.33E 00	1.81E 01
60	4.80	1.63E-03	0.	0.	0.	6.50E-03	2.77E-02	0.	0.	4.91E 00	2.36E 00	7.93E 00	3.40E 00	1.86E 01
61	4.70	2.22E-03	0.	0.	0.	6.53E-03	2.52E-02	0.	0.	4.95E 00	2.52E 00	8.23E 00	3.49E 00	1.92E 01
62	4.60	3.07E-03	0.	0.	0.	6.73E-03	2.69E-02	0.	0.	4.99E 00	2.69E 00	8.57E 00	3.58E 00	1.99E 01
63	4.50	3.24E-03	0.	0.	0.	6.19E-03	1.73E-02	0.	0.	5.03E 00	2.87E 00	9.00E 00	3.68E 00	2.06E 01
64	4.40	3.49E-03	0.	8.83E-03	0.	6.23E-03	1.18E-02	0.	0.	5.07E 00	3.08E 00	9.45E 00	3.78E 00	2.14E 01
65	4.30	3.31E-03	0.	2.62E-02	0.	5.98E-03	7.47E-03	0.	0.	5.11E 00	3.30E 00	9.94E 00	3.88E 00	2.23E 01
66	4.20	3.10E-03	0.	2.75E-01	0.	6.30E-03	3.20E-03	0.	0.	5.15E 00	3.54E 00	1.04E 01	3.99E 00	2.34E 01
67	4.10	2.93E-03	0.	1.23E-01	0.	6.20E-03	1.46E-03	0.	0.	5.17E 00	3.81E 00	1.09E 01	3.99E 00	2.40E 01
68	4.00	2.71E-03	0.	3.98E-01	1.43E-02	6.01E-03	1.09E-03	0.	0.	5.19E 00	4.11E 00	1.14E 01	1.79E 00	2.29E 01
69	3.90	2.32E-03	0.	1.87E-01	5.87E-02	5.58E-03	4.12E-04	0.	0.	5.17E 00	4.43E 00	1.12E 01	1.85E 00	2.29E 01
70	3.80	2.55E-03	0.	3.10E-01	2.60E-01	6.02E-03	0.	0.	0.	5.15E 00	4.80E 00	1.14E 01	1.93E 00	2.36E 01
71	3.70	2.28E-03	0.	2.23E-01	1.36E-01	5.18E-03	0.	0.	0.	5.07E 00	5.20E 00	9.42E 00	2.11E 00	2.21E 01
72	3.60	2.07E-03	0.	2.53E-01	2.53E-01	5.46E-03	0.	0.	0.	4.35E 00	5.65E 00	1.08E 01	2.31E 00	2.32E 01
73	3.50	1.94E-03	0.	1.89E-01	3.98E-01	5.02E-03	0.	0.	0.	2.51E 00	6.15E 00	1.08E 01	2.53E 00	2.44E 01
74	3.40	1.79E-03	0.	1.94E-01	1.51E-01	4.04E-03	0.	0.	0.	2.51E 00	6.72E 00	1.20E 01	2.79E 00	2.42E 01
75	3.30	1.44E-03	0.	1.28E-01	2.44E-01	4.06E-03	0.	0.	0.	2.52E 00	7.36E 00	1.32E 01	2.65E 00	2.65E 01
76	3.20	1.26E-03	0.	9.99E-02	1.43E-01	3.85E-03	0.	0.	0.	2.52E 00	8.08E 00	1.45E 01	2.88E 00	2.88E 01
77	3.10	1.22E-03	0.	6.16E-02	7.82E-02	2.97E-03	0.	0.	0.	2.53E 00	8.91E 00	1.57E 01	3.09E 00	3.09E 01
78	3.00	1.10E-03	0.	3.87E-02	5.22E-02	2.09E-03	0.	0.	0.	2.53E 00	9.84E 00	1.70E 01	3.35E 00	3.35E 01
79	2.90	9.30E-04	0.	1.87E-02	2.09E-02	1.16E-03	0.	0.	0.	2.54E 00	1.09E 01	1.84E 01	3.62E 00	3.62E 01
80	2.80	9.74E-04	0.	8.77E-03	1.16E-02	5.15E-04	0.	0.	0.	2.54E 00	1.21E 01	2.00E 01	3.88E 00	3.93E 01
81	2.70	6.34E-04	0.	4.24E-03	6.97E-03	1.24E-04	0.	0.	0.	2.54E 00	1.36E 01	2.17E 01	4.18E 00	4.29E 01
82	2.60	3.03E-04	0.	4.48E-04	6.77E-03	1.33E-05	0.	0.	0.	2.54E 00	1.52E 01	2.36E 01	4.53E 00	4.67E 01
83	2.50	2.14E-05	0.	0.	5.30E-03	0.	0.	0.	0.	2.54E 00	1.72E 01	2.69E 01	4.91E 00	4.99E 01
84	2.40	0.	0.	0.	4.48E-04	0.	0.	0.	0.	2.52E 00	1.94E 01	3.14E 01	5.29E 00	5.72E 01
85	2.30	0.	2.01E-02	0.	0.	0.	0.	0.	0.	2.51E 00	2.21E 01	2.74E 01	3.27E 00	5.67E 01
86	2.20	0.	6.07E-01	0.	0.	0.	0.	0.	0.	2.50E 00	2.53E 01	3.24E 01	3.83E 00	6.58E 01
87	2.10	0.	1.60E-01	0.	0.	0.	0.	0.	0.	2.42E 00	2.92E 01	3.77E 01	4.58E 00	7.59E 01
88	2.00	0.	1.66E-01	0.	0.	0.	0.	0.	0.	2.32E 00	3.39E 01	4.30E 01	5.47E 00	8.69E 01
89	1.90	0.	3.30E-01	0.	0.	0.	0.	0.	0.	2.22E 00	3.96E 01	4.93E 01	6.36E 00	1.00E 02
90	1.80	0.	4.06E-01	0.	0.	0.	0.	0.	0.	2.09E 00	4.67E 01	5.90E 01	7.26E 00	1.19E 02
91	1.70	0.	3.46E-01	0.	0.	0.	0.	0.	0.	1.77E 00	5.56E 01	7.09E 01	8.44E 00	1.42E 02
92	1.60	0.	3.95E-01	0.	0.	0.	0.	0.	0.	8.05E-01	6.71E 01	8.29E 01	1.03E 01	1.67E 02
93	1.50	0.	2.96E-01	0.	0.	0.	0.	0.	0.	0.	8.20E 01	1.08E 02	1.42E 01	2.09E 02
94	1.40	0.	3.40E-01	0.	0.	0.	0.	0.	0.	0.	1.02E 02	1.34E 02	1.79E 01	2.57E 02
95	1.30	0.	3.35E-01	0.	0.	0.	0.	0.	0.	0.	1.27E 02	1.79E 02	2.13E 01	3.35E 02
96	1.20	0.	2.57E-01	0.	0.	0.	0.	0.	0.	0.	1.63E 02	1.98E 02	2.82E 01	3.89E 02
97	1.10	0.	2.35E-01	0.	0.	0.	0.	2.87E-07	0.	0.	2.12E 02	2.44E 02	3.56E 01	4.91E 02
98	1.00	0.	2.16E-01	0.	0.	0.	0.	4.44E-06	0.	0.	2.83E 02	2.96E 02	4.05E 01	6.20E 02
99	0.90	0.	1.77E-01	0.	0.	0.	0.	5.15E-06	0.	0.	3.93E 02	3.40E 02	4.76E 01	7.80E 02
100	0.80	0.	8.34E-02	0.	0.	0.	0.	1.12E-04	0.	0.	5.65E 02	3.91E 02	5.47E 01	1.01E 03
101	0.70	0.	1.95E-02	0.	0.	0.	0.	1.03E-04	0.	0.	8.53E 02	4.24E 02	5.63E 01	1.33E 03
102	0.60	0.	3.88E-03	0.	0.	0.	0.	3.33E-04	0.	0.	1.38E 03	4.74E 02	6.29E 01	1.92E 03

ABSORPTION COEFFICIENTS OF HEATED AIR (INVERSE CM.)

TEMPERATURE (DEGREES K) 19000.   DENSITY (GM/CC) 1.293E-03 (1.0E 00 NORMAL)

PHOTON ENERGY E.V.	O2 S-R BANDS	O2 S-R CONT.	N2 B-H NO. 1	NO BETA	NO GAMMA	NO2	O- PHOTO-DET (IONS)	FREE-FREE (IONS)	N P.E.	O P.E.	TOTAL AIR
1 10.70	0.	0.	6.87E-03	0.	0.	0.	1.17E-01	1.79E-02	2.59E 01	2.73E-01	2.64E 01
2 10.60	0.	0.	6.28E-03	0.	0.	0.	1.17E-01	1.84E-02	1.10E 00	2.72E-01	1.51E 00
3 10.50	0.	0.	6.36E-03	0.	0.	0.	1.18E-01	1.90E-02	1.10E 00	2.71E-01	1.52E 00
4 10.40	0.	0.	6.06E-03	0.	0.	0.	1.18E-01	1.95E-02	1.11E 00	2.70E-01	1.52E 00
5 10.30	0.	0.	5.32E-03	0.	0.	0.	1.18E-01	2.01E-02	1.11E 00	2.69E-01	1.52E 00
6 10.20	0.	0.	5.51E-03	0.	0.	0.	1.18E-01	2.07E-02	1.11E 00	2.68E-01	1.52E 00
7 10.10	0.	0.	5.21E-03	0.	0.	0.	1.18E-01	2.14E-02	1.11E 00	2.67E-01	1.52E 00
8 10.00	0.	0.	4.60E-03	0.	0.	0.	1.18E-01	2.20E-02	1.11E 00	2.66E-01	1.52E 00
9 9.90	0.	0.	4.73E-03	0.	0.	0.	1.19E-01	2.27E-02	1.11E 00	2.65E-01	1.52E 00
10 9.80	0.	0.	4.47E-03	0.	0.	0.	1.19E-01	2.34E-02	1.12E 00	2.63E-01	1.53E 00
11 9.70	0.	0.	3.89E-03	0.	0.	0.	1.19E-01	2.42E-02	1.12E 00	2.62E-01	1.53E 00
12 9.60	0.	0.	3.62E-03	0.	0.	0.	1.19E-01	2.49E-02	1.12E 00	2.61E-01	1.53E 00
13 9.50	0.	0.	3.62E-03	0.	0.	0.	1.19E-01	2.57E-02	1.13E 00	2.60E-01	1.53E 00
14 9.40	0.	0.	3.45E-03	0.	0.	0.	1.20E-01	2.66E-02	1.13E 00	2.59E-01	1.54E 00
15 9.30	0.	0.	3.54E-03	0.	0.	0.	1.20E-01	2.74E-02	1.13E 00	2.58E-01	1.54E 00
16 9.20	0.	0.	2.96E-03	0.	0.	0.	1.21E-01	2.83E-02	1.14E 00	2.57E-01	1.54E 00
17 9.10	0.	0.	3.05E-03	0.	0.	0.	1.21E-01	2.93E-02	4.28E-01	2.56E-01	8.38E-01
18 9.00	0.	0.	2.79E-03	0.	0.	0.	1.22E-01	3.03E-02	4.29E-01	2.55E-01	8.38E-01
19 8.90	0.	0.	2.59E-03	0.	0.	0.	1.22E-01	3.13E-02	4.29E-01	2.54E-01	8.39E-01
20 8.80	0.	0.	2.56E-03	0.	0.	0.	1.22E-01	3.24E-02	4.30E-01	2.53E-01	8.40E-01
21 8.70	0.	0.	2.24E-03	0.	0.	0.	1.23E-01	3.36E-02	4.31E-01	2.52E-01	8.41E-01
22 8.60	0.	0.	2.31E-03	0.	0.	0.	1.23E-01	3.48E-02	4.31E-01	2.51E-01	8.42E-01
23 8.50	0.	0.	2.04E-03	0.	0.	0.	1.23E-01	3.60E-02	4.33E-01	2.50E-01	8.44E-01
24 8.40	0.	0.	2.03E-03	0.	0.	0.	1.24E-01	3.73E-02	4.34E-01	2.49E-01	8.47E-01
25 8.30	0.	0.	1.74E-03	0.	0.	0.	1.25E-01	3.87E-02	4.36E-01	2.48E-01	8.50E-01
26 8.20	0.	0.	1.76E-03	0.	0.	0.	1.26E-01	4.01E-02	4.37E-01	2.49E-01	8.54E-01
27 8.10	0.	0.	1.53E-03	0.	0.	0.	1.26E-01	4.17E-02	4.39E-01	2.49E-01	8.58E-01
28 8.00	0.	0.	1.55E-03	0.	0.	0.	1.27E-01	4.33E-02	4.41E-01	2.50E-01	8.63E-01
29 7.90	0.	0.	1.34E-03	0.	0.	0.	1.28E-01	4.49E-02	4.44E-01	2.50E-01	8.68E-01
30 7.80	0.	0.	1.40E-03	0.	0.	0.	1.28E-01	4.67E-02	4.47E-01	2.50E-01	8.74E-01
31 7.70	0.	0.	1.24E-03	0.	0.	0.	1.29E-01	4.86E-02	4.50E-01	2.51E-01	8.80E-01
32 7.60	0.	0.	1.18E-03	0.	5.31E-08	0.	1.30E-01	5.05E-02	4.53E-01	2.51E-01	8.86E-01
33 7.50	0.	0.	1.10E-03	0.	1.77E-07	0.	1.30E-01	5.26E-02	4.56E-01	2.51E-01	8.92E-01
34 7.40	0.	0.	9.92E-04	0.	1.52E-06	0.	1.31E-01	5.48E-02	4.59E-01	2.52E-01	8.98E-01
35 7.30	0.	0.	9.45E-04	0.	5.93E-06	0.	1.32E-01	5.71E-02	4.62E-01	2.52E-01	9.04E-01
36 7.20	0.	0.	8.58E-04	0.	1.64E-05	0.	1.32E-01	5.95E-02	4.65E-01	2.53E-01	9.11E-01
37 7.10	0.	0.	8.29E-04	0.	5.12E-05	0.	1.34E-01	6.21E-02	4.68E-01	2.53E-01	9.18E-01
38 7.00	1.58E-07	0.	7.65E-04	0.	1.00E-04	0.	1.35E-01	6.48E-02	4.71E-01	2.53E-01	9.25E-01
39 6.90	3.10E-07	0.	7.05E-04	0.	1.42E-04	0.	1.36E-01	6.77E-02	4.74E-01	2.54E-01	9.32E-01
40 6.80	2.68E-07	0.	6.83E-04	0.	2.43E-04	0.	1.37E-01	7.08E-02	4.77E-01	2.54E-01	9.40E-01
41 6.70	1.96E-07	0.	6.02E-04	0.	2.39E-04	0.	1.38E-01	7.40E-02	4.80E-01	2.55E-01	9.48E-01
42 6.60	1.20E-07	0.	5.43E-04	0.	1.99E-04	0.	1.39E-01	7.75E-02	4.85E-01	2.56E-01	9.58E-01
43 6.50	6.94E-08	0.	4.36E-04	0.	2.90E-04	0.	1.40E-01	8.11E-02	4.90E-01	2.56E-01	9.68E-01
44 6.40	4.00E-08	0.	3.04E-04	9.57E-07	2.71E-04	0.	1.41E-01	8.50E-02	4.95E-01	2.57E-01	9.79E-01
45 6.30	2.33E-08	0.	1.92E-04	4.53E-06	1.97E-04	0.	1.42E-01	8.91E-02	5.01E-01	2.59E-01	9.91E-01
46 6.20	1.06E-08	0.	1.08E-04	6.48E-06	2.68E-04	0.	1.43E-01	9.36E-02	5.06E-01	2.61E-01	1.00E 00
47 6.10	4.88E-09	0.	5.10E-05	1.86E-05	3.29E-04	0.	1.44E-01	9.83E-02	5.12E-01	2.63E-01	1.02E 00
48 6.00	2.04E-09	0.	1.30E-05	1.80E-05	1.64E-04	0.	1.46E-01	1.03E-01	5.19E-01	2.65E-01	1.03E 00
49 5.90	5.05E-10	0.	9.34E-07	2.64E-05	1.59E-04	0.	1.46E-01	1.09E-01	5.27E-01	2.68E-01	1.05E 00
50 5.80	6.44E-10	0.	2.36E-08	3.71E-05	1.65E-04	0.	1.43E-01	1.14E-01	5.34E-01	2.70E-01	1.06E 00
51 5.70	4.74E-12	0.	0.	4.37E-05	1.85E-04	0.	1.35E-01	1.21E-01	5.42E-01	2.72E-01	1.07E 00

ABSORPTION COEFFICIENTS OF HEATED AIR (INVERSE CM.)

TEMPERATURE (DEGREES K) 19000. DENSITY (GM/CC) 1.293E-03 (1.0E 00 NORMAL)

#	PHOTON ENERGY	O_2 S-R BANDS	N_2 1ST POS.	N_2 2ND POS.	N_2^+ 1ST NEG.	NO BETA	NO GAMMA	NO VIB-ROT	NO_2	O- PHOTO-DET (IONS)	FREE-FREE (IONS)	N P.E.	O P.E.	TOTAL AIR
52	5.60	2.15E-13	0.	0.	0.	3.76E-05	2.42E-04	0.	0.	1.25E-01	1.27E-01	5.51E-01	2.74E-01	1.08E 00
53	5.50	0.	0.	0.	0.	4.60E-05	2.25E-04	0.	0.	1.26E-01	1.34E-01	5.63E-01	2.77E-01	1.10E 00
54	5.40	0.	0.	0.	0.	4.25E-05	1.84E-04	0.	0.	1.26E-01	1.42E-01	5.78E-01	2.81E-01	1.13E 00
55	5.30	0.	0.	0.	0.	4.36E-05	2.31E-04	0.	0.	1.27E-01	1.50E-01	5.93E-01	2.85E-01	1.16E 00
56	5.20	0.	0.	0.	0.	4.71E-05	1.77E-04	0.	0.	1.28E-01	1.59E-01	6.09E-01	2.90E-01	1.19E 00
57	5.10	0.	0.	0.	0.	4.71E-05	2.27E-04	0.	0.	1.29E-01	1.69E-01	6.27E-01	2.94E-01	1.22E 00
58	5.00	2.97E-06	0.	0.	0.	4.32E-05	2.15E-04	0.	0.	1.30E-01	1.79E-01	6.47E-01	2.99E-01	1.26E 00
59	4.90	7.26E-06	0.	0.	0.	4.83E-05	2.35E-04	0.	0.	1.31E-01	1.91E-01	6.69E-01	3.05E-01	1.30E 00
60	4.80	1.37E-05	0.	0.	0.	5.20E-05	2.22E-04	0.	0.	1.32E-01	2.03E-01	6.93E-01	3.11E-01	1.34E 00
61	4.70	1.86E-05	0.	0.	0.	5.22E-05	2.02E-04	0.	0.	1.34E-01	2.17E-01	7.19E-01	3.20E-01	1.39E 00
62	4.60	2.57E-05	0.	0.	0.	5.38E-05	1.83E-04	0.	0.	1.35E-01	2.31E-01	7.48E-01	3.28E-01	1.44E 00
63	4.50	2.72E-05	0.	0.	0.	4.95E-05	1.38E-04	0.	0.	1.36E-01	2.47E-01	7.86E-01	3.37E-01	1.51E 00
64	4.40	2.92E-05	0.	0.	0.	4.98E-05	9.46E-05	0.	0.	1.37E-01	2.65E-01	8.25E-01	3.46E-01	1.57E 00
65	4.30	2.78E-05	0.	0.	0.	5.04E-05	5.97E-05	0.	0.	1.38E-01	2.84E-01	8.68E-01	3.55E-01	1.65E 00
66	4.20	2.60E-05	0.	6.74E-05	0.	5.04E-05	4.16E-05	0.	0.	1.39E-01	3.05E-01	9.12E-01	3.65E-01	1.72E 00
67	4.10	2.45E-05	0.	1.99E-04	0.	4.95E-05	1.16E-05	0.	0.	1.40E-01	3.28E-01	9.55E-01	3.65E-01	1.79E 00
68	4.00	2.27E-05	0.	6.66E-04	0.	4.80E-05	8.75E-06	0.	0.	1.40E-01	3.53E-01	9.98E-01	1.64E-01	1.66E 00
69	3.90	1.94E-05	0.	9.40E-04	3.69E-04	4.46E-05	3.29E-06	0.	0.	1.39E-01	3.81E-01	9.79E-01	1.69E-01	1.67E 00
70	3.80	2.13E-05	0.	3.03E-03	1.52E-03	4.81E-05	0.	0.	0.	1.39E-01	4.13E-01	9.92E-01	1.76E-01	1.72E 00
71	3.70	1.91E-05	0.	2.29E-03	6.72E-04	4.14E-05	0.	0.	0.	1.37E-01	4.47E-01	8.25E-01	1.93E-01	1.60E 00
72	3.60	1.73E-05	0.	2.37E-03	3.52E-03	3.57E-05	0.	0.	0.	1.28E-01	4.86E-01	8.88E-01	2.11E-01	1.72E 00
73	3.50	1.50E-05	0.	1.70E-03	6.54E-03	4.48E-05	0.	0.	0.	1.17E-01	5.29E-01	9.42E-01	2.32E-01	1.83E 00
74	3.40	1.21E-05	0.	2.23E-03	1.03E-03	4.01E-05	0.	0.	0.	6.77E-02	5.78E-01	1.05E 00	2.56E-01	1.95E 00
75	3.30	1.06E-05	0.	1.44E-03	3.90E-03	3.57E-05	0.	0.	0.	6.78E-02	6.33E-01	1.15E 00	2.80E-01	2.14E 00
76	3.20	1.02E-05	0.	1.48E-03	6.31E-03	3.24E-05	0.	0.	0.	6.78E-02	6.95E-01	1.26E 00	3.05E-01	2.34E 00
77	3.10	9.20E-06	0.	9.77E-04	1.63E-03	3.08E-05	0.	0.	0.	6.80E-02	7.66E-01	1.38E 00	3.30E-01	2.54E 00
78	3.00	7.79E-06	0.	7.62E-04	3.70E-03	2.37E-05	0.	0.	0.	6.82E-02	8.46E-01	1.49E 00	3.55E-01	2.76E 00
79	2.90	8.16E-06	0.	4.70E-04	2.02E-03	1.67E-05	0.	0.	0.	6.83E-02	9.39E-01	1.61E 00	3.83E-01	3.00E 00
80	2.80	5.31E-06	0.	2.95E-04	1.35E-03	9.23E-06	0.	0.	0.	6.84E-02	1.04E 00	1.75E 00	4.15E-01	3.28E 00
81	2.70	2.54E-06	0.	1.42E-04	1.75E-03	4.11E-06	0.	0.	0.	6.84E-02	1.17E 00	1.90E 00	4.49E-01	3.59E 00
82	2.60	1.79E-07	0.	6.69E-05	1.80E-04	9.87E-07	0.	0.	0.	6.84E-02	1.31E 00	2.06E 00	4.84E-01	3.93E 00
83	2.50	0.	1.54E-04	3.24E-05	1.75E-04	1.06E-07	0.	0.	0.	6.84E-02	1.47E 00	2.35E 00	2.99E-01	4.20E 00
84	2.40	0.	4.63E-04	3.42E-06	1.37E-04	0.	0.	0.	0.	6.84E-02	1.67E 00	2.74E 00	3.51E-01	4.83E 00
85	2.30	0.	1.22E-03	0.	0.	0.	0.	0.	0.	6.79E-02	1.90E 00	2.39E 00	4.19E-01	4.78E 00
86	2.20	0.	1.27E-03	0.	0.	0.	0.	0.	0.	6.76E-02	2.18E 00	2.83E 00	5.00E-01	5.58E 00
87	2.10	0.	2.52E-03	0.	0.	0.	0.	0.	0.	6.73E-02	2.51E 00	3.29E 00	5.82E-01	6.45E 00
88	2.00	0.	3.10E-03	0.	0.	0.	0.	0.	0.	6.52E-02	2.92E 00	3.76E 00	6.64E-01	7.41E 00
89	1.90	0.	2.64E-03	0.	0.	0.	0.	0.	0.	6.27E-02	3.41E 00	4.30E 00	7.73E-01	8.55E 00
90	1.80	0.	3.01E-03	0.	0.	0.	0.	0.	0.	6.00E-02	4.02E 00	5.15E 00	9.39E-01	1.02E 01
91	1.70	0.	2.26E-03	0.	0.	0.	0.	0.	0.	5.65E-02	4.78E 00	6.19E 00	1.14E 00	1.22E 01
92	1.60	0.	2.59E-03	0.	0.	0.	0.	0.	0.	4.78E-02	5.77E 00	7.24E 00	1.35E 00	1.44E 01
93	1.50	0.	2.56E-03	0.	0.	0.	0.	0.	0.	2.17E-02	7.05E 00	9.40E 00	1.63E 00	1.81E 01
94	1.40	0.	1.96E-03	0.	0.	0.	0.	0.	0.	0.	8.73E 00	1.17E 01	1.95E 00	2.24E 01
95	1.30	0.	1.87E-03	0.	0.	0.	0.	0.	0.	0.	1.09E 01	1.56E 01	2.58E 00	2.92E 01
96	1.20	0.	1.80E-03	0.	0.	0.	0.	0.	0.	0.	1.40E 01	1.73E 01	2.60E 00	3.38E 01
97	1.10	0.	1.65E-03	0.	0.	0.	0.	7.30E-09	0.	0.	1.82E 01	2.13E 01	3.26E 00	4.28E 01
98	1.00	0.	1.35E-03	0.	0.	0.	0.	3.55E-08	0.	0.	2.44E 01	2.58E 01	3.71E 00	5.39E 01
99	0.90	0.	6.36E-04	0.	0.	0.	0.	4.12E-08	0.	0.	3.38E 01	2.97E 01	4.36E 00	6.78E 01
100	0.80	0.	1.49E-04	0.	0.	0.	0.	8.98E-07	0.	0.	4.86E 01	3.42E 01	5.00E 00	8.78E 01
101	0.70	0.	2.96E-05	0.	0.	0.	0.	8.25E-07	0.	0.	7.34E 01	3.70E 01	5.15E 00	1.16E 02
102	0.60	0.	0.	0.	0.	0.	0.	2.66E-06	0.	0.	1.18E 02	4.14E 01	5.76E 00	1.66E 02

ABSORPTION COEFFICIENTS OF HEATED AIR (INVERSE CM.)

TEMPERATURE (DEGREES K) 19000.   DENSITY (GM/CC) 1.293E-04 (1.0E-01 NORMAL)

	PHOTON ENERGY E.V.	O2 S-R BANDS	O2 S-R CONT.	N2 B-H NO. 1	NO BETA	NO GAMMA	NO 2	O- PHOTO-DET (IONS)	FREE-FREE (IONS) P.E.	N P.E.	O P.E.	TOTAL AIR
1	10.70	0.	0.	2.66E-05	0.	0.	0.	2.11E-03	1.14E-03	1.62E 00	1.95E-02	1.64E 00
2	10.60	0.	0.	2.43E-05	0.	0.	0.	2.11E-03	1.17E-03	6.84E-02	1.94E-02	9.11E-02
3	10.50	0.	0.	2.47E-05	0.	0.	0.	2.11E-03	1.20E-03	6.87E-02	1.93E-02	9.14E-02
4	10.40	0.	0.	2.35E-05	0.	0.	0.	2.11E-03	1.24E-03	6.90E-02	1.92E-02	9.16E-02
5	10.30	0.	0.	2.06E-05	0.	0.	0.	2.12E-03	1.28E-03	6.91E-02	1.92E-02	9.17E-02
6	10.20	0.	0.	2.14E-05	0.	0.	0.	2.12E-03	1.32E-03	6.93E-02	1.91E-02	9.18E-02
7	10.10	0.	0.	2.02E-05	0.	0.	0.	2.12E-03	1.36E-03	6.92E-02	1.90E-02	9.17E-02
8	10.00	0.	0.	1.79E-05	0.	0.	0.	2.13E-03	1.40E-03	6.93E-02	1.89E-02	9.17E-02
9	9.90	0.	0.	1.84E-05	0.	0.	0.	2.13E-03	1.44E-03	6.94E-02	1.88E-02	9.18E-02
10	9.80	0.	0.	1.73E-05	0.	0.	0.	2.13E-03	1.49E-03	6.96E-02	1.88E-02	9.20E-02
11	9.70	0.	0.	1.51E-05	0.	0.	0.	2.14E-03	1.53E-03	6.97E-02	1.87E-02	9.21E-02
12	9.60	0.	0.	1.63E-05	0.	0.	0.	2.14E-03	1.58E-03	6.99E-02	1.86E-02	9.23E-02
13	9.50	0.	0.	1.41E-05	0.	0.	0.	2.14E-03	1.63E-03	7.01E-02	1.85E-02	9.24E-02
14	9.40	0.	0.	1.34E-05	0.	0.	0.	2.15E-03	1.68E-03	7.03E-02	1.84E-02	9.26E-02
15	9.30	0.	0.	1.37E-05	0.	0.	0.	2.16E-03	1.74E-03	7.06E-02	1.84E-02	9.29E-02
16	9.20	0.	0.	1.15E-05	0.	0.	0.	2.17E-03	1.80E-03	7.08E-02	1.83E-02	9.31E-02
17	9.10	0.	0.	1.18E-05	0.	0.	0.	2.18E-03	1.86E-03	2.67E-02	1.82E-02	4.90E-02
18	9.00	0.	0.	1.08E-05	0.	0.	0.	2.18E-03	1.92E-03	2.67E-02	1.81E-02	4.90E-02
19	8.90	0.	0.	1.01E-05	0.	0.	0.	2.19E-03	1.99E-03	2.68E-02	1.81E-02	4.91E-02
20	8.80	0.	0.	9.91E-06	0.	0.	0.	2.20E-03	2.06E-03	2.68E-02	1.80E-02	4.91E-02
21	8.70	0.	0.	8.67E-06	0.	0.	0.	2.21E-03	2.13E-03	2.69E-02	1.79E-02	4.91E-02
22	8.60	0.	0.	8.96E-06	0.	0.	0.	2.21E-03	2.20E-03	2.69E-02	1.78E-02	4.92E-02
23	8.50	0.	0.	7.91E-06	0.	0.	0.	2.23E-03	2.28E-03	2.70E-02	1.78E-02	4.93E-02
24	8.40	0.	0.	7.89E-06	0.	0.	0.	2.25E-03	2.37E-03	2.71E-02	1.77E-02	4.94E-02
25	8.30	0.	0.	6.75E-06	0.	0.	0.	2.25E-03	2.45E-03	2.72E-02	1.77E-02	4.96E-02
26	8.20	0.	0.	6.84E-06	0.	0.	0.	2.26E-03	2.55E-03	2.73E-02	1.77E-02	4.98E-02
27	8.10	0.	0.	5.95E-06	0.	0.	0.	2.27E-03	2.64E-03	2.74E-02	1.77E-02	5.00E-02
28	8.00	0.	0.	6.01E-06	0.	0.	0.	2.28E-03	2.74E-03	2.75E-02	1.78E-02	5.03E-02
29	7.90	0.	0.	5.21E-06	0.	0.	0.	2.29E-03	2.85E-03	2.77E-02	1.78E-02	5.07E-02
30	7.80	0.	0.	5.42E-06	0.	2.36E-10	0.	2.30E-03	2.96E-03	2.78E-02	1.78E-02	5.10E-02
31	7.70	0.	0.	4.79E-06	0.	7.85E-10	0.	2.32E-03	3.08E-03	2.79E-02	1.79E-02	5.13E-02
32	7.60	0.	0.	4.57E-06	0.	6.73E-09	0.	2.33E-03	3.21E-03	2.81E-02	1.79E-02	5.17E-02
33	7.50	0.	0.	4.26E-06	0.	2.63E-08	0.	2.34E-03	3.35E-03	2.83E-02	1.79E-02	5.20E-02
34	7.40	0.	0.	3.85E-06	0.	7.26E-08	0.	2.35E-03	3.48E-03	2.84E-02	1.79E-02	5.24E-02
35	7.30	0.	0.	3.66E-06	0.	2.27E-07	0.	2.37E-03	3.62E-03	2.86E-02	1.80E-02	5.28E-02
36	7.20	0.	0.	3.33E-06	0.	4.45E-07	0.	2.38E-03	3.78E-03	2.88E-02	1.80E-02	5.32E-02
37	7.10	0.	0.	3.21E-06	0.	6.29E-07	0.	2.40E-03	3.94E-03	2.90E-02	1.80E-02	5.36E-02
38	7.00	8.03E-10	0.	2.97E-06	0.	1.08E-06	0.	2.42E-03	4.11E-03	2.92E-02	1.80E-02	5.40E-02
39	6.90	1.57E-09	0.	2.74E-06	0.	1.06E-06	0.	2.44E-03	4.30E-03	2.94E-02	1.81E-02	5.44E-02
40	6.80	1.36E-09	0.	2.65E-06	0.	8.85E-07	0.	2.46E-03	4.49E-03	2.96E-02	1.81E-02	5.48E-02
41	6.70	9.95E-10	0.	2.33E-06	0.	1.29E-06	0.	2.48E-03	4.69E-03	2.98E-02	1.81E-02	5.53E-02
42	6.60	6.08E-10	0.	2.11E-06	0.	1.20E-06	0.	2.50E-03	4.91E-03	3.01E-02	1.82E-02	5.59E-02
43	6.50	3.52E-10	0.	1.69E-06	4.25E-09	1.19E-06	0.	2.52E-03	5.15E-03	3.05E-02	1.83E-02	5.65E-02
44	6.40	2.03E-10	0.	1.18E-06	2.01E-08	1.46E-06	0.	2.53E-03	5.39E-03	3.08E-02	1.84E-02	5.71E-02
45	6.30	1.18E-10	0.	7.45E-07	8.74E-08	1.19E-06	0.	2.55E-03	5.65E-03	3.12E-02	1.85E-02	5.79E-02
46	6.20	5.36E-11	0.	4.17E-07	2.87E-08	7.26E-07	0.	2.57E-03	5.93E-03	3.15E-02	1.86E-02	5.86E-02
47	6.10	2.48E-11	0.	1.98E-07	8.23E-08	7.05E-07	0.	2.59E-03	6.23E-03	3.15E-02	1.87E-02	5.95E-02
48	6.00	1.04E-11	0.	5.05E-08	7.97E-08	7.26E-07	0.	2.61E-03	6.55E-03	3.24E-02	1.89E-02	6.04E-02
49	5.90	2.56E-12	0.	3.62E-09	1.17E-07	6.90E-07	0.	2.61E-03	6.90E-03	3.28E-02	1.91E-02	6.14E-02
50	5.80	3.27E-13	0.	9.15E-11	1.65E-07	7.32E-07	0.	2.57E-03	7.26E-03	3.34E-02	1.92E-02	6.24E-02
51	5.70	2.41E-14	0.	0.	1.94E-07	8.19E-07	0.	2.42E-03	7.65E-03	3.38E-02	1.94E-02	6.32E-02

ABSORPTION COEFFICIENTS OF HEATED AIR (INVERSE CM.)

TEMPERATURE (DEGREES K) 19000.   DENSITY (GM/CC) 1.293E-04   (1.0E-01 NORMAL)

PHOTON ENERGY	O2 S-R BANDS	N2 1ST POS.	N2 2ND POS.	N2+ 1ST NEG.	NO BETA	NO GAMMA	NO VIB-ROT	NO2	O- PHOTO-DET	FREE-FREE (IONS)	N P.E.	O P.E.	TOTAL AIR
52 5.60	1.09E-15	0.	0.	0.	1.67E-07	1.08E-06	0.	0.	2.25E-03	8.07E-03	3.44E-02	1.96E-02	6.42E-02
53 5.50	0.	0.	0.	0.	2.04E-07	9.96E-07	0.	0.	2.26E-03	8.53E-03	3.51E-02	1.98E-02	6.57E-02
54 5.40	0.	0.	0.	0.	1.89E-07	8.18E-07	0.	0.	2.27E-03	9.01E-03	3.60E-02	2.00E-02	6.73E-02
55 5.30	0.	0.	0.	0.	1.93E-07	1.03E-06	0.	0.	2.29E-03	9.54E-03	3.70E-02	2.03E-02	6.91E-02
56 5.20	0.	0.	0.	0.	2.09E-07	7.87E-07	0.	0.	2.30E-03	1.01E-02	3.79E-02	2.06E-02	7.10E-02
57 5.10	0.	0.	0.	0.	2.09E-07	1.01E-06	0.	0.	2.32E-03	1.07E-02	3.91E-02	2.10E-02	7.31E-02
58 5.00	1.51E-08	0.	0.	0.	1.92E-07	9.53E-07	0.	0.	2.34E-03	1.14E-02	4.03E-02	2.13E-02	7.54E-02
59 4.90	3.68E-08	0.	0.	0.	2.14E-07	1.04E-06	0.	0.	2.36E-03	1.21E-02	4.17E-02	2.17E-02	7.79E-02
60 4.80	6.94E-08	0.	0.	0.	2.30E-07	1.04E-06	0.	0.	2.38E-03	1.29E-02	4.32E-02	2.22E-02	8.06E-02
61 4.70	9.42E-08	0.	0.	0.	2.31E-07	9.83E-07	0.	0.	2.40E-03	1.37E-02	4.48E-02	2.28E-02	8.37E-02
62 4.60	1.31E-07	0.	0.	0.	2.39E-07	8.12E-07	0.	0.	2.42E-03	1.47E-02	4.66E-02	2.34E-02	8.71E-02
63 4.50	1.38E-07	0.	2.61E-07	0.	2.20E-07	6.12E-07	0.	0.	2.44E-03	1.57E-02	4.90E-02	2.40E-02	9.11E-02
64 4.40	1.48E-07	0.	7.74E-07	0.	2.21E-07	4.20E-07	0.	0.	2.46E-03	1.68E-02	5.14E-02	2.46E-02	9.53E-02
65 4.30	1.41E-07	0.	2.58E-06	0.	2.12E-07	2.65E-07	0.	0.	2.48E-03	1.80E-02	5.41E-02	2.53E-02	9.99E-02
66 4.20	1.32E-07	0.	8.13E-06	0.	2.23E-07	1.84E-07	0.	0.	2.50E-03	1.93E-02	5.68E-02	2.60E-02	1.05E-01
67 4.10	1.24E-07	0.	3.64E-06	0.	2.20E-07	5.14E-08	0.	0.	2.51E-03	2.08E-02	5.95E-02	2.60E-02	1.09E-01
68 4.00	1.15E-07	0.	1.18E-05	0.	2.13E-07	3.88E-08	0.	0.	2.52E-03	2.24E-02	6.22E-02	1.17E-02	9.88E-02
69 3.90	9.85E-08	0.	5.54E-06	5.68E-06	1.98E-07	1.46E-08	0.	0.	2.51E-03	2.42E-02	6.10E-02	1.20E-02	9.98E-02
70 3.80	1.08E-07	0.	8.89E-06	2.34E-05	2.13E-07	0.	0.	0.	2.50E-03	2.62E-02	6.18E-02	1.26E-02	1.03E-01
71 3.70	9.70E-08	0.	9.18E-06	1.03E-04	1.84E-07	0.	0.	0.	2.46E-03	2.84E-02	5.13E-02	1.37E-02	9.59E-02
72 3.60	8.79E-08	0.	6.60E-06	5.41E-05	1.99E-07	0.	0.	0.	2.30E-03	3.08E-02	5.54E-02	1.50E-02	1.04E-01
73 3.50	8.26E-08	0.	8.67E-06	1.01E-04	1.58E-07	0.	0.	0.	2.11E-03	3.36E-02	5.87E-02	1.65E-02	1.11E-01
74 3.40	7.62E-08	0.	5.59E-06	1.59E-05	1.78E-07	0.	0.	0.	1.21E-03	3.67E-02	6.52E-02	1.82E-02	1.21E-01
75 3.30	6.12E-08	0.	5.72E-06	5.99E-05	1.43E-07	0.	0.	0.	1.22E-03	4.01E-02	7.20E-02	1.99E-02	1.33E-01
76 3.20	5.37E-08	0.	3.79E-06	9.72E-05	1.51E-07	0.	0.	0.	1.22E-03	4.41E-02	7.87E-02	2.17E-02	1.46E-01
77 3.10	5.18E-08	0.	2.95E-06	2.51E-05	1.44E-07	0.	0.	0.	1.22E-03	4.86E-02	8.57E-02	2.35E-02	1.59E-01
78 3.00	4.67E-08	0.	1.82E-06	1.82E-05	1.37E-07	0.	0.	0.	1.22E-03	5.37E-02	9.27E-02	2.53E-02	1.73E-01
79 2.90	3.95E-08	0.	1.15E-06	3.11E-05	1.05E-07	0.	0.	0.	1.23E-03	5.95E-02	1.00E-01	2.73E-02	1.88E-01
80 2.80	4.14E-08	0.	5.52E-07	2.08E-05	7.40E-08	0.	0.	0.	1.23E-03	6.63E-02	1.09E-01	2.95E-02	2.06E-01
81 2.70	2.69E-08	0.	2.59E-07	2.69E-05	4.10E-08	0.	0.	0.	1.23E-03	7.40E-02	1.18E-01	3.20E-02	2.26E-01
82 2.60	1.29E-08	0.	1.25E-07	2.78E-06	1.82E-08	0.	0.	0.	1.23E-03	8.31E-02	1.29E-01	3.45E-02	2.47E-01
83 2.50	9.08E-10	0.	1.33E-08	2.70E-06	4.38E-09	0.	0.	0.	1.23E-03	9.36E-02	1.47E-01	2.13E-02	2.63E-01
84 2.40	0.	5.96E-07	0.	2.11E-06	4.70E-10	0.	0.	0.	1.23E-03	1.06E-01	1.71E-01	2.50E-02	3.03E-01
85 2.30	0.	1.80E-06	0.	0.	0.	0.	0.	0.	1.21E-03	1.21E-01	1.49E-01	3.10E-02	3.03E-01
86 2.20	0.	4.74E-06	0.	0.	0.	0.	0.	0.	1.21E-03	1.38E-01	1.76E-01	3.56E-02	3.51E-01
87 2.10	0.	4.92E-06	0.	0.	0.	0.	0.	0.	1.21E-03	1.59E-01	2.05E-01	4.15E-02	4.07E-01
88 2.00	0.	9.76E-06	0.	0.	0.	0.	0.	0.	1.17E-03	1.85E-01	2.34E-01	4.73E-02	4.68E-01
89 1.90	0.	1.20E-05	0.	0.	0.	0.	0.	0.	1.12E-03	2.16E-01	2.68E-01	5.51E-02	5.41E-01
90 1.80	0.	1.02E-05	0.	0.	0.	0.	0.	0.	1.08E-03	2.55E-01	3.21E-01	6.44E-02	6.44E-01
91 1.70	0.	1.17E-05	0.	0.	0.	0.	0.	0.	1.01E-03	3.03E-01	3.86E-01	8.14E-02	7.72E-01
92 1.60	0.	8.77E-06	0.	0.	0.	0.	0.	0.	8.58E-04	3.66E-01	4.51E-01	9.59E-02	9.14E-01
93 1.50	0.	1.00E-05	0.	0.	0.	0.	0.	0.	3.90E-04	4.47E-01	5.85E-01	1.16E-01	1.15E 00
94 1.40	0.	9.92E-06	0.	0.	0.	0.	0.	0.	0.	5.54E-01	7.31E-01	1.39E-01	1.42E 00
95 1.30	0.	7.60E-06	0.	0.	0.	0.	0.	0.	0.	6.95E-01	9.74E-01	1.84E-01	1.85E 00
96 1.20	0.	7.26E-06	0.	0.	0.	0.	0.	0.	0.	8.86E-01	1.05E 00	2.15E-01	2.15E 00
97 1.10	0.	6.96E-06	0.	0.	0.	0.	1.02E-11	0.	0.	1.15E 00	1.33E 00	2.32E-01	2.71E 00
98 1.00	0.	6.39E-06	0.	0.	0.	0.	1.57E-10	0.	0.	1.55E 00	1.61E 00	2.64E-01	3.42E 00
99 0.90	0.	5.25E-06	0.	0.	0.	0.	1.83E-10	0.	0.	2.14E 00	1.85E 00	3.10E-01	4.30E 00
100 0.80	0.	2.47E-06	0.	0.	0.	0.	3.98E-10	0.	0.	3.08E 00	2.13E 00	3.57E-01	5.57E 00
101 0.70	0.	5.77E-07	0.	0.	0.	0.	3.66E-09	0.	0.	4.66E 00	2.31E 00	3.67E-01	7.33E 00
102 0.60	0.	1.15E-07	0.	0.	0.	0.	1.18E-08	0.	0.	7.52E 00	2.58E 00	4.10E-01	1.05E 01

367

ABSORPTION COEFFICIENTS OF HEATED AIR (INVERSE CM.)

TEMPERATURE (DEGREES K) 19000. DENSITY (GM/CC) 1.293E-05 (10.0E-03 NORMAL)

	PHOTON ENERGY E.V.	O2 S-R BANDS	O2 S-R CONT.	N2 B-H NO. 1	NO BETA	NO GAMMA	O- PHOTO-DET (IONS)	FREE-FREE (IONS)	N P.E.	O P.E.	TOTAL AIR
1	10.70	0.	0.	2.31E-08	0.	0.	1.30E-05	3.46E-05	4.76E-02	6.89E-04	4.83E-02
2	10.60	0.	0.	2.11E-08	0.	0.	1.30E-05	3.56E-05	2.04E-03	6.86E-04	2.77E-03
3	10.50	0.	0.	2.14E-08	0.	0.	1.30E-05	3.67E-05	2.05E-03	6.83E-04	2.78E-03
4	10.40	0.	0.	2.04E-08	0.	0.	1.30E-05	3.77E-05	2.05E-03	6.80E-04	2.78E-03
5	10.30	0.	0.	1.79E-08	0.	0.	1.30E-05	3.89E-05	2.06E-03	6.77E-04	2.79E-03
6	10.20	0.	0.	1.86E-08	0.	0.	1.31E-05	4.00E-05	2.06E-03	6.75E-04	2.79E-03
7	10.10	0.	0.	1.75E-08	0.	0.	1.31E-05	4.13E-05	2.06E-03	6.72E-04	2.79E-03
8	10.00	0.	0.	1.55E-08	0.	0.	1.31E-05	4.25E-05	2.05E-03	6.69E-04	2.77E-03
9	9.90	0.	0.	1.59E-08	0.	0.	1.31E-05	4.38E-05	2.05E-03	6.66E-04	2.77E-03
10	9.80	0.	0.	1.50E-08	0.	0.	1.31E-05	4.52E-05	2.05E-03	6.63E-04	2.78E-03
11	9.70	0.	0.	1.31E-08	0.	0.	1.32E-05	4.66E-05	2.06E-03	6.61E-04	2.78E-03
12	9.60	0.	0.	1.42E-08	0.	0.	1.32E-05	4.81E-05	2.06E-03	6.58E-04	2.78E-03
13	9.50	0.	0.	1.22E-08	0.	0.	1.32E-05	4.97E-05	2.07E-03	6.55E-04	2.79E-03
14	9.40	0.	0.	1.16E-08	0.	0.	1.33E-05	5.13E-05	2.08E-03	6.52E-04	2.79E-03
15	9.30	0.	0.	1.19E-08	0.	0.	1.33E-05	5.30E-05	2.08E-03	6.49E-04	2.80E-03
16	9.20	0.	0.	9.97E-09	0.	0.	1.34E-05	5.47E-05	2.09E-03	6.47E-04	2.81E-03
17	9.10	0.	0.	1.03E-08	0.	0.	1.34E-05	5.66E-05	7.92E-04	6.44E-04	1.51E-03
18	9.00	0.	0.	9.38E-09	0.	0.	1.35E-05	5.85E-05	7.93E-04	6.41E-04	1.51E-03
19	8.90	0.	0.	8.73E-09	0.	0.	1.35E-05	6.05E-05	7.94E-04	6.39E-04	1.51E-03
20	8.80	0.	0.	8.60E-09	0.	0.	1.36E-05	6.26E-05	7.95E-04	6.36E-04	1.51E-03
21	8.70	0.	0.	7.53E-09	0.	0.	1.36E-05	6.48E-05	7.97E-04	6.34E-04	1.51E-03
22	8.60	0.	0.	7.78E-09	0.	0.	1.37E-05	6.71E-05	7.98E-04	6.31E-04	1.51E-03
23	8.50	0.	0.	6.87E-09	0.	0.	1.37E-05	6.95E-05	8.01E-04	6.29E-04	1.51E-03
24	8.40	0.	0.	6.85E-09	0.	0.	1.38E-05	7.21E-05	8.03E-04	6.27E-04	1.52E-03
25	8.30	0.	0.	5.86E-09	0.	0.	1.38E-05	7.47E-05	8.07E-04	6.26E-04	1.52E-03
26	8.20	0.	0.	5.94E-09	0.	0.	1.39E-05	7.75E-05	8.10E-04	6.27E-04	1.53E-03
27	8.10	0.	0.	5.17E-09	0.	0.	1.40E-05	8.04E-05	8.12E-04	6.27E-04	1.53E-03
28	8.00	0.	0.	5.22E-09	0.	0.	1.41E-05	8.35E-05	8.17E-04	6.28E-04	1.54E-03
29	7.90	0.	0.	4.52E-09	0.	0.	1.41E-05	8.68E-05	8.23E-04	6.29E-04	1.56E-03
30	7.80	0.	0.	4.71E-09	0.	0.	1.42E-05	9.02E-05	8.28E-04	6.30E-04	1.56E-03
31	7.70	0.	0.	4.16E-09	0.	0.	1.43E-05	9.38E-05	8.34E-04	6.31E-04	1.57E-03
32	7.60	0.	0.	3.97E-09	0.	2.45E-13	1.43E-05	9.76E-05	8.40E-04	6.32E-04	1.58E-03
33	7.50	0.	0.	3.70E-09	0.	8.17E-13	1.44E-05	1.02E-04	8.42E-04	6.33E-04	1.59E-03
34	7.40	0.	0.	3.34E-09	0.	7.01E-12	1.45E-05	1.06E-04	8.47E-04	6.34E-04	1.60E-03
35	7.30	0.	0.	3.18E-09	0.	2.74E-11	1.46E-05	1.10E-04	8.53E-04	6.35E-04	1.61E-03
36	7.20	0.	0.	2.89E-09	0.	7.56E-11	1.47E-05	1.15E-04	8.59E-04	6.36E-04	1.62E-03
37	7.10	0.	0.	2.79E-09	0.	2.36E-10	1.48E-05	1.20E-04	8.65E-04	6.37E-04	1.64E-03
38	7.00	1.00E-12	0.	2.57E-09	0.	4.63E-10	1.49E-05	1.25E-04	8.71E-04	6.38E-04	1.65E-03
39	6.90	1.96E-12	0.	2.37E-09	0.	6.55E-10	1.50E-05	1.31E-04	8.76E-04	6.39E-04	1.66E-03
40	6.80	1.70E-12	0.	2.30E-09	0.	1.12E-09	1.51E-05	1.37E-04	8.82E-04	6.40E-04	1.67E-03
41	6.70	1.24E-12	0.	2.03E-09	0.	1.10E-09	1.51E-05	1.43E-04	8.88E-04	6.42E-04	1.69E-03
42	6.60	7.65E-13	0.	1.83E-09	0.	9.21E-10	1.54E-05	1.49E-04	8.97E-04	6.44E-04	1.71E-03
43	6.50	4.40E-13	0.	1.47E-09	0.	1.34E-09	1.55E-05	1.57E-04	9.06E-04	6.46E-04	1.72E-03
44	6.40	2.53E-13	0.	1.02E-09	4.42E-12	1.25E-09	1.56E-05	1.64E-04	9.16E-04	6.48E-04	1.74E-03
45	6.30	1.48E-13	0.	6.47E-10	2.09E-11	9.10E-10	1.57E-05	1.72E-04	9.26E-04	6.51E-04	1.77E-03
46	6.20	1.70E-13	0.	3.62E-10	2.99E-11	1.24E-09	1.59E-05	1.81E-04	9.36E-04	6.57E-04	1.79E-03
47	6.10	3.09E-14	0.	1.72E-10	8.57E-11	1.52E-09	1.60E-05	1.90E-04	9.47E-04	6.63E-04	1.84E-03
48	6.00	1.30E-14	0.	4.38E-11	8.29E-11	7.56E-10	1.61E-05	1.99E-04	9.60E-04	6.68E-04	1.84E-03
49	5.90	3.20E-15	0.	3.14E-12	1.22E-10	7.34E-10	1.61E-05	2.10E-04	9.75E-04	6.74E-04	1.87E-03
50	5.80	4.08E-16	0.	7.94E-14	1.71E-10	7.62E-10	1.59E-05	2.21E-04	9.89E-04	6.79E-04	1.91E-03
51	5.70	3.01E-17	0.	0.	2.02E-10	8.52E-10	1.49E-05	2.33E-04	1.00E-03	6.85E-04	1.94E-03

ABSORPTION COEFFICIENTS OF HEATED AIR (INVERSE CM.)

TEMPERATURE (DEGREES K) 19000.   DENSITY (GM/CC) 1.293E-05   (10.0E-03 NORMAL)

	PHOTON ENERGY	O2 S-R BANDS	N2 1ST POS.	N2 2ND POS.	N2+ 1ST NEG.	NO BETA	NO GAMMA	NO VIB-ROT	NO2	O- PHOIO-DET	FREE-FREE (IONS)	N P.E.	O P.E.	TOTAL AIR
52	5.60	1.36E-18	0.	0.	0.	1.74E-10	1.12E-09	0.	0.	1.39E-05	2.46E-04	1.02E-03	6.91E-04	1.97E-03
53	5.50	0.	0.	0.	0.	2.12E-10	1.04E-09	0.	0.	1.39E-05	2.59E-04	1.04E-03	6.98E-04	2.01E-03
54	5.40	0.	0.	0.	0.	1.96E-10	8.52E-10	0.	0.	1.40E-05	2.74E-04	1.07E-03	7.07E-04	2.07E-03
55	5.30	0.	0.	0.	0.	2.01E-10	1.07E-09	0.	0.	1.41E-05	2.90E-04	1.10E-03	7.17E-04	2.12E-03
56	5.20	0.	0.	0.	0.	2.17E-10	8.19E-10	0.	0.	1.42E-05	3.08E-04	1.12E-03	7.29E-04	2.17E-03
57	5.10	0.	0.	0.	0.	2.17E-10	1.05E-09	0.	0.	1.43E-05	3.26E-04	1.15E-03	7.42E-04	2.24E-03
58	5.00	1.88E-11	0.	0.	0.	1.99E-10	9.92E-10	0.	0.	1.44E-05	3.47E-04	1.19E-03	7.54E-04	2.30E-03
59	4.90	4.60E-11	0.	0.	0.	2.73E-10	1.09E-09	0.	0.	1.45E-05	3.68E-04	1.23E-03	7.66E-04	2.38E-03
60	4.80	4.67E-11	0.	0.	0.	2.41E-10	1.02E-09	0.	0.	1.47E-05	3.92E-04	1.28E-03	7.84E-04	2.47E-03
61	4.70	1.18E-10	0.	0.	0.	2.48E-10	9.32E-10	0.	0.	1.48E-05	4.18E-04	1.32E-03	8.05E-04	2.56E-03
62	4.60	1.63E-10	0.	2.27E-10	0.	2.29E-10	8.46E-10	0.	0.	1.49E-05	4.46E-04	1.36E-03	8.26E-04	2.66E-03
63	4.50	1.72E-10	0.	6.72E-10	0.	2.30E-10	6.38E-10	0.	0.	1.50E-05	4.77E-04	1.45E-03	8.48E-04	2.79E-03
64	4.40	1.85E-10	0.	2.24E-09	0.	2.21E-10	2.74E-10	0.	0.	1.51E-05	5.11E-04	1.52E-03	8.71E-04	2.92E-03
65	4.30	1.76E-10	0.	7.06E-09	0.	2.33E-10	1.92E-10	0.	0.	1.53E-05	5.48E-04	1.60E-03	8.95E-04	3.06E-03
66	4.20	1.65E-10	0.	3.16E-09	0.	2.29E-10	5.37E-11	0.	0.	1.54E-05	5.86E-04	1.68E-03	9.19E-04	3.20E-03
67	4.10	1.55E-10	0.	1.02E-08	0.	2.22E-10	1.52E-11	0.	0.	1.54E-05	6.33E-04	1.76E-03	9.19E-04	3.33E-03
68	4.00	1.44E-10	0.	4.81E-09	2.82E-08	2.06E-10	0.	0.	0.	1.55E-05	6.82E-04	1.84E-03	4.13E-04	2.95E-03
69	3.90	1.23E-10	0.	7.71E-09	1.16E-07	2.22E-10	0.	0.	0.	1.54E-05	7.36E-04	1.80E-03	4.26E-04	2.98E-03
70	3.80	1.35E-10	0.	7.97E-09	5.14E-08	2.07E-10	0.	0.	0.	1.51E-05	7.96E-04	1.83E-03	4.44E-04	3.08E-03
71	3.70	1.21E-10	0.	5.14E-09	2.69E-07	1.65E-10	0.	0.	0.	1.42E-05	8.63E-04	1.52E-03	4.86E-04	2.88E-03
72	3.60	1.10E-10	0.	7.52E-09	5.01E-07	1.49E-10	0.	0.	0.	1.30E-05	9.38E-04	1.64E-03	5.32E-04	3.12E-03
73	3.50	1.03E-10	0.	4.85E-09	7.89E-08	1.57E-10	0.	0.	0.	7.49E-06	1.02E-03	1.74E-03	5.84E-04	3.36E-03
74	3.40	9.52E-11	0.	4.97E-09	2.98E-07	1.50E-10	0.	0.	0.	7.50E-06	1.12E-03	1.93E-03	6.44E-04	3.70E-03
75	3.30	7.65E-11	0.	3.29E-09	4.83E-07	1.42E-10	0.	0.	0.	7.51E-06	1.22E-03	2.13E-03	7.04E-04	4.06E-03
76	3.20	6.71E-11	0.	2.56E-09	1.25E-07	1.10E-10	0.	0.	0.	7.51E-06	1.34E-03	2.33E-03	7.67E-04	4.45E-03
77	3.10	6.47E-11	0.	1.58E-09	2.84E-07	7.70E-11	0.	0.	0.	7.55E-06	1.46E-03	2.53E-03	8.31E-04	4.85E-03
78	3.00	5.83E-11	0.	9.95E-10	1.03E-07	4.26E-11	0.	0.	0.	7.55E-06	1.63E-03	2.74E-03	8.94E-04	5.28E-03
79	2.90	4.94E-11	0.	4.80E-10	1.34E-07	1.90E-11	0.	0.	0.	7.56E-06	1.81E-03	2.96E-03	9.65E-04	5.75E-03
80	2.80	5.17E-11	0.	2.25E-10	4.26E-07	1.34E-11	0.	0.	0.	7.57E-06	2.02E-03	3.22E-03	1.04E-03	6.29E-03
81	2.70	3.37E-11	0.	1.09E-10	1.90E-08	4.89E-12	0.	0.	0.	7.57E-06	2.25E-03	3.50E-03	1.13E-03	6.89E-03
82	2.60	1.61E-11	0.	1.15E-11	1.34E-08	0.	0.	0.	0.	7.57E-06	2.53E-03	3.79E-03	1.22E-03	7.55E-03
83	2.50	1.13E-12	0.	0.	1.05E-08	0.	0.	0.	0.	7.56E-06	2.85E-03	3.22E-03	7.54E-04	7.93E-03
84	2.40	0.	5.17E-10	0.	0.	0.	0.	0.	0.	7.51E-06	3.22E-03	5.04E-03	8.84E-04	9.15E-03
85	2.30	0.	1.56E-09	0.	0.	0.	0.	0.	0.	7.48E-06	3.67E-03	4.40E-03	1.05E-03	9.13E-03
86	2.20	0.	1.12E-09	0.	0.	0.	0.	0.	0.	7.45E-06	4.21E-03	5.20E-03	1.26E-03	1.07E-02
87	2.10	0.	4.27E-09	0.	0.	0.	0.	0.	0.	7.21E-06	4.85E-03	6.05E-03	1.47E-03	1.24E-02
88	2.00	0.	8.47E-09	0.	0.	0.	0.	0.	0.	6.94E-06	5.63E-03	6.90E-03	1.67E-03	1.42E-02
89	1.90	0.	1.04E-08	0.	0.	0.	0.	0.	0.	6.63E-06	6.58E-03	7.91E-03	1.95E-03	1.64E-02
90	1.80	0.	8.89E-09	0.	0.	0.	0.	0.	0.	6.25E-06	7.76E-03	9.47E-03	2.37E-03	1.96E-02
91	1.70	0.	1.01E-08	0.	0.	0.	0.	0.	0.	5.29E-06	9.23E-03	1.14E-02	2.88E-03	2.35E-02
92	1.60	0.	7.61E-09	0.	0.	0.	0.	0.	0.	2.40E-06	1.11E-02	1.33E-02	3.39E-03	2.78E-02
93	1.50	0.	8.72E-09	0.	0.	0.	0.	0.	0.	0.	1.36E-02	1.73E-02	4.12E-03	3.50E-02
94	1.40	0.	8.61E-09	0.	0.	0.	0.	0.	0.	0.	1.68E-02	2.15E-02	4.92E-03	4.33E-02
95	1.30	0.	6.60E-09	0.	0.	0.	0.	0.	0.	0.	2.11E-02	2.87E-02	6.50E-03	5.63E-02
96	1.20	0.	6.30E-09	0.	0.	0.	0.	0.	0.	0.	2.70E-02	3.17E-02	6.55E-03	6.52E-02
97	1.10	0.	6.04E-09	0.	0.	0.	0.	1.06E-14	0.	0.	3.51E-02	3.91E-02	8.21E-03	8.24E-02
98	1.00	0.	5.55E-09	0.	0.	0.	0.	1.64E-13	0.	0.	4.70E-02	4.74E-02	9.35E-03	1.04E-01
99	0.90	0.	4.56E-09	0.	0.	0.	0.	1.90E-13	0.	0.	6.52E-02	5.45E-02	1.10E-02	1.31E-01
100	0.80	0.	2.14E-09	0.	0.	0.	0.	4.15E-12	0.	0.	9.38E-02	6.27E-02	1.30E-02	1.69E-01
101	0.70	0.	5.01E-10	0.	0.	0.	0.	3.81E-12	0.	0.	1.42E-01	6.80E-02	1.30E-02	2.23E-01
102	0.60	0.	9.95E-11	0.	0.	0.	0.	1.23E-11	0.	0.	2.29E-01	7.60E-02	1.45E-02	3.19E-01

ABSORPTION COEFFICIE. OF HEATED AIR (INVERSE CM.)

TEMPERATURE (DEGREES K) 19000. DENSITY (GM/CC) 1.293E-06 (10.0E-04 NORMAL)

#	PHOTON ENERGY E.V.	O2 S-R BANDS	O2 S-R CONT.	N2 B-H NO.1	NO BETA	NO GAMMA	NO2	O- PHOTO-DET (IONS)	FREE-FREE (IONS)	N P.E.	O P.E.	TOTAL AIR
1	10.70	0.	0.	4.13E-12	0.	0.	0.	2.18E-08	4.72E-07	2.96E-05	9.95E-06	4.00E-05
2	10.60	0.	0.	3.77E-12	0.	0.	0.	2.19E-08	4.86E-07	2.97E-05	9.90E-06	4.02E-05
3	10.50	0.	0.	3.82E-12	0.	0.	0.	2.19E-08	5.00E-07	2.99E-05	9.86E-06	4.03E-05
4	10.40	0.	0.	3.64E-12	0.	0.	0.	2.19E-08	5.15E-07	3.00E-05	9.82E-06	4.04E-05
5	10.30	0.	0.	3.20E-12	0.	0.	0.	2.19E-08	5.30E-07	3.02E-05	9.78E-06	4.05E-05
6	10.20	0.	0.	3.31E-12	0.	0.	0.	2.20E-08	5.46E-07	3.03E-05	9.74E-06	4.06E-05
7	10.10	0.	0.	3.13E-12	0.	0.	0.	2.20E-08	5.63E-07	3.03E-05	9.70E-06	4.06E-05
8	10.00	0.	0.	2.77E-12	0.	0.	0.	2.20E-08	5.80E-07	2.79E-05	9.66E-06	3.82E-05
9	9.90	0.	0.	2.84E-12	0.	0.	0.	2.21E-08	5.98E-07	2.80E-05	9.62E-06	3.82E-05
10	9.80	0.	0.	2.69E-12	0.	0.	0.	2.21E-08	6.16E-07	2.81E-05	9.58E-06	3.83E-05
11	9.70	0.	0.	2.34E-12	0.	0.	0.	2.22E-08	6.36E-07	2.81E-05	9.54E-06	3.83E-05
12	9.60	0.	0.	2.53E-12	0.	0.	0.	2.22E-08	6.56E-07	2.82E-05	9.50E-06	3.84E-05
13	9.50	0.	0.	2.18E-12	0.	0.	0.	2.22E-08	6.77E-07	2.83E-05	9.46E-06	3.85E-05
14	9.40	0.	0.	2.07E-12	0.	0.	0.	2.23E-08	6.99E-07	2.84E-05	9.42E-06	3.85E-05
15	9.30	0.	0.	2.13E-12	0.	0.	0.	2.24E-08	7.22E-07	2.85E-05	9.38E-06	3.86E-05
16	9.20	0.	0.	1.78E-12	0.	0.	0.	2.25E-08	7.46E-07	2.86E-05	9.34E-06	3.87E-05
17	9.10	0.	0.	1.83E-12	0.	0.	0.	2.26E-08	7.71E-07	1.13E-05	9.30E-06	2.14E-05
18	9.00	0.	0.	1.67E-12	0.	0.	0.	2.26E-08	7.97E-07	1.13E-05	9.27E-06	2.14E-05
19	8.90	0.	0.	1.56E-12	0.	0.	0.	2.27E-08	8.25E-07	1.13E-05	9.23E-06	2.14E-05
20	8.80	0.	0.	1.54E-12	0.	0.	0.	2.28E-08	8.54E-07	1.13E-05	9.19E-06	2.14E-05
21	8.70	0.	0.	1.34E-12	0.	0.	0.	2.29E-08	8.84E-07	1.14E-05	9.16E-06	2.14E-05
22	8.60	0.	0.	1.39E-12	0.	0.	0.	2.30E-08	9.15E-07	1.14E-05	9.12E-06	2.14E-05
23	8.50	0.	0.	1.23E-12	0.	0.	0.	2.30E-08	9.48E-07	1.14E-05	9.09E-06	2.15E-05
24	8.40	0.	0.	1.22E-12	0.	0.	0.	2.32E-08	9.83E-07	1.15E-05	9.05E-06	2.15E-05
25	8.30	0.	0.	1.05E-12	0.	0.	0.	2.33E-08	1.02E-06	1.15E-05	9.04E-06	2.16E-05
26	8.20	0.	0.	1.06E-12	0.	0.	0.	2.34E-08	1.06E-06	1.16E-05	9.05E-06	2.17E-05
27	8.10	0.	0.	9.23E-13	0.	0.	0.	2.35E-08	1.10E-06	1.16E-05	9.06E-06	2.18E-05
28	8.00	0.	0.	9.32E-13	0.	0.	0.	2.36E-08	1.14E-06	1.17E-05	9.07E-06	2.19E-05
29	7.90	0.	0.	8.07E-13	0.	0.	0.	2.38E-08	1.18E-06	1.18E-05	9.09E-06	2.21E-05
30	7.80	0.	0.	8.40E-13	0.	0.	0.	2.39E-08	1.23E-06	1.19E-05	9.10E-06	2.22E-05
31	7.70	0.	0.	7.42E-13	0.	0.	0.	2.40E-08	1.28E-06	1.20E-05	9.12E-06	2.24E-05
32	7.60	0.	0.	7.08E-13	0.	4.73E-17	0.	2.41E-08	1.33E-06	1.17E-05	9.13E-06	2.21E-05
33	7.50	0.	0.	6.60E-13	0.	1.58E-16	0.	2.43E-08	1.38E-06	1.17E-05	9.14E-06	2.23E-05
34	7.40	0.	0.	5.96E-13	0.	1.35E-15	0.	2.44E-08	1.44E-06	1.18E-05	9.16E-06	2.25E-05
35	7.30	0.	0.	5.68E-13	0.	5.28E-15	0.	2.45E-08	1.50E-06	1.19E-05	9.17E-06	2.26E-05
36	7.20	0.	0.	5.16E-13	0.	1.46E-14	0.	2.47E-08	1.57E-06	1.21E-05	9.19E-06	2.28E-05
37	7.10	2.09E-16	0.	4.98E-13	0.	4.55E-14	0.	2.49E-08	1.63E-06	1.23E-05	9.20E-06	2.30E-05
38	7.00	4.09E-16	0.	4.60E-13	0.	8.93E-14	0.	2.51E-08	1.71E-06	1.23E-05	9.22E-06	2.32E-05
39	6.90	3.53E-16	0.	4.24E-13	0.	1.26E-13	0.	2.53E-08	1.78E-06	1.24E-05	9.25E-06	2.36E-05
40	6.80	3.53E-16	0.	4.11E-13	0.	1.75E-13	0.	2.55E-08	1.86E-06	1.25E-05	9.25E-06	2.36E-05
41	6.70	2.58E-16	0.	3.62E-13	0.	2.13E-13	0.	2.57E-08	1.95E-06	1.26E-05	9.28E-06	2.38E-05
42	6.60	1.58E-16	0.	3.26E-13	0.	1.78E-13	0.	2.59E-08	2.04E-06	1.27E-05	9.31E-06	2.41E-05
43	6.50	5.27E-17	0.	2.62E-13	0.	2.58E-13	0.	2.61E-08	2.13E-06	1.28E-05	9.34E-06	2.43E-05
44	6.40	3.07E-17	0.	1.83E-13	8.52E-16	2.41E-13	0.	2.63E-08	2.24E-06	1.30E-05	9.37E-06	2.46E-05
45	6.30	1.39E-17	0.	1.16E-13	4.03E-15	1.75E-13	0.	2.65E-08	2.35E-06	1.32E-05	9.42E-06	2.49E-05
46	6.20	6.43E-18	0.	6.46E-14	5.77E-15	2.38E-13	0.	2.67E-08	2.46E-06	1.33E-05	9.50E-06	2.53E-05
47	6.10	2.70E-18	0.	3.06E-14	1.65E-14	2.93E-13	0.	2.69E-08	2.59E-06	1.35E-05	9.58E-06	2.57E-05
48	6.00	1.58E-18	0.	7.83E-15	1.60E-14	1.46E-13	0.	2.71E-08	2.72E-06	1.37E-05	9.66E-06	2.61E-05
49	5.90	6.65E-19	0.	5.61E-16	2.35E-14	1.46E-13	0.	2.71E-08	2.86E-06	1.39E-05	9.74E-06	2.66E-05
50	5.80	8.49E-20	0.	1.42E-17	3.30E-14	1.47E-13	0.	2.67E-08	3.01E-06	1.42E-05	9.83E-06	2.70E-05
51	5.70	6.25E-21	0.	0.	3.89E-14	1.64E-13	0.	2.51E-08	3.18E-06	1.44E-05	9.91E-06	2.75E-05

ABSORPTION COEFFICIENTS OF HEATED AIR (INVERSE CM.)

TEMPERATURE (DEGREES K) 19000.   DENSITY (GM/CC) 1.293E-06   (10.0E-04 NORMAL)

	PHOTON ENERGY	O2 S-R BANDS	N2 1ST POS.	N2 2ND POS.	N2+ 1ST NEG.	NO BETA	NO GAMMA	NO VIB-ROT	NO2	O- PHOTO-DET.	FREE-FREE (IONS)	N P.E.	O P.E.	TOTAL AIR
52	5.60	2.83E-22	0.	0.	0.	3.35E-14	2.16E-13	0.	0.	2.33E-08	3.35E-06	1.46E-05	1.00E-05	2.80E-05
53	5.50	0.	0.	0.	0.	4.09E-14	2.00E-13	0.	0.	2.34E-08	3.54E-06	1.50E-05	1.01E-05	2.86E-05
54	5.40	0.	0.	0.	0.	3.79E-14	1.64E-13	0.	0.	2.35E-08	3.74E-06	1.54E-05	1.02E-05	2.94E-05
55	5.30	0.	0.	0.	0.	3.88E-14	2.06E-13	0.	0.	2.37E-08	3.96E-06	1.56E-05	1.04E-05	3.02E-05
56	5.20	0.	0.	0.	0.	4.19E-14	1.58E-13	0.	0.	2.39E-08	4.19E-06	1.59E-05	1.05E-05	3.06E-05
57	5.10	0.	0.	0.	0.	4.19E-14	1.91E-13	0.	0.	2.41E-08	4.45E-06	1.57E-05	1.07E-05	3.09E-05
58	5.00	3.91E-15	0.	0.	0.	3.84E-14	1.91E-13	0.	0.	2.43E-08	4.73E-06	1.62E-05	1.09E-05	3.19E-05
59	4.90	9.57E-15	0.	0.	0.	4.30E-14	2.10E-13	0.	0.	2.45E-08	5.02E-06	1.68E-05	1.11E-05	3.29E-05
60	4.80	1.80E-14	0.	0.	0.	4.62E-14	1.97E-13	0.	0.	2.47E-08	5.35E-06	1.74E-05	1.13E-05	3.41E-05
61	4.70	2.45E-14	0.	0.	0.	4.65E-14	1.80E-13	0.	0.	2.49E-08	5.70E-06	1.81E-05	1.16E-05	3.54E-05
62	4.60	3.39E-14	0.	0.	0.	4.79E-14	1.63E-13	0.	0.	2.51E-08	6.09E-06	1.88E-05	1.19E-05	3.69E-05
63	4.50	3.58E-14	0.	4.05E-14	0.	4.41E-14	1.23E-13	0.	0.	2.53E-08	6.51E-06	1.98E-05	1.22E-05	3.86E-05
64	4.40	3.85E-14	0.	1.00E-13	0.	4.43E-14	8.42E-14	0.	0.	2.55E-08	6.96E-06	2.08E-05	1.26E-05	4.03E-05
65	4.30	3.46E-14	0.	4.00E-13	0.	4.25E-14	5.31E-14	0.	0.	2.57E-08	7.47E-06	2.19E-05	1.29E-05	4.23E-05
66	4.20	3.43E-14	0.	1.26E-12	0.	4.48E-14	3.70E-14	0.	0.	2.59E-08	8.02E-06	2.30E-05	1.33E-05	4.43E-05
67	4.10	3.23E-14	0.	5.65E-13	0.	4.41E-14	1.04E-14	0.	0.	2.61E-08	8.63E-06	2.41E-05	1.38E-05	4.60E-05
68	4.00	2.99E-14	0.	1.82E-12	0.	4.27E-14	7.78E-14	0.	0.	2.61E-08	9.30E-06	2.52E-05	5.96E-06	4.05E-05
69	3.90	2.56E-14	0.	8.59E-13	4.32E-11	3.97E-14	2.93E-15	0.	0.	2.60E-08	1.00E-05	2.45E-05	6.16E-06	4.07E-05
70	3.80	2.81E-14	0.	1.38E-12	1.78E-10	4.28E-14	0.	0.	0.	2.59E-08	1.09E-05	2.01E-05	6.42E-06	3.74E-05
71	3.70	2.52E-14	0.	1.42E-12	7.88E-11	3.69E-14	0.	0.	0.	2.55E-08	1.18E-05	2.10E-05	7.02E-06	3.98E-05
72	3.60	2.28E-14	0.	1.02E-12	1.02E-10	3.99E-14	0.	0.	0.	2.39E-08	1.28E-05	2.27E-05	7.69E-06	4.32E-05
73	3.50	2.15E-14	0.	1.34E-12	7.67E-10	3.18E-14	0.	0.	0.	2.18E-08	1.39E-05	2.40E-05	8.44E-06	4.64E-05
74	3.40	1.98E-14	0.	8.67E-13	1.21E-10	3.57E-14	0.	0.	0.	1.26E-08	1.52E-05	2.67E-05	9.31E-06	5.12E-05
75	3.30	1.59E-14	0.	8.87E-13	4.57E-10	2.87E-14	0.	0.	0.	1.26E-08	1.67E-05	2.93E-05	1.02E-05	5.62E-05
76	3.20	1.40E-14	0.	5.87E-13	7.40E-10	3.03E-14	0.	0.	0.	1.26E-08	1.83E-05	3.21E-05	1.11E-05	6.15E-05
77	3.10	1.35E-14	0.	4.58E-13	1.91E-10	2.88E-14	0.	0.	0.	1.27E-08	2.02E-05	3.49E-05	1.20E-05	6.71E-05
78	3.00	1.21E-14	9.23E-14	2.82E-13	4.34E-10	2.74E-14	0.	0.	0.	1.27E-08	2.23E-05	3.77E-05	1.29E-05	7.29E-05
79	2.90	1.03E-14	2.78E-13	1.78E-13	2.37E-10	2.11E-14	0.	0.	0.	1.27E-08	2.47E-05	4.08E-05	1.39E-05	7.94E-05
80	2.80	1.08E-14	7.35E-13	8.56E-13	1.56E-10	1.48E-14	0.	0.	0.	1.27E-08	2.75E-05	4.43E-05	1.51E-05	8.69E-05
81	2.70	7.00E-15	1.51E-12	4.02E-14	2.05E-10	8.22E-15	0.	0.	0.	1.27E-08	3.07E-05	4.71E-05	1.63E-05	9.42E-05
82	2.60	3.35E-15	1.86E-12	1.94E-14	2.12E-10	3.66E-15	0.	0.	0.	1.27E-08	3.45E-05	5.12E-05	1.76E-05	1.03E-04
83	2.50	2.36E-16	1.59E-12	2.06E-15	2.05E-11	8.79E-16	0.	0.	0.	1.27E-08	3.88E-05	5.79E-05	1.05E-05	1.07E-04
84	2.40	0.	1.36E-12	0.	1.61E-11	9.43E-17	0.	0.	0.	1.27E-08	4.40E-05	4.91E-05	1.28E-05	1.06E-04
85	2.30	0.	1.81E-12	0.	0.	0.	0.	0.	0.	1.26E-08	5.01E-05	5.95E-05	1.52E-05	1.25E-04
86	2.20	0.	1.54E-12	0.	0.	0.	0.	0.	0.	1.26E-08	5.74E-05	7.02E-05	1.82E-05	1.46E-04
87	2.10	0.	1.56E-12	0.	0.	0.	0.	0.	0.	1.25E-08	6.62E-05	8.17E-05	2.12E-05	1.69E-04
88	2.00	0.	1.18E-12	0.	0.	0.	0.	0.	0.	1.21E-08	7.68E-05	9.32E-05	2.42E-05	1.94E-04
89	1.90	0.	1.12E-12	0.	0.	0.	0.	0.	0.	1.17E-08	8.97E-05	1.07E-04	2.81E-05	2.24E-04
90	1.80	0.	1.08E-12	0.	0.	0.	0.	0.	0.	1.05E-08	1.06E-04	1.28E-04	3.41E-05	2.68E-04
91	1.70	0.	9.91E-13	0.	0.	0.	0.	0.	0.	8.89E-09	1.26E-04	1.53E-04	4.15E-05	3.21E-04
92	1.60	0.	8.14E-13	0.	0.	0.	0.	0.	0.	4.04E-09	1.52E-04	1.79E-04	4.89E-05	3.80E-04
93	1.50	0.	3.82E-13	0.	0.	0.	0.	0.	0.	0.	1.86E-04	2.32E-04	5.94E-05	4.77E-04
94	1.40	0.	8.94E-14	0.	0.	0.	0.	0.	0.	0.	2.30E-04	2.76E-04	7.10E-05	5.77E-04
95	1.30	0.	1.78E-14	0.	0.	0.	0.	0.	0.	0.	2.88E-04	3.85E-04	8.81E-05	7.61E-04
96	1.20	0.	0.	0.	0.	0.	0.	0.	0.	0.	3.68E-04	4.24E-04	9.44E-05	8.86E-04
97	1.10	0.	0.	0.	0.	0.	0.	2.04E-18	0.	0.	4.79E-04	5.23E-04	1.18E-04	1.12E-03
98	1.00	0.	0.	0.	0.	0.	0.	3.16E-17	0.	0.	6.41E-04	6.34E-04	1.35E-04	1.41E-03
99	0.90	0.	0.	0.	0.	0.	0.	3.66E-17	0.	0.	8.88E-04	7.29E-04	1.58E-04	1.78E-03
100	0.80	0.	0.	0.	0.	0.	0.	8.00E-16	0.	0.	1.28E-03	8.38E-04	1.82E-04	2.30E-03
101	0.70	0.	0.	0.	0.	0.	0.	7.35E-16	0.	0.	1.93E-03	9.09E-04	1.87E-04	3.03E-03
102	0.60	0.	0.	0.	0.	0.	0.	2.37E-15	0.	0.	3.12E-03	9.21E-04	2.09E-04	4.25E-03

ABSORPTION COEFFICIENTS OF HEATED AIR (INVERSE CM.)

TEMPERATURE (DEGREES K) 19000.   DENSITY (GM/CC) 1.293E-07 (10.0E-05 NORMAL)

#	PHOTON ENERGY E.V.	O2 S-R BANDS	O2 S-R CONT.	N2 B-H NO. 1	NO BETA	NO GAMMA	NO2	O- PHOTO-DET (IONS)	FREE-FREE (IONS)	N P.E.	O P.E.	TOTAL AIR
1	10.70	0.	0.	4.42E-16	0.	0.	0.	2.40E-11	5.18E-09	5.60E-07	1.07E-07	6.72E-07
2	10.60	0.	0.	4.04E-16	0.	0.	0.	2.40E-11	5.33E-09	5.66E-07	1.07E-07	6.78E-07
3	10.50	0.	0.	4.10E-16	0.	0.	0.	2.40E-11	5.49E-09	3.44E-07	1.06E-07	4.55E-07
4	10.40	0.	0.	3.91E-16	0.	0.	0.	2.41E-11	5.65E-09	3.45E-07	1.06E-07	4.56E-07
5	10.30	0.	0.	3.43E-16	0.	0.	0.	2.41E-11	5.82E-09	3.45E-07	1.05E-07	4.56E-07
6	10.20	0.	0.	3.55E-16	0.	0.	0.	2.41E-11	5.99E-09	3.47E-07	1.05E-07	4.58E-07
7	10.10	0.	0.	2.97E-16	0.	0.	0.	2.42E-11	6.17E-09	3.48E-07	1.05E-07	4.59E-07
8	10.00	0.	0.	2.97E-16	0.	0.	0.	2.42E-11	6.36E-09	3.50E-07	1.04E-07	4.60E-07
9	9.90	0.	0.	3.05E-16	0.	0.	0.	2.42E-11	6.56E-09	3.52E-07	1.04E-07	4.62E-07
10	9.80	0.	0.	2.88E-16	0.	0.	0.	2.43E-11	6.76E-09	3.53E-07	1.03E-07	4.63E-07
11	9.70	0.	0.	2.51E-16	0.	0.	0.	2.43E-11	6.98E-09	3.55E-07	1.03E-07	4.65E-07
12	9.60	0.	0.	2.71E-16	0.	0.	0.	2.44E-11	7.20E-09	3.56E-07	1.02E-07	4.66E-07
13	9.50	0.	0.	2.33E-16	0.	0.	0.	2.44E-11	7.43E-09	3.58E-07	1.02E-07	4.68E-07
14	9.40	0.	0.	2.22E-16	0.	0.	0.	2.45E-11	7.67E-09	3.60E-07	1.02E-07	4.69E-07
15	9.30	0.	0.	2.28E-16	0.	0.	0.	2.46E-11	7.92E-09	1.83E-07	1.01E-07	2.92E-07
16	9.20	0.	0.	1.91E-16	0.	0.	0.	2.47E-11	8.19E-09	1.84E-07	1.01E-07	2.93E-07
17	9.10	0.	0.	1.96E-16	0.	0.	0.	2.48E-11	8.46E-09	1.85E-07	1.00E-07	2.94E-07
18	9.00	0.	0.	1.80E-16	0.	0.	0.	2.49E-11	8.75E-09	1.86E-07	1.00E-07	2.94E-07
19	8.90	0.	0.	1.67E-16	0.	0.	0.	2.50E-11	9.05E-09	1.87E-07	9.97E-08	2.95E-07
20	8.80	0.	0.	1.65E-16	0.	0.	0.	2.50E-11	9.36E-09	1.88E-07	9.93E-08	2.96E-07
21	8.70	0.	0.	1.44E-16	0.	0.	0.	2.51E-11	9.69E-09	1.89E-07	9.90E-08	2.97E-07
22	8.60	0.	0.	1.49E-16	0.	0.	0.	2.52E-11	1.00E-08	1.90E-07	9.78E-08	2.98E-07
23	8.50	0.	0.	1.31E-16	0.	0.	0.	2.53E-11	1.04E-08	1.91E-07	9.74E-08	2.99E-07
24	8.40	0.	0.	1.31E-16	0.	0.	0.	2.54E-11	1.08E-08	1.93E-07	9.70E-08	3.00E-07
25	8.30	0.	0.	1.12E-16	0.	0.	0.	2.56E-11	1.12E-08	1.94E-07	9.69E-08	3.02E-07
26	8.20	0.	0.	1.14E-16	0.	0.	0.	2.57E-11	1.16E-08	1.96E-07	9.71E-08	3.05E-07
27	8.10	0.	0.	9.89E-17	0.	0.	0.	2.58E-11	1.20E-08	1.57E-07	9.73E-08	2.66E-07
28	8.00	0.	0.	9.99E-17	0.	0.	0.	2.60E-11	1.25E-08	1.59E-07	9.75E-08	2.69E-07
29	7.90	0.	0.	8.65E-17	0.	0.	0.	2.61E-11	1.30E-08	1.62E-07	9.77E-08	2.72E-07
30	7.80	0.	0.	9.01E-17	0.	0.	0.	2.62E-11	1.35E-08	1.64E-07	9.79E-08	2.76E-07
31	7.70	0.	0.	7.96E-17	0.	5.20E-21	0.	2.64E-11	1.40E-08	1.67E-07	9.81E-08	2.79E-07
32	7.60	0.	0.	7.60E-17	0.	1.73E-20	0.	2.65E-11	1.46E-08	1.70E-07	9.83E-08	2.83E-07
33	7.50	0.	0.	7.08E-17	0.	1.49E-19	0.	2.66E-11	1.52E-08	1.73E-07	9.85E-08	2.87E-07
34	7.40	0.	0.	6.39E-17	0.	5.80E-19	0.	2.68E-11	1.58E-08	1.76E-07	9.87E-08	2.91E-07
35	7.30	0.	0.	6.09E-17	0.	1.60E-18	0.	2.69E-11	1.65E-08	1.79E-07	9.89E-08	2.95E-07
36	7.20	0.	0.	5.53E-17	0.	5.01E-18	0.	2.71E-11	1.72E-08	1.84E-07	9.91E-08	3.00E-07
37	7.10	0.	0.	5.34E-17	0.	9.82E-18	0.	2.73E-11	1.79E-08	1.86E-07	9.94E-08	3.04E-07
38	7.00	2.35E-20	0.	4.93E-17	0.	1.39E-17	0.	2.75E-11	1.87E-08	1.86E-07	9.96E-08	3.04E-07
39	6.90	4.61E-20	0.	4.55E-17	0.	2.38E-17	0.	2.78E-11	1.95E-08	1.90E-07	9.99E-08	3.09E-07
40	6.80	3.99E-20	0.	4.40E-17	0.	2.34E-17	0.	2.80E-11	2.04E-08	1.94E-07	1.00E-07	3.14E-07
41	6.70	2.92E-20	0.	3.88E-17	0.	1.95E-17	0.	2.82E-11	2.14E-08	1.98E-07	1.01E-07	3.20E-07
42	6.60	1.78E-20	0.	3.50E-17	0.	2.84E-17	0.	2.84E-11	2.24E-08	2.02E-07	1.01E-07	3.25E-07
43	6.50	1.03E-20	0.	2.81E-17	0.	2.65E-17	0.	2.86E-11	2.34E-08	2.07E-07	1.01E-07	3.31E-07
44	6.40	5.94E-21	0.	1.96E-17	9.37E-20	1.93E-17	0.	2.89E-11	2.45E-08	2.11E-07	1.02E-07	3.38E-07
45	6.30	3.47E-21	0.	1.24E-17	4.44E-19	2.62E-17	0.	2.91E-11	2.57E-08	2.16E-07	1.02E-07	3.44E-07
46	6.20	1.57E-21	0.	6.93E-18	6.34E-19	3.22E-17	0.	2.93E-11	2.70E-08	2.20E-07	1.03E-07	3.51E-07
47	6.10	7.26E-22	0.	3.29E-18	1.82E-18	1.60E-17	0.	2.95E-11	2.84E-08	2.25E-07	1.04E-07	3.58E-07
48	6.00	3.04E-22	0.	8.39E-19	1.76E-18	1.56E-17	0.	2.98E-11	2.98E-08	2.31E-07	1.05E-07	3.66E-07
49	5.90	7.50E-23	0.	6.02E-20	2.59E-18	1.61E-17	0.	2.98E-11	3.14E-08	2.36E-07	1.06E-07	3.74E-07
50	5.80	9.58E-24	0.	1.52E-21	3.63E-18	1.81E-17	0.	2.93E-11	3.30E-08	2.42E-07	1.07E-07	3.82E-07
51	5.70	7.05E-25	0.	0.	4.28E-18	1.81E-17	0.	2.75E-11	3.48E-08	1.64E-07	1.06E-07	3.05E-07

ABSORPTION COEFFICIENTS OF HEATED AIR (INVERSE CM.)

TEMPERATURE (DEGREES K) 19000.   DENSITY (GM/CC) 1.293E-07 (10.0E-05 NORMAL)

#	PHOTON ENERGY	O2 S-R BANDS	N2 1ST POS.	N2 2ND POS.	N2+ 1ST NEG.	NO BETA	NO GAMMA	NO VIB-ROT	NO2	O- PHOTO-DET (IONS)	FREE-FREE	N P.E.	O P.E.	TOTAL AIR
52	5.60	3.19E-26	0.	0.	0.	3.68E-18	2.37E-17	0.	0.	2.56E-11	3.67E-08	1.68E-07	1.07E-07	3.12E-07
53	5.50	0.	0.	0.	0.	4.50E-18	2.20E-17	0.	0.	2.57E-11	3.88E-08	1.73E-07	1.08E-07	3.20E-07
54	5.40	0.	0.	0.	0.	4.16E-18	1.81E-17	0.	0.	2.59E-11	4.10E-08	1.79E-07	1.09E-07	3.29E-07
55	5.30	0.	0.	0.	0.	4.27E-18	2.26E-17	0.	0.	2.60E-11	4.34E-08	1.84E-07	1.13E-07	3.38E-07
56	5.20	0.	0.	0.	0.	4.61E-18	1.74E-17	0.	0.	2.62E-11	4.60E-08	1.90E-07	1.15E-07	3.49E-07
57	5.10	0.	0.	0.	0.	4.61E-18	2.22E-17	0.	0.	2.64E-11	4.88E-08	1.97E-07	1.15E-07	3.60E-07
58	5.00	4.41E-19	0.	0.	0.	4.23E-18	2.10E-17	0.	0.	2.66E-11	5.18E-08	2.03E-07	1.17E-07	3.72E-07
59	4.90	1.08E-18	0.	0.	0.	4.72E-18	2.30E-17	0.	0.	2.69E-11	5.51E-08	2.11E-07	1.18E-07	3.84E-07
60	4.80	2.04E-18	0.	0.	0.	5.09E-18	2.17E-17	0.	0.	2.71E-11	5.87E-08	2.19E-07	1.21E-07	3.99E-07
61	4.70	2.76E-18	0.	0.	0.	5.11E-18	1.98E-17	0.	0.	2.73E-11	6.25E-08	2.28E-07	1.24E-07	4.15E-07
62	4.60	3.83E-18	0.	0.	0.	5.26E-18	1.79E-17	0.	0.	2.75E-11	6.66E-08	2.39E-07	1.28E-07	4.34E-07
63	4.50	4.04E-18	0.	0.	0.	4.88E-18	1.35E-17	0.	0.	2.78E-11	7.13E-08	2.52E-07	1.31E-07	4.55E-07
64	4.40	4.34E-18	0.	4.34E-18	0.	4.88E-18	9.26E-18	0.	0.	2.80E-11	7.64E-08	2.66E-07	1.34E-07	4.77E-07
65	4.30	4.13E-18	0.	1.29E-17	0.	4.66E-18	5.84E-18	0.	0.	2.82E-11	8.19E-08	2.80E-07	1.35E-07	4.97E-07
66	4.20	2.87E-18	0.	4.29E-17	0.	4.35E-18	4.07E-18	0.	0.	2.84E-11	8.79E-08	2.95E-07	1.20E-07	5.03E-07
67	4.10	3.65E-18	0.	1.35E-16	0.	4.85E-18	1.14E-18	0.	0.	2.85E-11	9.46E-08	3.11E-07	6.26E-08	4.68E-07
68	4.00	3.38E-18	0.	6.06E-17	0.	4.70E-18	8.56E-19	0.	0.	2.86E-11	1.02E-07	3.04E-07	6.48E-08	4.70E-07
69	3.90	2.89E-18	0.	1.95E-16	4.48E-14	4.37E-18	3.22E-19	0.	0.	2.85E-11	1.10E-07	2.68E-07	6.68E-08	4.45E-07
70	3.80	3.17E-18	0.	9.21E-17	1.85E-14	4.71E-18	0.	0.	0.	2.84E-11	1.19E-07	2.81E-07	6.97E-08	4.70E-07
71	3.70	2.84E-18	0.	1.48E-16	8.16E-14	4.05E-18	0.	0.	0.	2.80E-11	1.29E-07	2.85E-07	7.62E-08	4.90E-07
72	3.60	2.58E-18	0.	1.53E-16	4.27E-13	4.38E-18	0.	0.	0.	2.62E-11	1.40E-07	3.06E-07	8.34E-08	5.30E-07
73	3.50	2.42E-18	0.	1.10E-16	7.95E-13	3.49E-18	0.	0.	0.	2.40E-11	1.53E-07	3.24E-07	1.01E-07	5.78E-07
74	3.40	2.23E-18	0.	1.44E-16	1.25E-12	3.93E-18	0.	0.	0.	1.38E-11	1.67E-07	3.56E-07	1.10E-07	6.33E-07
75	3.30	1.79E-18	0.	9.29E-17	4.73E-13	3.16E-18	0.	0.	0.	1.39E-11	1.83E-07	3.77E-07	1.30E-07	6.90E-07
76	3.20	1.57E-18	0.	9.51E-17	7.67E-13	3.35E-18	0.	0.	0.	1.39E-11	2.01E-07	3.99E-07	1.36E-07	7.36E-07
77	3.10	1.52E-18	0.	6.30E-17	1.98E-13	3.17E-18	0.	0.	0.	1.39E-11	2.21E-07	4.41E-07	1.40E-07	8.02E-07
78	3.00	1.37E-18	0.	4.91E-17	4.50E-13	3.01E-18	0.	0.	0.	1.39E-11	2.44E-07	4.80E-07	1.50E-07	8.74E-07
79	2.90	1.16E-18	0.	3.03E-17	2.46E-13	2.32E-18	0.	0.	0.	1.40E-11	2.71E-07	5.25E-07	1.61E-07	9.57E-07
80	2.80	1.21E-18	0.	1.90E-17	1.64E-13	1.63E-18	0.	0.	0.	1.40E-11	3.01E-07	5.46E-07	1.73E-07	1.02E-06
81	2.70	7.90E-19	0.	1.16E-17	1.63E-13	4.03E-19	0.	0.	0.	1.40E-11	3.37E-07	5.63E-07	1.50E-07	1.05E-06
82	2.60	3.77E-19	0.	4.31E-18	2.19E-13	9.66E-20	0.	0.	0.	1.40E-11	3.78E-07	5.19E-07	1.13E-07	1.01E-06
83	2.50	2.66E-20	0.	2.09E-18	2.13E-14	1.04E-20	0.	0.	0.	1.40E-11	4.26E-07	6.51E-07	1.13E-07	1.19E-06
84	2.40	0.	9.90E-18	2.20E-18	1.67E-14	0.	0.	0.	0.	1.39E-11	4.82E-07	5.70E-07	1.38E-07	1.19E-06
85	2.30	0.	2.98E-17	0.	0.	0.	0.	0.	0.	1.39E-11	5.49E-07	6.87E-07	1.64E-07	1.40E-06
86	2.20	0.	7.88E-17	0.	0.	0.	0.	0.	0.	1.38E-11	6.29E-07	8.05E-07	1.96E-07	1.63E-06
87	2.10	0.	8.18E-17	0.	0.	0.	0.	0.	0.	1.33E-11	7.25E-07	9.38E-07	2.27E-07	1.89E-06
88	2.00	0.	1.62E-16	0.	0.	0.	0.	0.	0.	1.28E-11	8.41E-07	1.06E-06	2.59E-07	2.16E-06
89	1.90	0.	2.00E-16	0.	0.	0.	0.	0.	0.	1.23E-11	9.83E-07	1.21E-06	3.01E-07	2.49E-06
90	1.80	0.	1.70E-16	0.	0.	0.	0.	0.	0.	9.15E-12	1.16E-06	1.43E-06	3.66E-07	2.96E-06
91	1.70	0.	1.94E-16	0.	0.	0.	0.	0.	0.	9.77E-12	1.38E-06	1.63E-06	4.42E-07	3.45E-06
92	1.60	0.	1.46E-16	0.	0.	0.	0.	0.	0.	4.44E-12	1.66E-06	1.29E-06	4.97E-07	3.45E-06
93	1.50	0.	1.67E-16	0.	0.	0.	0.	0.	0.	0.	2.03E-06	2.33E-06	6.12E-07	4.97E-06
94	1.40	0.	1.65E-16	0.	0.	0.	0.	0.	0.	0.	2.52E-06	2.23E-06	7.00E-07	5.45E-06
95	1.30	0.	1.26E-16	0.	0.	0.	0.	0.	0.	0.	3.16E-06	3.59E-06	7.50E-07	7.50E-06
96	1.20	0.	1.21E-16	0.	0.	0.	0.	0.	0.	0.	4.03E-06	4.33E-06	1.00E-06	9.37E-06
97	1.10	0.	1.16E-16	0.	0.	0.	0.	2.25E-22	0.	0.	5.25E-06	5.49E-06	1.18E-06	1.19E-05
98	1.00	0.	1.06E-16	0.	0.	0.	0.	3.47E-21	0.	0.	7.03E-06	6.49E-06	1.38E-06	1.49E-05
99	0.90	0.	8.72E-17	0.	0.	0.	0.	4.03E-21	0.	0.	9.73E-06	7.51E-06	1.68E-06	1.89E-05
100	0.80	0.	4.10E-17	0.	0.	0.	0.	8.79E-20	0.	0.	1.40E-05	8.29E-06	1.75E-06	2.40E-05
101	0.70	0.	9.58E-18	0.	0.	0.	0.	8.08E-20	0.	0.	2.11E-05	7.79E-06	1.52E-06	3.04E-05
102	0.60	0.	1.91E-18	0.	0.	0.	0.	2.60E-19	0.	0.	3.41E-05	8.77E-06	1.72E-06	4.46E-05

ABSORPTION COEFFICIENTS OF HEATED AIR (INVERSE CM.)

TEMPERATURE (DEGREES K) 19000. DENSITY (GM/CC) 1.293E-08 (1.0E-05 NORMAL)

PHOTON ENERGY E.V.	O2 S-R BANDS	O2 S-R CONT.	N2 B-H NO. 1	NO BETA	NO GAMMA	NO 2	O- PHOTO-DET (IONS)	FREE-FREE (IONS)	N P.E.	O P.E.	TOTAL AIR
1 10.70	0.	0.	4.12E-20	0.	0.	0.	2.89E-14	7.39E-11	8.19E-09	1.31E-09	9.58E-09
2 10.60	0.	0.	3.77E-20	0.	0.	0.	2.89E-14	7.60E-11	8.24E-09	1.31E-09	9.63E-09
3 10.50	0.	0.	3.82E-20	0.	0.	0.	2.90E-14	7.83E-11	8.29E-09	1.31E-09	9.68E-09
4 10.40	0.	0.	3.64E-20	0.	0.	0.	2.90E-14	8.06E-11	8.34E-09	1.30E-09	9.72E-09
5 10.30	0.	0.	3.19E-20	0.	0.	0.	2.91E-14	8.30E-11	8.39E-09	1.30E-09	9.77E-09
6 10.20	0.	0.	3.31E-20	0.	0.	0.	2.91E-14	8.54E-11	8.48E-09	1.29E-09	9.85E-09
7 10.10	0.	0.	3.13E-20	0.	0.	0.	2.91E-14	8.80E-11	8.56E-09	1.29E-09	9.94E-09
8 10.00	0.	0.	2.77E-20	0.	0.	0.	2.92E-14	9.07E-11	8.65E-09	1.29E-09	1.00E-08
9 9.90	0.	0.	2.84E-20	0.	0.	0.	2.92E-14	9.35E-11	8.74E-09	1.28E-09	1.01E-08
10 9.80	0.	0.	2.69E-20	0.	0.	0.	2.93E-14	9.64E-11	8.83E-09	1.28E-09	1.02E-08
11 9.70	0.	0.	2.34E-20	0.	0.	0.	2.93E-14	9.95E-11	8.91E-09	1.28E-09	1.03E-08
12 9.60	0.	0.	2.53E-20	0.	0.	0.	2.94E-14	1.03E-10	9.00E-09	1.27E-09	1.04E-08
13 9.50	0.	0.	2.18E-20	0.	0.	0.	2.94E-14	1.06E-10	9.08E-09	1.27E-09	1.05E-08
14 9.40	0.	0.	2.07E-20	0.	0.	0.	2.96E-14	1.09E-10	9.17E-09	1.27E-09	1.05E-08
15 9.30	0.	0.	2.13E-20	0.	0.	0.	2.97E-14	1.13E-10	7.53E-09	1.27E-09	8.91E-09
16 9.20	0.	0.	1.78E-20	0.	0.	0.	2.98E-14	1.17E-10	7.61E-09	1.26E-09	8.99E-09
17 9.10	0.	0.	1.83E-20	0.	0.	0.	2.99E-14	1.21E-10	7.69E-09	1.26E-09	9.07E-09
18 9.00	0.	0.	1.67E-20	0.	0.	0.	3.00E-14	1.25E-10	7.77E-09	1.26E-09	9.15E-09
19 8.90	0.	0.	1.56E-20	0.	0.	0.	3.01E-14	1.29E-10	7.85E-09	1.17E-09	9.15E-09
20 8.80	0.	0.	1.54E-20	0.	0.	0.	3.02E-14	1.33E-10	7.93E-09	1.16E-09	9.22E-09
21 8.70	0.	0.	1.34E-20	0.	0.	0.	3.03E-14	1.38E-10	8.01E-09	1.16E-09	9.31E-09
22 8.60	0.	0.	1.39E-20	0.	0.	0.	3.03E-14	1.43E-10	8.09E-09	1.16E-09	9.39E-09
23 8.50	0.	0.	1.23E-20	0.	0.	0.	3.05E-14	1.48E-10	8.18E-09	1.16E-09	9.48E-09
24 8.40	0.	0.	1.22E-20	0.	0.	0.	3.07E-14	1.54E-10	8.27E-09	1.16E-09	9.58E-09
25 8.30	0.	0.	1.04E-20	0.	0.	0.	3.08E-14	1.59E-10	4.72E-09	1.16E-09	6.04E-09
26 8.20	0.	0.	1.06E-20	0.	0.	0.	3.10E-14	1.65E-10	4.89E-09	1.16E-09	6.22E-09
27 8.10	0.	0.	9.22E-21	0.	0.	0.	3.12E-14	1.71E-10	5.05E-09	1.17E-09	6.39E-09
28 8.00	0.	0.	9.31E-21	0.	0.	0.	3.13E-14	1.78E-10	5.21E-09	1.18E-09	6.57E-09
29 7.90	0.	0.	8.07E-21	0.	0.	0.	3.15E-14	1.85E-10	5.38E-09	1.18E-09	6.75E-09
30 7.80	0.	0.	8.40E-21	0.	0.	0.	3.16E-14	1.92E-10	5.54E-09	1.19E-09	6.93E-09
31 7.70	0.	0.	7.42E-21	0.	5.47E-25	0.	3.18E-14	2.00E-10	5.73E-09	1.20E-09	7.12E-09
32 7.60	0.	0.	7.08E-21	0.	1.82E-24	0.	3.19E-14	2.08E-10	5.93E-09	1.20E-09	7.34E-09
33 7.50	0.	0.	6.60E-21	0.	1.56E-23	0.	3.21E-14	2.16E-10	6.13E-09	1.21E-09	7.55E-09
34 7.40	0.	0.	5.96E-21	0.	6.11E-23	0.	3.23E-14	2.25E-10	6.33E-09	1.22E-09	7.77E-09
35 7.30	0.	0.	5.68E-21	0.	1.69E-22	0.	3.25E-14	2.35E-10	6.05E-09	1.23E-09	7.51E-09
36 7.20	0.	0.	5.15E-21	0.	5.27E-22	0.	3.27E-14	2.45E-10	6.34E-09	1.24E-09	7.83E-09
37 7.10	0.	0.	4.98E-21	0.	1.03E-21	0.	3.29E-14	2.55E-10	6.63E-09	1.25E-09	8.14E-09
38 7.00	2.80E-24	0.	4.59E-21	0.	1.46E-21	0.	3.32E-14	2.66E-10	6.93E-09	1.26E-09	8.45E-09
39 6.90	5.48E-24	0.	4.24E-21	0.	2.50E-21	0.	3.32E-14	2.78E-10	7.22E-09	1.27E-09	8.77E-09
40 6.80	4.74E-24	0.	4.10E-21	0.	2.46E-21	0.	3.34E-14	2.91E-10	7.51E-09	1.28E-09	9.08E-09
41 6.70	3.47E-24	0.	3.62E-21	0.	2.06E-21	0.	3.37E-14	3.04E-10	7.80E-09	1.30E-09	9.40E-09
42 6.60	2.12E-24	0.	3.26E-21	0.	2.99E-21	0.	3.40E-14	3.18E-10	8.10E-09	1.30E-09	9.72E-09
43 6.50	1.23E-24	0.	2.62E-21	0.	2.79E-21	0.	3.43E-14	3.33E-10	8.39E-09	1.31E-09	1.01E-08
44 6.40	7.07E-25	0.	1.83E-21	9.86E-24	2.03E-21	0.	3.45E-14	3.49E-10	8.69E-09	1.32E-09	1.04E-08
45 6.30	4.12E-25	0.	1.15E-21	4.67E-23	2.76E-21	0.	3.48E-14	3.66E-10	8.99E-09	1.35E-09	1.07E-08
46 6.20	1.87E-25	0.	6.46E-22	6.67E-23	3.39E-21	0.	3.51E-14	3.84E-10	9.30E-09	1.37E-09	1.11E-08
47 6.10	6.63E-26	0.	3.06E-22	1.91E-22	1.69E-21	0.	3.53E-14	4.04E-10	9.62E-09	1.39E-09	1.14E-08
48 6.00	3.62E-26	0.	7.82E-23	1.85E-22	1.64E-21	0.	3.56E-14	4.24E-10	3.34E-09	1.19E-09	4.96E-09
49 5.90	5.92E-27	0.	5.61E-24	2.72E-22	1.70E-21	0.	3.59E-14	4.46E-10	3.44E-09	1.20E-09	5.09E-09
50 5.80	1.14E-27	0.	1.42E-25	3.82E-22	1.90E-21	0.	3.59E-14	4.70E-10	3.53E-09	1.22E-09	5.22E-09
51 5.70	8.39E-29	0.	0.	4.51E-22		0.	3.32E-14	4.95E-10	3.66E-09	1.23E-09	5.39E-09

ABSORPTION COEFFICIENTS OF HEATED AIR (INVERSE CM.)

TEMPERATURE (DEGREES K) 19000.   DENSITY (GM/CC) 1.293E-08   (1.0E-05 NORMAL)

	PHOTON ENERGY	O2 S-R BANDS	N2 1ST POS.	N2 2ND POS.	N2+ 1ST NEG.	NO BETA	NO GAMMA	NO VIB-ROT	NO2	O- PHOTO-DET	FREE-FREE (IONS)	N P.E.	O P.E.	TOTAL AIR
52	5.60	3.79E-30	0.	0.	0.	3.88E-22	2.50E-21	0.	0.	3.09E-14	5.23E-10	3.83E-09	1.24E-09	5.60E-09
53	5.50	0.	0.	0.	0.	4.74E-22	2.31E-21	0.	0.	3.10E-14	5.52E-10	4.01E-09	1.26E-09	5.82E-09
54	5.40	0.	0.	0.	0.	4.38E-22	1.90E-21	0.	0.	3.12E-14	5.83E-10	4.21E-09	1.28E-09	6.07E-09
55	5.30	0.	0.	0.	0.	4.49E-22	2.38E-21	0.	0.	3.14E-14	6.18E-10	4.41E-09	1.30E-09	6.33E-09
56	5.20	0.	0.	0.	0.	4.85E-22	1.83E-21	0.	0.	3.16E-14	6.54E-10	4.61E-09	1.33E-09	6.59E-09
57	5.10	0.	0.	0.	0.	4.45E-22	2.34E-21	0.	0.	3.18E-14	6.94E-10	4.81E-09	1.34E-09	6.82E-09
58	5.00	5.25E-23	0.	0.	0.	4.45E-22	2.21E-21	0.	0.	3.21E-14	7.37E-10	5.02E-09	1.37E-09	7.10E-09
59	4.90	1.28E-22	0.	0.	0.	4.97E-22	2.43E-21	0.	0.	3.24E-14	7.83E-10	5.24E-09	1.37E-09	7.39E-09
60	4.80	2.42E-22	0.	0.	0.	5.35E-22	2.28E-21	0.	0.	3.27E-14	8.34E-10	5.46E-09	1.40E-09	7.70E-09
61	4.70	3.28E-22	0.	0.	0.	5.38E-22	2.08E-21	0.	0.	3.29E-14	8.89E-10	5.76E-09	1.44E-09	8.09E-09
62	4.60	4.55E-22	0.	0.	0.	5.54E-22	1.89E-21	0.	0.	3.32E-14	9.49E-10	6.14E-09	1.48E-09	8.58E-09
63	4.50	4.81E-22	0.	4.05E-22	0.	5.10E-22	1.42E-21	0.	0.	3.34E-14	1.01E-09	6.55E-09	1.53E-09	9.09E-09
64	4.40	5.16E-22	0.	1.20E-21	0.	5.13E-22	1.75E-21	0.	0.	3.37E-14	1.09E-09	6.96E-09	1.57E-09	9.61E-09
65	4.30	4.91E-22	0.	4.00E-21	0.	4.93E-22	6.15E-22	0.	0.	3.40E-14	1.16E-09	7.37E-09	1.58E-09	1.01E-08
66	4.20	4.60E-22	0.	1.26E-20	0.	5.19E-22	4.28E-22	0.	0.	3.43E-14	1.25E-09	7.84E-09	7.71E-10	9.86E-09
67	4.10	4.34E-22	0.	5.64E-21	0.	5.10E-22	1.20E-22	0.	0.	3.44E-14	1.34E-09	8.18E-09	8.04E-10	1.03E-08
68	4.00	4.03E-22	0.	5.87E-21	0.	4.95E-22	9.01E-23	0.	0.	3.45E-14	1.45E-09	8.12E-09	8.37E-10	1.04E-08
69	3.90	3.43E-22	0.	8.58E-21	3.78E-17	4.96E-22	3.39E-23	0.	0.	3.44E-14	1.56E-09	8.58E-09	8.70E-10	1.10E-08
70	3.80	3.77E-22	0.	1.38E-20	1.56E-16	4.96E-22	0.	0.	0.	3.43E-14	1.69E-09	9.04E-09	9.12E-10	1.16E-08
71	3.70	3.38E-22	0.	1.42E-20	6.89E-17	4.42E-22	0.	0.	0.	3.37E-14	1.83E-09	9.42E-09	9.92E-10	1.22E-08
72	3.60	3.06E-22	0.	1.34E-20	3.61E-16	4.61E-22	0.	0.	0.	3.16E-14	1.99E-09	9.96E-09	1.08E-09	1.30E-08
73	3.50	2.66E-22	0.	8.66E-21	6.71E-16	3.68E-22	0.	0.	0.	2.89E-14	2.17E-09	1.06E-08	1.18E-09	1.39E-08
74	3.40	2.13E-22	0.	8.86E-21	1.06E-16	4.13E-22	0.	0.	0.	1.67E-14	2.37E-09	4.82E-09	1.27E-09	8.46E-09
75	3.30	1.87E-22	0.	5.87E-21	3.99E-16	3.50E-22	0.	0.	0.	1.67E-14	2.59E-09	5.26E-09	1.38E-09	9.24E-09
76	3.20	1.80E-22	0.	4.58E-21	6.48E-16	3.34E-22	0.	0.	0.	1.67E-14	2.85E-09	5.88E-09	1.43E-09	1.02E-08
77	3.10	1.63E-22	0.	2.82E-21	1.67E-16	3.17E-22	0.	0.	0.	1.68E-14	3.14E-09	6.56E-09	1.50E-09	1.12E-08
78	3.00	1.48E-22	0.	1.77E-21	3.80E-16	2.44E-22	0.	0.	0.	1.68E-14	3.47E-09	7.23E-09	1.62E-09	1.23E-08
79	2.90	1.38E-22	0.	8.56E-22	2.08E-16	1.72E-22	0.	0.	0.	1.68E-14	3.84E-09	7.93E-09	1.75E-09	1.35E-08
80	2.80	1.44E-22	0.	4.02E-22	1.38E-16	9.51E-23	0.	0.	0.	1.69E-14	4.28E-09	8.68E-09	1.90E-09	1.49E-08
81	2.70	9.39E-23	9.23E-22	1.94E-22	1.80E-16	1.02E-23	0.	0.	0.	1.69E-14	4.78E-09	9.42E-09	1.12E-09	1.53E-08
82	2.60	4.49E-23	2.78E-21	2.05E-21	1.80E-16	1.09E-24	0.	0.	0.	1.69E-14	5.36E-09	1.02E-08	1.22E-09	1.68E-08
83	2.50	3.16E-24	7.35E-21	0.	1.85E-16	0.	0.	0.	0.	1.69E-14	6.04E-09	9.67E-09	1.41E-09	1.71E-08
84	2.40	0.	7.62E-21	0.	1.02E-17	0.	0.	0.	0.	1.69E-14	6.83E-09	1.13E-08	1.70E-09	1.99E-08
85	2.30	0.	1.51E-20	0.	1.41E-17	0.	0.	0.	0.	1.67E-14	7.78E-09	1.31E-08	2.01E-09	2.29E-08
86	2.20	0.	1.86E-20	0.	0.	0.	0.	0.	0.	1.67E-14	8.91E-09	1.49E-08	2.38E-09	2.62E-08
87	2.10	0.	1.59E-20	0.	0.	0.	0.	0.	0.	1.66E-14	1.03E-08	1.68E-08	2.75E-09	2.99E-08
88	2.00	0.	1.81E-20	0.	0.	0.	0.	0.	0.	1.61E-14	1.19E-08	1.87E-08	2.92E-09	3.36E-08
89	1.90	0.	1.36E-20	0.	0.	0.	0.	0.	0.	1.55E-14	1.39E-08	1.47E-08	3.39E-09	3.20E-08
90	1.80	0.	1.56E-20	0.	0.	0.	0.	0.	0.	1.48E-14	1.64E-08	1.72E-08	4.11E-09	3.77E-08
91	1.70	0.	1.18E-20	0.	0.	0.	0.	0.	0.	1.39E-14	1.95E-08	2.02E-08	4.98E-09	4.47E-08
92	1.60	0.	1.12E-20	0.	0.	0.	0.	0.	0.	1.18E-14	2.36E-08	2.32E-08	5.64E-09	5.24E-08
93	1.50	0.	1.08E-20	0.	0.	0.	0.	0.	0.	5.35E-15	2.87E-08	2.77E-08	6.30E-09	6.28E-08
94	1.40	0.	9.90E-21	0.	0.	0.	0.	0.	0.	0.	3.56E-08	2.71E-08	5.93E-09	6.86E-08
95	1.30	0.	8.13E-21	0.	0.	0.	0.	0.	0.	0.	4.46E-08	3.67E-08	8.39E-09	8.97E-08
96	1.20	0.	3.82E-21	0.	0.	0.	0.	0.	0.	0.	5.69E-08	4.10E-08	1.02E-08	1.08E-07
97	1.10	0.	8.93E-22	0.	0.	0.	0.	2.37E-26	0.	0.	7.42E-08	5.07E-08	1.29E-08	1.38E-07
98	1.00	0.	1.78E-22	0.	0.	0.	0.	3.66E-25	0.	0.	9.93E-08	6.17E-08	1.56E-08	1.77E-07
99	0.90	0.	0.	0.	0.	0.	0.	4.24E-25	0.	0.	1.37E-07	6.93E-08	1.65E-08	2.23E-07
100	0.80	0.	0.	0.	0.	0.	0.	9.26E-24	0.	0.	1.97E-07	8.00E-08	1.91E-08	2.97E-07
101	0.70	0.	0.	0.	0.	0.	0.	8.50E-24	0.	0.	2.98E-07	7.52E-08	1.66E-08	3.90E-07
102	0.60	0.	0.	0.	0.	0.	0.	2.74E-23	0.	0.	4.80E-07	8.47E-08	1.87E-08	5.84E-07

ABSORPTION COEFFICIENTS OF HEATED AIR (INVERSE CM.)

TEMPERATURE (DEGREES K) 19000.   DENSITY (GM/CC) 1.293E-09   (1.0E-06 NORMAL)

#	PHOTON ENERGY E.V.	O2 S-R BANDS	O2 S-R CONT.	N2 B-H NO. 1	NO BETA	NO GAMMA	NO 2	O- PHOTO-DET (IONS)	FREE-FREE (IONS)	N P.E.	O P.E.	TOTAL AIR
1	10.70	0.	0.	1.87E-24	0.	0.	0.	4.46E-17	1.70E-12	3.01E-10	2.82E-11	3.31E-10
2	10.60	0.	0.	1.71E-24	0.	0.	0.	4.47E-17	1.75E-12	3.03E-10	2.82E-11	3.33E-10
3	10.50	0.	0.	1.73E-24	0.	0.	0.	4.48E-17	1.80E-12	3.05E-10	2.81E-11	3.35E-10
4	10.40	0.	0.	1.65E-24	0.	0.	0.	4.48E-17	1.85E-12	3.07E-10	2.81E-11	3.37E-10
5	10.30	0.	0.	1.45E-24	0.	0.	0.	4.49E-17	1.91E-12	3.10E-10	2.80E-11	3.40E-10
6	10.20	0.	0.	1.50E-24	0.	0.	0.	4.49E-17	1.97E-12	3.14E-10	2.81E-11	3.44E-10
7	10.10	0.	0.	1.42E-24	0.	0.	0.	4.50E-17	2.03E-12	3.18E-10	2.82E-11	3.48E-10
8	10.00	0.	0.	1.26E-24	0.	0.	0.	4.50E-17	2.09E-12	3.22E-10	2.83E-11	3.53E-10
9	9.90	0.	0.	1.29E-24	0.	0.	0.	4.51E-17	2.15E-12	3.27E-10	2.84E-11	3.57E-10
10	9.80	0.	0.	1.22E-24	0.	0.	0.	4.52E-17	2.22E-12	3.31E-10	2.85E-11	3.62E-10
11	9.70	0.	0.	1.06E-24	0.	0.	0.	4.53E-17	2.29E-12	3.35E-10	2.86E-11	3.66E-10
12	9.60	0.	0.	1.15E-24	0.	0.	0.	4.54E-17	2.36E-12	3.39E-10	2.87E-11	3.70E-10
13	9.50	0.	0.	9.88E-25	0.	0.	0.	4.55E-17	2.44E-12	3.43E-10	2.86E-11	3.74E-10
14	9.40	0.	0.	9.40E-25	0.	0.	0.	4.56E-17	2.51E-12	3.36E-10	2.89E-11	3.67E-10
15	9.30	0.	0.	9.65E-25	0.	0.	0.	4.58E-17	2.60E-12	3.40E-10	2.90E-11	3.71E-10
16	9.20	0.	0.	8.08E-25	0.	0.	0.	4.60E-17	2.68E-12	3.44E-10	2.91E-11	3.76E-10
17	9.10	0.	0.	8.31E-25	0.	0.	0.	4.61E-17	2.77E-12	3.48E-10	2.93E-11	3.80E-10
18	9.00	0.	0.	7.60E-25	0.	0.	0.	4.63E-17	2.87E-12	3.52E-10	2.19E-11	3.77E-10
19	8.90	0.	0.	7.07E-25	0.	0.	0.	4.65E-17	2.96E-12	3.56E-10	2.11E-11	3.80E-10
20	8.80	0.	0.	6.97E-25	0.	0.	0.	4.66E-17	3.07E-12	3.60E-10	2.13E-11	3.84E-10
21	8.70	0.	0.	6.10E-25	0.	0.	0.	4.68E-17	3.17E-12	3.64E-10	2.15E-11	3.89E-10
22	8.60	0.	0.	6.30E-25	0.	0.	0.	4.70E-17	3.29E-12	3.68E-10	2.17E-11	3.93E-10
23	8.50	0.	0.	5.56E-25	0.	0.	0.	4.71E-17	3.41E-12	3.72E-10	2.19E-11	3.98E-10
24	8.40	0.	0.	5.55E-25	0.	0.	0.	4.74E-17	3.53E-12	1.89E-10	2.21E-11	2.14E-10
25	8.30	0.	0.	4.74E-25	0.	0.	0.	4.76E-17	3.66E-12	1.95E-10	2.24E-11	2.21E-10
26	8.20	0.	0.	4.81E-25	0.	0.	0.	4.79E-17	3.80E-12	2.03E-10	2.29E-11	2.30E-10
27	8.10	0.	0.	4.19E-25	0.	0.	0.	4.81E-17	3.94E-12	2.11E-10	2.33E-11	2.37E-10
28	8.00	0.	0.	4.23E-25	0.	0.	0.	4.84E-17	4.09E-12	2.19E-10	2.38E-11	2.47E-10
29	7.90	0.	0.	3.66E-25	0.	0.	0.	4.86E-17	4.25E-12	2.27E-10	2.43E-11	2.56E-10
30	7.80	0.	0.	3.81E-25	0.	0.	0.	4.89E-17	4.41E-12	2.36E-10	2.48E-11	2.65E-10
31	7.70	0.	0.	3.21E-25	0.	4.34E-29	0.	4.91E-17	4.59E-12	2.45E-10	2.52E-11	2.74E-10
32	7.60	0.	0.	3.00E-25	0.	1.45E-28	0.	4.93E-17	4.77E-12	2.55E-10	2.57E-11	2.85E-10
33	7.50	0.	0.	2.71E-25	0.	1.24E-27	0.	4.96E-17	4.97E-12	2.64E-10	2.62E-11	2.96E-10
34	7.40	0.	0.	2.58E-25	0.	4.84E-27	0.	4.99E-17	5.17E-12	2.48E-10	2.68E-11	2.80E-10
35	7.30	0.	0.	2.34E-25	0.	1.34E-26	0.	5.01E-17	5.39E-12	2.60E-10	2.74E-11	2.93E-10
36	7.20	0.	0.	2.26E-25	0.	4.18E-26	0.	5.04E-17	5.62E-12	2.75E-10	2.82E-11	3.08E-10
37	7.10	0.	0.	2.09E-25	0.	8.20E-26	0.	5.08E-17	5.86E-12	2.89E-10	2.91E-11	3.24E-10
38	7.00	3.87E-28	0.	1.92E-25	0.	1.16E-25	0.	5.12E-17	6.12E-12	3.04E-10	3.00E-11	3.40E-10
39	6.90	7.59E-28	0.	1.86E-25	0.	1.98E-25	0.	5.17E-17	6.39E-12	3.18E-10	3.09E-11	3.56E-10
40	6.80	6.56E-28	0.	1.64E-25	0.	1.16E-25	0.	5.21E-17	6.67E-12	3.33E-10	3.18E-11	3.72E-10
41	6.70	4.80E-28	0.	1.48E-25	0.	1.95E-25	0.	5.25E-17	6.98E-12	3.48E-10	3.27E-11	3.87E-10
42	6.60	2.93E-28	0.	1.19E-25	0.	1.63E-25	0.	5.29E-17	7.30E-12	3.62E-10	3.36E-11	4.03E-10
43	6.50	1.70E-28	0.	8.30E-26	0.	2.37E-25	0.	5.33E-17	7.64E-12	3.77E-10	3.45E-11	4.19E-10
44	6.40	9.78E-29	0.	5.24E-26	7.82E-28	2.21E-25	0.	5.37E-17	8.01E-12	3.92E-10	3.55E-11	4.35E-10
45	6.30	5.71E-29	0.	2.93E-26	3.70E-27	1.61E-25	0.	5.41E-17	8.40E-12	4.06E-10	3.64E-11	4.51E-10
46	6.20	2.59E-29	0.	1.39E-26	5.29E-27	2.19E-25	0.	5.46E-17	8.81E-12	4.22E-10	3.75E-11	4.68E-10
47	6.10	1.19E-29	0.	3.55E-27	1.52E-26	2.69E-25	0.	5.50E-17	9.26E-12	1.11E-10	1.97E-11	1.40E-10
48	6.00	5.01E-30	0.	2.55E-28	1.47E-26	1.34E-25	0.	5.54E-17	9.73E-12	1.15E-10	1.99E-11	1.44E-10
49	5.90	1.23E-30	0.	6.43E-30	2.16E-26	1.30E-25	0.	5.54E-17	1.02E-11	1.19E-10	2.03E-11	1.49E-10
50	5.80	1.58E-31	0.	0.	3.03E-26	1.35E-25	0.	5.46E-17	1.08E-11	1.23E-10	2.07E-11	1.54E-10
51	5.70	1.16E-32	0.	0.	3.57E-26	1.51E-25	0.	5.12E-17	1.14E-11	1.29E-10	2.11E-11	1.61E-10

ABSORPTION COEFFICIENTS OF HEATED AIR   (INVERSE CM.)

TEMPERATURE (DEGREES K) 19000.   DENSITY (GM/CC) 1,293E-09   (1.0E-06 NORMAL)

#	PHOTON ENERGY	O2 S-R BANDS	N2 1ST POS.	N2 2ND POS.	N2+ 1ST NEG.	NO BETA	NO GAMMA	NO VIB-ROT	NO2	O- PHOTO-DET	FREE-FREE (IONS)	N P.E.	O P.E.	TOTAL AIR
52	5.60	5.25E-34	0.	0.	0.	3.07E-26	1.98E-25	0.	0.	4.77E-17	1.20E-11	1.36E-10	2.16E-11	1.70E-10
53	5.50	0.	0.	0.	0.	3.75E-26	1.83E-25	0.	0.	4.79E-17	1.26E-11	1.44E-10	2.20E-11	1.79E-10
54	5.40	0.	0.	0.	0.	3.47E-26	1.51E-25	0.	0.	4.81E-17	1.34E-11	1.53E-10	2.27E-11	1.89E-10
55	5.30	0.	0.	0.	0.	3.56E-26	1.89E-25	0.	0.	4.85E-17	1.41E-11	1.61E-10	2.03E-11	1.96E-10
56	5.20	0.	0.	0.	0.	3.85E-26	1.45E-25	0.	0.	4.88E-17	1.50E-11	1.70E-10	2.10E-11	2.06E-10
57	5.10	0.	0.	0.	0.	3.85E-26	1.86E-25	0.	0.	4.92E-17	1.59E-11	1.78E-10	2.16E-11	2.16E-10
58	5.00	7.26E-27	0.	0.	0.	3.53E-26	1.75E-25	0.	0.	4.96E-17	1.69E-11	1.87E-10	2.23E-11	2.26E-10
59	4.90	1.78E-26	0.	0.	0.	3.94E-26	1.92E-25	0.	0.	5.00E-17	1.79E-11	1.96E-10	2.30E-11	2.37E-10
60	4.80	3.35E-26	0.	0.	0.	4.24E-26	1.81E-25	0.	0.	5.04E-17	1.91E-11	2.04E-10	2.37E-11	2.47E-10
61	4.70	4.55E-26	0.	0.	0.	4.26E-26	1.65E-25	0.	0.	5.08E-17	2.04E-11	2.17E-10	2.46E-11	2.62E-10
62	4.60	6.30E-26	0.	0.	0.	4.39E-26	1.50E-25	0.	0.	5.12E-17	2.17E-11	2.33E-10	2.54E-11	2.81E-10
63	4.50	6.65E-26	0.	0.	0.	4.04E-26	1.13E-25	0.	0.	5.17E-17	2.32E-11	2.50E-10	2.64E-11	3.00E-10
64	4.40	7.15E-26	0.	0.	0.	4.07E-26	7.73E-26	0.	0.	5.21E-17	2.48E-11	2.67E-10	2.70E-11	3.35E-10
65	4.30	6.79E-26	0.	1.84E-26	0.	3.90E-26	4.88E-26	0.	0.	5.25E-17	2.66E-11	2.83E-10	2.51E-11	3.35E-10
66	4.20	5.37E-26	0.	5.44E-26	0.	4.12E-26	3.40E-26	0.	0.	5.29E-17	2.86E-11	3.03E-10	1.89E-11	3.50E-10
67	4.10	6.00E-26	0.	1.82E-25	0.	4.05E-26	9.50E-27	0.	0.	5.31E-17	3.08E-11	3.21E-10	2.01E-11	3.72E-10
68	4.00	5.56E-26	0.	5.72E-25	0.	3.92E-26	7.14E-27	0.	0.	5.33E-17	3.31E-11	3.38E-10	2.14E-11	3.93E-10
69	3.90	4.75E-26	0.	2.56E-25	1.31E-20	3.64E-26	2.69E-27	0.	0.	5.31E-17	3.58E-11	3.58E-10	2.26E-11	4.16E-10
70	3.80	5.22E-26	0.	8.27E-25	5.39E-20	3.93E-26	0.	0.	0.	5.29E-17	3.87E-11	3.77E-10	2.39E-11	4.40E-10
71	3.70	4.68E-26	0.	3.90E-25	2.38E-20	3.38E-26	0.	0.	0.	5.21E-17	4.19E-11	3.97E-10	2.57E-11	4.65E-10
72	3.60	4.24E-26	0.	6.25E-25	1.25E-19	2.91E-26	0.	0.	0.	4.88E-17	4.56E-11	4.18E-10	2.75E-11	4.89E-10
73	3.50	3.98E-26	0.	6.46E-25	2.32E-19	3.28E-26	0.	0.	0.	4.46E-17	4.96E-11	1.20E-10	2.98E-11	2.00E-10
74	3.40	3.68E-26	0.	6.09E-25	3.65E-20	2.64E-26	0.	0.	0.	2.57E-17	5.42E-11	1.33E-10	3.20E-11	2.17E-10
75	3.30	2.95E-26	0.	3.93E-25	1.38E-19	2.78E-26	0.	0.	0.	2.58E-17	5.93E-11	1.44E-10	2.57E-11	2.29E-10
76	3.20	2.59E-26	0.	4.02E-25	2.24E-19	2.65E-26	0.	0.	0.	2.59E-17	6.51E-11	1.56E-10	3.19E-11	2.53E-10
77	3.10	2.50E-26	0.	2.66E-25	5.79E-20	2.51E-26	0.	0.	0.	2.60E-17	7.17E-11	1.86E-10	2.63E-11	2.84E-10
78	3.00	2.25E-26	0.	2.08E-25	1.31E-19	1.94E-26	0.	0.	0.	2.60E-17	7.92E-11	2.09E-10	2.88E-11	3.17E-10
79	2.90	1.91E-26	0.	1.28E-25	7.18E-20	1.36E-26	0.	0.	0.	2.60E-17	8.78E-11	2.31E-10	3.12E-11	3.50E-10
80	2.80	2.00E-26	0.	8.06E-26	4.79E-20	7.54E-27	0.	0.	0.	2.60E-17	9.77E-11	2.54E-10	3.13E-11	3.83E-10
81	2.70	1.30E-26	0.	3.88E-26	1.36E-20	3.36E-27	0.	0.	0.	2.60E-17	1.09E-10	2.77E-10	2.60E-11	4.12E-10
82	2.60	6.21E-27	0.	1.82E-26	6.40E-21	8.07E-28	0.	0.	0.	2.60E-17	1.22E-10	3.00E-10	1.80E-11	4.40E-10
83	2.50	4.38E-28	0.	9.33E-28	6.21E-21	8.66E-29	0.	0.	0.	2.60E-17	1.38E-10	3.35E-10	1.70E-11	4.90E-10
84	2.40	0.	4.19E-26	0.	4.87E-21	0.	0.	0.	0.	2.58E-17	1.56E-10	3.65E-10	3.70E-11	5.58E-10
85	2.30	0.	1.26E-26	0.	0.	0.	0.	0.	0.	2.57E-17	1.77E-10	4.11E-10	4.40E-11	6.32E-10
86	2.20	0.	3.34E-25	0.	0.	0.	0.	0.	0.	2.56E-17	2.03E-10	4.58E-10	4.90E-11	7.10E-10
87	2.10	0.	3.46E-25	0.	0.	0.	0.	0.	0.	2.48E-17	2.34E-10	2.21E-10	3.90E-11	4.94E-10
88	2.00	0.	6.86E-25	0.	0.	0.	0.	0.	0.	2.39E-17	2.71E-10	2.51E-10	4.50E-11	5.67E-10
89	1.90	0.	8.45E-25	0.	0.	0.	0.	0.	0.	2.28E-17	3.17E-10	2.83E-10	5.20E-11	6.52E-10
90	1.80	0.	7.20E-25	0.	0.	0.	0.	0.	0.	2.15E-17	3.74E-10	3.20E-10	6.10E-11	7.55E-10
91	1.70	0.	8.21E-25	0.	0.	0.	0.	0.	0.	1.82E-17	4.45E-10	3.60E-10	6.90E-11	8.74E-10
92	1.60	0.	6.16E-25	0.	0.	0.	0.	0.	0.	8.27E-18	5.36E-10	3.92E-10	8.20E-11	1.01E-09
93	1.50	0.	7.07E-25	0.	0.	0.	0.	0.	0.	0.	6.53E-10	4.09E-10	9.00E-11	1.36E-09
94	1.40	0.	6.97E-25	0.	0.	0.	0.	0.	0.	0.	8.08E-10	4.66E-10	8.68E-11	1.36E-09
95	1.30	0.	5.34E-25	0.	0.	0.	0.	0.	0.	0.	1.01E-09	2.02E-10	9.59E-11	1.31E-09
96	1.20	0.	5.10E-25	0.	0.	0.	0.	0.	0.	0.	1.29E-09	2.76E-10	1.20E-10	1.69E-09
97	1.10	0.	4.90E-25	0.	0.	0.	0.	1.88E-30	0.	0.	1.68E-09	3.42E-10	1.52E-10	2.18E-09
98	1.00	0.	4.50E-25	0.	0.	0.	0.	2.90E-29	0.	0.	2.25E-09	4.16E-10	1.84E-10	2.85E-09
99	0.90	0.	3.69E-25	0.	0.	0.	0.	3.36E-29	0.	0.	3.11E-09	4.67E-10	1.94E-10	3.77E-09
100	0.80	0.	1.74E-25	0.	0.	0.	0.	7.34E-28	0.	0.	4.46E-09	4.43E-10	1.69E-10	5.08E-09
101	0.70	0.	4.05E-26	0.	0.	0.	0.	6.74E-28	0.	0.	6.72E-09	5.07E-10	1.95E-10	7.42E-09
102	0.60	0.	8.06E-27	0.	0.	0.	0.	2.17E-27	0.	0.	1.08E-08	5.68E-10	2.20E-10	1.16E-08

ABSORPTION COEFFICIENTS OF HEATED AIR (INVERSE CM.)

TEMPERATURE (DEGREES K) 20000.   DENSITY (GM/CC) 1.293E-02 (1.0E 01 NORMAL)

	PHOTON ENERGY E.V.	O2 S-R BANDS	O2 S-R CONT.	N2 B-H NO. 1	NO BETA	NO GAMMA	NO 2	O- PHOTO-DET (IONS)	FREE-FREE P.E.	N P.E.	O P.E.	TOTAL AIR
1	10.70	0.	0.	6.06E-01	0.	0.	0.	4.76E 00	3.27E-01	3.03E 02	4.06E 00	3.13E 02
2	10.60	0.	0.	5.56E-01	0.	0.	0.	4.76E 00	3.37E-01	1.61E 01	4.05E 00	2.58E 01
3	10.50	0.	0.	5.64E-01	0.	0.	0.	4.77E 00	3.47E-01	1.62E 01	4.03E 00	2.59E 01
4	10.40	0.	0.	5.40E-01	0.	0.	0.	4.78E 00	3.57E-01	1.62E 01	4.01E 00	2.59E 01
5	10.30	0.	0.	4.75E-01	0.	0.	0.	4.78E 00	3.68E-01	1.63E 01	4.00E 00	2.59E 01
6	10.20	0.	0.	4.93E-01	0.	0.	0.	4.79E 00	3.79E-01	1.63E 01	3.98E 00	2.59E 01
7	10.10	0.	0.	4.67E-01	0.	0.	0.	4.80E 00	3.90E-01	1.63E 01	3.96E 00	2.59E 01
8	10.00	0.	0.	4.15E-01	0.	0.	0.	4.80E 00	4.02E-01	1.63E 01	3.94E 00	2.59E 01
9	9.90	0.	0.	4.27E-01	0.	0.	0.	4.81E 00	4.14E-01	1.63E 01	3.93E 00	2.59E 01
10	9.80	0.	0.	4.05E-01	0.	0.	0.	4.82E 00	4.27E-01	1.64E 01	3.91E 00	2.59E 01
11	9.70	0.	0.	3.53E-01	0.	0.	0.	4.83E 00	4.41E-01	1.64E 01	3.89E 00	2.59E 01
12	9.60	0.	0.	3.83E-01	0.	0.	0.	4.84E 00	4.55E-01	1.65E 01	3.87E 00	2.60E 01
13	9.50	0.	0.	3.31E-01	0.	0.	0.	4.85E 00	4.69E-01	1.65E 01	3.86E 00	2.60E 01
14	9.40	0.	0.	3.16E-01	0.	0.	0.	4.86E 00	4.85E-01	1.66E 01	3.84E 00	2.61E 01
15	9.30	0.	0.	3.25E-01	0.	0.	0.	4.88E 00	5.01E-01	1.66E 01	3.82E 00	2.61E 01
16	9.20	0.	0.	2.73E-01	0.	0.	0.	4.90E 00	5.17E-01	1.67E 01	3.81E 00	2.62E 01
17	9.10	0.	0.	2.81E-01	0.	0.	0.	4.92E 00	5.35E-01	6.44E 00	3.79E 00	1.60E 01
18	9.00	0.	0.	2.58E-01	0.	0.	0.	4.93E 00	5.53E-01	6.45E 00	3.77E 00	1.60E 01
19	8.90	0.	0.	2.41E-01	0.	0.	0.	4.95E 00	5.72E-01	6.46E 00	3.76E 00	1.60E 01
20	8.80	0.	0.	2.38E-01	0.	0.	0.	4.97E 00	5.92E-01	6.47E 00	3.74E 00	1.60E 01
21	8.70	0.	0.	2.09E-01	0.	0.	0.	4.99E 00	6.13E-01	6.48E 00	3.73E 00	1.60E 01
22	8.60	0.	0.	2.17E-01	0.	0.	0.	5.00E 00	6.35E-01	6.50E 00	3.71E 00	1.61E 01
23	8.50	0.	0.	1.92E-01	0.	0.	0.	5.02E 00	6.58E-01	6.52E 00	3.70E 00	1.61E 01
24	8.40	0.	0.	1.92E-01	0.	0.	0.	5.05E 00	6.82E-01	6.54E 00	3.68E 00	1.61E 01
25	8.30	0.	0.	1.65E-01	0.	0.	0.	5.08E 00	7.07E-01	6.57E 00	3.68E 00	1.62E 01
26	8.20	0.	0.	1.68E-01	0.	0.	0.	5.10E 00	7.33E-01	6.60E 00	3.68E 00	1.63E 01
27	8.10	0.	0.	1.46E-01	0.	0.	0.	5.13E 00	7.61E-01	6.62E 00	3.69E 00	1.63E 01
28	8.00	0.	0.	1.48E-01	0.	0.	0.	5.15E 00	7.90E-01	6.66E 00	3.69E 00	1.64E 01
29	7.90	0.	0.	1.29E-01	0.	0.	0.	5.18E 00	8.21E-01	6.71E 00	3.69E 00	1.65E 01
30	7.80	0.	0.	1.34E-01	0.	0.	0.	5.21E 00	8.53E-01	6.76E 00	3.70E 00	1.67E 01
31	7.70	0.	0.	1.19E-01	0.	0.	0.	5.23E 00	8.87E-01	6.81E 00	3.70E 00	1.68E 01
32	7.60	0.	0.	1.14E-01	0.	9.89E-06	0.	5.28E 00	9.23E-01	6.85E 00	3.71E 00	1.68E 01
33	7.50	0.	0.	1.07E-01	0.	1.59E-05	0.	5.29E 00	9.61E-01	6.90E 00	3.71E 00	1.70E 01
34	7.40	0.	0.	9.67E-02	0.	1.41E-04	0.	5.32E 00	1.00E 00	6.95E 00	3.72E 00	1.71E 01
35	7.30	0.	0.	9.25E-02	0.	5.41E-04	0.	5.35E 00	1.04E 00	7.00E 00	3.72E 00	1.72E 01
36	7.20	0.	0.	8.42E-02	0.	1.50E-03	0.	5.38E 00	1.09E 00	7.05E 00	3.72E 00	1.73E 01
37	7.10	0.	0.	8.16E-02	0.	4.72E-03	0.	5.42E 00	1.13E 00	7.09E 00	3.73E 00	1.75E 01
38	7.00	1.44E-05	0.	7.56E-02	0.	9.11E-03	0.	5.46E 00	1.18E 00	7.14E 00	3.73E 00	1.76E 01
39	6.90	2.84E-05	0.	6.99E-02	0.	1.31E-02	0.	5.51E 00	1.24E 00	7.19E 00	3.74E 00	1.78E 01
40	6.80	2.46E-05	0.	6.80E-02	0.	2.21E-02	0.	5.55E 00	1.29E 00	7.24E 00	3.74E 00	1.78E 01
41	6.70	1.80E-05	0.	6.01E-02	0.	2.16E-02	0.	5.59E 00	1.35E 00	7.29E 00	3.75E 00	1.81E 01
42	6.60	1.10E-05	0.	5.44E-02	0.	1.83E-02	0.	5.64E 00	1.41E 00	7.36E 00	3.76E 00	1.82E 01
43	6.50	6.41E-06	0.	4.39E-02	0.	2.63E-02	0.	5.68E 00	1.48E 00	7.44E 00	3.77E 00	1.85E 01
44	6.40	3.70E-06	0.	3.08E-02	8.39E-05	2.43E-02	0.	5.73E 00	1.55E 00	7.53E 00	3.78E 00	1.86E 01
45	6.30	2.17E-06	0.	1.96E-02	3.99E-04	1.80E-02	0.	5.77E 00	1.63E 00	7.61E 00	3.80E 00	1.88E 01
46	6.20	9.85E-07	0.	1.10E-02	5.73E-04	2.43E-02	0.	5.82E 00	1.71E 00	7.69E 00	3.83E 00	1.91E 01
47	6.10	4.56E-07	0.	5.26E-03	1.65E-03	2.96E-02	0.	5.86E 00	1.79E 00	7.78E 00	3.86E 00	1.93E 01
48	6.00	1.92E-07	0.	1.35E-03	1.60E-03	1.49E-02	0.	5.90E 00	1.89E 00	7.89E 00	3.89E 00	1.96E 01
49	5.90	4.74E-08	0.	9.68E-05	2.36E-03	1.44E-02	0.	5.90E 00	1.98E 00	8.01E 00	3.92E 00	1.96E 01
50	5.80	6.06E-09	0.	2.45E-06	3.33E-03	1.51E-02	0.	5.82E 00	2.09E 00	8.13E 00	3.95E 00	2.00E 01
51	5.70	4.46E-10	0.	0.	3.94E-03	1.69E-02	0.	5.46E 00	2.20E 00	8.24E 00	3.99E 00	1.99E 01

ABSORPTION COEFFICIENTS OF HEATED AIR (INVERSE CM.)

TEMPERATURE (DEGREES K) 20000.   DENSITY (GM/CC) 1.293E-02   (1.0E 01 NORMAL)

#	PHOTON ENERGY	O2 S-R BANDS	N2 1ST POS.	N2 2ND POS.	N2+ 1ST NEG.	NO BETA	AO GAMMA	NO VIB-ROT	NO2	O- PHOTO-DET	FREE-FREE (IONS)	N P.E.	O P.E.	TOTAL AIR
52	5.60	2.02E-11	0.	0.	0.	3.41E-03	2.20E-07	0.	0.	5.08E 00	2.33E 00	8.39E 00	4.02E 00	1.98E 01
53	5.50	0.	0.	0.	0.	4.17E-03	2.03E-07	0.	0.	5.11E 00	2.46E 00	8.57E 00	4.06E 00	2.02E 01
54	5.40	0.	0.	0.	0.	3.88E-03	1.68E-02	0.	0.	5.15E 00	2.60E 00	8.80E 00	4.11E 00	2.07E 01
55	5.30	0.	0.	0.	0.	3.97E-03	2.10E-02	0.	0.	5.17E 00	2.75E 00	9.04E 00	4.16E 00	2.11E 01
56	5.20	0.	0.	0.	0.	4.30E-03	1.63E-02	0.	0.	5.20E 00	2.91E 00	9.28E 00	4.24E 00	2.16E 01
57	5.10	0.	0.	0.	0.	4.31E-03	2.09E-02	0.	0.	5.24E 00	3.09E 00	9.56E 00	4.31E 00	2.22E 01
58	5.00	2.82E-04	0.	0.	0.	3.96E-03	2.09E-02	0.	0.	5.29E 00	3.28E 00	9.86E 00	4.38E 00	2.28E 01
59	4.90	6.92E-04	0.	0.	0.	4.43E-03	2.18E-02	0.	0.	5.33E 00	3.49E 00	1.02E 01	4.46E 00	2.35E 01
60	4.80	1.31E-03	0.	0.	0.	4.78E-03	2.06E-02	0.	0.	5.38E 00	3.71E 00	1.06E 01	4.55E 00	2.42E 01
61	4.70	1.79E-03	0.	0.	0.	4.82E-03	1.88E-02	0.	0.	5.42E 00	3.96E 00	1.10E 01	4.67E 00	2.51E 01
62	4.60	2.49E-03	0.	0.	0.	4.59E-03	1.70E-02	0.	0.	5.46E 00	4.23E 00	1.14E 01	4.80E 00	2.59E 01
63	4.50	2.63E-03	0.	0.	0.	4.63E-03	1.28E-02	0.	0.	5.51E 00	4.52E 00	1.20E 01	4.93E 00	2.70E 01
64	4.40	2.84E-03	0.	6.99E-03	0.	4.70E-03	8.78E-03	0.	0.	5.55E 00	4.84E 00	1.26E 01	5.06E 00	2.81E 01
65	4.30	2.71E-03	0.	2.05E-02	0.	4.46E-03	5.56E-03	0.	0.	5.59E 00	5.19E 00	1.33E 01	5.20E 00	2.94E 01
66	4.20	2.54E-03	0.	6.96E-02	0.	4.64E-03	3.85E-03	0.	0.	5.64E 00	5.57E 00	1.40E 01	5.34E 00	3.08E 01
67	4.10	2.40E-03	0.	2.16E-02	0.	4.50E-03	1.08E-03	0.	0.	5.66E 00	5.99E 00	1.47E 01	5.33E 00	3.17E 01
68	4.00	2.23E-03	0.	9.87E-02	0.	4.20E-03	8.11E-04	0.	0.	5.68E 00	6.45E 00	1.51E 01	2.51E 00	3.05E 01
69	3.90	1.91E-03	0.	1.48E-01	1.27E-02	4.54E-03	3.03E-04	0.	0.	5.66E 00	6.97E 00	1.53E 01	2.59E 00	3.05E 01
70	3.80	2.11E-03	0.	2.39E-01	5.10E-02	3.93E-03	0.	0.	0.	5.64E 00	7.54E 00	1.53E 01	2.70E 00	3.15E 01
71	3.70	1.90E-03	0.	2.45E-01	2.34E-02	4.25E-03	0.	0.	0.	5.55E 00	8.17E 00	1.38E 01	2.95E 00	2.97E 01
72	3.60	1.72E-03	0.	1.78E-01	1.21E-01	3.83E-03	0.	0.	0.	5.20E 00	8.88E 00	1.46E 01	3.22E 00	3.14E 01
73	3.50	1.62E-03	0.	2.33E-01	2.19E-01	3.10E-03	0.	0.	0.	4.76E 00	9.68E 00	1.63E 01	3.54E 00	3.31E 01
74	3.40	1.50E-03	0.	1.52E-01	3.58E-02	3.27E-03	0.	0.	0.	2.74E 00	1.06E 01	1.79E 01	3.90E 00	3.37E 01
75	3.30	1.21E-03	0.	1.55E-01	1.33E-01	3.13E-03	0.	0.	0.	2.75E 00	1.16E 01	1.96E 01	4.26E 00	3.68E 01
76	3.20	1.07E-03	0.	1.03E-01	2.10E-01	2.98E-03	0.	0.	0.	2.75E 00	1.27E 01	2.13E 01	4.64E 00	4.00E 01
77	3.10	1.03E-03	0.	8.09E-02	5.67E-02	2.31E-03	0.	0.	0.	2.76E 00	1.40E 01	2.31E 01	5.02E 00	4.33E 01
78	3.00	9.33E-04	0.	5.01E-02	1.26E-01	1.64E-03	0.	0.	0.	2.77E 00	1.55E 01	2.49E 01	5.40E 00	4.69E 01
79	2.90	7.94E-04	0.	3.16E-02	6.83E-02	9.13E-04	0.	0.	0.	2.77E 00	1.72E 01	2.71E 01	5.82E 00	5.08E 01
80	2.80	8.33E-04	0.	1.52E-02	4.68E-02	4.10E-04	0.	0.	0.	2.78E 00	1.91E 01	2.95E 01	6.31E 00	5.54E 01
81	2.70	5.46E-04	0.	7.17E-03	1.64E-02	9.87E-05	0.	0.	0.	2.78E 00	2.14E 01	3.20E 01	6.83E 00	6.05E 01
82	2.60	2.62E-04	0.	3.45E-03	5.93E-03	1.06E-05	0.	0.	0.	2.78E 00	2.40E 01	3.54E 01	7.37E 00	6.61E 01
83	2.50	1.86E-05	0.	3.62E-03	6.19E-03	0.	0.	0.	0.	2.78E 00	2.70E 01	3.76E 01	5.44E 00	7.10E 01
84	2.40	0.	1.60E-02	0.	6.04E-03	0.	0.	0.	0.	2.78E 00	3.06E 01	4.25E 01	5.44E 00	8.14E 01
85	2.30	0.	4.74E-02	0.	4.64E-03	0.	0.	0.	0.	2.75E 00	3.48E 01	3.76E 01	6.49E 00	8.17E 01
86	2.20	0.	1.26E-01	0.	0.	0.	0.	0.	0.	2.73E 00	3.99E 01	4.44E 01	7.74E 00	9.50E 01
87	2.10	0.	1.29E-01	0.	0.	0.	0.	0.	0.	2.64E 00	4.60E 01	5.17E 01	9.50E 00	1.10E 02
88	2.00	0.	2.59E-01	0.	0.	0.	0.	0.	0.	2.64E 00	5.34E 01	5.90E 01	1.03E 01	1.26E 02
89	1.90	0.	3.11E-01	0.	0.	0.	0.	0.	0.	2.54E 00	6.24E 01	6.77E 01	1.20E 01	1.45E 02
90	1.80	0.	2.67E-01	0.	0.	0.	0.	0.	0.	2.43E 00	7.36E 01	8.12E 01	1.46E 01	1.72E 02
91	1.70	0.	3.02E-01	0.	0.	0.	0.	0.	0.	2.29E 00	8.78E 01	9.76E 01	1.77E 01	2.06E 02
92	1.60	0.	2.28E-01	0.	0.	0.	0.	0.	0.	1.94E 00	1.06E 02	1.14E 02	2.09E 01	2.43E 02
93	1.50	0.	2.60E-01	0.	0.	0.	0.	0.	0.	8.81E-01	1.29E 02	1.48E 02	2.54E 01	3.04E 02
94	1.40	0.	2.56E-01	0.	0.	0.	0.	0.	0.	0.	1.60E 02	1.85E 02	3.04E 01	3.76E 02
95	1.30	0.	1.96E-01	0.	0.	0.	0.	0.	0.	0.	2.00E 02	2.48E 02	4.00E 01	4.89E 02
96	1.20	0.	1.87E-01	0.	0.	0.	0.	2.08E-07	0.	0.	2.56E 02	2.76E 02	4.04E 01	5.72E 02
97	1.10	0.	1.81E-01	0.	0.	0.	0.	3.30E-06	0.	0.	3.33E 02	3.40E 02	5.17E 01	7.24E 02
98	1.00	0.	1.66E-01	0.	0.	0.	0.	3.84E-06	0.	0.	4.47E 02	4.13E 02	5.77E 01	9.18E 02
99	0.90	0.	1.36E-01	0.	0.	0.	0.	8.44E-06	0.	0.	6.20E 02	4.75E 02	6.77E 01	1.16E 03
100	0.80	0.	6.41E-02	0.	0.	0.	0.	8.44E-05	0.	0.	8.92E 02	5.47E 02	7.77E 01	1.52E 03
101	0.70	0.	1.49E-02	0.	0.	0.	0.	7.91E-05	0.	0.	1.35E 03	5.91E 02	7.92E 01	2.02E 03
102	0.60	0.	3.13E-03	0.	0.	0.	0.	2.51E-04	0.	0.	2.18E 03	6.61E 02	8.86E 01	2.93E 03

ABSORPTION COEFFICIENTS OF HEATED AIR (INVERSE CM.)

TEMPERATURE (DEGREES K) 20000. DENSITY (GM/CC) 1.293E-03 (1.0E 00 NORMAL)

#	PHOTON ENERGY E.V.	O2 S-R BANDS	O2 S-R CONT.	N2 B-H NO. 1	NO BETA	NO GAMMA	NO 2	O- PHOTO-DET	FREE-FREE (IONS)	N P.E.	O P.E.	TOTAL AIR
1	10.70	0.	0.	4.20E-03	0.	0.	0.	1.22E-01	2.71E-02	2.52E 01	3.60E-01	2.57E 01
2	10.60	0.	0.	3.85E-03	0.	0.	0.	1.22E-01	2.78E-02	1.34E 00	3.58E-01	1.85E 00
3	10.50	0.	0.	3.91E-03	0.	0.	0.	1.22E-01	2.87E-02	1.35E 00	3.57E-01	1.86E 00
4	10.40	0.	0.	3.74E-03	0.	0.	0.	1.22E-01	2.95E-02	1.35E 00	3.55E-01	1.86E 00
5	10.30	0.	0.	3.30E-03	0.	0.	0.	1.22E-01	3.04E-02	1.35E 00	3.54E-01	1.86E 00
6	10.20	0.	0.	3.42E-03	0.	0.	0.	1.22E-01	3.13E-02	1.36E 00	3.52E-01	1.87E 00
7	10.10	0.	0.	3.24E-03	0.	0.	0.	1.23E-01	3.22E-02	1.36E 00	3.51E-01	1.86E 00
8	10.00	0.	0.	2.88E-03	0.	0.	0.	1.23E-01	3.32E-02	1.36E 00	3.49E-01	1.87E 00
9	9.90	0.	0.	2.96E-03	0.	0.	0.	1.23E-01	3.42E-02	1.36E 00	3.48E-01	1.87E 00
10	9.80	0.	0.	2.81E-03	0.	0.	0.	1.23E-01	3.53E-02	1.36E 00	3.46E-01	1.87E 00
11	9.70	0.	0.	2.45E-03	0.	0.	0.	1.23E-01	3.64E-02	1.37E 00	3.45E-01	1.87E 00
12	9.60	0.	0.	2.65E-03	0.	0.	0.	1.24E-01	3.76E-02	1.37E 00	3.43E-01	1.88E 00
13	9.50	0.	0.	2.30E-03	0.	0.	0.	1.24E-01	3.88E-02	1.37E 00	3.41E-01	1.88E 00
14	9.40	0.	0.	2.19E-03	0.	0.	0.	1.24E-01	4.00E-02	1.38E 00	3.40E-01	1.89E 00
15	9.30	0.	0.	2.25E-03	0.	0.	0.	1.25E-01	4.14E-02	1.38E 00	3.39E-01	1.89E 00
16	9.20	0.	0.	1.90E-03	0.	0.	0.	1.25E-01	4.27E-02	1.39E 00	3.37E-01	1.89E 00
17	9.10	0.	0.	1.95E-03	0.	0.	0.	1.26E-01	4.42E-02	1.39E 00	3.36E-01	1.89E 00
18	9.00	0.	0.	1.79E-03	0.	0.	0.	1.26E-01	4.57E-02	5.37E-01	3.34E-01	1.04E 00
19	8.90	0.	0.	1.67E-03	0.	0.	0.	1.27E-01	4.73E-02	5.37E-01	3.33E-01	1.05E 00
20	8.80	0.	0.	1.65E-03	0.	0.	0.	1.27E-01	4.89E-02	5.38E-01	3.31E-01	1.05E 00
21	8.70	0.	0.	1.45E-03	0.	0.	0.	1.27E-01	5.06E-02	5.39E-01	3.30E-01	1.05E 00
22	8.60	0.	0.	1.50E-03	0.	0.	0.	1.28E-01	5.24E-02	5.40E-01	3.29E-01	1.05E 00
23	8.50	0.	0.	1.33E-03	0.	0.	0.	1.28E-01	5.43E-02	5.41E-01	3.27E-01	1.05E 00
24	8.40	0.	0.	1.35E-03	0.	0.	0.	1.29E-01	5.63E-02	5.43E-01	3.26E-01	1.06E 00
25	8.30	0.	0.	1.14E-03	0.	0.	0.	1.30E-01	5.84E-02	5.45E-01	3.26E-01	1.06E 00
26	8.20	0.	0.	1.16E-03	0.	0.	0.	1.30E-01	6.06E-02	5.47E-01	3.26E-01	1.06E 00
27	8.10	0.	0.	1.02E-03	0.	0.	0.	1.31E-01	6.29E-02	5.50E-01	3.26E-01	1.07E 00
28	8.00	0.	0.	1.03E-03	0.	0.	0.	1.32E-01	6.53E-02	5.52E-01	3.27E-01	1.07E 00
29	7.90	0.	0.	8.94E-04	0.	0.	0.	1.32E-01	6.78E-02	5.55E-01	3.27E-01	1.08E 00
30	7.80	0.	0.	9.33E-04	0.	0.	0.	1.33E-01	7.05E-02	5.59E-01	3.27E-01	1.09E 00
31	7.70	0.	0.	8.27E-04	0.	0.	0.	1.34E-01	7.33E-02	5.63E-01	3.28E-01	1.10E 00
32	7.60	0.	0.	7.92E-04	0.	3.61E-08	0.	1.34E-01	7.63E-02	5.67E-01	3.28E-01	1.10E 00
33	7.50	0.	0.	7.41E-04	0.	1.17E-07	0.	1.35E-01	7.94E-02	5.71E-01	3.29E-01	1.11E 00
34	7.40	0.	0.	6.71E-04	0.	1.04E-06	0.	1.36E-01	8.27E-02	5.75E-01	3.29E-01	1.12E 00
35	7.30	0.	0.	6.41E-04	0.	3.99E-06	0.	1.37E-01	8.61E-02	5.79E-01	3.29E-01	1.13E 00
36	7.20	0.	0.	5.84E-04	0.	1.11E-05	0.	1.37E-01	8.98E-02	5.83E-01	3.30E-01	1.14E 00
37	7.10	0.	0.	5.66E-04	0.	3.48E-05	0.	1.38E-01	9.37E-02	5.87E-01	3.30E-01	1.14E 00
38	7.00	1.13E-07	0.	5.24E-04	0.	6.72E-05	0.	1.40E-01	9.78E-02	5.91E-01	3.30E-01	1.15E 00
39	6.90	2.22E-07	0.	4.65E-04	0.	9.69E-05	0.	1.41E-01	1.02E-01	5.95E-01	3.31E-01	1.16E 00
40	6.80	1.93E-07	0.	4.72E-04	0.	1.63E-04	0.	1.42E-01	1.07E-01	5.99E-01	3.31E-01	1.17E 00
41	6.70	1.41E-07	0.	4.17E-04	0.	1.59E-04	0.	1.43E-01	1.12E-01	6.03E-01	3.32E-01	1.18E 00
42	6.60	8.66E-08	0.	3.78E-04	0.	1.35E-04	0.	1.44E-01	1.17E-01	6.07E-01	3.33E-01	1.19E 00
43	6.50	5.03E-08	0.	3.05E-04	0.	1.94E-04	0.	1.45E-01	1.22E-01	6.13E-01	3.34E-01	1.21E 00
44	6.40	2.90E-08	0.	2.14E-04	6.19E-07	1.79E-04	0.	1.46E-01	1.28E-01	6.20E-01	3.35E-01	1.22E 00
45	6.30	1.70E-08	0.	1.36E-04	2.94E-06	1.33E-04	0.	1.47E-01	1.34E-01	6.26E-01	3.37E-01	1.24E 00
46	6.20	7.72E-09	0.	7.65E-05	4.22E-06	1.79E-04	0.	1.49E-01	1.41E-01	6.34E-01	3.39E-01	1.25E 00
47	6.10	3.58E-09	0.	3.65E-05	1.21E-05	2.1E-04	0.	1.50E-01	1.48E-01	6.41E-01	3.42E-01	1.27E 00
48	6.00	1.50E-09	0.	9.36E-06	1.18E-05	1.10E-04	0.	1.50E-01	1.56E-01	6.49E-01	3.45E-01	1.29E 00
49	5.90	3.72E-10	0.	6.71E-07	1.74E-05	1.06E-04	0.	1.51E-01	1.64E-01	6.67E-01	3.47E-01	1.31E 00
50	5.80	4.75E-11	0.	1.70E-08	2.45E-05	1.11E-04	0.	1.51E-01	1.73E-01	6.77E-01	3.50E-01	1.33E 00
51	5.70	3.50E-12	0.	0.	2.91E-05	1.24E-04	0.	1.40E-01	1.82E-01	6.87E-01	3.53E-01	1.36E 00

ABSORPTION COEFFICIENTS OF HEATED AIR (INVERSE CM.)

TEMPERATURE (DEGREES K) 20000. DENSITY (GM/CC) 1.293E-03 (1.0E 00 NORMAL)

#	PHOTON ENERGY	O2 S-R BANDS	N2 1ST POS	N2 2ND POS	N2+ 1ST NEG	NO BETA	NO GAMMA	NO VIB-ROT	NO2	O- PHOTO-DET (IONS)	FREE-FREE (IONS)	N P.E.	O P.E.	TOTAL AIR
52	5.60	1.59E-13	0.	0.	0.	2.52E-05	1.62E-04	0.	0.	1.30E-01	1.92E-01	6.99E-01	3.56E-01	1.38E 00
53	5.50	0.	0.	0.	0.	3.08E-05	1.50E-04	0.	0.	1.30E-01	2.03E-01	7.14E-01	3.59E-01	1.41E 00
54	5.40	0.	0.	0.	0.	2.86E-05	1.24E-04	0.	0.	1.31E-01	2.15E-01	7.33E-01	3.64E-01	1.44E 00
55	5.30	0.	0.	0.	0.	2.93E-05	1.55E-04	0.	0.	1.32E-01	2.27E-01	7.53E-01	3.69E-01	1.48E 00
56	5.20	0.	0.	0.	0.	3.17E-05	1.20E-04	0.	0.	1.33E-01	2.41E-01	7.73E-01	3.75E-01	1.52E 00
57	5.10	0.	0.	0.	0.	3.18E-05	1.54E-04	0.	0.	1.34E-01	2.55E-01	7.96E-01	3.81E-01	1.57E 00
58	5.00	2.21E-06	0.	0.	0.	2.92E-05	1.46E-04	0.	0.	1.35E-01	2.71E-01	8.21E-01	3.87E-01	1.62E 00
59	4.90	5.43E-06	0.	0.	0.	3.27E-05	1.61E-04	0.	0.	1.36E-01	2.88E-01	8.50E-01	3.94E-01	1.67E 00
60	4.80	1.03E-05	0.	0.	0.	3.53E-05	1.52E-04	0.	0.	1.37E-01	3.07E-01	8.81E-01	4.03E-01	1.73E 00
61	4.70	1.40E-05	0.	0.	0.	3.55E-05	1.38E-04	0.	0.	1.38E-01	3.27E-01	9.14E-01	4.14E-01	1.79E 00
62	4.60	1.95E-05	0.	0.	0.	3.67E-05	1.25E-04	0.	0.	1.40E-01	3.49E-01	9.53E-01	4.25E-01	1.87E 00
63	4.50	2.06E-05	0.	4.85E-05	0.	3.39E-05	9.47E-05	0.	0.	1.41E-01	3.73E-01	1.00E 00	4.36E-01	1.95E 00
64	4.40	2.73E-05	0.	1.42E-04	0.	3.42E-05	6.47E-05	0.	0.	1.43E-01	4.00E-01	1.05E 00	4.48E-01	2.04E 00
65	4.30	2.12E-05	0.	4.82E-04	0.	3.29E-05	4.10E-05	0.	0.	1.44E-01	4.28E-01	1.11E 00	4.60E-01	2.14E 00
66	4.20	1.99E-05	0.	1.50E-03	0.	3.47E-05	2.84E-05	0.	0.	1.45E-01	4.60E-01	1.16E 00	4.73E-01	2.24E 00
67	4.10	1.88E-05	0.	6.85E-04	0.	3.42E-05	7.97E-06	0.	0.	1.45E-01	4.95E-01	1.22E 00	4.72E-01	2.33E 00
68	4.00	1.75E-05	0.	2.17E-03	0.	3.32E-05	5.98E-06	0.	0.	1.45E-01	5.35E-01	1.35E 00	2.22E-01	2.18E 00
69	3.90	1.50E-05	0.	1.03E-03	3.05E-04	3.10E-05	2.23E-06	0.	0.	1.44E-01	5.76E-01	1.28E 00	2.29E-01	2.21E 00
70	3.80	1.65E-05	0.	1.66E-03	1.22E-03	3.35E-05	0.	0.	0.	1.42E-01	6.23E-01	1.26E 00	2.39E-01	2.28E 00
71	3.70	1.49E-05	0.	1.70E-03	5.62E-04	2.90E-05	0.	0.	0.	1.33E-01	6.75E-01	1.27E 00	2.61E-01	2.14E 00
72	3.60	1.35E-05	0.	1.24E-03	2.90E-03	3.13E-05	0.	0.	0.	1.22E-01	7.34E-01	1.06E 00	2.85E-01	2.30E 00
73	3.50	1.27E-05	0.	1.61E-03	5.25E-03	2.51E-05	0.	0.	0.	7.02E-02	8.00E-01	1.15E 00	3.13E-01	2.46E 00
74	3.40	1.18E-05	0.	1.05E-03	8.59E-04	2.83E-05	0.	0.	0.	7.03E-02	8.74E-01	1.35E 00	3.45E-01	2.64E 00
75	3.30	9.50E-06	0.	1.08E-03	3.19E-03	2.28E-05	0.	0.	0.	7.04E-02	9.57E-01	1.49E 00	3.77E-01	2.90E 00
76	3.20	8.36E-06	0.	7.18E-04	5.05E-04	2.41E-05	0.	0.	0.	7.06E-02	1.05E 00	1.63E 00	4.10E-01	3.17E 00
77	3.10	8.09E-06	0.	5.61E-04	1.36E-03	2.31E-05	0.	0.	0.	7.07E-02	1.16E 00	1.78E 00	4.44E-01	3.45E 00
78	3.00	7.32E-06	0.	3.47E-04	3.02E-03	2.20E-05	0.	0.	0.	7.08E-02	1.28E 00	1.92E 00	4.78E-01	3.75E 00
79	2.90	6.23E-06	0.	2.19E-04	1.64E-03	1.71E-05	0.	0.	0.	7.09E-02	1.42E 00	2.08E 00	5.16E-01	4.08E 00
80	2.80	6.53E-06	0.	1.06E-04	1.12E-03	1.21E-05	0.	0.	0.	7.09E-02	1.58E 00	2.26E 00	5.58E-01	4.47E 00
81	2.70	4.28E-06	0.	4.98E-05	1.42E-03	6.74E-06	0.	0.	0.	7.09E-02	1.76E 00	2.45E 00	6.05E-01	4.90E 00
82	2.60	2.06E-06	0.	2.40E-05	1.49E-03	3.02E-06	0.	0.	0.	7.09E-02	1.98E 00	2.67E 00	6.52E-01	5.37E 00
83	2.50	1.46E-07	0.	2.51E-06	1.45E-04	7.28E-07	0.	0.	0.	7.04E-02	2.23E 00	3.04E 00	4.13E-01	5.76E 00
84	2.40	0.	0.	0.	1.11E-04	7.84E-08	0.	0.	0.	7.01E-02	2.53E 00	3.54E 00	4.82E-01	6.62E 00
85	2.30	0.	1.11E-04	0.	0.	0.	0.	0.	0.	6.98E-02	2.88E 00	3.13E 00	6.85E-01	6.65E 00
86	2.20	0.	3.29E-04	0.	0.	0.	0.	0.	0.	6.76E-02	3.30E 00	3.70E 00	7.96E-01	7.76E 00
87	2.10	0.	8.77E-04	0.	0.	0.	0.	0.	0.	6.50E-02	3.80E 00	4.31E 00	1.09E 00	8.97E 00
88	2.00	0.	8.98E-04	0.	0.	0.	0.	0.	0.	6.22E-02	4.41E 00	4.92E 00	1.29E 00	1.03E 01
89	1.90	0.	1.79E-03	0.	0.	0.	0.	0.	0.	5.86E-02	5.15E 00	5.15E 00	1.57E 00	1.19E 01
90	1.80	0.	2.16E-03	0.	0.	0.	0.	0.	0.	4.95E-02	5.64E 00	5.64E 00	1.70E 00	1.42E 01
91	1.70	0.	1.85E-03	0.	0.	0.	0.	0.	0.	2.25E-02	7.25E 00	6.76E 00	1.85E 00	1.70E 01
92	1.60	0.	2.10E-03	0.	0.	0.	0.	0.	0.	0.	8.75E 00	8.13E 00	2.25E 00	2.01E 01
93	1.50	0.	1.58E-03	0.	0.	0.	0.	0.	0.	0.	1.07E 01	9.51E 00	2.69E 00	2.53E 01
94	1.40	0.	1.81E-03	0.	0.	0.	0.	0.	0.	0.	1.32E 01	1.24E 01	3.54E 00	3.13E 01
95	1.30	0.	1.78E-03	0.	0.	0.	0.	0.	0.	0.	1.66E 01	1.54E 01	4.08E 00	4.08E 01
96	1.20	0.	1.36E-03	0.	0.	0.	0.	0.	0.	0.	2.11E 01	2.07E 01	4.77E 00	4.77E 01
97	1.10	0.	1.30E-03	0.	0.	0.	0.	1.53E-09	0.	0.	2.75E 01	2.30E 01	4.48E 00	6.04E 01
98	1.00	0.	1.26E-03	0.	0.	0.	0.	2.44E-08	0.	0.	3.79E 01	2.83E 01	5.11E 00	7.64E 01
99	0.90	0.	1.15E-03	0.	0.	0.	0.	2.84E-08	0.	0.	5.12E 01	3.44E 01	5.99E 00	9.67E 01
100	0.80	0.	9.47E-04	0.	0.	0.	0.	6.23E-07	0.	0.	7.37E 01	3.95E 01	6.88E 00	1.26E 02
101	0.70	0.	4.45E-04	0.	0.	0.	0.	5.84E-07	0.	0.	1.11E 02	4.92E 01	7.01E 00	1.68E 02
102	0.60	0.	1.03E-04	0.	0.	0.	0.	1.85E-06	0.	0.	1.80E 02	5.51E 01	7.85E 00	2.43E 02

ABSORPTION COEFFICIENTS OF HEATED AIR (INVERSE CM.)

TEMPERATURE (DEGREES K) 20000.   DENSITY (GM/CC) 1.293E-04   (1.0E-01 NORMAL)

#	PHOTON ENERGY E.V.	O2 S-R BANDS	O2 S-R CONT.	N2 B-H NO. 1	NO BETA	NO GAMMA	NO2	O- PHOTO-DET	FREE-FREE (IONS)	N P.E.	O P.E.	TOTAL AIR
1	10.70	0.	0.	1.28E-05	0.	0.	0.	1.85E-03	1.53E-03	1.39E 00	2.31E-02	1.42E 00
2	10.60	0.	0.	1.18E-05	0.	0.	0.	1.86E-03	1.57E-03	7.44E-02	2.30E-02	1.01E-01
3	10.50	0.	0.	1.19E-05	0.	0.	0.	1.86E-03	1.62E-03	7.47E-02	2.29E-02	1.01E-01
4	10.40	0.	0.	1.14E-05	0.	0.	0.	1.86E-03	1.67E-03	7.49E-02	2.28E-02	1.01E-01
5	10.30	0.	0.	1.01E-05	0.	0.	0.	1.86E-03	1.71E-03	7.51E-02	2.27E-02	1.01E-01
6	10.20	0.	0.	1.04E-05	0.	0.	0.	1.87E-03	1.77E-03	7.53E-02	2.26E-02	1.01E-01
7	10.10	0.	0.	9.89E-06	0.	0.	0.	1.87E-03	1.82E-03	7.52E-02	2.25E-02	1.01E-01
8	10.00	0.	0.	8.79E-06	0.	0.	0.	1.87E-03	1.87E-03	7.51E-02	2.24E-02	1.01E-01
9	9.90	0.	0.	9.04E-06	0.	0.	0.	1.87E-03	1.93E-03	7.53E-02	2.23E-02	1.02E-01
10	9.80	0.	0.	8.57E-06	0.	0.	0.	1.88E-03	1.99E-03	7.54E-02	2.22E-02	1.02E-01
11	9.70	0.	0.	7.48E-06	0.	0.	0.	1.88E-03	2.06E-03	7.56E-02	2.21E-02	1.02E-01
12	9.60	0.	0.	8.10E-06	0.	0.	0.	1.88E-03	2.12E-03	7.58E-02	2.20E-02	1.02E-01
13	9.50	0.	0.	7.01E-06	0.	0.	0.	1.89E-03	2.19E-03	7.60E-02	2.19E-02	1.02E-01
14	9.40	0.	0.	6.69E-06	0.	0.	0.	1.89E-03	2.26E-03	7.63E-02	2.18E-02	1.02E-01
15	9.30	0.	0.	6.88E-06	0.	0.	0.	1.90E-03	2.34E-03	7.65E-02	2.17E-02	1.02E-01
16	9.20	0.	0.	5.79E-06	0.	0.	0.	1.91E-03	2.41E-03	7.67E-02	2.16E-02	1.03E-01
17	9.10	0.	0.	5.96E-06	0.	0.	0.	1.91E-03	2.49E-03	2.97E-02	2.15E-02	5.57E-02
18	9.00	0.	0.	5.47E-06	0.	0.	0.	1.92E-03	2.58E-03	2.98E-02	2.14E-02	5.57E-02
19	8.90	0.	0.	5.11E-06	0.	0.	0.	1.93E-03	2.67E-03	2.98E-02	2.13E-02	5.57E-02
20	8.80	0.	0.	5.04E-06	0.	0.	0.	1.94E-03	2.76E-03	2.99E-02	2.12E-02	5.58E-02
21	8.70	0.	0.	4.43E-06	0.	0.	0.	1.94E-03	2.86E-03	2.99E-02	2.12E-02	5.59E-02
22	8.60	0.	0.	4.59E-06	0.	0.	0.	1.95E-03	2.96E-03	3.00E-02	2.11E-02	5.60E-02
23	8.50	0.	0.	4.06E-06	0.	0.	0.	1.96E-03	3.07E-03	3.01E-02	2.11E-02	5.61E-02
24	8.40	0.	0.	4.06E-06	0.	0.	0.	1.97E-03	3.18E-03	3.02E-02	2.09E-02	5.63E-02
25	8.30	0.	0.	3.49E-06	0.	0.	0.	1.98E-03	3.30E-03	3.03E-02	2.09E-02	5.65E-02
26	8.20	0.	0.	3.55E-06	0.	0.	0.	1.99E-03	3.42E-03	3.05E-02	2.09E-02	5.68E-02
27	8.10	0.	0.	3.10E-06	0.	0.	0.	2.00E-03	3.55E-03	3.06E-02	2.09E-02	5.70E-02
28	8.00	0.	0.	3.14E-06	0.	0.	0.	2.01E-03	3.69E-03	3.08E-02	2.09E-02	5.74E-02
29	7.90	0.	0.	2.73E-06	0.	0.	0.	2.02E-03	3.83E-03	3.10E-02	2.10E-02	5.78E-02
30	7.80	0.	0.	2.85E-06	0.	0.	0.	2.03E-03	3.98E-03	3.12E-02	2.10E-02	5.82E-02
31	7.70	0.	0.	2.53E-06	0.	0.	0.	2.04E-03	4.14E-03	3.14E-02	2.10E-02	5.86E-02
32	7.60	0.	0.	2.42E-06	0.	1.28E-10	0.	2.05E-03	4.31E-03	3.16E-02	2.10E-02	5.90E-02
33	7.50	0.	0.	2.26E-06	0.	4.16E-10	0.	2.06E-03	4.48E-03	3.18E-02	2.11E-02	5.94E-02
34	7.40	0.	0.	2.05E-06	0.	3.68E-09	0.	2.07E-03	4.67E-03	3.20E-02	2.11E-02	5.99E-02
35	7.30	0.	0.	1.96E-06	0.	1.41E-08	0.	2.08E-03	4.86E-03	3.23E-02	2.11E-02	6.03E-02
36	7.20	0.	0.	1.78E-06	0.	3.93E-08	0.	2.09E-03	5.07E-03	3.25E-02	2.11E-02	6.08E-02
37	7.10	0.	0.	1.73E-06	0.	1.23E-07	0.	2.11E-03	5.29E-03	3.27E-02	2.12E-02	6.13E-02
38	7.00	4.65E-10	0.	1.60E-06	0.	2.38E-07	0.	2.13E-03	5.52E-03	3.30E-02	2.12E-02	6.18E-02
39	6.90	9.13E-10	0.	1.48E-06	0.	3.43E-07	0.	2.14E-03	5.77E-03	3.32E-02	2.12E-02	6.23E-02
40	6.80	7.92E-10	0.	1.44E-06	0.	5.78E-07	0.	2.16E-03	6.03E-03	3.34E-02	2.12E-02	6.28E-02
41	6.70	3.56E-10	0.	1.27E-06	0.	5.64E-07	0.	2.18E-03	6.30E-03	3.36E-02	2.14E-02	6.34E-02
42	6.60	2.06E-10	0.	1.15E-06	0.	4.79E-07	0.	2.20E-03	6.60E-03	3.40E-02	2.14E-02	6.41E-02
43	6.50	1.19E-10	0.	9.30E-07	0.	6.86E-07	0.	2.21E-03	6.91E-03	3.43E-02	2.14E-02	6.49E-02
44	6.40	6.98E-11	0.	6.53E-07	2.19E-09	6.35E-07	0.	2.23E-03	7.24E-03	3.47E-02	2.15E-02	6.57E-02
45	6.30	3.17E-11	0.	4.15E-07	1.04E-08	4.71E-07	0.	2.25E-03	7.59E-03	3.51E-02	2.15E-02	6.65E-02
46	6.20	1.47E-11	0.	2.34E-07	1.50E-08	6.35E-07	0.	2.26E-03	7.97E-03	3.55E-02	2.17E-02	6.75E-02
47	6.10	6.18E-12	0.	1.11E-07	4.30E-08	7.73E-07	0.	2.28E-03	8.37E-03	3.59E-02	2.19E-02	6.85E-02
48	6.00	1.53E-12	0.	2.86E-08	4.19E-08	3.89E-07	0.	2.30E-03	8.80E-03	3.64E-02	2.21E-02	6.96E-02
49	5.90	1.95E-13	0.	2.05E-09	6.18E-08	3.77E-07	0.	2.30E-03	9.26E-03	3.70E-02	2.23E-02	7.08E-02
50	5.80	1.44E-14	0.	5.18E-11	8.69E-08	3.94E-07	0.	2.26E-03	9.75E-03	3.75E-02	2.24E-02	7.20E-02
51	5.70	0.	0.	0.	1.03E-07	4.40E-07	0.	2.13E-03	1.03E-02	3.81E-02	2.26E-02	7.31E-02

ABSORPTION COEFFICIENTS OF HEATED AIR (INVERSE CM.)

TEMPERATURE (DEGREES K) 20000. DENSITY (GM/CC) 1.293E-04 (1.0E-01 NORMAL)

	PHOTON ENERGY	O2 S-R BANDS	N2 1ST POS.	N2 2ND POS.	N2+ 1ST NEG.	NO BETA	NO GAMMA	NO VIB-ROT	NO2	O- PHOTO-DET	FREE-FREE (IONS)	N P.E.	O P.E.	TOTAL AIR
52	5.60	6.51E-16	0.	0.	0.	8.92E-08	5.74E-07	0.	0.	1.98E-03	1.08E-02	3.87E-02	2.28E-02	7.44E-02
53	5.50	0.	0.	0.	0.	1.09E-07	5.31E-07	0.	0.	1.99E-03	1.15E-02	3.96E-02	2.30E-02	7.61E-02
54	5.40	0.	0.	0.	0.	1.01E-07	4.40E-07	0.	0.	2.00E-03	1.21E-02	4.06E-02	2.33E-02	7.81E-02
55	5.30	0.	0.	0.	0.	1.04E-07	5.49E-07	0.	0.	2.01E-03	1.28E-02	4.17E-02	2.36E-02	8.02E-02
56	5.20	0.	0.	0.	0.	1.12E-07	4.26E-07	0.	0.	2.02E-03	1.36E-02	4.27E-02	2.40E-02	8.24E-02
57	5.10	0.	0.	0.	0.	1.13E-07	5.45E-07	0.	0.	2.04E-03	1.44E-02	4.40E-02	2.44E-02	8.49E-02
58	5.00	9.08E-09	0.	0.	0.	1.03E-07	5.18E-07	0.	0.	2.06E-03	1.53E-02	4.54E-02	2.48E-02	8.76E-02
59	4.90	2.23E-08	0.	0.	0.	1.16E-07	5.70E-07	0.	0.	2.08E-03	1.63E-02	4.70E-02	2.53E-02	9.06E-02
60	4.80	4.22E-08	0.	0.	0.	1.25E-07	5.37E-07	0.	0.	2.09E-03	1.73E-02	4.87E-02	2.58E-02	9.40E-02
61	4.70	5.76E-08	0.	0.	0.	1.26E-07	4.90E-07	0.	0.	2.11E-03	1.85E-02	5.06E-02	2.65E-02	9.76E-02
62	4.60	8.01E-08	0.	1.48E-07	0.	1.30E-07	4.44E-07	0.	0.	2.13E-03	1.97E-02	5.27E-02	2.72E-02	1.02E-01
63	4.50	8.48E-08	0.	1.34E-07	0.	1.20E-07	3.35E-07	0.	0.	2.14E-03	2.11E-02	5.54E-02	2.80E-02	1.07E-01
64	4.40	9.14E-08	0.	1.47E-06	0.	1.21E-07	2.29E-07	0.	0.	2.16E-03	2.26E-02	5.82E-02	2.87E-02	1.12E-01
65	4.30	8.72E-08	0.	1.16E-06	0.	1.16E-07	1.45E-07	0.	0.	2.18E-03	2.42E-02	6.13E-02	2.95E-02	1.17E-01
66	4.20	8.19E-08	0.	4.58E-06	0.	1.23E-07	1.00E-07	0.	0.	2.20E-03	2.60E-02	6.44E-02	3.03E-02	1.23E-01
67	4.10	7.74E-08	0.	2.09E-06	0.	1.21E-07	2.82E-08	0.	0.	2.20E-03	2.79E-02	6.75E-02	3.03E-02	1.28E-01
68	4.00	7.19E-08	0.	6.63E-06	0.	1.15E-07	2.12E-08	0.	0.	2.21E-03	3.01E-02	7.06E-02	1.42E-02	1.17E-01
69	3.90	6.79E-08	0.	3.14E-06	3.92E-06	1.10E-07	7.91E-09	0.	0.	2.20E-03	3.25E-02	6.96E-02	1.47E-02	1.19E-01
70	3.80	6.11E-08	0.	5.06E-06	1.57E-05	1.19E-07	0.	0.	0.	2.20E-03	3.52E-02	7.05E-02	1.53E-02	1.23E-01
71	3.70	5.55E-08	0.	3.78E-06	7.22E-06	1.03E-07	0.	0.	0.	2.16E-03	3.81E-02	5.88E-02	1.67E-02	1.16E-01
72	3.60	4.85E-08	0.	3.72E-06	1.11E-05	1.11E-07	0.	0.	0.	2.02E-03	4.14E-02	6.35E-02	1.83E-02	1.25E-01
73	3.50	3.90E-08	0.	4.93E-06	6.74E-05	1.00E-07	0.	0.	0.	1.85E-03	4.51E-02	6.80E-02	2.01E-02	1.35E-01
74	3.40	3.43E-08	0.	3.22E-06	1.10E-05	8.89E-08	0.	0.	0.	1.07E-03	4.93E-02	7.49E-02	2.21E-02	1.47E-01
75	3.30	3.32E-08	0.	3.29E-06	4.09E-05	8.09E-08	0.	0.	0.	1.07E-03	5.40E-02	8.26E-02	2.42E-02	1.62E-01
76	3.20	3.01E-08	0.	2.19E-06	6.48E-05	8.54E-08	0.	0.	0.	1.07E-03	5.93E-02	9.03E-02	2.63E-02	1.77E-01
77	3.10	2.56E-08	0.	1.71E-06	1.75E-05	8.16E-08	0.	0.	0.	1.08E-03	6.54E-02	9.82E-02	2.85E-02	1.93E-01
78	3.00	2.08E-08	0.	1.06E-06	3.88E-05	7.79E-08	0.	0.	0.	1.08E-03	7.23E-02	1.06E-01	3.06E-02	2.10E-01
79	2.90	1.76E-08	0.	6.69E-07	2.11E-05	6.04E-08	0.	0.	0.	1.08E-03	8.01E-02	1.15E-01	3.30E-02	2.29E-01
80	2.80	8.45E-09	0.	3.23E-07	1.44E-05	4.28E-08	0.	0.	0.	1.08E-03	8.92E-02	1.25E-01	3.58E-02	2.51E-01
81	2.70	5.98E-10	0.	1.52E-07	1.83E-05	2.39E-08	0.	0.	0.	1.08E-03	9.96E-02	1.36E-01	3.88E-02	2.75E-01
82	2.60	0.	0.	7.31E-08	1.91E-06	1.07E-08	0.	0.	0.	1.08E-03	1.12E-01	1.47E-01	4.18E-02	3.02E-01
83	2.50	0.	0.	7.66E-09	1.86E-06	2.78E-10	0.	0.	0.	1.07E-03	1.26E-01	1.68E-01	2.65E-02	3.22E-01
84	2.40	0.	3.39E-07	0.	1.43E-06	0.	0.	0.	0.	1.06E-03	1.43E-01	1.95E-01	3.09E-02	3.70E-01
85	2.30	0.	1.00E-06	0.	0.	0.	0.	0.	0.	1.03E-03	1.63E-01	1.73E-01	3.68E-02	3.74E-01
86	2.20	0.	2.68E-06	0.	0.	0.	0.	0.	0.	9.90E-04	1.86E-01	2.05E-01	4.39E-02	4.36E-01
87	2.10	0.	2.74E-06	0.	0.	0.	0.	0.	0.	9.47E-04	2.15E-01	2.38E-01	5.10E-02	5.05E-01
88	2.00	0.	5.47E-06	0.	0.	0.	0.	0.	0.	8.92E-04	2.49E-01	2.72E-01	5.82E-02	5.80E-01
89	1.90	0.	6.59E-06	0.	0.	0.	0.	0.	0.	7.55E-04	2.91E-01	3.12E-01	6.79E-02	6.72E-01
90	1.80	0.	5.64E-06	0.	0.	0.	0.	0.	0.	3.43E-04	3.43E-01	3.74E-01	8.27E-02	8.00E-01
91	1.70	0.	6.40E-06	0.	0.	0.	0.	0.	0.	0.	4.10E-01	4.49E-01	1.01E-01	9.60E-01
92	1.60	0.	4.83E-06	0.	0.	0.	0.	0.	0.	0.	4.94E-01	5.26E-01	1.19E-01	1.14E00
93	1.50	0.	5.51E-06	0.	0.	0.	0.	0.	0.	0.	6.03E-01	6.83E-01	1.44E-01	1.43E00
94	1.40	0.	4.16E-06	0.	0.	0.	0.	0.	0.	0.	7.46E-01	8.54E-01	1.72E-01	1.77E00
95	1.30	0.	3.97E-06	0.	0.	0.	0.	0.	0.	0.	9.35E-01	1.14E00	2.27E-01	2.30E00
96	1.20	0.	3.83E-06	0.	0.	0.	0.	0.	0.	0.	1.19E00	1.27E00	2.29E-01	2.69E00
97	1.10	0.	3.52E-06	0.	0.	0.	0.	5.42E-12	0.	0.	1.56E00	1.56E00	2.87E-01	3.41E00
98	1.00	0.	2.89E-06	0.	0.	0.	0.	8.62E-11	0.	0.	2.09E00	1.90E00	3.27E-01	4.31E00
99	0.90	0.	1.36E-06	0.	0.	0.	0.	1.00E-10	0.	0.	2.89E00	2.18E00	3.84E-01	5.46E00
100	0.80	0.	3.15E-07	0.	0.	0.	0.	2.21E-09	0.	0.	4.16E00	2.52E00	4.41E-01	7.12E00
101	0.70	0.	6.64E-08	0.	0.	0.	0.	2.07E-09	0.	0.	6.29E00	2.72E00	4.49E-01	9.46E00
102	0.60	0.	0.	0.	0.	0.	0.	6.57E-09	0.	0.	1.02E01	3.04E00	5.03E-01	1.37E01

ABSORPTION COEFFICIENTS OF HEATED AIR (INVERSE CM.)

TEMPERATURE (DEGREES K) 20000.   DENSITY (GM/CC) 1.293E-05   (10.0E-03 NORMAL)

#	PHOTON ENERGY E.V.	O2 S-R BANDS	O2 S-R CONT.	N2 B-H NO. 1	NO BETA	NO GAMMA	NO2	O- PHOTO-DET	FREE-FREE (IONS)	N P.E.	O P.E.	TOTAL AIR
1	10.70	0.	0.	7.48E-09	0.	0.	0.	8.30E-06	3.81E-05	3.37E-02	6.55E-04	3.44E-02
2	10.60	0.	0.	6.86E-09	0.	0.	0.	8.31E-06	3.92E-05	1.84E-03	6.53E-04	2.54E-03
3	10.50	0.	0.	6.96E-09	0.	0.	0.	8.32E-06	4.03E-05	1.85E-03	6.50E-04	2.54E-03
4	10.40	0.	0.	6.66E-09	0.	0.	0.	8.33E-06	4.15E-05	1.85E-03	6.47E-04	2.55E-03
5	10.30	0.	0.	5.86E-09	0.	0.	0.	8.34E-06	4.27E-05	1.86E-03	6.44E-04	2.55E-03
6	10.20	0.	0.	6.09E-09	0.	0.	0.	8.35E-06	4.40E-05	1.86E-03	6.41E-04	2.56E-03
7	10.10	0.	0.	5.77E-09	0.	0.	0.	8.37E-06	4.53E-05	1.86E-03	6.39E-04	2.55E-03
8	10.00	0.	0.	5.27E-09	0.	0.	0.	8.38E-06	4.67E-05	1.82E-03	6.36E-04	2.55E-03
9	9.90	0.	0.	4.99E-09	0.	0.	0.	8.39E-06	4.82E-05	1.83E-03	6.33E-04	2.52E-03
10	9.80	0.	0.	4.36E-09	0.	0.	0.	8.41E-06	4.97E-05	1.83E-03	6.30E-04	2.52E-03
11	9.70	0.	0.	4.72E-09	0.	0.	0.	8.42E-06	5.12E-05	1.84E-03	6.27E-04	2.52E-03
12	9.60	0.	0.	4.09E-09	0.	0.	0.	8.44E-06	5.29E-05	1.84E-03	6.25E-04	2.53E-03
13	9.50	0.	0.	4.09E-09	0.	0.	0.	8.45E-06	5.46E-05	1.85E-03	6.22E-04	2.53E-03
14	9.40	0.	0.	3.90E-09	0.	0.	0.	8.48E-06	5.63E-05	1.85E-03	6.19E-04	2.54E-03
15	9.30	0.	0.	4.01E-09	0.	0.	0.	8.51E-06	5.82E-05	1.86E-03	6.16E-04	2.54E-03
16	9.20	0.	0.	3.37E-09	0.	0.	0.	8.55E-06	6.01E-05	1.87E-03	6.14E-04	2.55E-03
17	9.10	0.	0.	3.47E-09	0.	0.	0.	8.58E-06	6.22E-05	7.30E-04	6.11E-04	1.41E-03
18	9.00	0.	0.	3.19E-09	0.	0.	0.	8.61E-06	6.43E-05	7.31E-04	6.09E-04	1.41E-03
19	8.90	0.	0.	2.94E-09	0.	0.	0.	8.64E-06	6.65E-05	7.32E-04	6.06E-04	1.41E-03
20	8.80	0.	0.	2.58E-09	0.	0.	0.	8.67E-06	6.88E-05	7.33E-04	6.04E-04	1.42E-03
21	8.70	0.	0.	2.67E-09	0.	0.	0.	8.70E-06	7.12E-05	7.35E-04	6.01E-04	1.42E-03
22	8.60	0.	0.	2.37E-09	0.	0.	0.	8.73E-06	7.38E-05	7.38E-04	5.99E-04	1.42E-03
23	8.50	0.	0.	2.04E-09	0.	0.	0.	8.76E-06	7.64E-05	7.39E-04	5.96E-04	1.42E-03
24	8.40	0.	0.	2.07E-09	0.	0.	0.	8.81E-06	7.92E-05	7.42E-04	5.94E-04	1.42E-03
25	8.30	0.	0.	1.81E-09	0.	0.	0.	8.85E-06	8.22E-05	7.45E-04	5.93E-04	1.43E-03
26	8.20	0.	0.	1.83E-09	0.	0.	0.	8.90E-06	8.52E-05	7.49E-04	5.94E-04	1.44E-03
27	8.10	0.	0.	1.59E-09	0.	0.	0.	8.94E-06	8.85E-05	7.52E-04	5.94E-04	1.44E-03
28	8.00	0.	0.	1.66E-09	0.	0.	0.	8.99E-06	9.19E-05	7.57E-04	5.95E-04	1.45E-03
29	7.90	0.	0.	1.47E-09	0.	0.	0.	9.04E-06	9.54E-05	7.62E-04	5.96E-04	1.46E-03
30	7.80	0.	0.	1.41E-09	0.	0.	0.	9.08E-06	9.92E-05	7.68E-04	5.96E-04	1.46E-03
31	7.70	0.	0.	1.32E-09	0.	0.	0.	9.13E-06	1.03E-04	7.73E-04	5.97E-04	1.48E-03
32	7.60	0.	0.	1.19E-09	0.	8.76E-14	0.	9.18E-06	1.07E-04	7.79E-04	5.98E-04	1.49E-03
33	7.50	0.	0.	1.14E-09	0.	2.85E-13	0.	9.27E-06	1.16E-04	7.78E-04	5.98E-04	1.50E-03
34	7.40	0.	0.	1.04E-09	0.	2.52E-12	0.	9.26E-06	1.16E-04	7.84E-04	5.99E-04	1.51E-03
35	7.30	0.	0.	1.01E-09	0.	9.68E-12	0.	9.32E-06	1.21E-04	7.90E-04	6.00E-04	1.52E-03
36	7.20	0.	0.	9.33E-10	0.	2.69E-11	0.	9.38E-06	1.26E-04	7.96E-04	6.00E-04	1.53E-03
37	7.10	0.	0.	8.63E-10	0.	8.44E-11	0.	9.45E-06	1.32E-04	8.02E-04	6.01E-04	1.54E-03
38	7.00	3.75E-13	0.	8.39E-10	0.	1.63E-10	0.	9.53E-06	1.38E-04	8.08E-04	6.02E-04	1.56E-03
39	6.90	7.35E-13	0.	7.42E-10	0.	2.35E-10	0.	9.61E-06	1.44E-04	8.14E-04	6.02E-04	1.57E-03
40	6.80	6.37E-13	0.	6.72E-10	0.	3.96E-10	0.	9.68E-06	1.50E-04	8.20E-04	6.05E-04	1.58E-03
41	6.70	4.67E-13	0.	6.42E-10	0.	3.28E-10	0.	9.76E-06	1.57E-04	8.26E-04	6.05E-04	1.60E-03
42	6.60	2.86E-13	0.	5.42E-10	0.	4.70E-10	0.	9.84E-06	1.64E-04	8.34E-04	6.07E-04	1.62E-03
43	6.50	1.66E-13	0.	5.42E-10	0.	4.35E-10	0.	9.91E-06	1.72E-04	8.43E-04	6.08E-04	1.63E-03
44	6.40	9.60E-14	0.	3.81E-10	1.50E-12	4.35E-10	0.	9.99E-06	1.80E-04	8.52E-04	6.10E-04	1.65E-03
45	6.30	5.62E-14	0.	2.42E-10	7.14E-12	3.23E-10	0.	1.01E-05	1.89E-04	8.52E-04	6.13E-04	1.67E-03
46	6.20	2.56E-14	0.	1.36E-10	1.02E-11	4.35E-10	0.	1.01E-05	1.99E-04	8.72E-04	6.18E-04	1.70E-03
47	6.10	1.18E-14	0.	6.49E-11	2.94E-11	5.30E-10	0.	1.02E-05	2.09E-04	8.83E-04	6.23E-04	1.72E-03
48	6.00	4.98E-15	0.	1.66E-11	2.87E-11	2.67E-10	0.	1.03E-05	2.19E-04	8.95E-04	6.28E-04	1.75E-03
49	5.90	1.23E-15	0.	1.19E-12	4.23E-11	2.58E-10	0.	1.03E-05	2.31E-04	9.09E-04	6.33E-04	1.78E-03
50	5.80	1.57E-16	0.	3.02E-14	5.95E-11	2.70E-10	0.	1.01E-05	2.43E-04	9.23E-04	6.38E-04	1.81E-03
51	5.70	1.16E-17	0.	0.	7.05E-11	3.02E-10	0.	9.53E-06	2.56E-04	9.37E-04	6.43E-04	1.85E-03

ABSORPTION COEFFICIENTS OF HEATED AIR (INVERSE CM.)

TEMPERATURE (DEGREES K) 20000.   DENSITY (GM/CC) 1.293E-05 (10.0E-03 NORMAL)

#	PHOTON ENERGY	O2 S-R BANDS	N2 1ST POS.	N2 2ND POS.	N2+ 1ST NEG.	NO BETA	NO GAMMA	NO VIB-ROT	NO2	O- PHOTO-DET (IONS)	FREE-FREE (IONS)	N P.E.	O P.E.	TOTAL AIR
52	5.60	5.24E-19	0.	0.	0.	6.11E-11	3.93E-10	0.	0.	8.86E-06	2.70E-04	9.54E-04	6.48E-04	1.88E-03
53	5.50	0.	0.	0.	0.	7.47E-11	3.64E-10	0.	0.	8.91E-06	2.86E-04	9.75E-04	6.55E-04	1.92E-03
54	5.40	0.	0.	0.	0.	6.94E-11	3.02E-10	0.	0.	8.95E-06	3.02E-04	1.00E-03	6.63E-04	1.97E-03
55	5.30	0.	0.	0.	0.	7.11E-11	3.76E-10	0.	0.	9.01E-06	3.20E-04	1.03E-03	6.72E-04	2.03E-03
56	5.20	0.	0.	0.	0.	7.70E-11	2.92E-10	0.	0.	9.07E-06	3.39E-04	1.04E-03	6.83E-04	2.03E-03
57	5.10	0.	0.	0.	0.	7.71E-11	3.73E-10	0.	0.	9.14E-06	3.59E-04	1.07E-03	6.94E-04	2.13E-03
58	5.00	7.31E-12	0.	0.	0.	7.09E-11	3.55E-10	0.	0.	9.22E-06	3.81E-04	1.10E-03	7.05E-04	2.20E-03
59	4.90	1.80E-11	0.	0.	0.	7.94E-11	3.90E-10	0.	0.	9.30E-06	4.06E-04	1.14E-03	7.18E-04	2.27E-03
60	4.80	3.40E-11	0.	0.	0.	8.56E-11	3.68E-10	0.	0.	9.38E-06	4.32E-04	1.18E-03	7.33E-04	2.36E-03
61	4.70	4.63E-11	0.	0.	0.	8.62E-11	3.36E-10	0.	0.	9.45E-06	4.60E-04	1.23E-03	7.53E-04	2.45E-03
62	4.60	6.45E-11	0.	0.	0.	8.90E-11	3.04E-10	0.	0.	9.53E-06	4.91E-04	1.26E-03	7.73E-04	2.55E-03
63	4.50	6.83E-11	0.	8.63E-11	0.	8.22E-11	2.30E-10	0.	0.	9.60E-06	5.25E-04	1.35E-03	7.94E-04	2.68E-03
64	4.40	7.36E-11	0.	2.53E-10	0.	8.29E-11	1.57E-10	0.	0.	9.68E-06	5.62E-04	1.41E-03	8.15E-04	2.80E-03
65	4.30	7.02E-11	0.	8.58E-10	0.	7.98E-11	9.95E-11	0.	0.	9.76E-06	6.03E-04	1.49E-03	8.38E-04	2.94E-03
66	4.20	6.60E-11	0.	2.67E-09	0.	8.41E-11	6.88E-11	0.	0.	9.84E-06	6.47E-04	1.57E-03	8.61E-04	3.08E-03
67	4.10	6.23E-11	0.	1.22E-09	0.	8.30E-11	1.93E-11	0.	0.	9.87E-06	6.96E-04	1.64E-03	8.59E-04	3.21E-03
68	4.00	5.79E-11	0.	3.87E-09	1.45E-08	8.06E-11	1.45E-11	0.	0.	9.91E-06	7.50E-04	1.72E-03	8.76E-04	3.35E-03
69	3.90	4.97E-11	0.	1.83E-09	5.81E-08	7.52E-11	5.42E-12	0.	0.	9.87E-06	8.10E-04	1.70E-03	8.95E-04	3.30E-03
70	3.80	5.47E-11	0.	2.95E-09	2.67E-08	8.13E-11	0.	0.	0.	9.84E-06	8.76E-04	1.72E-03	9.15E-04	2.88E-03
71	3.70	4.92E-11	0.	3.02E-09	1.38E-07	7.04E-11	0.	0.	0.	9.07E-06	9.50E-04	1.70E-03	9.35E-04	2.93E-03
72	3.60	4.47E-11	0.	2.20E-09	2.49E-07	7.61E-11	0.	0.	0.	8.30E-06	1.03E-03	1.44E-03	4.04E-04	2.87E-03
73	3.50	4.21E-11	0.	2.87E-09	4.08E-08	6.09E-11	0.	0.	0.	4.79E-06	1.12E-03	1.55E-03	4.17E-04	3.11E-03
74	3.40	3.90E-11	0.	1.87E-09	1.51E-07	6.86E-11	0.	0.	0.	4.80E-06	1.23E-03	1.65E-03	4.35E-04	3.35E-03
75	3.30	3.94E-11	0.	1.92E-09	2.39E-07	5.54E-11	0.	0.	0.	4.80E-06	1.35E-03	1.83E-03	4.75E-04	3.69E-03
76	3.20	2.77E-11	0.	1.28E-09	6.46E-08	5.85E-11	0.	0.	0.	4.81E-06	1.48E-03	2.01E-03	5.20E-04	4.05E-03
77	3.10	2.67E-11	0.	9.98E-10	1.43E-07	5.59E-11	0.	0.	0.	4.83E-06	1.63E-03	2.20E-03	5.71E-04	4.43E-03
78	3.00	2.42E-11	0.	6.18E-10	7.79E-08	5.34E-11	0.	0.	0.	4.83E-06	1.80E-03	2.39E-03	6.28E-04	4.84E-03
79	2.90	2.06E-11	0.	3.90E-10	5.34E-08	5.14E-11	0.	0.	0.	4.84E-06	2.00E-03	2.59E-03	6.86E-04	5.26E-03
80	2.80	2.16E-11	0.	1.88E-10	6.76E-08	2.93E-11	0.	0.	0.	4.84E-06	2.22E-03	2.80E-03	7.47E-04	5.74E-03
81	2.70	1.42E-11	0.	8.85E-11	7.05E-08	1.63E-11	0.	0.	0.	4.84E-06	2.48E-03	3.04E-03	8.09E-04	6.29E-03
82	2.60	1.81E-12	0.	4.26E-11	6.88E-09	7.35E-12	0.	0.	0.	4.84E-06	2.78E-03	3.31E-03	8.70E-04	6.89E-03
83	2.50	4.82E-13	0.	4.46E-12	5.29E-09	1.77E-12	0.	0.	0.	4.84E-06	3.14E-03	3.57E-03	9.39E-04	7.55E-03
84	2.40	0.	1.98E-10	0.	0.	1.90E-13	0.	0.	0.	4.84E-06	3.56E-03	4.07E-03	1.02E-03	7.97E-03
85	2.30	0.	5.84E-10	0.	0.	0.	0.	0.	0.	4.80E-06	4.05E-03	4.74E-03	1.09E-03	9.18E-03
86	2.20	0.	1.56E-09	0.	0.	0.	0.	0.	0.	4.78E-06	4.64E-03	4.19E-03	1.19E-03	1.09E-02
87	2.10	0.	1.60E-09	0.	0.	0.	0.	0.	0.	4.76E-06	5.35E-03	4.96E-03	1.25E-03	1.26E-02
88	2.00	0.	3.19E-09	0.	0.	0.	0.	0.	0.	4.61E-06	6.20E-03	5.77E-03	1.45E-03	1.44E-02
89	1.90	0.	3.84E-09	0.	0.	0.	0.	0.	0.	4.43E-06	7.25E-03	6.58E-03	1.65E-03	1.67E-02
90	1.80	0.	3.29E-09	0.	0.	0.	0.	0.	0.	4.24E-06	8.55E-03	7.55E-03	1.93E-03	2.00E-02
91	1.70	0.	3.73E-09	0.	0.	0.	0.	0.	0.	4.00E-06	1.02E-02	9.05E-03	2.35E-03	2.39E-02
92	1.60	0.	2.81E-09	0.	0.	0.	0.	0.	0.	3.38E-06	1.25E-02	1.09E-02	2.86E-03	2.84E-02
93	1.50	0.	3.21E-09	0.	0.	0.	0.	0.	0.	1.54E-06	1.50E-02	1.29E-02	3.37E-03	3.57E-02
94	1.40	0.	3.16E-09	0.	0.	0.	0.	0.	0.	0.	1.86E-02	1.50E-02	4.09E-03	4.41E-02
95	1.30	0.	2.42E-09	0.	0.	0.	0.	0.	0.	0.	2.33E-02	2.06E-02	4.89E-03	5.74E-02
96	1.20	0.	2.31E-09	0.	0.	0.	0.	0.	0.	0.	2.97E-02	2.76E-02	6.45E-03	6.69E-02
97	1.10	0.	2.23E-09	0.	0.	0.	0.	3.72E-15	0.	0.	3.88E-02	3.78E-02	8.15E-03	8.47E-02
98	1.00	0.	2.05E-09	0.	0.	0.	0.	5.91E-14	0.	0.	5.20E-02	4.59E-02	9.29E-03	1.07E-01
99	0.90	0.	1.68E-09	0.	0.	0.	0.	6.88E-14	0.	0.	7.20E-02	5.28E-02	1.05E-02	1.36E-01
100	0.80	0.	7.91E-10	0.	0.	0.	0.	1.51E-12	0.	0.	1.04E-01	6.08E-02	1.25E-02	1.76E-01
101	0.70	0.	1.84E-10	0.	0.	0.	0.	1.42E-12	0.	0.	1.57E-01	6.57E-02	1.28E-02	2.35E-01
102	0.60	0.	3.87E-11	0.	0.	0.	0.	4.50E-12	0.	0.	2.53E-01	7.35E-02	1.43E-02	3.41E-01

385

ABSORPTION COEFFICIENTS OF HEATED AIR (INVERSE CM.)

TEMPERATURE (DEGREES K) 20000.   DENSITY (GM/CC) 1.293E-06   (10.0E-04 NORMAL)

#	PHOTON ENERGY E.V.	O2 S-R BANDS	O2 S-R CONT.	N2 B-H NO. 1	NO BETA	NO GAMMA	NO 2	O- PHOTO-DET (IONS)	FREE-FREE	N P.E.	O P.E.	TOTAL AIR
1	10.70	0.	0.	1.10E-12	0.	0.	0.	1.18E-08	4.74E-07	2.67E-05	8.44E-06	3.56E-05
2	10.60	0.	0.	1.01E-12	0.	0.	0.	1.18E-08	4.88E-07	2.69E-05	8.39E-06	3.58E-05
3	10.50	0.	0.	1.03E-12	0.	0.	0.	1.19E-08	5.02E-07	2.70E-05	8.36E-06	3.59E-05
4	10.40	0.	0.	9.83E-13	0.	0.	0.	1.19E-08	5.17E-07	2.72E-05	8.32E-06	3.60E-05
5	10.30	0.	0.	8.65E-13	0.	0.	0.	1.19E-08	5.32E-07	2.73E-05	8.29E-06	3.62E-05
6	10.20	0.	0.	8.99E-13	0.	0.	0.	1.19E-08	5.48E-07	2.75E-05	8.25E-06	3.63E-05
7	10.10	0.	0.	8.51E-13	0.	0.	0.	1.19E-08	5.65E-07	2.75E-05	8.22E-06	3.63E-05
8	10.00	0.	0.	7.56E-13	0.	0.	0.	1.20E-08	5.82E-07	2.33E-05	8.18E-06	3.21E-05
9	9.90	0.	0.	7.77E-13	0.	0.	0.	1.20E-08	6.00E-07	2.34E-05	8.15E-06	3.22E-05
10	9.80	0.	0.	7.37E-13	0.	0.	0.	1.20E-08	6.18E-07	2.35E-05	8.11E-06	3.22E-05
11	9.70	0.	0.	6.44E-13	0.	0.	0.	1.20E-08	6.38E-07	2.35E-05	8.08E-06	3.23E-05
12	9.60	0.	0.	6.97E-13	0.	0.	0.	1.20E-08	6.58E-07	2.36E-05	8.04E-06	3.23E-05
13	9.50	0.	0.	6.03E-13	0.	0.	0.	1.20E-08	6.79E-07	2.37E-05	8.00E-06	3.24E-05
14	9.40	0.	0.	5.76E-13	0.	0.	0.	1.21E-08	7.02E-07	2.38E-05	7.97E-06	3.25E-05
15	9.30	0.	0.	5.92E-13	0.	0.	0.	1.21E-08	7.25E-07	2.39E-05	7.94E-06	3.25E-05
16	9.20	0.	0.	4.98E-13	0.	0.	0.	1.22E-08	7.49E-07	2.40E-05	7.90E-06	3.26E-05
17	9.10	0.	0.	5.12E-13	0.	0.	0.	1.22E-08	7.74E-07	1.02E-05	7.87E-06	1.89E-05
18	9.00	0.	0.	4.70E-13	0.	0.	0.	1.23E-08	8.00E-07	1.02E-05	7.84E-06	1.89E-05
19	8.90	0.	0.	4.40E-13	0.	0.	0.	1.23E-08	8.28E-07	1.03E-05	7.80E-06	1.89E-05
20	8.80	0.	0.	4.34E-13	0.	0.	0.	1.24E-08	8.57E-07	1.03E-05	7.77E-06	1.89E-05
21	8.70	0.	0.	3.81E-13	0.	0.	0.	1.24E-08	8.87E-07	1.03E-05	7.74E-06	1.90E-05
22	8.60	0.	0.	3.94E-13	0.	0.	0.	1.24E-08	9.18E-07	1.04E-05	7.71E-06	1.90E-05
23	8.50	0.	0.	3.50E-13	0.	0.	0.	1.25E-08	9.52E-07	1.04E-05	7.68E-06	1.91E-05
24	8.40	0.	0.	3.50E-13	0.	0.	0.	1.26E-08	9.86E-07	1.05E-05	7.65E-06	1.91E-05
25	8.30	0.	0.	3.00E-13	0.	0.	0.	1.26E-08	1.02E-06	1.05E-05	7.64E-06	1.92E-05
26	8.20	0.	0.	3.05E-13	0.	0.	0.	1.27E-08	1.06E-06	1.06E-05	7.65E-06	1.93E-05
27	8.10	0.	0.	2.67E-13	0.	0.	0.	1.28E-08	1.10E-06	1.07E-05	7.64E-06	1.94E-05
28	8.00	0.	0.	2.70E-13	0.	0.	0.	1.28E-08	1.14E-06	1.08E-05	7.65E-06	1.96E-05
29	7.90	0.	0.	2.35E-13	0.	0.	0.	1.29E-08	1.19E-06	1.09E-05	7.66E-06	1.97E-05
30	7.80	0.	0.	2.45E-13	0.	0.	0.	1.29E-08	1.23E-06	1.10E-05	7.67E-06	1.99E-05
31	7.70	0.	0.	2.17E-13	0.	1.36E-17	0.	1.30E-08	1.28E-06	1.11E-05	7.68E-06	2.00E-05
32	7.60	0.	0.	2.08E-13	0.	4.44E-17	0.	1.31E-08	1.34E-06	1.04E-05	7.69E-06	1.94E-05
33	7.50	0.	0.	1.95E-13	0.	3.92E-16	0.	1.31E-08	1.39E-06	1.05E-05	7.70E-06	1.96E-05
34	7.40	0.	0.	1.76E-13	0.	1.51E-15	0.	1.32E-08	1.45E-06	1.06E-05	7.71E-06	1.98E-05
35	7.30	0.	0.	1.68E-13	0.	4.19E-15	0.	1.33E-08	1.51E-06	1.08E-05	7.72E-06	2.00E-05
36	7.20	0.	0.	1.53E-13	0.	1.32E-14	0.	1.34E-08	1.57E-06	1.09E-05	7.73E-06	2.02E-05
37	7.10	0.	0.	1.49E-13	0.	2.54E-14	0.	1.35E-08	1.64E-06	1.10E-05	7.74E-06	2.04E-05
38	7.00	0.	0.	1.38E-13	0.	3.66E-14	0.	1.36E-08	1.71E-06	1.12E-05	7.75E-06	2.06E-05
39	6.90	6.16E-17	0.	1.27E-13	0.	6.17E-14	0.	1.37E-08	1.79E-06	1.13E-05	7.76E-06	2.09E-05
40	6.80	1.21E-16	0.	1.24E-13	0.	6.01E-14	0.	1.38E-08	1.87E-06	1.14E-05	7.78E-06	2.11E-05
41	6.70	1.05E-16	0.	1.09E-13	0.	5.11E-14	0.	1.39E-08	1.96E-06	1.16E-05	7.80E-06	2.13E-05
42	6.60	7.68E-17	0.	9.91E-14	0.	7.33E-14	0.	1.40E-08	2.05E-06	1.17E-05	7.82E-06	2.16E-05
43	6.50	4.71E-17	0.	7.99E-14	0.	6.78E-14	0.	1.41E-08	2.14E-06	1.19E-05	7.85E-06	2.17E-05
44	6.40	2.73E-17	0.	5.62E-14	2.34E-16	5.03E-14	0.	1.42E-08	2.25E-06	1.21E-05	7.87E-06	2.20E-05
45	6.30	1.58E-17	0.	3.57E-14	1.11E-15	6.78E-14	0.	1.44E-08	2.36E-06	1.23E-05	7.91E-06	2.24E-05
46	6.20	9.24E-18	0.	2.01E-14	1.60E-15	8.25E-14	0.	1.45E-08	2.4/E-06	1.25E-05	7.98E-06	2.27E-05
47	6.10	1.95E-18	0.	9.58E-15	4.59E-15	4.16E-14	0.	1.46E-08	2.60E-06	1.27E-05	8.04E-06	2.31E-05
48	6.00	8.18E-19	0.	2.46E-15	4.47E-15	4.02E-14	0.	1.47E-08	2.73E-06	1.29E-05	8.11E-06	2.35E-05
49	5.90	2.02E-19	0.	1.76E-16	6.59E-15	4.20E-14	0.	1.47E-08	2.87E-06	1.32E-05	8.18E-06	2.40E-05
50	5.80	2.58E-20	0.	4.46E-18	9.27E-15	4.70E-14	0.	1.45E-08	3.02E-06	1.34E-05	8.24E-06	2.44E-05
51	5.70	1.90E-21	0.	0.	1.10E-14	0.	0.	1.36E-08	3.19E-06	1.34E-05	8.31E-06	2.49E-05

ABSORPTION COEFFICIENTS OF HEATED AIR (INVERSE CM.)

TEMPERATURE (DEGREES K) 20000. DENSITY (GM/CC) 1,293E-06 (10.0E-04 NORMAL)

PHOTON ENERGY	O2 S-R BANDS	N2 1ST POS.	N2 2ND POS.	N2+ 1ST NEG.	NO BETA	NO GAMMA	NO VIB-ROT	NO 2	O- PHOTO-DET (IONS)	FREE-FREE (IONS)	N P.E.	O P.E.	TOTAL AIR
52 5.60	8.62E-23	0.	0.	0.	9.51E-15	6.12E-14	0.	0.	1.26E-08	3.36E-06	1.37E-05	8.38E-06	2.54E-05
53 5.50	0.	0.	0.	0.	1.16E-14	5.67E-14	0.	0.	1.27E-08	3.55E-06	1.40E-05	8.47E-06	2.61E-05
54 5.40	0.	0.	0.	0.	1.08E-14	4.70E-14	0.	0.	1.28E-08	3.76E-06	1.44E-05	8.57E-06	2.68E-05
55 5.30	0.	0.	0.	0.	1.11E-14	5.86E-14	0.	0.	1.28E-08	3.98E-06	1.48E-05	8.69E-06	2.75E-05
56 5.20	0.	0.	0.	0.	1.20E-14	5.55E-14	0.	0.	1.29E-08	4.21E-06	1.33E-05	8.77E-06	2.63E-05
57 5.10	0.	0.	0.	0.	1.20E-14	5.81E-14	0.	0.	1.30E-08	4.47E-06	1.37E-05	8.92E-06	2.71E-05
58 5.00	1.20E-15	0.	0.	0.	1.10E-14	5.52E-14	0.	0.	1.31E-08	4.75E-06	1.42E-05	9.06E-06	2.80E-05
59 4.90	2.95E-15	0.	0.	0.	1.24E-14	6.08E-14	0.	0.	1.34E-08	5.05E-06	1.47E-05	9.23E-06	2.90E-05
60 4.80	5.59E-15	0.	0.	0.	1.33E-14	5.73E-14	0.	0.	1.34E-08	5.37E-06	1.52E-05	9.43E-06	3.00E-05
61 4.70	7.62E-15	0.	0.	0.	1.34E-14	5.23E-14	0.	0.	1.35E-08	5.73E-06	1.58E-05	9.68E-06	3.12E-05
62 4.60	1.06E-14	0.	0.	0.	1.39E-14	4.74E-14	0.	0.	1.36E-08	6.11E-06	1.65E-05	9.94E-06	3.26E-05
63 4.50	1.12E-14	0.	1.27E-14	0.	1.28E-14	3.58E-14	0.	0.	1.37E-08	6.54E-06	1.74E-05	1.02E-05	3.42E-05
64 4.40	1.21E-14	0.	3.73E-14	0.	1.24E-14	2.45E-14	0.	0.	1.38E-08	7.00E-06	1.83E-05	1.05E-05	3.58E-05
65 4.30	1.15E-14	0.	1.27E-13	0.	1.31E-14	1.55E-14	0.	0.	1.39E-08	7.50E-06	1.93E-05	1.08E-05	3.76E-05
66 4.20	1.08E-14	0.	3.94E-13	0.	1.26E-14	1.07E-14	0.	0.	1.40E-08	8.06E-06	2.03E-05	1.11E-05	3.94E-05
67 4.10	9.52E-15	0.	5.71E-13	0.	1.17E-14	3.01E-15	0.	0.	1.41E-08	8.67E-06	2.13E-05	1.10E-05	4.10E-05
68 4.00	8.16E-15	0.	2.70E-13	0.	1.27E-14	2.01E-15	0.	0.	1.41E-08	9.34E-06	2.23E-05	5.22E-06	3.69E-05
69 3.90	8.99E-15	0.	4.35E-13	1.92E-11	1.10E-14	8.44E-16	0.	0.	1.40E-08	1.01E-05	2.19E-05	5.39E-06	3.74E-05
70 3.80	8.09E-15	0.	4.45E-13	7.71E-11	1.18E-14	0.	0.	0.	1.38E-08	1.09E-05	1.83E-05	5.83E-06	3.48E-05
71 3.70	7.35E-15	0.	3.25E-13	3.54E-11	9.49E-15	0.	0.	0.	1.29E-08	1.18E-05	1.91E-05	6.14E-06	3.71E-05
72 3.60	6.93E-15	0.	4.24E-13	1.82E-10	1.07E-14	0.	0.	0.	1.18E-08	1.28E-05	2.06E-05	6.71E-06	4.02E-05
73 3.50	6.42E-15	0.	2.77E-13	3.30E-10	8.64E-15	0.	0.	0.	6.84E-09	1.40E-05	2.19E-05	7.36E-06	4.32E-05
74 3.40	5.16E-15	0.	2.83E-13	5.41E-11	9.12E-15	0.	0.	0.	6.85E-09	1.53E-05	2.42E-05	8.10E-06	4.76E-05
75 3.30	4.55E-15	0.	1.88E-13	2.00E-10	8.71E-15	0.	0.	0.	6.87E-09	1.68E-05	2.65E-05	8.85E-06	5.21E-05
76 3.20	4.40E-15	0.	1.47E-13	3.17E-10	8.31E-15	0.	0.	0.	6.88E-09	1.84E-05	2.90E-05	9.64E-06	5.70E-05
77 3.10	4.08E-15	0.	9.76E-14	8.58E-10	6.44E-15	0.	0.	0.	6.89E-09	2.03E-05	3.14E-05	1.04E-05	6.21E-05
78 3.00	3.39E-15	0.	5.76E-14	1.90E-10	4.57E-15	0.	0.	0.	6.90E-09	2.24E-05	3.40E-05	1.12E-05	6.76E-05
79 2.90	3.55E-15	0.	2.78E-14	1.03E-10	2.55E-15	0.	0.	0.	6.90E-09	2.49E-05	3.66E-05	1.21E-05	7.36E-05
80 2.80	2.33E-15	0.	1.31E-14	7.08E-11	1.12E-15	0.	0.	0.	6.90E-09	2.77E-05	3.97E-05	1.31E-05	8.05E-05
81 2.70	2.12E-15	0.	6.29E-15	8.96E-11	2.75E-16	0.	0.	0.	6.90E-09	3.09E-05	4.11E-05	1.42E-05	8.62E-05
82 2.60	2.92E-17	0.	6.58E-15	9.36E-12	2.96E-17	0.	0.	0.	6.90E-09	3.47E-05	4.45E-05	1.53E-05	9.45E-05
83 2.50	0.	0.	0.	9.13E-12	0.	0.	0.	0.	6.90E-09	3.91E-05	4.33E-05	1.64E-05	9.88E-05
84 2.40	0.	2.92E-14	0.	7.01E-12	0.	0.	0.	0.	6.90E-09	4.43E-05	4.35E-05	1.13E-05	9.91E-05
85 2.30	0.	8.62E-14	0.	0.	0.	0.	0.	0.	6.82E-09	5.04E-05	5.05E-05	1.61E-05	1.17E-04
86 2.20	0.	2.36E-13	0.	0.	0.	0.	0.	0.	6.79E-09	5.78E-05	5.95E-05	1.87E-05	1.36E-04
87 2.10	0.	4.71E-13	0.	0.	0.	0.	0.	0.	6.57E-09	6.66E-05	6.91E-05	2.13E-05	1.57E-04
88 2.00	0.	5.67E-13	0.	0.	0.	0.	0.	0.	6.32E-09	7.72E-05	7.90E-05	2.48E-05	1.81E-04
89 1.90	0.	4.85E-13	0.	0.	0.	0.	0.	0.	6.05E-09	9.02E-05	8.86E-05	3.02E-05	2.09E-04
90 1.80	0.	5.51E-13	0.	0.	0.	0.	0.	0.	5.70E-09	1.06E-04	1.12E-04	3.67E-05	2.49E-04
91 1.70	0.	4.15E-13	0.	0.	0.	0.	0.	0.	4.82E-09	1.27E-04	1.35E-04	3.54E-05	2.99E-04
92 1.60	0.	4.74E-13	0.	0.	0.	0.	0.	0.	2.19E-09	1.53E-04	1.57E-04	4.33E-05	3.54E-04
93 1.50	0.	4.67E-13	0.	0.	0.	0.	0.	0.	0.	1.87E-04	2.04E-04	5.25E-05	4.43E-04
94 1.40	0.	3.58E-13	0.	0.	0.	0.	0.	0.	0.	2.31E-04	2.43E-04	6.28E-05	5.37E-04
95 1.30	0.	3.30E-13	0.	0.	0.	0.	0.	0.	0.	2.90E-04	3.39E-04	7.75E-05	7.06E-04
96 1.20	0.	3.03E-13	0.	0.	0.	0.	0.	0.	0.	3.70E-04	3.74E-04	8.34E-05	8.27E-04
97 1.10	0.	2.48E-13	0.	0.	0.	0.	5.79E-19	0.	0.	4.82E-04	4.61E-04	1.05E-04	1.05E-03
98 1.00	0.	1.17E-13	0.	0.	0.	0.	9.20E-18	0.	0.	6.47E-04	5.59E-04	1.19E-04	1.33E-03
99 0.90	0.	2.71E-14	0.	0.	0.	0.	1.07E-17	0.	0.	8.96E-04	6.43E-04	1.41E-04	1.68E-03
100 0.80	0.	5.71E-15	0.	0.	0.	0.	2.35E-16	0.	0.	1.29E-03	7.40E-04	1.60E-04	2.19E-03
101 0.70	0.	0.	0.	0.	0.	0.	2.21E-16	0.	0.	1.95E-03	8.00E-04	1.64E-04	2.91E-03
102 0.60	0.	0.	0.	0.	0.	0.	7.01E-16	0.	0.	3.15E-03	8.12E-04	1.83E-04	4.15E-03

ABSORPTION COEFFICIENTS OF HEATED AIR (INVERSE CM.)

TEMPERATURE (DEGREES K) 20000.   DENSITY (GM/CC) 1.293E-07   (10.0E-05 NORMAL)

PHOTON ENERGY E.V.	O2 S-R BANDS	O2 S-R CONT.	N2 B-H NO. 1	NO BETA	NO GAMMA	NO 2	O- PHOTO-DET (IONS)	FREE-FREE (IONS)	N P.E.	O P.E.	TOTAL AIR
1 10.70	0.	0.	1.14E-16	0.	0.	0.	1.31E-11	5.52E-09	7.10E-07	9.26E-08	8.08E-07
2 10.60	0.	0.	1.04E-16	0.	0.	0.	1.31E-11	5.68E-09	7.19E-07	9.23E-08	8.17E-07
3 10.50	0.	0.	1.06E-16	0.	0.	0.	1.32E-11	5.84E-09	3.43E-07	9.19E-08	4.41E-07
4 10.40	0.	0.	1.01E-16	0.	0.	0.	1.32E-11	6.02E-09	3.45E-07	9.15E-08	4.42E-07
5 10.30	0.	0.	8.91E-17	0.	0.	0.	1.32E-11	6.19E-09	3.46E-07	9.12E-08	4.43E-07
6 10.20	0.	0.	9.26E-17	0.	0.	0.	1.32E-11	6.38E-09	3.48E-07	9.08E-08	4.45E-07
7 10.10	0.	0.	8.77E-17	0.	0.	0.	1.32E-11	6.57E-09	3.50E-07	9.05E-08	4.47E-07
8 10.00	0.	0.	7.79E-17	0.	0.	0.	1.32E-11	6.77E-09	3.53E-07	9.02E-08	4.50E-07
9 9.90	0.	0.	8.01E-17	0.	0.	0.	1.33E-11	6.98E-09	3.55E-07	8.98E-08	4.52E-07
10 9.80	0.	0.	7.59E-17	0.	0.	0.	1.33E-11	7.20E-09	3.57E-07	8.95E-08	4.54E-07
11 9.70	0.	0.	6.63E-17	0.	0.	0.	1.33E-11	7.43E-09	3.60E-07	8.92E-08	4.56E-07
12 9.60	0.	0.	7.18E-17	0.	0.	0.	1.33E-11	7.66E-09	3.62E-07	8.88E-08	4.59E-07
13 9.50	0.	0.	6.21E-17	0.	0.	0.	1.34E-11	7.91E-09	3.65E-07	8.85E-08	4.61E-07
14 9.40	0.	0.	5.93E-17	0.	0.	0.	1.34E-11	8.17E-09	3.67E-07	8.82E-08	4.64E-07
15 9.30	0.	0.	6.10E-17	0.	0.	0.	1.35E-11	8.43E-09	2.30E-07	8.79E-08	3.27E-07
16 9.20	0.	0.	5.13E-17	0.	0.	0.	1.35E-11	8.72E-09	2.32E-07	8.75E-08	3.29E-07
17 9.10	0.	0.	5.28E-17	0.	0.	0.	1.36E-11	9.01E-09	2.34E-07	8.72E-08	3.31E-07
18 9.00	0.	0.	4.85E-17	0.	0.	0.	1.36E-11	9.31E-09	2.36E-07	8.69E-08	3.32E-07
19 8.90	0.	0.	4.53E-17	0.	0.	0.	1.37E-11	9.63E-09	2.38E-07	8.66E-08	3.34E-07
20 8.80	0.	0.	4.47E-17	0.	0.	0.	1.37E-11	9.97E-09	2.40E-07	8.63E-08	3.36E-07
21 8.70	0.	0.	3.93E-17	0.	0.	0.	1.38E-11	1.03E-08	2.42E-07	8.61E-08	3.39E-07
22 8.60	0.	0.	4.07E-17	0.	0.	0.	1.38E-11	1.07E-08	2.44E-07	8.40E-08	3.41E-07
23 8.50	0.	0.	3.61E-17	0.	0.	0.	1.39E-11	1.11E-08	2.47E-07	8.35E-08	3.44E-07
24 8.40	0.	0.	3.60E-17	0.	0.	0.	1.40E-11	1.15E-08	2.49E-07	8.33E-08	3.47E-07
25 8.30	0.	0.	3.10E-17	0.	0.	0.	1.41E-11	1.19E-08	2.52E-07	8.32E-08	3.51E-07
26 8.20	0.	0.	3.15E-17	0.	0.	0.	1.41E-11	1.23E-08	2.56E-07	8.34E-08	3.51E-07
27 8.10	0.	0.	2.75E-17	0.	0.	0.	1.42E-11	1.28E-08	1.84E-07	8.36E-08	2.80E-07
28 8.00	0.	0.	2.78E-17	0.	0.	0.	1.43E-11	1.33E-08	1.88E-07	8.39E-08	2.85E-07
29 7.90	0.	0.	2.42E-17	0.	0.	0.	1.44E-11	1.38E-08	1.92E-07	8.41E-08	2.90E-07
30 7.80	0.	0.	2.52E-17	0.	0.	0.	1.44E-11	1.44E-08	1.96E-07	8.43E-08	2.95E-07
31 7.70	0.	0.	2.24E-17	0.	0.	0.	1.45E-11	1.49E-08	2.01E-07	8.45E-08	3.01E-07
32 7.60	0.	0.	2.14E-17	0.	1.47E-21	0.	1.46E-11	1.55E-08	2.06E-07	8.47E-08	3.07E-07
33 7.50	0.	0.	2.01E-17	0.	4.77E-21	0.	1.47E-11	1.62E-08	2.11E-07	8.49E-08	3.13E-07
34 7.40	0.	0.	1.82E-17	0.	4.22E-20	0.	1.47E-11	1.68E-08	2.17E-07	8.52E-08	3.19E-07
35 7.30	0.	0.	1.74E-17	0.	1.62E-19	0.	1.48E-11	1.75E-08	2.23E-07	8.54E-08	3.26E-07
36 7.20	0.	0.	1.58E-17	0.	4.50E-19	0.	1.49E-11	1.83E-08	2.30E-07	8.58E-08	3.34E-07
37 7.10	0.	0.	1.53E-17	0.	1.41E-18	0.	1.51E-11	1.91E-08	2.37E-07	8.61E-08	3.42E-07
38 7.00	6.91E-21	0.	1.42E-17	0.	2.73E-18	0.	1.52E-11	1.99E-08	2.30E-07	8.64E-08	3.37E-07
39 6.90	1.36E-20	0.	1.31E-17	0.	3.94E-18	0.	1.53E-11	2.08E-08	2.37E-07	8.67E-08	3.45E-07
40 6.80	1.18E-20	0.	1.28E-17	0.	6.64E-18	0.	1.54E-11	2.17E-08	2.44E-07	8.71E-08	3.53E-07
41 6.70	8.62E-21	0.	1.13E-17	0.	6.47E-18	0.	1.56E-11	2.27E-08	2.52E-07	8.75E-08	3.62E-07
42 6.60	3.07E-21	0.	1.02E-17	0.	5.50E-18	0.	1.57E-11	2.38E-08	2.59E-07	8.80E-08	3.71E-07
43 6.50	1.77E-21	0.	8.24E-18	0.	7.88E-18	0.	1.58E-11	2.49E-08	2.67E-07	8.84E-08	3.80E-07
44 6.40	1.04E-21	0.	5.79E-18	2.51E-20	7.29E-18	0.	1.59E-11	2.61E-08	2.74E-07	8.89E-08	3.89E-07
45 6.30	4.72E-22	0.	3.68E-18	1.20E-19	5.41E-18	0.	1.60E-11	2.74E-08	2.82E-07	8.96E-08	3.99E-07
46 6.20	2.19E-22	0.	2.07E-18	1.72E-19	8.88E-18	0.	1.62E-11	2.86E-08	2.90E-07	9.05E-08	4.09E-07
47 6.10	9.19E-23	0.	9.87E-19	4.93E-19	4.47E-18	0.	1.63E-11	3.02E-08	2.98E-07	9.14E-08	4.20E-07
48 6.00	2.27E-23	0.	2.53E-19	4.80E-19	4.33E-18	0.	1.63E-11	3.18E-08	3.07E-07	9.24E-08	4.31E-07
49 5.90	2.90E-24	0.	1.82E-19	7.09E-19	4.52E-18	0.	1.63E-11	3.34E-08	3.15E-07	9.33E-08	4.42E-07
50 5.80	2.14E-25	0.	4.59E-22	9.97E-19	5.05E-18	0.	1.60E-11	3.52E-08	3.24E-07	9.43E-08	4.54E-07
51 5.70	0.	0.	0.	1.18E-18	0.	0.	1.51E-11	3.71E-08	1.70E-07	8.94E-08	2.97E-07

ABSORPTION COEFFICIENTS OF HEATED AIR (INVERSE CM.)

TEMPERATURE (DEGREES K) 20000. DENSITY (GM/CC) 1.293E-07 (10.0E-05 NORMAL)

#	PHOTON ENERGY	O2 S-R BANDS	N2 1ST POS.	N2 2ND POS.	N2+ 1ST NEG.	NO BETA	NO GAMMA	NO VIB-ROT	NO2 ?	O- PHOTO-DET (IONS)	FREE-FREE (IONS) P.E.	N P.E.	O P.E.	TOTAL AIR
52	5.60	9.68E-27	0.	0.	0.	1.02E-18	6.58E-18	0.	0.	1.40E-11	3.91E-08	1.76E-07	9.02E-08	3.05E-07
53	5.50	0.	0.	0.	0.	1.25E-18	6.10E-18	0.	0.	1.41E-11	4.13E-08	1.82E-07	9.12E-08	3.15E-07
54	5.40	0.	0.	0.	0.	1.16E-18	5.05E-18	0.	0.	1.42E-11	4.37E-08	1.89E-07	9.24E-08	3.25E-07
55	5.30	0.	0.	0.	0.	1.19E-18	6.30E-18	0.	0.	1.43E-11	4.63E-08	1.97E-07	9.38E-08	3.37E-07
56	5.20	0.	0.	0.	0.	1.29E-18	4.89E-18	0.	0.	1.43E-11	4.90E-08	2.04E-07	9.55E-08	3.48E-07
57	5.10	0.	0.	0.	0.	1.29E-18	6.25E-18	0.	0.	1.45E-11	5.20E-08	2.12E-07	9.71E-08	3.61E-07
58	5.00	1.35E-19	0.	0.	0.	1.19E-18	5.94E-18	0.	0.	1.46E-11	5.52E-08	2.20E-07	9.88E-08	3.74E-07
59	4.90	3.31E-19	0.	0.	0.	1.33E-18	6.54E-18	0.	0.	1.47E-11	5.87E-08	2.29E-07	9.98E-08	3.87E-07
60	4.80	0.	0.	0.	0.	1.43E-18	6.14E-18	0.	0.	1.48E-11	6.25E-08	2.38E-07	1.02E-07	4.02E-07
61	4.70	6.28E-19	0.	0.	0.	1.44E-18	5.62E-18	0.	0.	1.49E-11	6.66E-08	2.49E-07	1.05E-07	4.20E-07
62	4.60	8.56E-19	0.	0.	0.	1.49E-18	5.10E-18	0.	0.	1.51E-11	7.11E-08	2.63E-07	1.08E-07	4.42E-07
63	4.50	1.15E-18	0.	0.	0.	1.38E-18	3.85E-18	0.	0.	1.52E-11	7.60E-08	2.79E-07	1.11E-07	4.65E-07
64	4.40	1.36E-18	0.	0.	0.	1.39E-18	2.63E-18	0.	0.	1.53E-11	8.14E-08	2.95E-07	1.14E-07	4.90E-07
65	4.30	1.30E-18	0.	0.	0.	1.34E-18	1.67E-18	0.	0.	1.54E-11	8.72E-08	3.11E-07	1.14E-07	5.12E-07
66	4.20	1.25E-18	0.	1.31E-18	0.	1.41E-18	1.15E-18	0.	0.	1.56E-11	9.37E-08	3.30E-07	5.69E-08	5.24E-07
67	4.10	1.25E-18	0.	3.85E-18	0.	1.22E-18	9.08E-20	0.	0.	1.56E-11	1.01E-07	3.43E-07	5.90E-08	5.06E-07
68	4.00	1.17E-18	0.	1.31E-17	0.	1.35E-18	0.	0.	0.	1.57E-11	1.09E-07	3.49E-07	6.08E-08	5.16E-07
69	3.90	9.15E-19	0.	4.06E-17	1.89E-14	1.26E-18	0.	0.	0.	1.56E-11	1.17E-07	3.26E-07	6.36E-08	5.04E-07
70	3.80	0.	0.	1.85E-17	7.59E-14	1.36E-18	0.	0.	0.	1.56E-11	1.27E-07	3.43E-07	6.93E-08	5.33E-07
71	3.70	0.	0.	5.88E-17	3.48E-14	1.18E-18	0.	0.	0.	1.53E-11	1.37E-07	3.52E-07	7.56E-08	5.59E-07
72	3.60	0.	0.	2.79E-17	1.80E-13	1.27E-18	0.	0.	0.	1.43E-11	1.49E-07	3.76E-07	8.28E-08	6.01E-07
73	3.50	0.	0.	4.59E-17	3.25E-13	1.15E-18	0.	0.	0.	7.57E-12	1.63E-07	4.04E-07	9.10E-08	6.50E-07
74	3.40	0.	0.	3.35E-17	5.32E-14	1.02E-18	0.	0.	0.	7.58E-12	1.78E-07	4.38E-07	9.92E-08	7.06E-07
75	3.30	0.	0.	4.37E-17	1.97E-14	9.29E-19	0.	0.	0.	7.60E-12	1.95E-07	4.71E-07	1.07E-07	7.65E-07
76	3.20	0.	0.	2.92E-17	3.13E-13	9.80E-19	0.	0.	0.	7.61E-12	2.14E-07	3.45E-07	1.16E-07	6.66E-07
77	3.10	0.	0.	1.94E-17	1.87E-13	9.37E-19	0.	0.	0.	7.63E-12	2.36E-07	3.73E-07	1.25E-07	7.93E-07
78	3.00	0.	0.	1.52E-17	8.94E-14	8.94E-19	0.	0.	0.	7.64E-12	2.60E-07	4.07E-07	1.33E-07	8.65E-07
79	2.90	0.	0.	9.40E-18	1.02E-18	6.93E-19	0.	0.	0.	7.66E-12	2.89E-07	4.43E-07	1.42E-07	9.47E-07
80	2.80	0.	0.	5.93E-18	6.97E-14	4.91E-19	0.	0.	0.	7.66E-12	3.21E-07	4.83E-07	1.31E-07	1.02E-06
81	2.70	0.	0.	2.86E-18	6.82E-15	1.35E-19	0.	0.	0.	7.66E-12	3.59E-07	5.26E-07	8.90E-08	1.06E-06
82	2.60	0.	0.	1.35E-18	9.21E-15	8.82E-19	0.	0.	0.	7.66E-12	4.03E-07	5.67E-07	1.03E-07	1.06E-06
83	2.50	0.	0.	6.48E-19	8.99E-15	2.74E-19	0.	0.	0.	7.60E-12	4.54E-07	4.93E-07	1.35E-07	1.05E-06
84	2.40	0.	3.01E-18	6.79E-20	6.91E-15	1.23E-19	0.	0.	0.	7.57E-12	5.14E-07	5.90E-07	1.49E-07	1.35E-06
85	2.30	0.	8.89E-18	0.	0.	2.96E-20	0.	0.	0.	7.53E-12	5.85E-07	5.85E-07	1.77E-07	1.43E-06
86	2.20	0.	2.37E-17	0.	0.	3.19E-21	0.	0.	0.	7.29E-12	6.71E-07	6.71E-07	1.66E-07	1.66E-06
87	2.10	0.	2.43E-17	0.	0.	0.	0.	0.	0.	7.01E-12	7.73E-07	7.73E-07	1.91E-07	1.91E-06
88	2.00	0.	4.85E-17	0.	0.	0.	0.	0.	0.	6.71E-12	8.96E-07	8.96E-07	2.18E-07	2.18E-06
89	1.90	0.	5.84E-17	0.	0.	0.	0.	0.	0.	6.32E-12	1.05E-06	1.23E-06	2.51E-07	2.51E-06
90	1.80	0.	5.00E-17	0.	0.	0.	0.	0.	0.	5.35E-12	1.23E-06	1.39E-06	2.96E-07	2.96E-06
91	1.70	0.	5.68E-17	0.	0.	0.	0.	0.	0.	2.43E-12	1.47E-06	1.47E-06	3.33E-07	3.33E-06
92	1.60	0.	4.28E-17	0.	0.	0.	0.	0.	0.	0.	1.78E-06	1.71E-06	3.93E-07	3.93E-06
93	1.50	0.	4.88E-17	0.	0.	0.	0.	0.	0.	0.	2.17E-06	2.08E-06	4.80E-07	4.80E-06
94	1.40	0.	4.81E-17	0.	0.	0.	0.	0.	0.	0.	2.68E-06	2.03E-06	5.38E-07	5.38E-06
95	1.30	0.	3.52E-17	0.	0.	0.	0.	0.	0.	0.	3.36E-06	2.95E-06	6.98E-07	6.98E-06
96	1.20	0.	3.40E-17	0.	0.	0.	0.	0.	0.	0.	4.29E-06	3.85E-06	9.03E-07	9.03E-06
97	1.10	0.	3.12E-17	0.	0.	0.	0.	6.22E-23	0.	0.	5.59E-06	4.86E-06	1.05E-06	1.15E-05
98	1.00	0.	2.56E-17	0.	0.	0.	0.	9.90E-22	0.	0.	7.04E-06	5.73E-06	1.27E-06	1.83E-05
99	0.90	0.	1.20E-17	0.	0.	0.	0.	1.15E-21	0.	0.	1.04E-05	6.48E-06	1.48E-06	2.36E-05
100	0.80	0.	1.20E-17	0.	0.	0.	0.	2.53E-20	0.	0.	1.49E-05	7.14E-06	1.53E-06	3.05E-05
101	0.70	0.	2.79E-18	0.	0.	0.	0.	2.37E-20	0.	0.	2.26E-05	6.74E-06	1.33E-06	4.55E-05
102	0.60	0.	5.88E-19	0.	0.	0.	0.	7.54E-20	0.	0.	3.65E-05	7.59E-06	1.50E-06	4.56E-05

389

ABSORPTION COEFFICIENTS OF HEATED AIR (INVERSE CM.)

TEMPERATURE (DEGREES K) 20000.   DENSITY (GM/CC) 1.293E-08 (1.0E-05 NORMAL)

	PHOTON ENERGY E.V.	O2 S-R BANDS	O2 S-R CONT.	N2 B-H NO. 1	NO BETA	NO GAMMA	NO2	O- PHOTO-DET	FREE-FREE (IONS)	N P.E.	O P.E.	TOTAL AIR
1	10.70	0.	0.	9.09E-21	0.	0.	0.	1.80E-14	1.00E-10	1.09E-08	1.38E-09	1.24E-08
2	10.60	0.	0.	8.33E-21	0.	0.	0.	1.80E-14	1.03E-10	1.10E-08	1.37E-09	1.25E-08
3	10.50	0.	0.	8.46E-21	0.	0.	0.	1.80E-14	1.06E-10	1.11E-08	1.37E-09	1.26E-08
4	10.40	0.	0.	8.09E-21	0.	0.	0.	1.80E-14	1.09E-10	1.12E-08	1.37E-09	1.26E-08
5	10.30	0.	0.	7.12E-21	0.	0.	0.	1.80E-14	1.13E-10	1.12E-08	1.36E-09	1.27E-08
6	10.20	0.	0.	7.40E-21	0.	0.	0.	1.81E-14	1.16E-10	1.14E-08	1.36E-09	1.29E-08
7	10.10	0.	0.	7.01E-21	0.	0.	0.	1.81E-14	1.20E-10	1.15E-08	1.36E-09	1.30E-08
8	10.00	0.	0.	6.22E-21	0.	0.	0.	1.81E-14	1.23E-10	1.17E-08	1.36E-09	1.32E-08
9	9.90	0.	0.	6.40E-21	0.	0.	0.	1.82E-14	1.27E-10	1.18E-08	1.36E-09	1.33E-08
10	9.80	0.	0.	6.07E-21	0.	0.	0.	1.82E-14	1.31E-10	1.20E-08	1.36E-09	1.35E-08
11	9.70	0.	0.	5.30E-21	0.	0.	0.	1.82E-14	1.35E-10	1.21E-08	1.36E-09	1.36E-08
12	9.60	0.	0.	5.74E-21	0.	0.	0.	1.83E-14	1.39E-10	1.23E-08	1.36E-09	1.38E-08
13	9.50	0.	0.	4.97E-21	0.	0.	0.	1.83E-14	1.44E-10	1.24E-08	1.36E-09	1.39E-08
14	9.40	0.	0.	4.74E-21	0.	0.	0.	1.84E-14	1.48E-10	1.25E-08	1.36E-09	1.41E-08
15	9.30	0.	0.	4.87E-21	0.	0.	0.	1.84E-14	1.53E-10	1.14E-08	1.36E-09	1.30E-08
16	9.20	0.	0.	4.10E-21	0.	0.	0.	1.85E-14	1.58E-10	1.16E-08	1.36E-09	1.31E-08
17	9.10	0.	0.	4.22E-21	0.	0.	0.	1.86E-14	1.64E-10	1.17E-08	1.36E-09	1.32E-08
18	9.00	0.	0.	3.87E-21	0.	0.	0.	1.86E-14	1.69E-10	1.19E-08	1.36E-09	1.34E-08
19	8.90	0.	0.	3.62E-21	0.	0.	0.	1.87E-14	1.75E-10	1.20E-08	1.19E-09	1.34E-08
20	8.80	0.	0.	3.57E-21	0.	0.	0.	1.88E-14	1.81E-10	1.21E-08	1.17E-09	1.35E-08
21	8.70	0.	0.	3.14E-21	0.	0.	0.	1.88E-14	1.87E-10	1.23E-08	1.17E-09	1.36E-08
22	8.60	0.	0.	3.25E-21	0.	0.	0.	1.89E-14	1.94E-10	1.24E-08	1.18E-09	1.38E-08
23	8.50	0.	0.	2.88E-21	0.	0.	0.	1.90E-14	2.01E-10	1.26E-08	1.18E-09	1.40E-08
24	8.40	0.	0.	2.88E-21	0.	0.	0.	1.91E-14	2.08E-10	1.27E-08	1.18E-09	1.41E-08
25	8.30	0.	0.	2.47E-21	0.	0.	0.	1.92E-14	2.16E-10	7.22E-09	1.19E-09	8.63E-09
26	8.20	0.	0.	2.51E-21	0.	0.	0.	1.93E-14	2.24E-10	7.50E-09	1.20E-09	8.92E-09
27	8.10	0.	0.	2.20E-21	0.	0.	0.	1.94E-14	2.33E-10	7.78E-09	1.21E-09	9.22E-09
28	8.00	0.	0.	2.22E-21	0.	0.	0.	1.95E-14	2.42E-10	8.05E-09	1.22E-09	9.52E-09
29	7.90	0.	0.	1.93E-21	0.	0.	0.	1.95E-14	2.51E-10	8.33E-09	1.24E-09	9.82E-09
30	7.80	0.	0.	2.02E-21	0.	0.	0.	1.96E-14	2.61E-10	8.61E-09	1.25E-09	1.01E-08
31	7.70	0.	0.	1.79E-21	0.	0.	0.	1.97E-14	2.71E-10	8.92E-09	1.26E-09	1.05E-08
32	7.60	0.	0.	1.71E-21	0.	1.50E-25	0.	1.98E-14	2.82E-10	9.26E-09	1.28E-09	1.08E-08
33	7.50	0.	0.	1.60E-21	0.	4.89E-25	0.	1.99E-14	2.94E-10	9.60E-09	1.29E-09	1.12E-08
34	7.40	0.	0.	1.45E-21	0.	4.32E-24	0.	2.01E-14	3.06E-10	9.94E-09	1.30E-09	1.16E-08
35	7.30	0.	0.	1.39E-21	0.	1.66E-23	0.	2.02E-14	3.19E-10	9.32E-09	1.32E-09	1.10E-08
36	7.20	0.	0.	1.26E-21	0.	4.61E-23	0.	2.03E-14	3.32E-10	9.81E-09	1.34E-09	1.15E-08
37	7.10	0.	0.	1.22E-21	0.	1.45E-22	0.	2.05E-14	3.46E-10	1.03E-08	1.37E-09	1.20E-08
38	7.00	9.08E-25	0.	1.13E-21	0.	2.80E-22	0.	2.06E-14	3.61E-10	1.08E-08	1.39E-09	1.25E-08
39	6.90	1.78E-24	0.	1.05E-21	0.	4.03E-22	0.	2.08E-14	3.77E-10	1.13E-08	1.41E-09	1.31E-08
40	6.80	1.55E-24	0.	1.05E-21	0.	6.80E-22	0.	2.09E-14	3.94E-10	1.18E-08	1.44E-09	1.36E-08
41	6.70	1.13E-24	0.	9.02E-22	0.	6.62E-22	0.	2.11E-14	4.12E-10	1.23E-08	1.46E-09	1.41E-08
42	6.60	6.94E-25	0.	8.17E-22	0.	5.63E-22	0.	2.13E-14	4.32E-10	1.28E-08	1.49E-09	1.47E-08
43	6.50	4.03E-25	0.	6.58E-22	0.	8.07E-22	0.	2.14E-14	4.52E-10	1.32E-08	1.51E-09	1.52E-08
44	6.40	2.33E-25	0.	4.63E-22	2.58E-24	7.47E-22	0.	2.16E-14	4.74E-10	1.37E-08	1.54E-09	1.58E-08
45	6.30	1.36E-25	0.	2.94E-22	1.23E-23	5.54E-22	0.	2.18E-14	4.97E-10	1.42E-08	1.57E-09	1.63E-08
46	6.20	6.19E-26	0.	1.65E-22	1.76E-23	7.47E-22	0.	2.21E-14	5.21E-10	1.48E-08	1.63E-09	1.69E-08
47	6.10	2.87E-26	0.	7.89E-23	5.05E-23	9.09E-22	0.	2.21E-14	5.47E-10	1.53E-08	1.75E-09	1.75E-08
48	6.00	1.21E-26	0.	2.02E-23	4.92E-23	4.58E-22	0.	2.23E-14	5.75E-10	4.79E-09	1.17E-09	6.53E-09
49	5.90	2.98E-27	0.	1.45E-24	7.26E-23	4.43E-22	0.	2.23E-14	6.05E-10	4.94E-09	1.18E-09	6.73E-09
50	5.80	3.81E-28	0.	3.67E-26	1.02E-22	4.63E-22	0.	2.19E-14	6.37E-10	5.10E-09	1.19E-09	6.93E-09
51	5.70	2.81E-29	0.	0.	1.21E-22	5.18E-22	0.	2.06E-14	6.72E-10	5.32E-09	1.21E-09	7.20E-09

ABSORPTION COEFFICIENTS OF HEATED AIR (INVERSE CM.)

TEMPERATURE (DEGREES K) 20000. DENSITY (GM/CC) 1.293E-08 (1.0E-05 NORMAL)

	PHOTON ENERGY	O2 S-R BANDS	N2 1ST POS.	N2 2ND POS.	N2+ 1ST NEG.	NO BETA	NO GAMMA	NO VIB-ROT	NO_2	O- PHOTO-DET (IONS)	FREE-FREE (IONS)	N P.E.	O P.E.	TOTAL AIR
52	5.60	1.27E-30	0.	0.	0.	1.05E-22	6.74E-22	0.	0.	1.92E-14	7.09E-10	5.61E-09	1.23E-09	7.54E-09
53	5.50	0.	0.	0.	0.	1.28E-22	6.24E-22	0.	0.	1.93E-14	7.49E-10	5.91E-09	1.25E-09	7.90E-09
54	5.40	0.	0.	0.	0.	1.19E-22	5.17E-22	0.	0.	1.94E-14	7.92E-10	6.23E-09	1.27E-09	8.30E-09
55	5.30	0.	0.	0.	0.	1.22E-22	6.45E-22	0.	0.	1.95E-14	8.38E-10	6.56E-09	1.30E-09	8.70E-09
56	5.20	0.	0.	0.	0.	1.32E-22	5.01E-22	0.	0.	1.96E-14	8.88E-10	6.89E-09	1.33E-09	9.11E-09
57	5.10	0.	0.	0.	0.	1.32E-22	6.40E-22	0.	0.	1.98E-14	9.41E-10	7.22E-09	1.28E-09	9.44E-09
58	5.00	1.77E-23	0.	0.	0.	1.22E-22	6.09E-22	0.	0.	1.99E-14	1.00E-09	7.56E-09	1.31E-09	9.87E-09
59	4.90	4.35E-23	0.	0.	0.	1.36E-22	6.70E-22	0.	0.	2.01E-14	1.06E-09	7.90E-09	1.34E-09	1.03E-08
60	4.80	8.24E-23	0.	0.	0.	1.47E-22	6.31E-22	0.	0.	2.03E-14	1.13E-09	8.25E-09	1.38E-09	1.08E-08
61	4.70	1.12E-22	0.	1.05E-22	0.	1.48E-22	5.76E-22	0.	0.	2.05E-14	1.21E-09	8.74E-09	1.42E-09	1.14E-08
62	4.60	1.56E-22	0.	0.	0.	1.53E-22	5.22E-22	0.	0.	2.06E-14	1.29E-09	9.36E-09	1.46E-09	1.21E-08
63	4.50	1.66E-22	0.	3.08E-22	0.	1.41E-22	3.94E-22	0.	0.	2.08E-14	1.37E-09	1.00E-08	1.51E-09	1.29E-08
64	4.40	1.78E-22	0.	1.04E-21	0.	1.42E-22	2.69E-22	0.	0.	2.09E-14	1.47E-09	1.07E-08	1.56E-09	1.37E-08
65	4.30	1.70E-22	0.	2.33E-21	0.	1.37E-22	1.71E-22	0.	0.	2.11E-14	1.58E-09	1.13E-08	1.58E-09	1.45E-08
66	4.20	1.60E-22	0.	3.24E-21	0.	1.44E-22	1.18E-22	0.	0.	2.13E-14	1.69E-09	1.21E-08	9.09E-10	1.47E-08
67	4.10	1.51E-22	0.	1.48E-21	0.	1.42E-22	2.32E-23	0.	0.	2.14E-14	1.82E-09	1.27E-08	1.01E-09	1.55E-08
68	4.00	1.51E-22	0.	4.70E-21	0.	1.38E-22	2.49E-23	0.	0.	2.14E-14	1.96E-09	1.35E-08	1.05E-09	1.64E-08
69	3.90	1.20E-22	0.	2.23E-21	1.27E-17	1.29E-22	9.30E-24	0.	0.	2.13E-14	2.12E-09	1.39E-08	1.05E-09	1.70E-08
70	3.80	1.33E-22	0.	3.58E-21	5.08E-17	1.39E-22	0.	0.	0.	2.13E-14	2.29E-09	1.46E-08	1.11E-09	1.80E-08
71	3.70	1.19E-22	0.	3.67E-21	1.20E-16	1.30E-22	0.	0.	0.	2.09E-14	2.48E-09	1.53E-08	1.20E-09	1.90E-08
72	3.60	1.08E-22	0.	2.68E-21	2.18E-16	1.30E-22	0.	0.	0.	1.96E-14	2.70E-09	1.62E-08	1.30E-09	2.02E-08
73	3.50	1.02E-22	0.	3.49E-21	3.56E-16	1.05E-22	0.	0.	0.	1.80E-14	2.94E-09	1.71E-08	1.40E-09	2.14E-08
74	3.40	9.46E-23	0.	2.28E-21	1.32E-16	1.18E-22	0.	0.	0.	1.04E-14	3.21E-09	6.30E-09	1.46E-09	1.19E-08
75	3.30	7.61E-23	0.	2.33E-21	2.09E-16	9.51E-23	0.	0.	0.	1.04E-14	3.52E-09	6.84E-09	1.58E-09	1.31E-08
76	3.20	6.70E-23	0.	1.55E-21	5.65E-16	1.00E-22	0.	0.	0.	1.04E-14	3.86E-09	7.71E-09	1.54E-09	1.45E-08
77	3.10	6.48E-23	0.	1.21E-21	1.25E-16	9.60E-23	0.	0.	0.	1.04E-14	4.26E-09	8.69E-09	1.55E-09	1.60E-08
78	3.00	5.87E-23	0.	7.51E-22	6.16E-18	7.15E-23	0.	0.	0.	1.05E-14	4.70E-09	9.66E-09	1.68E-09	1.77E-08
79	2.90	4.99E-23	0.	4.74E-22	6.80E-18	5.03E-23	0.	0.	0.	1.05E-14	5.21E-09	1.07E-08	1.82E-09	1.95E-08
80	2.80	5.24E-23	0.	2.29E-22	4.66E-17	2.80E-23	0.	0.	0.	1.05E-14	5.80E-09	1.17E-08	1.98E-09	2.05E-08
81	2.70	3.43E-23	0.	1.08E-22	5.91E-17	1.26E-23	0.	0.	0.	1.05E-14	6.48E-09	1.27E-08	1.32E-09	2.25E-08
82	2.60	1.65E-23	0.	5.18E-23	6.16E-18	3.03E-24	0.	0.	0.	1.05E-14	7.26E-09	1.38E-08	1.43E-09	2.38E-08
83	2.50	1.17E-24	0.	5.42E-24	6.02E-18	3.26E-25	0.	0.	0.	1.05E-14	8.18E-09	1.40E-08	1.64E-09	2.74E-08
84	2.40	0.	2.40E-22	0.	4.62E-18	0.	0.	0.	0.	1.05E-14	9.27E-09	1.62E-08	1.95E-09	3.13E-08
85	2.30	0.	7.10E-22	0.	0.	0.	0.	0.	0.	1.04E-14	1.05E-08	1.84E-08	2.28E-09	3.55E-08
86	2.20	0.	1.90E-21	0.	0.	0.	0.	0.	0.	1.03E-14	1.21E-08	2.07E-08	2.66E-09	4.01E-08
87	2.10	0.	1.94E-21	0.	0.	0.	0.	0.	0.	9.98E-15	1.39E-08	2.31E-08	3.04E-09	4.46E-08
88	2.00	0.	3.84E-21	0.	0.	0.	0.	0.	0.	9.60E-15	1.61E-08	2.55E-08	2.97E-09	3.85E-08
89	1.90	0.	4.67E-21	0.	0.	0.	0.	0.	0.	9.18E-15	1.89E-08	1.63E-08	3.38E-09	4.51E-08
90	1.80	0.	4.00E-21	0.	0.	0.	0.	0.	0.	8.65E-15	2.22E-08	1.88E-08	4.07E-09	5.31E-08
91	1.70	0.	4.54E-21	0.	0.	0.	0.	0.	0.	7.32E-15	2.65E-08	2.17E-08	4.91E-09	6.21E-08
92	1.60	0.	4.42E-21	0.	0.	0.	0.	0.	0.	3.33E-15	3.20E-08	2.65E-08	5.55E-09	7.38E-08
93	1.50	0.	3.90E-21	0.	0.	0.	0.	0.	0.	0.	3.90E-08	3.20E-08	6.16E-09	8.29E-08
94	1.40	0.	3.84E-21	0.	0.	0.	0.	0.	0.	0.	4.82E-08	5.17E-08	5.88E-09	1.06E-07
95	1.30	0.	2.95E-21	0.	0.	0.	0.	0.	0.	0.	6.04E-08	3.70E-08	8.18E-09	1.09E-07
96	1.20	0.	2.81E-21	0.	0.	0.	0.	6.37E-27	0.	0.	7.70E-08	3.28E-08	9.44E-09	1.19E-07
97	1.10	0.	2.71E-21	0.	0.	0.	0.	1.01E-25	0.	0.	1.00E-07	4.05E-08	1.20E-08	1.53E-07
98	1.00	0.	2.49E-21	0.	0.	0.	0.	1.18E-25	0.	0.	1.34E-07	4.94E-08	1.45E-08	1.98E-07
99	0.90	0.	2.05E-21	0.	0.	0.	0.	2.59E-24	0.	0.	1.86E-07	5.53E-08	1.51E-08	2.56E-07
100	0.80	0.	9.61E-22	0.	0.	0.	0.	2.43E-24	0.	0.	2.67E-07	6.38E-08	1.75E-08	3.48E-07
101	0.70	0.	2.23E-22	0.	0.	0.	0.	7.72E-24	0.	0.	4.03E-07	6.02E-08	1.52E-08	4.78E-07
102	0.60	0.	4.70E-23	0.	0.	0.	0.	0.	0.	0.	6.49E-07	6.78E-08	1.72E-08	7.35E-07

ABSORPTION COEFFICIENTS OF HEATED AIR (INVERSE CM.)

TEMPERATURE (DEGREES K) 20000.   DENSITY (GM/CC) 1.293E-09 (1.0E-06 NORMAL)

#	PHOTON ENERGY E.V.	O2 S-R BANDS	O2 S-R CONT.	N2 B-H NO. 1	NO BETA	NO GAMMA	NO2	O- PHOTO-DET	FREE-FREE (IONS)	N P.E.	O P.E.	TOTAL AIR
1	10.70	0.	0.	1.97E-25	0.	0.	0.	2.44E-17	2.28E-12	3.23E-10	3.78E-11	3.63E-10
2	10.60	0.	0.	1.81E-25	0.	0.	0.	2.44E-17	2.35E-12	3.25E-10	3.77E-11	3.65E-10
3	10.50	0.	0.	1.84E-25	0.	0.	0.	2.44E-17	2.42E-12	3.27E-10	3.77E-11	3.67E-10
4	10.40	0.	0.	1.76E-25	0.	0.	0.	2.45E-17	2.49E-12	3.30E-10	3.76E-11	3.70E-10
5	10.30	0.	0.	1.55E-25	0.	0.	0.	2.45E-17	2.56E-12	3.33E-10	3.76E-11	3.73E-10
6	10.20	0.	0.	1.61E-25	0.	0.	0.	2.45E-17	2.64E-12	3.38E-10	3.79E-11	3.78E-10
7	10.10	0.	0.	1.52E-25	0.	0.	0.	2.46E-17	2.72E-12	3.43E-10	3.81E-11	3.83E-10
8	10.00	0.	0.	1.35E-25	0.	0.	0.	2.46E-17	2.80E-12	3.48E-10	3.84E-11	3.89E-10
9	9.90	0.	0.	1.39E-25	0.	0.	0.	2.46E-17	2.89E-12	3.52E-10	3.87E-11	3.94E-10
10	9.80	0.	0.	1.32E-25	0.	0.	0.	2.47E-17	2.98E-12	3.57E-10	3.90E-11	3.99E-10
11	9.70	0.	0.	1.15E-25	0.	0.	0.	2.47E-17	3.07E-12	3.62E-10	3.93E-11	4.05E-10
12	9.60	0.	0.	1.25E-25	0.	0.	0.	2.48E-17	3.17E-12	3.67E-10	3.95E-11	4.10E-10
13	9.50	0.	0.	1.08E-25	0.	0.	0.	2.48E-17	3.27E-12	3.72E-10	3.98E-11	4.15E-10
14	9.40	0.	0.	1.03E-25	0.	0.	0.	2.49E-17	3.37E-12	3.71E-10	4.02E-11	4.15E-10
15	9.30	0.	0.	1.06E-25	0.	0.	0.	2.50E-17	3.48E-12	3.76E-10	4.05E-11	4.20E-10
16	9.20	0.	0.	8.90E-26	0.	0.	0.	2.51E-17	3.60E-12	3.81E-10	4.07E-11	4.25E-10
17	9.10	0.	0.	9.16E-26	0.	0.	0.	2.52E-17	3.72E-12	3.86E-10	4.11E-11	4.30E-10
18	9.00	0.	0.	8.41E-26	0.	0.	0.	2.53E-17	3.84E-12	3.90E-10	2.81E-11	4.22E-10
19	8.90	0.	0.	7.86E-26	0.	0.	0.	2.54E-17	3.98E-12	3.95E-10	2.67E-11	4.26E-10
20	8.80	0.	0.	7.76E-26	0.	0.	0.	2.54E-17	4.11E-12	4.00E-10	2.72E-11	4.31E-10
21	8.70	0.	0.	6.82E-26	0.	0.	0.	2.55E-17	4.26E-12	4.05E-10	2.77E-11	4.37E-10
22	8.60	0.	0.	7.05E-26	0.	0.	0.	2.56E-17	4.41E-12	4.10E-10	2.81E-11	4.42E-10
23	8.50	0.	0.	6.26E-26	0.	0.	0.	2.56E-17	4.57E-12	4.15E-10	2.86E-11	4.48E-10
24	8.40	0.	0.	6.25E-26	0.	0.	0.	2.58E-17	4.73E-12	2.21E-10	2.90E-11	2.54E-10
25	8.30	0.	0.	5.37E-26	0.	0.	0.	2.60E-17	4.91E-12	2.28E-10	2.95E-11	2.62E-10
26	8.20	0.	0.	5.46E-26	0.	0.	0.	2.61E-17	5.09E-12	2.38E-10	3.04E-11	2.73E-10
27	8.10	0.	0.	4.77E-26	0.	0.	0.	2.63E-17	5.28E-12	2.47E-10	3.14E-11	2.84E-10
28	8.00	0.	0.	4.82E-26	0.	0.	0.	2.64E-17	5.48E-12	2.57E-10	3.23E-11	2.94E-10
29	7.90	0.	0.	4.20E-26	0.	0.	0.	2.65E-17	5.70E-12	2.66E-10	3.32E-11	3.05E-10
30	7.80	0.	0.	4.38E-26	0.	0.	0.	2.67E-17	5.92E-12	2.76E-10	3.41E-11	3.16E-10
31	7.70	0.	0.	3.88E-26	0.	0.	0.	2.68E-17	6.15E-12	2.86E-10	3.50E-11	3.28E-10
32	7.60	0.	0.	3.72E-26	0.	7.13E-30	0.	2.69E-17	6.40E-12	2.98E-10	3.59E-11	3.40E-10
33	7.50	0.	0.	3.48E-26	0.	2.32E-29	0.	2.71E-17	6.66E-12	3.10E-10	3.69E-11	3.53E-10
34	7.40	0.	0.	3.15E-26	0.	2.05E-28	0.	2.72E-17	6.94E-12	2.86E-10	3.79E-11	3.31E-10
35	7.30	0.	0.	3.01E-26	0.	7.88E-28	0.	2.74E-17	7.23E-12	2.99E-10	3.91E-11	3.46E-10
36	7.20	0.	0.	2.74E-26	0.	2.19E-27	0.	2.75E-17	7.53E-12	3.16E-10	4.08E-11	3.65E-10
37	7.10	0.	0.	2.66E-26	0.	6.87E-27	0.	2.77E-17	7.86E-12	3.33E-10	4.25E-11	3.84E-10
38	7.00	9.41E-29	0.	2.46E-26	0.	1.33E-26	0.	2.80E-17	8.20E-12	3.50E-10	4.43E-11	4.03E-10
39	6.90	1.85E-28	0.	2.28E-26	0.	1.91E-26	0.	2.82E-17	8.56E-12	3.67E-10	4.60E-11	4.22E-10
40	6.80	1.60E-28	0.	2.21E-26	0.	3.23E-26	0.	2.84E-17	8.95E-12	3.84E-10	4.77E-11	4.41E-10
41	6.70	1.17E-28	0.	1.96E-26	0.	3.14E-26	0.	2.86E-17	9.36E-12	4.01E-10	4.94E-11	4.60E-10
42	6.60	7.20E-29	0.	1.77E-26	0.	2.67E-26	0.	2.89E-17	9.79E-12	4.18E-10	5.12E-11	4.79E-10
43	6.50	4.18E-29	0.	1.43E-26	0.	3.83E-26	0.	2.91E-17	1.02E-11	4.35E-10	5.30E-11	4.98E-10
44	6.40	2.41E-29	0.	1.00E-26	1.22E-28	3.54E-26	0.	2.93E-17	1.07E-11	4.52E-10	5.48E-11	5.18E-10
45	6.30	1.41E-29	0.	6.38E-27	5.81E-28	2.63E-26	0.	2.95E-17	1.13E-11	4.69E-10	5.66E-11	5.37E-10
46	6.20	6.42E-30	0.	3.59E-27	8.34E-28	3.54E-26	0.	2.98E-17	1.18E-11	4.87E-10	5.87E-11	5.58E-10
47	6.10	2.98E-30	0.	1.71E-27	2.40E-27	4.31E-26	0.	3.00E-17	1.24E-11	1.33E-10	2.39E-11	1.69E-10
48	6.00	1.25E-30	0.	4.39E-28	3.45E-27	2.17E-26	0.	3.02E-17	1.30E-11	1.38E-10	2.42E-11	1.75E-10
49	5.90	3.09E-31	0.	3.15E-28	3.15E-27	2.10E-26	0.	3.02E-17	1.37E-11	1.43E-10	2.49E-11	1.82E-10
50	5.80	3.95E-32	0.	7.97E-31	4.85E-27	2.19E-26	0.	2.98E-17	1.44E-11	1.48E-10	2.56E-11	1.88E-10
51	5.70	2.91E-33	0.	0.	5.74E-27	2.46E-26	0.	2.80E-17	1.52E-11	1.55E-10	2.63E-11	1.97E-10

ABSORPTION COEFFICIENTS OF HEATED AIR (INVERSE CM.)

TEMPERATURE (DEGREES K) 20000.   DENSITY (GM/CC) 1.293E-09   (1.0E-06 NORMAL)

	PHOTON ENERGY	O2 S-R BANDS	N2 1ST POS.	N2 2ND POS.	N2+ 1ST NEG.	NO BETA	AO GAMMA	NO VIB-ROT	NO 2	O- PHOTO-DET (IONS)	FREE+FREE (IONS)	N P.E.	O P.E.	TOTAL AIR
52	5.60	1.32E-34	0.	0.	0.	4.97E-27	3.20E-26	0.	0.	2.60E-17	1.61E-11	1.65E-10	2.70E-11	2.08E-10
53	5.50	0.	0.	0.	0.	6.08E-27	2.96E-26	0.	0.	2.61E-17	1.70E-11	1.75E-10	2.78E-11	2.19E-10
54	5.40	0.	0.	0.	0.	5.65E-27	2.45E-26	0.	0.	2.63E-17	1.79E-11	1.85E-10	2.89E-11	2.32E-10
55	5.30	0.	0.	0.	0.	5.79E-27	3.06E-26	0.	0.	2.64E-17	1.90E-11	1.96E-10	3.02E-11	2.45E-10
56	5.20	0.	0.	0.	0.	6.27E-27	2.38E-26	0.	0.	2.66E-17	2.01E-11	2.06E-10	2.52E-11	2.52E-10
57	5.10	0.	0.	0.	0.	6.28E-27	3.04E-26	0.	0.	2.68E-17	2.13E-11	2.17E-10	2.62E-11	2.64E-10
58	5.00	1.84E-27	0.	0.	0.	5.77E-27	2.89E-26	0.	0.	2.71E-17	2.26E-11	2.27E-10	2.73E-11	2.77E-10
59	4.90	4.51E-27	0.	0.	0.	6.46E-27	3.18E-26	0.	0.	2.73E-17	2.41E-11	2.38E-10	2.84E-11	2.91E-10
60	4.80	8.54E-27	0.	0.	0.	6.96E-27	3.00E-26	0.	0.	2.75E-17	2.56E-11	2.49E-10	2.95E-11	3.04E-10
61	4.70	1.16E-26	0.	0.	0.	7.02E-27	2.73E-26	0.	0.	2.77E-17	2.73E-11	2.64E-10	3.08E-11	3.23E-10
62	4.60	1.62E-26	0.	2.28E-27	0.	7.25E-27	2.48E-26	0.	0.	2.80E-17	2.91E-11	2.85E-10	3.21E-11	3.46E-10
63	4.50	1.72E-26	0.	6.68E-27	0.	6.69E-27	1.87E-26	0.	0.	2.82E-17	3.11E-11	3.05E-10	3.36E-11	3.70E-10
64	4.40	1.85E-26	0.	2.26E-26	0.	6.75E-27	1.28E-26	0.	0.	2.84E-17	3.33E-11	3.25E-10	3.49E-11	3.94E-10
65	4.30	1.76E-26	0.	7.04E-26	0.	6.49E-27	8.10E-27	0.	0.	2.86E-17	3.57E-11	3.46E-10	3.35E-11	4.15E-10
66	4.20	1.66E-26	0.	3.21E-26	0.	6.85E-27	5.60E-27	0.	0.	2.90E-17	3.84E-11	3.69E-10	3.28E-11	4.38E-10
67	4.10	1.57E-26	0.	1.02E-25	0.	6.75E-27	1.58E-27	0.	0.	2.91E-17	4.12E-11	3.94E-10	3.51E-11	4.68E-10
68	4.00	1.45E-26	0.	4.83E-26	0.	6.56E-27	1.18E-27	0.	0.	2.89E-17	4.44E-11	4.16E-10	3.75E-11	4.96E-10
69	3.90	1.25E-26	0.	7.78E-26	2.06E-21	6.13E-27	4.41E-28	0.	0.	2.84E-17	4.80E-11	4.41E-10	3.99E-11	5.27E-10
70	3.80	1.37E-26	0.	7.96E-26	8.27E-21	6.61E-27	0.	0.	0.	2.66E-17	5.19E-11	4.66E-10	4.26E-11	5.57E-10
71	3.70	1.24E-26	0.	5.81E-26	3.79E-21	5.73E-27	0.	0.	0.	1.41E-17	5.62E-11	4.90E-10	4.07E-11	5.89E-10
72	3.60	1.12E-26	0.	7.58E-26	1.96E-20	6.19E-27	0.	0.	0.	1.41E-17	6.11E-11	5.15E-10	4.68E-11	6.17E-10
73	3.50	1.06E-26	0.	4.95E-26	3.54E-20	4.96E-27	0.	0.	0.	1.41E-17	6.65E-11	1.47E-10	2.89E-11	2.79E-10
74	3.40	9.81E-27	0.	5.06E-26	5.80E-21	5.58E-27	0.	0.	0.	1.42E-17	7.27E-11	1.60E-10	3.13E-11	2.89E-10
75	3.30	7.89E-27	0.	3.37E-26	2.15E-20	4.51E-27	0.	0.	0.	1.42E-17	7.96E-11	1.72E-10	3.50E-11	3.15E-10
76	3.20	6.95E-27	0.	2.63E-26	3.41E-20	4.76E-27	0.	0.	0.	1.42E-17	8.74E-11	1.97E-10	3.86E-11	3.56E-10
77	3.10	6.72E-27	0.	1.63E-26	9.20E-21	4.55E-27	0.	0.	0.	1.42E-17	9.62E-11	2.24E-10	4.24E-11	3.97E-10
78	3.00	6.09E-27	0.	1.03E-26	2.04E-20	4.34E-27	0.	0.	0.	1.42E-17	1.06E-10	2.52E-10	4.40E-11	4.40E-10
79	2.90	5.18E-27	0.	4.96E-27	1.11E-20	3.37E-27	0.	0.	0.	1.42E-17	1.18E-10	2.80E-10	4.83E-11	4.83E-10
80	2.80	5.43E-27	0.	2.34E-27	7.60E-21	2.39E-27	0.	0.	0.	1.42E-17	1.31E-10	3.08E-10	5.24E-11	5.24E-10
81	2.70	3.56E-27	0.	1.12E-27	9.62E-21	5.97E-28	0.	0.	0.	1.42E-17	1.46E-10	3.36E-10	5.68E-11	5.68E-10
82	2.60	1.71E-27	0.	1.18E-28	1.00E-21	1.44E-28	0.	0.	0.	1.41E-17	1.64E-10	3.58E-10	6.31E-11	6.31E-10
83	2.50	1.21E-28	0.	0.	9.80E-21	1.55E-29	0.	0.	0.	1.40E-17	1.85E-10	3.95E-10	7.17E-11	7.17E-10
84	2.40	0.	5.22E-27	0.	7.53E-22	0.	0.	0.	0.	1.35E-17	2.09E-10	4.50E-10	8.09E-11	8.09E-10
85	2.30	0.	1.54E-26	0.	0.	0.	0.	0.	0.	1.30E-17	2.38E-10	5.05E-10	9.07E-11	9.07E-10
86	2.20	0.	4.12E-26	0.	0.	0.	0.	0.	0.	1.24E-17	2.73E-10	5.60E-10	5.21E-11	7.07E-10
87	2.10	0.	4.21E-26	0.	0.	0.	0.	0.	0.	1.17E-17	3.14E-10	2.49E-10	6.99E-11	6.99E-10
88	2.00	0.	8.42E-26	0.	0.	0.	0.	0.	0.	9.93E-18	3.64E-10	2.83E-10	8.03E-11	8.03E-10
89	1.90	0.	1.01E-25	0.	0.	0.	0.	0.	0.	4.51E-18	4.25E-10	3.18E-10	9.26E-11	9.26E-10
90	1.80	0.	8.68E-26	0.	0.	0.	0.	0.	0.	0.	5.01E-10	3.56E-10	1.07E-10	1.07E-09
91	1.70	0.	9.85E-26	0.	0.	0.	0.	0.	0.	0.	5.97E-10	3.95E-10	1.24E-10	1.24E-09
92	1.60	0.	7.43E-26	0.	0.	0.	0.	0.	0.	0.	7.20E-10	4.31E-10	1.43E-10	1.43E-09
93	1.50	0.	8.47E-26	0.	0.	0.	0.	0.	0.	0.	8.77E-10	4.58E-10	1.55E-10	1.59E-09
94	1.40	0.	8.34E-26	0.	0.	0.	0.	0.	0.	0.	1.08E-09	5.07E-10	1.69E-10	1.69E-09
95	1.30	0.	6.39E-26	0.	0.	0.	0.	0.	0.	0.	1.36E-09	1.53E-10	9.61E-11	1.98E-09
96	1.20	0.	6.10E-26	0.	0.	0.	0.	0.	0.	0.	1.73E-09	1.89E-10	1.22E-10	2.57E-09
97	1.10	0.	5.89E-26	0.	0.	0.	0.	3.02E-31	0.	0.	2.26E-09	2.30E-10	1.47E-10	3.40E-09
98	1.00	0.	5.41E-26	0.	0.	0.	0.	4.81E-30	0.	0.	3.02E-09	2.57E-10	1.54E-10	4.59E-09
99	0.90	0.	4.44E-26	0.	0.	0.	0.	5.60E-30	0.	0.	4.17E-09	2.45E-10	1.35E-10	6.37E-09
100	0.80	0.	2.09E-26	0.	0.	0.	0.	1.23E-28	0.	0.	5.99E-09	2.81E-10	1.55E-10	9.45E-09
101	0.70	0.	4.85E-27	0.	0.	0.	0.	1.15E-28	0.	0.	9.02E-09	3.14E-10	1.75E-10	1.50E-08
102	0.60	0.	1.02E-27	0.	0.	0.	0.	3.66E-28	0.	0.	1.45E-08	3.14E-10	1.75E-10	1.50E-08

ABSORPTION COEFFICIENTS OF HEATED AIR (INVERSE CM.)

TEMPERATURE (DEGREES K) 21000.   DENSITY (GM/CC) 1.293E-02   (1.0E 01 NORMAL)

#	PHOTON ENERGY E.V.	O2 S-R BANDS	O2 S-R CONT.	N2 B-H NO. 1	NO BETA	NO GAMMA	NO 2	O- PHOTO-DET (IONS)	FREE-FREE	N P.E.	O P.E.	TOTAL AIR
1	10.70	0.	0.	4.14E-01	0.	0.	0.	5.10E 00	4.90E-01	3.02E 02	5.28E 00	3.13E 02
2	10.60	0.	0.	3.81E-01	0.	0.	0.	5.11E 00	5.04E-01	1.97E 01	5.26E 00	3.09E 01
3	10.50	0.	0.	3.88E-01	0.	0.	0.	5.11E 00	5.19E-01	1.97E 01	5.24E 00	3.10E 01
4	10.40	0.	0.	3.72E-01	0.	0.	0.	5.12E 00	5.34E-01	1.98E 01	5.22E 00	3.11E 01
5	10.30	0.	0.	3.28E-01	0.	0.	0.	5.13E 00	5.50E-01	1.99E 01	5.19E 00	3.11E 01
6	10.20	0.	0.	3.42E-01	0.	0.	0.	5.13E 00	5.67E-01	1.99E 01	5.17E 00	3.11E 01
7	10.10	0.	0.	3.24E-01	0.	0.	0.	5.14E 00	5.84E-01	1.99E 01	5.15E 00	3.11E 01
8	10.00	0.	0.	2.89E-01	0.	0.	0.	5.15E 00	6.02E-01	1.99E 01	5.12E 00	3.11E 01
9	9.90	0.	0.	2.98E-01	0.	0.	0.	5.15E 00	6.20E-01	1.99E 01	5.10E 00	3.11E 01
10	9.80	0.	0.	2.83E-01	0.	0.	0.	5.16E 00	6.40E-01	2.00E 01	5.08E 00	3.11E 01
11	9.70	0.	0.	2.48E-01	0.	0.	0.	5.17E 00	6.60E-01	2.00E 01	5.05E 00	3.12E 01
12	9.60	0.	0.	2.69E-01	0.	0.	0.	5.18E 00	6.81E-01	2.00E 01	5.03E 00	3.12E 01
13	9.50	0.	0.	2.33E-01	0.	0.	0.	5.19E 00	7.03E-01	2.01E 01	5.01E 00	3.13E 01
14	9.40	0.	0.	2.24E-01	0.	0.	0.	5.21E 00	7.26E-01	2.02E 01	4.98E 00	3.13E 01
15	9.30	0.	0.	2.30E-01	0.	0.	0.	5.23E 00	7.50E-01	2.03E 01	4.96E 00	3.14E 01
16	9.20	0.	0.	1.95E-01	0.	0.	0.	5.25E 00	7.75E-01	2.03E 01	4.94E 00	3.15E 01
17	9.10	0.	0.	2.00E-01	0.	0.	0.	5.27E 00	8.01E-01	8.07E 00	4.92E 00	1.93E 01
18	9.00	0.	0.	1.85E-01	0.	0.	0.	5.29E 00	8.28E-01	8.08E 00	4.90E 00	1.93E 01
19	8.90	0.	0.	1.73E-01	0.	0.	0.	5.31E 00	8.57E-01	8.09E 00	4.87E 00	1.93E 01
20	8.80	0.	0.	1.71E-01	0.	0.	0.	5.33E 00	8.86E-01	8.11E 00	4.85E 00	1.94E 01
21	8.70	0.	0.	1.51E-01	0.	0.	0.	5.35E 00	9.18E-01	8.12E 00	4.83E 00	1.94E 01
22	8.60	0.	0.	1.56E-01	0.	0.	0.	5.36E 00	9.50E-01	8.14E 00	4.81E 00	1.94E 01
23	8.50	0.	0.	1.39E-01	0.	0.	0.	5.38E 00	9.85E-01	8.17E 00	4.79E 00	1.95E 01
24	8.40	0.	0.	1.39E-01	0.	0.	0.	5.41E 00	1.02E 00	8.20E 00	4.77E 00	1.96E 01
25	8.30	0.	0.	1.20E-01	0.	0.	0.	5.44E 00	1.06E 00	8.24E 00	4.76E 00	1.96E 01
26	8.20	0.	0.	1.02E-01	0.	0.	0.	5.47E 00	1.10E 00	8.28E 00	4.77E 00	1.97E 01
27	8.10	0.	0.	1.07E-01	0.	0.	0.	5.50E 00	1.14E 00	8.31E 00	4.77E 00	1.98E 01
28	8.00	0.	0.	1.09E-01	0.	0.	0.	5.53E 00	1.18E 00	8.37E 00	4.78E 00	1.98E 01
29	7.90	0.	0.	9.50E-02	0.	0.	0.	5.55E 00	1.23E 00	8.43E 00	4.78E 00	2.00E 01
30	7.80	0.	0.	9.94E-02	0.	0.	0.	5.58E 00	1.28E 00	8.49E 00	4.78E 00	2.01E 01
31	7.70	0.	0.	8.85E-02	0.	0.	0.	5.61E 00	1.33E 00	8.56E 00	4.79E 00	2.02E 01
32	7.60	0.	0.	8.49E-02	0.	3.64E-06	0.	5.64E 00	1.38E 00	8.62E 00	4.79E 00	2.04E 01
33	7.50	0.	0.	7.97E-02	0.	1.16E-05	0.	5.67E 00	1.44E 00	8.69E 00	4.79E 00	2.05E 01
34	7.40	0.	0.	7.24E-02	0.	1.05E-04	0.	5.70E 00	1.50E 00	8.75E 00	4.80E 00	2.07E 01
35	7.30	0.	0.	6.94E-02	0.	3.99E-04	0.	5.73E 00	1.56E 00	8.81E 00	4.80E 00	2.08E 01
36	7.20	1.12E-05	0.	6.34E-02	0.	1.12E-03	0.	5.76E 00	1.63E 00	8.88E 00	4.81E 00	2.10E 01
37	7.10	2.20E-05	0.	6.16E-02	0.	3.51E-03	0.	5.81E 00	1.70E 00	8.94E 00	4.81E 00	2.11E 01
38	7.00	1.91E-05	0.	5.72E-02	0.	6.68E-03	0.	5.86E 00	1.77E 00	9.01E 00	4.81E 00	2.15E 01
39	6.90	2.91E-05	0.	5.31E-02	0.	9.81E-03	0.	5.90E 00	1.85E 00	9.07E 00	4.82E 00	2.17E 01
40	6.80	1.40E-05	0.	5.18E-02	0.	1.63E-02	0.	5.95E 00	1.93E 00	9.14E 00	4.82E 00	2.19E 01
41	6.70	8.62E-06	0.	4.60E-02	0.	1.58E-02	0.	6.00E 00	2.02E 00	9.21E 00	4.85E 00	2.21E 01
42	6.60	5.02E-06	0.	4.18E-02	0.	1.36E-02	0.	6.04E 00	2.12E 00	9.29E 00	4.85E 00	2.24E 01
43	6.50	2.91E-06	0.	3.38E-02	0.	1.93E-02	0.	6.09E 00	2.22E 00	9.40E 00	4.86E 00	2.26E 01
44	6.40	1.71E-06	0.	2.39E-02	5.96E-05	1.77E-02	0.	6.14E 00	2.32E 00	9.51E 00	4.87E 00	2.29E 01
45	6.30	7.77E-07	0.	1.53E-02	2.85E-04	1.33E-02	0.	6.19E 00	2.44E 00	9.61E 00	4.89E 00	2.32E 01
46	6.20	3.61E-07	0.	8.64E-03	4.10E-04	1.79E-02	0.	6.23E 00	2.56E 00	9.72E 00	4.93E 00	2.35E 01
47	6.10	1.52E-07	0.	4.14E-03	1.18E-03	2.16E-02	0.	6.28E 00	2.69E 00	9.84E 00	4.97E 00	2.38E 01
48	6.00	3.77E-08	0.	1.07E-03	1.76E-03	1.10E-02	0.	6.33E 00	2.83E 00	9.97E 00	5.01E 00	2.41E 01
49	5.90	4.82E-09	0.	7.65E-05	1.71E-03	1.06E-02	0.	6.23E 00	2.97E 00	1.01E 01	5.04E 00	2.45E 01
50	5.80	3.55E-10	0.	1.94E-06	2.41E-03	1.11E-02	0.	5.86E 00	3.13E 00	1.03E 01	5.08E 00	2.47E 01
51	5.70	0.	0.	0.	2.87E-03	1.24E-02	0.	5.86E 00	3.30E 00	1.04E 01	5.11E 00	2.47E 01

TEMPERATURE (DEGREES K) 21000. DENSITY (GM/CC) 1.293E-02 (1.0E 01 NORMAL)

	PHOTON ENERGY BANDS	O2 S-R BANDS	N2 1ST POS.	N2 2ND POS.	N2+ 1ST NEG.	NO BETA	NO GAMMA	NO VIB-ROT	NO 2	O- PHOTO-DET (IONS)	FREE-FREE (IONS)	N P.E.	O P.E.	O TOTAL AIR
52	5.60	1.61E-11	0.	0.	0.	2.50E-03	1.61E-02	0.	0.	5.45E 00	3.49E 00	1.06E 01	5.15E 00	2.47E 01
53	5.50	0.	0.	0.	0.	3.06E-03	1.49E-02	0.	0.	5.47E 00	3.68E 00	1.08E 01	5.20E 00	2.52E 01
54	5.40	0.	0.	0.	0.	2.86E-03	1.24E-02	0.	0.	5.50E 00	3.89E 00	1.11E 01	5.27E 00	2.58E 01
55	5.30	0.	0.	0.	0.	2.93E-03	1.54E-02	0.	0.	5.54E 00	4.12E 00	1.14E 01	5.34E 00	2.65E 01
56	5.20	0.	0.	0.	0.	3.18E-03	1.21E-02	0.	0.	5.57E 00	4.37E 00	1.17E 01	5.42E 00	2.71E 01
57	5.10	0.	0.	0.	0.	3.19E-03	1.55E-02	0.	0.	5.62E 00	4.63E 00	1.21E 01	5.51E 00	2.79E 01
58	5.00	2.26E-04	0.	0.	0.	2.93E-03	1.48E-02	0.	0.	5.67E 00	4.92E 00	1.25E 01	5.60E 00	2.87E 01
59	4.90	5.58E-04	0.	0.	0.	3.29E-03	1.63E-02	0.	0.	5.71E 00	5.23E 00	1.29E 01	5.70E 00	2.96E 01
60	4.80	1.06E-03	0.	0.	0.	3.55E-03	1.54E-02	0.	0.	5.76E 00	5.57E 00	1.34E 01	5.82E 00	3.06E 01
61	4.70	1.45E-03	0.	0.	0.	3.59E-03	1.41E-02	0.	0.	5.81E 00	5.93E 00	1.39E 01	5.98E 00	3.17E 01
62	4.60	2.03E-03	0.	0.	0.	3.71E-03	1.28E-02	0.	0.	5.86E 00	6.33E 00	1.45E 01	6.14E 00	3.29E 01
63	4.50	2.15E-03	0.	5.54E-03	0.	3.44E-03	9.64E-03	0.	0.	5.90E 00	6.77E 00	1.53E 01	6.31E 00	3.43E 01
64	4.40	2.33E-03	0.	1.61E-02	0.	3.47E-03	6.57E-03	0.	0.	5.95E 00	7.25E 00	1.61E 01	6.48E 00	3.58E 01
65	4.30	2.23E-03	0.	5.53E-02	0.	3.35E-03	4.18E-03	0.	0.	6.00E 00	7.77E 00	1.69E 01	6.66E 00	3.74E 01
66	4.20	2.10E-03	0.	1.70E-01	0.	3.54E-03	2.87E-03	0.	0.	6.04E 00	8.34E 00	1.78E 01	6.85E 00	3.92E 01
67	4.10	1.98E-03	0.	7.90E-02	0.	3.50E-03	8.11E-04	0.	0.	6.07E 00	8.97E 00	1.87E 01	6.82E 00	4.06E 01
68	4.00	1.85E-03	0.	2.47E-01	0.	3.41E-03	6.07E-04	0.	0.	6.09E 00	9.67E 00	1.95E 01	3.35E 00	3.89E 01
69	3.90	1.59E-03	0.	1.18E-01	1.13E-02	3.19E-03	2.25E-04	0.	0.	6.07E 00	1.04E 01	1.94E 01	3.46E 00	3.95E 01
70	3.80	1.75E-03	0.	1.90E-01	1.41E-02	3.45E-03	0.	0.	0.	6.04E 00	1.13E 01	1.96E 01	3.61E 00	4.08E 01
71	3.70	1.58E-03	0.	1.93E-01	2.09E-02	3.00E-03	0.	0.	0.	5.95E 00	1.23E 01	1.64E 01	3.94E 00	3.88E 01
72	3.60	1.44E-03	0.	1.42E-01	1.06E-01	3.25E-03	0.	0.	0.	5.57E 00	1.33E 01	1.77E 01	4.30E 00	4.12E 01
73	3.50	1.36E-03	0.	1.85E-01	1.88E-01	2.65E-03	0.	0.	0.	5.45E 00	1.45E 01	1.89E 01	4.71E 00	4.36E 01
74	3.40	1.27E-03	0.	1.22E-01	3.19E-01	2.95E-03	0.	0.	0.	5.10E 00	1.59E 01	2.09E 01	5.18E 00	4.51E 01
75	3.30	1.02E-03	0.	1.25E-01	1.16E-01	2.39E-03	0.	0.	0.	2.95E 00	1.74E 01	2.31E 01	5.66E 00	4.93E 01
76	3.20	9.03E-04	0.	8.34E-02	1.80E-01	2.53E-03	0.	0.	0.	2.95E 00	1.91E 01	2.52E 01	6.16E 00	5.37E 01
77	3.10	8.76E-04	0.	6.54E-02	5.06E-02	2.42E-03	0.	0.	0.	2.96E 00	2.10E 01	2.74E 01	6.66E 00	5.82E 01
78	3.00	7.95E-04	0.	4.06E-02	1.10E-01	2.32E-03	0.	0.	0.	2.97E 00	2.32E 01	2.97E 01	7.16E 00	6.32E 01
79	2.90	6.79E-04	0.	2.57E-02	5.94E-02	1.81E-03	0.	0.	0.	2.97E 00	2.58E 01	3.21E 01	7.73E 00	6.86E 01
80	2.80	7.14E-04	0.	1.24E-02	4.17E-02	1.29E-03	0.	0.	0.	2.97E 00	2.87E 01	3.49E 01	8.38E 00	7.50E 01
81	2.70	4.70E-04	0.	5.85E-03	7.25E-02	1.49E-03	0.	0.	0.	2.97E 00	3.20E 01	3.79E 01	9.08E 00	8.21E 01
82	2.60	2.28E-04	0.	2.80E-03	5.46E-03	3.27E-04	0.	0.	0.	2.97E 00	3.60E 01	4.12E 01	9.80E 00	8.99E 01
83	2.50	1.61E-05	0.	2.91E-04	5.35E-03	7.91E-05	0.	0.	0.	2.97E 00	4.05E 01	4.70E 01	6.33E 00	9.69E 01
84	2.40	0.	1.27E-02	0.	4.04E-03	8.54E-06	0.	0.	0.	2.97E 00	4.59E 01	4.89E 01	7.36E 00	1.05E 02
85	2.30	0.	3.70E-02	0.	0.	0.	0.	0.	0.	2.95E 00	5.23E 01	5.78E 01	8.77E 00	1.13E 02
86	2.20	0.	9.97E-02	0.	0.	0.	0.	0.	0.	2.94E 00	5.99E 01	6.73E 01	1.05E 01	1.31E 02
87	2.10	0.	1.01E-01	0.	0.	0.	0.	0.	0.	2.83E 00	6.90E 01	7.69E 01	1.21E 01	1.52E 02
88	2.00	0.	2.03E-01	0.	0.	0.	0.	0.	0.	2.73E 00	8.01E 01	8.83E 01	1.38E 01	1.74E 02
89	1.90	0.	2.39E-01	0.	0.	0.	0.	0.	0.	2.61E 00	9.36E 01	1.06E 02	1.62E 01	2.01E 02
90	1.80	0.	2.06E-01	0.	0.	0.	0.	0.	0.	2.46E 00	1.11E 02	1.26E 02	1.97E 01	2.39E 02
91	1.70	0.	2.32E-01	0.	0.	0.	0.	0.	0.	2.08E 00	1.32E 02	1.38E 02	2.40E 01	2.86E 02
92	1.60	0.	1.76E-01	0.	0.	0.	0.	0.	0.	9.45E-01	1.59E 02	1.49E 02	2.83E 01	3.39E 02
93	1.50	0.	2.00E-01	0.	0.	0.	0.	0.	0.	0.	1.94E 02	1.94E 02	3.43E 01	4.24E 02
94	1.40	0.	1.97E-01	0.	0.	0.	0.	0.	0.	0.	2.40E 02	2.43E 02	4.24E 01	5.24E 02
95	1.30	0.	1.51E-01	0.	0.	0.	0.	0.	0.	0.	3.01E 02	3.26E 02	5.24E 01	6.82E 02
96	1.20	0.	1.44E-01	0.	0.	0.	0.	0.	0.	0.	3.84E 02	3.65E 02	5.46E 01	8.04E 02
97	1.10	0.	1.40E-01	0.	0.	0.	0.	1.52E-07	0.	0.	5.02E 02	4.50E 02	6.83E 01	1.11E 03
98	1.00	0.	1.25E-01	0.	0.	0.	0.	2.48E-06	0.	0.	6.74E 02	5.47E 02	7.80E 01	1.30E 03
99	0.90	0.	1.05E-01	0.	0.	0.	0.	2.90E-06	0.	0.	9.33E 02	6.30E 02	9.15E 01	1.65E 03
100	0.80	0.	4.94E-02	0.	0.	0.	0.	6.40E-05	0.	0.	1.34E 03	7.25E 02	1.05E 02	2.17E 03
101	0.70	0.	1.14E-02	0.	0.	0.	0.	6.10E-05	0.	0.	2.03E 03	7.83E 02	1.06E 02	2.92E 03
102	0.60	0.	2.53E-03	0.	0.	0.	0.	1.91E-04	0.	0.	3.28E 03	8.76E 02	1.19E 02	4.28E 03

ABSORPTION COEFFICIENTS OF HEATED AIR (INVERSE CM.)

TEMPERATURE (DEGREES K) 21000.   DENSITY (GM/CC) 1.293E-03   (1.0E 00 NORMAL)

#	PHOTON ENERGY E.V.	O2 S-R BANDS	O2 S-R CONT.	N2 R-H NO. 1	NO BETA	NO GAMMA	NO 2	O- PHOTO-DET (IONS)	FREE-FREE (IONS)	N P.E.	O P.E.	TOTAL AIR
1	10.70	0.	0.	2.59E-03	0.	0.	0.	1.22E-01	3.87E-02	2.39E 01	4.50E-01	2.45E 01
2	10.60	0.	0.	2.38E-03	0.	0.	0.	1.23E-01	3.98E-02	1.56E 00	4.48E-01	2.17E 00
3	10.50	0.	0.	2.43E-03	0.	0.	0.	1.23E-01	4.10E-02	1.56E 00	4.46E-01	2.18E 00
4	10.40	0.	0.	2.33E-03	0.	0.	0.	1.23E-01	4.22E-02	1.57E 00	4.44E-01	2.18E 00
5	10.30	0.	0.	2.05E-03	0.	0.	0.	1.23E-01	4.34E-02	1.57E 00	4.42E-01	2.18E 00
6	10.20	0.	0.	2.14E-03	0.	0.	0.	1.23E-01	4.47E-02	1.58E 00	4.40E-01	2.18E 00
7	10.10	0.	0.	2.03E-03	0.	0.	0.	1.23E-01	4.61E-02	1.57E 00	4.38E-01	2.18E 00
8	10.00	0.	0.	1.81E-03	0.	0.	0.	1.24E-01	4.75E-02	1.57E 00	4.37E-01	2.18E 00
9	9.90	0.	0.	1.86E-03	0.	0.	0.	1.24E-01	4.89E-02	1.58E 00	4.35E-01	2.19E 00
10	9.80	0.	0.	1.77E-03	0.	0.	0.	1.24E-01	5.05E-02	1.58E 00	4.33E-01	2.19E 00
11	9.70	0.	0.	1.55E-03	0.	0.	0.	1.24E-01	5.21E-02	1.58E 00	4.31E-01	2.19E 00
12	9.60	0.	0.	1.68E-03	0.	0.	0.	1.25E-01	5.37E-02	1.59E 00	4.28E-01	2.20E 00
13	9.50	0.	0.	1.46E-03	0.	0.	0.	1.25E-01	5.55E-02	1.59E 00	4.26E-01	2.20E 00
14	9.40	0.	0.	1.40E-03	0.	0.	0.	1.25E-01	5.73E-02	1.60E 00	4.25E-01	2.21E 00
15	9.30	0.	0.	1.44E-03	0.	0.	0.	1.26E-01	5.92E-02	1.60E 00	4.23E-01	2.21E 00
16	9.20	0.	0.	1.25E-03	0.	0.	0.	1.26E-01	6.11E-02	1.61E 00	4.21E-01	2.22E 00
17	9.10	0.	0.	1.25E-03	0.	0.	0.	1.27E-01	6.32E-02	6.39E-01	4.19E-01	1.25E 00
18	9.00	0.	0.	1.16E-03	0.	0.	0.	1.27E-01	6.53E-02	6.40E-01	4.17E-01	1.25E 00
19	8.90	0.	0.	1.08E-03	0.	0.	0.	1.27E-01	6.76E-02	6.41E-01	4.15E-01	1.25E 00
20	8.80	0.	0.	1.07E-03	0.	0.	0.	1.28E-01	6.99E-02	6.42E-01	4.14E-01	1.25E 00
21	8.70	0.	0.	9.45E-04	0.	0.	0.	1.28E-01	7.24E-02	6.43E-01	4.12E-01	1.26E 00
22	8.60	0.	0.	9.79E-04	0.	0.	0.	1.29E-01	7.50E-02	6.45E-01	4.10E-01	1.26E 00
23	8.50	0.	0.	8.72E-04	0.	0.	0.	1.29E-01	7.77E-02	6.47E-01	4.08E-01	1.26E 00
24	8.40	0.	0.	8.73E-04	0.	0.	0.	1.30E-01	8.05E-02	6.50E-01	4.07E-01	1.27E 00
25	8.30	0.	0.	7.53E-04	0.	0.	0.	1.31E-01	8.35E-02	6.53E-01	4.06E-01	1.27E 00
26	8.20	0.	0.	7.66E-04	0.	0.	0.	1.31E-01	8.66E-02	6.56E-01	4.06E-01	1.28E 00
27	8.10	0.	0.	6.72E-04	0.	0.	0.	1.32E-01	8.99E-02	6.58E-01	4.07E-01	1.29E 00
28	8.00	0.	0.	6.81E-04	0.	0.	0.	1.33E-01	9.34E-02	6.63E-01	4.07E-01	1.30E 00
29	7.90	0.	0.	5.95E-04	0.	0.	0.	1.33E-01	9.70E-02	6.68E-01	4.07E-01	1.31E 00
30	7.80	0.	0.	6.22E-04	0.	0.	0.	1.34E-01	1.01E-01	6.73E-01	4.08E-01	1.32E 00
31	7.70	0.	0.	5.54E-04	0.	0.	0.	1.34E-01	1.05E-01	6.78E-01	4.08E-01	1.33E 00
32	7.60	0.	0.	5.31E-04	0.	2.45E-08	0.	1.35E-01	1.09E-01	6.83E-01	4.08E-01	1.34E 00
33	7.50	0.	0.	4.99E-04	0.	7.82E-08	0.	1.36E-01	1.13E-01	6.88E-01	4.09E-01	1.35E 00
34	7.40	0.	0.	4.53E-04	0.	7.09E-07	0.	1.38E-01	1.18E-01	6.93E-01	4.09E-01	1.36E 00
35	7.30	0.	0.	4.34E-04	0.	2.69E-06	0.	1.38E-01	1.23E-01	6.98E-01	4.09E-01	1.37E 00
36	7.20	0.	0.	3.97E-04	0.	7.52E-06	0.	1.38E-01	1.28E-01	7.03E-01	4.10E-01	1.38E 00
37	7.10	0.	0.	3.85E-04	0.	2.37E-05	0.	1.39E-01	1.34E-01	7.08E-01	4.10E-01	1.39E 00
38	7.00	8.12E-08	0.	3.58E-04	0.	4.51E-05	0.	1.41E-01	1.41E-01	7.13E-01	4.10E-01	1.40E 00
39	6.90	1.60E-07	0.	3.32E-04	0.	6.61E-05	0.	1.42E-01	1.46E-01	7.18E-01	4.11E-01	1.42E 00
40	6.80	1.39E-07	0.	3.24E-04	0.	1.10E-04	0.	1.43E-01	1.53E-01	7.23E-01	4.11E-01	1.43E 00
41	6.70	1.02E-07	0.	2.88E-04	0.	1.06E-04	0.	1.44E-01	1.60E-01	7.29E-01	4.12E-01	1.44E 00
42	6.60	6.75E-08	0.	2.61E-04	0.	9.18E-05	0.	1.45E-01	1.67E-01	7.36E-01	4.13E-01	1.46E 00
43	6.50	3.64E-08	0.	2.12E-04	0.	1.30E-04	0.	1.46E-01	1.75E-01	7.44E-01	4.14E-01	1.48E 00
44	6.40	2.11E-08	0.	1.50E-04	4.02E-07	1.19E-04	0.	1.47E-01	1.83E-01	7.53E-01	4.15E-01	1.50E 00
45	6.30	1.24E-08	0.	9.56E-05	1.92E-06	9.00E-05	0.	1.49E-01	1.92E-01	7.61E-01	4.17E-01	1.52E 00
46	6.20	5.64E-09	0.	5.41E-05	2.77E-06	1.20E-04	0.	1.50E-01	2.02E-01	7.70E-01	4.20E-01	1.54E 00
47	6.10	2.62E-09	0.	2.59E-05	7.96E-06	1.45E-04	0.	1.51E-01	2.12E-01	7.79E-01	4.23E-01	1.57E 00
48	6.00	1.11E-09	0.	6.67E-06	7.81E-06	7.40E-05	0.	1.52E-01	2.23E-01	7.90E-01	4.29E-01	1.59E 00
49	5.90	2.74E-10	0.	4.79E-07	1.15E-05	7.15E-05	0.	1.52E-01	2.35E-01	8.02E-01	4.29E-01	1.62E 00
50	5.80	3.50E-10	0.	1.21E-08	1.63E-05	7.50E-05	0.	1.50E-01	2.47E-01	8.14E-01	4.35E-01	1.64E 00
51	5.70	2.58E-12	0.	0.	1.94E-05	8.39E-05	0.	1.41E-01	2.61E-01	8.26E-01	4.36E-01	1.66E 00

ABSORPTION COEFFICIENTS OF HEATED AIR (INVERSE CM.)

TEMPERATURE (DEGREES K) 21000.   DENSITY (GM/CC) 1.293E-03   (1.0E 00 NORMAL)

	PHOTON ENERGY	O2 S-R BANDS	N2 1ST POS.	N2 2ND POS.	N2+ 1ST NEG.	NO BETA	NO GAMMA	NO VIB-ROT	NO 2	O- PHOTO-DET (IONS)	FREE-FREE (IONS) P.E.	N P.E.	O P.E.	TOTAL AIR
52	5.60	1.17E-13	0.	0.	0.	1.69E-05	1.09E-04	0.	0.	1.31E-01	2.75E-01	8.40E-01	4.39E-01	1.69E 00
53	5.50	0.	0.	0.	0.	2.06E-05	1.00E-04	0.	0.	1.31E-01	2.91E-01	8.59E-01	4.43E-01	1.72E 00
54	5.40	0.	0.	0.	0.	1.93E-05	8.38E-05	0.	0.	1.32E-01	3.07E-01	8.82E-01	4.49E-01	1.77E 00
55	5.30	0.	0.	0.	0.	1.97E-05	1.04E-04	0.	0.	1.33E-01	3.25E-01	9.06E-01	4.55E-01	1.82E 00
56	5.20	0.	0.	0.	0.	2.14E-05	8.18E-05	0.	0.	1.34E-01	3.44E-01	9.30E-01	4.62E-01	1.87E 00
57	5.10	0.	0.	0.	0.	2.15E-05	1.04E-04	0.	0.	1.35E-01	3.65E-01	9.58E-01	4.70E-01	1.93E 00
58	5.00	1.64E-06	0.	0.	0.	1.98E-05	9.96E-05	0.	0.	1.36E-01	3.88E-01	9.88E-01	4.77E-01	1.99E 00
59	4.90	1.05E-06	0.	0.	0.	2.29E-05	1.04E-04	0.	0.	1.37E-01	4.13E-01	1.02E 00	4.86E-01	2.06E 00
60	4.80	7.70E-06	0.	0.	0.	2.39E-05	1.10E-04	0.	0.	1.38E-01	4.39E-01	1.06E 00	4.96E-01	2.14E 00
61	4.70	1.05E-05	0.	0.	0.	2.42E-05	9.49E-05	0.	0.	1.39E-01	4.68E-01	1.10E 00	5.09E-01	2.22E 00
62	4.60	1.47E-05	0.	0.	0.	2.50E-05	8.60E-05	0.	0.	1.41E-01	5.00E-01	1.15E 00	5.23E-01	2.31E 00
63	4.50	1.56E-05	0.	3.47E-05	0.	2.32E-05	4.43E-05	0.	0.	1.43E-01	5.34E-01	1.21E 00	5.37E-01	2.42E 00
64	4.40	1.69E-05	0.	1.01E-04	0.	2.34E-05	4.43E-05	0.	0.	1.44E-01	5.72E-01	1.27E 00	5.52E-01	2.54E 00
65	4.30	1.62E-05	0.	3.46E-04	0.	2.26E-05	2.81E-05	0.	0.	1.45E-01	6.15E-01	1.34E 00	5.67E-01	2.66E 00
66	4.20	1.52E-05	0.	1.06E-03	0.	2.38E-05	1.93E-05	0.	0.	1.45E-01	6.58E-01	1.41E 00	5.83E-01	2.80E 00
67	4.10	1.44E-05	0.	4.94E-04	0.	2.36E-05	5.46E-06	0.	0.	1.46E-01	7.08E-01	1.48E 00	5.81E-01	2.91E 00
68	4.00	1.34E-05	0.	1.54E-03	0.	2.30E-05	4.09E-06	0.	0.	1.46E-01	7.63E-01	1.55E 00	2.85E-01	2.74E 00
69	3.90	1.15E-05	0.	7.37E-04	2.50E-04	2.15E-05	1.52E-06	0.	0.	1.45E-01	8.24E-01	1.53E 00	2.95E-01	2.80E 00
70	3.80	1.27E-05	0.	1.19E-03	9.78E-04	2.33E-05	0.	0.	0.	1.45E-01	8.91E-01	1.55E 00	3.07E-01	2.89E 00
71	3.70	1.15E-05	0.	1.21E-03	4.64E-04	2.02E-05	0.	0.	0.	1.43E-01	9.67E-01	1.30E 00	3.35E-01	2.75E 00
72	3.60	1.05E-05	0.	8.92E-04	2.36E-04	2.19E-05	0.	0.	0.	1.34E-01	1.05E 00	1.40E 00	3.66E-01	2.96E 00
73	3.50	9.90E-06	0.	1.16E-03	4.18E-04	1.76E-05	0.	0.	0.	1.22E-01	1.15E 00	1.49E 00	4.01E-01	3.17E 00
74	3.40	9.20E-06	0.	7.63E-04	7.07E-04	1.99E-05	0.	0.	0.	7.07E-02	1.25E 00	1.66E 00	4.42E-01	3.42E 00
75	3.30	7.42E-06	0.	7.80E-04	2.58E-04	1.61E-05	0.	0.	0.	7.08E-02	1.37E 00	1.83E 00	4.82E-01	3.75E 00
76	3.20	6.55E-06	0.	5.22E-04	4.00E-04	1.70E-05	0.	0.	0.	7.09E-02	1.51E 00	2.00E 00	5.25E-01	4.10E 00
77	3.10	6.36E-06	0.	4.09E-04	1.12E-03	1.63E-05	0.	0.	0.	7.11E-02	1.66E 00	2.17E 00	5.67E-01	4.47E 00
78	3.00	5.77E-06	0.	2.54E-04	2.44E-03	1.56E-05	0.	0.	0.	7.12E-02	1.83E 00	2.35E 00	6.10E-01	4.87E 00
79	2.90	4.93E-06	0.	1.61E-04	1.32E-03	1.22E-05	0.	0.	0.	7.14E-02	2.03E 00	2.54E 00	6.59E-01	5.30E 00
80	2.80	5.18E-06	0.	7.77E-05	9.26E-04	8.70E-06	0.	0.	0.	7.15E-02	2.26E 00	2.76E 00	7.14E-01	5.81E 00
81	2.70	3.41E-06	0.	3.66E-05	1.15E-03	4.88E-06	0.	0.	0.	7.15E-02	2.53E 00	3.00E 00	7.74E-01	6.38E 00
82	2.60	1.65E-06	0.	1.75E-05	1.21E-04	5.33E-07	0.	0.	0.	7.15E-02	2.84E 00	3.26E 00	8.35E-01	7.00E 00
83	2.50	1.17E-07	0.	1.82E-06	1.19E-04	5.76E-08	0.	0.	0.	7.15E-02	3.20E 00	3.72E 00	5.39E-01	7.53E 00
84	2.40	0.	7.97E-05	0.	8.96E-05	0.	0.	0.	0.	7.09E-02	3.63E 00	4.33E 00	6.27E-01	8.66E 00
85	2.30	0.	2.32E-04	0.	0.	0.	0.	0.	0.	7.06E-02	4.13E 00	4.58E 00	7.47E-01	8.82E 00
86	2.20	0.	6.24E-04	0.	0.	0.	0.	0.	0.	6.81E-02	4.73E 00	5.33E 00	8.90E-01	1.03E 01
87	2.10	0.	6.32E-04	0.	0.	0.	0.	0.	0.	6.32E-02	5.45E 00	5.08E 00	1.03E 00	1.19E 01
88	2.00	0.	1.27E-03	0.	0.	0.	0.	0.	0.	6.55E-02	6.32E 00	6.98E 00	1.19E 00	1.37E 01
89	1.90	0.	1.50E-03	0.	0.	0.	0.	0.	0.	6.26E-02	7.39E 00	6.98E 00	1.38E 00	1.58E 01
90	1.80	0.	1.29E-03	0.	0.	0.	0.	0.	0.	5.90E-02	8.73E 00	8.38E 00	1.68E 00	1.89E 01
91	1.70	0.	1.46E-03	0.	0.	0.	0.	0.	0.	4.99E-02	1.04E 01	1.01E 01	2.04E 00	2.26E 01
92	1.60	0.	1.10E-03	0.	0.	0.	0.	0.	0.	2.27E-02	1.26E 01	1.18E 01	2.41E 00	2.68E 01
93	1.50	0.	1.25E-03	0.	0.	0.	0.	0.	0.	0.	1.54E 01	1.26E 01	2.92E 00	3.37E 01
94	1.40	0.	1.23E-03	0.	0.	0.	0.	0.	0.	0.	1.89E 01	1.54E 01	3.50E 00	4.17E 01
95	1.30	0.	9.43E-04	0.	0.	0.	0.	0.	0.	0.	2.37E 01	1.92E 01	4.65E 00	5.42E 01
96	1.20	0.	8.99E-04	0.	0.	0.	0.	1.02E-09	0.	0.	3.03E 01	2.58E 01	5.82E 00	6.38E 01
97	1.10	0.	8.73E-04	0.	0.	0.	0.	1.67E-08	0.	0.	3.96E 01	2.89E 01	6.64E 00	8.10E 01
98	1.00	0.	8.03E-04	0.	0.	0.	0.	1.95E-08	0.	0.	5.32E 01	3.56E 01	7.79E 00	1.03E 02
99	0.90	0.	6.59E-04	0.	0.	0.	0.	1.06E-02	0.	0.	7.36E 01	4.32E 01	8.94E 00	1.31E 02
100	0.80	0.	3.09E-04	0.	0.	0.	0.	4.31E-07	0.	0.	1.06E 02	4.98E 01	9.03E 00	1.72E 02
101	0.70	0.	7.14E-05	0.	0.	0.	0.	4.11E-07	0.	0.	1.60E 02	5.74E 01	6.19E 01	2.31E 02
102	0.60	0.	1.58E-05	0.	0.	0.	0.	1.29E-06	0.	0.	2.59E 02	6.93E 01	1.01E 01	3.38E 02

ABSORPTION COEFFICIENTS OF HEATED AIR (INVERSE CM.)

TEMPERATURE (DEGREES K) 21000.   DENSITY (GM/CC) 1,293E-04   (1.0E-01 NORMAL)

PHOTON ENERGY E.V.	O2 S-R BANDS	O2 S-R CONT.	N2 B-H NO. 1	NO BETA	NO GAMMA	NO2	O- PHOTO-DET (IONS)	FREE-FREE (IONS) P.E.	N P.E.	O P.E.	TOTAL AIR
1 10.70	0.	0.	6.11E-06	0.	0.	0.	1.55E-03	1.93E-03	1.16E 00	2.56E-02	1.19E 00
2 10.60	0.	0.	5.62E-06	0.	0.	0.	1.55E-03	1.98E-03	7.61E-02	2.55E-02	1.05E-01
3 10.50	0.	0.	5.72E-06	0.	0.	0.	1.56E-03	2.04E-03	7.64E-02	2.54E-02	1.05E-01
4 10.40	0.	0.	5.49E-06	0.	0.	0.	1.56E-03	2.10E-03	7.67E-02	2.52E-02	1.05E-01
5 10.30	0.	0.	4.85E-06	0.	0.	0.	1.56E-03	2.16E-03	7.69E-02	2.51E-02	1.06E-01
6 10.20	0.	0.	5.05E-06	0.	0.	0.	1.56E-03	2.23E-03	7.71E-02	2.50E-02	1.06E-01
7 10.10	0.	0.	4.79E-06	0.	0.	0.	1.57E-03	2.29E-03	7.69E-02	2.49E-02	1.06E-01
8 10.00	0.	0.	4.27E-06	0.	0.	0.	1.57E-03	2.36E-03	7.66E-02	2.48E-02	1.06E-01
9 9.90	0.	0.	4.40E-06	0.	0.	0.	1.57E-03	2.44E-03	7.68E-02	2.47E-02	1.05E-01
10 9.80	0.	0.	4.18E-06	0.	0.	0.	1.57E-03	2.51E-03	7.69E-02	2.46E-02	1.06E-01
11 9.70	0.	0.	3.66E-06	0.	0.	0.	1.58E-03	2.59E-03	7.71E-02	2.45E-02	1.06E-01
12 9.60	0.	0.	3.97E-06	0.	0.	0.	1.58E-03	2.67E-03	7.73E-02	2.43E-02	1.06E-01
13 9.50	0.	0.	3.45E-06	0.	0.	0.	1.58E-03	2.76E-03	7.75E-02	2.42E-02	1.06E-01
14 9.40	0.	0.	3.30E-06	0.	0.	0.	1.59E-03	2.85E-03	7.78E-02	2.41E-02	1.07E-01
15 9.30	0.	0.	3.40E-06	0.	0.	0.	1.59E-03	2.94E-03	7.80E-02	2.40E-02	1.07E-01
16 9.20	0.	0.	2.87E-06	0.	0.	0.	1.60E-03	3.04E-03	7.83E-02	2.39E-02	1.07E-01
17 9.10	0.	0.	2.96E-06	0.	0.	0.	1.60E-03	3.14E-03	3.12E-02	2.38E-02	5.97E-02
18 9.00	0.	0.	2.73E-06	0.	0.	0.	1.61E-03	3.25E-03	3.13E-02	2.37E-02	5.98E-02
19 8.90	0.	0.	2.56E-06	0.	0.	0.	1.62E-03	3.36E-03	3.13E-02	2.36E-02	5.99E-02
20 8.80	0.	0.	2.55E-06	0.	0.	0.	1.62E-03	3.48E-03	3.13E-02	2.35E-02	5.99E-02
21 8.70	0.	0.	2.33E-06	0.	0.	0.	1.63E-03	3.60E-03	3.14E-02	2.34E-02	6.00E-02
22 8.60	0.	0.	2.31E-06	0.	0.	0.	1.63E-03	3.73E-03	3.15E-02	2.34E-02	6.01E-02
23 8.50	0.	0.	2.06E-06	0.	0.	0.	1.64E-03	3.87E-03	3.16E-02	2.32E-02	6.03E-02
24 8.40	0.	0.	2.06E-06	0.	0.	0.	1.65E-03	4.01E-03	3.17E-02	2.31E-02	6.05E-02
25 8.30	0.	0.	1.78E-06	0.	0.	0.	1.66E-03	4.16E-03	3.19E-02	2.31E-02	6.08E-02
26 8.20	0.	0.	1.81E-06	0.	0.	0.	1.67E-03	4.31E-03	3.20E-02	2.31E-02	6.11E-02
27 8.10	0.	0.	1.59E-06	0.	0.	0.	1.67E-03	4.48E-03	3.21E-02	2.31E-02	6.14E-02
28 8.00	0.	0.	1.61E-06	0.	0.	0.	1.68E-03	4.65E-03	3.24E-02	2.31E-02	6.18E-02
29 7.90	0.	0.	1.40E-06	0.	0.	0.	1.69E-03	4.83E-03	3.26E-02	2.32E-02	6.23E-02
30 7.80	0.	0.	1.47E-06	0.	0.	0.	1.70E-03	5.02E-03	3.29E-02	2.32E-02	6.27E-02
31 7.70	0.	0.	1.31E-06	0.	6.77E-11	0.	1.71E-03	5.22E-03	3.31E-02	2.32E-02	6.32E-02
32 7.60	0.	0.	1.25E-06	0.	2.16E-10	0.	1.72E-03	5.43E-03	3.34E-02	2.32E-02	6.37E-02
33 7.50	0.	0.	1.18E-06	0.	1.96E-09	0.	1.73E-03	5.65E-03	3.35E-02	2.32E-02	6.41E-02
34 7.40	0.	0.	1.07E-06	0.	7.41E-09	0.	1.74E-03	5.88E-03	3.38E-02	2.32E-02	6.46E-02
35 7.30	0.	0.	9.36E-07	0.	2.07E-08	0.	1.74E-03	6.13E-03	3.40E-02	2.32E-02	6.52E-02
36 7.20	0.	0.	9.09E-07	0.	6.53E-08	0.	1.75E-03	6.39E-03	3.43E-02	2.33E-02	6.57E-02
37 7.10	2.62E-10	0.	8.45E-07	0.	1.24E-07	0.	1.77E-03	6.67E-03	3.45E-02	2.33E-02	6.63E-02
38 7.00	5.15E-10	0.	7.84E-07	0.	1.82E-07	0.	1.78E-03	6.96E-03	3.48E-02	2.33E-02	6.68E-02
39 6.90	4.47E-10	0.	7.65E-07	0.	3.03E-07	0.	1.80E-03	7.27E-03	3.51E-02	2.33E-02	6.74E-02
40 6.80	3.29E-10	0.	6.79E-07	0.	2.93E-07	0.	1.81E-03	7.60E-03	3.53E-02	2.34E-02	6.81E-02
41 6.70	2.02E-10	0.	6.17E-07	1.11E-09	2.53E-07	0.	1.83E-03	7.95E-03	3.56E-02	2.34E-02	6.87E-02
42 6.60	1.17E-10	0.	4.99E-07	5.30E-09	3.58E-07	0.	1.84E-03	8.32E-03	3.59E-02	2.35E-02	6.96E-02
43 6.50	6.80E-11	0.	3.53E-07	7.63E-09	3.29E-07	0.	1.85E-03	8.71E-03	3.63E-02	2.35E-02	7.04E-02
44 6.40	3.99E-11	0.	2.26E-07	2.20E-08	2.48E-07	0.	1.87E-03	9.13E-03	3.67E-02	2.36E-02	7.23E-02
45 6.30	1.82E-11	0.	1.28E-07	2.15E-08	3.32E-07	0.	1.88E-03	9.58E-03	3.72E-02	2.37E-02	7.34E-02
46 6.20	1.46E-11	0.	6.12E-08	3.19E-08	4.01E-07	0.	1.90E-03	1.00E-02	3.76E-02	2.39E-02	7.46E-02
47 6.10	6.12E-12	0.	1.57E-08	4.49E-08	2.04E-07	0.	1.91E-03	1.06E-02	3.81E-02	2.40E-02	7.58E-02
48 6.00	3.57E-12	0.	1.13E-09	5.34E-08	1.97E-07	0.	1.93E-03	1.11E-02	3.86E-02	2.42E-02	7.72E-02
49 5.90	8.84E-13	0.	2.86E-11		2.07E-07	0.	1.93E-03	1.17E-02	3.92E-02	2.44E-02	7.85E-02
50 5.80	1.13E-13	0.	0.		2.31E-07	0.	1.90E-03	1.23E-02	3.98E-02	2.46E-02	7.85E-02
51 5.70	8.32E-15	0.	0.			0.	1.78E-03	1.30E-02	4.03E-02	2.48E-02	7.99E-02

ABSORPTION COEFFICIENTS OF HEATED AIR (INVERSE CM.)

TEMPERATURE (DEGREES K) 21000.   DENSITY (GM/CC) 1.293E-04   (1.0E-01 NORMAL)

	PHOTON ENERGY	O2 S-R BANDS	N2 1ST POS.	N2 2ND POS.	N2+ 1ST NEG.	NO BETA	NO GAMMA	NO VIB-ROT	NO2	O- PHOTO-DET (IONS)	FREE-FREE (IONS)	N P.E.	O P.E.	TOTAL AIR
52	5.60	3.77E-16	0.	0.	0.	4.66E-08	2.99E-07	0.	0.	1.66E-03	1.37E-02	4.11E-02	2.50E-02	8.14E-02
53	5.50	0.	0.	0.	0.	5.69E-08	2.77E-07	0.	0.	1.67E-03	1.45E-02	4.20E-02	2.52E-02	8.33E-02
54	5.40	0.	0.	0.	0.	5.32E-08	2.31E-07	0.	0.	1.68E-03	1.53E-02	4.31E-02	2.55E-02	8.56E-02
55	5.30	0.	0.	0.	0.	5.45E-08	2.87E-07	0.	0.	1.69E-03	1.62E-02	4.43E-02	2.58E-02	8.80E-02
56	5.20	0.	0.	0.	0.	5.91E-08	2.26E-07	0.	0.	1.70E-03	1.71E-02	4.53E-02	2.63E-02	9.04E-02
57	5.10	0.	0.	0.	0.	5.93E-08	2.88E-07	0.	0.	1.71E-03	1.82E-02	4.66E-02	2.67E-02	9.32E-02
58	5.00	5.30E-09	0.	0.	0.	5.45E-08	2.75E-07	0.	0.	1.73E-03	1.93E-02	4.81E-02	2.71E-02	9.63E-02
59	4.90	1.31E-08	0.	0.	0.	6.12E-08	3.03E-07	0.	0.	1.74E-03	2.05E-02	4.98E-02	2.76E-02	9.97E-02
60	4.80	2.48E-08	0.	0.	0.	6.67E-08	2.86E-07	0.	0.	1.75E-03	2.19E-02	5.17E-02	2.82E-02	1.03E-01
61	4.70	3.40E-08	0.	0.	0.	6.90E-08	2.62E-07	0.	0.	1.77E-03	2.33E-02	5.36E-02	2.89E-02	1.08E-01
62	4.60	4.75E-08	0.	0.	0.	6.40E-08	2.37E-07	0.	0.	1.78E-03	2.49E-02	5.59E-02	2.97E-02	1.12E-01
63	4.50	5.04E-08	0.	8.18E-08	0.	6.46E-08	1.79E-07	0.	0.	1.80E-03	2.66E-02	5.88E-02	3.05E-02	1.18E-01
64	4.40	5.45E-08	0.	2.37E-07	0.	6.23E-08	1.22E-07	0.	0.	1.81E-03	2.85E-02	6.18E-02	3.14E-02	1.23E-01
65	4.30	5.21E-08	0.	8.17E-07	0.	6.58E-08	7.77E-08	0.	0.	1.83E-03	3.05E-02	6.52E-02	3.22E-02	1.30E-01
66	4.20	4.91E-08	0.	2.51E-06	0.	6.51E-08	5.34E-08	0.	0.	1.84E-03	3.28E-02	6.85E-02	3.31E-02	1.36E-01
67	4.10	4.65E-08	0.	1.17E-06	0.	6.34E-08	1.51E-08	0.	0.	1.85E-03	3.52E-02	7.19E-02	3.30E-02	1.42E-01
68	4.00	4.33E-08	0.	3.64E-06	0.	5.94E-08	1.13E-08	0.	0.	1.85E-03	3.80E-02	7.53E-02	1.62E-02	1.31E-01
69	3.90	3.72E-08	0.	1.74E-06	2.64E-06	6.42E-08	4.19E-09	0.	0.	1.85E-03	4.10E-02	7.46E-02	1.67E-02	1.34E-01
70	3.80	4.10E-08	0.	2.85E-06	1.03E-05	5.59E-08	0.	0.	0.	1.81E-03	4.44E-02	7.54E-02	1.75E-02	1.39E-01
71	3.70	3.71E-08	0.	2.59E-06	4.91E-05	6.04E-08	0.	0.	0.	1.81E-03	4.81E-02	6.34E-02	1.91E-02	1.32E-01
72	3.60	3.38E-08	0.	2.10E-06	2.50E-05	4.86E-08	0.	0.	0.	1.70E-03	5.23E-02	6.84E-02	2.08E-02	1.43E-01
73	3.50	3.19E-08	0.	2.73E-06	4.42E-05	5.45E-08	0.	0.	0.	1.55E-03	5.70E-02	7.28E-02	2.28E-02	1.54E-01
74	3.40	2.97E-08	0.	1.84E-06	7.48E-05	4.70E-08	0.	0.	0.	8.96E-04	6.23E-02	8.08E-02	2.51E-02	1.69E-01
75	3.30	2.39E-08	0.	1.23E-06	2.73E-05	4.51E-08	0.	0.	0.	8.97E-04	6.83E-02	8.90E-02	2.74E-02	1.86E-01
76	3.20	2.11E-08	0.	9.66E-07	4.23E-05	4.32E-08	0.	0.	0.	8.99E-04	7.50E-02	9.72E-02	2.98E-02	2.03E-01
77	3.10	2.05E-08	0.	5.99E-07	1.19E-05	2.40E-08	0.	0.	0.	9.01E-04	8.26E-02	1.06E-01	3.22E-02	2.22E-01
78	3.00	1.86E-08	0.	3.80E-07	2.58E-05	1.35E-08	0.	0.	0.	9.03E-04	9.13E-02	1.14E-01	3.47E-02	2.41E-01
79	2.90	1.59E-08	0.	1.83E-07	1.39E-05	1.47E-09	0.	0.	0.	9.05E-04	1.01E-01	1.24E-01	3.74E-02	2.63E-01
80	2.80	1.67E-08	0.	8.63E-08	7.79E-06	1.59E-10	0.	0.	0.	9.06E-04	1.13E-01	1.34E-01	4.06E-02	2.89E-01
81	2.70	1.10E-08	0.	4.14E-08	1.21E-05	0.	0.	0.	0.	9.06E-04	1.26E-01	1.46E-01	4.40E-02	3.17E-01
82	2.60	5.33E-09	0.	4.30E-08	1.28E-05	0.	0.	0.	0.	9.06E-04	1.41E-01	1.58E-01	4.74E-02	3.48E-01
83	2.50	3.78E-10	0.	0.	1.26E-06	0.	0.	0.	0.	9.06E-04	1.59E-01	1.81E-01	3.06E-02	3.72E-01
84	2.40	0.	1.88E-07	0.	9.48E-07	0.	0.	0.	0.	9.09E-04	1.80E-01	2.11E-01	3.56E-02	4.28E-01
85	2.30	0.	5.46E-07	0.	0.	0.	0.	0.	0.	8.95E-04	2.06E-01	1.88E-01	4.25E-02	4.37E-01
86	2.20	0.	1.47E-06	0.	0.	0.	0.	0.	0.	8.92E-04	2.35E-01	2.23E-01	5.06E-02	5.09E-01
87	2.10	0.	1.49E-06	0.	0.	0.	0.	0.	0.	8.63E-04	2.71E-01	2.59E-01	5.87E-02	5.90E-01
88	2.00	0.	2.99E-06	0.	0.	0.	0.	0.	0.	8.30E-04	3.15E-01	2.96E-01	6.70E-02	6.78E-01
89	1.90	0.	3.53E-06	0.	0.	0.	0.	0.	0.	7.94E-04	3.68E-01	3.40E-01	7.83E-02	7.86E-01
90	1.80	0.	3.04E-06	0.	0.	0.	0.	0.	0.	7.46E-04	4.35E-01	4.07E-01	9.54E-02	9.38E-01
91	1.70	0.	3.43E-06	0.	0.	0.	0.	0.	0.	6.35E-04	5.19E-01	4.90E-01	1.16E-01	1.13E 00
92	1.60	0.	2.60E-06	0.	0.	0.	0.	0.	0.	2.88E-04	6.26E-01	5.73E-01	1.37E-01	1.34E 00
93	1.50	0.	2.95E-06	0.	0.	0.	0.	0.	0.	0.	7.64E-01	7.46E-01	1.66E-01	1.68E 00
94	1.40	0.	2.90E-06	0.	0.	0.	0.	0.	0.	0.	9.43E-01	9.34E-01	1.99E-01	2.08E 00
95	1.30	0.	2.22E-06	0.	0.	0.	0.	0.	0.	0.	1.18E 00	1.26E 00	2.64E-01	2.70E 00
96	1.20	0.	2.12E-06	0.	0.	0.	0.	0.	0.	0.	1.51E 00	1.40E 00	2.70E-01	3.18E 00
97	1.10	0.	2.06E-06	0.	0.	0.	0.	2.82E-12	0.	0.	1.97E 00	1.73E 00	3.31E-01	4.03E 00
98	1.00	0.	1.89E-06	0.	0.	0.	0.	4.61E-11	0.	0.	2.65E 00	2.10E 00	3.77E-01	5.12E 00
99	0.90	0.	1.55E-06	0.	0.	0.	0.	5.39E-11	0.	0.	3.66E 00	2.42E 00	4.43E-01	6.53E 00
100	0.80	0.	7.29E-07	0.	0.	0.	0.	1.19E-09	0.	0.	5.27E 00	2.79E 00	5.08E-01	8.57E 00
101	0.70	0.	1.68E-07	0.	0.	0.	0.	1.13E-09	0.	0.	7.98E 00	3.01E 00	5.13E-01	1.15E 01
102	0.60	0.	3.74E-08	0.	0.	0.	0.	3.56E-09	0.	0.	1.29E 01	3.36E 00	5.74E-01	1.68E 01

ABSORPTION COEFFICIENTS OF HEATED AIR (INVERSE CM.)

TEMPERATURE (DEGREES K) 21000.   DENSITY (GM/CC) 1.293E-05   (10.0E-03 NORMAL)

PHOTON	ENERGY BANDS E.V.	O2 S-R	O2 S-R CONT.	N2 B-H NO. 1	NO BETA	NO GAMMA	NO 2	O- PHOTO-DET (IONS)	FREE-FREE (IONS)	N P.E.	O P.E.	TOTAL AIR
1	10.70	0.	0.	2.51E-09	0.	0.	0.	5.21E-06	4.02E-05	2.36E-02	5.95E-04	2.42E-02
2	10.60	0.	0.	2.31E-09	0.	0.	0.	5.22E-06	4.13E-05	1.61E-03	5.92E-04	2.25E-03
3	10.50	0.	0.	2.35E-09	0.	0.	0.	5.23E-06	4.25E-05	1.62E-03	5.89E-04	2.26E-03
4	10.40	0.	0.	2.26E-09	0.	0.	0.	5.23E-06	4.38E-05	1.63E-03	5.87E-04	2.26E-03
5	10.30	0.	0.	1.99E-09	0.	0.	0.	5.24E-06	4.51E-05	1.63E-03	5.84E-04	2.27E-03
6	10.20	0.	0.	2.08E-09	0.	0.	0.	5.24E-06	4.64E-05	1.64E-03	5.82E-04	2.27E-03
7	10.10	0.	0.	1.97E-09	0.	0.	0.	5.25E-06	4.79E-05	1.63E-03	5.79E-04	2.27E-03
8	10.00	0.	0.	1.76E-09	0.	0.	0.	5.26E-06	4.93E-05	1.57E-03	5.76E-04	2.20E-03
9	9.9	0.	0.	1.81E-09	0.	0.	0.	5.28E-06	5.08E-05	1.58E-03	5.74E-04	2.21E-03
10	9.8	0.	0.	1.72E-09	0.	0.	0.	5.28E-06	5.24E-05	1.58E-03	5.71E-04	2.21E-03
11	9.7	0.	0.	1.51E-09	0.	0.	0.	5.29E-06	5.41E-05	1.58E-03	5.69E-04	2.21E-03
12	9.6	0.	0.	1.63E-09	0.	0.	0.	5.30E-06	5.58E-05	1.59E-03	5.66E-04	2.22E-03
13	9.5	0.	0.	1.42E-09	0.	0.	0.	5.31E-06	5.76E-05	1.59E-03	5.63E-04	2.22E-03
14	9.4	0.	0.	1.36E-09	0.	0.	0.	5.32E-06	5.95E-05	1.60E-03	5.61E-04	2.22E-03
15	9.3	0.	0.	1.40E-09	0.	0.	0.	5.34E-06	6.14E-05	1.60E-03	5.58E-04	2.23E-03
16	9.2	0.	0.	1.28E-09	0.	0.	0.	5.36E-06	6.35E-05	1.61E-03	5.56E-04	2.23E-03
17	9.1	0.	0.	1.22E-09	0.	0.	0.	5.38E-06	6.56E-05	6.55E-04	5.53E-04	1.28E-03
18	9.0	0.	0.	1.12E-09	0.	0.	0.	5.40E-06	6.79E-05	6.56E-04	5.51E-04	1.28E-03
19	8.9	0.	0.	1.05E-09	0.	0.	0.	5.42E-06	7.02E-05	6.57E-04	5.49E-04	1.28E-03
20	8.8	0.	0.	1.04E-09	0.	0.	0.	5.44E-06	7.26E-05	6.59E-04	5.46E-04	1.28E-03
21	8.7	0.	0.	9.17E-10	0.	0.	0.	5.46E-06	7.52E-05	6.61E-04	5.44E-04	1.29E-03
22	8.6	0.	0.	9.50E-10	0.	0.	0.	5.48E-06	7.79E-05	6.62E-04	5.42E-04	1.29E-03
23	8.5	0.	0.	8.47E-10	0.	0.	0.	5.53E-06	8.07E-05	6.65E-04	5.39E-04	1.29E-03
24	8.4	0.	0.	8.47E-10	0.	0.	0.	5.53E-06	8.37E-05	6.68E-04	5.37E-04	1.29E-03
25	8.3	0.	0.	7.31E-10	0.	0.	0.	5.56E-06	8.67E-05	6.71E-04	5.36E-04	1.30E-03
26	8.2	0.	0.	7.44E-10	0.	0.	0.	5.59E-06	9.00E-05	6.75E-04	5.37E-04	1.31E-03
27	8.1	0.	0.	6.52E-10	0.	0.	0.	5.61E-06	9.34E-05	6.78E-04	5.37E-04	1.31E-03
28	8.0	0.	0.	6.61E-10	0.	0.	0.	5.64E-06	9.70E-05	6.83E-04	5.37E-04	1.32E-03
29	7.9	0.	0.	5.77E-10	0.	0.	0.	5.67E-06	1.01E-04	6.89E-04	5.38E-04	1.33E-03
30	7.8	0.	0.	6.03E-10	0.	0.	0.	5.70E-06	1.05E-04	6.94E-04	5.39E-04	1.34E-03
31	7.7	0.	0.	5.37E-10	0.	0.	0.	5.73E-06	1.09E-04	7.00E-04	5.39E-04	1.35E-03
32	7.6	0.	0.	5.16E-10	0.	0.	0.	5.76E-06	1.13E-04	7.06E-04	5.39E-04	1.36E-03
33	7.5	0.	0.	4.84E-10	0.	0.	0.	5.79E-06	1.18E-04	6.99E-04	5.40E-04	1.36E-03
34	7.4	0.	0.	4.21E-10	0.	3.19E-14	0.	5.82E-06	1.23E-04	7.05E-04	5.40E-04	1.37E-03
35	7.3	0.	0.	3.85E-10	0.	1.02E-13	0.	5.85E-06	1.28E-04	7.11E-04	5.40E-04	1.37E-03
36	7.2	0.	0.	3.74E-10	0.	9.22E-13	0.	5.88E-06	1.33E-04	7.17E-04	5.41E-04	1.38E-03
37	7.1	0.	0.	3.47E-10	0.	3.49E-12	0.	5.93E-06	1.39E-04	7.23E-04	5.41E-04	1.40E-03
38	7.0	1.41E-13	0.	3.23E-10	0.	9.77E-12	0.	5.98E-06	1.45E-04	7.29E-04	5.42E-04	1.41E-03
39	6.9	2.78E-13	0.	3.15E-10	0.	3.08E-11	0.	6.03E-06	1.52E-04	7.36E-04	5.42E-04	1.42E-03
40	6.8	2.42E-13	0.	2.79E-10	0.	5.86E-11	0.	6.08E-06	1.59E-04	7.42E-04	5.43E-04	1.44E-03
41	6.7	1.77E-13	0.	2.54E-10	0.	8.60E-11	0.	6.13E-06	1.66E-04	7.48E-04	5.44E-04	1.45E-03
42	6.6	1.09E-13	0.	2.05E-10	0.	1.43E-10	0.	6.17E-06	1.74E-04	7.57E-04	5.46E-04	1.46E-03
43	6.5	6.34E-14	0.	1.45E-10	0.	1.38E-10	0.	6.22E-06	1.82E-04	7.63E-04	5.47E-04	1.48E-03
44	6.4	3.67E-14	0.	9.28E-11	5.23E-13	1.69E-10	0.	6.27E-06	1.90E-04	7.72E-04	5.48E-04	1.48E-03
45	6.3	2.16E-14	0.	5.25E-11	2.50E-12	1.55E-10	0.	6.32E-06	2.00E-04	7.91E-04	5.51E-04	1.50E-03
46	6.2	9.83E-15	0.	2.52E-11	3.60E-12	1.57E-10	0.	6.37E-06	2.10E-04	8.02E-04	5.55E-04	1.54E-03
47	6.1	4.57E-15	0.	6.47E-12	1.04E-11	1.89E-10	0.	6.41E-06	2.20E-04	8.13E-04	5.59E-04	1.56E-03
48	6.0	1.93E-15	0.	4.65E-13	1.02E-11	9.62E-11	0.	6.46E-06	2.32E-04	8.27E-04	5.64E-04	1.59E-03
49	5.9	4.77E-16	0.	1.18E-14	1.50E-11	9.29E-11	0.	6.46E-06	2.44E-04	8.40E-04	5.68E-04	1.62E-03
50	5.8	6.10E-17	0.	0.	2.12E-11	9.74E-11	0.	6.37E-06	2.57E-04	8.53E-04	5.72E-04	1.68E-03
51	5.7	4.49E-18	0.	0.	2.52E-11	1.09E-10	0.	5.98E-06	2.71E-04	8.53E-04	5.76E-04	1.71E-03

ABSORPTION COEFFICIENTS OF HEATED AIR (INVERSE CM.)

TEMPERATURE (DEGREES K) 21000. DENSITY (GM/CC) 1.293E-05 (10.0E-03 NORMAL)

	PHOTON ENERGY	O2 S-R BANDS	N2 1ST POS.	N2 2ND POS.	N2+ 1ST NEG.	NO BETA	NO GAMMA	NO VIB-ROT	NO2	O- PHOTO-DET	FREE-FREE (IONS)	N P.E.	O P.E.	TOTAL AIR
52	5.60	2.04E-19	0.	0.	0.	2.19E-11	1.41E-10	0.	0.	5.56E-06	2.86E-04	8.69E-04	5.81E-04	1.74E-03
53	5.50	0.	0.	0.	0.	2.68E-11	1.31E-10	0.	0.	5.59E-06	3.02E-04	8.89E-04	5.86E-04	1.78E-03
54	5.40	0.	0.	0.	0.	2.51E-11	1.09E-10	0.	0.	5.62E-06	3.19E-04	9.14E-04	5.93E-04	1.83E-03
55	5.30	0.	0.	0.	0.	2.57E-11	1.35E-10	0.	0.	5.66E-06	3.38E-04	9.39E-04	6.01E-04	1.88E-03
56	5.20	0.	0.	0.	0.	2.79E-11	1.06E-10	0.	0.	5.69E-06	3.58E-04	9.31E-04	6.11E-04	1.91E-03
57	5.10	0.	0.	0.	0.	2.79E-11	1.35E-10	0.	0.	5.74E-06	3.80E-04	9.59E-04	6.20E-04	1.96E-03
58	5.00	2.86E-12	0.	0.	0.	2.57E-11	1.29E-10	0.	0.	5.79E-06	4.03E-04	9.90E-04	6.30E-04	2.03E-03
59	4.90	7.05E-12	0.	0.	0.	2.88E-11	1.43E-10	0.	0.	5.84E-06	4.29E-04	1.02E-03	6.41E-04	2.10E-03
60	4.80	1.34E-11	0.	0.	0.	3.11E-11	1.34E-10	0.	0.	5.86E-06	4.56E-04	1.06E-03	6.55E-04	2.18E-03
61	4.70	1.84E-11	0.	0.	0.	3.14E-11	1.23E-10	0.	0.	5.93E-06	4.86E-04	1.10E-03	6.73E-04	2.27E-03
62	4.60	2.56E-11	0.	0.	0.	3.25E-11	1.12E-10	0.	0.	5.98E-06	5.19E-04	1.15E-03	6.91E-04	2.37E-03
63	4.50	2.72E-11	0.	3.36E-11	0.	3.01E-11	8.44E-11	0.	0.	6.03E-06	5.55E-04	1.21E-03	7.10E-04	2.48E-03
64	4.40	2.94E-11	0.	9.77E-11	0.	3.04E-11	5.76E-11	0.	0.	6.08E-06	5.94E-04	1.27E-03	7.29E-04	2.60E-03
65	4.30	2.82E-11	0.	3.36E-10	0.	2.94E-11	3.66E-11	0.	0.	6.13E-06	6.37E-04	1.34E-03	7.49E-04	2.74E-03
66	4.20	2.65E-11	0.	1.03E-09	0.	3.10E-11	2.52E-11	0.	0.	6.17E-06	6.84E-04	1.41E-03	7.70E-04	2.87E-03
67	4.10	2.51E-11	0.	4.80E-10	0.	3.07E-11	7.10E-12	0.	0.	6.20E-06	7.36E-04	1.48E-03	7.67E-04	2.99E-03
68	4.00	2.34E-11	0.	3.07E-09	0.	2.99E-11	5.32E-12	0.	0.	6.22E-06	7.93E-04	1.55E-03	3.77E-04	2.73E-03
69	3.90	2.01E-11	0.	7.15E-10	7.52E-09	2.80E-11	1.97E-12	0.	0.	6.20E-06	8.56E-04	1.54E-03	3.89E-04	2.79E-03
70	3.80	2.22E-11	0.	1.15E-09	2.95E-08	3.02E-11	0.	0.	0.	6.17E-06	9.26E-04	1.56E-03	4.06E-04	2.90E-03
71	3.70	2.00E-11	0.	1.17E-09	1.40E-08	2.63E-11	0.	0.	0.	6.08E-06	1.00E-03	1.32E-03	4.43E-04	2.77E-03
72	3.60	1.82E-11	0.	8.65E-10	7.11E-08	2.85E-11	0.	0.	0.	5.69E-06	1.09E-03	1.42E-03	4.84E-04	3.00E-03
73	3.50	1.72E-11	0.	1.12E-09	1.26E-07	2.29E-11	0.	0.	0.	5.21E-06	1.19E-03	1.51E-03	5.31E-04	3.24E-03
74	3.40	1.60E-11	0.	7.40E-10	2.13E-08	2.58E-11	0.	0.	0.	3.00E-06	1.30E-03	1.67E-03	5.84E-04	3.56E-03
75	3.30	1.29E-11	0.	7.56E-10	7.77E-08	2.10E-11	0.	0.	0.	3.01E-06	1.42E-03	1.84E-03	6.37E-04	3.91E-03
76	3.20	1.14E-11	0.	5.07E-10	1.20E-07	2.22E-11	0.	0.	0.	3.02E-06	1.56E-03	2.01E-03	6.94E-04	4.27E-03
77	3.10	1.11E-11	0.	3.97E-10	3.38E-08	2.12E-11	0.	0.	0.	3.03E-06	1.72E-03	2.19E-03	7.50E-04	4.67E-03
78	3.00	1.01E-11	0.	2.46E-10	7.35E-08	2.03E-11	0.	0.	0.	3.03E-06	1.90E-03	2.36E-03	8.07E-04	5.08E-03
79	2.90	8.59E-12	0.	1.56E-10	3.97E-08	1.59E-11	0.	0.	0.	3.04E-06	2.11E-03	2.56E-03	8.71E-04	5.54E-03
80	2.80	9.03E-12	0.	7.54E-11	2.79E-08	1.13E-11	0.	0.	0.	3.04E-06	2.35E-03	2.78E-03	9.43E-04	6.08E-03
81	2.70	5.94E-12	0.	3.55E-11	3.46E-08	6.35E-12	0.	0.	0.	3.04E-06	2.63E-03	3.02E-03	1.02E-03	6.67E-03
82	2.60	2.88E-12	0.	1.70E-11	3.65E-08	2.86E-12	0.	0.	0.	3.04E-06	2.95E-03	3.24E-03	1.10E-03	7.29E-03
83	2.50	2.04E-13	0.	1.77E-12	3.58E-09	6.93E-13	0.	0.	0.	3.04E-06	3.32E-03	3.69E-03	1.13E-03	7.73E-03
84	2.40	0.	7.74E-11	0.	2.70E-09	7.48E-14	0.	0.	0.	3.01E-06	3.77E-03	4.30E-03	8.29E-04	8.90E-03
85	2.30	0.	2.25E-10	0.	0.	0.	0.	0.	0.	3.00E-06	4.29E-03	3.85E-03	9.87E-04	9.13E-03
86	2.20	0.	6.06E-10	0.	0.	0.	0.	0.	0.	2.99E-06	4.91E-03	4.55E-03	1.18E-03	1.06E-02
87	2.10	0.	6.13E-10	0.	0.	0.	0.	0.	0.	2.89E-06	5.66E-03	5.29E-03	1.37E-03	1.23E-02
88	2.00	0.	1.23E-09	0.	0.	0.	0.	0.	0.	2.78E-06	6.56E-03	6.04E-03	1.56E-03	1.42E-02
89	1.90	0.	1.45E-09	0.	0.	0.	0.	0.	0.	2.66E-06	7.67E-03	6.93E-03	1.82E-03	1.64E-02
90	1.80	0.	1.25E-09	0.	0.	0.	0.	0.	0.	2.51E-06	9.07E-03	8.31E-03	2.22E-03	1.96E-02
91	1.70	0.	1.41E-09	0.	0.	0.	0.	0.	0.	2.12E-06	1.08E-02	9.98E-03	2.70E-03	2.35E-02
92	1.60	0.	1.07E-09	0.	0.	0.	0.	0.	0.	9.65E-07	1.31E-02	1.17E-02	3.18E-03	2.79E-02
93	1.50	0.	1.21E-09	0.	0.	0.	0.	0.	0.	0.	1.59E-02	1.52E-02	3.86E-03	3.50E-02
94	1.40	0.	1.19E-09	0.	0.	0.	0.	0.	0.	0.	1.97E-02	1.90E-02	4.61E-03	4.33E-02
95	1.30	0.	9.15E-10	0.	0.	0.	0.	0.	0.	0.	2.47E-02	2.55E-02	6.08E-03	5.62E-02
96	1.20	0.	8.73E-10	0.	0.	0.	0.	0.	0.	0.	3.15E-02	2.85E-02	6.13E-03	6.61E-02
97	1.10	0.	8.47E-10	0.	0.	0.	0.	1.33E-15	0.	0.	4.11E-02	3.51E-02	7.68E-03	8.39E-02
98	1.00	0.	7.79E-10	0.	0.	0.	0.	2.17E-14	0.	0.	5.52E-02	4.26E-02	8.76E-03	1.07E-01
99	0.90	0.	0.	0.	0.	0.	0.	2.54E-14	0.	0.	7.65E-02	4.91E-02	1.03E-02	1.36E-01
100	0.80	0.	3.09E-10	0.	0.	0.	0.	5.61E-13	0.	0.	1.10E-01	5.65E-02	1.18E-02	1.78E-01
101	0.70	0.	6.92E-11	0.	0.	0.	0.	5.35E-13	0.	0.	1.66E-01	6.10E-02	1.19E-02	2.39E-01
102	0.60	0.	1.54E-11	0.	0.	0.	0.	1.68E-12	0.	0.	2.69E-01	6.83E-02	1.33E-02	3.51E-01

ABSORPTION COEFFICIENTS OF HEATED AIR (INVERSE CM.)

TEMPERATURE (DEGREES K) 21000.   DENSITY (GM/CC) 1.293E-06   (10.0E-04 NORMAL)

#	PHOTON ENERGY E.V.	O2 S-R BANDS	O2 S-R CONT.	N2 B-H NO. 1	NO BETA	NO GAMMA	NO 2	O- PHOTO-DET (IONS)	FREE-FREE (IONS)	N P.E.	O P.E.	TOTAL AIR
1	10.70	0.	0.	3.27E-13	0.	0.	0.	6.71E-09	4.79E-07	2.59E-05	7.17E-06	3.36E-05
2	10.60	0.	0.	3.01E-13	0.	0.	0.	6.71E-09	4.93E-07	2.61E-05	7.12E-06	3.37E-05
3	10.50	0.	0.	3.06E-13	0.	0.	0.	6.72E-09	5.07E-07	2.63E-05	7.09E-06	3.39E-05
4	10.40	0.	0.	2.93E-13	0.	0.	0.	6.73E-09	5.22E-07	2.65E-05	7.06E-06	3.41E-05
5	10.30	0.	0.	2.59E-13	0.	0.	0.	6.74E-09	5.37E-07	2.67E-05	7.03E-06	3.43E-05
6	10.20	0.	0.	2.70E-13	0.	0.	0.	6.75E-09	5.53E-07	2.69E-05	7.00E-06	3.45E-05
7	10.10	0.	0.	2.56E-13	0.	0.	0.	6.76E-09	5.70E-07	2.70E-05	6.97E-06	3.46E-05
8	10.00	0.	0.	2.28E-13	0.	0.	0.	6.77E-09	5.84E-07	2.01E-05	6.94E-06	2.77E-05
9	9.90	0.	0.	2.35E-13	0.	0.	0.	6.78E-09	6.06E-07	2.02E-05	6.91E-06	2.78E-05
10	9.80	0.	0.	2.23E-13	0.	0.	0.	6.79E-09	6.25E-07	2.03E-05	6.88E-06	2.78E-05
11	9.70	0.	0.	1.96E-13	0.	0.	0.	6.81E-09	6.44E-07	2.04E-05	6.84E-06	2.78E-05
12	9.60	0.	0.	2.12E-13	0.	0.	0.	6.82E-09	6.65E-07	2.04E-05	6.81E-06	2.79E-05
13	9.50	0.	0.	1.84E-13	0.	0.	0.	6.83E-09	6.84E-07	2.05E-05	6.78E-06	2.80E-05
14	9.40	0.	0.	1.77E-13	0.	0.	0.	6.85E-09	7.09E-07	2.06E-05	6.75E-06	2.81E-05
15	9.30	0.	0.	1.82E-13	0.	0.	0.	6.88E-09	7.32E-07	2.07E-05	6.73E-06	2.82E-05
16	9.20	0.	0.	1.54E-13	0.	0.	0.	6.90E-09	7.56E-07	2.08E-05	6.70E-06	2.83E-05
17	9.10	0.	0.	1.58E-13	0.	0.	0.	6.93E-09	7.82E-07	9.96E-06	6.67E-06	1.74E-05
18	9.00	0.	0.	1.46E-13	0.	0.	0.	6.95E-09	8.08E-07	1.00E-05	6.64E-06	1.75E-05
19	8.90	0.	0.	1.37E-13	0.	0.	0.	6.98E-09	8.36E-07	1.00E-05	6.61E-06	1.75E-05
20	8.80	0.	0.	1.35E-13	0.	0.	0.	7.00E-09	8.65E-07	1.01E-05	6.59E-06	1.76E-05
21	8.70	0.	0.	1.19E-13	0.	0.	0.	7.03E-09	8.96E-07	1.02E-05	6.56E-06	1.76E-05
22	8.60	0.	0.	1.23E-13	0.	0.	0.	7.05E-09	9.28E-07	1.02E-05	6.54E-06	1.77E-05
23	8.50	0.	0.	1.10E-13	0.	0.	0.	7.08E-09	9.61E-07	1.03E-05	6.51E-06	1.78E-05
24	8.40	0.	0.	1.10E-13	0.	0.	0.	7.12E-09	9.97E-07	1.03E-05	6.49E-06	1.78E-05
25	8.30	0.	0.	9.49E-14	0.	0.	0.	7.15E-09	1.03E-06	1.04E-05	6.47E-06	1.79E-05
26	8.20	0.	0.	9.66E-14	0.	0.	0.	7.19E-09	1.07E-06	1.05E-05	6.48E-06	1.81E-05
27	8.10	0.	0.	8.47E-14	0.	0.	0.	7.23E-09	1.11E-06	1.06E-05	6.46E-06	1.82E-05
28	8.00	0.	0.	8.59E-14	0.	0.	0.	7.26E-09	1.15E-06	1.08E-05	6.46E-06	1.84E-05
29	7.90	0.	0.	7.50E-14	0.	0.	0.	7.30E-09	1.20E-06	1.09E-05	6.47E-06	1.86E-05
30	7.80	0.	0.	7.84E-14	0.	0.	0.	7.34E-09	1.25E-06	1.10E-05	6.47E-06	1.87E-05
31	7.70	0.	0.	6.98E-14	0.	0.	0.	7.38E-09	1.30E-06	1.11E-05	6.48E-06	1.89E-05
32	7.60	0.	0.	6.70E-14	0.	4.32E-18	0.	7.41E-09	1.35E-06	9.92E-06	6.49E-06	1.78E-05
33	7.50	0.	0.	6.29E-14	0.	1.38E-17	0.	7.45E-09	1.40E-06	1.01E-05	6.50E-06	1.80E-05
34	7.40	0.	0.	5.71E-14	0.	1.25E-16	0.	7.49E-09	1.46E-06	1.02E-05	6.51E-06	1.82E-05
35	7.30	0.	0.	5.41E-14	0.	4.74E-16	0.	7.53E-09	1.52E-06	1.04E-05	6.51E-06	1.84E-05
36	7.20	0.	0.	5.00E-14	0.	1.33E-15	0.	7.58E-09	1.59E-06	1.06E-05	6.52E-06	1.87E-05
37	7.10	0.	0.	4.86E-14	0.	4.17E-15	0.	7.64E-09	1.66E-06	1.08E-05	6.53E-06	1.90E-05
38	7.00	2.00E-17	0.	4.51E-14	0.	7.94E-15	0.	7.73E-09	1.73E-06	1.11E-05	6.54E-06	1.92E-05
39	6.90	3.94E-17	0.	4.19E-14	0.	1.17E-14	0.	7.76E-09	1.81E-06	1.11E-05	6.56E-06	1.95E-05
40	6.80	3.42E-17	0.	4.09E-14	0.	1.94E-14	0.	7.82E-09	1.89E-06	1.13E-05	6.57E-06	1.98E-05
41	6.70	2.51E-17	0.	3.63E-14	0.	1.87E-14	0.	7.89E-09	1.98E-06	1.15E-05	6.59E-06	2.01E-05
42	6.60	1.54E-17	0.	3.29E-14	0.	1.62E-14	0.	7.95E-09	2.07E-06	1.17E-05	6.61E-06	2.04E-05
43	6.50	8.97E-18	0.	2.67E-14	0.	2.29E-14	0.	8.01E-09	2.16E-06	1.16E-05	6.63E-06	2.04E-05
44	6.40	5.05E-18	0.	1.89E-14	7.09E-17	2.10E-14	0.	8.07E-09	2.27E-06	1.18E-05	6.65E-06	2.07E-05
45	6.30	1.39E-18	0.	1.21E-14	3.39E-16	1.59E-14	0.	8.13E-09	2.38E-06	1.21E-05	6.68E-06	2.11E-05
46	6.20	6.47E-19	0.	6.82E-15	4.88E-16	2.12E-14	0.	8.20E-09	2.50E-06	1.23E-05	6.74E-06	2.15E-05
47	6.10	6.47E-19	0.	3.27E-15	1.40E-15	2.54E-14	0.	8.26E-09	2.62E-06	1.25E-05	6.80E-06	2.19E-05
48	6.00	2.73E-19	0.	8.41E-16	1.38E-15	1.20E-14	0.	8.32E-09	2.76E-06	1.28E-05	6.85E-06	2.24E-05
49	5.90	6.75E-20	0.	6.04E-17	2.04E-15	1.26E-14	0.	8.32E-09	2.90E-06	1.30E-05	6.91E-06	2.29E-05
50	5.80	8.63E-21	0.	1.53E-18	2.87E-15	1.32E-14	0.	8.20E-09	3.06E-06	1.33E-05	6.96E-06	2.34E-05
51	5.70	6.36E-22	0.	0.	3.41E-15	1.46E-14	0.	7.70E-09	3.22E-06	1.36E-05	7.02E-06	2.39E-05

ABSORPTION COEFFICIENTS OF HEATED AIR (INVERSE CM.)

TEMPERATURE (DEGREES K) 21000.   DENSITY (GM/CC) 1.293E-06   (10.0E-04 NORMAL)

	PHOTON ENERGY BANDS	O2 S-R	N2 1ST POS.	N2 2ND POS.	N2+ 1ST NEG.	NO BETA	NO GAMMA	NO VIB-ROT	NO2	O- PHOTO-DET (IONS)	FREE-FREE (IONS) P.E.	N P.E.	O P.E.	TOTAL AIR
52	5.60	2.88E-23	0.	0.	0.	2.98E-15	1.91E-14	0.	0.	7.16E-09	3.40E-06	1.39E-05	7.08E-06	2.44E-05
53	5.50	0.	0.	0.	0.	3.64E-15	1.77E-14	0.	0.	7.20E-09	3.59E-06	1.43E-05	7.15E-06	2.51E-05
54	5.40	0.	0.	0.	0.	3.40E-15	1.48E-14	0.	0.	7.23E-09	3.80E-06	1.48E-05	7.24E-06	2.58E-05
55	5.30	0.	0.	0.	0.	3.48E-15	1.83E-14	0.	0.	7.28E-09	4.02E-06	1.17E-05	7.34E-06	2.31E-05
56	5.20	0.	0.	0.	0.	3.78E-15	1.44E-14	0.	0.	7.33E-09	4.26E-06	1.21E-05	7.32E-06	2.36E-05
57	5.10	0.	0.	0.	0.	3.79E-15	1.84E-14	0.	0.	7.39E-09	4.52E-06	1.29E-05	7.44E-06	2.44E-05
58	5.00	4.05E-16	0.	0.	0.	3.48E-15	1.76E-14	0.	0.	7.45E-09	4.80E-06	1.29E-05	7.56E-06	2.53E-05
59	4.90	9.98E-16	0.	0.	0.	3.91E-15	1.94E-14	0.	0.	7.51E-09	5.10E-06	1.34E-05	7.70E-06	2.62E-05
60	4.80	1.90E-15	0.	0.	0.	4.22E-15	1.83E-14	0.	0.	7.58E-09	5.43E-06	1.39E-05	7.87E-06	2.72E-05
61	4.70	2.60E-15	0.	0.	0.	4.26E-15	1.67E-14	0.	0.	7.64E-09	5.79E-06	1.44E-05	8.06E-06	2.83E-05
62	4.60	3.63E-15	0.	0.	0.	4.41E-15	1.52E-14	0.	0.	7.70E-09	6.18E-06	1.51E-05	8.30E-06	2.96E-05
63	4.50	3.85E-15	0.	4.37E-15	0.	4.09E-15	1.14E-14	0.	0.	7.76E-09	6.61E-06	1.60E-05	8.53E-06	3.11E-05
64	4.40	4.16E-15	0.	1.27E-14	0.	4.13E-15	7.80E-15	0.	0.	7.82E-09	7.07E-06	1.66E-05	8.74E-06	3.26E-05
65	4.30	3.98E-15	0.	4.37E-14	0.	3.98E-15	4.96E-15	0.	0.	7.89E-09	7.58E-06	1.77E-05	8.99E-06	3.43E-05
66	4.20	3.75E-15	0.	1.34E-13	0.	4.20E-15	3.41E-15	0.	0.	7.95E-09	8.14E-06	1.87E-05	9.24E-06	3.61E-05
67	4.10	3.55E-15	0.	6.23E-14	0.	4.16E-15	9.63E-16	0.	0.	7.98E-09	8.76E-06	1.97E-05	9.22E-06	3.77E-05
68	4.00	3.31E-15	0.	1.95E-13	0.	4.05E-15	7.21E-16	0.	0.	8.01E-09	9.44E-06	2.07E-05	4.58E-06	3.47E-05
69	3.90	2.85E-15	0.	9.28E-14	9.03E-12	3.79E-15	2.67E-16	0.	0.	7.98E-09	1.02E-05	2.05E-05	4.73E-06	3.54E-05
70	3.80	3.14E-15	0.	1.50E-13	3.54E-11	4.10E-15	0.	0.	0.	7.95E-09	1.10E-05	1.76E-05	4.94E-06	3.36E-05
71	3.70	2.83E-15	0.	1.52E-13	1.68E-11	3.57E-15	0.	0.	0.	7.82E-09	1.20E-05	1.85E-05	5.38E-06	3.58E-05
72	3.60	2.58E-15	0.	1.12E-13	8.54E-11	3.86E-15	0.	0.	0.	7.33E-09	1.30E-05	1.98E-05	5.88E-06	3.87E-05
73	3.50	2.44E-15	0.	1.46E-13	2.56E-11	3.11E-15	0.	0.	0.	6.71E-09	1.42E-05	2.11E-05	6.44E-06	4.17E-05
74	3.40	2.27E-15	0.	9.61E-14	9.33E-11	3.50E-15	0.	0.	0.	3.87E-09	1.55E-05	2.31E-05	7.07E-06	4.57E-05
75	3.30	1.83E-15	0.	9.83E-14	1.45E-10	2.84E-15	0.	0.	0.	3.87E-09	1.70E-05	2.53E-05	7.72E-06	4.99E-05
76	3.20	1.62E-15	0.	6.58E-14	4.07E-11	3.01E-15	0.	0.	0.	3.89E-09	1.86E-05	2.75E-05	8.40E-06	5.45E-05
77	3.10	1.57E-15	0.	5.16E-14	8.82E-11	2.88E-15	0.	0.	0.	3.89E-09	2.05E-05	2.98E-05	9.08E-06	5.94E-05
78	3.00	1.42E-15	0.	3.20E-14	4.77E-11	2.76E-15	0.	0.	0.	3.90E-09	2.27E-05	3.22E-05	9.77E-06	6.46E-05
79	2.90	1.21E-15	0.	2.03E-14	3.35E-11	2.15E-15	0.	0.	0.	3.91E-09	2.51E-05	3.47E-05	1.05E-05	7.03E-05
80	2.80	1.28E-15	0.	9.79E-15	4.35E-11	1.53E-15	0.	0.	0.	3.91E-09	2.80E-05	3.75E-05	1.14E-05	7.69E-05
81	2.70	8.41E-16	0.	4.61E-15	4.38E-12	8.61E-16	0.	0.	0.	3.91E-09	3.13E-05	3.65E-05	1.23E-05	8.01E-05
82	2.60	4.07E-16	0.	2.21E-15	4.30E-12	3.88E-16	0.	0.	0.	3.91E-09	3.51E-05	3.95E-05	1.33E-05	8.79E-05
83	2.50	2.89E-17	0.	2.30E-15	3.24E-12	9.40E-17	0.	0.	0.	3.91E-09	3.96E-05	4.46E-05	8.31E-06	9.25E-05
84	2.40	0.	1.01E-14	0.	0.	1.01E-17	0.	0.	0.	3.91E-09	4.48E-05	3.94E-05	1.00E-04	9.43E-05
85	2.30	0.	2.92E-14	0.	0.	0.	0.	0.	0.	3.88E-09	5.11E-05	4.75E-05	1.19E-04	1.10E-04
86	2.20	0.	7.87E-14	0.	0.	0.	0.	0.	0.	3.87E-09	5.85E-05	5.58E-05	1.42E-04	1.28E-04
87	2.10	0.	7.96E-14	0.	0.	0.	0.	0.	0.	3.85E-09	6.74E-05	6.47E-05	1.64E-04	1.48E-04
88	2.00	0.	1.60E-13	0.	0.	0.	0.	0.	0.	3.73E-09	7.81E-05	7.36E-05	1.87E-04	1.70E-04
89	1.90	0.	1.89E-13	0.	0.	0.	0.	0.	0.	3.58E-09	9.13E-05	8.41E-05	2.19E-04	1.97E-04
90	1.80	0.	1.62E-13	0.	0.	0.	0.	0.	0.	3.43E-09	1.08E-04	1.00E-04	2.66E-04	2.35E-04
91	1.70	0.	1.83E-13	0.	0.	0.	0.	0.	0.	3.23E-09	1.29E-04	1.20E-04	3.24E-04	2.81E-04
92	1.60	0.	1.39E-13	0.	0.	0.	0.	0.	0.	2.73E-09	1.55E-04	1.39E-04	3.81E-04	3.33E-04
93	1.50	0.	1.58E-13	0.	0.	0.	0.	0.	0.	1.24E-09	1.90E-04	1.80E-04	4.62E-04	4.16E-04
94	1.40	0.	1.55E-13	0.	0.	0.	0.	0.	0.	0.	2.34E-04	2.15E-04	5.52E-04	4.16E-04
95	1.30	0.	1.19E-13	0.	0.	0.	0.	0.	0.	0.	2.93E-04	2.34E-04	6.78E-04	5.04E-04
96	1.20	0.	1.13E-13	0.	0.	0.	0.	0.	0.	0.	3.75E-04	2.98E-04	7.32E-04	6.60E-04
97	1.10	0.	1.01E-13	0.	0.	0.	0.	1.80E-19	0.	0.	4.89E-04	3.28E-04	9.16E-04	7.76E-04
98	1.00	0.	1.05E-13	0.	0.	0.	0.	2.95E-18	0.	0.	6.57E-04	4.04E-04	1.04E-03	9.85E-04
99	0.90	0.	8.30E-14	0.	0.	0.	0.	3.44E-18	0.	0.	9.10E-04	4.90E-04	1.23E-03	1.25E-03
100	0.80	0.	3.90E-14	0.	0.	0.	0.	7.60E-17	0.	0.	1.31E-03	5.64E-04	1.41E-03	1.60E-03
101	0.70	0.	8.99E-15	0.	0.	0.	0.	7.25E-17	0.	0.	1.98E-03	6.49E-04	1.42E-03	2.10E-03
102	0.60	0.	2.00E-15	0.	0.	0.	0.	2.28E-16	0.	0.	3.20E-03	7.13E-04	1.59E-03	4.07E-03

ABSORPTION COEFFICIENTS OF HEATED AIR (INVERSE CM.)

TEMPERATURE (DEGREES K) 21000. DENSITY (GM/CC) 1.293E-07 (10.0E-05 NORMAL)

#	PHOTON ENERGY E.V.	O2 S-R BANDS	O2 S-R CONT.	N2 B-H NO. 1	NO BETA	NO GAMMA	NO2	O- PHOTO-DET (IONS)	FREE-FREE (IONS)	N P.E.	O P.E.	TOTAL AIR
1	10.70	0.	0.	3.22E-17	0.	0.	0.	7.83E-12	6.31E-09	9.54E-07	8.39E-08	1.04E-06
2	10.60	0.	0.	2.96E-17	0.	0.	0.	7.84E-12	6.45E-09	9.68E-07	8.36E-08	1.06E-06
3	10.50	0.	0.	3.01E-17	0.	0.	0.	7.85E-12	6.66E-09	3.85E-07	8.33E-08	4.75E-07
4	10.40	0.	0.	2.89E-17	0.	0.	0.	7.86E-12	6.88E-09	3.87E-07	8.30E-08	4.77E-07
5	10.30	0.	0.	2.55E-17	0.	0.	0.	7.87E-12	7.08E-09	3.89E-07	8.27E-08	4.79E-07
6	10.20	0.	0.	2.65E-17	0.	0.	0.	7.88E-12	7.29E-09	3.93E-07	8.24E-08	4.83E-07
7	10.10	0.	0.	2.52E-17	0.	0.	0.	7.89E-12	7.52E-09	3.97E-07	8.22E-08	4.86E-07
8	10.00	0.	0.	2.25E-17	0.	0.	0.	7.90E-12	7.74E-09	4.01E-07	8.19E-08	4.90E-07
9	9.90	0.	0.	2.31E-17	0.	0.	0.	7.91E-12	7.98E-09	4.05E-07	8.17E-08	4.94E-07
10	9.80	0.	0.	2.20E-17	0.	0.	0.	7.93E-12	8.23E-09	4.08E-07	8.15E-08	4.98E-07
11	9.70	0.	0.	1.93E-17	0.	0.	0.	7.94E-12	8.49E-09	4.12E-07	8.12E-08	5.02E-07
12	9.60	0.	0.	2.09E-17	0.	0.	0.	7.96E-12	8.76E-09	4.16E-07	8.10E-08	5.06E-07
13	9.50	0.	0.	1.81E-17	0.	0.	0.	7.97E-12	9.04E-09	4.20E-07	8.07E-08	5.10E-07
14	9.40	0.	0.	1.79E-17	0.	0.	0.	8.00E-12	9.34E-09	4.24E-07	8.05E-08	5.14E-07
15	9.30	0.	0.	1.51E-17	0.	0.	0.	8.03E-12	9.64E-09	3.20E-07	8.03E-08	4.10E-07
16	9.20	0.	0.	1.51E-17	0.	0.	0.	8.06E-12	9.97E-09	3.24E-07	8.01E-08	4.14E-07
17	9.10	0.	0.	1.56E-17	0.	0.	0.	8.09E-12	1.03E-08	3.27E-07	7.99E-08	4.17E-07
18	9.00	0.	0.	1.43E-17	0.	0.	0.	8.12E-12	1.06E-08	3.31E-07	7.97E-08	4.21E-07
19	8.90	0.	0.	1.34E-17	0.	0.	0.	8.14E-12	1.10E-08	3.34E-07	7.95E-08	4.25E-07
20	8.80	0.	0.	1.33E-17	0.	0.	0.	8.17E-12	1.14E-08	3.38E-07	7.93E-08	4.29E-07
21	8.70	0.	0.	1.17E-17	0.	0.	0.	8.20E-12	1.18E-08	3.41E-07	7.92E-08	4.32E-07
22	8.60	0.	0.	1.21E-17	0.	0.	0.	8.23E-12	1.22E-08	3.45E-07	7.55E-08	4.33E-07
23	8.50	0.	0.	1.08E-17	0.	0.	0.	8.26E-12	1.27E-08	3.49E-07	7.49E-08	4.37E-07
24	8.40	0.	0.	1.08E-17	0.	0.	0.	8.30E-12	1.31E-08	3.53E-07	7.48E-08	4.41E-07
25	8.30	0.	0.	9.51E-18	0.	0.	0.	8.35E-12	1.36E-08	3.58E-07	7.48E-08	4.47E-07
26	8.20	0.	0.	9.34E-18	0.	0.	0.	8.39E-12	1.41E-08	3.65E-07	7.51E-08	4.54E-07
27	8.10	0.	0.	8.34E-18	0.	0.	0.	8.43E-12	1.46E-08	2.45E-07	7.54E-08	3.36E-07
28	8.00	0.	0.	8.45E-18	0.	0.	0.	8.48E-12	1.52E-08	2.53E-07	7.57E-08	3.44E-07
29	7.90	0.	0.	7.38E-18	0.	0.	0.	8.52E-12	1.58E-08	2.60E-07	7.61E-08	3.52E-07
30	7.80	0.	0.	7.72E-18	0.	0.	0.	8.56E-12	1.64E-08	2.67E-07	7.64E-08	3.60E-07
31	7.70	0.	0.	6.87E-18	0.	0.	0.	8.61E-12	1.71E-08	2.75E-07	7.67E-08	3.69E-07
32	7.60	0.	0.	6.59E-18	0.	0.	0.	8.65E-12	1.78E-08	2.84E-07	7.70E-08	3.79E-07
33	7.50	0.	0.	6.19E-18	0.	4.63E-22	0.	8.70E-12	1.85E-08	2.93E-07	7.74E-08	3.88E-07
34	7.40	0.	0.	5.62E-18	0.	1.47E-21	0.	8.74E-12	1.93E-08	3.01E-07	7.77E-08	3.98E-07
35	7.30	0.	0.	5.39E-18	0.	1.34E-20	0.	8.79E-12	2.01E-08	3.12E-07	7.81E-08	4.10E-07
36	7.20	0.	0.	4.92E-18	0.	5.07E-20	0.	8.84E-12	2.09E-08	3.25E-07	7.87E-08	4.24E-07
37	7.10	0.	0.	4.78E-18	0.	1.42E-19	0.	8.91E-12	2.18E-08	3.36E-07	7.93E-08	4.38E-07
38	7.00	2.33E-21	0.	4.44E-18	0.	1.47E-19	0.	8.99E-12	2.28E-08	3.19E-07	7.98E-08	4.22E-07
39	6.90	4.58E-21	0.	4.12E-18	0.	4.47E-19	0.	9.06E-12	2.38E-08	3.32E-07	8.04E-08	4.36E-07
40	6.80	3.97E-21	0.	4.02E-18	0.	8.50E-19	0.	9.13E-12	2.49E-08	3.44E-07	8.10E-08	4.50E-07
41	6.70	2.92E-21	0.	3.57E-18	0.	1.25E-18	0.	9.20E-12	2.60E-08	3.56E-07	8.16E-08	4.64E-07
42	6.60	1.79E-21	0.	3.24E-18	0.	2.07E-18	0.	9.27E-12	2.72E-08	3.69E-07	8.23E-08	4.78E-07
43	6.50	1.04E-21	0.	2.63E-18	0.	2.00E-18	0.	9.35E-12	2.85E-08	3.81E-07	8.30E-08	4.93E-07
44	6.40	6.04E-22	0.	1.86E-18	7.58E-21	1.73E-18	0.	9.42E-12	2.99E-08	3.94E-07	8.37E-08	5.07E-07
45	6.30	3.55E-22	0.	1.19E-18	3.62E-20	2.45E-18	0.	9.49E-12	3.13E-08	4.06E-07	8.46E-08	5.22E-07
46	6.20	1.62E-22	0.	6.71E-19	5.22E-20	1.70E-18	0.	9.56E-12	3.29E-08	4.20E-07	8.57E-08	5.38E-07
47	6.10	7.52E-23	0.	3.28E-19	1.50E-19	2.74E-18	0.	9.64E-12	3.45E-08	4.33E-07	8.68E-08	5.55E-07
48	6.00	3.17E-23	0.	8.28E-20	1.47E-19	1.40E-18	0.	9.71E-12	3.63E-08	4.47E-07	8.79E-08	5.72E-07
49	5.90	7.85E-24	0.	5.94E-21	2.18E-19	1.35E-18	0.	9.71E-12	3.82E-08	4.62E-07	8.90E-08	5.89E-07
50	5.80	1.00E-24	0.	1.50E-22	3.07E-19	1.41E-18	0.	9.56E-12	4.02E-08	4.76E-07	9.02E-08	6.06E-07
51	5.70	7.39E-26	0.	0.	3.65E-19	1.58E-18	0.	8.99E-12	4.24E-08	2.03E-07	7.88E-08	3.24E-07

TEMPERATURE (DEGREES K) 21000.   DENSITY (GM/CC) 1.293E-07   (10.0E-05 NORMAL)

#	PHOTON ENERGY	O2 S-R BANDS	N2 1ST POS	N2 2ND POS	N2+ 1ST NEG	NO BETA	NO GAMMA	NO VIB-ROT	NO2	O- PHOTO-DET	FREE-FREE (IONS)	N P.E.	O P.E.	TOTAL AIR
52	5.60	3.35E-27	0.	0.	0.	3.18E-19	2.05E-18	0.	0.	8.35E-12	4.47E-08	2.12E-07	7.96E-08	3.36E-07
53	5.50	0.	0.	0.	0.	3.89E-19	1.89E-18	0.	0.	8.40E-12	4.73E-08	2.21E-07	8.06E-08	3.49E-07
54	5.40	0.	0.	0.	0.	3.64E-19	1.58E-18	0.	0.	8.44E-12	5.00E-08	2.31E-07	8.17E-08	3.63E-07
55	5.30	0.	0.	0.	0.	3.73E-19	1.96E-18	0.	0.	8.50E-12	5.29E-08	2.42E-07	8.31E-08	3.78E-07
56	5.20	0.	0.	0.	0.	4.04E-19	1.54E-18	0.	0.	8.55E-12	5.60E-08	2.52E-07	8.47E-08	3.93E-07
57	5.10	0.	0.	0.	0.	4.05E-19	1.97E-18	0.	0.	8.62E-12	5.94E-08	2.63E-07	8.63E-08	4.09E-07
58	5.00	4.71E-20	0.	0.	0.	3.73E-19	1.88E-18	0.	0.	8.70E-12	6.31E-08	2.74E-07	8.79E-08	4.25E-07
59	4.90	1.16E-19	0.	0.	0.	4.18E-19	1.96E-18	0.	0.	8.77E-12	6.71E-08	2.86E-07	8.98E-08	4.41E-07
60	4.80	2.21E-19	0.	0.	0.	4.52E-19	2.07E-18	0.	0.	8.84E-12	7.14E-08	2.98E-07	9.23E-08	4.59E-07
61	4.70	3.02E-19	0.	0.	0.	4.56E-19	1.79E-18	0.	0.	8.91E-12	7.61E-08	3.14E-07	9.50E-08	4.82E-07
62	4.60	4.21E-19	0.	0.	0.	4.72E-19	1.62E-18	0.	0.	8.99E-12	8.13E-08	3.34E-07	9.78E-08	5.10E-07
63	4.50	4.48E-19	0.	4.30E-19	0.	4.37E-19	1.23E-18	0.	0.	9.06E-12	8.69E-08	3.55E-07	1.01E-07	5.40E-07
64	4.40	4.84E-19	0.	1.25E-18	0.	4.41E-19	8.35E-19	0.	0.	9.13E-12	9.30E-08	3.77E-07	1.01E-07	5.70E-07
65	4.30	4.63E-19	0.	4.30E-18	0.	4.26E-19	5.31E-19	0.	0.	9.20E-12	9.97E-08	3.99E-07	1.02E-07	6.00E-07
66	4.20	4.36E-19	0.	1.32E-17	0.	4.50E-19	3.65E-19	0.	0.	9.27E-12	1.07E-07	4.24E-07	5.59E-08	6.21E-07
67	4.10	4.13E-19	0.	6.13E-18	0.	4.45E-19	1.03E-19	0.	0.	9.31E-12	1.15E-07	4.50E-07	5.81E-08	6.21E-07
68	4.00	3.84E-19	0.	1.92E-17	0.	4.33E-19	7.71E-20	0.	0.	9.35E-12	1.24E-07	4.61E-07	5.98E-08	6.43E-07
69	3.90	3.31E-19	0.	9.14E-18	8.22E-15	4.06E-19	2.86E-20	0.	0.	9.93E-12	1.34E-07	4.53E-07	6.86E-08	6.47E-07
70	3.80	3.65E-19	0.	1.48E-17	3.22E-14	4.39E-19	0.	0.	0.	9.27E-12	1.45E-07	4.78E-07	6.81E-08	6.86E-07
71	3.70	3.30E-19	0.	1.50E-17	7.78E-14	3.82E-19	0.	0.	0.	9.13E-12	1.57E-07	4.97E-07	7.40E-08	7.22E-07
72	3.60	3.00E-19	0.	1.53E-17	1.38E-13	4.13E-19	0.	0.	0.	8.55E-12	1.71E-07	5.27E-07	8.07E-08	7.71E-07
73	3.50	2.84E-19	0.	1.11E-17	2.33E-13	3.32E-19	0.	0.	0.	7.83E-12	1.86E-07	5.61E-07	8.83E-08	8.28E-07
74	3.40	2.64E-19	0.	1.44E-17	8.49E-14	3.75E-19	0.	0.	0.	4.51E-12	2.03E-07	6.01E-07	9.60E-08	8.93E-07
75	3.30	2.13E-19	0.	9.67E-18	1.32E-13	3.04E-19	0.	0.	0.	4.52E-12	2.23E-07	6.41E-07	1.03E-07	9.60E-07
76	3.20	1.88E-19	0.	6.48E-18	3.70E-14	3.22E-19	0.	0.	0.	4.53E-12	2.45E-07	3.77E-07	1.11E-07	7.24E-07
77	3.10	1.82E-19	0.	5.08E-18	8.03E-14	3.08E-19	0.	0.	0.	4.54E-12	2.69E-07	4.04E-07	1.24E-07	7.84E-07
78	3.00	1.65E-19	0.	3.15E-18	4.34E-14	2.95E-19	0.	0.	0.	4.56E-12	2.98E-07	4.44E-07	1.31E-07	8.61E-07
79	2.90	1.41E-19	0.	2.00E-18	3.05E-14	2.30E-19	0.	0.	0.	4.56E-12	3.30E-07	4.85E-07	1.21E-07	9.40E-07
80	2.80	1.49E-19	0.	9.64E-19	3.78E-14	1.64E-19	0.	0.	0.	4.56E-12	3.67E-07	5.31E-07	1.43E-07	1.03E-06
81	2.70	9.78E-20	0.	4.54E-19	3.99E-15	9.22E-20	0.	0.	0.	4.56E-12	4.10E-07	5.78E-07	1.69E-07	1.17E-06
82	2.60	4.73E-20	0.	2.18E-19	3.91E-15	4.16E-20	0.	0.	0.	4.56E-12	4.60E-07	6.24E-07	1.95E-07	1.20E-06
83	2.50	3.36E-21	0.	2.26E-20	2.95E-15	1.01E-20	0.	0.	0.	4.56E-12	5.19E-07	5.82E-07	2.21E-07	1.39E-06
84	2.40	0.	9.89E-19	0.	0.	1.09E-21	0.	0.	0.	4.56E-12	5.88E-07	6.86E-07	2.57E-07	1.85E-06
85	2.30	0.	2.87E-18	0.	0.	0.	0.	0.	0.	4.51E-12	6.70E-07	7.01E-07	3.09E-07	2.12E-06
86	2.20	0.	7.75E-18	0.	0.	0.	0.	0.	0.	4.49E-12	7.67E-07	9.18E-07	3.58E-07	2.41E-06
87	2.10	0.	7.83E-18	0.	0.	0.	0.	0.	0.	4.35E-12	8.83E-07	1.04E-06	4.07E-07	2.76E-06
88	2.00	0.	1.57E-17	0.	0.	0.	0.	0.	0.	4.18E-12	1.02E-06	1.16E-06	4.94E-07	3.22E-06
89	1.90	0.	1.86E-17	0.	0.	0.	0.	0.	0.	4.00E-12	1.18E-06	1.30E-06	5.58E-07	3.43E-06
90	1.80	0.	1.60E-17	0.	0.	0.	0.	0.	0.	3.77E-12	1.41E-06	1.50E-06	6.04E-07	4.04E-06
91	1.70	0.	1.81E-17	0.	0.	0.	0.	0.	0.	3.19E-12	1.69E-06	1.39E-06	8.04E-07	4.91E-06
92	1.60	0.	1.37E-17	0.	0.	0.	0.	0.	0.	2.03E-12	2.03E-06	1.60E-06	9.48E-07	5.54E-06
93	1.50	0.	1.55E-17	0.	0.	0.	0.	0.	0.	1.45E-12	2.48E-06	1.60E-06	1.14E-06	7.16E-06
94	1.40	0.	1.53E-17	0.	0.	0.	0.	0.	0.	0.	3.06E-06	1.94E-06	1.32E-06	9.21E-06
95	1.30	0.	1.17E-17	0.	0.	0.	0.	0.	0.	0.	3.84E-06	1.92E-06	1.35E-06	1.17E-05
96	1.20	0.	1.12E-17	0.	0.	0.	0.	0.	0.	0.	4.90E-06	3.50E-06	1.18E-06	1.49E-05
97	1.10	0.	1.08E-17	0.	0.	0.	0.	1.93E-23	0.	0.	6.40E-06	4.37E-06	1.33E-06	1.87E-05
98	1.00	0.	9.96E-18	0.	0.	0.	0.	3.15E-22	0.	0.	8.59E-06	5.13E-06		2.45E-05
99	0.90	0.	8.17E-18	0.	0.	0.	0.	3.69E-22	0.	0.	1.19E-05	5.53E-06		3.28E-05
100	0.80	0.	3.83E-18	0.	0.	0.	0.	8.13E-21	0.	0.	1.71E-05	6.08E-06		4.95E-05
101	0.70	0.	8.85E-19	0.	0.	0.	0.	7.76E-21	0.	0.	2.58E-05	5.76E-06		
102	0.60	0.	1.96E-19	0.	0.	0.	0.	2.43E-20	0.	0.	4.17E-05	6.49E-06		

ABSORPTION COEFFICIENTS OF HEATED AIR (INVERSE CM.)

TEMPERATURE (DEGREES K) 21000. DENSITY (GM/CC) 1.293E-08 (1.0E-05 NORMAL)

#	PHOTON ENERGY E.V.	O2 S-R BANDS	O2 S-R CONT.	N2 B-H NO. 1	NO BETA	NO GAMMA	NO2	O- PHOTO-DET (IONS)	FREE-FREE	N P.E.	O P.E.	TOTAL AIR
1	10.70	0.	0.	1.88E-21	0.	0.	0.	1.17E-14	1.39E-10	1.37E-08	1.58E-09	1.54E-08
2	10.60	0.	0.	1.73E-21	0.	0.	0.	1.17E-14	1.43E-10	1.38E-08	1.58E-09	1.55E-08
3	10.50	0.	0.	1.76E-21	0.	0.	0.	1.17E-14	1.47E-10	1.39E-08	1.58E-09	1.56E-08
4	10.40	0.	0.	1.69E-21	0.	0.	0.	1.17E-14	1.52E-10	1.40E-08	1.58E-09	1.57E-08
5	10.30	0.	0.	1.49E-21	0.	0.	0.	1.17E-14	1.56E-10	1.42E-08	1.57E-09	1.59E-08
6	10.20	0.	0.	1.55E-21	0.	0.	0.	1.18E-14	1.61E-10	1.44E-08	1.58E-09	1.61E-08
7	10.10	0.	0.	1.48E-21	0.	0.	0.	1.18E-14	1.66E-10	1.46E-08	1.58E-09	1.63E-08
8	10.00	0.	0.	1.32E-21	0.	0.	0.	1.18E-14	1.71E-10	1.48E-08	1.59E-09	1.65E-08
9	9.90	0.	0.	1.35E-21	0.	0.	0.	1.18E-14	1.76E-10	1.50E-08	1.59E-09	1.67E-08
10	9.80	0.	0.	1.29E-21	0.	0.	0.	1.18E-14	1.81E-10	1.52E-08	1.60E-09	1.70E-08
11	9.70	0.	0.	1.13E-21	0.	0.	0.	1.18E-14	1.87E-10	1.54E-08	1.60E-09	1.72E-08
12	9.60	0.	0.	1.22E-21	0.	0.	0.	1.19E-14	1.93E-10	1.56E-08	1.61E-09	1.74E-08
13	9.50	0.	0.	1.06E-21	0.	0.	0.	1.19E-14	1.99E-10	1.58E-08	1.61E-09	1.76E-08
14	9.40	0.	0.	1.02E-21	0.	0.	0.	1.19E-14	2.06E-10	1.60E-08	1.62E-09	1.78E-08
15	9.30	0.	0.	1.05E-21	0.	0.	0.	1.20E-14	2.13E-10	1.54E-08	1.63E-09	1.72E-08
16	9.20	0.	0.	8.86E-22	0.	0.	0.	1.20E-14	2.20E-10	1.56E-08	1.63E-09	1.75E-08
17	9.10	0.	0.	9.12E-22	0.	0.	0.	1.20E-14	2.27E-10	1.58E-08	1.64E-09	1.77E-08
18	9.00	0.	0.	8.40E-22	0.	0.	0.	1.21E-14	2.35E-10	1.60E-08	1.64E-09	1.79E-08
19	8.90	0.	0.	7.88E-22	0.	0.	0.	1.22E-14	2.45E-10	1.62E-08	1.65E-09	1.81E-08
20	8.80	0.	0.	7.79E-22	0.	0.	0.	1.22E-14	2.51E-10	1.66E-08	1.30E-09	1.80E-08
21	8.70	0.	0.	6.87E-22	0.	0.	0.	1.22E-14	2.60E-10	1.68E-08	1.31E-09	1.82E-08
22	8.60	0.	0.	7.12E-22	0.	0.	0.	1.22E-14	2.69E-10	1.71E-08	1.32E-09	1.84E-08
23	8.50	0.	0.	6.34E-22	0.	0.	0.	1.23E-14	2.79E-10	1.73E-08	1.33E-09	1.87E-08
24	8.40	0.	0.	6.35E-22	0.	0.	0.	1.24E-14	2.89E-10	1.76E-08	1.35E-09	1.89E-08
25	8.30	0.	0.	5.47E-22	0.	0.	0.	1.25E-14	3.00E-10	1.00E-08	1.37E-09	1.17E-08
26	8.20	0.	0.	5.57E-22	0.	0.	0.	1.25E-14	3.11E-10	1.04E-08	1.40E-09	1.21E-08
27	8.10	0.	0.	4.89E-22	0.	0.	0.	1.26E-14	3.23E-10	1.08E-08	1.42E-09	1.25E-08
28	8.00	0.	0.	4.95E-22	0.	0.	0.	1.26E-14	3.35E-10	1.12E-08	1.45E-09	1.30E-08
29	7.90	0.	0.	4.32E-22	0.	0.	0.	1.27E-14	3.48E-10	1.16E-08	1.47E-09	1.34E-08
30	7.80	0.	0.	4.52E-22	0.	0.	0.	1.28E-14	3.61E-10	1.20E-08	1.50E-09	1.39E-08
31	7.70	0.	0.	4.03E-22	0.	0.	0.	1.29E-14	3.76E-10	1.25E-08	1.55E-09	1.43E-08
32	7.60	0.	0.	3.86E-22	0.	4.12E-26	0.	1.30E-14	3.91E-10	1.30E-08	1.58E-09	1.49E-08
33	7.50	0.	0.	3.63E-22	0.	1.31E-25	0.	1.31E-14	4.07E-10	1.35E-08	1.60E-09	1.54E-08
34	7.40	0.	0.	3.29E-22	0.	1.19E-24	0.	1.31E-14	4.24E-10	1.40E-08	1.65E-09	1.60E-08
35	7.30	0.	0.	3.16E-22	0.	4.51E-24	0.	1.32E-14	4.41E-10	1.45E-08	1.56E-09	1.65E-08
36	7.20	0.	0.	2.89E-22	0.	1.26E-23	0.	1.33E-14	4.60E-10	1.28E-08	1.65E-09	1.49E-08
37	7.10	0.	0.	2.80E-22	0.	3.97E-23	0.	1.34E-14	4.80E-10	1.42E-08	1.70E-09	1.64E-08
38	7.00	3.15E-25	0.	2.60E-22	0.	7.54E-23	0.	1.35E-14	5.01E-10	1.49E-08	1.75E-09	1.72E-08
39	6.90	6.19E-25	0.	2.45E-22	0.	1.11E-22	0.	1.36E-14	5.23E-10	1.56E-08	1.79E-09	1.79E-08
40	6.80	5.37E-25	0.	2.36E-22	0.	1.85E-22	0.	1.37E-14	5.47E-10	1.63E-08	1.84E-09	1.87E-08
41	6.70	3.95E-25	0.	2.09E-22	0.	1.78E-22	0.	1.39E-14	5.72E-10	1.70E-08	1.89E-09	1.95E-08
42	6.60	2.42E-25	0.	1.90E-22	0.	1.54E-22	0.	1.40E-14	5.98E-10	1.78E-08	1.94E-09	2.03E-08
43	6.50	1.41E-25	0.	1.54E-22	0.	2.18E-22	0.	1.41E-14	6.26E-10	1.84E-08	1.99E-09	2.10E-08
44	6.40	8.17E-26	6.75E-25	1.09E-22	0.	2.00E-22	0.	1.42E-14	6.56E-10	1.91E-08	2.04E-09	2.18E-08
45	6.30	4.80E-26	3.22E-24	6.95E-23	0.	1.51E-22	0.	1.43E-14	6.88E-10	1.98E-08	2.09E-09	2.26E-08
46	6.20	2.19E-26	4.64E-24	3.26E-23	0.	2.02E-22	0.	1.44E-14	7.22E-10	2.06E-08	2.15E-09	2.34E-08
47	6.10	1.02E-26	1.34E-23	1.88E-23	0.	2.44E-22	0.	1.45E-14	7.59E-10	2.13E-08	2.21E-09	2.43E-08
48	6.00	4.28E-27	1.31E-23	4.85E-24	0.	1.24E-22	0.	1.45E-14	7.97E-10	6.56E-09	1.26E-09	8.62E-09
49	5.90	1.06E-27	1.94E-23	3.48E-25	0.	1.20E-22	0.	1.43E-14	8.39E-10	6.79E-09	1.27E-09	8.90E-09
50	5.80	1.36E-28	2.73E-23	8.81E-27	0.	1.26E-22	0.	1.43E-14	8.84E-10	7.02E-09	1.29E-09	9.19E-09
51	5.70	9.99E-30	3.25E-23	0.	0.	1.41E-22	0.	1.34E-14	9.31E-10	7.34E-09	1.31E-09	9.59E-09

406

ABSORPTION COEFFICIENTS OF HEATED AIR (INVERSE CM.)

TEMPERATURE (DEGREES K) 21000. DENSITY (GM/CC) 1.293E-08 (1.0E-05 NORMAL)

PHOTON ENERGY	O2 S-R BANDS	N2 1ST POS.	N2 2ND POS.	N2+ 1ST NEG.	NO BETA	NO GAMMA	NO VIB-ROT	NO2	O- PHOTO-DET (IONS)	FREE-FREE (IONS)	N P.E.	O P.E.	TOTAL AIR
52 5.60	4.53E-31	0.	0.	0.	2.83E-23	1.82E-22	0.	0.	1.25E-14	9.83E-10	7.77E-09	1.34E-09	1.01E-08
53 5.50	0.	0.	0.	0.	3.46E-23	1.69E-22	0.	0.	1.25E-14	1.04E-09	8.21E-09	1.37E-09	1.06E-08
54 5.40	0.	0.	0.	0.	3.23E-23	1.41E-22	0.	0.	1.26E-14	1.10E-09	8.70E-09	1.41E-09	1.12E-08
55 5.30	0.	0.	0.	0.	3.31E-23	1.74E-22	0.	0.	1.27E-14	1.16E-09	9.18E-09	1.45E-09	1.18E-08
56 5.20	0.	0.	0.	0.	3.60E-23	1.37E-22	0.	0.	1.28E-14	1.23E-09	9.66E-09	1.50E-09	1.24E-08
57 5.10	0.	0.	0.	0.	3.32E-23	1.75E-22	0.	0.	1.29E-14	1.30E-09	1.01E-08	1.37E-09	1.28E-08
58 5.00	6.37E-24	0.	0.	0.	3.72E-23	1.67E-22	0.	0.	1.30E-14	1.38E-09	1.06E-08	1.41E-09	1.34E-08
59 4.90	1.57E-23	0.	0.	0.	4.02E-23	1.85E-22	0.	0.	1.31E-14	1.47E-09	1.11E-08	1.45E-09	1.41E-08
60 4.80	2.98E-23	0.	0.	0.	4.06E-23	1.74E-22	0.	0.	1.31E-14	1.57E-09	1.16E-08	1.50E-09	1.47E-08
61 4.70	4.08E-23	0.	0.	0.	4.20E-23	1.59E-22	0.	0.	1.33E-14	1.67E-09	1.23E-08	1.55E-09	1.56E-08
62 4.60	5.70E-23	0.	2.52E-23	0.	3.89E-23	1.44E-22	0.	0.	1.34E-14	1.78E-09	1.33E-08	1.61E-09	1.66E-08
63 4.50	6.05E-23	0.	7.32E-23	0.	3.93E-23	1.09E-22	0.	0.	1.35E-14	1.90E-09	1.42E-08	1.67E-09	1.78E-08
64 4.40	6.54E-23	0.	6.97E-22	0.	3.79E-23	4.72E-23	0.	0.	1.35E-14	2.04E-09	1.51E-08	1.74E-09	1.89E-08
65 4.30	6.26E-23	0.	2.52E-22	0.	4.00E-23	3.25E-23	0.	0.	1.37E-14	2.19E-09	1.60E-08	1.78E-09	2.00E-08
66 4.20	5.89E-23	0.	7.74E-22	0.	3.96E-23	9.17E-24	0.	0.	1.39E-14	2.35E-09	1.71E-08	1.24E-09	2.07E-08
67 4.10	5.58E-23	0.	3.59E-22	3.75E-18	3.85E-23	6.86E-24	0.	0.	1.39E-14	2.52E-09	1.82E-08	1.32E-09	2.21E-08
68 4.00	5.20E-23	0.	1.12E-21	1.47E-17	3.61E-23	2.55E-24	0.	0.	1.40E-14	2.72E-09	1.93E-08	1.40E-09	2.34E-08
69 3.90	4.47E-23	0.	5.35E-22	6.97E-18	3.90E-23	0.	0.	0.	1.39E-14	2.94E-09	2.02E-08	1.48E-09	2.46E-08
70 3.80	4.93E-23	0.	8.64E-22	3.55E-17	3.40E-23	0.	0.	0.	1.39E-14	3.17E-09	2.13E-08	1.57E-09	2.60E-08
71 3.70	4.46E-23	0.	8.77E-22	6.27E-17	3.67E-23	0.	0.	0.	1.36E-14	3.44E-09	2.24E-08	1.68E-09	2.75E-08
72 3.60	4.06E-23	0.	6.48E-22	1.06E-17	2.96E-23	0.	0.	0.	1.28E-14	3.74E-09	2.36E-08	1.81E-09	2.91E-08
73 3.50	3.83E-23	0.	8.41E-22	3.87E-17	3.33E-23	0.	0.	0.	1.17E-14	4.08E-09	2.48E-08	1.94E-09	3.08E-08
74 3.40	3.57E-23	0.	5.55E-22	6.00E-17	2.70E-23	0.	0.	0.	6.74E-15	4.45E-09	8.94E-09	1.32E-09	1.47E-08
75 3.30	2.87E-23	0.	5.67E-22	1.69E-17	2.86E-23	0.	0.	0.	6.75E-15	4.88E-09	1.01E-08	1.40E-09	1.59E-08
76 3.20	2.54E-23	0.	3.80E-22	3.66E-17	2.74E-23	0.	0.	0.	6.76E-15	5.35E-09	1.15E-08	1.48E-09	1.74E-08
77 3.10	2.46E-23	0.	2.98E-22	1.98E-17	2.63E-23	0.	0.	0.	6.78E-15	5.90E-09	1.29E-08	1.57E-09	1.92E-08
78 3.00	2.24E-23	0.	1.85E-22	1.39E-17	2.05E-23	0.	0.	0.	6.79E-15	6.51E-09	1.43E-08	1.68E-09	2.13E-08
79 2.90	1.91E-23	0.	1.17E-22	1.72E-17	1.98E-23	0.	0.	0.	6.81E-15	7.22E-09	1.57E-08	1.81E-09	2.36E-08
80 2.80	2.01E-23	0.	5.65E-23	1.82E-18	1.46E-23	0.	0.	0.	6.82E-15	8.03E-09	1.72E-08	1.94E-09	2.60E-08
81 2.70	1.32E-23	0.	2.66E-23	1.78E-18	8.20E-24	0.	0.	0.	6.82E-15	8.97E-09	1.85E-08	2.09E-09	2.78E-08
82 2.60	6.40E-24	0.	1.82E-23	1.35E-18	3.70E-24	0.	0.	0.	6.82E-15	1.01E-08	1.96E-08	2.02E-09	3.05E-08
83 2.50	4.54E-25	0.	1.32E-24	0.	8.95E-25	0.	0.	0.	6.82E-15	1.13E-08	2.24E-08	2.19E-09	3.31E-08
84 2.40	0.	0.	0.	0.	9.66E-26	0.	0.	0.	6.76E-15	1.28E-08	2.53E-08	2.57E-09	3.78E-08
85 2.30	0.	5.80E-23	0.	0.	0.	0.	0.	0.	6.73E-15	1.46E-08	2.83E-08	2.96E-09	4.29E-08
86 2.20	0.	1.68E-22	0.	0.	0.	0.	0.	0.	6.71E-15	1.67E-08	3.12E-08	3.40E-09	4.84E-08
87 2.10	0.	4.54E-22	0.	0.	0.	0.	0.	0.	6.49E-15	1.93E-08	3.42E-08	3.84E-09	5.43E-08
88 2.00	0.	4.59E-22	0.	0.	0.	0.	0.	0.	5.97E-15	2.23E-08	3.59E-08	3.40E-09	6.09E-08
89 1.90	0.	9.23E-22	0.	0.	0.	0.	0.	0.	5.63E-15	2.61E-08	1.89E-08	3.84E-09	4.86E-08
90 1.80	0.	1.09E-21	0.	0.	0.	0.	0.	0.	4.76E-15	3.08E-08	2.14E-08	4.28E-09	5.65E-08
91 1.70	0.	9.36E-21	0.	0.	0.	0.	0.	0.	4.76E-15	3.68E-08	2.43E-08	5.09E-09	6.61E-08
92 1.60	0.	1.06E-21	0.	0.	0.	0.	0.	0.	2.16E-15	4.43E-08	2.71E-08	5.73E-09	7.72E-08
93 1.50	0.	8.01E-22	0.	0.	0.	0.	0.	0.	0.	5.40E-08	3.09E-08	6.83E-09	9.18E-08
94 1.40	0.	8.94E-22	0.	0.	0.	0.	0.	0.	0.	6.66E-08	3.19E-08	6.15E-09	1.05E-07
95 1.30	0.	6.85E-22	0.	0.	0.	0.	0.	0.	0.	8.35E-08	3.86E-08	7.72E-09	1.30E-07
96 1.20	0.	6.54E-22	0.	0.	0.	0.	0.	0.	0.	1.07E-07	2.39E-08	8.55E-09	1.39E-07
97 1.10	0.	6.35E-22	0.	0.	0.	0.	1.72E-27	0.	0.	1.39E-07	2.96E-08	1.08E-08	1.79E-07
98 1.00	0.	5.84E-22	0.	0.	0.	0.	2.80E-26	0.	0.	1.86E-07	3.60E-08	1.31E-08	2.35E-07
99 0.90	0.	4.79E-22	0.	0.	0.	0.	3.28E-26	0.	0.	2.57E-07	4.03E-08	1.35E-08	3.11E-07
100 0.80	0.	2.25E-22	0.	0.	0.	0.	7.24E-25	0.	0.	3.69E-07	4.65E-08	1.57E-08	4.32E-07
101 0.70	0.	5.19E-23	0.	0.	0.	0.	6.90E-25	0.	0.	5.58E-07	4.41E-08	1.37E-08	6.15E-07
102 0.60	0.	1.15E-23	0.	0.	0.	0.	2.17E-24	0.	0.	8.98E-07	4.97E-08	1.55E-08	9.64E-07

ABSORPTION COEFFICIENTS OF HEATED AIR (INVERSE CM.)

TEMPERATURE (DEGREES K) 21000. DENSITY (GM/CC) 1.293E-09 (1.0E-06 NORMAL)

	PHOTON ENERGY E.V.	O2 S-R BANDS	O2 S-R CONT.	N2 B-H NO. 1	NO BETA	NO GAMMA	NO 2	O- PHOTO-DET (IONS)	FREE-FREE (IONS)	N P.E.	O P.E.	TOTAL AIR
1	10.70	0.	0.	1.82E-26	0.	0.	0.	1.11E-17	2.76E-12	3.03E-10	4.65E-11	3.52E-10
2	10.60	0.	0.	1.67E-26	0.	0.	0.	1.11E-17	2.84E-12	3.06E-10	4.65E-11	3.55E-10
3	10.50	0.	0.	1.70E-26	0.	0.	0.	1.11E-17	2.92E-12	3.08E-10	4.65E-11	3.57E-10
4	10.40	0.	0.	1.63E-26	0.	0.	0.	1.11E-17	3.01E-12	3.10E-10	4.65E-11	3.60E-10
5	10.30	0.	0.	1.44E-26	0.	0.	0.	1.11E-17	3.10E-12	3.14E-10	4.66E-11	3.63E-10
6	10.20	0.	0.	1.50E-26	0.	0.	0.	1.11E-17	3.19E-12	3.18E-10	4.70E-11	3.69E-10
7	10.10	0.	0.	1.42E-26	0.	0.	0.	1.12E-17	3.29E-12	3.23E-10	4.75E-11	3.74E-10
8	10.00	0.	0.	1.27E-26	0.	0.	0.	1.12E-17	3.39E-12	3.28E-10	4.80E-11	3.80E-10
9	9.90	0.	0.	1.31E-26	0.	0.	0.	1.12E-17	3.49E-12	3.33E-10	4.85E-11	3.85E-10
10	9.80	0.	0.	1.24E-26	0.	0.	0.	1.12E-17	3.60E-12	3.38E-10	4.90E-11	3.91E-10
11	9.70	0.	0.	1.09E-26	0.	0.	0.	1.12E-17	3.71E-12	3.43E-10	4.95E-11	3.96E-10
12	9.60	0.	0.	1.18E-26	0.	0.	0.	1.12E-17	3.83E-12	3.48E-10	5.05E-11	4.02E-10
13	9.50	0.	0.	1.03E-26	0.	0.	0.	1.13E-17	3.95E-12	3.53E-10	5.05E-11	4.07E-10
14	9.40	0.	0.	9.84E-27	0.	0.	0.	1.13E-17	4.08E-12	3.55E-10	5.10E-11	4.10E-10
15	9.30	0.	0.	1.01E-26	0.	0.	0.	1.14E-17	4.21E-12	3.60E-10	5.16E-11	4.16E-10
16	9.20	0.	0.	8.56E-27	0.	0.	0.	1.14E-17	4.35E-12	3.65E-10	5.20E-11	4.26E-10
17	9.10	0.	0.	8.81E-27	0.	0.	0.	1.14E-17	4.50E-12	3.70E-10	5.26E-11	4.27E-10
18	9.00	0.	0.	8.12E-27	0.	0.	0.	1.15E-17	4.65E-12	3.75E-10	3.47E-11	4.14E-10
19	8.90	0.	0.	7.61E-27	0.	0.	0.	1.15E-17	4.81E-12	3.80E-10	3.27E-11	4.18E-10
20	8.80	0.	0.	7.52E-27	0.	0.	0.	1.16E-17	4.98E-12	3.85E-10	3.34E-11	4.23E-10
21	8.70	0.	0.	6.64E-27	0.	0.	0.	1.16E-17	5.15E-12	3.90E-10	3.42E-11	4.29E-10
22	8.60	0.	0.	6.88E-27	0.	0.	0.	1.17E-17	5.33E-12	3.95E-10	3.49E-11	4.35E-10
23	8.50	0.	0.	6.12E-27	0.	0.	0.	1.17E-17	5.52E-12	4.00E-10	3.57E-11	4.42E-10
24	8.40	0.	0.	6.13E-27	0.	0.	0.	1.18E-17	5.72E-12	2.23E-10	3.64E-11	2.65E-10
25	8.30	0.	0.	5.29E-27	0.	0.	0.	1.18E-17	5.93E-12	2.31E-10	3.72E-11	2.74E-10
26	8.20	0.	0.	5.38E-27	0.	0.	0.	1.19E-17	6.16E-12	2.40E-10	3.86E-11	2.85E-10
27	8.10	0.	0.	4.72E-27	0.	0.	0.	1.19E-17	6.39E-12	2.50E-10	4.00E-11	2.96E-10
28	8.00	0.	0.	4.79E-27	0.	0.	0.	1.20E-17	6.63E-12	2.59E-10	4.14E-11	3.07E-10
29	7.90	0.	0.	4.18E-27	0.	0.	0.	1.21E-17	6.89E-12	2.69E-10	4.27E-11	3.18E-10
30	7.80	0.	0.	4.37E-27	0.	0.	0.	1.21E-17	7.16E-12	2.78E-10	4.41E-11	3.30E-10
31	7.70	0.	0.	3.89E-27	0.	0.	0.	1.22E-17	7.44E-12	2.89E-10	4.55E-11	3.42E-10
32	7.60	0.	0.	3.73E-27	0.	0.	0.	1.22E-17	7.74E-12	3.01E-10	4.70E-11	3.55E-10
33	7.50	0.	0.	3.50E-27	0.	9.43E-31	0.	1.24E-17	8.05E-12	3.13E-10	4.84E-11	3.69E-10
34	7.40	0.	0.	3.18E-27	0.	3.01E-30	0.	1.24E-17	8.39E-12	2.83E-10	5.01E-11	3.42E-10
35	7.30	0.	0.	3.05E-27	0.	2.73E-29	0.	1.24E-17	8.74E-12	2.97E-10	5.18E-11	3.57E-10
36	7.20	0.	0.	2.79E-27	0.	1.03E-28	0.	1.25E-17	9.11E-12	3.14E-10	5.45E-11	3.77E-10
37	7.10	0.	0.	2.71E-27	0.	2.89E-28	0.	1.25E-17	9.50E-12	3.30E-10	5.71E-11	3.97E-10
38	7.00	1.71E-29	0.	2.52E-27	0.	9.11E-28	0.	1.26E-17	9.91E-12	3.47E-10	5.98E-11	4.17E-10
39	6.90	3.36E-29	0.	2.33E-27	0.	1.73E-28	0.	1.27E-17	1.03E-11	3.64E-10	6.24E-11	4.37E-10
40	6.80	2.92E-29	0.	2.28E-27	0.	2.54E-27	0.	1.28E-17	1.08E-11	3.81E-10	6.51E-11	4.57E-10
41	6.70	2.15E-29	0.	2.02E-27	0.	4.23E-27	0.	1.29E-17	1.13E-11	3.97E-10	7.04E-11	4.76E-10
42	6.60	1.32E-29	0.	1.84E-27	0.	4.09E-27	0.	1.30E-17	1.18E-11	4.14E-10	7.17E-11	4.96E-10
43	6.50	7.67E-30	0.	1.49E-27	0.	3.53E-27	0.	1.32E-17	1.24E-11	4.31E-10	7.30E-11	5.16E-10
44	6.40	4.44E-30	0.	1.05E-27	0.	5.00E-27	0.	1.33E-17	1.30E-11	4.48E-10	7.58E-11	5.37E-10
45	6.30	2.61E-30	0.	6.72E-28	1.55E-29	4.58E-27	0.	1.34E-17	1.36E-11	4.65E-10	7.86E-11	5.57E-10
46	6.20	1.19E-30	0.	3.80E-28	7.39E-29	4.63E-27	0.	1.35E-17	1.43E-11	4.83E-10	8.17E-11	5.79E-10
47	6.10	5.52E-31	0.	1.82E-28	1.06E-28	5.59E-27	0.	1.36E-17	1.50E-11	1.39E-10	2.91E-11	1.83E-10
48	6.00	2.33E-31	0.	4.68E-29	3.06E-28	2.85E-27	0.	1.37E-17	1.58E-11	1.44E-10	2.94E-11	1.89E-10
49	5.90	5.77E-32	0.	3.36E-30	4.44E-28	2.75E-27	0.	1.37E-17	1.66E-11	1.49E-10	3.04E-11	1.96E-10
50	5.80	7.37E-33	0.	8.51E-32	6.26E-28	2.88E-27	0.	1.35E-17	1.75E-11	1.55E-10	3.14E-11	2.04E-10
51	5.70	5.43E-34	0.	0.	7.45E-28	3.23E-27	0.	1.27E-17	1.84E-11	1.62E-10	3.25E-11	2.13E-10

ABSORPTION COEFFICIENTS OF HEATED AIR (INVERSE CM.)

TEMPERATURE (DEGREES K) 21000.   DENSITY (GM/CC) 1.293E-09   (1.0E-06 NORMAL)

	PHOTON ENERGY	O2 S-R BANDS	N2 1ST POS.	N2 2ND POS.	N2+ 1ST NEG.	NO BETA	NO GAMMA	NO VIB-ROT	NO2	O- PHOTO-DET (IONS)	FREE-FREE (IONS)	N P.E.	O P.E.	TOTAL AIR
52	5.60	2.46E-35	0.	0.	0.	6.49E-28	4.17E-27	0.	0.	1.18E-17	1.94E-11	1.72E-11	3.36E-11	2.25E-10
53	5.50	0.	0.	0.	0.	7.94E-28	3.86E-27	0.	0.	1.19E-17	2.05E-11	1.85E-11	3.49E-11	2.38E-10
54	5.40	0.	0.	0.	0.	7.41E-28	3.22E-27	0.	0.	1.20E-17	2.17E-11	1.94E-11	3.65E-11	2.52E-10
55	5.30	0.	0.	0.	0.	7.60E-28	4.00E-27	0.	0.	1.20E-17	2.30E-11	2.05E-11	3.84E-11	2.67E-10
56	5.20	0.	0.	0.	0.	8.24E-28	3.15E-27	0.	0.	1.21E-17	2.43E-11	2.16E-11	3.07E-11	2.71E-10
57	5.10	0.	0.	0.	0.	8.26E-28	4.01E-27	0.	0.	1.22E-17	2.58E-11	2.28E-11	3.23E-11	2.86E-10
58	5.00	3.46E-28	0.	0.	0.	7.60E-28	3.83E-27	0.	0.	1.23E-17	2.74E-11	2.39E-11	3.38E-11	3.00E-10
59	4.90	8.53E-28	0.	0.	0.	8.53E-28	4.23E-27	0.	0.	1.24E-17	2.91E-11	2.50E-11	3.54E-11	3.15E-10
60	4.80	1.62E-27	0.	0.	0.	9.51E-28	3.99E-27	0.	0.	1.25E-17	3.10E-11	2.61E-11	3.71E-11	3.29E-10
61	4.70	2.22E-27	0.	0.	0.	9.30E-28	3.65E-27	0.	0.	1.26E-17	3.30E-11	2.78E-11	3.89E-11	3.50E-10
62	4.60	3.10E-27	0.	0.	0.	9.62E-28	3.31E-27	0.	0.	1.27E-17	3.52E-11	2.99E-11	4.08E-11	3.75E-10
63	4.50	3.29E-27	0.	2.43E-28	0.	8.92E-28	2.50E-27	0.	0.	1.28E-17	3.77E-11	3.20E-11	4.28E-11	4.01E-10
64	4.40	3.56E-27	0.	7.07E-28	0.	9.00E-28	1.70E-27	0.	0.	1.29E-17	4.03E-11	3.42E-11	4.51E-11	4.27E-10
65	4.30	3.40E-27	0.	2.43E-27	0.	8.69E-28	1.08E-27	0.	0.	1.30E-17	4.32E-11	3.63E-11	4.44E-11	4.51E-10
66	4.20	3.20E-27	0.	7.48E-27	0.	9.17E-28	7.44E-28	0.	0.	1.31E-17	4.64E-11	3.88E-11	4.49E-11	4.80E-10
67	4.10	3.03E-27	0.	3.47E-27	0.	9.07E-28	2.10E-28	0.	0.	1.32E-17	4.99E-11	4.14E-11	4.86E-11	5.13E-10
68	4.00	2.43E-27	0.	1.08E-26	0.	8.83E-28	1.57E-28	0.	0.	1.32E-17	5.37E-11	4.39E-11	5.22E-11	5.45E-10
69	3.90	2.82E-27	0.	5.17E-27	2.81E-22	8.28E-28	5.84E-29	0.	0.	1.32E-17	5.80E-11	4.66E-11	5.59E-11	5.79E-10
70	3.80	2.68E-27	0.	8.35E-27	1.10E-21	8.95E-28	0.	0.	0.	1.31E-17	6.27E-11	4.92E-11	5.96E-11	6.14E-10
71	3.70	2.42E-27	0.	8.47E-27	5.23E-22	7.79E-28	0.	0.	0.	1.29E-17	6.80E-11	5.18E-11	6.35E-11	6.49E-10
72	3.60	2.21E-27	0.	6.26E-27	2.66E-21	8.42E-28	0.	0.	0.	1.21E-17	7.39E-11	5.44E-11	6.77E-11	6.77E-10
73	3.50	2.08E-27	0.	8.13E-27	4.71E-21	6.78E-28	0.	0.	0.	1.16E-17	8.05E-11	1.56E-10	6.31E-11	3.00E-10
74	3.40	1.94E-27	0.	5.36E-27	7.97E-22	7.64E-28	0.	0.	0.	6.39E-18	8.79E-11	1.70E-10	6.76E-11	3.25E-10
75	3.30	1.56E-27	0.	5.47E-27	2.91E-21	6.20E-28	0.	0.	0.	6.40E-18	9.63E-11	1.83E-10	4.09E-10	3.30E-10
76	3.20	1.38E-27	0.	3.67E-27	4.50E-21	6.56E-28	0.	0.	0.	6.41E-18	1.06E-10	2.09E-10	4.61E-10	3.55E-10
77	3.10	1.34E-27	0.	2.87E-27	1.27E-21	6.28E-28	0.	0.	0.	6.43E-18	1.16E-10	2.39E-10	5.13E-10	4.01E-10
78	3.00	1.22E-27	0.	1.78E-27	2.75E-21	6.02E-28	0.	0.	0.	6.44E-18	1.29E-10	2.68E-10	5.67E-10	4.48E-10
79	2.90	1.04E-27	0.	1.13E-27	1.49E-21	4.69E-28	0.	0.	0.	6.45E-18	1.42E-10	2.98E-10	6.04E-10	4.97E-10
80	2.80	1.09E-27	0.	5.45E-28	1.04E-21	3.35E-28	0.	0.	0.	6.47E-18	1.58E-10	3.28E-10	6.22E-10	5.47E-10
81	2.70	7.19E-28	0.	2.57E-28	1.29E-21	1.88E-28	0.	0.	0.	6.47E-18	1.77E-10	3.58E-10	6.74E-10	5.97E-10
82	2.60	3.48E-28	0.	1.23E-28	1.37E-22	8.47E-29	0.	0.	0.	6.47E-18	1.98E-10	3.86E-10	7.49E-10	6.51E-10
83	2.50	2.47E-29	0.	1.28E-29	1.34E-22	2.05E-29	0.	0.	0.	6.47E-18	2.24E-10	4.25E-10	8.54E-10	7.23E-10
84	2.40	0.	0.	0.	1.01E-22	2.21E-30	0.	0.	0.	6.47E-18	2.53E-10	4.83E-10	9.61E-10	8.22E-10
85	2.30	0.	0.	0.	0.	0.	0.	0.	0.	6.41E-18	2.88E-10	5.41E-10	1.07E-09	9.26E-10
86	2.20	0.	5.60E-28	0.	0.	0.	0.	0.	0.	6.39E-18	3.30E-10	3.00E-10	5.46E-10	1.05E-09
87	2.10	0.	1.63E-27	0.	0.	0.	0.	0.	0.	6.36E-18	3.80E-10	2.59E-10	6.20E-10	6.93E-10
88	2.00	0.	4.43E-27	0.	0.	0.	0.	0.	0.	6.16E-18	4.40E-10	2.94E-10	7.03E-10	7.96E-10
89	1.90	0.	4.38E-27	0.	0.	0.	0.	0.	0.	5.92E-18	5.14E-10	3.30E-10	8.00E-10	9.15E-10
90	1.80	0.	8.91E-27	0.	0.	0.	0.	0.	0.	5.66E-18	6.07E-10	3.67E-10	8.94E-10	1.05E-09
91	1.70	0.	1.05E-26	0.	0.	0.	0.	0.	0.	5.34E-18	7.24E-10	4.05E-10	1.00E-09	1.22E-09
92	1.60	0.	9.05E-27	0.	0.	0.	0.	0.	0.	4.52E-18	8.72E-10	4.41E-10	1.09E-09	1.41E-09
93	1.50	0.	1.02E-26	0.	0.	0.	0.	0.	0.	2.05E-18	1.06E-09	4.74E-10	1.12E-09	1.65E-09
94	1.40	0.	7.74E-27	0.	0.	0.	0.	0.	0.	0.	1.31E-09	5.16E-10	5.04E-11	1.94E-09
95	1.30	0.	8.79E-27	0.	0.	0.	0.	0.	0.	0.	1.64E-09	5.40E-10	6.30E-11	1.75E-09
96	1.20	0.	8.64E-27	0.	0.	0.	0.	0.	0.	0.	2.10E-09	7.42E-11	7.97E-11	2.23E-09
97	1.10	0.	6.62E-27	0.	0.	0.	0.	3.93E-32	0.	0.	2.73E-09	9.19E-11	9.64E-11	2.91E-09
98	1.00	0.	6.13E-27	0.	0.	0.	0.	6.43E-31	0.	0.	3.66E-09	1.12E-10	9.97E-11	3.87E-09
99	0.90	0.	5.64E-27	0.	0.	0.	0.	7.51E-31	0.	0.	5.05E-09	1.25E-10	8.75E-11	5.28E-09
100	0.80	0.	2.17E-27	0.	0.	0.	0.	1.66E-29	0.	0.	7.25E-09	1.20E-10	1.01E-10	7.46E-09
101	0.70	0.	5.01E-28	0.	0.	0.	0.	1.58E-29	0.	0.	1.09E-08	1.37E-10	1.12E-10	1.12E-08
102	0.60	0.	1.11E-28	0.	0.	0.	0.	4.96E-29	0.	0.	1.76E-08	1.53E-10	1.14E-10	1.79E-08

ABSORPTION COEFFICIENTS OF HEATED AIR (INVERSE CM.)

TEMPERATURE (DEGREES K) 22000. DENSITY (GM/CC) 1.293E-02 (1.0E 01 NORMAL)

#	PHOTON ENERGY E.V.	O2 S-R BANDS	O2 S-R CONT.	N2 B-H NO. 1	NO BETA	AO GAMMA	NO 2	O- PHOTO-DET (IONS)	FREE-FREE (IONS)	N P.E.	O P.E.	TOTAL AIR
1	10.70	0.	0.	2.87E-01	0.	0.	0.	5.37E 00	7.04E-01	2.94E 02	6.60E 00	3.07E 02
2	10.60	0.	0.	2.64E-01	0.	0.	0.	5.37E 00	7.24E-01	2.31E 01	6.57E 00	3.60E 01
3	10.50	0.	0.	2.70E-01	0.	0.	0.	5.38E 00	7.45E-01	2.32E 01	6.54E 00	3.61E 01
4	10.40	0.	0.	2.59E-01	0.	0.	0.	5.39E 00	7.67E-01	2.33E 01	6.51E 00	3.62E 01
5	10.30	0.	0.	2.30E-01	0.	0.	0.	5.40E 00	7.90E-01	2.33E 01	6.48E 00	3.62E 01
6	10.20	0.	0.	2.39E-01	0.	0.	0.	5.40E 00	8.14E-01	2.34E 01	6.45E 00	3.63E 01
7	10.10	0.	0.	2.28E-01	0.	0.	0.	5.41E 00	8.38E-01	2.33E 01	6.42E 00	3.62E 01
8	10.00	0.	0.	2.04E-01	0.	0.	0.	5.42E 00	8.64E-01	2.33E 01	6.39E 00	3.62E 01
9	9.90	0.	0.	2.10E-01	0.	0.	0.	5.43E 00	8.91E-01	2.34E 01	6.36E 00	3.63E 01
10	9.80	0.	0.	2.00E-01	0.	0.	0.	5.44E 00	9.19E-01	2.34E 01	6.33E 00	3.63E 01
11	9.70	0.	0.	1.76E-01	0.	0.	0.	5.45E 00	9.48E-01	2.35E 01	6.30E 00	3.63E 01
12	9.60	0.	0.	1.91E-01	0.	0.	0.	5.46E 00	9.78E-01	2.35E 01	6.27E 00	3.64E 01
13	9.50	0.	0.	1.66E-01	0.	0.	0.	5.47E 00	1.01E 00	2.36E 01	6.24E 00	3.65E 01
14	9.40	0.	0.	1.65E-01	0.	0.	0.	5.49E 00	1.04E 00	2.37E 01	6.21E 00	3.66E 01
15	9.30	0.	0.	1.40E-01	0.	0.	0.	5.51E 00	1.08E 00	2.38E 01	6.18E 00	3.67E 01
16	9.20	0.	0.	1.44E-01	0.	0.	0.	5.53E 00	1.11E 00	2.38E 01	6.15E 00	3.68E 01
17	9.10	0.	0.	1.44E-01	0.	0.	0.	5.55E 00	1.15E 00	9.67E 00	6.10E 00	2.26E 01
18	9.00	0.	0.	1.33E-01	0.	0.	0.	5.57E 00	1.19E 00	9.69E 00	6.07E 00	2.27E 01
19	8.90	0.	0.	1.25E-01	0.	0.	0.	5.59E 00	1.23E 00	9.70E 00	6.04E 00	2.27E 01
20	8.80	0.	0.	1.24E-01	0.	0.	0.	5.61E 00	1.27E 00	9.72E 00	6.02E 00	2.28E 01
21	8.70	0.	0.	1.10E-01	0.	0.	0.	5.63E 00	1.32E 00	9.75E 00	5.99E 00	2.28E 01
22	8.60	0.	0.	1.14E-01	0.	0.	0.	5.65E 00	1.36E 00	9.77E 00	5.97E 00	2.29E 01
23	8.50	0.	0.	1.02E-01	0.	0.	0.	5.66E 00	1.41E 00	9.81E 00	5.94E 00	2.30E 01
24	8.40	0.	0.	1.02E-01	0.	0.	0.	5.69E 00	1.47E 00	9.85E 00	5.93E 00	2.31E 01
25	8.30	0.	0.	8.84E-02	0.	0.	0.	5.72E 00	1.52E 00	9.90E 00	5.93E 00	2.32E 01
26	8.20	0.	0.	9.01E-02	0.	0.	0.	5.75E 00	1.58E 00	9.95E 00	5.94E 00	2.33E 01
27	8.10	0.	0.	7.93E-02	0.	0.	0.	5.78E 00	1.64E 00	9.99E 00	5.94E 00	2.34E 01
28	8.00	0.	0.	8.05E-02	0.	0.	0.	5.81E 00	1.70E 00	1.01E 01	5.94E 00	2.36E 01
29	7.90	0.	0.	7.05E-02	0.	0.	0.	5.84E 00	1.77E 00	1.02E 01	5.94E 00	2.38E 01
30	7.80	0.	0.	7.39E-02	0.	0.	0.	5.87E 00	1.83E 00	1.03E 01	5.95E 00	2.39E 01
31	7.70	0.	0.	6.60E-02	0.	2.73E-06	0.	5.90E 00	1.91E 00	1.03E 01	5.95E 00	2.41E 01
32	7.60	0.	0.	6.35E-02	0.	8.53E-06	0.	5.93E 00	1.98E 00	1.04E 01	5.95E 00	2.43E 01
33	7.50	0.	0.	5.98E-02	0.	7.93E-05	0.	5.96E 00	2.07E 00	1.05E 01	5.95E 00	2.45E 01
34	7.40	0.	0.	5.44E-02	0.	2.96E-04	0.	6.00E 00	2.15E 00	1.05E 01	5.96E 00	2.47E 01
35	7.30	0.	0.	5.23E-02	0.	8.35E-04	0.	6.03E 00	2.24E 00	1.06E 01	5.96E 00	2.49E 01
36	7.20	0.	0.	4.79E-02	0.	2.64E-03	0.	6.06E 00	2.34E 00	1.07E 01	5.96E 00	2.51E 01
37	7.10	0.	0.	4.67E-02	0.	4.95E-03	0.	6.11E 00	2.44E 00	1.08E 01	5.97E 00	2.54E 01
38	7.00	8.75E-06	0.	4.35E-02	0.	7.38E-03	0.	6.16E 00	2.55E 00	1.09E 01	5.97E 00	2.56E 01
39	6.90	1.72E-05	0.	4.05E-02	0.	1.21E-02	0.	6.21E 00	2.66E 00	1.09E 01	5.97E 00	2.58E 01
40	6.80	1.50E-05	0.	3.96E-02	0.	1.16E-02	0.	6.26E 00	2.78E 00	1.10E 01	5.98E 00	2.61E 01
41	6.70	1.10E-05	0.	3.52E-02	0.	1.02E-02	0.	6.31E 00	2.91E 00	1.11E 01	5.99E 00	2.64E 01
42	6.60	6.79E-06	0.	3.21E-02	0.	1.43E-02	0.	6.36E 00	3.04E 00	1.12E 01	6.00E 00	2.67E 01
43	6.50	2.30E-06	0.	2.61E-02	0.	1.30E-02	0.	6.41E 00	3.19E 00	1.14E 01	6.01E 00	2.70E 01
44	6.40	1.35E-06	0.	1.85E-02	4.29E-05	9.96E-03	0.	6.46E 00	3.34E 00	1.15E 01	6.03E 00	2.74E 01
45	6.30	6.19E-07	0.	1.19E-02	2.06E-04	1.33E-02	0.	6.51E 00	3.50E 00	1.16E 01	6.05E 00	2.77E 01
46	6.20	2.89E-07	0.	6.78E-03	2.97E-04	1.54E-02	0.	6.56E 00	3.68E 00	1.16E 01	6.07E 00	2.81E 01
47	6.10	1.22E-07	0.	3.26E-03	8.58E-04	8.16E-03	0.	6.61E 00	3.86E 00	1.18E 01	6.09E 00	2.85E 01
48	6.00	3.02E-08	0.	8.42E-04	8.46E-04	7.86E-03	0.	6.66E 00	4.06E 00	1.19E 01	6.14E 00	2.90E 01
49	5.90	3.87E-09	0.	6.04E-05	1.25E-03	8.27E-03	0.	6.66E 00	4.28E 00	1.21E 01	6.18E 00	2.94E 01
50	5.80	2.85E-10	0.	1.53E-06	1.77E-03	4.50E-03	0.	6.56E 00	4.50E 00	1.24E 01	6.22E 00	2.98E 01
51	5.70	0.	0.	0.	2.11E-03	9.27E-03	0.	6.16E 00	4.75E 00	1.26E 01	6.31E 00	2.99E 01

ABSORPTION COEFFICIENTS OF HEATED AIR (INVERSE CM.)

TEMPERATURE (DEGREES K) 22000.   DENSITY (GM/CC) 1.293E-02   (1.0E 01 NORMAL)

#	PHOTON ENERGY BANDS	O2 S-R	N2 1ST POS.	N2 2ND POS.	N2+ 1ST NEG.	NO BETA	NO GAMMA	NO VIB-ROT	NO 2	O- PHOTO-DET (IONS)	FREE-FREE (IONS)	N P.E.	O P.E.	TOTAL AIR
52	5.60	1.29E-11	0.	0.	0.	1.85E-03	1.19E-02	0.	0.	5.73E 00	5.01E 00	1.28E 01	6.36E 00	3.00E 01
53	5.50	0.	0.	0.	0.	2.27E-03	1.10E-02	0.	0.	5.76E 00	5.29E 00	1.31E 01	6.42E 00	3.06E 01
54	5.40	0.	0.	0.	0.	2.13E-03	9.26E-03	0.	0.	5.79E 00	5.60E 00	1.35E 01	6.49E 00	3.14E 01
55	5.30	0.	0.	0.	0.	2.18E-03	1.14E-02	0.	0.	5.83E 00	5.92E 00	1.39E 01	6.58E 00	3.22E 01
56	5.20	0.	0.	0.	0.	2.37E-03	9.09E-03	0.	0.	5.86E 00	6.28E 00	1.42E 01	6.68E 00	3.31E 01
57	5.10	0.	0.	0.	0.	2.38E-03	1.66E-02	0.	0.	5.91E 00	6.66E 00	1.47E 01	6.79E 00	3.40E 01
58	5.00	1.83E-04	0.	0.	0.	2.19E-03	1.11E-02	0.	0.	5.96E 00	7.07E 00	1.51E 01	6.89E 00	3.51E 01
59	4.90	4.52E-04	0.	0.	0.	2.46E-03	1.23E-02	0.	0.	6.01E 00	7.52E 00	1.57E 01	7.02E 00	3.62E 01
60	4.80	8.63E-04	0.	0.	0.	2.66E-03	1.16E-02	0.	0.	6.06E 00	8.00E 00	1.63E 01	7.17E 00	3.75E 01
61	4.70	1.19E-03	0.	0.	0.	2.69E-03	1.16E-02	0.	0.	6.11E 00	8.53E 00	1.69E 01	7.36E 00	3.89E 01
62	4.60	1.66E-03	0.	0.	0.	2.79E-03	9.63E-03	0.	0.	6.16E 00	9.13E 00	1.76E 01	7.56E 00	4.05E 01
63	4.50	1.77E-03	0.	4.38E-03	0.	2.59E-03	7.28E-03	0.	0.	6.21E 00	9.73E 00	1.86E 01	7.77E 00	4.23E 01
64	4.40	1.92E-03	0.	1.26E-02	0.	2.62E-03	4.95E-03	0.	0.	6.26E 00	1.04E 01	1.95E 01	7.98E 00	4.42E 01
65	4.30	1.84E-03	0.	4.40E-02	0.	2.54E-03	3.16E-03	0.	0.	6.31E 00	1.12E 01	2.06E 01	8.21E 00	4.63E 01
66	4.20	1.73E-03	0.	1.34E-01	0.	2.68E-03	2.16E-03	0.	0.	6.36E 00	1.20E 01	2.17E 01	8.44E 00	4.86E 01
67	4.10	1.65E-03	0.	6.31E-02	0.	2.66E-03	6.12E-04	0.	0.	6.39E 00	1.29E 01	2.27E 01	8.40E 00	5.05E 01
68	4.00	1.54E-03	0.	1.95E-02	0.	2.59E-03	4.57E-04	0.	0.	6.41E 00	1.39E 01	2.38E 01	8.28E 00	5.25E 01
69	3.90	1.33E-03	0.	9.33E-02	9.92E-03	2.44E-03	1.69E-04	0.	0.	6.39E 00	1.50E 01	2.37E 01	4.28E 00	4.96E 01
70	3.80	1.46E-03	0.	1.51E-01	3.80E-02	2.64E-03	0.	0.	0.	6.36E 00	1.63E 01	2.39E 01	4.42E 00	5.13E 01
71	3.70	1.33E-03	0.	1.14E-01	1.86E-02	2.31E-03	0.	0.	0.	6.26E 00	1.76E 01	2.02E 01	4.61E 00	4.96E 01
72	3.60	1.21E-03	0.	1.47E-01	9.35E-02	2.49E-03	0.	0.	0.	5.86E 00	1.92E 01	2.18E 01	5.03E 00	5.25E 01
73	3.50	1.15E-03	0.	9.77E-02	1.62E-01	2.02E-03	0.	0.	0.	5.37E 00	2.09E 01	2.32E 01	5.48E 00	5.58E 01
74	3.40	1.07E-03	0.	6.71E-02	2.83E-01	2.27E-03	0.	0.	0.	3.10E 00	2.28E 01	2.57E 01	6.01E 00	5.84E 01
75	3.30	8.64E-04	0.	5.28E-02	1.01E-01	1.85E-03	0.	0.	0.	3.11E 00	2.50E 01	2.83E 01	6.60E 00	6.39E 01
76	3.20	7.66E-04	0.	2.09E-02	1.54E-01	1.96E-03	0.	0.	0.	3.11E 00	2.75E 01	3.10E 01	7.20E 00	6.96E 01
77	3.10	7.45E-04	0.	1.01E-02	4.50E-02	1.89E-03	0.	0.	0.	3.11E 00	3.03E 01	3.37E 01	7.84E 00	7.56E 01
78	3.00	6.79E-04	0.	4.75E-03	9.57E-02	1.81E-03	0.	0.	0.	3.12E 00	3.34E 01	3.64E 01	8.47E 00	8.22E 01
79	2.90	5.81E-04	0.	2.27E-03	1.42E-02	1.42E-03	0.	0.	0.	3.12E 00	3.71E 01	3.93E 01	9.11E 00	8.95E 01
80	2.80	6.13E-04	0.	2.34E-04	5.16E-02	1.02E-03	0.	0.	0.	3.13E 00	4.13E 01	4.28E 01	9.83E 00	9.79E 01
81	2.70	4.05E-04	0.	0.	3.70E-02	5.76E-04	0.	0.	0.	3.13E 00	4.61E 01	4.66E 01	1.07E 01	1.07E 02
82	2.60	1.97E-04	0.	0.	4.49E-02	2.61E-04	0.	0.	0.	3.13E 00	5.18E 01	5.06E 01	1.16E 01	1.16E 02
83	2.50	1.40E-05	0.	0.	4.80E-03	6.34E-05	0.	0.	0.	3.13E 00	5.84E 01	5.78E 01	1.25E 01	1.25E 02
84	2.40	0.	1.01E-02	0.	3.51E-03	6.87E-06	0.	0.	0.	3.13E 00	6.62E 01	6.72E 01	8.21E 00	1.46E 02
85	2.30	0.	2.89E-02	0.	0.	0.	0.	0.	0.	3.11E 00	7.53E 01	6.07E 01	9.51E 00	1.50E 02
86	2.20	0.	7.87E-02	0.	0.	0.	0.	0.	0.	3.08E 00	8.63E 01	7.17E 01	1.13E 01	1.75E 02
87	2.10	0.	7.88E-02	0.	0.	0.	0.	0.	0.	2.98E 00	9.94E 01	8.34E 01	1.56E 01	2.02E 02
88	2.00	0.	1.59E-01	0.	0.	0.	0.	0.	0.	2.87E 00	1.15E 02	9.53E 01	1.78E 01	2.32E 02
89	1.90	0.	1.84E-01	0.	0.	0.	0.	0.	0.	2.74E 00	1.35E 02	1.10E 02	2.09E 01	2.69E 02
90	1.80	0.	1.59E-01	0.	0.	0.	0.	0.	0.	2.58E 00	1.60E 02	1.31E 02	2.55E 01	3.20E 02
91	1.70	0.	1.79E-01	0.	0.	0.	0.	0.	0.	2.19E 00	1.91E 02	1.58E 02	3.10E 01	3.83E 02
92	1.60	0.	1.56E-01	0.	0.	0.	0.	0.	0.	9.94E-01	2.30E 02	1.85E 02	3.66E 01	4.54E 02
93	1.50	0.	1.54E-01	0.	0.	0.	0.	0.	0.	0.	2.80E 02	2.42E 02	4.43E 01	5.67E 02
94	1.40	0.	1.51E-01	0.	0.	0.	0.	0.	0.	0.	3.46E 02	3.03E 02	5.30E 01	7.02E 02
95	1.30	0.	1.16E-01	0.	0.	0.	0.	0.	0.	0.	4.33E 02	4.08E 02	6.98E 01	9.12E 02
96	1.20	0.	1.11E-01	0.	0.	0.	0.	0.	0.	0.	5.53E 02	4.59E 02	7.04E 01	1.08E 03
97	1.10	0.	1.08E-01	0.	0.	0.	0.	1.12E-07	0.	0.	7.24E 02	5.66E 02	8.81E 01	1.38E 03
98	1.00	0.	9.92E-02	0.	0.	0.	0.	1.87E-06	0.	0.	9.72E 02	6.88E 02	1.01E 02	1.76E 03
99	0.90	0.	8.13E-02	0.	0.	0.	0.	2.20E-06	0.	0.	1.35E 03	7.93E 02	1.18E 02	2.26E 03
100	0.80	0.	3.81E-02	0.	0.	0.	0.	4.88E-05	0.	0.	1.94E 03	9.13E 02	1.35E 02	2.95E 03
101	0.70	0.	8.76E-03	0.	0.	0.	0.	4.73E-05	0.	0.	2.94E 03	9.84E 02	1.36E 02	4.06E 03
102	0.60	0.	2.04E-03	0.	0.	0.	0.	1.47E-04	0.	0.	4.75E 03	1.10E 03	1.52E 02	6.00E 03

ABSORPTION COEFFICIENTS OF HEATED AIR (INVERSE CM.)

TEMPERATURE (DEGREES K) 22000.   DENSITY (GM/CC) 1.293E-03   (1.0E 00 NORMAL)

PHOTON	ENERGY E.V.	O2 S-R BANDS	O2 S-R CONT.	N2 B-H NO. 1	NO BETA	NO GAMMA	NO 2	O- PHOTO-DET (IONS)	FREE-FREE (IONS)	N P.E.	O P.E.	TOTAL AIR
1	10.70	0.	0.	1.60E-03	0.	0.	0.	1.20E-01	5.28E-02	2.20E 01	5.37E-01	2.27E 01
2	10.60	0.	0.	1.48E-03	0.	0.	0.	1.20E-01	5.43E-02	1.73E 00	5.35E-01	2.44E 00
3	10.50	0.	0.	1.51E-03	0.	0.	0.	1.20E-01	5.59E-02	1.74E 00	5.33E-01	2.45E 00
4	10.40	0.	0.	1.45E-03	0.	0.	0.	1.20E-01	5.75E-02	1.74E 00	5.30E-01	2.45E 00
5	10.30	0.	0.	1.28E-03	0.	0.	0.	1.21E-01	5.92E-02	1.75E 00	5.28E-01	2.46E 00
6	10.20	0.	0.	1.34E-03	0.	0.	0.	1.21E-01	6.10E-02	1.75E 00	5.25E-01	2.46E 00
7	10.10	0.	0.	1.27E-03	0.	0.	0.	1.21E-01	6.28E-02	1.75E 00	5.23E-01	2.45E 00
8	10.00	0.	0.	1.14E-03	0.	0.	0.	1.21E-01	6.48E-02	1.75E 00	5.20E-01	2.45E 00
9	9.90	0.	0.	1.17E-03	0.	0.	0.	1.21E-01	6.68E-02	1.75E 00	5.18E-01	2.46E 00
10	9.80	0.	0.	1.12E-03	0.	0.	0.	1.22E-01	6.88E-02	1.75E 00	5.16E-01	2.46E 00
11	9.70	0.	0.	9.85E-04	0.	0.	0.	1.22E-01	7.10E-02	1.76E 00	5.13E-01	2.46E 00
12	9.60	0.	0.	1.07E-03	0.	0.	0.	1.22E-01	7.33E-02	1.76E 00	5.11E-01	2.47E 00
13	9.50	0.	0.	9.31E-04	0.	0.	0.	1.22E-01	7.57E-02	1.77E 00	5.08E-01	2.47E 00
14	9.40	0.	0.	8.94E-04	0.	0.	0.	1.23E-01	7.81E-02	1.77E 00	5.06E-01	2.48E 00
15	9.30	0.	0.	9.21E-04	0.	0.	0.	1.23E-01	8.07E-02	1.78E 00	5.03E-01	2.49E 00
16	9.20	0.	0.	7.82E-04	0.	0.	0.	1.24E-01	8.34E-02	1.78E 00	5.01E-01	2.49E 00
17	9.10	0.	0.	8.06E-04	0.	0.	0.	1.24E-01	8.62E-02	7.25E-01	4.99E-01	1.44E 00
18	9.00	0.	0.	7.45E-04	0.	0.	0.	1.24E-01	8.91E-02	7.26E-01	4.97E-01	1.44E 00
19	8.90	0.	0.	7.05E-04	0.	0.	0.	1.25E-01	9.22E-02	7.27E-01	4.94E-01	1.44E 00
20	8.80	0.	0.	6.93E-04	0.	0.	0.	1.25E-01	9.54E-02	7.29E-01	4.92E-01	1.44E 00
21	8.70	0.	0.	6.14E-04	0.	0.	0.	1.26E-01	9.88E-02	7.31E-01	4.90E-01	1.45E 00
22	8.60	0.	0.	6.37E-04	0.	0.	0.	1.26E-01	1.02E-01	7.32E-01	4.88E-01	1.45E 00
23	8.50	0.	0.	5.69E-04	0.	0.	0.	1.27E-01	1.06E-01	7.35E-01	4.86E-01	1.45E 00
24	8.40	0.	0.	5.71E-04	0.	0.	0.	1.27E-01	1.10E-01	7.39E-01	4.84E-01	1.46E 00
25	8.30	0.	0.	4.94E-04	0.	0.	0.	1.28E-01	1.14E-01	7.42E-01	4.83E-01	1.47E 00
26	8.20	0.	0.	5.04E-04	0.	0.	0.	1.29E-01	1.18E-01	7.46E-01	4.83E-01	1.48E 00
27	8.10	0.	0.	4.44E-04	0.	0.	0.	1.29E-01	1.23E-01	7.49E-01	4.83E-01	1.48E 00
28	8.00	0.	0.	4.50E-04	0.	0.	0.	1.30E-01	1.27E-01	7.54E-01	4.84E-01	1.50E 00
29	7.90	0.	0.	3.94E-04	0.	0.	0.	1.31E-01	1.32E-01	7.60E-01	4.84E-01	1.51E 00
30	7.80	0.	0.	4.13E-04	0.	0.	0.	1.31E-01	1.37E-01	7.66E-01	4.84E-01	1.52E 00
31	7.70	0.	0.	3.69E-04	0.	0.	0.	1.32E-01	1.43E-01	7.73E-01	4.84E-01	1.53E 00
32	7.60	0.	0.	3.55E-04	0.	1.66E-08	0.	1.33E-01	1.49E-01	7.79E-01	4.85E-01	1.55E 00
33	7.50	0.	0.	3.34E-04	0.	5.19E-08	0.	1.33E-01	1.55E-01	7.84E-01	4.85E-01	1.56E 00
34	7.40	0.	0.	3.04E-04	0.	4.83E-07	0.	1.34E-01	1.61E-01	7.90E-01	4.85E-01	1.57E 00
35	7.30	0.	0.	2.93E-04	0.	1.81E-06	0.	1.35E-01	1.68E-01	7.96E-01	4.85E-01	1.58E 00
36	7.20	0.	0.	2.68E-04	0.	5.08E-06	0.	1.36E-01	1.75E-01	8.02E-01	4.86E-01	1.60E 00
37	7.10	0.	0.	2.61E-04	0.	1.61E-05	0.	1.37E-01	1.83E-01	8.09E-01	4.86E-01	1.61E 00
38	7.00	5.80E-08	0.	2.43E-04	0.	3.02E-05	0.	1.38E-01	1.91E-01	8.15E-01	4.86E-01	1.63E 00
39	6.90	1.14E-07	0.	2.26E-04	0.	4.50E-05	0.	1.39E-01	1.99E-01	8.21E-01	4.86E-01	1.65E 00
40	6.80	9.95E-08	0.	2.21E-04	0.	7.39E-05	0.	1.40E-01	2.08E-01	8.27E-01	4.87E-01	1.66E 00
41	6.70	7.32E-08	0.	1.97E-04	0.	7.08E-05	0.	1.41E-01	2.18E-01	8.33E-01	4.88E-01	1.68E 00
42	6.60	4.50E-08	0.	1.80E-04	0.	6.21E-05	0.	1.42E-01	2.28E-01	8.42E-01	4.89E-01	1.70E 00
43	6.50	2.63E-08	0.	1.46E-04	0.	8.69E-05	0.	1.43E-01	2.39E-01	8.52E-01	4.90E-01	1.72E 00
44	6.40	1.53E-08	0.	1.04E-04	2.61E-07	7.90E-05	0.	1.44E-01	2.50E-01	8.62E-01	4.91E-01	1.75E 00
45	6.30	8.98E-09	0.	6.66E-05	1.25E-06	6.07E-05	0.	1.46E-01	2.62E-01	8.72E-01	4.93E-01	1.77E 00
46	6.20	4.10E-09	0.	3.79E-05	1.81E-06	8.07E-05	0.	1.47E-01	2.76E-01	8.82E-01	4.96E-01	1.80E 00
47	6.10	1.91E-09	0.	1.82E-05	5.23E-06	9.65E-05	0.	1.48E-01	2.90E-01	8.93E-01	5.00E-01	1.83E 00
48	6.00	8.08E-10	0.	4.71E-06	5.15E-06	4.97E-05	0.	1.49E-01	3.04E-01	9.04E-01	5.03E-01	1.86E 00
49	5.90	2.01E-10	0.	3.38E-07	7.64E-06	4.79E-05	0.	1.49E-01	3.20E-01	9.18E-01	5.07E-01	1.89E 00
50	5.80	2.57E-11	0.	8.57E-09	1.08E-05	5.04E-05	0.	1.47E-01	3.38E-01	9.33E-01	5.10E-01	1.93E 00
51	5.70	1.89E-12	0.	0.	1.29E-05	5.65E-05	0.	1.38E-01	3.56E-01	9.46E-01	5.14E-01	1.95E 00

ABSORPTION COEFFICIENTS OF HEATED AIR (INVERSE CM.)

TEMPERATURE (DEGREES K) 22000. DENSITY (GM/CC) 1.293E-03 (1.0E 00 NORMAL)

	PHOTON ENERGY	O2 S-R BANDS	N2 1ST POS.	N2 2ND POS.	N2+ 1ST NEG.	NO BETA	NO GAMMA	NO VIB-ROT	NO2	O- PHOTO-DET (IONS)	FREE-FREE (IONS)	N P.E.	O P.E.	TOTAL AIR
52	5.60	8.58E-14	0.	0.	0.	1.13E-05	7.26E-05	0.	0.	1.28E-01	3.76E-01	9.63E-01	5.18E-01	1.98E 00
53	5.50	0.	0.	0.	0.	1.38E-05	6.71E-05	0.	0.	1.29E-01	3.97E-01	9.85E-01	5.23E-01	2.03E 00
54	5.40	0.	0.	0.	0.	1.30E-05	5.64E-05	0.	0.	1.29E-01	4.19E-01	1.01E 00	5.29E-01	2.09E 00
55	5.30	0.	0.	0.	0.	1.33E-05	6.96E-05	0.	0.	1.30E-01	4.44E-01	1.04E 00	5.36E-01	2.15E 00
56	5.20	0.	0.	0.	0.	1.44E-05	5.54E-05	0.	0.	1.31E-01	4.70E-01	1.07E 00	5.44E-01	2.21E 00
57	5.10	0.	0.	0.	0.	1.45E-05	7.04E-05	0.	0.	1.32E-01	4.99E-01	1.10E 00	5.53E-01	2.28E 00
58	5.00	1.21E-06	0.	0.	0.	1.33E-05	6.76E-05	0.	0.	1.33E-01	5.30E-01	1.13E 00	5.61E-01	2.36E 00
59	4.90	3.00E-06	0.	0.	0.	1.50E-05	7.49E-05	0.	0.	1.34E-01	5.63E-01	1.17E 00	5.71E-01	2.44E 00
60	4.80	5.72E-06	0.	0.	0.	1.62E-05	7.08E-05	0.	0.	1.36E-01	6.00E-01	1.22E 00	5.84E-01	2.54E 00
61	4.70	7.86E-06	0.	0.	0.	1.64E-05	5.87E-05	0.	0.	1.37E-01	6.39E-01	1.27E 00	6.00E-01	2.64E 00
62	4.60	1.10E-05	0.	0.	0.	1.70E-05	4.44E-05	0.	0.	1.38E-01	6.82E-01	1.32E 00	6.16E-01	2.76E 00
63	4.50	1.17E-05	0.	2.45E-05	0.	1.58E-05	3.02E-05	0.	0.	1.39E-01	7.29E-01	1.39E 00	6.33E-01	2.89E 00
64	4.40	1.27E-05	0.	7.06E-05	0.	1.60E-05	1.92E-05	0.	0.	1.40E-01	7.81E-01	1.46E 00	6.50E-01	3.03E 00
65	4.30	1.22E-05	0.	2.46E-04	0.	1.55E-05	1.31E-05	0.	0.	1.41E-01	8.37E-01	1.54E 00	6.69E-01	3.19E 00
66	4.20	1.15E-05	0.	7.49E-04	0.	1.63E-05	3.73E-06	0.	0.	1.42E-01	8.99E-01	1.62E 00	6.87E-01	3.35E 00
67	4.10	1.09E-05	0.	3.53E-04	0.	1.62E-05	2.78E-06	0.	0.	1.43E-01	9.67E-01	1.70E 00	6.84E-01	3.50E 00
68	4.00	1.02E-05	0.	1.09E-03	0.	1.58E-05	1.03E-06	0.	0.	1.43E-01	1.04E 00	1.78E 00	3.49E-01	3.32E 00
69	3.90	8.79E-06	0.	5.22E-04	2.02E-04	1.49E-05	0.	0.	0.	1.43E-01	1.13E 00	1.77E 00	3.60E-01	3.40E 00
70	3.80	9.70E-06	0.	8.44E-04	7.75E-04	1.61E-05	0.	0.	0.	1.42E-01	1.22E 00	1.79E 00	3.76E-01	3.53E 00
71	3.70	8.81E-06	0.	8.50E-04	3.79E-04	1.41E-05	0.	0.	0.	1.40E-01	1.32E 00	1.51E 00	4.10E-01	3.39E 00
72	3.60	8.04E-06	0.	6.36E-04	1.90E-03	1.23E-05	0.	0.	0.	1.31E-01	1.44E 00	1.44E 00	4.47E-01	3.65E 00
73	3.50	7.61E-06	0.	8.21E-04	1.29E-03	1.39E-05	0.	0.	0.	1.20E-01	1.57E 00	1.63E 00	4.89E-01	3.92E 00
74	3.40	7.10E-06	0.	5.46E-04	5.76E-04	1.13E-05	0.	0.	0.	6.93E-02	1.71E 00	1.74E 00	5.36E-01	4.25E 00
75	3.30	5.73E-06	0.	5.58E-04	2.07E-03	1.20E-05	0.	0.	0.	6.94E-02	1.88E 00	1.93E 00	5.87E-01	4.66E 00
76	3.20	5.08E-06	0.	3.75E-04	3.16E-03	1.15E-05	0.	0.	0.	6.95E-02	2.06E 00	2.12E 00	6.38E-01	5.09E 00
77	3.10	4.94E-06	0.	2.95E-04	9.16E-04	1.10E-05	0.	0.	0.	6.96E-02	2.32E 00	2.32E 00	6.90E-01	5.55E 00
78	3.00	4.50E-06	0.	1.84E-04	1.95E-04	8.65E-06	0.	0.	0.	6.98E-02	2.51E 00	2.52E 00	7.42E-01	6.05E 00
79	2.90	3.86E-06	0.	1.17E-04	1.05E-04	6.21E-06	0.	0.	0.	6.99E-02	2.78E 00	2.72E 00	8.08E-01	6.60E 00
80	2.80	4.07E-06	0.	5.63E-04	7.53E-04	3.51E-06	0.	0.	0.	7.00E-02	3.09E 00	2.95E 00	8.68E-01	7.24E 00
81	2.70	2.69E-06	0.	2.66E-05	9.15E-04	1.59E-06	0.	0.	0.	7.00E-02	3.46E 00	3.21E 00	9.41E-01	7.96E 00
82	2.60	1.31E-06	0.	1.27E-05	9.78E-04	3.86E-07	0.	0.	0.	7.00E-02	3.88E 00	3.49E 00	1.02E 00	8.75E 00
83	2.50	9.31E-08	0.	1.31E-06	9.62E-05	4.18E-08	0.	0.	0.	7.00E-02	4.38E 00	3.79E 00	1.02E 00	9.44E 00
84	2.40	0.	5.66E-05	0.	7.14E-05	0.	0.	0.	0.	6.96E-02	4.96E 00	5.03E 00	7.74E-01	1.08E 01
85	2.30	0.	1.62E-04	0.	0.	0.	0.	0.	0.	6.95E-02	5.65E 00	4.54E 00	9.22E-01	1.12E 01
86	2.20	0.	4.40E-04	0.	0.	0.	0.	0.	0.	6.92E-02	6.46E 00	5.37E 00	1.10E 00	1.30E 01
87	2.10	0.	4.41E-04	0.	0.	0.	0.	0.	0.	6.89E-02	7.45E 00	6.24E 00	1.27E 00	1.50E 01
88	2.00	0.	8.90E-04	0.	0.	0.	0.	0.	0.	6.67E-02	8.64E 00	7.13E 00	1.45E 00	1.73E 01
89	1.90	0.	1.03E-03	0.	0.	0.	0.	0.	0.	6.42E-02	1.01E 01	8.20E 00	1.70E 00	2.01E 01
90	1.80	0.	8.91E-04	0.	0.	0.	0.	0.	0.	6.16E-02	1.20E 01	9.84E 00	2.10E 00	2.39E 01
91	1.70	0.	1.00E-03	0.	0.	0.	0.	0.	0.	5.76E-02	1.43E 01	1.18E 01	2.59E 00	2.87E 01
92	1.60	0.	7.62E-04	0.	0.	0.	0.	0.	0.	4.89E-02	1.72E 01	1.39E 01	2.98E 00	3.41E 01
93	1.50	0.	8.62E-04	0.	0.	0.	0.	0.	0.	2.22E-02	2.10E 01	1.81E 01	3.61E 00	4.27E 01
94	1.40	0.	8.46E-04	0.	0.	0.	0.	0.	0.	0.	2.59E 01	2.27E 01	4.32E 00	5.29E 01
95	1.30	0.	6.48E-04	0.	0.	0.	0.	0.	0.	0.	3.25E 01	3.06E 01	5.68E 00	6.87E 01
96	1.20	0.	6.18E-04	0.	0.	0.	0.	0.	0.	0.	4.15E 01	3.44E 01	5.74E 00	8.16E 01
97	1.10	0.	6.03E-04	0.	0.	0.	0.	6.82E-10	0.	0.	5.43E 01	4.24E 01	7.18E 00	1.04E 02
98	1.00	0.	5.55E-04	0.	0.	0.	0.	1.14E-08	0.	0.	7.29E 01	5.15E 01	8.20E 00	1.33E 02
99	0.90	0.	4.55E-04	0.	0.	0.	0.	1.34E-08	0.	0.	1.01E 02	5.93E 01	9.61E 00	1.70E 02
100	0.80	0.	2.13E-04	0.	0.	0.	0.	2.97E-07	0.	0.	1.45E 02	6.83E 01	1.10E 01	2.25E 02
101	0.70	0.	4.90E-05	0.	0.	0.	0.	2.88E-07	0.	0.	2.20E 02	7.36E 01	1.10E 01	3.05E 02
102	0.60	0.	1.14E-05	0.	0.	0.	0.	8.93E-07	0.	0.	3.56E 02	8.23E 01	1.23E 01	4.50E 02

413

ABSORPTION COEFFICIENT OF HEATED AIR (INVERSE CM.)

TEMPERATURE (DEGREES K) 22000.   DENSITY (GM/CC) 1.293E-04   (1.0E-01 NORMAL)

#	PHOTON ENERGY E.V.	O2 S-R BANDS	O2 S-R CONT.	N2 B-H NO. 1	NO BETA	NO GAMMA	NO_2	O- PHOTO-DET (IONS)	FREE-FREE (IONS)	N P.E.	O P.E.	TOTAL AIR
1	10.70	0.	0.	2.90E-06	0.	0.	0.	1.25E-03	2.30E-03	9.34E-03	2.68E-02	9.65E-01
2	10.60	0.	0.	2.67E-06	0.	0.	0.	1.25E-03	2.37E-03	7.44E-02	2.66E-02	1.05E-01
3	10.50	0.	0.	2.73E-06	0.	0.	0.	1.25E-03	2.44E-03	7.47E-02	2.65E-02	1.05E-01
4	10.40	0.	0.	2.62E-06	0.	0.	0.	1.25E-03	2.51E-03	7.49E-02	2.64E-02	1.05E-01
5	10.30	0.	0.	2.32E-06	0.	0.	0.	1.26E-03	2.58E-03	7.51E-02	2.63E-02	1.05E-01
6	10.20	0.	0.	2.42E-06	0.	0.	0.	1.26E-03	2.66E-03	7.51E-02	2.62E-02	1.05E-01
7	10.10	0.	0.	2.30E-06	0.	0.	0.	1.26E-03	2.74E-03	7.51E-02	2.60E-02	1.05E-01
8	10.00	0.	0.	2.06E-06	0.	0.	0.	1.26E-03	2.83E-03	7.45E-02	2.59E-02	1.04E-01
9	9.90	0.	0.	2.12E-06	0.	0.	0.	1.26E-03	2.91E-03	7.46E-02	2.58E-02	1.05E-01
10	9.80	0.	0.	2.02E-06	0.	0.	0.	1.26E-03	3.01E-03	7.48E-02	2.57E-02	1.05E-01
11	9.70	0.	0.	1.78E-06	0.	0.	0.	1.27E-03	3.10E-03	7.50E-02	2.56E-02	1.05E-01
12	9.60	0.	0.	1.93E-06	0.	0.	0.	1.27E-03	3.20E-03	7.52E-02	2.54E-02	1.05E-01
13	9.50	0.	0.	1.68E-06	0.	0.	0.	1.27E-03	3.30E-03	7.54E-02	2.53E-02	1.05E-01
14	9.40	0.	0.	1.62E-06	0.	0.	0.	1.28E-03	3.41E-03	7.56E-02	2.52E-02	1.06E-01
15	9.30	0.	0.	1.66E-06	0.	0.	0.	1.28E-03	3.52E-03	7.59E-02	2.52E-02	1.06E-01
16	9.20	0.	0.	1.41E-06	0.	0.	0.	1.29E-03	3.64E-03	7.61E-02	2.50E-02	1.06E-01
17	9.10	0.	0.	1.46E-06	0.	0.	0.	1.29E-03	3.76E-03	3.11E-02	2.49E-02	6.10E-02
18	9.00	0.	0.	1.35E-06	0.	0.	0.	1.29E-03	3.89E-03	3.11E-02	2.47E-02	6.11E-02
19	8.90	0.	0.	1.27E-06	0.	0.	0.	1.30E-03	4.03E-03	3.12E-02	2.46E-02	6.12E-02
20	8.80	0.	0.	1.25E-06	0.	0.	0.	1.30E-03	4.17E-03	3.13E-02	2.45E-02	6.13E-02
21	8.70	0.	0.	1.11E-06	0.	0.	0.	1.31E-03	4.31E-03	3.14E-02	2.44E-02	6.14E-02
22	8.60	0.	0.	1.15E-06	0.	0.	0.	1.31E-03	4.47E-03	3.14E-02	2.43E-02	6.15E-02
23	8.50	0.	0.	1.03E-06	0.	0.	0.	1.32E-03	4.63E-03	3.16E-02	2.42E-02	6.17E-02
24	8.40	0.	0.	1.03E-06	0.	0.	0.	1.32E-03	4.80E-03	3.17E-02	2.41E-02	6.19E-02
25	8.30	0.	0.	8.94E-07	0.	0.	0.	1.33E-03	4.97E-03	3.19E-02	2.41E-02	6.22E-02
26	8.20	0.	0.	9.11E-07	0.	0.	0.	1.34E-03	5.16E-03	3.22E-02	2.41E-02	6.26E-02
27	8.10	0.	0.	8.02E-07	0.	0.	0.	1.35E-03	5.36E-03	3.22E-02	2.41E-02	6.30E-02
28	8.00	0.	0.	8.14E-07	0.	0.	0.	1.35E-03	5.56E-03	3.24E-02	2.41E-02	6.34E-02
29	7.90	0.	0.	7.13E-07	0.	0.	0.	1.36E-03	5.78E-03	3.27E-02	2.41E-02	6.39E-02
30	7.80	0.	0.	7.47E-07	0.	0.	0.	1.37E-03	6.00E-03	3.29E-02	2.41E-02	6.44E-02
31	7.70	0.	0.	6.67E-07	0.	0.	0.	1.37E-03	6.24E-03	3.32E-02	2.41E-02	6.49E-02
32	7.60	0.	0.	6.42E-07	0.	3.52E-11	0.	1.38E-03	6.49E-03	3.35E-02	2.41E-02	6.55E-02
33	7.50	0.	0.	6.05E-07	0.	1.10E-10	0.	1.39E-03	6.76E-03	3.36E-02	2.42E-02	6.59E-02
34	7.40	0.	0.	5.50E-07	0.	1.02E-10	0.	1.39E-03	7.04E-03	3.38E-02	2.42E-02	6.64E-02
35	7.30	0.	0.	5.29E-07	0.	3.82E-09	0.	1.40E-03	7.34E-03	3.41E-02	2.42E-02	6.70E-02
36	7.20	0.	0.	4.85E-07	0.	1.08E-08	0.	1.41E-03	7.65E-03	3.44E-02	2.42E-02	6.76E-02
37	7.10	0.	0.	4.72E-07	0.	3.40E-08	0.	1.42E-03	7.98E-03	3.47E-02	2.42E-02	6.83E-02
38	7.00	1.44E-10	0.	4.40E-07	0.	6.38E-08	0.	1.43E-03	8.33E-03	3.49E-02	2.42E-02	6.89E-02
39	6.90	2.85E-10	0.	4.09E-07	0.	9.52E-08	0.	1.45E-03	8.70E-03	3.52E-02	2.42E-02	6.96E-02
40	6.80	2.47E-10	0.	4.00E-07	0.	1.56E-07	0.	1.46E-03	9.09E-03	3.55E-02	2.42E-02	7.03E-02
41	6.70	1.82E-10	0.	3.56E-07	0.	1.50E-07	0.	1.47E-03	9.51E-03	3.58E-02	2.43E-02	7.11E-02
42	6.60	1.12E-10	0.	3.25E-07	0.	1.32E-07	0.	1.48E-03	9.95E-03	3.62E-02	2.43E-02	7.19E-02
43	6.50	6.51E-11	0.	2.84E-07	0.	1.84E-07	0.	1.49E-03	1.04E-02	3.65E-02	2.44E-02	7.29E-02
44	6.40	3.78E-11	0.	1.87E-07	5.53E-10	1.67E-07	0.	1.50E-03	1.09E-02	3.70E-02	2.45E-02	7.39E-02
45	6.30	2.23E-11	0.	1.21E-07	2.65E-09	1.28E-07	0.	1.51E-03	1.15E-02	3.74E-02	2.46E-02	7.49E-02
46	6.20	1.02E-11	0.	6.85E-08	3.83E-09	1.71E-07	0.	1.53E-03	1.20E-02	3.79E-02	2.47E-02	7.61E-02
47	6.10	4.74E-12	0.	3.30E-08	1.11E-08	2.04E-07	0.	1.54E-03	1.26E-02	3.83E-02	2.49E-02	7.74E-02
48	6.00	2.00E-12	0.	8.51E-09	1.09E-08	1.05E-07	0.	1.55E-03	1.33E-02	3.88E-02	2.51E-02	7.88E-02
49	5.90	4.97E-13	0.	6.11E-10	1.62E-08	1.01E-07	0.	1.55E-03	1.40E-02	3.95E-02	2.53E-02	8.03E-02
50	5.80	6.35E-14	0.	1.55E-11	2.28E-08	1.07E-07	0.	1.53E-03	1.47E-02	4.01E-02	2.54E-02	8.18E-02
51	5.70	4.69E-15	0.	0.	2.73E-08	1.20E-07	0.	1.43E-03	1.55E-02	4.07E-02	2.56E-02	8.33E-02

ABSORPTION COEFFICIENTS OF HEATED AIR (INVERSE CM.)

TEMPERATURE (DEGREES K) 22000. DENSITY (GM/CC) 1.293E-04 (1.0E-01 NORMAL)

	PHOTON ENERGY	O2 S-R BANDS	N2 1ST POS.	N2 2ND POS.	N2+ 1ST NEG.	NO BETA	NO GAMMA	NO VIB-ROT	NO2	O- PHOTO-DET	FREE-FREE (IONS)	N P.E.	O P.E.	TOTAL AIR
52	5.60	2.13E-16	0.	0.	0.	2.39E-08	1.54E-07	0.	0.	1.33E-03	1.64E-02	4.14E-02	2.58E-02	8.50E-02
53	5.50	0.	0.	0.	0.	2.92E-08	1.42E-07	0.	0.	1.34E-03	1.73E-02	4.24E-02	2.60E-02	8.71E-02
54	5.40	0.	0.	0.	0.	2.74E-08	1.19E-07	0.	0.	1.35E-03	1.83E-02	4.35E-02	2.63E-02	8.95E-02
55	5.30	0.	0.	0.	0.	2.81E-08	1.47E-07	0.	0.	1.36E-03	1.94E-02	4.47E-02	2.67E-02	9.22E-02
56	5.20	0.	0.	0.	0.	3.06E-08	1.17E-07	0.	0.	1.36E-03	2.05E-02	4.55E-02	2.71E-02	9.45E-02
57	5.10	0.	0.	0.	0.	3.06E-08	1.49E-07	0.	0.	1.38E-03	2.18E-02	4.69E-02	2.75E-02	9.76E-02
58	5.00	3.01E-09	0.	0.	0.	2.82E-08	1.43E-07	0.	0.	1.39E-03	2.31E-02	4.84E-02	2.80E-02	1.01E-01
59	4.90	7.44E-09	0.	0.	0.	3.17E-08	1.58E-07	0.	0.	1.40E-03	2.46E-02	5.01E-02	2.85E-02	1.05E-01
60	4.80	1.42E-08	0.	0.	0.	3.43E-08	1.50E-07	0.	0.	1.41E-03	2.62E-02	5.20E-02	2.91E-02	1.09E-01
61	4.70	1.95E-08	0.	0.	0.	3.47E-08	1.37E-07	0.	0.	1.42E-03	2.79E-02	5.40E-02	2.99E-02	1.13E-01
62	4.60	2.73E-08	0.	0.	0.	3.60E-08	1.24E-07	0.	0.	1.43E-03	2.98E-02	5.63E-02	3.07E-02	1.18E-01
63	4.50	2.91E-08	0.	4.43E-08	0.	3.34E-08	9.39E-08	0.	0.	1.45E-03	3.18E-02	5.93E-02	3.15E-02	1.24E-01
64	4.40	3.15E-08	0.	1.28E-07	0.	3.38E-08	6.39E-08	0.	0.	1.46E-03	3.41E-02	6.26E-02	3.24E-02	1.30E-01
65	4.30	3.02E-08	0.	4.45E-07	0.	3.27E-08	4.07E-08	0.	0.	1.47E-03	3.65E-02	6.58E-02	3.33E-02	1.37E-01
66	4.20	2.85E-08	0.	1.35E-06	0.	3.45E-08	2.78E-08	0.	0.	1.48E-03	3.92E-02	6.92E-02	3.42E-02	1.44E-01
67	4.10	2.71E-08	0.	6.39E-07	0.	3.43E-08	7.69E-09	0.	0.	1.49E-03	4.22E-02	7.27E-02	3.41E-02	1.50E-01
68	4.00	2.53E-08	0.	1.97E-06	0.	3.34E-08	5.89E-09	0.	0.	1.49E-03	4.55E-02	7.62E-02	1.74E-02	1.41E-01
69	3.90	2.18E-08	0.	1.53E-06	1.75E-06	3.14E-08	2.17E-09	0.	0.	1.49E-03	4.91E-02	7.58E-02	1.79E-02	1.44E-01
70	3.80	2.41E-08	0.	1.54E-06	6.70E-06	3.40E-08	0.	0.	0.	1.48E-03	5.32E-02	7.65E-02	1.87E-02	1.50E-01
71	3.70	2.18E-08	0.	1.15E-06	3.28E-06	2.92E-08	0.	0.	0.	1.46E-03	5.77E-02	6.47E-02	2.04E-02	1.44E-01
72	3.60	1.99E-08	0.	1.48E-06	1.65E-05	3.29E-08	0.	0.	0.	1.36E-03	6.28E-02	6.98E-02	2.23E-02	1.56E-01
73	3.50	1.89E-08	0.	9.88E-07	2.85E-05	2.60E-08	0.	0.	0.	1.25E-03	6.84E-02	7.44E-02	2.44E-02	1.68E-01
74	3.40	1.76E-08	0.	1.01E-06	4.98E-05	2.93E-08	0.	0.	0.	7.20E-04	7.47E-02	8.24E-02	2.68E-02	1.85E-01
75	3.30	1.42E-08	0.	6.79E-07	1.79E-05	2.39E-08	0.	0.	0.	7.22E-04	8.18E-02	9.07E-02	2.92E-02	2.03E-01
76	3.20	1.26E-08	0.	5.34E-07	2.72E-05	2.72E-08	0.	0.	0.	7.23E-04	8.99E-02	9.91E-02	3.18E-02	2.22E-01
77	3.10	1.23E-08	0.	3.32E-07	7.92E-06	2.43E-08	0.	0.	0.	7.24E-04	9.90E-02	1.08E-01	3.44E-02	2.42E-01
78	3.00	1.12E-08	0.	2.11E-07	1.69E-05	2.34E-08	0.	0.	0.	7.26E-04	1.09E-01	1.17E-01	3.70E-02	2.64E-01
79	2.90	9.56E-09	0.	1.02E-07	9.08E-06	1.85E-08	0.	0.	0.	7.27E-04	1.21E-01	1.26E-01	3.99E-02	2.88E-01
80	2.80	1.01E-08	0.	4.81E-08	6.51E-06	1.32E-08	0.	0.	0.	7.29E-04	1.35E-01	1.37E-01	4.32E-02	3.16E-01
81	2.70	6.66E-09	0.	2.30E-08	7.92E-06	7.43E-09	0.	0.	0.	7.29E-04	1.51E-01	1.49E-01	4.69E-02	3.48E-01
82	2.60	3.25E-09	0.	2.36E-09	8.46E-07	3.37E-09	0.	0.	0.	7.29E-04	1.69E-01	1.61E-01	5.06E-02	3.82E-01
83	2.50	2.31E-10	0.	0.	8.32E-06	8.18E-10	0.	0.	0.	7.29E-04	1.91E-01	1.64E-01	5.33E-02	4.09E-01
84	2.40	0.	1.02E-07	0.	6.17E-07	8.85E-11	0.	0.	0.	7.23E-04	2.16E-01	2.14E-01	3.86E-02	4.70E-01
85	2.30	0.	2.93E-07	0.	0.	0.	0.	0.	0.	7.20E-04	2.46E-01	1.93E-01	4.59E-02	4.87E-01
86	2.20	0.	7.96E-07	0.	0.	0.	0.	0.	0.	7.17E-04	2.82E-01	2.29E-01	5.47E-02	5.66E-01
87	2.10	0.	7.97E-07	0.	0.	0.	0.	0.	0.	6.94E-04	3.25E-01	2.66E-01	6.34E-02	6.55E-01
88	2.00	0.	1.61E-06	0.	0.	0.	0.	0.	0.	6.67E-04	3.77E-01	3.04E-01	7.23E-02	7.54E-01
89	1.90	0.	1.86E-06	0.	0.	0.	0.	0.	0.	6.38E-04	4.42E-01	3.49E-01	8.47E-02	8.76E-01
90	1.80	0.	1.81E-06	0.	0.	0.	0.	0.	0.	6.01E-04	5.22E-01	4.19E-01	1.03E-01	1.05E 00
91	1.70	0.	1.61E-06	0.	0.	0.	0.	0.	0.	5.09E-04	6.23E-01	5.04E-01	1.26E-01	1.25E 00
92	1.60	0.	1.38E-06	0.	0.	0.	0.	0.	0.	2.31E-04	7.52E-01	5.90E-01	1.48E-01	1.49E 00
93	1.50	0.	1.56E-06	0.	0.	0.	0.	0.	0.	0.	9.16E-01	7.69E-01	1.85E-01	1.87E 00
94	1.40	0.	1.55E-06	0.	0.	0.	0.	0.	0.	0.	1.13E 00	9.64E-01	2.15E-01	2.31E 00
95	1.30	0.	1.17E-06	0.	0.	0.	0.	0.	0.	0.	1.42E 00	1.30E 00	2.83E-01	3.00E 00
96	1.20	0.	1.09E-06	0.	0.	0.	0.	0.	0.	0.	1.81E 00	1.46E 00	2.86E-01	3.56E 00
97	1.10	0.	1.00E-06	0.	0.	0.	0.	1.44E-12	0.	0.	2.37E 00	1.80E 00	3.57E-01	4.53E 00
98	1.00	0.	1.00E-06	0.	0.	0.	0.	2.42E-11	0.	0.	3.18E 00	2.19E 00	4.08E-01	5.78E 00
99	0.90	0.	8.22E-07	0.	0.	0.	0.	2.84E-11	0.	0.	4.41E 00	2.52E 00	4.78E-01	7.41E 00
100	0.80	0.	3.86E-07	0.	0.	0.	0.	6.29E-10	0.	0.	6.34E 00	2.90E 00	5.49E-01	9.79E 00
101	0.70	0.	8.86E-07	0.	0.	0.	0.	6.10E-10	0.	0.	9.61E 00	3.13E 00	5.66E-01	1.33E 01
102	0.60	0.	2.06E-08	0.	0.	0.	0.	1.89E-09	0.	0.	1.55E 01	3.50E 00	6.15E-01	1.96E 01

ABSORPTION COEFFICIENTS OF HEATED AIR (INVERSE CM.)

TEMPERATURE (DEGREES K) 22000. DENSITY (GM/CC) 1.293E-05 (10.0E-03 NORMAL)

#	PHOTON ENERGY E.V.	O2 S-R BANDS	O2 S-R CONT.	N2 B-H NO. 1	NO BETA	NO GAMMA	NO 2	O- PHOTO-DET (IONS)	FREE-FREE P.E. (IONS)	N P.E.	O P.E.	TOTAL AIR
1	10.70	0.	0.	8.89E-10	0.	0.	0.	3.28E-06	4.15E-05	1.65E-02	5.25E-04	1.70E-02
2	10.60	0.	0.	8.20E-10	0.	0.	0.	3.28E-06	4.27E-05	1.42E-03	5.23E-04	1.99E-03
3	10.50	0.	0.	8.35E-10	0.	0.	0.	3.28E-06	4.39E-05	1.43E-03	5.20E-04	1.99E-03
4	10.40	0.	0.	8.03E-10	0.	0.	0.	3.29E-06	4.52E-05	1.43E-03	5.18E-04	2.00E-03
5	10.30	0.	0.	7.11E-10	0.	0.	0.	3.29E-06	4.66E-05	1.44E-03	5.16E-04	2.00E-03
6	10.20	0.	0.	7.42E-10	0.	0.	0.	3.30E-06	4.80E-05	1.44E-03	5.15E-04	2.01E-03
7	10.10	0.	0.	7.05E-10	0.	0.	0.	3.30E-06	4.94E-05	1.44E-03	5.11E-04	2.01E-03
8	10.00	0.	0.	6.31E-10	0.	0.	0.	3.31E-06	5.09E-05	1.34E-03	5.08E-04	1.90E-03
9	9.90	0.	0.	6.51E-10	0.	0.	0.	3.31E-06	5.25E-05	1.34E-03	5.06E-04	1.90E-03
10	9.80	0.	0.	6.20E-10	0.	0.	0.	3.32E-06	5.42E-05	1.35E-03	5.04E-04	1.91E-03
11	9.70	0.	0.	5.46E-10	0.	0.	0.	3.32E-06	5.59E-05	1.35E-03	5.01E-04	1.91E-03
12	9.60	0.	0.	5.92E-10	0.	0.	0.	3.33E-06	5.77E-05	1.35E-03	4.99E-04	1.92E-03
13	9.50	0.	0.	5.16E-10	0.	0.	0.	3.34E-06	5.95E-05	1.36E-03	4.97E-04	1.92E-03
14	9.40	0.	0.	4.96E-10	0.	0.	0.	3.35E-06	6.15E-05	1.36E-03	4.94E-04	1.92E-03
15	9.30	0.	0.	5.10E-10	0.	0.	0.	3.36E-06	6.35E-05	1.37E-03	4.92E-04	1.93E-03
16	9.20	0.	0.	4.33E-10	0.	0.	0.	3.37E-06	6.56E-05	1.37E-03	4.90E-04	1.93E-03
17	9.10	0.	0.	4.47E-10	0.	0.	0.	3.38E-06	6.78E-05	5.86E-04	4.88E-04	1.14E-03
18	9.00	0.	0.	4.13E-10	0.	0.	0.	3.40E-06	7.01E-05	5.87E-04	4.85E-04	1.15E-03
19	8.90	0.	0.	3.88E-10	0.	0.	0.	3.41E-06	7.25E-05	5.89E-04	4.83E-04	1.15E-03
20	8.80	0.	0.	3.84E-10	0.	0.	0.	3.42E-06	7.51E-05	5.90E-04	4.81E-04	1.15E-03
21	8.70	0.	0.	3.40E-10	0.	0.	0.	3.43E-06	7.77E-05	5.92E-04	4.79E-04	1.15E-03
22	8.60	0.	0.	3.53E-10	0.	0.	0.	3.45E-06	8.05E-05	5.95E-04	4.77E-04	1.16E-03
23	8.50	0.	0.	3.16E-10	0.	0.	0.	3.46E-06	8.34E-05	5.97E-04	4.75E-04	1.16E-03
24	8.40	0.	0.	3.16E-10	0.	0.	0.	3.48E-06	8.64E-05	6.05E-04	4.73E-04	1.16E-03
25	8.30	0.	0.	2.74E-10	0.	0.	0.	3.49E-06	8.96E-05	6.04E-04	4.72E-04	1.17E-03
26	8.20	0.	0.	2.79E-10	0.	0.	0.	3.51E-06	9.30E-05	6.08E-04	4.73E-04	1.18E-03
27	8.10	0.	0.	2.46E-10	0.	0.	0.	3.53E-06	9.65E-05	6.12E-04	4.73E-04	1.18E-03
28	8.00	0.	0.	2.50E-10	0.	0.	0.	3.55E-06	1.00E-04	6.17E-04	4.72E-04	1.19E-03
29	7.90	0.	0.	2.19E-10	0.	0.	0.	3.57E-06	1.04E-04	6.22E-04	4.73E-04	1.20E-03
30	7.80	0.	0.	2.29E-10	0.	0.	0.	3.58E-06	1.08E-04	6.28E-04	4.73E-04	1.21E-03
31	7.70	0.	0.	2.05E-10	0.	1.21E-14	0.	3.60E-06	1.12E-04	6.34E-04	4.73E-04	1.22E-03
32	7.60	0.	0.	1.97E-10	0.	3.77E-14	0.	3.62E-06	1.17E-04	6.40E-04	4.74E-04	1.23E-03
33	7.50	0.	0.	1.85E-10	0.	3.50E-13	0.	3.64E-06	1.22E-04	6.24E-04	4.74E-04	1.24E-03
34	7.40	0.	0.	1.69E-10	0.	1.31E-12	0.	3.66E-06	1.27E-04	6.30E-04	4.74E-04	1.24E-03
35	7.30	0.	0.	1.62E-10	0.	3.69E-12	0.	3.68E-06	1.32E-04	6.37E-04	4.74E-04	1.25E-03
36	7.20	0.	0.	1.49E-10	0.	1.14E-11	0.	3.70E-06	1.38E-04	6.44E-04	4.75E-04	1.26E-03
37	7.10	0.	0.	1.45E-10	0.	2.19E-11	0.	3.73E-06	1.44E-04	6.50E-04	4.75E-04	1.26E-03
38	7.00	5.51E-14	0.	1.35E-10	0.	3.26E-11	0.	3.76E-06	1.50E-04	6.57E-04	4.75E-04	1.29E-03
39	6.90	1.09E-13	0.	1.25E-10	0.	5.36E-11	0.	3.79E-06	1.57E-04	6.64E-04	4.76E-04	1.30E-03
40	6.80	9.44E-14	0.	1.23E-10	0.	5.14E-11	0.	3.82E-06	1.64E-04	6.71E-04	4.76E-04	1.31E-03
41	6.70	6.95E-14	0.	1.09E-10	0.	4.51E-11	0.	3.85E-06	1.71E-04	6.78E-04	4.77E-04	1.33E-03
42	6.60	4.28E-14	0.	9.95E-11	0.	6.30E-11	0.	3.88E-06	1.79E-04	6.87E-04	4.78E-04	1.35E-03
43	6.50	2.49E-14	0.	8.09E-11	1.90E-13	5.73E-11	0.	3.91E-06	1.88E-04	6.89E-04	4.80E-04	1.36E-03
44	6.40	1.45E-14	0.	5.75E-11	9.09E-13	4.40E-11	0.	3.94E-06	1.97E-04	6.99E-04	4.81E-04	1.38E-03
45	6.30	8.53E-15	0.	3.69E-11	1.31E-12	5.86E-11	0.	3.97E-06	2.06E-04	7.08E-04	4.83E-04	1.40E-03
46	6.20	3.90E-15	0.	2.10E-11	3.79E-12	7.00E-11	0.	4.00E-06	2.17E-04	7.18E-04	4.86E-04	1.43E-03
47	6.10	1.82E-15	0.	1.01E-11	3.74E-12	7.39E-11	0.	4.03E-06	2.28E-04	7.29E-04	4.90E-04	1.45E-03
48	6.00	7.68E-16	0.	2.61E-12	5.54E-12	7.52E-11	0.	4.06E-06	2.40E-04	7.39E-04	4.93E-04	1.48E-03
49	5.90	1.91E-16	0.	1.87E-13	7.82E-12	7.65E-11	0.	4.06E-06	2.52E-04	7.52E-04	4.97E-04	1.51E-03
50	5.80	2.44E-17	0.	4.75E-15	9.34E-12	7.78E-11	0.	4.00E-06	2.66E-04	7.65E-04	5.00E-04	1.54E-03
51	5.70	1.80E-18	0.	0.	0.	4.10E-11	0.	3.76E-06	2.80E-04	7.78E-04	5.04E-04	1.57E-03

ABSORPTION COEFFICIENTS OF HEATED AIR (INVERSE CM.)

TEMPERATURE (DEGREES K) 22000.   DENSITY (GM/CC) 1.293E-05   (10.0E-03 NORMAL)

#	PHOTON ENERGY	O2 S-R BANDS	N2 1ST POS.	N2 2ND POS.	N2+ 1ST NEG.	NO BETA	NO GAMMA	NO VIB-ROT	NO2	O- PHOTO-DET (IONS)	FREE-FREE (IONS)	N P.E.	O P.E.	TOTAL AIR
52	5.60	8.15E-20	0.	0.	0.	8.19E-12	5.26E-11	0.	0.	3.50E-06	2.95E-04	7.94E-04	5.08E-04	1.60E-03
53	5.50	0.	0.	0.	0.	1.00E-11	4.87E-11	0.	0.	3.51E-06	3.12E-04	8.13E-04	5.13E-04	1.64E-03
54	5.40	0.	0.	0.	0.	9.40E-12	4.09E-11	0.	0.	3.53E-06	3.30E-04	8.36E-04	5.19E-04	1.69E-03
55	5.30	0.	0.	0.	0.	9.63E-12	5.05E-11	0.	0.	3.56E-06	3.49E-04	8.60E-04	5.26E-04	1.74E-03
56	5.20	0.	0.	0.	0.	1.05E-11	4.02E-11	0.	0.	3.58E-06	3.70E-04	8.22E-04	5.34E-04	1.73E-03
57	5.10	0.	0.	0.	0.	1.05E-11	5.11E-11	0.	0.	3.61E-06	3.92E-04	8.48E-04	5.40E-04	1.78E-03
58	5.00	0.	0.	0.	0.	9.68E-12	4.90E-11	0.	0.	3.64E-06	4.17E-04	8.75E-04	5.48E-04	1.84E-03
59	4.90	0.	0.	0.	0.	1.09E-11	5.43E-11	0.	0.	3.67E-06	4.43E-04	9.07E-04	5.58E-04	1.91E-03
60	4.80	0.	0.	0.	0.	1.18E-11	5.14E-11	0.	0.	3.70E-06	4.72E-04	9.42E-04	5.70E-04	1.99E-03
61	4.70	0.	0.	0.	0.	1.19E-11	4.70E-11	0.	0.	3.73E-06	5.03E-04	9.79E-04	5.86E-04	2.07E-03
62	4.60	0.	0.	1.36E-11	0.	1.23E-11	4.26E-11	0.	0.	3.76E-06	5.37E-04	1.02E-03	6.02E-04	2.16E-03
63	4.50	0.	0.	3.91E-11	0.	1.15E-11	3.22E-11	0.	0.	3.79E-06	5.74E-04	1.08E-03	6.18E-04	2.27E-03
64	4.40	0.	0.	1.36E-11	0.	1.16E-11	2.40E-11	0.	0.	3.82E-06	6.14E-04	1.13E-03	6.35E-04	2.39E-03
65	4.30	0.	0.	4.15E-10	0.	1.12E-11	1.40E-11	0.	0.	3.85E-06	6.58E-04	1.20E-03	6.53E-04	2.51E-03
66	4.20	0.	0.	1.96E-10	0.	1.18E-11	9.54E-12	0.	0.	3.88E-06	7.07E-04	1.26E-03	6.71E-04	2.64E-03
67	4.10	0.	0.	6.03E-10	0.	1.17E-11	2.71E-12	0.	0.	3.90E-06	7.60E-04	1.32E-03	6.68E-04	2.75E-03
68	4.00	0.	0.	2.89E-10	0.	1.15E-11	2.02E-12	0.	0.	3.91E-06	8.19E-04	1.39E-03	3.42E-04	2.55E-03
69	3.90	0.	0.	4.68E-10	3.99E-09	1.08E-11	7.45E-13	0.	0.	3.90E-06	8.85E-04	1.38E-03	3.53E-04	2.63E-03
70	3.80	0.	0.	4.71E-10	1.53E-08	1.17E-11	0.	0.	0.	3.88E-06	9.58E-04	1.40E-03	3.68E-04	2.73E-03
71	3.70	0.	0.	3.52E-10	7.50E-09	1.10E-11	0.	0.	0.	3.82E-06	1.04E-03	1.20E-03	4.01E-04	2.64E-03
72	3.60	0.	0.	4.55E-10	6.51E-08	8.91E-12	0.	0.	0.	3.58E-06	1.13E-03	1.29E-03	4.38E-04	2.86E-03
73	3.50	0.	0.	3.03E-10	1.14E-08	1.01E-11	0.	0.	0.	3.28E-06	1.23E-03	1.37E-03	4.79E-04	3.09E-03
74	3.40	0.	0.	3.09E-10	4.09E-08	1.19E-11	0.	0.	0.	1.89E-06	1.35E-03	1.52E-03	5.27E-04	3.39E-03
75	3.30	0.	0.	2.08E-10	6.22E-08	8.68E-12	0.	0.	0.	1.89E-06	1.47E-03	1.66E-03	5.75E-04	3.72E-03
76	3.20	0.	0.	1.64E-10	1.81E-08	8.28E-12	0.	0.	0.	1.90E-06	1.62E-03	1.82E-03	6.25E-04	4.06E-03
77	3.10	0.	0.	1.02E-10	3.86E-08	8.34E-12	0.	0.	0.	1.90E-06	1.78E-03	1.97E-03	6.76E-04	4.44E-03
78	3.00	0.	0.	6.47E-11	6.47E-08	8.01E-12	0.	0.	0.	1.90E-06	1.97E-03	2.13E-03	7.26E-04	4.85E-03
79	2.90	0.	0.	3.12E-11	2.08E-08	6.28E-12	0.	0.	0.	1.91E-06	2.19E-03	2.30E-03	7.84E-04	5.28E-03
80	2.80	0.	0.	1.47E-11	1.49E-08	4.51E-12	0.	0.	0.	1.91E-06	2.43E-03	2.50E-03	8.50E-04	5.79E-03
81	2.70	0.	0.	7.04E-12	1.81E-08	2.55E-12	0.	0.	0.	1.91E-06	2.72E-03	2.72E-03	9.21E-04	6.36E-03
82	2.60	0.	0.	7.24E-13	1.93E-08	1.15E-12	0.	0.	0.	1.91E-06	3.05E-03	2.87E-03	9.56E-04	6.92E-03
83	2.50	0.	0.	0.	1.90E-08	2.80E-13	0.	0.	0.	1.91E-06	3.44E-03	3.27E-03	6.56E-04	7.37E-03
84	2.40	0.	0.	0.	1.41E-09	3.03E-14	0.	0.	0.	1.90E-06	3.90E-03	3.81E-03	7.58E-04	8.47E-03
85	2.30	0.	3.14E-11	0.	0.	0.	0.	0.	0.	1.89E-06	4.44E-03	3.45E-03	9.02E-04	8.80E-03
86	2.20	0.	8.97E-11	0.	0.	0.	0.	0.	0.	1.88E-06	5.08E-03	4.07E-03	1.07E-03	1.02E-02
87	2.10	0.	2.44E-10	0.	0.	0.	0.	0.	0.	1.82E-06	5.86E-03	4.74E-03	1.24E-03	1.18E-02
88	2.00	0.	4.93E-10	0.	0.	0.	0.	0.	0.	1.75E-06	6.80E-03	5.40E-03	1.42E-03	1.36E-02
89	1.90	0.	5.71E-10	0.	0.	0.	0.	0.	0.	1.67E-06	7.96E-03	6.20E-03	1.66E-03	1.58E-02
90	1.80	0.	4.94E-10	0.	0.	0.	0.	0.	0.	1.58E-06	9.41E-03	7.43E-03	2.03E-03	1.89E-02
91	1.70	0.	5.55E-10	0.	0.	0.	0.	0.	0.	1.33E-06	1.12E-02	8.93E-03	2.47E-03	2.26E-02
92	1.60	0.	4.22E-10	0.	0.	0.	0.	0.	0.	6.07E-07	1.35E-02	1.04E-02	2.91E-03	2.69E-02
93	1.50	0.	4.78E-10	0.	0.	0.	0.	0.	0.	0.	1.65E-02	1.36E-02	3.52E-03	3.36E-02
94	1.40	0.	4.69E-10	0.	0.	0.	0.	0.	0.	0.	2.04E-02	1.70E-02	4.22E-03	4.16E-02
95	1.30	0.	3.59E-10	0.	0.	0.	0.	0.	0.	0.	2.55E-02	2.29E-02	5.54E-03	5.40E-02
96	1.20	0.	3.42E-10	0.	0.	0.	0.	0.	0.	0.	3.26E-02	2.57E-02	6.60E-03	6.39E-02
97	1.10	0.	3.34E-10	0.	0.	0.	0.	0.	0.	0.	4.27E-02	3.16E-02	7.00E-03	8.13E-02
98	1.00	0.	3.07E-10	0.	0.	0.	0.	4.95E-16	0.	0.	5.73E-02	3.84E-02	7.99E-03	1.04E-01
99	0.90	0.	2.52E-10	0.	0.	0.	0.	8.28E-15	0.	0.	7.94E-02	4.42E-02	9.37E-03	1.33E-01
100	0.80	0.	1.18E-10	0.	0.	0.	0.	9.72E-15	0.	0.	1.14E-01	5.09E-02	1.14E-02	1.76E-01
101	0.70	0.	2.71E-11	0.	0.	0.	0.	2.09E-13	0.	0.	1.73E-01	5.48E-02	1.08E-02	2.39E-01
102	0.60	0.	6.31E-12	0.	0.	0.	0.	6.48E-13	0.	0.	2.80E-01	6.14E-02	1.20E-02	3.53E-01

417

ABSORPTION COEFFICIENTS OF HEATED AIR (INVERSE CM.)

TEMPERATURE (DEGREES K) 22000.   DENSITY (GM/CC) 1.293E-06   (10.0E-04 NORMAL)

	PHOTON ENERGY E.V.	O2 S-R BANDS	O2 S-R CONT.	N2 B-H NO. 1	NO BETA	NO GAMMA	NO2	O- PHOTO-DET	FREE-FREE (IONS)	N P.E.	O P.E.	TOTAL AIR
1	10.70	0.	0.	1.06E-13	0.	0.	0.	3.99E-09	4.93E-07	2.76E-05	6.15E-06	3.42E-05
2	10.60	0.	0.	9.77E-14	0.	0.	0.	4.00E-09	5.07E-07	2.79E-05	6.09E-06	3.45E-05
3	10.50	0.	0.	9.96E-14	0.	0.	0.	4.00E-09	5.22E-07	2.82E-05	6.06E-06	3.47E-05
4	10.40	0.	0.	9.58E-14	0.	0.	0.	4.01E-09	5.37E-07	2.84E-05	6.03E-06	3.50E-05
5	10.30	0.	0.	8.48E-14	0.	0.	0.	4.01E-09	5.53E-07	2.87E-05	6.01E-06	3.53E-05
6	10.20	0.	0.	8.85E-14	0.	0.	0.	4.02E-09	5.70E-07	2.90E-05	5.98E-06	3.55E-05
7	10.10	0.	0.	8.41E-14	0.	0.	0.	4.02E-09	5.87E-07	2.92E-05	5.96E-06	3.57E-05
8	10.00	0.	0.	7.53E-14	0.	0.	0.	4.03E-09	6.05E-07	1.84E-05	5.93E-06	2.50E-05
9	9.90	0.	0.	7.76E-14	0.	0.	0.	4.04E-09	6.24E-07	1.85E-05	5.91E-06	2.51E-05
10	9.80	0.	0.	7.40E-14	0.	0.	0.	4.04E-09	6.43E-07	1.86E-05	5.88E-06	2.52E-05
11	9.70	0.	0.	6.51E-14	0.	0.	0.	4.05E-09	6.64E-07	1.87E-05	5.86E-06	2.53E-05
12	9.60	0.	0.	7.05E-14	0.	0.	0.	4.06E-09	6.85E-07	1.88E-05	5.83E-06	2.54E-05
13	9.50	0.	0.	6.15E-14	0.	0.	0.	4.07E-09	7.07E-07	1.89E-05	5.81E-06	2.55E-05
14	9.40	0.	0.	5.91E-14	0.	0.	0.	4.08E-09	7.30E-07	1.91E-05	5.78E-06	2.56E-05
15	9.30	0.	0.	6.08E-14	0.	0.	0.	4.10E-09	7.54E-07	1.92E-05	5.76E-06	2.57E-05
16	9.20	0.	0.	5.17E-14	0.	0.	0.	4.11E-09	7.79E-07	1.93E-05	5.74E-06	2.58E-05
17	9.10	0.	0.	5.33E-14	0.	0.	0.	4.12E-09	8.05E-07	1.07E-05	5.71E-06	1.73E-05
18	9.00	0.	0.	4.92E-14	0.	0.	0.	4.14E-09	8.33E-07	1.08E-05	5.69E-06	1.73E-05
19	8.90	0.	0.	4.63E-14	0.	0.	0.	4.15E-09	8.61E-07	1.09E-05	5.67E-06	1.74E-05
20	8.80	0.	0.	4.58E-14	0.	0.	0.	4.17E-09	8.91E-07	1.10E-05	5.65E-06	1.75E-05
21	8.70	0.	0.	4.06E-14	0.	0.	0.	4.18E-09	9.23E-07	1.11E-05	5.63E-06	1.76E-05
22	8.60	0.	0.	4.21E-14	0.	1.50E-18	0.	4.20E-09	9.56E-07	1.12E-05	5.61E-06	1.77E-05
23	8.50	0.	0.	3.76E-14	0.	4.68E-18	0.	4.21E-09	9.90E-07	1.12E-05	5.59E-06	1.78E-05
24	8.40	0.	0.	3.77E-14	0.	4.35E-17	0.	4.24E-09	1.03E-06	1.13E-05	5.56E-06	1.79E-05
25	8.30	0.	0.	3.27E-14	0.	1.63E-16	0.	4.26E-09	1.06E-06	1.15E-05	5.56E-06	1.81E-05
26	8.20	0.	0.	3.33E-14	0.	4.58E-16	0.	4.28E-09	1.10E-06	1.16E-05	5.56E-06	1.83E-05
27	8.10	0.	0.	2.93E-14	0.	1.45E-15	0.	4.30E-09	1.15E-06	1.18E-05	5.51E-06	1.84E-05
28	8.00	0.	0.	2.98E-14	0.	2.72E-15	0.	4.32E-09	1.19E-06	1.20E-05	5.51E-06	1.87E-05
29	7.90	0.	0.	2.61E-14	0.	4.05E-15	0.	4.35E-09	1.24E-06	1.21E-05	5.52E-06	1.89E-05
30	7.80	0.	0.	2.73E-14	0.	6.66E-15	0.	4.37E-09	1.28E-06	1.23E-05	5.52E-06	1.91E-05
31	7.70	0.	0.	2.44E-14	0.	6.39E-15	0.	4.39E-09	1.34E-06	1.25E-05	5.53E-06	1.94E-05
32	7.60	0.	0.	2.35E-14	0.	5.60E-15	0.	4.41E-09	1.39E-06	1.05E-05	5.54E-06	1.74E-05
33	7.50	0.	0.	2.21E-14	0.	7.83E-15	0.	4.44E-09	1.45E-06	1.07E-05	5.55E-06	1.77E-05
34	7.40	0.	0.	2.01E-14	0.	7.12E-15	0.	4.46E-09	1.51E-06	1.09E-05	5.56E-06	1.79E-05
35	7.30	0.	0.	1.93E-14	0.	5.47E-15	0.	4.48E-09	1.57E-06	1.11E-05	5.57E-06	1.83E-05
36	7.20	0.	0.	1.77E-14	0.	7.28E-15	0.	4.51E-09	1.64E-06	1.14E-05	5.58E-06	1.86E-05
37	7.10	0.	7.14E-18	1.72E-14	0.	8.70E-15	0.	4.55E-09	1.71E-06	1.17E-05	5.59E-06	1.90E-05
38	7.00	0.	1.41E-17	1.61E-14	0.	4.42E-15	0.	4.58E-09	1.78E-06	1.20E-05	5.61E-06	1.94E-05
39	6.90	0.	1.22E-17	1.50E-14	0.	4.32E-15	0.	4.62E-09	1.86E-06	1.23E-05	5.62E-06	1.98E-05
40	6.80	0.	9.01E-18	1.46E-14	0.	4.55E-15	0.	4.66E-09	1.95E-06	1.26E-05	5.64E-06	2.02E-05
41	6.70	0.	5.54E-18	1.30E-14	0.	5.09E-15	0.	4.69E-09	2.03E-06	1.29E-05	5.66E-06	2.06E-05
42	6.60	0.	2.36E-18	1.19E-14	2.36E-17	0.	0.	4.73E-09	2.13E-06	1.24E-05	5.68E-06	2.02E-05
43	6.50	0.	1.88E-18	9.65E-15	1.13E-16	0.	0.	4.77E-09	2.23E-06	1.27E-05	5.70E-06	2.07E-05
44	6.40	0.	1.11E-18	6.85E-15	1.63E-16	0.	0.	4.81E-09	2.34E-06	1.30E-05	5.72E-06	2.11E-05
45	6.30	0.	5.05E-19	4.40E-15	4.71E-16	0.	0.	4.84E-09	2.45E-06	1.33E-05	5.76E-06	2.16E-05
46	6.20	0.	2.36E-19	2.50E-15	8.70E-16	0.	0.	4.88E-09	2.57E-06	1.37E-05	5.81E-06	2.16E-05
47	6.10	0.	9.95E-20	1.21E-15	4.65E-16	0.	0.	4.92E-09	2.70E-06	1.40E-05	5.86E-06	2.21E-05
48	6.00	0.	2.47E-20	3.11E-16	4.42E-16	0.	0.	4.95E-09	2.70E-06	1.44E-05	5.91E-06	2.26E-05
49	5.90	0.	3.16E-21	2.23E-17	6.88E-16	0.	0.	4.95E-09	2.99E-06	1.47E-05	5.96E-06	2.31E-05
50	5.80	0.	2.33E-22	5.66E-19	9.72E-16	0.	0.	4.88E-09	3.15E-06	1.51E-05	6.01E-06	2.43E-05
51	5.70	0.	0.	0.	1.16E-15	0.	0.	4.58E-09	3.32E-06	1.55E-05	6.06E-06	2.49E-05

418

ABSORPTION COEFFICIENTS OF HEATED AIR (INVERSE CM.)

TEMPERATURE (DEGREES K) 22000.   DENSITY (GM/CC) 1.293E-06   (10.0E-04 NORMAL)

	PHOTON ENERGY	O2 S-R BANDS	N2 1ST POS.	N2 2ND POS.	N2+ 1ST NEG.	NO BETA	NO GAMMA	NO VIB-ROT	NO2	O- PHOTO-DET	FREE-FREE (IONS)	N P.E.	O P.E.	TOTAL AIR
52	5.60	1.06E-23	0.	0.	0.	1.02E-15	6.54E-15	0.	0.	4.26E-09	3.51E-06	1.59E-05	6.12E-06	2.56E-05
53	5.50	0.	0.	0.	0.	1.24E-15	6.05E-15	0.	0.	4.28E-09	3.70E-06	1.64E-05	6.19E-06	2.68E-05
54	5.40	0.	0.	0.	0.	1.17E-15	5.09E-15	0.	0.	4.31E-09	3.92E-06	1.70E-05	6.27E-06	2.72E-05
55	5.30	0.	0.	0.	0.	1.20E-15	6.28E-15	0.	0.	4.33E-09	4.14E-06	1.13E-05	6.36E-06	2.19E-05
56	5.20	0.	0.	0.	0.	1.30E-15	5.00E-15	0.	0.	4.36E-09	4.39E-06	1.17E-05	6.18E-06	2.23E-05
57	5.10	0.	0.	0.	0.	1.30E-15	6.35E-15	0.	0.	4.40E-09	4.66E-06	1.22E-05	6.28E-06	2.31E-05
58	5.00	1.49E-16	0.	0.	0.	1.20E-15	6.09E-15	0.	0.	4.44E-09	4.95E-06	1.26E-05	6.38E-06	2.39E-05
59	4.90	3.69E-16	0.	0.	0.	1.35E-15	6.75E-15	0.	0.	4.47E-09	5.26E-06	1.31E-05	6.50E-06	2.49E-05
60	4.80	7.05E-16	0.	0.	0.	1.46E-15	6.38E-15	0.	0.	4.51E-09	5.60E-06	1.36E-05	6.65E-06	2.59E-05
61	4.70	9.68E-16	0.	0.	0.	1.48E-15	5.84E-15	0.	0.	4.55E-09	5.97E-06	1.42E-05	6.83E-06	2.70E-05
62	4.60	1.36E-15	0.	0.	0.	1.53E-15	5.29E-15	0.	0.	4.58E-09	6.37E-06	1.50E-05	7.02E-06	2.84E-05
63	4.50	1.44E-15	0.	1.62E-15	0.	1.44E-15	4.00E-15	0.	0.	4.62E-09	6.81E-06	1.58E-05	7.37E-06	2.99E-05
64	4.40	1.57E-15	0.	4.67E-15	0.	1.42E-15	2.72E-15	0.	0.	4.66E-09	7.29E-06	1.67E-05	7.37E-06	3.14E-05
65	4.30	1.50E-15	0.	1.63E-14	0.	1.39E-15	1.73E-15	0.	0.	4.69E-09	7.81E-06	1.77E-05	7.59E-06	3.31E-05
66	4.20	1.42E-15	0.	4.95E-14	0.	1.47E-15	1.19E-15	0.	0.	4.73E-09	8.39E-06	1.87E-05	7.81E-06	3.49E-05
67	4.10	1.34E-15	0.	2.33E-14	0.	1.46E-15	3.36E-16	0.	0.	4.77E-09	9.02E-06	1.97E-05	7.79E-06	3.65E-05
68	4.00	1.25E-15	0.	7.19E-14	0.	1.42E-15	2.51E-16	0.	0.	4.75E-09	9.72E-06	2.08E-05	4.08E-06	3.46E-05
69	3.90	1.08E-15	0.	3.45E-14	4.45E-12	1.34E-15	9.26E-17	0.	0.	4.75E-09	1.05E-05	2.09E-05	4.23E-06	3.56E-05
70	3.80	1.19E-15	0.	5.58E-14	1.71E-11	1.45E-15	0.	0.	0.	4.66E-09	1.14E-05	1.87E-05	4.42E-06	3.45E-05
71	3.70	1.08E-15	0.	5.26E-14	8.36E-12	1.25E-15	0.	0.	0.	4.56E-09	1.23E-05	1.97E-05	4.81E-06	3.68E-05
72	3.60	9.89E-16	0.	4.20E-14	4.20E-11	1.37E-15	0.	0.	0.	4.36E-09	1.34E-05	2.10E-05	5.23E-06	3.97E-05
73	3.50	9.37E-16	0.	5.43E-14	7.26E-11	1.11E-15	0.	0.	0.	3.99E-09	1.46E-05	2.23E-05	5.72E-06	4.26E-05
74	3.40	8.74E-16	0.	3.61E-14	1.27E-11	1.25E-15	0.	0.	0.	2.30E-09	1.60E-05	2.43E-05	6.27E-06	4.65E-05
75	3.30	7.06E-16	0.	3.69E-14	4.55E-11	1.08E-15	0.	0.	0.	2.30E-09	1.75E-05	2.63E-05	6.83E-06	5.06E-05
76	3.20	6.25E-16	0.	2.48E-14	6.93E-11	1.08E-15	0.	0.	0.	2.31E-09	1.92E-05	2.85E-05	7.43E-06	5.52E-05
77	3.10	6.08E-16	0.	1.95E-14	2.02E-11	1.04E-15	0.	0.	0.	2.32E-09	2.12E-05	3.08E-05	8.03E-06	6.00E-05
78	3.00	5.54E-16	0.	1.21E-14	4.30E-11	9.96E-16	0.	0.	0.	2.32E-09	2.34E-05	3.32E-05	8.63E-06	6.52E-05
79	2.90	4.74E-16	0.	7.71E-15	2.31E-11	7.96E-16	0.	0.	0.	2.32E-09	2.59E-05	3.57E-05	9.32E-06	7.09E-05
80	2.80	5.00E-16	0.	3.72E-15	1.66E-11	5.60E-16	0.	0.	0.	2.33E-09	2.89E-05	3.85E-05	1.01E-05	7.74E-05
81	2.70	3.31E-16	0.	1.76E-15	2.02E-12	3.16E-16	0.	0.	0.	2.33E-09	3.23E-05	3.38E-05	1.09E-05	7.70E-05
82	2.60	1.61E-16	0.	8.39E-16	2.16E-12	1.63E-16	0.	0.	0.	2.33E-09	3.62E-05	3.63E-05	1.17E-05	8.43E-05
83	2.50	1.15E-17	0.	8.64E-16	2.12E-12	3.48E-17	0.	0.	0.	2.33E-09	4.08E-05	4.09E-05	7.57E-06	8.93E-05
84	2.40	0.	3.74E-15	0.	1.57E-12	3.77E-18	0.	0.	0.	2.33E-09	4.63E-05	3.74E-05	9.02E-06	9.27E-05
85	2.30	0.	1.07E-14	0.	0.	0.	0.	0.	0.	2.30E-09	5.27E-05	4.47E-05	1.06E-05	1.08E-04
86	2.20	0.	2.91E-14	0.	0.	0.	0.	0.	0.	2.30E-09	6.03E-05	5.23E-05	1.26E-05	1.25E-04
87	2.10	0.	5.88E-14	0.	0.	0.	0.	0.	0.	2.22E-09	6.95E-05	6.02E-05	1.46E-05	1.44E-04
88	2.00	0.	6.81E-14	0.	0.	0.	0.	0.	0.	2.13E-09	8.06E-05	6.83E-05	1.65E-05	1.65E-04
89	1.90	0.	5.89E-14	0.	0.	0.	0.	0.	0.	2.04E-09	9.44E-05	7.78E-05	1.94E-05	1.92E-04
90	1.80	0.	6.62E-14	0.	0.	0.	0.	0.	0.	2.04E-09	1.12E-04	9.20E-05	2.36E-05	2.27E-04
91	1.70	0.	6.62E-14	0.	0.	0.	0.	0.	0.	1.92E-09	1.33E-04	1.09E-04	2.86E-05	2.71E-04
92	1.60	0.	5.69E-14	0.	0.	0.	0.	0.	0.	1.63E-09	1.60E-04	1.27E-04	3.37E-05	3.21E-04
93	1.50	0.	5.59E-14	0.	0.	0.	0.	0.	0.	7.39E-10	1.96E-04	1.61E-04	4.07E-05	3.98E-04
94	1.40	0.	4.28E-14	0.	0.	0.	0.	0.	0.	0.	2.41E-04	1.92E-04	4.87E-05	4.82E-04
95	1.30	0.	3.99E-14	0.	0.	0.	0.	0.	0.	0.	3.03E-04	2.32E-04	5.94E-05	5.94E-04
96	1.20	0.	3.67E-14	0.	0.	0.	0.	6.15E-20	0.	0.	3.86E-04	2.88E-04	6.40E-05	7.38E-04
97	1.10	0.	3.01E-14	0.	0.	0.	0.	1.03E-18	0.	0.	5.06E-04	3.53E-04	8.00E-05	9.39E-04
98	1.00	0.	1.41E-14	0.	0.	0.	0.	1.21E-18	0.	0.	6.79E-04	4.30E-04	9.14E-05	1.20E-03
99	0.90	0.	3.24E-15	0.	0.	0.	0.	0.	0.	0.	9.40E-04	4.93E-04	1.07E-04	1.54E-03
100	0.80	0.	7.53E-16	0.	0.	0.	0.	2.68E-17	0.	0.	1.35E-03	5.67E-04	1.23E-04	2.04E-03
101	0.70	0.	0.	0.	0.	0.	0.	7.60E-17	0.	0.	2.05E-03	6.09E-04	1.23E-04	2.78E-03
102	0.60	0.	0.	0.	0.	0.	0.	8.05E-17	0.	0.	3.31E-03	6.21E-04	1.38E-04	4.07E-03

ABSORPTION COEFFICIENTS OF HEATED AIR (INVERSE CM.)

TEMPERATURE (DEGREES K) 22000.   DENSITY (GM/CC) 1.293E-07   (10.0E-05 NORMAL)

PHOTON ENERGY E.V.	O2 S-R BANDS	O2 S-R CONT.	N2 B-H NO. 1	NO BETA	NO GAMMA	NO 2	O- PHOTO-DET (IONS)	FREE-FREE (IONS)	N P.E.	O P.E.	TOTAL AIR
1 10.70	0.	0.	9.63E-18	0.	0.	0.	5.06E-12	7.76E-09	1.27E-06	8.10E-08	1.36E-06
2 10.60	0.	0.	8.89E-18	0.	0.	0.	5.07E-12	7.99E-09	1.29E-06	8.07E-08	1.38E-06
3 10.50	0.	0.	9.06E-18	0.	0.	0.	5.07E-12	8.22E-09	4.66E-07	8.05E-08	5.55E-07
4 10.40	0.	0.	8.71E-18	0.	0.	0.	5.08E-12	8.46E-09	4.69E-07	8.02E-08	5.58E-07
5 10.30	0.	0.	7.71E-18	0.	0.	0.	5.09E-12	8.71E-09	4.73E-07	7.99E-08	5.62E-07
6 10.20	0.	0.	8.05E-18	0.	0.	0.	5.09E-12	8.97E-09	4.79E-07	7.98E-08	5.68E-07
7 10.10	0.	0.	7.65E-18	0.	0.	0.	5.10E-12	9.24E-09	4.85E-07	7.97E-08	5.74E-07
8 10.00	0.	0.	6.84E-18	0.	0.	0.	5.11E-12	9.52E-09	4.91E-07	7.96E-08	5.80E-07
9 9.90	0.	0.	7.05E-18	0.	0.	0.	5.12E-12	9.82E-09	4.97E-07	7.95E-08	5.86E-07
10 9.80	0.	0.	6.72E-18	0.	0.	0.	5.13E-12	1.01E-08	5.03E-07	7.94E-08	5.92E-07
11 9.70	0.	0.	5.92E-18	0.	0.	0.	5.13E-12	1.04E-08	5.08E-07	7.93E-08	5.98E-07
12 9.60	0.	0.	6.41E-18	0.	0.	0.	5.14E-12	1.08E-08	5.14E-07	7.92E-08	6.04E-07
13 9.50	0.	0.	5.59E-18	0.	0.	0.	5.15E-12	1.11E-08	5.20E-07	7.91E-08	6.11E-07
14 9.40	0.	0.	5.37E-18	0.	0.	0.	5.17E-12	1.15E-08	5.27E-07	7.91E-08	6.17E-07
15 9.30	0.	0.	5.53E-18	0.	0.	0.	5.19E-12	1.19E-08	4.51E-07	7.90E-08	5.42E-07
16 9.20	0.	0.	4.70E-18	0.	0.	0.	5.21E-12	1.22E-08	4.57E-07	7.90E-08	5.48E-07
17 9.10	0.	0.	4.84E-18	0.	0.	0.	5.23E-12	1.27E-08	4.63E-07	7.90E-08	5.54E-07
18 9.00	0.	0.	4.47E-18	0.	0.	0.	5.25E-12	1.31E-08	4.69E-07	7.89E-08	5.61E-07
19 9.00	0.	0.	4.21E-18	0.	0.	0.	5.27E-12	1.35E-08	4.75E-07	7.89E-08	5.67E-07
20 8.90	0.	0.	4.16E-18	0.	0.	0.	5.28E-12	1.40E-08	4.80E-07	7.88E-08	5.73E-07
21 8.90	0.	0.	3.69E-18	0.	0.	0.	5.30E-12	1.45E-08	4.86E-07	7.86E-08	5.80E-07
22 8.70	0.	0.	3.83E-18	0.	0.	0.	5.32E-12	1.50E-08	4.92E-07	7.25E-08	5.80E-07
23 8.60	0.	0.	3.42E-18	0.	0.	0.	5.34E-12	1.56E-08	4.99E-07	7.15E-08	5.86E-07
24 8.50	0.	0.	3.43E-18	0.	0.	0.	5.37E-12	1.61E-08	5.05E-07	7.16E-08	5.93E-07
25 8.40	0.	0.	2.97E-18	0.	0.	0.	5.40E-12	1.67E-08	5.14E-07	7.18E-08	6.06E-07
26 8.30	0.	0.	3.03E-18	0.	0.	0.	5.42E-12	1.73E-08	5.25E-07	7.23E-08	6.14E-07
27 8.20	0.	0.	2.66E-18	0.	0.	0.	5.45E-12	1.80E-08	5.35E-07	7.29E-08	6.26E-07
28 8.10	0.	0.	2.71E-18	0.	0.	0.	5.48E-12	1.87E-08	3.57E-07	7.35E-08	4.49E-07
29 8.00	0.	0.	2.37E-18	0.	0.	0.	5.51E-12	1.94E-08	3.68E-07	7.40E-08	4.62E-07
30 7.90	0.	0.	2.48E-18	0.	0.	0.	5.54E-12	2.02E-08	3.80E-07	7.46E-08	4.74E-07
31 7.80	0.	0.	2.22E-18	0.	0.	0.	5.56E-12	2.10E-08	3.92E-07	7.52E-08	4.89E-07
32 7.70	0.	0.	2.13E-18	0.	0.	0.	5.59E-12	2.18E-08	4.07E-07	7.57E-08	5.04E-07
33 7.60	0.	0.	2.01E-18	0.	1.59E-22	0.	5.62E-12	2.27E-08	4.21E-07	7.63E-08	5.20E-07
34 7.50	0.	0.	1.83E-18	0.	4.96E-22	0.	5.65E-12	2.37E-08	4.35E-07	7.70E-08	5.35E-07
35 7.40	0.	0.	1.76E-18	0.	4.62E-21	0.	5.68E-12	2.46E-08	4.52E-07	7.77E-08	5.54E-07
36 7.30	0.	0.	1.61E-18	0.	1.73E-20	0.	5.71E-12	2.57E-08	4.72E-07	7.84E-08	5.77E-07
37 7.20	0.	0.	1.57E-18	0.	1.86E-20	0.	5.76E-12	2.68E-08	4.93E-07	7.98E-08	6.05E-07
38 7.10	8.82E-22	0.	1.46E-18	0.	1.53E-19	0.	5.81E-12	2.80E-08	4.56E-07	8.09E-08	5.65E-07
39 7.00	1.74E-21	0.	1.36E-18	0.	2.88E-19	0.	5.86E-12	2.92E-08	4.75E-07	8.19E-08	5.86E-07
40 6.90	1.51E-21	0.	1.33E-18	0.	4.30E-19	0.	5.90E-12	3.05E-08	4.94E-07	8.30E-08	6.06E-07
41 6.80	1.11E-21	0.	1.18E-18	0.	7.04E-19	0.	5.95E-12	3.19E-08	5.14E-07	8.41E-08	6.30E-07
42 6.70	6.85E-22	0.	1.08E-18	0.	5.94E-19	0.	6.00E-12	3.34E-08	5.33E-07	8.53E-08	6.52E-07
43 6.60	3.99E-22	0.	8.77E-19	0.	8.30E-19	0.	6.04E-12	3.50E-08	5.53E-07	8.64E-08	6.75E-07
44 6.50	2.32E-22	0.	6.23E-19	2.50E-21	7.55E-19	0.	6.09E-12	3.67E-08	5.73E-07	8.76E-08	6.97E-07
45 6.40	1.37E-22	0.	4.00E-19	1.20E-20	5.80E-19	0.	6.14E-12	3.85E-08	5.93E-07	8.93E-08	7.20E-07
46 6.30	6.24E-23	0.	2.28E-19	1.73E-20	7.72E-19	0.	6.18E-12	4.04E-08	6.14E-07	9.06E-08	7.45E-07
47 6.20	2.91E-23	0.	1.10E-19	4.99E-20	9.23E-19	0.	6.23E-12	4.24E-08	6.35E-07	9.22E-08	7.70E-07
48 6.10	1.23E-23	0.	2.83E-20	4.92E-20	4.75E-19	0.	6.28E-12	4.46E-08	6.57E-07	9.38E-08	7.96E-07
49 6.00	3.05E-24	0.	2.03E-20	7.30E-20	4.57E-19	0.	6.18E-12	4.69E-08	6.79E-07	9.54E-08	8.22E-07
50 5.90	3.90E-25	0.	5.15E-23	1.03E-19	4.82E-19	0.	6.18E-12	4.94E-08	7.01E-07	9.70E-08	8.48E-07
51 5.70	2.87E-26	0.	0.	1.23E-19	5.40E-19	0.	5.81E-12	5.21E-08	2.66E-07	7.44E-08	3.92E-07

ABSORPTION COEFFICIENTS OF HEATED AIR (INVERSE CM.)

TEMPERATURE (DEGREES K) 22000.   DENSITY (GM/CC) 1.293E-07   (10.0E-05 NORMAL)

	PHOTON ENERGY	O2 S-R BANDS	N2 1ST POS.	N2 2ND POS.	N2+ 1ST NEG.	NO BETA	NO GAMMA	NO VIB-ROT	O- PHOTO-DET	FREE-FREE (IONS)	N P.E.	O P.E.	TOTAL AIR
52	5.60	1.30E-27	0.	0.	0.			0.	5.40E-12	5.50E-08	2.79E-07	7.49E-08	4.09E-07
53	5.50	0.	0.	0.	0.			0.	5.43E-12	5.81E-08	2.93E-07	7.60E-08	4.27E-07
54	5.40	0.	0.	0.	0.			0.	5.46E-12	6.14E-08	3.09E-07	7.74E-08	4.47E-07
55	5.30	0.	0.	0.	0.			0.	5.49E-12	6.50E-08	3.24E-07	7.90E-08	4.68E-07
56	5.20	0.	0.	0.	0.			0.	5.53E-12	6.89E-08	3.40E-07	8.08E-08	4.89E-07
57	5.10	0.	0.	0.	0.			0.	5.57E-12	7.30E-08	3.56E-07	8.25E-08	5.11E-07
58	5.00	1.85E-20	0.	0.	0.	1.08E-19	6.93E-19	0.	5.62E-12	7.75E-08	3.72E-07	8.43E-08	5.34E-07
59	4.90	4.56E-20	0.	0.	0.	1.32E-19	6.41E-19	0.	5.67E-12	8.24E-08	3.88E-07	8.23E-08	5.53E-07
60	4.80	8.70E-20	0.	0.	0.	1.24E-19	5.39E-19	0.	5.71E-12	8.78E-08	4.05E-07	8.44E-08	5.78E-07
61	4.70	1.20E-19	0.	0.	0.	1.27E-19	6.66E-19	0.	5.76E-12	9.35E-08	4.29E-07	8.71E-08	6.09E-07
62	4.60	1.67E-19	0.	0.	0.	1.38E-19	5.29E-19	0.	5.81E-12	9.98E-08	4.58E-07	8.98E-08	6.48E-07
63	4.50	1.78E-19	0.	1.47E-19	0.	1.38E-19	6.73E-19	0.	5.86E-12	1.07E-07	4.89E-07	9.26E-08	6.88E-07
64	4.40	1.93E-19	0.	4.24E-19	0.	1.27E-19	6.46E-19	0.	5.90E-12	1.14E-07	5.20E-07	9.57E-08	7.30E-07
65	4.30	1.85E-19	0.	1.48E-18	0.	1.43E-19	7.15E-19	0.	5.95E-12	1.22E-07	5.52E-07	9.65E-08	7.70E-07
66	4.20	1.75E-19	0.	4.50E-18	0.	1.55E-19	6.77E-19	0.	6.00E-12	1.31E-07	5.88E-07	8.79E-08	8.07E-07
67	4.10	1.66E-19	0.	2.12E-18	0.	1.57E-19	6.19E-19	0.	6.02E-12	1.41E-07	6.25E-07	6.12E-08	8.28E-07
68	4.00	1.55E-19	0.	6.54E-18	0.	1.62E-19	5.61E-19	0.	6.04E-12	1.52E-07	6.55E-07	6.41E-08	8.71E-07
69	3.90	1.34E-19	0.	3.13E-18	3.55E-15	1.51E-19	4.24E-19	0.	6.02E-12	1.64E-07	6.63E-07	6.59E-08	8.93E-07
70	3.80	1.48E-19	0.	5.07E-18	1.36E-15	1.53E-19	2.80E-19	0.	6.00E-12	1.78E-07	6.99E-07	6.93E-08	9.47E-07
71	3.70	1.34E-19	0.	5.11E-18	6.66E-15	1.48E-19	1.84E-19	0.	5.90E-12	1.93E-07	7.32E-07	7.49E-08	1.00E-06
72	3.60	1.25E-19	0.	3.82E-18	3.35E-14	1.56E-19	1.26E-19	0.	5.53E-12	2.10E-07	7.72E-07	8.09E-08	1.06E-06
73	3.50	1.16E-19	0.	4.93E-18	5.79E-14	1.55E-19	3.56E-20	0.	2.92E-12	2.29E-07	8.18E-07	8.78E-08	1.13E-06
74	3.40	1.08E-19	0.	3.28E-18	1.01E-14	1.51E-19	2.66E-20	0.	2.92E-12	2.50E-07	8.70E-07	9.56E-08	1.23E-06
75	3.30	8.72E-20	0.	3.35E-18	3.63E-14	1.42E-19	9.81E-21	0.	2.92E-12	2.74E-07	9.22E-07	1.03E-07	1.30E-06
76	3.20	7.73E-20	0.	2.26E-18	5.52E-14	1.54E-19		0.	2.93E-12	3.01E-07	9.90E-07	1.08E-07	1.40E-06
77	3.10	7.51E-20	0.	1.77E-18	1.61E-14	1.34E-19		0.	2.93E-12	3.31E-07	4.82E-07	1.17E-07	9.30E-07
78	3.00	6.85E-20	0.	1.10E-18	1.43E-14	1.45E-19		0.	2.94E-12	3.66E-07	5.34E-07	1.27E-07	1.03E-06
79	2.90	5.86E-20	0.	7.01E-19	1.85E-14	1.17E-19		0.	2.95E-12	4.05E-07	5.87E-07	1.26E-07	1.12E-06
80	2.80	6.18E-20	0.	3.38E-19	1.32E-14	8.27E-20		0.	2.95E-12	4.51E-07	6.43E-07	1.29E-07	1.22E-06
81	2.70	4.09E-20	0.	1.60E-19	1.61E-14	3.35E-20		0.	2.95E-12	5.04E-07	7.01E-07	1.21E-07	1.33E-06
82	2.60	1.99E-20	0.	7.63E-20	1.72E-15	1.52E-20		0.	2.95E-12	5.66E-07	7.57E-07	9.34E-08	1.42E-06
83	2.50	1.41E-21	0.	7.85E-21	1.69E-15	3.69E-21		0.	2.95E-12	6.38E-07	7.52E-07	1.07E-07	1.50E-06
84	2.40	0.	3.40E-19	0.	1.25E-15	4.00E-22		0.	2.95E-12	7.22E-07	8.74E-07	1.28E-07	1.72E-06
85	2.30	0.	9.72E-19	0.	0.			0.	2.95E-12	8.22E-07	1.01E-06	1.75E-07	1.98E-06
86	2.20	0.	2.64E-18	0.	0.			0.	2.92E-12	9.41E-07	1.14E-06	2.01E-07	2.26E-06
87	2.10	0.	2.65E-18	0.	0.			0.	2.90E-12	1.08E-06	1.28E-06	2.26E-07	2.56E-06
88	2.00	0.	5.35E-18	0.	0.			0.	2.81E-12	1.26E-06	1.42E-06	2.61E-07	2.90E-06
89	1.90	0.	6.19E-18	0.	0.			0.	2.70E-12	1.47E-06	1.57E-06	3.11E-07	3.30E-06
90	1.80	0.	5.35E-18	0.	0.			0.	2.59E-12	1.74E-06	1.77E-06	3.38E-07	3.82E-06
91	1.70	0.	6.02E-18	0.	0.			0.	2.44E-12	2.07E-06	1.39E-06	3.80E-07	3.80E-06
92	1.60	0.	4.58E-18	0.	0.			0.	2.06E-12	2.50E-06	1.59E-06	4.63E-07	4.46E-06
93	1.50	0.	5.18E-18	0.	0.			0.	9.37E-13	3.05E-06	1.89E-06	5.20E-07	5.40E-06
94	1.40	0.	5.08E-18	0.	0.			0.	0.	3.76E-06	1.91E-06	5.65E-07	6.19E-06
95	1.30	0.	3.89E-18	0.	0.			0.	0.	4.71E-06	2.59E-06	6.19E-07	7.87E-06
96	1.20	0.	3.71E-18	0.	0.			0.	0.	6.01E-06	3.26E-06	7.45E-07	1.00E-05
97	1.10	0.	3.62E-18	0.	0.			6.52E-24	0.	7.86E-06	4.01E-06	8.77E-07	1.27E-05
98	1.00	0.	3.33E-18	0.	0.			1.09E-22	0.	1.05E-05	4.66E-06	1.05E-06	1.63E-05
99	0.90	0.	2.73E-18	0.	0.			1.28E-22	0.	1.46E-05	4.60E-06	1.18E-06	2.04E-05
100	0.80	0.	1.28E-18	0.	0.			2.84E-21	0.	2.09E-05	5.03E-06	1.20E-06	2.72E-05
101	0.70	0.	2.94E-19	0.	0.			2.75E-21	0.	3.17E-05	4.78E-06	1.05E-06	3.75E-05
102	0.60	0.	6.85E-20	0.	0.			8.54E-21	0.	5.11E-05	5.38E-06	1.19E-06	5.77E-05

ABSORPTION COEFFICIENT OF HEATED AIR (INVERSE CM.)

TEMPERATURE (DEGREES K) 22000.   DENSITY (GM/CC) 1.293E-08   (1.0E-05 NORMAL)

#	PHOTON ENERGY E.V.	O2 S-R BANDS	O2 S-R CONT.	N2 B-H NO. 1	NO BETA	NO GAMMA	NO 2	O- PHOTO-DET (IONS)	FREE-FREE (IONS)	N P.E.	O P.E.	TOTAL AIR
1	10.70	0.	0.	3.48E-22	0.	0.	0.	7.33E-15	1.84E-10	1.55E-08	1.91E-09	1.76E-08
2	10.60	0.	0.	3.21E-22	0.	0.	0.	7.34E-15	1.89E-10	1.56E-08	1.91E-09	1.77E-08
3	10.50	0.	0.	3.27E-22	0.	0.	0.	7.34E-15	1.95E-10	1.57E-08	1.91E-09	1.78E-08
4	10.40	0.	0.	3.15E-22	0.	0.	0.	7.35E-15	2.01E-10	1.59E-08	1.91E-09	1.80E-08
5	10.30	0.	0.	2.79E-22	0.	0.	0.	7.36E-15	2.07E-10	1.60E-08	1.91E-09	1.81E-08
6	10.20	0.	0.	2.91E-22	0.	0.	0.	7.37E-15	2.13E-10	1.63E-08	1.92E-09	1.84E-08
7	10.10	0.	0.	2.76E-22	0.	0.	0.	7.38E-15	2.19E-10	1.65E-08	1.93E-09	1.87E-08
8	10.00	0.	0.	2.47E-22	0.	0.	0.	7.39E-15	2.26E-10	1.68E-08	1.95E-09	1.90E-08
9	9.90	0.	0.	2.55E-22	0.	0.	0.	7.41E-15	2.33E-10	1.70E-08	1.96E-09	1.92E-08
10	9.80	0.	0.	2.43E-22	0.	0.	0.	7.42E-15	2.40E-10	1.73E-08	1.97E-09	1.95E-08
11	9.70	0.	0.	2.14E-22	0.	0.	0.	7.43E-15	2.48E-10	1.76E-08	1.99E-09	1.98E-08
12	9.60	0.	0.	2.32E-22	0.	0.	0.	7.45E-15	2.55E-10	1.78E-08	2.00E-09	2.01E-08
13	9.50	0.	0.	2.02E-22	0.	0.	0.	7.46E-15	2.64E-10	1.81E-08	2.01E-09	2.03E-08
14	9.40	0.	0.	1.94E-22	0.	0.	0.	7.49E-15	2.72E-10	1.83E-08	2.03E-09	2.06E-08
15	9.30	0.	0.	2.00E-22	0.	0.	0.	7.52E-15	2.81E-10	1.81E-08	2.05E-09	2.04E-08
16	9.20	0.	0.	1.70E-22	0.	0.	0.	7.54E-15	2.90E-10	1.84E-08	2.06E-09	2.07E-08
17	9.10	0.	0.	1.75E-22	0.	0.	0.	7.57E-15	3.00E-10	1.86E-08	2.07E-09	2.10E-08
18	9.00	0.	0.	1.62E-22	0.	0.	0.	7.60E-15	3.10E-10	1.89E-08	2.09E-09	2.13E-08
19	8.90	0.	0.	1.52E-22	0.	0.	0.	7.62E-15	3.21E-10	1.91E-08	2.11E-09	2.16E-08
20	8.80	0.	0.	1.50E-22	0.	0.	0.	7.65E-15	3.32E-10	1.94E-08	1.53E-09	2.13E-08
21	8.70	0.	0.	1.33E-22	0.	0.	0.	7.68E-15	3.44E-10	1.97E-08	1.55E-09	2.15E-08
22	8.60	0.	0.	1.38E-22	0.	0.	0.	7.71E-15	3.56E-10	1.99E-08	1.57E-09	2.18E-08
23	8.50	0.	0.	1.24E-22	0.	0.	0.	7.73E-15	3.69E-10	2.02E-08	1.59E-09	2.22E-08
24	8.40	0.	0.	1.24E-22	0.	0.	0.	7.77E-15	3.82E-10	2.05E-08	1.61E-09	2.25E-08
25	8.30	0.	0.	1.07E-22	0.	0.	0.	7.81E-15	3.96E-10	1.23E-08	1.64E-09	1.43E-08
26	8.20	0.	0.	1.09E-22	0.	0.	0.	7.85E-15	4.11E-10	1.28E-08	1.68E-09	1.49E-08
27	8.10	0.	0.	9.62E-23	0.	0.	0.	7.90E-15	4.26E-10	1.33E-08	1.72E-09	1.54E-08
28	8.00	0.	0.	9.77E-23	0.	0.	0.	7.94E-15	4.43E-10	1.38E-08	1.76E-09	1.60E-08
29	7.90	0.	0.	8.56E-23	0.	0.	0.	7.98E-15	4.60E-10	1.43E-08	1.81E-09	1.65E-08
30	7.80	0.	0.	8.96E-23	0.	1.03E-26	0.	8.02E-15	4.78E-10	1.48E-08	1.85E-09	1.71E-08
31	7.70	0.	0.	8.01E-23	0.	3.23E-26	0.	8.06E-15	4.97E-10	1.53E-08	1.90E-09	1.77E-08
32	7.60	0.	0.	7.70E-23	0.	3.01E-25	0.	8.10E-15	5.17E-10	1.59E-08	1.94E-09	1.84E-08
33	7.50	0.	0.	7.25E-23	0.	1.12E-24	0.	8.14E-15	5.38E-10	1.65E-08	1.99E-09	1.91E-08
34	7.40	0.	0.	6.60E-23	0.	3.16E-24	0.	8.18E-15	5.60E-10	1.72E-08	2.04E-09	1.98E-08
35	7.30	0.	0.	6.35E-23	0.	9.99E-24	0.	8.23E-15	5.80E-10	1.55E-08	2.09E-09	1.81E-08
36	7.20	0.	0.	5.82E-23	0.	1.88E-23	0.	8.27E-15	6.08E-10	1.63E-08	2.18E-09	1.91E-08
37	7.10	0.	0.	5.66E-23	0.	2.80E-23	0.	8.34E-15	6.34E-10	1.72E-08	2.26E-09	2.01E-08
38	7.00	0.	0.	5.28E-23	0.	4.60E-23	0.	8.41E-15	6.62E-10	1.80E-08	2.34E-09	2.10E-08
39	6.90	1.03E-25	0.	4.91E-23	0.	4.41E-23	0.	8.48E-15	6.91E-10	1.89E-08	2.43E-09	2.20E-08
40	6.80	1.77E-25	0.	4.28E-23	0.	3.87E-23	0.	8.55E-15	7.22E-10	1.97E-08	2.51E-09	2.30E-08
41	6.70	1.31E-25	0.	3.90E-23	0.	5.40E-23	0.	8.61E-15	7.56E-10	2.06E-08	2.59E-09	2.39E-08
42	6.60	6.03E-26	0.	3.17E-23	0.	4.92E-23	0.	8.68E-15	7.90E-10	2.14E-08	2.68E-09	2.49E-08
43	6.50	4.69E-26	0.	2.25E-23	0.	3.78E-23	0.	8.75E-15	8.28E-10	2.23E-08	2.76E-09	2.59E-08
44	6.40	2.72E-26	0.	1.45E-23	1.63E-25	5.02E-23	0.	8.82E-15	8.67E-10	2.31E-08	2.85E-09	2.69E-08
45	6.30	1.60E-26	0.	8.22E-24	7.80E-25	6.01E-23	0.	8.89E-15	9.09E-10	2.40E-08	2.94E-09	2.79E-08
46	6.20	7.32E-27	0.	3.96E-24	1.13E-24	3.09E-23	0.	8.95E-15	9.55E-10	2.49E-08	3.04E-09	2.89E-08
47	6.10	3.41E-27	0.	1.02E-24	3.25E-24	2.98E-23	0.	9.02E-15	1.00E-09	2.59E-08	3.14E-09	3.00E-08
48	6.00	1.44E-27	0.	7.33E-26	3.21E-24	3.14E-23	0.	9.09E-15	1.05E-09	8.10E-09	3.01E-09	1.22E-08
49	5.90	3.58E-28	0.	1.86E-27	4.75E-24	3.51E-23	0.	9.09E-15	1.11E-09	8.39E-09	1.47E-09	1.10E-08
50	5.80	4.58E-29	0.	0.	6.71E-24	0.	0.	8.95E-15	1.17E-09	8.68E-09	1.51E-09	1.14E-08
51	5.70	3.37E-30	0.	0.	8.01E-24	0.	0.	8.41E-15	1.23E-09	9.10E-09	1.55E-09	1.19E-08

ABSORPTION COEFFICIENTS OF HEATED AIR (INVERSE CM.)

TEMPERATURE (DEGREES K) 22000.   DENSITY (GM/CC) 1.293E-08 (1.0E-05 NORMAL)

#	PHOTON ENERGY	O2 S-R BANDS	N2 1ST POS.	N2 2ND POS.	N2+ 1ST NEG.	NO BETA	NO GAMMA	NO VIB-ROT	NO2	O- PHOTO-DET	FREE-FREE (IONS)	N P.E.	O P.E.	TOTAL AIR
52	5.60	1.53E-31	0.	0.	0.	7.02E-24	4.51E-23	0.	0.	7.82E-15	1.30E-09	9.64E-09	1.59E-09	1.25E-08
53	5.50	0.	0.	0.	0.	8.59E-24	4.18E-23	0.	0.	7.86E-15	1.37E-09	1.02E-08	1.63E-09	1.32E-08
54	5.40	0.	0.	0.	0.	8.06E-24	3.51E-23	0.	0.	7.90E-15	1.45E-09	1.08E-08	1.69E-09	1.40E-08
55	5.30	0.	0.	0.	0.	8.26E-24	3.33E-23	0.	0.	7.95E-15	1.53E-09	1.14E-08	1.76E-09	1.47E-08
56	5.20	0.	0.	0.	0.	8.98E-24	3.45E-23	0.	0.	8.00E-15	1.63E-09	1.21E-08	1.83E-09	1.55E-08
57	5.10	0.	0.	0.	0.	9.01E-24	4.38E-23	0.	0.	8.07E-15	1.72E-09	1.27E-08	1.59E-09	1.60E-08
58	5.00	2.16E-24	0.	0.	0.	8.30E-24	4.20E-23	0.	0.	8.14E-15	1.83E-09	1.33E-08	1.66E-09	1.68E-08
59	4.90	5.35E-24	0.	0.	0.	9.35E-24	4.66E-23	0.	0.	8.21E-15	1.95E-09	1.39E-08	1.72E-09	1.76E-08
60	4.80	1.02E-23	0.	0.	0.	1.01E-23	4.41E-23	0.	0.	8.27E-15	2.07E-09	1.45E-08	1.78E-09	1.84E-08
61	4.70	1.40E-23	0.	0.	0.	1.02E-23	4.03E-23	0.	0.	8.34E-15	2.21E-09	1.54E-08	1.86E-09	1.95E-08
62	4.60	1.96E-23	0.	0.	0.	1.06E-23	3.65E-23	0.	0.	8.41E-15	2.36E-09	1.66E-08	1.94E-09	2.09E-08
63	4.50	2.09E-23	0.	5.32E-24	0.	9.83E-24	2.76E-23	0.	0.	8.48E-15	2.52E-09	1.78E-08	2.02E-09	2.23E-08
64	4.40	2.27E-23	0.	1.53E-23	0.	9.94E-24	1.88E-23	0.	0.	8.55E-15	2.69E-09	1.90E-08	2.13E-09	2.38E-08
65	4.30	2.18E-23	0.	5.34E-23	0.	9.62E-24	1.20E-23	0.	0.	8.61E-15	2.89E-09	2.01E-08	2.22E-09	2.52E-08
66	4.20	2.05E-23	0.	1.62E-22	0.	1.02E-23	2.16E-24	0.	0.	8.68E-15	3.10E-09	2.15E-08	1.82E-09	2.64E-08
67	4.10	1.95E-23	0.	7.66E-22	0.	1.01E-23	2.32E-24	0.	0.	8.72E-15	3.33E-09	2.29E-08	1.95E-09	2.82E-08
68	4.00	1.82E-23	0.	2.36E-22	0.	9.83E-24	1.73E-24	0.	0.	8.75E-15	3.59E-09	2.43E-08	2.09E-09	3.00E-08
69	3.90	1.57E-23	0.	1.13E-22	9.58E-19	9.24E-24	6.39E-25	0.	0.	8.72E-15	3.88E-09	2.56E-08	2.22E-09	3.17E-08
70	3.80	1.73E-23	0.	1.83E-22	3.68E-18	1.00E-23	0.	0.	0.	8.68E-15	4.20E-09	2.71E-08	2.36E-09	3.36E-08
71	3.70	1.57E-23	0.	1.84E-22	1.80E-18	8.75E-24	0.	0.	0.	8.55E-15	4.55E-09	2.85E-08	2.52E-09	3.55E-08
72	3.60	1.43E-23	0.	1.38E-22	9.04E-18	9.45E-24	0.	0.	0.	8.00E-15	4.95E-09	2.99E-08	2.69E-09	3.76E-08
73	3.50	1.35E-23	0.	1.78E-22	1.56E-17	7.64E-24	0.	0.	0.	7.33E-15	5.39E-09	3.15E-08	2.88E-09	3.98E-08
74	3.40	1.27E-23	0.	1.19E-22	2.73E-18	8.62E-24	0.	0.	0.	4.23E-15	5.89E-09	1.11E-08	2.77E-09	1.98E-08
75	3.30	1.02E-23	0.	1.21E-22	9.80E-18	7.02E-24	0.	0.	0.	4.23E-15	6.45E-09	1.08E-08	2.97E-09	2.03E-08
76	3.20	9.06E-24	0.	8.15E-23	1.49E-17	7.44E-24	0.	0.	0.	4.24E-15	7.08E-09	1.23E-08	2.52E-09	2.19E-08
77	3.10	8.81E-24	0.	6.46E-23	4.35E-18	7.15E-24	0.	0.	0.	4.25E-15	7.79E-09	1.41E-08	2.46E-09	2.46E-08
78	3.00	8.03E-24	0.	3.98E-23	9.25E-18	6.87E-24	0.	0.	0.	4.26E-15	8.61E-09	1.58E-08	2.68E-09	2.68E-08
79	2.90	6.88E-24	0.	2.53E-23	4.98E-18	5.38E-24	0.	0.	0.	4.27E-15	9.54E-09	1.75E-08	2.69E-09	2.97E-08
80	2.80	7.25E-24	0.	1.22E-23	3.57E-18	3.87E-24	0.	0.	0.	4.27E-15	1.06E-08	1.92E-08	2.94E-09	3.28E-08
81	2.70	4.79E-24	0.	5.77E-24	4.34E-18	2.18E-24	0.	0.	0.	4.27E-15	1.18E-08	2.10E-08	2.64E-09	3.55E-08
82	2.60	2.33E-24	0.	2.76E-24	4.64E-19	2.40E-25	0.	0.	0.	4.27E-15	1.33E-08	2.27E-08	2.82E-09	3.89E-08
83	2.50	1.66E-25	0.	2.84E-25	4.56E-19	2.60E-26	0.	0.	0.	4.27E-15	1.50E-08	2.45E-08	3.17E-09	4.27E-08
84	2.40	0.	1.25E-23	0.	3.39E-19	0.	0.	0.	0.	4.27E-15	1.70E-08	2.80E-08	3.66E-09	4.86E-08
85	2.30	0.	3.51E-23	0.	0.	0.	0.	0.	0.	4.24E-15	1.93E-08	2.83E-08	4.17E-09	5.18E-08
86	2.20	0.	9.55E-23	0.	0.	0.	0.	0.	0.	4.22E-15	2.21E-08	3.50E-08	4.71E-09	6.18E-08
87	2.10	0.	9.56E-23	0.	0.	0.	0.	0.	0.	4.21E-15	2.54E-08	3.86E-08	5.25E-09	6.93E-08
88	2.00	0.	1.93E-22	0.	0.	0.	0.	0.	0.	4.07E-15	2.95E-08	4.21E-08	5.80E-09	7.75E-08
89	1.90	0.	2.24E-22	0.	0.	0.	0.	0.	0.	3.91E-15	3.45E-08	2.13E-08	4.02E-09	5.98E-08
90	1.80	0.	1.93E-22	0.	0.	0.	0.	0.	0.	3.74E-15	4.08E-08	2.39E-08	4.71E-09	6.94E-08
91	1.70	0.	2.17E-22	0.	0.	0.	0.	0.	0.	3.53E-15	4.86E-08	2.67E-08	5.49E-09	8.08E-08
92	1.60	0.	1.65E-22	0.	0.	0.	0.	0.	0.	2.98E-15	5.86E-08	2.95E-08	6.15E-09	9.43E-08
93	1.50	0.	1.87E-22	0.	0.	0.	0.	0.	0.	1.36E-15	7.13E-08	3.30E-08	9.43E-09	1.11E-07
94	1.40	0.	1.84E-22	0.	0.	0.	0.	0.	0.	0.	8.80E-08	3.46E-08	7.18E-09	1.29E-07
95	1.30	0.	1.41E-22	0.	0.	0.	0.	0.	0.	0.	1.10E-07	4.00E-08	6.72E-09	1.59E-07
96	1.20	0.	1.34E-22	0.	0.	0.	0.	0.	0.	0.	1.41E-07	1.55E-08	8.60E-09	1.63E-07
97	1.10	0.	1.31E-22	0.	0.	0.	0.	4.24E-28	0.	0.	1.84E-07	1.92E-08	7.17E-09	2.12E-07
98	1.00	0.	1.20E-22	0.	0.	0.	0.	7.10E-27	0.	0.	2.46E-07	2.34E-08	9.06E-09	2.80E-07
99	0.90	0.	9.87E-23	0.	0.	0.	0.	8.34E-27	0.	0.	3.40E-07	2.61E-08	1.09E-08	3.77E-07
100	0.80	0.	4.63E-23	0.	0.	0.	0.	1.85E-25	0.	0.	4.88E-07	3.02E-08	1.12E-08	5.31E-07
101	0.70	0.	1.06E-23	0.	0.	0.	0.	1.79E-25	0.	0.	7.37E-07	2.87E-08	1.30E-08	7.77E-07
102	0.60	0.	2.47E-24	0.	0.	0.	0.	5.56E-25	0.	0.	1.19E-06	3.23E-08	1.28E-08	1.23E-06

423

ABSORPTION COEFFICIENTS OF HEATED AIR (INVERSE CM.)

TEMPERATURE (DEGREES K) 22000.   DENSITY (GM/CC) 1,293E-09 (1.0E-06 NORMAL)

	PHOTON ENERGY BANDS E.V.	O2 S-R BANDS	O2 S-R CONT.	N2 B-H NO. 1	NO BETA	AO GAMMA	NO 2	O- PHOTO-DET (IONS)	FREE-FREE (IONS)	N P.E.	O P.E.	TOTAL AIR
1	10.70	0.	0.	1.65E-27	0.	0.	0.	4.19E-18	3.08E-12	2.65E-12	4.95E-11	3.17E-10
2	10.60	0.	0.	1.52E-27	0.	0.	0.	4.20E-18	3.17E-12	2.67E-12	4.95E-11	3.19E-10
3	10.50	0.	0.	1.55E-27	0.	0.	0.	4.20E-18	3.26E-12	2.69E-12	4.96E-11	3.22E-10
4	10.40	0.	0.	1.49E-27	0.	0.	0.	4.21E-18	3.36E-12	2.71E-12	4.96E-11	3.24E-10
5	10.30	0.	0.	1.38E-27	0.	0.	0.	4.21E-18	3.46E-12	2.74E-12	4.97E-11	3.27E-10
6	10.20	0.	0.	1.38E-27	0.	0.	0.	4.22E-18	3.56E-12	2.79E-12	5.03E-11	3.33E-10
7	10.10	0.	0.	1.31E-27	0.	0.	0.	4.22E-18	3.67E-12	2.83E-12	5.09E-11	3.38E-10
8	10.00	0.	0.	1.17E-27	0.	0.	0.	4.23E-18	3.78E-12	2.88E-12	5.16E-11	3.43E-10
9	9.90	0.	0.	1.21E-27	0.	0.	0.	4.24E-18	3.89E-12	2.92E-12	5.22E-11	3.48E-10
10	9.80	0.	0.	1.15E-27	0.	0.	0.	4.24E-18	4.02E-12	2.97E-12	5.28E-11	3.54E-10
11	9.70	0.	0.	1.01E-27	0.	0.	0.	4.25E-18	4.14E-12	3.01E-12	5.35E-11	3.59E-10
12	9.60	0.	0.	1.10E-27	0.	0.	0.	4.26E-18	4.27E-12	3.06E-12	5.41E-11	3.64E-10
13	9.50	0.	0.	9.56E-28	0.	0.	0.	4.26E-18	4.41E-12	3.10E-12	5.47E-11	3.70E-10
14	9.40	0.	0.	9.19E-28	0.	0.	0.	4.28E-18	4.55E-12	3.14E-12	5.55E-11	3.74E-10
15	9.30	0.	0.	9.46E-28	0.	0.	0.	4.30E-18	4.70E-12	3.19E-12	5.62E-11	3.80E-10
16	9.20	0.	0.	8.04E-28	0.	0.	0.	4.31E-18	4.86E-12	3.23E-12	5.68E-11	3.85E-10
17	9.10	0.	0.	8.29E-28	0.	0.	0.	4.33E-18	5.02E-12	3.28E-12	5.75E-11	3.91E-10
18	9.00	0.	0.	7.65E-28	0.	0.	0.	4.35E-18	5.19E-12	3.33E-12	3.80E-11	3.76E-10
19	8.90	0.	0.	7.12E-28	0.	0.	0.	4.36E-18	5.37E-12	3.37E-12	3.57E-11	3.78E-10
20	8.80	0.	0.	7.12E-28	0.	0.	0.	4.38E-18	5.55E-12	3.42E-12	3.66E-11	3.84E-10
21	8.70	0.	0.	6.31E-28	0.	0.	0.	4.39E-18	5.75E-12	3.47E-12	3.75E-11	3.90E-10
22	8.60	0.	0.	6.54E-28	0.	0.	0.	4.41E-18	5.95E-12	3.52E-12	3.84E-11	3.96E-10
23	8.50	0.	0.	5.85E-28	0.	0.	0.	4.42E-18	6.17E-12	3.57E-12	3.94E-11	4.02E-10
24	8.40	0.	0.	5.87E-28	0.	0.	0.	4.45E-18	6.39E-12	2.08E-12	4.03E-11	2.55E-10
25	8.30	0.	0.	5.08E-28	0.	0.	0.	4.47E-18	6.65E-12	2.15E-12	4.13E-11	2.63E-10
26	8.20	0.	0.	5.18E-28	0.	0.	0.	4.49E-18	6.87E-12	2.24E-12	4.29E-11	2.74E-10
27	8.10	0.	0.	4.56E-28	0.	0.	0.	4.52E-18	7.13E-12	2.33E-12	4.46E-11	2.84E-10
28	8.00	0.	0.	4.63E-28	0.	0.	0.	4.54E-18	7.40E-12	2.41E-12	4.63E-11	2.95E-10
29	7.90	0.	0.	4.05E-28	0.	0.	0.	4.56E-18	7.69E-12	2.50E-12	4.79E-11	3.06E-10
30	7.80	0.	0.	4.25E-28	0.	0.	0.	4.59E-18	7.99E-12	2.59E-12	4.96E-11	3.16E-10
31	7.70	0.	0.	3.79E-28	0.	0.	0.	4.61E-18	8.30E-12	2.69E-12	5.13E-11	3.28E-10
32	7.60	0.	0.	3.65E-28	0.	1.06E-31	0.	4.63E-18	8.64E-12	2.80E-12	5.30E-11	3.41E-10
33	7.50	0.	0.	3.44E-28	0.	3.30E-31	0.	4.66E-18	8.99E-12	2.91E-12	5.48E-11	3.54E-10
34	7.40	0.	0.	3.13E-28	0.	3.07E-30	0.	4.68E-18	9.36E-12	2.59E-11	5.67E-11	3.25E-10
35	7.30	0.	0.	3.01E-28	0.	1.15E-29	0.	4.71E-18	9.75E-12	2.71E-11	5.89E-11	3.40E-10
36	7.20	0.	0.	2.75E-28	0.	3.23E-29	0.	4.73E-18	1.02E-11	2.86E-11	6.21E-11	3.58E-10
37	7.10	0.	0.	2.68E-28	0.	1.02E-28	0.	4.77E-18	1.06E-11	3.01E-11	6.53E-11	3.77E-10
38	7.00	2.28E-30	0.	2.50E-28	0.	1.92E-28	0.	4.81E-18	1.11E-11	3.17E-11	6.85E-11	3.96E-10
39	6.90	4.50E-30	0.	2.33E-28	0.	2.86E-28	0.	4.85E-18	1.15E-11	3.32E-11	7.17E-11	4.15E-10
40	6.80	3.92E-30	0.	2.28E-28	0.	4.70E-28	0.	4.89E-18	1.21E-11	3.47E-11	7.49E-11	4.34E-10
41	6.70	2.88E-30	0.	2.02E-28	0.	4.50E-28	0.	4.93E-18	1.26E-11	3.62E-11	7.81E-11	4.53E-10
42	6.60	1.77E-30	0.	1.85E-28	0.	3.95E-28	0.	4.97E-18	1.32E-11	3.77E-11	8.13E-11	4.72E-10
43	6.50	1.03E-30	0.	1.50E-28	0.	5.52E-28	0.	5.00E-18	1.38E-11	3.93E-11	8.45E-11	4.91E-10
44	6.40	6.01E-31	0.	1.07E-28	1.66E-30	5.03E-28	0.	5.04E-18	1.45E-11	4.08E-11	8.78E-11	5.10E-10
45	6.30	3.54E-31	0.	6.85E-29	7.97E-30	3.86E-28	0.	5.08E-18	1.52E-11	4.23E-11	9.12E-11	5.30E-10
46	6.20	1.62E-31	0.	3.89E-29	1.15E-29	5.14E-28	0.	5.12E-18	1.60E-11	4.40E-11	9.50E-11	5.50E-10
47	6.10	7.54E-32	0.	1.87E-29	3.32E-29	6.14E-29	0.	5.16E-18	1.68E-11	1.33E-11	3.23E-11	1.82E-10
48	6.00	3.18E-32	0.	4.84E-30	3.28E-29	3.16E-28	0.	5.20E-18	1.76E-11	1.38E-11	3.26E-11	1.89E-10
49	5.90	7.90E-33	0.	3.47E-31	4.86E-29	3.04E-28	0.	5.20E-18	1.85E-11	1.43E-11	3.38E-11	1.96E-10
50	5.80	1.01E-33	0.	8.80E-33	6.86E-29	3.21E-28	0.	5.12E-18	1.95E-11	1.49E-11	3.51E-11	2.03E-10
51	5.70	7.44E-35	0.	0.	8.19E-29	3.59E-28	0.	4.81E-18	2.06E-11	1.56E-11	3.64E-11	2.13E-10

ABSORPTION COEFFICIENTS OF HEATED AIR (INVERSE CM.)

TEMPERATURE (DEGREES K) 22000.   DENSITY (GM/CC) 1.293E-09   (1.0E-06 NORMAL)

PHOTON ENERGY	O2 S-R BANDS	N2 1ST POS.	N2 2ND POS.	N2+ 1ST NEG.	NO BETA	NO GAMMA	NO VIB-ROT	NO2	O- PHOTO-DET	FREE-FREE (IONS)	N P.E.	O P.E.	TOTAL AIR
52 5.60	3.38E-36	0.	0.	0.	7.18E-29	4.61E-28	0.	0.	4.47E-18	2.17E-11	1.66E-11	3.78E-11	2.25E-10
53 5.50	0.	0.	0.	0.	8.78E-29	4.27E-28	0.	0.	4.50E-18	2.29E-11	1.76E-11	3.94E-11	2.38E-10
54 5.40	0.	0.	0.	0.	8.24E-29	3.59E-28	0.	0.	4.52E-18	2.42E-11	1.86E-11	4.15E-11	2.52E-10
55 5.30	0.	0.	0.	0.	8.44E-29	3.52E-28	0.	0.	4.55E-18	2.56E-11	1.97E-11	4.38E-11	2.67E-10
56 5.20	0.	0.	0.	0.	9.18E-29	4.43E-28	0.	0.	4.58E-18	2.72E-11	2.08E-11	3.46E-11	2.70E-10
57 5.10	4.78E-29	0.	0.	0.	9.21E-29	4.48E-28	0.	0.	4.62E-18	2.88E-11	2.19E-11	3.65E-11	2.84E-10
58 5.00	1.18E-28	0.	0.	0.	8.49E-29	4.30E-28	0.	0.	4.66E-18	3.06E-11	2.30E-11	3.85E-11	2.99E-10
59 4.90	2.25E-28	0.	0.	0.	9.54E-29	4.76E-28	0.	0.	4.69E-18	3.25E-11	2.41E-11	4.05E-11	3.14E-10
60 4.80	3.10E-28	0.	0.	0.	1.03E-28	4.50E-28	0.	0.	4.73E-18	3.46E-11	2.52E-11	4.25E-11	3.29E-10
61 4.70	4.34E-28	0.	0.	0.	1.04E-28	4.12E-28	0.	0.	4.77E-18	3.69E-11	2.67E-11	4.47E-11	3.49E-10
62 4.60	4.62E-28	0.	2.52E-29	0.	1.08E-28	3.73E-28	0.	0.	4.81E-18	3.93E-11	2.88E-11	4.70E-11	3.74E-10
63 4.50	5.01E-28	0.	7.26E-29	0.	1.00E-28	2.82E-28	0.	0.	4.85E-18	4.20E-11	3.08E-11	4.95E-11	4.00E-10
64 4.40	4.80E-28	0.	2.53E-28	0.	1.02E-28	1.92E-28	0.	0.	4.89E-18	4.50E-11	3.29E-11	5.25E-11	4.26E-10
65 4.30	4.53E-28	0.	0.	0.	9.83E-29	1.22E-28	0.	0.	4.93E-18	4.82E-11	3.49E-11	5.24E-11	4.50E-10
66 4.20	4.30E-28	0.	7.69E-28	0.	1.04E-28	8.36E-29	0.	0.	4.97E-18	5.18E-11	3.73E-11	5.55E-11	4.81E-10
67 4.10	4.01E-28	0.	3.63E-28	0.	1.03E-28	2.37E-29	0.	0.	4.99E-18	5.57E-11	3.98E-11	6.02E-11	5.14E-10
68 4.00	3.46E-28	0.	1.12E-27	0.	1.00E-28	1.77E-29	0.	0.	5.00E-18	6.00E-11	4.23E-11	6.48E-11	5.48E-10
69 3.90	3.82E-28	0.	5.36E-28	3.73E-23	9.45E-29	6.53E-30	0.	0.	4.99E-18	6.48E-11	4.48E-11	6.94E-11	5.83E-10
70 3.80	3.47E-28	0.	8.68E-28	1.43E-22	9.66E-29	0.	0.	0.	4.97E-18	7.01E-11	4.74E-11	7.41E-11	6.18E-10
71 3.70	3.16E-28	0.	8.74E-28	7.00E-23	8.81E-29	0.	0.	0.	4.89E-18	7.60E-11	4.99E-11	7.88E-11	6.54E-10
72 3.60	3.00E-28	0.	6.53E-28	3.52E-22	8.08E-29	0.	0.	0.	4.58E-18	8.26E-11	5.24E-11	7.29E-11	6.80E-10
73 3.50	2.80E-28	0.	8.44E-28	1.06E-22	7.81E-29	0.	0.	0.	4.19E-18	9.00E-11	1.52E-10	8.26E-11	3.46E-10
74 3.40	2.26E-28	0.	5.61E-28	3.82E-22	7.18E-29	0.	0.	0.	2.42E-18	9.83E-11	1.65E-10	6.07E-11	3.47E-10
75 3.30	2.00E-28	0.	5.73E-28	5.80E-22	7.61E-29	0.	0.	0.	2.42E-18	1.08E-10	1.79E-10	4.81E-11	3.70E-10
76 3.20	1.95E-28	0.	3.86E-28	1.69E-22	7.31E-29	0.	0.	0.	2.43E-18	1.18E-10	1.95E-10	5.46E-11	4.18E-10
77 3.10	1.77E-28	0.	3.03E-28	3.60E-22	7.03E-29	0.	0.	0.	2.43E-18	1.30E-10	2.04E-10	6.10E-11	4.67E-10
78 3.00	1.52E-28	0.	1.89E-28	1.94E-22	5.50E-29	0.	0.	0.	2.44E-18	1.44E-10	2.33E-10	6.75E-11	5.18E-10
79 2.90	1.06E-28	0.	1.20E-28	1.39E-22	3.95E-29	0.	0.	0.	2.44E-18	1.59E-10	2.62E-10	7.32E-11	5.71E-10
80 2.80	5.16E-29	0.	5.79E-29	1.69E-22	2.23E-29	0.	0.	0.	2.44E-18	1.77E-10	2.91E-10	7.79E-11	6.25E-10
81 2.70	3.66E-30	0.	2.73E-29	1.81E-23	1.01E-29	0.	0.	0.	2.44E-18	1.98E-10	3.21E-10	8.43E-11	6.84E-10
82 2.60	0.	0.	1.31E-29	1.78E-23	2.46E-30	0.	0.	0.	2.44E-18	2.22E-10	3.50E-10	9.34E-11	7.62E-10
83 2.50	0.	0.	1.34E-30	1.32E-23	2.66E-31	0.	0.	0.	2.44E-18	2.50E-10	3.78E-10	1.19E-10	8.62E-10
84 2.40	0.	5.82E-29	0.	0.	0.	0.	0.	0.	2.42E-18	2.83E-10	4.16E-10	1.32E-10	9.71E-10
85 2.30	0.	1.66E-28	0.	0.	0.	0.	0.	0.	2.41E-18	3.22E-10	4.59E-10	6.95E-11	1.09E-09
86 2.20	0.	4.52E-28	0.	0.	0.	0.	0.	0.	2.33E-18	3.68E-10	4.97E-10	7.82E-11	1.32E-09
87 2.10	0.	4.53E-28	0.	0.	0.	0.	0.	0.	2.24E-18	4.24E-10	2.51E-10	8.77E-11	7.37E-10
88 2.00	0.	9.15E-28	0.	0.	0.	0.	0.	0.	2.14E-18	4.92E-10	2.86E-10	9.71E-11	8.47E-10
89 1.90	0.	1.06E-27	0.	0.	0.	0.	0.	0.	2.02E-18	5.76E-10	3.20E-10	1.07E-10	9.74E-10
90 1.80	0.	9.15E-28	0.	0.	0.	0.	0.	0.	1.71E-18	6.80E-10	3.56E-10	1.16E-10	1.12E-09
91 1.70	0.	1.03E-27	0.	0.	0.	0.	0.	0.	7.76E-19	8.10E-10	3.91E-10	2.69E-11	1.30E-09
92 1.60	0.	7.83E-28	0.	0.	0.	0.	0.	0.	0.	9.76E-10	4.26E-10	3.37E-11	1.51E-09
93 1.50	0.	8.86E-28	0.	0.	0.	0.	0.	0.	0.	1.19E-09	4.59E-10	4.19E-11	1.76E-09
94 1.40	0.	8.69E-28	0.	0.	0.	0.	0.	0.	0.	1.47E-09	4.97E-10	5.14E-11	1.89E-09
95 1.30	0.	6.66E-28	0.	0.	0.	0.	0.	0.	0.	1.84E-09	5.46E-10	5.27E-11	2.41E-09
96 1.20	0.	6.20E-28	0.	0.	0.	0.	0.	0.	0.	2.34E-09	5.10E-10	4.63E-11	3.14E-09
97 1.10	0.	6.35E-28	0.	0.	0.	0.	4.34E-33	0.	0.	3.06E-09	5.14E-10	5.33E-11	3.14E-09
98 1.00	0.	5.70E-28	0.	0.	0.	0.	7.26E-32	0.	0.	4.09E-09	5.69E-10	6.03E-11	4.20E-09
99 0.90	0.	4.67E-28	0.	0.	0.	0.	8.52E-32	0.	0.	5.65E-09	5.46E-11	5.27E-11	5.76E-09
100 0.80	0.	2.19E-28	0.	0.	0.	0.	1.89E-30	0.	0.	8.11E-09	5.46E-11	4.63E-11	8.21E-09
101 0.70	0.	5.03E-29	0.	0.	0.	0.	1.83E-30	0.	0.	1.22E-08	6.25E-11	5.33E-11	1.24E-08
102 0.60	0.	1.17E-29	0.	0.	0.	0.	5.68E-30	0.	0.	1.97E-08	6.99E-11	6.03E-11	1.98E-08

ABSORPTION COEFFICIENT OF HEATED AIR (INVERSE CM.)

TEMPERATURE (DEGREES K) 23000.   DENSITY (GM/CC) 1.293E-02   (1.0E 01 NORMAL)

PHOTON ENERGY BANDS E.V.	O2 S-R	O2 S-R CONT.	N2 B-H NO. 1	NO BETA	NO GAMMA	NO 2	O- PHOTO-DET (IONS)	FREE-FREE (IONS)	N P.E.	O P.E.	TOTAL AIR P.E.
1 10.70	0.	0.	2.00E-01	0.	0.	0.	5.55E 00	9.74E-01	2.81E 02	7.94E 00	2.95E 02
2 10.60	0.	0.	1.85E-01	0.	0.	0.	5.56E 00	1.00E 00	2.61E 01	7.91E 00	4.07E 01
3 10.50	0.	0.	1.89E-01	0.	0.	0.	5.56E 00	1.03E 00	2.62E 01	7.87E 00	4.08E 01
4 10.40	0.	0.	1.82E-01	0.	0.	0.	5.57E 00	1.06E 00	2.63E 01	7.83E 00	4.09E 01
5 10.30	0.	0.	1.62E-01	0.	0.	0.	5.58E 00	1.09E 00	2.63E 01	7.80E 00	4.10E 01
6 10.20	0.	0.	1.69E-01	0.	0.	0.	5.59E 00	1.13E 00	2.64E 01	7.76E 00	4.10E 01
7 10.10	0.	0.	1.61E-01	0.	0.	0.	5.59E 00	1.16E 00	2.63E 01	7.72E 00	4.09E 01
8 10.00	0.	0.	1.45E-01	0.	0.	0.	5.60E 00	1.20E 00	2.63E 01	7.69E 00	4.09E 01
9 9.90	0.	0.	1.49E-01	0.	0.	0.	5.61E 00	1.23E 00	2.64E 01	7.65E 00	4.10E 01
10 9.80	0.	0.	1.43E-01	0.	0.	0.	5.62E 00	1.27E 00	2.64E 01	7.61E 00	4.10E 01
11 9.70	0.	0.	1.36E-01	0.	0.	0.	5.63E 00	1.31E 00	2.65E 01	7.57E 00	4.11E 01
12 9.60	0.	0.	1.37E-01	0.	0.	0.	5.64E 00	1.35E 00	2.66E 01	7.54E 00	4.12E 01
13 9.50	0.	0.	1.19E-01	0.	0.	0.	5.65E 00	1.40E 00	2.66E 01	7.50E 00	4.13E 01
14 9.40	0.	0.	1.15E-01	0.	0.	0.	5.67E 00	1.44E 00	2.67E 01	7.46E 00	4.14E 01
15 9.30	0.	0.	1.19E-01	0.	0.	0.	5.69E 00	1.49E 00	2.68E 01	7.43E 00	4.15E 01
16 9.20	0.	0.	1.01E-01	0.	0.	0.	5.71E 00	1.54E 00	2.69E 01	7.39E 00	4.16E 01
17 9.10	0.	0.	1.04E-01	0.	0.	0.	5.73E 00	1.59E 00	1.12E 01	7.36E 00	2.60E 01
18 9.00	0.	0.	9.66E-02	0.	0.	0.	5.76E 00	1.65E 00	1.12E 01	7.32E 00	2.60E 01
19 8.90	0.	0.	9.11E-02	0.	0.	0.	5.78E 00	1.70E 00	1.12E 01	7.29E 00	2.61E 01
20 8.80	0.	0.	9.03E-02	0.	0.	0.	5.80E 00	1.76E 00	1.12E 01	7.26E 00	2.61E 01
21 8.70	0.	0.	8.02E-02	0.	0.	0.	5.82E 00	1.82E 00	1.13E 01	7.23E 00	2.62E 01
22 8.60	0.	0.	8.33E-02	0.	0.	0.	5.84E 00	1.89E 00	1.13E 01	7.19E 00	2.63E 01
23 8.50	0.	0.	7.46E-02	0.	0.	0.	5.86E 00	1.96E 00	1.13E 01	7.16E 00	2.64E 01
24 8.40	0.	0.	7.51E-02	0.	0.	0.	5.89E 00	2.03E 00	1.14E 01	7.13E 00	2.65E 01
25 8.30	0.	0.	6.52E-02	0.	0.	0.	5.92E 00	2.10E 00	1.15E 01	7.12E 00	2.67E 01
26 8.20	0.	0.	6.66E-02	0.	0.	0.	5.95E 00	2.18E 00	1.15E 01	7.12E 00	2.68E 01
27 8.10	0.	0.	5.88E-02	0.	0.	0.	5.98E 00	2.26E 00	1.16E 01	7.12E 00	2.70E 01
28 8.00	0.	0.	5.98E-02	0.	0.	0.	6.01E 00	2.35E 00	1.16E 01	7.12E 00	2.72E 01
29 7.90	0.	0.	5.25E-02	0.	0.	0.	6.04E 00	2.44E 00	1.17E 01	7.12E 00	2.74E 01
30 7.80	0.	0.	5.51E-02	0.	0.	0.	6.07E 00	2.54E 00	1.18E 01	7.12E 00	2.76E 01
31 7.70	0.	0.	4.94E-02	0.	0.	0.	6.10E 00	2.64E 00	1.19E 01	7.12E 00	2.79E 01
32 7.60	0.	0.	4.76E-02	0.	2.04E-06	0.	6.14E 00	2.75E 00	1.20E 01	7.13E 00	2.81E 01
33 7.50	0.	0.	4.50E-02	0.	6.31E-06	0.	6.17E 00	2.86E 00	1.21E 01	7.13E 00	2.83E 01
34 7.40	0.	0.	4.10E-02	0.	6.00E-05	0.	6.20E 00	2.98E 00	1.22E 01	7.13E 00	2.86E 01
35 7.30	0.	0.	3.95E-02	0.	2.22E-04	0.	6.24E 00	3.10E 00	1.23E 01	7.13E 00	2.88E 01
36 7.20	0.	0.	3.63E-02	0.	6.28E-04	0.	6.27E 00	3.24E 00	1.24E 01	7.13E 00	2.91E 01
37 7.10	6.89E-06	0.	3.54E-02	0.	1.99E-03	0.	6.32E 00	3.38E 00	1.25E 01	7.14E 00	2.94E 01
38 7.00	1.36E-05	0.	3.31E-02	0.	3.69E-03	0.	6.37E 00	3.52E 00	1.26E 01	7.14E 00	2.97E 01
39 6.90	1.18E-05	0.	3.09E-02	0.	5.59E-03	0.	6.42E 00	3.68E 00	1.27E 01	7.14E 00	3.00E 01
40 6.80	8.74E-06	0.	3.03E-02	0.	9.07E-03	0.	6.47E 00	3.85E 00	1.28E 01	7.14E 00	3.03E 01
41 6.70	5.38E-06	0.	2.70E-02	0.	8.64E-03	0.	6.53E 00	4.02E 00	1.29E 01	7.15E 00	3.07E 01
42 6.60	3.15E-06	0.	2.47E-02	0.	7.68E-03	0.	6.58E 00	4.21E 00	1.31E 01	7.17E 00	3.10E 01
43 6.50		0.	2.02E-02	0.	1.06E-02	0.	6.63E 00	4.41E 00	1.32E 01	7.18E 00	3.15E 01
44 6.40	1.83E-06	0.	1.44E-02	3.11E-05	9.59E-03	0.	6.68E 00	4.63E 00	1.34E 01	7.20E 00	3.19E 01
45 6.30	1.08E-06	0.	9.29E-03	1.50E-04	7.40E-03	0.	6.73E 00	4.85E 00	1.35E 01	7.22E 00	3.24E 01
46 6.20	4.95E-07	0.	5.30E-03	2.17E-04	9.89E-03	0.	6.78E 00	5.09E 00	1.37E 01	7.27E 00	3.28E 01
47 6.10	2.31E-07	0.	2.56E-03	6.28E-04	1.17E-02	0.	6.83E 00	5.35E 00	1.39E 01	7.32E 00	3.34E 01
48 6.00	9.80E-08	0.	6.64E-04	6.23E-04	6.10E-03	0.	6.89E 00	5.63E 00	1.40E 01	7.37E 00	3.39E 01
49 5.90	2.44E-08	0.	4.77E-05	9.24E-04	5.86E-03	0.	6.89E 00	5.92E 00	1.43E 01	7.42E 00	3.45E 01
50 5.80	3.12E-09	0.	1.21E-06	1.31E-03	6.20E-03	0.	6.78E 00	6.24E 00	1.45E 01	7.46E 00	3.50E 01
51 5.70	2.30E-10	0.	0.	1.57E-03	6.94E-03	0.	6.37E 00	6.58E 00	1.47E 01	7.51E 00	3.52E 01

ABSORPTION COEFFICIENTS OF HEATED AIR (INVERSE CM.)

TEMPERATURE (DEGREES K) 23000.   DENSITY (GM/CC) 1.293E-02   (1.0E 01 NORMAL)

#	PHOTON ENERGY	O2 S-R BANDS	N2 1ST POS.	N2 2ND POS.	N2+ 1ST NEG.	NO BETA	NO GAMMA	NO VIB-ROT	NO2	O- PHOTO-DET (IONS)	FREE-FREE (IONS)	N P.E.	O P.E.	TOTAL AIR
52	5.60	1.04E-11	0.	0.	0.	0.	0.	0.	0.	5.92E 00	6.94E 00	1.50E 01	7.57E 00	3.54E 01
53	5.50	0.	0.	0.	0.	0.	0.	0.	0.	5.96E 00	7.33E 00	1.53E 01	7.64E 00	3.62E 01
54	5.40	0.	0.	0.	0.	0.	0.	0.	0.	5.99E 00	7.75E 00	1.57E 01	7.72E 00	3.72E 01
55	5.30	0.	0.	0.	0.	0.	0.	0.	0.	6.03E 00	8.20E 00	1.62E 01	7.82E 00	3.82E 01
56	5.20	0.	0.	0.	0.	0.	0.	0.	0.	6.06E 00	8.69E 00	1.66E 01	7.94E 00	3.93E 01
57	5.10	0.	0.	0.	0.	0.	0.	0.	0.	6.12E 00	9.22E 00	1.71E 01	8.07E 00	4.05E 01
58	5.00	1.48E-04	0.	0.	0.	0.	0.	0.	0.	6.17E 00	9.79E 00	1.76E 01	8.19E 00	4.18E 01
59	4.90	3.68E-04	0.	0.	0.	0.	0.	0.	0.	6.22E 00	1.04E 01	1.83E 01	8.34E 00	4.32E 01
60	4.80	7.05E-04	0.	0.	0.	1.38E-03	8.87E-03	0.	0.	6.27E 00	1.11E 01	1.90E 01	8.52E 00	4.48E 01
61	4.70	9.71E-04	0.	0.	0.	1.69E-03	8.20E-03	0.	0.	6.32E 00	1.18E 01	1.97E 01	8.75E 00	4.66E 01
62	4.60	1.36E-03	0.	3.46E-03	0.	1.59E-03	6.94E-03	0.	0.	6.37E 00	1.26E 01	2.06E 01	8.99E 00	4.85E 01
63	4.50	1.46E-03	0.	9.89E-03	0.	1.63E-03	8.53E-03	0.	0.	6.42E 00	1.35E 01	2.17E 01	9.24E 00	5.08E 01
64	4.40	1.58E-03	0.	3.49E-02	0.	1.78E-03	6.86E-03	0.	0.	6.47E 00	1.44E 01	2.28E 01	9.49E 00	5.32E 01
65	4.30	1.52E-03	0.	1.05E-01	0.	1.64E-03	8.70E-03	0.	0.	6.53E 00	1.55E 01	2.41E 01	9.76E 00	5.58E 01
66	4.20	1.44E-03	0.	5.03E-02	0.	1.85E-03	8.38E-03	0.	0.	6.58E 00	1.66E 01	2.53E 01	1.00E 01	5.87E 01
67	4.10	1.37E-03	0.	1.53E-01	0.	2.00E-03	9.31E-03	0.	0.	6.60E 00	1.79E 01	2.66E 01	9.97E 00	6.12E 01
68	4.00	1.28E-03	0.	7.38E-02	0.	2.03E-03	8.81E-03	0.	0.	6.63E 00	1.93E 01	2.79E 01	5.26E 00	5.92E 01
69	3.90	1.11E-03	0.	1.20E-01	8.69E-03	2.11E-03	8.07E-03	0.	0.	6.60E 00	2.08E 01	2.79E 01	5.43E 00	6.08E 01
70	3.80	1.22E-03	0.	1.04E-01	3.27E-02	1.97E-03	7.31E-03	0.	0.	6.58E 00	2.25E 01	2.81E 01	5.67E 00	6.30E 01
71	3.70	1.11E-03	0.	9.04E-02	8.17E-02	1.99E-03	5.53E-03	0.	0.	6.47E 00	2.45E 01	2.81E 01	6.17E 00	6.53E 01
72	3.60	1.02E-03	0.	1.16E-01	1.38E-01	1.93E-03	3.75E-03	0.	0.	6.06E 00	2.66E 01	2.57E 01	6.72E 00	6.96E 01
73	3.50	9.67E-04	0.	7.80E-02	2.49E-01	2.04E-03	2.40E-03	0.	0.	5.55E 00	2.90E 01	2.74E 01	7.35E 00	7.35E 01
74	3.40	9.04E-04	0.	7.96E-02	8.81E-02	2.03E-03	1.63E-03	0.	0.	3.20E 00	3.17E 01	3.17E 01	8.08E 00	8.03E 01
75	3.30	7.31E-04	0.	5.38E-02	1.32E-01	1.98E-03	1.65E-04	0.	0.	3.21E 00	3.47E 01	3.35E 01	8.81E 00	8.76E 01
76	3.20	6.50E-04	0.	4.24E-02	3.97E-02	1.87E-03	3.46E-04	0.	0.	3.21E 00	3.81E 01	3.65E 01	9.58E 00	9.53E 01
77	3.10	6.33E-04	0.	2.64E-02	8.30E-02	2.03E-03	1.27E-04	0.	0.	3.23E 00	4.20E 01	3.97E 01	1.03E 01	1.04E 02
78	3.00	5.79E-04	0.	1.69E-02	4.45E-02	1.78E-03	0.	0.	0.	3.23E 00	4.64E 01	3.97E 01	1.11E 01	1.13E 02
79	2.90	4.97E-04	0.	8.14E-03	3.26E-02	1.92E-03	0.	0.	0.	3.24E 00	5.14E 01	4.29E 01	1.20E 01	1.24E 02
80	2.80	5.25E-04	0.	3.85E-03	3.89E-02	1.56E-03	0.	0.	0.	3.24E 00	5.73E 01	4.64E 01	1.30E 01	1.36E 02
81	2.70	3.49E-04	0.	1.83E-03	4.20E-03	1.76E-03	0.	0.	0.	3.24E 00	6.40E 01	5.05E 01	1.41E 01	1.50E 02
82	2.60	1.71E-04	0.	1.87E-04	4.14E-03	1.44E-03	0.	0.	0.	3.24E 00	7.19E 01	5.49E 01	1.52E 01	1.63E 02
83	2.50	1.22E-05	0.	0.	3.03E-03	1.53E-03	0.	0.	0.	3.24E 00	8.10E 01	5.97E 01	1.02E 01	1.72E 02
84	2.40	0.	8.02E-03	0.	0.	1.47E-03	0.	0.	0.	3.21E 00	9.18E 01	6.82E 01	1.18E 01	1.86E 02
85	2.30	0.	2.26E-02	0.	0.	1.42E-03	0.	0.	0.	3.20E 00	1.04E 02	7.92E 01	1.67E 01	1.94E 02
86	2.20	0.	6.20E-02	0.	0.	1.12E-03	0.	0.	0.	3.19E 00	1.20E 02	7.21E 01	1.93E 01	2.25E 02
87	2.10	0.	6.14E-02	0.	0.	8.07E-04	0.	0.	0.	3.08E 00	1.38E 02	8.92E 01	2.25E 01	2.60E 02
88	2.00	0.	1.25E-01	0.	0.	4.58E-04	0.	0.	0.	2.97E 00	1.60E 02	1.13E 02	2.58E 01	2.99E 02
89	1.90	0.	1.42E-01	0.	0.	2.09E-04	0.	0.	0.	2.84E 00	1.88E 02	1.30E 02	2.99E 01	3.47E 02
90	1.80	0.	1.23E-01	0.	0.	5.08E-05	0.	0.	0.	2.67E 00	2.22E 02	1.57E 02	3.16E 01	4.13E 02
91	1.70	0.	1.38E-01	0.	0.	5.52E-06	0.	0.	0.	2.26E 00	2.65E 02	1.88E 02	3.84E 01	4.94E 02
92	1.60	0.	1.05E-01	0.	0.	0.	0.	0.	0.	1.03E 00	3.19E 02	2.21E 02	4.53E 01	5.87E 02
93	1.50	0.	1.19E-01	0.	0.	0.	0.	0.	0.	0.	3.88E 02	2.89E 02	5.49E 01	7.33E 02
94	1.40	0.	1.16E-01	0.	0.	0.	0.	0.	0.	0.	4.79E 02	3.62E 02	6.57E 01	9.07E 02
95	1.30	0.	8.91E-02	0.	0.	0.	0.	0.	0.	0.	6.01E 02	4.90E 02	8.62E 01	1.18E 03
96	1.20	0.	8.50E-02	0.	0.	0.	0.	0.	0.	0.	7.69E 02	5.54E 02	1.09E 02	1.41E 03
97	1.10	0.	8.33E-02	0.	0.	0.	0.	8.32E-08	0.	0.	1.01E 03	6.83E 02	1.24E 02	1.80E 03
98	1.00	0.	7.67E-02	0.	0.	0.	0.	1.42E-06	0.	0.	1.35E 03	8.30E 02	1.45E 02	2.31E 03
99	0.90	0.	6.28E-02	0.	0.	0.	0.	1.68E-06	0.	0.	1.87E 03	9.57E 02	1.67E 02	2.98E 03
100	0.80	0.	2.94E-02	0.	0.	0.	0.	3.73E-05	0.	0.	2.70E 03	1.10E 03	1.67E 02	3.97E 03
101	0.70	0.	6.73E-03	0.	0.	0.	0.	3.66E-05	0.	0.	4.09E 03	1.19E 03	1.66E 02	5.44E 03
102	0.60	0.	1.63E-03	0.	0.	0.	0.	1.13E-04	0.	0.	6.61E 03	1.33E 03	1.85E 02	8.12E 03

ABSORPTION COEFFICIENTS OF HEATED AIR (INVERSE CM.)

TEMPERATURE (DEGREES K) 23000.   DENSITY (GM/CC) 1.293E-03   (1.0E 00 NORMAL)

#	PHOTON ENERGY E.V.	O2 S-R BANDS	O2 S-R CONT.	N2 B-H NO. 1	NO BETA	NO GAMMA	NO2	O- PHOTO-DET (IONS)	FREE-FREE (IONS) P.E.	N P.E.	O P.E.	TOTAL AIR
1	10.70	0.	0.	9.95E-04	0.	0.	0.	1.15E-01	6.90E-02	1.98E 01	6.15E-01	2.06E 01
2	10.60	0.	0.	9.20E-04	0.	0.	0.	1.15E-01	7.10E-02	1.84E 00	6.13E-01	2.64E 00
3	10.50	0.	0.	9.39E-04	0.	0.	0.	1.15E-01	7.30E-02	1.85E 00	6.10E-01	2.65E 00
4	10.40	0.	0.	9.05E-04	0.	0.	0.	1.15E-01	7.52E-02	1.86E 00	6.07E-01	2.66E 00
5	10.30	0.	0.	8.04E-04	0.	0.	0.	1.15E-01	7.74E-02	1.86E 00	6.04E-01	2.66E 00
6	10.20	0.	0.	8.40E-04	0.	0.	0.	1.15E-01	7.98E-02	1.87E 00	6.01E-01	2.66E 00
7	10.10	0.	0.	8.00E-04	0.	0.	0.	1.16E-01	8.22E-02	1.86E 00	5.98E-01	2.66E 00
8	10.00	0.	0.	7.18E-04	0.	0.	0.	1.16E-01	8.47E-02	1.86E 00	5.95E-01	2.65E 00
9	9.90	0.	0.	7.41E-04	0.	0.	0.	1.16E-01	8.73E-02	1.86E 00	5.93E-01	2.66E 00
10	9.80	0.	0.	7.08E-04	0.	0.	0.	1.16E-01	9.00E-02	1.87E 00	5.90E-01	2.66E 00
11	9.70	0.	0.	6.25E-04	0.	0.	0.	1.16E-01	9.29E-02	1.87E 00	5.87E-01	2.66E 00
12	9.60	0.	0.	6.78E-04	0.	0.	0.	1.17E-01	9.59E-02	1.87E 00	5.84E-01	2.67E 00
13	9.50	0.	0.	5.93E-04	0.	0.	0.	1.17E-01	9.90E-02	1.88E 00	5.81E-01	2.67E 00
14	9.40	0.	0.	5.71E-04	0.	0.	0.	1.17E-01	1.02E-01	1.89E 00	5.78E-01	2.68E 00
15	9.30	0.	0.	5.88E-04	0.	0.	0.	1.18E-01	1.05E-01	1.89E 00	5.76E-01	2.69E 00
16	9.20	0.	0.	5.02E-04	0.	0.	0.	1.18E-01	1.09E-01	1.90E 00	5.73E-01	2.66E 00
17	9.10	0.	0.	5.18E-04	0.	0.	0.	1.19E-01	1.13E-01	1.90E 00	5.70E-01	2.67E 00
18	9.00	0.	0.	4.80E-04	0.	0.	0.	1.19E-01	1.17E-01	1.91E 00	5.67E-01	1.59E 00
19	8.90	0.	0.	4.52E-04	0.	0.	0.	1.19E-01	1.21E-01	1.92E 00	5.65E-01	1.59E 00
20	8.80	0.	0.	4.48E-04	0.	0.	0.	1.20E-01	1.25E-01	1.94E 00	5.62E-01	1.60E 00
21	8.70	0.	0.	3.98E-04	0.	0.	0.	1.21E-01	1.29E-01	1.96E 00	5.60E-01	1.60E 00
22	8.60	0.	0.	4.14E-04	0.	0.	0.	1.21E-01	1.34E-01	1.99E 00	5.57E-01	1.61E 00
23	8.50	0.	0.	3.71E-04	0.	0.	0.	1.21E-01	1.39E-01	8.02E-01	5.55E-01	1.61E 00
24	8.40	0.	0.	3.73E-04	0.	0.	0.	1.22E-01	1.44E-01	8.05E-01	5.53E-01	1.62E 00
25	8.30	0.	0.	3.24E-04	0.	0.	0.	1.22E-01	1.49E-01	8.06E-01	5.51E-01	1.63E 00
26	8.20	0.	0.	3.30E-04	0.	0.	0.	1.23E-01	1.55E-01	8.10E-01	5.52E-01	1.64E 00
27	8.10	0.	0.	2.92E-04	0.	0.	0.	1.24E-01	1.60E-01	8.14E-01	5.52E-01	1.65E 00
28	8.00	0.	0.	2.97E-04	0.	0.	0.	1.24E-01	1.67E-01	8.18E-01	5.52E-01	1.67E 00
29	7.90	0.	0.	2.61E-04	0.	0.	0.	1.25E-01	1.73E-01	8.24E-01	5.52E-01	1.68E 00
30	7.80	0.	0.	2.74E-04	0.	0.	0.	1.26E-01	1.80E-01	8.31E-01	5.52E-01	1.70E 00
31	7.70	0.	0.	2.45E-04	0.	1.12E-08	0.	1.26E-01	1.87E-01	8.38E-01	5.52E-01	1.71E 00
32	7.60	0.	0.	2.36E-04	0.	3.44E-08	0.	1.27E-01	1.95E-01	8.45E-01	5.52E-01	1.73E 00
33	7.50	0.	0.	2.23E-04	0.	3.27E-07	0.	1.27E-01	2.03E-01	8.52E-01	5.52E-01	1.74E 00
34	7.40	0.	0.	2.04E-04	0.	1.21E-06	0.	1.28E-01	2.11E-01	8.57E-01	5.53E-01	1.76E 00
35	7.30	0.	0.	1.96E-04	0.	3.43E-06	0.	1.29E-01	2.21E-01	8.64E-01	5.53E-01	1.77E 00
36	7.20	4.13E-08	0.	1.80E-04	0.	1.08E-05	0.	1.30E-01	2.29E-01	8.71E-01	5.53E-01	1.79E 00
37	7.10	8.15E-08	0.	1.76E-04	0.	2.01E-05	0.	1.31E-01	2.39E-01	8.78E-01	5.53E-01	1.81E 00
38	7.00	7.10E-08	0.	1.64E-04	0.	3.05E-05	0.	1.32E-01	2.50E-01	8.85E-01	5.53E-01	1.83E 00
39	6.90	5.24E-08	0.	1.53E-04	0.	4.95E-05	0.	1.33E-01	2.61E-01	8.92E-01	5.53E-01	1.85E 00
40	6.80	3.23E-08	0.	1.50E-04	0.	4.71E-05	0.	1.34E-01	2.72E-01	8.99E-01	5.53E-01	1.87E 00
41	6.70	1.89E-08	0.	1.34E-04	0.	4.19E-05	0.	1.35E-01	2.85E-01	9.07E-01	5.54E-01	1.89E 00
42	6.60	1.10E-08	0.	1.23E-04	0.	5.79E-05	0.	1.36E-01	2.98E-01	9.14E-01	5.55E-01	1.91E 00
43	6.50	6.48E-09	0.	1.00E-04	0.	5.23E-05	0.	1.37E-01	3.13E-01	9.24E-01	5.56E-01	1.94E 00
44	6.40	2.97E-09	0.	7.14E-05	1.70E-07	4.09E-05	0.	1.38E-01	3.28E-01	9.34E-01	5.57E-01	1.97E 00
45	6.30	1.39E-09	0.	4.61E-05	8.17E-07	5.30E-05	0.	1.39E-01	3.44E-01	9.45E-01	5.58E-01	2.00E 00
46	6.20	5.87E-10	0.	2.63E-05	1.18E-06	6.40E-05	0.	1.40E-01	3.61E-01	9.57E-01	5.60E-01	2.03E 00
47	6.10	1.46E-10	0.	1.27E-05	3.43E-06	3.33E-05	0.	1.41E-01	3.79E-01	9.68E-01	5.64E-01	2.07E 00
48	6.00	1.87E-11	0.	3.29E-06	3.39E-06	3.20E-05	0.	1.42E-01	3.99E-01	9.80E-01	5.67E-01	2.10E 00
49	5.90	1.38E-12	0.	2.37E-07	5.04E-06	3.38E-05	0.	1.40E-01	4.20E-01	9.93E-01	5.71E-01	2.15E 00
50	5.80	0.	0.	6.00E-09	7.13E-06	3.79E-05	0.	1.40E-01	4.42E-01	1.01E 00	5.75E-01	2.18E 00
51	5.70	0.	0.	0.	8.55E-06	3.79E-05	0.	1.32E-01	4.66E-01	1.04E 00	5.82E-01	2.22E 00

ABSORPTION COEFFICIENTS OF HEATED AIR (INVERSE CM.)

TEMPERATURE (DEGREES K) 23000.   DENSITY (GM/CC) 1.293E-03   (1.0E 00 NORMAL)

#	PHOTON ENERGY	O2 S-R BANDS	N2 1ST POS	N2 2ND POS	N2+ 1ST NEG	NO BETA	NO GAMMA	NO VIB-ROT	NO2	O- PHOTO-DET (IONS)	FREE-FREE P.E. (IONS)	N P.E.	O P.E.	TOTAL AIR
52	5.60	6.25E-14	0.	0.	0.	7.53E-06	4.84E-05	0.	0.	1.22E-01	4.92E-01	1.06E 00	5.86E-01	2.26E 00
53	5.50	0.	0.	0.	0.	9.21E-06	4.47E-05	0.	0.	1.23E-01	5.19E-01	1.08E 00	5.92E-01	2.32E 00
54	5.40	0.	0.	0.	0.	8.68E-06	3.78E-05	0.	0.	1.24E-01	5.49E-01	1.11E 00	5.98E-01	2.38E 00
55	5.30	0.	0.	0.	0.	8.89E-06	3.65E-05	0.	0.	1.25E-01	5.81E-01	1.14E 00	6.06E-01	2.46E 00
56	5.20	0.	0.	0.	0.	9.68E-06	3.74E-05	0.	0.	1.25E-01	6.16E-01	1.17E 00	6.16E-01	2.53E 00
57	5.10	0.	0.	0.	0.	9.72E-06	4.74E-05	0.	0.	1.26E-01	6.53E-01	1.21E 00	6.25E-01	2.61E 00
58	5.00	8.90E-07	0.	0.	0.	8.97E-06	4.57E-05	0.	0.	1.27E-01	6.94E-01	1.24E 00	6.35E-01	2.70E 00
59	4.90	2.21E-06	0.	0.	0.	1.01E-05	5.08E-05	0.	0.	1.29E-01	7.37E-01	1.29E 00	6.46E-01	2.80E 00
60	4.80	4.22E-06	0.	0.	0.	1.09E-05	4.81E-05	0.	0.	1.30E-01	7.85E-01	1.34E 00	6.60E-01	2.91E 00
61	4.70	5.82E-06	0.	0.	0.	1.11E-05	4.40E-05	0.	0.	1.31E-01	8.37E-01	1.39E 00	6.78E-01	3.04E 00
62	4.60	8.18E-06	0.	1.72E-05	0.	1.15E-05	3.99E-05	0.	0.	1.32E-01	8.93E-01	1.45E 00	6.97E-01	3.17E 00
63	4.50	8.73E-06	0.	4.91E-05	0.	1.07E-05	2.05E-05	0.	0.	1.33E-01	9.54E-01	1.53E 00	7.16E-01	3.33E 00
64	4.40	9.49E-06	0.	1.73E-04	0.	1.08E-05	2.05E-05	0.	0.	1.34E-01	1.02E 00	1.61E 00	7.36E-01	3.50E 00
65	4.30	9.12E-06	0.	5.22E-04	0.	1.05E-05	1.31E-05	0.	0.	1.35E-01	1.09E 00	1.70E 00	7.57E-01	3.68E 00
66	4.20	8.62E-06	0.	2.50E-04	0.	1.11E-05	8.90E-06	0.	0.	1.36E-01	1.18E 00	1.79E 00	7.78E-01	3.88E 00
67	4.10	8.20E-06	0.	7.60E-04	0.	1.11E-05	2.53E-06	0.	0.	1.36E-01	1.26E 00	1.88E 00	7.73E-01	4.05E 00
68	4.00	7.66E-06	0.	3.66E-04	0.	1.08E-05	1.89E-06	0.	0.	1.37E-01	1.36E 00	1.97E 00	4.07E-01	3.88E 00
69	3.90	6.63E-06	0.	5.94E-04	1.61E-04	1.02E-05	6.92E-07	0.	0.	1.36E-01	1.47E 00	1.97E 00	4.21E-01	4.00E 00
70	3.80	7.33E-06	0.	4.49E-04	6.07E-04	1.10E-05	0.	0.	0.	1.36E-01	1.60E 00	1.98E 00	4.39E-01	4.16E 00
71	3.70	6.67E-06	0.	5.77E-04	3.06E-04	9.70E-06	0.	0.	0.	1.34E-01	1.73E 00	1.68E 00	4.78E-01	4.03E 00
72	3.60	6.10E-06	0.	3.87E-04	1.52E-03	1.05E-05	0.	0.	0.	1.25E-01	1.88E 00	1.82E 00	5.21E-01	4.35E 00
73	3.50	5.79E-06	0.	3.95E-04	2.57E-03	8.51E-06	0.	0.	0.	1.15E-01	2.05E 00	1.94E 00	5.70E-01	4.68E 00
74	3.40	5.42E-06	0.	2.67E-04	1.64E-03	7.86E-06	0.	0.	0.	6.62E-02	2.24E 00	2.15E 00	6.26E-01	5.08E 00
75	3.30	4.38E-06	0.	2.10E-04	2.45E-03	8.34E-06	0.	0.	0.	6.63E-02	2.46E 00	2.36E 00	6.83E-01	5.57E 00
76	3.20	3.89E-06	0.	1.31E-04	7.38E-04	8.03E-06	0.	0.	0.	6.64E-02	2.70E 00	2.58E 00	7.42E-01	6.09E 00
77	3.10	3.80E-06	0.	8.37E-05	1.54E-03	7.74E-06	0.	0.	0.	6.66E-02	2.97E 00	2.80E 00	8.02E-01	6.65E 00
78	3.00	3.47E-06	0.	4.04E-05	8.28E-04	6.09E-06	0.	0.	0.	6.67E-02	3.29E 00	3.03E 00	8.62E-01	7.25E 00
79	2.90	2.98E-06	0.	1.91E-05	6.05E-04	4.40E-06	0.	0.	0.	6.68E-02	3.64E 00	3.28E 00	9.31E-01	7.92E 00
80	2.80	3.15E-06	0.	9.09E-06	7.23E-04	2.50E-06	0.	0.	0.	6.69E-02	4.06E 00	3.57E 00	1.01E 00	8.70E 00
81	2.70	2.09E-06	0.	9.29E-07	7.81E-04	1.14E-06	0.	0.	0.	6.69E-02	4.53E 00	3.88E 00	1.09E 00	9.57E 00
82	2.60	2.02E-06	0.	0.	7.69E-05	2.77E-07	0.	0.	0.	6.69E-02	5.09E 00	4.21E 00	1.18E 00	1.05E 01
83	2.50	7.29E-08	0.	0.	5.63E-05	3.01E-08	0.	0.	0.	6.69E-02	5.74E 00	4.81E 00	7.91E-01	1.14E 01
84	2.40	0.	3.98E-05	0.	0.	0.	0.	0.	0.	6.64E-02	6.50E 00	5.59E 00	9.13E-01	1.31E 01
85	2.30	0.	1.12E-04	0.	0.	0.	0.	0.	0.	6.61E-02	7.40E 00	5.59E 00	1.09E 00	1.36E 01
86	2.20	0.	3.08E-04	0.	0.	0.	0.	0.	0.	6.59E-02	8.47E 00	6.01E 00	1.29E 00	1.58E 01
87	2.10	0.	3.05E-04	0.	0.	0.	0.	0.	0.	6.37E-02	9.76E 00	6.99E 00	1.50E 00	1.83E 01
88	2.00	0.	6.19E-04	0.	0.	0.	0.	0.	0.	6.13E-02	1.13E 01	7.99E 00	1.71E 00	2.11E 01
89	1.90	0.	7.05E-04	0.	0.	0.	0.	0.	0.	5.86E-02	1.33E 01	9.19E 00	2.00E 00	2.46E 01
90	1.80	0.	6.12E-04	0.	0.	0.	0.	0.	0.	5.52E-02	1.57E 01	1.10E 01	2.45E 00	2.93E 01
91	1.70	0.	6.85E-04	0.	0.	0.	0.	0.	0.	4.67E-02	1.87E 01	1.33E 01	2.98E 00	3.51E 01
92	1.60	0.	5.23E-04	0.	0.	0.	0.	0.	0.	2.12E-02	2.26E 01	1.56E 01	3.51E 00	4.17E 01
93	1.50	0.	5.89E-04	0.	0.	0.	0.	0.	0.	0.	2.75E 01	2.03E 01	4.25E 00	5.21E 01
94	1.40	0.	5.78E-04	0.	0.	0.	0.	0.	0.	0.	3.40E 01	2.55E 01	5.09E 00	6.46E 01
95	1.30	0.	4.42E-04	0.	0.	0.	0.	0.	0.	0.	4.26E 01	3.45E 01	6.68E 00	8.38E 01
96	1.20	0.	4.22E-04	0.	0.	0.	0.	0.	0.	0.	5.45E 01	3.91E 01	8.38E 00	1.00E 02
97	1.10	0.	4.14E-04	0.	0.	0.	0.	4.54E-10	0.	0.	7.13E 01	4.82E 01	1.00E 01	1.28E 02
98	1.00	0.	3.81E-04	0.	0.	0.	0.	7.76E-09	0.	0.	9.58E 01	5.85E 01	1.28E 01	1.64E 02
99	0.90	0.	3.12E-04	0.	0.	0.	0.	9.15E-09	0.	0.	1.33E 02	6.75E 01	1.64E 01	2.11E 02
100	0.80	0.	1.46E-04	0.	0.	0.	0.	2.15E-07	0.	0.	1.91E 02	7.77E 01	2.11E 01	2.82E 02
101	0.70	0.	3.34E-05	0.	0.	0.	0.	2.00E-07	0.	0.	2.90E 02	8.36E 01	2.82E 01	3.86E 02
102	0.60	0.	8.11E-06	0.	0.	0.	0.	6.15E-07	0.	0.	4.68E 02	9.36E 01	3.86E 01	5.76E 02

TEMPERATURE (DEGREES K) 23000.   DENSITY (GM/CC) 1.293E-04   (1.0E-01 NORMAL)

PHOTON ENERGY E.V.	O2 S-R BANDS	O2 S-R CONT.	N2 B-H NO. 1	NO BETA	AO GAMMA	NO 2	O- PHOTO-DET (IONS)	FREE-FREE P.E.	N P.E.	O P.F.	TOTAL AIR
1 10.70	0.	0.	1.38E-06	0.	0.	0.	9.72E-04	2.64E-03	7.35E-01	2.67E-02	7.65E-01
2 10.60	0.	0.	1.27E-06	0.	0.	0.	9.73E-04	2.71E-03	6.80E-02	2.64E-02	9.83E-02
3 10.50	0.	0.	1.30E-06	0.	0.	0.	9.75E-04	2.79E-03	6.83E-02	2.64E-02	9.85E-02
4 10.40	0.	0.	1.25E-06	0.	0.	0.	9.76E-04	2.97E-03	6.86E-02	2.63E-02	9.87E-02
5 10.30	0.	0.	1.11E-06	0.	0.	0.	9.77E-04	2.96E-03	6.88E-02	2.62E-02	9.89E-02
6 10.20	0.	0.	1.16E-06	0.	0.	0.	9.79E-04	3.05E-03	6.89E-02	2.61E-02	9.90E-02
7 10.10	0.	0.	1.11E-06	0.	0.	0.	9.80E-04	3.14E-03	6.87E-02	2.59E-02	9.87E-02
8 10.00	0.	0.	9.93E-07	0.	0.	0.	9.81E-04	3.24E-03	6.75E-02	2.58E-02	9.76E-02
9 9.90	0.	0.	1.02E-06	0.	0.	0.	9.83E-04	3.34E-03	6.78E-02	2.57E-02	9.77E-02
10 9.80	0.	0.	9.79E-07	0.	0.	0.	9.85E-04	3.44E-03	6.80E-02	2.56E-02	9.78E-02
11 9.70	0.	0.	8.64E-07	0.	0.	0.	9.86E-04	3.55E-03	6.82E-02	2.54E-02	9.80E-02
12 9.60	0.	0.	9.37E-07	0.	0.	0.	9.88E-04	3.66E-03	6.83E-02	2.53E-02	9.81E-02
13 9.50	0.	0.	9.19E-07	0.	0.	0.	9.90E-04	3.78E-03	6.85E-02	2.52E-02	9.83E-02
14 9.40	0.	0.	7.89E-07	0.	0.	0.	9.94E-04	3.83E-03	6.87E-02	2.51E-02	9.85E-02
15 9.30	0.	0.	8.13E-07	0.	0.	0.	9.97E-04	3.91E-03	6.89E-02	2.50E-02	9.87E-02
16 9.20	0.	0.	6.94E-07	0.	0.	0.	1.00E-03	4.04E-03	2.77E-02	2.47E-02	5.78E-02
17 9.10	0.	0.	7.16E-07	0.	0.	0.	1.01E-03	4.17E-03	2.77E-02	2.46E-02	5.78E-02
18 9.00	0.	0.	6.63E-07	0.	0.	0.	1.01E-03	4.31E-03	2.78E-02	2.45E-02	5.79E-02
19 8.90	0.	0.	6.25E-07	0.	0.	0.	1.01E-03	4.46E-03	2.78E-02	2.44E-02	5.80E-02
20 8.80	0.	0.	6.20E-07	0.	0.	0.	1.02E-03	4.61E-03	2.78E-02	2.43E-02	5.81E-02
21 8.70	0.	0.	5.51E-07	0.	1.81E-11	0.	1.02E-03	4.77E-03	2.79E-02	2.42E-02	5.82E-02
22 8.60	0.	0.	5.72E-07	0.	5.55E-11	0.	1.03E-03	4.94E-03	2.81E-02	2.41E-02	5.84E-02
23 8.50	0.	0.	5.13E-07	0.	5.28E-10	0.	1.03E-03	5.12E-03	2.82E-02	2.40E-02	5.86E-02
24 8.40	0.	0.	5.15E-07	0.	1.95E-09	0.	1.04E-03	5.30E-03	2.84E-02	2.40E-02	5.89E-02
25 8.30	0.	0.	5.47E-07	0.	5.52E-09	0.	1.04E-03	5.49E-03	2.85E-02	2.39E-02	5.92E-02
26 8.20	0.	0.	4.57E-07	0.	1.75E-08	0.	1.05E-03	5.70E-03	2.87E-02	2.39E-02	5.96E-02
27 8.10	0.	0.	4.03E-07	0.	3.24E-08	0.	1.06E-03	5.91E-03	2.89E-02	2.39E-02	6.00E-02
28 8.00	0.	0.	4.10E-07	0.	4.91E-08	0.	1.06E-03	6.13E-03	2.91E-02	2.39E-02	6.05E-02
29 7.90	0.	0.	3.60E-07	0.	7.97E-08	0.	1.07E-03	6.37E-03	2.94E-02	2.39E-02	6.10E-02
30 7.80	0.	0.	3.78E-07	0.	7.59E-08	0.	1.07E-03	6.62E-03	2.96E-02	2.39E-02	6.15E-02
31 7.70	0.	0.	3.39E-07	0.	6.75E-08	0.	1.08E-03	6.88E-03	2.96E-02	2.39E-02	6.21E-02
32 7.60	0.	0.	3.27E-07	0.	9.33E-08	0.	1.09E-03	7.15E-03	2.98E-02	2.39E-02	6.24E-02
33 7.50	0.	0.	3.08E-07	0.	8.43E-08	0.	1.09E-03	7.44E-03	3.01E-02	2.40E-02	6.29E-02
34 7.40	0.	0.	2.81E-07	0.	8.69E-08	0.	1.10E-03	7.74E-03	3.03E-02	2.40E-02	6.35E-02
35 7.30	7.76E-11	0.	2.71E-07	0.	1.03E-07	0.	1.11E-03	8.07E-03	3.06E-02	2.40E-02	6.41E-02
36 7.20	1.53E-10	0.	2.49E-07	0.	5.34E-08	0.	1.11E-03	8.41E-03	3.08E-02	2.40E-02	6.48E-02
37 7.10	1.33E-10	0.	2.43E-07	0.	5.15E-08	0.	1.12E-03	8.76E-03	3.11E-02	2.40E-02	6.55E-02
38 7.00	7.84E-11	0.	2.27E-07	0.	6.10E-08	0.	1.13E-03	9.14E-03	3.13E-02	2.40E-02	6.62E-02
39 6.90	6.06E-11	0.	2.12E-07	0.	0.	0.	1.14E-03	9.54E-03	3.16E-02	2.40E-02	6.69E-02
40 6.80	3.54E-11	0.	2.08E-07	0.	0.	0.	1.14E-03	9.97E-03	3.19E-02	2.40E-02	6.77E-02
41 6.70	2.06E-11	0.	1.85E-07	0.	0.	0.	1.15E-03	1.04E-02	3.22E-02	2.40E-02	6.86E-02
42 6.60	1.22E-11	0.	1.70E-07	0.	0.	0.	1.16E-03	1.09E-02	3.26E-02	2.41E-02	6.95E-02
43 6.50	5.58E-12	0.	1.38E-07	0.	0.	0.	1.17E-03	1.14E-02	3.30E-02	2.42E-02	7.05E-02
44 6.40	2.61E-12	0.	9.86E-08	2.74E-10	0.	0.	1.18E-03	1.19E-02	3.34E-02	2.43E-02	7.16E-02
45 6.30	1.10E-12	0.	6.37E-08	1.32E-09	0.	0.	1.19E-03	1.25E-02	3.39E-02	2.44E-02	7.29E-02
46 6.20	2.74E-13	0.	3.64E-08	1.91E-09	0.	0.	1.20E-03	1.31E-02	3.43E-02	2.46E-02	7.42E-02
47 6.10	3.51E-14	0.	1.76E-08	5.52E-09	0.	0.	1.21E-03	1.38E-02	3.49E-02	2.48E-02	7.56E-02
48 6.00	2.59E-15	0.	4.55E-09	5.47E-09	0.	0.	1.21E-03	1.45E-02	3.55E-02	2.49E-02	7.71E-02
49 5.90	0.	0.	3.27E-10	8.12E-09	0.	0.	1.19E-03	1.52E-02	3.61E-02	2.49E-02	7.87E-02
50 5.80	0.	0.	8.29E-12	1.15E-08	0.	0.	1.19E-03	1.60E-02	3.55E-02	2.51E-02	8.03E-02
51 5.70	0.	0.	0.	1.38E-08	0.	0.	1.12E-03	1.78E-02	3.61E-02	2.53E-02	8.03E-02

ABSORPTION COEFFICIENTS OF HEATED AIR (INVERSE CM.)

TEMPERATURE (DEGREES K) 23000. DENSITY (GM/CC) 1.293E-04 (1.0E-01 NORMAL)

Band	Photon Energy	O$_2$ S-R	N$_2$ 1st Pos.	N$_2$ 2nd Pos.	N$_2^+$ 1st Neg.	NO Beta	NO Gamma	NO Vib-Rot	NO$_2$	O$^-$ Photo-Det (Ions)	Free-Free (Ions)	N P.E.	O P.E.	Total Air
52	5.60	1.17E-16	0.	0.	0.	1.21E-08	7.80E-08	0.	0.	1.04E-03	1.88E-02	3.66E-02	2.54E-02	8.19E-02
53	5.50	0.	0.	0.	0.	1.48E-08	7.21E-08	0.	0.	1.04E-03	1.99E-02	3.74E-02	2.57E-02	8.39E-02
54	5.40	0.	0.	0.	0.	1.40E-08	6.10E-08	0.	0.	1.05E-03	2.10E-02	3.83E-02	2.60E-02	8.63E-02
55	5.30	0.	0.	0.	0.	1.43E-08	7.50E-08	0.	0.	1.06E-03	2.22E-02	3.93E-02	2.63E-02	8.89E-02
56	5.20	0.	0.	0.	0.	1.56E-08	6.02E-08	0.	0.	1.06E-03	2.35E-02	3.94E-02	2.67E-02	9.07E-02
57	5.10	0.	0.	0.	0.	1.57E-08	7.64E-08	0.	0.	1.07E-03	2.50E-02	4.05E-02	2.71E-02	9.37E-02
58	5.00	1.67E-09	0.	0.	0.	1.45E-08	7.36E-08	0.	0.	1.08E-03	2.65E-02	4.18E-02	2.75E-02	9.69E-02
59	4.90	4.15E-09	0.	0.	0.	1.63E-08	8.18E-08	0.	0.	1.09E-03	2.82E-02	4.33E-02	2.80E-02	1.01E-01
60	4.80	7.94E-09	0.	0.	0.	1.76E-08	7.75E-08	0.	0.	1.10E-03	3.00E-02	4.49E-02	2.86E-02	1.05E-01
61	4.70	1.09E-08	0.	0.	0.	1.79E-08	7.09E-08	0.	0.	1.11E-03	3.20E-02	4.67E-02	2.94E-02	1.09E-01
62	4.60	1.54E-08	0.	2.37E-08	0.	1.85E-08	6.42E-08	0.	0.	1.12E-03	3.41E-02	4.87E-02	3.02E-02	1.14E-01
63	4.50	1.64E-08	0.	6.79E-08	0.	1.73E-08	3.86E-08	0.	0.	1.13E-03	3.65E-02	5.15E-02	3.10E-02	1.20E-01
64	4.40	1.78E-08	0.	2.40E-07	0.	1.75E-08	2.11E-08	0.	0.	1.14E-03	3.90E-02	5.43E-02	3.19E-02	1.26E-01
65	4.30	1.71E-08	0.	0.	0.	1.70E-08	1.43E-08	0.	0.	1.15E-03	4.19E-02	5.74E-02	3.28E-02	1.33E-01
66	4.20	1.62E-08	0.	7.22E-07	0.	1.79E-08	4.08E-09	0.	0.	1.16E-03	4.50E-02	6.06E-02	3.37E-02	1.40E-01
67	4.10	1.54E-08	0.	3.45E-07	0.	1.78E-08	3.04E-09	0.	0.	1.16E-03	4.84E-02	6.38E-02	3.35E-02	1.47E-01
68	4.00	1.44E-08	0.	1.05E-06	0.	1.74E-08	1.12E-09	0.	0.	1.16E-03	5.22E-02	6.70E-02	1.77E-02	1.38E-01
69	3.90	1.25E-08	0.	5.06E-07	1.14E-06	1.64E-08	0.	0.	0.	1.16E-03	5.64E-02	6.67E-02	1.83E-02	1.43E-01
70	3.80	1.38E-08	0.	8.21E-08	4.30E-06	1.56E-08	0.	0.	0.	1.13E-03	6.11E-02	6.71E-02	1.91E-02	1.48E-01
71	3.70	1.30E-08	0.	0.	2.16E-06	1.69E-08	0.	0.	0.	1.06E-03	6.71E-02	5.59E-02	2.07E-02	1.45E-01
72	3.60	1.15E-08	0.	6.20E-07	1.07E-05	1.37E-08	0.	0.	0.	1.06E-03	7.20E-02	6.03E-02	2.26E-02	1.56E-01
73	3.50	1.09E-08	0.	7.98E-07	1.82E-05	1.55E-08	0.	0.	0.	9.72E-04	7.85E-02	6.43E-02	2.47E-02	1.69E-01
74	3.40	1.03E-08	0.	5.35E-07	3.27E-05	1.27E-08	0.	0.	0.	5.61E-04	8.58E-02	7.15E-02	2.72E-02	1.85E-01
75	3.30	8.23E-09	0.	5.46E-07	1.16E-05	1.34E-08	0.	0.	0.	5.62E-04	9.39E-02	7.89E-02	2.96E-02	2.03E-01
76	3.20	7.32E-09	0.	3.69E-07	1.73E-05	1.29E-08	0.	0.	0.	5.63E-04	1.03E-01	8.64E-02	3.22E-02	2.22E-01
77	3.10	7.13E-09	0.	2.91E-07	1.21E-05	9.82E-09	0.	0.	0.	5.64E-04	1.14E-01	9.42E-02	3.48E-02	2.43E-01
78	3.00	6.52E-09	0.	1.81E-07	1.09E-05	7.09E-09	0.	0.	0.	5.66E-04	1.26E-01	1.02E-01	3.74E-02	2.66E-01
79	2.90	5.60E-09	0.	1.09E-07	5.85E-06	4.03E-09	0.	0.	0.	5.67E-04	1.39E-01	1.11E-01	4.04E-02	2.91E-01
80	2.80	5.91E-09	0.	1.16E-07	4.28E-06	4.47E-10	0.	0.	0.	5.67E-04	1.55E-01	1.21E-01	4.38E-02	3.20E-01
81	2.70	3.93E-09	0.	5.58E-08	5.11E-06	4.85E-11	0.	0.	0.	5.67E-04	1.73E-01	1.32E-01	4.75E-02	3.53E-01
82	2.60	2.92E-09	0.	2.64E-08	5.52E-06	0.	0.	0.	0.	5.67E-04	1.95E-01	1.42E-01	5.12E-02	3.88E-01
83	2.50	1.37E-10	0.	1.26E-08	5.44E-07	0.	0.	0.	0.	5.63E-04	2.19E-01	1.62E-01	3.43E-02	4.17E-01
84	2.40	0.	5.50E-08	1.28E-08	3.98E-07	0.	0.	0.	0.	5.60E-04	2.48E-01	1.90E-01	3.96E-02	4.78E-01
85	2.30	0.	1.55E-07	0.	0.	0.	0.	0.	0.	5.58E-04	2.83E-01	1.69E-01	4.71E-02	5.00E-01
86	2.20	0.	4.21E-07	0.	0.	0.	0.	0.	0.	5.40E-04	3.24E-01	2.02E-01	5.60E-02	5.83E-01
87	2.10	0.	4.25E-07	0.	0.	0.	0.	0.	0.	5.19E-04	3.73E-01	2.37E-01	6.49E-02	6.75E-01
88	2.00	0.	8.56E-07	0.	0.	0.	0.	0.	0.	4.97E-04	4.36E-01	2.72E-01	7.39E-02	7.80E-01
89	1.90	0.	8.46E-07	0.	0.	0.	0.	0.	0.	4.68E-04	5.08E-01	3.15E-01	8.68E-02	9.11E-01
90	1.80	0.	9.47E-07	0.	0.	0.	0.	0.	0.	3.96E-04	6.01E-01	3.82E-01	1.06E-01	1.09E+00
91	1.70	0.	7.23E-07	0.	0.	0.	0.	0.	0.	1.80E-04	7.17E-01	4.64E-01	1.29E-01	1.31E+00
92	1.60	0.	8.13E-07	0.	0.	0.	0.	0.	0.	0.	8.63E-01	5.47E-01	1.52E-01	1.56E+00
93	1.50	0.	7.98E-07	0.	0.	0.	0.	0.	0.	0.	1.05E+00	7.22E-01	1.84E-01	1.96E+00
94	1.40	0.	6.11E-07	0.	0.	0.	0.	0.	0.	0.	1.30E+00	9.13E-01	2.21E-01	2.43E+00
95	1.30	0.	5.83E-07	0.	0.	0.	0.	0.	0.	0.	1.63E+00	1.29E+00	2.90E-01	3.20E+00
96	1.20	0.	5.72E-07	0.	0.	0.	0.	0.	0.	0.	2.08E+00	1.45E+00	2.92E-01	3.83E+00
97	1.10	0.	5.26E-07	0.	0.	0.	0.	7.31E-13	0.	0.	2.73E+00	1.79E+00	3.65E-01	4.88E+00
98	1.00	0.	4.31E-07	0.	0.	0.	0.	1.25E-11	0.	0.	3.66E+00	2.18E+00	4.17E-01	6.25E+00
99	0.90	0.	2.02E-07	0.	0.	0.	0.	1.47E-11	0.	0.	5.07E+00	2.51E+00	4.88E-01	8.07E+00
100	0.80	0.	4.62E-08	0.	0.	0.	0.	3.28E-10	0.	0.	7.30E+00	2.89E+00	5.60E-01	1.08E+01
101	0.70	0.	1.12E-08	0.	0.	0.	0.	3.23E-10	0.	0.	1.11E+01	3.11E+00	5.56E-01	1.47E+01
102	0.60	0.	0.	0.	0.	0.	0.	9.91E-10	0.	0.	1.79E+01	3.48E+00	6.22E-01	2.20E+01

ABSORPTION COEFFICIENTS OF HEATED AIR (INVERSE CM.)

TEMPERATURE (DEGREES K) 23000.   DENSITY (GM/CC) 1.293E-05   (10.0E-03 NORMAL)

PHOTON ENERGY E.V.	O2 S-R BANDS	O2 S-R CONT.	N2 B-H NO. 1	NO BETA	NO GAMMA	NO2	O- PHOTO-DET (IONS)	FREE-FREE P.E.	N P.E.	O P.E.	TOTAL AIR
10.70	0.	0.	3.32E-10	0.	0.	0.	2.09E-06	4.24E-05	1.16E-02	4.57E-04	1.21E-02
10.60	0.	0.	3.07E-10	0.	0.	0.	2.09E-06	4.37E-05	1.24E-03	4.55E-04	1.74E-03
10.50	0.	0.	3.13E-10	0.	0.	0.	2.09E-06	4.49E-05	1.25E-03	4.52E-04	1.75E-03
10.40	0.	0.	3.02E-10	0.	0.	0.	2.10E-06	4.63E-05	1.26E-03	4.50E-04	1.76E-03
10.30	0.	0.	2.68E-10	0.	0.	0.	2.10E-06	4.76E-05	1.26E-03	4.48E-04	1.76E-03
10.20	0.	0.	2.80E-10	0.	0.	0.	2.10E-06	4.91E-05	1.27E-03	4.46E-04	1.77E-03
10.10	0.	0.	2.67E-10	0.	0.	0.	2.10E-06	5.06E-05	1.27E-03	4.44E-04	1.77E-03
10.00	0.	0.	2.40E-10	0.	0.	0.	2.11E-06	5.21E-05	1.11E-03	4.42E-04	1.61E-03
9.90	0.	0.	2.47E-10	0.	0.	0.	2.11E-06	5.37E-05	1.11E-03	4.39E-04	1.61E-03
9.80	0.	0.	2.36E-10	0.	0.	0.	2.11E-06	5.54E-05	1.12E-03	4.37E-04	1.61E-03
9.70	0.	0.	2.09E-10	0.	0.	0.	2.12E-06	5.72E-05	1.12E-03	4.35E-04	1.62E-03
9.60	0.	0.	2.26E-10	0.	0.	0.	2.12E-06	5.90E-05	1.13E-03	4.33E-04	1.62E-03
9.50	0.	0.	1.98E-10	0.	0.	0.	2.13E-06	6.09E-05	1.13E-03	4.31E-04	1.62E-03
9.40	0.	0.	1.91E-10	0.	0.	0.	2.13E-06	6.29E-05	1.13E-03	4.29E-04	1.63E-03
9.30	0.	0.	1.96E-10	0.	0.	0.	2.14E-06	6.49E-05	1.14E-03	4.27E-04	1.63E-03
9.20	0.	0.	1.68E-10	0.	0.	0.	2.15E-06	6.71E-05	1.14E-03	4.25E-04	1.64E-03
9.10	0.	0.	1.73E-10	0.	0.	0.	2.16E-06	6.94E-05	1.15E-03	4.23E-04	1.64E-03
9.00	0.	0.	1.60E-10	0.	0.	0.	2.16E-06	7.17E-05	5.03E-04	4.21E-04	9.98E-04
8.90	0.	0.	1.51E-10	0.	0.	0.	2.17E-06	7.42E-05	5.05E-04	4.19E-04	1.00E-03
8.80	0.	0.	1.50E-10	0.	0.	0.	2.18E-06	7.68E-05	5.06E-04	4.18E-04	1.00E-03
8.70	0.	0.	1.33E-10	0.	0.	0.	2.19E-06	7.95E-05	5.08E-04	4.16E-04	1.01E-03
8.60	0.	0.	1.38E-10	0.	0.	0.	2.20E-06	8.23E-05	5.10E-04	4.14E-04	1.01E-03
8.50	0.	0.	1.24E-10	0.	0.	0.	2.20E-06	8.53E-05	5.13E-04	4.12E-04	1.01E-03
8.40	0.	0.	1.24E-10	0.	0.	0.	2.22E-06	8.84E-05	5.15E-04	4.11E-04	1.02E-03
8.30	0.	0.	1.08E-10	0.	0.	0.	2.23E-06	9.17E-05	5.19E-04	4.10E-04	1.02E-03
8.20	0.	0.	1.10E-10	0.	0.	0.	2.24E-06	9.51E-05	5.23E-04	4.10E-04	1.03E-03
8.10	0.	0.	9.74E-11	0.	0.	0.	2.26E-06	9.87E-05	5.27E-04	4.10E-04	1.04E-03
8.00	0.	0.	9.90E-11	0.	0.	0.	2.27E-06	1.02E-04	5.32E-04	4.09E-04	1.04E-03
7.90	0.	0.	8.70E-11	0.	0.	0.	2.28E-06	1.06E-04	5.37E-04	4.09E-04	1.05E-03
7.80	0.	0.	9.13E-11	0.	0.	0.	2.30E-06	1.11E-04	5.43E-04	4.10E-04	1.06E-03
7.70	0.	0.	8.18E-11	0.	0.	0.	2.31E-06	1.15E-04	5.48E-04	4.10E-04	1.07E-03
7.60	0.	0.	7.88E-11	0.	4.77E-15	0.	2.32E-06	1.20E-04	5.55E-04	4.10E-04	1.09E-03
7.50	0.	0.	7.45E-11	0.	1.47E-14	0.	2.33E-06	1.25E-04	5.25E-04	4.10E-04	1.06E-03
7.40	0.	0.	6.79E-11	0.	1.39E-13	0.	2.35E-06	1.30E-04	5.32E-04	4.10E-04	1.07E-03
7.30	0.	0.	6.55E-11	0.	5.15E-13	0.	2.36E-06	1.35E-04	5.38E-04	4.11E-04	1.08E-03
7.20	0.	0.	6.01E-11	0.	1.46E-12	0.	2.38E-06	1.41E-04	5.46E-04	4.11E-04	1.10E-03
7.10	0.	0.	5.87E-11	0.	4.62E-12	0.	2.40E-06	1.47E-04	5.53E-04	4.11E-04	1.11E-03
7.00	2.24E-14	0.	5.48E-11	0.	8.57E-12	0.	2.42E-06	1.54E-04	5.61E-04	4.11E-04	1.13E-03
6.90	4.43E-14	0.	5.12E-11	0.	1.30E-11	0.	2.44E-06	1.60E-04	5.68E-04	4.12E-04	1.14E-03
6.80	3.86E-14	0.	5.02E-11	0.	2.11E-11	0.	2.45E-06	1.68E-04	5.76E-04	4.12E-04	1.16E-03
6.70	2.84E-14	0.	4.48E-11	0.	2.01E-11	0.	2.47E-06	1.75E-04	5.84E-04	4.13E-04	1.17E-03
6.60	1.75E-14	0.	4.09E-11	0.	1.78E-11	0.	2.49E-06	1.84E-04	5.93E-04	4.14E-04	1.19E-03
6.50	1.02E-14	0.	3.34E-11	0.	2.47E-11	0.	2.51E-06	1.92E-04	5.88E-04	4.15E-04	1.20E-03
6.40	5.97E-15	0.	2.38E-11	7.23E-14	2.23E-11	0.	2.53E-06	2.02E-04	5.98E-04	4.16E-04	1.22E-03
6.30	3.52E-15	0.	1.54E-11	3.48E-13	1.74E-11	0.	2.55E-06	2.11E-04	6.07E-04	4.18E-04	1.24E-03
6.20	1.61E-15	0.	8.79E-12	5.05E-13	2.30E-11	0.	2.57E-06	2.22E-04	6.17E-04	4.21E-04	1.26E-03
6.10	7.54E-16	0.	4.25E-12	1.46E-12	2.73E-11	0.	2.59E-06	2.33E-04	6.28E-04	4.24E-04	1.29E-03
6.00	3.19E-16	0.	1.10E-12	1.45E-12	1.42E-11	0.	2.59E-06	2.45E-04	6.39E-04	4.27E-04	1.31E-03
5.90	7.93E-17	0.	7.93E-14	2.15E-12	1.36E-11	0.	2.59E-06	2.58E-04	6.51E-04	4.30E-04	1.34E-03
5.80	1.01E-17	0.	2.00E-15	3.04E-12	1.44E-11	0.	2.59E-06	2.72E-04	6.64E-04	4.33E-04	1.37E-03
5.70	7.48E-19	0.	0.	3.64E-12	1.61E-11	0.	2.40E-06	2.87E-04	6.77E-04	4.36E-04	1.40E-03

ABSORPTION COEFFICIENTS OF HEATED AIR (INVERSE CM.)

TEMPERATURE (DEGREES K) 23000. DENSITY (GM/CC) 1,293E-05 (10.0E-03 NORMAL)

PHOTON ENERGY	O2 S-R BANDS	N2 1ST POS.	N2 2ND POS.	N2+ 1ST NEG.	NO BETA	NO GAMMA	NO VIB-ROT	NO2	O- PHOTO-DET	FREE-FREE (IONS)	N P.E.	O P.E.	TOTAL AIR
52 5.60	3.40E-20	0.	0.	0.	3.21E-12	2.06E-11	0.	0.	2.23E-06	3.02E-04	6.91E-04	4.39E-04	1.43E-03
53 5.50	0.	0.	0.	0.	3.92E-12	1.91E-11	0.	0.	2.24E-06	3.19E-04	7.07E-04	4.43E-04	1.47E-03
54 5.40	0.	0.	0.	0.	3.69E-12	1.61E-11	0.	0.	2.25E-06	3.38E-04	7.27E-04	4.48E-04	1.51E-03
55 5.30	0.	0.	0.	0.	3.78E-12	1.98E-11	0.	0.	2.27E-06	3.57E-04	7.47E-04	4.54E-04	1.56E-03
56 5.20	0.	0.	0.	0.	4.12E-12	1.59E-11	0.	0.	2.28E-06	3.79E-04	6.61E-04	4.63E-04	1.50E-03
57 5.10	0.	0.	0.	0.	4.14E-12	2.02E-11	0.	0.	2.30E-06	4.02E-04	6.81E-04	4.71E-04	1.55E-03
58 5.00	4.83E-13	0.	0.	0.	3.82E-12	1.95E-11	0.	0.	2.32E-06	4.27E-04	7.03E-04	4.79E-04	1.60E-03
59 4.90	1.20E-12	0.	0.	0.	4.30E-12	2.16E-11	0.	0.	2.34E-06	4.54E-04	7.29E-04	4.90E-04	1.66E-03
60 4.80	2.29E-12	0.	5.73E-12	0.	4.65E-12	2.05E-11	0.	0.	2.36E-06	4.83E-04	7.57E-04	5.03E-04	1.73E-03
61 4.70	3.16E-12	0.	1.64E-11	0.	4.72E-12	1.87E-11	0.	0.	2.38E-06	5.15E-04	7.88E-04	5.17E-04	1.81E-03
62 4.60	4.44E-12	0.	5.78E-11	0.	4.90E-12	1.70E-11	0.	0.	2.40E-06	5.49E-04	8.25E-04	5.31E-04	1.89E-03
63 4.50	4.74E-12	0.	1.74E-10	0.	4.56E-12	1.28E-11	0.	0.	2.42E-06	5.87E-04	8.72E-04	5.46E-04	1.99E-03
64 4.40	4.96E-12	0.	8.33E-11	0.	4.62E-12	8.71E-12	0.	0.	2.44E-06	6.28E-04	9.20E-04	5.61E-04	2.10E-03
65 4.30	5.16E-12	0.	2.53E-10	0.	4.48E-12	5.57E-12	0.	0.	2.45E-06	6.74E-04	9.74E-04	5.77E-04	2.21E-03
66 4.20	4.68E-12	0.	1.22E-10	0.	4.73E-12	3.79E-12	0.	0.	2.47E-06	7.23E-04	1.03E-03	5.73E-04	2.33E-03
67 4.10	4.46E-12	0.	1.98E-10	0.	4.71E-12	1.08E-12	0.	0.	2.48E-06	7.78E-04	1.08E-03	3.04E-04	2.44E-03
68 4.00	4.16E-12	0.	1.50E-10	0.	4.60E-12	2.95E-13	0.	0.	2.49E-06	8.04E-04	1.14E-03	3.14E-04	2.29E-03
69 3.90	3.60E-12	0.	1.93E-10	2.18E-09	4.34E-12	0.	0.	0.	2.48E-06	9.07E-04	1.15E-03	3.28E-04	2.37E-03
70 3.80	3.98E-12	0.	1.29E-10	8.22E-09	4.71E-12	0.	0.	0.	2.47E-06	9.82E-04	1.25E-03	3.57E-04	2.41E-03
71 3.70	3.62E-12	0.	8.91E-11	4.13E-09	4.13E-12	0.	0.	0.	2.44E-06	1.07E-03	1.37E-03	3.89E-04	2.61E-03
72 3.60	3.31E-12	0.	7.02E-11	2.05E-08	4.46E-12	0.	0.	0.	2.28E-06	1.16E-03	1.50E-03	4.26E-04	2.82E-03
73 3.50	3.15E-12	0.	4.38E-11	3.48E-08	3.62E-12	0.	0.	0.	2.09E-06	1.26E-03	1.63E-03	4.67E-04	3.09E-03
74 3.40	2.94E-12	0.	2.79E-11	6.26E-08	4.09E-12	0.	0.	0.	1.20E-06	1.38E-03	1.76E-03	5.09E-04	3.39E-03
75 3.30	2.38E-12	0.	1.35E-11	2.21E-08	3.55E-12	0.	0.	0.	1.21E-06	1.51E-03	1.91E-03	5.53E-04	3.71E-03
76 3.20	2.12E-12	0.	6.37E-12	3.31E-08	3.42E-12	0.	0.	0.	1.21E-06	1.66E-03	2.08E-03	5.98E-04	4.06E-03
77 3.10	2.06E-12	0.	3.03E-12	9.97E-09	3.30E-12	0.	0.	0.	1.22E-06	1.85E-03	2.26E-03	6.94E-04	4.43E-03
78 3.00	1.88E-12	0.	3.10E-13	2.09E-08	2.59E-12	0.	0.	0.	1.22E-06	2.02E-03	2.30E-03	7.52E-04	4.84E-03
79 2.90	1.62E-12	0.	0.	1.12E-08	1.87E-12	0.	0.	0.	1.22E-06	2.24E-03	2.62E-03	8.16E-04	5.32E-03
80 2.80	1.71E-12	0.	0.	8.19E-09	1.06E-12	0.	0.	0.	1.22E-06	2.49E-03	3.06E-03	8.79E-04	5.87E-03
81 2.70	1.14E-12	0.	0.	9.77E-09	4.85E-13	0.	0.	0.	1.22E-06	2.79E-03	2.76E-03	9.32E-04	6.32E-03
82 2.60	5.56E-13	0.	0.	1.06E-09	1.18E-13	0.	0.	0.	1.21E-06	3.13E-03	3.28E-03	5.92E-04	6.75E-03
83 2.50	3.96E-14	0.	0.	1.04E-09	1.28E-14	0.	0.	0.	1.20E-06	3.53E-03	3.83E-03	6.81E-04	7.24E-03
84 2.40	0.	1.33E-11	0.	7.61E-10	0.	0.	0.	0.	1.16E-06	4.00E-03	2.93E-03	8.08E-04	7.74E-03
85 2.30	0.	3.74E-11	0.	0.	0.	0.	0.	0.	1.12E-06	4.55E-03	2.61E-03	9.60E-04	8.12E-03
86 2.20	0.	1.03E-10	0.	0.	0.	0.	0.	0.	1.07E-06	5.21E-03	3.13E-03	1.11E-03	9.45E-03
87 2.10	0.	1.02E-10	0.	0.	0.	0.	0.	0.	1.00E-06	6.00E-03	3.73E-03	1.27E-03	1.10E-02
88 2.00	0.	2.07E-10	0.	0.	0.	0.	0.	0.	8.51E-07	6.98E-03	4.23E-03	1.49E-03	1.27E-02
89 1.90	0.	2.35E-10	0.	0.	0.	0.	0.	0.	3.87E-07	8.18E-03	4.71E-03	1.81E-03	1.47E-02
90 1.80	0.	2.04E-10	0.	0.	0.	0.	0.	0.	0.	9.66E-03	5.73E-03	2.21E-03	1.76E-02
91 1.70	0.	2.29E-10	0.	0.	0.	0.	0.	0.	0.	1.15E-02	7.10E-03	2.60E-03	2.12E-02
92 1.60	0.	1.74E-10	0.	0.	0.	0.	0.	0.	0.	1.39E-02	8.95E-03	3.15E-03	2.60E-02
93 1.50	0.	1.97E-10	0.	0.	0.	0.	0.	0.	0.	1.69E-02	1.08E-02	3.76E-03	3.15E-02
94 1.40	0.	1.93E-10	0.	0.	0.	0.	0.	0.	0.	2.09E-02	1.33E-02	4.94E-03	3.91E-02
95 1.30	0.	1.48E-10	0.	0.	0.	0.	0.	0.	0.	2.62E-02	2.02E-02	4.98E-03	5.14E-02
96 1.20	0.	1.41E-10	0.	0.	0.	0.	0.	0.	0.	3.35E-02	2.17E-02	6.21E-03	6.14E-02
97 1.10	0.	1.38E-10	0.	0.	0.	0.	1.93E-16	0.	0.	4.38E-02	2.72E-02	7.10E-03	7.81E-02
98 1.00	0.	1.27E-10	0.	0.	0.	0.	3.31E-15	0.	0.	5.89E-02	3.27E-02	8.31E-03	9.99E-02
99 0.90	0.	1.04E-10	0.	0.	0.	0.	3.90E-15	0.	0.	8.15E-02	3.80E-02	9.53E-03	1.29E-01
100 0.80	0.	4.88E-11	0.	0.	0.	0.	8.67E-14	0.	0.	1.17E-01	3.78E-02	1.72E-02	1.72E-01
101 0.70	0.	1.11E-11	0.	0.	0.	0.	8.54E-14	0.	0.	1.78E-01	4.85E-02	9.46E-03	2.36E-01
102 0.60	0.	2.71E-12	0.	0.	0.	0.	2.62E-13	0.	0.	2.88E-01	5.43E-02	1.06E-02	3.52E-01

ABSORPTION COEFFICIENTS OF HEATED AIR (INVERSE CM.)

TEMPERATURE (DEGREES K) 23000. DENSITY (GM/CC) 1,293E-06 (10.0E-04 NORMAL)

PHOTON ENERGY E.V.	O2 S-R BANDS	O2 S-R CONT.	N2 B-H NO. 1	NO BETA	NO GAMMA	NO 2	O- PHOTO-DET (IONS)	FREE-FREE P.E.	N P.E.	O P.E.	TOTAL AIR
1 10.70	0.	0.	3.72E-14	0.	0.	0.	2.50E-09	5.25E-07	3.15E-05	5.40E-06	3.74E-05
2 10.60	0.	0.	3.44E-14	0.	0.	0.	2.51E-09	5.40E-07	3.19E-05	5.32E-06	3.77E-05
3 10.50	0.	0.	3.51E-14	0.	0.	0.	2.51E-09	5.56E-07	3.23E-05	5.29E-06	3.81E-05
4 10.40	0.	0.	3.38E-14	0.	0.	0.	2.51E-09	5.72E-07	3.26E-05	5.27E-06	3.85E-05
5 10.30	0.	0.	3.00E-14	0.	0.	0.	2.52E-09	5.89E-07	3.30E-05	5.25E-06	3.88E-05
6 10.20	0.	0.	3.14E-14	0.	0.	0.	2.52E-09	6.07E-07	3.34E-05	5.23E-06	3.93E-05
7 10.10	0.	0.	2.99E-14	0.	0.	0.	2.52E-09	6.25E-07	3.38E-05	5.21E-06	3.96E-05
8 10.00	0.	0.	2.68E-14	0.	0.	0.	2.53E-09	6.45E-07	1.80E-05	5.19E-06	2.38E-05
9 9.90	0.	0.	2.77E-14	0.	0.	0.	2.53E-09	6.64E-07	1.81E-05	5.17E-06	2.39E-05
10 9.80	0.	0.	2.64E-14	0.	0.	0.	2.54E-09	6.85E-07	1.82E-05	5.15E-06	2.41E-05
11 9.70	0.	0.	2.33E-14	0.	0.	0.	2.54E-09	7.07E-07	1.84E-05	5.13E-06	2.42E-05
12 9.60	0.	0.	2.53E-14	0.	0.	0.	2.55E-09	7.29E-07	1.85E-05	5.11E-06	2.44E-05
13 9.50	0.	0.	2.21E-14	0.	0.	0.	2.55E-09	7.53E-07	1.87E-05	5.09E-06	2.45E-05
14 9.40	0.	0.	2.13E-14	0.	0.	0.	2.56E-09	7.77E-07	1.88E-05	5.07E-06	2.47E-05
15 9.30	0.	0.	2.20E-14	0.	0.	0.	2.57E-09	8.03E-07	1.90E-05	5.06E-06	2.48E-05
16 9.20	0.	0.	1.88E-14	0.	0.	0.	2.58E-09	8.30E-07	1.91E-05	5.04E-06	2.50E-05
17 9.10	0.	0.	1.93E-14	0.	0.	0.	2.59E-09	8.58E-07	1.24E-05	5.02E-06	1.83E-05
18 9.00	0.	0.	1.79E-14	0.	0.	0.	2.60E-09	8.87E-07	1.26E-05	5.00E-06	1.85E-05
19 8.90	0.	0.	1.69E-14	0.	0.	0.	2.61E-09	9.18E-07	1.27E-05	4.99E-06	1.86E-05
20 8.80	0.	0.	1.67E-14	0.	0.	0.	2.62E-09	9.50E-07	1.28E-05	4.97E-06	1.87E-05
21 8.70	0.	0.	1.49E-14	0.	0.	0.	2.63E-09	9.83E-07	1.29E-05	4.96E-06	1.89E-05
22 8.60	0.	0.	1.55E-14	0.	0.	0.	2.63E-09	1.02E-06	1.31E-05	4.94E-06	1.90E-05
23 8.50	0.	0.	1.39E-14	0.	0.	0.	2.64E-09	1.05E-06	1.32E-05	4.93E-06	1.92E-05
24 8.40	0.	0.	1.39E-14	0.	0.	0.	2.66E-09	1.09E-06	1.34E-05	4.91E-06	1.94E-05
25 8.30	0.	0.	1.21E-14	0.	0.	0.	2.67E-09	1.13E-06	1.35E-05	4.90E-06	1.96E-05
26 8.20	0.	0.	1.23E-14	0.	0.	0.	2.69E-09	1.18E-06	1.38E-05	4.92E-06	1.99E-05
27 8.10	0.	0.	1.09E-14	0.	0.	0.	2.70E-09	1.22E-06	1.40E-05	4.82E-06	2.00E-05
28 8.00	0.	0.	1.11E-14	0.	0.	0.	2.71E-09	1.27E-06	1.42E-05	4.81E-06	2.03E-05
29 7.90	0.	0.	9.74E-15	0.	0.	0.	2.73E-09	1.32E-06	1.45E-05	4.82E-06	2.06E-05
30 7.80	0.	0.	1.02E-14	0.	0.	0.	2.74E-09	1.37E-06	1.47E-05	4.81E-06	2.09E-05
31 7.70	0.	0.	9.15E-15	0.	5.63E-19	0.	2.75E-09	1.42E-06	1.50E-05	4.83E-06	2.13E-05
32 7.60	0.	0.	8.82E-15	0.	1.73E-18	0.	2.77E-09	1.48E-06	1.18E-05	4.84E-06	1.82E-05
33 7.50	0.	0.	8.33E-15	0.	1.65E-17	0.	2.78E-09	1.54E-06	1.21E-05	4.86E-06	1.86E-05
34 7.40	0.	0.	7.60E-15	0.	6.02E-17	0.	2.80E-09	1.60E-06	1.25E-05	4.87E-06	1.90E-05
35 7.30	0.	0.	7.33E-15	0.	1.72E-16	0.	2.81E-09	1.67E-06	1.28E-05	4.88E-06	1.94E-05
36 7.20	0.	0.	6.73E-15	0.	5.45E-16	0.	2.83E-09	1.74E-06	1.33E-05	4.90E-06	1.99E-05
37 7.10	0.	0.	6.57E-15	0.	1.01E-15	0.	2.85E-09	1.82E-06	1.37E-05	4.92E-06	2.05E-05
38 7.00	2.79E-18	0.	6.14E-15	0.	1.53E-15	0.	2.88E-09	1.90E-06	1.42E-05	4.94E-06	2.10E-05
39 6.90	5.51E-18	0.	5.72E-15	0.	2.49E-15	0.	2.90E-09	1.98E-06	1.46E-05	4.96E-06	2.16E-05
40 6.80	4.80E-18	0.	5.62E-15	0.	2.37E-15	0.	2.92E-09	2.07E-06	1.50E-05	4.98E-06	2.21E-05
41 6.70	3.54E-18	0.	5.01E-15	0.	2.10E-15	0.	2.95E-09	2.17E-06	1.55E-05	5.00E-06	2.27E-05
42 6.60	2.18E-18	0.	4.58E-15	0.	2.91E-15	0.	2.97E-09	2.27E-06	1.45E-05	5.03E-06	2.19E-05
43 6.50	1.28E-18	0.	3.74E-15	0.	2.63E-15	0.	2.99E-09	2.38E-06	1.50E-05	5.05E-06	2.24E-05
44 6.40	7.43E-19	0.	2.67E-15	8.54E-18	2.05E-15	0.	3.01E-09	2.49E-06	1.54E-05	5.09E-06	2.30E-05
45 6.30	4.38E-19	0.	1.72E-15	4.11E-17	2.71E-15	0.	3.04E-09	2.61E-06	1.58E-05	5.16E-06	2.36E-05
46 6.20	2.01E-19	0.	9.83E-16	5.95E-17	3.22E-15	0.	3.06E-09	2.74E-06	1.63E-05	5.21E-06	2.43E-05
47 6.10	9.38E-20	0.	4.75E-16	1.72E-16	1.67E-15	0.	3.08E-09	2.88E-06	1.68E-05	5.27E-06	2.50E-05
48 6.00	3.97E-20	0.	1.23E-16	1.71E-16	1.61E-15	0.	3.11E-09	3.03E-06	1.73E-05	5.32E-06	2.56E-05
49 5.90	9.87E-21	0.	8.84E-18	2.53E-16	1.70E-15	0.	3.11E-09	3.19E-06	1.78E-05	5.37E-06	2.64E-05
50 5.80	1.26E-21	0.	2.24E-19	3.58E-16	1.90E-15	0.	3.06E-09	3.36E-06	1.85E-05	5.43E-06	2.71E-05
51 5.70	9.31E-23	0.	0.	4.29E-16		0.	2.88E-09	3.54E-06	1.89E-05	5.48E-06	2.79E-05

ABSORPTION COEFFICIENTS OF HEATED AIR (INVERSE CM.)

TEMPERATURE (DEGREES K) 23000.   DENSITY (GM/CC) 1.293E-06   (10.0E-04 NORMAL)

#	PHOTON ENERGY BANDS	O2 S-R	N2 1ST POS.	N2 2ND POS.	N2+ 1ST NEG.	NO BETA	NO GAMMA	NO VIB-ROT	NO2	O- PHOTO-DET	FREE-FREE (IONS)	N P.E.	O P.E.	TOTAL AIR
52	5.60	4.23E-24	0.	0.	0.	3.78E-16	2.43E-15	0.	0.	2.67E-09	3.74E-06	1.95E-05	5.54E-06	2.88E-05
53	5.50	0.	0.	0.	0.	4.63E-16	2.25E-15	0.	0.	2.69E-09	3.95E-06	2.02E-05	5.61E-06	2.97E-05
54	5.40	0.	0.	0.	0.	4.36E-16	1.90E-15	0.	0.	2.70E-09	4.17E-06	2.09E-05	5.70E-06	3.08E-05
55	5.30	0.	0.	0.	0.	4.47E-16	2.34E-15	0.	0.	2.72E-09	4.42E-06	1.14E-05	5.79E-06	2.16E-05
56	5.20	0.	0.	0.	0.	4.88E-16	1.86E-15	0.	0.	2.74E-09	4.68E-06	1.19E-05	5.34E-06	2.19E-05
57	5.10	0.	0.	0.	0.	4.96E-16	2.38E-15	0.	0.	2.76E-09	4.96E-06	1.23E-05	5.44E-06	2.27E-05
58	5.00	6.02E-17	0.	0.	0.	4.51E-16	2.30E-15	0.	0.	2.78E-09	5.27E-06	1.28E-05	5.53E-06	2.36E-05
59	4.90	1.49E-16	0.	0.	0.	5.07E-16	2.55E-15	0.	0.	2.81E-09	5.60E-06	1.34E-05	5.64E-06	2.46E-05
60	4.80	2.86E-16	0.	0.	0.	5.49E-16	2.42E-15	0.	0.	2.83E-09	5.96E-06	1.39E-05	5.77E-06	2.56E-05
61	4.70	3.94E-16	0.	0.	0.	5.57E-16	2.21E-15	0.	0.	2.85E-09	6.35E-06	1.46E-05	5.93E-06	2.69E-05
62	4.60	5.55E-16	0.	6.42E-16	0.	5.78E-16	2.00E-15	0.	0.	2.88E-09	6.78E-06	1.55E-05	6.10E-06	2.84E-05
63	4.50	5.90E-16	0.	1.83E-15	0.	5.39E-16	1.52E-15	0.	0.	2.90E-09	7.25E-06	1.65E-05	6.28E-06	3.00E-05
64	4.40	6.42E-16	0.	6.47E-15	0.	5.45E-16	1.03E-15	0.	0.	2.95E-09	7.76E-06	1.74E-05	6.37E-06	3.16E-05
65	4.30	6.17E-16	0.	1.95E-14	0.	5.29E-16	6.58E-16	0.	0.	2.97E-09	8.32E-06	1.85E-05	6.57E-06	3.34E-05
66	4.20	5.83E-16	0.	9.32E-15	0.	5.59E-16	4.47E-16	0.	0.	2.98E-09	8.93E-06	1.96E-05	6.78E-06	3.54E-05
67	4.10	5.55E-16	0.	2.84E-14	0.	5.55E-16	1.27E-16	0.	0.	2.99E-09	9.61E-06	2.08E-05	6.76E-06	3.72E-05
68	4.00	5.18E-16	0.	1.37E-14	0.	5.43E-16	9.48E-17	0.	0.	2.98E-09	1.04E-05	2.20E-05	3.79E-06	3.62E-05
69	3.90	4.49E-16	0.	2.22E-14	2.27E-12	5.12E-16	3.48E-17	0.	0.	2.97E-09	1.12E-05	2.25E-05	3.93E-06	3.76E-05
70	3.80	4.96E-16	0.	2.22E-14	8.55E-12	5.55E-16	0.	0.	0.	2.92E-09	1.21E-05	2.11E-05	4.12E-06	3.73E-05
71	3.70	4.51E-16	0.	1.68E-14	4.30E-12	4.88E-16	0.	0.	0.	2.74E-09	1.31E-05	2.22E-05	4.47E-06	3.98E-05
72	3.60	4.13E-16	0.	2.16E-14	2.14E-11	4.28E-16	0.	0.	0.	2.50E-09	1.43E-05	2.35E-05	4.85E-06	4.27E-05
73	3.50	3.92E-16	0.	1.45E-14	3.62E-11	4.83E-16	0.	0.	0.	1.44E-09	1.56E-05	2.49E-05	5.29E-06	4.58E-05
74	3.40	3.66E-16	0.	1.48E-14	6.51E-12	3.95E-16	0.	0.	0.	1.86E-09	1.70E-05	2.69E-05	5.76E-06	4.97E-05
75	3.30	2.96E-16	0.	9.98E-15	2.30E-11	4.19E-16	0.	0.	0.	1.45E-09	1.86E-05	2.89E-05	6.26E-06	5.38E-05
76	3.20	2.63E-16	0.	7.86E-15	3.44E-11	4.04E-16	0.	0.	0.	1.45E-09	2.05E-05	3.12E-05	6.81E-06	5.85E-05
77	3.10	2.57E-16	0.	4.90E-15	1.04E-11	3.89E-16	0.	0.	0.	1.46E-09	2.26E-05	3.37E-05	7.36E-06	6.36E-05
78	3.00	2.35E-16	0.	3.13E-15	2.17E-11	3.06E-16	0.	0.	0.	1.46E-09	2.49E-05	3.62E-05	7.91E-06	6.91E-05
79	2.90	2.01E-16	0.	1.51E-15	1.16E-11	2.21E-16	0.	0.	0.	1.46E-09	2.76E-05	3.89E-05	8.54E-06	7.50E-05
80	2.80	2.13E-16	0.	7.13E-16	8.51E-12	1.26E-16	0.	0.	0.	1.46E-09	3.08E-05	4.17E-05	9.25E-06	8.18E-05
81	2.70	1.41E-16	0.	3.39E-16	1.02E-11	5.72E-17	0.	0.	0.	1.46E-09	3.44E-05	3.15E-05	9.90E-06	7.58E-05
82	2.60	6.92E-17	0.	3.47E-17	1.10E-12	1.39E-17	0.	0.	0.	1.46E-09	3.86E-05	3.57E-05	8.26E-06	8.26E-05
83	2.50	4.93E-18	0.	0.	1.08E-12	1.51E-18	0.	0.	0.	1.46E-09	4.35E-05	3.75E-05	7.21E-06	8.82E-05
84	2.40	0.	1.49E-15	0.	7.92E-13	0.	0.	0.	0.	1.46E-09	4.93E-05	3.52E-05	8.39E-06	9.29E-05
85	2.30	0.	4.19E-15	0.	0.	0.	0.	0.	0.	1.45E-09	5.61E-05	4.19E-05	9.71E-06	1.08E-04
86	2.20	0.	1.15E-14	0.	0.	0.	0.	0.	0.	1.44E-09	6.42E-05	4.88E-05	1.32E-05	1.24E-04
87	2.10	0.	1.14E-14	0.	0.	0.	0.	0.	0.	1.44E-09	7.40E-05	5.60E-05	1.50E-05	1.43E-04
88	2.00	0.	2.31E-14	0.	0.	0.	0.	0.	0.	1.39E-09	8.60E-05	6.33E-05	1.76E-05	1.64E-04
89	1.90	0.	2.63E-14	0.	0.	0.	0.	0.	0.	1.34E-09	1.01E-04	7.19E-05	1.90E-05	1.90E-04
90	1.80	0.	2.29E-14	0.	0.	0.	0.	0.	0.	1.28E-09	1.19E-04	8.44E-05	2.13E-05	2.25E-04
91	1.70	0.	2.56E-14	0.	0.	0.	0.	0.	0.	1.21E-09	1.42E-04	9.94E-05	2.58E-05	2.67E-04
92	1.60	0.	1.95E-14	0.	0.	0.	0.	0.	0.	1.02E-09	1.71E-04	1.15E-04	3.02E-05	3.16E-04
93	1.50	0.	2.20E-14	0.	0.	0.	0.	0.	0.	4.64E-10	2.08E-04	1.45E-04	3.64E-05	3.90E-04
94	1.40	0.	2.16E-14	0.	0.	0.	0.	0.	0.	0.	2.57E-04	1.78E-04	4.33E-05	4.78E-04
95	1.30	0.	1.65E-14	0.	0.	0.	0.	0.	0.	0.	3.23E-04	2.41E-04	5.25E-05	6.16E-04
96	1.20	0.	1.58E-14	0.	0.	0.	0.	0.	0.	0.	4.12E-04	2.54E-04	6.16E-05	7.20E-04
97	1.10	0.	1.54E-14	0.	0.	0.	0.	2.28E-20	0.	0.	5.40E-04	3.10E-04	7.62E-05	9.20E-04
98	1.00	0.	1.42E-14	0.	0.	0.	0.	3.90E-19	0.	0.	7.24E-04	3.74E-04	8.00E-05	1.18E-03
99	0.90	0.	1.16E-14	0.	0.	0.	0.	4.60E-19	0.	0.	1.00E-03	4.30E-04	9.36E-05	1.53E-03
100	0.80	0.	5.46E-15	0.	0.	0.	0.	1.02E-17	0.	0.	1.44E-03	4.94E-04	1.07E-04	2.04E-03
101	0.70	0.	1.25E-15	0.	0.	0.	0.	1.06E-17	0.	0.	2.19E-03	5.31E-04	1.06E-04	2.82E-03
102	0.60	0.	3.03E-16	0.	0.	0.	0.	3.09E-17	0.	0.	3.53E-03	5.42E-04	1.19E-04	4.19E-03

435

ABSORPTION COEFFICIENTS OF HEATED AIR (INVERSE CM.)

TEMPERATURE (DEGREES K) 23000.   DENSITY (GM/CC) 1.293E-07   (10.0E-05 NORMAL)

PHOTON ENERGY BANDS E.V.	O2 S-R	O2 S-R CONT.	N2 B-H NO. 1	NO BETA	NO GAMMA	NO2	O- PHOTO-DET (IONS)	FREE-FREE (IONS)	N P.E.	O P.E.	TOTAL AIR
1 10.70	0.	0.	2.91E-18	0.	0.	0.	3.46E-12	10.00E-09	1.60E-06	8.38E-08	1.70E-06
2 10.60	0.	0.	2.70E-18	0.	0.	0.	3.47E-12	1.03E-08	1.63E-06	8.36E-08	1.72E-06
3 10.50	0.	0.	2.75E-18	0.	0.	0.	3.47E-12	1.06E-08	5.69E-07	8.34E-08	6.63E-07
4 10.40	0.	0.	2.65E-18	0.	0.	0.	3.48E-12	1.09E-08	5.74E-07	8.32E-08	6.68E-07
5 10.30	0.	0.	2.35E-18	0.	0.	0.	3.48E-12	1.12E-08	5.79E-07	8.30E-08	6.73E-07
6 10.20	0.	0.	2.46E-18	0.	0.	0.	3.49E-12	1.16E-08	5.87E-07	8.30E-08	6.82E-07
7 10.10	0.	0.	2.34E-18	0.	0.	0.	3.49E-12	1.19E-08	5.96E-07	8.32E-08	6.91E-07
8 10.00	0.	0.	2.10E-18	0.	0.	0.	3.50E-12	1.23E-08	6.04E-07	8.33E-08	7.00E-07
9 9.90	0.	0.	2.17E-18	0.	0.	0.	3.50E-12	1.26E-08	6.13E-07	8.34E-08	7.09E-07
10 9.80	0.	0.	2.07E-18	0.	0.	0.	3.51E-12	1.30E-08	6.22E-07	8.36E-08	7.18E-07
11 9.70	0.	0.	1.83E-18	0.	0.	0.	3.51E-12	1.34E-08	6.30E-07	8.37E-08	7.27E-07
12 9.60	0.	0.	1.99E-18	0.	0.	0.	3.52E-12	1.39E-08	6.39E-07	8.38E-08	7.36E-07
13 9.50	0.	0.	1.74E-18	0.	0.	0.	3.52E-12	1.43E-08	6.47E-07	8.39E-08	7.46E-07
14 9.40	0.	0.	1.67E-18	0.	0.	0.	3.53E-12	1.48E-08	6.56E-07	8.41E-08	7.55E-07
15 9.30	0.	0.	1.72E-18	0.	0.	0.	3.54E-12	1.53E-08	6.06E-07	8.43E-08	7.05E-07
16 9.20	0.	0.	1.47E-18	0.	0.	0.	3.55E-12	1.58E-08	6.14E-07	8.45E-08	7.15E-07
17 9.10	0.	0.	1.58E-18	0.	0.	0.	3.57E-12	1.63E-08	6.23E-07	8.47E-08	7.24E-07
18 9.00	0.	0.	1.40E-18	0.	0.	0.	3.58E-12	1.69E-08	6.32E-07	8.49E-08	7.34E-07
19 8.90	0.	0.	1.35E-18	0.	0.	0.	3.59E-12	1.74E-08	6.40E-07	8.51E-08	7.43E-07
20 8.80	0.	0.	1.31E-18	0.	0.	0.	3.61E-12	1.80E-08	6.49E-07	8.53E-08	7.53E-07
21 8.70	0.	0.	1.17E-18	0.	0.	0.	3.62E-12	1.87E-08	6.58E-07	8.55E-08	7.62E-07
22 8.60	0.	0.	1.21E-18	0.	0.	0.	3.63E-12	1.93E-08	6.67E-07	7.51E-08	7.61E-07
23 8.50	0.	0.	1.09E-18	0.	0.	0.	3.64E-12	2.00E-08	6.77E-07	7.36E-08	7.70E-07
24 8.40	0.	0.	1.09E-18	0.	0.	0.	3.66E-12	2.08E-08	6.86E-07	7.39E-08	7.81E-07
25 8.30	0.	0.	9.48E-19	0.	0.	0.	3.68E-12	2.15E-08	6.98E-07	7.44E-08	7.94E-07
26 8.20	0.	0.	9.68E-19	0.	0.	0.	3.70E-12	2.23E-08	7.14E-07	7.54E-08	8.12E-07
27 8.10	0.	0.	8.55E-19	0.	0.	0.	3.71E-12	2.32E-08	7.30E-07	7.64E-08	8.29E-07
28 8.00	0.	0.	8.69E-19	0.	0.	0.	3.73E-12	2.41E-08	7.44E-07	7.74E-08	8.46E-07
29 7.90	0.	0.	7.64E-19	0.	0.	0.	3.75E-12	2.50E-08	5.05E-07	7.84E-08	6.08E-07
30 7.80	0.	0.	8.01E-19	0.	0.	0.	3.77E-12	2.60E-08	5.21E-07	7.94E-08	6.27E-07
31 7.70	0.	0.	7.18E-19	0.	5.69E-23	0.	3.79E-12	2.70E-08	5.40E-07	8.04E-08	6.47E-07
32 7.60	0.	0.	6.92E-19	0.	1.75E-22	0.	3.81E-12	2.81E-08	5.60E-07	8.14E-08	6.70E-07
33 7.50	0.	0.	6.54E-19	0.	1.66E-21	0.	3.83E-12	2.92E-08	5.81E-07	8.25E-08	6.93E-07
34 7.40	0.	0.	5.96E-19	0.	6.13E-21	0.	3.85E-12	3.05E-08	6.02E-07	8.37E-08	7.16E-07
35 7.30	0.	0.	5.75E-19	0.	1.74E-20	0.	3.87E-12	3.17E-08	6.26E-07	8.50E-08	7.43E-07
36 7.20	0.	0.	5.28E-19	0.	5.50E-20	0.	3.89E-12	3.31E-08	6.57E-07	8.69E-08	7.76E-07
37 7.10	3.62E-22	0.	5.15E-19	0.	1.02E-19	0.	3.91E-12	3.45E-08	6.87E-07	8.88E-08	8.10E-07
38 7.00	7.15E-22	0.	4.81E-19	0.	1.54E-19	0.	3.95E-12	3.60E-08	6.21E-07	9.07E-08	7.48E-07
39 6.90	6.23E-22	0.	4.49E-19	0.	2.51E-19	0.	3.98E-12	3.76E-08	6.49E-07	9.26E-08	7.79E-07
40 6.80	4.60E-22	0.	4.41E-19	0.	2.39E-19	0.	4.01E-12	3.93E-08	6.77E-07	9.45E-08	8.11E-07
41 6.70	2.83E-22	0.	3.93E-19	0.	2.12E-19	0.	4.04E-12	4.11E-08	7.05E-07	9.65E-08	8.42E-07
42 6.60	1.66E-22	0.	3.59E-19	0.	2.94E-19	0.	4.07E-12	4.30E-08	7.33E-07	9.84E-08	8.74E-07
43 6.50	9.64E-23	0.	2.93E-19	0.	2.65E-19	0.	4.11E-12	4.51E-08	7.61E-07	1.00E-07	9.06E-07
44 6.40	5.69E-23	0.	2.09E-19	8.62E-22	2.07E-19	0.	4.14E-12	4.72E-08	7.89E-07	1.02E-07	9.38E-07
45 6.30	2.61E-23	0.	1.35E-19	4.14E-21	2.74E-19	0.	4.17E-12	4.95E-08	8.17E-07	1.05E-07	9.72E-07
46 6.20	1.22E-23	0.	7.71E-20	4.01E-21	3.25E-19	0.	4.20E-12	5.20E-08	8.48E-07	1.07E-07	1.01E-06
47 6.10	5.16E-24	0.	3.73E-20	1.74E-20	1.69E-19	0.	4.23E-12	5.46E-08	8.79E-07	1.10E-07	1.04E-06
48 6.00	1.64E-24	0.	9.65E-21	1.72E-20	1.62E-19	0.	4.27E-12	5.74E-08	9.10E-07	1.12E-07	1.08E-06
49 5.90		0.	6.93E-22	2.56E-20	1.72E-19	0.	4.30E-12	6.04E-08	9.42E-07	1.15E-07	1.12E-06
50 5.80	1.64E-25	0.	1.76E-23	3.62E-20	1.92E-19	0.	4.23E-12	6.37E-08	9.73E-07	1.17E-07	1.15E-06
51 5.70	1.21E-26	0.	0.	4.33E-20		0.	3.98E-12	6.71E-08	3.50E-07	7.58E-08	4.92E-07

TEMPERATURE (DEGREES K) 23000.   DENSITY (GM/CC) 1.293E-07   (10.0E-05 NORMAL)

	PHOTON ENERGY	O2 S-R BANDS	N2 1ST POS.	N2 2ND POS.	N2+ 1ST NEG.	NO BETA	NO GAMMA	NO VIB-ROT	NO2	O- PHOTO-DET	FREE-FREE (IONS)	N P.E.	O P.E.	TOTAL AIR
52	5.60	5.49E-28	0.	0.	0.	3.82E-20	2.45E-19	0.	0.	3.70E-12	7.08E-12	3.69E-08	7.62E-08	5.16E-07
53	5.50	0.	0.	0.	0.	4.67E-20	2.27E-19	0.	0.	3.72E-12	7.48E-12	3.89E-08	7.77E-08	5.42E-07
54	5.40	0.	0.	0.	0.	4.40E-20	1.92E-19	0.	0.	3.74E-12	7.90E-12	4.11E-08	7.96E-08	5.70E-07
55	5.30	0.	0.	0.	0.	4.51E-20	2.36E-19	0.	0.	3.76E-12	8.37E-12	4.33E-08	8.17E-08	5.99E-07
56	5.20	0.	0.	0.	0.	4.91E-20	1.90E-19	0.	0.	3.78E-12	8.86E-12	4.56E-08	8.41E-08	6.28E-07
57	5.10	0.	0.	0.	0.	4.93E-20	2.41E-19	0.	0.	3.82E-12	9.40E-12	4.78E-08	8.64E-08	6.59E-07
58	5.00	7.81E-21	0.	0.	0.	4.55E-20	2.32E-19	0.	0.	3.85E-12	9.98E-12	5.01E-08	8.87E-08	6.89E-07
59	4.90	1.94E-20	0.	0.	0.	5.12E-20	2.57E-19	0.	0.	3.88E-12	1.06E-11	5.24E-08	9.12E-08	7.21E-07
60	4.80	3.71E-20	0.	0.	0.	5.54E-20	2.44E-19	0.	0.	3.91E-12	1.13E-11	5.47E-08	8.63E-08	7.46E-07
61	4.70	5.11E-20	0.	0.	0.	5.84E-20	2.23E-19	0.	0.	3.95E-12	1.20E-11	5.80E-08	8.93E-08	7.89E-07
62	4.60	7.18E-20	0.	0.	0.	5.44E-20	2.02E-19	0.	0.	3.98E-12	1.28E-11	6.22E-08	9.24E-08	8.43E-07
63	4.50	7.66E-20	0.	5.03E-20	0.	5.50E-20	1.53E-19	0.	0.	4.01E-12	1.37E-11	6.65E-08	9.57E-08	8.98E-07
64	4.40	8.33E-20	0.	1.44E-19	0.	5.34E-20	1.04E-19	0.	0.	4.04E-12	1.47E-11	7.09E-08	9.95E-08	9.55E-07
65	4.30	8.01E-20	0.	5.08E-19	0.	5.64E-20	6.64E-20	0.	0.	4.07E-12	1.57E-11	7.52E-08	1.01E-07	1.01E-06
66	4.20	7.57E-20	0.	1.53E-18	0.	5.61E-20	4.51E-20	0.	0.	4.11E-12	1.69E-11	8.03E-08	1.07E-07	1.07E-06
67	4.10	7.20E-20	0.	7.31E-19	0.	5.48E-20	1.28E-20	0.	0.	4.12E-12	1.82E-11	8.56E-08	1.16E-07	1.11E-06
68	4.00	6.73E-20	0.	2.22E-18	0.	5.17E-20	9.57E-21	0.	0.	4.14E-12	1.96E-11	9.03E-08	1.25E-07	1.18E-06
69	3.90	5.82E-20	0.	1.07E-18	1.47E-15	5.60E-20	3.51E-21	0.	0.	4.12E-12	2.12E-11	9.34E-08	1.28E-07	1.23E-06
70	3.80	6.43E-20	0.	1.74E-18	5.52E-15	4.92E-20	0.	0.	0.	4.11E-12	2.29E-11	9.86E-08	1.39E-07	1.30E-06
71	3.70	5.86E-20	0.	1.31E-18	2.78E-15	4.32E-20	0.	0.	0.	4.04E-12	2.49E-11	1.04E-07	1.15E-07	1.38E-06
72	3.60	5.36E-20	0.	1.69E-18	1.38E-14	4.87E-20	0.	0.	0.	3.78E-12	2.70E-11	1.09E-07	1.25E-07	1.46E-06
73	3.50	5.09E-20	0.	1.13E-18	2.34E-14	3.98E-20	0.	0.	0.	3.46E-12	2.94E-11	1.15E-07	1.39E-07	1.55E-06
74	3.40	4.76E-20	0.	1.16E-18	4.21E-15	4.07E-20	0.	0.	0.	2.00E-12	3.22E-11	1.29E-07	1.42E-07	1.66E-06
75	3.30	3.85E-20	0.	7.82E-19	1.49E-14	3.93E-20	0.	0.	0.	2.00E-12	3.52E-11	1.38E-07	1.52E-07	1.77E-06
76	3.20	3.42E-20	0.	6.16E-19	2.23E-14	3.23E-20	0.	0.	0.	2.00E-12	3.87E-11	1.52E-07	1.66E-07	1.90E-06
77	3.10	3.33E-20	0.	3.84E-19	6.71E-15	1.27E-20	0.	0.	0.	2.01E-12	4.26E-11	1.66E-07	1.78E-07	2.03E-06
78	3.00	3.04E-20	0.	2.45E-19	1.40E-14	5.77E-21	0.	0.	0.	2.01E-12	4.76E-11	1.78E-07	1.93E-07	2.21E-06
79	2.90	2.62E-20	0.	1.18E-19	7.53E-15	1.41E-21	0.	0.	0.	2.01E-12	5.21E-11	1.93E-07	2.21E-07	2.52E-06
80	2.80	2.76E-20	0.	5.59E-20	5.50E-15	1.53E-22	0.	0.	0.	2.02E-12	5.80E-11	2.21E-07	2.52E-07	2.85E-06
81	2.70	1.84E-20	0.	2.66E-20	6.57E-15	0.	0.	0.	0.	2.02E-12	6.45E-11	2.52E-07	2.85E-07	3.23E-06
82	2.60	6.99E-21	0.	2.72E-21	7.10E-15	0.	0.	0.	0.	2.02E-12	7.28E-11	2.85E-07	3.23E-07	3.64E-06
83	2.50	6.40E-22	0.	0.	6.99E-16	0.	0.	0.	0.	2.02E-12	8.20E-11	3.23E-07	3.64E-07	4.13E-06
84	2.40	0.	1.17E-19	0.	5.12E-16	0.	0.	0.	0.	2.02E-12	9.29E-11	1.13E-06	1.51E-07	2.21E-06
85	2.30	0.	3.29E-19	0.	0.	0.	0.	0.	0.	2.00E-12	1.06E-10	1.28E-06	1.74E-07	2.52E-06
86	2.20	0.	9.01E-19	0.	0.	0.	0.	0.	0.	2.02E-12	1.21E-10	1.44E-06	2.01E-07	2.85E-06
87	2.10	0.	8.93E-19	0.	0.	0.	0.	0.	0.	1.99E-12	1.39E-10	1.61E-06	2.28E-07	3.23E-06
88	2.00	0.	1.81E-18	0.	0.	0.	0.	0.	0.	1.92E-12	1.66E-10	1.77E-06	2.55E-07	3.64E-06
89	1.90	0.	2.07E-18	0.	0.	0.	0.	0.	0.	1.85E-12	1.89E-10	1.94E-06	2.91E-07	4.13E-06
90	1.80	0.	1.79E-18	0.	0.	0.	0.	0.	0.	1.77E-12	2.24E-10	2.15E-06	3.32E-07	4.43E-06
91	1.70	0.	2.01E-18	0.	0.	0.	0.	0.	0.	1.67E-12	2.67E-10	2.43E-06	3.76E-07	5.21E-06
92	1.60	0.	1.53E-18	0.	0.	0.	0.	0.	0.	1.41E-12	3.21E-10	2.66E-06	5.01E-07	6.30E-06
93	1.50	0.	1.73E-18	0.	0.	0.	0.	0.	0.	6.42E-13	3.91E-10	2.00E-06	5.45E-07	7.33E-06
94	1.40	0.	1.69E-18	0.	0.	0.	0.	0.	0.	0.	4.83E-10	2.58E-06	7.08E-07	9.18E-06
95	1.30	0.	1.30E-18	0.	0.	0.	0.	0.	0.	0.	6.05E-10	3.14E-06	8.28E-07	1.18E-05
96	1.20	0.	1.24E-18	0.	0.	0.	0.	0.	0.	0.	7.73E-10	3.77E-06	9.87E-07	1.47E-05
97	1.10	0.	1.21E-18	0.	0.	0.	0.	2.30E-24	0.	0.	1.01E-09	4.33E-06	1.06E-06	1.89E-05
98	1.00	0.	1.12E-18	0.	0.	0.	0.	3.94E-23	0.	0.	1.35E-09	3.65E-06	1.06E-06	2.34E-05
99	0.90	0.	9.14E-19	0.	0.	0.	0.	4.64E-23	0.	0.	1.89E-09	3.81E-06	9.26E-07	3.20E-05
100	0.80	0.	4.28E-19	0.	0.	0.	0.	1.03E-21	0.	0.	2.69E-09	4.29E-06	1.05E-06	4.55E-05
101	0.70	0.	9.78E-20	0.	0.	0.	0.	1.02E-21	0.	0.	4.07E-09	4.55E-06	3.81E-06	5.20E-05
102	0.60	0.	2.38E-20	0.	0.	0.	0.	3.12E-21	0.	0.	6.57E-09	7.10E-05	4.29E-06	7.10E-05

437

ABSORPTION COEFFICIENTS OF HEATED AIR (INVERSE CM.)

TEMPERATURE (DEGREES K) 23000. DENSITY (GM/CC) 1.293E-08 (1.0E-05 NORMAL)

	PHOTON ENERGY E.V.	O2 S-R BANDS	O2 S-R CONT.	N2 B-H NO. 1	NO BETA	NO GAMMA	NO 2	O- PHOTO-DET (IONS)	FREE-FREE (IONS)	N P.E.	O P.E.	TOTAL AIR
1	10.70	0.	0.	5.76E-23	0.	0.	0.	4.17E-15	2.27E-10	1.58E-08	2.28E-09	1.83E-08
2	10.60	0.	0.	5.33E-23	0.	0.	0.	4.17E-15	2.34E-10	1.60E-08	2.28E-09	1.85E-08
3	10.50	0.	0.	5.44E-23	0.	0.	0.	4.18E-15	2.41E-10	1.61E-08	2.28E-09	1.86E-08
4	10.40	0.	0.	5.24E-23	0.	0.	0.	4.19E-15	2.48E-10	1.63E-08	2.28E-09	1.88E-08
5	10.30	0.	0.	4.65E-23	0.	0.	0.	4.19E-15	2.55E-10	1.64E-08	2.31E-09	1.90E-08
6	10.20	0.	0.	4.86E-23	0.	0.	0.	4.20E-15	2.63E-10	1.67E-08	2.33E-09	1.93E-08
7	10.10	0.	0.	4.63E-23	0.	0.	0.	4.20E-15	2.70E-10	1.70E-08	2.35E-09	1.96E-08
8	10.00	0.	0.	4.16E-23	0.	0.	0.	4.21E-15	2.79E-10	1.73E-08	2.38E-09	1.99E-08
9	9.90	0.	0.	4.29E-23	0.	0.	0.	4.22E-15	2.87E-10	1.76E-08	2.40E-09	2.02E-08
10	9.80	0.	0.	4.10E-23	0.	0.	0.	4.22E-15	2.96E-10	1.78E-08	2.43E-09	2.05E-08
11	9.70	0.	0.	3.62E-23	0.	0.	0.	4.23E-15	3.06E-10	1.81E-08	2.45E-09	2.08E-08
12	9.60	0.	0.	3.92E-23	0.	0.	0.	4.24E-15	3.15E-10	1.84E-08	2.47E-09	2.12E-08
13	9.50	0.	0.	3.43E-23	0.	0.	0.	4.25E-15	3.25E-10	1.87E-08	2.50E-09	2.15E-08
14	9.40	0.	0.	3.31E-23	0.	0.	0.	4.26E-15	3.36E-10	1.90E-08	2.53E-09	2.18E-08
15	9.30	0.	0.	3.41E-23	0.	0.	0.	4.28E-15	3.47E-10	1.90E-08	2.56E-09	2.19E-08
16	9.20	0.	0.	2.91E-23	0.	0.	0.	4.29E-15	3.58E-10	1.93E-08	2.58E-09	2.22E-08
17	9.10	0.	0.	2.78E-23	0.	0.	0.	4.31E-15	3.70E-10	1.96E-08	2.61E-09	2.25E-08
18	9.00	0.	0.	2.62E-23	0.	0.	0.	4.32E-15	3.83E-10	1.99E-08	2.64E-09	2.32E-08
19	8.90	0.	0.	2.59E-23	0.	0.	0.	4.34E-15	3.96E-10	2.02E-08	1.83E-09	2.30E-08
20	8.80	0.	0.	2.31E-23	0.	0.	0.	4.35E-15	4.10E-10	2.04E-08	1.85E-09	2.27E-08
21	8.70	0.	0.	2.39E-23	0.	0.	0.	4.37E-15	4.24E-10	2.07E-08	1.89E-09	2.30E-08
22	8.60	0.	0.	2.15E-23	0.	0.	0.	4.39E-15	4.39E-10	2.10E-08	1.92E-09	2.34E-08
23	8.50	0.	0.	2.16E-23	0.	0.	0.	4.40E-15	4.55E-10	2.13E-08	1.96E-09	2.37E-08
24	8.40	0.	0.	1.87E-23	0.	0.	0.	4.42E-15	4.72E-10	2.17E-08	2.00E-09	2.41E-08
25	8.30	0.	0.	1.91E-23	0.	0.	0.	4.45E-15	4.89E-10	1.35E-08	2.06E-09	1.59E-08
26	8.20	0.	0.	1.69E-23	0.	0.	0.	4.47E-15	5.07E-10	1.40E-08	2.13E-09	1.66E-08
27	8.10	0.	0.	1.72E-23	0.	0.	0.	4.49E-15	5.26E-10	1.45E-08	2.19E-09	1.72E-08
28	8.00	0.	0.	1.51E-23	0.	0.	0.	4.52E-15	5.46E-10	1.51E-08	2.26E-09	1.78E-08
29	7.90	0.	0.	1.58E-23	0.	0.	0.	4.54E-15	5.67E-10	1.56E-08	2.33E-09	1.84E-08
30	7.80	0.	0.	1.42E-23	0.	0.	0.	4.56E-15	5.89E-10	1.61E-08	2.40E-09	1.91E-08
31	7.70	0.	0.	1.37E-23	0.	2.27E-27	0.	4.59E-15	6.13E-10	1.67E-08	2.46E-09	1.98E-08
32	7.60	0.	0.	1.29E-23	0.	6.98E-27	0.	4.61E-15	6.37E-10	1.74E-08	2.53E-09	2.05E-08
33	7.50	0.	0.	1.18E-23	0.	6.64E-26	0.	4.63E-15	6.63E-10	1.81E-08	2.61E-09	2.13E-08
34	7.40	0.	0.	1.04E-23	0.	2.46E-25	0.	4.66E-15	6.91E-10	1.88E-08	2.70E-09	2.21E-08
35	7.30	0.	0.	1.02E-23	0.	6.95E-25	0.	4.68E-15	7.20E-10	1.66E-08	2.83E-09	2.05E-08
36	7.20	0.	0.	9.51E-24	0.	2.20E-24	0.	4.71E-15	7.50E-10	1.75E-08	2.95E-09	2.15E-08
37	7.10	0.	0.	8.87E-24	0.	4.08E-24	0.	4.75E-15	7.83E-10	1.84E-08	3.08E-09	2.26E-08
38	7.00	2.94E-26	0.	8.71E-24	0.	6.18E-24	0.	4.79E-15	8.17E-10	1.94E-08	3.21E-09	2.33E-08
39	6.90	5.79E-26	0.	7.77E-24	0.	1.00E-23	0.	4.83E-15	8.53E-10	2.03E-08	3.35E-09	2.43E-08
40	6.80	5.05E-26	0.	7.10E-24	0.	9.55E-24	0.	4.86E-15	8.91E-10	2.12E-08	3.46E-09	2.54E-08
41	6.70	3.72E-26	0.	5.79E-24	0.	8.50E-24	0.	4.90E-15	9.32E-10	2.21E-08	3.59E-09	2.65E-08
42	6.60	2.29E-26	0.	4.13E-24	0.	1.17E-23	0.	4.94E-15	9.76E-10	2.30E-08	3.72E-09	2.76E-08
43	6.50	1.34E-26	0.	2.67E-24	0.	1.06E-23	0.	4.98E-15	1.02E-09	2.40E-08	3.85E-09	2.87E-08
44	6.40	7.81E-27	0.	1.52E-24	3.45E-26	8.27E-24	0.	5.02E-15	1.07E-09	2.49E-08	3.99E-09	2.98E-08
45	6.30	4.61E-27	0.	7.37E-25	1.66E-25	1.09E-23	0.	5.06E-15	1.12E-09	2.58E-08	4.14E-09	3.09E-08
46	6.20	2.11E-27	0.	1.91E-25	2.40E-25	1.30E-23	0.	5.10E-15	1.18E-09	2.68E-08	4.29E-09	3.21E-08
47	6.10	9.86E-28	0.	1.37E-26	6.95E-25	6.75E-24	0.	5.13E-15	1.24E-09	2.78E-08	3.34E-09	3.34E-08
48	6.00	4.18E-28	0.	3.47E-28	6.89E-25	6.48E-24	0.	5.17E-15	1.30E-09	9.01E-09	4.44E-09	1.48E-08
49	5.90	1.04E-28	0.	0.	1.02E-24	6.86E-24	0.	5.17E-15	1.37E-09	9.34E-09	1.76E-09	1.25E-08
50	5.80	1.33E-29	0.		1.45E-24	7.68E-24	0.	5.10E-15	1.44E-09	9.67E-09	1.81E-09	1.29E-08
51	5.70	9.79E-31	0.		1.73E-24		0.	4.79E-15	1.52E-09	1.01E-08	1.87E-09	1.35E-08

ABSORPTION COEFFICIENTS OF HEATED AIR (INVERSE CM.)

TEMPERATURE (DEGREES K) 23000.   DENSITY (GM/CC) 1.293E-08 (1.0E-05 NORMAL)

	PHOTON ENERGY	O2 S-R BANDS	N2 1ST POS.	N2 2ND POS.	N2+ 1ST NEG.	NO BETA	NO GAMMA	NO VIB-ROT	NO2	O- PHOTO-DET (IONS)	O- FREE-FREE (IONS)	N P.E.	O P.E.	TOTAL AIR
52	5.60	4.45E-32	0.	0.	0.	1.53E-24	9.81E-24	0.	0.	4.45E-15	1.60E-09	1.08E-08	1.93E-09	1.43E-08
53	5.50	0.	0.	0.	0.	1.87E-24	9.07E-24	0.	0.	4.47E-15	1.69E-09	1.14E-08	2.00E-09	1.51E-08
54	5.40	0.	0.	0.	0.	1.76E-24	7.68E-24	0.	0.	4.50E-15	1.79E-09	1.21E-08	2.09E-09	1.60E-08
55	5.30	0.	0.	0.	0.	1.80E-24	9.44E-24	0.	0.	4.53E-15	1.89E-09	1.28E-08	2.19E-09	1.69E-08
56	5.20	0.	0.	0.	0.	1.96E-24	7.58E-24	0.	0.	4.56E-15	2.01E-09	1.35E-08	2.30E-09	1.78E-08
57	5.10	0.	0.	0.	0.	1.97E-24	9.62E-24	0.	0.	4.59E-15	2.13E-09	1.42E-08	1.93E-09	1.83E-08
58	5.00	6.33E-25	0.	0.	0.	1.82E-24	9.27E-24	0.	0.	4.63E-15	2.26E-09	1.49E-08	2.02E-09	1.92E-08
59	4.90	1.57E-24	0.	0.	0.	2.05E-24	1.03E-23	0.	0.	4.67E-15	2.40E-09	1.56E-08	2.11E-09	2.01E-08
60	4.80	3.00E-24	0.	0.	0.	2.22E-24	8.75E-24	0.	0.	4.71E-15	2.56E-09	1.63E-08	2.20E-09	2.11E-08
61	4.70	4.14E-24	0.	0.	0.	2.33E-24	8.93E-24	0.	0.	4.75E-15	2.72E-09	1.73E-08	2.31E-09	2.24E-08
62	4.60	5.81E-24	0.	9.94E-25	0.	2.17E-24	8.09E-24	0.	0.	4.79E-15	2.91E-09	1.87E-08	2.42E-09	2.40E-08
63	4.50	6.20E-24	0.	2.84E-24	0.	2.14E-24	6.12E-24	0.	0.	4.83E-15	3.11E-09	2.00E-08	2.53E-09	2.56E-08
64	4.40	6.75E-24	0.	1.00E-23	0.	2.26E-24	4.15E-24	0.	0.	4.86E-15	3.32E-09	2.13E-08	2.68E-09	2.73E-08
65	4.30	6.49E-24	0.	3.02E-23	0.	2.24E-24	2.65E-24	0.	0.	4.90E-15	3.56E-09	2.26E-08	2.83E-09	2.90E-08
66	4.20	6.13E-24	0.	1.45E-23	0.	2.19E-24	1.81E-24	0.	0.	4.94E-15	3.83E-09	2.42E-08	2.59E-09	3.06E-08
67	4.10	5.83E-24	0.	4.40E-23	0.	2.07E-24	5.14E-25	0.	0.	4.96E-15	4.12E-09	2.58E-08	2.80E-09	3.27E-08
68	4.00	5.45E-24	0.	2.12E-23	0.	2.24E-24	3.83E-25	0.	0.	4.98E-15	4.44E-09	2.74E-08	3.00E-09	3.48E-08
69	3.90	4.72E-24	0.	3.44E-23	2.17E-19	1.97E-24	1.40E-25	0.	0.	4.96E-15	4.79E-09	2.90E-08	3.20E-09	3.69E-08
70	3.80	5.21E-24	0.	3.46E-23	8.16E-19	1.59E-24	0.	0.	0.	4.94E-15	5.18E-09	3.06E-08	3.41E-09	3.92E-08
71	3.70	4.74E-24	0.	3.34E-23	4.11E-19	1.73E-24	0.	0.	0.	4.86E-15	5.62E-09	3.22E-08	3.64E-09	4.15E-08
72	3.60	4.34E-24	0.	2.24E-23	3.46E-18	1.63E-24	0.	0.	0.	4.56E-15	6.11E-09	3.38E-08	3.87E-09	4.38E-08
73	3.50	4.12E-24	0.	2.29E-23	6.22E-19	1.57E-24	0.	0.	0.	4.17E-15	6.66E-09	3.56E-08	4.12E-09	4.64E-08
74	3.40	3.85E-24	0.	1.55E-23	2.20E-18	8.93E-25	0.	0.	0.	2.40E-15	7.27E-09	1.27E-08	3.87E-09	2.38E-08
75	3.30	3.12E-24	0.	1.22E-23	3.29E-18	5.07E-25	0.	0.	0.	2.41E-15	7.96E-09	1.21E-08	4.13E-09	2.42E-08
76	3.20	3.03E-24	0.	7.60E-24	9.90E-19	2.31E-25	0.	0.	0.	2.41E-15	8.74E-09	1.38E-08	3.36E-09	2.59E-08
77	3.10	2.70E-24	0.	2.34E-24	2.07E-18	5.62E-26	0.	0.	0.	2.42E-15	9.62E-09	1.57E-08	3.72E-09	2.91E-08
78	3.00	2.47E-24	0.	1.11E-24	1.11E-18	6.10E-27	0.	0.	0.	2.42E-15	1.06E-08	1.77E-08	3.16E-09	3.14E-08
79	2.90	2.12E-24	0.	5.26E-25	8.13E-19	0.	0.	0.	0.	2.43E-15	1.18E-08	1.96E-08	3.48E-09	3.49E-08
80	2.80	2.24E-24	0.	5.38E-26	9.70E-19	0.	0.	0.	0.	2.43E-15	1.31E-08	2.16E-08	3.81E-09	3.85E-08
81	2.70	1.49E-24	0.	0.	1.05E-19	0.	0.	0.	0.	2.43E-15	1.46E-08	2.36E-08	3.75E-09	4.19E-08
82	2.60	7.28E-25	0.	0.	7.56E-20	0.	0.	0.	0.	2.43E-15	1.64E-08	2.55E-08	4.03E-09	4.60E-08
83	2.50	5.18E-26	0.	0.	0.	0.	0.	0.	0.	2.43E-15	1.85E-08	2.78E-08	4.49E-09	5.08E-08
84	2.40	0.	2.31E-24	0.	0.	0.	0.	0.	0.	2.41E-15	2.09E-08	3.17E-08	5.14E-09	5.78E-08
85	2.30	0.	6.49E-24	0.	0.	0.	0.	0.	0.	2.40E-15	2.38E-08	3.56E-08	5.81E-09	6.53E-08
86	2.20	0.	1.78E-23	0.	0.	0.	0.	0.	0.	2.39E-15	2.72E-08	3.95E-08	6.50E-09	7.33E-08
87	2.10	0.	3.58E-23	0.	0.	0.	0.	0.	0.	2.32E-15	3.14E-08	4.35E-08	7.19E-09	8.21E-08
88	2.00	0.	4.08E-23	0.	0.	0.	0.	0.	0.	2.23E-15	3.65E-08	4.74E-08	7.88E-09	9.18E-08
89	1.90	0.	3.54E-23	0.	0.	0.	0.	0.	0.	2.13E-15	4.27E-08	2.28E-08	4.65E-09	7.01E-08
90	1.80	0.	3.97E-23	0.	0.	0.	0.	0.	0.	2.01E-15	5.04E-08	2.54E-08	5.33E-09	8.12E-08
91	1.70	0.	3.03E-23	0.	0.	0.	0.	0.	0.	1.70E-15	6.01E-08	2.82E-08	6.10E-09	9.44E-08
92	1.60	0.	3.41E-23	0.	0.	0.	0.	0.	0.	7.72E-16	7.24E-08	3.09E-08	6.76E-09	1.10E-07
93	1.50	0.	3.34E-23	0.	0.	0.	0.	0.	0.	0.	8.81E-08	3.43E-08	7.70E-09	1.30E-07
94	1.40	0.	2.56E-23	0.	0.	0.	0.	0.	0.	0.	1.09E-07	3.64E-08	7.54E-09	1.53E-07
95	1.30	0.	2.44E-23	0.	0.	0.	0.	0.	0.	0.	1.36E-07	4.07E-08	9.10E-09	1.86E-07
96	1.20	0.	2.30E-23	0.	0.	0.	0.	9.20E-29	0.	0.	1.74E-07	1.13E-08	5.33E-09	1.88E-07
97	1.10	0.	2.20E-23	0.	0.	0.	0.	1.57E-27	0.	0.	2.27E-07	1.38E-08	6.72E-09	2.45E-07
98	1.00	0.	1.81E-23	0.	0.	0.	0.	1.86E-27	0.	0.	3.04E-07	1.54E-08	8.11E-09	3.26E-07
99	0.90	0.	8.48E-24	0.	0.	0.	0.	4.13E-26	0.	0.	4.20E-07	1.77E-08	8.22E-09	4.43E-07
100	0.80	0.	1.93E-24	0.	0.	0.	0.	4.07E-26	0.	0.	6.03E-07	1.69E-08	9.51E-09	6.36E-07
101	0.70	0.	4.70E-25	0.	0.	0.	0.	1.25E-25	0.	0.	9.11E-07	1.69E-08	8.33E-09	9.36E-07
102	0.60	0.	0.	0.	0.	0.	0.	0.	0.	0.	1.47E-06	1.90E-08	9.43E-09	1.50E-06

ABSORPTION COEFFICIEN OF HEATED AIR (INVERSE CM.)

TEMPERATURE (DEGREES K) 23000.   DENSITY (GM/CC) 1.293E-09 (1.0E-06 NORMAL)

#	PHOTON ENERGY E.V.	O2 S-R BANDS	O2 S-R CONT.	N2 B-H NO. 1	NO BETA	NO GAMMA	NO 2	O- PHOTO-DET	FREE-FREE (IONS)	N P.E.	O P.E.	TOTAL AIR
1	10.70	0.	0.	1.58E-28	0.	0.	0.	1.41E-18	3.24E-12	2.23E-10	4.65E-11	2.73E-10
2	10.60	0.	0.	1.46E-28	0.	0.	0.	1.41E-18	3.34E-12	2.26E-10	4.66E-11	2.75E-10
3	10.50	0.	0.	1.49E-28	0.	0.	0.	1.41E-18	3.43E-12	2.27E-10	4.66E-11	2.78E-10
4	10.40	0.	0.	1.44E-28	0.	0.	0.	1.41E-18	3.53E-12	2.29E-10	4.67E-11	2.80E-10
5	10.30	0.	0.	1.28E-28	0.	0.	0.	1.42E-18	3.64E-12	2.32E-10	4.69E-11	2.83E-10
6	10.20	0.	0.	1.33E-28	0.	0.	0.	1.42E-18	3.75E-12	2.36E-10	4.75E-11	2.87E-10
7	10.10	0.	0.	1.27E-28	0.	0.	0.	1.42E-18	3.86E-12	2.40E-10	4.81E-11	2.92E-10
8	10.00	0.	0.	1.14E-28	0.	0.	0.	1.42E-18	3.98E-12	2.44E-10	4.88E-11	2.97E-10
9	9.90	0.	0.	1.18E-28	0.	0.	0.	1.43E-18	4.10E-12	2.48E-10	4.95E-11	3.02E-10
10	9.80	0.	0.	1.12E-28	0.	0.	0.	1.43E-18	4.23E-12	2.52E-10	5.01E-11	3.07E-10
11	9.70	0.	0.	9.92E-29	0.	0.	0.	1.43E-18	4.36E-12	2.56E-10	5.08E-11	3.11E-10
12	9.60	0.	0.	1.08E-28	0.	0.	0.	1.43E-18	4.50E-12	2.60E-10	5.15E-11	3.16E-10
13	9.50	0.	0.	9.41E-29	0.	0.	0.	1.44E-18	4.64E-12	2.64E-10	5.22E-11	3.21E-10
14	9.40	0.	0.	9.07E-29	0.	0.	0.	1.44E-18	4.79E-12	2.68E-10	5.29E-11	3.26E-10
15	9.30	0.	0.	9.34E-29	0.	0.	0.	1.44E-18	4.95E-12	2.72E-10	5.37E-11	3.31E-10
16	9.20	0.	0.	7.97E-29	0.	0.	0.	1.45E-18	5.11E-12	2.76E-10	5.43E-11	3.36E-10
17	9.10	0.	0.	8.22E-29	0.	0.	0.	1.46E-18	5.29E-12	2.81E-10	5.51E-11	3.41E-10
18	9.00	0.	0.	7.61E-29	0.	0.	0.	1.46E-18	5.46E-12	2.85E-10	3.71E-11	3.27E-10
19	8.90	0.	0.	7.18E-29	0.	0.	0.	1.47E-18	5.65E-12	2.89E-10	3.48E-11	3.29E-10
20	8.80	0.	0.	7.12E-29	0.	0.	0.	1.47E-18	5.85E-12	2.93E-10	3.57E-11	3.35E-10
21	8.70	0.	0.	6.32E-29	0.	0.	0.	1.48E-18	6.05E-12	2.97E-10	3.67E-11	3.40E-10
22	8.60	0.	0.	6.57E-29	0.	0.	0.	1.48E-18	6.27E-12	3.02E-10	3.76E-11	3.46E-10
23	8.50	0.	0.	5.89E-29	0.	0.	0.	1.49E-18	6.49E-12	3.06E-10	3.86E-11	3.51E-10
24	8.40	0.	0.	5.92E-29	0.	0.	0.	1.49E-18	6.73E-12	1.87E-10	3.95E-11	2.33E-10
25	8.30	0.	0.	5.14E-29	0.	0.	0.	1.50E-18	6.97E-12	1.93E-10	4.05E-11	2.40E-10
26	8.20	0.	0.	5.24E-29	0.	0.	0.	1.51E-18	7.23E-12	2.00E-10	4.22E-11	2.50E-10
27	8.10	0.	0.	4.63E-29	0.	0.	0.	1.52E-18	7.51E-12	2.08E-10	4.39E-11	2.60E-10
28	8.00	0.	0.	4.71E-29	0.	0.	0.	1.53E-18	7.79E-12	2.16E-10	4.56E-11	2.69E-10
29	7.90	0.	0.	4.14E-29	0.	0.	0.	1.53E-18	8.09E-12	2.24E-10	4.72E-11	2.79E-10
30	7.80	0.	0.	4.34E-29	0.	0.	0.	1.54E-18	8.41E-12	2.31E-10	4.89E-11	2.89E-10
31	7.70	0.	0.	3.89E-29	0.	0.	0.	1.55E-18	8.74E-12	2.40E-10	5.07E-11	2.99E-10
32	7.60	0.	0.	3.75E-29	0.	1.1E-32	0.	1.56E-18	9.09E-12	2.50E-10	5.24E-11	3.11E-10
33	7.50	0.	0.	3.54E-29	0.	3.40E-32	0.	1.57E-18	9.46E-12	2.59E-10	5.42E-11	3.23E-10
34	7.40	0.	0.	3.23E-29	0.	3.23E-31	0.	1.57E-18	9.85E-12	2.26E-10	5.62E-11	2.92E-10
35	7.30	0.	0.	3.11E-29	0.	1.19E-30	0.	1.58E-18	1.03E-11	2.37E-10	5.85E-11	3.06E-10
36	7.20	0.	0.	2.86E-29	0.	3.38E-30	0.	1.59E-18	1.07E-11	2.50E-10	6.17E-11	3.23E-10
37	7.10	0.	0.	2.79E-29	0.	1.07E-29	0.	1.60E-18	1.12E-11	2.63E-10	6.49E-11	3.40E-10
38	7.00	2.53E-31	0.	2.61E-29	0.	1.99E-29	0.	1.62E-18	1.16E-11	2.77E-10	6.82E-11	3.57E-10
39	6.90	5.00E-31	0.	2.43E-29	0.	3.01E-29	0.	1.63E-18	1.22E-11	2.90E-10	7.14E-11	3.74E-10
40	6.80	4.36E-31	0.	2.39E-29	0.	4.89E-29	0.	1.64E-18	1.27E-11	3.03E-10	7.47E-11	3.91E-10
41	6.70	3.21E-31	0.	2.13E-29	0.	4.65E-29	0.	1.66E-18	1.33E-11	3.16E-10	7.79E-11	4.08E-10
42	6.60	1.98E-31	0.	1.95E-29	0.	4.14E-29	0.	1.67E-18	1.39E-11	3.30E-10	8.12E-11	4.25E-10
43	6.50	1.16E-31	0.	1.13E-29	1.68E-31	5.77E-29	0.	1.68E-18	1.46E-11	3.43E-10	8.44E-11	4.42E-10
44	6.40	6.74E-32	0.	7.32E-30	8.07E-31	5.16E-29	0.	1.70E-18	1.53E-11	3.56E-10	8.78E-11	4.59E-10
45	6.30	3.98E-32	0.	4.18E-30	1.17E-30	4.03E-29	0.	1.71E-18	1.60E-11	3.69E-10	9.12E-11	4.77E-10
46	6.20	1.82E-32	0.	2.02E-30	3.38E-30	5.33E-29	0.	1.72E-18	1.68E-11	3.84E-10	9.50E-11	4.96E-10
47	6.10	8.51E-33	0.	5.23E-31	3.35E-31	6.32E-29	0.	1.73E-18	1.77E-11	1.23E-10	3.24E-11	1.73E-10
48	6.00	3.61E-33	0.	3.76E-32	3.28E-31	3.28E-29	0.	1.75E-18	1.86E-11	1.26E-10	3.26E-11	1.79E-10
49	5.90	8.96E-34	0.	9.52E-34	4.98E-30	3.16E-29	0.	1.75E-18	1.95E-11	1.32E-10	3.39E-11	1.86E-10
50	5.80	1.15E-34	0.	0.	7.04E-30	3.34E-29	0.	1.72E-18	2.06E-11	1.37E-10	3.52E-11	1.93E-10
51	5.70	8.45E-36	0.	0.	8.4E-30	3.74E-29	0.	1.62E-18	2.17E-11	1.44E-10	3.67E-11	2.02E-10

ABSORPTION COEFFICIENTS OF HEATED AIR (INVERSE CM.)

TEMPERATURE (DEGREES K) 23000. DENSITY (GM/CC) 1.293E-09 (1.0E-06 NORMAL)

PHOTON BANDS	ENERGY	O2 S-R	N2 1ST POS.	N2 2ND POS.	N2+ 1ST NEG.	NO BETA	NO GAMMA	NO VIB-ROT	NO2	O- PHOTO-DET (IONS)	FREE-FREE (IONS)	N P.E.	O P.E.	TOTAL AIR
52	5.60	3.84E-37	0.	0.	0.	7.44E-30	4.78E-29	0.	0.	1.50E-18	2.29E-11	1.53E-11	3.81E-11	2.14E-10
53	5.50	0.	0.	0.	0.	9.10E-30	4.42E-29	0.	0.	1.51E-18	2.41E-11	1.62E-11	3.98E-11	2.26E-10
54	5.40	0.	0.	0.	0.	8.57E-30	3.74E-29	0.	0.	1.52E-18	2.55E-11	1.72E-11	4.20E-11	2.39E-10
55	5.30	0.	0.	0.	0.	8.78E-30	4.59E-29	0.	0.	1.53E-18	2.70E-11	1.82E-11	4.45E-11	2.53E-10
56	5.20	0.	0.	0.	0.	9.56E-30	4.68E-29	0.	0.	1.54E-18	2.86E-11	1.92E-11	3.52E-11	2.56E-10
57	5.10	0.	0.	0.	0.	8.86E-30	4.51E-29	0.	0.	1.55E-18	3.03E-11	2.02E-11	3.73E-11	2.70E-10
58	5.00	5.46E-30	0.	0.	0.	9.97E-30	5.01E-29	0.	0.	1.56E-18	3.22E-11	2.12E-11	3.94E-11	2.84E-10
59	4.90	1.35E-29	0.	0.	0.	1.08E-29	4.75E-29	0.	0.	1.58E-18	3.42E-11	2.32E-11	4.15E-11	2.98E-10
60	4.80	2.59E-29	0.	0.	0.	1.14E-29	4.35E-29	0.	0.	1.59E-18	3.64E-11	2.47E-11	4.37E-11	3.12E-10
61	4.70	3.57E-29	0.	0.	0.	1.06E-29	3.94E-29	0.	0.	1.60E-18	3.86E-11	2.65E-11	4.60E-11	3.31E-10
62	4.60	5.02E-29	0.	0.	0.	1.07E-29	2.98E-29	0.	0.	1.62E-18	4.14E-11	2.84E-11	4.85E-11	3.55E-10
63	4.50	5.36E-29	0.	2.73E-30	0.	1.04E-29	2.02E-29	0.	0.	1.64E-18	4.45E-11	3.02E-11	5.11E-11	3.79E-10
64	4.40	5.82E-29	0.	7.80E-30	0.	1.10E-29	1.29E-29	0.	0.	1.64E-18	4.74E-11	3.21E-11	5.43E-11	4.04E-10
65	4.30	5.82E-29	0.	2.75E-29	0.	1.07E-29	8.79E-30	0.	0.	1.66E-18	5.08E-11	3.44E-11	5.90E-11	4.27E-10
66	4.20	5.29E-29	0.	8.29E-29	0.	1.01E-29	2.50E-30	0.	0.	1.67E-18	5.45E-11	3.67E-11	6.39E-11	4.57E-10
67	4.10	5.03E-29	0.	3.96E-29	0.	1.09E-29	1.86E-30	0.	0.	1.68E-18	5.87E-11	3.90E-11	6.89E-11	4.89E-10
68	4.00	4.70E-29	0.	1.21E-28	0.	9.58E-30	6.84E-31	0.	0.	1.68E-18	6.32E-11	4.13E-11	7.38E-11	5.22E-10
69	3.90	4.07E-29	0.	5.81E-29	5.17E-24	1.04E-29	0.	0.	0.	1.67E-18	6.85E-11	4.37E-11	7.88E-11	5.55E-10
70	3.80	4.50E-29	0.	9.43E-29	1.95E-23	8.40E-30	0.	0.	0.	1.67E-18	7.39E-11	4.60E-11	8.38E-11	5.89E-10
71	3.70	4.79E-29	0.	9.79E-29	9.58E-24	8.49E-30	0.	0.	0.	1.64E-18	8.01E-11	4.83E-11	7.68E-11	6.24E-10
72	3.60	3.74E-29	0.	7.13E-29	4.86E-23	7.76E-30	0.	0.	0.	1.54E-18	8.71E-11	1.43E-11	8.12E-11	6.47E-10
73	3.50	3.56E-29	0.	9.16E-29	8.24E-23	8.23E-30	0.	0.	0.	1.46E-18	9.48E-11	1.56E-11	8.69E-11	3.19E-10
74	3.40	3.33E-29	0.	6.14E-29	1.48E-23	7.93E-30	0.	0.	0.	8.13E-19	1.04E-10	1.68E-11	6.38E-11	3.46E-10
75	3.30	2.39E-29	0.	6.28E-29	7.84E-23	7.65E-30	0.	0.	0.	8.15E-19	1.13E-10	1.92E-11	5.05E-11	3.67E-10
76	3.20	2.33E-29	0.	4.24E-29	2.36E-23	6.02E-30	0.	0.	0.	8.17E-19	1.24E-10	2.19E-11	5.74E-11	4.14E-10
77	3.10	2.13E-29	0.	3.34E-29	4.94E-23	5.24E-30	0.	0.	0.	8.19E-19	1.37E-10	2.46E-11	6.42E-11	4.62E-10
78	3.00	1.83E-29	0.	2.08E-29	2.65E-23	4.34E-30	0.	0.	0.	8.20E-19	1.51E-10	2.74E-11	7.11E-11	5.12E-10
79	2.90	1.93E-29	0.	1.35E-29	1.94E-23	3.56E-30	0.	0.	0.	8.22E-19	1.68E-10	3.01E-11	7.77E-11	5.65E-10
80	2.80	1.28E-29	0.	6.41E-30	2.31E-23	2.46E-30	0.	0.	0.	8.22E-19	1.87E-10	3.29E-11	8.38E-11	6.21E-10
81	2.70	0.	0.	3.03E-30	2.50E-24	2.74E-31	0.	0.	0.	8.22E-19	2.08E-10	3.56E-11	9.06E-11	6.80E-10
82	2.60	0.	0.	1.47E-30	2.46E-24	2.97E-32	0.	0.	0.	8.22E-19	2.34E-10	3.92E-11	1.00E-10	7.55E-10
83	2.50	0.	0.	0.	2.14E-24	0.	0.	0.	0.	8.15E-19	2.63E-10	4.45E-11	1.14E-10	8.58E-10
84	2.40	0.	6.32E-30	0.	1.80E-24	0.	0.	0.	0.	8.12E-19	2.98E-10	4.99E-11	1.28E-10	1.08E-09
85	2.30	0.	1.78E-29	0.	0.	0.	0.	0.	0.	8.09E-19	3.39E-10	5.53E-11	1.41E-10	1.28E-09
86	2.20	0.	4.88E-29	0.	0.	0.	0.	0.	0.	7.83E-19	3.88E-10	3.88E-11	1.33E-10	1.47E-09
87	2.10	0.	4.84E-29	0.	0.	0.	0.	0.	0.	7.53E-19	4.47E-10	2.37E-11	7.06E-11	1.66E-09
88	2.00	0.	9.83E-29	0.	0.	0.	0.	0.	0.	7.20E-19	5.19E-10	2.69E-11	8.06E-11	8.60E-10
89	1.90	0.	9.71E-28	0.	0.	0.	0.	0.	0.	6.78E-19	6.08E-10	3.02E-11	8.97E-11	9.90E-10
90	1.80	0.	1.09E-28	0.	0.	0.	0.	0.	0.	5.74E-19	7.18E-10	3.35E-11	9.87E-11	1.14E-09
91	1.70	0.	8.30E-29	0.	0.	0.	0.	0.	0.	2.61E-19	8.56E-10	3.68E-11	1.08E-10	1.32E-09
92	1.60	0.	9.36E-29	0.	0.	0.	0.	0.	0.	0.	1.03E-09	4.01E-11	1.17E-10	1.80E-09
93	1.50	0.	9.17E-29	0.	0.	0.	0.	0.	0.	0.	1.25E-09	4.33E-11	1.25E-10	2.14E-09
94	1.40	0.	7.02E-29	0.	0.	0.	0.	0.	0.	0.	1.55E-09	4.67E-11	1.25E-10	1.96E-09
95	1.30	0.	6.70E-29	0.	0.	0.	0.	0.	0.	0.	1.94E-09	1.51E-11	1.57E-10	2.50E-09
96	1.20	0.	6.57E-29	0.	0.	0.	0.	0.	0.	0.	2.47E-09	1.87E-11	1.97E-10	2.73E-09
97	1.10	0.	6.04E-29	0.	0.	0.	0.	0.	0.	0.	3.23E-09	2.28E-11	2.38E-10	3.27E-09
98	1.00	0.	4.95E-29	0.	4.48E-34	0.	0.	0.	0.	0.	4.32E-09	2.54E-11	2.42E-10	4.37E-09
99	0.90	0.	2.32E-29	0.	7.67E-33	0.	0.	0.	0.	0.	5.97E-09	2.45E-11	2.13E-10	6.02E-09
100	0.80	0.	5.30E-30	0.	2.01E-31	0.	0.	0.	0.	0.	8.57E-09	1.29E-11	8.61E-11	8.61E-09
101	0.70	0.	1.29E-30	0.	1.98E-31	0.	0.	0.	0.	0.	1.29E-08	2.80E-11	2.45E-11	1.30E-08
102	0.60	0.	0.	0.	6.07E-31	0.	0.	0.	0.	0.	2.08E-08	3.13E-11	2.77E-11	2.09E-08

441

ABSORPTION COEFFICIEN. OF HEATED AIR (INVERSE CM.)

TEMPERATURE (DEGREES K) 24000. DENSITY (GM/CC) 1.293E-02 (1.0E 01 NORMAL)

	PHOTON ENERGY E.V.	O2 S-R BANDS	O2 S-R CONT.	N2 B-H NO. 1	NO BETA	NO GAMMA	NO 2	O- PHOTO-DET (IONS)	FREE-FREE	N P.E.	O P.E.	TOTAL AIR
1	10.70	0.	0.	1.41E-01	0.	0.	0.	5.65E 00	1.30E 00	2.64E 02	9.22E 00	2.80E 02
2	10.60	0.	0.	1.31E-01	0.	0.	0.	5.66E 00	1.34E 00	2.85E 01	9.18E 00	4.48E 01
3	10.50	0.	0.	1.34E-01	0.	0.	0.	5.66E 00	1.38E 00	2.86E 01	9.14E 00	4.49E 01
4	10.40	0.	0.	1.29E-01	0.	0.	0.	5.67E 00	1.42E 00	2.87E 01	9.09E 00	4.50E 01
5	10.30	0.	0.	1.15E-01	0.	0.	0.	5.68E 00	1.46E 00	2.88E 01	9.05E 00	4.51E 01
6	10.20	0.	0.	1.20E-01	0.	0.	0.	5.69E 00	1.51E 00	2.88E 01	9.01E 00	4.52E 01
7	10.10	0.	0.	1.15E-01	0.	0.	0.	5.69E 00	1.55E 00	2.87E 01	8.96E 00	4.50E 01
8	10.00	0.	0.	1.03E-01	0.	0.	0.	5.70E 00	1.60E 00	2.88E 01	8.92E 00	4.50E 01
9	9.90	0.	0.	1.09E-01	0.	0.	0.	5.70E 00	1.65E 00	2.88E 01	8.87E 00	4.51E 01
10	9.80	0.	0.	1.02E-01	0.	0.	0.	5.72E 00	1.70E 00	2.89E 01	8.83E 00	4.52E 01
11	9.70	0.	0.	9.05E-02	0.	0.	0.	5.73E 00	1.75E 00	2.90E 01	8.79E 00	4.53E 01
12	9.60	0.	0.	9.82E-02	0.	0.	0.	5.74E 00	1.81E 00	2.91E 01	8.74E 00	4.54E 01
13	9.50	0.	0.	8.61E-02	0.	0.	0.	5.75E 00	1.87E 00	2.91E 01	8.70E 00	4.55E 01
14	9.40	0.	0.	8.32E-02	0.	0.	0.	5.78E 00	1.93E 00	2.92E 01	8.66E 00	4.56E 01
15	9.30	0.	0.	8.58E-02	0.	0.	0.	5.80E 00	1.99E 00	2.92E 01	8.61E 00	4.57E 01
16	9.20	0.	0.	7.35E-02	0.	0.	0.	5.82E 00	2.06E 00	2.93E 01	8.57E 00	4.59E 01
17	9.10	0.	0.	7.58E-02	0.	0.	0.	5.84E 00	2.13E 00	1.24E 01	8.53E 00	2.90E 01
18	9.00	0.	0.	7.04E-02	0.	0.	0.	5.86E 00	2.20E 00	1.25E 01	8.49E 00	2.91E 01
19	8.90	0.	0.	6.65E-02	0.	0.	0.	5.88E 00	2.28E 00	1.25E 01	8.45E 00	2.92E 01
20	8.80	0.	0.	6.60E-02	0.	0.	0.	5.90E 00	2.36E 00	1.25E 01	8.41E 00	2.92E 01
21	8.70	0.	0.	5.89E-02	0.	0.	0.	5.92E 00	2.44E 00	1.26E 01	8.37E 00	2.93E 01
22	8.60	0.	0.	6.12E-02	0.	0.	0.	5.94E 00	2.53E 00	1.26E 01	8.34E 00	2.95E 01
23	8.50	0.	0.	5.51E-02	0.	0.	0.	5.96E 00	2.62E 00	1.26E 01	8.30E 00	2.96E 01
24	8.40	0.	0.	5.54E-02	0.	0.	0.	6.00E 00	2.71E 00	1.27E 01	8.26E 00	2.97E 01
25	8.30	0.	0.	4.83E-02	0.	0.	0.	6.03E 00	2.82E 00	1.28E 01	8.24E 00	2.99E 01
26	8.20	0.	0.	4.93E-02	0.	0.	0.	6.06E 00	2.92E 00	1.29E 01	8.24E 00	3.01E 01
27	8.10	0.	0.	4.37E-02	0.	0.	0.	6.09E 00	3.03E 00	1.29E 01	8.24E 00	3.03E 01
28	8.00	0.	0.	4.45E-02	0.	0.	0.	6.12E 00	3.15E 00	1.30E 01	8.24E 00	3.06E 01
29	7.90	0.	0.	3.92E-02	0.	0.	0.	6.15E 00	3.27E 00	1.31E 01	8.24E 00	3.08E 01
30	7.80	0.	0.	4.12E-02	0.	0.	0.	6.18E 00	3.40E 00	1.32E 01	8.24E 00	3.11E 01
31	7.70	0.	0.	3.70E-02	0.	0.	0.	6.21E 00	3.53E 00	1.33E 01	8.24E 00	3.14E 01
32	7.60	0.	0.	3.57E-02	0.	1.55E-06	0.	6.25E 00	3.68E 00	1.35E 01	8.24E 00	3.17E 01
33	7.50	0.	0.	3.38E-02	0.	4.70E-06	0.	6.28E 00	3.83E 00	1.36E 01	8.24E 00	3.19E 01
34	7.40	0.	0.	3.09E-02	0.	4.56E-05	0.	6.31E 00	3.99E 00	1.37E 01	8.24E 00	3.22E 01
35	7.30	0.	0.	2.99E-02	0.	1.67E-04	0.	6.35E 00	4.15E 00	1.38E 01	8.24E 00	3.26E 01
36	7.20	0.	0.	2.75E-02	0.	4.75E-04	0.	6.38E 00	4.33E 00	1.39E 01	8.24E 00	3.29E 01
37	7.10	0.	0.	2.69E-02	0.	1.51E-03	0.	6.43E 00	4.52E 00	1.40E 01	8.24E 00	3.32E 01
38	7.00	5.45E-06	0.	2.52E-02	0.	2.77E-03	0.	6.49E 00	4.72E 00	1.41E 01	8.24E 00	3.36E 01
39	6.90	1.08E-05	0.	2.36E-02	0.	4.24E-03	0.	6.54E 00	4.93E 00	1.42E 01	8.24E 00	3.40E 01
40	6.80	9.40E-06	0.	2.32E-02	0.	6.81E-03	0.	6.59E 00	5.15E 00	1.44E 01	8.24E 00	3.44E 01
41	6.70	6.95E-06	0.	2.07E-02	0.	6.45E-03	0.	6.64E 00	5.39E 00	1.45E 01	8.24E 00	3.48E 01
42	6.60	4.29E-06	0.	1.90E-02	0.	5.80E-03	0.	6.70E 00	5.64E 00	1.46E 01	8.26E 00	3.53E 01
43	6.50	2.51E-06	0.	1.55E-02	0.	7.94E-03	0.	6.75E 00	5.91E 00	1.48E 01	8.28E 00	3.58E 01
44	6.40	1.46E-06	0.	1.11E-02	0.	7.13E-03	0.	6.80E 00	6.19E 00	1.50E 01	8.30E 00	3.63E 01
45	6.30	6.30E-07	0.	7.23E-03	2.28E-05	5.64E-03	0.	6.85E 00	6.50E 00	1.52E 01	8.33E 00	3.69E 01
46	6.20	3.98E-07	0.	4.14E-03	1.10E-04	7.41E-03	0.	6.91E 00	6.82E 00	1.54E 01	8.38E 00	3.75E 01
47	6.10	1.86E-07	0.	2.01E-03	1.60E-04	8.74E-03	0.	6.96E 00	7.17E 00	1.56E 01	8.43E 00	3.81E 01
48	6.00	7.90E-08	0.	5.22E-04	4.63E-04	4.58E-03	0.	7.01E 00	7.54E 00	1.57E 01	8.48E 00	3.88E 01
49	5.90	1.97E-08	0.	3.75E-05	6.85E-04	4.39E-03	0.	7.01E 00	7.93E 00	1.60E 01	8.54E 00	3.95E 01
50	5.80	2.52E-09	0.	9.51E-07	9.71E-04	4.67E-03	0.	6.91E 00	8.36E 00	1.62E 01	8.59E 00	4.01E 01
51	5.70	1.86E-10	0.	0.	1.17E-03	5.22E-03	0.	6.49E 00	8.81E 00	1.65E 01	8.64E 00	4.04E 01

ABSORPTION COEFFICIENTS OF HEATED AIR (INVERSE CM.)

TEMPERATURE (DEGREES K) 24000. DENSITY (GM/CC) 1.293E-02 (1.0E 01 NORMAL)

PHOTON ENERGY	O2 S-R BANDS	N2 1ST POS.	N2 2ND POS.	N2+ 1ST NEG.	NO BETA	NO GAMMA	NO VIB-ROT	NO2	O- PHOTO-DET (IONS)	FREE-FREE (IONS)	N P.E.	O P.E.	TOTAL AIR
52 5.60	8.44E-12	0.	0.	0.	1.03E-03	6.64E-03	0.	0.	6.03E 00	9.30E 00	1.68E 01	8.70E 00	4.08E 01
53 5.50	0.	0.	0.	0.	1.26E-03	6.14E-03	0.	0.	6.06E 00	9.82E 00	1.72E 01	8.78E 00	4.18E 01
54 5.40	0.	0.	0.	0.	1.20E-03	6.39E-03	0.	0.	6.09E 00	1.04E 01	1.76E 01	8.88E 00	4.30E 01
55 5.30	0.	0.	0.	0.	1.22E-03	5.19E-03	0.	0.	6.13E 00	1.10E 01	1.81E 01	8.99E 00	4.43E 01
56 5.20	0.	0.	0.	0.	1.34E-03	6.57E-03	0.	0.	6.17E 00	1.16E 01	1.86E 01	9.13E 00	4.56E 01
57 5.10	0.	0.	0.	0.	1.34E-03	6.35E-03	0.	0.	6.22E 00	1.23E 01	1.92E 01	9.26E 00	4.70E 01
58 5.00	1.21E-04	0.	0.	0.	1.24E-03	7.07E-03	0.	0.	6.28E 00	1.31E 01	1.98E 01	9.40E 00	4.86E 01
59 4.90	3.00E-04	0.	0.	0.	1.40E-03	6.71E-03	0.	0.	6.33E 00	1.39E 01	2.05E 01	9.57E 00	5.04E 01
60 4.80	5.77E-04	0.	0.	0.	1.51E-03	5.56E-03	0.	0.	6.38E 00	1.48E 01	2.13E 01	9.78E 00	5.23E 01
61 4.70	7.97E-04	0.	0.	0.	1.54E-03	4.21E-03	0.	0.	6.43E 00	1.58E 01	2.22E 01	1.00E 01	5.45E 01
62 4.60	1.12E-03	0.	0.	0.	1.60E-03	2.85E-03	0.	0.	6.49E 00	1.69E 01	2.31E 01	1.03E 01	5.68E 01
63 4.50	1.20E-03	0.	0.	0.	1.49E-03	1.83E-03	0.	0.	6.54E 00	1.80E 01	2.44E 01	1.06E 01	5.96E 01
64 4.40	1.31E-03	0.	0.	0.	1.51E-03	1.24E-03	0.	0.	6.59E 00	1.93E 01	2.57E 01	1.09E 01	6.25E 01
65 4.30	1.26E-03	0.	0.	0.	1.47E-03	3.54E-04	0.	0.	6.64E 00	2.07E 01	2.71E 01	1.12E 01	6.57E 01
66 4.20	1.14E-03	0.	0.	0.	1.56E-03	9.59E-05	0.	0.	6.70E 00	2.22E 01	2.86E 01	1.15E 01	6.91E 01
67 4.10	1.14E-03	0.	0.	0.	1.55E-03	0.	0.	0.	6.75E 00	2.40E 01	3.00E 01	1.14E 01	7.22E 01
68 4.00	1.06E-03	0.	0.	0.	1.52E-03	0.	0.	0.	6.72E 00	2.58E 01	3.15E 01	6.22E 00	7.04E 01
69 3.90	9.24E-04	0.	2.72E-03	7.56E-03	1.44E-03	0.	0.	0.	6.72E 00	2.79E 01	3.16E 01	6.42E 00	7.27E 01
70 3.80	1.02E-03	0.	7.73E-03	2.80E-02	1.56E-03	0.	0.	0.	6.70E 00	3.02E 01	3.17E 01	6.71E 00	7.55E 01
71 3.70	9.33E-04	0.	2.76E-02	1.44E-02	1.37E-03	0.	0.	0.	6.59E 00	3.28E 01	2.92E 01	7.29E 00	7.39E 01
72 3.60	8.55E-04	0.	8.24E-02	1.18E-01	1.21E-03	0.	0.	0.	6.17E 00	3.57E 01	3.12E 01	7.94E 00	7.91E 01
73 3.50	8.13E-04	0.	3.99E-01	2.18E-01	1.37E-03	0.	0.	0.	5.65E 00	3.89E 01	3.46E 01	8.68E 00	8.46E 01
74 3.40	7.63E-04	0.	1.52E-01	7.61E-02	1.09E-03	0.	0.	0.	3.26E 00	4.24E 01	3.80E 01	9.53E 00	8.99E 01
75 3.30	6.18E-04	0.	5.81E-02	3.48E-02	1.19E-03	0.	0.	0.	3.27E 00	4.65E 01	4.15E 01	1.04E 01	9.53E 01
76 3.20	5.50E-04	0.	9.44E-02	7.15E-02	1.15E-03	0.	0.	0.	3.28E 00	5.11E 01	4.51E 01	1.13E 01	9.83E 01
77 3.10	5.38E-04	0.	7.16E-02	2.85E-02	1.11E-03	0.	0.	0.	3.29E 00	5.63E 01	4.87E 01	1.22E 01	1.07E 02
78 3.00	4.92E-04	0.	9.18E-02	3.34E-03	8.78E-04	0.	0.	0.	3.30E 00	6.22E 01	5.27E 01	1.31E 01	1.17E 02
79 2.90	4.24E-04	0.	6.20E-02	3.65E-03	6.38E-04	0.	0.	0.	3.30E 00	6.90E 01	5.73E 01	1.41E 01	1.27E 02
80 2.80	4.49E-04	0.	4.29E-02	2.60E-03	3.64E-04	0.	0.	0.	3.30E 00	7.68E 01	6.24E 01	1.53E 01	1.39E 02
81 2.70	2.99E-04	0.	3.39E-02	0.	3.34E-04	0.	0.	0.	3.30E 00	8.59E 01	6.77E 01	1.66E 01	1.53E 02
82 2.60	1.47E-04	0.	2.12E-02	0.	1.67E-04	0.	0.	0.	3.30E 00	9.64E 01	7.74E 01	1.80E 01	1.68E 02
83 2.50	1.05E-05	0.	6.54E-03	0.	4.07E-05	0.	0.	0.	3.27E 00	1.09E 02	9.00E 01	1.22E 01	1.85E 02
84 2.40	0.	6.34E-03	3.10E-03	0.	4.42E-06	0.	0.	0.	3.26E 00	1.23E 02	9.77E 01	1.40E 01	2.02E 02
85 2.30	0.	1.76E-02	1.47E-03	0.	0.	0.	0.	0.	3.24E 00	1.40E 02	1.14E 02	1.67E 01	2.30E 02
86 2.20	0.	4.87E-02	1.49E-04	0.	0.	0.	0.	0.	3.14E 00	1.60E 02	1.30E 02	1.98E 01	2.81E 02
87 2.10	0.	9.75E-02	0.	0.	0.	0.	0.	0.	2.89E 00	1.85E 02	1.50E 02	2.30E 01	3.25E 02
88 2.00	0.	1.09E-01	0.	0.	0.	0.	0.	0.	2.72E 00	2.15E 02	1.80E 02	2.62E 01	3.74E 02
89 1.90	0.	9.53E-02	0.	0.	0.	0.	0.	0.	2.30E 00	2.52E 02	2.16E 02	3.08E 01	4.36E 02
90 1.80	0.	1.06E-01	0.	0.	0.	0.	0.	0.	1.05E 00	2.98E 02	2.54E 02	3.76E 01	5.18E 02
91 1.70	0.	8.14E-02	0.	0.	0.	0.	0.	0.	0.	3.55E 02	3.32E 02	4.58E 01	6.20E 02
92 1.60	0.	8.95E-02	0.	0.	0.	0.	0.	0.	0.	4.28E 02	4.17E 02	5.40E 01	7.38E 02
93 1.50	0.	6.85E-02	0.	0.	0.	0.	0.	0.	0.	5.21E 02	5.28E 02	6.54E 01	9.19E 02
94 1.40	0.	6.53E-02	0.	0.	0.	0.	0.	0.	0.	6.43E 02	6.43E 02	7.82E 01	1.14E 03
95 1.30	0.	6.43E-02	0.	0.	0.	0.	0.	0.	0.	8.07E 02	7.92E 02	1.03E 02	1.48E 03
96 1.20	0.	5.93E-02	0.	0.	0.	0.	0.	0.	0.	1.03E 03	9.62E 02	1.29E 02	1.78E 03
97 1.10	0.	4.85E-02	0.	0.	0.	0.	6.21E-08	0.	0.	1.35E 03	1.11E 03	1.48E 02	2.27E 03
98 1.00	0.	5.17E-03	0.	0.	0.	0.	1.08E-06	0.	0.	1.82E 03	1.28E 03	1.73E 02	2.93E 03
99 0.90	0.	1.31E-03	0.	0.	0.	0.	1.28E-06	0.	0.	2.52E 03	1.37E 03	1.98E 02	3.80E 03
100 0.80	0.	0.	0.	0.	0.	0.	2.86E-06	0.	0.	3.63E 03	1.54E 03	2.18E 02	5.11E 03
101 0.70	0.	0.	0.	0.	0.	0.	2.86E-05	0.	0.	5.50E 03	1.78E 03	2.43E 02	7.07E 03
102 0.60	0.	0.	0.	0.	0.	0.	8.69E-05	0.	0.	8.89E 03	2.18E 03	2.62E 02	1.06E 04

ABSORPTION COEFFICIENT OF HEATED AIR (INVERSE CM.)

TEMPERATURE (DEGREES K) 24000. DENSITY (GM/CC) 1.293E-03 (1.0E 00 NORMAL)

#	PHOTON ENERGY E.V.	O2 S-R BANDS	O2 S-R CONT.	N2 B-H NO. 1	NO BETA	NO GAMMA	NO2	O- PHOTO-DET (IONS)	FREE-FREE (IONS)	N P.E.	O P.E.	TOTAL AIR
1	10.70	0.	0.	6.18E-04	0.	0.	0.	1.07E-01	8.70E-02	1.75E 01	6.75E-01	1.83E 01
2	10.60	0.	0.	5.72E-04	0.	0.	0.	1.07E-01	8.95E-02	1.90E 00	6.72E-01	2.77E 00
3	10.50	0.	0.	5.85E-04	0.	0.	0.	1.07E-01	9.21E-02	1.90E 00	6.65E-01	2.78E 00
4	10.40	0.	0.	5.65E-04	0.	0.	0.	1.07E-01	9.44E-02	1.91E 00	6.62E-01	2.78E 00
5	10.30	0.	0.	5.03E-04	0.	0.	0.	1.08E-01	9.76E-02	1.92E 00	6.59E-01	2.78E 00
6	10.20	0.	0.	5.27E-04	0.	0.	0.	1.08E-01	1.01E-01	1.92E 00	6.56E-01	2.78E 00
7	10.10	0.	0.	5.02E-04	0.	0.	0.	1.08E-01	1.07E-01	1.91E 00	6.53E-01	2.77E 00
8	10.00	0.	0.	4.52E-04	0.	0.	0.	1.08E-01	1.07E-01	1.90E 00	6.49E-01	2.78E 00
9	9.90	0.	0.	4.67E-04	0.	0.	0.	1.08E-01	1.10E-01	1.91E 00	6.46E-01	2.78E 00
10	9.80	0.	0.	4.47E-04	0.	0.	0.	1.08E-01	1.14E-01	1.91E 00	6.43E-01	2.79E 00
11	9.70	0.	0.	3.96E-04	0.	0.	0.	1.09E-01	1.17E-01	1.92E 00	6.40E-01	2.79E 00
12	9.60	0.	0.	4.30E-04	0.	0.	0.	1.09E-01	1.21E-01	1.92E 00	6.36E-01	2.80E 00
13	9.50	0.	0.	3.77E-04	0.	0.	0.	1.09E-01	1.25E-01	1.93E 00	6.33E-01	2.81E 00
14	9.40	0.	0.	3.64E-04	0.	0.	0.	1.09E-01	1.29E-01	1.93E 00	6.30E-01	2.81E 00
15	9.30	0.	0.	3.75E-04	0.	0.	0.	1.10E-01	1.33E-01	1.94E 00	6.27E-01	2.82E 00
16	9.20	0.	0.	3.21E-04	0.	0.	0.	1.10E-01	1.38E-01	1.95E 00	6.24E-01	2.82E 00
17	9.10	0.	0.	3.32E-04	0.	0.	0.	1.10E-01	1.42E-01	8.27E-01	6.21E-01	1.70E 00
18	9.00	0.	0.	3.08E-04	0.	0.	0.	1.11E-01	1.47E-01	8.28E-01	6.18E-01	1.71E 00
19	8.90	0.	0.	2.91E-04	0.	0.	0.	1.11E-01	1.52E-01	8.30E-01	6.16E-01	1.71E 00
20	8.80	0.	0.	2.89E-04	0.	0.	0.	1.12E-01	1.57E-01	8.32E-01	6.13E-01	1.72E 00
21	8.70	0.	0.	2.58E-04	0.	0.	0.	1.12E-01	1.63E-01	8.35E-01	6.10E-01	1.72E 00
22	8.60	0.	0.	2.68E-04	0.	0.	0.	1.13E-01	1.69E-01	8.37E-01	6.07E-01	1.73E 00
23	8.50	0.	0.	2.41E-04	0.	0.	0.	1.13E-01	1.75E-01	8.41E-01	6.05E-01	1.74E 00
24	8.40	0.	0.	2.42E-04	0.	0.	0.	1.14E-01	1.81E-01	8.45E-01	6.03E-01	1.74E 00
25	8.30	0.	0.	2.11E-04	0.	0.	0.	1.14E-01	1.88E-01	8.50E-01	6.03E-01	1.76E 00
26	8.20	0.	0.	2.16E-04	0.	0.	0.	1.15E-01	1.95E-01	8.55E-01	6.03E-01	1.77E 00
27	8.10	0.	0.	1.91E-04	0.	0.	0.	1.15E-01	2.02E-01	8.59E-01	6.03E-01	1.78E 00
28	8.00	0.	0.	1.95E-04	0.	0.	0.	1.16E-01	2.10E-01	8.66E-01	6.03E-01	1.80E 00
29	7.90	0.	0.	1.71E-04	0.	0.	0.	1.16E-01	2.18E-01	8.73E-01	6.03E-01	1.81E 00
30	7.80	0.	0.	1.80E-04	0.	0.	0.	1.17E-01	2.27E-01	8.81E-01	6.03E-01	1.83E 00
31	7.70	0.	0.	1.62E-04	0.	0.	0.	1.17E-01	2.36E-01	8.88E-01	6.03E-01	1.85E 00
32	7.60	0.	0.	1.56E-04	0.	7.52E-09	0.	1.18E-01	2.45E-01	8.96E-01	6.03E-01	1.86E 00
33	7.50	0.	0.	1.48E-04	0.	2.27E-08	0.	1.18E-01	2.55E-01	9.01E-01	6.03E-01	1.88E 00
34	7.40	0.	0.	1.35E-04	0.	2.21E-07	0.	1.19E-01	2.66E-01	9.09E-01	6.03E-01	1.90E 00
35	7.30	0.	0.	1.31E-04	0.	8.04E-07	0.	1.20E-01	2.77E-01	9.17E-01	6.03E-01	1.92E 00
36	7.20	0.	0.	1.20E-04	0.	2.30E-06	0.	1.21E-01	2.89E-01	9.25E-01	6.03E-01	1.94E 00
37	7.10	0.	0.	1.18E-04	0.	7.28E-06	0.	1.22E-01	3.02E-01	9.32E-01	6.03E-01	1.96E 00
38	7.00	2.92E-08	0.	1.10E-04	0.	1.34E-05	0.	1.23E-01	3.15E-01	9.40E-01	6.03E-01	1.98E 00
39	6.90	5.77E-08	0.	1.03E-04	0.	2.05E-05	0.	1.23E-01	3.29E-01	9.48E-01	6.03E-01	2.00E 00
40	6.80	5.03E-08	0.	9.07E-05	0.	3.30E-05	0.	1.24E-01	3.44E-01	9.56E-01	6.03E-01	2.03E 00
41	6.70	3.72E-08	0.	8.31E-05	0.	3.12E-05	0.	1.25E-01	3.60E-01	9.64E-01	6.04E-01	2.05E 00
42	6.60	2.29E-08	0.	6.90E-05	0.	2.81E-05	0.	1.26E-01	3.76E-01	9.75E-01	6.05E-01	2.08E 00
43	6.50	1.34E-08	0.	6.08E-05	0.	3.84E-05	0.	1.27E-01	3.94E-01	9.86E-01	6.06E-01	2.11E 00
44	6.40	7.84E-09	0.	4.87E-05	1.10E-07	3.45E-05	0.	1.28E-01	4.13E-01	9.98E-01	6.07E-01	2.15E 00
45	6.30	4.64E-09	0.	3.16E-05	5.31E-07	2.73E-05	0.	1.29E-01	4.34E-01	1.01E 00	6.10E-01	2.18E 00
46	6.20	2.13E-09	0.	1.81E-05	7.73E-07	3.59E-05	0.	1.30E-01	4.55E-01	1.02E 00	6.13E-01	2.22E 00
47	6.10	9.97E-10	0.	8.80E-06	2.24E-06	4.23E-05	0.	1.31E-01	4.78E-01	1.04E 00	6.17E-01	2.26E 00
48	6.00	4.23E-10	0.	2.28E-06	2.23E-06	2.22E-05	0.	1.32E-01	5.03E-01	1.05E 00	6.21E-01	2.31E 00
49	5.90	1.05E-10	0.	1.64E-07	3.31E-06	2.13E-05	0.	1.33E-01	5.29E-01	1.07E 00	6.25E-01	2.35E 00
50	5.80	1.35E-11	0.	4.16E-09	4.70E-06	2.26E-05	0.	1.31E-01	5.58E-01	1.08E 00	6.29E-01	2.40E 00
51	5.70	9.94E-13	0.	0.	5.65E-06	2.53E-05	0.	1.23E-01	5.88E-01	1.10E 00	6.33E-01	2.44E 00

ABSORPTION COEFFICIENTS OF HEATED AIR   (INVERSE CM.)

TEMPERATURE (DEGREES K) 24000.   DENSITY (GM/CC) 1.293E-03   (1.0E 00 NORMAL)

PHOTON ENERGY	O2 S-R BANDS	N2 1ST POS.	N2 2ND POS.	N2+ 1ST NEG.	NO BETA	NO GAMMA	NO VIB-ROT	NO2	O- PHOTO-DET (IONS)	FREE-FREE (IONS) P.E.	N P.E.	O P.E.	TOTAL AIR
5.60	4.52E-14	0.	0.	0.	5.00E-06	3.21E-05	0.	0.	1.14E-01	6.20E-01	1.12E 00	6.37E-01	2.49E 00
5.50	0.	0.	0.	0.	6.12E-06	2.97E-05	0.	0.	1.15E-01	6.55E-01	1.14E 00	6.43E-01	2.56E 00
5.40	0.	0.	0.	0.	5.76E-06	2.55E-05	0.	0.	1.15E-01	6.93E-01	1.18E 00	6.50E-01	2.63E 00
5.30	0.	0.	0.	0.	5.92E-06	3.09E-05	0.	0.	1.16E-01	7.33E-01	1.21E 00	6.58E-01	2.72E 00
5.20	0.	0.	0.	0.	6.46E-06	2.51E-05	0.	0.	1.17E-01	7.77E-01	1.23E 00	6.68E-01	2.80E 00
5.10	0.	0.	0.	0.	6.44E-06	3.11E-05	0.	0.	1.18E-01	8.24E-01	1.27E 00	6.78E-01	2.89E 00
5.00	6.46E-07	0.	0.	0.	6.00E-06	3.07E-05	0.	0.	1.19E-01	8.75E-01	1.31E 00	6.88E-01	3.00E 00
4.90	1.61E-06	0.	0.	0.	6.76E-06	3.42E-05	0.	0.	1.19E-01	9.30E-01	1.36E 00	7.00E-01	3.11E 00
4.80	3.09E-06	0.	0.	0.	7.33E-06	3.25E-05	0.	0.	1.21E-01	9.90E-01	1.41E 00	7.16E-01	3.24E 00
4.70	4.27E-06	0.	0.	0.	7.45E-06	2.97E-05	0.	0.	1.23E-01	1.05E 00	1.47E 00	7.35E-01	3.38E 00
4.60	6.05E-06	0.	1.19E-05	0.	7.74E-06	2.69E-05	0.	0.	1.24E-01	1.13E 00	1.53E 00	7.56E-01	3.54E 00
4.50	6.43E-06	0.	3.38E-05	0.	7.23E-06	2.04E-05	0.	0.	1.24E-01	1.20E 00	1.62E 00	7.77E-01	3.72E 00
4.40	7.00E-06	0.	1.21E-04	0.	7.33E-06	1.38E-05	0.	0.	1.25E-01	1.29E 00	1.70E 00	7.98E-01	3.91E 00
4.30	6.75E-06	0.	3.60E-04	0.	7.12E-06	8.85E-06	0.	0.	1.26E-01	1.38E 00	1.80E 00	8.21E-01	4.13E 00
4.20	6.39E-06	0.	2.71E-04	0.	7.53E-06	5.99E-06	0.	0.	1.27E-01	1.48E 00	1.90E 00	8.45E-01	4.35E 00
4.10	6.09E-06	0.	1.75E-04	0.	7.50E-06	1.71E-06	0.	0.	1.27E-01	1.60E 00	1.99E 00	8.38E-01	4.56E 00
4.00	5.70E-06	0.	5.25E-04	1.28E-04	7.35E-06	1.27E-06	0.	0.	1.28E-01	1.72E 00	2.09E 00	4.55E-01	4.40E 00
3.90	4.95E-06	0.	2.54E-04	4.72E-04	6.95E-06	4.64E-07	0.	0.	1.27E-01	1.86E 00	2.09E 00	4.70E-01	4.56E 00
3.80	5.47E-06	0.	4.13E-04	2.44E-04	7.54E-06	0.	0.	0.	1.25E-01	2.02E 00	2.11E 00	4.74E-01	4.74E 00
3.70	5.00E-06	0.	3.13E-04	1.20E-03	6.65E-06	0.	0.	0.	1.17E-01	2.19E 00	2.02E 00	5.34E-01	4.65E 00
3.60	4.58E-06	0.	4.02E-04	1.99E-03	7.18E-06	0.	0.	0.	6.17E-02	2.38E 00	1.80E 00	5.81E-01	5.02E 00
3.50	4.35E-06	0.	2.77E-04	3.68E-03	5.85E-06	0.	0.	0.	6.18E-02	2.59E 00	1.94E 00	6.35E-01	5.41E 00
3.40	3.31E-06	0.	1.88E-04	1.29E-03	6.61E-06	0.	0.	0.	6.19E-02	2.83E 00	2.07E 00	6.97E-01	5.89E 00
3.30	3.31E-06	0.	1.48E-04	1.89E-03	5.42E-06	0.	0.	0.	6.21E-02	3.10E 00	2.30E 00	7.60E-01	6.45E 00
3.20	2.95E-06	0.	9.27E-05	5.87E-04	5.76E-06	0.	0.	0.	6.23E-02	3.41E 00	2.52E 00	8.26E-01	7.05E 00
3.10	2.88E-06	0.	5.93E-05	1.21E-03	5.56E-06	0.	0.	0.	6.24E-02	3.75E 00	2.76E 00	8.92E-01	7.70E 00
3.00	2.64E-06	0.	2.86E-05	6.47E-04	5.38E-06	0.	0.	0.	6.24E-02	4.15E 00	2.99E 00	9.58E-01	8.40E 00
2.90	2.27E-06	0.	1.35E-05	4.81E-04	4.25E-06	0.	0.	0.	6.24E-02	4.60E 00	3.23E 00	1.04E 00	9.20E 00
2.80	2.40E-06	0.	6.42E-06	6.17E-05	3.09E-06	0.	0.	0.	6.19E-02	5.13E 00	3.50E 00	1.12E 00	1.01E 01
2.70	1.60E-06	0.	6.52E-07	6.09E-05	1.76E-06	0.	0.	0.	6.17E-02	5.73E 00	3.81E 00	1.22E 00	1.12E 01
2.60	7.89E-07	0.	0.	4.40E-05	8.06E-07	0.	0.	0.	6.15E-02	6.43E 00	4.14E 00	1.31E 00	1.23E 01
2.50	5.63E-08	0.	0.	0.	1.97E-07	0.	0.	0.	5.95E-02	7.25E 00	4.49E 00	8.93E-01	1.33E 01
2.40	0.	2.77E-05	0.	0.	2.14E-08	0.	0.	0.	5.72E-02	8.21E 00	5.13E 00	1.03E 00	1.53E 01
2.30	0.	7.71E-05	0.	0.	0.	0.	0.	0.	5.47E-02	9.35E 00	5.96E 00	1.22E 00	1.61E 01
2.20	0.	2.13E-04	0.	0.	0.	0.	0.	0.	4.36E-02	1.07E 01	5.48E 00	1.45E 00	1.87E 01
2.10	0.	2.09E-04	0.	0.	0.	0.	0.	0.	1.98E-02	1.23E 01	6.47E 00	1.68E 00	2.16E 01
2.00	0.	4.27E-04	0.	0.	0.	0.	0.	0.	0.	1.44E 01	7.53E 00	1.91E 00	2.49E 01
1.90	0.	4.17E-04	0.	0.	0.	0.	0.	0.	0.	1.68E 01	9.90E 00	2.25E 00	2.90E 01
1.80	0.	4.65E-04	0.	0.	0.	0.	0.	0.	0.	1.99E 01	1.19E 01	2.75E 00	3.46E 01
1.70	0.	3.54E-04	0.	0.	0.	0.	0.	0.	0.	2.37E 01	1.43E 01	3.35E 00	4.14E 01
1.60	0.	4.00E-04	0.	0.	0.	0.	0.	0.	0.	2.85E 01	1.68E 01	3.95E 00	4.93E 01
1.50	0.	3.92E-04	0.	0.	0.	0.	0.	0.	0.	3.48E 01	2.20E 01	4.78E 00	6.15E 01
1.40	0.	3.00E-04	0.	0.	0.	0.	0.	0.	0.	4.29E 01	2.76E 01	5.72E 00	7.62E 01
1.30	0.	2.86E-04	0.	0.	0.	0.	0.	0.	0.	5.39E 01	3.74E 01	7.51E 00	9.88E 01
1.20	0.	2.82E-04	0.	0.	0.	0.	0.	0.	0.	6.86E 01	4.25E 01	9.45E 00	1.19E 02
1.10	0.	2.59E-04	0.	0.	0.	0.	3.00E-10	0.	0.	9.03E 01	5.24E 01	1.08E 01	1.52E 02
1.00	0.	2.12E-04	0.	0.	0.	0.	5.25E-09	0.	0.	1.21E 02	6.37E 01	1.26E 01	1.96E 02
0.90	0.	9.94E-05	0.	0.	0.	0.	6.21E-09	0.	0.	1.68E 02	7.35E 01	1.45E 01	2.54E 02
0.80	0.	2.26E-05	0.	0.	0.	0.	1.39E-07	0.	0.	2.42E 02	8.46E 01	1.43E 01	3.41E 02
0.70	0.	5.71E-06	0.	0.	0.	0.	1.38E-07	0.	0.	3.67E 02	9.09E 01	1.45E 01	4.72E 02
0.60	0.	0.	0.	0.	0.	0.	4.20E-07	0.	0.	5.93E 02	1.02E 02	1.60E 01	7.11E 02

ABSORPTION COEFFICIEN. OF HEATED AIR (INVERSE CM.)

TEMPERATURE (DEGREES K) 24000. DENSITY (GM/CC) 1.293E-04 (1.0E-01 NORMAL)

No.	PHOTON ENERGY E.V.	O2 S-R BANDS	O2 S-R CONT.	N2 B-H NO. 1	NO BETA	AO GAMMA	NO 2	O- PHOTO-DET	FREE-FREE (IONS)	N P.E.	O P.E.	TOTAL AIR
1	10.70	0.	0.	6.56E-07	0.	0.	0.	7.38E-04	2.92E-03	5.72E-01	2.55E-02	6.01E-01
2	10.60	0.	0.	6.08E-07	0.	0.	0.	7.39E-04	3.00E-03	6.41E-02	2.54E-02	9.32E-02
3	10.50	0.	0.	6.22E-07	0.	0.	0.	7.40E-04	3.09E-03	6.44E-02	2.52E-02	9.35E-02
4	10.40	0.	0.	6.01E-07	0.	0.	0.	7.41E-04	3.18E-03	6.46E-02	2.51E-02	9.37E-02
5	10.30	0.	0.	5.35E-07	0.	0.	0.	7.42E-04	3.28E-03	6.48E-02	2.50E-02	9.38E-02
6	10.20	0.	0.	5.60E-07	0.	0.	0.	7.43E-04	3.38E-03	6.50E-02	2.49E-02	9.40E-02
7	10.10	0.	0.	5.34E-07	0.	0.	0.	7.44E-04	3.48E-03	6.48E-02	2.47E-02	9.37E-02
8	10.00	0.	0.	4.81E-07	0.	0.	0.	7.45E-04	3.58E-03	6.29E-02	2.46E-02	9.18E-02
9	9.90	0.	0.	4.96E-07	0.	0.	0.	7.47E-04	3.70E-03	6.30E-02	2.46E-02	9.20E-02
10	9.80	0.	0.	4.75E-07	0.	0.	0.	7.48E-04	3.81E-03	6.32E-02	2.44E-02	9.21E-02
11	9.70	0.	0.	4.21E-07	0.	0.	0.	7.49E-04	3.93E-03	6.33E-02	2.43E-02	9.25E-02
12	9.60	0.	0.	4.57E-07	0.	0.	0.	7.51E-04	4.06E-03	6.35E-02	2.41E-02	9.25E-02
13	9.50	0.	0.	4.01E-07	0.	0.	0.	7.52E-04	4.19E-03	6.37E-02	2.40E-02	9.27E-02
14	9.40	0.	0.	3.87E-07	0.	0.	0.	7.55E-04	4.33E-03	6.39E-02	2.39E-02	9.29E-02
15	9.30	0.	0.	3.99E-07	0.	0.	0.	7.58E-04	4.47E-03	6.41E-02	2.38E-02	9.31E-02
16	9.20	0.	0.	3.42E-07	0.	0.	0.	7.60E-04	4.62E-03	6.43E-02	2.37E-02	9.34E-02
17	9.10	0.	0.	3.53E-07	0.	0.	0.	7.63E-04	4.77E-03	2.79E-02	2.36E-02	5.70E-02
18	9.00	0.	0.	3.27E-07	0.	0.	0.	7.66E-04	4.94E-03	2.79E-02	2.35E-02	5.71E-02
19	8.90	0.	0.	3.09E-07	0.	0.	0.	7.69E-04	5.11E-03	2.80E-02	2.35E-02	5.72E-02
20	8.80	0.	0.	3.07E-07	0.	0.	0.	7.71E-04	5.28E-03	2.81E-02	2.32E-02	5.74E-02
21	8.70	0.	0.	2.74E-07	0.	0.	0.	7.74E-04	5.47E-03	2.82E-02	2.31E-02	5.76E-02
22	8.60	0.	0.	2.85E-07	0.	0.	0.	7.77E-04	5.66E-03	2.83E-02	2.30E-02	5.78E-02
23	8.50	0.	0.	2.56E-07	0.	0.	0.	7.79E-04	5.87E-03	2.84E-02	2.29E-02	5.80E-02
24	8.40	0.	0.	2.58E-07	0.	0.	0.	7.84E-04	6.08E-03	2.86E-02	2.28E-02	5.83E-02
25	8.30	0.	0.	2.24E-07	0.	0.	0.	7.88E-04	6.31E-03	2.88E-02	2.28E-02	5.86E-02
26	8.20	0.	0.	2.29E-07	0.	0.	0.	7.92E-04	6.54E-03	2.90E-02	2.28E-02	5.91E-02
27	8.10	0.	0.	2.03E-07	0.	0.	0.	7.96E-04	6.79E-03	2.91E-02	2.28E-02	5.95E-02
28	8.00	0.	0.	2.07E-07	0.	0.	0.	8.00E-04	7.05E-03	2.94E-02	2.28E-02	6.00E-02
29	7.90	0.	0.	1.82E-07	0.	0.	0.	8.04E-04	7.33E-03	2.96E-02	2.28E-02	6.05E-02
30	7.80	0.	0.	1.92E-07	0.	0.	0.	8.08E-04	7.61E-03	2.99E-02	2.28E-02	6.09E-02
31	7.70	0.	0.	1.72E-07	0.	9.24E-12	0.	8.12E-04	7.92E-03	3.02E-02	2.28E-02	6.17E-02
32	7.60	0.	0.	1.66E-07	0.	2.79E-11	0.	8.16E-04	8.24E-03	3.05E-02	2.28E-02	6.23E-02
33	7.50	0.	0.	1.57E-07	0.	2.71E-10	0.	8.20E-04	8.58E-03	3.03E-02	2.28E-02	6.29E-02
34	7.40	0.	0.	1.44E-07	0.	9.90E-10	0.	8.25E-04	8.93E-03	3.06E-02	2.28E-02	6.31E-02
35	7.30	0.	0.	1.39E-07	0.	2.82E-09	0.	8.30E-04	9.31E-03	3.09E-02	2.28E-02	6.38E-02
36	7.20	0.	0.	1.28E-07	0.	8.95E-09	0.	8.34E-04	9.70E-03	3.12E-02	2.28E-02	6.45E-02
37	7.10	0.	0.	1.25E-07	0.	1.64E-08	0.	8.41E-04	1.01E-02	3.15E-02	2.28E-02	6.52E-02
38	7.00	4.14E-11	0.	1.17E-07	0.	2.52E-08	0.	8.48E-04	1.06E-02	3.18E-02	2.28E-02	6.60E-02
39	6.90	8.19E-11	0.	1.10E-07	0.	4.05E-08	0.	8.55E-04	1.10E-02	3.21E-02	2.28E-02	6.67E-02
40	6.80	7.14E-11	0.	1.08E-07	0.	3.83E-08	0.	8.62E-04	1.15E-02	3.24E-02	2.28E-02	6.76E-02
41	6.70	5.28E-11	0.	9.64E-08	0.	3.45E-08	0.	8.68E-04	1.21E-02	3.27E-02	2.29E-02	6.84E-02
42	6.60	3.26E-11	0.	8.83E-08	0.	4.72E-08	0.	8.75E-04	1.26E-02	3.31E-02	2.29E-02	6.95E-02
43	6.50	1.91E-11	0.	7.23E-08	0.	4.24E-08	0.	8.82E-04	1.32E-02	3.33E-02	2.29E-02	7.03E-02
44	6.40	1.11E-11	0.	5.18E-08	1.35E-10	3.35E-08	0.	8.89E-04	1.39E-02	3.37E-02	2.30E-02	7.14E-02
45	6.30	6.58E-12	0.	3.36E-08	6.53E-10	4.41E-08	0.	8.96E-04	1.46E-02	3.42E-02	2.30E-02	7.27E-02
46	6.20	3.02E-12	0.	1.93E-08	9.49E-10	5.20E-08	0.	9.03E-04	1.53E-02	3.46E-02	2.32E-02	7.40E-02
47	6.10	1.42E-12	0.	9.35E-09	2.75E-09	2.72E-08	0.	9.09E-04	1.61E-02	3.51E-02	2.33E-02	7.54E-02
48	6.00	6.01E-13	0.	2.43E-09	2.74E-09	2.61E-08	0.	9.16E-04	1.69E-02	3.56E-02	2.35E-02	7.65E-02
49	5.90	1.49E-13	0.	1.74E-10	4.07E-09	2.36E-08	0.	9.16E-04	1.78E-02	3.62E-02	2.36E-02	7.85E-02
50	5.80	1.91E-14	0.	4.42E-12	5.77E-09	2.78E-08	0.	9.03E-04	1.87E-02	3.68E-02	2.38E-02	8.02E-02
51	5.70	1.41E-15	0.	0.	6.94E-09	3.11E-08	0.	8.48E-04	1.97E-02	3.74E-02	2.39E-02	8.19E-02

ABSORPTION COEFFICIENTS OF HEATED AIR (INVERSE CM.)

TEMPERATURE (DEGREES K) 24000. DENSITY (GM/CC) 1.293E-04 (1.0E-01 NORMAL)

#	PHOTON ENERGY	O2 S-R BANDS	N2 1ST POS.	N2 2ND POS.	N2+ 1ST NEG.	NO BETA	NO GAMMA	NO VIB-ROT	NO 2	O- PHOTO-DET	FREE-FREE (IONS)	N P.E.	O P.E.	TOTAL AIR
52	5.60	6.41E-17	0.	0.	0.	6.14E-09	3.95E-08	0.	0.	7.88E-04	2.08E-02	3.81E-02	2.41E-02	8.38E-02
53	5.50	0.	0.	0.	0.	7.52E-09	3.65E-08	0.	0.	7.92E-04	2.20E-02	3.90E-02	2.43E-02	8.61E-02
54	5.40	0.	0.	0.	0.	7.11E-09	3.10E-08	0.	0.	7.97E-04	2.33E-02	4.01E-02	2.46E-02	8.87E-02
55	5.30	0.	0.	0.	0.	7.28E-09	3.80E-08	0.	0.	8.02E-04	2.46E-02	4.12E-02	2.49E-02	9.15E-02
56	5.20	0.	0.	0.	0.	7.94E-09	3.08E-08	0.	0.	8.07E-04	2.61E-02	4.09E-02	2.53E-02	9.31E-02
57	5.10	0.	0.	0.	0.	7.98E-09	3.91E-08	0.	0.	8.14E-04	2.77E-02	4.22E-02	2.56E-02	9.63E-02
58	5.00	9.18E-10	0.	0.	0.	7.37E-09	3.78E-08	0.	0.	8.20E-04	2.94E-02	4.36E-02	2.60E-02	9.97E-02
59	4.90	2.26E-09	0.	0.	0.	8.31E-09	4.21E-08	0.	0.	8.27E-04	3.12E-02	4.52E-02	2.64E-02	1.04E-01
60	4.80	4.38E-09	0.	0.	0.	9.00E-09	3.99E-08	0.	0.	8.34E-04	3.32E-02	4.69E-02	2.70E-02	1.08E-01
61	4.70	6.06E-09	0.	0.	0.	9.16E-09	3.65E-08	0.	0.	8.41E-04	3.54E-02	4.88E-02	2.78E-02	1.13E-01
62	4.60	8.55E-09	0.	0.	0.	9.51E-09	3.31E-08	0.	0.	8.48E-04	3.78E-02	5.10E-02	2.85E-02	1.18E-01
63	4.50	9.12E-09	0.	1.27E-08	0.	8.88E-09	2.50E-08	0.	0.	8.55E-04	4.04E-02	5.37E-02	2.93E-02	1.24E-01
64	4.40	9.94E-09	0.	3.60E-08	0.	9.00E-09	1.70E-08	0.	0.	8.62E-04	4.32E-02	5.66E-02	3.01E-02	1.31E-01
65	4.30	9.58E-09	0.	1.28E-07	0.	8.75E-09	1.09E-08	0.	0.	8.68E-04	4.64E-02	5.98E-02	3.10E-02	1.38E-01
66	4.20	9.05E-09	0.	3.85E-07	0.	9.25E-09	7.36E-09	0.	0.	8.75E-04	4.98E-02	6.30E-02	3.19E-02	1.46E-01
67	4.10	8.64E-09	0.	1.86E-06	0.	9.22E-09	2.10E-09	0.	0.	8.79E-04	5.37E-02	6.63E-02	3.19E-02	1.52E-01
68	4.00	8.09E-09	0.	5.58E-07	0.	9.03E-09	1.56E-09	0.	0.	8.82E-04	5.79E-02	7.02E-02	1.72E-02	1.45E-01
69	3.90	7.05E-09	0.	2.70E-07	7.42E-07	8.54E-09	5.70E-10	0.	0.	8.79E-04	6.26E-02	7.35E-02	1.78E-02	1.51E-01
70	3.80	7.75E-09	0.	4.39E-07	2.74E-06	9.26E-09	0.	0.	0.	8.61E-04	6.75E-02	7.99E-02	1.86E-02	1.57E-01
71	3.70	7.09E-09	0.	4.37E-07	1.42E-06	8.17E-09	0.	0.	0.	8.35E-04	7.35E-02	8.43E-02	2.00E-02	1.68E-01
72	3.60	6.49E-09	0.	3.33E-07	6.96E-06	8.82E-09	0.	0.	0.	8.07E-04	7.99E-02	8.70E-02	2.20E-02	1.81E-01
73	3.50	6.18E-09	0.	4.27E-07	1.16E-05	7.19E-09	0.	0.	0.	7.38E-04	8.70E-02	9.20E-02	2.40E-02	1.99E-01
74	3.40	5.80E-09	0.	2.88E-07	1.16E-05	8.13E-09	0.	0.	0.	4.26E-04	9.51E-02	9.99E-02	2.64E-02	2.18E-01
75	3.30	5.09E-09	0.	2.94E-07	7.46E-06	6.66E-09	0.	0.	0.	4.27E-04	1.04E-01	1.08E-01	2.87E-02	2.38E-01
76	3.20	4.18E-09	0.	2.00E-07	1.10E-05	7.08E-09	0.	0.	0.	4.28E-04	1.14E-01	1.17E-01	3.12E-02	2.60E-01
77	3.10	4.09E-09	0.	1.58E-07	3.41E-06	6.84E-09	0.	0.	0.	4.30E-04	1.26E-01	1.27E-01	3.37E-02	2.84E-01
78	3.00	3.74E-09	0.	9.85E-08	7.02E-06	6.61E-09	0.	0.	0.	4.31E-04	1.39E-01	1.38E-01	3.91E-02	3.11E-01
79	2.90	3.22E-09	0.	6.30E-08	3.76E-06	5.22E-09	0.	0.	0.	4.31E-04	1.55E-01	1.69E-01	4.24E-02	3.42E-01
80	2.80	3.45E-09	0.	3.04E-08	2.79E-06	3.79E-09	0.	0.	0.	4.31E-04	1.72E-01	1.96E-01	4.60E-02	3.77E-01
81	2.70	2.27E-09	0.	1.44E-08	3.28E-06	2.16E-09	0.	0.	0.	4.31E-04	1.92E-01	1.80E-01	4.97E-02	4.14E-01
82	2.60	1.12E-09	0.	6.83E-09	3.58E-06	2.42E-10	0.	0.	0.	4.26E-04	2.16E-01	2.13E-01	3.38E-02	4.46E-01
83	2.50	7.99E-11	0.	6.93E-10	3.54E-07	2.63E-11	0.	0.	0.	4.24E-04	2.43E-01	2.48E-01	3.89E-02	5.11E-01
84	2.40	0.	0.	0.	2.55E-07	0.	0.	0.	0.	4.10E-04	2.76E-01	2.83E-01	4.62E-02	5.41E-01
85	2.30	0.	2.95E-08	0.	0.	0.	0.	0.	0.	3.77E-04	3.14E-01	3.25E-01	5.48E-02	6.28E-01
86	2.20	0.	8.19E-08	0.	0.	0.	0.	0.	0.	3.56E-04	3.59E-01	3.91E-01	6.35E-02	7.26E-01
87	2.10	0.	2.26E-07	0.	0.	0.	0.	0.	0.	3.01E-04	4.15E-01	4.70E-01	7.23E-02	8.37E-01
88	2.00	0.	2.54E-07	0.	0.	0.	0.	0.	0.	1.37E-04	4.82E-01	5.51E-01	8.50E-02	9.76E-01
89	1.90	0.	5.09E-07	0.	0.	0.	0.	0.	0.	0.	5.65E-01	4.91E-01	1.04E-01	1.16E 00
90	1.80	0.	4.43E-07	0.	0.	0.	0.	0.	0.	0.	6.67E-01	5.96E-01	1.27E-01	1.39E 00
91	1.70	0.	4.94E-07	0.	0.	0.	0.	0.	0.	0.	7.96E-01	7.15E-01	1.49E-01	1.66E 00
92	1.60	0.	3.75E-07	0.	0.	0.	0.	0.	0.	0.	9.58E-01	8.22E-01	1.80E-01	1.96E 00
93	1.50	0.	4.16E-07	0.	0.	0.	0.	0.	0.	0.	1.17E 00	8.84E-01	2.16E-01	2.27E 00
94	1.40	0.	4.16E-07	0.	0.	0.	0.	0.	0.	0.	1.44E 00	9.27E-01	2.83E-01	2.65E 00
95	1.30	0.	3.18E-07	0.	0.	0.	0.	0.	0.	0.	1.81E 00	1.14E 00	3.56E-01	3.31E 00
96	1.20	0.	3.04E-07	0.	0.	0.	0.	0.	0.	0.	2.32E 00	1.26E 00	4.07E-01	3.99E 00
97	1.10	0.	2.99E-07	0.	0.	0.	0.	3.69E-13	0.	0.	3.03E 00	1.61E 00	4.56E-01	5.10E 00
98	1.00	0.	2.76E-07	0.	0.	0.	0.	6.45E-12	0.	0.	4.07E 00	2.01E 00	4.76E-01	6.56E 00
99	0.90	0.	2.26E-07	0.	0.	0.	0.	7.63E-12	0.	0.	5.64E 00	2.37E 00	5.02E-01	8.51E 00
100	0.80	0.	1.06E-07	0.	0.	0.	0.	1.70E-10	0.	0.	8.13E 00	2.76E 00	5.46E-01	1.14E 01
101	0.70	0.	2.40E-08	0.	0.	0.	0.	1.70E-10	0.	0.	1.23E 01	2.97E 00	5.37E-01	1.58E 01
102	0.60	0.	6.07E-09	0.	0.	0.	0.	5.16E-10	0.	0.	1.99E 01	3.32E 00	6.01E-01	2.38E 01

ABSORPTION COEFFICIENTS OF HEATED AIR (INVERSE CM.)

TEMPERATURE (DEGREES K) 24000.   DENSITY (GM/CC) 1.293E-05   (10.0E-03 NORMAL)

#	PHOTON ENERGY E.V.	O2 S-R BANDS	O2 S-R CONT.	N2 B-H NO. 1	NO BETA	NO GAMMA	NO 2	O- PHOTO-DET (IONS)	FREE-FREE	N P.E.	O P.E.	TOTAL AIR
1	10.70	0.	0.	1.31E-10	0.	0.	0.	1.36E-06	4.33E-05	8.37E-03	3.93E-04	8.80E-03
2	10.60	0.	0.	1.22E-10	0.	0.	0.	1.36E-06	4.45E-05	1.19E-03	3.91E-04	1.63E-03
3	10.50	0.	0.	1.24E-10	0.	0.	0.	1.36E-06	4.58E-05	1.20E-03	3.88E-04	1.63E-03
4	10.40	0.	0.	1.20E-10	0.	0.	0.	1.36E-06	4.72E-05	1.21E-03	3.86E-04	1.64E-03
5	10.30	0.	0.	1.07E-10	0.	0.	0.	1.36E-06	4.86E-05	1.21E-03	3.85E-04	1.65E-03
6	10.20	0.	0.	1.12E-10	0.	0.	0.	1.37E-06	5.01E-05	1.22E-03	3.83E-04	1.66E-03
7	10.10	0.	0.	1.07E-10	0.	0.	0.	1.37E-06	5.16E-05	1.22E-03	3.81E-04	1.66E-03
8	10.00	0.	0.	9.61E-11	0.	0.	0.	1.37E-06	5.32E-05	9.89E-04	3.79E-04	1.42E-03
9	9.90	0.	0.	9.92E-11	0.	0.	0.	1.37E-06	5.48E-05	9.93E-04	3.78E-04	1.43E-03
10	9.80	0.	0.	9.50E-11	0.	0.	0.	1.37E-06	5.65E-05	9.97E-04	3.76E-04	1.43E-03
11	9.70	0.	0.	8.41E-11	0.	0.	0.	1.38E-06	5.83E-05	1.00E-03	3.74E-04	1.43E-03
12	9.60	0.	0.	9.13E-11	0.	0.	0.	1.38E-06	6.02E-05	1.01E-03	3.72E-04	1.44E-03
13	9.50	0.	0.	8.01E-11	0.	0.	0.	1.38E-06	6.21E-05	1.01E-03	3.70E-04	1.44E-03
14	9.40	0.	0.	7.73E-11	0.	0.	0.	1.39E-06	6.41E-05	1.01E-03	3.69E-04	1.45E-03
15	9.30	0.	0.	7.97E-11	0.	0.	0.	1.39E-06	6.62E-05	1.02E-03	3.67E-04	1.45E-03
16	9.20	0.	0.	6.83E-11	0.	0.	0.	1.40E-06	6.85E-05	1.02E-03	3.65E-04	1.46E-03
17	9.10	0.	0.	7.05E-11	0.	0.	0.	1.40E-06	7.08E-05	5.11E-04	3.64E-04	9.47E-04
18	9.00	0.	0.	6.54E-11	0.	0.	0.	1.41E-06	7.32E-05	5.13E-04	3.62E-04	9.50E-04
19	8.90	0.	0.	6.19E-11	0.	0.	0.	1.41E-06	7.57E-05	5.16E-04	3.61E-04	9.54E-04
20	8.80	0.	0.	6.14E-11	0.	0.	0.	1.42E-06	7.83E-05	5.19E-04	3.59E-04	9.58E-04
21	8.70	0.	0.	5.47E-11	0.	0.	0.	1.42E-06	8.11E-05	5.22E-04	3.58E-04	9.62E-04
22	8.60	0.	0.	5.69E-11	0.	0.	0.	1.43E-06	8.40E-05	5.25E-04	3.56E-04	9.67E-04
23	8.50	0.	0.	5.12E-11	0.	0.	0.	1.43E-06	8.70E-05	5.29E-04	3.55E-04	9.73E-04
24	8.40	0.	0.	5.15E-11	0.	0.	0.	1.44E-06	9.02E-05	5.34E-04	3.53E-04	9.78E-04
25	8.30	0.	0.	4.49E-11	0.	0.	0.	1.45E-06	9.35E-05	5.39E-04	3.52E-04	9.86E-04
26	8.20	0.	0.	4.58E-11	0.	0.	0.	1.46E-06	9.70E-05	5.44E-04	3.53E-04	9.95E-04
27	8.10	0.	0.	4.06E-11	0.	0.	0.	1.46E-06	1.01E-04	5.50E-04	3.53E-04	1.00E-03
28	8.00	0.	0.	4.13E-11	0.	0.	0.	1.47E-06	1.05E-04	5.56E-04	3.51E-04	1.01E-03
29	7.90	0.	0.	3.64E-11	0.	0.	0.	1.48E-06	1.09E-04	5.63E-04	3.51E-04	1.02E-03
30	7.80	0.	0.	3.83E-11	0.	0.	0.	1.49E-06	1.13E-04	5.70E-04	3.51E-04	1.04E-03
31	7.70	0.	0.	3.44E-11	0.	0.	0.	1.49E-06	1.17E-04	5.78E-04	3.51E-04	1.05E-03
32	7.60	0.	0.	3.32E-11	0.	1.99E-15	0.	1.50E-06	1.22E-04	5.86E-04	3.52E-04	1.06E-03
33	7.50	0.	0.	3.15E-11	0.	6.01E-15	0.	1.51E-06	1.27E-04	5.48E-04	3.52E-04	1.02E-03
34	7.40	0.	0.	2.88E-11	0.	5.84E-14	0.	1.52E-06	1.32E-04	5.57E-04	3.52E-04	1.05E-03
35	7.30	0.	0.	2.78E-11	0.	2.13E-13	0.	1.53E-06	1.38E-04	5.67E-04	3.53E-04	1.06E-03
36	7.20	0.	0.	2.56E-11	0.	6.08E-13	0.	1.53E-06	1.44E-04	5.78E-04	3.53E-04	1.07E-03
37	7.10	0.	0.	2.50E-11	0.	1.93E-12	0.	1.55E-06	1.50E-04	5.88E-04	3.53E-04	1.08E-03
38	7.00	9.60E-15	0.	2.34E-11	0.	3.53E-12	0.	1.56E-06	1.57E-04	5.98E-04	3.53E-04	1.08E-03
39	6.90	1.90E-14	0.	2.19E-11	0.	5.43E-12	0.	1.57E-06	1.64E-04	6.09E-04	3.54E-04	1.10E-03
40	6.80	1.66E-14	0.	2.15E-11	0.	8.72E-12	0.	1.58E-06	1.71E-04	6.19E-04	3.54E-04	1.12E-03
41	6.70	1.22E-14	0.	1.93E-11	0.	8.25E-12	0.	1.60E-06	1.79E-04	6.31E-04	3.55E-04	1.14E-03
42	6.60	7.55E-15	0.	1.77E-11	0.	7.43E-12	0.	1.61E-06	1.87E-04	6.16E-04	3.56E-04	1.15E-03
43	6.50	4.42E-15	0.	1.44E-11	0.	1.02E-11	0.	1.62E-06	1.96E-04	6.27E-04	3.57E-04	1.18E-03
44	6.40	2.58E-15	0.	1.03E-11	2.91E-14	9.12E-12	0.	1.63E-06	2.06E-04	6.39E-04	3.58E-04	1.19E-03
45	6.30	1.53E-15	0.	6.72E-12	1.41E-13	7.21E-12	0.	1.65E-06	2.16E-04	6.52E-04	3.59E-04	1.22E-03
46	6.20	7.00E-16	0.	3.85E-12	2.04E-13	9.49E-12	0.	1.66E-06	2.27E-04	6.65E-04	3.62E-04	1.24E-03
47	6.10	3.28E-16	0.	1.87E-12	5.92E-13	1.12E-11	0.	1.67E-06	2.38E-04	6.78E-04	3.65E-04	1.27E-03
48	6.00	1.39E-16	0.	4.85E-13	5.89E-13	5.86E-12	0.	1.68E-06	2.50E-04	6.78E-04	3.67E-04	1.30E-03
49	5.90	3.46E-17	0.	3.48E-14	8.77E-13	5.62E-12	0.	1.68E-06	2.63E-04	6.93E-04	3.70E-04	1.33E-03
50	5.80	4.44E-18	0.	8.84E-16	1.24E-12	5.97E-12	0.	1.66E-06	2.77E-04	7.07E-04	3.72E-04	1.36E-03
51	5.70	3.27E-19	0.	0.	1.49E-12	6.68E-12	0.	1.56E-06	2.92E-04	7.25E-04	3.75E-04	1.39E-03

ABSORPTION COEFFICIENTS OF HEATED AIR (INVERSE CM.)

TEMPERATURE (DEGREES K) 24000.   DENSITY (GM/CC) 1,293E-05 (10.0E-03 NORMAL)

#	PHOTON ENERGY	O2 S-R BANDS	N2 1ST POS.	N2 2ND POS.	N2+ 1ST NEG.	NO BETA	NO GAMMA	NO VIB-ROT	NO2	O- PHOTO-DET (IONS)	FREE-FREE	N P.E.	O P.E.	TOTAL AIR
52	5.60	1.49E-20	0.	0.	0.	1.32E-12	8.50E-12	0.	0.	1.45E-06	3.09E-06	7.41E-04	3.78E-04	1.43E-03
53	5.50	0.	0.	0.	0.	1.62E-12	7.85E-12	0.	0.	1.46E-06	3.26E-06	7.62E-04	3.82E-04	1.47E-03
54	5.40	0.	0.	0.	0.	1.53E-12	6.68E-12	0.	0.	1.46E-06	3.45E-06	7.86E-04	3.86E-04	1.52E-03
55	5.30	0.	0.	0.	0.	1.57E-12	8.18E-12	0.	0.	1.47E-06	3.65E-06	8.11E-04	3.92E-04	1.57E-03
56	5.20	0.	0.	0.	0.	1.71E-12	6.64E-12	0.	0.	1.48E-06	3.87E-06	6.64E-04	3.97E-04	1.45E-03
57	5.10	0.	0.	0.	0.	1.72E-12	8.41E-12	0.	0.	1.50E-06	4.10E-06	6.86E-04	3.94E-04	1.49E-03
58	5.00	2.13E-13	0.	0.	0.	1.59E-12	8.13E-12	0.	0.	1.51E-06	4.35E-06	7.10E-04	4.00E-04	1.55E-03
59	4.90	5.29E-13	0.	0.	0.	1.79E-12	9.05E-12	0.	0.	1.52E-06	4.63E-06	7.37E-04	4.08E-04	1.61E-03
60	4.80	1.02E-12	0.	0.	0.	1.94E-12	8.58E-12	0.	0.	1.53E-06	4.93E-06	7.66E-04	4.17E-04	1.68E-03
61	4.70	1.40E-12	0.	0.	0.	1.97E-12	7.87E-12	0.	0.	1.55E-06	5.25E-06	7.99E-04	4.28E-04	1.75E-03
62	4.60	1.98E-12	0.	2.53E-12	0.	2.05E-12	7.12E-12	0.	0.	1.56E-06	5.60E-06	8.38E-04	4.40E-04	1.84E-03
63	4.50	2.30E-12	0.	7.19E-12	0.	1.91E-12	5.39E-12	0.	0.	1.57E-06	5.99E-06	8.85E-04	4.53E-04	1.94E-03
64	4.40	2.22E-12	0.	2.56E-12	0.	1.94E-12	3.65E-12	0.	0.	1.58E-06	6.41E-06	9.34E-04	4.66E-04	2.04E-03
65	4.30	2.05E-12	0.	7.66E-11	0.	1.88E-12	2.34E-12	0.	0.	1.60E-06	6.87E-06	9.87E-04	4.78E-04	2.15E-03
66	4.20	1.88E-12	0.	3.71E-11	0.	1.99E-12	1.58E-12	0.	0.	1.61E-06	7.39E-06	1.04E-03	4.92E-04	2.28E-03
67	4.10	2.00E-12	0.	1.12E-10	0.	1.98E-12	4.52E-13	0.	0.	1.62E-06	7.95E-06	1.10E-03	4.88E-04	2.38E-03
68	4.00	1.88E-12	0.	5.40E-11	1.23E-09	1.94E-12	3.34E-13	0.	0.	1.62E-06	8.58E-06	1.16E-03	2.69E-04	2.28E-03
69	3.90	1.63E-12	0.	8.78E-11	4.54E-09	1.84E-12	1.23E-13	0.	0.	1.61E-06	9.27E-06	1.19E-03	2.78E-04	2.38E-03
70	3.80	1.64E-12	0.	8.73E-11	2.34E-09	1.99E-12	0.	0.	0.	1.58E-06	1.00E-05	1.00E-03	2.91E-04	2.48E-03
71	3.70	1.51E-12	0.	6.66E-11	1.15E-08	1.76E-12	0.	0.	0.	1.48E-06	1.09E-05	1.09E-03	3.16E-04	2.46E-03
72	3.60	1.43E-12	0.	8.53E-11	3.54E-09	1.90E-12	0.	0.	0.	1.36E-06	1.18E-05	1.18E-03	3.44E-04	2.66E-03
73	3.50	1.34E-12	0.	5.76E-11	1.24E-08	1.55E-12	0.	0.	0.	7.83E-07	1.21E-05	1.21E-03	3.76E-04	2.87E-03
74	3.40	1.09E-12	0.	5.89E-11	1.82E-08	1.75E-12	0.	0.	0.	7.84E-07	1.41E-05	1.32E-03	4.11E-04	3.14E-03
75	3.30	9.65E-13	0.	3.99E-11	5.64E-09	1.43E-12	0.	0.	0.	7.86E-07	1.54E-05	1.44E-03	4.48E-04	3.43E-03
76	3.20	8.47E-13	0.	3.15E-11	1.16E-08	1.52E-12	0.	0.	0.	7.88E-07	1.70E-05	1.57E-03	4.87E-04	3.75E-03
77	3.10	7.47E-13	0.	1.97E-11	6.22E-09	1.47E-12	0.	0.	0.	7.90E-07	1.87E-05	1.70E-03	5.26E-04	4.46E-03
78	3.00	7.91E-13	0.	1.26E-11	4.62E-09	1.42E-12	0.	0.	0.	7.91E-07	2.06E-05	1.83E-03	5.65E-04	5.35E-03
79	2.90	5.27E-13	0.	6.08E-12	5.43E-09	1.16E-12	0.	0.	0.	7.92E-07	2.29E-05	1.97E-03	6.10E-04	5.88E-03
80	2.80	2.59E-13	0.	2.88E-12	5.93E-10	1.12E-12	0.	0.	0.	7.92E-07	2.55E-05	2.14E-03	6.62E-04	6.24E-03
81	2.70	1.85E-13	5.89E-12	1.36E-12	5.43E-10	8.16E-13	0.	0.	0.	7.92E-07	2.85E-05	2.31E-03	7.18E-04	6.70E-03
82	2.60	0.	1.64E-11	1.39E-13	5.85E-10	4.66E-13	0.	0.	0.	7.92E-07	3.20E-05	2.56E-03	7.72E-04	8.14E-03
83	2.50	0.	4.52E-11	0.	4.22E-10	2.13E-13	0.	0.	0.	7.86E-07	3.61E-05	2.78E-03	5.32E-04	9.44E-03
84	2.40	0.	4.45E-11	0.	0.	5.20E-14	0.	0.	0.	7.83E-07	4.08E-05	3.26E-03	6.06E-04	1.09E-02
85	2.30	0.	9.07E-11	0.	0.	5.66E-15	0.	0.	0.	7.79E-07	4.65E-05	3.78E-03	6.85E-04	1.46E-02
86	2.20	0.	1.02E-10	0.	0.	0.	0.	0.	0.	7.54E-07	5.32E-05	4.30E-03	8.49E-04	1.74E-02
87	2.10	0.	8.86E-11	0.	0.	0.	0.	0.	0.	7.26E-07	6.14E-05	4.92E-03	9.82E-04	2.08E-02
88	2.00	0.	9.88E-11	0.	0.	0.	0.	0.	0.	6.94E-07	7.14E-05	5.87E-03	1.12E-03	2.47E-02
89	1.90	0.	7.57E-11	0.	0.	0.	0.	0.	0.	6.54E-07	8.37E-05	7.02E-03	1.31E-03	3.07E-02
90	1.80	0.	8.50E-11	0.	0.	0.	0.	0.	0.	5.53E-07	9.89E-05	8.18E-03	1.60E-03	3.79E-02
91	1.70	0.	8.32E-11	0.	0.	0.	0.	0.	0.	2.51E-07	1.18E-04	1.06E-02	1.95E-03	4.89E-02
92	1.60	0.	6.37E-11	0.	0.	0.	0.	0.	0.	0.	1.42E-04	1.36E-02	2.29E-03	5.88E-02
93	1.50	0.	5.98E-11	0.	0.	0.	0.	0.	0.	0.	1.73E-04	1.76E-02	2.77E-03	7.48E-02
94	1.40	0.	5.51E-11	0.	0.	0.	0.	0.	0.	0.	2.18E-04	2.02E-02	3.31E-03	9.61E-02
95	1.30	0.	4.51E-11	0.	0.	0.	0.	7.95E-17	0.	0.	2.63E-04	2.44E-02	3.34E-03	1.25E-01
96	1.20	0.	2.11E-11	0.	0.	0.	0.	1.39E-15	0.	0.	3.43E-04	2.97E-02	4.37E-03	1.68E-01
97	1.10	0.	4.80E-12	0.	0.	0.	0.	1.64E-14	0.	0.	4.49E-04	3.42E-02	5.44E-03	2.33E-01
98	1.00	0.	1.21E-12	0.	0.	0.	0.	3.66E-14	0.	0.	6.03E-04	4.23E-02	7.21E-03	3.51E-01
99	0.90	0.	0.	0.	0.	0.	0.	3.66E-14	0.	0.	8.35E-04		8.33E-03	
100	0.80	0.	0.	0.	0.	0.	0.	3.66E-14	0.	0.	1.20E-01	4.73E-02	8.20E-03	
101	0.70	0.	0.	0.	0.	0.	0.	1.11E-13	0.	0.	1.8E-01		9.17E-03	
102	0.60	0.	0.	0.	0.	0.	0.	1.11E-13	0.	0.	2.95E-01			

ABSORPTION COEFFICIE. OF HEATED AIR (INVERSE CM.)

TEMPERATURE (DEGREES K) 24000.   DENSITY (GM/CC) 1.293E-06 (10.0E-04 NORMAL)

	PHOTON ENERGY E.V.	O2 S-R BANDS	O2 S-R CONT.	N2 B-H NO. 1	NO BETA	NO GAMMA	NO 2	O- PHOTO-DET (IONS)	FREE-FREE (IONS)	N P.E.	O P.E.	TOTAL AIR
1	10.70	0.	0.	1.39E-14	0.	0.	0.	1.66E-09	5.84E-07	3.86E-05	4.89E-06	4.40E-05
2	10.60	0.	0.	1.28E-14	0.	0.	0.	1.66E-09	6.01E-07	3.91E-05	4.77E-06	4.45E-05
3	10.50	0.	0.	1.31E-14	0.	0.	0.	1.66E-09	6.19E-07	3.96E-05	4.76E-06	4.50E-05
4	10.40	0.	0.	1.27E-14	0.	0.	0.	1.66E-09	6.37E-07	4.01E-05	4.74E-06	4.55E-05
5	10.30	0.	0.	1.13E-14	0.	0.	0.	1.67E-09	6.56E-07	4.06E-05	4.72E-06	4.60E-05
6	10.20	0.	0.	1.18E-14	0.	0.	0.	1.67E-09	6.75E-07	4.12E-05	4.70E-06	4.66E-05
7	10.10	0.	0.	1.13E-14	0.	0.	0.	1.67E-09	6.96E-07	4.17E-05	4.69E-06	4.71E-05
8	10.00	0.	0.	1.01E-14	0.	0.	0.	1.67E-09	7.17E-07	1.97E-05	4.68E-06	2.51E-05
9	9.90	0.	0.	1.05E-14	0.	0.	0.	1.68E-09	7.39E-07	1.99E-05	4.67E-06	2.53E-05
10	9.80	0.	0.	1.00E-14	0.	0.	0.	1.68E-09	7.62E-07	2.01E-05	4.65E-06	2.55E-05
11	9.70	0.	0.	9.64E-15	0.	0.	0.	1.68E-09	7.86E-07	2.03E-05	4.64E-06	2.57E-05
12	9.60	0.	0.	9.44E-15	0.	0.	0.	1.68E-09	8.11E-07	2.05E-05	4.63E-06	2.59E-05
13	9.50	0.	0.	8.45E-15	0.	0.	0.	1.69E-09	8.38E-07	2.07E-05	4.61E-06	2.62E-05
14	9.40	0.	0.	8.17E-15	0.	0.	0.	1.69E-09	8.65E-07	2.09E-05	4.60E-06	2.64E-05
15	9.30	0.	0.	8.42E-15	0.	0.	0.	1.70E-09	8.93E-07	2.12E-05	4.59E-06	2.66E-05
16	9.20	0.	0.	7.21E-15	0.	0.	0.	1.71E-09	9.23E-07	2.14E-05	4.58E-06	2.69E-05
17	9.10	0.	0.	7.44E-15	0.	0.	0.	1.71E-09	9.54E-07	1.63E-05	4.57E-06	2.18E-05
18	9.00	0.	0.	6.91E-15	0.	0.	0.	1.72E-09	9.87E-07	1.65E-05	4.56E-06	2.20E-05
19	8.90	0.	0.	6.53E-15	0.	0.	0.	1.72E-09	1.02E-06	1.67E-05	4.55E-06	2.22E-05
20	8.80	0.	0.	6.48E-15	0.	0.	0.	1.73E-09	1.06E-06	1.69E-05	4.54E-06	2.25E-05
21	8.70	0.	0.	5.78E-15	0.	0.	0.	1.74E-09	1.09E-06	1.71E-05	4.53E-06	2.27E-05
22	8.60	0.	0.	6.01E-15	0.	0.	0.	1.74E-09	1.13E-06	1.73E-05	4.53E-06	2.29E-05
23	8.50	0.	0.	5.41E-15	0.	0.	0.	1.75E-09	1.17E-06	1.75E-05	4.52E-06	2.32E-05
24	8.40	0.	0.	5.43E-15	0.	0.	0.	1.76E-09	1.22E-06	1.77E-05	4.51E-06	2.35E-05
25	8.30	0.	0.	4.74E-15	0.	0.	0.	1.77E-09	1.26E-06	1.80E-05	4.51E-06	2.38E-05
26	8.20	0.	0.	4.84E-15	0.	0.	0.	1.78E-09	1.31E-06	1.84E-05	4.52E-06	2.42E-05
27	8.10	0.	0.	4.29E-15	0.	0.	0.	1.79E-09	1.36E-06	1.88E-05	4.36E-06	2.45E-05
28	8.00	0.	0.	4.37E-15	0.	0.	0.	1.79E-09	1.41E-06	1.91E-05	4.35E-06	2.49E-05
29	7.90	0.	0.	3.85E-15	0.	0.	0.	1.80E-09	1.46E-06	1.95E-05	4.37E-06	2.53E-05
30	7.80	0.	0.	4.04E-15	0.	0.	0.	1.81E-09	1.52E-06	1.99E-05	4.38E-06	2.58E-05
31	7.70	0.	0.	3.63E-15	0.	0.	0.	1.82E-09	1.58E-06	2.03E-05	4.40E-06	2.63E-05
32	7.60	0.	0.	3.51E-15	0.	2.27E-19	0.	1.83E-09	1.65E-06	1.56E-05	4.42E-06	2.17E-05
33	7.50	0.	0.	3.32E-15	0.	6.88E-19	0.	1.84E-09	1.71E-06	1.61E-05	4.44E-06	2.22E-05
34	7.40	0.	0.	3.04E-15	0.	6.67E-18	0.	1.85E-09	1.78E-06	1.66E-05	4.47E-06	2.28E-05
35	7.30	0.	0.	2.93E-15	0.	2.44E-17	0.	1.86E-09	1.86E-06	1.72E-05	4.49E-06	2.35E-05
36	7.20	0.	0.	2.70E-15	0.	6.95E-17	0.	1.87E-09	1.94E-06	1.78E-05	4.53E-06	2.43E-05
37	7.10	0.	0.	2.64E-15	0.	2.20E-16	0.	1.89E-09	2.02E-06	1.85E-05	4.56E-06	2.51E-05
38	7.00	1.19E-18	0.	2.47E-15	3.33E-18	4.05E-16	0.	1.90E-09	2.11E-06	1.92E-05	4.60E-06	2.59E-05
39	6.90	2.35E-18	0.	2.31E-15	1.61E-17	6.20E-16	0.	1.92E-09	2.20E-06	1.99E-05	4.64E-06	2.67E-05
40	6.80	2.05E-18	0.	2.27E-15	2.34E-17	9.97E-16	0.	1.93E-09	2.30E-06	2.06E-05	4.67E-06	2.75E-05
41	6.70	1.51E-18	0.	2.03E-15	6.77E-17	9.43E-16	0.	1.95E-09	2.41E-06	2.12E-05	4.72E-06	2.84E-05
42	6.60	9.35E-19	0.	1.86E-15	1.00E-16	8.49E-16	0.	1.96E-09	2.52E-06	2.18E-05	4.76E-06	2.91E-05
43	6.50	5.47E-19	0.	1.53E-15	1.42E-16	1.16E-15	0.	1.98E-09	2.64E-06	2.01E-05	4.80E-06	2.75E-05
44	6.40	3.19E-19	0.	1.04E-15	1.71E-16	1.04E-15	0.	1.99E-09	2.77E-06	2.07E-05	4.84E-06	2.83E-05
45	6.30	1.89E-19	0.	7.09E-16	0.	8.25E-16	0.	2.01E-09	2.91E-06	2.14E-05	4.90E-06	2.92E-05
46	6.20	8.67E-20	0.	4.07E-16	0.	1.08E-15	0.	2.03E-09	3.05E-06	2.21E-05	4.96E-06	3.01E-05
47	6.10	4.06E-20	0.	1.97E-16	0.	1.28E-15	0.	2.04E-09	3.20E-06	2.28E-05	5.03E-06	3.10E-05
48	6.00	1.72E-20	0.	5.12E-17	0.	1.70E-16	0.	2.06E-09	3.37E-06	2.35E-05	5.10E-06	3.20E-05
49	5.90	4.29E-21	0.	3.68E-18	0.	6.43E-16	0.	2.06E-09	3.55E-06	2.43E-05	5.17E-06	3.30E-05
50	5.80	5.49E-22	0.	9.34E-20	0.	6.83E-16	0.	2.03E-09	3.73E-06	2.50E-05	5.23E-06	3.40E-05
51	5.70	4.05E-23	0.	0.	0.	7.64E-16	0.	1.90E-09	3.94E-06	2.58E-05	5.30E-06	3.51E-05

ABSORPTION COEFFICIENTS OF HEATED AIR (INVERSE CM.)

TEMPERATURE (DEGREES K) 24000.   DENSITY (GM/CC) 1.293E-06   (10.0E-04 NORMAL)

#	PHOTON ENERGY	O2 S-R BANDS	N2 1ST POS.	N2 2ND POS.	N2+ 1ST NEG.	NO BETA	AO GAMMA	NO VIB-ROT	NO 2	O- PHOTO-DET	FREE-FREE (IONS)	N P.E.	O P.E.	TOTAL AIR
52	5.60	1.84E-24	0.	0.	0.	1.51E-16	9.71E-16	0.	0.	1.77E-09	4.15E-06	2.68E-05	5.37E-06	3.63E-05
53	5.50	0.	0.	0.	0.	1.85E-16	8.98E-16	0.	0.	1.78E-09	4.39E-06	2.78E-05	5.46E-06	3.76E-05
54	5.40	0.	0.	0.	0.	1.75E-16	7.64E-16	0.	0.	1.79E-09	4.64E-06	2.89E-05	5.55E-06	3.91E-05
55	5.30	0.	0.	0.	0.	1.79E-16	9.35E-16	0.	0.	1.80E-09	4.91E-06	1.42E-05	5.66E-06	2.48E-05
56	5.20	0.	0.	0.	0.	1.95E-16	7.59E-16	0.	0.	1.81E-09	5.20E-06	1.49E-05	4.79E-06	2.49E-05
57	5.10	0.	0.	0.	0.	1.96E-16	9.61E-16	0.	0.	1.81E-09	5.52E-06	1.55E-05	4.89E-06	2.59E-05
58	5.00	2.63E-17	0.	0.	0.	1.81E-16	9.29E-16	0.	0.	1.84E-09	5.86E-06	1.62E-05	4.98E-06	2.70E-05
59	4.90	6.55E-17	0.	0.	0.	2.05E-16	1.03E-15	0.	0.	1.86E-09	6.23E-06	1.69E-05	5.09E-06	2.82E-05
60	4.80	1.26E-16	0.	0.	0.	2.22E-16	9.81E-16	0.	0.	1.87E-09	6.63E-06	1.76E-05	5.21E-06	2.94E-05
61	4.70	1.74E-16	0.	0.	0.	2.34E-16	9.00E-16	0.	0.	1.89E-09	7.06E-06	1.85E-05	5.37E-06	3.10E-05
62	4.60	2.45E-16	0.	0.	0.	2.19E-16	8.14E-16	0.	0.	1.90E-09	7.54E-06	1.97E-05	5.53E-06	3.28E-05
63	4.50	2.62E-16	0.	0.	0.	2.15E-16	6.16E-16	0.	0.	1.92E-09	8.06E-06	2.10E-05	5.70E-06	3.48E-05
64	4.40	2.85E-16	0.	0.	0.	2.68E-16	4.17E-16	0.	0.	1.93E-09	8.62E-06	2.36E-05	5.72E-06	3.66E-05
65	4.30	2.75E-16	0.	0.	0.	2.28E-16	1.81E-16	0.	0.	1.95E-09	9.25E-06	2.51E-05	5.91E-06	3.88E-05
66	4.20	2.60E-16	0.	0.	0.	2.27E-16	5.17E-17	0.	0.	1.96E-09	9.94E-06	2.67E-05	6.12E-06	4.12E-05
67	4.10	2.48E-16	0.	0.	0.	2.22E-16	3.85E-17	0.	0.	1.97E-09	1.07E-05	2.83E-05	6.14E-06	4.35E-05
68	4.00	2.32E-16	0.	0.	0.	2.10E-16	1.40E-17	0.	0.	1.98E-09	1.15E-05	2.87E-05	3.91E-06	4.56E-05
69	3.90	2.01E-16	0.	2.67E-16	1.18E-12	2.28E-16	0.	0.	0.	1.97E-09	1.25E-05	3.02E-05	4.10E-06	4.63E-05
70	3.80	2.23E-16	0.	7.99E-16	4.37E-12	2.01E-16	0.	0.	0.	1.96E-09	1.35E-05	3.37E-05	4.43E-06	4.92E-05
71	3.70	2.04E-16	0.	2.76E-15	2.26E-12	1.77E-16	0.	0.	0.	1.93E-09	1.46E-05	3.61E-05	4.79E-06	5.26E-05
72	3.60	1.86E-16	0.	8.08E-15	1.11E-11	2.00E-16	0.	0.	0.	1.81E-09	1.59E-05	3.85E-05	5.20E-06	5.63E-05
73	3.50	1.77E-16	0.	3.92E-15	1.84E-11	1.64E-16	0.	0.	0.	1.66E-09	1.73E-05	4.15E-05	5.63E-06	6.07E-05
74	3.40	1.66E-16	0.	1.19E-14	3.45E-11	1.68E-16	0.	0.	0.	9.56E-10	1.89E-05	4.47E-05	6.10E-06	6.54E-05
75	3.30	1.35E-16	0.	5.71E-15	1.19E-11	1.63E-16	0.	0.	0.	9.58E-10	2.07E-05	4.78E-05	6.54E-06	7.09E-05
76	3.20	1.20E-16	0.	9.27E-15	1.75E-11	9.33E-17	0.	0.	0.	9.59E-10	2.28E-05	5.11E-05	7.09E-06	7.69E-05
77	3.10	1.17E-16	0.	9.22E-15	5.43E-11	5.32E-17	0.	0.	0.	9.61E-10	2.51E-05	5.47E-05	7.17E-06	8.33E-05
78	3.00	1.07E-16	0.	7.03E-15	1.12E-11	2.44E-17	0.	0.	0.	9.64E-10	2.77E-05	3.68E-05	7.71E-06	9.02E-05
79	2.90	9.25E-17	0.	9.01E-15	5.98E-11	5.63E-17	0.	0.	0.	9.65E-10	3.08E-05	3.83E-05	8.32E-06	9.79E-05
80	2.80	9.80E-17	0.	6.08E-15	4.45E-11	6.47E-19	0.	0.	0.	9.65E-10	3.42E-05	4.28E-05	9.00E-06	9.86E-05
81	2.70	6.53E-17	0.	6.21E-15	6.23E-11	0.	0.	0.	0.	9.67E-10	3.83E-05	4.99E-05	9.51E-06	8.46E-05
82	2.60	3.21E-17	0.	4.21E-15	5.70E-13	0.	0.	0.	0.	9.67E-10	4.29E-05	5.72E-05	1.02E-05	9.15E-05
83	2.50	2.29E-17	0.	3.33E-15	5.63E-13	0.	0.	0.	0.	9.67E-10	4.84E-05	7.24E-05	7.39E-06	9.86E-05
84	2.40	0.	6.22E-16	2.08E-15	4.06E-13	0.	0.	0.	0.	9.67E-10	5.48E-05	8.12E-05	8.27E-06	9.86E-05
85	2.30	0.	1.73E-15	1.33E-15	0.	0.	0.	0.	0.	9.59E-10	6.24E-05	1.07E-04	9.31E-06	1.06E-04
86	2.20	0.	4.78E-15	6.42E-16	0.	0.	0.	0.	0.	9.55E-10	7.14E-05	1.22E-04	1.09E-05	1.22E-04
87	2.10	0.	4.69E-15	3.04E-16	0.	0.	0.	0.	0.	9.51E-10	8.24E-05	1.49E-04	1.26E-05	1.40E-04
88	2.00	0.	9.57E-15	1.44E-16	0.	0.	0.	0.	0.	9.21E-10	9.58E-05	1.73E-04	1.42E-05	1.60E-04
89	1.90	0.	1.07E-14	1.46E-16	0.	0.	0.	0.	0.	8.86E-10	1.12E-04	1.99E-04	1.65E-05	1.82E-04
90	1.80	0.	9.35E-15	0.	0.	0.	0.	0.	0.	8.47E-10	1.32E-04	2.27E-04	1.99E-05	2.10E-04
91	1.70	0.	1.04E-14	0.	0.	0.	0.	0.	0.	7.98E-10	1.58E-04	2.75E-04	2.39E-05	2.89E-04
92	1.60	0.	7.99E-15	0.	0.	0.	0.	0.	0.	6.75E-10	1.90E-04	3.30E-04	2.79E-05	2.89E-04
93	1.50	0.	8.97E-15	0.	0.	0.	0.	0.	0.	3.07E-10	2.32E-04	3.78E-04	3.33E-05	3.40E-04
94	1.40	0.	8.78E-15	0.	0.	0.	0.	0.	0.	0.	2.86E-04	4.33E-04	3.95E-05	4.14E-04
95	1.30	0.	6.72E-15	0.	0.	0.	0.	0.	0.	0.	3.59E-04	4.64E-04	4.74E-05	4.98E-04
96	1.20	0.	6.41E-15	0.	0.	0.	0.	0.	0.	0.	4.59E-04	4.75E-04	4.99E-05	6.33E-04
97	1.10	0.	6.31E-15	0.	0.	0.	0.	9.09E-21	0.	0.	6.06E-04	4.84E-04	7.08E-05	7.38E-04
98	1.00	0.	5.81E-15	0.	0.	0.	0.	1.59E-19	0.	0.	8.06E-04	4.99E-04	8.26E-05	1.21E-03
99	0.90	0.	4.76E-15	0.	0.	0.	0.	1.88E-19	0.	0.	1.11E-03	5.11E-04	9.35E-05	1.58E-03
100	0.80	0.	2.25E-15	0.	0.	0.	0.	4.19E-18	0.	0.	1.61E-03	5.11E-04	9.35E-05	2.13E-03
101	0.70	0.	5.07E-16	0.	0.	0.	0.	4.18E-18	0.	0.	2.43E-03	4.99E-04	9.45E-05	2.99E-03
102	0.60	0.	1.28E-16	0.	0.	0.	0.	1.27E-17	0.	0.	3.93E-03	4.76E-04	1.04E-04	4.51E-03

451

ABSORPTION COEFFICIENTS OF HEATED AIR (INVERSE CM.)

TEMPERATURE (DEGREES K) 24000. DENSITY (GM/CC) 1.293E-07 (10.0E-05 NORMAL)

	PHOTON ENERGY E.V.	O2 S-R BANDS	O2 S-R CONT.	N2 B-H NO. 1	NO BETA	NO GAMMA	NO2	O- PHOTO-DET (IONS)	FREE-FREE (IONS) P.E.	N P.E.	O P.E.	TOTAL AIR
1	10.70	0.	0.	8.53E-19	0.	0.	0.	2.41E-12	1.29E-08	1.88E-06	9.15E-08	1.99E-06
2	10.60	0.	0.	7.91E-19	0.	0.	0.	2.42E-12	1.33E-08	1.91E-06	9.14E-08	2.02E-06
3	10.50	0.	0.	8.08E-19	0.	0.	0.	2.42E-12	1.37E-08	6.77E-07	9.13E-08	8.08E-07
4	10.40	0.	0.	7.81E-19	0.	0.	0.	2.42E-12	1.41E-08	6.83E-07	9.11E-08	7.88E-07
5	10.30	0.	0.	6.95E-19	0.	0.	0.	2.43E-12	1.45E-08	6.90E-07	9.11E-08	7.96E-07
6	10.20	0.	0.	7.28E-19	0.	0.	0.	2.43E-12	1.49E-08	7.01E-07	9.14E-08	8.08E-07
7	10.10	0.	0.	6.94E-19	0.	0.	0.	2.43E-12	1.54E-08	7.13E-07	9.19E-08	8.20E-07
8	10.00	0.	0.	6.25E-19	0.	0.	0.	2.43E-12	1.58E-08	7.24E-07	9.23E-08	8.32E-07
9	9.90	0.	0.	6.45E-19	0.	0.	0.	2.44E-12	1.63E-08	7.35E-07	9.28E-08	8.44E-07
10	9.80	0.	0.	6.18E-19	0.	0.	0.	2.44E-12	1.68E-08	7.47E-07	9.32E-08	8.57E-07
11	9.70	0.	0.	5.47E-19	0.	0.	0.	2.45E-12	1.73E-08	7.58E-07	9.37E-08	8.69E-07
12	9.60	0.	0.	5.93E-19	0.	0.	0.	2.45E-12	1.79E-08	7.69E-07	9.41E-08	8.81E-07
13	9.50	0.	0.	5.21E-19	0.	0.	0.	2.46E-12	1.85E-08	7.81E-07	9.46E-08	8.94E-07
14	9.40	0.	0.	5.03E-19	0.	0.	0.	2.47E-12	1.91E-08	7.93E-07	9.51E-08	9.07E-07
15	9.30	0.	0.	5.18E-19	0.	0.	0.	2.48E-12	1.97E-08	7.63E-07	9.57E-08	8.79E-07
16	9.20	0.	0.	4.44E-19	0.	0.	0.	2.48E-12	2.04E-08	7.75E-07	9.63E-08	8.92E-07
17	9.10	0.	0.	4.58E-19	0.	0.	0.	2.49E-12	2.10E-08	7.87E-07	9.68E-08	9.05E-07
18	9.00	0.	0.	4.25E-19	0.	0.	0.	2.50E-12	2.18E-08	7.99E-07	9.74E-08	9.18E-07
19	8.90	0.	0.	4.02E-19	0.	0.	0.	2.51E-12	2.25E-08	8.11E-07	9.80E-08	9.31E-07
20	8.80	0.	0.	3.99E-19	0.	0.	0.	2.52E-12	2.33E-08	8.22E-07	9.84E-08	9.44E-07
21	8.70	0.	0.	3.56E-19	0.	0.	0.	2.52E-12	2.41E-08	8.34E-07	9.90E-08	9.57E-07
22	8.60	0.	0.	3.70E-19	0.	0.	0.	2.54E-12	2.49E-08	8.46E-07	8.30E-08	9.54E-07
23	8.50	0.	0.	3.33E-19	0.	0.	0.	2.55E-12	2.58E-08	8.59E-07	8.08E-08	9.66E-07
24	8.40	0.	0.	3.55E-19	0.	0.	0.	2.56E-12	2.68E-08	8.72E-07	8.16E-08	9.81E-07
25	8.30	0.	0.	2.98E-19	0.	0.	0.	2.57E-12	2.78E-08	8.89E-07	8.25E-08	9.99E-07
26	8.20	0.	0.	2.92E-19	0.	0.	0.	2.59E-12	2.88E-08	9.10E-07	8.41E-08	1.02E-06
27	8.10	0.	0.	2.64E-19	0.	0.	0.	2.60E-12	2.99E-08	9.31E-07	8.58E-08	1.05E-06
28	8.00	0.	0.	2.69E-19	0.	0.	0.	2.61E-12	3.10E-08	9.33E-07	8.74E-08	1.05E-06
29	7.90	0.	0.	2.37E-19	0.	0.	0.	2.63E-12	3.20E-08	6.57E-07	8.91E-08	7.78E-07
30	7.80	0.	0.	2.49E-19	0.	0.	0.	2.64E-12	3.35E-08	6.79E-07	9.07E-08	8.03E-07
31	7.70	0.	0.	2.24E-19	0.	2.02E-23	0.	2.65E-12	3.48E-08	7.03E-07	9.24E-08	8.30E-07
32	7.60	0.	0.	2.16E-19	0.	6.11E-23	0.	2.67E-12	3.62E-08	7.31E-07	9.42E-08	8.61E-07
33	7.50	0.	0.	2.05E-19	0.	5.93E-22	0.	2.68E-12	3.77E-08	7.58E-07	9.60E-08	8.92E-07
34	7.40	0.	0.	1.87E-19	0.	2.17E-21	0.	2.70E-12	3.93E-08	7.85E-07	9.79E-08	9.23E-07
35	7.30	0.	0.	1.81E-19	0.	6.17E-21	0.	2.71E-12	4.09E-08	8.18E-07	1.00E-07	9.59E-07
36	7.20	0.	0.	1.66E-19	0.	1.96E-20	0.	2.73E-12	4.26E-08	8.58E-07	1.03E-07	1.00E-06
37	7.10	0.	0.	1.63E-19	0.	3.60E-20	0.	2.75E-12	4.45E-08	8.97E-07	1.06E-07	1.05E-06
38	7.00	1.53E-22	0.	1.52E-19	0.	5.51E-20	0.	2.77E-12	4.64E-08	7.96E-07	1.10E-07	9.53E-07
39	6.90	3.01E-22	0.	1.42E-19	0.	8.86E-20	0.	2.79E-12	4.85E-08	8.33E-07	1.13E-07	9.94E-07
40	6.80	2.63E-22	0.	1.40E-19	0.	8.38E-20	0.	2.81E-12	5.07E-08	8.69E-07	1.16E-07	1.04E-06
41	6.70	1.94E-22	0.	1.25E-19	0.	7.55E-20	0.	2.84E-12	5.30E-08	9.06E-07	1.19E-07	1.08E-06
42	6.60	1.20E-22	0.	1.15E-19	0.	1.03E-19	0.	2.86E-12	5.55E-08	9.43E-07	1.23E-07	1.12E-06
43	6.50	7.02E-23	0.	9.39E-20	0.	9.27E-20	0.	2.88E-12	5.81E-08	9.79E-07	1.26E-07	1.16E-06
44	6.40	4.10E-23	0.	6.73E-20	2.96E-22	7.33E-20	0.	2.90E-12	6.09E-08	1.02E-06	1.29E-07	1.21E-06
45	6.30	2.42E-23	0.	4.37E-20	1.43E-21	9.64E-20	0.	2.93E-12	6.39E-08	1.05E-06	1.33E-07	1.25E-06
46	6.20	1.11E-23	0.	2.50E-20	2.08E-21	1.14E-19	0.	2.95E-12	6.71E-08	1.09E-06	1.37E-07	1.29E-06
47	6.10	5.21E-24	0.	1.22E-20	6.01E-21	5.95E-20	0.	2.97E-12	7.05E-08	1.13E-06	1.41E-07	1.34E-06
48	6.00	2.21E-24	0.	3.15E-21	5.99E-21	5.71E-20	0.	2.99E-12	7.41E-08	1.17E-06	1.45E-07	1.39E-06
49	5.90	5.50E-25	0.	2.27E-22	8.91E-21	6.07E-20	0.	2.99E-12	7.79E-08	1.21E-06	1.49E-07	1.44E-06
50	5.80	7.05E-26	0.	5.75E-24	1.26E-20	6.79E-20	0.	2.95E-12	8.21E-08	1.26E-06	1.53E-07	1.49E-06
51	5.70	5.19E-27	0.	0.	1.52E-20	0.	0.	2.77E-12	8.65E-08	4.53E-07	8.33E-08	6.23E-07

ABSORPTION COEFFICIENTS OF HEATED AIR (INVERSE CM.)

TEMPERATURE (DEGREES K) 24000.   DENSITY (GM/CC) 1.293E-07   (10.0E-05 NORMAL)

	PHOTON ENERGY	O2 S-R BANDS	N2 1ST POS.	N2 2ND POS.	N2+ 1ST NEG.	NO BETA	NO GAMMA	NO VIB-ROT	NO2	O- PHOTO-DET (IONS)	FREE-FREE (IONS)	N P.E.	O P.E.	TOTAL AIR
52	5.60	2.36E-28	0.	0.	0.	0.	0.	0.	0.	2.58E-12	9.13E-08	4.79E-08	8.37E-08	6.54E-07
53	5.50	0.	0.	0.	0.	1.34E-20	8.63E-20	0.	0.	2.59E-12	9.64E-08	5.07E-07	8.58E-08	6.89E-07
54	5.40	0.	0.	0.	0.	1.65E-20	7.98E-20	0.	0.	2.60E-12	1.02E-07	5.37E-07	8.86E-08	7.27E-07
55	5.30	0.	0.	0.	0.	1.55E-20	6.79E-20	0.	0.	2.62E-12	1.08E-07	5.67E-07	9.17E-08	7.66E-07
56	5.20	0.	0.	0.	0.	1.59E-20	8.31E-20	0.	0.	2.64E-12	1.14E-07	5.97E-07	9.50E-08	8.06E-07
57	5.10	0.	0.	0.	0.	1.74E-20	8.54E-20	0.	0.	2.66E-12	1.21E-07	6.27E-07	9.82E-08	8.47E-07
58	5.00	3.38E-21	0.	0.	0.	1.75E-20	8.26E-20	0.	0.	2.68E-12	1.29E-07	6.58E-07	1.01E-07	8.88E-07
59	4.90	4.41E-21	0.	0.	0.	1.61E-20	9.20E-20	0.	0.	2.70E-12	1.37E-07	6.88E-07	1.05E-07	9.30E-07
60	4.80	1.61E-20	0.	0.	0.	1.82E-20	8.72E-20	0.	0.	2.73E-12	1.45E-07	7.19E-07	9.57E-08	9.60E-07
61	4.70	2.23E-20	0.	1.65E-20	0.	1.97E-20	7.99E-20	0.	0.	2.75E-12	1.55E-07	7.63E-07	9.96E-08	1.02E-06
62	4.60	3.14E-20	0.	4.67E-20	0.	2.00E-20	7.24E-20	0.	0.	2.77E-12	1.65E-07	8.19E-07	1.04E-07	1.09E-06
63	4.50	3.36E-20	0.	1.67E-19	0.	2.08E-20	5.48E-20	0.	0.	2.79E-12	1.77E-07	8.77E-07	1.08E-07	1.16E-06
64	4.40	3.66E-20	0.	4.98E-19	0.	1.94E-20	3.71E-20	0.	0.	2.81E-12	1.89E-07	9.34E-07	1.13E-07	1.24E-06
65	4.30	3.53E-20	0.	2.41E-19	0.	1.97E-20	2.38E-20	0.	0.	2.84E-12	2.03E-07	9.92E-07	1.16E-07	1.31E-06
66	4.20	3.34E-20	0.	7.25E-19	0.	1.91E-20	1.61E-20	0.	0.	2.86E-12	2.18E-07	1.06E-06	1.14E-07	1.39E-06
67	4.10	3.18E-20	0.	3.51E-19	0.	2.02E-20	4.60E-21	0.	0.	2.87E-12	2.35E-07	1.13E-06	1.13E-07	1.47E-06
68	4.00	2.98E-20	0.	5.71E-19	0.	2.02E-20	3.42E-20	0.	0.	2.88E-12	2.53E-07	1.20E-06	1.08E-07	1.56E-06
69	3.90	2.58E-20	0.	5.68E-19	5.66E-15	1.97E-20	1.25E-21	0.	0.	2.87E-12	2.73E-07	1.25E-06	1.10E-07	1.63E-06
70	3.80	2.86E-20	0.	4.33E-19	2.09E-15	1.87E-20	0.	0.	0.	2.86E-12	2.96E-07	1.32E-06	1.17E-07	1.73E-06
71	3.70	2.61E-20	0.	5.55E-19	1.08E-15	2.03E-20	0.	0.	0.	2.81E-12	3.21E-07	1.39E-06	1.25E-07	1.84E-06
72	3.60	2.39E-20	0.	3.75E-19	5.31E-15	1.08E-20	0.	0.	0.	2.64E-12	3.48E-07	1.46E-06	1.34E-07	1.94E-06
73	3.50	2.28E-20	0.	3.83E-19	8.84E-15	1.79E-20	0.	0.	0.	2.41E-12	3.80E-07	1.54E-06	1.43E-07	2.06E-06
74	3.40	2.13E-20	0.	2.60E-19	1.63E-15	1.93E-20	0.	0.	0.	1.39E-12	4.15E-07	1.63E-06	1.54E-07	2.34E-06
75	3.30	1.73E-20	0.	2.05E-19	5.70E-15	1.57E-20	0.	0.	0.	1.40E-12	4.54E-07	1.74E-06	1.65E-07	2.51E-06
76	3.20	1.54E-20	0.	1.28E-19	8.38E-15	1.78E-20	0.	0.	0.	1.40E-12	4.98E-07	1.84E-06	1.65E-07	2.86E-06
77	3.10	1.50E-20	0.	8.19E-20	2.60E-15	1.46E-20	0.	0.	0.	1.40E-12	5.49E-07	7.51E-07	1.79E-07	3.25E-06
78	3.00	1.38E-20	0.	3.96E-20	5.36E-15	1.50E-20	0.	0.	0.	1.40E-12	6.06E-07	8.41E-07	1.93E-07	3.67E-06
79	2.90	1.19E-20	0.	1.87E-20	2.87E-15	1.45E-20	0.	0.	0.	1.40E-12	6.72E-07	9.31E-07	2.11E-07	4.14E-06
80	2.80	1.26E-20	0.	8.87E-21	2.13E-15	1.14E-20	0.	0.	0.	1.41E-12	7.48E-07	1.02E-06	2.29E-07	4.66E-06
81	2.70	8.38E-21	0.	9.01E-22	2.50E-15	8.29E-21	0.	0.	0.	1.41E-12	8.36E-07	1.12E-06	2.51E-07	5.26E-06
82	2.60	4.12E-21	0.	0.	2.73E-16	4.73E-21	0.	0.	0.	1.41E-12	9.38E-07	1.21E-06	2.86E-07	5.96E-06
83	2.50	2.94E-22	0.	0.	2.70E-16	2.17E-21	0.	0.	0.	1.41E-12	1.06E-06	1.29E-06	3.25E-07	6.73E-06
84	2.40	0.	3.83E-20	0.	1.95E-16	5.29E-22	0.	0.	0.	1.40E-12	1.20E-06	1.47E-06	3.67E-07	7.54E-06
85	2.30	0.	1.07E-19	0.	0.	5.75E-23	0.	0.	0.	1.39E-12	1.36E-06	1.67E-06	2.52E-07	6.32E-06
86	2.20	0.	2.94E-19	0.	0.	0.	0.	0.	0.	1.38E-12	1.56E-06	1.86E-06	2.83E-07	7.54E-06
87	2.10	0.	2.89E-19	0.	0.	0.	0.	0.	0.	1.34E-12	1.80E-06	2.06E-06	3.14E-07	9.07E-06
88	2.00	0.	5.90E-19	0.	0.	0.	0.	0.	0.	1.29E-12	2.09E-06	2.26E-06	3.52E-07	1.16E-05
89	1.90	0.	6.61E-19	0.	0.	0.	0.	0.	0.	1.23E-12	2.44E-06	2.46E-06	4.03E-07	1.37E-05
90	1.80	0.	5.76E-19	0.	0.	0.	0.	0.	0.	1.16E-12	2.89E-06	2.70E-06	3.41E-07	5.26E-06
91	1.70	0.	6.42E-19	0.	0.	0.	0.	0.	0.	9.83E-13	3.44E-06	2.95E-06	3.84E-07	5.99E-06
92	1.60	0.	4.92E-19	0.	0.	0.	0.	0.	0.	4.47E-13	4.14E-06	1.80E-06	3.84E-07	6.32E-06
93	1.50	0.	5.53E-19	0.	0.	0.	0.	0.	0.	0.	5.04E-06	3.44E-06	4.52E-07	7.54E-06
94	1.40	0.	5.41E-19	0.	0.	0.	0.	0.	0.	0.	6.22E-06	5.14E-06	5.05E-07	9.07E-06
95	1.30	0.	4.14E-19	0.	0.	0.	0.	0.	0.	0.	7.79E-06	2.62E-06	5.46E-07	1.16E-05
96	1.20	0.	3.95E-19	0.	0.	0.	0.	8.08E-25	0.	0.	9.97E-06	2.62E-06	6.88E-06	1.37E-05
97	1.10	0.	3.89E-19	0.	0.	0.	0.	1.41E-23	0.	0.	1.30E-05	3.09E-06	7.97E-06	1.74E-05
98	1.00	0.	3.58E-19	0.	0.	0.	0.	1.67E-23	0.	0.	1.74E-05	4.06E-06	9.40E-06	2.25E-05
99	0.90	0.	2.93E-19	0.	0.	0.	0.	3.72E-22	0.	0.	2.41E-05	2.73E-06	9.14E-06	2.78E-05
100	0.80	0.	1.37E-19	0.	0.	0.	0.	3.72E-22	0.	0.	3.47E-05	2.98E-06	9.07E-06	3.86E-05
101	0.70	0.	3.12E-20	0.	0.	0.	0.	1.13E-21	0.	0.	5.25E-05	2.85E-06	7.92E-06	5.61E-05
102	0.60	0.	7.89E-21	0.	0.	0.	0.	0.	0.	0.	8.46E-05	3.21E-06	9.02E-06	8.87E-05

ABSORPTION COEFFICIENTS OF HEATED AIR (INVERSE CM.)

TEMPERATURE (DEGREES K) 24000. DENSITY (GM/CC) 1.293E-08 (1.0E-05 NORMAL)

#	PHOTON ENERGY E.V.	O2 S-R BANDS	O2 S-R CONT.	N2 B-H NO. 1	NO BETA	AO GAMMA	NO 2	O- PHOTO-DET (IONS)	FREE-FREE (IONS)	N P.E.	O P.E.	TOTAL AIR
1	10.70	0.	0.	8.97E-24	0.	0.	0.	2.10E-15	2.62E-10	1.51E-08	2.53E-09	1.79E-08
2	10.60	0.	0.	8.31E-24	0.	0.	0.	2.10E-15	2.70E-10	1.53E-08	2.54E-09	1.81E-08
3	10.50	0.	0.	8.50E-24	0.	0.	0.	2.11E-15	2.78E-10	1.54E-08	2.54E-09	1.82E-08
4	10.40	0.	0.	8.21E-24	0.	0.	0.	2.11E-15	2.86E-10	1.55E-08	2.55E-09	1.84E-08
5	10.30	0.	0.	7.31E-24	0.	0.	0.	2.11E-15	2.94E-10	1.57E-08	2.55E-09	1.86E-08
6	10.20	0.	0.	7.65E-24	0.	0.	0.	2.12E-15	3.03E-10	1.60E-08	2.58E-09	1.89E-08
7	10.10	0.	0.	7.29E-24	0.	0.	0.	2.12E-15	3.12E-10	1.63E-08	2.62E-09	1.92E-08
8	10.00	0.	0.	6.57E-24	0.	0.	0.	2.12E-15	3.21E-10	1.66E-08	2.65E-09	1.95E-08
9	9.90	0.	0.	6.78E-24	0.	0.	0.	2.13E-15	3.31E-10	1.68E-08	2.68E-09	1.98E-08
10	9.80	0.	0.	6.49E-24	0.	0.	0.	2.13E-15	3.42E-10	1.71E-08	2.72E-09	2.02E-08
11	9.70	0.	0.	5.75E-24	0.	0.	0.	2.13E-15	3.53E-10	1.74E-08	2.75E-09	2.05E-08
12	9.60	0.	0.	6.24E-24	0.	0.	0.	2.14E-15	3.64E-10	1.77E-08	2.78E-09	2.08E-08
13	9.50	0.	0.	5.47E-24	0.	0.	0.	2.14E-15	3.75E-10	1.80E-08	2.82E-09	2.11E-08
14	9.40	0.	0.	5.29E-24	0.	0.	0.	2.15E-15	3.88E-10	1.82E-08	2.86E-09	2.15E-08
15	9.30	0.	0.	5.45E-24	0.	0.	0.	2.16E-15	4.00E-10	1.84E-08	2.90E-09	2.17E-08
16	9.20	0.	0.	4.67E-24	0.	0.	0.	2.16E-15	4.13E-10	1.87E-08	2.94E-09	2.21E-08
17	9.10	0.	0.	4.82E-24	0.	0.	0.	2.17E-15	4.27E-10	1.90E-08	2.97E-09	2.24E-08
18	9.00	0.	0.	4.47E-24	0.	0.	0.	2.18E-15	4.42E-10	1.93E-08	3.01E-09	2.27E-08
19	8.90	0.	0.	4.23E-24	0.	0.	0.	2.19E-15	4.57E-10	1.96E-08	3.04E-09	2.31E-08
20	8.80	0.	0.	4.20E-24	0.	0.	0.	2.19E-15	4.73E-10	1.99E-08	3.07E-09	2.34E-08
21	8.70	0.	0.	3.74E-24	0.	0.	0.	2.20E-15	4.89E-10	2.02E-08	2.11E-09	2.28E-08
22	8.60	0.	0.	3.89E-24	0.	0.	0.	2.21E-15	5.07E-10	2.05E-08	2.15E-09	2.31E-08
23	8.50	0.	0.	3.50E-24	0.	0.	0.	2.23E-15	5.25E-10	2.08E-08	2.20E-09	2.35E-08
24	8.40	0.	0.	3.52E-24	0.	0.	0.	2.24E-15	5.44E-10	2.11E-08	2.25E-09	2.39E-08
25	8.30	0.	0.	3.07E-24	0.	0.	0.	2.25E-15	5.64E-10	1.36E-08	2.30E-09	1.65E-08
26	8.20	0.	0.	3.13E-24	0.	0.	0.	2.26E-15	5.85E-10	1.41E-08	2.39E-09	1.71E-08
27	8.10	0.	0.	2.78E-24	0.	0.	0.	2.28E-15	6.07E-10	1.47E-08	2.47E-09	1.77E-08
28	8.00	0.	0.	2.83E-24	0.	0.	0.	2.29E-15	6.30E-10	1.52E-08	2.56E-09	1.84E-08
29	7.90	0.	0.	2.49E-24	0.	0.	0.	2.30E-15	6.54E-10	1.57E-08	2.64E-09	1.91E-08
30	7.80	0.	0.	2.62E-24	0.	0.	0.	2.31E-15	6.80E-10	1.63E-08	2.73E-09	1.97E-08
31	7.70	0.	0.	2.35E-24	0.	0.	0.	2.32E-15	7.07E-10	1.69E-08	2.82E-09	2.04E-08
32	7.60	0.	0.	2.27E-24	0.	4.40E-28	0.	2.33E-15	7.35E-10	1.75E-08	2.91E-09	2.12E-08
33	7.50	0.	0.	2.15E-24	0.	1.33E-27	0.	2.35E-15	7.65E-10	1.82E-08	3.00E-09	2.20E-08
34	7.40	0.	0.	1.97E-24	0.	1.29E-26	0.	2.36E-15	7.97E-10	1.89E-08	3.10E-09	2.29E-08
35	7.30	0.	0.	1.90E-24	0.	4.71E-26	0.	2.37E-15	8.31E-10	1.64E-08	3.21E-09	2.04E-08
36	7.20	0.	0.	1.75E-24	0.	1.34E-25	0.	2.39E-15	8.65E-10	1.73E-08	3.38E-09	2.16E-08
37	7.10	0.	0.	1.71E-24	0.	4.24E-25	0.	2.41E-15	9.03E-10	1.82E-08	3.54E-09	2.26E-08
38	7.00	6.86E-27	0.	1.60E-24	0.	7.82E-25	0.	2.43E-15	9.42E-10	1.91E-08	3.71E-09	2.38E-08
39	6.90	1.36E-26	0.	1.50E-24	0.	1.20E-24	0.	2.45E-15	9.84E-10	2.00E-08	3.87E-09	2.49E-08
40	6.80	1.18E-26	0.	1.47E-24	0.	1.93E-24	0.	2.47E-15	1.03E-09	2.09E-08	4.04E-09	2.60E-08
41	6.70	8.75E-27	0.	1.32E-24	0.	1.82E-24	0.	2.49E-15	1.07E-09	2.18E-08	4.20E-09	2.71E-08
42	6.60	1.09E-27	0.	1.21E-24	0.	1.64E-24	0.	2.51E-15	1.13E-09	2.27E-08	4.37E-09	2.82E-08
43	6.50	3.16E-27	0.	9.87E-25	0.	2.25E-24	0.	2.53E-15	1.18E-09	2.37E-08	4.53E-09	2.94E-08
44	6.40	1.84E-27	0.	7.07E-25	6.44E-27	2.02E-24	0.	2.55E-15	1.23E-09	2.46E-08	4.71E-09	3.05E-08
45	6.30	1.09E-27	0.	4.59E-25	3.11E-26	2.47E-24	0.	2.57E-15	1.30E-09	2.55E-08	4.88E-09	3.16E-08
46	6.20	5.01E-28	0.	2.63E-25	4.52E-26	2.10E-24	0.	2.59E-15	1.36E-09	2.65E-08	5.08E-09	3.29E-08
47	6.10	2.35E-28	0.	1.28E-25	1.31E-25	2.47E-24	0.	2.61E-15	1.43E-09	2.75E-08	5.27E-09	3.42E-08
48	6.00	9.95E-29	0.	3.31E-26	1.30E-25	1.30E-24	0.	2.61E-15	1.50E-09	9.26E-09	5.47E-09	1.62E-08
49	5.90	2.48E-29	0.	2.38E-27	1.94E-25	1.24E-24	0.	2.57E-15	1.58E-09	9.60E-09	2.03E-09	1.32E-08
50	5.80	3.17E-30	0.	6.04E-29	2.75E-25	1.32E-24	0.	2.57E-15	1.66E-09	9.94E-09	2.10E-09	1.37E-08
51	5.70	2.34E-31	0.	0.	3.30E-25	1.48E-24	0.	2.41E-15	1.75E-09	1.04E-08	2.18E-09	1.44E-08

454

ABSORPTION COEFFICIENTS OF HEATED AIR (INVERSE CM.)

TEMPERATURE (DEGREES K) 24000. DENSITY (GM/CC) 1.293E-08 (1.0E-05 NORMAL)

#	PHOTON ENERGY	O2 S-R BANDS	N2 1ST POS.	N2 2ND POS.	N2+ 1ST NFG.	NO BETA	AO GAMMA	NO VIB-ROT	NO ?	O- PHOTO-DET (IONS)	FREE-FREE (IONS)	N P.E.	O P.F.	TOTAL AIR
52	5.60	1.06E-32	0.	0.	0.	2.92E-25	1.88E-24	0.	0.	2.24E-15	1.85E-09	1.11E-08	2.25E-09	1.52E-08
53	5.50	0.	0.	0.	0.	3.58E-25	1.74E-24	0.	0.	2.26E-15	1.95E-09	1.17E-08	2.35E-09	1.60E-08
54	5.40	0.	0.	0.	0.	3.38E-25	1.48E-24	0.	0.	2.27E-15	2.07E-09	1.25E-08	2.47E-09	1.70E-08
55	5.30	0.	0.	0.	0.	3.46E-25	1.81E-24	0.	0.	2.28E-15	2.19E-09	1.32E-08	2.60E-09	1.80E-08
56	5.20	0.	0.	0.	0.	3.78E-25	1.47E-24	0.	0.	2.30E-15	2.31E-09	1.39E-08	2.74E-09	1.90E-08
57	5.10	0.	0.	0.	0.	3.80E-25	1.86E-24	0.	0.	2.32E-15	2.45E-09	1.46E-08	2.26E-09	1.94E-08
58	5.00	1.52E-25	0.	0.	0.	3.51E-25	1.80E-24	0.	0.	2.33E-15	2.61E-09	1.54E-08	2.38E-09	2.04E-08
59	4.90	3.78E-25	0.	0.	0.	3.95E-25	2.00E-24	0.	0.	2.35E-15	2.77E-09	1.61E-08	2.50E-09	2.14E-08
60	4.80	7.26E-25	0.	0.	0.	4.28E-25	1.90E-24	0.	0.	2.37E-15	2.95E-09	1.68E-08	2.62E-09	2.24E-08
61	4.70	1.00E-24	0.	0.	0.	4.36E-25	1.74E-24	0.	0.	2.39E-15	3.14E-09	1.76E-08	2.75E-09	2.38E-08
62	4.60	1.41E-24	0.	0.	0.	4.53E-25	1.57E-24	0.	0.	2.41E-15	3.35E-09	1.92E-08	2.89E-09	2.55E-08
63	4.50	1.51E-24	0.	0.	0.	4.23E-25	1.19E-24	0.	0.	2.43E-15	3.58E-09	2.06E-08	3.04E-09	2.72E-08
64	4.40	1.65E-24	0.	0.	0.	4.28E-25	8.07E-25	0.	0.	2.45E-15	3.83E-09	2.20E-08	3.23E-09	2.90E-08
65	4.30	1.59E-24	0.	0.	0.	4.16E-25	5.17E-25	0.	0.	2.47E-15	4.11E-09	2.33E-08	3.44E-09	3.09E-08
66	4.20	1.50E-24	0.	0.	0.	4.40E-25	3.50E-25	0.	0.	2.49E-15	4.41E-09	2.49E-08	3.35E-09	3.29E-08
67	4.10	1.43E-24	0.	0.	0.	4.38E-25	1.00E-25	0.	0.	2.50E-15	4.75E-09	2.66E-08	3.62E-09	3.50E-08
68	4.00	1.34E-24	0.	0.	4.59E-20	4.29E-25	7.44E-26	0.	0.	2.51E-15	5.12E-09	2.85E-08	3.90E-09	3.73E-08
69	3.90	1.16E-24	0.	0.	1.69E-19	4.06E-25	2.71E-26	0.	0.	2.50E-15	5.53E-09	2.99E-08	4.17E-09	3.96E-08
70	3.80	1.29E-24	0.	1.73E-25	8.75E-20	4.41E-25	0.	0.	0.	2.49E-15	5.98E-09	3.16E-08	4.44E-09	4.20E-08
71	3.70	1.17E-24	0.	4.91E-25	4.30E-19	3.89E-25	0.	0.	0.	2.45E-15	6.49E-09	3.33E-08	4.73E-09	4.45E-08
72	3.60	1.08E-24	0.	1.75E-24	7.15E-19	4.20E-25	0.	0.	0.	2.30E-15	7.05E-09	3.50E-08	5.02E-09	4.70E-08
73	3.50	1.02E-24	0.	5.23E-24	1.32E-19	3.42E-25	0.	0.	0.	2.10E-15	7.68E-09	1.34E-08	5.34E-09	2.67E-08
74	3.40	9.40E-25	0.	2.54E-24	4.61E-19	3.17E-25	0.	0.	0.	1.21E-15	8.39E-09	1.26E-08	5.26E-09	2.70E-08
75	3.30	7.78E-25	0.	7.62E-24	6.79E-19	3.37E-25	0.	0.	0.	1.22E-15	9.18E-09	1.45E-08	4.20E-09	2.81E-08
76	3.20	6.93E-25	0.	3.69E-24	2.11E-19	3.25E-25	0.	0.	0.	1.22E-15	1.01E-08	1.64E-08	4.66E-09	3.21E-08
77	3.10	6.77E-25	0.	6.00E-24	4.34E-19	3.14E-25	0.	0.	0.	1.22E-15	1.11E-08	1.84E-08	3.87E-09	3.45E-08
78	3.00	6.20E-25	0.	2.49E-24	2.32E-19	2.48E-25	0.	0.	0.	1.22E-15	1.23E-08	2.04E-08	4.28E-09	3.83E-08
79	2.90	5.34E-25	0.	5.97E-24	1.73E-19	1.80E-25	0.	0.	0.	1.22E-15	1.36E-08	2.25E-08	4.69E-09	4.23E-08
80	2.80	5.66E-25	0.	4.55E-24	2.03E-19	4.71E-26	0.	0.	0.	1.23E-15	1.51E-08	2.45E-08	4.86E-09	4.63E-08
81	2.70	4.77E-25	0.	5.83E-24	2.21E-20	1.15E-26	0.	0.	0.	1.23E-15	1.69E-08	2.66E-08	5.24E-09	5.08E-08
82	2.60	1.85E-25	0.	3.94E-24	2.19E-20	1.25E-27	0.	0.	0.	1.23E-15	1.90E-08	2.91E-08	5.84E-09	5.63E-08
83	2.50	1.32E-26	0.	4.02E-24	1.58E-20	0.	0.	0.	0.	1.23E-15	2.13E-08	3.22E-08	6.64E-09	6.40E-08
84	2.40	0.	4.03E-25	2.73E-24	0.	0.	0.	0.	0.	1.23E-15	2.42E-08	3.72E-08	7.46E-09	7.22E-08
85	2.30	0.	1.12E-24	2.15E-24	0.	0.	0.	0.	0.	1.21E-15	2.75E-08	4.13E-08	8.31E-09	8.10E-08
86	2.20	0.	3.09E-24	1.35E-24	0.	0.	0.	0.	0.	1.21E-15	3.14E-08	4.54E-08	9.15E-09	9.08E-08
87	2.10	0.	3.04E-24	8.61E-25	0.	0.	0.	0.	0.	1.17E-15	3.63E-08	4.94E-08	5.29E-09	8.08E-08
88	2.00	0.	6.20E-24	4.16E-25	0.	0.	0.	0.	0.	1.12E-15	4.21E-08	2.34E-08	5.98E-09	7.80E-08
89	1.90	0.	6.95E-24	1.97E-25	0.	0.	0.	0.	0.	1.07E-15	4.94E-08	2.60E-08	6.71E-09	6.03E-08
90	1.80	0.	6.05E-24	9.33E-26	0.	0.	0.	0.	0.	1.01E-15	5.83E-08	2.87E-08	7.39E-09	9.03E-08
91	1.70	0.	6.75E-24	9.47E-27	0.	0.	0.	0.	0.	1.01E-15	6.94E-08	3.13E-08	8.23E-09	1.05E-07
92	1.60	0.	5.17E-24	0.	0.	0.	0.	0.	0.	8.56E-16	8.36E-08	3.42E-08	8.37E-09	1.22E-07
93	1.50	0.	5.81E-24	0.	0.	0.	0.	0.	0.	3.89E-16	1.02E-07	3.66E-08	3.45E-09	1.44E-07
94	1.40	0.	5.69E-24	0.	0.	0.	0.	1.76E-29	0.	0.	1.25E-07	4.96E-09	4.34E-09	1.70E-07
95	1.30	0.	4.35E-24	0.	0.	0.	0.	3.07E-28	0.	0.	1.57E-07	6.16E-09	5.24E-09	2.07E-07
96	1.20	0.	4.15E-24	0.	0.	0.	0.	0.	0.	0.	2.01E-07	7.51E-09	6.08E-09	2.09E-07
97	1.10	0.	4.09E-24	0.	0.	0.	0.	3.63E-28	0.	0.	2.62E-07	9.65E-09	6.35E-09	2.73E-07
98	1.00	0.	3.76E-24	0.	0.	0.	0.	8.10E-27	0.	0.	3.51E-07	6.24E-09	6.05E-09	3.64E-07
99	0.90	0.	3.08E-24	0.	0.	0.	0.	8.09E-27	0.	0.	4.85E-07	8.37E-09	5.26E-09	4.98E-07
100	0.80	0.	1.44E-24	0.	0.	0.	0.	2.46E-26	0.	0.	6.97E-07	1.05E-08	6.08E-09	7.13E-07
101	0.70	0.	3.28E-25	0.	0.	0.	0.	0.	0.	0.	1.05E-06	9.24E-09	5.35E-09	1.07E-06
102	0.60	0.	8.30E-26	0.	0.	0.	0.	0.	0.	0.	1.70E-06	1.04E-08	6.05E-09	1.71E-06

ABSORPTION COEFFICIENTS OF HEATED AIR (INVERSE CM.)

TEMPERATURE (DEGREES K) 24000. DENSITY (GM/CC) 1.293E-09 (1.0E-06 NORMAL)

#	PHOTON ENERGY E.V.	O2 S-R BANDS	O2 S-R CONT.	N2 B-H NO. 1	NO BETA	NO GAMMA	NO2	O- PHOTO-DET (IONS)	FREE-FREE (IONS)	N P.E.	O P.E.	TOTAL AIR
1	10.70	0.	0.	1.68E-29	0.	0.	0.	4.59E-19	3.30E-12	1.88E-10	4.08E-11	2.32E-10
2	10.60	0.	0.	1.55E-29	0.	0.	0.	4.60E-19	3.39E-12	1.89E-10	4.09E-11	2.34E-10
3	10.50	0.	0.	1.59E-29	0.	0.	0.	4.60E-19	3.49E-12	1.91E-10	4.10E-11	2.36E-10
4	10.40	0.	0.	1.54E-29	0.	0.	0.	4.61E-19	3.59E-12	1.93E-10	4.11E-11	2.38E-10
5	10.30	0.	0.	1.37E-29	0.	0.	0.	4.61E-19	3.70E-12	1.95E-10	4.12E-11	2.40E-10
6	10.20	0.	0.	1.43E-29	0.	0.	0.	4.62E-19	3.81E-12	1.99E-10	4.18E-11	2.45E-10
7	10.10	0.	0.	1.36E-29	0.	0.	0.	4.63E-19	3.93E-12	2.02E-10	4.24E-11	2.49E-10
8	10.00	0.	0.	1.23E-29	0.	0.	0.	4.63E-19	4.04E-12	2.06E-10	4.31E-11	2.53E-10
9	9.90	0.	0.	1.27E-29	0.	0.	0.	4.64E-19	4.17E-12	2.09E-10	4.37E-11	2.57E-10
10	9.80	0.	0.	1.21E-29	0.	0.	0.	4.65E-19	4.30E-12	2.13E-10	4.43E-11	2.62E-10
11	9.70	0.	0.	1.08E-29	0.	0.	0.	4.66E-19	4.43E-12	2.16E-10	4.50E-11	2.66E-10
12	9.60	0.	0.	1.17E-29	0.	0.	0.	4.67E-19	4.57E-12	2.20E-10	4.56E-11	2.70E-10
13	9.50	0.	0.	1.02E-29	0.	0.	0.	4.69E-19	4.72E-12	2.24E-10	4.62E-11	2.75E-10
14	9.40	0.	0.	9.89E-30	0.	0.	0.	4.71E-19	4.88E-12	2.27E-10	4.70E-11	2.79E-10
15	9.30	0.	0.	1.02E-29	0.	0.	0.	4.73E-19	5.03E-12	2.31E-10	4.77E-11	2.84E-10
16	9.20	0.	0.	8.73E-30	0.	0.	0.	4.74E-19	5.20E-12	2.35E-10	4.83E-11	2.88E-10
17	9.10	0.	0.	9.01E-30	0.	0.	0.	4.76E-19	5.38E-12	2.38E-10	4.90E-11	2.93E-10
18	9.00	0.	0.	8.36E-30	0.	0.	0.	4.78E-19	5.56E-12	2.42E-10	3.38E-11	2.81E-10
19	8.90	0.	0.	7.91E-30	0.	0.	0.	4.79E-19	5.75E-12	2.46E-10	3.17E-11	2.83E-10
20	8.80	0.	0.	7.85E-30	0.	0.	0.	4.81E-19	5.95E-12	2.50E-10	3.26E-11	2.88E-10
21	8.70	0.	0.	7.28E-30	0.	0.	0.	4.83E-19	6.15E-12	2.53E-10	3.44E-11	2.93E-10
22	8.60	0.	0.	7.00E-30	0.	0.	0.	4.84E-19	6.37E-12	2.57E-10	3.53E-11	2.98E-10
23	8.50	0.	0.	6.55E-30	0.	0.	0.	4.87E-19	6.60E-12	2.61E-10	3.62E-11	3.03E-10
24	8.40	0.	0.	6.58E-30	0.	0.	0.	4.89E-19	6.84E-12	1.65E-10	3.71E-11	2.08E-10
25	8.30	0.	0.	5.74E-30	0.	0.	0.	4.92E-19	7.09E-12	1.71E-10	3.87E-11	2.15E-10
26	8.20	0.	0.	5.86E-30	0.	0.	0.	4.95E-19	7.35E-12	1.78E-10	4.02E-11	2.24E-10
27	8.10	0.	0.	5.19E-30	0.	0.	0.	4.97E-19	7.63E-12	1.84E-10	4.18E-11	2.32E-10
28	8.00	0.	0.	5.26E-30	0.	0.	0.	5.00E-19	7.92E-12	1.91E-10	4.32E-11	2.41E-10
29	7.90	0.	0.	4.80E-30	0.	0.	0.	5.02E-19	8.23E-12	1.98E-10	4.48E-11	2.49E-10
30	7.80	0.	0.	4.40E-30	0.	1.20E-33	0.	5.05E-19	8.55E-12	2.05E-10	4.64E-11	2.58E-10
31	7.70	0.	0.	4.25E-30	0.	3.62E-33	0.	5.07E-19	8.89E-12	2.12E-10	4.80E-11	2.67E-10
32	7.60	0.	0.	4.02E-30	0.	3.51E-32	0.	5.10E-19	9.24E-12	2.20E-10	4.97E-11	2.77E-10
33	7.50	0.	0.	3.68E-30	0.	3.66E-32	0.	5.13E-19	9.62E-12	2.29E-10	5.15E-11	2.88E-10
34	7.40	0.	0.	3.55E-30	0.	1.28E-31	0.	5.16E-19	1.00E-11	1.95E-10	5.36E-11	2.57E-10
35	7.30	0.	0.	3.27E-30	0.	1.16E-30	0.	5.18E-19	1.04E-11	2.04E-10	5.66E-11	2.68E-10
36	7.20	0.	0.	3.20E-30	0.	2.13E-30	0.	5.23E-19	1.09E-11	2.15E-10	5.96E-11	2.83E-10
37	7.10	2.72E-32	0.	2.99E-30	0.	3.26E-30	0.	5.27E-19	1.13E-11	2.27E-10	6.26E-11	2.98E-10
38	7.00	5.38E-32	0.	2.80E-30	0.	3.25E-30	0.	5.31E-19	1.18E-11	2.38E-10	6.56E-11	3.12E-10
39	6.90	4.69E-32	0.	2.75E-30	0.	4.96E-30	0.	5.35E-19	1.24E-11	2.49E-10	6.86E-11	3.27E-10
40	6.80	3.47E-32	0.	2.46E-30	0.	4.47E-30	0.	5.40E-19	1.29E-11	2.61E-10	7.16E-11	3.42E-10
41	6.70	2.14E-32	0.	2.26E-30	0.	6.12E-30	0.	5.44E-19	1.35E-11	2.72E-10	7.46E-11	3.57E-10
42	6.60	1.25E-32	0.	1.85E-30	0.	5.49E-30	0.	5.48E-19	1.41E-11	2.83E-10	7.76E-11	3.72E-10
43	6.50	7.31E-33	0.	1.32E-30	0.	4.34E-30	0.	5.52E-19	1.48E-11	2.95E-10	8.07E-11	3.87E-10
44	6.40	4.32E-33	0.	8.59E-31	1.75E-32	5.71E-30	0.	5.57E-19	1.55E-11	3.06E-10	8.38E-11	4.02E-10
45	6.30	1.98E-33	0.	4.92E-31	8.46E-32	6.73E-30	0.	5.61E-19	1.63E-11	3.17E-10	8.74E-11	4.17E-10
46	6.20	6.30E-34	0.	2.39E-31	1.23E-31	4.02E-30	0.	5.65E-19	1.71E-11	3.30E-10	3.06E-11	4.34E-10
47	6.10	3.94E-34	0.	6.20E-32	3.56E-31	3.33E-30	0.	5.69E-19	1.80E-11	1.11E-10	3.06E-11	1.60E-10
48	6.00	9.85E-35	0.	4.45E-33	5.28E-31	3.60E-30	0.	5.69E-19	1.89E-11	1.15E-10	3.06E-11	1.65E-10
49	5.90	1.26E-35	0.	1.13E-34	7.48E-31	4.02E-30	0.	5.61E-19	1.99E-11	1.20E-10	3.19E-11	1.71E-10
50	5.80	9.26E-37	0.	0.	8.99E-31	0.	0.	5.61E-19	2.09E-11	1.24E-10	3.32E-11	1.78E-10
51	5.70	0.	0.	0.	0.	0.	0.	5.27E-19	2.20E-11	1.30E-10	3.46E-11	1.87E-10

ABSORPTION COEFFICIENTS OF HEATED AIR (INVERSE CM.)

TEMPERATURE (DEGREES K) 24000.   DENSITY (GM/CC) 1.293E-09   (1.0E-06 NORMAL)

#	PHOTON ENERGY	O2 S-R BANDS	N2 1ST POS.	N2 2ND POS.	N2+ 1ST NEG.	NO BETA	AO GAMMA	NO VIB-ROT	NO2	O- PHOTO-DET (IONS)	FREE-FREE (IONS)	N P.E.	O P.E.	TOTAL AIR P.E.
52	5.60	4.21E-38	0.	0.	0.	7.96E-31	5.11E-30	0.	0.	4.90E-19	2.33E-11	1.38E-10	3.60E-11	1.97E-10
53	5.50	0.	0.	0.	0.	9.74E-31	4.73E-30	0.	0.	4.92E-19	2.46E-11	1.46E-10	3.76E-11	2.09E-10
54	5.40	0.	0.	0.	0.	9.20E-31	4.02E-30	0.	0.	4.95E-19	2.60E-11	1.55E-10	3.97E-11	2.21E-10
55	5.30	0.	0.	0.	0.	9.43E-31	4.92E-30	0.	0.	4.98E-19	2.75E-11	1.64E-10	4.21E-11	2.34E-10
56	5.20	0.	0.	0.	0.	1.03E-30	3.99E-30	0.	0.	5.01E-19	2.91E-11	1.74E-10	3.58E-11	2.36E-10
57	5.10	0.	0.	0.	0.	1.03E-30	5.06E-30	0.	0.	5.06E-19	3.09E-11	1.83E-10	3.79E-11	2.49E-10
58	5.00	6.03E-31	0.	0.	0.	1.03E-30	5.06E-30	0.	0.	5.10E-19	3.28E-11	1.92E-10	3.79E-11	2.62E-10
59	4.90	1.50E-30	0.	0.	0.	9.55E-31	5.45E-30	0.	0.	5.14E-19	3.48E-11	2.01E-10	3.99E-11	2.76E-10
60	4.80	2.88E-30	0.	0.	0.	1.08E-30	5.17E-30	0.	0.	5.18E-19	3.71E-11	2.10E-10	4.20E-11	2.89E-10
61	4.70	3.98E-30	0.	0.	0.	1.17E-30	4.73E-30	0.	0.	5.23E-19	3.95E-11	2.23E-10	4.43E-11	3.07E-10
62	4.60	5.60E-30	0.	0.	0.	1.19E-30	4.29E-30	0.	0.	5.27E-19	4.21E-11	2.40E-10	4.66E-11	3.28E-10
63	4.50	5.99E-30	0.	3.24E-31	0.	1.23E-30	3.24E-30	0.	0.	5.31E-19	4.50E-11	2.55E-10	4.92E-11	3.49E-10
64	4.40	6.53E-30	0.	9.19E-31	0.	1.15E-30	2.20E-30	0.	0.	5.35E-19	4.82E-11	2.72E-10	5.23E-11	3.73E-10
65	4.30	6.29E-30	0.	3.28E-30	0.	1.17E-30	1.41E-30	0.	0.	5.40E-19	5.17E-11	2.89E-10	5.29E-11	3.94E-10
66	4.20	5.95E-30	0.	9.79E-30	0.	1.13E-30	9.53E-31	0.	0.	5.44E-19	5.55E-11	3.09E-10	5.75E-11	4.22E-10
67	4.10	5.68E-30	0.	4.74E-30	0.	1.19E-30	2.72E-31	0.	0.	5.46E-19	5.97E-11	3.30E-10	6.23E-11	4.52E-10
68	4.00	5.31E-30	0.	1.43E-29	0.	1.17E-30	2.02E-31	0.	0.	5.48E-19	6.44E-11	3.51E-10	6.72E-11	4.83E-10
69	3.90	4.61E-30	0.	6.91E-30	7.82E-25	1.11E-30	7.39E-32	0.	0.	5.46E-19	6.95E-11	3.72E-10	7.20E-11	5.14E-10
70	3.80	5.10E-30	0.	1.09E-29	2.89E-24	1.20E-30	0.	0.	0.	5.44E-19	7.52E-11	3.93E-10	7.68E-11	5.45E-10
71	3.70	4.66E-30	0.	1.12E-29	1.49E-24	1.06E-30	0.	0.	0.	5.35E-19	8.15E-11	4.14E-10	8.17E-11	5.77E-10
72	3.60	4.26E-30	0.	8.52E-30	7.33E-24	1.14E-30	0.	0.	0.	5.01E-19	8.86E-11	4.35E-10	7.43E-11	5.98E-10
73	3.50	4.06E-30	0.	1.09E-29	2.25E-23	1.05E-30	0.	0.	0.	4.59E-19	9.65E-11	1.32E-10	7.86E-11	3.07E-10
74	3.40	3.81E-30	0.	7.37E-30	7.86E-24	1.05E-30	0.	0.	0.	2.65E-19	1.05E-10	1.43E-10	8.41E-11	3.36E-10
75	3.30	3.08E-30	0.	7.53E-30	1.16E-23	8.63E-31	0.	0.	0.	2.65E-19	1.15E-10	1.55E-10	6.19E-11	3.32E-10
76	3.20	2.75E-30	0.	5.10E-30	3.59E-24	9.17E-31	0.	0.	0.	2.66E-19	1.27E-10	1.77E-10	4.93E-11	3.53E-10
77	3.10	2.68E-30	0.	4.03E-30	7.39E-24	8.86E-31	0.	0.	0.	2.66E-19	1.39E-10	2.02E-10	5.61E-11	3.97E-10
78	3.00	2.46E-30	0.	2.52E-30	3.96E-24	8.56E-31	0.	0.	0.	2.67E-19	1.54E-10	2.25E-10	6.28E-11	4.42E-10
79	2.90	2.12E-30	0.	1.61E-30	2.94E-24	6.76E-31	0.	0.	0.	2.67E-19	1.71E-10	2.50E-10	6.96E-11	4.91E-10
80	2.80	2.24E-30	0.	7.78E-31	3.46E-24	4.91E-31	0.	0.	0.	2.68E-19	1.90E-10	2.75E-10	7.62E-11	5.42E-10
81	2.70	2.01E-30	0.	3.46E-31	3.77E-25	2.80E-31	0.	0.	0.	2.68E-19	2.12E-10	3.00E-10	8.27E-11	5.95E-10
82	2.60	7.35E-31	0.	1.75E-31	3.72E-25	1.28E-31	0.	0.	0.	2.68E-19	2.38E-10	3.25E-10	8.94E-11	6.53E-10
83	2.50	5.25E-32	0.	1.77E-32	2.69E-25	3.13E-32	0.	0.	0.	2.68E-19	2.68E-10	3.58E-10	9.90E-11	7.25E-10
84	2.40	0.	7.53E-31	0.	0.	3.41E-33	0.	0.	0.	2.68E-19	3.04E-10	4.08E-10	1.12E-10	8.24E-10
85	2.30	0.	2.09E-30	0.	0.	0.	0.	0.	0.	2.66E-19	3.45E-10	4.57E-10	1.26E-10	9.28E-10
86	2.20	0.	5.78E-30	0.	0.	0.	0.	0.	0.	2.64E-19	3.95E-10	5.06E-10	1.39E-10	1.04E-09
87	2.10	0.	5.68E-30	0.	0.	0.	0.	0.	0.	2.63E-19	4.56E-10	2.18E-10	6.16E-11	7.36E-10
88	2.00	0.	1.16E-29	0.	0.	0.	0.	0.	0.	2.55E-19	5.29E-10	2.48E-10	6.99E-11	8.48E-10
89	1.90	0.	1.30E-29	0.	0.	0.	0.	0.	0.	2.45E-19	6.20E-10	2.78E-10	7.83E-11	9.76E-10
90	1.80	0.	1.13E-29	0.	0.	0.	0.	0.	0.	2.35E-19	7.32E-10	3.08E-10	8.69E-11	1.13E-09
91	1.70	0.	9.67E-29	0.	0.	0.	0.	0.	0.	2.21E-19	8.72E-10	3.38E-10	9.54E-11	1.31E-09
92	1.60	0.	1.26E-29	0.	0.	0.	0.	0.	0.	1.87E-19	1.05E-09	3.68E-10	1.04E-10	1.52E-09
93	1.50	0.	1.09E-29	0.	0.	0.	0.	0.	0.	8.50E-20	1.28E-09	3.98E-10	1.12E-10	1.79E-09
94	1.40	0.	1.09E-29	0.	0.	0.	0.	0.	0.	0.	1.57E-09	4.28E-10	1.20E-10	2.12E-09
95	1.30	0.	8.14E-30	0.	0.	0.	0.	0.	0.	0.	1.97E-09	4.93E-12	5.48E-12	1.98E-09
96	1.20	0.	7.77E-30	0.	0.	0.	0.	0.	0.	0.	2.52E-09	5.48E-12	8.64E-12	2.53E-09
97	1.10	0.	7.65E-30	0.	0.	0.	0.	4.78E-35	0.	0.	3.29E-09	8.43E-12	1.04E-11	3.31E-09
98	1.00	0.	7.04E-30	0.	0.	0.	0.	8.35E-34	0.	0.	4.41E-09	1.03E-11	1.25E-11	4.43E-09
99	0.90	0.	5.77E-30	0.	0.	0.	0.	9.89E-34	0.	0.	6.08E-09	1.14E-11	1.10E-11	6.11E-09
100	0.80	0.	2.70E-30	0.	0.	0.	0.	2.20E-32	0.	0.	8.75E-09	1.10E-11	1.06E-11	8.77E-09
101	0.70	0.	6.14E-31	0.	0.	0.	0.	2.20E-32	0.	0.	1.32E-08	1.26E-11	1.20E-11	1.32E-08
102	0.60	0.	1.55E-31	0.	0.	0.	0.	6.69E-32	0.	0.	2.13E-08	1.41E-11	1.20E-11	2.13E-08

A2a Table of total, continuum and cut-off Planck Mean Absorption Coefficients of heated air from 1000°K to 18,000°K and densities from 10 to 10^{-6} times normal.

TOTAL AND CUT-OFF PLANCK MEAN ABSORPTION COEFFICIENTS (cm^{-1})

TEMPERATURE (DEG. K)	C	DENSITY (TIMES NORMAL) 1.0E 01	1.0E 00	1.0E-01	10.0E-03	10.0E-04	10.0E-05	10.0E-06	10.0E-07
1000.	TOTAL	1.84E-05	1.84E-06	1.84E-07	1.84E-08	1.84E-09	1.84E-10	1.84E-11	1.84E-12
	CONT.	9.42E-10	2.98E-11	9.42E-13	2.98E-14	9.42E-16	2.98E-17	9.42E-19	2.98E-20
	1	1.84E-05	1.84E-06	1.84E-07	1.84E-08	1.84E-09	1.84E-10	1.84E-11	1.84E-12
	2	1.84E-05	1.84E-06	1.84E-07	1.84E-08	1.84E-09	1.84E-10	1.84E-11	1.84E-12
	3	1.84E-05	1.84E-06	1.84E-07	1.84E-08	1.84E-09	1.84E-10	1.84E-11	1.84E-12
	4	1.84E-05	1.84E-06	1.84E-07	1.84E-08	1.84E-09	1.84E-10	1.84E-11	1.84E-12
	5	1.84E-05	1.84E-06	1.84E-07	1.84E-08	1.84E-09	1.84E-10	1.84E-11	1.84E-12
	6	2.68E-07	1.84E-06	1.84E-07	1.84E-08	1.84E-09	1.84E-10	1.84E-11	1.84E-12
2000.	TOTAL	1.20E-03	1.17E-04	1.16E-05	1.16E-06	1.15E-07	1.14E-08	1.11E-09	1.01E-10
	CONT.	4.04E-05	1.28E-06	4.03E-08	1.27E-09	4.00E-11	1.24E-12	3.71E-14	9.79E-16
	1	1.20E-03	1.17E-04	1.16E-05	1.16E-06	1.15E-07	1.14E-08	1.11E-09	1.01E-10
	2	1.20E-03	1.17E-04	1.16E-05	1.16E-06	1.15E-07	1.14E-08	1.11E-09	1.01E-10
	3	1.46E-04	1.17E-04	1.16E-05	1.16E-06	1.15E-07	1.14E-08	1.11E-09	1.01E-10
	4	1.13E-04	1.19E-05	1.16E-05	1.16E-06	1.15E-07	1.14E-08	1.11E-09	1.01E-10
	5	7.62E-06	1.13E-05	1.10E-06	1.16E-06	1.15E-07	1.14E-08	1.11E-09	1.01E-10
	6	6.87E-07	8.49E-07	1.10E-06	1.07E-07	1.15E-07	1.14E-08	1.11E-09	1.01E-10
3000.	TOTAL	3.86E-03	3.06E-04	2.71E-05	2.33E-06	1.60E-07	7.19E-09	2.45E-10	7.86E-12
	CONT.	1.11E-03	3.43E-05	1.01E-06	2.53E-08	4.13E-10	3.24E-12	2.05E-14	1.89E-16
	1	3.84E-03	3.06E-04	2.71E-05	2.33E-06	1.60E-07	7.19E-09	2.45E-10	7.86E-12
	2	1.08E-03	8.57E-05	2.69E-05	2.33E-06	1.60E-07	7.19E-09	2.45E-10	7.86E-12
	3	1.29E-04	8.36E-05	5.95E-06	2.32E-06	1.60E-07	7.19E-09	2.45E-10	7.86E-12
	4	6.27E-06	1.33E-05	5.81E-06	4.63E-07	1.60E-07	7.19E-09	2.45E-10	7.86E-12
	5	1.20E-06	1.89E-06	1.38E-06	4.52E-07	3.06E-08	7.19E-09	2.45E-10	7.86E-12
	6						7.18E-09	2.45E-10	7.86E-12
4000.	TOTAL	1.28E-02	8.04E-04	4.24E-05	1.51E-06	4.70E-08	1.61E-09	6.55E-11	3.27E-12
	CONT.	4.54E-03	1.29E-04	2.83E-06	4.12E-08	5.38E-10	7.66E-12	1.18E-13	1.86E-15
	1	9.26E-03	7.84E-04	4.24E-05	1.51E-06	4.70E-08	1.61E-09	6.55E-11	3.27E-12
	2	5.59E-03	2.48E-04	4.15E-05	1.51E-06	4.70E-08	1.61E-09	6.55E-11	3.27E-12
	3	1.81E-03	1.44E-04	3.33E-05	1.50E-06	4.70E-08	1.61E-09	6.55E-11	3.27E-12
	4	1.79E-04	1.98E-05	5.45E-06	1.35E-06	4.70E-08	1.61E-09	6.55E-11	3.27E-12
	5	0.	0.	2.40E-06	4.66E-07	4.69E-08	1.61E-09	6.55E-11	3.27E-12
	6	0.	0.		3.35E-07	3.90E-08	1.61E-09	6.55E-11	3.27E-12
5000.	TOTAL	5.98E-02	2.65E-03	8.35E-05	2.87E-06	1.35E-07	7.57E-09	3.45E-10	9.83E-12
	CONT.	1.61E-02	4.40E-04	8.07E-06	1.25E-07	1.95E-09	3.08E-11	5.04E-13	1.09E-14
	1	2.50E-02	2.47E-03	8.35E-05	2.87E-06	1.35E-07	7.57E-09	3.45E-10	9.83E-12
	2	1.44E-02	1.18E-03	6.42E-05	2.87E-06	1.35E-07	7.57E-09	3.45E-10	9.83E-12
	3	0.	5.66E-04	2.62E-05	2.87E-06	1.35E-07	7.57E-09	3.45E-10	9.83E-12
	4	0.	3.11E-04	1.64E-05	2.62E-06	1.35E-07	7.57E-09	3.45E-10	9.83E-12
	5	0.	0.	1.27E-06	1.51E-06	1.35E-07	7.57E-09	3.45E-10	9.83E-12
	6	0.	0.		1.17E-06	1.22E-07	7.57E-09	3.45E-10	9.83E-12
6000.	TOTAL	1.55E-01	5.79E-03	2.13E-04	1.01E-05	4.83E-07	1.50E-08	3.54E-10	1.11E-11
	CONT.	3.83E-02	1.02E-03	1.85E-04	3.16E-06	7.26E-09	4.05E-10	3.47E-11	3.26E-12
	1	5.72E-02	5.75E-03	2.13E-04	1.01E-05	4.83E-07	1.50E-08	3.54E-10	1.11E-11
	2	2.61E-02	3.44E-03	2.13E-04	1.01E-05	4.82E-07	1.50E-08	3.54E-10	1.11E-11
	3	1.40E-02	1.68E-03	2.06E-04	1.00E-05	4.81E-07	1.50E-08	3.54E-10	1.11E-11
	4	0.	1.01E-04	1.11E-04	8.33E-06	4.79E-07	1.49E-08	3.54E-10	1.11E-11
	5	0.	0.	1.94E-05	2.13E-06	4.77E-07	1.48E-08	3.41E-10	1.03E-11
	6	0.	0.	0.			1.47E-08	3.32E-10	9.80E-12

TOTAL AND CUT-OFF PLANCK MEAN ABSORPTION COEFFICIENTS (cm^{-1})

TEMPERATURE (DEG. K)		DENSITY (TIMES NORMAL)							
		1.0E 01	1.0E 00	1.0E-01	10.0E-03	10.0E-04	10.0E-05	10.0E-06	10.0E-07
7000.	TOTAL	2.85E-01	1.09E-02	4.78E-04	2.09E-05	6.35E-07	2.14E-08	1.31E-09	1.08E-10
	CONT.	8.60E-02	2.02E-03	4.12E-05	1.52E-06	1.28E-07	1.11E-08	1.07E-09	1.01E-10
	1	1.20E-01	1.08E-02	4.75E-04	2.06E-05	6.35E-07	2.14E-08	1.31E-09	1.08E-10
	2	2.81E-02	8.81E-03	4.72E-04	2.05E-05	5.96E-07	2.14E-08	1.31E-09	1.08E-10
	3	0.	3.04E-03	4.65E-04	2.03E-05	5.52E-07	1.85E-08	1.31E-09	1.08E-10
	4	0.	1.38E-05	3.32E-04	1.98E-05	5.35E-07	1.38E-08	1.03E-09	1.08E-10
	5	0.	0.	7.89E-06	1.94E-05	5.33E-07	1.20E-08	5.58E-10	8.05E-11
	6	0.	0.	0.	1.21E-06	5.27E-07	1.20E-08	3.77E-10	3.55E-11
8000.	TOTAL	4.65E-01	1.94E-02	8.68E-04	3.48E-05	1.92E-06	1.59E-07	1.32E-08	1.06E-09
	CONT.	1.58E-01	4.02E-03	1.78E-04	1.68E-05	1.58E-06	1.52E-07	1.30E-08	1.05E-09
	1	2.37E-01	1.86E-02	7.85E-04	2.96E-05	1.92E-06	1.59E-07	1.32E-08	1.06E-09
	2	1.52E-03	1.73E-02	7.66E-04	2.35E-05	1.36E-06	1.59E-07	1.32E-08	1.06E-09
	3	0.	1.60E-03	7.36E-04	2.14E-05	7.77E-07	1.05E-07	1.32E-08	1.06E-09
	4	0.	0.	2.70E-04	2.10E-05	5.51E-07	4.68E-08	9.37E-09	1.06E-09
	5	0.	0.	4.69E-06	2.04E-05	5.51E-07	2.44E-08	3.75E-09	7.49E-10
	6	0.	0.	0.	1.44E-06	5.46E-07	2.44E-08	1.65E-09	2.90E-10
9000.	TOTAL	7.32E-01	3.51E-02	1.90E-03	1.27E-04	1.13E-05	1.00E-06	7.91E-08	3.74E-09
	CONT.	2.79E-01	1.27E-02	1.22E-03	1.15E-04	1.11E-05	9.96E-07	7.90E-08	3.73E-09
	1	3.77E-01	2.79E-02	1.06E-03	8.70E-05	1.13E-05	1.00E-06	7.91E-08	3.74E-09
	2	0.	2.58E-02	9.42E-04	4.33E-05	7.32E-06	1.00E-06	7.91E-08	3.74E-09
	3	0.	8.44E-04	8.89E-04	2.84E-05	2.98E-06	6.26E-07	7.91E-08	3.74E-09
	4	0.	0.	3.19E-04	2.84E-05	1.49E-06	2.52E-07	4.93E-08	3.74E-09
	5	0.	0.	0.	2.75E-05	1.49E-06	1.14E-07	1.94E-08	2.56E-09
	6	0.	0.	0.	2.55E-07	1.49E-06	1.14E-07	8.46E-09	9.65E-10
10000.	TOTAL	1.23E 00	7.81E-02	6.34E-03	5.61E-04	4.81E-05	3.83E-06	2.12E-07	4.83E-09
	CONT.	6.05E-01	5.30E-02	5.83E-03	5.53E-04	4.80E-05	3.83E-06	2.12E-07	4.83E-09
	1	2.32E-01	3.85E-02	2.11E-03	3.35E-04	4.81E-05	3.83E-06	2.12E-07	4.83E-09
	2	0.	3.47E-02	1.36E-03	1.29E-04	2.68E-05	3.83E-06	2.12E-07	4.83E-09
	3	0.	0.	1.33E-03	7.23E-05	1.15E-05	2.33E-06	2.12E-07	4.83E-09
	4	0.	0.	3.01E-04	7.23E-05	5.47E-06	9.16E-07	1.29E-07	4.83E-09
	5	0.	0.	0.	4.21E-05	5.47E-06	4.23E-07	4.99E-08	4.83E-09
	6	0.	0.	0.	0.	3.09E-06	4.23E-07	2.30E-08	2.50E-09
11000.	TOTAL	2.35E 00	2.07E-01	1.97E-02	1.79E-03	1.54E-04	9.36E-06	2.90E-07	3.80E-09
	CONT.	1.59E 00	1.85E-01	1.93E-02	1.78E-03	1.54E-04	9.36E-06	2.90E-07	3.80E-09
	1	1.58E-01	5.60E-02	5.15E-03	1.02E-03	1.54E-04	9.36E-06	2.90E-07	3.80E-09
	2	0.	4.10E-02	2.81E-03	3.79E-04	8.69E-05	9.36E-06	2.90E-07	3.80E-09
	3	0.	0.	2.29E-03	2.08E-04	3.13E-05	5.63E-06	2.90E-07	3.80E-09
	4	0.	0.	0.	1.60E-04	1.65E-05	2.10E-06	2.37E-07	3.80E-09
	5	0.	0.	0.	1.39E-05	1.31E-06	1.02E-06	1.37E-07	3.80E-09
	6	0.	0.	0.	0.	3.66E-06	9.05E-07	3.25E-08	3.60E-09
12000.	TOTAL	5.16E 00	5.25E-01	5.07E-02	4.60E-03	3.37E-04	1.43E-05	2.58E-07	2.72E-09
	CONT.	4.34E 00	5.08E-01	5.05E-02	4.60E-03	3.37E-04	1.43E-05	2.58E-07	2.72E-09
	1	3.73E-02	9.22E-02	6.30E-03	2.57E-03	3.37E-04	1.43E-05	2.58E-07	2.72E-09
	2	0.	5.51E-02	6.12E-03	5.13E-04	2.05E-04	1.43E-05	2.58E-07	2.72E-09
	3	0.	0.	3.61E-03	4.96E-04	6.66E-05	8.34E-06	2.58E-07	2.72E-09
	4	0.	0.	0.	2.83E-04	3.67E-05	3.11E-06	2.58E-07	2.72E-09
	5	0.	0.	0.	0.	2.10E-05	1.60E-06	1.47E-07	2.72E-09
	6	0.	0.	0.	0.	0.	1.21E-06	5.70E-08	2.72E-09

TOTAL AND CUT-OFF PLANCK MEAN ABSORPTION COEFFICIENTS (cm^{-1})

TEMPERATURE C (DEG. K)		DENSITY (TIMES NORMAL)							
		1.0E 01	1.0E 00	1.0E-01	10.0E-03	10.0E-04	10.0E-05	10.0E-06	10.0E-07
13000.	TOTAL	3.17E 00	1.97E-01	1.57E-02	1.26E-03	6.22E-05	1.77E-06	2.32E-08	2.35E-10
	CONT.	2.41E 00	1.84E-01	1.55E-02	1.26E-03	6.22E-05	1.77E-06	2.32E-08	2.35E-10
	1	0.	1.41E-01	1.31E-02	1.26E-03	6.22E-05	1.77E-06	2.32E-08	2.35E-10
	2	0.	1.16E-03	1.03E-02	1.04E-03	6.22E-05	1.77E-06	2.32E-08	2.35E-10
	3	0.	0.	4.34E-03	8.50E-04	6.22E-05	1.77E-06	2.32E-08	2.35E-10
	4	0.	0.	0.	3.78E-04	5.56E-05	1.77E-06	2.32E-08	2.35E-10
	5	0.	0.	0.	0.	3.01E-05	1.77E-06	2.32E-08	2.35E-10
	6	0.	0.	0.	0.	0.	1.28E-06	2.32E-08	2.35E-10
14000.	TOTAL	2.19E 01	2.23E 00	2.05E-01	1.57E-02	7.20E-04	1.34E-05	1.47E-07	1.45E-09
	CONT.	2.12E 01	2.22E 00	2.05E-01	1.57E-02	7.20E-04	1.34E-05	1.47E-07	1.45E-09
	1	0.	2.09E-01	2.42E-02	8.10E-03	7.20E-04	1.34E-05	1.47E-07	1.45E-09
	2	0.	0.	1.57E-02	1.80E-03	4.08E-04	1.34E-05	1.47E-07	1.45E-09
	3	0.	0.	1.20E-03	1.20E-03	1.37E-04	1.34E-05	1.47E-07	1.45E-09
	4	0.	0.	0.	3.91E-04	6.82E-05	6.31E-06	1.47E-07	1.45E-09
	5	0.	0.	0.	0.	3.58E-05	1.58E-06	1.47E-07	1.44E-09
	6	0.	0.	0.	0.	0.	1.17E-06	6.22E-08	1.43E-09
15000.	TOTAL	7.46E 00	5.75E-01	4.67E-02	3.08E-03	9.04E-05	1.29E-06	1.36E-08	1.42E-10
	CONT.	6.95E 00	5.69E-01	4.66E-02	3.07E-03	9.04E-05	1.29E-06	1.36E-08	1.42E-10
	1	0.	2.88E-01	3.78E-02	3.08E-03	9.04E-05	1.29E-06	1.36E-08	1.42E-10
	2	0.	0.	2.24E-02	2.56E-03	9.04E-05	1.29E-06	1.36E-08	1.42E-10
	3	0.	0.	0.	1.64E-03	9.04E-05	1.29E-06	1.36E-08	1.42E-10
	4	0.	0.	0.	1.22E-04	7.14E-05	1.29E-06	1.36E-08	1.42E-10
	5	0.	0.	0.	0.	3.53E-05	1.29E-06	1.36E-08	1.42E-10
	6	0.	0.	0.	0.	0.	9.68E-07	1.36E-08	1.42E-10
16000.	TOTAL	6.27E 01	6.02E 00	5.64E-01	3.06E-02	7.37E-04	8.75E-06	9.14E-08	1.18E-09
	CONT.	6.23E 01	6.02E 00	5.64E-01	3.06E-02	7.37E-04	8.75E-06	9.14E-08	1.18E-09
	1	0.	3.72E-01	5.05E-02	1.52E-02	7.37E-04	8.75E-06	9.14E-08	1.18E-09
	2	0.	0.	2.98E-02	3.18E-03	7.37E-04	8.75E-06	9.14E-08	1.18E-09
	3	0.	0.	0.	1.91E-03	1.30E-04	8.73E-06	9.14E-08	1.18E-09
	4	0.	0.	0.	0.	6.81E-05	8.71E-06	8.91E-08	1.18E-09
	5	0.	0.	0.	0.	3.52E-05	1.67E-06	8.82E-08	9.60E-10
	6	0.	0.	0.	0.	0.	7.84E-07	8.79E-08	8.90E-10
17000.	TOTAL	1.57E 01	1.27E 00	9.37E-02	4.33E-03	7.44E-05	8.24E-07	9.17E-09	1.62E-10
	CONT.	1.54E 01	1.27E 00	9.36E-02	4.33E-03	7.44E-05	8.24E-07	9.17E-09	1.62E-10
	1	0.	4.58E-01	6.42E-02	4.33E-03	7.44E-05	8.24E-07	9.17E-09	1.62E-10
	2	0.	0.	3.46E-02	3.97E-03	7.44E-05	8.24E-07	9.17E-09	1.62E-10
	3	0.	0.	0.	2.15E-03	7.44E-05	8.24E-07	9.17E-09	1.62E-10
	4	0.	0.	0.	0.	6.00E-05	8.24E-07	9.17E-09	1.62E-10
	5	0.	0.	0.	0.	3.23E-05	8.24E-07	9.17E-09	1.62E-10
	6	0.	0.	0.	0.	0.	6.38E-07	9.17E-09	1.62E-10
18000.	TOTAL	1.31E 02	1.17E 01	6.46E-01	2.45E-02	3.84E-04	4.21E-06	6.56E-08	2.20E-09
	CONT.	1.30E 02	1.17E 01	6.46E-01	2.45E-02	3.84E-04	4.21E-06	6.56E-08	2.20E-09
	1	0.	3.31E-01	7.52E-02	2.45E-02	3.84E-04	4.21E-06	6.56E-08	2.20E-09
	2	0.	0.	4.03E-02	5.64E-03	3.81E-04	4.21E-06	6.56E-08	2.20E-09
	3	0.	0.	0.	2.20E-03	3.55E-04	4.01E-06	6.56E-08	2.20E-09
	4	0.	0.	0.	0.	5.08E-05	3.94E-06	4.89E-08	2.20E-09
	5	0.	0.	0.	0.	2.92E-05	3.39E-06	4.29E-08	1.01E-09
	6	0.	0.	0.	0.	0.	5.53E-07	4.17E-08	6.67E-10

A2b,1. Contribution of O_2 Schumann-Runge Continuum to the Planck Mean Absorption Coefficient of Heated Air.

NO. 1

TEMP (DEG. K)	DENSITY (TIMES NORMAL)							
	1.0E 01	1.0E 00	1.0E-01	10.0E-03	10.0E-04	10.0E-05	10.0E-06	10.0E-07
1000.	1.40E-29	1.40E-30	1.40E-31	1.40E-32	1.40E-33	1.40E-34	1.40E-35	1.40E-36
2000.	2.52E-12	2.52E-13	2.52E-14	2.52E-15	2.50E-16	2.48E-17	2.33E-18	1.94E-19
3000.	7.79E-07	7.62E-08	7.03E-09	5.49E-10	2.65E-11	5.38E-13	6.28E-15	6.45E-17
4000.	2.56E-04	1.95E-05	8.86E-07	1.75E-08	2.07E-10	2.15E-12	2.17E-14	2.18E-16
5000.	4.53E-03	1.76E-04	3.13E-06	3.66E-08	3.82E-10	3.86E-12	3.88E-14	3.88E-16
6000.	1.67E-02	3.59E-04	4.59E-06	4.92E-08	5.02E-10	5.05E-12	5.04E-14	4.98E-16
7000.	2.82E-02	4.50E-04	5.17E-06	5.42E-08	5.46E-10	5.46E-12	5.30E-14	4.88E-16
8000.	3.63E-02	4.94E-04	5.42E-06	5.56E-08	5.53E-10	5.36E-12	4.81E-14	3.41E-16
9000.	3.89E-02	4.91E-04	5.26E-06	5.28E-08	5.12E-10	4.59E-12	3.21E-14	1.01E-16
10000.	3.94E-02	4.84E-04	4.98E-06	4.91E-08	4.48E-10	3.39E-12	1.31E-14	9.79E-18
11000.	0.	0.	0.	0.	0.	0.	0.	0.
12000.	0.	0.	0.	0.	0.	0.	0.	0.
13000.	0.	0.	0.	0.	0.	0.	0.	0.
14000.	0.	0.	0.	0.	0.	0.	0.	0.
15000.	0.	0.	0.	0.	0.	0.	0.	0.
16000.	0.	0.	0.	0.	0.	0.	0.	0.
17000.	0.	0.	0.	0.	0.	0.	0.	0.
18000.	0.	0.	0.	0.	0.	0.	0.	0.

A2b,2. Contribution of NO_2 to the Planck Mean Absorption Coefficient of Heated Air.

NO. 2

TEMP (DEG. K)	DENSITY (TIMES NORMAL)							
	1.0E 01	1.0E 00	1.0E-01	10.0E-03	10.0E-04	10.0E-05	10.0E-06	10.0E-07
1000.	9.42E-10	2.98E-11	9.42E-13	2.98E-14	9.42E-16	2.98E-17	9.42E-19	2.98E-20
2000.	4.04E-05	1.28E-06	4.03E-08	1.27E-09	4.00E-11	1.24E-12	3.71E-14	9.79E-16
3000.	1.11E-03	3.42E-05	9.98E-07	2.46E-08	3.77E-10	2.44E-12	9.00E-15	2.92E-17
4000.	4.20E-03	1.01E-04	1.46E-06	9.20E-09	3.46E-11	1.13E-13	3.51E-16	1.02E-18
5000.	9.02E-03	1.12E-04	6.32E-07	2.32E-09	7.32E-12	2.03E-14	4.19E-17	5.53E-20
6000.	3.96E-03	2.71E-05	1.07E-07	3.30E-10	7.96E-13	1.24E-15	1.36E-18	1.35E-21
7000.	1.60E-03	7.80E-06	2.54E-08	5.89E-11	8.47E-14	8.93E-17	8.68E-20	7.66E-23
8000.	6.41E-04	2.53E-06	6.47E-09	9.98E-12	1.07E-14	1.02E-17	8.55E-21	4.85E-24
9000.	0.	0.	0.	0.	0.	0.	0.	0.
10000.	0.	0.	0.	0.	0.	0.	0.	0.
11000.	0.	0.	0.	0.	0.	0.	0.	0.
12000.	0.	0.	0.	0.	0.	0.	0.	0.
13000.	0.	0.	0.	0.	0.	0.	0.	0.
14000.	0.	0.	0.	0.	0.	0.	0.	0.
15000.	0.	0.	0.	0.	0.	0.	0.	0.
16000.	0.	0.	0.	0.	0.	0.	0.	0.
17000.	0.	0.	0.	0.	0.	0.	0.	0.
18000.	0.	0.	0.	0.	0.	0.	0.	0.

A2b,3. Contribution of O^- Photodetachment to the Planck Mean Absorption Coefficient of Heated Air.

NO. 3

TEMP (DEG. K)	1.0E 01	DENSITY (TIMES NORMAL) 1.0E 00	1.0E-01	10.0E-03	10.0E-04	10.0E-05	10.0E-06	10.0E-07
1000.	0.	0.	0.	0.	0.	0.	0.	0.
2000.	0.	0.	0.	0.	0.	0.	0.	0.
3000.	1.39E-07	1.78E-08	1.77E-09	1.49E-10	8.67E-12	2.63E-13	5.25E-15	9.53E-17
4000.	8.39E-05	8.27E-06	4.85E-07	1.46E-08	2.96E-10	5.40E-12	9.55E-14	1.64E-15
5000.	2.59E-03	1.51E-04	4.31E-06	8.63E-08	1.56E-09	2.68E-11	4.63E-13	1.04E-14
6000.	1.75E-02	6.28E-04	1.36E-05	2.51E-07	4.60E-09	1.06E-10	3.13E-12	9.71E-14
7000.	5.57E-02	1.52E-03	3.03E-05	6.21E-07	1.66E-08	5.10E-10	1.58E-11	4.68E-13
8000.	1.16E-01	2.82E-03	6.29E-05	1.76E-06	5.45E-08	1.67E-09	4.84E-11	1.16E-12
9000.	2.00E-01	5.02E-03	1.41E-04	4.36E-06	1.34E-07	3.87E-09	9.16E-11	1.17E-12
10000.	3.20E-01	9.14E-03	2.85E-04	8.82E-06	2.59E-07	6.45E-09	9.52E-11	4.07E-13
11000.	5.02E-01	1.59E-02	5.01E-04	1.51E-05	4.04E-07	7.46E-09	4.94E-11	8.68E-14
12000.	7.70E-01	2.52E-02	7.80E-04	2.23E-05	5.07E-07	5.68E-09	1.61E-11	1.94E-14
13000.	1.12E 00	3.65E-02	1.10E-03	2.90E-05	5.06E-07	2.95E-09	4.78E-12	5.08E-15
14000.	1.54E 00	4.91E-02	1.42E-03	3.31E-05	3.97E-07	1.23E-09	1.52E-12	1.56E-15
15000.	1.99E 00	6.20E-02	1.70E-03	3.33E-05	2.52E-07	4.87E-10	5.36E-13	5.50E-16
16000.	2.45E 00	7.43E-02	1.89E-03	2.96E-05	1.38E-07	1.99E-10	2.10E-13	2.25E-16
17000.	2.89E 00	8.49E-02	1.97E-03	2.33E-05	7.05E-08	8.66E-11	9.09E-14	1.10E-16
18000.	3.30E 00	9.31E-02	1.92E-03	1.65E-05	3.56E-08	4.03E-11	4.41E-14	6.28E-17

A2b,4. Contribution of Free-Free in Presence of Ions to the Planck Mean Absorption Coefficient of Heated Air.

NO. 4

TEMP (DEG. K)	DENSITY (TIMES NORMAL)							
	1.0E 01	1.0E 00	1.0E-01	10.0E-03	10.0E-04	10.0E-05	10.0E-06	10.0E-07
1000.	0.	0.	0.	0.	0.	0.	0.	0.
2000.	0.	0.	0.	0.	0.	0.	0.	0.
3000.	3.04E-13	3.00E-14	2.89E-15	2.56E-16	1.78E-17	8.06E-19	2.75E-20	8.86E-22
4000.	4.63E-09	4.05E-10	2.75E-11	1.23E-12	4.24E-14	1.36E-15	4.22E-17	1.24E-18
5000.	1.09E-06	6.90E-08	2.93E-09	9.97E-11	3.11E-12	9.07E-14	2.70E-15	1.37E-16
6000.	3.11E-05	1.45E-06	5.13E-08	1.62E-09	5.31E-11	2.82E-12	2.46E-13	2.39E-14
7000.	2.95E-04	1.17E-05	3.98E-07	1.59E-08	1.13E-09	1.07E-10	1.05E-11	1.01E-12
8000.	1.42E-03	5.43E-05	2.42E-06	1.85E-07	1.78E-08	1.74E-09	1.63E-10	1.32E-11
9000.	4.82E-03	2.21E-04	1.60E-05	1.54E-06	1.50E-07	1.40E-08	1.12E-09	5.72E-11
10000.	1.42E-02	9.09E-04	8.44E-05	8.25E-06	7.75E-07	6.39E-08	3.57E-09	8.73E-11
11000.	4.04E-02	3.35E-03	3.27E-04	3.12E-05	2.72E-06	1.77E-07	5.66E-09	7.91E-11
12000.	1.09E-01	1.01E-02	9.82E-04	8.99E-05	6.83E-06	3.08E-07	5.74E-09	6.40E-11
13000.	2.65E-01	2.54E-02	2.42E-03	2.06E-04	1.28E-05	3.71E-07	4.92E-09	5.10E-11
14000.	5.71E-01	5.50E-02	5.06E-03	3.90E-04	1.84E-05	3.59E-07	4.05E-09	4.13E-11
15000.	1.10E 00	1.05E-01	9.24E-03	6.23E-04	2.14E-05	3.15E-07	3.33E-09	3.46E-11
16000.	1.94E 00	1.82E-01	1.51E-02	8.57E-04	2.16E-05	2.68E-07	2.79E-09	3.16E-11
17000.	3.15E 00	2.88E-01	2.26E-02	1.04E-03	2.00E-05	2.27E-07	2.42E-09	3.43E-11
18000.	4.80E 00	4.26E-01	3.00E-02	1.13E-03	1.78E-05	1.94E-07	2.28E-09	4.32E-11

A2b,5. Contribution of N Photoionization to the Planck Mean Absorption Coefficient of Heated Air.

NO. 5

TEMP (DEG. K)	DENSITY (TIMES NORMAL)							
	1.0E 01	1.0E 00	1.0E-01	10.0E-03	10.0E-04	10.0E-05	10.0E-06	10.0E-07
1000.	0.	0.	0.	0.	0.	0.	0.	0.
2000.	0.	0.	0.	0.	0.	0.	0.	0.
3000.	0.	0.	0.	0.	0.	0.	0.	0.
4000.	0.	0.	0.	0.	0.	0.	0.	0.
5000.	0.	0.	0.	0.	0.	0.	0.	0.
6000.	2.96E-07	8.01E-08	2.48E-08	7.12E-09	1.47E-09	2.27E-10	2.48E-11	2.50E-12
7000.	4.09E-05	1.18E-05	2.91E-06	6.47E-07	9.20E-08	8.71E-09	8.66E-10	8.31E-11
8000.	1.43E-03	3.90E-04	8.08E-05	1.21E-05	1.30E-06	1.28E-07	1.09E-08	8.80E-10
9000.	2.10E-02	5.37E-03	8.87E-04	9.26E-05	9.19E-06	8.52E-07	6.73E-08	3.09E-09
10000.	1.67E-01	3.55E-02	4.74E-03	4.66E-04	4.03E-05	3.28E-06	1.79E-07	3.92E-09
11000.	8.32E-01	1.43E-01	1.62E-02	1.52E-03	1.31E-04	7.75E-06	2.39E-07	3.05E-09
12000.	2.90E 00	4.13E-01	4.28E-02	3.93E-03	2.84E-04	1.16E-05	2.10E-07	2.17E-09
13000.	8.42E-01	1.04E-01	1.02E-02	8.65E-04	3.78E-05	1.02E-06	1.33E-08	1.32E-10
14000.	1.66E 01	1.86E 00	1.74E-01	1.32E-02	5.88E-04	1.06E-05	1.18E-07	1.15E-09
15000.	3.23E 00	3.39E-01	2.99E-02	1.98E-03	5.09E-05	7.00E-07	7.38E-09	7.91E-11
16000.	5.06E 01	5.04E 00	4.83E-01	2.55E-02	5.92E-04	6.92E-06	7.36E-08	9.89E-10
17000.	7.80E 00	7.44E-01	5.67E-02	2.57E-03	3.92E-05	4.28E-07	5.03E-09	1.08E-10
18000.	1.06E 02	9.68E 00	4.95E-01	1.81E-02	2.75E-04	3.05E-06	5.34E-08	2.00E-09

A2b,6. Contribution of O Photoionization to the Planck Mean Absorption Coefficient of Heated Air.

NO. 6

TEMP (DEG. K)	DENSITY (TIMES NORMAL)							
	1.0E 01	1.0E 00	1.0E-01	10.0E-03	10.0E-04	10.0E-05	10.0E-06	10.0E-07
1000.	0.	0.	0.	0.	0.	0.	0.	0.
2000.	0.	0.	0.	0.	0.	0.	0.	0.
3000.	0.	0.	0.	0.	0.	0.	0.	0.
4000.	0.	0.	0.	0.	0.	0.	0.	0.
5000.	0.	0.	0.	0.	0.	0.	0.	0.
6000.	5.41E-06	7.86E-07	6.24E-08	6.42E-09	6.45E-10	6.43E-11	6.42E-12	6.38E-13
7000.	1.79E-04	2.22E-05	2.35E-06	1.80E-07	1.80E-08	1.80E-09	1.76E-10	1.69E-11
8000.	2.19E-03	2.56E-04	2.64E-05	2.65E-06	2.07E-07	2.03E-08	1.92E-09	1.60E-10
9000.	1.45E-02	1.64E-03	1.67E-04	1.66E-05	1.63E-06	1.25E-07	1.05E-08	5.85E-10
10000.	6.42E-02	7.03E-03	7.17E-04	7.02E-05	6.67E-06	4.82E-07	3.01E-08	8.20E-10
11000.	2.11E-01	2.27E-02	2.28E-03	2.22E-04	1.98E-05	1.42E-06	4.51E-08	6.70E-10
12000.	5.61E-01	5.91E-02	5.87E-03	5.54E-04	4.52E-05	2.35E-06	4.27E-08	4.86E-10
13000.	1.78E-01	1.85E-02	1.80E-03	1.62E-04	1.11E-05	3.69E-07	5.01E-09	5.18E-11
14000.	2.51E 00	2.56E-01	2.44E-02	2.05E-03	1.13E-04	2.45E-06	2.55E-08	2.60E-10
15000.	6.30E-01	6.31E-02	5.83E-03	4.40E-04	1.78E-05	2.73E-07	2.84E-09	2.86E-11
16000.	7.38E 00	7.26E-01	6.42E-02	4.20E-03	1.23E-04	1.57E-06	1.50E-08	1.59E-10
17000.	1.58E 00	1.53E-01	1.28E-02	6.97E-04	1.52E-05	1.69E-07	1.71E-09	1.98E-11
18000.	1.62E 01	1.53E 00	1.19E-01	5.26E-03	9.04E-05	9.68E-07	9.95E-09	1.61E-10

A2b,7. Contribution of O_2 Schumann–Runge Bands to the Planck Mean Absorption Coefficient of Heated Air.

NO. 7

TEMP (DEG. K)	1.0E 01	1.0E 00	1.0E-01	10.0E-03	10.0E-04	10.0E-05	10.0E-06	10.0E-07
			DENSITY (TIMES NORMAL)					
1000.	1.43E-23	1.43E-24	1.43E-25	1.43E-26	1.43E-27	1.43E-28	1.43E-29	1.43E-30
2000.	2.37E-09	2.37E-10	2.37E-11	2.36E-12	2.35E-13	2.31E-14	2.18E-15	1.82E-16
3000.	5.12E-05	5.00E-06	4.62E-07	3.60E-08	1.73E-09	3.52E-11	4.11E-13	4.22E-15
4000.	3.75E-03	2.84E-04	1.29E-05	2.54E-07	3.01E-09	3.13E-11	3.16E-13	3.17E-15
5000.	2.41E-02	9.39E-04	1.66E-05	1.94E-07	2.02E-09	2.05E-11	2.06E-13	2.06E-15
6000.	4.28E-02	9.13E-04	1.17E-05	1.25E-07	1.28E-09	1.28E-11	1.28E-13	1.26E-15
7000.	4.12E-02	6.48E-04	7.45E-06	7.75E-08	7.83E-10	7.78E-12	7.59E-14	6.99E-16
8000.	3.21E-02	4.38E-04	4.82E-06	4.93E-08	4.90E-10	4.74E-12	4.24E-14	2.97E-16
9000.	2.33E-02	2.95E-04	3.15E-06	3.16E-08	3.06E-10	2.75E-12	1.92E-14	6.08E-17
10000.	1.60E-02	1.93E-04	2.00E-06	1.96E-08	1.80E-10	1.35E-12	5.28E-15	3.95E-18
11000.	1.14E-02	1.32E-04	1.34E-06	1.26E-08	1.04E-10	5.47E-13	7.49E-16	1.66E-19
12000.	8.24E-03	9.15E-05	9.00E-07	8.04E-09	5.47E-11	1.52E-13	6.58E-17	8.54E-21
13000.	3.37E-03	3.61E-05	3.44E-07	2.79E-09	1.38E-11	1.61E-14	3.19E-18	3.48E-22
14000.	2.44E-03	2.53E-05	2.30E-07	1.62E-09	4.95E-12	2.43E-15	3.28E-19	3.40E-23
15000.	1.79E-03	1.79E-05	1.53E-07	8.71E-10	1.45E-12	3.68E-16	4.21E-20	4.34E-24
16000.	1.32E-03	1.27E-05	9.97E-08	4.28E-10	3.69E-13	6.22E-17	6.67E-21	7.14E-25
17000.	9.79E-04	9.10E-06	6.36E-08	1.90E-10	9.01E-14	1.21E-17	1.28E-21	1.53E-25
18000.	7.33E-04	6.50E-06	3.94E-08	7.71E-11	2.27E-14	2.70E-18	2.95E-22	4.05E-26

A2b,8. Contribution of N_2 Birge-Hopfield Bands to the Planck Mean Absorption Coefficient of Heated Air.

NO. 8

TEMP (DEG. K)	DENSITY (TIMES NORMAL)							
	1.0E 01	1.0E 00	1.0E-01	10.0E-03	10.0E-04	10.0E-05	10.0E-06	10.0E-07
1000.	0.	0.	0.	0.	0.	0.	0.	0.
2000.	3.06E-24	3.06E-25	3.06E-26	3.06E-27	3.06E-28	3.06E-29	3.06E-30	3.06E-31
3000.	3.62E-14	3.62E-15	3.63E-16	3.64E-17	3.67E-18	3.70E-19	3.72E-20	3.72E-21
4000.	2.57E-09	2.59E-10	2.64E-11	2.69E-12	2.70E-13	2.66E-14	2.52E-15	2.11E-16
5000.	1.62E-06	1.67E-07	1.70E-08	1.67E-09	1.53E-10	1.14E-11	4.86E-13	8.42E-15
6000.	1.01E-04	1.03E-05	9.87E-07	8.20E-08	4.56E-09	1.09E-10	1.31E-12	1.33E-14
7000.	1.66E-03	1.60E-04	1.28E-05	6.35E-07	1.29E-08	1.46E-10	1.44E-12	1.33E-14
8000.	1.18E-02	9.88E-04	5.33E-05	1.20E-06	1.40E-08	1.37E-10	1.20E-12	7.87E-15
9000.	4.65E-02	3.03E-03	9.15E-05	1.21E-06	1.20E-08	1.04E-10	6.51E-13	1.64E-15
10000.	1.17E-01	5.29E-03	9.44E-05	9.97E-07	8.85E-09	5.91E-11	1.76E-13	9.94E-17
11000.	2.09E-01	6.17E-03	7.94E-05	7.49E-07	5.60E-09	2.28E-11	2.19E-14	4.14E-18
12000.	2.81E-01	5.69E-03	6.12E-05	5.16E-07	2.89E-09	5.54E-12	1.82E-15	2.22E-19
13000.	3.06E-01	4.67E-03	4.48E-05	3.24E-07	1.18E-09	9.32E-13	1.59E-16	1.70E-20
14000.	2.88E-01	3.62E-03	3.14E-05	1.83E-07	3.81E-10	1.37E-13	1.72E-17	1.76E-21
15000.	2.47E-01	2.71E-03	2.11E-05	9.24E-08	1.02E-10	2.11E-14	2.34E-18	2.35E-22
16000.	2.01E-01	1.99E-03	1.36E-05	4.18E-08	2.49E-11	3.71E-15	3.89E-19	3.84E-23
17000.	1.58E-01	1.44E-03	8.35E-06	1.71E-08	6.04E-12	7.54E-16	7.68E-20	7.09E-24
18000.	1.22E-01	1.02E-03	4.91E-06	6.54E-09	1.55E-12	1.75E-16	1.74E-20	1.29E-24

A2b,9. Contribution of N$_2$ First Positive Bands to the Planck Mean Absorption Coefficient of Heated Air.

NO.9

TEMP (DEG. K)	DENSITY (TIMES NORMAL)							
	1.0E 01	1.0E 00	1.0E-01	10.0E-03	10.0E-04	10.0E-05	10.0E-06	10.0E-07
1000.	0.	0.	0.	0.	0.	0.	0.	0.
2000.	1.41E-13	1.41E-14	1.41E-15	1.41E-16	1.41E-17	1.41E-18	1.41E-19	1.41E-20
3000.	5.48E-08	5.49E-09	5.50E-10	5.51E-11	5.55E-12	5.60E-13	5.63E-14	5.63E-15
4000.	2.50E-05	2.52E-06	2.56E-07	2.61E-08	2.63E-09	2.59E-10	2.45E-11	2.05E-12
5000.	8.16E-04	8.37E-05	8.54E-06	8.41E-07	7.69E-08	5.73E-09	2.44E-10	4.23E-12
6000.	7.33E-03	7.47E-04	7.18E-05	5.97E-06	3.32E-07	7.95E-09	9.55E-11	9.66E-13
7000.	3.13E-02	3.00E-03	2.41E-04	1.19E-05	2.43E-07	2.74E-09	2.71E-11	2.49E-13
8000.	8.15E-02	6.83E-03	3.68E-04	8.31E-06	9.68E-08	9.46E-10	8.28E-12	5.44E-14
9000.	1.49E-01	9.72E-03	2.94E-04	3.89E-06	3.86E-08	3.33E-10	2.09E-12	5.27E-15
10000.	2.06E-01	9.27E-03	1.65E-04	1.75E-06	1.55E-08	1.04E-10	3.09E-13	1.74E-16
11000.	2.25E-01	6.63E-03	8.53E-05	8.04E-07	6.01E-09	2.45E-11	2.35E-14	4.44E-18
12000.	2.01E-01	4.08E-03	4.39E-05	3.70E-07	2.07E-09	3.97E-12	1.30E-15	1.59E-19
13000.	1.56E-01	2.38E-03	2.29E-05	1.65E-07	6.03E-10	4.76E-13	8.09E-17	8.65E-21
14000.	1.10E-01	1.38E-03	1.20E-05	6.98E-08	1.45E-10	5.22E-14	6.55E-18	6.72E-22
15000.	7.35E-02	8.07E-04	6.28E-06	2.75E-08	3.03E-11	6.28E-15	6.95E-19	7.00E-23
16000.	4.81E-02	4.77E-04	3.25E-06	10.00E-09	5.95E-12	8.89E-16	9.30E-20	9.20E-24
17000.	3.13E-02	2.84E-04	1.65E-06	3.39E-09	1.20E-12	1.49E-16	1.52E-20	1.40E-24
18000.	2.04E-02	1.71E-04	8.21E-07	1.09E-09	2.59E-13	2.93E-17	2.91E-21	2.15E-25

A2b,10.   Contribution of N_2 Second Positive Bands to the Planck Mean Absorption Coefficient of Heated Air.

NO. 10

TEMP (DEG. K)	DENSITY (TIMES NORMAL)							
	1.0E 01	1.0E 00	1.0E-01	10.0E-03	10.0E-04	10.0E-05	10.0E-06	10.0E-07
1000.	0.	0.	0.	0.	0.	0.	0.	0.
2000.	6.26E-21	6.26E-22	6.26E-23	6.26E-24	6.26E-25	6.26E-26	6.26E-27	6.26E-28
3000.	2.52E-12	2.52E-13	2.52E-14	2.53E-15	2.55E-16	2.57E-17	2.59E-18	2.59E-19
4000.	3.44E-08	3.47E-09	3.52E-10	3.59E-11	3.61E-12	3.56E-13	3.37E-14	2.82E-15
5000.	8.26E-06	8.49E-07	8.66E-08	8.52E-09	7.80E-10	5.82E-11	2.48E-12	4.29E-14
6000.	2.74E-04	2.79E-05	2.68E-06	2.23E-07	1.24E-08	2.97E-10	3.57E-12	3.61E-14
7000.	2.92E-03	2.80E-04	2.25E-05	1.11E-06	2.27E-08	2.56E-10	2.53E-12	2.33E-14
8000.	1.50E-02	1.25E-03	6.75E-05	1.52E-06	1.77E-08	1.73E-10	1.52E-12	9.97E-15
9000.	4.59E-02	2.99E-03	9.04E-05	1.20E-06	1.19E-08	1.02E-10	6.43E-13	1.62E-15
10000.	9.52E-02	4.28E-03	7.64E-05	8.08E-07	7.17E-09	4.79E-11	1.43E-13	8.05E-17
11000.	1.44E-01	4.26E-03	5.48E-05	5.17E-07	3.87E-09	1.58E-11	1.51E-14	2.86E-18
12000.	1.70E-01	3.44E-03	3.71E-05	3.12E-07	1.75E-09	3.35E-12	1.10E-15	1.35E-19
13000.	1.66E-01	2.52E-03	2.43E-05	1.75E-07	6.40E-10	5.04E-13	8.58E-17	9.18E-21
14000.	1.42E-01	1.78E-03	1.55E-05	9.00E-08	1.88E-10	6.73E-14	8.45E-18	8.66E-22
15000.	1.12E-01	1.23E-03	9.57E-06	4.18E-08	4.62E-11	9.57E-15	1.06E-18	1.07E-22
16000.	8.47E-02	8.39E-04	5.73E-06	1.76E-08	1.05E-11	1.57E-15	1.64E-19	1.62E-23
17000.	6.26E-02	5.68E-04	3.31E-06	6.78E-09	2.39E-12	2.98E-16	3.04E-20	2.81E-24
18000.	4.58E-02	3.82E-04	1.84E-06	2.45E-09	5.80E-13	6.57E-17	6.51E-21	4.82E-25

A2b,11. Contribution of NO Beta Bands to the Planck Mean Absorption Coefficient of Heated Air.

NO. 11

TEMP (DEG. K)	DENSITY (TIMES NORMAL)							
	1.0E 01	1.0E 00	1.0E-01	10.0E-03	10.0E-04	10.0E-05	10.0E-06	10.0E-07
1000.	2.17E-26	2.17E-27	2.17E-28	2.17E-29	2.17E-30	2.17E-31	2.17E-32	2.17E-33
2000.	5.22E-11	5.22E-12	5.22E-13	5.22E-14	5.20E-15	5.15E-16	5.01E-17	4.58E-18
3000.	3.05E-06	3.02E-07	2.90E-08	2.57E-09	1.79E-10	8.11E-12	2.77E-13	8.89E-15
4000.	4.30E-04	3.76E-05	2.56E-06	1.15E-07	3.95E-09	1.27E-10	3.91E-12	1.13E-13
5000.	5.21E-03	3.30E-04	1.40E-05	4.75E-07	1.47E-08	4.03E-10	8.34E-12	1.10E-13
6000.	1.82E-02	8.49E-04	2.98E-05	8.88E-07	2.12E-08	3.28E-10	3.60E-12	3.60E-14
7000.	3.29E-02	1.28E-03	3.88E-05	8.83E-07	1.27E-08	1.34E-10	1.32E-12	1.21E-14
8000.	4.32E-02	1.46E-03	3.56E-05	5.41E-07	5.82E-09	5.65E-11	5.01E-13	3.40E-15
9000.	4.65E-02	1.33E-03	2.40E-05	2.77E-07	2.71E-09	2.38E-11	1.58E-13	4.47E-16
10000.	4.32E-02	1.00E-03	1.37E-05	1.39E-07	1.26E-09	8.89E-12	3.03E-14	1.97E-17
11000.	3.62E-02	6.68E-04	7.63E-06	7.20E-08	5.66E-10	2.61E-12	3.00E-15	6.13E-19
12000.	2.79E-02	4.18E-04	4.30E-06	3.73E-08	2.30E-10	5.31E-13	2.00E-16	2.52E-20
13000.	2.01E-02	2.57E-04	2.46E-06	1.88E-08	7.99E-11	7.66E-14	1.41E-17	1.52E-21
14000.	1.40E-02	1.59E-04	1.41E-06	9.05E-09	2.28E-11	9.58E-15	1.25E-18	1.29E-22
15000.	9.50E-03	9.96E-05	8.12E-07	4.06E-09	5.49E-12	1.26E-15	1.42E-19	1.44E-23
16000.	6.44E-03	6.31E-05	4.61E-07	1.67E-09	1.20E-12	1.90E-16	2.02E-20	2.07E-24
17000.	4.38E-03	4.02E-05	2.56E-07	6.34E-10	2.60E-13	3.36E-17	3.49E-21	3.66E-25
18000.	2.99E-03	2.57E-05	1.39E-07	2.24E-10	5.93E-14	6.88E-18	7.16E-22	7.23E-26

A2b,12. Contribution of NO Gamma Bands to the Planck Mean Absorption Coefficient of Heated Air.

NO. 12

TEMP (DEG. K)	DENSITY (TIMES NORMAL)							
	1.0E 01	1.0E 00	1.0E-01	10.0E-03	10.0E-04	10.0E-05	10.0E-06	10.0E-07
1000.	2.60E-25	2.60E-26	2.60E-27	2.60E-28	2.60E-29	2.60E-30	2.60E-31	2.60E-32
2000.	2.06E-10	2.06E-11	2.06E-12	2.06E-13	2.05E-14	2.04E-15	1.98E-16	1.81E-17
3000.	8.73E-06	8.64E-07	8.30E-08	7.35E-09	5.12E-10	2.32E-11	7.92E-13	2.54E-14
4000.	1.11E-03	9.70E-05	6.59E-06	2.96E-07	1.02E-08	3.26E-10	1.01E-11	2.93E-13
5000.	1.33E-02	8.38E-04	3.56E-05	1.21E-06	3.73E-08	1.02E-09	2.12E-11	2.79E-13
6000.	4.74E-02	2.21E-03	7.75E-05	2.31E-06	5.51E-08	8.55E-10	9.36E-12	9.36E-14
7000.	8.91E-02	3.47E-03	1.05E-04	2.39E-06	3.43E-08	3.63E-10	3.57E-12	3.28E-14
8000.	1.22E-01	4.14E-03	1.01E-04	1.53E-06	1.65E-08	1.60E-10	1.42E-12	9.64E-15
9000.	1.38E-01	3.97E-03	7.13E-05	8.22E-07	8.05E-09	7.09E-11	4.70E-13	1.33E-15
10000.	1.34E-01	3.12E-03	4.25E-05	4.33E-07	3.90E-09	2.76E-11	9.43E-14	6.12E-17
11000.	1.17E-01	2.17E-03	2.47E-05	2.34E-07	1.83E-09	8.48E-12	9.72E-15	1.99E-18
12000.	9.40E-02	1.41E-03	1.45E-05	1.26E-07	7.77E-10	1.79E-12	6.75E-16	8.51E-20
13000.	7.04E-02	8.99E-04	8.60E-06	6.58E-08	2.79E-10	2.68E-13	4.92E-17	5.32E-21
14000.	5.05E-02	5.75E-04	5.11E-06	3.27E-08	8.25E-11	3.46E-14	4.51E-18	4.65E-22
15000.	3.54E-02	3.71E-04	3.03E-06	1.51E-08	2.05E-11	4.69E-15	5.29E-19	5.38E-23
16000.	2.47E-02	2.42E-04	1.77E-06	6.41E-09	4.60E-12	7.28E-16	7.72E-20	7.94E-24
17000.	1.72E-02	1.58E-04	1.01E-06	2.49E-09	1.02E-12	1.32E-16	1.37E-20	1.44E-24
18000.	1.21E-02	1.04E-04	5.60E-07	9.04E-10	2.39E-13	2.77E-17	2.88E-21	2.91E-25

A2b,13. Contribution of NO Vibration-Rotation Bands to the Planck Mean Absorption Coefficient of Heated Air.

NO. 13

TEMP (DEG. K)	DENSITY (TIMES NORMAL)							
	1.0E 01	1.0E 00	1.0E-01	10.0E-03	10.0E-04	10.0E-05	10.0E-06	10.0E-07
1000.	1.84E-05	1.84E-06	1.84E-07	1.84E-08	1.84E-09	1.84E-10	1.84E-11	1.84E-12
2000.	1.15E-03	1.15E-04	1.15E-05	1.15E-06	1.15E-07	1.14E-08	1.11E-09	1.01E-10
3000.	2.69E-03	2.65E-04	2.55E-05	2.26E-06	1.57E-07	7.12E-09	2.44E-10	7.81E-12
4000.	2.90E-03	2.54E-04	1.72E-05	7.73E-07	2.67E-08	8.54E-10	2.64E-11	7.65E-13
5000.	2.28E-04	1.44E-05	6.12E-07	2.07E-08	6.41E-10	1.76E-11	3.64E-13	4.79E-15
6000.	1.92E-04	8.98E-06	3.14E-07	9.38E-09	2.24E-10	3.46E-12	3.80E-14	3.80E-16
7000.	1.30E-04	5.05E-06	1.53E-07	3.48E-09	5.00E-11	5.30E-13	5.20E-15	4.79E-17
8000.	8.30E-05	2.80E-06	6.83E-08	1.04E-09	1.12E-11	1.09E-13	9.61E-16	6.52E-18
9000.	5.14E-05	1.48E-06	2.65E-08	3.06E-10	3.00E-12	2.64E-14	1.75E-16	4.94E-19
10000.	3.08E-05	7.17E-07	9.76E-09	9.95E-11	8.98E-13	6.36E-15	2.17E-17	1.41E-20
11000.	1.82E-05	3.36E-07	3.83E-09	3.62E-11	2.84E-13	1.31E-15	1.50E-18	3.08E-22
12000.	1.05E-05	1.57E-07	1.61E-09	1.40E-11	8.64E-14	1.99E-16	7.51E-20	9.46E-24
13000.	5.90E-06	7.54E-08	7.21E-10	5.52E-12	2.34E-14	2.25E-17	4.13E-21	4.46E-25
14000.	3.32E-06	3.79E-08	3.36E-10	2.15E-12	5.44E-15	2.28E-18	2.96E-22	3.06E-26
15000.	1.89E-06	1.98E-08	1.61E-10	8.06E-13	1.09E-15	2.50E-19	2.82E-23	2.87E-27
16000.	1.09E-06	1.07E-08	7.82E-11	2.84E-13	2.04E-16	3.23E-20	3.42E-24	3.52E-28
17000.	6.47E-07	5.94E-09	3.79E-11	9.37E-14	3.84E-17	4.96E-21	5.14E-25	5.42E-29
18000.	3.92E-07	3.37E-09	1.82E-11	2.94E-14	7.76E-18	9.00E-22	9.36E-26	9.44E-30

A2b,14. Contribution of N_2^+ First Negative Bands to the Planck Mean Absorption Coefficient of Heated Air.

NO. 14

TEMP (DEG. K)	DENSITY (TIMES NORMAL)							
	1.0E 01	1.0E 00	1.0E-01	10.0E-03	10.0F-04	10.0E-05	10.0E-06	10.0F-07
1000.	0.	0.	0.	0.	0.	0.	0.	0.
2000.	0.	0.	0.	0.	0.	0.	0.	0.
3000.	4.68E-17	1.14E-17	3.49F-18	1.16F-18	4.43E-19	2.10F-19	1.14E-19	6.36E-20
4000.	9.71E-12	2.74E-12	1.01E-12	4.81E-13	2.60E-13	1.43E-13	7.69E-14	3.76E-14
5000.	1.37E-08	4.73E-09	2.26E-09	1.20E-09	6.19E-10	2.71E-10	6.68E-11	5.14E-12
6000.	1.63E-06	6.80E-07	3.40E-07	1.59E-07	4.87E-08	5.07E-09	2.06E-10	6.69E-12
7000.	5.03E-05	2.23E-05	9.57F-06	2.36E-06	1.81E-07	6.63E-09	2.10E-10	6.24F-12
8000.	5.85E-04	2.36E-04	5.97F-05	4.88E-06	1.83F-07	5.73E-09	1.64E-10	3.77F-12
9000.	3.41E-03	9.94E-04	1.11E-04	4.75E-06	1.51E-07	4.27E-09	9.48E-11	1.05E-12
10000.	1.12E-02	1.94E-03	1.13E-04	3.83E-06	1.11F-07	2.58E-09	3.25E-11	1.17F-13
11000.	2.31E-02	2.32E-03	9.53E-05	2.90E-06	7.36E-08	1.17E-09	6.29E-12	1.01E-14
12000.	3.31E-02	2.16E-03	7.44E-05	2.07E-06	4.22E-08	3.80E-10	9.13E-13	1.06E-15
13000.	3.71E-02	1.80E-03	5.60E-05	1.38E-06	2.03E-08	9.38E-11	1.39E-13	1.46E-16
14000.	3.57E-02	1.43E-03	4.09E-05	8.56E-07	8.22E-09	2.11E-11	2.49E-14	2.54E-17
15000.	3.14E-02	1.11E-03	2.90E-05	4.89E-07	2.91E-09	4.97E-12	5.34F-15	5.33E-18
16000.	2.62E-02	8.43E-04	1.99E-05	2.58E-07	9.64E-10	1.29E-12	1.33E-15	1.27F-18
17000.	2.13E-02	6.35E-04	1.33E-05	1.26E-07	3.21E-10	3.77E-13	3.76E-16	3.14E-19
18000.	1.71E-02	4.74E-04	8.60E-06	5.90E-08	1.11E-10	1.21E-13	1.15E-16	7.00E-20

474

Table of total, continuum and cut-off Rosseland Mean Free Paths of heated air from $1000°K$ to $18,000°K$ and densities from 10 to 10^{-6} times normal.

TOTAL AND CUT-OFF ROSSELAND MEAN FREE PATHS (cm)

TEMPERATURE (DEG. K)	C	DENSITY (TIMES NORMAL)							
		1.0E 01	1.0E 00	1.0E-01	10.0E-03	10.0E-04	10.0E-05	10.0E-06	10.0E-07
1000.	TOTAL	4.87E 09	4.87E 10	4.87E 11	4.87E 12	4.87E 13	4.87E 14	4.87E 15	4.87E 16
	CONT.	1.37E 01	4.34E 02	1.37E 04	4.33E 05	1.37E 07	4.34E 08	1.37E 10	4.34E 11
	1	2.11E 03	5.48E-02	1.43E-16	1.53E-19	4.79E-20	5.35E-24	9.57E-26	2.47E-26
	2	2.63E-02	1.43E-17	1.53E-20	4.79E-21	5.35E-25	9.57E-27	2.47E-27	0.
	3	4.30E-06	1.53E-21	4.79E-22	5.35E-26	9.57E-28	2.47E-28	0.	0.
	4	1.53E-22	4.79E-23	5.35E-27	9.57E-29	2.47E-29	0.	0.	0.
	5	4.79E-24	5.35E-28	9.57E-30	2.47E-30	0.	0.	0.	0.
	6	5.35E-29	9.57E-31	2.47E-31	0.	0.	0.	0.	0.
2000.	TOTAL	2.06E 11	2.06E 12	2.06E 13	2.06E 14	2.06E 15	2.06E 16	2.06E 17	2.05E 18
	CONT.	1.17E 02	3.70E 03	1.17E 05	3.71E 06	1.18E 08	3.80E 09	1.27E 11	4.83E 12
	1	1.69E 04	5.76E 03	1.87E 02	1.64E 03	5.56E-04	4.71E-05	1.83E-09	5.31E-09
	2	5.62E 02	9.21E 01	1.64E 02	5.54E-05	4.64E-06	1.72E-10	8.92E-10	0.
	3	2.05E 01	1.64E 01	5.52E-06	4.62E-07	1.70E-11	8.37E-11	0.	0.
	4	1.66E 00	5.47E-07	4.62E-08	1.69E-12	8.30E-12	0.	0.	0.
	5	5.34E-08	4.61E-09	1.69E-13	8.23E-13	0.	0.	0.	0.
	6	4.61E-10	1.69E-14	8.23E-14	0.	0.	0.	0.	0.
3000.	TOTAL	3.70E 05	3.69E 06	3.73E 07	3.87E 08	4.77E 09	1.26E 11	3.41E 12	9.45E 13
	CONT.	1.44E 12	1.46E 13	1.52E 14	1.72E 15	2.47E 16	5.44E 17	1.59E 19	4.96E 20
	1	2.64E 03	9.60E 03	8.34E 03	1.10E 02	1.58E-03	1.77E-01	0.	0.
	2	1.51E 03	1.23E 03	1.76E 01	1.19E-02	7.26E-06	1.42E-04	0.	0.
	3	1.09E 02	2.88E 00	9.80E 00	3.50E-07	1.46E-07	0.	0.	0.
	4	7.40E 00	9.42E-01	1.72E-03	1.39E-07	0.	0.	0.	0.
	5	9.41E-02	1.62E-04	2.74E-08	0.	0.	0.	0.	0.
	6	1.58E-05	2.52E-09	1.71E-08	0.	0.	0.	0.	0.
4000.	TOTAL	5.81E 02	5.81E 03	5.81E 04	1.16E 07	2.75E 08	7.34E 09	2.12E 11	3.63E 12
	CONT.	6.91E 06	7.90E 07	1.45E 08	2.62E 10	8.20E 11	4.00E 13	3.29E 15	2.48E 17
	1	5.81E 02	1.45E 04	7.30E 03	8.20E 02	6.38E 01	1.09E-04	0.	0.
	2	5.81E 02	2.41E 03	2.99E 02	2.61E-01	3.02E-02	0.	0.	0.
	3	1.72E 02	3.42E 01	7.47E 00	2.61E-04	0.	0.	0.	0.
	4	2.26E 01	7.55E-01	5.98E-02	0.	0.	0.	0.	0.
	5	1.19E-01	1.57E-02	2.63E-05	0.	0.	0.	0.	0.
	6	2.67E-03	1.20E-06	6.69E-08	0.	0.	0.	0.	0.
5000.	TOTAL	5.87E 01	5.87E 02	5.87E 03	1.56E 06	4.53E 07	9.79E 08	1.35E 10	5.56E 11
	CONT.	7.61E 01	4.09E 03	4.26E 04	1.10E 08	2.20E 10	2.00E 12	8.26E 13	1.68E 15
	1	5.87E 01	2.17E 03	2.17E 03	1.25E 03	2.10E 02	4.12E-02	0.	0.
	2	5.87E 01	7.09E 01	3.14E 02	1.10E 02	7.11E-03	0.	0.	0.
	3	5.87E 01	2.74E 00	1.35E 01	1.38E-02	0.	0.	0.	0.
	4	3.48E-01	1.10E-01	2.46E-01	0.	0.	0.	0.	0.
	5	1.43E-02	1.06E-04	0.	0.	0.	0.	0.	0.
	6		0.	0.	0.	0.	0.	0.	0.

TOTAL AND CUT-OFF ROSSELAND MEAN FREE PATHS (cm)

TEMPERATURE C (DEG. K)		DENSITY (TIMES NORMAL)		NORMAL					
		1.0E 01	1.0E 00	1.0E-01	10.0E-03	10.0E-04	10.0E-05	10.0E-06	10.0E-07
6000.	TOTAL	2.90E 01	6.41E 02	1.64E 04	4.73E 05	1.03E 07	2.54E 08	1.07E 10	5.00E 11
	CONT.	7.31E 01	6.98E 03	8.85E 05	4.03E 07	6.12E 08	8.77E 09	1.49E 11	2.39E 12
	1	2.90E 01	6.41E 02	1.64E 04	2.18E 04	1.61E 01	6.62E-01	1.20E-02	1.19E-03
	2	2.90E 01	6.41E 02	2.69E 03	2.16E 02	1.79E-01	1.31E-03	1.18E-04	3.74E-05
	3	2.90E 01	4.05E 02	2.73E 01	4.98E-02	2.03E-04	1.20E-05	3.75E-06	0.
	4	2.68E 01	5.07E 00	1.37E-01	3.13E-04	1.28E-06	4.06E-07	0.	0.
	5	8.83E-01	2.18E-01	3.85E-05	1.31E-07	5.82E-08	0.	0.	0.
	6	3.10E-02	1.05E-04	1.51E-08	1.66E-08	0.	0.	0.	0.
7000.	TOTAL	9.79E 00	2.32E 02	6.47E 03	1.52E 05	4.29E 06	1.70E 08	4.94E 09	8.37E 10
	CONT.	6.63E 01	3.73E 03	1.02E 05	1.79E 06	3.45E 07	6.27E 08	9.41E 09	1.19E 11
	1	9.79E 00	2.32E 02	6.47E 03	3.07E 04	4.65E 01	4.78E-01	4.81E 00	9.94E-01
	2	9.79E 00	2.32E 02	2.63E 03	5.59E 01	6.14E-01	4.78E-01	9.54E-02	1.23E-03
	3	9.79E 00	1.98E 02	6.57E 01	3.09E-01	5.09E-02	9.48E-03	1.18E-04	0.
	4	9.79E 00	2.01E 01	5.35E-02	1.42E-04	1.00E-03	1.17E-05	0.	0.
	5	3.12E 00	2.39E-01	5.97E-04	2.33E-06	1.78E-06	0.	0.	0.
	6	7.18E-02	7.81E-05	4.46E-07	2.39E-07	0.	0.	0.	0.
8000.	TOTAL	4.01E 00	1.05E 02	2.67E 03	7.69E 04	2.55E 06	5.63E 07	8.46E 08	1.23E 10
	CONT.	2.40E 01	5.81E 02	1.36E 04	2.98E 05	5.33E 06	7.94E 07	1.01E 09	1.33E 10
	1	4.01E 00	1.05E 02	2.67E 03	3.64E 04	6.41E 01	1.31E 00	1.40E 01	5.63E 00
	2	4.01E 00	1.05E 02	2.00E 03	3.49E 01	1.29E-01	1.31E 00	4.56E-01	1.93E-02
	3	4.01E 00	1.05E 02	2.77E 02	6.08E-01	1.29E-01	4.25E-02	1.57E-03	0.
	4	4.01E 00	3.20E 01	1.90E-01	1.39E-02	4.20E-03	2.01E-04	0.	0.
	5	3.53E 00	1.09E-01	3.66E-03	4.28E-04	1.99E-05	0.	0.	0.
	6	1.14E-01	4.44E-04	6.34E-05	2.12E-06	0.	0.	0.	0.
9000.	TOTAL	2.10E 00	5.41E 01	1.47E 03	4.44E 04	9.07E 05	1.33E 07	1.93E 08	3.98E 09
	CONT.	6.63E 00	1.68E 02	3.94E 03	7.42E 04	1.12E 06	1.45E 07	1.99E 08	4.01E 09
	1	2.10E 00	5.41E 01	1.47E 03	4.19E 04	2.70E 01	2.91E 00	3.67E 01	3.51E 01
	2	2.10E 00	5.41E 01	3.21E 02	2.68E 01	2.70E-01	2.91E 00	1.75E 00	2.61E-01
	3	2.10E 00	3.50E 01	4.04E-01	2.68E-02	1.23E-02	1.39E-01	1.74E-02	0.
	4	2.10E 00	1.37E-01	2.80E-03	1.22E-03	1.30E-04	1.39E-03	0.	0.
	5	2.10E 00	1.73E-03	1.90E-04	1.29E-05	1.30E-04	0.	0.	0.
	6	2.01E-01				0.	0.	0.	0.
10000.	TOTAL	1.26E 00	3.24E 01	8.85E 02	1.91E 04	2.93E 05	4.08E 06	7.64E 07	3.13E 09
	CONT.	2.78E 00	6.94E 01	1.38E 03	2.26E 04	3.09E 05	4.14E 06	7.67E 07	3.13E 09
	1	1.26E 00	3.24E 01	8.85E 02	1.91E 04	5.70E 03	6.04E 00	1.11E 02	2.65E 01
	2	1.26E 00	3.24E 01	8.85E 02	6.72E 02	4.92E-01	6.04E 00	7.12E 00	3.39E-07
	3	1.26E 00	3.24E 01	4.56E 02	4.19E-02	4.92E-01	3.91E-01	1.27E-01	0.
	4	1.26E 00	3.24E 01	4.03E-01	4.19E-01	3.04E-02	7.08E-03	0.	0.
	5	1.26E 00	1.96E-01	5.52E-03	3.79E-03	1.77E-03	0.	0.	0.
	6	4.58E-01	2.04E-03	3.89E-04	1.68E-04	0.	0.	0.	0.

476

TOTAL AND CUT-OFF ROSSELAND MEAN FREE PATHS (cm)

DENSITY (TIMES NORMAL) — NORMAL = 1.0E 00

TEMPERATURE (DEG. K)	C	1.0E 01	1.0E 00	1.0E-01	10.0E-03	10.0E-04	10.0E-05	10.0E-06	10.0E-07
11000.	TOTAL	8.26E-01	2.08E 01	4.75E 02	7.89E 03	1.09E 05	1.79E 06	5.59E 07	4.02E 09
	CONT.	1.52E 00	3.52E 01	5.69E 02	8.30E 03	1.10E 05	1.79E 06	5.60E 07	4.02E 09
	1	8.26E-01	2.08E 01	4.75E 02	7.89E 03	2.52E 04	1.01E 03	4.25E 02	8.36E 00
	2	8.26E-01	2.08E 01	4.75E 02	5.63E 03	1.59E 02	1.31E 01	3.61E 00	5.70E-06
	3	8.26E-01	2.08E 01	4.75E 02	2.02E 01	7.54E-01	1.04E 00	7.35E-06	0.
	4	8.26E-01	2.08E 01	2.18E 00	6.52E-02	8.62E-02	3.18E-02	0.	0.
	5	8.26E-01	7.45E-01	8.01E-03	7.48E-03	5.26E-03	0.	0.	0.
	6	5.17E-01	8.94E-04	7.26E-04	4.60E-04	0.	0.	0.	0.
12000.	TOTAL	5.50E-01	1.29E 01	2.44E 02	3.51E 03	5.14E 04	1.16E 06	6.20E 07	5.63E 09
	CONT.	8.49E-01	1.63E 01	2.61E 02	3.56E 03	5.16E 04	1.16E 06	6.20E 07	5.63E 09
	1	5.50E-01	1.29E 01	2.44E 02	3.51E 03	5.14E 04	1.58E 03	1.83E 02	1.59E-03
	2	5.50E-01	1.29E 01	2.44E 02	3.51E 03	3.57E 02	3.25E 01	5.19E-06	5.52E-05
	3	5.50E-01	1.29E 01	2.44E 02	3.46E 01	1.28E 00	3.17E 00	0.	0.
	4	5.50E-01	1.29E-01	4.03E 00	3.88E-01	1.77E-01	1.42E-01	0.	0.
	5	5.50E-01	9.25E-02	3.56E-02	1.20E-01	6.39E-03	0.	0.	0.
	6	5.19E-01	3.59E-03	1.10E-02	1.08E-02	0.	0.	0.	0.
13000.	TOTAL	3.71E-01	7.86E-01	1.29E 02	1.79E 03	3.06E 04	1.05E 06	7.92E 07	7.70E 09
	CONT.	4.95E-01	8.80E-01	1.32E 02	1.80E 03	3.06E 04	1.05E 06	7.92E 07	7.70E 09
	1	3.71E-01	7.86E-01	1.29E 02	1.79E 03	3.06E 04	1.41E 03	0.	0.
	2	3.71E-01	7.86E-01	1.29E 02	1.79E 03	4.28E 02	0.	0.	0.
	3	3.71E-01	7.86E-01	1.29E 02	9.86E 01	7.03E 00	0.	0.	0.
	4	3.71E-01	7.71E-01	1.62E 00	1.15E 00	0.	0.	0.	0.
	5	3.71E-01	7.71E-01	1.46E-01	3.15E-02	0.	0.	0.	0.
	6	3.71E-01	1.41E-02	2.67E-03	0.	0.	0.	0.	0.
14000.	TOTAL	2.53E-01	4.82E 00	7.21E 01	1.04E 03	2.26E 04	1.16E 06	1.03E 08	9.89E 09
	CONT.	3.04E-01	5.08E 00	7.27E 01	1.04E 03	2.26E 04	1.16E 06	1.03E 08	9.89E 09
	1	2.53E-01	4.82E 00	7.21E 01	1.04E 03	2.26E 04	1.36E 03	5.79E 02	3.31E-02
	2	2.53E-01	4.82E 00	7.21E 01	1.04E 03	5.87E 02	2.51E 02	3.75E-03	1.79E-03
	3	2.53E-01	4.82E 00	7.21E 01	2.29E 02	1.39E 01	4.99E 00	1.77E-04	0.
	4	2.53E-01	4.82E 00	5.11E-01	2.16E 00	8.01E-01	1.95E-05	0.	0.
	5	2.53E-01	4.82E 00	2.23E-01	2.38E-01	5.38E-02	0.	0.	0.
	6	2.06E-01	2.06E-02	1.82E-02	4.59E-03	0.	0.	0.	0.
15000.	TOTAL	1.75E-01	3.02E 00	4.33E 01	6.87E 02	2.00E 04	1.37E 06	1.28E 08	1.12E 10
	CONT.	1.95E-01	3.10E 00	4.35E 01	6.87E 02	2.00E 04	1.37E 06	1.28E 08	1.12E 10
	1	1.75E-01	3.02E 00	4.33E 01	6.87E 02	2.00E 04	9.78E 02	0.	0.
	2	1.75E-01	3.02E 00	4.33E 01	6.87E 02	7.77E 02	0.	0.	0.
	3	1.75E-01	3.02E 00	4.33E 01	4.81E 02	9.57E 00	0.	0.	0.
	4	1.75E-01	3.02E 00	4.33E 01	1.86E 00	0.	0.	0.	0.
	5	1.75E-01	3.02E 00	2.89E-01	7.25E-02	0.	0.	0.	0.
	6	1.75E-01	3.23E-02	6.59E-03	0.	0.	0.	0.	0.

TOTAL AND CUT-OFF ROSSELAND MEAN FREE PATHS (cm)

TEMPERATURE (DEG. K)	C	DENSITY (TIMES NORMAL)							
		1.0E 01	1.0E 00	1.0E-01	10.0E-03	10.0E-04	10.0E-05	10.0E-06	10.0E-07
16000.	TOTAL	1.23E-01	1.96E 00	2.81E 01	5.12E 02	2.02E 04	1.64E 06	1.50E 08	9.98E 09
	CONT.	1.31E-01	1.98E 00	2.81E 01	5.12E 02	2.02E 04	1.64E 06	1.50E 08	9.98E 09
	1	1.23E-01	1.96E 00	2.81E 01	5.12E 02	2.02E 04	2.48E 03	1.39E 00	2.91E-01
	2	1.23E-01	1.96E 00	2.81E 01	5.12E 02	6.52E 02	2.77E 02	3.34E-02	2.36E-02
	3	1.23E-01	1.96E 00	2.81E 01	5.12E 02	2.48E 01	3.29E-03	2.25E-03	0.
	4	1.23E-01	1.96E 00	2.81E 01	2.99E 00	4.06E 00	2.53E-04	0.	0.
	5	1.23E-01	1.96E 00	3.99E-01	5.28E-01	1.26E-04	0.	0.	0.
	6	1.23E-01	5.43E-02	3.50E-02	9.25E-03	0.	0.	0.	0.
17000.	TOTAL	8.72E-02	1.32E 00	1.95E 01	4.24E 02	2.18E 04	1.92E 06	1.55E 08	6.80E 09
	CONT.	9.04E-02	1.33E 00	1.95E 01	4.25E 02	2.18E 04	1.92E 06	1.55E 08	6.80E 09
	1	8.72E-02	1.32E 00	1.95E 01	4.24E 02	2.18E 04	8.50E 02	0.	0.
	2	8.72E-02	1.32E 00	1.95E 01	4.24E 02	5.67E 02	0.	0.	0.
	3	8.72E-02	1.32E 00	1.95E 01	4.24E 02	6.36E 00	0.	0.	0.
	4	8.72E-02	1.32E 00	1.95E 01	2.28E 00	0.	0.	0.	0.
	5	8.72E-02	1.32E 00	5.89E-01	2.95E-02	0.	0.	0.	0.
	6	8.72E-02	6.85E-02	1.37E-02	0.				
18000.	TOTAL	6.34E-02	9.31E-01	1.45E 01	3.87E 02	2.44E 04	2.14E 06	1.34E 08	4.32E 09
	CONT.	6.48E-02	9.33E-01	1.45E 01	3.87E 02	2.44E 04	2.14E 06	1.34E 08	4.32E 09
	1	6.34E-02	9.31E-01	1.45E 01	3.87E 02	2.44E 04	7.60E 03	6.46E 00	2.05E 00
	2	6.34E-02	9.31E-01	1.45E 01	3.87E 02	5.22E 02	1.39E 02	1.73E-01	2.27E-01
	3	6.34E-02	9.31E-01	1.45E 01	3.87E 02	7.46E 01	1.80E-02	1.62E-02	0.
	4	6.34E-02	9.31E-01	1.45E 01	3.33E 00	7.40E-01	1.73E-03	0.	0.
	5	6.34E-02	9.31E-01	7.00E-01	3.67E-01	2.16E-04	0.	0.	0.
	6	6.34E-02	2.61E-01	5.57E-02	1.09E-04	0.	0.	0.	0.

A2d   Tables of Partial Planck Mean Absorption Coefficients for Heated Air.

PARTIAL PLANCK MEAN ABSORPTION COEFFICIENTS FOR HEATED AIR: 1000° K

Each cell lists the primary value over the secondary value (primary / secondary).

Wave Number (cm⁻¹)	Photon Energy (eV)	Density × Normal 1.0E 01	1.0E 00	1.0E-01	10.0E-03	10.0E-04	10.0E-05	10.0E-06	10.0E-07
1613.20	0.20	1.81E-05 / 0.	1.81E-06 / 0.	1.81E-07 / 0.	1.81E-08 / 0.	1.81E-09 / 0.	1.81E-10 / 0.	1.81E-11 / 0.	1.81E-12 / 0.
2419.80	0.30	1.81E-05 / 0.	1.81E-06 / 0.	1.81E-07 / 0.	1.81E-08 / 0.	1.81E-09 / 0.	1.81E-10 / 0.	1.81E-11 / 0.	1.81E-12 / 0.
3226.40	0.40	1.82E-05 / 0.	1.82E-06 / 0.	1.82E-07 / 0.	1.82E-08 / 0.	1.82E-09 / 0.	1.82E-10 / 0.	1.82E-11 / 0.	1.82E-12 / 0.
4033.00	0.50	1.84E-05 / 0.	1.84E-06 / 0.	1.84E-07 / 0.	1.84E-08 / 0.	1.84E-09 / 0.	1.84E-10 / 0.	1.84E-11 / 0.	1.84E-12 / 0.
4839.60	0.60	1.84E-05 / 0.	1.84E-06 / 0.	1.84E-07 / 0.	1.84E-08 / 0.	1.84E-09 / 0.	1.84E-10 / 0.	1.84E-11 / 0.	1.84E-12 / 0.
5646.20	0.70	1.84E-05 / 0.	1.84E-06 / 0.	1.84E-07 / 0.	1.84E-08 / 0.	1.84E-09 / 0.	1.84E-10 / 0.	1.84E-11 / 0.	1.84E-12 / 0.
6452.80	0.80	1.84E-05 / 0.	1.84E-06 / 0.	1.84E-07 / 0.	1.84E-08 / 0.	1.84E-09 / 0.	1.84E-10 / 0.	1.84E-11 / 0.	1.84E-12 / 0.
7259.40	0.90	1.84E-05 / 0.	1.84E-06 / 0.	1.84E-07 / 0.	1.84E-08 / 0.	1.84E-09 / 0.	1.84E-10 / 0.	1.84E-11 / 0.	1.84E-12 / 0.
8066.00	1.00	1.84E-05 / 0.	1.84E-06 / 0.	1.84E-07 / 0.	1.84E-08 / 0.	1.84E-09 / 0.	1.84E-10 / 0.	1.84E-11 / 0.	1.84E-12 / 0.
8872.60	1.10	1.84E-05 / 0.	1.84E-06 / 0.	1.84E-07 / 0.	1.84E-08 / 0.	1.84E-09 / 0.	1.84E-10 / 0.	1.84E-11 / 0.	1.84E-12 / 0.
9679.20	1.20	1.84E-05 / 0.	1.84E-06 / 0.	1.84E-07 / 0.	1.84E-08 / 0.	1.84E-09 / 0.	1.84E-10 / 0.	1.84E-11 / 0.	1.84E-12 / 0.
10485.80	1.30	1.84E-05 / 0.	1.84E-06 / 0.	1.84E-07 / 0.	1.84E-08 / 0.	1.84E-09 / 0.	1.84E-10 / 0.	1.84E-11 / 0.	1.84E-12 / 0.
11292.40	1.40	1.84E-05 / 0.	1.84E-06 / 0.	1.84E-07 / 0.	1.84E-08 / 0.	1.84E-09 / 0.	1.84E-10 / 0.	1.84E-11 / 0.	1.84E-12 / 0.
12099.00	1.50	1.84E-05 / 2.59E-10	1.84E-06 / 8.18E-12	1.84E-07 / 2.59E-13	1.84E-08 / 8.20E-15	1.84E-09 / 2.59E-16	1.84E-10 / 8.18E-18	1.84E-11 / 2.59E-19	1.84E-12 / 8.18E-21
12905.60	1.60	1.84E-05 / 5.00E-10	1.84E-06 / 1.58E-11	1.84E-07 / 5.00E-13	1.84E-08 / 1.58E-14	1.84E-09 / 5.00E-16	1.84E-10 / 1.58E-17	1.84E-11 / 5.00E-19	1.84E-12 / 1.58E-20
13712.20	1.70	1.84E-05 / 6.72E-10	1.84E-06 / 2.13E-11	1.84E-07 / 6.72E-13	1.84E-08 / 2.13E-14	1.84E-09 / 6.72E-16	1.84E-10 / 2.13E-17	1.84E-11 / 6.72E-19	1.84E-12 / 2.13E-20
14518.80	1.80	1.84E-05 / 7.87E-10	1.84E-06 / 2.49E-11	1.84E-07 / 7.87E-13	1.84E-08 / 2.49E-14	1.84E-09 / 7.87E-16	1.84E-10 / 2.49E-17	1.84E-11 / 7.87E-19	1.84E-12 / 2.49E-20
15325.40	1.90	1.84E-05 / 8.60E-10	1.84E-06 / 2.72E-11	1.84E-07 / 8.60E-13	1.84E-08 / 2.72E-14	1.84E-09 / 8.60E-16	1.84E-10 / 2.72E-17	1.84E-11 / 8.60E-19	1.84E-12 / 2.72E-20
16132.00	2.00	1.84E-05 / 9.00E-10	1.84E-06 / 2.85E-11	1.84E-07 / 9.00E-13	1.84E-08 / 2.85E-14	1.84E-09 / 9.00E-16	1.84E-10 / 2.85E-17	1.84E-11 / 9.00E-19	1.84E-12 / 2.85E-20
16938.60	2.10	1.84E-05 / 9.22E-10	1.84E-06 / 2.92E-11	1.84E-07 / 9.22E-13	1.84E-08 / 2.92E-14	1.84E-09 / 9.22E-16	1.84E-10 / 2.92E-17	1.84E-11 / 9.22E-19	1.84E-12 / 2.92E-20
17745.20	2.20	1.84E-05 / 9.33E-10	1.84E-06 / 2.95E-11	1.84E-07 / 9.33E-13	1.84E-08 / 2.95E-14	1.84E-09 / 9.33E-16	1.84E-10 / 2.95E-17	1.84E-11 / 9.33E-19	1.84E-12 / 2.95E-20
18551.80	2.30	1.84E-05 / 9.38E-10	1.84E-06 / 2.97E-11	1.84E-07 / 9.38E-13	1.84E-08 / 2.97E-14	1.84E-09 / 9.38E-16	1.84E-10 / 2.97E-17	1.84E-11 / 9.38E-19	1.84E-12 / 2.97E-20
19358.40	2.40	1.84E-05 / 9.41E-10	1.84E-06 / 2.98E-11	1.84E-07 / 9.41E-13	1.84E-08 / 2.98E-14	1.84E-09 / 9.41E-16	1.84E-10 / 2.98E-17	1.84E-11 / 9.41E-19	1.84E-12 / 2.98E-20

Wave Number (cm⁻¹)	Photon Energy (eV)	1.0E 01	1.0E 00	1.0E-01	10.0E-03	10.0E-04	10.0E-05	10.0E-06	10.0E-07
20165.00	2.50	1.84E-05	1.84E-06	1.84E-07	1.84E-08	1.84E-09	1.84E-10	1.84E-11	1.84E-12
		9.42E-10	2.98E-11	9.42E-13	2.98E-14	9.42E-16	2.98E-17	9.42E-19	2.98E-20
20971.60	2.60	1.84E-05	1.84E-06	1.84E-07	1.84E-08	1.84E-09	1.84E-10	1.84E-11	1.84E-12
		9.42E-10	2.98E-11	9.42E-13	2.98E-14	9.42E-16	2.98E-17	9.42E-19	2.98E-20
21778.20	2.70	1.84E-05	1.84E-06	1.84E-07	1.84E-08	1.84E-09	1.84E-10	1.84E-11	1.84E-12
		9.42E-10	2.98E-11	9.42E-13	2.98E-14	9.42E-16	2.98E-17	9.42E-19	2.98E-20

PARTIAL PLANCK MEAN ABSORPTION COEFFICIENTS FOR HEATED AIR: 2000° K

Density × Normal

Wave Number (cm⁻¹)	Photon Energy (eV)	1.0E 01	1.0E 00	1.0E-01	10.0E-03	10.0E-04	10.0E-05	10.0E-06	10.0E-07
1613.20	0.20	1.05E-03	1.05E-04	1.05E-05	1.05E-06	1.05E-07	1.04E-08	1.01E-09	9.19E-11
		0.	0.	0.	0.	0.	0.	0.	0.
2419.80	0.30	1.05E-03	1.05E-04	1.05E-05	1.05E-06	1.05E-07	1.04E-08	1.01E-09	9.20E-11
		0.	0.	0.	0.	0.	0.	0.	0.
3226.40	0.40	1.10E-03	1.10E-04	1.10E-05	1.10E-06	1.09E-07	1.08E-08	1.05E-09	9.61E-11
		0.	0.	0.	0.	0.	0.	0.	0.
4033.00	0.50	1.15E-03	1.15E-04	1.15E-05	1.15E-06	1.14E-07	1.13E-08	1.10E-09	1.01E-10
		0.	0.	0.	0.	0.	0.	0.	0.
4839.60	0.60	1.15E-03	1.15E-04	1.15E-05	1.15E-06	1.15E-07	1.14E-08	1.10E-09	1.01E-10
		0.	0.	0.	0.	0.	0.	0.	0.
5646.20	0.70	1.15E-03	1.15E-04	1.15E-05	1.15E-06	1.15E-07	1.14E-08	1.11E-09	1.01E-10
		0.	0.	0.	0.	0.	0.	0.	0.
6452.80	0.80	1.15E-03	1.15E-04	1.15E-05	1.15E-06	1.15E-07	1.14E-08	1.11E-09	1.01E-10
		0.	0.	0.	0.	0.	0.	0.	0.
7259.40	0.90	1.15E-03	1.15E-04	1.15E-05	1.15E-06	1.15E-07	1.14E-08	1.11E-09	1.01E-10
		0.	0.	0.	0.	0.	0.	0.	0.
8066.00	1.00	1.15E-03	1.15E-04	1.15E-05	1.15E-06	1.15E-07	1.14E-08	1.11E-09	1.01E-10
		0.	0.	0.	0.	0.	0.	0.	0.
8872.60	1.10	1.15E-03	1.15E-04	1.15E-05	1.15E-06	1.15E-07	1.14E-08	1.11E-09	1.01E-10
		0.	0.	0.	0.	0.	0.	0.	0.
9679.20	1.20	1.15E-03	1.15E-04	1.15E-05	1.15E-06	1.15E-07	1.14E-08	1.11E-09	1.01E-10
		0.	0.	0.	0.	0.	0.	0.	0.
10485.80	1.30	1.15E-03	1.15E-04	1.15E-05	1.15E-06	1.15E-07	1.14E-08	1.11E-09	1.01E-10
		0.	0.	0.	0.	0.	0.	0.	0.
11292.40	1.40	1.15E-03	1.15E-04	1.15E-05	1.15E-06	1.15E-07	1.14E-08	1.11E-09	1.01E-10
		0.	0.	0.	0.	0.	0.	0.	0.
12099.00	1.50	1.16E-03	1.16E-04	1.15E-05	1.15E-06	1.15E-07	1.14E-08	1.11E-09	1.01E-10
		2.75E-06	8.70E-08	2.75E-09	8.67E-11	2.73E-12	8.48E-14	2.53E-15	6.67E-17
12905.60	1.60	1.16E-03	1.16E-04	1.16E-05	1.15E-06	1.15E-07	1.14E-08	1.11E-09	1.01E-10
		7.30E-06	2.30E-07	7.29E-09	2.30E-10	7.24E-12	2.25E-13	6.71E-15	1.77E-16
13712.20	1.70	1.16E-03	1.16E-04	1.16E-05	1.15E-06	1.15E-07	1.14E-08	1.11E-09	1.01E-10
		1.22E-05	3.87E-07	1.22E-08	3.86E-10	1.21E-11	3.77E-13	1.13E-14	2.97E-16
14518.80	1.80	1.17E-03	1.16E-04	1.16E-05	1.15E-06	1.15E-07	1.14E-08	1.11E-09	1.01E-10
		1.74E-05	5.50E-07	1.74E-08	5.49E-10	1.72E-11	5.36E-13	1.60E-14	4.22E-16

PARTIAL PLANCK MEAN ABSORPTION COEFFICIENTS FOR HEATED AIR: 2000° K

Wave Number (cm⁻¹)	Photon Energy (eV)	1.0E 01	1.0E 00	1.0E-01	10.0E-03	10.0E-04	10.0E-05	10.0E-06	10.0E-07
15325.40	1.90	1.18E-03	1.16E-04	1.16E-05	1.15E-06	1.15E-07	1.14E-08	1.11E-09	1.01E-10
		2.25E-05	7.10E-07	2.24E-08	7.09E-10	2.23E-11	6.92E-13	2.07E-14	5.45E-16
16132.00	2.00	1.18E-03	1.16E-04	1.16E-05	1.15E-06	1.15E-07	1.14E-08	1.11E-09	1.01E-10
		2.68E-05	8.48E-07	2.68E-08	8.46E-10	2.66E-11	8.27E-13	2.47E-14	6.51E-16
16938.60	2.10	1.19E-03	1.16E-04	1.16E-05	1.16E-06	1.15E-07	1.14E-08	1.11E-09	1.01E-10
		3.06E-05	9.66E-07	3.05E-08	9.64E-10	3.03E-11	9.42E-13	2.81E-14	7.41E-16
17745.20	2.20	1.19E-03	1.16E-04	1.16E-05	1.16E-06	1.15E-07	1.14E-08	1.11E-09	1.01E-10
		3.35E-05	1.06E-06	3.34E-08	1.06E-09	3.32E-11	1.03E-12	3.08E-14	8.11E-16
18551.80	2.30	1.19E-03	1.17E-04	1.16E-05	1.16E-06	1.15E-07	1.14E-08	1.11E-09	1.01E-10
		3.56E-05	1.12E-06	3.56E-08	1.12E-09	3.53E-11	1.10E-12	3.27E-14	8.63E-16
19358.40	2.40	1.19E-03	1.17E-04	1.16E-05	1.16E-06	1.15E-07	1.14E-08	1.11E-09	1.01E-10
		3.72E-05	1.17E-06	3.71E-08	1.17E-09	3.68E-11	1.14E-12	3.42E-14	9.01E-16
20165.00	2.50	1.19E-03	1.17E-04	1.16E-05	1.16E-06	1.15E-07	1.14E-08	1.11E-09	1.01E-10
		3.83E-05	1.21E-06	3.82E-08	1.21E-09	3.79E-11	1.18E-12	3.52E-14	9.27E-16
20971.60	2.60	1.19E-03	1.17E-04	1.16E-05	1.16E-06	1.15E-07	1.14E-08	1.11E-09	1.01E-10
		3.90E-05	1.23E-06	3.89E-08	1.23E-09	3.87E-11	1.20E-12	3.58E-14	9.45E-16
21778.20	2.70	1.19E-03	1.17E-04	1.16E-05	1.16E-06	1.15E-07	1.14E-08	1.11E-09	1.01E-10
		3.95E-05	1.25E-06	3.94E-08	1.25E-09	3.91E-11	1.22E-12	3.63E-14	9.57E-16
22584.80	2.80	1.19E-03	1.17E-04	1.16E-05	1.16E-06	1.15E-07	1.14E-08	1.11E-09	1.01E-10
		3.98E-05	1.26E-06	3.98E-08	1.26E-09	3.95E-11	1.23E-12	3.66E-14	9.65E-16
23391.40	2.90	1.19E-03	1.17E-04	1.16E-05	1.16E-06	1.15E-07	1.14E-08	1.11E-09	1.01E-10
		4.00E-05	1.26E-06	4.00E-08	1.26E-09	3.97E-11	1.23E-12	3.68E-14	9.71E-16
24198.00	3.00	1.20E-03	1.17E-04	1.16E-05	1.16E-06	1.15E-07	1.14E-08	1.11E-09	1.01E-10
		4.02E-05	1.27E-06	4.01E-08	1.27E-09	3.98E-11	1.24E-12	3.69E-14	9.74E-16
25004.60	3.10	1.20E-03	1.17E-04	1.16E-05	1.16E-06	1.15E-07	1.14E-08	1.11E-09	1.01E-10
		4.03E-05	1.27E-06	4.02E-08	1.27E-09	3.99E-11	1.24E-12	3.70E-14	9.76E-16
25811.20	3.20	1.20E-03	1.17E-04	1.16E-05	1.16E-06	1.15E-07	1.14E-08	1.11E-09	1.01E-10
		4.03E-05	1.27E-06	4.03E-08	1.27E-09	4.00E-11	1.24E-12	3.70E-14	9.77E-16
26617.80	3.30	1.20E-03	1.17E-04	1.16E-05	1.16E-06	1.15E-07	1.14E-08	1.11E-09	1.01E-10
		4.03E-05	1.27E-06	4.03E-08	1.27E-09	4.00E-11	1.24E-12	3.70E-14	9.77E-16
27424.40	3.40	1.20E-03	1.17E-04	1.16E-05	1.16E-06	1.15E-07	1.14E-08	1.11E-09	1.01E-10
		4.04E-05	1.27E-06	4.03E-08	1.27E-09	4.00E-11	1.24E-12	3.71E-14	9.78E-16
28231.00	3.50	1.20E-03	1.17E-04	1.16E-05	1.16E-06	1.15E-07	1.14E-08	1.11E-09	1.01E-10
		4.04E-05	1.28E-06	4.03E-08	1.27E-09	4.00E-11	1.24E-12	3.71E-14	9.79E-16

Density × Normal

PARTIAL PLANCK MEAN ABSORPTION COEFFICIENTS FOR HEATED AIR: 3000° K

Wave Number (cm^{-1})	Photon Energy (eV)	Density × Normal 1.0E 01	1.0E 00	1.0E-01	10.0E-03	10.0E-04	10.0E-05	10.0E-06	10.0E-07
1613.20	0.20	2.19E-03	2.16E-04	2.08E-05	1.84E-06	1.28E-07	5.80E-09	1.98E-10	6.36E-12
		0.	0.	0.	0.	0.	0.	0.	0.
2419.80	0.30	2.20E-03	2.18E-04	2.09E-05	1.85E-06	1.29E-07	5.84E-09	2.00E-10	6.40E-12
		0.	0.	0.	0.	0.	0.	0.	0.
3226.40	0.40	2.46E-03	2.43E-04	2.34E-05	2.06E-06	1.44E-07	6.51E-09	2.23E-10	7.15E-12
		0.	0.	0.	0.	0.	0.	0.	0.
4033.00	0.50	2.62E-03	2.59E-04	2.49E-05	2.20E-06	1.53E-07	6.95E-09	2.38E-10	7.62E-12
		0.	0.	0.	0.	0.	0.	0.	0.
4839.60	0.60	2.65E-03	2.61E-04	2.51E-05	2.22E-06	1.55E-07	7.01E-09	2.40E-10	7.69E-12
		9.80E-14	9.65E-15	9.29E-16	8.26E-17	5.73E-18	2.60E-19	8.85E-21	2.85E-22
5646.20	0.70	2.67E-03	2.64E-04	2.54E-05	2.24E-06	1.56E-07	7.08E-09	2.42E-10	7.77E-12
		1.64E-13	1.62E-14	1.56E-15	1.38E-16	9.62E-18	4.35E-19	1.49E-20	4.78E-22
6452.80	0.80	2.68E-03	2.65E-04	2.55E-05	2.25E-06	1.57E-07	7.10E-09	2.43E-10	7.79E-12
		2.09E-13	2.07E-14	1.99E-15	1.76E-16	1.23E-17	5.55E-19	1.89E-20	6.10E-22
7259.40	0.90	2.68E-03	2.65E-04	2.55E-05	2.26E-06	1.57E-07	7.12E-09	2.44E-10	7.81E-12
		2.40E-13	2.37E-14	2.28E-15	2.02E-16	1.40E-17	6.35E-19	2.17E-20	6.98E-22
8066.00	1.00	2.68E-03	2.65E-04	2.55E-05	2.26E-06	1.57E-07	7.12E-09	2.44E-10	7.81E-12
		2.60E-13	2.57E-14	2.47E-15	2.19E-16	1.52E-17	6.90E-19	2.36E-20	7.59E-22
8872.60	1.10	2.69E-03	2.65E-04	2.55E-05	2.26E-06	1.57E-07	7.12E-09	2.44E-10	7.81E-12
		2.74E-13	2.71E-14	2.61E-15	2.31E-16	1.61E-17	7.27E-19	2.48E-20	7.99E-22
9679.20	1.20	2.69E-03	2.65E-04	2.55E-05	2.26E-06	1.57E-07	7.12E-09	2.44E-10	7.81E-12
		2.84E-13	2.80E-14	2.70E-15	2.39E-16	1.66E-17	7.52E-19	2.57E-20	8.27E-22
10485.80	1.30	2.70E-03	2.66E-04	2.55E-05	2.26E-06	1.57E-07	7.12E-09	2.44E-10	7.81E-12
		1.54E-05	4.74E-07	1.38E-08	3.42E-10	5.21E-12	3.38E-14	1.25E-16	4.06E-19
11292.40	1.40	2.73E-03	2.67E-04	2.56E-05	2.26E-06	1.57E-07	7.12E-09	2.44E-10	7.81E-12
		4.81E-05	1.48E-06	4.33E-08	1.07E-09	1.64E-11	1.06E-13	3.90E-16	1.27E-18
12099.00	1.50	2.78E-03	2.68E-04	2.56E-05	2.26E-06	1.57E-07	7.12E-09	2.44E-10	7.82E-12
		9.94E-05	3.07E-06	8.95E-08	2.22E-09	3.45E-11	2.40E-13	1.24E-15	1.05E-17
12905.60	1.60	2.86E-03	2.71E-04	2.57E-05	2.26E-06	1.57E-07	7.12E-09	2.44E-10	7.82E-12
		1.73E-04	5.33E-06	1.56E-07	3.88E-09	6.09E-11	4.41E-13	2.63E-15	2.68E-17
13712.20	1.70	2.95E-03	2.73E-04	2.58E-05	2.26E-06	1.57E-07	7.12E-09	2.44E-10	7.82E-12
		2.61E-04	8.07E-06	2.36E-07	5.87E-09	9.23E-11	6.74E-13	4.11E-15	4.30E-17
14518.80	1.80	3.05E-03	2.77E-04	2.59E-05	2.26E-06	1.57E-07	7.12E-09	2.44E-10	7.82E-12
		3.64E-04	1.13E-05	3.29E-07	8.17E-09	1.28E-10	9.33E-13	5.60E-15	5.76E-17
15325.40	1.90	3.16E-03	2.80E-04	2.60E-05	2.27E-06	1.57E-07	7.12E-09	2.44E-10	7.82E-12
		4.77E-04	1.47E-05	4.31E-07	1.07E-08	1.68E-10	1.21E-12	7.06E-15	7.04E-17
16132.00	2.00	3.27E-03	2.83E-04	2.60E-05	2.27E-06	1.57E-07	7.12E-09	2.44E-10	7.82E-12
		5.83E-04	1.80E-05	5.27E-07	1.31E-08	2.05E-10	1.46E-12	8.37E-15	8.14E-17
16938.60	2.10	3.37E-03	2.86E-04	2.61E-05	2.27E-06	1.57E-07	7.12E-09	2.44E-10	7.82E-12
		6.83E-04	2.11E-05	6.16E-07	1.53E-08	2.39E-10	1.70E-12	9.54E-15	9.06E-17
17745.20	2.20	3.45E-03	2.89E-04	2.62E-05	2.27E-06	1.57E-07	7.12E-09	2.44E-10	7.82E-12
		7.69E-04	2.37E-05	6.93E-07	1.72E-08	2.69E-10	1.90E-12	1.05E-14	9.80E-17
18551.80	2.30	3.53E-03	2.91E-04	2.63E-05	2.28E-06	1.58E-07	7.12E-09	2.44E-10	7.82E-12
		8.40E-04	2.59E-05	7.58E-07	1.88E-08	2.93E-10	2.07E-12	1.13E-14	1.04E-16

PARTIAL PLANCK MEAN ABSORPTION COEFFICIENTS FOR HEATED AIR: 3000° K

Wave Number (cm^{-1})	Photon Energy (eV)	Density × Normal 1.0E 01	1.0E 00	1.0E-01	10.0E-03	10.0E-04	10.0E-05	10.0E-06	10.0E-07
19358.40	2.40	3.58E-03	2.93E-04	2.63E-05	2.28E-06	1.58E-07	7.12E-09	2.44E-10	7.82E-12
		9.00E-04	2.78E-04	8.12E-05	2.01E-08	3.14E-10	2.21E-12	1.20E-14	1.09E-16
20165.00	2.50	3.63E-03	2.95E-04	2.64E-05	2.28E-06	1.58E-07	7.12E-09	2.44E-10	7.82E-12
		9.47E-04	2.92E-04	8.55E-07	2.12E-08	3.30E-10	2.32E-12	1.25E-14	1.12E-16
20971.60	2.60	3.67E-03	2.96E-04	2.64E-05	2.28E-06	1.58E-07	7.12E-09	2.44E-10	7.82E-12
		9.85E-04	3.04E-04	8.89E-07	2.20E-08	3.44E-10	2.41E-12	1.29E-14	1.15E-16
21778.20	2.70	3.70E-03	2.97E-04	2.64E-05	2.28E-06	1.58E-07	7.12E-09	2.44E-10	7.82E-12
		1.01E-03	3.13E-04	9.15E-07	2.27E-08	3.54E-10	2.48E-12	1.32E-14	1.17E-16
22584.80	2.80	3.72E-03	2.97E-04	2.65E-05	2.28E-06	1.58E-07	7.12E-09	2.44E-10	7.82E-12
		1.04E-03	3.20E-04	9.36E-07	2.32E-08	3.62E-10	2.53E-12	1.35E-14	1.19E-16
23391.40	2.90	3.74E-03	2.98E-04	2.65E-05	2.28E-06	1.58E-07	7.12E-09	2.44E-10	7.82E-12
		1.06E-03	3.26E-04	9.52E-07	2.36E-08	3.68E-10	2.58E-12	1.37E-14	1.20E-16
24198.00	3.00	3.76E-03	2.99E-04	2.65E-05	2.28E-06	1.58E-07	7.12E-09	2.44E-10	7.82E-12
		1.07E-03	3.30E-04	9.64E-07	2.39E-08	3.72E-10	2.61E-12	1.38E-14	1.21E-16
25004.60	3.10	3.77E-03	2.99E-04	2.65E-05	2.28E-06	1.58E-07	7.12E-09	2.44E-10	7.82E-12
		1.08E-03	3.33E-04	9.74E-07	2.41E-08	3.76E-10	2.63E-12	1.39E-14	1.22E-16
25811.20	3.20	3.78E-03	2.99E-04	2.65E-05	2.28E-06	1.58E-07	7.13E-09	2.44E-10	7.82E-12
		1.09E-03	3.35E-04	9.81E-07	2.43E-08	3.79E-10	2.65E-12	1.40E-14	1.23E-16
26617.80	3.30	3.78E-03	3.00E-04	2.66E-05	2.28E-06	1.58E-07	7.13E-09	2.44E-10	7.82E-12
		1.09E-03	3.37E-04	9.86E-07	2.44E-08	3.81E-10	2.66E-12	1.41E-14	1.23E-16
27424.40	3.40	3.79E-03	3.00E-04	2.66E-05	2.29E-06	1.58E-07	7.13E-09	2.44E-10	7.82E-12
		1.10E-03	3.39E-04	9.90E-07	2.45E-08	3.82E-10	2.67E-12	1.41E-14	1.23E-16
28231.00	3.50	3.79E-03	3.00E-04	2.66E-05	2.29E-06	1.58E-07	7.13E-09	2.44E-10	7.82E-12
		1.10E-03	3.39E-04	9.92E-07	2.46E-08	3.83E-10	2.68E-12	1.41E-14	1.24E-16
29037.60	3.60	3.80E-03	3.00E-04	2.66E-05	2.29E-06	1.58E-07	7.13E-09	2.44E-10	7.82E-12
		1.10E-03	3.40E-04	9.94E-07	2.46E-08	3.84E-10	2.68E-12	1.42E-14	1.24E-16
29844.20	3.70	3.80E-03	3.01E-04	2.66E-05	2.29E-06	1.58E-07	7.13E-09	2.44E-10	7.82E-12
		1.10E-03	3.41E-04	9.96E-07	2.47E-08	3.85E-10	2.69E-12	1.42E-14	1.24E-16
30650.80	3.80	3.81E-03	3.01E-04	2.67E-05	2.29E-06	1.58E-07	7.13E-09	2.44E-10	7.82E-12
		1.10E-03	3.41E-04	9.97E-07	2.47E-08	3.85E-10	2.69E-12	1.42E-14	1.24E-16
31457.40	3.90	3.81E-03	3.01E-04	2.67E-05	2.29E-06	1.58E-07	7.14E-09	2.44E-10	7.82E-12
		1.11E-03	3.41E-04	9.98E-07	2.47E-08	3.85E-10	2.69E-12	1.42E-14	1.24E-16
32264.00	4.00	3.81E-03	3.02E-04	2.67E-05	2.30E-06	1.58E-07	7.14E-09	2.44E-10	7.82E-12
		1.11E-03	3.42E-04	9.98E-07	2.48E-08	3.86E-10	2.69E-12	1.42E-14	1.24E-16
33070.60	4.10	3.81E-03	3.02E-04	2.67E-05	2.30E-06	1.58E-07	7.14E-09	2.44E-10	7.82E-12
		1.11E-03	3.42E-04	9.99E-07	2.48E-08	3.86E-10	2.70E-12	1.42E-14	1.24E-16
33877.20	4.20	3.82E-03	3.02E-04	2.68E-05	2.30E-06	1.59E-07	7.14E-09	2.44E-10	7.82E-12
		1.11E-03	3.42E-04	9.99E-07	2.48E-08	3.86E-10	2.70E-12	1.42E-14	1.24E-16
34683.80	4.30	3.82E-03	3.02E-04	2.68E-05	2.30E-06	1.59E-07	7.15E-09	2.44E-10	7.83E-12
		1.11E-03	3.42E-04	9.99E-07	2.48E-08	3.86E-10	2.70E-12	1.42E-14	1.24E-16
35490.40	4.40	3.83E-03	3.03E-04	2.68E-05	2.30E-06	1.59E-07	7.15E-09	2.44E-10	7.83E-12
		1.11E-03	3.42E-04	10.00E-07	2.48E-08	3.86E-10	2.70E-12	1.42E-14	1.24E-16
36297.00	4.50	3.83E-03	3.03E-04	2.68E-05	2.31E-06	1.59E-07	7.15E-09	2.44E-10	7.83E-12
		1.11E-03	3.42E-04	10.00E-07	2.48E-08	3.86E-10	2.70E-12	1.42E-14	1.24E-16

x		C1	C2	C3	C4	C5	C6	C7	C8
4.60	37103.60	7.83E-12 / 1.24E-16	2.44E-10 / 1.43E-14	7.16E-09 / 2.70E-12	1.59E-07 / 3.86E-10	2.31E-06 / 2.48E-08	2.69E-05 / 10.00E-07	3.03E-04 / 3.42E-05	3.83E-03 / 1.11E-03
4.70	37910.20	7.83E-12 / 1.25E-16	2.44E-10 / 1.43E-14	7.16E-09 / 2.70E-12	1.59E-07 / 3.86E-10	2.31E-06 / 2.48E-08	2.69E-05 / 10.00E-07	3.04E-04 / 3.42E-05	3.83E-03 / 1.11E-03
4.80	38716.80	7.84E-12 / 1.25E-16	2.44E-10 / 1.43E-14	7.16E-09 / 2.70E-12	1.59E-07 / 3.86E-10	2.31E-06 / 2.48E-08	2.69E-05 / 10.00E-07	3.04E-04 / 3.42E-05	3.84E-03 / 1.11E-03
4.90	39523.40	7.84E-12 / 1.25E-16	2.45E-10 / 1.43E-14	7.16E-09 / 2.70E-12	1.59E-07 / 3.86E-10	2.31E-06 / 2.48E-08	2.69E-05 / 10.00E-07	3.04E-04 / 3.42E-05	3.84E-03 / 1.11E-03
5.00	40330.00	7.84E-12 / 1.25E-16	2.45E-10 / 1.43E-14	7.17E-09 / 2.70E-12	1.59E-07 / 3.86E-10	2.31E-06 / 2.48E-08	2.70E-05 / 10.00E-07	3.04E-04 / 3.42E-05	3.84E-03 / 1.11E-03
5.10	41136.60	7.84E-12 / 1.25E-16	2.45E-10 / 1.43E-14	7.17E-09 / 2.70E-12	1.59E-07 / 3.86E-10	2.32E-06 / 2.48E-08	2.70E-05 / 10.00E-07	3.04E-04 / 3.42E-05	3.84E-03 / 1.11E-03
5.20	41943.20	7.84E-12 / 1.25E-16	2.45E-10 / 1.43E-14	7.17E-09 / 2.70E-12	1.59E-07 / 3.86E-10	2.32E-06 / 2.48E-08	2.70E-05 / 10.00E-07	3.05E-04 / 3.42E-05	3.84E-03 / 1.11E-03
5.30	42749.80	7.85E-12 / 1.25E-16	2.45E-10 / 1.43E-14	7.18E-09 / 2.70E-12	1.60E-07 / 3.86E-10	2.32E-06 / 2.48E-08	2.70E-05 / 10.00E-07	3.05E-04 / 3.42E-05	3.85E-03 / 1.11E-03
5.40	43556.40	7.85E-12 / 1.25E-16	2.45E-10 / 1.43E-14	7.18E-09 / 2.70E-12	1.60E-07 / 3.86E-10	2.32E-06 / 2.48E-08	2.70E-05 / 10.00E-07	3.05E-04 / 3.42E-05	3.85E-03 / 1.11E-03
5.50	44363.00	7.85E-12 / 1.25E-16	2.45E-10 / 1.43E-14	7.18E-09 / 2.70E-12	1.60E-07 / 3.86E-10	2.32E-06 / 2.48E-08	2.71E-05 / 10.00E-07	3.05E-04 / 3.42E-05	3.85E-03 / 1.11E-03
5.60	45169.60	7.85E-12 / 1.25E-16	2.45E-10 / 1.43E-14	7.19E-09 / 2.70E-12	1.60E-07 / 3.86E-10	2.33E-06 / 2.48E-08	2.71E-05 / 10.00E-07	3.05E-04 / 3.42E-05	3.85E-03 / 1.11E-03
5.70	45976.20	7.85E-12 / 1.25E-16	2.45E-10 / 1.43E-14	7.19E-09 / 2.70E-12	1.60E-07 / 3.86E-10	2.33E-06 / 2.48E-08	2.71E-05 / 10.00E-07	3.06E-04 / 3.42E-05	3.85E-03 / 1.11E-03
5.80	46782.80	7.85E-12 / 1.25E-16	2.45E-10 / 1.43E-14	7.19E-09 / 2.70E-12	1.60E-07 / 3.86E-10	2.33E-06 / 2.48E-08	2.71E-05 / 10.00E-07	3.06E-04 / 3.42E-05	3.86E-03 / 1.11E-03
5.90	47589.40	7.85E-12 / 1.25E-16	2.45E-10 / 1.43E-14	7.19E-09 / 2.70E-12	1.60E-07 / 3.86E-10	2.33E-06 / 2.48E-08	2.71E-05 / 10.00E-07	3.06E-04 / 3.42E-05	3.86E-03 / 1.11E-03
6.00	48396.00	7.85E-12 / 1.25E-16	2.45E-10 / 1.43E-14	7.19E-09 / 2.70E-12	1.60E-07 / 3.86E-10	2.33E-06 / 2.48E-08	2.71E-05 / 10.00E-07	3.06E-04 / 3.42E-05	3.86E-03 / 1.11E-03
6.10	49202.60	7.85E-12 / 1.25E-16	2.45E-10 / 1.43E-14	7.19E-09 / 2.70E-12	1.60E-07 / 3.86E-10	2.33E-06 / 2.48E-08	2.71E-05 / 10.00E-07	3.06E-04 / 3.42E-05	3.86E-03 / 1.11E-03
6.20	50009.20	7.85E-12 / 1.25E-16	2.45E-10 / 1.43E-14	7.19E-09 / 2.70E-12	1.60E-07 / 3.86E-10	2.33E-06 / 2.48E-08	2.71E-05 / 10.00E-07	3.06E-04 / 3.42E-05	3.86E-03 / 1.11E-03
6.30	50815.80	7.85E-12 / 1.25E-16	2.45E-10 / 1.43E-14	7.19E-09 / 2.70E-12	1.60E-07 / 3.86E-10	2.33E-06 / 2.48E-08	2.71E-05 / 10.00E-07	3.06E-04 / 3.42E-05	3.86E-03 / 1.11E-03
6.40	51622.40	7.86E-12 / 1.25E-16	2.45E-10 / 1.43E-14	7.19E-09 / 2.70E-12	1.60E-07 / 3.86E-10	2.33E-06 / 2.48E-08	2.71E-05 / 10.00E-07	3.06E-04 / 3.42E-05	3.86E-03 / 1.11E-03
6.50	52429.00	7.86E-12 / 1.25E-16	2.45E-10 / 1.43E-14	7.19E-09 / 2.70E-12	1.60E-07 / 3.86E-10	2.33E-06 / 2.48E-08	2.71E-05 / 10.00E-07	3.06E-04 / 3.42E-05	3.86E-03 / 1.11E-03
6.60	53235.60	7.86E-12 / 1.25E-16	2.45E-10 / 1.43E-14	7.19E-09 / 2.70E-12	1.60E-07 / 3.86E-10	2.33E-06 / 2.48E-08	2.71E-05 / 10.00E-07	3.06E-04 / 3.42E-05	3.86E-03 / 1.11E-03
6.70	54042.20	7.86E-12 / 1.25E-16	2.45E-10 / 1.43E-14	7.19E-09 / 2.70E-12	1.60E-07 / 3.86E-10	2.33E-06 / 2.48E-08	2.71E-05 / 10.00E-07	3.06E-04 / 3.42E-05	3.86E-03 / 1.11E-03
6.80	54848.80	7.86E-12 / 1.25E-16	2.45E-10 / 1.43E-14	7.19E-09 / 2.70E-12	1.60E-07 / 3.86E-10	2.33E-06 / 2.48E-08	2.71E-05 / 10.00E-07	3.06E-04 / 3.42E-05	3.86E-03 / 1.11E-03
6.90	55655.40	7.86E-12 / 1.25E-16	2.45E-10 / 1.43E-14	7.19E-09 / 2.70E-12	1.60E-07 / 3.86E-10	2.33E-06 / 2.48E-08	2.71E-05 / 10.00E-07	3.06E-04 / 3.42E-05	3.86E-03 / 1.11E-03

PARTIAL PLANCK MEAN ABSORPTION COEFFICIENTS FOR HEATED AIR: 3000° K

Wave Number (cm⁻¹)	Photon Energy (eV)	Density × Normal							
		1.0E 01	1.0E 00	1.0E-01	10.0E-03	10.0E-04	10.0E-05	10.0E-06	10.0E-07
56462.00	7.00	3.86E-03	3.06E-04	2.71E-05	2.33E-06	1.60E-07	7.19E-09	2.45E-10	7.86E-12
		1.11E-03	3.42E-05	10.00E-07	2.48E-08	3.86E-10	2.70E-12	1.43E-14	1.25E-16
57268.60	7.10	3.86E-03	3.06E-04	2.71E-05	2.33E-06	1.60E-07	7.19E-09	2.45E-10	7.86E-12
		1.11E-03	3.42E-05	1.00E-06	2.49E-08	3.91E-10	2.81E-12	1.55E-14	1.38E-16
58075.20	7.20	3.86E-03	3.06E-04	2.71E-05	2.33E-06	1.60E-07	7.19E-09	2.45E-10	7.86E-12
		1.11E-03	3.42E-05	1.00E-06	2.50E-06	3.96E-10	2.90E-12	1.66E-14	1.49E-16
58881.80	7.30	3.86E-03	3.06E-04	2.71E-05	2.33E-06	1.60E-07	7.19E-09	2.45E-10	7.86E-12
		1.11E-03	3.42E-05	1.00E-06	2.51E-08	4.00E-10	2.97E-12	1.75E-14	1.57E-16
59688.40	7.40	3.86E-03	3.06E-04	2.71E-05	2.33E-06	1.60E-07	7.19E-09	2.45E-10	7.86E-12
		1.11E-03	3.43E-05	1.00E-06	2.51E-08	4.02E-10	3.03E-12	1.81E-14	1.64E-16
60495.00	7.50	3.86E-03	3.06E-04	2.71E-05	2.33E-06	1.60E-07	7.19E-09	2.45E-10	7.86E-12
		1.11E-03	3.43E-05	1.00E-06	2.52E-08	4.05E-10	3.08E-12	1.87E-14	1.70E-16
61301.60	7.60	3.86E-03	3.06E-04	2.71E-05	2.33E-06	1.60E-07	7.19E-09	2.45E-10	7.86E-12
		1.11E-03	3.43E-05	1.01E-06	2.52E-08	4.07E-10	3.12E-12	1.91E-14	1.75E-16
62108.20	7.70	3.86E-03	3.06E-04	2.71E-05	2.33E-06	1.60E-07	7.19E-09	2.45E-10	7.86E-12
		1.11E-03	3.43E-05	1.01E-06	2.53E-08	4.08E-10	3.15E-12	1.95E-14	1.78E-16
62914.80	7.80	3.86E-03	3.06E-04	2.71E-05	2.33E-06	1.60E-07	7.19E-09	2.45E-10	7.86E-12
		1.11E-03	3.43E-05	1.01E-06	2.53E-08	4.09E-10	3.17E-12	1.97E-14	1.81E-16
63721.40	7.90	3.86E-03	3.06E-04	2.71E-05	2.33E-06	1.60E-07	7.19E-09	2.45E-10	7.86E-12
		1.11E-03	3.43E-05	1.01E-06	2.53E-08	4.10E-10	3.19E-12	1.99E-14	1.83E-16
64528.00	8.00	3.86E-03	3.06E-04	2.71E-05	2.33E-06	1.60E-07	7.19E-09	2.45E-10	7.86E-12
		1.11E-03	3.43E-05	1.01E-06	2.53E-08	4.11E-10	3.20E-12	2.01E-14	1.84E-16
65334.60	8.10	3.86E-03	3.06E-04	2.71E-05	2.33E-06	1.60E-07	7.19E-09	2.45E-10	7.86E-12
		1.11E-03	3.43E-05	1.01E-06	2.53E-08	4.11E-10	3.21E-12	2.02E-14	1.86E-16
66141.20	8.20	3.86E-03	3.06E-04	2.71E-05	2.33E-06	1.60E-07	7.19E-09	2.45E-10	7.86E-12
		1.11E-03	3.43E-05	1.01E-06	2.53E-08	4.11E-10	3.22E-12	2.03E-14	1.87E-16
66947.80	8.30	3.86E-03	3.06E-04	2.71E-05	2.33E-06	1.60E-07	7.19E-09	2.45E-10	7.86E-12
		1.11E-03	3.43E-05	1.01E-06	2.53E-08	4.12E-10	3.22E-12	2.04E-14	1.87E-16
67754.40	8.40	3.86E-03	3.06E-04	2.71E-05	2.33E-06	1.60E-07	7.19E-09	2.45E-10	7.86E-12
		1.11E-03	3.43E-05	1.01E-06	2.53E-08	4.12E-10	3.23E-12	2.04E-14	1.88E-16
68561.00	8.50	3.86E-03	3.06E-04	2.71E-05	2.33E-06	1.60E-07	7.19E-09	2.45E-10	7.86E-12
		1.11E-03	3.43E-05	1.01E-06	2.53E-08	4.12E-10	3.23E-12	2.04E-14	1.88E-16
69367.60	8.60	3.86E-03	3.06E-04	2.71E-05	2.33E-06	1.60E-07	7.19E-09	2.45E-10	7.86E-12
		1.11E-03	3.43E-05	1.01E-06	2.53E-08	4.12E-10	3.23E-12	2.04E-14	1.88E-16
70174.20	8.70	3.86E-03	3.06E-04	2.71E-05	2.33E-06	1.60E-07	7.19E-09	2.45E-10	7.86E-12
		1.11E-03	3.43E-05	1.01E-06	2.53E-08	4.12E-10	3.23E-12	2.05E-14	1.88E-16
70980.80	8.80	3.86E-03	3.06E-04	2.71E-05	2.33E-06	1.60E-07	7.19E-09	2.45E-10	7.86E-12
		1.11E-03	3.43E-05	1.01E-06	2.53E-08	4.12E-10	3.23E-12	2.05E-14	1.89E-16
71787.40	8.90	3.86E-03	3.06E-04	2.71E-05	2.33E-06	1.60E-07	7.19E-09	2.45E-10	7.86E-12
		1.11E-03	3.43E-05	1.01E-06	2.53E-08	4.12E-10	3.24E-12	2.05E-14	1.89E-16
72594.00	9.00	3.86E-03	3.06E-04	2.71E-05	2.33E-06	1.60E-07	7.19E-09	2.45E-10	7.86E-12
		1.11E-03	3.43E-05	1.01E-06	2.53E-08	4.13E-10	3.24E-12	2.05E-14	1.89E-16

PARTIAL PLANCK MEAN ABSORPTION COEFFICIENTS FOR HEATED AIR: 4000° K

Wave Number (cm⁻¹)	Photon Energy (eV)	Density × Normal							
		1.0E 01	1.0E 00	1.0E-01	10.0E-03	10.0E-04	10.0E-05	10.0E-06	10.0E-07
1613.20	0.20	2.09E-03	1.83E-04	1.24E-05	5.57E-07	1.92E-08	6.15E-10	1.90E-11	5.52E-13
		0.	0.	0.	0.	0.	0.	0.	0.
2419.80	0.30	2.12E-03	1.85E-04	1.26E-05	5.65E-07	1.95E-08	6.24E-10	1.93E-11	5.59E-13
		0.	0.	0.	0.	0.	0.	0.	0.
3226.40	0.40	2.55E-03	2.23E-04	1.52E-05	6.80E-07	2.35E-08	7.51E-10	2.32E-11	6.73E-13
		0.	0.	0.	0.	0.	0.	0.	0.
4033.00	0.50	2.73E-03	2.39E-04	1.62E-05	7.27E-07	2.51E-08	8.03E-10	2.48E-11	7.20E-13
		0.	0.	0.	0.	0.	0.	0.	0.
4839.60	0.60	2.81E-03	2.45E-04	1.67E-05	7.48E-07	2.58E-08	8.26E-10	2.56E-11	7.41E-13
		1.17E-09	1.03E-10	6.99E-12	3.12E-13	1.08E-14	3.46E-16	1.07E-17	3.15E-19
5646.20	0.70	2.85E-03	2.49E-04	1.69E-05	7.60E-07	2.62E-08	8.40E-10	2.61E-11	7.62E-13
		2.05E-09	1.80E-10	1.22E-11	5.45E-13	1.88E-14	6.03E-16	1.87E-17	5.49E-19
6452.80	0.80	2.89E-03	2.52E-04	1.72E-05	7.70E-07	2.66E-08	8.55E-10	2.68E-11	8.08E-13
		2.70E-09	2.37E-10	1.61E-11	7.19E-13	2.48E-14	7.95E-16	2.46E-17	7.23E-19
7259.40	0.90	2.91E-03	2.54E-04	1.72E-05	7.74E-07	2.48E-08	8.70E-10	2.80E-11	9.03E-13
		1.10E-05	2.66E-07	3.87E-09	2.51E-11	1.20E-13	1.23E-15	3.00E-17	8.56E-19
8066.00	1.00	2.94E-03	2.55E-04	1.73E-05	7.77E-07	2.71E-08	8.91E-10	3.00E-11	1.07E-12
		3.38E-05	8.14E-07	1.18E-08	7.51E-11	3.11E-13	1.95E-15	3.52E-17	9.59E-19
8872.60	1.10	2.99E-03	2.56E-04	1.73E-05	7.79E-07	2.72E-08	9.08E-10	3.16E-11	1.20E-12
		7.93E-05	1.91E-06	2.77E-08	1.75E-10	6.89E-13	3.26E-15	4.14E-17	1.04E-18
9679.20	1.20	3.07E-03	2.58E-04	1.74E-05	7.83E-07	2.76E-08	9.45E-10	3.51E-11	1.49E-12
		1.53E-04	3.68E-06	5.33E-08	3.36E-10	1.30E-12	5.30E-15	4.94E-17	1.11E-18
10485.80	1.30	3.18E-03	2.61E-04	1.74E-05	7.85E-07	2.78E-08	9.66E-10	3.70E-11	1.65E-12
		2.63E-04	6.32E-06	9.15E-08	5.77E-10	2.21E-12	8.29E-15	6.00E-17	1.18E-18
11292.40	1.40	3.34E-03	2.65E-04	1.75E-05	7.90E-07	2.82E-08	1.01E-09	4.09E-11	1.98E-12
		4.17E-04	1.00E-05	1.45E-07	9.15E-10	3.47E-12	1.25E-14	7.39E-17	1.25E-18
12099.00	1.50	3.53E-03	2.70E-04	1.77E-05	7.93E-07	2.85E-08	1.03E-09	4.30E-11	2.16E-12
		6.12E-04	1.50E-05	2.35E-07	2.03E-09	1.93E-11	2.78E-13	4.70E-15	8.05E-17
12905.60	1.60	3.77E-03	2.77E-04	1.78E-05	7.97E-07	2.87E-08	1.05E-09	4.49E-11	2.32E-12
		8.48E-04	2.13E-05	3.62E-07	3.94E-09	4.97E-11	8.05E-13	1.39E-14	2.39E-16
13712.20	1.70	4.04E-03	2.84E-04	1.80E-05	8.01E-07	2.90E-08	1.07E-09	4.69E-11	2.48E-12
		1.11E-03	2.84E-05	5.01E-07	6.00E-09	8.21E-11	1.37E-12	2.37E-14	4.07E-16
14518.80	1.80	4.33E-03	2.92E-04	1.81E-05	8.05E-07	2.92E-08	1.09E-09	4.90E-11	2.65E-12
		1.40E-03	3.60E-05	6.46E-07	8.02E-09	1.13E-10	1.89E-12	3.30E-14	5.65E-16
15325.40	1.90	4.64E-03	3.00E-04	1.83E-05	8.09E-07	2.94E-08	1.11E-09	5.05E-11	2.78E-12
		1.71E-03	4.39E-05	7.93E-07	9.98E-09	1.42E-10	2.38E-12	4.14E-14	7.10E-16
16132.00	2.00	4.94E-03	3.08E-04	1.84E-05	8.11E-07	2.94E-08	1.11E-09	5.07E-11	2.80E-12
		2.01E-03	5.16E-05	9.34E-07	1.18E-08	1.68E-10	2.82E-12	4.92E-14	8.42E-16
16938.60	2.10	5.23E-03	3.15E-04	1.86E-05	8.13E-07	2.95E-08	1.12E-09	5.09E-11	2.81E-12
		2.30E-03	5.90E-05	1.07E-06	1.35E-08	1.92E-10	3.22E-12	5.61E-14	9.60E-16
17745.20	2.20	5.50E-03	3.22E-04	1.87E-05	8.14E-07	2.95E-08	1.12E-09	5.09E-11	2.82E-12
		2.57E-03	6.59E-05	1.19E-06	1.50E-08	2.12E-10	3.56E-12	6.20E-14	1.06E-15

PARTIAL PLANCK MEAN ABSORPTION COEFFICIENTS FOR HEATED AIR: 4000° K

Wave Number (cm⁻¹)	Photon Energy (eV)	Density × Normal							
		1.0E 01	1.0E 00	1.0E-01	10.0E-03	10.0E-04	10.0E-05	10.0E-06	10.0E-07
18551.80	2.30	5.75E-03	3.28E-04	1.88E-05	8.16E-07	2.95E-08	1.12E-09	5.10E-11	2.82E-12
		2.82E-03	7.22E-05	1.30E-06	1.63E-07	2.30E-10	3.86E-12	6.72E-14	1.15E-15
19358.40	2.40	5.97E-03	3.34E-04	1.89E-05	8.17E-07	2.96E-08	1.12E-09	5.10E-11	2.82E-12
		3.04E-03	7.79E-05	1.40E-06	1.74E-08	2.45E-10	4.11E-12	7.15E-14	1.22E-15
20165.00	2.50	6.17E-03	3.39E-04	1.90E-05	8.18E-07	2.96E-08	1.12E-09	5.10E-11	2.82E-12
		3.24E-03	8.26E-05	1.49E-06	1.84E-08	2.58E-10	4.32E-12	7.53E-14	1.29E-15
20971.60	2.60	6.35E-03	3.44E-04	1.91E-05	8.19E-07	2.96E-08	1.12E-09	5.10E-11	2.82E-12
		3.41E-03	8.73E-05	1.56E-06	1.93E-08	2.69E-10	4.50E-12	7.84E-14	1.34E-15
21778.20	2.70	6.52E-03	3.49E-04	1.92E-05	8.21E-07	2.96E-08	1.12E-09	5.10E-11	2.82E-12
		3.56E-03	9.11E-05	1.63E-06	2.00E-08	2.79E-10	4.65E-12	8.10E-14	1.39E-15
22584.80	2.80	6.68E-03	3.55E-04	1.94E-05	8.25E-07	2.97E-08	1.12E-09	5.10E-11	2.82E-12
		3.69E-03	9.43E-05	1.68E-06	2.06E-08	2.86E-10	4.78E-12	8.32E-14	1.42E-15
23391.40	2.90	6.83E-03	3.61E-04	1.96E-05	8.29E-07	2.98E-08	1.12E-09	5.11E-11	2.83E-12
		3.80E-03	9.70E-05	1.73E-06	2.11E-08	2.93E-10	4.89E-12	8.50E-14	1.45E-15
24198.00	3.00	6.97E-03	3.68E-04	1.99E-05	8.35E-07	2.99E-08	1.12E-09	5.12E-11	2.84E-12
		3.89E-03	9.92E-05	1.77E-06	2.15E-08	2.98E-10	4.97E-12	8.65E-14	1.48E-15
25004.60	3.10	7.11E-03	3.75E-04	2.01E-05	8.42E-07	3.00E-08	1.13E-09	5.13E-11	2.84E-12
		3.96E-03	1.01E-04	1.80E-06	2.19E-08	3.03E-10	5.04E-12	8.77E-14	1.50E-15
25811.20	3.20	7.25E-03	3.82E-04	2.04E-05	8.49E-07	3.02E-08	1.13E-09	5.15E-11	2.86E-12
		4.03E-03	1.03E-04	1.82E-06	2.22E-08	3.06E-10	5.10E-12	8.87E-14	1.52E-15
26617.80	3.30	7.39E-03	3.90E-04	2.08E-05	8.58E-07	3.03E-08	1.14E-09	5.16E-11	2.86E-12
		4.08E-03	1.04E-04	1.85E-06	2.24E-08	3.09E-10	5.15E-12	8.96E-14	1.53E-15
27424.40	3.40	7.53E-03	3.99E-04	2.12E-05	8.68E-07	3.06E-08	1.14E-09	5.17E-11	2.87E-12
		4.12E-03	1.05E-04	1.86E-06	2.26E-08	3.12E-10	5.19E-12	9.02E-14	1.54E-15
28231.00	3.50	7.68E-03	4.09E-04	2.17E-05	8.79E-07	3.08E-08	1.15E-09	5.19E-11	2.88E-12
		4.15E-03	1.06E-04	1.88E-06	2.28E-08	3.15E-10	5.24E-12	9.12E-14	1.56E-15
29037.60	3.60	7.85E-03	4.20E-04	2.22E-05	8.92E-07	3.10E-08	1.15E-09	5.20E-11	2.88E-12
		4.18E-03	1.07E-04	1.89E-06	2.30E-08	3.18E-10	5.29E-12	9.21E-14	1.57E-15
29844.20	3.70	8.01E-03	4.31E-04	2.27E-05	9.04E-07	3.13E-08	1.16E-09	5.22E-11	2.89E-12
		4.20E-03	1.07E-04	1.90E-06	2.31E-08	3.20E-10	5.34E-12	9.28E-14	1.59E-15
30650.80	3.80	8.21E-03	4.46E-04	2.34E-05	9.21E-07	3.16E-08	1.17E-09	5.24E-11	2.90E-12
		4.22E-03	1.08E-04	1.91E-06	2.33E-08	3.22E-10	5.37E-12	9.34E-14	1.60E-15
31457.40	3.90	8.37E-03	4.58E-04	2.40E-05	9.36E-07	3.19E-08	1.17E-09	5.26E-11	2.90E-12
		4.23E-03	1.08E-04	1.93E-06	2.34E-08	3.23E-10	5.40E-12	9.39E-14	1.61E-15
32264.00	4.00	8.57E-03	4.73E-04	2.47E-05	9.54E-07	3.23E-08	1.18E-09	5.29E-11	2.91E-12
		4.24E-03	1.08E-04	1.93E-06	2.35E-08	3.25E-10	5.42E-12	9.43E-14	1.61E-15
33070.60	4.10	8.79E-03	4.89E-04	2.55E-05	9.74E-07	3.26E-08	1.19E-09	5.32E-11	2.92E-12
		4.25E-03	1.08E-04	1.93E-06	2.35E-08	3.27E-10	5.44E-12	9.46E-14	1.62E-15
33877.20	4.20	9.03E-03	5.07E-04	2.64E-05	1.00E-06	3.33E-08	1.21E-09	5.37E-11	2.93E-12
		4.26E-03	1.09E-04	1.00E-06	2.36E-08	3.28E-10	5.45E-12	9.49E-14	1.62E-15
34683.80	4.30	9.26E-03	5.25E-04	2.73E-05	1.02E-06	3.39E-08	1.22E-09	5.40E-11	2.94E-12
		4.26E-03	1.09E-04	1.94E-06	2.36E-08	3.28E-10	5.47E-12	9.51E-14	1.63E-15
35490.40	4.40	9.53E-03	5.46E-04	2.84E-05	1.06E-06	3.47E-08	1.25E-09	5.47E-11	2.96E-12
		4.27E-03	1.09E-04	1.94E-06	2.37E-08	3.28E-10	5.48E-12	9.52E-14	1.63E-15

		E-02	E-03	E-04	E-04	E-05	E-06	E-06	E-08	E-08	E-10	E-09	E-12	E-11	E-14	E-12	E-15
36297.00	4.50	9.78E-03	4.27E-03	5.66E-04	1.09E-04	2.94E-05	1.94E-06	1.08E-06	2.37E-08	3.54E-08	3.29E-10	1.26E-09	5.48E-12	5.53E-11	9.54E-14	2.98E-12	1.63E-15
37103.60	4.60	1.01E-02	4.27E-03	5.88E-04	1.09E-04	3.06E-05	1.94E-06	1.12E-06	2.37E-08	3.64E-08	3.29E-10	1.29E-09	5.49E-12	5.62E-11	9.55E-14	3.00E-12	1.63E-15
37910.20	4.70	1.03E-02	4.27E-03	6.05E-04	1.09E-04	3.15E-05	1.94E-06	1.15E-06	2.37E-08	3.71E-08	3.29E-10	1.32E-09	5.49E-12	5.68E-11	9.56E-14	3.02E-12	1.63E-15
38716.80	4.80	1.05E-02	4.28E-03	6.23E-04	1.09E-04	3.25E-05	1.95E-06	1.19E-06	2.37E-08	3.82E-08	3.30E-10	1.35E-09	5.50E-12	5.78E-11	9.56E-14	3.05E-12	1.64E-15
39523.40	4.90	1.07E-02	4.28E-03	6.37E-04	1.09E-04	3.33E-05	1.95E-06	1.21E-06	2.38E-08	3.90E-08	3.30E-10	1.37E-09	5.50E-12	5.85E-11	9.57E-14	3.07E-12	1.64E-15
40330.00	5.00	1.09E-02	4.28E-03	6.53E-04	1.09E-04	3.42E-05	1.95E-06	1.28E-06	2.38E-08	4.00E-08	3.30E-10	1.40E-09	5.50E-12	5.94E-11	9.57E-14	3.12E-12	1.64E-15
41136.60	5.10	1.11E-02	4.28E-03	6.69E-04	1.09E-04	3.51E-05	1.95E-06	1.30E-06	2.38E-08	4.09E-08	3.30E-10	1.43E-09	5.50E-12	6.02E-11	9.57E-14	3.14E-12	1.64E-15
41943.20	5.20	1.12E-02	4.28E-03	6.82E-04	1.09E-04	3.58E-05	1.95E-06	1.34E-06	2.38E-08	4.16E-08	3.30E-10	1.45E-09	5.51E-12	6.08E-11	9.58E-14	3.17E-12	1.64E-15
42749.80	5.30	1.15E-02	4.28E-03	7.04E-04	1.09E-04	3.71E-05	1.95E-06	1.36E-06	2.38E-08	4.28E-08	3.30E-10	1.49E-09	5.51E-12	6.19E-11	9.58E-14	3.18E-12	1.64E-15
43556.40	5.40	1.17E-02	4.28E-03	7.19E-04	1.09E-04	3.78E-05	1.95E-06	1.40E-06	2.38E-08	4.33E-08	3.30E-10	1.50E-09	5.51E-12	6.23E-11	9.58E-14	3.21E-12	1.64E-15
44363.00	5.50	1.19E-02	4.28E-03	7.38E-04	1.09E-04	3.89E-05	1.95E-06	1.43E-06	2.38E-08	4.44E-08	3.30E-10	1.53E-09	5.51E-12	6.33E-11	9.58E-14	3.22E-12	1.64E-15
45169.60	5.60	1.21E-02	4.28E-03	7.51E-04	1.09E-04	3.96E-05	1.95E-06	1.44E-06	2.38E-08	4.50E-08	3.30E-10	1.55E-09	5.51E-12	6.38E-11	9.58E-14	3.23E-12	1.64E-15
45976.20	5.70	1.22E-02	4.28E-03	7.59E-04	1.09E-04	4.00E-05	1.95E-06	1.45E-06	2.38E-08	4.53E-08	3.30E-10	1.56E-09	5.51E-12	6.40E-11	9.58E-14	3.24E-12	1.64E-15
46782.80	5.80	1.23E-02	4.28E-03	7.67E-04	1.09E-04	4.04E-05	1.95E-06	1.46E-06	2.38E-08	4.56E-08	3.30E-10	1.57E-09	5.51E-12	6.43E-11	9.58E-14	3.24E-12	1.64E-15
47589.40	5.90	1.24E-02	4.28E-03	7.72E-04	1.09E-04	4.07E-05	1.95E-06	1.46E-06	2.38E-08	4.58E-08	3.30E-10	1.57E-09	5.51E-12	6.45E-11	9.58E-14	3.24E-12	1.64E-15
48396.00	6.00	1.24E-02	4.28E-03	7.75E-04	1.09E-04	4.09E-05	1.95E-06	1.47E-06	2.38E-08	4.59E-08	3.30E-10	1.57E-09	5.51E-12	6.46E-11	9.59E-14	3.26E-12	1.64E-15
49202.60	6.10	1.24E-02	4.28E-03	7.80E-04	1.09E-04	4.12E-05	1.95E-06	1.48E-06	2.38E-08	4.64E-08	3.30E-10	1.59E-09	5.51E-12	6.50E-11	9.59E-14	3.26E-12	1.64E-15
50009.20	6.20	1.25E-02	4.28E-03	7.81E-04	1.09E-04	4.13E-05	1.95E-06	1.48E-06	2.38E-08	4.65E-08	3.30E-10	1.59E-09	5.51E-12	6.51E-11	9.59E-14	3.27E-12	1.64E-15
50815.80	6.30	1.25E-02	4.28E-03	7.82E-04	1.09E-04	4.13E-05	1.95E-06	1.48E-06	2.38E-08	4.67E-08	3.30E-10	1.59E-09	5.51E-12	6.52E-11	9.59E-14	3.27E-12	1.64E-15
51622.40	6.40	1.25E-02	4.28E-03	7.83E-04	1.09E-04	4.14E-05	1.95E-06	1.48E-06	2.38E-08	4.67E-08	3.30E-10	1.60E-09	5.51E-12	6.53E-11	9.59E-14	3.27E-12	1.64E-15
52429.00	6.50	1.25E-02	4.28E-03	7.83E-04	1.09E-04	4.14E-05	1.95E-06	1.49E-06	2.38E-08	4.68E-08	3.30E-10	1.60E-09	5.51E-12	6.54E-11	9.59E-14	3.27E-12	1.64E-15
53235.60	6.60	1.25E-02	4.28E-03	7.84E-04	1.09E-04	4.15E-05	1.95E-06	1.49E-06	2.38E-08	4.68E-08	3.30E-10	1.60E-09	5.51E-12	6.54E-11	9.59E-14	3.27E-12	1.64E-15
54042.20	6.70	1.25E-02	4.28E-03	7.84E-04	1.09E-04	4.15E-05	1.95E-06	1.49E-06	2.38E-08	4.68E-08	3.30E-10	1.60E-09	5.51E-12	6.54E-11	9.59E-14	3.27E-12	1.64E-15
54848.80	6.80	1.25E-02	4.28E-03	7.84E-04	1.09E-04	4.15E-05	1.95E-06	1.49E-06	2.38E-08	4.68E-08	3.30E-10	1.60E-09	5.51E-12	6.54E-11	9.59E-14	3.27E-12	1.64E-15
55655.40	6.90	1.25E-02	4.28E-03	7.84E-04	1.09E-04	4.15E-05	1.95E-06	1.49E-06	2.38E-08	4.68E-08	3.30E-10	1.60E-09	5.51E-12	6.54E-11	9.59E-14	3.27E-12	1.64E-15

PARTIAL PLANCK MEAN ABSORPTION COEFFICIENTS FOR HEATED AIR: 4000° K

Wave Number (cm⁻¹)	Photon Energy (eV)	Density × Normal							
		1.0E 01	1.0E 00	1.0E-01	10.0E-03	10.0E-04	10.0E-05	10.0E-06	10.0E-07
56462.00	7.00	1.25E-02	7.84E-04	4.15E-05	1.49E-06	4.68E-08	1.60E-09	6.55E-11	3.27E-12
		4.28E-03	1.09E-04	1.95E-06	2.38E-08	3.30E-10	5.51E-12	9.59E-14	1.64E-15
57268.60	7.10	1.25E-02	7.87E-04	4.16E-05	1.49E-06	4.68E-08	1.60E-09	6.55E-11	3.27E-12
		4.32E-03	1.12E-04	2.08E-06	2.64E-08	3.61E-10	5.83E-12	9.91E-14	1.67E-15
58075.20	7.20	1.26E-02	7.90E-04	4.17E-05	1.49E-06	4.69E-08	1.60E-09	6.55E-11	3.27E-12
		4.35E-03	1.15E-04	2.20E-06	2.87E-08	3.89E-10	6.12E-12	1.02E-13	1.70E-15
58881.80	7.30	1.26E-02	7.92E-04	4.18E-05	1.49E-06	4.69E-08	1.60E-09	6.55E-11	3.27E-12
		4.38E-03	1.17E-04	2.30E-06	3.07E-08	4.13E-10	6.37E-12	1.05E-13	1.73E-15
59688.40	7.40	1.26E-02	7.94E-04	4.19E-05	1.50E-06	4.69E-08	1.60E-09	6.55E-11	3.27E-12
		4.41E-03	1.19E-04	2.39E-06	3.25E-08	4.34E-10	6.58E-12	1.07E-13	1.75E-15
60495.00	7.50	1.26E-02	7.96E-04	4.20E-05	1.50E-06	4.69E-08	1.60E-09	6.55E-11	3.27E-12
		4.43E-03	1.21E-04	2.47E-06	3.40E-08	4.52E-10	6.77E-12	1.09E-13	1.77E-15
61301.60	7.60	1.27E-02	7.96E-04	4.21E-05	1.50E-06	4.70E-08	1.60E-09	6.55E-11	3.27E-12
		4.45E-03	1.22E-04	2.53E-06	3.53E-08	4.67E-10	6.93E-12	1.10E-13	1.78E-15
62108.20	7.70	1.27E-02	7.97E-04	4.21E-05	1.50E-06	4.70E-08	1.60E-09	6.55E-11	3.27E-12
		4.47E-03	1.23E-04	2.59E-06	3.64E-08	4.80E-10	7.06E-12	1.12E-13	1.80E-15
62914.80	7.80	1.27E-02	7.98E-04	4.22E-05	1.50E-06	4.70E-08	1.60E-09	6.55E-11	3.27E-12
		4.48E-03	1.24E-04	2.63E-06	3.73E-08	4.91E-10	7.18E-12	1.13E-13	1.81E-15
63721.40	7.90	1.27E-02	7.99E-04	4.22E-05	1.50E-06	4.70E-08	1.60E-09	6.55E-11	3.27E-12
		4.49E-03	1.25E-04	2.67E-06	3.81E-08	5.00E-10	7.27E-12	1.14E-13	1.82E-15
64528.00	8.00	1.27E-02	8.00E-04	4.22E-05	1.50E-06	4.70E-08	1.60E-09	6.55E-11	3.27E-12
		4.50E-03	1.26E-04	2.70E-06	3.87E-08	5.07E-10	7.35E-12	1.14E-13	1.83E-15
65334.60	8.10	1.27E-02	8.01E-04	4.23E-05	1.50E-06	4.70E-08	1.60E-09	6.55E-11	3.27E-12
		4.51E-03	1.26E-04	2.73E-06	3.92E-08	5.13E-10	7.41E-12	1.15E-13	1.83E-15
66141.20	8.20	1.27E-02	8.01E-04	4.23E-05	1.50E-06	4.70E-08	1.60E-09	6.55E-11	3.27E-12
		4.51E-03	1.27E-04	2.75E-06	3.96E-08	5.19E-10	7.47E-12	1.16E-13	1.84E-15
66947.80	8.30	1.27E-02	8.02E-04	4.23E-05	1.50E-06	4.70E-08	1.60E-09	6.55E-11	3.27E-12
		4.52E-03	1.27E-04	2.77E-06	4.00E-08	5.23E-10	7.51E-12	1.16E-13	1.84E-15
67754.40	8.40	1.27E-02	8.02E-04	4.23E-05	1.50E-06	4.70E-08	1.60E-09	6.55E-11	3.27E-12
		4.52E-03	1.28E-04	2.78E-06	4.03E-08	5.26E-10	7.55E-12	1.16E-13	1.85E-15
68561.00	8.50	1.27E-02	8.03E-04	4.23E-05	1.50E-06	4.70E-08	1.60E-09	6.55E-11	3.27E-12
		4.52E-03	1.28E-04	2.80E-06	4.05E-08	5.29E-10	7.57E-12	1.16E-13	1.85E-15
69367.60	8.60	1.27E-02	8.03E-04	4.23E-05	1.50E-06	4.70E-08	1.60E-09	6.55E-11	3.27E-12
		4.53E-03	1.28E-04	2.80E-06	4.07E-08	5.31E-10	7.60E-12	1.17E-13	1.85E-15
70174.20	8.70	1.27E-02	8.03E-04	4.24E-05	1.50E-06	4.70E-08	1.60E-09	6.55E-11	3.27E-12
		4.53E-03	1.28E-04	2.81E-06	4.09E-08	5.33E-10	7.62E-12	1.17E-13	1.86E-15
70980.80	8.80	1.28E-02	8.03E-04	4.24E-05	1.50E-06	4.70E-08	1.60E-09	6.55E-11	3.27E-12
		4.53E-03	1.28E-04	2.82E-06	4.10E-08	5.35E-10	7.63E-12	1.17E-13	1.86E-15
71787.40	8.90	1.28E-02	8.04E-04	4.24E-05	1.51E-06	4.70E-08	1.60E-09	6.55E-11	3.27E-12
		4.53E-03	1.28E-04	2.83E-06	4.11E-08	5.36E-10	7.64E-12	1.17E-13	1.86E-15
72594.00	9.00	1.28E-02	8.04E-04	4.24E-05	1.51E-06	4.70E-08	1.60E-09	6.55E-11	3.27E-12
		4.53E-03	1.29E-04	2.83E-06	4.11E-08	5.36E-10	7.65E-12	1.17E-13	1.86E-15

Wave Number (cm⁻¹)	Photon Energy (eV)	1.0E 01	1.0E 00	1.0E-01	10.0E-03	10.0E-04	10.0E-05	10.0E-06	10.0E-07
73400.60	9.10	1.28E-02	8.04E-04	4.24E-05	1.51E-06	4.70E-08	1.61E-09	6.55E-11	3.27E-12
		4.54E-03	1.29E-04	2.83E-06	4.12E-08	5.37E-10	7.66E-12	1.18E-13	1.86E-15
74207.20	9.20	1.28E-02	8.04E-04	4.24E-05	1.51E-06	4.70E-08	1.61E-09	6.55E-11	3.27E-12
		4.54E-03	1.29E-04	2.83E-06	4.12E-08	5.37E-10	7.66E-12	1.18E-13	1.86E-15
75013.80	9.30	1.28E-02	8.04E-04	4.24E-05	1.51E-06	4.70E-08	1.61E-09	6.55E-11	3.27E-12
		4.54E-03	1.29E-04	2.83E-06	4.12E-08	5.37E-10	7.66E-12	1.18E-13	1.86E-15
75820.40	9.40	1.28E-02	8.04E-04	4.24E-05	1.51E-06	4.70E-08	1.61E-09	6.55E-11	3.27E-12
		4.54E-03	1.29E-04	2.83E-06	4.12E-08	5.37E-10	7.66E-12	1.18E-13	1.86E-15
76627.00	9.50	1.28E-02	8.04E-04	4.24E-05	1.51E-06	4.70E-08	1.61E-09	6.55E-11	3.27E-12
		4.54E-03	1.29E-04	2.83E-06	4.12E-08	5.38E-10	7.66E-12	1.18E-13	1.86E-15

PARTIAL PLANCK MEAN ABSORPTION COEFFICIENTS FOR HEATED AIR: 5000° K

Wave Number (cm⁻¹)	Photon Energy (eV)	Density × Normal							
		1.0E 01	1.0E 00	1.0E-01	10.0E-03	10.0E-04	10.0E-05	10.0E-06	10.0E-07
4839.60	0.60	3.54E-04	9.99E-06	3.13E-07	1.01E-08	3.12E-10	8.61E-12	1.81E-13	2.43E-15
		2.45E-04	3.06E-06	1.78E-08	8.37E-11	8.51E-13	1.96E-14	5.67E-16	2.85E-17
5646.20	0.70	7.07E-04	1.67E-05	4.76E-07	1.69E-08	7.04E-10	3.24E-11	1.12E-12	1.85E-14
		5.53E-04	6.91E-06	3.98E-08	1.79E-10	1.61E-12	3.53E-14	1.02E-15	5.12E-17
6452.80	0.80	1.14E-03	2.63E-05	7.87E-07	3.46E-08	1.98E-09	1.19E-10	4.73E-12	8.05E-14
		9.18E-04	1.15E-05	6.58E-08	2.86E-10	2.32E-12	4.79E-14	1.37E-15	6.90E-17
7259.40	0.90	1.60E-03	3.52E-05	1.16E-06	6.68E-08	4.86E-09	3.33E-10	1.38E-11	2.38E-13
		1.33E-03	1.66E-05	9.49E-08	4.02E-10	2.97E-12	5.82E-14	1.65E-15	8.31E-17
8066.00	1.00	2.10E-03	4.61E-05	1.71E-06	1.17E-07	9.43E-09	6.74E-10	2.83E-11	4.90E-13
		1.78E-03	2.22E-05	1.27E-07	5.25E-10	3.59E-12	6.66E-14	1.87E-15	9.42E-17
8872.60	1.10	2.62E-03	5.69E-05	2.25E-06	1.67E-07	1.39E-08	1.01E-09	4.26E-11	7.36E-13
		2.25E-03	2.80E-05	1.60E-07	6.53E-10	4.17E-12	7.35E-14	2.05E-15	1.03E-16
9679.20	1.20	3.19E-03	7.20E-05	3.20E-06	2.58E-07	2.23E-08	1.63E-09	6.90E-11	1.19E-12
		2.74E-03	3.41E-05	1.94E-07	7.83E-10	4.73E-12	7.92E-14	2.19E-15	1.10E-16
10485.80	1.30	3.75E-03	8.47E-05	3.91E-06	3.24E-07	2.83E-08	2.08E-09	8.82E-11	1.53E-12
		3.23E-03	4.02E-05	2.28E-07	9.13E-10	5.25E-12	8.40E-14	2.30E-15	1.16E-16
11292.40	1.40	3.34E-03	4.34E-05	5.63E-06	4.40E-07	3.89E-08	2.87E-09	1.22E-10	2.11E-12
		3.71E-03	4.62E-05	2.63E-07	1.04E-09	5.74E-12	8.80E-14	2.39E-15	1.20E-16
12099.00	1.50	4.97E-03	1.21E-04	6.10E-06	5.24E-07	4.63E-08	3.42E-09	1.45E-10	2.52E-12
		4.26E-03	5.66E-05	4.24E-07	3.73E-09	5.25E-11	8.85E-13	1.62E-14	4.33E-16
12905.60	1.60	5.66E-03	1.43E-04	7.09E-06	5.96E-07	5.26E-08	3.88E-09	1.65E-10	2.86E-12
		4.88E-03	7.18E-05	7.26E-07	9.89E-09	1.51E-10	1.65E-12	4.53E-14	1.09E-15
13712.20	1.70	6.36E-03	1.67E-04	8.30E-06	6.89E-07	6.06E-08	4.47E-09	1.90E-10	3.30E-12
		5.49E-03	8.79E-05	1.06E-06	1.55E-08	2.61E-10	1.90E-10	7.80E-14	1.83E-15
14518.80	1.80	7.02E-03	1.91E-04	9.43E-06	7.73E-07	6.78E-08	5.01E-09	2.13E-10	3.69E-12
		6.09E-03	1.04E-04	1.39E-06	2.17E-08	3.71E-10	6.36E-12	1.11E-13	2.57E-15
15325.40	1.90	7.65E-03	2.13E-04	1.05E-05	8.52E-07	7.46E-08	5.51E-09	2.34E-10	4.06E-12
		6.64E-03	1.19E-04	1.72E-06	2.77E-08	4.79E-10	5.20E-09	1.43E-13	3.28E-15
16132.00	2.00	8.19E-03	2.29E-04	1.10E-05	8.74E-07	7.61E-08	5.62E-09	2.39E-10	4.14E-12
		7.17E-03	1.33E-04	2.03E-06	3.35E-08	5.82E-10	9.98E-12	1.73E-13	3.97E-15

491

PARTIAL PLANCK MEAN ABSORPTION COEFFICIENTS FOR HEATED AIR: 5000° K

Density × Normal

Wave Number (cm⁻¹)	Photon Energy (eV)	1.0E 01	1.0E 00	1.0E-01	10.0E-03	10.0E-04	10.0E-05	10.0E-06	10.0E-07
16938.60	2.10	8.69E-03	2.44E-04	1.14E-05	8.93E-07	7.75E-08	5.71E-09	2.43E-10	4.21E-12
		7.65E-03	1.47E-04	2.32E-06	3.90E-08	6.80E-10	1.17E-11	2.02E-13	4.63E-15
17745.20	2.20	9.13E-03	2.57E-04	1.17E-05	9.03E-07	7.80E-08	5.74E-09	2.44E-10	4.23E-12
		8.09E-03	1.59E-04	2.59E-06	4.41E-08	7.70E-10	1.32E-11	2.29E-13	5.23E-15
18551.80	2.30	9.54E-03	2.68E-04	1.20E-05	9.10E-07	7.83E-08	5.76E-09	2.45E-10	4.24E-12
		8.50E-03	1.70E-04	2.83E-06	4.86E-08	8.52E-10	1.46E-11	2.53E-13	5.77E-15
19358.40	2.40	9.90E-03	2.79E-04	1.22E-05	9.14E-07	7.84E-08	5.77E-09	2.45E-10	4.28E-12
		8.86E-03	1.80E-04	3.05E-06	5.28E-08	9.26E-10	1.59E-11	2.75E-13	6.27E-15
20165.00	2.50	1.02E-02	2.88E-04	1.24E-05	9.18E-07	7.85E-08	5.77E-09	2.46E-10	4.30E-12
		9.18E-03	1.90E-04	3.25E-06	5.65E-08	9.92E-10	1.70E-11	2.95E-13	6.71E-15
20971.60	2.60	1.06E-02	2.98E-04	1.26E-05	9.22E-07	7.86E-08	5.78E-09	2.46E-10	4.34E-12
		9.47E-03	1.98E-04	3.43E-06	5.98E-08	1.05E-09	1.80E-11	3.12E-13	7.11E-15
21778.20	2.70	1.10E-02	3.11E-04	1.29E-05	9.28E-07	7.87E-08	5.80E-09	2.51E-10	4.67E-12
		9.73E-03	2.05E-04	3.58E-06	6.28E-08	1.10E-09	1.89E-11	3.28E-13	7.46E-15
22584.80	2.80	1.14E-02	3.28E-04	1.33E-05	9.35E-07	7.89E-08	5.80E-09	2.51E-10	4.73E-12
		9.96E-03	2.11E-04	3.72E-06	6.54E-08	1.15E-09	1.97E-11	3.42E-13	7.77E-15
23391.40	2.90	1.19E-02	3.46E-04	1.37E-05	9.45E-07	7.92E-08	5.84E-09	2.59E-10	5.33E-12
		1.02E-02	2.17E-04	3.84E-06	6.77E-08	1.19E-09	2.04E-11	3.54E-13	8.04E-15
24198.00	3.00	1.25E-02	3.69E-04	1.43E-05	9.59E-07	7.96E-08	5.87E-09	2.65E-10	5.78E-12
		1.03E-02	2.22E-04	3.95E-06	6.97E-08	1.23E-09	2.10E-11	3.64E-13	8.28E-15
25004.60	3.10	1.31E-02	3.93E-04	1.50E-05	9.75E-07	8.00E-08	5.89E-09	2.66E-10	5.83E-12
		1.05E-02	2.26E-04	4.04E-06	7.15E-08	1.26E-09	2.16E-11	3.74E-13	8.49E-15
25811.20	3.20	1.37E-02	4.20E-04	1.57E-05	9.92E-07	8.08E-08	6.01E-09	2.92E-10	7.83E-12
		1.06E-02	2.30E-04	4.13E-06	7.30E-08	1.29E-09	2.20E-11	3.82E-13	8.67E-15
26617.80	3.30	1.44E-02	4.49E-04	1.64E-05	1.01E-06	8.13E-08	6.04E-09	2.97E-10	8.11E-12
		1.07E-02	2.33E-04	4.20E-06	7.43E-08	1.31E-09	2.24E-11	3.89E-13	8.83E-15
27424.40	3.40	1.53E-02	4.84E-04	1.73E-05	1.03E-06	8.19E-08	6.05E-09	2.97E-10	8.14E-12
		1.08E-02	2.36E-04	4.26E-06	7.55E-08	1.33E-09	2.28E-11	3.95E-13	8.96E-15
28231.00	3.50	1.61E-02	5.22E-04	1.82E-05	1.05E-06	8.26E-08	6.13E-09	3.11E-10	9.16E-12
		1.09E-02	2.40E-04	4.35E-06	7.72E-08	1.36E-09	2.33E-11	4.04E-13	9.17E-15
29037.60	3.60	1.71E-02	5.66E-04	1.94E-05	1.08E-06	8.34E-08	6.16E-09	3.13E-10	9.27E-12
		1.10E-02	2.43E-04	4.43E-06	7.88E-08	1.39E-09	2.38E-11	4.12E-13	9.36E-15
29844.20	3.70	1.82E-02	6.20E-04	2.06E-05	1.10E-06	8.41E-08	6.18E-09	3.14E-10	9.31E-12
		1.11E-02	2.46E-04	4.51E-06	8.03E-08	1.42E-09	2.43E-11	4.20E-13	9.54E-15
30650.80	3.80	1.94E-02	6.63E-04	2.18E-05	1.14E-06	8.49E-08	6.21E-09	3.16E-10	9.45E-12
		1.12E-02	2.49E-04	4.57E-06	8.16E-08	1.44E-09	2.47E-11	4.27E-13	9.69E-15
31457.40	3.90	2.05E-02	7.12E-04	2.30E-05	1.17E-06	8.57E-08	6.24E-09	3.17E-10	9.46E-12
		1.13E-02	2.51E-04	4.63E-06	8.27E-08	1.46E-09	2.50E-11	4.33E-13	9.83E-15
32264.00	4.00	2.19E-02	7.71E-04	2.46E-05	1.20E-06	8.68E-08	6.27E-09	3.18E-10	9.47E-12
		1.13E-02	2.53E-04	4.68E-06	8.36E-08	1.48E-09	2.53E-11	4.38E-13	9.94E-15
33070.60	4.10	2.33E-02	8.34E-04	2.62E-05	1.24E-06	8.78E-08	6.29E-09	3.18E-10	9.48E-12
		2.14E-02	2.55E-04	4.72E-06	8.44E-08	1.49E-09	2.56E-11	4.42E-13	1.00E-14
33877.20	4.20	2.50E-02	9.13E-04	2.85E-05	1.30E-06	8.95E-08	6.34E-09	3.19E-10	9.49E-12
		1.14E-02	2.56E-04	4.76E-06	8.51E-08	1.50E-09	2.58E-11	4.46E-13	1.01E-14

34683.80	4.30
35490.40	4.40
36297.00	4.50
37103.60	4.60
37910.20	4.70
38716.80	4.80
39523.40	4.90
40330.00	5.00
41136.60	5.10
41943.20	5.20
42749.80	5.30
43556.40	5.40
44363.00	5.50
45169.60	5.60
45976.20	5.70
46782.80	5.80
47589.40	5.90
48396.00	6.00
49202.60	6.10
50009.20	6.20
50815.80	6.30
51622.40	6.40
52429.00	6.50
53235.60	6.60
54042.20	6.70
54848.80	6.80

PARTIAL PLANCK MEAN ABSORPTION COEFFICIENTS FOR HEATED AIR: 5000° K

Wave Number (cm⁻¹)	Photon Energy (eV)	Density × Normal							
		1.0E 01	1.0E 00	1.0E-01	10.0E-03	10.0E-04	10.0E-05	10.0E-06	10.0E-07
55655.40	6.90	5.53E-02	2.47E-03	8.03E-05	2.83E-06	1.34E-07	7.55E-09	3.44E-10	9.82E-12
		1.16E-02	2.64E-04	4.94E-06	8.87E-08	1.57E-09	2.69E-11	4.65E-13	1.06E-14
56462.00	7.00	5.53E-02	2.47E-03	8.03E-05	2.84E-06	1.34E-07	7.56E-09	3.44E-10	9.82E-12
		1.16E-02	2.64E-04	4.94E-06	8.87E-08	1.57E-09	2.69E-11	4.65E-13	1.06E-14
57268.60	7.10	5.58E-02	2.49E-03	8.07E-05	2.84E-06	1.34E-07	7.56E-09	3.44E-10	9.82E-12
		1.21E-02	2.85E-04	5.31E-06	9.31E-08	1.61E-09	2.73E-11	4.70E-13	1.06E-14
58075.20	7.20	5.63E-02	2.51E-03	8.11E-05	2.84E-06	1.35E-07	7.56E-09	3.44E-10	9.82E-12
		1.26E-02	3.04E-04	5.66E-06	9.71E-08	1.66E-09	2.78E-11	4.74E-13	1.06E-14
58881.80	7.30	5.68E-02	2.53E-03	8.14E-05	2.85E-06	1.35E-07	7.56E-09	3.44E-10	9.82E-12
		1.31E-02	3.21E-04	5.97E-06	1.01E-07	1.69E-09	2.82E-11	4.78E-13	1.07E-14
59688.40	7.40	5.72E-02	2.54E-03	8.17E-05	2.85E-06	1.35E-07	7.56E-09	3.44E-10	9.82E-12
		1.37E-02	3.37E-04	6.25E-06	1.04E-07	1.73E-09	2.85E-11	4.82E-13	1.07E-14
60495.00	7.50	5.75E-02	2.56E-03	8.19E-05	2.85E-06	1.35E-07	7.56E-09	3.44E-10	9.82E-12
		1.39E-02	3.52E-04	6.51E-06	1.07E-07	1.76E-09	2.88E-11	4.85E-13	1.07E-14
61301.60	7.60	5.79E-02	2.57E-03	8.21E-05	2.86E-06	1.35E-07	7.56E-09	3.44E-10	9.82E-12
		1.42E-02	3.64E-04	6.73E-06	1.10E-07	1.79E-09	2.91E-11	4.88E-13	1.08E-14
62108.20	7.70	5.82E-02	2.58E-03	8.23E-05	2.86E-06	1.35E-07	7.56E-09	3.44E-10	9.82E-12
		1.45E-02	3.76E-04	6.93E-06	1.12E-07	1.81E-09	2.93E-11	4.90E-13	1.08E-14
62914.80	7.80	5.84E-02	2.59E-03	8.25E-05	2.86E-06	1.35E-07	7.56E-09	3.44E-10	9.82E-12
		1.47E-02	3.85E-04	7.11E-06	1.14E-07	1.83E-09	2.96E-11	4.92E-13	1.08E-14
63721.40	7.90	5.86E-02	2.60E-03	8.27E-05	2.86E-06	1.35E-07	7.56E-09	3.44E-10	9.83E-12
		1.50E-02	3.94E-04	7.26E-06	1.16E-07	1.85E-09	2.98E-11	4.94E-13	1.08E-14
64528.00	8.00	5.88E-02	2.61E-03	8.28E-05	2.87E-06	1.35E-07	7.56E-09	3.44E-10	9.83E-12
		1.52E-02	4.02E-04	7.40E-06	1.17E-07	1.87E-09	2.99E-11	4.96E-13	1.09E-14
65334.60	8.10	5.90E-02	2.61E-03	8.29E-05	2.87E-06	1.35E-07	7.56E-09	3.44E-10	9.83E-12
		1.53E-02	4.08E-04	7.51E-06	1.19E-07	1.88E-09	3.01E-11	4.97E-13	1.09E-14
66141.20	8.20	5.91E-02	2.62E-03	8.30E-05	2.87E-06	1.35E-07	7.56E-09	3.44E-10	9.83E-12
		1.55E-02	4.14E-04	7.61E-06	1.20E-07	1.89E-09	3.02E-11	4.98E-13	1.09E-14
66947.80	8.30	5.93E-02	2.62E-03	8.31E-05	2.87E-06	1.35E-07	7.56E-09	3.44E-10	9.83E-12
		1.56E-02	4.19E-04	7.70E-06	1.21E-07	1.90E-09	3.03E-11	5.00E-13	1.09E-14
67754.40	8.40	5.94E-02	2.63E-03	8.32E-05	2.87E-06	1.35E-07	7.56E-09	3.44E-10	9.83E-12
		1.57E-02	4.23E-04	7.77E-06	1.22E-07	1.91E-09	3.04E-11	5.00E-13	1.09E-14
68561.00	8.50	5.95E-02	2.63E-03	8.33E-05	2.87E-06	1.35E-07	7.56E-09	3.44E-10	9.83E-12
		1.58E-02	4.26E-04	7.84E-06	1.23E-07	1.92E-09	3.05E-11	5.01E-13	1.09E-14
69367.60	8.60	5.95E-02	2.64E-03	8.33E-05	2.87E-06	1.35E-07	7.56E-09	3.44E-10	9.83E-12
		1.59E-02	4.29E-04	7.89E-06	1.23E-07	1.93E-09	3.05E-11	5.02E-13	1.09E-14
70174.20	8.70	5.96E-02	2.64E-03	8.34E-05	2.87E-06	1.35E-07	7.56E-09	3.44E-10	9.83E-12
		1.59E-02	4.32E-04	7.94E-06	1.24E-07	1.93E-09	3.06E-11	5.02E-13	1.09E-14
70980.80	8.80	5.97E-02	2.64E-03	8.34E-05	2.87E-06	1.35E-07	7.56E-09	3.44E-10	9.83E-12
		1.60E-02	4.34E-04	7.98E-06	1.24E-07	1.94E-09	3.06E-11	5.03E-13	1.09E-14
71787.40	8.90	5.97E-02	2.64E-03	8.34E-05	2.87E-06	1.35E-07	7.56E-09	3.44E-10	9.83E-12
		1.60E-02	4.36E-04	8.01E-06	1.25E-07	1.94E-09	3.07E-11	5.03E-13	1.09E-14
72594.00	9.00	5.98E-02	2.64E-03	8.35E-05	2.87E-06	1.35E-07	7.56E-09	3.44E-10	9.83E-12
		1.61E-02	4.37E-04	8.03E-06	1.25E-07	1.95E-09	3.07E-11	5.04E-13	1.09E-14

PARTIAL PLANCK MEAN ABSORPTION COEFFICIENTS FOR HEATED AIR: 6000° K

(continuation — upper block)

Wave Number (cm⁻¹)	Photon Energy (eV)	1.0E 01	1.0E 00	1.0E-01	10.0E-03	10.0E-04	10.0E-05	10.0E-06	10.0E-07
73400.60	9.10	5.98E-02	2.64E-03	8.35E-05	2.87E-06	1.35E-07	7.56E-09	3.45E-10	9.83E-12
74207.20	9.20	1.61E-02	4.38E-04	8.05E-06	1.25E-07	1.95E-09	3.07E-11	5.04E-13	1.09E-14
75013.80	9.30	5.98E-02	2.64E-03	8.35E-05	2.87E-06	1.35E-07	7.57E-09	3.45E-10	9.83E-12
75820.40	9.40	1.61E-02	4.39E-04	8.06E-06	1.25E-07	1.95E-09	3.07E-11	5.04E-13	1.09E-14
76627.00	9.50	1.61E-02	4.40E-04	8.07E-06	1.25E-07	1.95E-09	3.08E-11	5.04E-13	1.09E-14

Density × Normal

Wave Number (cm⁻¹)	Photon Energy (eV)	1.0E 01	1.0E 00	1.0E-01	10.0E-03	10.0E-04	10.0E-05	10.0E-06	10.0E-07
4839.60	0.60	1.64E-04	5.08E-06	1.65E-07	5.08E-09	1.37E-10	3.47E-12	1.74E-13	1.54E-14
5646.20	0.70	7.03E-05	7.04E-07	1.26E-08	3.40E-10	1.70E-11	1.52E-12	1.53E-13	1.52E-14
6452.80	0.80	3.40E-04	3.46E-06	4.26E-08	2.35E-10	1.70E-11	2.78E-12	6.08E-13	3.14E-14
7259.40	0.90	1.60E-04	1.50E-06	2.14E-08	6.38E-10	3.34E-11	3.11E-12	3.15E-13	3.43E-14
8066.00	1.00	5.55E-04	2.18E-05	1.38E-06	9.72E-08	5.14E-09	1.25E-10	1.92E-12	6.24E-14
8872.60	1.10	2.68E-04	2.39E-06	3.10E-08	9.03E-10	4.92E-11	4.72E-12	4.81E-13	4.79E-14
9679.20	1.20	9.16E-04	4.63E-05	3.64E-06	2.84E-07	1.55E-08	3.75E-10	5.12E-12	7.07E-14
10485.80	1.30	3.93E-04	3.37E-05	3.99E-08	5.70E-07	6.85E-11	6.90E-13	7.09E-13	1.84E-13
11292.40	1.40	1.41E-03	8.34E-05	7.11E-06	1.39E-09	3.15E-08	3.15E-10	9.92E-12	9.26E-14
12099.00	1.50	5.34E-04	4.44E-06	4.84E-08	8.83E-07	8.66E-11	8.99E-13	1.51E-11	2.54E-13
12905.60	1.60	1.95E-03	1.24E-04	1.09E-05	1.59E-09	1.03E-10	1.18E-09	1.13E-11	1.12E-13
13712.20	1.70	6.88E-04	5.57E-06	1.71E-05	1.76E-09	7.77E-08	1.87E-09	2.36E-11	3.54E-13
14518.80	1.80	2.75E-03	1.89E-04	6.41E-08	1.40E-06	1.17E-10	1.25E-11	1.29E-12	1.29E-13
15325.40	1.90	8.52E-04	6.76E-06	2.25E-05	1.85E-06	1.03E-07	2.46E-11	3.09E-11	4.42E-13
16132.00	2.00	3.47E-03	2.47E-04	3.69E-06	1.91E-09	1.29E-10	1.39E-11	1.44E-12	1.56E-13

Density × Normal

Wave Number (cm⁻¹)	Photon Energy (eV)	1.0E 01	1.0E 00	1.0E-01	10.0E-03	10.0E-04	10.0E-05	10.0E-06	10.0E-07
16938.60	2.10	1.53E-02	9.57E-04	7.53E-05	5.96E-06	3.28E-07	7.87E-09	9.72E-11	1.22E-12
		7.88E-03	2.14E-04	4.38E-06	8.14E-08	1.64E-09	5.61E-11	3.37E-11	2.69E-13
17745.20	2.20	1.63E-02	9.96E-04	7.67E-05	6.03E-06	3.32E-07	7.96E-09	9.84E-11	1.24E-12
		8.87E-03	2.45E-04	5.04E-06	9.35E-08	1.87E-09	6.18E-11	3.59E-12	2.80E-13
18551.80	2.30	1.73E-02	1.03E-03	7.77E-05	6.08E-06	3.34E-07	8.01E-09	9.92E-11	1.26E-12
		9.80E-03	2.75E-04	5.66E-06	1.05E-07	2.08E-09	6.71E-11	3.78E-12	2.90E-13
19358.40	2.40	1.82E-02	1.06E-03	7.84E-05	6.09E-06	3.28E-07	8.05E-09	1.01E-10	1.31E-12
		1.07E-02	3.03E-04	6.25E-05	1.16E-07	2.28E-09	7.20E-11	3.96E-12	2.98E-13
20165.00	2.50	1.90E-02	1.08E-03	7.89E-05	6.10E-06	3.35E-07	8.07E-09	1.02E-10	1.33E-12
		1.15E-02	3.28E-04	6.80E-06	1.26E-07	2.47E-09	7.66E-11	4.11E-12	3.05E-13
20971.60	2.60	1.99E-02	1.11E-03	7.95E-05	6.12E-06	3.36E-07	8.12E-09	1.03E-10	1.39E-12
		1.30E-02	3.52E-04	7.31E-06	1.35E-06	2.64E-09	8.07E-11	4.25E-12	3.11E-12
21778.20	2.70	2.09E-02	1.14E-03	8.01E-05	6.14E-06	2.64E-07	8.07E-09	1.16E-10	3.21E-12
		1.30E-02	3.75E-04	7.78E-06	1.44E-06	3.39E-07	8.43E-09	4.42E-12	1.93E-12
22584.80	2.80	2.20E-02	1.17E-03	8.09E-05	6.16E-06	2.80E-07	8.50E-11	1.20E-10	2.60E-12
		1.42E-02	3.95E-04	8.21E-06	1.52E-06	3.40E-07	8.52E-09	4.60E-12	3.42E-13
23391.40	2.90	2.32E-02	1.21E-03	8.18E-05	6.20E-06	2.95E-07	9.03E-09	1.40E-10	3.25E-12
		1.26E-02	4.14E-04	8.61E-06	1.59E-06	3.09E-09	9.28E-11	4.76E-12	3.50E-12
24198.00	3.00	2.46E-02	1.26E-03	8.30E-05	6.24E-06	3.51E-07	9.53E-09	1.60E-10	3.35E-12
		1.47E-02	4.31E-04	8.97E-06	1.66E-06	3.21E-09	9.61E-11	4.90E-12	3.57E-13
25004.60	3.10	1.52E-02	1.30E-03	8.42E-05	6.28E-06	3.21E-07	9.62E-09	1.63E-10	5.67E-12
		2.61E-02	4.46E-04	9.29E-06	1.72E-07	3.32E-09	9.91E-11	5.02E-12	3.63E-13
25811.20	3.20	2.76E-02	1.35E-03	8.56E-05	6.37E-06	3.70E-07	1.14E-08	2.35E-10	6.13E-12
		1.57E-02	4.60E-04	9.59E-06	1.77E-07	3.43E-09	1.02E-10	5.13E-12	3.68E-13
26617.80	3.30	2.92E-02	1.40E-03	8.70E-05	6.42E-06	3.75E-07	1.18E-08	2.49E-10	6.18E-12
		1.61E-02	4.73E-04	9.85E-06	1.82E-07	3.52E-09	1.04E-10	5.22E-12	3.72E-13
27424.40	3.40	3.11E-02	1.46E-03	8.86E-05	6.47E-06	3.77E-07	1.18E-08	2.51E-10	7.58E-12
		1.46E-02	4.84E-04	1.01E-05	1.86E-06	3.60E-09	1.06E-10	5.30E-12	3.77E-13
28231.00	3.50	3.32E-02	1.53E-03	9.05E-05	6.57E-06	3.90E-07	1.29E-08	2.95E-10	7.81E-12
		1.69E-02	5.01E-04	1.05E-05	1.93E-06	3.73E-09	1.09E-10	5.41E-12	3.85E-12
29037.60	3.60	3.56E-02	1.61E-03	9.25E-05	6.63E-06	3.93E-07	1.31E-08	3.02E-10	7.85E-12
		1.75E-02	5.18E-04	1.08E-05	2.00E-07	3.85E-09	1.12E-10	5.50E-12	3.85E-13
29844.20	3.70	3.80E-02	1.68E-03	9.46E-05	6.71E-06	3.96E-07	1.32E-08	3.04E-10	8.07E-12
		1.79E-02	5.35E-04	1.12E-05	2.06E-07	3.97E-09	1.15E-10	5.60E-12	3.88E-13
30650.80	3.80	4.08E-02	1.77E-03	9.69E-05	6.78E-06	4.00E-07	1.34E-08	3.10E-10	8.09E-12
		1.84E-02	5.49E-04	1.15E-05	2.12E-07	4.07E-09	1.18E-10	5.68E-12	3.92E-13
31457.40	3.90	4.34E-02	1.85E-03	9.90E-05	6.85E-06	4.17E-07	1.35E-08	3.16E-10	8.10E-12
		1.88E-02	5.62E-04	1.18E-05	2.17E-07	4.17E-09	1.20E-10	5.76E-12	3.95E-13
32264.00	4.00	4.64E-02	1.95E-03	1.02E-04	6.93E-06	4.05E-07	1.35E-08	3.12E-10	8.10E-12
		1.91E-02	5.74E-04	1.20E-05	2.22E-07	4.26E-09	1.22E-10	5.83E-12	3.97E-13
33070.60	4.10	4.95E-02	2.04E-03	1.04E-04	7.00E-06	4.06E-07	1.36E-08	3.12E-10	8.11E-12
		1.94E-02	5.85E-04	1.22E-05	2.26E-07	4.33E-09	1.24E-10	5.89E-12	3.97E-13
33877.20	4.20	5.34E-02	2.18E-03	1.08E-04	7.11E-06	4.09E-07	1.36E-08	3.13E-10	8.11E-12
		1.97E-02	5.94E-04	1.24E-05	2.30E-07	4.40E-09	1.25E-10	5.95E-12	4.00E-13

34683.80	4.30	5.72E-02	2.30E-03	1.11E-04	7.20E-06	4.12E-07	1.37E-08	8.12E-12
35490.40	4.40	1.99E-02	6.02E-04	1.26E-05	2.33E-07	4.46E-09	1.27E-10	4.03E-13
36297.00	4.50	6.01E-02	2.47E-03	1.16E-04	7.33E-06	4.15E-07	1.37E-08	8.13E-12
37103.60	4.60	2.01E-02	6.09E-04	1.28E-05	2.36E-07	4.52E-09	1.29E-10	4.09E-13
37910.20	4.70	6.67E-02	2.64E-03	1.21E-04	7.47E-06	4.18E-07	1.37E-08	8.14E-12
38716.80	4.80	2.03E-02	6.15E-04	1.27E-05	2.38E-07	4.57E-09	1.38E-10	4.14E-13
39523.40	4.90	7.23E-02	2.85E-03	1.30E-04	2.40E-07	4.61E-09	1.31E-08	8.15E-12
40330.00	5.00	2.05E-02	6.20E-03	1.33E-05	7.80E-06	4.25E-07	1.39E-08	4.18E-12
41136.60	5.10	7.70E-02	3.03E-03	1.31E-04	2.42E-07	4.64E-09	1.32E-08	4.16E-12
41943.20	5.20	2.06E-02	6.25E-04	1.39E-04	7.98E-07	4.30E-07	1.39E-08	4.22E-13
42749.80	5.30	8.21E-02	3.23E-03	1.32E-05	8.15E-06	4.34E-07	1.40E-08	8.17E-12
43556.40	5.40	8.67E-02	3.42E-03	1.45E-04	2.45E-07	4.68E-09	1.34E-10	4.26E-13
44363.00	5.50	2.09E-02	6.33E-04	1.33E-05	8.33E-06	4.70E-07	1.41E-08	8.18E-12
45169.60	5.60	9.14E-02	3.61E-03	1.51E-04	2.46E-07	4.73E-09	1.35E-10	4.29E-13
45976.20	5.70	9.66E-02	3.61E-04	1.33E-05	8.51E-07	4.42E-07	1.36E-10	8.19E-12
46782.80	5.80	2.10E-02	6.38E-04	1.34E-04	8.63E-06	4.75E-07	1.42E-08	4.31E-13
47589.40	5.90	1.01E-01	3.96E-03	1.62E-04	2.48E-07	4.77E-09	1.36E-08	8.20E-12
48396.00	6.00	1.07E-01	4.20E-03	1.35E-04	8.85E-06	4.50E-07	1.43E-08	4.33E-13
49202.60	6.10	1.11E-01	4.34E-03	1.70E-04	2.96E-06	4.53E-07	1.43E-08	8.21E-12
50009.20	6.20	2.12E-02	6.43E-04	1.35E-05	8.96E-06	4.57E-07	1.37E-10	4.35E-12
50815.80	6.30	1.17E-01	4.46E-03	1.80E-04	2.50E-07	4.81E-09	1.44E-08	8.37E-13
51622.40	6.40	1.21E-01	4.73E-03	1.85E-05	2.51E-07	4.82E-09	1.37E-08	8.22E-12
52429.00	6.50	2.13E-01	6.47E-03	1.36E-04	9.37E-06	4.62E-07	1.44E-10	4.38E-13
53235.60	6.60	1.24E-01	4.82E-03	1.88E-04	2.52E-07	4.83E-09	1.38E-08	8.23E-12
54042.20	6.70	2.13E-02	6.48E-04	1.36E-05	2.54E-07	4.88E-09	1.39E-10	4.39E-12

PARTIAL PLANCK MEAN ABSORPTION COEFFICIENTS FOR HEATED AIR: 6000° K

Wave Number (cm⁻¹)	Photon Energy (eV)	Density × Normal							
		1.0E 01	1.0E 00	1.0E-01	10.0E-03	10.0E-04	10.0E-05	10.0E-06	10.0E-07
54848.80	6.80	1.37E-01	5.40E-03	2.07E-04	9.93E-06	4.76E-07	1.46E-08	3.25E-10	8.27E-12
		2.15E-02	6.55E-04	1.38E-05	2.54E-07	4.88E-09	1.39E-10	6.62E-12	4.45E-13
55655.40	6.90	1.37E-01	5.41E-03	2.08E-04	9.93E-06	4.76E-07	1.47E-08	3.25E-10	8.27E-12
		2.15E-02	6.55E-04	1.38E-05	2.54E-07	4.88E-09	1.39E-10	6.62E-12	4.45E-13
56462.00	7.00	1.38E-01	5.41E-03	2.08E-04	9.94E-06	4.76E-07	1.47E-08	3.25E-10	8.27E-12
		2.15E-02	6.55E-04	1.38E-05	2.54E-07	4.88E-09	1.39E-10	6.62E-12	4.45E-13
57268.60	7.10	1.39E-01	5.45E-03	2.09E-04	9.95E-06	4.76E-07	1.47E-08	3.25E-10	8.27E-12
		2.32E-02	6.92E-04	1.42E-05	2.59E-07	4.93E-09	1.47E-10	6.63E-12	4.46E-13
58075.20	7.20	1.41E-01	5.48E-03	2.09E-04	9.95E-06	4.76E-07	1.47E-08	3.25E-10	8.27E-12
		2.48E-02	7.26E-04	1.47E-05	2.64E-07	4.98E-09	1.40E-10	6.63E-12	4.46E-13
58881.80	7.30	1.42E-01	5.52E-03	2.10E-04	9.96E-06	4.76E-07	1.47E-08	3.25E-10	8.27E-12
		2.62E-02	7.57E-04	1.51E-05	2.68E-07	5.03E-09	1.41E-10	6.64E-12	4.46E-13
59688.40	7.40	1.44E-01	5.55E-03	2.10E-04	9.97E-06	4.76E-07	1.47E-08	3.25E-10	8.27E-12
		2.76E-02	7.86E-04	1.54E-05	2.72E-07	5.07E-09	1.41E-10	6.64E-12	4.46E-13
60495.00	7.50	1.45E-01	5.57E-03	2.10E-04	9.97E-06	4.77E-07	1.47E-08	3.25E-10	8.27E-12
		2.88E-02	8.13E-04	1.58E-05	2.76E-07	5.11E-09	1.42E-10	6.65E-12	4.46E-13
61301.60	7.60	1.46E-02	5.60E-04	2.10E-04	9.98E-06	4.77E-07	1.42E-08	3.25E-10	8.27E-12
		3.00E-02	8.38E-04	1.61E-05	2.79E-07	5.14E-09	1.42E-10	6.65E-12	4.46E-13
62108.20	7.70	1.47E-01	5.62E-03	2.11E-04	9.98E-06	4.77E-07	1.47E-08	3.25E-10	8.27E-12
		3.10E-02	8.60E-04	1.64E-05	2.83E-07	5.17E-09	1.42E-10	6.66E-12	4.46E-13
62914.80	7.80	1.48E-01	5.64E-03	2.11E-04	9.98E-06	4.77E-07	1.47E-08	3.25E-10	8.27E-12
		3.20E-02	8.81E-04	1.67E-05	2.85E-07	5.20E-09	1.43E-10	6.66E-12	4.46E-13
63721.40	7.90	1.49E-01	5.66E-03	2.11E-04	9.99E-06	4.77E-07	1.47E-08	3.25E-10	8.27E-12
		3.28E-02	8.99E-04	1.69E-05	2.88E-07	5.23E-09	1.43E-10	6.66E-12	4.46E-13
64528.00	8.00	1.50E-01	5.68E-03	2.11E-04	9.99E-06	4.77E-07	1.47E-08	3.25E-10	8.27E-12
		3.36E-02	9.16E-04	1.71E-05	2.90E-07	5.25E-09	1.43E-10	6.66E-12	4.46E-13
65334.60	8.10	1.50E-02	5.69E-02	2.12E-04	9.99E-06	4.77E-07	1.47E-08	3.25E-10	8.27E-12
		3.43E-02	9.31E-04	1.73E-05	2.92E-07	5.27E-09	1.43E-10	6.67E-12	4.46E-13
66141.20	8.20	1.51E-01	5.70E-04	2.12E-04	10.00E-06	4.77E-07	1.47E-08	3.25E-10	8.27E-12
		3.49E-02	9.44E-04	1.75E-05	2.94E-07	5.29E-09	1.44E-10	6.67E-12	4.46E-13
66947.80	8.30	1.52E-01	5.72E-03	2.12E-04	1.00E-05	4.77E-07	1.47E-08	3.25E-10	8.27E-12
		3.55E-02	9.56E-04	1.76E-05	2.96E-07	5.31E-09	1.44E-10	6.67E-12	4.46E-13
67754.40	8.40	1.52E-01	5.73E-03	2.12E-04	1.00E-05	4.77E-07	1.47E-08	3.25E-10	8.27E-12
		3.60E-02	9.66E-04	1.77E-05	2.97E-07	5.32E-09	1.44E-10	6.67E-12	4.46E-13
68561.00	8.50	1.53E-01	5.74E-03	2.13E-04	1.00E-05	4.78E-07	1.47E-08	3.25E-10	8.27E-12
		3.64E-02	9.76E-04	1.79E-05	2.98E-07	5.34E-09	1.44E-10	6.67E-12	4.46E-13
69367.60	8.60	1.53E-01	5.75E-03	2.12E-04	1.00E-05	4.78E-07	1.47E-08	3.25E-10	8.27E-12
		3.68E-02	9.84E-04	1.80E-05	3.00E-07	5.35E-09	1.44E-10	6.68E-12	4.46E-13
70174.20	8.70	1.54E-01	5.75E-03	2.13E-04	1.00E-05	4.78E-07	1.47E-08	3.25E-10	8.27E-12
		3.71E-02	9.91E-04	1.81E-05	3.01E-07	5.36E-09	1.44E-10	6.68E-12	4.46E-13
70980.80	8.80	1.54E-01	5.76E-03	2.13E-04	1.00E-05	4.78E-07	1.47E-08	3.25E-10	8.27E-12
		3.74E-02	9.98E-04	1.82E-05	3.02E-07	5.37E-09	1.44E-10	6.68E-12	4.46E-13
71787.40	8.90	1.54E-01	5.77E-03	2.13E-04	1.00E-05	4.78E-07	1.47E-08	3.26E-10	8.27E-12
		3.77E-02	1.00E-03	1.82E-05	3.02E-07	5.37E-09	1.44E-10	6.68E-12	4.46E-13

8.27E-12	3.26E-10	1.47E-08	4.78E-07	1.00E-05	2.13E-04	5.77E-03	1.54E-01	9.00	72594.00
4.47E-13	6.68E-12	1.45E-10	5.38E-09	3.03E-07	1.83E-05	1.01E-03	3.79E-02	9.10	73400.60
8.28E-12	3.26E-10	1.47E-08	4.78E-07	3.03E-05	2.13E-04	5.77E-03	1.54E-01	9.20	74207.20
4.47E-13	6.68E-12	1.45E-10	5.38E-09	1.00E-05	2.13E-04	1.01E-03	3.80E-02	9.30	75013.80
8.28E-12	3.26E-10	1.47E-08	4.78E-07	3.03E-07	1.83E-05	1.54E-01	3.81E-02	9.40	75820.40
4.47E-13	6.68E-12	1.45E-10	5.39E-09	1.00E-05	2.13E-04	5.78E-03	1.54E-01	9.50	76627.00
8.28E-13	3.26E-12	1.47E-08	4.79E-07	3.04E-07	1.84E-05	1.01E-03	3.82E-02	9.60	77433.60
4.47E-12	6.68E-10	1.45E-10	5.39E-09	1.00E-05	2.13E-04	5.78E-03	1.54E-01	9.70	78240.20
8.28E-12	3.26E-10	1.47E-08	4.79E-07	3.04E-07	1.84E-05	1.02E-03	3.82E-02	9.80	79046.80
4.47E-13	6.68E-12	1.45E-10	5.39E-09	1.00E-05	2.13E-04	5.78E-03	1.54E-01	9.90	79853.40
8.28E-12	3.26E-10	1.47E-08	4.79E-07	3.04E-07	1.84E-05	1.02E-03	3.82E-02	10.00	80660.00
4.47E-13	6.68E-12	1.45E-10	5.39E-09	3.00E-05	2.13E-04	5.78E-03	1.54E-01	10.10	81466.60
8.28E-13	3.26E-10	1.47E-08	4.80E-07	3.04E-07	1.84E-05	1.02E-03	3.82E-02	10.20	82273.20
4.47E-13	6.68E-12	1.45E-10	5.39E-09	1.00E-05	2.13E-04	5.78E-03	1.54E-01	10.30	83079.80
8.28E-12	3.26E-10	1.47E-08	4.80E-07	3.04E-07	1.84E-05	1.02E-03	3.82E-02	10.40	83886.40
4.47E-13	6.68E-12	1.45E-10	5.39E-09	1.00E-05	2.13E-04	5.78E-03	1.54E-01	10.50	84693.00
8.28E-12	3.26E-12	1.47E-08	4.80E-07	3.04E-07	1.84E-05	1.02E-03	3.82E-02	10.60	85499.60
4.47E-13	6.68E-10	1.45E-10	5.39E-09	1.01E-05	2.13E-04	5.78E-03	1.55E-01	10.70	86306.20
8.28E-12	3.26E-10	1.47E-08	4.80E-07	3.04E-07	1.84E-05	1.02E-03	3.82E-02	11.00	88726.00
4.47E-13	6.68E-12	1.45E-10	5.39E-09	1.01E-05	2.13E-04	5.78E-03	1.55E-01	11.25	90742.50
8.28E-13	3.26E-10	1.47E-08	4.80E-07	3.04E-07	1.84E-05	1.02E-03	3.82E-02	11.50	92759.00
4.47E-12	6.68E-12	1.47E-08	4.81E-07	1.01E-05	2.13E-04	5.78E-03	1.55E-01	11.75	94775.50
8.52E-13	3.29E-12	1.45E-10	5.53E-09	3.05E-07	1.84E-05	1.02E-03	3.82E-02	12.00	96792.00
6.83E-13	9.03E-12	1.66E-08	4.81E-07	1.01E-05	2.13E-04	5.78E-03	1.55E-01	12.25	98808.50
8.25E-13	3.30E-10	1.79E-10	5.61E-09	3.05E-07	1.84E-05	1.02E-03	3.83E-02	12.50	100825.00

PARTIAL PLANCK MEAN ABSORPTION COEFFICIENTS FOR HEATED AIR: 6000° K

Wave Number (cm⁻¹)	Photon Energy (eV)	Density × Normal							
		1.0E 01	1.0E 00	1.0E-01	1.0E-03	10.0E-04	10.0E-05	10.0E-06	10.0E-07
102841.50	12.75	1.55E-01	5.78E-03	2.13E-04	1.01E-05	4.82E-07	1.49E-08	3.39E-10	9.59E-12
		3.83E-02	1.02E-03	1.84E-05	3.07E-07	6.16E-09	2.63E-10	1.97E-11	1.75E-12
104858.00	13.00	1.55E-01	5.78E-03	2.13E-04	1.01E-05	4.82E-07	1.49E-08	3.40E-10	9.69E-12
		3.83E-02	1.02E-03	1.84E-05	3.07E-07	6.22E-09	2.72E-10	2.07E-11	1.85E-12
106874.50	13.25	1.55E-01	5.78E-03	2.13E-04	1.01E-05	4.82E-07	1.49E-08	3.41E-10	9.76E-12
		3.83E-02	1.02E-03	1.84E-05	3.08E-07	6.26E-09	2.78E-10	2.18E-11	1.92E-12
108891.00	13.50	1.55E-01	5.78E-03	2.13E-04	1.01E-05	4.82E-07	1.49E-08	3.41E-10	9.80E-12
		3.83E-02	1.02E-03	1.84E-05	3.08E-07	6.28E-09	2.82E-10	2.18E-11	1.96E-12
110907.50	13.75	1.55E-01	5.78E-03	2.13E-04	1.01E-05	4.82E-07	1.49E-08	3.43E-10	1.00E-11
		3.83E-02	1.02E-03	1.84E-05	3.10E-07	6.48E-09	3.03E-10	2.38E-11	2.17E-12
112924.00	14.00	1.55E-01	5.78E-03	2.13E-04	1.01E-05	4.82E-07	1.49E-08	3.45E-10	1.01E-11
		3.83E-02	1.02E-03	1.84E-05	3.11E-07	6.61E-09	3.16E-10	2.52E-11	2.31E-12
114940.50	14.25	1.55E-01	5.78E-03	2.13E-04	1.01E-05	4.82E-07	1.49E-08	3.46E-10	1.02E-11
		3.83E-02	1.02E-03	1.84E-05	3.12E-07	6.70E-09	3.26E-10	2.62E-11	2.41E-12
116957.00	14.50	1.55E-01	5.78E-03	2.13E-04	1.01E-05	4.82E-07	1.50E-08	3.46E-10	1.02E-12
		3.83E-02	1.02E-03	1.84E-05	3.13E-07	6.76E-09	3.33E-10	2.69E-11	2.47E-12
118973.50	14.75	1.55E-01	5.79E-03	2.13E-04	1.01E-05	4.82E-07	1.50E-08	3.49E-10	1.06E-11
		3.83E-02	1.02E-03	1.84E-05	3.14E-07	6.93E-09	3.57E-10	2.96E-11	2.74E-12
120990.00	15.00	1.55E-01	5.79E-03	2.13E-04	1.01E-05	4.82E-07	1.50E-08	3.51E-10	1.08E-12
		3.83E-02	1.02E-03	1.84E-05	3.15E-07	7.05E-09	3.74E-10	3.13E-11	2.92E-12
123006.50	15.25	1.55E-01	5.79E-03	2.13E-04	1.01E-05	4.83E-07	1.50E-08	3.52E-10	1.09E-11
		3.83E-02	1.02E-03	1.84E-05	3.15E-07	7.12E-09	3.85E-10	3.25E-11	3.04E-12
125023.00	15.50	1.55E-01	5.79E-03	2.13E-04	1.01E-05	4.83E-07	1.50E-08	3.53E-10	1.10E-11
		3.83E-02	1.02E-03	1.84E-05	3.15E-07	7.17E-09	3.92E-10	3.33E-11	3.12E-12
127039.50	15.75	1.55E-01	5.79E-03	2.13E-04	1.01E-05	4.83E-07	1.50E-08	3.53E-10	1.10E-11
		3.83E-02	1.02E-03	1.84E-05	3.16E-07	7.20E-09	3.96E-10	3.38E-11	3.17E-12
129056.00	16.00	1.55E-01	5.79E-03	2.13E-04	1.01E-05	4.83E-07	1.50E-08	3.54E-10	1.10E-11
		3.83E-02	1.02E-03	1.85E-05	3.16E-07	7.23E-09	3.99E-10	3.41E-11	3.20E-12
131072.50	16.25	1.55E-01	5.79E-03	2.13E-04	1.01E-05	4.83E-07	1.50E-08	3.54E-10	1.11E-11
		3.83E-02	1.02E-03	1.85E-05	3.16E-07	7.24E-09	4.01E-10	3.43E-11	3.22E-12
133089.00	16.50	1.55E-01	5.79E-03	2.13E-04	1.01E-05	4.83E-07	1.50E-08	3.54E-10	1.11E-11
		3.83E-02	1.02E-03	1.85E-05	3.16E-07	7.24E-09	4.03E-10	3.43E-11	3.22E-12
135105.50	16.75	1.55E-01	5.79E-03	2.13E-04	1.01E-05	4.83E-07	1.50E-08	3.54E-10	1.11E-11
		3.83E-02	1.02E-03	1.85E-05	3.16E-07	7.25E-09	4.03E-10	3.45E-11	3.23E-12
137122.00	17.00	1.55E-01	5.79E-03	2.13E-04	1.01E-05	4.83E-07	1.50E-08	3.54E-10	1.11E-11
		3.83E-02	1.02E-03	1.85E-05	3.16E-07	7.25E-09	4.04E-10	3.46E-11	3.24E-12
139138.50	17.25	1.55E-01	5.79E-03	2.13E-04	1.01E-05	4.83E-07	1.50E-08	3.54E-10	1.11E-11
		3.83E-02	1.02E-03	1.85E-05	3.16E-07	7.26E-09	4.04E-10	3.46E-11	3.25E-12
141155.00	17.50	1.55E-01	5.79E-03	2.13E-04	1.01E-05	4.83E-07	1.50E-08	3.54E-10	1.11E-11
		3.83E-02	1.02E-03	1.85E-05	3.16E-07	7.26E-09	4.04E-10	3.46E-11	3.25E-12
143171.50	17.75	1.55E-01	5.79E-03	2.13E-04	1.01E-05	4.83E-07	1.50E-08	3.54E-10	1.11E-11
		3.83E-02	1.02E-03	1.85E-05	3.16E-07	7.26E-09	4.05E-10	3.54E-11	3.25E-12
145188.00	18.00	1.55E-01	5.79E-03	2.13E-04	1.01E-05	4.83E-07	1.50E-08	3.54E-10	1.11E-11
		3.83E-02	1.02E-03	1.85E-05	3.16E-07	7.26E-09	4.05E-10	3.47E-11	3.26E-12

PARTIAL PLANCK MEAN ABSORPTION COEFFICIENTS FOR HEATED AIR: 7000° K

Wave Number (cm⁻¹)	Photon Energy (eV)	Density × Normal							
		1.0E 01	1.0E 00	1.0E-01	10.0E-03	10.0E-04	10.0E-05	10.0E-06	10.0E-07
4839.60	0.60	1.28E-04	4.55E-06	1.60E-07	6.99E-09	5.12E-10	4.86E-11	4.77E-12	4.58E-13
		6.37E-05	1.99E-06	7.58E-08	4.78E-09	4.77E-10	4.82E-11	4.77E-12	4.58E-13
5646.20	0.70	2.80E-04	1.38E-05	7.92E-07	3.91E-08	1.57E-09	1.07E-10	9.95E-12	9.49E-13
		6.97E-04	3.78E-06	1.44E-07	9.59E-09	9.85E-10	1.00E-10	9.89E-12	9.48E-13
6452.80	0.80	1.88E-04	5.37E-05	3.34E-06	1.56E-07	4.56E-09	1.88E-10	1.55E-11	1.46E-12
		1.60E-03	6.79E-06	2.14E-07	1.56E-08	1.51E-09	1.54E-10	1.55E-11	1.52E-12
7259.40	0.90	2.51E-04	1.29E-04	9.86E-06	4.93E-07	1.18E-08	3.33E-10	2.34E-11	2.15E-12
		2.94E-03	8.08E-06	2.79E-07	2.16E-08	2.20E-09	2.25E-10	2.23E-11	2.14E-12
8066.00	1.00	3.16E-04	2.52E-04	1.97E-05	9.82E-07	2.23E-08	5.15E-10	3.14E-11	2.83E-12
		4.48E-03	9.23E-06	3.38E-07	2.73E-08	2.88E-09	2.96E-10	2.93E-11	2.81E-12
8872.60	1.10	3.82E-04	3.96E-04	3.11E-05	1.55E-06	3.44E-08	7.10E-10	3.91E-11	3.46E-12
		6.82E-03	1.03E-05	3.90E-07	3.26E-08	3.50E-09	3.60E-10	3.57E-11	3.42E-12
9679.20	1.20	4.49E-04	6.15E-04	4.87E-05	2.43E-06	5.26E-08	9.69E-10	4.70E-11	4.01E-12
		9.08E-03	1.12E-05	4.38E-07	3.74E-08	4.08E-09	4.20E-10	4.16E-11	3.96E-12
10485.80	1.30	5.18E-04	8.26E-04	6.56E-05	3.27E-06	7.01E-08	1.21E-09	5.39E-11	4.51E-12
		1.26E-02	1.22E-05	4.78E-07	4.15E-08	4.56E-09	4.70E-10	4.66E-11	4.44E-12
11292.40	1.40	5.88E-04	1.15E-03	9.18E-05	4.57E-06	9.69E-08	1.55E-09	6.07E-11	4.90E-12
		1.64E-02	3.20E-05	5.10E-07	4.47E-08	4.94E-09	5.09E-10	5.04E-11	4.81E-12
12099.00	1.50	1.36E-03	1.47E-03	1.16E-04	5.75E-06	1.22E-07	1.86E-09	6.66E-11	5.22E-12
		2.06E-02	7.58E-05	1.82E-06	5.71E-08	5.42E-09	5.52E-10	5.36E-11	5.10E-12
12905.60	1.60	3.01E-03	1.76E-03	1.36E-04	6.74E-06	1.42E-07	2.15E-09	7.43E-11	5.74E-12
		2.63E-02	1.28E-04	2.89E-06	7.90E-08	6.67E-09	6.17E-10	5.91E-11	5.60E-12
13712.20	1.70	7.58E-03	2.17E-03	1.66E-04	8.20E-06	1.72E-07	2.54E-09	8.29E-11	6.25E-12
		3.16E-02	1.84E-04	4.02E-06	1.04E-07	7.72E-09	6.84E-10	6.45E-11	6.08E-12
14518.80	1.80	9.25E-03	2.53E-03	1.92E-04	9.43E-06	1.98E-07	2.88E-09	9.05E-11	6.70E-12
		3.48E-02	2.42E-04	5.19E-06	1.30E-07	8.74E-09	7.45E-10	6.94E-11	6.51E-12
15325.40	1.90	1.02E-02	2.94E-03	2.22E-04	1.09E-05	2.28E-07	3.27E-09	9.80E-11	7.10E-12
		3.75E-02	2.94E-04	6.39E-06	1.56E-07	9.72E-09	8.02E-10	7.36E-11	6.88E-12
16132.00	2.00	4.11E-02	3.13E-03	2.33E-04	1.14E-05	2.39E-07	3.44E-09	1.03E-10	7.44E-12
		1.15E-02	3.29E-04	7.60E-06	1.83E-07	1.07E-08	8.54E-10	7.75E-11	7.20E-12
16938.60	2.10	4.43E-02	3.29E-03	2.42E-04	1.18E-05	2.48E-07	3.57E-09	1.07E-10	7.73E-12
		1.38E-02	3.48E-04	8.79E-06	2.10E-07	1.16E-08	9.02E-10	8.08E-11	7.49E-12
17745.20	2.20	4.70E-02	3.40E-03	2.47E-04	1.20E-05	2.53E-07	3.66E-09	1.11E-10	7.97E-12
		1.60E-02	4.21E-04	9.94E-06	2.35E-07	1.25E-08	9.45E-10	8.38E-11	7.73E-12
18551.80	2.30	4.95E-02	3.48E-03	2.50E-04	1.22E-05	2.56E-07	3.72E-09	1.13E-10	8.37E-12
		1.81E-02	4.78E-04	1.11E-05	2.60E-07	1.33E-08	9.83E-10	8.62E-11	7.92E-12
19358.40	2.40	5.16E-02	3.54E-03	2.52E-04	1.22E-05	2.58E-07	3.80E-09	1.17E-10	8.52E-12
		2.02E-02	5.34E-04	1.21E-05	2.84E-07	1.40E-08	1.02E-09	8.83E-11	8.09E-12
20165.00	2.50	5.36E-02	3.62E-03	2.53E-04	1.23E-05	2.59E-07	3.85E-09	1.19E-10	8.66E-12
		2.22E-02	5.87E-04	1.31E-05	3.06E-07	1.47E-08	1.05E-09	9.00E-11	8.21E-12
20971.60	2.60	5.56E-02	3.65E-03	2.54E-04	1.23E-05	2.61E-07	3.92E-09	1.22E-10	8.80E-12
		2.41E-02	6.38E-04	1.41E-05	3.29E-07	1.54E-08	1.07E-09	9.15E-11	8.32E-12
21778.20	2.70	5.78E-02	3.71E-03	2.56E-04	1.25E-05	2.72E-07	4.35E-09	1.37E-10	9.25E-12
		2.59E-02	6.86E-04	1.51E-05	3.50E-07	1.61E-08	1.11E-09	9.41E-11	8.54E-12

PARTIAL PLANCK MEAN ABSORPTION COEFFICIENTS FOR HEATED AIR: 7000° K

Wave Number (cm⁻¹)	Photon Energy (eV)	Density × Normal							
		1.0E 01	1.0E 00	1.0E-01	10.0E-03	10.0E-04	10.0E-05	10.0E-06	10.0E-07
22584.80	2.80	6.01E-02	3.77E-03	2.57E-04	1.25E-05	2.77E-07	4.52E-09	1.44E-10	9.62E-12
		2.76E-02	7.31E-04	1.50E-05	3.70E-07	1.68E-08	1.15E-09	9.70E-11	8.78E-12
23391.40	2.90	6.25E-02	3.84E-03	2.60E-04	1.28E-05	2.94E-07	5.14E-09	1.65E-10	1.04E-11
		2.92E-02	7.74E-04	1.59E-05	3.89E-07	1.75E-08	1.19E-09	9.96E-11	1.00E-12
24198.00	3.00	6.51E-02	3.92E-03	2.63E-04	1.31E-05	3.13E-07	5.84E-09	1.88E-10	1.12E-12
		3.07E-02	8.14E-04	1.67E-05	4.07E-07	1.81E-08	1.22E-09	1.02E-10	9.19E-12
25004.60	3.10	6.79E-02	4.00E-03	2.65E-04	1.32E-05	3.18E-07	6.00E-09	1.94E-10	1.15E-11
		3.21E-02	8.51E-04	1.74E-05	4.23E-07	1.87E-08	1.25E-09	1.04E-10	9.35E-12
25811.20	3.20	7.07E-02	4.09E-03	2.71E-04	1.40E-05	3.76E-07	8.10E-09	2.61E-10	1.36E-11
		3.34E-02	8.86E-04	1.81E-05	4.38E-07	1.92E-08	1.27E-09	1.05E-10	9.49E-12
26617.80	3.30	7.35E-02	4.18E-03	2.78E-04	1.43E-05	3.92E-07	8.66E-09	2.79E-10	1.42E-11
		3.46E-02	9.18E-04	1.88E-05	4.52E-07	1.96E-08	1.29E-09	1.07E-10	9.61E-12
27424.40	3.40	7.67E-02	4.28E-03	2.85E-04	1.44E-05	3.96E-07	8.76E-09	2.82E-10	1.43E-11
		3.57E-02	9.48E-04	1.94E-05	4.65E-07	2.00E-08	1.31E-09	1.08E-10	9.71E-12
28231.00	3.50	8.07E-02	4.42E-03	2.90E-04	1.51E-05	4.38E-07	1.02E-08	3.29E-10	1.57E-11
		3.75E-02	9.95E-04	2.03E-05	4.85E-07	2.06E-08	1.34E-09	1.09E-10	9.80E-12
29037.60	3.60	8.50E-02	4.55E-03	2.90E-04	1.54E-05	4.49E-07	1.06E-08	3.39E-10	1.61E-11
		3.93E-02	1.04E-03	2.13E-05	5.05E-07	2.12E-08	1.36E-09	1.11E-10	9.87E-12
29844.20	3.70	8.94E-02	4.70E-03	2.96E-04	1.56E-05	4.54E-07	1.07E-08	3.42E-10	1.62E-11
		4.10E-02	1.09E-03	2.22E-05	5.25E-07	2.18E-08	1.38E-09	1.12E-10	9.93E-12
30650.80	3.80	9.41E-02	4.84E-03	3.01E-04	1.58E-05	4.64E-07	1.10E-08	3.51E-10	1.65E-11
		4.27E-02	1.13E-03	2.31E-05	5.43E-07	2.23E-08	1.40E-09	1.12E-10	9.99E-12
31457.40	3.90	9.84E-02	4.98E-03	3.05E-04	1.60E-05	4.67E-07	1.10E-08	3.52E-10	1.66E-11
		4.42E-02	1.17E-03	2.39E-05	5.60E-07	2.28E-08	1.42E-09	1.13E-10	1.00E-11
32264.00	4.00	1.03E-01	5.14E-03	3.11E-04	1.62E-05	4.71E-07	1.11E-08	3.54E-10	1.66E-11
		4.55E-02	1.21E-03	2.47E-05	5.76E-07	2.32E-08	1.43E-09	1.14E-10	1.01E-11
33070.60	4.10	1.08E-01	5.28E-03	3.15E-04	1.63E-05	4.73E-07	1.11E-08	3.55E-10	1.67E-11
		4.68E-02	1.24E-03	2.53E-05	5.90E-07	2.36E-08	1.45E-09	1.15E-10	1.02E-11
33877.20	4.20	1.14E-01	5.47E-03	3.21E-04	1.65E-05	4.76E-07	1.12E-08	3.56E-10	1.68E-11
		4.79E-02	1.28E-03	2.59E-05	6.03E-07	2.40E-08	1.47E-09	1.16E-10	1.02E-11
34683.80	4.30	1.20E-01	5.65E-03	3.26E-04	1.66E-05	4.78E-07	1.12E-08	3.57E-10	1.68E-11
		4.89E-02	1.30E-03	2.65E-05	6.15E-07	2.45E-08	1.49E-09	1.17E-10	1.03E-11
35490.40	4.40	1.27E-01	5.87E-03	3.32E-04	1.67E-05	4.80E-07	1.12E-08	3.59E-10	1.70E-11
		4.98E-02	1.33E-03	2.70E-05	6.26E-07	2.49E-08	1.51E-09	1.19E-10	1.04E-11
36297.00	4.50	1.34E-01	6.10E-03	3.38E-04	1.69E-05	4.83E-07	1.13E-08	3.60E-10	1.71E-11
		5.07E-02	1.35E-03	2.75E-05	6.37E-07	2.53E-08	1.53E-09	1.21E-10	1.06E-11
37103.60	4.60	1.43E-01	6.39E-03	3.46E-04	1.70E-05	4.85E-07	1.13E-08	3.62E-10	1.72E-11
		5.14E-02	1.37E-03	2.79E-05	6.46E-07	2.56E-08	1.55E-09	1.22E-10	1.07E-11
37910.20	4.70	1.51E-01	6.65E-03	3.53E-04	1.72E-05	4.88E-07	1.14E-08	3.63E-10	1.73E-11
		5.21E-02	1.39E-03	2.82E-05	6.54E-07	2.59E-08	1.57E-09	1.22E-10	1.08E-11
38716.80	4.80	1.59E-01	6.93E-03	3.61E-04	1.74E-05	4.91E-07	1.14E-08	3.65E-10	1.74E-11
		5.27E-02	1.40E-03	2.86E-05	6.61E-07	2.61E-08	1.58E-09	1.23E-10	1.09E-11
39523.40	4.90	1.67E-01	7.20E-03	3.69E-04	1.76E-05	4.93E-07	1.14E-08	3.66E-10	1.75E-11
		5.32E-02	1.42E-03	2.88E-05	6.68E-07	2.64E-08	1.59E-09	1.24E-10	1.09E-11

Numerical data table (values printed rotated 90°). Columns: energy, x, and eight pairs of tabulated values.

Energy	x																
40330.00	5.00	1.75E-01	5.37E-02	7.47E-03	1.43E-03	3.77E-04	2.91E-05	1.77E-05	6.74E-07	4.96E-07	2.66E-08	1.15E-08	1.60E-09	3.67E-10	1.25E-10	1.75E-11	1.10E-11
41136.60	5.10	1.83E-01	5.41E-02	7.76E-03	1.44E-03	3.85E-04	2.93E-05	1.79E-05	6.79E-07	4.98E-07	2.68E-08	1.15E-08	1.61E-09	3.68E-10	1.26E-10	1.76E-11	1.11E-11
41943.20	5.20	1.89E-01	5.45E-02	7.97E-03	1.45E-03	3.91E-04	2.95E-05	1.80E-05	6.83E-07	5.00E-07	2.69E-08	1.15E-08	1.62E-09	3.68E-10	1.26E-10	1.76E-11	1.11E-11
42749.80	5.30	1.99E-01	5.48E-02	8.29E-03	1.46E-03	4.00E-04	2.97E-05	1.82E-05	6.87E-07	5.03E-07	2.71E-08	1.16E-08	1.63E-09	3.69E-10	1.27E-10	1.77E-11	1.11E-11
43556.40	5.40	2.06E-01	5.51E-02	8.49E-03	1.47E-03	4.05E-04	2.99E-05	1.84E-05	6.91E-07	5.05E-07	2.72E-08	1.16E-08	1.64E-09	3.70E-10	1.27E-10	1.77E-11	1.12E-11
44363.00	5.50	2.14E-01	5.54E-02	8.78E-03	1.48E-03	4.13E-04	3.00E-05	1.85E-05	6.94E-07	5.08E-07	2.73E-08	1.16E-08	1.64E-09	3.71E-10	1.28E-10	1.78E-11	1.12E-11
45169.60	5.60	2.21E-01	5.56E-02	9.03E-03	1.48E-03	4.20E-04	3.02E-05	1.87E-05	6.97E-07	5.10E-07	2.74E-08	1.17E-08	1.65E-09	3.71E-10	1.28E-10	1.78E-11	1.13E-11
45976.20	5.70	2.26E-01	5.58E-02	9.17E-03	1.49E-03	4.24E-04	3.03E-05	1.88E-05	7.00E-07	5.11E-07	2.75E-08	1.17E-08	1.65E-09	3.72E-10	1.28E-10	1.78E-11	1.13E-11
46782.80	5.80	2.30E-01	5.60E-02	9.31E-03	1.50E-03	4.28E-04	3.04E-05	1.89E-05	7.03E-07	5.13E-07	2.76E-08	1.17E-08	1.66E-09	3.72E-10	1.29E-10	1.79E-11	1.13E-11
47589.40	5.90	2.33E-01	5.62E-02	9.43E-03	1.50E-03	4.31E-04	3.05E-05	1.89E-05	7.05E-07	5.14E-07	2.77E-08	1.17E-08	1.66E-09	3.72E-10	1.29E-10	1.79E-11	1.13E-11
48396.00	6.00	2.36E-01	5.64E-02	9.51E-03	1.51E-03	4.34E-04	3.06E-05	1.90E-05	7.07E-07	5.14E-07	2.77E-08	1.17E-08	1.67E-09	3.73E-10	1.29E-10	1.79E-11	1.13E-11
49202.60	6.10	2.42E-01	5.66E-02	9.73E-03	1.51E-03	4.40E-04	3.07E-05	1.91E-05	7.09E-07	5.17E-07	2.78E-08	1.18E-08	1.67E-09	3.73E-10	1.29E-10	1.79E-11	1.14E-11
50009.20	6.20	2.44E-01	5.67E-02	9.83E-03	1.51E-03	4.43E-04	3.08E-05	1.92E-05	7.10E-07	5.18E-07	2.78E-08	1.18E-08	1.67E-09	3.73E-10	1.30E-10	1.79E-11	1.14E-11
50815.80	6.30	2.46E-01	5.68E-02	9.89E-03	1.52E-03	4.45E-04	3.09E-05	1.92E-05	7.12E-07	5.18E-07	2.79E-08	1.18E-08	1.67E-09	3.74E-10	1.30E-10	1.79E-11	1.14E-11
51622.40	6.40	2.49E-01	5.69E-02	1.00E-02	1.52E-03	4.48E-04	3.09E-05	1.93E-05	7.13E-07	5.19E-07	2.79E-08	1.18E-08	1.67E-09	3.74E-10	1.30E-10	1.80E-11	1.14E-11
52429.00	6.50	2.51E-01	5.70E-02	1.01E-02	1.52E-03	4.51E-04	3.10E-05	1.94E-05	7.14E-07	5.20E-07	2.80E-08	1.18E-08	1.68E-09	3.74E-10	1.30E-10	1.80E-11	1.14E-11
53235.60	6.60	2.53E-01	5.71E-02	1.01E-02	1.53E-03	4.54E-04	3.10E-05	1.95E-05	7.15E-07	5.21E-07	2.80E-08	1.18E-08	1.68E-09	3.74E-10	1.30E-10	1.80E-11	1.14E-11
54042.20	6.70	2.54E-01	5.72E-02	1.02E-02	1.53E-03	4.55E-04	3.11E-05	1.95E-05	7.16E-07	5.21E-07	2.81E-08	1.18E-08	1.68E-09	3.74E-10	1.30E-10	1.80E-11	1.14E-11
54848.80	6.80	2.54E-01	5.73E-02	1.02E-02	1.53E-03	4.55E-04	3.11E-05	1.95E-05	7.17E-07	5.22E-07	2.81E-08	1.18E-08	1.68E-09	3.75E-10	1.30E-10	1.80E-11	1.14E-11
55655.40	6.90	2.55E-01	5.98E-02	1.02E-02	1.57E-03	4.56E-04	3.16E-05	1.95E-05	7.23E-07	5.22E-07	2.82E-08	1.18E-08	1.68E-09	3.75E-10	1.30E-10	1.80E-11	1.14E-11
56462.00	7.00	2.60E-01	6.22E-02	1.03E-02	1.61E-03	4.57E-04	3.20E-05	1.95E-05	7.28E-07	5.23E-07	2.82E-08	1.18E-08	1.68E-09	3.75E-10	1.31E-10	1.80E-11	1.14E-11
57268.60	7.10	2.64E-01	6.44E-02	1.04E-02	1.65E-03	4.58E-04	3.25E-05	1.96E-05	7.33E-07	5.23E-07	2.83E-08	1.18E-08	1.68E-09	3.75E-10	1.31E-10	1.80E-11	1.15E-11
58075.20	7.20	2.64E-01	6.65E-02	1.04E-02	1.68E-03	4.58E-04	3.29E-05	1.96E-05	7.37E-07	5.23E-07	2.83E-08	1.18E-08	1.68E-09	3.75E-10	1.31E-10	1.80E-11	1.15E-11
58881.80	7.30																
59688.40	7.40																

PARTIAL PLANCK MEAN ABSORPTION COEFFICIENTS FOR HEATED AIR: 7000° K

Wave Number (cm⁻¹)	Photon Energy (eV)	Density × Normal							
		1.0E 01	1.0E 00	1.0E-01	10.0E-03	10.0E-04	10.0E-05	10.0E-06	10.0E-07
60495.00	7.50	2.66E-01	1.04E-02	4.59E-04	1.96E-05	5.24E-07	1.18E-08	3.75E-10	1.80E-11
		6.84E-02	1.71E-03	3.32E-05	7.41E-07	2.84E-08	1.69E-09	1.31E-10	1.15E-11
61301.60	7.60	2.68E-01	1.05E-02	4.60E-04	1.96E-05	5.24E-07	1.18E-08	3.75E-10	1.80E-11
		7.03E-02	1.74E-03	3.36E-05	7.45E-07	2.84E-08	1.69E-08	1.31E-10	1.15E-11
62108.20	7.70	2.70E-01	1.05E-02	4.60E-04	1.96E-05	5.24E-07	1.18E-08	3.75E-10	1.80E-11
		7.20E-02	1.77E-03	3.39E-05	7.48E-07	2.85E-08	1.69E-09	1.31E-10	1.15E-11
62914.80	7.80	2.72E-01	1.06E-02	4.61E-04	1.96E-05	5.24E-07	1.18E-08	3.75E-10	1.80E-11
		7.36E-02	1.79E-03	3.42E-05	7.52E-07	2.85E-08	1.69E-09	1.31E-10	1.15E-11
63721.40	7.90	2.73E-01	1.05E-02	4.61E-04	1.96E-05	5.24E-07	1.18E-08	3.75E-10	1.80E-11
		7.51E-02	1.82E-03	3.45E-05	7.55E-07	2.86E-08	1.69E-09	1.31E-10	1.15E-11
64528.00	8.00	2.74E-01	1.06E-02	4.62E-04	1.97E-05	5.25E-07	1.18E-08	3.75E-10	1.80E-11
		7.65E-02	1.84E-03	3.47E-05	7.58E-07	2.86E-08	1.69E-09	1.31E-10	1.15E-11
65334.60	8.10	2.76E-01	1.06E-02	4.62E-04	1.97E-05	5.25E-07	1.19E-08	3.75E-10	1.80E-11
		7.78E-02	1.86E-03	3.50E-05	7.60E-07	2.86E-08	1.69E-09	1.31E-10	1.15E-11
66141.20	8.20	2.77E-01	1.06E-02	4.63E-04	1.97E-05	5.25E-07	1.19E-08	3.75E-10	1.80E-11
		7.89E-02	1.88E-03	3.52E-05	7.62E-07	2.86E-08	1.69E-09	1.31E-10	1.15E-11
66947.80	8.30	2.78E-01	1.06E-02	4.63E-04	1.97E-05	5.26E-07	1.19E-08	3.75E-10	1.80E-11
		8.00E-02	1.90E-03	3.54E-05	7.64E-07	2.86E-08	1.69E-09	1.31E-10	1.15E-11
67754.40	8.40	2.79E-01	1.07E-02	4.63E-04	1.97E-05	5.26E-07	1.19E-08	3.75E-10	1.80E-11
		8.09E-02	1.91E-03	3.56E-05	7.66E-07	2.87E-08	1.69E-09	1.31E-10	1.15E-11
68561.00	8.50	2.80E-01	1.07E-02	4.64E-04	1.97E-05	5.26E-07	1.19E-08	3.75E-10	1.80E-11
		8.18E-02	1.93E-03	3.57E-05	7.68E-07	2.87E-08	1.69E-09	1.31E-10	1.15E-11
69367.60	8.60	2.81E-01	1.07E-02	4.64E-04	1.97E-05	5.27E-07	1.19E-08	3.76E-10	1.80E-11
		8.26E-02	1.94E-03	3.59E-05	7.70E-07	2.87E-08	1.69E-09	1.31E-10	1.15E-11
70174.20	8.70	2.81E-01	1.07E-02	4.65E-04	1.98E-05	5.27E-07	1.19E-08	3.76E-10	1.80E-11
		8.33E-02	1.95E-03	3.60E-05	7.71E-07	2.87E-08	1.69E-09	1.31E-10	1.15E-11
70980.80	8.80	2.82E-01	1.07E-02	4.65E-04	1.98E-05	5.27E-07	1.19E-08	3.76E-10	1.80E-11
		8.39E-02	1.96E-03	3.61E-05	7.72E-07	2.87E-08	1.69E-09	1.31E-10	1.15E-11
71787.40	8.90	2.83E-01	1.07E-02	4.66E-04	1.98E-05	5.27E-07	1.19E-08	3.76E-10	1.80E-11
		8.45E-02	1.97E-03	3.62E-05	7.73E-07	2.87E-08	1.69E-09	1.31E-10	1.15E-11
72594.00	9.00	2.83E-01	1.07E-02	4.66E-04	1.98E-05	5.28E-07	1.19E-08	3.76E-10	1.80E-11
		8.49E-02	1.98E-03	3.63E-05	7.74E-07	2.87E-08	1.69E-09	1.31E-10	1.15E-11
73400.60	9.10	2.84E-01	1.08E-02	4.66E-04	1.98E-05	5.28E-07	1.19E-08	3.76E-10	1.80E-11
		8.52E-02	1.98E-03	3.64E-05	7.75E-07	2.88E-08	1.69E-09	1.31E-10	1.15E-11
74207.20	9.20	2.84E-01	1.08E-02	4.67E-04	1.98E-05	5.29E-07	1.19E-08	3.76E-10	1.80E-11
		8.54E-02	1.98E-03	3.64E-05	7.75E-07	2.88E-08	1.69E-09	1.31E-10	1.15E-11
75013.80	9.30	2.84E-01	1.08E-02	4.67E-04	1.99E-05	5.29E-07	1.19E-08	3.76E-10	1.80E-11
		8.56E-02	1.99E-03	3.64E-05	7.76E-07	2.88E-08	1.69E-09	1.31E-10	1.15E-11
75820.40	9.40	2.84E-01	1.08E-02	4.68E-04	1.99E-05	5.29E-07	1.19E-08	3.76E-10	1.80E-11
		8.57E-02	1.99E-03	3.65E-05	7.76E-07	2.88E-08	1.69E-09	1.31E-10	1.15E-11
76627.00	9.50	2.84E-01	1.08E-02	4.68E-04	1.99E-05	5.30E-07	1.19E-08	3.76E-10	1.80E-11
		8.58E-02	1.99E-03	3.65E-05	7.76E-07	2.88E-08	1.69E-09	1.31E-10	1.15E-11
77433.60	9.60	2.84E-01	1.08E-02	4.68E-04	1.99E-05	5.30E-07	1.19E-08	3.76E-10	1.80E-11
		8.58E-02	1.99E-03	3.65E-05	7.76E-07	2.88E-08	1.69E-09	1.31E-10	1.15E-11

	Block 1		Block 2		Block 3		Block 4		Block 5		Block 6		Block 7		Block 8		x	N
1	1.80E-11	1.15E-11	3.76E-10	1.31E-10	1.19E-08	1.69E-09	5.30E-07	2.88E-08	1.99E-05	7.76E-07	4.69E-04	3.65E-05	1.08E-02	1.99E-03	2.84E-01	8.58E-02	9.70	78240.20
2	1.80E-11	1.15E-11	3.76E-10	1.31E-10	1.19E-08	1.69E-09	5.31E-07	2.88E-08	2.00E-05	7.76E-07	4.69E-04	3.65E-05	1.08E-02	1.99E-03	2.85E-01	8.58E-02	9.80	79046.80
3	1.80E-11	1.15E-11	3.76E-10	1.31E-10	1.19E-08	1.69E-09	5.31E-07	2.88E-08	2.00E-05	7.76E-07	4.70E-04	3.65E-05	1.08E-02	1.99E-03	2.85E-01	8.58E-02	9.90	79853.40
4	1.80E-11	1.15E-11	3.76E-10	1.31E-10	1.19E-08	1.69E-09	5.32E-07	2.88E-08	2.00E-05	7.76E-07	4.70E-04	3.65E-05	1.08E-02	1.99E-03	2.85E-01	8.58E-02	10.00	80660.00
5	1.80E-11	1.15E-11	3.76E-10	1.31E-10	1.19E-08	1.69E-09	5.32E-07	2.88E-08	2.00E-05	7.76E-07	4.70E-04	3.65E-05	1.08E-02	1.99E-03	2.85E-01	8.58E-02	10.10	81466.60
6	1.15E-11	1.80E-11	3.76E-10	1.31E-10	1.19E-08	1.69E-09	5.33E-07	2.88E-08	2.00E-05	7.76E-07	4.71E-04	3.65E-05	1.08E-02	1.99E-03	2.85E-01	8.58E-02	10.20	82273.20
7	1.15E-11	1.80E-11	3.76E-10	1.31E-10	1.19E-08	1.69E-09	5.33E-07	2.88E-08	2.00E-05	7.76E-07	4.71E-04	3.65E-05	1.08E-02	1.99E-03	2.85E-01	8.58E-02	10.30	83079.80
8	1.81E-11	1.15E-11	3.76E-10	1.31E-10	1.19E-08	1.69E-09	5.33E-07	2.88E-08	2.01E-05	7.76E-07	4.72E-04	3.65E-05	1.08E-02	1.99E-03	2.85E-01	8.58E-02	10.40	83886.40
9	1.81E-11	1.15E-11	3.76E-10	1.31E-10	1.19E-08	1.69E-09	5.34E-07	2.88E-08	2.01E-05	7.76E-07	4.73E-04	3.65E-05	1.08E-02	1.99E-03	2.85E-01	8.58E-02	10.50	84693.00
10	1.15E-11	1.81E-11	3.76E-10	1.31E-10	1.20E-08	1.69E-09	5.34E-07	2.88E-08	2.01E-05	7.76E-07	4.74E-04	3.65E-05	1.08E-02	1.99E-03	2.85E-01	8.58E-02	10.60	85499.60
11	1.15E-11	1.81E-11	3.76E-10	1.31E-10	1.20E-08	1.69E-09	5.35E-07	2.88E-08	2.02E-05	7.76E-07	4.74E-04	3.65E-05	1.08E-02	1.99E-03	2.85E-01	8.58E-02	10.70	86306.20
12	1.15E-11	2.47E-11	3.77E-10	4.46E-10	1.27E-08	2.39E-09	5.42E-07	3.53E-08	2.02E-05	8.22E-07	3.67E-04	3.74E-05	1.99E-03	1.09E-02	2.85E-01	8.58E-02	11.00	88726.00
13	1.81E-11	2.89E-11	2.00E-10	4.90E-10	1.31E-08	2.83E-09	5.46E-07	3.95E-08	2.03E-05	8.52E-07	3.74E-04	3.68E-05	1.99E-03	1.09E-02	2.85E-01	8.58E-02	11.25	90742.50
14	2.24E-11	3.19E-11	5.21E-10	2.44E-10	1.34E-08	3.15E-09	5.49E-07	4.25E-08	2.03E-05	8.72E-07	4.74E-04	3.69E-05	1.09E-02	1.99E-03	2.85E-01	8.59E-02	11.50	92759.00
15	2.53E-11	3.40E-11	2.75E-10	5.43E-10	1.36E-08	3.37E-09	5.51E-07	4.45E-08	2.03E-05	8.87E-07	3.70E-04	3.70E-05	1.09E-02	1.99E-03	2.85E-01	8.59E-02	11.75	94775.50
16	2.74E-11	3.55E-11	2.97E-10	5.58E-10	1.38E-08	3.52E-09	5.52E-07	4.60E-08	2.03E-05	8.97E-07	4.74E-04	3.70E-05	1.09E-02	2.00E-03	2.85E-01	8.58E-02	12.00	96792.00
17	2.89E-11	4.58E-11	5.58E-10	3.13E-10	1.49E-08	3.52E-09	5.61E-07	4.60E-08	2.04E-05	9.68E-07	3.70E-04	3.73E-05	1.09E-02	1.99E-03	2.85E-01	8.58E-02	12.25	98808.50
18	3.92E-11	5.30E-11	6.66E-10	4.20E-10	1.56E-08	4.60E-09	5.70E-07	5.36E-08	2.04E-05	1.02E-06	4.74E-04	3.75E-05	1.09E-02	2.00E-03	2.85E-01	8.59E-02	12.50	100825.00
19	4.65E-11	5.82E-11	7.41E-10	4.96E-10	1.62E-08	5.36E-09	5.75E-07	6.33E-08	2.05E-05	1.05E-06	3.69E-04	3.75E-05	2.00E-03	1.09E-02	2.85E-01	8.59E-02	12.75	102841.50
20	5.16E-11	6.19E-11	7.95E-10	5.49E-10	1.66E-08	5.90E-09	5.78E-07	6.78E-08	2.05E-05	1.08E-06	4.74E-04	3.77E-05	1.09E-02	2.00E-03	2.85E-01	8.59E-02	13.00	104858.00
21	5.53E-11	6.45E-11	8.33E-10	5.88E-10	1.68E-08	6.29E-09	5.81E-07	7.20E-08	2.05E-05	1.08E-06	3.78E-04	3.75E-05	1.09E-02	2.00E-03	2.85E-01	8.59E-02	13.25	106874.50
22	6.62E-11	5.97E-11	8.60E-10	6.15E-10	1.70E-08	6.75E-09	5.83E-07	7.45E-08	2.06E-05	1.10E-06	4.75E-04	3.79E-05	1.09E-02	2.00E-03	2.85E-01	8.59E-02	13.50	108891.00
23	6.50E-11	7.15E-11	6.79E-10	6.33E-10	1.76E-08	6.75E-09	5.88E-07	7.63E-08	2.06E-05	1.11E-06	3.86E-04	3.76E-05	2.01E-02	1.09E-02	2.85E-01	8.59E-02	13.75	110907.50
24	6.87E-11	7.53E-11	9.34E-10	6.88E-10	1.76E-08	7.30E-09	8.18E-07	5.93E-08	2.06E-05	1.16E-06	3.90E-04	3.76E-05	2.01E-03	1.09E-02	2.85E-01	8.60E-02	14.00	112924.00
25	7.83E-11	7.18E-11	9.73E-10	7.28E-10	1.83E-08	8.02E-09	5.96E-07	8.94E-08	2.06E-05	1.23E-06	3.94E-04	3.96E-05	2.01E-02	2.01E-02	2.85E-01	8.60E-02	14.25	114940.50

PARTIAL PLANCK MEAN ABSORPTION COEFFICIENTS FOR HEATED AIR: 7000° K

Wave Number (cm⁻¹)	Photon Energy (eV)	Density × Normal 1.0E 01	1.0E 00	1.0E-01	10.0E-03	10.0E-04	10.0E-05	10.0E-06	10.0E-07
116957.00	14.50	2.85E-01	1.09E-02	4.77E-04	2.07E-05	6.07E-07	1.85E-08	1.03E-09	8.05E-11
		8.60E-02	2.01E-03	4.01E-05	1.31E-06	1.01E-07	8.25E-09	7.82E-10	7.39E-11
118973.50	14.75	2.85E-01	1.09E-02	4.77E-04	2.08E-05	6.16E-07	1.94E-08	1.11E-09	8.87E-11
		8.60E-02	2.02E-03	4.04E-05	1.38E-06	1.09E-07	9.11E-09	8.67E-10	8.21E-11
120990.00	15.00	2.85E-01	1.09E-02	4.78E-04	2.08E-05	6.21E-07	2.00E-08	1.17E-09	9.45E-11
		8.60E-02	2.02E-03	4.06E-05	1.42E-06	1.15E-07	9.72E-09	9.27E-10	8.79E-11
123006.50	15.25	2.85E-01	1.09E-02	4.78E-04	2.08E-05	6.25E-07	2.04E-08	1.22E-09	9.86E-11
		8.60E-02	2.02E-03	4.08E-05	1.45E-06	1.19E-07	1.01E-08	9.70E-10	9.20E-11
125023.00	15.50	2.85E-01	1.09E-02	4.78E-04	2.09E-05	6.28E-07	2.07E-08	1.25E-09	1.01E-10
		8.60E-02	2.02E-03	4.09E-05	1.47E-06	1.22E-07	1.04E-08	1.00E-09	9.49E-11
127039.50	15.75	2.85E-01	1.09E-02	4.78E-04	2.09E-05	6.30E-07	2.09E-08	1.27E-09	1.03E-10
		8.60E-02	2.02E-03	4.10E-05	1.48E-06	1.24E-07	1.07E-08	1.02E-09	9.69E-11
129056.00	16.00	2.85E-01	1.09E-02	4.78E-04	2.09E-05	6.32E-07	2.11E-08	1.28E-09	1.05E-10
		8.60E-02	2.02E-03	4.11E-05	1.49E-06	1.25E-07	1.08E-08	1.04E-09	9.83E-11
131072.50	16.25	2.85E-01	1.09E-02	4.78E-04	2.09E-05	6.33E-07	2.12E-08	1.29E-09	1.06E-10
		8.60E-02	2.02E-03	4.11E-05	1.50E-06	1.26E-07	1.09E-08	1.05E-09	9.92E-11
133089.00	16.50	2.85E-01	1.09E-02	4.78E-04	2.09E-05	6.33E-07	2.12E-08	1.30E-09	1.06E-10
		8.60E-02	2.02E-03	4.11E-05	1.51E-06	1.27E-07	1.10E-08	1.05E-09	9.99E-11
135105.50	16.75	2.85E-01	1.09E-02	4.78E-04	2.09E-05	6.34E-07	2.13E-08	1.30E-09	1.07E-10
		8.60E-02	2.02E-03	4.11E-05	1.51E-06	1.27E-07	1.10E-08	1.06E-09	1.00E-10
137122.00	17.00	2.85E-01	1.09E-02	4.78E-04	2.09E-05	6.34E-07	2.13E-08	1.31E-09	1.07E-10
		8.60E-02	2.02E-03	4.12E-05	1.51E-06	1.28E-07	1.11E-08	1.06E-09	1.01E-10
139138.50	17.25	2.85E-01	1.09E-02	4.78E-04	2.09E-05	6.34E-07	2.14E-08	1.31E-09	1.07E-10
		8.60E-02	2.02E-03	4.12E-05	1.51E-06	1.28E-07	1.11E-08	1.06E-09	1.01E-10
141155.00	17.50	2.85E-01	1.09E-02	4.78E-04	2.09E-05	6.34E-07	2.14E-08	1.31E-09	1.08E-10
		8.60E-02	2.02E-03	4.12E-05	1.52E-06	1.28E-07	1.11E-08	1.06E-09	1.01E-10
143171.50	17.75	2.85E-01	1.09E-02	4.78E-04	2.09E-05	6.35E-07	2.14E-08	1.31E-09	1.08E-10
		8.60E-02	2.02E-03	4.12E-05	1.52E-06	1.28E-07	1.11E-08	1.07E-09	1.01E-10

PARTIAL PLANCK MEAN ABSORPTION COEFFICIENTS FOR HEATED AIR: 8000° K

Wave Number (cm⁻¹)	Photon Energy (eV)	Density × Normal							
		1.0E 01	1.0E 00	1.0E-01	10.0E-03	10.0E-04	10.0E-05	10.0E-06	10.0E-07
4839.60	0.60	2.56E-04	1.06E-05	6.37E-07	6.09E-08	6.13E-09	6.01E-10	5.63E-11	4.59E-12
		2.12E-04	8.93E-06	5.85E-07	5.99E-08	6.12E-09	6.01E-10	5.63E-11	4.59E-12
5646.20	0.70	6.08E-04	3.26E-05	1.95E-06	1.40E-07	1.29E-08	1.25E-09	1.17E-10	9.51E-12
		3.99E-04	1.77E-05	1.21E-06	1.24E-07	1.27E-08	1.25E-09	1.17E-10	9.51E-12
6452.80	0.80	1.52E-03	1.02E-04	5.93E-06	2.97E-07	2.24E-08	1.99E-09	1.80E-10	1.46E-11
		5.67E-04	2.60E-05	2.07E-06	2.07E-07	2.13E-08	1.98E-09	1.80E-10	1.46E-11
7259.40	0.90	3.60E-03	2.70E-04	1.53E-05	5.79E-07	3.36E-08	2.89E-09	2.62E-10	2.14E-11
		7.18E-04	3.37E-05	2.65E-06	2.93E-07	3.03E-08	2.86E-09	2.62E-10	2.14E-11
8066.00	1.00	6.63E-03	5.18E-04	2.91E-05	9.58E-07	4.59E-08	3.80E-09	3.45E-10	2.81E-11
		8.53E-04	4.08E-05	3.34E-06	3.78E-07	3.92E-08	3.74E-09	3.44E-10	2.81E-11
8872.60	1.10	1.03E-02	8.20E-04	4.56E-05	1.40E-06	5.75E-08	4.67E-09	4.23E-10	3.44E-11
		9.77E-04	4.74E-05	4.01E-06	4.58E-07	4.75E-08	4.56E-09	4.22E-10	3.44E-11
9679.20	1.20	1.55E-02	1.26E-03	6.96E-05	2.00E-06	7.24E-08	5.49E-09	4.95E-10	4.02E-11
		1.09E-03	5.33E-05	4.63E-06	5.34E-07	5.53E-08	5.32E-09	4.93E-10	4.02E-11
10485.80	1.30	2.10E-02	1.71E-03	9.42E-05	2.60E-06	8.53E-08	6.20E-09	5.56E-10	4.52E-11
		1.29E-03	5.95E-05	5.14E-06	5.97E-07	6.19E-08	5.97E-09	5.54E-10	4.52E-11
11292.40	1.40	2.92E-02	2.39E-03	1.31E-04	3.48E-06	1.00E-07	6.80E-09	6.04E-10	4.90E-11
		2.37E-03	6.49E-05	5.77E-06	6.46E-07	6.70E-08	6.48E-09	6.02E-10	4.90E-11
12099.00	1.50	3.81E-02	3.08E-03	1.68E-04	4.36E-06	1.17E-07	7.63E-09	6.50E-10	5.21E-11
		3.64E-03	9.40E-05	6.85E-06	7.31E-07	7.49E-08	7.22E-09	6.46E-10	5.21E-11
12905.60	1.60	4.71E-02	3.64E-03	1.99E-04	5.13E-06	1.33E-07	8.36E-09	7.09E-10	5.69E-11
		5.99E-03	1.54E-04	8.61E-06	8.31E-07	8.28E-08	7.87E-09	7.05E-10	5.69E-11
13712.20	1.70	5.99E-02	4.59E-03	2.46E-04	6.25E-06	1.52E-07	9.14E-09	7.68E-10	6.16E-11
		7.64E-03	2.27E-04	1.06E-05	9.33E-07	9.04E-08	8.53E-09	7.63E-10	6.15E-11
14518.80	1.80	7.15E-02	5.38E-03	2.86E-04	7.20E-06	1.69E-07	9.81E-09	8.21E-10	6.57E-11
		1.08E-02	3.04E-04	1.27E-05	1.03E-06	9.73E-08	9.11E-09	8.15E-10	6.57E-11
15325.40	1.90	8.52E-02	6.33E-03	3.35E-04	8.36E-06	1.88E-07	1.04E-08	8.67E-10	6.93E-11
		1.41E-02	3.87E-04	1.48E-05	1.13E-06	1.04E-07	9.63E-09	8.60E-10	6.93E-11
16132.00	2.00	9.32E-02	6.80E-03	3.58E-04	8.91E-06	1.99E-07	1.10E-08	9.08E-10	7.25E-11
		1.76E-02	4.72E-04	1.70E-05	1.22E-06	1.08E-07	1.01E-08	9.00E-10	7.25E-11
16938.60	2.10	9.98E-02	7.14E-03	3.70E-04	9.31E-06	2.08E-07	1.14E-08	9.44E-10	7.54E-11
		2.12E-02	5.61E-04	1.91E-05	1.31E-06	1.15E-07	1.05E-08	9.36E-10	7.53E-11
17745.20	2.20	1.05E-01	7.38E-03	3.85E-04	9.59E-06	2.15E-07	1.18E-08	9.75E-10	7.78E-11
		2.47E-02	6.49E-04	2.13E-05	1.39E-06	1.20E-07	1.09E-08	9.67E-10	7.77E-11
18551.80	2.30	1.10E-01	7.55E-03	3.91E-04	9.76E-06	2.20E-07	1.21E-08	1.00E-09	7.98E-11
		2.83E-02	7.36E-04	2.34E-05	1.47E-06	1.24E-07	1.12E-08	9.93E-10	7.98E-11
19358.40	2.40	1.13E-01	7.65E-03	3.94E-04	9.87E-06	2.25E-07	1.24E-08	1.02E-09	8.15E-11
		3.18E-02	8.21E-04	2.54E-05	1.54E-06	1.28E-07	1.14E-08	1.01E-09	8.14E-11
20165.00	2.50	1.17E-01	7.74E-03	3.96E-04	9.96E-06	2.29E-07	1.27E-08	1.04E-09	8.28E-11
		3.52E-02	9.06E-04	2.74E-05	1.61E-06	1.31E-07	1.17E-08	1.03E-09	8.28E-11
20971.60	2.60	1.20E-01	7.83E-03	3.99E-04	1.01E-05	2.35E-07	1.29E-08	1.06E-09	8.40E-11
		3.86E-02	9.88E-04	2.94E-05	1.69E-06	1.36E-07	1.19E-08	1.05E-09	8.39E-11
21778.20	2.70	1.24E-01	7.93E-03	4.04E-04	1.04E-05	2.50E-07	1.35E-08	1.09E-09	8.63E-11
		4.18E-02	1.07E-03	3.14E-05	1.77E-06	1.40E-07	1.22E-08	1.07E-09	8.60E-11

PARTIAL PLANCK MEAN ABSORPTION COEFFICIENTS FOR HEATED AIR: 8000° K

Wave Number (cm^{-1})	Photon Energy (eV)		Density × Normal							
		1.0E 01	1.0E 00	1.0E-01	10.0E-03	10.0E-04	10.0E-05	10.0E-06	10.0E-07
22584.80	2.80	1.28E-01	8.03E-03	4.08E-04	1.06E-05	2.58E-07	1.40E-08	1.13E-09	8.87E-11
23391.40	2.90	4.50E-02	1.14E-03	3.33E-05	1.85E-06	1.44E-07	1.25E-08	1.10E-09	8.83E-11
		1.32E-01	8.16E-03	4.16E-04	1.11E-05	2.77E-07	1.48E-08	1.17E-09	9.11E-11
24198.00	3.00	4.80E-02	1.22E-03	3.51E-05	1.92E-06	1.49E-07	1.28E-08	1.13E-09	9.04E-11
		1.36E-01	8.31E-03	4.26E-04	1.17E-05	3.00E-07	1.56E-08	1.21E-09	9.34E-11
25004.60	3.10	5.09E-02	1.29E-03	3.68E-05	1.98E-06	1.52E-07	1.31E-08	1.15E-09	9.23E-11
		1.41E-01	8.45E-03	4.31E-04	1.19E-05	3.08E-07	1.60E-08	1.23E-09	9.51E-11
25811.20	3.20	5.36E-02	1.35E-03	3.84E-05	2.04E-06	1.56E-07	1.34E-08	1.17E-09	9.39E-11
		1.45E-01	8.67E-03	4.53E-04	1.35E-05	3.64E-07	1.79E-08	1.30E-09	9.76E-11
26617.80	3.30	5.62E-02	1.42E-03	4.00E-04	2.10E-05	1.59E-07	1.86E-08	1.19E-09	9.53E-11
		1.50E-01	8.87E-03	4.65E-04	1.40E-05	3.84E-07	1.36E-08	1.32E-09	9.91E-11
27424.40	3.40	5.86E-02	1.48E-03	4.14E-05	2.15E-06	1.61E-07	1.38E-08	1.21E-09	9.65E-11
		1.56E-01	9.06E-03	4.72E-04	1.43E-05	3.90E-07	1.88E-08	1.34E-09	1.00E-10
28231.00	3.50	6.09E-02	1.53E-03	4.27E-05	2.06E-06	1.64E-07	1.39E-08	1.22E-09	9.75E-11
		1.63E-01	9.40E-03	4.97E-04	1.56E-05	4.35E-07	2.02E-08	1.39E-09	1.02E-10
29037.60	3.60	6.47E-02	1.63E-03	4.48E-05	2.27E-06	1.67E-07	1.41E-08	1.41E-09	9.84E-11
		1.70E-01	9.66E-03	5.08E-04	1.60E-05	4.49E-07	2.07E-08	1.41E-09	1.03E-10
29844.20	3.70	6.86E-02	1.72E-03	4.70E-05	2.33E-06	1.69E-07	1.42E-08	1.24E-09	9.92E-11
		1.79E-01	9.99E-03	5.22E-04	1.64E-05	4.56E-07	2.09E-08	1.42E-09	1.03E-10
30650.80	3.80	7.25E-02	1.82E-03	4.92E-05	2.40E-06	1.72E-07	1.44E-08	1.25E-09	9.98E-11
		1.87E-01	1.03E-02	5.34E-04	1.68E-05	4.67E-07	2.13E-08	1.43E-09	1.04E-10
31457.40	3.90	7.62E-02	1.90E-03	5.12E-05	2.46E-06	1.75E-07	1.45E-08	1.26E-09	1.00E-10
		1.97E-01	1.05E-02	5.42E-04	1.70E-05	4.72E-07	2.14E-08	1.44E-09	1.05E-10
32264.00	4.00	7.97E-02	1.09E-02	5.32E-05	2.52E-06	1.77E-07	1.46E-08	1.27E-09	1.01E-10
		2.02E-01	2.07E-03	5.55E-04	1.73E-05	4.77E-07	1.46E-08	1.45E-09	1.05E-10
33070.60	4.10	8.29E-02	1.11E-02	5.50E-05	2.58E-06	1.79E-07	1.47E-08	1.28E-09	1.02E-10
		2.09E-01	1.14E-03	5.61E-04	1.74E-05	4.80E-07	2.17E-08	1.46E-09	1.06E-10
33877.20	4.20	8.59E-02	2.14E-03	5.67E-05	2.63E-06	1.82E-07	1.49E-08	1.28E-09	1.02E-10
		2.18E-01	1.14E-03	5.83E-04	1.76E-05	4.84E-07	2.19E-08	1.47E-09	1.07E-10
34683.80	4.30	8.87E-02	2.21E-03	5.78E-05	2.68E-06	1.88E-07	1.50E-08	1.29E-09	1.03E-10
		2.26E-01	1.16E-02	5.99E-04	1.78E-05	4.88E-07	2.21E-08	1.49E-09	1.07E-10
35490.40	4.40	9.13E-02	2.28E-03	5.84E-05	2.74E-06	1.87E-07	1.52E-08	1.31E-09	1.04E-10
		2.36E-01	1.19E-02	5.91E-04	1.79E-05	4.92E-07	2.23E-08	1.50E-09	1.09E-10
36297.00	4.50	9.37E-02	2.33E-03	6.13E-05	2.79E-06	1.90E-07	1.54E-08	1.33E-09	1.05E-10
		2.46E-01	1.22E-02	5.99E-04	1.80E-05	4.95E-07	2.25E-08	1.52E-09	1.10E-10
37103.60	4.60	9.59E-02	2.39E-03	6.26E-05	2.84E-06	1.92E-07	1.56E-08	1.34E-09	1.06E-10
		2.57E-01	1.25E-02	5.99E-04	1.82E-05	4.98E-07	2.26E-08	1.53E-09	1.11E-10
37910.20	4.70	9.79E-02	2.44E-03	6.38E-05	2.88E-06	1.94E-07	1.57E-08	1.36E-09	1.07E-10
		2.67E-01	1.28E-02	6.06E-04	1.83E-05	5.01E-07	2.28E-08	1.54E-09	1.12E-10
38716.80	4.80	2.78E-01	2.48E-03	6.49E-05	2.92E-06	1.97E-07	1.59E-08	1.37E-09	1.08E-10
		2.89E-01	1.31E-02	6.14E-04	1.85E-05	5.04E-07	2.29E-08	1.55E-09	1.13E-10
39523.40	4.90	1.01E-01	2.52E-03	6.59E-05	2.96E-06	1.98E-07	1.60E-08	1.38E-09	1.09E-10
		2.89E-01	1.35E-02	6.22E-04	1.86E-05	5.07E-07	2.31E-08	1.56E-09	1.13E-10
		1.03E-01	2.56E-03	6.68E-05	2.99E-06	2.00E-07	1.61E-08	1.39E-09	1.10E-10

5.00	40330.00
5.10	41136.60
5.20	41943.20
5.30	42749.80
5.40	43556.40
5.50	44363.00
5.60	45169.60
5.70	45976.20
5.80	46782.80
5.90	47589.40
6.00	48396.00
6.10	49202.60
6.20	50009.20
6.30	50815.80
6.40	51622.40
6.50	52429.00
6.60	53235.60
6.70	54042.20
6.80	54848.80
6.90	55655.40
7.00	56462.00
7.10	57268.60
7.20	58075.20
7.30	58881.80
7.40	59688.40

PARTIAL PLANCK MEAN ABSORPTION COEFFICIENTS FOR HEATED AIR: 8000° K

Density × Normal

Wave Number (cm⁻¹)	Photon Energy (eV)	1.0E 01	1.0E 00	1.0E-01	10.0E-03	10.0E-04	10.0E-05	10.0E-06	10.0E-07
60495.00	7.50	4.27E-01	1.76E-02	7.21E-04	2.03E-05	5.37E-07	2.42E-08	1.64E-09	1.20E-10
		1.31E-01	3.10E-03	7.73E-05	3.31E-06	2.15E-07	1.71E-08	1.47E-09	1.16E-10
61301.60	7.60	1.29E-01	1.76E-02	7.22E-04	2.03E-05	5.38E-07	2.42E-08	1.65E-09	1.20E-10
		1.32E-01	3.13E-03	7.77E-05	3.32E-06	2.15E-07	1.71E-08	1.47E-09	1.16E-10
62108.20	7.70	1.35E-01	1.77E-02	7.23E-04	2.04E-05	5.38E-07	2.42E-08	1.65E-09	1.20E-10
		1.34E-01	3.16E-03	7.81E-05	3.32E-06	2.15E-07	1.72E-08	1.47E-09	1.16E-10
62914.80	7.80	1.37E-01	1.77E-02	7.24E-04	2.04E-05	5.38E-07	2.42E-08	1.65E-09	1.20E-10
		1.36E-01	3.19E-03	7.84E-05	3.33E-06	2.16E-07	1.72E-08	1.47E-09	1.16E-10
63721.40	7.90	1.39E-01	1.78E-02	7.25E-04	2.04E-05	5.39E-07	2.43E-08	1.65E-09	1.20E-10
		1.38E-01	3.22E-03	7.88E-05	3.33E-06	2.16E-07	1.72E-08	1.47E-09	1.16E-10
64528.00	8.00	1.41E-01	1.78E-02	7.27E-04	2.04E-05	5.39E-07	2.43E-08	1.65E-09	1.20E-10
		1.40E-01	3.25E-03	7.91E-05	3.33E-06	2.16E-07	1.72E-08	1.47E-09	1.16E-10
65334.60	8.10	1.43E-01	1.78E-02	7.28E-04	2.05E-05	5.39E-07	2.43E-08	1.65E-09	1.20E-10
		1.42E-01	3.27E-03	7.94E-05	3.34E-06	2.16E-07	1.72E-08	1.47E-09	1.16E-10
66141.20	8.20	1.44E-01	1.79E-02	7.29E-04	2.05E-05	5.40E-07	2.43E-08	1.65E-09	1.20E-10
		1.44E-01	3.29E-03	7.96E-05	3.34E-06	2.16E-07	1.72E-08	1.47E-09	1.16E-10
66947.80	8.30	1.46E-01	1.79E-02	7.31E-04	2.05E-05	5.40E-07	2.43E-08	1.65E-09	1.20E-10
		1.45E-01	3.31E-03	7.99E-05	3.35E-06	2.16E-07	1.72E-08	1.47E-09	1.16E-10
67754.40	8.40	1.47E-01	1.80E-02	7.32E-04	2.05E-05	5.40E-07	2.43E-08	1.65E-09	1.20E-10
		1.47E-01	3.33E-03	8.01E-05	3.35E-06	2.16E-07	1.72E-08	1.47E-09	1.16E-10
68561.00	8.50	1.48E-01	1.80E-02	7.33E-04	2.06E-05	5.41E-07	2.43E-08	1.65E-09	1.20E-10
		1.48E-01	3.35E-03	8.03E-05	3.35E-06	2.16E-07	1.72E-08	1.47E-09	1.16E-10
69367.60	8.60	1.50E-01	1.80E-02	7.35E-04	2.06E-05	5.41E-07	2.43E-08	1.65E-09	1.20E-10
		1.50E-01	3.37E-03	8.05E-05	3.35E-06	2.16E-07	1.72E-08	1.47E-09	1.16E-10
70174.20	8.70	1.51E-01	1.81E-02	7.36E-04	2.06E-05	5.41E-07	2.43E-08	1.65E-09	1.20E-10
		1.51E-01	3.38E-03	8.07E-05	3.36E-06	2.16E-07	1.72E-08	1.47E-09	1.16E-10
70980.80	8.80	1.52E-01	1.81E-02	7.38E-04	2.06E-05	5.42E-07	2.43E-08	1.65E-09	1.20E-10
		1.52E-01	3.39E-03	8.08E-05	3.36E-06	2.16E-07	1.72E-08	1.47E-09	1.16E-10
71787.40	8.90	1.53E-01	1.82E-02	7.39E-04	2.07E-05	5.42E-07	2.43E-08	1.65E-09	1.20E-10
		1.53E-01	3.41E-03	8.10E-05	3.36E-06	2.16E-07	1.72E-08	1.47E-09	1.16E-10
72594.00	9.00	1.54E-01	1.82E-02	7.41E-04	2.07E-05	5.43E-07	2.43E-08	1.65E-09	1.20E-10
		1.53E-01	3.42E-03	8.11E-05	3.36E-06	2.16E-07	1.72E-08	1.47E-09	1.16E-10
73400.60	9.10	1.54E-01	1.82E-02	7.42E-04	2.07E-05	5.43E-07	2.43E-08	1.65E-09	1.20E-10
		1.54E-01	3.42E-03	8.11E-05	3.36E-06	2.16E-07	1.72E-08	1.47E-09	1.16E-10
74207.20	9.20	1.55E-01	1.83E-02	7.44E-04	2.08E-05	5.44E-07	2.43E-08	1.65E-09	1.20E-10
		1.54E-01	3.43E-03	8.12E-05	3.36E-06	2.16E-07	1.72E-08	1.47E-09	1.16E-10
75013.80	9.30	1.56E-01	1.83E-02	7.45E-04	2.08E-05	5.44E-07	2.43E-08	1.65E-09	1.20E-10
		1.56E-01	3.43E-03	8.13E-05	3.36E-06	2.16E-07	1.72E-08	1.47E-09	1.16E-10
75820.40	9.40	1.55E-01	1.83E-02	7.47E-04	2.08E-05	5.44E-07	2.43E-08	1.65E-09	1.20E-10
		1.55E-01	3.44E-03	8.13E-05	3.36E-06	2.16E-07	1.72E-08	1.47E-09	1.16E-10
76627.00	9.50	1.56E-01	1.84E-02	7.48E-04	2.09E-05	5.45E-07	2.43E-08	1.65E-09	1.20E-10
		1.55E-01	3.44E-03	8.13E-05	3.36E-06	2.16E-07	1.72E-08	1.47E-09	1.16E-10
77433.60	9.60	1.57E-01	1.84E-02	7.50E-04	2.09E-05	5.45E-07	2.44E-08	1.65E-09	1.20E-10
		1.55E-01	3.44E-03	8.13E-05	3.36E-06	2.16E-07	1.72E-08	1.47E-09	1.16E-10

510

A	B	1	2	3	4	5	6	7	8	9	10	11	12	13	14	15	16
9.70	78240.20	1.20E-10	1.16E-10	1.65E-09	1.47E-09	2.44E-08	1.72E-08	5.46E-07	2.16E-07	2.10E-05	3.37E-06	7.52E-04	8.14E-05	1.84E-02	3.44E-03	4.57E-01	1.55E-01
9.80	79046.80	1.20E-10	1.16E-10	1.65E-09	1.47E-09	2.44E-08	1.72E-08	5.46E-07	2.16E-07	2.10E-05	3.37E-06	7.53E-04	8.14E-05	1.84E-02	3.44E-03	4.58E-01	1.55E-01
9.90	79853.40	1.16E-10	1.20E-10	1.47E-09	1.65E-09	1.72E-08	2.44E-08	5.47E-07	2.16E-07	2.10E-05	3.37E-06	7.55E-04	8.14E-05	1.84E-02	3.44E-03	4.58E-01	1.55E-01
10.00	80660.00	1.16E-10	1.20E-10	1.47E-09	1.65E-09	1.72E-08	2.44E-08	5.47E-07	2.16E-07	2.11E-05	3.37E-06	7.57E-04	8.14E-05	1.85E-02	3.44E-03	4.58E-01	1.55E-01
10.10	81466.60	1.16E-10	1.20E-10	1.47E-09	1.65E-09	1.72E-08	2.44E-08	5.48E-07	2.17E-07	2.11E-05	3.37E-06	7.59E-04	8.14E-05	1.85E-02	3.44E-03	4.59E-01	1.55E-01
10.20	82273.20	1.16E-10	1.20E-10	1.47E-09	1.65E-09	1.72E-08	2.44E-08	5.49E-07	2.17E-07	2.12E-05	3.37E-06	7.60E-04	8.14E-05	1.86E-02	3.44E-03	4.59E-01	1.55E-01
10.30	83079.80	1.16E-10	1.20E-10	1.47E-09	1.65E-09	1.72E-08	2.44E-08	5.50E-07	2.17E-07	2.12E-05	3.37E-06	7.62E-04	8.14E-05	1.86E-02	3.44E-03	4.59E-01	1.55E-01
10.40	83886.40	1.16E-10	1.20E-10	1.47E-09	1.65E-09	1.72E-08	2.44E-08	5.51E-07	2.17E-07	2.12E-05	3.37E-06	7.64E-04	8.14E-05	1.86E-02	3.44E-03	4.60E-01	1.55E-01
10.50	84693.00	1.20E-10	1.16E-10	1.65E-09	1.47E-09	2.44E-08	1.72E-08	5.46E-07	2.17E-07	2.13E-05	3.37E-06	7.66E-04	8.14E-05	1.87E-02	3.44E-03	4.60E-01	1.55E-01
10.60	85499.60	1.20E-10	1.16E-10	1.65E-09	1.47E-09	2.44E-08	1.72E-08	5.46E-07	2.17E-07	2.13E-05	3.37E-06	7.68E-04	8.14E-05	1.87E-02	3.44E-03	4.61E-01	1.55E-01
10.70	86306.20	1.20E-10	1.16E-10	1.65E-09	1.47E-09	2.44E-08	1.72E-08	5.46E-07	2.17E-07	2.14E-05	3.37E-06	7.71E-04	8.14E-05	1.88E-02	3.44E-03	4.61E-01	1.55E-01
11.00	88726.00	1.80E-10	1.77E-10	2.39E-09	2.22E-09	3.24E-08	2.52E-08	6.31E-07	2.97E-07	2.21E-05	4.11E-06	7.76E-04	8.63E-05	1.88E-02	3.46E-03	4.62E-01	1.55E-01
11.25	90742.50	2.21E-10	2.17E-10	2.90E-09	2.72E-09	3.75E-08	3.05E-08	6.85E-07	3.51E-07	2.27E-05	4.61E-06	7.80E-04	8.97E-05	1.88E-02	3.48E-03	4.62E-01	1.55E-01
11.50	92759.00	2.51E-10	2.47E-10	3.27E-09	3.09E-09	4.17E-08	3.45E-08	7.26E-07	3.91E-07	2.30E-05	4.99E-06	7.82E-04	9.22E-05	1.88E-02	3.49E-03	4.62E-01	1.55E-01
11.75	94775.50	2.73E-10	2.70E-10	3.54E-09	3.37E-09	4.46E-08	3.74E-08	7.55E-07	4.21E-07	2.33E-05	5.26E-06	7.84E-04	9.40E-05	1.88E-02	3.49E-03	4.62E-01	1.55E-01
12.00	96792.00	2.90E-10	2.86E-10	3.75E-09	3.57E-09	4.68E-08	3.96E-08	7.77E-07	4.43E-07	2.35E-05	5.46E-06	7.85E-04	9.54E-05	1.89E-02	3.54E-03	4.62E-01	1.55E-01
12.25	98808.50	3.87E-10	3.83E-10	4.95E-09	4.77E-09	5.96E-08	5.24E-08	9.07E-07	5.73E-07	2.47E-05	6.67E-06	7.93E-04	1.03E-04	1.89E-02	3.58E-03	4.62E-01	1.55E-01
12.50	100825.00	4.59E-10	4.55E-10	5.84E-09	5.66E-09	6.91E-08	6.19E-08	1.00E-06	6.69E-07	2.56E-05	7.56E-06	7.99E-04	1.09E-04	1.89E-02	3.60E-03	4.62E-01	1.55E-01
12.75	102841.50	5.13E-10	5.09E-10	6.49E-09	6.32E-09	7.62E-08	6.90E-08	1.13E-06	7.40E-07	2.63E-05	8.25E-06	8.07E-04	1.14E-04	1.89E-02	3.62E-03	4.62E-01	1.56E-01
13.00	104858.00	5.54E-10	5.50E-10	7.00E-09	6.83E-09	8.16E-08	7.44E-08	1.20E-06	7.95E-07	2.68E-05	8.76E-06	8.07E-04	1.14E-04	1.90E-02	3.63E-03	4.62E-01	1.56E-01
13.25	106874.50	5.84E-10	5.80E-10	7.38E-09	7.20E-09	8.56E-08	7.84E-08	1.26E-06	8.36E-07	2.72E-05	9.13E-06	8.10E-04	1.17E-04	1.90E-02	3.71E-03	4.63E-01	1.56E-01
13.50	108891.00	6.06E-10	6.02E-10	7.65E-09	7.47E-09	8.85E-08	8.13E-08	1.29E-06	8.65E-07	2.80E-05	9.97E-06	8.17E-04	1.20E-04	1.90E-02	3.75E-03	4.63E-01	1.56E-01
13.75	110907.50	6.56E-10	6.52E-10	8.25E-09	8.07E-09	9.48E-08	8.76E-08	1.32E-06	9.29E-07	2.86E-05	1.06E-05	8.23E-04	1.27E-04	1.91E-02	3.79E-03	4.63E-01	1.57E-01
14.00	112924.00	6.93E-10	6.89E-10	8.69E-09	8.51E-09	1.00E-07	9.32E-08	1.36E-06	9.86E-07	2.92E-05	1.11E-05	8.27E-04	1.37E-04	1.91E-02	3.79E-03	4.63E-01	1.57E-01
14.25	114940.50	7.25E-10	7.21E-10	9.08E-09	8.91E-09	1.05E-07	9.74E-08	1.36E-06	1.03E-06	2.96E-05	1.16E-05	8.31E-04	1.41E-04	1.92E-02	3.82E-03	4.64E-01	1.57E-01

PARTIAL PLANCK MEAN ABSORPTION COEFFICIENTS FOR HEATED AIR: 8000° K

Wave Number (cm⁻¹)	Photon Energy (eV)	Density × Normal							
		1.0E 01	1.0E 00	1.0E-01	10.0E-03	10.0E-04	10.0E-05	10.0E-06	10.0E-07
116957.00	14.50	4.64E-01	1.92E-02	8.41E-04	3.09E-05	1.51E-06	1.19E-07	9.37E-09	7.49E-10
		1.57E-01	3.87E-03	1.51E-04	1.29E-05	1.17E-06	1.12E-07	9.20E-09	7.45E-10
118973.50	14.75	4.64E-01	1.92E-02	8.48E-04	3.20E-05	1.61E-06	1.29E-07	1.04E-08	8.30E-10
		1.57E-01	3.91E-03	1.58E-04	1.39E-05	1.28E-06	1.22E-07	1.02E-08	8.26E-10
120990.00	15.00	4.64E-01	1.93E-02	8.53E-04	3.27E-05	1.69E-06	1.37E-07	1.11E-08	8.90E-10
		1.58E-01	3.94E-03	1.63E-04	1.47E-05	1.36E-06	1.30E-07	1.09E-08	8.86E-10
123006.50	15.25	4.64E-01	1.93E-02	8.57E-04	3.33E-05	1.75E-06	1.43E-07	1.17E-08	9.35E-10
		1.58E-01	3.96E-03	1.67E-04	1.52E-05	1.42E-06	1.36E-07	1.15E-08	9.31E-10
125023.00	15.50	4.65E-01	1.93E-02	8.60E-04	3.37E-05	1.80E-06	1.48E-07	1.21E-08	9.68E-10
		1.58E-01	3.97E-03	1.70E-04	1.56E-05	1.46E-06	1.40E-07	1.19E-08	9.64E-10
127039.50	15.75	4.65E-01	1.93E-02	8.62E-04	3.40E-05	1.83E-06	1.51E-07	1.24E-08	9.92E-10
		1.58E-01	3.98E-03	1.72E-04	1.59E-05	1.50E-06	1.44E-07	1.22E-08	9.88E-10
129056.00	16.00	4.65E-01	1.93E-02	8.64E-04	3.42E-05	1.85E-06	1.53E-07	1.26E-08	1.01E-09
		1.58E-01	3.99E-03	1.74E-04	1.62E-05	1.52E-06	1.46E-07	1.24E-08	1.01E-09
131072.50	16.25	4.65E-01	1.93E-02	8.65E-04	3.44E-05	1.87E-06	1.55E-07	1.27E-08	1.02E-09
		1.58E-01	4.00E-03	1.75E-04	1.63E-05	1.54E-06	1.48E-07	1.26E-08	1.02E-09
133089.00	16.50	4.65E-01	1.93E-02	8.66E-04	3.45E-05	1.88E-06	1.56E-07	1.29E-08	1.02E-09
		1.58E-01	4.00E-03	1.76E-04	1.64E-05	1.55E-06	1.49E-07	1.27E-08	1.03E-09
135105.50	16.75	4.65E-01	1.93E-02	8.66E-04	3.46E-05	1.89E-06	1.57E-07	1.29E-08	1.03E-09
		1.58E-01	4.01E-03	1.76E-04	1.65E-05	1.56E-06	1.50E-07	1.28E-08	1.04E-09
137122.00	17.00	4.65E-01	1.94E-02	8.67E-04	3.46E-05	1.90E-06	1.58E-07	1.30E-08	1.04E-09
		1.58E-01	4.01E-03	1.77E-04	1.66E-05	1.56E-06	1.50E-07	1.28E-08	1.04E-09
139138.50	17.25	4.65E-01	1.94E-02	8.67E-04	3.47E-05	1.90E-06	1.58E-07	1.31E-08	1.04E-09
		1.58E-01	4.01E-03	1.77E-04	1.66E-05	1.57E-06	1.51E-07	1.29E-08	1.05E-09
141155.00	17.50	4.65E-01	1.94E-02	8.67E-04	3.47E-05	1.91E-06	1.58E-07	1.31E-08	1.05E-09
		1.58E-01	4.01E-03	1.77E-04	1.67E-05	1.57E-06	1.51E-07	1.29E-08	1.05E-09
143171.50	17.75	4.65E-01	1.94E-02	8.68E-04	3.47E-05	1.91E-06	1.59E-07	1.31E-08	1.05E-09
		1.58E-01	4.01E-03	1.77E-04	1.67E-05	1.58E-06	1.51E-07	1.29E-08	1.05E-09
145188.00	18.00	4.65E-01	1.94E-02	8.68E-04	3.47E-05	1.91E-06	1.59E-07	1.31E-08	1.05E-09
		1.58E-01	4.01E-03	1.77E-04	1.67E-05	1.58E-06	1.52E-07	1.30E-08	1.06E-09
147204.50	18.25	4.65E-01	1.94E-02	8.68E-04	3.48E-05	1.91E-06	1.59E-07	1.31E-08	1.06E-09
		1.58E-01	4.02E-03	1.78E-04	1.67E-05	1.58E-06	1.52E-07	1.30E-08	1.05E-09
149221.00	18.50	4.65E-01	1.94E-02	8.68E-04	3.48E-05	1.91E-06	1.59E-07	1.32E-08	1.06E-09
		1.58E-01	4.02E-03	1.78E-04	1.67E-05	1.58E-06	1.52E-07	1.30E-08	1.06E-09
151237.50	18.75	4.65E-01	1.94E-02	8.68E-04	3.48E-05	1.92E-06	1.59E-07	1.32E-08	1.06E-09
		1.58E-01	4.02E-03	1.78E-04	1.67E-05	1.58E-06	1.52E-07	1.30E-08	1.05E-09
153254.00	19.00	4.65E-01	1.94E-02	8.68E-04	3.48E-05	1.92E-06	1.59E-07	1.32E-08	1.06E-09
		1.58E-01	4.02E-03	1.78E-04	1.67E-05	1.58E-06	1.52E-07	1.30E-08	1.06E-09
155270.50	19.25	4.65E-01	1.94E-02	8.68E-04	3.48E-05	1.92E-06	1.59E-07	1.32E-08	1.06E-09
		1.58E-01	4.02E-03	1.78E-04	1.67E-05	1.58E-06	1.52E-07	1.30E-08	1.05E-09
157287.00	19.50	4.65E-01	1.94E-02	8.68E-04	3.48E-05	1.92E-06	1.59E-07	1.32E-08	1.06E-09
		1.58E-01	4.02E-03	1.78E-04	1.67E-05	1.58E-06	1.52E-07	1.30E-08	1.05E-09
159303.50	19.75	4.65E-01	1.94E-02	8.68E-04	3.48E-05	1.92E-06	1.59E-07	1.32E-08	1.06E-09
		1.58E-01	4.02E-03	1.78E-04	1.68E-05	1.58E-06	1.52E-07	1.30E-08	1.05E-09

PARTIAL PLANCK MEAN ABSORPTION COEFFICIENTS FOR HEATED AIR: 9000° K

Wave Number (cm^{-1})	Photon Energy (eV)	Density × Normal							
		1.0E 01	1.0E 00	1.0E-01	10.0E-03	10.0E-04	10.0E-05	10.0E-06	10.0E-07
4839.60	0.60	7.26E-04	4.61E-05	4.07E-06	4.21E-07	4.14E-08	3.86E-09	3.09E-10	1.58E-11
		6.93E-04	4.48E-05	4.04E-06	4.21E-07	4.14E-08	3.86E-09	3.09E-10	1.58E-11
5646.20	0.70	1.61E-03	1.07E-04	9.62E-06	9.10E-07	8.60E-08	8.00E-09	6.40E-10	3.27E-11
		1.33E-03	9.04E-05	9.12E-06	9.03E-07	8.59E-08	8.00E-09	6.40E-10	3.27E-11
6452.80	0.80	3.38E-03	2.30E-04	1.74E-05	1.52E-06	1.44E-07	1.34E-08	1.01E-09	5.05E-11
		1.92E-03	1.37E-04	1.46E-05	1.48E-06	1.43E-07	1.34E-08	1.01E-09	5.05E-11
7259.40	0.90	7.08E-03	4.81E-04	2.92E-05	2.21E-06	2.05E-07	1.89E-08	1.46E-09	7.32E-11
		2.47E-03	1.83E-04	2.02E-05	2.09E-06	2.04E-07	1.89E-08	1.46E-09	7.32E-11
8066.00	1.00	1.23E-02	8.35E-04	4.41E-05	2.94E-06	2.66E-07	2.45E-08	1.90E-09	9.62E-11
		2.97E-03	2.28E-04	2.58E-05	2.70E-06	2.64E-07	2.45E-08	1.90E-09	9.62E-11
8872.60	1.10	1.87E-02	1.27E-03	6.13E-05	3.69E-06	3.25E-07	2.99E-08	2.33E-09	1.18E-10
		3.43E-03	2.71E-04	3.13E-05	3.30E-06	3.21E-07	2.98E-08	2.33E-09	1.18E-10
9679.20	1.20	2.75E-02	1.85E-03	8.30E-05	4.46E-06	3.81E-07	3.49E-08	2.73E-09	1.38E-10
		3.84E-03	3.11E-04	3.63E-05	3.85E-06	3.75E-07	3.48E-08	2.73E-09	1.38E-10
10485.80	1.30	3.71E-02	2.49E-03	1.05E-04	5.17E-06	4.29E-07	3.92E-08	3.07E-09	1.55E-10
		4.26E-03	3.55E-04	4.06E-05	4.31E-06	4.21E-07	3.91E-08	3.07E-09	1.55E-10
11292.40	1.40	5.12E-02	3.45E-03	1.37E-04	6.08E-06	4.69E-07	4.25E-08	3.34E-09	1.68E-10
		4.62E-03	3.95E-04	4.57E-05	4.87E-06	4.57E-07	4.24E-08	3.34E-09	1.68E-10
12099.00	1.50	6.66E-02	4.40E-03	1.70E-04	6.97E-06	5.22E-07	4.72E-08	3.70E-09	1.80E-10
		6.15E-03	4.61E-04	5.13E-05	5.39E-06	5.07E-07	4.70E-08	3.70E-09	1.80E-10
12905.60	1.60	8.18E-02	5.28E-03	2.00E-04	7.81E-06	5.73E-07	5.15E-08	4.02E-09	1.96E-10
		9.28E-03	5.63E-04	5.76E-05	5.54E-06	5.54E-07	5.14E-08	4.02E-09	1.96E-10
13712.20	1.70	1.04E-01	6.59E-03	2.42E-04	8.78E-06	6.22E-07	5.55E-08	4.33E-09	2.12E-10
		1.31E-02	6.80E-04	6.39E-05	6.42E-06	5.98E-07	5.53E-08	4.33E-09	2.12E-10
14518.80	1.80	1.24E-01	7.73E-03	2.80E-04	9.65E-06	6.66E-07	5.91E-08	4.61E-09	2.26E-10
		1.72E-02	8.03E-04	7.00E-05	6.88E-06	6.38E-07	5.89E-08	4.61E-09	2.26E-10
15325.40	1.90	1.48E-01	9.15E-03	3.25E-04	1.06E-05	7.06E-07	6.23E-08	4.86E-09	2.38E-10
		2.16E-02	9.32E-04	7.59E-05	7.30E-06	6.74E-07	6.20E-08	4.85E-09	2.38E-10
16132.00	2.00	1.62E-01	9.93E-03	3.50E-04	1.12E-05	7.41E-07	6.51E-08	5.08E-09	2.49E-10
		2.63E-02	1.06E-03	8.18E-05	7.69E-06	7.06E-07	6.48E-08	5.08E-09	2.49E-10
16938.60	2.10	1.74E-01	1.05E-02	3.68E-04	1.18E-05	7.72E-07	6.74E-08	5.27E-09	2.60E-10
		3.12E-02	1.20E-03	8.75E-05	8.40E-06	7.35E-07	6.71E-08	5.27E-09	2.60E-10
17745.20	2.20	1.83E-01	1.09E-02	3.82E-04	1.22E-05	7.99E-07	6.99E-08	5.45E-09	2.68E-10
		3.62E-02	1.34E-03	9.30E-05	8.70E-06	7.61E-07	6.96E-08	5.44E-09	2.68E-10
18551.80	2.30	1.90E-01	1.12E-02	3.92E-04	1.26E-05	8.24E-07	7.18E-08	5.59E-09	2.76E-10
		4.11E-02	1.47E-03	9.82E-05	8.97E-06	7.84E-07	7.15E-08	5.59E-09	2.76E-10
19358.40	2.40	1.96E-01	1.13E-02	3.98E-04	1.29E-05	8.43E-07	7.34E-08	5.71E-09	2.82E-10
		4.61E-02	1.61E-03	1.03E-04	9.20E-06	8.03E-07	7.31E-08	5.71E-09	2.82E-10
20165.00	2.50	2.00E-01	1.15E-02	4.04E-04	1.31E-05	8.59E-07	7.47E-08	5.81E-09	2.87E-10
		5.11E-02	1.75E-03	1.09E-04	9.52E-06	8.20E-07	7.44E-08	5.81E-09	2.87E-10
20971.60	2.60	2.06E-01	1.16E-02	4.10E-04	1.35E-05	8.85E-07	7.64E-08	5.90E-09	2.91E-10
		5.60E-02	1.88E-03	1.14E-04	9.86E-06	8.44E-07	7.61E-08	5.89E-09	2.91E-10
21778.20	2.70	2.11E-01	1.18E-02	4.22E-04	1.41E-05	9.19E-07	7.90E-08	6.05E-09	2.98E-10
		6.08E-02	2.02E-03	1.20E-04	1.02E-05	8.70E-07	7.83E-08	6.04E-09	2.98E-10

PARTIAL PLANCK MEAN ABSORPTION COEFFICIENTS FOR HEATED AIR: 9000°K

Wave Number (cm⁻¹)	Photon Energy (eV)	Density × Normal							
		1.0E 01	1.0E 00	1.0E-01	10.0E-03	10.0E-04	10.0E-05	10.0E-06	10.0E-07
22584.80	2.80	2.17E-01	1.20E-02	4.30E-04	1.45E-05	9.46E-07	8.11E-08	6.21E-09	3.06E-10
		6.56E-02	2.15E-03	1.25E-04	1.02E-05	8.94E-07	8.04E-08	6.20E-09	3.06E-10
23391.40	2.90	2.23E-01	1.23E-02	4.45E-04	1.52E-05	9.79E-07	8.33E-08	6.36E-09	3.14E-10
		7.02E-02	2.27E-03	1.30E-04	1.05E-05	9.16E-07	8.22E-08	6.34E-09	3.14E-10
24198.00	3.00	2.29E-01	1.26E-02	4.63E-04	1.59E-05	1.02E-06	8.54E-08	6.50E-09	3.21E-10
		7.47E-02	2.40E-03	1.34E-04	1.07E-05	9.36E-07	8.39E-08	6.47E-09	3.20E-10
25004.60	3.10	2.36E-01	1.28E-02	4.73E-04	1.63E-05	1.04E-06	8.70E-08	6.61E-09	3.26E-10
		7.90E-02	2.51E-03	1.39E-04	1.10E-05	9.54E-07	8.54E-08	6.58E-09	3.26E-10
25811.20	3.20	2.45E-01	1.33E-02	5.11E-04	1.79E-05	1.09E-06	8.94E-08	6.74E-09	3.32E-10
		8.31E-02	2.62E-03	1.43E-04	1.12E-05	9.72E-07	8.67E-08	6.68E-09	3.31E-10
26617.80	3.30	2.53E-01	1.38E-02	5.31E-04	1.86E-05	1.12E-06	9.10E-08	6.84E-09	3.36E-10
		8.71E-02	2.73E-03	1.47E-04	1.14E-05	9.84E-07	8.79E-08	6.77E-09	3.36E-10
27424.40	3.40	2.62E-01	1.41E-02	5.43E-04	1.89E-05	1.14E-06	9.21E-08	6.92E-09	3.40E-10
		9.10E-02	2.83E-03	1.50E-04	1.16E-05	9.96E-07	8.89E-08	6.85E-09	3.40E-10
28231.00	3.50	2.76E-01	1.49E-02	5.83E-04	2.03E-05	1.18E-06	9.39E-08	7.00E-09	3.43E-10
		9.73E-02	2.99E-03	1.55E-04	1.18E-05	1.01E-06	8.98E-08	6.92E-09	3.43E-10
29037.60	3.60	2.88E-01	1.54E-02	6.03E-04	2.09E-05	1.21E-06	9.50E-08	7.07E-09	3.47E-10
		1.04E-01	3.17E-03	1.61E-04	1.20E-05	1.02E-06	9.06E-08	6.97E-09	3.46E-10
29844.20	3.70	3.04E-01	1.60E-02	6.22E-04	2.14E-05	1.22E-06	9.58E-08	7.12E-09	3.49E-10
		1.11E-01	3.34E-03	1.66E-04	1.22E-05	1.03E-06	9.13E-08	7.02E-09	3.48E-10
30650.80	3.80	3.17E-01	1.66E-02	6.41E-04	2.19E-05	1.24E-06	9.67E-08	7.17E-09	3.52E-10
		1.17E-01	3.51E-03	1.71E-04	1.24E-05	1.04E-06	9.20E-08	7.07E-09	3.51E-10
31457.40	3.90	3.28E-01	1.70E-02	6.54E-04	2.22E-05	1.25E-06	9.74E-08	7.21E-09	3.54E-10
		1.23E-01	3.76E-03	1.76E-04	1.26E-05	1.05E-06	9.27E-08	7.12E-09	3.53E-10
32264.00	4.00	3.44E-01	1.76E-02	6.73E-04	2.26E-05	1.26E-06	9.82E-08	7.26E-09	3.56E-10
		1.29E-01	3.82E-03	1.81E-04	1.28E-05	1.06E-06	9.35E-08	7.16E-09	3.56E-10
33070.60	4.10	3.54E-01	1.79E-02	6.81E-04	2.28E-05	1.27E-06	9.89E-08	7.31E-09	3.59E-10
		1.35E-01	3.97E-03	1.86E-04	1.30E-05	1.07E-06	9.42E-08	7.21E-09	3.58E-10
33877.20	4.20	3.68E-01	1.85E-02	6.97E-04	2.32E-05	1.29E-06	9.97E-08	7.37E-09	3.61E-10
		1.40E-01	4.11E-03	1.91E-04	1.33E-05	1.08E-06	9.50E-08	7.27E-09	3.60E-10
34683.80	4.30	3.79E-01	1.88E-02	7.05E-04	2.35E-05	1.30E-06	1.01E-07	7.46E-09	3.63E-10
		1.45E-01	4.24E-03	1.95E-04	1.35E-05	1.10E-06	9.62E-08	7.36E-09	3.62E-10
35490.40	4.40	3.91E-01	1.91E-02	7.13E-04	2.38E-05	1.32E-06	1.02E-07	7.55E-09	3.68E-10
		1.50E-01	4.36E-03	2.00E-04	1.37E-05	1.11E-06	9.73E-08	7.45E-09	3.67E-10
36297.00	4.50	4.03E-01	1.94E-02	7.21E-04	2.40E-05	1.33E-06	1.03E-07	7.63E-09	3.72E-10
		1.54E-01	4.48E-03	2.04E-04	1.39E-05	1.13E-06	9.84E-08	7.53E-09	3.71E-10
37103.60	4.60	4.16E-01	1.98E-02	7.29E-04	2.42E-05	1.34E-06	1.04E-07	7.70E-09	3.76E-10
		1.58E-01	4.59E-03	2.07E-04	1.41E-05	1.14E-06	9.93E-08	7.60E-09	3.75E-10
37910.20	4.70	4.29E-01	2.01E-02	7.37E-04	2.44E-05	1.35E-06	1.05E-07	7.76E-09	3.79E-10
		1.62E-01	4.68E-03	2.11E-04	1.43E-05	1.15E-06	1.00E-07	7.67E-09	3.78E-10
38716.80	4.80	4.42E-01	2.05E-02	7.45E-04	2.46E-05	1.36E-06	1.06E-07	7.82E-09	3.82E-10
		1.65E-01	4.78E-03	2.14E-04	1.44E-05	1.16E-06	1.01E-07	7.73E-09	3.81E-10
39523.40	4.90	4.55E-01	2.09E-02	7.52E-04	2.48E-05	1.37E-06	1.06E-07	7.88E-09	3.85E-10
		1.69E-01	4.86E-03	2.17E-04	1.45E-05	1.17E-06	1.02E-07	7.78E-09	3.84E-10

E-10	E-10	E-09	E-09	E-07	E-07	E-06	E-06	E-05	E-05	E-04	E-04	E-02	E-03	E-01	E-01	x	
3.88E-10	3.87E-10	7.93E-09	7.83E-09	1.07E-07	1.02E-07	1.38E-06	1.18E-06	2.50E-05	1.47E-05	7.59E-04	2.19E-04	2.12E-02	4.94E-03	4.67E-01	1.72E-01	5.00	40330.00
3.90E-10	3.89E-10	7.97E-09	7.88E-09	1.08E-07	1.03E-07	1.39E-06	1.18E-06	2.52E-05	1.48E-05	7.67E-04	2.22E-04	2.15E-02	5.01E-03	4.80E-01	1.74E-01	5.10	41136.60
3.93E-10	3.91E-10	8.02E-09	7.92E-09	1.08E-07	1.03E-07	1.40E-06	1.19E-06	2.53E-05	1.49E-05	7.72E-04	2.24E-04	2.18E-02	5.08E-03	4.90E-01	1.77E-01	5.20	41943.20
3.94E-10	3.96E-10	8.05E-09	7.95E-09	1.09E-07	1.04E-07	1.41E-06	1.20E-06	2.55E-05	1.51E-05	7.80E-04	2.26E-04	2.22E-02	5.14E-03	5.03E-01	1.79E-01	5.30	42749.80
3.93E-10	3.96E-10	8.09E-09	7.99E-09	1.09E-07	1.04E-07	1.41E-06	1.20E-06	2.56E-05	1.52E-05	7.85E-04	2.28E-04	2.26E-02	5.20E-03	5.13E-01	1.81E-01	5.40	43556.40
3.95E-10	3.98E-10	8.12E-09	8.05E-09	1.10E-07	1.05E-07	1.42E-06	1.21E-06	2.58E-05	1.53E-05	7.92E-04	2.30E-04	2.27E-02	5.25E-03	5.25E-01	1.83E-01	5.50	44363.00
3.97E-10	3.99E-10	8.15E-09	8.05E-09	1.10E-07	1.05E-07	1.42E-06	1.21E-06	2.59E-05	1.53E-05	7.98E-04	2.32E-04	2.30E-02	5.30E-03	5.36E-01	1.85E-01	5.60	45169.60
3.98E-10	4.01E-10	8.17E-09	8.08E-09	1.10E-07	1.06E-07	1.43E-06	1.22E-06	2.60E-05	1.54E-05	8.02E-04	2.33E-04	2.33E-02	5.35E-03	5.44E-01	1.87E-01	5.70	45976.20
4.00E-10	4.01E-10	8.20E-09	8.10E-09	1.11E-07	1.06E-07	1.43E-06	1.22E-06	2.61E-05	1.55E-05	8.06E-04	2.35E-04	2.35E-02	5.40E-03	5.52E-01	1.89E-01	5.80	46782.80
4.02E-10	4.03E-10	8.22E-09	8.12E-09	1.11E-07	1.06E-07	1.44E-06	1.23E-06	2.62E-05	1.55E-05	8.10E-04	2.36E-04	2.36E-02	5.44E-03	5.58E-01	1.91E-01	5.90	47589.40
4.02E-10	4.03E-10	8.24E-09	8.14E-09	1.11E-07	1.07E-07	1.44E-06	1.23E-06	2.63E-05	1.56E-05	8.13E-04	2.37E-04	2.38E-02	5.48E-03	5.63E-01	1.92E-01	6.00	48396.00
4.04E-10	4.04E-10	8.26E-09	8.16E-09	1.12E-07	1.07E-07	1.45E-06	1.24E-06	2.64E-05	1.56E-05	8.19E-04	2.39E-04	2.41E-02	5.52E-03	5.74E-01	1.94E-01	6.10	49202.60
4.05E-10	4.05E-10	8.28E-09	8.18E-09	1.12E-07	1.07E-07	1.45E-06	1.24E-06	2.65E-05	1.57E-05	8.23E-04	2.40E-04	2.42E-02	5.56E-03	5.80E-01	1.95E-01	6.20	50009.20
4.04E-10	4.06E-10	8.29E-09	8.19E-09	1.12E-07	1.07E-07	1.45E-06	1.24E-06	2.65E-05	1.57E-05	8.26E-04	2.41E-04	2.44E-02	5.59E-03	5.84E-01	1.96E-01	6.30	50815.80
4.07E-10	4.07E-10	8.31E-09	8.22E-09	1.12E-07	1.08E-07	1.46E-06	1.25E-06	2.66E-05	1.58E-05	8.30E-04	2.42E-04	2.46E-02	5.62E-03	5.91E-01	1.97E-01	6.40	51622.40
4.07E-10	4.08E-10	8.32E-09	8.23E-09	1.13E-07	1.08E-07	1.46E-06	1.25E-06	2.67E-05	1.58E-05	8.33E-04	2.43E-04	2.46E-02	5.67E-03	5.96E-01	1.99E-01	6.50	52429.00
4.09E-10	4.08E-10	8.33E-09	8.24E-09	1.13E-07	1.08E-07	1.46E-06	1.25E-06	2.68E-05	1.58E-05	8.36E-04	2.43E-04	2.47E-02	5.69E-03	5.99E-01	1.99E-01	6.60	53235.60
4.10E-10	4.09E-10	8.34E-09	8.25E-09	1.13E-07	1.08E-07	1.46E-06	1.25E-06	2.68E-05	1.59E-05	8.39E-04	2.44E-04	2.48E-02	5.71E-03	6.04E-01	2.00E-01	6.70	54042.20
4.10E-10	4.09E-10	8.35E-09	8.27E-09	1.13E-07	1.08E-07	1.47E-06	1.26E-06	2.69E-05	1.59E-05	8.43E-04	2.45E-04	2.50E-02	5.73E-03	6.07E-01	2.01E-01	6.80	54848.80
4.11E-10	4.10E-10	8.36E-09	8.28E-09	1.13E-07	1.08E-07	1.47E-06	1.26E-06	2.69E-05	1.59E-05	8.45E-04	2.45E-04	2.51E-02	5.74E-03	6.09E-01	2.02E-01	6.90	55655.40
4.11E-10	4.10E-10	8.37E-09	8.29E-09	1.13E-07	1.08E-07	1.47E-06	1.26E-06	2.70E-05	1.59E-05	8.46E-04	2.46E-04	2.52E-02	5.79E-03	6.11E-01	2.02E-01	7.00	56462.00
4.11E-10	4.10E-10	8.38E-09	8.28E-09	1.13E-07	1.08E-07	1.47E-06	1.26E-06	2.70E-05	1.60E-05	8.47E-04	2.48E-04	2.53E-02	5.84E-03	6.15E-01	2.05E-01	7.10	57268.60
4.12E-10	4.11E-10	8.39E-09	8.29E-09	1.13E-07	1.08E-07	1.47E-06	1.26E-06	2.71E-05	1.60E-05	8.49E-04	2.49E-04	2.54E-02	5.89E-03	6.19E-01	2.09E-01	7.20	58075.20
4.12E-10	4.11E-10	8.40E-09	8.29E-09	1.13E-07	1.08E-07	1.47E-06	1.26E-06	2.71E-05	1.60E-05	8.51E-04	2.48E-04	2.55E-02	5.89E-03	6.23E-01	2.12E-01	7.30	58881.80
4.11E-10	4.11E-10	8.40E-09	8.30E-09	1.08E-07	1.08E-07	1.47E-06	1.26E-06	2.71E-05	1.60E-05	8.53E-04	2.49E-04	2.56E-02	5.93E-03	6.26E-01	2.15E-01	7.40	59688.40

PARTIAL PLANCK MEAN ABSORPTION COEFFICIENTS FOR HEATED AIR: 9000° K

Wave Number (cm⁻¹)	Photon Energy (eV)	1.0E 01	1.0E 00	1.0E-01	10.0E-03	10.0E-04	10.0E-05	10.0E-06	10.0E-07
					Density × Normal				
60495.00	7.50	6.30E-01	2.56E-02	8.55E-04	2.71E-05	1.47E-06	1.13E-07	8.40E-09	4.13E-10
		2.17E-01	5.97E-03	2.50E-04	1.60E-05	1.26E-06	1.09E-07	8.30E-09	4.11E-10
61301.60	7.60	6.33E-01	2.57E-02	8.57E-04	2.72E-05	1.47E-06	1.09E-07	8.41E-09	4.13E-10
		2.20E-01	6.01E-03	2.50E-04	1.60E-05	1.26E-06	1.09E-07	8.31E-09	4.12E-10
62108.20	7.70	6.36E-01	2.58E-02	8.59E-04	2.72E-05	1.47E-06	1.13E-07	8.41E-09	4.13E-10
		2.23E-01	6.05E-03	2.51E-04	1.60E-05	1.26E-06	1.09E-07	8.31E-09	4.12E-10
62914.80	7.80	6.40E-01	2.59E-02	8.61E-04	2.72E-05	1.48E-06	1.14E-07	8.41E-09	4.13E-10
		2.25E-01	6.08E-03	2.52E-04	1.61E-05	1.26E-06	1.09E-07	8.32E-09	4.12E-10
63721.40	7.90	6.43E-01	2.60E-02	8.63E-04	2.73E-05	1.48E-06	1.14E-07	8.42E-09	4.13E-10
		2.28E-01	6.11E-03	2.52E-04	1.61E-05	1.26E-06	1.09E-07	8.32E-09	4.12E-10
64528.00	8.00	6.46E-01	2.61E-02	8.65E-04	2.73E-05	1.48E-06	1.14E-07	8.42E-09	4.14E-10
		2.30E-01	6.14E-03	2.53E-04	1.61E-05	1.26E-06	1.09E-07	8.32E-09	4.13E-10
65334.60	8.10	6.49E-01	2.62E-02	8.68E-04	2.73E-05	1.48E-06	1.14E-07	8.42E-09	4.13E-10
		2.32E-01	6.17E-03	2.53E-04	1.61E-05	1.26E-06	1.09E-07	8.33E-09	4.13E-10
66141.20	8.20	6.52E-01	2.62E-02	8.70E-04	2.74E-05	1.48E-06	1.14E-07	8.43E-09	4.14E-10
		2.34E-01	6.20E-03	2.53E-04	1.61E-05	1.26E-06	1.09E-07	8.33E-09	4.13E-10
66947.80	8.30	6.54E-01	2.63E-02	8.72E-04	2.74E-05	1.48E-06	1.14E-07	8.43E-09	4.14E-10
		2.35E-01	6.23E-03	2.54E-04	1.61E-05	1.26E-06	1.09E-07	8.33E-09	4.13E-10
67754.40	8.40	6.57E-01	2.64E-02	8.74E-04	2.74E-05	1.48E-06	1.14E-07	8.43E-09	4.14E-10
		2.37E-01	6.25E-03	2.54E-04	1.61E-05	1.27E-06	1.09E-07	8.33E-09	4.13E-10
68561.00	8.50	6.59E-01	2.65E-02	8.76E-04	2.75E-05	1.48E-06	1.14E-07	8.43E-09	4.14E-10
		2.39E-01	6.27E-03	2.54E-04	1.61E-05	1.27E-06	1.09E-07	8.33E-09	4.13E-10
69367.60	8.60	6.62E-01	2.66E-02	8.79E-04	2.75E-05	1.48E-06	1.14E-07	8.44E-09	4.13E-10
		2.40E-01	6.29E-03	2.55E-04	1.61E-05	1.27E-06	1.09E-07	8.34E-09	4.14E-10
70174.20	8.70	6.64E-01	2.67E-02	8.81E-04	2.75E-05	1.48E-06	1.14E-07	8.44E-09	4.13E-10
		2.41E-01	6.31E-03	2.55E-04	1.61E-05	1.27E-06	1.09E-07	8.34E-09	4.14E-10
70980.80	8.80	6.67E-01	2.68E-02	8.84E-04	2.76E-05	1.48E-06	1.14E-07	8.44E-09	4.13E-10
		2.43E-01	6.32E-03	2.55E-04	1.61E-05	1.27E-06	1.09E-07	8.34E-09	4.14E-10
71787.40	8.90	6.69E-01	2.69E-02	8.86E-04	2.76E-05	1.48E-06	1.14E-07	8.44E-09	4.13E-10
		2.44E-01	6.34E-03	2.55E-04	1.61E-05	1.27E-06	1.09E-07	8.34E-09	4.14E-10
72594.00	9.00	6.71E-01	2.69E-02	8.89E-04	2.76E-05	1.48E-06	1.14E-07	8.44E-09	4.13E-10
		2.45E-01	6.35E-03	2.56E-04	1.62E-05	1.27E-06	1.09E-07	8.34E-09	4.15E-10
73400.60	9.10	6.73E-01	2.70E-02	8.92E-04	2.77E-05	1.48E-06	1.14E-07	8.44E-09	4.14E-10
		2.45E-01	6.36E-03	2.56E-04	1.62E-05	1.27E-06	1.09E-07	8.34E-09	4.15E-10
74207.20	9.20	6.75E-01	2.71E-02	8.94E-04	2.77E-05	1.48E-06	1.14E-07	8.44E-09	4.14E-10
		2.46E-01	6.37E-03	2.56E-04	1.62E-05	1.27E-06	1.09E-07	8.34E-09	4.15E-10
75013.80	9.30	6.77E-01	2.72E-02	8.97E-04	2.78E-05	1.49E-06	1.14E-07	8.44E-09	4.14E-10
		2.46E-01	6.38E-03	2.56E-04	1.62E-05	1.27E-06	1.09E-07	8.35E-09	4.15E-10
75820.40	9.40	6.78E-01	2.73E-02	9.00E-04	2.78E-05	1.49E-06	1.14E-07	8.45E-09	4.14E-10
		2.47E-01	6.38E-03	2.56E-04	1.62E-05	1.27E-06	1.09E-07	8.35E-09	4.15E-10
76627.00	9.50	6.80E-01	2.74E-02	9.02E-04	2.78E-05	1.49E-06	1.14E-07	8.45E-09	4.14E-10
		2.47E-01	6.39E-03	2.56E-04	1.62E-05	1.27E-06	1.09E-07	8.35E-09	4.15E-10
77433.60	9.60	6.81E-01	2.75E-02	9.05E-04	2.79E-05	1.49E-06	1.14E-07	8.45E-09	4.14E-10
		2.47E-01	6.39E-03	2.56E-04	1.62E-05	1.27E-06	1.09E-07	8.35E-09	4.14E-10

4.15E-10	4.14E-10	8.45E-09	8.35E-09	1.14E-07	1.09E-07	1.49E-06	1.27E-06	2.79E-05	1.62E-05	9.08E-04	2.56E-04	2.76E-02	6.39E-03	6.83E-01	2.47E-01	9.70	78240.20
4.15E-10	4.14E-10	8.45E-09	8.35E-09	1.14E-07	1.09E-07	1.49E-06	1.27E-06	2.80E-05	1.62E-05	9.11E-04	2.56E-04	2.77E-02	6.39E-03	6.84E-01	2.47E-01	9.80	79046.80
4.15E-10	4.15E-10	8.45E-09	8.36E-09	1.14E-07	1.09E-07	1.49E-06	1.27E-06	2.80E-05	1.62E-05	9.14E-04	2.56E-04	2.78E-02	6.39E-03	6.87E-01	2.47E-01	9.90	79853.40
4.14E-10	4.15E-10	8.46E-09	8.36E-09	1.14E-07	1.09E-07	1.49E-06	1.27E-06	2.80E-05	1.62E-05	9.17E-04	2.56E-04	2.79E-02	6.39E-03	6.89E-01	2.47E-01	10.00	80660.00
4.15E-10	4.14E-10	8.46E-09	8.36E-09	1.14E-07	1.09E-07	1.49E-06	1.27E-06	2.81E-05	1.62E-05	9.20E-04	2.56E-04	2.80E-02	6.39E-03	6.91E-01	2.47E-01	10.10	81466.60
4.15E-10	4.14E-10	8.46E-09	8.36E-09	1.14E-07	1.09E-07	1.49E-06	1.27E-06	2.81E-05	1.62E-05	9.23E-04	2.57E-04	2.81E-02	6.39E-03	6.92E-01	2.47E-01	10.20	82273.20
4.15E-10	4.14E-10	8.46E-09	8.36E-09	1.14E-07	1.09E-07	1.49E-06	1.27E-06	2.82E-05	1.62E-05	9.26E-04	2.57E-04	2.82E-02	6.39E-03	6.94E-01	2.47E-01	10.30	83079.80
4.15E-10	4.14E-10	8.46E-09	8.36E-09	1.14E-07	1.09E-07	1.49E-06	1.27E-06	2.82E-05	1.62E-05	9.29E-04	2.57E-04	2.83E-02	6.40E-03	6.95E-01	2.47E-01	10.40	83886.40
4.15E-10	4.16E-10	8.46E-09	8.36E-09	1.14E-07	1.09E-07	1.49E-06	1.27E-06	2.83E-05	1.62E-05	9.33E-04	2.57E-04	2.84E-02	6.40E-03	6.97E-01	2.47E-01	10.50	84693.00
4.14E-10	4.16E-10	8.46E-09	8.36E-09	1.14E-07	1.09E-07	1.49E-06	1.27E-06	2.83E-05	1.62E-05	9.36E-04	2.57E-04	2.85E-02	6.40E-03	7.01E-01	2.48E-01	10.60	85499.60
4.14E-10	4.15E-10	8.46E-09	8.36E-09	1.14E-07	1.09E-07	1.49E-06	1.27E-06	2.84E-05	1.62E-05	9.42E-04	2.57E-04	2.90E-02	6.64E-03	7.02E-01	2.49E-01	10.70	86306.20
6.00E-10	5.99E-10	1.21E-08	1.20E-08	1.61E-07	1.56E-07	1.99E-06	1.77E-06	3.34E-05	2.12E-05	9.86E-04	3.00E-04	2.92E-02	6.89E-03	7.03E-01	2.50E-01	11.00	88726.00
7.29E-10	7.28E-10	1.47E-08	1.46E-08	1.93E-07	1.88E-07	2.34E-06	2.47E-06	3.69E-05	2.47E-05	1.02E-03	3.31E-04	2.94E-02	7.07E-03	7.03E-01	2.50E-01	11.25	90742.50
8.29E-10	8.28E-10	1.67E-08	1.66E-08	2.18E-07	2.13E-07	2.61E-06	2.39E-06	3.96E-05	2.74E-05	1.04E-03	3.54E-04	2.95E-02	7.21E-03	7.04E-01	2.51E-01	11.50	92759.00
9.06E-10	9.04E-10	1.82E-08	1.81E-08	2.37E-07	2.33E-07	2.82E-06	2.59E-06	4.17E-05	2.95E-05	1.06E-03	3.72E-04	2.96E-02	7.31E-03	7.06E-01	2.53E-01	11.75	94775.50
9.65E-10	9.64E-10	1.94E-08	1.93E-08	2.52E-07	2.47E-07	2.98E-06	2.75E-06	4.33E-05	3.16E-05	1.15E-03	4.66E-04	3.02E-02	7.85E-03	7.08E-01	2.55E-01	12.00	96792.00
1.27E-09	1.27E-09	2.55E-08	2.54E-08	3.25E-07	3.29E-07	3.58E-06	3.45E-06	5.16E-05	3.95E-05	1.22E-03	5.39E-04	3.06E-02	8.27E-03	7.09E-01	2.56E-01	12.25	98808.50
1.51E-09	1.51E-09	3.02E-08	3.01E-08	3.89E-07	3.84E-07	4.22E-06	4.97E-06	5.81E-05	4.59E-05	1.28E-03	5.95E-04	3.09E-02	8.59E-03	7.10E-01	2.57E-01	12.50	100825.00
1.69E-09	1.69E-09	3.39E-08	3.38E-08	4.35E-07	4.30E-07	4.74E-06	4.67E-06	6.33E-05	5.11E-05	1.33E-03	6.40E-04	3.12E-02	8.85E-03	7.11E-01	2.58E-01	12.75	102841.50
1.84E-09	1.84E-09	3.68E-08	3.67E-08	4.72E-07	4.67E-07	5.37E-06	5.14E-06	6.73E-05	5.51E-05	1.36E-03	6.75E-04	3.14E-02	9.05E-03	7.11E-01	2.58E-01	13.00	104858.00
1.95E-09	1.95E-09	3.91E-08	3.90E-08	5.00E-07	4.96E-07	5.67E-06	5.45E-06	7.04E-05	5.82E-05	1.39E-03	7.02E-04	3.15E-02	9.20E-03	7.14E-01	2.61E-01	13.25	106874.50
2.04E-09	2.04E-09	4.07E-08	4.07E-08	5.22E-07	5.17E-07	5.98E-06	6.21E-06	7.58E-05	6.36E-05	1.44E-03	7.53E-04	3.19E-02	9.62E-03	7.17E-01	2.64E-01	13.50	108891.00
2.21E-09	2.21E-09	4.39E-08	4.38E-08	5.61E-07	5.56E-07	6.62E-06	6.40E-06	8.00E-05	6.78E-05	1.48E-03	7.92E-04	3.23E-02	9.94E-03	7.19E-01	2.66E-01	13.75	110907.50
2.34E-09	2.34E-09	4.68E-08	4.68E-08	5.98E-07	5.93E-07	7.01E-06	6.79E-06	8.39E-05	7.17E-05	1.51E-03	8.39E-04	3.26E-02	1.02E-02	7.20E-01	2.66E-01	14.00	112924.00
2.47E-09	2.46E-09	4.93E-08	4.92E-08	6.26E-07	6.21E-07	7.32E-06	7.09E-06	8.70E-05	7.48E-05	1.54E-03	8.58E-04	3.28E-02	1.04E-02	7.20E-01	2.67E-01	14.25	114940.50

PARTIAL PLANCK MEAN ABSORPTION COEFFICIENTS FOR HEATED AIR: 9000° K

Wave Number (cm⁻¹)	Photon Energy (eV)	Density × Normal							
		1.0E 01	1.0E 00	1.0E-01	10.0E-03	10.0E-04	10.0E-05	10.0E-06	10.0E-07
116957.00	14.50	7.23E-01	3.33E-02	1.63E-03	9.63E-05	8.24E-06	7.12E-07	5.61E-08	2.56E-09
		2.70E-01	1.10E-02	9.40E-04	8.41E-05	8.02E-06	7.08E-07	5.60E-08	2.56E-09
118973.50	14.75	7.25E-01	3.37E-02	1.69E-03	1.04E-04	8.96E-06	7.79E-07	6.15E-08	2.83E-09
		2.72E-01	1.14E-02	1.00E-03	9.13E-05	8.73E-06	7.74E-07	6.14E-08	2.83E-09
120990.00	15.00	7.27E-01	3.40E-02	1.74E-03	1.09E-04	9.51E-06	8.31E-07	6.56E-08	3.04E-09
		2.74E-01	1.17E-02	1.05E-03	9.69E-05	9.29E-06	8.26E-07	6.55E-08	3.04E-09
123006.50	15.25	7.28E-01	3.43E-02	1.78E-03	1.13E-04	9.94E-06	8.71E-07	6.88E-08	3.21E-09
		2.75E-01	1.19E-02	1.09E-03	1.01E-04	9.72E-06	8.66E-07	6.87E-08	3.21E-09
125023.00	15.50	7.29E-01	3.45E-02	1.81E-03	1.17E-04	1.01E-05	9.02E-07	7.13E-08	3.33E-09
		2.76E-01	1.21E-02	1.12E-03	1.05E-04	1.05E-05	8.97E-07	7.12E-08	3.33E-09
127039.50	15.75	7.30E-01	3.46E-02	1.83E-03	1.19E-04	1.03E-05	9.26E-07	7.31E-08	3.43E-09
		2.77E-01	1.23E-02	1.14E-03	1.07E-04	1.07E-05	9.21E-07	7.30E-08	3.43E-09
129056.00	16.00	7.30E-01	3.47E-02	1.85E-03	1.21E-04	1.07E-05	9.43E-07	7.46E-08	3.50E-09
		2.77E-01	1.24E-02	1.16E-03	1.09E-04	1.09E-05	9.39E-07	7.45E-08	3.50E-09
131072.50	16.25	7.31E-01	3.48E-02	1.86E-03	1.23E-04	1.09E-05	9.57E-07	7.56E-08	3.56E-09
		2.77E-01	1.25E-02	1.17E-03	1.11E-04	1.06E-05	9.52E-07	7.55E-08	3.56E-09
133089.00	16.50	7.31E-01	3.49E-02	1.87E-03	1.24E-04	1.10E-05	9.67E-07	7.65E-08	3.60E-09
		2.78E-01	1.25E-02	1.18E-03	1.12E-04	1.08E-05	9.62E-07	7.64E-08	3.63E-09
135105.50	16.75	7.31E-01	3.49E-02	1.88E-03	1.25E-04	1.11E-05	9.75E-07	7.71E-08	3.63E-09
		2.78E-01	1.26E-02	1.19E-03	1.12E-04	1.09E-05	9.70E-07	7.70E-08	3.66E-09
137122.00	17.00	7.31E-01	3.49E-02	1.88E-03	1.25E-04	1.11E-05	9.81E-07	7.76E-08	3.66E-09
		2.78E-01	1.26E-02	1.20E-03	1.13E-04	1.09E-05	9.76E-07	7.75E-08	3.68E-09
139138.50	17.25	7.32E-01	3.50E-02	1.89E-03	1.26E-04	1.12E-05	9.86E-07	7.80E-08	3.67E-09
		2.78E-01	1.26E-02	1.20E-03	1.14E-04	1.10E-05	9.81E-07	7.79E-08	3.69E-09
141155.00	17.50	7.32E-01	3.50E-02	1.89E-03	1.26E-04	1.12E-05	9.90E-07	7.82E-08	3.69E-09
		2.79E-01	1.27E-02	1.21E-03	1.14E-04	1.10E-05	9.85E-07	7.81E-08	3.70E-09
143171.50	17.75	7.32E-01	3.50E-02	1.89E-03	1.26E-04	1.12E-05	9.92E-07	7.85E-08	3.70E-09
		2.79E-01	1.27E-02	1.21E-03	1.14E-04	1.10E-05	9.87E-07	7.84E-08	3.71E-09
145188.00	18.00	7.32E-01	3.50E-02	1.90E-03	1.27E-04	1.10E-05	9.94E-07	7.86E-08	3.72E-09
		2.79E-01	1.27E-02	1.21E-03	1.15E-04	1.13E-05	9.89E-07	7.85E-08	3.72E-09
147204.50	18.25	7.32E-01	3.50E-02	1.90E-03	1.27E-04	1.11E-05	9.96E-07	7.87E-08	3.72E-09
		2.79E-01	1.27E-02	1.21E-03	1.15E-04	1.13E-05	9.91E-07	7.86E-08	3.73E-09
149221.00	18.50	7.32E-01	3.51E-02	1.90E-03	1.27E-04	1.11E-05	9.97E-07	7.88E-08	3.73E-09
		2.79E-01	1.27E-02	1.21E-03	1.15E-04	1.13E-05	9.92E-07	7.87E-08	3.73E-09
151237.50	18.75	7.32E-01	3.51E-02	1.90E-03	1.27E-04	1.11E-05	9.98E-07	7.88E-08	3.73E-09
		2.79E-01	1.27E-02	1.21E-03	1.15E-04	1.13E-05	9.93E-07	7.90E-08	3.73E-09
153254.00	19.00	7.32E-01	3.51E-02	1.90E-03	1.27E-04	1.11E-05	9.98E-07	7.89E-08	3.73E-09
		2.79E-01	1.27E-02	1.21E-03	1.15E-04	1.13E-05	9.93E-07	7.90E-08	3.73E-09
155270.50	19.25	7.32E-01	3.51E-02	1.90E-03	1.27E-04	1.11E-05	9.99E-07	7.89E-08	3.73E-09
		2.79E-01	1.27E-02	1.21E-03	1.15E-04	1.13E-05	9.94E-07	7.90E-08	3.73E-09
157287.00	19.50	7.32E-01	3.51E-02	1.90E-03	1.27E-04	1.11E-05	9.99E-07	7.89E-08	3.73E-09
		2.79E-01	1.27E-02	1.22E-03	1.15E-04	1.13E-05	9.94E-07	7.90E-08	3.73E-09
159303.50	19.75	7.32E-01	3.51E-02	1.90E-03	1.27E-04	1.11E-05	1.00E-06	7.89E-08	3.73E-09
		2.79E-01	1.27E-02	1.22E-03	1.15E-04	1.13E-05	9.95E-07	7.91E-08	3.73E-09
161320.00	20.00	7.32E-01	3.51E-02	1.90E-03	1.27E-04	1.11E-05	1.00E-06	7.90E-08	3.73E-09
		2.79E-01	1.27E-02	1.22E-03	1.15E-04	1.11E-05	9.95E-07	7.90E-08	3.73E-09

Density × Normal

Wave Number (cm⁻¹)	Photon Energy (eV)	1.0E 01	1.0E 00	1.0E-01	10.0E-03	10.0E-04	10.0E-05	10.0E-06	10.0E-07
4839.60	0.60	2.16E-03	1.97E-04	2.15E-05	1.88E-06	1.77E-07	1.46E-08	8.14E-10	1.98E-11
		2.13E-03	1.96E-04	2.15E-05	1.88E-06	1.77E-07	1.46E-08	8.14E-10	1.98E-11
5646.20	0.70	4.53E-03	4.20E-04	4.53E-05	4.25E-06	3.67E-07	3.02E-08	1.69E-09	4.11E-11
		4.21E-03	4.06E-04	4.50E-05	4.25E-06	3.67E-07	3.02E-08	1.69E-09	4.11E-11
6452.80	0.80	8.04E-03	7.08E-04	7.20E-05	6.84E-06	6.07E-07	5.00E-08	2.70E-09	6.34E-11
		6.26E-03	6.28E-04	7.06E-05	6.83E-06	6.06E-07	5.00E-08	2.70E-09	6.34E-11
7259.40	0.90	1.40E-02	1.11E-03	1.02E-04	9.56E-06	8.60E-07	7.09E-08	3.85E-09	9.15E-11
		8.23E-03	8.56E-04	9.72E-05	9.51E-06	8.60E-07	7.09E-08	5.02E-09	9.15E-11
8066.00	1.00	2.18E-02	1.61E-03	1.34E-04	1.23E-05	1.11E-06	9.19E-08	5.02E-09	1.20E-10
		1.01E-02	1.09E-03	1.25E-04	1.22E-05	1.16E-06	9.19E-08	5.02E-09	1.20E-10
8872.60	1.10	3.13E-02	2.18E-03	1.67E-04	1.50E-05	1.37E-06	1.12E-07	6.15E-09	1.47E-10
		1.31E-02	1.31E-03	1.51E-04	1.49E-05	1.60E-06	1.31E-07	6.15E-09	1.73E-10
9679.20	1.20	4.34E-02	2.86E-03	2.00E-04	1.76E-05	1.60E-06	1.31E-07	7.20E-09	1.73E-10
		1.36E-02	1.52E-03	1.76E-04	1.73E-05	1.60E-06	1.31E-07	7.20E-09	1.73E-10

Continuation (same density columns):

Wave Number (cm⁻¹)	Photon Energy (eV)	1.0E 01	1.0E 00	1.0E-01	10.0E-03	10.0E-04	10.0E-05	10.0E-06	10.0E-07
163336.50	20.25	7.32E-01	3.51E-02	1.90E-03	1.27E-04	1.13E-05	1.00E-06	7.91E-08	3.73E-09
		2.79E-01	1.27E-02	1.22E-03	1.15E-04	1.11E-05	9.95E-08	7.90E-08	3.73E-09
165353.00	20.50	7.32E-01	3.51E-02	1.90E-03	1.27E-04	1.13E-05	1.00E-06	7.91E-08	3.73E-09
		2.79E-01	1.27E-02	1.22E-03	1.15E-04	1.11E-05	9.95E-08	7.90E-08	3.73E-09
167369.50	20.75	7.32E-01	3.51E-02	1.90E-03	1.27E-04	1.13E-05	1.00E-06	7.91E-08	3.73E-09
		2.79E-01	1.27E-02	1.22E-03	1.15E-04	1.11E-05	9.95E-08	7.91E-08	3.73E-09
169386.00	21.00	7.32E-01	3.51E-02	1.90E-03	1.27E-04	1.13E-05	1.00E-06	7.90E-08	3.73E-09
		2.79E-01	1.27E-02	1.22E-03	1.15E-04	1.11E-05	9.95E-08	7.91E-08	3.74E-09
171402.50	21.25	2.79E-01	1.27E-02	1.22E-03	1.15E-04	1.11E-05	9.95E-08	7.90E-08	3.73E-09
		7.32E-01	3.51E-02	1.90E-03	1.27E-04	1.13E-05	1.00E-06	7.90E-08	3.73E-09
173419.00	21.50	2.79E-01	1.27E-02	1.22E-03	1.15E-04	1.11E-05	9.95E-08	7.91E-08	3.74E-09
		7.32E-01	3.51E-02	1.90E-03	1.27E-04	1.13E-05	1.00E-06	7.90E-08	3.73E-09
175435.50	21.75	2.79E-01	1.27E-02	1.22E-03	1.15E-04	1.11E-05	9.95E-08	7.91E-08	3.74E-09
		7.32E-01	3.51E-02	1.90E-03	1.27E-04	1.13E-05	1.00E-06	7.90E-08	3.74E-09
177452.00	22.00	2.79E-01	1.27E-02	1.22E-03	1.15E-04	1.11E-05	9.95E-08	7.91E-08	3.74E-09
		7.32E-01	3.51E-02	1.90E-03	1.27E-04	1.13E-05	1.00E-06	7.90E-08	3.73E-09
179468.50	22.25	2.79E-01	1.27E-02	1.22E-03	1.15E-04	1.11E-05	9.95E-08	7.91E-08	3.74E-09
		7.32E-01	3.51E-02	1.90E-03	1.27E-04	1.13E-05	1.00E-06	7.90E-08	3.73E-09
181485.00	22.50	2.79E-01	1.27E-02	1.22E-03	1.15E-04	1.11E-05	9.95E-08	7.91E-08	3.73E-09
		7.32E-01	3.51E-02	1.90E-03	1.27E-04	1.13E-05	1.00E-06	7.90E-08	3.73E-09
183501.50	22.75	2.79E-01	1.27E-02	1.22E-03	1.15E-04	1.11E-05	9.95E-08	7.91E-08	3.73E-09
		7.32E-01	3.51E-02	1.90E-03	1.27E-04	1.13E-05	1.00E-06	7.91E-08	3.73E-09
185518.00	23.00	2.79E-01	1.27E-02	1.22E-03	1.15E-04	1.11E-05	9.95E-08	7.90E-08	3.74E-09
		7.32E-01	3.51E-02	1.90E-03	1.27E-04	1.13E-05	1.00E-06	7.91E-08	3.73E-09
187534.50	23.25	2.79E-01	1.27E-02	1.22E-03	1.15E-04	1.11E-05	9.96E-07	7.90E-08	3.73E-09

PARTIAL PLANCK MEAN ABSORPTION COEFFICIENTS FOR HEATED AIR: 10000° K

Wave Number (cm⁻¹)	Photon Energy (eV)	Density × Normal							
		1.0E 01	1.0E 00	1.0E-01	10.0E-03	10.0E-04	10.0E-05	10.0E-06	10.0E-07
10485.80	1.30	5.71E-02	3.63E-03	2.38E-04	1.98E-05	1.80E-06	1.47E-07	8.12E-09	1.95E-10
11292.40	1.40	7.64E-02	4.64E-03	2.77E-04	2.24E-05	1.97E-06	1.60E-07	8.85E-09	2.13E-10
12099.00	1.50	9.78E-02	5.70E-03	3.17E-04	2.49E-05	2.18E-06	1.78E-07	9.80E-09	2.30E-10
12905.60	1.60	1.19E-01	6.70E-03	3.53E-04	2.72E-05	2.38E-06	1.93E-07	1.06E-08	2.50E-10
13712.20	1.70	1.49E-01	8.10E-03	3.95E-04	2.94E-05	2.56E-06	2.08E-07	1.14E-08	2.70E-10
14518.80	1.80	1.77E-01	9.35E-03	4.33E-04	3.14E-05	2.72E-06	2.21E-07	1.22E-08	2.88E-10
15325.40	1.90	2.11E-01	1.09E-02	4.75E-04	3.33E-05	2.87E-06	2.33E-07	1.28E-08	3.03E-10
16132.00	2.00	2.33E-01	1.19E-02	5.06E-04	3.49E-05	3.01E-06	2.44E-07	1.34E-08	3.18E-10
16938.60	2.10	2.49E-01	1.26E-02	5.31E-04	3.64E-05	3.13E-06	2.53E-07	1.39E-08	3.31E-10
17745.20	2.20	2.63E-01	1.32E-02	5.53E-04	3.77E-05	3.23E-06	2.62E-07	1.44E-08	3.42E-10
18551.80	2.30	2.73E-01	1.36E-02	5.71E-04	3.88E-05	3.33E-06	2.69E-07	1.48E-08	3.52E-10
19358.40	2.40	2.81E-01	1.39E-02	5.90E-04	3.98E-05	3.41E-06	2.75E-07	1.52E-08	3.60E-10
20165.00	2.50	2.88E-01	1.42E-02	6.07E-04	4.11E-05	3.47E-06	2.81E-07	1.54E-08	3.67E-10
20971.60	2.60	2.96E-01	1.45E-02	4.24E-04	4.24E-05	3.55E-06	2.88E-07	1.57E-08	3.73E-10
21778.20	2.70	3.04E-01	1.48E-02	4.57E-04	4.38E-05	3.68E-06	2.97E-07	1.61E-08	3.82E-10
22584.80	2.80	3.12E-01	1.52E-02	4.73E-04	4.51E-05	3.78E-06	3.04E-07	1.65E-08	3.93E-10
23391.40	2.90	3.21E-01	1.56E-02	5.02E-04	4.64E-05	3.87E-06	3.11E-07	1.69E-08	4.02E-10
24198.00	3.00	3.31E-01	1.61E-02	7.14E-04	4.78E-05	3.96E-06	3.18E-07	1.72E-08	4.11E-10
25004.60	3.10	3.42E-01	1.66E-02	5.28E-04	4.88E-05	3.92E-06	3.24E-07	1.75E-08	4.18E-10
25811.20	3.20	3.56E-01	1.75E-02	7.75E-04	5.06E-05	4.13E-06	3.29E-07	1.78E-08	4.25E-10
26617.80	3.30	3.70E-01	1.82E-02	8.02E-04	5.17E-05	4.20E-06	3.34E-07	1.81E-08	4.31E-10
27424.40	3.40	3.83E-01	1.87E-02	8.19E-04	5.25E-05	4.25E-06	3.38E-07	1.83E-08	4.37E-10

(index)	(index)	E-10	E-10	E-08	E-08	E-07	E-07	E-06	E-06	E-05	E-05	E-04	E-04	E-02	E-02	E-01	E-01
28231.00	3.50	4.41E-10	4.41E-10	1.85E-08	1.85E-08	3.42E-07	3.40E-07	4.33E-06	4.21E-06	5.41E-05	4.87E-05	8.65E-04	5.73E-04	1.99E-02	7.34E-02	4.08E-01	1.51E-01
29037.60	3.60	4.46E-10	4.45E-10	1.87E-08	1.86E-08	3.45E-07	3.43E-07	4.38E-06	4.26E-06	5.51E-05	4.94E-05	8.92E-04	5.86E-04	2.07E-02	7.65E-03	4.27E-01	1.61E-01
29844.20	3.70	4.49E-10	4.49E-10	1.88E-08	1.88E-08	3.48E-07	3.46E-07	4.42E-06	4.29E-06	5.59E-05	5.00E-05	9.16E-04	5.98E-04	2.17E-02	7.98E-03	4.52E-01	1.72E-01
30650.80	3.80	4.52E-10	4.52E-10	1.90E-08	1.89E-08	3.51E-07	3.48E-07	4.46E-06	4.33E-06	5.67E-05	5.06E-05	9.61E-04	6.12E-04	2.25E-02	8.30E-03	4.74E-01	1.82E-01
31457.40	3.90	4.56E-10	4.55E-10	1.91E-08	1.91E-08	3.54E-07	3.51E-07	4.50E-06	4.37E-06	5.75E-05	5.13E-05	9.61E-04	6.24E-04	2.32E-02	8.61E-03	4.93E-01	1.92E-01
32264.00	4.00	4.59E-10	4.59E-10	1.92E-08	1.92E-08	3.57E-07	3.54E-07	4.55E-06	4.41E-06	5.89E-05	5.19E-05	9.37E-04	6.37E-04	2.41E-02	8.92E-03	5.18E-01	2.02E-01
33070.60	4.10	4.62E-10	4.62E-10	1.94E-08	1.94E-08	3.60E-07	3.57E-07	4.59E-06	4.46E-06	5.98E-05	5.26E-05	1.00E-03	6.51E-04	2.46E-02	9.23E-03	5.33E-01	2.11E-01
33877.20	4.20	4.66E-10	4.66E-10	1.95E-08	1.95E-08	3.63E-07	3.60E-07	4.65E-06	4.52E-06	6.06E-05	5.34E-05	1.02E-03	6.64E-04	2.54E-02	9.52E-03	5.55E-01	2.20E-01
34683.80	4.30	4.73E-10	4.72E-10	1.98E-08	1.98E-08	3.67E-07	3.65E-07	4.71E-06	4.58E-06	6.14E-05	5.42E-05	1.05E-03	6.77E-04	2.59E-02	9.80E-03	5.70E-01	2.29E-01
35490.40	4.40	4.79E-10	4.78E-10	2.01E-08	2.00E-08	3.71E-07	3.69E-07	4.77E-06	4.63E-06	6.27E-05	5.49E-05	1.08E-03	6.89E-04	2.63E-02	1.01E-02	5.85E-01	2.37E-01
36297.00	4.50	4.84E-10	4.84E-10	2.03E-08	2.02E-08	3.75E-07	3.73E-07	4.82E-06	4.68E-06	6.33E-05	5.55E-05	1.11E-03	7.00E-04	2.67E-02	1.03E-02	6.15E-01	2.44E-01
37103.60	4.60	4.89E-10	4.89E-10	2.05E-08	2.04E-08	3.79E-07	3.76E-07	4.86E-06	4.73E-06	6.39E-05	5.62E-05	1.09E-03	7.11E-04	2.71E-02	1.05E-02	6.15E-01	2.51E-01
37910.20	4.70	4.94E-10	4.94E-10	2.07E-08	2.06E-08	3.82E-07	3.79E-07	4.91E-06	4.77E-06	6.44E-05	5.67E-05	1.20E-03	7.20E-04	2.76E-02	1.08E-02	6.30E-01	2.58E-01
38716.80	4.80	4.98E-10	4.98E-10	2.08E-08	2.08E-08	3.85E-07	3.82E-07	4.95E-06	4.81E-06	6.49E-05	5.73E-05	1.10E-03	7.30E-04	2.80E-02	1.10E-02	6.45E-01	2.64E-01
39523.40	4.90	5.02E-10	5.02E-10	2.10E-08	2.10E-08	3.88E-07	3.85E-07	4.99E-06	4.85E-06	6.53E-05	5.78E-05	1.12E-03	7.38E-04	2.84E-02	1.12E-02	6.60E-01	2.70E-01
40330.00	5.00	5.06E-10	5.06E-10	2.11E-08	2.11E-08	3.91E-07	3.88E-07	5.02E-06	4.88E-06	6.57E-05	5.82E-05	1.13E-03	7.46E-04	2.87E-02	1.13E-02	6.74E-01	2.76E-01
41136.60	5.10	5.09E-10	5.09E-10	2.13E-08	2.12E-08	3.93E-07	3.90E-07	5.05E-06	4.91E-06	6.61E-05	5.87E-05	1.14E-03	7.53E-04	2.91E-02	1.15E-02	6.88E-01	2.81E-01
41943.20	5.20	5.13E-10	5.12E-10	2.14E-08	2.14E-08	3.95E-07	3.92E-07	5.08E-06	4.97E-06	6.65E-05	5.91E-05	1.15E-03	7.60E-04	2.94E-02	1.17E-02	7.06E-01	2.86E-01
42749.80	5.30	5.15E-10	5.15E-10	2.15E-08	2.15E-08	3.97E-07	3.94E-07	5.11E-06	5.02E-06	6.68E-05	5.94E-05	1.16E-03	7.66E-04	2.98E-02	1.18E-02	7.15E-01	2.91E-01
43556.40	5.40	5.18E-10	5.18E-10	2.16E-08	2.16E-08	3.99E-07	3.96E-07	5.13E-06	5.04E-06	6.72E-05	5.98E-05	1.16E-03	7.72E-04	3.01E-02	1.20E-02	7.26E-01	2.95E-01
44363.00	5.50	5.21E-10	5.21E-10	2.17E-08	2.18E-08	4.01E-07	3.98E-07	5.16E-06	5.06E-06	6.75E-05	6.01E-05	1.20E-03	7.78E-04	3.04E-02	1.21E-02	7.39E-01	2.99E-01
45169.60	5.60	5.23E-10	5.23E-10	2.18E-08	2.19E-08	4.02E-07	4.00E-07	5.18E-06	5.08E-06	6.77E-05	6.04E-05	1.21E-03	7.83E-04	3.07E-02	1.22E-02	7.52E-01	3.03E-01
45976.20	5.70	5.25E-10	5.25E-10	2.19E-08	2.19E-08	4.04E-07	4.01E-07	5.22E-06	5.06E-06	6.80E-05	6.05E-05	1.22E-03	7.88E-04	3.10E-02	1.23E-02	7.61E-01	3.06E-01
46782.80	5.80	5.27E-10	5.27E-10	2.20E-08	2.20E-08	4.05E-07	4.03E-07	5.23E-06	5.08E-06	6.09E-05	6.08E-05	1.19E-03	7.93E-04	3.12E-02	1.24E-02	7.70E-01	3.10E-01
47589.40	5.90	5.29E-10	5.29E-10	2.20E-08	2.20E-08	4.07E-07	4.04E-07	5.10E-06	5.10E-06	6.12E-05	6.10E-05	1.20E-03	7.98E-04	3.14E-02	1.26E-02	7.78E-01	3.14E-01

PARTIAL PLANCK MEAN ABSORPTION COEFFICIENTS FOR HEATED AIR: 10000° K

Wave Number (cm⁻¹)	Photon Energy (eV)	Density × Normal							
		1.0E 01	1.0E 00	1.0E-01	10.0E-03	10.0E-04	10.0E-05	10.0E-06	10.0E-07
48396.00	6.00	7.85E-01	3.16E-02	1.20E-03	6.83E-05	5.25E-06	4.08E-07	2.21E-08	5.31E-10
49202.60	6.10	7.97E-01	3.19E-02	1.21E-03	6.85E-05	5.26E-06	4.09E-07	2.22E-08	5.32E-10
50009.20	6.20	8.05E-01	3.21E-02	1.22E-03	6.87E-05	5.28E-06	4.10E-07	2.22E-08	5.33E-10
50815.80	6.30	8.11E-01	3.23E-02	1.22E-03	6.89E-05	5.29E-06	4.11E-07	2.23E-08	5.35E-10
51622.40	6.40	8.19E-01	3.25E-02	1.23E-03	6.91E-05	5.30E-06	4.12E-07	2.23E-08	5.36E-10
52429.00	6.50	8.27E-01	3.27E-02	1.23E-03	6.93E-05	5.31E-06	4.13E-07	2.24E-08	5.37E-10
53235.60	6.60	8.32E-01	3.29E-02	1.23E-03	6.94E-05	5.33E-06	4.13E-07	2.24E-08	5.38E-10
54042.20	6.70	8.38E-01	3.31E-02	1.24E-03	6.96E-05	5.34E-06	4.14E-07	2.25E-08	5.39E-10
54848.80	6.80	8.44E-01	3.32E-02	1.24E-03	6.97E-05	5.35E-06	4.15E-07	2.25E-08	5.40E-10
55655.40	6.90	8.48E-01	3.34E-02	1.25E-03	6.99E-05	5.36E-06	4.15E-07	2.26E-08	5.41E-10
56462.00	7.00	8.52E-01	3.35E-02	1.25E-03	7.00E-05	5.37E-06	4.16E-07	2.26E-08	5.42E-10
57268.60	7.10	8.58E-01	3.36E-02	1.25E-03	7.01E-05	5.37E-06	4.16E-07	2.26E-08	5.43E-10
58075.20	7.20	8.63E-01	3.38E-02	1.26E-03	7.02E-05	5.38E-06	4.17E-07	2.26E-08	5.43E-10
58881.80	7.30	8.68E-01	3.39E-02	1.26E-03	7.03E-05	5.38E-06	4.17E-07	2.26E-08	5.44E-10
59688.40	7.40	8.73E-01	3.40E-02	1.26E-03	7.04E-05	5.39E-06	4.18E-07	2.26E-08	5.44E-10
60495.00	7.50	8.78E-01	3.42E-02	1.27E-03	7.05E-05	5.39E-06	4.18E-07	2.27E-08	5.45E-10
61301.60	7.60	8.83E-01	3.43E-02	1.27E-03	7.06E-05	5.40E-06	4.19E-07	2.27E-08	5.45E-10
62108.20	7.70	8.88E-01	3.44E-02	1.27E-03	7.07E-05	5.40E-06	4.19E-07	2.27E-08	5.46E-10
62914.80	7.80	8.93E-01	3.46E-02	1.28E-03	7.08E-05	5.41E-06	4.19E-07	2.27E-08	5.46E-10
63721.40	7.90	8.98E-01	3.47E-02	1.28E-03	7.09E-05	5.41E-06	4.20E-07	2.28E-08	5.47E-10
64528.00	8.00	9.02E-01	3.49E-02	1.28E-03	7.09E-05	5.41E-06	4.20E-07	2.28E-08	5.47E-10
65334.60	8.10	9.07E-01	3.50E-02	1.28E-03	6.37E-05	5.27E-06	4.17E-07	2.27E-08	5.47E-10

66141.20	8.20	9.12E-01	3.51E-02	1.28E-03	7.10E-05	5.42E-06	4.20E-07	2.28E-08	5.48E-10
		3.77E-01	1.41E-02	8.49E-04	6.38E-05	5.28E-06	4.17E-07	2.28E-08	5.48E-10
66947.80	8.30	9.16E-01	3.53E-02	1.29E-03	7.11E-05	5.28E-06	4.20E-07	2.28E-08	5.48E-10
		3.80E-01	1.41E-02	8.50E-04	6.38E-05	5.28E-06	4.17E-07	2.28E-08	5.48E-10
67754.40	8.40	9.21E-01	3.54E-02	1.29E-03	7.11E-05	5.42E-06	4.20E-07	2.28E-08	5.48E-10
		3.82E-01	1.41E-02	8.51E-04	6.39E-05	5.28E-06	4.18E-07	2.28E-08	5.48E-10
68561.00	8.50	9.25E-01	3.56E-02	1.29E-03	7.12E-05	5.28E-06	4.21E-07	2.28E-08	5.49E-10
		3.83E-01	1.42E-02	8.51E-04	6.39E-05	5.43E-06	4.18E-07	2.28E-08	5.49E-10
69367.60	8.60	9.30E-01	3.57E-02	1.30E-03	7.12E-05	5.43E-06	4.21E-07	2.28E-08	5.49E-10
		3.85E-01	1.42E-02	8.52E-04	6.39E-05	5.29E-06	4.18E-07	2.28E-08	5.49E-10
70174.20	8.70	9.34E-01	3.59E-02	1.30E-03	7.13E-05	5.29E-06	4.21E-07	2.28E-08	5.49E-10
		3.87E-01	1.42E-02	8.53E-04	6.40E-05	5.43E-06	4.18E-07	2.28E-08	5.49E-10
70980.80	8.80	9.38E-01	3.60E-02	1.30E-03	7.13E-05	5.43E-06	4.21E-07	2.28E-08	5.49E-10
		3.88E-01	1.42E-02	8.53E-04	6.40E-05	5.29E-06	4.18E-07	2.28E-08	5.49E-10
71787.40	8.90	9.43E-01	3.62E-02	1.31E-03	7.14E-05	5.29E-06	4.21E-07	2.28E-08	5.49E-10
		3.90E-01	1.43E-02	8.54E-04	6.40E-05	5.43E-06	4.18E-07	2.28E-08	5.49E-10
72594.00	9.00	9.47E-01	3.63E-02	1.31E-03	7.14E-05	5.43E-06	4.21E-07	2.28E-08	5.49E-10
		3.91E-01	1.43E-02	8.54E-04	6.41E-05	5.29E-06	4.18E-07	2.29E-08	5.49E-10
73400.60	9.10	9.51E-01	3.65E-02	1.31E-03	7.15E-05	5.29E-06	4.21E-07	2.28E-08	5.49E-10
		3.92E-01	1.43E-02	8.55E-04	6.41E-05	5.44E-06	4.19E-07	2.28E-08	5.50E-10
74207.20	9.20	9.55E-01	3.67E-02	1.31E-03	7.15E-05	5.44E-06	4.21E-07	2.28E-08	5.50E-10
		3.93E-01	1.43E-02	8.55E-04	6.41E-05	5.29E-06	4.19E-07	2.28E-08	5.50E-10
75013.80	9.30	9.59E-01	3.68E-02	1.32E-03	7.16E-05	5.44E-06	4.22E-07	2.28E-08	5.50E-10
		3.94E-01	1.43E-02	8.56E-04	6.41E-05	5.30E-06	4.19E-07	2.28E-08	5.50E-10
75820.40	9.40	9.63E-01	3.70E-02	1.32E-03	7.16E-05	5.44E-06	4.22E-07	2.29E-08	5.50E-10
		3.67E-01	1.43E-02	8.56E-04	6.41E-05	5.30E-06	4.19E-07	2.28E-08	5.50E-10
76627.00	9.50	9.67E-01	3.71E-02	1.32E-03	7.17E-05	5.44E-06	4.22E-07	2.29E-08	5.50E-10
		3.94E-01	1.44E-02	8.57E-04	6.42E-05	5.30E-06	4.19E-07	2.28E-08	5.50E-10
77433.60	9.60	9.71E-01	3.73E-02	1.33E-03	7.18E-05	5.45E-06	4.22E-07	2.29E-08	5.51E-10
		3.95E-01	1.44E-02	8.57E-04	6.42E-05	5.30E-06	4.19E-07	2.29E-08	5.50E-10
78240.20	9.70	9.74E-01	3.75E-02	1.33E-03	7.18E-05	5.45E-06	4.22E-07	2.29E-08	5.51E-10
		3.95E-01	1.44E-02	8.57E-04	6.42E-05	5.30E-06	4.19E-07	2.29E-08	5.50E-10
79046.80	9.80	9.78E-01	3.77E-02	1.33E-03	7.19E-05	5.45E-06	4.22E-07	2.29E-08	5.51E-10
		3.95E-01	1.44E-02	8.58E-04	6.42E-05	5.31E-06	4.20E-07	2.29E-08	5.51E-10
79853.40	9.90	9.82E-01	3.78E-02	1.34E-03	7.19E-05	5.45E-06	4.23E-07	2.29E-08	5.51E-10
		3.95E-01	1.44E-02	8.58E-04	6.42E-05	5.31E-06	4.20E-07	2.29E-08	5.51E-10
80660.00	10.00	9.86E-01	3.80E-02	1.34E-03	7.20E-05	5.45E-06	4.23E-07	2.29E-08	5.51E-10
		3.95E-01	1.44E-02	8.58E-04	6.43E-05	5.31E-06	4.20E-07	2.29E-08	5.51E-10
81466.60	10.10	9.90E-01	3.82E-02	1.34E-03	7.20E-05	5.46E-06	4.23E-07	2.29E-08	5.51E-10
		3.94E-01	1.44E-02	8.58E-04	6.43E-05	5.31E-06	4.20E-07	2.29E-08	5.51E-10
82273.20	10.20	9.94E-01	3.84E-02	1.35E-03	7.21E-05	5.46E-06	4.23E-07	2.29E-08	5.51E-10
		3.95E-01	1.44E-02	8.59E-04	6.43E-05	5.31E-06	4.20E-07	2.29E-08	5.51E-10
83079.80	10.30	9.98E-01	3.85E-02	1.35E-03	7.21E-05	5.46E-06	4.23E-07	2.29E-08	5.51E-10
		3.96E-01	1.44E-02	8.59E-04	6.43E-05	5.31E-06	4.20E-07	2.29E-08	5.52E-10
83886.40	10.40	1.00E 00	3.87E-02	1.35E-03	7.21E-05	5.46E-06	4.23E-07	2.29E-08	5.52E-10
		3.96E-01	1.44E-02	8.59E-04	6.43E-05	5.31E-06	4.20E-07	2.29E-08	5.52E-10
84693.00	10.50	1.01E 00	3.89E-02	1.36E-03	7.22E-05	5.46E-06	4.23E-07	2.30E-08	5.52E-10
		3.96E-01	1.44E-02	8.59E-04	6.43E-05	5.32E-06	4.20E-07	2.29E-08	5.52E-10
85499.60	10.60	1.01E 00	3.91E-02	1.36E-03	7.22E-05	5.46E-06	4.23E-07	2.30E-08	5.52E-10
		3.96E-01	1.44E-02	8.59E-04	6.43E-05	5.32E-06	4.20E-07	2.29E-08	5.52E-10

PARTIAL PLANCK MEAN ABSORPTION COEFFICIENTS FOR HEATED AIR: 10000° K

Each photon-energy entry is listed on two successive rows.

Wave Number (cm⁻¹)	Photon Energy (eV)	Density × Normal							
		1.0E 01	1.0E 00	1.0E-01	10.0E-03	10.0E-04	10.0E-05	10.0E-06	10.0E-07
86306.20	10.70	1.03E 00	4.09E-02	1.56E-03	7.23E-05	5.47E-06	4.23E-07	2.30E-08	5.52E-10
		4.03E-01	1.58E-02	1.75E-03	6.44E-05	5.32E-06	4.20E-07	2.29E-08	5.52E-10
88726.00	11.00	1.03E 00	4.24E-02	1.25E-03	9.28E-05	7.39E-06	5.81E-07	3.16E-08	7.56E-10
		4.10E-01	1.73E-02	1.90E-03	8.48E-05	7.24E-06	5.78E-07	3.15E-08	7.56E-10
90742.50	11.25	1.04E 00	4.35E-02	1.39E-03	1.08E-04	8.79E-06	6.95E-07	3.78E-08	9.04E-10
		4.15E-01	1.84E-02	2.01E-03	9.96E-05	8.64E-06	6.92E-07	3.78E-08	9.04E-10
92759.00	11.50	1.04E 00	4.43E-02	1.51E-03	1.19E-04	9.90E-06	7.86E-07	4.27E-08	1.02E-09
		4.19E-01	1.92E-02	2.11E-03	1.11E-04	9.76E-06	7.83E-07	4.27E-08	1.02E-09
94775.50	11.75	1.05E 00	4.50E-02	1.60E-03	1.29E-04	1.08E-05	8.58E-07	4.67E-08	1.12E-09
		4.22E-01	1.99E-02	2.54E-03	1.21E-04	1.06E-05	8.56E-07	4.67E-08	1.12E-09
96792.00	12.00	1.06E 00	4.82E-02	2.03E-03	1.73E-04	1.15E-05	9.16E-07	4.99E-08	1.19E-09
		4.37E-01	2.32E-02	2.88E-03	1.65E-04	1.13E-05	9.13E-07	4.98E-08	1.19E-09
98808.50	12.25	1.07E 00	5.08E-02	2.37E-03	2.08E-04	1.48E-05	1.19E-06	6.47E-08	1.54E-09
		4.49E-01	2.57E-02	3.15E-03	2.00E-04	1.47E-05	1.18E-06	6.47E-08	1.54E-09
100825.00	12.50	1.08E 00	5.29E-02	2.65E-03	2.37E-04	1.75E-05	1.40E-06	7.65E-08	1.82E-09
		4.59E-01	2.78E-02	3.38E-03	2.29E-04	1.73E-05	1.40E-06	7.65E-08	1.82E-09
102841.50	12.75	1.09E 00	5.46E-02	2.88E-03	2.60E-04	1.97E-05	1.58E-06	8.59E-08	2.05E-09
		4.67E-01	2.95E-02	3.57E-03	2.52E-04	1.96E-05	1.57E-06	8.59E-08	2.05E-09
104858.00	13.00	1.10E 00	5.60E-02	3.06E-03	2.79E-04	2.15E-05	1.72E-06	9.39E-08	2.24E-09
		4.74E-01	3.09E-02	3.71E-03	2.71E-04	2.13E-05	1.72E-06	9.38E-08	2.24E-09
106874.50	13.25	1.10E 00	5.70E-02	3.20E-03	2.94E-04	2.29E-05	1.84E-06	1.00E-07	2.38E-09
		4.79E-01	3.20E-02	3.43E-03	2.86E-04	2.27E-05	1.83E-06	1.00E-07	2.38E-09
108891.00	13.50	1.12E 00	5.90E-02	3.94E-03	3.17E-04	2.51E-05	1.93E-06	1.05E-07	2.50E-09
		4.93E-01	3.39E-02	4.12E-03	3.09E-04	2.49E-05	1.92E-06	1.05E-07	2.50E-09
110907.50	13.75	1.13E 00	6.06E-02	3.61E-03	3.35E-04	2.68E-05	2.07E-06	1.14E-07	2.72E-09
		5.04E-01	3.55E-02	4.30E-03	3.27E-04	2.66E-05	2.07E-06	1.14E-07	2.72E-09
112924.00	14.00	1.14E 00	6.21E-02	3.79E-03	3.53E-04	2.85E-05	2.22E-06	1.22E-07	2.90E-09
		5.15E-01	3.70E-02	4.44E-03	3.45E-04	2.84E-05	2.21E-06	1.22E-07	2.90E-09
114940.50	14.25	1.15E 00	6.33E-02	3.94E-03	3.68E-04	2.99E-05	2.33E-06	1.29E-07	3.07E-09
		5.23E-01	3.82E-02	4.83E-03	3.60E-04	2.98E-05	2.33E-06	1.29E-07	3.07E-09
116957.00	14.50	1.16E 00	6.63E-02	4.32E-03	4.08E-04	3.37E-05	2.64E-06	1.46E-07	3.21E-09
		5.39E-01	4.12E-02	5.15E-03	4.00E-04	3.35E-05	2.64E-06	1.46E-07	3.21E-09
118973.50	14.75	1.18E 00	6.88E-02	4.64E-03	4.39E-04	3.67E-05	2.89E-06	1.60E-07	3.54E-09
		5.53E-01	4.37E-02	5.40E-03	4.31E-04	3.65E-05	2.89E-06	1.60E-07	3.54E-09
120990.00	15.00	1.19E 00	7.07E-02	4.89E-03	4.65E-04	3.91E-05	3.09E-06	1.71E-07	3.81E-09
		5.63E-01	4.57E-02	5.60E-03	4.57E-04	3.89E-05	3.08E-06	1.71E-07	3.81E-09
123006.50	15.25	1.20E 00	7.72E-02	5.75E-03	4.85E-04	4.10E-05	3.25E-06	1.80E-07	4.02E-09
		5.72E-01	4.72E-02	5.25E-03	4.77E-04	4.08E-05	3.24E-06	1.80E-07	4.02E-09
125023.00	15.50	1.20E 00	7.35E-02	5.88E-03	5.02E-04	4.25E-05	3.37E-06	1.87E-07	4.19E-09
		5.79E-01	4.84E-02	5.37E-03	4.94E-04	4.24E-05	3.37E-06	1.87E-07	4.19E-09
127039.50	15.75	1.21E 00	7.84E-02	—	5.14E-04	4.37E-05	3.47E-06	1.92E-07	4.33E-09
		5.84E-01	4.94E-02	—	5.06E-04	4.36E-05	3.47E-06	1.92E-07	4.33E-09

Index	Label	(E00 / E-01)	(E-02)	(E-03)	(E-04)	(E-05)	(E-06)	(E-07)	(E-09)
129056.00	16.00	1.21E 00 / 5.88E-01	7.53E-02 / 5.02E-02	5.98E-03 / 5.47E-03	5.24E-04 / 5.16E-04	4.47E-05 / 4.45E-05	3.55E-06 / 3.55E-06	1.96E-07 / 1.96E-07	4.43E-09 / 4.43E-09
131072.50	16.25	1.21E 00 / 5.91E-01	7.59E-02 / 5.08E-02	6.05E-03 / 5.54E-03	5.32E-04 / 5.24E-04	4.54E-05 / 4.53E-05	3.61E-06 / 3.61E-06	2.00E-07 / 2.00E-07	4.52E-09 / 4.52E-09
133089.00	16.50	1.22E 00 / 5.94E-01	7.63E-02 / 5.12E-02	6.11E-03 / 5.60E-03	5.38E-04 / 5.30E-04	4.60E-05 / 4.58E-05	3.66E-06 / 3.65E-06	2.02E-07 / 2.05E-07	4.58E-09 / 4.63E-09
135105.50	16.75	1.22E 00 / 5.96E-01	7.67E-02 / 5.16E-02	6.16E-03 / 5.65E-03	5.43E-04 / 5.35E-04	4.64E-05 / 4.63E-05	3.69E-06 / 3.69E-06	2.05E-07 / 2.06E-07	4.63E-09 / 4.67E-09
137122.00	17.00	1.22E 00 / 5.98E-01	7.70E-02 / 5.19E-02	6.20E-03 / 5.69E-03	5.47E-04 / 5.39E-04	4.68E-05 / 4.67E-05	3.72E-06 / 3.72E-06	2.06E-07 / 2.08E-07	4.71E-09 / 4.71E-09
139138.50	17.25	1.22E 00 / 5.99E-01	7.73E-02 / 5.22E-02	6.23E-03 / 5.72E-03	5.50E-04 / 5.42E-04	4.71E-05 / 4.70E-05	3.75E-06 / 3.75E-06	2.08E-07 / 2.09E-07	4.73E-09 / 4.73E-09
141155.00	17.50	1.22E 00 / 6.01E-01	7.75E-02 / 5.24E-02	6.25E-03 / 5.75E-03	5.53E-04 / 5.45E-04	4.73E-05 / 4.72E-05	3.77E-06 / 3.76E-06	2.09E-07 / 2.09E-07	4.75E-09 / 4.75E-09
143171.50	17.75	1.22E 00 / 6.01E-01	7.76E-02 / 5.25E-02	6.27E-03 / 5.76E-03	5.55E-04 / 5.47E-04	4.75E-05 / 4.74E-05	3.78E-06 / 3.78E-06	2.10E-07 / 2.10E-07	4.77E-09 / 4.77E-09
145188.00	18.00	1.23E 00 / 6.02E-01	7.77E-02 / 5.26E-02	6.29E-03 / 5.78E-03	5.56E-04 / 5.48E-04	4.76E-05 / 4.75E-05	3.79E-06 / 3.79E-06	2.10E-07 / 2.11E-07	4.78E-09 / 4.78E-09
147204.50	18.25	1.23E 00 / 6.03E-01	7.78E-02 / 5.27E-02	6.30E-03 / 5.79E-03	5.57E-04 / 5.49E-04	4.77E-05 / 4.76E-05	3.80E-06 / 3.80E-06	2.11E-07 / 2.11E-07	4.79E-09 / 4.80E-09
149221.00	18.50	1.23E 00 / 6.03E-01	7.79E-02 / 5.28E-02	6.31E-03 / 5.80E-03	5.58E-04 / 5.50E-04	4.78E-05 / 4.80E-05	3.81E-06 / 3.81E-06	2.11E-07 / 2.11E-07	4.80E-09 / 4.80E-09
151237.50	18.75	1.23E 00 / 6.03E-01	7.79E-02 / 5.28E-02	6.31E-03 / 5.81E-03	5.59E-04 / 5.51E-04	4.78E-05 / 4.79E-05	3.81E-06 / 3.82E-06	2.11E-07 / 2.12E-07	4.81E-09 / 4.81E-09
153254.00	19.00	1.23E 00 / 6.04E-01	7.80E-02 / 5.29E-02	6.32E-03 / 5.81E-03	5.59E-04 / 5.51E-04	4.80E-05 / 4.78E-05	3.82E-06 / 3.82E-06	2.12E-07 / 2.12E-07	4.81E-09 / 4.81E-09
155270.50	19.25	1.23E 00 / 6.04E-01	7.80E-02 / 5.29E-02	6.32E-03 / 5.82E-03	5.60E-04 / 5.52E-04	4.80E-05 / 4.79E-05	3.82E-06 / 3.82E-06	2.12E-07 / 2.12E-07	4.81E-09 / 4.81E-09
157287.00	19.50	1.23E 00 / 6.04E-01	7.80E-02 / 5.29E-02	6.33E-03 / 5.82E-03	5.60E-04 / 5.52E-04	4.80E-05 / 4.79E-05	3.82E-06 / 3.82E-06	2.12E-07 / 2.12E-07	4.82E-09 / 4.82E-09
159303.50	19.75	1.23E 00 / 6.04E-01	7.81E-02 / 5.30E-02	6.33E-03 / 5.82E-03	5.60E-04 / 5.52E-04	4.81E-05 / 4.79E-05	3.83E-06 / 3.82E-06	2.12E-07 / 2.12E-07	4.82E-09 / 4.82E-09
161320.00	20.00	1.23E 00 / 6.04E-01	7.81E-02 / 5.30E-02	6.33E-03 / 5.82E-03	5.61E-04 / 5.53E-04	4.81E-05 / 4.79E-05	3.83E-06 / 3.82E-06	2.12E-07 / 2.12E-07	4.82E-09 / 4.82E-09
163336.50	20.25	1.23E 00 / 6.04E-01	7.81E-02 / 5.30E-02	6.33E-03 / 5.83E-03	5.61E-04 / 5.53E-04	4.81E-05 / 4.79E-05	3.83E-06 / 3.83E-06	2.12E-07 / 2.12E-07	4.82E-09 / 4.82E-09
165353.00	20.50	1.23E 00 / 6.04E-01	7.81E-02 / 5.30E-02	6.33E-03 / 5.83E-03	5.61E-04 / 5.53E-04	4.81E-05 / 4.80E-05	3.83E-06 / 3.83E-06	2.12E-07 / 2.12E-07	4.82E-09 / 4.82E-09
167369.50	20.75	1.23E 00 / 6.04E-01	7.81E-02 / 5.30E-02	6.33E-03 / 5.83E-03	5.61E-04 / 5.53E-04	4.81E-05 / 4.79E-05	3.83E-06 / 3.83E-06	2.12E-07 / 2.12E-07	4.82E-09 / 4.82E-09
169386.00	21.00	1.23E 00 / 6.04E-01	7.81E-02 / 5.30E-02	6.33E-03 / 5.83E-03	5.61E-04 / 5.53E-04	4.81E-05 / 4.80E-05	3.83E-06 / 3.83E-06	2.12E-07 / 2.12E-07	4.82E-09 / 4.82E-09
171402.50	21.25	1.23E 00 / 6.04E-01	7.81E-02 / 5.30E-02	6.34E-03 / 5.83E-03	5.61E-04 / 5.53E-04	4.80E-05 / 4.81E-05	3.83E-06 / 3.83E-06	2.12E-07 / 2.12E-07	4.82E-09 / 4.82E-09
173419.00	21.50	1.23E 00 / 6.05E-01	7.81E-02 / 5.30E-02	6.34E-03 / 5.83E-03	5.61E-04 / 5.53E-04	4.81E-05 / 4.80E-05	3.83E-06 / 3.83E-06	2.12E-07 / 2.12E-07	4.82E-09 / 4.82E-09
175435.50	21.75	1.23E 00 / 6.05E-01	7.81E-02 / 5.30E-02	6.34E-03 / 5.83E-03	5.61E-04 / 5.53E-04	4.81E-05 / 4.80E-05	3.83E-06 / 3.83E-06	2.12E-07 / 2.12E-07	4.82E-09 / 4.82E-09
177452.00	22.00	1.23E 00 / 6.05E-01	7.81E-02 / 5.30E-02	6.34E-03 / 5.83E-03	5.61E-04 / 5.53E-04	4.81E-05 / 4.80E-05	3.83E-06 / 3.83E-06	2.12E-07 / 2.12E-07	4.82E-09 / 4.82E-09

PARTIAL PLANCK MEAN ABSORPTION COEFFICIENTS FOR HEATED AIR: 10000° K

Density × Normal

Wave Number (cm⁻¹)	Photon Energy (eV)	1.0E 01	1.0E 00	1.0E-01	10.0E-03	10.0E-04	10.0E-05	10.0E-06	10.0E-07
179468.50	22.25	1.23E 00	7.81E-02	6.34E-03	5.61E-04	4.81E-05	3.83E-06	2.12E-07	4.82E-09
		6.05E-01	5.30E-02	5.83E-03	5.53E-04	4.80E-05	3.83E-06	2.12E-07	4.82E-09
181485.00	22.50	1.23E 00	7.81E-02	6.34E-03	5.61E-04	4.81E-05	3.83E-06	2.12E-07	4.82E-09
		6.05E-01	5.30E-02	5.83E-03	5.53E-04	4.80E-05	3.83E-06	2.12E-07	4.82E-09
183501.50	22.75	1.23E 00	7.81E-02	6.34E-03	5.61E-04	4.81E-05	3.83E-06	2.12E-07	4.82E-09
		6.05E-01	5.30E-02	5.83E-03	5.53E-04	4.80E-05	3.83E-06	2.12E-07	4.82E-09
185518.00	23.00	1.23E 00	7.81E-02	6.34E-03	5.61E-04	4.81E-05	3.83E-06	2.12E-07	4.82E-09
		6.05E-01	5.30E-02	5.83E-03	5.53E-04	4.80E-05	3.83E-06	2.12E-07	4.82E-09
187534.50	23.25	1.23E 00	7.81E-02	6.34E-03	5.61E-04	4.81E-05	3.83E-06	2.12E-07	4.82E-09
		6.05E-01	5.30E-02	5.83E-03	5.53E-04	4.80E-05	3.83E-06	2.12E-07	4.83E-09
189551.00	23.50	1.23E 00	7.81E-02	6.34E-03	5.61E-04	4.81E-05	3.83E-06	2.12E-07	4.83E-09
		6.05E-01	5.30E-02	5.83E-03	5.53E-04	4.80E-05	3.83E-06	2.12E-07	4.82E-09
191567.50	23.75	1.23E 00	7.81E-02	6.34E-03	5.61E-04	4.81E-05	3.83E-06	2.12E-07	4.83E-09
		6.05E-01	5.30E-02	5.83E-03	5.53E-04	4.80E-05	3.83E-06	2.12E-07	4.83E-09

PARTIAL PLANCK MEAN ABSORPTION COEFFICIENTS FOR HEATED AIR: 11000° K

Density × Normal

Wave Number (cm⁻¹)	Photon Energy (eV)	1.0E 01	1.0E 00	1.0E-01	10.0E-03	10.0E-04	10.0E-05	10.0E-06	10.0E-07
4839.60	0.60	6.33E-03	6.80E-04	7.08E-05	6.04E-06	5.27E-07	3.43E-08	1.10E-09	1.53E-11
		6.31E-03	6.79E-04	7.08E-05	6.04E-06	5.27E-07	3.43E-08	1.10E-09	1.53E-11
5646.20	0.70	1.31E-02	1.42E-03	1.48E-04	1.35E-05	1.18E-06	7.09E-08	2.26E-09	3.16E-11
		1.28E-02	1.42E-03	1.48E-04	1.35E-05	1.18E-06	7.09E-08	2.26E-09	3.16E-11
6452.80	0.80	2.12E-02	2.26E-03	2.34E-04	2.17E-05	1.88E-06	1.16E-07	3.72E-09	4.87E-11
		1.94E-02	2.21E-03	2.33E-04	2.17E-05	1.88E-06	1.16E-07	3.72E-09	4.87E-11
7259.40	0.90	3.18E-02	3.20E-03	3.21E-04	3.02E-05	2.62E-06	1.65E-07	5.24E-09	6.99E-11
		2.60E-02	3.18E-03	3.21E-04	3.21E-05	2.62E-06	1.65E-07	5.24E-09	6.99E-11
8066.00	1.00	4.44E-02	4.22E-03	4.17E-04	3.90E-05	3.37E-06	2.14E-07	6.80E-09	9.17E-11
		3.27E-02	3.03E-03	4.12E-04	3.91E-05	3.37E-06	2.14E-07	6.80E-09	9.17E-11
8872.60	1.10	5.86E-02	5.28E-03	5.09E-04	4.77E-05	4.11E-06	2.61E-07	8.30E-09	1.13E-10
		3.91E-02	4.70E-03	5.01E-04	4.77E-05	4.11E-06	2.61E-07	8.30E-09	1.13E-10
9679.20	1.20	7.51E-02	6.36E-03	5.96E-04	5.58E-05	4.80E-06	3.06E-07	9.71E-09	1.32E-10
		4.50E-02	5.47E-03	5.85E-04	5.57E-05	4.80E-06	3.06E-07	9.71E-09	1.32E-10
10485.80	1.30	9.37E-02	7.58E-03	6.94E-04	6.49E-05	5.41E-06	3.44E-07	1.10E-08	1.50E-10
		5.14E-02	6.33E-03	6.78E-04	6.47E-05	5.41E-06	3.44E-07	1.10E-08	1.50E-10
11292.40	1.40	1.18E-01	8.89E-03	7.85E-04	7.27E-05	6.08E-06	3.76E-07	1.20E-08	1.64E-10
		5.71E-02	7.10E-03	7.62E-04	7.24E-05	6.08E-06	3.76E-07	1.20E-08	1.64E-10

V1	V2																
12099.00	1.50	1.44E-01	6.39E-02	1.02E-02	7.85E-03	8.70E-04	8.40E-04	8.02E-05	7.99E-05	6.72E-06	6.72E-06	4.15E-07	4.15E-07	1.32E-08	1.32E-08	1.77E-10	1.77E-10
12905.60	1.60	1.70E-01	7.25E-02	1.15E-02	8.59E-03	9.48E-04	9.11E-04	8.68E-05	8.65E-05	7.29E-06	7.29E-06	4.52E-07	4.52E-07	1.44E-08	1.44E-08	1.92E-10	1.92E-10
13712.20	1.70	2.07E-01	8.17E-02	1.30E-02	9.32E-03	1.03E-03	9.78E-04	9.31E-05	9.27E-05	7.82E-06	7.82E-06	4.86E-07	4.86E-07	1.55E-08	1.55E-08	2.07E-10	2.07E-10
14518.80	1.80	2.40E-01	9.13E-02	1.44E-02	1.00E-02	1.10E-03	1.04E-03	9.82E-05	9.87E-05	8.29E-06	8.29E-06	5.17E-07	5.17E-07	1.64E-08	1.64E-08	2.21E-10	2.21E-10
15325.40	1.90	2.81E-01	1.01E-01	1.60E-02	1.07E-02	1.16E-03	1.09E-03	1.04E-04	1.03E-04	8.71E-06	8.72E-06	5.44E-07	5.44E-07	1.73E-08	1.73E-08	2.33E-10	2.33E-10
16132.00	2.00	3.10E-01	1.11E-01	1.72E-02	1.13E-02	1.22E-03	1.15E-03	1.09E-04	1.08E-04	9.11E-06	9.11E-06	5.69E-07	5.69E-07	1.81E-08	1.81E-08	2.44E-10	2.44E-10
16938.60	2.10	3.32E-01	1.21E-01	1.81E-02	1.25E-02	1.28E-03	1.20E-03	1.13E-04	1.12E-04	9.47E-06	9.46E-06	5.93E-07	5.93E-07	1.89E-08	1.89E-08	2.55E-10	2.55E-10
17745.20	2.20	3.51E-01	1.32E-01	1.90E-02	1.31E-02	1.33E-03	1.24E-03	1.17E-04	1.16E-04	9.79E-06	9.78E-06	6.13E-07	6.13E-07	1.95E-08	1.95E-08	2.64E-10	2.64E-10
18551.80	2.30	3.65E-01	1.42E-01	1.97E-02	1.37E-02	1.37E-03	1.28E-03	1.20E-04	1.19E-04	1.01E-05	1.01E-05	6.31E-07	6.31E-07	2.01E-08	2.01E-08	2.72E-10	2.72E-10
19358.40	2.40	3.77E-01	1.53E-01	2.03E-02	1.43E-02	1.42E-03	1.33E-03	1.23E-04	1.22E-04	1.03E-05	1.03E-05	6.46E-07	6.46E-07	2.06E-08	2.06E-08	2.78E-10	2.78E-10
20165.00	2.50	3.88E-01	1.63E-01	2.10E-02	1.49E-02	1.47E-03	1.38E-03	1.27E-04	1.26E-04	1.06E-05	1.06E-05	6.59E-07	6.59E-07	2.10E-08	2.10E-08	2.84E-10	2.84E-10
20971.60	2.60	3.99E-01	1.74E-01	2.16E-02	1.55E-02	1.51E-03	1.42E-03	1.30E-04	1.30E-04	1.09E-05	1.09E-05	6.77E-07	6.77E-07	2.15E-08	2.15E-08	2.89E-10	2.89E-10
21778.20	2.70	4.12E-01	1.85E-01	2.23E-02	1.61E-02	1.54E-03	1.47E-03	1.34E-04	1.34E-04	1.12E-05	1.12E-05	6.96E-07	6.96E-07	2.21E-08	2.21E-08	2.96E-10	2.96E-10
22584.80	2.80	4.24E-01	1.96E-01	2.29E-02	1.66E-02	1.58E-03	1.51E-03	1.38E-04	1.37E-04	1.15E-05	1.15E-05	7.14E-07	7.14E-07	2.26E-08	2.26E-08	3.04E-10	3.04E-10
23391.40	2.90	4.38E-01	2.06E-01	2.37E-02	1.71E-02	1.61E-03	1.54E-03	1.41E-04	1.40E-04	1.18E-05	1.17E-05	7.31E-07	7.31E-07	2.32E-08	2.32E-08	3.12E-10	3.12E-10
24198.00	3.00	4.54E-01	2.17E-01	2.45E-02	1.76E-02	1.65E-03	1.60E-03	1.44E-04	1.43E-04	1.20E-05	1.20E-05	7.46E-07	7.46E-07	2.37E-08	2.37E-08	3.18E-10	3.18E-10
25004.60	3.10	4.70E-01	2.27E-01	2.52E-02	1.81E-02	1.69E-03	1.66E-03	1.47E-04	1.46E-04	1.22E-05	1.22E-05	7.60E-07	7.59E-07	2.41E-08	2.41E-08	3.25E-10	3.25E-10
25811.20	3.20	4.92E-01	2.36E-01	2.64E-02	1.85E-02	1.73E-03	1.71E-03	1.50E-04	1.48E-04	1.24E-05	1.24E-05	7.73E-07	7.72E-07	2.45E-08	2.45E-08	3.30E-10	3.30E-10
26617.80	3.30	5.14E-01	2.46E-01	2.74E-02	1.89E-02	1.76E-03	1.76E-03	1.53E-04	1.50E-04	1.26E-05	1.26E-05	7.84E-07	7.83E-07	2.49E-08	2.49E-08	3.35E-10	3.35E-10
27424.40	3.40	5.33E-01	2.55E-01	2.81E-02	1.95E-02	1.86E-03	1.79E-03	1.55E-04	1.52E-04	1.27E-05	1.27E-05	7.94E-07	7.93E-07	2.52E-08	2.52E-08	3.40E-10	3.40E-10
28231.00	3.50	5.55E-01	2.70E-01	2.97E-02	2.01E-02	1.91E-03	1.95E-03	1.57E-04	1.54E-04	1.29E-05	1.29E-05	8.03E-07	8.02E-07	2.55E-08	2.55E-08	3.44E-10	3.44E-10
29037.60	3.60	5.70E-01	2.86E-01	3.08E-02	2.07E-02	1.96E-03	2.01E-03	1.60E-04	1.56E-04	1.31E-05	1.30E-05	8.11E-07	8.10E-07	2.57E-08	2.57E-08	3.47E-10	3.47E-10
29844.20	3.70	5.99E-01	3.02E-01	3.20E-02	2.13E-02	1.99E-03	2.03E-03	1.63E-04	1.58E-04	1.32E-05	1.31E-05	8.18E-07	8.17E-07	2.59E-08	2.59E-08	3.50E-10	3.50E-10
30650.80	3.80	6.35E-01	3.18E-01	3.32E-02	2.19E-02	2.03E-03	2.07E-03	1.65E-04	1.59E-04	1.33E-05	1.32E-05	8.25E-07	8.24E-07	2.62E-08	2.62E-08	3.53E-10	3.53E-10
31457.40	3.90	6.68E-01	3.34E-01	3.41E-02	2.19E-02	1.85E-03	1.85E-03	1.61E-04	1.61E-04	1.34E-05	1.34E-05	8.32E-07	8.31E-07	2.64E-08	2.64E-08	3.56E-10	3.56E-10

PARTIAL PLANCK MEAN ABSORPTION COEFFICIENTS FOR HEATED AIR: 11000° K

Wave Number (cm⁻¹)	Photon Energy (eV)	Density × Normal							
		1.0E 01	1.0E 00	1.0E-01	10.0E-03	10.0E-04	10.0E-05	10.0E-06	10.0E-07
32264.00	4.00	7.33E-01	3.53E-02	2.11E-03	1.67E-04	1.36E-05	8.40E-07	2.66E-08	3.59E-10
33070.60	4.10	7.55E-01	3.61E-02	2.14E-03	1.70E-04	1.37E-05	8.48E-07	2.68E-08	3.62E-10
33877.20	4.20	7.87E-01	3.72E-02	2.18E-03	1.72E-04	1.39E-05	8.56E-07	2.70E-08	3.65E-10
34683.80	4.30	8.08E-01	3.80E-02	2.22E-03	1.74E-04	1.41E-05	8.66E-07	2.74E-08	3.70E-10
35490.40	4.40	8.28E-01	3.86E-02	2.25E-03	1.76E-04	1.42E-05	8.77E-07	2.77E-08	3.75E-10
36297.00	4.50	8.46E-01	3.93E-02	2.28E-03	1.78E-04	1.44E-05	8.86E-07	2.80E-08	3.79E-10
37103.60	4.60	8.66E-01	3.99E-02	2.30E-03	1.80E-04	1.45E-05	8.95E-07	2.83E-08	3.84E-10
37910.20	4.70	8.84E-01	4.05E-02	2.33E-03	1.82E-04	1.46E-05	9.03E-07	2.86E-08	3.88E-10
38716.80	4.80	9.03E-01	4.10E-02	2.35E-03	1.83E-04	1.48E-05	9.11E-07	2.89E-08	3.91E-10
39523.40	4.90	9.21E-01	4.16E-02	2.38E-03	1.85E-04	1.49E-05	9.18E-07	2.91E-08	3.95E-10
40330.00	5.00	9.38E-01	4.21E-02	2.40E-03	1.86E-04	1.49E-05	9.25E-07	2.93E-08	3.98E-10
41136.60	5.10	9.55E-01	4.26E-02	2.42E-03	1.87E-04	1.51E-05	9.31E-07	2.95E-08	4.01E-10
41943.20	5.20	9.69E-01	4.31E-02	2.44E-03	1.89E-04	1.52E-05	9.37E-07	2.97E-08	4.03E-10
42749.80	5.30	9.86E-01	4.36E-02	2.46E-03	1.90E-04	1.51E-05	9.42E-07	2.99E-08	4.06E-10
43556.40	5.40	10.00E-01	4.40E-02	2.47E-03	1.91E-04	1.53E-05	9.47E-07	3.01E-08	4.08E-10
44363.00	5.50	1.01E 00	4.44E-02	2.49E-03	1.92E-04	1.54E-05	9.52E-07	3.02E-08	4.10E-10
45169.60	5.60	1.03E 00	4.48E-02	2.51E-03	1.93E-04	1.55E-05	9.56E-07	3.04E-08	4.13E-10
45976.20	5.70	1.04E 00	4.52E-02	2.52E-03	1.94E-04	1.55E-05	9.60E-07	3.05E-08	4.15E-10
46782.80	5.80	1.05E 00	4.55E-02	2.53E-03	1.95E-04	1.56E-05	9.64E-07	3.06E-08	4.16E-10
47589.40	5.90	1.06E 00	4.59E-02	2.55E-03	1.95E-04	1.56E-05	9.68E-07	3.07E-08	4.18E-10
48396.00	6.00	1.07E 00	4.62E-02	2.56E-03	1.96E-04	1.57E-05	9.71E-07	3.09E-08	4.20E-10
49202.60	6.10	1.09E 00	4.66E-02	2.57E-03	1.97E-04	1.57E-05	9.74E-07	3.10E-08	4.21E-10

50009.20	6.20	1.10E 00	4.69E-02	2.58E-03	1.97E-04	1.58E-05	9.77E-07	3.11E-08	4.22E-10
		5.64E-01	3.11E-02	2.32E-03	1.93E-04	1.57E-05	9.76E-07	3.11E-08	4.22E-10
50815.80	6.30	1.11E 00	4.71E-02	2.60E-03	1.98E-04	1.58E-05	9.80E-07	3.11E-08	4.24E-10
		5.69E-01	3.13E-02	2.33E-03	1.94E-04	1.58E-05	9.79E-07	3.11E-08	4.24E-10
51622.40	6.40	1.12E 00	4.74E-02	2.61E-03	1.99E-04	1.59E-05	9.83E-07	3.12E-08	4.25E-10
		5.74E-01	3.15E-02	2.34E-03	1.94E-04	1.58E-05	9.81E-07	3.12E-08	4.25E-10
52429.00	6.50	1.13E 00	4.77E-02	2.62E-03	1.99E-04	1.59E-05	9.85E-07	3.13E-08	4.26E-10
		5.79E-01	3.17E-02	2.35E-03	1.95E-04	1.58E-05	9.84E-07	3.13E-08	4.26E-10
53235.60	6.60	1.14E 00	4.80E-02	2.62E-03	2.00E-04	1.60E-05	9.87E-07	3.14E-08	4.27E-10
		5.83E-01	3.18E-02	2.36E-03	1.95E-04	1.59E-05	9.86E-07	3.14E-08	4.27E-10
54042.20	6.70	1.15E 00	4.83E-02	2.63E-03	2.00E-04	1.60E-05	9.89E-07	3.15E-08	4.28E-10
		5.88E-01	3.20E-02	2.36E-03	1.96E-04	1.59E-05	9.88E-07	3.14E-08	4.28E-10
54848.80	6.80	1.15E 00	4.85E-02	2.64E-03	2.01E-04	1.60E-05	9.91E-07	3.15E-08	4.29E-10
		5.91E-01	3.21E-02	2.37E-03	1.96E-04	1.59E-05	9.90E-07	3.15E-08	4.29E-10
55655.40	6.90	1.16E 00	4.87E-02	2.65E-03	2.01E-04	1.60E-05	9.93E-07	3.16E-08	4.30E-10
		5.95E-01	3.23E-02	2.38E-03	1.96E-04	1.60E-05	9.92E-07	3.16E-08	4.30E-10
56462.00	7.00	1.17E 00	4.90E-02	2.66E-03	2.01E-04	1.61E-05	9.95E-07	3.16E-08	4.31E-10
		5.98E-01	3.24E-02	2.38E-03	1.97E-04	1.60E-05	9.94E-07	3.16E-08	4.31E-10
57268.60	7.10	1.17E 00	4.92E-02	2.66E-03	2.02E-04	1.61E-05	9.97E-07	3.17E-08	4.32E-10
		6.01E-01	3.25E-02	2.39E-03	1.97E-04	1.60E-05	9.95E-07	3.17E-08	4.32E-10
58075.20	7.20	1.18E 00	4.93E-02	2.67E-03	2.02E-04	1.61E-05	9.98E-07	3.17E-08	4.32E-10
		6.04E-01	3.26E-02	2.39E-03	1.97E-04	1.60E-05	9.97E-07	3.17E-08	4.32E-10
58881.80	7.30	1.18E 00	4.95E-02	2.67E-03	2.02E-04	1.61E-05	9.99E-07	3.18E-08	4.33E-10
		6.07E-01	3.27E-02	2.40E-03	1.98E-04	1.61E-05	9.98E-07	3.18E-08	4.33E-10
59688.40	7.40	1.19E 00	4.97E-02	2.68E-03	2.03E-04	1.62E-05	1.00E-06	3.18E-08	4.34E-10
		6.10E-01	3.28E-02	2.40E-03	1.98E-04	1.61E-05	10.00E-07	3.18E-08	4.34E-10
60495.00	7.50	1.20E 00	4.99E-02	2.69E-03	2.03E-04	1.62E-05	1.00E-06	3.19E-08	4.34E-10
		6.12E-01	3.29E-02	2.41E-03	1.98E-04	1.61E-05	1.00E-06	3.19E-08	4.34E-10
61301.60	7.60	1.20E 00	5.00E-02	2.69E-03	2.03E-04	1.62E-05	1.00E-06	3.19E-08	4.35E-10
		6.14E-01	3.30E-02	2.41E-03	1.99E-04	1.61E-05	1.00E-06	3.19E-08	4.35E-10
62108.20	7.70	1.21E 00	5.02E-02	2.70E-03	2.03E-04	1.62E-05	1.00E-06	3.19E-08	4.35E-10
		6.16E-01	3.31E-02	2.41E-03	1.99E-04	1.61E-05	1.00E-06	3.19E-08	4.35E-10
62914.80	7.80	1.21E 00	5.04E-02	2.70E-03	2.04E-04	1.62E-05	1.01E-06	3.20E-08	4.36E-10
		6.18E-01	3.32E-02	2.42E-03	1.99E-04	1.62E-05	1.00E-06	3.20E-08	4.36E-10
63721.40	7.90	1.22E 00	5.06E-02	2.71E-03	2.04E-04	1.63E-05	1.01E-06	3.20E-08	4.36E-10
		6.20E-01	3.32E-02	2.42E-03	1.99E-04	1.62E-05	1.00E-06	3.20E-08	4.36E-10
64528.00	8.00	1.22E 00	5.07E-02	2.71E-03	2.04E-04	1.63E-05	1.01E-06	3.20E-08	4.36E-10
		6.21E-01	3.33E-02	2.42E-03	1.99E-04	1.62E-05	1.01E-06	3.20E-08	4.36E-10
65334.60	8.10	1.23E 00	5.09E-02	2.71E-03	2.04E-04	1.63E-05	1.01E-06	3.21E-08	4.37E-10
		6.23E-01	3.33E-02	2.43E-03	2.00E-04	1.62E-05	1.01E-06	3.21E-08	4.37E-10
66141.20	8.20	1.23E 00	5.11E-02	2.72E-03	2.04E-04	1.63E-05	1.01E-06	3.21E-08	4.37E-10
		6.24E-01	3.34E-02	2.43E-03	2.00E-04	1.62E-05	1.01E-06	3.21E-08	4.37E-10
66947.80	8.30	1.24E 00	5.12E-02	2.72E-03	2.05E-04	1.63E-05	1.01E-06	3.21E-08	4.37E-10
		6.26E-01	3.34E-02	2.43E-03	2.00E-04	1.62E-05	1.01E-06	3.21E-08	4.37E-10
67754.40	8.40	1.24E 00	5.14E-02	2.73E-03	2.05E-04	1.63E-05	1.01E-06	3.21E-08	4.38E-10
		6.27E-01	3.35E-02	2.43E-03	2.00E-04	1.62E-05	1.01E-06	3.21E-08	4.38E-10
68561.00	8.50	1.25E 00	5.16E-02	2.73E-03	2.05E-04	1.63E-05	1.01E-06	3.22E-08	4.38E-10
		6.28E-01	3.35E-02	2.44E-03	2.00E-04	1.62E-05	1.01E-06	3.21E-08	4.38E-10
69367.60	8.60	1.26E 00	5.18E-02	2.73E-03	2.05E-04	1.63E-05	1.01E-06	3.22E-08	4.38E-10
		6.29E-01	3.36E-02	2.44E-03	2.00E-04	1.62E-05	1.01E-06	3.22E-08	4.38E-10

PARTIAL PLANCK MEAN ABSORPTION COEFFICIENTS FOR HEATED AIR: 11000° K

Wave Number (cm⁻¹)	Photon Energy (eV)	Density × Normal							
		1.0E 01	1.0E 00	1.0E-01	10.0E-03	10.0E-04	10.0E-05	10.0E-06	10.0E-07
70174.20	8.70	1.26E 00	5.20E-02	2.74E-03	2.05E-04	1.63E-05	1.01E-06	3.22E-08	4.39E-10
		6.30E-01	3.36E-02	2.44E-03	2.00E-04	1.63E-05	1.01E-06	3.22E-08	4.39E-10
70980.80	8.80	1.27E 00	5.21E-02	2.74E-03	2.05E-04	1.64E-05	1.01E-06	3.22E-08	4.39E-10
		6.31E-01	3.37E-02	2.44E-03	2.01E-04	1.63E-05	1.01E-06	3.22E-08	4.39E-10
71787.40	8.90	1.27E 00	5.23E-02	2.74E-03	2.05E-04	1.64E-05	1.01E-06	3.22E-08	4.39E-10
		6.32E-01	3.37E-02	2.44E-03	2.01E-04	1.63E-05	1.01E-06	3.22E-08	4.39E-10
72594.00	9.00	1.28E 00	5.25E-02	2.75E-03	2.06E-04	1.63E-05	1.01E-06	3.22E-08	4.39E-10
		6.33E-01	3.37E-02	2.44E-03	2.01E-04	1.64E-05	1.01E-06	3.22E-08	4.39E-10
73400.60	9.10	1.29E 00	5.27E-02	2.75E-03	2.06E-04	1.63E-05	1.01E-06	3.22E-08	4.39E-10
		6.33E-01	3.37E-02	2.45E-03	2.01E-04	1.64E-05	1.01E-06	3.22E-08	4.39E-10
74207.20	9.20	1.29E 00	5.29E-02	2.76E-03	2.06E-04	1.63E-05	1.01E-06	3.22E-08	4.39E-10
		6.34E-01	3.38E-02	2.45E-03	2.01E-04	1.64E-05	1.01E-06	3.23E-08	4.40E-10
75013.80	9.30	1.30E 00	5.31E-02	2.76E-03	2.06E-04	1.64E-05	1.01E-06	3.23E-08	4.40E-10
		6.35E-01	3.38E-02	2.45E-03	2.01E-04	1.63E-05	1.01E-06	3.23E-08	4.40E-10
75820.40	9.40	1.30E 00	5.33E-02	2.76E-03	2.06E-04	1.64E-05	1.01E-06	3.23E-08	4.40E-10
		6.35E-01	3.38E-02	2.45E-03	2.01E-04	1.64E-05	1.01E-06	3.23E-08	4.40E-10
76627.00	9.50	1.31E 00	5.35E-02	2.77E-03	2.06E-04	1.64E-05	1.02E-06	3.23E-08	4.40E-10
		6.36E-01	3.39E-02	2.45E-03	2.01E-04	1.63E-05	1.01E-06	3.23E-08	4.40E-10
77433.60	9.60	1.32E 00	5.38E-02	2.77E-03	2.06E-04	1.64E-05	1.02E-06	3.23E-08	4.41E-10
		6.36E-01	3.39E-02	2.46E-03	2.01E-04	1.64E-05	1.02E-06	3.23E-08	4.40E-10
78240.20	9.70	1.32E 00	5.39E-02	2.78E-03	2.07E-04	1.63E-05	1.02E-06	3.24E-08	4.41E-10
		6.37E-01	3.39E-02	2.46E-03	2.02E-04	1.64E-05	1.02E-06	3.24E-08	4.41E-10
79046.80	9.80	1.33E 00	5.42E-02	2.78E-03	2.07E-04	1.63E-05	1.02E-06	3.24E-08	4.41E-10
		6.37E-01	3.39E-02	2.46E-03	2.02E-04	1.64E-05	1.02E-06	3.24E-08	4.41E-10
79853.40	9.90	1.34E 00	5.44E-02	2.78E-03	2.07E-04	1.65E-05	1.02E-06	3.24E-08	4.41E-10
		6.38E-01	3.40E-02	2.46E-03	2.02E-04	1.64E-05	1.02E-06	3.24E-08	4.41E-10
80660.00	10.00	1.35E 00	5.46E-02	2.79E-03	2.07E-04	1.65E-05	1.02E-06	3.24E-08	4.41E-10
		6.38E-01	3.40E-02	2.46E-03	2.02E-04	1.64E-05	1.02E-06	3.24E-08	4.41E-10
81466.60	10.10	1.35E 00	5.48E-02	2.79E-03	2.07E-04	1.65E-05	1.02E-06	3.24E-08	4.42E-10
		6.38E-01	3.40E-02	2.46E-03	2.02E-04	1.64E-05	1.02E-06	3.24E-08	4.42E-10
82273.20	10.20	1.36E 00	5.51E-02	2.80E-03	2.07E-04	1.64E-05	1.02E-06	3.24E-08	4.42E-10
		6.39E-01	3.40E-02	2.46E-03	2.02E-04	1.64E-05	1.02E-06	3.24E-08	4.42E-10
83079.80	10.30	1.37E 00	5.53E-02	2.80E-03	2.07E-04	1.65E-05	1.02E-06	3.24E-08	4.42E-10
		6.39E-01	3.40E-02	2.46E-03	2.02E-04	1.64E-05	1.02E-06	3.24E-08	4.42E-10
83886.40	10.40	1.38E 00	5.55E-02	2.80E-03	2.07E-04	1.65E-05	1.02E-06	3.25E-08	4.42E-10
		6.39E-01	3.40E-02	2.47E-03	2.02E-04	1.64E-05	1.02E-06	3.25E-08	4.42E-10
84693.00	10.50	1.38E 00	5.57E-02	2.81E-03	2.08E-04	1.65E-05	1.02E-06	3.25E-08	4.42E-10
		6.40E-01	3.40E-02	2.47E-03	2.02E-04	1.64E-05	1.02E-06	3.25E-08	4.42E-10
85499.60	10.60	1.39E 00	5.60E-02	2.81E-03	2.08E-04	1.65E-05	1.02E-06	3.25E-08	4.42E-10
		6.40E-01	3.41E-02	2.47E-03	2.02E-04	1.64E-05	1.02E-06	3.25E-08	4.42E-10
86306.20	10.70	1.44E 00	6.14E-02	3.04E-03	2.08E-04	1.65E-05	1.02E-06	3.25E-08	4.43E-10
		6.70E-01	3.91E-02	3.04E-03	2.02E-04	1.64E-05	1.02E-06	3.25E-08	4.43E-10
88726.00	11.00	1.47E 00	6.69E-02	4.01E-03	2.68E-04	2.17E-05	1.35E-06	4.28E-08	5.84E-10
		7.01E-01	4.46E-02	3.66E-03	2.63E-04	2.16E-05	1.35E-06	4.28E-08	5.84E-10

c1	c2	c3	c4	c5	c6	c7	c8	c9	c10	c11	c12	c13	c14	c15	c16		
6.89E-10	6.89E-10	5.04E-08	5.04E-08	1.60E-06	1.60E-06	2.56E-05	2.55E-05	3.13E-04	3.07E-04	4.47E-03	4.12E-03	7.10E-02	4.86E-02	1.49E+00	7.25E-01	11.25	90742.50
7.76E-10	7.76E-10	5.67E-08	5.67E-08	1.80E-06	1.80E-06	2.87E-05	2.87E-05	3.49E-04	3.44E-04	4.84E-03	4.50E-03	7.43E-02	5.20E-02	1.51E+00	7.44E-01	11.50	92759.00
8.46E-10	8.46E-10	6.18E-08	6.18E-08	1.97E-06	1.97E-06	3.13E-05	3.12E-05	3.79E-04	3.74E-04	5.15E-03	4.80E-03	7.70E-02	5.47E-02	1.53E+00	7.60E-01	11.75	94775.50
9.03E-10	9.03E-10	6.60E-08	6.60E-08	2.10E-06	2.10E-06	4.26E-05	4.25E-05	5.09E-04	5.04E-04	6.49E-03	6.14E-03	8.88E-02	6.65E-02	1.59E+00	8.29E-01	12.00	96792.00
1.15E-09	1.15E-09	8.42E-08	8.42E-08	2.69E-06	2.69E-06	5.18E-05	5.17E-05	6.16E-04	6.10E-04	7.59E-03	7.24E-03	9.85E-02	7.61E-02	1.65E+00	8.85E-01	12.25	98808.50
1.36E-09	1.36E-09	9.90E-08	9.90E-08	3.17E-06	3.17E-06	5.93E-05	5.92E-05	7.02E-04	6.97E-04	8.48E-03	8.13E-03	1.06E-01	8.40E-02	1.70E+00	9.31E-01	12.50	100825.00
1.52E-09	1.52E-09	1.11E-07	1.11E-07	3.59E-06	3.59E-06	6.58E-05	6.57E-05	7.78E-04	7.73E-04	9.26E-03	8.91E-03	1.13E-01	9.11E-02	1.74E+00	9.71E-01	12.75	102841.50
1.67E-09	1.67E-09	1.22E-07	1.22E-07	3.93E-06	3.93E-06	7.11E-05	7.11E-05	8.40E-04	8.35E-04	9.89E-03	9.55E-03	1.19E-01	9.65E-02	1.77E+00	1.00E+00	13.00	104858.00
1.79E-09	1.79E-09	1.30E-07	1.30E-07	4.20E-06	4.20E-06	7.55E-05	7.54E-05	8.90E-04	8.85E-04	1.04E-02	1.01E-02	1.23E-01	1.01E-01	1.80E+00	1.03E+00	13.25	106874.50
1.88E-09	1.88E-09	1.37E-07	1.37E-07	4.63E-06	4.63E-06	8.18E-05	8.17E-05	9.61E-04	9.55E-04	1.11E-02	1.08E-02	1.30E-01	1.08E-01	1.85E+00	1.08E+00	13.50	108891.00
2.05E-09	2.05E-09	1.49E-07	1.49E-07	4.98E-06	4.97E-06	8.69E-05	8.68E-05	1.02E-03	1.01E-03	1.17E-02	1.14E-02	1.36E-01	1.13E-01	1.89E+00	1.12E+00	13.75	110907.50
2.19E-09	2.19E-09	1.61E-07	1.61E-07	5.33E-06	5.33E-06	9.22E-05	9.21E-05	1.08E-03	1.08E-03	1.24E-02	1.21E-02	1.41E-01	1.19E-01	1.93E+00	1.16E+00	14.00	112924.00
2.33E-09	2.33E-09	1.71E-07	1.71E-07	5.63E-06	5.62E-06	9.66E-05	9.65E-05	1.17E-03	1.14E-03	1.29E-02	1.25E-02	1.46E-01	1.24E-01	1.96E+00	1.20E+00	14.25	114940.50
2.44E-09	2.44E-09	1.93E-07	1.93E-07	6.32E-06	6.31E-06	1.07E-04	1.07E-04	1.25E-03	1.25E-03	1.41E-02	1.38E-02	1.57E-01	1.35E-01	2.03E+00	1.27E+00	14.50	116957.00
2.69E-09	2.69E-09	2.11E-07	2.11E-07	6.88E-06	6.88E-06	1.16E-04	1.16E-04	1.35E-03	1.35E-03	1.52E-02	1.48E-02	1.67E-01	1.44E-01	2.09E+00	1.33E+00	14.75	118973.50
2.90E-09	2.90E-09	2.26E-07	2.26E-07	7.35E-06	7.35E-06	1.23E-04	1.23E-04	1.44E-03	1.43E-03	1.60E-02	1.57E-02	1.75E-01	1.52E-01	2.14E+00	1.38E+00	15.00	120990.00
3.07E-09	3.07E-09	2.38E-07	2.38E-07	7.74E-06	7.73E-06	1.29E-04	1.29E-04	1.50E-03	1.50E-03	1.67E-02	1.64E-02	1.86E-01	1.58E-01	2.18E+00	1.42E+00	15.25	123006.50
3.21E-09	3.21E-09	2.48E-07	2.48E-07	8.05E-06	8.05E-06	1.34E-04	1.34E-04	1.56E-03	1.55E-03	1.73E-02	1.69E-02	1.90E-01	1.64E-01	2.21E+00	1.45E+00	15.50	125023.00
3.33E-09	3.33E-09	2.56E-07	2.56E-07	8.30E-06	8.30E-06	1.38E-04	1.38E-04	1.60E-03	1.60E-03	1.78E-02	1.74E-02	1.96E-01	1.68E-01	2.24E+00	1.47E+00	15.75	127039.50
3.42E-09	3.42E-09	2.62E-07	2.62E-07	8.50E-06	8.50E-06	1.41E-04	1.41E-04	1.64E-03	1.63E-03	1.81E-02	1.78E-02	1.98E-01	1.71E-01	2.26E+00	1.49E+00	16.00	129056.00
3.49E-09	3.49E-09	2.68E-07	2.68E-07	8.67E-06	8.67E-06	1.43E-04	1.43E-04	1.67E-03	1.66E-03	1.84E-02	1.81E-02	2.00E-01	1.74E-01	2.28E+00	1.51E+00	16.25	131072.50
3.55E-09	3.55E-09	2.72E-07	2.72E-07	8.80E-06	8.80E-06	1.45E-04	1.45E-04	1.69E-03	1.69E-03	1.87E-02	1.83E-02	2.01E-01	1.76E-01	2.29E+00	1.53E+00	16.50	133089.00
3.60E-09	3.60E-09	2.75E-07	2.75E-07	8.90E-06	8.90E-06	1.47E-04	1.47E-04	1.71E-03	1.71E-03	1.89E-02	1.85E-02	2.01E-01	1.78E-01	2.30E+00	1.54E+00	16.75	135105.50
3.64E-09	3.64E-09	2.78E-07	2.78E-07	9.00E-06	9.00E-06	1.48E-04	1.48E-04	1.72E-03	1.72E-03	1.90E-02	1.87E-02	2.01E-01	1.79E-01	2.31E+00	1.55E+00	17.00	137122.00
3.67E-09	3.67E-09	2.80E-07	2.80E-07	9.07E-06	9.07E-06	1.50E-04	1.49E-04	1.74E-03	1.73E-03	1.92E-02	1.88E-02	2.03E-01	1.80E-01	2.32E+00	1.55E+00	17.25	139138.50

PARTIAL PLANCK MEAN ABSORPTION COEFFICIENTS FOR HEATED AIR: 11000° K

Wave Number (cm⁻¹)	Photon Energy (eV)	Density × Normal							
		1.0E 01	1.0E 00	1.0E-01	10.0E-03	10.0E-04	10.0E-05	10.0E-06	10.0E-07
141155.00	17.50	2.33E 00	2.04E-01	1.93E-02	1.75E-03	1.50E-04	9.13E-06	2.82E-07	3.70E-09
		1.56E 00	1.81E-01	1.89E-02	1.74E-03	1.50E-04	9.12E-06	2.82E-07	3.70E-09
143171.50	17.75	2.33E 00	2.04E-01	1.93E-02	1.76E-03	1.51E-04	9.17E-06	2.84E-07	3.72E-09
		1.57E 00	1.82E-01	1.90E-02	1.75E-03	1.51E-04	9.17E-06	2.84E-07	3.72E-09
145188.00	18.00	2.34E 00	2.05E-01	1.94E-02	1.76E-03	1.52E-04	9.21E-06	2.85E-07	3.73E-09
		1.57E 00	1.83E-01	1.91E-02	1.76E-03	1.52E-04	9.21E-06	2.85E-07	3.73E-09
147204.50	18.25	2.34E 00	2.05E-01	1.95E-02	1.77E-03	1.52E-04	9.24E-06	2.86E-07	3.75E-09
		1.57E 00	1.83E-01	1.91E-02	1.76E-03	1.52E-04	9.24E-06	2.86E-07	3.75E-09
149221.00	18.50	2.34E 00	2.06E-01	1.95E-02	1.77E-03	1.52E-04	9.26E-06	2.86E-07	3.76E-09
		1.58E 00	1.83E-01	1.92E-02	1.77E-03	1.53E-04	9.28E-06	2.87E-07	3.76E-09
151237.50	18.75	2.34E 00	2.06E-01	1.95E-02	1.78E-03	1.53E-04	9.28E-06	2.87E-07	3.77E-09
		1.58E 00	1.84E-01	1.92E-02	1.77E-03	1.53E-04	9.30E-06	2.87E-07	3.77E-09
153254.00	19.00	2.35E 00	2.06E-01	1.92E-02	1.78E-03	1.53E-04	9.30E-06	2.87E-07	3.77E-09
		1.58E 00	1.84E-01	1.96E-02	1.77E-03	1.53E-04	9.30E-06	2.88E-07	3.77E-09
155270.50	19.25	2.35E 00	2.06E-01	1.92E-02	1.78E-03	1.53E-04	9.31E-06	2.88E-07	3.78E-09
		1.58E 00	1.84E-01	1.96E-02	1.78E-03	1.53E-04	9.31E-06	2.88E-07	3.78E-09
157287.00	19.50	2.35E 00	2.07E-01	1.92E-02	1.78E-03	1.53E-04	9.32E-06	2.88E-07	3.78E-09
		1.58E 00	1.84E-01	1.96E-02	1.78E-03	1.53E-04	9.32E-06	2.89E-07	3.78E-09
159303.50	19.75	2.35E 00	2.07E-01	1.93E-02	1.78E-03	1.53E-04	9.33E-06	2.89E-07	3.78E-09
		1.58E 00	1.84E-01	1.96E-02	1.78E-03	1.53E-04	9.32E-06	2.89E-07	3.78E-09
161320.00	20.00	2.35E 00	2.07E-01	1.93E-02	1.79E-03	1.54E-04	9.33E-06	2.89E-07	3.79E-09
		1.58E 00	1.84E-01	1.96E-02	1.78E-03	1.53E-04	9.33E-06	2.89E-07	3.79E-09
163336.50	20.25	2.35E 00	2.07E-01	1.93E-02	1.79E-03	1.54E-04	9.34E-06	2.89E-07	3.79E-09
		1.58E 00	1.85E-01	1.97E-02	1.78E-03	1.54E-04	9.34E-06	2.89E-07	3.79E-09
165353.00	20.50	2.35E 00	2.07E-01	1.93E-02	1.79E-03	1.54E-04	9.34E-06	2.89E-07	3.79E-09
		1.58E 00	1.85E-01	1.97E-02	1.78E-03	1.54E-04	9.34E-06	2.89E-07	3.79E-09
167369.50	20.75	2.35E 00	2.07E-01	1.93E-02	1.79E-03	1.54E-04	9.35E-06	2.89E-07	3.79E-09
		1.58E 00	1.85E-01	1.97E-02	1.78E-03	1.53E-04	9.34E-06	2.89E-07	3.79E-09
169386.00	21.00	2.35E 00	2.07E-01	1.93E-02	1.79E-03	1.54E-04	9.35E-06	2.89E-07	3.80E-09
		1.58E 00	1.85E-01	1.97E-02	1.78E-03	1.54E-04	9.35E-06	2.90E-07	3.80E-09
171402.50	21.25	2.35E 00	2.07E-01	1.93E-02	1.79E-03	1.54E-04	9.35E-06	2.90E-07	3.80E-09
		1.59E 00	1.85E-01	1.97E-02	1.78E-03	1.54E-04	9.35E-06	2.90E-07	3.80E-09
173419.00	21.50	2.35E 00	2.07E-01	1.93E-02	1.79E-03	1.54E-04	9.35E-06	2.90E-07	3.80E-09
		1.59E 00	1.85E-01	1.97E-02	1.78E-03	1.54E-04	9.35E-06	2.90E-07	3.80E-09
175435.50	21.75	2.35E 00	2.07E-01	1.93E-02	1.79E-03	1.54E-04	9.35E-06	2.90E-07	3.80E-09
		1.59E 00	1.85E-01	1.97E-02	1.78E-03	1.54E-04	9.35E-06	2.90E-07	3.80E-09
177452.00	22.00	2.35E 00	2.07E-01	1.93E-02	1.79E-03	1.54E-04	9.35E-06	2.90E-07	3.80E-09
		1.59E 00	1.85E-01	1.97E-02	1.78E-03	1.54E-04	9.35E-06	2.90E-07	3.80E-09
179468.50	22.25	2.35E 00	2.07E-01	1.93E-02	1.79E-03	1.54E-04	9.36E-06	2.90E-07	3.80E-09
		1.59E 00	1.85E-01	1.97E-02	1.78E-03	1.54E-04	9.35E-06	2.90E-07	3.80E-09
181485.00	22.50	2.35E 00	2.07E-01	1.93E-02	1.79E-03	1.54E-04	9.36E-06	2.90E-07	3.80E-09
		1.59E 00	1.85E-01	1.97E-02	1.78E-03	1.54E-04	9.35E-06	2.90E-07	3.80E-09
183501.50	22.75	2.35E 00	2.07E-01	1.93E-02	1.79E-03	1.54E-04	9.36E-06	2.90E-07	3.80E-09
		1.59E 00	1.85E-01	1.93E-02	1.78E-03	1.54E-04	9.36E-06	2.90E-07	3.80E-09

PARTIAL PLANCK MEAN ABSORPTION COEFFICIENTS FOR HEATED AIR: 12000° K

Wave Number (cm⁻¹)	Photon Energy (eV)	Density × Normal							
		1.0E 01	1.0E 00	1.0E-01	10.0E-03	10.0E-04	10.0E-05	10.0E-06	10.0E-07
4839.60	0.60	1.68E-02	1.83E-03	1.83E-04	1.68E-05	1.15E-06	5.18E-08	9.62E-10	1.07E-11
5646.20	0.70	3.47E-02	3.83E-03	3.83E-04	3.52E-05	2.54E-06	1.07E-07	1.98E-09	2.21E-11
6452.80	0.80	5.45E-02	6.01E-03	6.01E-04	5.52E-05	4.06E-06	1.74E-07	3.24E-09	3.40E-11
7259.40	0.90	7.69E-02	8.33E-03	8.29E-04	7.61E-05	5.65E-06	2.46E-07	4.54E-09	4.86E-11
8066.00	1.00	1.01E-01	1.08E-02	1.07E-03	9.78E-05	7.26E-06	3.19E-07	5.89E-09	6.36E-11
8872.60	1.10	1.27E-01	1.32E-02	1.30E-03	1.19E-04	8.88E-06	3.91E-07	7.20E-09	7.82E-11
9679.20	1.20	1.53E-01	1.55E-02	1.52E-03	1.39E-04	1.04E-05	4.59E-07	8.43E-09	9.20E-11
10485.80	1.30	1.82E-01	1.80E-02	1.76E-03	1.61E-04	1.17E-05	5.18E-07	9.52E-09	1.04E-10
11292.40	1.40	2.15E-01	2.05E-02	1.97E-03	1.81E-04	1.31E-05	5.66E-07	1.04E-08	1.14E-10
12099.00	1.50	2.50E-01	2.28E-02	2.18E-03	1.99E-04	1.45E-05	6.25E-07	1.15E-08	1.23E-10
12905.60	1.60	2.84E-01	2.50E-02	2.36E-03	2.15E-04	1.57E-05	6.79E-07	1.25E-08	1.34E-10
13712.20	1.70	3.26E-01	2.72E-02	2.53E-03	2.30E-04	1.68E-05	7.30E-07	1.35E-08	1.44E-10
14518.80	1.80	3.66E-01	2.93E-02	2.69E-03	2.44E-04	1.79E-05	7.76E-07	1.43E-08	1.54E-10
15325.40	1.90	4.12E-01	3.14E-02	2.84E-03	2.56E-04	1.88E-05	8.18E-07	1.51E-08	1.62E-10
16132.00	2.00	4.49E-01	3.33E-02	2.97E-03	2.68E-04	1.96E-05	8.56E-07	1.58E-08	1.70E-10
16938.60	2.10	4.78E-01	3.49E-02	3.09E-03	2.78E-04	2.04E-05	8.91E-07	1.65E-08	1.78E-10
17745.20	2.20	5.05E-01	3.64E-02	3.21E-03	2.88E-04	2.11E-05	9.23E-07	1.70E-08	1.84E-10
18551.80	2.30	5.26E-01	3.77E-02	3.31E-03	2.96E-04	2.18E-05	9.51E-07	1.76E-08	1.90E-10
19358.40	2.40	5.46E-01	3.91E-02	3.43E-03	3.07E-04	2.23E-05	9.75E-07	1.80E-08	1.95E-10
20165.00	2.50	5.63E-01	4.04E-02	3.54E-03	3.16E-04	2.30E-05	9.96E-07	1.84E-08	1.99E-10
20971.60	2.60	5.83E-01	4.18E-02	3.64E-03	3.25E-04	2.37E-05	1.02E-06	1.89E-08	2.03E-10
21778.20	2.70	6.04E-01	4.31E-02	3.75E-03	3.34E-04	2.43E-05	1.05E-06	1.94E-08	2.08E-10

PARTIAL PLANCK MEAN ABSORPTION COEFFICIENTS FOR HEATED AIR: 12000° K

Wave Number (cm⁻¹)	Photon Energy (eV)	Density × Normal							
		1.0E 01	1.0E 00	1.0E-01	10.0E-03	10.0E-04	10.0E-05	10.0E-06	10.0E-07
22584.80	2.80	6.24E-01	4.44E-02	3.85E-03	3.42E-04	2.49E-05	1.08E-06	1.99E-08	2.14E-10
23391.40	2.90	6.45E-01	4.57E-02	3.94E-03	3.50E-04	2.55E-05	1.10E-06	2.03E-08	2.19E-10
24198.00	3.00	6.69E-01	4.71E-02	4.04E-03	3.57E-04	2.60E-05	1.13E-06	2.08E-08	2.24E-10
25004.60	3.10	6.92E-01	4.83E-02	4.12E-03	3.64E-04	2.65E-05	1.15E-06	2.12E-08	2.28E-10
25811.20	3.20	7.23E-01	4.99E-02	4.21E-03	3.70E-04	2.70E-05	1.17E-06	2.16E-08	2.33E-10
26617.80	3.30	7.54E-01	5.13E-02	4.29E-03	3.76E-04	2.73E-05	1.19E-06	2.19E-08	2.36E-10
27424.40	3.40	7.80E-01	5.24E-02	4.35E-03	3.81E-04	2.77E-05	1.20E-06	2.22E-08	2.40E-10
28231.00	3.50	8.29E-01	5.43E-02	4.44E-03	3.86E-04	2.81E-05	1.22E-06	2.25E-08	2.43E-10
29037.60	3.60	8.69E-01	5.58E-02	4.51E-03	3.91E-04	2.84E-05	1.23E-06	2.27E-08	2.45E-10
29844.20	3.70	9.15E-01	5.74E-02	4.58E-03	3.95E-04	2.86E-05	1.24E-06	2.29E-08	2.48E-10
30650.80	3.80	9.60E-01	5.90E-02	4.65E-03	4.00E-04	2.89E-05	1.25E-06	2.31E-08	2.50E-10
31457.40	3.90	9.98E-01	6.03E-02	4.72E-03	4.05E-04	2.92E-05	1.27E-06	2.33E-08	2.52E-10
32264.00	4.00	1.05E 00	6.20E-02	4.79E-03	4.09E-04	2.95E-05	1.28E-06	2.36E-08	2.54E-10
33070.60	4.10	1.08E 00	6.34E-02	4.87E-03	4.15E-04	2.98E-05	1.29E-06	2.38E-08	2.57E-10
33877.20	4.20	1.12E 00	6.49E-02	4.94E-03	4.21E-04	3.02E-05	1.31E-06	2.40E-08	2.59E-10
34683.80	4.30	1.15E 00	6.62E-02	5.02E-03	4.26E-04	3.06E-05	1.33E-06	2.43E-08	2.63E-10
35490.40	4.40	1.18E 00	6.73E-02	5.08E-03	4.31E-04	3.09E-05	1.34E-06	2.46E-08	2.66E-10
36297.00	4.50	1.21E 00	6.84E-02	5.15E-03	4.36E-04	3.13E-05	1.36E-06	2.49E-08	2.69E-10
37103.60	4.60	1.23E 00	6.95E-02	5.21E-03	4.40E-04	3.16E-05	1.37E-06	2.52E-08	2.73E-10
37910.20	4.70	1.26E 00	7.05E-02	5.26E-03	4.44E-04	3.18E-05	1.38E-06	2.55E-08	2.75E-10
38716.80	4.80	1.28E 00	7.14E-02	5.32E-03	4.48E-04	3.21E-05	1.40E-06	2.57E-08	2.78E-10
39523.40	4.90	1.31E 00	7.23E-02	5.37E-03	4.51E-04	3.24E-05	1.41E-06	2.59E-08	2.81E-10

Dense numerical data printout (column-wise, read top-to-bottom). Values are approximate readings of a rotated tabular listing.

×E−10	×E−08	×E−06	×E−05	×E−04	×E−03	×E−02	×E 00	index 1	index 2
2.83	2.62	1.42	3.26	4.55	5.41	7.32	1.33	5.00	40330.00
2.83	2.61	1.42	3.26	4.52	5.25	6.28	8.71E−01		
2.85	2.64	1.43	3.29	4.58	5.46	7.41	1.35	5.10	41136.60
2.85	2.63	1.43	3.28	4.55	5.29	6.35	8.87E−01		
2.87	2.65	1.44	3.30	4.58	5.34	7.48	1.37	5.20	41943.20
2.87	2.65	1.44	3.33	4.64	5.54	6.42	9.03E−01		
2.89	2.67	1.45	3.32	4.61	5.38	7.56	1.39	5.30	42749.80
2.89	2.67	1.45	3.34	4.64	5.58	6.49	9.18E−01		
2.91	2.69	1.46	3.36	4.69	5.41	7.63	1.41	5.40	43556.40
2.91	2.69	1.46	3.36	4.66	5.62	6.55	9.32E−01		
2.93	2.70	1.47	3.38	4.72	5.45	7.70	1.43	5.50	44363.00
2.93	2.70	1.47	3.38	4.69	5.65	6.61	9.45E−01		
2.95	2.72	1.47	3.40	4.74	5.48	7.77	1.45	5.60	45169.60
2.95	2.72	1.48	3.39	4.71	5.68	6.67	9.58E−01		
2.96	2.73	1.48	3.41	4.76	5.51	7.83	1.47	5.70	45976.20
2.96	2.73	1.49	3.41	4.73	5.71	6.73	9.71E−01		
2.98	2.75	1.49	3.43	4.78	5.54	7.89	1.48	5.80	46782.80
2.98	2.75	1.49	3.42	4.75	5.74	6.79	9.84E−01		
2.99	2.76	1.49	3.43	4.80	5.57	7.95	1.50	5.90	47589.40
2.99	2.76	1.50	3.45	4.82	5.77	6.84	9.97E−01		
3.00	2.77	1.51	3.45	4.79	5.80	8.01	1.51	6.00	48396.00
3.02	2.78	1.51	3.46	4.84	5.63	6.89	1.01		
3.02	2.78	1.51	3.46	4.85	5.83	8.07	1.53	6.10	49202.60
3.03	2.79	1.52	3.47	4.82	5.65	6.94	1.02		
3.03	2.79	1.52	3.49	4.87	5.68	8.12	1.55	6.20	50009.20
3.04	2.80	1.52	3.48	4.84	5.87	6.99	1.03		
3.04	2.80	1.52	3.50	4.85	5.70	8.17	1.56	6.30	50815.80
3.05	2.81	1.53	3.50	4.89	5.90	7.03	1.04		
3.06	2.81	1.53	3.51	4.87	5.72	8.22	1.57	6.40	51622.40
3.06	2.82	1.53	3.52	4.88	5.92	7.08	1.05		
3.07	2.82	1.53	3.53	4.91	5.74	8.27	1.59	6.50	52429.00
3.07	2.83	1.54	3.53	4.92	5.94	7.12	1.60		
3.08	2.83	1.54	3.54	4.89	5.76	8.31	1.60	6.60	53235.60
3.08	2.84	1.54	3.54	4.93	5.97	7.15	1.07		
3.08	2.84	1.54	3.55	4.90	5.78	8.36	1.62	6.70	54042.20
3.09	2.85	1.55	3.56	4.91	5.80	7.19	1.63		
3.10	2.85	1.55	3.56	4.95	5.99	8.40	1.08	6.80	54848.80
3.10	2.85	1.55	3.56	4.92	5.81	7.22	1.64		
3.11	2.86	1.55		4.96	6.01	8.44	1.09	6.90	55655.40
3.11	2.86	1.56		4.93	5.83	7.25	1.65		
3.11	2.87	1.56		4.97	5.84	8.47	1.66	7.00	56462.00
3.12	2.87			4.94	6.02	7.28	1.10		
3.12	2.88			4.98	6.04	8.51	1.67	7.10	57268.60
3.12	2.88			4.95	5.85	7.31	1.10		
					6.05	8.54	1.68	7.20	58075.20
					5.87	7.33	1.12		
						8.57	1.69	7.30	58881.80
						7.36	1.12		
						8.60		7.40	59688.40
						7.38			

PARTIAL PLANCK MEAN ABSORPTION COEFFICIENTS FOR HEATED AIR: 12000° K

Wave Number (cm⁻¹)	Photon Energy (eV)	Density × Normal							
		1.0E 01	1.0E 00	1.0E-01	10.0E-03	10.0E-04	10.0E-05	10.0E-06	10.0E-07
60495.00	7.50	1.70E 00	8.63E-02	6.06E-03	4.99E-04	3.57E-05	1.56E-06	2.88E-08	3.13E-10
		1.13E 00	7.40E-02	5.88E-03	4.96E-04	3.56E-05	1.56E-06	2.88E-08	3.13E-10
61301.60	7.60	1.71E 00	8.66E-02	6.07E-03	5.00E-04	3.57E-05	1.56E-06	2.89E-08	3.13E-10
		1.13E 00	7.42E-02	5.89E-03	4.97E-04	3.57E-05	1.56E-06	2.89E-08	3.13E-10
62108.20	7.70	1.71E 00	8.69E-02	6.08E-03	5.00E-04	3.57E-05	1.56E-06	2.89E-08	3.14E-10
		1.14E 00	7.44E-02	5.90E-03	4.97E-04	3.58E-05	1.57E-06	2.89E-08	3.14E-10
62914.80	7.80	1.72E 00	8.72E-02	6.09E-03	5.01E-04	3.58E-05	1.56E-06	2.89E-08	3.14E-10
		1.14E 00	7.46E-02	5.91E-03	4.98E-04	3.57E-05	1.57E-06	2.90E-08	3.14E-10
63721.40	7.90	1.73E 00	8.74E-02	6.11E-03	5.02E-04	3.58E-05	1.57E-06	2.90E-08	3.14E-10
		1.14E 00	7.48E-02	5.92E-03	4.99E-04	3.58E-05	1.57E-06	2.90E-08	3.15E-10
64528.00	8.00	1.74E 00	8.77E-02	6.11E-03	5.02E-04	3.59E-05	1.57E-06	2.90E-08	3.15E-10
		1.15E 00	7.49E-02	5.93E-03	4.99E-04	3.58E-05	1.57E-06	2.91E-08	3.15E-10
65334.60	8.10	1.75E 00	8.79E-02	6.12E-03	5.03E-04	3.59E-05	1.57E-06	2.91E-08	3.15E-10
		1.15E 00	7.51E-02	5.94E-03	5.00E-04	3.59E-05	1.57E-06	2.91E-08	3.16E-10
66141.20	8.20	1.76E 00	8.82E-02	6.13E-03	5.03E-04	3.60E-05	1.57E-06	2.91E-08	3.16E-10
		1.15E 00	7.52E-02	5.94E-03	5.00E-04	3.59E-05	1.57E-06	2.91E-08	3.16E-10
66947.80	8.30	1.77E 00	8.84E-02	6.14E-03	5.04E-04	3.60E-05	1.57E-06	2.91E-08	3.16E-10
		1.16E 00	7.53E-02	5.95E-03	5.01E-04	3.60E-05	1.57E-06	2.91E-08	3.16E-10
67754.40	8.40	1.77E 00	8.87E-02	6.15E-03	5.04E-04	3.61E-05	1.58E-06	2.91E-08	3.17E-10
		1.16E 00	7.54E-02	5.96E-03	5.01E-04	3.60E-05	1.58E-06	2.92E-08	3.17E-10
68561.00	8.50	1.78E 00	8.89E-02	6.16E-03	5.05E-04	3.61E-05	1.58E-06	2.92E-08	3.17E-10
		1.16E 00	7.56E-02	5.96E-03	5.02E-04	3.61E-05	1.58E-06	2.92E-08	3.17E-10
69367.60	8.60	1.79E 00	8.91E-02	6.16E-03	5.05E-04	3.60E-05	1.58E-06	2.92E-08	3.17E-10
		1.16E 00	7.57E-02	5.97E-03	5.02E-04	3.61E-05	1.58E-06	2.92E-08	3.17E-10
70174.20	8.70	1.80E 00	8.94E-02	6.17E-03	5.06E-04	3.61E-05	1.58E-06	2.92E-08	3.17E-10
		1.16E 00	7.58E-02	5.97E-03	5.03E-04	3.61E-05	1.58E-06	2.92E-08	3.17E-10
70980.80	8.80	1.81E 00	8.96E-02	6.18E-03	5.06E-04	3.62E-05	1.58E-06	2.92E-08	3.17E-10
		1.17E 00	7.59E-02	5.98E-03	5.03E-04	3.62E-05	1.58E-06	2.92E-08	3.18E-10
71787.40	8.90	1.82E 00	8.98E-02	6.18E-03	5.07E-04	3.62E-05	1.58E-06	2.92E-08	3.18E-10
		1.17E 00	7.59E-02	5.98E-03	5.03E-04	3.62E-05	1.58E-06	2.93E-08	3.18E-10
72594.00	9.00	1.83E 00	9.01E-02	6.19E-03	5.07E-04	3.61E-05	1.58E-06	2.93E-08	3.18E-10
		1.17E 00	7.60E-02	5.99E-03	5.04E-04	3.62E-05	1.58E-06	2.93E-08	3.18E-10
73400.60	9.10	1.84E 00	9.03E-02	6.20E-03	5.08E-04	3.62E-05	1.58E-06	2.93E-08	3.18E-10
		1.17E 00	7.61E-02	5.99E-03	5.04E-04	3.62E-05	1.58E-06	2.93E-08	3.18E-10
74207.20	9.20	1.85E 00	9.05E-02	6.20E-03	5.08E-04	3.62E-05	1.58E-06	2.93E-08	3.18E-10
		1.18E 00	7.62E-02	6.00E-03	5.05E-04	3.63E-05	1.59E-06	2.93E-08	3.18E-10
75013.80	9.30	1.86E 00	9.08E-02	6.21E-03	5.09E-04	3.62E-05	1.59E-06	2.93E-08	3.18E-10
		1.18E 00	7.63E-02	6.01E-03	5.05E-04	3.63E-05	1.59E-06	2.93E-08	3.19E-10
75820.40	9.40	1.87E 00	9.11E-02	6.22E-03	5.09E-04	3.63E-05	1.59E-06	2.94E-08	3.19E-10
		1.18E 00	7.64E-02	6.01E-03	5.06E-04	3.63E-05	1.59E-06	2.94E-08	3.19E-10
76627.00	9.50	1.87E 00	9.13E-02	6.23E-03	5.10E-04	3.63E-05	1.59E-06	2.94E-08	3.19E-10
		1.18E 00	7.65E-02	6.02E-03	5.06E-04	3.64E-05	1.59E-06	2.94E-08	3.19E-10
77433.60	9.60	1.89E 00	9.16E-02	6.24E-03	5.10E-04	3.64E-05	1.59E-06	2.94E-08	3.19E-10
		1.18E 00	7.66E-02	6.03E-03	5.06E-04	3.64E-05	1.59E-06	2.94E-08	3.19E-10

3.20E-10	2.94E-08	1.59E-06	3.64E-05	5.10E-04	6.25E-03	9.18E-02
3.20E-10	2.94E-08	1.59E-06	3.64E-05	5.07E-04	6.03E-03	7.67E-02
3.20E-10	2.95E-08	1.59E-06	3.65E-05	5.11E-04	6.25E-03	9.21E-02
3.20E-10	2.95E-08	1.59E-06	3.64E-05	5.07E-04	6.04E-03	7.67E-02
3.20E-10	2.95E-08	1.59E-06	3.65E-05	5.08E-04	6.04E-03	7.68E-02
3.21E-10	2.95E-08	1.59E-06	3.65E-05	5.11E-04	6.27E-03	9.26E-02
3.21E-10	2.95E-08	1.60E-06	3.65E-05	5.08E-04	6.05E-03	7.69E-02
3.21E-10	2.95E-08	1.60E-06	3.65E-05	5.12E-04	6.27E-03	9.28E-02
3.21E-10	2.96E-08	1.60E-06	3.66E-05	5.09E-04	6.05E-03	7.69E-02
3.21E-10	2.96E-08	1.60E-06	3.65E-05	5.12E-04	6.28E-03	9.31E-02
3.21E-10	2.96E-08	1.60E-06	3.66E-05	5.09E-04	6.06E-03	7.70E-02
3.21E-10	2.96E-08	1.60E-06	3.65E-05	5.13E-04	6.28E-03	9.33E-02
3.22E-10	2.96E-08	1.60E-06	3.66E-05	5.09E-04	6.06E-03	7.70E-02
3.22E-10	2.96E-08	1.60E-06	3.66E-05	5.13E-04	6.29E-03	9.36E-02
3.22E-10	2.96E-08	1.60E-06	3.66E-05	5.10E-04	6.06E-03	7.71E-02
3.22E-10	2.96E-08	1.60E-06	3.66E-05	5.13E-04	6.30E-03	9.38E-02
4.12E-10	2.96E-08	1.60E-06	3.67E-05	6.36E-04	6.30E-03	7.71E-02
4.12E-10	3.77E-08	2.05E-06	3.66E-05	6.33E-04	6.07E-03	7.07E-01
4.80E-10	3.77E-08	2.05E-06	3.69E-05	7.73E-04	6.07E-03	1.01E-02
4.80E-10	4.39E-08	2.39E-06	4.69E-05	7.69E-04	7.40E-03	1.22E-01
5.37E-10	4.39E-08	2.39E-06	4.69E-05	8.77E-04	7.64E-03	1.04E-01
5.37E-10	4.91E-08	2.68E-06	5.46E-05	8.73E-04	9.13E-03	1.33E-01
5.85E-10	4.91E-08	2.68E-06	5.46E-05	9.63E-04	8.89E-03	1.35E-01
5.85E-10	5.34E-08	2.91E-06	6.12E-05	9.60E-04	1.00E-02	1.42E-01
6.25E-10	5.34E-08	2.91E-06	6.12E-05	1.04E-03	1.03E-02	1.25E-01
6.25E-10	5.70E-08	3.11E-06	6.66E-05	1.03E-03	1.12E-02	1.49E-01
7.87E-10	5.70E-08	3.11E-06	6.66E-05	1.33E-03	1.10E-02	1.32E-01
7.87E-10	7.17E-08	3.93E-06	8.89E-05	1.33E-03	1.20E-02	1.81E-01
9.23E-10	7.17E-08	3.93E-06	1.07E-04	1.58E-03	1.18E-02	1.52E-01
9.23E-10	8.40E-08	4.60E-06	1.07E-04	1.58E-03	1.52E-02	1.80E-01
1.04E-09	8.40E-08	4.60E-06	1.23E-04	1.79E-03	1.50E-02	2.07E-01
1.04E-09	9.42E-08	5.21E-06	1.37E-04	1.78E-03	1.79E-02	1.89E-01
1.14E-09	9.42E-08	5.21E-06	1.37E-04	1.97E-03	1.77E-02	2.28E-01
1.14E-09	1.03E-07	5.72E-06	1.48E-04	2.13E-03	2.02E-02	2.11E-01
1.22E-09	1.03E-07	5.72E-06	1.48E-04	2.12E-03	1.99E-02	2.48E-01
1.29E-09	1.11E-07	6.14E-06	1.58E-04	2.26E-03	2.22E-02	2.31E-01
1.29E-09	1.17E-07	6.14E-06	1.58E-04	2.50E-03	2.20E-02	2.64E-01
1.41E-09	1.17E-07	6.77E-06	1.71E-04	2.43E-03	2.39E-02	2.47E-01
1.41E-09	1.28E-07	6.77E-06	1.71E-04	2.42E-03	2.36E-02	2.77E-01
1.50E-09	1.38E-07	7.31E-06	1.83E-04	2.57E-03	2.53E-02	2.96E-01
1.50E-09	1.38E-07	7.31E-06	1.83E-04	2.57E-03	2.50E-02	2.78E-01
1.60E-09	1.47E-07	7.87E-06	1.95E-04	2.72E-03	2.71E-02	3.11E-01
1.60E-09	1.47E-07	8.34E-06	2.05E-04	2.86E-03	3.01E-02	3.27E-01
		8.34E-06	2.05E-04	2.85E-03	3.15E-02	3.24E-01

	x	N
1.89E 00	9.70	78240.20
1.18E 00	9.80	79046.80
1.91E 00	9.90	79853.40
1.19E 00	10.00	80660.00
1.92E 00	10.10	81466.60
1.93E 00	10.20	82273.20
1.19E 00	10.30	83079.80
1.94E 00	10.40	83886.40
1.19E 00	10.50	84693.00
1.95E 00	10.60	85499.60
1.19E 00	10.70	86306.20
1.96E 00	11.00	88726.00
1.19E 00	11.25	90742.50
1.97E 00	11.50	92759.00
1.19E 00	11.75	94775.50
1.98E 00	12.00	96792.00
1.19E 00	12.25	98808.50
1.99E 00	12.50	100825.00
2.10E 00	12.75	102841.50
1.28E 00	13.00	104858.00
2.20E 00	13.25	106874.50
1.39E 00	13.50	108891.00
2.28E 00	13.75	110907.50
1.46E 00	14.00	112924.00
2.34E 00	14.25	114940.50

Density × Normal

Wave Number (cm⁻¹)	Photon Energy (eV)	1.0E 01	1.0E 00	1.0E-01	10.0E-03	10.0E-04	10.0E-05	10.0E-06	10.0E-07
116957.00	14.50	4.02E 00	3.72E-01	3.49E-02	3.15E-03	2.27E-04	9.33E-06	1.66E-07	1.69E-09
118973.50	14.75	4.22E 00	3.98E-01	3.76E-02	3.40E-03	2.45E-04	1.02E-05	1.81E-07	1.86E-09
120990.00	15.00	4.38E 00	4.20E-01	3.99E-02	3.61E-03	2.61E-04	1.09E-05	1.94E-07	2.01E-09
123006.50	15.25	3.70E 00	4.38E-01	4.18E-02	3.78E-03	2.74E-04	1.15E-05	2.05E-07	2.13E-09
125023.00	15.50	3.81E 00	4.53E-01	4.33E-02	3.92E-03	2.85E-04	1.20E-05	2.15E-07	2.23E-09
127039.50	15.75	3.98E 00	4.66E-01	4.46E-02	4.04E-03	2.94E-04	1.24E-05	2.22E-07	2.32E-09
129056.00	16.00	4.04E 00	4.76E-01	4.57E-02	4.14E-03	3.02E-04	1.27E-05	2.28E-07	2.39E-09
131072.50	16.25	4.09E 00	4.85E-01	4.66E-02	4.22E-03	3.08E-04	1.30E-05	2.33E-07	2.44E-09
133089.00	16.50	4.14E 00	4.92E-01	4.73E-02	4.29E-03	3.13E-04	1.32E-05	2.38E-07	2.49E-09
135105.50	16.75	4.17E 00	4.98E-01	4.79E-02	4.34E-03	3.17E-04	1.34E-05	2.41E-07	2.53E-09
137122.00	17.00	4.20E 00	5.03E-01	4.84E-02	4.39E-03	3.21E-04	1.36E-05	2.44E-07	2.56E-09
139138.50	17.25	4.23E 00	5.07E-01	4.88E-02	4.43E-03	3.24E-04	1.37E-05	2.47E-07	2.59E-09
141155.00	17.50	4.27E 00	5.10E-01	4.92E-02	4.46E-03	3.26E-04	1.38E-05	2.49E-07	2.61E-09
143171.50	17.75	4.28E 00	5.13E-01	4.94E-02	4.49E-03	3.28E-04	1.39E-05	2.51E-07	2.63E-09
145188.00	18.00	5.08E 00	5.15E-01	4.97E-02	4.51E-03	3.30E-04	1.40E-05	2.52E-07	2.65E-09
147204.50	18.25	5.09E 00	5.17E-01	4.99E-02	4.52E-03	3.31E-04	1.40E-05	2.53E-07	2.66E-09
149221.00	18.50	5.11E 00	5.18E-01	5.00E-02	4.54E-03	3.32E-04	1.41E-05	2.54E-07	2.67E-09
151237.50	18.75	5.12E 00	5.19E-01	5.01E-02	4.55E-03	3.33E-04	1.41E-05	2.55E-07	2.68E-09
153254.00	19.00	5.12E 00	5.20E-01	5.02E-02	4.56E-03	3.34E-04	1.41E-05	2.55E-07	2.69E-09
155270.50	19.25	5.13E 00	5.21E-01	5.00E-02	4.56E-03	3.34E-04	1.41E-05	2.56E-07	2.69E-09
157287.00	19.50	5.13E 00	5.22E-01	5.04E-02	4.57E-03	3.35E-04	1.42E-05	2.56E-07	2.70E-09
159303.50	19.75	5.14E 00	5.05E-01	5.02E-02	4.57E-03	3.35E-04	1.42E-05	2.57E-07	2.70E-09

2.70E-09	2.57E-07	1.42E-05	3.35E-04	4.58E+03	5.05E-02	5.23E-01	5.14E 00	20.00	161320.00
2.70E-09	2.57E-07	1.42E-05	3.35E-04	4.58E+03	5.03E-02	5.05E-01	4.33E 00	20.25	163336.50
2.71E-09	2.57E-07	1.42E-05	3.36E-04	4.59E+03	5.05E-02	5.23E-01	5.14E 00	20.50	165353.00
2.71E-09	2.57E-07	1.42E-05	3.36E-04	4.58E+03	5.03E-02	5.06E-01	4.33E 00	20.75	167369.50
2.71E-09	2.57E-07	1.43E-05	3.36E-04	4.59E+03	5.03E-02	5.06E-01	5.15E 00	21.00	169386.00
2.71E-09	2.58E-07	1.43E-05	3.36E-04	4.59E+03	5.06E-02	5.06E-01	4.33E 00	21.25	171402.50
2.71E-09	2.58E-07	1.43E-05	3.36E-04	4.59E+03	5.03E-02	5.24E-01	5.15E 00	21.50	173419.00
2.71E-09	2.58E-07	1.43E-05	3.36E-04	4.59E+03	5.04E-02	5.07E-01	5.15E 00	21.75	175435.50
2.71E-09	2.58E-07	1.43E-05	3.36E-04	4.60E+03	5.06E-02	5.24E-01	4.34E 00	22.00	177452.00
2.72E-09	2.58E-07	1.43E-05	3.37E-04	4.59E+03	5.06E-02	5.07E-01	5.15E 00	22.25	179468.50
2.72E-09	2.58E-07	1.43E-05	3.37E-04	4.59E+03	5.04E-02	5.07E-01	4.34E 00	22.50	181485.00
2.72E-09	2.58E-07	1.43E-05	3.37E-04	4.59E+03	5.04E-02	5.07E-01	5.15E 00	22.75	183501.50
2.72E-09	2.58E-07	1.43E-05	3.37E-04	4.60E+03	5.07E-02	5.24E-01	4.34E 00	23.00	185518.00
2.72E-09	2.58E-07	1.43E-05	3.37E-04	4.60E+03	5.04E-02	5.07E-01	5.16E 00	23.25	187534.50
2.72E-09	2.58E-07	1.43E-05	3.37E-04	4.60E+03	5.07E-02	5.25E-01	4.34E 00	23.50	189551.00
2.72E-09	2.58E-07	1.43E-05	3.37E-04	4.60E+03	5.05E-02	5.25E-01	5.16E 00	23.75	191567.50
2.72E-09	2.58E-07	1.43E-05	3.37E-04	4.60E+03	5.05E-02	5.07E-01	4.34E 00	24.00	193584.00
2.72E-09	2.58E-07	1.43E-05	3.37E-04	4.60E+03	5.05E-02	5.08E-01	5.16E 00	24.25	195600.50

PARTIAL PLANCK MEAN ABSORPTION COEFFICIENTS FOR HEATED AIR: 14000° K

Wave Number (cm⁻¹)	Photon Energy (eV)	Density × Normal							
		1.0E 01	1.0E 00	1.0E-01	10.0E-03	10.0E-04	10.0E-05	10.0E-06	10.0E-07
4839.60	0.60	7.74E-02	7.88E-03	7.29E-04	5.63E-05	2.43E-06	4.74E-08	5.34E-10	5.44E-12
		7.74E-02	7.88E-03	7.29E-04	5.63E-05	2.43E-06	4.74E-08	5.34E-10	5.44E-12
5646.20	0.70	1.60E-01	1.64E-02	1.52E-03	1.17E-04	5.28E-06	9.71E-08	1.10E-09	1.11E-11
		1.60E-01	1.63E-02	1.52E-03	1.17E-04	5.28E-06	9.71E-08	1.10E-09	1.11E-11
6452.80	0.80	2.49E-01	2.56E-02	2.37E-03	1.83E-04	8.38E-06	1.56E-07	1.76E-09	1.71E-11
		2.48E-01	2.55E-02	2.37E-03	1.83E-04	8.38E-06	1.56E-07	1.76E-09	1.71E-11
7259.40	0.90	3.42E-01	3.52E-02	3.27E-03	2.52E-04	1.16E-05	2.20E-07	2.46E-09	2.42E-11
		3.40E-01	3.52E-02	3.27E-03	2.52E-04	1.16E-05	2.20E-07	2.46E-09	2.42E-11
8066.00	1.00	4.39E-01	4.52E-02	4.19E-03	3.24E-04	1.50E-05	2.84E-07	3.19E-09	3.16E-11
		4.34E-01	4.51E-02	4.19E-03	3.24E-04	1.50E-05	2.84E-07	3.19E-09	3.16E-11
8872.60	1.10	5.35E-01	5.50E-02	5.11E-03	3.95E-04	1.83E-05	3.49E-07	3.90E-09	3.88E-11
		5.27E-01	5.49E-02	5.11E-03	3.95E-04	1.83E-05	3.49E-07	3.90E-09	3.88E-11
9679.20	1.20	6.28E-01	6.44E-02	5.98E-03	4.62E-04	2.15E-05	4.09E-07	4.58E-09	4.57E-11
		6.15E-01	6.43E-02	5.98E-03	4.62E-04	2.15E-05	4.09E-07	4.58E-09	4.57E-11
10485.80	1.30	7.26E-01	7.45E-02	6.91E-03	5.34E-04	2.48E-05	4.63E-07	5.18E-09	5.18E-11
		7.09E-01	7.43E-02	6.91E-03	5.34E-04	2.48E-05	4.63E-07	5.18E-09	5.18E-11
11292.40	1.40	8.18E-01	8.35E-02	7.75E-03	5.98E-04	2.78E-05	5.10E-07	5.68E-09	5.69E-11
		7.93E-01	8.32E-02	7.74E-03	5.98E-04	2.78E-05	5.10E-07	5.68E-09	5.69E-11
12099.00	1.50	9.07E-01	9.20E-02	8.52E-03	6.58E-04	3.06E-05	5.63E-07	6.26E-09	6.16E-11
		8.73E-01	9.15E-02	8.52E-03	6.58E-04	3.06E-05	5.63E-07	6.26E-09	6.16E-11
12905.60	1.60	9.90E-01	9.96E-02	9.21E-03	7.11E-04	3.31E-05	6.11E-07	6.81E-09	6.69E-11
		9.48E-01	9.91E-02	9.21E-03	7.11E-04	3.31E-05	6.11E-07	6.81E-09	6.69E-11
13712.20	1.70	1.08E 00	1.07E-01	9.86E-03	7.61E-04	3.54E-05	6.57E-07	7.33E-09	7.21E-11
		1.02E 00	1.06E-01	9.86E-03	7.61E-04	3.54E-05	6.57E-07	7.33E-09	7.21E-11
14518.80	1.80	1.16E 00	1.14E-01	1.05E-02	8.06E-04	3.75E-05	6.99E-07	7.80E-09	7.69E-11
		1.09E 00	1.13E-01	1.05E-02	8.06E-04	3.75E-05	6.99E-07	7.80E-09	7.69E-11
15325.40	1.90	1.23E 00	1.20E-01	1.10E-02	8.48E-04	3.95E-05	7.37E-07	8.23E-09	8.13E-11
		1.15E 00	1.19E-01	1.10E-02	8.48E-04	3.95E-05	7.37E-07	8.23E-09	8.13E-11
16132.00	2.00	1.31E 00	1.26E-01	1.15E-02	8.87E-04	4.13E-05	7.72E-07	8.63E-09	8.54E-11
		1.21E 00	1.25E-01	1.15E-02	8.87E-04	4.13E-05	7.72E-07	8.63E-09	8.54E-11
16938.60	2.10	1.37E 00	1.31E-01	1.20E-02	9.23E-04	4.30E-05	8.05E-07	9.00E-09	8.92E-11
		1.27E 00	1.30E-01	1.20E-02	9.23E-04	4.30E-05	8.05E-07	9.00E-09	8.92E-11
17745.20	2.20	1.44E 00	1.36E-01	1.24E-02	9.56E-04	4.46E-05	8.35E-07	9.34E-09	9.27E-11
		1.33E 00	1.35E-01	1.24E-02	9.56E-04	4.46E-05	8.35E-07	9.34E-09	9.27E-11
18551.80	2.30	1.49E 00	1.41E-01	1.28E-02	9.86E-04	4.60E-05	8.62E-07	9.65E-09	9.58E-11
		1.38E 00	1.40E-01	1.33E-02	1.02E-03	4.72E-05	8.86E-07	9.91E-09	9.85E-11
19358.40	2.40	1.55E 00	1.46E-01	1.33E-02	1.02E-03	4.72E-05	8.86E-07	9.91E-09	9.85E-11
		1.44E 00	1.45E-01	1.37E-02	1.05E-03	4.86E-05	9.06E-07	1.01E-08	1.01E-10
20165.00	2.50	1.50E 00	1.51E-01	1.37E-02	1.05E-03	4.86E-05	9.06E-07	1.01E-08	1.01E-10
		1.66E 00	1.50E-01	1.41E-02	1.08E-03	5.01E-05	9.32E-07	1.04E-08	1.03E-10
20971.60	2.60	1.55E 00	1.56E-01	1.41E-02	1.08E-03	5.01E-05	9.32E-07	1.04E-08	1.03E-10
		1.72E 00	1.54E-01	1.45E-02	1.11E-03	5.14E-05	9.59E-07	1.07E-08	1.06E-10
21778.20	2.70	1.61E 00	1.60E-01	1.45E-02	1.11E-03	5.14E-05	9.59E-07	1.07E-08	1.06E-10
			1.59E-01						

1.09E-10	1.10E-08	9.84E-07	5.28E-05	1.14E-03	1.49E-02	1.65E-01	1.77E 00
1.09E-10	1.10E-08	9.84E-07	5.28E-05	1.14E-03	1.49E-02	1.63E-01	1.66E 00
1.11E-10	1.13E-08	1.01E-06	5.40E-05	1.17E-03	1.52E-02	1.69E-01	1.83E 00
1.11E-10	1.13E-08	1.01E-06	5.40E-05	1.17E-03	1.52E-02	1.67E-01	1.71E 00
1.14E-10	1.15E-08	1.03E-06	5.51E-05	1.19E-03	1.55E-02	1.71E-01	1.76E 00
1.14E-10	1.18E-08	1.03E-06	5.51E-05	1.19E-03	1.59E-02	1.77E-01	1.93E 00
1.17E-10	1.18E-08	1.05E-06	5.62E-05	1.21E-03	1.58E-02	1.75E-01	1.80E 00
1.17E-10	1.20E-08	1.05E-06	5.62E-05	1.21E-03	1.62E-02	1.81E-01	1.99E 00
1.19E-10	1.20E-08	1.07E-06	5.72E-05	1.24E-03	1.61E-02	1.78E-01	1.85E 00
1.19E-10	1.22E-08	1.07E-06	5.72E-05	1.24E-03	1.64E-02	1.84E-01	2.05E 00
1.21E-10	1.22E-08	1.09E-06	5.81E-05	1.26E-03	1.64E-02	1.82E-01	1.89E 00
1.21E-10	1.24E-08	1.09E-06	5.90E-05	1.26E-03	1.67E-02	1.87E-01	2.10E 00
1.23E-10	1.24E-08	1.11E-06	5.90E-05	1.27E-03	1.66E-02	1.85E-01	1.93E 00
1.23E-10	1.25E-08	1.11E-06	5.98E-05	1.29E-03	1.69E-02	1.91E-01	2.17E 00
1.25E-10	1.25E-08	1.12E-06	6.05E-05	1.29E-03	1.69E-02	1.88E-01	1.98E 00
1.25E-10	1.27E-08	1.12E-06	6.05E-05	1.31E-03	1.72E-02	1.95E-01	2.24E 00
1.26E-10	1.27E-08	1.14E-06	6.11E-05	1.31E-03	1.71E-02	1.91E-01	2.04E 00
1.26E-10	1.28E-08	1.13E-06	6.11E-05	1.32E-03	1.74E-02	1.98E-01	2.31E 00
1.28E-10	1.28E-08	1.15E-06	6.17E-05	1.34E-03	1.76E-02	1.94E-01	2.39E 00
1.28E-10	1.30E-08	1.15E-06	6.25E-05	1.34E-03	1.76E-02	2.01E-01	2.15E 00
1.29E-10	1.30E-08	1.16E-06	6.25E-05	1.35E-03	1.78E-02	1.98E-01	2.45E 00
1.30E-10	1.31E-08	1.16E-06	6.32E-05	1.35E-03	1.78E-02	2.05E-01	2.21E 00
1.30E-10	1.31E-08	1.17E-06	6.32E-05	1.37E-03	1.80E-02	2.01E-01	2.53E 00
1.32E-10	1.32E-08	1.17E-06	6.41E-05	1.37E-03	1.80E-02	2.04E-01	2.60E 00
1.32E-10	1.34E-08	1.18E-06	6.41E-05	1.39E-03	1.84E-02	2.09E-01	2.32E 00
1.33E-10	1.34E-08	1.18E-06	6.50E-05	1.39E-03	1.83E-02	2.12E-01	2.67E 00
1.33E-10	1.35E-08	1.20E-06	6.59E-05	1.41E-03	1.86E-02	2.08E-01	2.38E 00
1.35E-10	1.37E-08	1.20E-06	6.59E-05	1.43E-03	1.86E-02	2.16E-01	2.74E 00
1.35E-10	1.37E-08	1.22E-06	6.67E-05	1.45E-03	1.89E-02	2.12E-01	2.44E 00
1.37E-10	1.39E-08	1.22E-06	6.67E-05	1.44E-03	1.88E-02	2.20E-01	2.79E 00
1.37E-10	1.39E-08	1.23E-06	6.75E-05	1.46E-03	1.91E-02	2.15E-01	2.50E 00
1.38E-10	1.41E-08	1.25E-06	6.82E-05	1.46E-03	1.91E-02	2.23E-01	2.85E 00
1.39E-10	1.42E-08	1.25E-06	6.82E-05	1.48E-03	1.94E-02	2.18E-01	2.90E 00
1.39E-10	1.42E-08	1.26E-06	6.89E-05	1.48E-03	1.96E-02	2.26E-01	2.60E 00
1.41E-10	1.44E-08	1.26E-06	6.95E-05	1.49E-03	1.95E-02	2.22E-01	2.96E 00
1.42E-10	1.44E-08	1.28E-06	6.95E-05	1.49E-03	1.98E-02	2.29E-01	3.01E 00
1.42E-10	1.45E-08	1.28E-06	7.02E-05	1.51E-03	1.97E-02	2.25E-01	2.70E 00
1.44E-10	1.45E-08	1.29E-06	7.08E-05	1.50E-03	2.00E-02	2.32E-01	3.06E 00
1.44E-10	1.47E-08	1.29E-06	7.08E-05	1.52E-03	1.99E-02	2.28E-01	2.75E 00
1.45E-10	1.47E-08	1.31E-06	7.13E-05	1.52E-03	2.02E-02	2.35E-01	3.10E 00
1.45E-10	1.48E-08	1.31E-06	7.13E-05	1.53E-03	2.01E-02	2.30E-01	2.79E 00
1.47E-10	1.48E-08	1.32E-06	7.19E-05	1.53E-03	2.04E-02	2.38E-01	3.15E 00
1.47E-10	1.49E-08	1.32E-06	7.19E-05	1.54E-03	2.03E-02	2.33E-01	2.83E 00
1.48E-10	1.49E-08	1.33E-06		1.54E-03	2.05E-02	2.40E-01	3.19E 00
1.48E-10	1.51E-08	1.33E-06		1.55E-03	2.05E-02	2.36E-01	2.87E 00
1.49E-10	1.51E-08	1.34E-06		1.55E-03	2.07E-02	2.43E-01	
1.49E-10		1.34E-06			2.06E-02	2.38E-01	
1.51E-10		1.35E-06				2.45E-01	
1.51E-10		1.35E-06				2.40E-01	

2.80	22584.80
2.90	23391.40
3.00	24198.00
3.10	25004.60
3.20	25811.20
3.30	26617.80
3.40	27424.40
3.50	28231.00
3.60	29037.60
3.70	29844.20
3.80	30650.80
3.90	31457.40
4.00	32264.00
4.10	33070.60
4.20	33877.20
4.30	34683.80
4.40	35490.40
4.50	36297.00
4.60	37103.60
4.70	37910.20
4.80	38716.80
4.90	39523.40
5.00	40330.00
5.10	41136.60
5.20	41943.20

PARTIAL PLANCK MEAN ABSORPTION COEFFICIENTS FOR HEATED AIR: 14000° K

Wave Number (cm⁻¹)	Photon Energy (eV)	Density × Normal							
		1.0E 01	1.0E 00	1.0E-01	10.0E-03	10.0E-04	10.0E-05	10.0E-06	10.0E-07
42749.80	5.30	3.23E 00	2.48E-01	2.08E-02	1.57E-03	7.24E-05	1.36E-06	1.52E-08	1.52E-10
43556.40	5.40	3.28E 00	2.50E-01	2.10E-02	1.56E-03	7.29E-05	1.37E-06	1.53E-08	1.53E-10
44363.00	5.50	3.31E 00	2.52E-01	2.11E-02	1.57E-03	7.33E-05	1.38E-06	1.54E-08	1.54E-10
45169.60	5.60	3.35E 00	2.54E-01	2.13E-02	1.58E-03	7.38E-05	1.39E-06	1.55E-08	1.55E-10
45976.20	5.70	3.39E 00	2.56E-01	2.14E-02	1.60E-03	7.42E-05	1.40E-06	1.56E-08	1.56E-10
46782.80	5.80	3.43E 00	2.58E-01	2.15E-02	1.61E-03	7.46E-05	1.41E-06	1.57E-08	1.57E-10
47589.40	5.90	3.47E 00	2.60E-01	2.16E-02	1.62E-03	7.50E-05	1.41E-06	1.58E-08	1.58E-10
48396.00	6.00	3.50E 00	2.61E-01	2.18E-02	1.63E-03	7.54E-05	1.42E-06	1.59E-08	1.59E-10
49202.60	6.10	3.54E 00	2.63E-01	2.19E-02	1.64E-03	7.57E-05	1.43E-06	1.59E-08	1.60E-10
50009.20	6.20	3.57E 00	2.65E-01	2.20E-02	1.64E-03	7.60E-05	1.44E-06	1.60E-08	1.60E-10
50815.80	6.30	3.60E 00	2.66E-01	2.21E-02	1.65E-03	7.64E-05	1.44E-06	1.61E-08	1.61E-10
51622.40	6.40	3.64E 00	2.68E-01	2.22E-02	1.66E-03	7.67E-05	1.45E-06	1.62E-08	1.62E-10
52429.00	6.50	3.67E 00	2.69E-01	2.23E-02	1.66E-03	7.70E-05	1.45E-06	1.62E-08	1.63E-10
53235.60	6.60	3.70E 00	2.71E-01	2.24E-02	1.67E-03	7.72E-05	1.46E-06	1.63E-08	1.63E-10
54042.20	6.70	3.73E 00	2.72E-01	2.24E-02	1.68E-03	7.75E-05	1.46E-06	1.64E-08	1.64E-10
54848.80	6.80	3.75E 00	2.74E-01	2.25E-02	1.68E-03	7.78E-05	1.47E-06	1.64E-08	1.65E-10
55655.40	6.90	3.78E 00	2.75E-01	2.26E-02	1.69E-03	7.80E-05	1.47E-06	1.65E-08	1.65E-10
56462.00	7.00	3.81E 00	2.76E-01	2.27E-02	1.69E-03	7.82E-05	1.48E-06	1.65E-08	1.66E-10
57268.60	7.10	3.83E 00	2.77E-01	2.26E-02	1.69E-03	7.85E-05	1.48E-06	1.66E-08	1.66E-10
58075.20	7.20	3.85E 00	2.78E-01	2.27E-02	1.70E-03	7.87E-05	1.49E-06	1.66E-08	1.67E-10
58881.80	7.30	3.88E 00	2.79E-01	2.28E-02	1.70E-03	7.89E-05	1.49E-06	1.67E-08	1.67E-10
59688.40	7.40	3.90E 00	2.80E-01	2.29E-02	1.71E-03	7.91E-05	1.50E-06	1.67E-08	1.68E-10

542

(E-10)	(E-08)	(E-06)	(E-05)	(E-03)	(E-02)	(E-01)	(E 00)
1.68E-10	1.68E-08	1.50E-06	7.93E-05	1.71E-03	2.30E-02	2.81E-01	3.92E 00
1.68E-10	1.68E-08	1.50E-06	7.93E-05	1.71E-03	2.29E-02	2.75E-01	3.53E 00
1.69E-10	1.68E-08	1.50E-06	7.95E-05	1.72E-03	2.31E-02	2.82E-01	3.94E 00
1.69E-10	1.68E-08	1.50E-06	7.94E-05	1.72E-03	2.30E-02	2.76E-01	3.54E 00
1.69E-10	1.68E-08	1.50E-06	7.96E-05	1.72E-03	2.31E-02	2.83E-01	3.96E 00
1.69E-10	1.68E-08	1.51E-06	7.96E-05	1.72E-03	2.30E-02	2.77E-01	3.56E 00
1.69E-10	1.69E-08	1.51E-06	7.98E-05	1.72E-03	2.32E-02	2.84E-01	3.98E 00
1.69E-10	1.69E-08	1.51E-06	7.98E-05	1.72E-03	2.31E-02	2.78E-01	3.57E 00
1.70E-10	1.69E-08	1.51E-06	7.99E-05	1.73E-03	2.32E-02	2.85E-01	4.00E 00
1.70E-10	1.69E-08	1.51E-06	7.99E-05	1.73E-03	2.31E-02	2.79E-01	3.59E 00
1.71E-10	1.69E-08	1.52E-06	8.01E-05	1.73E-03	2.33E-02	2.85E-01	4.02E 00
1.71E-10	1.70E-08	1.52E-06	8.01E-05	1.73E-03	2.32E-02	2.79E-01	3.60E 00
1.71E-10	1.70E-08	1.52E-06	8.02E-05	1.73E-03	2.33E-02	2.86E-01	4.03E 00
1.71E-10	1.70E-08	1.52E-06	8.02E-05	1.74E-03	2.32E-02	2.80E-01	3.61E 00
1.71E-10	1.70E-08	1.52E-06	8.03E-05	1.73E-03	2.33E-02	2.87E-01	4.05E 00
1.71E-10	1.70E-08	1.52E-06	8.03E-05	1.74E-03	2.34E-02	2.81E-01	3.63E 00
1.71E-10	1.71E-08	1.52E-06	8.05E-05	1.74E-03	2.33E-02	2.87E-01	4.07E 00
1.72E-10	1.71E-08	1.53E-06	8.05E-05	1.74E-03	2.34E-02	2.81E-01	3.64E 00
1.72E-10	1.71E-08	1.53E-06	8.06E-05	1.74E-03	2.33E-02	2.88E-01	4.09E 00
1.72E-10	1.71E-08	1.53E-06	8.06E-05	1.74E-03	2.35E-02	2.82E-01	3.65E 00
1.72E-10	1.71E-08	1.53E-06	8.07E-05	1.74E-03	2.34E-02	2.89E-01	4.10E 00
1.72E-10	1.71E-08	1.53E-06	8.08E-05	1.75E-03	2.35E-02	2.89E-01	3.66E 00
1.72E-10	1.72E-08	1.53E-06	8.08E-05	1.74E-03	2.34E-02	2.83E-01	4.12E 00
1.72E-10	1.72E-08	1.53E-06	8.09E-05	1.75E-03	2.35E-02	2.90E-01	3.67E 00
1.73E-10	1.72E-08	1.54E-06	8.09E-05	1.75E-03	2.34E-02	2.83E-01	4.13E 00
1.73E-10	1.72E-08	1.54E-06	8.10E-05	1.75E-03	2.36E-02	2.90E-01	3.68E 00
1.73E-10	1.72E-08	1.54E-06	8.10E-05	1.75E-03	2.35E-02	2.84E-01	4.15E 00
1.73E-10	1.72E-08	1.54E-06	8.11E-05	1.75E-03	2.36E-02	2.91E-01	3.69E 00
1.73E-10	1.72E-08	1.54E-06	8.12E-05	1.75E-03	2.35E-02	2.84E-01	4.17E 00
1.74E-10	1.73E-08	1.54E-06	8.13E-05	1.76E-03	2.36E-02	2.92E-01	3.70E 00
1.74E-10	1.73E-08	1.54E-06	8.13E-05	1.75E-03	2.36E-02	2.92E-01	4.18E 00
1.74E-10	1.73E-08	1.55E-06	8.14E-05	1.76E-03	2.37E-02	2.85E-01	3.71E 00
1.74E-10	1.73E-08	1.55E-06	8.15E-05	1.76E-03	2.36E-02	2.93E-01	4.20E 00
1.74E-10	1.74E-08	1.55E-06	8.15E-05	1.76E-03	2.38E-02	2.86E-01	3.72E 00
1.74E-10	1.74E-08	1.55E-06	8.17E-05	1.77E-03	2.37E-02	2.94E-01	4.21E 00
1.75E-10	1.74E-08	1.55E-06	8.17E-05	1.77E-03	2.38E-02	2.87E-01	3.73E 00
1.75E-10	1.74E-08	1.56E-06	8.18E-05	1.77E-03	2.38E-02	2.95E-01	4.25E 00
1.75E-10	1.74E-08	1.56E-06	8.20E-05	1.78E-03	2.39E-02	2.88E-01	3.75E 00
1.75E-10	1.74E-08	1.56E-06	8.21E-05	1.78E-03	2.38E-02	2.96E-01	4.28E 00
			8.21E-05	1.78E-03	2.39E-02	2.96E-01	3.76E 00
			8.23E-05	1.78E-03	2.40E-02	2.97E-01	4.30E 00
			8.22E-05	1.78E-03	2.39E-02	2.89E-01	3.77E 00
			8.24E-05	1.78E-03	2.40E-02	2.97E-01	4.31E 00
					2.39E-02	2.90E-01	4.33E 00
							3.78E 00

7.50	60495.00
7.60	61301.60
7.70	62108.20
7.80	62914.80
7.90	63721.40
8.00	64528.00
8.10	65334.60
8.20	66141.20
8.30	66947.80
8.40	67754.40
8.50	68561.00
8.60	69367.60
8.70	70174.20
8.80	70980.80
8.90	71787.40
9.00	72594.00
9.10	73400.60
9.20	74207.20
9.30	75013.80
9.40	75820.40
9.50	76627.00
9.60	77433.60
9.70	78240.20
9.80	79046.80
9.90	79853.40

PARTIAL PLANCK MEAN ABSORPTION COEFFICIENTS FOR HEATED AIR: 14000°K

Wave Number (cm⁻¹)	Photon Energy (eV)	Density × Normal							
		1.0E 01	1.0E 00	1.0E-01	10.0E-03	10.0E-04	10.0E-05	10.0E-06	10.0E-07
80660.00	10.00	4.35E 00	2.98E-01	2.40E-02	1.78E-03	8.25E-05	1.56E-06	1.75E-08	1.76E-10
		3.78E 00	2.90E-01	2.39E-02	1.78E-03	8.25E-05	1.56E-06	1.75E-08	1.76E-10
81466.60	10.10	4.36E 00	2.99E-01	2.41E-02	1.79E-03	8.26E-05	1.56E-06	1.75E-08	1.76E-10
		3.79E 00	2.90E-01	2.40E-02	1.79E-03	8.26E-05	1.56E-06	1.75E-08	1.76E-10
82273.20	10.20	4.38E 00	2.91E-01	2.41E-02	1.79E-03	8.27E-05	1.57E-06	1.75E-08	1.76E-10
		3.80E 00	3.00E-01	2.40E-02	1.79E-03	8.27E-05	1.57E-06	1.75E-08	1.76E-10
83079.80	10.30	4.39E 00	2.91E-01	2.41E-02	1.79E-03	8.28E-05	1.57E-06	1.75E-08	1.76E-10
		3.80E 00	3.00E-01	2.42E-02	1.79E-03	8.28E-05	1.57E-06	1.75E-08	1.76E-10
83886.40	10.40	4.41E 00	2.92E-01	2.41E-02	1.79E-03	8.29E-05	1.57E-06	1.75E-08	1.76E-10
		3.81E 00	3.01E-01	2.42E-02	1.79E-03	8.29E-05	1.57E-06	1.75E-08	1.76E-10
84693.00	10.50	4.42E 00	2.92E-01	2.41E-02	1.80E-03	8.30E-05	1.57E-06	1.75E-08	1.76E-10
		3.81E 00	3.01E-01	2.42E-02	1.80E-03	8.30E-05	1.57E-06	1.75E-08	1.76E-10
85499.60	10.60	4.44E 00	2.92E-01	2.41E-02	1.80E-03	8.31E-05	1.57E-06	1.76E-08	1.77E-10
		3.82E 00	3.01E-01	2.42E-02	1.80E-03	8.31E-05	1.58E-06	1.76E-08	1.77E-10
86306.20	10.70	4.88E 00	3.48E-01	2.86E-02	2.13E-03	8.32E-05	1.58E-06	1.76E-08	1.77E-10
		4.24E 00	3.39E-01	2.85E-02	2.13E-03	1.01E-04	1.91E-06	2.14E-08	2.15E-10
88726.00	11.00	5.36E 00	4.02E-01	3.37E-02	2.52E-03	1.15E-04	2.17E-06	2.43E-08	2.45E-10
		4.72E 00	3.93E-01	3.35E-02	2.52E-03	1.15E-04	2.40E-06	2.43E-08	2.45E-10
90742.50	11.25	5.75E 00	4.45E-01	3.76E-02	2.82E-03	1.27E-04	2.40E-06	2.69E-08	2.71E-10
		5.10E 00	4.36E-01	3.75E-02	2.82E-03	1.27E-04	2.60E-06	2.69E-08	2.71E-10
92759.00	11.50	6.08E 00	4.82E-01	4.11E-02	3.08E-03	1.37E-04	2.60E-06	2.91E-08	2.94E-10
		5.43E 00	4.73E-01	4.10E-02	3.08E-03	1.37E-04	2.77E-06	2.91E-08	2.94E-10
94775.50	11.75	6.36E 00	5.14E-01	4.41E-02	3.31E-03	1.76E-04	2.77E-06	3.10E-08	3.13E-10
		5.72E 00	5.05E-01	4.40E-02	3.31E-03	1.76E-04	3.40E-06	3.81E-08	3.85E-10
96792.00	12.00	7.42E 00	6.33E-01	5.51E-02	4.16E-03	2.09E-04	3.40E-06	3.81E-08	3.85E-10
		6.78E 00	6.24E-01	5.50E-02	4.16E-03	2.09E-04	3.95E-06	3.81E-08	3.85E-10
98808.50	12.25	8.34E 00	7.35E-01	6.47E-02	4.89E-03	2.38E-04	3.95E-06	4.42E-08	4.47E-10
		7.69E 00	7.26E-01	6.46E-02	4.88E-03	2.38E-04	4.46E-06	4.42E-08	4.47E-10
100825.00	12.50	9.13E 00	8.24E-01	7.30E-02	5.52E-03	2.65E-04	4.46E-06	4.95E-08	5.00E-10
		8.48E 00	8.15E-01	7.29E-02	5.52E-03	2.65E-04	4.89E-06	4.95E-08	5.00E-10
102841.50	12.75	9.86E 00	9.07E-01	8.06E-02	6.11E-03	2.88E-04	4.89E-06	5.44E-08	5.50E-10
		9.22E 00	8.98E-01	8.06E-02	6.10E-03	2.88E-04	5.27E-06	5.44E-08	5.50E-10
104858.00	13.00	1.05E 01	9.78E-01	8.74E-02	6.61E-03	3.08E-04	5.27E-06	5.86E-08	5.93E-10
		9.86E 00	9.69E-01	8.73E-02	6.61E-03	3.08E-04	5.83E-06	6.22E-08	6.29E-10
106874.50	13.25	1.10E 01	1.04E 00	9.31E-02	7.05E-03	3.35E-04	5.83E-06	6.22E-08	6.29E-10
		1.04E 01	1.03E 00	9.30E-02	7.05E-03	3.35E-04	6.31E-06	6.22E-08	6.29E-10
108891.00	13.50	1.17E 01	1.12E 00	1.00E-01	7.61E-03	3.59E-04	6.31E-06	6.77E-08	6.85E-10
		1.11E 01	1.11E 00	1.00E-01	7.61E-03	3.59E-04	6.84E-06	6.77E-08	6.85E-10
110907.50	13.75	1.24E 01	1.18E 00	1.06E-01	8.10E-03	3.85E-04	6.84E-06	7.36E-08	7.33E-10
		1.17E 01	1.17E 00	1.06E-01	8.10E-03	3.85E-04	7.29E-06	7.36E-08	7.33E-10
112924.00	14.00	1.30E 01	1.26E 00	1.13E-01	8.64E-03	4.08E-04	7.29E-06	7.88E-08	7.85E-10
		1.24E 01	1.25E 00	1.13E-01	8.64E-03	4.08E-04	7.88E-06	7.88E-08	7.85E-10
114940.50	14.25	1.36E 01	1.32E 00	1.19E-01	9.11E-03	4.08E-04	7.88E-06	7.88E-08	7.85E-10
		1.30E 01	1.31E 00	1.19E-01	9.11E-03	4.08E-04	7.88E-06	7.88E-08	7.85E-10

116957.00	14.50	1.48E 01	1.45E 00	1.31E-01	1.00E-02	4.51E-04	8.13E-06	8.82E-08	8.30E-10
		1.41E 01	1.44E 00	1.31E-01	1.00E-02	4.51E-04	8.13E-06	8.82E-08	8.30E-10
118973.50	14.75	1.58E 01	1.56E 00	1.42E-01	1.08E-02	4.89E-04	8.85E-06	9.63E-08	9.13E-10
		1.51E 01	1.55E 00	1.42E-01	1.08E-02	4.89E-04	8.85E-06	9.63E-08	9.13E-10
120990.00	15.00	1.67E 01	1.66E 00	1.51E-01	1.16E-02	5.22E-04	9.49E-06	1.04E-07	9.87E-10
		1.60E 01	1.65E 00	1.51E-01	1.15E-02	5.22E-04	9.49E-06	1.04E-07	9.87E-10
123006.50	15.25	1.74E 01	1.74E 00	1.59E-01	1.22E-02	5.51E-04	1.01E-05	1.10E-07	1.05E-09
		1.68E 01	1.73E 00	1.59E-01	1.22E-02	5.51E-04	1.01E-05	1.10E-07	1.05E-09
125023.00	15.50	1.81E 01	1.81E 00	1.66E-01	1.27E-02	5.75E-04	1.05E-05	1.15E-07	1.11E-09
		1.74E 01	1.80E 00	1.65E-01	1.27E-02	5.75E-04	1.05E-05	1.15E-07	1.11E-09
127039.50	15.75	1.86E 01	1.87E 00	1.71E-01	1.31E-02	5.96E-04	1.09E-05	1.20E-07	1.15E-09
		1.80E 01	1.87E 00	1.71E-01	1.31E-02	5.96E-04	1.09E-05	1.20E-07	1.15E-09
129056.00	16.00	1.91E 01	1.93E 00	1.76E-01	1.35E-02	6.14E-04	1.13E-05	1.24E-07	1.19E-09
		1.85E 01	1.92E 00	1.76E-01	1.35E-02	6.14E-04	1.13E-05	1.24E-07	1.19E-09
131072.50	16.25	1.95E 01	1.97E 00	1.80E-01	1.38E-02	6.29E-04	1.16E-05	1.27E-07	1.23E-09
		1.89E 01	1.96E 00	1.80E-01	1.38E-02	6.29E-04	1.16E-05	1.27E-07	1.23E-09
133089.00	16.50	1.99E 01	2.01E 00	1.84E-01	1.41E-02	6.42E-04	1.18E-05	1.30E-07	1.25E-09
		1.92E 01	2.00E 00	1.84E-01	1.41E-02	6.42E-04	1.18E-05	1.30E-07	1.25E-09
135105.50	16.75	2.02E 01	2.04E 00	1.87E-01	1.43E-02	6.54E-04	1.21E-05	1.32E-07	1.28E-09
		1.95E 01	2.03E 00	1.87E-01	1.43E-02	6.54E-04	1.21E-05	1.32E-07	1.28E-09
137122.00	17.00	2.04E 01	2.07E 00	1.90E-01	1.46E-02	6.64E-04	1.22E-05	1.35E-07	1.30E-09
		1.98E 01	2.06E 00	1.90E-01	1.46E-02	6.64E-04	1.22E-05	1.35E-07	1.30E-09
139138.50	17.25	2.06E 01	2.10E 00	1.92E-01	1.47E-02	6.73E-04	1.24E-05	1.37E-07	1.32E-09
		2.00E 01	2.09E 00	1.92E-01	1.47E-02	6.73E-04	1.24E-05	1.37E-07	1.32E-09
141155.00	17.50	2.08E 01	2.12E 00	1.94E-01	1.49E-02	6.80E-04	1.26E-05	1.38E-07	1.34E-09
		2.02E 01	2.11E 00	1.94E-01	1.49E-02	6.80E-04	1.26E-05	1.38E-07	1.34E-09
143171.50	17.75	2.10E 01	2.13E 00	1.96E-01	1.50E-02	6.86E-04	1.27E-05	1.40E-07	1.35E-09
		2.04E 01	2.13E 00	1.95E-01	1.50E-02	6.86E-04	1.27E-05	1.40E-07	1.35E-09
145188.00	18.00	2.11E 01	2.15E 00	1.97E-01	1.51E-02	6.91E-04	1.28E-05	1.41E-07	1.36E-09
		2.05E 01	2.14E 00	1.97E-01	1.51E-02	6.91E-04	1.28E-05	1.41E-07	1.36E-09
147204.50	18.25	2.12E 01	2.16E 00	1.98E-01	1.52E-02	6.95E-04	1.29E-05	1.42E-07	1.37E-09
		2.06E 01	2.15E 00	1.98E-01	1.52E-02	6.95E-04	1.29E-05	1.42E-07	1.37E-09
149221.00	18.50	2.13E 01	2.17E 00	1.99E-01	1.53E-02	6.99E-04	1.29E-05	1.42E-07	1.38E-09
		2.07E 01	2.16E 00	1.99E-01	1.53E-02	6.99E-04	1.29E-05	1.42E-07	1.38E-09
151237.50	18.75	2.14E 01	2.18E 00	2.00E-01	1.54E-02	7.02E-04	1.30E-05	1.43E-07	1.39E-09
		2.08E 01	2.17E 00	2.00E-01	1.53E-02	7.02E-04	1.30E-05	1.43E-07	1.39E-09
153254.00	19.00	2.15E 01	2.19E 00	2.01E-01	1.54E-02	7.05E-04	1.31E-05	1.44E-07	1.39E-09
		2.08E 01	2.18E 00	2.01E-01	1.54E-02	7.05E-04	1.31E-05	1.44E-07	1.39E-09
155270.50	19.25	2.15E 01	2.20E 00	2.01E-01	1.55E-02	7.07E-04	1.31E-05	1.44E-07	1.40E-09
		2.09E 01	2.19E 00	2.01E-01	1.55E-02	7.07E-04	1.31E-05	1.44E-07	1.40E-09
157287.00	19.50	2.16E 01	2.20E 00	2.02E-01	1.55E-02	7.09E-04	1.31E-05	1.45E-07	1.40E-09
		2.10E 01	2.19E 00	2.02E-01	1.55E-02	7.09E-04	1.31E-05	1.45E-07	1.40E-09
159303.50	19.75	2.16E 01	2.21E 00	2.02E-01	1.55E-02	7.11E-04	1.32E-05	1.45E-07	1.41E-09
		2.10E 01	2.20E 00	2.02E-01	1.55E-02	7.11E-04	1.32E-05	1.45E-07	1.41E-09
161320.00	20.00	2.17E 01	2.21E 00	2.03E-01	1.56E-02	7.12E-04	1.32E-05	1.45E-07	1.41E-09
		2.10E 01	2.20E 00	2.02E-01	1.56E-02	7.12E-04	1.32E-05	1.45E-07	1.41E-09
163336.50	20.25	2.17E 01	2.21E 00	2.03E-01	1.56E-02	7.13E-04	1.32E-05	1.46E-07	1.41E-09
		2.11E 01	2.20E 00	2.03E-01	1.56E-02	7.13E-04	1.32E-05	1.46E-07	1.41E-09
165353.00	20.50	2.17E 01	2.22E 00	2.03E-01	1.56E-02	7.14E-04	1.32E-05	1.46E-07	1.42E-09
		2.11E 01	2.21E 00	2.03E-01	1.56E-02	7.14E-04	1.32E-05	1.46E-07	1.42E-09

PARTIAL PLANCK MEAN ABSORPTION COEFFICIENTS FOR HEATED AIR: 14000° K

Wave Number (cm⁻¹)	Photon Energy (eV)	Density × Normal							
		1.0E 01	1.0E 00	1.0E-01	10.0E-03	10.0E-04	10.0E-05	10.0E-06	10.0E-07
167369.50	20.75	2.18E 01	2.22E 00	2.03E-01	1.56E-02	7.15E-04	1.33E-05	1.46E-07	1.42E-09
169386.00	21.00	2.11E 01	2.21E 00	2.03E-01	1.56E-02	7.15E-04	1.33E-05	1.46E-07	1.42E-09
171402.50	21.25	2.18E 01	2.22E 00	2.04E-01	1.56E-02	7.16E-04	1.33E-05	1.46E-07	1.42E-09
173419.00	21.50	2.18E 01	2.21E 00	2.03E-01	1.56E-02	7.16E-04	1.33E-05	1.46E-07	1.42E-09
175435.50	21.75	2.11E 01	2.21E 00	2.04E-01	1.56E-02	7.17E-04	1.33E-05	1.46E-07	1.42E-09
177452.00	22.00	2.18E 01	2.21E 00	2.04E-01	1.56E-02	7.17E-04	1.33E-05	1.47E-07	1.42E-09
179468.50	22.25	2.18E 01	2.22E 00	2.04E-01	1.57E-02	7.17E-04	1.33E-05	1.47E-07	1.42E-09
181485.00	22.50	2.18E 01	2.23E 00	2.04E-01	1.57E-02	7.18E-04	1.33E-05	1.47E-07	1.42E-09
183501.50	22.75	2.18E 01	2.23E 00	2.04E-01	1.57E-02	7.18E-04	1.33E-05	1.47E-07	1.42E-09
185518.00	23.00	2.18E 01	2.23E 00	2.04E-01	1.57E-02	7.18E-04	1.33E-05	1.47E-07	1.42E-09
187534.50	23.25	2.19E 01	2.23E 00	2.04E-01	1.57E-02	7.19E-04	1.33E-05	1.47E-07	1.43E-09
189551.00	23.50	2.12E 01	2.22E 00	2.04E-01	1.57E-02	7.19E-04	1.33E-05	1.47E-07	1.43E-09
191567.50	23.75	2.12E 01	2.22E 00	2.04E-01	1.57E-02	7.19E-04	1.33E-05	1.47E-07	1.43E-09
193584.00	24.00	2.12E 01	2.22E 00	2.05E-01	1.57E-02	7.19E-04	1.33E-05	1.47E-07	1.43E-09
195600.50	24.25	2.19E 01	2.23E 00	2.05E-01	1.57E-02	7.19E-04	1.33E-05	1.47E-07	1.43E-09
197617.00	24.50	2.19E 01	2.23E 00	2.05E-01	1.57E-02	7.20E-04	1.33E-05	1.47E-07	1.43E-09
199633.50	24.75	2.12E 01	2.22E 00	2.04E-01	1.57E-02	7.20E-04	1.34E-05	1.47E-07	1.43E-09
201650.00	25.00	2.19E 01	2.23E 00	2.04E-01	1.57E-02	7.20E-04	1.34E-05	1.47E-07	1.43E-09
203666.50	25.25	2.19E 01	2.22E 00	2.04E-01	1.57E-02	7.20E-04	1.34E-05	1.47E-07	1.43E-09
205683.00	25.50	2.12E 01	2.23E 00	2.04E-01	1.57E-02	7.20E-04	1.34E-05	1.47E-07	1.43E-09
207699.50	25.75	2.19E 01	2.23E 00	2.05E-01	1.57E-02	7.20E-04	1.34E-05	1.47E-07	1.43E-09
209716.00	26.00	2.12E 01	2.22E 00	2.04E-01	1.57E-02	7.20E-04	1.34E-05	1.47E-07	1.43E-09

211732.50	26.25	2.19E 01	2.23E 00	2.05E-01	1.57E-02	7.20E-04	1.34E-05	1.47E-07	1.43E-09
213749.00	26.50	2.12E 01	2.22E 00	2.04E-01	1.57E-02	7.20E-04	1.34E-05	1.47E-07	1.43E-09
215765.50	26.75	2.19E 01	2.23E 00	2.05E-01	1.57E-02	7.20E-04	1.34E-05	1.47E-07	1.43E-09
217782.00	27.00	2.12E 01	2.23E 00	2.05E-01	1.57E-02	7.20E-04	1.34E-05	1.47E-07	1.43E-09
219798.50	27.25	2.12E 01	2.22E 00	2.05E-01	1.57E-02	7.20E-04	1.34E-05	1.47E-07	1.43E-09
221815.00	27.50	2.19E 01	2.23E 00	2.05E-01	1.57E-02	7.20E-04	1.34E-05	1.47E-07	1.43E-09
223831.50	27.75	2.12E 01	2.22E 00	2.05E-01	1.57E-02	7.20E-04	1.34E-05	1.47E-07	1.43E-09
225848.00	28.00	2.19E 01	2.23E 00	2.05E-01	1.57E-02	7.20E-04	1.34E-05	1.47E-07	1.43E-09
227864.50	28.25	2.12E 01	2.22E 00	2.05E-01	1.57E-02	7.20E-04	1.34E-05	1.47E-07	1.43E-09
229881.00	28.50	2.19E 01	2.23E 00	2.05E-01	1.57E-02	7.20E-04	1.34E-05	1.47E-07	1.43E-09
231897.50	28.75	2.12E 01	2.23E 00	2.05E-01	1.57E-02	7.20E-04	1.34E-05	1.47E-07	1.43E-09
233914.00	29.00	2.19E 01	2.22E 00	2.05E-01	1.57E-02	7.20E-04	1.34E-05	1.47E-07	1.43E-09
235930.50	29.25	2.12E 01	2.23E 00	2.05E-01	1.57E-02	7.20E-04	1.34E-05	1.47E-07	1.44E-09
237947.00	29.50	2.19E 01	2.23E 00	2.05E-01	1.57E-02	7.20E-04	1.34E-05	1.47E-07	1.44E-09
239963.50	29.75	2.12E 01	2.22E 00	2.05E-01	1.57E-02	7.20E-04	1.34E-05	1.47E-07	1.44E-09
241980.00	30.00	2.19E 01	2.23E 00	2.05E-01	1.57E-02	7.20E-04	1.34E-05	1.47E-07	1.44E-09
243996.50	30.25	2.12E 01	2.23E 00	2.05E-01	1.57E-02	7.20E-04	1.34E-05	1.47E-07	1.45E-09
246013.00	30.50	2.19E 01	2.22E 00	2.05E-01	1.57E-02	7.20E-04	1.34E-05	1.47E-07	1.45E-09

PARTIAL PLANCK MEAN ABSORPTION COEFFICIENTS FOR HEATED AIR: 16000° K

Wave Number (cm⁻¹)	Photon Energy (eV)	Density × Normal							
		1.0E 01	1.0E 00	1.0E-01	10.0E-03	10.0E-04	10.0E-05	10.0E-06	10.0E-07
4839.60	0.60	2.21E-01	2.12E-02	1.76E-03	9.99E-05	2.44E-06	2.90E-08	3.01E-10	3.28E-12
		2.21E-01	2.12E-02	1.76E-03	9.99E-05	2.44E-06	2.90E-08	3.01E-10	3.28E-12
5646.20	0.70	4.54E-01	4.37E-02	3.63E-03	2.06E-04	5.12E-06	5.93E-08	6.13E-10	6.67E-12
		4.54E-01	4.37E-02	3.63E-03	2.06E-04	5.12E-06	5.93E-08	6.13E-10	6.67E-12
6452.80	0.80	7.06E-01	6.80E-02	5.65E-03	3.21E-04	8.01E-06	9.43E-08	9.74E-10	1.01E-11
		7.06E-01	6.80E-02	5.65E-03	3.21E-04	8.01E-06	9.43E-08	9.74E-10	1.01E-11
7259.40	0.90	9.68E-01	9.33E-02	7.76E-03	4.41E-04	1.10E-05	1.32E-07	1.35E-09	1.41E-11
		9.67E-01	9.34E-02	7.76E-03	4.41E-04	1.10E-05	1.32E-07	1.35E-09	1.41E-11
8066.00	1.00	1.24E 00	1.20E-01	9.94E-03	5.65E-04	1.41E-05	1.70E-07	1.74E-09	1.82E-11
		1.24E 00	1.20E-01	9.94E-03	5.65E-04	1.41E-05	1.70E-07	1.74E-09	1.82E-11
8872.60	1.10	1.51E 00	1.46E-01	1.21E-02	6.88E-04	1.72E-05	2.08E-07	2.13E-09	2.23E-11
		1.50E 00	1.46E-01	1.21E-02	6.88E-04	1.72E-05	2.08E-07	2.13E-09	2.23E-11
9679.20	1.20	1.77E 00	1.71E-01	1.42E-02	8.06E-04	2.02E-05	2.44E-07	2.50E-09	2.61E-11
		1.76E 00	1.71E-01	1.42E-02	8.06E-04	2.02E-05	2.44E-07	2.50E-09	2.61E-11
10485.80	1.30	2.04E 00	1.97E-01	1.64E-02	9.30E-04	2.33E-05	2.77E-07	2.83E-09	2.96E-11
		2.03E 00	1.97E-01	1.64E-02	9.30E-04	2.33E-05	2.77E-07	2.83E-09	2.96E-11
11292.40	1.40	2.28E 00	2.20E-01	1.83E-02	1.04E-03	2.60E-05	3.05E-07	3.11E-09	3.27E-11
		2.27E 00	2.20E-01	1.83E-02	1.04E-03	2.60E-05	3.05E-07	3.11E-09	3.27E-11
12099.00	1.50	2.51E 00	2.42E-01	2.01E-02	1.14E-03	2.86E-05	3.36E-07	3.43E-09	3.56E-11
		2.50E 00	2.42E-01	2.01E-02	1.14E-03	2.86E-05	3.36E-07	3.43E-09	3.56E-11
12905.60	1.60	2.70E 00	2.62E-01	2.18E-02	1.24E-03	3.10E-05	3.65E-07	3.73E-09	3.87E-11
		2.70E 00	2.62E-01	2.18E-02	1.24E-03	3.10E-05	3.65E-07	3.73E-09	3.87E-11
13712.20	1.70	2.92E 00	2.81E-01	2.33E-02	1.33E-03	3.32E-05	3.92E-07	4.01E-09	4.18E-11
		2.90E 00	2.81E-01	2.33E-02	1.33E-03	3.32E-05	3.92E-07	4.01E-09	4.18E-11
14518.80	1.80	3.11E 00	2.98E-01	2.47E-02	1.41E-03	3.52E-05	4.18E-07	4.27E-09	4.47E-11
		3.08E 00	2.98E-01	2.47E-02	1.41E-03	3.52E-05	4.18E-07	4.27E-09	4.47E-11
15325.40	1.90	3.29E 00	3.14E-01	2.60E-02	1.48E-03	3.71E-05	4.41E-07	4.51E-09	4.73E-11
		3.26E 00	3.14E-01	2.60E-02	1.48E-03	3.71E-05	4.41E-07	4.51E-09	4.73E-11
16132.00	2.00	3.46E 00	3.29E-01	2.73E-02	1.55E-03	3.89E-05	4.63E-07	4.74E-09	4.98E-11
		3.42E 00	3.29E-01	2.73E-02	1.55E-03	3.89E-05	4.63E-07	4.74E-09	4.98E-11
16938.60	2.10	3.62E 00	3.44E-01	2.84E-02	1.62E-03	4.05E-05	4.83E-07	4.96E-09	5.21E-11
		3.58E 00	3.44E-01	2.84E-02	1.62E-03	4.05E-05	4.83E-07	4.96E-09	5.21E-11
17745.20	2.20	3.77E 00	3.57E-01	2.95E-02	1.68E-03	4.21E-05	5.02E-07	5.16E-09	5.45E-11
		3.72E 00	3.56E-01	2.95E-02	1.68E-03	4.21E-05	5.02E-07	5.16E-09	5.45E-11
18551.80	2.30	3.90E 00	3.69E-01	3.05E-02	1.73E-03	4.34E-05	5.19E-07	5.34E-09	5.67E-11
		3.86E 00	3.69E-01	3.05E-02	1.73E-03	4.34E-05	5.19E-07	5.34E-09	5.67E-11
19358.40	2.40	4.06E 00	3.83E-01	3.16E-02	1.79E-03	4.47E-05	5.34E-07	5.50E-09	5.87E-11
		4.01E 00	3.82E-01	3.16E-02	1.79E-03	4.47E-05	5.34E-07	5.50E-09	5.87E-11
20165.00	2.50	4.19E 00	3.95E-01	3.26E-02	1.85E-03	4.61E-05	5.48E-07	5.64E-09	6.05E-11
		4.15E 00	3.94E-01	3.26E-02	1.85E-03	4.61E-05	5.48E-07	5.64E-09	6.05E-11
20971.60	2.60	4.33E 00	4.07E-01	3.36E-02	1.91E-03	4.75E-05	5.64E-07	5.80E-09	6.21E-11
		4.29E 00	4.07E-01	3.36E-02	1.91E-03	4.75E-05	5.64E-07	5.80E-09	6.21E-11
21778.20	2.70	4.47E 00	4.19E-01	3.45E-02	1.96E-03	4.88E-05	5.80E-07	5.96E-09	6.40E-11
		4.42E 00	4.19E-01	3.45E-02	1.96E-03	4.88E-05	5.80E-07	5.96E-09	6.40E-11

E-11	E-09	E-07	E-05	E-03	E-02	E-01	E 00
6.59E-11	6.13E-09	5.96E-07	5.01E-05	2.01E-03	3.54E-02	4.30E-01	4.60E 00
6.59E-11	6.13E-09	5.96E-07	5.01E-05	2.01E-03	3.54E-02	4.30E-01	4.55E 00
6.78E-11	6.29E-09	6.11E-07	5.13E-05	2.06E-03	3.63E-02	4.41E-01	4.73E 00
6.78E-11	6.29E-09	6.11E-07	5.13E-05	2.06E-03	3.71E-02	4.40E-01	4.85E 00
6.95E-11	6.44E-09	6.26E-07	5.25E-05	2.10E-03	3.71E-02	4.51E-01	4.79E 00
6.95E-11	6.44E-09	6.26E-07	5.25E-05	2.10E-03	3.79E-02	4.51E-01	4.97E 00
7.12E-11	6.58E-09	6.39E-07	5.36E-05	2.15E-03	3.79E-02	4.61E-01	4.90E 00
7.12E-11	6.58E-09	6.39E-07	5.36E-05	2.15E-03	3.86E-02	4.61E-01	5.08E 00
7.27E-11	6.71E-09	6.52E-07	5.46E-05	2.19E-03	3.93E-02	4.70E-01	5.01E 00
7.27E-11	6.71E-09	6.52E-07	5.46E-05	2.19E-03	3.93E-02	4.69E-01	5.19E 00
7.42E-11	6.84E-09	6.64E-07	5.56E-05	2.23E-03	3.99E-02	4.79E-01	5.12E 00
7.42E-11	6.84E-09	6.64E-07	5.56E-05	2.23E-03	3.99E-02	4.78E-01	5.30E 00
7.55E-11	6.95E-09	6.75E-07	5.65E-05	2.26E-03	4.05E-02	4.87E-01	5.21E 00
7.55E-11	6.95E-09	6.75E-07	5.65E-05	2.26E-03	4.10E-02	4.86E-01	5.32E 00
7.67E-11	7.06E-09	6.85E-07	5.73E-05	2.29E-03	4.10E-02	4.95E-01	5.54E 00
7.67E-11	7.06E-09	6.94E-07	5.80E-05	2.29E-03	4.16E-02	4.94E-01	5.43E 00
7.78E-11	7.16E-09	6.94E-07	5.80E-05	2.32E-03	4.22E-02	5.03E-01	5.66E 00
7.78E-11	7.16E-09	7.03E-07	5.87E-05	2.32E-03	4.21E-02	5.01E-01	5.78E 00
7.94E-11	7.25E-09	7.03E-07	5.94E-05	2.35E-03	4.27E-02	5.10E-01	5.66E 00
7.94E-11	7.25E-09	7.11E-07	5.94E-05	2.38E-03	4.27E-02	5.09E-01	5.91E 00
8.08E-11	7.35E-09	7.11E-07	6.02E-05	2.38E-03	4.33E-02	5.19E-01	5.77E 00
8.08E-11	7.35E-09	7.19E-07	6.02E-05	2.41E-03	4.40E-02	5.17E-01	5.89E 00
8.23E-11	7.44E-09	7.19E-07	6.10E-05	2.42E-03	4.40E-02	5.27E-01	6.17E 00
8.23E-11	7.44E-09	7.28E-07	6.19E-05	2.45E-03	4.46E-02	5.25E-01	6.02E 00
8.36E-11	7.52E-09	7.38E-07	6.19E-05	2.45E-03	4.52E-02	5.35E-01	6.30E 00
8.36E-11	7.52E-09	7.38E-07	6.28E-05	2.48E-03	4.52E-02	5.33E-01	6.14E 00
8.51E-11	7.61E-09	7.49E-07	6.37E-05	2.52E-03	4.58E-02	5.44E-01	6.42E 00
8.51E-11	7.61E-09	7.49E-07	6.37E-05	2.52E-03	4.58E-02	5.42E-01	6.26E 00
8.65E-11	7.71E-09	7.60E-07	6.46E-05	2.55E-03	4.64E-02	5.53E-01	6.54E 00
8.80E-11	7.71E-09	7.60E-07	6.54E-05	2.59E-03	4.69E-02	5.51E-01	6.38E 00
8.80E-11	7.83E-09	7.70E-07	6.61E-05	2.59E-03	4.69E-02	5.61E-01	6.49E 00
8.95E-11	7.83E-09	7.70E-07	6.61E-05	2.62E-03	4.74E-02	5.59E-01	6.77E 00
8.95E-11	7.94E-09	7.80E-07	6.69E-05	2.65E-03	4.79E-02	5.69E-01	6.60E 00
9.10E-11	7.94E-09	7.80E-07	6.76E-05	2.65E-03	4.79E-02	5.67E-01	6.70E 00
9.10E-11	8.05E-09	7.90E-07	6.76E-05	2.68E-03	4.84E-02	5.77E-01	6.98E 00
9.24E-11	8.05E-09	7.90E-07	6.82E-05	2.70E-03	4.89E-02	5.75E-01	6.81E 00
9.24E-11	8.15E-09	7.99E-07	6.89E-05	2.70E-03	4.88E-02	5.84E-01	6.91E 00
9.37E-11	8.15E-09	7.99E-07	6.89E-05	2.73E-03	4.93E-02	5.82E-01	7.17E 00
9.49E-11	8.25E-09	8.08E-07	6.95E-05	2.76E-03	4.93E-02	5.92E-01	7.00E 00
9.49E-11	8.25E-09	8.08E-07	6.95E-05	2.75E-03	4.97E-02	5.89E-01	7.27E 00
9.61E-11	8.34E-09	8.16E-07	7.01E-05	2.78E-03		5.98E-01	7.09E 00
9.72E-11	8.34E-09	8.24E-07	7.01E-05	2.78E-03		5.96E-01	7.36E 00
9.72E-11	8.43E-09	8.24E-07		2.80E-03		6.05E-01	7.18E 00
9.83E-11	8.51E-09	8.32E-07		2.80E-03		6.03E-01	
9.83E-11	8.51E-09	8.32E-07				6.11E-01	
9.93E-11	8.60E-09	8.39E-07				6.09E-01	
9.93E-11	8.60E-09	8.39E-07				6.17E-01	
	8.68E-09					6.15E-01	
	8.68E-09					6.23E-01	
						6.21E-01	

2.80	22584.80
2.90	23391.40
3.00	24198.00
3.10	25004.60
3.20	25811.20
3.30	26617.80
3.40	27424.40
3.50	28231.00
3.60	29037.60
3.70	29844.20
3.80	30650.80
3.90	31457.40
4.00	32264.00
4.10	33070.60
4.20	33877.20
4.30	34683.80
4.40	35490.40
4.50	36297.00
4.60	37103.60
4.70	37910.20
4.80	38716.80
4.90	39523.40
5.00	40330.00
5.10	41136.60
5.20	41943.20

PARTIAL PLANCK MEAN ABSORPTION COEFFICIENTS FOR HEATED AIR: 16000°K

Wave Number (cm⁻¹)	Photon Energy (eV)	Density × Normal							
		1.0E 01	1.0E 00	1.0E-01	10.0E-03	10.0E-04	10.0E-05	10.0E-06	10.0E-07
42749.80	5.30	7.44E 00	6.29E-01	5.01E-02	2.82E-03	7.07E-05	8.46E-07	8.75E-09	1.00E-10
		7.27E 00	6.27E-01	5.01E-02	2.82E-03	7.07E-05	8.46E-07	8.75E-09	1.00E-10
43556.40	5.40	7.53E 00	6.34E-01	5.05E-02	2.85E-03	7.12E-05	8.53E-07	8.82E-09	1.01E-10
		7.35E 00	6.32E-01	5.05E-02	2.85E-03	7.12E-05	8.53E-07	8.89E-09	1.01E-10
44363.00	5.50	7.61E 00	6.40E-01	5.09E-02	2.87E-03	7.17E-05	8.60E-07	8.89E-09	1.02E-10
		7.43E 00	6.37E-01	5.09E-02	2.89E-03	7.22E-05	8.60E-07	8.96E-09	1.02E-10
45169.60	5.60	7.69E 00	6.45E-01	5.12E-02	2.89E-03	7.22E-05	8.66E-07	8.96E-09	1.03E-10
		7.51E 00	6.42E-01	5.12E-02	2.90E-03	7.27E-05	8.66E-07	9.03E-09	1.03E-10
45976.20	5.70	7.77E 00	6.50E-01	5.16E-02	2.90E-03	7.27E-05	8.72E-07	9.03E-09	1.04E-10
		7.59E 00	6.47E-01	5.16E-02	2.92E-03	7.32E-05	8.72E-07	9.09E-09	1.04E-10
46782.80	5.80	7.85E 00	6.55E-01	5.19E-02	2.92E-03	7.32E-05	8.78E-07	9.09E-09	1.05E-10
		7.67E 00	6.52E-01	5.19E-02	2.94E-03	7.37E-05	8.78E-07	9.15E-09	1.05E-10
47589.40	5.90	7.93E 00	6.60E-01	5.23E-02	2.94E-03	7.37E-05	8.84E-07	9.15E-09	1.05E-10
		7.75E 00	6.57E-01	5.22E-02	2.96E-03	7.41E-05	8.84E-07	9.21E-09	1.05E-10
48396.00	6.00	8.01E 00	6.64E-01	5.26E-02	2.96E-03	7.41E-05	8.90E-07	9.21E-09	1.06E-10
		7.83E 00	6.62E-01	5.25E-02	2.97E-03	7.45E-05	8.90E-07	9.27E-09	1.06E-10
49202.60	6.10	8.08E 00	6.69E-01	5.29E-02	2.97E-03	7.45E-05	8.95E-07	9.27E-09	1.07E-10
		7.90E 00	6.66E-01	5.28E-02	2.99E-03	7.49E-05	8.95E-07	9.33E-09	1.07E-10
50009.20	6.20	8.16E 00	6.73E-01	5.32E-02	2.99E-03	7.49E-05	9.00E-07	9.33E-09	1.08E-10
		7.97E 00	6.71E-01	5.31E-02	3.01E-03	7.53E-05	9.00E-07	9.39E-09	1.08E-10
50815.80	6.30	8.23E 00	6.77E-01	5.34E-02	3.01E-03	7.53E-05	9.05E-07	9.39E-09	1.09E-10
		8.04E 00	6.75E-01	5.34E-02	3.02E-03	7.57E-05	9.05E-07	9.44E-09	1.09E-10
51622.40	6.40	8.29E 00	6.81E-01	5.37E-02	3.02E-03	7.57E-05	9.10E-07	9.44E-09	1.10E-10
		8.11E 00	6.79E-01	5.37E-02	3.04E-03	7.61E-05	9.10E-07	9.49E-09	1.10E-10
52429.00	6.50	8.36E 00	6.85E-01	5.40E-02	3.04E-03	7.61E-05	9.15E-07	9.49E-09	1.11E-10
		8.17E 00	6.83E-01	5.39E-02	3.05E-03	7.64E-05	9.15E-07	9.54E-09	1.11E-10
53235.60	6.60	8.43E 00	6.89E-01	5.42E-02	3.05E-03	7.64E-05	9.19E-07	9.54E-09	1.12E-10
		8.23E 00	6.86E-01	5.42E-02	3.06E-03	7.68E-05	9.19E-07	9.59E-09	1.12E-10
54042.20	6.70	8.49E 00	6.92E-01	5.45E-02	3.06E-03	7.68E-05	9.23E-07	9.59E-09	1.13E-10
		8.29E 00	6.90E-01	5.44E-02	3.07E-03	7.71E-05	9.23E-07	9.64E-09	1.13E-10
54848.80	6.80	8.55E 00	6.96E-01	5.47E-02	3.07E-03	7.71E-05	9.27E-07	9.64E-09	1.14E-10
		8.35E 00	6.93E-01	5.47E-02	3.09E-03	7.74E-05	9.31E-07	9.69E-09	1.14E-10
55655.40	6.90	8.61E 00	6.99E-01	5.49E-02	3.09E-03	7.74E-05	9.31E-07	9.69E-09	1.15E-10
		8.40E 00	6.97E-01	5.49E-02	3.10E-03	7.77E-05	9.35E-07	9.73E-09	1.15E-10
56462.00	7.00	8.66E 00	7.03E-01	5.52E-02	3.10E-03	7.77E-05	9.35E-07	9.73E-09	1.16E-10
		8.46E 00	7.00E-01	5.51E-02	3.11E-03	7.80E-05	9.39E-07	9.77E-09	1.16E-10
57268.60	7.10	8.72E 00	7.06E-01	5.54E-02	3.11E-03	7.80E-05	9.39E-07	9.77E-09	1.17E-10
		8.51E 00	7.03E-01	5.53E-02	3.12E-03	7.83E-05	9.43E-07	9.81E-09	1.17E-10
58075.20	7.20	8.77E 00	7.09E-01	5.56E-02	3.12E-03	7.83E-05	9.43E-07	9.81E-09	1.17E-10
		8.56E 00	7.06E-01	5.55E-02	3.13E-03	7.86E-05	9.46E-07	9.85E-09	1.17E-10
58881.80	7.30	8.82E 00	7.12E-01	5.58E-02	3.13E-03	7.86E-05	9.46E-07	9.85E-09	1.18E-10
		8.61E 00	7.09E-01	5.57E-02	3.14E-03	7.88E-05	9.50E-07	9.89E-09	1.18E-10
59688.40	7.40	8.87E 00	7.14E-01	5.60E-02	3.14E-03	7.88E-05	9.50E-07	9.89E-09	1.19E-10
		8.65E 00	7.12E-01	5.59E-02	3.14E-03	7.88E-05	9.50E-07	9.89E-09	1.19E-10

The following are columnar numeric data listings.

Col 1	Col 2	Col 3	Col 4	Col 5	Col 6	Col 7	Col 8
1.19E-10	9.92E-09	9.53E-07	7.91E-05	3.15E-03	5.62E-02	7.17E-01	8.91E 00
1.19E-10	9.92E-09	9.53E-07	7.91E-05	3.15E-03	5.61E-02	7.14E-01	8.70E 00
1.20E-10	9.96E-09	9.56E-07	7.93E-05	3.16E-03	5.63E-02	7.20E-01	8.96E 00
1.20E-10	9.96E-09	9.59E-07	7.93E-05	3.17E-03	5.65E-02	7.17E-01	8.74E 00
1.20E-10	9.99E-09	9.59E-07	7.96E-05	3.17E-03	5.65E-02	7.22E-01	9.00E 00
1.20E-10	9.99E-09	9.62E-07	7.96E-05	3.18E-03	5.67E-02	7.20E-01	8.78E 00
1.21E-10	1.00E-08	9.62E-07	7.98E-05	3.18E-03	5.66E-02	7.25E-01	9.05E 00
1.21E-10	1.01E-08	9.64E-07	7.98E-05	3.19E-03	5.68E-02	7.22E-01	8.82E 00
1.21E-10	1.01E-08	9.64E-07	8.00E-05	3.19E-03	5.70E-02	7.27E-01	9.09E 00
1.22E-10	1.01E-08	9.67E-07	8.02E-05	3.20E-03	5.69E-02	7.24E-01	8.86E 00
1.22E-10	1.01E-08	9.67E-07	8.02E-05	3.20E-03	5.71E-02	7.29E-01	9.13E 00
1.22E-10	1.01E-08	9.70E-07	8.04E-05	3.21E-03	5.72E-02	7.26E-01	8.90E 00
1.22E-10	1.01E-08	9.72E-07	8.04E-05	3.21E-03	5.72E-02	7.31E-01	9.17E 00
1.23E-10	1.01E-08	9.72E-07	8.06E-05	3.21E-03	5.74E-02	7.29E-01	8.93E 00
1.23E-10	1.02E-08	9.74E-07	8.06E-05	3.22E-03	5.74E-02	7.34E-01	9.20E 00
1.23E-10	1.02E-08	9.74E-07	8.08E-05	3.22E-03	5.73E-02	7.31E-01	8.96E 00
1.23E-10	1.02E-08	9.77E-07	8.08E-05	3.23E-03	5.75E-02	7.36E-01	9.24E 00
1.23E-10	1.02E-08	9.79E-07	8.10E-05	3.23E-03	5.75E-02	7.33E-01	9.00E 00
1.23E-10	1.02E-08	9.79E-07	8.12E-05	3.23E-03	5.76E-02	7.37E-01	9.28E 00
1.24E-10	1.03E-08	9.81E-07	8.12E-05	3.24E-03	5.78E-02	7.34E-01	9.03E 00
1.24E-10	1.03E-08	9.81E-07	8.13E-05	3.24E-03	5.77E-02	7.39E-01	9.31E 00
1.24E-10	1.03E-08	9.83E-07	8.13E-05	3.25E-03	5.78E-02	7.36E-01	9.06E 00
1.24E-10	1.03E-08	9.85E-07	8.15E-05	3.25E-03	5.80E-02	7.41E-01	9.34E 00
1.25E-10	1.03E-08	9.85E-07	8.17E-05	3.25E-03	5.79E-02	7.38E-01	9.09E 00
1.25E-10	1.03E-08	9.87E-07	8.16E-05	3.26E-03	5.81E-02	7.43E-01	9.38E 00
1.25E-10	1.03E-08	9.89E-07	8.18E-05	3.26E-03	5.82E-02	7.40E-01	9.11E 00
1.25E-10	1.04E-08	9.89E-07	8.19E-05	3.26E-03	5.81E-02	7.44E-01	9.41E 00
1.26E-10	1.04E-08	9.90E-07	8.19E-05	3.27E-03	5.83E-02	7.41E-01	9.14E 00
1.26E-10	1.04E-08	9.92E-07	8.21E-05	3.27E-03	5.82E-02	7.46E-01	9.44E 00
1.26E-10	1.04E-08	9.92E-07	8.23E-05	3.28E-03	5.84E-02	7.43E-01	9.16E 00
1.27E-10	1.04E-08	9.94E-07	8.23E-05	3.29E-03	5.87E-02	7.48E-01	9.47E 00
1.27E-10	1.05E-08	9.94E-07	8.26E-05	3.29E-03	5.86E-02	7.44E-01	9.19E 00
1.27E-10	1.05E-08	9.97E-07	8.26E-05	3.30E-03	5.88E-02	7.49E-01	9.50E 00
1.27E-10	1.05E-08	10.00E-07	8.28E-05	3.30E-03	5.90E-02	7.46E-01	9.21E 00
1.28E-10	1.05E-08	10.00E-07	8.31E-05	3.31E-03	5.90E-02	7.52E-01	9.53E 00
1.28E-10	1.05E-08	1.00E-06	8.31E-05	3.31E-03	5.92E-02	7.48E-01	9.25E 00
1.28E-10	1.06E-08	1.01E-06	8.33E-05	3.32E-03	5.91E-02	7.54E-01	9.57E 00
1.28E-10	1.06E-08	1.01E-06	8.35E-05	3.33E-03	5.93E-02	7.51E-01	9.61E 00
1.29E-10		1.01E-06	8.35E-05	3.33E-03	5.93E-02	7.53E-01	9.31E 00
1.29E-10		1.01E-06	8.37E-05	3.33E-03	5.95E-02	7.59E-01	9.65E 00
1.29E-10		1.01E-06	8.37E-05	3.34E-03	5.94E-02	7.55E-01	9.34E 00
1.29E-10			8.39E-05	3.34E-03	5.96E-02	7.61E-01	9.68E 00
1.29E-10			8.39E-05		5.96E-02	7.57E-01	9.72E 00
1.30E-10						7.63E-01	9.40E 00
1.30E-10						7.60E-01	9.75E 00
1.30E-10						7.65E-01	9.43E 00
1.30E-10						7.62E-01	9.78E 00
						7.63E-01	9.45E 00

7.50	60495.00
7.60	61301.60
7.70	62108.20
7.80	62914.80
7.90	63721.40
8.00	64528.00
8.10	65334.60
8.20	66141.20
8.30	66947.80
8.40	67754.40
8.50	68561.00
8.60	69367.60
8.70	70174.20
8.80	70980.80
8.90	71787.40
9.00	72594.00
9.10	73400.60
9.20	74207.20
9.30	75013.80
9.40	75820.40
9.50	76627.00
9.60	77433.60
9.70	78240.20
9.80	79046.80
9.90	79853.40

PARTIAL PLANCK MEAN ABSORPTION COEFFICIENTS FOR HEATED AIR: 16000° K

Density × Normal

Wave Number (cm⁻¹)	Photon Energy (eV)	1.0E 01	1.0E 00	1.0E-01	10.0E-03	10.0E-04	10.0E-05	10.0E-06	10.0E-07
80660.00	10.00	9.81E 00	7.69E-01	5.98E-02	3.35E-03	8.41E-05	1.01E-06	1.06E-08	1.31E-10
81466.60	10.10	9.84E 00	7.71E-01	5.99E-02	3.36E-03	8.43E-05	1.01E-06	1.06E-08	1.31E-10
82273.20	10.20	9.87E 00	7.73E-01	6.00E-02	3.36E-03	8.45E-05	1.02E-06	1.06E-08	1.32E-10
83079.80	10.30	9.90E 00	7.74E-01	6.01E-02	3.37E-03	8.46E-05	1.02E-06	1.07E-08	1.32E-10
83886.40	10.40	9.93E 00	7.76E-01	6.02E-02	3.38E-03	8.48E-05	1.02E-06	1.07E-08	1.32E-10
84693.00	10.50	9.56E 00	7.77E-01	6.03E-02	3.38E-03	8.49E-05	1.02E-06	1.07E-08	1.33E-10
85499.60	10.60	9.58E 00	7.79E-01	6.04E-02	3.39E-03	8.51E-05	1.02E-06	1.07E-08	1.33E-10
86306.20	10.70	9.98E 00	7.84E-01	6.91E-02	3.87E-03	8.54E-05	1.03E-06	1.08E-08	1.33E-10
88726.00	11.00	1.07E 01	8.80E-01	7.95E-02	4.45E-03	9.94E-05	1.20E-06	1.25E-08	1.53E-10
90742.50	11.25	1.19E 01	1.01E 00	8.79E-02	4.92E-03	1.11E-04	1.34E-06	1.40E-08	1.68E-10
92759.00	11.50	1.30E 01	1.11E 00	9.54E-02	5.33E-03	1.21E-04	1.46E-06	1.53E-08	1.82E-10
94775.50	11.75	1.39E 01	1.20E 00	1.02E-01	5.70E-03	1.30E-04	1.57E-06	1.64E-08	1.94E-10
96792.00	12.00	1.51E 01	1.28E 00	1.25E-01	6.96E-03	1.61E-04	1.67E-06	1.74E-08	2.04E-10
98808.50	12.25	1.78E 01	1.56E 00	1.45E-01	8.07E-03	1.88E-04	2.00E-06	2.08E-08	2.39E-10
100825.00	12.50	1.99E 01	1.80E 00	1.63E-01	9.06E-03	2.12E-04	2.30E-06	2.38E-08	2.69E-10
102841.50	12.75	2.24E 01	2.02E 00	1.80E-01	1.00E-02	2.35E-04	2.58E-06	2.65E-08	2.97E-10
104858.00	13.00	2.45E 01	2.22E 00	1.95E-01	1.09E-02	2.56E-04	2.83E-06	2.91E-08	3.23E-10
106874.50	13.25	2.64E 01	2.40E 00	2.08E-01	1.16E-02	2.74E-04	3.06E-06	3.14E-08	3.45E-10
108891.00	13.50	2.80E 01	2.57E 00	2.25E-01	1.26E-02	2.99E-04	3.37E-06	3.33E-08	3.65E-10
110907.50	13.75	3.00E 01	2.76E 00	2.39E-01	1.34E-02	3.21E-04	3.64E-06	3.62E-08	3.94E-10
112924.00	14.00	3.17E 01	2.94E 00	2.56E-01	1.44E-02	3.46E-04	3.96E-06	3.94E-08	4.20E-10
114940.50	14.25	3.37E 01	3.14E 00	2.71E-01	1.52E-02	3.68E-04	4.23E-06	4.22E-08	4.49E-10

E-10	E-08	E-06	E-04	E-02	E-01	E+00	E+01		
4.74E-10	4.76E-08	4.76E-06	4.11E-04	1.71E-02	3.06E-01	3.64E 00	3.87E 01	14.50	116957.00
4.74E-10	4.76E-08	4.76E-06	4.11E-04	1.71E-02	3.06E-01	3.63E 00	3.83E 01		
5.21E-10	5.23E-08	5.22E-06	4.50E-04	1.87E-02	3.38E-01	3.93E 00	4.17E 01	14.75	118973.50
5.21E-10	5.23E-08	5.22E-06	4.50E-04	1.87E-02	3.38E-01	3.93E 00	4.13E 01		
5.64E-10	5.67E-08	5.65E-06	4.85E-04	2.02E-02	3.66E-01	4.19E 00	4.39E 01	15.00	120990.00
5.64E-10	5.67E-08	5.65E-06	4.85E-04	2.02E-02	3.66E-01	4.18E 00	4.43E 01		
6.02E-10	6.05E-08	6.02E-06	5.16E-04	2.15E-02	3.91E-01	4.42E 00	4.66E 01	15.25	123006.50
6.02E-10	6.05E-08	6.02E-06	5.16E-04	2.15E-02	3.91E-01	4.41E 00	4.62E 01		
6.35E-10	6.39E-08	6.36E-06	5.43E-04	2.26E-02	4.13E-01	4.62E 00	4.86E 01	15.50	125023.00
6.35E-10	6.39E-08	6.36E-06	5.43E-04	2.26E-02	4.13E-01	4.61E 00	4.82E 01		
6.64E-10	6.69E-08	6.65E-06	5.67E-04	2.36E-02	4.32E-01	4.80E 00	5.04E 01	15.75	127039.50
6.64E-10	6.69E-08	6.65E-06	5.67E-04	2.36E-02	4.32E-01	4.79E 00	5.00E 01		
6.90E-10	6.95E-08	6.90E-06	5.88E-04	2.45E-02	4.49E-01	4.95E 00	5.19E 01	16.00	129056.00
6.90E-10	6.95E-08	6.90E-06	5.88E-04	2.45E-02	4.49E-01	4.95E 00	5.15E 01		
7.12E-10	7.18E-08	7.13E-06	6.06E-04	2.53E-02	4.63E-01	5.08E 00	5.33E 01	16.25	131072.50
7.12E-10	7.18E-08	7.13E-06	6.06E-04	2.53E-02	4.63E-01	5.08E 00	5.29E 01		
7.32E-10	7.38E-08	7.32E-06	6.22E-04	2.59E-02	4.76E-01	5.20E 00	5.45E 01	16.50	133089.00
7.32E-10	7.38E-08	7.32E-06	6.22E-04	2.59E-02	4.76E-01	5.20E 00	5.41E 01		
7.49E-10	7.55E-08	7.49E-06	6.37E-04	2.65E-02	4.88E-01	5.31E 00	5.56E 01	16.75	135105.50
7.49E-10	7.55E-08	7.49E-06	6.37E-04	2.65E-02	4.88E-01	5.31E 00	5.52E 01		
7.65E-10	7.71E-08	7.65E-06	6.50E-04	2.71E-02	4.98E-01	5.40E 00	5.65E 01	17.00	137122.00
7.65E-10	7.71E-08	7.65E-06	6.50E-04	2.71E-02	4.98E-01	5.40E 00	5.61E 01		
7.79E-10	7.86E-08	7.79E-06	6.61E-04	2.75E-02	5.07E-01	5.48E 00	5.73E 01	17.25	139138.50
7.79E-10	7.86E-08	7.79E-06	6.61E-04	2.75E-02	5.07E-01	5.48E 00	5.69E 01		
7.91E-10	7.98E-08	7.91E-06	6.71E-04	2.79E-02	5.14E-01	5.55E 00	5.80E 01	17.50	141155.00
7.91E-10	7.98E-08	7.91E-06	6.71E-04	2.79E-02	5.14E-01	5.55E 00	5.76E 01		
8.01E-10	8.08E-08	8.01E-06	6.80E-04	2.83E-02	5.21E-01	5.62E 00	5.86E 01	17.75	143171.50
8.01E-10	8.08E-08	8.01E-06	6.80E-04	2.83E-02	5.21E-01	5.61E 00	5.83E 01		
8.11E-10	8.18E-08	8.10E-06	6.87E-04	2.86E-02	5.27E-01	5.67E 00	5.92E 01	18.00	145188.00
8.11E-10	8.18E-08	8.10E-06	6.87E-04	2.86E-02	5.26E-01	5.66E 00	5.88E 01		
8.19E-10	8.26E-08	8.18E-06	6.93E-04	2.89E-02	5.31E-01	5.71E 00	5.96E 01	18.25	147204.50
8.19E-10	8.26E-08	8.18E-06	6.93E-04	2.89E-02	5.31E-01	5.71E 00	5.92E 01		
8.25E-10	8.33E-08	8.25E-06	6.99E-04	2.91E-02	5.36E-01	5.76E 00	6.00E 01	18.50	149221.00
8.32E-10	8.39E-08	8.31E-06	7.04E-04	2.93E-02	5.40E-01	5.79E 00	6.04E 01		
8.37E-10	8.39E-08	8.31E-06	7.04E-04	2.93E-02	5.40E-01	5.79E 00	6.04E 01	18.75	151237.50
8.37E-10	8.44E-08	8.36E-06	7.08E-04	2.95E-02	5.43E-01	5.82E 00	6.07E 01		
8.42E-10	8.44E-08	8.36E-06	7.08E-04	2.95E-02	5.43E-01	5.82E 00	6.07E 01	19.00	153254.00
8.42E-10	8.49E-08	8.41E-06	7.12E-04	2.96E-02	5.46E-01	5.85E 00	6.10E 01		
8.46E-10	8.49E-08	8.41E-06	7.12E-04	2.96E-02	5.46E-01	5.85E 00	6.10E 01	19.25	155270.50
8.46E-10	8.53E-08	8.45E-06	7.15E-04	2.97E-02	5.48E-01	5.87E 00	6.12E 01		
8.49E-10	8.53E-08	8.45E-06	7.15E-04	2.97E-02	5.48E-01	5.87E 00	6.12E 01	19.50	157287.00
8.49E-10	8.57E-08	8.48E-06	7.18E-04	2.98E-02	5.50E-01	5.89E 00	6.14E 01		
8.52E-10	8.57E-08	8.48E-06	7.18E-04	2.98E-02	5.50E-01	5.89E 00	6.14E 01	19.75	159303.50
8.52E-10	8.60E-08	8.51E-06	7.20E-04	2.99E-02	5.52E-01	5.91E 00	6.16E 01		
8.55E-10	8.60E-08	8.51E-06	7.20E-04	2.99E-02	5.52E-01	5.91E 00	6.16E 01	20.00	161320.00
8.55E-10	8.62E-08	8.54E-06	7.23E-04	3.00E-02	5.54E-01	5.92E 00	6.17E 01		
8.57E-10	8.62E-08	8.54E-06	7.23E-04	3.00E-02	5.54E-01	5.92E 00	6.17E 01	20.25	163336.50
8.57E-10	8.65E-08	8.56E-06	7.24E-04	3.01E-02	5.55E-01	5.94E 00	6.19E 01		
8.57E-10	8.65E-08	8.56E-06	7.24E-04	3.01E-02	5.55E-01	5.93E 00	6.15E 01	20.50	165353.00

553

PARTIAL PLANCK MEAN ABSORPTION COEFFICIENTS FOR HEATED AIR: 16000° K

Density × Normal

Wave Number (cm⁻¹)	Photon Energy (eV)	1.0E 01	1.0E 00	1.0E-01	10.0E-03	10.0E-04	10.0E-05	10.0E-06	10.0E-07
167369.50	20.75	6.20E 01	5.95E 00	5.56E-01	3.02E-02	7.26E-04	8.58E-06	8.67E-08	8.59E-10
169386.00	21.00	6.21E 01	5.96E 00	5.57E-01	3.02E-02	7.28E-04	8.60E-06	8.69E-08	8.61E-10
171402.50	21.25	6.22E 01	5.96E 00	5.58E-01	3.03E-02	7.29E-04	8.62E-06	8.70E-08	8.63E-10
173419.00	21.50	6.23E 01	5.97E 00	5.59E-01	3.03E-02	7.30E-04	8.63E-06	8.71E-08	8.64E-10
175435.50	21.75	6.23E 01	5.98E 00	5.60E-01	3.04E-02	7.31E-04	8.64E-06	8.73E-08	8.65E-10
177452.00	22.00	6.24E 01	5.98E 00	5.60E-01	3.04E-02	7.32E-04	8.65E-06	8.74E-08	8.66E-10
179468.50	22.25	6.24E 01	5.99E 00	5.61E-01	3.04E-02	7.32E-04	8.66E-06	8.75E-08	8.67E-10
181485.00	22.50	6.25E 01	5.99E 00	5.61E-01	3.05E-02	7.33E-04	8.67E-06	8.75E-08	8.68E-10
183501.50	22.75	6.25E 01	6.00E 00	5.62E-01	3.05E-02	7.33E-04	8.67E-06	8.76E-08	8.68E-10
185518.00	23.00	6.25E 01	6.00E 00	5.62E-01	3.05E-02	7.34E-04	8.68E-06	8.77E-08	8.69E-10
187534.50	23.25	6.26E 01	6.00E 00	5.63E-01	3.05E-02	7.34E-04	8.68E-06	8.77E-08	8.70E-10
189551.00	23.50	6.26E 01	6.00E 00	5.63E-01	3.05E-02	7.35E-04	8.69E-06	8.78E-08	8.70E-10
191567.50	23.75	6.26E 01	6.01E 00	5.63E-01	3.05E-02	7.35E-04	8.69E-06	8.78E-08	8.71E-10
193584.00	24.00	6.26E 01	6.01E 00	5.63E-01	3.06E-02	7.35E-04	8.69E-06	8.78E-08	8.71E-10
195600.50	24.25	6.26E 01	6.01E 00	5.63E-01	3.06E-02	7.35E-04	8.70E-06	8.78E-08	8.71E-10
197617.00	24.50	6.27E 01	6.01E 00	5.64E-01	3.06E-02	7.36E-04	8.70E-06	8.79E-08	8.71E-10
199633.50	24.75	6.27E 01	6.02E 00	5.64E-01	3.06E-02	7.36E-04	8.70E-06	8.79E-08	8.72E-10
201650.00	25.00	6.27E 01	6.02E 00	5.64E-01	3.06E-02	7.36E-04	8.71E-06	8.79E-08	8.72E-10
203666.50	25.25	6.27E 01	6.02E 00	5.64E-01	3.06E-02	7.36E-04	8.71E-06	8.79E-08	8.72E-10
205683.00	25.50	6.27E 01	6.02E 00	5.64E-01	3.06E-02	7.36E-04	8.71E-06	8.80E-08	8.76E-10
207699.50	25.75	6.27E 01	6.01E 00	5.64E-01	3.06E-02	7.36E-04	8.71E-06	8.80E-08	8.79E-10
209716.00	26.00	6.23E 01	6.01E 00	5.64E-01	3.06E-02	7.36E-04	8.71E-06	8.81E-08	8.81E-10

211732.50	26.25	6.27E 01	6.02E 00	5.64E-01	3.06E-02	7.36E-04	8.71E-06	8.81E-08	8.83E-10
213749.00	26.50	6.23E 01	6.02E 00	5.64E-01	3.06E-02	7.36E-04	8.71E-06	8.81E-08	8.83E-10
215765.50	26.75	6.23E 01	6.02E 00	5.64E-01	3.06E-02	7.36E-04	8.71E-06	8.81E-08	8.85E-10
217782.00	27.00	6.27E 01	6.02E 00	5.64E-01	3.06E-02	7.37E-04	8.71E-06	8.81E-08	8.86E-10
219798.50	27.25	6.23E 01	6.02E 00	5.64E-01	3.06E-02	7.36E-04	8.71E-06	8.82E-08	8.86E-10
221815.00	27.50	6.27E 01	6.02E 00	5.64E-01	3.06E-02	7.37E-04	8.72E-06	8.84E-08	8.88E-10
223831.50	27.75	6.27E 01	6.02E 00	5.64E-01	3.06E-02	7.37E-04	8.72E-06	8.85E-08	8.89E-10
225848.00	28.00	6.23E 01	6.02E 00	5.64E-01	3.06E-02	7.37E-04	8.72E-06	8.87E-08	8.90E-10
227864.50	28.25	6.27E 01	6.02E 00	5.64E-01	3.06E-02	7.37E-04	8.72E-06	8.88E-08	9.05E-10
229881.00	28.50	6.23E 01	6.02E 00	5.64E-01	3.06E-02	7.37E-04	8.72E-06	8.89E-08	9.19E-10
231897.50	28.75	6.27E 01	6.02E 00	5.64E-01	3.06E-02	7.37E-04	8.72E-06	8.90E-08	9.30E-10
233914.00	29.00	6.23E 01	6.02E 00	5.64E-01	3.06E-02	7.37E-04	8.73E-06	8.91E-08	9.39E-10
235930.50	29.25	6.27E 01	6.02E 00	5.64E-01	3.06E-02	7.37E-04	8.73E-06	8.94E-08	9.47E-10
237947.00	29.50	6.23E 01	6.02E 00	5.64E-01	3.06E-02	7.37E-04	8.73E-06	8.97E-08	9.54E-10
239963.50	29.75	6.27E 01	6.02E 00	5.64E-01	3.06E-02	7.37E-04	8.74E-06	9.00E-08	9.60E-10
241980.00	30.00	6.27E 01	6.02E 00	5.64E-01	3.06E-02	7.37E-04	8.74E-06	9.02E-08	9.93E-10
243996.50	30.25	6.23E 01	6.02E 00	5.64E-01	3.06E-02	7.37E-04	8.74E-06	9.04E-08	1.02E-09
246013.00	30.50	6.27E 01	6.02E 00	5.64E-01	3.06E-02	7.37E-04	8.74E-06	9.05E-08	1.04E-09
248029.50	30.75	6.23E 01	6.02E 00	5.64E-01	3.06E-02	7.37E-04	8.74E-06	9.07E-08	1.06E-09
250046.00	31.00	6.27E 01	6.02E 00	5.64E-01	3.06E-02	7.37E-04	8.75E-06	9.08E-08	1.08E-09
252062.50	31.25	6.23E 01	6.02E 00	5.64E-01	3.06E-02	7.37E-04	8.75E-06	9.09E-08	1.10E-09
254079.00	31.50	6.27E 01	6.02E 00	5.64E-01	3.06E-02	7.37E-04	8.75E-06	9.09E-08	1.12E-09
256095.50	31.75	6.23E 01	6.02E 00	5.64E-01	3.06E-02	7.37E-04	8.75E-06	9.10E-08	1.13E-09
258112.00	32.00	6.27E 01	6.02E 00	5.64E-01	3.06E-02	7.37E-04	8.75E-06	9.11E-08	1.14E-09
260128.50	32.25	6.23E 01	6.02E 00	5.64E-01	3.06E-02	7.37E-04	8.75E-06	9.11E-08	1.15E-09

PARTIAL PLANCK MEAN ABSORPTION COEFFICIENTS FOR HEATED AIR: 16000° K

Wave Number (cm⁻¹)	Photon Energy (eV)	Density × Normal							
		1.0E 01	1.0E 00	1.0E-01	10.0E-03	10.0E-04	10.0E-05	10.0E-06	10.0E-07
262145.00	32.50	6.27E 01	6.02E 00	5.64E-01	3.06E-02	7.37E-04	8.75E-06	9.11E-08	1.15E-09
264161.50	32.75	6.23E 01	6.02E 00	5.64E-01	3.06E-02	7.37E-04	8.75E-06	9.11E-08	1.15E-09
266178.00	33.00	6.27E 01	6.02E 00	5.64E-01	3.06E-02	7.37E-04	8.75E-06	9.12E-08	1.16E-09
268194.50	33.25	6.23E 01	6.02E 00	5.64E-01	3.06E-02	7.37E-04	8.75E-06	9.12E-08	1.16E-09
270211.00	33.50	6.27E 01	6.02E 00	5.64E-01	3.06E-02	7.37E-04	8.75E-06	9.12E-08	1.16E-09
272227.50	33.75	6.23E 01	6.02E 00	5.64E-01	3.06E-02	7.37E-04	8.75E-06	9.12E-08	1.16E-09
274244.00	34.00	6.27E 01	6.02E 00	5.64E-01	3.06E-02	7.37E-04	8.75E-06	9.13E-08	1.17E-09
276260.50	34.25	6.23E 01	6.02E 00	5.64E-01	3.06E-02	7.37E-04	8.75E-06	9.13E-08	1.17E-09
278277.00	34.50	6.27E 01	6.02E 00	5.64E-01	3.06E-02	7.37E-04	8.75E-06	9.13E-08	1.17E-09
280293.50	34.75	6.23E 01	6.02E 00	5.64E-01	3.06E-02	7.37E-04	8.75E-06	9.13E-08	1.17E-09
282310.00	35.00	6.27E 01	6.02E 00	5.64E-01	3.06E-02	7.37E-04	8.75E-06	9.13E-08	1.17E-09
284326.50	35.25	6.23E 01	6.02E 00	5.64E-01	3.06E-02	7.37E-04	8.75E-06	9.13E-08	1.17E-09
286343.00	35.50	6.27E 01	6.02E 00	5.64E-01	3.06E-02	7.37E-04	8.75E-06	9.13E-08	1.17E-09
288359.50	35.75	6.23E 01	6.02E 00	5.64E-01	3.06E-02	7.37E-04	8.75E-06	9.14E-08	1.18E-09

PARTIAL PLANCK MEAN ABSORPTION COEFFICIENTS FOR HEATED AIR: 18000° K

Wave Number (cm⁻¹)	Photon Energy (eV)	Density × Normal							
		1.0E 01	1.0E 00	1.0E-01	10.0E-03	10.0E-04	10.0E-05	10.0E-06	10.0E-07
4839.60	0.60	4.63E-01	4.15E-02	2.92E-03	1.10E-04	1.69E-06	1.77E-08	1.99E-10	3.29E-12
		4.63E-01	4.15E-02	2.92E-03	1.10E-04	1.69E-06	1.77E-08	1.99E-10	3.29E-12
5646.20	0.70	9.47E-01	8.51E-02	5.99E-03	2.26E-04	3.50E-06	3.59E-08	4.03E-10	6.51E-12
		9.47E-01	8.51E-02	5.99E-03	2.26E-04	3.50E-06	3.59E-08	4.03E-10	6.51E-12
6452.80	0.80	1.46E 00	1.32E-01	9.28E-03	3.50E-04	5.45E-06	5.64E-08	6.28E-10	9.66E-12
		1.46E 00	1.32E-01	9.28E-03	3.50E-04	5.45E-06	5.64E-08	6.28E-10	9.66E-12
7259.40	0.90	2.00E 00	1.80E-01	1.27E-02	4.78E-04	7.47E-06	7.81E-08	8.58E-10	1.30E-11
		2.00E 00	1.80E-01	1.27E-02	4.78E-04	7.47E-06	7.81E-08	8.58E-10	1.30E-11
8066.00	1.00	2.55E 00	2.30E-01	1.62E-02	6.10E-04	9.55E-06	1.00E-07	1.10E-09	1.62E-11
		2.55E 00	2.30E-01	1.62E-02	6.10E-04	9.55E-06	1.00E-07	1.10E-09	1.62E-11
8872.60	1.10	3.10E 00	2.80E-01	1.97E-02	7.42E-04	1.16E-05	1.22E-07	1.33E-09	1.94E-11
		3.10E 00	2.80E-01	1.97E-02	7.42E-04	1.16E-05	1.22E-07	1.33E-09	1.94E-11
9679.20	1.20	3.63E 00	3.28E-01	2.30E-02	8.69E-04	1.36E-05	1.44E-07	1.55E-09	2.24E-11
		3.63E 00	3.28E-01	2.30E-02	8.69E-04	1.36E-05	1.44E-07	1.55E-09	2.24E-11
10485.80	1.30	4.18E 00	3.77E-01	2.65E-02	1.00E-03	1.57E-05	1.63E-07	1.77E-09	2.52E-11
		4.17E 00	3.77E-01	2.65E-02	1.00E-03	1.57E-05	1.63E-07	1.77E-09	2.52E-11
11292.40	1.40	4.67E 00	4.22E-01	2.97E-02	1.12E-03	1.75E-05	1.80E-07	1.95E-09	2.83E-11
		4.67E 00	4.22E-01	2.97E-02	1.12E-03	1.75E-05	1.80E-07	1.95E-09	2.83E-11
12099.00	1.50	5.13E 00	4.63E-01	3.26E-02	1.23E-03	1.92E-05	1.98E-07	2.15E-09	3.12E-11
		5.13E 00	4.63E-01	3.26E-02	1.23E-03	1.92E-05	1.98E-07	2.15E-09	3.12E-11
12905.60	1.60	5.55E 00	5.01E-01	3.53E-02	1.33E-03	2.08E-05	2.15E-07	2.34E-09	3.42E-11
		5.55E 00	5.01E-01	3.53E-02	1.33E-03	2.08E-05	2.15E-07	2.34E-09	3.42E-11
13712.20	1.70	5.96E 00	5.37E-01	3.78E-02	1.43E-03	2.23E-05	2.32E-07	2.52E-09	3.72E-11
		5.95E 00	5.37E-01	3.78E-02	1.43E-03	2.23E-05	2.32E-07	2.52E-09	3.72E-11
14518.80	1.80	6.34E 00	5.71E-01	4.02E-02	1.51E-03	2.37E-05	2.47E-07	2.69E-09	4.00E-11
		6.33E 00	5.71E-01	4.02E-02	1.51E-03	2.37E-05	2.47E-07	2.69E-09	4.00E-11
15325.40	1.90	6.69E 00	6.02E-01	4.23E-02	1.60E-03	2.50E-05	2.61E-07	2.85E-09	4.27E-11
		6.68E 00	6.02E-01	4.23E-02	1.60E-03	2.50E-05	2.61E-07	2.85E-09	4.27E-11
16132.00	2.00	7.03E 00	6.31E-01	4.44E-02	1.67E-03	2.62E-05	2.74E-07	3.02E-09	4.52E-11
		7.01E 00	6.31E-01	4.44E-02	1.67E-03	2.62E-05	2.74E-07	3.02E-09	4.52E-11
16938.60	2.10	7.34E 00	6.59E-01	4.63E-02	1.75E-03	2.74E-05	2.87E-07	3.17E-09	4.76E-11
		7.33E 00	6.59E-01	4.63E-02	1.75E-03	2.74E-05	2.87E-07	3.17E-09	4.76E-11
17745.20	2.20	7.64E 00	6.85E-01	4.81E-02	1.81E-03	2.84E-05	2.99E-07	3.32E-09	5.10E-11
		7.62E 00	6.85E-01	4.81E-02	1.81E-03	2.84E-05	2.99E-07	3.32E-09	5.10E-11
18551.80	2.30	7.90E 00	7.09E-01	4.98E-02	1.88E-03	2.94E-05	3.09E-07	3.46E-09	5.42E-11
		7.90E 00	7.09E-01	4.98E-02	1.88E-03	2.94E-05	3.09E-07	3.46E-09	5.42E-11
19358.40	2.40	8.22E 00	7.35E-01	5.16E-02	1.94E-03	3.03E-05	3.19E-07	3.58E-09	5.72E-11
		8.20E 00	7.35E-01	5.16E-02	1.94E-03	3.03E-05	3.19E-07	3.58E-09	5.72E-11
20165.00	2.50	8.49E 00	7.59E-01	5.33E-02	2.01E-03	3.13E-05	3.28E-07	3.70E-09	6.00E-11
		8.47E 00	7.59E-01	5.33E-02	2.01E-03	3.13E-05	3.28E-07	3.70E-09	6.00E-11
20971.60	2.60	8.77E 00	7.83E-01	5.49E-02	2.07E-03	3.23E-05	3.38E-07	3.82E-09	6.26E-11
		8.75E 00	7.83E-01	5.49E-02	2.07E-03	3.23E-05	3.38E-07	3.82E-09	6.26E-11
21778.20	2.70	9.04E 00	8.06E-01	5.65E-02	2.13E-03	3.32E-05	3.48E-07	3.94E-09	6.52E-11
		9.01E 00	8.05E-01	5.65E-02	2.13E-03	3.32E-05	3.48E-07	3.94E-09	6.52E-11

PARTIAL PLANCK MEAN ABSORPTION COEFFICIENTS FOR HEATED AIR: 18000° K

Wave Number (cm⁻¹)	Photon Energy (eV)	Density × Normal							
		1.0E 01	1.0E 00	1.0E-01	10.0E-03	10.0E-04	10.0E-05	10.0E-06	10.0E-07
22584.80	2.80	9.29E 00	8.28E-01	5.80E-02	2.19E-03	3.41E-05	3.58E-07	4.06E-09	6.78E-11
23391.40	2.90	9.54E 00	8.48E-01	5.95E-02	2.24E-03	3.50E-05	3.67E-07	4.17E-09	7.03E-11
24198.00	3.00	9.78E 00	8.68E-01	6.09E-02	2.29E-03	3.58E-05	3.76E-07	4.28E-09	7.27E-11
25004.60	3.10	1.00E 01	8.88E-01	6.22E-02	2.34E-03	3.66E-05	3.85E-07	4.39E-09	7.49E-11
25811.20	3.20	1.02E 01	9.06E-01	6.34E-02	2.39E-03	3.73E-05	3.93E-07	4.48E-09	7.69E-11
26617.80	3.30	1.04E 01	9.23E-01	6.46E-02	2.43E-03	3.80E-05	4.01E-07	4.58E-09	7.88E-11
27424.40	3.40	1.06E 01	9.39E-01	6.57E-02	2.47E-03	3.87E-05	4.08E-07	4.66E-09	8.06E-11
28231.00	3.50	1.08E 01	9.54E-01	6.67E-02	2.51E-03	3.93E-05	4.15E-07	4.77E-09	8.23E-11
29037.60	3.60	1.10E 01	9.69E-01	6.77E-02	2.55E-03	3.99E-05	4.22E-07	4.88E-09	8.62E-11
29844.20	3.70	1.12E 01	9.83E-01	6.86E-02	2.58E-03	4.04E-05	4.28E-07	4.98E-09	9.01E-11
30650.80	3.80	1.14E 01	9.99E-01	6.96E-02	2.62E-03	4.09E-05	4.33E-07	5.08E-09	9.37E-11
31457.40	3.90	1.16E 01	1.01E 00	7.06E-02	2.66E-03	4.15E-05	4.39E-07	5.18E-09	9.72E-11
32264.00	4.00	1.18E 01	1.03E 00	7.16E-02	2.69E-03	4.21E-05	4.45E-07	5.27E-09	1.01E-10
33070.60	4.10	1.20E 01	1.05E 00	7.27E-02	2.74E-03	4.27E-05	4.52E-07	5.37E-09	1.04E-10
33877.20	4.20	1.23E 01	1.06E 00	7.38E-02	2.78E-03	4.34E-05	4.59E-07	5.46E-09	1.07E-10
34683.80	4.30	1.26E 01	1.08E 00	7.49E-02	2.82E-03	4.40E-05	4.66E-07	5.56E-09	1.10E-10
35490.40	4.40	1.27E 01	1.09E 00	7.59E-02	2.86E-03	4.46E-05	4.73E-07	5.66E-09	1.13E-10
36297.00	4.50	1.29E 01	1.11E 00	7.69E-02	2.89E-03	4.52E-05	4.79E-07	5.75E-09	1.16E-10
37103.60	4.60	1.31E 01	1.12E 00	7.78E-02	2.93E-03	4.58E-05	4.86E-07	5.84E-09	1.18E-10
37910.20	4.70	1.33E 01	1.14E 00	7.87E-02	2.96E-03	4.63E-05	4.92E-07	5.93E-09	1.21E-10
38716.80	4.80	1.35E 01	1.15E 00	7.96E-02	2.99E-03	4.69E-05	4.97E-07	6.01E-09	1.23E-10
39523.40	4.90	1.36E 01	1.16E 00	8.04E-02	3.03E-03	4.74E-05	5.03E-07	6.09E-09	1.25E-10

1.27E-10	6.16E-09	5.08E-07	4.78E-05	3.06E-03	8.12E-02	1.18E 00	1.39E 01
1.27E-10	6.16E-09	5.08E-07	4.78E-05	3.06E-03	8.12E-02	1.17E 00	1.38E 01
1.29E-10	6.23E-09	5.14E-07	4.83E-05	3.08E-03	8.20E-02	1.19E 00	1.41E 01
1.29E-10	6.23E-09	5.14E-07	4.83E-05	3.08E-03	8.20E-02	1.19E 00	1.40E 01
1.31E-10	6.30E-09	5.19E-07	4.88E-05	3.11E-03	8.28E-02	1.20E 00	1.42E 01
1.31E-10	6.30E-09	5.19E-07	4.88E-05	3.11E-03	8.27E-02	1.20E 00	1.42E 01
1.33E-10	6.37E-09	5.23E-07	4.92E-05	3.14E-03	8.35E-02	1.21E 00	1.43E 01
1.33E-10	6.37E-09	5.28E-07	4.92E-05	3.17E-03	8.35E-02	1.22E 00	1.46E 01
1.35E-10	6.43E-09	5.28E-07	4.96E-05	3.17E-03	8.42E-02	1.22E 00	1.45E 01
1.35E-10	6.43E-09	5.33E-07	4.96E-05	3.19E-03	8.42E-02	1.23E 00	1.47E 01
1.37E-10	6.49E-09	5.33E-07	5.00E-05	3.19E-03	8.49E-02	1.23E 00	1.46E 01
1.37E-10	6.49E-09	5.37E-07	5.00E-05	3.22E-03	8.48E-02	1.24E 00	1.49E 01
1.38E-10	6.55E-09	5.37E-07	5.04E-05	3.22E-03	8.55E-02	1.24E 00	1.48E 01
1.38E-10	6.55E-09	5.41E-07	5.04E-05	3.24E-03	8.55E-02	1.25E 00	1.50E 01
1.40E-10	6.61E-09	5.41E-07	5.08E-05	3.24E-03	8.62E-02	1.25E 00	1.49E 01
1.40E-10	6.61E-09	5.46E-07	5.08E-05	3.27E-03	8.61E-02	1.26E 00	1.52E 01
1.41E-10	6.66E-09	5.46E-07	5.12E-05	3.27E-03	8.68E-02	1.26E 00	1.51E 01
1.41E-10	6.66E-09	5.50E-07	5.12E-05	3.29E-03	8.68E-02	1.27E 00	1.53E 01
1.42E-10	6.72E-09	5.50E-07	5.16E-05	3.29E-03	8.74E-02	1.28E 00	1.52E 01
1.42E-10	6.72E-09	5.55E-07	5.16E-05	3.31E-03	8.74E-02	1.28E 00	1.54E 01
1.44E-10	6.77E-09	5.55E-07	5.19E-05	3.31E-03	8.80E-02	1.29E 00	1.53E 01
1.44E-10	6.77E-09	5.59E-07	5.19E-05	3.33E-03	8.80E-02	1.29E 00	1.56E 01
1.45E-10	6.85E-09	5.59E-07	5.23E-05	3.33E-03	8.86E-02	1.30E 00	1.55E 01
1.45E-10	6.85E-09	5.63E-07	5.23E-05	3.35E-03	8.85E-02	1.30E 00	1.57E 01
1.49E-10	6.94E-09	5.63E-07	5.26E-05	3.35E-03	8.91E-02	1.31E 00	1.56E 01
1.49E-10	6.94E-09	5.67E-07	5.26E-05	3.37E-03	8.91E-02	1.31E 00	1.58E 01
1.52E-10	7.02E-09	5.67E-07	5.29E-05	3.37E-03	8.97E-02	1.32E 00	1.58E 01
1.52E-10	7.02E-09	5.71E-07	5.29E-05	3.39E-03	8.96E-02	1.32E 00	1.60E 01
1.56E-10	7.10E-09	5.71E-07	5.33E-05	3.39E-03	9.02E-02	1.31E 00	1.59E 01
1.56E-10	7.10E-09	5.74E-07	5.33E-05	3.41E-03	9.02E-02	1.32E 00	1.61E 01
1.59E-10	7.17E-09	5.74E-07	5.36E-05	3.41E-03	9.07E-02	1.32E 00	1.60E 01
1.59E-10	7.17E-09	5.78E-07	5.36E-05	3.43E-03	9.07E-02	1.33E 00	1.61E 01
1.62E-10	7.24E-09	5.78E-07	5.39E-05	3.43E-03	9.12E-02	1.33E 00	1.63E 01
1.62E-10	7.24E-09	5.81E-07	5.39E-05	3.45E-03	9.12E-02	1.34E 00	1.62E 01
1.65E-10	7.31E-09	5.85E-07	5.42E-05	3.45E-03	9.17E-02	1.35E 00	1.65E 01
1.65E-10	7.31E-09	5.85E-07	5.44E-05	3.47E-03	9.17E-02	1.35E 00	1.66E 01
1.67E-10	7.37E-09	5.88E-07	5.44E-05	3.47E-03	9.21E-02	1.36E 00	1.65E 01
1.70E-10	7.37E-09	5.91E-07	5.47E-05	3.48E-03	9.21E-02	1.36E 00	1.67E 01
1.70E-10	7.43E-09	5.91E-07	5.50E-05	3.50E-03	9.26E-02	1.37E 00	1.66E 01
1.72E-10	7.49E-09	5.94E-07	5.50E-05	3.50E-03	9.30E-02	1.37E 00	1.67E 01
1.72E-10	7.49E-09	5.94E-07	5.52E-05	3.52E-03	9.30E-02	1.37E 00	1.67E 01
1.75E-10	7.55E-09	5.97E-07	5.52E-05	3.52E-03	9.34E-02	1.37E 00	1.69E 01
1.75E-10	7.55E-09	5.97E-07	5.55E-05	3.53E-03	9.34E-02	1.38E 00	1.68E 01
1.77E-10	7.60E-09	6.00E-07	5.55E-05	3.53E-03	9.39E-02	1.38E 00	1.70E 01
1.77E-10	7.60E-09	6.00E-07	5.57E-05	3.55E-03	9.39E-02	1.39E 00	1.70E 01
1.79E-10	7.65E-09	6.03E-07	5.57E-05	3.55E-03	9.43E-02	1.39E 00	1.71E 01
1.79E-10	7.65E-09	6.03E-07	5.60E-05	3.56E-03	9.43E-02		1.70E 01
1.80E-10	7.70E-09			3.56E-03	9.47E-02		
1.80E-10	7.70E-09				9.47E-02		

5.00	40330.00
5.10	41136.60
5.20	41943.20
5.30	42749.80
5.40	43556.40
5.50	44363.00
5.60	45169.60
5.70	45976.20
5.80	46782.80
5.90	47589.40
6.00	48396.00
6.10	49202.60
6.20	50009.20
6.30	50815.80
6.40	51622.40
6.50	52429.00
6.60	53235.60
6.70	54042.20
6.80	54848.80
6.90	55655.40
7.00	56462.00
7.10	57268.60
7.20	58075.20
7.30	58881.80
7.40	59688.40

PARTIAL PLANCK MEAN ABSORPTION COEFFICIENTS FOR HEATED AIR: 18000° K

Wave Number (cm⁻¹)	Photon Energy (eV)	Density × Normal							
		1.0E 01	1.0E 00	1.0E-01	10.0E-03	10.0E-04	10.0E-05	10.0E-06	10.0E-07
60495.00	7.50	1.72E 01	1.39E 00	9.51E-02	3.58E-03	5.62E-05	6.05E-07	7.75E-09	1.82E-10
		1.71E 01	1.39E 00	9.50E-02	3.58E-03	5.62E-05	6.05E-07	7.75E-09	1.82E-10
61301.60	7.60	1.73E 01	1.40E 00	9.54E-02	3.59E-03	5.64E-05	6.08E-07	7.79E-09	1.84E-10
		1.72E 01	1.40E 00	9.54E-02	3.59E-03	5.64E-05	6.08E-07	7.79E-09	1.84E-10
62108.20	7.70	1.74E 01	1.41E 00	9.58E-02	3.60E-03	5.66E-05	6.11E-07	7.84E-09	1.86E-10
		1.72E 01	1.40E 00	9.58E-02	3.60E-03	5.66E-05	6.11E-07	7.84E-09	1.86E-10
62914.80	7.80	1.74E 01	1.41E 00	9.61E-02	3.62E-03	5.69E-05	6.13E-07	7.88E-09	1.87E-10
		1.73E 01	1.41E 00	9.61E-02	3.62E-03	5.69E-05	6.13E-07	7.88E-09	1.87E-10
63721.40	7.90	1.75E 01	1.42E 00	9.65E-02	3.63E-03	5.71E-05	6.15E-07	7.92E-09	1.89E-10
		1.74E 01	1.41E 00	9.65E-02	3.63E-03	5.71E-05	6.15E-07	7.92E-09	1.89E-10
64528.00	8.00	1.76E 01	1.42E 00	9.68E-02	3.64E-03	5.73E-05	6.18E-07	7.95E-09	1.90E-10
		1.75E 01	1.42E 00	9.68E-02	3.64E-03	5.73E-05	6.18E-07	7.95E-09	1.90E-10
65334.60	8.10	1.77E 01	1.43E 00	9.71E-02	3.65E-03	5.74E-05	6.20E-07	7.99E-09	1.91E-10
		1.76E 01	1.42E 00	9.71E-02	3.65E-03	5.74E-05	6.20E-07	7.99E-09	1.91E-10
66141.20	8.20	1.78E 01	1.43E 00	9.74E-02	3.66E-03	5.76E-05	6.22E-07	8.02E-09	1.93E-10
		1.76E 01	1.43E 00	9.74E-02	3.66E-03	5.76E-05	6.22E-07	8.02E-09	1.93E-10
66947.80	8.30	1.78E 01	1.44E 00	9.77E-02	3.67E-03	5.78E-05	6.24E-07	8.06E-09	1.93E-10
		1.77E 01	1.43E 00	9.77E-02	3.67E-03	5.78E-05	6.24E-07	8.06E-09	1.94E-10
67754.40	8.40	1.79E 01	1.44E 00	9.80E-02	3.69E-03	5.80E-05	6.26E-07	8.10E-09	1.94E-10
		1.78E 01	1.44E 00	9.80E-02	3.69E-03	5.80E-05	6.26E-07	8.10E-09	1.94E-10
68561.00	8.50	1.80E 01	1.44E 00	9.83E-02	3.70E-03	5.81E-05	6.28E-07	8.14E-09	1.95E-10
		1.78E 01	1.44E 00	9.82E-02	3.70E-03	5.81E-05	6.28E-07	8.14E-09	1.95E-10
69367.60	8.60	1.80E 01	1.45E 00	9.85E-02	3.71E-03	5.83E-05	6.30E-07	8.19E-09	1.96E-10
		1.79E 01	1.45E 00	9.85E-02	3.71E-03	5.83E-05	6.30E-07	8.19E-09	1.96E-10
70174.20	8.70	1.81E 01	1.45E 00	9.88E-02	3.72E-03	5.85E-05	6.32E-07	8.23E-09	1.98E-10
		1.80E 01	1.45E 00	9.88E-02	3.72E-03	5.85E-05	6.32E-07	8.23E-09	1.98E-10
70980.80	8.80	1.80E 01	1.46E 00	9.90E-02	3.73E-03	5.86E-05	6.34E-07	8.27E-09	2.00E-10
		1.82E 01	1.46E 00	9.90E-02	3.73E-03	5.86E-05	6.34E-07	8.27E-09	2.00E-10
71787.40	8.90	1.82E 01	1.46E 00	9.93E-02	3.73E-03	5.88E-05	6.36E-07	8.30E-09	2.01E-10
		1.81E 01	1.46E 00	9.93E-02	3.74E-03	5.88E-05	6.36E-07	8.30E-09	2.01E-10
72594.00	9.00	1.83E 01	1.46E 00	9.95E-02	3.74E-03	5.89E-05	6.38E-07	8.34E-09	2.03E-10
		1.81E 01	1.46E 00	9.95E-02	3.75E-03	5.89E-05	6.38E-07	8.34E-09	2.03E-10
73400.60	9.10	1.84E 01	1.47E 00	9.98E-02	3.75E-03	5.91E-05	6.39E-07	8.37E-09	2.05E-10
		1.82E 01	1.47E 00	9.97E-02	3.77E-03	5.91E-05	6.39E-07	8.37E-09	2.05E-10
74207.20	9.20	1.84E 01	1.48E 00	1.00E-01	3.77E-03	5.93E-05	6.41E-07	8.41E-09	2.06E-10
		1.82E 01	1.47E 00	1.00E-01	3.78E-03	5.93E-05	6.41E-07	8.41E-09	2.06E-10
75013.80	9.30	1.85E 01	1.48E 00	1.01E-01	3.78E-03	5.96E-05	6.43E-07	8.44E-09	2.08E-10
		1.84E 01	1.48E 00	1.01E-01	3.80E-03	5.96E-05	6.43E-07	8.44E-09	2.08E-10
75820.40	9.40	1.86E 01	1.49E 00	1.01E-01	3.80E-03	5.98E-05	6.45E-07	8.48E-09	2.09E-10
		1.85E 01	1.49E 00	1.01E-01	3.81E-03	5.98E-05	6.45E-07	8.48E-09	2.09E-10
76627.00	9.50	1.85E 01	1.49E 00	1.01E-01	3.81E-03	6.00E-05	6.48E-07	8.53E-09	2.11E-10
		1.85E 01	1.49E 00	1.01E-01	3.83E-03	6.00E-05	6.48E-07	8.53E-09	2.11E-10
77433.60	9.60	1.88E 01	1.50E 00	1.02E-01	3.83E-03	6.03E-05	6.50E-07	8.57E-09	2.12E-10
		1.86E 01	1.50E 00	1.02E-01	3.83E-03	6.03E-05	6.50E-07	8.57E-09	2.13E-10

2.15E-10	8.60E-09	6.53E-07	6.05E-05	3.84E-03	1.02E-01	1.50E 00	1.89E 01	9.70	78240.20
2.16E-10	8.64E-09	6.55E-07	6.07E-05	3.85E-03	1.03E-01	1.51E 00	1.87E 01	9.80	79046.80
2.16E-10	8.68E-09	6.58E-07	6.09E-05	3.87E-03	1.03E-01	1.52E 00	1.90E 01	9.90	79853.40
2.17E-10	8.71E-09	6.60E-07	6.11E-05	3.88E-03	1.03E-01	1.52E 00	1.91E 01	10.00	80660.00
2.18E-10	8.74E-09	6.62E-07	6.13E-05	3.89E-03	1.04E-01	1.53E 00	1.91E 01	10.10	81466.60
2.19E-10	8.78E-09	6.64E-07	6.14E-05	3.90E-03	1.04E-01	1.53E 00	1.93E 01	10.20	82273.20
2.20E-10	8.81E-09	6.66E-07	6.16E-05	3.91E-03	1.04E-01	1.54E 00	1.93E 01	10.30	83079.80
2.21E-10	8.83E-09	6.68E-07	6.18E-05	3.92E-03	1.04E-01	1.54E 00	1.94E 01	10.40	83886.40
2.22E-10	8.86E-09	6.70E-07	6.20E-05	3.93E-03	1.05E-01	1.54E 00	1.94E 01	10.50	84693.00
2.23E-10	8.89E-09	6.72E-07	6.21E-05	3.94E-03	1.05E-01	1.55E 00	1.92E 01	10.60	85499.60
2.24E-10	8.94E-09	6.76E-07	6.24E-05	4.38E-03	1.17E-01	1.72E 00	2.11E 01	10.70	86306.20
2.26E-10	9.93E-09	7.65E-07	7.07E-05	4.92E-03	1.32E-01	1.93E 00	2.37E 01	11.00	88726.00
2.41E-10	1.07E-08	8.38E-07	7.75E-05	5.36E-03	1.44E-01	2.10E 00	2.56E 01	11.25	90742.50
2.54E-10	1.15E-08	9.04E-07	8.37E-05	5.76E-03	1.55E-01	2.26E 00	2.73E 01	11.50	92759.00
2.65E-10	1.21E-08	9.64E-07	8.92E-05	6.12E-03	1.64E-01	2.40E 00	2.89E 01	11.75	94775.50
2.75E-10	1.27E-08	1.02E-06	1.07E-04	7.28E-03	1.96E-01	2.86E 00	3.39E 01	12.00	96792.00
2.83E-10	1.45E-08	1.19E-06	1.23E-04	8.33E-03	2.25E-01	3.27E 00	3.84E 01	12.25	98808.50
3.02E-10	1.61E-08	1.35E-06	1.38E-04	9.28E-03	2.51E-01	3.65E 00	4.25E 01	12.50	100825.00
3.18E-10	1.75E-08	1.50E-06	1.52E-04	1.02E-02	2.77E-01	4.02E 00	4.66E 01	12.75	102841.50
3.33E-10	1.89E-08	1.64E-06	1.65E-04	1.11E-02	3.00E-01	4.36E 00	5.02E 01	13.00	104858.00
3.47E-10	2.02E-08	1.76E-06	1.77E-04	1.18E-02	3.21E-01	4.66E 00	5.35E 01	13.25	106874.50
3.60E-10	2.13E-08	1.93E-06	1.93E-04	1.28E-02	3.46E-01	5.01E 00	5.74E 01	13.50	108891.00
3.71E-10	2.29E-08	2.09E-06	2.07E-04	1.37E-02	3.69E-01	5.33E 00	6.09E 01	13.75	110907.50
3.87E-10	2.47E-08	2.26E-06	2.23E-04	1.47E-02	3.96E-01	5.72E 00	6.48E 01	14.00	112924.00
4.19E-10	2.63E-08	2.42E-06	2.38E-04	1.57E-02	4.21E-01	6.06E 00	6.86E 01	14.25	114940.50

PARTIAL PLANCK MEAN ABSORPTION COEFFICIENTS FOR HEATED AIR: 18000° K

Wave Number (cm⁻¹)	Photon Energy (eV)	Density × Normal							
		10.0E-07	10.0E-06	10.0E-05	10.0E-04	10.0E-03	1.0E-01	1.0E 00	1.0E 01
116957.00	14.50	4.34E-10	2.78E-08	2.56E-06	2.52E-04	1.65E-02	4.43E-01	6.64E 00	7.51E 01
118973.50	14.75	4.47E-10	2.91E-08	2.69E-06	2.65E-04	1.73E-02	4.64E-01	7.18E 00	8.10E 01
120990.00	15.00	4.60E-10	3.04E-08	2.82E-06	2.77E-04	1.81E-02	4.83E-01	7.66E 00	8.63E 01
123006.50	15.25	4.72E-10	3.15E-08	2.93E-06	2.87E-04	1.87E-02	5.00E-01	8.10E 00	9.10E 01
125023.00	15.50	4.82E-10	3.26E-08	3.03E-06	2.96E-04	1.93E-02	5.15E-01	8.50E 00	9.53E 01
127039.50	15.75	4.92E-10	3.35E-08	3.12E-06	3.05E-04	1.98E-02	5.29E-01	8.85E 00	9.92E 01
129056.00	16.00	5.00E-10	3.43E-08	3.20E-06	3.12E-04	2.03E-02	5.41E-01	9.16E 00	1.03E 02
131072.50	16.25	5.07E-10	3.50E-08	3.27E-06	3.19E-04	2.07E-02	5.51E-01	9.44E 00	1.06E 02
133089.00	16.50	5.14E-10	3.57E-08	3.34E-06	3.25E-04	2.11E-02	5.61E-01	9.69E 00	1.08E 02
135105.50	16.75	5.20E-10	3.62E-08	3.39E-06	3.31E-04	2.15E-02	5.70E-01	9.92E 00	1.11E 02
137122.00	17.00	5.26E-10	3.68E-08	3.45E-06	3.36E-04	2.18E-02	5.79E-01	1.01E 01	1.13E 02
139138.50	17.25	5.32E-10	3.74E-08	3.50E-06	3.41E-04	2.21E-02	5.86E-01	1.03E 01	1.15E 02
141155.00	17.50	5.37E-10	3.78E-08	3.55E-06	3.45E-04	2.24E-02	5.93E-01	1.05E 01	1.17E 02
143171.50	17.75	5.41E-10	3.82E-08	3.59E-06	3.49E-04	2.26E-02	5.99E-01	1.06E 01	1.18E 02
145188.00	18.00	5.45E-10	3.86E-08	3.63E-06	3.52E-04	2.28E-02	6.04E-01	1.07E 01	1.20E 02
147204.50	18.25	5.49E-10	3.90E-08	3.66E-06	3.55E-04	2.30E-02	6.09E-01	1.09E 01	1.21E 02
149221.00	18.50	5.52E-10	3.92E-08	3.69E-06	3.58E-04	2.32E-02	6.13E-01	1.10E 01	1.22E 02
151237.50	18.75	5.55E-10	3.95E-08	3.72E-06	3.61E-04	2.33E-02	6.17E-01	1.10E 01	1.23E 02
153254.00	19.00	5.57E-10	3.98E-08	3.74E-06	3.63E-04	2.34E-02	6.20E-01	1.11E 01	1.24E 02
155270.50	19.25	5.60E-10	4.00E-08	3.76E-06	3.65E-04	2.36E-02	6.23E-01	1.12E 01	1.25E 02
157287.00	19.50	5.62E-10	4.02E-08	3.78E-06	3.67E-04	2.37E-02	6.26E-01	1.13E 01	1.25E 02
159303.50	19.75	5.63E-10	4.04E-08	3.80E-06	3.68E-04	2.38E-02	6.28E-01	1.13E 01	1.26E 02

163320.00	20.00	1.26E 02	1.14E 01	6.30E-01	2.39E-02	3.70E-04	3.81E-06	4.05E-08	5.65E-10
163336.50	20.25	1.26E 02	1.14E 01	6.30E-01	2.39E-02	3.70E-04	3.81E-06	4.05E-08	5.65E-10
165353.00	20.50	1.27E 02	1.14E 01	6.32E-01	2.39E-02	3.71E-04	3.82E-06	4.06E-08	5.67E-10
167369.50	20.75	1.27E 02	1.14E 01	6.34E-01	2.40E-02	3.72E-04	3.84E-06	4.08E-08	5.68E-10
169386.00	21.00	1.28E 02	1.15E 01	6.35E-01	2.40E-02	3.73E-04	3.85E-06	4.09E-08	5.69E-10
171402.50	21.25	1.28E 02	1.15E 01	6.36E-01	2.41E-02	3.74E-04	3.86E-06	4.10E-08	5.70E-10
173419.00	21.50	1.28E 02	1.15E 01	6.38E-01	2.41E-02	3.74E-04	3.86E-06	4.10E-08	5.71E-10
175435.50	21.75	1.28E 02	1.15E 01	6.39E-01	2.42E-02	3.74E-04	3.87E-06	4.11E-08	5.72E-10
177452.00	22.00	1.29E 02	1.16E 01	6.39E-01	2.42E-02	3.75E-04	3.87E-06	4.11E-08	5.72E-10
179468.50	22.25	1.29E 02	1.16E 01	6.40E-01	2.43E-02	3.75E-04	3.88E-06	4.12E-08	5.73E-10
181485.00	22.50	1.29E 02	1.16E 01	6.41E-01	2.43E-02	3.76E-04	3.88E-06	4.12E-08	5.73E-10
183501.50	22.75	1.29E 02	1.16E 01	6.41E-01	2.43E-02	3.76E-04	3.89E-06	4.13E-08	5.73E-10
185518.00	23.00	1.29E 02	1.16E 01	6.42E-01	2.43E-02	3.77E-04	3.89E-06	4.13E-08	5.73E-10
187534.50	23.25	1.30E 02	1.16E 01	6.42E-01	2.44E-02	3.77E-04	3.90E-06	4.14E-08	5.74E-10
189551.00	23.50	1.30E 02	1.16E 01	6.43E-01	2.44E-02	3.77E-04	3.90E-06	4.14E-08	5.74E-10
191567.50	23.75	1.30E 02	1.17E 01	6.43E-01	2.44E-02	3.78E-04	3.90E-06	4.15E-08	5.76E-10
193584.00	24.00	1.30E 02	1.17E 01	6.44E-01	2.44E-02	3.78E-04	3.90E-06	4.15E-08	5.76E-10
195600.50	24.25	1.30E 02	1.17E 01	6.44E-01	2.44E-02	3.78E-04	3.91E-06	4.15E-08	5.76E-10
197617.00	24.50	1.30E 02	1.17E 01	6.44E-01	2.44E-02	3.79E-04	3.91E-06	4.16E-08	5.77E-10
199633.50	24.75	1.30E 02	1.17E 01	6.44E-01	2.44E-02	3.79E-04	3.91E-06	4.16E-08	5.78E-10
201650.00	25.00	1.30E 02	1.17E 01	6.45E-01	2.44E-02	3.79E-04	3.92E-06	4.16E-08	5.79E-10
203666.50	25.25	1.30E 02	1.17E 01	6.45E-01	2.45E-02	3.80E-04	3.92E-06	4.17E-08	5.81E-10
205683.00	25.50	1.30E 02	1.17E 01	6.45E-01	2.45E-02	3.80E-04	3.92E-06	4.19E-08	5.97E-10
207699.50	25.75	1.30E 02	1.17E 01	6.45E-01	2.45E-02	3.80E-04	3.93E-06	4.21E-08	6.11E-10
209716.00	26.00	1.30E 02	1.17E 01	6.45E-01	2.45E-02	3.80E-04	3.93E-06	4.23E-08	6.23E-10

PARTIAL PLANCK MEAN ABSORPTION COEFFICIENTS FOR HEATED AIR: 18000° K

Wave Number (cm^{-1})	Photon Energy (eV)	Density × Normal 1·0E 01	1·0E 00	1·0E-01	10·0E-03	10·0E-04	10·0E-05	10·0E-06	10·0E-07
211732.50	26.25	1.30E 02	1.17E 01	6.45E-01	2.45E-02	3.80E-04	3.93E-06	4.24E-08	6.33E-10
213749.00	26.50	1.30E 02	1.17E 01	6.45E-01	2.45E-02	3.80E-04	3.93E-06	4.26E-08	6.42E-10
215765.50	26.75	1.30E 02	1.17E 01	6.45E-01	2.45E-02	3.80E-04	3.93E-06	4.27E-08	6.50E-10
217782.00	27.00	1.30E 02	1.17E 01	6.45E-01	2.45E-02	3.80E-04	3.93E-06	4.28E-08	6.57E-10
219798.50	27.25	1.30E 02	1.17E 01	6.45E-01	2.45E-02	3.80E-04	3.94E-06	4.29E-08	6.62E-10
221815.00	27.50	1.30E 02	1.17E 01	6.45E-01	2.45E-02	3.80E-04	3.95E-06	4.41E-08	6.67E-10
223831.50	27.75	1.30E 02	1.17E 01	6.45E-01	2.45E-02	3.80E-04	3.96E-06	4.51E-08	7.40E-10
225848.00	28.00	1.30E 02	1.17E 01	6.46E-01	2.45E-02	3.80E-04	3.97E-06	4.60E-08	8.04E-10
227864.50	28.25	1.31E 02	1.17E 01	6.46E-01	2.45E-02	3.80E-04	3.98E-06	4.68E-08	8.58E-10
229881.00	28.50	1.30E 02	1.17E 01	6.46E-01	2.45E-02	3.81E-04	3.99E-06	4.74E-08	9.05E-10
231897.50	28.75	1.31E 02	1.17E 01	6.46E-01	2.45E-02	3.81E-04	4.00E-06	4.80E-08	9.46E-10
233914.00	29.00	1.30E 02	1.17E 01	6.46E-01	2.45E-02	3.81E-04	4.01E-06	4.85E-08	9.81E-10
235930.50	29.25	1.31E 02	1.17E 01	6.46E-01	2.45E-02	3.81E-04	4.04E-06	4.89E-08	1.01E-09
237947.00	29.50	1.31E 02	1.17E 01	6.46E-01	2.45E-02	3.81E-04	4.06E-06	5.11E-08	1.17E-09
239963.50	29.75	1.31E 02	1.17E 01	6.46E-01	2.45E-02	3.81E-04	4.08E-06	5.30E-08	1.30E-09
241980.00	30.00	1.31E 02	1.17E 01	6.46E-01	2.45E-02	3.81E-04	4.10E-06	5.47E-08	1.42E-09
243996.50	30.25	1.31E 02	1.17E 01	6.46E-01	2.45E-02	3.82E-04	4.11E-06	5.61E-08	1.52E-09
246013.00	30.50	1.31E 02	1.17E 01	6.46E-01	2.45E-02	3.83E-04	4.13E-06	5.74E-08	1.61E-09
248029.50	30.75	1.30E 02	1.17E 01	6.46E-01	2.45E-02	3.83E-04	4.14E-06	5.85E-08	1.68E-09
250046.00	31.00	1.31E 02	1.17E 01	6.46E-01	2.45E-02	3.83E-04	4.15E-06	5.94E-08	1.75E-09
252062.50	31.25	1.30E 02	1.17E 01	6.46E-01	2.45E-02	3.83E-04	4.16E-06	6.02E-08	1.81E-09
254079.00	31.50	1.30E 02	1.17E 01	6.46E-01	2.45E-02	3.83E-04	4.16E-06	6.09E-08	1.86E-09

256095.50	31.75	1.31E 02	1.17E 01	6.46E-01	2.45E-02	3.83E-04	4.17E-06	6.15E-08	1.90E-09
258112.00	32.00	1.30E 02	1.17E 01	6.46E-01	2.45E-02	3.83E-04	4.17E-06	6.15E-08	1.90E-09
260128.50	32.25	1.31E 02	1.17E 01	6.46E-01	2.45E-02	3.83E-04	4.18E-06	6.21E-08	1.94E-09
262145.00	32.50	1.30E 02	1.17E 01	6.46E-01	2.45E-02	3.83E-04	4.18E-06	6.21E-08	1.94E-09
264161.50	32.75	1.31E 02	1.17E 01	6.46E-01	2.45E-02	3.83E-04	4.18E-06	6.25E-08	1.97E-09
266178.00	33.00	1.30E 02	1.17E 01	6.46E-01	2.45E-02	3.83E-04	4.19E-06	6.29E-08	2.00E-09
268194.50	33.25	1.31E 02	1.17E 01	6.46E-01	2.45E-02	3.83E-04	4.19E-06	6.29E-08	2.00E-09
270211.00	33.50	1.31E 02	1.17E 01	6.46E-01	2.45E-02	3.83E-04	4.19E-06	6.33E-08	2.03E-09
272227.50	33.75	1.30E 02	1.17E 01	6.46E-01	2.45E-02	3.83E-04	4.19E-06	6.36E-08	2.05E-09
274244.00	34.00	1.31E 02	1.17E 01	6.46E-01	2.45E-02	3.84E-04	4.20E-06	6.38E-08	2.07E-09
276260.50	34.25	1.30E 02	1.17E 01	6.46E-01	2.45E-02	3.84E-04	4.20E-06	6.40E-08	2.08E-09
278277.00	34.50	1.31E 02	1.17E 01	6.46E-01	2.45E-02	3.84E-04	4.20E-06	6.42E-08	2.10E-09
280293.50	34.75	1.30E 02	1.17E 01	6.46E-01	2.45E-02	3.84E-04	4.20E-06	6.44E-08	2.11E-09
282310.00	35.00	1.31E 02	1.17E 01	6.46E-01	2.45E-02	3.84E-04	4.21E-06	6.46E-08	2.13E-09
284326.50	35.25	1.31E 02	1.17E 01	6.46E-01	2.45E-02	3.84E-04	4.21E-06	6.47E-08	2.14E-09
286343.00	35.50	1.30E 02	1.17E 01	6.46E-01	2.45E-02	3.84E-04	4.21E-06	6.49E-08	2.14E-09
288359.50	35.75	1.31E 02	1.17E 01	6.46E-01	2.45E-02	3.84E-04	4.21E-06	6.50E-08	2.15E-09
290376.00	36.00	1.31E 02	1.17E 01	6.46E-01	2.45E-02	3.84E-04	4.21E-06	6.51E-08	2.16E-09
292392.50	36.25	1.30E 02	1.17E 01	6.46E-01	2.45E-02	3.84E-04	4.21E-06	6.52E-08	2.17E-09
294409.00	36.50	1.31E 02	1.17E 01	6.46E-01	2.45E-02	3.84E-04	4.21E-06	6.53E-08	2.18E-09
296425.50	36.75	1.31E 02	1.17E 01	6.46E-01	2.45E-02	3.84E-04	4.21E-06	6.53E-08	2.18E-09
298442.00	37.00	1.30E 02	1.17E 01	6.46E-01	2.45E-02	3.84E-04	4.21E-06	6.54E-08	2.18E-09
300458.50	37.25	1.31E 02	1.17E 01	6.46E-01	2.45E-02	3.84E-04	4.21E-06	6.54E-08	2.19E-09
302475.00	37.50	1.31E 02	1.17E 01	6.46E-01	2.45E-02	3.84E-04	4.21E-06	6.54E-08	2.19E-09
304491.50	37.75	1.30E 02	1.17E 01	6.46E-01	2.45E-02	3.84E-04	4.21E-06	6.55E-08	2.19E-09

PARTIAL PLANCK MEAN ABSORPTION COEFFICIENTS FOR HEATED AIR: 18000° K

Wave Number (cm⁻¹)	Photon Energy (eV)	Density × Normal							
		1.0E 01	1.0E 00	1.0E-01	10.0E-03	10.0E-04	10.0E-05	10.0E-06	10.0E-07
306498.50	38.00	1.31E 02	1.17E 01	6.46E-01	2.45E-02	3.84E-04	4.21E-06	6.55E-08	2.19E-09
		1.30E 02	1.17E 01	6.46E-01	2.45E-02	3.84E-04	4.21E-06	6.55E-08	2.19E-09
308515.00	38.25	1.31E 02	1.17E 01	6.46E-01	2.45E-02	3.84E-04	4.21E-06	6.55E-08	2.19E-09
		1.30E 02	1.17E 01	6.46E-01	2.45E-02	3.84E-04	4.21E-06	6.55E-08	2.19E-09
310531.50	38.50	1.31E 02	1.17E 01	6.46E-01	2.45E-02	3.84E-04	4.21E-06	6.55E-08	2.19E-09
		1.30E 02	1.17E 01	6.46E-01	2.45E-02	3.84E-04	4.21E-06	6.55E-08	2.19E-09
312548.00	38.75	1.31E 02	1.17E 01	6.46E-01	2.45E-02	3.84E-04	4.21E-06	6.55E-08	2.19E-09
		1.30E 02	1.17E 01	6.46E-01	2.45E-02	3.84E-04	4.21E-06	6.55E-08	2.19E-09
314564.50	39.00	1.31E 02	1.17E 01	6.46E-01	2.45E-02	3.84E-04	4.21E-06	6.55E-08	2.20E-09
		1.30E 02	1.17E 01	6.46E-01	2.45E-02	3.84E-04	4.21E-06	6.55E-08	2.20E-09
316581.00	39.25	1.31E 02	1.17E 01	6.46E-01	2.45E-02	3.84E-04	4.21E-06	6.55E-08	2.20E-09
		1.30E 02	1.17E 01	6.46E-01	2.45E-02	3.84E-04	4.21E-06	6.56E-08	2.20E-09
318597.00	39.50	1.31E 02	1.17E 01	6.46E-01	2.45E-02	3.84E-04	4.21E-06	6.56E-08	2.20E-09
		1.30E 02	1.17E 01	6.46E-01	2.45E-02	3.84E-04	4.21E-06	6.56E-08	2.20E-09

A2e   Fraction of the Energy in Part of the Planck Spectrum.

$$b(x) = \frac{15}{\pi^4} \int_0^x (e^u - 1)^{-1} u^3 \, du$$

	0.0	0.2	0.4	0.6	0.8
0	0.0000	3.8066-4	2.8186-3	8.7914-3	1.9231-2
1	3.4618-2	5.5064-2	8.0393-2	1.1022-1	1.4902-1
2	1.8114-1	2.2091-1	2.6264-1	3.0565-1	3.4930-1
3	3.9301-1	4.3628-1	4.7865-1	5.1975-1	5.5929-1
4	5.9702-1	6.3279-1	6.6647-1	6.9799-1	7.2734-1
5	7.5453-1	7.7959-1	8.0260-1	8.2363-1	8.4278-1
6	8.6016-1	8.7588-1	8.8005-1	9.0279-1	9.1421-1
7	9.2442-1	9.3353-1	9.4165-1	9.4883-1	9.5520-1
8	9.6084-1	9.6581-1	9.7019-1	9.7404-1	9.7742-1
9	9.8038-1	9.8298-1	9.8524-1	9.8722-1	9.8895-1
10	9.9045-1	9.9175-1	9.9289-1	9.9387-1	9.9472-1

1-b(x)

10	12	14	16	18	20
9.550-3	2.118-3	4.382-4	8.606-5	1.622-5	2.960-6

B1   Figures of Continuum Absorption Coefficients of Oxygen and
      Nitrogen in Temperature Range from 1 eV to 20 eV (1 eV = $11,600\,^{\circ}K$).

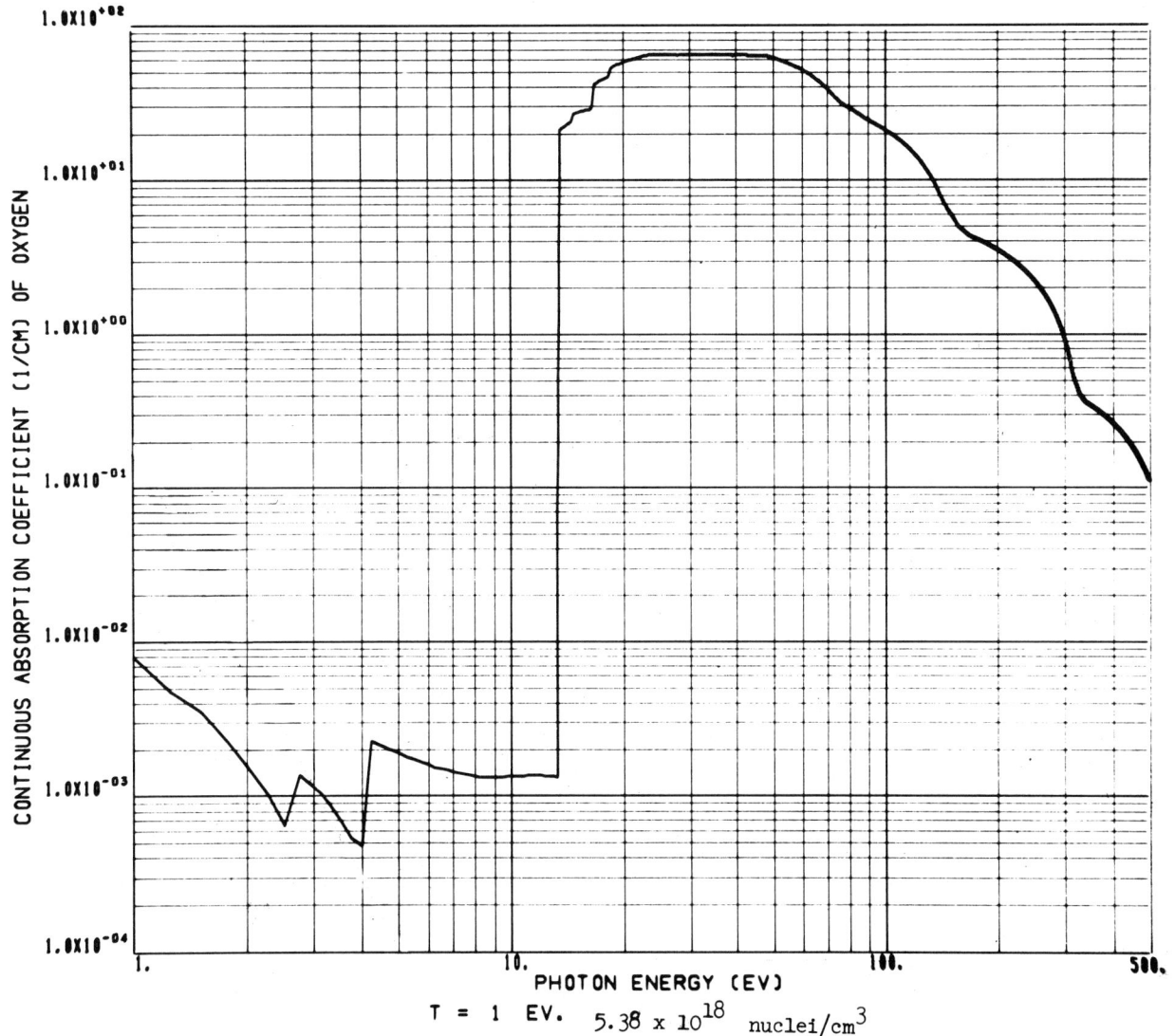

CONTINUOUS ABSORPTION COEFFICIENT (1/CM) OF OXYGEN

PHOTON ENERGY (EV)

T = 1 EV.   5.38 x 10^{18} nuclei/cm^3

569

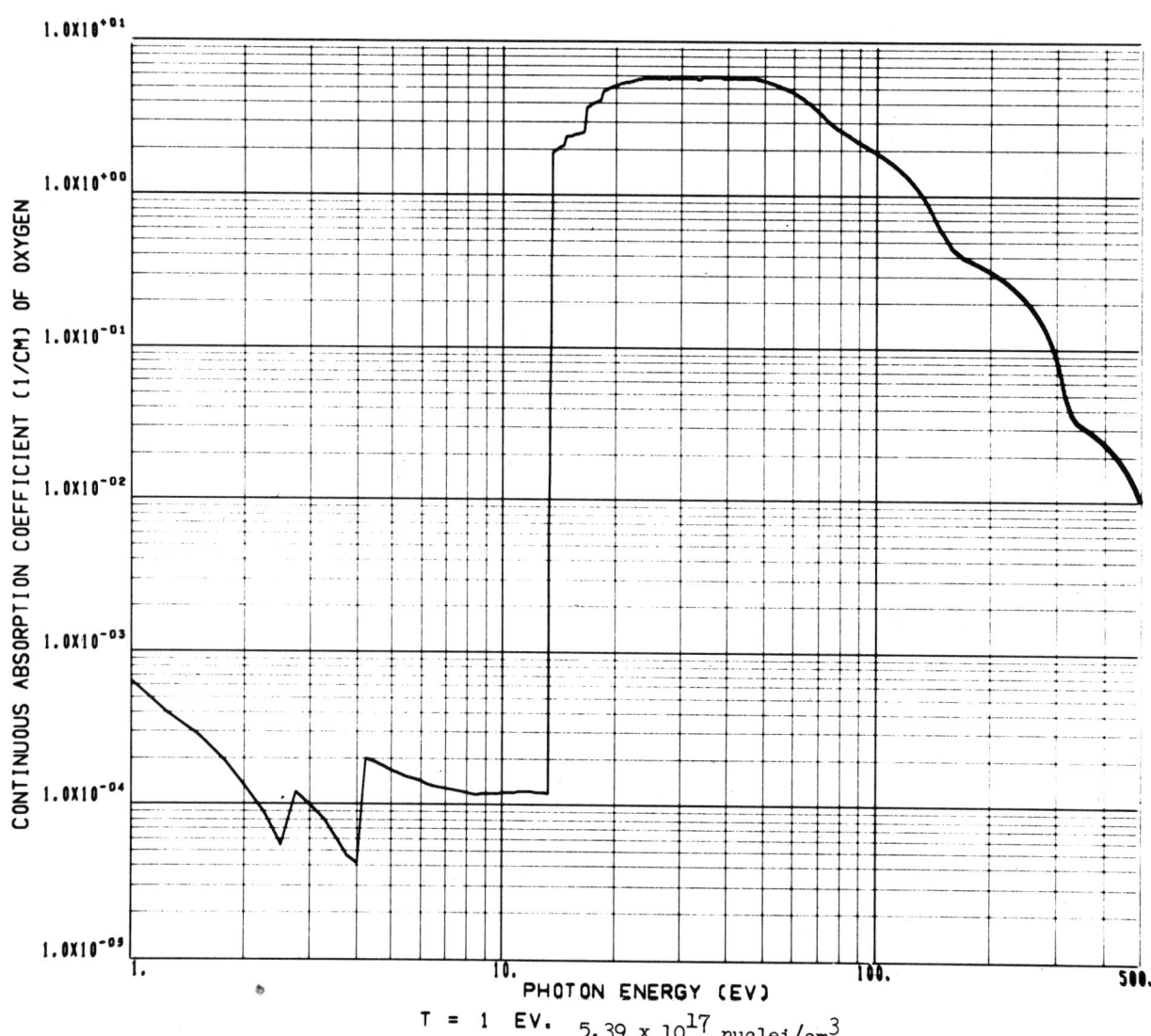

T = 1 EV.   5.39 x 10^17 nuclei/cm^3

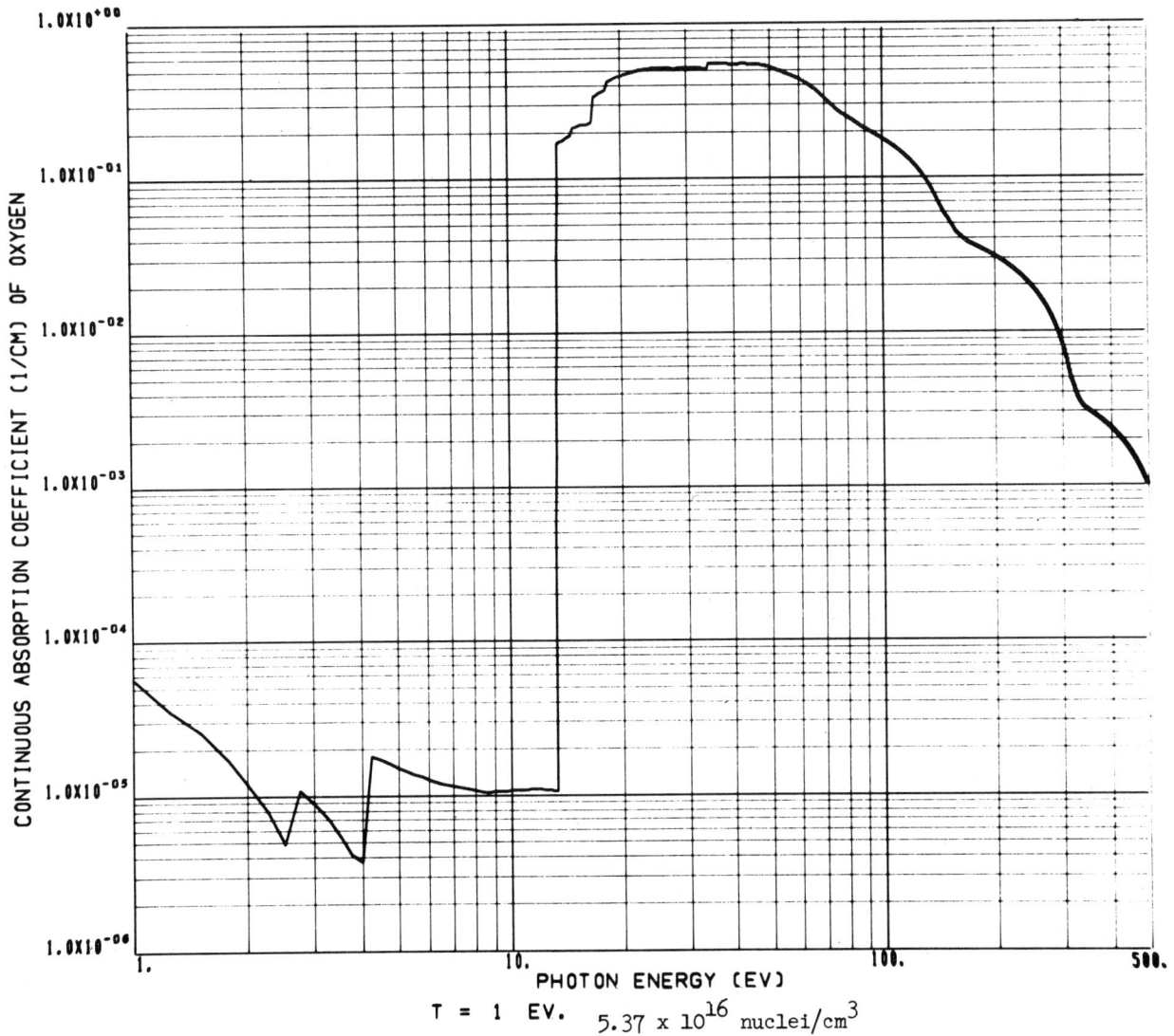

CONTINUOUS ABSORPTION COEFFICIENT (1/CM) OF OXYGEN

PHOTON ENERGY (EV)

T = 1 EV.   5.37 x 10^{16} nuclei/cm^3

571

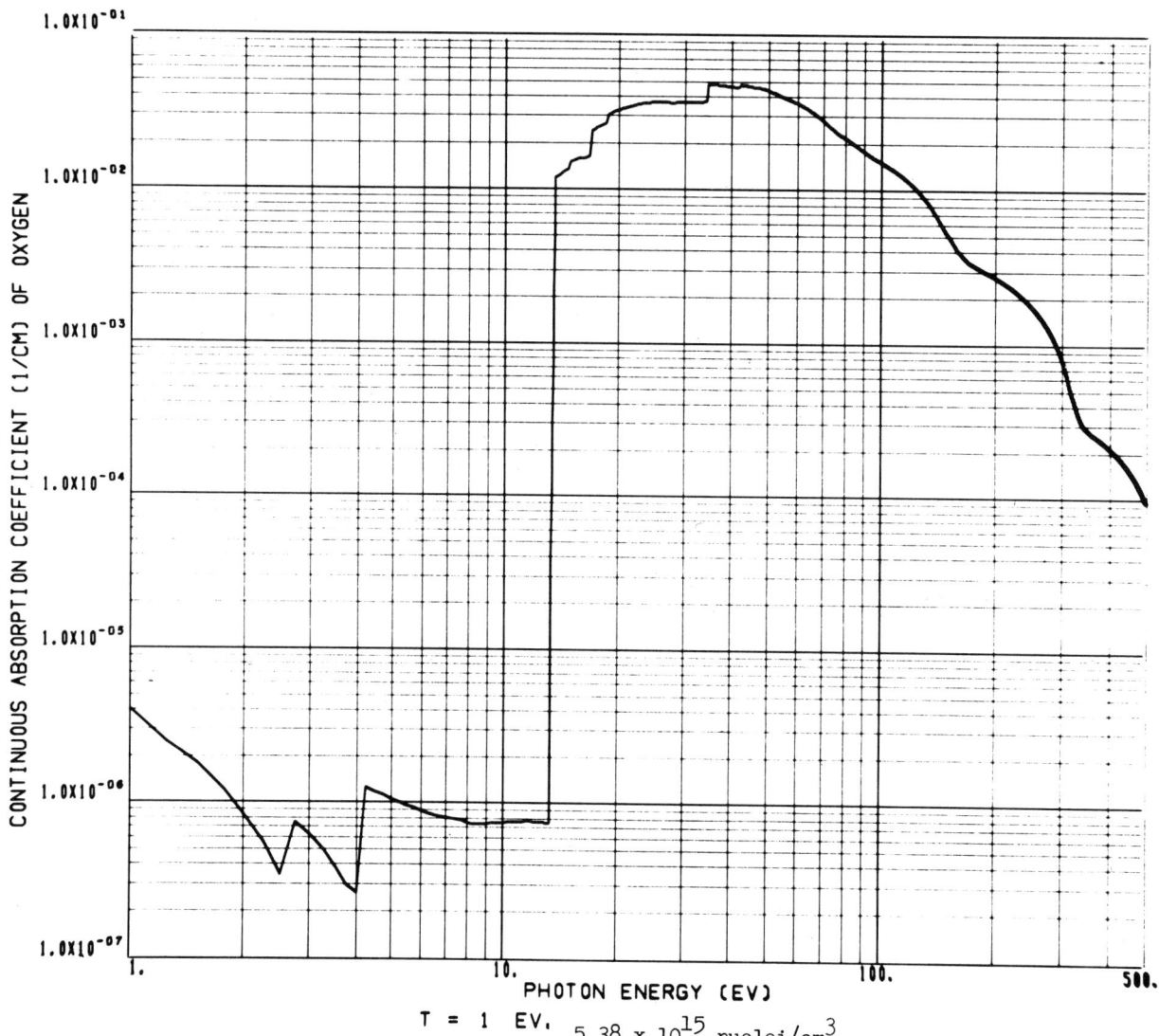

T = 1 EV. 5.38 x 10^{15} nuclei/cm³

572

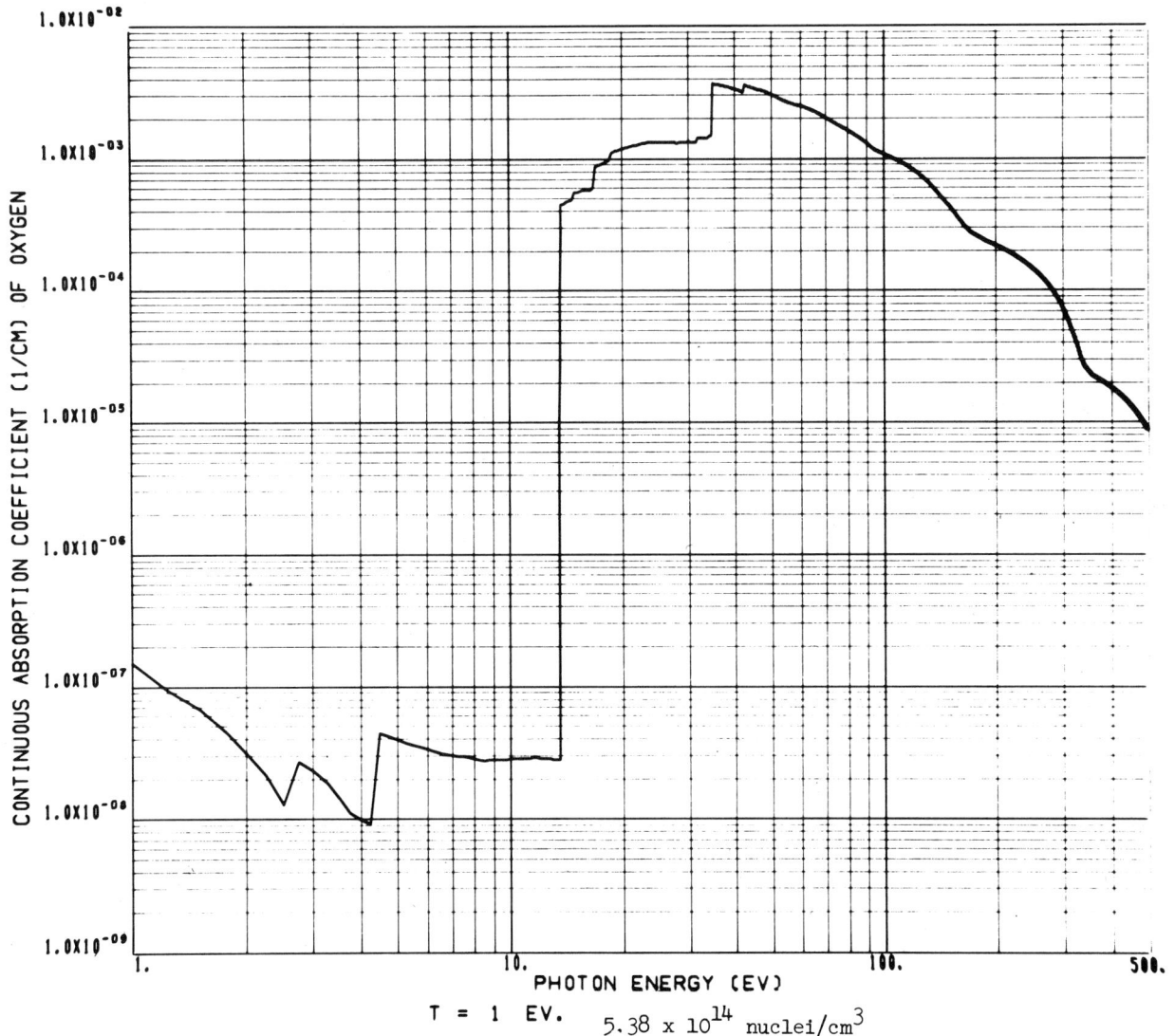

CONTINUOUS ABSORPTION COEFFICIENT (1/CM) OF OXYGEN

PHOTON ENERGY (EV)

T = 1 EV. 5.38×10^{14} nuclei/cm^3

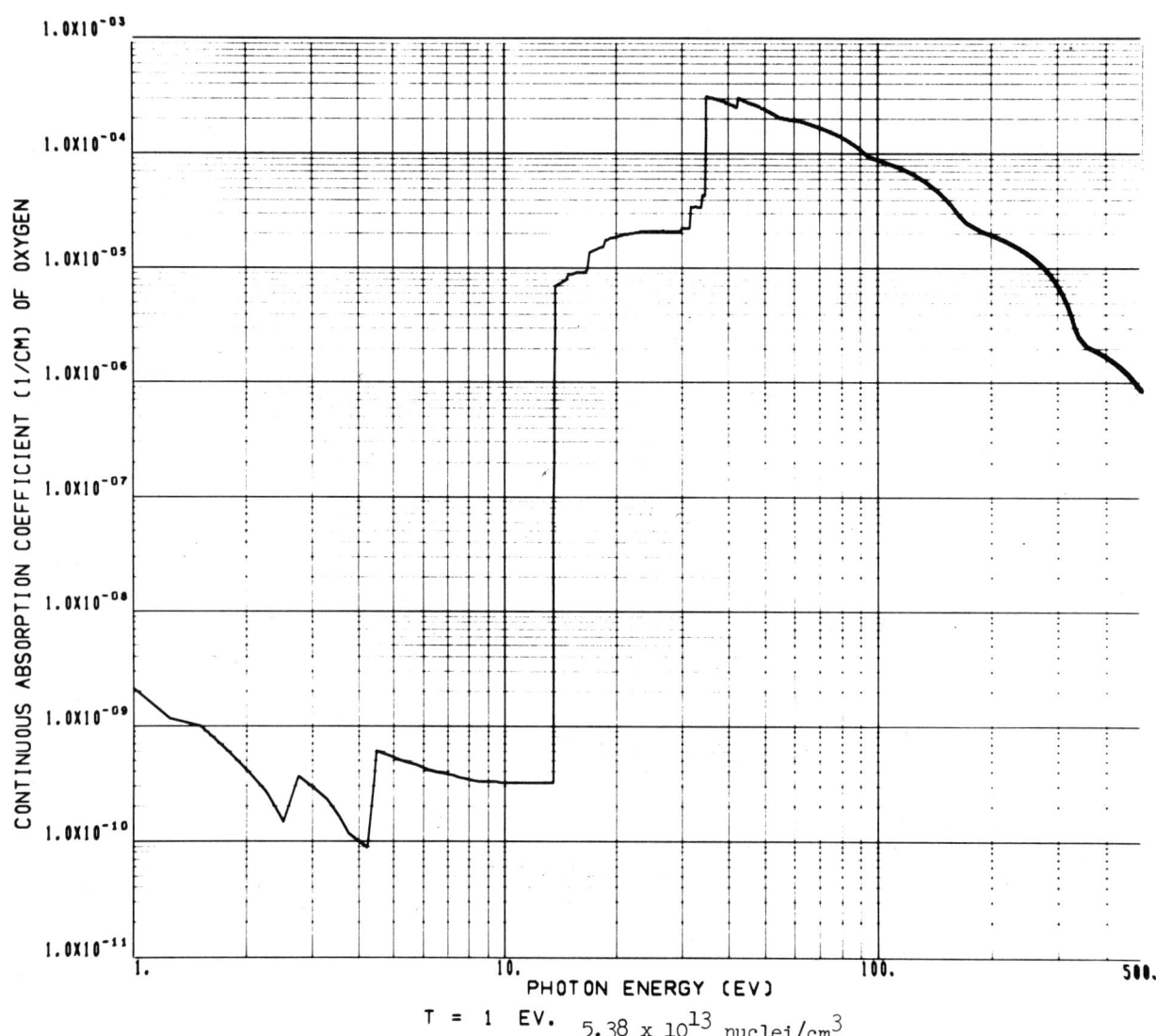

T = 1 EV.   5.38 x 10^{13} nuclei/cm^3

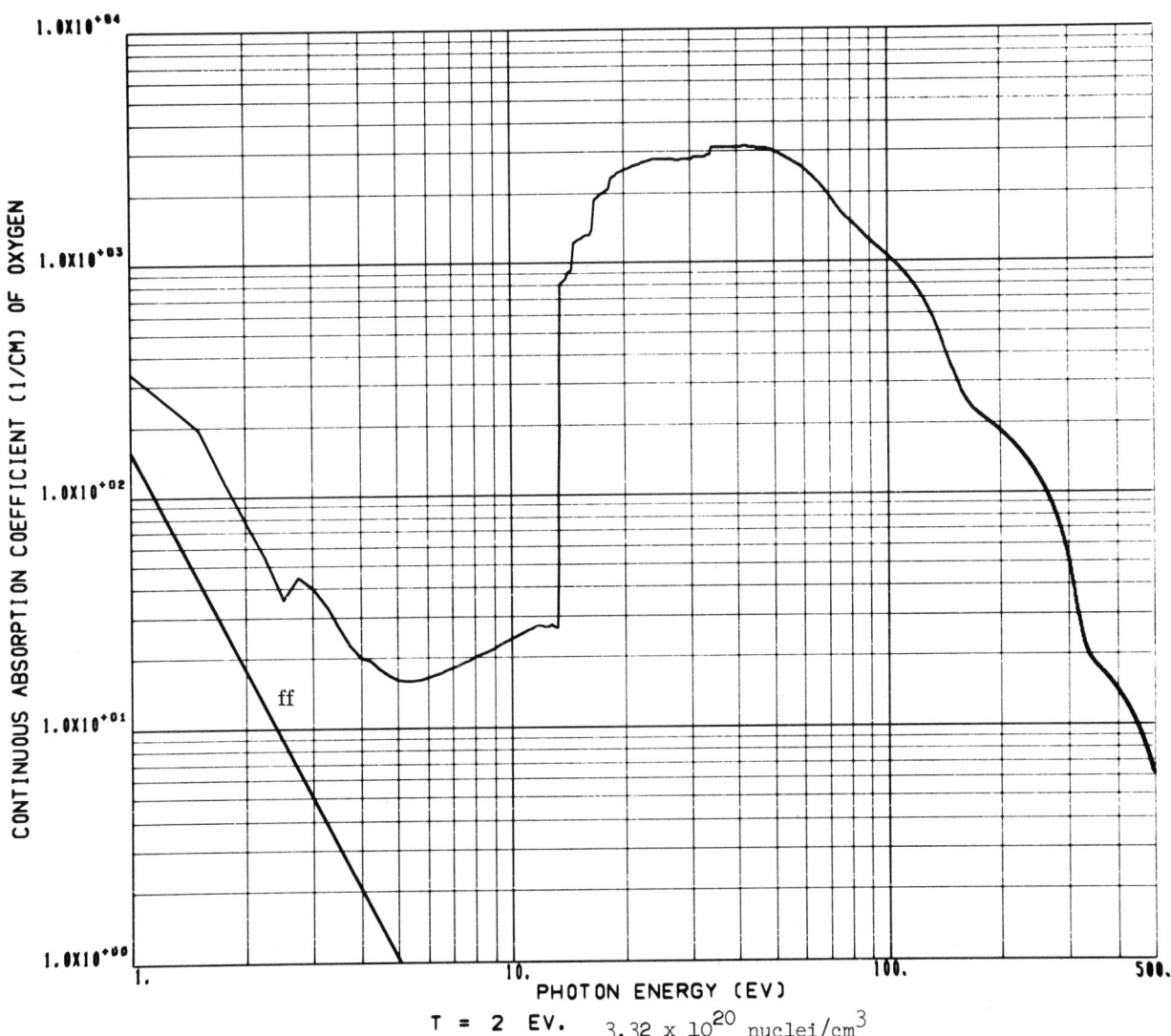

T = 2 EV.   3.32 x 10^{20} nuclei/cm^3

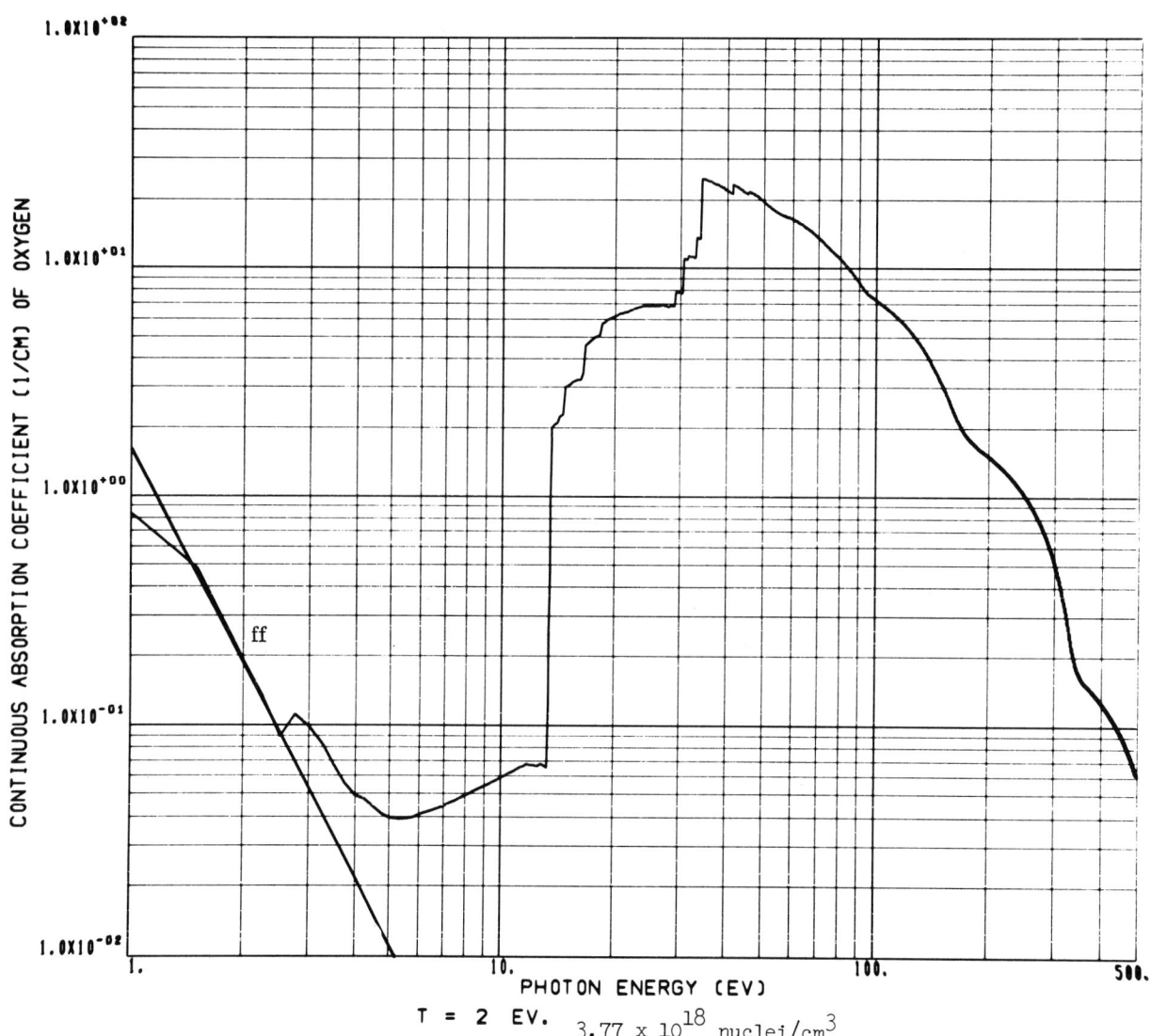

CONTINUOUS ABSORPTION COEFFICIENT (1/CM) OF OXYGEN

PHOTON ENERGY (EV)

T = 2 EV. 3.77×10^{18} nuclei/cm^3

576

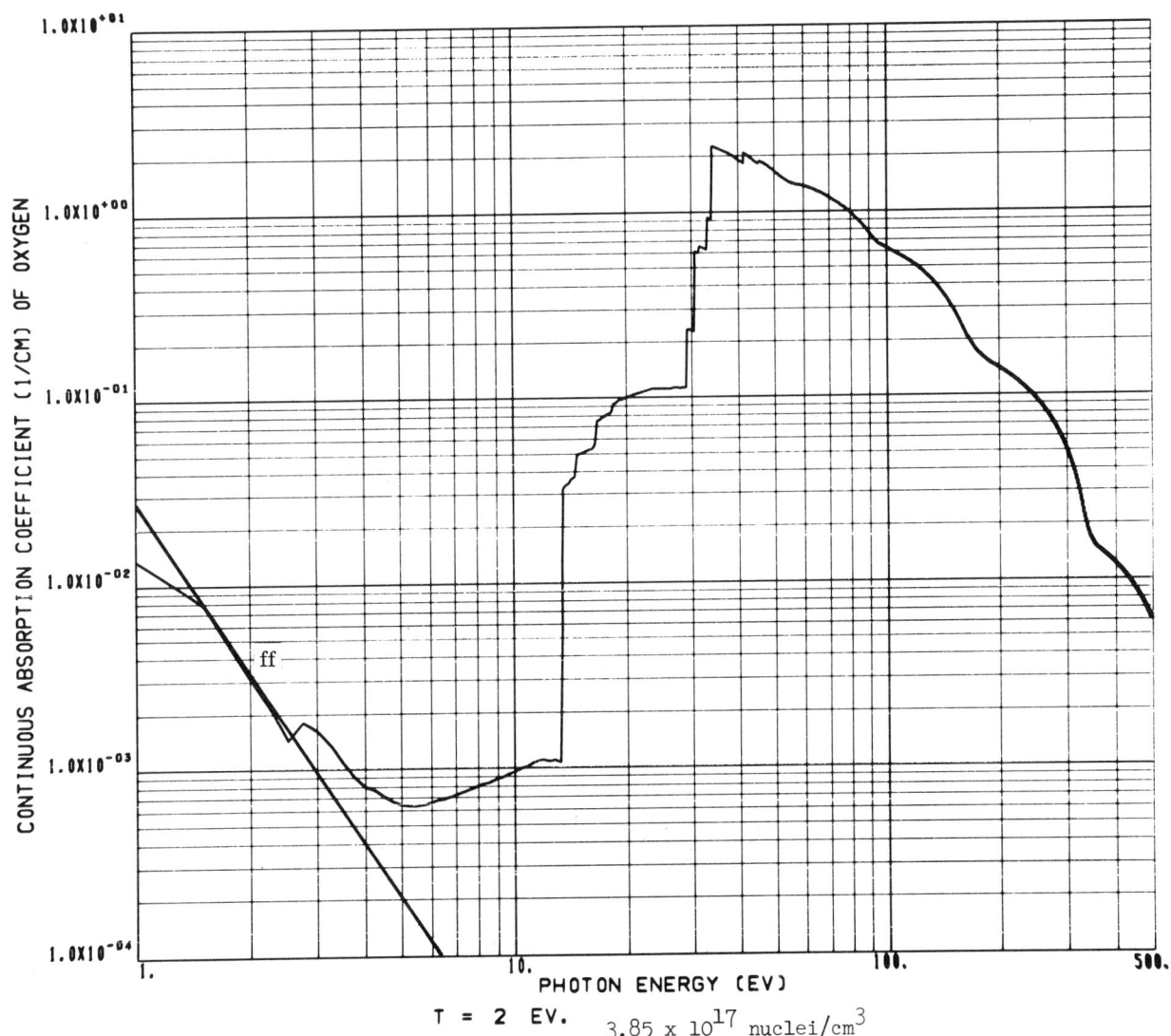

T = 2 EV. 3.85×10^{17} nuclei/cm^3

577

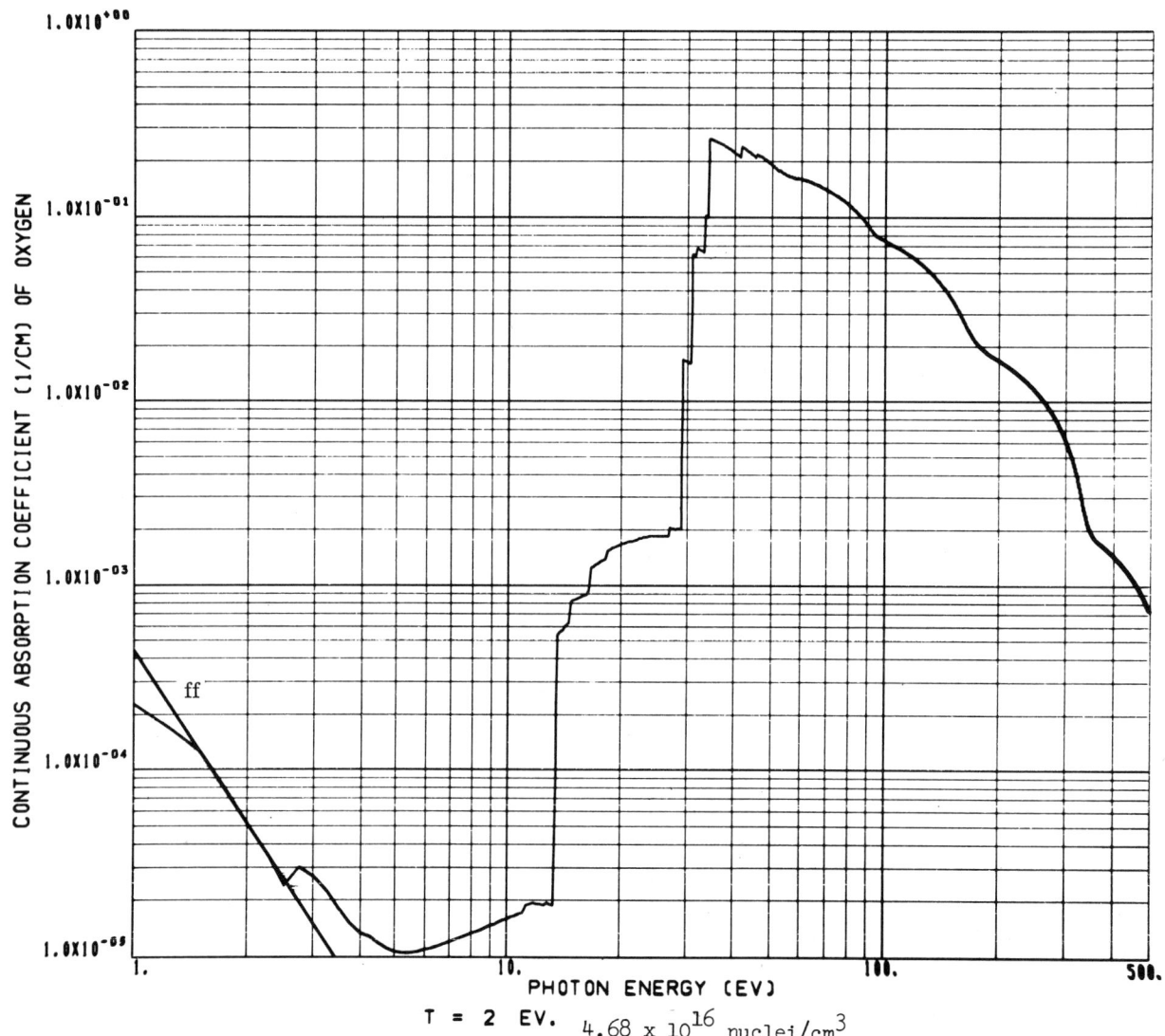

T = 2 EV. 4.68 x 10^{16} nuclei/cm^3

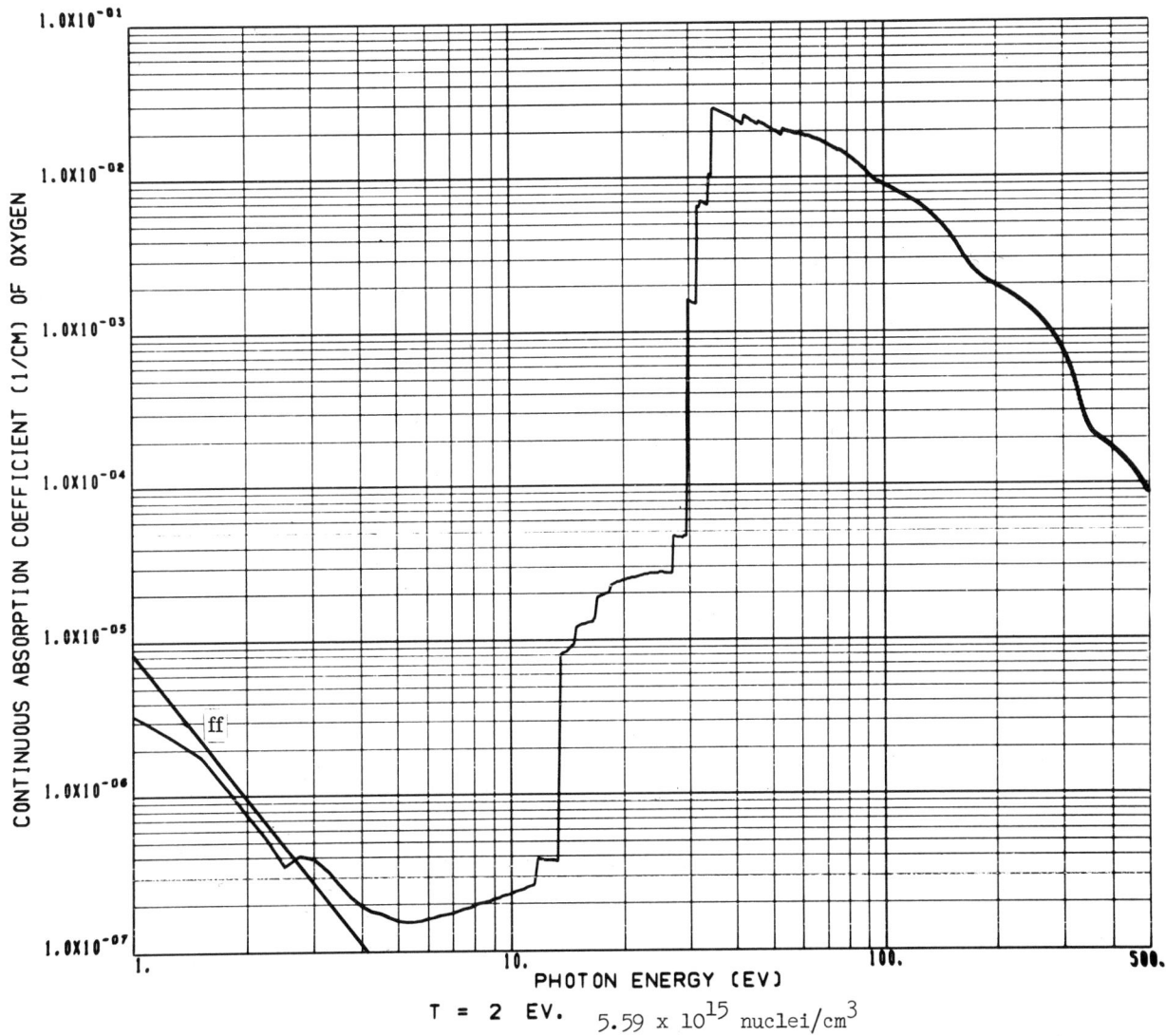

T = 2 EV.   5.59 x 10^{15} nuclei/cm^3

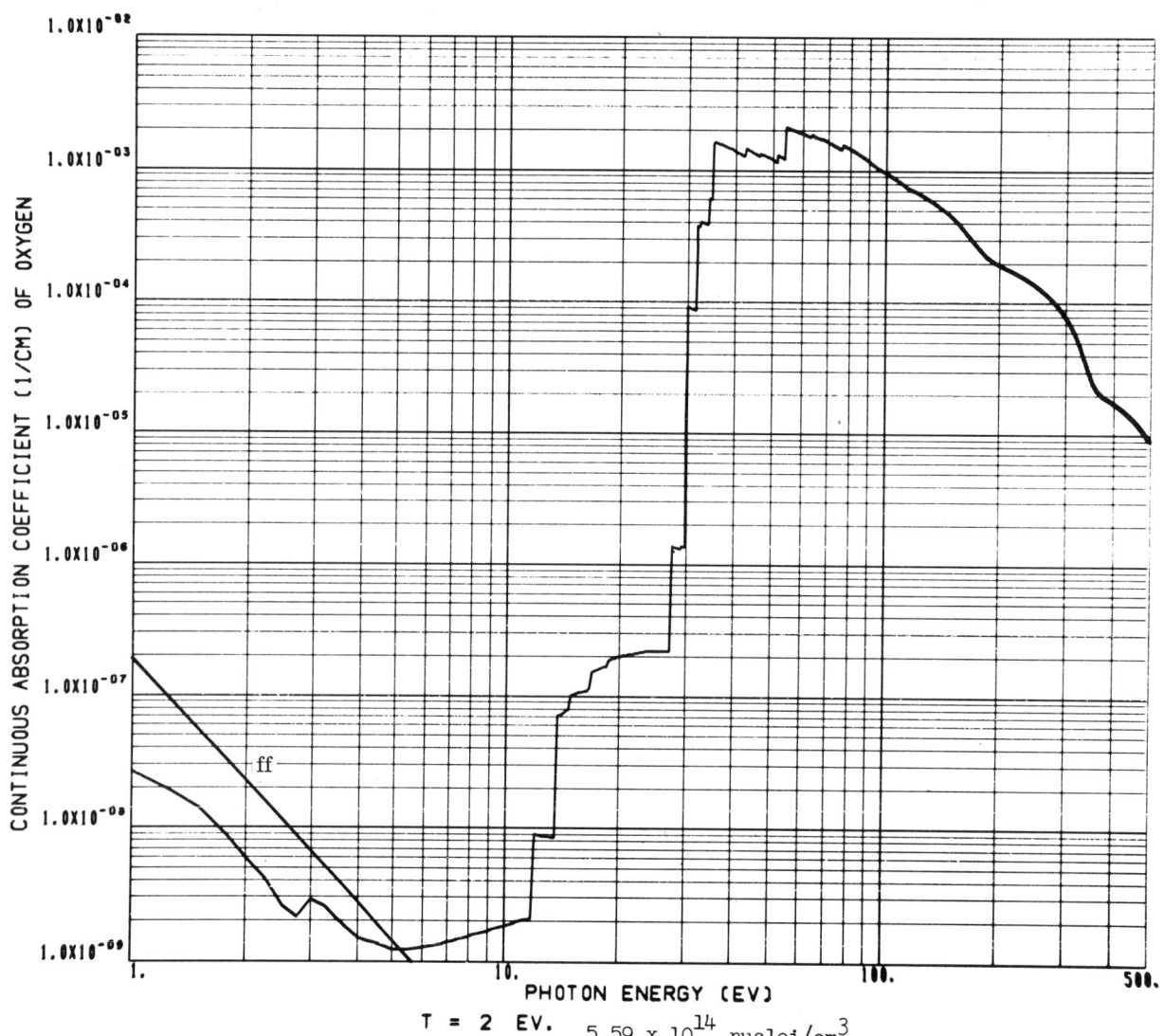

CONTINUOUS ABSORPTION COEFFICIENT (1/CM) OF OXYGEN

PHOTON ENERGY (EV)

ff

T = 2 EV.   5.59 x 10^{14} nuclei/cm^3

580

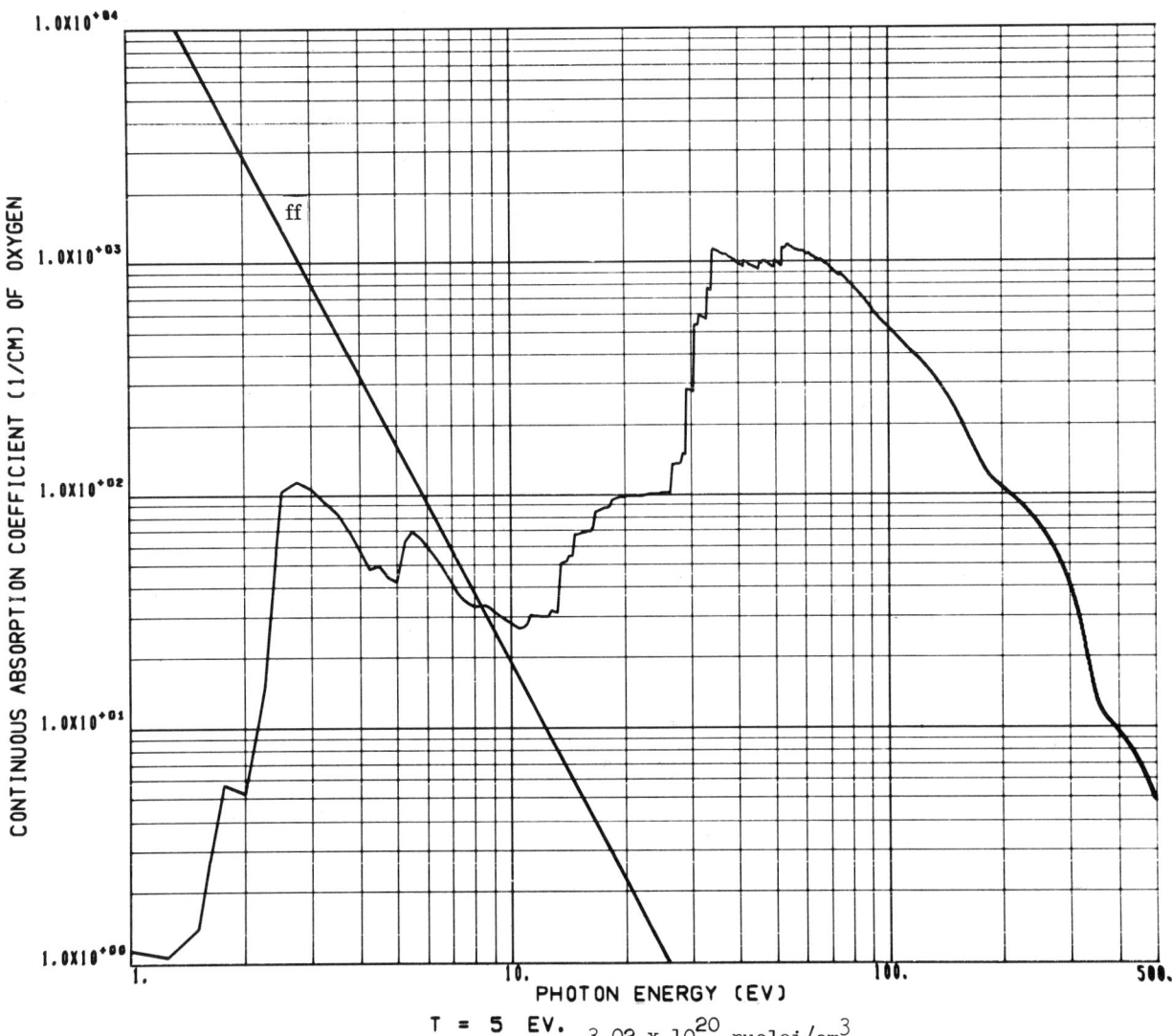

T = 5 EV. 3.02 x 10²⁰ nuclei/cm³

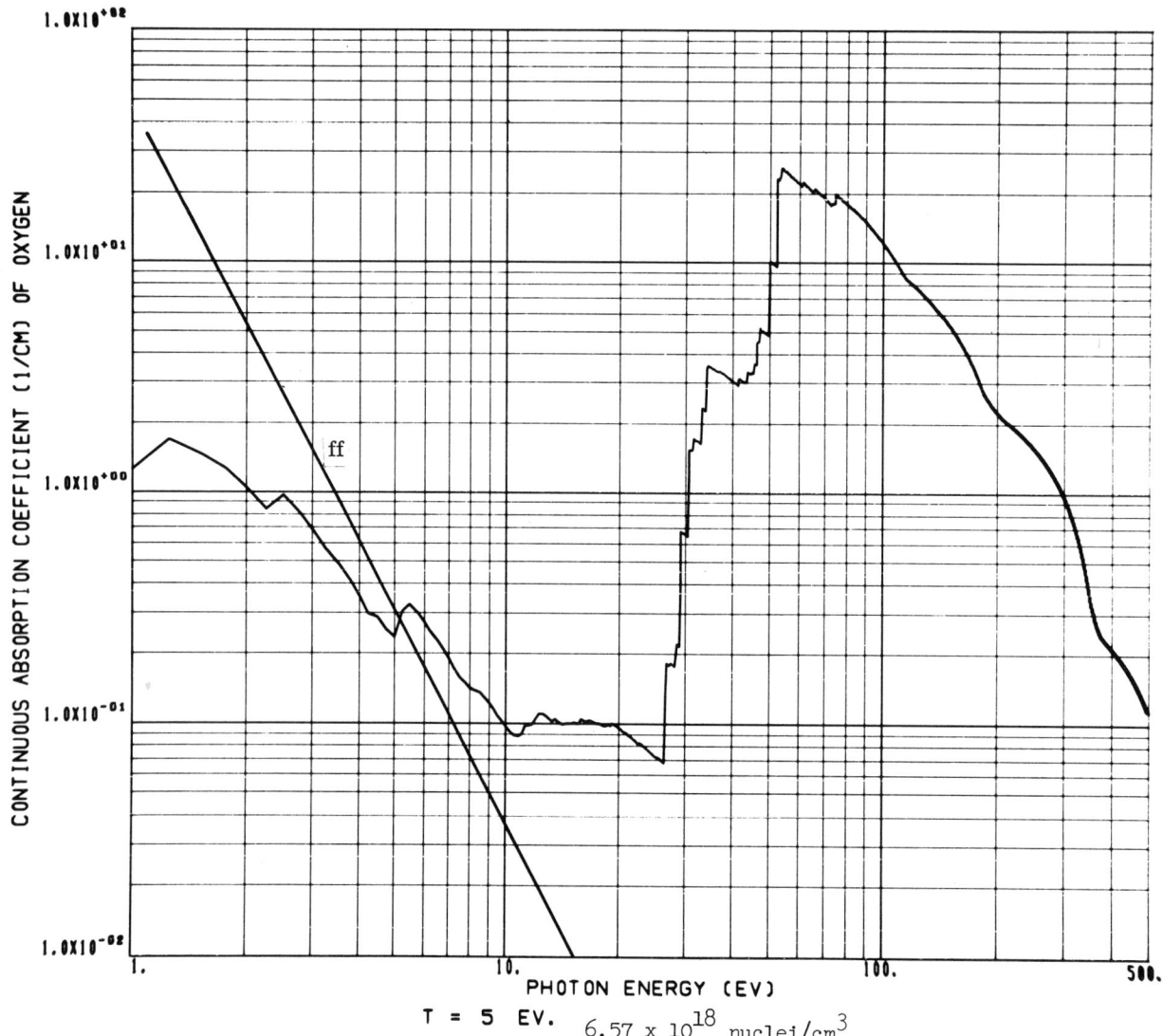

T = 5 EV.   6.57 x 10^{18} nuclei/cm^3

582

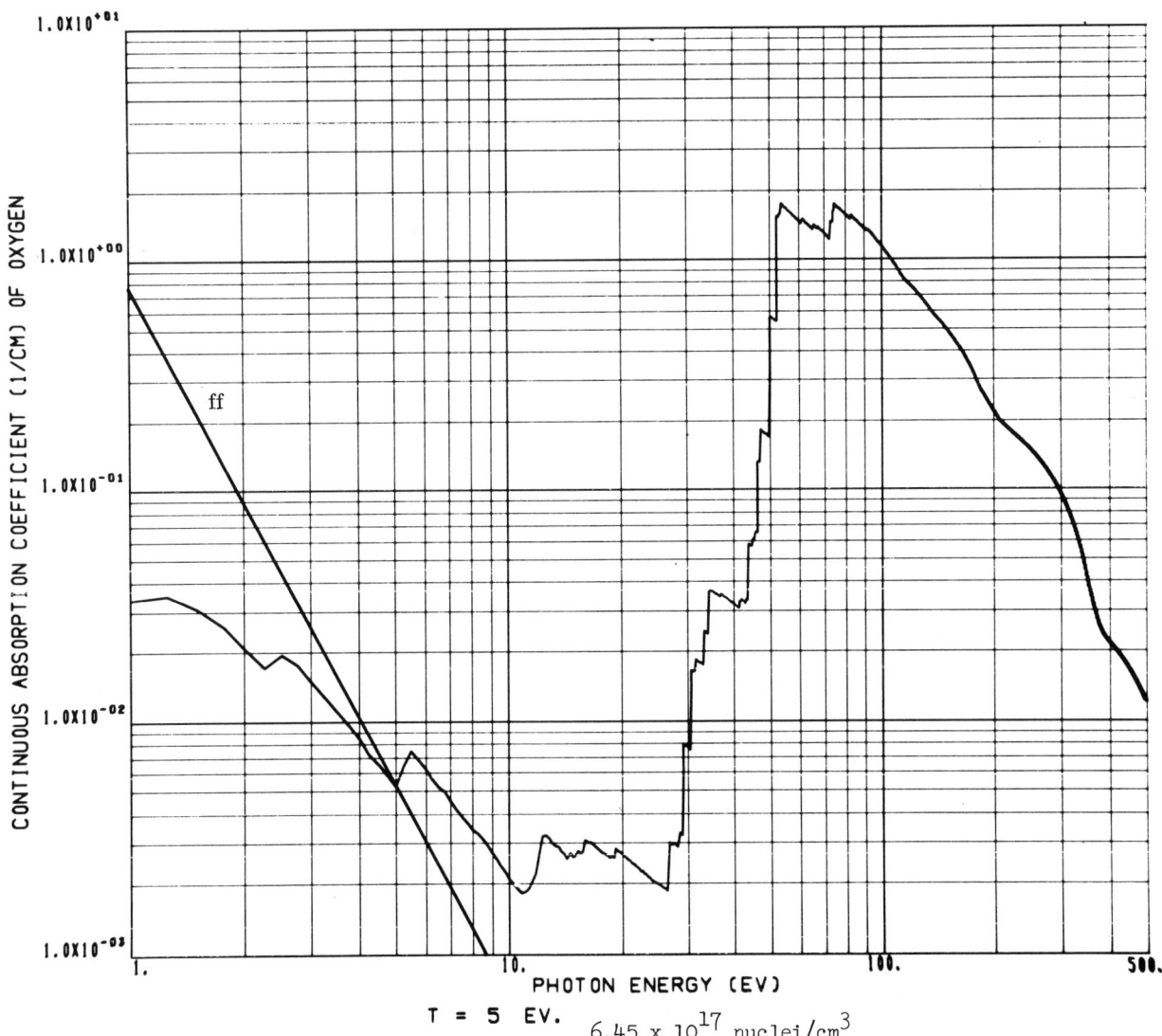

T = 5 EV. 6.45 x 10^{17} nuclei/cm^3

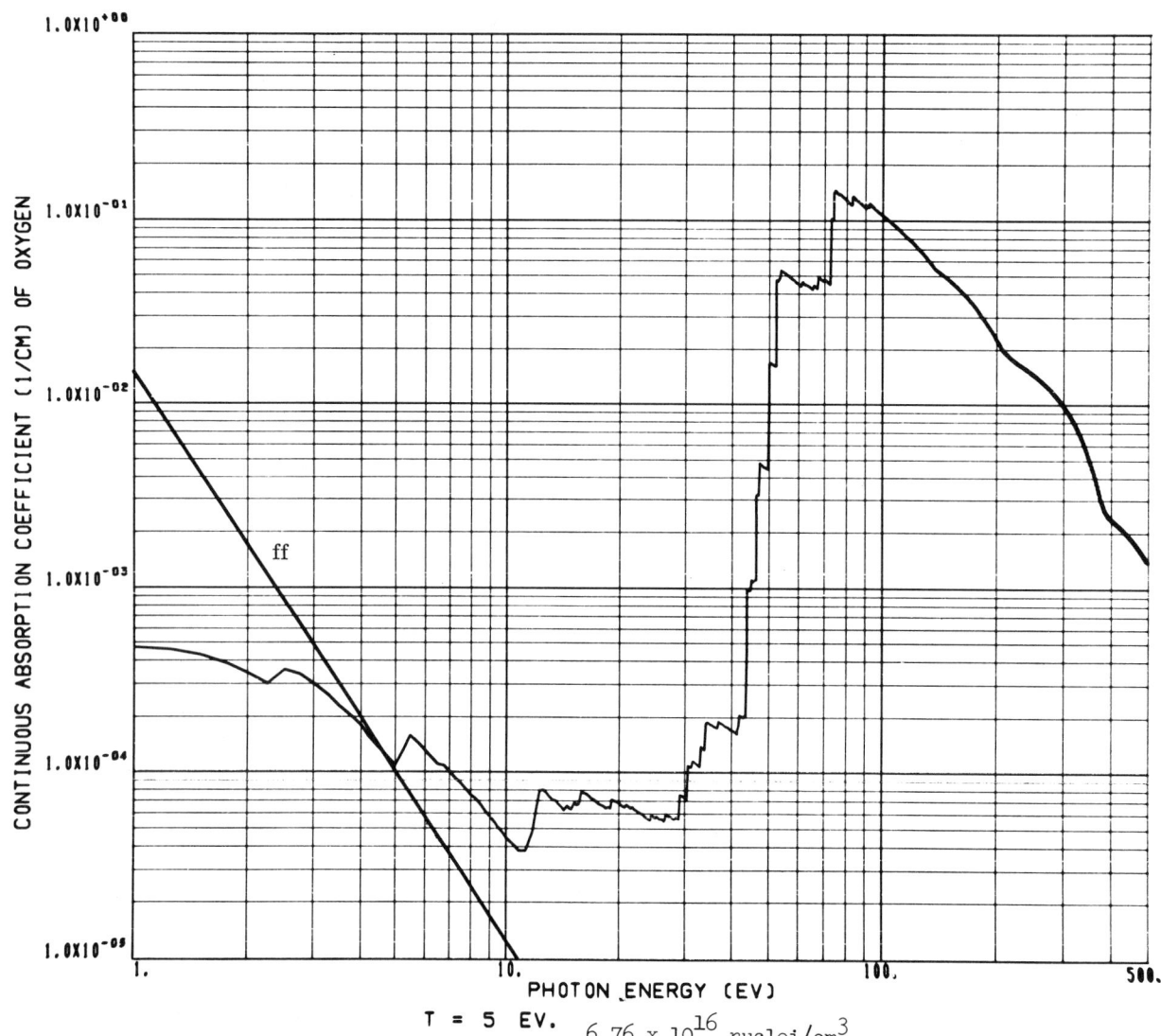

T = 5 EV.   6.76 x 10^16 nuclei/cm^3

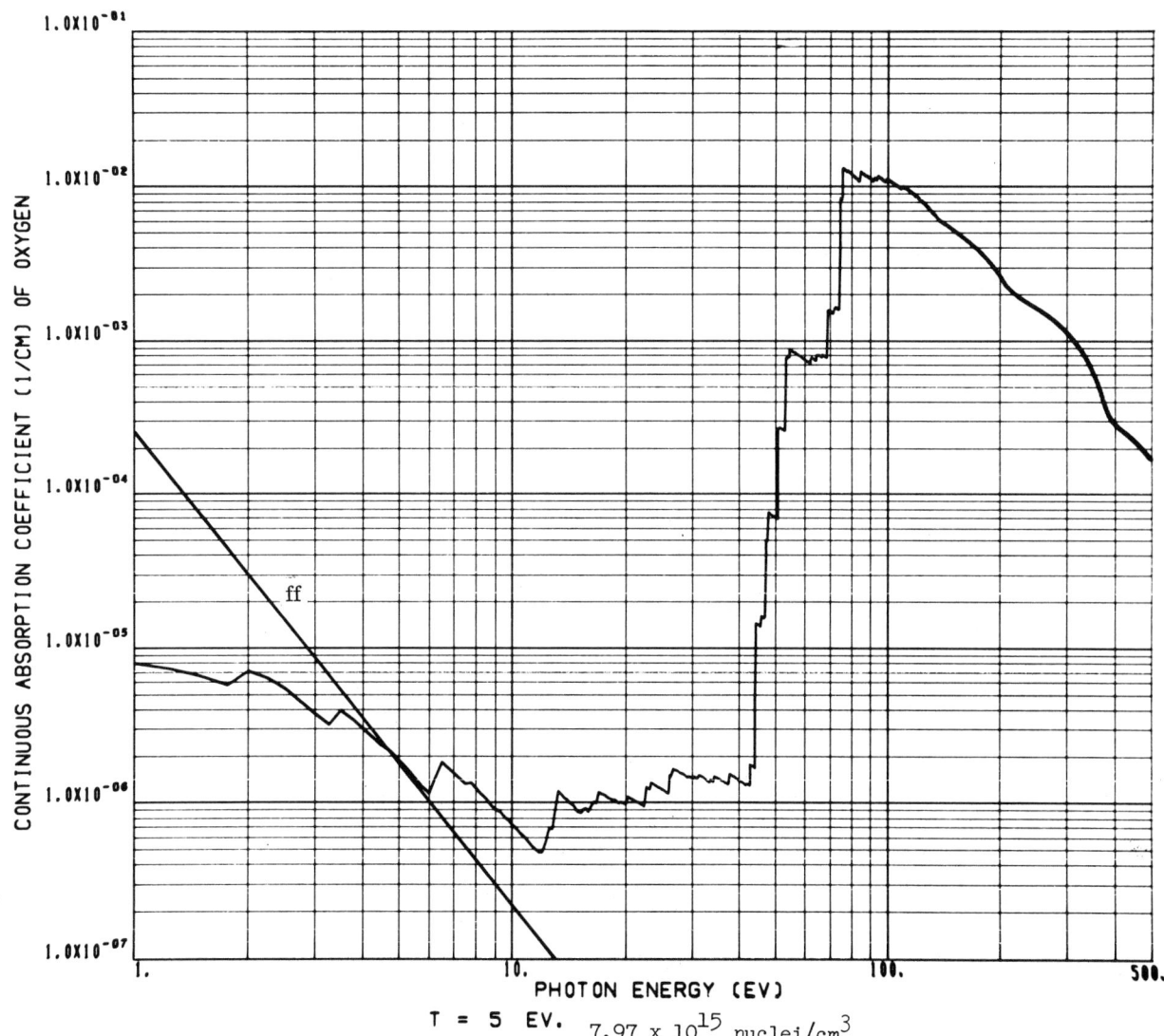

CONTINUOUS ABSORPTION COEFFICIENT (1/CM) OF OXYGEN

PHOTON ENERGY (EV)

T = 5 EV.   7.97 x 10^{15} nuclei/cm^3

ff

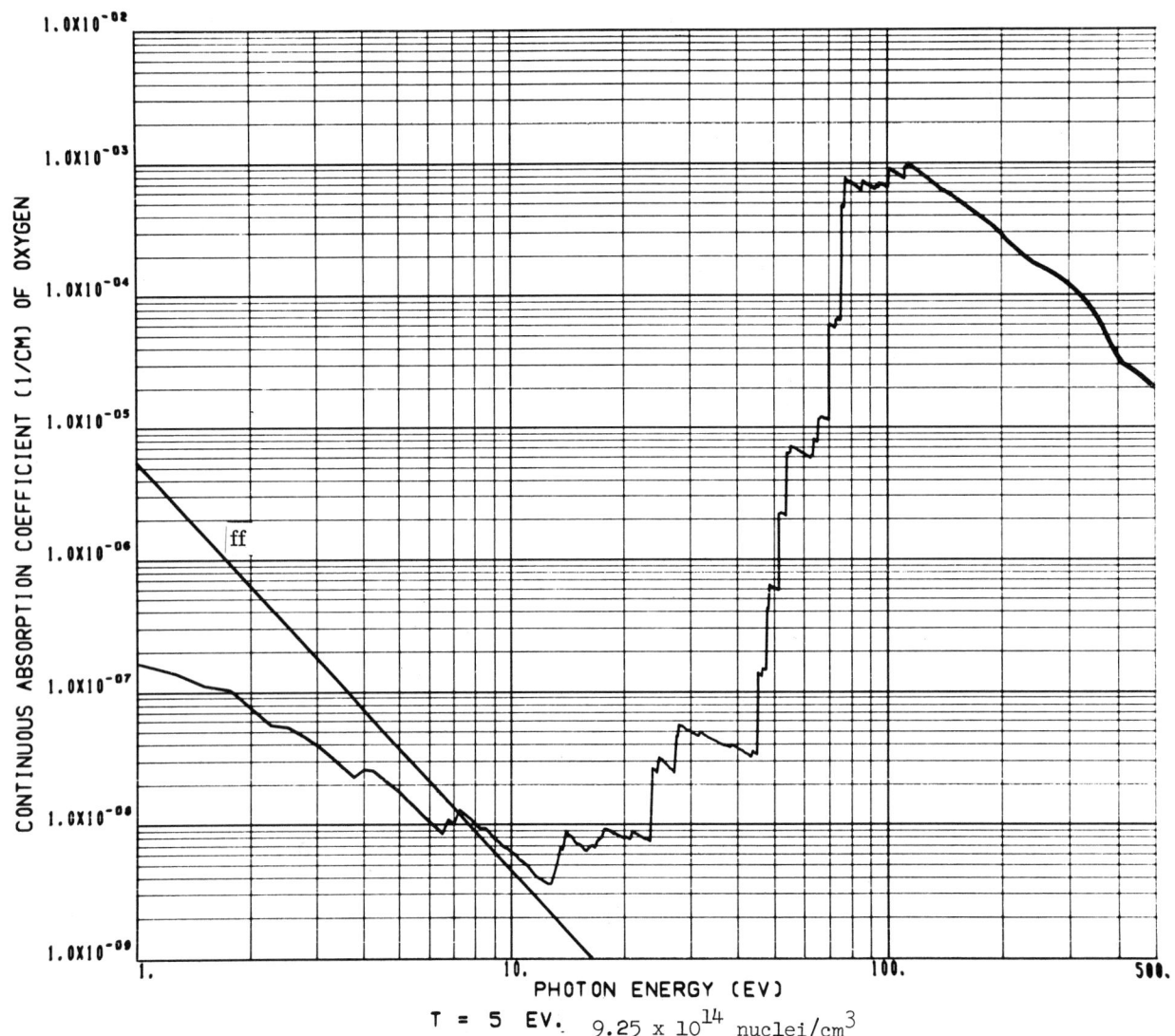

CONTINUOUS ABSORPTION COEFFICIENT (1/CM) OF OXYGEN

PHOTON ENERGY (EV)

T = 5 EV.   9.25 x 10^{14} nuclei/cm^3

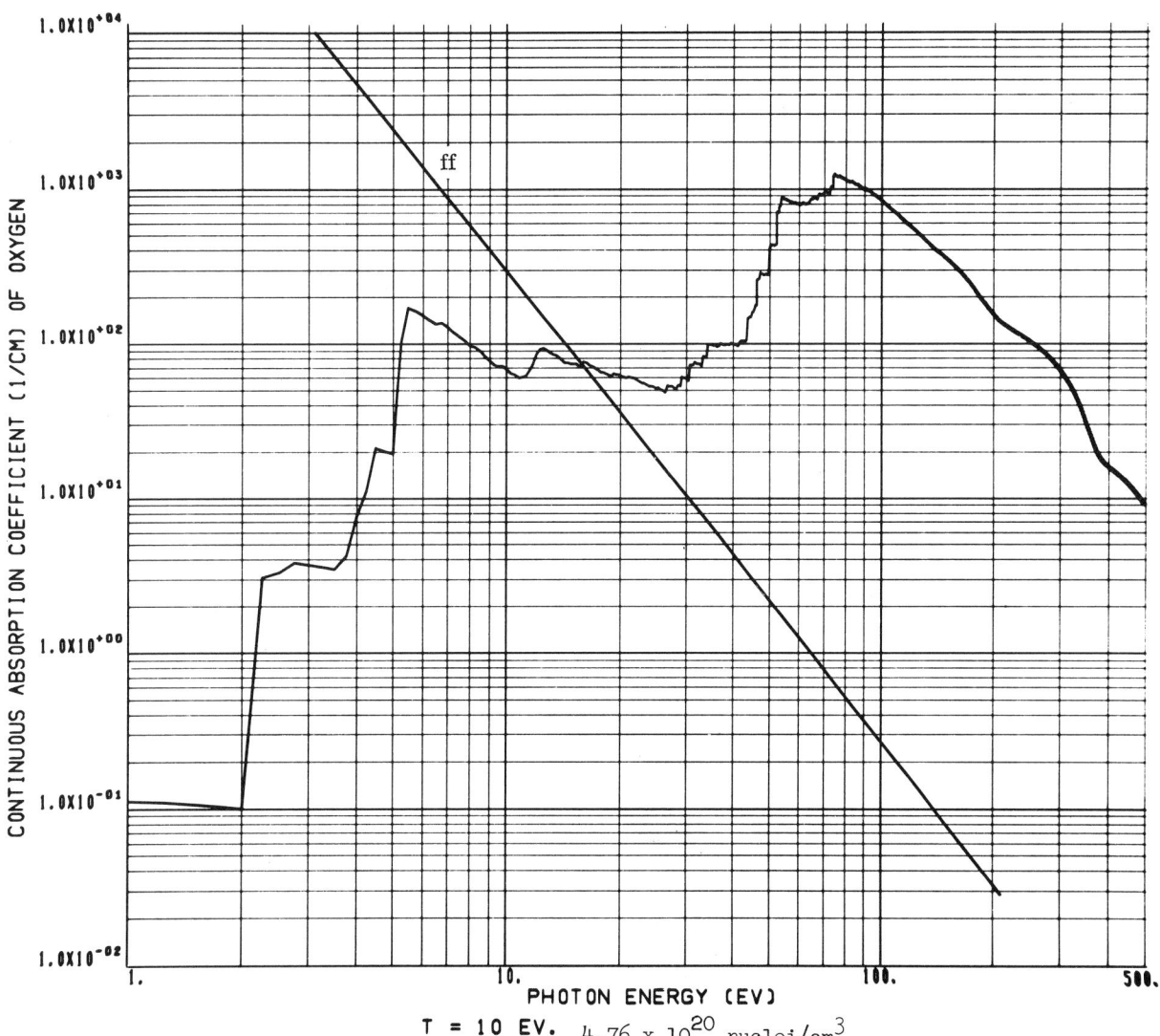

CONTINUOUS ABSORPTION COEFFICIENT (1/CM) OF OXYGEN

PHOTON ENERGY (EV)

T = 10 EV. 4.76×10^{20} nuclei/cm^3

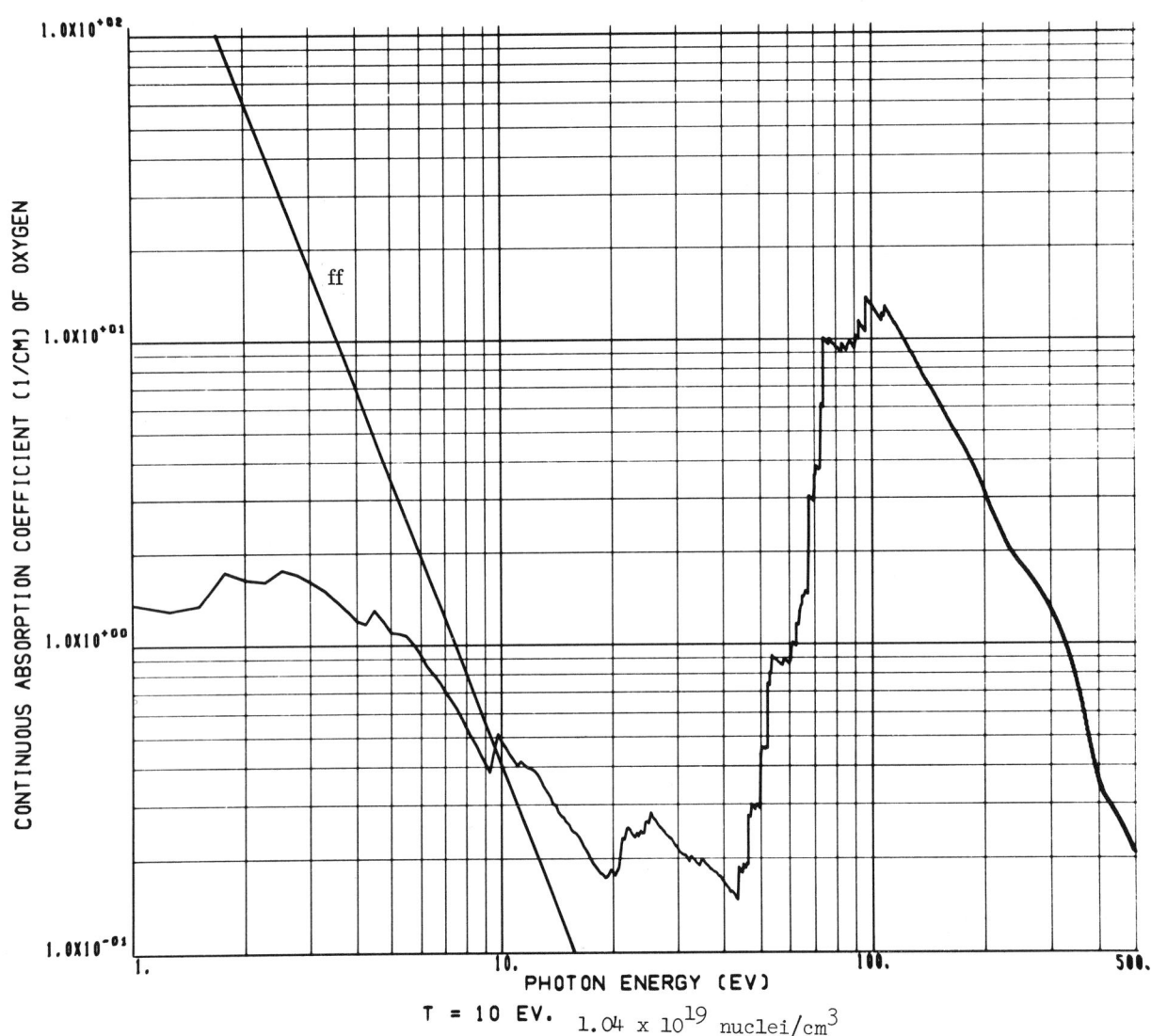

CONTINUOUS ABSORPTION COEFFICIENT (1/CM) OF OXYGEN

PHOTON ENERGY (EV)

T = 10 EV. 1.04×10^{19} nuclei/cm^3

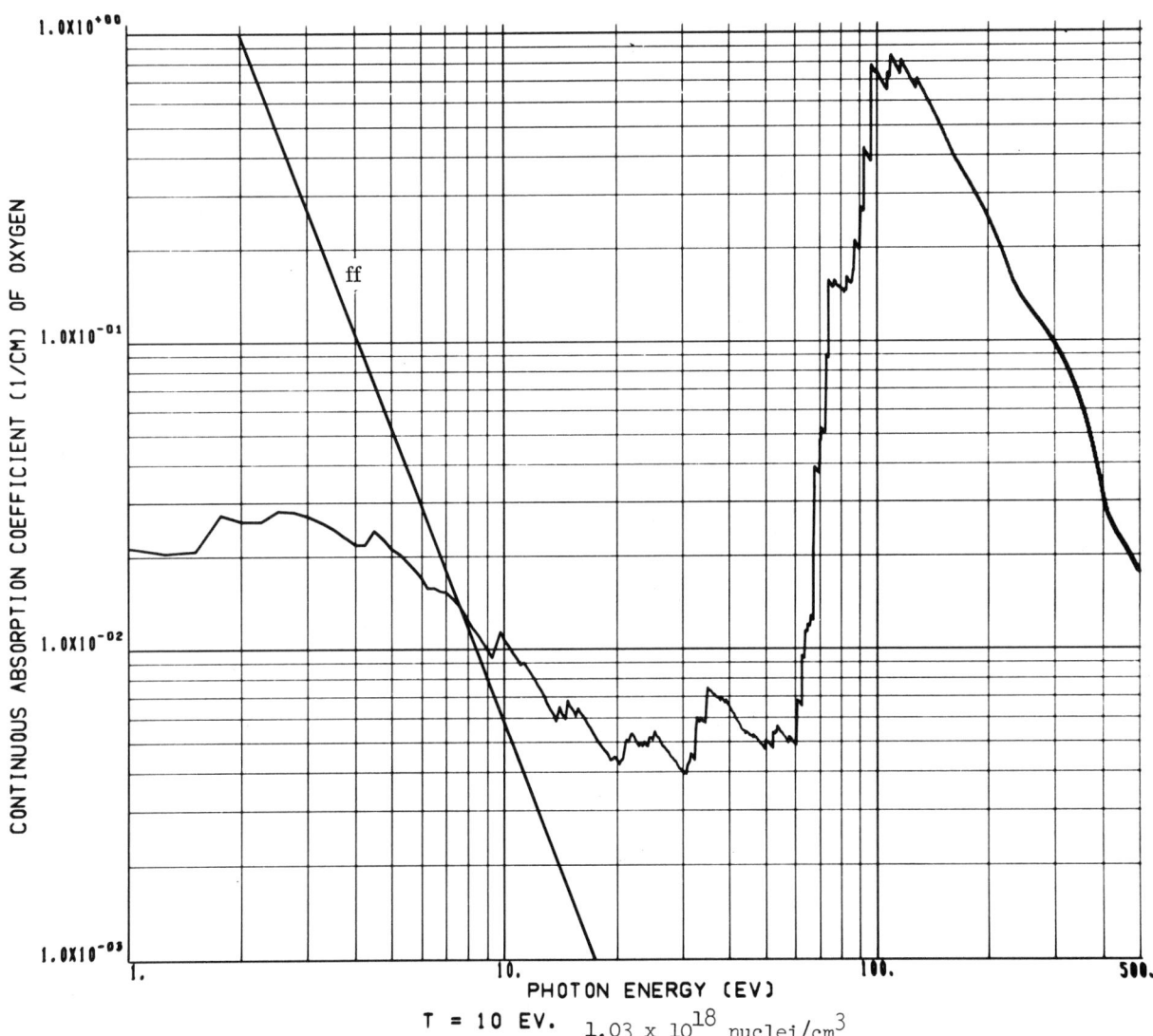

T = 10 EV.   1.03 x 10^{18} nuclei/cm^3

589

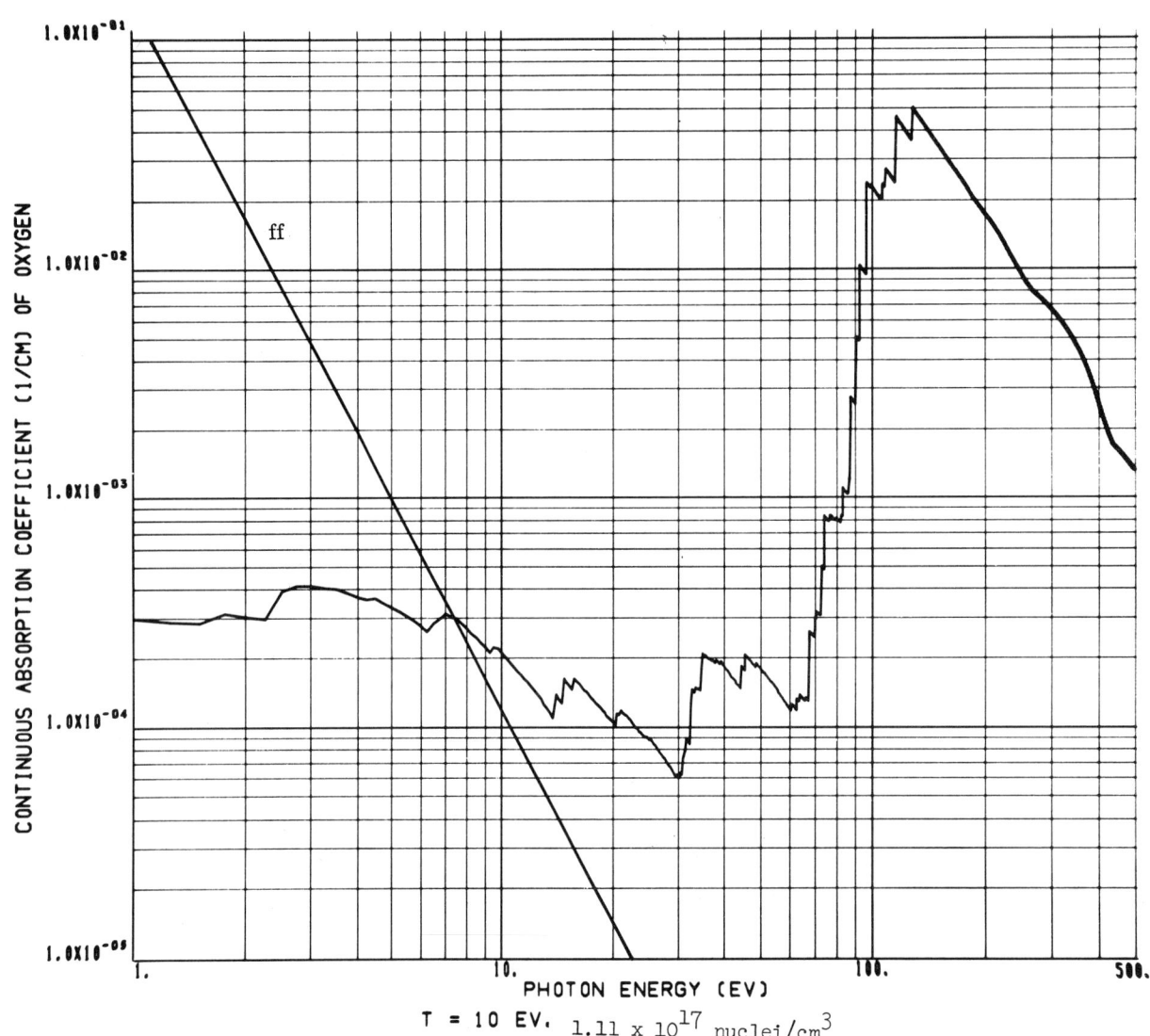

CONTINUOUS ABSORPTION COEFFICIENT (1/CM) OF OXYGEN

PHOTON ENERGY (EV)

ff

T = 10 EV. 1.11 x 10^{17} nuclei/cm^3

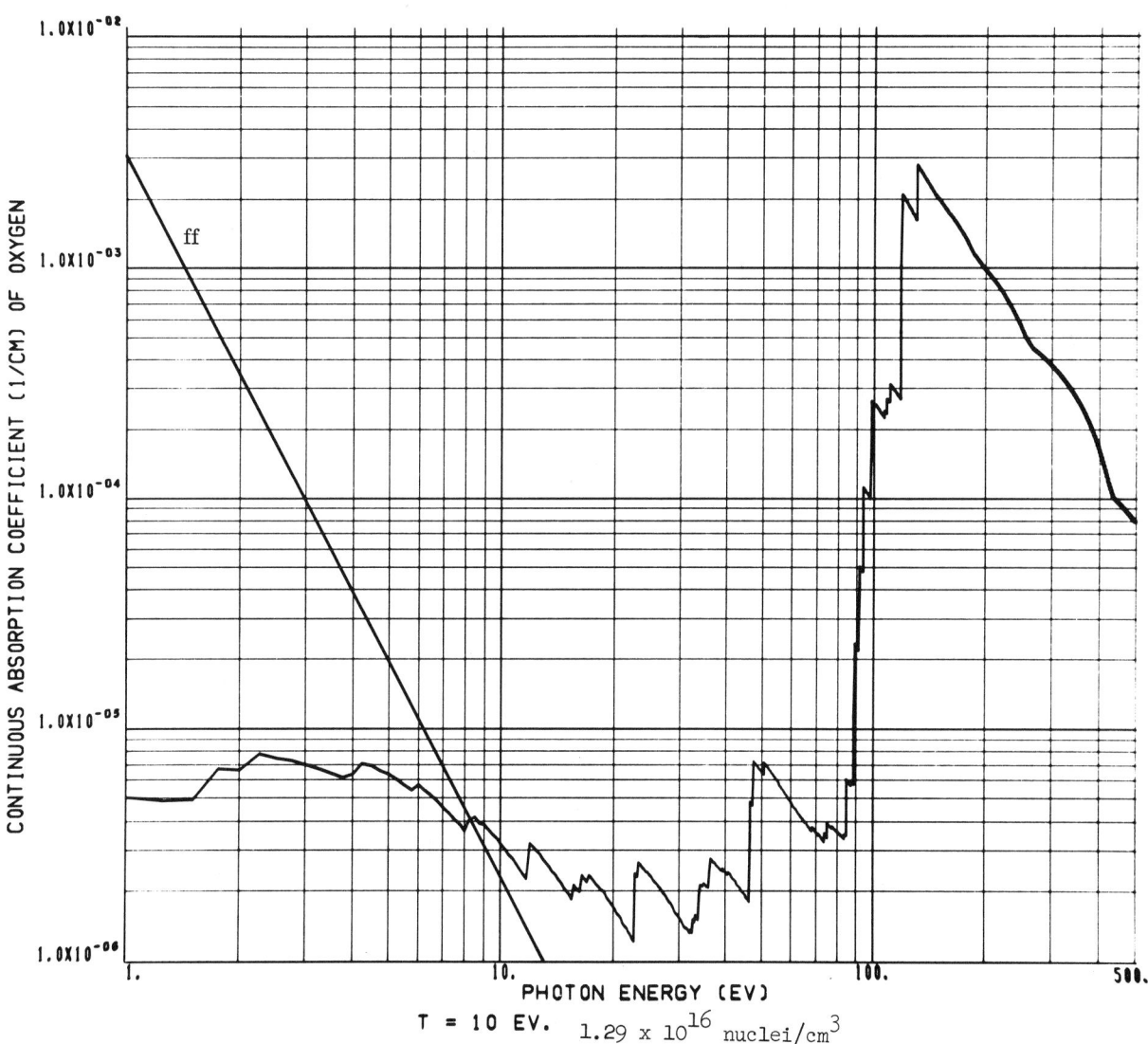

T = 10 EV. 1.29×10^{16} nuclei/cm^3

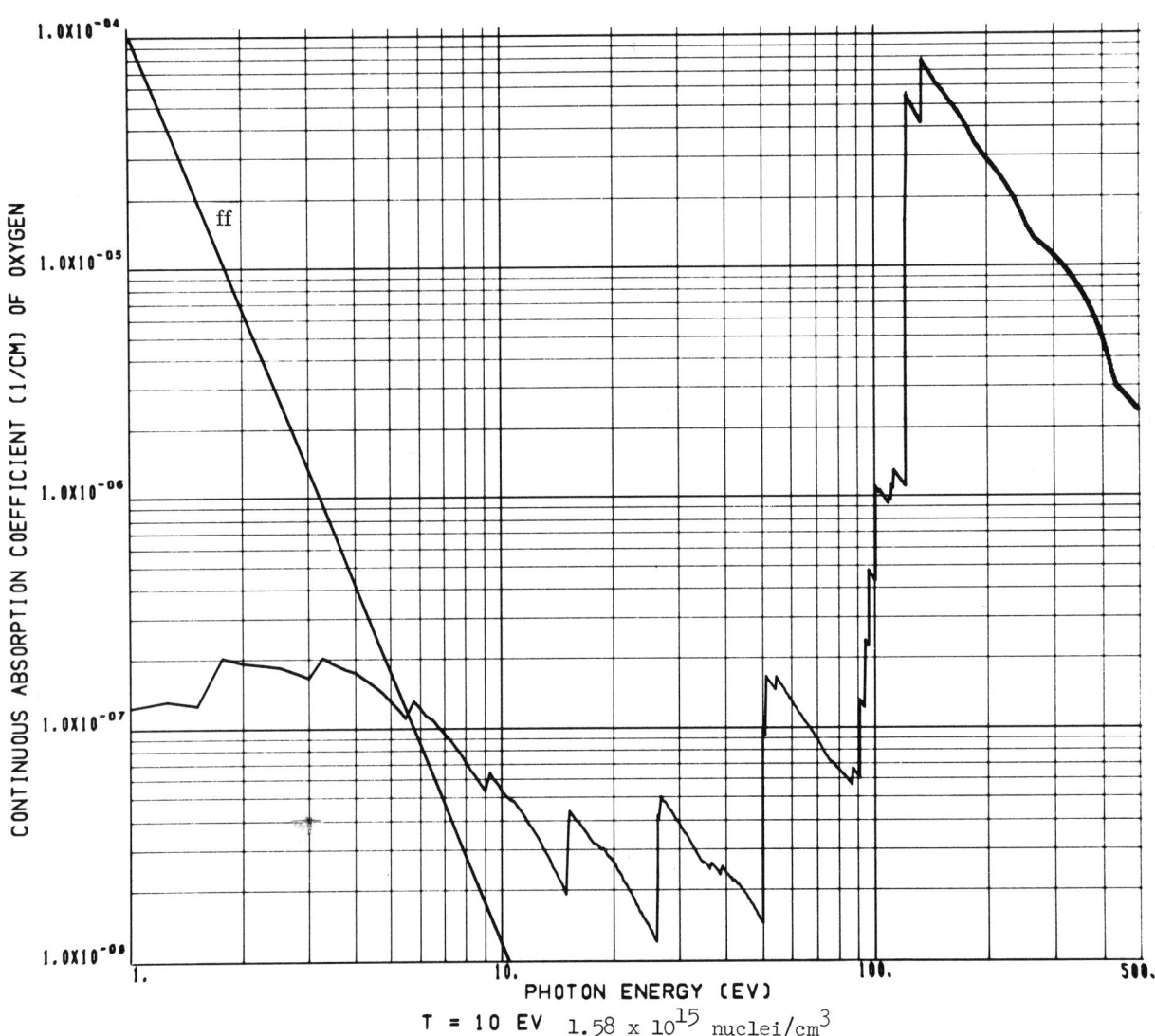

CONTINUOUS ABSORPTION COEFFICIENT (1/CM) OF OXYGEN

PHOTON ENERGY (EV)

T = 10 EV   1.58 x 10^{15} nuclei/cm^3

ff

592

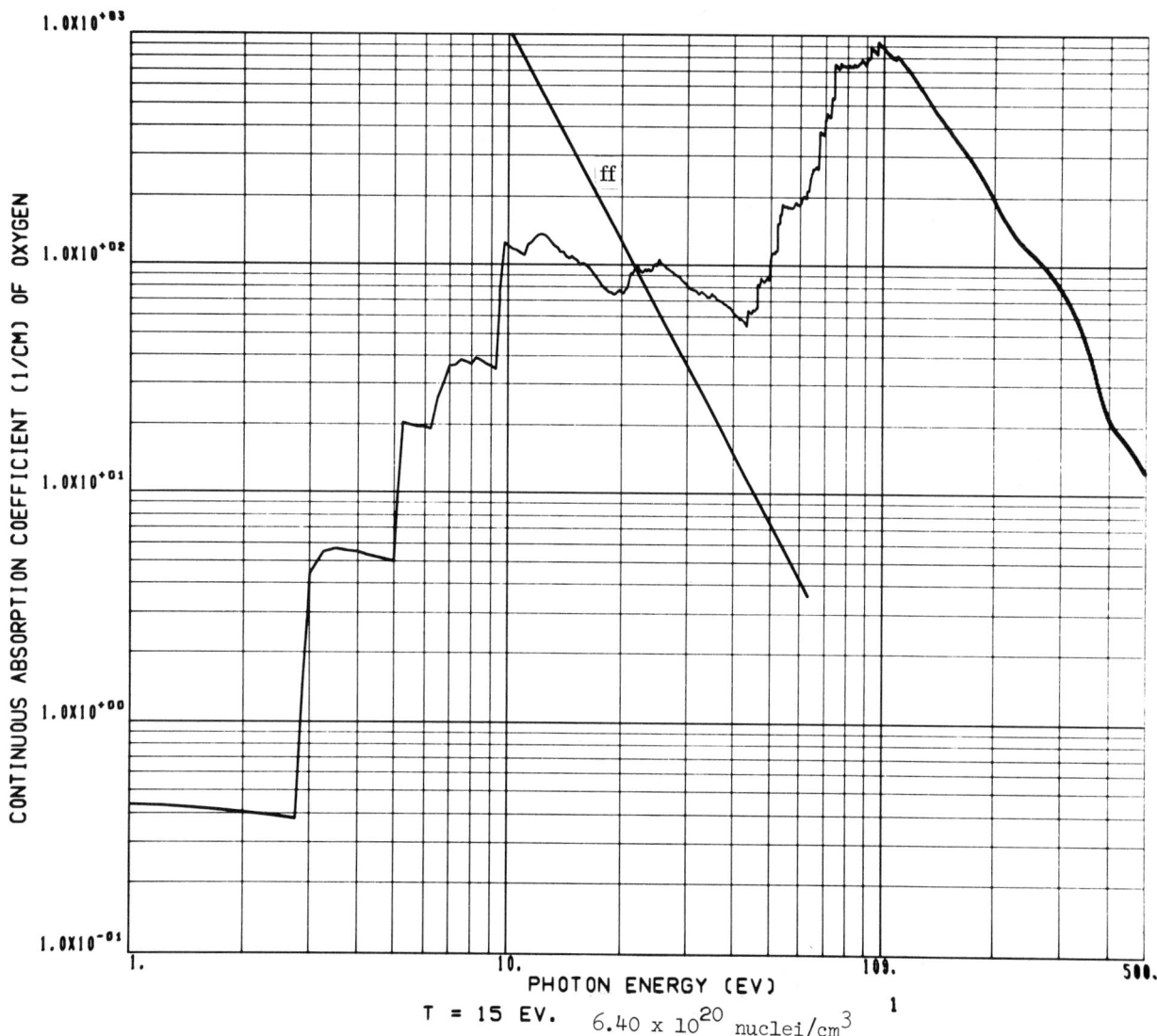

CONTINUOUS ABSORPTION COEFFICIENT (1/CM) OF OXYGEN

PHOTON ENERGY (EV)

ff

T = 15 EV. 6.40×10^{20} nuclei/cm^3

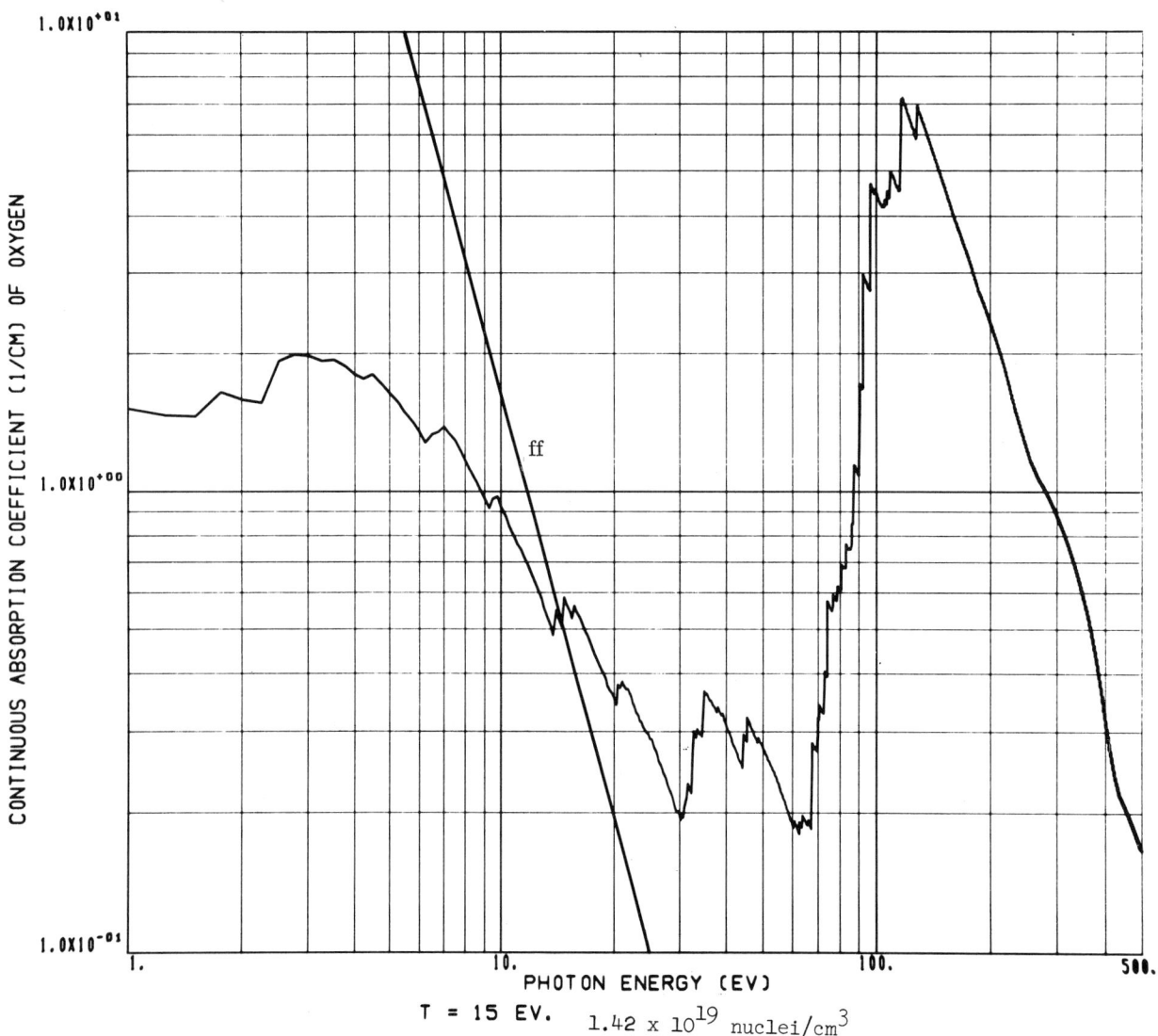

CONTINUOUS ABSORPTION COEFFICIENT (1/CM) OF OXYGEN

PHOTON ENERGY (EV)

ff

T = 15 EV.   1.42 x 10^19 nuclei/cm^3

594

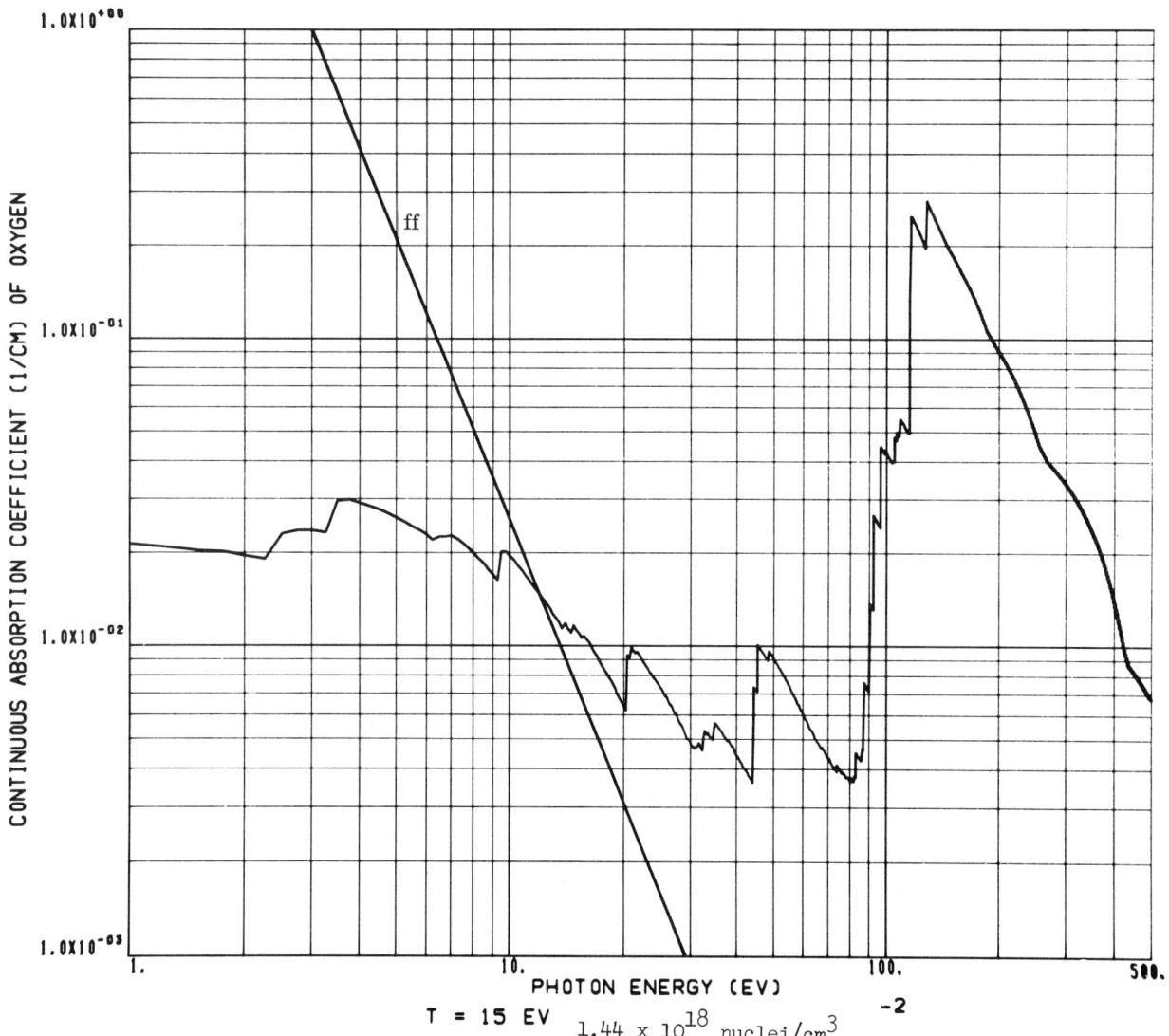

CONTINUOUS ABSORPTION COEFFICIENT (1/CM) OF OXYGEN

PHOTON ENERGY (EV)

T = 15 EV 1.44×10^{18} nuclei/cm^3

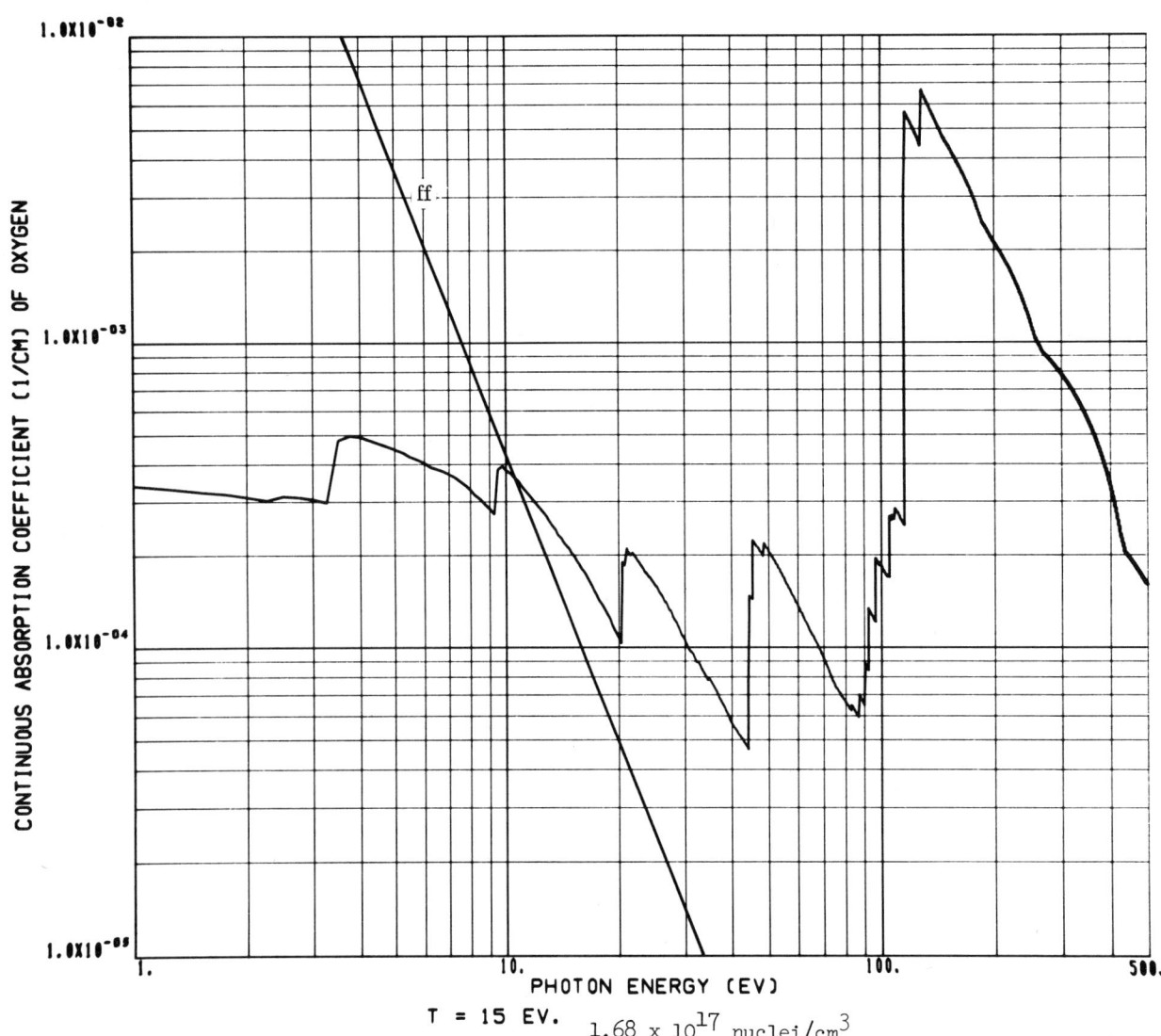

T = 15 EV.   1.68 x 10^{17} nuclei/cm^3

596

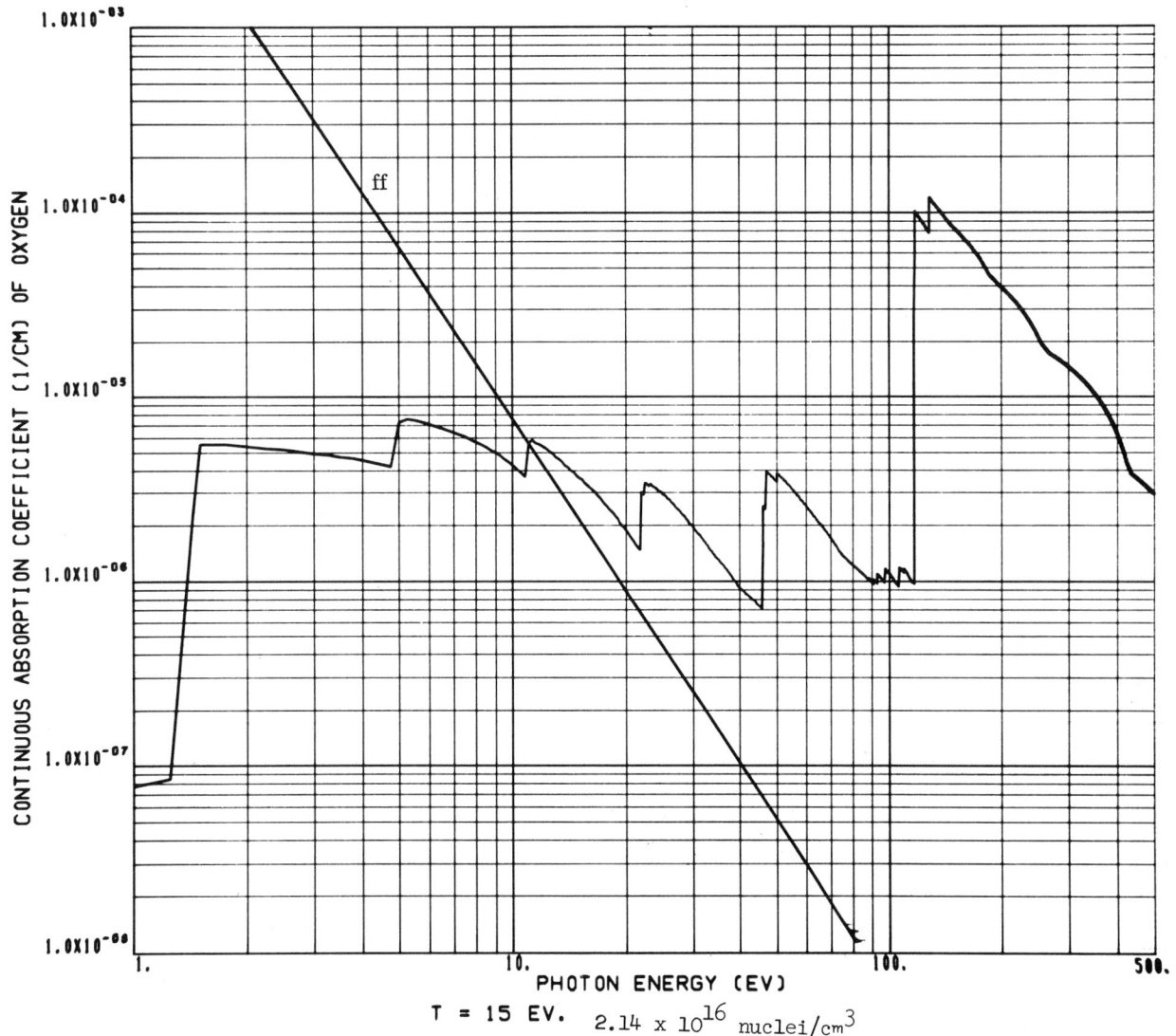

T = 15 EV.   2.14 x 10^{16} nuclei/cm^3

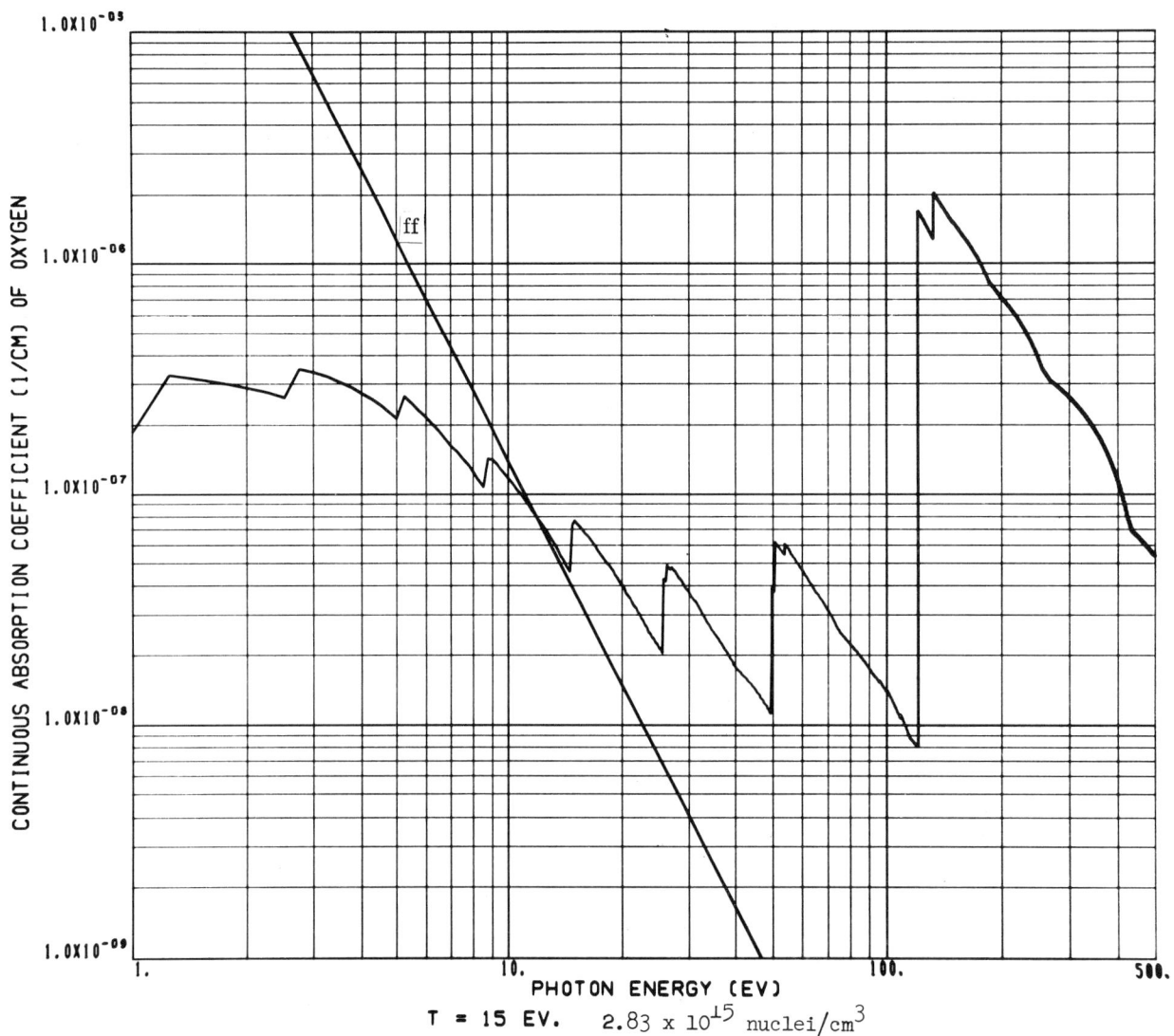

CONTINUOUS ABSORPTION COEFFICIENT (1/CM) OF OXYGEN

PHOTON ENERGY (EV)

T = 15 EV.   2.83 x 10^{15} nuclei/cm^3

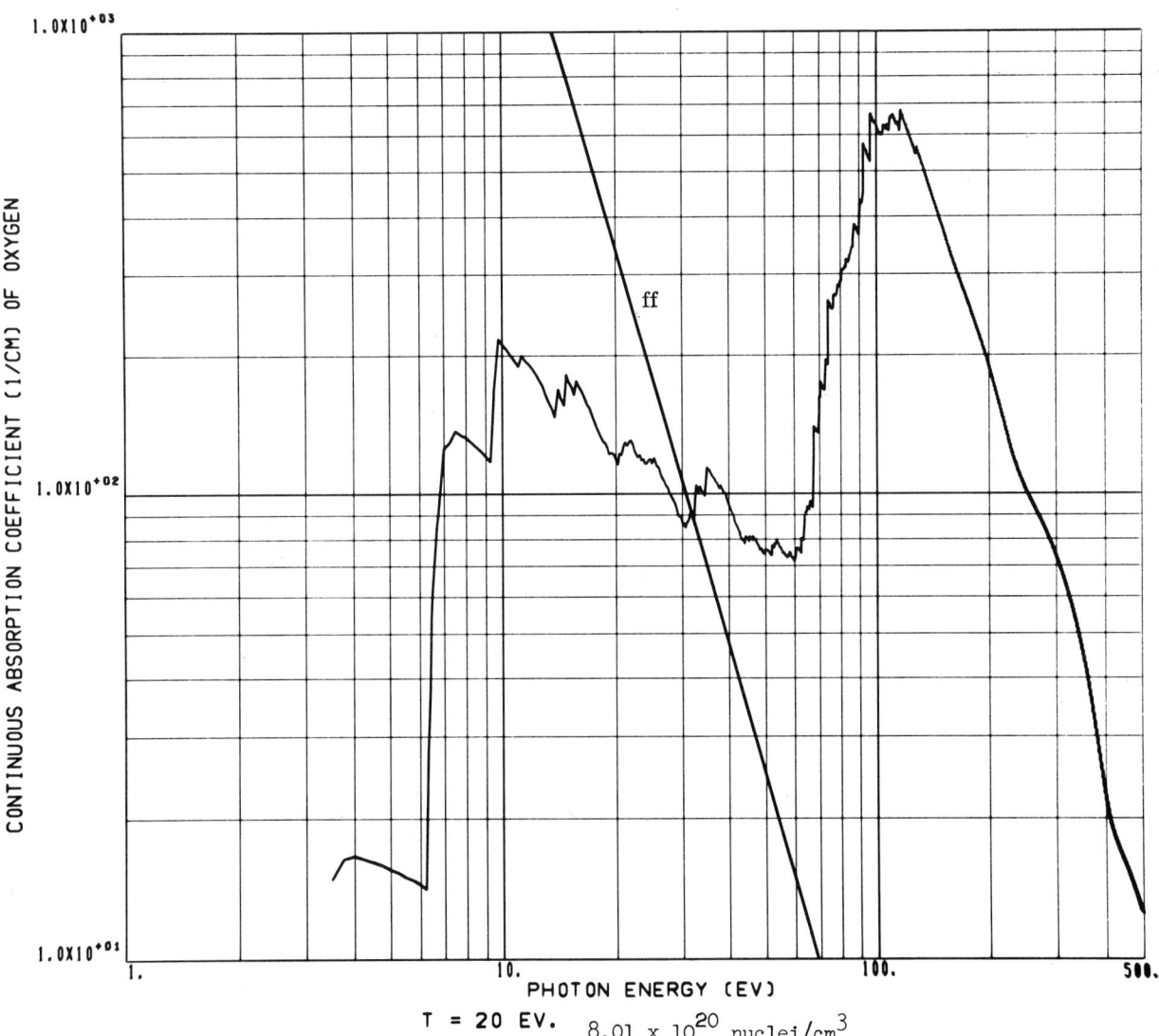

T = 20 EV.   8.01 x 10^{20} nuclei/cm^3

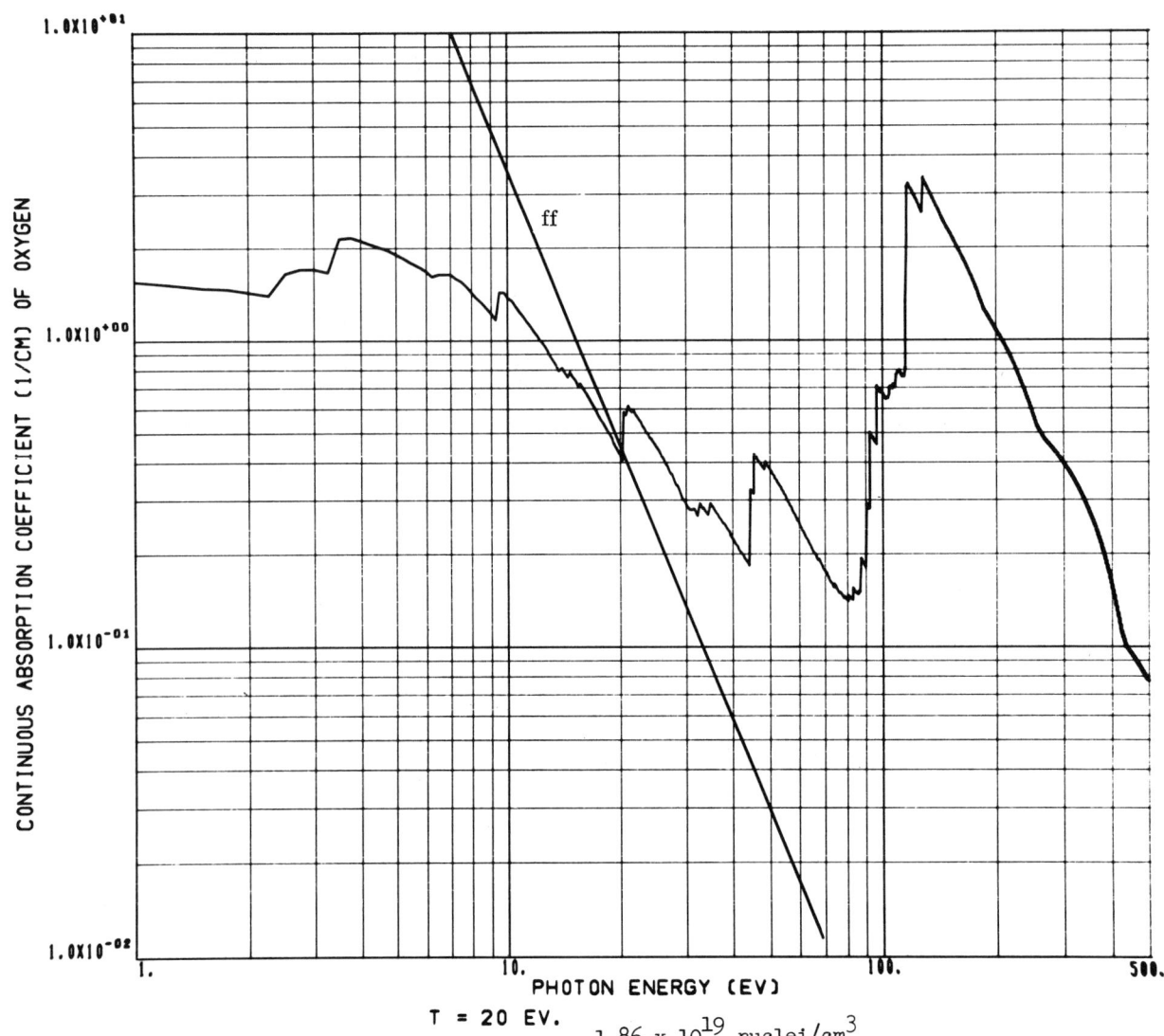

CONTINUOUS ABSORPTION COEFFICIENT (1/CM) OF OXYGEN

PHOTON ENERGY (EV)

T = 20 EV.

1.86×10^{19} nuclei/cm^3

ff

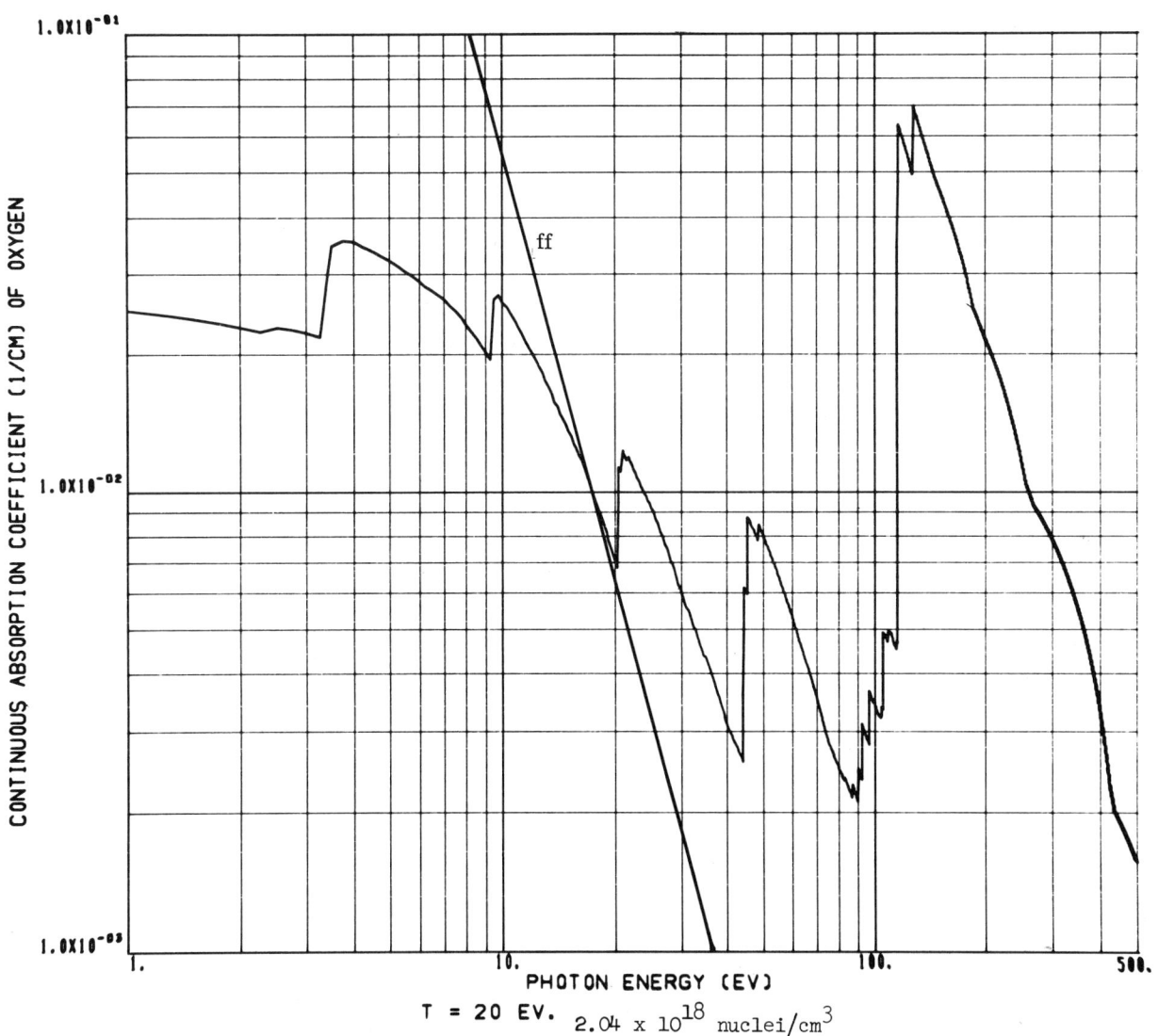

CONTINUOUS ABSORPTION COEFFICIENT (1/CM) OF OXYGEN

PHOTON ENERGY (EV)

T = 20 EV. 2.04 x 10^{18} nuclei/cm^3

ff

601

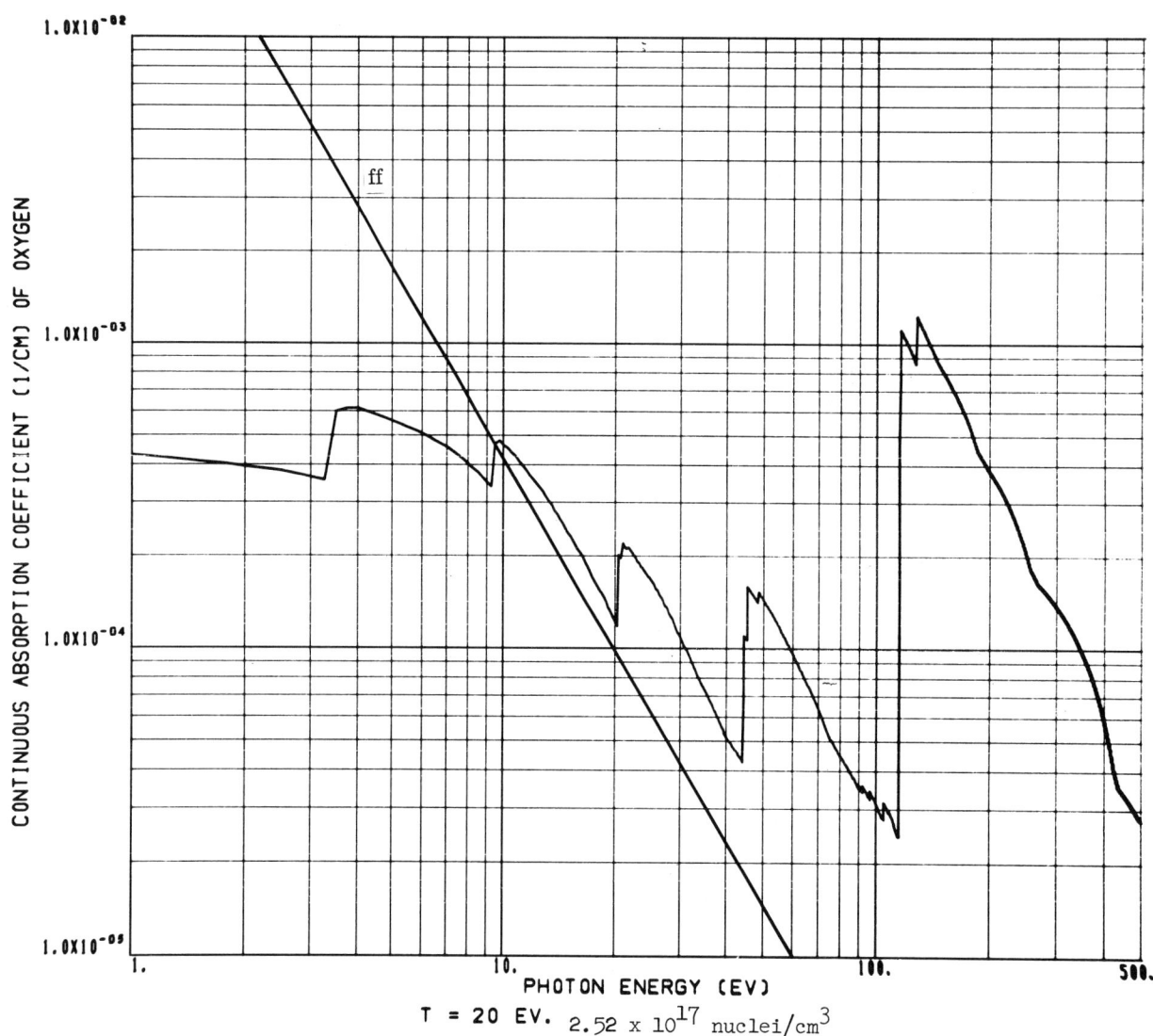

T = 20 EV. 2.52 x 10^{17} nuclei/cm^3

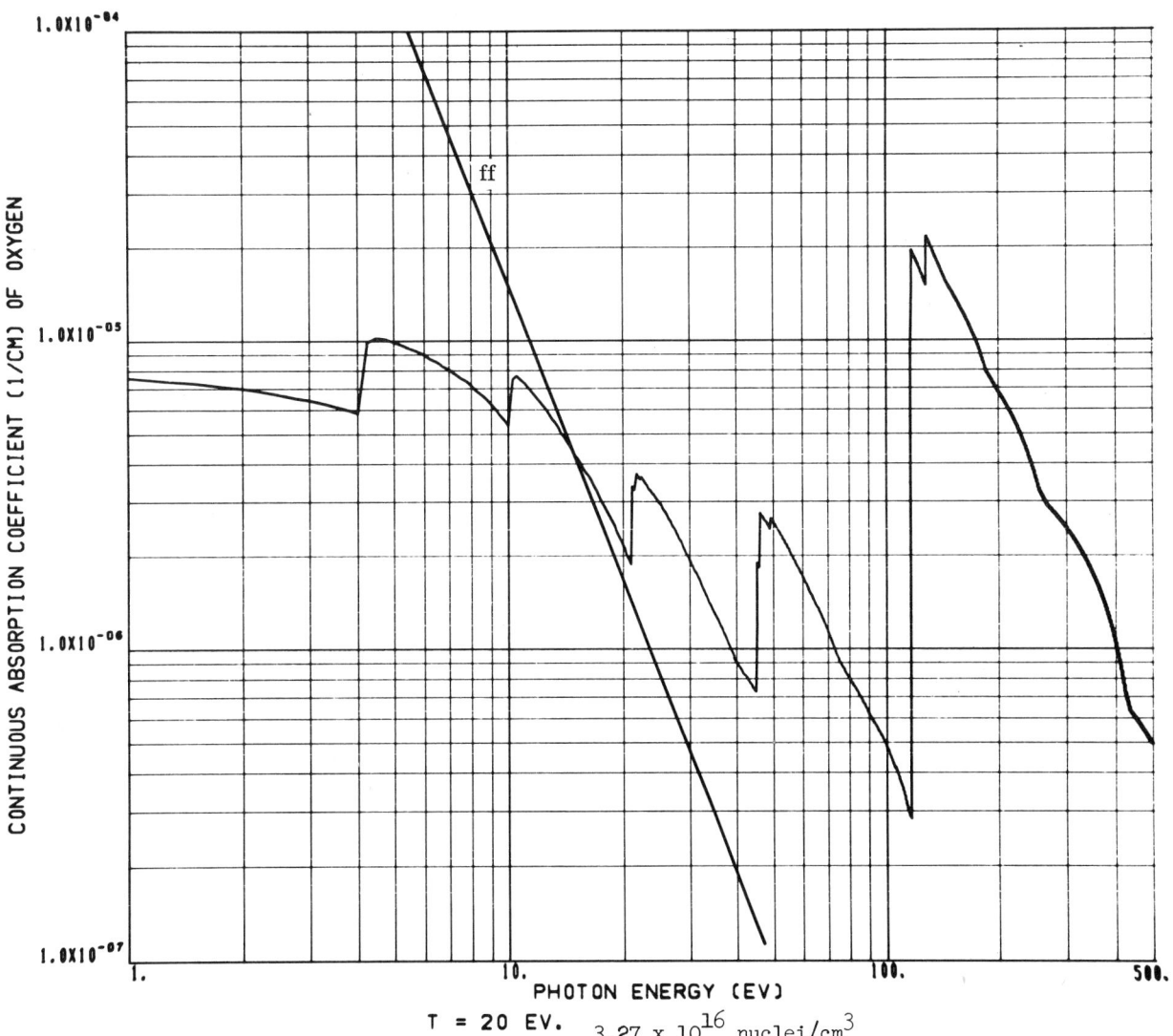

$$T = 20 \text{ EV.} \quad 3.27 \times 10^{16} \text{ nuclei/cm}^3$$

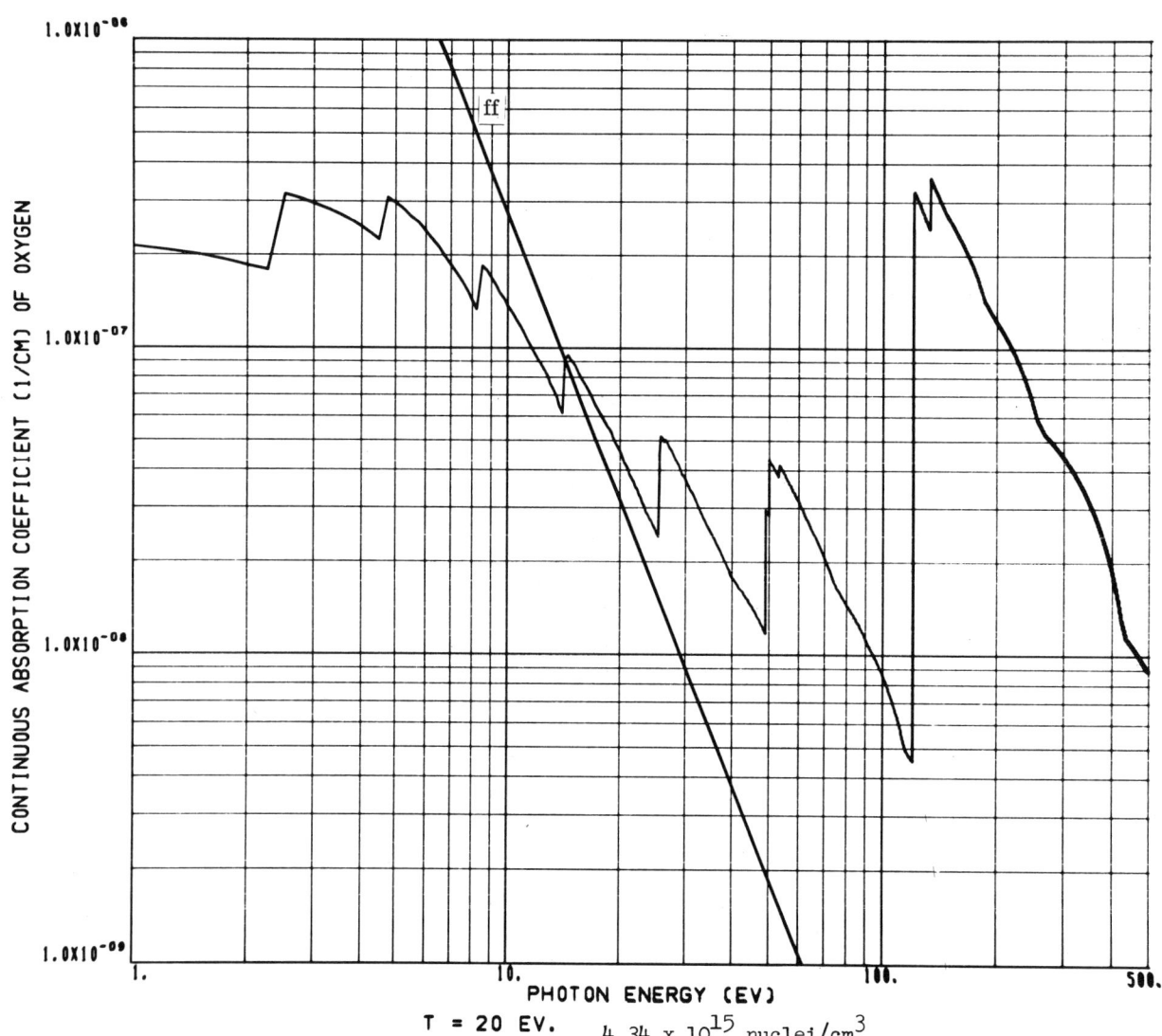

T = 20 EV.   4.34 x 10^{15} nuclei/cm^3

604

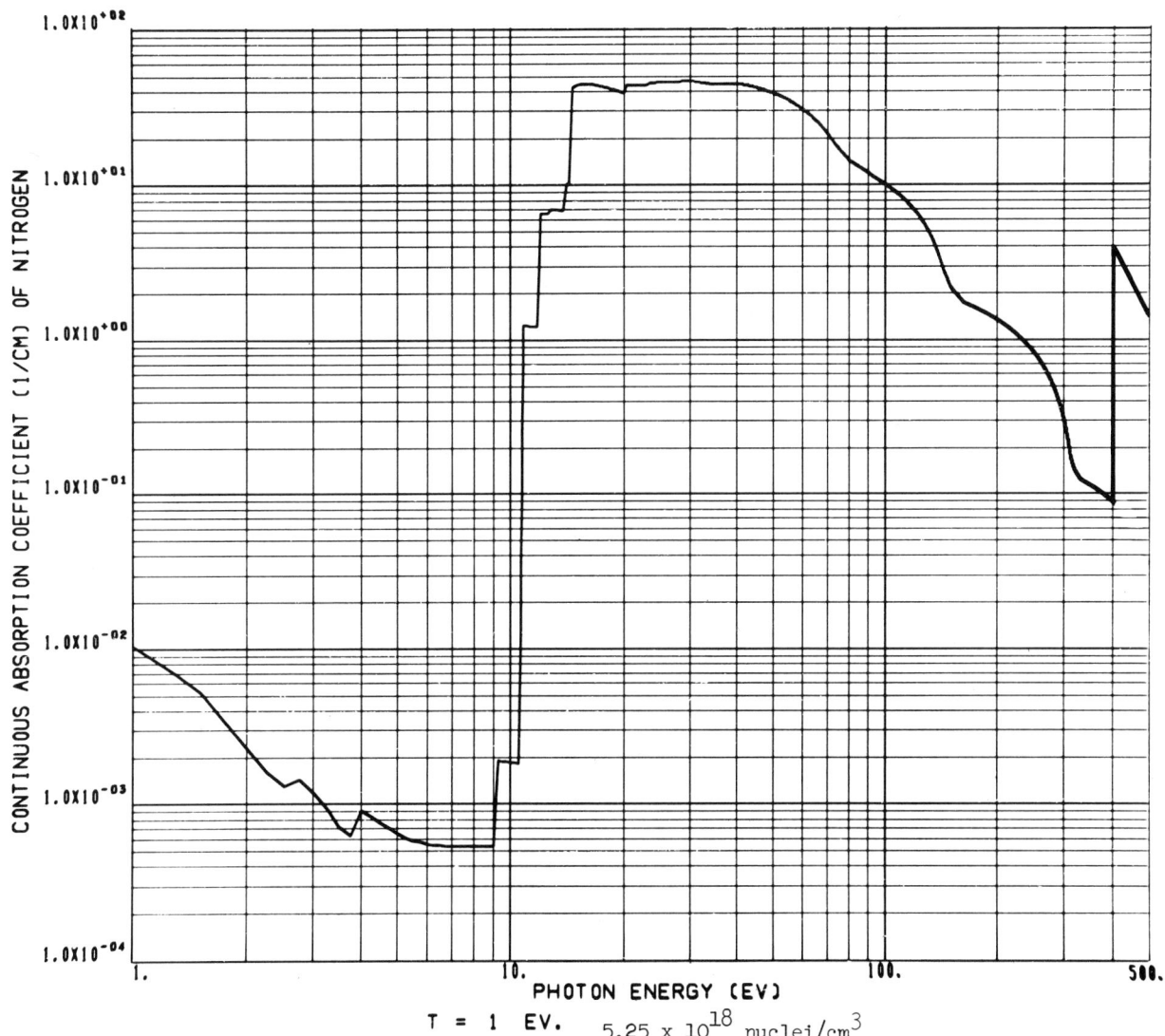

CONTINUOUS ABSORPTION COEFFICIENT (1/CM) OF NITROGEN

PHOTON ENERGY (EV)

T = 1 EV.   5.25 x 10^{18} nuclei/cm^3

605

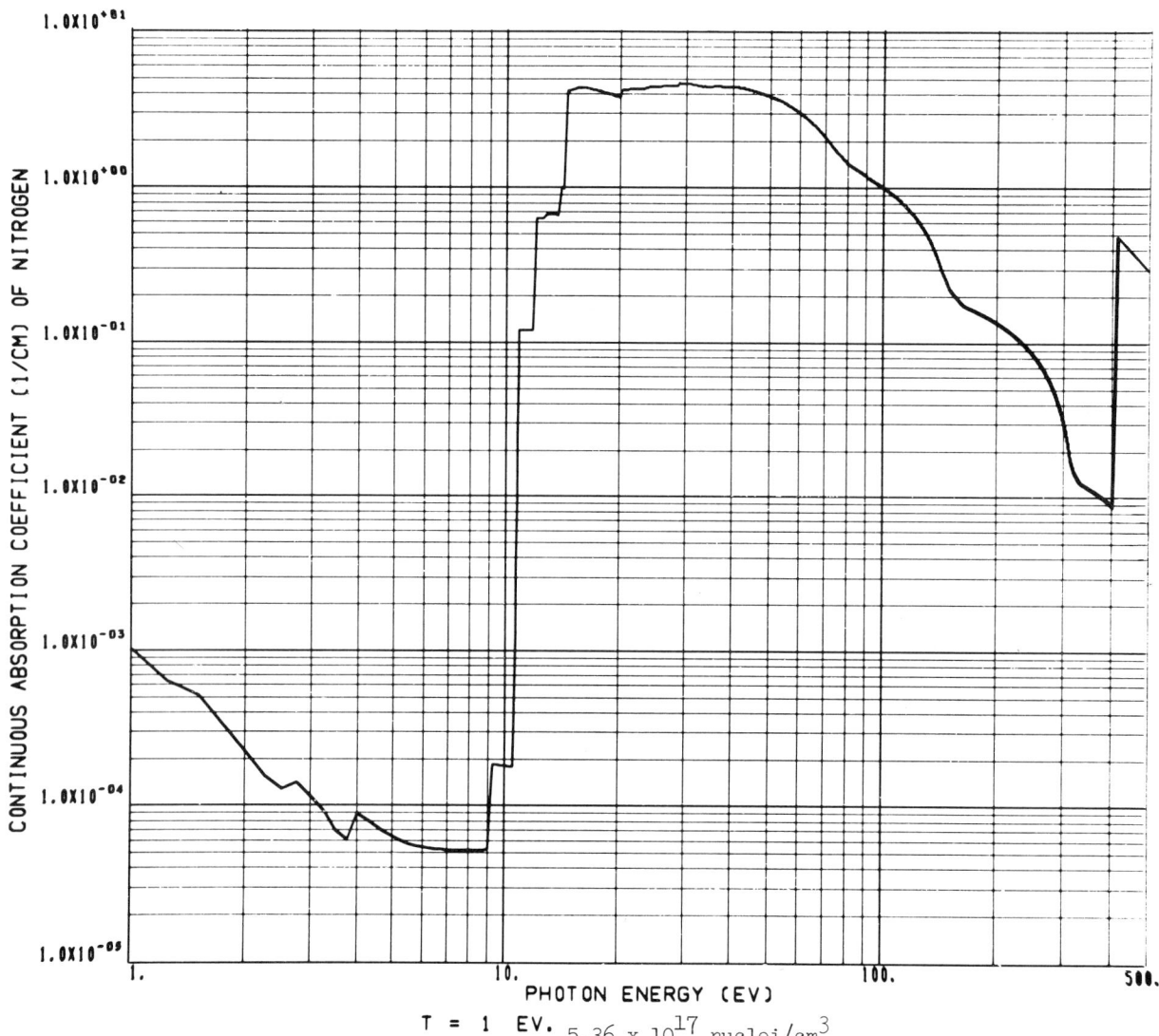

CONTINUOUS ABSORPTION COEFFICIENT (1/CM) OF NITROGEN

PHOTON ENERGY (EV)

T = 1 EV. 5.36 x 10^{17} nuclei/cm^3

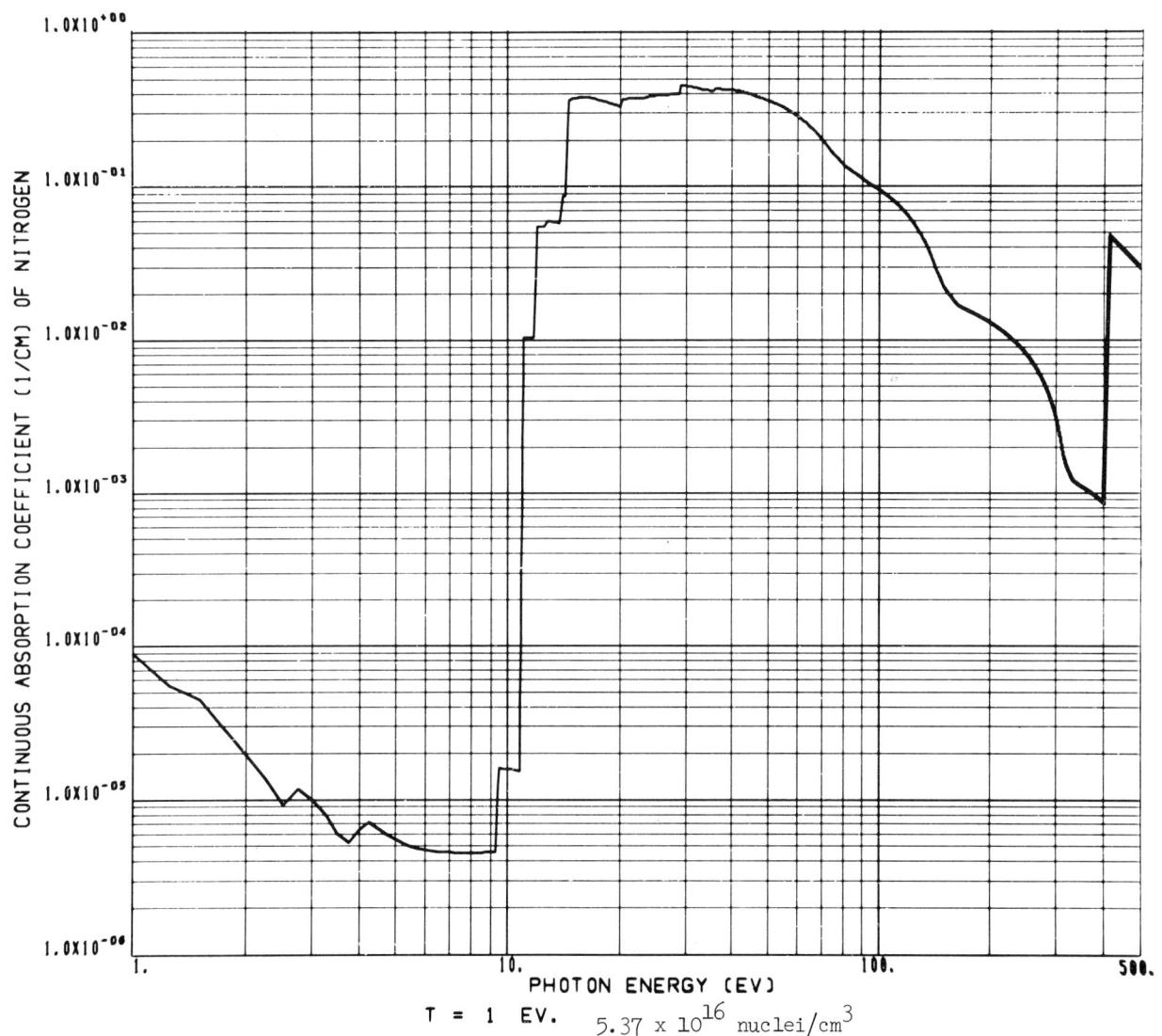

T = 1 EV.   5.37 x 10^{16} nuclei/cm^3

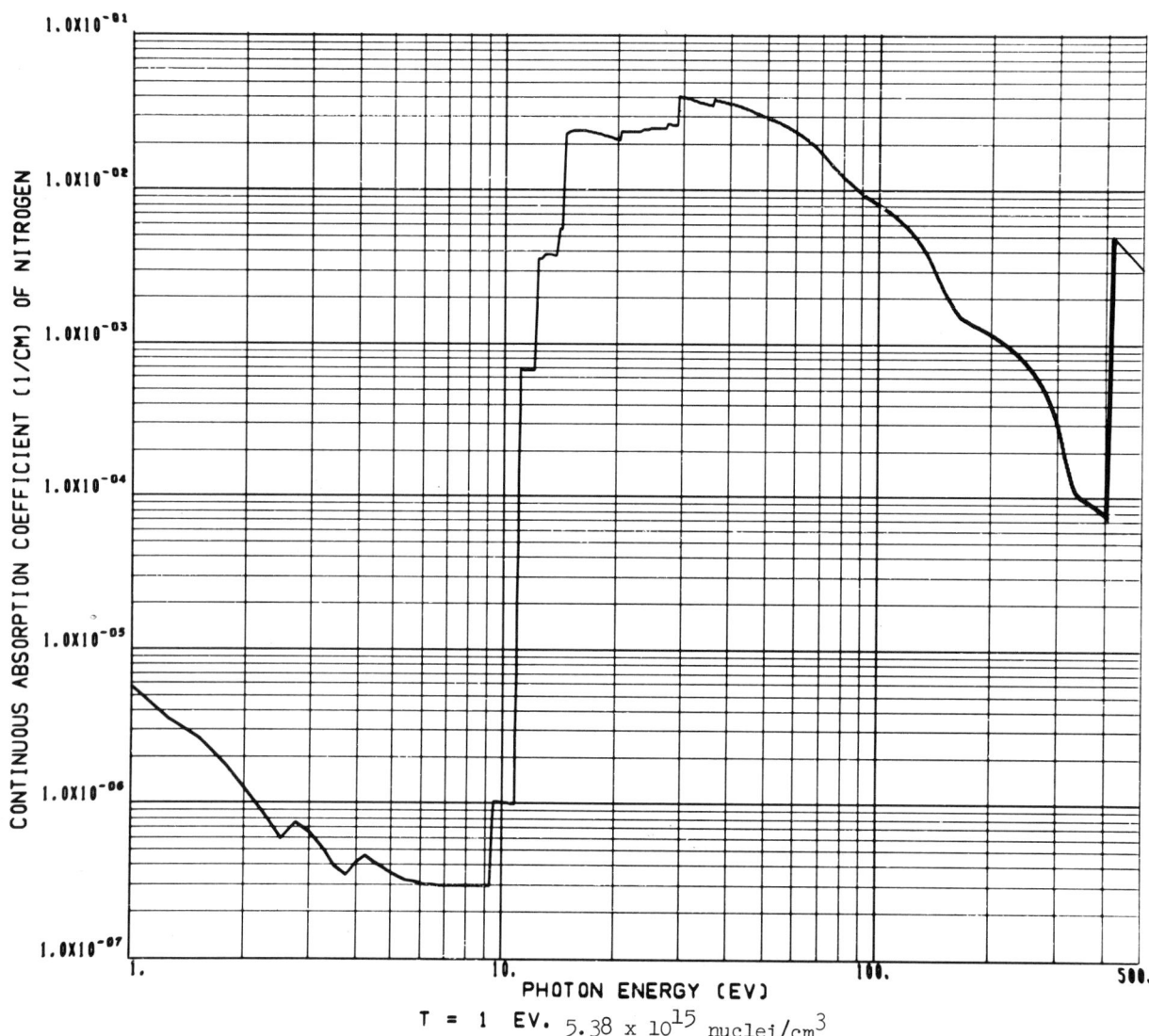

CONTINUOUS ABSORPTION COEFFICIENT (1/CM) OF NITROGEN

PHOTON ENERGY (EV)

$T = 1$ EV. 5.38×10^{15} nuclei/cm^3

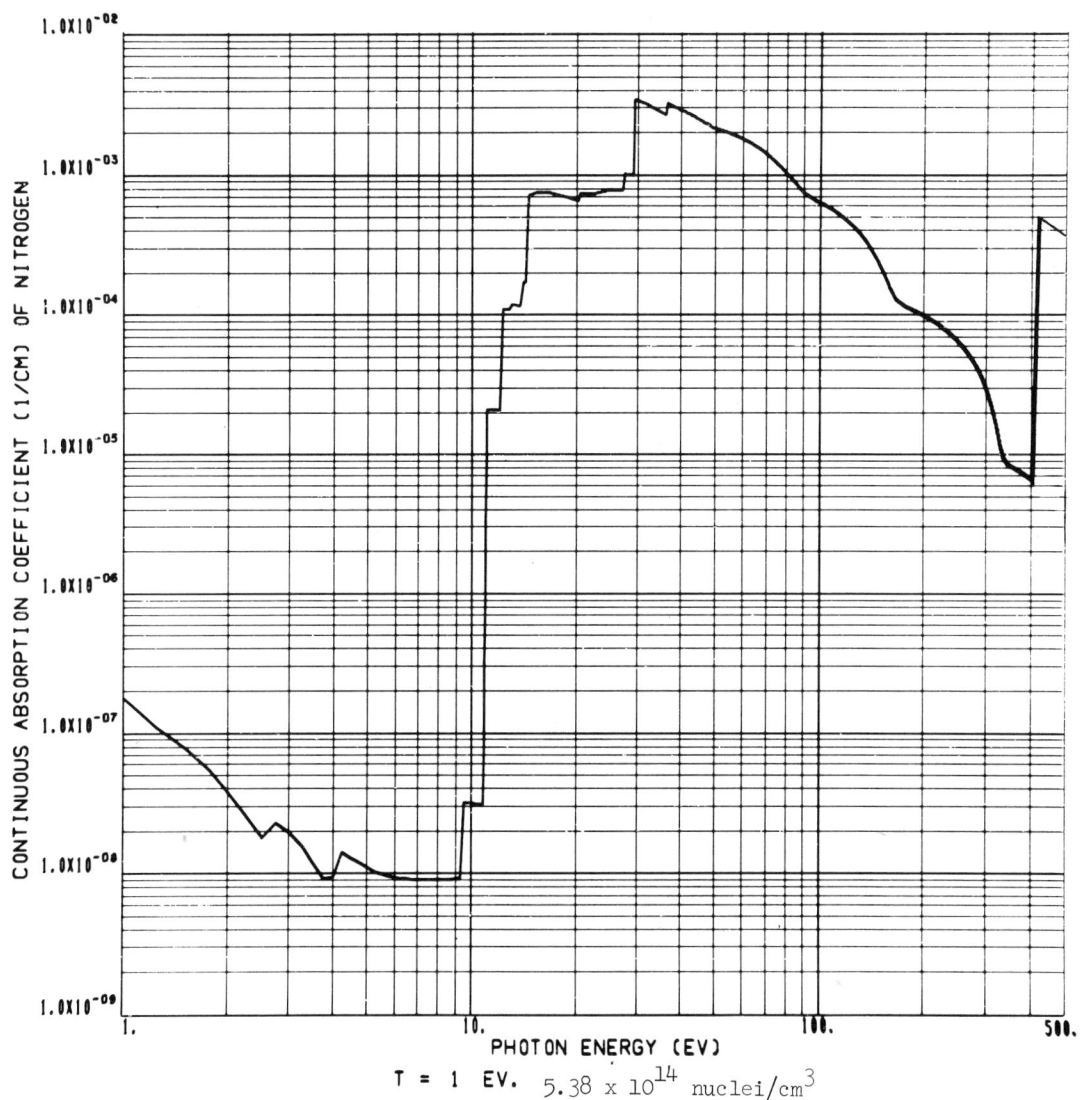

CONTINUOUS ABSORPTION COEFFICIENT (1/CM) OF NITROGEN

PHOTON ENERGY (EV)

T = 1 EV. 5.38×10^{14} nuclei/cm^3

609

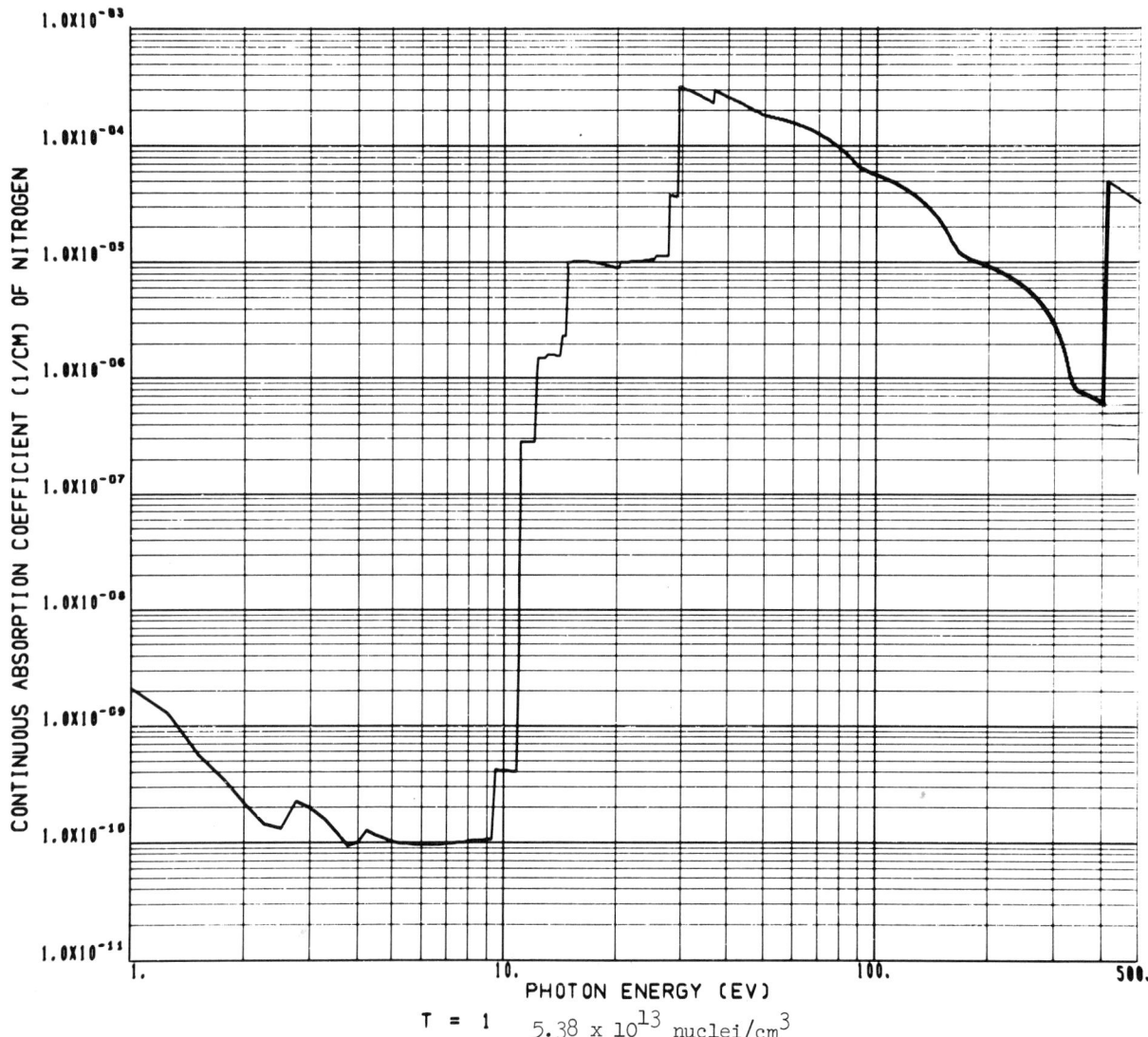

T = 1   5.38 x 10^13 nuclei/cm^3

610

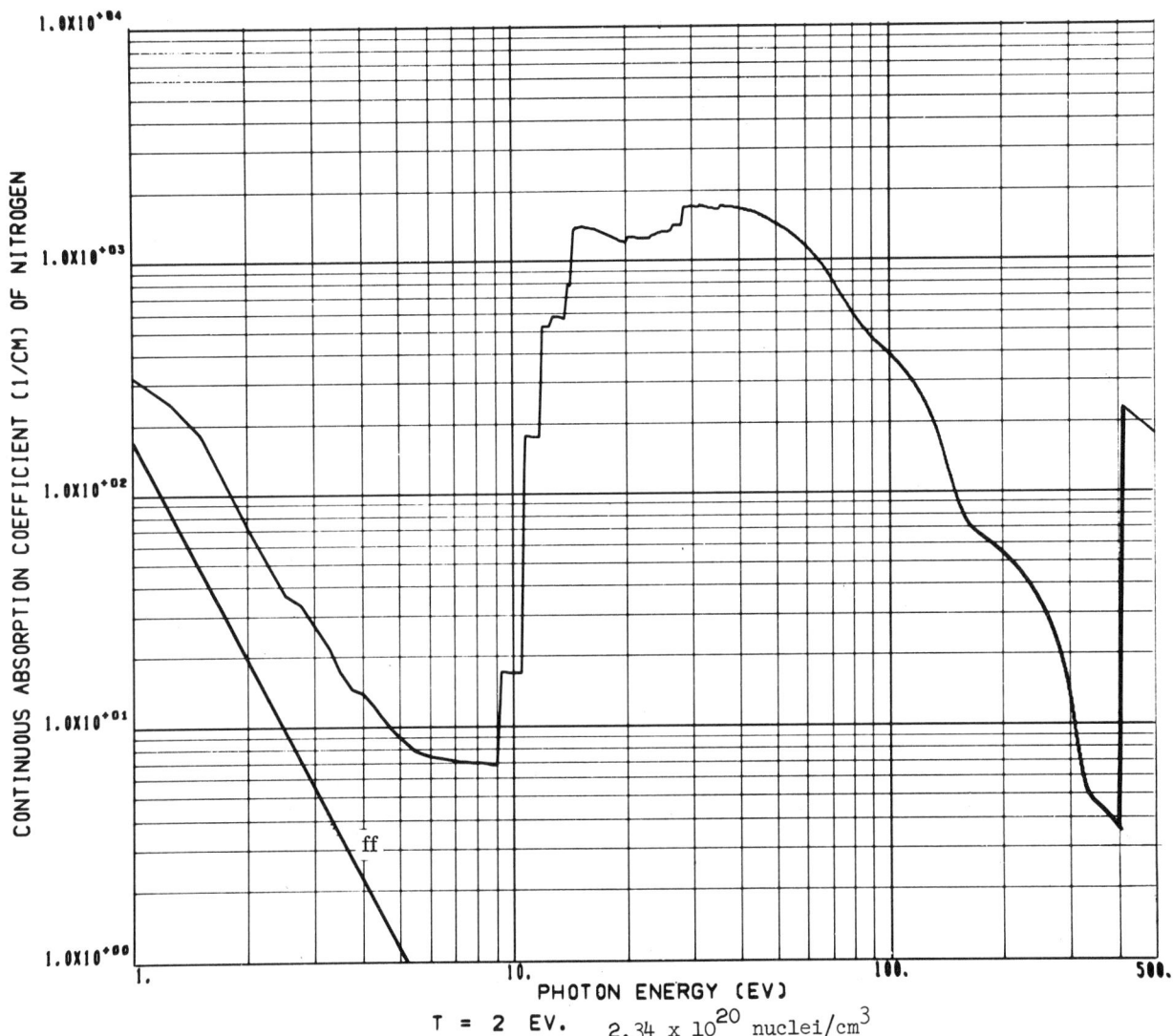

CONTINUOUS ABSORPTION COEFFICIENT (1/CM) OF NITROGEN

PHOTON ENERGY (EV)

T = 2 EV.   2.34 x 10^{20} nuclei/cm^3

ff

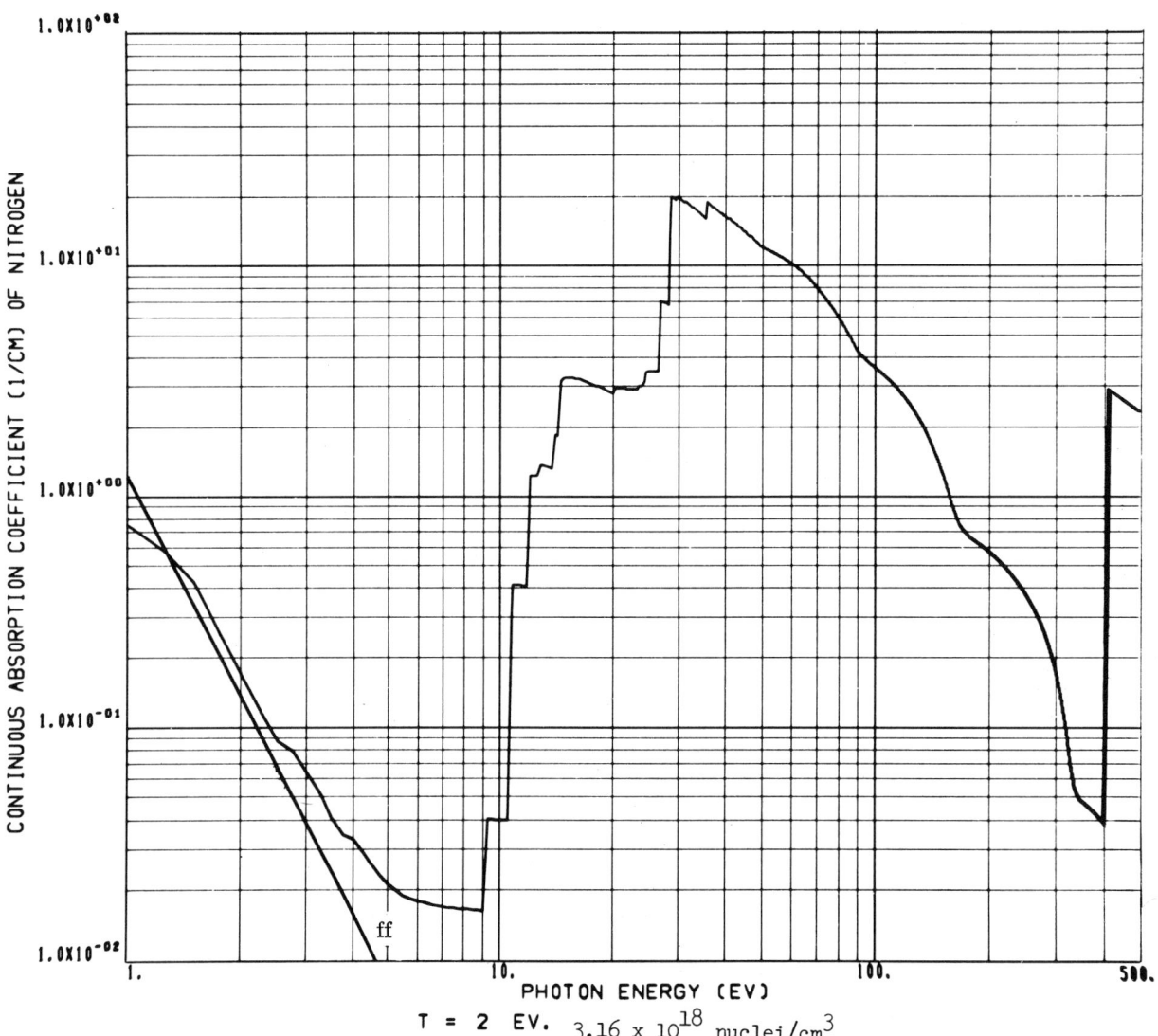

CONTINUOUS ABSORPTION COEFFICIENT (1/CM) OF NITROGEN

PHOTON ENERGY (EV)

T = 2 EV. 3.16×10^{18} nuclei/cm^3

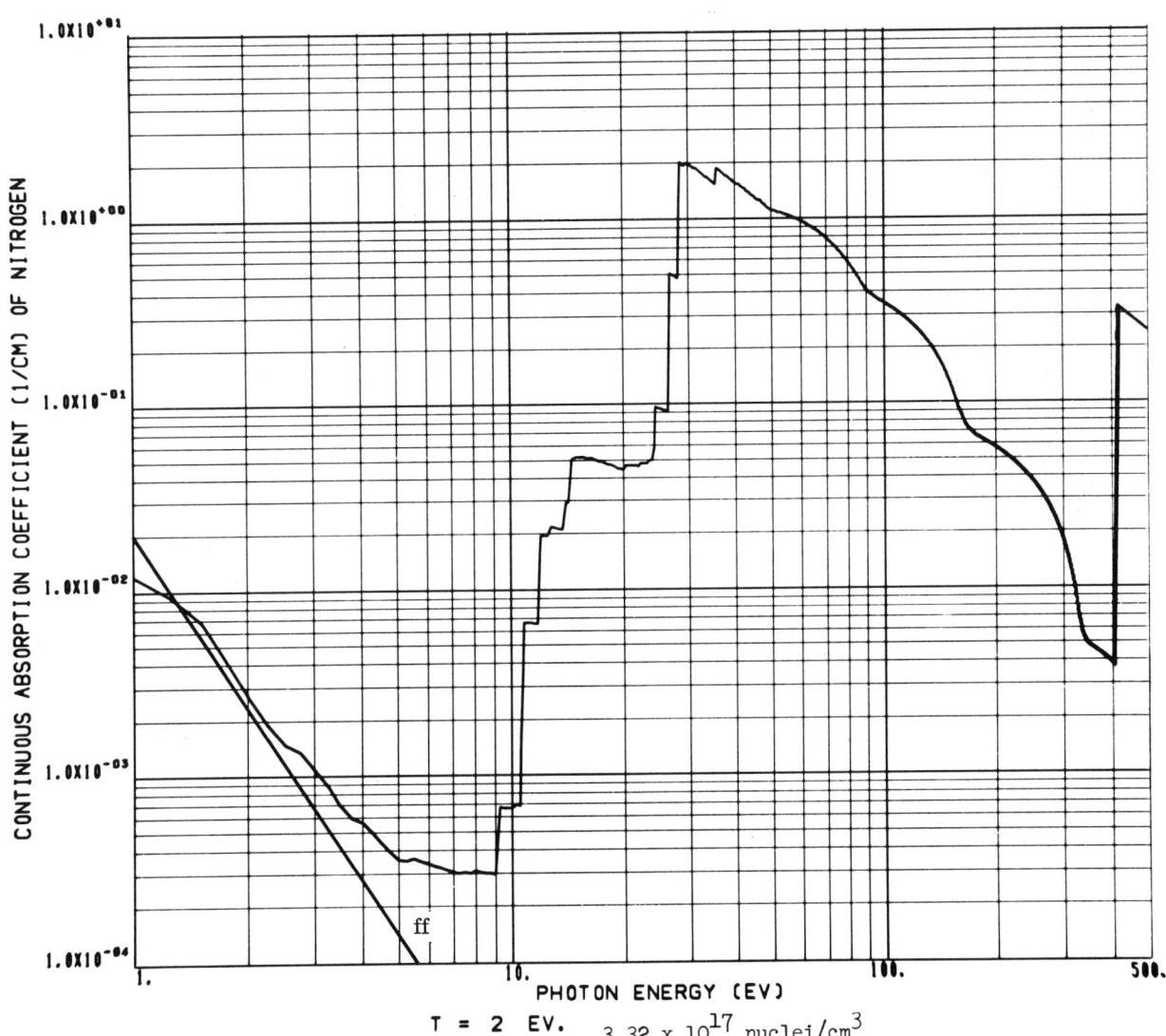

$T = 2$ EV. 3.32×10^{17} nuclei/cm^3

613

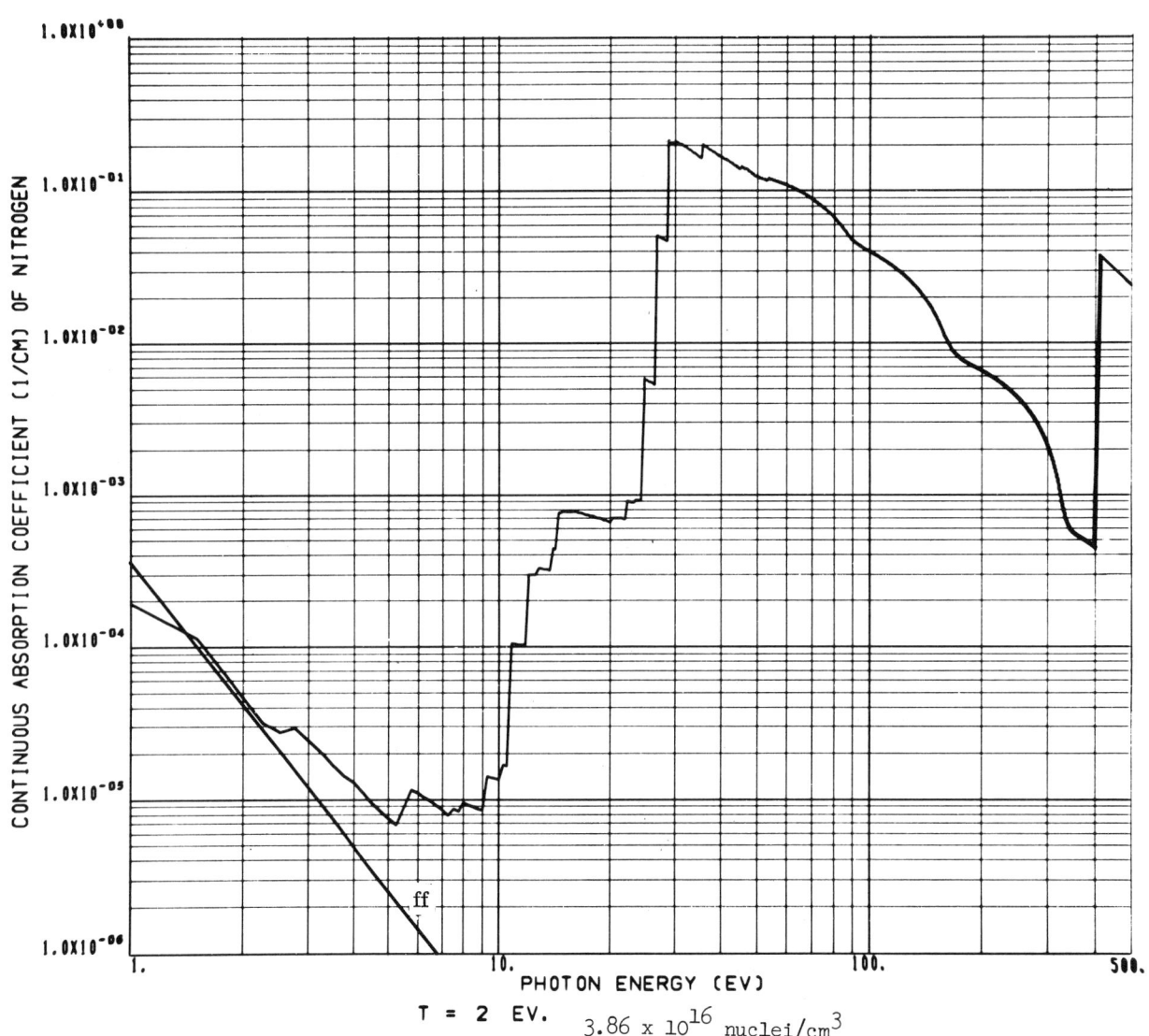

CONTINUOUS ABSORPTION COEFFICIENT (1/CM) OF NITROGEN

PHOTON ENERGY (EV)

T = 2 EV.   3.86 x 10^{16} nuclei/cm^3

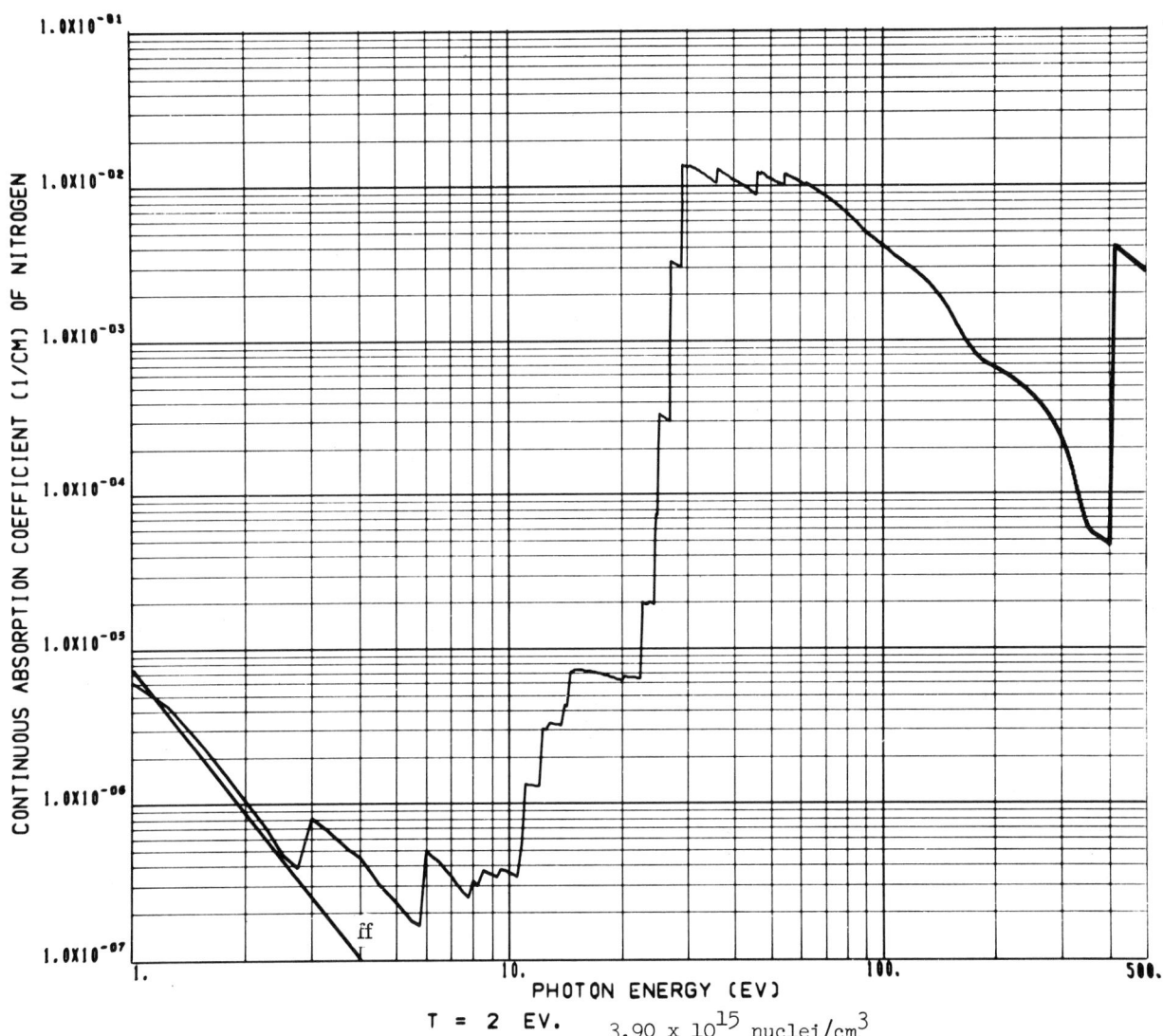

T = 2 EV.   3.90 x 10^{15} nuclei/cm^3

615

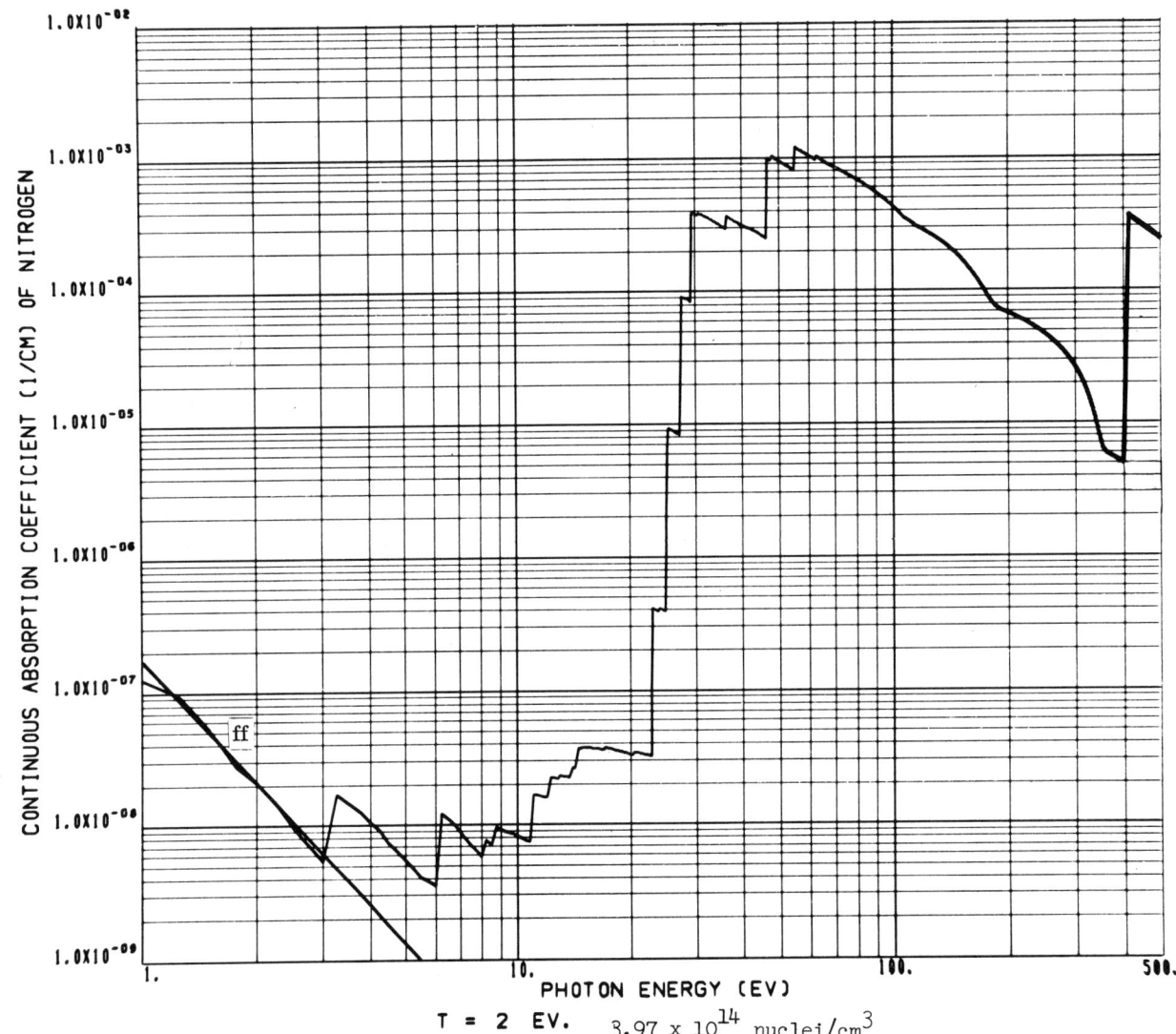

CONTINUOUS ABSORPTION COEFFICIENT (1/CM) OF NITROGEN

PHOTON ENERGY (EV)

T = 2 EV.   3.97 x 10^{14} nuclei/cm^3

616

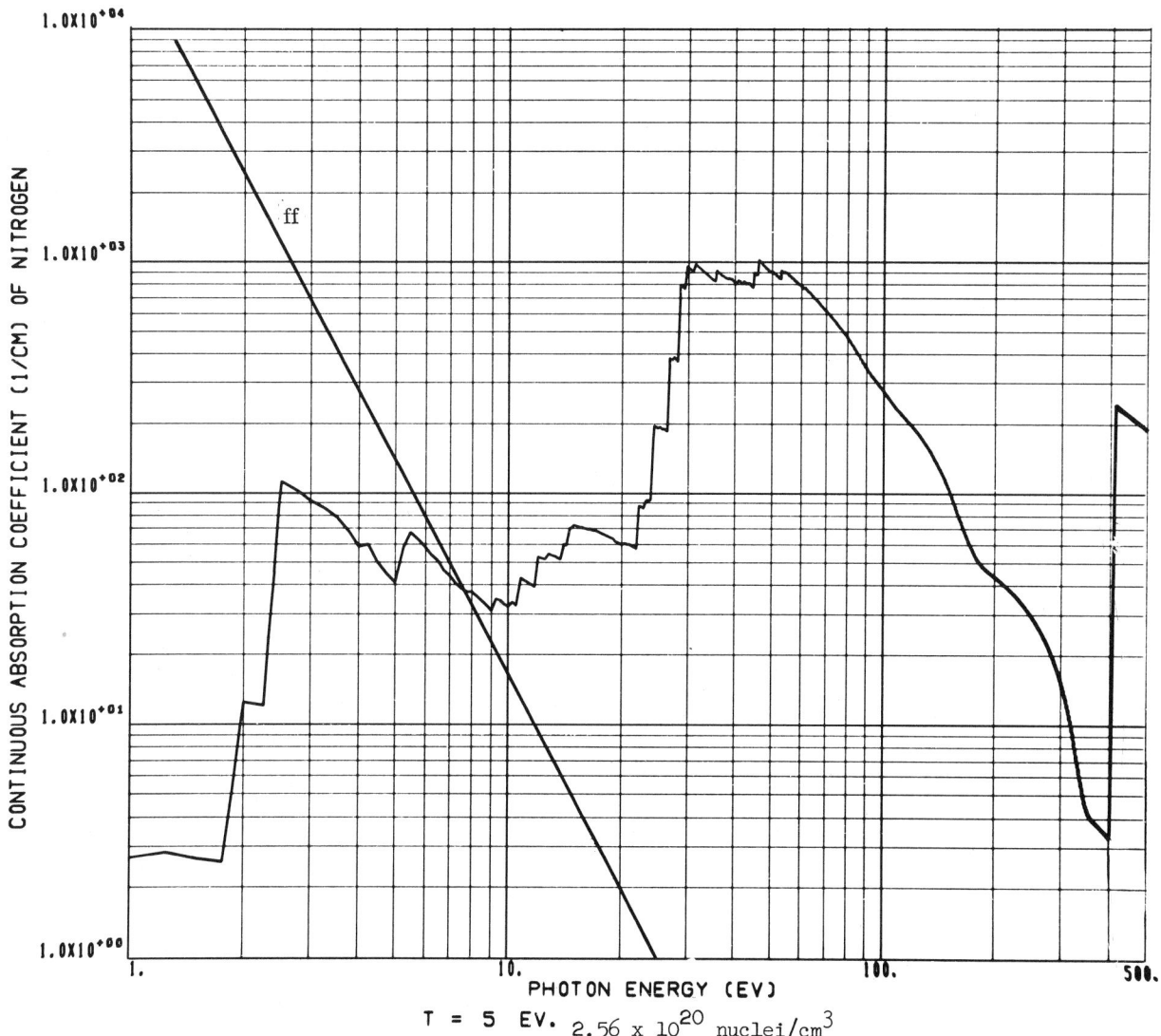

T = 5 EV. 2.56 x 10^{20} nuclei/cm^3

617

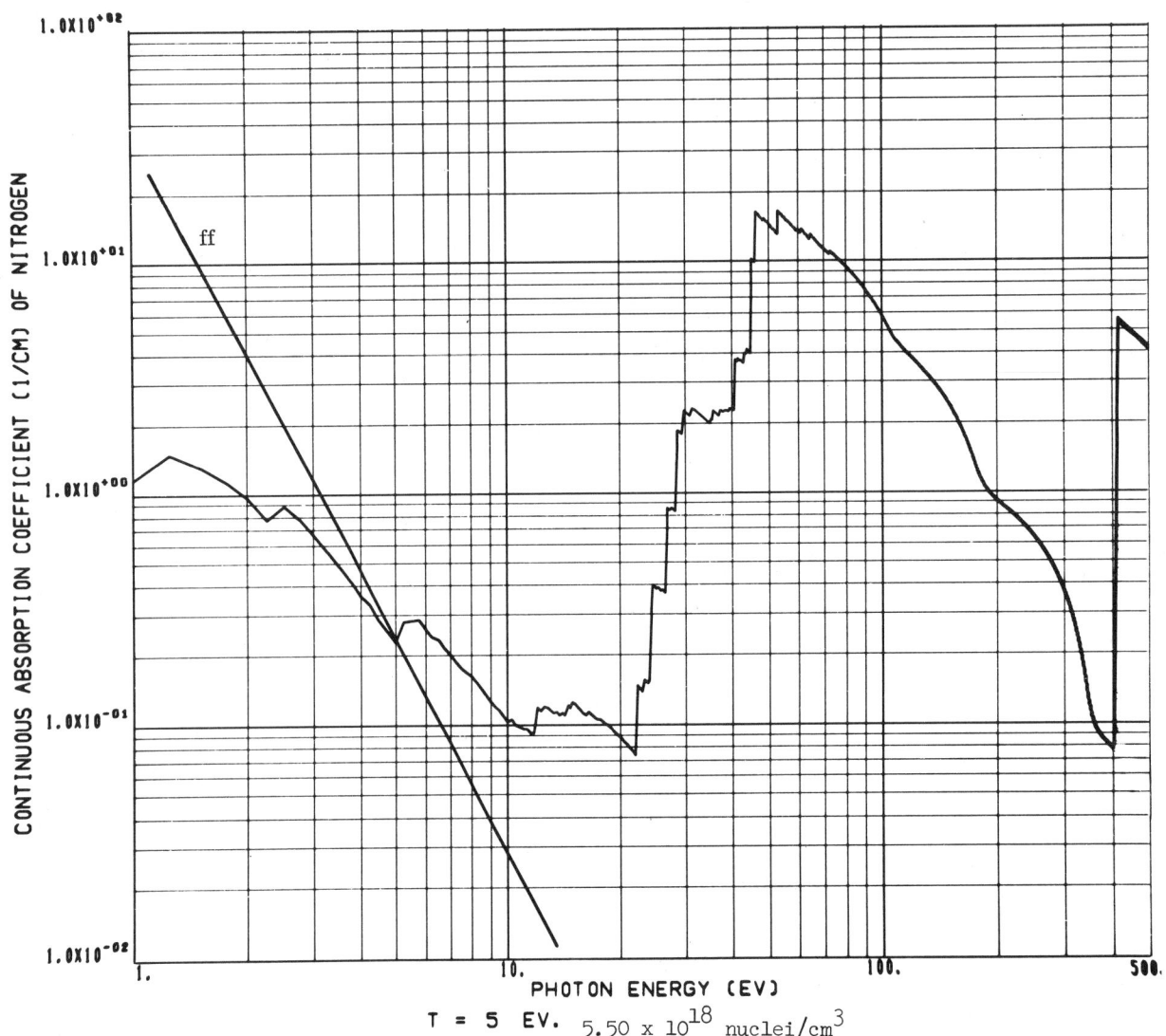

CONTINUOUS ABSORPTION COEFFICIENT (1/CM) OF NITROGEN

PHOTON ENERGY (EV)

T = 5 EV. 5.50×10^{18} nuclei/cm^3

ff

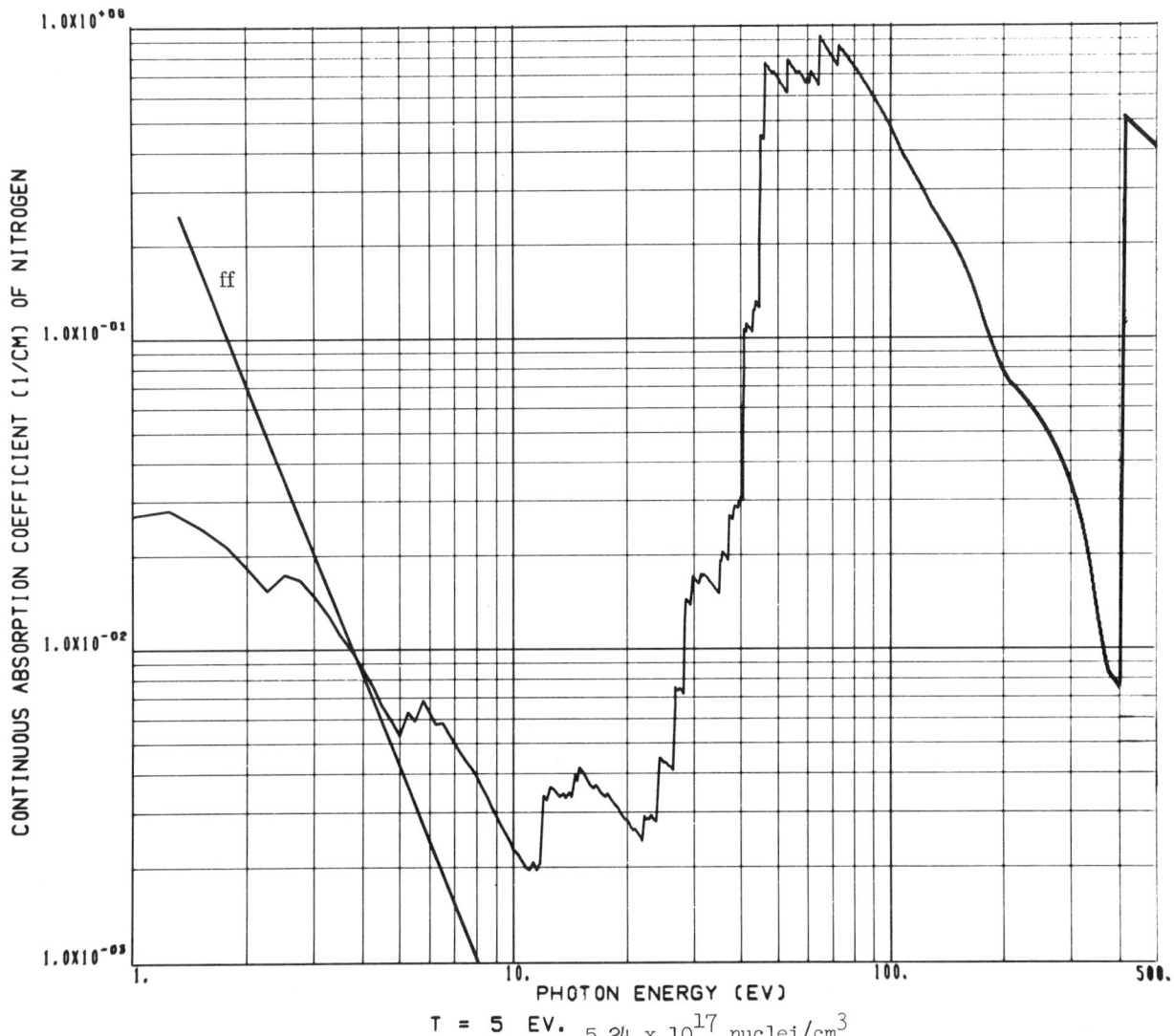

CONTINUOUS ABSORPTION COEFFICIENT (1/CM) OF NITROGEN

PHOTON ENERGY (EV)

T = 5 EV. 5.24×10^{17} nuclei/cm^3

619

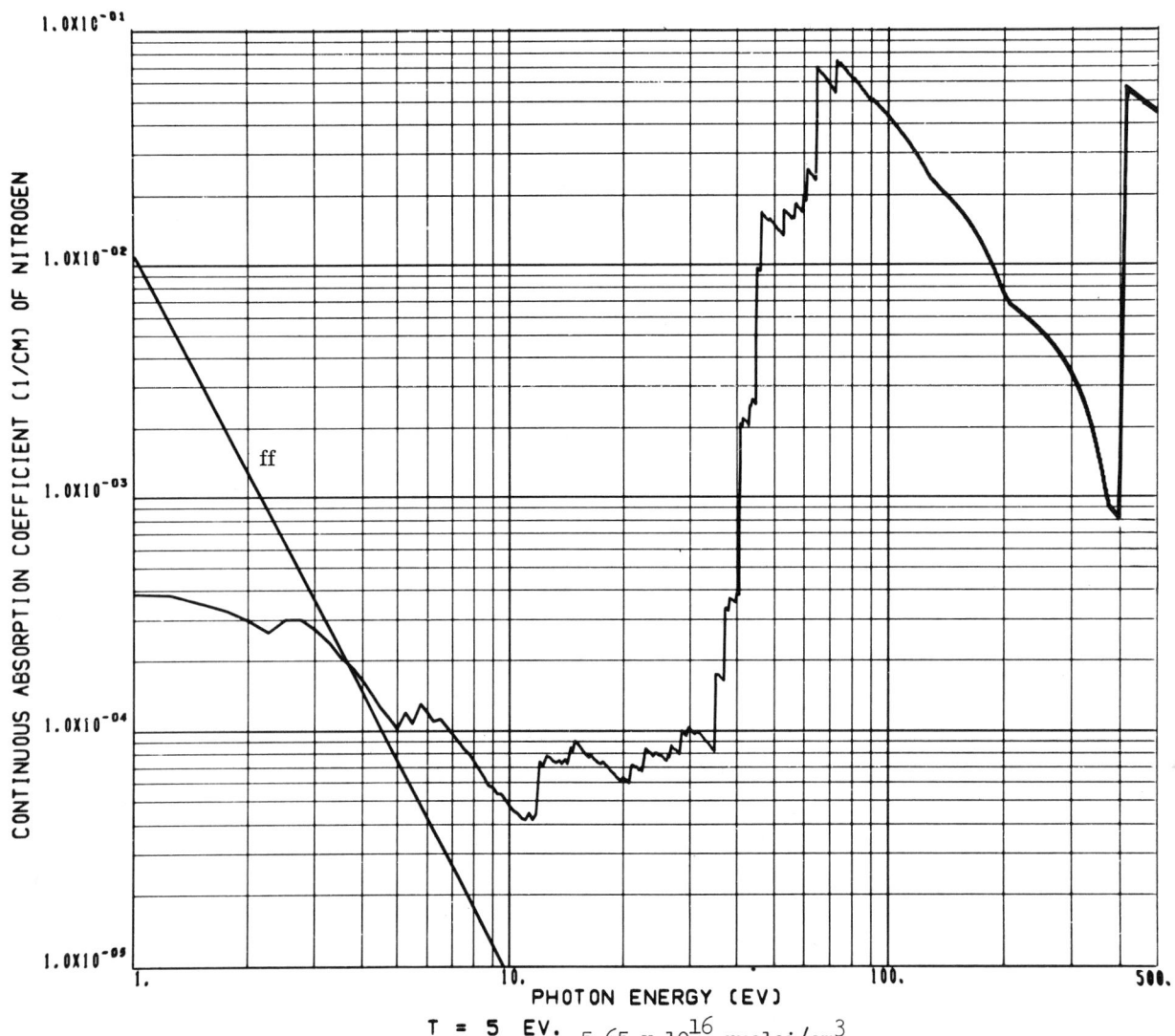

CONTINUOUS ABSORPTION COEFFICIENT (1/CM) OF NITROGEN

PHOTON ENERGY (EV)

T = 5 EV. 5.65×10^{16} nuclei/cm^3

620

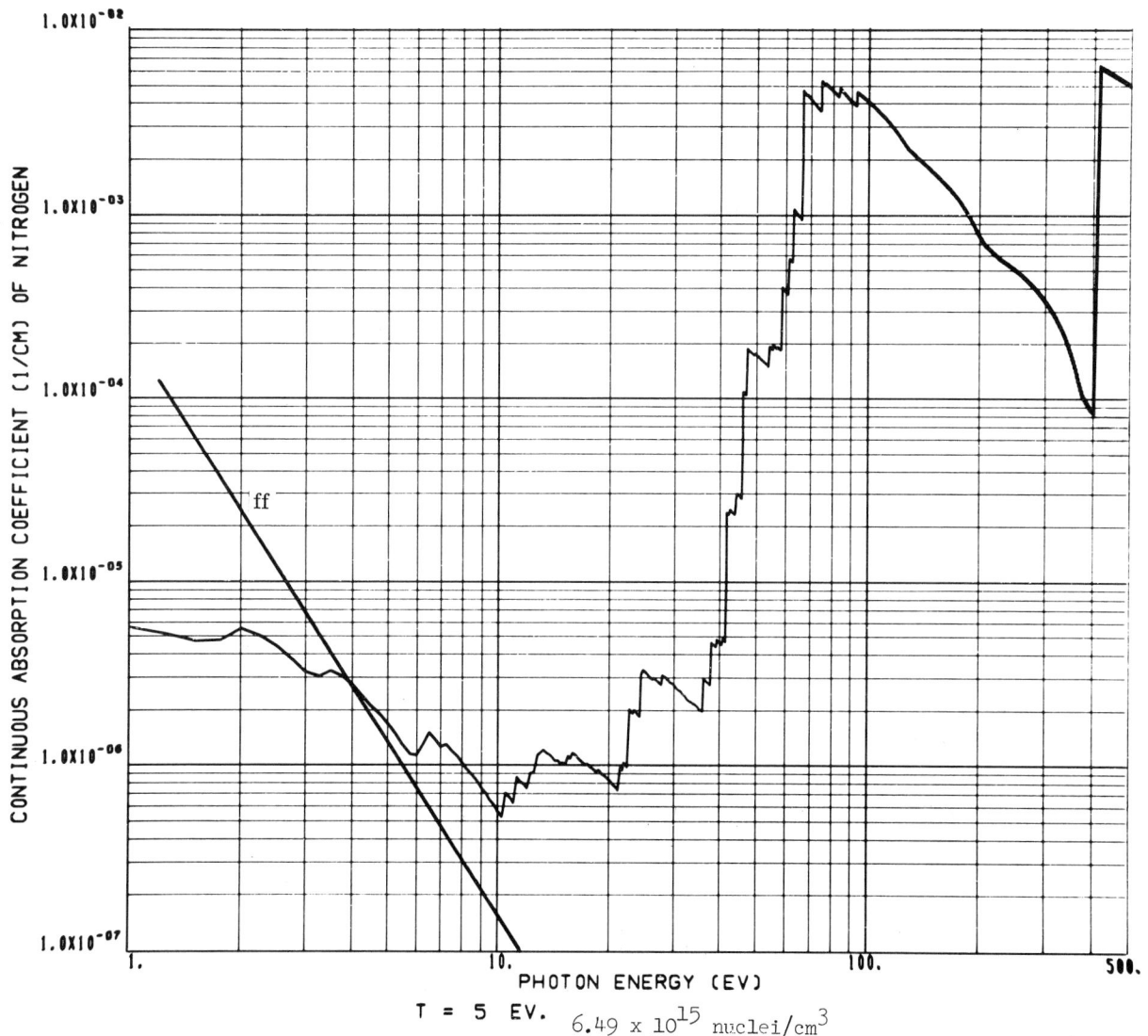

T = 5 EV. 6.49 x 10^15 nuclei/cm^3

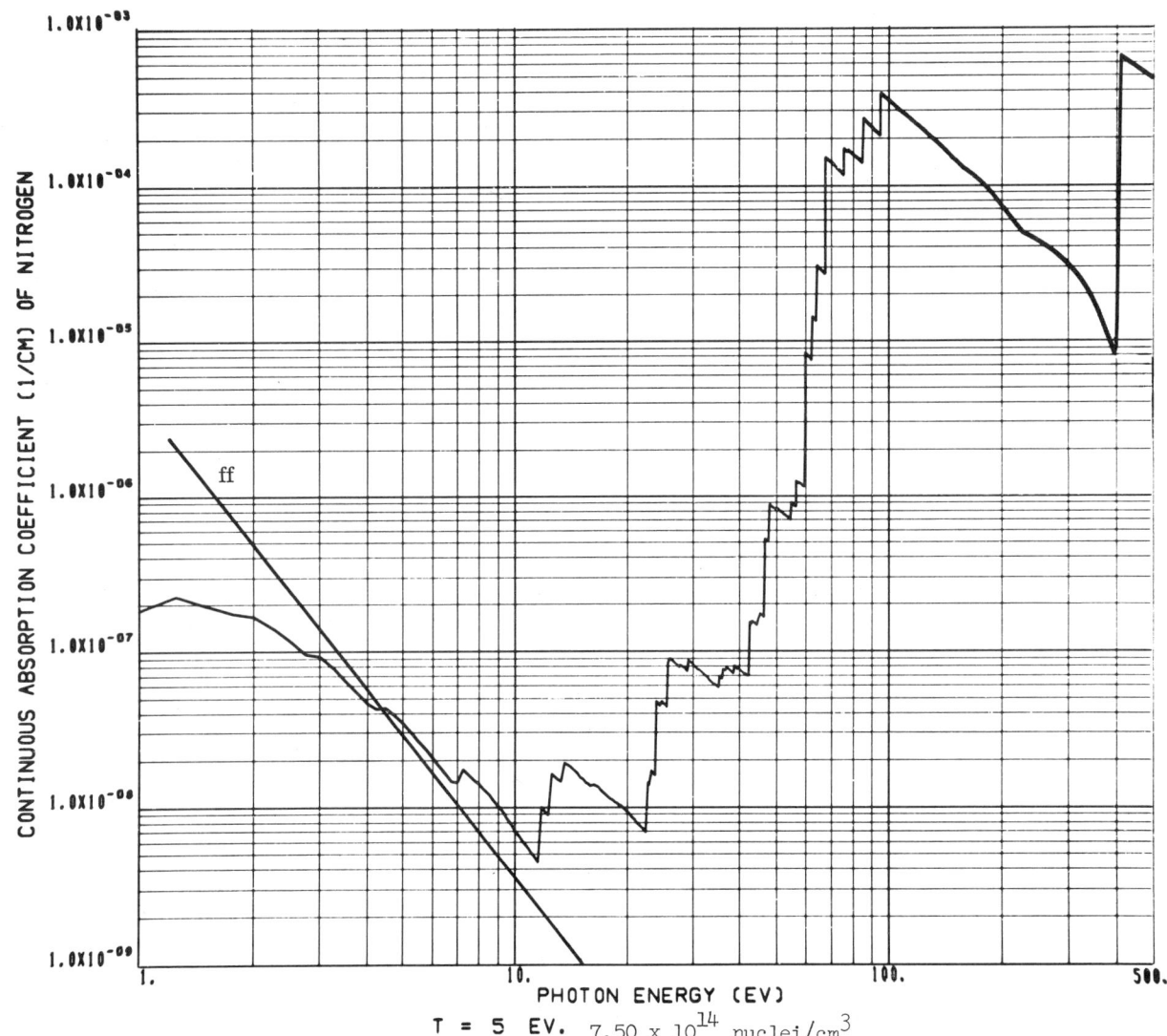

CONTINUOUS ABSORPTION COEFFICIENT (1/CM) OF NITROGEN

PHOTON ENERGY (EV)

T = 5 EV. 7.50×10^{14} nuclei/cm^3

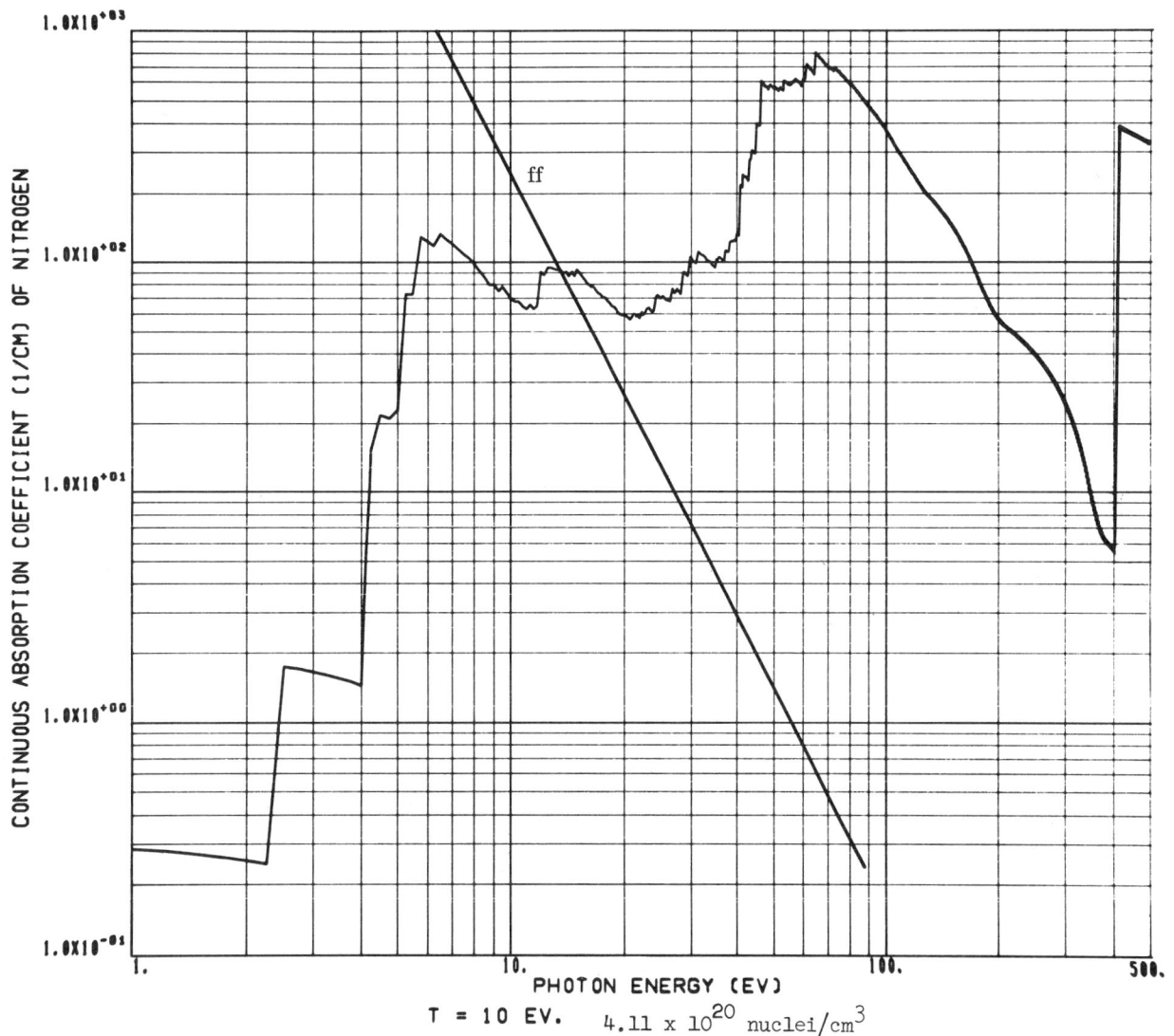

CONTINUOUS ABSORPTION COEFFICIENT (1/CM) OF NITROGEN

PHOTON ENERGY (EV)

ff

T = 10 EV.   4.11 x 10^{20} nuclei/cm^3

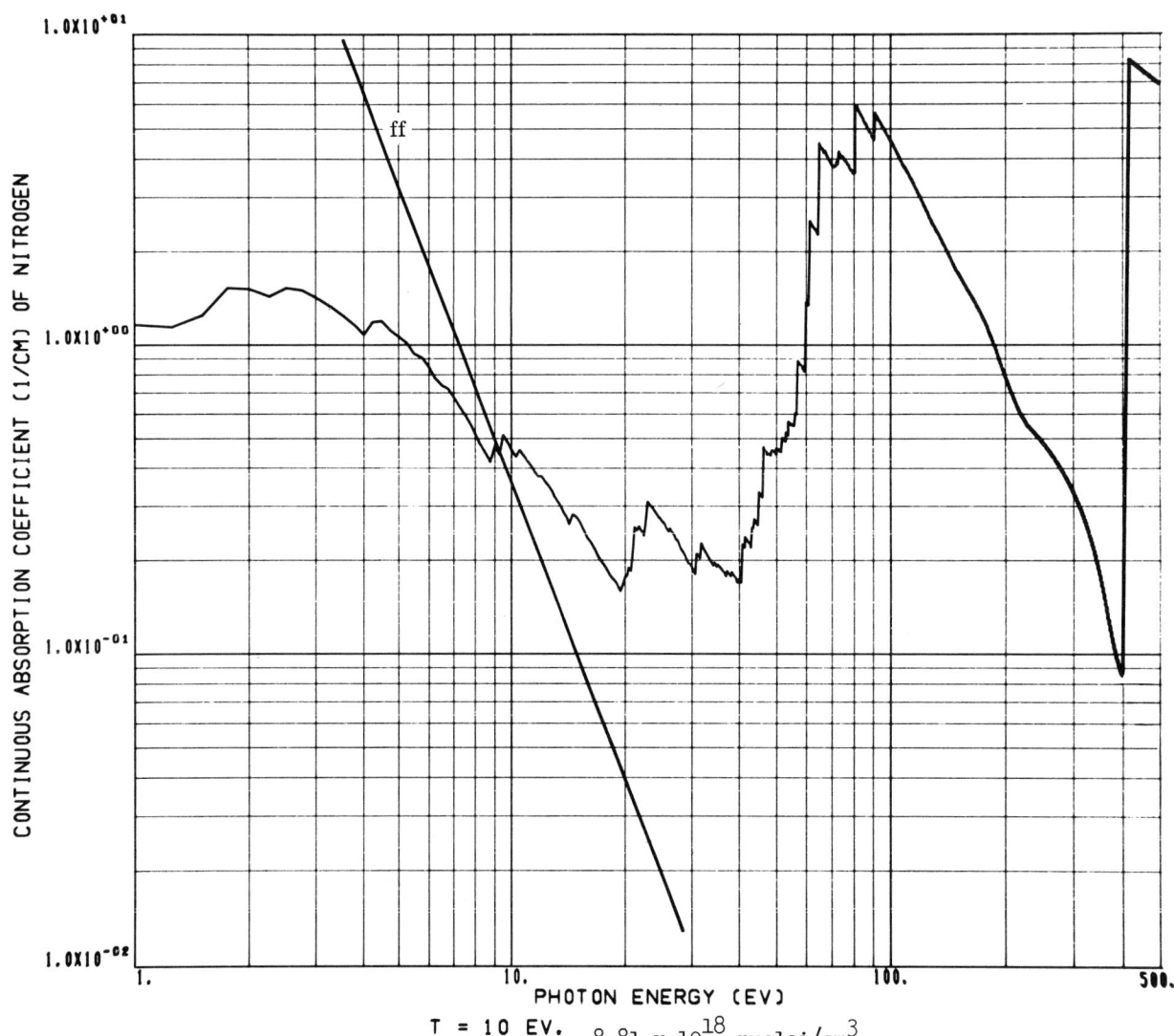

CONTINUOUS ABSORPTION COEFFICIENT (1/CM) OF NITROGEN

PHOTON ENERGY (EV)

T = 10 EV. 8.81×10^{18} nuclei/cm^3

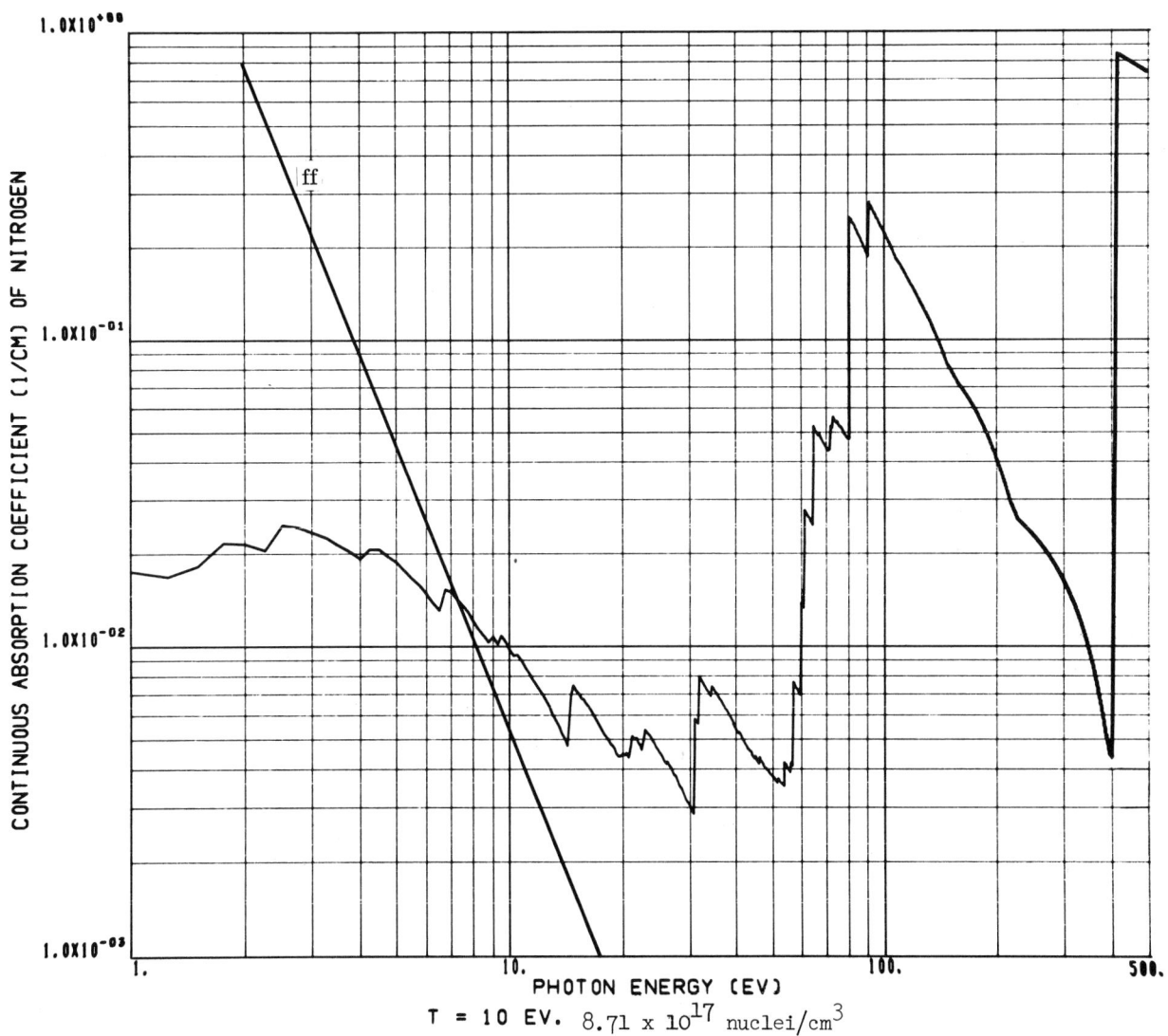

CONTINUOUS ABSORPTION COEFFICIENT (1/CM) OF NITROGEN

PHOTON ENERGY (EV)

T = 10 EV. 8.71 x 10^{17} nuclei/cm^3

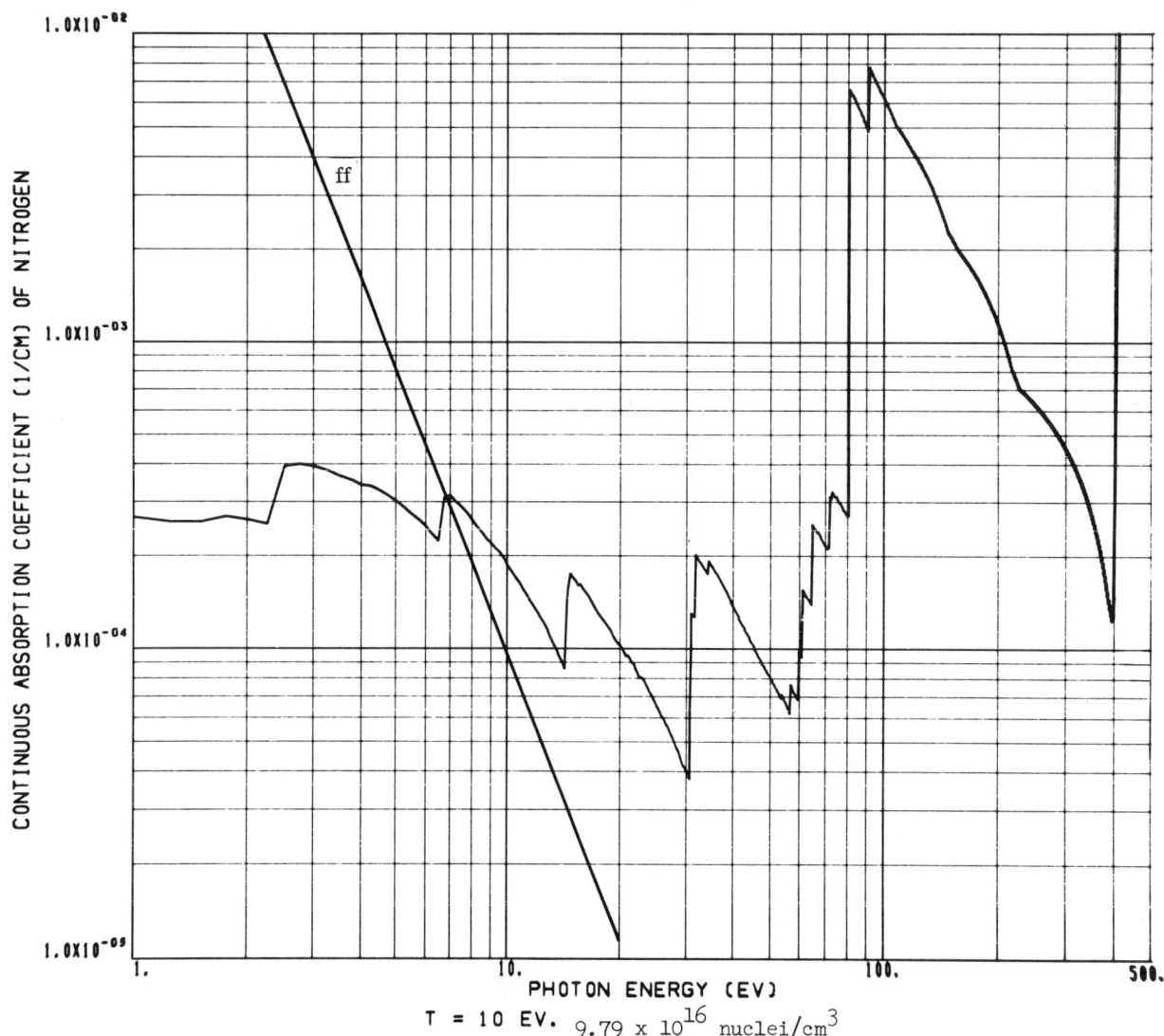

CONTINUOUS ABSORPTION COEFFICIENT (1/CM) OF NITROGEN

PHOTON ENERGY (EV)

T = 10 EV. 9.79×10^{16} nuclei/cm^3

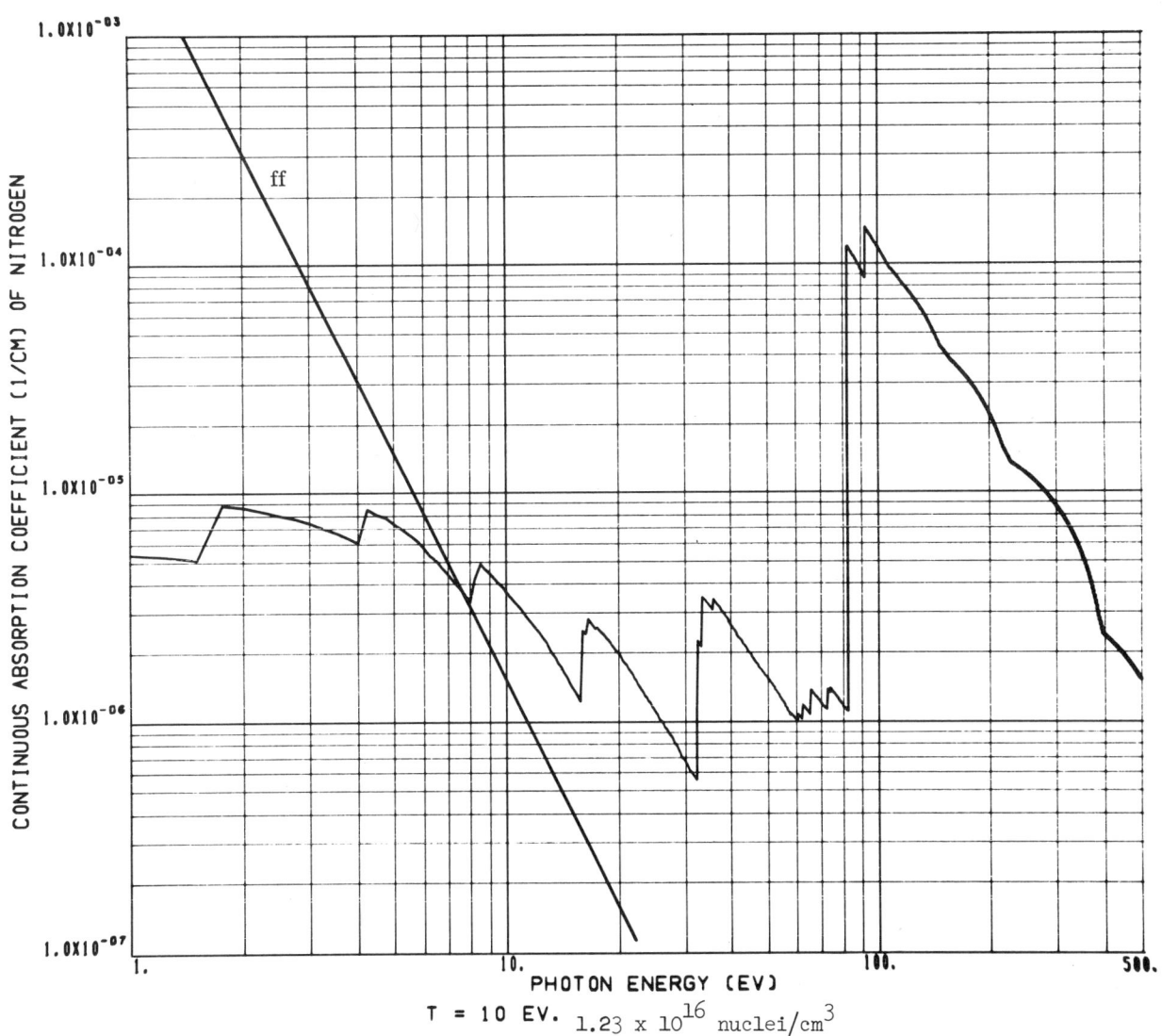

CONTINUOUS ABSORPTION COEFFICIENT (1/CM) OF NITROGEN

PHOTON ENERGY (EV)

T = 10 EV. 1.23×10^{16} nuclei/cm^3

627

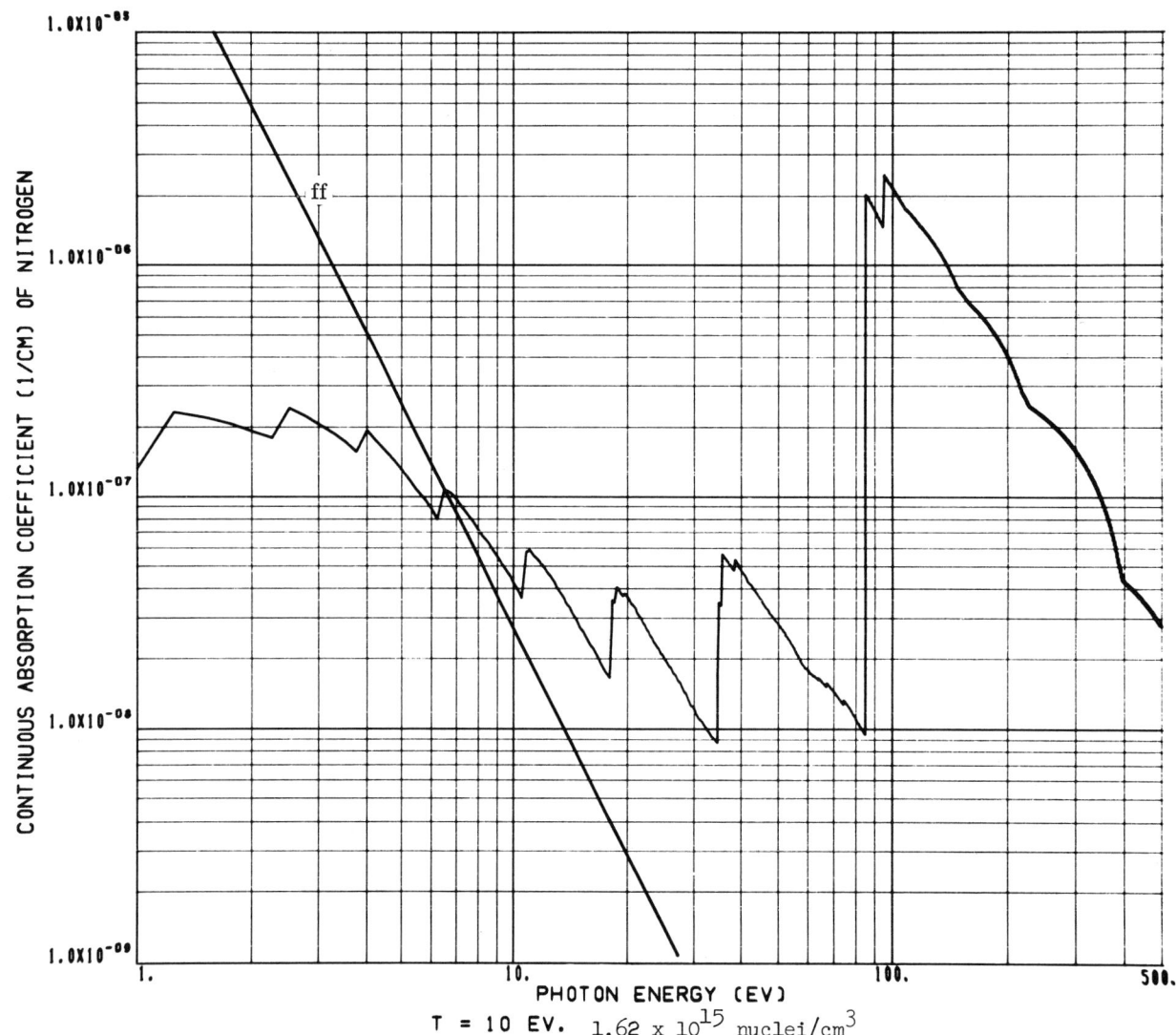

CONTINUOUS ABSORPTION COEFFICIENT (1/CM) OF NITROGEN

PHOTON ENERGY (EV)

T = 10 EV. 1.62 x 10^{15} nuclei/cm^3

628

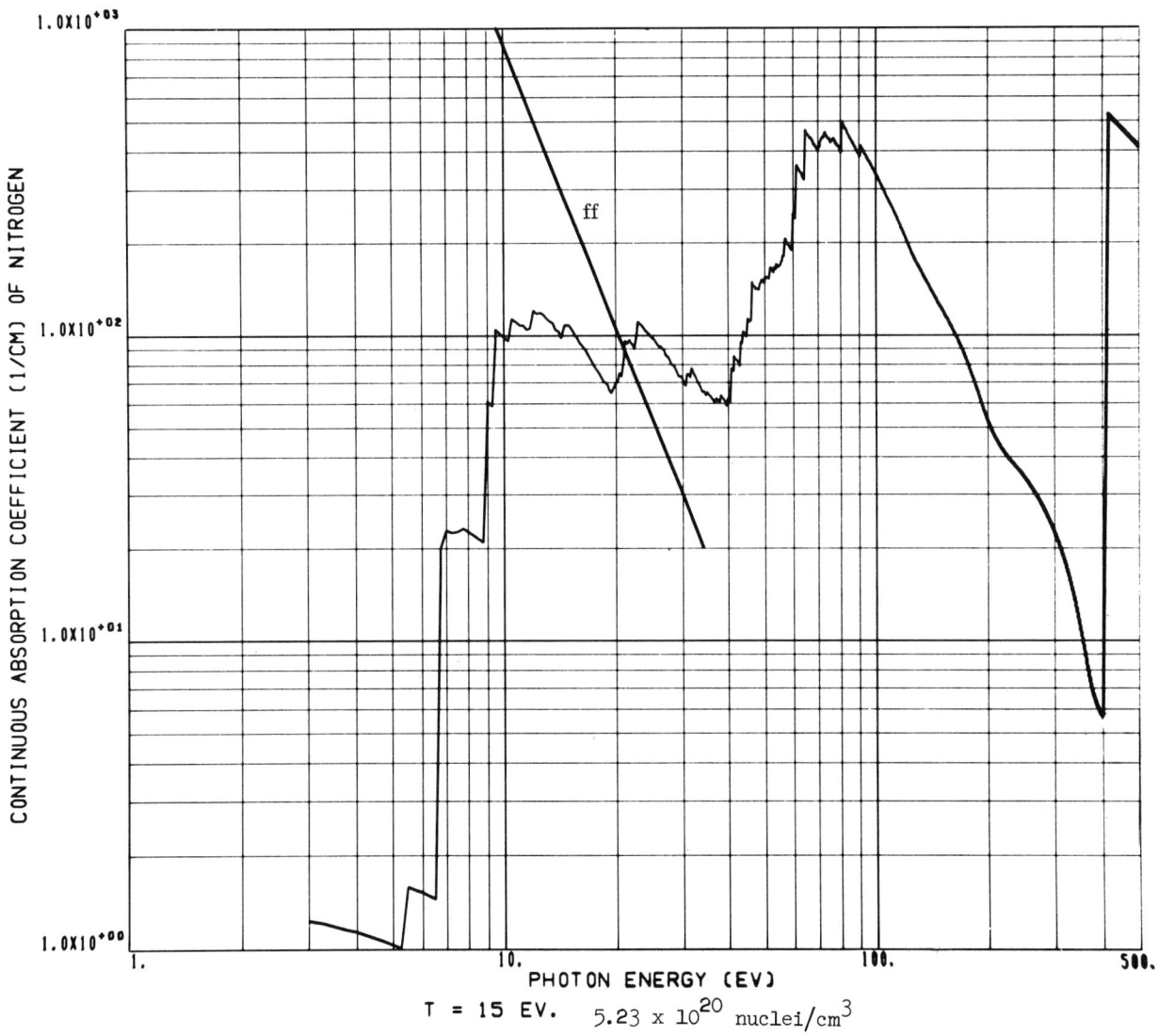

T = 15 EV. 5.23×10^{20} nuclei/cm^3

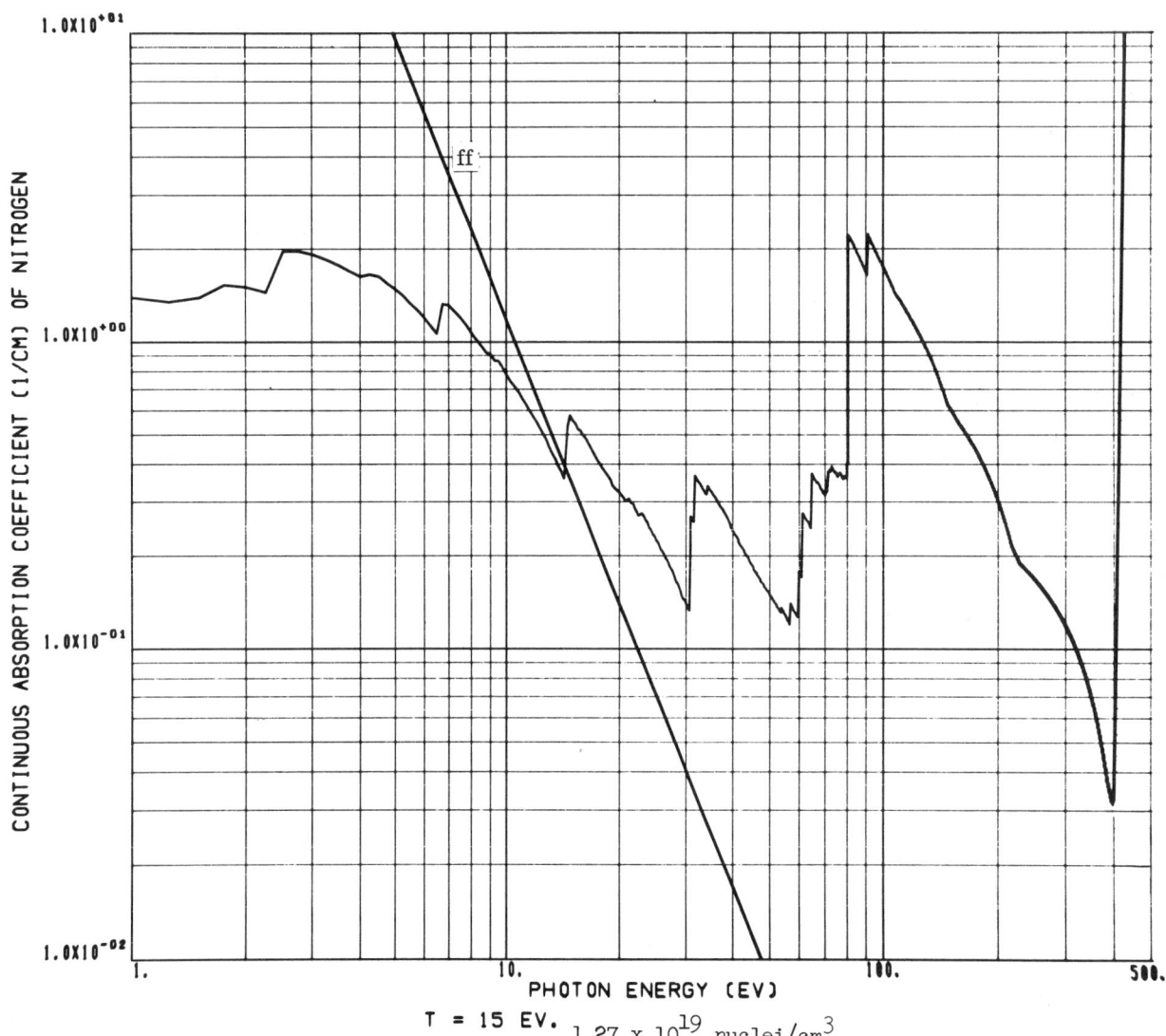

CONTINUOUS ABSORPTION COEFFICIENT (1/CM) OF NITROGEN

PHOTON ENERGY (EV)

T = 15 EV. 1.27 x 10^{19} nuclei/cm^3

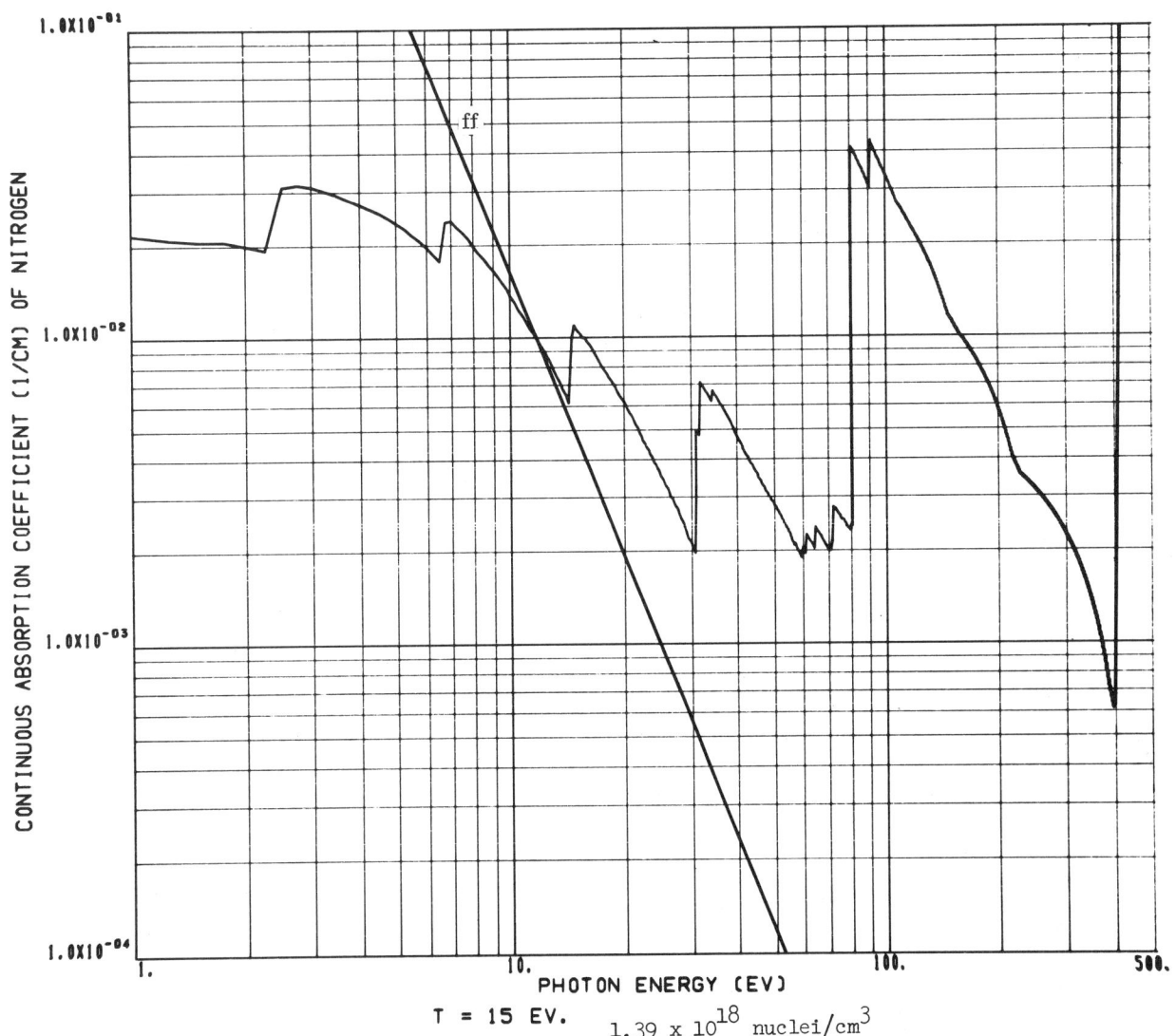

CONTINUOUS ABSORPTION COEFFICIENT (1/CM) OF NITROGEN

PHOTON ENERGY (EV)

T = 15 EV.   1.39 x 10^{18} nuclei/cm^3

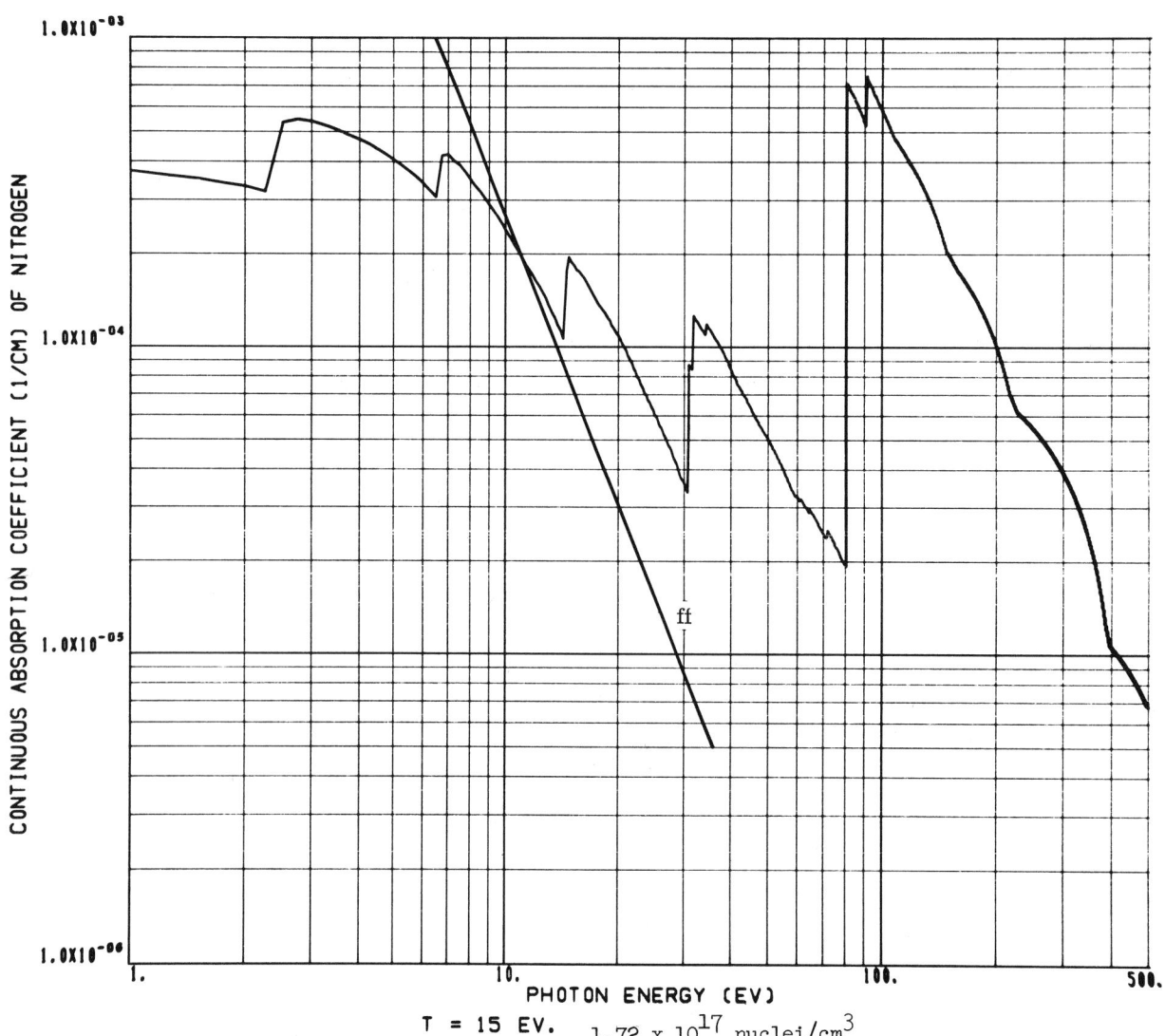

CONTINUOUS ABSORPTION COEFFICIENT (1/CM) OF NITROGEN

PHOTON ENERGY (EV)

T = 15 EV.   1.72 x 10^{17} nuclei/cm^3

ff

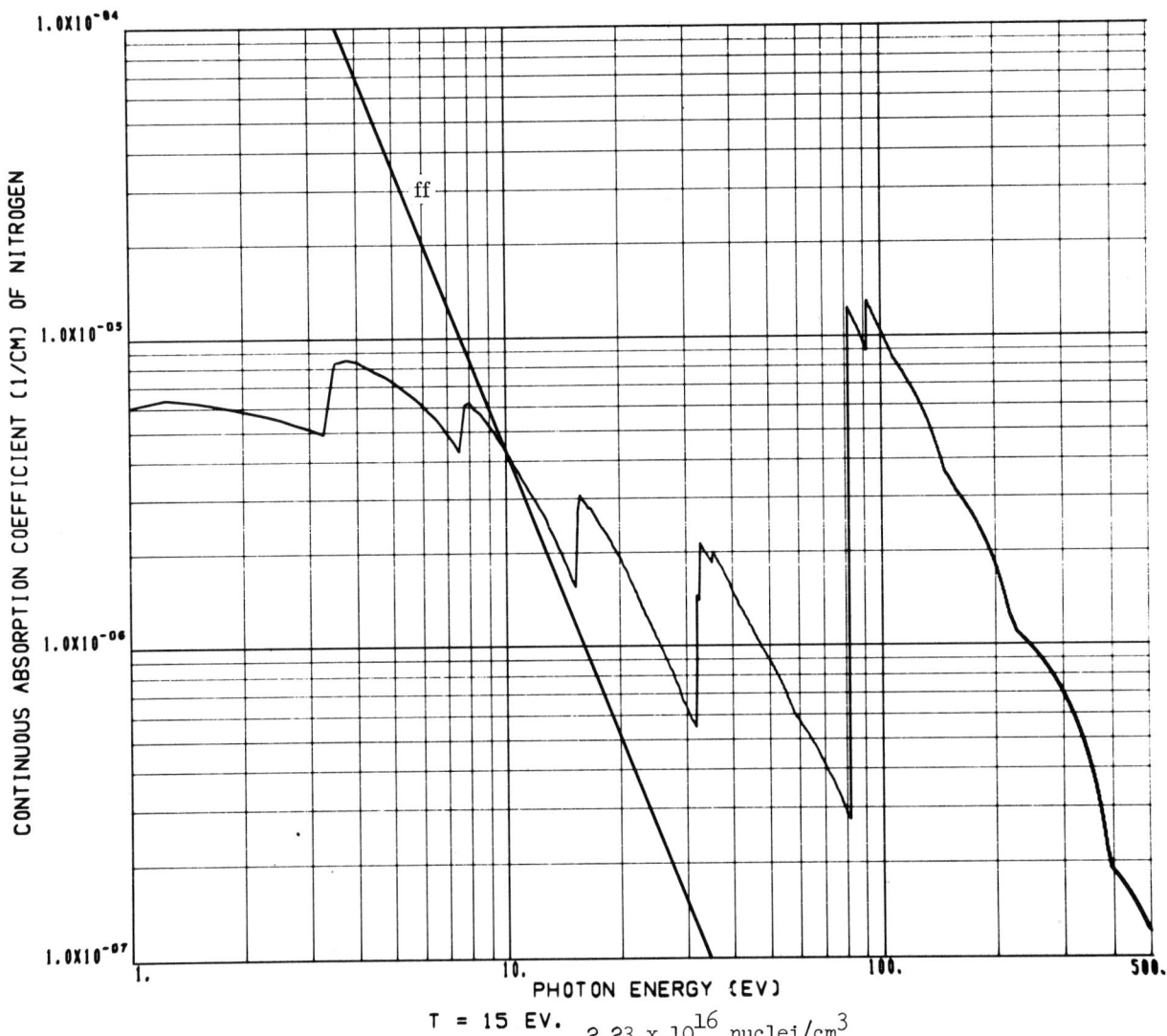

T = 15 EV. 2.23×10^{16} nuclei/cm^3

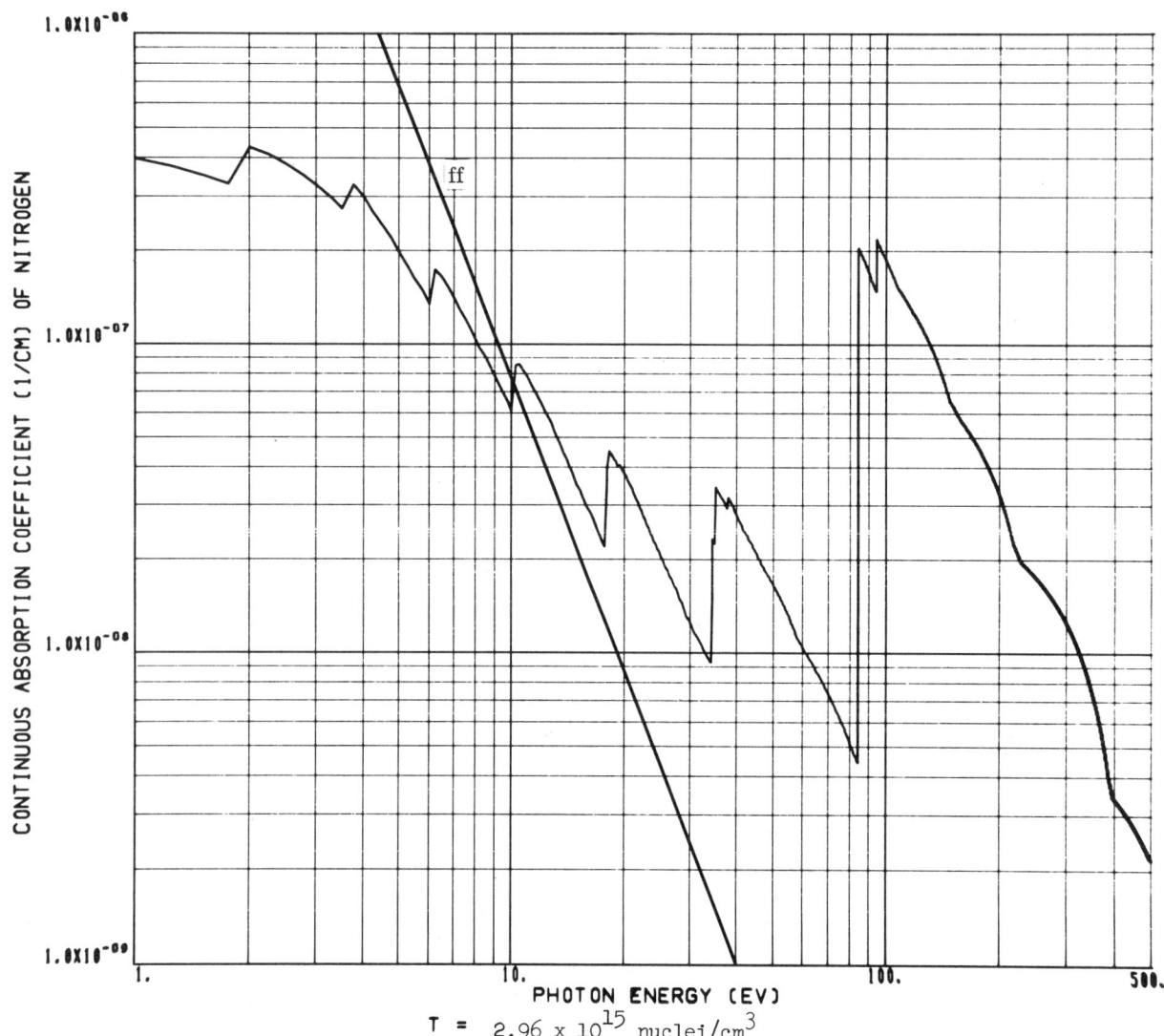

$$T = 2.96 \times 10^{15} \text{ nuclei/cm}^3$$

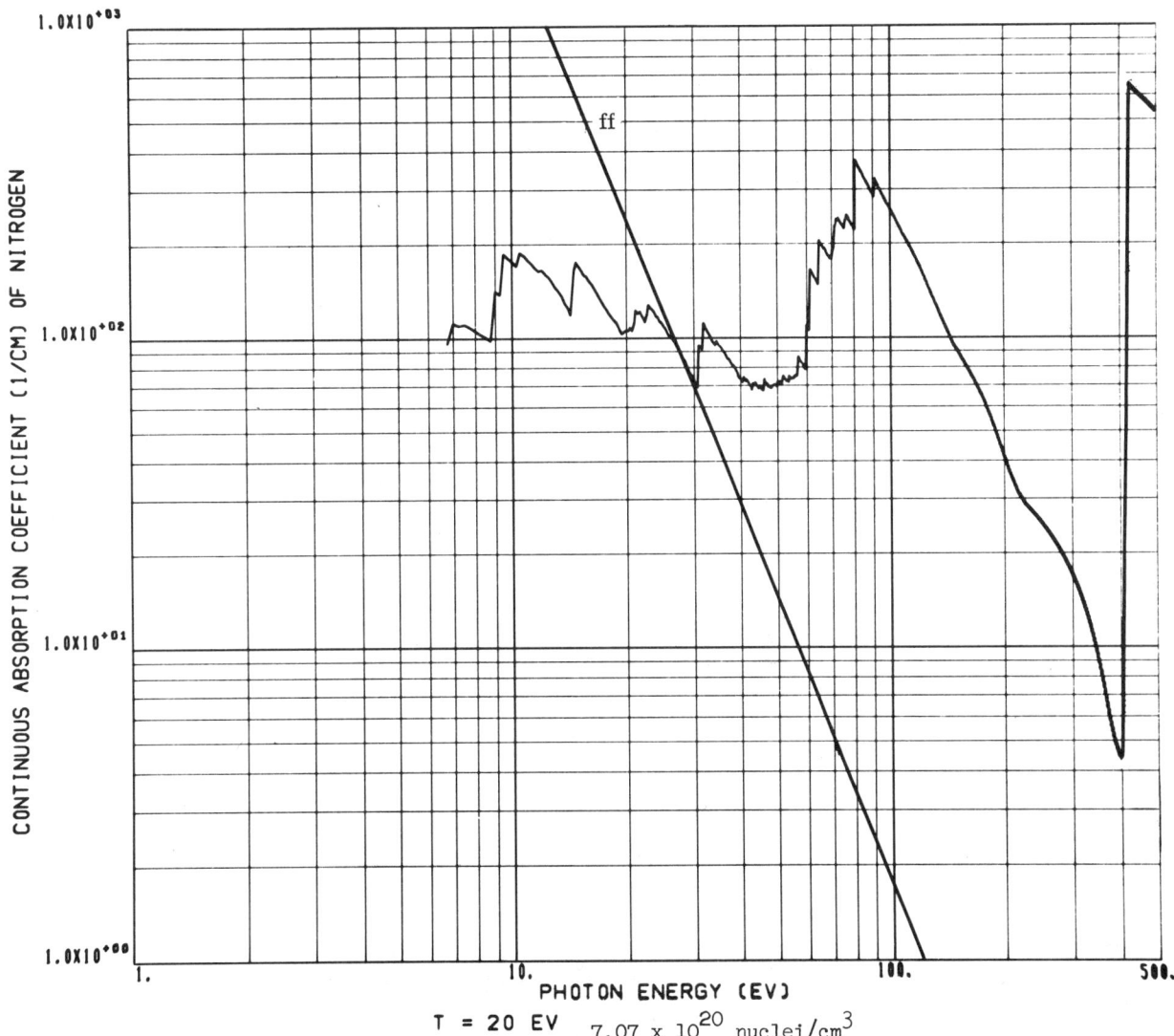

CONTINUOUS ABSORPTION COEFFICIENT (1/CM) OF NITROGEN

PHOTON ENERGY (EV)

ff

T = 20 EV   7.07 x 10^{20} nuclei/cm^3

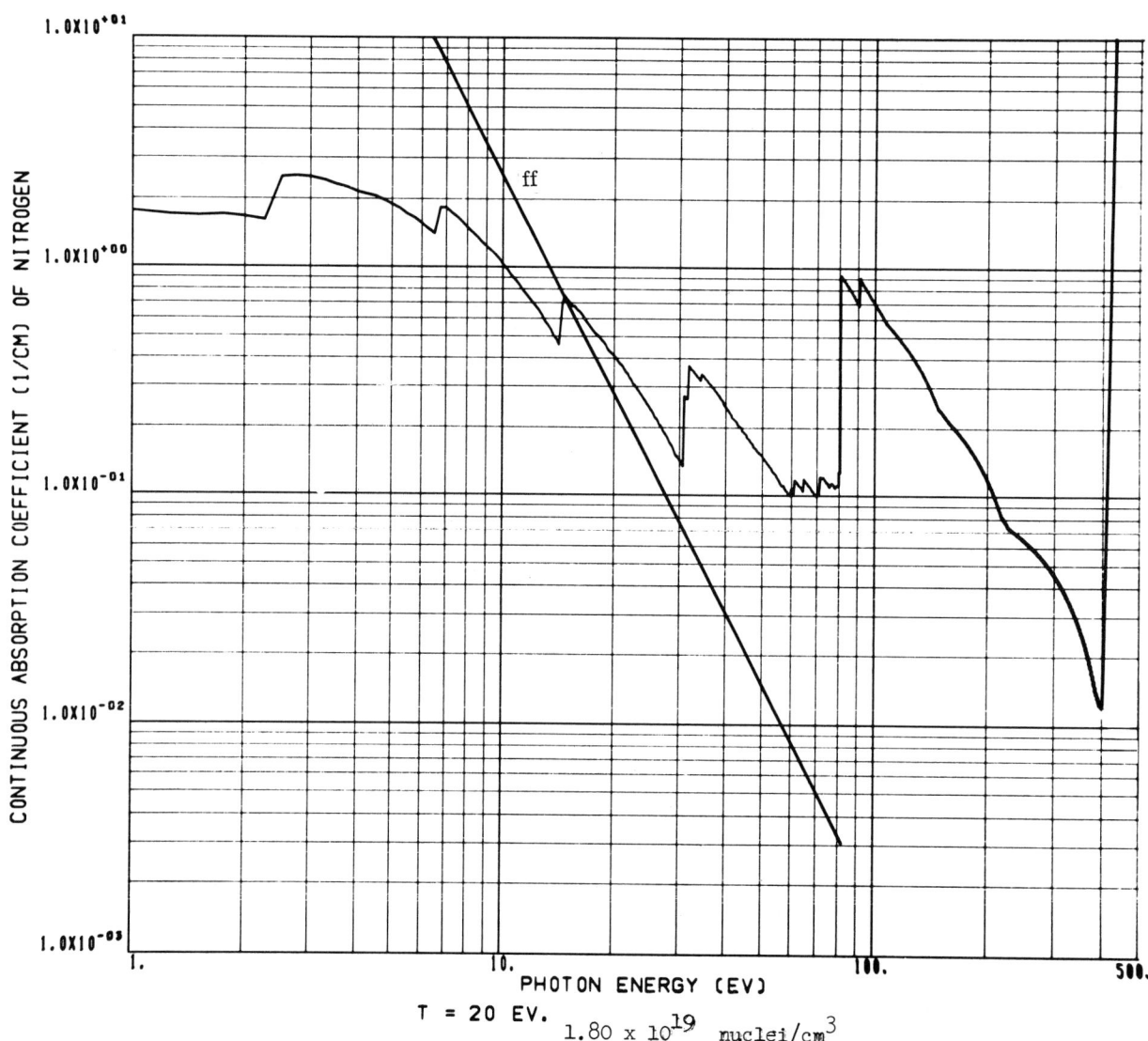

CONTINUOUS ABSORPTION COEFFICIENT (1/CM) OF NITROGEN

PHOTON ENERGY (EV)

T = 20 EV.

1.80×10^{19} nuclei/cm^3

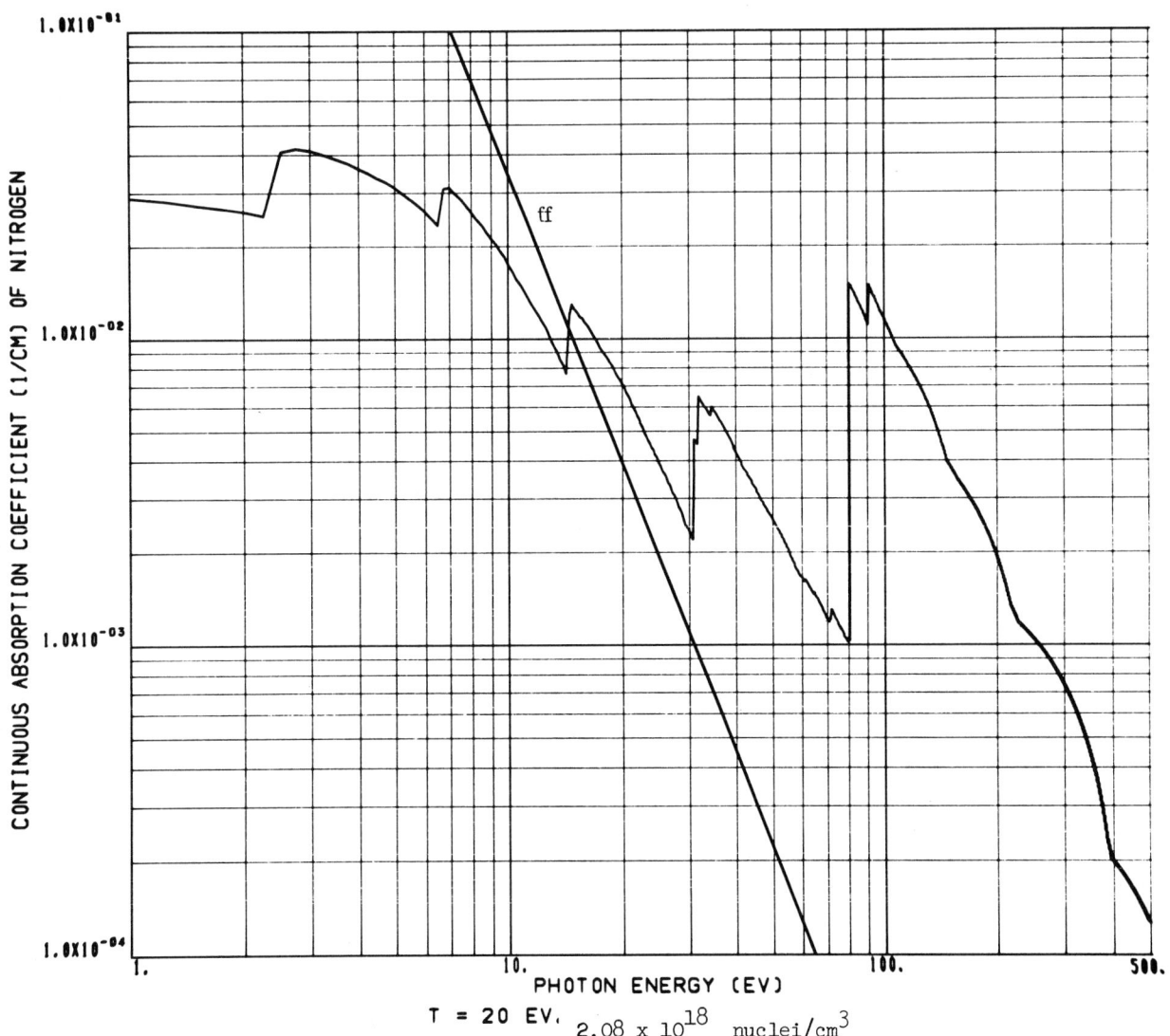

CONTINUOUS ABSORPTION COEFFICIENT (1/CM) OF NITROGEN

PHOTON ENERGY (EV)

T = 20 EV. 2.08 x 10^{18} nuclei/cm^3

ff

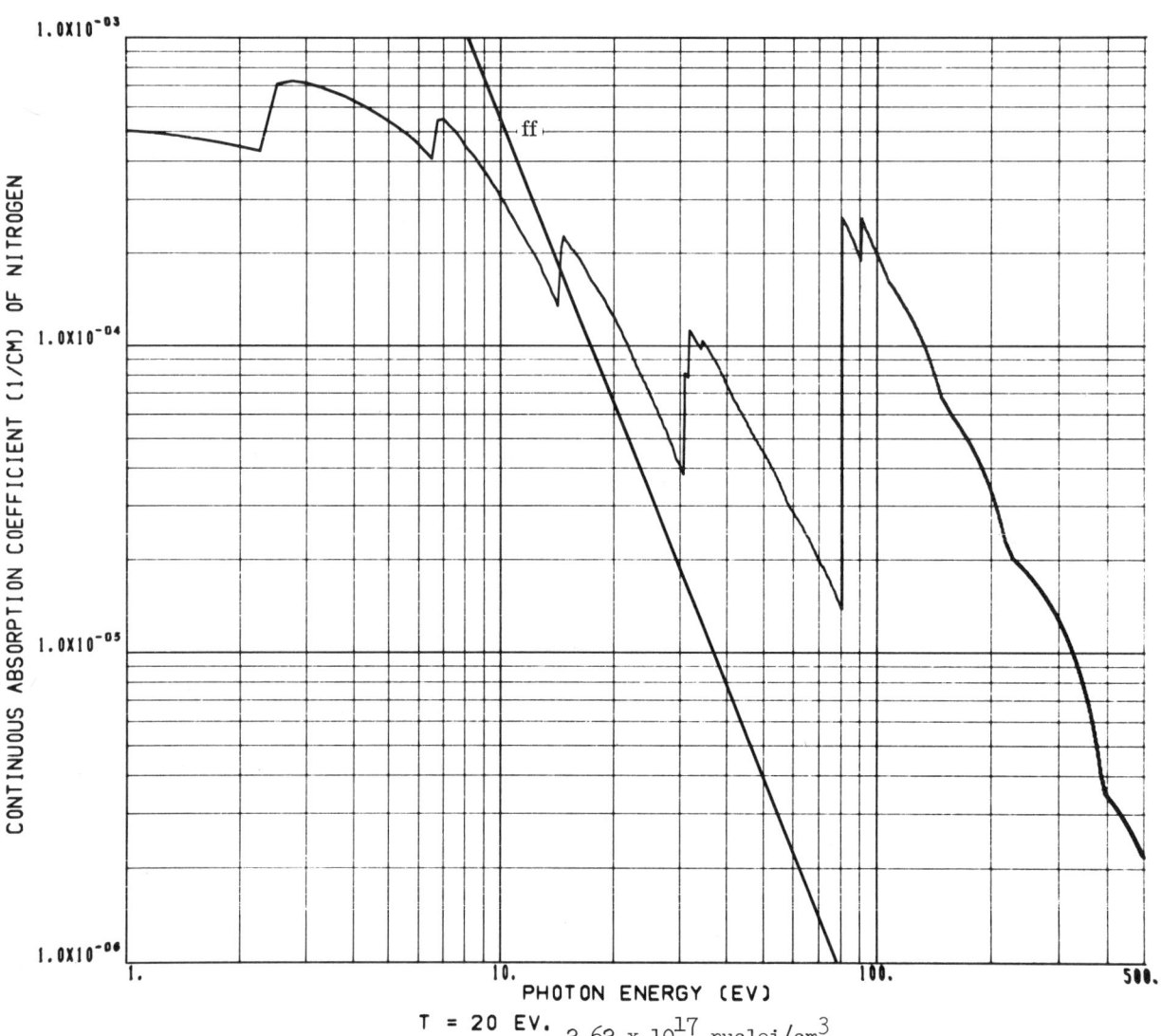

CONTINUOUS ABSORPTION COEFFICIENT (1/CM) OF NITROGEN

PHOTON ENERGY (EV)

T = 20 EV. 2.62×10^{17} nuclei/cm^3

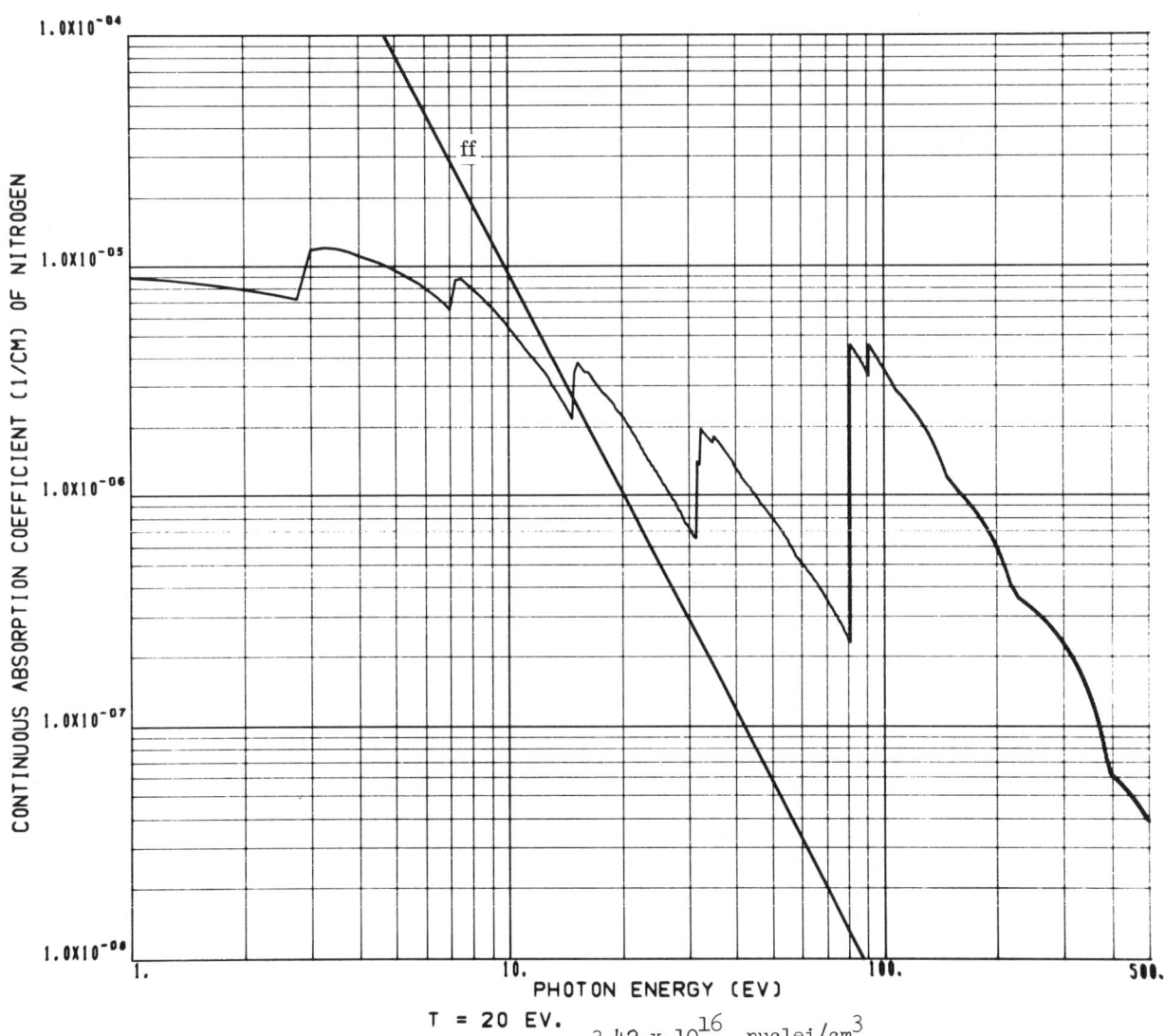

CONTINUOUS ABSORPTION COEFFICIENT (1/CM) OF NITROGEN

PHOTON ENERGY (EV)

T = 20 EV. 3.42×10^{16} nuclei/cm^3

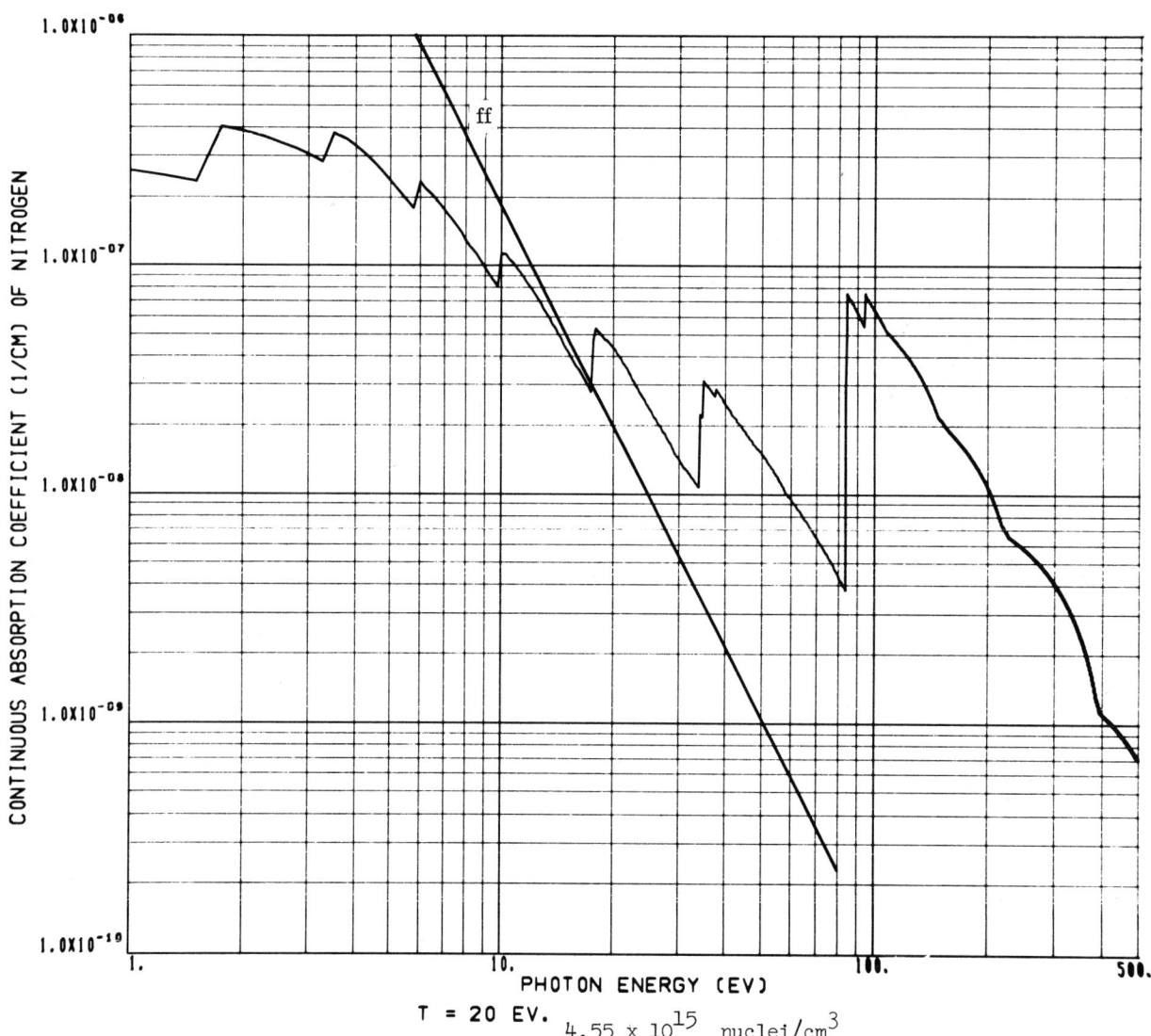

CONTINUOUS ABSORPTION COEFFICIENT (1/CM) OF NITROGEN

PHOTON ENERGY (EV)

ff

T = 20 EV. 4.55×10^{15} nuclei/cm^3

B2a Planck Mean Absorption Coefficients for Nitrogen and Oxygen

Temperature (eV)	J	Nitrogen Ion Density (nuclei cm^{-3})	Mean Absorption Coefficients (cm^{-1})			Oxygen Ion Density (nuclei cm^{-3})	Mean Absorption Coefficients (cm^{-1})		
			Lines	Continuum	Total		Lines	Continuum	Total
1	1	5.25^{18}	1.70	3.48^{-2}	1.74	5.38^{18}	5.20^{-1}	2.04^{-2}	5.40^{-1}
	2	5.36^{17}	1.68^{-1}	3.40^{-3}	1.71^{-1}	5.39^{17}	4.67^{-2}	1.82^{-3}	4.85^{-2}
	3	5.37^{16}	1.51^{-2}	2.84^{-4}	1.54^{-2}	5.37^{16}	4.22^{-3}	1.60^{-4}	4.38^{-3}
	4	5.38^{15}	1.10^{-3}	1.71^{-5}	1.12^{-3}	5.38^{15}	3.09^{-4}	1.13^{-5}	3.20^{-4}
	5	5.38^{14}	5.89^{-5}	5.27^{-7}	5.94^{-5}	5.38^{14}	1.37^{-5}	3.53^{-7}	1.41^{-5}
	6	5.38^{13}	3.90^{-6}	6.61^{-9}	3.91^{-6}	5.38^{13}	5.41^{-7}	5.51^{-9}	5.47^{-7}
2	1	2.34^{20}	8.04^{2}	1.61^{2}	9.65^{2}	3.32^{20}	5.16^{2}	1.61^{2}	6.77^{2}
	2	3.16^{18}	6.61	4.01^{-1}	7.01	3.77^{18}	3.21	4.19^{-1}	3.63
	3	3.32^{17}	6.06^{-1}	7.20^{-3}	6.13^{-1}	3.85^{17}	2.67^{-1}	6.97^{-3}	2.74^{-1}
	4	3.86^{16}	6.75^{-2}	1.92^{-4}	6.77^{-2}	4.68^{16}	3.09^{-2}	1.31^{-4}	3.10^{-2}
	5	3.90^{15}	6.18^{-3}	6.21^{-6}	6.19^{-3}	5.59^{15}	3.57^{-3}	3.23^{-6}	3.57^{-3}
	6	3.97^{14}	5.41^{-4}	1.43^{-7}	5.41^{-4}	5.59^{14}	3.20^{-4}	9.71^{-8}	3.20^{-4}
5	1	2.56^{20}	1.20^{3}	2.32^{2}	1.43^{3}	3.02^{20}	1.05^{3}	2.01^{2}	1.25^{3}
	2	5.50^{18}	1.99^{1}	7.97^{-1}	2.07^{1}	6.57^{18}	1.83^{1}	6.73^{-1}	1.90^{1}
	3	5.24^{17}	1.50	2.11^{-2}	1.52	6.45^{17}	1.61	1.98^{-2}	1.63
	4	5.65^{16}	1.28^{-1}	4.75^{-4}	1.29^{-1}	6.76^{16}	1.50^{-1}	5.16^{-4}	1.51^{-1}
	5	6.49^{15}	1.09^{-2}	8.99^{-6}	1.09^{-2}	7.97^{15}	1.67^{-2}	9.64^{-6}	1.67^{-2}
	6	7.50^{14}	7.02^{-4}	1.64^{-7}	7.02^{-4}	9.25^{14}	1.80^{-3}	1.96^{-7}	1.80^{-3}
10	1	4.11^{20}	9.14^{2}	2.87^{2}	12.01^{2}	4.76^{20}	1.16^{3}	3.11^{2}	1.47^{3}
	2	8.81^{18}	0.99^{1}	8.15^{-1}	1.07^{1}	1.04^{19}	1.63^{1}	1.07	1.74^{1}
	3	8.71^{17}	4.31^{-1}	1.72^{-2}	4.48^{-1}	1.03^{18}	9.78^{-1}	2.50^{-2}	1.00
	4	9.79^{16}	1.16^{-2}	3.40^{-4}	1.19^{-2}	1.11^{17}	5.08^{-2}	5.81^{-4}	5.14^{-2}
	5	1.23^{16}	2.25^{-4}	5.36^{-6}	2.30^{-4}	1.29^{16}	2.36^{-3}	1.08^{-5}	2.37^{-3}
	6	1.62^{15}	4.09^{-6}	8.02^{-8}	4.17^{-6}	1.58^{15}	6.63^{-5}	1.65^{-7}	6.65^{-5}
15	1	5.53^{20}	6.05^{2}	2.42^{2}	8.47^{2}	6.40^{20}	9.62^{2}	3.33^{2}	1.30^{3}
	2	1.27^{19}	3.72	5.54^{-1}	4.27	1.42^{19}	1.07^{1}	9.61^{-1}	1.17^{1}
	3	1.39^{18}	7.51^{-2}	9.38^{-3}	8.45^{-2}	1.44^{18}	4.20^{-1}	1.95^{-2}	4.40^{-1}
	4	1.72^{17}	1.34^{-3}	1.60^{-4}	1.50^{-3}	1.68^{17}	9.95^{-3}	3.65^{-4}	1.03^{-2}
	5	2.23^{16}	2.42^{-5}	2.68^{-6}	2.69^{-5}	2.14^{16}	1.87^{-4}	5.98^{-6}	1.93^{-4}
	6	2.96^{15}	4.39^{-7}	4.32^{-8}	4.82^{-7}	2.83^{15}	3.41^{-6}	8.89^{-8}	3.50^{-6}
20	1	7.07^{20}	3.42^{2}	1.87^{2}	5.29^{2}	8.01^{20}	7.02^{2}	3.04^{2}	1.01^{3}
	2	1.80^{19}	1.21	3.58^{-1}	1.57	1.86^{19}	5.45	7.10^{-1}	6.16
	3	2.08^{18}	2.12^{-2}	5.72^{-3}	2.69^{-2}	2.04^{18}	1.21^{-1}	1.23^{-2}	1.33^{-1}
	4	2.62^{17}	3.71^{-4}	9.78^{-5}	4.69^{-4}	2.52^{17}	2.16^{-3}	2.11^{-4}	2.37^{-3}
	5	3.42^{16}	6.62^{-6}	1.70^{-6}	8.32^{-6}	3.27^{16}	3.86^{-5}	3.62^{-6}	4.22^{-5}
	6	4.55^{15}	1.23^{-7}	2.82^{-8}	1.51^{-7}	4.34^{15}	6.96^{-7}	5.64^{-8}	7.52^{-7}

B2b Rosseland Mean Absorption Coefficients for Nitrogen, Oxygen, and Air

Temperature (eV)	Nitrogen Ion Density (nuclei cm^{-3})	Mean Absorption Coefficients (cm^{-1})	Oxygen Ion Density (nuclei cm^{-3})	LMSC Mean Absorption Coefficients (cm^{-1})	Air Ion Density (nuclei cm^{-3})	LMSC Mean Absorption Coefficients (cm^{-1})
1	5.25^{18}	1.22^{-3}	5.38^{18}	2.48^{-3}	5.28^{18}	
	5.36^{17}	1.10^{-4}	5.39^{17}	1.78^{-4}	5.37^{17}	
	5.37^{16}	9.13^{-6}	5.37^{16}	1.47^{-5}	5.37^{16}	
	5.38^{15}	5.40^{-7}	5.38^{15}	9.36^{-7}	5.38^{15}	
	5.38^{14}	1.56^{-8}	5.38^{14}	2.93^{-8}	5.38^{14}	
	5.38^{13}	2.06^{-10}	5.38^{13}	3.74^{-10}	5.38^{13}	
2	2.34^{20}	8.68^{1}	3.32^{20}	1.18^{2}	2.55^{20}	9.78^{1}
	3.16^{18}	1.16^{-1}	3.77^{18}	2.27^{-1}	3.29^{18}	1.52^{-1}
	3.32^{17}	1.07^{-3}	3.85^{17}	1.47^{-3}	3.43^{17}	1.24^{-3}
	3.86^{16}	1.97^{-5}	4.68^{16}	2.35^{-5}	4.03^{16}	2.09^{-5}
	3.90^{15}	5.58^{-7}	5.59^{15}	3.26^{-7}	4.26^{15}	5.19^{-7}
	3.97^{14}	1.19^{-8}	5.59^{14}	4.10^{-9}	4.31^{14}	1.06^{-8}
5	2.56^{20}	2.81^{2}	3.02^{20}	2.62^{2}	2.66^{20}	3.35^{2}
	5.50^{18}	5.15^{-1}	6.57^{18}	4.10^{-1}	5.73^{18}	6.05^{-1}
	5.24^{17}	6.35^{-3}	6.45^{17}	5.96^{-3}	5.50^{17}	6.92^{-3}
	5.65^{16}	1.06^{-4}	6.76^{16}	9.61^{-5}	5.88^{16}	1.12^{-4}
	6.49^{15}	1.67^{-6}	7.97^{15}	1.45^{-6}	6.80^{15}	1.76^{-6}
	7.50^{14}	2.41^{-8}	9.25^{14}	1.99^{-8}	7.87^{14}	2.51^{-8}
10	4.11^{20}	6.92^{2}	4.76^{20}	3.20^{2}	4.25^{20}	7.78^{2}
	8.81^{18}	1.01	1.04^{19}	7.97^{-1}	9.14^{18}	1.09
	8.71^{17}	1.04^{-2}	1.03^{18}	1.02^{-2}	9.04^{17}	1.16^{-2}
	9.79^{16}	1.27^{-4}	1.11^{17}	1.69^{-4}	1.01^{17}	1.47^{-4}
	1.23^{16}	1.67^{-6}	1.29^{16}	2.96^{-6}	1.25^{16}	2.15^{-6}
	1.62^{15}	2.95^{-8}	1.58^{15}	4.36^{-8}	1.61^{15}	3.84^{-8}
15	5.53^{20}	4.19^{2}	6.40^{20}	7.73^{2}	5.72^{20}	5.50^{2}
	1.27^{19}	6.55^{-1}	1.42^{19}	1.08	1.30^{19}	8.46^{-1}
	1.39^{18}	5.48^{-3}	1.44^{18}	1.12^{-2}	1.40^{18}	8.01^{-3}
	1.72^{17}	7.01^{-5}	1.68^{17}	1.34^{-4}	1.71^{17}	1.04^{-4}
	2.23^{16}	1.16^{-6}	2.14^{16}	1.85^{-6}	2.22^{16}	1.66^{-6}
	2.96^{15}	3.17^{-8}	2.83^{15}	3.78^{-8}	2.94^{15}	3.88^{-8}
20	7.07^{20}	1.87^{2}	8.01^{20}	5.42^{2}	7.27^{20}	2.84^{2}
	1.80^{19}	3.15^{-1}	1.86^{19}	7.44^{-1}	1.81^{19}	5.14^{-1}
	2.08^{18}	3.67^{-3}	2.04^{18}	6.30^{-3}	2.07^{18}	5.80^{-3}
	2.62^{17}	5.74^{-5}	2.52^{17}	8.01^{-5}	2.59^{17}	8.91^{-5}
	3.42^{16}	1.11^{-6}	3.27^{16}	1.35^{-6}	3.39^{16}	1.59^{-6}
	4.55^{15}	3.58^{-8}	4.34^{15}	4.04^{-8}	4.51^{15}	4.35^{-8}

C. Tables of Mean Mass Absorption Coefficients and Mean Free Paths
    of Air Above kT = 20 eV.

kT (eV) = 22.5

RHO (GM/CM3)	LOG RHO (GM/CM3)	KROS (CM2/GM)	KPLK (CM2/GM)	LMDAROS (CM)	LMDAPLK (CM)
2.300-01	-1.470+00	1.034+04	5.788+04	4.206-04	7.513-05
4.020-02	-3.214+00	8.090+03	3.693+04	3.075-03	6.736-04
7.047-03	-4.955+00	4.973+03	2.042+04	2.854-02	6.948-03
1.281-03	-6.660+00	1.747+03	8.160+03	4.470-01	9.568-02
2.457-04	-8.311+00	3.683+02	2.366+03	1.105+01	1.720+00
4.828-05	-9.938+00	6.700+01	5.634+02	3.091+02	3.676+01
8.811-06	-1.164+01	1.121+01	1.126+02	1.012+04	1.008+03
1.496-06	-1.341+01	1.972+00	2.034+01	3.391+05	3.288+04
2.300-07	-1.529+01	4.951-01	3.850+00	8.781+06	1.129+06
2.989-08	-1.733+01	2.433-01	1.210+00	1.375+08	2.766+07

kT (eV) = 34

RHO (GM/CM3)	LOG RHO (GM/CM3)	KROS (CM2/GM)	KPLK (CM2/GM)	LMDAROS (CM)	LMDAPLK (CM)
3.618-01	-1.017+00	3.092+03	2.720+04	8.937-04	1.016-04
6.493-02	-2.734+00	1.722+03	1.353+04	8.943-03	1.138-03
1.201-02	-4.422+00	6.948+02	5.145+03	1.199-01	1.619-02
2.300-03	-6.075+00	1.966+02	1.540+03	2.211+00	2.823-01
4.503-04	-7.706+00	4.614+01	4.493+02	4.813+01	4.942+00
8.930-05	-9.323+00	1.016+01	1.784+02	1.102+03	6.277+01
1.622-05	-1.103+01	2.313+00	1.147+02	2.666+04	5.377+02
2.672-06	-1.283+01	7.007-01	8.377+01	5.342+05	4.468+03
3.858-07	-1.477+01	3.123-01	4.108+01	8.298+06	6.309+04
4.772-08	-1.686+01	2.198-01	1.620+01	9.533+07	1.293+06
4.420-09	-1.924+01	2.024-01	5.813+00	1.118+09	3.892+07

kT (eV) = 50

RHO (GM/CM3)	LOG RHO (GM/CM3)	KROS (CM2/GM)	KPLK (CM2/GM)	LMDAROS (CM)	LMDAPLK (CM)
5.858-01	-5.348-01	1.525+03	1.221+04	1.120-03	1.398-04
1.092-01	-2.215+00	6.087+02	5.464+03	1.505-02	1.677-03
2.060-02	-3.883+00	1.937+02	2.616+03	2.506-01	1.856-02
3.990-03	-5.524+00	5.126+01	1.607+03	4.890+00	1.560-01
7.649-04	-7.176+00	1.399+01	1.147+03	9.348+01	1.140+00
1.436-04	-8.849+00	4.155+00	6.887+02	1.676+03	1.011+01
2.474-05	-1.061+01	1.346+00	3.618+02	3.004+04	1.117+02
3.910-06	-1.245+01	5.291-01	1.513+02	4.834+05	1.691+03
5.728-07	-1.437+01	2.715-01	3.827+01	6.431+06	4.562+04
7.268-08	-1.644+01	2.119-01	7.807+00	6.494+07	1.762+06
7.179-09	-1.875+01	2.011-01	9.932-01	6.927+08	1.402+08

kT (eV) = 70

RHO (GM/CM3)	LOG RHO (GM/CM3)	KROS (CM2/GM)	KPLK (CM2/GM)	LMDAROS (CM)	LMDAPLK (CM)
9.224-01	-8.073-02	1.544+03	9.421+03	7.022-04	1.151-04
1.724-01	-1.758+00	5.191+02	5.864+03	1.117-02	9.892-04
3.219-02	-3.436+00	1.550+02	4.120+03	2.004-01	7.538-03
5.940-03	-5.126+00	4.560+01	2.701+03	3.692+00	6.233-02
1.098-03	-6.814+00	1.245+01	1.493+03	7.313+01	6.096-01
2.044-04	-8.495+00	3.408+00	6.230+02	1.435+03	7.852+00
3.595-05	-1.023+01	9.530-01	1.834+02	2.919+04	1.517+02
5.980-06	-1.203+01	3.669-01	4.176+01	4.558+05	4.005+03
9.140-07	-1.391+01	2.353-01	7.058+00	4.649+06	1.550+05
1.187-07	-1.595+01	2.097-01	9.350-01	4.018+07	9.013+06
1.186-08	-1.825+01	2.026-01	9.380-02	4.159+08	8.985+08

kT (eV) = 100

RHO (GM/CM3)	LOG RHO (GM/CM3)	KROS (CM2/GM)	KPLK (CM2/GM)	LMDAROS (CM)	LMDAPLK (CM)
1.470+00	3.855-01	2.242+03	9.735+03	3.033-04	6.986-05
2.672-01	-1.320+00	7.415+02	6.559+03	5.047-03	5.705-04
4.821-02	-3.032+00	2.115+02	3.960+03	9.808-02	5.237-03
8.844-03	-4.728+00	5.044+01	1.859+03	2.241+00	6.082-02
1.678-03	-6.390+00	1.017+01	6.111+02	5.861+01	9.755-01
3.279-04	-8.023+00	2.063+00	1.564+02	1.478+03	1.950+01
5.979-05	-9.725+00	5.871-01	3.139+01	2.849+04	5.328+02
1.014-05	-1.150+01	3.157-01	5.503+00	3.125+05	1.793+04
1.559-06	-1.337+01	2.432-01	8.535-01	2.638+06	7.518+05
2.026-07	-1.541+01	2.118-01	1.112-01	2.330+07	4.438+07
2.026-08	-1.771+01	2.010-01	1.113-02	2.456+08	4.434+09

kT (eV) = 150

RHO (GM/CM3)	LOG RHO (GM/CM3)	KROS (CM2/GM)	KPLK (CM2/GM)	LMDAROS (CM)	LMDAPLK (CM)
2.393+00	8.725-01	2.319+03	7.079+03	1.802-04	5.903-05
4.307-01	-8.424-01	9.122+02	3.876+03	2.545-03	5.990-04
7.930-02	-2.535+00	2.289+02	1.563+03	5.509-02	8.068-03
1.524-02	-4.184+00	4.086+01	4.467+02	1.606+00	1.469-01
3.002-03	-5.809+00	6.856+00	1.038+02	4.859+01	3.209+00
5.977-04	-7.422+00	1.531+00	2.192+01	1.093+03	7.634+01
1.097-04	-9.118+00	5.651-01	4.123+00	1.613+04	2.211+03
1.862-05	-1.089+01	3.122-01	7.118-01	1.721+05	7.548+04
2.863-06	-1.276+01	2.234-01	1.100-01	1.563+06	3.175+06
3.722-07	-1.480+01	2.028-01	1.432-02	1.325+07	1.876+08
3.722-08	-1.711+01	1.997-01	1.433-03	1.345+08	1.875+10

kT (eV) = 225

RHO (GM/CM3)	LOG RHO (GM/CM3)	KROS (CM2/GM)	KPLK (CM2/GM)	LMDAROS (CM)	LMDAPLK (CM)
3.975+00	1.380+00	6.672+02	3.255+03	3.771-04	7.729-05
7.323-01	-3.115-01	2.632+02	1.231+03	5.187-03	1.109-03
1.406-01	-1.962+00	7.290+01	3.632+02	9.758-02	1.959-02
2.763-02	-3.589+00	1.591+01	8.623+01	2.275+00	4.198-01
5.499-03	-5.203+00	3.468+00	1.847+01	5.244+01	9.847+00
1.097-03	-6.815+00	9.305-01	3.816+00	9.794+02	2.388+02
2.015-04	-8.510+00	3.714-01	7.115-01	1.337+04	6.976+03
3.420-05	-1.028+01	2.350-01	1.223-01	1.244+05	2.391+05
5.260-06	-1.216+01	2.052-01	1.889-02	9.265+05	1.007+07
6.837-07	-1.420+01	2.001-01	2.458-03	7.308+06	5.950+08
6.837-08	-1.650+01	1.995-01	2.459-04	7.333+07	5.947+10

kT (eV) = 340

RHO (GM/CM3)	LOG RHO (GM/CM3)	KROS (CM2/GM)	KPLK (CM2/GM)	LMDAROS (CM)	LMDAPLK (CM)
6.892+00	1.930+00	1.089+02	1.014+03	1.332-03	1.431-04
1.312+00	2.719-01	3.784+01	3.363+02	2.014-02	2.266-03
2.576-01	-1.357+00	9.975+00	8.344+01	3.893-01	4.653-02
5.117-02	-2.973+00	2.617+00	1.857+01	7.468+00	1.053+00
1.020-02	-4.586+00	8.341-01	3.871+00	1.176+02	2.533+01
2.037-03	-6.196+00	3.786-01	7.907-01	1.296+03	6.209+02
3.741-04	-7.891+00	2.439-01	1.471-01	1.096+04	1.817+04
6.352-05	-9.664+00	2.081-01	2.520-02	7.565+04	6.247+05
9.770-06	-1.154+01	2.008-01	3.888-03	5.098+05	2.633+07
1.270-06	-1.358+01	1.996-01	5.059-04	3.945+06	1.556+09
1.270-07	-1.588+01	1.994-01	5.060-05	3.949+07	1.556+11

kT (eV) = 500

RHO (GM/CM3)	LOG RHO (GM/CM3)	KROS (CM2/GM)	KPLK (CM2/GM)	LMDAROS (CM)	LMDAPLK (CM)
1.180+01	2.468+00	2.583+01	3.656+02	3.281-03	2.318-04
2.313+00	8.388-01	7.891+00	1.021+02	5.478-02	4.234-03
4.575-01	-7.821-01	2.208+00	2.343+01	9.899-01	9.329-02
9.119-02	-2.395+00	7.611-01	4.966+00	1.441+01	2.208+00
1.818-02	-4.008+00	3.746-01	1.032+00	1.469+02	5.328+01
3.631-03	-5.618+00	2.535-01	2.101-01	1.087+03	1.311+03
6.670-04	-7.313+00	2.128-01	3.896-02	7.045+03	3.848+04
1.133-04	-9.086+00	2.018-01	6.662-03	4.373+04	1.325+06
1.742-05	-1.096+01	1.998-01	1.027-03	2.873+05	5.587+07
2.265-06	-1.300+01	1.994-01	1.336-04	2.214+06	3.304+09
2.265-07	-1.530+01	1.994-01	1.337-05	2.214+07	3.303+11

kT (eV) = 700

RHO (GM/CM3)	LOG RHO (GM/CM3)	KROS (CM2/GM)	KPLK (CM2/GM)	LMDAROS (CM)	LMDAPLK (CM)
1.925+01	2.958+00	8.576+00	1.478+02	6.057-03	3.515-04
3.819+00	1.340+00	2.563+00	3.712+01	1.022-01	7.054-03
7.570-01	-2.784-01	8.764-01	8.253+00	1.507+00	1.601-01
1.507-01	-1.892+00	4.103-01	1.733+00	1.617+01	3.830+00

kT (eV) = 1000

RHO (GM/CM3)	LOG RHO (GM/CM3)	KROS (CM2/GM)	KPLK (CM2/GM)	LMDAROS (CM)	LMDAPLK (CM)
3.270+01	3.487+00	3.083+00	5.662+01	9.919-03	5.401-04
6.508+00	1.873+00	1.056+00	1.348+01	1.455-01	1.140-02
1.292+00	2.560-01	4.654-01	2.891+00	1.663+00	2.677-01
2.572-01	-1.358+00	2.872-01	6.097-01	1.354+01	6.378+00

kT (eV) = 2250

RHO (GM/CM3)	LOG RHO (GM/CM3)	KROS (CM2/GM)	KPLK (CM2/GM)	LMDAROS (CM)	LMDAPLK (CM)
1.098+02	4.699+00	6.583-01	7.478+00	1.384-02	1.218-03
2.174+01	3.079+00	3.494-01	1.603+00	1.316-01	2.869-02
4.337+00	1.467+00	2.492-01	3.417-01	9.252-01	6.748-01
8.677-01	-1.419-01	2.144-01	7.009-02	5.376+00	1.644+01